코로나19 바이러스
"친환경 99.9% 항균잉크 인쇄"
전격 도입

언제 끝날지 모를 코로나19 바이러스
99.9% 항균잉크(V-CLEAN99)를 도입하여 「**안심도서**」로
독자분들의 건강과 안전을 위해 노력하겠습니다.

본 도서는 항균잉크로 인쇄하였습니다.
항균 99.9%
안심도서

항균잉크(V-CLEAN99)의 특징

- 바이러스, 박테리아, 곰팡이 등에 항균효과가 있는 산화아연을 적용
- 산화아연은 한국의 식약처와 미국의 FDA에서 식품첨가물로 인증받아 **강력한 항균력**을 구현하는 소재
- 황색포도상구균과 대장균에 대한 테스트를 완료하여 **99.9%의 강력한 항균효과** 확인
- 잉크 내 중금속, 잔류성 오염물질 등 **유해 물질 저감**

TEST REPORT

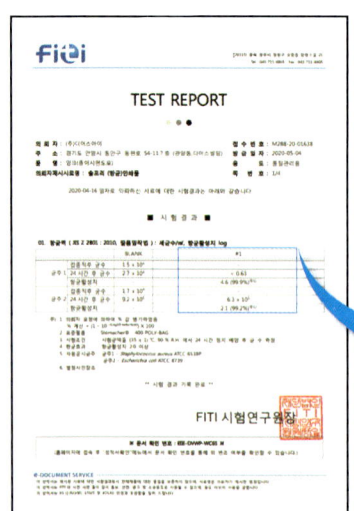

	#1
	-
	< 0.63
	4.6 (99.9%)주1)
	-
	6.3 × 10³
	2.1 (99.2%)주1)

Clean Zone

태양광발전설비 분야 **전문가**가 집필한

신재생 에너지
태양광
발전설비기사

한권으로 끝내기　필기

Always with you

사람이 길에서 우연하게 만나거나 함께 살아가는 것만이 인연은 아니라고 생각합니다.
책을 펴내는 출판사와 그 책을 읽는 독자의 만남도 소중한 인연입니다.
(주)시대고시기획은 항상 독자의 마음을 헤아리기 위해 노력하고 있습니다.
늘 독자와 함께하겠습니다.

잠깐!

자격증 · 공무원 · 금융/보험 · 면허증 · 언어/외국어 · 검정고시/독학사 · 기업체/취업

이 시대의 모든 합격! 시대에듀에서 합격하세요!
www.youtube.com ➜ 시대에듀 ➜ 구독

PREFACE

화석연료 사용으로 인한 지구 환경문제와 고갈에 따른 대체에너지의 필요성이 대두되고 있습니다. 세계 선진국들에서는 정부 주도하에 신재생에너지에 대한 연구개발이 꾸준히 이루어지고 있고 지구 환경을 보전하고 한정된 자원을 고려한 국가적 탄소배출규제를 강화하고 있는 실정입니다.

정부에서는 2035년까지 신재생에너지 보급률을 11%로 늘린다는 목표를 정하고 에너지 저장장치(ESS), 태양광발전, 풍력발전, 지열냉난방, 전기자동차 분야로 나누어 육성하고 있습니다. 또한, '저탄소 녹색성장'의 국가 비전에 따라 신재생에너지발전소 설치의 인허가를 판단하고 기획 · 설계 · 시공 · 감리 · 운영관리 업무를 담당할 전문가가 필요하다는 의견이 지속적으로 제기되었습니다. 2011년 국가기술자격법을 개정하여 2012년 8월 14일 관련 자격증의 출제기준을 마련하고 2013년부터 '신재생에너지발전설비(태양광)기사 · 산업기사 · 기능사' 자격 시험을 실시하였습니다.

국내외적으로 신재생에너지 시장의 급속한 성장으로 인해 세계 시장에서 경쟁력 있는 전문가 육성이 요구되고 있는 지금, 태양광발전 및 관련 분야의 첫걸음은 바로 자격증 취득입니다. '짧은 시간 안에 효율적으로 시험을 대비할 수 있는 방법은 없을까?' 시험에 임하는 모든 수험생들의 공통적인 고민일 것입니다. 이러한 수험생들의 마음을 부응하기 위해 이 책은 단시간에 효율적으로 학습할 수 있도록 구성하였습니다.

한국산업인력공단에서 발표한 출제기준에 맞춰 신재생에너지발전설비의 태양광발전시스템 분야를 기획, 설계, 시공, 운영 4과목으로 구성하여 기본 지식을 습득할 수 있도록 하였고, 국가기술자격증 취득뿐만 아니라 산업현장에서 실무자가 쉽게 이해할 수 있는 실용도서의 역할도 할 수 있도록 만들었습니다.

이 교재의 특징은

첫 째, 핵심내용을 요약하여 최종 복습을 할 수 있도록 하였습니다.
둘 째, 수험생들의 눈높이에 맞추어 중요한 부분을 강조하고 풍부한 해설을 수록하였습니다.
셋 째, 예상문제는 시험출제 가능성이 매우 높은 문제로 실었으며, 과년도 기출문제는 자세한 해설을 통해서 실전 대비를 할 수 있도록 하였습니다.

최선을 다해 집필하였지만 다소 미흡한 부분이 있을 것으로 예상됩니다. 이 점에 대해서는 독자 여러분의 넓은 아량과 이해를 바라며, 진심어린 의견을 보내 주시길 바랍니다. 잘못되거나 미흡한 부분은 추후 개정판에 보완할 것을 약속드리며, 수험생을 위한 최고의 교재가 되도록 최선을 다할 것입니다. 신재생에너지발전설비산업기사를 준비하는 모든 수험생이 이 교재를 통하여 합격하시기를 진심으로 기원합니다. 이해를 바탕으로 꾸준히 학습을 하신다면 반드시 합격하리라고 확신합니다.

끝으로, 출판을 위해 수고해주신 도서출판 (주)시대고시기획 임직원 관계자 여러분께 진심으로 감사한 마음을 전합니다.

편저자 씀

GUIDE

개 요

신재생에너지발전설비 기사는 태양광, 풍력, 수력, 연료전지의 신재생에너지발전설비시스템에 대한 공학적 기술이론 지식을 가지고 독립적인 신재생에너지 발전소 및 건축물과 시설 등을 기획, 설계, 시공, 운영, 유지 및 보수하는 직무이다.

수행직무

신재생에너지 발전소나 모든 건물 및 시설의 신재생에너지발전시스템 인허가, 신재생에너지발전설비 시공 및 감독, 신재생에너지발전시스템의 시공, 신재생에너지발전설비의 효율적 운영을 위한 유지보수 업무 등을 수행한다.

진로 및 전망

국내외 신재생에너지 관련 시장의 급속한 성장과 신재생에너지 발전 사업이 국내 및 세계시장에서의 경쟁력 확보를 위한 전문가 육성의 필요성이 대두되어 태양광발전 및 관련 분야의 취업을 위한 첫 단계이다.

시험일정

구 분	필기원서접수 (인터넷)	필기시험	필기합격 (예정자)발표	실기원서접수	실기시험	최종합격자 발표일
제1회	1.25~1.28	3.7	3.19	3.31~4.5	4.24~5.7	6.2
제2회	4.12~4.15	5.15	6.2	6.14~6.17	7.10~7.23	8.20
제4회	8.16~8.19	9.12	10.6	10.18~10.21	11.13~11.26	12.24

※ 상기 시험일정은 시행처의 사정에 따라 변경될 수 있으니, www.q-net.or.kr에서 확인하시기 바랍니다.

시험요강

❶ **시행처** : 한국산업인력공단(www.q-net.or.kr)

❷ **시험과목**
 ㉠ 필기 : 태양광발전 기획, 태양광발전 설계, 태양광발전 시공, 태양광발전 운영
 ㉡ 실기 : 태양광발전설비 실무

❸ **검정방법**
 ㉠ 필기 : 객관식 4지 택일형[80문항(2시간)]
 ㉡ 실기 : 필답형(2시간 30분)

❹ **합격기준**
 ㉠ 필기 : 100점을 만점으로 하여 과목당 40점 이상, 전과목 평균 60점 이상
 ㉡ 실기 : 100점을 만점으로 하여 60점 이상

☀ 출제기준 필기 [신재생에너지발전설비기사(태양광)]

필기과목명	주요항목	세부항목
태양광발전 기획	태양광발전설비 용량조사	• 음영분석 • 태양광발전설비 용량산정 • 태양광발전시스템 구성요소 개요
	태양광발전사업 환경분석	주변 기상 · 환경검토
	태양광발전사업 부지 환경조사	태양광발전 부지조사
	태양광발전사업 부지 인허가 검토	• 국토 이용에 관한 법령 검토 • 신재생에너지 관련 법령 검토
	태양광발전사업 허가	• 태양광발전 사업계획서 작성 • 태양광발전 인허가 검토
	태양광발전사업 경제성 분석	• 태양광발전 경제성 분석 • 태양광발전량 분석
태양광발전 설계	태양광발전 토목 설계	• 태양광발전 토목 설계 • 태양광발전 토목 설계도면 검토
	태양광발전 구조물 설계	• 태양광발전 구조물 설계 • 태양광발전 구조물 설계 검토
	태양광발전 어레이 설계	• 태양광발전 전기배선 설계 • 태양광발전 모듈배치 설계 • 태양광발전 어레이 전압강하 계산
	태양광발전 계통연계장치 설계	• 태양광발전 수배전반 설계 • 태양광발전 관제시스템 설계
	태양광발전시스템 감리	• 태양광발전 설계감리 • 태양광발전 착공감리 • 태양광발전 시공감리
	도면작성	• 도면기호 • 설계도서 작성
태양광발전 시공	태양광발전 토목공사	• 태양광발전 토목공사 수행 • 태양광발전 토목공사 관리
	태양광발전 구조물 시공	태양광발전 구조물 시공
	태양광발전 전기시설공사	• 태양광발전 어레이 시공 • 태양광발전 계통연계장치 시공 • 전기, 전자 기초 • 배관 · 배선공사
	태양광발전장치 준공검사	태양광발전 사용 전 검사
태양광발전 운영	태양광발전시스템 운영	• 태양광발전 사업개시 신고 • 태양광발전설비 설치 확인 • 태양광발전시스템 운영
	태양광발전시스템 유지	• 태양광발전 준공 후 점검 • 태양광발전 점검개요 • 태양광발전 유지관리
	태양광시스템 안전관리	• 태양광발전 시공상 안전확인 • 태양광발전 설비상 안전확인 • 태양광발전 구조상 안전확인 • 안전관리 장비

CONTENTS

제1과목 태양광발전 기획

제1장 태양광발전설비 용량조사
- 제1절 음영분석 … 3
- 제2절 태양광발전설비 용량산정 … 6
- 제3절 태양광발전시스템 구성요소 개요 … 37
- 적중예상문제 … 77

제2장 태양광발전사업 환경분석
- 제1절 주변 기상 · 환경검토 … 131
- 적중예상문제 … 137

제3장 태양광발전사업 부지 환경조사
- 제1절 태양광발전 부지조사 … 141
- 적중예상문제 … 159

제4장 태양광발전사업 부지 인허가 검토
- 제1절 국토 이용에 관한 법령 검토 … 169
- 제2절 신재생에너지 관련 법령 검토 … 228
- 적중예상문제 … 259

제5장 태양광발전사업 허가
- 제1절 태양광발전 사업계획서 작성 … 301
- 제2절 태양광발전 인허가 검토 … 308
- 적중예상문제 … 311

제6장 태양광발전사업 경제성 분석
- 제1절 태양광발전 경제성 분석 … 314
- 제2절 태양광발전량 분석 … 318
- 적중예상문제 … 323

제2과목 태양광발전 설계

제1장 태양광발전 토목설계
- 제1절 태양광발전 토목 설계 … 331
- 제2절 태양광발전 토목 설계도면 검토 … 340
- 적중예상문제 … 341

제2장 태양광발전 구조물 설계
- 제1절 태양광발전 구조물 설계 … 350
- 제2절 태양광발전 구조물 설계 검토 … 358
- 적중예상문제 … 360

제3장 태양광발전 어레이 설계
제1절 태양광발전 전기배선 설계 367
제2절 태양광발전 모듈배치 설계 498
제3절 태양광발전 어레이 전압강하 계산 502
적중예상문제 507

제4장 태양광발전 계통연계장치 설계
제1절 태양광발전 수배전반 설계 527
제2절 태양광발전 관제시스템 설계 557
적중예상문제 567

제5장 태양광발전시스템 감리
제1절 태양광발전 설계감리 596
제2절 태양광발전 착공감리 612
제3절 태양광발전 시공감리 618
적중예상문제 626

제6장 도면작성
제1절 도면기호 640
제2절 설계도서 작성 660
적중예상문제 676

제3과목 태양광발전 시공

제1장 태양광발전 토목공사
제1절 태양광발전 토목공사 수행 689
제2절 태양광발전 토목공사 관리 699
적중예상문제 705

제2장 태양광발전 구조물 시공
제1절 태양광발전 구조물 시공 708
적중예상문제 715

제3장 태양광발전 전기시설공사
제1절 태양광발전 어레이 시공 716
제2절 태양광발전 계통연계장치 시공 727
제3절 전기, 전자 기초 736
제4절 배관·배선공사 792
적중예상문제 799

제4장 태양광발전장치 준공검사
제1절 태양광발전 사용 전 검사 824
적중예상문제 850

CONTENTS

제4과목 태양광발전 운영

제1장 태양광발전시스템 운영
- 제1절 태양광발전 사업개시 신고 … 865
- 제2절 태양광발전설비 설치 확인 … 869
- 제3절 태양광발전시스템 운영 … 876
- 적중예상문제 … 881

제2장 태양광발전시스템 유지
- 제1절 태양광발전 준공 후 점검 … 883
- 제2절 태양광발전 점검개요 … 894
- 제3절 태양광발전 유지관리 … 895
- 적중예상문제 … 924

제3장 태양광시스템 안전관리
- 제1절 태양광발전 시공상 안전확인 … 931
- 제2절 태양광발전 설비상 안전확인 … 943
- 제3절 태양광발전 구조상 안전확인 … 954
- 제4절 안전관리 장비 … 967
- 적중예상문제 … 974

부록 과년도 기출문제 및 해설

- 2013년 기사 과년도 기출문제 … 983
- 2014년 기사 과년도 기출문제 … 1006
- 2015년 기사 과년도 기출문제 … 1029
- 2016년 기사 과년도 기출문제 … 1071
- 2017년 기사 과년도 기출문제 … 1119
- 2018년 기사 과년도 기출문제 … 1184
- 2019년 기사 과년도 기출문제 … 1251
- 2020년 기사 최근 기출문제 … 1318
- 2021년 1회 기사 최근 기출문제 … 1375

태양광발전 기획

제 1 과목

신재생에너지 발전설비기사

(태양광) [필기]

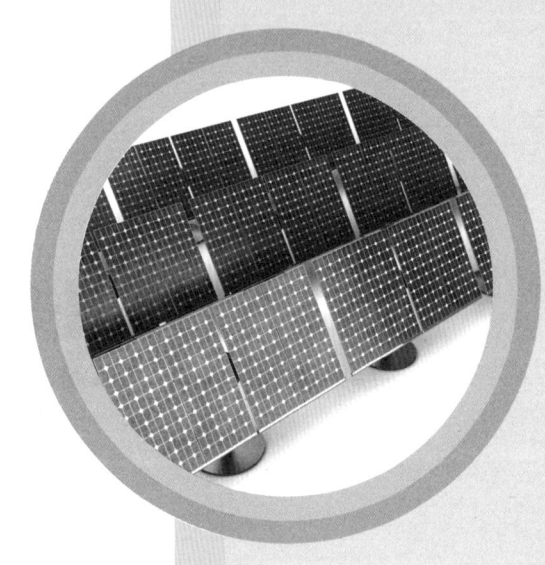

자격증·공무원·금융/보험·면허증·언어/외국어·검정고시/독학사·기업체/취업
이 시대의 모든 합격! 시대에듀에서 합격하세요!
www.youtube.com → 시대에듀 → 구독

CHAPTER 01 태양광발전설비 용량조사

제1과목 태양광발전 기획

제1절 음영분석

1 음영분석

PV모듈에 음영이 드리워질 경우 직달 일사량 자체가 줄어들기 때문에 발전량이 감소하는 것은 당연한 원리이다. 하지만 부분 음영에 의한 전체 시스템의 발전량 감소도 매우 큰 영향을 주기 때문에 직렬로 연결된 태양전지의 일부분에 음영이 생기면 마치 배관 내 일부분에 병목현상이 발생하는 것과 같은 원리로 전체 시스템의 발전효율도 크게 감소하게 된다. 따라서 PV모듈에 음영이 생기지 않도록 설계하는 것이 무엇보다도 중요한 고려요소가 될 것이다.

(1) 유 형

① 설치장소 및 건물에 의한 음영(인접건물, 인근의 조경, 녹화에 의한 식재 등)
　㉠ 도시나 거주지에 위치한 태양광발전시스템에서는 건물 때문에 음영이 생기게 된다. 음영 결과가 직접적인 음영을 유발하게 되며 중요하게 검토되어야 하기 때문에 중요한 사항이 된다.
　㉡ 위성안테나, 피뢰침, 굴뚝이나 안테나, 지붕 및 건물 전면 돌출부, 기둥 등 건물구조에 의한 부분은 반복적인 음영을 유발시킨다. 태양광발전 어레이 설계 시에는 외부의 기둥이나 지지대 또는 전주 등을 고려하여 이격거리와 어레이의 높이를 잘 결정하여야 한다.
　㉢ 전력선과 통신선로가 높게 설치되어 있거나 여러 가닥 또는 두꺼운 전력선으로 모듈 가까이 설치되어 있다면 선로들이 음영의 간접적인 원인이 된다. 따라서 이런 형태의 대상물들은 농도가 낮은 음영이 되지만 태양광발전 어레이 전체에 걸쳐 움직이기 때문에 모듈의 배치를 신중히 선정한다.
　㉣ 멀리 떨어져 있는 좌우의 산이나 건물 옆의 수목들도 태양광발전 어레이에 음영을 만들고 수평적인 어둠을 만들기 때문에 태양광발전 어레이의 효율을 감소시킬 수 있다.
　㉤ 태양광발전 어레이와 어레이의 이격거리의 미비로 인한 음영 등 피할 수 없는 경우에는 태양광발전 어레이의 모듈 결선방식을 병렬 네트워크 방식으로 어레이를 구성하여 전력손실을 최소화시키는 것도 하나의 방법이 될 수 있다.

② 일시적이고 간헐적인 음영
　㉠ 자연적인 음영 : 구름, 눈, 가을의 낙엽, 새의 배설물, 수풀지역의 낙엽 등 일상적인 강우가 내렸을 때 각도에 의해서 해결한다. 경사각이 15° 이상일 때 좋으며 경사각이 크면 클수록 비나 눈의 흐름이 빨라져 먼지 등의 오염물질을 빠르게 제거할 수 있다.
　㉡ 인공적인 음영 : 공업지역에서 먼지, 공장 굴뚝의 매연, 황사에 의한 오염 등

> **Check!** 우리나라에서 경사고정식의 최적 경사각은 28~36° 사이지만 북쪽지방, 강원도 등 눈이 많이 내리는 지역에서는 어레이 경사각을 크게 설치할 필요가 있다.

③ 건물에 의한 음영(건물 자체의 요소에 의한 음영)
④ 어레이 상호 간 오류배치에 의한 음영

(2) 분 석

① 태양광발전 어레이의 설치 위치에 대한 음영결과를 평가하기 위해 반드시 실행되어야 한다.
② 태양광발전 어레이 주변의 음영윤곽은 보통 태양광발전 모듈로 구성된 어레이의 한 점에서 측정된다. 정확성이 요구되는 음영의 분석을 여러 점에서 반복 수행하여 전력편차를 최소화하여야 한다.
③ 음영분석을 위해서는 주로 에코텍트(Ecotect) 등과 같은 음영분석 결과를 나타낸 것을 참고하고, 오전 9시에서 오후 4시 사이에 음영이 구조물에 발생할 경우, 구조물의 위치나 높이 등을 조절하여 다시 시뮬레이션을 실행해야 한다.
④ 어레이 주변의 음영은 음영분석 투명기를 이용하여 어레이 설치 위치에서 태양의 이동 추적 다이어그램을 기록하고 이 기록에 따라 음영을 발생시키는 대상물의 거리와 크기를 계산하여 분석한다. 대부분의 어레이 설계 시뮬레이션 프로그램은 조사(광량)손실을 계산하면서 수율손실을 대략적으로 계산한다.
⑤ 음영의 요점은 태양광설계 어레이의 한 점에서 결정지지만 대부분 중심점에서 결정되고 그의 정밀도는 다양한 어레이 설계에서 충분히 적용될 수 있다. 태양광설계 어레이의 위치와 모듈 결선 방법은 보다 복잡한 시뮬레이션 프로그램을 이용해야 한다.
⑥ 태양광발전 어레이를 남쪽으로 향하게 하고 동절기의 태양광이 가장 낮은 날 동지 때에 10시에서 15시 사이를 기준으로 하여 음영에 대한 계산과 분석을 한다. 만약 태양광발전 모듈에 음영을 피할 수가 없다면 음영의 영향이 최소화 되도록 어레이의 최적설계를 시도한다. 모듈 배치와 스트링의 배치 및 구성을 신중하게 고려해서 설계를 해야 한다.

> **Check!** **Ecotect란?**
> 건물의 설계단계에서부터 음영, 일사, 조도, 기류 등의 영향을 비교적 적은 노력으로 설계초기 단계에서 빠르게 대안에 대한 결정을 할 수 있게 도와주는 프로그램으로서 친환경 성능 평가는 이러한 독립, 통합 환경 성능 평가 도구의 상호보완을 통해 정밀하게 분석하여 건물의 설계단계부터 시공, 유지관리에 이르기까지의 건축물의 통합적인 성능을 평가하는 것이다.
> ① 적용범위
>   ㉠ 빛 환경   ㉡ 열 환경
>   ㉢ 기류환경   ㉣ 음 환경
> ② Ecotect 프로그램 흐름도
>   ㉠ 3D건물 모델 입력(자체툴/외부 모델링 Import)
>   ㉡ 분석 목적에 맞게 3D모델 요소 분류
>   ㉢ 분석 영역 설정
>   ㉣ 분석 항목별 필요데이터 추가입력
>   ㉤ 분석항목별 해석 수행(분석종류와 영향)
>   ㉥ 결과분석 및 평가

(3) 음영문제의 해결방안

① 음영의 경감방법
  ㉠ 태양광발전 어레이의 직・병렬 조합배선 연결방법과 배치상태를 개선한다.
  ㉡ 인버터의 입력전압 범위에 따라 태양광발전모듈의 연결방법을 결정한다.
  ㉢ 설계단계에서 종합적으로 충분히 검토하고 음영(그늘)의 영향을 최소로 완화시켜 발전효율을 향상시켜야 한다.

② 음영의 근원을 제거하는 방법
  ㉠ 음영의 원인을 제거하기 위해 자연적인 장애물 제거하고 인공적인 장애물들은 다른 곳으로 옮겨서 설치하도록 한다.
  ㉡ 통신케이블은 매설하거나 경로를 변경한다.

③ 어레이의 설계에 의해서 음영의 영향이 최소화되도록 설치해야 한다.

2 어레이 이격거리

대용량 발전시스템과 소용량 발전시스템의 어레이 설계도는 모듈의 특성에 따라 어레이 용량 등을 선정하고 적합하게 어레이를 설계해야 한다. 다만, 대용량 발전시스템은 소용량 발전시스템과 달리 어레이 설계 시 어레이 간의 이격거리에 신경을 써야 한다. 대용량 발전시스템은 소용량에 비해 많은 어레이로 연결되어 있기 때문에 어레이 간에 이격거리를 잘못 계산하였을 경우 음영에 대한 시스템 효율이 감소하게 된다. 어레이의 이격거리는 보통 계산식이나 Ecotect 등과 같은 음영분석 시뮬레이션 프로그램을 이용하여 계산한다.

(1) 핵심요소
① 위 도
② 구조물 형상
③ 남북방향의 길이

(2) 어레이의 길이와 경사각, 설치지역의 위도가 주어질 경우

$$X_1 = L[\cos\theta + \sin\theta \times \tan(\phi + 23.5°)]$$

(X_1 : 어레이 최소 이격거리, L : 어레이 길이, θ : 어레이 경사각도, ϕ : 설치지역 위도)

① 수직면(벽면) 어레이의 경우는 하지 기점으로 최소거리를 잡는다(-23.5°).
② 수평면 어레이의 경우는 동지 기점으로 최소거리를 잡는다(+23.5°).

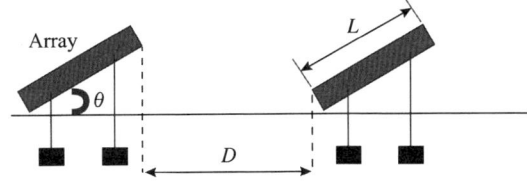

(3) 구조물의 수직높이, 태양의 고도, 방위각이 주어질 경우

$$R = \frac{L_s}{L} \times \cot h \times \cos \alpha = \frac{L_s}{L} \times \frac{1}{\tan(h)} \times \cos \alpha$$

(R : 그늘의 배율, L : 수직높이, L_s : 그늘의 남북 방향 길이, h : 태양고도, α : 방위각)

(4) 어레이의 길이와 경사각, 고도각이 주어질 경우

$$D = L \times \frac{\sin\theta_1}{\tan\theta_2}$$

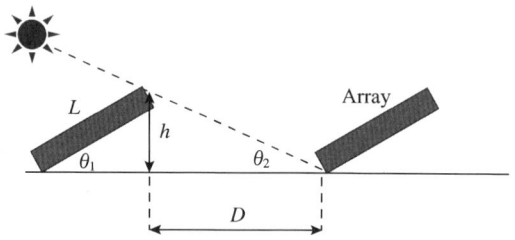

제2절 태양광발전설비 용량산정

1 발전설비 용량산정

(1) 송·변전반(수·배전반)

① 변압기

직류 발전원을 이용한 분산형 전원 설치자는 인버터로부터 직류가 계통으로 유입되는 것을 방지하기 위하여 연계 시스템에 상용주파 변압기를 설치하여야 한다. 단, 다음 조건을 모두 만족시키는 경우에는 상용주파 변압기의 설치를 생략할 수 있다.

㉠ 교류출력측에 직류 검출기를 구비하고 직류 검출 시에 교류출력을 정지하는 기능을 갖춘 경우
㉡ 직류회로가 비접지인 경우 또는 고주파 변압기를 사용하는 경우

• 수전설비의 변압기 등의 최소유지거리[m]

위치별 \ 기기별	앞면, 조작면, 계측면	뒷면, 점검면	열 상호 간 (점검하는 면)	기타 면
저고압 배전반	1.5	0.6	1.2	–
특고압 배전반	1.7	0.8	1.4	–
변압기 등	0.6	0.6	1.2	0.3

• 축전지설비의 최소유지거리[mm]

실 별	기 기	확보부분	최소이격거리
전용실	축전지	점검면	600
		열 상호 간	600
		기타의 면	1,000
	충전기, 큐비클	점검면	600
		조작면	1,000
		환기구 방향면	200
기타 실	큐비클	점검면	600
		환기구 방향면	200
옥외설치	큐비클	–	1,000

② 전력용 변압기용량 산정 방법

부하종별, 사용전압 등을 고려하여 다음의 식에 의해서 산정한다.

$$변압기용량 = \frac{부하설비용량 \times 수용률}{부등률}[kVA]$$

㉠ 변압기용량[kVA] $= \dfrac{최대 수용 전력[kVA] \times 여유율}{효율}$

㉡ 변압기용량은 적정 수용률과 부등률을 고려하여 산정해야 하며, 역률 및 전압변동률 등을 고려해서 장래의 부하 증가율을 감안한 표준용량을 결정해야 한다.

• 변압기용량 ≥ 합성최대전력

$$변압기용량[kVA] = \frac{부수용률 \times 설비용량[kW]}{\cos\theta(역률)}$$

③ 차단기 용량산정

반드시 전선의 허용전류 > 차단기정격전류 > 부하의 최대전류이어야 하며, 배선용 차단기의 정격은 전기설비기술기준에서 만족하는 차단기를 선정하여야 한다.

㉠ 배선용 차단기 용량산정

• 저압용의 경우 : 정격차단전류[kA]로 차단용량을 표기

• 단상의 경우 : $\dfrac{부하용량}{전압}$ • 3상의 경우 : $\dfrac{부하용량}{전압 \times \sqrt{3}}$

㉡ 단락용량(차단기 용량) 계산

• 단상 : $P_s = E \times I_s \times 10^{-3}[kVA]$

• 3상 : $P_s = \sqrt{3}\,V \times I_s = 3E \times I_s = 3E \times \dfrac{100}{\%Z}I = \dfrac{100}{\%Z} \times P[kVA]$

$$P_s = \frac{100}{\%Z} \times \sqrt{3}\,VI = \frac{100}{\%Z} \times P_n[kVA]$$

(P_s : 3상 단락용량, P_n : 3상 정격용량)

④ 송·변전설비

3상차단기 용량[MVA] = $\sqrt{3} \times$ 정격전압[kV] $\times$ 정격차단전류[kA]

$P_s = \sqrt{3}\, V_s \times I_s,\ \ I_s = \dfrac{100}{\%Z}$

(%Z : 퍼센트 임피던스, %Z = $\dfrac{ZI}{E}$ (E : 상전압, ZI : 임피던스 Z에 의한 전압강하))

⑤ 송·변전반의 주요설비 종류
- ㉠ 전선(KEPCO LINE)
- ㉡ 컷아웃 스위치(COS ; Cut Out Switch)
- ㉢ 부하 개폐기(LBS ; Load Breaker Switch)
- ㉣ 계기용 변압기(PT ; Potential Transformer)
- ㉤ 계기용 변압변류기(PCT or MOF ; Combined Voltage And Current Transformer 또는 Metering Out Fit)
- ㉥ 변류기(CT ; Current Transformer)
- ㉦ 배선용 차단기(MCCB ; Molded Case Circuit Breaker)
- ㉧ 진공차단기(VCB)
- ㉨ 기중차단기(ACB ; Air Circuit Breaker)
- ㉩ 피뢰기(LA ; Lightening Arrester)
- ㉪ 단로기
- ㉫ 파워퓨즈
- ㉬ 누전경보기

2 태양광발전 모듈 선정

(1) 모듈설계 시 주의사항
① 평평한 지붕에서 모듈을 설치 시 유지보수와 점검을 목적으로 통로를 확보해야 한다.
② 모듈 제조업체의 조립과 설치 지시내용을 성실히 이행해야 한다.
③ 모듈 프레임에 구멍을 추가적으로 뚫어서는 안 된다.

(2) 모듈의 강도
① 가로배치(가로깔기)
- ㉠ 모듈의 긴 쪽이 상하가 되도록 설치하는 것
- ㉡ 자연강우에 의한 세정효과는 적다.
- ㉢ 적설 시에도 눈의 추락효과도 적다.

② 세로배치(세로깔기)
- ㉠ 모듈의 긴 쪽이 좌우가 되도록 설치하는 것
- ㉡ 모듈의 부재점수가 약간 적어진다.

Check! 황사, 먼지, 해염입자, 기타 오염원 등이 많은 지역과 적설지역에서는 세로배치를 주로 한다.

(3) 설치확인 현장점검표[신재생에너지설비의 지원 등에 관한 지침 별지 제25호 서식]

설치상태 표시

NO	항 목		점검위치	점검방법	판정기준	판 정
1	태양 전지판	태양광발전 모듈(BIPV 포함)	모듈 후면 또는 측면	• 명판의 모델, 용량 확인 • 서류 및 육안 확인	• 인증제품 또는 시험성적서(※ BIPV의 경우, 서류로 확인 가능) • 모듈 온도 상승에 따른 건축물 부자재 파괴방지, 발전량 저감 최소화 방안 수립 여부(BIPV) • 방수계획 수립 여부(BIPV)	☐ 적합 ☐ 부적합 ☐ 제외
		설치용량	모듈 전면	모듈매수확인	• 설계용량 동일여부 - 부득이한 경우 110[%] 이내	☐ 적합 ☐ 부적합 ☐ 제외
		음영발생	모듈 전면	육안 확인	음영 발생 여부	☐ 적합 ☐ 부적합 ☐ 제외
		설 치	설치장소	• 육안 확인 • (해당 시) 구조안전확인서 등 서류 확인	• 주택 및 건물 등 구조물에 설치 시 설비의 하중을 지지할 수 있는 콘크리트 또는 철제구조물 등에 직접 고정여부 확인 - 직접 고정이 아닐 경우, 건축법 제67조에 따른 관계전문기술자(이하 "관계전문기술자") 확인 필요(지지대 및 지지대 - 건축물 고정부위 등을 포함한 전체 설비가 건축구조기준에 따라 안정성, 적정성을 확보한 내용 포함) • (건물설치형 및 BAPV형) 3.3[kW]를 초과할 경우 관계전문기술자로부터 확인 필요 • 건물 마감선(건축법에 따라 적법하게 설치된 부문)을 벗어나지 않도록 설치 • BAPV형 설치 시 이격거리 - 모듈 프레임 밑면(프레임 없는 방식은 모듈의 가장 밑면) - 지붕면 및 외벽의 이격거리 최소간격 10[cm] 이상 여부 • 지상형의 경우, 콘크리트 기초로 시공 및 지표면 위에 자재(베이스판, 볼트류, 볼트캡 등) 설치	☐ 적합 ☐ 부적합 ☐ 제외
2	지지대 (※BIPV 의 경우, 서류확인 가능)	설치상태(BAPV 포함)	지지대 후면	서류 및 육안 확인	• 건축구조기준 등의 관련 기준에 맞게 자중, 적재하중, 적설하중, 풍압하중 등을 포함한 구조하중 및 기타 진동, 충격에 대해 안전한 구조로 설치 • 고정볼트에 스프링와셔 또는 풀림방지너트 등으로 체결 • 경사지붕 및 외벽 표면 균열 발생여부	☐ 적합 ☐ 부적합 ☐ 제외
		지지대, 연결부, 기초(용접부위 포함)	지지대 후면	• 육안 확인 • Mill Sheet확인	• 재질 확인 - 용융아연도금 - 용융아연 알루미늄 마그네슘합금도금 - 스테인리스 스틸 - 알루미늄 합금 • 기초부분의 앵커 볼트, 너트는 볼트캡 착용(해당 시) • 절단면, 용접부위 방식처리	☐ 적합 ☐ 부적합 ☐ 제외
		체결용 볼트, 너트, 와셔	지지대 후면	육안 확인	• 용융아연도금, STS, 알루미늄 합금재질 사용(볼트캡은 플라스틱 재질도 가능) • 제규격의 볼트, 너트, 스프링와셔 삽입	☐ 적합 ☐ 부적합 ☐ 제외

NO	항목		점검위치	점검방법	판정기준	판 정
3	전기 배선	모듈-인버터 배선	설치장소	육안 확인	• 모듈전용선 또는 단심(1C) 난연성 케이블(TFR-CV, F-CV, FR-CV 등) – 1지면포설 시 피복손상 방지조치(가요전선관, 금속 덕트 또는 몰드)	☐ 적합 ☐ 부적합 ☐ 제외
		모듈 배선	모듈 후면	육안 확인	• 바람에 흔들림이 없게 단단히 고정(코팅된 와이어 또는 동등 이상(내구성) 재질의 타이) • 가공전선로 지지물 설치 • 군별, 극성별로 별도 표시 • 배선 보호를 위해 경사지붕 및 외벽 표면에 전선처리 여부 (BAPV)	☐ 적합 ☐ 부적합 ☐ 제외
		케이블	설치장소	육안 확인	• 가능한 음영지역, 빗물이 고이지 않도록 설치 • 가능한 피뢰 도체와 떨어진 상태로 포설 • 바닥에 노출되는 경우 몰딩 등의 처리	☐ 적합 ☐ 부적합 ☐ 제외
		접속함	접속함	육안 확인	KS 인증제품	☐ 적합 ☐ 부적합 ☐ 제외
					• DC용 퓨즈(gPV 타입)시설 및 DC차단기(또는 계폐기) 설치 및 지락, 낙뢰, 단락 등으로 설비 이상(異常)현상 시 경보등 또는 경보장치 켜지는지 확인(실내에서 확인 가능한 경우 예외) • 직사광선 노출이 적고, 접근 및 육안확인 용이한 장소 설치 여부	☐ 적합 ☐ 부적합 ☐ 제외
4	인버터	사양	인버터 전면 또는 측면	명판의 모델, 정격용량	KS 인증제품 250[kW]를 초과 시 품질기준에 따른 시험성적서 제출	☐ 적합 ☐ 부적합 ☐ 제외
					사업계획서의 인버터 설계용량 이상	☐ 적합 ☐ 부적합 ☐ 제외
		설치상태	설치장소	실내·실외용 확인	실내·실외용을 구분하여 설치 실외용은 실내에 설치가능	☐ 적합 ☐ 부적합 ☐ 제외
		인버터 설치용량 및 입력전압	인버터 및 모듈	인버터 입력 및 모듈출력 확인	• 모듈 설치용량이 인버터설치용량의 105[%] 이내 • 모듈 개방전압(후면명판)은 인버터 입력전압(인증서, 시험성 적서)의 범위 이내	☐ 적합 ☐ 부적합 ☐ 제외
		표시사항	인버터 또는 별도 표시창	육안 확인	모듈 및 인버터의 출력 전압, 전류, 전력, 주파수, Peak, 누적발 전량	☐ 적합 ☐ 부적합 ☐ 제외
5	통합명판	표시항목	인버터 전면에 부착	육안 확인	[별표 5] 신재생에너지 설비 명판 설치기준에 제작 및 인버터 전면에 적합하게 부착되어 있는지 여부	☐ 적합 ☐ 부적합 ☐ 제외
6	모니터링 대상설비 (50[kW] 이상 또는 REMS 적용사업)	정상작동	인버터	육안확인	• [별표 2] 모니터링시스템 설치기준에 적합하게 설치 • 일일발전량, 생산시간 등	☐ 적합 ☐ 부적합 ☐ 제외
7	가동상태	정상조건 시에	인버터, 전력량계 등	육안 확인	모든 설비(인버터, 전력량계 등)정상작동 여부	☐ 적합 ☐ 부적합 ☐ 제외

NO	항목		점검위치	점검방법	판정기준	판정
8	운전교육	운전매뉴얼	점검현장	신청자와의 면담	소비자 주의사항 및 운전매뉴얼 제공, 교육 실시여부	☐ 적합 ☐ 부적합 ☐ 제외
9	설치확인		점검현장	육안확인	안전사고 방지위한 작업공간(이동통로, 발판 등) 및 접근장치 (계단 등) 확보	☐ 적합 ☐ 부적합 ☐ 제외

소유재(설치자) :　　　　　　　(인)
소　　　　속 :
직책(또는 직급) :
현장 확인자 :　　　　　　　(인)

3 태양광 인버터 선정

(1) 개 요

① 전력변환장치와 고주파 필터, 출력 필터 그리고 연계형 변압기 등으로 구성되어 있다.
② 태양전지 모듈을 제외하고는 주변장치 중에서 가장 큰 비중을 차지한다.
③ 태양광 모듈로부터 입력되는 직류전력을 상용주파수 전압의 교류로 변환하여 한전에 연계송전이 가능한 교류전력으로 변환하는 전력변환장치이다.
④ 시스템의 직류와 교류측의 전기적인 감시 보호를 하고 있으며, 태양전지 본체를 제외한 주변장치 중에서 신뢰성 향상과 가격이 하락하는 중요한 부분이다.
⑤ 전력계통에 접속한 태양전지 시스템 전체의 전력변환 효율을 결정하는 중요한 척도이다.
⑥ 계통과 병렬운전을 수행하는 데 필요한 전압과 주파수, 위상, 기동정지, 무효전력, 동기출력의 품질 제어기능을 기본적으로 갖추고 있다.

(2) 인버터의 역할

- 교류계통으로 접속된 부하설비에 전력을 공급한다.
- 태양전지에서 출력되는 직류전류를 최대 효율의 교류전력으로 변환한다.
- 이상이 있을 시에 회로를 보호한다.
- 태양전지의 발전전력을 최대로 이끌어내는 제어기능이 있다.
- 시스템의 직류, 교류 측의 전기적인 감시와 모니터링 기능 그리고 보호기능이 있다.

① DC-AC 인버터 : 태양전지에서 얻어지는 12[V] 직류전력을 220[V] 교류전력으로 변환시켜 주는 장치를 말한다.
② 인버터의 기본 기능
　㉠ DC 전기를 태양광 어레이에서 생성하게 되었을 때 AC로 변환하여 전압과 주파수 그리고 위상에 맞추어 계통으로 공급한다(3상 : 380[V]/60[Hz], 단상 : 220[V]/60[Hz]).
　㉡ 계통으로 인해 발생할 수 있는 사고를 보호하고, 태양광발전시스템의 고장과 인버터 자체의 고장으로부터 각종 보호기능을 내장한다.

ⓒ MPPT(Maximum Power Point Tracking : 최대전력점 추종제어기능) 기능으로 일사량과 태양전지 어레이의 표면 온도, 장애물과 구름 등에 의한 그림자가 발생될 수 있기 때문에 태양전지 어레이를 항상 최적의 상태로 추적할 수 있도록 하는 기능이 있어야 한다.
③ 인버터의 주요 기능
　　㉠ 태양광 출력에 따른 자동운전, 자동정지 및 최대전력 추종제어
　　㉡ 태양광발전설비와 전력망과의 병렬운전을 위한 주파수, 전압, 위상제어
　　㉢ 발전출력의 품질(전압변동, 고조파)을 제어
　　㉣ 전력망 이상 발생 시 단독운전 방지
　　㉤ 태양광발전설비 및 인버터 자체고장 진단 및 이상 발생 시 자동정지
④ 인버터의 구성요소
　　㉠ 입력필터 : 인버터에서 스위칭 시 발생하는 노이즈가 최소화되도록 설계 제작하고, 인버터의 직류 입력측에 EMI 필터를 설치하여 노이즈가 외부로 나가지 못하도록 하여야 한다.
　　㉡ 인버터부
　　　• IGBT 모듈, 퓨즈, 방열판, 조립용 각종 부품으로 구성되며, 정류부로부터 정류된 직류를 IGBT에 공급한다. 검출 장치로부터 출력파형을 검출한 후, 순시파형 정형보상회로를 통하여 정현파 펄스폭 변조 방식의 인버터로 설계, 제작하여야 하며 본 장치 보호를 위하여 직류 입력측에 반도체 보호용 고속 퓨즈를 구비하여야 한다.
　　　• 컴퓨터와 같은 비선형 부하 인가 시에도 파형 찌그러짐이 최소화되도록 하고, 스위칭 주파수를 가청 주파수 이상으로 설계, 제작하여 운전 소음을 최소화하도록 하여야 한다.
　　㉢ 출력 변압기 : 리액터 기능을 포함한 단일 복권 변압기 구조로 제작되어 역변환으로부터의 출력을 합성하여 고조파 성분을 극소화시키며 시스템 효율을 극대화하도록 설계, 제작되어야 한다.
　　㉣ 제어부(Power Supply) : 고성능 스위칭 방식에 의한 컨버터 방식을 사용해서 절체 또는 가동 시 오동작 없이 안정적으로 동작되어야 한다.
　　㉤ 돌입전류 제한 리액터 : 과도부하 등에 의한 돌입전류를 제한하여 인버터를 보호하고 안정적으로 사용할 수 있도록 한다.
　　㉥ 피뢰기 : 외부로부터의 서지 유입 및 유출 방지를 위하여 입·출력단에 서지 보호회로를 설치하여 보호한다.
　　㉦ 냉각팬 : 팬 설치부분에 필터를 설치하여 먼지 및 염분의 외기공기가 직접 흡입되지 않도록 하여야 한다.
⑤ 인버터 사양의 중요 내용
　　㉠ 중 량
　　　• 3[kW] 이하의 주택용 태양광발전시스템의 경우에는 제조사, 무게, 사이즈에 신경을 써야 한다.
　　　• 거치, 설치, 점검이 편리해야 하기 때문에 가벼워야 한다.
　　㉡ 인버터의 손실요소
　　　• 대기전력 손실 : 0.1~0.3[%]
　　　• 변압기 손실 : 1.5~2.5[%]
　　　• 전력변환 손실 : 2~3[%]
　　　• MPPT 손실 : 3~4[%]

ⓒ 직류 입력전압의 범위 : 용량에 따라 다르지만 태양광발전시스템을 구성할 때 태양광 모듈의 직렬연결 조합을 다양하게 할 수 있도록 하기 위해 입력전압 범위가 넓어야 한다.
② 소음 저감
- 강제 공랭식으로 할 경우 팬 속도를 제어하는 방식을 사용하여 부하에 따라 팬 속도를 조절해 주어야 한다.
- 옥내용의 경우 소음이 적어야 한다.
- 스위칭 주파수를 가청 주파수 이상으로 올려서 소음을 제거해야 하며 자연 냉각 방식으로 팬 소음을 제거해야 한다.

⑩ 대기전력
- 태양광발전시스템은 대기전력이 적은 회로를 선택해야 한다.
- 야간 등과 같이 태양광발전시스템을 발전할 수 없을 경우에는 자체적으로 소비되는 전력도 중요하기 때문에 대기전력을 최소화할 수 있게 설계되어야 한다.

ⓑ 냉각방식 및 보호등급
- 10[kW] 이하의 소용량 태양광발전시스템의 경우에는 옥외에 설치되는 경우가 많이 있기 때문에 빗물과 먼지의 침투를 방지하기 위해 자연냉각이 필요하다.
- 보호등급은 실외형일 경우 IP 44 이상이며, 실내형일 경우 IP 20이어야 한다.

ⓢ 고효율 제어를 위한 고려요소
- 변압기 사용
- MPPT 효율
- 전력변환 효율

⑥ 인버터 선정 시 고려사항
㉠ 옥내·옥외용으로 구분하여 설치 가능해야 한다. 만약 옥내용을 옥외에 설치할 경우 5[kW] 이상의 용량일 경우에만 사용이 가능하다. 옥외용은 환경적인 조건이 옥내보다 나쁘기 때문에 세부적인 사항을 고려해야 한다.
㉡ 인버터의 출력 정격이 태양광 어레이의 최대출력의 90[%] 이하가 되지 않도록 해야 하고 박막형 모듈일 경우 초기 출력이 6~12개월 정도 정격보다 높게 나오기 때문에 고려해야 한다.
㉢ 인버터 정격이 어레이의 최대전압과 전류에 견딜 수 있어야 한다.
㉣ 인버터 설치용량은 설계용량 이상으로 설계해야 하며, 인버터에 연결된 모듈의 설치용량은 105[%] 이내로 한다. 단, 각 직렬군의 태양전지 개방전압은 인버터 입력전압 범위 내로 한다.
㉤ 태양광 어레이와 스트링의 최대전압과 전류가 인버터의 전압 전류 정격을 초과하지 않아야 하며 인버터의 MPP와 태양광 어레이의 동작전압이 맞아야 한다.
㉥ 입력단 전압, 전류, 전력과 출력단의 전압, 전류, 전력, 주파수, 누적발전량, 역률, 최대출력량이 표시되어 있어야 한다.

⑦ 인버터 운용 감시반의 기능
㉠ 계측기능
㉡ 경보표시
㉢ 운용상태 표시
㉣ 데이터 입력기능

ⓜ 제어조작기능
ⓗ 기기 원격 감시 제어를 위한 통신기능을 내장해야 한다.
⑧ 인버터 운용 상태 : 인버터의 원활한 운전과 운영상태의 식별이 용이하도록 제어반 전면 상단에 LED 및 LCD로 된 표시창을 운영 감시반에 설치하고 마이크로프로세서를 내장하여 본 장치의 모든 기능 수행에 적합한 소프트웨어를 설치하고 운용상태 및 계측상태를 표시창에 표시되도록 하며 원격 제어 감시용 통신기능을 구비해야 한다.
⑨ 태양전지의 전압 : 태양전지에서 만들어지는 전기는 직류(DC)이며, 전압은 다양하게 낼 수 있으나 주로 많이 사용되는 것은 12[V]와 24[V]이다.

(3) 인버터 회로 방식

① 상용주파 변압기 절연방식(저주파 변압기 절연방식) : 태양전지(PV) → 인버터(DC → AC) → 공진회로 → 변압기
  ㉠ 태양전지의 직류출력을 상용주파의 교류로 변환한 후 변압기로 절연한다.
  ㉡ 내뢰성(번개에 견디어 낼 수 있는 성질)과 노이즈 컷(잡음을 차단)이 뛰어나지만 상용주파 변압기를 이용하기 때문에 중량이 무겁다.
  ㉢ 공진회로 : 인버터 회로에서 생성된 고주파 전압(구형파)을 코일과 콘덴서를 통해 정현파로 바꾸어 주는 회로이다.
② 고주파 변압기 절연방식 : 태양전지(PV) → 고주파 인버터(DC → AC) → 고주파 변압기(AC → DC) → 인버터(DC → AC) → 공진회로
  ㉠ 소형이고 경량이다.
  ㉡ 회로가 복잡하다.
  ㉢ 태양전지의 직류출력을 고주파의 교류로 변환한 후 소형의 고주파 변압기로 절연을 한다.
  ㉣ 절연 후 직류로 변환하고 재차 상용주파의 교류로 변환한다.
③ 트랜스리스 방식 : 태양전지(PV) → 승압형 컨버터 → 인버터 → 공진회로
  ㉠ 소형이고 경량이다.
  ㉡ 비용이 저렴하고 신뢰성이 높다.
  ㉢ 태양전지의 직류출력을 DC-DC 컨버터로 승압하고 인버터를 이용하여 상용주파의 교류로 변환한다.
  ㉣ 상용전원과의 사이는 비절연이다.
  ㉤ 비용, 크기, 중량 및 효율면에서 우수하여 가장 많이 사용되고 있다.
④ 인버터 구성방식의 비교

항 목 \ 종 류	상용주파수 절연방식	고주파 절연방식	트랜스리스 방식
안정성	고	고	중
효 율	저	고	고
무게와 크기	저	중	고
회로구성	고	저	고
가 격	저	저	고

(4) 인버터의 원리

① 기본 방식
  ㉠ 전류방식
   • 자기전류방식
   • 강제전류방식
  ㉡ 제어방식
   • 전압 제어형
   • 전류 제어형
  ㉢ 절연방식
   • 상용주파
   • 고주파
   • 무변압기

② 인버터의 방식 구분
  ㉠ 정현파 인버터 : 출력 파형이 계통에서 일반 가정에 공급되는 전기의 파형을 정현파라고 부르며, 이 파형의 전기는 가정에서 사용하는 교류전기 제품을 모두 사용할 수 있다. 독립형 태양광발전시스템이나 측정기기, 통신기기, 의료기기, 음향기기, 형광등, PC 등 고가 정밀기기에 사용해야 한다.
  ㉡ 유사 정현파 인버터 : 정현파와 비슷하지만 파형의 왜곡에 있어서 정격출력에 도달하면 파형이 찌그러지는 현상이 생겨 서지가 발생되고 잡음과 화상 노이즈 현상이 발생된다. 변형된 파형이기 때문에 민감한 전자제품은 사용을 하지 않는 것이 좋으며 이 파형으로 사용할 수 있는 제품은 파형에 민감하지 않는 모터류, 전열기구, 전등이다.

③ 저압계통 연계 시 직류유출방지 변압기의 시설 : 분산형 전원을 인버터에서 배전사업자의 저압 전력계통에 연계하는 경우에 인버터에서 직류가 계통으로 유출되는 것을 방지하기 위하여 접속점과 인버터 사이에 상용주파수 변압기를 시설하여야 한다. 다만, 다음을 모두 충족하는 경우에는 예외로 한다.
  ㉠ 인버터의 직류측 회로가 비접지인 경우 또는 고주파 변압기를 사용하는 경우
  ㉡ 인버터의 교류 출력측에 직류 검출기를 구비하고, 직류 검출 시에 교류출력을 정지하는 기능을 갖춘 경우

④ 인버터의 용량
  ㉠ 일반 주택용 : 수[kW]
  ㉡ 대형 상업용 발전소 : 수십~수백[kW]
  ㉢ 단독 사용도 가능하지만 태양전지 설비용량을 맞추어 여러 대를 병렬로 조합하여 사용할 수 있기 때문에 용량에 제약은 없다.

⑤ 인버터 스위칭 소자에 따른 분류

스위칭 소자	고속 SCR	IGBT	GTO	MOSFET
스위칭 속도	수백 [Hz] 이하	15[kHz] 이하	1[kHz] 이하	15[kHz] 초과
적용용량	대용량	중대용량 (1[MW] 미만)	초대용량 (1[MW] 이상)	소용량 (5[kW] 이하)
특 징	전류형 인버터에 사용한다.	대전류, 고전압에서 대응이 가능하면서도 스위칭 속도가 빠른 특성을 보유하여 가장 많이 사용되고 있다.	대전압과 고전압 방식에 유리한다.	일반 트랜지스터 베이스 전류 구동방식을 전압 구동방식으로 하여 고속 스위칭이 가능하다.

⑥ 인버터 이득 제어방식 : 인버터 이득을 변화시키는 방법은 다양하며 이득을 제어하는 가장 효율적인 방법으로 펄스폭변조(PWM)제어 방식이 있다.
⑦ 환류 다이오드 : 전압형 단상 인버터의 내부 구조에서 트랜지스터 ON-OFF 시 인덕터 양단에 나타나는 역기전력에 의해 트랜지스터의 내전압을 초과하여 소손되는 것을 방지하기 위하여 환류 다이오드(Free Wheeling Diode)가 있다.
⑧ 저압연계 시스템 회로
　㉠ 저전압계전기(UVR)
　㉡ 과전압계전기(OVR)
　㉢ 저주파수계전기(UFR)
　㉣ 과주파수계전기(OFR)
⑨ 태양광발전용 인버터의 분류

용 도	형 식	설치장소	비 고
독립형	3상	실외/실내	실내형 : IP 20 이상
계통연계형			실외형 : IP 44 이상

Check! 보호등급(IP20)
- IP는 외관보호등급을 나타낸다.
- 숫자 20
  - 첫 번째 자리숫자 2는 외부 이물질의 접촉과 침입에 대한 보호등급을 나타낸다.
  - 두 번째 자리숫자 0은 물(빗물, 눈, 폭풍우 등)의 침입에 대한 보호등급을 나타낸다.

⑩ 설치상태 : 옥내와 옥외용을 구분하여 설치하는데 옥내용을 옥외로 설치하는 경우 5[kW] 이상 용량일 경우에만 가능하며 이 경우 빗물 침투를 방지할 수 있도록 옥내에 준하는 수준의 외함 등을 설치하여야 한다.
⑪ 고압연계 시스템 보호장치 : 고압연계 시스템 보호장치로는 지락 과전압계전기(OVGR)가 추가되어야 한다.
⑫ 표시사항
　㉠ 입력단(모듈출력)전압과 전류
　㉡ 전력과 출력단(인버터출력)의 전압과 전류
　㉢ 전력과 역률
　㉣ 주파수
　㉤ 누적발전량
　㉥ 최대출력량
⑬ 태양광발전용 독립형과 연계형, 중대형 인버터의 시험항목
　㉠ 구조시험
　㉡ 절연성능시험
　㉢ 보호기능시험(독립형은 일부 제외)
　㉣ 정상특성시험(독립형은 일부 제외)
　㉤ 과도응답 특성시험(독립형은 일부 제외)
　㉥ 외부 사고시험(독립형은 일부 제외)
　㉦ 내전기 환경시험(독립형과 연계형은 일부 제외)

⑥ 내주위 환경시험
  ⓧ 전자기적합성(EMC)
⑭ 인버터 선정기준

검토항목	설비용량[kW]
부하의 종류와 특성	모터종류
기계사양	-
운전방법	-
모터선정	모터용량
인버터 용량선정	인버터 용량
인버터 기종선정	-
인버터 선정	인버터 기종
주변기기 및 옵션	주변기기 및 옵션
설치방법	설치판패널
투자효과	-
결 정	-

⑮ 인버터 선정, 설치 및 사용 시의 고려사항
  ㉠ 전기적 표준
  ㉡ 전력용량
  ㉢ 적용환경
  ㉣ 내부 보호 장치
  ㉤ 품질인증
  ㉥ 확장성 옵션
  ㉦ 전력의 품질(파형)
  ㉧ 유도성 부하 사용여부
⑯ 태양광의 유효이용 시 고려사항
  ㉠ 전력 변환효율이 높아야 한다.
  ㉡ 최대전력점 추종(MPPT ; Maximum Power Point Tracking)제어에 의한 최대전력의 추출이 가능해야 한다.
  ㉢ 야간 등의 대기 손실이 적어야 한다.
  ㉣ 저부하 시의 손실이 적어야 한다.
⑰ 인버터 선정 시 전력품질과 공급의 안전성
  ㉠ 노이즈 발생이 적어야 한다.
  ㉡ 고조파 발생이 적어야 한다.
  ㉢ 가동 및 정지 시 안정적으로 작동하여야 한다.
⑱ 설치 조건에 따른 계통 연계형 인버터의 설치 유형에 대한 내용 : 최근 [MW]급의 용량을 대규모로 설치하고 있기 때문에 계통 연계형 인버터는 고효율, 고성능, 고용량이 요구되고 있다. 따라서 설치 조건에 따라 여러 가지 계통 연계형 인버터가 생산되고 있다. 태양전지 인버터의 유형은 태양전지 모듈과 어레이의 조합과 유형에 따라 MIC(Module Integrated Converter), 스트링(String), 멀티스트링(Multi String), 센트럴(Central), 멀티센트럴(Multi Central)로 구분할 수 있다.

㉠ AC모듈
- 장단점

장 점	단 점
• 각 모듈별 인버터를 부착해서 별도의 DC 라인 배선이 필요하지 않기 때문에 설치가 간단하다. • 최대에너지 생산(산출)이 가능하다.	• 대용량 구현 시 비용 부담이 크다. • 효율이 낮다.

㉡ 스트링(String)방식
- 특징 : 모듈 직렬군당 DC/AC 인버터를 사용하는 방식으로 스트링별 MPPT 제어가 가능하다.
- 장단점

장 점	단 점
• 부분적인 그늘에 효과적인 에너지 생산(산출)이 가능하고 효율이 좋다. • 중용량 태양광발전시스템에 아주 우수한 특성을 갖는다.	• 대용량 발전소에 적용할 때 인버터의 개수가 너무 많아진다. • 유지보수 비용이 증가한다. • 인버터의 중앙이 제어가 되지 않아 단독운전 방지와 같은 계통 보호 측면에 부적합하다.

㉢ 멀티스트링(Multi String)
- 특징 : 모듈 직렬군당 인버터 또는 DC/DC 컨버터를 사용하는 방식이다.
- 장단점

장 점	단 점
스트링과 센트럴 방식의 장점만 가지고 있다.	2중 전력변환기를 사용하기 때문에 시스템 효율이 다소 낮다.

㉢ 센트럴(Central)
- 특징 : 대용량 산업용 인버터 방식에 주로 사용되고 있다. 센트럴 인버터 방식은 대용량 센트럴 인버터를 병렬로 연결해 하나의 대용량 인버터 시스템을 구현하는 방식이다.
- 장단점

장 점	단 점
• 변환기 효율이 우수하다. • 출력 용량대비 단가가 저렴하다. • 단일 인버터 사용으로 계통보호가 유리하다. • 유지보수 비용이 적다.	• 모든 모듈의 직·병렬 조합으로 에너지 생산(산출)이 다소 낮다. • 단일 인버터를 사용하기 때문에 인버터 고장 시 전체 시스템이 작동하지 못한다.

㉣ 멀티센트럴(Multi Central)
- 특징 : 센트럴 방식의 인버터를 병렬로 연결한 구조로서 발전시스템 구성 시 1개의 인버터가 아닌 여러 대의 인버터로 구성되어 있다.
- 장단점

장 점	단 점
• 최대 효율성을 확보할 수 있다. • 태양광발전설비에 대한 효율성을 향상시킬 수 있다. • 시스템 내의 각 인버터 가동 시간을 모니터링해서 모든 인버터의 가동 시간을 동일하게 운전하는 순환방식 인버터를 통해 전체 인버터 시스템의 사용 수명을 연장시킬 수 있다. • 시스템 중 하나의 인버터에 문제가 발생해도 다른 인버터가 높은 에너지 레벨에서 발전을 지속할 수 있어 장애상태로 인한 에너지 손실이 매우 낮다. • 고압 계통선에 변압기 1차측을 다권선 변압기를 채용해서 직접 연계할 수 있다.	• 비용이 많이 든다. • 시스템 구성이 어렵다.

(5) 인버터의 종류 및 특징

① 인버터의 종류
- ㉠ 계통 상호 작용형 인버터(Utility Interactive Inverter) : 전력계통의 배전시스템이나 송전시스템과 병렬로 공통의 부하에 전력을 공급할 수 있는 인버터이다. 전력계통의 배전과 송전시스템 쪽으로도 송전이 가능하다.
- ㉡ 계통 연계형 인버터(Grid Connected Inverter) : 전력계통의 배전시스템이나 송전시스템과 병렬로 동작할 수 있는 인버터이다.
- ㉢ 계통 의존형 인버터(Grid Dependent Inverter) : 계통 전력에 의존해서만 운영할 수 있는 인버터이다.
- ㉣ 계통 주파수 결합형 인버터(Utility Frequency Link Inverter) : 출력단에 계통과의 격리(절연)를 위한 상용 계통 주파수 변압기를 가진 구조의 계통 연계 인버터이다. 즉, 인버터의 출력 측과 부하 측, 계통 측을 계통 주파수 격리 변압기를 사용하여 전기적으로 격리하는 방식이다.
- ㉤ 고주파 결합형 인버터(High Frequency Link Inverter) : 인버터의 입력 및 출력 회로 사이의 전기적인 격리에 고주파 변압기를 사용하는 방식으로 고주파 격리 방식 인버터라고 부르는 경우도 있다.
- ㉥ 단독 운전 방지 인버터(Non Islanding Inverter) : 전력계통에 연계되는 인버터로서 배전계통의 전압이나 주파수가 정상 운전조건을 벗어나는 경우에는 계통 쪽으로 전력 송전을 중단하는 기능을 가진 인버터이다.
- ㉦ 독립형 인버터(Stand Alone Inverter) : 전력계통의 배전시스템이나 송전시스템에 연결되지 않는 부하에 전력을 공급하는 인버터로서 축전지 전원 인버터라고도 한다.
- ㉧ 모듈 인버터(Module Inverter) : 모듈의 출력단에 내장되는 인버터이다. 모듈 인버터는 모듈의 뒷면에 붙어 있으며 교류 모듈이라고도 한다.
- ㉨ 변압기 없는 인버터(Transformerless Inverter) : 격리(절연) 변압기가 없는 방식의 인버터로 인버터의 직류측과 교류측(부하측과 계통측)이 격리되지 않은 상태이다.
- ㉩ 스트링 인버터(String Inverter) : 태양광발전 모듈로 이루어지는 스트링 하나의 출력만으로 동작할 수 있도록 설계한 인버터이다. 교류 출력은 다른 스트링 인버터의 교류 출력에 병렬로 연결시킬 수 있다.
- ㉪ 전력망 상호 작용형 인버터(Grid Interactive Inverter) : 독립형과 병렬운전의 두 가지 방식으로 운전할 수 있다. 전력망 상호 작용형 인버터는 처음 동작할 때만 전력망 병렬방식으로 동작한다. 계통 상호 작용형 인버터와는 다르다.
- ㉫ 전류 안정형 인버터(Current Stiff Inverter) : 기본적으로 직류 입력전류가 잘 변하지 않는 특성을 요구한다. 입력전류에 잔결이 적고 평탄한 특성을 요구한다. 즉, 전류원이 안정된 것을 요구하는 인버터를 가리키며, 전류형 인버터라고도 한다.
- ㉬ 전류 제어형 인버터(Current Control Inverter) : 펄스 폭 변조나 이와 유사한 다른 제어 기법을 이용하여 규정된 진폭과 위상 및 주파수를 가진 정현파 출력전류를 만들어 내는 인버터이다.
- ㉭ 전압 안정형 인버터(Voltage Stiff Inverter) : DC 입력전압이 잘 변하지 않는 특성을 요구하는 것으로서 입력전압에 잔결이 적고 평탄한 특성을 요구하는 인버터이다. 즉, 전압원이 안정된 것을 요구하는 인버터를 가리키며, 전압형 인버터라고도 한다.

㉮ 전압 제어형 인버터(Voltage Control Inverter) : 펄스 너비 변조와 유사한 다른 제어 기법을 이용하여 규정된 진폭과 위상 및 주파수를 가진 정현파 출력전압을 만드는 인버터이다.

② 태양광 인버터의 특징
  ㉠ 소용량 여러 대를 사용하거나 대용량을 소수로 사용할 수 있다.
  ㉡ 소용량 여러 대를 설치할 경우 1대 고장 시 그 어레이만 발전이 정지된다.
  ㉢ 고장 시 전력손실이 적고, 쉽게 대처할 수 있다.
  ㉣ 여러 대를 운용하게 될 경우 고장의 확률이 높고 보호 및 제어회로가 복잡하다.
  ㉤ 설치 공간이 많이 소요된다.
  ㉥ 고장 확률이 높음에 따라 유지보수비가 많이 든다.
  ㉦ 초기에 설비비가 많이 든다.

③ 전압형 인버터와 전류형 인버터
  ㉠ 전압형 인버터 : 교류전압을 출력으로 하며, 부하역률에 따라 전류위상이 변한다.
  ㉡ 전류형 인버터 : 교류전류를 출력으로 하며, 부하역률에 따라 전압위상이 변한다.

④ 인버터 선정 시 고려사항
  ㉠ 인버터 제어방식 : 전압형 전류제어방식
  ㉡ 평균효율 : 고효율 방식
  ㉢ 출력 기본파 역률 : 95[%] 이상
  ㉣ 전류 변형률 : 총합 5[%] 이하, 각 차수마다 3[%] 이하

⑤ 일반적인 선정 시 주의해야 할 사항
  ㉠ 계통 연계 보호장치
  ㉡ 계통의 주파수, 전압과 전류, 기본적인 상수특성
  ㉢ 태양광 모듈의 출력특성 분석

(6) 태양광 인버터에 관한 그 외 정리

① 인버터의 설치용량 : 인버터의 설치용량은 설계용량 이상이어야 하고, 인버터에 연결된 모듈의 설치용량은 인버터 설치용량의 105[%] 이내이어야 한다. 단, 각 직렬군의 태양전지 개방전압은 인버터 입력전압 범위 안에 있어야 한다.

② 분산형 전원 배전계통 연계기술기준
  ㉠ 태양전지의 발전전력을 최대로 이끌어내며 동시에 일반배전계통과 연계운전을 한다.
  ㉡ 전력품질 확보에 관련된 계통 연계기술기준에서는 기본적으로 인버터와 연계하는 계통의 전기방식을 일치시키고 있다.
  ㉢ 인버터는 단상 2선식과 3상 3선식이 한전 계통과 연계해서 사용되고 있다.

③ 전압형 단상 인버터 : 입력전원의 내부는 "0"이 이상적이나 일반적으로 내부 임피던스가 존재하므로 정류전원을 인버터의 입력으로 사용하는 경우 정류전원과 병렬로, 큰 용량의 콘덴서를 병렬로 접속하여 사용한다.

④ 인버터 선정 시 검토해야 할 요소
　㉠ 입력 정격
　　• DC 입력 정격 및 최대전압
　　• DC 입력 정격 및 최대전류
　　• DC 입력 정격 및 최대전력
　　• 인버터가 계통으로 급전을 시작하는 데 필요한 최소전력
　　• 대기 전력 손실
　　• MPP 전압 범위
　㉡ 출력 정격
　　• AC 출력 정격 및 최대전류
　　• AC 출력 정격 및 최대전력
　　• 인버터가 계통으로 급전을 시작하는 데 필요한 최소전력
　　• 대기 전력 손실
　　• 전 부하 범위에 걸친 인버터 효율(5[%], 10[%], 20[%], 30[%], 50[%], 100[%], 110[%](European 효율))
　㉢ 기타 사항
　　• 중량 및 크기
　　• 기대 수명
　　• 가 격
　　• 보증기간
　　• 서비스 레벨
　　• 기타 수반되는 비용

(7) 자동운전 정지기능

① 인버터의 정지기능
　㉠ 인버터는 일출과 함께 일사강도가 증대하여 출력을 얻을 수 있는 조건이 되면 자동적으로 운전을 시작한다. 운전을 시작하면 태양전지의 출력을 스스로 감시하여 자동적으로 운전을 한다.
　㉡ 전력계통이나 인버터에 이상이 있을 때 안전하게 분리하는 기능으로서 인버터를 정지시킨다. 해가 질 때도 출력을 얻을 수 있는 한 운전을 계속하며, 해가 완전히 없어지면 운전을 정지한다.
　㉢ 또한 흐린 날이나 비오는 날에도 운전을 계속할 수 있지만 태양전지의 출력이 적어져 인버터의 출력이 거의 0으로 되면 대기상태가 된다.
② 인버터의 보호기능 : 인버터는 직류를 교류로 변환시키는 것뿐만 아니라 태양전지의 성능을 최대한 끌어내기 위한 기능과 이상 발생 및 고장 발생 시를 위한 보호기능이 있다.

(8) 최대전력 추종제어(MPPT)

① 최대전력 추종제어(MPPT ; Maximum Power Point Tracking)의 기능 : 태양전지의 출력은 일사강도나 태양전지의 표면온도에 의해 변동이 된다. 이러한 변동에 대해 태양전지의 동작점이 항상 최대출력점을 추종하도록 변화시켜 태양전지에서 최대출력을 얻을 수 있는 제어이다. 즉, 인버터의 직류동작전압을 일정시간 간격으로 변동시켜 태양전지 출력전력을 계측한 후 이전의 것과 비교하여 항상 전력이 크게 되는 방향으로 인버터의 직류전압을 변화시키는 것이다.

구 분	단락전압	단락전류	최대출력
태양전지 표면온도	−(부)	+(정)	−(부)
일사강도(방사조도)	−(부)	+(정)	+(정)

② 최대전력 추종제어방식의 종류
  ㉠ 직접 제어방식 : 센서를 통해 온도, 일사량 등 외부조건을 측정하여 최대전력 동작점이 변하는 파라미터를 미리 입력하여 비례제어하는 방식으로 구성이 간단하고 외부 상황에 즉각적인 대응이 가능하지만 성능이 떨어진다.
  ㉡ 간접 제어방식
    • Incremental Conductance(IncCond) 제어
      − 최대전력점에서 어레이 출력이 안정된다.
      − 계산량이 많아서 빠른 프로세서가 필요하다.
      − 태양전지 출력의 컨덕턴스와 증분 컨덕턴스를 비교하여 최대전력 동작점을 추종하는 방식이다.
      − 일사량이 급변하는 경우에도 대응성이 좋다.
    • Pertube & Observe(P&O) 제어
      − 간단하여 가장 많이 사용되는 방식이다.
      − 외부 조건이 급변할 경우 전력손실이 커지며 제어가 불안정하게 된다.
      − 태양전지 어레이의 출력전압을 주기적으로 증가・감소시키고 이전의 출력전력을 현재의 출력전력을 비교하여 최대전력 동작점을 찾는 방식이다.
      − 최대전력점 부근에서 진동이 발생하여 손실이 생긴다.
    • Hysterisis Band 변동제어
      − 어레이 그림자 영향 또는 모듈의 특성으로 인하여 최대전력점 부근에서 최대전력점이 한 개 이상 생기는 경우 최대전력점을 추종할 수 있다.
      − 태양전지 어레이 출력전압을 최대전력점까지 증가시킨 후 임의의 이득을 최대전력점에서 전력과 곱하여 최소전력값을 지정한다.
      − 매 주기마다 어레이 출력전압을 증가, 감소시키므로 최대전력점에서 손실이 발생된다.
      − 지정된 최소전력값은 두 개가 생기므로 최대전력점을 기준으로 어레이 출력전압을 증가 또는 감소시키면서 매 주기 동작한다.

③ 최대전력 추종제어(MPPT)의 장단점
  ㉠ 최대전력 추종제어는 직접제어, InCond, P&O, Hysterisis Band 등에서 가능하다.

ⓒ 최대전력 추종제어는 출력전압의 증감을 감시하여 항상 최대전력점에서 동작이 되도록 제어하는 것인데 최대출력점의 95[%] 이상 추적이 가능하다.
ⓒ 최대전력 추종제어(MPPT)의 장단점

구 분	장 점	단 점
직접제어	• 즉각적인 대응이 가능하다. • 구성이 단순하다.	성능이 나쁘다.
InCond	최대출력점에서 안정된다.	연산이 많다.
P&O	제어가 간단하다.	출력전압이 연속적으로 진동하여 손실이 생긴다.
Hysterisis Band	일사량 변화 시 효율이 높다.	성능이 나쁘다(InCond와 비교 시).

(9) 단독운전 방지기능

① 단독운전 방지기능 : 태양광발전시스템은 계통에 연계되어 있는 상태에서 계통 측에 정전이 발생했을 때 부하전력이 인버터의 출력전력과 같은 경우 인버터의 출력전압·주파수 계전기에서는 정전을 검출할 수가 없다. 이와 같은 이유로 계속해서 태양광발전시스템에서 계통에 전력이 공급될 가능성이 있다. 이러한 운전 상태를 단독운전이라 한다. 단독운전이 발생하면 전력회사의 배전망이 끊어져 있는 배전선에 태양광발전시스템에서 전력이 공급되기 때문에 보수점검자에게 위험을 줄 우려가 있는 태양광발전시스템을 정지할 필요가 있지만, 단독운전 상태의 전압계전기(UVR, OVR)와 주파수 계전기(UFR, OFR)에서는 보호할 수 없다. 따라서 이에 대한 대책의 일환으로 단독운전 방지기능을 설정하여 안전하게 정지할 수 있도록 한다.

② 단독운전 방지기능의 종류
  ㉠ 수동적 방식 : 연계운전에서 단독운전으로 이행했을 때 전압파형이나 위상 등의 변화를 포착하여 단독운전을 검출하도록 하는 방식이다. 수동적 방식의 구분유지시간은 5~10초, 검출시간은 0.5초 이내이다.
    • 주파수 변화율 검출방식 : 주로 단독운전 이행 시 발전전력과 부하의 불평형에 의한 주파수 급변을 검출한다.
    • 제3차 고주파 전압급증 검출방식 : 단독운전 이행 시 변압기에 여자전류 공급에 따른 변압 왜곡의 급증을 검출한다. 부하가 되는 변압기와의 조합이기 때문에 오작동의 확률이 비교적 높다.
    • 전압위상 도약 검출방식 : 계통과 연계하는 인버터는 상시 역률 1에서 운전되어 전압과 전류는 거의 동상이며, 유효전력만 공급하고 있다. 단독운전 상태가 되면 그 순간부터 무효전력도 포함시켜 공급해야 하므로 전압위상이 급변한다. 이때 전압위상의 급변을 검출하는 것이 바로 전압위상 도약 검출방식이다. 이 방식에서는 계통에 접속되어 있는 변압기의 돌입전류 등으로부터 오작동이 발생하지 않도록 설계되어 있다. 단독운전 이행 시에 위상변화가 발생하지 않을 때는 검출되지 않으며, 오작동이 적고 실용적이다.
  ㉡ 능동적 방식 : 항상 인버터에 변동요인을 부여하고 연계운전 시에는 그 변동요인이 출력에 나타나지 않고 단독운전 시에만 나타나도록 하여 이상을 검출하는 방식이다. 능동적 방식의 구분검출시간은 0.5~1초이다.
    • 유효전력 변동방식 : 인버터의 출력에 주기적인 유효전력 변동을 부여하고, 단독운전 시에 나타나는 전압·주파수 변동을 검출한다.

- 무효전력 변동방식 : 인버터의 출력전압 주기를 일정기간마다 변동시키면 평상시 계통측의 Back-Power가 크기 때문에 출력주파수는 변하지 않고 무효전력의 변화로서 나타난다. 단독운전 상태에서는 일정한 주기마다 주파수의 변화로서 나타나기 때문에 이 주파수의 변화를 빨리 검출해서 단독운전을 판정하도록 한다. 또한 오동작을 방지하기 위해 주기를 변동시켰을 경우에만 출력변동을 검출하는 방법을 취하는 것도 있다.
  - 부하 변동방식 : 인버터의 출력과 병렬로 임피던스를 순간적 또는 주기적으로 삽입하여 전압 또는 전류의 급변을 검출하는 방식이다.
  - 주파수 시프트 방식 : 인버터의 내부발전기에 주파수 바이어스를 부여하고 단독운전 시에 나타나는 주파수 변동을 검출하는 방식이다.

(10) 자동전압 조정기능

태양광발전시스템을 계통에 접속하여 역송전 운전을 하는 경우 전력 전송을 위한 수전점의 전압이 상승하여 전력회사의 운용범위를 초과할 가능성이 있다. 따라서 이를 예방하기 위해 자동전압 조정기능을 설정하여 전압의 상승을 방지하고 있다.

① 자동전압 조정기능의 종류

㉠ 진상무효 전력제어 : 계통에 연계하는 인버터는 계통전압과 출력전류의 위상을 같게 하고 평상시에 역률 1로 운전한다. 연계점의 전압이 상승하여 진상무효 전력제어의 설정전압 이상으로 되면 역률 1의 제어를 해소하여 인버터의 전류위상이 계통전압보다 앞선다. 이에 따라 계통 측에서 유입하는 전류가 늦어져 연계점의 전압을 떨어뜨리는 방향으로 작용한다. 앞선 전류의 제어는 역률 0.8까지 실행되고 이에 따른 전압상승의 억제효과는 최대 2~3[%] 정도가 되며, 전압의 유지범위는 다음과 같다.

구 분	공칭전압(V)	전압유지범위(V)	비 고
특별고압	22,900	20,800~23,800(-2,100~+900)	배선설비 고장 등의 이상상태에서는 이 유지범위를 벗어날 수 있다.
고 압	6,600	6,000~6,900(-600~+300)	
저 압	380	342~418(±38)	
	220	207~233(±13)	

㉡ 출력제어 : 진상무효 전력제어에 따른 전력제어가 한계에 도달했음에도 불구하고 계통전압이 상승하는 경우에는 태양광발전시스템의 출력 자체를 제한하여 연계점의 전압 상승을 방지하도록 한다. 특히, 배전선의 전압이 높은 경우에는 출력제어가 동작하여 발전량이 떨어지므로 주의를 요한다.

(11) 직류 검출기능

① 직류 검출기능 : 인버터는 직류를 교류로 변환하기 위하여 반도체 스위칭 소자를 주파수로 스위칭하기 때문에 소자의 불규칙 분포 등에 의해 그 출력은 적지만 직류분이 잡음형태로 포함된다. 즉, 직류에 포함되어 있는 교류분(Ripple)을 제거하는 기능을 말한다.

또한 상용주파 절연변압기 방식은 절연변압기에 의해 줄일 수 있기 때문에 유출되지 않으며, 고주파 변압기 절연방식과 트랜스리스 방식에서는 인버터 출력이 직접 계통에 접속되기 때문에 직류분이 존재하게 되면 주상변압기의 자기포화 등 계통측에 악영향을 주게 된다.

② 직류 검출기능의 자기포화로 인해 발생하는 현상
　㉠ 계전기의 오·부동작
　㉡ 고조파 발생

> 고주파 변압기 절연방식이나 트랜스리스 방식에서 출력전류에 중첩되는 직류분이 정격교류 출력전류의 0.5[%] 이하일 것을 요구하고 있으며, 직류분을 제어하는 직류 제어기능과 함께 만일 이 기능에 장해가 생긴 경우에 인버터를 정지시키는 보호기능이 있다.

(12) 직류지락 검출기능

일반적으로 수·배전설비의 배전반 또는 분전반에는 누전경보기 또는 누전차단기가 설치되어 옥내배선과 부하기기의 지락을 감시하고 있지만, 태양전지 어레이의 직류측에서 지락사고가 발생하면 지락전류에 직류성분이 중첩되어 일반적으로 사용되고 있는 누전차단기는 이를 검출할 수 없는 상황이 발생한다.

① 지락(Grounding) : 전선 또는 전로 중 일부가 직접 또는 간접으로 대지(접지)에 연결된 경우로 전로와 대지 간의 절연이 저하하여 아크 또는 도전성 물질의 영향으로 전로 또는 기기의 외부에 위험한 전압이 나타나거나 전류가 흐르게 되는 상태를 말한다. 이렇게 하여 흐르게 된 전류를 지락전류라고 하며 인체감전, 누전화재 또는 기기의 손상 등을 일으키는 원인이 된다.

② 일반적인 내용 정리
　㉠ 인버터의 내부에 직류 지락검출기를 설치하여 검출·보호하는 것이 필요하다.
　㉡ 일반적으로 직류측 지락사고 검출 레벨은 100[mA]로 설정되어 운전되고 있다.

(13) 계통 연계 보호장치

이상 또는 고장이 발생했을 경우 자동적으로 분산형 전원을 전력계통으로부터 분리해 내기 위한 장치를 시설해야 한다.

- 단독운전 상태
- 분산형 전원의 이상 또는 고장
- 연계형 전력계통의 이상 또는 고장

① 계통 연계장치의 요소를 검출 판별하는 장치
　㉠ 과전압계전기(OVR ; Over Voltage Relay)
　㉡ 부족전압계전기(UVR ; Under Voltage Relay)
　㉢ 주파수상승계전기(OFR ; Over Frequency Relay)
　㉣ 주파수저하계전기(UFR ; Under Frequency Relay)

② 보호계전기의 검출레벨과 동작시한

계전기기	기기번호	용 도	동작시간	검출레벨
유효전력계전기	32P	유효전력 역송방지	0.5~2초	상시 병렬운전 상태에서 전력계통 동요 및 외부 사고 시 오동작하지 않는 범위 내에서 최솟값
무효전력계전기	32Q	단락사고 보호		배후계통 최소조건하에서 상대단 모선 2상 단락 사고 시 유입 무효전력의 1/3 이하
부족전력계전기	32U	부족전력 검출		상시 병렬운전 발전 상태에서 전력계통 동요 및 외부 사고 시 오동작하지 않는 범위 내에서 최솟값, 계전기의 동작은 발전기의 운전상태에서만 차단기 트립되도록 한다.
과전압계전기	59	과전압 보호	순시정정치의 120[%]에서 2초	• 순시형 : 정격전압의 150[%] • 반한시형 : 정격전압의 115[%]
저전압계전기	27	사고검출 또는 무전압 검출	감시용 0.2~0.3초	정격전압의 80[%]
주파수계전기	81O/81U	주파수 변동 검출	0.5초/1분	• 과주파수 : 63[Hz] • 저주파수 : 57[Hz]
과전류계전기	50/51	과전류 보호	TR 2차 3상 단락 시 0.6초 이하	• 순시 : 단락보호 • 한시 : 150[%]에서 과부하보호 및 후미보호

③ 연계 계통 이상 시 태양광발전시스템의 분리와 투입 만족 조건
  ㉠ 정전·복전 후 5분을 초과하여 재투입
  ㉡ 차단장치는 한전계통의 정전 시 투입이 불가능하도록 시설
  ㉢ 단락 및 지락고장으로 인한 선로 보호장치 설치
  ㉣ 연계 계통 고장 시에는 0.5초 이내 분리하는 단독운전 방지장치 설치

④ 분산형 전원을 송전사업자의 특고압 전력계통에 연계하는 경우
  ㉠ 계통 안정화 또는 조류 억제 등의 이유로 운전제어가 필요할 경우 분산형 전원에 필요한 운전 제어 장치를 시설한다.
  ㉡ 연계용 변압기 중성점의 접지 : 전력계통에 연결되어 있는 다른 전기설비의 정격을 초과하는 과전압을 유발하거나 전력계통의 지락고장 보호협조를 방해하지 않도록 하는 시설

⑤ 역송전이 있는 저압 연계 시스템(계통 연계 보호계전기)
  ㉠ 저전압계전기, 저주파수계전기, 과전압계전기, 과주파수계전기로 구성된다.
  ㉡ 보호계전기의 설치장소는 인버터의 출력점이 좋다.

⑥ 역송전이 있는 고압 연계 시스템(계통 연계 보호계전기)
  ㉠ 저전압계전기, 저주파수계전기, 과전압계전기, 과주파수계전기, 지락과전류계전기, 지락과전압계전기로 구성된다.
  ㉡ 고압 연계의 보호계전기의 설치장소로는 태양광발전소 구내 수전보호 배전반에 설치해야 한다.
  ㉢ 계통 연계 보호장치는 전력회사와 사전에 협의하여 결정한다.

(14) 태양광 인버터 기능에 관한 그 외 내용정리
① 계통 연계 보호장치는 일반적으로 인버터에 내장되어 있는 경우가 많다.
② 특고압 연계에서의 보호계전기 설치장소 : 특고압 연계에서는 보호계전기의 설치장소로 지락 과전류계전기(OCGR)를 수용가 특고압측에 설치하여 과전류, 과주파수, 저주파수계전기 인버터에 출력점에 설치하는 것이 보호기능면에서 좋다.

4 태양광발전 모듈의 온도계수 특성 등

(1) 태양전지 모듈에 입사된 태양에너지가 변환되어 발생하는 전기적 출력의 특성을 전류(I)-전압(V) 특성이라 하며, IV곡선이라고 한다.

(2) 최대출력(P_{max}) = 최대출력 동작전류(I_{mp}) × 최대출력 동작전압(V_{mp})

> **Check!** 1 [kW/m²]란?
> 태양전지 모듈의 출력 측정기준은 AM 1.5, 1[kW/m²]에서 동작할 때를 기준으로 하는데 이는 지구의 중위도(정중앙 위도 AM 1.5)에서의 태양빛 스펙트럼을 나타내고 아주 맑을 때 수직으로 태양빛을 입사했을 때의 강도(1[kW/m²])를 의미한다.

(3) 태양광 모듈의 특성

태양전지 모듈은 태양빛을 받아 전력을 생산하는 반도체 소자로서 최대출력, 단락전류, 개방전압, 충진율, 변환효율 등의 지표는 태양전지의 성능과 시장에서의 거래 가격을 결정하는 주원인이다.

① 모듈의 전압-전류특성
  ㉠ 단락전류(I_{SC}) : 정부극 간을 단락한 상태에서 흐르는 전류로서 임피던스가 낮을 때 단락회로 조건에 상응하는 셀을 통해 전달되는 최대전류를 말한다. 이 상태는 전압이 0일 때 스위프 시작에서 발생한다. 즉, 이상적인 셀은 최대전류값이 빛 입자에 의해 태양전지에서 생성된 전체 전류이다.
  ㉡ 개방전압(V_{OC}) : 정부극 간을 개방한 상태의 전압으로서 셀 전반의 최대전압 차이이고, 셀을 통해 전달되는 전류가 없을 때 발생한다.
  ㉢ 최대출력 동작전압(V_m) : 최대출력 시의 동작전압
  ㉣ 최대출력 동작전류(I_m) : 최대출력 시의 동작전류

> **Check!** 태양전지 모듈의 전류-전압 특성
>
>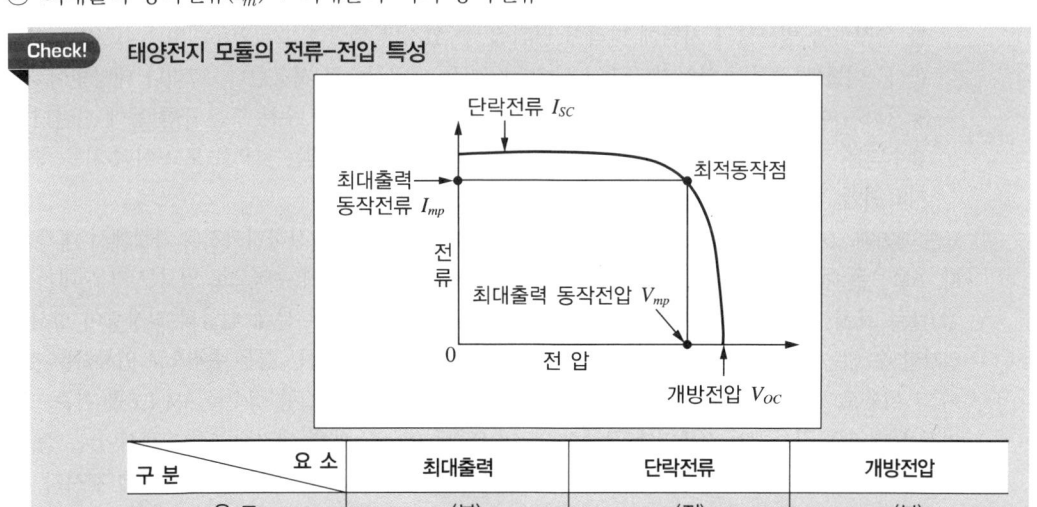
>
> | 구 분 \ 요 소 | 최대출력 | 단락전류 | 개방전압 |
> |---|---|---|---|
> | 온 도 | -(부) | +(정) | -(부) |
> | 일사강도(방사조도) | +(정) | +(정) | -(부) |

> **Check!**
> 충진율$(FF) = \dfrac{I_m \cdot V_m}{I_{sc} \cdot V_{oc}}$
>
> 효율$(\eta) = \dfrac{I_m \cdot V_m}{A_{cell} \cdot P_{light}}$ (A_{cell} : 태양전지 면적, P_{light} : 입사광의 조사강도)

② 태양광 모듈의 저항 특성

  ㉠ 병렬저항의 요소
   - 접합의 결함에 의한 누설저항과 전위
   - 측면의 표면 누설저항
   - 결정이나 전극의 미세균열에 의한 누설저항
   - 결정입계에 따라 발생하는 누설저항

  ㉡ 직렬저항의 요소
   - 표면층의 면 저항
   - 기판 자체 저항
   - 금속 전극 자체의 저항

  ㉢ 병렬과 직렬 요소의 특성
   - 병렬저항이 직렬저항보다 큰 출력 손실을 발생시킨다.
   - 낮은 병렬저항은 누설전류가 발생된다.
   - P-N접합의 빛 생성 전압과 전류를 감소시킨다.
   - 시판되는 태양전지의 병렬저항은 일반적으로 $1[k\Omega]$보다 상당히 크다.
   - 시판되는 태양전지의 직렬저항은 일반적으로 $0.5[\Omega]$ 이하이다.

③ **표준측정방법** : 태양전지 모듈의 방사조도 특성을 평가할 경우 태양광의 방사조도와 분광분포를 모의시험한 솔라 시뮬레이터에 의한 옥내측정을 말한다.

  ㉠ 방사조도 : 태양으로부터 방사되는 에너지 중에서 지구에 도달하는 에너지의 크기를 말하며 지구 지표면의 단위면적당 작용하는 에너지의 크기로 단위는 $[W/m^2]$이다. 태양으로부터 오는 태양에너지의 방사조도를 측정하면 일조량과 지역에 따라서 달라질 수 있지만 대략 $1,325[W/m^2]$와 $1,412[W/m^2]$가 된다고 한다. 이를 평균하여 얻어지는 값 $1,367[W/m^2]$를 태양상수로 사용한다. 그러나 태양빛이 지구표면에 닿기까지 대기를 통과하는 과정에서 태양빛이 대기 중의 먼지나 수분 또는 구름 등에 산란되거나 반사, 흡수되는 것을 제외한 나머지 약 $1,000[W/m^2]$가 지표면에 방사되는 것으로 보고 이 수치를 태양으로부터 지표면에 작용하는 방사조도값의 표준으로 하고 있다.

④ **표준 에어매스(AM ; Air Mass)** : AM은 태양의 직사광이 지표면에 입사하기까지의 과정에서 대기질량정수이다. AM 0은 대기권 밖에서의 일조량이며, 태양의 직사광이 지표면에 수직으로 입사한 경우 대기질량정수는 AM 1로 표시한다. 그러나 지구의 자전에 의해 지표면의 일정한 부분에 태양의 직사광이 항상 수직으로 입사할 수 없음으로 태양의 직사광이 지표면에 경사를 가지고 입사하는 경우 수직으로 입사하는 것과 비교하여 그 비율로 AM 정수로 표시한다. 따라서 표준시험조건에서 대기질량 정수를 AM 1.5를 기준으로 하는데, 이것은 태양의 직사광이 지표면에 경사각 약 48.18°로 입사할 때의 대기질량정수 표시이다. 즉, 직사광이 지표면에 경사각 48.18°로 입사할 때의 대기질량정수 표시이므로, 직사광이 지표면에 경사각 48.187°로 입사하면 수직으로 입사할 때보다 태양광의 통과거리가 약 1.5배가 된다는 뜻이다.

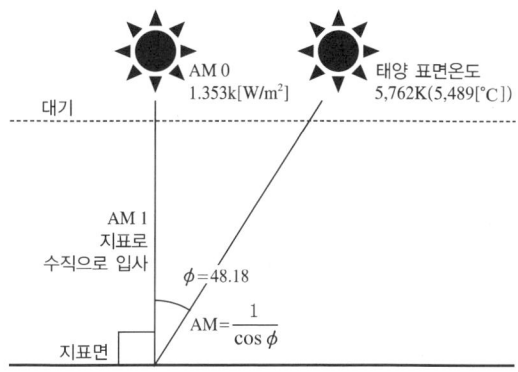

※ Air Mass(대기질량정수) : 수직으로 태양광선이 대기를 지나가는 경로의 길이 비

일반적으로 태양광발전의 경우 태양빛이 가장 강렬한 여름철에 가장 발전량이 많을 것으로 예상할 수 있지만, 실제로는 그렇지 않다. 이것은 다음 그림과 같이 태양전지의 일사량과 온도특성곡선에서 보듯이 태양전지표면의 온도가 같을 때 일사량이 많이 조사되면 태양전지의 전류가 증가하여 출력용량이 증가하지만, 반대로 방사량이 일정하고 태양전지의 표면온도가 외기온도에 비례해서 상온보다 20~40[℃] 높아지면 태양전지에서 발생하는 전압이 낮아지기 때문에 태양전지의 출력용량도 줄어든다. 이 때문에 방사량이 같을 경우 태양광발전설비의 출력량은 여름철보다 겨울철이 더 클 수 있다. 그리고 아몰퍼스 박막형 태양전지는 초기열화에 의해 출력의 저하가 발생하지만 온도상승에 따른 출력 감소는 온도 상승 1° 대비 0.25[%] 정도로 결정질계 기판형 태양전지에 비해서 적다.

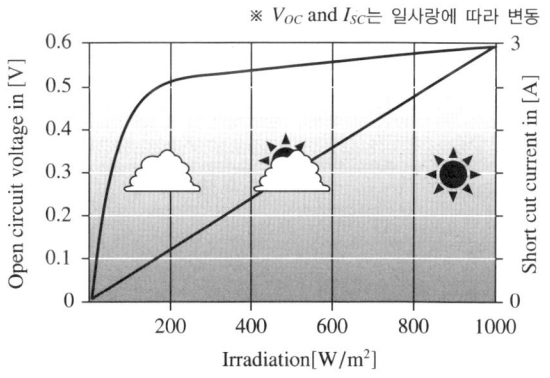

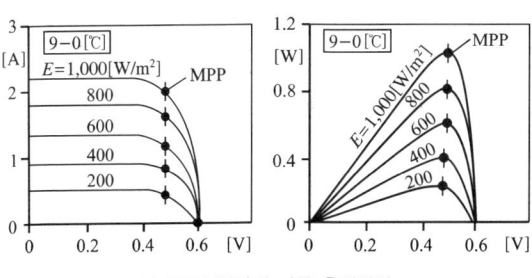

일사량의 변화에 따른 출력변화

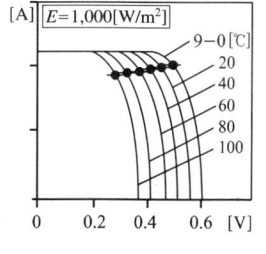

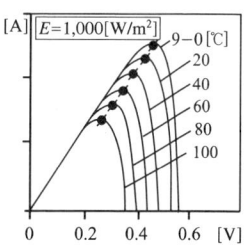

온도변화에 따른 출력변화

㉠ AM의 색에 의한 구분 : AM이 크게 되면 짧은 파장의 빛이 대기에 흡수되어 붉은 빛이 많아지고, AM이 작게 되면 푸른 빛이 강해진다.

㉡ AM의 구분

구 분	내 용
AM 0	우주공간에서의 조사에너지로 1,353[kW/m^2](태양정수)
AM 1	적도상에서 수직일사(태양고도 90°), 천정각 0°, 해발 0[m], 약 1[kW/m^2]
AM 1.5	경사각 θ가 약 42°(천정각 48°), 약 1[kW/m^2](표준사양)
AM 2	경사각 θ가 30°(천정각 60°), 약 0.75[kW/m^2]

⑤ **온도특성** : 태양전지 모듈은 온도가 상승하면 출력이 내려가고 온도가 하강하면 출력이 올라가는 부(-)의 온도특성이 있다. 방사를 받는 태양전지 모듈의 표면온도는 외기온도에 비례해서 맑은 날에는 20~40[℃] 정도 높아지므로 기준 상태에서의 출력에 비해 저하된다. 또한 계절에 따른 온도변화로 출력이 변동하고 방사조도가 동일하면 여름철에 비해 겨울철의 출력이 크다. 방사조도와 동일하게 태양전지 모듈 온도가 상승하는 경우 개방전압이나 최대출력이 저하한다.

(4) 태양전지 모듈의 구조

내후성이 뛰어난 충전재로 봉한 태양전지 셀을 수광면의 프런트 커버와 내후성 필름의 후면시트 사이에 끼운 구조로 되어 있다. 또한 모듈의 주위를 기계적으로 보호하고 태양전지 어레이에 설치하기 위한 설치부가 있다. 프레임은 주변부의 Seal 성능 향상을 위해 보통 고무로 만든 Seal재가 사용되며, 태양전지 셀 사이에는 도전재료인 내부 연결전극이 접속되고, 뒷면에는 모듈 사이를 전기적으로 접속하기 위한 단자함이 설치되어 이에 출력리드선이 접속되며 앞쪽 끝에는 방수 커넥터가 접속되어 있다.

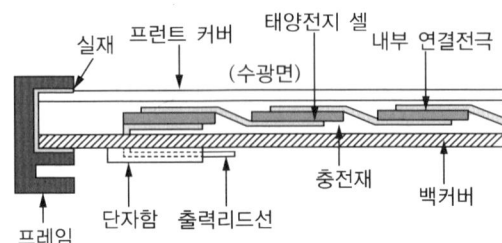

- 프런트 커버(표면재) : 보통 90[%] 이상의 투과율을 확보하고 높은 내충격력을 보유한 약 3[mm] 두께의 백판 열처리 유리 혹은 저철분 강화유리 등이 일반적으로 사용되고 있다. 일부 아크릴, 폴리카보네이트, 불소수지 등의 합성수지도 이용되고 있다.
- 설치용 구멍 : 태양전지 모듈을 구조물 등에 설치하기 위해 직경 6~9.7[mm]의 설치용 구멍이 양쪽 긴 방향 프레임에 3~4개씩, 합 6~8개 정도가 필요하다. 이외에도 직경 4~6.5[mm]의 지면 설치용과 배선용 구멍을 필요로 한다.
- 프레임 : 알루마이트로 내식처리를 한 알루미늄 표면에 아크릴 도장을 한 프레임재가 일반적으로 사용되며, 긴 방향 구조는 크게 ㄷ자형과 중공형이 있다. 설치 리브(Rib)의 대부분은 내측에 설치되어 있으나 외측으로 낸 것도 있다.

- 충전재 : 실리콘 수지, 폴리비닐부티랄(PVB ; Polyvinyl Butyral), 에틸렌초산비닐(EVA ; Ethylene Vinyl Acetate)이 많이 사용된다. 처음 태양광 모듈을 제조할 때에는 실리콘 수지가 대부분이었으나 충진할 때 기포방지와 셀이 상하로 움직이는 균일성 유지에 시간이 걸리기 때문에 현재는 PVB와 EVA가 많이 이용된다.
- Back Sheet : 재료 대신 유리를 이용한 것을 더블 글래스 타입이라고 한다. 이 더블 글래스 타입은 다소 오래된 타입이지만 현재에도 유럽을 위주로 미국 일부에서도 사용되고 있다.
- Seal재 : 전극리드의 출입부나 모듈의 단면부를 Sealing 하기 위해 이용되며, 재료로서는 실리콘 실란트, 폴리우레탄, 폴리설파이드, 부틸고무 등이 있다. 현재는 작업의 편의성을 고려하여 테이프 형태의 부틸고무 제품을 가장 많이 사용한다.

> **Check! 조립순서**
> 프런트 커버(표면재 저철분 강화유리) → EVA(충진재) → 태양전지 셀(금속리본으로 연결) → EVA(충진재) → 백 커버(Back Sheet) → 프레임 조립

① 태양전지 모듈의 프레임 구조 종류

종 류	모듈타입
박막형	플렉시블 슈퍼 스트레이트 서브 스트레이트
벌크형	더블유리 슈퍼 스트레이트 서브 스트레이트 엔 케이프

② 태양광 모듈에 사용하기 위한 EVA(Ethylene Vinyl Acetate) Sheet의 요구조건
  ㉠ -40~90[℃]에서도 구성품의 변형 및 파손이 없어야 한다.
  ㉡ 전기적으로 절연이 되어야 한다.
  ㉢ 높은 투과율이 유지되어야 한다(90[%] 이상).
  ㉣ 모듈 제조 시 취급이 간편해야 한다.
  ㉤ 수명이 반영구적이어야 한다(약 20~25년 이상).
  ㉥ 외부 환경과 물리적인 충격에 태양전지의 파손이 없어야 한다.
  ㉦ 염해 및 온도의 변화에 따라서 모듈에 손상이 없어야 한다.
  ㉧ 급변하는 온도에 태양광 모듈 형태의 변화가 없어야 한다(공기층 형성, 탈착, 이탈, 변색).

③ EVA의 종류
  ㉠ Fast Cure용 : 동일한 라미네이터 내에서 라미네이션과 큐어링을 동시에 수행할 때 사용된다.
  ㉡ Standard Cure용 : 대규모 자동화 라인에서 많이 사용하는 방법으로 별도의 큐어 오븐에서 큐어링을 실시하게 된다.
  ㉢ EVA Sheet용

(5) 단자함 및 기타

① 단자함
- ㉠ 태양광 모듈로부터 생성된 전기를 연결시켜 주는 주요한 부속품이다.
- ㉡ 단자함 내부의 전기회로 연결부는 동 및 황동이 사용된다.
- ㉢ 단자함 내부에 위치한 전기회로 연결부에 습기나 비가 직접 침투하지 못하도록 고분자 재료의 보호 커버로 구성되어 있다.
- ㉣ 이 보호 커버와 태양광 모듈의 후면 백 시트와 실리콘 또는 접착 양면 고무테이프 등 고분자 재료를 사용해서 부착시켜야 된다.
- ㉤ Seal재는 전극리드의 출입부나 모듈의 단면부를 Sealing 하기 위해 사용되며 재료로서는 부틸고무, 실리콘 실란트, 폴리설파이드, 폴리우레탄 등이 많이 사용된다.
- ㉥ 단자함 및 모듈에서 출력을 끌어내는 리드선(절연케이블)이 하나로 연결되어 있다.
- ㉦ 리드선의 앞쪽 끝에는 전용 방소 커넥터가 부착되어 있기 때문에 다른 모듈과 외부 케이블 연결이 가능하다.
- ㉧ 내부에는 방수를 위해서 실리콘계 포팅재가 충전되어 있다.
- ㉨ 모듈 내의 리드선은 단자함 내에서 절연케이블을 사용하여 단자함 밖으로 (+), (−) 한 줄씩 두 줄이 나오게 되는데, 이 경우 다른 모듈과 병렬 또는 직렬연결이 가능해진다.

② 단자함의 구성요소
- ㉠ 리드선 : 보통 가교 폴리에틸렌 절연 비닐시스 케이블(CV케이블)이 사용된다. 근래에는 에코케이블도 사용되고 있으며 규격은 각 회사별 모듈의 출력에 따라 다르며 케이블의 색에 따른 표시 또한 각 회사 및 국가별로 다르다. 리드선은 극성을 표시할 때에는 케이블에 플러스(+)와 마이너스(−)의 마크 표시를 케이블 색에 따라 해야 한다.
- ㉡ 바이패스소자 : 출력저하 및 발열억제를 위해 단자함 안에 바이패스 다이오드를 내장한다.
  - 직렬접속에서는 모든 전류가 같은 값이기 때문에 하나의 스트링에 흐르는 전류의 크기는 전류가 가장 적은 패널로 결정된다.
  - 전류가 적은 패널은 전류 발생능력이 높은 다른 패널에서 무리하게 전류를 흘리려고 하기 때문에 바이패스 다이오드를 패널과 병렬로 넣어서 전류의 우회 동작회로로 작동시킨다.
  - 전체 파워 다운의 영향을 줄여 준다. 이것은 셀 레벨이든 모듈 레벨이든 직렬 접속되어 있는 경우에 가능하다. 실제로 바이패스 다이오드는 패널에 내장되어 있다.
  - 모듈의 집합체 어레이는 직렬접속인 경우 바이패스 다이오드를, 병렬접속인 경우 역전류 방지 다이오드를 넣어 전체의 특성을 유지한다.
- ㉢ 역전류방지 다이오드
  - 1대의 인버터에 연결된 태양전지 직렬군이 2병렬 이상일 경우에는 각 직렬군에 역전류방지 다이오드를 별도의 접속함에 설치해야 한다.
  - 접속함에는 발생하는 열을 외부에 방출할 수 있도록 환기구 및 방열판 등을 갖추어야 한다.
  - 용량은 모듈 단락전류의 2배 이상이어야 하며 현장에서 확인할 수 있도록 표시하여야 한다.

- 태양전지를 병렬로 접속할 때 전류의 역류를 방지하는 다이오드이다.
  - 모든 태양전지에 똑같이 빛을 가하면 각 스트링의 출력전압이 일치하는 경우는 상관없지만 부분적인 그림자 등으로 인해 스트링마다 전압이 다를 경우가 발생하게 되는데, 이때 전압이 높은 스트링에 전압이 낮은 스트링으로 전류가 흘러들어 손실이 발생한다.
  - 이것을 방지하기 위해 병렬접속할 경우에는 역전류 방지 다이오드를 삽입하여 전류를 합성한다.
  - 보통 주택용 접속 박스에는 역전류방지 다이오드로 대용량 역전류방지·바이패스용 쇼트키 다이오드가 3개 들어가 있다.

③ 커넥터(접속 배선함) : 태양전지판의 프레임은 냉각 압연강판 또는 알루미늄 재질을 사용하여 밀봉 처리되어 빗물 침입을 방지하는 구조이어야 하며 부착할 경우에 흔들림 없이 고정되어야 한다. 그리고 태양전지판 결선 시에 접속 배선함 구멍에 맞추어 압착단자를 사용하여 견고하게 전선을 연결해야 하며 접속 배선함 연결부위는 방수용 커넥터를 사용해야 한다.

④ 태양전지 모듈의 뒷면에 표시되는 내용(KSC-IEC 규격)
  ㉠ 제조연월일 및 제조번호
  ㉡ 제조연월을 알 수 있는 제조번호
  ㉢ 공칭질량[kg]
  ㉣ 제조업자명 또는 그 약호
  ㉤ 공칭 개방전압(V)
  ㉥ 공칭 개방전류(I)
  ㉦ 공칭 최대출력(P)
  ㉧ 내풍압성의 등급
  ㉨ 공칭 최대출력 동작전압(V)
  ㉩ 공칭 최대출력 동작전류(A)
  ㉪ 최대시스템 전압
  ㉫ 어레이의 조립 형태
  ㉬ 역 내

(6) 태양전지 모듈의 종류

① 모듈의 종류 : 그 모양과 셀의 종류 그리고 용도에 따라 결정된다.
  ㉠ 결정질 실리콘 모듈
  ㉡ 비결정질 박막형 모듈
  ㉢ 휘어지는 플렉시블 모듈
  ㉣ 지붕 기와형 모듈
  ㉤ 원형 모듈
  ㉥ 삼각형 모듈
  ㉦ 유리창으로 쓸 수 있는 건축자재 일체형 모듈(BIPV)

② 모듈의 등급별 용도

등급	용도
A	• 접근 제한 없음. 위험한 전압과 전력용 • 직류 50[V] 이상 또는 전력 200[W] 이상에서 동작하는 것으로 일반인의 접근이 예상되는 곳에 사용
B	• 접근 제한. 위험한 전압과 전력용 • 울타리나 위치 등으로 공공의 접근을 금지한 시스템이며 사용이 제한
C	• 제한된 전압과 전력용 • 직류 50[V] 미만 또는 전력 240[W] 미만에서 동작하는 것으로 일반인의 접근이 예상되는 곳에서 사용

(7) 태양광 모듈 관련 그 외 정리

① 태양전지 모듈의 외형적인 모양 : 그 형상이 사각형이나 정사각형에 가까운 직사각형의 모양을 하고 있다.

② 폴리비닐부티랄(PVB ; Polyvinyl Butyral)과 에틸렌초산비닐(EVA ; Ethylene Vinyl Acetate) 비교

	PVB	EVA
광투과율	낮다.	높다.
자외선 노출	강하다.	약하다.
가 격	저 가	고 가
내습성	낮다.	높다.
밀착도	낮다.	높다.

③ 단자함 내부 재질 : 방수를 위해 실리콘계 포팅재가 충전되어 있다.

④ 기대수명 : 태양전지 모듈은 안전성 및 내구성을 감안하여 고안 및 설계해야 하며, 약 20년 이상의 내용연수가 기대된다.

(8) 시공 설치 관련 분류의 정의

① 태양광 모듈의 인증
  ㉠ 모듈은 신재생에너지센터에서 인증한 것을 사용해야 한다. 다만, 건물일체형인 경우 인증모델과 유사한 형태의 모듈을 사용할 수 있다. 이럴 때에는 용량이 다른 모듈에 대해 신재생에너지설비 인증에 관한 규정상의 발전 성능시험 결과가 포함된 시험 성적서를 제출하여 규격 모델임을 입증해야 한다.
  ㉡ 기타 인증 설비가 아닌 경우에는 분야별위원회의 심의를 거쳐 신재생에너지센터 소장이 인정하는 경우에만 사용이 가능하다.

② 태양광 모듈 설치용량 : 사업계획서상에 제시된 설계용량 이상이어야 하고, 설계용량의 110[%]를 초과할 수 없다.

③ 모듈의 설치방향과 경사각도
  ㉠ 최적 설치방향(방위각) : 정남향으로 설치하여 그림자의 영향을 받지 않아야 한다. 건축물의 디자인 등에 부합되도록 현장여건에 따라 정남향으로 디자인해야 한다.
  ㉡ 최적 경사각도 : 태양전지 모듈과 태양광선의 각도가 90°가 되게 해야 한다.

ⓒ 일사시간
- 장애물로 인한 음영에도 일사시간은 1일 5시간 이상이어야 한다. 그리고 안테나, 피뢰침, 전기줄 등 경미한 음영은 장애물로 취급하지 아니한다.
- 태양광 모듈 설치 열이 2열 이상일 경우 앞 열은 뒷 열에 음영이 생기지 않도록 설치해야 한다.

④ 부식과 고정 : 부식이 되지 않도록 현장의 여건과 상황에 따라 설치해야 하며, 모듈의 자체 하중과 바람의 압력, 충격, 눈과 비의 하중을 고려하여 용량별 어레이로 구성된 프레임 위에 견고하게 고정시켜야 한다.

⑤ 내진대책
 ㉠ 태양광발전시스템은 건물의 외벽이나 옥상, 옥외지상 지역에 설치하기 때문에 비용이 많이 들어가게 된다. 그러므로 내진대책이 꼭 필요하다.
 ㉡ 지진과 강풍 같은 자연재해와 인공적인 재해들이 성능에 지장을 주지 않도록 설치해야 한다.
 ㉢ 강풍 내진대책
  - 면진설계 : 지진파와 건축물 등의 진동이 공진점에 도달하지 않고 피할 수 있도록 설계하는 방법
  - 내진설계 : 설비 자체를 내진에 견딜 수 있도록 충분히 검토해서 설계하는 방법

(9) 태양전지 모듈의 시공 및 설치 방식의 특징

① 지붕 설치형
 ㉠ 평 지붕형
  - 아스팔트 방수, 시트 방수 등의 방수층 위에 철골가대를 설치하고 그 위에 태양전지 모듈을 설치하는 형태이다.
  - 주로 학교 관사 옥상이나 청사에 설치하는 공법으로서 각 모듈 제조회사의 표준사양으로 되어 있다.
 ㉡ 경사 지붕형
  - 착색 슬레이트, 금속지붕, 기와 등의 지붕재에 전용 지지기구와 받침대를 설치하여 그 위에 태양전지 모듈을 설치하는 형태이다.
  - 주로 주택용 설치공법으로서 각 모듈 제조회사의 표준사양으로 되어 있다.

② 지붕 건재형
 ㉠ 지붕재형
  - 태양전지 모듈 자체가 지붕재로서의 역할을 하는 형태이다.
  - 지붕재와의 배합이 가능하다.
  - 주로 신축 주택용 건물에 설치된다.
 ㉡ 지붕재 일체형
  - 주변 지붕재와 동일한 형상을 하고 있기 때문에 지붕과 일체감이 있고 건축의 미적 디자인을 손상시키지 않는다.
  - 금속지붕, 평판기와 등의 지붕재에 태양전지 모듈을 부착시킨 형태이다.
  - 방수성, 내구성 등 지붕의 여러 기능을 겸비한다.

③ 벽 건재형
　㉠ 셀의 배치에 따라 개구율을 변경할 수 있다.
　㉡ 알루미늄 새시의 활용 등 지지공법이 다양하다.
　㉢ 태양전지 모듈이 벽재로서의 기능을 하는 형태이다.
　㉣ 주로 커튼월 등으로 설치되어 있다.
④ 벽 설치형
　㉠ 벽에 가대 등을 설치하고 그 위에 태양전지 유리를 설치한 형태이다.
　㉡ 중·고층건물의 벽면을 유효적절하게 활용할 수 있다.
⑤ 톱라이트형(삼각형 모양처럼 생긴 사각형)
　㉠ 톱라이트로서의 채광 및 셀에 의한 차폐효과가 있다.
　㉡ 톱라이트의 유리부분에 맞게 태양전지 유리를 설치한 형태이다.
　㉢ 셀의 배치에 따라 개구효율을 변경할 수 있다.
⑥ 창재형
　㉠ 채광성, 투시성 등 유리창의 기능을 보유하고 있는 형태이다.
　㉡ 셀의 배치에 따라 개구율을 변경할 수 있다.
⑦ 난간형
　㉠ 수직으로 설치하므로 공간적인 여유가 있고, 가대가 불필요하며 옥상에 설치하지 않기 때문에 그 공간을 유효적절하게 활용할 수 있다.
　㉡ 양면수광형 태양전지 모듈 등 수직설치공법이 가능하다.
⑧ 차양형 : 창의 상부 등 건물 외부에 가대를 설치하고 태양전지 모듈을 설치하여 차양기능을 보완한 형태로 한국에너지기술연구원에 설치되어 있다.
⑨ 루버형
　㉠ 개구부의 블라인드 기능을 가지고 있는 형태이다.
　㉡ 기존 루퍼재와 같은 의장성을 재현하여 건축의 디자인을 손상시키지 않고도 설치할 수 있다.
⑩ 설치방식과 형태 결정에서 주요한 고려요소
　㉠ 통 풍　　　　　　　　　　㉡ 온 도
　㉢ 습 도　　　　　　　　　　㉣ 조 도

(10) 태양광 모듈의 설치 분류에 관한 그 외 정리
① 우리나라에서 일반적으로 최대의 일사 획득이 가능한 방위는 정남향이다. 시스템이 정서 또는 정동향으로 설치되는 경우 보통 정남향으로 설치했을 때의 60[%] 정도의 일사량만을 획득하는 것으로 나타났다.
② 최대 전력생산에서 가장 중요한 요소인 일사량은 위도에 따라 변화하며, PV시스템의 설치 위치 즉, 방위각과 경사각에 의해 결정되어야 하며 지역별 특성에 따라 다소 다르게 나타난다.
③ 경사각은 그 지역의 위도에 의해 결정되는데 우리나라는 일반적으로 수평면으로부터 경사각이 30~35°가 적절하다.
④ 태양전지 모듈은 고온일수록 출력이 저하되므로 태양전지 모듈의 발열을 저감시킬 수 있도록 통풍이나 기타 온도 저감 방안이 모듈설치 시 반드시 모색되어야 한다.

제3절 태양광발전시스템 구성요소 개요

1 태양전지

(1) 태양전지란?

햇빛을 받을 때 빛에너지를 직접 전기에너지로 변환하는 반도체 소자를 말하지만 일반적으로 태양전지 셀, 태양전지 모듈, 태양전지 어레이 등을 총칭하기도 한다. 근래에는 태양광발전전지(Photovoltaic Cell)라는 용어로 통일하여 사용하고 있다. 태양전지의 종류로는 실리콘 태양전지, 화합물 반도체 태양전지, 염료 태양전지, 고분자 태양전지 등이 있다.

① 태양전지는 반도체 물질로 구성되는데 태양빛이 태양전지 내에 흡수되면 태양전지 내부에서 정공, 전자가 1쌍으로 만들어진다.
② 생성된 쌍은 P-N접합에서 발생한 전기장에 의해 정공은 (+), 전자는 (-)가 생성되어 각각의 표면에 있는 전극으로 수집된다.
③ 수집된 전하는 외부회로에 부하가 연결된 경우 부하에 흐르는 전류로서 부하를 동작할 수 있는 에너지원으로 사용하게 된다.

(2) 태양전지의 기본 구조

결정질의 실리콘 태양전지는 실리콘에 붕소를 첨가한 P형 반도체와 그 표면에 인을 확산시킨 N형 반도체를 접합한 P-N접합 형태의 구조로 되어 있다. P형 반도체는 다수의 정공(+)을 가지고 있으며, N형 반도체는 다수의 전자(-)를 갖는다.

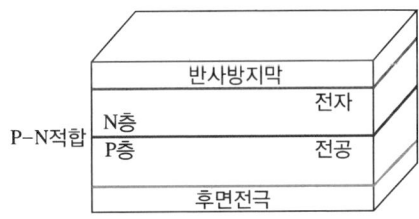

(3) 태양전지 구동순서

① **태양광 흡수** : 태양광이 실리콘 내부로 흡수되어 태양광의 양을 증가시키기 위해 실리콘 표면에 반사방지막을 증착시켜서 표면을 거칠게 한다. 반사방지막은 반사율을 감소시킨다.
② **전하생성** : 흡수된 태양빛에 의해 P-N접합 내의 전자결합이 끊기면 반도체 내에서 정공과 전자의 전기를 갖는 정공과 전자가 발생하여 각각 자유롭게 태양전지 속에서 움직인다.
③ **전하분리** : 태양전지 속을 자유로이 움직이다가 정공(+)은 P형 반도체로, 전자(-)는 N형 반도체로 모이게 되면서 전위차가 발생하게 된다.
④ **전하수집** : 태양광이 흡수되면 전위차가 발생하게 되는데 정공이 모인 쪽을 P형 반도체인 양극이 되고, 전자가 모인 쪽은 N형 반도체인 음극이 된다.

(4) 전하의 수집확률

① 흡수된 태양광에 의해 생성된 Carrier가 P-N접합에 의해 수집될 확률(분리되어 전극으로 이동되는 가능성을 말한다)
② Carrier의 이동거리가 클수록, P-N접합 영역에서 멀수록 감소한다.
③ 표면층의 Carrier는 재결합률이 높으므로 수집확률이 감소한다(산화막이나 질화막으로 코팅하여 감소).

(5) 양자효율

① 특정에너지를 가지고 태양전지에 입사된 광자의 개수대비 태양전지에 의해 수집된 Carrier(반송자) 개수의 비율
② 특정파장의 모든 광자들이 흡수되고 그 결과 소수 Carrier들이 수집되면 그 특정파장에서 양자효율은 1이 된다.
③ 태양전지의 양자효율은 대부분 재결합효과 때문에 감소한다.
④ Band Gap보다 낮은 에너지를 가진 광자들의 양자효율은 0이 된다.

(6) 태양전지의 전압과 전류의 조정

태양전지에서 전압의 세기는 여러 장의 태양전지를 직렬로 연결시켜 조정하고, 전류의 세기는 병렬연결이나 태양전지의 면적으로 조정할 수 있다.

(7) 태양전지의 가장 큰 특성

태양전지는 전지라고 부르기는 하지만 축전지(Battery)처럼 전기를 저장하지 못한다. 즉, 건전지나 납축전지와는 그 구조나 특성이 전혀 다른 제품이다. 건전지나 납축전지는 생산된 전기를 저장하는 기구이며, 태양전지는 빛이 있을 때 전기를 생산하는 기능만 가능하다.

(8) 반도체의 개념

반도체란 도체와 부도체의 중간 형태로서 일정한 전압 즉, 규격전압이 인가되면 도체화되고, 규격전압 이하이거나 이상이 되면 부도체화되는 소자이다. 반도체의 기본적인 재료로 사용되는 것은 실리콘(Si)과 게르마늄(Ge)이 있는데, 순수한 물질로서 순도가 높은 반도체를 진성 반도체(4가)라고 하며 실리콘과 게르마늄이 최외곽 궤도에 4개의 전자를 가지고 있기 때문에 4가 물질이라 한다. 즉, 최외각 궤도의 4개의 전자는 각각 서로 다른 원자와 전자를 공유하는 결정체 구조로 구성되어 있다. 이런 공유 결합으로 인해 절연체가 되고 전기적으로는 사용할 수가 없기 때문에 불순물을 첨가(Doping)하게 되는데 여기서 만들어진 반도체를 불순물 반도체라고 한다. 이 불순물 반도체는 4가 원소인 실리콘에 3가 원소(알루미늄, 붕소, 갈륨)를 첨가하여 P형 반도체를 만들고, 4가 원소인 실리콘에 5가 원소(비소, 안티몬, 비소)를 첨가하여 N형 반도체를 만든다. 그래서 P형과 N형을 결합하여 P-N접합 다이오드를 만들 수 있고, 이러한 원리를 이용하여 태양전지에 사용한다.

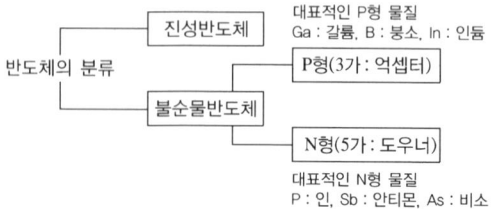

(9) 태양전지의 변환효율

태양광을 전기에너지로 바꾸어 주는 태양전지의 성능을 결정하는 중요한 요소 가운데 하나로서, 같은 조건하에서 태양전지 셀에 태양이 조사되었을 경우 태양광에너지가 발생시키는 전기에너지의 양을 말한다. 태양전지의 최대출력(P_{max})을 발전하는 면적(태양전지의 면적 : A)과 규정된 시험조건에서 측정한 입사조사강도(Incidence Irradiance : E)의 곱으로 나눈 값을 백분율로 나타낸 것이며 [%]로 표시한다.

① 태양전지의 변환효율

$$\eta = \frac{P_o(출력에너지)}{P_i(입력에너지)}$$

$$= \frac{I_m(최대출력\ 전류) \times V_m(최대출력\ 전압)}{P_i}$$

$$= \frac{V_{oc} \times I_{sc} \times FF}{P_i}$$

$$= \frac{최대출력(P_{max})}{태양전지\ 모듈의\ 면적(A) \times 조사강도(E)} \times 100[\%]$$

㉠ 태양전지의 최대출력

$$P_{max} = V_{oc}(개방전압) \times I_{sc}(단락전류) \times FF(충진율)$$

㉡ 공칭효율 : 국제전기규격표준화위원회(IEC TC-82)에서 지상용 태양전지에 대해서 태양복사의 공기질량 통화조건을 AM 1.5로 1,000[W/m²]라는 입사광 전력으로 부하조건을 바꾼 경우 최대 전기출력과의 비를 백분율로 표시한 것을 말한다.

㉢ 결정질 실리콘 태양전지의 효율 극대화에 관한 사항
  • 분리된 캐리어가 재결합되지 않고 축적이 되어야 한다.
  • 캐리어의 이동과 외부 전극과의 접촉 과정에서 각종 전기적인 저항손실을 최소화하여 전극패턴과 소재 선정 등을 고려해야 한다.
  • 빛의 흡수율을 극대화할 수 있는 구조의 디자인을 사용해야 한다.

② 태양전지의 종류 : 태양전지는 크게 실리콘계, 화합물계, 기타 태양전지로 구분하며, 실리콘계가 산업의 95[%] 이상을 차지하고 있다.

㉠ 실리콘계 : 단결정, 다결정, 비정질
㉡ 화합물계 : Ⅲ-Ⅴ형(GaAs, InP), Ⅱ-Ⅴ형(Cds/CdTe, CIS)
㉢ 기타 : 염료 감응형, 광화학 반응형, 유기물

③ 셀의 기본 크기 : 셀은 태양전지의 가장 기본적인 소자이며 태양전지 모듈을 구성하는 최소 단위로서 크기는 보통 5인치(125[mm] × 125[mm]), 6인치(156[mm] × 156[mm])이다. 모듈은 다수의 셀을 연결시켜 한 장의 패키지로 만든 제품을 말하며, 태양전지판 또는 솔라 패널이라 한다.

④ 태양전지 셀의 변환효율

㉠ 단결정질 : 16~18[%]

ⓒ 다결정질 : 15~17[%]
ⓒ 비정질 박막형 : 10[%]
※ 회사별 등급에 따라 차이가 조금씩 있지만 실리콘 결정질 셀의 최대이론효율은 약 29[%] 정도이다.
② 셀의 변환효율 계산
- 기본적인 변환효율(국제표준시험조건(NOCT))
  - 입사조도의 여건과 조건 : 스펙트럼(AM : 대기질량) 1.5, 풍속 1[m/s], 온도 25[℃], 1,000[W/m²]
- 실제적인 셀의 변환효율 계산식(먼저 표준조건에 입사되는 에너지 양을 계산한다)
  - 태양광 셀에 입사된 에너지 양[W]
    = 기본적인 셀 넓이(5인치(125[mm]×125[mm]), 6인치(156[mm]×156[mm]))×1,000[W/m²]
  - 태양전지 셀 최대출력(P_{max})
  - 셀의 변환효율(%) = $\dfrac{\text{태양전지 셀 최대출력}(P_{max})}{\text{태양광 셀에 입사된 에너지 양}(W)} \times 100[\%]$
⑩ 모듈의 변환효율
- 기본적인 조건은 셀의 변환효율과 동일하다.
- 실제적인 모듈의 변환효율 계산식(제조사의 모듈 사양에 따라 다르다)
  - 모듈의 출력(P_{max})[W] = 최대출력전압($V_{out(max)}$)[V] × 최대출력전류($I_{out(max)}$)[A]
  - 모듈의 크기 면적(A)[m²]
    예 모듈의 출력이 500[W]이고,
       모듈의 크기면적이 2,550[mm]×1,200[mm] = 3,060,000[mm²] = 3.06[m²]
       따라서, 500[W] 모듈의 출력에서 면적당 에너지 산출량은
       3.06[m²]×1,000[W·m²] = 3,060[W]
  - 모듈 변환효율[%] = $\dfrac{\text{태양전지 모듈의 출력}(P_{max})}{\text{모듈 면적당 에너지 산출량}} \times 100[\%]$
⑪ 태양전지 모듈의 효율비교
- 태양전지 모듈에서 효율이 높거나 낮다고 하는 것은 그 모듈이 똑같은 면적을 가졌을 때의 출력을 비교해야 한다.
- 출력이 100[W]의 표준전지 모듈은 표준조건하에서 출력 100[W]가 나온다. 출력은 모두 일정하지만 효율이 높은 제품은 그 효율의 비율만큼 제품의 크기가 작아진다.
- 태양전지 셀과 모듈의 효율이 다른 이유
  - 셀 5~6인치를 모듈로 만들고자 할 경우 셀과 셀의 빈 공간이 발생하게 된다.
  - 셀과 셀을 부착하여 선으로 연결을 할 때에도 전력손실이 발생한다.
⑤ **곡선인자(충진율 FF ; Fill Factor)** : 개방전압과 단락전류의 곱에 대한 최대출력전력(최대출력전류와 최대출력전압을 곱한 값)의 비율이다. FF값은 0에서 1 사이의 값으로 나타낸다. 주로 내부의 직·병렬 저항과 다이오드 성능계수에 따라 달라진다.

$$FF(\text{충진율}) = \dfrac{P_{max}(\text{최대출력전력})}{I_{sc}(\text{단락전류}) \times V_{oc}(\text{개방전압})} = \dfrac{V_{max}(\text{최대출력전압}) \times I_{max}(\text{최대출력전류})}{I_{sc}(\text{단락전류}) \times V_{oc}(\text{개방전압})}$$

㉠ 실리콘 태양전지의 개방전압이 약 0.6[V]이므로 충진율을 0.7~0.8 사이로 나타난다.
㉡ GaAs의 개방전압은 약 0.95[V]이므로 충진율은 약 0.78~0.85 사이로 나타난다.
㉢ 충진율에 영향을 주는 요소는 정규화된 개방전압에서 이상적인 다이오드 특성으로부터 벗어나는 n값 때문이다.
㉣ 직렬저항(충진율의 최소화)
  - 이상적인 태양전지에 대해 직렬로 작용하는 저항으로서 이미터와 베이스를 통해 전류가 움직이는 것이다.
  - 이미터와 상단 그리드 전극이 전체 직렬저항을 좌우한다.
  - 저항이 커지고 단락전류가 낮아지고 충진율이 낮아지게 되면 결과적으로 변환효율이 감소하게 된다.
  - 금속전극과 실리콘 사이에 접촉저항으로서 주로 앞뒷면에 있는 전극을 금속 저항성 접촉과 아주 얇은 표면층에 기인하도록 되어 있다.
㉤ 직렬저항의 요소
  - 표면층의 면 저항
  - 금속전극 자체 저항성분
  - 전지의 전·후면 금속접촉
  - 기판 자체 저항
㉥ 병렬저항(제조상의 결함)
  - 이상적인 태양전지에 대해 병렬로 작용하는 저항으로서 저항이 커지면 효율이 증가한다.
  - 주로 접합의 불순물과 결정의 품질에 따라 달라지고 개방전압과 단락전류가 낮아지게 되어 결국에는 출력이 저하된다.
㉦ 병렬저항의 요소
  - 접합의 결함누설
  - 측면의 표면누설
  - 결정과 전극의 미세균열에 의한 누설
  - 전위 또는 결정입계에 따라 발생하는 누설
㉧ 개방전압(V_{OC} : Open Circuit Voltage)
  - 일조강도와 특정한 온도에 부하를 연결하지 않은 상태로서 태양광발전 장치의 양단에 걸리는 전압이다.
  - 광 흡수에 의해 발생된 캐리어는 전지 양단의 표면으로 분리 이동해 전압을 형성하기 때문에 높은 전압을 발생시키기 위해 재결합 방지를 해야 하고, 광량이 증가함에 따라 발생전압이 상승한다. 그렇기 때문에 고순도(캐리어의 수명이 길다) 기판을 사용해야 하며, 캐터링 공정(기판의 불순물을 제거)과 패시베이션 공정(표면의 결함을 제거)을 통해서 캐리어의 수명을 최대한 높여주어야 한다. 결과적으로 병렬저항이 작으면 누설전류가 커지고 개방전압을 낮게 된다.
㉨ 단락전류(I_{SC} : Short Circuit Current)
  - 일사조사강도와 특정한 온도에서 단락조건이 있는 태양전지나 모듈 등 태양광발전 장치의 출력전류를 말한다.

- 단락전류의 영향을 미치는 요소는 태양전지의 면적과 빛의 반사율과 흡수율, 태양전지 수집확률, 입사광 스펙트럼이 있다. 광의 흡수량에 정확히 비례해야 한다.

⑥ 태양전지 재료의 두께에 따른 빛의 흡수율
  ㉠ 람베르트 비어 법칙(Lambert-Beer's Law) : 일정한 파장을 갖는 빛이 조사되었을 경우 물질에 투과한 빛의 세기가 두께에 따라 지수 함수적으로 감소한다.
  ㉡ 태양전지 재료의 흡수계수가 작은 경우에는 두께가 두꺼울수록 좋다.
  ㉢ 태양전지 재료의 흡수계수가 큰 경우일수록 태양전지의 두께가 얇아도 빛의 흡수율이 증가한다.

⑦ 태양전지의 광학적 손실
  ㉠ 표면에서 반사되거나 태양전지에 흡수되지 않아 발생되는 손실을 말하며 다음과 같은 손실이 존재한다.
    - 태양전지 표면에 의한 반사
    - 표면전극에 의한 반사
    - 후면전극에 의한 반사
  ㉡ 손실을 줄일 수 있는 방법
    - 태양전지 표면에 반사방지 코팅을 사용하여 표면 텍스처링에 의한 반사방지를 한다.
    - 태양전지 표면에서 전극이 차지하는 부분(면적)을 최소화해야 한다. 대신 이 경우에는 직렬저항이 증가할 수도 있기 때문에 주의해야 한다.
    - 표면과 후면 텍스처링과 빛을 가두었을 경우 태양전지에서 광 경로의 길이를 증가시킬 수 있다.
    - 실리콘의 흡수계수가 작아지기 때문에 광 흡수를 증가하기 위한 두께를 증가시킨다.

(10) 태양전지 특성의 측정법

태양전지는 태양빛을 받아 전력을 생산하는 반도체 소자이다. 최대출력(P_{max}), 단락전류(I_{SC}), 개방전압(V_{OC}), 충진율(FF), 변환효율(η) 등의 지표는 태양전지의 성능 및 시장에서의 거래가격을 결정하는 주요 요소이다. 태양전지 성능지표는 IEC 규격에서 제시하는 특정한 스펙트럼 및 조사 강도를 가지는 빛에 태양전지를 노출시킨 후 태양전지가 출력하는 전류-전압 특성을 측정함으로서 확인할 수 있다.

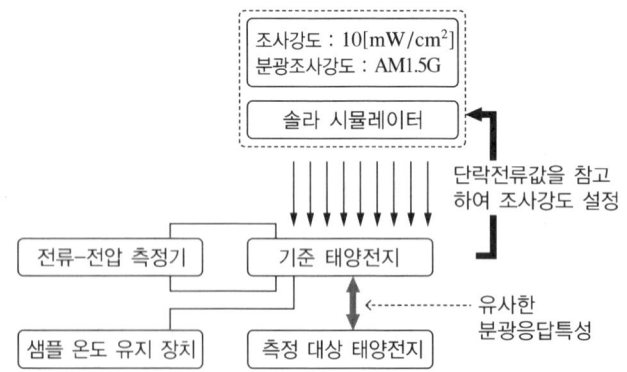

① 태양전지 특성 측정을 위한 장치

솔라 시뮬레이터를 사용하여 옥내에서 태양전지 소자의 발전성능을 시험하기 위한 것으로 자연 태양광과 유사한 강도와 스펙트럼 분포를 가진 인공광원 장치이다.

※ 인공광원의 조건
- 조사 강도의 장소 불균일성으로 ±2[%] 이내이어야 한다.
- 시간적 불안정성 ±2[%] 이내의 A등급 이상을 사용한다.
- 400~1,100[nm]의 스펙트럼 구간에서 자연 태양광 스펙트럼과의 정합이 0.75~1.25이어야 한다.

㉠ 우박시험장치 : 우박의 충격에 대한 태양전지 모듈의 기계적 강도를 조사하기 위한 시험장치이다.

㉡ 전류-전압 측정기 : 시험편의 단자로부터 독립된 리드를 사용하여 ±0.5[%]의 정확도로 태양전지의 전류-전압 특성곡선을 측정할 수 있는 장치이다.

㉢ 온도 유지장치 : 측정시간 동안 태양전지의 온도를 25[℃]로 유지시켜 주는 장치이다.

㉣ 기준 태양전지 : 표준시험조건에서 항상 일정한 단락전류를 출력하는 특성이 안정된 태양전지로 솔라 시뮬레이터의 조사강도를 표준시험 값인 100[mW/cm^2]를 조정하는 데 사용한다.
- 교정방법에 따라 1차와 2차 기준 태양전지로 구분하여 사용한다.
- 전압-전류 특성 시험에는 2차 기준 태양전지를 사용한다.
  - 1차 기준 : 국제복사계기준 규격이나 복사계에 적합한 규격을 기준으로 교정된 기준전지
  - 2차 기준 : 1차 기준전지에 대해 자연 태양광 또는 솔라 시뮬레이터하에서 교정된 기준전지
- 기준전지 사용 요구 조건
  - 태양전지 응답 파장 범위 내에서 입사광의 95[%] 이상 흡수가 가능해야 한다.
  - 개구각이 160° 이상이어야 한다.
  - 개구각 범위에서 기준전지의 모든 표면이 빛을 반사하지 않아야 한다.
  - 단락전류값이 조사강도에 따라 직선으로 변화해야 한다.
  - 태양전지의 온도를 일정하게 유지할 수 있는 구조이어야 한다.
- 기준전지의 전기적 연결 방식은 4선 접촉식(켈빈 프로브 방식)을 사용해야 한다.
- 보호창을 사용하여 보호창과 태양전지 사이의 공간은 안정하고 투명한 보호 충진재로 채운다.
- 높은 입사각에서 빛의 내부 반사로 인한 오차를 최소화하기 위해서는 보호 충진재의 굴절률을 보호창과 10[%] 이내로 유사하게 하고, 보호 충진재의 투명성과 균일성 및 부착력은 자외선 및 기준전지의 작동 온도에 의해 영향을 받지 않아야 한다.
- 전지를 홀더에 결합시키기 위해 사용한 재료는 전기적 및 광학적인 성능이 저하되지 않아야 하며 재료의 물리적 특성은 전체 사용기간 동안 안정적으로 유지되어야 한다.

㉤ 염수분무장치 : 태양전지 모듈의 구성 재료 및 패키지 염분의 내구성을 시험하기 위한 환경 체임버이다.

㉥ 기계적 하중 시험장치 : 태양전지 모듈이 바람, 눈 및 얼음에 의해 발생하는 하중에 대한 기계적 내구성을 조사하기 위한 장치이다.

㉦ 단자강도 시험장치 : 태양전지 모듈의 단자부분이 모듈의 부착, 배선 또는 사용 중에 가해지는 외력에 대하여 충분한 강도가 있었는지를 조사하기 위한 장치이다.

ⓞ 항온항습기 : 태양전지 모듈의 온도 사이클시험, 습도-동결시험, 고온고습시험을 하기 위한 환경 체임버 장치이며, 온도 ±2[℃] 이내, 습도 ±5[%] 이내이어야 한다.
ⓩ UV 시험장치 : 태양전지 모듈이 태양광에 노출되는 경우에 따라서 유기되는 열화 정도를 시험하기 위한 장치이다. KS C IEC 61215의 규정에 따른다.
ⓧ 분광응답측정기
ⓚ 분광복사계
- 태양전지 시료의 분광응답파장영역에서 솔라 시뮬레이터의 분광조사강도를 측정할 수 있어야 한다.
- 측정결과로부터 KS규격 기준의 태양광 스펙트럼 분포와 인공광원의 스펙트럼 조사강도 분포화의 정합도를 구할 수 있다.
- 솔라 시뮬레이터 측정용 분광복사계의 파장 간격은 5[nm] 이하이어야 한다.

② 모듈 구성 재료
㉠ 셀
㉡ 표면재(강화유리) : 수명을 길게 하기 위해 백판 강화유리를 사용하고 있다.
㉢ 충전재 : 실리콘수지, PVB, EVA(봉지재)가 사용된다. 태양전지를 처음 제조할 때에는 실리콘 수지가 사용되었으나 충전할 때 기포방지와 셀의 상하 이동으로 인한 균일성을 유지하는 데에 시간이 걸리기 때문에 PVB, EVA(봉지재)가 쓰이게 되었다.
㉣ Back Sheet Seal재 : 외부충격과 부식, 불순물 침투 방지, 태양광 반사 역할로 사용하는 재료는 PVF가 대부분이다.
㉤ 프라임재(패널재) : 통상적으로 표면 산화한 알루미늄이 사용되지만, 민생용 등에서는 고무를 사용한다.
㉥ Seal재 : 리드의 출입부나 모듈의 단면부를 처리하기 위해 이용된다.

③ 방사조도 : 지표면 1[m^2]당 도달하는 태양광에너지의 양을 나타내고 단위는 [W/m^2]을 사용한다. 대기권 밖에서는 일반적으로 1,400[W/m^2]이지만 태양광에너지가 대기를 통과해 지표면에 도달하면 1,000[W/m] 정도가 된다.

④ 웨이퍼(Wafer) 가공처리 단계
㉠ 모서리가공 : 모서리가공 및 연마를 통해 웨이퍼 간 마찰로 인한 손상을 예방한다.
㉡ 에칭(Etching, 식각공정) : 화학용액에 담가 한 번 더 표면을 벗겨낸다.
㉢ 열처리 : 금속열처리로부터 웨이퍼 내의 산소불순물을 제거한다.
㉣ 경면(웨이퍼 표면)연마 : 표면을 매우 균일하게 조정한다.
㉤ 검사 : 완성품으로부터 저항, 두께, 평탄도, 불순물, 생존시간, 육안검사 등을 실시한다.

⑤ 태양전지 모듈의 특성 판정기준
㉠ 옥외노출시험 : 이 시험은 모듈의 옥외 조건이 갖는 내구성을 일차적으로 평가하고, 시험소의 시험에서 검출될 수 없는 복합적 열화의 영향을 파악하는 것을 목적으로 한다. 태양전지 모듈을 적산 일사량계로 측정한 적산 일사량이 60[kWh/m^2]에 도달할 때까지 시험하며, KS C IEC 61215의 시험방법에 따라 시험한다.

- 최대출력 : 시험 전 값의 95[%] 이상일 것
- 절연저항 기준에 만족할 것
- 외관 : 두드러진 이상이 없고, 표시는 판독할 수 있으며 외관검사 기준에 만족할 것

ⓒ 절연시험
- 절연내력시험은 최대시스템 전압의 두 배에 1,000[V]를 더한 것과 동일한 전압을 최대 500[V/s] 이하의 상승률로 태양전지 모듈의 출력단자와 패널 또는 접지단자(프레임)에 1분간 유지한다. 다만, 최대시스템 전압이 50[V] 이하일 때는 인가전압은 500[V]로 한다.
- 절연저항시험은 시험기 전압을 500[V/s]를 초과하지 않는 상승률로 500[V] 또는 모듈시스템의 최대전압이 500[V]보다 큰 경우 모듈의 최대시스템 전압까지 올린 후 이 수준에서 2분간 유지한다. KS C IEC 6215의 시험방법에 따라 시험한다.
  - 1번째 항의 시험동안 절연파괴 또는 표면 균열이 없어야 한다.
  - 2번째 항은 모듈의 시험 면적에 따라 $0.1[m^2]$ 이상에서는 측정값과 면적의 곱이 $40[M\Omega \cdot m^2]$ 이상일 것
  - 2번째 항은 모듈의 측정 면적에 따라 $0.1[m^2]$ 미만에서는 $400[M\Omega]$ 이상일 것

ⓒ 공칭 태양전지 동작온도의 측정 : 공칭 태양전지 동작온도(NOCT)의 측정(Nominal Operating Cell Temperature)은 모듈의 공칭 태양전지 동작온도(NOCT)를 결정하는 것을 목적으로 하며, KS C IEC 61215의 시험방법에 따라 시험한다. 별도의 판정기준을 갖지 않으며, 해당 태양전지 모듈의 NOTC를 측정한다.

ⓒ 바이패스 다이오드 열 시험(Bypass Diode Thermal Test) : 태양전지 모듈의 핫-스폿 현상에 대한 유해한 결과를 제한하기 위해 사용된 바이패스 다이오드가 열에 대한 내성설계를 잘하였는지 평가한다. 또한 유사한 환경에서 장시간 사용할 경우 신뢰성이 확보되었는지 평가하는 것을 목적으로 하며, STC조건에서 단락전류의 1.25배와 같은 전류를 적용한다. KS C IEC 61215의 시험방법에 따라 시험한다.
- 최대출력 : 시험 전 값의 95[%] 이상일 것
- 외관 : 두드러진 이상이 없고, 표시는 판독할 수 있으며 외관검사 기준에 만족할 것
- 절연저항 기준에 만족할 것
- 시험이 끝난 후에도 다이오드의 기능을 유지하여야 한다. 다이오드 접합 온도는 다이오드 제조자가 제시한 정격 최대 온도를 초과하지 않아야 한다.

ⓜ 외관검사 : 1,000[Lux] 이상의 광 조사상태에서 검사하며, KS C IEC 61215의 시험방법에 따라 시험한다.
- Cell, Glass, J-Box, Frame, 기타 사항(접지단자, 출력단자) 등의 이상이 없을 것
- 접착에 결함이 없는 것
- 셀 : 깨짐, 크랙이 없는 것
- 셀 간 접속 및 다른 접속부분에 결함이 없는 것
- 셀과 셀, 셀과 프레임의 터치가 없는 것

- 셀과 모듈 끝 부분을 연결하는 기포 또는 박리가 없는 것
- 모듈외관 : 크랙, 구부러짐, 갈라짐 등이 없는 것

ⓑ 온도계수의 측정 : 모듈 측정을 통해 전류의 온도계수(α), 전압의 온도계수(β) 및 피크전력(δ)을 조사하는 것을 목적으로 한다. 이렇게 결정된 계수는 측정한 방사조도에서 유효하다. 다른 방사조도 수준에서의 모듈의 온도계수 계산은 KS C IEC 60904-10을 참조하며, KS C IEC 61215의 시험방법에 따라 시험한다. 별도의 판정기준을 갖지 않으며, 해당 태양광모듈의 온도계수를 측정한다.

ⓢ 열점 내구성시험 : 태양전지 모듈의 과열점 가열의 영향에 대한 내구성을 결정하는 것을 목적으로 한다. 이 결함은 셀의 부정합, 균열, 내부접속 불량, 부분적인 그늘 또는 오손에 의해 유발될 수 있다. 시험은 KS C IEC 61215의 시험방법에 따라 시험한다.
- 최대출력 : 시험 전 값의 95[%] 이상일 것
- 절연저항 기준에 만족할 것
- 외관 : 두드러진 이상이 없고, 표시는 판독할 수 있으며 외관검사 기준에 만족할 것

ⓞ 최대출력 결정 : 이 시험은 환경시험 전후에 모듈의 최대출력을 결정하는 시험으로 인공 광원법에 의해 태양광 모듈의 $I-V$특성시험을 수행하며, AM1.5, 방사조도 1[kW/m^2], 온도 25[℃] 조건에서 기준 셀을 이용하여 실시하여 개방전압(V_{OC}), 단락전류(I_{SC}), 최대전압(V_{max}), 최대전류(I_{max}), 최대출력(P_{max}), 곡선율(F.F) 및 효율(eff)을 측정한다. KS C IEC 61215에서 정하는 KS C IEC 60906-9의 솔라 시뮬레이터를 사용하여 KS C IEC 60904-1 시험방법에 따라 시험한다. 단, 시험시료는 9매를 기준으로 한다.

AM이란 에어매스(Air Mass)의 약자인데, 이것은 태양직사광이 지상에 입사하기까지 통과하는 대기의 양을 표시하고 있다. 바로 위(태양고도 90°)에서의 일사를 AM = 1로 하여 그 배율로 표시한 파라미터로서, AM1.5는 광의 통과거리가 1.5배로 되고 태양고도 42°에 상당한다. AM이 크게 되면 아침 해와 석양의 해처럼 짧은 파장의 빛이 대기에 흡수되어 적외선(적광)이 많게 되고, AM이 적게 되면 자외선(청광)이 강하게 된다. 태양전지는 그 종류 및 구성 재료나 제조방법에서 빛의 파장감도와는 다르지만, 빛의 질(분광분포)을 일치하여 측정할 필요가 있다.
- 해당 태양광 모듈의 최대출력을 측정하되, 시험시료의 평균출력은 정격출력 이상일 것
- 시험시료의 최종 환경시험 후 최대출력의 열화는 최초 최대출력의 -8[%]를 초과하지 않을 것
- 시험시료의 출력 균일도는 평균출력의 ±3[%] 이내일 것

ⓩ 습도-동결시험 : 고온・고습, 영하의 기온 등의 가혹한 자연환경에 장시간 반복하여 놓였을 때, 열 팽창률의 차이나 수분의 침입・확산, 호흡작용 등에 의한 구조와 재료의 영향을 시험한다. 고온 측 온도조건을 85[℃] ±2[℃], 상대습도 85[%] ±5[%]에서 20시간 이상 유지하고, 저온측 온도조건을 -40[℃] ±2[℃] 조건에서 0.5시간 이상 유지한다.

위의 조건을 1사이클로 하여 24시간 이내에 하고 10회 실시한다. 최소 2~4시간의 회복시간 후, KS C IEC 61215의 시험방법에 따라 시험한다.
- 최대출력 : 시험 전 값의 95[%] 이상일 것
- 외관 : 두드러진 이상이 없고, 표시는 판독할 수 있으며 외관검사 기준에 만족할 것
- 절연저항 기준에 만족할 것

㋉ 습윤 누설전류시험 : 모듈이 옥외에서 강우에 노출되는 경우의 적성을 시험하며, KS C IEC 61215의 시험방법에 따라 시험한다.
- 모듈의 측정 면적에 따라 0.1[m²] 이상에서는 절연저항 측정값과 모듈 면적의 곱이 40[MΩ·m²] 이상일 것
- 모듈의 측정 면적에 따라 0.1[m²] 미만에서는 절연저항 측정값이 400[MΩ] 이상일 것

㋋ 시리즈 인증 : 시리즈 인증은 기본 모델(시리즈 기본 모델)의 정격출력 ±10[%] 범위 내의 모델에 대하여 적용한다.
- 기본 모델에 대하여 전 항목을 시험한다. 단, 시리즈 모델에 대한 유사모델 시험은 부속서에 따라 시리즈 기본 모델에 적용한다.
- 시리즈 모델 중 최대정격출력 모델에 대하여 외관검사, 절연저항시험, 발전성능시험을 실시한다.

㋌ 염수분무시험 : 염해를 받을 우려가 있는 지역에서 사용되는 모듈의 구성 재료 및 패키지의 염분에 대한 내구성을 시험한다. 시험품이 이상 부식을 방지하기 위하여 미리 연선의 단자부 봉지 등 실사용 조건과 같은 단자처리 또는 보호를 해 준다. 소정의 염수 분무실에서 15~35[℃] 사이의 온도를 염수농도 5[%] ±1[%]의 무게비로 하여 2시간 염수분무 후 온도 40[℃] ±2[℃], 상대습도 93[%] ±5[%]의 조건에서 7일간 시험하고, 위의 시험을 4회 반복한다. 소금 부착물을 상온의 흐르는 물로 5분간 세척한 후 증류수 또는 탈이온수로 씻고 부드러운 솔을 사용하여 물방울을 제거한다. 이후 55[℃] ±2[℃]의 조건에서 1시간 건조시킨 다음 표준 상태에서 1~2시간 이내로 방치하고 냉각한다. KS C IEC 61215의 시험방법에 따라 시험한다.
- 최대출력 : 시험 전 값의 95[%] 이상일 것
- 절연저항 기준에 만족할 것
- 외관 : 두드러진 이상이 없고, 표시는 판독할 수 있으며 외관검사 기준에 만족할 것

㋍ 온도사이클시험(시험(A) : 200 사이클, 시험(B) : 50 사이클) : 환경온도의 불규칙한 반복에서, 구조나 재료 간의 열전도나 열팽창률의 차이에 의한 스트레스의 내구성을 시험한다. 고온측 85[℃] ±2[℃] 및 저온측 -40[℃] ±2[℃]로 10분 이상 유지하고 고온에서 저온으로 또는 저온에서 고온으로 최대 100[℃/h]의 비율로 온도를 변화시킨다. 이것을 1사이클로 하고 6시간 이내에 하며 특별히 규정이 없는 한 UV 전처리 시험 후 온도사이클시험(B) 50회, 습윤 누설전류시험 후 온도사이클시험(A) 200회를 실시한다. 최소 1시간의 회복시간 후, KS C IEC 61215의 시험방법에 따라 시험한다.
- 최대출력 : 시험 전 값의 95[%] 이상일 것
- 시험 도중에 회로가 손상(Open Circuit)되지 않을 것
- 외관 : 두드러진 이상이 없고, 표시는 판독할 수 있으며 외관검사 기준에 만족할 것
- 절연저항 기준에 만족할 것

㋎ 낮은 조사강도에서의 특성시험 : 이 시험은 모듈의 전기적 특성이 25[℃] 및 200[W/m²](적절한 기준기기로 측정)의 방사조도에서, 부하와 함께 어떻게 변화하는지를 자연광 또는 규정의 요구에 적합한 B등급 이상의 시뮬레이터를 사용하여 KS C IEC 60904-1에 의해 전기적 특성을 결정하는 것을 목적으로 하며, KS C IEC 61215의 시험방법에 따라 시험한다. 별도의 판정기준을 갖지 않으며, 해당 태양전지 모듈의 낮은 조사강도에서의 성능 특성을 측정한다.

모듈의 전기특성이 STC(KS C IEC 60904-3의 기준 분광방사조도를 가진 25[℃]에서 1,000[W/m^2]의 방사조도) 조건일 때와 NOCT(KS C IEC 60904-3의 기준 분광방사조도를 가진 800[W/m^2]의 방사조도) 조건일 때, 부하와 함께 어떻게 변화하는지 결정하는 것을 목적으로 하며, 시험방법은 KS C IEC 61215의 시험방법에 따라 시험한다. 별도의 판정기준을 갖지 않으며, 해당 태양광 모듈의 STC, NOCT 조건일 때의 부하에 따른 성능특성을 측정한다.

㉮ UV 전처리시험(UV Preconditioning Test) : 태양전지 모듈이 태양광에 노출되는 경우에 따라 유기되는 열화 정도를 시험한다. 제논아크 등을 사용하여 모듈 온도 60[℃] ±5[℃]의 건조한 조건을 유지하고 파장범위 280[nm]~320[nm]에서 방사조도 5[kWh/m^2] 또는 파장범위 280[nm]~380[nm]에서 방사조도 15[kWh/m^2]에서 시험하며, KS C IEC 61215의 시험방법에 따라 시험한다.
- 최대출력 : 시험 전 값의 95[%] 이상일 것
- 절연저항 기준에 만족할 것
- 외관 : 두드러진 이상이 없고, 표시는 판독할 수 있으며 외관검사 기준에 만족할 것

㉯ 기계적 하중시험 : 태양전지 모듈에 대하여 바람, 눈 및 얼음에 의해 발생하는 하중에 대한 기계적 내구성을 시험하며, KS C IEC 61215의 시험방법에 따라 시험한다.
- 최대출력 : 시험 전 값의 95[%] 이상일 것
- 시험을 하는 동안 회로 단선(Open Circuit)이 없어야 한다.
- 외관 : 두드러진 이상이 없고, 표시는 판독할 수 있으며 외관검사 기준에 만족할 것
- 절연저항 기준에 만족할 것

㉰ 단자강도시험 : 모듈의 단자부분이 모듈의 부착, 배선 또는 사용 중에 가해지는 외력에 충분한 강도가 있는지를 시험하며, KS C IEC 61215의 시험방법에 따라 시험한다.
- 최대출력 : 시험 전 값의 95[%] 이상일 것
- 절연저항 기준에 만족할 것
- 외관 : 두드러진 이상이 없고, 표시는 판독할 수 있으며 외관검사 기준에 만족할 것

㉱ 우박시험 : 우박의 충격에 대한 모듈의 기계적 강도를 시험하며, KS C IEC 61215의 시험방법에 따라 시험한다.
- 최대출력 : 시험 전 값의 95[%] 이상일 것
- 절연저항 기준에 만족할 것
- 외관 : 두드러진 이상이 없고, 표시는 판독할 수 있으며 외관검사 기준에 만족할 것

㉲ 고온고습시험 : 고온·고습 상태에서 사용 및 저장하는 경우의 태양전지 모듈의 열적 스트레스와 적성을 시험한다. 이때 접합 재료의 밀착력의 저하를 관찰한다. 시험조 내 태양전지 모듈의 출력단자를 개방상태로 유지하고 방수하기 위하여 염화비닐제의 절연테이프로 피복하여, 온도 85[℃] ±2[℃], 상대습도 85[%] ±5[%]로 1,000시간 시험한다. 최소 2~4시간의 회복시간 후, KS C IEC 61215의 시험방법에 따라 시험한다.
- 최대출력 : 시험 전 값의 95[%] 이상일 것
- 절연저항 기준에 만족할 것
- 습윤 누설전류시험 기준에 만족할 것
- 외관 : 두드러진 이상이 없고, 표시는 판독할 수 있으며 외관검사 기준에 만족할 것

⑥ 태양전지 소자의 시험항목 및 평가기준

시험항목	평가기준
육안외형 및 치수검사	• 셀에 깨짐이 없고 크랙이 없을 것 • 두께는 제시한 값 대비 ±40[μm]이고, 치수는 156[mm] 미만일 때 제시한 값 대비 ±0.5[mm]
전압-전류 특성시험	출력의 분포는 정격출력의 ±3[%] 이내
스펙트럼 응답 특성시험	평가기준 없음(시험결과만 표기)
온도계수시험	
2차 기준 태양전지 교정시험	• 신규 교정시험 • 재 교정 시 초기 교정값의 5[%] 이상 변화하면 사용 불가 • 인증 필수시험항목이 아닌 선택 시험항목

⑦ 태양전지 모듈의 특성 판정 기준 중 옥외노출시험
    ㉠ 외관 : 두드러진 이상이 없고, 표시는 판독할 수 있어야 한다.
    ㉡ 최대출력 : 시험 전 값의 95[%] 이상일 것
    ㉢ 절연저항 : 적정한 값을 유지할 수 있을 것

⑧ 태양전지 모듈의 특성 판정 기준 중 습윤 누설전류시험 : 모듈이 옥외에서 강우에 노출되는 경우 적정성을 시험하는 것
    ㉠ 모듈의 측정면적에 따라 0.1[m^2] 미만에서 절연저항 측정값이 400[MΩ] 이상일 것
    ㉡ 모듈의 측정면적에 따라 0.1[m^2] 이상에서 절연저항 측정값과 모듈면적의 곱이 40[M$\Omega \cdot m^2$] 이상일 것

⑨ 태양전지의 측정순서 : 태양광조사 → 표준(기준) 셀 선택 → 표준(기준) 셀 교정 → 태양광 시뮬레이터 광량조절 → 샘플측정 → 출력

⑩ 태양전지의 제조 및 사용표시 : 내구성이 있어야 하며 소비자가 명확하게 인식할 수 있도록 표시되어야 한다.
    ㉠ 제조연월일
    ㉡ 업체명 및 소재지
    ㉢ 정격(최대시스템 전압, 정격최대출력, 최대출력의 최솟값 등) 및 적용조건
    ㉣ 인증부여번호
    ㉤ 제품명 및 모델명
    ㉥ 신재생에너지설비 인증표지
    ㉦ 기타 사항

(11) 태양전지 종류와 특징

① 결정질 실리콘 태양전지(1세대)
    ㉠ 단결정질 실리콘 태양전지 : 실리콘 원자배열이 균일하고 일정하여 전자 이동에 걸림돌이 없어서 다결정보다 변환효율이 높다. 잉곳의 모양은 원주형으로 네 귀퉁이가 원형형태로 되어서 셀 모양도 원형형태이며 공정이 복잡하고 제조비용이 높다.

ⓒ 다결정질 실리콘 태양전지 : 낮은 순도의 실리콘을 주형에 넣어 결정화하여 만든 것으로 공정이 간단하여서 제조비용이 낮지만 단결정에 비해 변환효율이 조금 낮다. 사각형 틀(주형)에 넣어서 잉곳을 만들며 셀 모양은 사각형인 특징이 있다. 현재 가장 많이 보급되어 있는 형태이다.

> **Check!** **다결정질 태양전지의 제조과정**
> 규석(모래) → 폴리실리콘 → 잉곳(사각형 긴 덩어리) → 웨이퍼(사각형 얇은 판) → 셀(웨이퍼를 가공한 상태 모양) → 모듈(셀 여러 개를 배열하여 결합한 상태의 구조물)

ⓒ 장단점

특징\종류	단결정	다결정	비정질
장점	• 효율이 가장 높다.	• 단결정에 비해 가격이 저렴하다. • 재료가 풍부하다.	• 표면이 불규칙한 곳이나 장치하기 어려운 곳에 쉽게 적용이 가능하며, 운반과 보관이 용이하다. • 플렉시블하다.
단점	• 가격이 비싸다. • 무겁고 색깔이 불투명하다.	• 효율이 낮다. • 많은 면적이 필요하다.	• 효율이 낮고, 설치면적이 넓다. • 공사비용이 많이 든다.

② 박막형 태양전지(2세대) : 유리, 금속판, 플라스틱 같은 저가의 일반적인 물질을 기판으로 사용하여 빛흡수층 물질을 마이크론 두께의 아주 얇은 막을 입혀 만든 태양전지이다.
  ⓒ 비정질 실리콘 박막형 태양전지 : 실리콘의 두께를 극한까지 얇게 한 것으로, 실리콘의 사용량을 약 1/100까지 줄일 수 있어서 결정질보다 제조비용이 낮아서 좋다. 결정질보다는 배열이 비규칙적으로 흩어져 있어서 변환효율이 낮다.
  ⓒ 화합물 박막형 태양전지 : 실리콘 이외에 반도체 특성을 갖는 화합물인 구리(Cu), 인듐(In), 갈륨(Ga), 셀레늄(Se)으로 구성된 박막형 태양전지이다.
    • CdTe(Cadmium Telluride) : Cd(2족), Te(4족)이 결합된 직접 천이형 화합물 반도체로 높은 광흡수와 낮은 제조단가로 상용화에 유리하며 차세대 태양전지로 각광을 받고 있다.
    • CIGS(Cu, In, Gs, Se) : 유리기판, 알루미늄, 스테인리스 등의 유연한 기판에 구리, 인듐, 갈륨, 셀레늄 화합물 등을 증착시켜 실리콘을 사용하지 않으면서도 태양광을 전기적으로 변환시켜 주는 태양전지로서 변환효율이 높다.
  ⓒ 장단점

특징\종류	실리콘계	화합물계	
	비정질	CdTe	CIGS
장점	• 실리콘 박막의 두께로 얇게 하여 재료비를 절감할 수 있다. • 플렉시블하다. • 장치를 설치하기 어려운 곳에 가능하다.	• 비정질 실리콘보다 고효율이다. • 초기에 열화현상이 없기 때문에 안정성이 높다.	• 안정성이 우수하며 가볍다. • 휴대성이 있다. • 비실리콘 태양전지 중에는 효율이 최고이다. • 두께가 얇은 빛흡수성층만으로 효율이 높은 높은 태양전지 제조가 가능하다. • 곡선제작이 가능할 정도로 유연하다. • 생산비용이 저렴하다.
단점	• 설치면적이 넓다. • 초기에 열화현상이 발생한다. • 저효율성	• 대량생산이 불가능하다(재료의 한계성과 희소성(카드뮴)). • 공해유발	• 대량생산이 어렵다. • 원자재 가격이 고가이다.

③ 차세대 태양전지(3세대)
　㉠ 염료 감응형(Dye-Sensitized) 태양전지 : 유기염료와 나노기술을 이용하여 고도의 효율을 갖도록 개발된 태양전지로서 날씨가 흐리거나 빛의 투사각도가 Zero(0°)에 가까워도 발전을 한다. 반투명과 투명으로 만들 수 있고 유기염료의 종류에 따라서 빨간색, 노란색, 파란색, 하늘색 등 다양한 색상이 있고 원하는 그림을 넣을 수가 있어서 인테리어로도 활용할 수 있다.
　㉡ 유기물(Organic) 태양전지 : 플라스틱의 원료인 유기물질로 만든 것으로 자유자재로 휠 수 있는 기판 위에 유기물질을 분사하여 제작하므로 다양한 모양의 대량생산이 가능하다. 실리콘계 태양전지보다 변환효율이 떨어지기 때문에 아직 많이 사용하지 않으나 발전이 기대된다.

> **Check!** 2세대와 3세대 태양전지는 얇은 플라스틱처럼 휠 수가 있기 때문에 플렉시블하다고 할 수 있다. 벽이나 기둥, 창문, 지붕 등에도 다용도로 사용할 수가 있으며 실리콘 결정질보다 가벼워 건축물 지붕 등 활용도 면에서 발전성이 높다.

　㉢ 장단점

종류 특징	염료 감응형	나노구조	유기물
장 점	• 발전단가가 저렴하다. • 빛의 조사각도가 10° 내외에서도 발전 가능하다. • 흐린 날씨에도 발전이 가능하다. • 다양한 색상과 무늬로 제작이 가능하다. • 투명, 반투명 제품도 제작이 가능하다.	• 가장 작은 크기로 만들 수 있다. • 작은 면적으로 큰 효율이 가능하다.	• 무게가 매우 가볍고 플렉시블하다. • 프린팅이 가능하다. • 다양한 용도로 응용 제품개발이 가능하다.
단 점	• 원자재 가격이 고가이다(루테인 염료).	• 원자재 가격이 고가이다. • 고도의 기술력이 요구된다.	• 원자재 가격이 고가이다.

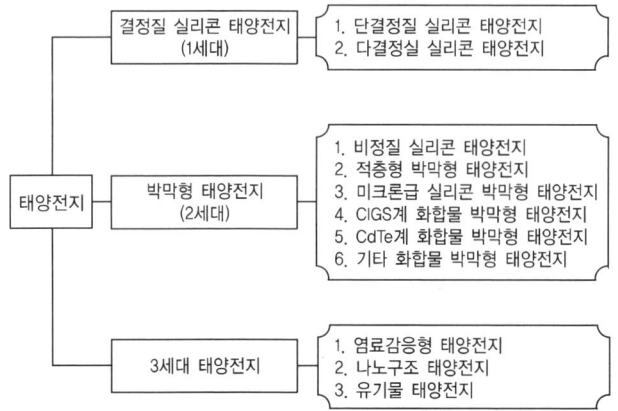

> **Check!** 무기·유기 하이브리드 태양전지(4세대)
> 무기재료의 장점(열 안정성과 주위의 환경 적응성)과 유기재료의 장점(벌크 이종접합과 유사한 구조, 유연성 및 대면적화의 잠재성 등)을 결합해서 장기적 구조 안정성을 확보하고 광전변환의 효율을 극대화시킬 수 있다.

④ 세계와 국내 셀의 종류와 시장점유율
  ㉠ 세계 셀의 종류와 시장점유율

종 류	비율[%]
단결정 실리콘	34
다결정 실리콘	48
화합물 박막(CIGS + CdTe)	8
실리콘 박막	5
아몰퍼스 실리콘·단결정 실리콘	3

• 단결정과 다결정 실리콘이 대부분을 차지한다.
• 화합물 박막의 태양전지는 현재 가장 급격한 상승세를 보이고 있다.

  ㉡ 국내 셀의 종류와 시장점유율

종 류	비율[%]
단결정 실리콘	26
다결정 실리콘	71
화합물 박막(CIGS + CdTe)	2
실리콘 박막	1

• 단결정과 다결정이 97[%]의 점유율로 국내에서는 압도적이다.
• 해외와 비교하여 화합물과 박막에 많은 기술의 진보에 큰 연구를 가져야 한다.

⑤ 결정질 실리콘과 비교한 화합물 반도체의 특징
  ㉠ 온도계수가 작아 고온에서 출력이 감소하게 된다.
  ㉡ 큰 에너지 갭으로 인해 짧은 파장보다는 긴 파장의 빛 흡수율이 좋다.
  ㉢ 에너지 갭은 크나 직접 천이 에너지 갭으로 광 특성이 아주 좋다.
  ㉣ CdTe는 에너지 갭이 실리콘보다 크기 때문에 고온 환경에서 박막 태양전지로 많이 이용된다.

⑥ 태양전지의 수명
  ㉠ 태양전지의 실제 수명은 여러 가지 환경적인 요인에 따라 달라지겠지만 대략 20년 정도이다. 이것은 태양전지의 자체적인 문제도 있지만, 제작과정이나 구성 재료의 장시간 사용에 따라 노후화가 진행이 되기 때문에 품질의 저하가 발생하는 것이다.
  ㉡ 태양전지의 자체적인 수명은 대략 70년 이상으로 반영구적으로 사용할 수 있다.

⑦ 다접합 태양전지(우주용 태양전지의 일종) : 우주의 광조건(AM0)에서 34~36[%]의 고효율을 기대할 수 있으며, 이전의 단일 접합보다 훨씬 효율적으로 태양에너지를 이용할 수 있다.

⑧ 태양전지의 과제
  ㉠ 결정질 실리콘 태양전지
    • 수명 연장
    • 저비용, 고생산이 가능한 재료의 양산개발
    • 실리콘을 더욱 얇게 자르는 기술의 개발
    • 신재료나 신구조 등으로 변환효율을 높이는 태양전지 구조개발

- ⓒ 박막 실리콘 태양전지
  - 유리를 대신하는 저가의 기반을 개발
  - 신재료나 신구조 등으로 변환효율이 높은 태양전지 구조개발
  - 새로운 구조 등으로 모듈 재료의 수명을 연장
- ⓒ 화합물계 태양전지
  - 희소성 없는 재료개발
  - 빛을 효과적으로 가두기 위한 기술개발
  - 집광 시스템의 개발 등으로 1,000배 이상의 고배율 집광개발
- ② 유기물 태양전지
  - 생산 프로세스 개발
  - 신재료, 고성능 구조를 개발
- ⓜ 염료감응 태양전지
  - 셀의 양산 프로세스 개발
  - 내구성이 높은 재료 개발
  - 빛의 넓은 파장을 커버하는 염료개발과 저가개발

(12) 그 외 정리

① 태양전지는 크게 빛에너지와 열에너지로 나눌 수 있는데, 이 중에서 태양의 빛에너지를 이용하여 전기를 생산하는 것이 태양전지이다.

② 전압이 0일 때 전류를 단락전류(Short Circuit Current : I_{SC})라고 하고, 태양전지에 전류가 흐르고 있지 않을 때의 전압을 개방전압(Open Circuit Volt : V_{OC})이라고 한다.

③ 셀은 태양전지를 구성하는 가장 기본단위이며, 크기는 5인치(125[mm]×125[mm])와 6인치(156[mm]×156[mm])가 있고 모양은 얇은 사각 또는 둥근 판 모양으로 되어 있다. 하나의 셀에서 나오는 정격전압은 약 0.5[V]이며, 효율은 14~17[%] 정도이다.

2 태양광발전 모듈

(1) 태양광발전의 정의

발전기의 도움 없이 태양전지를 이용하여 태양빛을 전기에너지로 직접 변환시키는 발전방식으로서 도체로 만들어진 태양전지에 빛에너지가 투입되면 전자의 이동이 일어나서 전류가 흐르고 전기가 발생하는 원리를 이용한 것이다. 전류의 세기는 태양전지의 크기에 따라 달라진다.

① 태양광발전 원리
- ⓐ 광전효과 : 빛의 진동수가 어떤 한계 진동수보다 높은 빛이 금속에 흡수되어 전자가 생성되는 현상으로서 태양광발전의 기본원리를 말한다.
  - 한계 파장보다 짧은 파장의 빛을 고체 표면에 조사했을 경우 외부에 자유전자를 방출하는 현상을 외부 광전효과라고 한다.

- 절연체, 반도체에 빛을 조사하면 충만대 또는 불순물 주위에 있는 전자가 빛에너지를 흡수하여 전도대까지 올라가 자유로이 움직일 수 있는 전자로서 정공이 생겨 전도도가 증가하는 현상을 내부 광전효과라고 한다.
- α선이나 X선 등을 기체에 조사하면 기체의 원자나 분자가 전자를 방출해서 양이온이 형성화 되는 현상을 광이온화라고 한다.
ⓒ 태양광 모듈의 태양전지 셀을 직렬과 병렬로 연결하여 태양광 아래 일정한 전압을 생성한다.
ⓒ 태양전지 셀은 태양전지의 가장 기본소자로서 실리콘 재질의 재료를 가장 많이 사용한다. 셀 1개에서 얻을 수 있는 전압은 약 0.5~0.6[V], 전류는 4~8[A] 정도이다.
② 태양광발전시스템의 구성 : 태양으로부터 햇빛을 받아 직류전기를 생성하고 이러한 전기와 태양전지 모듈을 제어해 주는 전력시스템 제어장치, 발생된 전력을 저장하는 축전지, 직류전기를 교류전기로 바꾸어 주는 인버터(Inverter)로 구성되어 있다.

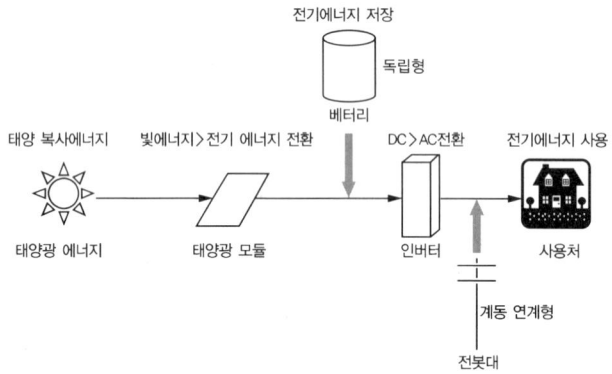

태양광 에너지의 사용경로

(2) 태양광발전의 역사

태양광발전은 태양전지의 발명으로 인하여 가능해졌는데 그 시작은 19세기 중엽이다.

① 1800년대
  ㉠ 1839년 : 프랑스의 베크렐(Becquerel)에 의해서 처음으로 광전효과(Photovoltaic Effect)를 발견하였다.
  ㉡ 1870년 : 헤르츠(Herz)가 셀레늄(Selenium : Se)의 광전효과연구 이후에 효율 1~2[%]의 Se Cell을 개발하여 사진기의 노출계로 사용하였다.
  ㉢ 1877년 : Adams와 Day가 광전효과 실증에 대해 알렸다.
  ㉣ 1883년 : 프리츠(Fritts)가 셀레늄 반도체에 극 미세 금을 코팅하여 세계 최초로 박막형 태양전지를 발명하였다. 그러나 효율은 1870년대에 개발한 것과 큰 차이가 나지 않았다(1[%]).

② 1900년대
  ㉠ 1921년 : Albert Einstein이 광전도 효과를 발견하여 빛을 전도성 금속에 비추면 전자가 방출된다는 원리를 규명하였다.
  ㉡ 1940년~1950년대 : 초고순도 단결정 실리콘을 제조할 수 있는 초크랄스키(Czochralski Process) 공정이 개발되었다.

© 1950년 : 최초로 사용할 수 있는 태양광 발전기술이 탄생하였다.
② 1954년 : 벨연구소에서 효율 실리콘 태양전지를 개발하였다(효율 4~6[%]).
⑩ 1958년 : 미국 뱅가드(Vanguard) 위성에 처음으로 태양전지를 탑재하였다. 그 이후 위성에는 모두 태양전지를 사용하였다.
⑪ 1960년 : 우주분야에서 전원 공급원으로 독자적인 전력공급 방식으로 사용되었다.
⊙ 1970년 : 중동 오일 쇼크로 인해서 태양전지의 연구개발이 가속화되었고 상업화에 이르러 수십억 달러가 투자되면서 태양전지 산업이 급속화되었다.
  • 원격지 전원 공급
  • 소규모 이동용 전자기기(시계, 전자계산기 등)의 전원 공급
⊙ 1980년 : 태양전지 효율 향상 및 시장의 꾸준한 성장으로 인해 수명과 효율이 증가하였다(수명 약 20년 이상, 효율 7~20[%]).
㉛ 1994년 : 가정에서 태양열발전시스템 설치 장려
㉜ 1999년 : 공장과 일반중소기업에서 태양광 발전설비 사용

③ 2000년대
㉠ 독일은 발전차액지원제도 시스템을 재생 가능한 에너지 자원의 일부로 개정한 뒤부터 세계적으로 앞서가는 태양열 발전시장이 되었다(효율 100[MW]로 2007년에는 4,150[MW]까지 증가하였다).
㉡ 2005년 : 가정에 태양광발전설비 설치가 확산되어 기본적인 전기를 상용화할 수 있게 되었다.

(3) 태양광발전의 특징

① 태 양
㉠ 무한정한 에너지를 공급한다.
㉡ 지구 크기의 109배 정도가 된다.
㉢ 지구로부터 1억 5천만[km]에 위치하고 있다.
㉣ 표면온도 6,000[℃] 이상이다.
㉤ 중심부 온도 1,500만[℃] 이상이다.

② 태양에너지
㉠ 초당 $3.8 \times 1,023$[kW]의 에너지를 우주에 방출한다.
㉡ 지구 표면에 방사하는 에너지 양은 $1.2 \times 1,014$[kW]로서 전 인류의 에너지 소비량의 만 배에 해당하는 양이다.
㉢ 지표면 1[m^2]당 1,000[W]의 에너지를 지구로 방출하여 태양 자신이 방사하는 에너지 양의 22억분의 1이다.

③ 태양광발전의 장단점

장 점	단 점
• 태양전지의 수명이 길다(약 20년 이상). • 설비의 보수가 간단하고 고장이 적다. • 규모나 지역에 관계없이 설치가 가능하고 유지비용이 거의 들지 않는다. • 필요한 장소에 필요량 발전이 가능하다. • 운전 및 유지 관리에 따른 비용을 최소화할 수 있다. • 무한정, 무공해의 태양에너지 사용으로 연료비가 불필요하고, 대기오염이나 폐기물 발생이 없다. • 발전부위가 반도체 소자이고 제어부가 전자 부품이므로 기계적인 소음과 진동이 존재하지 않는다. • 원재료에서부터 모듈 설치에 이르기까지 산업화가 가능해 부가가치 창출 및 고용창출 효과가 크다. • 전 세계적으로 사용이 가능하다.	• 에너지밀도가 낮아 큰 설치면적이 필요하다. • 전력생산량이 지역별 일사량에 의존한다. • 야간이나 우천 시에는 발전이 불가능하다. • 초기 투자비용이 많이 들어간다. • 상용전원에 비하여 발전 단가가 높다.

(4) 태양광발전의 원리

① **개 요** : 태양전지는 실리콘으로 대표되는 반도체로서 반도체 기술의 발달과 반도체 특성에 의해 자연스럽게 개발되어 태양의 빛에너지를 전기에너지로 변환시키는 발전기술이다. 햇빛을 받으면 광전효과에 의해서 전기를 생성하고 태양전지를 이용하여 발전하는 방식으로 모듈과 축전지 및 전력변환장치로 구성된다.

② **발전원리** : 태양전지는 태양에너지를 전기에너지로 변환시켜 주는 반도체 소자로서 N형 반도체와 P형 반도체의 결합인 P-N접합 다이오드 형태로 동작한다.

③ **태양전지**

㉠ 태양에너지를 전기에너지로 변화시키기 위해 광전지를 금속과 반도체의 접촉면 또는 반도체의 P-N접합에 빛을 조사하여 광전효과에 의해 광기전력이 일어나는 것을 이용한다.

㉡ 햇빛에 노출되었을 때 빛에너지를 직접적인 전기에너지로 변환시키는 반도체 소자이다.

㉢ 즉, 반도체의 P-N접합에 빛을 비추면 광전효과에 의해 광기전력이 일어나는 것을 이용한 것이다.

㉣ 태양전지에 태양빛이 닿으면 태양전지 속으로 흡수되며, 흡수된 태양빛이 가지고 있는 에너지에 의해 반도체 내에서 정공(+ : Hole)과 전자(- : Electron)의 전기를 갖는 입자가 발생하여 각각 자유롭게 태양전지 속을 움직인다. 정공은 (+)로서 P형 반도체라 하고 전자는 (-)로서 N형 반도체라고 한다.

㉤ 태양광발전은 햇빛을 이용한 발전이므로 태양광발전 이용률은 일조량의 영향이 가장 크며 발전소 설비효율과 기타 운영조건 등에 따라 달라진다. 태양광발전은 일출과 함께 발전을 시작하여 일조량이 가장 많은 정오에서 오후 1시 사이에 최대발전을 하고 일몰 후에 발전을 마친다.

㉥ 태양복사에너지는 핵융합에 의해 생성되는 태양에너지가 복사 형태로 전파되는 것으로, 이 중에서 지구까지 도착한 단위면적당 에너지, 즉 열량을 환산하여 사용하는 것을 흔히 태양상수라 한다. 태양상수의 단위는 $[\text{cal/min} \cdot \text{cm}^2]$를 사용한다.

④ P-N접합에 의한 발전원리

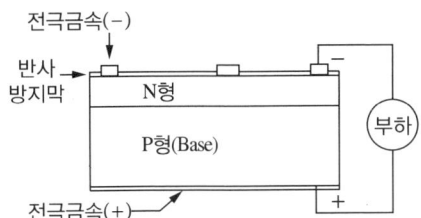

㉠ P형 실리콘 반도체를 기본으로 하고 그 표면에 인(P)을 확산시켜서 N형 실리콘 반도체 층을 형성함으로서 만들어진다(P-N접합에 의해 전계가 발생).
㉡ 태양전지에 빛이 입사되면 반도체 내의 전자(-)와 정공(+)이 생성되어서 반도체 내부를 자유로이 이동하게 된다.
㉢ 자유로이 이동하다가 P-N접합에 의해 생긴 전계에 들어오게 되면 전자는 N형 반도체에, 정공은 P형 반도체에 흐르게 되고 N형 반도체와 P형 반도체 표면에 전극이 형성되어서 전자를 외부 회로로 흐르게 하면 기전력이 발생하게 된다.

⑤ 태양전지 구분
㉠ 금속과 반도체의 접촉을 이용한 전지 : 셀렌 광전지, 아황산구리 광전지
㉡ 반도체 P-N접합을 이용한 전지 : 실리콘 광전지

⑥ 태양광발전의 산업구조
㉠ 소재(폴리실리콘)
㉡ 전지(잉곳·웨이퍼, 셀)
㉢ 전력기기(모듈, 패널)
㉣ 설치·서비스(시공, 관리)

⑦ 태양광산업의 분류
㉠ 소재 및 부품 분야 : 실리콘원료, 잉곳·웨이퍼
㉡ 태양전지 분야 : 실리콘, 화합물, 박막형
㉢ 모듈 및 시스템 분야 : 집광시스템, 추적시스템, 시스템 설치
㉣ 전력변환 분야 : 축전지, 인버터
㉤ 관련 장비 분야 : 증착장비, 잉곳성장장비, 식각장비

⑧ 태양광발전의 주요 단계
㉠ 폴리실리콘 : 모래에서 뽑아낸 태양광 기초소재
㉡ 잉곳 : 폴리실리콘을 녹여 기둥형태로 만드는 과정
㉢ 웨이퍼 : 잉곳을 얇은 슬라이스 형태로 자르는 과정
㉣ 태양전지 : 웨이퍼를 삽입하여 솔라 셀을 생산하는 과정
㉤ 모듈 : 태양전지를 집적시켜 만드는 과정

⑨ 전력제어장치(PCS ; Power Conditioning System) : 태양광 모듈에서 나온 직류전원을 교류전원으로 전환하는 과정
⑩ 태양광시스템 설치 : 창호업체 등이 태양광 수집 장치와 설비를 마련하는 과정

(5) 태양광발전의 시장 전망

태양광발전 산업은 최근 연평균 30[%] 이상의 고속 성장을 기록하고 있으며, 현재 가장 빠르게 성장하는 산업 중 하나이다.

① RPS(Renewable Portfolio Standard) 제도 : 2012년도에 도입된 신재생에너지 의무할당제로서 국내 태양광발전의 성장 및 보급 확대와 자생력을 키우는 데 기여할 것으로 보인다.
② 최근 태양광발전 시장 동향
  ㉠ 태양광발전의 시장 규모는 경제를 통한 원가 경쟁력 확보가 중요시 되면서 글로벌 기업들이 생산 규모를 [GW]급으로 확대하였다.
  ㉡ 원재료인 폴리실리콘을 비롯한 태양광발전 소재와 부품의 가격이 지속적으로 하락하고 있어 태양광발전 단가가 화석연료와 같아지는 시점인 그리드 패리티에 도달할 것으로 보고 있다. 이렇게 되면 전 세계적으로 태양광발전의 수요는 급격히 증가하여 최고의 글로벌 사업이 될 것이다.

> **Check!** 그리드 패리티 : 신재생에너지 발전단가와 화석연료 발전단가가 같아지는 시기

  ㉢ 국내 태양광발전 시장 규모는 아직 미비하나 정부의 급진적인 정책으로 빠른 속도로 확대되고 있다.
  ㉣ 국내 태양광발전 생산능력대비 시장 규모가 작아 전체 매출 중 수출비중이 약 60[%]에 도달하고 있으며 최근에는 글로벌 태양광발전 수요 확대로 수출액 및 수출 비중이 매년 성장하고 있는 실정이다.
③ 국내 태양광시장의 전망
  ㉠ 신기술 개발과 신성장 동력사업인 태양광발전은 소득과 일자리 창출의 거대 시장으로 성장하기 때문에 전략적인 계획이 필요하다.
  ㉡ 외국에 에너지 의존도가 높은 우리나라는 유가급등이나 석탄값 급등에도 안정적인 에너지를 공급할 수 있는 기술을 개발하여 전 세계를 주도해 나갈 전망이다.
  ㉢ 전문 인력 양성을 통한 전문성을 확보하고 국가경쟁력 향상에 기여하도록 하여야 한다.
  ㉣ 저탄소 녹색 성장을 향후 60년의 새로운 국가비전으로 제시하여 신재생에너지의 비중을 늘려나가야 한다.
④ 해결과제
  ㉠ 다양한 태양전지의 개발 : 현재 사용되고 있는 태양전지는 실리콘을 기반으로 한 것이 대부분이다. 재료도 많고 비용도 저렴하지만 제조공정이 단순하고 원자재 비용이 더욱 저렴하고 설치가 간단하며 효율이 높은 태양전지 개발이 필요하다.
  ㉡ 효율증가 : 현재는 단결정이 가장 효율이 높지만 아직까지는 상용전기에 비해 효율이 극히 나쁘다. 현재의 상용전기 만큼 효율을 증대시켜야 한다.
  ㉢ 모듈의 수명연장 : 내구성이 강한 소재를 개발하여 수명이 연장되면 태양전지로부터 생산되는 에너지 양이 많아지게 되고 투자대비 회수율이 높아지기 때문에 경쟁력이 생기게 된다.
  ㉣ 제조공정의 자동화 : 대량생산을 하여 태양전지의 가격을 낮추어야 한다.

(6) 태양복사에너지

① **태양복사에너지의 양** : 지구상에 내리쬐는 태양에너지의 양은 약 1.77×10^{14}[kW]로 전 세계 전력 소비량의 약 10만 배 정도 크기에 해당된다. 또한 쾌청한 날에 태양이 20분간 지구 전체에 내리쬐는 에너지 양으로 전 세계에서 소비하는 1년간의 에너지를 충당할 수 있다는 계산도 나오고 있는 실정이다.

② **태양광에너지 밀도(방사조도 또는 일사량)** : 태양표면에서 방사되는 태양광에너지를 전력으로 환산해 보면 약 3.8×10^{23}[kW] 정도로 추정하고 있다. 이것은 약 1억 5천만[km]의 우주 공간을 거쳐서 지구표면에 도달하게 되는데 인공위성으로 실측된 대기권 밖의 에너지 밀도(태양과 지구의 평균거리 1.495×10^{8}[km]의 도달광에너지 밀도)는 1[m^2]당 1.353[kW]이다. STC 조건에서의 에너지밀도는 1[m^2] 당 1,000[W]이다.

> **Check!** STC(Standard Test Conditions : 표준시험조건)
> 태양전지와 모듈의 특성을 측정하기 위한 기준을 표준화한 것이다.

③ **태양광 스펙트럼의 영역별 구분** : 태양광 빛을 분광기로 보았을 때 색깔의 띠가 생기게 되는데 이것을 스펙트럼(Spectrum)이라고 한다.

㉠ 파장대별 영역의 구분
- 적외선 영역(760[nm] 이상) : 에너지비율 49[%] 정도(빨간색 아래 부분)
- 가시광선 영역(380~760[nm]) : 에너지비율 46[%] 정도(빨간색~보라색)
- 자외선 영역(0~380[nm]) : 에너지비율 5[%] 정도(보라색 이상)

㉡ 적외선, 가시광선 영역에서 대기 외부와 지표상의 스펙트럼 차이가 발생하는데 이는 지구의 대기층에서 흡수하기 때문이다.

④ **대기질량 정수(AM ; Air Mass)** : 최단 경로의 길이

태양광선이 지구 대기를 지나오는 경로의 길이이다. 임의의 해수면상 관측점으로 햇빛이 지나가는 경로의 길이를 관측점 바로 위에 태양이 있을 때 햇빛이 지나오는 거리의 배수로 나타낸 것을 말한다. 태양광이 지구 대기를 통과하는 표준상태를 대기압에 연직으로 입사되기 때문에 생기는 비율을 나타내며 AM으로 표시한다.

㉠ 대기질량 정수의 구분
- AM 0
  - 우주에서의 태양 스펙트럼을 나타내는 조건으로 대기 외부이다.
  - 인공위성 또는 우주 비행체가 노출되는 환경이다.
- AM 1
  - 태양이 천정에 위치할 때의 지표상의 스펙트럼이다.
- AM 1.5
  - 기본적으로 우리나라가 중위도에 있기 때문에 표준으로 사용한다.
  - 지상의 누적 평균 일조량에 적합하다.
  - 태양전지 개발 시 기준 값으로 사용한다.
- AM 2
  - 고도각 θ가 30°일 경우 약 0.75[kW/m^2]를 나타낸다.

⑤ 지표면의 태양복사
　㉠ 대기효과
　　• 지표면에서 태양 일사강도에 여러 가지 영향을 미치는 요인들
　　　- 태양복사에 분산이나 간접적인 요소의 도입
　　　- 대기에서의 산란, 반사, 흡수 등에 의해 태양복사 출력 감소
　　　- 구름, 수증기, 오염과 같은 대기에서의 국부적인 변화와 입사출력, 스펙트럼, 방향성에 추가적인 영향
　　　- 특정 파장의 흡수나 산란이 강한 것에 기인한 태양복사 분광 분포의 변화
　　• 지표면에 흡수되는 태양복사에 영향을 미치는 요인들
　　　- 지리상의 위치(경도와 위도)
　　　- 흡수와 산란을 포함하는 대기에서의 효과들
　　　- 하루 중 시간적인 변화와 계절의 변화
　　　- 구름, 수증기, 오염과 같은 대기에서의 국부적인 변화
　㉡ 고도각과 천정각의 계산법
　　• 고도각 θ : 지표면에서 태양을 올려다보는 각 $\left(\dfrac{1}{\sin\theta}\right)$
　　• 천정각 θ : 지표면에서 수직선이며 태양이 바로 머리 위에 있을 때 각도 $\left(\dfrac{1}{\cos\theta}\right)$

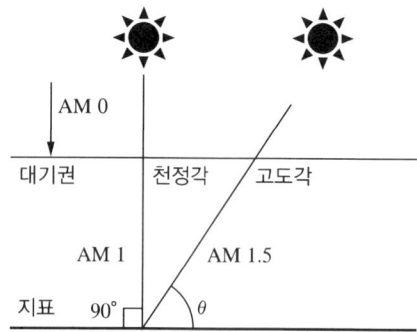

⑥ 태양에너지와 태양광발전
　㉠ 태양전지의 정격출력 및 필요면적
　　• 정격출력[kW/h] = 시스템의 총변환효율[%] × 단위면적[m²] × 빛의 조사강도[kW]
　　• 필요면적[m²] = $\dfrac{\text{필요출력[kW]}}{\text{빛의 조사강도[kW]} \times \text{시스템의 총변환효율[\%]}}$
　㉡ 태양전지의 효율
　　• 태양광발전장치의 효율은 온도에 반비례한다.
　　• 설치된 출력의 실제 이용 상태를 말하는 것이다.
　　• 효율(η) = $\dfrac{\text{생산전력}}{\text{기본 일사량}} \times 100[\%]$

(7) 그 외 정리

① 태양복사 강도
  ㉠ 태양복사 강도는 무엇보다 태양 고도각(θ)에 따라 달라진다.
  ㉡ 태양고도가 지구와 수직을 이룰 때 햇빛은 지구대기에서 최단 경로를 취한다. 그러나 태양이 예각을 이룰 때 대기를 통과하는 경로는 길어지게 된다.

② 복사강도의 감소
  ㉠ 대기를 통과하는 경로가 길어지면 태양복사의 흡수와 산란이 높아지고 복사강도는 감소한다. 이러한 감소 정도는 에어매스(AM ; Air Mass)라는 값으로 나타낸다.
  ㉡ AM 0은 지구 대기권 밖의 스펙트럼이며, AM 1은 태양이 중천에 있을 때 직각으로 지상에 도달하는 쾌청한 날의 스펙트럼을 표준화한 에너지이다. 또한 중위도 지역에 위치한 우리나라 등의 스펙트럼 분포는 AM 1.5이다($AM = 1/\cos\theta$로 나타낸다).

3 전력변환장치

(1) 인버터(Inverter)

직류전류를 단상 또는 다상의 교류전류로 변환시키는 전기에너지 변환기로서 직류전력을 교류전력으로 변환하는 장치이다. 또한 인버터는 출력조절기(PCS ; Power Conditioning System)라는 이름으로 통칭되는 여러 구성요소 중의 하나이다. 계통 연계형 인버터는 태양전지 모듈로부터 직류전원을 공급받아 계통 상태에 따라 안정된 교류전원을 공급하는 장치이다. 한전계통과 병렬운전이 가능하여야 하며, 한전 배전용 전기설비 이용규정에 적합한 안정된 전력을 주 변압기를 통해 한전 배전선로에 송전하여야 한다.

① 태양광 인버터의 효율 : 직류입력전압 범위는 발전시스템 구성 시 태양광 모듈의 직렬연결조합을 다양하게 할 수 있도록 하기 위하여 입력전압 범위가 넓다. 250~850[Vdc]로서 용량에 따라 다르다.

② 구성
  ㉠ 전력변환장치 : IGBT(Insulated Gate Bipolar mode Transistor : 전력용 절연계 양극성 트랜지스터)를 이용하여 태양전지의 직류출력을 매우 빠른 속도로 나누어 이를 다시 배치하고 교류(AC)로 변환하는 전력공급장치이다.
  ㉡ 제어장치 : 전력변환장치를 조절하고 전자회로 구성 계통측에 이상이 발생하면 장치를 안전하게 정지시키고 계통을 보호하는 장치이다.
  ㉢ 보호장치 : 전자회로로 구성되며 내부 고장에 대비한 장치로서 안전장치로 동작한다.

> **Check!** 전력용 절연계 양극성 트랜지스터(IGBT ; Insulated Gate Bipolar mode Transistor)
> 금속 산화막 반도체 전계효과 트랜지스터(MOSFET)를 게이트부에 짜 넣은 접합형 트랜지스터이다. 게이트-이미터 간에 전압이 구동되어 입력 신호에 의해서 온·오프가 생기는 자기소호형이므로, 대전력의 고속 스위칭이 가능한 반도체 소자이다.

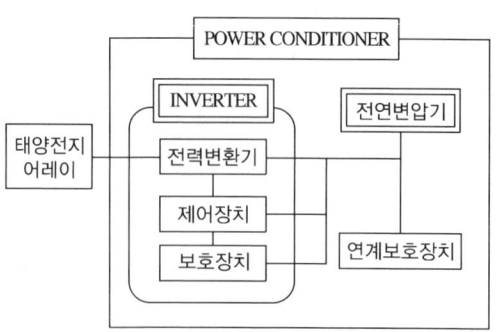

절연 트랜스 방식

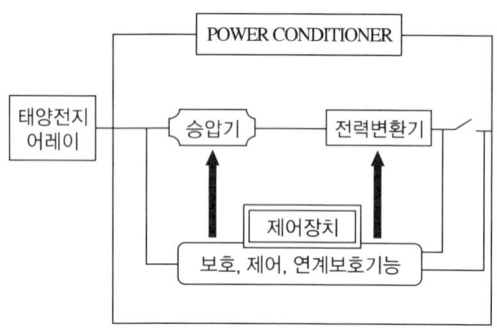

트랜스리스 방식

③ 기능
　㉠ 단독운전방지(Anti-Islanding) 기능
　　• 능동적 방식 : 항상 인버터에 변동요인을 인위적으로 주어서 연계운전 시에는 그 변동요인이 출력에 나타나지 않고 단독운전 시에는 변동요인이 나타나도록 하여 그것을 감지하여 인버터를 정지시키는 방식이다.
　　　- 무효전력 변동방식
　　　- 유효전력 변동방식
　　　- 부하 변동방식
　　　- 주파수 시프트방식
　　• 수동적 방식 : 연계운전에서 단독운전으로 동작 시 전압파형 및 위상 등의 변화를 감지하여 인버터를 정지시키는 방식이다.
　　　- 전압위상도약 검출방식
　　　- 주파수변화율 검출방식
　　　- 3차 고조파전압 왜율 급증 검출방식
　㉡ 고주파 전류 억제기능 : 계통전력에 악영향을 미치지 않도록 고조파 전류를 억제한 전류를 출력한다.
　㉢ 최대전력 추종 제어기능(MPPT ; Maximum Power Point Tracking) : 태양전지의 일사강도와 온도변화에 따른 출력전류가 전압의 변화에 대해 태양전지의 출력을 항상 최대한으로 이끌어내는 중요한 알고리즘 중의 하나이다.

㉣ 계통 연계 보호장치 : 과부족 전압의 검출, 계통 연계측의 정전 검출(단독 운전 검출), 주파수의 상승과 저하의 검출에 의해 태양광 시스템을 계통에서 분리하는 기능으로서 보통 인버터에 내장되어 있고 대용량은 송·변전설비에 별도로 설치해야 한다.
 ㉤ 자동전압 조정기능 : 계통연계로 역송전할 경우에는 전압을 정해진 범위 내로 유지해야 하기 때문에 필요하다.
 ㉥ 직류 검출기능 : 고장 시 태양광 설비의 직류가 전력회사 계통에 유입되지 않게 하는 기능이다.

4 전력저장장치

(1) 축전지(전력저장장치)

양과 음의 전극판과 전해액으로 구성되어 있어 화학작용에 의해 직류기전력을 생기게 하여 전원으로 사용할 수 있는 장치이다. 태양광발전에서 가장 많이 사용하는 에너지 저장장치는 납축전지이다. 납축전지의 수명은 2~5년 정도이기 때문에 수명이 긴 축전지가 필요하다. 실제로 사용하고 있는 독립형 태양광발전시스템에는 납축전지가 그 시스템의 안전성을 유지하는 데 가장 커다란 요인이기도 하다.

① 축전지의 일반적인 내용
 ㉠ 무정전 전원장치와 백업용으로 충·방전 사이클을 갖는 축전지를 사용해야 한다.
 ㉡ 산업용으로 가장 많이 사용하는 축전지는 니켈-카드뮴과 연축전지이다.
 ㉢ 태양광발전시스템에는 충·방전 효율이 좋은 축전지를 사용해야 한다.
 ㉣ 특 징
  • 장시간 사용이 가능해야 한다.
  • 독립된 전원이다.
  • 가격이 저렴해야 한다.
  • 100[%] 직류(DC) 전원이어야 한다.
  • 유지보수가 용이해야 한다.

② 축전지의 종류
 ㉠ 납축전지
 ㉡ 리튬 2차 전지
 ㉢ 니켈-카드뮴 축전지
 ㉣ 니켈-수소 축전지

- 태양광발전시스템용 축전지로는 납축전지가 가장 많이 사용된다. 보수가 필요하지 않은 제어밸브식 거치 납축전지가 사용된다.
- 축전지의 기대 수명은 방전심도와 방전횟수, 사용온도, 사용장소의 온도에 따라 좌우되는데 사용하는 형식과 조건에 따라 약 3~15년 정도 큰 차이가 있다.

③ 축전지의 사용조건
  ㉠ 필요한 축전지 용량계산 시 고려사항
    • 온도의 영향
    • 필요한 일일-계절의 사이클
    • 현장에 접근하는 데 필요한 시간
    • 미래의 부하 증가량
  ㉡ 물리적 보호 : 축전지는 불리한 조건의 영향을 받지 않도록 물리적인 보호조치가 꼭 필요하다.
    • 직사광선(UV방사)에 대한 노출
    • 불균등한 온도 분포와 극온
    • 높은 습도와 홍수
    • 공기 중의 먼지와 모래
    • 폭발성 대기
    • 쇼크와 진동
    • 지 진
  ㉢ 일일 사이클
    • 낮 시간의 충전과 밤 시간의 방전
    • 전형적인 일일 방전은 전지용량의 약 2~20[%] 정도이다.
  ㉣ 계절 사이클
    • 평균 충전 조건이 변하기 때문에 전지는 충전상태의 계절 사이클을 가진다.
    • 태양광 방사가 높은 기간 : 전지를 거의 완전히 충전시킬 수 있는 여름에는 전지가 과충전이 될 수 있다.
    • 태양광 방사가 낮은 기간 : 에너지 생산이 낮은 겨울에 전지의 충전상태(사용 가능한 용량)는 정격용량의 20[%] 또는 그 이하로 내려갈 수 있다.
④ 축전지 충전기의 구성요소
  ㉠ 정류 및 충전부
  ㉡ 출력 필터부
  ㉢ 제어 회로부
  ㉣ 회로차단기(MCCB)
  ㉤ 만충전 감지회로
  ㉥ 운용감시반
⑤ 축전지의 선정 기준
  ㉠ 전압, 전류특성 등의 전기적 성능과 가격
  ㉡ 중 량
  ㉢ 치 수
  ㉣ 안전 리사이클(Recycle)

ⓜ 보수성
　　　ⓑ 수 명
⑥ 축전지의 요구 조건
　　　㉠ 수명이 길고 유지보수가 용이해야 한다.
　　　㉡ 에너지 밀도가 높아야 한다.
　　　㉢ 가격이 저렴해야 한다.
　　　㉣ 성능이 우수해야 한다.
　　　㉤ 운반이 용이해야 하므로 경량이어야 한다.
　　　㉥ 방전시간이 낮아야 한다. 즉, 장시간 사용이 가능해야 한다.
　　　㉦ 효율이 높아야 한다.
　　　㉧ 가능한 많은 횟수의 충·방전이 가능해야 한다.
⑦ 축전지 설치 장소의 조건
　　　㉠ 일광에 노출되지 않는 장소일 것
　　　㉡ 환기가 잘되고 배수가 용이해야 할 것
　　　㉢ 축전지에 영향을 줄 수 있는 기기와 완전히 차폐된 장소일 것
　　　㉣ 하절기의 과도한 고온과 동절기에 과도한 저온을 피할 수 있을 것(표준 온도 25[℃])
⑧ 축전지 용량이 감퇴하는 원인
　　　㉠ 전해액 부족
　　　㉡ 전해액 비중 과·소
　　　㉢ 백색 황산납의 생성
　　　㉣ 극판의 부식과 균열
　　　㉤ 충·방전 전류의 과대
　　　㉥ 국부 및 성극작용
⑨ 축전지의 용량
　　축전지의 용량은 [Ah](암페어시) 또는 [Wh](와트시)로 나타낸다([Ah]=방전전류×방전시간).

　　또는 $[Ah]=\dfrac{축전지설비용량[Wh]}{시스템 전압[V]}$로 나타낼 수도 있다.

⑩ 충전의 종류
　　　㉠ 초충전 : 최초로 행해지는 충전으로서 전지의 일생을 좌·우 2[V] 정도에서 급상승한 후 서서히 상승하다가 2.3~2.4[V]에서 다시 급상승한 후 일정값(2.6~2.8[V])으로 나타난다.

　　　㉡ 평상충전 : $\dfrac{규정전압}{규정전류}$

　　　㉢ 급속충전 : 전압이 2.4[V]가 될 때까지는 평상전류의 2배로 급속충전하고 다음은 평상충전을 한다.
　　　㉣ 균등충전 : 충전 시 충전 부족이 없도록 하는 충전이다.

　　　㉤ 과충전 : 평상충전 후 평상전류의 $\dfrac{1}{2}$배로 계속 충전하여 전해액 내의 기포로 백색 황산납을 씻어내기 위한 충전이다.

ⓗ 부동충전 : 충전지와 부하를 병렬로 연결한 상태로 방전된 만큼 충전을 행하는 방식이다. 표준부동전압 2.15~2.17[V]가 가장 좋다.
⑪ 충전 종료 시 축전지의 상태
　　㉠ 전해액의 비중이 높아진다.
　　㉡ 가스(물거품)가 발생한다.
　　㉢ 전해액의 온도가 높아진다.
　　㉣ 극판의 색이 변한다.
　　㉤ 단자전압이 매 전지당 2.4~2.8[V] 정도까지 상승한다.
⑫ 축전지의 독립 작동시간 : 축전지는 태양광 없이 또는 최소한의 태양광만으로도 3~15일 동안 규정된 조건하에서 에너지를 공급하도록 설계되어야 한다.
　　㉠ 고충전 상태기간
　　　　• 여름에는 전지가 고충전 상태이어서 통상적으로 정격용량 80~100[%] 중 약 85[%] 사이에서 동작하게 된다. 재충전 기간 동안 전압조절 시스템은 보통 전지전압을 제한한다.
　　　　• 전형적인 최대 전지 전압을 제한한다.
　　　　　－ 니켈-카드뮴 전지 1개당 : 1.55[V]
　　　　　－ 니켈-수소전지 1개당 : 1.45[V]
　　　　　－ 납축전지 1개당 : 2.4[V]
　　　　• 일부 조절기의 경우에 급속충전과 균등충전을 위해 단기간에 전지의 최대전압값을 초과하도록 허용한다.
　　　　• 일반적으로 고충전 상태에서 태양광시스템에 사용되는 전지의 예상수명은 연속 부동충전 상태에서 사용된 전지의 수명보다 짧을 수 있다.
　　　　• 작동 온도가 20[℃]에서 많이 벗어날 경우에는 온도 보상회로를 사용해서 수명과 용량을 늘려 주어야 한다.
　　㉡ 지속적인 저충전 상태기간
　　　　• 태양 어레이에서의 낮은 태양광 방사는 겨울철, 두꺼운 구름, 눈이나 비 또는 먼지가 많이 축적된 지리적인 위치에서 발생한다.
　　　　• 태양광 방사가 낮은 기간에 태양으로부터 발생된 에너지는 전지를 재충전하기에 충분하지 않을 수 있다. 그러면 전지는 저충전 상태가 되며 사이클링이 발생할 것이다.
⑬ 작동온도 : 온도는 전지의 수명을 결정하는 가장 중요한 요소이다. 어떤 지역에 어떤 전지를 설치하느냐에 따라 시스템을 장기간 유지할 수 있는 조건이 될 것이다.

전 지	온 도	습 도
니켈-카드뮴, 니켈-수소(표준 전해질)	-20~45[℃]	90[%] 이상에서 견딜 수 있을 것
니켈-카드뮴, 니켈-수소(고밀도 전해질)	-40~45[℃]	
납축전지	-15~45[℃]	

⑭ 과방전 보호
- ㉠ 납축전지는 비가역적인 황산염 발생으로 인해 용량 손실을 방지해야 한다. 즉, 과방전이 되지 않도록 해야 한다.
- ㉡ 최대방전 심도를 초과할 때 발생되는 저전압 상태를 없애면 과방전 보호를 할 수 있다.
- ㉢ 일반적으로 니켈-카드뮴 전지와 니켈-수소 전지는 이런 종류의 보호가 필요하지 않다.

⑮ 용어의 정의
- ㉠ 무효전력 : 전원으로 돌아가는 전기에너지
- ㉡ 유효전력 : 부하에서 사용되는 전기에너지
- ㉢ 전체전력(피상전력)=유효전력 + 무효전력
- ㉣ 역률 : 교류전압과 전류의 위상차(전체 전력에서 차지하는 유효전력의 비)

5 바이패스소자

태양광발전시스템의 여러 가지 관련 기기나 부품이 있는데 바이패스, 역류방지, 교류측의 기기, 축전지, 낙뢰 보호기기 등이 있다. 이러한 부품들은 시스템을 구성하는 기기 사이를 중계하기 위해 꼭 필요한 기기들이다. 이것은 시스템의 보호기능을 유지하고 시스템의 운전·보수를 용이하게 하기 위한 역할을 하고 있고, 독립전원 시스템이나 계통 연계 시스템에서도 자립운전기능을 가진 시스템의 경우 축전지를 설치하는 경우가 있다.

(1) 바이패스소자의 설치 목적

태양전지 모듈 중에서 일부의 태양전지 셀에 나뭇잎 등으로 그늘이 지거나 셀의 일부가 고장이 나면 그 부분의 셀은 발전하지 못하며 저항이 크게 된다. 이 셀에는 직렬로 접속된 스트링(회로)의 모든 전압이 인가되어 고저항의 셀에 전류가 흐름으로써 발열이 발생한다. 셀의 온도가 높아지게 되면 셀 및 그 주변의 충진 수지가 변색되고 뒷면의 커버가 팽창하게 된다. 셀의 온도가 계속 높아지면 그 셀과 태양전지 모듈의 파손방지는 물론 이를 방진할 목적으로 고저항이 된 태양전지 셀 또는 모듈에 흐르는 전류를 우회하는 것이 필요하다. 이것이 바로 바이패스소자를 설치하는 목적이다.

① 바이패스소자 : 태양전지 어레이를 구성하는 태양전지 모듈마다 바이패스소자를 설치하는 것이 일반적이며, 대부분의 바이패스소자로는 다이오드를 사용한다. 우회로를 만드는 다이오드 역할을 한다.

② 용량 : 공칭 최대출력 동작전압의 1.5배 이상인 역내전압을 가지고 그 스트링의 단락전류를 충분히 바이패스할 수 있는 정격전류를 가진 다이오드로서 결정질 모듈의 성능실험에서 바이패스 다이오드의 열 시험을 했을 때 모듈의 온도를 75±5[℃]로 유지해야 한다. 또한 STC 조건에서 단락전류의 1.25배와 같은 전류를 적용하여 1시간 동안 측정을 해 보아야 한다.

③ 설치장소 : 직렬로 접속한 복수의 태양전지 모듈마다 같은 모양의 방법으로 모듈 후면에 출력단자함의 출력단자 +(정), -(부) 극간에 설치된다. 일반적으로 보통 모듈장당 2~3개(셀 18~20개당 1개)를 설치한다.

④ 태양전지 모듈에서 태양전지 셀이 발전되지 않을 경우
- ㉠ 나뭇잎이나 응달 또는 셀의 일부 고장으로 발전되지 않는 부분은 셀의 저항이 크게 된다.

ⓒ 셀의 온도가 높아지게 되면 셀 및 그 주변의 충진 수지가 변색되거나 이면 커버의 부풀림 등이 생기게 된다.
　　ⓒ 셀의 온도가 올라가게 되면 그 셀 및 태양전지 모듈이 고장난다.
　　ⓒ 셀에 직렬접속되고 있는 회로의 전압이 인가되어 고저항 셀에 전류가 흘러서 발열된다.
⑤ 핫스팟(Hot Spot) : 태양전지 모듈의 일부 셀이 나뭇잎, 새 배설물 등으로 그늘(음영)이 발생하면, 그 부분의 셀은 전기를 생산하지 못하고 저항이 증가하게 된다. 이때 그늘진 셀에는 직렬로 접속된 다른 셀들의 회로에서 모든 전압이 인가되어 그늘진 셀은 발열하게 된다. 이 발열된 부분이 핫스팟이다. 셀이 고온이 되면 셀과 그 주변의 충진재(EVA)가 변색되고 뒷면 커버의 팽창, 음영 셀의 파손 등을 일으킬 수 있다.
⑥ 태양전지 모듈 이면의 단자대에 바이패스소자를 설치하는 경우
　　ⓒ 설치장소가 옥외인 경우 태양의 열에너지에 의해서 주위온도보다 20~30[℃] 높아지는 경우가 있다.
　　ⓒ 이 경우 당연히 다이오드의 케이스 온도도 높아지기 때문에 제한온도 이상을 넘지 않도록 해야 하며, 평균 순전류값보다 적은 전류를 사용해야 한다.
　　ⓒ 다이오드 사용 시 온도를 측정하여 안전한 온도에서 사용해야 하고 바이패스될 수 있는 정격전류의 다이오드를 선정해야 한다.

> **Check!** 모듈의 집합체 어레이는 직렬접속인 경우 바이패스 다이오드를 사용하고, 병렬인 경우에는 역류방지 다이오드를 넣어 전체의 특성을 유지한다.

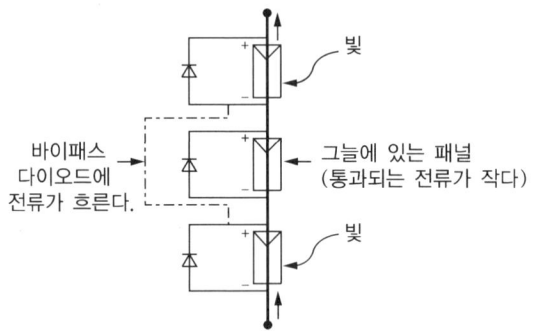

음영이 있는 지역에서 태양전지를 보호하는 바이패스 다이오드

⑦ 음영과 모듈의 직·병렬에 따른 출력전력
　　ⓒ 모듈이 직렬연결일 경우 출력전력을 구하는 공식
　　　　A = 150[Wp] × 4 = 600[Wp]

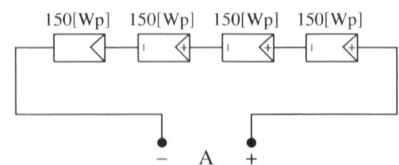

ⓛ 모듈이 직렬연결일 경우 음영지역 셀의 출력전력을 구하는 공식

B = 100[Wp] × 4 = 400[Wp]

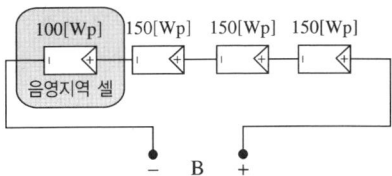

ⓒ 모듈이 병렬연결일 경우 출력전력을 구하는 공식

C = 150[Wp] + 150[Wp] + 150[Wp] + 150[Wp] = 600[Wp]

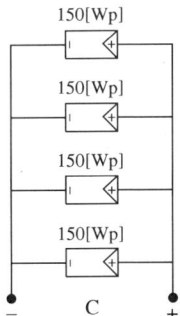

ⓔ 모듈이 병렬연결일 경우 음영지역 셀의 출력전력을 구하는 공식

D = 100[Wp] + 150[Wp] + 150[Wp] + 150[Wp] = 550[Wp]

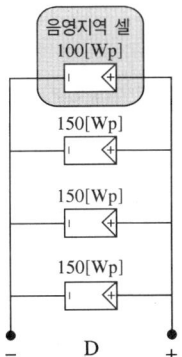

⑧ 박막계 태양전지 모듈의 음영 특성 : 부분 음영 시 출력 특성은 바이패스 다이오드가 모듈 1장에 1개만 설치되어 있어도 음영 부분의 면적과 음영의 농도에 비례해서 출력이 떨어지게 된다.

6 역류방지소자(Blocking Diode)

태양전지 어레이의 스트링별로 설치된다. 역류방지소자는 태양전지 모듈에 다른 태양전지 회로와 축전지의 전류가 흘러 들어오는 것을 방지하기 위해 설치하며, 보통 다이오드가 사용된다.

(1) 역류방지소자의 설치 목적
① 태양전지 모듈에 그늘 음영이 생긴 경우 그 스트링 전압이 낮아져 부하가 되는 것을 방지한다.
② 독립형 태양광발전시스템에서 축전지를 가진 시스템이 야간에 태양광 발전이 정지된 상태에서 축전지 전력이 태양전지 모듈 쪽으로 흘러들어 소모되는 것을 방지한다.

(2) 역류방지소자의 설치 장소
접속함 내에 설치한다. 태양전지 모듈의 단자함 내부에 설치하는 경우도 있지만 설치 장소에 따라 역류방지소자의 온도가 높아지는 경우에는 바이패스소자의 선정과 동일한 방법으로 대처한다.

(3) 용 량
역류방지소자는 1대의 인버터에 연결된 태양전지 직렬군이 2병렬 이상일 경우에 각 직렬군에 역류방지소자를 별도의 접속함에 설치해야 한다. 회로의 최대전류를 안전하게 흘릴 수 있음과 동시에 최대역전압에 충분히 견딜 수 있도록 선정되어야 하고 용량은 모듈 단락전류의 2배 이상이어야 하며 현장에서 확인할 수 있도록 표시된 것을 사용해야 한다.

(4) 태양전지 어레이의 직류출력 회로에 축전지가 설치되어 있는 경우
① 야간 등 태양전지가 발전하지 않는 시간대에는 태양전지는 축전지에 의해서 부하된다.
② 축전지에서의 방전은 일사가 회복되거나 축전지 용량이 사라질 때까지 계속하게 되고 비축한 전력이 비효율적으로 소비하게 된다.
③ 이런 현상을 방지하는 것이 역류방지소자의 역할 중에 하나이다.

(5) 바이패스소자 및 역류방지소자 관련 그 외 정리
① 최적 효율을 위해서는 각 셀 양단에 바이패스 다이오드를 설치하는 것이 바람직하나 제조 공정의 복잡화 및 경제성을 고려하여 일반적으로 셀 18~20개마다 1개의 바이패스 다이오드를 설치하고 있다.
② 바이패스소자는 보통 태양전지 모듈에 설치하거나 내장시켜 판매되는데 만일 태양전지 바이패스소자를 준비할 필요가 있는 경우, 보호하고자 하는 스트링의 공정 최대출력 동작전압의 1.5배 이상의 역 내압으로써 그 스트링의 단락전류를 충분히 우회할 수 있는 정격전류를 가진 다이오드를 사용할 필요가 있다.
③ 태양전지 모듈 뒷면에 있는 단자함에 바이패스소자를 설치할 경우 설치장소의 온도는 옥외에서 태양전지의 열에너지에 의해 주위 온도보다 20~30[℃] 높아질 수 있다. 이 경우 다이오드 케이스의 온도도 높아지기 때문에 평균 순전류값보다 적은 전류를 사용해야 한다.

7 접속반

여러 개의 태양전지 모듈의 스트링을 하나의 접속점에 모아 보수·점검 시에 회로를 분리하거나 점검 작업을 용이하게 하는 장치이다. 태양전지 어레이에 고장이 발생해도 정지범위를 최대한 적게 하는 등의 목적으로 보수·점검이 용이한 장소에 설치한다. 여러 개의 태양전지 모듈을 연결한 스트링 배선을 하나로 접속점에 모아 인버터에 보내는 기기로서 태양전지 어레이에 고장이 발생하더라도 정지범위를 최대한 적게 해야 한다.

(1) 접속반의 특징
① 역류방지소자가 설치되어 있다.
② 스트링 배선을 하나로 모아 인버터로 보내는 기기이다.
③ 피뢰소자가 설치되어 있다.
④ 보수와 점검을 할 때 회로를 분리해서 점검을 쉽게 한다.

(2) 접속반의 구성요소
① 태양전지 어레이측 개폐기
② 주개폐기
③ 서지보호장치(SPD ; Surge Protected Device)
④ 역류방지소자
⑤ 출력용 단자대
⑥ Multi Power Transducer
⑦ 감시용 DCCT, DCPT(Shunt), T/D(Transducer)

 태양전지 어레이측 개폐기는 모듈의 단락전류를 차단할 수 있는 용량의 것을 선택해야 하며, 일반적으로 MCCB, 퓨즈, 단로기를 사용하고 있다. 특히 퓨즈나 단로기를 통해서 개폐할 때에는 반드시 인버터측 주개폐기를 먼저 차단하고 조작해야 한다.

(3) 내부 수납소자
① 각각의 어레이 입력 스트링 케이블과 직류 주 케이블 등의 연결을 위한 연결단자대(터미널), 공기순환을 위한 팬, 역류방지 다이오드의 방열장치, 동작상태 확인을 위한 미터계 등이 기본적으로 내장되어 있다.
② 직류측의 보호장치로는 어레이 직류 개폐기와 퓨즈 그리고 역전류방지 다이오드가 있고, 피뢰소자, 주 차단기 등을 수납하며 외함은 등전위접지를 사용한다.

 등전위접지
노출 도전성 부분 또는 계통의 도전성 부분을 등전위시키기 위해 한 곳에 전기적으로 접속시켜 설치하는 접지를 말한다. 모든 금속부의 전위차를 10[mV] 이하로 제한하는 것을 말하며, 피뢰설비의 등전위접지에서는 피 보호물 내외부에 위치한 모든 접지 대상을 피뢰 설비와 상호 접속하여 등전위가 되도록 하여야 하며, 상호 접속에 사용되는 도선의 굵기는 30[mm²] 이상의 동선을 사용하여야 한다.

③ 정격절연전압 장치가 내장되어 있어, 접속함의 모든 회로의 정격작동전압을 일시적으로 정격전압을 넘게 되면 작동을 금지시킨다(정격절연전압의 100[%] 초과 금지).
④ 단자함 내부에 양극과 음극을 분명하게 구분하고 스트링 퓨즈는 병렬로 연결된 스트링에 각각 설치한다.
⑤ 피뢰기는 서지전압을 대지로 방전시키기 위해 단자함 내에 설치해야 한다.

(4) 접속반의 종류

모듈 보호전류에 의한 분류	사용전압에 의한 분류
15[A] 초과	1,000[V] 이하
10[A] 초과 15[A] 이하	600[V] 초과 1,000[V] 이하
10[A] 이하	600[V] 이하

(5) 시험기준

① 표준대기조건

온 도	습 도	압 력
15~35[℃]	25~75[%]	86~106[kPa]

② 성능시험

시험항목			판정기준
내전압			$2E+1,000[V](\fallingdotseq 1,005.436)$, 1분간 견딜 수 있을 것
절연저항			1[MΩ] 이상일 것
차단기 성능			KS C IEC 60898-2에 따른 승인을 받은 부품을 사용해야 한다(태양광 어레이의 최대 개방전압 이상의 직류 차단전압을 가지고 있을 것).
조작성능	전기조작	투입조작	조작회로의 정격전압(85~110[%]) 범위에서 지장 없이 투입할 수 있을 것
		개방조작	조작회로의 정격전압(85~110[%]) 범위에서 지장 없이 개방 및 리셋할 수 있을 것
		전압트립	조작회로의 정격전압(75~125[%]) 범위 내의 모든 트립 전압에서 지장 없이 트립이 될 것
		트립자유	차단기 트립을 확실히 할 수 있을 것
	수동조작	개폐조작	조작이 원활하고 확실하게 개폐동작을 할 수 있을 것

㉠ 성능시험방법
- 내전압시험 : 정격전압이 E일 경우($2E+1,000[V]$)로 60초간 연속해서 가하는 실험으로서 시험은 태양전지 어레이와 태양광 인버터를 분리하고 개폐를 통전상태로 하여 입력단자(태양전지 어레이 쪽) 또는 출력단자(태양광 인버터 쪽)를 단락하고 구분하여 대지 사이에 인가해서 시험한다. 태양전지 어레이 또는 태양광 인버터의 출력단자 1단 또는 중간점이 접지된 경우 그 접지를 떼어내고 시행해야 한다. 또한 접속함 중에 이 시험전압으로 시험하는 것이 부당한 전자부품이 있는 경우 그것을 제외하고 시험해야 한다.
- 절연저항 : 500[V](시험품의 정격전압이 300[V] 초과 600[V] 이하의 것에서는 1,000[V])의 절연저항계 또는 이와 동등한 성능이 있는 절연저항계로 입력단자 및 출력단자를 각각 단락하고 그 단자와 대지 사이에서 측정해야 한다.

㉡ 서지내성 레벨시험

레 벨	개방회로 시험전압(±10[%])[kV]	
1	0.5	
2	1.0	
3	2.0	
4	4.0	
X	특 별	제품 시방서상의 레벨

ⓒ 구조시험
- 수납된 부속품의 온도 간 최고의 온도를 초과하지 않는 구조일 것
- 전기회로의 충전부는 노출되지 않을 것
- 외함 및 틀은 수송 또는 시설 중에 일어나는 일반적 충격에 충분히 견디는 기계적 강도와 장기간에 걸쳐 내후성을 갖는 금속 또는 이와 동등 이상의 성능을 갖는 재료로 만들어야 할 것
- 외함은 사용상태에서 내부에서 기능상 지장을 주는 침수나 결로가 생기지 않은 구조일 것
- 태양전지 어레이로부터 병렬로 접속하는 전로에 단락이 생긴 경우 전로를 보호하는 과전류차단기 및 기타의 기구를 시설할 것
- 접속함의 구조는 접속점에 근접하여 개폐기 그 밖의 이와 유사한 기구를 시설할 것

(6) 표시사항

① 제조연월일
② 제조업체명과 상호
③ 제조번호
④ 보호등급
⑤ 종별 및 형식
⑥ 보호등급
⑦ 보조회로의 정격전압
⑧ 무 게
⑨ 내부 분리형태
⑩ 작동 전류의 유형
⑪ 각 회로의 정격전류
⑫ 접속함이 설계된 접지 체계의 유형
⑬ 높이, 깊이, 치수
⑭ 재료군
⑮ 경고사항

 접속함이 설치될 때 위와 같은 사항은 보기 쉽고, 읽기 편하고, 물에 쉽게 지워지지 않도록 표시해야 한다. 또한 제조사는 문서나 목록에 조건을 명시해야 하며 부속품의 설치, 권한, 작동, 보수에 대한 내용을 포함해야 한다.

(7) 인증 설비에 대한 표시사항

① 모델명 및 설비명
② 제조연월일
③ 인증부여번호
④ 업체명 및 소재지
⑤ 신재생에너지설비 인증표지
⑥ 정격 및 최고사용압력
⑦ 기타 ①~⑥ 이외 인증 설비에 꼭 필요한 사항

(8) 참고 부품 사항(권장 부품)

① 퓨즈 : 정격전류는 모듈 단락전류의 1.25~2배 이하, 정격차단전압은 시스템전압의 1.5배 이상이어야 한다.
② 블로킹 다이오드 : 정격전류는 모듈 단락전류의 1.3배 이상, 정격전압은 어레이 개방전압의 2배 이상이어야 한다.
③ 낙뢰보호장치(SPD ; Surge Protect Device)
  ㉠ 공칭 방전전류는 10[kA] 이상
  ㉡ 최대연속 운전전압은 직류(DC) 600[V], 1,000[V]
④ 직류(DC) 차단기
  ㉠ 태양광 어레이의 최대개방전압 이상의 직류차단전압을 가지고 있어야 한다.
  ㉡ 정격전류는 어레이 전류의 1.25~1배 이하이어야 한다.

8 피뢰소자 등

접속함과 분전반 안에 설치하는 피뢰소자(SPD ; Surge Protect Device)는 방전내량이 큰 어레스터를 선정하고 태양전지 어레이 주 회로 안에 설치하는 피뢰소자는 방전내량이 적은 서지업서버를 선정한다. 피뢰소자는 서지로부터 각종 장비들을 보호하는 장치이다.

(1) 피뢰대책용 부품 종류

① 피뢰소자
② 내뢰 트랜스

(2) 태양광발전시스템의 피뢰소자의 종류

① 서지업서버
② 어레스터

(3) 선정 절차

① 선정 시작
② 설치장소 확인
③ 보호소자 선정환경 확인
④ 고장모드 추정
⑤ 보호소자와 다른 기기와의 상호관계성
⑥ 보호소자 규격 선정
⑦ 선정종료

(4) 저압 피뢰소자의 기본적인 요건

① 제한전압이 낮아야 한다.
② 고장 시 전원회로와 분리되어 전원의 정상상태를 유지할 수 있어야 한다.
③ 최대서지전류에 소손되지 않아야 한다.
④ 보호소자 고장 시 고장상태를 표시할 수 있는 기능이 있어야 한다.
⑤ 보호소자의 기본소자인 MOV(Metal Oxide Varistor)는 화재폭발의 가능성이 있기 때문에 안전성이 보장되어야 한다.

(5) 서지업서버 선정방법

① 방전 뇌량은 최저 4[kA] 이상인 것을 선정한다.
② 회로에서 쉽게 떨어지고 붙일 수 있는 구조가 좋다.
③ 설치하려는 단자 간의 최대전압을 확인한다.
④ 유도뢰 서지전류로서 1,000[A](8/20[μs])의 제한전압이 2,000[V] 이하인 것을 선정한다.
⑤ 제조회사의 제품안내서에서 최대허용 회로전압 DC[V]란에서 그 전압 이상인 형식을 선정한다.

(6) 어레스터 선정방법

① 낙뢰에 의한 과전압을 방전으로 억제하여 기기를 보호한다. 과전압이 소멸한 후 속류(전원에 의한 방전전류)를 차단하여 원상으로 자연 복귀하는 기능을 가진 장치를 말한다.
② 접속함에는 제조회사 제품안내서의 최대허용-전압란 또는 정격전압란에 기재되어 있는 전압이 어레스트를 설치하려고 하는 단자 간의 최대전압 이상에서 가까운 전압의 형식을 선정한다. 분전반에는 제조회사의 제품안내서의 정격전압란에 기재되어 있는 전압 또는 제조회사가 권장하는 전압의 형식을 선정한다.
③ 어레스터는 회로에서 쉽게 떨어지고 붙일 수 있는 구조가 좋다. 이것은 절연저항 측정에 있어 작업의 능률 향상에 도움을 준다.
④ 어레스터는 뇌 전류에 의해 열화하면 최악의 경우 단락상태가 되므로, 열화했을 때 자동으로 회로에서 분리되는 기능을 가진 제품을 선정하면 보수점검이 용이하다.
⑤ 어레스터 1,000[A](8/20[μs])에서 제한전압(서지전류가 흘렀을 때 서지전압이 제한된 어레스터 양 단자 간에 잔류하는 전압)이 2,000[V] 이하인 것을 선정한다. 또한 태양전지 어레이의 임펄스 내 전압은 4,500[V]로서 어레스터의 접지선의 길이에 따라 서지 임피던스의 상승분을 고려하여 제한전압을 2,000[V] 이하로 한다. 한편, 접지선은 가능한 한 짧게 배선할 필요가 있다.
⑥ 유기되는 파형은 8/20[μs]뿐만 아니라 그 이상의 길이를 가진 에너지가 큰 파형도 있기 때문에 어레스터의 방전내압(서지내량, 즉 실질적으로 장애를 일으키는 일 없이 5분 간격으로 2회 흘려보낼 수 있는 8/20[μs] 또는 4/10[μs] 정도 파형의 방전전류 파고값의 최대한도를 말한다)은 최저 4[kA] 이상이 필요한데 가능하면 20[kA]가 가장 바람직하다.

(7) 내뢰 트랜스

어레스터와 서지업서버로 보호할 수 없는 경우 사용되는 소자로서 실드부착 절연트랜스를 주체로 이에 어레스트 및 콘덴서를 부가시킨 것이다. 뇌 서지가 침입한 경우 내부에 넣은 어레스터 제어 및 1차측과 2차측 간의 고절연화, 실드에 의해 뇌 서지의 흐름을 완전히 차단할 수 있도록 한 장치이다.

① 선정방법
  ㉠ 1차측과 2차측 사이에 실드판이 있고, 이 판수가 많을수록 뇌 서지에 대한 억제 효과도 커지기 때문에 많은 것을 선정한다.
  ㉡ 1차측, 2차측의 전압 및 용량을 결정하고 제품안내서에 의해 형식을 선정한다.
  ㉢ 전기특성(전압변동률, 효율, 절연강도, 서지감쇠량, 충격률(뇌 임펄스))이 양호한 것을 선정한다.

(8) 보호장치의 기타 조건

① 절연저항 측정
  설비의 절연저항을 측정할 때 보호소자가 설비의 인입구 부근이나 배전반에 설치되어야 하며, 정격전압이 절연측정 전압과 맞지 않았을 경우에 보호소자를 분리할 수 있어야 한다.

② 간접적인 접촉의 예방
  ㉠ 감전방지가 있어 보호소자가 고장이 났을 경우에도 보호가 되어야 한다.
  ㉡ 자동 전원 차단기를 설치하여 보호소자의 전원측 과전류 보호를 할 수 있어야 한다.
  ㉢ 자동 전원 차단기를 설치하여 누전차단기의 부하측에 보호소자를 설치해야 한다.

③ 보호소자의 고장 표시
  과전압이나 과전류가 되어서 보호하지 못했을 경우에 동작표시기 등에 표시되어야 한다(보통 적색등이 고장이며, 녹색등이 안전이다).

CHAPTER 01 적중예상문제

제1과목 태양광발전 기획

01 설치장소 및 건물에 의한 음영의 설명으로 틀린 것은?
① 도시나 거주지에 위치한 태양광발전시스템에서는 건물 때문에 음영이 생기게 된다.
② 음영 결과가 직접적인 음영을 유발하게 되며 중요하게 검토되어야 하기 때문에 중요한 사항이 된다.
③ 태양광발전 어레이 설계 시에는 외부의 기둥이나 지지대 또는 전주 등을 고려하여 이격거리와 어레이의 높이를 잘 결정하여야 한다.
④ 전력선과 통신선로가 낮게 설치되어 있거나 한 가닥 또는 얇은 전력선으로 모듈 가까이 설치되어 선로들이 음영의 직접적인 원인이 된다.

해설
설치장소 및 건물에 의한 음영(인접건물, 인근의 조경, 녹화에 의한 식재 등)
도시나 거주지에 위치한 태양광발전시스템에서는 건물 때문에 음영이 생기게 된다. 음영 결과가 직접적인 음영을 유발하게 되며 중요하게 검토되어야 하기 때문에 중요한 사항이 된다. 특히 위성안테나, 피뢰침, 굴뚝이나 안테나, 지붕 및 건물 전면 돌출부, 기둥 등 건물구조에 의한 부분은 반복적인 음영을 유발시킨다. 따라서 태양광발전 어레이 설계 시에는 외부의 기둥이나 지지대 또는 전주 등을 고려하여 이격거리와 어레이의 높이를 잘 결정하여야 한다. 그리고 전력선과 통신선로가 높게 설치되어 있거나 여러 가닥 또는 두꺼운 전력선으로 모듈 가까이 설치되어 있다면 선로들이 음영의 간접적인 원인이 된다.

02 일시적이고 간헐적인 음영의 종류가 아닌 것은?
① 눈
② 그늘진 곳
③ 매 연
④ 구 름

해설
일시적이고 간헐적인 음영
• 자연적인 음영(구름, 눈, 가을의 낙엽, 새의 배설물, 수풀지역의 낙엽 등)
• 인공적인 음영(공업지역에서 먼지와 공장굴뚝의 매연, 황사에 의한 오염 등)
• 건물에 의한 음영(건물 자체의 요소에 의한 음영)
• 어레이 상호 간 오류배치에 의한 음영

03 다음에서 설명하는 내용은 무엇인가?

"건물의 설계단계에서부터 음영, 일사, 조도, 기류 등의 영향을 비교적 적은 노력으로 설계 초기 단계에서 빠르게 대안에 대한 결정을 할 수 있게 도와주는 프로그램으로서 친환경 성능 평가는 이러한 독립, 통합 환경 성능 평가 도구의 상호보완을 통해 정밀하게 분석하여 건물의 설계단계부터 시공, 유지관리에 이르기까지의 건축물의 통합적인 성능을 평가하는 것"

① 사용표
② 환경적용표
③ Ecotect
④ Smart Grid

해설
Ecotect
건물의 설계단계에서부터 음영, 일사, 조도, 기류 등의 영향을 비교적 적은 노력으로 설계 초기 단계에서 빠르게 대안에 대한 결정을 할 수 있게 도와주는 프로그램으로서 친환경 성능 평가는 이러한 독립, 통합 환경 성능 평가 도구의 상호보완을 통해 정밀하게 분석하여 건물의 설계단계부터 시공, 유지관리에 이르기까지의 건축물의 통합적인 성능을 평가하는 것이다.
• 적용범위
 – 빛 환경   – 열 환경
 – 기류환경   – 음 환경

04 Ecotect의 적용범위가 아닌 것은?
① 빛 환경
② 열 환경
③ 양 환경
④ 음 환경

해설
3번 해설 참조

정답 1 ④ 2 ② 3 ③ 4 ③

05 음영의 경감방법에 해당되지 않는 내용은?

① 인버터의 입력전압 범위에 따라 태양광발전 모듈의 연결방법을 결정한다.
② 태양광발전 어레이의 직·병렬 조합배선 연결방법과 배치상태를 개선한다.
③ 태양광발전 어레이의 간격을 밀결합하여 많은 양의 모듈을 설치한다.
④ 설계단계에서 종합적으로 충분히 검토하고 음영(그늘)의 영향을 최소로 완화시켜 발전효율을 향상시켜야 한다.

해설
음영의 경감방법
- 태양광발전 어레이의 직·병렬 조합배선 연결방법과 배치상태를 개선한다.
- 인버터의 입력전압 범위에 따라 태양광발전 모듈의 연결방법을 결정한다.
- 설계단계에서 종합적으로 충분히 검토하고 음영(그늘)의 영향을 최소로 완화시켜 발전효율을 향상시켜야 한다.

06 음영의 근원을 제거하는 방법으로 옳은 것은?

① 인공적인 장애물을 설치해서 자연적인 장애물에 대한 음영을 제거한다.
② 새의 배설물이 떨어지는 곳에 그물망을 설치하고 그 그물망 위에 검은색 아크릴로 해서 음영을 제거한다.
③ 인공적인 장애물과 자연적인 장애물의 간격을 밀결합한다.
④ 통신케이블은 매설하거나 경로를 변경한다.

해설
음영의 근원을 제거하는 방법
- 음영의 원인을 제거하기 위해 자연적인 장애물을 제거하고 인공적인 장애물들은 다른 곳으로 옮겨서 설치하도록 한다.
- 통신케이블은 매설하거나 경로를 변경한다.

07 태양전지 어레이 설계 시 그늘에 대한 검토사항 중 일반적으로 수평면에 수직으로 세워진 높이는 L, 높이가 만든 그림자의 남북방향의 길이를 L_s, 태양의 높이를 h, 방위각을 α로 할 때 그림자 배율 R을 나타낸 식은?

① $R = \dfrac{L_s}{L}\cos\alpha$
② $R = \dfrac{L}{L_s}\coth h$
③ $R = \dfrac{L_s}{L}\coth h \cdot \cos\alpha$
④ $R = \dfrac{L}{L_s}\coth h \cdot \cos\alpha$

해설
구조물의 수직높이, 태양의 고도, 방위각이 주어질 경우
$$R = \dfrac{L_s}{L}\times\coth h \times\cos\alpha = \dfrac{L_s}{L}\times\dfrac{1}{\tan(h)}\times\cos\alpha$$
(R : 그늘의 배율, L : 수직높이, L_s : 그늘의 남북방향 길이, h : 태양고도, α : 방위각)

08 다음 그림에서 어레이 길이(L)가 1.5[m]이고, θ_1이 30°이며 θ_2는 45°일 경우 거리(D)는 얼마인가?

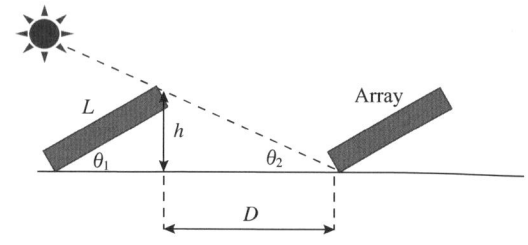

① 1[m]
② 0.8[m]
③ 0.75[m]
④ 0.5[m]

해설
어레이의 길이와 경사각, 고도각이 주어질 경우
$$D = L\times\dfrac{\sin\theta_1}{\tan\theta_2} = 1.5\times\dfrac{\sin 30}{\tan 45} = 0.75[m]$$

09 수전설비의 변압기 앞면, 조작면, 계측면의 특고압 배전반 최소유지거리[m]는?

① 1.7
② 1.5
③ 0.8
④ 0.6

해설
수전설비의 변압기 등의 최소유지거리[m]

위치별 기기별	앞면, 조작면, 계측면	뒷면, 점검면	열 상호 간 (점검하는 면)	기타의 면
저고압 배전반	1.5	0.6	1.2	–
특고압 배전반	1.7	0.8	1.4	–
변압기 등	0.6	0.6	1.2	0.3

정답 5 ③ 6 ④ 7 ③ 8 ③ 9 ①

10 부수용률이 70[%]이고, 설비용량이 10[kW]일 때 역률이 30°이다. 이때 변압기 용량[kVA]은 약 얼마인가?

① 7   ② 7.4
③ 8.1   ④ 9.4

해설

변압기용량[kVA] = $\dfrac{\text{부수용률} \times \text{설비용량}[kW]}{\cos\theta(\text{역률})}$

$= \dfrac{0.7 \times 10}{\cos 30°} ≒ 8.08290[kVA]$

11 부하용량이 10[kW]이고, 전압이 220[V]인 3상 배선용 차단기가 있다. 용량은 약 얼마인가?

① 17.64   ② 20.77
③ 26.24   ④ 32.44

해설

배선용 차단기 용량산정

3상의 경우 $= \dfrac{\text{부하용량}}{\text{전압} \times \sqrt{3}} = \dfrac{10 \times 10^3}{220 \times \sqrt{3}} ≒ 26.24$

12 송·변전반의 주요설비 종류에 해당되지 않는 것은?

① 계기용 변압변류기   ② 배선용 차단기
③ 컷아웃스위치   ④ 정류기

해설

송·변전반의 주요설비 종류
- 전선(KEPCO Line)
- 컷아웃스위치(COS ; Cut Out Switch)
- 부하개폐기(LBS ; Load Breaker Switch)
- 계기용 변압기(PT ; Potential Transformer)
- 계기용 변압변류기(PCT or MOF ; Combined Voltage And Current Transformer 또는 Metering Out Fit)
- 변류기(CT ; Current Transformer)
- 배선용 차단기(MCCB ; Molded Case Circuit Breaker)
- 진공차단기(VCB)
- 기중차단기(ACB ; Air Circuit Breaker)
- 피뢰기(LA ; Lightening Arrester)
- 단로기
- 파워퓨즈
- 누전경보기

13 모듈설계 시 주의사항으로 옳지 않은 것은?

① 모듈의 기본적인 구성을 파악하여 여러 군데에 구멍을 뚫어 작업한다.
② 모듈 제조업체의 조립과 설치 지시내용을 성실히 이행해야 한다.
③ 모듈 프레임에 구멍을 추가적으로 뚫어서는 안 된다.
④ 평평한 지붕에서 모듈을 설치 시 유지보수와 점검을 목적으로 통로를 확보해야 한다.

해설

모듈설계 시 주의사항
- 평평한 지붕에서 모듈을 설치 시 유지보수와 점검을 목적으로 통로를 확보해야 한다.
- 모듈 제조업체의 조립과 설치 지시내용을 성실히 이행해야 한다.
- 모듈 프레임에 구멍을 추가적으로 뚫어서는 안 된다.

14 모듈의 강도를 측정하고자 할 때 세로배치의 내용으로 옳은 것은?

① 모듈의 긴 쪽이 상하가 되도록 설치하는 것
② 자연강우에 의한 세정효과는 작다.
③ 모듈의 부재점수가 약간 적어진다.
④ 적설 시에도 눈의 추락효과도 작다.

해설

세로배치(세로깔기) 모듈의 강도
- 모듈의 긴 쪽이 좌우가 되도록 설치하는 것
- 모듈의 부재점수가 약간 적어진다.

15 황사, 먼지, 해염입자, 기타 오염원 등이 많은 지역과 적설지역에서 배치는?

① 가로배치   ② 세로배치
③ 비월배치   ④ 상대배치

해설

황사, 먼지, 해염입자, 기타 오염원 등이 많은 지역과 적설지역에서는 세로배치를 주로 한다.

16 태양전지에서 주로 사용되는 전압은 얼마인가?

① 6[V]   ② 12[V]
③ 36[V]   ④ 48[V]

정답 10 ③ 11 ③ 12 ④ 13 ① 14 ③ 15 ② 16 ②

해설
태양전지에서 만들어지는 전기는 직류(DC)이며, 전압은 다양하게 낼 수 있으나 주로 많이 사용되는 것은 12[V]와 24[V]이다.

17 태양전지에서 얻어지는 직류전압을 교류전압으로 변환시켜 주는 장치를 무엇이라 하는가?

① 인버터
② 컨버터
③ 교환기
④ 정류기

해설
DC-AC 인버터
태양전지에서 얻어지는 12[V] 직류전력을 220[V] 교류전력으로 변환시켜 주는 장치를 말한다.

18 인버터의 역할로 맞는 것은?

① 태양전지의 발전전력을 최소로 이끌어내는 제어기능이 있다.
② 태양전지에서 출력되는 교류전류를 최대 효율의 직류전력으로 변환한다.
③ 교류계통으로 접속된 부하설비에 전력을 공급한다.
④ 이상이 있을 시에도 회로는 계속하여 동작한다.

해설
인버터의 역할
• 교류계통으로 접속된 부하설비에 전력을 공급한다.
• 태양전지에서 출력되는 직류전류를 최대 효율의 교류전력으로 변환한다.
• 이상이 있을 시에 회로를 보호한다.
• 태양전지의 발전전력을 최대로 이끌어내는 제어기능이 있다.
• 시스템의 직류, 교류측의 전기적인 감시와 모니터링 기능, 보호기능이 있다.

19 인버터의 기본 기능에 포함되는 사항이 아닌 것은?

① AC를 DC로 변환한다.
② MPPT 기능이 있기 때문에 일사량과 태양전지 어레이의 표면 온도, 장애물과 구름 등에 의한 그림자의 발생 시 태양전지 어레이를 항상 최적의 상태로 추적할 수 있도록 하는 기능이 있어야 한다.
③ 계통으로 인해 발생할 수 있는 사고를 방지하고, 태양광발전시스템의 고장과 인버터 자체의 고장으로부터 각종 보호기능을 내장한다.
④ DC 전기를 태양광 어레이에서 생성하게 되었을 때 AC로 변환하여 계통에서 요구되는 전압과 주파수, 위항에 맞추어 계통으로 공급한다.

해설
인버터의 기본 기능
• DC 전기를 태양광 어레이에서 생성하게 되었을 때 AC로 변환하여 계통에서 요구되는 전압과 주파수, 위항에 맞추어 계통으로 공급한다.
• 계통으로 인해 발생할 수 있는 사고를 방지하고, 태양광발전시스템의 고장과 인버터 자체의 고장으로부터 각종 보호기능을 내장한다.
• MPPT(Maximum Power Point Tracking : 최대전력점 추종제어기능) 기능이 있기 때문에 일사량과 태양전지 어레이의 표면 온도, 장애물과 구름 등에 의한 그림자의 발생 시 태양전지 어레이를 항상 최적의 상태로 추적할 수 있도록 하는 기능이 있어야 한다.

20 인버터의 주요 기능이 아닌 것은?

① 태양광발전설비 및 인버터 자체고장 진단
② 전력망 이상 발생 시 단독운전 방지
③ 이상 발생 시 자동정지
④ 전력의 생성

해설
인버터의 주요 기능
• 태양광 출력에 따른 자동운전, 자동정지 및 최대전력 추종제어
• 태양광발전설비와 전력망과의 병렬운전을 위한 주파수, 전압, 위상제어
• 발전출력의 품질(전압변동, 고조파)을 제어
• 전력망 이상 발생 시 단독운전 방지
• 태양광발전설비 및 인버터 자체고장 진단 및 이상 발생 시 자동정지

21 인버터의 구성요소에 해당되지 않는 것은?

① 적분기   ② 냉각팬
③ 피뢰기   ④ 인버터부

> **해설**
>
> 인버터의 구성요소
> - 입력필터 : 인버터에서 스위칭 시 발생하는 노이즈가 최소화되도록 설계, 제작하고, 인버터의 직류 입력측에 EMI 필터를 설치하여 노이즈가 외부로 나가지 못하도록 하여야 한다.
> - 인버터부
>   - IGBT 모듈, 퓨즈, 방열판, 조립용 각종 부품으로 구성되며, 정류부로부터 정류된 직류를 IGBT에 공급하고 검출 장치로부터 출력파형을 검출하여 순시파형 정형보상회로를 통하여 정현파 펄스폭변조 방식의 인버터로 설계, 제작하여야 하며 본 장치 보호를 위하여 직류 입력측에 반도체 보호용 고속 퓨즈를 구비하여야 한다.
>   - 컴퓨터와 같은 비선형 부하 인가 시에도 파형 찌그러짐이 최소화되도록 하고, 스위칭 주파수를 가청 주파수 이상으로 설계, 제작하여 운전 소음을 최소화하도록 하여야 한다.
> - 출력 변압기 : 리액터 기능을 포함한 단일 복권 변압기 구조로 제작되어 역변환으로부터의 출력을 합성하여 고조파 성분을 극소화시키며 시스템 효율을 극대화하도록 설계, 제작되어야 한다.
> - 제어부(Power supply) : 고성능 스위칭 방식에 의한 컨버터 방식을 사용해서 절체 또는 가동 시 오동작 없이 안정적으로 동작되어야 한다.
> - 돌입전류 제한 리액터 : 과도 부하 등에 의한 돌입전류를 제한하여 인버터를 보호하고 안정적으로 사용할 수 있도록 한다.
> - 피뢰기 : 외부로부터 서지 유입 및 유출 방지를 위하여 입·출력단에 서지 보호회로를 설치하여 보호한다.
> - 냉각팬 : 팬 설치부분에 필터를 설치하여 먼지 및 염분의 외기공기가 직접 흡입되지 않도록 하여야 한다.

22 인버터의 구성요소 중 인버터부의 구성으로 옳지 않은 것은?

① IGBT 모듈 ② 퓨 즈
③ 방열판   ④ 필 터

> **해설**
> 21번 해설 참조

23 다음 설명은 어느 것에 대한 설명인가?

> "고성능 스위칭 방식에 의한 컨버터 방식을 사용해서 절체 또는 가동 시 오동작 없이 안정적으로 동작되어야 한다."

① 입력필터 ② 냉각팬
③ 제어부   ④ 피뢰기

> **해설**
> 21번 해설 참조

24 인버터의 손실요소에 해당되지 않는 것은?

① 변압기 손실   ② 전력변환 손실
③ 대기전력 손실 ④ 자체저항 손실

> **해설**
>
> 인버터의 손실요소
> - 대기전력 손실
> - 변압기 손실
> - 전력변환 손실
> - MPPT 손실

25 인버터 사양의 중요 내용 중 냉각방식 및 보호등급에 대한 사항이 아닌 것은?

① 보호등급은 실외형일 경우 IP 44 이상일 것
② 10[kW] 이하의 소용량 태양광발전시스템의 경우에는 실내에 설치
③ 빗물과 먼지의 침투를 방지하기 위해 자연냉각이 필요하다.
④ 실내형일 경우 IP 20이어야 한다.

> **해설**
>
> 인버터 사양의 중요 내용 중 냉각방식 및 보호등급
> - 10[kW] 이하의 소용량 태양광발전시스템의 경우에는 옥외에 설치되는 경우가 많이 있기 때문에 빗물과 먼지의 침투를 방지하기 위해 자연냉각이 필요하다.
> - 보호등급은 실외형일 경우 IP 44 이상이며, 실내형일 경우 IP 20이어야 한다.

26 인버터 운용 감시반의 기능에 포함되지 않는 것은?

① 계측기능   ② 경보기능
③ 제어조작기능 ④ 감지기능

> **해설**
>
> 인버터 운용 감시반의 기능
> - 계측기능
> - 경보표시
> - 운용상태 표시
> - 데이터 입력기능
> - 제어조작기능
> - 기기 원격 감시 제어를 위한 통신기능을 내장해야 한다.

정답 22 ④ 23 ③ 24 ④ 25 ② 26 ④

27 인버터 운용 상태에 대한 내용으로 올바르게 설명한 것은?

① 인버터의 운용은 항상 사람이 감시를 해야 한다.
② 인버터의 원활한 운전과 운영상태의 식별이 용이하도록 기능 인력을 항상 대기시켜야 한다.
③ 인버터 운용 상태를 표시하기 위해서 원격 제어 감시용 통신 기능을 구비해야 한다.
④ 제어반 전면 상단에 팩스 기능을 추가해야 한다.

해설
인버터의 원활한 운전과 운영상태의 식별이 용이하도록 제어반 전면 상단에 LED 및 LCD로 된 표시창을 운영 감시반에 설치하고 마이크로프로세서를 내장하여 본 장치의 모든 기능 수행에 적합한 소프트웨어를 설치하고 운용상태 및 계측상태를 표시창에 표시되도록 하며 원격 제어 감시용 통신 기능을 구비해야 한다.

28 인버터의 회로 방식의 종류가 아닌 것은?

① 상용주파 변압기 절연방식
② 트랜스리스 방식
③ 고주파 변압기 절연방식
④ 사이리스트 방식

해설
인버터 회로 방식
- 상용주파 변압기 절연방식(저주파 변압기 절연방식)
  - 태양전지(PV) → 인버터(DC → AC) → 변압기
  - 태양전지의 직류출력을 상용주파의 교류로 변환한 후 변압기로 절연한다.
  - 내뢰성(번개에 견딜 수 있는 성질)과 노이즈 컷(잡음을 차단)이 뛰어나지만 상용주파 변압기를 이용하기 때문에 중량이 무겁다.
- 고주파 변압기 절연방식
  - 태양전지(PV) → 고주파 인버터(DC → AC) → 고주파 변압기 (AC → DC) → 인버터(DC → AC)
  - 소형이고 경량이다.
  - 회로가 복잡하다.
  - 태양전지의 직류출력을 고주파의 교류로 변환한 후 소형의 고주파 변압기로 절연을 한다.
  - 절연 후 직류로 변환하고 재차 상용주파의 교류로 변환한다.
- 트랜스리스 방식
  - 태양전지(PV) → 컨버터 → 인버터
  - 소형이고 경량이다.
  - 비용이 저렴하고 신뢰성이 높다.
  - 태양전지의 직류출력을 DC - DC 컨버터로 승압하고 인버터를 상용주파의 교류로 변환한다.
  - 상용전원과의 사이는 비절연이다.
  - 비용, 크기, 중량 및 효율면에서 우수하여 가장 많이 사용되고 있다.

29 인버터 회로 방식 중 효율이 우수하여 가장 많이 사용되는 방식은?

① 트랜지스터 방식
② 상용주파 변압기 절연방식
③ 고주파 변압기 절연방식
④ 트랜스리스 방식

해설
28번 해설 참조

30 다음에서 설명하고 있는 회로 방식은 무엇인가?

태양전지(PV) → 인버터(DC → AC) → 변압기

① 상용주파 변압기 절연방식
② 고주파 변압기 절연방식
③ 트랜스리스 방식
④ 셀룰러 방식

해설
28번 해설 참조

31 고주파 변압기 절연방식에 대한 특징으로 옳지 않은 것은?

① 소형이고 경량이다.
② 절연 후 직류로 변환하고 재차 상용주파의 교류로 변환한다.
③ 회로가 단순하다.
④ 태양전지의 직류 출력을 고주파의 교류로 변환한 후 소형의 고주파 변압기로 절연을 한다.

해설
28번 해설 참조

32 인버터를 크게 분류할 때 전류방식과 제어방식 그리고 절연방식으로 분류할 수 있다. 이 중 제어방식의 종류로 바르게 연결된 것은?

① 자기전류방식과 강제전류방식
② 전압 제어형과 전류 제어형
③ 자기전류방식과 고주파 절연방식
④ 무변압기방식과 강제전류방식

해설

인버터의 구분
- 전류방식
  - 자기전류방식
  - 강제전류방식
- 제어방식
  - 전압 제어형
  - 전류 제어형
- 절연방식
  - 상용주파
  - 고주파
  - 무변압기

33 인버터의 용량은 여러 대를 병렬로 조합하면 제약이 없이 사용할 수 있다. 비용이 많이 들기 때문에 가정에서는 일반적으로 어느 정도까지의 용량이 가능한가?

① 수십 [kW]
② 수백 [kW]
③ 수 [kW]
④ 수천 [kW]

해설

인버터의 용량
- 일반 주택용 : 수 [kW]
- 대형 상업용 발전소 : 수십~수백 [kW]
- 단독 사용도 가능하지만 태양전지 설비용량을 맞추어 여러 대를 병렬로 조합하여 사용할 수 있기 때문에 용량에 제약은 없다.

34 다음은 어떤 인버터에 대한 설명인가?

> "이 파형의 전기는 가정에서 사용하는 교류전기 제품을 모두 사용할 수 있다."

① 정현파 인버터
② 비 정현파 인버터
③ 입력 인버터
④ 출력 인버터

해설

인버터의 구분
- 정현파 인버터 : 출력 파형이 계통에서 일반 가정에 공급되는 전기의 파형을 정현파라고 부르며, 이 파형의 전기는 가정에서 사용하는 교류전기 제품을 모두 사용할 수 있다. 독립형 태양광발전시스템이나 측정기기, 통신기기, 의료기기, 음향기기, 형광등, PC 등 고가 정밀기기에 사용해야 한다.
- 유사 정현파 인버터 : 정현파와 비슷하지만 파형의 왜곡에 있어서 정격출력에 도달하면 파형이 찌그러지는 현상이 생겨 서지가 발생되고 잡음과 환상 노이즈 현상이 발생된다. 변형된 파형이기 때문에 민감한 전자제품은 사용을 하지 않는 것이 좋으며 이 파형으로 사용할 수 있는 제품은 파형에 민감하지 않은 모터류, 전열기구, 전등이다.

35 파형에 따라 인버터를 분류했을 때 유사 정현파 인버터를 사용할 수 있는 것은?

① 측정기기
② 통신기기
③ 전열기구
④ 의료기기

해설

34번 해설 참조

36 저압계통 연계 시 직류유출방지 변압기의 시설에서 분산형 전원을 인버터로 이용하여 배전사업자의 저압 전력계통에 연계하는 경우 인버터로부터 직류가 계통으로 유출되는 것을 방지하기 위하여 접속점과 인버터 사이에 상용주파수 변압기를 시설하여야 한다. 이때 예외가 되는 사항으로 옳은 것은?

① 인버터의 교류측 회로가 접지인 경우
② 고주파 변압기를 사용하는 경우
③ 인버터의 교류출력측에 교류 검출기를 구비한 경우
④ 직류 검출 시에 직류출력을 정지하는 기능을 갖춘 경우

해설

저압계통 연계 시 직류유출방지 변압기의 시설
분산형 전원을 인버터로 이용하여 배전사업자의 저압 전력계통에 연계하는 경우 인버터로부터 직류가 계통으로 유출되는 것을 방지하기 위하여 접속점과 인버터 사이에 상용주파수 변압기를 시설하여야 한다. 다만, 다음을 모두 충족하는 경우에는 예외로 한다.
- 인버터의 직류측 회로가 비접지인 경우 또는 고주파 변압기를 사용하는 경우
- 인버터의 교류출력측에 직류 검출기를 구비하고, 직류 검출 시에 교류출력을 정지하는 기능을 갖춘 경우

37 인버터 스위칭 소자에 따른 분류에 해당되지 않는 것은?

① SCR
② IGBT
③ MOSFET
④ 트랜지스터

정답 33 ③ 34 ① 35 ③ 36 ② 37 ④

해설

인버터 스위칭 소자에 따른 분류

스위칭 소자	고속SCR	IGBT	GTO	MOSFET
스위칭 속도	수백[Hz] 이하	15[kHz] 이하	1[kHz] 이하	15[kHz] 초과
적용 용량	대용량	중대용량 (1[MW] 미만)	초대용량 (1[MW] 이상)	소용량 (5[kW] 이하)
특 징	전류형 인버터에 사용한다.	대전류, 고전압에서 대응이 가능하면서도 스위칭 속도가 빠른 특성을 보유하여 가장 많이 사용되고 있다.	대전압과 고전압 방식에 유리하다.	일반 트랜지스터 베이스 전류 구동 방식을 전압 구동 방식으로 하여 고속 스위칭이 가능하다.

38 인버터 스위칭 소자에서 적용용량이 가장 작은 것은?

① 고속 SCR ② IGBT
③ GTO ④ MOSFET

해설
37번 해설 참조

39 인버터 스위칭 소자 중 속도가 가장 빠른 것은?

① 고속 SCR
② IGBT
③ GTO
④ MOSFET

해설
37번 해설 참조

40 대전류, 고전압에서 대응이 가능하면서도 스위칭 속도가 빠른 특성을 보유하여 가장 많이 사용되고 있는 인버터 방식은?

① 고속 SCR ② IGBT
③ GTO ④ MOSFET

해설
37번 해설 참조

41 대전압과 고전압 방식에 유리한 인버터 방식은?

① 고속 SCR ② IGBT
③ GTO ④ MOSFET

해설
37번 해설 참조

42 이득을 제어하는 가장 효율적인 제어방식은?

① 펄스진폭변조 ② 펄스폭변조
③ 펄스위상변조 ④ 펄스주파수변조

해설
인버터 이득을 변화시키는 방법은 다양하며 이득을 제어하는 가장 효율적인 방법으로 펄스폭변조(PWM)제어 방식이 있다.

43 다음에서 설명하는 소자는?

"전압형 단상 인버터의 내부 구조에서 트랜지스터 ON-OFF 시 인덕터 양단에 나타나는 역기전력에 의해 트랜지스터의 내전압을 초과하여 소손되는 것을 방지하기 위한 것"

① 정류 다이오드 ② 환류 다이오드
③ 검파 다이오드 ④ 다이오드

해설
환류 다이오드(Free Wheeling Diode)
전압형 단상 인버터의 내부 구조에서 트랜지스터 ON-OFF 시 인덕터 양단에 나타나는 역기전력에 의해 트랜지스터의 내전압을 초과하여 소손되는 것을 방지하기 위한 것이다.

44 저압연계 시스템 회로의 종류가 아닌 것은?

① OVR ② OFR
③ UVR ④ UHF

해설
저압연계 시스템 회로
• 저전압계전기(UVR) • 과전압계전기(OVR)
• 저주파수계전기(UFR) • 과주파수계전기(OFR)

45 고압연계 시스템 보호장치로는 추가되어야 할 계전기는?

① 지락 과전류계전기
② 단락 과전류계전기
③ 지락 과전압계전기
④ 단락 과전압계전기

해설
고압연계 시스템 보호장치로는 지락 과전압계전기(OVGR)가 추가되어야 한다.

46 인버터의 표시사항에 포함되지 않는 내용은?

① 전력과 역률
② 주 기
③ 최대출력량
④ 누적발전량

해설
인버터의 표시사항
- 입력단(모듈출력)전압과 전류
- 전력과 출력단(인버터출력)의 전압과 전류
- 전력과 역률
- 주파수
- 누적발전량
- 최대출력량

47 태양광발전용 독립형과 연계형, 중대형 인버터의 시험항목으로 옳지 않은 것은?

① 절단시험
② 보호기능시험
③ 절연성능시험
④ 구조시험

해설
태양광발전용 독립형과 연계형, 중대형 인버터의 시험항목
- 구조시험
- 절연성능시험
- 보호기능시험(독립형은 일부 제외)
- 정상특성시험(독립형은 일부 제외)
- 과도응답 특성시험(독립형은 일부 제외)
- 외부사고시험(독립형은 일부 제외)
- 내 전기 환경시험(독립형과 연계형은 일부 제외)
- 내 주위 환경시험
- 전자기적합성(EMC)

48 태양광 인버터의 특징이 아닌 것은?

① 고장 시 전력손실이 적고 쉽게 대처할 수 있다.
② 초기에 설비비가 많이 든다.
③ 설치 공간이 적게 소요된다.
④ 소용량을 여러 대를 설치할 경우 1대 고장 시 그 어레이만 발전이 정지된다.

해설
태양광 인버터의 특징
- 소용량 여러 대를 사용하거나 대용량을 소수로 사용할 수 있다.
- 소용량 여러 대를 설치할 경우 1대 고장 시 그 어레이만 발전이 정지된다.
- 고장 시 전력손실이 적고 쉽게 대처할 수 있다.
- 여러 대를 운용하게 될 경우 고장의 확률이 높고 보호 및 제어회로가 복잡하다.
- 설치 공간이 많이 소요된다.
- 공장 확률이 높음에 따라 유지보수비가 많이 든다.
- 초기에 설비비가 많이 든다.

49 전류형 인버터에 대한 내용으로 옳은 것은?

① 교류전압을 출력으로 하며, 부하역률에 따라 전류위상이 변한다.
② 교류전압을 출력으로 하며, 부하역률에 따라 전압위상이 변한다.
③ 교류전류를 출력으로 하며, 부하역률에 따라 전압위상이 변한다.
④ 교류전류를 출력으로 하며, 부하역률에 따라 전류위상이 변한다.

해설
전압형 인버터와 전류형 인버터
- 전압형 인버터 : 교류전압을 출력으로 하며, 부하역률에 따라 전류위상이 변한다.
- 전류형 인버터 : 교류전류를 출력으로 하며, 부하역률에 따라 전압위상이 변한다.

50 태양광의 유효이용 시 고려사항이 아닌 것은?

① 전력 변환효율이 높아야 한다.
② 야간 등의 대기 손실이 커야 한다.
③ 저부하 시의 손실이 적어야 한다.
④ 최대전력점 추종제어에 의한 최대전력의 추출이 가능해야 한다.

정답 45 ③ 46 ② 47 ① 48 ③ 49 ③ 50 ②

해설
태양광의 유효이용 시 고려사항
- 전력 변환효율이 높아야 한다.
- 최대전력점 추종(MPPT ; Maximum Power Point Tracking)제어에 의한 최대전력의 추출이 가능해야 한다.
- 야간 등의 대기 손실이 적어야 한다.
- 저부하 시의 손실이 적어야 한다.

51 인버터 선정 시 전력품질과 공급의 안전성에 해당되지 않는 사항은?

① 고조파 발생이 적어야 한다.
② 노이즈 발생이 적어야 한다.
③ 가동 및 정지 시 안정적으로 작동하여야 한다.
④ 고주파 발생이 많아야 한다.

해설
인버터 선정 시 전력품질과 공급의 안전성
- 노이즈 발생이 적어야 한다.
- 고조파 발생이 적어야 한다.
- 가동 및 정지 시 안정적으로 작동하여야 한다.

52 멀티센트럴의 장점이 아닌 것은?

① 최대 효율성을 확보할 수 있다.
② 고압 계통선에 변압기 1차측을 다권선 변압기를 채용해서 직접 연계할 수 있다.
③ 시스템 구성이 어렵다.
④ 태양광발전설비에 대한 효율성을 향상시킬 수 있다.

해설
멀티센트럴(Multi Central) 장단점

장 점	단 점
• 최대 효율성을 확보할 수 있다. • 태양광발전설비에 대한 효율성을 향상시킬 수 있다. • 시스템 내의 각 인버터 가동 시간을 모니터링해서 모든 인버터의 가동 시간을 동일하게 운전하는 순환방식 인버터를 통해 전체 인버터 시스템의 사용 수명을 연장시킬 수 있다. • 시스템 중 하나의 인버터에 문제가 발생해도 다른 인버터는 높은 에너지 레벨에서 발전을 지속할 수 있어 장애상태로 인한 에너지 손실이 매우 낮다. • 고압 계통선에 변압기 1차측을 다권선 변압기를 채용해서 직접 연계할 수 있다.	• 비용이 많이 든다. • 시스템 구성이 어렵다.

53 인버터의 종류가 아닌 것은?

① 계통 연계형 인버터
② 단독 운전 방지 인버터
③ 전류 제어형 인버터
④ 전력 차단형 인버터

해설
인버터의 종류 및 특징
- 계통 상호 작용형 인버터(Utility Interactive Inverter) : 전력계통의 배전시스템이나 송전시스템과 병렬로 공통의 부하에 전력을 공급할 수 있는 인버터이다. 전력계통의 배전과 송전시스템 쪽으로도 송전이 가능하다.
- 계통 연계형 인버터(Grid Connected Inverter) : 전력계통의 배전시스템이나 송전시스템과 병렬로 동작할 수 있는 인버터이다.
- 계통 의존형 인버터(Grid Dependent Inverter) : 계통전력에 의존해서만 운영할 수 있는 인버터이다.
- 계통 주파수 결합형 인버터(Utility Frequency Link Inverter) : 출력단에 계통과의 격리(절연)를 위한 상용 계통 주파수 변압기를 가진 구조의 계통 연계 인버터이다. 즉, 인버터의 출력측과 부하측, 계통측을 계통 주파수 격리 변압기를 사용하여 전기적으로 격리하는 방식이다.
- 고주파 결합형 인버터(High Frequency Link Inverter) : 인버터의 입력 및 출력 회로 사이의 전기적인 격리에 고주파 변압기를 사용하는 방식으로 고주파 격리 방식 인버터라고 부르는 경우도 있다.
- 단독 운전 방지 인버터(Non Islanding Inverter) : 전력계통에 연계되는 인버터로서 배전 계통의 전압이나 주파수가 정상 운전조건을 벗어나는 경우에는 계통 쪽으로 전력 송전을 중단하는 기능을 가진 인버터이다.
- 독립형 인버터(Stand Alone Inverter) : 전력계통의 배전시스템이나 송전시스템에 연결되지 않는 부하에 전력을 공급하는 인버터로서 축전지 전원 인버터라고도 한다.
- 모듈 인버터(Module Inverter) : 모듈의 출력단에 내장되는 인버터이다. 모듈 인버터는 모듈의 뒷면에 붙어 있으며 교류 모듈이라고도 한다.
- 변압기 없는 인버터(Transformerless Inverter) : 격리(절연) 변압기가 없는 방식의 인버터로 인버터의 직류측과 교류측(부하측과 계통측)이 격리되지 않은 상태이다.
- 스트링 인버터(String Inverter) : 태양광발전 모듈로 이루어지는 스트링 하나의 출력만으로 동작할 수 있도록 설계한 인버터이다. 교류 출력은 다른 스트링 인버터의 교류 출력에 병렬로 연결시킬 수 있다.
- 전력망 상호 작용형 인버터(Grid Interactive Inverter) : 독립형과 병렬운전의 두 가지 방식으로 운전할 수 있다. 전력망 상호 작용형 인버터는 처음 동작할 때만 전력망 병렬방식으로 동작한다. 계통 상호 작용형 인버터와는 다르다.
- 전류 안정형 인버터(Current Stiff Inverter) : 기본적으로 직류 입력 전류가 잘 변하지 않는 특성을 요구하는 것으로서 입력 전류에 잔결이 적고 평탄한 특성을 요구하는 인버터로 전류원이 안정되어 있을 것을 요구하는 인버터를 가리키며 전류형 인버터라고도 한다.
- 전류 제어형 인버터(Current Control Inverter) : 펄스 폭 변조나 이와 유사한 다른 제어 기법을 이용하여 규정된 진폭과 위상 및 주파수를 가진 정현파 출력전류를 만들어 내는 인버터이다.

- 전압 안정형 인버터(Voltage Stiff Inverter) : DC 입력 전압이 잘 변하지 않는 특성을 요구하는 것으로서 입력 전압에 잔결이 적고 평탄한 특성을 요구하는 인버터이다. 즉, 전압원이 안정되어 있을 것을 요구하는 인버터를 가리키며, 전압형 인버터라고도 한다.
- 전압 제어형 인버터(Voltage Control Inverter) : 펄스 너비 변조와 유사한 다른 제어 기법을 이용하여 규정된 진폭과 위상 및 주파수를 가진 정현파 출력전압을 만드는 인버터이다.

54 전력계통의 배전시스템이나 송전시스템과 병렬로 공통의 부하에 전력을 공급할 수 있는 인버터로서 전력계통의 배전과 송전시스템 쪽으로도 송전이 가능한 방식은?

① 고주파 결합형 인버터
② 스트링 인버터
③ 계통 주파수 결합형 인버터
④ 계통 상호 작용형 인버터

[해설]
53번 해설 참조

55 전력계통의 배전시스템이나 송전시스템에 연결되지 않는 부하에 전력을 공급하는 인버터로서 축전지 전원 인버터라고도 하는 방식은?

① 전압 안정형 인버터
② 단독 운전 방지 인버터
③ 독립형 인버터
④ 전력망 상호작용형 인버터

[해설]
53번 해설 참조

56 펄스 너비 변조와 유사한 다른 제어 기법을 이용하여 규정된 진폭과 위상 및 주파수를 가진 정현파 출력전압을 만드는 인버터 방식은?

① 전압 제어형 인버터
② 전류 제어형 인버터
③ 계통 의존형 인버터
④ 변압기 없는 인버터

[해설]
53번 해설 참조

57 태양광발전용 인버터의 설치용량은 설계용량 이상이어야 한다. 또한 인버터에 연결된 모듈의 설치용량은 어느 정도이어야 하는가?

① 90[%]
② 100[%]
③ 105[%]
④ 110[%]

[해설]
인버터의 설치용량은 설계용량 이상이어야 하고, 인버터에 연결된 모듈의 설치용량은 인버터 설치용량의 105[%] 이내이어야 한다. 단, 각 직렬군의 태양전지 개방전압은 인버터 입력전압 범위 안에 있어야 한다.

58 다음 ( )에 알맞은 소자는?

"전압형 단상 인버터에서 입력전원 내부는 "0"이 이상적이나 일반적으로 내부 임피던스가 존재하므로 정류전원을 인버터의 입력으로 사용하는 경우 큰 용량의 ( )를 정류전원과 병렬로 접속하여 사용한다."

① 콘덴서
② 코일
③ 트랜지스터
④ 다이오드

[해설]
전압형 단상 인버터에서 입력전원 내부는 "0"이 이상적이나 일반적으로 내부 임피던스가 존재하므로 정류전원을 인버터의 입력으로 사용하는 경우 큰 용량의 콘덴서를 정류전원과 접속하여 사용한다.

59 인버터 선정 시 고려사항을 바르게 연결하지 않는 내용은?

① 평균효율 : 고효율 방식
② 인버터 제어방식 : 전류형 전류제어방식
③ 전류 변형률 : 총합 5[%] 이하, 각 차수마다 3[%] 이하
④ 출력 기본파 역률 : 95[%] 이상

[해설]
인버터 선정 시 고려사항
- 인버터 제어방식 : 전압형 전류제어방식
- 평균효율 : 고효율 방식
- 출력 기본파 역률 : 95[%] 이상
- 전류 변형률 : 총합 5[%] 이하, 각 차수마다 3[%] 이하

[정답] 54 ④ 55 ③ 56 ① 57 ③ 58 ① 59 ②

60 인버터의 일반적인 선정 시 주의해야 할 사항으로 옳지 않은 것은?

① 계통의 주파수, 전압과 전류, 기본적인 상수특성
② 계통 연계 보호장치
③ 태양광 모듈의 출력특성 분석
④ 어레이의 크기

해설
일반적인 선정 시 주의해야 할 사항
• 계통 연계 보호장치
• 계통의 주파수, 전압과 전류, 기본적인 상수특성
• 태양광 모듈의 출력특성 분석

61 인버터 선정 시 검토해야 할 요소 중 입력 정격에 대한 사항이 아닌 것은?

① DC 입력 정격 및 최대전압
② DC 입력 정격 및 최대전력
③ 전 부하범위에 걸친 인버터 효율
④ MPP 전압 범위

해설
인버터 선정 시 검토해야 할 요소 중 입력 정격에 대한 사항
• DC 입력 정격 및 최대전압
• DC 입력 정격 및 최대전류
• DC 입력 정격 및 최대전력
• 인버터가 계통으로 급전을 시작하는 데 필요한 최소전력
• 대기 전력 손실
• MPP 전압 범위

62 인버터 선정 시 기타 사항에 포함되지 않는 내용은?

① 기대 수명   ② 서비스 센터
③ 보증기간   ④ 가 격

해설
인버터 선정 시 기타 사항
• 중량 및 크기   • 기대 수명
• 가 격   • 보증기간
• 서비스 레벨   • 기타 수반되는 비용

63 전력계통이나 인버터에 이상이 있을 때 안전하게 분리하는 기능을 무엇이라 하는가?

① 기동기능   ② 동작기능
③ 자동운전 정지기능 ④ 직류 지락 검출기능

해설
자동운전 정지기능
전력계통이나 인버터에 이상이 있을 때 안전하게 분리하는 기능으로서 인버터를 정지시킨다.

64 다음에서 설명하는 인버터의 기능은?

"일출과 함께 일사강도가 증대하여 출력을 얻을 수 있는 조건이 되면 자동적으로 운전을 시작한다. 운전을 시작하면 태양전지의 출력을 스스로 감시하여 자동적으로 운전을 한다."

① 자동운전 정지기능   ② 최대전력 추종제어기능
③ 단독운전 방지기능   ④ 자동전압 조정기능

해설
자동운전 정지기능
인버터는 일출과 함께 일사강도가 증대하여 출력을 얻을 수 있는 조건이 되면 자동적으로 운전을 시작한다. 운전을 시작하면 태양전지의 출력을 스스로 감시하여 자동적으로 운전을 한다.

65 자동운전 정지기능은 해가 있을 때에는 비가 오나 흐린 날에도 동작이 가능하다. 그러나 태양전지의 출력이 적어져 인버터의 출력이 얼마가 나오면 대기상태가 되는가?

① 0   ② 1
③ 2   ④ 3

해설
해가 질 때도 출력을 얻을 수 있는 한 운전을 계속하며, 해가 완전히 없어지면 운전을 정지한다. 또한 흐린 날이나 비오는 날에도 운전을 계속할 수 있지만 태양전지의 출력이 적어져 인버터의 출력이 거의 0으로 되면 대기상태가 된다.

66 인버터의 가장 중요한 기능은 직류를 교류로 변환시키는 것이다. 이외에 어떠한 기능을 가지고 있는가?

① 증폭기능   ② 보호기능
③ 발전기능   ④ 발진기능

해설
인버터는 직류를 교류로 변환시키는 것뿐만 아니라 태양전지의 성능을 최대한 끌어내기 위한 기능과 이상 및 고장 시를 위한 보호기능이 있다.

60 ④ 61 ③ 62 ② 63 ③ 64 ① 65 ① 66 ②

67 태양전지의 동작점이 항상 최대출력점을 추종하도록 변화시켜 태양전지에서 최대출력을 얻을 수 있는 제어를 무엇이라 하는가?

① 단독운전 방지제어
② 최대전력 추종제어
③ 자동전압 조정제어
④ 직류 검출제어

해설
최대전력 추종제어(MPPT ; Maximum Power Point Tracking) 태양전지의 출력은 일사강도나 태양전지의 표면온도에 의해 변동이 된다. 이러한 변동에 대해 태양전지의 동작점이 항상 최대출력점을 추종하도록 변화시켜 태양전지에서 최대출력을 얻을 수 있는 제어

68 최대전력 추종제어방식의 종류에 해당되지 않는 것은?

① Incremental Conductance 제어
② Pertube & Observe 제어
③ 직접 제어
④ Hybrid Control 제어

해설
최대전력 추종제어방식의 종류
▶ 직접 제어방식
  센서를 통해 온도, 일사량 등 외부조건을 측정하여 최대전력 동작점이 변하는 파라미터를 미리 입력하여 비례제어하는 방식으로 구성이 간단하고 외부 상황에 즉각적인 대응이 가능하지만 성능이 떨어진다.
▶ 간접 제어방식
  • Incremental Conductance(IncCond)제어
    – 최대전력점에서 어레이 출력이 안정된다.
    – 계산량이 많아서 빠른 프로세서가 필요하다.
    – 태양전지 출력의 컨덕턴스와 증분 컨덕턴스를 비교하여 최대전력 동작점을 추종하는 방식이다.
    – 일사량이 급변하는 경우에도 대응성이 좋다.
  • Pertube & Observe(P & O)제어
    – 간단하여 가장 많이 사용되는 방식이다.
    – 외부 조건이 급변할 경우 전력손실이 커지며 제어가 불안정하게 된다.
    – 태양전지 어레이의 출력전압을 주기적으로 증가·감소시키고 이전의 출력전력과 현재의 출력전력을 비교하여 최대전력 동작점을 찾는 방식이다.
    – 최대전력점 부근에서 진동이 발생하여 손실이 생긴다.
  • Hysterisis Band 변동제어
    – 어레이 그림자 영향 또는 모듈의 특성으로 인하여 최대전력점 부근에서 최대전력점이 한 개 이상 생기는 경우 최대전력 점을 추종할 수 있다.
    – 태양전지 어레이 출력전압을 최대전력점까지 증가시킨 후 임의의 이득을 최대전력점에서 전력과 곱하여 최소전력값을 지정한다.
    – 매 주기마다 어레이 출력전압을 증가, 감소시키므로 최대전력점에서 손실이 발생된다.
    – 지정된 최소전력값은 두 개가 생기므로 최대전력점을 기준으로 어레이 출력전압을 증가 또는 감소시키면서 매 주기 동작한다.

69 간접 제어방식의 종류가 아닌 것은?

① Hysterisis Band 변동제어
② Incremental Conductance 제어
③ Berister Conditional 제어
④ Pertube & Observe 제어

해설
68번 해설 참조

70 다음에서 설명하는 제어방식은?

> "센서를 통해 온도, 일사량 등 외부조건을 측정하여 최대전력 동작점이 변하는 파라미터를 미리 입력하여 비례제어하는 방식으로 구성이 간단하고 외부 상황에 즉각적인 대응이 가능하지만 성능이 떨어진다."

① 직접 제어
② 간접 제어
③ 근접 제어
④ 연동 제어

해설
68번 해설 참조

정답 67 ② 68 ④ 69 ③ 70 ①

71 Incremental Conductance 제어의 특징으로 옳지 않은 것은?

① 일사량이 급변하는 경우에도 대응성이 좋다.
② 간단하여 가장 많이 사용되는 방식이다.
③ 최대전력점에서 어레이 출력이 안정된다.
④ 계산량이 많아서 빠른 프로세서가 필요하다.

[해설]
68번 해설 참조

72 최대전력점 부근에서 진동이 발생하여 손실이 생기는 제어방식은?

① 직접 제어방식
② Incremental Conductance 제어
③ Pertube & Observe 제어
④ Hysterisis Band 변동제어

[해설]
68번 해설 참조

73 최대전력 추종제어(MPPT)의 기능을 바르게 설명한 것은?

① 인버터의 직류동작전류를 일정시간 간격으로 변동시켜 최대전압을 얻을 수 있도록 한다.
② 인버터의 최대전력을 얻을 수 있도록 인버터의 직류 전류를 변화시킨다.
③ 인버터의 출력을 항상 일정하게 유지시킨다.
④ 인버터의 직류동작전압을 일정시간 간격으로 변동시켜 항상 최대전력을 얻을 수 있도록 직류전압을 변화시킨다.

[해설]
최대전력 추종제어(MPPT ; Maximum Power Point Tracking)의 기능
인버터의 직류동작전압을 일정시간 간격으로 변동시켜 그때의 태양전지 출력전력을 계측하여 이전에 발생한 부분과 비교하여 항상 최대전력을 얻을 수 있도록 인버터는 직류전압을 변화시키는 기능을 한다.

74 제어방식에는 직접 제어식과 간접 제어식이 있다. 이 중 일조계와 모듈 표면온도계를 설치하여 일조량과 온도에 의해 최대출력을 제어하는 것을 무엇이라 하는가?

① 직접 제어
② 간접 제어
③ 기술 제어
④ 전력 제어

[해설]
제어방식에는 직접 제어식과 간접 제어식이 있으며, 일조계와 모듈 표면온도계를 설치하여 일조량과 온도에 의해 최대출력을 제어하는 것은 직접제어방식이라고 하고, 태양전지 어레이의 출력전압과 전류를 검출하여 최대출력을 추종하는 것을 간접 제어방식이라고 한다.

75 제어방식 중 태양전지 어레이의 출력전압과 전류를 검출하여 최대출력을 추종하는 것은?

① 직접 제어
② 간접 제어
③ 기술 제어
④ 전력 제어

[해설]
74번 해설 참조

76 최대전력 추종제어 기법의 장단점에 대한 설명으로 틀린 것은?

① 직접 제어는 성능이 나쁘다.
② InCond 제어는 최대출력점에서 불안하다.
③ Hysterisis Band 제어는 일사량 변화 시 효율이 높다.
④ P&O 제어는 제어가 간단하다.

[해설]
최대전력 추종제어(MPPT ; Maximum Power Point Tracking)기법의 장점과 단점

구분	장점	단점
직접 제어	• 즉각적인 대응이 가능하다. • 구성이 단순하다.	성능이 나쁘다.
InCond	최대출력점에서 안정된다.	연산이 많다.
P&O	제어가 간단하다.	출력전압이 연속적으로 진동하여 손실이 생긴다.
Hysterisis Band	일사량 변화 시 효율이 높다.	성능이 나쁘다(InCond와 비교 시).

정답 71 ② 72 ③ 73 ④ 74 ① 75 ② 76 ②

77 최대전력 추종제어(MPPT)는 출력전압의 증감을 감시하여 항상 최대전력점에서 동작이 되도록 제어하는 것인데 최대출력점의 몇 [%] 이상 추적이 가능한가?

① 80 ② 90
③ 95 ④ 105

해설
MPPT 제어는 출력전압의 증감을 감시하여 항상 최대전력점에서 동작이 되도록 제어하는 것인데 최대출력점의 95[%] 이상 추적이 가능하다.

78 다음이 설명하는 기능은 무엇인가?

"단독운전이 발생하면 전력회사의 배전망이 끊어져 있는 배전선에 태양광발전시스템에서 전력이 공급되며 보수점검자에게 위험을 줄 우려가 있기 때문에 태양광발전시스템을 정지할 필요가 있지만, 단독운전 상태에서는 전압계전기(UVR, OVR)와 주파수계전기(UFR, OFR)에서는 보호할 수 없다. 따라서 이에 대한 대책의 일환으로 단독운전 방지기능이 설정되어 안전하게 정지할 수 있도록 한다."

① 자동운전 정지기능
② 최대전력 추종제어기능
③ 단독운전 방지기능
④ 자동전압 조정기능

해설
단독운전 방지기능
태양광발전시스템은 계통에 연계되어 있는 상태에서 계통측에 정전이 발생했을 때 부하전력이 인버터의 출력전력과 같은 경우에는 인버터의 출력전압·주파수계전기에서는 정전을 검출할 수가 없다. 이와 같은 이유로 계속해서 태양광발전시스템에서 계통에 전력이 공급될 가능성이 있다. 이러한 운전 상태를 단독운전이라 한다.
단독운전이 발생하면 전력회사의 배전망이 끊어져 있는 배전선에 태양광발전시스템에서 전력이 공급되며 보수점검자에게 위험을 줄 우려가 있기 때문에 태양광발전시스템을 정지할 필요가 있지만 단독운전 상태에서 전압계전기(UVR, OVR)와 주파수계전기(UFR, OFR)에서는 보호할 수 없다. 따라서 이에 대한 대책의 일환으로 단독운전 방지기능이 설정되어 안전하게 정지할 수 있도록 한다.

79 단독운전 방지기능의 종류를 바르게 연결한 것은?

① 수동적 방식과 반수동적 방식
② 능동적 방식과 반능동적 방식
③ 수동적 방식과 능동적 방식
④ 반 수동적 방식과 반능동적 방식

해설
단독운전 방지기능의 종류
▶ 수동적 방식
연계운전에서 단독운전으로 이행했을 때 전압파형이나 위상 등의 변화를 포착하여 단독운전을 검출하도록 하는 방식이다.
• 수동적 방식의 구분(유지시간은 5~10초, 검출시간은 0.5초 이내)
　– 주파수 변화율 검출방식 : 주로 단독운전 이행 시 발전전력과 부하의 불평형에 의한 주파수 급변을 검출한다.
　– 제3차 고주파 전압급증 검출방식 : 단독운전 이행 시 변압기에 여자전류 공급에 따른 변압 왜곡의 급증을 검출한다. 부하가 되는 변압기와의 조합이기 때문에 오작동의 확률이 비교적 높다.
　– 전압위상 도약검출방식 : 계통과 연계하는 인버터는 상시 역률 1에서 운전되어 전압과 전류는 거의 동상이며, 유효전력만 공급하고 있다. 단독운전 상태가 되면 그 순간부터 무효전력도 포함시켜 공급해야 하므로 전압위상이 급변한다. 이때 전압위상의 급변을 검출하는 것이 바로 전압위상 도약검출방식이다. 이 방식에서는 계통에 접속되어 있는 변압기의 돌입전류 등으로부터 오작동이 발생하지 않도록 설계되어 있다. 단독운전 이행 시에 위상변화가 발생하지 않을 때는 검출되지 않는다. 오작동이 적고 실용적이다.
▶ 능동적 방식
항상 인버터에 변동요인을 부여하고 연계운전 시에는 그 변동요인이 출력에 나타나지 않고 단독운전 시에만 나타나도록 하여 이상을 검출하는 방식이다.
• 능동적 방식의 구분(검출시간은 0.5~1초)
　– 유효전력 변동방식 : 인버터의 출력에 주기적인 유효전력 변동을 부여하고, 단독운전 시에 나타나는 전압·주파수 변동을 검출한다.
　– 무효전력 변동방식 : 인버터의 출력전압 주기를 일정기간마다 변동시키면 평상시 계통측의 Back-Power가 크기 때문에 출력주파수는 변하지 않고 무효전력의 변화로서 나타난다. 단독운전 상태에서는 일정한 주기마다 주파수의 변화로서 나타나기 때문에 이 주파수의 변화를 빨리 검출해서 단독운전을 판정하도록 한다. 또한 오동작을 방지하기 위해 주기를 변동시켰을 경우에만 출력변동을 검출하는 방법을 취하는 것도 있다.
　– 부하 변동방식 : 인버터의 출력과 병렬로 임피던스를 순간적 또는 주기적으로 삽입하여 전압 또는 전류의 급변을 검출하는 방식이다.
　– 주파수 시프트 방식 : 인버터의 내부발전기에 주파수 바이어스를 부여하고 단독운전 시에 나타나는 주파수 변동을 검출하는 방식이다.

정답 77 ③ 78 ③ 79 ③

80 연계운전에서 단독운전으로 이행했을 때 전압파형이나 위상 등의 변화를 포착하여 단독운전을 검출하도록 하는 방식은?

① 수동적 방식
② 능동적 방식
③ 반능동적 방식
④ 반수동적 방식

[해설]
79번 해설 참조

81 수동적 방식의 유지시간과 검출시간은 얼마인가?

① 5~10초, 1초 이상
② 5~10초, 0.5초 이내
③ 10초 이상, 1초 이내
④ 5초 이내, 1초 이상

[해설]
79번 해설 참조

82 수동적 방식의 종류에 해당되지 않는 것은?

① 주파수 변화율 검출방식
② 전압위상 도약검출방식
③ 제3차 고주파 전압급증 검출방식
④ 부하 변동 검출방식

[해설]
79번 해설 참조

83 주로 단독운전 이행 시 발전전력과 부하의 불평형에 의한 주파수 급변을 검출하는 방식은?

① 주파수 변화율 검출방식
② 제3차 고주파 전압급증 검출방식
③ 전압위상 도약검출방식
④ 주파수 시프트 방식

[해설]
79번 해설 참조

84 단독운전 이행 시에 위상변화가 발생하지 않을 때는 검출되지 않고 오작동이 적고 실용적인 검출방식은?

① 주파수 변화율 검출방식
② 제3차 고주파 전압급증 검출방식
③ 전압위상 도약검출방식
④ 주파수 시프트 방식

[해설]
79번 해설 참조

85 항상 인버터에 변동요인을 부여하고 연계운전 시에는 그 변동요인이 출력에 나타나지 않고 단독운전 시에만 나타나도록 하여 이상을 검출하는 방식은?

① 수동적 방식
② 능동적 방식
③ 긍정적 방식
④ 효율적 방식

[해설]
79번 해설 참조

86 능동적 방식의 종류가 아닌 것은?

① 무효전력 변동방식
② 주파수 시프트 방식
③ 부하 변동방식
④ 주파수 변화율 검출방식

[해설]
79번 해설 참조

87 인버터의 출력과 병렬로 임피던스를 순간적 또는 주기적으로 삽입하여 전압 또는 전류의 급변을 검출하는 방식은?

① 무효전력 변동방식
② 주파수 시프트 방식
③ 부하 변동방식
④ 주파수 변화율 검출방식

[해설]
79번 해설 참조

80 ① 81 ② 82 ④ 83 ① 84 ③ 85 ② 86 ④ 87 ③

88 인버터의 내부발전기에 주파수 바이어스를 부여하고 단독운전 시에 나타나는 주파수 변동을 검출하는 방식은?

① 무효전력 변동방식
② 주파수 시프트 방식
③ 부하 변동방식
④ 주파수 변화율 검출방식

해설
79번 해설 참조

89 태양광발전시스템을 계통에 접속하여 역송전 운전을 하는 경우 전력 전송을 위한 수전점의 전압이 상승하여 전력회사의 운용범위를 초과할 가능성이 있다. 이를 예방하기 위한 기능은?

① 직류 검출기능
② 자동전압 조정기능
③ 자동운전 정지기능
④ 계통연계 보호장치기능

해설
자동전압 조정기능
태양광발전시스템을 계통에 접속하여 역송전 운전을 하는 경우 전력 전송을 위한 수전점의 전압이 상승하여 전력회사의 운용범위를 초과할 가능성이 있다. 따라서, 이를 예방하기 위해 자동전압 조정기능을 설정하여 전압의 상승을 방지하고 있다.

90 전압의 상승을 방지하는 기능은?

① 최대전력 추종제어기능
② 직류 지락 검출기능
③ 자동전압 조정기능
④ 단독운전 방지기능

해설
89번 해설 참조

91 자동전압 조정기능 중 계통에 연계하는 인버터는 계통전압과 출력전류의 위상을 같게 하고 평상시에 역률 1로 운전하는 것을 무엇이라 하는가?

① 출력제어
② 입력제어
③ 진상무효 전력제어
④ 전압제어

해설
자동전압 조정기능
- 진상무효 전력제어 : 계통에 연계하는 인버터는 계통전압과 출력전류의 위상을 같게 하고 평상시에 역률 1로 운전한다. 연계점의 전압이 상승하여 진상무효 전력제어 설정전압 이상으로 되면 역률 1의 제어를 해소하여 인버터의 전류위상이 계통전압보다 앞선다. 이에 따라 계통측에서 유입하는 전류가 늦어져 연계점의 전압을 떨어뜨리는 방향으로 작용한다. 앞선 전류의 제어는 역률 0.8까지 실행되고 이에 따른 전압상승의 억제효과는 최대 2~3[%] 정도가 된다.
- 출력제어 : 진상무효 전력제어에 따른 전력제어가 한계에 도달했음에도 불구하고 계통전압이 상승하는 경우에는 태양광발전시스템의 출력 자체를 제한하여 연계점의 전압상승을 방지하도록 한다. 특히, 배전선의 전압이 높은 경우에는 출력제어가 동작하여 발전량이 떨어지므로 주의를 요한다.

92 진상무효 전력제어에서 앞선 전류의 제어는 역률의 얼마까지 실행되어야 하는가?

① 0.8
② 1
③ 1.5
④ 4

해설
91번 해설 참조

93 진상무효 전력제어에서 역률이 0.8까지 실행되고 이에 따른 전압상승의 억제효과는 최대 몇 [%] 정도되는가?

① 10~20
② 5~10
③ 3~5
④ 2~3

해설
91번 해설 참조

94 출력제어에서 배전선의 전압이 높은 경우 출력제어가 동작하는데 이때, 발전량은 어떻게 되는가?

① 떨어진다.
② 늘어난다.
③ 기울어진다.
④ 상관없다.

해설
91번 해설 참조

정답 88 ② 89 ② 90 ③ 91 ③ 92 ① 93 ④ 94 ①

95 고주파 변압기 절연방식이나 트랜스리스 방식에서 출력 전류에 중첩되는 직류분이 정격교류 출력전류의 몇 [%] 이하를 요구하는가?

① 0.5
② 1
③ 2
④ 10

해설
고주파 변압기 절연방식이나 트랜스리스 방식에서 출력전류에 중첩되는 직류분이 정격교류 출력전류의 0.5[%] 이하일 것을 요구하고 있으며, 직류분을 제어하는 직류제어기능과 함께 만일 이 기능에 장해가 생긴 경우에 인버터를 정지시키는 보호기능이 있다.

96 직류검출기능 중 교류성분에 직류분을 함유하는 경우 주상변압기의 자기포화로 인해 발생하는 현상으로 옳은 것은?

① 고주파 발생
② 고조파 발생
③ 신호 발생
④ 계전기의 정상동작

해설
직류검출기능의 자기포화로 인해 발생하는 현상
• 계전기의 오·부동작
• 고조파 발생

97 인버터는 직류를 교류로 변환하기 위하여 반도체 스위칭 소자를 주파수로 스위칭하기 때문에 소자의 불규칙 분포 등에 의해 그 출력은 적지만 직류분이 잡음형태로 포함된다. 이 잡음을 제거해 주는 것을 무엇이라 하는가?

① 자동운전 정지기능
② 최대전력 추종제어기능
③ 단독운전 방지기능
④ 직류검출기능

해설
직류검출기능
인버터는 직류를 교류로 변환하기 위하여 반도체 스위칭 소자를 주파수로 스위칭하기 때문에 소자의 불규칙 분포 등에 의해 그 출력은 적지만 직류분이 잡음형태로 포함된다. 즉, 직류에 포함되어 있는 교류분(Ripple)을 제거하는 기능을 말한다.

98 다음 ( )에 들어갈 내용으로 바르게 짝지어진 것은?

"일반적으로 수·배전설비의 배전반 또는 분전반에는 ( ) 또는 ( )가 설치되어 옥내배선과 부하기기의 지락을 감시하고 있다."

① 누전경보기, 누전차단기
② 열 감지기, 연기 감지기
③ 분계점, 분기점
④ 적외선 탐지기, 테스터기

해설
직류지락 검출기능
일반적으로 수·배전설비의 배전반 또는 분전반에는 누전경보기 또는 누전차단기가 설치되어 옥내배선과 부하기기의 지락을 감시하고 있지만, 태양전지 어레이의 직류측에서 지락사고가 발생하면 지락전류에 직류성분이 중첩되어 일반적으로 사용되고 있는 누전차단기는 이를 검출할 수 없는 상황이 발생한다.

99 일반적으로 직류측 지락사고 검출 레벨은 얼마로 설정되어 있는가?

① 100[A]
② 10[A]
③ 100[mA]
④ 10[mA]

해설
일반적으로 직류측 지락사고 검출 레벨은 100[mA]로 설정되어 운전되고 있다.

100 직류지락 검출기는 인버터의 어느 부분에 설치하여야 하는가?

① 축전기
② 외 부
③ 전원부
④ 내 부

해설
인버터의 내부에 직류 지락 검출기를 설치하여 검출·보호하는 것이 필요하다.

101 다음이 설명하는 것은 무엇인가?

"전선 또는 전로 중 일부가 직접 또는 간접으로 대지(접지)에 연결된 경우로 전로와 대지 간의 절연이 저하하여 아크 또는 도전성 물질의 영향으로 전로 또는 기기의 외부에 위험한 전압이 나타나거나 전류가 흐르게 되는 상태를 말한다."

① 단 로
② 지 락
③ 폐회로
④ 스위치

해설
지락(Grounding)
전선 또는 전로 중 일부가 직접 또는 간접으로 대지(접지)에 연결된 경우로 전로와 대지 간의 절연이 저하하여 아크 또는 도전성 물질의 영향으로 전로 또는 기기의 외부에 위험한 전압이 나타나거나 전류가 흐르게 되는 상태를 말한다. 이렇게 하여 흐르게 된 전류를 지락전류라고 하며 인체감전, 누전화재 또는 기기의 손상 등을 일으키는 원인이 된다.

102 지락전류가 일으키는 원인에 해당되지 않는 것은?

① 인체감전
② 누전화재
③ 기기 손상
④ 차 단

해설
101번 해설 참조

103 계통연계장치의 요소를 검출 판별하는 장치가 아닌 것은?

① OVR
② UFR
③ OFB
④ UVR

해설
계통연계장치의 요소를 검출 판별하는 장치
• 과전압계전기(OVR ; Over Voltage Relay)
• 부족전압계전기(UVR ; Under Voltage Relay)
• 주파수상승계전기(OFR ; Over Frequency Relay)
• 주파수저하계전기(UFR ; Under Frequency Relay)

104 계통연계 보호장치는 어디에 내장되어 있는가?

① 컨트롤러
② 인버터
③ 컨버터
④ 태양전지

해설
계통연계 보호장치는 일반적으로 인버터에 내장되어 있는 경우가 많다.

105 특고압 연계에서 보호계전기의 설치장소에 꼭 설치해야 하는 장치는?

① OCGR
② OFR
③ UFR
④ OVR

해설
특고압 연계에서의 보호계전기 설치장소 : 지락 과전류계전기(OCGR)는 수용가 특고압측에 설치하고 과전압, 저전압, 과주파수, 저주파수계전기는 인버터의 출력점에 설치하는 것이 보호기능 측면에서 좋다.

106 특고압 연계의 보호계전기의 설치장소는?

① 태양광발전소 구내 송신점
② 태양광발전소 구내 수신점
③ 태양광발전소 보호 송신점
④ 태양광발전소 보호 수신점

해설
특고압 연계의 보호계전기의 설치장소는 태양광발전소 구내 수신점(수전보호 배전반)에 설치함을 원칙으로 하고 있다.

107 보호계전기의 검출레벨에서 계전기기의 종류가 아닌 것은?

① 유효전력계전기기
② 무효전력계전기기
③ 저전압계전기
④ 저전류계전기

정답 101 ② 102 ④ 103 ③ 104 ② 105 ① 106 ② 107 ④

해설
보호계전기의 검출레벨과 동작시한

계전기기	기기번호	용도	동작시간	검출레벨
유효전력계전기	32P	유효전력 역송방지	0.5~2초	상시 병렬운전 상태에서 전력계통 동요 및 외부사고 시 오동작하지 않는 범위 내에서 최솟값
무효전력계전기	32Q	단락사고 보호		배후계통 최소조건하에서 상대단 모선 2상 단락사고 시 유입 무효전력의 1/3 이하
부족전력계전기	32U	부족전력 검출		상시 병렬운전 발전 상태에서 전력계통 동요 및 외부사고 시 오동작하지 않는 범위 내에서 최솟값, 계전기의 동작은 발전기의 운전 상태에서만 차단기 트립 되도록 한다.
과전압계전기	59	과전압 보호	순시형정치의 120[%]에서 2초	• 순시형 : 정격전압의 150[%] • 반한시형 : 정격전압의 115[%]
저전압계전기	27	사고검출 또는 무전압 검출	감시용 0.2~0.3초	정격전압의 80[%]
주파수계전기	81O/81U	주파수 변동 검출	0.5초/1분	• 과주파수 : 63[Hz] • 저주파수 : 57[Hz]
과전류계전기	50/51	과전류 보호	TR 2차 3상 단락 시 0.6초 이하	• 순시 : 단락보호 • 한시 : 150[%]에서 과부하보호 및 후미보호

108 보호계전기의 동작시간이 가장 긴 계전기기는?

① 주파수계전기 ② 과전압계전기
③ 무효전력계전기 ⑤ 저전압계전기

해설
107번 해설 참조

109 보호계전기의 용도 중 단락사고를 보호하는 계전기기는?

① 부족전력계전기 ② 과전류계전기
③ 무효전력계전기 ④ 유효전력계전기

해설
107번 해설 참조

110 저전압계전기의 검출레벨로 옳은 것은?

① 정격전압의 70[%] ② 정격전압의 80[%]
③ 정격전압의 90[%] ④ 정격전압의 100[%]

해설
107번 해설 참조

111 주파수계전기의 검출레벨 중 저주파수는 얼마인가?

① 63[Hz] ② 57[Hz]
③ 50[Hz] ④ 49[Hz]

해설
107번 해설 참조

112 연계 계통 이상 시 태양광발전시스템의 분리와 투입 만족 조건이 아닌 것은?

① 연계 계통 고장 시에는 1분 이내 분리하는 단독운전 방지 장치 설치
② 차단장치는 한전계통의 정전 시에는 투입이 불가능하도록 시설
③ 정전·복전 후 5분을 초과하여 재투입
④ 단락 및 지락고장으로 인한 선로 보호장치 설치

해설
연계 계통 이상 시 태양광발전시스템의 분리와 투입 만족 조건
• 정전·복전 후 5분을 초과하여 재투입
• 차단장치는 한전계통의 정전 시에는 투입이 불가능하도록 시설
• 단락 및 지락고장으로 인한 선로 보호장치 설치
• 연계 계통 고장 시에는 0.5초 이내 분리하는 단독운전 방지장치 설치

113 분산형 전원을 송전사업자의 특고압 전력계통에 연계하는 경우 분산형 전원에 필요한 운전 제어장치를 시설해야 하는 경우는?

① 계통 안정화 또는 조류 억제 등의 이유로 운전제어가 필요할 경우
② 직류 전류를 분리할 경우
③ 특고압의 과전류가 흐를 경우
④ 발전사업자의 운전제어가 필요할 경우

108 ① 109 ③ 110 ② 111 ② 112 ① 113 ①

해설
분산형 전원을 송전사업자의 특고압 전력계통에 연계하는 경우 계통안정화 또는 조류 억제 등의 이유로 운전제어가 필요할 경우는 분산형 전원에 필요한 운전 제어장치를 시설한다.

114 역송전이 있는 저압 연계 시스템(계통 연계 보호계전기)의 구성요소가 아닌 것은?

① 저주파수계전기 ② 저전류계전기
③ 과주파수계전기 ④ 저전압계전기

해설
역송전이 있는 저압 연계 시스템(계통 연계 보호계전기) 구성요소
• 저전압계전기   • 저주파수계전기
• 과전압계전기   • 과주파수계전기

115 입사된 태양에너지가 변환되어 발생하는 전기적 출력의 특성을 나타내는 곡선을 무엇이라 하는가?

① $I-V$ 곡선   ② P 곡선
③ $T-K$ 곡선   ④ 베타곡선

해설
태양전지 모듈에 입사된 태양에너지가 변환되어 발생하는 전기적 출력의 특성을 전류(I)-전압(V) 특성이라 하며, $I-V$곡선이라고 한다.

116 최대출력($P_{\max}$)를 얻을 수 있는 공식으로 옳은 것은?

① 최대출력($P_{\max}$) = 최소출력 동작전류(I_{mp})
   × 최대출력 동작전압(V_{mp})
② 최대출력($P_{\max}$) = 최소출력 동작전류(I_{mp})
   × 최소출력 동작전압(V_{mp})
③ 최대출력($P_{\max}$) = 최대출력 동작전류(I_{mp})
   × 최대출력 동작전압(V_{mp})
④ 최대출력($P_{\max}$) = 최대출력 동작전류(I_{mp})
   × 최소출력 동작전압(V_{mp})

해설
최대출력($P_{\max}$)
= 최대출력 동작전류(I_{mp}) × 최대출력 동작전압(V_{mp})

117 1 [kW/m²]가 의미하는 내용은?

① 비가 어느 정도 오고 태양빛이 입사했을 때의 강도
② 눈이 어느 정도 오고 태양빛이 입사했을 때의 강도
③ 일출 시 입사 강도
④ 아주 맑을 때 수직으로 태양빛을 입사했을 때의 강도

해설
1 [kW/m²]
태양전지 모듈의 출력 측정기준은 AM 1.5, 1 [kW/m²]에서 동작할 때를 기준으로 하는데 이는 지구의 중위도(정중앙 위도 AM 1.5)에서의 태양빛 스펙트럼을 나타내고 아주 맑을 때 수직으로 태양빛을 입사했을 때의 강도(1[kW/m²])를 의미한다.

118 정부극 간을 단락한 상태에서 흐르는 전류로서 임피던스가 낮을 때 단락회로 조건에 상응하는 셀을 통해 전달되는 최대전류를 무엇이라 하는가?

① 단락전류   ② 개방전류
③ 소스전류   ④ 코드전류

해설
단락전류(I_{SC})
정부극 간을 단락한 상태에서 흐르는 전류로서 임피던스가 낮을 때 단락회로 조건에 상응하는 셀을 통해 전달되는 최대전류를 말한다. 이 상태는 전압이 0일 때 스위프 시작에서 발생한다. 즉, 이상적인 셀은 최대전류값이 빛 입자에 의해 태양전지에서 생성된 전체 전류이다.

119 정부극 간을 개방한 상태의 전압으로서 셀 전반의 최대전압 차이를 무엇이라 하는가?

① 단락전류   ② 개방전압
③ 소스전류   ④ 코드전류

해설
개방전압(V_{OC})
정부극 간을 개방한 상태의 전압으로서 셀 전반의 최대전압 차이이고, 셀을 통해 전달되는 전류가 없을 때 발생한다.
참고 : 태양전지 모듈의 전류-전압 특성

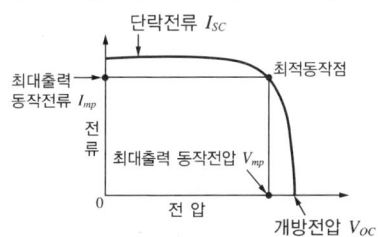

120 태양광 모듈의 특성에서 단락전류(I_{SC})가 10[mA]이고, 개방전압(V_{OC})이 10[V]일 경우 충진율(FF)은 얼마인가?(단, 최대출력 동작전류(I_m) = 8[mA]이고, 최대출력 동작전압(V_m) = 8[V]이다)

① 0.64
② 0.72
③ 0.86
④ 0.92

해설

충진율(FF) = $\dfrac{I_m \times V_m}{I_{SC} \times V_{OC}} = \dfrac{8 \times 10^{-3} \times 8}{10 \times 10^{-3} \times 10} = 0.64$

121 태양광 모듈의 저항 특성 중에서 병렬저항의 요소가 아닌 것은?

① 측면의 표면 누설저항
② 표면층의 면 저항
③ 접합의 결함에 의한 누설저항과 전위
④ 결정입계에 따라 발생하는 누설저항

해설

태양광 모듈의 저항 특성의 병렬저항 요소
• 접합의 결함에 의한 누설저항과 전위
• 측면의 표면 누설저항
• 결정이나 전극의 미세균열에 의한 누설저항
• 결정입계에 따라 발생하는 누설저항

122 태양광 모듈의 저항 특성 중에서 직렬저항 요소 사항이 아닌 것은?

① 기판 자체 저항
② 금속 전극 자체의 저항
③ 표면층의 면 저항
④ 결정이나 전극의 미세균열에 의한 누설저항

해설

태양광 모듈의 저항 특성의 직렬저항
• 표면층의 면 저항
• 기판 자체 저항
• 금속 전극 자체의 저항

123 태양광 모듈의 저항 특성에서 병렬과 직렬 요소의 특성에 해당되지 않는 것은?

① 시판되는 태양전지의 병렬저항은 일반적으로 1[kΩ]보다 상당히 크다.
② P-N접합의 빛 생성 전압과 전류를 감소시킨다.
③ 낮은 병렬저항은 누설전류가 발생된다.
④ 직렬저항이 병렬저항보다 큰 출력손실이 생긴다.

해설

태양광 모듈의 저항 특성에서 병렬과 직렬 요소의 특성
• 병렬저항이 직렬저항보다 큰 출력 손실이 생긴다.
• 낮은 병렬저항은 누설전류가 발생된다.
• P-N접합의 빛 생성 전압과 전류를 감소시킨다.
• 시판되는 태양전지의 병렬저항은 일반적으로 1[kΩ]보다 상당히 크다.
• 시판되는 태양전지의 직렬저항은 일반적으로 0.5[Ω] 이하이다.

124 방사조도의 특성을 측정하고자 할 때 표준측정방법으로 옳은 것은?

① 방사조도와 일정시간
② 방사조도와 옥내측정
③ 옥외측정과 일정시간
④ 옥외측정과 옥내측정

해설

표준측정방법
태양전지 모듈의 방사조도 특성을 평가할 경우 태양광의 방사조도와 분광분포를 모의시험 한 솔라 시뮬레이터에 의한 옥내측정을 말한다.

125 태양광이 대기권에 수직으로 입사되었을 경우, 투과한 거리를 1로 하고, 임의의 지점에서 경사각 θ를 이용한 에어매스(AM ; Air Mass)를 구하는 공식은?

① $AM = \dfrac{1}{\sin\theta}$
② $AM = \dfrac{1}{\cos\theta}$
③ $AM = \dfrac{1}{\sin^{-1}\theta}$
④ $AM = \dfrac{1}{\cos^{-1}\theta}$

해설

표준 에어매스(Air Mass ; AM)

$AM = \dfrac{1}{\cos\theta}$

126 ( ) 안에 들어갈 내용으로 옳은 것은?

"AM이 크게 되면 짧은 파장의 빛이 대기에 흡수되어 ( )이 많아지고, AM이 작게 되면 ( )이 강해진다."

① 노란 빛 - 녹색 빛   ② 붉은 빛 - 주황 빛
③ 붉은 빛 - 푸른 빛   ④ 보랏 빛 - 노란 빛

해설
AM의 색에 의한 구분
AM이 크게 되면 짧은 파장의 빛이 대기에 흡수되어 붉은 빛이 많아지고, AM이 작게 되면 푸른 빛이 강해진다.

127 AM의 구분 내용이 틀린 것은?

① AM 0 : 우주공간에서의 조사에너지로 1,353[kW/m²]
② AM 1 : 적도상에서 수평일사(태양고도 0°), 천정각 90°, 해발 100[m], 약 100[kW/m²]
③ AM 1.5 : 경사각 θ가 약 42°(천정각 48°), 약 1[kW/m²]
④ AM 2 : 경사각 θ가 30°(천정각 60°), 약 0.75[kW/m²]

해설
AM의 구분

구분	내 용
AM 0	우주공간에서의 조사에너지로 1,353[kW/m²](태양정수)
AM 1	적도상에서 수직일사(태양고도 90°), 천정각 0°, 해발 0[m], 약 1[kW/m²]
AM 1.5	경사각 θ가 약 42°(천정각 48°), 약 1[kW/m²](표준사양)
AM 2	경사각 θ가 30°(천정각 60°), 약 0.75[kW/m²]

128 태양전지 모듈의 온도특성에 대한 내용으로 옳지 않은 것은?

① 태양전지 모듈은 온도가 상승하면 출력이 내려간다.
② 방사조도가 동일하면 여름철에 비해 겨울철의 출력이 크다.
③ 계절에 따른 온도변화로 출력이 변동한다.
④ 온도가 하강하면 출력이 올라가는 정(+)의 온도 특성을 갖는다.

해설
온도특성
태양전지 모듈은 온도가 상승하면 출력이 내려가고 온도가 하강하면 출력이 올라가는 부(-)의 온도 특성이 있다. 방사를 받는 태양전지 모듈의 표면온도는 외기온도에 비례해서 맑은 날에는 20~40[℃] 정도 높아지므로 기준 상태에서의 출력에 비해 저하된다. 또한 계절에 따른 온도변화로 출력이 변동하고 방사조도가 동일하면 여름철에 비해 겨울철의 출력이 크다. 방사조도와 동일하게 태양전지 모듈 온도가 상승한 경우 개방전압이나 최대출력도 저하한다.

129 태양전지 모듈의 외형적인 모양이 아닌 것은?

① 사각형   ② 직사각형
③ 팔각형   ④ 정사각형

해설
태양전지 모듈의 외형적인 모양은 사각형이나 정사각형에 가까운 직사각형이다.

130 태양전지 모듈의 구조 중에서 모듈의 주위를 기계적으로 보호하고 태양전지 어레이에 설치하기 위한 부분은?

① 수광면   ② 단자함
③ 설치부   ④ 연결전극

해설
태양전지 모듈의 구조
내후성이 뛰어난 충전재로 봉한 태양전지 셀을 수광면의 프런트 커버와 내후성 필름의 후면시트 사이에 끼운 구조로 되어 있다. 또한 모듈의 주위를 기계적으로 보호하고 태양전지 어레이에 설치하기 위한 설치부가 있다. 프레임은 주변부의 Seal 성능 향상을 위해 보통 고무로 만든 Seal재가 사용되며, 태양전지 셀 사이에는 도전재료인 내부 연결전극이 접속되고 뒷면에는 모듈 사이를 전기적으로 접속하기 위한 단자함이 설치되어 이에 출력리드선이 접속되며 앞쪽 끝에는 방수 커넥터가 접속되어 있다.

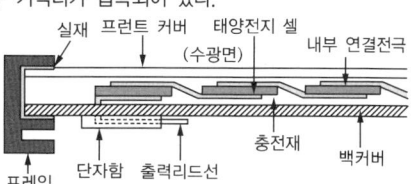

• 프런트 커버(표면재) : 보통 90[%] 이상의 투과율을 확보하고 높은 내충격력을 보유한 약 3[mm] 두께의 백판 열처리 유리 또는 저철분 강화유리 등이 일반적으로 사용되고 있다. 일부 아크릴, 폴리카보네이트, 불소수지 등의 합성수지도 이용되고 있다.

정답 126 ③ 127 ② 128 ④ 129 ③ 130 ③

- 설치용 구멍 : 태양전지 모듈을 구조물 등에 설치하기 위해 직경 6~9.7[mm]의 설치용 구멍이 양쪽 긴 방향 프레임에 3~4개씩, 합 6~8개 정도가 필요하다. 이 이외에도 직경 4~6.5[mm]의 지면 설치용과 배선용 구멍을 필요로 한다.
- 프레임 : 알루마이트로 내식처리 한 알루미늄 표면에 아크릴 도장을 한 프레임재가 일반적으로 사용되며, 긴 방향 구조는 크게 ㄷ자형과 중공형이 있다. 설치 리브(Rib)의 대부분은 내측에 설치되어 있으나 외측으로 낸 것도 있다.
- 충전재 : 실리콘 수지, 폴리비닐부티랄(PVB ; Polyvinyl Butyral), 에틸렌초산비닐(EVA ; Ethylene Vinyl Acetate)이 많이 사용된다. 처음 태양광 모듈을 제조할 때에는 실리콘 수지가 대부분이었으나 충진하는 데 기포 방지와 셀의 상하로 움직이는 균일성을 유지하는 데에 시간이 걸리기 때문에 현재는 PVB와 EVA가 많이 이용된다.
- Back Sheet : 재료 대신 유리를 이용한 것을 더블 글래스 타입이라고 한다. 이 더블 글래스 타입은 다소 오래된 타입이지만 현재에도 유럽을 위주로 미국 일부에서도 사용되고 있다.
- Seal재 : 전극리드의 출입부나 모듈의 단면부를 Sealing하기 위해 이용되며, 재료로서는 실리콘 실란트, 폴리우레탄, 폴리설파이드, 부틸고무 등이 있다. 현재는 작업의 편의성을 고려하여 테이프 형태의 부틸고무 제품을 가장 많이 사용한다.

131 태양광 모듈의 프런트 커버는 몇 [%] 정도의 투과율을 확보해야 하는가?

① 95 ② 80
③ 100 ④ 90

해설
130번 해설 참조

132 태양광 모듈에서 프레임의 구조로 맞는 것은?

① ㄷ자형 ② ㅁ자형
③ 거치형 ④ ㄹ자형

해설
130번 해설 참조

133 태양광 모듈에서 충전재의 종류가 아닌 것은?

① EVA ② 아크릴
③ 실리콘 수지 ④ PVB

해설
130번 해설 참조

134 전극 리드의 출입부나 모듈의 단면부를 Sealing하기 위해 이용되는 부분은?

① 충전재 ② Seal재
③ 표면재 ④ 프레임

해설
130번 해설 참조

135 태양광 모듈의 조립순서로 바르게 연결된 것은?

① 프런트 커버 → EVA → 태양전지 셀 → EVA → 백 커버 → 프레임 조립
② 프런트 커버 → EVA → 백 커버 → EVA → 태양전지 셀 → 프레임 조립
③ 프런트 커버 → EVA → 백 커버 → 태양전지 셀 → EVA → 프레임 조립
④ 프런트 커버 → 태양전지 셀 → EVA → 백 커버 → EVA → 프레임 조립

해설
조립순서
프런트 커버(표면재 저철분 강화유리) → EVA(충진재) → 태양전지 셀(금속리본으로 연결) → EVA(충진재) → 백 커버(Back Sheet) → 프레임 조립

136 태양전지 모듈의 프레임 구조 종류 중 박막형 모듈타입이 아닌 것은?

① 플렉시블 ② 더블유리
③ 슈퍼 스트레이트 ④ 서브 스트레이트

해설
태양전지 모듈의 프레임 구조 종류

종류	모듈타입
박막형	플렉시블 슈퍼 스트레이트 서브 스트레이트
벌크형	더블유리 슈퍼 스트레이트 서브 스트레이트 엔 케이프

정답 131 ④ 132 ① 133 ② 134 ② 135 ① 136 ②

137 태양광 모듈에 사용하기 위한 EVA(Ethylene Vinyl Acetate) Sheet의 요구조건에 해당되지 않는 사항은?

① 전기적으로 절연이 되어야 한다.
② 수명이 반영구적이어야 한다.
③ 낮은 투과율이 유지되어야 한다.
④ 모듈 제조 시 취급이 간편해야 한다.

해설
태양광 모듈에 사용하기 위한 EVA(Ethylene Vinyl Acetate) Sheet의 요구조건
• −40~90[℃]에서도 구성품의 변형 및 파손이 없어야 한다.
• 전기적으로 절연이 되어야 한다.
• 높은 투과율이 유지되어야 한다(90[%] 이상).
• 모듈 제조 시 취급이 간편해야 한다.
• 수명이 반영구적이어야 한다(약 20~25년 이상).
• 외부 환경과 물리적인 충격에 태양전지의 파손이 없어야 한다.
• 염해 및 온도의 변화에 따라서 모듈에 손상이 없어야 한다.
• 급변하는 온도에 태양광 모듈 형태의 변화가 없어야 한다(공기층 형성, 탈착, 이탈, 변색).

138 태양광 모듈에 사용하기 위한 EVA(Ethylene Vinyl Acetate) Sheet의 수명은 약 몇 년인가?

① 25 ② 40
③ 80 ④ 100

해설
137번 해설 참조

139 PVB의 특징으로 올바른 것은?

① PVB는 가격이 고가하다.
② PVB 광투과율이 높다.
③ PVB는 밀착도가 낮다.
④ PVB 자외선노출에 약하다.

해설
폴리비닐부티랄(PVB ; Polyvinyl Butyral)과 에틸렌초산비닐(EVA ; Ethylene Vinyl Acetate) 비교

	PVB	EVA
광투과율	낮다.	높다.
자외선 노출	강하다.	약하다.
가 격	저 가	고 가
내습성	낮다.	높다.
밀착도	낮다.	높다.

140 EVA에 대한 특징이 아닌 것은?

① 광투과율이 높다. ② 내습성이 높다.
③ 밀착도가 낮다. ④ 자외선 노출에 약하다.

해설
139번 해설 참조

141 EVA의 종류가 아닌 것은?

① Standard Cure용 ② EVA Sheet용
③ Fast Cure용 ④ Alone Cure용

해설
EVA의 종류
• Fast Cure용 : 동일한 라미네이터 내에서 라미네이션과 큐어링을 동시에 수행할 때 사용된다.
• Standard Cure용 : 대규모 자동화 라인에서 많이 사용하는 방법으로 별도의 큐어 오븐에서 큐어링을 실시하게 된다.
• EVA Sheet용

142 태양광 모듈로부터 발생된 전기를 연결시켜 주는 역할을 하는 부분은?

① 충전재 ② 밴드캡
③ 단자함 ④ 강화유리함

해설
단자함
태양광 모듈로부터 발생된 전기를 연결시켜 주는 중요한 역할을 한다.

143 단자함 내부에는 방수를 위해 포팅재가 충전되어 있다. 포팅재의 재질은?

① 실리콘 ② 나 무
③ 게르마늄 ④ 비 소

해설
단자함 내부에는 방수를 위해 실리콘계 포팅재가 충전되어 있다.

144 단자함의 구성요소로 바르게 연결된 것은?

① 리드선과 바이패스 소자 ② 프런트 커버와 프레임
③ 리드선과 콘덴서 ④ 프런트 커버와 다이오드

[해설]
단자함의 구성요소
- 리드선 : 보통 가교 폴리에틸렌 절연 비닐시스 케이블(CV케이블)이 사용된다. 근래에는 에코케이블도 사용되고 있으며 규격은 각 회사별 모듈의 출력에 따라 다르며 케이블의 색에 따른 표시 또한 각 회사 및 국가별로 다르다.
- 바이패스 소자 : 출력저하 및 발열억제를 위해 단자함 안에 바이패스 다이오드를 내장한다.

145 출력저하 및 발열을 억제하기 위한 소자는 무엇인가?
① 리드선 ② 바이패스
③ 콘덴서 ④ 저 항

[해설]
144번 해설 참조

146 역전류방지 다이오드에 대한 내용으로 틀린 것은?
① 1대의 인버터에 연결된 태양전지 직렬군이 2병렬 이상일 경우에는 각 직렬군에 역전류방지 다이오드를 별도의 접속함에 설치해야 한다.
② 접속함에는 발생하는 열을 외부에 방출할 수 있도록 환기구 및 방열판 등을 갖추어야 한다.
③ 용량은 모듈 단락전류의 2배 이상이어야 하며 현장에서 확인할 수 있도록 표시하여야 한다.
④ 항상 저항과 콘덴서를 함께 사용해야 하며, 핫스팟이 생길 경우 전류를 흐르게 해야 한다.

[해설]
역전류방지 다이오드
- 1대의 인버터에 연결된 태양전지 직렬군이 2병렬 이상일 경우에는 각 직렬군에 역전류방지 다이오드를 별도의 접속함에 설치해야 한다.
- 접속함에는 발생하는 열을 외부에 방출할 수 있도록 환기구 및 방열판 등을 갖추어야 한다.
- 용량은 모듈 단락전류의 2배 이상이어야 하며 현장에서 확인할 수 있도록 표시하여야 한다.

147 태양전지 모듈의 뒷면에 표시된 내용이 아닌 것은?
① 공칭질량 ② 공칭 최대출력
③ 어레이의 조립 형태 ④ 회로도

[해설]
태양전지 모듈의 뒷면 표시(KSC-IEC규격)
- 제조연월일 및 제조번호
- 제조연월을 알 수 있는 제조번호
- 공칭질량[kg]
- 제조업자명 또는 그 약호
- 공칭 개방전압(V)
- 공칭 개방전류(I)
- 공칭 최대출력(P)
- 내풍압성의 등급
- 공칭 최대출력 동작전압(V)
- 공칭 최대출력 동작전류(A)
- 최대시스템 전압
- 어레이의 조립 형태
- 역내전압 : 바이패스 다이오드의 유무

148 태양전지의 기대수명은 약 몇 년인가?
① 10년 ② 15년
③ 20년 ④ 30년

[해설]
기대수명
태양전지 모듈은 안전성 및 내구성을 감안하여 고안 및 설계해야 하는데 약 20년 이상의 내용연수가 기대된다.

149 접속 배선함 연결부위에 사용하는 커넥터의 종류는?
① R13P형 ② 외수용
③ 방수용 ④ 내수용

[해설]
커넥터(접속 배선함)
태양전지판의 프레임은 냉각 압연강판 또는 알루미늄 재질을 사용하여 밀봉 처리되어 빗물 침입을 방지하는 구조이어야 하며 부착할 경우에 흔들림 없이 고정되어야 한다. 그리고 태양전지판 결선 시에 접속 배선함 구멍에 맞추어 압착단자를 사용하여 견고하게 전선을 연결해야 하며 접속 배선함 연결부위는 방수용 커넥터를 사용해야 한다.

150 태양전지 모듈의 종류를 분류할 때 고려사항이 아닌 것은?
① 크 기 ② 종 류
③ 모 양 ④ 용 도

[해설]
태양전지 모듈의 종류는 그 모양과 셀의 종류, 용도에 따라 결정된다.

145 ② 146 ④ 147 ④ 148 ③ 149 ③ 150 ①

151 태양전지 모듈의 종류로 볼 수 없는 것은?

① 원형 모듈　　② 삼각형 모듈
③ 결정질 실리콘 모듈　④ 육각형 모듈

해설
태양전지 모듈의 종류
- 결정질 실리콘 모듈
- 비결정질 박막형 모듈
- 휘어지는 플렉시블 모듈
- 지붕 기와형 모듈
- 원형 모듈
- 삼각형 모듈
- 유리창으로 쓸 수 있는 건축자재 일체형 모듈(BIPV)

152 유리창으로 쓸 수 있는 모듈을 무엇이라고 하는가?

① 휘어지는 플렉시블 모듈　② 지붕기와형 모듈
③ 비결정질 박막형 모듈　④ 건축자재 일체형 모듈

해설
151번 해설 참조

153 다음에서 설명하는 태양전지 모듈의 등급은?

"접근 제한이 되며, 위험한 전압과 전력용으로 나누어진다. 또한 울타리나 위치 등으로 공공의 접근을 금지한 시스템이며 사용이 제한된다."

① A급　　② B급
③ C급　　④ D급

해설
모듈의 등급별 용도

등급	용도
A	• 접근 제한 없음. 위험한 전압과 전력용 • 직류 50[V] 이상 또는 200[W] 이상에서 동작하는 것으로 일반인의 접근이 예상되는 곳에 사용
B	• 접근 제한. 위험한 전압과 전력용 • 울타리나 위치 등으로 공공 접근을 금지한 시스템이며 사용이 제한
C	• 제한된 전압과 전력용 • 직류 50[V] 미만 또는 240[W] 미만에서 동작하는 것으로 일반인의 접근이 예상되는 곳에 사용

154 태양전지 모듈의 분류에 포함되지 않는 것은?

① 설치방식　　② 크기
③ 부가기능　　④ 설치부위

해설
태양전지 모듈의 분류는 부가기능, 설치부위, 설치방식에 따라 분류한다.

155 태양전지 모듈의 시공과 설치 방식의 특징 중에서 지붕 설치형의 특징으로 옳은 것은?

① 벽에 가대 등을 설치하고 그 위에 태양전지 유리를 설치한 형태이다.
② 금속지붕, 평판기와 등의 지붕재에 태양전지 모듈을 부착시킨 형태이다.
③ 아스팔트 방수, 시트 방수 등의 방수층 위에 철골가대를 설치하고 그 위에 태양전지 모듈을 설치하는 형태이다.
④ 수직으로 설치하므로 공간적인 여유가 있고, 가대가 불필요하며 옥상에 설치하지 않기 때문에 그 공간을 유효적절하게 활용할 수 있다.

해설
지붕 설치형
- 평 지붕형
  - 아스팔트 방수, 시트 방수 등의 방수층 위에 철골가대를 설치하고 그 위에 태양전지 모듈을 설치하는 형태이다.
  - 주로 학교 관사 옥상이나 청사에 설치하는 공법으로서 각 모듈 제조회사의 표준사양으로 되어 있다.
- 경사 지붕형
  - 착색 슬레이트, 금속지붕, 기와 등의 지붕재에 전용 지지기구와 받침대를 설치하여 그 위에 태양전지 모듈을 설치하는 형태이다.
  - 주로 주택용 설치공법으로서 각 모듈 제조회사의 표준사양으로 되어 있다.

지붕 건재형
- 지붕재형
  - 태양전지 모듈 자체가 지붕재로서의 역할을 하는 형태이다.
  - 지붕와의 배합이 가능하다.
  - 신축 주택용 건물에 설치된다.
- 지붕재 일체형
  - 주변 지붕재와 동일한 형상을 하고 있기 때문에 지붕과 일체감이 있고 건축의 미적 디자인을 손상시키지 않는다.
  - 금속지붕, 평판기와 등의 지붕재에 태양전지 모듈을 부착시킨 형태이다.
  - 방수성, 내구성 등 지붕의 여러 기능을 겸비한다.

정답 151 ④　152 ④　153 ②　154 ②　155 ③

벽 건재형
- 셀의 배치에 따라 개구율을 변경할 수 있다.
- 알루미늄 새시의 활용 등 지지공법이 다양하다.
- 태양전지 모듈이 벽재로서의 기능을 하는 형태이다.
- 주로 커튼월 등으로 설치되어 있다.

벽 설치형
- 벽에 가대 등을 설치하고 그 위에 태양전지 유리를 설치한 형태이다.
- 중·고층건물의 벽면을 유효적절하게 활용할 수 있다.

톱라이트형(삼각형 모양처럼 생긴 사각형)
- 톱라이트로서의 채광 및 셀에 의한 차폐효과가 있다.
- 톱라이트의 유리부분에 맞게 태양전지 유리를 설치한 형태이다.
- 셀의 배치에 따라 개구효율을 변경할 수 있다.

창재형
- 채광성, 투시성 등 유리창의 기능을 보유하고 있는 형태이다.
- 셀의 배치에 따라 개구율을 변경할 수 있다.

난간형
- 수직으로 설치하므로 공간적인 여유가 있고, 가대가 불필요하며 옥상에 설치하지 않기 때문에 그 공간을 유효적절하게 활용할 수 있다.
- 양면수광형 태양전지 모듈 등의 수직설치공법이 가능하다.

차양형
- 창의 상부 등 건물 외부에 가대를 설치하고 태양전지 모듈을 설치하여 차양기능을 보완한 형태로 한국에너지기술연구원에 설치되어 있다.

루버형
- 개구부 블라인드 기능을 가지고 있는 형태이다.
- 기존 루버재와 같은 의장성을 재현하여 건축의 디자인을 손상시키지 않고도 설치할 수 있다.

156 지붕 설치형의 종류로 바르게 연결된 것은?
① 루버형과 창재형
② 평 지붕형과 경사 지붕형
③ 난간형과 창재형
④ 지붕 일체형과 벽설치형

해설
155번 해설 참조

157 다음 지붕 설치형 중 지붕 건재형에 속하는 것은?
① 지붕재형 ② 경사 지붕형
③ 톱라이트형 ④ 차양형

해설
155번 해설 참조

158 지붕재형의 특징으로 맞지 않는 것은?
① 태양전지 모듈 자체가 지붕재로서의 역할을 하는 형태이다.
② 지붕재와의 배합이 가능하다.
③ 주로 신축 주택용 건물에 설치된다.
④ 중·고층건물의 벽면을 유효적절하게 활용할 수 있다.

해설
155번 해설 참조

159 톱라이트형의 내용으로 틀린 것은?
① 톱라이트로서의 채광 및 셀에 의한 차폐효과가 있다.
② 톱라이트의 유리부분에 맞게 태양전지 유리를 설치한 형태이다.
③ 셀의 배치에 따라 개구효율을 변경할 수 없다.
④ 셀의 배치에 따라 개구효율을 변경할 수 있다.

해설
155번 해설 참조

160 다음이 설명하는 모듈의 종류는 무엇인가?

"수직으로 설치하므로 공간적인 여유가 있고, 가대가 불필요하며 옥상에 설치하지 않기 때문에 그 공간을 유효적절하게 활용할 수 있다."

① 창재형 ② 루버형
③ 난간형 ④ 톱라이트형

해설
155번 해설 참조

161 최대전력생산에 있어서 가장 중요한 요소는 일사량이다. 일사량은 무엇에 따라 변경되는가?
① 위 도 ② 경 도
③ 온 도 ④ 습 도

해설
최대전력생산에 있어서 가장 중요한 요소인 일사량은 위도에 따라 변화하며, PV시스템의 설치 위치 즉, 방위각과 경사각에 의해 결정되어야 한다. 이는 지역별 특성에 따라 다소 다르게 나타난다.

162 우리나라에서 일반적으로 최대의 일사 획득이 가능한 방위는?

① 정동향 ② 북동향
③ 정서향 ④ 정남향

해설
우리나라에서 일반적으로 최대의 일사 획득이 가능한 방위는 정남향이고, 시스템이 정서 또는 정동향으로 설치되는 경우 보통 정남향으로 설치했을 때의 60[%] 정도의 일사량만을 획득하는 것으로 나타났다.

163 경사각은 그 지역의 위도에 의해 결정되는데 우리나라는 일반적으로 수평면으로부터 경사각이 몇 °인가?

① 25~29° ② 30~35°
③ 36~41° ④ 45~50°

해설
경사각은 그 지역의 위도에 의해 결정되는데 우리나라의 경사각은 수평면으로부터 30~35°가 적절하다.

164 설치방식과 형태 결정에 있어서 주요한 고려요소에 해당되는 것은?

① 통 풍 ② 비
③ 눈   ④ 천 둥

해설
설치방식과 형태 결정에 있어서 주요한 고려요소
• 통 풍   • 온 도
• 습 도   • 조 도

165 태양전지 모듈이 고온일수록 출력은 어떻게 되는가?

① 증가한다.
② 저하된다.
③ 변화없다.
④ 증가했다가 일정 시간 후 감소한다.

해설
태양전지 모듈은 고온일수록 출력이 저하되므로 태양전지 모듈의 발열을 저감시킬 수 있도록 통풍이나 기타 온도 저감 방안이 모듈설치 시 반드시 모색되어야 한다.

166 태양광 모듈 설치용량은 사업계획서상에 제시된 설계용량 이상이어야 하는데 설계용량에 얼마를 초과할 수 없는가?

① 107[%] ② 108[%]
③ 109[%] ④ 110[%]

해설
태양광 모듈 설치용량
사업계획서상에 제시된 설계용량 이상이어야 하고, 설계용량의 110[%]를 초과할 수 없다.

167 강풍 내진대책에서 설비 자체를 내진에 견딜 수 있도록 충분히 검토해서 설계하는 방법은?

① 면진설계 ② 준공설계
③ 내진설계 ④ 자체설계

해설
강풍 내진대책
• 면진설계 : 지진파와 건축물 등의 진동이 공진점에 도달하지 않고 피할 수 있도록 설계하는 방법
• 내진설계 : 설비 자체를 내진에 견딜 수 있도록 충분히 검토해서 설계하는 방법

168 햇빛을 받을 때 빛에너지를 직접 전기에너지로 변환하는 반도체 소자를 말하지만 일반적으로 태양전지 셀, 태양전지 모듈, 태양전지 어레이 등을 총칭하여 표현하는 것을 무엇이라 하는가?

① 태양전지   ② 태양광발전
③ 태양열발전 ④ 풍력전지

해설
태양전지
햇빛을 받을 때 빛에너지를 직접 전기에너지로 변환하는 반도체 소자를 말하지만 일반적으로 태양전지 셀, 태양전지 모듈, 태양전지 어레이 등을 총칭한다. 근래에는 태양광발전 전지(Photovoltaic Cell)라는 용어로 통일하여 사용하기도 한다.

정답 162 ④ 163 ② 164 ① 165 ② 166 ④ 167 ③ 168 ①

169 태양의 빛에너지를 이용하여 전기를 생산하는 것은?

① 태양전지 ② 태양전자
③ 지열전지 ④ 화력발전

해설
태양전지는 크게 빛에너지와 열에너지로 나눌 수 있는데, 이 중에서 태양의 빛에너지를 이용하여 전기를 생산하는 것이 태양전지이다.

170 태양전지의 기본구조로 바르게 연결된 것은?

① P형 반도체와 K형 반도체
② P형 반도체와 진성반도체
③ P형 반도체와 N형 반도체
④ 진성반도체와 N형 반도체

해설
태양전지의 기본구조
결정질의 실리콘 태양전지는 실리콘에 붕소를 첨가한 P형 반도체와 그 표면에 인을 확산시킨 N형 반도체를 접합한 P-N접합 형태의 구조로 되어 있다. P형 반도체는 다수의 정공(+)을 가지고 있으며, N형 반도체는 다수의 전자(-)를 갖는다.

171 태양전지의 구동순서를 바르게 나열한 것은?

① 태양광 흡수 → 전하분리 → 전하생성 → 전하수집
② 태양광 흡수 → 전하생성 → 전하수집 → 전하분리
③ 태양광 흡수 → 전하수집 → 전하생성 → 전하분리
④ 태양광 흡수 → 전하생성 → 전하분리 → 전하수집

해설
태양전지 구동순서
태양광 흡수 → 전하생성 → 전하분리 → 전하수집

172 다음에 ( ) 안에 맞는 내용으로 바르게 연결된 것은 무엇인가?

"태양전지의 전압의 세기는 여러 장의 태양전지를 ( )로 연결시켜 조정하고, 전류의 세기는 ( ) 연결이나 태양전지의 면적으로 조정할 수 있다."

① 병렬-직렬 ② 병렬-병렬
③ 직렬-직렬 ④ 직렬-병렬

해설
태양전지의 전압과 전류의 조정
태양전지 전압의 세기는 여러 장의 태양전지를 직렬로 연결시켜 조정하고, 전류의 세기는 병렬연결이나 태양전지의 면적으로 조정할 수 있다.

173 특정에너지를 가지고 태양전지에 입사된 빛 입자의 개수대비 태양전지에 의해 수집된 Carrier(반송자) 개수의 비율을 무엇이라 하는가?

① 양자효율 ② 음이온
③ 전자개수 ④ 자유전자

해설
양자효율
• 특정에너지를 가지고 태양전지에 입사된 빛 입자의 개수대비 태양전지에 의해 수집된 Carrier(반송자)의 개수의 비율
• 특정파장의 모든 광자들이 흡수되고 그 결과 소수 Carrier들이 수집되면 그 특정파장에서 양자효율은 1이 된다.
• 태양전지의 양자효율은 대부분 재결합효과 때문에 감소한다.
• Band Gap보다 낮은 에너지를 가진 빛 입자들의 양자효율은 0이 된다.

174 태양전지의 양자효율은 대부분 재결합 효과에 의해 어떻게 되는가?

① 감소한다. ② 증가한다.
③ 변화없다. ④ 무한대이다.

해설
173번 해설 참조

175 태양전지의 최대출력을 발전하는 면적과 규정된 시험조건에서 측정한 입사조사강도의 곱으로 나눈 값을 무엇이라 하는가?

① 전력조절 ② 변환효율
③ 주변효율 ④ 전극반사막

해설
태양전지의 변환효율
태양전지의 최대출력($P_{\max}$)을 발전하는 면적(태양전지의 면적 : A)과 규정된 시험조건에서 측정한 입사조사강도(Incidence Irradiance : E)의 곱으로 나눈 값을 백분율로 나타낸 것으로서 [%]로 표시한다.

176 태양전지의 변환효율(η)는?

① $\eta = \dfrac{\text{최대출력}(P_{max})}{\text{태양전지 모듈의 면적}(A) \times \text{조사강도}(E)} \times 100[\%]$

② $\eta = \dfrac{\text{태양전지 모듈의 면적}(A) \times \text{최대출력}(P_{max})}{\text{조사강도}(E)} \times 100[\%]$

③ $\eta = \dfrac{\text{최대출력}(P_{max}) \times \text{조사강도}(E)}{\text{태양전지 모듈의 면적}(A)} \times 100[\%]$

④ $\eta = \dfrac{\text{태양전지 모듈의 면적}(A) \times \text{조사강도}(E)}{\text{최대출력}(P_{max})} \times 100[\%]$

해설
태양전지의 변환효율

$\eta = \dfrac{P_o(\text{출력에너지})}{P_i(\text{입력에너지})} = \dfrac{I_m(\text{최대출력 전류}) \times V_m(\text{최대출력 전압})}{P_i}$

$= \dfrac{V_{oc} \times I_{sc} \times FF}{P_i} = \dfrac{\text{최대출력}(P_{max})}{\text{태양전지 모듈의 면적}(A) \times \text{조사강도}(E)} \times 100[\%]$

177 태양전지의 개방전압이 12[V]이고, 단락전류가 15[A]일 경우 태양전지의 최대출력은 몇 [W]인가?(단, 충진률은 85[%]이다)

① 150 ② 151
③ 152 ④ 153

해설
태양전지의 최대출력(P_{max})
$= V_{OC}(\text{개방전압}) \times I_{SC}(\text{단락전류}) \times FF(\text{충진율})[W]$
$= 12 \times 15 \times 0.85 = 153[W]$

178 결정질 실리콘 태양전지의 효율 극대화에 관한 사항이 아닌 것은?

① 빛의 흡수율을 극대화할 수 있는 구조의 디자인을 사용해야 한다.
② 분리된 캐리어가 재결합되고 축적이 되면 안 된다.
③ 캐리어의 이동과 외부전극과의 접촉 과정에서 각종 전기적인 저항손실을 최소화하여 전극패턴과 소재 선정 등을 고려해야 한다.
④ 분리된 캐리어가 재결합되지 않고 축적이 되어야 한다.

해설
결정질 실리콘 태양전지의 효율 극대화에 관한 사항
• 분리된 캐리어가 재결합되지 않고 축적이 되어야 한다.
• 캐리어의 이동과 외부전극과의 접촉 과정에서 각종 전기적인 저항손실을 최소화하여 전극패턴과 소재 선정 등을 고려해야 한다.
• 빛의 흡수율을 극대화할 수 있는 구조의 디자인을 사용해야 한다.

179 태양전지의 실리콘계 종류가 아닌 것은?

① 단결정 ② 비정질
③ 유기물 ④ 다결정

해설
태양전지의 종류
태양전지는 크게 실리콘계, 화합물계, 기타 태양전지로 구분하며, 실리콘계가 산업의 95[%] 이상을 차지하고 있다.
• 실리콘계 : 단결정, 다결정, 비정질
• 화합물계 : Ⅲ-Ⅴ형(GaAs, InP), Ⅱ-Ⅴ형(Cds/CdTe, CIS)
• 기타 : 염료 감응형, 광화학 반응형, 유기물

180 셀의 기본 크기는 얼마인가?

① 2, 3인치 ② 5, 6인치
③ 7, 10인치 ④ 12, 15인치

해설
셀은 태양전지의 가장 기본적인 소자이며 태양전지 모듈을 구성하는 최소 단위로서 크기는 보통 5인치(125[mm] × 125[mm]), 6인치(156[mm] × 156[mm])이다. 모듈은 다수의 셀을 연결시켜 한 장의 패키지로 만든 제품을 말하며, 태양전지판 또는 솔라 패널이라 한다.

181 어떤 회사가 5인치 다결정질 1등급 셀을 만들었다. 셀의 사양은 최대전류(I_{max})가 8.125[A]이고, 최대전압(V_{max})이 0.775[V], 출력전력(P_{out})이 6.297[W]라고 할 때, 이 셀의 변환효율은 약 [%]인가?

① 10 ② 20
③ 30 ④ 40

해설
태양전지 셀의 변환효율
셀 변환효율[%] = 태양전지출력 ÷ 입사된 에너지량 × 100[%]
※ 입사된 에너지량
= 5인치 셀의 입방면적(125[mm] × 125[mm] = 0.015625[m²])
× 1,000[W/m²] = 15.625[W]
셀 변환효율 = 6.297[W] ÷ 15.625[W] × 100[%] ≒ 40.301[%]

정답 176 ① 177 ④ 178 ② 179 ③ 180 ② 181 ④

182 태양전지의 셀 변환효율 중 가장 높은 것은 어느 것인가?
① 단결정질
② 비결정질 박막형
③ 다결정질
④ 모두 같다.

해설
태양전지 셀의 변환효율
- 단결정질 : 16~18[%]
- 다결정질 : 15~17[%]
- 비결정질 박막형 : 10[%] 전후
※ 회사별 등급에 따라 차이가 조금씩 있지만 실리콘 결정질 셀의 최대이론효율은 약 29[%] 정도이다.

183 어떤 모듈 제조사의 태양전지 모듈 사양이 최대전류(I_{max})가 5.85[A]이고, 최대전압(V_{max})이 23.5[V], 출력 전력(P_{out})이 137.48[W]이며, 면적의 가로 세로가 0.84[m]×1.51[m] 할 때, 이 모듈의 변환효율은 약 [%]인가?
① 10
② 10.8
③ 12.4
④ 15.8

해설
태양전지 모듈 변환효율[%]
= 태양전지출력 ÷ 입사된 에너지량 × 100[%]
= 137.48 ÷ 1,268.4[W] × 100[%]
≒ 10.839[%]
※ 입사된 에너지량[W/m²] = 단위면적 × 1,000[W/m²]
  = 1.2684[m²] × 1,000[W/m²] = 1,268.4[W]
※ 단위면적 = 가로 × 세로 = 0.84[m] × 1.51[m] = 1.2684[m²]

184 개방전압과 단락전류의 곱에 대한 최대출력의 비율을 무엇이라 하는가?
① 성능지수
② 효 율
③ 성능계수
④ 충진율

해설
곡선인자(충진율 : Fill Factor(FF))
개방전압과 단락전류의 곱에 대한 최대출력(최대출력전류와 최대출력전압)의 곱한 값의 비율이다. FF값은 0에서 1 사이의 값으로 나타낸다. 통상 0.7~0.8 사이로 나타난다. 주로 내부의 직·병렬 저항과 다이오드 성능계수에 따라 달라진다.

185 곡선인자가 달라지는 이유는?
① 외부저항
② 내부저항과 다이오드
③ 내부압력
④ 콘덴서

해설
184번 해설 참조

186 다음 중 충진률의 직렬저항 요소가 아닌 내용은?
① 표면층의 면 저항
② 기판 자체 저항
③ 금속전극 자체 저항성분
④ 측면의 표면누설

해설
충진률의 직렬저항 요소
- 표면층의 면 저항
- 금속전극 자체 저항성분
- 전지의 전·후면 금속접촉
- 기판 자체 저항

187 다음 중 충진률의 병렬저항 요소가 아닌 것은?
① 전지의 전·후면 금속접촉
② 접합의 결함누설
③ 전위 또는 결정입계에 따라 발생하는 누설
④ 결정과 전극의 미세균열에 의한 누설

해설
충진률의 병렬저항의 요소
- 접합의 결함누설
- 측면의 표면누설
- 결정과 전극의 미세균열에 의한 누설
- 전위 또는 결정입계에 따라 발생하는 누설

188 일조강도와 특정한 온도에 부하를 연결하지 않은 상태로서 태양광발전 장치의 양단에 걸리는 전압을 무엇이라 하는가?

① 개방전류
② 개방전압
③ 선단전압
④ 지류전류

해설
개방전압(V_{OC} : Open Circuit Voltage)
일조강도와 특정한 온도에 부하를 연결하지 않은 상태로서 태양광발전 장치의 양단에 걸리는 전압이다.

189 일사조사강도와 특정한 온도에서 단락조건에 있는 태양전지나 모듈 등 태양광발전 장치의 출력전류는?

① 단락전류
② 선단전류
③ 지락전류
④ 궤환전류

해설
단락전류(I_{SC} : Short Circuit Current)
일사조사강도와 특정한 온도에서 단락조건에 있는 태양전지나 모듈 등 태양광발전 장치의 출력전류를 말한다.

190 태양전지의 재료 두께에 따른 빛의 흡수율에 따른 것으로서 일정한 파장을 갖는 빛이 조사되었을 경우, 물질에 투과한 빛의 세기가 두께에 따라 지수 함수적으로 감소한다는 법칙은?

① 옴의 법칙
② 키르히호프 법칙
③ 람베르트 비어 법칙
④ 쿨롱의 법칙

해설
태양전지 재료의 두께에 따른 빛의 흡수율
• 람베르트 비어 법칙(Lambert-Beer Law) : 일정한 파장을 갖는 빛이 조사되었을 경우, 물질에 투과한 빛의 세기가 두께에 따라 지수 함수적으로 감소한다.
• 태양전지 재료의 흡수계수가 작은 경우에는 두께가 두꺼울수록 좋다.
• 태양전지 재료의 흡수계수가 큰 경우일수록 태양전지의 두께가 얇아도 빛의 흡수율이 증가한다.

191 다음 중 (　)에 알맞은 내용은?

"태양전지의 재료 두께에 따른 빛의 흡수율은 태양전지 재료의 흡수계수가 작은 경우에는 두께가 (　) 좋다."

① 얇을수록
② 가늘수록
③ 두꺼울수록
④ 평평할수록

해설
190번 해설 참조

192 태양전지의 광학적 손실에 대한 반사가 아닌 것은?

① 표면전극에 의한 반사
② 후면전극에 의한 반사
③ 태양전지 표면에 의한 반사
④ 태양전지판 컨트롤러의 반사

해설
태양전지의 광학적 손실
표면에서 반사되거나 태양전지에 흡수되지 않아 발생되는 손실을 말하며 다음과 같은 손실이 존재한다.
• 태양전지 표면에 의한 반사
• 표면전극에 의한 반사
• 후면전극에 의한 반사

193 태양전지 특성 측정을 위한 인공광원의 조건에 해당되지 않는 것은?

① 시간적 불안정성 ±2[%] 이내의 A등급 이상을 사용
② 조사 강도의 장소 불균일성으로 인해 ±2[%] 이내
③ 백열등을 사용한다.
④ 400~1,100[nm]의 스펙트럼 구간에서 자연 태양광 스펙트럼과의 정합이 0.75~1.25이어야 한다.

해설
태양전지 특성 측정을 위한 인공광원의 조건
• 조사 강도의 장소 불균일성으로 인해 ±2[%] 이내이어야 한다.
• 시간적 불안정성 ±2[%] 이내의 A등급 이상을 사용한다.
• 400~1,100[nm]의 스펙트럼 구간에서 자연 태양광 스펙트럼과의 정합이 0.75~1.25이어야 한다.

정답　188 ②　189 ①　190 ③　191 ③　192 ④　193 ③

194 태양전지 특성 측정을 위한 장치 구성에 대한 사항이 아닌 것은?

① 온도 유지장치 ② 항온항습기
③ UV 시험장치 ④ 테스터기

해설
태양전지 특성 측정을 위한 장치
- 우박시험장치 : 우박의 충격에 대한 태양전지 모듈의 기계적 강도를 조사하기 위한 시험 장치이다.
- 전류-전압 측정기 : 시험편의 단자로부터 독립된 리드를 사용하여 ±0.5[%]의 정확도로 측정할 수 있는 장치로서 태양전지의 전류-전압 특성곡선을 측정하는 장치이다.
- 온도 유지장치 : 측정시간 동안 태양전지의 온도를 25[℃] 유지시켜 주는 장치이다.
- 기준 태양전지 : 표준시험조건에서 항상 일정한 단락전류를 출력하는 특성이 안정된 태양전지로 솔라 시뮬레이터의 조사강도를 표준시험값인 100[mW/cm^2]를 조정하는 데 사용한다.
- 염수분무장치 : 태양전지 모듈의 구성 재료 및 패키지의 염분에 대한 내구성을 시험하기 위한 환경 체임버이다.
- 기계적 하중 시험장치 : 태양전지 모듈에 대하여 바람, 눈 및 얼음에 의한 하중에 대한 기계적 내구성을 조사하기 위한 장치이다.
- 단자강도 시험장치 : 태양전지 모듈의 단자부분이 모듈의 부착, 배선 또는 사용 중에 가해지는 외력에 대하여 충분한 강도가 있는지를 조사하기 위한 장치이다.
- 항온항습기 : 태양전지 모듈의 온도사이클시험, 습도-동결시험, 고온고습시험을 하기 위한 환경 체임버 장치이며, 온도 ±2[℃] 이내, 습도 ±5[%] 이내이어야 한다.
- UV 시험장치 : 태양전지 모듈이 태양광에 노출되는 경우에 따라서 유기되는 열화 정도를 시험하기 위한 장치이다. KS C IEC 61215의 규정에 따른다.
- 분광응답측정기
- 분광복사계

195 태양전지 모듈의 단자부분이 모듈의 부착, 배선 또는 사용 중에 가해지는 외력에 대하여 충분한 강도가 있는지를 조사하기 위한 장치를 무엇이라 하는가?

① 단자강도 시험장치
② 염수분무장치
③ UV 시험장치
④ 분광복사계

해설
194번 해설 참조

196 항온항습장치의 온도와 습도는?

① 온도 ±3[℃] 이내, 습도 ±4[%] 이내
② 온도 ±3[℃] 이내, 습도 ±5[%] 이내
③ 온도 ±2[℃] 이내, 습도 ±5[%] 이내
④ 온도 ±2[℃] 이내, 습도 ±4[%] 이내

해설
194번 해설 참조

197 기준전지 사용 요구 조건에 대한 내용으로 맞는 것은?

① 개구각이 160° 이상이어야 한다.
② 단락전류값이 조사강도에 따라 곡선으로 변화해야 한다.
③ 태양전지 응답 파장 범위 내에서 입사광의 100[℃] 이상 흡수가 가능해야 한다.
④ 태양전지의 온도를 일정하게 유지하면 안 된다.

해설
기준전지 사용 요구 조건
- 태양전지 응답 파장 범위 내에서 입사광의 95[℃] 이상 흡수가 가능해야 한다.
- 개구각이 160° 이상이어야 한다.
- 개구각 범위에서 기준전지의 모든 표면이 빛을 반사하지 않아야 한다.
- 단락전류값이 조사강도에 따라 직선으로 변화해야 한다.
- 태양전지의 온도를 일정하게 유지할 수 있는 구조이어야 한다.

198 태양전지를 구성하는 단위인 셀, 모듈, 어레이 중에 모듈의 구성 재료가 아닌 것은?

① 셀 ② 충전재
③ 어레이 ④ 표면재

해설
모듈 구성 재료
- 셀
- 표면재(강화유리) : 수명을 길게 하기 위해 백판 강화유리를 사용하고 있다.
- 충전재 : 실리콘수지, PVB, EVA(봉지재)가 사용된다. 태양전지를 처음 제조할 때에는 실리콘 수지가 사용되었으나 충전할 때 기포방지와 셀의 상하 이동으로 인한 균일성을 유지하는 데에 시간이 걸리기 때문에 PVB, EVA(봉지재)가 쓰이게 되었다.
- Back Sheet Seal재 : 외부충격과 부식, 불순물 침투 방지, 태양광 반사 역할로 사용하는 재료는 PVF가 대부분이다.
- 프라임재(패널재) : 통상 표면 산화한 알루미늄이 사용되지만, 민생용 등에서는 고무를 사용한다.
- Seal재 : 리드의 출입부나 모듈의 단면부를 처리하기 위해 이용된다.

199 하나의 셀에서 나오는 정격전압과 효율은 약 얼마인가?

① 0.5[V], 14~17[%]　② 1[V], 14~17[%]
③ 0.5[V], 18~20[%]　④ 1[V], 18~20[%]

해설
셀은 태양전지를 구성하는 가장 기본 단위이며, 크기는 5인치(125[mm]×125[mm])와 6인치(156[mm]×156[mm])가 있고 모양은 얇은 사각 또는 둥근 판 모양으로 되어 있다. 하나의 셀에서 나오는 정격전압은 약 0.5[V]이며, 효율은 14~17[%] 정도이다.

200 지표면 1[m²]당 도달하는 태양광에너지의 양을 나타내고 단위는 [W/m²]을 사용하는 것은?

① 모듈온도　② 방사조도
③ 분광분포　④ 표면변화

해설
방사조도
지표면 1[m²]당 도달하는 태양광에너지의 양을 나타내고 단위는 [W/m²]을 사용한다. 대기권 밖에서는 일반적으로 1,400[W/m²]이지만 태양광에너지가 대기를 통과해 지표면에 도달하면 1,000[W/m²] 정도가 된다.

201 웨이퍼(Wafer) 가공처리 단계에 해당되지 않는 사항은?

① 식각공　② 냉 각
③ 열처리　④ 검 사

해설
웨이퍼(Wafer) 가공처리 단계
• 모서리가공 : 모서리가공 및 연마를 통해 웨이퍼 간 마찰로 인한 손상을 예방한다.
• Etching(에칭, 식각공정) : 화학용액에 담가 한 번 더 표면을 벗겨낸다.
• 열처리 : 금속열처리로부터 웨이퍼 내의 산소불순물을 제거한다.
• 경면(웨이퍼 표면)연마 : 표면을 매우 균일하게 조정한다.
• 검사 : 완성품으로부터 저항, 두께, 평탄도, 불순물, 생존시간, 육안검사 등을 실시한다.

202 표면을 매우 균일하게 조정하는 웨이퍼 가공처리 단계는?

① 모서리가공　② 에 칭
③ 열처리　④ 경면연마

해설
201번 해설 참조

203 태양전지 모듈의 특성 판정기준에 대한 내용이 아닌 것은?

① 최대출력결정　② 단자강도시험
③ 시리즈 인증　④ 접지실험

해설
태양전지 모듈의 특성 판정기준
• 옥외노출시험
• 절연시험
• 공칭 태양전지 동작온도의 측정
• 바이패스 다이오드 열 시험
• 외관검사
• 온도계수의 측정
• 열점 내구성시험
• 최대출력결정
• 습도-동결시험
• 습윤 누설전류시험
• 시리즈 인증
• 염수분무시험
• 온도사이클시험
• 낮은 조사강도에서의 특성시험
• STC(Standard Test Condition) 및 NOCT시험
• UV 전처리시험
• 기계적 하중시험
• 단자강도시험
• 우박시험
• 고온고습시험

204 태양전지 모듈의 특성판정기준 중 옥외노출 시험의 내용이 아닌 것은?

① 최대출력
② 전압특성
③ 절연저항
④ 외 관

해설
태양전지 모듈의 특성판정기준 중 옥외노출 시험
• 외관 : 두드러진 이상이 없고, 표시는 판독할 수 있어야 한다.
• 최대출력 : 시험 전 값의 95[%] 이상일 것
• 절연저항 : 적정한 값을 유지할 수 있을 것

정답 199 ① 200 ② 201 ② 202 ④ 203 ④ 204 ②

205 태양전지 모듈의 특성판정기준 중 습윤 누설전류시험에 대한 내용으로 맞는 것은?

① 모듈의 측정면적에 따라 0.2[m²] 미만에서 절연저항 측정값이 500[MΩ] 이상일 것
② 모듈의 측정면적에 따라 0.1[m²] 미만에서 절연저항 측정값이 400[MΩ] 이상일 것
③ 모듈의 측정면적에 따라 0.2[m²] 이상에서 절연저항 측정값과 모듈면적의 곱이 40[MΩ·m²] 이상일 것
④ 모듈의 측정면적에 따라 0.1[m²] 이상에서 절연저항 측정값과 모듈면적의 곱이 400[MΩ·m²] 이상일 것

해설
태양전지 모듈의 특성판정기준 중 습윤 누설전류시험
모듈이 옥외에서 강우에 노출되는 경우 적정성을 시험하는 것
- 모듈의 측정면적에 따라 0.1[m²] 미만에서 절연저항 측정값이 400[MΩ] 이상일 것
- 모듈의 측정면적에 따라 0.1[m²] 이상에서 절연저항 측정값과 모듈면적의 곱이 40[MΩ·m²] 이상일 것

206 태양전지 모듈의 특성판정기준에서 절연내력시험은 최대시스템 전압의 두 배에 1,000[V]를 더한 것과 같은 전압을 최대 얼마의 [V/s] 이하의 상승률로 태양전지 모듈의 출력단자와 패널 또는 접지단자(프레임)에 1분간 유지해야 하는가?

① 500
② 600
③ 900
④ 1,000

해설
절연시험
- 절연내력시험은 최대시스템 전압의 두 배에 1,000[V]를 더한 것과 같은 전압을 최대 500[V/s] 이하의 상승률로 태양전지 모듈의 출력단자와 패널 또는 접지단자(프레임)에 1분간 유지한다. 다만, 최대시스템 전압이 50[V] 이하일 때는 인가전압은 500[V]로 한다.
- 절연저항 시험은 시험기 전압을 500[V/s]를 초과하지 않는 상승률로 500[V] 또는 모듈시스템의 최대전압이 500[V]보다 큰 경우 모듈의 최대시스템 전압까지 올린 후 이 수준에서 2분간 유지한다. KS C IEC 6215의 시험방법에 따라 시험한다.

207 절연저항시험은 시험기 전압을 500[V/s]를 초과하지 않는 상승률로 500[V] 또는 모듈시스템의 최대전압이 500[V] 보다 큰 경우 모듈의 최대시스템전압까지 올린 후 이 수준에서 ( )분간 유지한다. ( ) 안에 들어갈 내용은?

① 2
② 3
③ 4
④ 5

해설
206번 해설 참조

208 태양전지 모듈의 특성판정기준 중 외관검사를 할 경우 얼마 정도의 빛을 조사해야 하는가?

① 5,000[Lux]
② 2,000[Lux]
③ 1,000[Lux]
④ 500[Lux]

해설
외관검사
1,000[Lux] 이상의 빛 조사상태에서 모듈외관, 태양전지 셀 등에 크랙, 구부러짐, 갈라짐 등이 없는지를 확인하고, 셀 간 접속 및 다른 접속부분에 결함이 없는지, 셀과 셀, 셀과 프레임상의 터치가 없는지, 접착에 결함이 없는지, 셀과 모듈 끝 부분을 연결하는 기포 또는 박리가 없는지 등을 검사하며, KS C IEC 61215의 시험방법에 따라 시험한다.

209 태양전지 모듈의 특성판정기준 중 습도-동결시험을 했을 때 고온측 온도조건 85[℃] ±2[℃], 상대습도 85[%] ±5[%]에서 몇 시간 이상 유지해야 하는가?

① 10시간
② 20시간
③ 30시간
④ 40시간

해설
습도-동결 시험
고온·고습, 영하의 기온 등 가혹한 자연환경에 장시간 반복하여 놓았을 때, 열 팽창률의 차이나 수분의 침입·확산, 호흡작용 등에 의한 구조나 재료의 영향을 시험한다. 고온측 온도조건을 85[℃] ±2[℃], 상대습도 85[%] ±5[%]에서 20시간 이상 유지하고, 저온측 온도조건을 -40[℃] ±2[℃] 조건에서 0.5시간 이상 유지한다.

정답 205 ② 206 ① 207 ① 208 ③ 209 ②

210 태양전지의 측정순서를 바르게 나타낸 것은?

① 태양광 조사 → 표준(기준) 셀 선택 → 표준(기준) 셀 교정 → 태양광 시뮬레이터 광량조절 → 샘플측정 → 출력
② 태양광 조사 → 표준(기준) 셀 교정 → 태양광 시뮬레이터 광량조절 → 표준(기준) 셀 선택 → 샘플측정 → 출력
③ 태양광 조사 → 샘플측정 → 태양광 시뮬레이터 광량조절 → 표준(기준) 셀 교정 → 표준(기준) 셀 선택 → 출력
④ 태양광 조사 → 샘플측정 → 표준(기준) 셀 선택 → 태양광 시뮬레이터 광량조절 → 표준(기준) 셀 교정 → 출력

해설
태양전지의 측정순서
태양광 조사 → 표준(기준) 셀 선택 → 표준(기준) 셀 교정 → 태양광 시뮬레이터 광량조절 → 샘플측정 → 출력

211 태양전지의 제조 및 사용 표시에 대한 내용으로 틀린 것은?

① 제품명
② 소재지
③ 일련번호
④ 제조연월일

해설
제조 및 사용표시
• 제조연월일
• 업체명 및 소재지
• 정격 및 적용조건
• 인증부여번호
• 제품명 및 모델명
• 신재생에너지설비 인증표지
• 기타 사항

212 실리콘 원자배열이 균일하고 일정하여 전자 이동에 걸림돌이 없고, 잉곳의 모양은 정사각형이 아니고 원주형으로 네 귀퉁이가 원형형태로 되어서 셀 모양도 원형형태이며 공정이 복잡하고 제조비용이 높은 실리콘 태양전지는?

① 다결정질
② 단순결정질
③ 소수경질
④ 단결정질

해설
단결정질 실리콘 태양전지
실리콘 원자배열이 균일하고 일정하여 전자 이동에 걸림돌이 없어서 다결정보다 변환효율이 높다. 잉곳의 모양은 정사각형이 아니고 원주형으로 네 귀퉁이가 원형형태로 되어서 셀 모양도 원형형태이며 공정이 복잡하고 제조비용이 높다.

213 다결정질 태양전지의 제조과정을 바르게 나열한 것은?

① 규석 → 폴리실리콘 → 잉곳 → 웨이퍼 → 셀 → 모듈
② 규석 → 폴리실리콘 → 모듈 → 잉곳 → 셀 → 웨이퍼
③ 규석 → 잉곳 → 폴리실리콘 → 셀 → 웨이퍼 → 모듈
④ 규석 → 셀 → 잉곳 → 폴리실리콘 → 모듈 → 웨이퍼

해설
다결정질 태양전지의 제조과정
규석(모래) → 폴리실리콘 → 잉곳(원통형 긴 덩어리) → 웨이퍼(원형판 얇은 판) → 셀(웨이퍼를 가공한 상태 모양) → 모듈(셀 여러 개를 배열하여 결합한 상태의 구조물)

214 비정질 태양전지의 장점이 아닌 것은?

① 표면이 불규칙한 곳에 적용이 가능하다.
② 플렉시블하다.
③ 운반과 보관이 용이하다.
④ 공사비용이 많이 든다.

해설
1세대 태양전지의 장단점

종류 특징	단결정	다결정	비정질
장 점	효율이 가장 높다.	• 단결정에 비해 가격이 저렴하다. • 재료가 풍부하다.	• 표면이 불규칙한 곳이나 장치하기 어려운 곳에 쉽게 적용이 가능하며, 운반과 보관이 용이하다. • 플렉시블하다.
단 점	• 가격이 비싸다. • 무겁고 색깔이 불투명하다.	• 효율이 낮다. • 많은 면적이 필요하다.	• 효율이 낮고, 설치 면적이 넓다. • 공사비용이 많이 든다.

정답 210 ① 211 ③ 212 ④ 213 ① 214 ④

215 유리, 금속판, 플라스틱 같은 저가의 일반적인 물질을 기판으로 사용하여 빛 흡수층 물질을 마이크론 두께로 아주 얇은 막을 입혀 만든 태양전지는?

① 단결정질 태양전지 ② 박막형 태양전지
③ 다결정질 태양전지 ④ 유기물 태양전지

해설
박막형 태양전지(2세대)
유리, 금속판, 플라스틱 같은 저가의 일반적인 물질을 기판으로 사용하여 빛 흡수층 물질을 마이크론 두께로 아주 얇은 막을 입혀 만든 태양전지이다.

216 박막형 태양전지의 종류에 해당되지 않는 것은?

① 비정질 실리콘 ② CdTe
③ 단결정질 실리콘 ④ CIGS

해설
박막형 태양전지의 종류
• 비정질 실리콘 박막형 태양전지
• 화합물 박막형 태양전지
  – CdTe(Cadmium Telluride)
  – CIGS(Cu, In, Gs, Se)

217 유기염료와 나노기술을 이용하여 고도의 효율을 갖도록 개발된 태양전지로서 날씨가 흐리거나 빛의 투사각도가 Zero(0°)에 가까워도 발전하는 태양전지는?

① 유기물 ② 염료 감응형
③ 화합물 박막형 태양전지 ④ 비정질 실리콘

해설
염료 감응형(Dye-Sensitized) 태양전지
유기염료와 나노기술을 이용하여 고도의 효율을 갖도록 개발된 태양전지로서 날씨가 흐리거나 빛의 투사각도가 Zero(0°)에 가까워도 발전을 한다. 반투명과 투명으로 만들 수 있고 유기염료의 종류에 따라서 빨간색, 노란색, 파란색, 하늘색 등 다양한 색상이 있고 원하는 그림을 넣을 수가 있어서 인테리어로도 활용할 수 있다.

218 플라스틱의 원료인 유기물질로 만든 것으로 자유자재로 휠 수 있는 기판 위에 유기물질을 분사하여 제작하는 것은?

① 유기물 ② 염료 감응형
③ 화합물 박막형 태양전지 ④ 비정질 실리콘

해설
유기물(Organic) 태양전지
플라스틱의 원료인 유기물질로 만든 것으로 자유자재로 휠 수 있는 기판 위에 유기물질을 분사하여 제작하므로 다양한 모양의 대량생산이 가능하다. 실리콘계 태양전지보다 변환효율이 떨어지기 때문에 많이 사용하지 않으나 많은 발전이 기대된다.

219 결정질 실리콘과 비교한 화합물 반도체의 특징에 해당되지 않는 것은?

① 큰 에너지 갭으로 인해 짧은 파장보다는 긴 파장의 빛의 흡수율이 좋다.
② 에너지 갭은 크나 직접 천이 에너지 갭으로 빛 특성이 아주 좋다.
③ 온도계수가 커서 저온에서 출력이 증가하게 된다.
④ CdTe는 에너지 갭이 실리콘보다 크기 때문에 고온 환경에서 박막 태양전지로 많이 이용된다.

해설
결정질 실리콘과 비교한 화합물 반도체의 특징
• 온도계수가 작아 고온에서 출력이 감소하게 된다.
• 큰 에너지 갭으로 인해 짧은 파장보다는 긴 파장의 빛 흡수율이 좋다.
• 에너지 갭은 크나 직접 천이 에너지 갭으로 빛 특성이 아주 좋다.
• CdTe는 에너지 갭이 실리콘보다 크기 때문에 고온 환경에서 박막 태양전지로 많이 이용된다.

220 태양전지의 수명은 대략 몇 년인가?

① 20년 ② 15년
③ 30년 ④ 5년

해설
태양전지의 수명
태양전지의 실제 수명은 여러 가지 환경적인 요인에 따라 다르지만 대략 20년 정도이다. 이것은 태양전지의 자체적인 문제도 있지만 태양전지의 제작과정과 구성 재료를 장시간 사용하면 노후화가 진행이 되기 때문에 품질이 저하된다.

221 우주의 빛 조건(AM 0)에서 34~36[%]의 고효율을 기대할 수 있는 태양전지는?

① 나 노 ② 유기물
③ 다접합 ④ 박막형

해설
다접합 태양전지(우주용 태양전지의 일종)
우주의 빛 조건(AM 0)에서 34~36[%]의 고효율을 기대할 수 있어 이전의 단일 접합보다 훨씬 효율적으로 태양에너지를 이용할 수 있다.

222 결정질 실리콘 태양전지의 과제에 대한 내용으로 틀린 것은?

① 실리콘을 더욱 얇게 자르는 기술개발
② 수명 연장
③ 저비용, 고생산이 가능한 재료의 양산개발
④ 희소성 없는 재료개발

해설
결정질 실리콘 태양전지 과제
• 수명 연장
• 저비용, 고생산이 가능한 재료의 양산개발
• 실리콘을 더욱 얇게 자르는 기술개발
• 신재료나 신구조 등으로 변환효율을 높이는 태양전지 구조개발

223 다음이 설명하는 것은 무엇인가?

"도체로 만들어진 태양전지에 빛에너지가 투입되면 전자의 이동이 일어나서 전류가 흐르고 전기가 발생하는 원리를 이용한 발전방식이다."

① 풍력발전   ② 태양광발전
③ 태양열발전   ④ 지열발전

해설
태양광발전의 정의
발전기의 도움 없이 태양전지를 이용하여 태양빛을 직접 전기에너지로 변환시키는 발전방식으로서 도체로 만들어진 태양전지에 빛에너지가 투입되면 전자의 이동이 일어나서 전류가 흐르고 전기가 발생하는 원리를 이용한 것이다. 전류의 세기는 태양전지의 크기에 따라 달라진다.

224 태양광발전의 기본원리는?

① 광도전효과   ② 광기전효과
③ 광전효과   ④ 광합성효과

해설
태양광발전 원리
광전효과란 빛의 진동수가 어떤 한계 진동수보다 높은 빛이 금속에 흡수되어 전자가 생성되는 현상으로서 태양광발전의 기본원리를 말한다.

225 태양전지의 가장 기본적인 재질로 많이 사용하는 것은?

① 실리콘   ② 게르마늄
③ 붕 소   ④ 알루미늄

해설
태양전지 셀은 태양전지의 가장 기본소자로서 실리콘 재질의 재료를 가장 많이 사용한다.

226 셀 1개에서 얻을 수 있는 전압과 전류는 약 얼마인가?

① 0.5[V], 10[A]
② 0.6[V], 10[A]
③ 0.5[V], 6[A]
④ 0.6[V], 2[A]

해설
셀 1개에서 얻을 수 있는 전압은 약 0.5~0.6[V], 전류는 4~8[A] 정도이다.

227 태양광발전시스템의 구성요소가 아닌 것은?

① 제어장치   ② 축전지
③ 인버터   ④ 컨버터

해설
태양광발전시스템의 구성
태양으로부터 햇빛을 받아 직류전기를 생성하고 태양전지 모듈과 이러한 전기를 제어해 주는 전력시스템 제어장치, 발생된 전력을 저장하는 축전지, 직류전기를 교류전기로 바꾸어 주는 인버터(Inverter)로 구성되어 있다.

228 태양광발전은 태양전지의 발명으로 인하여 가능해졌는데 그 시작은 언제인가?

① 19세기   ② 20세기
③ 21세기   ④ 22세기

해설
태양광발전의 역사
태양광발전은 19세기 중엽부터 태양전지의 발명으로 인하여 가능해졌다.

정답 222 ④ 223 ② 224 ③ 225 ① 226 ③ 227 ④ 228 ①

229 미국 벨연구소에서 4[%] 실리콘 태양전지를 개발한 시기는 언제인가?

① 1800년대 ② 1910년대
③ 1950년대 ④ 2000년대

해설
1950년대
- 1954년 미국 벨연구소에서 4[%] 실리콘 태양전지를 개발
- 1955년 레오날드가 CdS 태양전지 발명
- 1956년 주에니 등이 GaAs 태양전지 발명
- 1958년 미국의 통신위성 뱅가드에 최초로 태양전지를 탑재한 이후 모든 위성에 태양전지 사용

230 2000년대 독일에서 시행한 태양열발전 정책은?

① 발전차액지원제도 ② 시스템정책지원제도
③ 도제제도 ④ 발전금액적립제도

해설
독일은 발전차액지원제도 시스템을 재생 가능한 에너지 자원의 일부로 개정한 뒤부터 세계적으로 앞서가는 태양열 발전시장이 되었다(효율 100[MW]로 2007년에는 4,150[MW]까지 증가하였다).

231 태양광발전의 장점이 아닌 것은?

① 운전 및 유지 관리에 따른 비용을 최소화할 수 있다.
② 필요한 장소에 필요량 발전이 가능하다.
③ 전 세계적으로 사용이 가능하다.
④ 에너지밀도가 낮아 큰 설치면적이 필요하다.

해설
태양광발전의 특징
- 장 점
  - 태양전지의 수명이 길다(약 20년 이상).
  - 설비의 보수가 간단하고 고장이 적다.
  - 규모나 지역에 관계없이 설치가 가능하고 유지비용이 거의 들지 않는다.
  - 필요한 장소에 필요량 발전이 가능하다.
  - 운전 및 유지 관리에 따른 비용을 최소화할 수 있다.
  - 무한정, 무공해의 태양에너지 사용으로 연료비가 불필요하고, 대기오염이나 폐기물 발생이 없다.
  - 발전부위가 반도체 소자이고 제어부가 전자부품이므로 기계적인 소음과 진동이 존재하지 않는다.
  - 원재료에서부터 모듈 설치에 이르기까지 산업화가 가능해 부가가치 창출 및 고용창출 효과가 크다.
  - 전 세계적으로 사용이 가능하다.

- 단 점
  - 에너지밀도가 낮아 큰 설치면적이 필요하다.
  - 전력생산량이 지역별 일사량에 의존한다.
  - 야간이나 우천 시에는 발전이 불가능하다.
  - 초기 투자비용이 많이 들어간다.
  - 상용전원에 비하여 발전 단가가 높다.

232 태양광발전의 단점이 아닌 것은?

① 전력생산량이 지역별 일사량에 의존한다.
② 초기 투자비용이 많이 들어간다.
③ 필요한 장소에 필요량 발전이 가능하다.
④ 상용전원에 비하여 발전 단가가 높다.

해설
231번 해설 참조

233 태양에 대한 내용이 틀린 것은?

① 지구 크기의 109배 정도 된다.
② 표면온도 100,000[℃] 이상이다.
③ 중심부 온도 1,500만[℃] 이상이다.
④ 무한정한 에너지를 공급한다.

해설
태 양
- 무한정한 에너지를 공급한다.
- 지구 크기의 109배 정도된다.
- 지구로부터 1억 5천만[km]에 위치하고 있다.
- 표면온도 6,000[℃] 이상이다.
- 중심부 온도 1,500만[℃] 이상이다.

234 태양전지는 반도체의 어떤 접합에 의해서 만들어 지는가?

① 광 접합 ② 열 접합
③ P-N 접합 ④ 가스 접합

해설
태양전지는 반도체의 P-N 접합에 빛을 비추면 광전효과에 의해 광기전력이 일어나는 것을 이용한 것이다.

정답 229 ③ 230 ① 231 ④ 232 ③ 233 ② 234 ③

235 반도체 P-N 접합을 이용한 전지의 종류로 옳은 것은?
① 실리콘 광전지 ② 아황산구리 광전지
③ 이산화황 광전지 ④ 셀렌 광전지

해설
태양전지
• 금속과 반도체의 접촉을 이용한 전지 : 셀렌 광전지, 아황산구리 광전지
• 반도체 P-N 접합을 이용한 전지 : 실리콘 광전지

236 태양광발전의 산업구조에 해당되지 않는 것은?
① 소 재 ② 설치・서비스
③ 바이패스 ④ 전 지

해설
태양광발전의 산업구조
• 소재(폴리실리콘) • 전지(잉곳・웨이퍼, 셀)
• 전력기기(모듈, 패널) • 설치・서비스(시공, 관리)

237 태양광산업과 관련된 분야를 세분하여 보면 여러 가지로 분류할 수 있다. 이 중 축전지나 인버터 분야를 무엇이라 하는가?
① 전력변환 분야 ② 태양전지 분야
③ 소재 및 부품 분야 ④ 모듈 및 시스템 분야

해설
태양광산업의 분류
• 소재 및 부품 분야 : 실리콘원료, 잉곳・웨이퍼
• 태양전지 분야 : 실리콘, 화합물, 박막형
• 모듈 및 시스템 분야 : 집광시스템, 추적시스템, 시스템 설치
• 전력변환 분야 : 축전지, 인버터
• 관련 장비 분야 : 증착장비, 잉곳성장장비, 식각장비

238 태양광발전 산업은 최근 연평균 몇 [%] 이상 성장하고 있는가?
① 10[%] ② 20[%]
③ 30[%] ④ 40[%]

해설
태양광발전의 세계시장 현황
태양광발전 산업은 최근 연평균 30[%] 이상의 고속 성장을 기록하고 있으며 현재 가장 빠르게 성장하는 산업 중 하나이다.

239 RPS(Renewable Portfolio Standard) 제도는 무엇인가?
① 2012년도에 도입된 신재생에너지 의무할당제
② 2012년도에 도입된 신재생에너지 공급의무제
③ 2012년도에 도입된 신재생에너지 발전지원차액제
④ 2012년도에 도입된 신재생에너지 공급비율제

해설
RPS(Renewable Portfolio Standard) 제도
2012년도에 도입된 신재생에너지 의무할당제로서 국내 태양광발전의 성장 및 보급 확대와 자생력을 키우는 데 기여할 것으로 보인다.

240 신재생에너지 발전단가와 화석연료 발전단가가 같아지는 시기를 무엇이라 하는가?
① 그리드 패리티 ② 스위스 마트
③ 글로벌 와츠 ④ 생산능력

해설
그리드 패리티
신재생에너지 발전단가와 화석연료 발전단가가 같아지는 시기

241 태양광발전 시장전망의 해결과제가 아닌 것은?
① 효율을 증가시킨다.
② 모듈의 수명을 연장한다.
③ 다양한 태양전지를 개발해야 한다.
④ 제조공정을 가내수공으로 한다.

해설
태양광발전 시장전망의 해결과제
• 다양한 태양전지를 개발해야 한다.
• 효율을 증가시킨다.
• 모듈의 수명을 연장한다.
• 제조공정을 자동화한다.

242 태양에너지의 양은 약 얼마인가?
① 1.77×10^{10}[kW] ② 1.77×10^{12}[kW]
③ 1.77×10^{14}[kW] ④ 1.77×10^{16}[kW]

정답 235 ① 236 ③ 237 ① 238 ③ 239 ① 240 ① 241 ④ 242 ③

해설
태양에너지의 양
지구상에 내리쬐는 태양에너지의 양은 약 1.77×10^{14}[kW]로 전 세계 전력 소비량의 약 10만 배 정도 크기에 해당된다. 또한 쾌청한 날에 태양이 20분간 지구 전체에 내리쬐는 에너지 양으로 전세계에서 소비하는 1년간의 에너지를 충당할 수 있다는 계산도 나오고 있는 실정이다.

243 표준시험조건(STC ; Standard Test Condition)에서 태양광에너지 밀도는 1[m²]당 몇 [W]인가?
① 1,000 ② 2,000
③ 3,000 ④ 4,000

해설
태양광에너지 밀도(방사조도 또는 일사량)
태양표면에서 방사되는 태양광에너지를 전력으로 환산해 보면 약 3.8×10^{23}[kW] 정도로 추정하고 있다. 이것은 약 1억 5천만[km]의 우주 공간을 거쳐서 지구표면에 도달하게 되는데 인공위성으로 실측된 대기권 밖의 에너지 밀도(태양과 지구의 평균거리 1.495×10^8[km]의 도달한 빛의 에너지 밀도)는 1[m²]당 1.353[kW]이다. STC 조건에서의 에너지 밀도는 1[m²]당 1,000[W]이다.

244 적외선, 가시광선 영역에서 대기외부와 지표상의 스펙트럼 차이가 발생하는데 이것은 지구 대기층의 어떤 원리 때문인가?
① 만 곡 ② 흡 수
③ 반 사 ④ 굴 절

해설
태양광 스펙트럼의 영역별 구분
적외선, 가시광선 영역에서 대기외부와 지표상의 스펙트럼 차이가 발생하는데 이는 지구의 대기층에서 흡수하기 때문이다.

245 태양복사에너지가 지구까지 도착한 단위면적당 에너지, 즉 열량을 환산하여 사용하는 것을 무엇이라 하는가?
① 태양상수 ② 태양정수
③ 복사정수 ④ 대기상수

해설
태양복사에너지는 핵융합에 의해 생성되는 태양에너지가 복사 형태로 전파되는 것으로, 이 중에서 지구까지 도착한 단위면적당 에너지, 즉 열량을 환산하여 사용하는 것을 흔히 태양상수라 한다. 태양상수의 단위는 [cal/min·cm²]를 사용한다.

246 우리나라 등의 스펙트럼 분포 에어매스(AM ; Air Mass)는 얼마인가?
① 5 ② 3.5
③ 2 ④ 1.5

해설
태양복사 강도는 무엇보다 태양 고도각(θ)에 따라 달라진다. 태양고도가 지구와 수직을 이룰 때 햇빛은 지구대기에서 최단 경로를 취한다. 그러나 태양이 예각을 이룰 때 대기를 통과하는 경로는 길어지게 되며, 그 결과 태양복사의 흡수와 산란이 높아지고 복사강도는 감소한다. 이러한 감소 정도는 에어매스(AM ; Air Mass)라는 값으로 나타낼 수 있는데, AM0은 지구 대기권 밖의 스펙트럼이며, AM1은 태양이 중천에 있을 때 직각으로 지상에 도달하는 쾌청한 날의 스펙트럼을 표준화한 에너지이다. 또한 중위도 지역에 위치한 우리나라 등의 스펙트럼 분포는 AM1.5이다(AM = $1/\cos\theta$로 나타낸다).

247 지표면에서 태양 일사강도에 여러 가지 영향을 미치는 요인들에 해당하지 않는 것은?
① 대기에서의 산란, 반사, 흡수 등에 의해 태양복사 출력 감소
② 태양복사에 분산이나 간접적인 요소의 도입
③ 특정 파장의 흡수나 산란이 강한 것에 기인한 태양복사 분광 분포의 변화
④ 스넬의 법칙

해설
지표면에서 태양 일사강도에 여러 가지 영향을 미치는 요인들
- 태양복사에 분산이나 간접적인 요소의 도입
- 대기에서의 산란, 반사, 흡수 등에 의해 태양복사 출력 감소
- 구름, 수증기, 오염과 같은 대기에서의 국부적인 변화와 입사출력, 스펙트럼, 방향성에 추가적인 영향
- 특정 파장의 흡수나 산란이 강한 것에 기인한 태양복사 분광 분포의 변화

248 지표면에 흡수되는 태양복사에 영향을 미치는 요인들에 해당되지 않는 것은?
① 바다에 의한 흡수
② 구름, 수증기, 오염과 같은 대기에서의 국부적인 변화
③ 흡수와 산란을 포함하는 대기에서의 효과들
④ 하루 중 시간적인 변화와 계절의 변화

해설
지표면에 흡수되는 태양복사에 영향을 미치는 요인들
- 지리상의 위치(경도와 위도)
- 흡수와 산란을 포함하는 대기에서의 효과들
- 하루 중 시간적인 변화와 계절의 변화
- 구름, 수증기, 오염과 같은 대기에서의 국부적인 변화

249 태양전지의 단위면적이 10[m²]이고, 빛의 조사강도가 1,000[kW]이다. 이때 시스템의 총 변환효율이 35[%]일 경우 정격출력[kW/h]은?

① 3.5×10^2[kW/h]   ② 3.5×10^3[kW/h]
③ 3.5×10^4[kW/h]   ④ 3.5×10^5[kW/h]

해설
정격출력[kW/h]
= 시스템의 총변환효율[%] × 단위면적[m²] × 빛의 조사강도[kW]
= $0.35 \times 10 \times 1,000 = 3.5 \times 10^3$[kW/h]

250 태양전지 시스템의 총변환효율이 65[%]이고, 필요출력이 500[kW]이다. 이때 빛의 조사강도가 100[kW]이면 필요면적[m²]은?

① 8.3   ② 8.0
③ 7.7   ④ 7.0

해설
$$\text{필요면적}[m^2] = \frac{\text{필요출력}[kW]}{\text{빛의 조사강도}[kW] \times \text{시스템의 총변환효율}[\%]}$$
$$= \frac{500}{100 \times 0.65} \fallingdotseq 7.6923[m^2]$$

251 태양광발전장치의 효율은 온도에 따라 어떻게 달라지는가?

① 아무런 변화가 없다.
② 비례한다.
③ 반비례한다.
④ 0이 된다.

해설
태양광발전장치의 효율은 온도에 반비례한다.

252 생산전력이 50[kW]이고, 기본적인 일사량이 80[kW/m²]일 경우 태양전지의 효율은?

① 62.5[%]   ② 58.2[%]
③ 78.3[%]   ④ 45.9[%]

해설
$$\text{태양전지의 효율}(\eta) = \frac{\text{생산전력}}{\text{기본 일사량}} \times 100[\%]$$
$$= \frac{50}{80} \times 100 = 62.5[\%]$$

253 직류전류를 단상 또는 다상의 교류전류로 변환시키는 전기에너지 변환기를 무엇이라 하는가?

① 정류기   ② 컨버터
③ 교환기   ④ 인버터

해설
인버터(Inverter)
직류전류를 단상 또는 다상의 교류전류로 변환시키는 전기에너지 변환기로서 직류전력을 교류전력으로 변환하는 장치를 말한다.

254 출력조절기(PCS ; Power Conditioning System)라는 이름으로 통칭되는 구성요소를 무엇이라 하는가?

① 인버터   ② 컨버터
③ 코덱   ④ 모뎀

해설
인버터는 출력조절기(PCS ; Power Conditioning System)라는 이름으로 통칭되는 여러 구성요소 중의 하나이다.

255 인버터의 구성요소에 해당되지 않는 것은?

① 전력변환장치   ② 보호장치
③ 제어장치   ④ 구동장치

해설
인버터의 구성요소
- 전력변환장치
- 제어장치
- 보호장치

정답 249 ② 250 ③ 251 ③ 252 ① 253 ④ 254 ① 255 ④

256 인버터의 기능에 해당되지 않는 것은?
① 고주파 전류 억제기능 ② 직류 검출기능
③ 무정전 기능 ④ 자동전압 조정기능

해설
인버터의 기능
- 단독운전방지(Anti-Islanding) 기능
  - 능동적 방식
  - 수동적 방식
- 고주파 전류 억제기능
- 최대전력 추종제어기능(MPPT ; Maximum Power Point Tracking)
- 계통 연계 보호장치
- 자동전압 조정기능
- 직류 검출기능

257 인버터의 기능 중 단독운전방지 기능에 해당되는 방식에서 항상 인버터에 변동요인을 인위적으로 주어서 연계운전 시에는 그 변동요인이 출력에 나타나지 않고 단독운전 시에 변동요인이 나타나도록 하여 그것을 감지하여 인버터를 정지시키는 방식은?
① 수동적 방식 ② 능동적 방식
③ 반수동적 방식 ④ 차동적 방식

해설
능동적 방식 단독운전방지(Anti-Islanding) 기능
항상 인버터에 변동요인을 인위적으로 주어서 연계운전 시에는 그 변동요인이 출력에 나타나지 않고 단독운전 시에 변동요인이 나타나도록 하여 그것을 감지하여 인버터를 정지시키는 방식

258 단독운전방지 기능 중 수동적 방식에 포함되지 않는 것은?
① 전압위상도약 검출방식
② 주파수변화율 검출방식
③ 3차 고조파전압 왜율 급증 검출방식
④ 주파수 시프트 방식

해설
단독운전방지 기능의 수동적 방식
- 전압위상도약 검출방식
- 주파수변화율 검출방식
- 3차 고조파전압 왜율 급증 검출방식

259 태양광 인버터의 직류입력전압의 범위는 얼마인가?
① 150~200[V] ② 250~850[V]
③ 900~1,550[V] ④ 1,800~2,400[V]

해설
태양광 인버터의 효율 중 직류입력전압 범위는 발전시스템 구성 시 태양광 모듈의 직렬연결조합을 다양하게 할 수 있도록 하기 위하여 입력전압 범위가 넓다. 250~850[Vdc]로서 용량에 따라 다르다.

260 태양전지의 일사강도와 온도변화에 따른 출력전류가 전압의 변화에 대해 태양전지의 출력을 항상 최대한으로 이끌어내는 중요한 알고리즘은?
① 최대전력 추종제어기능
② 자동전압 조정기능
③ 고주파 전류 억제기능
④ 계통 연계 보호 장치

해설
최대전력 추종제어기능(MPPT ; Maximum Power Point Tracking)
태양전지의 일사강도와 온도변화에 따른 출력전류와 전압의 변화에 대해 태양전지의 출력을 항상 최대한으로 이끌어내는 중요한 알고리즘 중의 하나이다.

261 양과 음의 전극판과 전해액으로 구성되어 있어 화학작용에 의해 직류기전력을 생기게 하여 전원으로 사용할 수 있는 장치를 무엇이라 하는가?
① 태양광 셀 ② 태양광 모듈
③ 축전지 ④ 어레이

해설
축전지(전력저장장치)
양과 음의 전극판과 전해액으로 구성되어 있어 화학작용에 의해 직류기전력을 생기게 하여 전원으로 사용할 수 있는 장치이다.

262 축전지의 특징이 아닌 것은?
① 단시간 사용이 가능해야 한다.
② 유지보수가 용이해야 한다.
③ 독립된 전원이다.
④ 가격이 저렴해야 한다.

정답 256 ③ 257 ② 258 ④ 259 ② 260 ① 261 ③ 262 ①

해설
축전지의 특징
- 장시간 사용이 가능해야 한다.
- 독립된 전원이다.
- 가격이 저렴해야 한다.
- 100[%] 직류(DC) 전원이어야 한다.
- 유지보수가 용이해야 한다.

263 축전지의 사용조건 중 필요한 축전지 용량계산 시 고려사항에 해당되지 않는 사항은?

① 필요한 일일–계절 사이클
② 현장에 접근하는 데 필요한 시간
③ 온도의 영향
④ 과거의 부하 증가량

해설
축전지의 사용조건 중 필요한 축전지 용량계산 시 고려사항
- 온도의 영향
- 필요한 일일–계절 사이클
- 현장에 접근하는 데 필요한 시간
- 미래의 부하 증가량

264 축전지 충전기의 구성요소에 해당되지 않는 것은?

① 제어 회로부
② 출력 Filter부
③ 전압 및 변압부
④ 운용감시반

해설
축전지 충전기의 구성요소
- 정류 및 충전부
- 출력 필터부
- 제어 회로부
- 회로차단기(MCCB)
- 만충전 감지회로
- 운용감시반

265 축전지의 선정기준 내용이 아닌 것은?

① 중 량
② 수 명
③ 지속성
④ 치 수

해설
축전지의 선정기준
- 전압, 전류특성 등의 전기적 성능과 가격
- 중 량
- 치 수
- 안전 Recycle
- 보수성
- 수 명

266 축전지의 종류가 아닌 것은?

① 수소–헬륨 축전지
② 니켈–수소 축전지
③ 납축전지
④ 리튬 2차 전지

해설
축전지의 종류
- 납축전지
- 리튬 2차 전지
- 니켈–카드뮴 축전지
- 니켈–수소 축전지

267 축전지의 요구조건에 대한 사항으로 틀린 것은?

① 에너지 밀도가 높아야 한다.
② 성능이 우수해야 한다.
③ 효율이 낮아야 한다.
④ 가격이 저렴해야 한다.

해설
축전지의 요구조건
- 수명이 길고 유지보수가 용이해야 한다.
- 에너지 밀도가 높아야 한다.
- 가격이 저렴해야 한다.
- 성능이 우수해야 한다.
- 운반이 용이해야 하므로 경량이어야 한다.
- 방전시간이 낮아야 한다. 즉, 장시간 사용이 가능해야 한다.
- 효율이 높아야 한다.
- 가능한 많은 횟수의 충·방전이 가능해야 한다.

268 축전지 설치 장소의 조건으로 맞는 것은?

① 환기가 잘되고 배수가 용이해야 할 것
② 하절기의 저온과 동절기 과도한 고온을 피할 수 있어야 할 것
③ 일광에 노출되는 장소일 것
④ 축전지에 영향을 주어도 괜찮을 것

해설
축전지 설치 장소의 조건
- 일광에 노출되지 않는 장소일 것
- 환기가 잘되고 배수가 용이해야 할 것
- 축전지에 영향을 줄 수 있는 기기와 완전히 차폐된 장소일 것
- 하절기의 과도한 고온과 동절기에 과도한 저온을 피할 수 있어야 할 것(표준온도 25[℃])

정답 263 ④ 264 ③ 265 ③ 266 ① 267 ③ 268 ①

269 축전지 용량이 감퇴하는 원인이 아닌 것은?
① 극판의 부식과 균열 ② 전해액 비중 과·소
③ 전해액 부족 ④ 백색 황산납의 균열

[해설]
축전지 용량이 감퇴하는 원인
• 전해액 부족   • 전해액 비중 과·소
• 백색 황산납의 생성 • 극판의 부식과 균열
• 충·방전 전류의 과대 • 국부작용 및 분극작용(성극작용)

270 축전지의 용량을 구하는 공식은?
① [Ah] = 방전전류 × 방전시간
② [Ah] = 방전전압 × 방전전류
③ [Ah] = 방전전류 × 충전시간
④ [Ah] = 방전전압 × 충전시간

[해설]
축전지의 용량
축전지의 용량은 [Ah](암페어시) 또는 [Wh](와트시)로 나타낸다
([Ah] = 방전전류 × 방전시간).
또는 [Ah] = $\frac{축전지설비용량[Wh]}{시스템전압[V]}$ 로 나타낼 수도 있다.

271 충전의 종류에 해당되지 않는 것은?
① 속충전 ② 현충전
③ 과충전 ④ 초충전

[해설]
충전의 종류
• 초충전 : 최초로 행해지는 충전으로서 전지의 일생을 좌·우하며, 2[V] 정도에서 급상승한 후 서서히 상승하다가 2.3~2.4[V]에서 다시 급상승한 후 일정치(2.6~2.8[V])로 나타난다.
• 평상충전 : $\frac{규정전압}{규정전류}$
• 속충전 : 전압이 2.4[V]가 될 때까지는 평상전류의 2배로 급속 충전하고 다음은 평상충전을 한다.
• 균등충전 : 충전 시 충전 부족이 없도록 하는 충전이다.
• 과충전 : 평상충전 후 평상전류의 $\frac{1}{2}$ 배로 계속 충전하여 전해액 내의 기포로 백색 황산납을 씻어내기 위한 충전이다.
• 부동충전 : 충전지와 부하를 병렬로 연결한 상태로 방전된 만큼 충전을 행하는 방식이다. 표준부동전압 2.15~2.17[V]가 가장 좋다.

272 평상충전 후 평상전류의 $\frac{1}{2}$ 배로 계속 충전하여 전해액 내의 기포로 백색 황산납을 씻어내기 위한 충전은?
① 부동충전 ② 과충전
③ 균등충전 ④ 초충전

[해설]
271번 해설 참조

273 축전지의 독립 작동시간에서 고충전 상태기간에 대한 내용으로 옳은 것은?
① 일반적으로 고충전 상태에서는 태양광시스템에 사용되는 전지의 예상 수명은 연속 부동충전 상태에서 사용된 전지의 수명보다 항상 길다.
② 여름에는 전지가 고충전 상태이어서 통상적으로 정격용량이 10~20[%] 중 약 100[%] 사이에서 동작을 하게 된다.
③ 전형적인 최대전지전압을 무한으로 한다.
④ 작동 온도가 20[℃]에서 많이 벗어날 경우에는 온도 보상회로를 사용해서 수명과 용량을 늘려줘야 한다.

[해설]
고충전 상태기간 축전지의 독립 작동시간
• 여름에는 전지가 고충전 상태이어서 통상적으로 정격 용량이 80~100[%] 중 약 85[%] 사이에서 동작을 하게 된다. 재충전 기간 동안 전압조절 시스템은 보통 전지전압을 제한한다.
• 전형적인 최대전지전압을 제한한다.
• 일부 조절기의 경우에 급속충전과 균등충전을 위해 단기간에 전지의 최대전압값을 초과하도록 허용한다.
• 일반적으로 고충전 상태에서 태양광시스템에 사용되는 전지의 예상 수명은 연속 부동충전 상태에서 사용된 전지의 수명보다 짧을 수 있다.
• 작동 온도가 20[℃]에서 많이 벗어날 경우에는 온도 보상회로를 사용해서 수명과 용량을 늘려줘야 한다.

274 과방전 보호에 대한 사항이 아닌 것은?
① 최대방전 심도를 초과할 때 발생되는 저전압 상태를 없애면 과방전 보호를 할 수 있다.
② 납축전지는 비가역적인 황산염 발생으로 인해 용량 손실을 방지해야 한다.
③ 축전지를 병렬로 연결하여 보호할 수 있다.
④ 일반적으로 니켈-카드뮴전지와 니켈-수소전지는 이런 종류의 보호가 필요하지 않다.

269 ④ 270 ① 271 ② 272 ② 273 ④ 274 ③

해설
과방전 보호
- 납축전지는 비가역적인 황산염 발생으로 인해 용량 손실을 방지해야 한다. 즉, 과방전이 되지 않도록 해야 한다.
- 최대방전 심도를 초과할 때 발생되는 저전압 상태를 없애면 과방전 보호를 할 수 있다.
- 일반적으로 니켈-카드뮴 전지와 니켈-수소 전지는 이런 종류의 보호가 필요하지 않다.

275 바이패스소자를 설치하는 목적은?
① 온도가 상승하여 태양전지 모듈이 파손되는 것을 방지하기 위해서
② 전류의 흐름을 원활하게 하기 위해서
③ 많은 양의 전류를 받기 위해서
④ 태양전지 모듈이 잘 접착되게 하기 위해서

해설
바이패스소자의 설치 목적
태양전지 모듈 중에서 일부의 태양전지 셀에 그늘이 지면 그 부분의 셀은 발전하지 못하며 저항이 크게 된다. 이 셀에는 직렬로 접속된 스트링(회로)의 모든 전압이 인가되어 고저항의 셀에 전류가 흐름으로써 발열이 발생한다. 셀이 고온으로 되면 셀 및 그 주변의 충진 수지가 변색되고 뒷면의 커버가 팽창하게 된다. 셀의 온도가 계속 높아지면 그 셀과 태양전지 모듈이 파손되기도 하지만 이를 방진할 목적으로 고저항이 된 태양전지 셀 또는 모듈에 흐르는 전류를 우회하는 것이 필요하다. 이것이 바로 바이패스소자의 설치하는 목적이다.

276 다음 중 (   ) 알맞은 내용은?

"태양전지 모듈 중에서 일부의 태양전지 셀에 그늘이 지면 그 부분의 셀은 발전하지 못하며 저항이 (   ) 된다."

① 크 게
② 작 게
③ 보통으로
④ 변화 없게

해설
275번 해설 참조

277 바이패스소자로 사용되는 것은?
① 저 항
② 다이오드
③ 콘덴서
④ 코 일

해설
태양전지 어레이를 구성하는 태양전지 모듈마다 바이패스소자를 설치하는 것이 일반적이며, 대부분의 바이패스소자로는 다이오드를 사용한다.

278 바이패스소자가 설치되는 장소는?
① 태양전지 모듈 앞면
② 인버터와 컨버터 사이
③ 태양전지 모듈 뒷면에 있는 단자함
④ 단자함 내부

해설
바이패스소자는 보통 태양전지 모듈 뒷면에 있는 단자함의 출력단자 정·부극 간에 설치한다.

279 바이패스소자는 보통 태양전지 모듈에 설치하거나 내장시켜 출하하는데 만일 태양전지 바이패스소자를 준비할 필요가 있는 경우에는 보호하고자 하는 스트링의 공정 최대출력 동작전압의 몇 배 이상이어야 하는가?
① 5배
② 2.5배
③ 1.5배
④ 1.2배

해설
바이패스소자는 보통 태양전지 모듈에 설치하거나 내장시켜 출하하는데 만일 태양전지 바이패스소자를 준비할 필요가 있는 경우에는 보호하고자 하는 스트링의 공정 최대출력 동작전압의 1.5배 이상의 역내압으로써 그 스트링의 단락전류를 충분히 우회할 수 있는 정격 전류를 가진 다이오드를 사용할 필요가 있다.

정답 275 ① 276 ① 277 ② 278 ③ 279 ③

280 다음 ( )에 들어갈 내용은?

> 태양전지 모듈 뒷면에 바이패스소자를 설치하게 되면 주위 온도보다 온도가 많이 높아지게 된다. 이때 다이오드 케이스의 온도도 같이 높아지기 때문에 평균 순전류값보다 ( )를 사용해야 한다.

① 적은 전압
② 큰 전압
③ 큰 전류
④ 적은 전류

해설
태양전지 모듈 뒷면에 있는 단자함에 바이패스소자를 설치할 경우에 설치장소의 온도는 옥외에서 태양전지의 열에너지에 의해 주위 온도보다 20~30[℃] 높아지는 경우가 있다. 이 경우 다이오드 케이스의 온도도 높아지기 때문에 평균 순전류값보다 적은 전류를 사용해야 한다.

281 최적 효율을 내기 위해서 일반적으로 셀 몇 개마다 1개의 바이패스 다이오드를 설치하는가?

① 8~11개
② 11~13개
③ 14~17개
④ 18~20개

해설
최적 효율을 위해서는 각 셀 양단에 바이패스 다이오드를 설치하는 것이 바람직하나 제조 공정의 복잡화 및 경제성을 고려하여 일반적으로 셀 18~20개마다 1개의 바이패스 다이오드를 설치하고 있다.

282 모듈의 집합체 어레이는 직렬접속인 경우 ( )를 사용하고, 병렬인 경우에는 ( )를 넣어 전체의 특성을 유지한다. ( ) 안에 알맞은 내용으로 바르게 연결된 것은?

① 박막형 다이오드, 유기물 다이오드
② 실리콘 다이오드, 게르마늄 다이오드
③ 바이패스 다이오드, 역류방지 다이오드
④ 과전류 다이오드, 과전압 다이오드

해설
모듈의 집합체 어레이는 직렬접속인 경우 바이패스 다이오드를 사용하고, 병렬인 경우에는 역류방지 다이오드를 넣어 전체의 특성을 유지한다.

283 5개의 모듈이 직렬로 연결되어 있다. 이때 1개의 모듈이 100[Wp]이다. 출력전력[Wp]은 얼마인가?

① 100
② 200
③ 400
④ 500

해설
모듈이 직렬연결일 경우 출력전력을 구하는 공식
A = 모듈의 수 × 1개의 모듈 전력 = 5 × 100[Wp] = 500[Wp]

284 4개의 모듈이 병렬로 연결되어 있다. 이때 가장 위에 모듈이 음영지역이어서 50[Wp]의 전력을 가지고 있다. 정상적인 모듈은 100[Wp]일 경우 전체 출력전력[Wp]는?

① 300
② 350
③ 400
④ 450

해설
모듈이 병렬연결일 경우 음영지역 셀의 출력전력을 구하는 공식
D = 음영지역 모듈 + 일반적인 모듈 = 50 + 100 + 100 + 100
   = 350[Wp]

285 태양전지 어레이의 스트링별로 설치되는 것은?

① 분전반
② 단자대
③ 역류방지소자
④ 피뢰기

해설
역류방지소자(Blocking Diode)
태양전지 어레이의 스트링별로 설치된다.

286 역류방지소자의 설치 목적이 맞는 것은?

① 태양전지 모듈에 그늘(음영)이 생긴 경우 그 스트링 전압이 높아지는 것을 방지하기 위해서
② 태양전지 모듈에 태양광을 많이 받기 위해서
③ 주간에 태양광발전이 계속되거나 태양전지 발전을 할 때 열이 많이 발생되는 것을 방지
④ 야간에 태양광발전이 정지된 상태에서 축전지 전력이 태양전지 모듈 쪽으로 흘러들어 소모되는 것을 방지

정답 280 ④ 281 ④ 282 ③ 283 ④ 284 ② 285 ③ 286 ④

해설
역류방지소자의 설치 목적
- 태양전지 모듈에 그늘 음영이 생긴 경우 그 스트링 전압이 낮아져 부하가 되는 것을 방지
- 독립형 태양광발전시스템에서 축전지를 가진 시스템이 야간에 태양광발전이 정지된 상태에서 축전지 전력이 태양전지 모듈 쪽으로 흘러들어 소모되는 것을 방지

287 역류방지소자의 내용을 설명한 것 중 잘못된 것은?

① 용량은 모듈 단락전류의 2배 이상되어야 역전압에 견딜 수 있다.
② 역류방지소자는 1대의 인버터에 연결된 태양전지 직렬군이 2병렬 이상일 경우에 각 직렬군에 역류방지 소자를 별도의 접속함에 설치해야 한다.
③ 회로의 최대전류를 안전하게 흘릴 수 있어야 한다.
④ 역류방지소자는 공장에서 확인할 수 있도록 표시된 것을 사용해야 한다.

해설
역류방지소자는 1대의 인버터에 연결된 태양전지 직렬군이 2병렬 이상일 경우에 각 직렬군에 역류방지소자를 별도의 접속함에 설치해야 한다. 회로의 최대전류를 안전하게 흘릴 수 있음과 동시에 최대역전압에 충분히 견딜 수 있도록 선정되어야 하고 용량은 모듈 단락전류의 2배 이상이어야 하며 현장에서 확인할 수 있도록 표시된 것을 사용해야 한다.

288 역류방지소자로 사용되는 것은?

① 다이오드 ② 콘덴서
③ LED ④ 저항

해설
역류방지소자는 태양전지 모듈에 다른 태양전지 회로와 축전지의 전류가 흘러 들어오는 것을 방지하기 위해 설치하며, 보통 다이오드가 사용된다.

289 역류방지 다이오드의 용량은 모듈 단락전류의 몇 배 이상이어야 하는가?

① 1.5배 ② 2배
③ 2.5배 ④ 3배

해설
287번 해설 참조

290 여러 개의 태양전지 모듈의 스트링을 하나의 접속점에 모아 보수·점검 시에 회로를 분리하거나 점검 작업을 용이하게 하는 장치는 무엇인가?

① 직류보호장치 ② 교류측 기기
③ 접속함 ④ 바이패스소자

해설
접속함
접속함은 여러 개의 태양전지 모듈의 스트링을 하나의 접속점에 모아 보수·점검 시에 회로를 분리하거나 점검 작업을 용이하게 하는 장치이다.

291 접속함의 특징으로 틀린 것은?

① 피뢰소자가 설치되어 있다.
② 보수와 점검을 할 때 회로를 분리해서 점검을 쉽게 한다.
③ 스트링 배선을 여러 개로 모아 하나의 인버터로 보내는 기기이다.
④ 역류방지소자가 설치되어 있다.

해설
접속함의 특징
- 역류방지소자가 설치되어 있다.
- 스트링 배선을 하나로 모아 인버터로 보내는 기기이다.
- 피뢰소자가 설치되어 있다.
- 보수와 점검을 할 때 회로를 분리해서 점검을 쉽게 한다.

292 접속함의 구성요소에 해당되지 않는 것은?

① 접지장치 ② 출력용 단자대
③ 역류방지 소자 ④ 주개폐기

해설
접속함의 구성요소
- 태양전지 어레이측 개폐기
- 주개폐기
- 서지보호장치(SPD ; Surge Protected Device)
- 역류방지소자
- 출력용 단자대
- Multi Power Transducer
- 감시용 DCCT, DCPT(Shunt), T/D(Transducer)

정답 287 ④ 288 ① 289 ② 290 ③ 291 ③ 292 ①

293 내부 수납소자에 기본적으로 내장되어 있어야 하는 장치가 아닌 것은?

① 어레이저항
② 역류방지 다이오드의 방열장치
③ 직류 주케이블 등의 연결을 위한 연결 단자대
④ 공기순환을 위한 팬

해설
내부 수납소자 기본적인 내장 장치
- 각각의 어레이 입력 스트링 케이블
- 직류 주케이블 등의 연결을 위한 연결 단자대(터미널)
- 공기순환을 위한 팬
- 역류방지 다이오드의 방열장치
- 동작상태 확인을 위한 미터계

294 다음의 내용은 등전위접지에 대한 것을 설명한 것이다. ( ) 안에 들어가야 할 내용으로 옳게 연결된 것은?

"노출 도전성 부분 또는 계통의 도전성 부분을 등전위시키기 위해 한 곳에 전기적으로 접속시켜 설치하는 접지를 말한다. 모든 금속부의 전위차를 ( )[mV] 이하로 제한하는 것을 말하며, 피뢰설비의 등전위접지에서는 피 보호물 내외부에 위치한 모든 접지 대상을 피뢰설비와 상호 접속하여 등전위가 되도록 하여야 하며, 상호 접속에 사용되는 도선의 굵기는 ( )[mm²] 이상의 동선을 사용하여야 한다."

① 10, 20
② 10, 30
③ 100, 40
④ 100, 20

해설
등전위접지
노출 도전성 부분 또는 계통의 도전성 부분을 등전위시키기 위해 한 곳에 전기적으로 접속시켜 설치하는 접지를 말한다. 모든 금속부의 전위차를 10[mV] 이하로 제한하는 것을 말하며, 피뢰설비의 등전위접지에서는 피 보호물 내외부에 위치한 모든 접지 대상을 피뢰설비와 상호 접속하여 등전위가 되도록 하여야 하며, 상호 접속에 사용되는 도선의 굵기는 30[mm²] 이상의 동선을 사용하여야 한다.

295 접속반에서 모듈 보호전류가 15[A]를 초과했을 경우 사용전압은 몇 [V] 이하이어야 하는가?

① 5,000
② 4,000
③ 2,000
④ 1,000

해설
접속반의 종류

모듈 보호전류에 의한 분류	사용전압에 의한 분류
15[A] 초과	1,000[V] 이하
10[A] 초과 15[A] 이하	600[V] 초과 1,000[V] 이하
10[A] 이하	600[V] 이하

296 접속함의 성능기준의 성능시험항목에 포함되지 않는 사항은?

① 정격전압
② 내전압
③ 차단기 성능
④ 절연저항

해설
성능시험

시험항목		판정기준
내전압		$2E+1,000$[V](≒ 1,005.436), 1분간 견딜 수 있을 것
절연저항		1[MΩ] 이상일 것
차단기 성능		KS C IEC 60898-2에 따른 승인을 받은 부품을 사용해야 한다(태양광 어레이의 최대개방전압 이상의 직류 차단전압을 가지고 있을 것).
조작 성능	전기 조작 - 투입 조작	조작회로의 정격전압(85~110[%]) 범위에서 지장 없이 투입할 수 있을 것
	전기 조작 - 개방 조작	조작회로의 정격전압(85~110[%]) 범위에서 지장 없이 개방 및 리셋할 수 있을 것
	전기 조작 - 전압 트립	조작회로의 정격전압(75~125[%]) 범위 내의 모든 트립 전압에서 지장 없이 트립이 될 것
	전기 조작 - 트립 자유	차단기 트립을 확실히 할 수 있을 것
	수동 조작 - 개폐 조작	조작이 원활하고 확실하게 개폐동작을 할 수 있을 것

297 접속함의 성능시험의 절연저항은 몇 [MΩ] 이상이어야 하는가?

① 1 ② 2
③ 5 ④ 10

해설
296번 해설 참조

298 접속함 시험기준의 서지내성 레벨시험 중 레벨 2일 때의 개방회로 시험전압은 몇 [kV]인가?(단, ±10[%]의 차이가 날 수 있다)

① 0.5 ② 1.0
③ 2.0 ④ 4.0

해설
접속함 서지내성 레벨시험

레벨	개방회로 시험전압 (±10[%][kV])	
1	0.5	
2	1.0	
3	2.0	
4	4.0	
X	특별	제품 시방서상의 레벨

299 접속함의 구조시험에 대한 사항이 아닌 것은?

① 외함은 사용 상태에 내부에 기능상 지장이 되는 침수나 결로가 생기지 않은 구조일 것
② 전기회로의 충전부는 노출되지 않을 것
③ 접속함의 구조는 접속점에 근접하여 개폐기 그 밖의 이와 유사한 기구를 시설할 것
④ 수납된 부속품의 온도 간 최고허용온도를 초과하여도 안전한 구조일 것

해설
접속함의 구조시험
- 수납된 부속품의 온도 간 최고허용온도를 초과하지 않는 구조일 것
- 전기회로의 충전부는 노출되지 않을 것
- 외함 및 틀은 수송 또는 시설 중에 일어나는 일반적 충격에 충분히 견디는 기계적 강도와 장기간에 걸쳐 내후성을 갖는 금속 또는 이와 동등 이상의 성능을 갖는 재료로 만들어야 할 것
- 외함은 사용 상태에 내부에 기능상 지장을 주는 침수나 결로가 생기지 않은 구조일 것
- 태양전지 어레이로부터 병렬로 접속하는 전로에는 그 전로에 단락이 생긴 경우 전로를 보호하는 과전류차단기 및 기타의 기구를 시설할 것
- 접속함의 구조는 접속점에 근접하여 개폐기 그 밖의 이와 유사한 기구를 시설할 것

300 접속함의 표시사항에 해당되지 않는 것은?

① 설명서 ② 제조번호
③ 무 게 ④ 보호등급

해설
접속함의 표시사항
- 제조연월일
- 제조업체명과 상호
- 제조번호
- 보호등급
- 종별 및 형식
- 보조회로의 정격전압
- 무 게
- 내부 분리형태
- 작동 전류의 유형
- 각 회로의 정격전류
- 접속함이 설계된 접지 체계의 유형
- 높이, 깊이, 치수
- 재료군
- 경고사항

301 인증 설비에 대한 표시사항에 포함되지 않는 것은?

① 신재생에너지설비 인증표시
② 제조연월일
③ 제조회사
④ 모델명

해설
인증 설비에 대한 표시
- 모델명 및 설비명
- 제조연월일
- 인증부여번호
- 업체명 및 소재지
- 신재생에너지설비 인증표지
- 정격 및 최고사용압력

정답 297 ① 298 ② 299 ④ 300 ① 301 ③

302 상용전력계통과 계통 연계하는 경우에 인버터의 교류출력을 계통으로 접속할 때 사용하는 차단기를 수납 곳은?
① 배전반 ② 수납함
③ 분전반 ④ 단자함

해설
분전반
상용전력계통과 계통 연계하는 경우에 인버터의 교류출력을 계통으로 접속할 때 사용하는 차단기를 수납하는 함

303 다음 중 분전반에 대한 내용으로 틀린 것은?
① 기존에 분전반이 설치되어 있으면 그것을 그대로 사용한다.
② 분전반은 접속함과 같은 역할을 한다.
③ 기설되어 있는 분전반에 여유가 없을 경우 별도의 분전반을 설치한다.
④ 과전류차단기는 태양광발전시스템용으로 설치하는 차단기로서 지락검출기능이 있어야 한다.

해설
분전반은 주택에서 대다수의 경우 이미 설치되어 있기 때문에 태양광발전시스템의 정격출력전류에 맞는 차단기가 있으면 그것을 사용하도록 한다. 이미 설치되어 있는 분전반에 여유가 없는 경우에는 별도의 분전반을 준비하거나 기설되어 있는 분전반 근처에 설치하는 것이 일반적이다. 또한 태양광발전시스템용으로 설치하는 차단기는 지락검출기능이 있는 과전류차단기가 꼭 필요하다.

304 역송전이 있는 계통연계시스템에서 역송전한 전력량을 계측하여 전력회사에 판매할 전력요금을 산출하기 위한 계량기는?
① 테스터기 ② 교류기기
③ 역류기 ④ 적산전력량계

해설
적산전력량계
역송전이 있는 계통연계시스템에서 역송전한 전력량을 계측하여 전력회사에 판매할 전력요금을 산출하기 위한 계량기로 계량법에 의한 검정을 받은 적산전력량계를 사용할 필요가 있다.

305 적산전력계의 구비조건으로 옳은 것은?
① 오차가 클 것
② 구입이 용이할 것
③ 주위 온도에 민감하게 반응할 것
④ 재질이 얇고 가벼울 것

해설
적산전력계의 구비조건
• 가격이 저렴할 것
• 주위 온도나 환경에 영향을 받지 않을 것
• 오차가 적을 것
• 내구성이 좋고, 재질이 튼튼할 것
• 구입이 용이할 것

306 역전방지장치를 부착해야 하는 경우는?
① 가입자측에 전력량을 분리하기 위해서
② 전송한 전력을 다시 가입자측에 역전송하기 위해서
③ 이미 설치되어 있는 적산전력장치를 보호하기 위해서
④ 역송전한 전력량만을 분리·계측하기 위해서

해설
역송전한 전력량만을 분리·계측하기 위해서 역전방지장치가 부착된 것을 사용한다.

307 역송전 계량용 적산전력량계의 비용부담은 어디서 하는가?
① 수용가 ② 한 전
③ 지방자치단체 ④ 국 가

해설
역송전 계량용 적산전력량계는 수용전력계량용 적산전력량계와는 달리 수용가측을 전원측으로 접속한다. 또한 역송전 계량용 적산전력량계의 비용부담은 수용가 부담으로 되어 있다.

308 피뢰대책용 부품의 종류에 해당되는 것은?
① 트랜지스터 ② 다이오드
③ 피뢰소자 ④ 전원 트랜스

해설
피뢰대책용 부품 종류
• 피뢰소자 • 내뢰 트랜스

정답: 302 ③ 303 ② 304 ④ 305 ② 306 ④ 307 ① 308 ③

309 태양광발전시스템의 피뢰소자의 종류는?
① 어레스터 ② IC
③ LED ④ 퓨 즈

해설
태양광발전시스템의 피뢰소자의 종류
- 서지업서버
- 어레스터

310 피뢰소자의 선정절차에 바르게 나열한 것은?
① 선정시작 → 보호소자와 다른 기기와의 상호관계성 → 보호소자 규격선정 → 고장모드 추정 → 설치장소확인 → 보호소자 선정환경 확인 → 선정종료
② 선정시작 → 설치장소확인 → 보호소자 선정환경 확인 → 고장모드 추정 → 보호소자와 다른 기기와의 상호관계성 → 보호소자 규격선정 → 선정종료
③ 선정시작 → 보호소자 선정환경 확인 → 설치장소확인 → 보호소자 규격선정 → 보호소자와 다른 기기와의 상호관계성 → 고장모드 추정 → 선정종료
④ 선정시작 → 보호소자 선정환경 확인 → 보호소자와 다른 기기와의 상호관계성 → 설치장소확인 → 보호소자 규격선정 → 고장모드 추정 → 선정종료

해설
피뢰소자의 선정절차
선정시작 → 설치장소확인 → 보호소자 선정환경 확인 → 고장모드 추정 → 보호소자와 다른 기기와의 상호관계성 → 보호소자 규격선정 → 선정종료

311 저압 피뢰소자의 기본적인 요건에 해당되지 않는 것은?
① 고장 시 전원회로와 분리되어 전원의 정상상태를 유지할 수 있어야 한다.
② 보호소자 고장 시 고장상태를 표시할 수 있는 기능이 있어야 한다.
③ 최대 서지전류에 파괴되어야 한다.
④ 제한전압이 낮아야 한다.

해설
저압 피뢰소자의 기본적인 요건
- 제한전압이 낮아야 한다.
- 고장 시 전원회로와 분리되어 전원의 정상상태를 유지할 수 있어야 한다.
- 최대서지전류에 소손되지 않아야 한다.
- 보호소자 고장 시 고장상태를 표시할 수 있는 기능이 있어야 한다.
- 보호소자의 기본소자인 MOV(Metal Oxide Varistor)는 화재폭발의 가능성이 있기 때문에 안전성이 보장되어야 한다.

312 태양전지 어레이 주회로 안에 설치하는 피뢰소자는?
① 어레스터
② 서지업서버
③ 다이오드
④ 퓨 즈

해설
피뢰소자의 선정
접속함과 분전반 안에 설치하는 피뢰소자는 방전내량이 큰 어레스터를 선정하고 태양전지 어레이 주회로 안에 설치하는 피뢰소자는 방전내량이 적은 서지업서버를 선정한다.

313 서지업서버 선정방법이 아닌 것은?
① 회로에서 쉽게 떨어지고 붙일 수 있는 구조가 좋다.
② 설치하려는 단자 간의 최대전압을 확인한다.
③ 제조회사의 제품안내서에서 최대허용 회로전압 DC[V]란에서 그 전압 이상인 형식을 선정한다.
④ 방전내량은 최저 100[kA] 이상인 것을 선정한다.

해설
서지업서버 선정방법
- 방전내량은 최저 4[kA] 이상인 것을 선정한다.
- 회로에서 쉽게 떨어지고 붙일 수 있는 구조가 좋다.
- 설치하려는 단자 간의 최대전압을 확인한다.
- 유도뢰 서지 전류로서 1,000[A](8/20[μs])의 제한전압이 2,000[V] 이하인 것을 선정한다.
- 제조회사의 제품안내서에서 최대허용 회로전압 DC[V]란에서 그 전압 이상인 형식을 선정한다.

정답 309 ① 310 ② 311 ③ 312 ② 313 ④

314 어레스터 선정방법의 내용으로 틀린 것은?
① 분전반에는 제조회사의 제품안내서의 정격전압란에 기재되어 있는 전압 또는 제조회사가 권장하는 전압의 형식을 선정한다.
② 어레스터는 회로에서 쉽게 떨어지고 붙일 수 있는 구조가 좋다.
③ 어레스터는 뇌 전류에 의해 열화하면 최악의 경우 오픈상태가 되므로 열화했을 때 자동으로 회로에서 분리하는 기능을 가진 제품을 선정하면 보수점검이 어렵다.
④ 낙뢰에 의한 과전압을 방전으로 억제하여 기기를 보호한다.

해설
어레스터 선정방법
- 낙뢰에 의한 과전압을 방전으로 억제하여 기기를 보호한다. 과전압이 소멸한 후는 속류(전원에 의한 방전전류)를 차단하여 원상으로 자연 복귀하는 기능을 가진 장치를 말한다.
- 접속함에는 제조회사 제품안내서의 최대허용전압란 또는 정격전압란에 기재되어 있는 전압이 어레스터를 설치하려고 하는 단자 간의 최대전압 이상에서 가까운 전압의 형식을 선정한다. 분전반에는 제조회사의 제품안내서의 정격전압란에 기재되어 있는 전압 또는 제조회사가 권장하는 전압의 형식을 선정한다.
- 어레스터는 회로에서 쉽게 떨어지고 붙일 수 있는 구조가 좋다. 이것은 절연저항 측정에 있어 작업의 능률 향상에 도움을 준다.
- 어레스터는 뇌 전류에 의해 열화하면 최악의 경우 단락상태가 되므로 열화했을 때 자동으로 회로에서 분리하는 기능을 가진 제품을 선정하면 보수점검이 용이하다.
- 어레스터 1,000[A](8/20[μs])에서 제한전압(서지전류가 흘렀을 때 서지전압이 제한된 어레스터 양단자 간에 잔류하는 전압)이 2,000[V] 이하인 것을 선정한다. 또한 태양전지 어레이의 임펄스 내 전압은 4,500[V]로서 어레스터의 접지선의 길이에 따라 서지 임피던스의 상승분을 고려하여 제한 전압을 2,000[V] 이하로 한다. 한편, 접지선은 가능한 한 짧게 배선할 필요가 있다.
- 유기되는 파형은 8/20[μs]뿐만 아니라 그 이상의 길이를 가진 에너지가 큰 파형도 있기 때문에 어레스터의 방전내압(서지내량, 즉 실질적으로 장애를 일으키는 일 없이 5분 간격으로 2회 흘려보낼 수 있는 8/20[μs] 또는 4/10[μs] 정도 파형의 방전전류 파고치의 최대한도를 말함)은 최저 4[kA] 이상이 필요한데 가능하면 20[kA]가 가장 바람직하다.

315 어레스터와 서지업서버로 보호할 수 없는 경우 사용되는 소자는?
① 다이오드
② 트랜지스터
③ IC
④ 내뢰 트랜스

해설
내뢰 트랜스
어레스터와 서지업서버로 보호할 수 없는 경우 사용되는 소자로서 실드부착 절연트랜스를 주체로 이에 어레스트 및 콘덴서를 부가시킨 것이다. 뇌 서지가 침입한 경우 내부에 넣은 어레스터 제어 및 1차측과 2차측 간의 고절연화, 실드에 의해 뇌 서지의 흐름을 완전히 차단할 수 있도록 한 장치이다.

316 내뢰 트랜스의 선정방법에 해당되지 않는 것은?
① 전기특성이 양호한 것을 선정한다.
② 실드판의 수가 많을수록 뇌 서지에 대한 억제 효과는 작아지기 때문에 적은 것을 선정한다.
③ 1차측, 2차측의 전압 및 용량을 결정하고 제품안내서에 의해 형식을 선정한다.
④ 1차측과 2차측 사이에 실드판이 있는 것을 사용한다.

해설
내뢰 트랜스의 선정방법
- 1차측과 2차측 사이에 실드판이 있고, 이 판수가 많을수록 뇌 서지에 대한 억제효과도 커지기 때문에 많은 것을 선정한다.
- 1차측, 2차측의 전압 및 용량을 결정하고 제품안내서에 의해 형식을 선정한다.
- 전기특성(전압변동률, 효율, 절연강도, 서지감쇠량, 충격률(뇌 임펄스))이 양호한 것을 선정한다.

317 보호장치의 기타 조건 중 간접적인 접촉의 예방에 대한 사항이 아닌 것은?
① 감전방지가 있어 보호소자가 고장이 났을 경우에도 보호가 되어야 한다.
② 감전방지가 있어서 접지시설은 하지 않아도 된다.
③ 자동전원차단기를 설치하여 보호소자의 전원측 과전류보호를 할 수 있어야 한다.
④ 자동전원차단기를 설치하여 누전차단기의 부하측에 보호소자를 설치해야 한다.

해설
보호장치의 기타 조건 중 간접적인 접촉의 예방
- 감전방지가 있어 보호소자가 고장이 났을 경우에도 보호가 되어야 한다.
- 자동전원차단기를 설치하여 보호소자의 전원측 과전류보호를 할 수 있어야 한다.
- 자동전원차단기를 설치하여 누전차단기의 부하측에 보호소자를 설치해야 한다.

정답 314 ③　315 ④　316 ②　317 ②

CHAPTER 02 태양광발전사업 환경분석

제1과목 태양광발전 기획

제1절 주변 기상·환경 검토

1 일조시간, 일조량

(1) 일조시간

태양광선이 지표를 내리쬔 시간을 의미한다. 즉, 태양광선이 구름이나 안개로 가려지지 않고 지면에 도달한 지속시간을 말한다.

(2) 일조량

일조는 태양의 직사광선이 구름이나 안개 등에 차단되지 않고 지표면을 비추는 것이다. 즉, 일정한 물체의 표면이나 지표면에 비치는 햇볕의 양을 일조량이라고 한다.

① 일조량은 일사와 동일한 용어로 사용되기도 하지만 일사보다는 시간적 개념이 많이 포함된 용어로 일조라는 용어는 일조시간을 나타낸다.

② 그 지방의 해돋는 시간부터 해지는 시간까지의 시간을 가조시간이라고 하는데, 이는 실제로 지표면에 태양이 비친 시간인 일조시간을 말한다.

③ 겨울은 낮이 짧아 일조량이 적다. 구름이 없는 맑은 날씨에는 일조시간과 가조시간이 일치하고, 구름이 많아지면 그만큼 가조시간이 짧아지게 된다. 이러한 가조시간과 일조시간의 비를 일조율이라고 한다.

$$일조율 = \frac{일조시수}{가조시수} \times 100[\%]$$

일조시간을 가조시간으로 나눈 수를 [%]로 나타낸 것이며, 일출에서 일몰까지의 시간수인 주간시수 또는 가조시수에 대하여 그 지방 일조시수의 비(백분율)이다.

(3) 일사량

태양의 복사를 일사라 하고, 일사의 세기를 일사량이라 한다. 공기가 없을 경우, 태양상수는 대략 1.94[cal]의 값을 갖는데 다소 변동이 있다.

태양광발전에 있어서 태양빛을 받아 태양전지에서 발생되는 전기량은 일사량과 밀접한 관계가 있으므로 해당 지역의 일사량 조사는 필수적일 수밖에 없다.

① 일사량은 태양으로부터 오는 태양 복사 에너지가 지표면에 닿은 양을 말한다. 즉, 일사량은 태양광선에 직각적으로 놓은 $1[cm^2]$ 넓이에 60초 동안 복사되는 에너지의 양을 측정해서 알 수 있다.

② 우리나라에서의 일사량은 하루 중 태양이 정중앙에 뜨는 1년 중 하지일 때에 최대가 되는데, 이것은 태양의 고도가 높아지기 때문에 지표면에 닿기까지 통과하는 대기의 두께가 얇기 때문에 태양의 고도가 높을수록 일사량도 증가한다.

③ 일사량은 지역에 따라 큰 차이를 보이는데, 구조물이나 산 등의 지형에 의한 그림자가 있는 경우도 있고, 연중 맑은 날의 숫자(일수) 차이에 의한 경우도 있다.

④ 산악지역보다 해안이 일사량이 더 많다.
⑤ 일사량은 통상 수평면 전일사량을 의미하며, 상용계산에 필요한 자료는 직달일사량과 산란일사량이다. 지면 위에서 관측되는 일사량은 공기 중에 있는 먼지나 수증기에 의해 흡수되고 산란되어 대기 외의 일사량의 70[%] 정도가 된다.
⑥ 우리나라 평균 일사량은 유럽에 비해 약 1.4배 높으며, 1일 전국 평균량은 3,070[kcal/m^2]이고, 특히 호남과 영남지역의 평균일사량은 3,150[kcal/m^2]로 태양광발전소의 발전 조건이 양호한 상태를 나타낸다.
⑦ 일사량의 단위는 에너지의 절대단위인 [J]로 표시하지만, 발전량을 계산할 때는 [kWh/m^2]로 표시하며 기초자료로 사용된다.

2 위도, 경도, 방위, 고도각

일사량은 설치장소의 위도와 계절에 따른 태양궤적변화와 지역적인 날씨에 의한 커다란 편차를 보이므로 그 지역의 특성에 맞는 설치조건을 적용한다. 동일한 태양전지면적으로 높은 출력을 얻기 위해서는 태양전지의 표면을 가능한 한 최장의 일조시간에 노출될 수 있도록 하여야 한다.

(1) 방향성 및 설치 경사각도

① 방향성과 일사량
  ㉠ 태양의 일사량은 지역별로 차이가 있고, 그 양은 위도·계절 등에 따라 변화한다. 발전량은 시스템의 설치위치와 경사각 및 방위각에 의해 결정이 되며, 연간 태양궤적에 비추어 볼 때 지구 북반구에서의 태양전지설비방향은 남향으로 해야 많은 양이 축적된다.
  ㉡ 태양전지표면에 태양광이 가능한 한 직각에 가깝게 비치도록 하여야 태양광선의 밀도가 커져 최대의 에너지양을 얻을 수 있을 것이다.

② 설치 경사각도
  ㉠ 항상 태양광선의 입사각을 전지표면에 직각으로 유지할 수 있는 태양광추적형발전설비가 필요하고, 태양고도의 변화는 문제가 되지 않는다. 고정식 발전설비는 특정지역에서의 최적설치각도와 방향파악을 위하여 해당지역에서 측정된 다년간의 일사량 자료를 기상청에 의뢰하여 분석을 반드시 선행해야 한다.
  ㉡ 지축이 약 23.5° 기울어져 자전과 공전을 하는 지구의 특성상 태양의 고도가 매일 달라져 태양전지 수평면에 조사되는 입사각도가 변한다.
  ㉢ 우리나라의 경우 위도 37°를 기준으로 할 때 태양광의 입사각도는 하지 정오에 약 76°, 동지 정오에 약 30° 범위에서 연간 태양의 고도가 변한다.

(2) 태양의 고도(θ) : 고도각

① 고도는 천체가 지평선이나 수평선이 이루는 각을 말하고, 태양의 고도는 지평면과 태양이 이루는 각을 말한다.
② 직달 태양 광선과 수평면 사이의 각도이며, 수평면과 태양의 중심이 이루는 각도를 말한다(단위 : [rad]).

(3) 남중고도

① 태양의 남중고도는 태양과 지표면이 이루는 각 중 가장 높을 때를 말한다.
② 지구의 자전축은 공전 축에 대해 23.5° 기울어져 있는 상태로 공전하기 때문에 태양의 남중고도에 변화가 생겨 계절변화의 원인이 된다.
③ 하지 때 태양의 남중고도는 북반구에는 최대가 되고, 남반구에서는 최소가 된다. 그리고 춘분과 추분일 때는 적도에서 최대가 된다.

3 설치 가능여부 조사

(1) 태양광발전의 성능을 최대한 높이려면 우선 태양광발전 장소의 기후 조건을 잘 확인해야 한다. 온도, 강우량, 일사량 조건이 태양광에 불리하지 않은지 꼭 확인해야 한다.

(2) '자원지도시스템'에서 제공하는 과거 20년 이상의 지역별 일사량, 일조시간, 기온, 강수량, 안개·연무일수 등 기상 관측자료를 확인해야 한다.

(3) 방향은 정남향일수록 좋고, 동향이나 서향으로 설치하면 정남향에 비해 효율이 15[%] 가량 떨어지게 된다.

(4) 기후는 일사량이 많은 맑은 날씨와 서늘한 기온이 태양광발전에 적합한 기후이다.

(5) 흐리거나 비가 오는 날이 많으면 일사량이 부족하여 태양광발전에 좋은 조건이 되지 않는다.

(6) 반대로 여름철 뜨거운 햇볕으로 태양전지의 온도가 올라가면 발전효율이 떨어지게 된다.

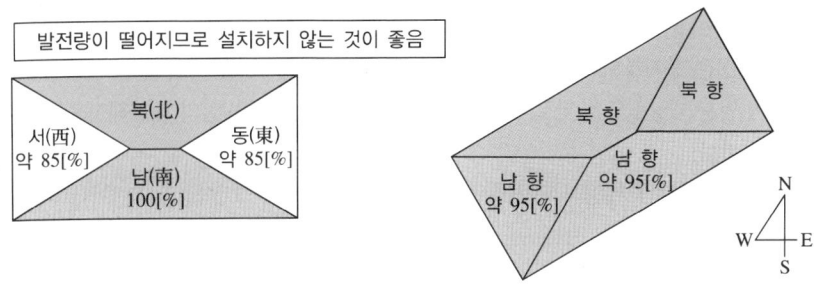

방향별 발전량 비교

(7) 경사각 한국에서는 수평면으로부터 경사각을 30° 내외로 맞추는 것이 가장 효율적이다.

(8) **면적** : 태양광 1[kW]당 평면 기준으로 대략 8~12[m^2] 면적이 필요하다.

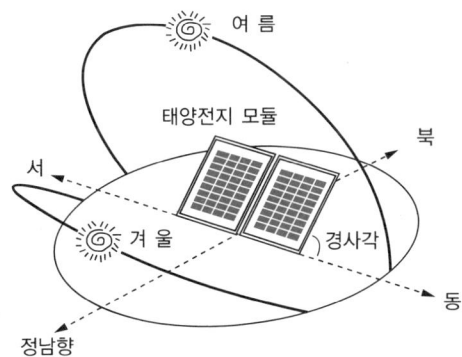

모듈의 설치방향과 경사 각도

(9) 고도가 높거나 바람이 세게 부는 곳이라면, 강한 풍압을 견딜 구조물을 설계에 반영하여야 한다. 안정성 옥상이나 지붕에 설치할 경우, 태양광 전체 구조물의 무게를 견딜 수 있어야 합니다. 빗물이 새는 옥상이라면, 태양광 설치가 상황을 오히려 악화시키지 않도록 방수 대책을 우선해야 한다.

(10) 그림자 태양광 전지판에 그림자가 생기지 않도록 해야 하고, 태양 궤적에 따라 그림자의 방향과 크기가 달라지니, 장애물이 없는지 주의 깊게 관찰해야 한다.

4 주변 환경조건 및 기후자료 분석 등

(1) 태양궤적도

① 신태양궤적도

㉠ 균시차를 고려한 태양궤적도로, 특정 월일의 태양궤적과 시각선이 나타나 있어 태양고도와 방위각을 쉽게 찾을 수 있다.

㉡ 시각선 중 실선은 동지부터 하지까지, 점선은 하지부터 동지까지를 나타낸다. 사용방법은 우선 구하고자 하는 위도에 맞는 태양궤도를 찾고, 태양궤적도에서 알고자 하는 월일의 태양궤적을 찾아 시각선과 만나는 교점을 표시한다.

㉢ 이 교점의 동심원 값이 태양고도이며, 그 점에서 방사선으로 그었을 때 외주원호와 만나는 점의 값이 방위각이다.

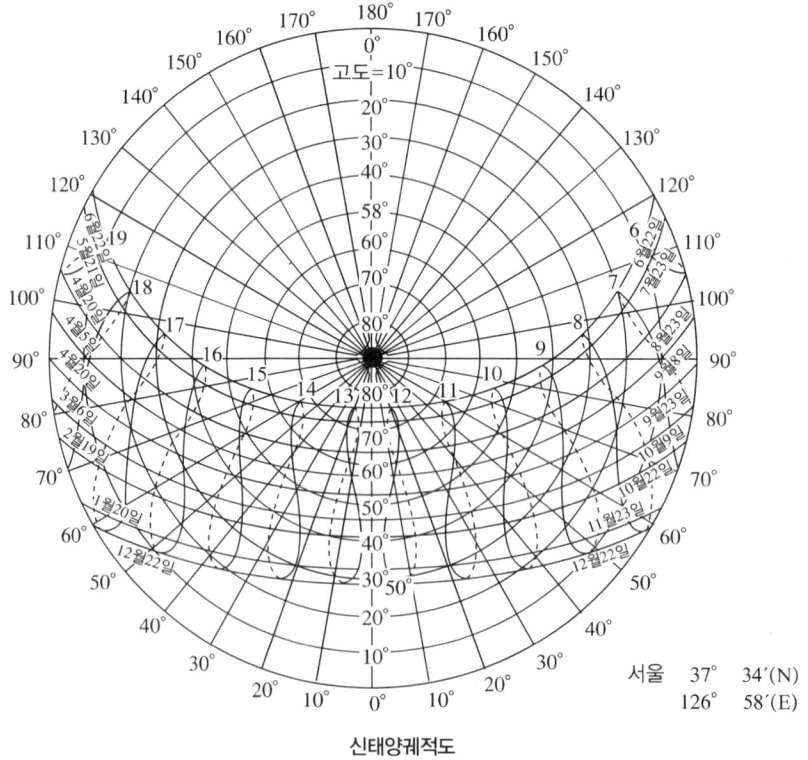

신태양궤적도

> **Check!** **균시차**
> 시태양시와 평균태양시의 차이를 말한다. 지구에서 보았을 때, 태양은 황도를 따라 움직인다. 그러나 지구의 공전궤도가 타원궤도이므로 궤도상의 속도가 다르고, 황도는 천구의 적도와 23.5° 기울어져 있기 때문에 태양일의 기간은 일정하지 않다. 따라서 실제 태양을 시계로 사용하면 일정치 않으므로 가상의 태양이 천구의 적도를 일정한 속도로 운행하는 시계가 필요하다. 실제 태양이 가리키는 시각을 시태양시라 하고, 가상의 태양이 가리키는 시각을 평균태양시라고 하면 이 두 시각 간의 차이를 균시차라 한다.

② 신월드램 태양궤적도
  ㉠ 신월드램 태양궤적도는 관측자가 천구상의 태양경로를 수직평면상의 직교좌표로 나타낸 것이다.
  ㉡ 태양의 궤적을 입면상에 그릴 수 있기 때문에 매우 이해하기 쉽고 편리한 방법이다. 특히, 태양광 획득을 위한 건물의 조향, 외부공간의 계획, 내부의 실 배치, 창, 차양장치, 식생 및 태양과 어레이 설계에 필수적이다.

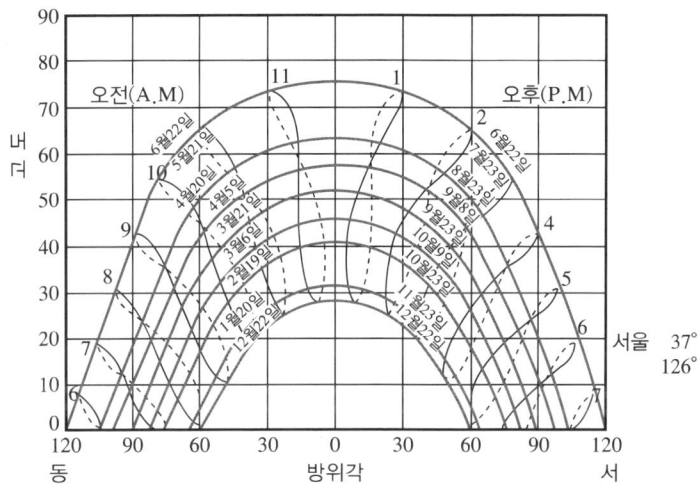

신월드램 태양궤적도

(2) 태양궤적과 태양 전지

① 수직사영 태양궤적도 : 수직면상에 투영된 태양궤적을 나타낸 그림
② 수평사영 태양궤적도 : 수평면상에 투영된 태양궤적을 나타낸 그림
③ 태양궤적선 : 날짜별로 그려진 곡선으로 특정지역, 특정시간에서의 일출·일몰·태양위치를 알 수 있다.
④ 방위각선 : 수평사영 태양궤적도에서는 방사선, 수직사영 태양궤적도에서는 수직선
⑤ 고도각선 : 수평사영 태양궤적도에서는 동심원, 수직사영 태양궤적도에서는 수평선
⑥ 시간선 : 날짜별 태양궤적선상에 연결되어 표시된 곡선
  ㉠ 태양고도(계절별) : 전후면 이격거리 결정, 태양전지판 설치각도(가변)
  ㉡ 태양의 방위각 : 태양전지판 설치 방향과 발전시간 결정

⑦ 방위각

태양의 위치와 관측점을 잇는 직선과 균원분의 면에 연직이고 수평선이 이루는 각도가 지면에 투영된 각도
- ⊙ 정남향 : 0°
- ⊙ 남서 : 45°
- ⊙ 남동 : -45°
- ⊙ 정서 : 90°
- ⊙ 정동 : -90°

⑧ 고정식은 각도가 30°일 때 남해안에서 연중대비 5~6월에 태양의 고도가 가장 높아 출력이 가장 높다.

⑨ 동지 때 그림자의 길이가 가장 길고, 하지 때 그림자의 길이가 가장 짧다.

(3) 음영각

① 수직 음영각

그림자 끝과 장애물 상부를 이은선과 지면이 이루는 각(입사각, 경사각)

② 수평 음영각

일출에서 일몰까지 그림자가 수평면 상에서 이동한 각(방위각)

CHAPTER 02 적중예상문제

제1과목 태양광발전 기획

01 태양광선이 지표를 내리쬔 시간은?
① 가조시간 ② 정각시간
③ 일조시간 ④ 일출시간

해설
일조시간
태양광선이 지표를 내리쬔 시간을 의미한다. 즉, 태양광선이 구름이나 안개로 가려지지 않고 지면에 도달한 지속시간을 말한다.

02 태양의 직사광선이 구름이나 안개 등에 차단되지 않고 지표면을 비추는 것은?
① 일 사 ② 일 조
③ 태양광 ④ 편 제

해설
일조란 태양의 직사광선이 구름이나 안개 등에 차단되지 않고 지표면을 비추는 것을 말하며, 일정한 물체의 표면이나 지표면에 비치는 햇볕의 양을 일조량이라고 한다.

03 일정한 물체의 표면이나 지표면에 비치는 햇볕의 양은?
① 일사량 ② 태양량
③ 일조량 ④ 정 량

해설
2번 해설 참조

04 일조일수가 4일이고, 가조일수가 8일일 경우 일조율은?
① 10 ② 30
③ 50 ④ 100

해설
일조율 $= \dfrac{\text{일조시수}}{\text{가조시수}} \times 100[\%] = \dfrac{4}{8} \times 100 = 50$

05 태양의 복사를 무엇이라 하는가?
① 일 조
② 일 사
③ 일세기
④ 일평균량

해설
일사량
태양의 복사를 일사라 한다. 그리고 일사의 세기를 일사량이라 하며, 공기가 없을 경우, 대략 1.94[cal]로서 이 값을 태양상수라 하는데, 다소 변동이 있다.

06 일사량은 태양광선에 직각적으로 놓은 1[cm^2] 넓이에 얼마동안 복사되는 에너지양을 측정한 것인가?
① 10초 ② 20초
③ 30초 ④ 60초

해설
일사량이란 태양으로부터 오는 태양 복사 에너지가 지표면에 닿은 양을 말한다. 일사량은 태양광선에 직각적으로 놓은 1[cm^2] 넓이에 60초 동안 복사되는 에너지의 양을 측정해서 알 수 있다.

07 일사량에 대한 설명으로 바르게 설명한 것은?
① 일사량은 하루 중 태양이 정중앙에 뜰 경우 최대가 된다.
② 1년 중 하지일 때에 최소가 된다.
③ 태양고도가 높아지면 일사량이 감소한다.
④ 대기의 두께가 얇을수록 일사량이 감소한다.

해설
우리나라에서는 일사량은 하루 중 태양이 정중앙에 뜨는 1년 중 하지일 때에 최대가 되는데, 이것은 태양의 고도가 높아지기 때문에 지표면에 닿기까지 통과하는 대기의 두께가 얇기 때문에 태양의 고도가 높을수록 일사량 또한 증가한다. 그리고 태양이 정중앙에 위치할 때 일사량은 최대가 된다.

정답 1 ③ 2 ② 3 ③ 4 ③ 5 ② 6 ④ 7 ①

08 일사량은 통상 수평면 전일사량을 의미하며, 상용계산에 필요한 자료에는 일사량을 어떻게 구분하는가?

① 직달일사량과 수직일사량
② 직달일사량과 수평일사량
③ 직달일사량과 산란일사량
④ 직달일사량과 굴절일사량

해설
일사량은 통상 수평면 전일사량을 의미하며, 상용계산에 필요한 자료는 직달일사량과 산란일사량이다.

09 일사량의 단위는 에너지의 절대단위인 [J]로 표시하지만 발전량을 계산할 때의 단위는?

① [Wb]
② [Hz]
③ [kWh/m]
④ [kWh/m²]

해설
일사량의 단위는 에너지의 절대단위인 [J]로 표시하지만 발전량을 계산할 때는 [kWh/m²] 기간으로 표시하며 기초자료로 사용된다.

10 천체가 지평선이나 수평선과 이루는 각은?

① 방 향
② 방위각
③ 고 도
④ 거 리

해설
태양의 고도(θ) : 고도각
천체가 지평선이나 수평선과 이루는 각을 고도라고 하고, 태양의 고도는 지평면과 태양이 이루는 각을 말한다. 그리고 직달 태양 광선과 수평면 사이의 각도이며, 수평면과 태양의 중심이 이루는 각도를 말한다(단위 : [rad]).

11 직달 태양광선과 수평면 사이의 각도를 무엇이라 하는가?

① 방위각
② 고 도
③ 선 각
④ 편 각

해설
10번 해설 참조

12 고도의 단위는?

① [rad]
② [m/s]
③ [%]
④ [w]

해설
10번 해설 참조

13 태양과 지표면이 이루는 각 중 가장 높을 때를 무엇이라 하는가?

① 일사각도
② 일조각도
③ 지중고도
④ 남중고도

해설
태양의 남중고도
태양과 지표면이 이루는 각 중 가장 높을 때를 말한다.

14 태양광발전의 성능을 최대한 높이려면 우선 태양광발전 장소의 어떤 조건을 잘 확인해야 하는가?

① 풍 압
② 고 도
③ 기 후
④ 방 향

해설
태양광발전의 성능을 최대한 높이려면 우선 태양광발전 장소의 기후조건을 잘 확인해야 한다.

15 자원지도시스템에서 지역별 일사량, 일조시간, 기온, 강수량, 안개·연무일수 등 기상 관측자료를 확인해야 하는데 과거 몇 년 이상의 자료를 확인해야 하는가?

① 20년
② 15년
③ 10년
④ 5년

해설
'자원지도시스템'에서 제공하는 과거 20년 이상의 지역별 일사량, 일조시간, 기온, 강수량, 안개·연무일수 등 기상 관측자료를 확인해야 한다.

16 한국에서 가장 효율적인 경사각은?

① 5°
② 10°
③ 25°
④ 30°

해설
경사각 한국에서는 수평면으로부터 경사각을 30° 내외로 맞추는 것이 가장 효율적이다.

17 태양광 1[kW]당 필요로 하는 평균 기준 면적은?
① $3 \sim 7[m^2]$
② $8 \sim 12[m^2]$
③ $13 \sim 17[m^2]$
④ $21 \sim 28[m^2]$

해설
면 적
태양광 1[kW]당 평면 기준으로 대략 8~12[m²] 면적이 필요하다.

18 태양궤적도는 어떻게 분류할 수 있는가?
① 신태양궤적도와 구태양궤적도
② 신태양궤적도와 공간 태양궤적도
③ 신태양궤적도와 신월드럼 태양궤적도
④ 신태양궤적도와 지각 태양궤적도

해설
태양궤적도
- 신태양궤적도 : 균시차를 고려한 태양궤적도로, 특정 월일의 태양궤적과 시각선이 나타나 있어 태양고도와 방위각을 쉽게 찾을 수 있다.
- 신월드럼 태양궤적도 : 신월드럼 태양궤적도는 관측자가 천구상의 태양경로를 수직평면의 직교좌표로 나타낸 것으로, 태양의 궤적을 입면 상에 그릴 수 있기 때문에 매우 이해하기 쉽고 편리한 방법이다.

19 태양궤적과 태양전지의 내용 중 날짜별로 그려진 곡선으로 특정지역, 특정시간에서의 일출, 일몰, 태양위치를 알 수 있는 것은?
① 태양궤적선
② 방위각선
③ 시간선
④ 방위각

해설
태양궤적선
날짜별로 그려진 곡선으로 특정지역, 특정시간에서의 일출, 일몰, 태양위치를 알 수 있다.

20 수평사영 태양궤적도에서는 방사선, 수직사영 태양궤적도에서는 수직선인 것은?
① 고도각선
② 방위각선
③ 동심원
④ 수평선

해설
방위각선
수평사영 태양궤적도에서는 방사선이고, 수직사영 태양궤적도에서는 수직선이다.

21 날짜별 태양궤적선상에 연결되어 표시된 곡선은?
① 방위각
② 고도각선
③ 태양궤적선
④ 시간선

해설
시간선
날짜별 태양궤적선상에 연결되어 표시된 곡선

22 태양의 위치와 관측점을 잇는 직선과 균원분의 면에 연직이고 수평선이 이루는 각도가 지면에 투영된 각도를 무엇이라 하는가?
① 편 각
② 방위각
③ 굴절각
④ 정 각

해설
방위각
태양의 위치와 관측점을 잇는 직선과 균원분의 면에 연직이고 수평선이 이루는 각도가 지면에 투영된 각도
- 정남향 : 0°
- 남서 : 45°
- 남동 : -45°
- 정서 : 90°
- 정동 : -90°

23 방위각도와 방향의 내용으로 틀리게 연결된 것은?
① 정남향 : 0°
② 남동 : -45°
③ 정동 : 90°
④ 남서 : 45°

해설
22번 해설 참조

정답 17 ② 18 ③ 19 ① 20 ② 21 ④ 22 ② 23 ③

24 그림자 끝과 장애물 상부를 이은선과 지면이 이루는 각은?

① 수평 음영각
② 곡선 음영각
③ 수직 음영각
④ 평면 음영각

해설
수직 음영각
그림자 끝과 장애물 상부를 이은선과 지면이 이루는 각(입사각, 경사각)

25 일출에서 일몰까지 그림자가 수평면 상에서 이동한 각은?

① 수평 음영각
② 곡선 음영각
③ 수직 음영각
④ 평면 음영각

해설
수평 음영각
일출에서 일몰까지 그림자가 수평면상에서 이동한 각(방위각)

CHAPTER 03 태양광발전사업 부지 환경조사

제1과목 태양광발전 기획

제1절 태양광발전부지 조사

1 태양광발전부지 타당성 검토

(1) 공사비 산정의 의의
① 공사비 산정 : 좁은 의미로는 공사입찰·계약단계에서 설계 도서를 바탕으로 시공에 필요한 자재, 노무, 기계 등의 소요량을 산출하여 도급공사비를 산정하는 과정으로 이 결과는 예정가격이다. 넓은 의미로는 건설사업 전 단계에 걸쳐 예산범위 내에서 최적의 목적물을 설계·시공하여 발주자의 투자비용에 대한 가치를 극대화할 수 있도록 건설비용을 합리적으로 예측, 계획, 관리하는 과정을 말한다.

(2) 적산(산정)의 분류
① 개산 : 공사의 계획을 세울 때 개략공사비를 추정하여 공사의 타당성을 검토하고 설계나 시공법의 비교검토를 하기 위해 개략적인 비용을 알아보는 적산을 말하는 것으로, 하나하나 계산하지 않고 과거의 실적 등을 근거로 하여 일정한 비율로 산출한다.
② 정산 : 공사의 상세 적산으로서 계약의 내용, 설계도서, 적산조건 등 계약서류와 현장의 여러 조건을 종합적으로 명확히 조사하여 공사의 내용에 따른 내역을 상세하게 항목별로 나누어 단가산출서 또는 일위대가표 등에 따라 공사비(노무비, 재료비, 일반관리비, 경비, 이윤 등)를 산출하는 것으로, 이에 의하여 산출된 공사비는 입찰가격, 예정가격, 실행예산서 등의 결정 자료가 될 뿐만 아니라 공사비의 자금 또는 수령 등 공사 완공 시의 급부 정산까지 할 수 있다.

(3) 공사비 산정(적산)의 순서

> 조사 → 설계 → 수량산출 → 시공계획 → 적산 → 공사발주

① 단가의 조사·결정
② 단위 공사당 품셈 결정
③ 품셈과 단가를 계산한 일위대가표 및 단가산출 근거 등의 작성
④ 직접공사비 산정
⑤ 간접공사비 산정
⑥ 공사비의 총계산정

(4) 시공계획

① 시공조건의 조사
② 일정계획 : 기본계획, 세부계획, 작업가능일수, 기계시공계획
③ 직접공사비

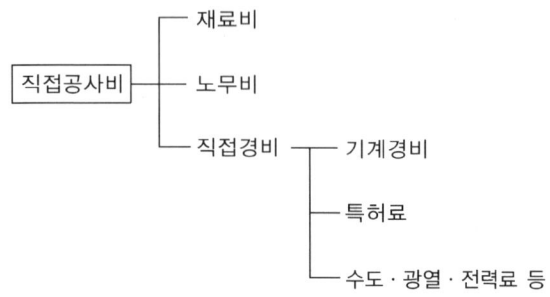

④ 간접공사비 : 각 공사에 공통적으로 필요한 비용

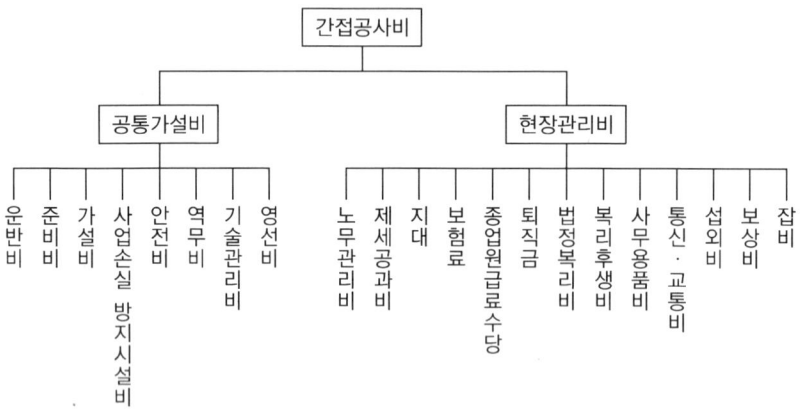

(5) 공사비 산정방식 분류

① 원가계산 방식(품셈)
② 실적공사비 산정방식

(6) 공사비 산정하는 방법
① 공사비의 구성

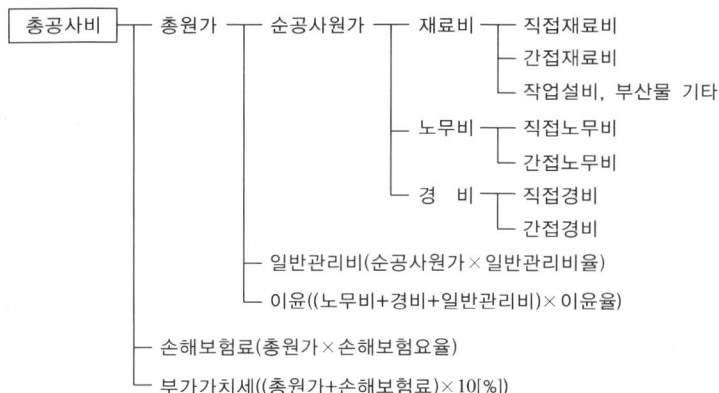

㉠ 순공사원가 = 재료비 + 노무비 + 경비
㉡ 총원가 = 순공사원가 + 일반관리비 + 이윤
㉢ 공급가액 = 총원가 + 손해보험료
㉣ 총공사비 = 공급가액 + 부가가치세

② 원가계산에 의한 방법

공사에 소요되는 원가비목을 재료비, 노무비, 경비, 일반관리비 및 이윤으로 구분하여 각각의 소요량과 단위당 가격을 곱하여 예정가격을 산정하는 방식이다. 원가계산은 제조원가 계산과 용역원가계산 및 공사원가계산으로 구분한다.

㉠ 공사원가 : 공사시공과정에서 발생한 재료비, 경비, 노무비의 합계액을 말한다.
- 원가계산방식 : 공종별로 소요되는 재료, 노임 등의 단가를 조사하고, 품셈 등을 적용한 단가산출을 근거(일위대가)로 작성단가를 결정한다. 도면, 시방서 등에 의하여 산출된 단가와 수량을 곱하여 공사비를 결정한다.
- 실적공사비 방식
  - 공공 발주기관별로 이미 수행된 사업의 계약단가를 기본으로 하여 시간과 규모, 지역차 등에 따른 보정을 실시한 금액으로 단위수량에 대한 시공단가로 결정한다.
  - 과거 시행된 건설공사로부터 산출된 공종별 계약단가를 활용하여 차기 건설공사의 예정가격을 산출하는 적산 방법이다.
  - 체계적이고 통일된 수량산출 및 내역서 작성하기 위해 국가가 수량산출기준을 마련하여 이 기준에 따라 건설업체는 산출내역서를 작성하여 입찰가격을 결정해야 한다.

㉡ 예정가격
- 실적공사비에 의한 예정가격은 직접공사비, 간접공사비, 이윤, 일반관리비, 공사손해보험료 및 부가가치세의 합계액으로 한다.
- 건축물을 짓기 위하여 기획하고 완성하기까지의 기획단계(발주처), 설계단계(설계자), 발주단계(발주기관), 시공단계(시공자)별로 기준이 되는 공사금액이다.

- 발주자의 예정가격 산정 : 건축물의 규모와 기능을 기준으로 사업물의 개략적인 규모를 결정한다. 여기에 과거 유사한 공사의 공사비를 분석해서 개략적인 예산액을 산출해야 한다. 또한 시장조건, 규모, 시방기준의 정도, 현장조건, 지질조건 등에 따라 보정하여 예산가격을 산정한다.
- 설계자의 예정가격 산정 : 기본 설계를 실시하고 요소별 공사비를 계산 견적에 의해 산출하여 이것이 목표 예산액 범위 이내에 포함되는지 검토 후 조정 실시설계 후 상세적인 물량산출과 공사단가를 통하여 직접 공사비를 산출하여 원가계산에 의하여 예정가격을 산정
- 시공자의 예정가격 산정
  - 공사입찰 시 : 발주할 때 제시된 기준가격과 설계도면(설계도면 시방서 공 내역서 등) 및 공사여건을 기준으로 시공자가 시공이 가능한 예정가격을 산정

    예정가 = 축적된 계약단가에 공사의 특성치를 보정한 가격 × 도면(시방서 등으로부터 산출된 수량)
  - 공사시행 시 : 입찰을 통하여 수주한 금액을 기준으로 실제 시공할 실행공사비를 산정

> **Check! 적정 예정가격**
> 시공자가 건설공사를 정상적으로 시행하여 발주자가 기대하는 품질과 공기를 보장하면서 적정한 이윤을 확보할 수 있는 금액

발주업무의 흐름	예정가격 산정방식의 비교	
	원가계산 방식	실적공사비 방식

세부내역 항목별 단가산정	• 세부내역 항목별 일위대가 작성(표준품셈적용)
	노무량, 재료량, 소요(소비)량
	• 자원별 단위당 가격 조사
	  - 노임단가 : 시중노임(건설협회조사)
	  - 재료단가 : 거래실례가격(조달청장 또는 전문가격조사기관이 공표한 가격. 2인 이상의 사업자에 대해 직접조사·확인한 가격)
	  - 기계경비 : 거래실례가격
	• 세부내역 항목별 단가산정
	  - 노무비 : 노무량 × 단위당 가격
	  - 재료비 : 재료량 × 단위당 가격
	  - 경비 : 소요량 × 단위당 가격
		• 실적공사비 D/B로부터 세부내역 항목별 단가 결정
		• 지역규모가 유사한 공사의 단가를 현재가치로 환산한 가격의 평균값을 근거로 세부내역 항목별 단가 결정

예정가격 작성	• 순공사원가 산정 세부내역 항목별[수량 × 단가(재료비 + 노무비 + 경비)] 집계 • 일반관리비 산정 순공사원가 × 일반관리비율 • 이윤산정 (노무비 + 경비 + 일반관리비) × 이윤율 • 예정가격 산정 총공사비(순공사원가 + 일반관리비 + 이윤) + VAT	• 총공사비 산정 세부내역 항목별[수량 × 단가] 집계 • 예정가격 산정 총공사비 + VAT

ⓒ 재료비(공사원가 구성)
- 직접재료비 : 공사목적물의 실체를 형성하는 물품의 가치이다.
  - 주요재료비
  - 부분품비

- 간접재료비 : 공작목적물의 실체를 형성하지 않으나 공사에 보조적으로 소비되는 물품의 가치이다.
  - 소모재료비
  - 소모공구・기구・비품비
- 가설재료비 : 거푸집이나 비계 등 공사목적물의 실체를 형성하는 것은 아니지만 동 시공을 위하여 필요한 가설재의 가치로서 재료의 구입과정에서 당해 재료에 직접 관련되어 발생하는 운임, 보험료, 보관비 등의 부대비용은 재료비로서 계산한다. 단, 재료 구입 후에 발생되는 부대비용은 경비의 각 비목으로 계산한다. 계약 목적물의 시공 중에 발생하는 작업설, 부산물 등은 그 매각액 또는 이용가치를 추산하여 재료비로부터 공제하여야 한다.

㉣ 노무비(공사원가 구성)
- 직접노무비 : 공사현장에서 계약목적물을 완성하기 위하여 직접 작업에 종사하는 종업원 및 노무자에 의하여 제공되는 노동력의 대가로서 다음의 합계금으로 한다.
  - 기본급
  - 제수당
  - 상여금
  - 퇴직급여충당금
- 간접노무비 : 직접공사 작업에 종사하지 않으나 공사현장에서 보조작업에 종사하는 노무자, 종업원과 현장감독자 등의 기본급과 제수당, 상여금, 퇴직급여충당금의 합계액으로 한다.
- 노무비의 계산
  - 직접노무비의 계산 : 공사공정별로 작업인원, 작업시간, 공사수량을 기준으로 계약목적물의 공사에 소요되는 노무량을 산정하고 노무비단가를 곱하여 계산한다.
  - 간접노무비의 계산 : 원가 계산 자료를 활용하여 직접노무비에 대하여 간접노무비율(간접노무비/직접노무비)을 곱하여 계산한다.
  - 간접노무비는 직접노무비를 초과하여 계상할 수 없다. 다만, 공사현장의 자동화, 기계화 등으로 인하여 불가피하게 간접노무비가 직접노무비를 초과할 경우에는 증빙자료에 의해 초과해야 한다.

㉤ 경비 : 공사의 시공을 위하여 소요되는 공사원가 중 재료비, 노무비를 제외한 원가를 말하며, 기업의 유지를 위한 관리활동 부문에서 발생하는 일반관리비와 구분된다. 경비는 당해 계약목적물 시공시간의 소요(소비)량을 측정하거나 원가계산 자료나 계약서와 영수증 등을 근거로 산정하여야 한다.
- 경비의 세비목 : 운반비, 전력비, 기계경비, 수고광열비, 특허권사용료, 연구개발비, 기술료, 지급임차료, 품질관리비, 가설비, 보험료, 복리후생비, 여비・교통비・통신비, 외주가공비, 보관비, 산업안전보건관리비, 소모품비, 세금과 공과금, 폐기물처리비, 도서인쇄비, 지급수수료, 안전관리비, 보상비, 환경보전비, 건설근로자퇴직공제부담금, 기타 법정경비

ⓗ 일반관리비

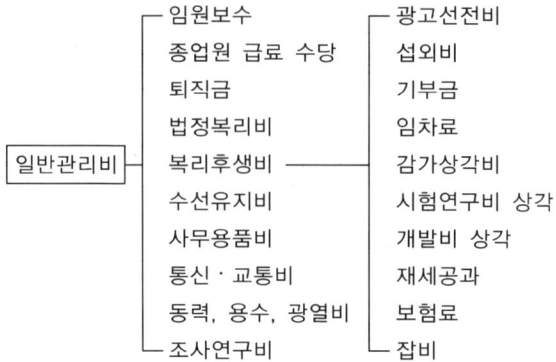

기업의 유지를 위한 관리활동부문에서 발생하는 제비용으로서 공사원가에 속하지 아니하는 모든 영업비용 중 판매비 등을 제외한 비용이다. 공사의 시공을 위한 기업의 경영, 관리 등 활용 부문에서 발생하는 본 지사의 경비이다.

$$일반관리비율 = \frac{일반관리비}{순공사원가}$$

순공사비의 5.5[%] 이내로 산정한다.
- 일반관리비의 계상방법 : 일반관리비율(일반관리비가 매출원가에서 차지하는 비율)을 초과하여 계산할 수 없다.
- 일반관리비의 계상

일반건설공사		전문·전기·정보통신·소방공사 및 기타 공사	
공사원가	일반관리비율[%]	공사원가	일반관리비율[%]
50억원 미만	6.0	5억원 미만	6.0
50억원~300억원 미만	5.5	5억원~30억원 미만	5.5
300억원 이상	5.0	30억원 이상	5.0

ⓢ 이윤 : 영업이익이다. 공사원 중 노무비, 경비와 일반관리비의 합계액(이 경우 기술료 및 외주가공비는 제외)에 이윤을 15[%] 초과하여 계상할 수 없다.
ⓞ 공사손해보험료 : 공사손해보험에 가입할 때 지급하는 보험료이다. 보험가입대상 공사부분의 총 공사원가(재료비, 노무비, 경비, 일반관리비 및 이윤의 합계)에 공사손해보험요율을 곱하여 계상한다. 발주기관이 지급하는 관급자재가 있을 경우에는 보험가입 대상 공사부분의 총공사 원가와 관급자재를 합한 공사금액에 공사손해보험료율을 곱하여 계상한다.

(7) 관련 서류

① 수량산출서, 내역서, 도면, 시방서(일반 및 특기)

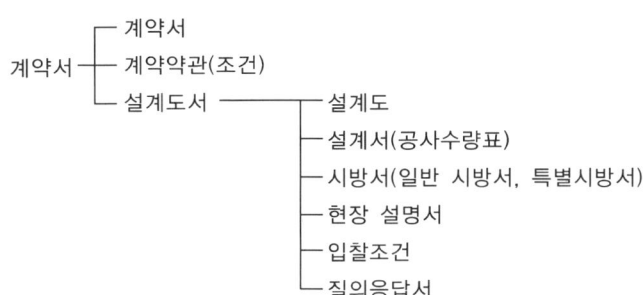

② 공사비내역서 : 공사비집계표의 공종별 재료비, 노무비, 경비의 세부항목의 품명, 규격, 단위 및 재료비, 경비에 관련된 수량과 단가기재
③ 공사비집계표 : 공사비원가계산서의 재료비, 노무비, 경비의 내역서 항목의 집계 및 금액합산

(8) 경제성 분석방법

① 비 용 : 태양광발전시스템 구매비용(Initial Investment)과 정기적인 설비유지보수(O/M)비용 등으로 구성한다.
② 개 념
  ㉠ 사업을 수행함에 있어 발생할 것으로 예상되는 모든 유, 무형의 편익과 비용을 추정하고 이들을 합리적인 평가의 기준으로 삼아 대안을 결정하는 계량분석기법의 하나이다.
  ㉡ 가능한 모든 사회적 비용과 가능한 모든 사회적 편익을 따져 최적대안을 선정하는 기법이다.
  ㉢ 편익이 가장 큰 대안을 선택하거나 편익이 같다면 그 비용이 가장 적게 드는 대안을 선택한다.
  ㉣ 연구대상이 화폐단위로 측정되어야 하며 그 화폐단위가 시간에 따라 변화한다.
  ㉤ 프로젝트의 개발과 선택을 위한 경제분석법으로 프로젝트에 드는 비용(노동력과 자본)과 프로젝트의 완성에 의해 발생되는 편익(생산력, 서비스 향상 등)과 시간요소를 고려한 일련의 방법에 의한 평가이며 프로젝트의 결정을 유도한다.

(9) 일반적인 절차

① 문제되는 상황을 정확히 정의한다.
② 대안들의 편익을 추정한다.
③ 대안들의 비용을 추정한다.
④ 대안들을 평가한다.
⑤ 할인율을 결정한다.
⑥ 최적대안을 선택한다.

> **Check! 할인율**
> 사업의 경제성 분석 과정에서 연차별로 발생하는 비용과 편익을 현재가치로 환산하는 데 적용하는 이자율로, 투자금 대비 미래 수익의 현재가치를 말한다. 즉, 할인율이 높을수록 경제성이 떨어진다는 의미다.

2 태양광발전부지 조사

(1) 부지선정 시 고려사항

부지선정에 있어 다양한 변수 적응이 필요하다.
① 지리적 조건
   경사도, 토지의 방향, 토지의 지질 등 - 지형도, 지적공부, 토지대장
② 전력계통과의 연계조건
   전력계통 인입선의 위치와 계통 병입이 가능한 용량 - 지역 한국전력 지사
   전력계통 배전선로의 연계(전선로의 잔여 허용용량 및 접근성 등)
   ㉠ 계통연계에 따른 전주 및 변전소 인근 지역에 설치해야 한다. 특히, 인근 지역 가정집들이 많은 곳에 설치를 해야 할 때가 있으므로 이것을 염두에 두고 주의한다.
   ㉡ 예상부지의 설치 가능용량을 산출해 보고, 계통연계 허용용량을 검토해야 한다(지역 한전지점과 협의).
③ 건설상 조건
   부지의 접근성 및 주변 환경 - 지적도 참고 및 민원발생가능 여부 즉, 설치장소, 지목, 부지의 접근성 및 주변환경(진입로, 민원발생여부 포함), 경사도, 형질 등을 확인한다.
   ㉠ 적절한 형질의 확보는 태양광발전사업을 착수할 때 가장 중요한 요소이다.
   ㉡ 적절한 형질의 확보순서는 지방자치제도 시행에 따른 기초지자체별 허가조건이 상이하기 때문에 확실히 알아봐야 한다.
      • 건설하고자 하는 예정부지를 가장 먼저 선정한다.
      • 해당 기초지자체에 "복합민원 사전청구"를 통하여 해당 부지에 태양광발전사업 건설에 따른 개발행위 허가가 가능한지 사전에 조회를 해야 한다.
      • 부지구입 및 영구임대 등의 토지확보계획을 수립해야 한다.
   ㉢ 입도로 조사 기술을 하여 지적도 및 현지답사, 인터넷 등을 통한 사전확인을 해야 한다.
   ㉣ 부지의 종합적인 공사의 용이성 및 구조물에 대한 배치조건을 검토해야 한다.
④ 경제성
   ㉠ 부지매입비 및 공사비 등을 연계하여 평가하고 가중치 적용여부 및 부지매입 가격, 총공사비 등을 다시 한 번 확인해야 한다.
   ㉡ 경제적인 입지선정 및 수익성 창출을 위해 입지선정에 따라 발전시간의 편차로 인한 수익성의 편차가 발생되기 때문에 사업 착수 전 해당 입지에서의 최소한 1년간의 일사량을 조사하고 그 일사량을 통하여 예상발전량 및 면밀한 손익계산을 통해 사업 착수여부를 결정하는 것이 중요한 사업결정이다.
⑤ 지정학적 조건
   연평균 일사량 및 일조시간 등 - 기상청 자료 근거
   ㉠ 위치, 방향성 : 음영은 발전량과 모듈수명에 지대한 영향을 끼친다.
      • 지형 및 지물이 발전량에 미치는 영향을 뜻한다.
      • 경사각은 설치위치에 맞게 적당히 조정하여 음영에 주의해야 한다.
      • 방위각은 부지의 동서 분산형에 설치하는 것이 가장 좋다.

ⓒ 기후조건 : 일사량과 일조시간, 평균기온(안개, 홍수, 태풍, 적설량, 낙뢰 등)
- 기상데이터로 예상부지의 일사량 및 일조조건 등을 예측한다.
- 태양광발전설비의 사업성에서 기상요소가 절대적인 사업의 수익성을 결정하는 가장 중요한 요소이다.

ⓒ 공해 : 염해(노화), 오염, 지진, 대기오염 - 차량 및 사람의 왕래가 많지 않은 지역(오염 및 파손, 경관)

⑥ 행정상의 조건

인허가 관련 규제 - 해당 지자체 관련부서에 확인해야 한다. 즉, 해당 지자체의 특성적인 인허가 관련 각종 규제(지방조례 등) 및 행정절차의 사전협의를 말한다. 발전소 건설에 따른 개발행위 허가 취득이 가능한 지역을 말한다.

⑦ 주변 주민들의 동의

태양광발전소가 입지함에 따라 거론될 수 있는 환경문제는 미미하나 발전소 인근지역주민들과의 마찰이 발생할 수도 있으므로 사업 착수 전에 설명회 등 주변 주민들의 동의절차를 얻는 것이 꼭 필요하고, 주민들이 납득할 수 있는 근거를 제시해 주어야 한다.

(2) 부지선정 세부절차

① 선정 추진절차

후보지역선정 → 사전정보조사 → 현장조사 → 지자체 방문 공부확인 → 소유자파악 및 토지이용 협의 → 태양광 규모기획 → 지가조사(주변지역 포함) → 소유자 협의 및 매입결정 → 매매계약 체결

② 후보지역군의 선정 및 사전의 정보수집

㉠ 태양광발전량의 의존도가 높은 기후조건 중 일사량 및 일조시간과 온도조건 등 기후조건을 최우선으로 고려한다. 국내의 경우 경남의 동남쪽, 전남의 서남쪽, 충남 서해안 일대가 양호한 지역이다.

㉡ 지자체의 조례 및 신재생에너지 유치의지 확인

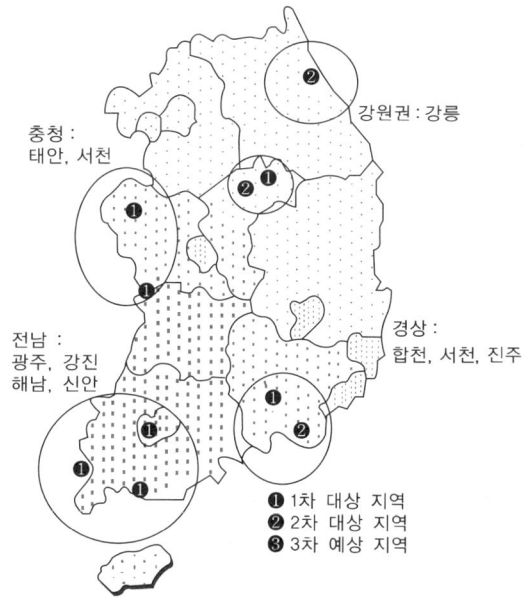

- 지역설정(태양광발전소 건설 예상 후보지 선정)
- 지역 정보 수집
  - 지역별 일사량 및 일조량
    ⓐ 태양광발전량의 의존도가 높은 기후조건 중 일사량과 온도조건을 최우선적 고려
    ⓑ 전국 평균연일사량(3,039.2[kcal/m^2]), 일조량(2,613.7[kWh/m^2]) 3.5시간 이상 지역 고려(한국 에너지기술연구원 전국 20개 지역 일사량 실측자료 참고 1[kWh] = 860[kcal])
    ⓒ 국내의 경우 경남의 동남쪽, 전남의 서남쪽, 충남 서해안 일대
  - 지자체의 신재생에너지 유치 의지 등

(3) 부지선정 절차

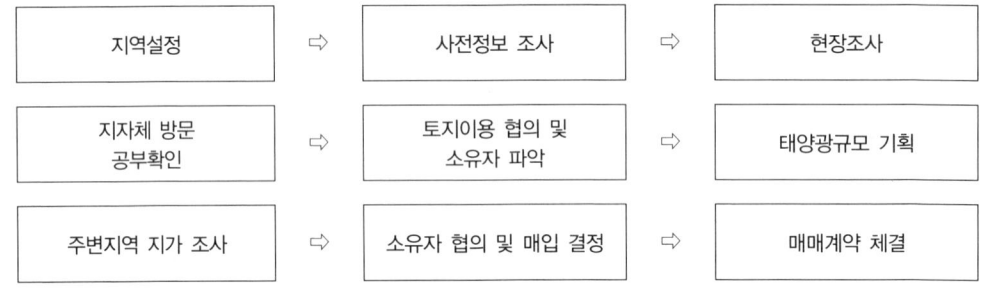

① 현장조사
  ㉠ 공통사항
    - 설계를 시작하기 전에 현장조사를 충분해 해야 하며, 발전소 예상부지의 이용 상태 등 주변 토지의 이용상태까지 조사해야 한다(도로주변, 산업도시권 등).
    - 먼지, 오염 및 사람의 통행이 많지 않은 곳(지역주민의 민원발생 등)
      - 점유상태 확인
      - 지적도와 실제부지의 형상비교(임야대장 면적과 실측면적과의 일치여부 확인)
      - 주변 민원발생 가능여부 확인
      - 진입도로 및 배수로 확인 및 지형도상의 위치 확인(진입로 개설 필요 시 가능성여부 확인)
    - 자재의 반입경로는 설치장소에 이르는 도로의 폭과 포장의 내하중, 가공배전선 및 전화선의 유무, 높이 등을 조사해 두고 공사 시 자재 반입에 대비한다.
    - 인근 개발지(면적) 확인은 사업부지와 연접한 토지의 개발상황을 검토, 연접 관련법 조항의 저촉여부를 검토해야 한다(추후에 확장성 관련이 문제가 되기 때문이다).
    - 토질체크는 암반 또는 점토 등이 있는지 확인해 보아야 한다(시공 변수를 고려해야 하기 때문이다).
    - 그늘의 영향 및 계통연계 관련을 확인해야 한다(전압, 거리, 연계가능용량 등도 함께 확인해야 한다). 한국전력공사 지역지점에 방문하여 계통연계지점에 관한 협의를 한다. 이때 계통도를 함께 받아서 송전 관계일람도 작성 시 활용해야 한다.
    - 개발행위허가는 신재생에너지 발전사업자는 18개 개별법상 관련 인·허가를 취득한 것으로 간주한다.

ⓛ 1차 조사
　　• 대상 토지 선정 : 태양광발전소 건설 예상 부지 선정
　　부지 선정에 앞서서 반드시 1차적으로 법률적인 부분을 검토해야 한다. 우선 토지 상태는 그 토지를 어느 지역에서 관리하는가를 조사하고 또 이에 따라 태양광발전시스템 설치 시 사용 인·허가에 문제가 없는지 검토가 필요하다. 검토 후 인·허가상 또는 토지 계약 등의 문제가 발생할 수 있을 경우 다른 적절한 토지를 검토하여야 한다. 또한 부지의 부동산 가격과 부지의 상태를 파악하여 부지의 상태를 발전시스템이 설치 가능한 형태로 정리할 필요가 있는지, 만약 정리를 해야 한다면 그 부대비용이 얼마나 소요되는지도 검토하여야 한다.
　　• 주변 상황 조사 : 일사량, 토지의 이용상태 및 주변토지 이용상태의 조사
　ⓒ 2차 조사
　　• 1차 조사 반복조사(1인 동반조사)
　　• 현장조사는 입지선정을 위한 조사단계에서 행했던 전반적인 지역조사와는 달리 매입대상 부동산에 대한 집중적인 조사가 이루어져야 한다. 관련 공부를 통해 파악했던 부동산의 권리 외에 현장실사를 통해 검증해야 할 사항으로는 여러 가지가 있으나 지적도와 실제부지 형상을 비교함으로써 점유상태의 확인도 이루어져야 한다.

② 지자체 방문 공부확인(실제 인·허가 가능여부 직접 확인)
　㉠ 각 지자체의 조례 등이 다르므로 반드시 사전조사를 해야 한다.
　㉡ 복합민원사전심사청구를 통하여 해당 부지에 태양광발전사업 건설에 따른 개발행위 허가가 가능한지 사전조회를 해야 한다.
　㉢ 지역에 따라서는 시의 조례 등에 따라 건축제한을 받는 곳도 있다. 또한 인가 및 지역주민과의 사이에 일조권 등의 문제가 발생하지 않도록 설치자와 사전협의를 충분히 해야 한다.
　㉣ 토지이용계획 확인원 분석
　　개발행위가능구역 검토, 건설 인·허가 신청 시 체크사항 검토해야 한다.
　㉤ 지적공부 확인
　　지적도(임야도)와 토지대장(임야)상의 면적 검토 임야를 토지로 등록 전환 시 면적 가감을 검토해야 한다.
　㉥ 경사도 분석
　　인·허가상의 법적 검토 및 사업성을 검토해야 한다.
　㉦ 공부 확인
　　토지이용계획 확인원, 토지대장, 지적도, 임야도 등은 공부확인을 꼭 해야 한다.
　　(농업진흥구역 등은 한시적으로 설치가능)
　㉧ 인근개발지(면적)확인(현장 확인)
　　사업주지와 연접한 토지의 개발 상황을 검토 연접 관련 법 조항의 저촉여부 검토(추후 확장성 관련) 후 연접 저촉 시 개발 가능성을 검토해야 한다.

ⓧ 현황 및 위치 분석(현장 확인)

신청부지의 진입도로 및 배수로를 확인하고 지형상의 위치를 확인한다.

- 현황분석
  - 지적도(임야도) 체크
  - 법인, 종중, 학교 등의 토지인 경우
    - ⓐ 법인 소유 부동산 매매의 경우
    - ⓑ 종중과의 계약
    - ⓒ 학교 등과의 계약(학교부지는 도시계획이 폐지되어야 함)
  - 토질체크(암반 또는 점토) - 시공 시의 변수 고려(파일, 지하층 공사비 등)
  - 실제 인·허가 가능 여부를 지방자치단체에서 직접 체크
  - 등기부등본의 권리 소유관계 확인
  - 계약 시 임대대장 면적과 실측 면적과의 일치여부 확인
  - 도시계획시설부지 여부 확인
  - 대상 부지 안에 문화재 매장여부의 체크
  - 진입로 여부 및 개설 필요시 가능성 여부 체크
  - 대상 부지가 군사시설, 환경법상 제한여부 체크
- 일조건 분석

기후조건	공 해	위치방향성
• 일사량, 일조시간 분석 • 적운, 적설 • 온도변화에 민감 • 입지는 동선분산형이 최적 입지	• 오염, 노화, 분광 • 산업도시 - 수도권 및 광역시 등 • 도로주변	• 그늘 발생 온도 차이로 모듈 수명에 결정적 영향 • 계통연계 고려

- 주변여건 분석
  - 지역주민의 민원 발생(축사 등)
  - 해당 관청의 협조적 인가(인허가 문제) - 개발행위 허가 등
  - 차량통행이 많지 않은 곳

③ 소유자 파악 및 토지이용 협의(토지면적 및 소유자 파악 및 토지이용 협의(지자체관계자))

㉠ 실소유자를 파악해야 한다(등기부등본의 권리 소유관계 확인).

㉡ 문화재 매장여부를 확인하고, 도시계획시설부지 여부도 확인한다.

㉢ 지리적 여건은 지형의 경사나 지질적인 환경으로 설비설치 시의 어려움 및 주위의 산이나 건물 등의 장애물에 의한 음영발생 우려가 없는지를 조사한다. 또한 사업용은 발전량이 곧 사업자의 이윤과 직결되므로 최대일사량이 가능한 방향으로 설치가 가능한지를 검토해야 한다. 이때 음영이나 발전량 등의 최적 조건 예측은 시뮬레이션 프로그램들을 이용하여 수행할 수 있다. 또한 발전설비 용량이 100,000[kW] 미만이며 형질 및 사업계획면적에 따라 사전환경성 검토 및 협의대상이 될 수 있으며, 주요 대상은 다음과 같다.

- 자연환경보전지역 : 사업계획 면적이 5,000[m²] 미만
- 개발제한구역 : 사업계획 면적이 5,000[m²] 미만

- 보전관리지역 : 사업계획 면적이 5,000[m²] 미만
- 농림지역 : 사업계획 면적이 7,500[m²] 미만
- 생산관리지역 : 사업계획 면적이 7,500[m²] 미만
  ※ 발전설비 용량이 100,000[kW] 이상일 경우에는 반드시 사전환경성 검토 및 평가를 거쳐야 한다.

④ 태양광 규모 기획
사전정보 및 현장조사를 토대로 설치가능용량 산출

⑤ 주변지역 지가조사
공시지가 확인 및 주변지역 토지매매가를 조사하여 예상발전량 및 면밀한 손익계산을 통하여 사업 착수여부를 결정해야 한다.

⑥ 소유자 협의 및 매입결정
소유자 매매협의 및 가격협의의 결정
  ㉠ 실 소유자 파악(등기부등본의 권리 소유관계 확인)하여 토지면적과 토지이용협의(관련 지자체)를 해야 한다.
  ㉡ 문화재 매장여부를 확인하여 도시계획시설부지 여부 확인을 필수적으로 해야 한다.

⑦ 매매계약 체결
협의 완료 시 즉시 계약체결

⑧ 인·허가
부지조성 또는 토지의 형질변경, 산지전용, 농지전용 등의 허가이다. 또한 국토계획 및 이용에 관한 법률상의 지구단위계획 수립, 도시계획시설 결정 및 그 시행 허가, 개발행위허가 등으로서 정부의 허가 없이는 무단으로 형질을 변경하거나 건축물 및 구조물을 신축, 증축, 개축하는 행위를 할 수 없다. 인·허가를 받아야 목적사업을 위한 건축허가 및 공사 등의 행위를 시행할 수 있다.
  ㉠ 주요 인·허가의 종류
    - 산림훼손허가
    - 국토이용계획의 변경
    - 농지전용허가
    - 구거점용허가
    - 사도개설허가
    - 도시계획사업시행허가
    - 도시계획시설결정
    - 분묘이장허가
  ㉡ 개발행위 허가
    해당 기초지자체에 복합민원 심사청구를 하며, 발전용량 200[kW] 이하의 태양광설비는 도시계획시설의 결정 없이도 설치가 가능하다.
  ㉢ 부지 평가 도서의 방법
    사전환경성검토 → 자연경관심사 → 사전재해영향검토 → 분묘처리 → 한전수급지점 협의 → 도시관리계획 → 토목공사 → 연평균일사량(기상청) → 연평균일조시간(기상청) → 종합의견

3 발전부지 면적

(1) 발전부지 면적계산

① 모듈 설치 시(음영에 발전과 모듈 특성 데이터 입력)
  ㉠ 발전소 설치 요구 용량 입력

설계/시공 예상 발전용량	
99	[kW]

  ㉡ 설치할 모듈의 특성 데이터 입력

가로크기	세로크기	용 량
1,500	1,000	230
[mm]	[mm]	[W]

  ㉢ 모듈의 수량 = $\dfrac{\text{설계/시공 예상 발전용량}}{\text{용 량}} = \dfrac{99 \times 10^3}{230} ≒ 430.43[개]$

  430개의 모듈이 점유하는 수평면 면적

모듈수량[개]	발전용량[kW]	점유면적[m²]	점유면적[평]
430	98.9	645	193.89

  - 발전용량[kW] = 용량 × 모듈수량 × 세로크기 = 230 × 430 × 0.001 = 98.9[kW]
  - 점유면적[m²] = 가로크기 × 세로크기 × 모듈수량
    = 1,500 × 1,000 × 0.000001 × 430 = 645[m²]
  - 점유면적[평] = $\dfrac{\text{점유면적}[m^2]}{3.33} = \dfrac{645}{3.33} ≒ 193.69[평]$

  따라서 어레이 경사각 30°를 기준으로 할 때
  총소요부지 = 점유면적[m²] × 95[%] + 점유면적[m²] = 645 × 0.95 + 645 = 1,257.75[m²]
  총소요부지 = $\dfrac{\text{점유면적}[m^2]}{3.33} ≒ 377.70[평]$ 이상이 소요된다.

② 평수에 설치 가능용량 산정(음영에 총 소요부지 평수와 설치할 모듈 특성 데이터 입력)

설치가능예상 부지평수	
378	평

  ㉠ 설치할 모듈의 특성 데이터

가로크기	세로크기	용 량
1,500	1,000	230
[mm]	[mm]	[W]

  ㉡ 그림자 손실 없이 설치 가능한 용량
  - 점유면적[m²] = $\dfrac{\text{설치가능 예상 부지평수} \times 3.33}{0.95} = \dfrac{378 \times 3.33}{0.95} ≒ 1,324.99[m^2]$
  - 모듈면적[m²] = $\dfrac{\text{점유면적}[m^2]}{\text{가로크기} \times \text{세로크기}} = \dfrac{1,324.99}{1,500 \times 1,000 \times 0.000001} ≒ 883.33[m^2]$

• 그림자 손실 없이 설치 가능한 용량

$$= \frac{\text{모듈면적}[m^2] \times \text{용량} \times 0.001}{2 \times 0.98} = \frac{883.33 \times 230 \times 0.001}{2 \times 0.98} ≒ 103.66[kW]$$

4 공부서류 등 검토

(1) 토지이용계획확인원

개별 필지별로 해당 토지에 대한 용도 지역, 용도 지구, 용도 구역, 도시계획시설, 도시계획사업과 입안 내용 그리고 각종 규제의 저촉 여부를 확인하거나, 도시 계획선이 표시되어서 개별 토지에 대한 규제 사항과 토지이용 계획에 관련된 사항을 확인할 수 있는 공적 문서를 말한다.

이런 확인원은 토지에 대한 도시계획의 결정사항 및 도시계획 구역 내 행위의 허가 제한 등을 확인하기 위해 등본을 교부받기 위한 민원사무를 이야기한다. 또한, 토지이용계획확인서를 열람하지 않고 태양광 설계를 한다면 큰 손해를 볼 수 있다. 따라서 반드시 토지이용계획확인서를 열람하여 이용에 제한이 없는지 살펴보아야 한다. 만약 내용을 파악하기 어렵다면 등기부등본, 토지대장, 지적도, 토지이용계획확인서를 발급받아 시·군·구청의 도시계획과 담당 직원과 상담하는 것이 가장 확실한 방법이다.

① 토지이용계획 확인서 유의사항(토지이용규제 기본법 시행규칙 별지 제2호 서식)

㉠ 토지이용계획확인서는 토지이용규제 기본법 제5조 각호에 따른 지역·지구 등의 지정 내용과 그 지역·지구 등에서의 행위 제한 내용 그리고 같은 법 시행령 제9조제4항에서 정하는 사항을 확인하는 것으로서 지역·지구·구역 등의 명칭을 쓰는 모든 것을 확인하는 것은 아니다.

㉡ 토지이용규제 기본법 제8조제2항 단서에 따라 지형도면을 작성·고시하지 않는 경우로서 철도안전법 제45조에 따른 철도보호지구, 학교보건법 제5조에 따른 학교 환경 위생 정화구역 등과 같이 별도의 지정 절차 없이 법령 또는 자치법규에 따라 지역·지구 등의 범위가 직접 지정되는 경우에는 그 지역·지구 등의 지정 여부를 확인할 수 없을 수도 있다.

㉢ 토지이용규제 기본법 제8조제3항 단서에 따라 지역·지구 등의 지정 시 지형도면 등의 고시가 곤란한 경우로서 토지이용규제 기본법 시행령 제7조제4항 각호에 해당되는 경우에는 그 지형도면 등의 고시 전에 해당 지역·지구 등의 지정 여부를 확인할 수 없을 수도 있다.

㉣ 확인도면은 해당 필지에 지정된 지역·지구 등의 지정 여부를 확인하기 위한 참고도면으로서 법적효력이 없고, 측량이나 그 밖의 목적으로 사용할 수 없다.

㉤ 지역·지구 등에서의 행위 제한 내용은 신청인의 편의를 도모하기 위하여 관계 법령 및 자치법규에 규정된 내용을 그대로 제공해 드리는 것으로서 신청인이 신청한 경우에만 제공되며, 신청 토지에 대하여 제공된 행위 제한 내용 외의 모든 개발행위가 법적으로 보장되는 것은 아니다.

※ 지역·지구 등에서의 행위 제한 내용은 신청인이 확인을 신청한 경우에만 기재되며, 국토의 계획 및 이용에 관한 법률에 따른 지구단위계획구역에 해당하는 경우에는 담당 과를 방문하여 토지이용과 관련한 계획을 별도로 확인해야 한다.

(2) 지적도등본

태양광설계를 하려고 할 때 외관적으로 보면 모두 똑같이 보일 수 있으나 땅의 가치나 땅의 내면을 볼 줄 알아야 제대로 된 설계와 시공을 할 수 있다. 따라서 땅을 육안으로 보는 것으로는 땅 경계와 위치 등을 파악하는 것이 어렵기 때문에 지적등본과 같은 공부서류를 꼭 확인해야 한다. 지적도등본을 토대로 설계도가 작성되는 것이며 해당 구역의 경계선을 정확히 해야 한다. 소재지, 지목, 지번, 축적, 도로폭, 필지경계서, 필지상태확인이 가능하다.

① 지적도의 필수용어
- ㉠ 필지경계선 : 지적도에서 보이는 기본적인 선으로 필지크기, 경계를 구분할 수 있는 선이다.
- ㉡ 용도지역선 : 토지가치에 따라 급을 나누는 일종의 계급장이다. 필지경계선과 다르게 그려져 일반인은 토지 가치를 구분하는 것이 어렵다.
- ㉢ 도로구역선 : 해당 도로가 누구의 소유인지를 알 수 있는 것이다.
- ㉣ 완충녹지선 : 소음, 가스폭발, 가스유출 등이 발생될 수 있는 곳과 분리하기 위해 설치된 녹지대 선이다.
- ㉤ 접도구역선 : 손궤방지, 미관보전, 위험방지를 위해서 도로법에 의해 고시된 도로 경계선을 초과하지 않는 범위의 선이다.
- ㉥ 하천구역선
- ㉦ 문화재보호구역선
- ㉧ 철로선
- ㉨ 철로역사예정지선

(3) 토지(임야)대장

토지 및 임야 관리를 편리하게 운영하기 위해 작성하는 문서 서식이다. 토지는 부동산에 속해있으며 사람의 생활이나 활동에 경지나 주거지와 같은 목적으로 이용되고 있는 일정한 지면을 이야기 하며, 토지대장과 임야대장은 토지에 관련된 소개, 지분, 취득 연월일, 취득 원인, 취득가액 등을 기록할 수 있는 공공의 문서로서 토지의 면적과 지목 그리고 소유자가 나와 있으며 공시지가 등급에 대하여 기재되어 있다.

① 토지대장

토지의 소재·지번·지목·면적, 소유자의 주소·주민등록번호·성명 또는 명칭 등을 등록하여 토지의 상황을 명확하게 하는 장부이다. 토지대장은 지적공부의 일종으로 토지의 사실상의 상황을 명확하게 하기 위해 만들어진 장부로서 등기소에 비치되어 토지에 관한 권리관계를 공시하는 토지등기부와 구별된다. 이 두 장부는 서로 기재 내용에 있어 일치될 것이 요청되므로 등기부에 게기한 부동산 표시가 토지대장과 부합하지 않는 경우, 그 부동산의 소유권 등기명의인은 부동산 표시의 변경등기를 하지 않으면 그 부동산에 대하여 다른 등기를 신청할 수 없도록 하고 있다. 그리고 등기부에 게기한 등기명의인의 표시가 토지대장과 부합하지 않는 경우에는 그 등기명의인은 등록명의인 표시의 변경등록을 하지 않으면 그 부동산에 대하여 다른 등기를 신청할 수 없도록 하고 있다. 토지대장은 시장(구를 두는 시에 있어서는 구청장)·군수가 소관하며, 소관청은 이 장부를 지적서고에 비치, 보관하고 이를 영구히 보존하여야 한다. 이 장부는 천재지변 등 위난을 피하기 위하여 필요한 때를 제외하고는 이를 소관청의 청사 밖으로 반출하지 못한다. 시의 동과 군의 읍면에는 지적공부에 의하여 토지대장 부본을 작성, 비치하고 상시 지적공부와 부합하도록 그 이동사항을 정리하여야 한다.

② 임야대장

토지 소재, 지번, 축척, 비고, 토지 표시, 소유자 등으로 구성된 임야에 관한 서류이다. 임야란 공간정보의 구축 및 관리 등에 관한 법률의 지목 중 하나로, 산림 및 원야를 이루고 있는 수림지・죽림지・암석지・자갈땅・모래땅・습지・황무지 등의 토지를 말한다. 임야대장은 지적 법률에 기초하여 관에서 비치하는 장부를 말하며, 임야에 관해 토지대장에 등록되지 않은 토지를 등록하는 서류의 하나로 토지 소재, 지번, 축척, 비고, 토지 표시, 소유자, 등급 수정 연원일, 토지 등급 등으로 구성되어 있다. 개인이나 기업에서 임야에 대한 관리 대장으로 작성하여 사용할 수 있다.

③ 토지대장(임야대장) 등록사항

㉠ 토지의 소재

㉡ 지번 : 필지에 부여하여 지적공부에 등록한 번호

㉢ 지목 : 토지의 주된 용도에 따라 토지의 종류를 구분하여 지적공부에 등록한 것으로, 예컨대 전, 답, 과수원, 목장용지, 임야, 광천지, 염전, 대, 공장용지, 학교용지, 주차장, 주유소용지, 창고용지, 도로, 철도용지, 제방, 하천, 구거, 유지, 양어장, 수도용지, 공원, 체육용지, 유원지, 종교용지, 사적지, 묘지, 잡종지 등이다.

㉣ 면적 : 지적공부에 등록한 필지의 수평면상 넓이를 말하며, 면적의 단위는 $[m^2]$로 한다.

㉤ 소유자의 성명 또는 명칭, 주소 및 주민등록번호(국가, 지방자치단체, 법인, 법인 아닌 사단이나 재단 및 외국인의 경우에는 부동산등기법에 따라 부여된 등록번호를 말한다)

㉥ 그 밖에 국토교통부령으로 정하는 사항

※ 소유자가 둘 이상이면 공유지연명부에 다음의 사항을 등록하여야 한다.
- 토지의 소재
- 지 번
- 소유권 지분
- 소유자의 성명 또는 명칭, 주소 및 주민등록번호
- 그 밖에 국토교통부령으로 정하는 사항

※ 토지대장이나 임야대장에 등록하는 토지가 부동산등기법에 따라 대지권 등기가 되어 있는 경우에는 대지권 등록부에 다음의 사항을 등록하여야 한다.
- 토지의 소재
- 지 번
- 대지권 비율
- 소유자의 성명 또는 명칭, 주소 및 주민등록번호
- 그 밖에 국토교통부령으로 정하는 사항

(4) 토지등기부등본

등기를 해 두는 등기부를 그대로 옮겨 등기된 내용을 입증하는 문서. 등기부는 등기제도에 따라 토지에 대한 소유권이나 저당권을 기록해 두는 장부로 등기소에서 관리한다. 등기소에 비치된 등기부를 그대로 옮긴 것을 등기부등본이라고 하며, 소유권과 상관없이 열람과 발급이 가능하다.

① 등기부등본의 구성

등기부등본은 등기부의 내용을 그대로 옮기는 것이기 때문에 실제 등기부와 같으며, 부동산등기의 경우, 부동산 등기부는 토지등기부와 건물등기부로 구분된다. 부동산등기부의 등기용지는 부동산을 표시하는 표제부, 소유권을 기재하는 갑구란, 그리고 소유권 이외의 권리를 표시한 을구란 등의 3면으로 이루어진다.

㉠ 표제부

토지등기기록의 표제부에는 표시번호란, 접수란, 소재지번란, 지목란, 면적란, 등기원인 및 기타사항란이 있고, 건물등기기록의 표제부에는 표시번호란, 접수란, 소재지번 및 건물번호란, 건물내역란, 등기원인 및 기타사항란이 있다(부동산등기규칙 제13조제1항). 소재지번은 소재한 곳의 번지, 지목은 토지의 사용 목적, 토지의 넓이, 등기원인은 등기를 할 원인이 되는 사실을 말한다.

㉡ 갑 구

갑구에는 순위번호란, 등기목적란, 접수란, 등기원인란, 권리자 및 기타사항란이 있다(부동산등기규칙 제13조제2항). 갑구에 기록하는 등기원인에는 소유권의 변동과 가등기, 압류등기, 가압류등기, 경매 개시 결정 등기, 소유자의 처분을 금지하는 가처분등기 등이 기재된다.

㉢ 을 구

을구에는 순위번호란, 등기목적란, 접수란, 등기원인란, 권리자 및 기타사항란이 있다(부동산등기규칙 제13조제2항). 권리자에는 소유권 이외의 권리인 저당권, 전세권 등이 기재되며, 저당권, 전세권 등의 설정 및 변경, 이전, 말소등기도 기재된다.

CHAPTER 03 적중예상문제

제1과목 태양광발전 기획

01 건설사업 전 단계에 걸쳐 예산범위 내에서 최적의 목적물을 설계·시공하여 발주자의 투자비용에 대한 가치를 극대화할 수 있도록 건설비용을 합리적으로 예측, 계획, 관리하는 과정은?

① 비용/편익분석방법 ② 순현재가치분석방법
③ 원가분석방법 ④ 공사비 산정

해설
공사비 산정
넓은 의미로는 건설사업 전 단계에 걸쳐 예산범위 내에서 최적의 목적물을 설계·시공하여 발주자의 투자비용에 대한 가치를 극대화할 수 있도록 건설비용을 합리적으로 예측, 계획, 관리하는 과정을 말한다.

02 공사의 상세 적산으로서 계약의 내용, 설계도서, 적산조건 등 계약서류와 현장의 여러 조건을 종합적으로 명확히 조사하여 공사의 내용에 따른 내역을 상세하게 항목별로 나누어 단가 산출서를 무엇이라 하는가?

① 개산 ② 정산
③ 분산 ④ 산출

해설
정산
공사의 상세 적산으로서 계약의 내용, 설계도서, 적산조건 등 계약서류와 현장의 여러 조건을 종합적으로 명확히 조사하여 공사의 내용에 따른 내역을 상세하게 항목별로 나누어 단가산출서 또는 일위대가표 등에 따라 공사비(노무비, 재료비, 일반관리비, 경비, 이윤 등)를 산출하는 것으로 이에 의하여 산출된 공사비는 입찰가격, 예정가격, 실행예산서 등의 결정 자료가 될 뿐만 아니라 공사비의 자금 또는 수령 등 공사 완공 시의 급부 정산도 되는 것

03 공사비산정(적산)의 순서를 바르게 나열한 것은?

① 수량산출 → 설계 → 조사 → 공사발주 → 시공계획 → 적산
② 조사 → 설계 → 수량산출 → 시공계획 → 적산 → 공사발주
③ 설계 → 적산 → 수량산출 → 시공계획 → 공사발주 → 조사
④ 조사 → 수량산출 → 설계 → 적산 → 공사발주 → 시공계획

해설
공사비산정(적산)의 순서
조사 → 설계 → 수량산출 → 시공계획 → 적산 → 공사발주

04 시공계획 중 일정계획의 내용에 포함되지 않는 사항은?

① 세부계획 ② 일정계획
③ 기계시공계획 ④ 기본계획

해설
시공계획 중 일정계획
기본계획, 세부계획, 작업가능일수, 기계시공계획

05 직접공사비에 해당되지 않는 것은?

① 노무비 ② 재료비
③ 일반경비 ④ 기계경비

해설
직접공사비

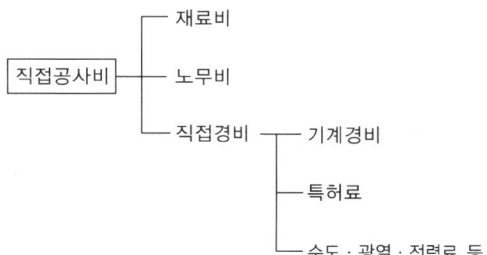

06 간접공사비에 포함되는 사항은?

① 특허료 ② 수도·광열·전력료
③ 직접경비 ④ 공통가설비

정답 1 ④ 2 ② 3 ② 4 ④ 5 ③ 6 ④

해설
간접공사비

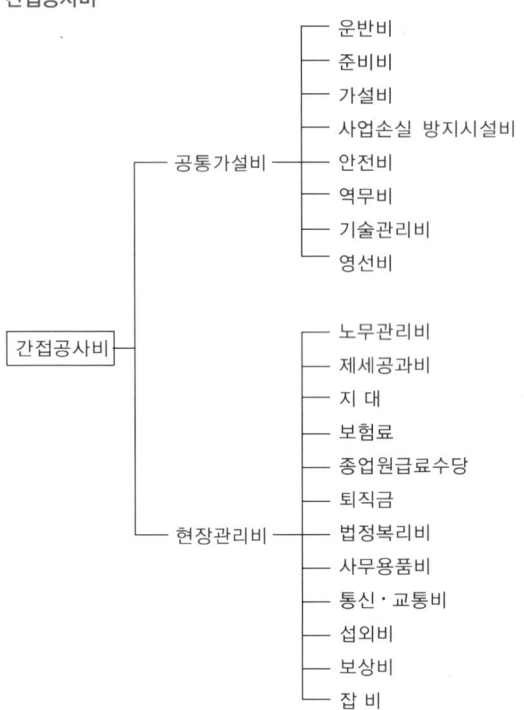

07 재료비가 5,000원이고, 경비가 3,000원일 경우 순공사원가는 얼마인가?(단, 노무비는 1,000원이다)

① 9,000원　　② 8,000원
③ 7,500원　　④ 6,000원

해설
순공사원가 = 재료비 + 노무비 + 경비
　　　　　 = 5,000 + 3,000 + 1,000 = 9,000원

08 이윤이 10,000원이고, 순공사원가는 5,000원이다. 이때 일반관리비는 2,500일 경우에 총원가는 얼마인가?

① 10,000원　　② 15,000원
③ 16,500원　　④ 17,500원

해설
총원가 = 순공사원가 + 일반관리비 + 이윤
　　　 = 5,000 + 2,500 + 10,000 = 17,500원

09 손해보험료가 2,000원이고 총원가가 5,000원일 경우 공급가액은 얼마인가?

① 6,000원
② 7,000원
③ 8,000원
④ 9,000원

해설
공급가액 = 총원가 + 손해보험료 = 5,000 + 2,000 = 7,000원

10 공급가액이 8,000원이고 부가가치세가 800원일 경우 총공사비용은?

① 8,000원　　② 8,800원
③ 9,600원　　④ 20,000원

해설
총공사비 = 공급가액 + 부가가치세 = 8,000 + 800 = 8,800원

11 원가계산의 방법은?

① 순수원가계산
② 가치원가계산
③ 용역원가계산
④ 비용원가계산

해설
원가계산은 제조원가계산과 용역원가계산 및 공사원가계산으로 구분한다.

12 재료비, 경비, 노무비의 합계액은?

① 용역원가
② 공사원가
③ 경비원가
④ 필수원가

해설
공사원가는 공사시공과정에서 발생한 재료비, 경비, 노무비의 합계액을 말한다.

정답　7 ①　8 ④　9 ②　10 ②　11 ③　12 ②

13 실적공사비 방식에 대한 내용으로 틀린 것은?

① 체계적이고 통일된 수량산출 및 내역서를 작성하기 위해 국가가 수량산출기준을 마련하여 이 기준에 따라 건설업체는 산출내역서를 작성하여 입찰가격을 결정해야 한다.
② 공공 발주기관별로 이미 수행된 사업의 계약단가를 기본으로 하여 시간과 규모, 지역차 등에 따른 보정을 실시한 금액으로 단위수량에 대한 시공단가로 결정한다.
③ 과거 시행된 건설공사로부터 산출된 공종별 계약단가를 활용하여 차기 건설공사의 예정가격을 산출하는 적산방법이다.
④ 보통의 방법으로 작성하여 공사원가에 이윤과 일반관리비를 포함한 금액을 공사로서 지정하는 방식이다.

해설
실적공사비 방식
- 공공 발주기관별로 이미 수행된 사업의 계약단가를 기본으로 하여 시간과 규모, 지역차 등에 따른 보정을 실시한 금액으로 단위수량에 대한 시공단가로 결정한다.
- 과거 시행된 건설공사로부터 산출된 공종별 계약단가를 활용하여 차기 건설공사의 예정가격을 산출하는 적산 방법이다.
- 체계적이고 통일된 수량산출 및 내역서를 작성하기 위해 국가가 수량산출기준을 마련하여 이 기준에 따라 건설업체는 산출내역서를 작성하여 입찰가격을 결정해야 한다.

14 실적공사비에 의한 예정가격에 포함되지 않는 내용은?

① 간접공사비　　② 일반관리비
③ 이 윤　　　　 ④ 공사손해 배상비

해설
실적공사비에 의한 예정가격은 직접공사비, 간접공사비, 이윤, 일반관리비, 공사손해 보험료 및 부가가치세의 합계액으로 한다.

15 공사목적물의 실체를 형성하는 물품의 가치는?

① 직접재료비　　② 간접재료비
③ 부품명세비　　④ 이 윤

해설
재료비(공사원가를 구성)
- 직접재료비 : 공사목적물의 실체를 형성하는 물품의 가치이다.
  - 주요재료비
  - 부분품비
- 간접재료비 : 공작목적물의 실체를 형성하지 않으나 공사에 보조적으로 소비되는 물품의 가치이다.
  - 소모재료비
  - 소모공구·기구·비품비

16 직접재료비의 구성비용으로 바르게 연결된 것은?

① 주요재료비와 소모재료비
② 부분품비와 주요재료비
③ 소모공구·기구·비품비
④ 소모재료비와 비품비

해설
15번 해설 참조

17 공작목적물의 실체를 형성하지 않으나 공사에 보조적으로 소비되는 물품의 가치는?

① 직접재료비　　② 간접재료비
③ 부품명세비　　④ 이 윤

해설
15번 해설 참조

18 공사현장에서 계약목적물을 완성하기 위하여 직접작업에 종사하는 종업원 및 노무자에 의하여 제공되는 노동력의 대가는 무엇인가?

① 직접노무비　　② 간접노무비
③ 경 비　　　　 ④ 이 윤

해설
노무비
- 직접노무비 : 공사현장에서 계약목적물을 완성하기 위하여 직접작업에 종사하는 종업원 및 노무자에 의하여 제공되는 노동력의 대가로서 다음의 합계금으로 한다.
  - 기본급
  - 제수당
  - 상여금
  - 퇴직급여충당금
- 간접노무비 : 직접공사 작업에 종사하지 않으나, 공사현장에서 보조 작업에 종사하는 노무자, 종업원과 현장감독자 등의 기본급과 제수당, 상여금, 퇴직급여충당금의 합계액으로 한다.

정답 13 ④　14 ④　15 ①　16 ②　17 ②　18 ①

19 직접노무비에 포함되는 내용이 아닌 것은?
① 기본급 ② 소개비
③ 상여금 ④ 제수당

해설
18번 해설 참조

20 직접공사 작업에 종사하지 않으나, 공사현장에서 보조 작업에 종사하는 노무자, 종업원과 현장감독자 등의 기본급과 제수당, 상여금, 퇴직급여충당금의 합계액은?
① 직접노무비 ② 간접노무비
③ 경 비 ④ 이 윤

해설
18번 해설 참조

21 직접노무비를 계산할 경우에 해당되지 않는 내용은?
① 작업시간
② 공사수량
③ 작업인원
④ 공사비용

해설
직접노무비의 계산
공사공정별로 작업인원, 작업시간, 공사수량을 기준으로 계약목적물의 공사에 소요되는 노무량을 산정하고 노무비단가를 곱하여 계산한다.

22 공사의 시공을 위하여 소요되는 공사원가 중 재료비, 노무비를 제외한 원가를 무엇이라 하는가?
① 이 윤 ② 일반관리비
③ 경 비 ④ 작업비

해설
경 비
공사의 시공을 위하여 소요되는 공사원가 중 재료비, 노무비를 제외한 원가를 말하며, 기업의 유지를 위한 관리활동 부문에서 발생하는 일반관리비와 구분된다.

23 일반관리비에 해당되지 않는 내용은?
① 복리후생비 ② 조사연구비
③ 상여금 ④ 퇴직금

해설
일반관리비

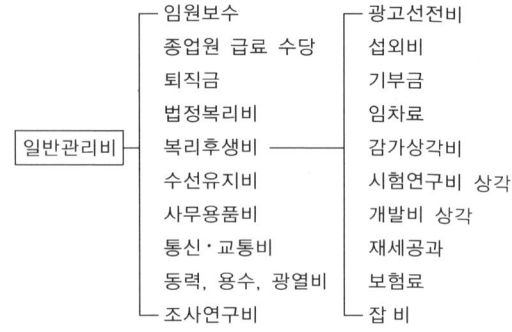

24 기업의 유지를 위한 관리활동 부문에서 발생하는 제비용으로서 공사원가에 속하지 아니하는 모든 영업비용 중 판매비 등을 제외한 비용은?
① 이 윤
② 일반관리비
③ 경 비
④ 작업비

해설
일반관리비
기업의 유지를 위한 관리활동 부문에서 발생하는 제비용으로서 공사원가에 속하지 아니하는 모든 영업비용 중 판매비 등을 제외한 비용이다. 공사의 시공을 위한 기업의 경영, 관리 등 활용 부문에서 발생하는 본·지사의 경비이다.

25 공사의 시공을 위한 기업의 경영, 관리 등 활용 부문에서 발생하는 본·지사의 경비는?
① 이 윤
② 일반관리비
③ 경 비
④ 작업비

해설
24번 해설 참조

정답 19 ② 20 ② 21 ④ 22 ③ 23 ③ 24 ② 25 ②

26 일반관리비는 순공사비의 몇 [%] 이내로 산정해야 하는가?

① 5.5
② 6
③ 7.5
④ 8.5

해설
순공사비의 5.5[%] 이내로 산정한다.

27 일반관리비를 계상할 경우 전문·전기·정보통신·소방공사 및 기타 공사의 공사원가가 30억원 이상일 경우 일반관리비율은 몇 [%]인가?

① 5
② 6
③ 7
④ 8

해설
일반관리비의 계상

일반건설공사		전문·전기·정보통신·소방공사 및 기타 공사	
공사원가	일반관리비율[%]	공사원가	일반관리비율[%]
50억원 미만	6.0	5억원 미만	6.0
50억원~300억원 미만	5.5	5억원~30억원 미만	5.5
300억원 이상	5.0	30억원 이상	5.0

28 공사비원가계산서의 재료비, 노무비, 경비의 내역서 항목의 집계 및 금액합산은?

① 공사비내역서
② 공사비집계표
③ 공사비원가표
④ 손익계산서

해설
공사비집계표
공사비원가계산서의 재료비, 노무비, 경비의 내역서 항목의 집계 및 금액합산

29 경제성 분석방법의 비용의 구성은?

① 태양광발전시스템 견적비용과 부수적인 유지비용
② 태양광발전시스템 구매비용과 정기적인 설비유지보수비용
③ 태양광발전시스템 견적비용과 실제유지비용
④ 태양광발전시스템 구매비용과 정기적인 분석비용

해설
경제성 분석방법의 비용
태양광발전시스템 구매비용(Initial Investment)과 정기적인 설비유지보수(O/M)비용 등으로 구성한다.

30 경제성 분석방법의 개념으로 틀리게 설명한 것은?

① 사업을 수행함에 있어 발생할 것으로 예상되는 모든 유, 무형의 편익과 비용을 추정하고 이들을 합리적인 평가의 기준으로 삼아 대안을 결정하는 계량분석기법의 하나이다.
② 가능한 모든 사회적 비용과 가능한 모든 사회적 편익을 따져 최적대안을 선정하는 기법이다.
③ 편익이 가장 큰 대안을 선택하거나 편익이 같다면 그 비용이 가장 많이 드는 대안을 선택한다.
④ 연구대상이 화폐단위로 측정되어야 하며 그 화폐단위가 시간에 따라 변화한다.

해설
경제성 분석방법의 개념
- 사업을 수행함에 있어 발생할 것으로 예상되는 모든 유, 무형의 편익과 비용을 추정하고 이들을 합리적인 평가의 기준으로 삼아 대안을 결정하는 계량분석기법의 하나이다.
- 가능한 모든 사회적 비용과 가능한 모든 사회적 편익을 따져 최적대안을 선정하는 기법이다.
- 편익이 가장 큰 대안을 선택하거나 편익이 같다면 그 비용이 가장 적게 드는 대안을 선택한다.
- 연구대상이 화폐단위로 측정되어야 하며 그 화폐단위가 시간에 따라 변화한다.
- 프로젝트의 개발과 선택을 위한 경제분석법으로 프로젝트에 드는 비용(노동력과 자본)과 프로젝트의 완성에 의해 발생되는 편익(생산력, 서비스 향상 등)과 시간요소를 고려한 일련의 방법에 의한 평가이며 프로젝트의 결정을 유도한다.

31 사업의 경제성 분석 과정에서 연차별로 발생하는 비용과 편익을 현재가치로 환산하는 데 적용하는 이자율로, 투자금 대비 미래 수익의 현재가치를 무엇이라 하는가?

① 투자율
② 대비율
③ 경제율
④ 할인율

해설
할인율
사업의 경제성 분석 과정에서 연차별로 발생하는 비용과 편익을 현재가치로 환산하는 데 적용하는 이자율로, 투자금 대비 미래 수익의 현재가치를 말한다. 즉, 할인율이 높을수록 경제성이 떨어진다는 의미다.

정답 26 ① 27 ① 28 ② 29 ② 30 ③ 31 ④

32 태양광발전을 하기 위해서는 부지선정이 중요한 요소이다. 이 중 부지선정에 있어 다양한 변수가 적용되는데 지리적 조건의 변수에 해당되지 않는 것은?

① 경사도
② 토지의 방향
③ 토지의 지질
④ 토지의 값

해설
지리적 조건의 부지선정에 있어 다양한 변수 적응
경사도, 토지의 방향, 토지의 지질 – 지형도, 지적공부, 토지대장

33 다음에서 설명하는 태양광발전의 부지선정 시 일반적 고려사항은?

"부지매입비 및 공사비 등을 연계하여 평가하고 가중치 적용여부 및 부지매입 가격, 총공사비 등을 다시 한 번 확인해야 한다."

① 지리적 조건
② 전력계통과의 연계조건
③ 경제성
④ 건설상의 조건

해설
경제성
부지매입비 및 공사비 등을 연계하여 평가하고 가중치 적용여부 및 부지매입 가격, 총공사비 등을 다시 한 번 확인해야 한다.

34 부지선정 시 일반적 고려사항에 해당되지 않는 것은?

① 경제성
② 토지의 지질 조건
③ 건설상의 조건
④ 지리적 조건

해설
부지선정 시 일반적 고려사항
• 지리적 조건
• 전력계통과의 연계조건
• 경제성
• 건설상의 조건
• 지정학적 조건
• 행정상의 조건
• 주변 주민들의 동의

35 부지선정 세부절차 선정 추진절차를 바르게 연결한 것은?

① 후보지역선정 → 사전정보조사 → 지가조사(주변지역 포함) → 지자체 방문 공부확인 → 소유자파악 및 토지이용 협의 → 태양광 규모기획 → 현장조사 → 매매계약 체결 → 소유자 협의 및 매입결정
② 후보지역선정 → 사전정보조사 → 현장조사 → 지자체 방문 공부확인 → 소유자파악 및 토지이용 협의 → 태양광 규모기획 → 지가조사(주변지역 포함) → 소유자 협의 및 매입결정 → 매매계약 체결
③ 현장조사 → 사전정보조사 → 지가조사(주변지역 포함) → 지자체 방문 공부확인 → 소유자 협의 및 매입결정 → 태양광 규모기획 → 후보지역선정 → 소유자파악 및 토지이용 협의→ 매매계약 체결
④ 태양광 규모기획 → 후보지역선정 → 지자체 방문 공부확인 → 현장조사 → 소유자파악 및 토지이용 협의 → 사전정보조사 → 소유자 협의 및 매입결정 → 지가조사(주변지역 포함) → 매매계약 체결

해설
부지선정 세부절차 선정 추진절차
후보지역선정 → 사전정보조사 → 현장조사 → 지자체 방문 공부확인 → 소유자파악 및 토지이용 협의 → 태양광 규모기획 → 지가조사(주변지역 포함) → 소유자 협의 및 매입결정 → 매매계약 체결

36 부지선정 절차의 현장조사 공통사항에 포함되지 않는 것은?

① 먼지, 오염 및 사람의 통행이 많이 있는 곳
② 토질체크는 암반 또는 점토 등이 있는지 확인해 보아야 한다.
③ 그늘의 영향 및 계통연계 관련을 확인해야 한다.
④ 설계를 시작하기 전에 현장조사를 충분해 해야 하며, 발전소 예상부지의 이용 상태 등 주변토지의 이용 상태를 조사해야 한다.

32 ④ 33 ③ 34 ② 35 ② 36 ①

> **해설**
>
> 현장조사의 공통사항
> - 설계를 시작하기 전에 현장조사를 충분히 해야 하며, 발전소 예상 부지의 이용 상태 등 주변토지의 이용 상태를 조사해야 한다.
> - 먼지, 오염 및 사람의 통행이 많이 없는 곳
> - 자재의 반입경로는 설치장소에 이르는 도로의 폭과 포장의 내하중, 가공배전선 및 전화선의 유무, 높이 등을 조사해 두고 공사 시 자재 반입에 대비한다.
> - 인근 개발지(면적) 확인은 사업부지와 연접한 토지의 개발상황을 검토, 연접관련법 조항의 저촉여부를 검토해야 한다.
> - 토질체크는 암반 또는 점토 등이 있는지 확인해 보아야 한다.
> - 그늘의 영향 및 계통연계 관련을 확인해야 한다(전압, 거리, 연계가능용량 등도 함께 확인해야 한다). 한국전력공사 지역지점에 방문하여 계통연계지점에 관한 협의를 한다. 이때 계통도를 함께 받아서 송전관계일람도 작성 시 활용해야 한다.
> - 개발행위허가는 신재생에너지 발전사업자는 18개 개별법상 관련 인·허가를 취득한 것으로 간주한다.

37 지자체 방문 공부확인에 대한 내용으로 틀린 것은?

① 지적공부 확인
② 경사도 분석
③ 각 지자체의 조례는 법령으로 모두 같다.
④ 토지 이용 계획 확인원 분석

> **해설**
>
> 지자체 방문 공부확인(실제 인허가 가능여부 직접 확인)
> - 각 지자체의 조례 등이 다르므로 반드시 사전 조사를 해야 한다.
> - 복합민원사전심사청구를 통하여 해당 부지에 태양광발전사업 건설에 따른 개발행위 허가가 가능한지 사전 조회해야 한다.
> - 지역에 따라서는 시의 조례 등에 따라 건축제한을 받는 곳도 있다. 또한 인가 및 지역주민과의 사이에 일조권 등의 문제가 발생하지 않도록 설치자와 사전협의를 충분히 해야 한다.
> - 토지 이용 계획 확인원 분석
> - 지적공부 확인
> - 경사도 분석
> - 공부 확인
> - 인근개발지(면적)확인(현장 확인)
> - 현황 및 위치 분석(현장 확인)

38 부지선정 절차의 현황분석 내용이 아닌 것은?

① 도시계획시설부지 여부 확인
② 지적도(임야도) 체크
③ 진입로 차단과 시설 확장의 폐쇄여부확인
④ 등기부등본의 권리 소유관계 확인

> **해설**
>
> 부지선정 절차의 현황분석
> - 지적도(임야도) 체크
> - 법인, 종중, 학교 등의 토지인 경우
> - 토질체크(암반 또는 점토)—시공 시 변수 고려(파일, 지하층 공사비 등 고려)
> - 실제 인허가 가능 여부를 지방자치단체에서 직접 체크
> - 등기부등본의 권리 소유관계 확인
> - 계약 시 임대대장 면적과 실측 면적과의 일치 여부 확인
> - 도시계획시설부지 여부 확인
> - 대상 부지 안에 문화재 매장여부를 체크
> - 진입로 여부 및 개설 필요 시 가능성 여부 체크
> - 대상 부지가 군사시설, 환경법상 제한여부 체크

39 소유자 파악 및 토지이용 협의에 해당되는 내용으로 옳은 것은?

① 거주자의 소유를 파악해야 한다.
② 문화재 매장여부 확인해야 한다.
③ 경사도를 파악하고 토지금액을 최저비용으로 산정한다.
④ 음영이 많은 지역의 토지비용은 삭감하여 산정한다.

> **해설**
>
> 소유자 파악 및 토지이용 협의
> - 실소유자를 파악해야 한다(등기부등본의 권리 소유관계 확인).
> - 문화재 매장여부 확인 및 도시계획시설부지 여부를 확인한다.
> - 지리적 여건의 지형은 경사나 지질적인 환경이 설비 설치에 어려움은 없는지 또는 주위의 산이나 건물 등의 장애물에 의한 음영 발생 우려가 없는지를 조사한다.

40 부지조성 또는 토지의 형질변경, 산지전용, 농지전용 등의 허가를 무엇이라 하는가?

① 인·허가
② 매매계약
③ 시행령
④ 시행허가

> **해설**
>
> 인·허가
> 부지조성 또는 토지의 형질변경, 산지전용, 농지전용 등의 허가이다.

41 다음에서 설명하고 있는 것은 무엇인가?

> 개별 필지별로 해당 토지에 대한 용도 지역, 용도 지구, 용도 구역, 도시계획시설, 도시계획사업과 입안 내용 그리고 각종 규제의 저촉 여부를 확인하거나, 도시 계획선이 표시되어서 개별 토지에 대한 규제 사항과 토지이용계획에 관련된 사항을 확인할 수 있는 공적 문서를 말한다.

① 토지이용계획확인원
② 토지수용계획안
③ 토지필수이용계획서
④ 토지필지확인서

해설
토지이용계획확인원
개별 필지별로 해당 토지에 대한 용도 지역, 용도 지구, 용도 구역, 도시계획시설, 도시계획사업과 입안 내용 그리고 각종 규제의 저촉 여부를 확인하거나, 도시 계획선이 표시되어서 개별 토지에 대한 규제 사항과 토지이용계획에 관련된 사항을 확인할 수 있는 공적 문서를 말한다.

42 토지이용계획확인서 유의사항으로 옳지 않는 것은?

① 토지이용규제 기본법 제8조제2항 단서에 따라 지형도면을 작성·고시하지 않는 경우로서 철도안전법 제45조에 따른 철도보호지구, 학교보건법 제5조에 따른 학교 환경 위생 정화구역 등과 같이 별도의 지정 절차 없이 법령 또는 자치법규에 따라 지역·지구 등의 범위가 직접 지정되는 경우에는 그 지역·지구 등의 지정 여부를 확인해 할 수 없을 수도 있다.
② 토지이용규제 기본법 제8조제3항 단서에 따라 지역·지구 등의 지정 시 지형 도면 등의 고시가 곤란한 경우로서 토지이용규제 기본법 시행령 제7조제4항 각호에 해당되는 경우에는 그 지형도면 등의 고시 전에 해당 지역·지구 등의 지정 여부를 확인할 수 없을 수도 있다.
③ 토지이용계획확인서는 토지이용규제 기본법 제5조 각호에 따른 지역·지구 등의 지정 내용과 그 지역·지구 등에서의 행위 제한 내용 그리고 같은 법 시행령 제9조제4항에서 정하는 사항을 확인하는 것으로서 지역·지구·구역 등의 명칭을 쓰는 모든 것을 확인하는 것은 아니다.
④ 지역·지구 등에서의 행위 제한 내용은 신청인의 편의를 도모하기 위하여 관계 법령 및 자치법규에 규정된 내용을 그대로 제공하는 것으로서 신청인이 신청한 경우에만 제공되며, 신청 토지에 대하여 제공된 행위 제한 내용 외의 모든 개발행위가 법적으로 보장된다.

해설
토지이용계획확인서 유의사항(토지이용규제 기본법 시행규칙 별지 제2호 서식)
- 토지이용계획확인서는 토지이용규제 기본법 제5조 각호에 따른 지역·지구 등의 지정 내용과 그 지역·지구 등에서의 행위 제한 내용 그리고 같은 법 시행령 제9조제4항에서 정하는 사항을 확인해 드리는 것으로서 지역·지구·구역 등의 명칭을 쓰는 모든 것을 확인하는 것은 아니다.
- 토지이용규제 기본법 제8조제2항 단서에 따라 지형도면을 작성·고시하지 않는 경우로서 철도안전법 제45조에 따른 철도보호지구, 학교보건법 제5조에 따른 학교 환경 위생 정화구역 등과 같이 별도의 지정 절차 없이 법령 또는 자치법규에 따라 지역·지구 등의 범위가 직접 지정되는 경우에는 그 지역·지구 등의 지정 여부를 확인할 수 없을 수도 있다.
- 토지이용규제 기본법 제8조제3항 단서에 따라 지역·지구 등의 지정 시 지형도면 등의 고시가 곤란한 경우로서 토지이용규제 기본법 시행령 제7조제4항 각호에 해당되는 경우에는 그 지형도면 등의 고시 전에 해당 지역·지구 등의 지정 여부를 확인할 수 없을 수도 있다.
- "확인도면"은 해당 필지에 지정된 지역·지구 등의 지정 여부를 확인하기 위한 참고도면으로서 법적효력이 없고, 측량이나 그 밖의 목적으로 사용할 수 없다.
- 지역·지구 등에서의 행위 제한 내용은 신청인의 편의를 도모하기 위하여 관계 법령 및 자치법규에 규정된 내용을 그대로 제공해 드리는 것으로서 신청인이 신청한 경우에만 제공되며, 신청 토지에 대하여 제공된 행위 제한 내용 외의 모든 개발행위가 법적으로 보장되는 것은 아니다.

43 지적도등본으로 확인할 수 있는 사항으로 틀린 것은?

① 소재지
② 도로폭
③ 필지경계서
④ 토질상태

해설
지적도등본을 토대로 설계도가 작성되는 것이며 해당 구역의 경계선을 정확히 해야 한다. 소재지, 지목, 지번, 축적, 도로폭, 필지경계서, 필지상태확인이 가능하다.

44 지적도의 용어 중 토지가치에 따라 급을 나누는 일종의 계급장을 무엇이라 하는가?

① 필지경계선
② 용도지역선
③ 도로구역선
④ 완충녹지선

정답 41 ① 42 ④ 43 ④ 44 ②

해설
지적도의 필수용어
- 필지경계선 : 지적도에서 보이는 기본적인 선으로 필지크기, 경계를 구분할 수 있는 선이다.
- 용도지역선 : 토지가치에 따라 급을 나누는 일종의 계급장이다. 필지경계선과 다르게 그려져 일반인은 토지 가치를 구분하는 것이 어렵다.
- 도로구역선 : 해당 도로가 누구의 소유인지를 알 수 있는 것이다.
- 완충녹지선 : 소음, 가스폭발, 가스유출 등이 발생될 수 있는 곳과 분리하기 위해 설치된 녹지대 선이다.
- 접도구역선 : 손궤방지, 미관보전, 위험방지를 위해서 도로법에 의해 고시된 도로 경계선을 초과하지 않는 범위의 선이다.
- 하천구역선
- 문화재보호구역선
- 철로선
- 철로역사예정지선

45 필지경계선을 바르게 설명한 것은?
① 지적도에서 보이는 기본적인 선으로 필지크기, 경계를 구분할 수 있는 선이다.
② 손궤방지, 미관보전, 위험방지를 위해서 도록법에 의해 고시된 도로 경계선을 초과하지 않는 범위의 선이다.
③ 소음, 가스폭발, 가스유출 등이 발생될 수 있는 곳과 분리하기 위해 설치된 녹지대 선이다.
④ 해당 도로가 누구의 소유인지를 알 수 있는 것이다.

해설
44번 해설 참조

46 토지 및 임야 관리를 편리하게 운영하기 위해 작성하는 문서 서식을 무엇이라 하는가?
① 건축물 대장
② 축조대장
③ 토지대장
④ 토목대장

해설
토지(임야)대장
토지 및 임야 관리를 편리하게 운영하기 위해 작성하는 문서 서식이다. 토지는 부동산에 속해있으며 사람의 생활이나 활동에 경지나 주거지와 같은 목적으로 이용되고 있는 일정한 지면을 이야기하며, 토지대장과 임야대장은 토지에 관련된 소개, 지분, 취득 연월일, 취득 원인, 취득가액 등을 기록할 수 있는 공공의 문서로서 토지의 면적과 지목 그리고 소유자가 나와 있으며 공시지가 등급에 대하여 기재되어 있다.

47 토지대장은 시장(구를 두는 시에 있어서는 구청장)·군수가 소관하며, 소관청은 이 장부를 지적서고에 비치하게 되는데 얼마간 보관해야 하는가?
① 1년
② 5년
③ 10년
④ 영 구

해설
토지대장은 시장(구를 두는 시에 있어서는 구청장)·군수가 소관하며, 소관청은 이 장부를 지적서고에 비치, 보관하고 이를 영구히 보존하여야 한다. 이 장부는 천재지변 등 위난을 피하기 위하여 필요한 때를 제외하고는 이를 소관청의 청사 밖으로 반출하지 못한다.

48 토지대장의 등록사항이 아닌 것은?
① 지 번
② 거주자 이름
③ 토지의 소재
④ 지 목

해설
토지대장 등록사항(공간정보의 구축 및 관리 등에 관한 법률 제71조)
- 토지의 소재
- 지 번
- 지 목
- 면 적
- 소유자의 주소·주민등록번호·성명 또는 명칭
- 그 밖에 국토교통부령으로 정하는 사항 등

49 등기를 해 두는 등기부를 그대로 옮겨 등기된 내용을 입증하는 문서는?
① 토지등기부등본
② 건물등기부등본
③ 건축등기부등본
④ 시설등기부등본

해설
토지등기부등본
등기를 해 두는 등기부를 그대로 옮겨 등기된 내용을 입증하는 문서. 등기부는 등기제도에 따라 토지에 대한 소유권이나 저당권을 기록해 두는 장부로 등기소에서 관리한다. 등기소에 비치된 등기부를 그대로 옮긴 것을 등기부등본이라고 하며, 소유권과 상관없이 열람과 발급이 가능하다.

정답 45 ① 46 ③ 47 ④ 48 ② 49 ①

50 등기부등본의 구성에 해당되지 않는 것은?

① 표제부
② 갑 구
③ 을 구
④ 병 구

해설
등기부등본의 구성
등기부등본은 등기부의 내용을 그대로 옮기는 것이기 때문에 실제 등기부와 같으며, 부동산등기의 경우, 부동산 등기부는 토지등기부와 건물등기부로 구분된다. 부동산등기부의 등기용지는 부동산을 표시하는 표제부, 소유권을 기재하는 갑구란, 그리고 소유권 이외의 권리를 표시한 을구란 등의 3면으로 이루어진다.

51 소유권을 기재하는 등기부등본은?

① 표제부
② 갑 구
③ 을 구
④ 병 구

해설
50번 해설 참조

CHAPTER 04 태양광발전사업 부지 인허가 검토

제1과목 태양광발전 기획

제1절 국토 이용에 관한 법령 검토

1 전기사업법령

(1) 목적(법 제1조)

이 법은 전기사업에 관한 기본제도를 확립하고 전기사업의 경쟁과 새로운 기술 및 사업의 도입을 촉진함으로써 전기사업의 건전한 발전을 도모하고 전기사용자의 이익을 보호하여 국민경제의 발전에 이바지함을 목적으로 한다.

(2) 용어의 정의(법 제2조)

① 전기사업이란 발전사업·송전사업·배전사업·전기판매사업 및 구역전기사업을 말한다.
② 전기사업자란 발전사업자·송전사업자·배전사업자·전기판매사업자 및 구역전기사업자를 말한다.
③ 발전사업이란 전기를 생산하여 이를 전력시장을 통하여 전기판매사업자에게 공급하는 것을 주된 목적으로 하는 사업을 말한다.
④ 발전사업자란 발전사업의 허가를 받은 자를 말한다.
⑤ 송전사업이란 발전소에서 생산된 전기를 배전사업자에게 송전하는 데 필요한 전기설비를 설치·관리하는 것을 주된 목적으로 하는 사업을 말한다.
⑥ 송전사업자란 송전사업의 허가를 받은 자를 말한다.
⑦ 배전사업이란 발전소로부터 송전된 전기를 전기사용자에게 배전하는 데 필요한 전기설비를 설치·운용하는 것을 주된 목적으로 하는 사업을 말한다.
⑧ 배전사업자란 배전사업의 허가를 받은 자를 말한다.
⑨ 전기신사업이란 전기자동차충전사업 및 소규모전력중개사업을 말한다.
⑩ 전기신사업자란 전기자동차충전사업자 및 소규모전력중개사업자를 말한다.
⑪ 전기설비란 발전·송전·변전·배전·전기공급 또는 전기사용을 위하여 설치하는 기계·기구·댐·수로·저수지·전선로·보안통신선로 및 그 밖의 설비(댐건설 및 주변지역지원 등에 관한 법률에 따라 건설되는 댐·저수지와 선박·차량 또는 항공기에 설치되는 것과 그 밖에 대통령령으로 정하는 것은 제외)로서 다음의 것을 말한다.
   ㉠ 전기사업용 전기설비
   ㉡ 일반용 전기설비
   ㉢ 자가용 전기설비

> **Check! 전기설비에서 제외하는 설비(영 제2조)**
> "선박·차량 또는 항공기에 설치되는 것"이란 해당 선박·차량 또는 항공기가 기능을 유지하도록 하기 위하여 설치되는 전기설비를 말한다. "대통령령으로 정하는 것"이란 다음의 것을 말한다.
> - 전압 30[V] 미만의 전기설비로서 전압 30[V] 이상의 전기설비와 전기적으로 접속되어 있지 아니한 것
> - 전기통신기본법에 따른 전기통신설비. 다만, 전기를 공급하기 위한 수전설비는 제외한다.

⑫ 전선로란 발전소·변전소·개폐소 및 이에 준하는 장소와 전기를 사용하는 장소 상호 간의 전선 및 이를 지지하거나 수용하는 시설물을 말한다.

⑬ 전기사업용 전기설비란 전기설비 중 전기사업자가 전기사업에 사용하는 전기설비를 말한다.

⑭ 일반용 전기설비란 산업통상자원부령으로 정하는 소규모의 전기설비로서 한정된 구역에서 전기를 사용하기 위하여 설치하는 전기설비를 말한다.

⑮ 자가용 전기설비란 전기사업용 전기설비 및 일반용 전기설비 외의 전기설비를 말한다.

(3) 용어의 정의(시행규칙 제2조)

① 변전소란 변전소의 밖으로부터 전압 50,000[V] 이상의 전기를 전송받아 이를 변성(전압을 올리거나 내리는 것 또는 전기의 성질을 변경시키는 것)하여 변전소 밖의 장소로 전송할 목적으로 설치하는 변압기와 그 밖의 전기설비 전체를 말한다.

② 개폐소란 다음의 곳의 전압 50,000[V] 이상의 송전선로를 연결하거나 차단하기 위한 전기설비를 말한다.
  ㉠ 발전소 상호 간
  ㉡ 변전소 상호 간
  ㉢ 발전소와 변전소 간

③ 송전선로란 다음의 곳을 연결하는 전선로(통신용으로 전용하는 것은 제외)와 이에 속하는 전기설비를 말한다.
  ㉠ 발전소 상호 간
  ㉡ 변전소 상호 간
  ㉢ 발전소와 변전소 간

④ 배전선로란 다음의 곳을 연결하는 전선로와 이에 속하는 전기설비를 말한다.
  ㉠ 발전소와 전기수용설비
  ㉡ 변전소와 전기수용설비
  ㉢ 송전선로와 전기수용설비
  ㉣ 전기수용설비 상호 간

⑤ 전기수용설비란 수전설비와 구내배전설비를 말한다.

⑥ 수전설비란 타인의 전기설비 또는 구내발전설비로부터 전기를 공급받아 구내배전설비로 전기를 공급하기 위한 전기설비로서 수전지점으로부터 배전반(구내배전설비로 전기를 배전하는 전기설비)까지의 설비를 말한다.

⑦ 구내배전설비란 수전설비의 배전반에서부터 전기사용기기에 이르는 전선로·개폐기·차단기·분전함·콘센트·제어반·스위치 및 그 밖의 부속설비를 말한다.
⑧ 저압이란 직류에서는 1,500[V] 이하의 전압을 말하고, 교류에서는 1,000[V] 이하의 전압을 말한다.
⑨ 고압이란 직류에서는 1,500[V]를 초과하고 7,000[V] 이하인 전압을 말하고, 교류에서는 1,000[V]를 초과하고 7,000[V] 이하인 전압을 말한다.
⑩ 특고압이란 7,000[V]를 초과하는 전압을 말한다.

(4) 일반용 전기설비의 범위(시행규칙 제3조)

① 전기사업법(이하 "법"이라 한다)에 따른 일반용 전기설비는 다음의 어느 하나에 해당하는 전기설비로 한다.
  ㉠ 저압에 해당하는 용량 75[kW](제조업 또는 심야전력을 이용하는 전기설비는 용량 100[kW]) 미만의 전력을 타인으로부터 수전하여 그 수전장소(담·울타리 또는 그 밖의 시설물로 타인의 출입을 제한하는 구역을 포함)에서 그 전기를 사용하기 위한 전기설비
  ㉡ 저압에 해당하는 용량 10[kW] 이하인 발전설비
② ①에도 불구하고 다음의 하나에 해당하는 전기설비는 일반용 전기설비로 보지 아니한다.
  ㉠ 자가용 전기설비를 설치하는 자가 그 자가용 전기설비의 설치장소와 동일한 수전장소에 설치하는 전기설비
  ㉡ 다음의 위험시설에 설치하는 용량 20[kW] 이상의 전기설비
    • 총포·도검·화약류 등의 안전관리에 관한 법률에 따른 화약류(장난감용 꽃불은 제외)를 제조하는 사업장
    • 광산안전법 시행령에 따른 갑종 탄광
    • 도시가스사업법에 따른 도시가스사업장, 액화석유가스의 안전관리 및 사업법에 따른 액화석유가스의 저장·충전 및 판매사업장 또는 고압가스 안전관리법에 따른 고압가스의 제조소 및 저장소
    • 위험물 안전관리법에 따른 위험물의 제조소 또는 취급소
  ㉢ 다음의 여러 사람이 이용하는 시설에 설치하는 용량 20[kW] 이상의 전기설비
    • 공연법에 따른 공연장
    • 영화 및 비디오물의 진흥에 관한 법률에 따른 영화상영관
    • 식품위생법 시행령에 따른 유흥주점·단란주점
    • 체육시설의 설치·이용에 관한 법률에 따른 체력단련장
    • 유통산업발전법에 따른 대규모점포 및 상점가
    • 의료법에 따른 의료기관
    • 관광진흥법에 따른 호텔
    • 화재예방, 소방시설 설치유지 및 안전관리에 관한 법률 시행령에 따른 집회장
③ ①의 ㉠에 따른 심야전력의 범위는 산업통상자원부장관이 정한다.

(5) 전기사업의 허가(법 제7조)

① 전기사업을 하려는 자는 전기사업의 종류별로 산업통상자원부장관의 허가를 받아야 한다. 허가받은 사항 중 산업통상자원부령으로 정하는 중요 사항을 변경하려는 경우에도 또한 같다.

② 산업통상자원부장관은 전기사업을 허가 또는 변경허가를 하려는 경우에는 미리 전기위원회의 심의를 거쳐야 한다.

③ 동일인에게는 두 종류 이상의 전기사업을 허가할 수 없다. 다만, 대통령령으로 정하는 경우에는 그러하지 아니하다.

> **Check!** ※ **대통령령으로 정하는 두 종류 이상의 전기사업의 허가(영 제3조)**
> 동일인이 두 종류 이상의 전기사업을 할 수 있는 경우는 다음과 같다.
> • 배전사업과 전기판매사업을 겸업하는 경우
> • 도서지역에서 전기사업을 하는 경우
> • 발전사업의 허가를 받은 것으로 보는 집단에너지사업자가 전기판매사업을 겸업하는 경우. 다만, 사업의 허가에 따라 허가받은 공급구역에 전기를 공급하려는 경우로 한정한다.

④ 산업통상자원부장관은 필요한 경우 사업구역 및 특정한 공급구역별로 구분하여 전기사업의 허가를 할 수 있다. 다만, 발전사업의 경우에는 발전소별로 허가할 수 있다.

⑤ 전기사업의 허가기준은 다음과 같다.
  ㉠ 전기사업을 적정하게 수행하는 데 필요한 재무능력 및 기술능력이 있을 것
  ㉡ 전기사업이 계획대로 수행될 수 있을 것
  ㉢ 배전사업 및 구역전기사업의 경우 둘 이상의 배전사업자의 사업구역 또는 구역전기사업자의 특정한 공급구역 중 그 전부 또는 일부가 중복되지 아니할 것
  ㉣ 구역전기사업의 경우 특정한 공급구역의 전력수요의 50[%] 이상으로서 대통령령으로 정하는 공급능력을 갖추고, 그 사업으로 인하여 인근 지역의 전기사용자에 대한 다른 전기사업자의 전기 공급에 차질이 없을 것
  ㉤ 발전소나 발전연료가 특정 지역에 편중되어 전력계통의 운영에 지장을 주지 아니할 것
  ㉥ 신에너지 및 재생에너지 개발·이용·보급 촉진법에 따른 태양에너지 중 태양광, 풍력, 연료전지를 이용하는 발전사업의 경우 대통령령으로 정하는 바에 따라 발전사업 내용에 대한 사전고지를 통하여 주민 의견수렴 절차를 거칠 것
  ㉦ 그 밖에 공익상 필요한 것으로서 대통령령으로 정하는 기준에 적합할 것

⑥ ①에 따른 허가의 세부기준·절차와 그 밖에 필요한 사항은 산업통상자원부령으로 정한다.

(6) 사업허가의 신청(시행규칙 제4조)

① 전기사업의 허가에 따라 전기사업의 허가를 신청하려는 자는 전기사업허가신청서(전자문서로 된 신청서 포함)에 다음의 서류(전자문서 포함)를 첨부하여 산업통상자원부장관에게 제출하여야 한다. 다만, 발전설비용량이 3,000[kW] 이하인 발전사업의 허가를 받으려는 자는 특별시장·광역시장·특별자치시장·도지사 또는 특별자치도지사에게 제출하여야 한다.
  ㉠ 별표 1의 작성방법에 따라 작성한 사업계획서. 이 경우 별표 1의2에 따른 서류를 첨부하여야 한다.

※ 사업계획서 구비서류(별표 1의2)

구 분	구비서류
1. 재무능력 관련	㉠ 신청자에 대한 신용평가(신용정보의 이용 및 보호에 관한 법률 제2조제4호에 따른 신용정보업자가 거래신뢰도를 평가한 것을 말한다)의 의견서. 다만, 신청자가 재무능력을 평가할 수 없는 신설법인인 경우에는 신청자의 최대주주를 신청자로 본다. ㉡ 재원조달계획 관련 증명서류
2. 기술능력 관련	전기설비 건설 및 운영 계획 관련 증명서류
3. 계획에 따른 수행 가능 여부 관련	㉠ 발전설비 건설 예정지역 관할 지방자치단체(지방자치법 제2조제1항제2호에 따른 지방자치단체를 말한다)의 발전설비와 접속설비 건설에 대한 의견서(발전설비용량이 10,000[kW] 초과인 신청자만 해당한다. 다만, 신에너지 및 재생에너지 개발·이용·보급 촉진법 제2조제1호나목에 따른 연료전지 또는 같은 조 제2호가목·나목에 따른 태양에너지·풍력발전설비의 경우에는 발전설비용량이 100,000[kW] 초과인 신청자만 해당한다) ㉡ 발전기의 전력계통 접속에 따른 영향에 관한 한국전력공사의 의견서(발전설비용량이 10,000[kW] 초과인 신청자만 해당한다) ㉢ 송전관계일람도 ㉣ 부지의 확보 및 배치 계획 관련 증명서류 ㉤ 연료 및 용수 확보 계획 관련 증명서류(발전사업 또는 구역전기사업의 허가를 신청하는 경우만 해당한다) ㉥ 신청자의 과거 발전설비 준공, 포기 또는 지연이력 및 운영실적 ㉦ 사업개시 예정일부터 5년 동안의 연도별 예상사업손익산출서(별지 제2호 서식에 따른다)
4. 그 밖의 사항 관련	㉠ 사업구역의 경계를 명시한 50,000분의 1 지형도(배전사업의 허가를 신청하는 경우만 해당한다) ㉡ 특정한 공급구역의 위치 및 경계를 명시한 50,000분의 1 지형도(구역전기사업의 허가를 신청하는 경우만 해당한다) ㉢ 발전원가명세서(발전사업 또는 구역전기사업의 허가를 신청하는 경우만 해당한다) ㉣ 발전용 수력의 사용에 대한 하천법 제33조제1항의 허가 또는 발전용 원자로 및 관계시설의 건설에 대한 원자력안전법 제20조제1항의 허가사실을 증명할 수 있는 허가서의 사본(전기사업용 수력발전소 또는 원자력발전소를 설치하는 경우만 해당하며, 허가신청 중인 경우에는 그 신청서의 사본을 말한다)

※ 사업계획서 작성방법(별표 1)

구 분	작성방법
1. 사업계획에 포함되어야 할 사항	① 사업 구분 ② 사업계획 개요(사업자명, 전기설비의 명칭 및 위치, 발전형식 및 연료, 설비용량, 소요부지면적, 준비기간, 사업개시 예정일 및 운영기간을 포함) ③ 전기설비 개요 ④ 전기설비 건설 계획(구체적인 주요공정 추진 일정 및 건설인력 관련 계획을 포함한다) ⑤ 전기설비 운영 계획(기술인력의 확보 계획을 포함한다) ⑥ 부지의 확보 및 배치 계획[석탄을 이용한 화력발전의 경우 회(灰)처리장에 관한 사항을 포함] ⑦ 전력계통의 연계 계획(발전사업 및 구역전기사업의 경우만 해당한다) ⑧ 연료 및 용수 확보 계획(발전사업 및 구역전기사업의 경우만 해당한다) ⑨ 온실가스 감축계획(화력발전의 경우만 해당한다) ⑩ 소요금액 및 재원조달계획(전기사업회계규칙의 계정과목 분류에 따른 공사비 개괄 계산서를 포함한다) ⑪ 사업개시 예정일부터 5년간 연도별·용도별 공급계획(전기판매사업 및 구역전기사업의 경우에만 해당한다)

구 분	작성방법
2. 제1호 ③목의 전기설비 개요에 포함되어야 할 사항	① 발전설비 　㉠ 수력설비 　　• 저수지 또는 조정지의 전용량, 유효용량, 계획 홍수량, 이용 수심, 수차의 종류, 출력, 회전수 및 대수 　　• 댐, 취수구 및 방수구의 위치(동·리까지 적을 것) 　　• 최대 및 상시 첨두별 유효낙차 　㉡ 화력설비 　　• 가스터빈 또는 증기터빈의 종류, 정격출력, 정격전압, 주파수, 주증기 정지밸브의 입구 압력 및 온도 　　• 보일러의 종류, 증발량, 출구의 압력 및 온도와 대수 　　• 연료의 종류 　㉢ 원자력설비 　　• 원자로의 형식·열출력 및 기수, 연료의 종류 및 초기 농축도 원자로의 제어방식 　　• 증기터빈의 종류, 정격출력, 정격전압, 주파수, 주증기 정지밸브의 입구 압력 및 온도 　㉣ 풍력설비 　　• 최대·상시 풍속, 풍차의 운전(시동·정격 및 정지) 풍속, 풍차의 회전수·직경, 회전날개의 수·길이 및 지주의 높이 　　• 발전기의 종류 및 정격출력, 정격전압, 주파수 　㉤ 태양광설비 　　• 태양전지의 종류, 정격용량, 정격전압 및 정격출력 　　• 인버터(Inverter)의 종류, 입력전압, 출력전압 및 정격출력 　　• 집광판(集光板)의 면적 　㉥ 전기저장장치 　　• 이차전지의 종류, 입력전압, 출력전압 및 정격출력 　　• 전력변환장치의 종류 및 제어방식 　㉦ 그 밖의 신에너지 및 재생에너지설비의 경우에는 원동력의 종류 및 정격출력, 공급 전압, 주파수, 설비별 제원 등 ② 송전·변전설비 　㉠ 변전소의 명칭 및 위치, 변압기의 종류·용량·전압·대수 　㉡ 송전선로의 명칭·구간 및 송전 용량 　㉢ 개폐소의 위치(동·리까지 적을 것) 　㉣ 송전선의 종류·길이·회선 수 및 굵기의 1회선당 조수(條數)

　㉡ 이 경우 별표 1의 2에 따른 서류를 첨부하여야 한다.
　㉢ 정관, 대차대조표 및 손익계산서(신청자가 법인인 경우만 해당하며, 설립 중인 법인의 경우에는 정관만 제출한다)
　㉣ 신청자(발전설비용량 3,000[kW] 이하인 신청자는 제외)의 주주명부. 이 경우 신청자가 재무능력을 평가할 수 없는 신설법인인 경우에는 신청자의 최대주주를 신청자로 본다.
② ①에 따른 신청을 받은 산업통상자원부장관 또는 시·도지사는 전자정부법에 따른 행정정보의 공동이용을 통하여 법인 등기사항증명서(법인인 경우만 해당)를 확인하여야 한다.

(7) 변경허가사항 등(시행규칙 제5조)

① 전기사업의 허가에서 산업통상자원부령으로 정하는 중요 사항이란 다음의 사항을 말한다.
　㉠ 사업구역 또는 특정한 공급구역
　㉡ 공급전압

ⓒ 발전사업 또는 구역전기사업의 경우 발전용 전기설비에 관한 다음의 어느 하나에 해당하는 사항
- 설치장소(동일한 읍·면·동에서 설치장소를 변경하는 경우는 제외)
- 설비용량(변경 정도가 허가 또는 변경허가를 받은 설비용량의 100분의 10 이하인 경우는 제외)
- 원동력의 종류(허가 또는 변경허가를 받은 설비용량이 300,000[kW] 이상인 발전용 전기설비에 신에너지 및 재생에너지 개발·이용·보급 촉진법에 따른 신재생에너지를 이용하는 발전용 전기설비를 추가로 설치하는 경우는 제외)

② 전기사업의 허가에 따라 변경허가를 받으려는 자는 사업허가 변경신청서에 변경내용을 증명하는 서류를 첨부하여 산업통상자원부장관 또는 시·도지사에게 제출하여야 한다.

(8) 사업허가증(시행규칙 제6조)

산업통상자원부장관 또는 시·도지사(발전설비용량이 3,000[kW] 이하인 발전사업의 경우로 한정한다)는 전기사업의 허가에 따른 전기사업에 대한 허가(변경허가를 포함함)를 하는 경우에는 (발전, 구역전기)사업허가증 또는 (송전, 배전, 전기판매)사업허가증을 발급하여야 한다.

(9) 전기설비의 설치 및 사업의 개시 의무(법 제9조)

① 전기사업자는 허가권자가 지정한 준비기간에 사업에 필요한 전기설비를 설치하고 사업을 시작하여야 한다.
② ①에 따른 준비기간은 10년을 넘을 수 없다. 다만, 허가권자가 정당한 사유가 있다고 인정하는 경우에는 준비기간을 연장할 수 있다.
③ 허가권자는 전기사업을 허가할 때 필요하다고 인정하면 전기사업별 또는 전기설비별로 구분하여 준비기간을 지정할 수 있다.
④ 전기사업자는 사업을 시작한 경우에는 지체 없이 그 사실을 허가권자에게 신고하여야 한다. 다만, 발전사업자의 경우에는 최초로 전력거래를 한 날부터 30일 이내에 신고하여야 한다.

(10) 전기공급의 의무(법 제14조)

발전사업자, 전기판매사업자 및 전기자동차충전사업자는 대통령령으로 정하는 정당한 사유 없이 전기의 공급을 거부하여서는 아니 된다.

※ 전기의 공급약관(법 제16조)

1. 전기판매사업자는 대통령령으로 정하는 바에 따라 전기요금과 그 밖의 공급조건에 관한 약관(이하 "기본공급약관"이라 한다)을 작성하여 산업통상자원부장관의 인가를 받아야 한다. 이를 변경하려는 경우에도 또한 같다.

> **Check!** 대통령령으로 정하는 기본공급약관에 대한 인가기준(영 제7조)
> 전기요금과 그 밖의 공급조건에 관한 약관에 대한 인가 또는 변경인가의 기준은 다음과 같다.
> - 전기요금이 적정 원가에 적정 이윤을 더한 것일 것
> - 전기요금을 공급 종류별 또는 전압별로 구분하여 규정하고 있을 것
> - 전기판매사업자와 전기사용자 간의 권리의무 관계와 책임에 관한 사항이 명확하게 규정되어 있을 것
> - 전력량계 등의 전기설비의 설치주체와 비용부담자가 명확하게 규정되어 있을 것
> 인가 또는 변경인가의 기준에 관한 세부적인 사항은 산업통상자원부장관이 정하여 고시한다.

2. 산업통상자원부장관은 1.에 따른 인가를 하려는 경우에는 전기위원회의 심의를 거쳐야 한다.
3. 전기판매사업자는 그 전기수요를 효율적으로 관리하기 위하여 필요한 범위에서 기본공급약관으로 정한 것과 다른 요금이나 그 밖의 공급조건을 내용으로 정하는 약관(이하 "선택공급약관"이라 한다)을 작성할 수 있으며, 전기사용자는 기본공급약관을 갈음하여 선택공급약관으로 정한 사항을 선택할 수 있다.
4. 전기판매사업자는 선택공급약관을 포함한 기본공급약관(이하 "공급약관"이라 한다)을 시행하기 전에 영업소 및 사업소 등에 이를 갖춰 두고 전기사용자가 열람할 수 있게 하여야 한다.
5. 전기판매사업자는 공급약관에 따라 전기를 공급하여야 한다.

(11) 전기공급의 거부 사유(시행령 제5조의5)

법 제14조에서 대통령령으로 정하는 정당한 사유란 다음의 어느 하나에 해당하는 경우를 말한다.
① 전기요금을 납기일까지 납부하지 아니한 전기사용자가 납기일의 다음 날부터 법 제16조 제4항에 따른 공급약관(이하 "공급약관"이라 한다)에서 정하는 기한까지 해당 요금을 납부하지 아니하는 경우
② 전기의 공급을 요청하는 자가 불합리한 조건을 제시하거나 전기판매사업자 또는 전기자동차충전사업자의 정당한 조건에 따르지 아니하고 다른 방법으로 전기의 공급을 요청하는 경우
③ 발전사업자(법 제35조에 따라 설립된 한국전력거래소가 법 제45조에 따라 전력계통의 운영을 위하여 전기공급을 지시한 발전사업자는 제외)가 법 제5조에 따라 환경을 적정하게 관리·보존하는 데 필요한 조치로서 전기공급을 정지하는 경우
④ 전기사용자가 법 제18조 제1항에 따른 전기의 품질에 적합하지 아니한 전기의 공급을 요청하는 경우
⑤ 발전용 전기설비의 정기적인 보수기간 중 전기의 공급을 요청하는 경우(발전사업자만 해당)
⑥ 전기를 대량으로 사용하려는 자가 다음 각 사항에서 정하는 시기까지 전기판매사업자에게 미리 전기의 공급을 요청하지 아니하는 경우
  ㉠ 사용량이 5,000[kW](건축법 시행령 별표 1 제14호 나목의 일반업무시설인 경우에는 2,000[kW]) 이상 10,000[kW] 미만인 경우 : 사용 예정일 1년 전
  ㉡ 사용량이 10,000[kW] 이상 100,000[kW] 미만인 경우 : 사용 예정일 2년 전
  ㉢ 사용량이 100,000[kW] 이상 300,000[kW] 미만인 경우 : 사용 예정일 3년 전
  ㉣ 사용량이 300,000[kW] 이상인 경우 : 사용 예정일 4년 전
⑦ 전기안전관리법 제12조 제1항 본문에 따른 일반용전기설비의 사용전점검을 받지 아니하고 전기공급을 요청하는 경우
⑧ 전기안전관리법 제12조 제6항 또는 다른 법률에 따라 시장·군수·구청장(자치구의 구청장을 말한다) 또는 그 밖의 행정기관의 장이 전기공급의 정지를 요청하는 경우
⑨ 재난이나 그 밖의 비상사태로 인하여 전기공급이 불가능한 경우

(12) 전기품질의 유지(법 제18조)

① 전기사업자 등은 산업통상자원부령으로 정하는 바에 따라 그가 공급하는 전기의 품질을 유지하여야 한다.
② 전기사업자 및 한국전력거래소는 산업통상자원부령으로 정하는 바에 따라 전기품질을 측정하고 그 결과를 기록·보존하여야 한다.

③ 산업통상자원부장관은 전기사업자 등이 공급하는 전기의 품질이 ①에 적합하게 유지되지 아니하여 전기사용자의 이익을 해친다고 인정하는 경우에는 전기위원회의 심의를 거쳐 그 전기사업자 등에게 전기설비의 수리 또는 개조, 전기설비의 운용방법의 개선, 그 밖에 필요한 조치를 할 것을 명할 수 있다.

(13) 전기의 품질기준(시행규칙 제18조)

전기품질의 유지에 따라 전기사업자와 전기신사업자는 그가 공급하는 전기가 별표 3에 따른 표준전압·표준주파수 및 허용오차의 범위에서 유지되도록 하여야 한다.

Check! 표준전압·표준주파수 및 허용오차(별표 3)

1. 표준전압 및 허용오차

표준전압	허용오차
110[V]	110[V]의 상하로 6[V] 이내
220[V]	220[V]의 상하로 13[V] 이내
380[V]	380[V]의 상하로 38[V] 이내

2. 표준주파수 및 허용오차

표준주파수	허용오차
60[Hz]	60[Hz] 상하로 0.2[Hz] 이내

(14) 전압 및 주파수의 측정(시행규칙 제19조)

① 전기사업자 및 한국전력거래소는 산업통상자원부령으로 정하는 바에 따라 전기품질을 측정하고 그 결과를 기록·보존하여야 한다는 규정에 따라 전기사업자 및 한국전력거래소는 다음의 사항을 매년 1회 이상 측정하여야 하며 측정 결과를 3년간 보존하여야 한다.
  ㉠ 발전사업자 및 송전사업자의 경우에는 전압 및 주파수
  ㉡ 배전사업자 및 전기판매사업자의 경우에는 전압
  ㉢ 한국전력거래소의 경우에는 주파수
② 전기사업자 및 한국전력거래소는 ①에 따른 전압 및 주파수의 측정기준·측정방법 및 보존방법 등을 정하여 산업통상자원부장관에게 제출하여야 한다.

(15) 전력량계의 설치·관리(법 제19조)

① 다음의 자는 시간대별로 전력거래량을 측정할 수 있는 전력량계를 설치·관리하여야 한다.
  ㉠ 발전사업자(대통령령으로 정하는 발전사업자는 제외)
  ㉡ 자가용 전기설비를 설치한 자
  ㉢ 구역전기사업자
  ㉣ 배전사업자
  ㉤ 전력의 직접 구매 단서에 따라 전력을 직접 구매하는 전기사용자
② ①에 따른 전력량계의 허용오차 등에 관한 사항은 산업통상자원부장관이 정한다.

(16) 기본계획의 경미한 변경(시행규칙 제20조)

전력수급기본계획의 수립 단서에 따라 전력정책심의회의 설치 등에 따른 전력정책심의회의 심의를 거치지 아니하고 변경할 수 있는 사항은 다음과 같다.
① 전기설비 설치공사의 착공·준공 또는 공사기간을 2년 이내의 범위에서 조정하는 경우
② 전기설비별 용량의 20[%] 이내의 범위에서 그 용량을 변경하는 경우
③ 신규건설 또는 폐지되는 연도별 전기설비용량의 5[%] 이내의 범위에서 전기설비용량을 변경하는 경우

(17) 전력수급기본계획의 수립(법 제25조)

① 산업통상자원부장관은 전력수급의 안정을 위하여 전력수급기본계획(이하 "기본계획"이라 한다)을 수립하여야 한다.
② 산업통상자원부장관은 기본계획을 수립하거나 변경하고자 하는 때에는 관계 중앙행정기관의 장과 협의하고 공청회를 거쳐 의견을 수렴한 후 전력정책심의회의 심의를 거쳐 이를 확정한다. 다만, 산업통상자원부장관이 책임질 수 없는 사유로 공청회가 정상적으로 진행되지 못하는 등 대통령령으로 정하는 사유가 있는 경우에는 공청회를 개최하지 아니할 수 있으며 이 경우 대통령령으로 정하는 바에 따라 공청회에 준하는 방법으로 의견을 들어야 한다.
③ 기본계획 중 대통령령으로 정하는 경미한 사항을 변경하는 경우에는 ②에 따른 절차를 생략할 수 있다.

> **Check!** 기본계획의 경미한 사항의 변경(영 제15조의2)
> "대통령령으로 정하는 경미한 사항을 변경하는 경우"란 다음의 하나에 해당하는 경우를 말한다.
> - 전기설비 설치공사의 착공 또는 준공 등의 기간을 2년의 범위에서 조정하는 경우
> - 전기설비별 용량의 20[%]의 범위에서 그 용량을 변경하는 경우
> - 연도별 전기설비 총용량의 5[%]의 범위에서 그 총용량을 변경하는 경우

④ 산업통상자원부장관은 ②에 따라 기본계획이 확정된 때에는 지체없이 이를 공고하고, 관계 중앙행정기관의 장에게 통보하여야 한다.
⑤ 산업통상자원부장관은 기본계획을 수립하거나 변경하는 경우 국회 소관 상임위원회에 보고하여야 한다. 이 경우, 제3조제2항에 따라 고려할 사항이 포함되어야 한다.
⑥ 기본계획에는 다음의 사항이 포함되어야 한다.
　㉠ 전력수급의 기본방향에 관한 사항
　㉡ 전력수급의 장기전망에 관한 사항
　㉢ 발전설비계획 및 주요 송전·변전설비계획에 관한 사항
　㉣ 전력수요의 관리에 관한 사항
　㉤ 직전 기본계획의 평가에 관한 사항
　㉥ 분산형 전원의 확대에 관한 사항
　㉦ 그 밖에 전력수급에 관하여 필요하다고 인정하는 사항
⑦ 산업통상자원부장관은 기본계획이 저탄소 녹색성장 기본법에 따른 온실가스 감축 목표에 부합하도록 노력하여야 한다.
⑧ 산업통상자원부장관은 기본계획의 수립을 위하여 필요한 경우에는 전기사업자, 한국전력거래소, 그 밖에 대통령령으로 정하는 관계 기관 및 단체에 관련 자료의 제출을 요구할 수 있다.

⑨ 기본계획의 수립에 관하여 그 밖에 필요한 사항은 대통령령으로 정한다.

> **Check! 전력수급기본계획의 수립(영 제15조)**
> 1. 전력수급기본계획은 2년 단위로 수립·시행한다.
> 2. 공청회가 정상적으로 진행되지 못하는 등 대통령령으로 정하는 사유란 다음의 어느 하나에 해당하는 경우를 말한다.
>   • 이해관계자 등의 방해로 공청회가 개최되지 못한 횟수가 2회 이상인 경우
>   • 공청회가 개최되었으나 이해관계자 등의 방해로 정상적으로 진행되지 못한 경우
> 3. 산업통상자원부장관은 정상적인 공청회를 개최하지 아니한 경우 다음의 사항을 일간신문 및 산업통상자원부 인터넷홈페이지에 게재하여 의견을 들어야 한다.
>   • 공청회의 미개최 사유
>   • 기본계획안의 열람방법
>   • 의견 제출의 시기 및 방법
>   • 그 밖에 산업통상자원부장관이 필요하다고 인정하는 사항

(18) 전력거래(법 제31조)

① 발전사업자 및 전기판매사업자는 전력시장운영규칙(법 제43조)으로 정하는 바에 따라 전력시장에서 전력거래를 하여야 한다. 다만, 도서지역 등 대통령령으로 정하는 경우에는 그러하지 아니하다.

② 자가용 전기설비를 설치한 자는 그가 생산한 전력을 전력시장에서 거래할 수 없다. 다만, 대통령령으로 정하는 경우에는 그러하지 아니하다.

③ 구역전기사업자는 대통령령으로 정하는 바에 따라 특정한 공급구역의 수요에 부족하거나 남는 전력을 전력시장에서 거래할 수 있다.

④ 전기판매사업자는 다음의 어느 하나에 해당하는 자가 생산한 전력을 전력시장운영규칙(법 제43조)으로 정하는 바에 따라 우선적으로 구매할 수 있다.

  ㉠ 대통령령으로 정하는 규모 이하의 발전사업자
  ㉡ 자가용 전기설비를 설치한 자(②의 단서에 따라 전력거래를 하는 경우만 해당)
  ㉢ 신에너지 및 재생에너지 개발·이용·보급 촉진법에 따른 신에너지 및 재생에너지를 이용하여 전기를 생산하는 발전사업자
  ㉣ 집단에너지사업법에 따라 발전사업의 허가를 받은 것으로 보는 집단에너지사업자
  ㉤ 수력발전소를 운영하는 발전사업자

⑤ 지능형전력망의 구축 및 이용촉진에 관한 법률에 따라 지능형전력망 서비스 제공사업자로 등록한 자 중 대통령령으로 정하는 자(이하 "수요관리사업자"라 한다)는 전력시장운영규칙으로 정하는 바에 따라 전력시장에서 전력거래를 할 수 있다. 다만, 수요관리사업자 중 독점규제 및 공정거래에 관한 법률의 상호출자제한기업집단에 속하는 자가 전력거래를 하는 경우에는 대통령령으로 정하는 전력거래량의 비율에 관한 기준을 충족하여야 한다.

⑥ 소규모전력중개사업자는 모집한 소규모전력자원에서 생산 또는 저장한 전력을 전력시장운영규칙(법 제43조)에 따른 전력시장운영규칙으로 정하는 바에 따라 전력시장에서 거래하여야 한다.

(19) 전력거래(영 제19조)

① 법 제31조의 ① 단서에서 도서지역 등 대통령령으로 정하는 경우란 다음의 경우를 말한다.
   ㉠ 한국전력거래소가 운영하는 전력계통에 연결되어 있지 아니한 도서지역에서 전력을 거래하는 경우
   ㉡ 신에너지 및 재생에너지 개발·이용·보급 촉진법에 따른 신재생에너지발전사업자가 1,000[kW] 이하의 발전설비용량을 이용하여 생산한 전력을 거래하는 경우
   ㉢ 산업통상자원부장관이 정하여 고시하는 요건을 갖춘 신재생에너지발전사업자(자가용 전기설비를 설치한 자는 제외)가 1,000[kW] 초과의 발전설비용량(둘 이상의 신재생에너지발전사업자가 공동으로 공급하는 경우 그 발전설비용량은 합산)을 이용하여 생산한 전력을 전기판매사업자에게 공급하고, 전기판매사업자가 그 전력을 산업통상자원부장관이 정하여 고시하는 요건을 갖춘 전기사용자에게 공급하는 방법으로 전력을 거래하는 경우

② 법 제31조의 ② 단서에서 대통령령으로 정하는 경우란 다음의 어느 하나에 해당하는 경우를 말한다.
   ㉠ 태양광설비를 설치한 자가 해당 설비를 통하여 생산한 전력 중 자기가 사용하고 남은 전력을 거래하는 경우
   ㉡ 태양광설비 외의 설비(석탄을 에너지원으로 이용하는 설비는 2017년 2월 28일까지 전기안전관리법에 따른 설치공사·변경공사의 공사계획의 인가 신청 또는 신고를 한 경우로 한정)를 설치한 자가 해당 설비를 통하여 생산한 전력의 연간 총생산량의 50[%] 미만의 범위에서 전력을 거래하는 경우

③ 발전사업자, 전기판매사업자, 전기사용자 및 자가용 전기설비를 설치한 자 간의 전력거래 절차와 그 밖에 필요한 사항은 산업통상자원부장관이 정하여 고시한다.

④ 구역전기사업자는 다음의 어느 하나에 해당하는 전력을 전력시장에서 거래할 수 있다.
   ㉠ 허가받은 공급능력으로 해당 특정한 공급구역의 수요에 부족하거나 남는 전력
   ㉡ 발전기의 고장, 정기점검 및 보수 등으로 인하여 해당 특정한 공급구역의 수요에 부족한 전력
   ㉢ 집단에너지사업자의 전기 공급에 대한 특례에 해당하는 자가 산업통상자원부령으로 정하는 기간 동안 해당 특정한 공급구역의 열 수요가 감소함에 따라 발전기 가동을 단축하는 경우 생산한 전력으로는 해당 특정한 공급구역의 수요에 부족한 전력
      ※ 구역전기사업자의 전력거래에서 산업통상자원부령으로 정하는 기간이란 매년 3월 1일부터 11월 30일까지를 말한다(시행규칙 제22조의 2).

⑤ 대통령령으로 정하는 규모 이하의 발전사업자란 설비용량이 20,000[kW] 이하인 발전사업자를 말한다.

⑥ 대통령령으로 정하는 자란 지능형전력망의 구축 및 이용촉진에 관한 법률 시행령 별표 1에 따른 수요반응관리서비스제공사업자(이하 "수요관리사업자"라 한다)를 말한다.

※ 지능형전력망 사업자의 등록기준 및 업무범위(지능형전력망의 구축 및 이용촉진에 관한 법률 시행령 별표 1)

구 분		등록기준	업무범위
지능형전력망 기반 구축사업자		1. 전기사업법 제7조에 따라 허가받은 송전사업자, 배전사업자, 구역전기사업자 또는 같은 법 제35조에 따라 설립된 한국전력거래소일 것 2. 자본금 20억원 이상 3. 국가기술자격법에 따른 전기·정보통신·전자·기계·건축·토목·환경 분야의 기사 3명 이상(전기 분야의 기사 1명 이상 포함)을 둘 것 4. 법 제26조제1항에 따른 지능형전력망 정보의 신뢰성과 안전성을 확보하기 위한 보호조치 계획을 갖출 것	지능형전력망을 이용하여 전기를 공급하거나 전력계통의 운영에 관한 사업
지능형전력망 서비스 제공사업자	수요반응 관리서비스 제공사업자	1. 국가기술자격법에 따른 전기·정보통신·전자·기계·건축·토목·환경 분야의 기사 2명 이상(전기 분야의 기사 1명 이상 포함)을 둘 것 2. 법 제26조제1항에 따른 지능형전력망 정보의 신뢰성과 안전성을 확보하기 위한 보호조치 계획을 갖출 것	지능형전력망을 이용하여 전력수요를 관리하는 사업
	전기차 충전 서비스 제공사업자	1. 국가기술자격법에 따른 전기·정보통신·전자·기계·건축·토목·환경 분야의 기사 1명 이상 또는 전기안전관리법 제22조제1항부터 제4항까지의 규정에 따라 선임 또는 선임의제된 전기 안전관리자 1명 이상을 둘 것 2. 전기용품안전 관리법 제3조에 따른 안전인증을 받은 전기차용 충전기를 갖출 것 3. 법 제26조제1항에 따른 지능형전력망 정보의 신뢰성과 안전성을 확보하기 위한 보호조치 계획을 갖출 것. 다만, 법 제22조에 따라 전력망개인정보를 수집·처리하는 자의 경우만 해당한다.	환경친화적 자동차의 개발 및 보급 촉진에 관한 법률 제2조제3호에 따른 전기자동차에 전기를 충전하여 공급하는 사업
	그 밖의 서비스 제공사업자	1. 국가기술자격법에 따른 전기·정보통신·전자·기계·건축·토목·환경 분야의 기사 1명 이상을 둘 것 2. 법 제26조제1항에 따른 지능형전력망 정보의 신뢰성과 안전성을 확보하기 위한 보호조치 계획을 갖출 것. 다만, 법 제22조에 따라 전력망개인정보를 수집·처리하는 자의 경우만 해당한다.	대용량 배터리에 전기를 저장하여 필요한 시기에 공급·판매하는 등 지능형전력망을 이용하여 서비스를 제공하는 사업

⑦ 독점규제 및 공정거래에 관한 법률에 따른 상호출자제한기업집단(이하 "기업집단"이라 한다)에 속하는 수요관리사업자가 법 제31조 ⑤에 따라 전력거래를 하는 경우에는 ㉠ 및 ㉡을 합한 전력거래량에서 ㉠의 전력거래량이 차지하는 비율이 100분의 30을 넘어서는 아니 된다.

㉠ 해당 수요관리사업자가 속하는 기업집단 내부의 전력소비자(해당 수요관리사업자는 제외)의 전력소비감축(법 제45조제1항에 따라 한국전력거래소가 전력계통의 운영을 위하여 수요관리사업자에게 하는 전력소비 감축의 지시에 따라 감축하는 것)을 통하여 확보한 전력거래량

㉡ 해당 수요관리사업자가 속하는 기업집단 외부의 전력소비자의 전력소비감축을 통하여 확보한 전력거래량

(20) 전력의 직접 구매(법 제32조)

전기사용자는 전력시장에서 전력을 직접 구매할 수 없다. 다만, 대통령령으로 정하는 규모 이상의 전기사용자는 그러하지 아니하다.

※ "대통령령으로 정하는 규모 이상의 전기사용자"란 수전설비의 용량이 30,000[kVA] 이상인 전기사용자를 말한다(시행령 제20조).

(21) 한국전력거래소의 설립(법 제35조)

① 전력시장 및 전력계통의 운영을 위하여 한국전력거래소를 설립한다.
② 한국전력거래소는 법인으로 한다.
③ 한국전력거래소의 주된 사무소는 정관으로 정한다.
④ 한국전력거래소는 주된 사무소의 소재지에서 설립등기를 함으로써 성립한다.

(22) 한국전력거래소의 업무(법 제36조)

한국전력거래소는 그 목적을 달성하기 위하여 다음의 업무를 수행한다.
① 전력시장 및 소규모전력중개시장의 개설·운영에 관한 업무
② 전력거래에 관한 업무
③ 회원의 자격 심사에 관한 업무
④ 전력거래대금 및 전력거래에 따른 비용의 청구·정산 및 지불에 관한 업무
⑤ 전력거래량의 계량에 관한 업무
⑥ 전력시장운영규칙 및 중개시장운영규칙 등 관련 규칙의 제정·개정에 관한 업무
⑦ 전력계통의 운영에 관한 업무
⑧ 전기품질의 측정·기록·보존에 관한 업무
⑨ 그 밖에 ①~⑧까지의 업무에 딸린 업무

(23) 정관의 기재사항(법 제37조)

한국전력거래소의 정관에는 공공기관의 운영에 관한 법률에 따른 기재사항 외에 다음의 사항이 포함되어야 한다.
① 자산에 관한 사항
② 회원에 관한 사항
③ 회원의 보증금에 관한 사항
④ 회원의 지분 양도 및 반환에 관한 사항

(24) 전력산업기반조성계획의 수립·시행(법 제47조)

① 산업통상자원부장관은 전력산업의 지속적인 발전과 전력수급의 안정을 위하여 전력산업의 기반조성을 위한 계획(이하 "전력산업기반조성계획"이라 한다)을 수립·시행하여야 한다.
② 전력산업기반조성계획에는 다음의 사항이 포함되어야 한다.
　㉠ 전력산업발전의 기본방향에 관한 사항
　㉡ 기금의 사용 각호에 규정된 사업에 관한 사항
　㉢ 전력산업전문인력의 양성에 관한 사항
　㉣ 전력 분야의 연구기관 및 단체의 육성·지원에 관한 사항
　㉤ 석탄산업법에 따른 석탄산업장기계획상 발전용 공급량의 사용에 관한 사항
　㉥ 그 밖에 전력산업의 기반조성을 위하여 필요한 사항
③ 전력산업기반조성계획의 수립·시행에 필요한 사항은 대통령령으로 정한다.

(25) 시행계획의 수립 등(영 제24조)

① 산업통상자원부장관은 전력산업기반조성계획을 효율적으로 추진하기 위하여 매년 시행계획을 수립하고 공고하여야 한다.
② ①에 따른 시행계획에는 다음 각 호의 사항이 포함되어야 한다.
  ㉠ 전력산업기반조성사업의 시행에 관한 사항
  ㉡ 필요한 자금 및 자금 조달계획
  ㉢ 시행방법
  ㉣ 자금지원에 관한 사항
  ㉤ 그 밖에 시행계획의 추진에 필요한 사항
③ 산업통상자원부장관은 ①에 따른 시행계획을 수립하려는 경우에는 전력정책심의회의 심의를 거쳐야 한다. 이를 변경하려는 경우에도 또한 같다.

(26) 전기위원회의 설치 및 구성(법 제53조)

① 전기사업 등의 공정한 경쟁 환경 조성 및 전기사용자의 권익 보호에 관한 사항의 심의와 전기사업 등과 관련된 분쟁의 재정을 위하여 산업통상자원부에 전기위원회를 둔다.
② 전기위원회는 위원장 1명을 포함한 9명 이내의 위원으로 구성하되, 위원 중 대통령령으로 정하는 수의 위원은 상임으로 한다.
③ 전기위원회의 위원장을 포함한 위원은 산업통상자원부장관의 제청으로 대통령이 임명 또는 위촉한다.
④ 전기위원회의 사무를 처리하기 위하여 전기위원회에 사무기구를 둔다.

(27) 전기위원회의 개회 및 운영(영 제39조)

① 전기위원회의 설치 및 구성에 따른 전기위원회의 위원장은 전기위원회의 회의를 소집하고, 그 의장이 된다.
② 전기위원회의 위원장은 회의를 소집하려는 경우에는 회의의 일시・장소 및 안건을 정하여 회의일 7일 전까지 각 위원에게 서면으로 알려야 한다. 다만, 긴급한 경우이거나 부득이한 사유가 있는 경우에는 그러하지 아니하다.
③ 전기위원회는 이해관계인, 참고인 또는 관계 전문가를 회의에 출석하게 하여 의견을 진술하게 하거나 필요한 자료를 제출하게 할 수 있다.

(28) 전기위원회의 기능(법 제56조)

① 전기위원회는 다음의 사항을 심의하고 전기위원회의 재정에 따른 재정을 한다.
  ※ 전기위원회의 심의사항
   • 전기사업의 허가 또는 변경허가에 관한 사항
   • 전기사업의 양수 또는 법인의 분할・합병에 대한 인가에 관한 사항
   • 전기사업의 허가취소, 사업정지, 사업구역의 감소 및 과징금의 부과에 관한 사항
   • 송전용 또는 배전용 전기설비의 이용요금과 그 밖의 이용조건의 인가에 관한 사항
   • 전기판매사업자의 기본공급약관 및 보완공급약관의 인가에 관한 사항
   • 구역전기사업자의 기본공급약관의 인가에 관한 사항

- 전기설비의 수리 또는 개조, 전기설비의 운용방법의 개선, 그 밖에 필요한 조치에 관한 사항
- 금지행위에 대한 조치에 관한 사항
- 금지행위에 대한 과징금의 부과·징수에 관한 사항
- 전력거래가격의 상한에 관한 사항
- 차액계약의 인가에 관한 사항
- 전력시장운영규칙 및 중개시장운영규칙의 승인에 관한 사항
- 전력계통 신뢰도 관리업무에 대한 연간계획 및 실적, 관계 규정의 제정·개정 및 폐지 등에 관한 사항
- 산업통상자원부장관의 조치명령에 관한 사항
- 전기사용자의 보호에 관한 사항
- 전력산업의 경쟁체제 도입 등 전력산업의 구조개편에 관한 사항
- 다른 법령에서 전기위원회의 심의사항으로 규정한 사항
- 산업통상자원부장관이 심의를 요청한 사항

② 전기위원회는 산업통상자원부장관에게 전력시장의 관리·운영 등에 필요한 사항에 관한 건의를 할 수 있다.

(29) 전기안전관리자의 선임 등(전기안전관리법 제25조)

① 전기안전관리자를 선임하여야 하는 전기설비는 다음의 전기설비 외의 전기설비를 말한다.
  ㉠ 저압에 해당하는 전기수용설비(전기사업법 시행규칙 제3조제2항 각 호의 것은 제외)로서 제조업 및 기업활동 규제완화에 관한 특별조치법 시행령에 따른 제조업 관련 서비스업에 설치하는 전기수용설비
  ㉡ 심야전력을 이용하는 전기설비로서 저압에 해당하는 전기수용설비
  ㉢ 휴지 중인 다음의 전기설비
    - 전기설비의 소유자 또는 점유자가 전기사업자에게 전기설비의 휴지를 통지한 전기설비
    - 심야전력 전기설비(전기공급계약에 의하여 사용을 중지한 경우만 해당한다)
    - 농사용 전기설비(전기를 공급받는 지점에서부터 사용설비까지의 모든 전기설비를 사용하지 않는 경우만 해당)
  ㉣ 설비용량 20[kW] 이하의 발전설비

② 전기안전관리자의 선임 등에 따라 전기안전관리자를 선임해야 하는 자는 전기설비의 사용 전 검사 신청 전 또는 사업개시 전에 [별표 8]에 따라 전기설비 또는 사업장마다 전기안전관리자와 안전관리보조원으로 구분하여 전기안전관리자를 선임해야 한다.

③ 전기안전관리자의 선임 등에 따라 선임되는 전기안전관리자는 그 전기설비의 소유자·점유자 또는 그 전기설비의 소유자·점유자로부터 전기안전관리업무를 위탁받은 자(농어촌 전기공급사업 촉진법 제2조제2호에 따른 전기사업자로부터 전기안전관리업무를 위탁받은 자를 포함)의 소속 기술인력으로서 전기설비의 설치장소의 사업장에 상시 근무를 해야 하고, 다른 사업장의 전기설비의 전기안전관리자로 선임될 수 없다. 다만, 다음의 어느 하나에 해당하는 전기설비에 한정하여 전기안전관리업무를 1명이 할 수 있다.

㉠ 1,000[m] 이내에 있는 2개소의 유수지 배수펌프용 전기설비
㉡ 농사용으로 동일 수계에 설치된 4개소 이하의 양수 및 배수펌프용 전기설비
㉢ 동일 노선의 고속국도 또는 국도에 설치된 2개소(터널 전기설비를 원격감시 및 제어할 수 있는 교통관제시설을 갖춘 고속국도는 4개소)의 터널용 전기설비
㉣ 다음의 요건을 모두 갖춘 전기설비
  • 동일 산업단지(산업입지 및 개발에 관한 법률에 따른 산업단지를 말하며, 이하 "산업단지"라 한다) 내에 2개 이상의 사업장을 운영 중인 동일 사업자의 설비일 것
  • 설비용량(동일 산업단지 내 사업장에 설치된 전기설비의 설비용량만을 말한다)의 합계가 2,500[kW] 미만일 것
㉤ 전기자동차충전사업자(자가용 전기설비의 소유자 또는 점유자에 해당하는 경우를 말한다)의 경우 동일 사업자의 60개소 이하의 전기자동차충전소 전기설비
㉥ 전기사업자(자가발전시설에 의하여 전기를 공급하는 지역은 시장·군수를 말한다)가 관리하는 동일 도서지역의 4개소 이하의 전기설비

(30) 안전관리업무의 대행 규모(전기안전관리법 시행규칙 제26조)

안전공사, 전기안전관리대행사업자(이하 "대행사업자"라 한다) 및 전기 분야의 기술자격을 취득한 사람으로서 대통령으로 정하는 장비를 보유하고 있는 자에 따른 자(이하 "개인대행자"라 한다)가 안전관리업무를 대행할 수 있는 전기설비의 규모는 다음과 같다.

① 안전공사 및 대행사업자 : 다음의 어느 하나에 해당하는 전기설비(둘 이상의 전기설비 용량의 합계가 4,500[kW] 미만인 경우로 한정)
  ㉠ 용량 1,000[kW] 미만의 전기수용설비
  ㉡ 용량 300[kW] 미만의 발전설비. 단, 비상용 예비발전설비의 경우에는 용량 500[kW] 미만으로 한다.
  ㉢ 용량 1,000[kW](원격감시 및 제어기능을 갖춘 경우 용량 3,000[kW]) 미만의 태양광발전설비
② 개인대행자 : 다음의 어느 하나에 해당하는 전기설비(둘 이상의 용량의 합계가 1,550[kW] 미만인 전기설비로 한정)
  ㉠ 용량 500[kW] 미만의 전기수용설비
  ㉡ 용량 150[kW] 미만의 발전설비. 단, 비상용 예비발전설비의 경우에는 용량 300[kW] 미만으로 한다.
  ㉢ 용량 250[kW](원격감시 및 제어기능을 갖춘 경우 용량 750[kW]) 미만의 태양광발전설비

(31) 전기안전관리자의 자격 및 직무(전기안전관리법 시행규칙 제30조)
① 전기안전관리자의 세부 기술자격은 별표 8과 같다.

※ 전기안전관리자의 선임기준 및 세부기술자격(별표 8)

구 분	안전관리 대상	안전관리자 자격기준	안전관리보조원인력
1. 발전설비 ① 전기설비(수력, 기력, 가스터빈, 복합화력, 원자력 및 그 밖의 발전소 공통)	㉠ 모든 전기설비의 공사·유지 및 운용 ㉡ 전압 10만[V] 미만 전기설비의 공사·유지 및 운용 ㉢ 전압 10만[V] 미만으로서 전기설비용량 2천[kW] 미만 전기설비의 공사·유지 및 운용 ㉣ 전압 10만[V] 미만으로서 전기설비용량 1,500[kW] 미만 전기설비의 공사·유지 및 운용	㉠ 전기·안전관리(전기안전) 분야 기술사 자격소지자, 전기기사 또는 전기기능장 자격 취득 이후 실무경력 2년 이상인 사람 ㉡ 전기산업기사 자격 취득 이후 실무경력 4년 이상인 사람 ㉢ 전기기사 또는 전기기능장 자격 취득 이후 실무경력 1년 이상인 사람 또는 전기산업기사 자격 취득 이후 실무경력 2년 이상인 사람 ㉣ 전기산업기사 이상 자격소지자	㉠ 용량 50만[kW] 이상은 전기 및 기계 분야 각 2명 ㉡ 용량 10만[kW] 이상 50만[kW] 미만은 전기 분야 2명, 기계 분야 1명 ㉢ 용량 1만[kW] 이상 10만[kW] 미만은 전기 및 기계 분야 각 1명
② 기계설비(기력, 가스터빈, 복합화력, 원자력 발전소만 해당함)	㉠ 기력설비, 가스터빈설비 및 원자력설비(원자력법에 따라 규제를 받는 부분은 제외한다)의 공사·유지 및 운용(전기설비에 관한 것은 제외한다) ㉡ 압력이 [cm²]당 100[kg] 미만의 기력설비, 가스터빈설비 및 원자력설비(원자력법에 따라 규제를 받는 부분은 제외한다)의 공사·유지 및 운용(전기설비에 관한 것은 제외한다)	㉠ 산업기계설비, 공조냉동기계, 건설기계기술사 자격소지자 또는 일반기계기사, 건설기계설비기사 자격 취득 이후 실무경력 2년 이상인 사람 ㉡ 일반기계기사, 건설기계설비기사 자격 취득 이후 실무경력 2년 이상인 사람 또는 컴퓨터응용가공산업기사, 생산기계산업기사, 건설기계설비산업기사 자격 취득 이후 실무경력 4년 이상인 사람	
③ 토목설비(수력발전소만 해당함)	㉠ 모든 수력설비의 공사·유지 및 운용(전기설비에 관한 것은 제외한다) ㉡ 높이 70[m] 미만의 댐, 압력이 [cm²]당 6[kg] 미만의 도수로, 서지 탱크 및 방수로, 그 밖의 수력설비의 공사·유지 및 운용(전기설비에 관한 것은 제외한다)	㉠ 토목구조·토목시공기술사 자격소지자 또는 토목기사 자격 취득 이후 실무경력 2년 이상인 사람 ㉡ 토목기사 자격 취득 이후 실무경력 2년 이상인 사람 또는 토목산업기사 자격 취득 이후 실무경력 4년 이상인 사람	
2. 송전·변전설비 및 배전설비 또는 그 설비를 관할하는 사업장	㉠ 모든 송전·변전설비 및 배전설비의 공사·유지 및 운용 ㉡ 전압 10만[V] 미만 전기설비의 공사·유지 및 운용 ㉢ 전압 10만[V] 미만으로서 전기설비 용량 2천[kW] 미만 전기설비의 공사·유지 및 운용 ㉣ 전압 10만[V] 미만으로서 전기설비 용량 1,500[kW] 미만 전기설비의 공사·유지 및 운용	㉠ 전기·안전관리(전기안전) 분야 기술사 자격소지자, 전기기사 또는 전기기능장 자격 취득 이후 실무경력 2년 이상인 사람 ㉡ 전기산업기사 자격 취득 이후 실무경력 4년 이상인 사람 ㉢ 전기기사 또는 전기기능장 자격 취득 이후 실무경력 1년 이상인 사람 또는 전기산업기사 자격 취득 이후 실무경력 2년 이상인 사람 ㉣ 전기산업기사 이상 자격소지자	㉠ 용량 50만[kW] 이상은 전기 분야 3명 ㉡ 용량 10만[kW] 이상 50만[kW] 미만은 전기 분야 2명 ㉢ 용량 1,000[kW] 이상 10만[kW] 미만은 전기 분야 1명
3. 전기수용설비 및 비상용 예비발전설비	㉠ 모든 전기설비의 공사·유지 및 운용 ㉡ 전압 10만[V] 미만 전기설비의 공사·유지 및 운용 ㉢ 전압 10만[V] 미만으로서 전기설비용량 2천[kW] 미만 전기설비의 공사·유지 및 운용 ㉣ 전압 10만[V] 미만으로서 전기설비용량 1,500[kW] 미만 전기설비의 공사·유지 및 운용	㉠ 전기 분야 기술사 자격소지자, 전기기사 또는 전기기능장 자격 취득 이후 실무경력 2년 이상인 사람 ㉡ 전기산업기사 자격 취득 이후 실무경력 4년 이상인 사람 ㉢ 전기기사 또는 전기기능장 자격 취득 이후 실무경력 1년 이상인 사람 또는 전기산업기사 자격 취득 이후 실무경력 2년 이상인 사람 ㉣ 전기산업기사 이상 자격소지자	㉠ 용량 1만[kW] 이상은 전기 분야 2명 ㉡ 용량 5천[kW] 이상 1만[kW] 미만은 전기 분야 1명

② 전기안전관리자의 선임 등에 따라 선임된 전기안전관리자의 직무 범위는 다음과 같다.
  ㉠ 전기설비의 공사·유지 및 운용에 관한 업무 및 이에 종사하는 사람에 대한 안전교육
  ㉡ 전기설비의 안전관리를 위한 확인·점검 및 이에 대한 업무의 감독
  ㉢ 전기설비의 운전·조작 또는 이에 대한 업무의 감독
  ㉣ 전기안전관리에 관한 기록의 작성·보존 및 비치
  ㉤ 공사계획의 인가신청 또는 신고에 필요한 서류의 검토
  ㉥ 다음의 어느 하나에 해당하는 공사의 감리업무
    • 비상용 예비발전설비의 설치·변경공사로서 총공사비가 1억원 미만인 공사
    • 전기수용설비의 증설 또는 변경공사로서 총공사비가 5천만원 미만인 공사
  ㉦ 전기설비의 일상점검·정기점검·정밀점검의 절차, 방법 및 기준에 대한 안전관리규정의 작성
  ㉧ 전기재해의 발생을 예방하거나 그 피해를 줄이기 위하여 필요한 응급조치
③ ②의 각호에 따른 전기안전관리자의 직무에 관한 세부적인 사항은 산업통상자원부장관이 정하여 고시한다.

(32) 한국전기안전공사의 설립(전기안전관리법 제30조)
① 전기로 인한 재해를 예방하기 위하여 전기안전에 관한 조사·연구·기술개발 및 홍보업무와 전기설비에 대한 검사·점검업무를 수행하기 위하여 한국전기안전공사를 설립한다.
② 안전공사는 법인으로 한다.
③ 안전공사는 주된 사업소의 소재지에서 설립등기를 함으로써 성립한다.

(33) 임원(전기안전관리법 제32조)
① 안전공사의 임원은 사장 1명, 이사 8명 이내와 감사 1명으로 한다.
② 사장은 안전공사를 대표하고, 그 사무를 총괄한다.

(34) 사업(전기안전관리법 제33조)
안전공사는 다음의 사업을 한다.
① 전기안전에 관한 조사 및 연구
② 전기안전에 관한 기술개발 및 보급
③ 전기안전에 관한 전문교육 및 정보의 제공
④ 전기안전에 관한 홍보
⑤ 전기설비에 대한 검사·점검 및 기술지원
⑥ 산업통상자원부장관은 전기사고의 재발방지를 위하여 필요하다고 인정하는 경우에는 대통령령으로 정하는 전기사고의 원인·경위 등에 관한 조사를 하게 할 수 있다는 규정에 따른 전기사고의 원인·경위 등의 조사
⑦ 전기재해에 관한 통계의 조사·작성·분석 및 관리
⑧ 전기안전에 관한 국제기술협력 및 기술·용역의 수출
⑨ 전기안전을 위하여 산업통상자원부장관 또는 시·도지사가 위탁하는 사업
⑩ 전기설비의 안전진단과 그 밖에 전기안전관리를 위하여 필요한 사업

(35) 다른 자의 토지 등의 사용(법 제87조)

① 전기사업자는 전기사업용 전기설비의 설치나 이를 위한 실지조사·측량 및 시공 또는 전기사업용 전기설비의 유지·보수를 위하여 필요한 경우에는 공익사업을 위한 토지 등의 취득 및 보상에 관한 법률에서 정하는 바에 따라 다른 자의 토지 또는 이에 정착된 건물이나 그 밖의 공작물(이하 "토지 등"이라 한다)을 사용하거나 다른 자의 식물 또는 그 밖의 장애물을 변경 또는 제거할 수 있다.

② 전기사업자는 다음의 어느 하나에 해당하는 경우에는 다른 자의 토지 등을 일시사용하거나 다른 자의 식물을 변경 또는 제거할 수 있다. 다만, 다른 자의 토지 등이 주거용으로 사용되고 있는 경우에는 그 사용 일시 및 기간에 관하여 미리 거주자와 협의하여야 한다.
  ㉠ 천재지변, 전시·사변, 그 밖의 긴급한 사태로 전기사업용 전기설비 등이 파손되거나 파손될 우려가 있는 경우 15일 이내에서의 다른 자의 토지 등의 일시사용
  ㉡ 전기사업용 전선로에 장애가 되는 식물을 방치하여 그 전선로를 현저하게 파손하거나 화재 또는 그 밖의 재해를 일으키게 할 우려가 있다고 인정되는 경우 그 식물의 변경 또는 제거

③ 전기사업자는 ②에 따라 다른 자의 토지 등을 일시사용하거나 식물의 변경 또는 제거를 한 경우에는 즉시 그 점유자나 소유자에게 그 사실을 통지하여야 한다.

④ 토지 등의 점유자 또는 소유자는 정당한 사유 없이 ②에 따른 전기사업자의 토지 등의 일시사용 및 식물의 변경·제거 행위를 거부·방해 또는 기피하여서는 아니 된다.

(36) 다른 자의 토지 등에의 출입(법 제88조)

① 전기사업자는 전기설비의 설치·유지 및 안전관리를 위하여 필요한 경우에는 다른 자의 토지 등에 출입할 수 있다. 이 경우 전기사업자는 출입방법 및 출입기간 등에 대하여 미리 토지 등의 소유자 또는 점유자와 협의하여야 한다.

② 전기사업자는 ①에 따른 협의가 성립되지 아니하거나 협의를 할 수 없는 경우에는 시장·군수 또는 구청장의 허가를 받아 토지 등에 출입할 수 있다.

③ 시장·군수 또는 구청장은 ②에 따른 허가신청이 있는 경우에는 그 사실을 토지 등의 소유자 또는 점유자에게 알리고 의견을 진술할 기회를 주어야 한다.

④ 전기사업자는 ②에 따라 다른 자의 토지 등에 출입하려면 미리 토지 등의 소유자 또는 점유자에게 그 사실을 알려야 한다.

⑤ ②에 따라 다른 자의 토지 등에 출입하는 자는 그 권한을 표시하는 증표를 지니고 이를 관계인에게 내보여야 한다.

(37) 벌칙(법 제100조)

① 다음의 어느 하나에 해당하는 자는 10년 이하의 징역 또는 1억원 이하의 벌금에 처한다.
  ㉠ 전기사업용 전기설비를 손괴하거나 절취하여 발전·송전·변전 또는 배전을 방해한 자
  ㉡ 전기사업용 전기설비에 장애를 발생하게 하여 발전·송전·변전 또는 배전을 방해한 자
  ㉢ 자료 또는 정보를 사용·제공 또는 누설한 자

② 다음의 어느 하나에 해당하는 자는 5년 이하의 징역 또는 5천만원 이하의 벌금에 처한다.
  ㉠ 정당한 사유 없이 전기사업용 전기설비를 조작하여 발전·송전·변전 또는 배전을 방해한 자

ⓒ 전기사업에 종사하는 자로서 정당한 사유 없이 전기사업용 전기설비의 유지 또는 운용업무를 수행하지 아니함으로써 발전·송전·변전 또는 배전에 장애가 발생하게 한 자
　③ ① 및 ②의 ㉠ 미수범은 처벌한다.

(38) 양벌규정(법 제107조)

법인의 대표자나 법인 또는 개인의 대리인, 사용인, 그 밖의 종업원이 그 법인 또는 개인의 업무에 관하여 위반행위를 하면 그 행위자를 벌하는 외에 그 법인 또는 개인에게도 해당 조문의 벌금형을 과한다. 다만, 법인 또는 개인이 그 위반행위를 방지하기 위하여 해당 업무에 관하여 상당한 주의와 감독을 게을리 하지 아니한 경우에는 그러하지 아니하다.

(39) 과태료(법 제108조)

① 다음의 어느 하나에 해당하는 자에게는 300만원 이하의 과태료를 부과한다.
　㉠ 산업통상자원부장관은 사실조사 등에 따른 조사를 위하여 필요한 경우에는 전기사업자 등에게 필요한 자료나 물건의 제출을 명할 수 있으며, 대통령령으로 정하는 바에 따라 전기위원회 소속 공무원으로 하여금 전기사업자 등의 사무소와 사업장 또는 전기사업자 등의 업무를 위탁받아 취급하는 자의 사업장에 출입하여 장부·서류나 그 밖의 자료 또는 물건을 조사하게 할 수 있다(법 제22조의 ②)는 규정에 따른 자료나 물건의 제출명령 또는 장부·서류나 그 밖의 자료 또는 물건의 조사를 거부·방해 또는 기피한 자
　㉡ 산업통상자원부장관은 전력계통 신뢰도 관리를 위하여 필요한 때에는 한국전력거래소 및 전기사업자에게 자료의 제출을 요구할 수 있다. 이 경우 자료 제출을 요구받은 자는 특별한 사유가 없으면 이에 따라야 한다(법 제27조 2의 ④)는 규정에 따른 자료 제출 요구에 따르지 아니하거나 거짓으로 제출한 자
　㉢ 상각 등에 따른 명령을 위반한 자
② 다음의 어느 하나에 해당하는 자에게는 100만원 이하의 과태료를 부과한다.
　㉠ 전기설비의 설치 및 사업의 개시 의무, 사업의 승계 등, 전기설비의 시설계획 등의 신고, 전기안전관리자의 선임 및 해임신고 등, 전기 분야의 기술자격을 취득한 사람으로서 안전관리업무를 대행하려는 자는 시·도지사에게 신고 또는 등록 또는 신고한 사항 중 산업통상자원부령으로 정하는 사항이 변경된 경우에는 변경 사유가 발생한 날부터 30일 이내에 변경등록 또는 변경신고에 따른 신고 또는 변경신고를 하지 아니하거나 거짓으로 신고 또는 변경신고를 한 자
　㉡ 전기판매사업자는 선택공급약관을 포함한 기본공급약관(이하 "공급약관"이라 한다)을 시행하기 전에 영업소 및 사업소 등에 이를 갖춰 두고 전기사용자가 열람할 수 있게 하여야 한다는 규정을 위반하여 공급약관을 갖춰 두지 아니하거나 열람할 수 있게 하지 아니한 자
　㉢ 전기품질의 유지·일반용 전기설비의 점검 또는 여러 사람이 이용하는 시설 등에 대한 전기안전점검에 따른 기록을 하지 아니하거나 거짓 기록을 한 자 또는 기록을 보존하지 아니한 자
　㉣ 전기사업용 전기설비의 공사계획의 인가 또는 신고 또는 자가용 전기설비의 공사계획의 인가 또는 신고를 위반하여 전기설비의 설치공사 또는 변경공사를 한 자
③ ①, ②에 따른 과태료는 대통령령으로 정하는 바에 따라 산업통상자원부장관, 시·도지사 또는 시장·군수·구청장이 부과·징수한다.

2 전기공사업법령

(1) 목적(법 제1조)

이 법은 전기공사업과 전기공사의 시공·기술관리 및 도급에 관한 기본적인 사항을 정함으로써 전기공사업의 건전한 발전을 도모하고 전기공사의 안전하고 적정한 시공을 확보함을 목적으로 한다.

(2) 용어의 정의(법 제2조)

① 전기공사란 다음의 어느 하나에 해당하는 설비 등을 설치·유지·보수하는 공사 및 이에 따른 부대공사로서 대통령령으로 정하는 것을 말한다.
  ㉠ 전기사업법에 따른 전기설비
  ㉡ 전력 사용 장소에서 전력을 이용하기 위한 전기계장설비
  ㉢ 전기에 의한 신호표지
  ㉣ 신에너지 및 재생에너지 개발·이용·보급 촉진법에 따른 신재생에너지설비 중 전기를 생산하는 설비
  ㉤ 지능형전력망의 구축 및 이용촉진에 관한 법률에 따른 지능형전력망 중 전기설비
② 공사업이란 도급이나 그 밖에 어떠한 명칭이든 상관없이 전기공사를 업으로 하는 것을 말한다.
③ 공사업자란 공사업의 등록을 한 자를 말한다.
④ 발주자란 전기공사를 공사업자에게 도급을 주는 자를 말한다. 다만, 수급인으로서 도급받은 전기공사를 하도급 주는 자는 제외한다.
⑤ 도급이란 원도급, 하도급, 위탁, 그 밖에 어떠한 명칭이든 상관없이 전기공사를 완성할 것을 약정하고, 상대방이 그 일의 결과에 대하여 대가를 지급할 것을 약정하는 계약을 말한다.
⑥ 하도급이란 도급받은 전기공사의 전부 또는 일부를 수급인이 다른 공사업자와 체결하는 계약을 말한다.
⑦ 수급인이란 발주자로부터 전기공사를 도급받은 공사업자를 말한다.
⑧ 하수급인이란 수급인으로부터 전기공사를 하도급 받은 공사업자를 말한다.
⑨ 전기공사기술자란 다음의 하나에 해당하는 사람으로서 산업통상자원부장관의 인정을 받은 사람을 말한다.
  ㉠ 국가기술자격법에 따른 전기 분야의 기술자격을 취득한 사람
  ㉡ 일정한 학력과 전기 분야에 관한 경력을 가진 사람
⑩ 전기공사관리란 전기공사에 관한 기획, 타당성 조사·분석, 설계, 조달, 계약, 시공관리, 감리, 평가, 사후관리 등에 관한 관리를 수행하는 것을 말한다.

(3) 전기공사(영 제2조)

① 전기공사업법(이하 "법"이라 한다)에 따른 전기공사는 다음의 공사(저수지, 수로 및 이에 수반되는 구조물의 공사는 제외)로 한다.
  ㉠ 발전·송전·변전 및 배전 설비공사
  ㉡ 산업시설물, 건축물 및 구조물의 전기설비공사
  ㉢ 도로, 공항 및 항만의 전기설비공사
  ㉣ 전기철도 및 철도신호의 전기설비공사
  ㉤ ㉠~㉣까지의 규정에 따른 전기설비공사 외의 전기설비공사
  ㉥ ㉠~㉤까지의 규정에 따른 전기설비 등을 유지·보수하는 공사 및 그 부대공사

② ①의 ㉠~㉥까지의 규정에 따른 전기공사의 종류는 별표 1과 같다.

※ 전기공사의 종류(별표 1)

구 분	전기공사의 종류	전기공사의 예시
1. 발전·송전·변전 및 배전설비공사	발전설비공사	• 발전소(원자력발전소, 화력발전소, 풍력발전소, 수력발전소, 조력발전소, 태양열발전소, 내연발전소, 열병합발전소, 태양광발전소 등의 발전소를 말한다)의 전기설비공사와 이에 따른 제어설비공사
	송전설비공사	• 공중송전설비공사 : 공중송전설비공사에 부대되는 철탑기초공사 및 철탑조립공사(지지물설치 및 철탑도장을 포함한다), 공중전선설치공사(금구류 설치를 포함한다), 횡단개소의 보조설비공사, 보호선·보호망공사 • 지중송전설비공사 : 지중송전설비공사에 부대되는 전력구설비공사, 공동구(전기·가스·수도 등의 공급설비, 통신시설, 하수도시설 등 지하매설물을 공동 수용하는 지하 설치 시설물을 말한다) 안의 전기설비공사, 전력지중관로설비공사, 전력케이블설치공사(전선방재설비공사를 포함한다) • 물밑송전설비공사 : 물밑전력케이블설치공사 • 터널 안 전선로공사 : 철도·궤도·자동차도·인도 등의 터널 안 전선로공사
	변전설비공사	• 변전설비기초공사 : 변전기기, 철구, 가대 및 덕트 등의 설치를 위한 공사 • 모선설비공사 : 모선설치(금구류 및 애자장치를 포함한다), 지지 및 분기개소의 설비공사 • 변전기기설치공사 : 변압기, 개폐장치(차단기, 단로기 등을 말한다), 피뢰기 등의 설치공사 • 보호제어설비설치공사 : 보호·제어반 및 제어케이블의 설치공사
	배전설비공사	• 공중배전설비공사 : 전봇대 등 지지물공사, 변압기 등 전기기기설치공사, 가선공사(수목전지공사를 포함한다) • 지중배전설비공사 : 지중배전설비공사에 부대되는 전력구설비공사, 공동구 안의 전기설비공사, 전력지중관로설비공사, 변압기 등 전기기기설치공사, 전력케이블설치공사(전선방재설비공사를 포함한다) • 물밑배전설비공사 : 물밑전력케이블설치공사 • 터널 안 전선로공사 : 철도·궤도·자동차도·인도 등의 터널 안 전선로공사

구 분	전기공사의 종류	전기공사의 예시
2. 산업시설물·건축물 및 구조물의 전기설비공사	산업시설물의 전기설비공사	• 산업시설물 및 환경산업시설물(소각로, 집진기, 열병합발전소, 지역난방공사, 하수종말처리장, 폐기물처리시설, 그 밖의 산업설비를 말한다) 등의 전기설비공사 • 산업시설의 공정관리를 위한 전기설비의 자동제어설비(SCADA, TM/TC 등의 전력설비를 포함한다)공사
	건축물의 전기설비공사	• 전원설비공사 : 수전·변전설비공사[큐비클(전기기기, 수전·변전 설비 등을 둘러싼 구조물을 말한다) 설치공사를 포함한다], 예비전원공사(비상용 발전기, 축전지, 충전장치, 무정전전원장치, 연료전지, 정류장치의 설비공사를 말한다) 및 보호·제어설비공사 • 전원공급설비공사 : 배전반, 분전반, 전력간선, 분기선 및 배관(덕트 및 트레이를 포함한다) 등의 설비공사 • 전력부하설비공사 : 조명설비(조명제어설비를 포함한다), 콘센트 등 기계·기구 및 동력설비의 공사 • 운송설비공사 : 이동보도(무빙워크), 주차설비, 엘리베이터, 에스컬레이터, 전동 소형물품 운반용 승강기, 권상용(물건을 매달아 올리거나 내리기 위한 용도를 말한다) 모터, 궤도, 운반차량, 컨베이어, 공조(덕트·시스템·설비), 곤돌라, 케이블카 등 사람이나 물건을 이동하게 하는 운송용 시설의 전기설비공사 • 방재 및 방범 설비공사 : 서지보호설비[서지(surge : 전류·전압 등의 과도 파형을 말한다)로부터 각종 설비를 보호하기 위한 설비를 말한다]·낙뢰설비, 잡음·전자파(EMI, EMC, EMS 등을 말한다)의 방지설비공사, 항공장애등설비공사, 헬리포트 조명설비공사, 접지설비공사, 화재예방, 소방시설 설치·유지 및 안전관리에 관한 법률 시행령 별표 1에 따른 소방시설의 설치·유지에 관한 전기공사 및 도난 방지를 위한 전기설비공사 • 지능형 빌딩시스템 설비공사의 전기설비를 제어 및 감시하는 공사 • 지능형 주택자동화시스템 설비공사의 전기설비를 제어 및 감시하는 공사 • 약전설비공사 : 전기시계설비, 시보설비, 주차관제전기설비 • 그 밖에 건축물에서 요구되는 전기설비공사
	구조물의 전기설비공사	• 전식방지공사 : 탱크 및 배관 등의 부식을 방지하기 위한 전기공사 • 동결방지공사 : 제설·제빙용, 바닥난방용, 동파방지용, 일정온도유지용 등의 전기발열체의 설비공사 • 신호 및 표지 설비공사 : 네온사인, 큐빅보드, 광고표시등(전광판을 포함한다), 신호등의 설치공사 및 제어설비의 공사 • 광장, 운동장 등에 설치하는 조명탑의 전기설비공사와 그 밖에 구조물에서 필요한 전기설비공사
3. 도로·공항·항만 전기설비공사	도로전기설비공사	• 가로등설치공사 : 가로등, 조경등, 보안등, 신호등, 터널 등의 설치공사 • 터널설비공사 : 터널조명설비공사와 터널방재에 필요한 전기설비공사 • 그 밖에 도로에서 필요한 전기설비공사
	공항전기설비공사	• 항공법 제2조제8호에서 정하는 공항시설에 대한 전기설비공사 • 그 밖에 공항에서 필요한 전기설비공사
	항만전기설비공사	• 조명타워공사 및 등대 등의 전기설비공사 • 그 밖에 항만에서 필요한 전기설비공사
4. 전기철도 및 철도신호 전기설비공사	전기철도설비공사	• 전기철도 및 지하철도의 전기시설공사, 수전선로설치공사, 변전소설치공사, 송배전선로의 설치공사, 전차선설비공사, 역사전기설비공사
	철도신호설비공사	• 지하철도 및 지상철도의 전기신호설비, 역무자동화(AFC)설비, 전기신호시설치, 자동열차 정지장치, 열차집중 제어장치, 열차행선 안내표시기 및 각종 제어기설치공사
5. 그 밖의 전기설비공사	전기설비의 설치를 위한 공사	• 전기기계·전기기구(발전기, 변압기, 큐비클, 배전반, 조명탑 등을 말한다)의 설치공사 • 조광설비공사 등 에너지 절약을 위한 설비공사 • 주변전실 및 부변전실의 보호·제어를 위한 설비공사 • 유입케이블 또는 가스절연 송전선 등의 계측 및 보호를 위한 전기설비공사 • 하천변, 유원지, 교각, 빌딩, 고궁 등의 무대조명 및 경관조명을 위한 설비공사 • 전력설비의 내진·방재(소음·진동·화재 방지를 말한다)·계측 및 보호를 위한 설비공사 • 건축용 또는 토목공사용 가설 전기공사 • 전기충격울타리시설공사, 전기충격살충기시설공사, 풀용수중조명시설공사, 분수의 조명시설공사 • 그 밖에 전기를 동력으로 하는 전기공사

(4) 공사업의 등록(법 제4조)

① 공사업을 하려는 자는 산업통상자원부령으로 정하는 바에 따라 주된 영업소의 소재지를 관할하는 특별시장·광역시장·특별자치시장·도지사 또는 특별자치도지사(이하 "시·도지사"라 한다)에게 등록하여야 한다.
② ①에 따른 공사업의 등록을 하려는 자는 대통령령으로 정하는 기술능력 및 자본금 등을 갖추어야 한다.
③ ①에 따라 공사업을 등록한 자 중 등록한 날부터 5년이 지나지 아니한 자는 ②에 따른 기술능력 및 자본금 등(이하 "등록기준"이라 한다)에 관한 사항을 대통령령으로 정하는 기간이 지날 때마다 산업통상자원부령으로 정하는 바에 따라 시·도지사에게 신고하여야 한다.
④ 시·도지사는 ①에 따라 공사업의 등록을 받으면 등록증 및 등록수첩을 내주어야 한다.

(5) 공사업의 등록 등(영 제6조)

① 공사업의 등록을 하려는 자는 대통령령으로 정하는 기술능력 및 자본금 등을 갖추어야 한다(법 제4조)는 규정에 따라 공사업의 등록을 하려는 자가 갖추어야 할 기술능력, 자본금 및 사무실 등에 관한 기준은 다음과 같다.

㉠ 별표 3에 따른 기술능력, 자본금 및 사무실을 갖출 것

※ 공사업의 등록기준(별표 3)

항 목	공사업의 등록기준
기술능력	전기공사기술자 3명 이상(3명 중 1명 이상은 별표 4의2 비고 제1호에 따른 기술사, 기능장, 기사 또는 산업기사의 자격을 취득한 사람이어야 한다)
자본금	1억 5천만원 이상
사무실	공사업 운영을 위한 사무실

㉡ 전기공사공제조합법에 따른 전기공사공제조합 또는 산업통상자원부장관이 지정하는 금융기관(이하 "공제조합 등"이라 한다)이 다음의 요건을 모두 갖추어 발급하는 보증가능금액확인서를 제출할 것
  • 공제조합 등이 보증가능금액확인서의 발급을 신청하는 자의 재무상태·신용상태 등을 평가하여 ㉠에 따른 자본금 기준금액의 100분의 25 이상에 해당하는 금액의 담보를 제공받거나 현금의 예치 또는 출자를 받을 것
  • 공제조합 등이 보증가능금액확인서의 발급을 받는 자에게 ㉠에 따른 자본금 기준금액 이상의 금액에 대하여 전기공사공제조합법 시행령에 따른 보증을 할 수 있다는 내용을 보증가능금액확인서에 적을 것

② 보증가능금액확인서를 발급하는 공제조합 등은 산업통상자원부장관이 정하여 고시하는 보증가능금액확인서의 발급 및 해지에 관한 기준에 따라 세부기준을 정하여 공시하여야 한다.
③ 특별시장·광역시장·도지사 또는 특별자치도지사(이하 "시·도지사"라 한다)는 공사업의 등록에 따른 공사업의 등록 신청이 다음의 하나에 해당하는 경우를 제외하고는 등록을 해 주어야 한다.
  ㉠ ①에 따른 등록기준을 갖추지 아니한 경우
  ㉡ 등록을 신청한 자가 결격사유 각호의 어느 하나에 해당하는 경우
  ㉢ 그 밖에 법, 이 영 또는 다른 법령에 따른 제한에 위반되는 경우
④ 공사업의 등록에서 대통령령으로 정하는 기간이란 등록한 날부터 3년을 말한다.

(6) 등록신청 등(시행규칙 제3조)

① 전기공사업법(이하 "법"이라 한다)에 따라 전기공사업을 등록하려는 자는 전기공사업 등록신청서(전자문서로 된 신청서를 포함)에 다음의 서류(전자문서를 포함)를 첨부하여 전기공사업법 시행령(이하 "영"이라 한다)에 따라 산업통상자원부장관이 지정하여 고시하는 공사업자단체(이하 "지정공사업자단체"라 한다)에 제출하여야 한다.
  ㉠ 신청인(외국인을 포함하되, 법인의 경우에는 대표자를 포함한 임원을 말한다)의 인적사항이 적힌 서류
  ㉡ 기업진단보고서
  ㉢ 확인서
  ㉣ 전기공사기술자의 명단과 해당 전기공사기술자의 경력증 사본
  ㉤ 사무실 사용 관련 서류 : 임대차계약서 사본(임대차인 경우만 해당)
  ㉥ 외국인이 전기공사업의 등록을 신청하는 경우에는 해당 국가에서 신청인(법인의 경우에는 대표자를 말한다)이 결격사유와 같거나 비슷한 사유에 해당되지 아니함을 확인한 확인서

② ①에 따라 등록신청을 받은 지정공사업자단체는 전자정부법에 따른 행정정보의 공동이용을 통하여 다음의 서류를 확인하여야 한다. 다만, 신청인이 ㉠ 또는 ㉣에 따른 사항의 확인에 동의하지 아니하는 경우에는 이를 제출하도록 하여야 하며, ㉣에 따른 증명서의 경우 고용보험 또는 산업재해보상보험의 가입증명서로 갈음할 수 있다.
  ㉠ 출입국관리법에 따른 외국인등록증(외국인인 경우만 해당하되, 법인의 경우에는 대표자를 포함한 임원을 말한다)
  ㉡ 법인 등기사항증명서(법인인 경우만 해당)
  ㉢ 사무실 사용 관련 서류
    • 자기 소유인 경우 : 건물등기부 등본 또는 건축물대장
    • 전세권이 설정된 경우 : 전세권이 설정되어 있는 사실이 표기된 건물등기부 등본
    • 임대차인 경우 : 건물등기부 등본 또는 건축물대장
  ㉣ 전기공사기술자의 국민연금법에 따른 국민연금가입자 증명서 또는 국민건강보험법에 따라 건강보험의 가입자로서 자격을 취득하고 있다는 사실을 확인할 수 있는 증명서

③ ①의 각호의 서류는 등록신청서 제출일 전 30일 이내에 작성되거나 발행된 것이어야 한다.
④ ①의 ㉡에 따른 기업진단보고서는 산업통상자원부장관이 고시하는 바에 따라 작성된 것이어야 한다.

(7) 하도급의 제한 등(법 제14조)

① 공사업자는 도급받은 전기공사를 다른 공사업자에게 하도급 주어서는 아니 된다. 다만, 대통령령으로 정하는 경우에는 도급받은 전기공사의 일부를 다른 공사업자에게 하도급을 줄 수 있다.
② 하수급인은 하도급 받은 전기공사를 다른 공사업자에게 다시 하도급 주어서는 아니 된다. 다만, 하도급 받은 전기공사 중에 전기기자재의 설치 부분이 포함되는 경우로서 그 전기기자재를 납품하는 공사업자가 그 전기기자재를 설치하기 위하여 전기공사를 하는 경우에는 하도급을 줄 수 있다.

③ 공사업자는 ①의 단서에 따라 전기공사를 하도급 주려면 미리 해당 전기공사의 발주자에게 이를 서면으로 알려야 한다.
④ 하수급인은 ②의 단서에 따라 전기공사를 다시 하도급 주려면 미리 해당 전기공사의 발주자 및 수급인에게 이를 서면으로 알려야 한다.

(8) 하도급의 범위(영 제10조)

하도급의 제한 등에 따라 도급받은 전기공사의 일부를 다른 공사업자에게 하도급 줄 수 있는 경우는 다음 모두에 해당하는 경우로 한다.
① 도급받은 전기공사 중 공정별로 분리하여 시공하여도 전체 전기공사의 완성에 지장을 주지 아니하는 부분을 하도급하는 경우
② 수급인이 시공관리책임자의 지정에 따른 시공관리책임자를 지정하여 하수급인을 지도·조정하는 경우

(9) 하도급 통지서(시행규칙 제11조)

① 하도급의 제한 등에 따른 하도급 통지서는 전기공사 하도급계약 통지서(별지 제20호 서식)에 따른다.
② ①에 따른 하도급 통지서에는 다음의 서류를 첨부하여야 한다.
  ㉠ 하도급(재하도급)계약서 사본
  ㉡ 하도급(재하도급) 내용이 명시된 공사명세서
  ㉢ 공사 예정 공정표
  ㉣ 하수급인 또는 다시 하도급 받은 공사업자의 전기공사기술자 보유현황
  ㉤ 하수급인 또는 다시 하도급 받은 공사업자의 등록수첩 사본

(10) 하수급인의 변경 요구 등(법 제15조, 영 제11조)

발주자 또는 수급인이 하수급인의 변경 요구 등에 따라 하도급 받거나 다시 하도급을 받은 공사업자의 변경을 요구할 때에는 그 사유가 있음을 안 날부터 15일 이내 또는 그 사유가 발생한 날부터 30일 이내에 서면으로 요구하여야 한다.

(11) 전기공사 수급인의 하자담보책임(법 제15조의2)

① 수급인은 발주자에 대하여 전기공사의 완공일부터 10년의 범위에서 전기공사의 종류별로 대통령령으로 정하는 기간에 해당 전기공사에서 발생하는 하자에 대하여 담보책임이 있다.
② ①에도 불구하고 수급인은 다음의 어느 하나의 사유로 발생하는 하자에 대하여는 담보책임이 없다.
  ㉠ 발주자가 제공한 재료의 품질이나 규격 등의 기준미달로 인한 경우
  ㉡ 발주자의 지시에 따라 시공한 경우
③ 공사에 관한 하자담보책임에 관하여 다른 법률에 특별한 규정(민법 제670조 및 제671조는 제외)이 있는 경우에는 그 법률에서 정하는 바에 따른다.

(12) 전기공사의 종류별 하자담보책임기간(영 제11조의2)

전기공사 수급인의 하자담보책임에 따른 전기공사의 종류별 하자담보책임기간은 별표 3의2와 같다.

※ 전기공사의 종류별 하자담보책임기간(별표 3의2)

전기공사의 종류	하자담보책임기간
1. 발전설비공사	
㉠ 철근콘크리트 또는 철골구조부	7년
㉡ ㉠ 외 시설공사	3년
2. 터널식 및 개착방식(땅을 뚫거나 파는 방식을 말한다) 전력구 송전·배전설비공사	
㉠ 철근콘크리트 또는 철골구조부	10년
㉡ ㉠ 외 송전설비공사	5년
㉢ ㉠ 외 배전설비공사	2년
3. 지중송전·배전설비공사	
㉠ 송전설비공사(케이블공사 및 물밑 송전설비공사를 포함한다)	5년
㉡ 배전설비공사	3년
4. 송전설비공사(제2호 및 제3호 외의 송전설비공사를 말한다)	3년
5. 변전설비공사(전기설비 및 기기설치공사를 포함한다)	3년
6. 배전설비공사(제2호 및 제3호 외의 배전설비공사를 말한다)	
㉠ 배전설비 철탑공사	3년
㉡ ㉠ 외 배전설비공사	2년
7. 산업시설물, 건축물 및 구조물의 전기설비공사	1년
8. 그 밖의 전기설비공사	1년

(13) 전기공사의 시공관리(법 제16조)

① 공사업자는 전기공사기술자가 아닌 자에게 전기공사의 시공관리를 맡겨서는 아니 된다.
② 공사업자는 전기공사의 규모별로 대통령령으로 정하는 구분에 따라 전기공사기술자로 하여금 전기공사의 시공관리를 하게 하여야 한다.

(14) 전기공사기술자의 시공관리 구분(영 제12조)

공사업자는 전기공사의 규모별로 대통령령으로 정하는 구분에 따라 전기공사기술자로 하여금 전기공사의 시공관리를 하게 하여야 한다는 규정에 따른 전기공사의 규모별 전기공사기술자의 시공관리 구분은 별표 4와 같다.

※ 전기공사기술자의 시공관리 구분(별표 4)

전기공사기술자의 구분	전기공사의 규모별 시공관리 구분
1. 특급 전기공사기술자 또는 고급 전기공사기술자	모든 전기공사
2. 중급 전기공사기술자	전기공사 중 사용전압이 100,000[V] 이하인 전기공사
3. 초급 전기공사기술자	전기공사 중 사용전압이 1,000[V] 이하인 전기공사

(15) 시공관리책임자의 지정(법 제17조)

공사업자는 전기공사를 효율적으로 시공하고 관리하게 하기 위하여 공사업자는 전기공사의 규모별로 대통령령으로 정하는 구분에 따라 전기공사기술자로 하여금 전기공사의 시공관리를 하게 하여야 한다(법 제16조 ②)는 규정에 따른 전기공사기술자 중에서 시공관리책임자를 지정하고 이를 그 전기공사의 발주자(공사업자가 하수급인인 경우에는 발주자 및 수급인, 공사업자가 다시 하도급 받은 자인 경우에는 발주자·수급인 및 하수급인을 말한다)에게 알려야 한다.

(16) 전기공사기술자의 인정(법 제17조의2)

① 전기공사기술자로 인정을 받으려는 사람은 산업통상자원부장관에게 신청하여야 한다.
② 산업통상자원부장관은 ①에 따른 신청인이 국가기술자격법에 따른 전기 분야의 기술자격을 취득한 사람이나 일정한 학력과 전기 분야에 관한 경력을 가진 사람을 전기공사기술자로 인정하여야 한다.
③ 산업통상자원부장관은 ①에 따른 신청인을 전기공사기술자로 인정하면 전기공사기술자의 등급 및 경력 등에 관한 증명서(이하 "경력수첩"이라 한다)를 해당 전기공사기술자에게 발급하여야 한다.
④ ①에 따른 신청절차와 ②에 따른 기술자격·학력·경력의 기준 및 범위 등은 대통령령으로 정한다.

(17) 전기공사기술자의 인정 신청 등(영 제12조의2, 시행규칙 제12조의2)

① 전기공사기술자로 인정을 받으려는 사람은 산업통상자원부령으로 정하는 바에 따라 신청서를 제출하여야 한다. 등급의 변경 또는 경력인정을 받으려는 경우에도 또한 같다.
② 산업통상자원부장관은 신청인이 국가기술자격법에 따른 '전기 분야의 기술자격을 취득한 사람이나 일정한 학력과 전기 분야에 관한 경력을 가진 사람을 전기공사기술자로 인정하여야 한다'라는 규정에 따라 전기공사기술자로 인정한 사람의 경력 및 등급 등에 관한 기록을 유지·관리하여야 한다.
③ '기술자격·학력·경력의 기준 및 범위 등은 대통령령으로 정한다'라는 규정에 따른 전기공사기술자의 등급 및 인정기준은 별표 4의2와 같다.

※ 전기공사기술자의 등급 및 인정기준(별표 4의2)

등 급	국가기술자격자	학력·경력자
특급 전기공사기술자	기술사 또는 기능장의 자격을 취득한 사람	
고급 전기공사기술자	• 기사의 자격을 취득한 후 5년 이상 전기공사업무를 수행한 사람 • 산업기사의 자격을 취득한 후 8년 이상 전기공사업무를 수행한 사람 • 기능사의 자격을 취득한 후 11년 이상 전기공사업무를 수행한 사람	
중급 전기공사기술자	• 기사의 자격을 취득한 후 2년 이상 전기공사업무를 수행한 사람 • 산업기사의 자격을 취득한 후 5년 이상 전기공사업무를 수행한 사람 • 기능사의 자격을 취득한 후 8년 이상 전기공사업무를 수행한 사람	• 전기 관련 학과의 석사 이상의 학위를 취득한 후 5년 이상 전기공사업무를 수행한 사람 • 전기 관련 학과의 학사학위를 취득한 후 7년 이상 전기공사업무를 수행한 사람 • 전기 관련 학과의 전문학사 학위를 취득한 후 9년(3년제 전문학사 학위를 취득한 경우에는 8년) 이상 전기공사업무를 수행한 사람 • 전기 관련 학과의 고등학교를 졸업한 후 11년 이상 전기공사업무를 수행한 사람
초급 전기공사기술자	• 산업기사 또는 기사의 자격을 취득한 사람 • 기능사의 자격을 취득한 사람	• 전기 관련 학과의 학사 이상의 학위를 취득한 사람 • 전기 관련 학과의 전문학사 학위를 취득한 후 2년(3년제 전문학사 학위를 취득한 경우에는 1년) 이상 전기공사업무를 수행한 사람 • 전기 관련 학과의 고등학교를 졸업한 후 4년 이상 전기공사업무를 수행한 사람 • 전기 관련 학과 외의 학사 이상의 학위를 취득한 후 4년 이상 전기공사업무를 수행한 사람 • 전기 관련 학과 외의 전문학사 학위를 취득한 후 6년(3년제 전문학사 학위를 취득한 경우에는 5년) 이상 전기공사업무를 수행한 사람 • 전기 관련 학과 외의 고등학교 이하인 학교를 졸업한 후 8년 이상 전기공사업무를 수행한 사람

④ 전기공사기술자의 인정에 따라 전기공사기술자로 인정을 받으려는 사람은 전기공사기술자 인정신청서(전자문서로 된 신청서를 포함)에 다음의 서류를 첨부하여 권한의 위임·위탁에 따라 산업통상자원부장관이 지정하여 고시하는 공사업자단체 또는 전기 분야 기술자를 관리하는 법인·단체(이하 "지정단체"라 한다)에 제출하여야 한다.
  ㉠ 졸업증명서
  ㉡ 전기공사업무 경력 확인서(전자문서로 된 확인서를 포함)
  ㉢ 증명사진
⑤ ④에 따라 신청서를 제출받은 지정단체는 전자정부법에 따른 행정정보의 공동이용을 통하여 다음에 해당하는 서류를 확인하여야 한다. 다만, 신청인이 확인에 동의하지 아니하는 경우에는 해당 서류를 제출하도록 하여야 하며 ㉣에 따른 증명서의 경우 고용보험 또는 산업재해보상보험의 가입증명서로 갈음할 수 있다.
  ㉠ 국가기술자격증(국가기술자격자인 경우만 해당)
  ㉡ 외국인등록증(외국인인 경우만 해당)
  ㉢ 병적증명서 등 병역사항을 확인할 수 있는 서류
  ㉣ 국민연금법에 따른 국민연금가입자 증명서 또는 국민건강보험법에 따라 건강보험의 가입자로서 자격을 취득하고 있다는 사실을 확인할 수 있는 증명서
⑥ 전기공사기술자의 인정 신청 등에 따른 등급의 변경을 인정받으려는 사람은 전기공사업무 경력·등급변경 인정신청서(전자문서로 된 신청서를 포함)에 다음의 서류를 첨부하여 지정단체에 제출하여야 한다.
  ㉠ 전기공사업무 경력 확인서
  ㉡ 증명사진
⑦ 전기공사기술자의 인정 신청 등에 따른 경력변경을 인정받으려는 사람은 전기공사업무 경력·등급변경 인정신청서(전자문서로 된 신청서를 포함)에 전기공사업무 경력 확인서를 첨부하여 지정단체에 제출하여야 한다.
⑧ 지정단체는 ④에 따른 전기공사기술자 인정신청자 또는 ⑥에 따른 등급변경 인정신청자에게 전기공사기술자 경력수첩을 발급해야 한다.
⑨ ⑧에 따른 전기공사기술자 경력수첩은 별지 제21호의5서식(1)에 따른 전기공사기술자 경력카드 및 별지 제21호의5서식(2)에 따른 전기공사기술자 경력증으로 구분하여 발급한다.
⑩ 지정단체는 ⑨에 따라 전기공사기술자 경력수첩을 발급하였을 때에는 별지 제21호의7서식의 전기공사기술자 경력수첩 발급대장에 발급 사실을 적어야 한다.
⑪ 전기공사기술자가 경력수첩의 등급 및 경력 외의 기재사항을 변경하려는 경우에는 별지 제21호의6서식의 전기공사기술자 경력수첩 기재사항 변경 신청서(전자문서로 된 신청서를 포함)에 변경사항을 증명할 수 있는 서류를 첨부하여 지정단체에 제출해야 한다.
⑫ ⑪에 따라 신청서를 받은 지정단체는 전자정부법에 따른 행정정보의 공동이용을 통해 주민등록초본을 확인해야 한다. 다만, 신청인이 확인에 동의하지 않는 경우에는 이를 제출하도록 해야 한다.
⑬ ⑪에 따른 변경신청을 받은 지정단체는 전기공사기술자 경력수첩의 기재사항을 변경해야 한다.
⑭ 지정단체는 전기공사기술자경력수첩의 발급현황을 매월 말일을 기준으로 하여 다음 달 10일까지 별지 제21호의8서식에 따라 산업통상자원부장관에게 보고하여야 한다.

(18) 전기공사기술자의 양성교육훈련(법 제19조)

① 산업통상자원부장관은 전기공사기술자의 원활한 수급과 안전한 시공을 위하여 산업통상자원부장관이 지정하는 교육훈련기관(이하 "지정교육훈련기관"이라 한다)이 전기공사기술자의 양성교육훈련을 실시하게 할 수 있다.

② ①에 따른 교육훈련기관의 지정요건 및 감독과 전기공사기술자 양성교육훈련의 종류·대상 및 내용은 대통령령으로 정한다.

(19) 교육훈련기관의 지정요건(영 제12조의3)

교육훈련기관(이하 "지정교육훈련기관"이라 한다)의 지정요건은 다음과 같다.
① 최근 3년간 전기공사 기술인력에 대한 교육 실적이 있을 것
② 연면적 200[m^2] 이상의 교육훈련시설이 있을 것

(20) 양성교육훈련의 실시 등(영 제12조의4)

① 산업통상자원부장관은 지정교육훈련기관이 다음의 사람에 대하여 양성교육훈련을 실시하게 하여야 한다.
　㉠ 초급 전기공사기술자로 인정을 받으려는 사람으로서 다음의 하나에 해당하는 사람
　　• 기능사의 자격을 취득한 사람
　　• 별표 4의2에 따른 학력·경력자
　㉡ 등급의 변경을 인정받으려는 전기공사기술자

② ①에 따른 양성교육훈련의 교육실시기준은 별표 4의3과 같다.
※ 양성교육훈련의 교육 실시 기준(별표 4의3)

대상자	교육 시간	교육 내용
별표 4의2에 따른 전기공사기술자로 인정을 받으려는 사람 및 등급의 변경을 인정받으려는 전기공사기술자	20시간	기술능력의 향상

③ 공사업자는 그 소속 전기공사기술자가 양성교육훈련을 받는 데 필요한 편의를 제공하여야 하며, 양성교육훈련을 받는 것을 이유로 불이익을 주어서는 아니 된다.

④ 지정교육훈련기관은 양성교육훈련을 받은 전기공사기술자에 대하여 경력수첩에 교육 이수 사항을 기록하여야 한다.

(21) 감독(영 제14조)

산업통상자원부장관은 공사업자단체로 하여금 다음의 사항을 보고하게 할 수 있다.
① 총회 또는 이사회의 중요 의결사항
② 회원의 실태에 관한 사항
③ 그 밖에 공사업자단체와 회원에 관계되는 중요한 사항

(22) 등록취소 등(법 제28조)

① 시·도지사는 공사업자가 다음의 어느 하나에 해당하면 등록을 취소하거나 6개월 이내의 기간을 정하여 영업의 정지를 명할 수 있다. 다만, ㉠·㉣·㉤·㉰·㉯에 해당하는 경우에는 등록을 취소하여야 한다.

㉠ 거짓이나 그 밖의 부정한 방법으로 다음의 하나에 해당하는 행위를 한 경우
- 공사업의 등록
- 공사업의 등록기준에 관한 신고

㉡ 대통령령으로 정하는 기술능력 및 자본금 등에 미달하게 된 경우. 다만, 채무자 회생 및 파산에 관한 법률에 따라 법원이 회생절차개시의 결정을 하고 그 절차가 진행 중이거나 일시적으로 등록기준에 미달하는 등 대통령령으로 정하는 경우는 예외로 한다.

㉢ 공사업의 등록기준에 관한 신고를 하지 아니한 경우

㉣ 결격사유 중 어느 하나에 해당하게 된 경우

㉤ 타인에게 성명·상호를 사용하게 하거나 등록증 또는 등록수첩을 빌려 준 경우

㉥ 시정명령 또는 지시를 이행하지 아니한 경우

㉦ 해당 전기공사가 완료되어 시정명령 또는 지시를 명할 수 없게 된 경우

㉧ 신고를 거짓으로 한 경우

㉨ 공사업의 등록을 한 후 1년 이내에 영업을 시작하지 아니하거나 계속하여 1년 이상 공사업을 휴업한 경우

㉩ 영업정지처분기간에 영업을 하거나 최근 5년간 3회 이상 영업정지처분을 받은 경우

② 다음의 어느 하나에 해당하는 경우에는 결격사유에 해당하게 된 날 또는 상속을 개시한 날부터 6개월간은 ①을 적용하지 아니한다.
  ㉠ 법인이 결격사유에 해당하게 된 경우
  ㉡ 공사업의 지위를 승계한 상속인이 결격사유 중 어느 하나에 해당하는 경우

③ 시·도지사는 공사업자가 시정명령 또는 지시를 받고 이를 이행하지 아니하거나 ①의 ㉡에 해당되어 영업정지처분을 하는 경우 국민에게 심한 불편을 주거나 그 밖에 공익을 해칠 우려가 있을 때에는 영업정지처분을 갈음하여 1천만원 이하의 과징금을 부과할 수 있다.

④ 시·도지사는 ③에 따른 과징금을 내야 할 자가 납부기한까지 과징금을 내지 아니하면 지방행정제재·부과금의 징수 등에 관한 법률에 따라 징수한다.

⑤ ①에 따라 행정처분을 하거나 ③에 따라 과징금을 부과하는 경우 위반행위의 종류와 위반 정도 등에 따른 행정처분의 기준 및 과징금의 금액은 산업통상자원부령으로 정한다.

(23) 행정처분 및 과징금의 부과기준(시행규칙 제14조)

① 위반행위의 종류와 위반 정도 등에 따른 행정처분 및 과징금의 부과기준은 별표 1과 같다.

※ 행정처분 및 과징금의 부과기준(별표 1)
  ㉠ 일반기준
  - 위반행위가 둘 이상인 경우 그중 무거운 처분기준에 따른다. 다만, 둘 이상의 처분기준이 동일한 영업정지인 경우에는 각 처분기준을 합산한 기간을 넘지 않는 범위에서 무거운 처분기준의 2분의 1까지 늘릴 수 있다.
  - 위반행위의 횟수에 따른 행정처분의 기준은 최근 5년간 같은 위반행위로 처분을 받은 경우에 적용한다. 이 경우 위반횟수는 같은 위반행위에 대하여 행정처분을 한 날과 다시 같은 위반행위를 적발한 날을 각각 기준으로 하여 계산한다.

ⓒ 개별기준

위반행위	해당 법조문	부과기준
1. 거짓이나 그 밖의 부정한 방법으로 다음의 어느 하나에 해당하는 행위를 한 경우 • 법 제4조제1항에 따른 공사업의 등록 • 법 제4조제3항에 따른 공사업의 등록기준에 관한 신고	법 제28조제1항제1호	등록취소
2. 법 제4조제2항에 따른 등록기준에 미치지 못하는 경우 • 등록기준을 유지하지 못한 경우 • 위의 사유로 영업정지처분을 받고 처분종료일까지 또는 과징금을 부과받고 그 부과일부터 1개월 이내에 등록기준에 미치지 못하는 사항을 보완하지 않은 경우	법 제28조제1항제2호 및 제3항	영업정지 1개월 또는 과징금 200만원 등록취소
2의2. 법 제4조제3항에 따른 공사업의 등록기준에 관한 신고를 하지 않은 경우 • 등록기준 신고기간 경과 후 90일이 지난 경우 • 위의 사유로 영업정지처분을 받고 영업정지기간 만료일까지 등록기준에 관한 신고를 하지 않거나 과징금을 부과받고 그 부과일부터 2개월 이내에 등록기준에 관한 신고를 하지 않은 경우	법 제28조제1항제2호의2	영업정지 2개월 또는 과징금 400만원 등록취소
3. 법 제5조 각호의 결격사유 중 어느 하나에 해당하게 된 경우	법 제28조제1항제3호	등록취소
4. 법 제10조를 위반하여 타인에게 성명·상호를 사용하게 하거나 등록증 또는 등록수첩을 빌려 준 경우	법 제28조제1항제4호	등록취소
5. 다음의 위반행위에 대하여 법 제27조에 따른 시정명령 또는 지시를 받고 이행하지 않은 경우 • 법 제14조제1항 본문 또는 제2항 본문을 위반하여 하도급을 주거나 다시 하도급을 준 경우 • 법 제16조제1항을 위반하여 전기공사기술자가 아닌 자에게 전기공사의 시공관리를 맡긴 경우 • 법 제16조제2항에 따라 전기공사의 시공관리를 하는 전기공사기술자가 부적당하다고 인정되는 경우 • 법 제17조에 따른 시공관리책임자를 지정하지 않거나 그 지정 사실을 알리지 않은 경우 • 법 제22조를 위반하여 이 법, 기술기준 및 설계도서에 적합하게 시공하지 않은 경우 • 정당한 사유 없이 도급받은 전기공사를 시공하지 않은 경우 • 그 밖에 이 법 또는 이 법에 따른 명령을 위반한 경우	법 제28조제1항제5호	영업정지 6개월 영업정지 4개월 또는 과징금 600만원 영업정지 4개월 또는 과징금 600만원 영업정지 2개월 또는 과징금 400만원 영업정지 2개월 또는 과징금 400만원 영업정지 2개월 영업정지 2개월 또는 과징금 400만원
6. 해당 전기공사가 완료되어 다음 위반행위에 대하여 법 제27조에 따른 시정명령 또는 지시를 명할 수 없게 된 경우 • 법 제14조제1항 본문 또는 제2항 본문에 위반하여 하도급을 주거나 다시 하도급을 준 경우 • 법 제16조제1항에 위반하여 전기공사기술자가 아닌 자에게 전기공사의 시공관리를 하게 한 경우 • 법 제16조제2항에 따라 전기공사의 시공관리를 하는 전기공사기술자가 부적당하다고 인정되는 경우	법 제28조제1항제6호	영업정지 3개월 영업정지 3개월 영업정지 2개월

위반행위	해당 법조문	부과기준
• 법 제17조에 따른 시공관리책임자를 지정하지 아니하거나 그 지정 사실을 알리지 않은 경우		영업정지 1개월
• 법 제22조에 위반하여 이 법, 기술기준 및 설계도서에 적합하게 시공하지 않은 경우		영업정지 3개월
6의2. 법 제31조제4항에 따른 신고를 거짓으로 신고한 경우 • 1회 거짓으로 신고한 경우 • 2회 거짓으로 신고한 경우	법 제28조제1항제6호의2	영업정지 6개월 등록취소
7. 공사업의 등록을 한 후 1년 이내에 영업을 개시하지 아니하거나 계속하여 1년 이상 공사업을 휴업한 경우	법 제28조제1항제7호	등록취소
8. 영업정지처분기간에 영업을 하거나 최근 5년간 3회 이상 영업정지 처분을 받은 경우	법 제28조제1항제8호	등록취소

② 시·도지사는 위반행위의 동기, 내용 또는 그 횟수 등을 고려하여 ①에 따른 영업정지기간 또는 과징금의 금액의 2분의 1의 범위에서 늘리거나 줄일 수 있다. 이 경우 늘릴 때에도 영업정지의 총 기간 또는 과징금의 총액은 등록취소 등에 따른 기간이나 금액을 초과할 수 없다.

(24) 청문(법 제30조)

산업통상자원부장관 또는 시·도지사는 다음의 처분을 하려면 청문을 하여야 한다.
① 지정교육훈련기관의 지정취소
② 공사업 등록의 취소
③ 전기공사기술자의 인정취소

(25) 벌칙(법 제40조)

① 공사업자 또는 시공관리책임자의 지정에 따라 시공관리책임자로 지정된 사람으로서 전기공사기술자의 의무 또는 전기공사의 시공을 위반하여 전기공사를 시공함으로써 착공 후 하자담보책임기간에 대통령령으로 정하는 주요 전력시설물의 주요 부분에 중대한 파손을 일으키게 하여 사람들을 위험하게 한 자는 7년 이하의 징역 또는 7천만원 이하의 벌금에 처한다.
② ①의 죄를 범하여 사람을 상해에 이르게 한 경우에는 1년 이상의 유기징역 또는 1천만원 이상 2억원 이하의 벌금에 처하며, 사망에 이르게 한 경우에는 3년 이상의 유기징역 또는 3천만원 이상 5억원 이하의 벌금에 처한다.

(26) 주요 전력시설물의 주요 부분의 범위(영 제17조)

벌칙에서 대통령령으로 정하는 주요 전력시설물의 주요 부분이란 다음의 부분을 말한다.
① 345[kV] 이상의 공중 송전설비 중 철탑 기초부분, 철탑 조립부분 및 공중전선 연결부분
② 345[kV] 이상의 변전소 개폐기 및 차단기의 연결부분

(27) 벌칙(법 제41조)

① 업무상 과실로 법 제40조 벌칙의 ①의 죄를 범한 자는 3년 이하의 금고 또는 3천만원 이하의 벌금에 처한다.

② 업무상 과실로 법 제40조 벌칙의 ①의 죄를 범하여 사람을 상해에 이르게 한 경우에는 5년 이하의 금고 또는 5천만원 이하의 벌금에 처하며, 사망에 이르게 한 경우에는 7년 이하의 금고 또는 7천만원 이하의 벌금에 처한다.

(28) 과태료(법 제46조)

① 다음의 어느 하나에 해당하는 자에게는 300만원 이하의 과태료를 부과한다.
  ㉠ 공사업의 등록기준에 관한 신고를 산업통상자원부령으로 정하는 기간 내에 하지 아니한 자
  ㉡ 영업정지처분 등을 받은 후의 계속공사에 따른 통지를 하지 아니한 공사업자 또는 그 승계인
  ㉢ 등록사항의 변경신고 등에 따른 신고를 하지 아니하거나 거짓으로 신고한 자
  ㉣ 전기공사의 도급계약 등의 도급계약 체결 시 의무를 이행하지 아니한 자
  ㉤ 전기공사의 도급계약 등에 따른 전기공사 도급대장을 비치하지 아니한 자
  ㉥ 하도급의 제한 등에 따른 하도급 통지를 하지 아니한 자
  ㉦ 시공관리책임자의 지정에 따른 시공관리책임자의 지정 사실을 알리지 아니한 자
  ㉧ 공사업자 표시의 제한을 위반하여 공사업자임을 표시하거나 공사업자로 오인될 우려가 있는 표시를 한 자
  ㉨ 전기공사 표지의 게시 등에 따른 표지를 게시하지 아니한 자 또는 표지판을 붙이지 아니하거나 설치하지 아니한 자
  ㉩ 소속 공무원에게 공사업자의 경영실태를 조사하게 하거나 공사시공에 필요한 자재 또는 시설을 검사하게 하는 것에 따른 조사 또는 검사를 거부·방해 또는 기피하거나, 거짓으로 보고를 한 자
② 공사업자에게 그 업무 및 시공 상황 등에 관한 보고를 명하는 것에 따른 보고를 하지 아니한 자에게는 100만원 이하의 과태료를 부과한다.
③ ① 및 ②에 따른 과태료는 대통령령으로 정하는 바에 따라 산업통상자원부장관 또는 시·도지사가 부과·징수한다.

3 전기(발전)사업 허가 기준

(1) 전기사업 허가 기준

① 전기사업법의 허가기준(전기사업법 제7조)
  ㉠ 전기사업을 적정하게 수행하는 데 필요한 재무능력 및 기술능력을 보유할 것
  ㉡ 전기사업이 계획대로 수행될 수 있을 것
  ㉢ 배전사업 및 구역전기사업에 있어서는 2 이상의 배전 사업자의 사업구역 또는 구역전기사업자의 특정한 공급구역 중 그 전부 또는 일부가 중복되지 아니할 것
  ㉣ 구역전기사업의 경우 특정한 공급구역의 전력수요의 50[%] 이상으로서 대통령령으로 정하는 공급능력을 갖추고, 그 사업으로 인하여 인근 지역의 전기사용자에 대한 다른 전기사업자의 전기공급에 차질이 없을 것
  ㉤ 발전소나 발전연료가 특정 지역에 편중되어 전력계통의 운영에 지장을 주지 아니할 것
  ㉥ 신에너지 및 재생에너지 개발·이용·보급 촉진법에 따른 태양에너지 중 태양광, 풍력, 연료전지를 이용하는 발전사업의 경우 대통령령으로 정하는 바에 따라 발전사업 내용에 대한 사전고지를 통하여 주민의견수렴 절차를 거칠 것
  ㉦ 그 밖에 공익상 필요한 것으로서 대통령령으로 정하는 기준에 적합할 것

(2) 발전사업

전기를 생산하여 이를 전력시장을 통하여 전기판매사업자에게 공급함을 주된 목적으로 하는 사업이다.

① 전기사업의 허가기준(전기사업법 시행령 제4조)
  ㉠ 발전소가 특정 지역에 편중되어 전력계통의 운영에 지장을 주지 아니할 것
  ㉡ 발전연료가 어느 하나에 편중되어 전력수급에 지장을 주지 아니할 것
  ㉢ 전력수급기본계획에 부합할 것
  ㉣ 저탄소 녹색성장 기본법에 따른 온실가스 감축 목표의 달성에 지장을 주지 아니할 것

② 전기사업 허가(변경허가)(전기사업법 시행규칙 제5조)
  발전사업을 하고자 하는 자는 산업통상자원부장관의 허가를 받아야 하며, 허가받은 사항 중 사업구역 또는 특정한 공급구역, 공급전압, 원동력의 종류, 설비용량 및 설치장소를 변경하고자 하는 경우에는 변경허가를 받아야 한다.

③ 사업허가 신청서 제출 및 협의(전기사업법 시행규칙 제4조)
  ㉠ 전기사업허가를 받고자 하는 자는 전기사업허가신청서를 산업통상자원부장관에게 제출하여야 하며, 산업통상자원부장관은 발전사업을 허가 또는 변경허가를 하고자 하는 경우에는 전기위원회의 심의를 받아야 함
  ㉡ 발전설비용량이 3,000[kW] 이하인 발전사업의 허가를 받고자 하는 자는 신청서를 특별시장·광역시장·특별자치시장·도지사 또는 특별자치도지사(이하 "시·도지사"라 한다)에게 제출하여야 함

④ 발전사업 세부허가기준(산업통상자원부고시 제2020-38호)
  ㉠ 전력계통운영의 적정성 유지
  ㉡ 발전 연료의 적정비율 유지

⑤ 발전사업 허가 처리절차

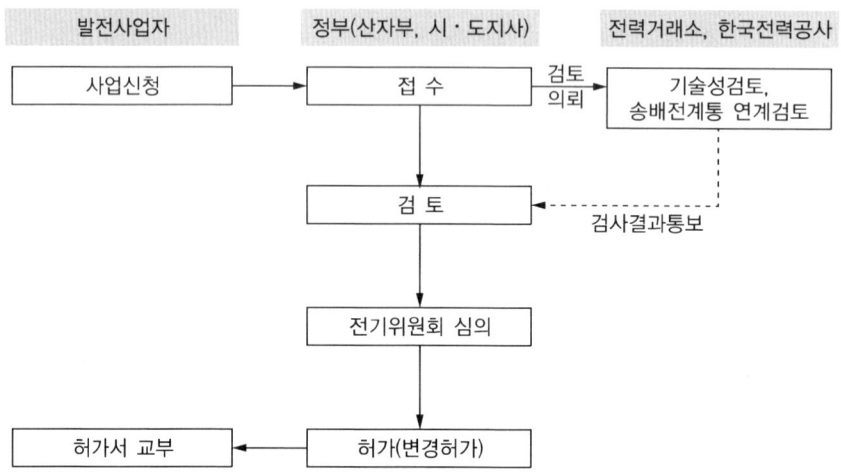

(3) 허가의 심사기준(전기사업법 시행규칙 제7조)

① 소요금액 및 재원조달계획이 구체적이며 실현가능할 것
② 신용평가가 양호할 것

(4) 기술능력 심사기준(전기사업법 시행규칙 제7조)

① 전기설비 건설 계획 및 운영 계획이 구체적이며 실현가능할 것
② 전기설비를 건설하고 운영할 수 있는 기술인력 확보계획이 구체적으로 제시되어 있을 것

(5) 사업허가 신청 시 주요서류

① 제출서류(시행규칙 제4조)
    ㉠ 전기사업허가신청서
    ㉡ 사업계획서
        • 신청자에 대한 신용평가의 의견서(신청자가 재무능력을 평가할 수 없는 신설법인인 경우에는 신청자의 최대주주를 신청자로 본다)
        • 재원조달계획 관련 증명서류
        • 전기설비 건설 및 운영 계획 관련 증명서류(발전설비용량 200[kW] 초과 3,000[kW] 이하)
        • 발전설비 건설 예정지역 관할 지방자치단체의 발전설비와 접속설비 건설에 대한 의견서(발전설비용량이 10,000[kW] 초과인 신청자만 해당한다. 단, 신에너지 및 재생에너지 개발・이용・보급 촉진법에 따른 연료전지 또는 태양에너지・풍력발전설비의 경우에는 발전설비용량이 10만[kW] 초과인 신청자만 해당)
        • 발전기의 전력계통 접속에 따른 영향에 관한 한국전력공사의 의견서(발전설비용량이 10,000[kW] 초과인 신청자만 해당)
        • 송전관계일람도(발전설비용량 200[kW] 초과 3,000[kW] 이하)
        • 부지의 확보 및 배치 계획 관련 증명서류
        • 연료 및 용수 확보 계획 관련 증명서류(발전사업 또는 구역전기사업의 허가를 신청하는 경우만 해당)
        • 신청자의 과거 발전설비 준공, 포기 또는 지연 이력 및 운영 실적
        • 사업 개시 예정일부터 5년 동안의 연도별 예상사업손익산출서
        • 사업구역의 경계를 명시한 5만분의 1 지형도(배전사업의 허가를 신청하는 경우만 해당)
        • 특정한 공급구역의 위치 및 경계를 명시한 5만분의 1 지형도(구역전기사업의 허가를 신청하는 경우만 해당, 발전설비용량 200[kW] 이하)
        • 발전원가명세서(발전사업 또는 구역전기사업의 허가를 신청하는 경우만 해당, 발전설비용량 200[kW] 초과 3,000[kW] 이하)
        • 발전용 수력의 사용에 대한 허가 또는 발전용 원자로 및 관계시설의 건설에 대한 허가 사실을 증명할 수 있는 허가서의 사본(전기사업용 수력발전소 또는 원자력발전소를 설치하는 경우만 해당하며, 허가 신청 중인 경우에는 그 신청서의 사본을 말한다, 발전설비용량 200[kW] 초과 3,000[kW] 이하)
    ㉢ 정관, 대차대조표 및 손익계산서(신청자가 법인인 경우만 해당하며, 설립 중인 법인의 경우에는 정관만 제출)
    ㉣ 신청자(발전설비용량 3,000[kW] 이하인 신청자는 제외)의 주주명부. 이 경우 신청자가 재무능력을 평가할 수 없는 신설법인인 경우에는 신청자의 최대주주를 신청자로 본다.
    ㉤ 전기사업법 시행령에 따른 의견수렴 결과(신에너지 및 재생에너지 개발・이용・보급 촉진법에 따른 태양에너지 중 태양광, 풍력, 연료전지를 이용하는 발전사업인 경우만 해당)
    ㉥ 의제 받으려는 인・허가 등에 관하여 해당 법률에서 정하는 관련 서류

4 국토의 계획 및 이용에 관한 법령(약칭 : 국토계획법)

(1) 목적(법 제1조)
이 법은 국토의 이용·개발과 보전을 위한 계획의 수립 및 집행 등에 필요한 사항을 정하여 공공복리를 증진시키고 국민의 삶의 질을 향상시키는 것을 목적으로 한다.

(2) 용어의 정의(제2조)
① 광역도시계획이란 광역계획권의 지정에 따라 지정된 광역계획권의 장기발전방향을 제시하는 계획을 말한다.
② 도시·군관리계획이란 특별시·광역시·특별자치시·특별자치도·시 또는 군의 개발·정비 및 보전을 위하여 수립하는 토지 이용, 교통, 환경, 경관, 안전, 산업, 정보통신, 보건, 복지, 안보, 문화 등에 관한 다음의 계획을 말한다.
  ㉠ 용도지역·용도지구의 지정 또는 변경에 관한 계획
  ㉡ 개발제한구역, 도시자연공원구역, 시가화조정구역, 수산자원보호구역의 지정 또는 변경에 관한 계획
  ㉢ 기반시설의 설치·정비 또는 개량에 관한 계획
  ㉣ 도시개발사업이나 정비사업에 관한 계획
  ㉤ 지구단위계획구역의 지정 또는 변경에 관한 계획과 지구단위계획
  ㉥ 입지규제최소구역의 지정 또는 변경에 관한 계획과 입지규제최소구역계획
③ 지구단위계획이란 도시·군계획 수립 대상 지역의 일부에 대하여 토지 이용을 합리화하고 그 기능을 증진시키며 미관을 개선하고 양호한 환경을 확보하며, 그 지역을 체계적·계획적으로 관리하기 위하여 수립하는 도시·군관리계획을 말한다.
④ 기반시설이란 다음의 시설로서 대통령령으로 정하는 시설을 말한다.
  ㉠ 도로·철도·항만·공항·주차장 등 교통시설
  ㉡ 광장·공원·녹지 등 공간시설
  ㉢ 유통업무설비, 수도·전기·가스공급설비, 방송·통신시설, 공동구 등 유통·공급시설
  ㉣ 학교·공공청사·문화시설 및 공공필요성이 인정되는 체육시설 등 공공·문화체육시설
  ㉤ 하천·유수지·방화설비 등 방재시설
  ㉥ 장사시설 등 보건위생시설
  ㉦ 하수도, 폐기물처리 및 재활용시설, 빗물저장 및 이용시설 등 환경기초시설
⑤ 공동구란 전기·가스·수도 등의 공급설비, 통신시설, 하수도시설 등 지하매설물을 공동 수용함으로써 미관의 개선, 도로구조의 보전 및 교통의 원활한 소통을 위하여 지하에 설치하는 시설물을 말한다.
⑥ 용도지구란 토지의 이용 및 건축물의 용도·건폐율·용적률·높이 등에 대한 용도지역의 제한을 강화하거나 완화하여 적용함으로써 용도지역의 기능을 증진시키고 경관·안전 등을 도모하기 위하여 도시·군관리계획으로 결정하는 지역을 말한다.
⑦ 용도구역이란 토지의 이용 및 건축물의 용도·건폐율·용적률·높이 등에 대한 용도지역 및 용도지구의 제한을 강화하거나 완화하여 따로 정함으로써 시가지의 무질서한 확산방지, 계획적이고 단계적인 토지이용의 도모, 토지이용의 종합적 조정·관리 등을 위하여 도시·군관리계획으로 결정하는 지역을 말한다.

⑧ 개발밀도관리구역이란 개발로 인하여 기반시설이 부족할 것으로 예상되나 기반시설을 설치하기 곤란한 지역을 대상으로 건폐율이나 용적률을 강화하여 적용하기 위하여 개발밀도관리구역에 따라 지정하는 구역을 말한다.

(3) 국토 이용 및 관리의 기본원칙(법 제3조)

국토는 자연환경의 보전과 자원의 효율적 활용을 통하여 환경적으로 건전하고 지속가능한 발전을 이루기 위하여 다음의 목적을 이룰 수 있도록 이용되고 관리되어야 한다.
① 국민생활과 경제활동에 필요한 토지 및 각종 시설물의 효율적 이용과 원활한 공급
② 자연환경 및 경관의 보전과 훼손된 자연환경 및 경관의 개선 및 복원
③ 교통·수자원·에너지 등 국민생활에 필요한 각종 기초 서비스 제공
④ 주거 등 생활환경 개선을 통한 국민의 삶의 질 향상
⑤ 지역의 정체성과 문화유산의 보전
⑥ 지역 간 협력 및 균형발전을 통한 공동번영의 추구
⑦ 지역경제의 발전과 지역 및 지역 내 적절한 기능 배분을 통한 사회적 비용의 최소화
⑧ 기후변화에 대한 대응 및 풍수해 저감을 통한 국민의 생명과 재산의 보호
⑨ 저출산·인구의 고령화에 따른 대응과 새로운 기술변화를 적용한 최적의 생활환경 제공

(4) 국토의 용도 구분(법 제6조)

국토는 토지의 이용실태 및 특성, 장래의 토지 이용 방향, 지역 간 균형발전 등을 고려하여 다음과 같은 용도지역으로 구분한다.
① 도시지역
  인구와 산업이 밀집되어 있거나 밀집이 예상되어 그 지역에 대하여 체계적인 개발·정비·관리·보전 등이 필요한 지역
② 관리지역
  도시지역의 인구와 산업을 수용하기 위하여 도시지역에 준하여 체계적으로 관리하거나 농림업의 진흥, 자연환경 또는 산림의 보전을 위하여 농림지역 또는 자연환경보전지역에 준하여 관리할 필요가 있는 지역
③ 농림지역
  도시지역에 속하지 아니하는 농지법에 따른 농업진흥지역 또는 산지관리법에 따른 보전산지 등으로서 농림업을 진흥시키고 산림을 보전하기 위하여 필요한 지역
④ 자연환경보전지역
  자연환경·수자원·해안·생태계·상수원 및 문화재의 보전과 수산자원의 보호·육성 등을 위하여 필요한 지역

(5) 광역계획권의 지정(법 제10조)

① 국토교통부장관 또는 도지사는 둘 이상의 특별시·광역시·특별자치시·특별자치도·시 또는 군의 공간구조 및 기능을 상호 연계시키고 환경을 보전하며 광역시설을 체계적으로 정비하기 위하여 필요한 경우에는 다음의 구분에 따라 인접한 둘 이상의 특별시·광역시·특별자치시·특별자치도·시 또는 군의 관할 구역 전부 또는 일부를 대통령령으로 정하는 바에 따라 광역계획권으로 지정할 수 있다.

㉠ 광역계획권이 둘 이상의 특별시・광역시・특별자치시・도 또는 특별자치도(이하 "시・도"라 한다)의 관할 구역에 걸쳐 있는 경우 : 국토교통부장관이 지정
　　　㉡ 광역계획권이 도의 관할 구역에 속하여 있는 경우 : 도지사가 지정
　② 중앙행정기관의 장, 시・도지사, 시장 또는 군수는 국토교통부장관이나 도지사에게 광역계획권의 지정 또는 변경을 요청할 수 있다.
　③ 국토교통부장관은 광역계획권을 지정하거나 변경하려면 관계 시・도지사, 시장 또는 군수의 의견을 들은 후 중앙도시계획위원회의 심의를 거쳐야 한다.
　④ 도지사가 광역계획권을 지정하거나 변경하려면 관계 중앙행정기관의 장, 관계 시・도지사, 시장 또는 군수의 의견을 들은 후 지방도시계획위원회의 심의를 거쳐야 한다.
　⑤ 국토교통부장관 또는 도지사는 광역계획권을 지정하거나 변경하면 지체 없이 관계 시・도지사, 시장 또는 군수에게 그 사실을 통보하여야 한다.

(6) 광역도시계획의 수립권자(법 제11조)
　① 국토교통부장관, 시・도지사, 시장 또는 군수는 다음의 구분에 따라 광역도시계획을 수립하여야 한다.
　　　㉠ 광역계획권이 같은 도의 관할 구역에 속하여 있는 경우 : 관할 시장 또는 군수가 공동으로 수립
　　　㉡ 광역계획권이 둘 이상의 시・도의 관할 구역에 걸쳐 있는 경우 : 관할 시・도지사가 공동으로 수립
　　　㉢ 광역계획권을 지정한 날부터 3년이 지날 때까지 관할 시장 또는 군수로부터 광역도시계획의 승인에 따른 광역도시계획의 승인 신청이 없는 경우 : 관할 도지사가 수립
　　　㉣ 국가계획과 관련된 광역도시계획의 수립이 필요한 경우나 광역계획권을 지정한 날부터 3년이 지날 때까지 관할 시・도지사로부터 광역도시계획의 승인에 따른 광역도시계획의 승인 신청이 없는 경우 : 국토교통부장관이 수립
　② 국토교통부장관은 시・도지사가 요청하는 경우와 그 밖에 필요하다고 인정되는 경우에는 ①에도 불구하고 관할 시・도지사와 공동으로 광역도시계획을 수립할 수 있다.
　③ 도지사는 시장 또는 군수가 요청하는 경우와 그 밖에 필요하다고 인정하는 경우에는 ①에도 불구하고 관할 시장 또는 군수와 공동으로 광역도시계획을 수립할 수 있으며, 시장 또는 군수가 협의를 거쳐 요청하는 경우에는 단독으로 광역도시계획을 수립할 수 있다.

(7) 광역도시계획의 내용(법 제12조)
　① 광역도시계획에는 다음의 사항 중 그 광역계획권의 지정목적을 이루는 데 필요한 사항에 대한 정책 방향이 포함되어야 한다.
　　　㉠ 광역계획권의 공간구조와 기능분담에 관한 사항
　　　㉡ 광역계획권의 녹지관리체계와 환경보전에 관한 사항
　　　㉢ 광역시설의 배치・규모・설치에 관한 사항
　　　㉣ 경관계획에 관한 사항
　　　㉤ 그 밖에 광역계획권에 속하는 특별시・광역시・특별자치시・특별자치도・시 또는 군 상호 간의 기능 연계에 관한 사항으로서 대통령령으로 정하는 사항
　② 광역도시계획의 수립기준 등은 대통령령으로 정하는 바에 따라 국토교통부장관이 정한다.

(8) 지방자치단체의 의견 청취(법 제15조)

① 시·도지사, 시장 또는 군수는 광역도시계획을 수립하거나 변경하려면 미리 관계 시·도, 시 또는 군의 의회와 관계 시장 또는 군수의 의견을 들어야 한다.
② 국토교통부장관은 광역도시계획을 수립하거나 변경하려면 관계 시·도지사에게 광역도시계획안을 송부하여야 하며, 관계 시·도지사는 그 광역도시계획안에 대하여 그 시·도의 의회와 관계 시장 또는 군수의 의견을 들은 후 그 결과를 국토교통부장관에게 제출하여야 한다.
③ ①과 ②에 따른 시·도, 시 또는 군의 의회와 관계 시장 또는 군수는 특별한 사유가 없으면 30일 이내에 시·도지사, 시장 또는 군수에게 의견을 제시하여야 한다.

(9) 광역도시계획의 승인(법 제16조)

① 시·도지사는 광역도시계획을 수립하거나 변경하려면 국토교통부장관의 승인을 받아야 한다. 다만, 광역도시계획의 수립권자에 따라 도지사가 수립하는 광역도시계획은 그러하지 아니하다.
② 국토교통부장관은 ①에 따라 광역도시계획을 승인하거나 직접 광역도시계획을 수립 또는 변경(시·도지사와 공동으로 수립하거나 변경하는 경우를 포함한다)하려면 관계 중앙행정기관과 협의한 후 중앙도시계획위원회의 심의를 거쳐야 한다.
③ ②에 따라 협의 요청을 받은 관계 중앙행정기관의 장은 특별한 사유가 없으면 그 요청을 받은 날부터 30일 이내에 국토교통부장관에게 의견을 제시하여야 한다.
④ 국토교통부장관은 직접 광역도시계획을 수립 또는 변경하거나 승인하였을 때에는 관계 중앙행정기관의 장과 시·도지사에게 관계 서류를 송부하여야 하며, 관계 서류를 받은 시·도지사는 대통령령으로 정하는 바에 따라 그 내용을 공고하고 일반이 열람할 수 있도록 하여야 한다.
⑤ 시장 또는 군수는 광역도시계획을 수립하거나 변경하려면 도지사의 승인을 받아야 한다.
⑥ 도지사가 ⑤에 따라 광역도시계획을 승인하거나 광역도시계획의 수립권자에 따라 직접 광역도시계획을 수립 또는 변경(시장·군수와 공동으로 수립하거나 변경하는 경우를 포함한다)하려면 ②~④까지의 규정을 준용한다. 이 경우 "국토교통부장관"은 "도지사"로, "중앙행정기관의 장"은 "행정기관의 장(국토교통부장관을 포함한다)"으로, "중앙도시계획위원회"는 "지방도시계획위원회"로 "시·도지사"는 "시장 또는 군수"로 본다.
⑦ ①~⑥까지에 규정된 사항 외에 광역도시계획의 수립 및 집행에 필요한 사항은 대통령령으로 정한다.

(10) 광역도시계획의 조정(법 제17조)

① 광역도시계획을 공동으로 수립하는 시·도지사는 그 내용에 관하여 서로 협의가 되지 아니하면 공동이나 단독으로 국토교통부장관에게 조정을 신청할 수 있다.
② 국토교통부장관은 ①에 따라 단독으로 조정신청을 받은 경우에는 기한을 정하여 당사자 간에 다시 협의를 하도록 권고할 수 있으며, 기한까지 협의가 이루어지지 아니하는 경우에는 직접 조정할 수 있다.
③ 국토교통부장관은 ①에 따른 조정의 신청을 받거나 ②에 따라 직접 조정하려는 경우에는 중앙도시계획위원회의 심의를 거쳐 광역도시계획의 내용을 조정하여야 한다. 이 경우 이해관계를 가진 지방자치단체의 장은 중앙도시계획위원회의 회의에 출석하여 의견을 진술할 수 있다.
④ 광역도시계획을 수립하는 자는 ③에 따른 조정 결과를 광역도시계획에 반영하여야 한다.

⑤ 광역도시계획을 공동으로 수립하는 시장 또는 군수는 그 내용에 관하여 서로 협의가 되지 아니하면 공동이나 단독으로 도지사에게 조정을 신청할 수 있다.

⑥ ⑤에 따라 도지사가 광역도시계획을 조정하는 경우에는 ②~④까지의 규정을 준용한다. 이 경우 "국토교통부장관"은 "도지사"로, "중앙도시계획위원회"는 "도의 지방도시계획위원회"로 본다.

(11) 도시·군기본계획의 내용(법 제19조)

① 도시·군기본계획에는 다음의 사항에 대한 정책 방향이 포함되어야 한다.
  ㉠ 지역적 특성 및 계획의 방향·목표에 관한 사항
  ㉡ 공간구조, 생활권의 설정 및 인구의 배분에 관한 사항
  ㉢ 토지의 이용 및 개발에 관한 사항
  ㉣ 토지의 용도별 수요 및 공급에 관한 사항
  ㉤ 환경의 보전 및 관리에 관한 사항
  ㉥ 기반시설에 관한 사항
  ㉦ 공원·녹지에 관한 사항
  ㉧ 경관에 관한 사항
  ㉨ 기후변화 대응 및 에너지절약에 관한 사항
  ㉩ 방재·방범 등 안전에 관한 사항
  ㉪ ㉡~㉧까지, ㉨ 및 ㉩에 규정된 사항의 단계별 추진에 관한 사항
  ㉫ 그 밖에 대통령령으로 정하는 사항

② 도시·군기본계획의 수립기준 등은 대통령령으로 정하는 바에 따라 국토교통부장관이 정한다.

(12) 도시·군기본계획 수립을 위한 기초조사 및 공청회(법 제20조)

① 도시·군기본계획을 수립하거나 변경하는 경우에는 광역도시계획의 수립을 위한 기초조사와 공청회의 개최를 준용한다. 이 경우 "국토교통부장관, 시·도지사, 시장 또는 군수"는 "특별시장·광역시장·특별자치시장·특별자치도지사·시장 또는 군수"로, "광역도시계획"은 "도시·군기본계획"으로 본다.

② 시·도지사, 시장 또는 군수는 ①에 따른 기초조사의 내용에 국토교통부장관이 정하는 바에 따라 실시하는 토지의 토양, 입지, 활용가능성 등 토지의 적성에 대한 평가(이하 "토지적성평가"라 한다)와 재해 취약성에 관한 분석(이하 "재해취약성분석"이라 한다)을 포함하여야 한다.

③ 도시·군기본계획 입안일부터 5년 이내에 토지적성평가를 실시한 경우 등 대통령령으로 정하는 경우에는 ②에 따른 토지적성평가 또는 재해취약성분석을 하지 아니할 수 있다.

(13) 특별시·광역시·특별자치시·특별자치도의 도시·군기본계획의 확정(제22조)

① 특별시장·광역시장·특별자치시장 또는 특별자치도지사는 도시·군기본계획을 수립하거나 변경하려면 관계 행정기관의 장(국토교통부장관을 포함)과 협의한 후 지방도시계획위원회의 심의를 거쳐야 한다.

② ①에 따라 협의 요청을 받은 관계 행정기관의 장은 특별한 사유가 없으면 그 요청을 받은 날부터 30일 이내에 특별시장·광역시장·특별자치시장 또는 특별자치도지사에게 의견을 제시하여야 한다.

③ 특별시장·광역시장·특별자치시장 또는 특별자치도지사는 도시·군기본계획을 수립하거나 변경한 경우에는 관계 행정기관의 장에게 관계 서류를 송부하여야 하며, 대통령령으로 정하는 바에 따라 그 계획을 공고하고 일반인이 열람할 수 있도록 하여야 한다.

(14) 도시·군기본계획의 정비(법 제23조)
① 특별시장·광역시장·특별자치시장·특별자치도지사·시장 또는 군수는 5년마다 관할 구역의 도시·군기본계획에 대하여 그 타당성 여부를 전반적으로 재검토하여 정비하여야 한다.
② 특별시장·광역시장·특별자치시장·특별자치도지사·시장 또는 군수는 국가계획, 광역도시계획 및 도시·군계획의 관계 등에 따라 도시·군기본계획의 내용에 우선하는 광역도시계획의 내용 및 도시·군기본계획에 우선하는 국가계획의 내용을 도시·군기본계획에 반영하여야 한다.

(15) 도시·군관리계획의 입안권자(법 제24조)
① 특별시장·광역시장·특별자치시장·특별자치도지사·시장 또는 군수는 관할 구역에 대하여 도시·군관리계획을 입안하여야 한다.
② 특별시장·광역시장·특별자치시장·특별자치도지사·시장 또는 군수는 다음의 어느 하나에 해당하면 인접한 특별시·광역시·특별자치시·특별자치도·시 또는 군의 관할 구역 전부 또는 일부를 포함하여 도시·군관리계획을 입안할 수 있다.
  ㉠ 지역여건상 필요하다고 인정하여 미리 인접한 특별시장·광역시장·특별자치시장·특별자치도지사·시장 또는 군수와 협의한 경우
  ㉡ 도시·군기본계획의 수립권자와 대상지역에 따라 인접한 특별시·광역시·특별자치시·특별자치도·시 또는 군의 관할 구역을 포함하여 도시·군기본계획을 수립한 경우
③ ②에 따른 인접한 특별시·광역시·특별자치시·특별자치도·시 또는 군의 관할 구역에 대한 도시·군관리계획은 관계 특별시장·광역시장·특별자치시장·특별자치도지사·시장 또는 군수가 협의하여 공동으로 입안하거나 입안할 자를 정한다.
④ ③에 따른 협의가 성립되지 아니하는 경우 도시·군관리계획을 입안하려는 구역이 같은 도의 관할 구역에 속할 때에는 관할 도지사가, 둘 이상의 시·도의 관할 구역에 걸쳐 있을 때에는 국토교통부장관(수산자원보호구역의 지정에 따른 수산자원보호구역의 경우 해양수산부장관을 말한다)이 입안할 자를 지정하고 그 사실을 고시하여야 한다.
⑤ 국토교통부장관은 ①이나 ②에도 불구하고 다음의 어느 하나에 해당하는 경우에는 직접 또는 관계 중앙행정기관의 장의 요청에 의하여 도시·군관리계획을 입안할 수 있다. 이 경우 국토교통부장관은 관할 시·도지사 및 시장·군수의 의견을 들어야 한다.
  ㉠ 국가계획과 관련된 경우
  ㉡ 둘 이상의 시·도에 걸쳐 지정되는 용도지역·용도지구 또는 용도구역과 둘 이상의 시·도에 걸쳐 이루어지는 사업의 계획 중 도시·군관리계획으로 결정하여야 할 사항이 있는 경우
  ㉢ 특별시장·광역시장·특별자치시장·특별자치도지사·시장 또는 군수가 도시·군계획의 수립 및 운영에 대한 감독 및 조정에 따른 기한까지 국토교통부장관의 도시·군관리계획 조정 요구에 따라 도시·군관리계획을 정비하지 아니하는 경우
⑥ 도지사는 ①이나 ②에도 불구하고 다음의 어느 하나의 경우에는 직접 또는 시장이나 군수의 요청에 의하여 도시·군관리계획을 입안할 수 있다. 이 경우 도지사는 관계 시장 또는 군수의 의견을 들어야 한다.
  ㉠ 둘 이상의 시·군에 걸쳐 지정되는 용도지역·용도지구 또는 용도구역과 둘 이상의 시·군에 걸쳐 이루어지는 사업의 계획 중 도시·군관리계획으로 결정하여야 할 사항이 포함되어 있는 경우
  ㉡ 도지사가 직접 수립하는 사업의 계획으로서 도시·군관리계획으로 결정하여야 할 사항이 포함되어 있는 경우

(16) 도시·군관리계획 입안의 제안(법 제26조)

① 주민(이해관계자를 포함한다)은 다음의 사항에 대하여 도시·군관리계획의 입안권자에 따라 도시·군관리계획을 입안할 수 있는 자에게 도시·군관리계획의 입안을 제안할 수 있다. 이 경우 제안서에는 도시·군관리계획도서와 계획설명서를 첨부하여야 한다.
  ㉠ 기반시설의 설치·정비 또는 개량에 관한 사항
  ㉡ 지구단위계획구역의 지정 및 변경과 지구단위계획의 수립 및 변경에 관한 사항
  ㉢ 다음의 어느 하나에 해당하는 용도지구의 지정 및 변경에 관한 사항
    • 개발진흥지구 중 공업기능 또는 유통물류기능 등을 집중적으로 개발·정비하기 위한 개발진흥지구로서 대통령령으로 정하는 개발진흥지구
    • 용도지구의 지정에 따라 지정된 용도지구 중 해당 용도지구에 따른 건축물이나 그 밖의 시설의 용도·종류 및 규모 등의 제한을 지구단위계획으로 대체하기 위한 용도지구
  ㉣ 입지규제최소구역의 지정 및 변경과 입지규제최소구역계획의 수립 및 변경에 관한 사항
② ①에 따라 도시·군관리계획의 입안을 제안받은 자는 그 처리 결과를 제안자에게 알려야 한다.
③ ①에 따라 도시·군관리계획의 입안을 제안받은 자는 제안자와 협의하여 제안된 도시·군관리계획의 입안 및 결정에 필요한 비용의 전부 또는 일부를 제안자에게 부담시킬 수 있다.
④ ①의 ㉢에 따른 개발진흥지구의 지정 제안을 위하여 충족하여야 할 지구의 규모, 용도지역 등의 요건은 대통령령으로 정한다.
⑤ ①~④까지에 규정된 사항 외에 도시·군관리계획의 제안, 제안을 위한 토지소유자의 동의 비율, 제안서의 처리 절차 등에 필요한 사항은 대통령령으로 정한다.

(17) 도시·군관리계획의 결정권자(법 제29조)

① 도시·군관리계획은 시·도지사가 직접 또는 시장·군수의 신청에 따라 결정한다. 다만, 지방자치법에 따른 서울특별시와 광역시 및 특별자치시를 제외한 인구 50만 이상의 대도시(이하 "대도시"라 한다)의 경우에는 해당 시장(이하 "대도시 시장"이라 한다)이 직접 결정하고, 다음의 도시·군관리계획은 시장 또는 군수가 직접 결정한다.
  ㉠ 시장 또는 군수가 입안한 지구단위계획구역의 지정·변경과 지구단위계획의 수립·변경에 관한 도시·군관리계획
  ㉡ 기존의 용도지구를 폐지하고 그 용도지구에서의 건축물이나 그 밖의 시설의 용도·종류 및 규모 등의 제한을 대체하는 사항에 따라 지구단위계획으로 대체하는 용도지구 폐지에 관한 도시·군관리계획(해당 시장(대도시 시장은 제외) 또는 군수가 도지사와 미리 협의한 경우에 한정한다)
② ①에도 불구하고 다음의 도시·군관리계획은 국토교통부장관이 결정한다. 다만, ㉣의 도시·군관리계획은 해양수산부장관이 결정한다.
  ㉠ 도시·군관리계획의 입안권자에 따라 국토교통부장관이 입안한 도시·군관리계획
  ㉡ 개발제한구역의 지정에 따른 개발제한구역의 지정 및 변경에 관한 도시·군관리계획
  ㉢ 시가화조정구역의 지정 단서에 따른 시가화조정구역의 지정 및 변경에 관한 도시·군관리계획
  ㉣ 수산자원보호구역의 지정에 따른 수산자원보호구역의 지정 및 변경에 관한 도시·군관리계획

(18) 도시·군관리계획의 결정(법 제30조)

① 시·도지사는 도시·군관리계획을 결정하려면 관계 행정기관의 장과 미리 협의하여야 하며, 국토교통부장관(수산자원보호구역의 지정에 따른 수산자원보호구역의 경우 해양수산부장관을 말한다)이 도시·군관리계획을 결정하려면 관계 중앙행정기관의 장과 미리 협의하여야 한다. 이 경우 협의 요청을 받은 기관의 장은 특별한 사유가 없으면 그 요청을 받은 날부터 30일 이내에 의견을 제시하여야 한다.

② 시·도지사는 국토교통부장관이 입안하여 결정한 도시·군관리계획을 변경하거나 그 밖에 대통령령으로 정하는 중요한 사항에 관한 도시·군관리계획을 결정하려면 미리 국토교통부장관과 협의하여야 한다.

③ 국토교통부장관은 도시·군관리계획을 결정하려면 중앙도시계획위원회의 심의를 거쳐야 하며, 시·도지사가 도시·군관리계획을 결정하려면 시·도 도시계획위원회의 심의를 거쳐야 한다. 다만, 시·도지사가 지구단위계획(지구단위계획과 지구단위계획구역을 동시에 결정할 때에는 지구단위계획구역의 지정 또는 변경에 관한 사항을 포함할 수 있다)이나 기존의 용도지구를 폐지하고 그 용도지구에서의 건축물이나 그 밖의 시설의 용도·종류 및 규모 등의 제한을 대체하는 사항에 따라 지구단위계획으로 대체하는 용도지구 폐지에 관한 사항을 결정하려면 대통령령으로 정하는 바에 따라 건축법에 따라 시·도에 두는 건축위원회와 도시계획위원회가 공동으로 하는 심의를 거쳐야 한다.

④ 국토교통부장관이나 시·도지사는 국방상 또는 국가안전보장상 기밀을 지켜야 할 필요가 있다고 인정되면(관계 중앙행정기관의 장이 요청할 때만 해당) 그 도시·군관리계획의 전부 또는 일부에 대하여 ①~③까지의 규정에 따른 절차를 생략할 수 있다.

⑤ 결정된 도시·군관리계획을 변경하려는 경우에는 ①~④까지의 규정을 준용한다. 다만, 대통령령으로 정하는 경미한 사항을 변경하는 경우에는 그러하지 아니하다.

⑥ 국토교통부장관이나 시·도지사는 도시·군관리계획을 결정하면 대통령령으로 정하는 바에 따라 그 결정을 고시하고, 국토교통부장관이나 도지사는 관계 서류를 관계 특별시장·광역시장·특별자치시장·특별자치도지사·시장 또는 군수에게 송부하여 일반이 열람할 수 있도록 하여야 하며, 특별시장·광역시장·특별자치시장·특별자치도지사는 관계 서류를 일반이 열람할 수 있도록 하여야 한다.

(19) 도시·군관리계획의 정비(법 제34조)

특별시장·광역시장·특별자치시장·특별자치도지사·시장 또는 군수는 5년마다 관할 구역의 도시·군관리계획에 대하여 대통령령으로 정하는 바에 따라 그 타당성 여부를 전반적으로 재검토하여 정비하여야 한다.

(20) 용도지역의 지정(법 제36조)

① 국토교통부장관, 시·도지사 또는 대도시 시장은 다음의 어느 하나에 해당하는 용도지역의 지정 또는 변경을 도시·군관리계획으로 결정한다.

㉠ 도시지역 : 다음의 어느 하나로 구분하여 지정한다.
- 주거지역 : 거주의 안녕과 건전한 생활환경의 보호를 위하여 필요한 지역
- 상업지역 : 상업이나 그 밖의 업무의 편익을 증진하기 위하여 필요한 지역
- 공업지역 : 공업의 편익을 증진하기 위하여 필요한 지역
- 녹지지역 : 자연환경·농지 및 산림의 보호, 보건위생, 보안과 도시의 무질서한 확산을 방지하기 위하여 녹지의 보전이 필요한 지역

ⓒ 관리지역 : 다음의 어느 하나로 구분하여 지정한다.
- 보전관리지역 : 자연환경 보호, 산림 보호, 수질오염 방지, 녹지공간 확보 및 생태계 보전 등을 위하여 보전이 필요하나, 주변 용도지역과의 관계 등을 고려할 때 자연환경보전지역으로 지정하여 관리하기가 곤란한 지역
- 생산관리지역 : 농업·임업·어업 생산 등을 위하여 관리가 필요하나, 주변 용도지역과의 관계 등을 고려할 때 농림지역으로 지정하여 관리하기가 곤란한 지역
- 계획관리지역 : 도시지역으로의 편입이 예상되는 지역이나 자연환경을 고려하여 제한적인 이용·개발을 하려는 지역으로서 계획적·체계적인 관리가 필요한 지역

ⓒ 농림지역
ⓔ 자연환경보전지역

② 국토교통부장관, 시·도지사 또는 대도시 시장은 대통령령으로 정하는 바에 따라 ① 각호 및 같은 항 각호 각 목의 용도지역을 도시·군관리계획결정으로 다시 세분하여 지정하거나 변경할 수 있다.

(21) 용도지구의 지정(법 제37조)

① 국토교통부장관, 시·도지사 또는 대도시 시장은 다음의 어느 하나에 해당하는 용도지구의 지정 또는 변경을 도시·군관리계획으로 결정한다.
ⓐ 경관지구 : 경관의 보전·관리 및 형성을 위하여 필요한 지구
ⓑ 고도지구 : 쾌적한 환경 조성 및 토지의 효율적 이용을 위하여 건축물 높이의 최고한도를 규제할 필요가 있는 지구
ⓒ 방화지구 : 화재의 위험을 예방하기 위하여 필요한 지구
ⓓ 방재지구 : 풍수해, 산사태, 지반의 붕괴, 그 밖의 재해를 예방하기 위하여 필요한 지구
ⓔ 보호지구 : 문화재, 중요 시설물(항만, 공항 등 대통령령으로 정하는 시설물을 말한다) 및 문화적·생태적으로 보존가치가 큰 지역의 보호와 보존을 위하여 필요한 지구
ⓕ 취락지구 : 녹지지역·관리지역·농림지역·자연환경보전지역·개발제한구역 또는 도시자연공원구역의 취락을 정비하기 위한 지구
ⓖ 개발진흥지구 : 주거기능·상업기능·공업기능·유통물류기능·관광기능·휴양기능 등을 집중적으로 개발·정비할 필요가 있는 지구
ⓗ 특정용도제한지구 : 주거 및 교육 환경 보호나 청소년 보호 등의 목적으로 오염물질 배출시설, 청소년 유해시설 등 특정시설의 입지를 제한할 필요가 있는 지구
ⓘ 복합용도지구 : 지역의 토지이용 상황, 개발 수요 및 주변 여건 등을 고려하여 효율적이고 복합적인 토지이용을 도모하기 위하여 특정시설의 입지를 완화할 필요가 있는 지구

(22) 입지규제최소구역의 지정 등(법 제40조의2)

① 도시·군관리계획의 결정권자에 따른 도시·군관리계획의 결정권자(이하 "도시·군관리계획 결정권자"라 한다)는 도시지역에서 복합적인 토지이용을 증진시켜 도시 정비를 촉진하고 지역 거점을 육성할 필요가 있다고 인정되면 다음의 어느 하나에 해당하는 지역과 그 주변지역의 전부 또는 일부를 입지규제최소구역으로 지정할 수 있다.
ⓐ 도시·군기본계획에 따른 도심·부도심 또는 생활권의 중심지역

ⓒ 철도역사, 터미널, 항만, 공공청사, 문화시설 등의 기반시설 중 지역의 거점 역할을 수행하는 시설을 중심으로 주변지역을 집중적으로 정비할 필요가 있는 지역
　　ⓒ 세 개 이상의 노선이 교차하는 대중교통 결절지로부터 1[km] 이내에 위치한 지역
　　ⓔ 도시 및 주거환경정비법에 따른 노후·불량건축물이 밀집한 주거지역 또는 공업지역으로 정비가 시급한 지역
　　ⓜ 도시재생 활성화 및 지원에 관한 특별법에 따른 도시재생활성화지역 중 도시경제기반형 활성화계획을 수립하는 지역
　　ⓗ 그 밖에 창의적인 지역개발이 필요한 지역으로 대통령령으로 정하는 지역
② 입지규제최소구역계획에는 입지규제최소구역의 지정 목적을 이루기 위하여 다음에 관한 사항이 포함되어야 한다.
　　㉠ 건축물의 용도·종류 및 규모 등에 관한 사항
　　ⓒ 건축물의 건폐율·용적률·높이에 관한 사항
　　ⓒ 간선도로 등 주요 기반시설의 확보에 관한 사항
　　ⓔ 용도지역·용도지구, 도시·군계획시설 및 지구단위계획의 결정에 관한 사항
　　ⓜ 입지규제최소구역에서의 다른 법률의 적용 특례에 따른 다른 법률 규정 적용의 완화 또는 배제에 관한 사항
　　ⓗ 그 밖에 입지규제최소구역의 체계적 개발과 관리에 필요한 사항
③ ①에 따른 입지규제최소구역의 지정 및 변경과 ②에 따른 입지규제최소구역계획은 다음의 사항을 종합적으로 고려하여 도시·군관리계획으로 결정한다.
　　㉠ 입지규제최소구역의 지정 목적
　　ⓒ 해당 지역의 용도지역·기반시설 등 토지이용 현황
　　ⓒ 도시·군기본계획과의 부합성
　　ⓔ 주변 지역의 기반시설, 경관, 환경 등에 미치는 영향 및 도시환경 개선·정비 효과
　　ⓜ 도시의 개발 수요 및 지역에 미치는 사회적·경제적 파급효과
④ 입지규제최소구역계획 수립 시 용도, 건폐율, 용적률 등의 건축제한 완화는 기반시설의 확보 현황 등을 고려하여 적용할 수 있도록 계획하고, 시·도지사, 시장, 군수 또는 구청장은 입지규제최소구역에서의 개발사업 또는 개발행위에 대하여 입지규제최소구역계획에 따른 기반시설 확보를 위하여 필요한 부지 또는 설치비용의 전부 또는 일부를 부담시킬 수 있다. 이 경우 기반시설의 부지 또는 설치비용의 부담은 건축제한의 완화에 따른 토지가치상승분(감정평가 및 감정평가사에 관한 법률에 따른 감정평가업자가 건축제한 완화 전·후에 대하여 각각 감정평가한 토지가액의 차이를 말한다)을 초과하지 아니하도록 한다.
⑤ 도시·군관리계획 결정권자가 ③에 따른 도시·군관리계획을 결정하기 위하여 도시·군관리계획의 결정에 따라 관계 행정기관의 장과 협의하는 경우 협의 요청을 받은 기관의 장은 그 요청을 받은 날부터 10일(근무일 기준) 이내에 의견을 회신하여야 한다.
⑥ 다른 법률에서 도시·군관리계획의 결정에 따른 도시·군관리계획의 결정을 의제하고 있는 경우에도 이 법에 따르지 아니하고 입지규제최소구역의 지정과 입지규제최소구역계획을 결정할 수 없다.
⑦ 입지규제최소구역계획의 수립기준 등 입지규제최소구역의 지정 및 변경과 입지규제최소구역계획의 수립 및 변경에 관한 세부적인 사항은 국토교통부장관이 정하여 고시한다.

(23) 공동구의 설치(법 제44조)

① 다음에 해당하는 지역·지구·구역 등(이하 "지역 등"이라 한다)이 대통령령으로 정하는 규모를 초과하는 경우에는 해당 지역 등에서 개발사업을 시행하는 자(이하 "사업시행자"라 한다)는 공동구를 설치하여야 한다.
  ㉠ 도시개발법에 따른 도시개발구역
  ㉡ 택지개발촉진법에 따른 택지개발지구
  ㉢ 경제자유구역의 지정 및 운영에 관한 특별법에 따른 경제자유구역
  ㉣ 도시 및 주거환경정비법에 따른 정비구역
  ㉤ 그 밖에 대통령령으로 정하는 지역

② 도로법에 따른 도로 관리청은 지하매설물의 빈번한 설치 및 유지관리 등의 행위로 인하여 도로구조의 보전과 안전하고 원활한 도로교통의 확보에 지장을 초래하는 경우에는 공동구 설치의 타당성을 검토하여야 한다. 이 경우 재정여건 및 설치 우선순위 등을 감안하여 단계적으로 공동구가 설치될 수 있도록 하여야 한다.

③ 공동구가 설치된 경우에는 대통령령으로 정하는 바에 따라 공동구에 수용하여야 할 시설이 모두 수용되도록 하여야 한다.

④ ①에 따른 개발사업의 계획을 수립할 경우에는 공동구 설치에 관한 계획을 포함하여야 한다. 이 경우 ③에 따라 공동구에 수용되어야 할 시설을 설치하고자 공동구를 점용하려는 자(이하 "공동구 점용예정자"라 한다)와 설치 노선 및 규모 등에 관하여 미리 협의한 후 공동구의 관리·운영 등에 따른 공동구협의회의 심의를 거쳐야 한다.

⑤ 공동구의 설치(개량하는 경우를 포함)에 필요한 비용은 이 법 또는 다른 법률에 특별한 규정이 있는 경우를 제외하고는 공동구 점용예정자와 사업시행자가 부담한다. 이 경우 공동구 점용예정자는 해당 시설을 개별적으로 매설할 때 필요한 비용의 범위에서 대통령령으로 정하는 바에 따라 부담한다.

⑥ ⑤에 따라 공동구 점용예정자와 사업시행자가 공동구 설치비용을 부담하는 경우 국가, 특별시장·광역시장·특별자치시장·특별자치도지사·시장 또는 군수는 공동구의 원활한 설치를 위하여 그 비용의 일부를 보조 또는 융자할 수 있다.

⑦ ③에 따라 공동구에 수용되어야 하는 시설물의 설치기준 등은 다른 법률에 특별한 규정이 있는 경우를 제외하고는 국토교통부장관이 정한다.

(24) 공동구의 관리·운영 등(법 제44조의2)

① 공동구는 특별시장·광역시장·특별자치시장·특별자치도지사·시장 또는 군수(이하 "공동구관리자"라 한다)가 관리한다. 다만, 공동구의 효율적인 관리·운영을 위하여 필요하다고 인정하는 경우에는 대통령령으로 정하는 기관에 그 관리·운영을 위탁할 수 있다.

② 공동구관리자는 5년마다 해당 공동구의 안전 및 유지관리계획을 대통령령으로 정하는 바에 따라 수립·시행하여야 한다.

③ 공동구관리자는 대통령령으로 정하는 바에 따라 1년에 1회 이상 공동구의 안전점검을 실시하여야 하며, 안전점검결과 이상이 있다고 인정되는 때에는 지체 없이 정밀안전진단·보수·보강 등 필요한 조치를 하여야 한다.

④ 공동구관리자는 공동구의 설치·관리에 관한 주요 사항의 심의 또는 자문을 하게 하기 위하여 공동구협의회를 둘 수 있다. 이 경우 공동구협의회의 구성·운영 등에 필요한 사항은 대통령령으로 정한다.

⑤ 국토교통부장관은 공동구의 관리에 필요한 사항을 정할 수 있다.

(25) 도시·군계획시설 부지의 매수 청구(법 제47조)

① 도시·군계획시설에 대한 도시·군관리계획의 결정(이하 "도시·군계획시설결정"이라 한다)의 고시일부터 10년 이내에 그 도시·군계획시설의 설치에 관한 도시·군계획시설사업이 시행되지 아니하는 경우(실시계획의 작성 및 인가 등에 따른 실시계획의 인가나 그에 상당하는 절차가 진행된 경우는 제외) 그 도시·군계획시설의 부지로 되어 있는 토지 중 지목이 대인 토지(그 토지에 있는 건축물 및 정착물을 포함)의 소유자는 대통령령으로 정하는 바에 따라 특별시장·광역시장·특별자치시장·특별자치도지사·시장 또는 군수에게 그 토지의 매수를 청구할 수 있다. 다만, 다음의 어느 하나에 해당하는 경우에는 그에 해당하는 자(특별시장·광역시장·특별자치시장·특별자치도지사·시장 또는 군수를 포함, 이하 "매수의무자"라 한다)에게 그 토지의 매수를 청구할 수 있다.
  ㉠ 이 법에 따라 해당 도시·군계획시설사업의 시행자가 정하여진 경우에는 그 시행자
  ㉡ 이 법 또는 다른 법률에 따라 도시·군계획시설을 설치하거나 관리하여야 할 의무가 있는 자가 있으면 그 의무가 있는 자. 이 경우 도시·군계획시설을 설치하거나 관리하여야 할 의무가 있는 자가 서로 다른 경우에는 설치하여야 할 의무가 있는 자에게 매수 청구하여야 한다.
② 매수의무자는 ①에 따라 매수 청구를 받은 토지를 매수할 때에는 현금으로 그 대금을 지급한다. 다만, 다음의 어느 하나에 해당하는 경우로서 매수의무자가 지방자치단체인 경우에는 채권(이하 "도시·군계획시설채권"이라 한다)을 발행하여 지급할 수 있다.
  ㉠ 토지 소유자가 원하는 경우
  ㉡ 대통령령으로 정하는 부재부동산 소유자의 토지 또는 비업무용 토지로서 매수대금이 대통령령으로 정하는 금액을 초과하여 그 초과하는 금액을 지급하는 경우
③ 도시·군계획시설채권의 상환기간은 10년 이내로 하며, 그 이율은 채권 발행 당시 은행법에 따른 인가를 받은 은행 중 전국을 영업으로 하는 은행이 적용하는 1년 만기 정기예금금리의 평균 이상이어야 하며, 구체적인 상환기간과 이율은 특별시·광역시·특별자치시·특별자치도·시 또는 군의 조례로 정한다.
④ 매수 청구된 토지의 매수가격·매수절차 등에 관하여 이 법에 특별한 규정이 있는 경우 외에는 공익사업을 위한 토지 등의 취득 및 보상에 관한 법률을 준용한다.
⑤ 도시·군계획시설채권의 발행절차나 그 밖에 필요한 사항에 관하여 이 법에 특별한 규정이 있는 경우 외에는 지방재정법에서 정하는 바에 따른다.
⑥ 매수의무자는 ①에 따른 매수 청구를 받은 날부터 6개월 이내에 매수 여부를 결정하여 토지 소유자와 특별시장·광역시장·특별자치시장·특별자치도지사·시장 또는 군수(매수의무자가 특별시장·광역시장·특별자치시장·특별자치도지사·시장 또는 군수인 경우는 제외)에게 알려야 하며, 매수하기로 결정한 토지는 매수 결정을 알린 날부터 2년 이내에 매수하여야 한다.
⑦ ①에 따라 매수 청구를 한 토지의 소유자는 다음의 어느 하나에 해당하는 경우 개별행위의 허가에 따른 허가를 받아 대통령령으로 정하는 건축물 또는 공작물을 설치할 수 있다. 이 경우 지구단위계획구역에서의 건축 등, 개별행위허가의 기준 등과 도시·군계획시설 부지에서의 개발행위는 적용하지 아니한다.
  ㉠ ⑥에 따라 매수하지 아니하기로 결정한 경우
  ㉡ ⑥에 따라 매수 결정을 알린 날부터 2년이 지날 때까지 해당 토지를 매수하지 아니하는 경우

(26) 도시·군계획시설결정의 해제 신청 등(법 제48조의2)

① 도시·군계획시설결정의 고시일부터 10년 이내에 그 도시·군계획시설의 설치에 관한 도시·군계획시설사업이 시행되지 아니한 경우로서 단계별 집행계획의 수립에 따른 단계별 집행계획상 해당 도시·군계획시설의 실효 시까지 집행계획이 없는 경우에는 그 도시·군계획시설 부지로 되어 있는 토지의 소유자는 대통령령으로 정하는 바에 따라 해당 도시·군계획시설에 대한 도시·군관리계획 입안권자에게 그 토지의 도시·군계획시설결정 해제를 위한 도시·군관리계획 입안을 신청할 수 있다.

② 도시·군관리계획 입안권자는 ①에 따른 신청을 받은 날부터 3개월 이내에 입안 여부를 결정하여 토지 소유자에게 알려야 하며, 해당 도시·군계획시설결정의 실효 시까지 설치하기로 집행계획을 수립하는 등 대통령령으로 정하는 특별한 사유가 없으면 그 도시·군계획시설결정의 해제를 위한 도시·군관리계획을 입안하여야 한다.

③ ①에 따라 신청을 한 토지 소유자는 해당 도시·군계획시설결정의 해제를 위한 도시·군관리계획이 입안되지 아니하는 등 대통령령으로 정하는 사항에 해당하는 경우에는 해당 도시·군계획시설에 대한 도시·군관리계획 결정권자에게 그 도시·군계획시설결정의 해제를 신청할 수 있다.

④ 도시·군관리계획 결정권자는 ③에 따른 신청을 받은 날부터 2개월 이내에 결정 여부를 정하여 토지 소유자에게 알려야 하며, 특별한 사유가 없으면 그 도시·군계획시설결정을 해제하여야 한다.

⑤ ③에 따라 해제 신청을 한 토지 소유자는 해당 도시·군계획시설결정이 해제되지 아니하는 등 대통령령으로 정하는 사항에 해당하는 경우에는 국토교통부장관에게 그 도시·군계획시설결정의 해제 심사를 신청할 수 있다.

⑥ ⑤에 따라 신청을 받은 국토교통부장관은 대통령령으로 정하는 바에 따라 해당 도시·군계획시설에 대한 도시·군관리계획 결정권자에게 도시·군계획시설결정의 해제를 권고할 수 있다.

⑦ ⑥에 따라 해제를 권고받은 도시·군관리계획 결정권자는 특별한 사유가 없으면 그 도시·군계획시설결정을 해제하여야 한다.

⑧ ②에 따른 도시·군계획시설결정 해제를 위한 도시·군관리계획의 입안 절차와 ④ 및 ⑦에 따른 도시·군계획시설결정의 해제 절차는 대통령령으로 정한다.

(27) 지구단위계획의 수립(법 제49조)

① 지구단위계획은 다음의 사항을 고려하여 수립한다.
　㉠ 도시의 정비·관리·보전·개발 등 지구단위계획구역의 지정 목적
　㉡ 주거·산업·유통·관광휴양·복합 등 지구단위계획구역의 중심기능
　㉢ 해당 용도지역의 특성
　㉣ 그 밖에 대통령령으로 정하는 사항

② 지구단위계획의 수립기준 등은 대통령령으로 정하는 바에 따라 국토교통부장관이 정한다.

(28) 지구단위계획구역의 지정 등(법 제51조)

① 국토교통부장관, 시·도지사, 시장 또는 군수는 다음의 어느 하나에 해당하는 지역의 전부 또는 일부에 대하여 지구단위계획구역을 지정할 수 있다.
  ㉠ 용도지구의 지정에 따라 지정된 용도지구
  ㉡ 도시개발법에 따라 지정된 도시개발구역
  ㉢ 도시 및 주거환경정비법에 따라 지정된 정비구역
  ㉣ 택지개발촉진법에 따라 지정된 택지개발지구
  ㉤ 주택법에 따른 대지조성사업지구
  ㉥ 산업입지 및 개발에 관한 법률의 산업단지와 준산업단지
  ㉦ 관광진흥법에 따라 지정된 관광단지와 관광특구
  ㉧ 개발제한구역·도시자연공원구역·시가화조정구역 또는 공원에서 해제되는 구역, 녹지지역에서 주거·상업·공업지역으로 변경되는 구역과 새로 도시지역으로 편입되는 구역 중 계획적인 개발 또는 관리가 필요한 지역
  ㉨ 도시지역 내 주거·상업·업무 등의 기능을 결합하는 등 복합적인 토지 이용을 증진시킬 필요가 있는 지역으로서 대통령령으로 정하는 요건에 해당하는 지역
  ㉩ 도시지역 내 유휴토지를 효율적으로 개발하거나 교정시설, 군사시설, 그 밖에 대통령령으로 정하는 시설을 이전 또는 재배치하여 토지 이용을 합리화하고, 그 기능을 증진시키기 위하여 집중적으로 정비가 필요한 지역으로서 대통령령으로 정하는 요건에 해당하는 지역
  ㉪ 도시지역의 체계적·계획적인 관리 또는 개발이 필요한 지역
  ㉫ 그 밖에 양호한 환경의 확보나 기능 및 미관의 증진 등을 위하여 필요한 지역으로서 대통령령으로 정하는 지역

② 국토교통부장관, 시·도지사, 시장 또는 군수는 다음의 어느 하나에 해당하는 지역은 지구단위계획구역으로 지정하여야 한다. 다만, 관계 법률에 따라 그 지역에 토지 이용과 건축에 관한 계획이 수립되어 있는 경우에는 그러하지 아니하다.
  ㉠ ①의 ㉢ 및 ㉣의 지역에서 시행되는 사업이 끝난 후 10년이 지난 지역
  ㉡ ① 각호 중 체계적·계획적인 개발 또는 관리가 필요한 지역으로서 대통령령으로 정하는 지역

③ 도시지역 외의 지역을 지구단위계획구역으로 지정하려는 경우 다음의 어느 하나에 해당하여야 한다.
  ㉠ 지정하려는 구역 면적의 100분의 50 이상이 용도지역의 지정에 따라 지정된 계획관리지역으로서 대통령령으로 정하는 요건에 해당하는 지역
  ㉡ 용도지구의 지정에 따라 지정된 개발진흥지구로서 대통령령으로 정하는 요건에 해당하는 지역
  ㉢ 용도지구의 지정에 따라 지정된 용도지구를 폐지하고 그 용도지구에서의 행위 제한 등을 지구단위계획으로 대체하려는 지역

(29) 지구단위계획의 내용(법 제52조)

① 지구단위계획구역의 지정목적을 이루기 위하여 지구단위계획에는 다음의 사항 중 ㉢과 ㉤의 사항을 포함한 둘 이상의 사항이 포함되어야 한다. 다만, ㉡을 내용으로 하는 지구단위계획의 경우에는 그러하지 아니하다.

⊙ 용도지역이나 용도지구를 대통령령으로 정하는 범위에서 세분하거나 변경하는 사항
⊙ 기존의 용도지구를 폐지하고 그 용도지구에서의 건축물이나 그 밖의 시설의 용도·종류 및 규모 등의 제한을 대체하는 사항
⊙ 대통령령으로 정하는 기반시설의 배치와 규모
⊙ 도로로 둘러싸인 일단의 지역 또는 계획적인 개발·정비를 위하여 구획된 일단의 토지의 규모와 조성계획
⊙ 건축물의 용도제한, 건축물의 건폐율 또는 용적률, 건축물 높이의 최고한도 또는 최저한도
⊙ 건축물의 배치·형태·색채 또는 건축선에 관한 계획
⊙ 환경관리계획 또는 경관계획
⊙ 보행안전 등을 고려한 교통처리계획
⊙ 그 밖에 토지 이용의 합리화, 도시나 농·산·어촌의 기능 증진 등에 필요한 사항으로서 대통령령으로 정하는 사항

② 지구단위계획은 도로, 상하수도 등 대통령령으로 정하는 도시·군계획시설의 처리·공급 및 수용능력이 지구단위계획구역에 있는 건축물의 연면적, 수용인구 등 개발밀도와 적절한 조화를 이룰 수 있도록 하여야 한다.

③ 지구단위계획구역에서는 용도지역 및 용도지구에서의 건축물의 건축 제한 등, 용도지역의 건폐율, 용도지역에서의 용적률 규정과 건축법, 주차장법을 대통령령으로 정하는 범위에서 지구단위계획으로 정하는 바에 따라 완화하여 적용할 수 있다.

(30) 지구단위계획구역의 지정 및 지구단위계획에 관한 도시·군관리계획결정의 실효 등(법 제53조)

① 지구단위계획구역의 지정에 관한 도시·군관리계획결정의 고시일부터 3년 이내에 그 지구단위계획구역에 관한 지구단위계획이 결정·고시되지 아니하면 그 3년이 되는 날의 다음날에 그 지구단위계획구역의 지정에 관한 도시·군관리계획결정은 효력을 잃는다. 다만, 다른 법률에서 지구단위계획의 결정(결정된 것으로 보는 경우를 포함)에 관하여 따로 정한 경우에는 그 법률에 따라 지구단위계획을 결정할 때까지 지구단위계획구역의 지정은 그 효력을 유지한다.

② 지구단위계획(도시·군관리계획 입안의 제한에 따라 주민이 입안을 제안한 것에 한정)에 관한 도시·군관리계획결정의 고시일부터 5년 이내에 이 법 또는 다른 법률에 따라 허가·인가·승인 등을 받아 사업이나 공사에 착수하지 아니하면 그 5년이 된 날의 다음날에 그 지구단위계획에 관한 도시·군관리계획결정은 효력을 잃는다. 이 경우 지구단위계획과 관련한 도시·군관리계획결정에 관한 사항은 해당 지구단위계획구역 지정 당시의 도시·군관리계획으로 환원된 것으로 본다.

③ 국토교통부장관, 시·도지사, 시장 또는 군수는 ① 및 ②에 따른 지구단위계획구역 지정 및 지구단위계획 결정이 효력을 잃으면 대통령령으로 정하는 바에 따라 지체 없이 그 사실을 고시하여야 한다.

(31) 개발행위의 허가(법 제56조)

① 다음의 어느 하나에 해당하는 행위로서 대통령령으로 정하는 행위(이하 "개발행위"라 한다)를 하려는 자는 특별시장·광역시장·특별자치시장·특별자치도지사·시장 또는 군수의 허가(이하 "개발행위허가"라 한다)를 받아야 한다. 다만, 도시·군계획사업(다른 법률에 따라 도시·군계획사업을 의제한 사업을 포함한다)에 의한 행위는 그러하지 아니하다.

㉠ 건축물의 건축 또는 공작물의 설치
　　㉡ 토지의 형질 변경(경작을 위한 경우로서 대통령령으로 정하는 토지의 형질 변경은 제외)
　　㉢ 토석의 채취
　　㉣ 토지 분할(건축물이 있는 대지의 분할은 제외)
　　㉤ 녹지지역·관리지역 또는 자연환경보전지역에 물건을 1개월 이상 쌓아놓는 행위
② 개발행위허가를 받은 사항을 변경하는 경우에는 ①을 준용한다. 다만, 대통령령으로 정하는 경미한 사항을 변경하는 경우에는 그러하지 아니하다.
③ ①에도 불구하고 ①의 ㉡ 및 ㉢의 개발행위 중 도시지역과 계획관리지역의 산림에서의 임도 설치와 사방사업에 관하여는 산림자원의 조성 및 관리에 관한 법률과 사방사업법에 따르고, 보전관리지역·생산관리지역·농림지역 및 자연환경보전지역의 산림에서의 ①의 ㉡(농업·임업·어업을 목적으로 하는 토지의 형질 변경만 해당한다) 및 ㉢의 개발행위에 관하여는 산지관리법에 따른다.
④ 다음의 어느 하나에 해당하는 행위는 ①에도 불구하고 개발행위허가를 받지 아니하고 할 수 있다. 다만, ㉠의 응급조치를 한 경우에는 1개월 이내에 특별시장·광역시장·특별자치시장·특별자치도지사·시장 또는 군수에게 신고하여야 한다.
　　㉠ 재해복구나 재난수습을 위한 응급조치
　　㉡ 건축법에 따라 신고하고 설치할 수 있는 건축물의 개축·증축 또는 재축과 이에 필요한 범위에서의 토지의 형질 변경(도시·군계획시설사업이 시행되지 아니하고 있는 도시·군계획시설의 부지인 경우만 가능하다)
　　㉢ 그 밖에 대통령령으로 정하는 경미한 행위

(32) 개발행위허가의 제한(법 제63조)

① 국토교통부장관, 시·도지사, 시장 또는 군수는 다음의 어느 하나에 해당되는 지역으로서 도시·군관리계획상 특히 필요하다고 인정되는 지역에 대해서는 대통령령으로 정하는 바에 따라 중앙도시계획위원회나 지방도시계획위원회의 심의를 거쳐 한 차례만 3년 이내의 기간 동안 개발행위허가를 제한할 수 있다. 다만, ㉢~㉤까지에 해당하는 지역에 대해서는 중앙도시계획위원회나 지방도시계획위원회의 심의를 거치지 아니하고 한 차례만 2년 이내의 기간 동안 개발행위허가의 제한을 연장할 수 있다.
　　㉠ 녹지지역이나 계획관리지역으로서 수목이 집단적으로 자라고 있거나 조수류 등이 집단적으로 서식하고 있는 지역 또는 우량 농지 등으로 보전할 필요가 있는 지역
　　㉡ 개발행위로 인하여 주변의 환경·경관·미관·문화재 등이 크게 오염되거나 손상될 우려가 있는 지역
　　㉢ 도시·군기본계획이나 도시·군관리계획을 수립하고 있는 지역으로서 그 도시·군기본계획이나 도시·군관리계획이 결정될 경우 용도지역·용도지구 또는 용도구역의 변경이 예상되고 그에 따라 개발행위허가의 기준이 크게 달라질 것으로 예상되는 지역
　　㉣ 지구단위계획구역으로 지정된 지역
　　㉤ 기반시설부담구역으로 지정된 지역
② 국토교통부장관, 시·도지사, 시장 또는 군수는 ①에 따라 개발행위허가를 제한하려면 대통령령으로 정하는 바에 따라 제한지역·제한사유·제한대상행위 및 제한기간을 미리 고시하여야 한다.

③ 개발행위허가를 제한하기 위하여 ②에 따라 개발행위허가 제한지역 등을 고시한 국토교통부장관, 시·도지사, 시장 또는 군수는 해당 지역에서 개발행위를 제한할 사유가 없어진 경우에는 그 제한기간이 끝나기 전이라도 지체 없이 개발행위허가의 제한을 해제하여야 한다. 이 경우 국토교통부장관, 시·도지사, 시장 또는 군수는 대통령령으로 정하는 바에 따라 해제지역 및 해제시기를 고시하여야 한다.
④ 국토교통부장관, 시·도지사, 시장 또는 군수가 개발행위허가를 제한하거나 개발행위허가 제한을 연장 또는 해제하는 경우 그 지역의 지형도면 고시, 지정의 효력, 주민 의견 청취 등에 관하여는 토지이용규제 기본법에 따른다.

(33) 기반시설설치비용의 부과대상 및 산정기준(법 제68조)

① 기반시설부담구역에서 기반시설설치비용의 부과대상인 건축행위는 기반시설설치비용(법 제2조제20호)에 따른 시설로서 200[m^2](기존 건축물의 연면적을 포함)를 초과하는 건축물의 신축·증축 행위로 한다. 다만, 기존 건축물을 철거하고 신축하는 경우에는 기존 건축물의 건축연면적을 초과하는 건축행위만 부과대상으로 한다.
② 기반시설설치비용은 기반시설을 설치하는 데 필요한 기반시설 표준시설비용과 용지비용을 합산한 금액에 ①에 따른 부과대상 건축연면적과 기반시설 설치를 위하여 사용되는 총 비용 중 국가·지방자치단체의 부담분을 제외하고 민간 개발사업자가 부담하는 부담률을 곱한 금액으로 한다. 다만, 특별시장·광역시장·특별자치시장·특별자치도지사·시장 또는 군수가 해당 지역의 기반시설 소요량 등을 고려하여 대통령령으로 정하는 바에 따라 기반시설부담계획을 수립한 경우에는 그 부담계획에 따른다.
③ ②에 따른 기반시설 표준시설비용은 기반시설 조성을 위하여 사용되는 단위당 시설비로서 해당 연도의 생산자 물가상승률 등을 고려하여 대통령령으로 정하는 바에 따라 국토교통부장관이 고시한다.
④ ②에 따른 용지비용은 부과대상이 되는 건축행위가 이루어지는 토지를 대상으로 다음의 기준을 곱하여 산정한 가액으로 한다.
　㉠ 지역별 기반시설의 설치 정도를 고려하여 0.4 범위에서 지방자치단체의 조례로 정하는 용지환산계수
　㉡ 기반시설부담구역의 개별공시지가 평균 및 대통령령으로 정하는 건축물별 기반시설유발계수
⑤ ②에 따른 민간 개발사업자가 부담하는 부담률은 100분의 20으로 하며, 특별시장·광역시장·특별자치시장·특별자치도지사·시장 또는 군수가 건물의 규모, 지역 특성 등을 고려하여 100분의 25의 범위에서 부담률을 가감할 수 있다.
⑥ 기반시설설치비용의 납부 및 체납처분에 따른 납부의무자가 다음의 어느 하나에 해당하는 경우에는 이 법에 따른 기반시설설치비용에서 감면한다.
　㉠ 기반시설부담구역(법 제2조제19호)에 따른 기반시설을 설치하거나 그에 필요한 용지를 확보한 경우
　㉡ 도로법에 따른 원인자 부담금 등 대통령령으로 정하는 비용을 납부한 경우
⑦ ⑥에 따른 감면기준 및 감면절차와 그 밖에 필요한 사항은 대통령령으로 정한다.

(34) 용도지역 및 용도지구에서의 건축물의 건축 제한 등(법 제76조)

① 용도지역의 지정에 따라 지정된 용도지역에서의 건축물이나 그 밖의 시설의 용도·종류 및 규모 등의 제한에 관한 사항은 대통령령으로 정한다.
② 용도지구의 지정에 따라 지정된 용도지구에서의 건축물이나 그 밖의 시설의 용도·종류 및 규모 등의 제한에 관한 사항은 이 법 또는 다른 법률에 특별한 규정이 있는 경우 외에는 대통령령으로 정하는 기준에 따라 특별시·광역시·특별자치시·특별자치도·시 또는 군의 조례로 정할 수 있다.

③ ①과 ②에 따른 건축물이나 그 밖의 시설의 용도·종류 및 규모 등의 제한은 해당 용도지역과 용도지구의 지정목적에 적합하여야 한다.
④ 건축물이나 그 밖의 시설의 용도·종류 및 규모 등을 변경하는 경우 변경 후의 건축물이나 그 밖의 시설의 용도·종류 및 규모 등은 ①과 ②에 맞아야 한다.
⑤ 다음의 어느 하나에 해당하는 경우의 건축물이나 그 밖의 시설의 용도·종류 및 규모 등의 제한에 관하여는 ①~④까지의 규정에도 불구하고 다음에서 정하는 바에 따른다.
　㉠ 용도지구의 지정에 따른 취락지구에서는 취락지구의 지정목적 범위에서 대통령령으로 따로 정한다.
　㉡ 용도지구의 지정에 따른 개발진흥지구에서는 개발진흥지구의 지정목적 범위에서 대통령령으로 따로 정한다.
　㉢ 용도지구의 지정에 따른 복합용도지구에서는 복합용도지구의 지정목적 범위에서 대통령령으로 따로 정한다.
　㉣ 산업입지 및 개발에 관한 법률에 따른 농공단지에서는 같은 법에서 정하는 바에 따른다.
　㉤ 농림지역 중 농업진흥지역, 보전산지 또는 초지인 경우에는 각각 농지법, 산지관리법 또는 초지법에서 정하는 바에 따른다.
　㉥ 자연환경보전지역 중 자연공원법에 따른 공원구역, 수도법에 따른 상수원보호구역, 문화재보호법에 따라 지정된 지정문화재 또는 천연기념물과 그 보호구역, 해양생태계의 보전 및 관리에 관한 법률에 따른 해양보호구역인 경우에는 각각 자연공원법, 수도법 또는 문화재보호법 또는 해양생태계의 보전 및 관리에 관한 법률에서 정하는 바에 따른다.
　㉦ 자연환경보전지역 중 수산자원보호구역인 경우에는 수산자원관리법에서 정하는 바에 따른다.
⑥ 보전관리지역이나 생산관리지역에 대하여 농림축산식품부장관·해양수산부장관·환경부장관 또는 산림청장이 농지 보전, 자연환경 보전, 해양환경 보전 또는 산림 보전에 필요하다고 인정하는 경우에는 농지법, 자연환경보전법, 야생생물 보호 및 관리에 관한 법률, 해양생태계의 보전 및 관리에 관한 법률 또는 산림자원의 조성 및 관리에 관한 법률에 따라 건축물이나 그 밖의 시설의 용도·종류 및 규모 등을 제한할 수 있다. 이 경우 이 법에 따른 제한의 취지와 형평을 이루도록 하여야 한다.

(35) 용도지역의 건폐율(법 제77조)

① 용도지역의 지정에 따라 지정된 용도지역에서 건폐율의 최대한도는 관할 구역의 면적과 인구 규모, 용도지역의 특성 등을 고려하여 다음의 범위에서 대통령령으로 정하는 기준에 따라 특별시·광역시·특별자치시·특별자치도·시 또는 군의 조례로 정한다.
　㉠ 도시지역
　　• 주거지역 : 70[%] 이하
　　• 상업지역 : 90[%] 이하
　　• 공업지역 : 70[%] 이하
　　• 녹지지역 : 20[%] 이하
　㉡ 관리지역
　　• 보전관리지역 : 20[%] 이하
　　• 생산관리지역 : 20[%] 이하
　　• 계획관리지역 : 40[%] 이하

ⓒ 농림지역 : 20[%] 이하
ⓔ 자연환경보전지역 : 20[%] 이하

② 용도지역의 지정에 따라 세분된 용도지역에서의 건폐율에 관한 기준은 ①각호의 범위에서 대통령령으로 따로 정한다.

③ 다음의 어느 하나에 해당하는 지역에서의 건폐율에 관한 기준은 ①과 ②에도 불구하고 80[%] 이하의 범위에서 대통령령으로 정하는 기준에 따라 특별시·광역시·특별자치시·특별자치도·시 또는 군의 조례로 따로 정한다.
  ㉠ 용도지구의 지정에 따른 취락지구
  ㉡ 용도지구의 지정에 따른 개발진흥지구(도시지역 외의 지역 또는 대통령령으로 정하는 용도지역만 해당)
  ㉢ 수산자원보호구역의 지정에 따른 수산자원보호구역
  ㉣ 자연공원법에 따른 자연공원
  ㉤ 산업입지 및 개발에 관한 법률에 따른 농공단지
  ㉥ 공업지역에 있는 산업입지 및 개발에 관한 법률에 따른 국가산업단지, 일반산업단지 및 도시첨단산업단지와 준산업단지

④ 다음의 어느 하나에 해당하는 경우로서 대통령령으로 정하는 경우에는 ①에도 불구하고 대통령령으로 정하는 기준에 따라 특별시·광역시·특별자치시·특별자치도·시 또는 군의 조례로 건폐율을 따로 정할 수 있다.
  ㉠ 토지이용의 과밀화를 방지하기 위하여 건폐율을 강화할 필요가 있는 경우
  ㉡ 주변 여건을 고려하여 토지의 이용도를 높이기 위하여 건폐율을 완화할 필요가 있는 경우
  ㉢ 녹지지역, 보전관리지역, 생산관리지역, 농림지역 또는 자연환경보전지역에서 농업용·임업용·어업용 건축물을 건축하려는 경우
  ㉣ 보전관리지역, 생산관리지역, 농림지역 또는 자연환경보전지역에서 주민생활의 편익을 증진시키기 위한 건축물을 건축하려는 경우

(36) 용도지역에서의 용적률(법 제78조)

① 용도지역의 지정에 따라 지정된 용도지역에서 용적률의 최대한도는 관할 구역의 면적과 인구 규모, 용도지역의 특성 등을 고려하여 다음의 범위에서 대통령령으로 정하는 기준에 따라 특별시·광역시·특별자치시·특별자치도·시 또는 군의 조례로 정한다.
  ㉠ 도시지역
   • 주거지역 : 500[%] 이하
   • 상업지역 : 1,500[%] 이하
   • 공업지역 : 400[%] 이하
   • 녹지지역 : 100[%] 이하
  ㉡ 관리지역
   • 보전관리지역 : 80[%] 이하
   • 생산관리지역 : 80[%] 이하
   • 계획관리지역 : 100[%] 이하
  ㉢ 농림지역 : 80[%] 이하
  ㉣ 자연환경보전지역 : 80[%] 이하

② 용도지역의 지정에 따라 세분된 용도지역에서의 용적률에 관한 기준은 ① 각호의 범위에서 대통령령으로 따로 정한다.
③ 용도지역의 건폐율에 해당하는 지역에서의 용적률에 대한 기준은 ①과 ②에도 불구하고 200[%] 이하의 범위에서 대통령령으로 정하는 기준에 따라 특별시·광역시·특별자치시·특별자치도·시 또는 군의 조례로 따로 정한다.
④ 건축물의 주위에 공원·광장·도로·하천 등의 공지가 있거나 이를 설치하는 경우에는 ①에도 불구하고 대통령령으로 정하는 바에 따라 특별시·광역시·특별자치시·특별자치도·시 또는 군의 조례로 용적률을 따로 정할 수 있다.
⑤ ①과 ④에도 불구하고 용도지역의 지정에 따른 도시지역(녹지지역만 해당), 관리지역에서는 창고 등 대통령령으로 정하는 용도의 건축물 또는 시설물은 특별시·광역시·특별자치시·특별자치도·시 또는 군의 조례로 정하는 높이로 규모 등을 제한할 수 있다.
⑥ ①에도 불구하고 건축물을 건축하려는 자가 그 대지의 일부에 사회복지사업법에 따른 사회복지시설 중 대통령령으로 정하는 시설을 설치하여 국가 또는 지방자치단체에 기부채납하는 경우에는 특별시·광역시·특별자치시·특별자치도·시 또는 군의 조례로 해당 용도지역에 적용되는 용적률을 완화할 수 있다. 이 경우 용적률 완화의 허용범위, 기부채납의 기준 및 절차 등에 필요한 사항은 대통령령으로 정한다.

(37) 단계별 집행계획의 수립(법 제85조)

① 특별시장·광역시장·특별자치시장·특별자치도지사·시장 또는 군수는 도시·군계획시설에 대하여 도시·군계획시설결정의 고시일부터 3개월 이내에 대통령령으로 정하는 바에 따라 재원조달계획, 보상계획 등을 포함하는 단계별 집행계획을 수립하여야 한다. 다만, 대통령령으로 정하는 법률에 따라 도시·군관리계획의 결정이 의제되는 경우에는 해당 도시·군계획시설결정의 고시일부터 2년 이내에 단계별 집행계획을 수립할 수 있다.
② 국토교통부장관이나 도지사가 직접 입안한 도시·군관리계획인 경우 국토교통부장관이나 도지사는 단계별 집행계획을 수립하여 해당 특별시장·광역시장·특별자치시장·특별자치도지사·시장 또는 군수에게 송부할 수 있다.
③ 단계별 집행계획은 제1단계 집행계획과 제2단계 집행계획으로 구분하여 수립하되, 3년 이내에 시행하는 도시·군계획시설사업은 제1단계 집행계획에, 3년 후에 시행하는 도시·군계획시설사업은 제2단계 집행계획에 포함되도록 하여야 한다.
④ 특별시장·광역시장·특별자치시장·특별자치도지사·시장 또는 군수는 ①이나 ②에 따라 단계별 집행계획을 수립하거나 받은 때에는 대통령령으로 정하는 바에 따라 지체 없이 그 사실을 공고하여야 한다.
⑤ 공고된 단계별 집행계획을 변경하는 경우에는 ①~④까지의 규정을 준용한다. 다만, 대통령령으로 정하는 경미한 사항을 변경하는 경우에는 그러하지 아니하다.

(38) 토지에의 출입 등(법 제130조)

① 국토교통부장관, 시·도지사, 시장 또는 군수나 도시·군계획시설사업의 시행자는 다음의 행위를 하기 위하여 필요하면 타인의 토지에 출입하거나 타인의 토지를 재료 적치장 또는 임시통로로 일시 사용할 수 있으며, 특히 필요한 경우에는 나무, 흙, 돌, 그 밖의 장애물을 변경하거나 제거할 수 있다.
  ㉠ 도시·군계획·광역도시·군계획에 관한 기초조사
  ㉡ 개발밀도관리구역, 기반시설부담구역 및 기반시설부담구역의 지정에 따른 기반시설설치계획에 관한 기초조사
  ㉢ 지가의 동향 및 토지거래의 상황에 관한 조사
  ㉣ 도시·군계획시설사업에 관한 조사·측량 또는 시행

② ①에 따라 타인의 토지에 출입하려는 자는 특별시장·광역시장·특별자치시장·특별자치도지사·시장 또는 군수의 허가를 받아야 하며, 출입하려는 날의 7일 전까지 그 토지의 소유자·점유자 또는 관리인에게 그 일시와 장소를 알려야 한다. 다만, 행정청인 도시·군계획시설사업의 시행자는 허가를 받지 아니하고 타인의 토지에 출입할 수 있다.

③ ①에 따라 타인의 토지를 재료 적치장 또는 임시통로로 일시사용하거나 나무, 흙, 돌, 그 밖의 장애물을 변경 또는 제거하려는 자는 토지의 소유자·점유자 또는 관리인의 동의를 받아야 한다.

④ ③의 경우 토지나 장애물의 소유자·점유자 또는 관리인이 현장에 없거나 주소 또는 거소가 불분명하여 그 동의를 받을 수 없는 경우에는 행정청인 도시·군계획시설사업의 시행자는 관할 특별시장·광역시장·특별자치시장·특별자치도지사·시장 또는 군수에게 그 사실을 통지하여야 하며, 행정청이 아닌 도시·군계획시설사업의 시행자는 미리 관할 특별시장·광역시장·특별자치시장·특별자치도지사·시장 또는 군수의 허가를 받아야 한다.

⑤ ③과 ④에 따라 토지를 일시 사용하거나 장애물을 변경 또는 제거하려는 자는 토지를 사용하려는 날이나 장애물을 변경 또는 제거하려는 날의 3일 전까지 그 토지나 장애물의 소유자·점유자 또는 관리인에게 알려야 한다.

⑥ 일출 전이나 일몰 후에는 그 토지 점유자의 승낙 없이 택지나 담장 또는 울타리로 둘러싸인 타인의 토지에 출입할 수 없다.

⑦ 토지의 점유자는 정당한 사유 없이 ①에 따른 행위를 방해하거나 거부하지 못한다.

⑧ ①에 따른 행위를 하려는 자는 그 권한을 표시하는 증표와 허가증을 지니고 이를 관계인에게 내보여야 한다.

⑨ ⑧에 따른 증표와 허가증에 관하여 필요한 사항은 국토교통부령으로 정한다.

(39) 벌칙(법 제141조)

다음의 어느 하나에 해당하는 자는 2년 이하의 징역 또는 2,000만원 이하의 벌금에 처한다.

① "지상·수상·공중·수중 또는 지하에 기반시설을 설치하려면 그 시설의 종류·명칭·위치·규모 등을 미리 도시·군관리계획으로 결정하여야 한다. 다만, 용도지역·기반시설의 특성 등을 고려하여 대통령령으로 정하는 경우에는 그러하지 아니하다"는 규정을 위반하여 도시·군관리계획의 결정이 없이 기반시설을 설치한 자
② "공동구가 설치된 경우에는 대통령령으로 정하는 바에 따라 공동구에 수용하여야 할 시설이 모두 수용되도록 하여야 한다"는 규정을 위반하여 공동구에 수용하여야 하는 시설을 공동구에 수용하지 아니한 자
③ 지구단위계획구역에서의 건축 등을 위반하여 지구단위계획에 맞지 아니하게 건축물을 건축하거나 용도를 변경한 자
④ 용도지역 및 용도지구에서의 건축물의 건축 제한 등(같은 조 제5항제2호부터 제4호까지의 규정은 제외)에 따른 용도지역 또는 용도지구에서의 건축물이나 그 밖의 시설의 용도·종류 및 규모 등의 제한을 위반하여 건축물이나 그 밖의 시설을 건축 또는 설치하거나 그 용도를 변경한 자

(40) 과태료(법 제144조)

① 다음의 어느 하나에 해당하는 자에게는 1,000만원 이하의 과태료를 부과한다.
  ㉠ "공동구 설치비용을 부담하지 아니한 자(부담액을 완납하지 아니한 자를 포함)가 공동구를 점용하거나 사용하려면 그 공동구를 관리하는 공동구관리자의 허가를 받아야 한다"는 규정에 따른 허가를 받지 아니하고 공동구를 점용하거나 사용한 자
  ㉡ 정당한 사유 없이 토지에의 출입 등에 따른 행위를 방해하거나 거부한 자
  ㉢ 토지에의 출입 등의 규정에 따른 허가 또는 동의를 받지 아니하고 토지에의 출입 등에 따른 행위를 한 자
  ㉣ 보고 및 검사 등에 따른 검사를 거부·방해하거나 기피한 자
② 다음의 어느 하나에 해당하는 자에게는 500만원 이하의 과태료를 부과한다.
  ㉠ 개발행위의 허가에 따른 신고를 하지 아니한 자
  ㉡ 보고 및 검사 등에 따른 보고 또는 자료 제출을 하지 아니하거나, 거짓된 보고 또는 자료 제출을 한 자
③ ①과 ②에 따른 과태료는 대통령령으로 정하는 바에 따라 다음의 자가 각각 부과·징수한다.
  ㉠ ①의 ㉡·㉣ 및 ②의 ㉡의 경우 : 국토교통부장관(수산자원보호구역의 지정에 따른 수산자원보호구역의 경우 해양수산부장관을 말한다), 시·도지사, 시장 또는 군수
  ㉡ ①의 ㉠·㉢ 및 ②의 ㉠의 경우 : 특별시장·광역시장·특별자치시장·특별자치도지사·시장 또는 군수

제2절　신재생에너지 관련 법령 검토

1 신에너지 및 재생에너지 개발·이용·보급 촉진법령

(1) 목적(법 제1조)

이 법은 신에너지 및 재생에너지의 기술개발 및 이용·보급 촉진과 신에너지 및 재생에너지 산업의 활성화를 통하여 에너지원을 다양화하고, 에너지의 안정적인 공급, 에너지 구조의 환경친화적 전환 및 온실가스 배출의 감소를 추진함으로써 환경의 보전, 국가경제의 건전하고 지속적인 발전 및 국민복지의 증진에 이바지함을 목적으로 한다.

(2) 용어의 정의(법 제2조)

① 신에너지란 기존의 화석연료를 변환시켜 이용하거나 수소·산소 등의 화학 반응을 통하여 전기 또는 열을 이용하는 에너지로서 다음의 어느 하나에 해당하는 것을 말한다.
　㉠ 수소에너지
　㉡ 연료전지
　㉢ 석탄을 액화·가스화한 에너지 및 중질잔사유를 가스화한 에너지로서 대통령령으로 정하는 기준 및 범위에 해당하는 에너지

> **Check!** 중질잔사유 : 원유를 정제하고 남은 최종 잔재물로서 감압증류과정에서 나오는 감압잔사유·아스팔트와 열분해공정에서 나오는 코크·타르·피치 등을 말한다.

　㉣ 그 밖에 석유·석탄·원자력 또는 천연가스가 아닌 에너지로서 대통령령으로 정하는 에너지

② 재생에너지란 햇빛·물·지열·강수·생물유기체 등을 포함하는 재생 가능한 에너지를 변환시켜 이용하는 에너지로서 다음의 어느 하나에 해당하는 것을 말한다.
　㉠ 태양에너지
　㉡ 풍력
　㉢ 수력
　㉣ 해양에너지
　㉤ 지열에너지
　㉥ 생물자원을 변환시켜 이용하는 바이오에너지로서 대통령령으로 정하는 기준 및 범위에 해당하는 에너지
　㉦ 폐기물에너지(비재생폐기물로부터 생산된 것은 제외한다)로서 대통령령으로 정하는 기준 및 범위에 해당하는 에너지
　㉧ 그 밖에 석유·석탄·원자력 또는 천연가스가 아닌 에너지로서 대통령령으로 정하는 에너지

③ 신에너지 및 재생에너지설비(이하 "신재생에너지설비"라 한다)란 신에너지 및 재생에너지(이하 "신재생에너지"라 한다)를 생산 또는 이용하거나 신재생에너지의 전력계통 연계조건을 개선하기 위한 설비로서 산업통상자원부령으로 정하는 것을 말한다.

④ 신재생에너지발전이란 신재생에너지를 이용하여 전기를 생산하는 것을 말한다.
⑤ 신재생에너지 발전사업자란 전기사업법에 따른 발전사업자 또는 자가용 전기설비를 설치한 자로서 신재생에너지발전을 하는 사업자를 말한다.

(3) 석탄을 액화 · 가스화한 에너지 등의 기준 및 범위(영 제2조)

※ 바이오에너지 등의 기준 및 범위(별표 1)

에너지원의 종류		기준 및 범위
1. 석탄을 액화 · 가스화한 에너지	기 준	석탄을 액화 및 가스화하여 얻어지는 에너지로서 다른 화합물과 혼합되지 않은 에너지
	범 위	㉠ 증기 공급용 에너지 ㉡ 발전용 에너지
2. 중질잔사유를 가스화한 에너지	기 준	㉠ 중질잔사유(원유를 정제하고 남은 최종 잔재물로서 감압증류 과정에서 나오는 감압잔사유, 아스팔트와 열분해 공정에서 나오는 코크, 타르 및 피치 등을 말한다)를 가스화한 공정에서 얻어지는 연료 ㉡ ㉠의 연료를 연소 또는 변환하여 얻어지는 에너지
	범 위	합성가스
3. 바이오에너지	기 준	㉠ 생물유기체를 변환시켜 얻어지는 기체, 액체 또는 고체의 연료 ㉡ ㉠의 연료를 연소 또는 변환시켜 얻어지는 에너지 ※ ㉠ 또는 ㉡의 에너지가 신재생에너지가 아닌 석유제품 등과 혼합된 경우에는 생물유기체로부터 생산된 부분만을 바이오에너지로 본다.
	범 위	㉠ 생물유기체를 변환시킨 바이오가스, 바이오에탄올, 바이오액화유 및 합성가스 ㉡ 쓰레기매립장의 유기성폐기물을 변환시킨 매립지가스 ㉢ 동물 · 식물의 유지를 변환시킨 바이오디젤 및 바이오중유 ㉣ 생물유기체를 변환시킨 땔감, 목재칩, 펠릿 및 숯 등의 고체연료
4. 폐기물에너지	기 준	㉠ 폐기물을 변환시켜 얻어지는 기체, 액체 또는 고체의 연료 ㉡ ㉠의 연료를 연소 또는 변환시켜 얻어지는 에너지 ㉢ 폐기물의 소각열을 변환시킨 에너지 ※ ㉠부터 ㉢까지의 에너지가 신재생에너지가 아닌 석유제품 등과 혼합되는 경우에는 폐기물로부터 생산된 부분만을 폐기물에너지로 보고, ㉠부터 ㉢까지의 에너지 중 비재생폐기물(석유, 석탄 등 화석연료에 기원한 화학섬유, 인조가죽, 비닐 등으로서 생물 기원이 아닌 폐기물을 말한다)로부터 생산된 것은 제외한다.
5. 수열에너지	기 준	물의 열을 히트펌프(Heat Pump)를 사용하여 변환시켜 얻어지는 에너지
	범 위	해수의 표층 및 하천수의 열을 변환시켜 얻어지는 에너지

(4) 신재생에너지설비(시행규칙 제2조)

신에너지 및 재생에너지 개발 · 이용 · 보급 촉진법(이하 "법"이라 한다) 신에너지 및 재생에너지설비에서 산업통상자원부령으로 정하는 것이란 다음의 설비 및 그 부대설비(이하 "신재생에너지설비"라 한다)를 말한다.

① 수소에너지설비 : 물이나 그 밖에 연료를 변환시켜 수소를 생산하거나 이용하는 설비
② 연료전지설비 : 수소와 산소의 전기화학 반응을 통하여 전기 또는 열을 생산하는 설비
③ 석탄을 액화 · 가스화한 에너지 및 중질잔사유를 가스화한 에너지설비 : 석탄 및 중질잔사유의 저급 연료를 액화 또는 가스화시켜 전기 또는 열을 생산하는 설비

④ 태양에너지설비
  ⊙ 태양열설비 : 태양의 열에너지를 변환시켜 전기를 생산하거나 에너지원으로 이용하는 설비
  ⊙ 태양광설비 : 태양의 빛에너지를 변환시켜 전기를 생산하거나 채광에 이용하는 설비
⑤ 풍력설비 : 바람의 에너지를 변환시켜 전기를 생산하는 설비
⑥ 수력설비 : 물의 유동에너지를 변환시켜 전기를 생산하는 설비
⑦ 해양에너지설비 : 해양의 조수, 파도, 해류, 온도차 등을 변환시켜 전기 또는 열을 생산하는 설비
⑧ 지열에너지설비 : 물, 지하수 및 지하의 열 등의 온도차를 변환시켜 에너지를 생산하는 설비
⑨ 바이오에너지설비 : 신에너지 및 재생에너지 개발·이용·보급 촉진법 시행령(이하 "영"이라 한다) 별표 1의 바이오에너지를 생산하거나 이를 에너지원으로 이용하는 설비
⑩ 폐기물에너지설비 : 폐기물을 변환시켜 연료 및 에너지를 생산하는 설비
⑪ 수열에너지설비 : 물의 열을 변환시켜 에너지를 생산하는 설비
⑫ 전력저장설비 : 신에너지 및 재생에너지(이하 "신재생에너지"라 한다)를 이용하여 전기를 생산하는 설비와 연계된 전력저장설비

(5) 기본계획의 수립(법 제5조)

① 산업통상자원부장관은 관계 중앙행정기관의 장과 협의를 한 후 신재생에너지정책심의회의 심의를 거쳐 신재생에너지의 기술개발 및 이용·보급을 촉진하기 위한 기본계획(이하 "기본계획"이라 한다)을 5년마다 수립하여야 한다.
② 기본계획의 계획기간은 10년 이상으로 하며, 기본계획에는 다음의 사항이 포함되어야 한다.
  ⊙ 기본계획의 목표 및 기간
  ⊙ 신재생에너지원별 기술개발 및 이용·보급의 목표
  ⊙ 총전력생산량 중 신재생에너지 발전량이 차지하는 비율의 목표
  ⊙ 에너지법에 따른 온실가스의 배출 감소 목표
  ⊙ 기본계획의 추진방법
  ⊙ 신재생에너지 기술수준의 평가와 보급전망 및 기대효과
  ⊙ 신재생에너지 기술개발 및 이용·보급에 관한 지원 방안
  ⊙ 신재생에너지 분야 전문 인력 양성계획
  ⊙ 직전 기본계획에 대한 평가
  ⊙ 그 밖에 기본계획의 목표달성을 위하여 산업통상자원부장관이 필요하다고 인정하는 사항
③ 산업통상자원부장관은 신재생에너지의 기술개발 동향, 에너지 수요·공급 동향의 변화, 그 밖의 사정으로 인하여 수립된 기본계획을 변경할 필요가 있다고 인정하면 관계 중앙행정기관의 장과 협의를 한 후 신재생에너지정책심의회의 심의를 거쳐 그 기본계획을 변경할 수 있다.

(6) 연차별 실행계획(법 제6조)

① 산업통상자원부장관은 기본계획에서 정한 목표를 달성하기 위하여 신재생에너지의 종류별로 신재생에너지의 기술개발 및 이용·보급과 신재생에너지발전에 의한 전기의 공급에 관한 실행계획(이하 "실행계획"이라 한다)을 매년 수립·시행하여야 한다.

② 산업통상자원부장관은 실행계획을 수립·시행하려면 미리 관계 중앙행정기관의 장과 협의하여야 한다.
③ 산업통상자원부장관은 실행계획을 수립하였을 때에는 이를 공고하여야 한다.

(7) 신재생에너지 기술개발 등에 관한 계획의 사전협의(법 제7조, 영 제3조)

국가기관, 지방자치단체, 공공기관, 그 밖에 대통령령으로 정하는 자가 신재생에너지 기술개발 및 이용·보급에 관한 계획을 수립·시행하려면 대통령령으로 정하는 바에 따라 미리 산업통상자원부장관과 협의하여야 한다.

① 신재생에너지 기술개발 등에 관한 계획의 사전협의에서 대통령령으로 정하는 자란 다음의 어느 하나에 해당하는 자를 말한다.
  ㉠ 정부로부터 출연금을 받은 자
  ㉡ 정부출연기관 또는 ㉠에 따른 자로부터 납입자본금의 100분의 50 이상을 출자 받은 자
② 신재생에너지 기술개발 등에 관한 계획의 사전협의에 따라 신에너지 및 재생에너지(이하 "신재생에너지"라 한다) 기술개발 및 이용·보급에 관한 계획을 협의하려는 자는 그 시행 사업연도 개시 4개월 전까지 산업통상자원부장관에게 계획서를 제출하여야 한다.
③ 산업통상자원부장관은 ②에 따라 계획서를 받았을 때에는 다음의 사항을 검토하여 협의를 요청한 자에게 그 의견을 통보하여야 한다.
  ㉠ 기본계획 수립에 따른 신재생에너지의 기술개발 및 이용·보급을 촉진하기 위한 기본계획(이하 "기본계획"이라 한다)과의 조화성
  ㉡ 시의성(사정에 맞거나 시기에 적합한 성질을 말한다)
  ㉢ 다른 계획과의 중복성
  ㉣ 공동연구의 가능성

(8) 신재생에너지정책심의회(법 제8조)

① 신재생에너지의 기술개발 및 이용·보급에 관한 중요 사항을 심의하기 위하여 산업통상자원부에 신재생에너지정책심의회(이하 "심의회"라 한다)를 둔다.
② 심의회는 다음의 사항을 심의한다.
  ㉠ 기본계획의 수립 및 변경에 관한 사항. 다만, 기본계획의 내용 중 대통령령으로 정하는 경미한 사항을 변경하는 경우는 제외한다.
  ㉡ 신재생에너지의 기술개발 및 이용·보급에 관한 중요 사항
  ㉢ 신재생에너지발전에 의하여 공급되는 전기의 기준가격 및 그 변경에 관한 사항
  ㉣ 신재생에너지 이용·보급에 필요한 관계 법령의 정비 등 제도개선에 관한 사항
  ㉤ 그 밖에 산업통상자원부장관이 필요하다고 인정하는 사항
③ 심의회의 구성·운영과 그 밖에 필요한 사항은 대통령령으로 정한다.

(9) 신재생에너지정책심의회의 구성(영 제4조)

① 신재생에너지정책심의회(이하 "심의회"라 한다)는 위원장 1명을 포함한 20명 이내의 위원으로 구성한다.
② 심의회의 위원장은 산업통상자원부 소속 에너지 분야의 업무를 담당하는 고위공무원단에 속하는 일반직공무원 중에서 산업통상자원부장관이 지명하는 사람으로 하고, 위원은 다음의 사람으로 한다.

㉠ 기획재정부, 과학기술정보통신부, 농림축산식품부, 산업통상자원부, 환경부, 국토교통부, 해양수산부의 3급 공무원 또는 고위공무원단에 속하는 일반직공무원 중 해당 기관의 장이 지명하는 사람 각 1명
㉡ 신재생에너지 분야에 관한 학식과 경험이 풍부한 사람 중 산업통상자원부장관이 위촉하는 사람

(10) 조성된 사업비의 사용(법 제10조)

산업통상자원부장관은 신재생에너지 기술개발 및 이용·보급 사업비의 조성에 따라 조성된 사업비를 다음의 사업에 사용한다.
① 신재생에너지의 자원조사, 기술수요조사 및 통계작성
② 신재생에너지의 연구·개발 및 기술평가
③ 신재생에너지 공급의무화 지원
④ 신재생에너지설비의 성능평가·인증 및 사후관리
⑤ 신재생에너지 기술정보의 수집·분석 및 제공
⑥ 신재생에너지 분야 기술지도 및 교육·홍보
⑦ 신재생에너지 분야 특성화대학 및 핵심기술연구센터 육성
⑧ 신재생에너지 분야 전문인력 양성
⑨ 신재생에너지설비 설치기업의 지원
⑩ 신재생에너지 시범사업 및 보급사업
⑪ 신재생에너지 이용의무화 지원
⑫ 신재생에너지 관련 국제협력
⑬ 신재생에너지 기술의 국제표준화 지원
⑭ 신재생에너지설비 및 그 부품의 공용화 지원
⑮ 그 밖에 신재생에너지의 기술개발 및 이용·보급을 위하여 필요한 사업으로서 대통령령으로 정하는 사업

(11) 사업의 실시(법 제11조)

① 산업통상자원부장관은 조성된 사업비의 사용 각호의 사업을 효율적으로 추진하기 위하여 필요하다고 인정하면 다음의 어느 하나에 해당하는 자와 협약을 맺어 그 사업을 하게 할 수 있다.
㉠ 특정연구기관 육성법에 따른 특정연구기관
㉡ 기초연구진흥 및 기술개발지원에 관한 법률에 따라 인정받은 기업부설연구소(연구 인력·시설 등 대통령령으로 정하는 기준에 해당하는 기업부설연구소 또는 연구개발전담부서)
㉢ 산업기술연구조합 육성법에 따른 산업기술연구조합
㉣ 고등교육법에 따른 대학 또는 전문대학
㉤ 국공립연구기관
㉥ 국가기관, 지방자치단체 및 공공기관
㉦ 그 밖에 산업통상자원부장관이 기술개발능력이 있다고 인정하는 자

② 산업통상자원부장관은 ①의 각호의 하나에 해당하는 자가 하는 기술개발사업 또는 이용·보급 사업에 드는 비용의 전부 또는 일부를 출연할 수 있다.
③ ②의 따른 출연금의 지급·사용 및 관리 등에 필요한 사항은 대통령령으로 정한다.

(12) 신재생에너지사업에의 투자권고 및 신재생에너지 이용의무화 등(법 제12조)

① 산업통상자원부장관은 신재생에너지의 기술개발 및 이용·보급을 촉진하기 위하여 필요하다고 인정하면 에너지 관련 사업을 하는 자에 대하여 조성된 사업비의 사용 각호의 사업을 하거나 그 사업에 투자 또는 출연할 것을 권고할 수 있다.
② 산업통상자원부장관은 신재생에너지의 이용·보급을 촉진하고 신재생에너지산업의 활성화를 위하여 필요하다고 인정하면 다음의 하나에 해당하는 자가 신축·증축 또는 개축하는 건축물에 대하여 대통령령으로 정하는 바에 따라 그 설계 시 산출된 예상 에너지사용량의 일정 비율 이상을 신재생에너지를 이용하여 공급되는 에너지를 사용하도록 신재생에너지설비를 의무적으로 설치하게 할 수 있다.
  ㉠ 국가 및 지방자치단체
  ㉡ 공공기관
  ㉢ 정부가 대통령령으로 정하는 금액 이상을 출연한 정부출연기관
  ㉣ 국유재산법에 따른 정부출자기업체
  ㉤ 지방자치단체 및 ㉡~㉣의 규정에 따른 공공기관, 정부출연기관 또는 정부출자기업체가 대통령령으로 정하는 비율 또는 금액 이상을 출자한 법인
  ㉥ 특별법에 따라 설립된 법인
③ 산업통상자원부장관은 신재생에너지의 활용 여건 등을 고려할 때 신재생에너지를 이용하는 것이 적절하다고 인정되는 공장·사업장 및 집단주택단지 등에 대하여 신재생에너지의 종류를 지정하여 이용하도록 권고하거나 그 이용설비를 설치하도록 권고할 수 있다.

(13) 신재생에너지 공급의무화 등(법 제12조의5)

① 산업통상자원부장관은 신재생에너지의 이용·보급을 촉진하고 신재생에너지산업의 활성화를 위하여 필요하다고 인정하면 다음의 어느 하나에 해당하는 자 중 대통령령으로 정하는 자(이하 "공급의무자"라 한다)에게 발전량의 일정량 이상을 의무적으로 신재생에너지를 이용하여 공급하게 할 수 있다.
  ㉠ 전기사업법에 따른 발전사업자
  ㉡ 집단에너지사업법 및 전기사업법에 따른 발전사업의 허가를 받은 것으로 보는 자
  ㉢ 공공기관
② ①에 따라 공급의무자가 의무적으로 신재생에너지를 이용하여 공급하여야 하는 발전량(이하 "의무공급량"이라 한다)의 합계는 총전력생산량의 10[%] 이내의 범위에서 연도별로 대통령령으로 정한다. 이 경우 균형 있는 이용·보급이 필요한 신재생에너지에 대하여는 대통령령으로 정하는 바에 따라 총의무공급량 중 일부를 해당 신재생에너지를 이용하여 공급하게 할 수 있다.
③ 공급의무자의 의무공급량은 산업통상자원부장관이 공급의무자의 의견을 들어 공급의무자별로 정하여 고시한다. 이 경우 산업통상자원부장관은 공급의무자의 총발전량 및 발전원 등을 고려하여야 한다.

④ 공급의무자는 의무공급량의 일부에 대하여 3년의 범위에서 그 공급의무의 이행을 연기할 수 있다.
⑤ 공급의무자는 신재생에너지 공급인증서를 구매하여 의무공급량에 충당할 수 있다.
⑥ 산업통상자원부장관은 ①에 따른 공급의무의 이행 여부를 확인하기 위하여 공급의무자에게 대통령령으로 정하는 바에 따라 필요한 자료의 제출 또는 ⑤에 따라 구매하여 의무공급량에 충당하거나 발급받은 신재생에너지 공급인증서의 제출을 요구할 수 있다.
⑦ ④에 따라 공급의무의 이행을 연기할 수 있는 총량과 연차별 허용량, 그 밖에 필요한 사항은 대통령령으로 정한다.

(14) 신재생에너지 공급의무 비율 등(영 제15조)

① 예상 에너지사용량에 대한 신재생에너지 공급의무 비율은 다음과 같다.
  ㉠ 건축법 시행령의 용도별 건축물 종류에 따라 신축·증축 또는 개축하는 부분의 연면적이 1,000[m²] 이상인 건축물(해당 건축물의 건축 목적, 기능, 설계 조건 또는 시공 여건상의 특수성으로 인하여 신재생에너지설비를 설치하는 것이 불합리하다고 인정되는 경우로서 산업통상자원부장관이 정하여 고시하는 건축물은 제외) : [별표 2]에 따른 비율 이상
  ※ 신재생에너지의 공급의무 비율[별표 2]

해당연도	2020~2021	2022~2023	2024~2025	2026~2027	2028~2029	2030 이후
공급의무 비율[%]	30	32	34	36	38	40

  ㉡ ㉠ 외의 건축물 : 산업통상자원부장관이 용도별 건축물의 종류로 정하여 고시하는 비율 이상
② ①의 ㉠에서 연면적이란 건축법 시행령에 따른 연면적을 말하되, 하나의 대지에 둘 이상의 건축물이 있는 경우에는 동일한 건축허가를 받은 건축물의 연면적 합계를 말한다.
③ ①에 따른 건축물의 예상 에너지사용량의 산정기준 및 산정방법 등은 신재생에너지의 균형 있는 보급과 기술개발의 촉진 및 산업 활성화 등을 고려하여 산업통상자원부장관이 정하여 고시한다.

(15) 신재생에너지설비의 설치계획서 제출 등(영 제17조)

① 신재생에너지사업에의 투자권고 및 신재생에너지 이용의무화 등(법 제12조)에 따른 각호의 어느 하나에 해당하는 자(이하 "설치의무기관"이라 한다)의 장 또는 대표자가 신재생에너지 공급의무 비율 등(영 제15조)에 각호의 어느 하나에 해당하는 건축물을 신축·증축 또는 개축하려는 경우에는 신재생에너지설비의 설치계획서(이하 "설치계획서"라 한다)를 해당 건축물에 대한 건축허가를 신청하기 전에 산업통상자원부장관에게 제출하여야 한다.
② 산업통상자원부장관은 설치계획서를 받은 날부터 30일 이내에 타당성을 검토한 후 그 결과를 해당 설치의무기관의 장 또는 대표자에게 통보하여야 한다.
③ 산업통상자원부장관은 설치계획서를 검토한 결과 신재생에너지 공급의무 비율 등에 따른 기준에 미달한다고 판단한 경우에는 미리 그 내용을 설치의무기관의 장 또는 대표자에게 통지하여 의견을 들을 수 있다.

(16) 신재생에너지 공급의무자(영 제18조의 3)

① 신재생에너지 공급의무화 등에서 대통령령으로 정하는 자란 다음의 하나에 해당하는 자를 말한다.
  ㉠ 발전사업자, 발전사업의 허가를 받은 것으로 보는 자에 해당하는 자로서 500,000[kW] 이상의 발전설비(신재생에너지설비는 제외)를 보유하는 자
  ㉡ 한국수자원공사법에 따른 한국수자원공사
  ㉢ 집단에너지사업법에 따른 한국지역난방공사
② 산업통상자원부장관은 ①의 각호에 해당하는 자(이하 "공급의무자"라 한다)를 공고하여야 한다.

(17) 연도별 의무공급량의 합계 등(영 제18조의4)

① 의무공급량(이하 "의무공급량"이라 한다)의 연도별 합계는 공급의무자의 다음 계산식에 따른 총전력생산량에 별표 3에 따른 비율을 곱한 발전량 이상으로 한다. 이 경우 의무공급량은 공급인증서(이하 "공급인증서"라 한다)를 기준으로 산정한다.

※ 총전력생산량 = 지난 연도 총전력생산량 - (신재생에너지 발전량 + 전기사업법 일반용 전기설비에서 산업통상자원부장관이 정하여 고시하는 설비에서 생산된 발전량)

※ 연도별 의무공급량의 비율(별표 3)

해당 연도	비율[%]	해당 연도	비율[%]
2012	2.0	2018	5.0
2013	2.5	2019	6.0
2014	3.0	2020	7.0
2015	3.0	2021	8.0
2016	3.5	2022	9.0
2017	4.0	2023년 이후	10.0

② 산업통상자원부장관은 3년마다 신재생에너지 관련 기술개발의 수준 등을 고려하여 별표 3에 따른 비율을 재검토하여야 한다. 다만, 신재생에너지의 보급목표 및 그 달성 실적과 그 밖의 여건 변화 등을 고려하여 재검토 기간을 단축할 수 있다.

③ 신재생에너지 공급의무화 등에 따라 공급하게 할 수 있는 신재생에너지의 종류 및 의무공급량에 대하여 2015년 12월 31일까지 적용하는 기준은 별표 4와 같다. 이 경우 공급의무자별 의무공급량은 산업통상자원부장관이 정하여 고시한다.

※ 신재생에너지의 종류 및 의무공급량(별표 4)
  ㉠ 종 류
    태양에너지(태양의 빛에너지를 변환시켜 전기를 생산하는 방식에 한정)
  ㉡ 연도별 의무공급량

해당 연도	의무공급량(단위 [GWh])	해당 연도	의무공급량(단위 [GWh])
2012년	276	2014년	1,353
2013년	723	2015년 이후	1,971

④ ③에 따라 공급하는 신재생에너지에 대해서는 산업통상자원부장관이 정하여 고시하는 비율 및 방법 등에 따라 공급인증서를 구매하여 의무공급량에 충당할 수 있다.

⑤ 공급의무자는 의무공급량의 일부에 대하여 3년의 범위에서 그 공급의무의 이행을 연기할 수 있기 때문에 연도별 의무공급량(공급의무의 이행이 연기된 의무공급량은 포함하지 아니한다)의 100분의 20을 넘지 아니하는 범위에서 공급의무의 이행을 연기할 수 있다. 이 경우 공급의무자는 연기된 의무공급량의 공급이 완료되기까지는 그 연기된 의무공급량 중 매년 100분의 20 이상을 연도별 의무공급량에 우선하여 공급하여야 한다.

⑥ 공급의무자는 의무공급량의 일부에 대하여 3년의 범위에서 그 공급의무의 이행을 연기할 수 있기 때문에 그 공급의무의 이행을 연기하려는 경우에는 연기할 의무공급량, 연기 사유 등을 산업통상자원부장관에게 다음 연도 2월 말일까지 제출하여야 한다.

(18) 신재생에너지 공급인증서 등(법 제12조의7)

① 신재생에너지를 이용하여 에너지를 공급한 자(이하 "신재생에너지 공급자"라 한다)는 산업통상자원부장관이 신재생에너지를 이용한 에너지 공급의 증명 등을 위하여 지정하는 기관(이하 "공급인증기관"이라 한다)으로부터 그 공급 사실을 증명하는 인증서(전자문서로 된 인증서를 포함, 이하 "공급인증서"라 한다)를 발급받을 수 있다. 다만, 발전차액을 지원받은 신재생에너지 공급자에 대한 공급인증서는 국가에 대하여 발급한다.

② 공급인증서를 발급받으려는 자는 공급인증기관에 대통령령으로 정하는 바에 따라 공급인증서의 발급을 신청하여야 한다.

③ 공급인증기관은 ②에 따른 신청을 받은 경우에는 신재생에너지의 종류별 공급량 및 공급기간 등을 확인한 후 다음의 기재사항을 포함한 공급인증서를 발급하여야 한다. 이 경우 균형 있는 이용·보급과 기술개발 촉진 등이 필요한 신재생에너지에 대하여는 대통령령으로 정하는 바에 따라 실제 공급량에 가중치를 곱한 양을 공급량으로 하는 공급인증서를 발급할 수 있다.

㉠ 신재생에너지 공급자
㉡ 신재생에너지의 종류별 공급량 및 공급기간
㉢ 유효기간

④ 공급인증서의 유효기간은 발급받은 날부터 3년으로 하되, 공급의무자가 구매하여 의무공급량에 충당하거나 발급받아 산업통상자원부장관에게 제출한 공급인증서는 그 효력을 상실한다. 이 경우 유효기간이 지나거나 효력을 상실한 해당 공급인증서는 폐기하여야 한다.

⑤ 공급인증서를 발급받은 자는 그 공급인증서를 거래하려면 공급인증서 발급 및 거래시장 운영에 관한 규칙으로 정하는 바에 따라 공급인증기관이 개설한 거래시장(이하 "거래시장"이라 한다)에서 거래하여야 한다.

⑥ 산업통상자원부장관은 다른 신재생에너지와의 형평을 고려하여 공급인증서가 일정 규모 이상의 수력을 이용하여 에너지를 공급하고 발급된 경우 등 산업통상자원부령으로 정하는 사유에 해당할 때에는 거래시장에서 해당 공급인증서가 거래될 수 없도록 할 수 있다.

⑦ 산업통상자원부장관은 거래시장의 수급조절과 가격안정화를 위하여 대통령령으로 정하는 바에 따라 국가에 대하여 발급된 공급인증서를 거래할 수 있다. 이 경우 산업통상자원부장관은 공급의무자의 의무공급량, 의무이행실적 및 거래시장 가격 등을 고려하여야 한다.

⑧ 신재생에너지 공급자가 신재생에너지설비에 대한 지원 등 대통령령으로 정하는 정부의 지원을 받은 경우에는 대통령령으로 정하는 바에 따라 공급인증서의 발급을 제한할 수 있다.

(19) 신재생에너지 공급인증서의 발급 신청 등(영 제18조의8)
① 공급인증서를 발급받으려는 자는 공급인증서 발급 및 거래시장 운영에 관한 규칙에서 정하는 바에 따라 신재생에너지를 공급한 날부터 90일 이내에 발급 신청을 하여야 한다.
② ①에 따른 신청기간 내에 공급인증서 발급을 신청하지 못했으나 공급인증기관이 그 신청기간 내에 신재생에너지 공급 사실을 확인한 경우에는 ①에도 불구하고 ①에 따른 신청기간이 만료되는 날에 공급인증서 발급을 신청한 것으로 본다.
③ ① 및 ②에 따라 발급 신청을 받은 공급인증기관은 발급 신청을 한 날부터 30일 이내에 공급인증서를 발급해야 한다.

(20) 공급인증기관의 지정 등(법 제12조의8)
① 산업통상자원부장관은 공급인증서 관련 업무를 전문적이고 효율적으로 실시하고 공급인증서의 공정한 거래를 위하여 다음의 어느 하나에 해당하는 자를 공급인증기관으로 지정할 수 있다.
  ㉠ 신재생에너지센터
  ㉡ 전기사업법에 따른 한국전력거래소
  ㉢ 공급인증기관의 업무에 필요한 인력·기술능력·시설·장비 등 대통령령으로 정하는 기준에 맞는 자
② ①에 따라 공급인증기관으로 지정받으려는 자는 산업통상자원부장관에게 지정을 신청하여야 한다.
③ 공급인증기관의 지정방법·지정절차, 그 밖에 공급인증기관의 지정에 필요한 사항은 산업통상자원부령으로 정한다.

(21) 공급인증기관의 업무 등(법 제12조의9)
① 지정된 공급인증기관은 다음의 업무를 수행한다.
  ㉠ 공급인증서의 발급, 등록, 관리 및 폐기
  ㉡ 국가가 소유하는 공급인증서의 거래 및 관리에 관한 사무의 대행
  ㉢ 거래시장의 개설
  ㉣ 공급의무자가 신재생에너지 공급의무화 등에 따른 의무를 이행하는 데 지급한 비용의 정산에 관한 업무
  ㉤ 공급인증서 관련 정보의 제공
  ㉥ 그 밖에 공급인증서의 발급 및 거래에 딸린 업무
② 공급인증기관은 업무를 시작하기 전에 산업통상자원부령으로 정하는 바에 따라 공급인증서 발급 및 거래시장 운영에 관한 규칙(이하 "운영규칙"이라 한다)을 제정하여 산업통상자원부장관의 승인을 받아야 한다. 운영규칙을 변경하거나 폐지하는 경우(산업통상자원부령으로 정하는 경미한 사항의 변경은 제외)에도 또한 같다.

③ 산업통상자원부장관은 공급인증기관에 ①에 따른 업무의 계획 및 실적에 관한 보고를 명하거나 자료의 제출을 요구할 수 있다.
④ 산업통상자원부장관은 다음의 어느 하나에 해당하는 경우에는 공급인증기관에 시정기간을 정하여 시정을 명할 수 있다.
　㉠ 운영규칙을 준수하지 아니한 경우
　㉡ ③에 따른 보고를 하지 아니하거나 거짓으로 보고한 경우
　㉢ ③에 따른 자료의 제출 요구에 따르지 아니하거나 거짓의 자료를 제출한 경우

(22) 신재생에너지의 가중치(영 제18조의9)

신재생에너지의 가중치는 해당 신재생에너지에 대한 다음의 사항을 고려하여 산업통상자원부장관이 정하여 고시하는 바에 따른다.
① 환경, 기술개발 및 산업 활성화에 미치는 영향
② 발전 원가
③ 부존 잠재량
④ 온실가스 배출 저감에 미치는 효과
⑤ 전력 수급의 안정에 미치는 영향
⑥ 지역주민의 수용 정도

(23) 신재생에너지 연료의 기준 및 범위(영 제18조의12)

신재생에너지 연료 품질기준에서 대통령령으로 정하는 기준 및 범위에 해당하는 것이란 다음의 연료(폐기물관리법 제2조제1호에 따른 폐기물을 이용하여 제조한 것은 제외)를 말한다.
① 수 소
② 중질잔사유를 가스화한 공정에서 얻어지는 합성가스
③ 생물유기체를 변환시킨 바이오가스, 바이오에탄올, 바이오액화유 및 합성가스
④ 동물·식물의 유지를 변환시킨 바이오디젤 및 바이오중유
⑤ 생물유기체를 변환시킨 목재칩, 펠릿 및 숯 등의 고체연료

(24) 신재생에너지 품질검사기관(영 제18조의13)

신재생에너지 연료 품질검사에서 대통령령으로 정하는 신재생에너지 품질검사기관이란 다음의 기관을 말한다.
　㉠ 석유 및 석유대체연료 사업법에 따라 설립된 한국석유관리원
　㉡ 고압가스 안전관리법에 따라 설립된 한국가스안전공사
　㉢ 임업 및 산촌 진흥촉진에 관한 법률에 따라 설립된 한국임업진흥원

(25) 신재생에너지설비의 인증 등(법 제13조)

① 신재생에너지설비를 제조하거나 수입하여 판매하려는 자는 산업표준화법에 따른 제품의 인증(이하 "설비인증"이라 한다)을 받을 수 있다.

② 산업통상자원부장관은 산업통상자원부령으로 정하는 바에 따라 ①에 따른 설비인증에 드는 경비의 일부를 지원하거나, 산업표준화법에 따라 지정된 설비인증기관(이하 "설비인증기관"이라 한다)에 대하여 지정 목적상 필요한 범위에서 행정상의 지원 등을 할 수 있다.
③ 설비인증에 관하여 이 법에 특별한 규정이 있는 경우를 제외하고는 산업표준화법에서 정하는 바에 따른다.

(26) 신재생에너지의 이용·보급의 촉진(영 제19조)

산업통상자원부장관은 신재생에너지의 이용·보급을 촉진하기 위하여 필요한 경우 관계 중앙행정기관 또는 지방자치단체에 대하여 관련 계획의 수립, 제도의 개선, 필요한 예산의 반영, 신재생에너지설비의 인증 등에 따라 인증(이하 "설비인증"이라 한다)을 받은 신재생에너지설비의 사용 등을 요청할 수 있다.

(27) 국유재산·공유재산의 임대 등(법 제26조)

① 국가 또는 지방자치단체는 신재생에너지 기술개발 및 이용·보급에 관한 사업을 위하여 필요하다고 인정하면 국유재산법 또는 공유재산 및 물품관리법에도 불구하고 수의계약에 따라 국유재산 또는 공유재산을 신재생에너지 기술개발 및 이용·보급에 관한 사업을 하는 자에게 대부계약의 체결 또는 사용허가(이하 "임대"라 한다)를 하거나 처분할 수 있다. 이 경우 국가 또는 지방자치단체는 신재생에너지 기술개발 및 이용보급에 관한 사업을 위하여 필요하다고 인정하면 국유재산법 또는 공유재산 및 물품 관리법에도 불구하고 수의계약으로 국유재산 또는 공유재산을 임대 또는 처분할 수 있다.
② 국가 또는 지방자치단체가 ①에 따라 국유재산 또는 공유재산을 임대하는 경우에는 국유재산법 또는 공유재산 및 물품 관리법에도 불구하고 자진철거 및 철거비용의 공탁을 조건으로 영구시설물을 축조하게 할 수 있다. 다만, 공유재산에 영구시설물을 축조하려면 지방의회의 동의를 받아야 하며, 지방의회의 동의 절차에 관하여는 지방자치단체의 조례로 정할 수 있다.
③ ①에 따른 국유재산 및 공유재산의 임대기간은 10년 이내로 하되, 제31조에 따른 신재생에너지센터(이하 "센터"라 한다)로부터 신재생에너지 설비의 정상가동 여부를 확인받는 등 운영의 특별한 사유가 없으면 각각 10년 이내의 기간에서 2회에 걸쳐 갱신할 수 있다.
④ ①에 따라 국유재산 또는 공유재산을 임차하거나 취득한 자가 임대일 또는 취득일부터 2년 이내에 해당 재산에서 신재생에너지 기술개발 및 이용·보급에 관한 사업을 시행하지 아니하는 경우에는 대부계약 또는 사용허가를 취소하거나 환매할 수 있다.
⑤ 국가 또는 지방자치단체가 ①에 따라 국유재산 또는 공유재산을 임대하는 경우에는 국유재산법 또는 공유재산 및 물품관리법에도 불구하고 임대료를 100분의 50의 범위에서 경감할 수 있다.
⑥ 산업통상자원부장관은 ①에 따라 임대 또는 처분할 수 있는 국유재산의 범위와 대상을 기획재정부장관과 협의하여 산업통상자원부령으로 정할 수 있다.

(28) 신재생에너지센터(법 제31조)

① 산업통상자원부장관은 신재생에너지의 이용 및 보급을 전문적이고 효율적으로 추진하기 위하여 대통령령으로 정하는 에너지 관련 기관에 신재생에너지센터를 두어 신재생에너지 분야에 관한 다음의 사업을 하게 할 수 있다.

> **Check! 신재생에너지 분야에 관한 다음의 사업**
> - 신재생에너지의 기술개발 및 이용·보급사업의 실시자에 대한 지원·관리
> - 신재생에너지 이용의무의 이행에 관한 지원·관리
> - 신재생에너지 공급의무의 이행에 관한 지원·관리
> - 공급인증기관의 업무에 관한 지원·관리
> - 설비인증에 관한 지원·관리
> - 이미 보급된 신재생에너지설비에 대한 기술지원
> - 신재생에너지 기술의 국제표준화에 대한 지원·관리
> - 신재생에너지설비 및 그 부품의 공용화에 관한 지원·관리
> - 신재생에너지설비 설치기업에 대한 지원·관리
> - 신재생에너지 연료 혼합의무의 이행에 관한 지원·관리
> - 통계관리
> - 신재생에너지 보급사업의 지원·관리
> - 신재생에너지 기술의 사업화에 관한 지원·관리
> - 교육·홍보 및 전문인력 양성에 관한 지원·관리
> - 국내외 조사·연구 및 국제협력 사업
> - 그 밖에 신재생에너지의 이용·보급 촉진을 위하여 필요한 사업으로서 산업통상자원부장관이 위탁하는 사업

　② 산업통상자원부장관은 센터가 ①의 사업을 하는 경우 자금 출연이나 그 밖에 필요한 지원을 할 수 있다.
　③ 센터의 조직·인력·예산 및 운영에 관하여 필요한 사항은 산업통상자원부령으로 정한다.

(29) 벌칙(법 제34조)

① 거짓이나 부정한 방법으로 신재생에너지 발전 기준가격의 고시 및 차액 지원에 따른 발전차액을 지원받은 자와 그 사실을 알면서 발전차액을 지급한 자는 3년 이하의 징역 또는 지원받은 금액의 3배 이하에 상당하는 벌금에 처한다.
② 거짓이나 부정한 방법으로 공급인증서를 발급받은 자와 그 사실을 알면서 공급인증서를 발급한 자는 3년 이하의 징역 또는 3천만원 이하의 벌금에 처한다.
③ 신재생에너지 공급인증서 등을 위반하여 공급인증기관이 개설한 거래시장 외에서 공급인증서를 거래한 자는 2년 이하의 징역 또는 2천만원 이하의 벌금에 처한다.
④ 법인의 대표자나 법인 또는 개인의 대리인, 사용인, 그 밖의 종업원이 그 법인 또는 개인의 업무에 관하여 ①~③까지 어느 하나에 해당하는 위반행위를 하면 그 행위자를 벌하는 외에 그 법인 또는 개인에게도 해당 조문의 벌금형을 과한다. 다만, 법인 또는 개인이 그 위반행위를 방지하기 위하여 해당 업무에 관하여 상당한 주의와 감독을 게을리하지 아니한 경우에는 그러하지 아니하다.

(30) 과태료 부과기준(영 제31조 별표 8)

① 일반기준
　㉠ 위반행위 횟수에 따른 과태료의 가중된 부과기준은 최근 2년간 같은 위반행위로 과태료 부과처분을 받은 경우에 적용한다. 이 경우 기간의 계산은 위반행위에 대하여 과태료 부과처분을 받은 날과 그 처분 후 다시 같은 위반행위를 하여 적발한 날을 기준으로 한다.

ⓒ ㉠에 따라 가중된 부과처분을 하는 경우 가중처분의 적용 차수는 그 위반행위 전 부과처분 차수(㉠에 따른 기간 내에 과태료 부과처분이 둘 이상 있었던 경우에는 높은 차수를 말한다)의 다음 차수로 한다.
ⓒ 산업통상자원부장관은 다음의 어느 하나에 해당하는 경우에는 ②의 개별기준에 따른 과태료 금액의 2분의 1 범위에서 그 금액을 줄일 수 있다. 다만, 과태료를 체납하고 있는 위반행위자의 경우에는 그 금액을 줄일 수 없다.
- 위반행위자가 질서위반행위규제법 시행령 제2조의2제1항 각호의 어느 하나에 해당하는 경우
- 위반행위가 사소한 부주의나 오류로 인한 것으로 인정되는 경우
- 위반행위자가 법 위반상태를 시정하거나 해소하기 위하여 노력한 것으로 인정되는 경우
- 그 밖에 위반행위의 정도, 위반행위의 동기와 그 결과 등을 고려하여 줄일 필요가 있다고 인정되는 경우

ⓔ 산업통상자원부장관은 다음의 어느 하나에 해당하는 경우에는 ②의 개별기준에 따른 과태료 금액의 2분의 1 범위에서 그 금액을 늘릴 수 있다. 다만, 법 제35조제1항 각호 외의 부분에 따른 과태료 금액의 상한을 넘을 수 없다.
- 위반의 내용·정도가 중대하다고 인정되는 경우
- 그 밖에 위반행위의 동기와 결과, 위반정도 등을 고려하여 과태료 금액을 늘릴 필요가 있다고 인정되는 경우

② 개별기준

위반행위	근거법령	과태료	
		1회 위반	2회 이상 위반
법 제13조의2를 위반하여 보험 또는 공제에 가입하지 않은 경우	법 제35조 제1항제4호	200만원	500만원
법 제23조의2제2항에 따른 자료제출 요구에 따르지 않거나 거짓 자료를 제출한 경우	법 제35조 제1항제5호	300만원	500만원

2 신에너지 및 재생에너지설비의 지원 등에 관한 규정 및 지침(신재생에너지설비의 지원 등에 관한 규정)

(1) 목적(규정 제1조)

이 규정은 신에너지 및 재생에너지 개발·이용·보급 촉진법(이하 "법"이라 한다), 같은 법 시행령(이하 "영"이라 한다), 같은 법 시행규칙(이하 "규칙"이라 한다)에 따라 국가의 지원 또는 의무적으로 신·재생에너지 설비를 설치하거나 전기소비자가 자발적으로 재생에너지를 사용하는데 필요한 세부적인 사항에 대하여 규정함을 목적으로 한다.

(2) 용어의 정의(규정 제2조)

① 보급사업이라 함은 보급사업에 따른 사업을 추진하기 위해 해당 비용의 일부를 정부가 보조하는 사업을 말한다.
② 금융지원사업이라 함은 신재생에너지설비의 설치·생산 등에 소요되는 비용을 정부가 대출 등의 방법으로 지원하는 사업을 말한다.

③ 공공주택이라 함은 공공주택 특별법의 주택으로서 민간임대주택에 관한 특별법에 따른 임대조건으로 임대하는 주택을 말한다.
④ 설치의무기관이라 함은 신재생에너지사업에의 투자권고 및 신재생에너지 이용의무화 등에 해당하는 기관이 신재생에너지 공급의무 비율 등에 따른 건축물의 용도로 연면적 1,000[m^2] 이상의 건축물을 신축·증축·개축하려는 경우, 해당 건축물의 설계 시 산출된 예상 에너지사용량 대비 일정 비율 이상을 신재생에너지를 이용하여 공급되는 에너지로 대체하도록 해당 설비를 의무적으로 설치하여야 하는 기관을 말한다.
⑤ 시공자라 함은 다음의 어느 하나에 해당하는 자를 말한다.
　㉠ 신재생에너지설비의 인증 등에 따라 설비인증을 받은 신재생에너지설비를 생산하는 제조기업
　㉡ 건설산업기본법에 따라 관련 건설업을 등록한 기업
　㉢ 전기공사업법에 따라 관련 공사업을 등록한 기업
　㉣ 환경기술 및 환경산업 지원법에 따라 관련 공사업을 등록한 기업
　㉤ 그 밖에 관계 법령에 따라 관련 건설·공사·시공업을 등록한 기업
⑥ 설치확인이라 함은 신재생에너지센터에 따른 신재생에너지센터(이하 "센터"라 한다)가 따로 정한 신재생에너지원별 설치확인기준에 따라 해당 설비가 설치되었는지를 확인하는 것을 말한다.
⑦ 자금관리기관이라 함은 ① 및 ②에 해당하는 사업의 정부예산을 집행하기 위하여 시행기관 등의 시행기관에게 사업비를 교부·융자하거나 정산·반납 등을 담당하는 기관으로서, 전력산업기반기금 운용관리규정에 따라 기금관리기관으로 지정된 한국전력공사 전력기반센터를 말한다.

(3) 시행기관 등(규정 제4조)
① 보급사업, 태양광대여사업, 금융지원사업의 시행기관은 센터로 한다. 다만, 일부 사업에 대한 시행기관은 다음과 같다.
　㉠ 공공주택 보급사업 : 한국토지주택공사 또는 지방공기업법에 따른 지방공기업
　㉡ 지역지원사업 : 지방자치법에 따른 지방자치단체(이하 "시·도"라 한다)
　㉢ 융·복합지원사업 : 지방자치단체(이하 "시·도"라 한다) 또는 지방공기업 및 공공기관
　㉣ 설치의무화사업 : 해당 설치의무기관
② 신재생에너지설비의 설치 확인과 사후관리를 시행하는 기관은 센터로 한다. 다만 업무의 효율적 추진을 위해 필요한 경우 센터의 장이 따로 정하는 바에 따라 업무의 일부를 다른 기관에 위탁할 수 있다.
③ 신재생에너지설비의 공사실적증명을 발급하는 기관은 한국신재생에너지협회(이하 "협회"라 한다)로 한다.

(4) 사업계획의 수립(규정 제7조)
① 센터의 장은 다음 연도의 사업계획을 수립하기 위하여 시행기관에게 다음 연도 사업에 필요한 수요조사 결과 및 소요예산 등을 당해 연도 3월 말까지 제출하도록 요청할 수 있다.
② 센터의 장은 ①에 따라 해당 시행기관으로부터 받은 수요조사 결과와 소요예산 등의 자료를 종합·조정하여 다음 연도 사업계획을 수립하고, 이를 당해 연도 4월 말까지 장관에게 보고하여야 한다.

(5) 보조금 지원방법(규정 11조)
① 주택지원사업 등 및 건물지원사업 등의 사업은 보조금 지원단가를 미리 정하여 해당 보조금을 정액 지원한다. 다만, 기술개발이 완료되었거나 상용화를 전제로 시범적으로 실시하는 신재생에너지설비 설치사업에 대하여는 보조금 지원단가를 따로 정하여 지원할 수 있다.

② 지역지원사업 등의 사업은 신재생에너지설비가격(설계비 등을 포함)의 50[%] 이하에서 보조금을 지원한다. 단, 보급 확대가 필요하다고 판단되는 설비에 한해 최대 70[%] 이하에서 보조금을 지원할 수 있다.

③ 융·복합지원사업 등의 사업은 시행기관의 장과 협약(설계비 등을 포함)된 금액(이하 "협약금액"이라 한다)의 50[%] 이하에서 보조금을 지원한다. 다만, 지원대상사업 중 연료전지 및 보급 확대가 필요하다고 판단되는 설비에 한정하여 협약금액의 70[%] 이하에서 보조금을 지원할 수 있다.

④ ①~③의 규정에도 불구하고 설치의무기관에 대하여는 신재생에너지설비의 설치계획서 제출 등에 따른 설치계획서 제출과 신재생에너지설비의 설치 및 확인 등에 따른 설치 확인을 이행하지 않은 경우에 각 사업별 보조금 지원대상에서 제외할 수 있다.

(6) 사업기간(규정 제14조)

① 보급사업을 시행하는 시행기관의 장은 정부의 회계 연도에 맞추어 사업을 완료하여야 한다. 다만, 추경편성에 따른 사업은 추경예산안 확정일로부터 1년 이내에 사업을 완료하여야 한다.

② ①에 따른 시행기관의 장은 예상할 수 없는 사정변경으로 ①의 기간 내에 사업을 완료할 수 없는 경우에는 센터의 장으로부터 승인을 받아 사업기간을 연장할 수 있다. 이 경우 사업기간 연장은 승인일의 다음 연도 말일까지로 한다.

(7) 설치확인(규정 제20조)

① 이 규정의 적용을 받는 신재생에너지설비의 소유자는 설치가 완료된 경우에는 설치확인 기관의 설치확인을 받아야 한다.

② ①에 따른 신재생에너지설비의 설치확인을 받고자 하는 자는 센터의 장이 정하는 바에 따라 설치확인 기관의 장에게 설치확인 신청을 하여야 한다.

③ ②에 따라 신청을 받은 설치확인 기관의 장은 신청을 받은 날부터 7일 이내에 서류검토를 하여야 하며, 서류검토 완료 후 14일 이내에 설치확인 기준에 따라 현장확인을 하여야 한다.

④ 설비를 이전하는 경우에는 ①~③까지 준용한다.

(8) 사업신청과 선정(규정 제22조)

① 주택지원사업 등의 사업이 공고된 후 해당 사업에 참여하고자 하는 신청자는 공고에서 정하는 신청절차에 따라 신청하여야 한다.

② ①에 따라 신청을 받은 센터의 장 또는 지방자치단체의 장은 공고에서 정한 선정방법에 따라 선정하여야 한다.

③ 센터의 장 또는 지방자치단체의 장은 ②에 따라 선정이 완료되면, 선정이 완료된 날로부터 5일 이내에 신청자에게 통보하여야 한다.

(9) 보조금 신청과 지급(규정 제23조)

① 주택지원사업 등의 사업으로 신재생에너지설비 설치를 완료한 후 보조금을 지급 받고자 하는 자는 센터의 장이 따로 정하는 절차에 따라 설치확인을 신청하여야 한다.

② 센터의 장은 ①에 따른 설치확인 완료 후 14일 이내에 보조금을 지급하여야 한다.

(10) 사업신청과 선정 등(규정 제25조)

① 건물지원사업 등의 사업이 공고된 후 해당 사업에 참여하고자 하는 신청자는 공고에서 정하는 신청절차에 따라 신청하여야 한다.
② ①에 따라 신청을 받은 센터의 장은 공고에서 정한 평가·선정방법에 따라 선정하여야 한다. 이 경우 위원회의 설치에 따른 평가위원회의 심사를 거쳐야 한다.
③ 센터의 장은 ②에 따라 신청자에 대한 평가·선정이 완료되면, 평가·선정이 완료된 날로부터 5일 이내에 신청자에게 통보하여야 한다.
④ 건물지원사업 등의 사업이 완료된 후 이에 대한 보조금의 신청과 지급절차는 보조금 신청과 지급을 준용한다.

(11) 지역지원사업 등(규정 제26조)

지역지원사업은 지방자치단체가 소유 또는 관리하는 건물·시설물 등에 신재생에너지설비를 설치하려는 경우 설치비의 일부를 국가가 보조금으로 지원해 주는 사업을 말하며, 그 범위 및 대상은 다음과 같다.
① 지방자치단체가 소유 또는 관리하는 건물·시설물
② 사회복지시설 중 지방자치단체가 소유자로부터 신청권을 위탁받아 신청하는 경우(이 경우 해당 지방자치단체 및 사회복지시설의 소유자는 자부담과 사후관리 등을 연대하여 부담하여야 한다)

(12) 사업계획과 예산반영(규정 제27조)

① 시·도의 장(이하 "시·도지사"라 한다)은 지침시달에 따른 지침을 반영하여 다음 연도 사업계획과 이에 해당하는 소요예산을 3월 말까지 센터의 장에게 제출하여야 한다.
② 센터의 장은 ①의 사업계획서를 위원회의 설치에 따른 평가위원회의 심의를 거친 후 그 결과를 6월 말까지 장관에게 보고하여야 한다.
③ 장관은 ②에 따라 보고받은 사업계획서를 검토·확정하고, 사업계획서의 정부 소요자금에 대하여는 예산에 반영될 수 있도록 노력하여야 한다.

(13) 보조금 신청과 정산 등(규정 제30조)

① 사업확정 및 시행에 따라 체결된 사업의 국가 보조금 예산을 효율적으로 집행·관리하기 위하여 자금관리기관의 장에게 자금을 교부토록 요청을 하거나, 정산 등의 절차를 거쳐 발생된 반납금의 납입요청 등에 관한 업무는 센터의 장이 수행하며, 그 세부사항에 대해서는 센터의 장이 별도로 정한다.
② 센터의 장은 시·도지사의 보조금 교부신청이 있는 경우에는 사업목적·사업내용·금액산정의 적정여부를 검토한 후 자금관리기관의 장에게 해당 보조금에 대한 자금을 시·도지사로 교부하도록 요청하여야 한다.
③ 시·도지사는 ②에 따른 보조금을 신청하고자 할 경우에는 해당 지방자치단체가 부담하는 예산의 반영 증빙서류를 첨부하여 신재생에너지 지역지원사업 보조금 교부신청서에 따라 신청하여야 하며, 교부받은 보조금은 별도의 계정으로 관리하여야 한다.
④ 시·도지사는 매월 10일까지 지역지원사업 월별 사업비 집행실적을 전월실적 기준으로 센터의 장에게 제출하여야 한다.

⑤ 시·도지사는 사업이 완료되거나, 폐지가 승인되거나, 회계연도가 종료된 때에는 집행된 보조금을 정산하여 집행잔액, 보조금으로 발생한 이자와 함께 자금관리기관의 장에게 반납하여야 하며, 센터의 장은 그 현황을 반기별로 장관에게 보고하여야 한다.

⑥ 시·도지사는 사업이 확정된 이후에는 사업계획을 변경하거나 다른 용도로 보조금을 사용할 수 없다.

(14) 설비 수익의 재투자(규정 제33조)

지방자치단체의 장은 기존 및 신규 신재생에너지설비의 자가 외 사용으로 수익이 발생하는 경우, 별도 관리 등을 통하여 신재생에너지 보급 관련 사업에 재투자하여야 하며, 해당 시·도지사는 매년 1월 말까지 전년도 실적을 센터에 통보하여야 한다.

(15) 신청대상(규정 제37조)

태양광대여사업은 대여사업자가 주택 등에 태양광발전설비를 직접 설치하고 일정기간 동안 설비의 유지·보수를 이행하는 조건으로 주택 등에게 대여료를 징수하는 사업을 말하며, 그 범위 및 대상은 다음과 같다.
① 건축법 시행령에서 규정한 단독·공동주택
② 기타 센터의 장이 따로 정하는 시설물 또는 건물

(16) 금융지원사업 등(규정 제41조)

금융지원사업은 다음의 자금을 국가가 금융기관을 활용하여 대여해 주는 사업을 말한다.
① 생산자금 : 신재생에너지설비의 제조·생산에 필요한 자금과 동 제조·생산설비의 기술 사업화에 소요되는 자금
② 운전자금 : ①에 해당하는 사업자의 사업운영에 필요한 자금(중소기업에 한정)
③ 시설자금 : 신재생에너지설비를 설치하는 데 필요한 자금(시설용량 5,000[kW]를 초과하는 수력설비는 제외) 또는 동 설비의 기술 사업화에 해당되는 시제품 등을 설치하는 데 필요한 자금

(17) 설치의무기관 및 설치여부 확인 등(규정 제44조)

① 설치의무기관은 신재생에너지 공급의무 비율 등에 따른 신재생에너지의 공급의무 비율(이하 "공급의무 비율"이라 한다)을 충족하기 위하여 신재생에너지설비를 의무적으로 설치하여야 한다.
② 센터의 장은 설치의무기관의 의무대상 건축물 여부를 연 1회 이상 확인한 후 이행 여부를 관리하여야 하며, 그중 최근 5년간 신축, 증축 또는 개축 건축물의 신재생에너지설비 설치여부 결과를 장관에게 보고하여야 한다.
③ 센터의 장은 ①에 따른 적용대상 여부를 확인하기 위하여 설치의무기관에 다음의 증빙자료를 요구할 수 있다.
  ㉠ 출연금을 확인할 수 있는 예산서 등 증빙서류
  ㉡ 납입자본금을 확인할 수 있는 대차대조표 등 증빙서류
  ㉢ 기타 설치의무기관의 건축물이 적용 대상인지 여부를 확인할 수 있는 증빙서류

(18) 설치의무 면제대상 건축물 등(규정 제46조)
① 신재생에너지 공급의무 비율 등에 따라 신재생에너지설비의 설치가 면제되는 대상건축물은 다음과 같으며, 이 경우 센터의 장은 ③에 따른 평가위원회의 심의를 거쳐 면제대상 건축물 여부를 확정한다.
    ㉠ 신재생에너지설비의 설치가 건축물의 구조적 안전성과 주변시설의 안전에 현저히 영향을 미치는 경우
    ㉡ 일정기간 한시적으로 사용되는 건축물로서 건축물의 사용목적이 일반건축물의 용도와 다른 경우
    ㉢ 신재생에너지설비를 이용하는 데 있어서 연속성이 현저히 낮은 경우
    ㉣ 기타 입지조건의 특수성 등으로 인하여 설치면제 또는 조건부 면제가 타당하다고 센터의 장이 인정하는 경우
② ①에 따라 설치의무 면제를 받고자 하는 설치의무기관의 장은 센터의 장이 따로 정하는 서식에 따라 신재생에너지설비 설치면제신청서(이하 "면제신청서"라 한다)를 건축허가 신청 전에 센터의 장에게 제출하여야 한다.
③ 센터의 장은 ②에 따라 제출받은 면제신청서의 접수일로부터 30일 이내에 위원회의 설치에 따른 평가위원회의 심의를 거쳐 타당성을 검토하여 그 결과를 확정한 후 ①의 신청자에게 확정한 내용을 통보하여야 한다.
④ ③의 검토서를 받은 ①의 설치의무기관의 장은 설치계획서의 제출 등을 준용하여 필요한 조치를 취하여 건축허가를 신청하여야 한다.
⑤ 설치의무기관의 장은 건축허가권자에게 ③에 따른 검토서 내용 등을 확인시켜야 한다.

(19) 설치계획서의 검토기준(규정 제47조)
설치계획서는 접수일자 기준으로 검토하며, 검토기준은 다음과 같다. 다만 설치계획서를 제출하지 않고 건축허가를 받은 후 신재생에너지설비를 설치한 기관은 건축허가일 기준으로 검토한다.
① 신재생에너지 공급의무 비율 등에 따른 대상건축물 부합 여부
② 신재생에너지 공급의무 비율 등에 따른 신재생에너지 공급의무 비율 산정이 가능한 신재생에너지설비 부합 여부 및 설비인증 만료 여부
③ 공급의무 비율의 산정기준과 방법에 따른 예상 에너지사용량 대비 신재생에너지 공급의무 비율 충족 여부

(20) 공급의무 비율의 산정기준과 방법(규정 제48조 별표 2)
① 신재생에너지 공급의무 비율[%]은 다음의 식으로 산정한다.

$$\text{신재생에너지 공급의무 비율} = \frac{\text{신재생에너지 생산량}}{\text{예상 에너지사용량}} \times 100$$

② 예상 에너지사용량은 다음의 식으로 산정한다.

$$\text{예상 에너지사용량} = \text{건축 연면적} \times \text{단위에너지사용량} \times \text{지역계수}$$

③ 단위에너지사용량 및 지역계수는 다음과 같다.

단위에너지사용량

구 분		단위에너지사용량[kWh/m² · yr]
공공용	교정 및 군사시설	392.07
	방송통신시설	490.18
	업무시설	371.66
문교, 사회용	문화 및 집회시설	412.03
	종교시설	257.49
	의료시설	643.52
	교육연구시설	231.33
	노유자시설	175.58
	수련시설	231.33
	운동시설	235.42
	묘지관련시설	234.99
	관광휴게시설	437.08
	장례식장	234.99
상업용	판매 및 영업시설	408.45
	운수시설	374.47
	업무시설	374.47
	숙박시설	526.55
	위락시설	400.33

지역계수

구 분	지역계수
서 울	1.00
인 천	0.97
경 기	0.99
강원 영서	1.00
강원 영동	0.97
대 전	1.00
충 북	1.00
전 북	1.04
충남 · 세종	0.99
광 주	1.01
대 구	1.04
부 산	0.93
경 남	1.00
울 산	0.93
경 북	0.98
전 남	0.99
제 주	0.97

④ 신재생에너지 생산량은 다음의 식으로 산정한다.

> 신재생에너지 생산량 = 원별 설치규모×단위에너지생산량×원별 보정계수

(21) 설비의 처분제한(규정 제50조)

① 주택지원사업 등 및 건물지원사업 등에 따라 지원된 신재생에너지설비의 소유자는 설치확인일부터 5년 이내에 설치장소를 변경(이하 "이전"이라 한다)하거나 설비를 폐기처분(이하 "처분"이라 한다)할 때에는 센터의 장의 승인을 받아야 한다.

② ①의 소유자가 신재생에너지설비를 양도(매각·교환·대여·기증·현물출자·담보의 제공 등을 포함)하거나, 설치확인일부터 5년 이후에 이전·처분을 하려면 센터의 장에게 신고한 후 양도·이전·처분 등의 행위를 할 수 있다.

③ ①과 관련하여 다음에 해당하는 자가 설치확인일로부터 5년 이내에 설비의 양도·이전·처분 등을 하려면 센터의 장의 승인을 받아야 한다. 다만, 5년이 경과된 경우에는 센터의 장에게 신고한 후 양도·이전·처분 등의 행위를 할 수 있다.

㉠ 협약사업, 건물지원사업 등에 따라 지원받은 신재생에너지설비의 소유자
㉡ 지역지원사업 등에 따라 지원받은 지방자치단체의 장
㉢ 융·복합지원사업 등에 따라 지원받은 컨소시엄의 장

④ ①~③까지의 승인 및 신고절차 등은 센터의 장이 따로 정한다.

(22) 사업의 참여제한(규정 제52조)

① 센터의 장은 신청자, 시공자 또는 소유자가 이 규정을 위반한 경우에는 별표 3에서 정한 바에 따라 이 규정의 적용을 받는 지원사업의 참여를 제한할 수 있다.

② 센터의 장은 ①에 따라 사업의 참여를 제한한 사실을 기록·관리하여야 하며, 시행기관의 장이 이를 요청할 경우 필요한 자료를 제공하여야 한다.

※ 위반행위별 사업참여 제한 기준(별표 3)

구 분	내 용	제한기준
시공기준 위반	• 제17조제1항의 신재생에너지설비의 시공기준을 위반하여 시공한 경우 • 제19조제2항의 의무적용대상설비를 적용하지 않고 시공한 경우 • 허위 또는 부정한 방법으로 제19조제3항의 시험성적서를 제출하거나 시공한 경우	2년 이상
	제17조제2항의 대상사업 중 생산량 등을 파악할 수 있는 설비를 구축하지 않고 시공한 경우	1년 이상
설치확인 및 사후관리 위반	• 허위 또는 부정한 방법으로 설치확인을 받은 경우 • 설비의 가동상태·생산량 등에 대한 센터의 장의 자료요구에 응하지 않거나 허위의 자료를 제출한 경우 • 자신이 설치한 설비에 대한 A/S 등 사후관리를 실시하지 않는 경우 • 제50조의 규정을 위반하여 설비를 관리한 경우	2년 이상
	• 설치 확인 시 동일 건 3회 이상 부적합 판정을 받은 경우 • 공사실적을 신고하지 않거나 허위로 제출한 경우	1년 이상
사업내용 위반	• 허위 또는 부정한 방법으로 신청서를 제출한 경우 • 허위 또는 부정한 방법으로 보조금을 수령한 경우 • 수혜자 및 참여기업이 특별한 사유 없이 사업을 포기하는 경우 • 센터의 장의 시정요구에 정당한 사유 없이 응하지 않는 경우	2년 이상
	센터의 장의 승인 없이 사업계획 또는 사업내용(설치용량·사업기간 등)을 변경한 경우	1년 이상

※ 상기의 제한기준에서 설정할 수 있는 최대기간은 5년까지로 한다.

(23) 위반사항의 처분통보 등(규정 제53조)

① 보급사업 시행기관의 장은 다음의 제재처분을 통보하기 전에 해당하는 자에게 20일의 의견제출 기간을 주어야 한다.
  ㉠ 보조금 환수에 따른 보조금 환수
  ㉡ 사업의 참여제한에 따른 지원사업의 참여제한

② ①에 따른 제재처분을 받은 자는 처분을 받은 날로부터 20일 이내에 시행기관의 장에게 이의신청을 할 수 있다.

③ 시행기관의 장은 ②에 따라 이의신청을 받은 날로부터 30일 이내에 처리하고, 처리결과를 이의신청자와 센터의 장에게 통보하여야 한다.

④ 환수대상자는 ③에 따라 처리결과를 통보받은 날로부터 30일 이내에 보조금을 반환하여야 한다.

(24) 일반용 전기설비의 상계처리(규정 제73조)

① 전기사업법에 따른 일반용 전기설비 중, 발전설비용량 10[kW] 이하 신재생에너지발전설비 설치자가 생산한 전력(이하 "발전전력"이라 한다)량과 전기판매사업자로부터 공급받는 전력(이하 "수전전력"이라 한다)량은 상계처리를 할 수 있다. 다만, 태양에너지발전설비는 1,000[kW] 이하로 하며, 전기판매사업자와의 수전계약용량 범위 내의 신재생에너지발전설비에 한하여 상계처리계약을 체결할 수 있다.

② ①에 따른 발전전력의 [kWh]당 단가는 수전전력의 [kWh]당 단가와 동일한 것으로 본다.
③ 신재생에너지발전설비 설치자의 발전전력 요금채권과 전기판매사업자의 수전전력 요금채권은 검침일에 서로 대등액에서 상계한 것으로 본다.
④ 발전전력이 수전전력보다 많은 경우 그 차이에 대하여는 별도의 전력요금을 지급하지 아니하고 다음 달 수전전력에서 차감한다.
⑤ 수전용 전기계기 등의 설치책임 및 설치기준 등은 이 규정을 위반하지 않는 범위 내에서 전기판매사업자의 전기공급약관에서 정하는 바에 따른다.

3 신에너지 및 재생에너지 공급의무화제도 관리 및 운영지침 등(신재생에너지 공급의무화제도 및 연료 혼합의무화제도 관리·운영지침)

(1) 목적(지침 제1조)
이 지침은 신에너지 및 재생에너지 개발·이용·보급 촉진법(이하 "법"이라 한다) 신재생에너지 공급의무화 등에 의한 신재생에너지 공급의무화제도(이하 "공급의무화제도"라 한다) 및 신재생에너지 연료 혼합의무 등에 의한 신재생에너지 연료 혼합의무화제도(이하 "혼합의무화제도"라 한다)를 효율적으로 운영하기 위하여 필요한 세부사항을 규정함을 목적으로 한다.

(2) 용어의 정의(지침 제3조)
① 공급의무자란 신재생에너지 공급의무화 등에 따라 발전량의 일정량 이상을 의무적으로 신재생에너지를 이용하여 공급하여야 하는 자를 말한다.
② 의무공급량이란 신재생에너지 공급의무화 등에 따라 공급의무자가 연도별로 신재생에너지설비를 이용하여 공급하여야 하는 발전량을 말한다.
③ 기준발전량이란 공급의무자별 의무공급량을 산정함에 있어 기준이 되는 발전량으로 신재생에너지발전량과 태양광대여사업으로 설치된 설비에서 생산되는 발전량을 제외한 발전량을 말한다.
④ 공급인증기관이란 공급인증기관의 지정 등에 따라 지정되고 공급인증기관의 업무 등에 따른 업무를 수행하는 기관을 말하며, 신재생에너지센터에 따른 신재생에너지센터와 전기사업법에 따른 한국전력거래소를 말한다.
⑤ 신재생에너지 공급인증서(이하 "공급인증서"라 한다)란 신재생에너지 공급인증서 등에 따라 신재생에너지설비를 이용하여 에너지를 공급하였음을 증명하는 인증서를 말한다.
⑥ REC(Renewable Energy Certificate)란 공급인증서의 발급 및 거래단위로서 공급인증서 발급대상설비에서 공급된 [MWh] 기준의 신재생에너지 전력량에 대해 가중치를 곱하여 부여하는 단위를 말한다.
⑦ 신재생에너지 개발공급협약(RPA)이란 정부와 에너지공급사 간에 신재생에너지 확대 보급을 위해 체결한 협약을 말한다.

(3) 공급인증기관(지침 제5조)
① 신재생에너지센터는 공급인증기관의 업무 등에 의한 다음의 업무를 수행한다.
  ㉠ 공급인증서 발급, 등록, 관리 및 폐기에 관한 업무
  ㉡ 공급인증서 발급대상 설비확인 및 사후관리에 관한 업무

ⓒ 공급의무화제도 관련 종합적 통계관리 및 정책지원
ⓔ 의무공급량의 산정 및 의무이행실적 확인
ⓜ 기타 장관이 필요하다고 인정하는 업무
② 한국전력거래소는 공급인증기관의 업무 등에 의한 다음의 업무를 수행한다.
ⓐ 공급인증서 거래시장의 개설 및 운영
ⓑ 공급의무자의 의무이행비용 소요계획 작성, 정산 및 결제
ⓒ 공급인증서 거래대금의 정산 및 결제
ⓔ 거래시장운영 관련 통계관리 및 정책지원
ⓜ 기타 장관이 필요하다고 인정하는 업무
③ 공급인증기관은 ①과 ②의 규정에 의한 업무를 효율적으로 추진하기 위하여 공동의 규정 및 전력시장운영규칙을 제정하여 운영할 수 있으며, 동 규정의 제정 및 개정은 장관의 승인을 받아야 한다.

(4) 신재생에너지 공급인증서 발급대상(지침 제6조)

① 공급인증서는 전기사업법에 따른 발전사업자의 신재생에너지설비 중 2012년 1월 1일 이후 상업운전을 개시한 신재생에너지설비(단, 신재생에너지사업에의 투자권고 및 신재생에너지 이용의무화 등에 따라 의무적으로 설치된 설비는 제외)에 대하여 발급한다. 다만, 다음의 어느 하나에 해당하는 경우에도 예외적으로 공급인증서를 발급할 수 있다.

ⓐ 2010년 9월 17일 이후 전기사업법에 따른 설치공사에 해당하는 사용 전 검사를 합격한 신재생에너지발전설비(단, 화력발전소에서 바이오 및 폐기물에너지 등의 신재생에너지 연료를 이용하여 발전하고 변경공사에 해당하는 사용 전 검사에 합격한 경우와 신재생에너지 연료의 변경 사용에도 불구하고 사용 전 검사 비대상인 경우도 포함)
ⓑ 설비용량 5,000[kW]를 초과하는 수력설비
ⓒ 신재생에너지발전 기준가격의 고시 및 차액 지원에 따라 발전차액을 지원받고 있는 신재생에너지설비
ⓔ '신재생에너지 개발공급협약(RPA)'에 따라 추진된 사업 중 신재생에너지발전 기준가격의 고시 및 차액지원에 따른 발전차액을 지원받지 않는 신재생에너지설비
ⓜ 2010년 4월 12일 이전에 전기사업법에 따른 발전사업허가를 받고 2011년 12월 31일 이전에 전기사업법에 따른 사용 전 검사를 합격한 부생가스발전소
ⓗ 법 제12조의2의 개정에 따른 신재생에너지 이용 건축물 인증 규정의 폐지에도 불구하고 법 시행 당시 종전의 규정에 따라 2015년 7월 28일 이전에 신재생에너지 이용 건축물인증을 받은 건축물의 신재생에너지설비
ⓢ 2012년 1월 1일 이후 전기사업법에 따라 사용 전 검사를 받고 같은 법 시행령에 따라 전력거래를 하는 자가용 발전설비

② 공급인증서는 ①에 따른 신재생에너지설비를 통해 2012년 1월 1일 이후부터 공급하는 신재생에너지발전량에 대해서 발급한다. 단, 신재생에너지 개발공급협약(RPA)의 태양광시장 창출계획에 따라 추진된 태양광발전설비에 대해서는 2012년 1월 1일 이전에 발전한 신재생에너지발전량에 대해서도 공급인증서를 소급하여 발급할 수 있다.

③ 다음에 해당하는 신재생에너지설비를 이용하여 전력을 공급하는 발전사업자는 신재생에너지발전 기준가격 고시 및 차액 지원에 따른 발전차액지원 기간이 만료되기 이전에, 신재생에너지이용 발전전력의 기준가격 지침에 의한 총괄관리기관에서 발전차액지원중단확인서를 발급받아 발전차액지원을 받는 것을 포기하고 공급인증서를 발급받을 수 있다. 단, 기준가격 적용기간(태양광 전원의 기준가격 적용기간 중 20년을 선택한 사업자도 15년으로 적용한다) 중 차액지원금을 지원받은 기간을 제외한 기간에 한하여 발급한다.
  ㉠ 태양광   ㉡ 연료전지

④ ③은 2015년 12월 31일까지 적용한다. 단, 2015년 12월 31일 이전에 ③에 따라 발전차액지원을 받는 것을 포기하고 공급인증서를 발급받은 발전사업자에 대하여는 기준가격 적용기간(태양광 전원의 기준가격 적용기간 중 20년을 선택한 사업자도 15년으로 적용) 중 차액지원금을 지원받은 기간을 제외한 기간에 한하여 공급인증서를 발급한다.

(5) 공급인증서 가중치(지침 제7조)

① 신재생에너지 가중치에 따른 공급인증서의 가중치는 별표 2와 같다. 단, 장관은 3년마다 기술개발 수준, 신재생에너지의 보급 목표, 운영 실적과 그 밖의 여건 변화 등을 고려하여 공급인증서 가중치를 재검토하여야 하며, 필요한 경우 재검토기간을 단축할 수 있다.

※ 신재생에너지원별 가중치(별표 2)

구 분	공급인증서 가중치	대상에너지 및 기준	
		설치유형	세부기준
태양광 에너지	1.2	일반부지에 설치하는 경우	100[kW] 미만
	1.0		100[kW]부터
	0.7		3,000[kW] 초과부터
	0.7	임야에 설치하는 경우	–
	1.5	건축물 등 기존 시설물을 이용하는 경우	3,000[kW] 이하
	1.0		3,000[kW] 초과부터
	1.5	유지 등의 수면에 부유하여 설치하는 경우	
	1.0	자가용 발전설비를 통해 전력을 거래하는 경우	
	5.0	ESS설비(태양광설비 연계)	2018년부터 2020년 6월 30일까지
	4.0		2020년 7월 1일부터 12월 말일까지
기타 신재생 에너지	0.25	IGCC, 부생가스, 폐기물에너지(비재생폐기물로부터 생산된 것은 제외), Bio-SRF, 흑액	
	0.5	매립지가스, 목재펠릿, 목재칩	
	1.0	수력, 육상풍력, 조력(방조제 有), 기타 바이오에너지(바이오중유, 바이오가스 등)	
	1.0~2.5	지열, 조력(방조제 無)	고정형
			변동형
	1.5	수열, 미이용 산림바이오매스 혼소설비	
	2.0	연료전지, 조류, 미이용 산림바이오매스(바이오에너지 전소설비만 적용)	
	2.0	해상풍력	연계거리 5[km] 이하
	2.5		연계거리 5[km] 초과 10[km] 이하
	3.0		연계거리 10[km] 초과 15[km] 이하
	3.5		연계거리 15[km] 초과
	4.5	ESS설비(풍력설비 연계)	2018년부터 2020년 6월 30일까지
	4.0		2020년 7월 1일부터 12월 말일까지

(6) 공급인증서 발급 및 거래수수료(지침 제9조)

① 신에너지 및 재생에너지 개발・이용・보급 촉진법 시행규칙(이하 "시행규칙"이라 한다) 제10조제2항(공급인증서 발급(발급에 딸린 업무는 제외) 수수료 및 거래 수수료는 공급인증서 거래금액의 1,000분의 2 이내에서 산업통상자원부장관이 정하여 고시한다)에 따른 공급인증서 발급수수료는 공급인증서 1[REC]당 50원으로 하며, 공급인증서 거래수수료는 공급인증서 1[REC]당 50원으로 한다.

② 신재생에너지 공급인증서의 발급 제한에 따라 국가 또는 지방자치단체에 대하여 발급하는 공급인증서의 경우 공급인증서 발급수수료 및 매도자 거래수수료를 면제한다.

③ 한국수자원공사가 발급받는 공급인증서 중 신재생에너지 공급인증서의 거래 제한에 해당하는 공급인증서에 대해서는 발급수수료를 면제한다.

④ 신재생에너지발전설비 용량이 100[kW] 미만인 발전소는 공급인증서 발급수수료 및 거래수수료를 면제한다. 다만, 100[kW] 이상인 발전소에 대해서는 공급인증기관의 운영규칙에 따라 공급인증서 발급수수료 및 거래수수료를 ①의 범위 이내에서 달리 운영할 수 있다.

⑤ 발급수수료 및 거래수수료는 공급인증기관의 재원으로 귀속되며, 공급인증기관은 공급인증기관에서 정의한 업무를 수행하는 데 사용하여야 한다.

(7) 이행비용 보전대상(지침 제11조의2)

① 해당년도 이전에 공급된 전력량에 대하여 발급된 공급인증서로서 공급의무자가 의무이행실적으로 제출한 공급인증서에 대하여 공급의무자별 의무공급량 산정 및 공고에서 장관이 공고한 공급의무자별 의무공급량과 공급의무자는 의무공급량의 일부에 대하여 3년의 범위에서 그 공급의무의 이행을 연기할 수 있다는 규정에 따라 이행을 연기한 의무공급량을 합한 범위 내에서 해당년도 정산을 한다.

② ①의 규정에도 불구하고 다음의 하나에 해당하는 발전설비로부터 공급된 전력량에 대한 공급인증서는 의무이행비용 보전대상에서 제외한다.
  ㉠ 발전소별로 설비용량 5,000[kW]를 초과하는 수력이용 발전설비
  ㉡ 기존방조제를 활용하여 건설된 조력이용 발전설비
  ㉢ 바이오에너지 등의 기준 및 범위의 석탄을 액화・가스화한 에너지 또는 중질잔사유를 가스화한 에너지를 이용하는 발전설비
  ㉣ 바이오에너지 등의 기준 및 범위의 폐기물에너지 중 화석연료에서 부수적으로 발생하는 폐가스로부터 얻어지는 에너지를 이용하는 발전설비
  ㉤ 공급의무자 그룹Ⅰ의 외부구매분(현물시장 구매분 제외) 중 고정가격계약을 체결하지 않은 태양광 및 풍력발전설비
  ㉥ 제주특별자치도에 소재한 바이오중유발전설비

(8) 자료요구(지침 제15조)

① 장관은 공급인증서 가중치 등을 조정하기 위하여 필요한 경우 공급의무자, 공급인증기관, 전력기반조성사업센터, 한국전력공사 등에게 제출기한을 명시하여 다음의 자료제출을 요구할 수 있으며, 해당 공급의무자 등은 제출기한 내에 해당 자료를 제출하여야 한다.

㉠ 공급인증서 발급 관련 자료
㉡ 공급인증서 거래 관련 자료
㉢ 신재생에너지 발전차액지원금 지원 실적 및 계획
㉣ 신재생에너지 발전현황 및 주요 발전설비 변동사항과 발전사업자 및 발전사업의 허가를 받은 것으로 보는 자에 해당하는 자로서 50만[kW] 이상의 발전설비(신재생에너지설비는 제외)를 보유하는 자에 해당하는 신규 발전사업자 관련 자료
㉤ 신재생에너지원별 발전량 및 국가전력 관련 통계
㉥ 혼소발전의 경우 혼소율 측정을 위한 연료 사용량
㉦ 신재생에너지 사업자별 전력거래실적, 결산재무제표 등 발전사업 관련 자료
㉧ 그 밖에 공급의무자별 의무공급량 산정 및 검증 등을 위하여 장관이 요구하는 자료

② 장관은 사업자에 대한 적산전력계의 확인 및 기재대장 등의 열람과 시설운영현황 점검, 관련 자료 수집 등을 위한 현장실태조사를 실시할 수 있으며, 사업자는 조사 및 자료 요구에 성실히 협조하여야 한다.
③ 장관은 시·도지사 및 특별자치도지사에게 신재생에너지를 전원으로 하는 발전사업(변경) 허가 및 공사계획의 인가(또는 신고)에 대한 자료제출을 요구할 수 있다.
④ 장관은 자체계약, 자체건설 등에 대한 기준가격 산정을 위하여 공급의무자에게 제출기한을 명시하여 필요한 자료의 제출을 요구할 수 있으며, 공급의무자는 제출기한 내에 해당 자료를 제출하여야 한다.
⑤ 한국전력공사 및 한국전력거래소는 신재생에너지센터의 장에게 공급인증기관에 의한 공급인증서 발급을 위하여 필요한 월단위의 발전량을 익월 23일까지 제출하여야 한다. 이 경우 한국전력공사 및 한국전력거래소는 해당 발전량의 이상 여부를 점검하여야 하며, 특이사항이 있는 경우 해당 사유를 포함하여야 한다. 다만 기한까지 사유를 확인하지 못한 경우 추후에 이를 확인하여 제출하여야 한다.
⑥ 장관은 혼합의무자에게 제출기한을 명시하여 자료제출을 요구할 수 있으며, 해당 혼합의무자는 제출기한 내에 해당 자료를 제출하여야 한다.

4 저탄소 녹색성장기본법(녹색성장법, 시행령)

(1) 목적(법 제1조)
이 법은 경제와 환경의 조화로운 발전을 위하여 저탄소 녹색성장에 필요한 기반을 조성하고 녹색기술과 녹색산업을 새로운 성장 동력으로 활용함으로써 국민경제의 발전을 도모하며 저탄소 사회 구현을 통하여 국민의 삶의 질을 높이고 국제사회에서 책임을 다하는 성숙한 선진 일류국가로 도약하는 데 이바지함을 목적으로 한다.

(2) 용어의 정의(법 제2조)
① 저탄소란 화석연료에 대한 의존도를 낮추고 청정에너지의 사용 및 보급을 확대하며 녹색기술 연구개발, 탄소흡수원 확충 등을 통하여 온실가스를 적정수준 이하로 줄이는 것을 말한다.
② 녹색성장이란 에너지와 자원을 절약하고 효율적으로 사용하여 기후변화와 환경훼손을 줄이고 청정에너지와 녹색기술의 연구개발을 통하여 새로운 성장동력을 확보하며 새로운 일자리를 창출해 나가는 등 경제와 환경이 조화를 이루는 성장을 말한다.

③ 녹색기술이란 온실가스 감축기술, 에너지 이용 효율화기술, 청정생산기술, 청정에너지기술, 자원순환 및 친환경기술(관련 융합기술을 포함) 등 사회·경제 활동의 전 과정에 걸쳐 에너지와 자원을 절약하고 효율적으로 사용하여 온실가스 및 오염물질의 배출을 최소화하는 기술을 말한다.
④ 녹색제품이란 에너지·자원의 투입과 온실가스 및 오염물질의 발생을 최소화하는 제품을 말한다.
⑤ 녹색경영이란 기업이 경영활동에서 자원과 에너지를 절약하고 효율적으로 이용하며 온실가스 배출 및 환경오염의 발생을 최소화하면서 사회적, 윤리적 책임을 다하는 경영을 말한다.
⑥ 온실가스란 이산화탄소(CO_2), 메탄(CH_4), 아산화질소(N_2O), 수소불화탄소(HFCs), 과불화탄소(PFCs), 육불화황(SF_6) 및 그 밖에 대통령령으로 정하는 것으로 적외선 복사열을 흡수하거나 재방출하여 온실효과를 유발하는 대기 중의 가스 상태의 물질을 말한다.

(3) 저탄소 녹색성장 추진의 기본원칙(법 제3조)

저탄소 녹색성장은 다음의 기본원칙에 따라 추진되어야 한다.
① 정부는 기후변화·에너지·자원문제의 해결, 성장동력 확충, 기업의 경쟁력 강화, 국토의 효율적 활용 및 쾌적한 환경조성 등을 포함하는 종합적인 국가발전전략을 추진한다.
② 정부는 시장기능을 최대한 활성화하여 민간이 주도하는 저탄소 녹색성장을 추진한다.
③ 정부는 녹색기술과 녹색산업을 경제성장의 핵심 동력으로 삼고 새로운 일자리를 창출·확대할 수 있는 새로운 경제체제를 구축한다.
④ 정부는 국가의 자원을 효율적으로 사용하기 위하여 성장잠재력과 경쟁력이 높은 녹색기술 및 녹색산업 분야에 대한 중점 투자 및 지원을 강화한다.
⑤ 정부는 사회·경제활동에서 에너지와 자원 이용의 효율성을 높이고 자원순환을 촉진한다.
⑥ 정부는 자연자원과 환경의 가치를 보존하면서 국토와 도시, 건물과 교통, 도로·항만·상하수도 등 기반시설을 저탄소 녹색성장에 적합하게 개편한다.
⑦ 정부는 환경오염이나 온실가스 배출로 인한 경제적 비용이 재화 또는 서비스의 시장가격에 합리적으로 반영되도록 조세체계와 금융체계를 개편하여 자원을 효율적으로 배분하고 국민의 소비 및 생활 방식이 저탄소 녹색성장에 기여하도록 적극 유도한다. 이 경우 국내산업의 국제경쟁력이 약화되지 않도록 고려하여야 한다.
⑧ 정부는 국민 모두가 참여하고 국가기관, 지방자치단체, 기업, 경제단체 및 시민단체가 협력하여 저탄소 녹색성장을 구현하도록 노력한다.
⑨ 정부는 저탄소 녹색성장에 관한 새로운 국제적 동향을 조기에 파악·분석하여 국가 정책에 합리적으로 반영하고, 국제사회의 구성원으로서 책임과 역할을 성실히 이행하여 국가의 위상과 품격을 높인다.

(4) 국가의 책무(법 제4조)

① 국가는 정치·경제·사회·교육·문화 등 국정의 모든 부문에서 저탄소 녹색성장의 기본원칙이 반영될 수 있도록 노력하여야 한다.
② 국가는 각종 정책을 수립할 때 경제와 환경의 조화로운 발전 및 기후변화에 미치는 영향 등을 종합적으로 고려하여야 한다.

③ 국가는 지방자치단체의 저탄소 녹색성장 시책을 장려하고 지원하며, 녹색성장의 정착·확산을 위하여 사업자와 국민, 민간단체에 정보의 제공 및 재정 지원 등 필요한 조치를 할 수 있다.
④ 국가는 에너지와 자원의 위기 및 기후변화 문제에 대한 대응책을 정기적으로 점검하여 성과를 평가하고 국제협상의 동향 및 주요 국가의 정책을 분석하여 적절한 대책을 마련하여야 한다.
⑤ 국가는 국제적인 기후변화대응 및 에너지·자원 개발협력에 능동적으로 참여하고, 개발도상국가에 대한 기술적·재정적 지원을 할 수 있다.

(5) 지방자치단체의 책무(법 제5조)
① 지방자치단체는 저탄소 녹색성장 실현을 위한 국가시책에 적극 협력하여야 한다.
② 지방자치단체는 저탄소 녹색성장대책을 수립·시행할 때 해당 지방자치단체의 지역적 특성과 여건을 고려하여야 한다.
③ 지방자치단체는 관할구역 내에서의 각종 계획 수립과 사업의 집행과정에서 그 계획과 사업이 저탄소 녹색성장에 미치는 영향을 종합적으로 고려하고, 지역주민에게 저탄소 녹색성장에 대한 교육과 홍보를 강화하여야 한다.
④ 지방자치단체는 관할구역 내의 사업자, 주민 및 민간단체의 저탄소 녹색성장을 위한 활동을 장려하기 위하여 정보제공, 재정지원 등 필요한 조치를 강구하여야 한다.

(6) 에너지정책 등의 기본원칙(법 제39조)
정부는 저탄소 녹색성장을 추진하기 위하여 에너지정책 및 에너지와 관련된 계획을 다음의 원칙에 따라 수립·시행하여야 한다.
① 석유·석탄 등 화석연료의 사용을 단계적으로 축소하고 에너지 자립도를 획기적으로 향상시킨다.
② 에너지 가격의 합리화, 에너지의 절약, 에너지 이용효율 제고 등 에너지 수요관리를 강화하여 지구온난화를 예방하고 환경을 보전하며, 에너지 저소비·자원 순환형 경제·사회구조로 전환한다.
③ 태양에너지, 폐기물·바이오에너지, 풍력, 지열, 조력, 연료전지, 수소에너지 등 신재생에너지의 개발·생산·이용 및 보급을 확대하고 에너지 공급원을 다변화한다.
④ 에너지가격 및 에너지산업에 대한 시장경쟁 요소의 도입을 확대하고 공정거래 질서를 확립하며, 국제규범 및 외국의 법제도 등을 고려하여 에너지산업에 대한 규제를 합리적으로 도입·개선하여 새로운 시장을 창출한다.
⑤ 국민이 저탄소 녹색성장의 혜택을 고루 누릴 수 있도록 저소득층에 대한 에너지 이용 혜택을 확대하고 형평성을 제고하는 등 에너지와 관련한 복지를 확대한다.
⑥ 국외 에너지자원 확보, 에너지의 수입 다변화, 에너지 비축 등을 통하여 에너지를 안정적으로 공급함으로써 에너지에 관한 국가안보를 강화한다.

(7) 기후변화대응 기본계획(법 제40조)
① 정부는 기후변화대응의 기본원칙에 따라 20년을 계획기간으로 하는 기후변화대응 기본계획을 5년마다 수립·시행하여야 한다.
② 기후변화대응 기본계획을 수립하거나 변경하는 경우에는 위원회의 심의 및 국무회의 심의를 거쳐야 한다. 다만, 대통령령으로 정하는 경미한 사항을 변경하는 경우에는 그러하지 아니하다.

③ 기후변화대응 기본계획에는 다음의 사항이 포함되어야 한다.
  ㉠ 국내외 기후변화 경향 및 미래 전망과 대기 중의 온실가스 농도변화
  ㉡ 온실가스 배출·흡수 현황 및 전망
  ㉢ 온실가스 배출 중장기 감축목표 설정 및 부문별·단계별 대책
  ㉣ 기후변화대응을 위한 국제협력에 관한 사항
  ㉤ 기후변화대응을 위한 국가와 지방자치단체의 협력에 관한 사항
  ㉥ 기후변화대응 연구개발에 관한 사항
  ㉦ 기후변화대응 인력양성에 관한 사항
  ㉧ 기후변화의 감시·예측·영향·취약성평가 및 재난방지 등 적응대책에 관한 사항
  ㉨ 기후변화대응을 위한 교육·홍보에 관한 사항
  ㉩ 그 밖에 기후변화대응 추진을 위하여 필요한 사항

(8) 에너지기본계획의 수립(법 제41조)

① 정부는 에너지정책의 기본원칙에 따라 20년을 계획기간으로 하는 에너지기본계획(이하 "에너지기본계획"이라 한다)을 5년마다 수립·시행하여야 한다.
② 에너지기본계획을 수립하거나 변경하는 경우에는 에너지법 에너지위원회의 구성 및 운영에 따른 에너지위원회의 심의를 거친 다음 위원회와 국무회의의 심의를 거쳐야 한다. 다만, 대통령령으로 정하는 경미한 사항을 변경하는 경우에는 그러하지 아니하다.
③ 에너지기본계획에는 다음의 사항이 포함되어야 한다.
  ㉠ 국내외 에너지 수요와 공급의 추이 및 전망에 관한 사항
  ㉡ 에너지의 안정적 확보, 도입·공급 및 관리를 위한 대책에 관한 사항
  ㉢ 에너지 수요 목표, 에너지원 구성, 에너지 절약 및 에너지 이용효율 향상에 관한 사항
  ㉣ 신재생에너지 등 환경친화적 에너지의 공급 및 사용을 위한 대책에 관한 사항
  ㉤ 에너지 안전관리를 위한 대책에 관한 사항
  ㉥ 에너지 관련 기술개발 및 보급, 전문인력 양성, 국제협력, 부존 에너지자원 개발 및 이용, 에너지 복지 등에 관한 사항

(9) 기후변화대응 및 에너지의 목표관리(법 제42조)

① 정부는 범지구적인 온실가스 감축에 적극 대응하고 저탄소 녹색성장을 효율적·체계적으로 추진하기 위하여 다음의 사항에 대한 중장기 및 단계별 목표를 설정하고 그 달성을 위하여 필요한 조치를 강구하여야 한다.
  ㉠ 온실가스 감축 목표   ㉡ 에너지 절약 목표 및 에너지 이용효율 목표
  ㉢ 에너지 자립 목표   ㉣ 신재생에너지 보급 목표
② 정부는 ①에 따른 목표를 설정할 때 국내 여건 및 각국의 동향 등을 고려하여야 한다.
③ 정부는 ①의 ㉠에 따른 온실가스 감축 목표를 변경하는 경우에는 공청회 개최 등을 통하여 관계 전문가 및 이해관계자의 의견을 들어야 한다. 이 경우 그 의견이 타당하다고 인정하는 경우에는 이를 반영하여야 한다.

④ 정부는 ①에 따른 목표를 달성하기 위하여 관계 중앙행정기관, 지방자치단체 및 대통령령으로 정하는 공공기관 등에 대하여 대통령령으로 정하는 바에 따라 해당 기관별로 에너지절약 및 온실가스 감축목표를 설정하도록 하고 그 이행사항을 지도·감독할 수 있다.

⑤ 정부는 ①의 ㉠ 및 ㉡에 따른 목표를 달성할 수 있도록 산업, 교통·수송, 가정·상업 등 부문별 목표를 설정하고 그 달성을 위하여 필요한 조치를 적극 마련하여야 한다.

⑥ 정부는 ①의 ㉠ 및 ㉡에 따른 목표를 달성하기 위하여 대통령령으로 정하는 기준량 이상의 온실가스 배출업체 및 에너지 소비업체(이하 "관리업체"라 한다)별로 측정·보고·검증이 가능한 방식으로 목표를 설정·관리하여야 한다. 이 경우 정부는 관리업체와 미리 협의하여야 하며, 온실가스 배출 및 에너지 사용 등의 이력, 기술 수준, 국제경쟁력, 국가목표 등을 고려하여야 한다.

⑦ 관리업체는 ⑥에 따른 목표를 준수하여야 하며, 그 실적을 대통령령으로 정하는 바에 따라 정부에 보고하여야 한다.

⑧ 정부는 ⑦에 따라 보고받은 실적에 대하여 등록부를 작성하고 체계적으로 관리하여야 한다.

⑨ 정부는 관리업체의 준수실적이 ⑥에 따른 목표에 미달하는 경우 목표달성을 위하여 필요한 개선을 명할 수 있다. 이 경우 관리업체는 개선명령에 따른 이행계획을 작성하여 이를 성실히 이행하여야 한다.

⑩ 관리업체는 ⑨에 따른 이행결과를 측정·보고·검증이 가능한 방식으로 작성하여 대통령령으로 정하는 공신력 있는 외부 전문기관의 검증을 받아 정부에 보고하고 공개하여야 한다.

⑪ 정부는 관리업체가 ⑥에 따른 목표를 달성하고 ⑨에 따른 이행계획을 차질 없이 이행할 수 있도록 하기 위하여 필요한 경우 재정·세제·경영·기술지원, 실태조사 및 진단, 자료 및 정보의 제공 등을 할 수 있다.

⑫ ⑥~⑩까지에서 규정한 사항 외에 등록부의 관리, 관리업체의 지원 등에 필요한 사항은 대통령령으로 정한다.

(10) 온실가스 감축의 조기행동 촉진(법 제43조)

① 정부는 관리업체가 기후변화대응 및 에너지의 목표관리에 따른 목표관리를 받기 전에 자발적으로 행한 실적에 대해서는 이를 목표관리 실적으로 인정하거나 그 실적을 거래할 수 있도록 하는 등 자발적으로 온실가스를 미리 감축하는 행동을 하도록 촉진하여야 한다.

② ①에 따른 실적을 거래할 수 있는 방법 및 절차 등에 필요한 사항은 대통령령으로 정한다.

(11) 온실가스 감축 국가목표 설정·관리(영 제25조)

① 온실가스 감축 목표는 2030년의 국가 온실가스 총배출량을 2017년의 온실가스 총배출량의 1,000분의 244만큼 감축하는 것으로 한다.

② ①에 따른 감축 목표 달성 여부에 대한 실적을 계산할 때에는 국제 탄소시장 등을 활용한 국외 감축분, 친환경 농림수산의 촉진 및 탄소흡수원 확충에 따른 탄소흡수원을 활용한 감축분을 포함한다.

③ 환경부장관은 온실가스 감축 목표의 설정·관리 및 이행을 위한 범정부적 시책 마련 등 정책조정에 관한 업무를 지원한다. 이 경우 관계 중앙행정기관의 장은 환경부장관이 요청하는 자료를 제공하는 등 최대한 협조하여야 한다.

④ 위원회가 ①에 따른 온실가스 감축 목표의 세부 감축 목표 및 기후변화대응 및 에너지의 목표관리에 따른 부문별 목표의 설정 및 그 이행의 지원을 위하여 필요한 조치에 관한 사항을 심의하는 경우에는 위원회의 심의 전에 중장기전략위원회의 심의를 거쳐야 한다.

⑤ 위원회는 저탄소 녹색성장 정책의 기본방향을 심의할 때 ①에 따른 감축 목표가 달성될 수 있도록 국가전략, 중앙추진계획 및 지방추진계획 간의 정합성과 기후변화대응 기본계획, 에너지기본계획 및 지속가능발전 기본계획이 체계적으로 연계될 수 있는 방안을 우선적으로 고려하여야 한다.

(12) 과태료(법 제64조)

① 다음의 자에게는 1,000만원 이하의 과태료를 부과한다.

㉠ 실적을 대통령령으로 정하는 바에 따라 정부에 보고하지 않거나 이행결과를 측정·보고·검증이 가능한 방식으로 작성하여 대통령령으로 정하는 공신력 있는 외부 전문기관의 검증을 받아 정부에 보고하지 않을 경우 또는 관리업체가 사업장별로 매년 온실가스 배출량 및 에너지 소비량에 대하여 측정·보고·검증 가능한 방식으로 명세서를 작성하여 정부에 보고를 하지 아니하거나 거짓으로 보고한 자

㉡ 준수실적이 목표에 미달하는 경우 목표달성을 위하여 필요한 개선을 명할 수 있다. 이때 개선명령에 따른 이행계획을 작성하여 이를 성실히 이행하여야 하는 규정에 따른 개선명령을 이행하지 아니한 자

㉢ 이행결과를 측정·보고·검증이 가능한 방식으로 작성하여 대통령령으로 정하는 공신력 있는 외부 전문기관의 검증을 받아 정부에 보고하고 공개를 하지 아니한 자

㉣ 관리업체는 보고를 할 때 명세서의 신뢰성 여부에 대하여 대통령령으로 정하는 공신력 있는 외부 전문기관의 검증을 받아야 한다. 이 경우 정부는 명세서에 흠이 있거나 빠진 부분에 대하여 시정 또는 보완을 명할 수 있는데 그 시정이나 보완 명령을 이행하지 아니한 자

② ①에 따른 과태료는 대통령령으로 정하는 바에 따라 관계 행정기관의 장이 부과·징수한다.

CHAPTER 04 적중예상문제

제1과목 태양광발전 기획

01 전기사업의 정의로 올바른 것은?
① 발전사업·송전사업·배전사업·전기판매사업 및 구역전기사업을 말한다.
② 발전소로부터 송전된 전기를 전기사용자에게 배전하는 데 필요한 전기설비를 설치·운용하는 것을 주된 목적으로 하는 사업을 말한다.
③ 발전소에서 생산된 전기를 배전사업자에게 송전하는 데 필요한 전기설비를 설치·관리하는 것을 주된 목적으로 하는 사업을 말한다.
④ 산업통상자원부령으로 정하는 소규모의 전기설비로서 한정된 구역에서 전기를 사용하기 위하여 설치하는 전기설비를 말한다.

[해설]
정의(전기사업법 제2조)
전기사업이란 발전사업·송전사업·배전사업·전기판매사업 및 구역전기사업을 말한다.

02 다음에서 설명하는 내용은?

"전기를 생산하여 이를 전력시장을 통하여 전기판매사업자에게 공급하는 것을 주된 목적으로 하는 사업을 말한다."

① 전기사업 ② 발전사업
③ 송전사업 ④ 배전사업

[해설]
정의(전기사업법 제2조)
발전사업이란 전기를 생산하여 이를 전력시장을 통하여 전기판매사업자에게 공급하는 것을 주된 목적으로 하는 사업을 말한다.

03 발전소로부터 송전된 전기를 전기사용자에게 배전하는 데 필요한 전기설비를 설치·운용하는 것을 주된 목적으로 하는 사업은?
① 배전사업 ② 송전사업
③ 전기설비사업 ④ 자가용설비

[해설]
정의(전기사업법 제2조)
배전사업이란 발전소로부터 송전된 전기를 전기사용자에게 배전하는 데 필요한 전기설비를 설치·운용하는 것을 주된 목적으로 하는 사업을 말한다.

04 전기설비의 종류에 해당되지 않는 것은?
① 전기사업용 전기설비 ② 자가용 전기설비
③ 일반용 전기설비 ④ 특수용 전기설비

[해설]
전기설비의 종류(전기사업법 제2조)
• 전기사업용 전기설비
• 일반용 전기설비
• 자가용 전기설비

05 산업통상자원부령으로 정하는 소규모의 전기설비로서 한정된 구역에서 전기를 사용하기 위하여 설치하는 전기설비는?
① 사업용 전기설비 ② 일반용 전기설비
③ 공업용 전기설비 ④ 자가용 전기설비

[해설]
정의(전기사업법 제2조)
일반용 전기설비란 산업통상자원부령으로 정하는 소규모의 전기설비로서 한정된 구역에서 전기를 사용하기 위하여 설치하는 전기설비를 말한다.

06 변전소는 전압이 얼마 이상인 전기를 전송받아 전송하는가?
① 3만[V] ② 4만[V]
③ 5만[V] ④ 10만[V]

[해설]
정의(전기사업법 시행규칙 제2조)
변전소란 변전소의 밖으로부터 전압 5만[V] 이상의 전기를 전송받아 이를 변성(전압을 올리거나 내리는 것 또는 전기의 성질을 변경시키는 것을 말한다)하여 변전소 밖의 장소로 전송할 목적으로 설치하는 변압기와 그 밖의 전기설비 전체를 말한다.

정답 1① 2② 3① 4④ 5② 6③

07 개폐소의 전기설비에 해당하지 않는 것은?
① 발전소 상호 간 ② 발전소와 송전소 간
③ 변전소 상호 간 ④ 발전소와 변전소 간

해설
정의(전기사업법 시행규칙 제2조)
개폐소란 다음의 곳의 전압 5만[V] 이상의 송전선로를 연결하거나 차단하기 위한 전기설비를 말한다.
• 발전소 상호 간
• 변전소 상호 간
• 발전소와 변전소 간

08 배전선로에 해당되지 않는 전기설비로 옳지 않은 것은?
① 발전소와 전기수용설비
② 송전선로와 수전선로
③ 변전소와 전기수용설비
④ 전기수용설비 상호 간

해설
정의(전기사업법 시행규칙 제2조)
배전선로란 다음의 곳을 연결하는 전선로와 이에 속하는 전기설비를 말한다.
• 발전소와 전기수용설비   • 변전소와 전기수용설비
• 송전선로와 전기수용설비 • 전기수용설비 상호 간

09 저압의 정의로 옳은 것은?
① 직류에서는 1,750[V]를 초과하고 7,000[V] 이하인 전압을 말하고, 교류에서는 1,600[V]를 초과하고 7,000[V] 이하인 전압을 말한다.
② 7,000[V]를 초과하는 전압을 말한다.
③ 직류에서는 1,500[V] 이하의 전압을 말하고, 교류에서는 1,000[V] 이하의 전압을 말한다.
④ 교류전압 또는 고주파전류 750[V] 이상, 직류전압 1,600[V] 이상의 전압을 말한다.

해설
정의(전기사업법 시행규칙 제2조)
저압이란 직류에서는 1,500[V] 이하의 전압을 말하고, 교류에서는 1,000[V] 이하의 전압을 말한다.

10 7,000[V]를 초과하는 전압은?
① 특고압   ② 저 압
③ 고 압   ④ 상용전압

해설
정의(전기사업법 시행규칙 제2조)
특고압이란 7,000[V]를 초과하는 전압을 말한다.

11 일반용 전기설비의 범위에 해당하는 것은?
① 저압에 해당하는 용량 75[kW] 미만의 전력을 타인으로부터 수전하여 그 수전장소에서 그 전기를 사용하기 위한 전기설비
② 전압 700[V] 이하로서 용량 6[kW] 미만의 전력을 타인으로부터 수전하여 그 수전장소에서 그 전기를 사용하기 위한 전기설비
③ 전압 700[V] 이하로서 용량 1[kW] 이하인 발전기
④ 전압 600[V] 이하로서 용량 1[kW] 이하인 발전기

해설
일반용전기설비의 범위(전기사업법 시행규칙 제3조) 〈개정 2021. 4. 1.〉
전기사업법 제2조제18호에 따른 일반용전기설비는 다음의 어느 하나에 해당하는 전기설비로 한다.
• 저압에 해당하는 용량 75[kW](제조업 또는 심야전력을 이용하는 전기설비는 용량 100[kW]) 미만의 전력을 타인으로부터 수전하여 그 수전장소(담·울타리 또는 그 밖의 시설물로 타인의 출입을 제한하는 구역을 포함)에서 그 전기를 사용하기 위한 전기설비
• 저압에 해당하는 용량 10[kW] 이하인 발전설비

12 일반용 전기설비의 범위 위험시설에 설치하는 용량 20[kW] 이상의 전기설비에 해당되지 않는 것은?
① 총포·도검·화약류 등 단속법에 따른 화약류(장난감용 꽃불은 제외한다)를 제조하는 사업장
② 광산안전법 시행령에 따른 갑종 탄광
③ 공연법에 따른 공연장
④ 위험물 안전관리법에 따른 위험물의 제조소 또는 취급소

해설
일반용 전기설비의 범위 위험시설에 설치하는 용량 20[kW] 이상의 전기설비
① 총포·도검·화약류 등 단속법에 따른 화약류(장난감용 꽃불은 제외한다)를 제조하는 사업장
② 광산안전법 시행령에 따른 갑종 탄광
③ 도시가스사업법에 따른 도시가스사업장, 액화석유가스의 안전관리 및 사업법에 따른 액화석유가스의 저장·충전 및 판매사업장 또는 고압가스 안전관리법에 따른 고압가스의 제조소 및 저장소
④ 위험물 안전관리법에 따른 위험물의 제조소 또는 취급소

13 동일인이 두 종류의 전기사업 허가를 할 수 있는 사항으로 틀린 것은?
① 도서지역에서 전기사업을 하는 경우
② 집단에너지사업법에 따라 발전사업의 허가를 받은 것으로 보는 집단에너지사업자가 전기판매사업을 겸업하는 경우
③ 배전사업과 전기판매사업을 겸업하는 경우
④ 자본금이 100억이 넘는 경우

해설
두 종류 이상의 전기사업의 허가(전기사업법 시행령 제3조)
• 배전사업과 전기판매사업을 겸업하는 경우
• 도서지역에서 전기사업을 하는 경우
• 집단에너지사업법에 따라 발전사업의 허가를 받은 것으로 보는 집단에너지사업자가 전기판매사업을 겸업하는 경우. 다만, 사업의 허가에 따라 허가받은 공급구역에 전기를 공급하려는 경우로 한정한다.

14 사업허가의 신청을 할 경우 전기사업허가신청서를 작성하여 누구에게 신청해야 하는가?
① 대통령
② 산업통상자원부장관
③ 국무총리
④ 전력인협회

해설
사업허가의 신청(전기사업법 시행규칙 제4조)
전기사업의 허가를 신청하려는 자는 전기사업허가신청서(전자문서로 된 신청서를 포함)에 서류(전자문서를 포함)를 첨부하여 산업통상자원부장관에게 제출하여야 한다. 다만, 발전설비용량이 3천[kW] 이하인 발전사업의 허가를 받으려는 자는 특별시장·광역시장·특별자치시장·도지사 또는 특별자치도지사(이하 "시·도지사"라 한다)에게 제출하여야 한다.

15 발전설비용량이 3천[kW] 이하인 발전사업의 허가를 받으려는 자는 허가를 신청해야 하는데 이에 허가를 내 줄 수 있는 사람이 아닌 것은?
① 구청장
② 도지사
③ 광역시장
④ 특별시장

해설
13번 해설 참조

16 사업계획서의 작성방법 중 사업계획에 포함되는 사항이 아닌 것은?
① 사업계획 개요
② 전기설비 개요
③ 투자자명단
④ 사업 구분

해설
사업계획에 포함되어야 할 사항(전기사업법 시행규칙 별표 1)
• 사업 구분
• 사업계획 개요(사업자명, 전기설비의 명칭 및 위치, 발전형식 및 연료, 설비용량, 소요부지면적, 준비기간, 사업개시 예정일 및 운영기간을 포함한다)
• 전기설비 개요
• 전기설비 건설 계획(구체적인 주요공정 추진 일정 및 건설인력 관련 계획을 포함한다)
• 전기설비 운영 계획(기술인력의 확보 계획을 포함한다)
• 부지의 확보 및 배치 계획(석탄을 이용한 화력발전의 경우 회 처리장에 관한 사항을 포함한다)
• 전력계통의 연계 계획(발전사업 및 구역전기사업의 경우만 해당한다)
• 연료 및 용수 확보 계획(발전사업 및 구역전기사업의 경우만 해당한다)
• 온실가스 감축계획(화력발전의 경우만 해당한다)
• 소요금액 및 재원조달계획(전기사업회계규칙의 계정과목 분류에 따른 공사비 개괄 계산서를 포함한다)
• 사업개시 예정일부터 5년간 연도별·용도별 공급계획(전기판매사업 및 구역전기사업의 경우에만 해당한다)

17 사업계획서 작성방법 중 태양광설비의 내용에 해당되지 않는 사항은?
① 태양의 크기
② 집광판의 면적
③ 인버터(Inverter)의 종류, 입력전압, 출력전압 및 정격출력
④ 태양전지의 종류, 정격용량, 정격전압 및 정격출력

정답 13 ④ 14 ② 15 ① 16 ③ 17 ①

해설
태양광설비의 내용(전기사업법 시행규칙 별표 1)
- 태양전지의 종류, 정격용량, 정격전압 및 정격출력
- 인버터(Inverter)의 종류, 입력전압, 출력전압 및 정격출력
- 집광판의 면적

18 변경허가사업 등에서 산업통상자원부령으로 정하는 중요사항에 해당되지 않는 것은?
① 특정한 사용제한
② 사업구역
③ 공급전압
④ 발전사업 또는 구역전기사업의 경우 발전용 전기설비에서 원동력의 종류

해설
변경허가사업 등에서 산업통상자원부령으로 정하는 중요사항
- 사업구역 또는 특정한 공급구역
- 공급전압
- 발전사업 또는 구역전기사업의 경우 발전용 전기설비에 관한 다음 어느 하나에 해당하는 사항
  - 설치장소(동일한 읍·면·동에서 설치장소를 변경하는 경우는 제외)
  - 설비용량(변경 정도가 허가 또는 변경허가를 받은 설비용량의 100분의 10 이하인 경우는 제외)
  - 원동력의 종류(허가 또는 변경허가를 받은 설비용량이 300,000[kW] 이상인 발전용 전기설비에 신에너지 및 재생에너지 개발·이용·보급 촉진법에 따른 신재생에너지를 이용하는 발전용 전기설비를 추가로 설치하는 경우는 제외)

19 사업계획서 구비서류 구분에 관련된 내용이 아닌 것은?
① 재무능력 관련
② 기술능력 관련
③ 계획에 따른 수행 가능 여부 관련
④ 해외기술 비교 관련

해설
사업계획서 구비서류 구분에 관련된 내용(전기사업법 시행규칙 별표1의 2)
- 재무능력 관련
- 기술능력 관련
- 계획에 따른 수행 가능 여부 관련

20 사업허가증의 발급기관은?
① 대통령
② 산업통상자원부장관
③ 전력인협회
④ 구청장

해설
사업허가증(전기사업법 시행규칙 제6조)
산업통상자원부장관 또는 시·도지사(발전설비용량이 3,000[kW] 이하인 발전사업의 경우로 한정한다)는 전기사업의 허가에 따른 전기사업에 대한 허가(변경허가를 포함한다)를 하는 경우에는 (발전, 구역전기) 사업허가증 또는 (송전, 배전, 전기판매) 사업허가증을 발급하여야 한다.

21 전기설비의 설치 및 사업의 개시 의무에 관한 사항이 아닌 것은?
① 산업통상자원부장관은 전기사업을 허가할 때 필요하다고 인정하면 전기사업별 또는 전기설비별로 구분하여 준비기간을 지정할 수 있다.
② 전기사업자는 산업통상자원부장관이 지정한 준비기간에 사업에 필요한 전기설비를 설치하고 사업을 시작하여야 한다.
③ 전기사업자는 사업을 시작한 경우에는 지체 없이 그 사실을 산업통상자원부장관에게 신고하여야 한다.
④ 준비기간은 1년을 넘을 수 없다.

해설
전기설비의 설치 및 사업의 개시 의무(전기사업법 제9조)
- 전기사업자는 허가권자가 지정한 준비기간에 사업에 필요한 전기설비를 설치하고 사업을 시작하여야 한다.
- 준비기간은 10년을 넘을 수 없다. 다만, 허가권자가 정당한 사유가 있다고 인정하는 경우에는 준비기간을 연장할 수 있다.
- 허가권자는 전기사업을 허가할 때 필요하다고 인정하면 전기사업별 또는 전기설비별로 구분하여 준비기간을 지정할 수 있다.
- 전기사업자는 사업을 시작한 경우에는 지체 없이 그 사실을 허가권자에게 신고하여야 한다. 다만, 발전사업자의 경우에는 최초로 전력거래를 한 날부터 30일 이내에 신고하여야 한다.

정답 18 ① 19 ④ 20 ② 21 ④

22 전기공급의 의무 중 대통령령으로 정하는 기본공급약관에 대한 인가기준에 해당되는 사항이 아닌 것은?

① 전기요금이 적정 원가에 적정 이윤을 더한 것일 것
② 전기요금을 공급 종류별 또는 전압별로 구분하여 규정하고 있을 것
③ 전기판매사업자와 전기사용자 간의 권리의무 관계와 책임에 관한 사항이 명확하게 규정되어 있을 것
④ 전력량계 등의 전기설비의 설치주체는 개인이고, 비용부담 모두 정부에서 낼 것

해설

대통령령으로 정하는 기본공급약관에 대한 인가기준
• 전기요금과 그 밖의 공급조건에 관한 약관에 대한 인가 또는 변경인가의 기준은 다음과 같다.
  - 전기요금이 적정 원가에 적정 이윤을 더한 것일 것
  - 전기요금을 공급 종류별 또는 전압별로 구분하여 규정하고 있을 것
  - 전기판매사업자와 전기사용자 간의 권리의무 관계와 책임에 관한 사항이 명확하게 규정되어 있을 것
  - 전력량계 등의 전기설비의 설치주체와 비용부담자가 명확하게 규정되어 있을 것
• 인가 또는 변경인가의 기준에 관한 세부적인 사항은 산업통상자원부장관이 정하여 고시한다.

23 전기의 공급을 거부할 수 있는 사유에 해당하지 않는 것은?

① 전기요금을 납기일까지 납부하지 아니한 전기사용자가 납기일의 다음 날부터 법 제16조 제4항에 따른 공급약관(이하 "공급약관"이라 한다)에서 정하는 기한까지 해당 요금을 납부하지 아니하는 경우
② 전기의 공급을 요청하는 자가 불합리한 조건을 제시하거나 전기판매사업자 또는 전기자동차충전사업자의 정당한 조건에 따르지 아니하고 다른 방법으로 전기의 공급을 요청하는 경우
③ 발전용 전기설비의 정기적인 보수기간 중 전기의 공급을 요청하는 경우(발전사업자만 해당한다)
④ 탄핵이나 해외 비상사태로의 경우

해설

전기공급의 거부 사유(전기사업법 시행령 제5조의5)
법 제14조에서 대통령령으로 정하는 정당한 사유란 다음 각 호의 어느 하나에 해당하는 경우를 말한다.
• 전기요금을 납기일까지 납부하지 아니한 전기사용자가 납기일의 다음 날부터 법 제16조 제4항에 따른 공급약관(이하 "공급약관"이라 한다)에서 정하는 기한까지 해당 요금을 납부하지 아니하는 경우
• 전기의 공급을 요청하는 자가 불합리한 조건을 제시하거나 전기판매사업자 또는 전기자동차충전사업자의 정당한 조건에 따르지 아니하고 다른 방법으로 전기의 공급을 요청하는 경우
• 발전사업자[법 제35조에 따라 설립된 한국전력거래소(이하 "한국전력거래소"라 한다)가 법 제45조에 따라 전력계통의 운영을 위하여 전기공급을 지시한 발전사업자는 제외한다]가 법 제5조에 따라 환경을 적정하게 관리·보존하는 데 필요한 조치로서 전기공급을 정지하는 경우
• 전기사용자가 법 제18조 제1항에 따른 전기의 품질에 적합하지 아니한 전기의 공급을 요청하는 경우
• 발전용 전기설비의 정기적인 보수기간 중 전기의 공급을 요청하는 경우(발전사업자만 해당한다)
• 전기를 대량으로 사용하려는 자가 다음 각 목에서 정하는 시기까지 전기판매사업자에게 미리 전기의 공급을 요청하지 아니하는 경우
  - 사용량이 5,000[kW](건축법 시행령 [별표 1] 제14호 나목의 일반업무시설인 경우에는 2,000[kW]) 이상 10,000[kW] 미만인 경우 : 사용 예정일 1년 전
  - 사용량이 10,000[kW] 이상 100,000[kW] 미만인 경우 : 사용 예정일 2년 전
  - 사용량이 100,000[kW] 이상 300,000[kW] 미만인 경우 : 사용 예정일 3년 전
  - 사용량이 300,000[kW] 이상인 경우 : 사용 예정일 4년 전
• 전기안전관리법 제12조 제1항 본문에 따른 일반용전기설비의 사용 전 점검을 받지 아니하고 전기공급을 요청하는 경우
• 전기안전관리법 제12조 제6항 또는 다른 법률에 따라 시장·군수·구청장(자치구의 구청장을 말한다. 이하 같다) 또는 그 밖의 행정기관의 장이 전기공급의 정지를 요청하는 경우
• 재난이나 그 밖의 비상사태로 인하여 전기공급이 불가능한 경우

24 전기의 품질기준에서 표준전압과 허용오차를 틀리게 설명한 것은?

	표준전압	허용오차
①	110[V]	110[V]의 상하로 6[V] 이내
②	220[V]	220[V]의 상하로 13[V] 이내
③	380[V]	380[V]의 상하로 38[V] 이내
④	400[V]	400[V]의 상하로 40[V] 이내

해설

전기의 품질기준(전기사업법 시행규칙 제18조 별표 3)
전기품질의 유지에 따라 전기사업자와 전기신사업자는 그가 공급하는 전기가 표준전압·표준주파수 및 허용오차의 범위에서 유지되도록 하여야 한다.

표준전압	허용오차
110[V]	110[V]의 상하로 6[V] 이내
220[V]	220[V]의 상하로 13[V] 이내
380[V]	380[V]의 상하로 38[V] 이내

정답 22 ④ 23 ④ 24 ④

25 전압 및 주파수를 측정하고자 할 때 매년 1회 이상 측정해야 한다. 그 측정결과는 얼마나 보존해야 하는가?

① 1년　　② 2년
③ 3년　　④ 4년

해설
전압 및 주파수의 측정(전기사업법 시행규칙 제19조)
전기사업자 및 한국전력거래소는 다음의 사항을 매년 1회 이상 측정하여야 하며 측정 결과를 3년간 보존하여야 한다.
• 발전사업자 및 송전사업자의 경우에는 전압 및 주파수
• 배전사업자 및 전기판매사업자의 경우에는 전압
• 한국전력거래소의 경우에는 주파수

26 전압 및 주파수의 측정 종목이 아닌 것은?

① 배전사업자 및 전기판매사업자의 경우에는 전압
② 송전사업자 및 전기판매사업자의 경우에는 전류
③ 발전사업자 및 송전사업자의 경우에는 전압 및 주파수
④ 한국전력거래소의 경우에는 주파수

해설
25번 해설 참조

27 전력량계의 설치·관리를 할 수 있는 사람이 아닌 것은?

① 배전사업자
② 구역전기사업자
③ 자가용 전기설비를 설치한 자
④ 송전사업자

해설
전력량계의 설치·관리(전기사업법 제19조)
다음의 자는 시간대별로 전력거래량을 측정할 수 있는 전력량계를 설치·관리하여야 한다.
• 발전사업자(대통령령으로 정하는 발전사업자는 제외)
• 자가용 전기설비를 설치한 자
• 구역전기사업자
• 배전사업자
• 전력의 직접 구매 단서에 따라 전력을 직접 구매하는 전기사용자

28 전력수급의 안전 기본계획사항에 포함되지 않는 것은?

① 전력수급의 장기전망에 관한 사항
② 전력수요의 관리에 관한 사항
③ 전력의 발전전망과 적정사용자에 대한 사항
④ 전력수급의 기본방향에 관한 사항

해설
전력수급의 안전 기본계획사항(전기사업법 제25조)
• 전력수급의 기본방향에 관한 사항
• 전력수급의 장기전망에 관한 사항
• 발전설비계획 및 주요 송전·변전설비계획에 관한 사항
• 전력수요의 관리에 관한 사항
• 직전 기본계획의 평가에 관한 사항
• 그 밖에 전력수급에 관하여 필요하다고 인정하는 사항

29 도서지역 등 대통령령으로 정하는 경우의 전력거래에 해당되는 내용 중 신에너지 및 재생에너지 개발·이용·보급 촉진법에 따른 신재생에너지발전사업자가 몇 [kW] 이하의 발전설비용량을 이용하여 생산한 전력을 거래하는 경우인가?

① 1,000[kW]　　② 2,000[kW]
③ 3,000[kW]　　④ 5,000[kW]

해설
도서지역 등 대통령령으로 정하는 경우의 전력거래(전기사업법 시행령 제19조)
• 한국전력거래소가 운영하는 전력계통에 연결되어 있지 아니한 도서지역에서 전력을 거래하는 경우
• 신에너지 및 재생에너지 개발·이용·보급 촉진법에 따른 신재생에너지발전사업자가 1,000[kW] 이하의 발전설비용량을 이용하여 생산한 전력을 거래하는 경우
• 산업통상자원부장관이 정하여 고시하는 요건을 갖춘 신재생에너지발전사업자(자가용전기설비를 설치한 자는 제외)가 1,000[kW] 초과의 발전설비용량(둘 이상의 신재생에너지발전사업자가 공동으로 공급하는 경우 그 발전설비용량은 합산)을 이용하여 생산한 전력을 전기판매사업자에게 공급하고, 전기판매사업자가 그 전력을 산업통상자원부장관이 정하여 고시하는 요건을 갖춘 전기사용자에게 공급하는 방법으로 전력을 거래하는 경우

30 전력수급기본계획의 수립의 기본 수립은 몇 년마다 수립·시행해야 하는가?

① 6개월　　② 1년
③ 2년　　④ 5년

> 해설

전력수급기본계획의 수립(전기사업법 시행령 제15조)
- 전력수급기본계획은 2년 단위로 수립·시행한다.
- 공청회가 정상적으로 진행되지 못하는 등 대통령령으로 정하는 사유란 다음 각 호의 어느 하나에 해당하는 경우를 말한다.
  - 이해관계자 등의 방해로 공청회가 개최되지 못한 횟수가 2회 이상인 경우
  - 공청회가 개최되었으나 이해관계자 등의 방해로 정상적으로 진행되지 못한 경우
- 산업통상자원부장관은 정상적인 공청회를 개최하지 아니한 경우 다음 각 호의 사항을 일간신문 및 산업통상자원부 인터넷 홈페이지에 게재하여 의견을 들어야 한다.
  - 공청회의 미개최 사유
  - 기본계획안의 열람방법
  - 의견 제출의 시기 및 방법
  - 그 밖에 산업통상자원부장관이 필요하다고 인정하는 사항

31 전력수급기본계획의 수립에서 공청회가 정상적으로 진행되지 못하는 등 대통령령으로 정하는 사유에 해당되는 것은?

① 이해관계자 등의 방해로 공청회가 개최되지 못한 횟수가 1회 이상인 경우
② 이해관계자 등의 방해로 공청회가 개최되지 못한 횟수가 2회 이상인 경우
③ 이해관계자 등의 방해로 공청회가 개최되지 못한 횟수가 3회 이상인 경우
④ 이해관계자 등의 방해로 공청회가 개최되지 못한 횟수가 4회 이상인 경우

> 해설

30번 문제 참조

32 전력수급기본계획의 수립에서 "산업통상자원부장관은 정상적인 공청회를 개최하지 아니한 경우 다음 각 호의 사항을 일간신문 및 산업통상자원부 인터넷 홈페이지에 게재하여 의견을 들어야 한다." 이 때 해당되지 않는 사항은?

① 공청회의 미개최 사유
② 기본계획안의 열람방법
③ 의견 제출의 시기 및 방법
④ 자본 내역을 제출하지 않을 때

> 해설

30번 문제 참조

33 구역전기사업자가 전력을 전력시장에서 거래할 수 있는 경우에 해당되지 않는 내용은?

① 집단에너지사업자의 전기 공급에 대한 특례에 해당하는 자가 산업통상자원부령으로 정하는 기간 동안 해당 특정한 공급구역의 열 수요가 감소함에 따라 발전기 가동을 단축하는 경우 생산한 전력으로는 해당 특정한 공급구역의 수요에 부족한 전력
② 허가받은 공급능력으로 해당 특정한 공급구역의 수요에 부족하거나 남는 전력
③ 발전기의 고장, 정기점검 및 보수 등으로 인하여 해당 특정한 공급구역의 수요에 부족한 전력
④ 정보통신공사업자가 요청하는 경우

> 해설

구역전기사업자가 전력을 전력시장에서 거래할 수 있는 경우(전기사업법 시행령 제19조)
- 허가받은 공급능력으로 해당 특정한 공급구역의 수요에 부족하거나 남는 전력
- 발전기의 고장, 정기점검 및 보수 등으로 인하여 해당 특정한 공급구역의 수요에 부족한 전력
- 집단에너지사업자의 전기 공급에 대한 특례에 해당하는 자가 산업통상자원부령으로 정하는 기간 동안 해당 특정한 공급구역의 열 수요가 감소함에 따라 발전기 가동을 단축하는 경우 생산한 전력으로는 해당 특정한 공급구역의 수요에 부족한 전력

34 지능형전력망 기반 구축사업자의 등록기준에 해당되지 않는 사항은?

① 전기사업법에 따라 허가받은 송전사업자, 배전사업자, 구역전기사업자 또는 한국전력거래소일 것
② 지능형전력망 정보의 신뢰성과 안전성을 확보하기 위한 보호조치 계획을 갖출 것
③ 자본금 100억원 이상
④ 국가기술자격법에 따른 전기·정보통신·전자·기계·건축·토목·환경 분야의 기사 3명 이상(전기 분야의 기사 1명 이상 포함)을 둘 것

정답 31 ② 32 ④ 33 ④ 34 ③

해설

지능형전력망 기반 구축사업자 등록기준(전기사업법 시행령 제19조)
- 전기사업법에 따라 허가받은 송전사업자, 배전사업자, 구역전기사업자 또는 한국전력거래소일 것
- 자본금 20억원 이상
- 국가기술자격법에 따른 전기·정보통신·전자·기계·건축·토목·환경 분야의 기사 3명 이상(전기 분야의 기사 1명 이상 포함)을 둘 것
- 지능형전력망 정보의 신뢰성과 안전성을 확보하기 위한 보호조치 계획을 갖출 것

35 전력의 직접구매에서 대통령령으로 정하는 규모 이상의 전기사용자 용량은 몇 만[kVA] 이상인가?

① 3
② 5
③ 8
④ 10

해설

전력의 직접 구매(전기사업법 제32조, 시행령 제20조)
- 전기사용자는 전력시장에서 전력을 직접 구매할 수 없다. 다만, 대통령령으로 정하는 규모 이상의 전기사용자는 그러하지 아니하다.
- 대통령령으로 정하는 규모 이상의 전기사용자란 수전설비의 용량이 3만[kVA] 이상인 전기사용자를 말한다.

36 한국전력거래소의 업무에 해당되지 않는 업무는?

① 전력거래량의 계량에 관한 업무
② 전력계통의 운영에 관한 업무
③ 전력거래에 관한 업무
④ 회원의 회비와 규모에 관한 업무

해설

한국전력거래소의 업무(전기사업법 제36조)
- 전력시장 및 소규모전력중개시장의 개설·운영에 관한 업무
- 전력거래에 관한 업무
- 회원의 자격 심사에 관한 업무
- 전력거래대금 및 전력거래에 따른 비용의 청구·정산 및 지불에 관한 업무
- 전력거래량의 계량에 관한 업무
- 전력시장운영규칙 및 중개시장운영규칙 등 관련 규칙의 제정·개정에 관한 업무
- 전력계통의 운영에 관한 업무
- 전력품질의 측정·기록·보존에 관한 업무

37 전력산업기반조성계획에 포함되지 않는 내용은?

① 전력산업발전의 기본방향에 관한 사항
② 전력 산업 비전문 인력의 양성에 관한 사항
③ 석탄산업법에 따른 석탄산업장기계획상 발전용 공급량의 사용에 관한 사항
④ 전력 분야의 연구기관 및 단체의 육성·지원에 관한 사항

해설

전력산업기반조성계획에 포함되어야 할 사항
- 전력산업발전의 기본방향에 관한 사항
- 기금의 사용 각 호에 규정된 사업에 관한 사항
- 전력 산업 전문 인력의 양성에 관한 사항
- 전력 분야의 연구기관 및 단체의 육성·지원에 관한 사항
- 석탄산업법에 따른 석탄산업장기계획상 발전용 공급량의 사용에 관한 사항
- 그 밖에 전력산업의 기반조성을 위하여 필요한 사항

38 전기위원회의 설치 및 구성으로 옳지 않은 것은?

① 전기사업 등의 공정한 경쟁 환경 조성 및 전기사용자의 권익 보호에 관한 사항의 심의와 전기사업 등과 관련된 분쟁의 재정을 위하여 산업통상자원부에 전기위원회를 둔다.
② 전기위원회는 위원장 1명을 포함한 50명 이내의 위원으로 구성하되, 위원 중 국무총리가 정하는 수의 위원은 상임으로 한다.
③ 전기위원회의 위원장을 포함한 위원은 산업통상자원부장관의 제청으로 대통령이 임명 또는 위촉한다.
④ 전기위원회의 사무를 처리하기 위하여 전기위원회에 사무기구를 둔다.

해설

전기위원회의 설치 및 구성(전기사업법 제53조)
- 전기사업 등의 공정한 경쟁 환경 조성 및 전기사용자의 권익 보호에 관한 사항의 심의와 전기사업 등과 관련된 분쟁의 재정을 위하여 산업통상자원부에 전기위원회를 둔다.
- 전기위원회는 위원장 1명을 포함한 9명 이내의 위원으로 구성하되, 위원 중 대통령령으로 정하는 수의 위원은 상임으로 한다.
- 전기위원회의 위원장을 포함한 위원은 산업통상자원부장관의 제청으로 대통령이 임명 또는 위촉한다.
- 전기위원회의 사무를 처리하기 위하여 전기위원회에 사무기구를 둔다.

정답 35 ① 36 ④ 37 ② 38 ②

39 전기위원회의 개회 및 운영을 하려면 전기위원회의 위원장은 회의를 소집하려는 경우에는 회의의 일시·장소 및 안건을 정하여 회의일 며칠 전까지 각 위원에게 서면으로 알려야 하는가?

① 7일　　　　　　② 15일
③ 30일　　　　　　④ 60일

해설
전기위원회의 개회 및 운영(전기사업법 시행령 제39조)
전기위원회의 위원장은 회의를 소집하려는 경우에는 회의의 일시·장소 및 안건을 정하여 회의일 7일 전까지 각 위원에게 서면으로 알려야 한다. 다만, 긴급한 경우이거나 부득이한 사유가 있는 경우에는 그러하지 아니하다.

40 전기위원회의 심의사항에 포함되지 않는 내용은?

① 전기사업의 허가 또는 변경허가에 관한 사항
② 전기판매사업자의 기본공급약관 및 보완공급약관의 인가에 관한 사항
③ 금지행위에 대한 조치에 관한 사항
④ 전기공급자의 벌금에 관한 사항

해설
전기위원회의 심의사항(전기사업법 제56조)
• 전기사업의 허가 또는 변경허가에 관한 사항
• 전기사업의 양수 또는 법인의 분할·합병에 대한 인가에 관한 사항
• 전기사업의 허가취소, 사업정지, 사업구역의 감소 및 과징금의 부과에 관한 사항
• 송전용 또는 배전용 전기설비의 이용요금과 그 밖의 이용조건의 인가에 관한 사항
• 전기판매사업자의 기본공급약관 및 보완공급약관의 인가에 관한 사항
• 구역전기사업자의 기본공급약관의 인가에 관한 사항
• 전기설비의 수리 또는 개조, 전기설비의 운용방법의 개선, 그 밖에 필요한 조치에 관한 사항
• 금지행위에 대한 조치에 관한 사항
• 금지행위에 대한 과징금의 부과·징수에 관한 사항
• 전력거래가격의 상한에 관한 사항
• 차액계약의 인가에 관한 사항
• 전력시장운영규칙의 승인에 관한 사항
• 전력계통 신뢰도 관리업무에 대한 연간계획 및 실적, 관계 규정의 제정·개정 및 폐지 등에 관한 사항
• 산업통상자원부장관의 조치명령에 관한 사항
• 전기사용자의 보호에 관한 사항
• 전력산업의 경쟁체제 도입 등 전력산업의 구조개편에 관한 사항
• 다른 법령에서 전기위원회의 심의사항으로 규정한 사항
• 산업통상자원부장관이 심의를 요청한 사항

41 전기안전관리자를 선임하여야 하는 전기설비가 아닌 것은?

① 저압에 해당하는 전기수용설비(전기사업법 시행규칙에 따른 전기설비는 제외)로서 제조업 및 기업활동 규제완화에 관한 특별조치법 시행령에 따른 제조업 관련 서비스업에 설치하는 전기수용설비
② 심야전력을 이용하는 전기설비로서 저압에 해당하는 전기수용설비
③ 설비용량 10[kW] 이하의 발전설비
④ 설비용량 20[kW] 이상의 발전설비

해설
전기안전관리자의 선임(전기안전관리법 시행규칙 제25조)
① 전기안전관리자를 선임해야 하는 전기설비는 다음 각 호의 전기설비 외의 전기설비를 말한다.
• 저압에 해당하는 전기수용설비(전기사업법 시행규칙에 따른 전기설비는 제외)로서 제조업 및 기업활동 규제완화에 관한 특별조치법 시행령에 따른 제조업 관련 서비스업에 설치하는 전기수용설비
• 심야전력을 이용하는 전기설비로서 저압에 해당하는 전기수용설비
• 휴지 중인 다음 각 목의 전기설비
 – 전기설비의 소유자 또는 점유자가 전기사업자에게 전기설비의 휴지를 통지한 전기설비
 – 심야전력 전기설비(전기공급계약에 따라 사용을 중지한 경우만 해당)
 – 농사용 전기설비(전기를 공급받는 지점에서부터 사용설비까지의 모든 전기설비를 사용하지 않는 경우만 해당)
• 설비용량 20[kW] 이하의 발전설비

42 안전관리업무를 1명이 할 수 있는 경우인 것은?

① 2,000[m] 이내에 있는 4개소의 유수지 배수펌프용 전기설비
② 농사용으로 동일 수계에 설치된 5개소 이상의 양수 및 배수펌프용 전기설비
③ 동일 노선의 고속국도 또는 국도에 설치된 5개소(터널 전기설비를 원격감시 및 제어할 수 있는 교통관제시설을 갖춘 고속국도는 6개소)의 터널용 전기설비
④ 설비용량(동일 산업단지 내 사업장에 설치된 전기설비의 설비용량만을 말한다)의 합계가 2,500[kW] 미만일 것

정답 39 ① 40 ④ 41 ③ 42 ④

해설

전기안전관리자의 선임 등에 따라 선임되는 전기안전관리자는 그 전기설비의 소유자·점유자 또는 그 전기설비의 소유자·점유자로부터 안전관리업무를 위탁받은 자의 소속 기술인력으로서 전기설비의 설치장소의 사업장에 상시 근무를 하여야 하고, 다른 사업장 전기설비의 전기안전관리자로 선임될 수 없다. 다만, 전기사업자나 자가용전기설비의 소유자 또는 점유자는 전기설비(휴지 중인 전기설비는 제외한다)의 공사·유지 및 운용에 관한 안전관리업무를 수행하게 하기 위하여 산업통상자원부령으로 정하는 바에 따라 국가기술자격법에 따른 전기·기계·토목 분야의 기술자격을 취득한 사람 중에서 각 분야별로 전기안전관리자를 선임하여야 한다는 규정에 따라 선임되는 전기안전관리자는 다음 각호의 어느 하나의 전기설비에 한정하여 안전관리업무를 1명이 할 수 있다.

- 1,000[m] 이내에 있는 2개소의 유수지 배수펌프용 전기설비
- 농사용으로 동일 수계에 설치된 4개소 이하의 양수 및 배수펌프용 전기설비
- 동일 노선의 고속국도 또는 국도에 설치된 2개소(터널 전기설비를 원격감시 및 제어할 수 있는 교통관제시설을 갖춘 고속국도는 4개소)의 터널용 전기설비
- 다음 각 호의 요건을 모두 갖춘 전기설비
  - 동일 산업단지(산업입지 및 개발에 관한 법률에 따른 산업단지를 말하며, 이하 "산업단지"라 한다) 내에 2개 이상의 사업장을 운영 중인 동일 사업자의 설비일 것
  - 설비용량(동일 산업단지 내 사업장에 설치된 전기설비의 설비용량만을 말한다)의 합계가 2,500[kW] 미만일 것
- 전기사업법에 따른 전기자동차충전사업자(자가용전기설비의 소유자 또는 점유자에 해당하는 경우)의 경우 동일 사업자의 60개소 이하의 전기자동차 충전소 전기설비
- 농어촌 전기공급사업 촉진법에 따른 전기사업자(자가발전시설에 의하여 전기를 공급하는 지역은 시장·군수)가 관리하는 동일 도서 지역의 4개소 이하의 전기설비

해설

안전관리업무의 대행 규모(전기안전관리법 시행규칙 제26조) 안전공사, 전기안전관리대행사업자(이하 "대행사업자"라 한다) 및 전기 분야의 기술자격을 취득한 사람으로서 대통령령으로 정하는 장비를 보유하고 있는 자에 따른 자(이하 "개인대행자"라 한다)가 안전관리업무를 대행할 수 있는 전기설비의 규모는 다음과 같다.

안전공사 및 대행사업자	다음의 어느 하나에 해당하는 전기설비(둘 이상의 전기설비 용량의 합계가 4,500[kW] 미만인 경우로 한정한다) • 용량 1,000[kW] 미만의 전기수용설비 • 용량 300[kW] 미만의 발전설비. 다만, 비상용 예비 발전설비의 경우에는 용량 500[kW] 미만으로 한다. • 용량 1,000[kW](원격감시 및 제어기능을 갖춘 경우 용량 3,000[kW]) 미만의 태양광발전설비
개인대행자	다음의 어느 하나에 해당하는 전기설비(둘 이상의 용량의 합계가 1,550[kW] 미만인 전기설비로 한정한다) • 용량 500[kW] 미만의 전기수용설비 • 용량 150[kW] 미만의 발전설비. 다만, 비상용 예비 발전설비의 경우에는 용량 300[kW] 미만으로 한다. • 용량 250[kW](원격감시 및 제어기능을 갖춘 경우 용량 750[kW]) 미만의 태양광발전설비

43 안전관리업무의 대행 규모에서 안전공사 및 대행사업자의 규모에 해당되지 않는 사항은?

① 용량 10,000[kW] 이상의 전기수용설비
② 용량 1,000[kW] 미만의 전기수용설비
③ 용량 300[kW] 미만의 발전설비
④ 용량 1,000[kW] 미만의 태양광발전설비

44 안전관리업무의 대행 규모 중 개인대행자에 대한 내용으로 틀린 것은?

① 용량 250[kW] 미만의 태양광발전설비
② 용량 300[kW] 이상의 변전설비
③ 용량 500[kW] 미만의 전기수용설비
④ 용량 150[kW] 미만의 발전설비

해설
43번 해설 참조

45 전기안전관리자의 자격 및 직무의 내용 중에 전기설비의 내용으로 틀린 것은?

① 안전관리 대상 중 모든 전기설비의 공사·유지 및 운용의 자격기준은 전기 분야 기술사 자격소지자, 전기기사 또는 전기기능장 자격소지자로서 실무경력 2년 이상인 사람이다.
② 안전관리 대상 중 전압 10만[V] 미만 전기설비의 공사·유지 및 운용의 자격기준은 전기산업기사 자격소지자로서 실무경력 4년 이상인 사람이다.
③ 안전관리 대상 중 전압 10만[V] 미만으로서 전기설비용량 2,000[kW] 미만 전기설비의 공사·유지 및 운용의 자격기준은 전기기사 또는 전기기능장 자격소지자로서 실무경력 1년 이상인 사람 또는 전기산업기사 자격소지자로서 실무경력 2년 이상인 사람이다.
④ 안전관리 대상 중 전압 5만[V] 미만으로서 전기설비용량 12,000[kW] 미만 전기설비의 공사·유지 및 운용의 자격기준은 전기산업기사 이상 자격소지자이다.

해설
전기안전관리자의 선임기준 및 세부기술자격(전기안전관리법 시행규칙 별표 8)

구분	안전관리 대상	안전관리자 자격기준
전기설비	모든 전기설비의 공사·유지 및 운용	전기 분야 기술사 자격소지자, 전기기사 또는 전기기능장 자격소지자로서 실무경력 2년 이상인 사람
	전압 10만[V] 미만 전기설비의 공사·유지 및 운용	전기산업기사 자격소지자로서 실무경력 4년 이상인 사람
	전압 10만[V] 미만으로서 전기설비 용량 2,000[kW] 미만 전기설비의 공사·유지 및 운용	전기기사 또는 전기기능장 자격소지자로서 실무경력 1년 이상인 사람 또는 전기산업기사 자격소지자로서 실무경력 2년 이상인 사람
	전압 10만[V] 미만으로서 전기설비 용량 1,500[kW] 미만 전기설비의 공사·유지 및 운용	전기산업기사 이상 자격소지자

46 전기안전관리자의 선임 등에 따라 선임된 전기안전관리자의 직무 범위에 해당되지 않는 것은?

① 전기설비의 허가 및 등록
② 전기설비의 안전관리를 위한 확인·점검 및 이에 대한 업무의 감독
③ 공사계획의 인가신청 또는 신고에 필요한 서류의 검토
④ 전기재해의 발생을 예방하거나 그 피해를 줄이기 위하여 필요한 응급조치

해설
전기안전관리자의 자격 및 직무(전기안전관리법 시행규칙 제30조)
• 전기설비의 공사·유지 및 운용에 관한 업무 및 이에 종사하는 사람에 대한 안전교육
• 전기설비의 안전관리를 위한 확인·점검 및 이에 대한 업무의 감독
• 전기설비의 운전·조작 또는 이에 대한 업무의 감독
• 전기안전관리자에 관한 기록의 작성·보존 및 비치
• 공사계획의 인가신청 또는 신고에 필요한 서류의 검토
• 전기설비의 일상점검·정기점검·정밀점검의 절차, 방법 및 기준에 대한 안전관리규정의 작성
• 전기재해의 발생을 예방하거나 그 피해를 줄이기 위하여 필요한 응급조치

47 다른 자의 토지 등을 사용할 경우 주거용으로 사용될 경우 미리 누구와 협의해야 하는가?

① 주 인
② 지역사무소
③ 거주자
④ 대통령

해설
다른 자의 토지 등의 사용(전기사업법 제87조)
다른 자의 토지 등이 주거용으로 사용되고 있는 경우에는 그 사용일시 및 기간에 관하여 미리 거주자와 협의하여야 한다.

정답 45 ④ 46 ① 47 ③

48 다음 중 10년 이하의 징역 또는 1억원 이하의 벌금에 해당되는 내용으로 옳은 것은?

① 정당한 사유 없이 전기사업용 전기설비를 조작하여 발전·송전·변전 또는 배전을 방해한 자
② 전기사업용 전기설비에 장애를 발생하게 하여 발전·송전·변전 또는 배전을 방해한 자
③ 전기사업에 종사하는 자로서 정당한 사유 없이 전기사업용 전기설비의 유지 또는 운용업무를 수행하지 아니함으로써 발전·송전·변전 또는 배전에 장애가 발생하게 한 자
④ 자가발전사업용 전기설비를 방해했을 경우

해설
10년 이하의 징역 또는 1억원 이하의 벌금(전기사업법 제100조)
• 전기사업용 전기설비를 손괴하거나 절취하여 발전·송전·변전 또는 배전을 방해한 자
• 전기사업용 전기설비에 장애를 발생하게 하여 발전·송전·변전 또는 배전을 방해한 자

49 전기공사의 대통령령에 해당되지 않는 사항은?

① 전기사업법에 따른 전기설비
② 전력 사용 장소에서 전력을 이용하기 위한 테스터기
③ 전기에 의한 신호표지
④ 지능형전력망의 구축 및 이용촉진에 관한 법률에 따른 지능형전력망 중 전기설비

해설
용어의 정의(전기공사업법 제2조)
전기공사란 다음의 하나에 해당하는 설비 등을 설치·유지·보수하는 공사 및 이에 따른 부대공사로서 대통령령으로 정하는 것을 말한다.
• 전기사업법에 따른 전기설비
• 전력 사용 장소에서 전력을 이용하기 위한 전기계장설비
• 전기에 의한 신호표지
• 신에너지 및 재생에너지 개발·이용·보급 촉진법에 따른 신재생에너지 설비 중 전기를 생산하는 설비
• 지능형전력망의 구축 및 이용촉진에 관한 법률에 따른 지능형전력망 중 전기설비

50 도급받은 전기공사의 전부 또는 일부를 수급인이 다른 공사업자와 체결하는 계약은?

① 하도급   ② 하수급
③ 원 급   ④ 발 주

해설
정의(전기공사업법 제2조)
하도급이란 도급받은 전기공사의 전부 또는 일부를 수급인이 다른 공사업자와 체결하는 계약을 말한다.

51 전기공사기술자로 인정을 받을 수 있는 사람은?

① 특성화고 선생님
② 국가기술자격법에 따른 전기 분야의 기술자격을 취득한 사람
③ 2년제 대학 졸업자
④ 3년제 대학 졸업자

해설
정의(전기공사업법 제2조)
전기공사기술자란 다음의 어느 하나에 해당하는 사람으로서 산업통상자원부장관의 인정을 받은 사람을 말한다.
• 국가기술자격법에 따른 전기 분야의 기술자격을 취득한 사람
• 일정한 학력과 전기 분야에 관한 경력을 가진 사람

52 전기공사의 종류에 해당되지 않는 사항은?

① 산업시설물, 건축물 및 구조물의 전기설비공사
② 도로, 공항 및 항만의 전기설비공사
③ 전기철도 및 철도신호의 전기설비공사
④ 수전설비공사

해설
전기공사 종류(전기공사업법 시행령 제2조)
• 발전·송전·변전 및 배전 설비공사
• 산업시설물, 건축물 및 구조물의 전기설비공사
• 도로, 공항 및 항만 전기설비공사
• 전기철도 및 철도신호의 전기설비공사

정답 48 ② 49 ② 50 ① 51 ② 52 ④

53 공사업을 등록하려는 자는 산업통상자원부령으로 정하는 바에 따라 주된 영업소의 소재지를 관할하는 사람에게 등록해야 한다. 누구에게 등록해야 하는가?

① 대통령
② 구청장
③ 국무총리
④ 특별시장·광역시장·도지사 또는 특별자치도지사

해설
공사업의 등록(전기공사업법 제4조)
공사업을 하려는 자는 산업통상자원부령으로 정하는 바에 따라 주된 영업소의 소재지를 관할하는 특별시장·광역시장·도지사 또는 특별자치도지사에게 등록하여야 한다.

54 공사업의 등록기준에 해당되는 항목이 아닌 것은?

① 기술능력　　② 자본금
③ 사무실　　　④ 표창장

해설
공사업의 등록 등(전기공사업법 시행령 제6조 별표 3)

항목	공사업의 등록기준
기술능력	전기공사기술자 3명 이상(3명 중 1명 이상은 별표 4의 2 비고 제호에 따른 기술사, 기능장, 기사 또는 산업기사의 자격을 취득한 사람이어야 한다)
자본금	1억 5천만원 이상
사무실	공사업 운영을 위한 사무실

55 공사업의 등록기준에서 자본금액은 얼마 이상인가?

① 1억　　　　② 1억 5천
③ 2억　　　　④ 2억 5천

해설
54번 해설 참조

56 전기공사업법에 따른 공사업 등록신청 서류에 해당되지 않는 것은?

① 확인서　　　　② 기업진단보고서
③ 신청인의 출신학교　④ 임대차계약서 사본

해설
전기공사업법에 따른 공사업 등록신청 서류(전기공사업법 시행규칙 제3조)
• 신청인(외국인을 포함하되, 법인의 경우에는 대표자를 포함한 임원을 말한다)의 인적사항이 적힌 서류
• 기업진단보고서
• 확인서
• 전기공사기술자의 명단과 해당 전기공사기술자의 경력증 사본
• 사무실 사용 관련 서류 : 임대차계약서 사본(임대차인 경우만 해당)
• 외국인이 전기공사업의 등록을 신청하는 경우에는 해당 국가에서 신청인(법인의 경우에는 대표자를 말한다)이 결격사유와 같거나 비슷한 사유에 해당되지 아니함을 확인한 확인서

57 하도급의 범위에 해당되는 사항은?

① 당해 공사의 90[%] 범위에서 하도급을 줄 수 있다.
② 도급받은 전기공사 중 공정별로 분리하여 시공하여도 전체 전기공사의 완성에 지장을 주지 아니하는 부분을 하도급하는 경우
③ 수급인이 하도급인과 인척관계에 있을 경우
④ 도급받은 전기공사 중 수급인이 발주자의 지정에 따른 공사업자를 지정하여 하수급인을 교체하는 경우

해설
하도급의 범위(전기공사업법 시행령 제10조)
하도급의 제한 등에 따라 도급받은 전기공사의 일부를 다른 공사업자에게 하도급을 줄 수 있는 경우는 다음 모두에 해당하는 경우로 한다.
• 도급받은 전기공사 중 공정별로 분리하여 시공하여도 전체 전기공사의 완성에 지장을 주지 아니하는 부분을 하도급하는 경우
• 수급인이 시공관리책임자의 지정에 따른 시공관리책임자를 지정하여 하수급인을 지도·조정하는 경우

58 하도급 통지서 첨부서류에 포함되지 않는 내용은?

① 하도급(재하도급) 내용이 명시된 공사명세서
② 공사 예정 공정표
③ 하수급인의 재산
④ 하도급(재하도급)계약서 사본

정답 53 ④　54 ④　55 ②　56 ③　57 ②　58 ③

[해설]
하도급 통지서 첨부서류(전기공사업법 시행규칙 제11조)
- 하도급(재하도급)계약서 사본
- 하도급(재하도급) 내용이 명시된 공사명세서
- 공사 예정 공정표
- 하수급인 또는 다시 하도급 받은 공사업자의 전기공사기술자 보유현황
- 하수급인 또는 다시 하도급 받은 공사업자의 등록수첩 사본

59 하수급인 등의 변경 요구에 관한 사항이다. ( )에 알맞은 내용은?

> 발주자 또는 수급인이 하수급인의 변경 요구 등에 따라 하도급 받거나 다시 하도급 받은 공사업자의 변경을 요구할 때에는 그 사유가 있음을 안 날부터 ( )일 이내 또는 그 사유가 발생한 날부터 ( )일 이내에 서면으로 요구하여야 한다.

① 20, 30　　② 15, 30
③ 15, 20　　④ 20, 25

[해설]
하수급인 등의 변경 요구(전기공사업법 제15조, 시행령 제11조)
발주자 또는 수급인이 하수급인의 변경 요구 등에 따라 하도급 받거나 다시 하도급 받은 공사업자의 변경을 요구할 때에는 그 사유가 있음을 안 날부터 15일 이내 또는 그 사유가 발생한 날부터 30일 이내에 서면으로 요구하여야 한다.

60 수급인은 발주자에 대하여 전기공사의 완공일부터 몇 년의 범위에서 전기공사의 종류별로 대통령령으로 정하는 기간에 해당 전기공사에서 발생하는 하자에 대하여 담보책임이 있는가?

① 10년　　② 20년
③ 30년　　④ 5년

[해설]
전기공사 수급인의 하자담보책임(전기공사업법 제15조의2)
수급인은 발주자에 대하여 전기공사의 완공일부터 10년의 범위에서 전기공사의 종류별로 대통령령으로 정하는 기간에 해당 전기공사에서 발생하는 하자에 대하여 담보책임이 있다.

61 전기공사의 종류별 하자담보책임기간의 내용 중 기간이 다른 것은?

① 송전설비공사
② 변전설비공사
③ 배전설비 철탑공사
④ 발전설비 철근콘크리트 또는 철골구조부

[해설]
전기공사의 종류별 하자담보책임기간(전기공사업법 시행령 별표 3의2)

전기공사의 종류	하자담보 책임기간
1. 발전설비공사	
㉠ 철근콘크리트 또는 철골구조부	7년
㉡ ㉠ 외 시설공사	3년
2. 터널식 및 개착방식(땅을 뚫거나 파는 방식) 전력구 송전·배전설비공사	
㉠ 철근콘크리트 또는 철골구조부	10년
㉡ ㉠ 외 송전설비공사	5년
㉢ ㉠ 외 배전설비공사	2년
3. 지중 송전·배전설비공사	
㉠ 송전설비공사(케이블공사 및 물밑 송전설비공사를 포함한다)	5년
㉡ 배전설비공사	3년
4. 송전설비공사(제2호 및 제3호 외의 송전설비공사를 말한다)	3년
5. 변전설비공사(전기설비 및 기기설치공사를 포함한다)	3년
6. 배전설비공사(제2호 및 제3호 외의 배전설비공사를 말한다)	
㉠ 배전설비 철탑공사	3년
㉡ ㉠ 외 배전설비공사	2년
7. 산업시설물, 건축물 및 구조물의 전기설비공사	1년
8. 그 밖의 전기설비공사	1년

62 전기공사기술자의 시공관리 구분에서 중급 전기공사기술자의 전기공사 규모별 시공관리 구분은 어떻게 되는가?

① 모든 전기공사
② 전기공사 중 사용전압이 1,000[V] 이하인 전기공사
③ 전기공사 중 사용전압이 50,000[V] 이하인 전기공사
④ 전기공사 중 사용전압이 100,000[V] 이하인 전기공사

해설

전기공사기술자의 시공관리 구분(전기공사업법 시행령 별표 4)

전기공사기술자의 구분	전기공사의 규모별 시공관리 구분
• 특급 전기공사기술자 또는 고급 전기공사기술자	모든 전기공사
• 중급 전기공사기술자	전기공사 중 사용전압이 100,000[V] 이하인 전기공사
• 초급 전기공사기술자	전기공사 중 사용전압이 1,000[V] 이하인 전기공사

63 전기공사기술자의 등급 및 인정기준에서 특급 전기공사 기술자의 국가기술자격자에 해당되는 사항은?

① 기술사 또는 기능장의 자격을 취득한 사람
② 산업기사의 자격을 취득한 후 8년 이상 전기공사업무를 수행한 사람
③ 기사의 자격을 취득한 후 5년 이상 전기공사업무를 수행한 사람
④ 기능사의 자격을 취득한 후 11년 이상 전기공사업무를 수행한 사람

해설

전기공사기술자의 등급 및 인정기준(전기공사업법 시행령 별표 4의 2)

등급	국가기술자격자	학력·경력자
특급 전기공사 기술자	• 기술사 또는 기능장의 자격을 취득한 사람	
고급 전기공사 기술자	• 기사의 자격을 취득한 후 5년 이상 전기공사업무를 수행한 사람 • 산업기사의 자격을 취득한 후 8년 이상 전기공사업무를 수행한 사람 • 기능사의 자격을 취득한 후 11년 이상 전기공사업무를 수행한 사람	
중급 전기공사 기술자	• 기사의 자격을 취득한 후 2년 이상 전기공사업무를 수행한 사람 • 산업기사의 자격을 취득한 후 5년 이상 전기공사업무를 수행한 사람 • 기능사의 자격을 취득한 후 8년 이상 전기공사업무를 수행한 사람	• 전기 관련 학과의 석사 이상의 학위를 취득한 후 5년 이상 전기공사업무를 수행한 사람 • 전기 관련 학과의 학사학위를 취득한 후 7년 이상 전기공사업무를 수행한 사람 • 전기 관련 학과의 전문학사 학위를 취득한 후 9년(3년제 전문학사 학위를 취득한 경우에는 8년) 이상 전기공사업무를 수행한 사람 • 전기 관련 학과의 고등학교를 졸업한 후 11년 이상 전기공사업무를 수행한 사람
초급 전기공사 기술자	• 산업기사 또는 기사의 자격을 취득한 사람 • 기능사의 자격을 취득한 사람	• 전기 관련 학과의 학사 이상의 학위를 취득한 사람 • 전기 관련 학과의 전문학사 학위를 취득한 후 2년(3년제 전문학사 학위를 취득한 경우에는 1년) 이상 전기공사업무를 수행한 사람 • 전기 관련 학과의 고등학교를 졸업한 후 4년 이상 전기공사업무를 수행한 사람 • 전기 관련 학과 외의 학사 이상의 학위를 취득한 후 4년 이상 전기공사업무를 수행한 사람 • 전기 관련 학과 외의 전문학사 학위를 취득한 후 6년(3년제 전문학사 학위를 취득한 경우에는 5년) 이상 전기공사업무를 수행한 사람 • 전기 관련 학과 외의 고등학교 이하인 학교를 졸업한 후 8년 이상 전기공사업무를 수행한 사람

64 교육훈련기관의 지정요건에 해당되는 사항은?

① 최근 3년간 전기공사 기술인력에 대한 교육을 실시할 수 있는 전담조직과 인력을 갖추고 있을 것
② 최근 10년간 전기공사 기술인력에 대한 교육 실적이 있을 것
③ 연면적 100[m²] 이상의 교육훈련시설이 있을 것
④ 아무조건 없이 누구나 할 수 있다.

해설

교육훈련기관의 지정요건(전기공사업법 시행령 제12조의3)
• 전기공사 기술인력에 대한 교육을 실시할 수 있는 전담조직과 인력을 갖추고 있을 것
• 연면적 200[m²] 이상의 교육훈련시설이 있을 것

정답 63 ① 64 ①

65 양성교육훈련의 교육실시기준에서 교육 시간은?

① 5시간 ② 10시간
③ 20시간 ④ 50시간

해설
양성교육훈련의 교육실시기준(전기공사업법 시행령 별표 4의 3)

대상자	교육 시간	교육 내용
전기공사기술자로 인정을 받으려는 사람 및 등급의 변경을 인정받으려는 전기공사기술자	20시간	기술능력의 향상

66 청문의 내용과 관련이 없는 것은?

① 지정교육훈련기관의 지정취소
② 공사업 등록의 취소
③ 전기공사기술자의 인정취소
④ 전기기술자의 학위취소

해설
청문(전기공사업법 제30조)
산업통상자원부장관 또는 시·도지사는 다음의 처분을 하려면 청문을 하여야 한다.
• 지정교육훈련기관의 지정취소
• 공사업 등록의 취소
• 전기공사기술자의 인정취소

67 공사업자 또는 시공관리책임자의 지정에 따라 시공관리책임자로 지정된 사람으로서 전기공사기술자의 의무 또는 전기공사의 시공을 위반하여 전기공사를 시공함으로써 착공 후 하자담보책임기간에 대통령령으로 정하는 주요 전력시설물의 주요 부분에 중대한 파손을 일으키게 하여 사람들을 위험하게 한 자에 대한 벌칙은?

① 1년 이하의 징역 또는 1천만원 이하의 벌금
② 3년 이하의 징역 또는 3천만원 이하의 벌금
③ 7년 이하의 징역 또는 7천만원 이하의 벌금
④ 10년 이하의 징역 또는 1억원 이하의 벌금

해설
벌칙(전기공사업법 제40조)
공사업자 또는 시공관리책임자의 지정에 따라 시공관리책임자로 지정된 사람으로서 전기공사기술자의 의무 또는 전기공사의 시공을 위반하여 전기공사를 시공함으로써 착공 후 하자담보책임기간에 대통령령으로 정하는 주요 전력시설물의 주요 부분에 중대한 파손을 일으키게 하여 사람들을 위험하게 한 자는 7년 이하의 징역 또는 7천만원 이하의 벌금에 처한다.

68 대통령령으로 정하는 주요 전력시설물의 주요 부분의 범위는?

① 345[kV] 이상의 변전소 개폐기 및 차단기의 연결부분
② 345[kV] 이상의 공중 송전설비 중 기중기와 연결부분
③ 555[kV] 이상의 변전소 개폐기 및 송전설비 연결부분
④ 555[kV] 이상의 수전설비와 송전설비 연결부분

해설
대통령령으로 정하는 주요 전력시설물의 주요 부분의 범위(전기공사업법 시행령 제17조)
• 345[kV] 이상의 공중 송전설비 중 철탑 기초부분, 철탑 조립부분 및 공중전선 연결부분
• 345[kV] 이상의 변전소 개폐기 및 차단기의 연결부분

69 과태료의 내용이 다른 것은?

① 공사업자에게 그 업무 및 시공 상황 등에 관한 보고를 명하는 것에 따른 보고를 하지 아니한 자
② 등록사항의 변경신고 등에 따른 신고를 하지 아니하거나 거짓으로 신고한 자
③ 하도급의 제한 등에 따른 하도급 통지를 하지 아니한 자
④ 공사업의 등록기준에 관한 신고를 산업통상자원부령으로 정하는 기간 내에 하지 아니한 자

해설
300만원 이하의 과태료(전기공사업법 제46조)
• 공사업의 등록기준에 관한 신고를 산업통상자원부령으로 정하는 기간 내에 하지 아니한 자
• 영업정지처분 등을 받은 후의 계속공사에 따른 통지를 하지 아니한 공사업자 또는 그 승계인
• 등록사항의 변경신고 등에 따른 신고를 하지 아니하거나 거짓으로 신고한 자
• 전기공사의 도급계약 등의 도급계약 체결 시 의무를 이행하지 아니한 자
• 전기공사의 도급계약 등에 따른 전기공사 도급대장을 비치하지 아니한 자
• 하도급의 제한 등에 따른 하도급 통지를 하지 아니한 자
• 시공관리책임자의 지정에 따른 시공관리책임자의 지정 사실을 알리지 아니한 자
• 공사업자 표시의 제한을 위반하여 공사업자임을 표시하거나 공사업자로 오인될 우려가 있는 표시를 한 자
• 전기공사 표지의 게시 등에 따른 표지를 게시하지 아니한 자 또는 표지판을 붙이지 아니하거나 설치하지 아니한 자
• 소속 공무원에게 공사업자의 경영실태를 조사하게 하거나 공사시공에 필요한 자재 또는 시설을 검사하게 하는 것에 따른 조사 또는 검사를 거부·방해 또는 기피하거나, 거짓으로 보고를 한 자

정답 65 ③ 66 ④ 67 ③ 68 ① 69 ①

70 전기사업 허가 기준의 내용으로 옳지 않은 것은?

① 전기사업을 적정하게 수행하는 데 필요한 재무능력 및 기술능력을 보유할 것
② 전기사업이 계획대로 수행될 수 있을 것
③ 배전사업 및 구역전기사업에 있어서는 2 이하의 배전사업자의 사업구역 또는 구역전기사업자의 특정한 공급구역 중 그 전부 또는 일부가 중복되지 아니할 것
④ 배전사업 및 구역전기사업에 있어서는 2 이상의 배전사업자의 사업구역 또는 구역전기사업자의 특정한 공급구역 중 그 전부 또는 일부가 중복되지 아니할 것

해설
전기사업 허가 기준(전기사업법 제7조)
- 전기사업을 적정하게 수행하는 데 필요한 재무능력 및 기술능력을 보유할 것
- 전기사업이 계획대로 수행될 수 있을 것
- 배전사업 및 구역전기사업에 있어서는 2 이상의 배전 사업자의 사업구역 또는 구역전기사업자의 특정한 공급구역 중 그 전부 또는 일부가 중복되지 아니할 것
- 구역전기사업의 경우 특정한 공급구역의 전력수요의 50[%] 이상으로서 대통령령으로 정하는 공급능력을 갖추고, 그 사업으로 인하여 인근 지역의 전기사용자에 대한 다른 전기사업자의 전기공급에 차질이 없을 것
- 발전소나 발전연료가 특정 지역에 편중되어 전력계통의 운영에 지장을 주지 아니할 것
- 신에너지 및 재생에너지 개발·이용·보급 촉진법에 따른 태양에너지 중 태양광, 풍력, 연료전지를 이용하는 발전사업의 경우 대통령령으로 정하는 바에 따라 발전사업 내용에 대한 사전고지를 통하여 주민 의견수렴 절차를 거칠 것
- 그 밖에 공익상 필요한 것으로서 대통령령으로 정하는 기준에 적합할 것

71 전기를 생산하여 이를 전력시장을 통하여 전기판매사업자에게 공급함을 주된 목적으로 하는 사업을 무엇이라 하는가?

① 배전사업 ② 발전사업
③ 전송사업 ④ 송전사업

해설
발전사업(전기사업법 제2조)
전기를 생산하여 이를 전력시장을 통하여 전기판매사업자에게 공급함을 주된 목적으로 하는 사업이다.

72 발전사업의 허가를 받거나 변경을 할 경우 누구에게 허가를 받아야 하는가?

① 대통령 ② 산업통상자원부장관
③ 시 장 ④ 경찰청장

해설
전기사업의 허가(제7조)
전기사업을 하려는 자는 대통령령으로 정하는 바에 따라 전기사업의 종류별 또는 규모별로 산업통상자원부장관 또는 시·도지사(이하 "허가권자"라 한다)의 허가를 받아야 한다. 허가받은 사항 중 산업통상자원부령으로 정하는 중요 사항을 변경하려는 경우에도 또한 같다.

73 발전사업 허가 처리절차로 바르게 연결된 것은?

① 사업신청 → 접수 → 검토 → 전기위원회 심의 → 허가(변경허가) → 허가서 교부
② 사업신청 → 검토 → 접수 → 허가(변경허가) → 전기위원회 심의 → 허가서 교부
③ 사업신청 → 전기위원회 심의 → 검토 → 허가(변경허가) → 접수 → 허가서 교부
④ 사업신청 → 허가(변경허가) → 접수 → 전기위원회 심의 → 검토 → 허가서 교부

해설
발전사업 허가 처리절차

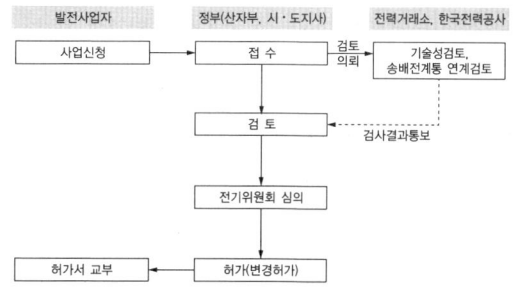

74 사업허가 신청 시 주요서류 중 제출서류에 해당되지 않는 것은?

① 사업구역의 경계를 명시한 1/50,000 지형도
② 사업계획서
③ 사업개시 후 10년간에 대한 연도별 예상사업손익산출서
④ 발전 및 구역전기사업허가를 신청하는 경우 송전관계 일람도 및 발전원가명세서

해설
사업허가 신청 시 주요서류 중 제출서류(전기사업법 시행규칙 제4조)
- 사업계획서
- 사업개시 예정일부터 5년간에 대한 연도별 예상사업손익산출서
- 사업구역의 경계를 명시한 1/50,000 지형도
- 구역전기사업의 허가를 신청하는 경우 특정한 공급구역의 위치 및 경계를 표시한 1/50,000 지형도
- 발전 및 구역전기사업허가를 신청하는 경우 발전원가명세서
- 송전관계일람도

75 지구단위계획의 정의로 바른 것은?

① 지정된 광역계획권의 장기발전방향을 제시하는 계획을 말한다.
② 전기·가스·수도 등의 공급설비, 통신시설, 하수도시설 등 지하매설물을 공동 수용함으로써 미관의 개선, 도로구조의 보전 및 교통의 원활한 소통을 위하여 지하에 설치하는 시설물을 말한다.
③ 개발로 인하여 기반시설이 부족할 것으로 예상되나 기반시설을 설치하기 곤란한 지역을 대상으로 건폐율이나 용적률을 강화하여 적용하기 위하여 지정하는 구역을 말한다.
④ 도시·군계획 수립 대상 지역의 일부에 대하여 토지 이용을 합리화하고 그 기능을 증진시키며 미관을 개선하고 양호한 환경을 확보하며, 그 지역을 체계적·계획적으로 관리하기 위하여 수립하는 도시·군관리계획을 말한다.

해설
용어의 정의(국토의 계획 및 이용에 관한 법률 제2조)
- 광역도시계획이란 광역계획권의 지정에 따라 지정된 광역계획권의 장기발전방향을 제시하는 계획을 말한다.
- 공동구란 전기·가스·수도 등의 공급설비, 통신시설, 하수도시설 등 지하매설물을 공동 수용함으로써 미관의 개선, 도로구조의 보전 및 교통의 원활한 소통을 위하여 지하에 설치하는 시설물을 말한다.
- 개발밀도관리구역이란 개발로 인하여 기반시설이 부족할 것으로 예상되나 기반시설을 설치하기 곤란한 지역을 대상으로 건폐율이나 용적률을 강화하여 적용하기 위하여 개발밀도관리구역에 따라 지정하는 구역을 말한다.
- 지구단위계획이란 도시·군계획 수립 대상 지역의 일부에 대하여 토지 이용을 합리화하고 그 기능을 증진시키며 미관을 개선하고 양호한 환경을 확보하며, 그 지역을 체계적·계획적으로 관리하기 위하여 수립하는 도시·군관리계획을 말한다.

76 국토 이용 및 관리의 기본원칙에 해당되지 않는 내용은?

① 자연환경 및 경관의 보전과 훼손된 자연환경 및 경관의 개선 및 복원
② 주거 등 생활환경 개선을 통한 국민의 삶의 질 향상
③ 국가의 보장성 내용에 대한 사유재산 보호
④ 지역의 정체성과 문화유산의 보전

해설
국토 이용 및 관리의 기본원칙(국토의 계획 및 이용에 관한 법률 제3조)
국토는 자연환경의 보전과 자원의 효율적 활용을 통하여 환경적으로 건전하고 지속가능한 발전을 이루기 위하여 다음의 목적을 이룰 수 있도록 이용되고 관리되어야 한다.
- 국민생활과 경제활동에 필요한 토지 및 각종 시설물의 효율적 이용과 원활한 공급
- 자연환경 및 경관의 보전과 훼손된 자연환경 및 경관의 개선 및 복원
- 교통·수자원·에너지 등 국민생활에 필요한 각종 기초 서비스 제공
- 주거 등 생활환경 개선을 통한 국민의 삶의 질 향상
- 지역의 정체성과 문화유산의 보전
- 지역 간 협력 및 균형발전을 통한 공동번영의 추구
- 지역경제의 발전과 지역 및 지역 내 적절한 기능 배분을 통한 사회적 비용의 최소화
- 기후변화에 대한 대응 및 풍수해 저감을 통한 국민의 생명과 재산의 보호
- 저출산·인구의 고령화에 따른 대응과 새로운 기술변화를 적용한 최적의 생활환경 제공

77 인구와 산업이 밀집되어 있거나 밀집이 예상되어 그 지역에 대하여 체계적인 개발·정비·관리·보전 등이 필요한 지역을 무엇이라 하는가?

① 도시지역
② 관리지역
③ 농림지역
④ 자연환경 보존지역

해설
국토의 용도 구분(국토의 계획 및 이용에 관한 법률 제6조)
국토는 토지의 이용실태 및 특성, 장래의 토지 이용 방향, 지역 간 균형발전 등을 고려하여 다음과 같은 용도지역으로 구분한다.
- 도시지역 : 인구와 산업이 밀집되어 있거나 밀집이 예상되어 그 지역에 대하여 체계적인 개발·정비·관리·보전 등이 필요한 지역
- 관리지역 : 도시지역의 인구와 산업을 수용하기 위하여 도시지역에 준하여 체계적으로 관리하거나 농림업의 진흥, 자연환경 또는 산림의 보전을 위하여 농림지역 또는 자연환경보전지역에 준하여 관리할 필요가 있는 지역
- 농림지역 : 도시지역에 속하지 아니하는 농지법에 따른 농업진흥지역 또는 산지관리법에 따른 보전산지 등으로서 농림업을 진흥시키고 산림을 보전하기 위하여 필요한 지역
- 자연환경보전지역 : 자연환경·수자원·해안·생태계·상수원 및 문화재의 보전과 수산자원의 보호·육성 등을 위하여 필요한 지역

78 광역도시계획의 정책 방향이 포함되어야 할 내용에 포함되지 않는 것은?

① 광역시설의 인구에 관한 사항
② 경관계획에 관한 사항
③ 광역계획권의 공간구조와 기능분담에 관한 사항
④ 광역계획권의 녹지관리체계와 환경보전에 관한 사항

해설
광역도시계획의 내용(국토의 계획 및 이용에 관한 법률 제12조)
- 광역계획권의 공간구조와 기능분담에 관한 사항
- 광역계획권의 녹지관리체계와 환경보전에 관한 사항
- 광역시설의 배치·규모·설치에 관한 사항
- 경관계획에 관한 사항
- 그 밖에 광역계획권에 속하는 특별시·광역시·특별자치시·특별자치도·시 또는 군 상호 간의 기능 연계에 관한 사항으로서 대통령령으로 정하는 사항

79 지방자치단체의 의견 청취는 시·도, 시 또는 군의 의회와 관계 시장 또는 군수는 특별한 사유가 없으면 며칠 이내에 시·도지사, 시장 또는 군수에게 의견을 제시해야 하는가?

① 15일
② 30일
③ 60일
④ 90일

해설
지방자치단체의 의견 청취(국토의 계획 및 이용에 관한 법률 제15조)
(1) 시·도지사, 시장 또는 군수는 광역도시계획을 수립하거나 변경하려면 미리 관계 시·도, 시 또는 군의 의회와 관계 시장 또는 군수의 의견을 들어야 한다.
(2) 국토교통부장관은 광역도시계획을 수립하거나 변경하려면 관계 시·도지사에게 광역도시계획안을 송부하여야 하며, 관계 시·도지사는 그 광역도시계획안에 대하여 그 시·도의 의회와 관계 시장 또는 군수의 의견을 들은 후 그 결과를 국토교통부장관에게 제출하여야 한다.
(3) (1)과 (2)에 따른 시·도, 시 또는 군의 의회와 관계 시장 또는 군수는 특별한 사유가 없으면 30일 이내에 시·도지사, 시장 또는 군수에게 의견을 제시하여야 한다.

80 광역도시계획의 승인은 특별한 사유가 없는 한 그 요청을 받은 날부터 며칠 이내에 의견을 제시해야 하는가?

① 5일
② 7일
③ 15일
④ 30일

해설
광역도시계획의 승인(국토의 계획 및 이용에 관한 법률 제16조)
(1) 시·도지사는 광역도시계획을 수립하거나 변경하려면 국토교통부장관의 승인을 받아야 한다. 다만, 광역도시계획의 수립권자에 따라 도지사가 수립하는 광역도시계획은 그러하지 아니하다.
(2) 국토교통부장관은 (1)에 따라 광역도시계획을 승인하거나 직접 광역도시계획을 수립 또는 변경(시·도지사와 공동으로 수립하거나 변경하는 경우를 포함한다)하려면 관계 중앙행정기관과 협의한 후 중앙도시계획위원회의 심의를 거쳐야 한다.
(3) (2)에 따라 협의 요청을 받은 관계 중앙행정기관의 장은 특별한 사유가 없으면 그 요청을 받은 날부터 30일 이내에 국토교통부장관에게 의견을 제시하여야 한다.

정답 77 ① 78 ① 79 ② 80 ④

81 도시·군기본계획의 내용의 정책방향에 포함되지 않는 내용은?

① 지역적 특성 및 계획의 방향·목표에 관한 사항
② 토지의 주소별 수요와 인기 공급에 관한 사항
③ 공간구조, 생활권의 설정 및 인구의 배분에 관한 사항
④ 토지의 이용 및 개발에 관한 사항

해설
도시·군기본계획의 내용(국토의 계획 및 이용에 관한 법률 제19조)
• 지역적 특성 및 계획의 방향·목표에 관한 사항
• 공간구조, 생활권의 설정 및 인구의 배분에 관한 사항
• 토지의 이용 및 개발에 관한 사항
• 토지의 용도별 수요 및 공급에 관한 사항
• 환경의 보전 및 관리에 관한 사항
• 기반시설에 관한 사항
• 공원·녹지에 관한 사항
• 경관에 관한 사항

82 도시·군기본계획 입안일부터 몇 년 이내에 토지적성평가를 실시한 경우 등 대통령령으로 정하는가?

① 2년   ② 5년
③ 10년   ④ 20년

해설
도시·군기본계획 수립을 위한 기초조사 및 공청회(국토의 계획 및 이용에 관한 법률 제20조)
도시·군기본계획 입안일부터 5년 이내에 토지적성평가를 실시한 경우 등 대통령령으로 정하는 경우에는 토지적성평가 또는 재해취약성분석을 하지 아니할 수 있다.

83 다음 내용 중 ( ) 안에 들어갈 내용은?

> 특별시장·광역시장·특별자치시장·특별자치도지사·시장 또는 군수는 ( )마다 관할 구역의 도시·군기본계획에 대하여 그 타당성 여부를 전반적으로 재검토하여 정비하여야 한다.

① 1년   ② 2년
③ 5년   ④ 10년

해설
도시·군기본계획의 정비(국토의 계획 및 이용에 관한 법률 제23조)
특별시장·광역시장·특별자치시장·특별자치도지사·시장 또는 군수는 5년마다 관할 구역의 도시·군기본계획에 대하여 타당성을 전반적으로 재검토하여 정비하여야 한다. 〈개정 2020.6.9.〉

84 해양수산부장관이 결정할 수 있는 도시·군관리계획에 포함되지 않는 것은?

① 개발제한구역의 지정 및 변경에 관한 도시·군관리계획
② 수산자원보호구역의 지정 및 변경에 관한 도시·군관리계획
③ 상하수도 지정 및 변경에 관한 도시·군관리계획
④ 국토교통부장관이 입안한 도시·군관리계획

해설
해양수산부장관이 결정하는 도시·군관리계획결정권자(제29조)
• 국토교통부장관이 입안한 도시·군관리계획
• 개발제한구역의 지정 및 변경에 관한 도시·군관리계획
• 시가화조정구역의 지정 및 변경에 관한 도시·군관리계획
• 수산자원보호구역의 지정 및 변경에 관한 도시·군관리계획

85 도시군관리계획의 정비는 몇 년마다 하는가?

① 5년   ② 7년
③ 10년   ④ 20년

해설
도시·군관리계획의 정비(국토의 계획 및 이용에 관한 법률 제34조)
특별시장·광역시장·특별자치시장·특별자치도지사·시장 또는 군수는 5년마다 관할 구역의 도시·군관리계획에 대하여 대통령령으로 정하는 바에 따라 그 타당성 여부를 전반적으로 재검토하여 정비하여야 한다.

86 도시·군관리계획의 결정권자는 도시지역에서 복합적인 토지이용을 증진시켜 도시 정비를 촉진하고 지역거점을 육성할 필요가 있다고 인정되면 지역과 그 주변지역의 전부 또는 일부를 입지규제최소구역으로 지정할 수 있다. 입지규제최소구역에 해당되지 않는 사항은?

① 도시·군기본계획에 따른 도심·부도심 또는 생활권의 중심지역
② 철도역사, 터미널, 항만, 공공청사, 문화시설 등의 기반시설 중 지역의 거점 역할을 수행하는 시설을 중심으로 주변지역을 집중적으로 정비할 필요가 있는 지역
③ 세 개 이상의 노선이 교차하는 대중교통 결절지로부터 10[km] 이내에 위치한 지역
④ 도시 및 주거환경정비법에 따른 노후·불량건축물이 밀집한 주거지역 또는 공업지역으로 정비가 시급한 지역

해설
입지규제최소구역의 지정 등(국토의 계획 및 이용에 관한 법률 제40조의2)
(1) 도시·군관리계획의 결정권자에 따른 도시·군관리계획의 결정권자(이하 "도시·군관리계획 결정권자"라 한다)는 도시지역에서 복합적인 토지이용을 증진시켜 도시 정비를 촉진하고 지역거점을 육성할 필요가 있다고 인정되면 다음의 어느 하나에 해당하는 지역과 그 주변지역의 전부 또는 일부를 입지규제최소구역으로 지정할 수 있다.
 ① 도시·군기본계획에 따른 도심·부도심 또는 생활권의 중심지역
 ② 철도역사, 터미널, 항만, 공공청사, 문화시설 등의 기반시설 중 지역의 거점 역할을 수행하는 시설을 중심으로 주변지역을 집중적으로 정비할 필요가 있는 지역
 ③ 세 개 이상의 노선이 교차하는 대중교통 결절지로부터 1[km] 이내에 위치한 지역
 ④ 도시 및 주거환경정비법에 따른 노후·불량건축물이 밀집한 주거지역 또는 공업지역으로 정비가 시급한 지역
 ⑤ 도시재생 활성화 및 지원에 관한 특별법에 따른 도시재생활성화지역 중 도시경제기반형 활성화계획을 수립하는 지역
 ⑥ 그 밖에 창의적인 지역개발이 필요한 지역으로 대통령령으로 정하는 지역
(2) 입지규제최소구역계획에는 입지규제최소구역의 지정 목적을 이루기 위하여 다음에 관한 사항이 포함되어야 한다.
 ① 건축물의 용도·종류 및 규모 등에 관한 사항
 ② 건축물의 건폐율·용적률·높이에 관한 사항
 ③ 간선도로 등 주요 기반시설의 확보에 관한 사항
 ④ 용도지역·용도지구, 도시·군계획시설 및 지구단위계획의 결정에 관한 사항
 ⑤ 입지규제최소구역에서의 다른 법률의 적용 특례에 따른 다른 법률 규정 적용의 완화 또는 배제에 관한 사항
 ⑥ 그 밖에 입지규제최소구역의 체계적 개발과 관리에 필요한 사항
(3) (1)에 따른 입지규제최소구역의 지정 및 변경과 (2)에 따른 입지규제최소구역계획은 다음의 사항을 종합적으로 고려하여 도시·군관리계획으로 결정한다.
 ① 입지규제최소구역의 지정 목적
 ② 해당 지역의 용도지역·기반시설 등 토지이용 현황
 ③ 도시·군기본계획과의 부합성
 ④ 주변 지역의 기반시설, 경관, 환경 등에 미치는 영향 및 도시환경 개선·정비 효과
 ⑤ 도시의 개발 수요 및 지역에 미치는 사회적·경제적 파급효과
(4) 도시·군관리계획 결정권자가 (3)에 따른 도시·군관리계획을 결정하기 위하여 도시·군관리계획의 결정에 따라 관계 행정기관의 장과 협의하는 경우 협의 요청을 받은 기관의 장은 그 요청을 받은 날부터 10일(근무일 기준) 이내에 의견을 회신하여야 한다.

87 입지규제최소구역계획에는 입지규제최소구역의 지정 목적을 이루기 위한 사항에 포함되지 않는 내용은?

① 건축물의 건폐율·용적률·높이에 관한 사항
② 용도지역·용도지구, 도시·군계획시설 및 지구단위계획의 결정에 관한 사항
③ 고속도로, 일반도로 등 철도 기반시설의 확보에 관한 사항
④ 간선도로 등 주요 기반시설의 확보에 관한 사항

해설
86번 해설 참조

88 입지규제최소구역의 지정 및 변경과 입지규제최소구역계획을 종합적으로 고려하여 도시·군관리계획으로 결정해야 한다. 이때 해당되지 않는 내용은?

① 입지규제최소구역의 지정 목적
② 도시·군기본계획과의 확실성
③ 해당 지역의 용도지역·기반시설 등 토지이용 현황
④ 도시의 개발 수요 및 지역에 미치는 사회적·경제적 파급효과

해설
86번 해설 참조

정답 86 ③ 87 ③ 88 ②

89 도시·군관리계획 결정권자가 도시·군관리계획을 결정하기 위하여 관계 행정기관의 장과 협의하는 경우 협의 요청을 받은 기관의 장은 그 요청을 받은 날부터 며칠 이내에 의견을 회신해야 하는가?

① 5일 ② 10일
③ 15일 ④ 30일

해설
86번 해설 참조

90 지역·지구·구역 등이 대통령령으로 정하는 규모를 초과하는 경우에는 해당 지역 등에서 개발사업을 시행하는 자는 공동구를 설치해야 한다. 해당되지 않는 내용은?

① 도시개발법에 따른 도시개발구역
② 택지개발촉진법에 따른 택지개발지구
③ 도시 및 주거환경정비법에 따른 정비구역
④ 경제자유구역의 지정 및 운영에 관한 특별법에 따른 지정특구개발구역

해설
공동구의 설치(국토의 계획 및 이용에 관한 법률 제44조)
다음에 해당하는 지역·지구·구역 등(이하 "지역 등"이라 한다)이 대통령령으로 정하는 규모를 초과하는 경우에는 해당 지역 등에서 개발사업을 시행하는 자는 공동구를 설치하여야 한다.
• 도시개발법에 따른 도시개발구역
• 택지개발촉진법에 따른 택지개발지구
• 경제자유구역의 지정 및 운영에 관한 특별법에 따른 경제자유구역
• 도시 및 주거환경정비법에 따른 정비구역
• 그 밖에 대통령령으로 정하는 지역

91 공동구관리자는 몇 년마다 공동구의 안전 및 유지관리계획을 대통령령으로 정하는 바에 따라 수립·시행해야 하며 1년에 몇 회 이상 공동구의 안전점검을 실시해야 하는가?

① 5년, 1회 ② 5년, 2회
③ 1년, 1회 ④ 1년, 2회

해설
공동구의 관리·운영 등(국토의 계획 및 이용에 관한 법률 제44조의2)
• 공동구관리자는 5년마다 해당 공동구의 안전 및 유지관리계획을 대통령령으로 정하는 바에 따라 수립·시행하여야 한다.
• 공동구관리자는 대통령령으로 정하는 바에 따라 1년에 1회 이상 공동구의 안전점검을 실시하여야 하며, 안전점검결과 이상이 있다고 인정되는 때에는 지체 없이 정밀안전진단·보수·보강 등 필요한 조치를 하여야 한다.

92 도시·군계획시설결정의 고시일부터 몇 년 이내에 그 도시·군계획시설의 설치에 관한 도시·군계획시설사업이 시행해야 하는가?

① 3년 ② 5년
③ 10년 ④ 20년

해설
도시·군계획시설결정의 해제 신청 등(국토의 계획 및 이용에 관한 법률 제48조의2)
도시·군계획시설결정의 고시일부터 10년 이내에 그 도시·군계획시설의 설치에 관한 도시·군계획시설사업이 시행되지 아니한 경우로서 단계별 집행계획의 수립에 따른 단계별 집행계획상 해당 도시·군계획시설의 실효 시까지 집행계획이 없는 경우에는 그 도시·군계획시설 부지로 되어 있는 토지의 소유자는 대통령령으로 정하는 바에 따라 해당 도시·군계획시설에 대한 도시·군관리계획 입안권자에게 그 토지의 도시·군계획시설결정 해제를 위한 도시·군관리계획 입안을 신청할 수 있다.

93 지구단위계획의 수립할 때 고려사항이 아닌 것은?

① 주거·산업·유통·관광휴양·복합 등 지구단위계획구역의 중심기능
② 해당 용도지역의 특성
③ 장관계획에 따로 정하는 사항
④ 도시의 정비·관리·보전·개발 등 지구단위계획구역의 지정 목적

해설
지구단위계획의 수립(국토의 계획 및 이용에 관한 법률 제49조)
• 도시의 정비·관리·보전·개발 등 지구단위계획구역의 지정 목적
• 주거·산업·유통·관광휴양·복합 등 지구단위계획구역의 중심기능
• 해당 용도지역의 특성
• 그 밖에 대통령령으로 정하는 사항

94 지구단위계획구역의 지정에 관한 도시·군관리계획결정의 고시일부터 몇 년 이내에 고시되어야 하는가?

① 1년 ② 2년
③ 3년 ④ 5년

해설
지구단위계획구역의 지정 및 지구단위계획에 관한 도시·군관리계획결정의 실효 등(국토의 계획 및 이용에 관한 법률 제53조)
지구단위계획구역의 지정에 관한 도시·군관리계획결정의 고시일부터 3년 이내에 그 지구단위계획구역에 관한 지구단위계획이 결정·고시되지 아니하면 그 3년이 되는 날의 다음날에 그 지구단위계획구역의 지정에 관한 도시·군관리계획결정은 효력을 잃는다. 다만, 다른 법률에서 지구단위계획의 결정(결정된 것으로 보는 경우를 포함한다)에 관하여 따로 정한 경우에는 그 법률에 따라 지구단위계획을 결정할 때까지 지구단위계획구역의 지정은 그 효력을 유지한다.

95 다음 내용 중 ( ) 안에 들어갈 내용은?

> 기반시설부담구역에서 기반시설설치비용의 부과대상인 건축행위는 기반시설설치비용에 따른 시설로서 ( )[m²] (기존 건축물의 연면적을 포함한다)를 초과하는 건축물의 신축·증축 행위로 한다. 다만, 기존 건축물을 철거하고 신축하는 경우에는 기존 건축물의 건축연면적을 초과하는 건축행위만 부과대상으로 한다.

① 200 ② 300
③ 400 ④ 500

해설
기반시설설치비용의 부과대상 및 산정기준(국토의 계획 및 이용에 관한 법률 제68조)
- 기반시설부담구역에서 기반시설설치비용의 부과대상인 건축행위는 기반시설설치비용(법 제2조제20호)에 따른 시설로서 200[m²](기존 건축물의 연면적을 포함한다)를 초과하는 건축물의 신축·증축 행위로 한다. 다만, 기존 건축물을 철거하고 신축하는 경우에는 기존 건축물의 건축연면적을 초과하는 건축행위만 부과대상으로 한다.
- 용지비용은 부과대상이 되는 건축행위가 이루어지는 토지를 대상으로 다음의 기준을 곱하여 산정한 가액으로 한다.
  - 지역별 기반시설의 설치 정도를 고려하여 0.4 범위에서 지방자치단체의 조례로 정하는 용지환산계수
  - 기반시설부담구역의 개별공시지가 평균 및 대통령령으로 정하는 건축물별 기반시설유발계수
- 민간 개발사업자가 부담하는 부담률은 100분의 20으로 하며, 특별시장·광역시장·특별자치시장·특별자치도지사·시장 또는 군수가 건물의 규모, 지역 특성 등을 고려하여 100분의 25의 범위에서 부담률을 가감할 수 있다.

96 기반시설설치비용의 부과대상 및 산정기준에서 용지비용은 부과대상이 되는 건축행위가 이루어지는 토지를 대상으로 가액을 산정한다. 이때 맞는 내용은 무엇인가?

① 지역별 기반시설의 설치 정도를 고려하여 0.1 범위에서 지방자치단체의 조례로 정하는 용지환산계수
② 지역별 기반시설의 설치 정도를 고려하여 0.2 범위에서 지방자치단체의 조례로 정하는 용지환산계수
③ 지역별 기반시설의 설치 정도를 고려하여 0.3 범위에서 지방자치단체의 조례로 정하는 용지환산계수
④ 지역별 기반시설의 설치 정도를 고려하여 0.4 범위에서 지방자치단체의 조례로 정하는 용지환산계수

해설
95번 해설 참조

97 기반시설설치비용의 부과대상 및 산정기준에서 민간 개발사업자가 부담하는 부담률은 100분의 20으로 하며, 특별시장·광역시장·특별자치시장·특별자치도지사·시장 또는 군수가 건물의 규모, 지역 특성 등을 고려하여 몇 분의 몇의 범위에서 부담률을 가감할 수 있는가?

① 100분의 25 ② 100분의 30
③ 100분의 50 ④ 100분의 70

해설
95번 해설 참조

98 용도지역의 건폐율 중에 도시지역의 건폐율을 바르게 나타낸 것은?

① 주거지역 : 80[%] 이하
② 상업지역 : 90[%] 이하
③ 공업지역 : 80[%] 이하
④ 녹지지역 : 90[%] 이하

정답 94 ③ 95 ① 96 ④ 97 ① 98 ②

해설

용도지역의 건폐율(국토의 계획 및 이용에 관한 법률 제77조)
- 도시지역
  - 주거지역 : 70[%] 이하
  - 상업지역 : 90[%] 이하
  - 공업지역 : 70[%] 이하
  - 녹지지역 : 20[%] 이하
- 다음의 어느 하나에 해당하는 지역에서의 건폐율에 관한 기준은 80[%] 이하의 범위에서 대통령령으로 정하는 기준에 따라 특별시·광역시·특별자치시·특별자치도·시 또는 군의 조례로 따로 정한다.
  - 취락지구
  - 개발진흥지구(도시지역 외의 지역 또는 대통령령으로 정하는 용도지역만 해당)
  - 수산자원보호구역
  - 자연공원법에 따른 자연공원
  - 산업입지 및 개발에 관한 법률에 따른 농공단지
  - 공업지역에 있는 산업입지 및 개발에 관한 법률에 따른 국가산업단지, 일반산업단지 및 도시첨단산업단지와 준산업단지

99 건폐율에 관한 기준은 80[%] 이하의 범위에서 대통령령으로 정하는 기준에 따라 특별시·광역시·특별자치시·특별자치도·시 또는 군의 조례로 따로 정하게 되어 있다. 이때 80[%]가 안 되는 사항은?

① 취락지구
② 자연공원법에 따른 자연공원
③ 산업단지 및 농어촌 개발에 관한 법률에 따른 농공단지
④ 수산자원보호구역

해설
98번 해설 참조

100 단계별 집행계획의 수립은 특별시장·광역시장·특별자치시장·특별자치도지사·시장 또는 군수는 도시·군계획시설에 대하여 도시·군계획시설결정의 고시일부터 몇 개월 이내에 대통령령으로 정하는 바에 따라 재원조달계획, 보상계획 등을 포함하는 단계별 집행계획을 수립해야 하는가?

① 1개월 ② 2개월
③ 3개월 ④ 6개월

해설

단계별 집행계획의 수립(국토의 계획 및 이용에 관한 법률 제85조)
특별시장·광역시장·특별자치시장·특별자치도지사·시장 또는 군수는 도시·군계획시설에 대하여 도시·군계획시설결정의 고시일부터 3개월 이내에 대통령령으로 정하는 바에 따라 재원조달계획, 보상계획 등을 포함하는 단계별 집행계획을 수립하여야 한다. 다만, 대통령령으로 정하는 법률에 따라 도시·군관리계획의 결정이 의제되는 경우에는 해당 도시·군계획시설결정의 고시일부터 2년 이내에 단계별 집행계획을 수립할 수 있다.

101 단계별 집행계획의 수립은 대통령령으로 정하는 법률에 따라 도시·군관리계획의 결정이 의제되는 경우에는 해당 도시·군계획시설결정의 고시일부터 몇 년 이내에 단계별 집행계획을 수립할 수 있는가?

① 1년 ② 2년
③ 3년 ④ 5년

해설
100번 해설 참조

102 토지에의 출입 등에서 타인의 토지에 출입하려는 자는 특별시장·광역시장·특별자치시장·특별자치도지사·시장 또는 군수의 허가를 받아야 하며, 출입하려는 날의 며칠 전까지 그 토지의 소유자·점유자 또는 관리인에게 그 일시와 장소를 알려야 하는가?

① 1일 ② 5일
③ 7일 ④ 10일

해설

토지에의 출입 등(국토의 계획 및 이용에 관한 법률 제130조)
- 타인의 토지에 출입하려는 자는 특별시장·광역시장·특별자치시장·특별자치도지사·시장 또는 군수의 허가를 받아야 하며, 출입하려는 날의 7일 전까지 그 토지의 소유자·점유자 또는 관리인에게 그 일시와 장소를 알려야 한다. 다만, 행정청인 도시·군계획시설사업의 시행자는 허가를 받지 아니하고 타인의 토지에 출입할 수 있다.
- 토지를 일시 사용하거나 장애물을 변경 또는 제거하려는 자는 토지를 사용하려는 날이나 장애물을 변경 또는 제거하려는 날의 3일 전까지 그 토지나 장애물의 소유자·점유자 또는 관리인에게 알려야 한다.

정답 99 ③ 100 ③ 101 ② 102 ③

103 토지에의 출입 등에서 토지를 일시 사용하거나 장애물을 변경 또는 제거하려는 자는 토지를 사용하려는 날이나 장애물을 변경 또는 제거하려는 날의 며칠 전까지 그 토지나 장애물의 소유자·점유자 또는 관리인에게 알려야 하는가?

① 1일
② 2일
③ 3일
④ 5일

해설
102번 해설 참조

104 다음 벌칙의 내용들 중 금액이 다른 것은?

① 도시·군관리계획의 결정이 없이 기반시설을 설치한 자
② 공동구에 수용하여야 하는 시설을 공동구에 수용하지 아니한 자
③ 지구단위계획에 맞지 아니하게 건축물을 건축하거나 용도를 변경한 자
④ 보고 또는 자료 제출을 하지 아니하거나, 거짓된 보고 또는 자료 제출을 한 자

해설
벌칙(국토의 계획 및 이용에 관한 법률 제141조)
다음의 어느 하나에 해당하는 자는 2년 이하의 징역 또는 2,000만원 이하의 벌금에 처한다.
• 도시·군관리계획의 결정이 없이 기반시설을 설치한 자
• 공동구에 수용하여야 하는 시설을 공동구에 수용하지 아니한 자
• 지구단위계획에 맞지 아니하게 건축물을 건축하거나 용도를 변경한 자
• 용도지역 또는 용도지구에서의 건축물이나 그 밖의 시설의 용도·종류 및 규모 등의 제한을 위반하여 건축물이나 그 밖의 시설을 건축 또는 설치하거나 그 용도를 변경한 자

105 신에너지 및 재생에너지의 기술개발 및 이용·보급 촉진법에 대한 목적이 아닌 것은?

① 에너지의 안정적인 공급
② 에너지 구조의 환경 친화적 전환 및 온실가스 배출의 감소를 추진함으로써 환경의 보전
③ 신에너지 및 재생에너지 산업의 활성화를 통하여 에너지원을 단일화
④ 국가경제의 건전하고 지속적인 발전 및 국민복지의 증진에 이바지

해설
목적(신에너지 및 재생에너지의 기술개발 및 이용·보급 촉진법 제1조)
이 법은 신에너지 및 재생에너지의 기술개발 및 이용·보급 촉진과 신에너지 및 재생에너지 산업의 활성화를 통하여 에너지원을 다양화하고, 에너지의 안정적인 공급, 에너지 구조의 환경 친화적 전환 및 온실가스 배출의 감소를 추진함으로써 환경의 보전, 국가경제의 건전하고 지속적인 발전 및 국민복지의 증진에 이바지함을 목적으로 한다.

106 신에너지의 종류에 해당되는 것은?

① 태양에너지
② 수 력
③ 풍 력
④ 수소에너지

해설
신에너지(신에너지 및 재생에너지 개발·이용·보급 촉진법 제2조)
• 수소에너지
• 연료전지
• 석탄을 액화·가스화한 에너지 및 중질잔사유를 가스화한 에너지로서 대통령령으로 정하는 기준 및 범위에 해당하는 에너지
• 그 밖에 석유·석탄·원자력 또는 천연가스가 아닌 에너지로서 대통령령으로 정하는 에너지

107 다음에서 정의하는 에너지는?

"햇빛·물·지열·강수·생물유기체 등을 포함하는 재생 가능한 에너지를 변환시켜 이용하는 에너지"

① 재생에너지
② 신에너지
③ 가 스
④ 재활용에너지

해설
정의(신에너지 및 재생에너지 개발·이용·보급 촉진법 제2조)
재생에너지란 햇빛·물·지열·강수·생물유기체 등을 포함하는 재생 가능한 에너지를 변환시켜 이용하는 에너지

정답 103 ③ 104 ④ 105 ③ 106 ④ 107 ①

108 바이오에너지원의 종류에 해당되지 않는 것은?

① 태양열에너지
② 석탄을 액화·가스화한 에너지
③ 중질잔사유를 가스화한 에너지
④ 폐기물에너지

해설

바이오에너지 등의 기준 및 범위(신에너지 및 재생에너지 개발·이용·보급 촉진법 시행령 별표 1)

에너지원의 종류		기준 및 범위
석탄을 액화·가스화한 에너지	기준	석탄을 액화 및 가스화하여 얻어지는 에너지로서 다른 화합물과 혼합되지 않은 에너지
	범위	㉠ 증기 공급용 에너지 ㉡ 발전용 에너지
중질잔사유를 가스화한 에너지	기준	㉠ 중질잔사유(원유를 정제하고 남은 최종 잔재물로서 감압증류 과정에서 나오는 감압잔사유, 아스팔트와 열분해 공정에서 나오는 코크, 타르 및 피치 등을 말한다)를 가스화 공정에서 얻어지는 연료 ㉡ ㉠의 연료를 연소 또는 변환하여 얻어지는 에너지
	범위	합성가스
바이오에너지	기준	㉠ 생물유기체를 변환시켜 얻어지는 기체, 액체 또는 고체의 연료 ㉡ ㉠의 연료를 연소 또는 변환시켜 얻어지는 에너지 ※ ㉠ 또는 ㉡의 에너지가 신재생에너지가 아닌 석유제품 등과 혼합된 경우에는 생물유기체로부터 생산된 부분만을 바이오에너지로 본다.
	범위	㉠ 생물유기체를 변환시킨 바이오가스, 바이오에탄올, 바이오액화유 및 합성가스 ㉡ 쓰레기매립장의 유기성폐기물을 변환시킨 매립지가스 ㉢ 동물·식물의 유지를 변환시킨 바이오디젤 및 바이오중유 ㉣ 생물유기체를 변환시킨 땔감, 목재칩, 펠릿 및 숯 등의 고체연료
폐기물에너지	기준	㉠ 폐기물을 변환시켜 얻어지는 기체, 액체 또는 고체의 연료 ㉡ ㉠의 연료를 연소 또는 변환시켜 얻어지는 에너지 ㉢ 폐기물의 소각열을 변환시킨 에너지 ※ ㉠~㉢까지의 에너지가 신재생에너지가 아닌 석유제품 등과 혼합되는 경우에는 폐기물로부터 생산된 부분만을 폐기물에너지로 보고, ㉠~㉢까지의 에너지 중 비재생폐기물(석유, 석탄 등 화석연료에 기원한 화학섬유, 인조가죽, 비닐 등으로서 생물 기원이 아닌 폐기물을 말한다)로부터 생산된 것은 제외한다.

에너지원의 종류		기준 및 범위
수열에너지	기준	물의 열을 히트펌프(Heat Pump)를 사용하여 변환시켜 얻어지는 에너지
	범위	해수의 표층 및 하천수의 열을 변환시켜 얻어지는 에너지

109 바이오에너지에 범위에 해당되지 않는 것은?

① 생물유기체를 변환시킨 바이오가스, 바이오에탄올, 바이오액화유 및 합성가스
② 쓰레기매립장의 유기성폐기물을 변환시킨 매립지가스
③ 동물·식물의 유지를 변환시킨 바이오디젤 및 바이오중유
④ 해수의 표층 및 하천수의 열을 변환시켜 얻어지는 에너지

해설

108번 해설 참조

110 신재생에너지설비의 용어의 정의로 바르게 연결된 것은?

① 수소에너지설비 : 바람의 에너지를 변환시켜 전기를 생산하는 설비
② 태양광설비 : 태양의 빛에너지를 변환시켜 전기를 생산하거나 채광에 이용하는 설비
③ 풍력설비 : 물이나 그 밖에 연료를 변환시켜 수소를 생산하거나 이용하는 설비
④ 해양에너지설비 : 물, 지하수 및 지하의 열 등의 온도차를 변환시켜 에너지를 생산하는 설비

해설

신재생에너지설비(신에너지 및 재생에너지 개발·이용·보급 촉진법 시행규칙 제2조)
- 수소에너지설비 : 물이나 그 밖에 연료를 변환시켜 수소를 생산하거나 이용하는 설비
- 태양열설비 : 태양의 열에너지를 변환시켜 전기를 생산하거나 에너지원으로 이용하는 설비
- 태양광설비 : 태양의 빛에너지를 변환시켜 전기를 생산하거나 채광에 이용하는 설비
- 풍력설비 : 바람의 에너지를 변환시켜 전기를 생산하는 설비
- 해양에너지설비 : 해양의 조수, 파도, 해류, 온도차 등을 변환시켜 전기 또는 열을 생산하는 설비
- 지열에너지설비 : 물, 지하수 및 지하의 열 등의 온도차를 변환시켜 에너지를 생산하는 설비

108 ① 109 ④ 110 ②

111 태양의 열에너지를 변환시켜 전기를 생산하거나 에너지원으로 이용하는 설비는?

① 태양광 ② 태양열
③ 풍력   ④ 지열

해설
110번 해설 참조

112 신에너지 및 재생에너지 개발·이용·보급 촉진법의 기본계획 수립은 몇 년마다 해야 하는가?

① 2년   ② 5년
③ 10년   ④ 20년

해설
기본계획의 수립(신에너지 및 재생에너지 개발·이용·보급 촉진법 제5조)
산업통상자원부장관은 관계 중앙행정기관의 장과 협의를 한 후 신재생에너지정책심의회의 심의를 거쳐 신재생에너지의 기술개발 및 이용·보급을 촉진하기 위한 기본계획을 5년마다 수립하여야 한다.

113 신에너지 및 재생에너지 개발·이용·보급 촉진법의 기본계획 기간은 몇 년 이상으로 하는가?

① 2년   ② 5년
③ 10년   ④ 20년

해설
기본계획의 수립(신에너지 및 재생에너지 개발·이용·보급 촉진법 제5조)
신에너지 및 재생에너지 개발·이용·보급 촉진법의 기본계획의 계획기간은 10년 이상으로 한다.

114 에너지 및 재생에너지 개발·이용·보급 촉진법의 기본계획 사항에 해당되지 않는 것은?

① 산업안전법에 따른 배기가스의 배출 증가 목표
② 총전력생산량 중 신재생에너지 발전량이 차지하는 비율의 목표
③ 신재생에너지 기술개발 및 이용·보급에 관한 지원 방안
④ 기본계획의 목표 및 기간

해설
기본계획의 수립(신에너지 및 재생에너지 개발·이용·보급 촉진법 제5조)
- 기본계획의 목표 및 기간
- 신재생에너지원별 기술개발 및 이용·보급의 목표
- 총전력생산량 중 신재생에너지 발전량이 차지하는 비율의 목표
- 에너지법에 따른 온실가스의 배출 감소 목표
- 기본계획의 추진방법
- 신재생에너지 기술수준의 평가와 보급전망 및 기대효과
- 신재생에너지 기술개발 및 이용·보급에 관한 지원 방안
- 신재생에너지 분야 전문인력 양성계획
- 직전 기본계획에 대한 평가
- 그 밖에 기본계획의 목표달성을 위하여 산업통상자원부장관이 필요하다고 인정하는 사항

115 산업통상자원부장관은 기본계획에서 정한 목표를 달성하기 위하여 신재생에너지의 종류별로 신재생에너지의 기술개발 및 이용·보급과 신재생에너지발전에 의한 전기의 공급에 관한 실행계획을 수립해야 한다. 수립·시행은 몇 년마다 해야 하는가?

① 1년   ② 2년
③ 4년   ④ 5년

해설
연차별 실행계획(신에너지 및 재생에너지 개발·이용·보급 촉진법 제6조)
산업통상자원부장관은 기본계획에서 정한 목표를 달성하기 위하여 신재생에너지의 종류별로 신재생에너지의 기술개발 및 이용·보급과 신재생에너지발전에 의한 전기의 공급에 관한 실행계획을 매년 수립·시행하여야 한다.

116 신재생에너지 기술개발 등에 관한 계획의 사전협의는 누구와 해야 하는가?

① 대통령   ② 국무총리
③ 보건산업협회장   ④ 산업통상자원부장관

해설
신재생에너지 기술개발 등에 관한 계획의 사전협의(신에너지 및 재생에너지 개발·이용·보급 촉진법 제7조)
국가기관, 지방자치단체, 공공기관, 그 밖에 대통령령으로 정하는 자가 신재생에너지 기술개발 및 이용·보급에 관한 계획을 수립·시행하려면 대통령령으로 정하는 바에 따라 미리 산업통상자원부장관과 협의하여야 한다.

정답 111 ② 112 ② 113 ③ 114 ① 115 ① 116 ④

117 신재생에너지 기술개발 등에 관한 계획의 사전 협의에 따라 신에너지 및 재생에너지 기술개발 및 이용·보급에 관한 계획을 협의하려는 자는 그 시행 사업연도 개시 몇 개월 전까지 산업통상자원부장관에게 계획서를 제출해야 하는가?

① 4개월
② 5개월
③ 8개월
④ 9개월

해설
신재생에너지 기술개발 등에 관한 계획의 사전협의(신에너지 및 재생에너지 개발·이용·보급 촉진법 시행령 제3조)
신에너지 및 재생에너지 기술개발 및 이용·보급에 관한 계획을 협의하려는 자는 그 시행 사업연도 개시 4개월 전까지 산업통상자원부장관에게 계획서를 제출하여야 한다.

118 산업통상자원부장관은 계획서를 받았을 때에는 사항을 검토하여 협의를 요청한 자에게 그 의견을 통보하여야 한다. 이때 검토사항에 포함되지 않는 것은?

① 공동연구의 가능성
② 시의성
③ 다른 계획과의 차별성
④ 기본계획 수립에 따른 신재생에너지의 기술개발 및 이용·보급을 촉진하기 위한 기본계획과의 조화성

해설
신재생에너지 기술개발 등에 관한 계획의 사전협의(신에너지 및 재생에너지 개발·이용·보급 촉진법 시행령 제3조)
산업통상자원부장관은 계획서를 받았을 때에는 다음의 사항을 검토하여 협의를 요청한 자에게 그 의견을 통보하여야 한다.
• 신재생에너지의 기술개발 및 이용·보급을 촉진하기 위한 기본계획과의 조화성
• 시의성(사정에 맞거나 시기에 적합한 성질을 말한다)
• 다른 계획과의 중복성
• 공동연구의 가능성

119 신재생에너지의 기술개발 및 이용·보급에 관한 중요 사항을 심의하기 위하여 산업통상자원부에 두는 기관은?

① 신재생에너지센터
② 신재생에너지정책심의회
③ 신재생에너지협의회
④ 신재생에너지관계행정위원회

해설
신재생에너지정책심의회(신에너지 및 재생에너지 개발·이용·보급 촉진법 제8조)
신재생에너지의 기술개발 및 이용·보급에 관한 중요 사항을 심의하기 위하여 산업통상자원부에 신재생에너지정책심의회를 둔다.

120 신재생에너지정책심의회의 심의 사항에 포함되지 않는 것은?

① 종합계획의 내용과 앞으로의 발전방향에 대한 정책에 관한 사항
② 신재생에너지발전에 의하여 공급되는 전기의 기준가격 및 그 변경에 관한 사항
③ 신재생에너지의 기술개발 및 이용·보급에 관한 중요 사항
④ 기본계획의 수립 및 변경에 관한 사항

해설
신재생에너지정책심의회(신에너지 및 재생에너지 개발·이용 보급 촉진법 제8조)
신재생에너지정책심의회는 다음의 사항을 심의한다.
• 기본계획의 수립 및 변경에 관한 사항
• 신재생에너지의 기술개발 및 이용·보급에 관한 중요 사항
• 신재생에너지발전에 의하여 공급되는 전기의 기준가격 및 그 변경에 관한 사항
• 신재생에너지 이용·보급에 필요한 관계 법령의 정비 등 제도개선에 관한 사항
• 그 밖에 산업통상자원부장관이 필요하다고 인정하는 사항

117 ① 118 ③ 119 ② 120 ①

121 신재생에너지 기술개발 및 이용·보급 사업비의 조성에 따라 조성된 사업비를 사용해야 한다. 사용내용이 아닌 것은?

① 신재생에너지 이용의무화 지원
② 신재생에너지 공급의무화 지원
③ 신재생에너지 시범사업 및 보급사업
④ 신재생에너지 관련 국내협력

해설

조성된 사업비의 사용(신에너지 및 재생에너지 개발·이용·보급 촉진법 제10조)
산업통상자원부장관은 신재생에너지 기술개발 및 이용·보급 사업비의 조성에 따라 조성된 사업비를 다음의 사업에 사용한다.
- 신재생에너지의 자원조사, 기술수요조사 및 통계작성
- 신재생에너지의 연구·개발 및 기술평가
- 신재생에너지 공급의무화 지원
- 신재생에너지설비의 성능평가·인증 및 사후관리
- 신재생에너지 기술정보의 수집·분석 및 제공
- 신재생에너지 분야 기술지도 및 교육·홍보
- 신재생에너지 분야 특성화대학 및 핵심기술연구센터 육성
- 신재생에너지 분야 전문인력 양성
- 신재생에너지설비 설치기업의 지원
- 신재생에너지 시범사업 및 보급사업
- 신재생에너지 이용의무화 지원
- 신재생에너지 관련 국제협력
- 신재생에너지 기술의 국제표준화 지원
- 신재생에너지설비 및 그 부품의 공용화 지원
- 그 밖에 신재생에너지의 기술개발 및 이용·보급을 위하여 필요한 사업으로서 대통령령으로 정하는 사업

122 신재생에너지사업에의 투자권고 및 신재생에너지 이용의무화 등에서 산업통상자원부장관은 신재생에너지의 이용·보급을 촉진하고 신재생에너지산업의 활성화를 위하여 필요하다고 인정하면 다음 각 호의 하나에 해당하는 자가 신축·증축 또는 개축하는 건축물에 대하여 대통령령으로 정하는 바에 따라 그 설계 시 산출된 예상 에너지사용량의 일정 비율 이상을 신재생에너지를 이용하여 공급되는 에너지를 사용하도록 신재생에너지 설비를 의무적으로 설치하게 할 수 있다. 이 때 의무적으로 설치하지 않아도 되는 기관은?

① 공공기관
② 국유재산법에 따른 정부출자기업체
③ 일반법인
④ 국가 및 지방자치단체

해설

신재생에너지사업에의 투자권고 및 신재생에너지 이용의무화 등 (법 제12조)
산업통상자원부장관은 신재생에너지의 이용·보급을 촉진하고 신재생에너지산업의 활성화를 위하여 필요하다고 인정하면 다음 각 호의 하나에 해당하는 자가 신축·증축 또는 개축하는 건축물에 대하여 대통령령으로 정하는 바에 따라 그 설계 시 산출된 예상 에너지사용량의 일정 비율 이상을 신재생에너지를 이용하여 공급되는 에너지를 사용하도록 신재생에너지 설비를 의무적으로 설치하게 할 수 있다.
(1) 국가 및 지방자치단체
(2) 공공기관
(3) 정부가 대통령령으로 정하는 금액 이상을 출연한 정부출연기관
(4) 국유재산법에 따른 정부출자기업체
(5) 지방자치단체 및 (2)~(4)의 규정에 따른 공공기관, 정부출연기관 또는 정부출자기업체가 대통령령으로 정하는 비율 또는 금액 이상을 출자한 법인
(6) 특별법에 따라 설립된 법인

123 산업통상자원부장관은 신재생에너지의 이용·보급을 촉진하고 신재생에너지산업의 활성화를 위하여 필요하다고 인정하면 대통령령으로 정하는 자에게 발전량의 일정량 이상을 의무적으로 신재생에너지를 이용하여 공급하게 할 수 있다. 해당되지 않는 사항은?

① 공공기관
② 개인기관
③ 전기사업법에 따른 발전사업자
④ 집단에너지사업법 및 전기사업법에 따른 발전사업의 허가를 받은 것으로 보는 자

해설

신재생에너지 공급의무화 등(신에너지 및 재생에너지 개발·이용·보급 촉진법 제12조의5)
- 전기사업법에 따른 발전사업자
- 집단에너지사업법 및 전기사업법에 따른 발전사업의 허가를 받은 것으로 보는 자
- 공공기관

정답 121 ④ 122 ③ 123 ②

124 공급의무자는 의무공급량의 일부에 대하여 몇 년의 범위에서 그 공급의무의 이행을 연기할 수 있는가?

① 1년 ② 2년
③ 3년 ④ 4년

해설
신재생에너지 공급의무화 등(신에너지 및 재생에너지 개발·이용·보급 촉진법 제12조의5)
공급의무자는 의무공급량의 일부에 대하여 3년의 범위에서 그 공급의무의 이행을 연기할 수 있다.

125 2020년 이후의 신재생에너지 공급의무 비율은 몇 [%]인가?

① 50 ② 40
③ 30 ④ 27

해설
신재생에너지 공급의무 비율 등(신에너지 및 재생에너지 개발·이용·보급 촉진법 시행령 제15조 별표 2)

해당연도	2020~2021	2022~2023	2024~2025	2026~2027	2028~2029	2030 이후
공급의무 비율[%]	30	32	34	36	38	40

126 산업통상자원부장관은 설치계획서를 받은 날부터 며칠 이내에 타당성을 검토한 후 그 결과를 해당 설치의무기관의 장 또는 대표자에게 통보해야 하는가?

① 10일
② 20일
③ 30일
④ 40일

해설
신재생에너지설비의 설치계획서 제출 등(신에너지 및 재생에너지 개발·이용·보급 촉진법 시행령 제17조)
산업통상자원부장관은 설치계획서를 받은 날부터 30일 이내에 타당성을 검토한 후 그 결과를 해당 설치의무기관의 장 또는 대표자에게 통보하여야 한다.

127 산업통상자원부장관은 몇 년마다 신재생에너지 관련 기술개발의 수준 등을 고려하여 연도별 의무공급량의 비율을 재검토 해야 하는가?

① 1년 ② 2년
③ 3년 ④ 4년

해설
연도별 의무공급량의 합계 등(신에너지 및 재생에너지 개발·이용·보급 촉진법 시행령 제18조의4)
산업통상자원부장관은 3년마다 신재생에너지 관련 기술개발의 수준 등을 고려하여 별표 3(연도별 의무공급량의 비율)에 따른 비율을 재검토하여야 한다.

128 대통령령으로 정하는 신재생에너지 공급의무자에 해당되지 않는 사항은?

① 한국수자원공사법에 따른 한국수자원공사
② 발전사업자, 발전사업의 허가를 받은 것으로 보는 자에 해당하는 자로서 50만[kW] 이상의 발전설비를 보유하는 자
③ 발전사업자, 발전사업의 허가를 받은 것으로 보는 자에 해당하는 자로서 100만[kW] 이상의 발전설비를 보유하는 자
④ 집단에너지사업법에 따른 한국지역난방공사

해설
대통령령으로 정하는 신재생에너지 공급의무자(신에너지 및 재생에너지 개발·이용·보급 촉진법 시행령 제18조의3)
• 발전사업자, 발전사업의 허가를 받은 것으로 보는 자에 해당하는 자로서 50만[kW] 이상의 발전설비(신재생에너지설비는 제외한다)를 보유하는 자
• 한국수자원공사법에 따른 한국수자원공사
• 집단에너지사업법에 따른 한국지역난방공사

129 신재생에너지 공급인증서의 발급 신청 신재생에너지를 공급한 날부터 며칠 이내에 발급 신청을 해야 하는가?

① 30일
② 60일
③ 90일
④ 120일

해설
신재생에너지 공급인증서의 발급 신청 등(신에너지 및 재생에너지 개발·이용·보급 촉진법 시행령 제18조의8)
공급인증서를 발급받으려는 자는 공인인증기관에 대통령령으로 정하는 바에 따라 공급인증서의 발급을 신청해야 한다는 규정에 따라 공급인증서를 발급받으려는 자는 공급인증기관은 업무를 시작하기 전에 산업통상자원령으로 정하는 바에 따라 공급인증서 발급 및 거래시장 운영에 관한 규칙을 제정하여 산업통상자원부장관의 승인을 받아야 한다. 운영규칙을 변경하거나 폐지하는 경우(산업통상자원부령으로 정하는 경미한 사항의 변경은 제외)에도 또한 같다는 규정에 따른 공급인증서 발급 및 거래시장 운영에 관한 규칙에서 정하는 바에 따라 신재생에너지를 공급한 날부터 90일 이내에 발급 신청을 하여야 한다.

해설
공급인증기관의 업무 등(신에너지 및 재생에너지 개발·이용·보급 촉진법 제12조의 9)
• 지정된 공급인증기관은 다음의 업무를 수행한다.
 - 공급인증서의 발급, 등록, 관리 및 폐기
 - 국가가 소유하는 공급인증서의 거래 및 관리에 관한 사무의 대행
 - 거래시장의 개설
 - 공급의무자가 신재생에너지공급 의무를 이행하는 데 지급한 비용의 정산에 관한 업무
 - 공급인증서 관련 정보의 제공
 - 그 밖에 공급인증서의 발급 및 거래에 딸린 업무

130 공급인증기관의 지정 등에서 산업통상자원부장관은 공급인증서 관련 업무를 전문적이고 효율적으로 실시하고 공급인증서의 공정한 거래를 위하여 어느 하나에 해당하는 자를 공급인증기관으로 지정할 수 있다. 여기에 포함되지 않은 공급인증기관은?

① 신재생에너지센터
② 정보통신기술인협회
③ 전기사업법에 따른 한국전력거래소
④ 공급인증기관의 업무에 필요한 인력·기술능력·시설·장비 등 대통령령으로 정하는 기준에 맞는 자

해설
공급인증기관의 지정 등(신에너지 및 재생에너지 개발·이용·보급 촉진법 제12조의 8)
• 산업통상자원부장관은 공급인증 관련 업무를 전문적이고 효율적으로 실시하고 공급인증서의 공정한 거래를 위하여 다음 각 호의 어느 하나에 해당하는 자를 공급인증기관으로 지정할 수 있다.
 - 신재생에너지센터
 - 전기사업법에 따른 한국전력거래소
 - 공급인증기관의 업무에 필요한 인력·기술능력·시설·장비 등 대통령령으로 정하는 기준에 맞는 자

131 공급인증기관의 업무 등에서 지정된 공급인증기관의 업무에 해당되지 않는 사항은?

① 공급의무자의 자본금 내역 공개
② 공급인증서 관련 정보의 제공
③ 공급인증서의 발급, 등록, 관리 및 폐기
④ 거래시장의 개설

132 신재생에너지의 가중치의 고시 내용에 해당되지 않는 사항은?

① 발전 원가
② 지역의 피해 정도
③ 환경, 기술개발 및 산업 활성화에 미치는 영향
④ 전력 수급의 안정에 미치는 영향

해설
신재생에너지의 가중치의 고시 내용(신에너지 및 재생에너지 개발·이용·보급 촉진법 시행령 제18조의9)
• 환경, 기술개발 및 산업 활성화에 미치는 영향
• 발전 원가
• 부존 잠재량
• 온실가스 배출 저감에 미치는 효과
• 전력 수급의 안정에 미치는 영향
• 지역주민의 수용 정도

133 신재생에너지 연료의 기준 및 범위의 해당되지 않는 사항은?

① 수 소
② 산 소
③ 생물유기체를 변환시킨 목재 칩, 펠릿 및 숯 등의 고체연료
④ 동물·식물의 유지를 변환시킨 바이오디젤 및 바이오중유

정답 130 ② 131 ① 132 ② 133 ②

해설

신재생에너지 연료의 기준 및 범위(신에너지 및 재생에너지 개발·이용·보급 촉진법 시행령 제18조의12)
- 수소
- 중질잔사유를 가스화한 공정에서 얻어지는 합성가스
- 생물유기체를 변환시킨 바이오가스, 바이오에탄올, 바이오액화유 및 합성가스
- 동물·식물의 유지를 변환시킨 바이오디젤 및 바이오중유
- 생물유기체를 변환시킨 목재칩, 펠릿 및 숯 등의 고체연료

134 신재생에너지 품질검사기관에 해당되지 않는 것은?

① 고압가스 안전관리법에 따라 설립된 한국가스안전공사
② 임업 및 산촌 진흥촉진에 관한 법률에 따라 설립된 한국임업진흥원
③ 석유 및 석유대체연료 사업법에 따라 설립된 한국석유관리원
④ 저탄소 녹색성장법에 따라 설립된 녹색환경연합회

해설

신재생에너지 품질검사기관(신에너지 및 재생에너지 개발·이용·보급 촉진법 시행령 제18조의13)
- 석유 및 석유대체연료 사업법에 따라 설립된 한국석유관리원
- 고압가스 안전관리법에 따라 설립된 한국가스안전공사
- 임업 및 산촌 진흥촉진에 관한 법률에 따라 설립된 한국임업진흥원

135 국유재산 및 공유재산의 임대기간 몇 년으로 제한되어 있는가?

① 10년　　② 20년
③ 30년　　④ 40년

해설

국유재산·공유재산의 임대 등(신에너지 및 재생에너지 개발·이용·보급 촉진법 제26조)
국유재산 및 공유재산의 임대기간은 10년 이내로 하되, 신재생에너지센터로부터 신재생에너지 설비의 정상가동 여부를 확인받는 등 운영의 특별한 사유가 없으면 각각 10년 이내의 기간에서 2회에 걸쳐 갱신할 수 있다.

136 거짓이나 부정한 방법으로 공급인증서를 발급받은 자와 그 사실을 알면서 공급인증서를 발급한 자의 처벌기준으로 맞는 것은?

① 1년 이하의 징역 또는 1천만원 이하의 벌금
② 2년 이하의 징역 또는 2천만원 이하의 벌금
③ 3년 이하의 징역 또는 3천만원 이하의 벌금
④ 5년 이하의 징역 또는 5천만원 이하의 벌금

해설

벌칙(신에너지 및 재생에너지 개발·이용·보급 촉진법 제34조)
거짓이나 부정한 방법으로 공급인증서를 발급받은 자와 그 사실을 알면서 공급인증서를 발급한 자는 3년 이하의 징역 또는 3천만원 이하의 벌금에 처한다.

137 사업을 추진하기 위해 해당 비용의 일부를 정부가 보조하는 사업을 무엇이라 하는가?

① 금융지원사업
② 공공주택사업
③ 보급사업
④ 설치확인사업

해설

용어의 정의(신재생에너지설비의 지원 등에 관한 규정 제2조)
- 보급사업이라 함은 보급사업에 따른 사업을 추진하기 위해 해당 비용의 일부를 정부가 보조하는 사업을 말한다.
- 금융지원사업이라 함은 신재생에너지설비의 설치·생산 등에 소요되는 비용을 정부가 대출 등의 방법으로 지원하는 사업을 말한다.
- 공공주택이라 함은 공공주택 특별법의 주택으로서 민간임대주택에 관한 특별법에 따른 임대조건으로 임대하는 주택을 말한다.
- 설치의무기관이라 함은 신재생에너지사업에의 투자권고 및 신재생에너지 이용의무화 등에 해당하는 기관이 신재생에너지 공급의무 비율 등에 따른 건축물의 용도로 연면적 1,000[m^2] 이상의 건축물을 신축·증축·개축하려는 경우, 해당 건축물의 설계 시 산출된 예상 에너지사용량 대비 일정 비율 이상을 신재생에너지를 이용하여 공급되는 에너지로 대체하도록 해당 설비를 의무적으로 설치하여야 하는 기관을 말한다.
- 시공자라 함은 다음의 어느 하나에 해당하는 자를 말한다.
  - 신재생에너지설비의 인증 등에 따라 설비인증을 받은 신재생에너지설비를 생산하는 제조기업
  - 건설산업기본법에 따라 관련 건설업을 등록한 기업
  - 전기공사업법에 따라 관련 공사업을 등록한 기업
  - 환경기술 및 환경산업 지원법에 따라 관련 공사업을 등록한 기업
  - 그 밖에 관계 법령에 따라 관련 건설·공사·시공업을 등록한 기업

138 설치의무기관이라 함은 신재생에너지사업에의 투자권고 및 신재생에너지 이용의무화 등에 해당하는 기관이 신재생에너지 공급의무 비율 등에 따른 건축물의 용도로 연면적 몇 [m²] 이상의 건축물을 신축·증축·개축하려는 경우를 이야기하는가?

① 1,000
② 2,000
③ 3,000
④ 4,000

해설
137번 해설 참조

139 시공자의 내용이 아닌 것은?
① 설비인증을 받은 신재생에너지설비를 생산하는 제조기업
② 건설산업안전화법에 따라 관련 소방업을 등록한 기업
③ 전기공사업법에 따라 관련 공사업을 등록한 기업
④ 환경기술 및 환경산업 지원법에 따라 관련 공사업을 등록한 기업

해설
137번 해설 참조

140 신재생에너지설비의 공사실적증명을 발급하는 기관은?
① 한국기술전력인협회
② 한국신재생에너지협회
③ 엔지니어링협회
④ 한국전기인협회

해설
시행기관 등(신재생에너지설비의 지원 등에 관한 규정 제4조)
신재생에너지설비의 공사실적증명을 발급하는 기관은 한국신재생에너지협회로 한다.

141 센터의 장은 다음 연도의 사업계획을 수립하기 위하여 시행기관에게 다음 연도 사업에 필요한 수요조사 결과 및 소요예산 등을 당해 연도 몇 월 말까지 제출하도록 요청할 수 있는가?

① 1월
② 2월
③ 3월
④ 6월

해설
사업계획의 수립(신재생에너지설비의 지원 등에 관한 규정 제7조)
센터의 장은 다음 연도의 사업계획을 수립하기 위하여 시행기관에게 다음 연도 사업에 필요한 수요조사 결과 및 소요예산 등을 당해 연도 3월 말까지 제출하도록 요청할 수 있다.

142 보급사업을 시행하는 시행기관의 장은 정부의 회계 연도에 맞추어 사업을 완료하여야 한다. 다만, 추경편성에 따른 사업은 추경예산안 확정일로부터 몇 년 이내에 사업을 완료해야 하는가?

① 5년
② 3년
③ 1년
④ 10년

해설
사업기간(신재생에너지설비의 지원 등에 관한 규정 제14조)
보급사업을 시행하는 시행기관의 장은 정부의 회계 연도에 맞추어 사업을 완료하여야 한다. 다만, 추경편성에 따른 사업은 추경예산안 확정일로부터 1년 이내에 사업을 완료하여야 한다.

143 신재생에너지설비의 소유자는 설치가 완료된 경우에는 설치확인기관의 설치확인을 받아야하는데 신청을 받은 설치확인기관의 장은 신청을 받은 날부터 며칠 이내에 서류검토를 하여야 하며, 서류검토 완료 후 며칠 이내에 설치확인 기준에 따라 현장확인을 해야 하는가?

① 7일, 14일
② 7일, 30일
③ 14일, 14일
④ 14일, 30일

해설
설치확인(신재생에너지설비의 지원 등에 관한 규정 제20조)
신청을 받은 설치확인기관의 장은 신청을 받은 날부터 7일 이내에 서류검토를 하여야 하며, 서류검토 완료 후 14일 이내에 설치확인 기준에 따라 현장확인을 하여야 한다.

정답 138 ① 139 ② 140 ② 141 ③ 142 ③ 143 ①

144 사업계획과 예산반영에서 시·도의 장은 지침을 반영하여 다음 연도 사업계획과 이에 해당하는 소요예산을 몇 월 말까지 센터의 장에게 제출하여야 하며, 센터의 장은 사업계획서를 평가위원회의 심의를 거친 후 그 결과를 몇 월 말까지 장관에게 보고해야 하는가?

① 1월말, 3월말 ② 2월말, 4월말
③ 3월말, 6월말 ④ 4월말, 12월말

해설
사업계획과 예산반영(신재생에너지설비의 지원 등에 관한 규정 제27조)
(1) 시·도의 장은 지침시달에 따른 지침을 반영하여 다음 연도 사업계획과 이에 해당하는 소요예산을 3월 말까지 센터의 장에게 제출하여야 한다.
(2) 센터의 장은 (1)의 사업계획서를 평가위원회의 심의를 거친 후 그 결과를 6월 말까지 장관에게 보고하여야 한다.
(3) 장관은 (2)에 따라 보고받은 사업계획서를 검토·확정하고, 사업계획서의 정부 소요자금에 대하여는 예산에 반영될 수 있도록 노력하여야 한다.

145 지방자치단체의 장은 기존 및 신규 신재생에너지설비의 자가 외 사용으로 수익이 발생하는 경우, 별도관리 등을 통하여 신재생에너지 보급 관련 사업에 재투자하여야 하며, 해당 시·도지사는 매년 몇 월 말까지 전년도 실적을 센터에 통보해야 하는가?

① 1월말 ② 3월말
③ 6월말 ④ 12월말

해설
설비 수익의 재투자(신재생에너지설비의 지원 등에 관한 규정 제33조)
지방자치단체의 장은 기존 및 신규 신재생에너지설비의 자가 외 사용으로 수익이 발생하는 경우, 별도 관리 등을 통하여 신재생에너지 보급 관련 사업에 재투자하여야 하며, 해당 시·도지사는 매년 1월 말까지 전년도 실적을 센터에 통보하여야 한다.

146 설치의무기관 및 설치여부 확인 등에서 센터의 장은 설치의무기관의 의무대상 건축물 여부를 연 몇 회 이상 확인한 후 이행 여부를 관리하여야 하며, 그중 최근 몇 년간 신축, 증축 또는 개축 건축물의 신재생에너지설비 설치여부 결과를 장관에게 보고해야 하는가?

① 1회, 1년 ② 1회, 3년
③ 1회, 5년 ④ 1회, 10년

해설
설치의무기관 및 설치여부 확인 등(신재생에너지설비 지원 등에 관한 규정 제44조)
(1) 센터의 장은 설치의무기관의 의무대상 건축물 여부를 연 1회 이상 확인한 후 이행 여부를 관리하여야 하며, 그중 최근 5년간 신축, 증축 또는 개축 건축물의 신재생에너지설비 설치여부 결과를 장관에게 보고하여야 한다.
(2) 센터의 장은 (1)에 따른 적용대상 여부를 확인하기 위하여 설치의무기관에 다음의 증빙자료를 요구할 수 있다.
① 출연금을 확인할 수 있는 예산서 등 증빙서류
② 납입자본금을 확인할 수 있는 대차대조표 등 증빙서류
③ 기타 설치의무기관의 건축물이 적용 대상인지 여부를 확인할 수 있는 증빙서류

147 설치의무기관 및 설치여부 확인 등에서 센터의 장은 적용대상 여부를 확인하기 위하여 설치의무기관에 증빙자료를 요구할 수 있다. 해당되지 않는 내용은?

① 출연금을 확인할 수 있는 예산서 등 증빙서류
② 기부금과 함께 사용했던 계산서
③ 납입자본금을 확인할 수 있는 대차대조표 등 증빙서류
④ 기타 설치의무기관의 건축물이 적용 대상인지 여부를 확인할 수 있는 증빙서류

해설
146번 해설 참조

148 설치계획서의 검토기준에서 설치계획서는 접수일자 기준으로 검토하며, 검토기준에 해당되지 않는 것은?

① 대상건축물 부합 여부
② 신재생에너지 공급의무 비율 산정이 가능한 신재생에너지설비 부합 여부 및 설비인증 만료 여부
③ 예상 에너지사용량 대비 신재생에너지 공급의무 비율 충족 여부
④ 신에너지 발생비율과 저탄소공급에 대한 의무효율화 여부

해설
설치계획서의 검토기준(신재생에너지설비 지원 등에 관한 규정 제47조)
설치계획서는 접수일자 기준으로 검토하며, 검토기준은 다음과 같다. 다만 설치계획서를 제출하지 않고 건축허가를 받은 후 신재생에너지설비를 설치한 기관은 건축허가일 기준으로 검토한다.
- 대상건축물 부합 여부
- 신재생에너지 공급의무 비율 산정이 가능한 신재생에너지설비 부합 여부 및 설비인증 만료 여부
- 공급의무 비율의 산정기준과 방법에 따른 예상 에너지사용량 대비 신재생에너지 공급의무 비율 충족 여부

149 신재생에너지 공급의무 비율[%] 산정식으로 옳은 것은?

① 신재생에너지 공급의무 비율 = $\dfrac{\text{신재생에너지 생산량}}{\text{예상 에너지사용량}} \times 100$

② 신재생에너지 공급의무 비율 = $\dfrac{\text{예상 에너지사용량}}{\text{신재생에너지 생산량}} \times 100$

③ 신재생에너지 공급의무 비율 = $\dfrac{\text{신재생에너지 생산량}}{\text{실제 에너지사용량}} \times 100$

④ 신재생에너지 공급의무 비율 = $\dfrac{\text{실제 에너지사용량}}{\text{신재생에너지 생산량}} \times 100$

해설
공급의무 비율의 산정기준과 방법(신재생에너지설비 지원 등에 관한 규정 제48조 별표 2)
- 신재생에너지 공급의무 비율[%]은 다음의 식으로 산정한다.

신재생에너지 공급의무 비율 = $\dfrac{\text{신재생에너지 생산량}}{\text{예상 에너지사용량}} \times 100$

- 예상 에너지사용량은 다음의 식으로 산정한다.

예상 에너지사용량 = 건축 연면적 × 단위에너지사용량 × 지역계수

- 신재생에너지 생산량은 다음의 식으로 산정한다.

신재생에너지 생산량 = 원별 설치규모 × 단위에너지생산량 × 원별 보정계수

150 예상 에너지사용량 산정식으로 맞는 것은?

① 예상 에너지사용량 = 건축 연면적 × 단위에너지사용량 × 지역계수
② 예상 에너지사용량 = 건폐율 × 사용 에너지사용량 × 지역계수
③ 예상 에너지사용량 = 용도계수 × 사용량 × 지역계수
④ 예상 에너지사용량 = 축조율 × 방전율 × 지역계수

해설
149번 해설 참조

151 신재생에너지 생산량 산정식은?

① 신재생에너지 생산량 = 배터리 용량 × 실제 에너지생산량 × 원별 보정계수
② 신재생에너지 생산량 = 위치에너지 × 예상 에너지생산량 × 원별 보정계수
③ 신재생에너지 생산량 = 원별 설치규모 × 단위에너지생산량 × 원별 보정계수
④ 신재생에너지 생산량 = 연면적 × 에너지생산량 × 원별 보정계수

해설
149번 해설 참조

152 위반행위별 사업참여 제한기준에서 설비의 가동상태·생산량 등에 대한 센터의 장의 자료요구에 응하지 않거나 허위의 자료를 제출한 경우에는 몇 년이 제한되는가?

① 1년　　② 2년
③ 3년　　④ 5년

정답 148 ④　149 ①　150 ①　151 ③　152 ②

[해설]
위반행위별 사업참여 제한 기준(신재생에너지설비 지원 등에 관한 규정 별표 3)

구분	내용	제한 기준
시공 기준 위반	• 제17조제1항의 신재생에너지설비의 시공기준을 위반하여 시공한 경우 • 제19조제2항의 의무적용대상설비를 적용하지 않고 시공한 경우 • 허위 또는 부정한 방법으로 제19조제3항의 시험성적서를 제출하거나 시공한 경우	2년 이상
	• 제17조제2항의 대상사업 중 생산량 등을 파악할 수 있는 설비를 구축하지 않고 시공한 경우	1년 이상
설치 확인 및 사후 관리 위반	• 허위 또는 부정한 방법으로 설치확인을 받은 경우 • 설비의 가동상태·생산량 등에 대한 센터의 장의 자료요구에 응하지 않거나 허위의 자료를 제출한 경우 • 자신이 설치한 설비에 대한 A/S 등 사후관리를 실시하지 않는 경우 • 제50조의 규정을 위반하여 설비를 관리한 경우	2년 이상
	• 설치확인 시 동일건 3회 이상 부적합 판정을 받은 경우 • 공사실적을 신고하지 않거나 허위로 제출한 경우	1년 이상
사업 내용 위반	• 허위 또는 부정한 방법으로 신청서를 제출한 경우 • 허위 또는 부정한 방법으로 보조금을 수령한 경우 • 수혜자 및 참여기업이 특별한 사유 없이 사업을 포기하는 경우 • 센터의 장의 시정요구에 정당한 사유 없이 응하지 않는 경우	2년 이상
	• 센터의 장의 승인 없이 사업계획 또는 사업내용(설치용량·사업기간 등)을 변경한 경우	1년 이상

※ 상기의 제한기준에서 설정할 수 있는 최대기간은 5년까지로 한다.

153 위반사항의 처분통보 등에서 보조금 환수 및 지원사업의 참여제한의 의견제출 기간은 며칠을 주어야 하는가?

① 10일 ② 20일
③ 30일 ④ 60일

[해설]
위반사항의 처분통보 등(신재생에너지설비 지원 등에 관한 규정 제53조)
보급사업 시행기관의 장은 다음의 제재처분을 통보하기 전에 해당하는 자에게 20일의 의견제출 기간을 주어야 한다.
• 보조금 환수
• 지원사업의 참여제한

154 공급의무자별 의무공급량을 산정함에 있어 기준이 되는 발전량으로 신재생에너지 발전량을 제외한 발전량을 무엇이라 하는가?

① 공급의무자 ② 의무공급량
③ 기준발전량 ④ 공급인증기관

[해설]
용어의 정의(신재생에너지 공급의무화제도 및 연료 혼합의무화제도 관리·운영지침 제3조)
• 공급의무자란 신재생에너지 공급의무화 등에 따라 발전량의 일정량 이상을 의무적으로 신재생에너지를 이용하여 공급하여야 하는 자를 말한다.
• 의무공급량이란 신재생에너지 공급의무화 등에 따라 공급의무자가 연도별로 신재생에너지설비를 이용하여 공급하여야 하는 발전량을 말한다.
• 기준발전량이란 공급의무자별 의무공급량을 산정함에 있어 기준이 되는 발전량으로 신재생에너지 발전량과 태양광 대여사업으로 설치된 설비에서 생산되는 발전량을 제외한 발전량을 말한다.
• 공급인증기관이란 공급인증기관의 지정 등에 따라 지정되고 공급인증기관의 업무 등에 따른 업무를 수행하는 기관을 말하며, 신재생에너지센터와 한국전력거래소를 말한다.
• 신재생에너지 공급인증서란 신재생에너지 공급인증서 등에 따라 신재생에너지설비를 이용하여 에너지를 공급하였음을 증명하는 인증서를 말한다.
• REC(Renewable Energy Certificate)란 공급인증서의 발급 및 거래단위로서 공급인증서 발급대상설비에서 공급된 [MWh] 기준의 신재생에너지 전력량에 대해 가중치를 곱하여 부여하는 단위를 말한다.
• 신재생에너지 개발공급협약(RPA)이란 정부와 에너지공급사 간에 신재생에너지 확대 보급을 위해 체결한 협약을 말한다.

155 REC(Renewable Energy Certificate)의 정의로 바르게 설명한 것은?

① 공급인증서의 발급 및 거래단위로서 공급인증서 발급대상 설비에서 공급된 [MWh] 기준의 신재생에너지 전력량에 대해 가중치를 곱하여 부여하는 단위를 말한다.
② 신재생에너지설비를 이용하여 에너지를 공급하였음을 증명하는 인증서를 말한다.
③ 정부와 에너지공급사 간에 신재생에너지 확대 보급을 위해 체결한 협약을 말한다.
④ 발전량의 일정량 이상을 의무적으로 신재생에너지를 이용하여 공급하여야 하는 자를 말한다.

[해설]
154번 해설 참조

156 신재생에너지센터의 수행 업무가 아닌 것은?

① 수행적 관리와 민원해결
② 의무공급량의 산정 및 의무이행실적 확인
③ 공급인증서 발급, 등록, 관리 및 폐기에 관한 업무
④ 공급의무화제도 관련 종합적 통계관리 및 정책지원

해설
공급인증기관(신재생에너지 공급의무화제도 및 연료 혼합의무화제도 관리·운영지침 제5조)
• 신재생에너지센터는 공급인증기관의 업무 등에 의한 다음의 업무를 수행한다.
  - 공급인증서 발급, 등록, 관리 및 폐기에 관한 업무
  - 공급인증서 발급대상 설비확인 및 사후관리에 관한 업무
  - 공급의무화제도 관련 종합적 통계관리 및 정책지원
  - 의무공급량의 산정 및 의무이행실적 확인
  - 기타 장관이 필요하다고 인정하는 업무
• 한국전력거래소는 공급인증기관의 업무 등에 의한 다음의 업무를 수행한다.
  - 공급인증서 거래시장의 개설 및 운영
  - 공급의무자의 의무이행비용 소요계획 작성, 정산 및 결제
  - 공급인증서 거래대금의 정산 및 결제
  - 거래시장운영 관련 통계관리 및 정책지원
  - 기타 장관이 필요하다고 인정하는 업무

157 한국전력거래소의 수행 업무로 틀린 것은?

① 공급인증서 거래대금의 정산 및 결제
② 공급인증서 거래시장의 개설 및 운영
③ 대통령이 특별지시에 의해 인정하는 업무
④ 거래시장운영 관련 통계관리 및 정책지원

해설
156번 해설 참조

158 신재생에너지원별 가중치 중 태양광에너지의 건축물 등 기존시설을 이용하는 경우 3,000[kW] 이하일 때 공급인증서 가중치는 얼마인가?

① 1.0 ② 1.2
③ 1.5 ④ 2.0

해설
신재생에너지원별 가중치(신재생에너지 공급의무화제도 및 연료 혼합의무화제도 관리·운영지침 별표 2)

구분	공급인증서 가중치	대상에너지 및 기준	
		설치유형	세부기준
태양광에너지	1.2	일반부지에 설치하는 경우	100[kW] 미만
	1.0		100[kW]부터
	0.7		3,000[kW] 초과부터
	0.7	임야에 설치하는 경우	-
	1.5	건축물 등 기존 시설물을 이용하는 경우	3,000[kW] 이하
	1.0		3,000[kW] 초과부터
	1.5	유지 등의 수면에 부유하여 설치하는 경우	
	1.0	자가용 발전설비를 통해 전력을 거래하는 경우	
	5.0	ESS설비(태양광설비 연계)	2018년부터 2020년 6월 30일까지
	4.0		2020년 7월 1일부터 12월 말일까지
기타신재생에너지	0.25	IGCC, 부생가스, 폐기물에너지(비재생폐기물로부터 생산된 것은 제외), Bio-SRF, 흑액	
	0.5	매립지가스, 목재펠릿, 목재칩	
	1.0	수력, 육상풍력, 조력(방조제 有), 기타 바이오에너지(바이오중유, 바이오가스 등)	
	1.0~2.5	지열, 조력(방조제 無)	고정형
			변동형
	1.5	수열, 미이용 산림바이오매스 혼소설비	
	2.0	연료전지, 조류, 미이용 산림바이오매스(바이오에너지 전소설비만 적용)	
	2.0	해상풍력	연계거리 5[km] 이하
	2.5		연계거리 5[km] 초과 10[km] 이하
	3.0		연계거리 10[km] 초과 15[km] 이하
	3.5		연계거리 15[km] 초과
	4.5	ESS설비(풍력설비 연계)	2018년부터 2020년 6월 30일까지
	4.0		2020년 7월 1일부터 12월 말일까지

159 신·재생에너지원별 가중치 중 ESS설비(풍력설비 연계)에 대한 공급인증서 가중치는 얼마인가?(단, 2020년 7월 1일부터 12월 말일까지)

① 1.2 ② 3.0
③ 3.5 ④ 4.0

정답 156 ① 157 ③ 158 ③ 159 ④

[해설]
158번 해설 참조

160 신에너지 및 재생에너지 개발·이용·보급 촉진법 시행규칙에 따른 공급인증서 발급수수료는 공급인증서 1[REC]당 얼마로 해야 하며, 공급인증서 거래수수료는 공급인증서 1[REC]당 얼마인가?

① 50원　　② 100원
③ 150원　　④ 200원

[해설]
공급인증서 발급 및 거래수수료(신재생에너지 공급의무화제도 및 연료 혼합의무화제도 관리·운영지침 제9조)
신에너지 및 재생에너지 개발·이용·보급 촉진법 시행규칙에 따른 공급인증서 발급수수료는 공급인증서 1[REC]당 50원으로 하며, 공급인증서 거래수수료는 공급인증서 1[REC]당 50원으로 한다.

161 이행비용 보전대상 중 발전설비로부터 공급된 전력량에 대한 공급인증서는 의무이행비용 보전대상에서 제외되는 사항이 아닌 것은?

① 기존방조제를 활용하여 건설된 조력이용 발전설비
② 발전소별로 설비용량 1[kW] 초과하는 수력이용 발전설비
③ 폐기물에너지 중 화석연료에서 부수적으로 발생하는 폐가스로부터 얻어지는 에너지를 이용하는 발전설비
④ 석탄을 액화·가스화학 에너지 또는 중질잔사유를 가스화한 에너지를 이용하는 발전설비

[해설]
이행비용 보전대상(신재생에너지 공급의무화제도 및 연료 혼합의무화제도 관리·운영지침 제11조의2)
발전설비로부터 공급된 전력량에 대한 공급인증서는 의무이행비용 보전대상에서 제외한다.
• 발전소별로 설비용량 5,000[kW] 초과하는 수력이용 발전설비
• 기존방조제를 활용하여 건설된 조력이용 발전설비
• 석탄을 액화·가스화한 에너지 또는 중질잔사유를 가스화한 에너지를 이용하는 발전설비
• 폐기물에너지 중 화석연료에서 부수적으로 발생하는 폐가스로부터 얻어지는 에너지를 이용하는 발전설비

162 장관은 공급인증서 가중치 등을 조정하기 위하여 필요한 경우 공급의무자, 공급인증기관, 전력기반조성사업센터, 한국전력공사 등에게 제출기한을 명시해야 하며 자료제출을 요구할 수 있다. 해당 공급의무자 등은 제출기한 내에 해당 자료를 제출해야 하는데 자료제출 요구사항이 아닌 것은?

① 공급인증서 거래 관련 자료
② 공급인증서 발급 관련 자료
③ 신재생에너지 기본현황 및 예상거래량
④ 신재생에너지 사업자별 전력거래실적, 결산재무제표 등 발전사업 관련 자료

[해설]
자료요구(신재생에너지 공급의무화제도 및 연료 혼합의무화제도 관리·운영지침 제15조)
장관은 공급인증서 가중치에 의한 공급인증서 가중치 등을 조정하기 위하여 필요한 경우 공급의무자, 공급인증기관, 전력기반조성사업센터, 한국전력공사 등에게 제출기한을 명시하여 다음의 자료제출을 요구할 수 있으며, 해당 공급의무자 등은 제출기한 내에 해당 자료를 제출하여야 한다.
• 공급인증서 발급 관련 자료
• 공급인증서 거래 관련 자료
• 신재생에너지 발전차액지원금 지원 실적 및 계획
• 신재생에너지 발전현황 및 주요 발전설비 변동사항과 신규 발전사업 관련 자료
• 신재생에너지원별 발전량 및 국가전력 관련 통계
• 혼소발전의 경우 혼소율 측정을 위한 연료 사용량
• 신재생에너지 사업자별 전력거래실적, 결산재무제표 등 발전사업 관련 자료
• 그 밖에 공급의무자별 의무공급량 산정 및 검증 등을 위하여 장관이 요구하는 자료

163 다음 내용은 어떤 용어의 정의인가?

> "화석연료에 대한 의존도를 낮추고 청정에너지의 사용 및 보급을 확대하며 녹색기술 연구개발, 탄소흡수원 확충 등을 통하여 온실가스를 적정수준 이하로 줄이는 것을 말한다."

① 녹색경영　　② 저탄소
③ 녹색기술　　④ 온실가스

정답 160 ① 161 ② 162 ③ 163 ②

해설

용어의 정의(저탄소 녹색성장 기본법 제2조)
- 저탄소 : 화석연료에 대한 의존도를 낮추고 청정에너지의 사용 및 보급을 확대하며 녹색기술 연구개발, 탄소흡수원 확충 등을 통하여 온실가스를 적정수준 이하로 줄이는 것을 말한다.
- 녹색성장 : 에너지와 자원을 절약하고 효율적으로 사용하여 기후변화와 환경훼손을 줄이고 청정에너지와 녹색기술의 연구개발을 통하여 새로운 성장동력을 확보하며 새로운 일자리를 창출해 나가는 등 경제와 환경이 조화를 이루는 성장을 말한다.
- 녹색기술 : 온실가스 감축기술, 에너지 이용 효율화 기술, 청정생산 기술, 청정에너지 기술, 자원순환 및 친환경 기술(관련 융합기술을 포함한다) 등 사회·경제 활동의 전과정에 걸쳐 에너지와 자원을 절약하고 효율적으로 사용하여 온실가스 및 오염물질의 배출을 최소화하는 기술을 말한다.
- 녹색제품 : 에너지·자원의 투입과 온실가스 및 오염물질의 발생을 최소화하는 제품을 말한다.
- 녹색경영 : 기업이 경영활동에서 자원과 에너지를 절약하고 효율적으로 이용하며 온실가스 배출 및 환경오염의 발생을 최소화하면서 사회적, 윤리적 책임을 다하는 경영을 말한다.
- 온실가스 : 이산화탄소(CO_2), 메탄(CH_4), 아산화질소(N_2O), 수소불화탄소(HFCs), 과불화탄소(PFCs), 육불화황(SF_6) 및 그 밖에 대통령령으로 정하는 것으로 적외선 복사열을 흡수하거나 재방출하여 온실효과를 유발하는 대기 중의 가스 상태의 물질을 말한다.

164 녹색기술의 정의로 옳은 것은?

① 에너지와 자원을 절약하고 효율적으로 사용하여 기후변화와 환경훼손을 줄이고 청정에너지와 녹색기술의 연구개발을 통하여 새로운 성장동력을 확보하며 새로운 일자리를 창출해 나가는 등 경제와 환경이 조화를 이루는 성장을 말한다.
② 온실가스 감축기술, 에너지 이용 효율화 기술, 청정생산 기술, 청정에너지 기술, 자원순환 및 친환경 기술(관련 융합기술을 포함한다) 등 사회·경제 활동의 전과정에 걸쳐 에너지와 자원을 절약하고 효율적으로 사용하여 온실가스 및 오염물질의 배출을 최소화하는 기술을 말한다.
③ 에너지·자원의 투입과 온실가스 및 오염물질의 발생을 최소화하는 제품을 말한다.
④ 기업이 경영활동에서 자원과 에너지를 절약하고 효율적으로 이용하며 온실가스 배출 및 환경오염의 발생을 최소화하면서 사회적, 윤리적 책임을 다하는 경영을 말한다.

해설

163번 해설 참조

165 다음 [보기]의 내용은 무엇에 대한 설명인가?

[보 기]

"이산화탄소(CO_2), 메탄(CH_4), 아산화질소(N_2O), 수소불화탄소(HFCs), 과불화탄소(PFCs), 육불화황(SF_6) 및 그 밖에 대통령령으로 정하는 것으로 적외선 복사열을 흡수하거나 재방출하여 온실효과를 유발하는 대기 중의 가스 상태의 물질을 말한다."

① 온실가스
② 대기오염
③ 녹색기술
④ 고탄소

해설

163번 해설 참조

166 저탄소 녹색성장 추진의 기본원칙의 내용으로 옳지 않은 것은?

① 정부는 시장기능을 최대한 활성화하여 민간이 주도하는 저탄소 녹색성장을 추진한다.
② 정부는 국가의 자원을 효율적으로 사용하기 위하여 성장잠재력과 경쟁력이 높은 녹색기술 및 녹색산업 분야에 대한 중점 투자 및 지원을 강화한다.
③ 정부는 녹색기술과 녹색산업을 경제성장의 핵심 동력으로 삼고 새로운 일자리를 창출·확대할 수 있는 새로운 경제체제를 구축한다.
④ 정부는 저탄소에 대한 경계를 강화하여 매연 등에 대한 규제를 엄격히 하여 산업화 현장의 철저한 감독을 해야 한다.

정답 164 ② 165 ① 166 ④

해설
저탄소 녹색성장 추진의 기본원칙(저탄소 녹색성장 기본법 제3조)
- 정부는 기후변화·에너지·자원 문제의 해결, 성장동력 확충, 기업의 경쟁력 강화, 국토의 효율적 활용 및 쾌적한 환경 조성 등을 포함하는 종합적인 국가 발전전략을 추진한다.
- 정부는 시장기능을 최대한 활성화하여 민간이 주도하는 저탄소 녹색성장을 추진한다.
- 정부는 녹색기술과 녹색산업을 경제성장의 핵심 동력으로 삼고 새로운 일자리를 창출·확대할 수 있는 새로운 경제체제를 구축한다.
- 정부는 국가의 자원을 효율적으로 사용하기 위하여 성장잠재력과 경쟁력이 높은 녹색기술 및 녹색산업 분야에 대한 중점 투자 및 지원을 강화한다.
- 정부는 사회·경제 활동에서 에너지와 자원 이용의 효율성을 높이고 자원순환을 촉진한다.
- 정부는 자연자원과 환경의 가치를 보존하면서 국토와 도시, 건물과 교통, 도로·항만·상하수도 등 기반시설을 저탄소 녹색성장에 적합하게 개편한다.
- 정부는 환경오염이나 온실가스 배출로 인한 경제적 비용이 재화 또는 서비스의 시장가격에 합리적으로 반영되도록 조세체계와 금융체계를 개편하여 자원을 효율적으로 배분하고 국민의 소비 및 생활 방식이 저탄소 녹색성장에 기여하도록 적극 유도한다. 이 경우 국내산업의 국제경쟁력이 약화되지 않도록 고려하여야 한다.
- 정부는 국민 모두가 참여하고 국가기관, 지방자치단체, 기업, 경제단체 및 시민단체가 협력하여 저탄소 녹색성장을 구현하도록 노력한다.
- 정부는 저탄소 녹색성장에 관한 새로운 국제적 동향을 조기에 파악·분석하여 국가 정책에 합리적으로 반영하고, 국제사회의 구성원으로서 책임과 역할을 성실히 이행하여 국가의 위상과 품격을 높인다.

167 저탄소 녹색성장 국가의 책무에 대한 내용으로 틀린 것은?

① 국가는 정치·경제·사회·교육·문화 등 국정의 모든 부문에서 저탄소 녹색성장의 기본원칙이 반영될 수 있도록 노력하여야 한다.
② 국가는 각종 정책을 수립할 때 정치적인 환경과 산업경제변화에 미치는 영향 등을 부분적으로 고려하여야 한다.
③ 국가는 지방자치단체의 저탄소 녹색성장 시책을 장려하고 지원하며, 녹색성장의 정착·확산을 위하여 사업자와 국민, 민간단체에 정보의 제공 및 재정 지원 등 필요한 조치를 할 수 있다.
④ 국가는 에너지와 자원의 위기 및 기후변화 문제에 대한 대응책을 정기적으로 점검하여 성과를 평가하고 국제협상의 동향 및 주요 국가의 정책을 분석하여 적절한 대책을 마련하여야 한다.

해설
저탄소 녹색성장 국가의 책무(저탄소 녹색성장 기본법 제4조)
- 국가는 정치·경제·사회·교육·문화 등 국정의 모든 부문에서 저탄소 녹색성장의 기본원칙이 반영될 수 있도록 노력하여야 한다.
- 국가는 각종 정책을 수립할 때 경제와 환경의 조화로운 발전 및 기후변화에 미치는 영향 등을 종합적으로 고려하여야 한다.
- 국가는 지방자치단체의 저탄소 녹색성장 시책을 장려하고 지원하며, 녹색성장의 정착·확산을 위하여 사업자와 국민, 민간단체에 정보의 제공 및 재정 지원 등 필요한 조치를 할 수 있다.
- 국가는 에너지와 자원의 위기 및 기후변화 문제에 대한 대응책을 정기적으로 점검하여 성과를 평가하고 국제협상의 동향 및 주요 국가의 정책을 분석하여 적절한 대책을 마련하여야 한다.
- 국가는 국제적인 기후변화대응 및 에너지·자원 개발협력에 능동적으로 참여하고, 개발도상국가에 대한 기술적·재정적 지원을 할 수 있다.

168 저탄소 녹색성장 실현을 위한 지방자치단체의 책무가 아닌 것은?

① 지방자치단체는 저탄소 녹색성장 실현을 위한 국가 시책에 적극 협력하여야 한다.
② 지방자치단체는 저탄소 녹색성장대책을 수립·시행할 때 대한민국의 지정된 범위 내에서 여건을 고려해야 한다.
③ 지방자치단체는 관할구역 내에서의 각종 계획 수립과 사업의 집행과정에서 그 계획과 사업이 저탄소 녹색성장에 미치는 영향을 종합적으로 고려하고, 지역주민에게 저탄소 녹색성장에 대한 교육과 홍보를 강화하여야 한다.
④ 지방자치단체는 관할구역 내의 사업자, 주민 및 민간단체의 저탄소 녹색성장을 위한 활동을 장려하기 위하여 정보 제공, 재정 지원 등 필요한 조치를 강구하여야 한다.

해설
저탄소 녹색성장 실현을 위한 지방자치단체의 책무(저탄소 녹색성장 기본법 제5조)
- 지방자치단체는 저탄소 녹색성장 실현을 위한 국가시책에 적극 협력하여야 한다.
- 지방자치단체는 저탄소 녹색성장대책을 수립·시행할 때 해당 지방자치단체의 지역적 특성과 여건을 고려하여야 한다.
- 지방자치단체는 관할구역 내에서의 각종 계획 수립과 사업의 집행과정에서 그 계획과 사업이 저탄소 녹색성장에 미치는 영향을 종합적으로 고려하고, 지역주민에게 저탄소 녹색성장에 대한 교육과 홍보를 강화하여야 한다.
- 지방자치단체는 관할구역 내의 사업자, 주민 및 민간단체의 저탄소 녹색성장을 위한 활동을 장려하기 위하여 정보 제공, 재정 지원 등 필요한 조치를 강구하여야 한다.

169 저탄소 녹색성장 에너지정책 등의 기본원칙에 따라 수립·시행해야 하는 사항에 포함되지 않는 것은?

① 석유·석탄 등 화석연료의 사용을 단계적으로 축소하고 에너지 자립도를 획기적으로 향상시킨다.
② 태양에너지, 폐기물·바이오에너지, 풍력, 지열, 조력, 연료전지, 수소에너지 등 신재생에너지의 개발·생산·이용 및 보급을 확대하고 에너지 공급원을 다변화한다.
③ 에너지가격 및 에너지산업에 대한 시장경쟁 요소의 도입을 확대하고 공정거래 질서를 확립하며, 국제규범 및 외국의 법제도 등을 고려하여 에너지산업에 대한 규제를 합리적으로 도입·개선하여 새로운 시장을 창출한다.
④ 국내 에너지자원 확보, 에너지의 수입 다변화, 에너지 비축 등을 통하여 에너지를 안정적으로 공급함으로써 에너지에 관한 국제안보를 강화한다.

해설
저탄소 녹색성장 에너지정책 등의 기본원칙에 따라 수립·시행해야 하는 사항(저탄소 녹색성장 기본법 제39조)
- 석유·석탄 등 화석연료의 사용을 단계적으로 축소하고 에너지 자립도를 획기적으로 향상시킨다.
- 에너지가격의 합리화, 에너지의 절약, 에너지 이용효율 제고 등 에너지 수요관리를 강화하여 지구온난화를 예방하고 환경을 보전하며, 에너지 저소비·자원순환형 경제·사회구조로 전환한다.
- 태양에너지, 폐기물·바이오에너지, 풍력, 지열, 조력, 연료전지, 수소에너지 등 신재생에너지의 개발·생산·이용 및 보급을 확대하고 에너지 공급원을 다변화한다.
- 에너지가격 및 에너지산업에 대한 시장경쟁 요소의 도입을 확대하고 공정거래 질서를 확립하며, 국제규범 및 외국의 법제도 등을 고려하여 에너지산업에 대한 규제를 합리적으로 도입·개선하여 새로운 시장을 창출한다.
- 국민이 저탄소 녹색성장의 혜택을 고루 누릴 수 있도록 저소득층에 대한 에너지 이용 혜택을 확대하고 형평성을 제고하는 등 에너지와 관련한 복지를 확대한다.
- 국외 에너지자원 확보, 에너지의 수입 다변화, 에너지 비축 등을 통하여 에너지를 안정적으로 공급함으로써 에너지에 관한 국가안보를 강화한다.

170 저탄소 녹색성장 기후변화대응 기본원칙에 따라 계획기간을 몇 년으로 하는가?

① 10년 ② 20년
③ 30년 ④ 40년

해설
저탄소 녹색성장 기후변화대응 기본계획(저탄소 녹색성장 기본법 제40조)
정부는 기후변화대응의 기본원칙에 따라 20년을 계획기간으로 하는 기후변화대응 기본계획을 5년마다 수립·시행하여야 한다.

171 저탄소 녹색성장 기후변화대응 기본계획은 몇 년마다 수립·시행하는가?

① 1년 ② 2년
③ 3년 ④ 5년

해설
170번 해설 참조

172 저탄소 녹색성장 기후변화대응 기본계획에 포함되지 않는 사항은?

① 기후변화대응 연구개발에 관한 사항
② 기후변화대응 인력양성에 관한 사항
③ 온실가스 배출·흡수 현황 및 전망
④ 기후변화대응을 위한 국내협력에 관한 사항

해설
저탄소 녹색성장 기후변화대응 기본계획(저탄소 녹색성장 기본법 제40조)
- 국내외 기후변화 경향 및 미래 전망과 대기 중의 온실가스 농도변화
- 온실가스 배출·흡수 현황 및 전망
- 온실가스 배출 중장기 감축목표 설정 및 부문별·단계별 대책
- 기후변화대응을 위한 국제협력에 관한 사항
- 기후변화대응을 위한 국가와 지방자치단체의 협력에 관한 사항
- 기후변화대응 연구개발에 관한 사항
- 기후변화대응 인력양성에 관한 사항
- 기후변화의 감시·예측·영향·취약성평가 및 재난방지 등 적응대책에 관한 사항
- 기후변화대응을 위한 교육·홍보에 관한 사항

정답 169 ④ 170 ② 171 ④ 172 ④

173 에너지기본계획을 수립하거나 변경하는 경우에는 에너지법 에너지위원회의 구성 및 운영에 따른 에너지위원회의 심의를 거친 다음 위원회와 어디의 심의를 거쳐야 하는가?

① 국무회의 ② 대법원
③ 대통령 ④ 판 사

> **해설**
> 에너지기본계획의 수립(저탄소 녹색성장 기본법 제41조)
> 에너지기본계획을 수립하거나 변경하는 경우에는 에너지법 에너지위원회의 구성 및 운영에 따른 에너지위원회의 심의를 거친 다음 위원회와 국무회의의 심의를 거쳐야 한다. 다만, 대통령령으로 정하는 경미한 사항을 변경하는 경우에는 그러하지 아니하다.

174 에너지기본계획에 포함되는 내용이 아닌 것은?

① 에너지 안전관리를 위한 대책에 관한 사항
② 국내외 에너지 수요와 공급의 추이 및 전망에 관한 사항
③ 국가의 에너지 정책에 대한 국민의 기대와 소외계층에 대한 대책에 관한 사항
④ 에너지의 안정적 확보, 도입·공급 및 관리를 위한 대책에 관한 사항

> **해설**
> 에너지기본계획(저탄소 녹색성장 기본법 제41조)
> • 국내외 에너지 수요와 공급의 추이 및 전망에 관한 사항
> • 에너지의 안정적 확보, 도입·공급 및 관리를 위한 대책에 관한 사항
> • 에너지 수요 목표, 에너지원 구성, 에너지 절약 및 에너지 이용효율 향상에 관한 사항
> • 신재생에너지 등 환경 친화적 에너지의 공급 및 사용을 위한 대책에 관한 사항
> • 에너지 안전관리를 위한 대책에 관한 사항
> • 에너지 관련 기술개발 및 보급, 전문인력 양성, 국제협력, 부존 에너지자원 개발 및 이용, 에너지 복지 등에 관한 사항

175 기후변화대응 및 에너지 목표관리의 내용이 아닌 것은?

① 에너지 자립 목표 ② 화석에너지 증산의 목표
③ 온실가스 감축 목표 ④ 신재생에너지 보급 목표

> **해설**
> 기후변화대응 및 에너지 목표관리(저탄소 녹색성장 기본법 제42조)
> 정부는 범지구적인 온실가스 감축에 적극 대응하고 저탄소 녹색성장을 효율적·체계적으로 추진하기 위하여 다음의 사항에 대한 중장기 및 단계별 목표를 설정하고 그 달성을 위하여 필요한 조치를 강구하여야 한다.
> • 온실가스 감축 목표
> • 에너지 절약 목표 및 에너지 이용효율 목표
> • 에너지 자립 목표
> • 신재생에너지 보급 목표

176 온실가스 감축 목표는 2030년의 국가 온실가스 총배출량을 2017년의 온실가스 총배출량의 얼마만큼 감축해야 하는가?

① 1,000분의 242
② 1,000분의 243
③ 1,000분의 244
④ 1,000분의 245

> **해설**
> 온실가스 감축 국가목표 설정·관리(저탄소 녹색성장 기본법 시행령 제25조)
> 온실가스 감축 목표는 2030년의 국가 온실가스 총배출량을 2017년의 온실가스 총배출량의 1,000분의 244만큼 감축하는 것으로 한다.

173 ① 174 ③ 175 ② 176 ③

CHAPTER 05 태양광발전사업 허가

제1과목 태양광발전 기획

제1절 태양광발전 사업계획서 작성

1 전기사업신청서 검토

(1) 전기사업의 허가 기준

① 전기사업을 하려는 자는 전기사업의 종류별로 산업통상자원부장관의 허가를 받아야 한다. 허가받은 사항 중 산업통상자원부령으로 정하는 중요 사항을 변경하려는 경우에도 또한 같다.
② 산업통상자원부장관은 전기사업을 허가 또는 변경허가를 하려는 경우에는 미리 전기위원회의 심의를 거쳐야 한다.
③ 동일인에게는 두 종류 이상의 전기사업을 허가할 수 없다. 다만, 대통령령으로 정하는 경우에는 그러하지 아니하다.
④ 산업통상자원부장관은 필요한 경우 사업구역 및 특정한 공급구역별로 구분하여 전기사업의 허가를 할 수 있다. 다만, 발전사업의 경우에는 발전소별로 허가할 수 있다.
⑤ 전기사업의 허가기준은 다음과 같다.
　㉠ 전기사업 수행에 필요한 재무능력 및 기술능력이 있을 것
　　재무능력은 신용평가가 양호하고 소요재원 조달계획이 구체적이어야 하며, 기술능력은 발전설비 건설 및 운영계획, 기술인력 확보계획이 구체적으로 적시되어 있어야 한다.
　㉡ 전기사업이 계획대로 수행될 수 있을 것
　　사업계획이 예측 가능하고, 부지확보 가능여부, 적정한 이윤확보 방안 등 건설이 차질 없이 진행될 수 있는지 여부를 검토한다.
　㉢ 발전소가 특정지역에 편중되어 전력계통의 운영에 지장을 주지 말 것
　　발전소 건설로 인하여 송전계통의 보강이 필요하므로, 사업개시 예정일까지 송전계통 보강이 곤란한지 여부를 검토한다.
　㉣ 발전연료가 어느 하나에 편중되어 전력수급에 지장을 주지 말 것
　　원자력, 석탄, 석유, 천연가스, 신재생에너지 등 발전연료의 편중에 따른 전력수급의 지장 여부를 검토한다.
⑥ 허가의 심사기준
　㉠ 재무능력의 심사기준
　　• 소요금액 및 재원조달계획이 구체적이며 실현가능할 것
　　• 신용평가가 양호할 것

ⓛ 기술능력의 심사기준
- 전기설비 건설 계획 및 운영 계획이 구체적이며 실현가능할 것
- 전기설비를 건설하고 운영할 수 있는 기술인력 확보계획이 구체적으로 제시되어 있을 것

ⓒ 전기사업이 계획대로 수행될 수 있는지에 대한 심사기준
- 전기설비 건설 예정지역의 수용 정도가 높을 것
- 계획이 구체적이며 실현 가능할 것
- 발전소를 적기에 준공하고, 발전사업을 지속적·안정적으로 운영할 수 있을 것

⑦ 허가 변경
발전사업 허가를 받았으나, 다음과 같이 변경되는 경우는 산업통상자원부 장관 또는 시·도지사의 변경허가를 받아야 한다.
ⓐ 사업구역 또는 특정한 공급구역이 변경되는 경우
ⓑ 공급전압이 변경되는 경우
ⓒ 설비용량이 변경되는 경우(허가 또는 변경허가를 받은 설비용량의 10[%] 이하인 경우는 제외)
ⓓ 허가 취소 : 전기사업자가 사업 준비기간(발전사업 허가를 득한 후부터 사업개시 신고 전까지) 내에 전기설비의 설치 및 사업의 개시를 하지 아니한 경우, 전기위원회의 심의를 거쳐 허가를 취소한다.
- 신재생에너지발전사업 준비기간의 상한 : 10년
- 발전사업 허가 시 사업 준비기간을 지정

⑧ 사업의 개시신고
사업개시의 신고를 하려는 자는 사업개시신고서를 산업통상자원부장관 또는 시·도지사(발전설비용량이 3,000[kW] 이하인 발전사업의 경우에 한정)에게 제출하여야 한다.

(2) 사업허가 신청 시 제출서류
① 전기 관련 서류
ⓐ 전기사업허가신청서
ⓑ 사업계획서
ⓒ 송전관계일람도
ⓓ 발전원가명세서
ⓔ 발전설비의 운영을 위한 기술인력의 확보계획을 기재한 서류
ⓕ 태양광 모듈배치도 및 모듈상세도

② 사업자 관련 서류
ⓐ 신청인이 법인인 경우 : 법인등기부등본, 임원 인적 사항, 법인인감증명서, 정관 및 직전 사업연도말의 대차대조표·손익계산서
ⓑ 신청인이 설립 중인 법인인 경우에는 그 정관
ⓒ 사업자 등록증(등록된 업체에 한함)

③ 사업장소 관련 서류
ⓐ 토지사용총괄표, 토지사용승낙서 및 인감증명서
ⓑ 지적(임야)도 등본

© 지적(임야)대장
　　② 토지이용계획확인원
　　◎ 토지(임야) 등기부등본

(3) 사업계획서 작성요령
　① 사업 구분
　② 사업계획 개요(사업자명, 전기설비의 명칭 및 위치, 발전형식 및 연료, 설비용량, 소요부지면적, 준비기간, 사업개시 예정일 및 운영기간을 포함한다)
　③ 전기설비 개요
　　㉠ 발전설비
　　　• 수력설비
　　　　- 저수지 또는 조정지의 전용량, 유효용량, 계획 홍수량, 이용 수심, 수차의 종류, 출력, 회전수 및 대수
　　　　- 댐, 취수구 및 방수구의 위치(동·리까지 적을 것)
　　　　- 최대 및 상시 첨두별 유효낙차
　　　• 화력설비
　　　　- 가스터빈 또는 증기터빈의 종류, 정격출력, 정격전압, 주파수, 주증기 정지밸브의 입구 압력 및 온도
　　　　- 보일러의 종류, 증발량, 출구의 압력 및 온도와 대수
　　　　- 연료의 종류
　　　• 원자력설비
　　　　- 원자로의 형식·열출력 및 기수, 연료의 종류 및 초기 농축도 원자로의 제어방식
　　　　- 증기터빈의 종류, 정격출력, 정격전압, 주파수, 주증기 정지밸브의 입구 압력 및 온도
　　　• 풍력설비
　　　　- 최대·상시 풍속, 풍차의 운전(시동·정격 및 정지) 풍속, 풍차의 회전수·직경, 회전날개의 수·길이 및 지주의 높이
　　　　- 발전기의 종류 및 정격출력, 정격전압, 주파수
　　　• 태양광설비
　　　　- 태양전지의 종류, 정격용량, 정격전압 및 정격출력
　　　　- 인버터(Inverter)의 종류, 입력전압, 출력전압 및 정격출력
　　　　- 집광판의 면적
　　　• 전기저장장치
　　　　- 이차전지의 종류, 입력전압, 출력전압 및 정격출력
　　　　- 전력변환장치의 종류 및 제어방식
　　　• 그 밖의 신에너지 및 재생에너지설비의 경우에는 원동력의 종류 및 정격출력, 공급 전압, 주파수, 설비별 제원 등

       ⓒ 송전·변전설비
- 변전소의 명칭 및 위치, 변압기의 종류·용량·전압·대수
- 송전선로의 명칭·구간 및 송전 용량
- 개폐소의 위치(동·리까지 적을 것)
- 송전선의 종류·길이·회선 수 및 굵기의 1회선당 조수(條數)

④ 전기설비 건설계획(구체적인 주요공정 추진 일정 및 건설인력 관련 계획을 포함한다)
⑤ 전기설비 운영계획(기술인력의 확보 계획을 포함한다)
⑥ 부지의 확보 및 배치 계획(석탄을 이용한 화력발전의 경우 회처리장에 관한 사항을 포함한다)
⑦ 전력계통의 연계 계획(발전사업 및 구역전기사업의 경우만 해당한다)
⑧ 연료 및 용수 확보 계획(발전사업 및 구역전기사업의 경우만 해당한다)
⑨ 온실가스 감축계획(화력발전의 경우만 해당한다)
⑩ 소요금액 및 재원조달계획(전기사업회계규칙의 계정과목 분류에 따른 공사비 개괄 계산서를 포함한다)
⑪ 사업개시 예정일부터 5년간 연도별·용도별 공급계획(전기판매사업 및 구역전기사업의 경우에만 해당한다)

■ 전기사업법 시행규칙[별지 제1호서식]

전기사업 허가신청서

※ 바탕색이 어두운 난은 신청인이 작성하지 않습니다.

접수번호		접수일자		처리기간	60일

신청인	대표자 성명		주민등록번호	
	주소			
	상호		전화번호	

신청 내용	사업의 종류
	설치장소
	사업구역 또는 특정한 공급구역
	전기사업용 전기설비에 관한 사항
	사업에 필요한 준비기간

「전기사업법」 제7조제1항 및 같은 법 시행규칙 제4조에 따라 위와 같이 전기사업의 허가를 신청합니다.

년   월   일

신청인   (서명 또는 인)

산업통상자원부장관
시·도지사   귀하

첨부서류	1. 「전기사업법 시행규칙」 별표 1의 작성방법에 따라 작성한 사업계획서(별표 1의2에 따른 서류를 첨부하여 제출합니다) 2. 정관 및 직전 사업연도말의 대차대조표·손익계산서(신청인이 법인인 경우만 해당하며, 신청인이 설립 중인 법인인 경우에는 정관만 제출합니다) 3. 신청자(발전설비용량이 3천킬로와트 이하인 신청자는 제외합니다)의 주주명부(신청자가 재무능력을 평가할 수 없는 신설법인인 경우에는 신청자의 최대주주를 신청자로 봅니다) 4. 「전기사업법 시행령」 제4조의2에 따른 의견수렴 결과(「신에너지 및 재생에너지 개발·이용·보급 촉진법」 제2조에 따른 태양에너지 중 태양광, 풍력, 연료전지를 이용하는 발전사업인 경우만 해당합니다) 5. 「전기사업법」 제7조의3제1항에 따라 의제받으려는 인·허가등에 관하여 해당 법률에서 정하는 관련 서류	수수료
산업통상자원부 장관 또는 시·도지사 확인사항	법인 등기사항증명서	없음

처리절차

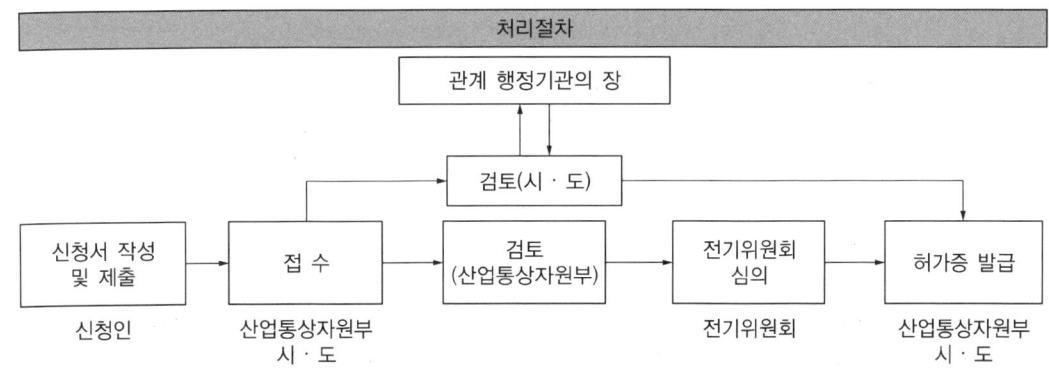

210mm × 297mm(백상지 80g/m²)

■ 전기사업법 시행규칙[별지 제4호서식]

제 호

(발전, 구역전기) 사업허가증

1. 성 명(대표자) :   생년월일 :

2. 상 호 :

3. 소 재 지 :

4. 사업의 내용 :
   사업장소 :

5. 사업규모
   ○ 원동력의 종류 :
   ○ 설비용량 :   MW, 공급전압 :   kV, 주파수 :   Hz

6. 특정공급구역 :

7. 사업준비기간 :

8. 허가조건 :

9. 기타 :

「전기사업법」제7조 및 같은 법 시행규칙 제6조에 따라 위와 같이 (   )사업을 허가합니다.

년   월   일

산업통상자원부장관
시 · 도지사   [직인]

※ 작성방법
1. 이 서식은 발전 · 구역전기 사업의 허가에 사용됩니다.
2. 발전사업은 6번란을 적지 않습니다.
3. 6번란, 8번란 및 9번란에 적는 사항은 별지로 작성하여 발급할 수 있습니다.

210mm × 297mm(백상지 120g/m²)

2 송전관계일람도 준비 등

(1) 송전관계일람도

발전소에서 생산된 전력을 국내전력계통과 연결하는 방법과 지점을 표기한 도면이다. 즉, 계량기, 인버터, 모듈 등이 나타난 일정의 계통도로 전문 전기공사업체에 요청을 하여야 한다.

① 작성방법

계통연계지점이 표기되어 있으며 에너지관리공단 신재생에너지기술지원실에서 작성·지원하고 있다.

② 작성 예

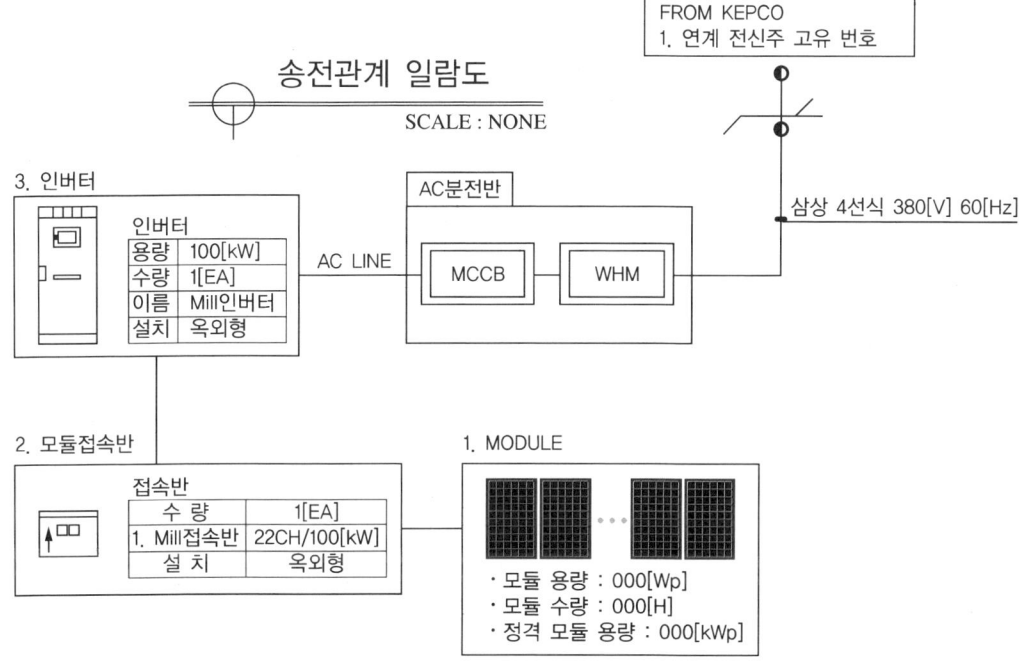

제2절 태양광발전 인허가 검토

1 인허가 법령 검토

(1) 인·허가

공공질서의 유지나 공공복리의 증진을 위하여 특정의 영업, 사업, 업무나 그 밖의 행위를 함에 있어서 행정관청의 일정한 행위(허가, 인가, 면허 등)나 행정관청에 대한 일정한 행위(등록, 신고 등)를 요건으로 그러한 목적을 위하여 국민의 사회, 경제생활상의 자유나 또는 권리를 제한하거나 의무를 부과하는 규제제도로서 부지조성 또는 농지전용, 산지전용, 토지의 형질변경 등의 허가를 말한다. 또한 국토계획 및 이용에 관한 법률상의 지구단위계획 수립, 도시계획시설 결정 및 그 시행허가, 개발행위허가 등을 취득하는 것이다. 관청의 허가 없이는 무단으로 형질을 변경하거나 건축물 및 구조물을 신축/증축/개축하는 행위를 할 수 없으며, 인·허가를 받아야만 목적사업을 위한 건축허가 및 공사 등의 행위를 시행할 수 있다.

2 개발행위 인허가 검토

(1) 인·허가 사항

① 인·허가 사항(종류)

전기(발전)사업 허가	
개발행위 허가 (사전복합민원심사청구를 통한 허가가능여부 확인)	사전 환경성검토 협의
	농지전용 허가
	초지전용의 허가
	산지전용 허가 및 입목 벌채 허가
	사방지지정의 해체
	사도개설의 허가
	무연분묘의 개장 허가
기타 인·허가	전기사업용 전기설비의 공사계획 인가 또는 신고
	건축물 허가
	공작물 축조 신고
	문화재 지표조사
	자연공원의 점·사용 허가
	군사시설 보호지역 사용에 관한 협의

(2) 인·허가 신청 거부기준

① 인·허가 처분을 하는 경우 중대한 공익이 침해될 우려가 있는 경우
② 합리적이고 타당한 방법으로 수립된 재량행사기준에 위배되는 경우
③ 당해 법령 또는 다른 법령상의 제한에 위배되는 경우
④ 기본적인 기준이 안 되는 경우

(3) 인·허가 신청을 거부할 수 없는 기준

① 인·허가가 가능하다는 내용의 사전언급이 있는 경우로서 신뢰성이 보호되어야 한다(신뢰성 보호의 원칙).
② 추상적 사유나 관련성이 없는 다른 법령을 이유로 하는 경우
③ 상위 법령에 근거가 없는 행정규칙에 의할 경우
④ 단순한 인근주민의 반대나 서류제출 미비 등을 이유로 하는 경우

3 관련 기관 인허가 기준

(1) 사용 전 검사 기준

① 전기사업법 규정에 의한 공사계획 인가 또는 신고를 필한 상용, 사업용 태양광발전설비를 대상으로 한다.
② 사용 전 검사는 용량에 관계없이 관할사업소에서 주관하며, 전용선로를 구축할 경우의 송전설비 검사는 본사 전력설비검사단에서 담당한다.

(2) 검사대상의 범위

(신설 경우)

구 분	검사종류	용 량	선 임	감리원 배치
일반용	사용 전 점검	10[kW] 이하	미선임	필요 없음
자가용	사용 전 검사 (저압설비는 공사계획 미신고)	10[kW] 초과 (자가용 설비 내에 있는 경우 용량에 관계없이 자가용임)	대행업체 대행가능 (1,000[kW] 이하)	감리원배치확인서 (자체 감리원 불인정-상용이기 때문)
사업용	사용 전 검사 (시·도 공사계획신고)	전 용량 대상	대행업체 대행가능 (20[kW] 이하 미선임 가능)	감리원배치확인서 (자체 감리원 불인정-상용이기 때문)

(3) 공사계획 인가 또는 신고대상 설비

① 인가를 요하는 발전소
  ㉠ 설치공사 : 출력 10,000[kW] 이상의 발전소의 설비
  ㉡ 변경공사 : 출력 10,000[kW] 이상의 발전소의 설비
② 신고를 요하는 발전소
  ㉠ 설치공사 : 출력 10,000[kW] 미만의 발전소의 설비
  ㉡ 변경공사 : 출력 10,000[kW] 미만의 발전소의 설비

(4) 사용 전 검사를 받는 시기(전기사업법 시행규칙 별표 9)

① 공사계획에 따른 설비의 일부가 완성되어 그 완성된 설비만을 사용하려고 할 때
② 태양광발전소는 전체공사가 완료되면 사용 전 검사를 받는다.

(5) 검사적용 기준

① 전기사업법 시행규칙(전기안전관리자의 선임)
② 전기사업법 시행규칙(안전관리업무의 대행 규모)
③ 전기사업법 시행규칙 별표 5(사업용 공사계획), 별표 7(자가용 공사계획)
④ 전기설비기술기준의 판단기준(연료전지 및 태양전지 모듈의 절연내력)
⑤ 전기설비기술기준의 판단기준(태양전지 모듈 등의 시설)
⑥ 전기설비기술기준의 판단기준(옥내전로의 대지전압의 제한) 제4항
⑦ 자가용 전기설비 검사업무처리규정(산업통상자원부 훈령)

4 제반서류 및 첨부서류 준비 등

(1) 태양광발전 인허가 제반서류 및 첨부서류에 관한 사용 전 검사에 필요한 서류

① 사용 전 검사 신청서
② 태양광발전설비 개요
③ 공사계획인가(신고)서
④ 태양광전지 규격서
⑤ 단선결선도, 시퀀스 도면, 태양전지 트립인터록 도면, 종합 인터록도면-설계면허(직인 필요 없음)
⑥ 절연저항시험 성적서, 절연내역시험 성적서, 경보회로시험 성적서, 부대설비시험 성적서, 보호장치 및 계전기시험 성적서
⑦ 출력 기록지
⑧ 전기안전관리자 선임필증 사본(사용 전 점검 제외)
⑨ 감리원 배치확인서(사용 전 점검 제외)

CHAPTER 05 적중예상문제

제1과목 태양광발전 기획

01 다음 중 전기발전사업 허가 기준을 설명한 것으로 맞지 않는 것은?
① 전기사업이 계획대로 수행될 수 있을 것
② 발전소가 특정지역에 편중되어 전력계통의 운영에 지장을 초래하지 말 것
③ 전기사업 수행에 필요한 재무능력 또는 실무능력이 있을 것
④ 발전연료가 어느 하나에 편중되어 전력수급에 지장을 초래하여서는 안 될 것

해설
전기발전사업 허가 기준(전기사업법 제7조, 시행령 제4조)
• 전기사업 수행에 필요한 재무능력 및 기술능력이 있을 것
• 전기사업이 계획대로 수행될 수 있을 것
• 발전소가 특정지역에 편중되어 전력계통의 운영에 지장을 주지 말 것
• 발전연료가 어느 하나에 편중되어 전력수급에 지장을 주지 말 것

02 전기사업 인·허가권자가 산업통상자원부장관인 태양광발전설비의 기준은 몇 [kW]인가?
① 1,000[kW] 이상   ② 2,000[kW] 초과
③ 3,000[kW] 초과   ④ 5,000[kW] 초과

해설
전기사업 인·허가권자(전기사업법 시행규칙 제4조)
• 3,000[kW] 초과 설비 : 산업통상자원부장관(전기위원회)
• 3,000[kW] 이하 설비 : 특별시장, 광역시장, 특별자치시장, 도지사 또는 특별자치도지사

03 전기발전사업 허가 변경을 받아야 하는 것이 아닌 경우는?
① 발전연료가 변경되는 경우
② 설비용량이 변경되는 경우
③ 사업구역 또는 특정한 공급구역이 변경되는 경우
④ 공급전압이 변경되는 경우

해설
전기발전사업 허가변경(전기사업법 시행규칙 제5조)
• 사업구역 또는 특정한 공급구역이 변경되는 경우
• 공급전압이 변경되는 경우
• 설비용량이 변경되는 경우(허가 또는 변경허가를 받은 설비용량의 10[%] 미만인 경우는 제외)

04 사업허가 신청 시 제출서류 할 경우 전기 관련서류에 해당되지 않는 것은?
① 전기사업허가신청서   ② 사업계획서
③ 수전관계 열람표   ④ 발전원가 명세서

해설
사업허가 신청 시 제출서류
• 전기 관련서류
 - 전기사업허가신청서
 - 사업계획서
 - 송전관계 일람도
 - 발전원가 명세서
 - 발전설비의 운영을 위한 기술인력의 확보계획을 기재한 서류
 - 태양광 모듈배치도 및 모듈상세도
• 사업자 관련서류
 - 신청인이 법인인 경우 : 법인등기부 등본, 임원 인적 사항, 법인인감증명서, 정관 및 직전 사업연도말의 대차대조표·손익계산서
 - 신청인이 설립 중인 법인인 경우에는 그 정관
 - 사업자 등록증(등록된 업체에 한함)
• 사업장소 관련서류
 - 토지사용총괄표, 토지사용승낙서 및 인감증명서
 - 지적(임야)도 등본
 - 지적(임야)대장
 - 토지이용계획확인원
 - 토지(임야) 등기부 등본

05 사업허가 신청 시 제출서류에서 사업자 관련서류 중 신청인이 법인인 경우 포함되지 않는 서류는?
① 법인등기부등본   ② 임원 인적 사항
③ 법인인감증명서   ④ 급여내역서 및 수입증명서

해설
4번 해설 참조

정답 1 ③ 2 ③ 3 ① 4 ③ 5 ④

제5장 적중예상문제

06 사업허가 신청 시 제출서류 중 사업장소 관련서류에 해당되지 않는 것은?

① 등기부등본
② 지적(임야)도 등본
③ 지적(임야)대장
④ 토지이용계획확인원

해설
4번 해설 참조

07 사업계획서 작성요령에서 소요자금 및 그 조달방법에 해당되지 않는 사항은?

① 계통연계방법
② 소요자금 현황(직접공사비, 간접공사비, 총 사업비) 및 소요자금
③ 조달방법(자기 자금액 및 타인 자금액, 타인 자금의 조달방법)
④ 소요자금 투입시기

해설
사업계획서 작성요령에서 소요자금 및 그 조달방법
• 소요자금 현황(직접공사비, 간접공사비, 총 사업비) 및 소요자금
• 조달방법(자기 자금액 및 타인 자금액, 타인 자금의 조달방법)
• 소요자금 투입시기

08 발전소에서 생산된 전력을 국내전력계통과 연결하는 방법과 지점을 표기한 도면을 무엇이라 하는가?

① 발전관계일람도
② 배전관계일람도
③ 송전관계일람도
④ 설계관계일람도

해설
송전관계일람도
발전소에서 생산된 전력을 국내전력계통과 연결하는 방법과 지점을 표기한 도면이다. 즉, 계량기, 인버터, 모듈 등이 나타난 일정의 계통도로 전문 전기공사업체에 요청을 하여야 한다.

09 공공질서의 유지나 공공복리의 증진을 위하여 특정의 영업, 사업, 업무나 그 밖의 행위를 함에 있어서 행정관청의 일정한 행위(허가, 인가, 면허 등)나 행정관청에 대한 일정한 행위(등록, 신고 등)를 요건으로 그러한 목적을 위하여 국민의 사회, 경제생활상의 자유 또는 권리를 제한하거나 의무를 부과하는 규제제도로서 부지조성 또는 농지전용, 산지전용, 토지의 형질변경 등의 허가를 무엇이라 하는가?

① 인·허가
② 가허가
③ 준공검사
④ 예비허가

해설
인·허가
공공질서의 유지나 공공복리의 증진을 위하여 특정의 영업, 사업, 업무나 그 밖의 행위를 함에 있어서 행정관청의 일정한 행위(허가, 인가, 면허 등)나 행정관청에 대한 일정한 행위(등록, 신고 등)를 요건으로 그러한 목적을 위하여 국민의 사회, 경제생활상의 자유 또는 권리를 제한하거나 의무를 부과하는 규제제도로서 부지조성, 농지전용, 산지전용, 토지의 형질변경 등의 허가를 말한다. 또한 국토계획 및 이용에 관한 법률상의 지구단위계획 수립, 도시계획시설 결정 및 그 시행 허가 개발 행위 허가 등을 취득하는 것이다. 그리고 관청의 허가 없이 무단으로 형질을 변경하거나 건축물 및 구조물을 신축/증축/개축하는 행위를 할 수 없으며, 인·허가를 받아야만 목적사업을 위한 건축허가 및 공사 등의 행위를 시행할 수 있다.

10 인·허가 신청 거부기준에 해당되지 않는 사항은?

① 합리적이고 타당한 방법으로 수립된 재량행사기준에 위배되는 경우
② 인·허가 처분을 하는 경우 중대한 공익이 침해될 우려가 있는 경우
③ 기본적인 기준이 모두 충족되는 경우
④ 당해 법령 또는 다른 법령상의 제한에 위배되는 경우

해설
인·허가 신청 거부기준
• 인·허가 처분을 하는 경우 중대한 공익이 침해될 우려가 있는 경우
• 합리적이고 타당한 방법으로 수립된 재량행사기준에 위배되는 경우
• 당해 법령 또는 다른 법령상의 제한에 위배되는 경우
• 기본적인 기준이 안 되는 경우

11 인·허가 신청을 거부할 수 없는 기준에 해당되지 않는 사항은?

① 상위 법령에 근거가 없는 행정규칙에 의할 경우
② 단순한 인근주민의 반대나 서류제출 미비 등을 이유로 하는 경우
③ 추상적 사유나 관련성이 없는 다른 법령을 이유로 하는 경우
④ 인·허가가 가능하다는 내용의 사전 언급이 없는 경우로서 무결성이 보호되지 않아도 된다.

해설
인·허가 신청을 거부할 수 없는 기준
- 인·허가가 가능하다는 내용의 사전 언급이 있는 경우로서 신뢰성이 보호되어야 한다.
- 추상적 사유나 관련성이 없는 다른 법령을 이유로 하는 경우
- 상위 법령에 근거가 없는 행정규칙에 의할 경우
- 단순한 인근주민의 반대나 서류제출 미비 등을 이유로 하는 경우

12 사용 전 검사 대상 범위 중 신설의 경우 일반용 설비의 해당 용량은 얼마인가?

① 10[kW] 이하
② 10[kW] 초과
③ 100[kW] 초과
④ 1,000[kW] 이상

해설
사용 전 검사 대상범위(신설 경우)

구 분	검사종류	용 량	선 임	감리원 배치
일반용	사용 전 점검	10[kW] 이하	미선임	필요 없음
자가용	사용 전 검사	100[kW] 초과	대행업체 대행 가능(1,000[kW] 이하)	감리원 배치확인서
사업용	사용 전 검사	전용량 대상	대행업체 대행가능 (20[kW] 이하 미선임 가능)	감리원 배치확인서

13 다음 중 사용 전 검사에 필요한 서류가 아닌 것은?

① 공사계획인가 신고서
② 태양광발전설비 개요
③ 공사 진행계획서 및 내역서
④ 태양광전지 규격서

해설
사용 전 검사에 필요한 서류
- 사용 전 검사 신청서
- 태양광발전설비 개요
- 공사계획인가 신고서
- 태양광전지 규격서
- 단선결선도, 시퀀스 도면, 태양전지 트립인터록 도면, 종합 인터록 도면–설계면허(직인 필요 없음)
- 절연저항시험 성적서, 절연내력시험 성적서, 경보회로시험 성적서, 부대설비시험 성적서, 보호장치 및 계전기시험 성적서
- 출력 기록지
- 전기안전관리자 선임필증 사본(사용 전 점검 제외)
- 감리원 배치확인서(사용 전 점검 제외)

정답 11 ④ 12 ① 13 ③

CHAPTER 06 태양광발전사업 경제성 분석

제1과목 태양광발전 기획

제1절 태양광발전 경제성 분석

1 사업비

(1) 비용/편익의 분석

① 비용편익분석은 어떤 사용으로 인해 자원 배분의 변화가 생길 때 그에 따른 경제적 순편익을 측정하는 방법을 말한다. 즉, 여러 정책대안 가운데 가장 효과적인 대안을 찾기 위해 각 대안이 초래할 비용과 산출 효과를 비교·분석하는 기법을 말한다.
  ㉠ 특정 프로젝트에 투입되는 비용들을 금전적 가치로 환산하거나 그 프로젝트로부터 얻게 되는 편익 또는 산출을 금전적 가치로 환산하지 않고 산출물 그대로 분석에 활용하는 점이 특징이다.
  ㉡ 산출물을 금전적 가치로 환산하기 어렵거나, 산출물이 동일한 사업의 평가일 때 주로 이용되고, 정책결정 또는 기획과정에서 대안을 분석하거나 평가할 때 가장 많이 사용되는 분석기법이다.
② 비용편익분석은 몇 개의 대안이 제시한 프로젝트에 의하여 산출된 편익과 비용에 대하여 각각 측정해야 하고, 그 편익의 금액과 비용의 금액을 비교 평가하여 가장 합리적이고 효과적이라 파악되는 대안을 선택하기 위하여 활용된다.
③ 비용편익분석기법은 대안의 성과를 화폐가치로 환산해서 측정할 수 있는 것에만 적용된다. 화폐가치로 환산할 수 없으므로, 수량적으로 측정할 수 있는 것에는 비용효과분석의 기법이 적용된다.

(2) 비용편익분석에서 투자안

비용편익분석에서 투자안의 채택 여부를 결정하거나 우선순위를 정하는 방법에는 현재가치법, 내부수익률법, 편익비용비율법 등이 있다.

① 순현재가치법(NPV ; Net Present Value)
  ㉠ 투자안의 편익과 비용의 크기를 비교하는 방법으로 적절한 할인율을 선택하여 투자로부터 예상되는 편익과 비용의 현재가치를 계산한 다음 이를 비교하여 투자안의 투자여부 및 우선순위를 결정하는 방법이다. 즉, 일정기간의 수입과 지출의 현재가치를 동일하게 하는 할인율이다.
  ㉡ 할인율을 알 때, $B > C$로 측정하고 $B - C$로 판단, $B > C$이면 $B - C > 0$, 규모가 큰 사업에 유리하고, 현금유입과 현금유출의 현재가치이다.

순현재가치법(NPV) : $\sum \dfrac{Bt}{(1+r)^t} - \sum \dfrac{Ct}{(1+r)^t} = \sum \dfrac{(Bt - Ct)}{(1+r)^t}$

(Bt : 연차별 총편익, Ct : 연차별 총비용, r : 할인율, t : 기간)

② 내부수익률법(IRR)
  ㉠ 투자안의 수익률과 자금조달비용을 비교하는 방법으로 내부수익률과 할인율을 비교하여 공공투자안의 타당성 여부를 평가하는 방법이다. 즉, 할인율을 적용한 수입의 현재가치와 지출의 현재가치를 비교하여 비율로 표시하는 것이다.
  ㉡ 할인율을 알 수 없을 때 순현재가치 또는 순편익이 0이 되도록 할인율을 도출해 보고, 이것이 시장이자율보다 더 크면 타당성 있는 사업이라 판단한다. 할인율은 내부수익률과 동일하다.

  내부수익률 분석(IRR) : $\sum \dfrac{Bt}{(1+r)^t} = \sum \dfrac{Ct}{(1+r)^t}$

  (Bt : 연차별 총편익, Ct : 연차별 총비용, r : 할인율, t : 기간)

③ 편익비용비율법(Benefit/Cost Ratio)
  편익과 비용의 비율을 계산하여 투자안의 경제성 여부를 평가하는 방법으로 편익의 현재가치와 비용의 현재가치 간의 비율을 이용하여 투자안을 평가하는 방법이다. 즉, 일정기간의 수입과 지출의 현금흐름의 차이를 할인율을 적용하여 현재시점으로 할인한 금액의 총합을 말한다.
  ㉠ 비용·편익분석(Cost Benefit Analysis)의 기초 : 민간이나 공공사업 투자안의 의사결정을 하는 데 있어 가능한 모든 사회적 비용과 사회적 편익을 따져서 대안들 중 우선순위를 정하여 최적의 대안을 선정하는 기법을 비용·편익분석 방법이라 한다.
    • 비용·편익분석 : 어떤 공공사업으로 인한 사회적 편익이 사회적 비용을 초과하면 그 사업은 타당성을 갖는 것으로 평가한다.
    • 보상 원리 : 공공사업으로 일부계층은 손실을 보고 일부계층은 편익을 얻더라도 편익이 손실보다 크다면 편익을 얻는 계층이 손실을 입는 계층에게 재분배하고도 잉여가 있으므로 사회적인 후생증대가 가능한 것으로 보상된다. 이와 같은 대안들 중 비용이 같다면 그중에 편익이 가장 큰 대안을 선택하거나, 반대로 편익이 같다면 그중에 비용이 가장 적게 드는 대안을 선택해야 한다. 대안의 연구대상이 화폐단위로 측정되어야만 공통적이고 객관적인 척도로 평가할 수 있다. 따라서 할인율을 적용하여 화폐의 시간가치를 고려해야 하고, 나머지 조건이 일정하다고 할 때 현재의 편익은 미래의 편익보다 우선함을 명심해야 한다.
  ㉡ 비용·편익분석의 절차

목표설정 → 목표달성의 대안제시 → 비용·편익분석 → 최적대안 선택

  ㉢ 비용/편익비율분석(CBR) : 할인율을 알 때, $B > C$ 측정, B/C Ratio $= B/C$로 판단, $B > C$이면 $B > C = B/C > 1$ 총편익/총비용의 현재가치 → 비율로 분석

    • 비용편익분석 공식 : $PV = \dfrac{Pt}{(1+r)^t} = \dfrac{P^0}{(1+r)^0} + \dfrac{P^1}{(1+r)^1} + \dfrac{P^n}{(1+r)^n}$

    (PV : 투자금액의 현재가치, Pt : 미래시간의 금액값, r : 할인율, t : 연도)

    • 비용편익비분석(CBR) : B/C Ratio $= \dfrac{\sum \dfrac{Bt}{(1+r)^t}}{\sum \dfrac{Ct}{(1+r)^t}}$

    (Bt : 연차별 총편익, Ct : 연차별 총비용, r : 할인율, t : 기간)

(3) 순현재가치분석방법(NPV ; Net Present Value)

투자안으로부터 발생하는 현금유입의 현재가치에서 현금유출의 현재가치를 뺀 것을 말한다. 순현재가치가 0보다 크면 투자안을 채택하고, 0보다 작으면 투자안을 기각한다. 만약 여러 투자안 중에서 선택하는 상황이라면 순현재가치가 0보다 큰 것 중 순현재가치가 큰 순서로 채택한다.

※ **순현재가치법의 장점**
① 내용연수 동안의 모든 현금흐름을 고려한다.
② 화폐의 시간가치를 고려한다.
③ 가치가산의 원리가 성립한다. 즉, 여러 투자안에 투자할 때의 순현재가치는 각 투자안의 순현재가치를 더한 것과 같다.
④ 순현재가치가 극대화하도록 투자하면 기업가치가 극대화된다.
⑤ 투자안의 경제성분석 방법 중 가장 우월한 방법이다.

(4) 내부수익률법(IRR ; Internal Rate of Return)

① 정의 : 투자안으로부터 예상되는 미래 현금유입의 현재가치와 투자금액이 같아지는 할인율을 말한다. 또는 순현재가치(NPV)가 0이 되는 할인율(r)이다.
② 투자의사결정 기준
  ㉠ 독립된 단일투자안인 경우
    • IRR이 자본비용보다 작으면 기각한다.
    • IRR이 자본비용보다 크거나 같으면 채택한다.
  ㉡ 상호배타적인 복수투자안인 경우 : IRR이 자본비용보다 큰 것 중에서 IRR이 제일 큰 투자안을 선택한다.
③ 특 징
  ㉠ 계산과정이 복잡하다.
  ㉡ 현금흐름 사용과 화폐의 시간가치(할인율)를 고려한다.
  ㉢ 투자규모의 차이를 고려하지 않고 IRR이 구해진다.
  ㉣ 현금유입의 형태에 따라 달라지며, 가치자산의 원리가 성립하지 않는다.
  ㉤ 기업 가치를 극대화하는 선택이 이루어지지 않을 수도 있다.
  ㉥ 회계적 이익률(ARR)보다 더 정확하고 현실적이다.

(5) 원가분석방법(Cost Analysis)

원가계산에 의하여 얻은 원가자료나 실제원가를 표준원가 또는 기간비교에 의해 원가 차이 또는 원가변동의 원인과 정도를 분석하는 것이다.

① 원가분석
  ㉠ 원가계산에 의하여 얻은 원가자료나 실제원가를 기간비교 또는 표준원가와의 비교에 의하여 원가 차이 또는 원가변동의 원인과 정도를 분석하는 것이다.
  ㉡ 사전·사후 원가를 비교하여 분석하는 것으로 그 후의 경영관리에 자료로 사용한다.

ⓒ 원가수치를 분석하여 경영활동의 실태를 파악하고, 일정한 해석을 내리는 일이다.
ⓔ 원가분석방법으로는 원가요소분석, 원가부문분석, 단위제품분석의 3가지로 구분할 수 있다.
ⓜ 일반적으로 원가분석은 비교 형식으로 하는 일이 많기 때문에 넓은 의미로 플러스 공사비분석에서 원가분석은 원가비교와 동의어로 해석되기도 한다.
ⓗ 원가분석은 실적원가를 분석하는 것이다. 실적원가는 실제원가계산의 결과에서 얻어지기 때문에 실제원가계산의 순서에 대응하여 형식적 세 가지로 분석할 수 있다.
- 요소별 분석
- 부품별 분석
- 제품별 분석

ⓢ 절대액의 비교분석 방법
- 상호비교
- 기간비교

ⓞ 상대액의 비교분석 방법
- 제품원가의 구성비율분석 : 제품원가를 구성하는 재료비·노무비·경비 등의 구성 비율을 산출하는 것을 의미
- 요소원가와 조업도의 상관분석 : 기간의 실적원가로부터 고정비나 변동률을 산출하는 것을 의미
- 요소원가·부문원가·제품원가의 지수분석 : 각 원가의 어떤 기간의 금액을 100으로 하고, 그 후 기간의 금액을 백분율로 표현한 것으로, 경향을 파악하는 것이 목적

$$Q_0 \cdot P_0 + \frac{Q_1 \cdot P_1}{(1+r)} + \frac{Q_2 \cdot P_2}{(1+r)^2} + \cdots + \frac{Q_n \cdot P_n}{(1+r)^n} = C_0 + \frac{C_1}{(1+r)} + \frac{C_2}{(1+r)^2} + \cdots + \frac{C_n}{(1+r)^n}$$

$$P(생산원가) = \sum_{t=0}^{n} \frac{C_t}{1+r} / \sum_{t=0}^{n} \frac{Q_t}{1+r}$$

Q : 생산물량(단위 : 전기[kWh]/열에너지[kcal])
P : 생산된 전기나 열에너지의 단가(전기 : [원/kWh], 열에너지 : [원/kcal])
r : 할인율[%], n : 사업기간(연)
C : 총투입비용(운영비, 설비교체, 설비투자, 감가상각, 지급이자 등)

② 발전원가의 구성
ⓐ 초기 투자비 : 주자재, 토지 등 구입비용/인허가, 설계/공사비/검사비/계통연계비 등
ⓑ 연간 유지관리비 : 세금, 보험료, 수선비, 운전유지비
ⓒ 연간 총발전량 : 설치용량[kW] × 발전시간 × 일수 × 효율감소율

$$발전원가 : \frac{\frac{초기\ 투자비(원)}{설비수명연한(연)} + 연간\ 유지관리비(원/연)}{연간\ 총발전량[kWh/연]}$$

ⓓ 시스템 이용률 계산 : 시스템 이용률[%] = $\frac{발전시간[hour]}{24[hour]} \times 100[\%]$

ⓒ 발전용량과 발전수익 계산

발전용량[MWh/year]

= 설비용량×24시간/일×365일/연×시스템 이용률×$\left(1 - \dfrac{\text{모듈발전량 감소율}}{100}\right)$

2 경제성

(1) 부지매입비 및 공사비 등을 연계하여 평가하고 가중치 적용여부 및 부지매입 가격, 총공사비 등을 다시 한 번 확인해야 한다.

(2) 경제적인 입지선정 및 수익성 창출을 위해 입지선정에 따라 발전시간의 편차로 인한 수익성의 편차가 발생되기 때문에 사업 착수 전 해당 입지에서의 최소한 1년간의 일사량을 조사하고 그 일사량을 통하여 예상발전량 및 면밀한 손익계산을 통해 사업 착수여부를 결정하는 것이 중요한 사업결정이다.

제2절 태양광발전량 분석

1 부하설비용량

(1) 개 요

건축물의 기본 설계 시에는 설치부하의 상세를 정확히 알 수 없으므로 경험치에 의한 사무실 등급이나 부하밀도표로 총 부하설비용량을 추정한다. 단, 설비용량을 결정할 때에는 해당 전력설비의 요구특성(경제성, 신뢰도, 안정성, 장래증설계획)을 검토한 후에 결정되어야 한다.

(2) 부하설비용량 산정방법

부하설비용량 추정방법은 [m^2]당 전류부하밀도×연 면적[m^2]으로 추정하여 총 부하설비용량을 구하고, 수용률, 부하율, 부등률을 감안하여 수전설비용량을 구한다.

2 전력설비손실

(1) 무부하손(No Load Loss)

변압기에 전압을 가하면 변압기 철심에는 교번자속을 발생시키기 위한 여자전류가 흐른다. 자속의 방향이 반대방향 때마다 철심 내에 남아 있는 잔류자기를 없애기 위해 불필요한 전력이 소모된다. 이 손실의 유효분이 무부하손에 대응되며, 그 대부분이 철손이다.

또한 그의 무효분은 철손의 자화에 대응되며, 이것이 히스테리시스손실이다. 이 히스테리시스손의 크기는 자성체의 히스테리시스곡선(Hysteresis Loop) 내의 면적과 같다. 변압기의 무부하손 중에는 실제로 철손 이외에 동손과 유전체손도 포함되어 있으나 이 손실은 대단히 작다. 5[%]의 여자전류에 의해서 생기는 동손은 순환전류가 없는 것으로 한다면, 전부하 시에 있어서 1차 권선의 0.25[%] 정도로 무시할 정도이다.

유전체손은 전압이 상당히 높을 경우 겨우 확인할 수 있을 정도로 작으며, 상용주파수에서 대용량기의 철손에 비하면 문제가 되지 않는다.

여자용량(Exciting Volt-Amperes)은 결국 철심에 소비되는 유효전력과 무효전력이므로 변압기의 여자특성은 철심의 자속밀도만으로도 권선설계의 영향을 끼치므로 철심설계에 결정되어 진다. 그러므로 변압기의 여자특성은 철심의 중량, 품질, 구조 및 자속밀도가 주어지면 가령 고조파가 포함되어 있어도 권선과는 무관하게 계산되어 진다. 변압기의 크기가 변하면 물론 철심의 중량은 변화하나, 철심의 구조와 철심재료의 품질과 함께 자속밀도는 거의 동일하므로 변압기의 무부하손과 여자용량은 개개의 변압기 전압과 용량과 권선의 형식과는 무관계하게 철심중량만으로 결정되어 진다. 예를 들면 60[Hz]용 변압기가 극히 클 경우 철심중량 [Pound]당 1[W]로 무부하 손실을 계산하게 된다.

① 여자용량

여자용량 중의 무효분은 일반적으로 유효분의 5~20[%]로 자속밀도의 변화에 대해서 유효분보다 민감하므로 단위중량당 여자용량의 변화는 단위중량당의 손실보다 크다. 보통 품질의 규소강판의 여자특성은 Joint를 고려하여 파운드당으로 하지 않고 인치(Inch)당으로 주어진다. 이것은 여자전류가 5~25[%]의 범위에는 이 역률이 박강판 품질과 두께, 여자밀도, 주파수, 조인트의 양부(良否) 및 자기회로 단위장당 조인트수에 좌우되기 때문이다.

이것은 코일의 설계와 무관한 전압 전류 및 정격용량과도 무관하게 된다(단, 자기회로 단위장당의 조인트수 혹은 적층강판 상호 간에 흐르는 와전류에 의한 손실에 대해서는 이 영향이 없는 것으로 한다).

여기에 철심치수와 중량에도 무관계하다. 규소강판은 그의 품질이 우수하나 여자전류의 역률이 낮게 되는 경향이 있다. 이것은 투자율 향상보다도 일반적으로 철손의 감소 쪽이 크기 때문이다. 또한, 규소강판은 높은 자속밀도로 운전하면 여자전류의 역률은 감소하나 이것은 철손의 증가율보다도 여자용량의 증가율이 크기 때문이다. 그러므로 여자전류의 역률이 좋고 나쁜가, 강판품질이 좋고 나쁜가에 국한하지 않는다. 물론 품질상으로 유효분, 무효분이 최소, 즉 철손도 최소로 되어 여자전류도 최소로 되는 것이 바람직함은 물론이다. 특히, 철손이 중요하다. 유효분과 자화분은 서로 90°의 위상차가 있으므로 여자전류의 값을 거의 자화분의 크기로 생각해도 무리는 없다. 유효분이 비교적 커서, 예를 들면 역률이 25[%]일 경우에도 여자전류와 이 자화분의 크기의 차는 겨우 3[%] 정도이다. 그래서 자화전류와 여자전류는 거의 동일하게 쓰인다.

② 히스테리손

히스테리손은 철심의 자화특성에 의한 자계를 방향이 서로 다른 자계로 변환시킬 때 손실로 Steinmetz의 실험식에서 사용되는 철심의 재질에 따라 변화하며, 사용주파수에 비례하고 철심에 통과하는 자력선 밀도의 1.6승에 비례한다.

이 히스테리시스손을 줄이기 위해서는 철심의 잔류자기가 적은 소재를 사용하며 변압기를 제작해야 하는데, 이러한 소재로서 규소강판이 사용되고 있으며, 최근에는 규소강판보다 철손을 획기적으로(약 1/3~1/4 수준) 줄일 수 있는 신소재로서 비정질합금인 아몰퍼스(Amorhphous Alloy)가 일부 소형 변압기에 사용되고 있다.

③ 와전류손

와전류손은 변압기 철심에 교번자속이 흐르게 되면 철심 자체에 유도전압이 유기되고 이에 따라 교번자속과 직각방향으로 자속의 주변에 맴도는 와전류가 흐르게 되고(플레밍의 오른손 법칙), 이 와전류 크기의 제곱 및 철심의 전기저항에 비례하는 Joule 열손실을 발생시키는데, 이것이 철심의 와전류손이다.

이러한 와전류손은 도전율에 비례하고 사용주파수에 2승에 비례하며, 철심 자속밀도에 2승에 비례한다. 와전류손을 줄이기 위해서는 철심을 흐르는 자속과 직각방향(즉, 와전류가 흐르는 방향)의 철심 전기저항을 증가시켜 와전류의 크기를 줄이는 방안으로서, 현재 모든 변압기 제작사들은 두께가 얇고(0.23~0.35[mm]), 그 양쪽면은 무기(Inorganic)절연재로 코팅된 규소강판을 적층하여 변압기 철심을 제작함으로써, 철심의 와전류손을 줄이고 있다.

④ 무부하전류의 실용한계

전력용 변압기에 있어서 여자전류의 상한은 일반적으로 정격전압의 110[%] 전압으로서, 15[%]가 그의 한계이나 실제에는 이것보다 작을 때는 2[%] 정도의 것도 있다. 용량 1[kVA] 이하의 변압기가 되면 위 값을 훨씬 상회한다.

⑤ 유전체손(Dielectric Loss)

유전체손은 전압에 의한 절연물이 유전체 특성에 의해서 발생되는 손실로서 보통 전력용 변압기에서는 무시해도 될 정도로 작다.

(2) 부하손

변압기 2차측에 부하전류가 흐를 때 수반하는 손실(Impedance Loss)로서, 유효분과 지상무효분으로 구성되며 전자는 실용상 동손으로, 후자는 1차, 2차 권선 간의 공간의 가역적 자화(Reversible Magnetization)에 각각 대응된다. 이때 임피던스는 효율, 전압변동률, 온도상승 단락전류에 단락 기계력의 계산, 변압기의 병렬운전에 적부를 판정하는 중요한 요소가 된다. 한편 부하전류가 증가하면 부하손도 증가하게 된다. 부하손에는 변압기 권선 내 도체에서 발생하는 구리손(Copper Loss)과 변압기 철심 지지물(Frame) 및 외함(Tank)에서 발생하는 표유부하손(Stray Loss)이 있다. 동손은 또한 그 발생원인별로 구분하여 저항손, 와전류손, 순환전류손(Circulating Current Loss) 등으로 구성된다.

① 동 손

동손, 즉 저항손은 권선 도체의 전기저항에 의해 발생하는 손실로서 부하전류의 2승에 비례한다. 저항손이 과다할 경우, 권선의 권수를 줄여 도체량을 줄이거나 또는 철심량을 증가시키면 권선의 회수는 도체 단면적에 반비례하므로 도체 단면적을 증가시켜 도체의 전기저항을 줄이면 권선의 길이가 작아지므로 저항손은 감소한다.

② 포유부하손

변압기 권선에서 발생하는 자속 중 일부 자속은 철심을 따라 흐르지 않고 누설(Leakage Flux)되어, 변압기 본체의 철구조물, 내부 조임용 볼트류(Clamp Bolt)나 외함을 따라 흐르게 된다. 이에 따라 이들 부위에 와전류(Eddy Current)가 흐르게 되어 손실을 발생시키는데, 이것을 표유부하손이라 한다. 부하전류 2승에 비례하고, 일반적으로 본체의 철구조물에서 발생하는 표유부하손은 미미하나, 주로 외함에서 상판에서 발생하는 표유부하손의 양은 상당히 문제가 크므로, 외함 내부를 차폐(Shielding)하는 방법으로 규소강판으로 자기차폐(Magnetic Shield)를 만드는 방법과 알루미늄판으로 도전차폐(Conducting Shield) 또는 스테인리스 스틸편을 붙이는 방법이 있다.

한편, 대형 발전소에서 사용되는 대용량 변압기와 IPB로 연결되는 부위가 발열되어 문제가 되므로 발생되는 손실을 미리 계산하여 저감대책(비전도성 강제 등 사용)을 강구하고 있다. 주로 발전소의 전력용 대용량 변압기의 대전류가 인출되는 부분, 즉 Bushing이 취부되는 부분을 비자성체인 스테인리스 강판이나 알루미늄판을 취부하여 표유부하손을 감소시키지 않으면 심한 발열과 함께 애자가 파손되는 경우가 있다.

③ 순환전류손

도체의 각각은 절연하여 여러 가닥으로 나누어 병렬로 사용할 때, 권선의 반경방향으로 병렬배치된 도체들은 각각의 길이가 다르게 되고, 또한 각 병렬도체와 쇄교하는 자속의 분포도 다르게 되어 병렬도체 간 전압차이가 발생하게 된다. 이 전압 차이에 의해 병렬도체 간 순환전류가 흘로 발생하는 손실이 순환전류손이다. 이를 줄이기 위해 도체에 감기는 병렬도체의 상대적 배치를 연속적으로 바꾸어 주는 방법을 전위라 하며, 연속전위권선(Continuous Transposed Cable)이 이러한 용도에 사용된다.

3 태양광발전시스템 이용률 등

(1) 태양광 어레이 변환효율(PV Array Conversion Efficiency)

$$\frac{태양전지\ 어레이\ 출력전력[kW]}{경사면\ 일사량[kW/m^2] \times 태양전지\ 어레이\ 면적[m^2]}$$

$$\frac{태양전지\ 어레이\ 최대전력[kW]}{태양전지\ 어레이\ 면적[m^2] \times 방사조도[kW/m^2]}$$

(2) 시스템 발전효율(System Efficiency)

$$\frac{시스템\ 발전전력량[kWh]}{경사면\ 일사량[kW/m^2] \times 태양전지어레이\ 면적[m^2]}$$

(3) 태양에너지 의존율(Dependency on Solar Energy)

$$\frac{시스템\ 평균발전전력[kW]\ 또는\ 전력량[kWh]}{부하소비전력[kW]\ 또는\ 전력량[kWh]}$$

(4) 시스템 이용률(Capacity Factor)

$$\frac{\text{시스템 발전전력량[kWh]}}{24[h] \times \text{운전일수} \times \text{태양전지 어레이 설계용량(표준상태)[kW]}}$$

$$\frac{\text{태양광발전시스템 출력에너지}}{\text{태양광발전 어레이의 정격출력} \times \text{가동시간설계용량(표준상태)}}$$

(5) 시스템 성능(출력)계수(Performance Ratio)

$$\frac{\text{시스템 발전전력량[kWh]} \times \text{표준일사강도[kW/m}^2\text{]}}{\text{태양전지 어레이 설계용량(표준상태)[kWh]} \times \text{경사면 일사량[kWh/m}^2\text{]}}$$

$$\frac{\text{시스템 발전전력량[kWh]}}{\text{경사면 일사량[kWh/m}^2\text{]} \times \text{태양전지 어레이면적[m}^2\text{]} \times \text{태양전지 어레이 변환효율(표준상태)}}$$

(6) 시스템 가동률(System Availability)

$$\frac{\text{시스템 동작시간[h]}}{24[h] \times \text{운전일수}}$$

(7) 시스템 일조가동률(System Availability per Sunshine Hour)

$$\frac{\text{시스템 동작시간[h]}}{\text{가조시간[h]}}$$

> **Check!** 가조시간 : 태양이 뜬 다음부터 질 때까지의 시간

CHAPTER 06 적중예상문제

제1과목 태양광발전 기획

01 어떤 사용으로 인해 자원 배분의 변화가 생길 때 그에 따른 경제적 순편익을 측정하는 방법은?

① 비용편익분석
② 원가분석
③ 순현재가치분석
④ 공사비분석

해설
비용편익분석이란 어떤 사용으로 인해 자원 배분의 변화가 생길 때 그에 따른 경제적 순편익을 측정하는 방법을 말한다.

02 비용편익분석에 대한 내용으로 틀린 것은?

① 여러 정책대안 가운데 가장 효과적인 대안을 찾기 위해 각 대안이 초래할 비용과 산출 효과를 비교·분석하는 기법
② 특정 프로젝트에 투입되는 비용들은 금전적 가치로 환산하거나 그 프로젝트로부터 얻게 되는 편익 또는 산출은 금전적 가치로 환산하지 않고 산출물 그대로 분석에 활용
③ 산출물을 금전적 가치로 환산하기 어렵거나, 산출물이 동일한 사업의 평가에 주로 이용
④ 판단과 결정에서 대안을 분석하거나 평가할 때 가장 적게 사용되는 분석기법이다.

해설
비용편익분석
여러 정책대안 가운데 가장 효과적인 대안을 찾기 위해 각 대안이 초래할 비용과 산출 효과를 비교·분석하는 기법을 말한다. 이 기법은 특정 프로젝트에 투입되는 비용들은 금전적 가치로 환산하거나 또는 그 프로젝트로부터 얻게 되는 편익 또는 산출은 금전적 가치로 환산하지 않고 산출물 그대로 분석에 활용하는 점이 특징이다. 이 기법은 산출물을 금전적 가치로 환산하기 어렵거나, 산출물이 동일한 사업의 평가로 주로 이용되고 있는데, 정책결정 또는 기획과정에서 대안을 분석하거나 평가할 때 가장 많이 사용되는 분석기법이다.

03 비용편익분석에서 투자안의 채택 여부를 결정하거나 우선순위를 정하는 방법의 종류에 해당되지 않는 사항은?

① 순현재가치법
② 내부수익률법
③ 원가분석법
④ 편익비용비율법

해설
비용편익분석에서 투자안의 채택 여부를 결정하거나 우선순위를 정하는 방법에는 순현재가치법, 내부수익률법, 편익비용비율법 등이 있다.

04 투자안의 편익과 비용의 크기를 비교하는 방법으로 적절한 할인율을 선택하여 투자로부터 예상되는 편익과 비용의 현재가치를 계산한 다음 이를 비교하여 투자안의 투자여부 및 우선순위를 결정하는 방법은?

① 순현재가치법
② 내부수익률법
③ 편익비용비율법
④ 원가분석법

해설
순현재가치법(NPV ; Net Present Value)
투자안의 편익과 비용의 크기를 비교하는 방법으로 적절한 할인율을 선택하여 투자로부터 예상되는 편익과 비용의 현재가치를 계산한 다음 이를 비교하여 투자안의 투자여부 및 우선순위를 결정하는 방법이다. 즉, 일정기간의 수입과 지출의 현재가치를 동일하게 하는 할인율이다.

05 일정기간의 수입과 지출의 현재가치를 동일하게 하는 할인율은?

① 순현재가치법
② 내부수익률법
③ 편익비용비율법
④ 원가분석법

해설
4번 해설 참조

정답 1 ① 2 ④ 3 ③ 4 ① 5 ①

06 투자안의 수익률과 자금조달비용을 비교하는 방법으로 내부수익률과 할인율을 비교하여 공공투자안의 타당성 여부를 평가하는 방법은?

① 현재가치법 ② 내부수익률법
③ 편익비용비율법 ④ 원가분석법

해설
내부수익률법(IRR)
투자안의 수익률과 자금조달비용을 비교하는 방법으로 내부수익률과 할인율을 비교하여 공공투자안의 타당성 여부를 평가하는 방법이다. 즉, 할인율을 적용한 수입의 현재가치와 지출의 현재가치를 비교하여 비율로 표시하는 것이다. 할인율을 알 수 없을 때, 순현재가치 또는 순편익이 0이 되도록 할인율을 도출해 보고 이것이 시장이자율보다 더 크면 타당성 있는 사업이라 판단한다. 할인율은 내부수익률과 동일하다.

내부수익률 분석(IRR) : $\sum \frac{Bt}{(1+r)^t} = \sum \frac{Ct}{(1+r)^t}$

(Bt : 연차별 총편익, Ct : 연차별 총비용, r : 할인율, t : 기간)

07 할인율을 적용한 수입의 현재가치와 지출의 현재가치를 비교하여 비율로 표시하는 것은?

① 현재가치법 ② 내부수익률법
③ 편익비용비율법 ④ 원가분석법

해설
6번 해설 참조

08 편익과 비용의 비율을 계산하여 투자안의 경제성 여부를 평가하는 방법으로 편익의 현재가치와 비용의 현재가치 간의 비율을 이용하여 투자안을 평가하는 방법은?

① 현재가치법 ② 내부수익률법
③ 편익비용비율법 ④ 원가분석법

해설
편익비용비율법(Benefit/Cost Ratio)
편익과 비용의 비율을 계산하여 투자안의 경제성 여부를 평가하는 방법으로 편익의 현재가치와 비용의 현재가치 간의 비율을 이용하여 투자안을 평가하는 방법이다. 즉, 일정기간의 수입과 지출의 현금흐름의 차이를 할인율을 적용하여 현재시점으로 할인한 금액의 총합을 말한다.

09 일정기간의 수입과 지출의 현금흐름의 차이를 할인율을 적용하여 현재시점으로 할인한 금액의 총합은?

① 현재가치법 ② 내부수익률법
③ 편익비용비율법 ④ 원가분석법

해설
8번 해설 참조

10 어떤 공공사업으로 인한 사회적 편익이 사회적 비용을 초과하면 그 사업은 타당성을 갖는 것으로 평가 방법은?

① 비용·편익분석방법
② 감가상각분석방법
③ 공공투자비용분석방법
④ 경계편익 사회적 분석방법

해설
비용·편익분석
어떤 공공사업으로 인한 사회적 편익이 사회적 비용을 초과하면 그 사업은 타당성을 갖는 것으로 평가한다.

11 비용·편익분석의 절차를 바르게 나타낸 것은?

① 목표달성의 대안제시 → 목표설정 → 비용·편익분석 → 최적대안 선택
② 최적대안 선택 → 목표달성의 대안제시 → 목표설정 → 비용·편익분석
③ 목표설정 → 목표달성의 대안제시 → 비용·편익분석 → 최적대안 선택
④ 비용·편익분석 → 목표설정 → 목표달성의 대안제시 → 최적대안 선택

해설
비용·편익분석의 절차
목표설정 → 목표달성의 대안제시 → 비용·편익분석 → 최적대안 선택

12 순현재가치에 대한 내용으로 틀린 것은?

① 0보다 크면 투자안을 채택한다.
② 0보다 작으면 투자안을 기각한다.
③ 0과 1을 모두 사용하여 현재가치를 분석한다.
④ 여러 투자안 중에서 선택하는 상황이라면 순현재가치가 0보다 큰 것 중 순현재가치가 큰 순서로 채택한다.

해설
순현재가치가 0보다 크면 투자안을 채택하고, 0보다 작으면 투자안을 기각한다. 만약 여러 투자안 중에서 선택하는 상황이라면 순현재가치가 0보다 큰 것 중 순현재가치가 큰 순서로 채택한다.

13 순현재가치법의 장점이 아닌 것은?

① 내용연수 동안의 모든 현장흐름을 고려하고 비용을 전부다 점검한다.
② 순현재가치가 극대화하도록 투자하면 기업가치가 극대화된다.
③ 화폐의 시간가치를 고려한다.
④ 가치가산의 원리가 성립한다.

해설
순현재가치법의 장점
- 내용연수 동안의 모든 현금흐름을 고려한다.
- 화폐의 시간가치를 고려한다.
- 가치가산의 원리가 성립한다. 즉, 여러 투자안에 투자할 때의 순현재가치는 각 투자안의 순현재가치를 더한 것과 같다.
- 순현재가치가 극대화하도록 투자하면 기업가치가 극대화된다.
- 투자안의 경제성분석 방법 중 가장 우월한 방법이다.

14 내부수익률법(IRR ; Internal Rate of Return)의 특징이 아닌 것은?

① 투자규모의 차이를 고려하지 않고 IRR이 구해진다.
② 기업 가치를 극대화하는 선택이 이루어지지 않을 수도 있다.
③ 계산과정이 단순하다.
④ 현금흐름 사용과 화폐의 시간가치(할인율)를 고려한다.

해설
내부수익률법(IRR ; Internal Rate of Return) 특징
- 계산과정이 복잡하다.
- 현금흐름 사용과 화폐의 시간가치(할인율)를 고려한다.
- 투자규모의 차이를 고려하지 않고 IRR이 구해진다.
- 현금유입의 형태에 따라 달라지며, 가치자산의 원리가 성립하지 않는다.
- 기업 가치를 극대화하는 선택이 이루어지지 않을 수도 있다.
- 회계적 이익률(ARR)보다 더 정확하고 현실적이다.

15 원가계산에 의하여 얻은 원가자료나 실제원가를 표준원가 또는 기간비교에 의해 원가 차이를 무엇이라 하는가?

① 비용·편익분석방법   ② 순현재가치분석방법
③ 원가분석방법   ④ 내부수익률법

해설
원가분석방법(Cost Analysis)
원가계산에 의하여 얻은 원가자료나 실제원가를 표준원가 또는 기간비교에 의해 원가 차이 또는 원가변동의 원인과 정도를 분석하는 것이다.

16 발전원가를 구성하는 내용이 아닌 것은?

① 초기 투자비   ② 연간 총발전량
③ 주간 유지비   ④ 연간 유지관리비

해설
발전원가의 구성
- 초기 투자비
- 연간 유지관리비
- 연간 총발전량

17 발전원가를 구성할 때 발전시간은 10시간이고, 효율감소율이 0.7, 발전일수가 5일일 경우 연간 총발전량은 얼마인가?(단, 설치용량은 10[kW]이다)

① 580,000   ② 350,000
③ 240,000   ④ 180,000

해설
연간 총발전량
설치용량[kW] × 발전시간 × 일수 × 효율감소율
$= 10 \times 10^3 \times 10 \times 5 \times 0.7 = 350,000$

18 초기 투자비용이 1,000원이고 연간 유지관리비가 500,000원이다. 설비수명 연한은 8년일 경우 발전원가는 약 얼마인가?(단, 연간 총발전량은 10[kWh/연]이다)

① 50,000원   ② 60,000원
③ 75,000원   ④ 90,000원

해설

$$발전원가 = \frac{\frac{초기\ 투자비(원)}{설비수명\ 연한(연)} + 연간\ 유지관리비(원/연)}{연간\ 총발전량[kWh/연]}$$

$$= \frac{\frac{1,000}{8} + 500,000}{10} = 50,012.5원$$

정답 13 ① 14 ③ 15 ③ 16 ③ 17 ② 18 ①

19 15시간 동안 발전하였을 경우 시스템 이용률은 얼마인가?

① 50　　② 58.3
③ 60.25　　④ 62.5

해설

시스템 이용률[%] = $\frac{발전시간[hour]}{24[hour]} \times 100[\%]$

$= \frac{15}{24} \times 100 = 62.5$

20 설비용량이 5[kW]이고, 시스템 이용률이 50[%]일 경우 발전용량[kW]은?(단, 모듈발전량 감소율은 0.5이다)

① 20,000,000
② 18,700,000
③ 21,790,500
④ 48,050,070

해설

발전용량[kW]

설비용량 × 24시간/일 × 365일/연 × 시스템이용률

× 1 − $\left(\frac{모듈발전량\ 감소율}{100}\right)$

= $5 \times 10^3 \times 24 \times 365 \times 0.5 \times \left(1 - \frac{0.5}{100}\right) = 21,790,500$

21 다음에서 설명하는 태양광발전의 부지선정 시 일반적 고려사항은?

"부지매입비 및 공사비 등을 연계하여 평가하고 가중치 적용여부 및 부지매입 가격, 총공사비 등을 다시 한 번 확인해야 한다."

① 지리적 조건　　② 전력계통과의 연계조건
③ 경제성　　④ 건설상의 조건

해설

경제성
부지매입비 및 공사비 등을 연계하여 평가하고 가중치 적용여부 및 부지매입 가격, 총공사비 등을 다시 한 번 확인해야 한다.

22 부하설비용량 산정방법 중 부하설비용량 추정방법으로 바른 것은?

① 부하설비용량 추정방법 = [m]당 전류부하밀도 × 연 면적[m]
② 부하설비용량 추정방법 = [m²]당 전류부하밀도 × 연 면적[m²]
③ 부하설비용량 추정방법 = [m³]당 전류부하밀도 × 연 면적[m³]
④ 부하설비용량 추정방법 = 전류밀도 × 전체비율

해설

부하설비용량 산정방법
부하설비용량 추정방법 = [m²]당 전류부하밀도 × 연 면적[m²]

23 변압기에 전압을 가하면 변압기 철심에는 교번자속을 발생시키기 위한 여자전류가 흐른다. 자속의 방향이 반대방향 때마다 철심 내에 남아 있는 잔류자기를 없애기 위해 불필요한 전력이 소모된다. 이 손실의 유효분이 무부하손에 대응되며, 그 대부분이 손실을 무엇이라 하는가?

① 자 속　　② 무부하손
③ 역 률　　④ 변환율

해설

무부하손(No Load Loss)
변압기에 전압을 가하면 변압기 철심에는 교번자속을 발생시키기 위한 여자전류가 흐른다. 자속의 방향이 반대방향 때마다 철심 내에 남아 있는 잔류자기를 없애기 위해 불필요한 전력이 소모된다. 이 손실의 유효분이 무부하손에 대응되며, 그 대부분이 철손이다. 또한 그의 무효분은 철손의 자화에 대응되며, 이것이 히스테리시스 손실이다. 이 히스테리시스손의 크기는 자성체의 히스테리시스 곡선(Hysteresis Loop) 내의 면적과 같다.

24 철손의 자화에 대응되는 손실을 무엇이라 하는가?

① 자화손실
② 히스테리시스 손실
③ 유전체손
④ 페러데이 손실

해설

23번 해설 참조

25 변압기 철심에 교전자속이 흐르게 되면 철심 자체에 유도전압이 유기되고 이에 따라 교번자속과 직각방향으로 자속의 주변에 맴도는 와전류가 흐르게 되고(플레밍의 오른손 법칙), 이 와전류 크기의 제곱 및 철심의 전기저항에 비례하는 Joule 열손실을 발생시키는 철심의 손실은?

① 히스테리손
② 무부하손
③ 와전류손
④ 부하손

해설
와전류손
변압기 철심에 교전자속이 흐르게 되면 철심 자체에 유도전압이 유기되고 이에 따라 교번자속과 직각방향으로 자속의 주변에 맴도는 와전류가 흐르게 되고(플레밍의 오른손 법칙), 이 와전류 크기의 제곱 및 철심의 전기저항에 비례하는 Joule 열손실을 발생시키는데, 이것이 철심의 와전류손이다. 이러한 와전류손은 도전율에 비례하고 사용주파수에 2승에 비례하며, 철심 자속밀도에 2승에 비례한다.

26 "와전류손은 도전율에 비례하고 사용주파수에 ( )승에 비례하며, 철심 자속밀도에 ( )승에 비례한다." ( ) 안에 들어갈 내용은?

① 1
② 2
③ 3
④ 4

해설
25번 해설 참조

27 전압에 의한 절연물이 유전체 특성에 의해서 발생되는 손실로서 보통 전력용 변압기에서는 무시해도 될 정도로 작은 손실은?

① 유전체손
② 부하손
③ 무부하손
④ 히스테리손

해설
유전체손(Dielectric Loss)
유전체손은 전압에 의한 절연물이 유전체 특성에 의해서 발생되는 손실로서 보통 전력용 변압기에서는 무시해도 될 정도로 작다.

28 변압기 2차측에 부하전류가 흐를 때 수반하는 손실을 무엇이라 하는가?

① 유전체손
② 투자손
③ 무부하손
④ 부하손

해설
부하손
변압기 2차측에 부하전류가 흐를 때 수반하는 손실(Impedance Loss)

29 부하손의 종류에 해당되지 않는 것은?

① 구리손
② 표유부하손
③ 동 손
④ 히스테리손

해설
부하손에는 변압기 권선 내 도체에서 발생하는 (구리)손(Copper Loss)과 변압기 철신 지지물(Frame) 및 외함(Tank)에서 발생하는 표유부하손(Stray Loss)이 있다. 동손은 또한 그 발생 원인별로 구분하여 저항손, 와전류손, 순환전류손(Circulating Current Loss) 등으로 구성된다.

30 저항손은 권선 도체의 전기저항에 의해 발생하는 손실로서 부하전류의 2승에 비례 손실을 무엇이라 하는가?

① 동 손
② 표유부하손
③ 순환전류손
④ 무부하손

해설
동 손
저항손은 권선 도체의 전기저항에 의해 발생하는 손실로서 부하전류의 2승에 비례한다.

31 변압기 권선에서 발생하는 자속 중 일부 자속은 철심을 따라 흐르지 않고 누설(Leakage Flux)되어, 변압기 본체의 철구조물, 내부 조임용 볼트류(Clamp Bolt)나 외함을 따라 흐르게 된다. 이에 따라 이들 부위에 와전류(Eddy Current)가 흐르게 되어 손실은?

① 동 손 ② 포유부하손
③ 순환전류손 ④ 무부하손

해설
포유부하손
변압기 권선에서 발생하는 자속 중 일부 자속은 철심을 따라 흐르지 않고 누설(Leakage Flux)되어, 변압기 본체의 철구조물, 내부 조임용 볼트류(Clamp Bolt)나 외함을 따라 흐르게 된다. 이에 따라 이들 부위에 와전류(Eddy Current)가 흐르게 되어 손실을 발생시키는데, 이것을 포유부하손이라 한다.

32 도체의 각각은 절연하여 여러 가닥으로 나누어 병렬로 사용할 때, 권선의 반경방향으로 병렬배치된 도체들은 각각의 길이가 다르게 되고, 또한 각 병렬도체와 쇄교하는 자속의 분포도 다르게 되어 병렬도체 간 전압 차이가 발생하게 된다. 이 전압 차이에 의해 병렬도체 간 순환전류가 홀로 발생하는 손실은?

① 동 손 ② 포유부하손
③ 순환전류손 ④ 무부하손

해설
순환전류손
도체의 각각은 절연하여 여러 가닥으로 나누어 병렬로 사용할 때, 권선의 반경방향으로 병렬배치된 도체들은 각각의 길이가 다르게 되고, 또한 각 병렬도체와 쇄교하는 자속의 분포도 다르게 되어 병렬도체 간 전압 차이가 발생하게 된다. 이 전압 차이에 의해 병렬도체 간 순환전류가 홀로 발생하는 손실이 순환전류손이다.

33 다음은 태양광발전시스템 성능분석용어에 관한 내용이 맞지 않는 것은?

① 시스템 발전효율
$$= \frac{\text{시스템 발전전력}[kW]}{\text{경사면 일사량}[kW/m^2] \times \text{태양전지 어레이면적}[m^2]}$$

② 태양광 어레이 변환효율
$$= \frac{\text{태양전지 어레이 출력전력}[kW]}{\text{표준일사강도}[kW/m^2] \times \text{태양전지 어레이면적}[m^2]}$$

③ 시스템 이용률
$$= \frac{\text{시스템 발전전력량}[kWh]}{24[h] \times \text{운전일수} \times \text{태양전지 어레이 설계용량(표준상태)}}$$

④ 시스템 가동률
$$= \frac{\text{시스템 평균의 발전전력 또는 전력량}[kWh]}{\text{부하소비전력}[kW] \text{ 또는 전력량}[kWh]}$$

해설
태양광발전시스템 성능분석용어

성능분석 용어	산출방법
태양광 어레이 변환효율	$\dfrac{\text{태양전지 어레이 출력전력}[kW]}{\text{경사면 일사량}[kW/m^2] \times \text{태양전지 어레이 면적}[m^2]}$
시스템 발전효율	$\dfrac{\text{시스템 발전전력량}[kWh]}{\text{경사면 일사량}[kW/m^2] \times \text{태양전지 어레이 면적}[m^2]}$
태양에너지 의존율	$\dfrac{\text{시스템 발전전력량}[kWh] \text{ 또는 전력량}[kWh]}{\text{부하소비전력}[kW] \text{ 또는 전력량}[kWh]}$
시스템 이용률	$\dfrac{\text{시스템 발전전력량}[kWh]}{24[h] \times \text{운전일수} \times \text{태양전지 어레이 설계용량(표준상태)}[kW]}$ $\dfrac{\text{태양광발전시스템 출력에너지}}{\text{태양광발전 어레이의 정격출력} \times \text{가동시간설계용량(표준상태)}}$
시스템 성능출력계수	$\dfrac{\text{시스템 발전전력량}[kWh] \times \text{표준일사강도}[kWh/m^2]}{\text{태양전지 어레이 설계용량(표준상태)}[kW] \times \text{경사면 일사량}[kW/m^2]}$ $\dfrac{\text{시스템 발전전력량}[kWh]}{\text{경사면 일사량}[kW/m^2] \times \text{태양전지 어레이 면적}[m^2] \times \text{태양전지 어레이 변환효율(표준상태)}}$
시스템 가동률	$\dfrac{\text{시스템 동작시간}[h]}{24[h] \times \text{운전일수}}$
시스템 일조가동률	$\dfrac{\text{시스템 동작시간}[h]}{\text{가조시간}[h]}$

※ 가조시간 : 태양에 의한 일조 가능한 시간

제 2 과목

태양광발전 설계

신재생에너지 발전설비기사

(태양광) [필기]

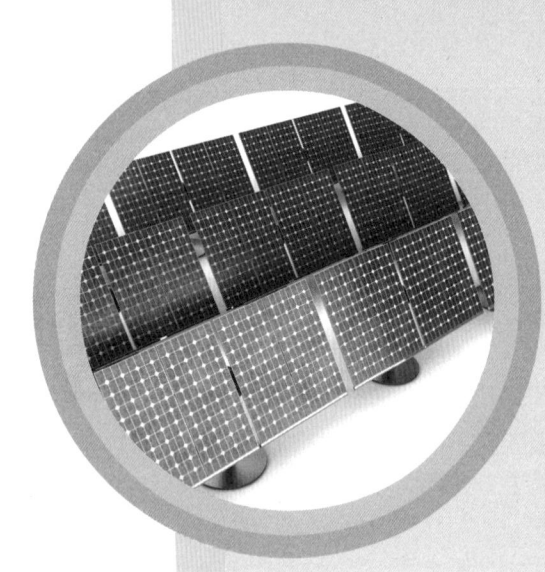

자격증 · 공무원 · 금융/보험 · 면허증 · 언어/외국어 · 검정고시/독학사 · 기업체/취업
이 시대의 모든 합격! 시대에듀에서 합격하세요!
www.youtube.com → 시대에듀 → 구독

CHAPTER 01 태양광발전 토목 설계

제2과목 태양광발전 설계

제1절 태양광발전 토목 설계

1 토목 설계도서

(1) 토목 설계

각종 토지에는 그 땅의 쓰임새에 따라 임야, 전, 답, 대지, 창고 등 28가지 중 한 가지 지목이 정해져 있다. 그 토지를 정해진 본래 쓰임새(지목) 이외의 용도로 사용하거나, 절토, 성토 또는 구조물축조, 건물신축 등의 행위를 하고자 할 경우는 허가승인권자(시장, 군수 등)에게 허가를 받게 되어 있다. 건축물의 신축 등을 위해 건축 인허가를 득할 때 부지(임야, 전, 답, 묘지 등)에 대한 인허가를 함께 득하여야 하며, 때에 따라서는 묘지설치, 채석허가, 개간 등 건축이 수반되지 않는 경우라도 부지의 인허가를 득해야 한다. 토목설계사는 현황측량, 서류작성, 도면작업, 공사내역서작업 등 인허가에 필요한 서류작성업무를 대행하는 역할을 한다. 이렇듯 토목설계는 넓은 의미에서 이러한 문제를 해결하고 구축되는 시설과 구조물을 계획, 조사, 설계하는 전 과정을 의미하며, 좁은 의미에서는 설계는 조사 및 시설과 구조물의 위치, 형태, 크기, 재료 시공방법을 결정하는 행위로 정의된다.

(2) 토목 설계의 일반용어

① 설계도서
설계도면, 구조계산서, 공사시방서, 부대도면 등 관련 서류로서 설계결과를 나타내는 도면과 문서
㉠ 기본 설계보고서
㉡ 실시 설계보고서
㉢ 구조 및 기타계산서
㉣ 공정계획서
㉤ 설계도면
㉥ 지형지적도 및 조서
㉦ 공사시방서
㉧ 설계예산서설계변경

② CALS(Continuous Aquisition & Life-cycle Systems)
건설사업의 설계, 입찰, 시공, 유지관리의 전 과정에 관한 정보를 정보통신망을 이용하여 교환, 공유하는 시스템

③ 사회간접자본(SOC ; Social Overhead Capital)
도로, 철도, 항만, 공항, 상하수도, 전력, 통신시설 등 공공의 이익을 위한 시설
④ 사회 기반시설(Infra Structure)
시민생활과 경제활동에 필수적인 제반시설
⑤ 설 계
사업주가 원하는 구조물이나 시설의 구체적 형태, 크기, 재료, 시공법을 결정하는 행위
⑥ 감 리
공사과정과 품질이 설계대로 수행되는지 감독 관리하는 행위
⑦ 시 공
구조물을 설계에 따라 제작, 설치하는 행위
⑧ 용 역
타인의 위탁으로 기술 업무를 수행하는 행위
⑨ 도 급
발주자와 계약을 체결하여 사업을 수행하고 대가를 받는 행위
⑩ 직 영
사업자가 도급자를 선정하지 않고 직접 수행하는 사업수행 형태

(3) 설계법 용어

① 설계의 단계
  ㉠ 개념 설계 : 필요한 구조물의 대략적인 위치, 형식, 규모, 기능을 결정하는 작업
  ㉡ 기본 설계 : 개념 설계에서 결정된 구조물의 위치, 형식, 규격, 재료, 치수, 시공법, 공사비, 공사기간 등을 구체화하여 실시 설계를 위한 자료를 제공하는 작업
  ㉢ 실시 설계 : 기본 설계의 세부적인 사항에 대한 면밀한 검토를 통하여 문제점을 수정 보완하고 구조물 각 부분의 상세 설계를 실시하여 구조물 시공에 적용할 최종의 설계

② 설계법
구조물의 안전성과 사용성을 확보하기 위해 적용하는 설계기법이다.
  ㉠ 허용응력 설계법 : 설계하중에 의해 발생되는 부재단면의 응력이 재료의 허용응력을 초과하지 않도록 단면형상 및 치수를 선정하는 설계방법이다. 이 설계방법은 응력과 변형률이 비례한다는 선형탄성이론을 근거로 한다. 재료의 강도, 작용하중의 크기 및 해석방법 등 불확실성은 적절한 안전율을 사용하여 해결한다.
  ㉡ 강도 설계법 : 구조물을 파괴에 이르도록 하는 극한하중과 구조물의 파괴형상을 예측하고 구조물의 사용성을 고려하여 설계한다. 이때 극한하중은 구조물의 중요도와 하중형태에 따른 변화와 불확실성을 고려한 하중계수를 사용하중에 곱하여 산정한다.
  ㉢ 한계상태 설계법 : 하중-저항계수 설계법이라고도 한다. 사용하중에는 하중계수를 재료 특성에는 저항계수를 적용하여 불확실성을 극복함으로써 안정을 확보하는 설계법이다.

2 토목측량 및 지반조사도서

(1) 토목측량

현황측량을 하지 않고도 국토부 수치지형도를 이용해 토목설계를 하고 발전소 용량과 공사비용도 산출해 볼 수 있다. 해당 토지가 인허가가 가능한지 여부를 알아보는 가장 중요한 사항은 경사도 분석과 진입로 확보계획이 된다. 주소만 있으면 측량없이 국토부의 수치지형도를 이용해 확인해 볼 수 있다.

① 용어의 정의

㉠ 레벨 측량 시
- 삼각점 : 삼각측량을 통해 이미 위치를 알고 있는 국가기준점으로 토지의 형상, 경계, 면적 등의 정확한 위치결정과 각종 시설물의 설계와 시공에 관련된 기준을 제공하는 공공측량의 기지점(좌표를 이미 알고 있는 점)으로 사용된다. 또 삼각점은 전국에 일정한 분포로 등급별 삼각망을 구성하고 그 지점에 화강암으로 된 측량표지를 매설하여 경도와 위도, 높이, 평면직각좌표, 방향각 등의 성과를 제공함으로써 지도제작이나 각종 공사용 도면작성, 지적측량 등 모든 측량의 평면위치결정을 위한 기준자료로 활용되고 있다. 오늘날에는 인공위성을 이용하는 GPS측량방법이 많이 사용되고 있다. 삼각점은 전국에 약 2.5~20[km] 간격으로 대부분 산 정상에 설치되어 있는데, 정확도에 따라서 등급이 구분되어 있다.
- 수준점(BM ; Bench Mark) : 수준원점으로부터 표고를 정밀측정하여 영구적인 말뚝을 설치하고, 차후 부근의 수준측량에 이용할 수 있도록 그 표고를 국토지리정보원의 수준측량성과표에 등록해 놓은 기준점을 말한다. 현재 우리나라의 수준점은 인천만의 평균해수면을 기준으로 하고 있으며, 이를 바탕으로 인천시 남구 용현동에 수준원점을 측설하고, 그 표고를 정밀하게 결정해 놓았는데, 이 수준원점의 표고값은 26.6871[m]이다. 아울러 주로 국도 주변에 수준점을 설치하여 놓았는데 1등 수준점은 약 4[km], 2등 수준점은 약 2[km] 간격으로 설치되어 있다.
- 가수준점(TBM ; Temporary Bench Mark) : 비교적 단기간 동안 임시로 사용할 의도로 만들어진 수준점으로 TBM점은 BM점에서 현장에 따온 수준점이며, TBM을 "가벤치점" 또는 "임시벤치점"이라 한다.
- 수준원점(Original Bench Mark)
  - 기준면으로부터 정확한 높이를 측정하여 정해 놓은 점을 수준원점이라 한다.
  - 우리나라의 경우 수준원점은 인천광역시 용현동 253번지에 설치되어 있다.

㉡ 수준측량

지구상의 점들의 고저차를 관측하는 측량(수준측량, 레벨측량)으로서 종·횡단 측량, 토목공사의 기초측량(공사계획, 절·성토량 계산)에 많이 이용되며 수준측량 또는 고저측량이라고도 한다. 수준측량의 기준면은 평균 해수면이 되며 모든 점의 지반고는 이 평균 해수면으로부터 표고에 의해 결정된다.

㉢ 수준측량의 분류
- 측량 방법에 의한 분류
  - 직접고저측량 : 고저측량기(레벨)를 사용하여 2점 사이의 표척의 눈금차로부터 직접 고저차 (비고, 수준차)를 구하는 방법

- 간접고저측량
  ⓐ 레벨 이외의 기구를 사용하여 고저차를 구하는 방법, 삼각수준측량(3각법)
  ⓑ 2점 간의 고저각과 수평거리를 이용하여 삼각법에 의해 고저차를 구하는 방법
- 스타디아측량(시거법) : 스타디아측량에 의한 2점 간의 고저각과 사거리를 이용하여 고저차를 구하는 방법
- 평판의 알리다드에 의한 방법
  ⓐ 기압수준측량 : 기압차에 의해 높이 측정
  ⓑ 중력에 의한 방법 : 중력의 차에 의해 높이 측정
  ⓒ 사진측량에 의한 방법 : 각 비고의 시차차에 의해 높이 측정
  ⓓ 교호수준측량 : 하천이나, 바다 등으로 인하여 접근이 곤란한 2점 간의 고저차를 직접 또는 간접고저측량으로 구하는 방법
  ⓔ 약(略)식고저측량 : 정밀을 요하지 않는 점 간의 고저차를 간단한 레벨로서 구하는 측량

• 측량목적에 의한 분류
  - 고저차수준측량 : 떨어져 있는 2점 간의 고저차를 관측하기 위한 측량
  - 단면수준측량 : 도로, 철도 및 수로 등의 정해진 선을 따라 측점의 높이와 거리를 관측하여 단면(종·횡)이나 토량을 산정하기 위한 측량으로서 종단측량, 횡단측량이 있다.

• 사용 기계에 의한 분류
  - 약식수준측량 : 정밀을 요하지 않는 점 간의 고저차를 간단한 레벨로서 구하는 측량
  - 일반수준측량 : 일반적으로 행해지는 수준측량으로 주로 자동레벨을 사용한다.
  - 정밀수준측량 : 정밀레벨, 인바표척 등 정밀도가 높은 기계기구를 사용하여 고저차를 결정하는 측량

• 수준측량에 사용되는 용어
  - 수준면(Level Surface) : 각 점들이 중력 방향에 직각으로 이루어진 곡면(지오이드면, 정수면)으로서 일반적으로 구면, 회전타원체면으로 가정하나 소규모 측량에서는 평면으로 가정한다.
  - 수준선(Level Line) : 지구 중심을 포함한 평면과 수준면이 교차하는 선
  - 지평면 : 1점에서 수준면에 접하는 평면
  - 지평선 : 1점에서 수준선에 접하는 직선

• 표고(Height, Elevation) : 기준으로 하는 어떤 수준면(평균 해수면)으로부터 그 점에 이르는 수직거리
• 기준면(Datum Level) 또는 기준수준면 : 높이의 기준이 되는 수평면으로서 수년 동안 관측하여 얻은 평균해수면(M.S.L.)을 사용한다.

㉣ GL(Ground Level)
  • 포장이 마감된 대지레벨(지하층 공사 시 기준)
  • 포장 마감이 기준이 되므로 GL은 지정하고자 하는 위치마다 다르다.
  • 경사 지반에서 건축물을 신축하는 경우가 좋은 예다.

- ⓜ EL(Earth Level) : 해발고도
- ⓗ EL(Elevation Level) : GL 또는 FL이 크게 상이하여 건축물의 기준 높이가 필요한 경우 사용
- ⓢ GH(Ground Height) : 대지고도로서 건축물 또는 구조물의 공식적인 층의 위치나 높이를 정하기 위한 기준이 되는 레벨이며 변하지 않는다.
- ⓞ FL(Finish Level or Floor Level)
  - 마감이 상이하지 않은 경우 Finished Level 무방하다.
  - 마감을 기준으로 하기 때문에 위치와 장소에 따라 다르다.
- ⓩ SL(Structure Level or Slab Level) : 구조체의 해당 위치의 높이에서 레벨이 많이 상이한 경우 반드시 표기를 해 주어야 한다. 수영장이나 사우나가 있는 층의 구조물의 슬래브는 마감을 위하여 구조물의 레벨을 다르게 한다. 이때 EL+15,000[mm] 또는 SL-700[mm] 또는 FL-800[mm] 등으로 표시할 수 있다.
- ⓧ 수평면 및 수평선
  - 수평면 : 수선에 수직인 평면
  - 수평선 : 물과 하늘이 만나는 선으로서 천정과 직각을 이룬다.
- ⓚ 지평면 및 지평선
  - 지평면 : 지구 위의 어떤 지점에서 연직선에 수직인 평면
  - 지평선 : 편평한 대지의 끝과 하늘이 맞닿아 보이는 경계선
- ⓔ 지오이드(Geoid) : 해양의 평균해수면과 이를 대륙에까지 연장시킨 가상의 해수면과 일치하는 지구 모습의 모형이다.
- ⓟ 수준원점 : 수준점의 높이를 재는 기준이 되는 원점
- ⓗ 후시(BS ; Back Sight) : 수준측량에서 기지점 표척의 눈금을 읽는 것 또는 기지점 방향에 대한 시준
- ㉮ 전시(FS ; Fore Sight)
  - 수준측량에서 전진 방향의 관측을 시준하거나 그 표척의 눈금을 읽는 것
  - 관측된 점에서 관측되지 않은 새로운 점을 관측하는 것
- ㉯ 중간시 및 이기시(TP ; Turning Point) : 수준측량에서 시준이 불가능할 때 기기를 옮기는 점
- ㉰ 기계고 : 지반고(GH)에서 기계(측량기)까지의 높이
- ㉱ 지반고(GH ; Ground Height) : 지반의 높이 해수면 기준
- ㉲ 방위각(Azimuthal Angle) : 자오선을 기준으로 어느 측선까지 시계방향으로 잰 수평각을 방위각이라 하며, 일반적으로 자오선의 북쪽(N)을 기준으로 하지만 남반구에서는 자오선의 남쪽(S)을 기준으로 함
- ㉳ 방위(Azimuth) : 어느 측선이 자오선과 이루는 0~90°의 각으로 표현하므로 측선의 방향에 따라 부호를 붙여줌으로써 몇 상한의 각인가를 알 수 있음
- ㉴ 위거(Latitude) : 일정한 자오선에 대한 어떤 관측선의 정사영
- ㉵ 경거(Departure) : 측선 AB에 대하여 그 한 점에서 그은 남북선과 직각을 이루는 동서선에 나타난 AB 선분의 길이

㉧ 횡거
- 자오선이라고도 함
- 지구의 남극과 북극을 연결하는 지표상의 가상선

㉨ 배횡거(Double Meridian Distance method) : 횡거(측선의 중앙으로부터 기준선(자오선)에 내린 수선의 길이)의 두 배인 배횡거를 이용하여 면적을 결정하는 방법으로 각 측선들의 배횡거와 위거의 곱을 누적하면 배면적(면적의 두 배)이 계산된다.

(2) 지반조사도서

① 지반조사의 목적

모든 토목구조물은 지반에 설치된다. 따라서 지형과 지반의 공학적 특성은 토목구조물 설계와 시공에 가장 큰 영향을 미치는 요소이다. 그래서 지반조사의 목적은 토목구조물 설계와 시공에 필요한 다음과 같은 지반정보를 얻는 것이다.

㉠ 지하수위 상태
㉡ 지반의 성층상태
㉢ 지반의 설계정수
㉣ 지층의 공학특성

② 지반조사 단계

토목구조물 계획, 설계, 시공의 각 단계에서 각각 계획을 위한 지반조사와 기본 설계를 위한 지반조사, 실시 설계를 위한 지반조사, 시공을 위한 지반조사를 해야 한다. 그리고 대규모 공사에서는 본조사를 위한 예비조사와 추후에 추가조사를 하기도 한다.

㉠ 예비조사 또는 개략조사
- 목 적
  - 본조사 계획을 위한 정보수집
  - 구조물 계획을 위한 개략적인 지반정보 획득
  - 토취장(도로 등의 토공에 있어서 성토재료의 공급을 위하여 흙을 채취하는 장소) 조사
  - 중요하지 않은 소규모 구조물 설계를 위한 지반특성 획득
- 조사의 내용
  - 인접 구조물과 굴착 현장 조사
  - 지진활동 관련 자료 조사
  - 지형조사
  - 자료조사(지질도, 지형도, 항공사진, 기존 지반조사 자료)
  - 지반 성층상태
  - 수문조사, 개략적인 지하수위
- 조사방법
  - 물리탐사
  - 현장답사

- 지표지질조사
- 실내시험, 원위치시험, 시추조사와 시료채취
  ⓒ 본조사 또는 정밀조사
  • 목 적
    - 안전하고 경제적인 구조물 시공계획을 위한 정보획득
    - 중요하거나 대규모 구조물의 실시 설계를 위한 지반특성 획득
  • 조사의 내용
    - 지하수위 조사
    - 지반의 성측 상태
    - 지질조사(팽창성 암이나 토질, 절리 등 불연속면, 단층, 지표지질, 붕괴성 지반, 암반 풍화도, 지하공동, 폐기물 매립 등)
    - 지층의 전단강도, 투수특성, 동적특성, 변형특성, 다짐특성, 압축특성
  • 조사방법
    - 지하수 조사
    - 물리탐사
    - 현장 지질조사
    - 실내시험, 원위치 시험, 시추조사와 시료채취
  ⓒ 추가조사
  본조사 결과에서 특이한 지반 특성의 변화 발견, 설계과정에서 추가의 정보가 필요하다. 시공과정에서는 특이한 변화가 별견될 때에는 수시로 추가조사를 해야 한다. 추가조사에서는 경우에 따라 필요한 내용을 조사한다.
③ 조사대상구조물과 조사항목
지반조사는 조사대상구조물의 중요도에 따라 조사내용을 달리한다. 구조물의 지반공학적 중요도는 세 등급으로 분리할 수 있다.
  ㉠ 1등급 중요도 : 대규모 구조물, 위험성이 매우 큰 구조물, 다루기 힘든 지반 또는 하중 조건, 지진 빈도가 높은 지역에 설치되는 구조물
  ㉡ 2등급 중요도 : 일반적인 지반과 하중 조건 등 특수하지 않은 일반 토목구조물, 보통 정도의 위험성, 보통 규모의 구조물
  ㉢ 3등급 중요도 : 위험성이 크지 않은 구조물, 소규모 구조물

조사대상구조물	조사내용	조사방법
구조물(건물, 교량, 옹벽 등)기초	지하공동, 지지층 확인, 지하수위, 지지력과 침하	실내시험, 시추조사, 시료채취, 표준관입시험, 원위치 공내시험, 평판재하시험
연약지반	전단특성, 연약층 두께 및 분포, 장비진입 가능성, 압밀 특성	실내시험, 시추조사, 시료채취, 표준관입시험, 원위치 공내시험, 평판재하시험, 공내검층
지하 토류벽	지하수 및 차수계획, 토류벽 형식, 토압, 파이핑 및 히빙	실내시험, 시추조사, 시료채취, 표준관입시험, 베인시험, 정적콘 관입 시험
호안, 방파제	사면안정, 강제치환 깊이, 전단특성, 압밀특성, 지반개량공법 선정	실내시험, 시추조사, 시료채취, 표준관입시험, 베인시험, 정적콘 관입 시험, 물리탐사
액상화 지반	밀도, 지하수위, 지반성층, 액상화 대책	시추조사, 시료채취, 표준관입시험, 반복재하전단시험, 현장밀도시험, 상대밀도시험
댐, 저수지	침투 및 파이핑, 지반의 투수성, 지층 분포와 지지층, 사면안정, 파쇄대와 불연속면, 암반분류 및 투수성	시추조사, 시료채취, 표준관입시험, 원위치 공내시험, 수압시험, 물리탐사, 골재품질시험
터널	암반물성, 암반분류, 지하수, 갱문위치, 굴착 및 지보방법, 파쇄대, 불연속면	실내시험, 시추조사, 표준관입시험, 원위치 공내시험, 공내검층, 수압시험, 물리탐사, 지표지질조사, 골재품질시험
도로, 철도	토량변화율, 지하수 용출, 성토재 다짐특성, 동결깊이, 깎기부 리퍼빌리티, 깎기 비탈면 안정성	실내시험, 시추조사, 시료채취, 표준관입시험, 평판재하시험, 물리탐사, 지표지질조사, 들밀도시험, 골재품질시험, 시굴조사, 오거보링

④ 지반조사 결과 이용
  ㉠ 지반조사보고서의 내용
    • 조사지역의 지질 개요 : 지반조사보고서에는 그 지역의 지질 개요가 기술되어야 한다. 지질 개요에는 지형과 수계 그리고 지역의 기반암을 이루는 암석의 종류와 생성기원, 단층의 존재 등과 같은 지표지질조사 결과가 기술된다. 이러한 지질 조건은 구조물 위치와 형식 결정을 위한 정보로 이용된다.
    • 토질주상도(Drill Log) : 시추(Drill or Boring) 조사 결과를 세로축에 깊이로 표시하고 깊이에 따른 지층의 성층 상태를 기둥 모양에 기호로 표시한 후에 그 오른쪽에 지층에 대한 공학적 기술과 원위치시험과 실내시험 결과를 표시하여 지층의 상태를 일목요연하게 표시한 그림을 주상도라고 한다. 주상도에 수록되어 있는 공학적인 특성은 일반적으로 다음과 같다.
      - 실내시험결과 : 액성한계, 소성지수, 자연함수비, 일축압축시험 등의 결과
      - 원위치시험 결과 : 베인시험, SPT, CPT 등의 결과
      - 실내시험과 원위치시험의 종류
        ⓐ 실내시험
          ㉮ 투수시험 : 흙의 투수계수를 측정하는 시험
          ㉯ 다짐시험 : 흙의 밀도를 증가시키는 것을 다짐이라고 하는데 다짐 성질을 측정하는 시험
          ㉰ 분류시험 : 비슷한 성질을 가진 몇 개의 종류를 흙을 구분하는 것을 흙 분류라고 한다. 흙 분류에 적용되는 시험법을 분류시험이라고 하고, 이 분류시험에는 침강분석시험, 소성한계시험, 체분석시험, 액성한계시험 등이 포함된다.

㉱ 동적 특성시험 : 지반이 진동이나 반복적인 하중을 받을 때의 거동을 동적 특성이라고 한다. 동적 특성은 진동대시험, 진동삼축시험, 공명주시험, 반복전단시험 등으로 측정한다.
㉲ 전단 강도시험 : 지반 속 한 변의 양측이 큰 상대 변위를 일으키는 것을 전단파괴라 하며 전단파괴가 발생할 때 전단응력을 전단강도라고 한다. 흙의 전단강도를 측정하는 시험에는 일축압축시험, 삼축압축시험, 베인시험, 직접전단시험 등이 있다.
㉳ 압밀시험 : 흙이 높은 압력을 받을 때 속에 있는 물이 서서히 배출되면서 압축되는 현상을 압밀이라고 한다. 점토의 압밀특성은 압밀시험으로 측정한다.

ⓑ 원위치시험

㉮ 현장투수시험 : 현장에서 지반의 투수성을 측정하는 시험이다.
㉯ 표준관입시험(SPT ; Standard Penetration Test) : 표준관입시험은 KSF 2307 규정에 의거한 시험방법에 따라 실시한다. 시험횟수는 지층이 변할 때마다 또는 동일층이라도 1.5[m] 깊이마다 1회씩 실시하여야 하며 N치가 50회에 도달하더라도 관입깊이가 10[cm] 미만일 때는 타격을 중지하고 그때의 관입깊이와 타격횟수를 기록한다. 표준관입시험에 의한 타격횟수(N치)는 중량 63.5[kg]의 해머를 76[cm] 높이에서 자유낙하시켜 표준외경 50.8[mm]의 분리형 원통시료기(SSS ; Split Spoon Sampler)가 30[cm] 관입하는 데 소요되는 타격횟수로서 45[cm] 관입하는 데 소요되는 타격횟수를 측정하며, 초기 15[cm] 관입에 소요된 타격횟수는 예비 타격으로 간주하여 제외하고, 나머지 30[cm] 관입에 소요된 타격횟수를 관입저항치인 N치로 표기한다. 지층이 매우 조밀하여 50회 이상 타격을 가하여도 30[cm] 관입이 불가능한 지층에서는 50회 타격에 의한 관입량을 측정하여 주상도에 기록한다. 표준관입시험에 의해 채취된 시료는 함수비의 변화가 없도록 시료병에 넣어 필요한 사항(조사명, 조사일자, 공번, 시료채취심도, N치, 토질명 등)을 기재하여 시료표본 상자에 정리 보관하여 시험을 각종 토성시험을 한다. 한편, 관입을 위한 해머의 에너지 효율테스트가 검증된 조사 장비를 사용하며, 성과품에 표준관입시험 N치의 보정산출근거를 수록한다. 지반조사에서 가장 널리 사용된다.
㉰ 콘관입시험(CPT ; Cone Penetration Test) : 원추를 지반 속에 정적으로 밀어 박을 때 저항력을 측정하여 지반의 특성(압밀특성, 압축성, 전단강도, 지지력 등)을 간접적으로 측정하는 시험법으로 딱딱하지 않은 점성토 지반조사에 널리 사용된다.
㉱ 프레셔미터시험(PT ; Pressuremeter Test) : 보링 공에 고무 실린더를 장착한 탐봉을 삽입하고 압력을 증가시켜서 탐봉의 고무 실린더를 팽창시키면서 압력과 튜브의 부피팽창량 측정 결과로 지반의 지지력, 강성 등을 측정하는 시험법이다.
㉲ 현장베인시험(FVT ; Field Vane Test) : 단면이 (+)모양을 한 강철 날을 연약지반에 삽입하고 회전할 때의 저항력을 측정하여 연약지반의 전단강도를 측정하는 시험법이다.

ⓒ 지층단면도(Subsoil Profile) 작성

정해진 측선을 따라 지반의 지층구조를 나타낸 그림을 말한다. 지층단면도 작성은 측선 위에 위치한 시추지점의 주상도를 이용하여 같은 종류의 지층끼리 횡으로 연결하는 선을 그리고 지하수위 분포와 전단강도 변화 등을 표시한다. 지층단면도는 구조물 기초의 지지층과 단지 계획고 결정 등에 이용된다.

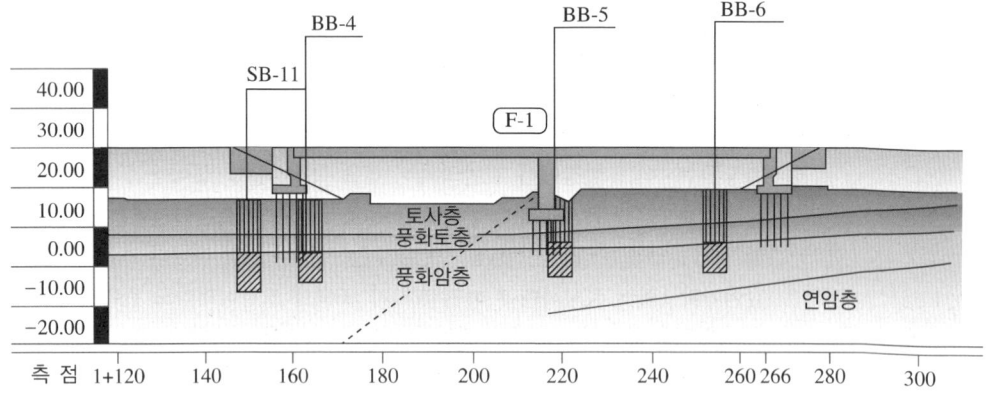

제2절 태양광발전 토목 설계도면 검토

1 토목 설계도면

(1) 토목 설계

토목 설계사에서 진행해야 하며 도로확장, 가감차로 개설 등 부지여건에 따라 도로점용허가(국토부 승인)를 받고 진행이 필요한 경우가 있다. 건축, 토목설계는 먼저 기초타입을 선정해야 한다(전체기초, 줄기초, 독립기초 등).

(2) 실시 설계도면 준비

실시 설계도서를 받은 후 도면을 최종적으로 검토해야 한다. 실시 설계도면은 CAD 파일과 PDF 등으로 준비하고 A3 크기로 3부를 준비해야 한다. 도면 3부는 전기감리회사 선정 후 감리업체에 보내서 기술사 도장 날인 후에 진행해야 한다. 도면 3부는 공사계획신고용 1부, 한전 PPA 신청용 1부, 내부보관용(예비용) 1부이다.

CHAPTER 01 적중예상문제

제2과목 태양광발전 설계

01 설계도면, 구조계산서, 공사시방서, 부대도면 등 관련 서류로서 설계결과를 나타내는 도면과 문서를 무엇이라 하는가?
① 설계목록
② 설계도서
③ 구조공법
④ 토목측량

해설
토목 설계의 일반용어
- 설계도서 : 설계도면, 구조계산서, 공사시방서, 부대도면 등 관련 서류로서 설계결과를 나타내는 도면과 문서
- CALS(Continuous Aqusition & Life-cycle Systems) : 건설사업의 설계, 입찰, 시공, 유지관리의 전 과정에 관한 정보를 정보통신망을 이용하여 교환, 공유하는 시스템
- 사회간접자본(SOC ; Social Overhead Capital) : 도로, 철도, 항만, 공항, 상하수도, 전력, 통신시설 등 공공의 이익을 위한 시설
- 사회 기반시설(Infra Structure) : 시민생활과 경제활동에 필수적인 제반시설
- 설계 : 사업주가 원하는 구조물이나 시설의 구체적 형태, 크기, 재료, 시공법을 결정하는 행위
- 감리 : 공사과정과 품질이 설계대로 수행되는지 감독 관리하는 행위
- 시공 : 구조물을 설계에 따라 제작, 설치하는 행위
- 용역 : 타인의 위탁으로 기술 업무를 수행하는 행위
- 도급 : 발주자와 계약을 체결하여 사업을 수행하고 대가를 받는 행위
- 직영 : 사업자가 도급자를 선정하지 않고 직접 수행하는 사업수행 형태

02 건설사업의 설계, 입찰, 시공, 유지관리의 전 과정에 관한 정보를 정보통신망을 이용하여 교환, 공유하는 시스템을 무엇이라 하는가?
① 설 계
② CALS(Continuous Aqusition & Life-cycle Systems)
③ 사회 기반시설(Infra Structure)
④ 사회간접자본(SOC ; Social Overhead Capital)

해설
1번 해설 참조

03 발주자와 계약을 체결하여 사업을 수행하고 대가를 받는 행위는?
① 감 리
② 도 급
③ 직 영
④ 시 공

해설
1번 해설 참조

04 시공의 정의를 바르게 설명한 것은?
① 사업자가 도급자를 선정하지 않고 직접 수행하는 사업수행 형태
② 사업주가 원하는 구조물이나 시설의 구체적 형태, 크기, 재료, 시공법을 결정하는 행위
③ 타인의 위탁으로 기술 업무를 수행하는 행위
④ 구조물을 설계에 따라 제작, 설치하는 행위

해설
1번 해설 참조

05 설계법의 종류에 해당되지 않은 것은?
① 개념 설계
② 기본 설계
③ 특별 설계
④ 실시 설계

해설
설계의 단계
- 개념 설계 : 필요한 구조물의 대략적인 위치, 형식, 규모, 기능을 결정하는 작업
- 기본 설계 : 개념 설계에서 결정된 구조물의 위치, 형식, 규격, 재료, 치수, 시공법, 공사비, 공사기간 등을 구체화하여 실시 설계를 위한 자료를 제공하는 작업
- 실시 설계 : 기본 설계의 세부적인 사항에 대한 면밀한 검토를 통하여 문제점을 수정 보완하고 구조물 각 부분의 상세 설계를 실시하여 구조물 시공에 적용할 최종의 설계

정답 1 ② 2 ② 3 ② 4 ④ 5 ③

06 아래에서 설명하는 설계는 무엇인가?

> 기본 설계의 세부적인 사항에 대한 면밀한 검토를 통하여 문제점을 수정 보완하고 구조물 각 부분의 상세 설계를 실시하여 구조물 시공에 적용할 최종의 설계

① 개념 설계 ② 기본 설계
③ 실시 설계 ④ 특별 설계

해설
5번 해설 참조

07 개념 설계에 대한 정의로 바르게 설명한 것은?

① 필요한 구조물의 대략적인 위치, 형식, 규모, 기능을 결정하는 작업
② 개념 설계에서 결정된 구조물의 위치, 형식, 규격, 재료, 치수, 시공법, 공사비, 공사기간 등을 구체화하여 실시 설계를 위한 자료를 제공하는 작업
③ 기본 설계의 세부적인 사항에 대한 면밀한 검토를 통하여 문제점을 수정 보완하고 구조물 각 부분의 상세 설계를 실시하여 구조물 시공에 적용할 최종의 설계
④ 특별 설계의 내용에 따라 결정적인 위치와 구조를 변경할 수 있는 설계

해설
5번 해설 참조

08 설계법의 종류가 아닌 것은?

① 구조물 안정법 ② 허용응력 설계법
③ 강도 설계법   ④ 한계상태 설계법

해설
설계법
구조물의 안전성과 사용성을 확보하기 위해 적용하는 설계기법이다.
- 허용응력 설계법 : 설계하중에 의해 발생되는 부재단면의 응력이 재료의 허용응력을 초과하지 않도록 단면형상 및 치수를 선정하는 설계방법이다. 이 설계방법은 응력과 변형률이 비례한다는 선형탄성이론을 근거로 한다. 재료의 강도, 작용하중의 크기 및 해석방법 등 불확실성은 적절한 안전율을 사용하여 해결한다.
- 강도 설계법 : 구조물을 파괴에 이르도록 하는 극한하중과 구조물의 파괴형상을 예측하고 구조물의 사용성을 고려하여 설계한다. 이때 극한하중은 구조물의 중요도와 하중형태에 따른 변화와 불확실성을 고려한 하중계수를 사용하중에 곱하여 산정한다.
- 한계상태 설계법 : 하중-저항계수 설계법이라고도 한다. 사용하중에는 하중계수를 재료 특성에는 저항계수를 적용하여 불확실성을 극복함으로써 안정을 확보하는 설계법이다.

09 아래에서 설명한 설계법은 무엇인가?

> 구조물을 파괴에 이르도록 하는 극한하중과 구조물의 파괴형상을 예측하고 구조물의 사용성을 고려하여 설계한다. 이때 극한하중은 구조물의 중요도와 하중형태에 따른 변화와 불확실성을 고려한 하중계수를 사용하중에 곱하여 산정한다.

① 구조물 안정법 ② 허용응력 설계법
③ 강도 설계법   ④ 한계상태 설계법

해설
8번 해설 참조

10 한계상태 설계법의 정의로 바르게 설명한 것은?

① 설계하중에 의해 발생되는 부재단면의 응력이 재료의 허용응력을 초과하지 않도록 단면형상 및 치수를 선정하는 설계방법이다. 이 설계방법은 응력과 변형률이 비례한다는 선형탄성이론을 근거로 한다. 재료의 강도, 작용하중의 크기 및 해석방법 등 불확실성은 적절한 안전율을 사용하여 해결한다.
② 구조물을 파괴에 이르도록 하는 극한하중과 구조물의 파괴형상을 예측하고 구조물의 사용성을 고려하여 설계한다. 이때 극한하중은 구조물의 중요도와 하중형태에 따른 변화와 불확실성을 고려한 하중계수를 사용하중에 곱하여 산정한다.
③ 피 설계물에 대한 구조를 적법한 절차에 따라 사용한다. 이 설계방법은 여러 가지 변형계수를 가지고 있고 여러 가지 하중형태에 따라 산정한다.
④ 하중-저항계수 설계법이라고도 한다. 사용하중에는 하중계수를 재료 특성에는 저항계수를 적용하여 불확실성을 극복함으로써 안정을 확보하는 설계법이다.

해설
8번 해설 참조

11 아래에서 설명하는 내용으로 옳은 것은?

> 수준원점으로부터 표고를 정밀측정하여 영구적인 말뚝을 설치하고, 차후 부근의 수준측량에 이용할 수 있도록 그 표고를 국토지리정보원의 수준측량성과표에 등록해 놓은 기준점을 말한다. 현재 우리나라의 수준점은 인천만의 평균해수면을 기준으로 하고 있으며, 이를 바탕으로 인천시 남구 용현동에 수준원점을 측설하고, 그 표고를 정밀하게 결정해 놓았는데, 이 수준원점의 표고값은 26.6871[m]이다. 아울러 주로 국도 주변에 수준점을 설치하여 놓았는데 1등 수준점은 약 4[km], 2등 수준점은 약 2[km] 간격으로 설치되어 있다.

① 삼각점 ② 수준점
③ 가수준점 ④ 수준원점

해설

레벨 측량 시

- 삼각점 : 삼각측량을 통해 이미 위치를 알고 있는 국가기준점으로 토지의 형상, 경계, 면적 등의 정확한 위치결정과 각종 시설물의 설계와 시공에 관련된 기준을 제공하는 공공측량의 기지점(좌표를 이미 알고 있는 점)으로 사용된다. 또 삼각점은 전국에 일정한 분포로 등급별 삼각망을 구성하고 그 지점에 화강암으로 된 측량표지를 매설하여 경도와 위도, 높이, 평면직각좌표, 방향각 등의 성과를 제공함으로써 지도제작이나 각종 공사용 도면작성, 지적측량 등 모든 측량의 평면위치결정을 위한 기준자료로 활용되고 있다. 오늘날에는 인공위성을 이용하는 GPS측량방법이 많이 사용되고 있다. 삼각점은 전국에 약 2.5~20[km] 간격으로 대부분 산 정상에 설치되어 있는데, 정확도에 따라서 등급이 구분되어 있다.
- 수준점(BM ; Bench Mark) : 수준원점으로부터 표고를 정밀측정하여 영구적인 말뚝을 설치하고, 차후 부근의 수준측량에 이용할 수 있도록 그 표고를 국토지리정보원의 수준측량 성과표에 등록해 놓은 기준점을 말한다. 현재 우리나라의 수준점은 인천만의 평균해수면을 기준으로 하고 있으며, 이를 바탕으로 인천시 남구 용현동에 수준원점을 측설하고, 그 표고를 정밀하게 결정해 놓았는데, 이 수준원점의 표고값은 26.6871[m]이다. 아울러 주로 국도 주변에 수준점을 설치하여 놓았는데 1등 수준점은 약 4[km], 2등 수준점은 약 2[km] 간격으로 설치되어 있다.
- 가수준점(TBM ; Temporary Bench Mark) : 비교적 단기간 동안 임시로 사용할 의도로 만들어진 수준점으로 TBM점은 BM점에서 현장에 따운 수준점이며, TBM을 "가벤치점" 또는 "임시벤치점"이라 한다.
- 수준원점(Original Bench Mark)
  - 기준면으로부터 정확한 높이를 측정하여 정해 놓은 점을 수준원점이라 한다.
  - 우리나라의 경우 수준원점은 인천광역시 용현동 253번지에 설치되어 있다.

12 삼각측량을 통해 이미 위치를 알고 있는 국가기준점으로 토지의 형상, 경계, 면적 등의 정확한 위치결정과 각종 시설물의 설계와 시공에 관련된 기준을 제공하는 공공측량의 기지점(좌표를 이미 알고 있는 점)으로 사용되는 것은?

① 삼각점
② 수준점
③ 가수준점
④ 수준원점

해설

11번 해설 참조

13 기준면으로부터 정확한 높이를 측정하여 정해 놓은 점을 무엇이라고 하는가?

① 삼각점 ② 수준점
③ 가수준점 ④ 수준원점

해설

11번 해설 참조

14 수준측량의 분류 중 측량 방법에 의한 분류에 해당되지 않는 것은?

① 직접고저측량
② 간접고저측량
③ 스타디아측량(시거법)
④ 밀접고저측량

해설

수준측량의 분류 중 측량 방법에 의한 분류

- 직접고저측량 : 고저측량기(레벨)를 사용하여 2점 사이의 표척의 눈금차로부터 직접 고저차(비고, 수준차)를 구하는 방법
- 간접고저측량
  - 레벨 이외의 기구를 사용하여 고저차를 구하는 방법, 삼각수준측량(3각법)
  - 2점 간의 고저각과 수평거리를 이용하여 삼각법에 의해 고저차를 구하는 방법
- 스타디아측량(시거법) : 스타디아측량에 의한 2점 간의 고저각과 사거리를 이용하여 고저차를 구하는 방법

정답 11 ② 12 ① 13 ④ 14 ④

15 레벨 이외의 기구를 사용하여 고저차를 구하는 방법으로서 2점 간의 고저각과 수평거리를 이용하여 삼각법에 의해 고저차를 구하는 방법으로 분류되는 것은?

① 직접고저측량
② 간접고저측량
③ 스타디아측량(시거법)
④ 밀접고저측량

해설
14번 해설 참조

16 직접고저측량의 정의를 바르게 설명한 것은?

① 스타디아측량에 의한 두 점 간의 고저각과 사거리를 이용하여 고저차를 구하는 방법
② 2점 간의 고저각과 수평거리를 이용하여 삼각법에 의해 고저차를 구하는 방법
③ 고저측량기(레벨)를 사용하여 2점 사이의 표척의 눈금차로부터 직접 고저차(비고, 수준차)를 구하는 방법
④ 레벨 이외의 기구를 사용하여 고저차를 구하는 방법

해설
14번 해설 참조

17 측량목적에 의한 분류에서 떨어져 있는 2점 간의 고저차를 관측하기 위한 측량을 무엇이라고 하는가?

① 고저차수준측량
② 단면수준측량
③ 약식측량
④ 정밀측량

해설
측량목적에 의한 분류
• 고저차수준측량 : 떨어져 있는 2점 간의 고저차를 관측하기 위한 측량
• 단면수준측량 : 도로, 철도 및 수로 등의 정해진 선을 따라 측점의 높이와 거리를 관측하여 단면(종·횡)이나 토량을 산정하기 위한 측량으로서 종단측량, 횡단측량이 있다.

18 사용 기계에 의한 분류에 해당되지 않는 측량은?

① 약식수준측량
② 일반수준측량
③ 정밀수준측량
④ 비정량수준측량

해설
사용 기계에 의한 분류
• 약식수준측량 : 정밀을 요하지 않는 점 간의 고저차를 간단한 레벨로서 구하는 측량
• 일반수준측량 : 일반적으로 행해지는 수준측량으로 주로 자동레벨을 사용한다.
• 정밀수준측량 : 정밀레벨, 인바표척 등 정밀도가 높은 기계기구를 사용하여 고저차를 결정하는 측량

19 사용 기계에 의한 분류에서 정밀을 요하지 않는 점 간의 고저차를 간단한 레벨로서 구하는 측량은?

① 약식수준측량
② 일반수준측량
③ 정밀수준측량
④ 비정량수준측량

해설
18번 해설 참조

20 아래에서 설명하는 용어의 정의는 무엇인가?

• 포장이 마감된 대지레벨(지하층 공사 시 기준)
• 포장 마감이 기준이 되므로 GL은 지정하고자 하는 위치마다 다르다.
• 경사 지반에서 건축물을 신축하는 경우가 좋은 예다.

① GL(Ground Level)
② EL(Earth Level)
③ EL(Elevation Level)
④ GH(Ground Height)

해설
GL(Ground Level)
• 포장이 마감된 대지레벨(지하층 공사 시 기준)
• 포장 마감이 기준이 되므로 GL은 지정하고자 하는 위치마다 다르다.
• 경사 지반에서 건축물을 신축하는 경우가 좋은 예다.

21 해양의 평균해수면과 이를 대륙에까지 연장시킨 가상의 해수면과 일치하는 지구 모습의 모형을 무엇이라 하는가?

① 후 시 ② 지오이드
③ 전 시 ④ 지방시

해설
지오이드(Geoid)
해양의 평균해수면과 이를 대륙에까지 연장시킨 가상의 해수면과 일치하는 지구 모습의 모형이다.

22 수준측량에서 기지점 표척의 눈금을 읽는 것 또는 기지점 방향에 대한 시준을 무엇이라 하는가?

① 후 시 ② 지오이드
③ 전 시 ④ 지방시

해설
후시(BS ; Back Sight)
수준측량에서 기지점 표척의 눈금을 읽는 것 또는 기지점 방향에 대한 시준

23 전시(FS ; Fore Sight)에 대한 설명으로 틀린 것은?

① 수준측량에서 전진 방향의 관측을 시준
② 표척의 눈금을 읽는 것
③ 관측된 점에서 관측되지 않은 새로운 점을 관측하는 것
④ 후시에 대한 내용을 나타내는 것으로서 앞에 내용을 복원하는 것

해설
전시(FS ; Fore Sight)
• 수준측량에서 전진 방향의 관측을 시준하거나 그 표척의 눈금을 읽는 것
• 관측된 점에서 관측되지 않은 새로운 점을 관측하는 것

24 자오선을 기준으로 어느 측선까지 시계방향으로 잰 수평각을 무엇이라 하는가?

① 방 위 ② 방위각
③ 고도각 ④ 방향각

해설
방위각(Azimuthal Angle)
자오선을 기준으로 어느 측선까지 시계방향으로 잰 수평각을 방위각이라 하며, 일반적으로 자오선의 북쪽(N)을 기준으로 하지만 남반구에서는 자오선의 남쪽(S)을 기준으로 함

25 지구의 남극과 북극을 연결하는 지표상의 가상선이나 자오선이라고 하는 것은?

① 지반고 ② 위 거
③ 횡 거   ④ 경 거

해설
횡 거
• 자오선이라고도 함
• 지구의 남극과 북극을 연결하는 지표상의 가상선

26 지반조사의 목적은?

① 토목구조물 설계와 시공에 필요한 지반정보를 얻는 것이다.
② 시설물에 대한 계획을 하는 것이다.
③ 토목측량에 대한 조사와 설계에 대한 정보를 얻는 것이다.
④ 감리의 감독과 시설물에 대한 시공의 정보에 필요한 것을 취득하는 것이다.

해설
지반조사의 목적
모든 토목구조물은 지반에 설치된다. 따라서 지형과 지반의 공학적 특성은 토목구조물 설계와 시공에 가장 큰 영향을 미치는 요소이다. 그래서 지반조사의 목적은 토목구조물 설계와 시공에 필요한 다음과 같은 지반정보를 얻는 것이다.
• 지하수위 상태
• 지반의 성층상태
• 지반의 설계정수
• 지층의 공학특성

27 지반정보에 대한 내용으로 틀린 것은?

① 지하수위 상태 ② 암반수의 질
③ 지반의 설계정수 ④ 지층의 공학특성

해설
26번 해설 참조

정답 21 ② 22 ① 23 ④ 24 ② 25 ③ 26 ① 27 ②

28 대규모 공사는 본조사를 위한 예비조사와 추후에 어떤 조사를 해야 하는가?

① 추가조사 ② 보조조사
③ 완결조사 ④ 실제조사

해설
지반조사 단계
토목구조물 계획, 설계, 시공의 각 단계에서 각각 계획을 위한 지반조사와 기본 설계를 위한 지반조사, 실시 설계를 위한 지반조사, 시공을 위한 지반조사를 해야 한다. 그리고 대규모 공사에서는 본조사를 위한 예비조사와 추후에 추가조사를 하기도 한다.

29 예비조사 또는 개략조사의 목적에 해당되지 않는 내용은?

① 본조사 계획을 위한 정보수집
② 구조물 계획을 위한 개략적인 지반정보 획득
③ 토취장(도로 등의 토공에 있어서 성토재료의 공급을 위하여 흙을 채취하는 장소) 조사
④ 아주 중요한 대규모 설계물을 위한 암반특성 획득

해설
예비조사 또는 개략조사의 목적
• 본조사 계획을 위한 정보수집
• 구조물 계획을 위한 개략적인 지반정보 획득
• 토취장(도로 등의 토공에 있어서 성토재료의 공급을 위하여 흙을 채취하는 장소) 조사
• 중요하지 않은 소규모 구조물 설계를 위한 지반특성 획득

30 지반조사의 조사방법으로 틀린 것은?

① 물리탐사
② 예상탐사
③ 지표지질조사
④ 실내시험, 원위치시험, 시추조사와 시료채취

해설
지반조사의 조사방법
• 물리탐사
• 현장답사
• 지표지질조사
• 실내시험, 원위치시험, 시추조사와 시료채취

31 본조사 또는 정밀조사의 목적으로 옳은 것은?

① 계획성 있는 정보를 위한 예비조사
② 획기적이고 확실한 정보조사
③ 안전하고 경제적인 구조물 시공계획을 위한 정보획득
④ 중요한 소규모 구조물의 실시조사

해설
본조사 또는 정밀조사의 목적
• 안전하고 경제적인 구조물 시공계획을 위한 정보획득
• 중요하거나 대규모 구조물의 실시 설계를 위한 지반특성 획득

32 조사대상구조물과 조사항목의 중요도 등급에 해당되지 않는 것은?

① 1등급
② 2등급
③ 3등급
④ 특등급

해설
조사대상구조물과 조사항목
• 1등급 중요도 : 대규모 구조물, 위험성이 매우 큰 구조물, 다루기 힘든 지반 또는 하중 조건, 지진 빈도가 높은 지역에 설치되는 구조물
• 2등급 중요도 : 일반적인 지반과 하중 조건 등 특수하지 않은 일반 토목구조물, 보통 정도의 위험성, 보통 규모의 구조물
• 3등급 중요도 : 위험성이 크지 않은 구조물, 소규모 구조물

33 아래에서 설명하는 조사대상구조물과 조사항목은 중요도가 몇 등급인가?

> 대규모 구조물, 위험성이 매우 큰 구조물, 다루기 힘든 지반 또는 하중 조건, 지진 빈도가 높은 지역에 설치되는 구조물

① 1등급
② 2등급
③ 3등급
④ 특등급

해설
32번 해설 참조

정답 28 ① 29 ④ 30 ② 31 ③ 32 ④ 33 ①

34 시추(Drill or Boring) 조사 결과를 세로축에 깊이로 표시하고 깊이에 따른 지층의 성층 상태를 기둥 모양에 기호로 표시한 후에 그 오른쪽에 지층에 대한 공학적 기술과 원위치시험과 실내시험 결과를 표시하여 지층의 상태를 일목요연하게 표시한 그림은?

① 지질도 ② 주상도
③ 설계도 ④ 계목도

해설
토질주상도(Drill Log)
시추(Drill or Boring) 조사 결과를 세로축에 깊이로 표시하고 깊이에 따른 지층의 성층 상태를 기둥 모양에 기호로 표시한 후에 그 오른쪽에 지층에 대한 공학적 기술과 원위치시험과 실내시험 결과를 표시하여 지층의 상태를 일목요연하게 표시한 그림을 주상도라고 한다.

35 주상도에 수록되어 있는 공학적인 특성 중 실내시험결과에 포함되지 않는 것은?

① 고성한계 ② 소성지수
③ 자연함수비 ④ 일축압축시험

해설
주상도에 수록되어 있는 공학적인 특성 중 실내시험결과 : 액성한계, 소성지수, 자연함수비, 일축압축시험 등

36 실내시험의 종류 중 흙의 투수계수를 측정하는 시험을 무엇이라 하는가?

① 다짐시험 ② 투수시험
③ 동적 특성시험 ④ 분류시험

해설
실내시험의 종류
- 투수시험 : 흙의 투수계수를 측정하는 시험
- 다짐시험 : 흙의 밀도를 증가시키는 것을 다짐이라고 하는데 다짐 성질을 측정하는 시험
- 분류시험 : 비슷한 성질을 가진 몇 개의 종류를 흙을 구분하는 것을 흙 분류라고 한다. 흙 분류에 적용되는 시험법을 분류시험이라고 하고, 이 분류시험에는 침강분석시험, 소성한계시험, 체분석시험, 액성한계시험 등이 포함된다.
- 동적 특성시험 : 지반이 진동이나 반복적인 하중을 받을 때의 거동을 동적 특성이라고 한다. 동적 특성은 진동대시험, 진동삼축시험, 공명주시험, 반복전단시험 등으로 측정한다.
- 전단 강도시험 : 지반 속 한 변의 양측이 큰 상대 변위를 일으키는 것을 전단파괴라 하며 전단파괴가 발생할 때 전단응력을 전단강도라고 한다. 흙의 전단강도를 측정하는 시험에는 일축압축시험, 삼축압축시험, 베인시험, 직접전단시험 등이 있다.
- 압밀시험 : 흙이 높은 압력을 받을 때 속에 있는 물이 서서히 배출되면서 압축되는 현상을 압밀이라고 한다. 점토의 압밀특성은 압밀시험으로 측정한다.

37 지반이 진동이나 반복적인 하중을 받을 때의 거동을 동적 특성이라고 한다. 동적 특성은 진동대시험, 진동삼축시험, 공명주시험, 반복전단시험 등으로 측정하는 시험을 무엇이라 하는가?

① 동적 특성시험
② 압밀시험
③ 전단 강도시험
④ 다짐시험

해설
36번 해설 참조

38 전단 강도시험에 대해서 바르게 설명한 것은?

① 비슷한 성질을 가진 몇 개의 종류를 흙을 구분하는 것을 흙 분류라고 한다. 흙 분류에 적용되는 시험법을 분류시험이라고 하고, 이 분류시험에는 침강분석시험, 소성한계시험, 체분석시험, 액성한계시험 등이 포함된다.
② 흙의 밀도를 증가시키는 것을 다짐이라고 하는데 다짐 성질을 측정하는 시험
③ 지반 속 한 변의 양측이 큰 상대 변위를 일으키는 것을 전단파괴라 하며 전단파괴가 발생할 때 전단응력을 전단강도라고 한다. 흙의 전단강도를 측정하는 시험에는 일축압축시험, 삼축압축시험, 베인시험, 직접전단시험 등이 있다.
④ 흙이 높은 압력을 받을 때 속에 있는 물이 서서히 배출되면서 압축되는 현상을 압밀이라고 한다. 점토의 압밀특성은 압밀시험으로 측정한다.

해설
36번 해설 참조

정답 34 ② 35 ① 36 ② 37 ① 38 ③

39 원위치시험의 종류가 아닌 것은?

① 표준관입시험(SPT ; Standard Penetration Test)
② 전계효과시험(FET ; Field Effect Test)
③ 콘관입시험(CPT ; Cone Penetration Test)
④ 프레셔미터시험(PT ; Pressuremeter Test)

해설
원위치시험
- 현장투수시험 : 현장에서 지반의 투수성을 측정하는 시험이다.
- 표준관입시험(SPT ; Standard Penetration Test) : 표준관입시험은 KSF 2307 규정에 의거한 시험방법에 따라 실시한다. 시험횟수는 지층이 변할 때마다 또는 동일층이라도 1.5[m] 깊이마다 1회씩 실시하여야 하며 N치가 50회에 도달하더라도 관입깊이가 10[cm] 미만일 때는 타격을 중지하고 그때의 관입깊이와 타격횟수를 기록한다. 표준관입시험에 의한 타격횟수(N치)는 중량 63.5[kg]의 해머를 76[cm] 높이에서 자유낙하시켜 표준외경 50.8[mm]의 분리형 원통시료기(SSS ; Split Spoon Sampler)가 30[cm] 관입하는 데 소요되는 타격횟수로서 45[cm] 관입하는 데 소요되는 타격횟수를 측정하며, 초기 15[cm] 관입에 소요된 타격 횟수는 예비 타격으로 간주하여 제외하고, 나머지 30[cm] 관입에 소요된 타격 횟수를 관입 저항치인 N치로 표기한다. 지층이 매우 조밀하여 50회 이상 타격을 가하여도 30[cm] 관입이 불가능한 지층에서는 50회 타격에 의한 관입량을 측정하여 주상도에 기록한다. 표준관입시험에 의해 채취된 시료는 함수비의 변화가 없도록 시료병에 넣어 필요한 사항(조사명, 조사일자, 공번, 시료채취심도, N치, 토질명 등)을 기재하여 시료표본 상자에 정리 보관하여 시험을 각종 토성시험을 한다. 한편, 관입을 위한 해머의 에너지 효율테스트가 검증된 조사 장비를 사용하며, 성과품에 표준관입시험 N치의 보정산출근거를 수록한다. 지반조사에서 가장 널리 사용된다.
- 콘관입시험(CPT ; Cone Penetration Test) : 원추를 지반 속에 정적으로 밀어 박을 때 저항력을 측정하여 지반의 특성(압밀특성, 압축성, 전단강도, 지지력 등)을 간접적으로 측정하는 시험법으로 딱딱하지 않은 점성토 지반조사에 널리 사용된다.
- 프레셔미터 시험(PT ; Pressuremeter Test) : 보링 공에 고무 실린더를 장착한 탐봉을 삽입하고 압력을 증가시켜서 탐봉의 고무 실린더를 팽창시키면서 압력과 튜브의 부피팽창량 측정 결과로 지반의 지지력, 강성 등을 측정하는 시험법이다.
- 현장베인시험(FVT ; Field Vane Test) : 단면이 (+)모양을 한 강철 날을 연약지반에 삽입하고 회전할 때의 저항력을 측정하여 연약지반의 전단강도를 측정하는 시험법이다.

40 아래에서 설명하는 내용으로 옳은 것은?

> 원추를 지반 속에 정적으로 밀어 박을 때 저항력을 측정하여 지반의 특성(압밀특성, 압축성, 전단강도, 지지력 등)을 간접적으로 측정하는 시험법으로 딱딱하지 않은 점성토 지반조사에 널리 사용된다.

① 현장투수시험
② 현장베인시험(FVT ; Field Vane Test)
③ 콘관입시험(CPT ; Cone Penetration Test)
④ 프레셔미터시험(PT ; Pressuremeter Test)

해설
39번 해설 참조

41 현장베인시험(FVT ; Field Vane Test)을 옳게 설명한 것은?

① 보링 공에 고무 실린더를 장착한 탐봉을 삽입하고 압력을 증가시켜서 탐봉의 고무 실린더를 팽창시키면서 압력과 튜브의 부피팽창량 측정 결과로 지반의 지지력, 강성 등을 측정하는 시험법이다.
② 현장에서 지반의 투수성을 측정하는 시험이다.
③ 단면이 (+)모양을 한 강철 날을 연약지반에 삽입하고 회전할 때의 저항력을 측정하여 연약지반의 전단강도를 측정하는 시험법이다.
④ 원추를 지반 속에 정적으로 밀어 박을 때 저항력을 측정하여 지반의 특성(압밀특성, 압축성, 전단강도, 지지력 등)을 간접적으로 측정하는 시험법으로 딱딱하지 않은 점성토 지반조사에 널리 사용된다.

해설
39번 해설 참조

42 정해진 측선을 따라 지반의 지층구조를 나타낸 그림을 무엇이라 하는가?

① 지면도
② 지층단면도
③ 암반투석도
④ 입체도

해설
지층단면도(Subsoil Profile) 작성
정해진 측선을 따라 지반의 지층구조를 나타낸 그림을 말한다. 지층단면도 작성은 측선 위에 위치한 시추지점의 주상도를 이용하여 같은 종류의 지층끼리 횡으로 연결하는 선을 그리고 지하수위 분포와 전단강도 변화 등을 표시한다. 지층단면도는 구조물 기초의 지지층과 단지 계획고 결정 등에 이용된다.

43 지층단면도는 구조물 기조의 지지층과 어디 결정에 이용되는가?

① 단지 계획고
② 구조도
③ 탐색도
④ 위치선정도

해설
42번 해설 참조

44 실시 설계도면은 A3 크기로 3부를 준비해야 한다. 용도에 해당되지 않는 것은?

① 공사계획신고용
② 한전 PPA 신청용
③ 외부보관용
④ 내부보관용

해설
실시 설계도면 준비
실시 설계도서를 받은 후 도면을 최종적으로 검토해야 한다. 실시 설계도면은 CAD 파일과 PDF 등으로 준비하고 A3 크기로 3부를 준비해야 한다. 도면 3부는 전기감리회사 선정 후 감리업체에 보내서 기술사 도장 날인 후에 진행해야 한다. 도면 3부는 공사계획신고용 1부, 한전 PPA 신청용 1부, 내부보관용(예비용) 1부이다.

정답 42 ② 43 ① 44 ③

CHAPTER 02 태양광발전 구조물 설계

제2과목 태양광발전 설계

제1절 태양광발전 구조물 설계

1 구조물 기초

(1) 토목구조물의 종류

토목시설과 구조물은 대부분 공익을 목적으로 하는 공공 재산으로서 사회기반시설(IS ; Infra Structure) 또는 사회간접자본(SOC ; Social Overhead Capital)이다.

① 중요한 토목구조물의 분류

시 설	내 용
흙막이공	흙막이벽, 옹벽, 지하연속벽, 널말뚝벽, 보강토
급수 및 정수	정수장, 상수도, 취수장
교통물류시설	도로, 철도, 지하철, 항만, 부두, 운하, 교량, 공항, 교통터널
주거 및 생활시설	주택 단지 건설, 학교, 공원, 병원, 고층 건물, 위락시설
지하공간 이용시설	지하저장터널, 지하체육관, 지하극장, 방공대피터널
수리시설	수로터널, 제방, 댐, 하천수로, 방파제, 관개시설, 호안
환경시설	하수도, 쓰레기 매립장, 폐수처리장, 폐기물처리장
국방시설	벙커, 포대, 비행장, 지하격납고
에너지시설	발전소(화력, 수력, 원자력, 태양광, 풍력, 지열 등), 석유와 가스저장시설
생산시설	농경단지, 공업단지, 어항 및 어초, 플랜트
통신, 배송시설	지하공동구(통신, 전력, 상수도)
자연보호시설	산사태방지공, 사면보호공, 임도
지반보강	네일링, 앵커, 그라우팅
연약지반 개량	다짐모래 말뚝, 연직배수공, 동 다짐 또는 압밀 공법
지반 안정처리	석회처리공법, 흙-시멘트 처리공법

(2) 토목구조물의 특징

토목구조물은 일반적인 공업시설과 달리 매우 큰 공익성을 가진 공공시설로서 그 설계와 시공이 매우 독특한 특성을 지닌다.
① 공익을 위한 사회기반시설 또는 사회간접자본의 공공시설이다.
② 구조물이 국가 또는 지방의 상징적인 존재인 경우가 많으며 역사적인 유산이 될 수도 있다.
③ 기대되는 사용 수명이 수십 년 이상으로 매우 길다.
④ 대부분이 대규모 시설로서 구성되기 때문에 많은 건설비용과 기간이 소요된다.

⑤ 구조물 시공은 기후와 기상 조건의 영향을 크게 받는다.
⑥ 일반 공산품과 달리 동일 제품을 대량으로 생산할 수 없고 수요자의 요구에 의하여 건설되는 주문생산의 형태로 이루어진다.
⑦ 토목시설과 구조물 건설은 자연환경과 생활여건을 변화시키게 되므로 설치할 장소의 자연조건과 사회조건을 고려하여 설계, 시공되어야 한다.
⑧ 시공 중 또는 사용 중에 파괴되는 자연환경과 사회에 미치는 영향이 매우 크므로 엄격한 품질관리가 요구된다.
⑨ 지구상에 둘 이상의 똑같은 토목구조물은 없으므로 설계와 시공에 엔지니어의 창의성이 크게 요구된다.

(3) 구조물 계획

① 수요조사

현안 문제의 해결방안으로 검토되고 있는 토목시설이나 구조물에 관련된 모든 사항을 면밀히 조사하여 구조물 계획의 타당성 판단의 기초자료로 사용한다. 수요조사에는 다음과 같은 내용이 포함되어야 한다.

㉠ 현재 겪고 있는 위험, 불편, 미비, 부족, 주민의 요구, 장래계획을 위한 필요성으로서 현재의 상태를 이야기한다.
㉡ 기술적이나 자금적 문제, 공사 시공의 사회적 영향, 환경영향, 문화적 영향, 주민불편 등의 구조물 건설 중에 발생할 수 있는 상황을 이야기한다.
㉢ 경제적 효과, 사회적 영향, 환경영향, 문화적 영향 등의 구조물 건설 후에 예상되는 효과를 이야기한다.

② 문제정의

수요조사 결과를 토대로 하여 구조물 계획을 위한 문제정의를 수행한다.
㉠ 구조물이 언제 필요한가?
㉡ 구조물을 어떻게 건설할 것인가?
㉢ 구조물이 왜 필요한가?
㉣ 어떤 구조물이 필요한가?

이러한 사항에 대해서 경제적, 기술적, 사회적, 환경적 판단을 내린 후 시행할 구조물의 목적, 기능, 개략적인 규모와 건설 시기를 결정하여 명확한 문제정의문(과업의 목적과 개요)을 작성한다.

③ 타당성 검토(FS ; Feasibility Study)

문제정의에서 제시된 사업은 다음과 같은 타당성 검토를 거쳐야 한다.
㉠ 구조물의 필요성 : 구조물 건설이 꼭 필요한가?
㉡ 구조물 건설의 기술적 문제 : 목적 구조물을 성공적으로 건설하는 데 기술적 문제는 없는가?
㉢ 구조물 건설의 경제성 : 구조물 건설에 투자될 비용과 창출될 경제적 효과를 대비하여 유익한 경제적 효과를 얻을 수 있는가?
㉣ 구조물 건설의 환경과 생태계에 대한 영향 : 구조물 건설이 자연생태계와 생활환경에 해로운 영향을 미치지 않는가?
㉤ 구조물 건설의 사회적, 문화적 영향 : 구조물이 건설됨으로써 사회에 미칠 영향, 주민여론, 지역의 역사 전통과 문화에 미칠 영향에 문제는 없는가?

위와 같은 검토를 통해 문제해결의 여러 대안 중 가장 유익하고 효과적이며 긍정적인 방안을 찾아야 한다.

④ 개념 설계(CD ; Conceptual Design)

타당성 검토 결과로 사업 시행의 타당성이 검증되면 구조물의 개략적인 위치, 규모, 기능, 재료 등에 대한 여러 가지 대안 중 최적안을 결정한다. 이러한 과정을 개념 설계라 하고 기본 설계 용역발주에 사용한다. 개념 설계는 개략적인 수치와 조건을 적용한 설계로서 구조물 계획을 위한 기초자료이다.

(4) 구조물 설계

① 구조물 설계의 조건

모든 구조물은 다음과 같은 조건을 만족하도록 설계되어야 한다.

㉠ 안전성 : 구조물이 이용자에게 위험이나 불안감을 주지 않아야 한다.
㉡ 안정성 : 구조물 자체의 역학적 안정을 유지하도록 견고하고 지나친 변위가 발생하지 않도록 해야 한다.
㉢ 내구성 : 사용 수명 중 안전성과 안정성이 유지되도록 구조물의 각 부재가 소요되는 내구성을 가져야 한다.
㉣ 사용성 : 구조물 본래의 목적기능을 효율적으로 발휘할 수 있는 배치와 형태를 갖추고 사용 중에 원형을 유지해야 한다.
㉤ 시공성 : 적용 가능한 기술과 자재를 고려하여 안전 시공이 가능한 구조물과 시공법을 선정해야 한다.
㉥ 경제성 : 투자비용 대비 부가가치가 최대가 되어 경제성이 극대화 되도록 설계를 해야 한다.
㉦ 문화성 : 구조물이 지역문화발전에 도움이 될 수 있는 위치와 형태를 갖추어야 한다.
㉧ 역사성 : 구조물이 위치하는 지역의 역사적 전통을 훼손하지 않은 구조물이 되어야 한다.
㉨ 친밀감 : 구조물이 주변 자연경관과 잘 조화되고 주민들의 정서에 잘 부합되어 거부감이 없는 형태를 갖는 구조물이어야 한다.
㉩ 친환경성 : 시공 중이나 완공 후 주변 자연생태계나 주민의 생산활동과 일상생활에 해로운 영향을 최소화 할 수 있는 구조물이어야 한다.

② 구조물의 설계기준과 중요도

㉠ 구조물의 설계기준

구조물의 기능과 중요도에 따라 구조물이 갖추어야 할 안정성과 사용성에 대한 요구조건이 달라진다. 이러한 설계 요구조건에 따라 설계기준이 설정된다. 설계기준에는 다음과 같은 내용이 포함된다.

- 구조물 설계법
- 구조물의 파괴에 대한 안전율
- 구조물에 작용하는 외력(하중)의 종류와 크기
- 허용환경기준
- 사용재료의 특성(안전성, 내구성, 강도, 강성 등)
- 허용침량과 허용변형량
- 시공법
- 적용할 기상과 수문통계의 수준

ⓒ 구조물의 중요도
   구조물은 그 기능과 사고가 발생했을 때의 예상 피해 규모에 따라 그 중요도가 결정된다.
   - 중요도가 매우 높은 구조물 : 원자력발전소, 대형 댐, 고속철도, 초고층 빌딩 등
   - 중요도가 높은 구조물 : 정부청사 및 공공시설(경찰서, 소방서, 교도소), 병원, 학교, 발전소, 고속도로, 지하철, 철도, 공항, 항만, 장대교량, 장대터널, 고압가스저장 및 취급시설, 폭발물이나 유독성 화학물질 취급시설 등

2 구조 설계도서

(1) 구조물 설계순서

건설사업은 계획 → 조사 → 설계 → 시공 → 사용 중 유지관리로 이루어진다. 설계과업에는 계획, 조사, 설계, 시공법 결정, 유지관리지침 작성이 포함되어야 하며 설계과업 수행의 흐름은 계획 → 조사 → 설계 → 시공 → 사용 중 유지관리와 같은 절차를 따른다. 구조물 설계는 진행 과정에 따라 다음과 같은 단계를 거쳐야 한다.

① 개념 설계단계
   현존하는 불편, 위험, 저효율, 부족 등의 문제와 장래 예측(문제해결 후의 상황 변화)을 정밀하게 조사, 분석, 판단하여 해결해야 할 문제를 명확히 정의한 후에 문제해결 방안으로 가능한 여러 형태와 규모의 구조물을 검토, 비교하여 건설의 필요성과 타당성을 판단하고 대체적인 공비와 공기를 산정한 후 재원 조달 방안을 결정해야 한다. 구조물의 대략적인 형식, 형태, 위치, 기능, 규모를 결정한다.

② 기본 설계단계
   개념 설계에서 결정된 구조물에 대하여 기술수준, 현장조건, 환경영향, 경제성, 사회문화적 조건을 검토하여 개념 설계를 수정, 보완, 구체화하여 구조물의 규격, 치수, 위치, 형식, 재료, 공사기간, 공사비, 시공법 등을 결정하고 설계도면과 보고서를 작성한다.

③ 실시 설계단계
   기본 설계의 세부적인 사항에 대하여 정확한 역학적 검토와 면밀한 검토를 통하여 문제점을 수정 보완하고 구조물 각 부분의 상세한 형태와 치수, 시공법, 재료 등을 결정하는 상세 설계를 실시하여 구조물 시공에 적용할 최종의 설계를 완성한다. 시공용 설계도면을 그리고 시방서, 계측계획서, 유지관리방안을 작성한다. 공종별 공사비와 공기를 산출하고 시공 중에 발생할 수 있는 환경문제에 대한 대비책을 수립해야 한다.

(2) 설계를 위한 조사

① 자료조사
   자료조사란 공사에 관련된 도면, 문헌, 사진, 영상, 녹음, 통계표 등에서 필요한 정보와 지식을 얻는 것이다. 자료조사의 대상이 되는 것은 다음의 내용과 같은 것들이다.
   ㉠ 지질자료 : 지질도, 지질-지반조사보고서, 공사보고서, 건설지, 학술지
   ㉡ 지형자료 : 지형도, 지적도, 임야도, 농경도, 교통도, 도시계획도

ⓒ 기술자료 : 시방서, 설계기준, 설계보고서, 건설지
ⓔ 사회환경자료 : 지방사, 신문철
ⓜ 기상자료 : 기상통계표, 재해연보
ⓑ 수리/수문자료 : 조위표, 수리/수문 조사자료
ⓢ 경제 및 물가자료 : 경제분석 및 예측보고서, 물가시세표
ⓞ 법규 및 기준 : 건설 관련 법규, 노동법, 환경기준, 문화재보호법

② 조사측량

공사 대상지역의 지형과 하천, 현존 구조물, 지하매설물, 토지경계 등에 대한 정보를 얻기 위해서는 공사종류에 따라 필요한 정밀도로 현지측량을 해야 한다.

㉠ 지적측량 : 토지의 경계를 측정
㉡ 지형측량 : 지표면의 높낮이와 하천, 도로 등 지형지물의 위치를 측정
㉢ 수준측량 : 지표의 표고(해발고도)를 측정
㉣ 기타 : 수심측량, 수위측량, 토취장 측량, 문화재 및 기념물측량, 지장물측량

③ 현지조사

경험 많은 기술자가 현지에서 공사에 필요한 여러 가지 정보를 수집하는 것이다.

㉠ 설계계획조사 : 현장답사를 통하여 지형, 지역 여건 및 본 설계와 관련된 관계기관의 장래계획 등을 조사하여 설계자료로 활용하여야 한다.
㉡ 토공조사 : 토공 설계에 필요한 기초자료를 수집하기 위한 사전조사로서 공사용 가도, 토질의 상태, 토취장 및 사토장 후보지, 설치계획 등의 자료로 활용한다.
㉢ 구조물조사 : 해당 지역의 현존 구조물, 건설이 계획된 다른 시설과 구조물 현황 등을 조사하여 설계에 반영해야 한다.
㉣ 배수조사 : 하천, 관개시설, 기존 용·배수시설을 조사하여 설계에 반영해야 한다. 특히 교량이 설치될 하천에 대해서는 최고·최저 홍수위선 등 수문 통계자료를 조사하여 수리계산서에 명기하고 실시 설계에 활용해야 한다. 또한, 현지 주민을 통해 수집한 기상자료도 설계에 참고하여 활용할 수 있다.
㉤ 지하매설물조사 : 공사 대상지역에 설치된 지하매설물을 조사하고 현황 및 이에 따른 대책을 수립해야 한다.
㉥ 관련 계획조사 : 주변의 건설계획을 조사하여 설계 시 반영해야 한다.
㉦ 수리수문 및 기상기후조사 : 건설지역의 수리수문 및 기상기후조사를 하여 설계자료로 활용해야 한다.
㉧ 환경영향 및 저감방안조사 : 지역의 관계기관 및 지역주민과 협의를 거쳐 환경영향 저감방안을 수립해야 한다.
㉨ 문화재 유적조사(지표지질조사, 유적지 유물조사 등) : 기본 설계대상지역의 문화재 관련 법 저촉여부조사, 문화재 유적 자료조사를 하여 처리의견을 제시한다.
㉩ 임상조사 : 임상이 양호한 삼림지역 훼손 여부를 파악한다.

㉠ 용지 및 지장물조사
- 용지조사 : 기본 설계대상지역의 지적도에서 지번을 추출하여 토지현황조사를 실시하고 다음과 같은 사항을 참조해서 토지의 표시, 소유자, 관계인 권리관계, 용도지구(지역) 등을 조사한다.
  - 토지(건물)등기부 등본
  - 토지(임야)대장
  - 지적도(임야도)
  - 국토이용(도시)계획 확인원
  - 건축물 관리(가옥)대장
- 지장물 현황조사 : 계획된 용지에 편입되어 보상 대상이 되는 지장물조사에는 다음의 사항이 포함되어야 한다.
  - 입목조사
  - 건물조사
  - 지하매설물조사
  - 축산조사
  - 농작물조사
  - 분묘조사
  - 전주조사(철탑 포함)
  - 세입자조사
  - 영업권조사
  - 기타(지장이 되는 물건)
㉡ 교통조사
- 과업구간 및 인근 도로현황과 교통량
- 과업구간 및 인근 마을의 위치 및 진출입 동선

(3) 지반조사와 시험

① **예비조사(개략조사)** : 기본 설계와 본조사계획을 위해 대상지역 전체의 개략적인 지반조건을 조사함
② **본조사(정밀조사)** : 실시 설계를 위한 정밀조사로서 구조물 위치에 따라 조사의 정밀도와 수량을 달리해서 시행함
③ **토질 및 암석시험** : 조사과정에서 채취한 흙과 암석 시료에 대한 실내시험
④ **지질조사** : 대상지역의 지질조건, 기반암의 종류와 풍화도, 단층과 절리 등 불연속면 분포상태 등을 조사함

(4) 토취장과 고재원조사

① 토취장조사
② 재생골재원조사
③ 하천골재원조사
④ 석산(쇄석 골재의 공급원)조사
⑤ 각종 자재 공급원조사

(5) 환경영향조사

구조물 건설이 환경에 미치는 직·간접적 영향요인을 조사하고 환경영향 예측 및 저감대책을 수립해야 한다.

① 수 질
② 대기질
③ 문화재
④ 동물과 식물의 생태계
⑤ 소음, 진동, 분진
⑥ 경 관

(6) 사회문화조사

지역의 역사와 전통, 지역문화, 종교와 신앙, 주민여론 등을 조사한다.

3 구조계산서

(1) 일반사항

① 본 구조물 및 가시설에 대한 세부 구조계산서를 작성해야 한다.
② 구조계산서는 적용기준 및 산식, 재료강도, 부호에 대한 설명과 함께 관련 시방서와 설계기준 및 참고문헌이 명시되어야 한다.
③ 구조계산서는 상세한 목차를 작성하고 서두에 해결결과에 대한 총괄적인 요약 및 설계자의 의견 요약이 명기되어야 하며 수식 사이에 간단한 설명을 삽입하여 문맥이 이어지도록 해야 한다.
④ 전산구조해석에서는 사용 전산프로그램명과 개요 그리고 해석흐름도, 입출력자료의 종류 및 특성 등을 명시하고 사용프로그램은 엄밀해석이 가능한 예제를 선정하여 엄밀해석 결과와 전산해석결과를 비교하여 정밀도를 입증할 수 있도록 검증해야 한다.
⑤ 필요한 경우에는 구조계산에 사용된 중요이론에 대한 설명이 첨부되어야 한다.
⑥ 구조 모델링, 구조경계 지지조건의 모형, 하중모형 및 재하방법, 구조요소의 설계개념과 사용방식, 설계흐름도 등을 제시해야 한다.
⑦ 구조세목 및 설계에 반드시 고려해야 할 응력 또는 부재강도, 변위, 균열, 전단, 부착, 이음길 등의 항목이 제시되어야 한다.

⑧ 시공 단계별 구조검토가 포함되어야 한다.
⑨ 이음부 상세와 교좌장치 및 신축장치에 대한 상세한 검토내용이 포함되어야 한다.
⑩ 점검통로 등의 유지관리시설에 대한 구조검토가 포함되어야 한다.
⑪ 용접연결부, 용접선의 배치, 용접형상, 표면가공 등 용접설계에 대한 검토내용이 포함되어야 한다.

(2) 교량 및 주요 구조물 구조계산서 내용
① 설계기준
② 설계절차 및 방법
③ 구조형태 및 개요
④ 설계하중 및 재료특성
⑤ 구조해석 및 해석결과
⑥ 지반 지지력 산정 및 기초계산서
⑦ 부재설계 및 응력검토
⑧ 배근도 및 부대배치도
⑨ 해석모델
⑩ 각 부분의 구조계획(신축이음 등)

(3) 수리계산서 내용
① 노면 배수처리 수리계산
② 노선 주변 배수처리 수리계산
③ 하천의 홍수위 및 배수위계산

4 구조물 형식

계절이 바뀌면서 태양광 남중고도를 생각해서 설치할 수 있도록 해야 한다. 또한 구조물의 철물 자재들의 경우 여러 가지 다양한 종류들이 있지만, 철재(사각파이프 또는 빔 등)에 용융아연도금을 입히는 것이 일반적이다. 스테인리스 스틸 소재는 녹이 아예 생기지 않는 서스라는 자재도 요즘 추세적으로 많이 사용하고 있다. 이런 자재를 포스맥이라고 한다. 철재는 보통 일반적으로 한번 아연도금을 하고 난 후에 출하가 되는데 거기에다가 한번 더 코팅을 하는 것을 용융아연도금이라고 한다. 그런데 포스맥의 경우에는 완전히 다른 형태로서 용융아연도금보다 5~10배 정도의 내식성이 있다. 포스맥 구조물이 만약에 자체적으로 녹이 생겼다거나 부식을 하는 걸 방지하고 그러한 경우가 혹 발생하였을 시에 자정작용을 하여서 스스로 자가 치유하는 제품이다. 구조물 설치 시에 모든 태양광사업 시공비에 약 20[%] 정도(설치비 포함)를 책정하는 경우가 많다. 그래야 좀 더 튼튼하고 견고하게 시공이 가능하다. 태양광 모듈은 태양빛을 직교하게 설치해야 최대치의 효율성을 낼 수 있어서 어떠한 지역에다가 어떤 식으로 설치를 했느냐에 따라서 수익에서도 손해를 보지 않으며 최대의 효율성을 꾸준하게 유지할 수 있다.

(1) 고정형

일정한 각도에 맞춰 완전하게 고정을 시킨 방식이다. 설치가 간단하고 가격이 저렴한 장점을 가지고 있지만 발전효율성이 떨어지고 설치하는 면적에 제한이 없는 비교적 원격지역에 주로 많이 설치를 한다. 다른 형식보다는 고정형 구조물이 공간은 적게 차지를 해서 설치해야 하는 면적이 많지 않을 때 주로 사용한다. 여기서 중요한 것은 태양광발전소를 설치하려고 할 때 지역의 특징을 잘 생각해서 모듈의 각도를 적절하게 잘 맞추어 주어야 효율성을 최대로 극대화시킬 수 있다.

(2) 추적형(가변형)

최상의 방향과 경사각을 조정하여 최대 발전효율성을 극대화시킬 수 있는 형식이다. 해가 움직이는 시간에 따라서 모듈의 각도와 방향을 자동적으로 햇빛을 잘 받을 수 있게 조정하여 효율성을 최대로 올릴 수 있는 방식이다. 하지만, 쉽게 고장이 나고 유지보수와 안정성 면에서 크게 낮다. 그리고 설치하는 비용도 가장 많이 들기 때문에 아직까지는 고정형에 비해 가성비가 좋지 않다.

(3) 고정가변형

수동식으로 모듈의 각도를 조절할 수 있도록 한 구조물이다. 이것은 추적형 그리고 고정형의 중간 정도로서 고정형에 비해서는 대략 5[%] 정도의 효율이 높다. 0~60° 정도까지 조정할 수 있으며 설치비용은 고정형보다는 조금 더 비싸다. 그리고 고정형 구조물과 비교해 봤을 경우 더 많은 양의 면적이 필요하게 되므로 구조물의 안정성이 고정형보다는 낮은 편이다. 그렇기 때문에 구조물을 안정적으로 이용하려면 강선을 이용해야 한다.

제2절 태양광발전 구조물 설계 검토

1 안전성, 시공성, 내구성을 고려한 도서 검토

토목 설계의 목표는 가장 안전하고, 가장 편리하며, 가장 견고한 구조물을 가장 저렴하고, 가장 짧은 기간에 건설할 수 있는 방안을 제시하는 것이다.

(1) 안전성(Safety)

시공 중 안전성과 사용 중 안전성이 모두 고려되어야 한다. 안전성은 구조물 자체의 안정성을 확보하고 구조물 시공 과정이나 완공 후 사용 중에 위험이나 피해 발생 요인이 없음을 의미한다. 안전성을 확보하려면 작용외력에 대한 구조물의 구조와 재료의 특성 등에 대한 역학적 검토와 구조물의 기능, 시공법, 사용법, 주변 환경에 대한 고려가 필요하다.

(2) 사용성(Serviceability)

구조물은 건설목적에 적합해야 함은 물론 사용하기 편리하고, 기능적이여야 하며 유지관리가 용이해야 한다.

(3) 내구성(Durability)

구조물 재료의 품질이 우수하여 사용 수명 중 안전성과 사용성이 저하됨이 없이 기준 이상의 품질을 유지할 수 있어야 된다.

(4) 경제성(Economics)

구조물은 건설비, 유지관리비, 보상비 등이 최소가 되도록 설계되어야 한다.

(5) 환경친화적 설계(Green Design)

구조물은 자연환경 및 사회환경을 구성하는 하나의 요소로서 주변의 자연과 잘 조화되고 사람들에게 정서적으로 친밀감을 주는 외관을 지니며 시공 중 또는 사용 중에 자연 생태계와 사회문화환경에 부정적인 영향을 미치지 않아야 한다.

CHAPTER 02 적중예상문제

제2과목 태양광발전 설계

01 토목시설과 구조물은 대부분 공익을 목적으로 한다. 이때 공공 재산은 어떻게 분류할 수 있는가?
① 사회기반시설 또는 사회간접자본
② 사회중요시설 또는 사회직접자본
③ 사회특수시설 또는 사회간접자본
④ 사회정화시설 또는 사회직접자본

해설
토목구조물의 종류
토목시설과 구조물은 대부분 공익을 목적으로 하는 공공 재산으로서 사회기반시설(IS ; Infra Structure) 또는 사회간접자본(SOC ; Social Overhead Capital)이다.

02 토목구조물의 특징에 해당되지 않는 것은?
① 공익을 위한 사회기반시설 또는 사회간접자본의 공공시설이다.
② 토목시설과 구조물 건설은 자연환경과 생활여건을 변화시키게 되므로 설치할 장소의 자연조건과 사회조건을 고려하여 설계, 시공되어야 한다.
③ 구조물 시공은 기후와 기상 조건의 영향을 크게 받는다.
④ 대부분이 소규모 시설로서 구성되기 때문에 많은 건설비용과 기간이 소요된다.

해설
토목구조물의 특징
토목구조물은 일반적인 공업시설과 달리 매우 큰 공익성을 가진 공공시설로서 그 설계와 시공이 매우 독특한 특성을 지닌다.
• 공익을 위한 사회기반시설 또는 사회간접자본의 공공시설이다.
• 구조물이 국가 또는 지방의 상징적인 존재인 경우가 많으며 역사적인 유산이 될 수도 있다.
• 기대되는 사용 수명이 수십 년 이상으로 매우 길다.
• 대부분이 대규모 시설로서 구성되기 때문에 많은 건설비용과 기간이 소요된다.
• 구조물 시공은 기후와 기상 조건의 영향을 크게 받는다.
• 일반 공산품과 달리 동일 제품을 대량으로 생산할 수 없고 수요자의 요구에 의하여 건설되는 주문생산의 형태로 이루어진다.
• 토목시설과 구조물 건설은 자연환경과 생활여건을 변화시키게 되므로 설치할 장소의 자연조건과 사회조건을 고려하여 설계, 시공되어야 한다.
• 시공 중 또는 사용 중에 파괴되는 자연환경과 사회에 미치는 영향이 매우 크므로 엄격한 품질관리가 요구된다.
• 지구상에 둘 이상의 똑같은 토목구조물은 없으므로 설계와 시공에 엔지니어의 창의성이 크게 요구된다.

03 구조물 계획의 수요조사 내용에 해당되지 않는 것은?
① 현재 겪고 있는 위험, 불편, 미비, 부족, 주민의 요구, 장래계획을 위한 필요성으로서 현재의 상태를 이야기한다.
② 기술적이나 자금적 문제, 공사 시공의 사회적 영향, 환경영향, 문화적 영향, 주민불편 등의 구조물 건설 중에 발생할 수 있는 상황을 이야기한다.
③ 경제적 효과, 사회적 영향, 환경영향, 문화적 영향 등의 구조물 건설 후에 예상되는 효과를 이야기한다.
④ 특성상의 문제에 대해서 여러 가지를 생각해야 하며, 구조물의 설계를 파악해야 한다.

해설
구조물 계획의 수요조사
• 현재 겪고 있는 위험, 불편, 미비, 부족, 주민의 요구, 장래계획을 위한 필요성으로서 현재의 상태를 이야기한다.
• 기술적이나 자금적 문제, 공사 시공의 사회적 영향, 환경영향, 문화적 영향, 주민불편 등의 구조물 건설 중에 발생할 수 있는 상황을 이야기한다.
• 경제적 효과, 사회적 영향, 환경영향, 문화적 영향 등의 구조물 건설 후에 예상되는 효과를 이야기한다.

04 수요조사 결과를 토대로 하여 구조물 계획을 위한 문제정의를 수행해야 하는 데 해당되지 않는 사항은?
① 구조물을 어떻게 건설할 것인가?
② 어떤 구조물이 필요한가?
③ 구조물이 왜 필요한가?
④ 구조물이 누가 필요한가?

해설
문제정의
수요조사 결과를 토대로 하여 구조물 계획을 위한 문제정의를 수행한다.
• 구조물이 언제 필요한가?
• 구조물을 어떻게 건설할 것인가?
• 구조물이 왜 필요한가?
• 어떤 구조물이 필요한가?

1 ① 2 ④ 3 ④ 4 ④ **정답**

05 문제정의에서 제시된 사업은 타당성 검토를 해야 한다. 타당성 검토의 내용이 아닌 것은?

① 구조물의 필요성
② 구조물의 예비성
③ 구조물 건설의 경제성
④ 구조물 건설의 기술적 문제

해설
타당성 검토(FS ; Feasibility Study)
문제정의에서 제시된 사업은 다음과 같은 타당성 검토를 거쳐야 한다.
- 구조물의 필요성 : 구조물 건설이 꼭 필요한가?
- 구조물 건설의 기술적 문제 : 목적 구조물을 성공적으로 건설하는 데 기술적 문제는 없는가?
- 구조물 건설의 경제성 : 구조물 건설에 투자될 비용과 창출될 경제적 효과를 대비하여 유익한 경제적 효과를 얻을 수 있는가?
- 구조물 건설의 환경과 생태계에 대한 영향 : 구조물 건설이 자연생태계와 생활환경에 해로운 영향을 미치지 않는가?
- 구조물 건설의 사회적, 문화적 영향 : 구조물이 건설됨으로써 사회에 미칠 영향, 주민여론, 지역의 역사 전통과 문화에 미칠 영향에 문제는 없는가?

06 타당성 검토 결과로 사업 시행의 타당성이 검증되면 구조물의 개략적인 위치, 규모, 기능, 재료 등에 대한 여러 가지 대안 중 최적안을 결정하는 것을 무엇이라 하는가?

① 실제 설계
② 개념 설계
③ 기본 설계
④ 대안 설계

해설
개념 설계(CD ; Conceptual Design)
타당성 검토 결과로 사업 시행의 타당성이 검증되면 구조물의 개략적인 위치, 규모, 기능, 재료 등에 대한 여러 가지 대안 중 최적안을 결정한다. 이러한 과정을 개념 설계라 하고 기본 설계 용역발주에 사용한다. 개념 설계는 개략적인 수치와 조건을 적용한 설계로서 구조물 계획을 위한 기초자료이다.

07 개략적인 수치와 조건을 적용한 설계로서 구조물 계획을 위한 기초자료를 무엇이라 하는가?

① 실제 설계
② 개념 설계
③ 기본 설계
④ 대안 설계

해설
6번 해설 참조

08 구조물을 설계할 때 여러 가지 조건이 만족해야 한다. 그중 "구조물이 이용자에게 위험이나 불안감을 주지 않아야 한다"는 구조물 설계의 어떤 내용인가?

① 안전성
② 안정성
③ 내구성
④ 사용성

해설
구조물 설계의 조건
모든 구조물은 다음과 같은 조건을 만족하도록 설계되어야 한다.
- 안전성 : 구조물이 이용자에게 위험이나 불안감을 주지 않아야 한다.
- 안정성 : 구조물 자체의 역학적 안정을 유지하도록 견고하고 지나친 변위가 발생하지 않도록 해야 한다.
- 내구성 : 사용 수명 중 안전성과 안정성이 유지되도록 구조물의 각 부재가 소요되는 내구성을 가져야 한다.
- 사용성 : 구조물 본래의 목적기능을 효율적으로 발휘할 수 있는 배치와 형태를 갖추고 사용 중에 원형을 유지해야 한다.
- 시공성 : 적용 가능한 기술과 자재를 고려하여 안전 시공이 가능한 구조물과 시공법을 선정해야 한다.
- 경제성 : 투자비용 대비 부가가치가 최대가 되어 경제성이 극대화되도록 설계를 해야 한다.
- 문화성 : 구조물이 지역문화발전에 도움이 될 수 있는 위치와 형태를 갖추어야 한다.
- 역사성 : 구조물이 위치하는 지역의 역사적 전통을 훼손하지 않은 구조물이 되어야 한다.
- 친밀감 : 구조물이 주변 자연경관과 잘 조화되고 주민들의 정서에 잘 부합되어 거부감이 없는 형태를 갖는 구조물이어야 한다.
- 친환경성 : 시공 중이나 완공 후 주변 자연생태계나 주민의 생산활동과 일상생활에 해로운 영향을 최소화할 수 있는 구조물이어야 한다.

09 구조물 설계의 조건에 해당되지 않는 것은?

① 문화성
② 친환경성
③ 경제성
④ 시사성

해설
8번 해설 참조

정답 5 ② 6 ② 7 ② 8 ① 9 ④

10 사용성의 정의를 바르게 설명한 것은?

① 적용 가능한 기술과 자재를 고려하여 안전 시공이 가능한 구조물과 시공법을 선정해야 한다.
② 구조물 본래의 목적기능을 효율적으로 발휘할 수 있는 배치와 형태를 갖추고 사용 중에 원형을 유지해야 한다.
③ 적용 가능한 기술과 자재를 고려하여 안전 시공이 가능한 구조물과 시공법을 선정해야 한다.
④ 구조물이 주변 자연경관과 잘 조화되고 주민들의 정서에 잘 부합되어 거부감이 없는 형태를 갖는 구조물이어야 한다.

해설
8번 해설 참조

11 구조물의 설계기준에 포함되지 않는 사항은?

① 구조물 설계법
② 허용환경기준
③ 구조물에 작용하는 내력과 외형 그리고 압력
④ 시공법

해설
구조물의 설계기준
- 구조물 설계법
- 구조물의 파괴에 대한 안전율
- 구조물에 작용하는 외력(하중)의 종류와 크기
- 허용환경기준
- 사용재료의 특성(안전성, 내구성, 강도, 강성 등)
- 허용침량과 허용변형량
- 시공법
- 적용할 기상과 수문통계의 수준

12 구조물의 중요도가 매우 높은 구조물이 아닌 것은?

① 병원
② 대형 댐
③ 원자력발전소
④ 고속철도

해설
구조물의 중요도
- 중요도가 매우 높은 구조물 : 원자력발전소, 대형 댐, 고속철도, 초고층 빌딩 등
- 중요도가 높은 구조물 : 정부청사 및 공공시설(경찰서, 소방서, 교도소), 병원, 학교, 발전소, 고속도로, 지하철, 철도, 공항, 항만, 장대교량, 장대터널, 고압가스저장 및 취급시설, 폭발물이나 유독성 화학물질 취급시설 등

13 구조물 설계순서에서 건설사업의 순서를 바르게 나열한 것은?

① 계획 → 설계 → 시공 → 조사 → 사용 중 유지관리
② 계획 → 시공 → 설계 → 조사 → 사용 중 유지관리
③ 계획 → 설계 → 조사 → 시공 → 사용 중 유지관리
④ 계획 → 조사 → 설계 → 시공 → 사용 중 유지관리

해설
구조물 설계순서
건설사업은 계획 → 조사 → 설계 → 시공 → 사용 중 유지관리로 이루어진다.

14 현존하는 불편, 위험, 저효율, 부족 등의 문제와 장래 예측(문제해결 후의 상황 변화)을 정밀하게 조사, 분석, 판단하여 해결해야 할 문제를 명확히 정의한 후에 문제해결 방안으로 가능한 여러 형태와 규모의 구조물을 검토, 비교하여 건설의 필요성과 타당성을 판단하고 대체적인 공비와 공기를 산정한 후 재원 조달 방안을 결정해야 하는 단계는?

① 개념 설계
② 기본 설계
③ 실시 설계
④ 결정 설계

해설
개념 설계단계
현존하는 불편, 위험, 저효율, 부족 등의 문제와 장래 예측(문제해결 후의 상황 변화)을 정밀하게 조사, 분석, 판단하여 해결해야 할 문제를 명확히 정의한 후에 문제해결 방안으로 가능한 여러 형태와 규모의 구조물을 검토, 비교하여 건설의 필요성과 타당성을 판단하고 대체적인 공비와 공기를 산정한 후 재원 조달 방안을 결정해야 한다. 구조물의 대략적인 형식, 형태, 위치, 기능, 규모를 결정한다.

15 개념 설계에서 결정된 구조물에 대하여 기술수준, 현장조건, 환경영향, 경제성, 사회문화적 조건을 검토하여 개념 설계를 수정, 보완, 구체화하여 구조물의 규격, 치수, 위치, 형식, 재료, 공사기간, 공사비, 시공법 등을 결정하고 설계도면과 보고서를 작성하는 단계는?

① 개념 설계
② 기본 설계
③ 실시 설계
④ 결정 설계

10 ② 11 ③ 12 ① 13 ④ 14 ① 15 ②

해설
기본 설계단계
개념 설계에서 결정된 구조물에 대하여 기술수준, 현장조건, 환경영향, 경제성, 사회문화적 조건을 검토하여 개념 설계를 수정, 보완, 구체화하여 구조물의 규격, 치수, 위치, 형식, 재료, 공사기간, 공사비, 시공법 등을 결정하고 설계도면과 보고서를 작성한다.

16 기본 설계의 세부적인 사항에 대하여 정확한 역학적 검토와 면밀한 검토를 통하여 문제점을 수정·보완하고 구조물 각 부분의 상세한 형태와 치수, 시공법, 재료 등을 결정하는 상세 설계를 실시하여 구조물 시공에 적용할 최종의 설계를 완성하는 단계는?
① 개념 설계   ② 기본 설계
③ 실시 설계   ④ 결정 설계

해설
실시 설계단계
기본 설계의 세부적인 사항에 대하여 정확한 역학적 검토와 면밀한 검토를 통하여 문제점을 수정·보완하고 구조물 각 부분의 상세한 형태와 치수, 시공법, 재료 등을 결정하는 상세 설계를 실시하여 구조물 시공에 적용할 최종의 설계를 완성한다. 시공용 설계도면을 그리고 시방서, 계측계획서, 유지관리방안을 작성한다. 공종별 공사비와 공기를 산출하고 시공 중에 발생할 수 있는 환경문제에 대한 대비책을 수립해야 한다.

17 공사에 관련된 도면, 문헌, 사진, 영상, 녹음, 통계표 등에서 필요한 정보와 지식을 얻는 것을 무엇이라 하는가?
① 기본조사   ② 정밀조사
③ 자료조사   ④ 현장조사

해설
자료조사
자료조사란 공사에 관련된 도면, 문헌, 사진, 영상, 녹음, 통계표 등에서 필요한 정보와 지식을 얻는 것이다. 자료조사의 대상이 되는 것은 다음의 내용과 같은 것들이다.
• 지질자료
• 지형자료
• 기술자료
• 사회환경자료
• 기상자료
• 수리/수문자료
• 경제 및 물가자료
• 법규 및 기준

18 자료조사의 대상이 되는 내용이 아닌 것은?
① 지형자료   ② 기상자료
③ 기술자료   ④ 기본자료

해설
17번 해설 참조

19 조사측량의 종류 중 토지의 경계를 측정하는 것은?
① 지적측량   ② 지형측량
③ 수준측량   ④ 물량측량

해설
조사측량의 종류
• 지적측량 : 토지의 경계를 측정
• 지형측량 : 지표면의 높낮이와 하천, 도로 등 지형지물의 위치를 측정
• 수준측량 : 지표의 표고(해발고도)를 측정
• 기타 : 수심측량, 수위측량, 토취장 측량, 문화재 및 기념물측량, 지장물측량

20 지표면의 높낮이와 하천, 도로 등 지형지물의 위치를 측정하는 조사측량은?
① 지적측량   ② 지형측량
③ 수준측량   ④ 물량측량

해설
19번 해설 참조

21 지표의 표고(해발고도)를 측정하는 조사측량은?
① 지적측량   ② 지형측량
③ 수준측량   ④ 물량측량

해설
19번 해설 참조

22 현지조사의 내용에 해당되지 않는 것은?
① 토공조사   ② 현장조사
③ 설계계획조사   ④ 배수조사

정답 16 ③ 17 ③ 18 ④ 19 ① 20 ② 21 ③ 22 ②

[해설]
현지조사
- 설계계획조사
- 토공조사
- 구조물조사
- 배수조사
- 지하매설물조사
- 관련 계획조사
- 수리수문 및 기상기후조사
- 환경영향 및 저감방안조사
- 문화재 유적조사(지표지질조사, 유적지 유물조사 등)
- 임상조사

23 지반조사와 시험에서 실시 설계를 위한 정밀조사로서 구조물 위치에 따라 조사의 정밀도와 수량을 달리해서 시행하는 조사는?

① 예비조사 ② 본조사
③ 토질 및 암석조사 ④ 지질조사

[해설]
지반조사와 시험
- 예비조사(개략조사) : 기본 설계와 본조사계획을 위해 대상지역 전체의 개략적인 지반조건을 조사함
- 본조사(정밀조사) : 실시 설계를 위한 정밀조사로서 구조물 위치에 따라 조사의 정밀도와 수량을 달리해서 시행함
- 토질 및 암석시험 : 조사과정에서 채취한 흙과 암석 시료에 대한 실내시험
- 지질조사 : 대상지역의 지질조건, 기반암의 종류와 풍화도, 단층과 절리 등 불연속면 분포상태 등을 조사함

24 대상지역의 지질조건, 기반암의 종류와 풍화도, 단층과 절리 등 불연속면 분포상태 등을 조사를 무엇이라 하는가?

① 예비조사 ② 본조사
③ 토질 및 암석조사 ④ 지질조사

[해설]
23번 해설 참조

25 환경영향조사에 해당되지 않는 것은?

① 공장구조 ② 수 질
③ 경 관 ④ 문화재

[해설]
환경영향조사
구조물 건설이 환경에 미치는 직·간접적 영향요인을 조사하고 환경영향 예측 및 저감대책을 수립해야 한다.
- 수 질
- 대기질
- 문화재
- 동물과 식물의 생태계
- 소음, 진동, 분진
- 경 관

26 구조계산서의 일반적인 사항이 아닌 것은?

① 필요한 경우에는 구조계산에 사용된 중요이론에 대한 설명이 첨부되어야 한다.
② 시공 단계별 구조검토가 포함되어야 한다.
③ 접촉부의 기본적인 상태와 일반장치에 대한 기본적인 측량 내용이 포함되어야 한다.
④ 점검통로 등의 유지관리시설에 대한 구조검토가 포함되어야 한다.

[해설]
일반사항
- 본 구조물 및 가시설에 대한 세부 구조계산서를 작성해야 한다.
- 구조계산서는 적용기준 및 산식, 재료강도, 부호에 대한 설명과 함께 관련 시방서 및 설계기준 및 참고문헌이 명시되어야 한다.
- 구조계산서는 상세한 목차를 작성하고 서두에 해석결과에 대한 총괄적인 요약 및 설계자의 의견 요약이 명기되어야 하며 수식 사이에 간단한 설명을 삽입하여 문맥이 이어지도록 해야 한다.
- 전산구조해석에서는 사용 전산프로그램명과 개요 그리고 해석흐름도, 입출력자료의 종류 및 특성 등을 명시하고 사용프로그램은 엄밀해석이 가능한 예제를 선정하여 엄밀해석 결과와 전산해석결과를 비교하여 정밀도를 입증할 수 있도록 검증해야 한다.
- 필요한 경우에는 구조계산에 사용된 중요이론에 대한 설명이 첨부되어야 한다.
- 구조 모델링, 구조경계 지지조건의 모형, 하중모형 및 재하방법, 구조요소의 설계개념과 사용방식, 설계흐름도 등을 제시해야 한다.
- 구조세목 및 설계에 반드시 고려해야 할 응력 또는 부재강도, 변위, 균열, 전단, 부착, 이음길 등의 항목이 제시되어야 한다.
- 시공 단계별 구조검토가 포함되어야 한다.
- 이음부 상세와 교좌장치 및 신축장치에 대한 상세한 검토내용이 포함되어야 한다.
- 점검통로 등의 유지관리시설에 대한 구조검토가 포함되어야 한다.
- 용접연결부, 용접선의 배치, 용접형상, 표면가공 등 용접설계에 대한 검토내용이 포함되어야 한다.

27 교량 및 주요 구조물 구조계산서 내용에 해당되지 않는 것은?

① 해석모델
② 구조해석 및 해석결과
③ 설계기준
④ 설계도 및 계산서

해설
교량 및 주요 구조물 구조계산서 내용
- 설계기준
- 설계절차 및 방법
- 구조형태 및 개요
- 설계하중 및 재료특성
- 구조해석 및 해석결과
- 지반 지지력 산정 및 기초계산서
- 부재설계 및 응력검토
- 배근도 및 부대배치도
- 해석모델
- 각 부분의 구조계획(신축이음 등)

28 수리계산서의 내용이 아닌 것은?

① 노면 배수처리 수리계산
② 노선 주변 배수처리 수리계산
③ 하천의 홍수위 및 배수위계산
④ 노상 주변 차량통제 및 차선교체

해설
수리계산서 내용
- 노면 배수처리 수리계산
- 노선 주변 배수처리 수리계산
- 하천의 홍수위 및 배수위계산

29 스테인리스 스틸 소재는 녹이 아예 생기지 않는 서스라는 자재도 요즘 추세적으로 많이 사용하고 있다. 이런 자재를 무엇이라 하는가?

① 알루미늄　② 포스맥
③ 너 클　　　④ 리 튬

해설
계절이 바뀌면서 태양광 남중고도를 생각해서 설치할 수 있도록 해야 한다. 또한 구조물의 철물 자재들의 경우 여러 가지 다양한 종류들이 있지만, 철재(사각파이프 또는 빔 등)에 용융아연도금을 입히는 것이 일반적이다. 스테인리스 스틸 소재는 녹이 아예 생기지 않는 서스라는 자재도 요즘 추세적으로 많이 사용하고 있다. 이런 자재를 포스맥이라고 한다. 철재는 보통 일반적으로 한 번 아연도금을 하고 난 후에 출하가 되는데 거기에다가 한 번 더 코팅을 하는 것을 용융아연도금이라고 한다. 그런데 포스맥의 경우에는 완전히 다른 형태로서 용융아연도금보다 5~10배 정도의 내식성이 있다. 포스맥 구조물이 만약에 자체적으로 녹이 생겼다거나 부식을 하는 걸 방지하고 그러한 경우가 혹 발생하였을 시에 자정작용을 하여서 스스로 자가치유하는 제품이다.

30 구조물 형식의 종류 중 가장 효율이 좋은 방식은?

① 고정형
② 가변형
③ 고정가변형
④ 특수형

해설
구조물 형식의 종류
- 고정형 : 일정한 각도에 맞춰 완전하게 고정을 시킨 방식이다. 설치가 간단하고 가격이 저렴한 장점을 가지고 있지만 발전효율성이 떨어지고 설치하는 면적에 제한이 없는 비교적 원격지역에 주로 많이 설치를 한다. 다른 형식보다는 고정형 구조물이 공간은 적게 차지를 해서 설치해야 하는 면적이 많지 않을 때 주로 사용한다. 여기서 중요한 것은 태양광발전소를 설치하려고 할 때 지역의 특징을 잘 생각해서 모듈의 각도를 적절하게 잘 맞추어 주어야 효율성을 최대로 극대화시킬 수 있다.
- 추적형(가변형) : 최상의 방향과 경사각을 조정하여 최대 발전효율성을 극대화시킬 수 있는 형식이다. 해가 움직이는 시간에 따라서 모듈의 각도와 방향을 자동적으로 햇빛을 잘 받을 수 있게 조정하여 효율성을 최대로 올릴 수 있는 방식이다. 하지만 쉽게 고장이 나고 유지보수와 안정성 면에서 크게 낮다. 그리고 설치하는 비용도 가장 많이 들기 때문에 아직까지는 고정형에 비해 가성비가 좋지 않다.
- 고정가변형 : 수동식으로 모듈의 각도를 조절할 수 있도록 한 구조물이다. 이것은 추적형 그리고 고정형의 중간 정도로서 고정형에 비해서는 대략 5[%] 정도의 효율이 높다. 0~60° 정도까지 조정할 수 있으며 설치비용은 고정형보다는 조금 더 비싸다. 그리고 고정형 구조물과 비교해 봤을 경우 더 많은 양의 면적이 필요하게 되므로 구조물의 안정성이 고정형보다는 낮은 편이다. 그렇기 때문에 구조물을 안정적으로 이용하려면 강선을 이용해야 한다.

정답 27 ④　28 ④　29 ②　30 ②

31 아래에서 설명하고 있는 구조물 형식의 종류는 무엇인가?

> 일정한 각도에 맞춰 완전하게 고정을 시킨 방식이다. 설치가 간단하고 가격이 저렴한 장점을 가지고 있지만 발전효율성이 떨어지고 설치하는 면적에 제한이 없는 비교적 원격지역에 주로 많이 설치를 한다. 다른 형식 보다는 고정형 구조물이 공간은 적게 차지를 해서 설치해야 하는 면적이 많지 않을 때 주로 사용한다.

① 고정형 ② 가변형
③ 고정 가변형 ④ 특수형

[해설]
30번 해설 참조

32 안전성, 시공성, 내구성을 고려한 도서 검토의 종류에 해당되지 않는 사항은?

① 안전성(Safety) ② 사용성(Serviceability)
③ 내구성(Durability) ④ 비밀성(Secrecy)

[해설]
안전성, 시공성, 내구성을 고려한 도서 검토
- 안전성(Safety) : 시공 중 안전성과 사용 중 안전성이 모두 고려되어야 한다. 안전성은 구조물 자체의 안정성을 확보하고 구조물 시공 과정이나 완공 후 사용 중에 위험이나 피해 발생 요인이 없음을 의미한다. 안전성을 확보하려면 작용외력에 대한 구조물의 구조와 재료의 특성 등에 대한 역학적 검토와 구조물의 기능, 시공법, 사용법, 주변 환경에 대한 고려가 필요하다.
- 사용성(Serviceability) : 구조물은 건설목적에 적합해야 함은 물론 사용하기 편리하고, 기능적이여야 하며 유지관리가 용이해야 한다.
- 내구성(Durability) : 구조물 재료의 품질이 우수하여 사용 수명 중 안전성과 사용성이 저하됨이 없이 기준 이상의 품질을 유지할 수 있어야 된다.
- 경제성(Economics) : 구조물은 건설비, 유지관리비, 보상비 등이 최소가 되도록 설계되어야 한다.
- 환경친화적 설계(Green Design) : 구조물은 자연환경 및 사회환경을 구성하는 하나의 요소로서 주변의 자연과 잘 조화되고 사람들에게 정서적으로 친밀감을 주는 외관을 지니며 시공 중 또는 사용 중에 자연 생태계와 사회문화환경에 부정적인 영향을 미치지 않아야 한다.

33 구조물은 건설목적에 적합해야 함은 물론 사용하기 편리하고, 기능적이여야 하며 유지관리가 용이해야 한다는 내용은 안전성, 시공성, 내구성을 고려한 도서 검토에서 어떤 것에 속하는가?

① 안전성(Safety)
② 사용성(Serviceability)
③ 경제성(Economics)
④ 내구성(Durability)

[해설]
32번 해설 참조

34 사용성(Serviceability)의 정의를 바르게 설명한 것은?

① 구조물은 건설목적에 적합해야 함은 물론 사용하기 편리하고, 기능적이여야 하며 유지관리가 용이해야 한다.
② 구조물은 건설비, 유지관리비, 보상비 등이 최소가 되도록 설계되어야 한다.
③ 구조물은 자연환경 및 사회환경을 구성하는 하나의 요소로서 주변의 자연과 잘 조화되고 사람들에게 정서적으로 친밀감을 주는 외관을 지니며 시공 중 또는 사용 중에 자연 생태계와 사회문화환경에 부정적인 영향을 미치지 않아야 한다.
④ 시공 중 안전성과 사용 중 안전성이 모두 고려되어야 한다.

[해설]
32번 해설 참조

CHAPTER 03 태양광발전 어레이 설계

제2과목 태양광발전 설계

제1절 태양광발전 전기배선 설계

1 태양광발전 모듈배선

(1) 태양전지 모듈과 인버터 간 배선

① 태양전지 모듈을 포함한 모든 배선은 비노출로 한다.
② 태양전지 모듈의 출력배선은 군별·극성별로 확인·표시를 해야 한다. 추적형 모듈과 같이 가동형 부분에 사용하는 배선은 가혹한 용도의 옥외용 가요전선·케이블을 사용하고, 수분과 태양광으로 인해 열화되지 않는 소재로 만든 것이어야 한다.
③ 태양전지 모듈의 이면으로부터 접속용 케이블이 2가닥씩 나오기 때문에 반드시 극성을 확인 후 결선한다. 극성 표시는 단자함 내부에 표시한 것, 리드선의 케이블 커넥터에 극성을 표시한 것이 있다. 제작사에 따라 표시방법이 다를 수 있지만 양극(+ 또는 P), 음극(- 또는 N)으로 구성되어 있다.
④ 케이블은 건물마감이나 러닝보드의 표면에 가깝게 시공해야 하고, 필요 시 전선관을 이용하여 물리적 손상을 보호한다.

> **Check!**
> - 가요전선 : 구부러질 수 있는 전선을 말한다.
> - 러닝보드 : 자재, 설비 옆의 보행용 판자를 말한다.

⑤ 케이블이나 전선은 모듈 이면에 설치된 전선관에 설치되거나 가지런히 배열 및 고정되어야 하며, 이들의 최소굴곡반경은 각 지름의 6배 이상이 되도록 한다.
⑥ 태양전지 모듈 간의 배선은 단락전류를 고려하여 2.5[mm^2] 이상의 전선을 사용해야 한다.
⑦ 태양전지 모듈은 스트링 필요매수를 직렬로 결선하고, 어레이 지지대 위에 조립한다. 케이블을 각 스트링으로부터 접속함까지 배선하여 그림 (a)와 같이 접속함 내에서 병렬로 결선한다. 이 경우 케이블에 스트링 번호를 기입해 두면 차후의 점검에 편리하다.
⑧ 옥상 또는 지붕 위에 설치한 태양전지 어레이로부터 접속함으로 배선할 경우 처마 밑 배선을 시공한다. 이 경우 그림 (b)와 같이 물의 침입을 방지하기 위한 차수 처리를 반드시 해야 한다. 그림 (c)는 엔트런스 캡을 이용한 시공 예이다.

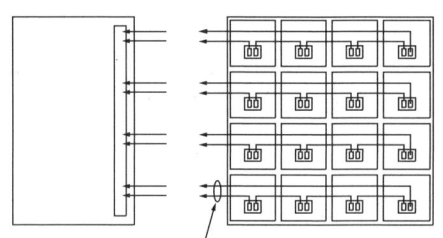

(a) 어레이 배선 시공도

(b) 케이블 차수

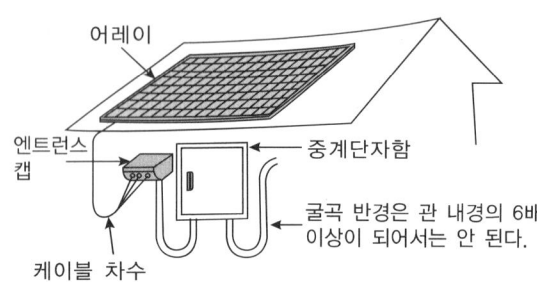

(c) 엔트런스 캡에 의한 차수

> **Check!**
> - 엔트런스 캡 : 인입구, 인출구 관단에 설치하고 금속관에 접속하여 옥외의 빗물을 막는 데 사용하는 자재
> - 전압강하 : 회로에 전류가 흐를 때 전압이 저항, 임피던스에 의해 전압이 낮아지는 것을 말한다.

⑨ 접속함은 일반적으로 어레이 근처에 설치한다. 그러나 건물의 구조나 미관상 설치장소가 제한될 수 있으며, 이때에는 점검이나 부품을 교환하는 경우 등을 고려하여 설치해야 한다.

⑩ 태양광 전원회로의 출력회로는 격벽에 의해 분리되거나 함께 접속되어 있지 않을 경우 동일한 전선관, 케이블 트레이, 접속함 내에 시설하지 말아야 한다.

⑪ 접속함으로부터 인버터까지의 배선은 전압강하율을 2[%] 이하로 상정한다. 전압강하를 1[V]라고 했을 경우 전선의 최대길이는 다음 표와 같다.

전선의 최대길이

전류[A]	연선[mm²]									
	1.5	2.5	4	6	10	16	35	50	95	120
	전선 최대길이[m]									
10	5.6	8.8	15	23	38	61	102	165	278	424
12	4.7	7.4	12	19	32	51	85	137	232	353
14	4.0	6.3	11	16	27	43	73	118	199	303
15	3.7	5.9	10	15	26	40	68	110	185	282
16	3.5	5.5	9.3	14	24	38	64	103	174	265
18	3.1	4.9	8.3	13	21	34	57	91	155	236
20	2.8	4.4	7.5	11	19	30	51	82	139	212
25	2.2	3.5	6	9	15	24	41	66	111	170
30		2.9	5	7.5	13	20	34	55	93	141
35		2.5	4.3	6.5	11	17	29	47	79	121
40			3.7	5.7	9.6	15	26	41	70	106

전류[A]	연선[mm²]									
	1.5	2.5	4	6	10	16	35	50	95	120
	전선 최대길이[m]									
45			3.3	5	8.5	13	23	37	62	94
50				4.5	7.7	12	20	33	56	85
60				3.8	6.4	10	17	27	46	71
70					5.5	8.7	15	23	40	61
80					4.8	7.6	13	21	35	53
90					4.3	6.7	11	18	31	47
100						6.1	10	16	28	42

※ 상기 표는 직류 단상 2선식일 경우 역률 1 및 전압강하 1[V]로 하고 계산한 값이다.

⑫ 태양전지 어레이를 지상에 설치하는 경우

　㉠ 지중배선 또는 지중배관인 경우, 중량물의 압력을 받을 우려가 없도록 하고 그 길이가 30[m]를 초과하는 경우는 중간개소에 지중함을 설치할 수 있다.

　㉡ 지반 침하 등이 발생해도 배관이 도중에 손상, 절단되지 않도록 배관 도중에 조인트가 없는 시공을 하고 또는 지중함 내에는 케이블 길이에 여유를 둔다.

　㉢ 지중전선로 매입개소에는 필요에 따라 매설깊이, 전선의 방향 등 지상으로부터 용이하게 확인할 수 있도록 표식 등을 시설하는 것이 바람직하다.

　㉣ 1.2[m] 이상(중량물의 압력을 받을 우려가 없는 곳은 0.6[m] 이상) 지중매설관은 배선용 탄소강관, 내충격성 경질 염화비닐관을 사용한다. 단, 공사상 부득이하여 후강전선관에 방수·방습처리를 시행한 경우에는 이에 해당하지 않는다.

　㉤ 지중배관과 지표면의 중간에 매설표시막을 포설한다.

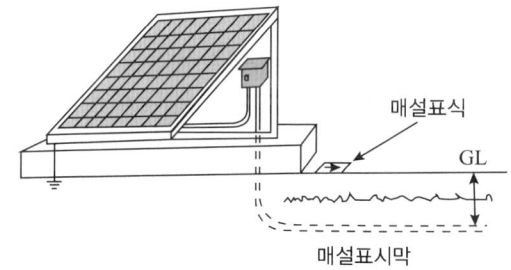

지중배선의 시설

2 전기설비기술기준

(1) 목적 등(기술기준 제1조)

이 고시는 전기사업법 제67조 기술기준 및 같은 법 시행령 제43조 기술기준의 제정에 따라 발전·송전·변전·배전 또는 전기사용을 위하여 시설하는 기계·기구·댐·수로·저수지·전선로·보안통신선로 그 밖의 시설물의 안전에 필요한 성능과 기술적 요건을 규정함을 목적으로 한다.

(2) 용어의 정의(기술기준 제3조)

① 이 고시에서 사용하는 용어의 정의는 다음과 같다.
  ㉠ 발전소란 발전기·원동기·연료전지·태양전지·해양에너지발전설비·전기저장장치, 그 밖의 기계기구(비상용 예비전원을 얻을 목적으로 시설하는 것 및 휴대용 발전기를 제외)를 시설하여 전기를 생산(원자력, 화력, 신재생에너지 등을 이용하여 전기를 발생시키는 것과 양수발전, 전기저장장치와 같이 전기를 다른 에너지로 변환하여 저장 후 전기를 공급하는 것)하는 곳을 말한다.
  ㉡ 변전소란 변전소의 밖으로부터 전송받은 전기를 변전소 안에 시설한 변압기·전동발전기·회전변류기·정류기, 그 밖의 기계기구에 의하여 변성하는 곳으로서 변성한 전기를 다시 변전소 밖으로 전송하는 곳을 말한다.
  ㉢ 개폐소란 개폐소 안에 시설한 개폐기 및 기타 장치에 의하여 전로를 개폐하는 곳으로서 발전소·변전소 및 수용장소 이외의 곳을 말한다.
  ㉣ 급전소란 전력계통의 운용에 관한 지시 및 급전조작을 하는 곳을 말한다.
  ㉤ 전선이란 강전류 전기의 전송에 사용하는 전기도체, 절연물로 피복한 전기도체 또는 절연물로 피복한 전기도체를 다시 보호 피복한 전기도체를 말한다.
  ㉥ 전로란 통상의 사용 상태에서 전기가 통하고 있는 곳을 말한다.
  ㉦ 전선로란 발전소·변전소·개폐소, 이에 준하는 곳, 전기사용장소 상호 간의 전선(전차선을 제외) 및 이를 지지하거나 수용하는 시설물을 말한다.
  ㉧ 연접인입선이란 한 수용장소의 인입선에서 분기하여 지지물을 거치지 아니하고 다른 수용 장소의 인입구에 이르는 부분의 전선을 말한다. 여기에서 인입선이란 가공인입선(가공전선로의 지지물로부터 다른 지지물을 거치지 아니하고 수용장소의 붙임점에 이르는 가공전선(가공전선로의 전선)을 말한다) 및 수용장소의 조영물(토지에 정착한 시설물 중 지붕 및 기둥 또는 벽이 있는 시설물을 말한다)의 옆면 등에 시설하는 전선으로서 그 수용장소의 인입구에 이르는 부분의 전선을 말한다.
  ㉨ 배선이란 전기사용장소에 시설하는 전선(전기기계기구 내의 전선 및 전선로의 전선을 제외)을 말한다.
  ㉩ 전력보안 통신설비란 전력의 수급에 필요한 급전·운전·보수 등의 업무에 사용되는 전화 및 원격지에 있는 설비의 감시·제어·계측·계통보호를 위해 전기적·광학적으로 신호를 송·수신하는 제 장치·전송로설비 및 전원설비 등을 말한다.

② 전압을 구분하는 저압, 고압 및 특고압은 다음의 것을 말한다.
  ㉠ 저압 : 직류는 1.5[kV] 이하, 교류는 1[kV] 이하인 것
  ㉡ 고압 : 직류는 1.5[kV]를, 교류는 1[kV]를 초과하고, 7[kV] 이하인 것
  ㉢ 특고압 : 7[kV]를 초과하는 것

(3) 전로의 절연(기술기준 제5조)

① 전로는 다음의 경우 이외에는 대지로부터 절연시켜야 하며, 그 절연성능은 저압 전선로 중 절연부분의 전선과 대지 사이 및 전선의 심선 상호 간의 절연저항은 사용전압에 대한 누설전류가 최대공급전류의 1/2,000을 넘지 않도록 하여야 한다는 규정 및 저압 전로의 절연성능에 따른 절연저항 외에도 사고 시에 예상되는 이상전압을 고려하여 절연파괴에 의한 위험의 우려가 없는 것이어야 한다.

㉠ 구조상 부득이한 경우로서 통상 예견되는 사용형태로 보아 위험이 없는 경우
㉡ 혼촉에 의한 고전압의 침입 등의 이상이 발생하였을 때 위험을 방지하기 위한 접지 접속점 그 밖의 안전에 필요한 조치를 하는 경우
② 변성기 안의 권선과 그 변성기 안의 다른 권선 사이의 절연성능은 사고 시에 예상되는 이상전압을 고려하여 절연파괴에 의한 위험의 우려가 없는 것이어야 한다.

(4) 유도장해 방지(기술기준 제17조)

① 교류 특고압 가공전선로에서 발생하는 극저주파 전자계는 지표상 1[m]에서 전계가 3.5[kV/m] 이하, 자계가 83.3[μT] 이하가 되도록 시설하고, 직류 특고압 가공전선로에서 발생하는 직류전계는 지표면에서 25[kV/m] 이하, 직류자계는 지표상 1[m]에서 400,000[μT] 이하가 되도록 시설하는 등 상시 정전유도 및 전자유도 작용에 의하여 사람에게 위험을 줄 우려가 없도록 시설하여야 한다. 다만, 논밭, 산림 그 밖에 사람의 왕래가 적은 곳에서 사람에 위험을 줄 우려가 없도록 시설하는 경우에는 그러하지 아니하다.
② 특고압의 가공전선로는 전자유도작용이 약전류전선로(전력보안 통신설비는 제외)를 통하여 사람에 위험을 줄 우려가 없도록 시설하여야 한다.
③ 전력보안 통신설비는 가공전선로로부터의 정전유도작용 또는 전자유도작용에 의하여 사람에 위험을 줄 우려가 없도록 시설하여야 한다.

(5) 발전소 등의 시설(공급설비)(기술기준 제21조)

① 고압 또는 특고압의 전기기계기구·모선 등을 시설하는 발전소·변전소·개폐소 또는 이에 준하는 곳에는 위험표시를 하고 취급자 이외의 사람이 쉽게 구내에 출입할 우려가 없도록 적절한 조치를 하여야 한다.
② 발전소·변전소·개폐소 또는 이에 준하는 곳에 시설하는 배전반에 고압용 또는 특고압용의 기구 또는 전선을 시설하는 경우에는 취급자에게 위험이 없도록 방호에 필요한 공간을 확보하여야 한다.
③ 발전소·변전소·개폐소 또는 이에 준하는 곳에는 감시 및 조작을 안전하고 확실하게 하기 위하여 필요한 조명설비를 하여야 한다.
④ 고압 또는 특고압의 전기기계기구·모선 등을 시설하는 발전소·변전소·개폐소 또는 이에 준하는 곳은 침수의 우려가 없도록 방호장치 등 적절한 시설이 갖추어진 곳이어야 한다.
⑤ 고압 또는 특고압의 전기기계기구·모선 등을 시설하는 발전소·변전소·개폐소 또는 이에 준하는 곳에 시설하는 전기설비는 자중, 적재하중, 적설 또는 풍압 및 지진 그 밖의 진동과 충격에 대하여 안전한 구조이어야 한다.

(6) 발전소 등의 부지 시설조건(기술기준 제21조의2)

전기설비의 부지의 안정성 확보 및 설비 보호를 위하여 발전소·변전소·개폐소를 산지에 시설할 경우에는 풍수해, 산사태, 낙석 등으로부터 안전을 확보할 수 있도록 다음에 따라 시설하여야 한다.
① 부지조성을 위해 산지를 전용할 경우에는 전용하고자 하는 산지의 평균 경사도가 25° 이하이어야 하며, 산지전용면적 중 산지전용으로 발생되는 절·성토 경사면의 면적이 100분의 50을 초과해서는 아니 된다.

② 산지전용 후 발생하는 절·성토면의 수직높이는 15[m] 이하로 한다. 다만, 345[kV]급 이상 변전소 또는 전기사업용 전기설비인 발전소로서 불가피하게 절·성토면 수직높이가 15[m] 초과되는 장대비탈면이 발생할 경우에는 절·성토면의 안정성에 대한 전문용역기관(토질 및 기초와 구조분야 전문기술사를 보유한 엔지니어링 활동주체로 등록된 업체)의 검토 결과에 따라 용수, 배수, 법면보호 및 낙석방지 등 안전대책을 수립한 후 시행하여야 한다.

③ 산지전용 후 발생하는 절토면 최하단부에서 발전 및 변전설비까지의 최소이격거리는 보안울타리, 외곽도로, 수림대 등을 포함하여 6[m] 이상이 되어야 한다. 다만, 옥내변전소와 옹벽, 낙석방지망 등 안전대책을 수립한 시설의 경우에는 예외로 한다.

(7) 고압 및 특고압 전로의 피뢰기 시설(기술기준 제34조)

전로에 시설된 전기설비는 뇌전압에 의한 손상을 방지할 수 있도록 그 전로 중 다음에 열거하는 곳 또는 이에 근접하는 곳에는 피뢰기를 시설하고 그 밖에 적절한 조치를 하여야 한다. 다만, 뇌전압에 의한 손상의 우려가 없는 경우에는 그러하지 아니하다.

① 발전소·변전소 또는 이에 준하는 장소의 가공전선인입구 및 인출구
② 가공전선로(25[kV] 이하의 중성점 다중접지식 특고압 가공전선로를 제외)에 접속하는 배전용 변압기의 고압측 및 특고압측
③ 고압 또는 특고압의 가공전선로로부터 공급을 받는 수용장소의 인입구
④ 가공전선로와 지중전선로가 접속되는 곳

(8) 특고압 가공전선과 건조물 등의 접근 또는 교차(기술기준 제36조)

① 사용전압이 400[kV] 이상의 특고압 가공전선과 건조물 사이의 수평거리는 그 건조물의 화재로 인한 그 전선의 손상 등에 의하여 전기사업에 관련된 전기의 원활한 공급에 지장을 줄 우려가 없도록 3[m] 이상 이격하여야 한다. 다만, 다음의 조건을 모두 충족하는 경우에는 예외로 한다.
  ⊙ 가공전선과 건조물 상부와의 수직거리가 28[m] 이상일 것
  ⊙ 사람이 거주하는 주택 및 다중 이용 시설이 아닌 건조물로서 내화구조일 것, 그 지붕 재질은 불연재료일 것
  ⊙ 폭연성 분진, 가연성 가스, 인화성 물질, 석유류, 화약류 등 위험물질을 다루는 건조물이 아닐 것
  ⊙ 건조물 상부 기준으로 유도장해 방지의 규정에 따른 전계 및 자계 허용기준 이하일 것
  ⊙ 특고압 가공전선은 전선 등의 단선방지 및 지지물 강도의 규정에 따라 전선의 단선 및 지지물 도괴 우려가 없도록 시설할 것
② 사용전압이 170[kV] 초과의 특고압 가공전선이 건조물, 도로, 보도교, 그 밖의 시설물의 아래쪽에 시설될 때의 상호 간의 수평이격 거리는 그 시설물의 도괴 등에 의한 그 전선의 손상에 의하여 전기사업에 관련된 전기의 원활한 공급에 지장을 줄 우려가 없도록 3[m] 이상 이격하여야 한다.

(9) 전차선로의 시설(기술기준 제46조)

① 직류 전차선로의 사용전압은 저압 또는 고압으로 하여야 한다.
② 교류 전차선로의 공칭전압은 25[kV] 이하로 하여야 한다.
③ 전차선로는 전기철도의 전용부지 안에 시설하여야 한다. 다만, 감전의 우려가 없는 경우에는 그러하지 아니하다.

④ ③의 전용부지는 전차선로가 제3레일방식인 경우 등 사람이 그 부지 안에 들어갔을 경우에 감전의 우려가 있는 경우에는 고가철도 등 사람이 쉽게 들어갈 수 없는 것이어야 한다.

(10) 저압 전로의 절연성능(사용설비)(기술기준 제52조)

전기사용장소의 사용전압이 저압인 전로의 전선 상호 간 및 전로와 대지 사이의 절연저항은 개폐기 또는 과전류차단기로 구분할 수 있는 전로마다 다음 표에서 정한 값 이상이어야 한다. 다만, 전동기 등 기계 기구를 쉽게 분리하기 곤란한 분기회로의 경우 전로의 전선 상호 간의 절연저항에 대해서는 기기 접속 전에 측정한다.

전로의 사용전압[V]	DC 시험전압[V]	절연저항[MΩ]
SELV 및 PELV	250	0.5
FELV, 500[V] 이하	500	1.0
500[V] 초과	1,000	1.0

[주] 특별저압(extra low voltage : 2차 전압이 AC 50[V], DC 120[V] 이하)으로 SELV(비접지회로 구성) 및 PELV(접지회로 구성)은 1차와 2차가 전기적으로 절연된 회로, FELV는 1차와 2차가 전기적으로 절연되지 않은 회로

3 한국전기설비규정(KEC ; Korea Electro-technical Code)

1-1. 공통사항

1. 적용범위

이 규정에서 적용하는 전압의 구분은 다음과 같다.
① 저압 : 교류는 1[kV] 이하, 직류는 1.5[kV] 이하인 것
② 고압 : 교류는 1[kV]를 직류는 1.5[kV]를 초과하고, 7[kV] 이하인 것
③ 특고압 : 7[kV]를 초과하는 것

2. 용어 정의

① 가공인입선이란 가공전선로의 지지물로부터 다른 지지물을 거치지 아니하고 수용장소의 붙임점에 이르는 가공전선을 말한다.
② 계통연계란 둘 이상의 전력계통 사이를 전력이 상호 융통될 수 있도록 선로를 통하여 연결하는 것으로 전력계통 상호 간을 송전선, 변압기 또는 직류-교류변환설비 등에 연결하는 것을 말한다. 계통연락이라고도 한다.
③ 계통외도전부(Extraneous conductive part)란 전기설비의 일부는 아니지만 지면에 전위 등을 전해줄 위험이 있는 도전성 부분을 말한다.
④ 계통접지(System Earthing)란 전력계통에서 돌발적으로 발생하는 이상현상에 대비하여 대지와 계통을 연결하는 것으로, 중성점을 대지에 접속하는 것을 말한다.
⑤ 노출도전부(Exposed conductive part)란 충전부는 아니지만 고장 시에 충전될 위험이 있고, 사람이 쉽게 접촉할 수 있는 기기의 도전성 부분을 말한다.
⑥ 등전위본딩(Equipotential bonding)이란 등전위를 형성하기 위해 도전부 상호 간을 전기적으로 연결하는 것을 말한다.
⑦ 리플프리(Ripple-free)직류란 교류를 직류로 변환할 때 리플성분의 실효값이 10[%] 이하로 포함된 직류를 말한다.

⑧ 수뢰부시스템(Air-termination system)이란 낙뢰를 포착할 목적으로 돌침, 수평도체, 메시도체 등과 같은 금속 물체를 이용한 외부피뢰시스템의 일부를 말한다.

⑨ 스트레스전압(Stress voltage)이란 지락고장 중에 접지부분 또는 기기나 장치의 외함과 기기나 장치의 다른 부분 사이에 나타나는 전압을 말한다.

⑩ 임펄스내전압(Impulse withstand voltage)이란 지정된 조건하에서 절연파괴를 일으키지 않는 규정된 파형 및 극성의 임펄스전압의 최대 파고값 또는 충격내전압을 말한다.

⑪ 접근상태란 제1차 접근상태 및 제2차 접근상태를 말한다.

    가. 제1차 접근상태란 가공 전선이 다른 시설물과 접근(병행하는 경우를 포함하며 교차하는 경우 및 동일 지지물에 시설하는 경우를 제외)하는 경우에 가공 전선이 다른 시설물의 위쪽 또는 옆쪽에서 수평거리로 가공 전선로의 지지물의 지표상의 높이에 상당하는 거리 안에 시설(수평 거리로 3[m] 미만인 곳에 시설되는 것을 제외)됨으로써 가공 전선로의 전선의 절단, 지지물의 도괴 등의 경우에 그 전선이 다른 시설물에 접촉할 우려가 있는 상태를 말한다.

    나. 제2차 접근상태란 가공 전선이 다른 시설물과 접근하는 경우에 그 가공 전선이 다른 시설물의 위쪽 또는 옆쪽에서 수평 거리로 3[m] 미만인 곳에 시설되는 상태를 말한다.

⑫ 특별저압(ELV ; Extra low voltage)이란 인체에 위험을 초래하지 않을 정도의 저압을 말한다. 여기서 SELV(Safety extra low voltage)는 비접지회로에 해당되며, PELV(Protective extra low voltage)는 접지회로에 해당된다.

⑬ 피뢰등전위본딩(Lightning equipotential bonding)이란 뇌전류에 의한 전위차를 줄이기 위해 직접적인 도전 접속 또는 서지보호장치를 통하여 분리된 금속부를 피뢰시스템에 본딩하는 것을 말한다.

⑭ 피뢰레벨(LPL ; Lightning protection level)이란 자연적으로 발생하는 뇌방전을 초과하지 않는 최대 그리고 최소 설계 값에 대한 확률과 관련된 일련의 뇌격전류 매개변수(파라미터)로 정해지는 레벨을 말한다.

⑮ PEN 도체(Protective earthing conductor and neutral conductor)란 교류회로에서 중성선 겸용 보호도체를 말한다.

⑯ PEM 도체(Protective earthing conductor and a mid-point conductor)란 직류회로에서 중간선 겸용 보호도체를 말한다.

⑰ PEL 도체(Protective earthing conductor and a line conductor)란 직류회로에서 선도체 겸용 보호도체를 말한다.

3. 안전을 위한 보호

1) 감전에 대한 보호

(1) 고장보호

고장보호는 일반적으로 기본절연의 고장에 의한 간접접촉을 방지하는 것이다.

① 노출도전부에 인축이 접촉하여 일어날 수 있는 위험으로부터 보호되어야 한다.

② 고장보호는 다음 중 어느 하나에 적합하여야 한다.

    가. 인축의 몸을 통해 고장전류가 흐르는 것을 방지

    나. 인축의 몸에 흐르는 고장전류를 위험하지 않는 값 이하로 제한

    다. 인축의 몸에 흐르는 고장전류의 지속시간을 위험하지 않은 시간까지로 제한

4. 전선의 선정 및 식별

1) 전선의 식별

상(문자)	색 상
L1	갈색
L2	흑색
L3	회색
N	청색
보호도체	녹색-노란색

5. 전선의 종류

1) 절연전선

① 저압 절연전선은 전기용품 및 생활용품 안전관리법의 적용을 받는 것 이외에는 KS에 적합한 것으로서 450/750[V] 비닐절연전선, 450/750[V] 저독성 난연 폴리올레핀절연전선, 450/750[V], 저독성 난연 가교폴리올레핀절연전선, 450/750[V] 고무절연전선을 사용하여야 한다.
② 고압·특고압 절연전선은 KS에 적합한 또는 동등 이상의 전선을 사용하여야 한다.

2) 저압케이블

① 사용전압이 저압인 전로(전기기계기구 안의 전로를 제외)의 전선으로 사용하는 케이블은 전기용품 및 생활용품 안전관리법의 적용을 받는 것 이외에는 KS에 적합한 것으로 0.6/1[kV] 연피케이블, 클로로프렌외장케이블, 비닐외장케이블, 폴리에틸렌외장케이블, 무기물 절연케이블, 금속외장케이블, 저독성 난연 폴리올레핀외장케이블, 300/500[V] 연질 비닐시스케이블, ②에 따른 유선텔레비전용 급전겸용 동축 케이블(그 외부도체를 접지하여 사용하는 것에 한함)을 사용하여야 한다. 다만, 다음의 케이블을 사용하는 경우에는 예외로 한다.
  가. 선박용 케이블   나. 엘리베이터용 케이블
  다. 통신용 케이블   라. 용접용 케이블
  마. 발열선 접속용 케이블   바. 물밑케이블
② 유선텔레비전용 급전겸용 동축케이블은 KS C 3339(2012)[CATV용(급전겸용) 알루미늄파이프형 동축케이블]에 적합한 것을 사용한다.

6. 전선의 접속

두 개 이상의 전선을 병렬로 사용하는 경우에는 다음에 의하여 시설할 것
① 병렬로 사용하는 각 전선의 굵기는 동선 50[mm^2] 이상 또는 알루미늄 70[mm^2] 이상으로 하고, 전선은 같은 도체, 같은 재료, 같은 길이 및 같은 굵기의 것을 사용할 것
② 같은 극의 각 전선은 동일한 터미널러그에 완전히 접속할 것
③ 같은 극인 각 전선의 터미널러그는 동일한 도체에 2개 이상의 리벳 또는 2개 이상의 나사로 접속할 것
④ 병렬로 사용하는 전선에는 각각에 퓨즈를 설치하지 말 것
⑤ 교류회로에서 병렬로 사용하는 전선은 금속관 안에 전자적 불평형이 생기지 않도록 시설할 것

7. 전로의 절연

1) 전로의 절연 원칙

전로는 다음 이외에는 대지로부터 절연하여야 한다.

① 수용장소의 인입구의 접지, 고압 또는 특고압과 저압의 혼촉에 의한 위험방지 시설, 피뢰기의 접지, 특고압 가공전선로의 지지물에 시설하는 저압 기계기구 등의 시설, 옥내에 시설하는 저압 접촉전선 공사 또는 아크 용접장치의 시설에 따라 저압전로에 접지공사를 하는 경우의 접지점

② 고압 또는 특고압과 저압의 혼촉에 의한 위험방지 시설, 전로의 중성점의 접지 또는 옥내의 네온 방전등 공사에 따라 전로의 중성점에 접지공사를 하는 경우의 접지점

③ 계기용변성기의 2차측 전로의 접지에 따라 계기용변성기의 2차측 전로에 접지공사를 하는 경우의 접지점

④ 특고압 가공전선과 저압 가공전선의 병가에 따라 저압 가공 전선의 특고압 가공 전선과 동일 지지물에 시설되는 부분에 접지공사를 하는 경우의 접지점

⑤ 중성점이 접지된 특고압 가공선로의 중성선에 25[kV] 이하인 특고압 가공전선로의 시설에 따라 다중 접지를 하는 경우의 접지점

⑥ 파이프라인 등의 전열장치의 시설에 따라 시설하는 소구경관에 접지공사를 하는 경우의 접지점

⑦ 저압전로와 사용전압이 300[V] 이하의 저압전로를 결합하는 변압기의 2차측 전로에 접지공사를 하는 경우의 접지점

⑧ 저압 옥내직류 전기설비의 접지에 의하여 직류계통에 접지공사를 하는 경우의 접지점

2) 전로의 절연저항 및 절연내력

① 사용전압이 저압인 전로의 절연성능은 기술기준 제52조를 충족하여야 한다. 다만, 저압 전로에서 정전이 어려운 경우 등 절연저항 측정이 곤란한 경우 저항성분의 누설전류가 1[mA] 이하이면 그 전로의 절연성능은 적합한 것으로 본다.

② 고압 및 특고압의 전로는 아래 표에서 정한 시험전압을 전로와 대지 사이(다심케이블은 심선 상호 간 및 심선과 대지 사이)에 연속하여 10분간 가하여 절연내력을 시험하였을 때에 이에 견디어야 한다. 다만, 전선에 케이블을 사용하는 교류 전로로서 아래 표에서 정한 시험전압의 2배의 직류전압을 전로와 대지 사이(다심케이블은 심선 상호 간 및 심선과 대지 사이)에 연속하여 10분간 가하여 절연내력을 시험하였을 때에 이에 견디는 것에 대하여는 그러하지 아니하다.

전로의 종류 및 시험전압

전로의 종류	시험전압
1. 최대사용전압 7[kV] 이하인 전로	최대사용전압의 1.5배의 전압
2. 최대사용전압 7[kV] 초과 25[kV] 이하인 중성점 접지식 전로(중성선을 가지는 것으로서 그 중성선을 다중접지 하는 것에 한함)	최대사용전압의 0.92배의 전압
3. 최대사용전압 7[kV] 초과 60[kV] 이하인 전로(2의 내용 제외)	최대사용전압의 1.25배의 전압(10.5[kV] 미만으로 되는 경우는 10.5[kV])
4. 최대사용전압 60[kV] 초과 중성점 비접지식전로(전위 변성기를 사용하여 접지하는 것을 포함)	최대사용전압의 1.25배의 전압
5. 최대사용전압 60[kV] 초과 중성점 접지식 전로(전위 변성기를 사용하여 접지하는 것 및 6과 7의 내용 제외)	최대사용전압의 1.1배의 전압(75[kV] 미만으로 되는 경우에는 75[kV])

전로의 종류	시험전압
6. 최대사용전압이 60[kV] 초과 중성점 직접접지식 전로(7의 내용 제외)	최대사용전압의 0.72배의 전압
7. 최대사용전압이 170[kV] 초과 중성점 직접 접지식 전로로서 그 중성점이 직접 접지되어 있는 발전소 또는 변전소 혹은 이에 준하는 장소에 시설하는 것	최대사용전압의 0.64배의 전압
8. 최대사용전압이 60[kV]를 초과하는 정류기에 접속되고 있는 전로	교류측 및 직류 고전압측에 접속되고 있는 전로는 교류측의 최대사용전압의 1.1배의 직류전압
	직류측 중성선 또는 귀선이 되는 전로(이하 직류 저압측 전로라 한다)는 아래에 규정하는 계산식에 의하여 구한 값

③ 최대사용전압이 60[kV]를 초과하는 중성점 직접접지식 전로에 사용되는 전력케이블은 정격전압을 24시간 가하여 절연내력을 시험하였을 때 이에 견디는 경우, ②의 규정에 의하지 아니할 수 있다.

④ 최대사용전압이 170[kV]를 초과하고 양단이 중성점 직접 접지 되어 있는 지중전선로는, 최대사용전압의 0.64배의 전압을 전로와 대지 사이(다심케이블에 있어서는 심선상호 간 및 심선과 대지 사이)에 연속 60분간 절연내력시험을 했을 때 견디는 것인 경우 ②의 규정에 의하지 아니할 수 있다.

⑤ 고압 및 특고압의 전로에 전선으로 사용하는 케이블의 절연체가 XLPE 등 고분자재료인 경우 0.1[Hz] 정현파 전압을 상전압의 3배 크기로 전로와 대지 사이에 연속하여 1시간 가하여 절연내력을 시험하였을 때에 이에 견디는 것에 대하여는 ②의 규정에 따르지 아니할 수 있다.

8. 연료전지 및 태양전지 모듈의 절연내력

연료전지 및 태양전지 모듈은 최대사용전압의 1.5배의 직류전압 또는 1배의 교류전압(500[V] 미만으로 되는 경우에는 500[V])을 충전부분과 대지 사이에 연속하여 10분간 가하여 절연내력을 시험하였을 때에 이에 견디는 것이어야 한다.

9. 기구 등의 전로의 절연내력

1) 개폐기, 차단기, 전력용 커패시터, 유도전압조정기, 계기용변성기 기타의 기구의 전로 및 발전소, 변전소, 개폐소 또는 이에 준하는 곳에 시설하는 기계기구의 접속선 및 모선(전로를 구성하는 것에 한한다. 이하 "기구 등의 전로"라 한다)은 아래 표에서 정하는 시험전압을 충전 부분과 대지 사이(다심케이블은 심선 상호 간 및 심선과 대지 사이)에 연속하여 10분간 가하여 절연내력을 시험하였을 때에 이에 견디어야 한다. 다만, 접지형계기용변압기, 전력선 반송용 결합커패시터, 뇌서지 흡수용 커패시터, 지락검출용 커패시터, 재기전압 억제용 커패시터, 피뢰기 또는 전력선반송용 결합리액터로서 다음에 따른 표준에 적합한 것 혹은 전선에 케이블을 사용하는 기계기구의 교류의 접속선 또는 모선으로서 아래 표에서 정한 시험전압의 2배의 직류전압을 충전부분과 대지 사이(다심케이블에서는 심선 상호 간 및 심선과 대지 사이)에 연속하여 10분간 가하여 절연내력을 시험하였을 때에 이에 견디도록 시설할 때에는 그러하지 아니하다.

기구 등의 전로의 시험전압

종류	시험전압
1. 최대 사용전압이 7[kV] 이하인 기구 등의 전로	최대 사용전압이 1.5배의 전압(직류의 충전 부분에 대하여는 최대 사용전압의 1.5배의 직류전압 또는 1배의 교류전압) (500[V] 미만으로 되는 경우에는 500[V])
2. 최대 사용전압이 7[kV]를 초과하고 25[kV] 이하인 기구 등의 전로로서 중성점 접지식 전로(중성선을 가지는 것으로서 그 중성선에 다중접지하는 것에 한한다)에 접속하는 것	최대 사용전압의 0.92배의 전압
3. 최대 사용전압이 7[kV]를 초과하고 60[kV] 이하인 기구 등의 전로(2의 내용 제외)	최대 사용전압의 1.25배의 전압(10.5[kV] 미만으로 되는 경우에는 10.5[kV])
4. 최대 사용전압이 60[kV]를 초과하는 기구 등의 전로로서 중성점 비접지식 전로(전위변성기를 사용하여 접지하는 것을 포함, 8의 내용 제외)에 접속하는 것	최대 사용전압의 1.25배의 전압
5. 최대 사용전압이 60[kV]를 초과하는 기구 등의 전로로서 중성점 접지식전로(전위변성기를 사용하여 접지하는 것을 제외한다)에 접속하는 것(7과 8의 내용 제외)	최대 사용전압의 1.1배의 전압(75[kV] 미만으로 되는 경우에는 75[kV])
6. 최대 사용전압이 170[kV]를 초과하는 기구 등의 전로로서 중성점 직접접지식 전로에 접속하는 것(7과 8의 내용 제외)	최대 사용전압의 0.72배의 전압
7. 최대 사용전압이 170[kV]를 초과하는 기구 등의 전로로서 중성점 직접접지식 전로 중 중성점이 직접접지 되어 있는 발전소 또는 변전소 혹은 이에 준하는 장소의 전로에 접속하는 것(8의 내용 제외)	최대 사용전압의 0.64배의 전압
8. 최대 사용전압이 60[kV]를 초과하는 정류기의 교류측 및 직류측 전로에 접속하는 기구 등의 전로	교류측 및 직류 고전압측에 접속하는 기구 등의 전로는 교류측의 최대 사용전압의 1.1배의 교류전압 또는 직류측의 최대 사용전압의 1.1배의 직류전압
	직류 저압측전로에 접속하는 기구 등의 전로는 3100-2에서 규정하는 계산식으로 구한 값

① 단서의 규정에 의한 뇌서지흡수용 커패시터·지락검출용 커패시터·재기전압억제용 커패시터의 표준은 다음과 같다.

   가. 사용전압이 고압 또는 특고압일 것

   나. 고압단자 또는 특고압단자 및 접지된 외함 사이에 아래 표에서 정하고 있는 공칭전압의 구분 및 절연계급의 구분에 따라 각각 같은 표에서 정한 교류전압 및 직류전압을 다음과 같이 일정시간 가하여 절연내력을 시험하였을 때에 이에 견디는 것일 것

      가) 교류전압에서는 1분간

      나) 직류전압에서는 10초간

뇌서지흡수용·지락검출용·재기전압억제용 커패시터의 시험전압

공칭전압의 구분[kV]	절연계급의 구분	시험전압	
		교류[kV]	직류[kV]
3.3	A	16	45
	B	10	30
6.6	A	22	60
	B	16	45
11	A	28	90
	B	28	75
22	A	50	150
	B	50	125
	C	50	180
33	A	70	200
	B	70	170
	C	70	240
66	A	140	350
	C	140	420
77	A	160	400
	C	160	480

※ A : B 또는 C 이외의 경우
※ B : 뇌서지전압의 침입이 적은 경우 또는 피뢰기 등의 보호장치에 의해서 이상전압이 충분히 낮게 억제되는 경우
※ C : 피뢰기 등의 보호장치의 보호범위 외에 시설되는 경우

다. 단서의 규정에 의한 직렬 갭이 있는 피뢰기의 표준은 다음과 같다.
　가) 건조 및 주수상태에서 2분 이내의 시간간격으로 10회 연속하여 상용주파 방전개시전압을 측정하였을 때 아래표의 상용주파 방전개시전압의 값 이상일 것
　나) 직렬 갭 및 특성요소를 수납하기 위한 자기용기 등 평상시 또는 동작 시에 전압이 인가되는 부분에 대하여 아래표의 상용주파전압을 건조상태에서 1분간, 주수상태에서 10초간 가할 때 섬락 또는 파괴되지 아니할 것
　다) 나)와 동일한 부분에 대하여 아래표의 뇌임펄스전압을 건조 및 주수상태에서 정·부양극성으로 뇌임펄스전압(파두장 0.5[μs] 이상 1.5[μs] 이하, 파미장 32[μs] 이상 48[μs] 이하인 것)에서 각각 3회 가할 때 섬락 또는 파괴되지 아니할 것
　라) 건조 및 주수상태에서 아래 표의 뇌임펄스 방전개시전압(표준)을 정·부양극성으로 각각 10회 인가하였을 때 모두 방전하고 또한, 정·부양극성의 뇌임펄스전압에 의하여 방전개시전압과 방전개시시간의 특성을 구할 때 0.5[μs]에서의 전압 값은 같은 표의 뇌임펄스방전개시전압(0.5[μs])의 값 이하일 것
　마) 정·부양극성의 뇌임펄스전류(파두장 0.5[μs] 이상 1.5[μs] 이하, 파미장 32[μs] 이상 48[μs] 이하의 파형인 것)에 의하여 제한전압과 방전전류와의 특성을 구할 때, 공칭방전전류에서의 전압 값은 아래표의 제한전압의 값 이하일 것

라. 단서의 규정에 의한 전력선 반송용 결합리액터의 표준은 다음과 같다.
　가) 사용전압은 고압일 것

나) 60[Hz]의 주파수에 대한 임피던스는 사용전압의 구분에 따라 전압을 가하였을 때에 아래 표에서 정한 값 이상일 것
다) 권선과 철심 및 외함 간에 최대사용전압이 1.5배의 교류전압을 연속하여 10분간 가하였을 때에 (이에)견딜 것

직렬 갭이 있는 피뢰기의 상용주파 방전개시전압

피뢰기 정격전압 (실효값) [kV]	상용주파 방전개시 전압(실효값) [kV]	상용주파 전압(실효값) [kV]	내전압[kV]		충격방전 개시전압(파고값)[kV]		제한전압(파고값)[kV]		
			충격전압(파고값)[kV]						
			1.2×50 [μs]	250×2,500 [μs]	1.2×50 [μs]	250×2,500 [μs]	10[kA]	5[kA]	2.5[kA]
7.5	11.25	21(20)	60	-	27	-	27	27	27
9	13.5	27(24)	75	-	32.5	-	-	-	32.5
12	18	50(45)	110	-	43	-	43	43	-
18	27	42(36)	125	-	65	-	-	-	65
21	31.5	70(60)	120	-	76	-	76	76	-
24	26	70(60)	150	-	87	-	87	87	-
72 75	112.5	175(145)	350	-	270	-	270	270	-
138 144	207	325(325)	750	-	460	-	460	-	-
288	432	450(450)	1,175	950	725	695	690	-	-

※ ( )안의 숫자는 주수시험 시 적용

전력선 반송용 결합리액터의 판정 임피던스

사용전압의 구분	전 압	임피던스
3.5[kV] 이하	2[kV]	500[kΩ]
3.5[kV] 초과	4[kV]	1,000[kΩ]

10. 접지시스템

1) 접지시스템의 구분 및 종류

① 접지시스템은 계통접지, 보호접지, 피뢰시스템 접지 등으로 구분한다.
② 접지시스템의 시설 종류에는 단독접지, 공통접지, 통합접지가 있다.

2) 접지시스템의 시설

(1) 접지시스템의 구성요소 및 요구사항

① 접지시스템 구성요소
  가. 접지시스템은 접지극, 접지도체, 보호도체 및 기타 설비로 구성한다.
  나. 접지극은 접지도체를 사용하여 주접지단자에 연결하여야 한다.
② 접지시스템 요구사항
  가. 접지시스템은 다음에 적합하여야 한다.
    가) 전기설비의 보호 요구사항을 충족하여야 한다.

나) 지락전류와 보호도체 전류를 대지에 전달할 것. 다만, 열적, 열·기계적, 전기·기계적 응력 및 이러한 전류로 인한 감전 위험이 없어야 한다.

다) 전기설비의 기능적 요구사항을 충족하여야 한다.

나. 접지저항 값은 다음에 의한다.

가) 부식, 건조 및 동결 등 대지환경 변화에 충족하여야 한다.

나) 인체감전보호를 위한 값과 전기설비의 기계적 요구에 의한 값을 만족하여야 한다.

(2) 접지극의 시설 및 접지저항

① 접지극은 다음에 따라 시설하여야 한다.
토양 또는 콘크리트에 매입되는 접지극의 재료 및 최소 굵기 등은 KS C IEC 60364-5-54에 따라야 한다.

② 접지극은 다음의 방법 중 하나 또는 복합하여 시설하여야 한다.

가. 콘크리트에 매입된 기초 접지극

나. 토양에 매설된 기초 접지극

다. 토양에 수직 또는 수평으로 직접 매설된 금속전극(봉, 전선, 테이프, 배관, 판 등)

라. 케이블의 금속외장 및 그 밖에 금속피복

마. 지중 금속구조물(배관 등)

바. 대지에 매설된 철근콘크리트의 용접된 금속 보강재. 다만, 강화콘크리트는 제외한다.

③ 접지극의 매설은 다음에 의한다.

가. 접지극은 매설하는 토양을 오염시키지 않아야 하며, 가능한 다습한 부분에 설치한다.

나. 접지극은 동결 깊이를 감안하여 시설하되 고압 이상의 전기설비와 변압기 중성점 접지에 의하여 시설하는 접지극의 매설깊이는 지표면으로부터 지하 0.75[m] 이상으로 한다.

다. 접지도체를 철주 기타의 금속체를 따라서 시설하는 경우에는 접지극을 철주의 밑면으로부터 0.3[m] 이상의 깊이에 매설하는 경우 이외에는 접지극을 지중에서 그 금속체로부터 1[m] 이상 떼어 매설하여야 한다.

④ 접지시스템 부식에 대한 고려는 다음에 의한다.

가. 접지극에 부식을 일으킬 수 있는 폐기물 집하장 및 번화한 장소에 접지극 설치는 피해야 한다.

나. 서로 다른 재질의 접지극을 연결할 경우 전식을 고려하여야 한다.

다. 콘크리트 기초접지극에 접속하는 접지도체가 용융아연도금강제인 경우 접속부를 토양에 직접 매설해서는 안 된다.

⑤ 접지극을 접속하는 경우에는 발열성 용접, 압착접속, 클램프 또는 그 밖의 적절한 기계적 접속장치로 접속하여야 한다.

⑥ 가연성 액체나 가스를 운반하는 금속제 배관은 접지설비의 접지극으로 사용 할 수 없다. 다만, 보호등전위본딩은 예외로 한다.

⑦ 수도관 등을 접지극으로 사용하는 경우는 다음에 의한다.

가. 지중에 매설되어 있고 대지와의 전기저항 값이 3[Ω] 이하의 값을 유지하고 있는 금속제 수도관로가 다음에 따르는 경우 접지극으로 사용이 가능하다.

가) 접지도체와 금속제 수도관로의 접속은 안지름 75[mm] 이상인 부분 또는 여기에서 분기한 안지름 75[mm] 미만인 분기점으로부터 5[m] 이내의 부분에서 하여야 한다. 다만, 금속제 수도관로와 대지 사이의 전기저항 값이 2[Ω] 이하인 경우에는 분기점으로부터 거리는 5[m]을 넘을 수 있다.

나) 접지도체와 금속제 수도관로의 접속부를 수도계량기로부터 수도 수용가 측에 설치하는 경우에는 수도계량기를 사이에 두고 양측 수도관로를 등전위본딩 하여야 한다.

다) 접지도체와 금속제 수도관로의 접속부를 사람이 접촉할 우려가 있는 곳에 설치하는 경우에는 손상을 방지하도록 방호장치를 설치하여야 한다.

라) 접지도체와 금속제 수도관로의 접속에 사용하는 금속제는 접속부에 전기적 부식이 생기지 않아야 한다.

나. 건축물·구조물의 철골 기타의 금속제는 이를 비접지식 고압전로에 시설하는 기계기구의 철대 또는 금속제 외함의 접지공사 또는 비접지식 고압전로와 저압전로를 결합하는 변압기의 저압전로의 접지공사의 접지극으로 사용할 수 있다. 다만, 대지와의 사이에 전기저항 값이 2[Ω] 이하인 값을 유지하는 경우에 한한다.

3) 접지도체, 보호도체

(1) 접지도체

① 접지도체의 선정

가. 접지도체의 단면적은 보호도체의 최소 단면적에 의하며 큰 고장전류가 접지도체를 통하여 흐르지 않을 경우 접지도체의 최소 단면적은 다음과 같다.

가) 구리는 6[mm^2] 이상

나) 철제는 50[mm^2] 이상

나. 접지도체에 피뢰시스템이 접속되는 경우, 접지도체의 단면적은 구리 16[mm^2] 또는 철 50[mm^2] 이상으로 하여야 한다.

② 접지도체와 접지극의 접속은 다음에 의한다.

가. 접속은 견고하고 전기적인 연속성이 보장되도록, 접속부는 발열성 용접, 압착접속, 클램프 또는 그 밖에 적절한 기계적 접속장치에 의해야 한다. 다만, 기계적인 접속장치는 제작자의 지침에 따라 설치하여야 한다.

나. 클램프를 사용하는 경우, 접지극 또는 접지도체를 손상시키지 않아야 한다. 납땜에만 의존하는 접속은 사용해서는 안 된다.

③ 접지도체를 접지극이나 접지의 다른 수단과 연결하는 것은 견고하게 접속하고, 전기적, 기계적으로 적합하여야 하며, 부식에 대해 적절하게 보호되어야 한다. 또한, 다음과 같이 매입되는 지점에는 안전 전기 연결라벨이 영구적으로 고정되도록 시설하여야 한다.

가. 접지극의 모든 접지도체 연결지점

나. 외부도전성 부분의 모든 본딩도체 연결지점

다. 주 개폐기에서 분리된 주접지단자

④ 접지도체는 지하 0.75[m]부터 지표상 2[m]까지 부분은 합성수지관(두께 2[mm] 미만의 합성수지제 전선관 및 가연성 콤바인덕트관은 제외) 또는 이와 동등 이상의 절연효과와 강도를 가지는 몰드로 덮어야 한다.

⑤ 특고압·고압 전기설비 및 변압기 중성점 접지시스템의 경우 접지도체가 사람이 접촉할 우려가 있는 곳에 시설되는 고정설비인 경우에는 다음에 따라야 한다. 다만, 발전소·변전소·개폐소 또는 이에 준하는 곳에서는 개별 요구사항에 의한다.

※ 접지도체는 절연전선(옥외용 비닐절연전선은 제외) 또는 케이블(통신용 케이블은 제외)을 사용하여야 한다. 다만, 접지도체를 철주 기타의 금속체를 따라서 시설하는 경우 이외의 경우에는 접지도체의 지표상 0.6[m]를 초과하는 부분에 대하여는 절연전선을 사용하지 않을 수 있다.

⑥ 접지도체의 굵기는 ①의 가에서 정한 것 이외에 고장 시 흐르는 전류를 안전하게 통할 수 있는 것으로서 다음에 의한다.

가. 특고압·고압 전기설비용 접지도체는 단면적 6[mm^2] 이상의 연동선 또는 동등 이상의 단면적 및 강도를 가져야 한다.

나. 중성점 접지용 접지도체는 공칭단면적 16[mm^2] 이상의 연동선 또는 동등 이상의 단면적 및 세기를 가져야 한다. 다만, 다음의 경우에는 공칭단면적 6[mm^2] 이상의 연동선 또는 동등 이상의 단면적 및 강도를 가져야 한다.

　가) 7[V] 이하의 전로

　나) 사용전압이 25[V] 이하인 특고압 가공전선로. 다만, 중성선 다중접지 방식의 것으로서 전로에 지락이 생겼을 때 2초 이내에 자동적으로 이를 전로로부터 차단하는 장치가 되어 있는 것

　다) 이동하여 사용하는 전기기계기구의 금속제 외함 등의 접지시스템의 경우는 다음의 것을 사용하여야 한다.

　　(가) 특고압·고압 전기설비용 접지도체 및 중성점 접지용 접지도체는 클로로프렌캡타이어케이블(3종 및 4종) 또는 클로로설포네이트폴리에틸렌캡타이어케이블(3종 및 4종)의 1개 도체 또는 다심 캡타이어케이블의 차폐 또는 기타의 금속체로 단면적이 10[mm^2] 이상인 것을 사용한다.

　　(나) 저압 전기설비용 접지도체는 다심 코드 또는 다심 캡타이어케이블의 1개 도체의 단면적이 0.75[mm^2] 이상인 것을 사용한다. 다만, 기타 유연성이 있는 연동연선은 1개 도체의 단면적이 1.5[mm^2] 이상인 것을 사용한다.

(2) 보호도체

① 보호도체의 종류는 다음에 의한다.

가. 보호도체는 다음 중 하나 또는 복수로 구성하여야 한다.

　가) 다심케이블의 도체

　나) 충전도체와 같은 트렁킹에 수납된 절연도체 또는 나도체

　다) 고정된 절연도체 또는 나도체

나. 다음과 같은 금속부분은 보호도체 또는 보호본딩도체로 사용해서는 안 된다.

　가) 금속 수도관

　나) 가스·액체·분말과 같은 잠재적인 인화성 물질을 포함하는 금속관

　다) 상시 기계적 응력을 받는 지지 구조물 일부

　라) 가요성 금속배관. 다만, 보호도체의 목적으로 설계된 경우는 예외로 한다.

　마) 가요성 금속전선관

　바) 지지선, 케이블트레이 및 이와 비슷한 것

② 보호도체의 전기적 연속성은 다음에 의한다.

가. 보호도체의 보호는 다음에 의한다.

　가) 기계적인 손상, 화학적·전기화학적 열화, 전기역학적·열역학적 힘에 대해 보호되어야 한다.

나) 나사접속·클램프접속 등 보호도체 사이 또는 보호도체와 타 기기 사이의 접속은 전기적연속성 보장 및 충분한 기계적강도와 보호를 구비하여야 한다.

다) 보호도체를 접속하는 나사는 다른 목적으로 겸용해서는 안 된다.

라) 접속부는 납땜(Soldering)으로 접속해서는 안 된다.

나. 보호도체의 접속부는 검사와 시험이 가능하여야 한다. 다만 다음의 경우는 예외로 한다.

가) 화합물로 충전된 접속부

나) 캡슐로 보호되는 접속부

다) 금속관, 덕트 및 버스덕트에서의 접속부

라) 기기의 한 부분으로서 규정에 부합하는 접속부

마) 용접(Welding)이나 경납땜(Brazing)에 의한 접속부

바) 압착 공구에 의한 접속부

③ 보호도체의 단면적 보강

가. 보호도체는 정상 운전상태에서 전류의 전도성 경로(전기자기간섭 보호용 필터의 접속 등으로 인한)로 사용되지 않아야 한다.

나. 전기설비의 정상 운전상태에서 보호도체에 10[mA]를 초과하는 전류가 흐르는 경우, 다음에 의해 보호도체를 증강하여 사용하여야 한다.

가) 보호도체가 하나인 경우 보호도체의 단면적은 전 구간에 구리 10[mm^2] 이상 또는 알루미늄 16[mm^2] 이상으로 하여야 한다.

나) 추가로 보호도체를 위한 별도의 단자가 구비된 경우, 최소한 고장보호에 요구되는 보호도체의 단면적은 구리 10[mm^2], 알루미늄 16[mm^2] 이상으로 한다.

④ 주접지단자

가. 접지시스템은 주접지단자를 설치하고, 다음의 도체들을 접속하여야 한다.

가) 등전위본딩도체

나) 접지도체

다) 보호도체

라) 관련이 있는 경우, 기능성 접지도체

나. 여러 개의 접지단자가 있는 장소는 접지단자를 상호 접속하여야 한다.

다. 주접지단자에 접속하는 각 접지도체는 개별적으로 분리할 수 있어야 하며, 접지저항을 편리하게 측정할 수 있어야 한다. 다만, 접속은 견고해야 하며 공구에 의해서만 분리되는 방법으로 하여야 한다.

4) 전기수용가 접지

(1) 저압수용가 인입구 접지

① 수용장소 인입구 부근에서 다음의 것을 접지극으로 사용하여 변압기 중성점 접지를 한 저압전선로의 중성선 또는 접지측 전선에 추가로 접지공사를 할 수 있다.

가. 지중에 매설되어 있고 대지와의 전기저항값이 3[Ω] 이하의 값을 유지하고 있는 금속제 수도관로

나. 대지 사이의 전기저항값이 3[Ω] 이하인 값을 유지하는 건물의 철골

② ①에 따른 접지도체는 공칭단면적 6[mm^2] 이상의 연동선 또는 이와 동등 이상의 세기 및 굵기의 쉽게 부식하지 않는 금속선으로서 고장 시 흐르는 전류를 안전하게 통할 수 있는 것이어야 한다.

5) 변압기 중성점 접지

① 변압기의 중성점접지 저항값은 다음에 의한다.

　가. 일반적으로 변압기의 고압·특고압측 전로 1선 지락전류로 150을 나눈 값과 같은 저항값 이하

　나. 변압기의 고압·특고압측 전로 또는 사용전압이 35[kV] 이하의 특고압전로가 저압측 전로와 혼촉하고 저압전로의 대지전압이 150[V]를 초과하는 경우는 저항값은 다음에 의한다.

　　가) 1초 초과 2초 이내에 고압·특고압 전로를 자동으로 차단하는 장치를 설치할 때는 300을 나눈 값 이하

　　나) 1초 이내에 고압·특고압 전로를 자동으로 차단하는 장치를 설치할 때는 600을 나눈 값 이하

② 전로의 1선 지락전류는 실측값에 의한다. 다만, 실측이 곤란한 경우에는 선로정수 등으로 계산한 값에 의한다.

11. 감전보호용 등전위본딩

1) 등전위본딩 시설

(1) 보호등전위본딩

① 건축물·구조물의 외부에서 내부로 들어오는 각종 금속제 배관은 다음과 같이 하여야 한다.

　가. 1개소에 집중하여 인입하고, 인입구 부근에서 서로 접속하여 등전위본딩 바에 접속하여야 한다.

　나. 대형건축물 등으로 1개소에 집중하여 인입하기 어려운 경우에는 본딩도체를 1개의 본딩 바에 연결한다.

② 수도관·가스관의 경우 내부로 인입 된 최초의 밸브 후단에서 등전위본딩을 하여야 한다.

③ 건축물·구조물의 철근, 철골 등 금속보강재는 등전위본딩을 하여야 한다.

(2) 비접지 국부등전위본딩

① 절연성 바닥으로 된 비접지 장소에서 다음의 경우 국부등전위본딩을 하여야 한다.

　가. 전기설비 상호 간이 2.5[m] 이내인 경우

　나. 전기설비와 이를 지지하는 금속체 사이

② 전기설비 또는 계통외도전부를 통해 대지에 접촉하지 않아야 한다.

2) 등전위본딩 도체

(1) 보호등전위본딩 도체

① 주접지단자에 접속하기 위한 등전위본딩 도체는 설비 내에 있는 가장 큰 보호접지도체 단면적의 1/2 이상의 단면적을 가져야 하고 다음의 단면적 이상이어야 한다.

　가. 구리 도체 6[mm^2]

　나. 알루미늄 도체 16[mm^2]

　다. 강철 도체 50[mm^2]

② 주접지단자에 접속하기 위한 보호본딩도체의 단면적은 구리 도체 25[mm^2] 또는 다른 재질의 동등한 단면적을 초과할 필요는 없다.

(2) 보조 보호등전위본딩 도체

① 두 개의 노출도전부를 접속하는 경우 도전성은 노출도전부에 접속된 더 작은 보호도체의 도전성보다 커야 한다.
② 노출도전부를 계통외도전부에 접속하는 경우 도전성은 같은 단면적을 갖는 보호도체의 1/2 이상이어야 한다.
③ 케이블의 일부가 아닌 경우 또는 선로도체와 함께 수납되지 않은 본딩도체는 다음 값 이상이어야 한다.
　가. 기계적 보호가 된 것은 구리 도체 2.5[mm^2], 알루미늄 도체 16[mm^2]
　나. 기계적 보호가 없는 것은 구리 도체 4[mm^2], 알루미늄 도체 16[mm^2]

12. 피뢰시스템

1) 피뢰시스템의 적용범위 및 구성

(1) 적용범위

① 전기전자설비가 설치된 건축물·구조물로서 낙뢰로부터 보호가 필요한 것 또는 지상으로부터 높이가 20[m] 이상인 것
② 전기설비 및 전자설비 중 낙뢰로부터 보호가 필요한 설비

(2) 피뢰시스템의 구성

① 직격뢰로부터 대상물을 보호하기 위한 외부피뢰시스템
② 간접뢰 및 유도뢰로부터 대상물을 보호하기 위한 내부피뢰시스템

2) 외부피뢰시스템

(1) 수뢰부시스템

① 수뢰부시스템의 선정은 돌침, 수평도체, 메시도체의 요소 중에 한 가지 또는 이를 조합한 형식으로 시설하여야 한다.
② 수뢰부시스템의 배치는 보호각법, 회전구체법, 메시법 중 하나 또는 조합된 방법으로 배치하여야 한다. 그리고 건축물·구조물의 뾰족한 부분, 모서리 등에 우선하여 배치한다.
③ 지상으로부터 높이 60[m]를 초과하는 건축물·구조물에 측뢰 보호가 필요한 경우에는 수뢰부시스템을 시설하여야 하며, 전체 높이 60[m]를 초과하는 건축물·구조물의 최상부로부터 20[%] 부분에 한하며, 피뢰시스템 등급 Ⅳ의 요구사항에 따른다.
④ 건축물·구조물과 분리되지 않은 수뢰부시스템의 시설은 다음에 따른다.
　가. 지붕 마감재가 불연성 재료로 된 경우 지붕표면에 시설할 수 있다.
　나. 지붕 마감재가 높은 가연성 재료로 된 경우 지붕재료와 다음과 같이 이격하여 시설한다.
　　가) 초가지붕 또는 이와 유사한 경우 0.15[m] 이상
　　나) 다른 재료의 가연성 재료인 경우 0.1[m] 이상

13. 발전설비 비파괴검사

1) 기록/문서화

기록과 문서는 적용되는 기준과 해당 요건에 명시한 대로 작성하여야 한다. 사용자는 문서와 기록 유지에 대한 책임을 가진다. 검사기록은 최소한 아래의 정보를 포함하여야 한다.

① 검사일자
② 검사를 수행한 비파괴검사원의 이름, 소속, 자격등급
③ 용접번호, 일련번호 또는 기타 식별을 포함한 검사 대상의 용접부, 부품 또는 구성품의 식별
④ 검사방법, 기법, 절차서 식별번호와 개정번호
⑤ 검사결과

14. 방사선투과검사

1) 일반요건

(1) 적 용

주조품 및 용접부를 포함한 재료의 방사선투과검사는 이 절차에 따라 실시하여야 하며, 검사절차서에는 최소한 다음의 정보를 포함하여야 한다. 다만, 이 절차에서 언급하지 않은 특수방사선(이동방사선, 실시간방사선 등) 투과검사 등에 대해서는 별도 지정 절차에 따른다.
① 재료 종류 및 두께 범위
② 사용된 동위원소 또는 최대 X-선 전압
③ 선원-검사체 간의 거리
④ 검사체의 선원측 면에서 필름까지의 거리
⑤ 선원의 크기
⑥ 필름상표 및 명칭
⑦ 사용 증감지

(2) 후방산란 방사선

후방산란 방사선이 필름에 노출되는 것을 확인하기 위해 최소치수가 높이 13[mm], 두께 1.5[mm]인 납 기호 "B"를 촬영 동안 각 필름 홀더(Film holder)의 뒤에 부착하여야 한다.

(3) 식별표시 시스템

각 방사선투과사진에서 계약, 구성품, 용접부 또는 용접심(Weld seam) 혹은 부품번호를 적절히 추적할 수 있는 영구 식별 시스템을 사용하여야 한다. 추가로 제조자의 기호 또는 제조자명 및 방사선투과사진의 촬영일자가 분명하고 영구적으로 방사선투과사진에 나타나야 한다. 다만, 어떤 경우든 이 정보가 판독범위를 가려서는 아니 된다.

2) 검 사

(1) 방사선투과검사 기법

단일벽 촬영기법을 원칙으로 하나 단일벽 촬영기법을 사용하기가 곤란할 경우에는 이중벽 촬영기법을 사용할 수 있다. 파이프 또는 튜브 용접부에 대한 선원 및 필름배치와 적정 촬영 횟수는 부록 171-1 파이프 또는 튜브 용접부에 대한 촬영기법에 따른다.
① 단일벽 촬영기법
단일벽 촬영기법에서 방사선은 용접부의 한쪽 벽만을 투과하며, 이는 방사선투과사진의 합부판정을 위해 촬영된다.

② 이중벽 촬영기법
   단일벽 촬영기법을 사용하는 것이 곤란할 때는, 다음의 이중벽 촬영기법 중 하나가 사용되어야 한다.
   가. 단일벽 관찰
      검사체 내의 재료 및 용접부의 경우 방사선이 두 벽을 투과하고 필름측 벽의 용접부 만이 방사선 투과사진의 합부 판정을 위해 관찰되는 촬영기법이 사용될 수 있다. 전 구간 촬영범위가 원주 용접부에 요구되는 경우, 원주 용접부 각각에 대해 120° 간격으로 최소 3회의 촬영이 실시되어야 한다.
   나. 이중벽 관찰
      공칭 바깥지름이 89[mm] 이하인 검사체 내의 재료 및 용접부의 경우, 방사선이 두 벽을 투과하고 양쪽 벽의 용접부가 동일한 방사선투과사진에서 합부 판정을 위해 관찰되는 촬영기법이 사용될 경우, 상질계는 선원 측에만 사용되어야 하며, 요구되는 기하학적 불선명도를 초과하지 않도록 확인하는 것이 바람직하다. 만일 기하학적 불선명도 요건이 만족되지 않는 경우에는 단일벽 관찰이 사용되어야 한다.
      가) 용접부의 경우, 방사선 빔은 판독될 부위가 겹치지 않도록 용접부의 필름측 및 선원측 부분의 상을 분리하기 충분한 각도로 용접부 면으로부터 경사지게 할 수 있다. 전구 간 촬영범위가 원주 용접부에서 요구되는 경우, 각각에 대해 90° 간격으로 최소한 2회의 촬영이 각 이음부에 대해 실시되어야 한다.
      나) 다른 방법으로서, 용접부는 두 벽의 상이 겹치도록 놓인 방사선 빔으로 방사선투과검사를 할 수 있다. 전 구간 촬영이 요구되는 경우, 각 이음부에 대해서는 각각 60° 또는 120°간격으로 최소 3회의 촬영이 실시되어야 한다.

(2) 기하학적 불선명도
방사선투과사진의 기하학적 불선명도는 다음과 같이 결정하여야 한다.

$$Ug = \frac{Fd}{D}$$

여기서, Ug = 기하학적 불선명도
F = 선원의 크기 : 촬영할 용접부 또는 검사체로부터 거리 D에 수직한 평면의 방사선원(또는 유효 초점)에 대한 최대 투영치수[mm]
D = 방사선원에서 촬영할 용접부 또는 검사체까지의 거리[mm]
d = 촬영할 용접부 또는 검사체의 선원측에서 필름까지의 거리[mm]

(3) 평 가
① 방사선투과사진의 품질
   모든 방사선투과사진은 촬영하는 검사체의 판독범위에서 어떠한 불연속부를 가리거나 혼동되지 않도록 그 범위에서 기계적, 화학적 또는 기타 손상이 없어야 한다. 이러한 손상에는 다음과 같은 것들이 있으나, 이것으로만 한정되는 것은 아니다.
   가. 뿌염(Fogging)
   나. 줄무늬, 물 마크(Water mark) 또는 화학적 얼룩과 같은 현상 처리 결함
   다. 긁힘, 지문, 주름, 오물, 정전기 마크, 얼룩 또는 찢어짐
   라. 불량 스크린으로 인한 의사지시

② 방사선투과사진의 농도
가. 농도 제한

필수 구멍에 인접한 지정 유공형 상질계 본체 또는 선형 상질계의 필수선에 인접한 방사선 투과 사진을 투과한 필름 농도와 관심 영역의 필름 농도는 X-선원으로 만든 방사선투과사진의 경우 한 장의 필름 관찰에 대해서는 최소 1.8이고, 또한 감마선원으로 만든 방사선투과사진의 경우는 최소 2.0이어야 한다. 복수의 필름으로 촬영한 것을 조합하여 관찰하는 경우, 조합된 세트의 각각의 필름은 최소 농도가 1.3이 되어야 한다. 한 장 또는 중첩관찰 시 최대 농도는 4.0이어야 한다. 농도계서 읽은 값의 판독오차의 허용값은 0.05 이내이다.

나. 농도변화
  가) 방사선투과사진의 농도는 관심 부위를 투과한 어느 곳이라도 다음과 같아서는 안 된다.
    (가) 필수구멍에 인접한 지정 유공형 상질계 또는 선형 상질계의 필수선에 인접한 상질계 본체를 투과한 농도보다 -15[%] 또는 +30[%]를 초과한 농도변화
    (나) 최소/최대 허용 농도 범위를 초과 또는 허용 가능한 농도변화를 계산할 경우 0.1 단위로 반올림하여 계산할 수 있다.

(4) 기하학적 불선명도의 제한

방사선 투과 사진의 기하학적 불선명도는 아래표의 값을 초과해서는 아니 된다.

재료두께[mm]	U_g 최댓값[mm]
50 미만	0.51
50 이상 75 이하	0.76
75 초과 100 이하	1.02
100 초과	1.78

(5) 방사선투과사진 검사성적서 작성

방사선투과검사 실시자는 다음의 사항에 대한 검사성적서를 작성하여야 한다.
① 각 방사선 투과 사진 위치 목록
② 검사성적서 양식에 정보를 포함시키거나 또는 참고로 방사선투과기법의 세부 기술서를 첨부한 정보
③ 검사한 재료 또는 용접부의 평가 및 처리
④ 방사선투과사진의 최종 합부판정을 수행하는 제조자의 대리인 식별(성명)
⑤ 제조자의 평가 일자

15. 발전설비 내진

1) 내진등급 및 관리등급

발전시설의 내진등급 및 시설물 관리등급은 시설 중요도에 따라서 내진특등급, 내진I등급 2가지로 분류하며, 발전설비 용량별로 핵심시설, 중요시설, 일반시설의 3종류로 구분하여 관리한다.

내진등급 및 내진 대상 시설물의 관리등급

내진등급	관리등급	적용 대상 발전시설
특등급	핵심시설	• 2017.10.1. 이후 신규 인허가를 취득한 발전시설로서, 사업구역 내 총 설비용량*이 3[GW]를 초과하는 시설
특등급	중요시설	• 2017.10.1. 이후 신규 인허가를 취득한 발전시설로서, 사업구역 내 총 설비용량*이 20[MW] 초과 3[GW] 이하인 시설 • 2017.10.1. 이전 인허가를 취득한 발전시설로서, 사업구역 내 총 설비용량*이 20[MW]를 초과하는 시설(해당 시설이 2017. 10. 1.이후 같은 사업구역 내에서 증설되어 그 총 설비용량의 합이 3[GW]를 초과하는 경우 포함)
I 등급	일반시설	• 사업구역 내 총 설비용량*이 20[MW] 이하인 발전시설(해당 시설이 2017. 10. 1. 이후 같은 사업구역 내에서 증설되어 그 총 설비용량의 합이 20[MW]를 초과하는 경우 포함)

※ 사업구역 내 총 설비용량의 확인 : 전기사업허가(전기사업법), 전원개발사업 실시계획의 승인(전원개발촉진법), 산업단지실시계획의 승인(산업입지 및 개발에 관한 법률) 등에 의하여 발전설비를 설치·운용하기 위한 사업구역 내 설비용량

2) 내진성능수준

발전시설의 관리등급별 내진성능수준은 기능수행, 즉시복구, 장기복구/인명보호, 붕괴방지로 분류하고, 각 설계지진에 대하여 최소 다음의 내진성능을 만족하도록 하며, 세부적인 사항은 관계 법령에서 정하는 시설별 내진설계기준에 따른다.

시설물의 최소 내진성능수준

설계지진 재현주기	설계지진 (유효수평지반가속도)	내진성능수준			
		기능수행	즉시복구	장기복구/인명보호	붕괴방지
100년	0.063[g] 이상	일반시설			
200년	0.08[g] 이상	핵심·중요시설	일반시설		
500년	0.11[g] 이상		핵심·중요시설	일반시설	
1,000년	0.154[g] 이상			핵심·중요시설	일반시설
2,400년	0.22[g] 이상				중요시설
4,800년	0.3[g] 이상				핵심시설

[비고] 설계지진의 유효수평지반가속도는 지진구역(I)을 기준으로 산정한 값이다.

1-2. 저압 전기설비

1. 적용범위

교류 1[kV] 또는 직류 1.5[kV] 이하인 저압의 전기를 공급하거나 사용하는 전기설비에 적용하며 다음의 경우를 포함한다.

① 전기설비를 구성하거나, 연결하는 선로와 전기기계기구 등의 구성품
② 저압 기기에서 유도된 1[kV] 초과 회로 및 기기(예 저압 전원에 의한 고압방전등, 전기집진기 등)

2. 배전방식

1) 교류 회로

① 3상 4선식의 중성선 또는 PEN 도체는 충전도체는 아니지만 운전전류를 흘리는 도체이다.
② 3상 4선식에서 파생되는 단상 2선식 배전방식의 경우 두 도체 모두가 선도체이거나 하나의 선도체와 중성선 또는 하나의 선도체와 PEN 도체이다.
③ 모든 부하가 선간에 접속된 전기설비에서는 중성선의 설치가 필요하지 않을 수 있다.

2) 직류 회로

PEL과 PEM 도체는 충전도체는 아니지만 운전전류를 흘리는 도체이다. 2선식 배전방식이나 3선식 배전방식을 적용한다.

2선식   3선식

3) 계통접지의 방식

(1) 계통접지 구성

① 저압전로의 보호도체 및 중성선의 접속 방식에 따라 접지계통은 다음과 같이 분류한다.
    가. TN 계통
    나. TT 계통
    다. IT 계통

② 계통접지에서 사용되는 문자의 정의는 다음과 같다.
    가. 제1문자 - 전원계통과 대지의 관계
       가) T : 한 점을 대지에 직접 접속
       나) I : 모든 충전부를 대지와 절연시키거나 높은 임피던스를 통하여 한 점을 대지에 직접 접속
    나. 제2문자 - 전기설비의 노출도전부와 대지의 관계
       가) T : 노출도전부를 대지로 직접 접속. 전원계통의 접지와는 무관
       나) N : 노출도전부를 전원계통의 접지점(교류 계통에서는 통상적으로 중성점, 중성점이 없을 경우는 선도체)에 직접 접속
    다. 그 다음 문자(문자가 있을 경우) - 중성선과 보호도체의 배치
       가) S : 중성선 또는 접지된 선도체 외에 별도의 도체에 의해 제공되는 보호 기능
       나) C : 중성선과 보호 기능을 한 개의 도체로 겸용(PEN 도체)

③ 각 계통에서 나타내는 그림의 기호는 다음과 같다.

기호 설명	
─/─	중성선(N), 중간도체(M)
─//─	보호도체(PE)
─//─	중성선과 보호도체겸용(PEN)

(2) TN 계통

전원측의 한 점을 직접접지하고 설비의 노출도전부를 보호도체로 접속시키는 방식으로 중성선 및 보호도체(PE 도체)의 배치 및 접속방식에 따라 다음과 같이 분류한다.

① TN-S 계통은 계통 전체에 대해 별도의 중성선 또는 PE 도체를 사용한다. 배전계통에서 PE 도체를 추가로 접지할 수 있다.

② TN-C 계통은 그 계통 전체에 대해 중성선과 보호도체의 기능을 동일도체로 겸용한 PEN 도체를 사용한다. 배전계통에서 PEN 도체를 추가로 접지할 수 있다.

③ TN-C-S계통은 계통의 일부분에서 PEN 도체를 사용하거나, 중성선과 별도의 PE 도체를 사용하는 방식이 있다. 배전계통에서 PEN 도체와 PE 도체를 추가로 접지할 수 있다.

(3) TT 계통

전원의 한 점을 직접 접지하고 설비의 노출도전부는 전원의 접지전극과 전기적으로 독립적인 접지극에 접속시킨다. 배전계통에서 PE 도체를 추가로 접지할 수 있다.

(4) IT 계통

① 충전부 전체를 대지로부터 절연시키거나, 한 점을 임피던스를 통해 대지에 접속시킨다. 전기설비의 노출도전부를 단독 또는 일괄적으로 계통의 PE 도체에 접속시킨다. 배전계통에서 추가접지가 가능하다.

② 계통은 충분히 높은 임피던스를 통하여 접지할 수 있다. 이 접속은 중성점, 인위적 중성점, 선도체 등에서 할 수 있다. 중성선은 배선할 수도 있고, 배선하지 않을 수도 있다.

3. 안전을 위한 보호

1) 감전에 대한 보호

(1) 보호대책 일반 요구사항

① 적용범위

인축에 대한 기본보호와 고장보호를 위한 필수 조건을 규정하고 있다. 외부영향과 관련된 조건의 적용과 특수설비 및 특수장소의 시설에 있어서의 추가적인 보호의 적용을 위한 조건도 규정한다.

② 일반 요구사항

안전을 위한 보호에서 별도의 언급이 없는 한 다음의 전압 규정에 따른다.

가. 교류전압은 실효값으로 한다.

나. 직류전압은 리플프리로 한다.

③ 보호대책은 다음과 같이 구성하여야 한다.

가. 기본보호와 고장보호를 독립적으로 적절하게 조합

나. 기본보호와 고장보호를 모두 제공하는 강화된 보호 규정

다. 추가적 보호는 외부영향의 특정 조건과 특정한 특수장소에서의 보호대책의 일부로 규정

④ 설비의 각 부분에서 하나 이상의 보호대책은 외부영향의 조건을 고려하여 적용하여야 한다.

가. 다음의 보호대책을 일반적으로 적용하여야 한다.

가) 전원의 자동차단

나) 이중절연 또는 강화절연

다) 한 개의 전기사용기기에 전기를 공급하기 위한 전기적 분리
라) SELV와 PELV에 의한 특별저압
나. 고장보호에 관한 규정은 다음 기기에서는 생략할 수 있다.
　가) 건물에 부착되고 접촉범위 밖에 있는 가공선 애자의 금속 지지물
　나) 가공선의 철근강화콘크리트주로서 그 철근에 접근할 수 없는 것
　다) 볼트, 리벳트, 명판, 케이블 클립 등과 같이 크기가 작은 경우(약 50[mm] × 50[mm] 이내) 또는 배치가 손에 쥘 수 없거나 인체의 일부가 접촉할 수 없는 노출도전부로서 보호도체의 접속이 어렵거나 접속의 신뢰성이 없는 경우

2) 전원의 자동차단에 의한 보호대책

(1) 고장보호의 요구사항

① 보호접지
　가. 노출도전부는 계통접지별로 규정된 특정조건에서 보호도체에 접속하여야 한다.
　나. 동시에 접근 가능한 노출도전부는 개별적 또는 집합적으로 같은 접지계통에 접속하여야 한다.

② 고장 시의 자동차단

32[A] 이하 분기회로의 최대 차단시간

[단위 : 초]

계통	50[V]< U_0 ≤120[V]		120[V]< U_0 ≤230[V]		230[V]< U_0 ≤400[V]		U_0 >400[V]	
	교류	직류	교류	직류	교류	직류	교류	직류
TN	0.8	[비고1]	0.4	5	0.2	0.4	0.1	0.1
TT	0.3	[비고1]	0.2	0.4	0.07	0.2	0.04	0.1

- TT 계통에서 차단은 과전류보호장치에 의해 이루어지고 보호등전위본딩은 설비 안의 모든 계통외도전부와 접속되는 경우 TN 계통에 적용 가능한 최대차단시간이 사용될 수 있다.
- U_0는 대지에서 공칭교류전압 또는 직류 선간전압이다.

[비고1] 차단은 감전보호 외에 다른 원인에 의해 요구될 수도 있다.
[비고2] 누전차단기에 의한 차단은 누전차단기의 시설 참조.

　가. TN 계통에서 배전회로(간선)는 5초 이하의 차단시간을 허용한다.
　나. TT 계통에서 배전회로(간선)는 1초 이하의 차단시간을 허용한다.

③ 추가적인 보호
　가. 일반적으로 사용되며 일반인이 사용하는 정격전류 20[A] 이하 콘센트
　나. 옥외에서 사용되는 정격전류 32[A] 이하 이동용 전기기기

(2) 누전차단기의 시설

① 금속제 외함을 가지는 사용전압이 50[V]를 초과하는 저압의 기계기구로서 사람이 쉽게 접촉할 우려가 있는 곳에 시설하는 것에 전기를 공급하는 전로. 다만, 다음의 어느 하나에 해당하는 경우에는 적용하지 않는다.
　가. 기계기구를 발전소・변전소・개폐소 또는 이에 준하는 곳에 시설하는 경우
　나. 기계기구를 건조한 곳에 시설하는 경우
　다. 대지전압이 150[V] 이하인 기계기구를 물기가 있는 곳 이외의 곳에 시설하는 경우
　라. 전기용품 및 생활용품 안전관리법의 적용을 받는 이중절연구조의 기계기구를 시설하는 경우

마. 그 전로의 전원측에 절연변압기(2차 전압이 300[V] 이하인 경우에 한함)를 시설하고 또한 그 절연 변압기의 부하측의 전로에 접지하지 아니하는 경우

바. 기계기구가 고무·합성수지 기타 절연물로 피복된 경우

사. 기계기구가 유도전동기의 2차측 전로에 접속되는 것일 경우

아. 기계기구 내에 전기용품 및 생활용품 안전관리법의 적용을 받는 누전차단기를 설치하고 또한 기계기구의 전원 연결선이 손상을 받을 우려가 없도록 시설하는 경우

② 특고압전로, 고압전로 또는 저압전로와 변압기에 의하여 결합되는 사용전압 400[V] 초과의 저압전로 또는 발전기에서 공급하는 사용전압 400[V] 초과의 저압전로(발전소 및 변전소와 이에 준하는 곳에 있는 부분의 전로를 제외).

③ 다음의 전로에는 전기용품안전기준 K60947-2의 부속서 P의 적용을 받는 자동복구 기능을 갖는 누전차단기를 시설할 수 있다.

가. 독립된 무인 통신중계소·기지국

나. 관련법령에 의해 일반인의 출입을 금지 또는 제한하는 곳

다. 옥외의 장소에 무인으로 운전하는 통신중계기 또는 단위기기 전용회로. 단, 일반인이 특정한 목적을 위해 지체하는(머물러 있는) 장소로서 버스정류장, 횡단보도 등에는 시설할 수 없다.

(3) 기능적 특별저압(FELV)

기능상의 이유로 교류 50[V], 직류 120[V] 이하인 공칭전압을 사용하지만 SELV 또는 PELV에 대한 모든 요구조건이 충족되지 않고 SELV와 PELV가 필요치 않은 경우에는 기본보호 및 고장보호의 보장을 위해 다음에 따라야 한다. 이러한 조건의 조합을 FELV라 한다.

① 기본보호는 다음 중 어느 하나에 따른다.

가. 전원의 1차 회로의 공칭전압에 대응하는 기본보호 방법에 따른 기본절연

나. 기본보호 방법에 따른 격벽 또는 외함

② FELV 계통용 플러그와 콘센트는 다음의 모든 요구사항에 부합하여야 한다.

가. 플러그를 다른 전압 계통의 콘센트에 꽂을 수 없어야 한다.

나. 콘센트는 다른 전압 계통의 플러그를 수용할 수 없어야 한다.

다. 콘센트는 보호도체에 접속하여야 한다.

3) SELV와 PELV를 적용한 특별저압에 의한 보호

(1) 보호대책 일반 요구사항

① 특별저압에 의한 보호는 다음의 특별저압 계통에 의한 보호대책이다.

가. SELV(Safety extra-low voltage)

나. PELV(Protective extra-low voltage)

(2) 보호대책의 요구사항

① 특별저압 계통의 전압한계는 KS C IEC 60449(건축전기설비의 전압밴드)에 의한 전압밴드 I의 상한 값인 교류 50[V] 이하, 직류 120[V] 이하이어야 한다.

② 특별저압 회로를 제외한 모든 회로로부터 특별저압 계통을 보호 분리하고, 특별저압 계통과 다른 특별저압 계통 간에는 기본절연을 하여야 한다.
③ SELV 계통과 대지 간의 기본절연을 하여야 한다.

(3) SELV와 PELV용 전원

특별저압 계통에는 다음의 전원을 사용해야 한다.
① 안전절연변압기 전원[KS C IEC 61558-2-6(전력용 변압기, 전원 공급 장치 및 유사 기기의 안전-제2부 : 범용 절연 변압기의 개별 요구 사항에 적합한 것)]
② ①의 안전절연변압기 및 이와 동등한 절연의 전원
③ 축전지 및 디젤발전기 등과 같은 독립전원
④ 내부고장이 발생한 경우에도 출력단자의 전압이 보호대책 일반 요구사항에 규정된 값을 초과하지 않도록 적절한 표준에 따른 전자장치
⑤ 안전절연변압기, 전동발전기 등 저압으로 공급되는 이중 또는 강화절연된 이동용 전원

(4) SELV와 PELV 회로에 대한 요구사항

① SELV 및 PELV 회로는 다음을 포함하여야 한다.
　가. 충전부와 다른 SELV와 PELV 회로 사이의 기본절연
　나. 이중절연 또는 강화절연 또는 최고전압에 대한 기본절연 및 보호차폐에 의한 SELV 또는 PELV 이외의 회로들의 충전부로부터 보호 분리
　다. SELV 회로는 충전부와 대지 사이에 기본절연
　라. PELV 회로 및 PELV 회로에 의해 공급되는 기기의 노출도전부는 접지
② 기본절연이 된 다른 회로의 충전부로부터 특별저압 회로 배선계통의 보호 분리는 다음의 방법 중 하나에 의한다.
　가. SELV와 PELV 회로의 도체들은 기본절연을 하고 비금속외피 또는 절연된 외함으로 시설하여야 한다.
　나. SELV와 PELV 회로의 도체들은 전압밴드 I보다 높은 전압 회로의 도체들로부터 접지된 금속시스 또는 접지된 금속 차폐물에 의해 분리하여야 한다.
　다. SELV와 PELV 회로의 도체들이 사용 최고전압에 대해 절연된 경우 전압밴드 I보다 높은 전압의 다른 회로 도체들과 함께 다심케이블 또는 다른 도체 그룹에 수용할 수 있다.
③ SELV와 PELV 계통의 플러그와 콘센트는 다음에 따라야 한다.
　가. 플러그는 다른 전압 계통의 콘센트에 꽂을 수 없어야 한다.
　나. 콘센트는 다른 전압 계통의 플러그를 수용할 수 없어야 한다.
　다. SELV 계통에서 플러그 및 콘센트는 보호도체에 접속하지 않아야 한다.
④ SELV 회로의 노출도전부는 대지 또는 다른 회로의 노출도전부나 보호도체에 접속하지 않아야 한다.
⑤ 공칭전압이 교류 25[V] 또는 직류 60[V]를 초과하거나 기기가 (물에)잠겨 있는 경우 기본 보호는 특별저압 회로에 대해 다음의 사항을 따라야 한다.
　가. 충전부의 기본절연에 따른 절연
　나. 격벽 또는 외함
⑥ 건조한 상태에서 다음의 경우는 기본 보호를 하지 않아도 된다.
　가. SELV 회로에서 공칭전압이 교류 25[V] 또는 직류 60[V]를 초과하지 않는 경우

나. PELV 회로에서 공칭전압이 교류 25[V] 또는 직류 60[V]를 초과하지 않고 노출도전부 및 충전부가 보호도체에 의해서 주접지단자에 접속된 경우

⑦ SELV 또는 PELV 계통의 공칭전압이 교류 12[V] 또는 직류 30[V]를 초과하지 않는 경우에는 기본보호를 하지 않아도 된다.

4. 과전류에 대한 보호

1) 회로의 특성에 따른 요구사항

(1) 선도체의 보호

① 과전류 검출기의 설치

  가. 과전류의 검출은 ②를 적용하는 경우를 제외하고 모든 선도체에 대하여 과전류 검출기를 설치하여 과전류가 발생할 때 전원을 안전하게 차단해야 한다. 다만, 과전류가 검출된 도체 이외의 다른 선도체는 차단하지 않아도 된다.

  나. 3상 전동기 등과 같이 단상 차단이 위험을 일으킬 수 있는 경우 적절한 보호 조치를 해야 한다.

② 과전류 검출기 설치 예외

  TT 계통 또는 TN 계통에서, 선도체만을 이용하여 전원을 공급하는 회로의 경우, 다음 조건들을 충족하면 선도체 중 어느 하나에는 과전류 검출기를 설치하지 않아도 된다.

  가. 동일 회로 또는 전원 측에서 부하 불평형을 감지하고 모든 선도체를 차단하기 위한 보호장치를 갖춘 경우

  나. 가에서 규정한 보호장치의 부하 측에 위치한 회로의 인위적 중성점으로부터 중성선을 배선하지 않는 경우

(2) 중성선의 보호

① TT 계통 또는 TN 계통

  가. 중성선의 단면적이 선도체의 단면적과 동등 이상의 크기이고, 그 중성선의 전류가 선도체의 전류보다 크지 않을 것으로 예상될 경우, 중성선에는 과전류 검출기 또는 차단장치를 설치하지 않아도 된다. 중성선의 단면적이 선도체의 단면적보다 작은 경우 과전류 검출기를 설치할 필요가 있다. 검출된 과전류가 설계전류를 초과하면 선도체를 차단해야 하지만, 중성선을 차단할 필요까지는 없다.

  나. 가의 2가지 경우 모두 단락전류로부터 중성선을 보호해야 한다.

  다. 중성선에 관한 요구사항은 차단에 관한 것을 제외하고 중성선과 보호도체 겸용(PEN) 도체에도 적용한다.

② IT 계통

  중성선을 배선하는 경우 중성선에 과전류검출기를 설치해야하며, 과전류가 검출되면 중성선을 포함한 해당 회로의 모든 충전도체를 차단해야 한다. 다음의 경우에는 과전류검출기를 설치하지 않아도 된다.

  가. 설비의 전력 공급점과 같은 전원 측에 설치된 보호장치에 의해 그 중성선이 과전류에 대해 효과적으로 보호되는 경우

  나. 정격감도전류가 해당 중성선 허용전류의 0.2배 이하인 누전차단기로 그 회로를 보호하는 경우

2) 보호장치의 특성

① 과전류 보호장치는 KS C 또는 KS C IEC 관련 표준(배선차단기, 누전차단기, 퓨즈 등의 표준)의 동작특성에 적합하여야 한다.

② 과전류차단기로 저압전로에 사용하는 범용의 퓨즈(전기용품 및 생활용품 안전관리법에서 규정하는 것 제외)는 아래 표에 적합한 것이어야 한다.

퓨즈(gG)의 용단특성

정격전류의 구분[A]	시간[분]	정격전류의 배수	
		불용단전류[배]	용단전류[배]
4 이하	60	1.5	2.1
4 초과 16 미만	60	1.5	1.9
16 이상 63 이하	60	1.25	1.6
63 초과 160 이하	120	1.25	1.6
160 초과 400 이하	180	1.25	1.6
400 초과	240	1.25	1.6

③ 과전류차단기로 저압전로에 사용하는 산업용 배선차단기(전기용품 및 생활용품 안전관리법에서 규정하는 것 제외)는 표 1에 주택용 배선차단기는 표 2 및 표 3에 적합한 것이어야 한다. 다만, 일반인이 접촉할 우려가 있는 장소(세대 내 분전반 및 이와 유사한 장소)에는 주택용 배선차단기를 시설하여야 한다.

[표 1] 과전류트립 동작시간 및 특성(산업용 배선차단기)

정격전류의 구분[A]	시간[분]	정격전류의 배수(모든 극에 통전)	
		부동작 전류[배]	동작 전류[배]
63 이하	60	1.05	1.3
63 초과	120	1.05	1.3

[표 2] 순시트립에 따른 구분(주택용 배선차단기)

형	순시트립범위
B	$3I_n$ 초과 ~ $5I_n$ 이하
C	$5I_n$ 초과 ~ $10I_n$ 이하
D	$10I_n$ 초과 ~ $20I_n$ 이하

[비 고]
• B, C, D : 순시트립전류에 따른 차단기 분류
• I_n : 차단기 정격전류

[표 3] 과전류트립 동작시간 및 특성(주택용 배선차단기)

정격전류의 구분[A]	시간[분]	정격전류의 배수(모든 극에 통전)	
		부동작 전류[배]	동작 전류[배]
63 이하	60	1.13	1.45
63 초과	120	1.13	1.45

5. 열 영향에 대한 보호

1) 적용범위

다음과 같은 영향으로부터 인축과 재산의 보호방법을 전기설비에 적용하여야 한다.
① 전기기기에 의한 열적인 영향, 재료의 연소 또는 기능저하 및 화상의 위험
② 화재 재해의 경우, 전기설비로부터 격벽으로 분리된 인근의 다른 화재 구획으로 전파되는 화염
③ 전기기기 안전기능의 손상

2) 화재 및 화상방지에 대한 보호

(1) 전기기기에 의한 화재방지

① 전기기기에 의해 발생하는 열은 근처에 고정된 재료나 기기에 화재 위험을 주지 않아야 한다.

② 고정기기의 온도가 인접한 재료에 화재의 위험을 줄 온도까지 도달할 우려가 있는 경우에 이 기기에는 다음과 같은 조치를 취하여야 한다.

  가. 이 온도에 견디고 열전도율이 낮은 재료 위나 내부에 기기를 설치

  나. 이 온도에 견디고 열전도율이 낮은 재료를 사용하여 건축구조물로부터 기기를 차폐

  다. 이 온도에서 열이 안전하게 발산되도록 유해한 열적 영향을 받을 수 있는 재료로부터 충분히 거리를 유지하고 열전도율이 낮은 지지대에 의한 설치

③ 정상 운전 중에 아크 또는 스파크가 발생할 수 있는 전기기기에는 다음 중 하나의 보호조치를 취하여야 한다.

  가. 내 아크 재료로 기기 전체를 둘러싼다.

  나. 분출이 유해한 영향을 줄 수 있는 재료로부터 내 아크 재료로 차폐

  다. 분출이 유해한 영향을 줄 수 있는 재료로부터 충분한 거리에서 분출을 안전하게 소멸시키도록 기기를 설치

④ 단일 장소에 있는 전기기기가 상당한 양의 인화성 액체를 포함하는 경우에는 액체, 불꽃 및 연소 생성물의 전파를 방지하는 충분한 예방책을 취하여야 한다.

  가. 누설된 액체를 모을 수 있는 저유조를 설치하고 화재 시 소화를 확실히 한다.

  나. 기기를 적절한 내화성이 있고 연소 액체가 건물의 다른 부분으로 확산되지 않도록 방지턱 또는 다른 수단이 마련된 방에 설치한다. 이러한 방은 외부공기로만 환기되는 것이어야 한다.

(2) 전기기기에 의한 화상 방지

접촉범위 내에 있고, 접촉 가능성이 있는 전기기기의 부품류는 인체에 화상을 일으킬 우려가 있는 온도에 도달해서는 안 되며, 아래 표에 제시된 제한 값을 준수하여야 한다. 이 경우 우발적 접촉도 발생하지 않도록 보호를 하여야 한다.

접촉 범위 내에 있는 기기에 접촉 가능성이 있는 부분에 대한 온도 제한

접촉할 가능성이 있는 부분	접촉할 가능성이 있는 표면의 재료	최고 표면 온도[℃]
손으로 잡고 조작시키는 것	금 속	55
	비금속	65
손으로 잡지 않지만 접촉하는 부분	금 속	70
	비금속	80
통상 조작 시 접촉할 필요가 없는 부분	금 속	80
	비금속	90

3) 과열에 대한 보호

(1) 강제 공기 난방시스템

① 강제 공기 난방시스템에서 중앙 축열기의 발열체가 아닌 발열체는 정해진 풍량에 도달할 때까지는 동작할 수 없고, 풍량이 정해진 값 미만이면 정지되어야 한다. 또한 공기덕트 내에서 허용온도가 초과하지 않도록 하는 2개의 서로 독립된 온도 제한 장치가 있어야 한다.

② 열소자의 지지부, 프레임과 외함은 불연성 재료이어야 한다.

(2) 온수기 또는 증기발생기

① 온수 또는 증기를 발생시키는 장치는 어떠한 운전 상태에서도 과열 보호가 되도록 설계 또는 공사를 하여야 한다. 보호장치는 기능적으로 독립된 자동 온도조절장치로부터 독립적 기능을 하는 비자동 복귀형 장치이어야 한다. 다만, 관련된 표준 모두에 적합한 장치는 제외한다.
② 장치에 개방 입구가 없는 경우에는 수압을 제한하는 장치를 설치하여야 한다.

(3) 공기난방설비

① 공기난방설비의 프레임 및 외함은 불연성 재료이어야 한다.
② 열 복사에 의해 접촉되지 않는 복사 난방기의 측벽은 가연성 부분으로부터 충분한 간격을 유지하여야 한다. 불연성 격벽으로 간격을 감축하는 경우, 이 격벽은 복사 난방기의 외함 및 가연성 부분에서 0.01[m] 이상의 간격을 유지하여야 한다.
③ 제작자의 별도 표시가 없으며, 복사 난방기는 복사 방향으로 가연성 부분으로부터 2[m] 이상의 안전거리를 확보할 수 있도록 부착하여야 한다.

6. 전선로

1) 구내 · 옥측 · 옥상 · 옥내 전선로의 시설

(1) 구내인입선

① 저압 인입선의 시설
   가. 저압 가공인입선은 다음에 따라 시설하여야 한다.
      가) 전선은 절연전선 또는 케이블일 것
      나) 전선이 케이블인 경우 이외에는 인장강도 2.30[kN] 이상의 것 또는 지름 2.6[mm] 이상의 인입용 비닐절연전선일 것. 다만, 경간이 15[m] 이하인 경우는 인장강도 1.25[kN] 이상의 것 또는 지름 2[mm] 이상의 인입용 비닐절연전선일 것
      다) 전선이 옥외용 비닐절연전선인 경우에는 사람이 접촉할 우려가 없도록 시설하고, 옥외용 비닐절연전선 이외의 절연전선인 경우에는 사람이 쉽게 접촉할 우려가 없도록 시설할 것
      라) 전선이 케이블인 경우에는 가공케이블의 시설 규정에 준하여 시설할 것. 다만, 케이블의 길이가 1[m] 이하인 경우에는 조가 하지 않아도 된다.
      마) 전선의 높이는 다음에 의할 것
        (가) 도로(차도와 보도의 구별이 있는 도로인 경우에는 차도)를 횡단하는 경우에는 노면상 5[m](기술상 부득이한 경우에 교통에 지장이 없을 때에는 3[m]) 이상
        (나) 철도 또는 궤도를 횡단하는 경우에는 레일면상 6.5[m] 이상
        (다) 횡단보도교의 위에 시설하는 경우에는 노면상 3[m] 이상
        (라) (가)에서 (다)까지 이외의 경우에는 지표상 4[m](기술상 부득이한 경우에 교통에 지장이 없을 때에는 2.5[m]) 이상

나. 기술상 부득이한 경우는 저압 가공인입선을 직접 이입한 조영물 이외의 시설물(도로·횡단보도교·철도·궤도·삭도, 교류 및 저압/고압의 전차선, 저압/고압 및 특고압 가공전선은 제외)에 대하여 위험의 우려가 없는 경우에 한하여 고압 가공전선과 건조물의 접근부터 고압 가공전선과 교류전차선 등의 접근 또는 교차까지·저압 가공전선 상호 간의 접근 또는 교차·저압 가공전선과 다른 시설물의 접근 또는 교차의 규정은 적용하지 아니한다. 이 경우에 저압 가공인입선과 다른 시설물 사이의 이격거리는 아래 표에서 정한 값 이상이어야 한다.

저압 가공인입선 조영물의 구분에 따른 이격거리

시설물의 구분		이격거리
조영물의 상부 조영재	위 쪽	2[m](전선이 옥외용 비닐절연전선 이외의 저압 절연전선인 경우는 1.0[m], 고압 절연전선, 특고압 절연전선 또는 케이블인 경우는 0.5[m])
	옆 쪽 또는 아래 쪽	0.3[m](전선이 고압 절연전선, 특고압 절연전선 또는 케이블인 경우는 0.15[m])
조영물의 상부 조영재 이외의 부분 또는 조영물 이외의 시설물		0.3[m](전선이 고압 절연전선, 특고압 절연전선 또는 케이블인 경우는 0.15[m])

② 연접 인입선의 시설

저압 연접(이웃 연결) 인입선은 저압 인입선의 시설 규정에 준하여 시설하는 이외에 다음에 따라 시설하여야 한다.

가. 인입선에서 분기하는 점으로부터 100[m]를 초과하는 지역에 미치지 아니할 것

나. 폭 5[m]를 초과하는 도로를 횡단하지 아니할 것

다. 옥내를 통과하지 아니할 것

(2) 옥측전선로

① 저압 옥측전선로는 다음에 따라 시설하여야 한다.

가. 저압 옥측전선로는 다음의 공사방법에 의할 것

가) 애자공사(전개된 장소에 한함)

나) 합성수지관공사

다) 금속관공사(목조 이외의 조영물에 시설하는 경우에 한함)

라) 버스덕트공사[목조 이외의 조영물(점검할 수 없는 은폐된 장소는 제외)에 시설하는 경우에 한함]

마) 케이블공사(연피 케이블, 알루미늄피 케이블 또는 무기물절연(MI) 케이블을 사용하는 경우에는 목조 이외의 조영물에 시설하는 경우에 한함)

나. 애자공사에 의한 저압 옥측전선로는 다음에 의하고 또한 사람이 쉽게 접촉될 우려가 없도록 시설할 것

가) 전선은 공칭단면적 4[mm^2] 이상의 연동 절연전선(옥외용 비닐절연전선 및 인입용 절연전선은 제외)일 것

나) 전선 상호 간의 간격 및 전선과 그 저압 옥측전선로를 시설하는 조영재 사이의 이격거리는 아래 표에서 정한 값 이상일 것

시설장소별 조영재 사이의 이격거리

시설 장소	전선 상호 간의 간격		전선과 조영재 사이의 이격거리	
	사용전압이 400[V] 이하인 경우	사용전압이 400[V] 초과인 경우	사용전압이 400[V] 이하인 경우	사용전압이 400[V] 초과인 경우
비나 이슬에 젖지 않는 장소	0.06[m]	0.06[m]	0.025[m]	0.025[m]
비나 이슬에 젖는 장소	0.06[m]	0.12[m]	0.025[m]	0.045[m]

다) 전선의 지지점 간의 거리는 2[m] 이하일 것

라) 전선에 인장강도 1.38[kN] 이상의 것 또는 지름 2[mm] 이상의 경동선을 사용하고 또한 전선 상호 간의 간격을 0.2[m] 이상, 전선과 저압 옥측전선로를 시설한 조영재 사이의 이격거리를 0.3[m] 이상으로 하여 시설하는 경우에 한하여 옥외용 비닐절연전선을 사용하거나 지지점 간의 거리를 2[m]를 초과하고 15[m] 이하로 할 수 있다.

마) 사용전압이 400[V] 이하인 경우에 다음에 의하고 또한 전선을 손상할 우려가 없도록 시설할 때에는 가) 및 나)(전선 상호 간의 간격에 관한 것에 한함)에 의하지 아니할 수 있다.
  (가) 전선은 공칭단면적 4[mm^2] 이상의 연동 절연전선 또는 지름 2[mm] 이상의 인입용 비닐절연전선일 것
  (나) 전선을 바인드선에 의하여 애자에 붙이는 경우에는 각각의 선심을 애자의 다른 홈에 넣고 또한 다른 바인드선으로 선심 상호 간 및 바인드선 상호 간이 접촉하지 않도록 견고하게 시설할 것
  (다) 전선을 접속하는 경우에는 각각의 선심의 접속점은 0.05[m] 이상 띄울 것
  (라) 전선과 그 저압 옥측전선로를 시설하는 조영재 사이의 이격거리는 0.03[m] 이상일 것

바) 마)에 의하는 경우로 전선과 그 저압 옥측전선로를 시설하는 조영재 사이의 이격거리를 0.3[m] 이상으로 시설하는 경우에는 지지점 간의 거리를 2[m]를 초과하고 15[m] 이하로 할 수 있다.

② 저압 옥측전선로의 전선이 그 저압 옥측전선로를 시설하는 조영물에 시설하는 다른 저압 옥측전선(저압 옥측전선로의 전선·저압의 인입선 및 연접 인입선의 옥측부분과 저압 옥측배선을 말한다), 관등회로의 배선, 약전류전선 등 또는 수관, 가스관이나 이들과 유사한 것과 접근하거나 교차하는 경우에는 배선설비와 다른 공급설비와의 접근의 규정에 준하여 시설하여야 한다.

③ ②의 경우 이외에는 애자공사에 의한 저압 옥측전선로의 전선이 다른 시설물[그 저압 옥측전선로를 시설하는 조영재·가공전선, 고압 옥측전선(고압 옥측전선로의 전선, 고압 인입선의 옥측부분 및 고압 옥측배선을 말한다)·특고압 옥측전선(특고압 옥측전선로의 전선, 특고압 인입선의 옥측부분 및 특고압 옥측배선을 말한다) 및 옥상전선은 제외]과 접근하는 경우 또는 애자공사에 의한 저압 옥측전선로의 전선이 다른 시설물의 위나 아래에 시설되는 경우에 저압 옥측전선로의 전선과 다른 시설물 사이의 이격거리는 아래 표에서 정한 값 이상이어야 한다.

저압 옥측전선로 조영물의 구분에 따른 이격거리

다른 시설물의 구분	접근 형태	이격거리
조영물의 상부 조영재	위 쪽	2[m](전선이 고압 절연전선, 특고압 절연전선 또는 케이블인 경우는 1[m])
	옆쪽 또는 아래쪽	0.6[m](전선이 고압 절연전선, 특고압 절연전선 또는 케이블인 경우는 0.3[m])
조영물의 상부 조영재 이외의 부분 또는 조영물 이외의 시설물		0.6[m](전선이 고압 절연전선, 특고압 절연전선 또는 케이블인 경우는 0.3[m])

④ 애자공사에 의한 저압 옥측전선로의 전선과 식물 사이의 이격거리는 0.2[m] 이상이어야 한다. 다만, 저압 옥측전선로의 전선이 고압 절연전선 또는 특고압 절연전선인 경우에 그 전선을 식물에 접촉하지 않도록 시설하는 경우에는 적용하지 아니한다.

(3) 옥상전선로

① 저압 옥상전선로(저압의 인입선 및 연접인입선의 옥상부분은 제외)는 다음의 어느 하나에 해당하는 경우에 한하여 시설할 수 있다.
　가. 1구내 또는 동일 기초 구조물 및 여기에 구축된 복수의 건물과 구조적으로 일체화 된 하나의 건물(이하 "1구내 등"이라 한다)에 시설하는 전선로의 전부 또는 일부로 시설하는 경우
　나. 1구내 등 전용의 전선로 중 그 구내에 시설하는 부분의 전부 또는 일부로 시설하는 경우
② 저압 옥상전선로는 전개된 장소에 다음에 따르고 또한 위험의 우려가 없도록 시설하여야 한다.
　가. 전선은 인장강도 2.30[kN] 이상의 것 또는 지름 2.6[mm] 이상의 경동선을 사용할 것
　나. 전선은 절연전선(OW전선을 포함) 또는 이와 동등 이상의 절연성능이 있는 것을 사용할 것
　다. 전선은 조영재에 견고하게 붙인 지지주 또는 지지대에 절연성·난연성 및 내수성이 있는 애자를 사용하여 지지하고 또한 그 지지점 간의 거리는 15[m] 이하일 것
　라. 전선과 그 저압 옥상 전선로를 시설하는 조영재와의 이격거리는 2[m](전선이 고압 절연전선, 특고압 절연전선 또는 케이블인 경우에는 1[m]) 이상일 것
③ 전선이 케이블인 저압 옥상전선로는 다음의 어느 하나에 해당할 경우에 한하여 시설할 수 있다.
　가. 전선을 전개된 장소에 가공케이블의 시설의 규정에 준하여 시설하는 외에 조영재에 견고하게 붙인 지지주 또는 지지대에 의하여 지지하고 또한 조영재 사이의 이격거리를 1[m] 이상으로 하여 시설하는 경우
　나. 전선을 조영재에 견고하게 붙인 견고한 관 또는 트라프에 넣고 또한 트라프에는 취급자 이외의 자가 쉽게 열 수 없는 구조의 철제 또는 철근 콘크리트제 기타 견고한 뚜껑을 시설하는 외에 케이블공사 시설조건의 규정에 준하여 시설하는 경우
④ 저압 옥상전선로의 전선이 저압 옥측전선, 고압 옥측전선, 특고압 옥측전선, 다른 저압 옥상전선로의 전선, 약전류전선 등, 안테나·수관·가스관 또는 이들과 유사한 것과 접근하거나 교차하는 경우에는 저압 옥상전선로의 전선과 이들 사이의 이격거리는 1[m](저압 옥상전선로의 전선 또는 저압 옥측전선이나 다른 저압 옥상전선로의 전선이 저압 방호구에 넣은 절연전선 등·고압 절연전선·특고압 절연전선 또는 케이블인 경우에는 0.3[m]) 이상이어야 한다.
⑤ ④의 경우 이외에는 저압 옥상전선로의 전선이 다른 시설물(그 저압 옥상전선로를 시설하는 조영재·가공전선 및 고압의 옥상전선로의 전선은 제외)과 접근하거나 교차하는 경우에는 그 저압 옥상전선로의 전선과 이들 사이의 이격거리는 0.6[m](전선이 고압 절연전선, 특고압 절연전선 또는 케이블인 경우에는 0.3[m]) 이상이어야 한다.
⑥ 저압 옥상전선로의 전선은 상시 부는 바람 등에 의하여 식물에 접촉하지 아니하도록 시설하여야 한다.

7. 저압 가공전선로

1) 저압 가공전선의 굵기 및 종류

① 저압 가공전선은 나전선(중성선 또는 다중접지된 접지측 전선으로 사용하는 전선에 한함), 절연전선, 다심형 전선 또는 케이블을 사용하여야 한다.

② 사용전압이 400[V] 이하인 저압 가공전선은 케이블인 경우를 제외하고는 인장강도 3.43[kN] 이상의 것 또는 지름 3.2[mm](절연전선인 경우는 인장강도 2.3[kN] 이상의 것 또는 지름 2.6[mm] 이상의 경동선) 이상의 것이어야 한다.

③ 사용전압이 400[V] 초과인 저압 가공전선은 케이블인 경우 이외에는 시가지에 시설하는 것은 인장강도 8.01[kN] 이상의 것 또는 지름 5[mm] 이상의 경동선, 시가지 외에 시설하는 것은 인장강도 5.26[kN] 이상의 것 또는 지름 4[mm] 이상의 경동선이어야 한다.

④ 사용전압이 400[V] 초과인 저압 가공전선에는 인입용 비닐절연전선을 사용하여서는 안 된다.

2) 저압 가공전선의 높이

① 저압 가공전선의 높이는 다음에 따라야 한다.

    가. 도로[농로 기타 교통이 번잡하지 않은 도로 및 횡단보도교(도로·철도·궤도 등의 위를 횡단하여 시설하는 다리모양의 시설물로서 보행용으로만 사용되는 것을 말한다)를 제외]를 횡단하는 경우에는 지표상 6[m] 이상

    나. 철도 또는 궤도를 횡단하는 경우에는 레일면상 6.5[m] 이상

    다. 횡단보도교의 위에 시설하는 경우에는 저압 가공전선은 그 노면상 3.5[m][전선이 저압 절연전선(인입용 비닐절연전선·450/750[V] 비닐절연전선·450/750[V] 고무 절연전선·옥외용 비닐절연전선을 말한다)·다심형 전선 또는 케이블인 경우에는 3[m]] 이상

    라. 가부터 다까지 이외의 경우에는 지표상 5[m] 이상. 다만, 저압 가공전선을 도로 이외의 곳에 시설하는 경우 또는 절연전선이나 케이블을 사용한 저압 가공전선으로서 옥외 조명용에 공급하는 것으로 교통에 지장이 없도록 시설하는 경우에는 지표상 4[m]까지로 감할 수 있다.

② 다리의 하부 기타 이와 유사한 장소에 시설하는 저압의 전기철도용 급전선은 ①의 라의 규정에도 불구하고 지표상 3.5[m]까지로 감할 수 있다.

③ 저압 가공전선을 수면 상에 시설하는 경우에는 전선의 수면 상의 높이를 선박의 항해 등에 위험을 주지 않도록 유지하여야 한다.

3) 저압 가공전선로의 지지물의 강도

저압 가공전선로의 지지물은 목주인 경우에는 풍압하중의 1.2배의 하중, 기타의 경우에는 풍압하중에 견디는 강도를 가지는 것이어야 한다.

4) 저압 보안공사

저압 보안공사는 다음에 따라야 한다.

① 전선은 케이블인 경우 이외에는 인장강도 8.01[kN] 이상의 것 또는 지름 5[mm](사용전압이 400[V] 이하인 경우에는 인장강도 5.26[kN] 이상의 것 또는 지름 4[mm] 이상의 경동선) 이상의 경동선이어야 하며, 또한 이를 저압 가공전선의 안전율의 규정에 준하여 시설할 것

② 목주는 다음에 의할 것

    가. 풍압하중에 대한 안전율은 1.5 이상일 것

    나. 목주의 굵기는 말구(末口)의 지름 0.12[m] 이상일 것

③ 경간은 아래 표에서 정한 값 이하일 것. 다만, 전선에 인장강도 8.71[kN] 이상의 것 또는 단면적 22[mm^2] 이상의 경동연선을 사용하는 경우에는 고압 옥측전선로 등에 인접하는 가공전선의 시설의 규정에 준할 수 있다.

지지물 종류에 따른 경간

지지물의 종류	경간[m]
목주, A종 철주 또는 A종 철근 콘크리트주	100
B종 철주 또는 B종 철근 콘크리트주	150
철 탑	400

5) 저압 가공전선과 다른 시설물의 접근 또는 교차

① 저압 가공전선이 건조물·도로·횡단보도교·철도·궤도·삭도, 가공약전류전선로 등, 안테나, 교류 전차선, 저압/고압 전차선, 다른 저압 가공전선, 고압 가공전선 및 특고압 가공전선 이외의 시설물(이하 "다른 시설물"이라 한다)과 접근상태로 시설되는 경우에는 저압 가공전선과 다른 시설물 사이의 이격거리는 아래 표에서 정한 값 이상이어야 한다.

저압 가공전선과 조영물의 구분에 따른 이격거리

다른 시설물의 구분		이격거리
조영물의 상부 조영재	위 쪽	2[m](전선이 고압 절연전선, 특고압 절연전선 또는 케이블인 경우는 1.0[m])
	옆쪽 또는 아래쪽	0.6[m](전선이 고압 절연전선, 특고압 절연전선 또는 케이블인 경우는 0.3[m])
조영물의 상부 조영재 이외의 부분 또는 조영물 이외의 시설물		0.6[m](전선이 고압 절연전선, 특고압 절연전선 또는 케이블인 경우는 0.3[m])

② 저압 가공전선이 다른 시설물의 위에서 교차하는 경우에는 ①의 규정에 준하여 시설하여야 한다.

③ 저압 가공전선이 다른 시설물과 접근하는 경우에 저압 가공전선이 다른 시설물의 아래쪽에 시설되는 때에는 상호 간의 이격거리를 0.6[m](전선이 고압 절연전선, 특고압 절연전선 또는 케이블인 경우에 0.3[m]) 이상으로 하고 또한 위험의 우려가 없도록 시설하여야 한다.

④ 저압 가공전선을 다음의 어느 하나에 따라 시설하는 경우에는 ①부터 ③까지(이격거리에 관한 부분에 한함)의 규정에 의하지 아니할 수 있다.
  가. 저압 방호구에 넣은 저압 가공나전선을 건축 현장의 비계틀 또는 이와 유사한 시설물에 접촉하지 않도록 시설하는 경우
  나. 저압 방호구에 넣은 저압 가공절연전선 등을 조영물에 시설 된 간이한 돌출간판 기타 사람이 올라갈 우려가 없는 조영재 또는 조영물 이외의 시설물에 접촉하지 않도록 시설하는 경우
  다. 저압 절연전선 또는 저압 방호구에 넣은 저압 가공나전선을 조영물에 시설 된 간이한 돌출간판 기타 사람이 올라갈 우려가 없는 조영재에 0.3[m] 이상 이격하여 시설하는 경우

6) 구내에 시설하는 저압 가공전선로

① 1구내에만 시설하는 사용전압이 400[V] 이하인 저압 가공전선로의 전선이 건조물의 위에 시설되는 경우, 도로(폭이 5[m]를 초과하는 것에 한함)·횡단보도교, 철도, 궤도, 삭도, 가공약전류전선 등 안테나, 다른 가공전선 또는 전차선과 교차하여 시설되는 경우 및 이들과 수평거리로 그 저압 가공전선로의 지지물의 지표상 높이에 상당하는 거리 이내에 접근하여 시설되는 경우 이외에 한하여 다음에 따라 시설하는 때에는 저압 가공전선의 굵기 및 종류 및 저압 가공전선과 다른 시설물의 접근 또는 교차의 규정에 의하지 아니할 수 있다.
  가. 전선은 지름 2[mm] 이상의 경동선의 절연전선 또는 이와 동등 이상의 세기 및 굵기의 절연전선일 것. 다만, 경간이 10[m] 이하인 경우에 한하여 공칭단면적 4[mm^2] 이상의 연동 절연전선을 사용할 수 있다.
  나. 전선로의 경간은 30[m] 이하일 것
  다. 전선과 다른 시설물과의 이격거리는 아래 표에서 정한 값 이상일 것

구내에 시설하는 저압 가공전선로 조영물의 구분에 따른 이격거리

다른 시설물의 구분		이격거리
조영물의 상부 조영재	위 쪽	1[m]
	옆쪽 또는 아래쪽	0.6[m](전선이 고압 절연전선, 특고압 절연전선 또는 케이블인 경우는 0.3[m])
조영물의 상부 조영재 이외의 부분 또는 조영물 이외의 시설물		0.6[m](전선이 고압 절연전선, 특고압 절연전선 또는 케이블인 경우는 0.3[m])

② 1구내에만 시설하는 사용전압이 400[V] 이하인 저압 가공전선로의 전선은 그 저압 가공전선이 도로(폭이 5[m]를 초과하는 것에 한정)·횡단보도교·철도 또는 궤도를 횡단하여 시설하는 경우 이외의 경우에 한하여 다음에 따라 시설하는 때에는 저압 가공전선의 높이의 규정에 의하지 아니할 수 있다.
  가. 도로를 횡단하는 경우에는 4[m] 이상이고 교통에 지장이 없는 높이일 것
  나. 도로를 횡단하지 않는 경우에는 3[m] 이상의 높이일 것

8. 배선 및 조명설비 등

1) 일반사항

(1) 공통사항
① 전기설비의 안전을 위한 보호 방식
② 전기설비의 적합한 기능을 위한 요구사항
③ 예상되는 외부 영향에 대한 요구사항

2) 운전조건

(1) 전 압
① 전기설비는 해당 사용기기의 표준전압에 적합한 것이어야 한다.
② IT 계통 설비에서 중성선이 배선된 경우에는 상과 중성선 사이에 접속된 기기는 상간 전압에 대해 절연되어야 한다.

(2) 전 류
① 전기설비는 정상 사용상태에서 설계 전류에 적합하도록 선정하여야 한다.
② 전기설비는 보호장치의 특성에 따라 비정상 조건에서 발생할 수 있는 고장전류를 흘려보낼 수 있어야 한다.

(3) 주파수
주파수가 전기설비의 특성에 영향을 미치는 경우, 전기설비의 정격 주파수는 관련 회로의 정격 주파수와 일치하여야 한다.

(4) 전 력
전기설비는 부하율을 고려한 정상 운전조건에서 부하 특성이 적합하도록 선정하여야 한다.

(5) 적합성
전기설비의 시공 단계에서 적절한 예방 조치를 취하지 않은 경우, 개폐 조작을 포함한 정상 사용상태 동안 기타 다른 기기에 유해한 영향을 미치거나 전원을 손상시키지 않도록 하여야 한다.

3) 저압 옥내배선의 사용전선 및 중성선의 굵기

(1) 저압 옥내배선의 사용전선

① 저압 옥내배선의 전선은 단면적 2.5[mm^2] 이상의 연동선 또는 이와 동등 이상의 강도 및 굵기의 것
② 옥내배선의 사용 전압이 400[V] 이하인 경우로 다음 중 어느 하나에 해당하는 경우에는 ①을 적용하지 않는다.
 가. 전광표시장치 기타 이와 유사한 장치 또는 제어 회로 등에 사용하는 배선에 단면적 1.5[mm^2] 이상의 연동선을 사용하고 이를 합성수지관공사, 금속관공사, 금속몰드공사, 금속덕트공사, 플로어덕트공사 또는 셀룰러덕트공사에 의하여 시설하는 경우
 나. 전광표시장치 기타 이와 유사한 장치 또는 제어회로 등의 배선에 단면적 0.75[mm^2] 이상인 다심케이블 또는 다심 캡타이어케이블을 사용하고 또한 과전류가 생겼을 때에 자동적으로 전로에서 차단하는 장치를 시설하는 경우
 다. 진열장 또는 이와 유사한 것의 내부 배선 및 교통신호등의 규정에 의하여 단면적 0.75[mm^2] 이상인 코드 또는 캡타이어케이블을 사용하는 경우
 라. 파이프라인 등의 전열장치의 규정에 의하여 리프트 케이블을 사용하는 경우
 마. 특별저압 조명용 특수 용도에 대해서는 KS C IEC 60364-7-715(특수설비 또는 특수장소에 관한 요구사항-특별 저전압 조명설비) 참조한다.

(2) 중성선의 단면적

① 다음의 경우는 중성선의 단면적은 최소한 선도체의 단면적 이상이어야 한다.
 가. 2선식 단상회로
 나. 선도체의 단면적이 구리선 16[mm^2], 알루미늄선 25[mm^2] 이하인 다상 회로
 다. 제3고조파 및 제3고조파의 홀수배수의 고조파 전류가 흐를 가능성이 높고 전류 종합 고조파왜형률이 15~33[%]인 3상회로
② 제3고조파 및 제3고조파 홀수배수의 전류 종합 고조파왜형률이 33[%]를 초과하는 경우, KS C IEC 60364-5-52(저압전기설비-제5-52부 : 전기기기의 선정 및 설치-배선설비)의 부속서 E(고조파 전류가 평형3상 계통에 미치는 영향)를 고려하여 아래와 같이 중성선의 단면적을 증가시켜야 한다.
 가. 다심케이블의 경우 선도체의 단면적은 중성선의 단면적과 같아야 하며, 이 단면적은 선도체의 $1.45 \times I_B$(회로 설계전류)를 흘릴 수 있는 중성선을 선정한다.
 나. 단심케이블은 선도체의 단면적이 중성선 단면적보다 작을 수도 있다. 계산은 다음과 같다.
  가) 선 : I_B(회로 설계전류)
  나) 중성선 : 선도체의 $1.45 I_B$와 동등 이상의 전류
③ 다상 회로의 각 선도체 단면적이 구리선 16[mm^2] 또는 알루미늄선 25[mm^2]를 초과하는 경우 다음 조건을 모두 충족한다면 그 중성선의 단면적을 선도체 단면적보다 작게 해도 된다.
 가. 통상적인 사용 시에 상(phase)과 제3고조파 전류 간에 회로 부하가 균형을 이루고 있고, 제3고조파 홀수배수 전류가 선도체 전류의 15[%]를 넘지 않는다.
 나. 중성선의 단면적은 구리선 16[mm^2], 알루미늄선 25[mm^2] 이상이다.

4) 고주파 전류에 의한 장해의 방지

① 전기기계기구가 무선설비의 기능에 계속적이고 또한 중대한 장해를 주는 고주파 전류를 발생시킬 우려가 있는 경우에는 이를 방지하기 위하여 다음 각 호에 따라 시설하여야 한다.

   가. 형광 방전등에는 적당한 곳에 정전용량이 $0.006[\mu F]$ 이상 $0.5[\mu F]$ 이하[예열시동식의 것으로 글로우램프에 병렬로 접속할 경우에는 $0.006[\mu F]$ 이상 $0.01[\mu F]$ 이하]인 커패시터를 시설할 것

   나. 사용전압이 저압으로서 정격출력이 1[kW] 이하인 교류직권전동기(전기드릴용의 것을 제외. 이하 "소형교류직권전동기"라 한다)는 다음 중 어느 하나에 의할 것

      가) 단자 상호 간 및 각 단자의 소형교류직권전동기를 사용하는 전기기계기구(이하 이 조에서 "기계기구"라 한다)의 금속제 외함이나 소형교류직권전동기의 외함 또는 대지 사이에 각각 정전용량이 $0.1[\mu F]$ 및 $0.003[\mu F]$인 커패시터를 시설할 것

      나) 금속제 외함·철대 등 사람이 접촉할 우려가 있는 금속제 부분으로부터 소형교류직권전동기의 외함이 절연되어 있는 기계기구는 단자 상호 간 및 각 단자와 외함 또는 대지 사이에 각각 정전용량이 $0.1[\mu F]$인 커패시터 및 정전용량이 $0.003[\mu F]$을 초과하는 커패시터를 시설할 것

      다) 각 단자와 대지와의 사이에 정전용량이 $0.1[\mu F]$인 커패시터를 시설할 것

      라) 기계기구에 근접할 곳에 기계기구에 접속하는 전선 상호 간 및 각 전선과 기계기구의 금속제 외함 또는 대지 사이에 각각 정전 용량이 $0.1[\mu F]$ 및 $0.003[\mu F]$인 커패시터를 시설할 것

   다. 사용전압이 저압이고 정격 출력이 1[kW] 이하인 전기드릴용의 소형교류직권전동기에는 단자 상호 간에 정전용량이 $0.1[\mu F]$ 무유도형 커패시터를, 각 단자와 대지와의 사이에 정전용량이 $0.003[\mu F]$인 충분한 측로효과가 있는 관통형 커패시터를 시설할 것

② ①의 가부터 다까지의 커패시터는 아래 표에서 정하는 교류전압을 커패시터의 양 단자 상호 간 및 각 단자와 외함 간에 연속하여 1분간 가하여 절연내력을 시험하였을 때에 이에 견디는 것이어야 한다.

커패시터의 시험전압

정격 전압[V]	시험 전압[V]	
	단자 상호 간	인출 단자 및 일괄과 접지 단자 및 케이스 사이
110	253	1,000
220	506	1,000

9. 배선설비

1) 배선방법의 분류

종 류	공사방법
전선관시스템	합성수지관공사, 금속관공사, 가요전선관공사
케이블트렁킹시스템	합성수지몰드공사, 금속몰드공사, 금속트렁킹공사[a]
케이블덕팅시스템	플로어덕트공사, 셀룰러덕트공사, 금속덕트공사[b]
애자공사	애자공사
케이블트레이시스템(래더, 브래킷 포함)	케이블트레이공사
케이블공사	고정하지 않는 방법, 직접 고정하는 방법, 지지선 방법

[비 고]
- a : 금속본체와 커버가 별도로 구성되어 커버를 개폐할 수 있는 금속덕트공사를 말한다.
- b : 본체와 커버 구분 없이 하나로 구성된 금속덕트공사를 말한다.

2) 배선설비 적용 시 고려사항

(1) 병렬접속

두 개 이상의 선도체(충전도체) 또는 PEN도체를 계통에 병렬로 접속하는 경우, 다음에 따른다.

① 병렬도체 사이에 부하전류가 균등하게 배분될 수 있도록 조치를 취한다. 도체가 같은 재질, 같은 단면적을 가지고, 거의 길이가 같고, 전체 길이에 분기회로가 없으며 다음과 같을 경우 이 요구사항을 충족하는 것으로 본다.

   가. 병렬도체가 다심케이블, 트위스트(Twist) 단심케이블 또는 절연전선인 경우

   나. 병렬도체가 비트위스트(Non-twist) 단심케이블 또는 삼각형태(Trefoil) 혹은 직사각형(Flat) 형태의 절연 전선이고 단면적이 구리 $50[mm^2]$, 알루미늄 $70[mm^2]$ 이하인 것

   다. 병렬도체가 비트위스트(Non-twist) 단심케이블 또는 삼각형태(Trefoil) 혹은 직사각형(Flat) 형태의 절연 전선이고 단면적이 구리 $50[mm^2]$, 알루미늄 $70[mm^2]$를 초과하는 것으로 이 형상에 필요한 특수 배치를 적용한 것. 특수한 배치법은 다른 상 또는 극의 적절한 조합과 이격으로 구성한다.

(2) 전기적 접속

① 도체상호 간, 도체와 다른 기기와의 접속은 내구성이 있는 전기적 연속성이 있어야 하며, 적절한 기계적 강도와 보호를 갖추어야 한다.

② 접속 방법은 다음 사항을 고려하여 선정한다.

   가. 도체와 절연재료

   나. 도체를 구성하는 소선의 가닥수와 형상

   다. 도체의 단면적

   라. 함께 접속되는 도체의 수

③ 접속부는 다음의 경우를 제외하고 검사, 시험과 보수를 위해 접근이 가능하여야 한다.

   가. 지중매설용으로 설계된 접속부

   나. 충전재 채움 또는 캡슐 속의 접속부

   다. 실링히팅시스템(천정난방설비), 플로어히팅시스템(바닥난방설비) 및 트레이스히팅시스템(열선난방설비) 등의 발열체와 리드선과의 접속부

라. 용접(Welding), 연납땜(Soldering), 경납땜(Brazing) 또는 적절한 압착공구로 만든 접속부
마. 적절한 제품표준에 적합한 기기의 일부를 구성하는 접속부

④ 통상적인 사용 시에 온도가 상승하는 접속부는 그 접속부에 연결하는 도체의 절연물 및 그 도체 지지물의 성능을 저해하지 않도록 주의해야 한다.

⑤ 도체접속(단말뿐 아니라 중간 접속도)은 접속함, 인출함 또는 제조자가 이 용도를 위해 공간을 제공한 곳 등의 적절한 외함 안에서 수행되어야 한다. 이 경우, 기기는 고정접속장치가 있거나 접속장치의 설치를 위한 조치가 마련되어 있어야 한다. 분기회로 도체의 단말부는 외함 안에서 접속되어야 한다.

⑥ 전선의 접속점 및 연결점은 기계적 응력이 미치지 않아야 한다. 장력(스트레스) 완화장치는 전선의 도체와 절연체에 기계적인 손상이 가지 않도록 설계되어야 한다.

⑦ 외함 안에서 접속되는 경우 외함은 충분한 기계적 보호 및 관련 외부 영향에 대한 보호가 이루어져야 한다.

⑧ 다중선, 세선, 극세선의 접속
  가. 다중선, 세선, 극세선의 개별 전선이 분리되거나 분산되는 것을 막기 위해서 적합한 단말부를 사용하거나 도체 끝을 적절히 처리하여야 한다.
  나. 적절한 단말부를 사용한다면 다중선, 세선, 극세선의 전체 도체의 말단을 연납땜(Soldering)하는 것이 허용된다.
  다. 사용 중 도체의 연납땜(Soldering)한 부위와 연납땜(Soldering)하지 않은 부위의 상대적인 위치가 움직이게 되는 연결점에서는 세선 및 극세선 도체의 말단을 납땜하는 것이 허용되지 않는다.
  라. 세선과 극세선은 KS C IEC 60228(절연케이블용 도체)의 5등급과 6등급의 요구사항에 적합하여야 한다.

⑨ 전선관, 덕트 또는 트렁킹의 말단에서 시스를 벗긴 케이블과 시스 없는 케이블의 심선은 ⑤의 요구사항대로 외함 안에 수납하여야 한다.

(3) 배선설비와 다른 공급설비와의 접근

① 다른 전기 공급설비의 접근
  KS C IEC 60449(건축전기설비의 전압 밴드)에 의한 전압밴드Ⅰ과 전압밴드Ⅱ 회로는 다음의 경우를 제외하고는 동일한 배선설비 중에 수납하지 않아야 한다.
  가. 모든 케이블 또는 도체가 존재하는 최대 전압에 대해 절연되어 있는 경우
  나. 다심케이블의 각 도체가 케이블에 존재하는 최대 전압에 절연되어 있는 경우
  다. 케이블이 그 계통의 전압에 대해 절연되어 있으며, 케이블이 케이블덕팅시스템 또는 케이블 트렁킹 시스템의 별도 구획에 설치되어 있는 경우
  라. 케이블이 격벽을 써서 물리적으로 분리되는 케이블트레이 시스템에 설치되어 있는 경우
  마. 별도의 전선관, 케이블트렁킹 시스템 또는 케이블덕팅시스템을 이용하는 경우
  바. 저압 옥내배선이 다른 저압 옥내배선 또는 관등회로의 배선과 접근하거나 교차하는 경우에 애자공사에 의하여 시설하는 저압 옥내배선과 다른 저압 옥내배선 또는 관등회로의 배선 사이의 이격거리는 0.1[m](애자공사에 의하여 시설하는 저압 옥내배선이 나전선인 경우에는 0.3[m]) 이상이어야 한다. 다만, 다음의 어느 하나에 해당하는 경우에는 그러하지 아니하다.
    가) 애자공사에 의하여 시설하는 저압 옥내배선과 다른 애자공사에 의하여 시설하는 저압 옥내배선 사이에 절연성의 격벽을 견고하게 시설하거나 어느 한쪽의 저압 옥내배선을 충분한 길이의 난연성 및 내수성이 있는 견고한 절연관에 넣어 시설하는 경우

나) 애자공사에 의하여 시설하는 저압 옥내배선과 애자공사에 의하여 시설하는 다른 저압 옥내배선 또는 관등회로의 배선이 병행하는 경우에 상호 간의 이격거리를 60[mm] 이상으로 하여 시설할 때

다) 애자공사에 의하여 시설하는 저압 옥내배선과 다른 저압 옥내배선(애자공사에 의하여 시설하는 것을 제외) 또는 관등회로의 배선 사이에 절연성의 격벽을 견고하게 시설하거나 애자공사에 의하여 시설하는 저압 옥내배선이나 관등회로의 배선을 충분한 길이의 난연성 및 내수성이 있는 견고한 절연관에 넣어 시설하는 경우

② **통신 케이블과의 접근**

지중 통신케이블과 지중 전력케이블이 교차하거나 접근하는 경우 100[mm] 이상의 간격을 유지하거나 가 또는 나의 요구사항을 충족하여야 한다.

가. 케이블 사이에 예를 들어 벽돌, 케이블 보호 캡(점토, 콘크리트), 성형블록(콘크리트) 등과 같은 내화격벽을 갖추거나, 케이블 전선관 또는 내화물질로 만든 트로프(Troughs)에 의해 추가보호 조치를 하여야 한다.

나. 교차하는 부분에 대해서는, 케이블 사이에 케이블 전선관, 콘크리트제 케이블 보호 캡, 성형블록 등과 같은 기계적인 보호 조치를 하여야 한다.

다. 지중 전선이 지중 약전류전선 등과 접근하거나 교차하는 경우에 상호 간의 이격거리가 저압 지중 전선은 0.3[m] 이하인 때에는 지중 전선과 지중 약전류전선 등 사이에 견고한 내화성(콘크리트 등의 불연재료로 만들어진 것으로 케이블의 허용온도 이상으로 가열시킨 상태에서도 변형 또는 파괴되지 않는 재료를 말한다)의 격벽을 설치하는 경우 이외에는 지중 전선을 견고한 불연성 또는 난연성의 관에 넣어 그 관이 지중 약전류전선 등과 직접 접촉하지 아니하도록 하여야 한다. 다만, 다음의 어느 하나에 해당하는 경우에는 그러하지 아니하다.

가) 지중 약전류전선 등이 전력보안 통신선인 경우에 불연성 또는 자소성이 있는 난연성의 재료로 피복한 광섬유케이블인 경우 또는 불연성 또는 자소성이 있는 난연성의 관에 넣은 광섬유케이블인 경우

나) 지중 약전류전선 등이 전력보안 통신선인 경우

다) 지중 약전류전선 등이 불연성 또는 자소성이 있는 난연성의 재료로 피복한 광섬유케이블인 경우 또는 불연성 또는 자소성이 있는 난연성의 관에 넣은 광섬유케이블로서 그 관리자와 협의한 경우

라. 저압 옥내배선이 약전류전선 등 또는 수관, 가스관이나 이와 유사한 것과 접근하거나 교차하는 경우에 저압 옥내배선을 애자공사에 의하여 시설하는 때에는 저압 옥내배선과 약전류전선 등 또는 수관, 가스관이나 이와 유사한 것과의 이격거리는 0.1[m](전선이 나전선인 경우에 0.3[m]) 이상. 다만, 저압 옥내배선의 사용전압이 400[V] 이하인 경우에 저압 옥내배선과 약전류전선 등 또는 수관, 가스관이나 이와 유사한 것과의 사이에 절연성의 격벽을 견고하게 시설하거나 저압 옥내배선을 충분한 길이의 난연성 및 내수성이 있는 견고한 절연관에 넣어 시설하는 때에는 그러하지 아니하다.

③ **비전기 공급설비와의 접근**

가. 배선설비는 배선을 손상시킬 우려가 있는 열, 연기, 증기 등을 발생시키는 설비에 접근해서 설치하지 않아야 한다. 다만, 배선에서 발생한 열의 발산을 저해하지 않도록 배치한 차폐물을 사용하여 유해한 외적 영향으로부터 적절하게 보호하는 경우는 제외한다. 각종 설비의 빈 공간(Cavity)이나 비어있는 지지대(Service shaft) 등과 같이 특별히 케이블 설치를 위해 설계된 구역이 아닌 곳에서는 통상적으로 운전하고 있는 인접 설비(가스관, 수도관, 스팀관 등)의 해로운 영향을 받지 않도록 케이블을 포설하여야 한다.

나. 응결을 일으킬 우려가 있는 공급설비(예 가스, 물 또는 증기공급설비) 아래에 배선설비를 포설하는 경우는 배선설비가 유해한 영향을 받지 않도록 예방조치를 마련하여야 한다.

다. 전기공급설비를 다른 공급설비와 접근하여 설치하는 경우는 다른 공급설비에서 예상할 수 있는 어떠한 운전을 하더라도 전기공급설비에 손상을 주거나 그 반대의 경우가 되지 않도록 각 공급설비 사이의 충분한 이격을 유지하거나 기계적 또는 열적 차폐물을 사용하는 등의 방법으로 전기공급설비를 배치한다.

라. 가스계량기 및 가스관의 이음부(용접이음매를 제외)와 전기설비의 이격거리는 다음에 따라야 한다.
    가) 가스계량기 및 가스관의 이음부와 전력량계 및 개폐기의 이격거리는 0.6[m] 이상
    나) 가스계량기와 점멸기 및 접속기의 이격거리는 0.3[m] 이상
    다) 가스관의 이음부와 점멸기 및 접속기의 이격거리는 0.15[m] 이상

④ 금속외장 단심케이블

동일 회로의 단심케이블의 금속 시스 또는 비자성체 강대외장은 그 배선의 양단에서 모두 접속하여야 한다. 또한 통전용량을 향상시키기 위해 단면적 $50[mm^2]$ 이상의 도체를 가진 케이블의 경우는 시스 또는 비전도성 강대외장은 접속하지 않는 한쪽 단에서 적절한 절연을 하고, 전체 배선의 한쪽 단에서 함께 접속해도 된다. 이 경우 다음과 같이 시스 또는 강대외장의 대지전압을 제한하기 위해 접속지점으로부터의 케이블 길이를 제한하여야 한다.

가. 최대 전압을 25[V]로 제한하는 등으로 케이블에 최대부하의 전류가 흘렀을 때 부식을 일으키지 않을 것
나. 케이블에 단락전류가 발생했을 때 재산피해(설비손상)나 위험을 초래하지 않을 것

⑤ 수용가 설비에서의 전압강하

가. 다른 조건을 고려하지 않는다면 수용가 설비의 인입구로부터 기기까지의 전압강하는 아래 표의 값 이하이어야 한다.

수용가설비의 전압강하

설비의 유형	조명[%]	기타[%]
A – 저압으로 수전하는 경우	3	5
B – 고압 이상으로 수전하는 경우[a]	6	8

[a] 가능한 한 최종회로 내의 전압강하가 A유형의 값을 넘지 않도록 하는 것이 바람직하다.
사용자의 배선설비가 100[m]를 넘는 부분의 전압강하는 미터 당 0.005[%] 증가할 수 있으나 이러한 증가분은 0.5[%]를 넘지 않아야 한다.

나. 다음의 경우에는 위의 표보다 더 큰 전압강하를 허용할 수 있다.
    가) 기동 시간 중의 전동기
    나) 돌입전류가 큰 기타 기기

다. 다음과 같은 일시적인 조건은 고려하지 않는다.
    가) 과도과전압
    나) 비정상적인 사용으로 인한 전압 변동

3) 배선설비의 선정과 설치에 고려해야할 외부영향

(1) 외부 열원

외부 열원으로부터의 악영향을 피하기 위해 다음 대책 중의 하나 또는 이와 동등한 유효한 방법을 사용하여 배선설비를 보호하여야 한다.

① 차 폐
② 열원으로부터의 충분한 이격
③ 발생할 우려가 있는 온도상승을 고려한 구성품의 선정
④ 단열 절연슬리브접속(Sleeving) 등과 같은 절연재료의 국부적 강화

(2) 물의 존재(AD) 또는 높은 습도(AB)

① 배선설비는 결로 또는 물의 침입에 의한 손상이 없도록 선정하고 설치하여야 한다. 설치가 완성된 배선설비는 개별 장소에 알맞은 IP 보호등급에 적합하여야 한다.
② 배선설비 안에 물의 고임 또는 응결될 우려가 있는 경우는 그것을 배출하기 위한 조치를 마련하여야 한다.
③ 배선설비가 파도에 움직일 우려가 있는 경우(AD6)는 기계적 손상에 대해 보호하기 위해 충격(AG), 진동(AH), 및 기계적 응력(AJ)의 조치 중 한 가지 이상의 대책을 세워야 한다.

(3) 충격(AG)

① 배선설비는 설치, 사용 또는 보수 중에 충격, 관통, 압축 등의 기계적 응력 등에 의해 발생하는 손상을 최소화하도록 선정하고 설치하여야 한다.
② 고정 설비에 있어 중간 가혹도(AG2) 또는 높은 가혹도(AG3)의 충격이 발생할 수 있는 경우는 다음을 고려하여야 한다.
　가. 배선설비의 기계적 특성
　나. 장소의 선정
　다. 부분적 또는 전체적으로 실시하는 추가 기계적 보호 조치
　라. 위 고려사항들의 조합
③ 바닥 또는 천장 속에 설치하는 케이블은 바닥, 천장, 또는 그 밖의 지지물과의 접촉에 의해 손상을 받지 않는 곳에 설치하여야 한다.
④ 케이블과 전선의 설치 후에도 전기설비의 보호등급이 유지되어야 한다.

(4) 진동(AH)

① 중간 가혹도(AH2) 또는 높은 가혹도(AH3)의 진동을 받은 기기의 구조체에 지지 또는 고정하는 배선설비는 이들 조건에 적절히 대비해야 한다.
② 고정형 설비로 조명기기 등 현수형 전기기기는 유연성 심선을 갖는 케이블로 접속해야 한다. 다만, 진동 또는 이동의 위험이 없는 경우는 예외로 한다.

(5) 식물과 곰팡이의 존재(AK)

① 경험 또는 예측에 의해 위험조건(AK2)이 되는 경우, 다음을 고려하여야 한다.
　가. 폐쇄형 설비(전선관, 케이블덕트 또는 케이블 트렁킹)
　나. 식물에 대한 이격거리 유지
　다. 배선설비의 정기적인 청소

(6) 동물의 존재(AL)

① 경험 또는 예측을 통해 위험 조건(AL2)이 되는 경우, 다음을 고려하여야 한다.
　가. 배선설비의 기계적 특성 고려

나. 적절한 장소의 선정

다. 부분적 또는 전체적인 기계적 보호조치의 추가

라. 위 고려사항들의 조합

4) 합성수지관공사

(1) 시설조건

① 전선은 절연전선(옥외용 비닐절연전선을 제외)일 것

② 전선은 연선일 것. 다만, 다음의 것은 적용하지 않는다.

　가. 짧고 가는 합성수지관에 넣은 것

　나. 단면적 10[mm^2](알루미늄선은 단면적 16[mm^2]) 이하의 것

③ 전선은 합성수지관 안에서 접속점이 없도록 할 것

④ 중량물의 압력 또는 현저한 기계적 충격을 받을 우려가 없도록 시설할 것

(2) 분진방폭형 가요성 부속

① 구 조

이음매 없는 단동, 인청동이나 스테인리스의 가요관에 단동, 황동이나 스테인리스의 편조피복을 입힌 것 또는 가요전선관 및 부속품의 선정에 적합한 2종 금속제의 가요전선관에 두께 0.8[mm] 이상의 비닐 피복을 입힌 것의 양쪽 끝에 커넥터 또는 유니온 커플링을 견고히 접속하고 안쪽 면은 전선을 넣거나 바꿀 때에 전선의 피복을 손상하지 아니하도록 매끈한 것일 것

② 완성품

실온에서 그 바깥지름의 10배의 지름을 가지는 원통의 주위에 180° 구부린 후 직선상으로 환원시키고 다음에 반대방향으로 180° 구부린 후 직선상으로 환원시키는 조작을 10회 반복하였을 때에 금이 가거나 갈라지는 등의 이상이 생기지 아니하는 것일 것

(3) 합성수지관 및 부속품의 시설

① 관 상호 간 및 박스와는 관을 삽입하는 깊이를 관의 바깥지름의 1.2배(접착제를 사용하는 경우에는 0.8배) 이상으로 하고 또한 꽂음 접속에 의하여 견고하게 접속할 것

② 관의 지지점 간의 거리는 1.5[m] 이하로 하고, 또한 그 지지점은 관의 끝, 관과 박스의 접속점 및 관 상호 간의 접속점 등에 가까운 곳에 시설할 것

③ 습기가 많은 장소 또는 물기가 있는 장소에 시설하는 경우에는 방습 장치를 할 것

④ 합성수지관을 금속제의 박스에 접속하여 사용하는 경우 또는 합성수지관 및 부속품의 선정에 규정하는 분진방폭형 가요성 부속을 사용하는 경우에는 박스 또는 분진 방폭형 가요성 부속에 합성수지관공사과 접지시스템에 준하여 접지공사를 할 것. 다만, 사용전압이 400[V] 이하로서 다음 중 하나에 해당하는 경우에는 그러하지 아니하다.

　가. 건조한 장소에 시설하는 경우

　나. 옥내배선의 사용전압이 직류 300[V] 또는 교류 대지 전압이 150[V] 이하로서 사람이 쉽게 접촉할 우려가 없도록 시설하는 경우

5) 금속관공사

(1) 시설조건

① 전선은 절연전선(옥외용 비닐절연전선을 제외)일 것
② 전선은 연선일 것. 다만, 다음의 것은 적용하지 않는다.
　가. 짧고 가는 금속관에 넣은 것
　나. 단면적 10[mm^2](알루미늄선은 단면적 16[mm^2]) 이하의 것
③ 전선은 금속관 안에서 접속점이 없도록 할 것

(2) 금속관 및 부속품의 시설

① 관 상호 간 및 관과 박스 기타의 부속품과는 나사접속 기타 이와 동등 이상의 효력이 있는 방법에 의하여 견고하고 또한 전기적으로 완전하게 접속할 것
② 관의 끝 부분에는 전선의 피복을 손상하지 아니하도록 적당한 구조의 부싱을 사용할 것. 다만, 금속관공사로부터 애자사용공사로 옮기는 경우에는 그 부분의 관의 끝부분에는 절연부싱 또는 이와 유사한 것을 사용하여야 한다.
③ 습기가 많은 장소 또는 물기가 있는 장소에 시설하는 경우에는 방습 장치를 할 것
④ 관에는 감전에 대한 보호와 접지시스템에 준하여 접지공사를 할 것. 다만, 사용전압이 400[V] 이하로서 다음 중 하나에 해당하는 경우에는 그러하지 아니하다.
　가. 관의 길이(2개 이상의 관을 접속하여 사용하는 경우에는 그 전체의 길이를 말한다)가 4[m] 이하인 것을 건조한 장소에 시설하는 경우
　나. 옥내배선의 사용전압이 직류 300[V] 또는 교류 대지 전압 150[V] 이하로서 그 전선을 넣는 관의 길이가 8[m] 이하인 것을 사람이 쉽게 접촉할 우려가 없도록 시설하는 경우 또는 건조한 장소에 시설하는 경우

6) 금속제 가요전선관공사

(1) 시설조건

① 전선은 절연전선(옥외용 비닐절연전선을 제외)일 것
② 전선은 연선일 것. 다만, 단면적 10[mm^2](알루미늄선은 단면적 16[mm^2]) 이하인 것은 그러하지 아니하다.
③ 가요전선관 안에는 전선에 접속점이 없도록 할 것
④ 가요전선관은 2종 금속제 가요전선관일 것. 다만, 전개된 장소 또는 점검할 수 있는 은폐된 장소(옥내배선의 사용전압이 400[V] 초과인 경우에는 전동기에 접속하는 부분으로서 가요성을 필요로 하는 부분에 사용하는 것에 한함)에는 1종 가요전선관(습기가 많은 장소 또는 물기가 있는 장소에는 비닐 피복 1종 가요전선관에 한함)을 사용할 수 있다.

(2) 가요전선관 및 부속품의 시설

① 관 상호 간 및 관과 박스 기타의 부속품과는 견고하고 또한 전기적으로 완전하게 접속할 것
② 가요전선관의 끝부분은 피복을 손상하지 아니하는 구조로 되어 있을 것
③ 2종 금속제 가요전선관을 사용하는 경우에 습기 많은 장소 또는 물기가 있는 장소에 시설하는 때에는 비닐 피복 2종 가요전선관일 것

④ 1종 금속제 가요전선관에는 단면적 2.5[mm²] 이상의 나연동선을 전체 길이에 걸쳐 삽입 또는 첨가하여 그 나연동선과 1종 금속제가요전선관을 양쪽 끝에서 전기적으로 완전하게 접속할 것. 다만, 관의 길이가 4[m] 이하인 것을 시설하는 경우에는 그러하지 아니하다.

10. 금속몰드공사

1) 시설조건

① 전선은 절연전선(옥외용 비닐절연 전선을 제외)일 것
② 금속몰드 안에는 전선에 접속점이 없도록 할 것. 다만, 전기용품 및 생활용품 안전관리법에 의한 금속제 조인트 박스를 사용할 경우에는 접속할 수 있다.
③ 금속몰드의 사용전압이 400[V] 이하로 옥내의 건조한 장소로 전개된 장소 또는 점검할 수 있는 은폐장소에 한하여 시설할 수 있다.

(1) 금속몰드 및 박스 기타 부속품의 선정

금속몰드공사에 사용하는 금속몰드 및 박스 기타의 부속품(몰드 상호 간을 접속하는 것 및 몰드의 끝에 접속하는 것에 한한다)은 다음에 적합한 것이어야 한다.
① 전기용품 및 생활용품 안전관리법에서 정하는 표준에 적합한 금속제의 몰드 및 박스 기타 부속품 또는 황동이나 동으로 견고하게 제작한 것으로서 안쪽 면이 매끈한 것일 것
② 황동제 또는 동제의 몰드는 폭이 50[mm] 이하, 두께 0.5[mm] 이상인 것일 것
③ 몰드 상호 간 및 몰드 박스 기타의 부속품과는 견고하고 또한 전기적으로 완전하게 접속할 것
④ 몰드에는 감전에 대한 보호 및 접지시스템의 규정에 준하여 접지공사를 할 것. 다만, 다음 중 하나에 해당하는 경우에는 그러하지 아니하다.
　가. 몰드의 길이(2개 이상의 몰드를 접속하여 사용하는 경우에는 그 전체의 길이를 말한다)가 4[m] 이하인 것을 시설하는 경우
　나. 옥내배선의 사용전압이 직류 300[V] 또는 교류 대지 전압이 150[V] 이하로서 그 전선을 넣는 관의 길이가 8[m] 이하인 것을 사람이 쉽게 접촉할 우려가 없도록 시설하는 경우 또는 건조한 장소에 시설하는 경우

11. 금속덕트공사

1) 시설조건

① 전선은 절연전선(옥외용 비닐절연전선을 제외)일 것
② 금속덕트에 넣은 전선의 단면적(절연피복의 단면적을 포함)의 합계는 덕트의 내부 단면적의 20[%](전광표시장치 기타 이와 유사한 장치 또는 제어회로 등의 배선만을 넣는 경우에는 50[%]) 이하일 것
③ 금속덕트 안에는 전선에 접속점이 없도록 할 것. 다만, 전선을 분기하는 경우에는 그 접속점을 쉽게 점검할 수 있는 때에는 그러하지 아니하다.
④ 금속덕트 안의 전선을 외부로 인출하는 부분은 금속 덕트의 관통부분에서 전선이 손상될 우려가 없도록 시설할 것
⑤ 금속덕트 안에는 전선의 피복을 손상할 우려가 있는 것을 넣지 아니할 것
⑥ 금속덕트에 의하여 저압 옥내배선이 건축물의 방화 구획을 관통하거나 인접 조영물로 연장되는 경우에는 그 방화벽 또는 조영물 벽면의 덕트 내부는 불연성의 물질로 차폐하여야 함

2) 금속덕트의 선정

① 폭이 40[mm] 이상, 두께가 1.2[mm] 이상인 철판 또는 동등 이상의 기계적 강도를 가지는 금속제의 것으로 견고하게 제작한 것일 것
② 안쪽 면은 전선의 피복을 손상시키는 돌기가 없는 것일 것
③ 안쪽 면 및 바깥 면에는 산화 방지를 위하여 아연도금 또는 이와 동등 이상의 효과를 가지는 도장을 한 것일 것

3) 금속덕트의 시설

① 덕트 상호 간은 견고하고 또한 전기적으로 완전하게 접속할 것
② 덕트를 조영재에 붙이는 경우에는 덕트의 지지점 간의 거리를 3[m](취급자 이외의 자가 출입할 수 없도록 설비한 곳에서 수직으로 붙이는 경우에는 6[m]) 이하로 하고 또한 견고하게 붙일 것
③ 덕트의 본체와 구분하여 뚜껑을 설치하는 경우에는 쉽게 열리지 아니하도록 시설할 것
④ 덕트의 끝부분은 막을 것
⑤ 덕트 안에 먼지가 침입하지 아니하도록 할 것
⑥ 덕트는 물이 고이는 낮은 부분을 만들지 않도록 시설할 것
⑦ 덕트는 감전에 대한 보호와 접지시스템에 준하여 접지공사를 할 것

12. 케이블공사

1) 시설조건

케이블공사에 의한 저압 옥내배선은 다음에 따라 시설하여야 한다.
① 전선은 케이블 및 캡타이어케이블일 것
② 중량물의 압력 또는 현저한 기계적 충격을 받을 우려가 있는 곳에 포설하는 케이블에는 적당한 방호 장치를 할 것
③ 전선을 조영재의 아랫면 또는 옆면에 따라 붙이는 경우에는 전선의 지지점 간의 거리를 케이블은 2[m](사람이 접촉할 우려가 없는 곳에서 수직으로 붙이는 경우에는 6[m]) 이하 캡타이어케이블은 1[m] 이하로 하고 또한 그 피복을 손상하지 아니하도록 붙일 것
④ 관 기타의 전선을 넣는 방호 장치의 금속제 부분·금속제의 전선 접속함 및 전선의 피복에 사용하는 금속체에는 감전에 의한 보호와 접지시스템에 준하여 접지공사를 할 것. 다만, 사용전압이 400[V] 이하로서 다음 중 하나에 해당할 경우에는 관 기타의 전선을 넣는 방호 장치의 금속제 부분에 대하여는 그러하지 아니하다.
   가. 방호 장치의 금속제 부분의 길이가 4[m] 이하인 것을 건조한 곳에 시설하는 경우
   나. 옥내배선의 사용전압이 직류 300[V] 또는 교류 대지 전압이 150[V] 이하로서 방호 장치의 금속제 부분의 길이가 8[m] 이하인 것을 사람이 쉽게 접촉할 우려가 없도록 시설하는 경우 또는 건조한 것에 시설하는 경우

2) 수직 케이블의 포설

① 전선은 다음 중 하나에 적합한 케이블일 것
   가. KS C IEC 60502(정격전압 1 ~ 30[kV] 압출 성형 절연 전력케이블 및 그 부속품)에 적합한 비닐외장케이블 또는 클로로프렌외장케이블(도체에 연알루미늄선, 반경 알루미늄선 또는 알루미늄 성형단선을 사용하는 것 및 나에 규정하는 강심알루미늄 도체 케이블을 제외)로서 도체에 동을 사용하는 경우는 공칭단면적 25[mm^2] 이상, 도체에 알루미늄을 사용한 경우는 공칭단면적 35[mm^2] 이상의 것

나. 강심알루미늄 도체 케이블은 전기용품 및 생활용품 안전관리법에 적합할 것
　다. 수직조가용선 부(付) 케이블로서 다음에 적합할 것
　　가) 케이블은 인장강도 5.93[kN] 이상의 금속선 또는 단면적이 22[mm^2] 아연도강연선으로서 단면적 5.3[mm^2] 이상의 조가용선을 비닐외장케이블 또는 클로로프렌외장케이블의 외장에 견고하게 붙인 것일 것
　　나) 조가용선은 케이블의 중량(조가용선의 중량을 제외)의 4배의 인장강도에 견디도록 붙인 것일 것
　라. KS C IEC 60502(정격전압 1 ~ 30[kV] 압출 성형 절연 전력케이블 및 그 부속품)에 적합한 비닐외장케이블 또는 클로로프렌외장케이블의 외장 위에 그 외장을 손상하지 아니하도록 좌상을 시설하고 또 그 위에 아연도금을 한 철선으로서 인장강도 294[N] 이상의 것 또는 지름 1[mm] 이상의 금속선을 조밀하게 연합한 철선 개장 케이블
② 전선 및 그 지지부분의 안전율은 4 이상일 것
③ 전선 및 그 지지부분은 충전부분이 노출되지 아니하도록 시설할 것
④ 전선과의 분기부분에 시설하는 분기선은 케이블일 것
⑤ 분기선은 장력이 가하여지지 아니하도록 시설하고 또한 전선과의 분기부분에는 진동 방지장치를 시설할 것
⑥ ⑤의 규정에 의하여 시설하여도 전선에 손상을 입힐 우려가 있을 경우에는 적당한 개소에 진동 방지장치를 더 시설할 것

13. 애자공사

1) 시설조건

① 전선은 다음의 경우 이외에는 절연전선(옥외용 비닐절연전선 및 인입용 비닐절연전선을 제외)일 것
　가. 전기로용 전선
　나. 전선의 피복 절연물이 부식하는 장소에 시설하는 전선
　다. 취급자 이외의 자가 출입할 수 없도록 설비한 장소에 시설하는 전선
② 전선 상호 간의 간격은 0.06[m] 이상일 것
③ 전선과 조영재 사이의 이격거리는 사용전압이 400[V] 이하인 경우에는 25[mm] 이상, 400[V] 초과인 경우에는 45[mm](건조한 장소에 시설하는 경우에는 25[mm]) 이상일 것
④ 전선의 지지점 간의 거리는 전선을 조영재의 윗면 또는 옆면에 따라 붙일 경우에는 2[m] 이하일 것
⑤ 사용전압이 400[V] 초과인 것은 ④의 경우 이외에는 전선의 지지점 간의 거리는 6[m] 이하일 것
⑥ 저압 옥내배선은 사람이 접촉할 우려가 없도록 시설할 것. 다만, 사용전압이 400[V] 이하인 경우에 사람이 쉽게 접촉할 우려가 없도록 시설하는 때에는 그러하지 아니하다.
⑦ 전선이 조영재를 관통하는 경우에는 그 관통하는 부분의 전선을 전선마다 각각 별개의 난연성 및 내수성이 있는 절연관에 넣을 것. 다만, 사용전압이 150[V] 이하인 전선을 건조한 장소에 시설하는 경우로서 관통하는 부분의 전선에 내구성이 있는 절연 테이프를 감을 때에는 그러하지 아니하다.

14. 버스덕트공사

1) 시설조건
① 덕트 상호 간 및 전선 상호 간은 견고하고 또한 전기적으로 완전하게 접속할 것
② 덕트를 조영재에 붙이는 경우에는 덕트의 지지점 간의 거리를 3[m](취급자 이외의 자가 출입할 수 없도록 설비한 곳에서 수직으로 붙이는 경우에는 6[m]) 이하로 하고 또한 견고하게 붙일 것
③ 덕트(환기형의 것을 제외)의 끝부분은 막을 것
④ 덕트(환기형의 것을 제외)의 내부에 먼지가 침입하지 아니하도록 할 것
⑤ 덕트는 감전에 대한 보호와 접지시스템에 준하여 접지공사를 할 것
⑥ 습기가 많은 장소 또는 물기가 있는 장소에 시설하는 경우에는 옥외용 버스덕트를 사용하고 버스덕트 내부에 물이 침입하여 고이지 아니하도록 할 것

2) 버스덕트의 선정
① 도체는 단면적 20[mm²] 이상의 띠 모양, 지름 5[mm] 이상의 관모양이나 둥글고 긴 막대 모양의 동 또는 단면적 30[mm²] 이상의 띠 모양의 알루미늄을 사용한 것일 것
② 도체 지지물은 절연성, 난연성 및 내수성이 있는 견고한 것일 것
③ 덕트는 아래표의 두께 이상의 강판 또는 알루미늄판으로 견고히 제작한 것일 것

버스덕트의 선정

덕트의 최대 폭[mm]	덕트의 판 두께[mm]		
	강 판	알루미늄판	합성수지판
150 이하	1.0	1.6	2.5
150 초과 300 이하	1.4	2.0	5.0
300 초과 500 이하	1.6	2.3	–
500 초과 700 이하	2.0	2.9	–
700 초과하는 것	2.3	3.2	–

15. 옥내에 시설하는 저압 접촉전선 배선

① 이동기중기·자동청소기 그 밖에 이동하며 사용하는 저압의 전기기계기구에 전기를 공급하기 위하여 사용하는 접촉전선을 옥내에 시설하는 경우에는 기계기구에 시설하는 경우 이외에는 전개된 장소 또는 점검할 수 있는 은폐된 장소에 애자공사 또는 버스덕트공사 또는 절연트롤리공사에 의하여야 한다.
② 저압 접촉전선을 애자공사에 의하여 옥내의 전개된 장소에 시설하는 경우에는 기계기구에 시설하는 경우 이외에는 다음에 따라야 한다.
   가. 전선의 바닥에서의 높이는 3.5[m] 이상으로 하고 또한 사람이 접촉할 우려가 없도록 시설할 것. 다만, 전선의 최대 사용전압이 60[V] 이하이고 또한 건조한 장소에 시설하는 경우로서 사람이 쉽게 접촉할 우려가 없도록 시설하는 경우에는 그러하지 아니하다.
   나. 전선과 건조물 또는 주행 크레인에 설치한 보도, 계단, 사다리, 점검대(전선 전용 점검대로서 취급자 이외의 자가 쉽게 들어갈 수 없도록 자물쇠 장치를 한 것은 제외)이거나 이와 유사한 것 사이의 이격거리는 위쪽 2.3[m] 이상, 옆쪽 1.2[m] 이상으로 할 것. 다만, 전선에 사람이 접촉할 우려가 없도록 적당한 방호장치를 시설한 경우는 그러하지 아니하다.

다. 전선은 인장강도 11.2[kN] 이상의 것 또는 지름 6[mm]의 경동선으로 단면적이 28[mm²] 이상인 것일 것. 다만, 사용전압이 400[V] 이하인 경우에는 인장강도 3.44[kN] 이상의 것 또는 지름 3.2 [mm] 이상의 경동선으로 단면적이 8[mm²] 이상인 것을 사용할 수 있다.

라. 전선은 각 지지점에 견고하게 고정시켜 시설하는 것 이외에는 양쪽 끝을 장력에 견디는 애자 장치에 의하여 견고하게 인류(引留)할 것

마. 전선의 지지점 간의 거리는 6[m] 이하일 것. 다만, 전선에 구부리기 어려운 도체를 사용하는 경우 이외에는 전선 상호 간의 거리를, 전선을 수평으로 배열하는 경우에는 0.28[m] 이상, 기타의 경우에는 0.4[m] 이상으로 하는 때에는 12[m] 이하로 할 수 있다.

바. 전선 상호 간의 간격은 전선을 수평으로 배열하는 경우에는 0.14[m] 이상, 기타의 경우에는 0.2[m] 이상일 것. 다만, 다음에 해당하는 경우에는 그러하지 아니하다.

  가) 전선 상호 간 및 집전장치의 충전부분과 극성이 다른 전선 사이에 절연성이 있는 견고한 격벽을 시설하는 경우

  나) 전선을 아래 표에서 정한 값 이하의 간격으로 지지하고 또한 동요하지 아니하도록 시설하는 이외에 전선 상호 간의 간격을 60[mm] 이상으로 하는 경우

전선 상호 간의 간격 판정을 위한 전선의 지지점 간격

단면적의 구분[cm²]	지지점 간격[m]
1 미만	1.5(굴곡 반지름이 1 이하인 곡선 부분에서는 1)
1 이상	2.5(굴곡 반지름이 1 이하인 곡선 부분에서는 1)

  다) 사용전압이 150[V] 이하인 경우로서 건조한 곳에 전선을 0.5[m] 이하의 간격으로 지지하고 또한 집전장치의 이동에 의하여 동요하지 아니하도록 시설하는 이외에 전선 상호 간의 간격을 30[mm] 이상으로 하고 또한 그 전선에 전기를 공급하는 옥내배선에 정격전류가 60[A] 이하인 과전류 차단기를 시설하는 경우

사. 전선과 조영재 사이의 이격거리 및 그 전선에 접촉하는 집전장치의 충전부분과 조영재 사이의 이격거리는 습기가 많은 곳 또는 물기가 있는 곳에 시설하는 것은 45[mm] 이상, 기타의 곳에 시설하는 것은 25[mm] 이상일 것. 다만, 전선 및 그 전선에 접촉하는 집전장치의 충전부분과 조영재 사이에 절연성이 있는 견고한 격벽을 시설하는 경우에는 그러하지 아니하다.

아. 애자는 절연성, 난연성 및 내수성이 있는 것일 것

③ 저압 접촉전선을 애자공사에 의하여 옥내의 점검할 수 있는 은폐된 장소에 시설하는 경우에는 기계기구에 시설하는 경우 이외에는 ②의 다, 라 및 아의 규정에 준하여 시설하는 이외에 다음에 따라 시설하여야 한다.

가. 전선에는 구부리기 어려운 도체를 사용하고 또한 이를 위에 표에서 정한 값 이하의 지지점 간격으로 동요하지 아니하도록 견고하게 고정시켜 시설할 것

나. 전선 상호 간의 간격은 0.12[m] 이상일 것

다. 전선과 조영재 사이의 이격거리 및 그 전선에 접촉하는 집전장치의 충전부분과 조영재 사이의 이격거리는 45[mm] 이상일 것. 다만, 전선 및 그 전선에 접촉하는 집전장치의 충전부분과 조영재 사이에 절연성이 있는 견고한 격벽을 시설하는 경우에 그러하지 아니하다.

④ 저압 접촉전선을 버스덕트공사에 의하여 옥내에 시설하는 경우에, 기계기구에 시설하는 경우 이외에는 버스덕트공사 시설조건 규정에 준하여 시설하는 이외에 다음에 따라 시설하여야 한다.

가. 버스덕트는 다음에 적합한 것일 것
　　가) 도체는 단면적 20[mm²] 이상의 띠 모양 또는 지름 5[mm] 이상의 관 모양이나 둥글고 긴 막대 모양의 동 또는 황동을 사용한 것일 것
　　나) 도체지지물은 절연성·난연성 및 내수성이 있는 견고한 것일 것
　　다) 덕트는 그 최대 폭에 따라 버스덕트의 선정에 대한 표에 따라 두께 이상의 강판, 알루미늄판 또는 합성수지판(최대 폭이 300[mm] 이하의 것에 한함)으로 견고히 제작한 것일 것
나. 덕트의 개구부는 아래를 향하여 시설할 것
다. 덕트의 끝 부분은 충전부분이 노출하지 아니하는 구조로 되어 있을 것
라. 사용전압이 400[V] 이하인 경우에는 금속제 덕트에 접지공사를 할 것
마. 사용전압이 400[V] 초과인 경우에는 금속제 덕트에 특별 접지공사를 할 것. 다만, 사람이 접촉할 우려가 없도록 시설하는 경우에는 접지공사에 의할 수 있다.

⑤ ④의 경우에 전선의 사용전압이 직류 30[V](사람이 전선에 접촉할 우려가 없도록 시설하는 경우에는 60[V]) 이하로서 덕트 내부에 먼지가 쌓이는 것을 방지하기 위한 조치를 강구하고 또한 다음에 따라 시설할 때에는 제4의 규정에 따르지 아니할 수 있다.
가. 버스덕트는 다음에 적합한 것일 것
　　가) 도체는 단면적 20[mm²] 이상의 띠 모양 또는 지름 5[mm] 이상의 관모양이나 둥글고 긴 막대 모양의 동 또는 황동을 사용한 것일 것
　　나) 도체 지지물은 절연성·난연성 및 내수성이 있고 견고한 것일 것
　　다) 덕트는 그 최대 폭에 따라서 버스덕트의 선정에 대한 표에 따라 두께 이상의 강판 또는 알루미늄판으로 견고하게 제작한 것일 것

⑥ 저압 접촉전선을 절연 트롤리 공사에 의하여 시설하는 경우에는 기계기구에 시설하는 경우 이외에는 다음에 따라 시설하여야 한다.
가. 절연 트롤리선은 사람이 쉽게 접할 우려가 없도록 시설할 것
나. 절연 트롤리선의 개구부는 아래 또는 옆으로 향하여 시설할 것
다. 절연 트롤리선의 끝 부분은 충전부분이 노출되지 아니하는 구조의 것일 것
라. 절연 트롤리선은 각 지지점에서 견고하게 시설하는 것 이외에 그 양쪽 끝을 내장 인류장치에 의하여 견고하게 인류할 것
마. 절연 트롤리선 지지점 간의 거리는 아래 표에서 정한 값 이상일 것. 다만, 절연 트롤리선을 라의 규정에 의하여 시설하는 경우에는 6[m]를 넘지 아니하는 범위 내의 값으로 할 수 있다.

절연 트롤리선의 지지점 간격

도체 단면적의 구분[mm²]	지지점 간격[m]
500 미만	2(굴곡 반지름이 3 이하의 곡선 부분에서는 1)
500 이상	3(굴곡 반지름이 3 이하의 곡선 부분에서는 1)

⑦ 옥내에서 사용하는 기계기구에 시설하는 저압 접촉전선은 다음에 따라야 하며 또한 위험의 우려가 없도록 시설하여야 한다.
가. 전선은 사람이 쉽게 접촉할 우려가 없도록 시설할 것. 다만, 취급자 이외의 자가 쉽게 접근할 수 없는 곳에 취급자가 쉽게 접촉할 우려가 없도록 시설하는 경우에는 그러하지 아니하다.

나. 전선은 절연성·난연성 및 내수성이 있는 애자로 기계기구에 접촉할 우려가 없도록 지지할 것. 다만, 건조한 목재의 마루 또는 이와 유사한 절연성이 있는 것 위에서 취급하도록 시설된 기계기구에 시설되는 주행 레일을 저압 접촉전선으로 사용하는 경우에 다음에 의하여 시설하는 경우에는 그러하지 아니하다.
　　가) 사용전압은 400[V] 이하일 것
　　나) 전선에 전기를 공급하기 위하여 변압기를 사용하는 경우에는 절연 변압기를 사용할 것. 이 경우에 절연 변압기의 1차측의 사용전압은 대지전압 300[V] 이하이어야 한다.

16. 조명설비

1) 등기구의 시설

(1) 설치 요구사항

등기구는 제조사의 지침과 관련 KS 표준(KS C IEC 60598) 및 아래 항목을 고려하여 설치하여야 한다.
① 등기구는 다음을 고려하여 설치하여야 한다.
　가. 시동 전류
　나. 고조파 전류
　다. 보 상
　라. 누설 전류
　마. 최초 점화 전류
　바. 전압강하
② 램프에서 발생되는 모든 주파수 및 과도전류에 관련된 자료를 고려하여 보호방법 및 제어장치를 선정하여야 한다.

(2) 열 영향에 대한 주변의 보호

등기구의 주변에 발광과 대류 에너지의 열 영향은 다음을 고려하여 선정 및 설치하여야 한다.
① 램프의 최대 허용 소모전력
② 인접 물질의 내열성
　가. 설치 지점
　나. 열 영향이 미치는 구역
③ 등기구 관련 표시
④ 가연성 재료로부터 적절한 간격을 유지하여야 하며, 제작자에 의해 다른 정보가 주어지지 않으면, 스포트라이트나 프로젝터는 모든 방향에서 가연성 재료로부터 다음의 최소 거리를 두고 설치하여야 한다.
　가. 정격용량 100[W] 이하 : 0.5[m]
　나. 정격용량 100[W] 초과 300[W] 이하 : 0.8[m]
　다. 정격용량 300[W] 초과 500[W] 이하 : 1.0[m]
　라. 정격용량 500[W] 초과 : 1.0[m] 초과

(3) 보상 커패시터

총 정전용량이 0.5[μF]를 초과하는 보상 커패시터는 KS C IEC 61048(램프 보조장치-형광 램프 및 방전 램프용 커패시터-일반 및 안전 요구사항)의 요구사항에 적합한 방전 저항기와 결합한 경우에 한해 사용할 수 있다.

2) 코드 및 이동전선

① 조명용 전원코드 또는 이동전선은 단면적 0.75[mm²] 이상의 코드 또는 캡타이어케이블을 용도에 적합하게 선정하여야 한다.

② 조명용 전원코드를 비나 이슬에 맞지 않도록 시설하고(옥측에 시설하는 경우에 한함) 사람이 쉽게 접촉되지 않도록 시설할 경우에는 단면적이 0.75[mm²] 이상인 450/750[V] 내열성 에틸렌아세테이트 고무절연전선을 사용할 수 있다. 이 경우 전구수구의 리드 인출부의 전선간격이 10[mm] 이상인 전구소켓을 사용하는 것은 0.75[mm²] 이상인 450/750[V] 일반용 단심 비닐절연전선을 사용할 수 있다.

③ 옥내에서 조명용 전원코드 또는 이동전선을 습기가 많은 장소 또는 수분이 있는 장소에 시설할 경우에는 고무코드(사용전압이 400[V] 이하인 경우에 한함) 또는 0.6/1[kV] EP 고무절연 클로로프렌 캡타이어케이블로서 단면적이 0.75[mm²] 이상인 것이어야 한다.

17. 옥외등

1) 사용전압

옥외등에 전기를 공급하는 전로의 사용전압은 대지전압을 300[V] 이하로 하여야 한다.

2) 분기회로

옥외등에 전기를 공급하는 분기회로는 분기회로의 시설에 따라 시설하여야 하며 옥내용의 것을 사용해서는 안 된다. 다만, 다음에 의하여 시설할 경우는 적용하지 않는다.

① 옥외등과 옥내등을 병용하는 분기회로는 20[A] 과전류 차단기 분기회로로 할 것

② 옥내등 분기회로에서 옥외등 배선을 인출할 경우는 인출점 부근에 개폐기 및 과전류차단기를 시설할 것

3) 옥외등의 인하선

옥외등 또는 그의 점멸기에 이르는 인하선은 사람의 접촉과 전선피복의 손상을 방지하기 위하여 다음 공사방법으로 시설하여야 한다.

① 애자공사(지표상 2[m] 이상의 높이에서 노출된 장소에 시설할 경우에 한함)

② 금속관공사

③ 합성수지관공사

④ 케이블공사(알루미늄피 등 금속제 외피가 있는 것은 목조 이외의 조영물에 시설하는 경우에 한함)

18. 전주외등

1) 적용범위

이 규정은 대지전압 300[V] 이하의 형광등, 고압방전등, LED등 등을 배전선로의 지지물 등에 시설하는 경우에 적용한다.

2) 조명기구 및 부착금구

조명기구(이하 "기구"라 한다) 및 부착금구는 다음에 적합하여야 한다.

① 기구는 전기용품 및 생활용품 안전관리법 또는 산업표준화법에 적합한 것

② 기구는 광원의 손상을 방지하기 위하여 원칙적으로 갓 또는 글로브가 붙은 것

③ 기구는 전구를 쉽게 갈아 끼울 수 있는 구조일 것

④ 기구의 인출선은 도체단면적이 0.75[mm²] 이상일 것
⑤ 기구의 부착밴드 및 부착용 부속금구류는 아연도금하여 방식 처리한 강판제 또는 스테인리스제이고, 또한 쉽게 부착할 수도 있고 뗄 수도 있는 것일 것
⑥ 가로등, 보안등에 LED 등기구를 사용하는 경우에는 KS C 7658(LED 가로등 및 보안등기구의 안전 및 성능요구사항)에 적합한 것을 시설할 것

3) 배 선

① 배선은 단면적 2.5[mm²] 이상의 절연전선 또는 이와 동등 이상의 절연성능이 있는 것을 사용하고 다음 공사방법 중에서 시설하여야 한다.
    가. 케이블공사
    나. 합성수지관공사
    다. 금속관공사
② 배선이 전주에 연한 부분은 1.5[m] 이내마다 새들(Saddle) 또는 밴드로 지지할 것
③ 등주 안에서 전선의 접속은 절연 및 방수성능이 있는 방수형 접속재[레진충전식, 실리콘수밀식(젤타입) 또는 자기융착테이프의 이중절연 등]를 사용하거나 적절한 방수함 안에서 접속할 것
④ 사용전압 400[V] 이하인 관등회로의 배선에 사용하는 전선은 ①의 규정에 관계없이 케이블을 사용하거나 이와 동등 이상의 절연성능을 가진 전선을 사용할 것

19. 1[kV] 이하 방전등

1) 적용범위

① 이 절의 규정은 관등회로의 사용전압이 1[kV] 이하인 방전등을 옥내에 시설할 경우에 적용한다.
② ①의 방전등을 옥측 또는 옥외에 시설할 경우에도 이 규정에 의한다.
③ ①의 방전등에 전기를 공급하는 전로의 대지전압은 300[V] 이하로 하여야 하며, 다음에 의하여 시설하여야 한다. 다만, 대지전압이 150[V] 이하의 것은 적용하지 않는다.
    가. 방전등은 사람이 접촉될 우려가 없도록 시설할 것
    나. 방전등용 안정기는 옥내배선과 직접 접속하여 시설할 것

2) 방전등용 안정기

① 방전등용 안정기는 조명기구에 내장하여야 한다. 다만, 다음에 의할 경우는 조명기구의 외부에 시설할 수 있다.
    가. 안정기를 견고한 내화성의 외함 속에 넣을 때
    나. 노출장소에 시설할 경우는 외함을 가연성의 조영재에서 0.01[m] 이상 이격하여 견고하게 부착할 것
    다. 간접조명을 위한 벽안 및 진열장 안의 은폐장소에는 외함을 가연성의 조영재에서 10[mm] 이상 이격하여 견고하게 부착하고 쉽게 점검할 수 있도록 시설할 것
    라. 은폐장소에 시설(다에서 규정한 것은 제외)할 경우는 외함을 또 다른 내화성 함속에 넣고 그 함은 가연성의 조영재로부터 10[mm] 이상 떼어서 견고하게 부착하고 쉽게 점검할 수 있도록 시설하여야 한다.
② 방전등용 안정기를 물기 등이 유입될 수 있는 곳에 시설할 경우는 방수형이나 이와 동등한 성능이 있는 것을 사용하여야 한다.

3) 관등회로의 배선

① 관등회로의 사용전압이 400[V] 이하인 배선은 배선설비 공사의 종류부터 케이블공사(수직 케이블의 포설을 제외)까지, 배선설비와 다른 공급설비와의 접근, 진열장 또는 이와 유사한 것의 내부 배선 및 진열장 또는 이와 유사한 것의 내부 관등회로 배선의 규정에 준하여 시설하는 이외의 전선에는 전구선 및 이동전선의 규정에 준하거나 공칭단면적 2.5[mm^2] 이상의 연동선과 이와 동등 이상의 세기 및 굵기의 절연전선(옥외용 비닐절연전선 및 인입용 비닐절연전선은 제외), 캡타이어케이블 또는 케이블을 사용하여 시설하여야 한다. 다만, 방전관에 네온방전관을 사용하는 것은 제외한다.

② 관등회로의 사용전압이 400[V] 초과이고, 1[kV] 이하인 배선은 그 시설장소에 따라 합성수지관공사, 금속관공사, 가요전선관공사나 케이블공사 또는 아래 표 중 어느 한 방법에 의하여야 한다.

③ ②의 배선은 다음에 의하여 시설되어야 한다. 다만, 방전관에 네온방전관을 사용하는 것은 제외한다.

관등회로의 공사방법

시설장소의 구분		공사방법
전개된 장소	건조한 장소	애자공사·합성수지몰드공사 또는 금속몰드공사
	기타의 장소	애자공사
점검할 수 있는 은폐된 장소	건조한 장소	애자공사·합성수지몰드공사 또는 금속몰드공사
	기타의 장소	애자공사

가. 애자공사일 경우는 전선에 사람이 쉽게 접촉될 우려가 없도록 아래 표에 의하여 시설하고, 그 밖의 사항은 애자공사의 규정에 따를 것

　가) 전선은 코드 및 이동전선의 규정에 따를 것. 다만, 전개된 장소에 관등회로의 사용전압이 600[V] 이하인 경우에는 단면적 2.5[mm^2] 이상의 연동선과 동등 이상의 세기 및 굵기의 절연전선(옥외용 비닐절연전선 및 인입용 비닐절연전선은 제외)을 사용할 수 있다.

애자공사의 시설

공사방법	전선 상호 간의 거리	전선과 조영재의 거리	전선 지지점 간의 거리	
			관등회로의 전압이 400[V] 초과 600[V] 이하의 것	관등회로의 전압이 600[V] 초과 1[kV] 이하의 것
애자공사	60[mm] 이상	25[mm] 이상(습기가 많은 장소는 45[mm] 이상)	2[m] 이하	1[m] 이하

4) 진열장 또는 이와 유사한 것의 내부 관등회로 배선

진열장 안의 관등회로의 배선을 외부로부터 보기 쉬운 곳의 조영재에 접촉하여 시설하는 경우에는 다음에 의하여야 한다.

① 전선의 사용은 코드 및 이동전선을 따를 것
② 전선에는 방전등용 안정기의 리드선 또는 방전등용 소켓 리드선과의 접속점 이외에는 접속점을 만들지 말 것
③ 전선의 접속점은 조영재에서 이격하여 시설할 것
④ 전선은 건조한 목재, 석재 등 기타 이와 유사한 절연성이 있는 조영재에 그 피복을 손상하지 아니하도록 적당한 기구로 붙일 것
⑤ 전선의 부착점 간의 거리는 1[m] 이하로 하고 배선에는 전구 또는 기구의 중량을 지지하지 않도록 할 것

5) 접지

① 방전등용 안정기의 외함 및 등기구의 금속제부분에는 감전에 대한 보호와 접지시스템의 규정에 준하여 접지공사를 하여야 한다.
② 상기의 접지공사는 다음에 해당될 경우는 생략할 수 있다.
　가. 관등회로의 사용전압이 대지전압 150[V] 이하의 것을 건조한 장소에서 시공할 경우
　나. 관등회로의 사용전압이 400[V] 이하의 것을 사람이 쉽게 접촉될 우려가 없는 건조한 장소에서 시설할 경우로 그 안정기의 외함 및 등기구의 금속제부분이 금속제의 조영재와 전기적으로 접속되지 않도록 시설할 경우
　다. 관등회로의 사용전압이 400[V] 이하 또는 변압기의 정격 2차 단락전류 혹은 회로의 동작전류가 50[mA] 이하의 것으로 안정기를 외함에 넣고, 이것을 등기구와 전기적으로 접속되지 않도록 시설할 경우
　라. 건조한 장소에 시설하는 목제의 진열장 속에 안정기의 외함 및 이것과 전기적으로 접속하는 금속제 부분을 사람이 쉽게 접촉되지 않도록 시설할 경우

20. 수중조명등

1) 사용전압

수영장 기타 이와 유사한 장소에 사용하는 수중조명등(이하 "수중조명등"이라 한다)에 전기를 공급하기 위해서 절연변압기를 사용하고, 그 사용전압은 다음에 의하여야 한다.
① 절연변압기의 1차측 전로의 사용전압은 400[V] 이하일 것
② 절연변압기의 2차측 전로의 사용전압은 150[V] 이하일 것

2) 전원장치

수중조명등에 전기를 공급하기 위한 절연변압기는 다음에 적합한 것이어야 한다.
① 절연변압기의 2차측 전로는 접지하지 말 것
② 절연변압기는 교류 5[kV]의 시험전압으로 하나의 권선과 다른 권선, 철심 및 외함 사이에 계속적으로 1분간 가하여 절연내력을 시험할 경우, 이에 견디는 것이어야 한다.

3) 2차측 배선 및 이동전선

수중조명등의 절연변압기의 2차측 배선 및 이동전선은 다음에 의하여 시설하여야 한다.
① 절연변압기의 2차측 배선은 금속관공사에 의하여 시설할 것
② 수중조명등에 전기를 공급하기 위하여 사용하는 이동전선은 다음에 의하여 시설하여야 한다.
　가. 접속점이 없는 단면적 2.5[mm^2] 이상의 0.6/1[kV] EP 고무절연 클로로프렌 캡타이어케이블 일 것
　나. 이동전선은 유영자가 접촉될 우려가 없도록 시설할 것. 또한 외상을 받을 우려가 있는 곳에 시설하는 경우는 금속관에 넣는 등 적당한 외상 보호장치를 할 것
　다. 이동전선과 배선과의 접속은 꽂음 접속기를 사용하고 물이 스며들지 않고 또한 물이 고이지 않는 구조의 금속제 외함에 넣어 수중 또는 이에 준하는 장소 이외의 곳에 시설할 것
　라. 수중조명등의 용기, 각종방호장치와 금속제 부분, 금속제 외함 및 배선에 사용하는 금속관과 접지도체와의 접속에 사용하는 꽂음 접속기의 1극은 전기적으로 서로 완전하게 접속할 것

4) 누전차단기

수중조명등의 절연변압기의 2차측 전로의 사용전압이 30[V]를 초과하는 경우에는 그 전로에 지락이 생겼을 때에 자동적으로 전로를 차단하는 정격감도전류 30[mA] 이하의 누전차단기를 시설하여야 한다.

5) 수중조명등의 용기

수중조명등의 용기는 다음에 적합한 것이어야 한다.
① 조사용 창으로는 유리 또는 렌즈, 기타의 부분은 녹이 잘 슬지 아니하는 금속 또는 카드뮴도금, 아연도금, 도장 등으로 방청을 한 금속으로 견고하게 제작한 것일 것
② 내부의 적당한 곳에 접지용 단자를 설치할 것. 이 경우에 접지단자의 나사는 그 지름이 4[mm] 이상의 것이어야 한다.
③ 수중조명등의 나사접속기 및 소켓(형광등용 소켓은 제외)은 자기제일 것
④ 완성품은 도전부분 이외의 부분과의 사이에 2[kV]의 교류전압을 연속하여 1분간 가하여 절연내력을 시험하였을 때에 이에 견디는 것일 것
⑤ 완성품은 최대적용 전등 와트 수의 전구를 끼워 정격최대수심이 0.15[m]를 초과하는 것은 그 정격최대수심 이상, 정격최대수심이 0.15[m] 이하 것은 0.15[m] 이상 깊이의 수중에 넣어 해당 전등의 정격전압에 상당하는 전압으로 30분간 전기를 공급하고, 다음에 30분간 전기의 공급을 중단하는 조작을 6회 반복할 때 용기 내에 물이 스며드는 등 이상이 없는 것일 것
⑥ 최대적용 전등의 와트 수 및 정격최대수심의 표시를 보기 쉬운 곳에 표시한 것

21. 교통신호등

1) 사용전압

교통신호등 제어장치의 2차측 배선의 최대사용전압은 300[V] 이하이어야 한다.

2) 2차측 배선

교통신호등의 2차측 배선(인하선을 제외)은 다음에 의하여 시설하여야 한다.
① 제어장치의 2차측 배선 중 케이블로 시설하는 경우에는 가공케이블의 시설 및 지중전선로의 지중전선로 규정에 따라 시설할 것
② 전선은 케이블인 경우 이외에는 공칭단면적 2.5[mm^2] 연동선과 동등 이상의 세기 및 굵기의 450/750[V] 일반용 단심 비닐절연전선 또는 450/750[V] 내열성에틸렌아세테이트 고무절연전선일 것
③ 제어장치의 2차측 배선 중 전선(케이블은 제외한다)을 조가용선으로 조가하여 시설하는 경우에는 다음에 의할 것
  가. 조가용선은 인장강도 3.7[kN] 이상의 금속선 또는 지름 4[mm] 이상의 아연도철선을 2가닥 이상 꼰 금속선을 사용할 것
  나. "가"에서 규정하는 전선을 매다는 금속선에는 지지점 또는 이에 근접하는 곳에 애자를 삽입할 것

3) 가공전선의 지표상 높이 등

① 2차측 배선에서 규정하는 가공전선의 지표상 높이는 저압 가공전선의 높이에 따른다.
② 교통신호등 회로의 배선이 건조물·도로·횡단보도교·철도·궤도·삭도·가공 약전류전선 등·안테나·가공전선 및 전차선 또는 다른 교통신호등 회로의 배선과 접근하거나 교차하는 경우에는 저압 가공전선과 건조물의 접근 내지 저압 가공전선 상호 간의 접근 또는 교차의 저압 가공전선의 규정에 준하여 시설하고, 이외의 시설물과 접근하거나 교차하는 경우에는 교통신호등 회로의 배선과 이들 사이의 이격거리는 0.6[m](교통신호등 회로의 배선이 케이블인 경우에는 0.3[m]) 이상이어야 한다.

4) 교통신호등의 인하선

① 전선의 지표상의 높이는 2.5[m] 이상일 것
② 전선을 애자공사에 의하여 시설하는 경우에는 전선을 적당한 간격마다 묶을 것

5) 누전차단기

교통신호등 회로의 사용전압이 150[V]를 넘는 경우는 전로에 지락이 생겼을 경우 자동적으로 전로를 차단하는 누전차단기를 시설할 것

22. 옥측·옥외설비

1) 옥측 또는 옥외의 방전등 공사

① 옥측 또는 옥외에 시설하는 관등회로의 사용전압이 1[kV] 이하인 방전등으로서 네온방전관 이외의 것을 사용하는 것은 1[kV] 이하인 방전등의 규정에 준하여 시설하여야 한다.
② 옥측 또는 옥외에 시설하는 관등회로의 사용전압이 1[kV]를 초과하는 방전등으로서 방전관에 네온 방전관 이외의 것을 사용하는 것은 고압 옥측전선로의 시설, 지중전선로의 시설부터 지중전선 상호 간의 접근 또는 교차까지, 교량에 시설하는 전선로, 전선로 전용교량 등에 시설하는 전선로, 충전부의 기본절연에 따라 시설하는 이외에 다음에 따라 시설하여야 한다.
  가. 방전등에 전기를 공급하는 전로의 사용전압은 저압 또는 고압일 것
  나. 관등회로의 사용전압은 고압일 것
  다. 방전등용 변압기는 다음에 적합한 절연 변압기일 것
    가) 금속제의 외함에 넣고 또한 이에 공칭단면적 6.0[mm^2]의 도체를 붙일 수 있는 황동제의 접지용 단자를 설치한 것일 것
    나) 가의 금속제의 외함에 철심은 전기적으로 완전히 접속한 것일 것
    다) 권선 상호 간 및 권선과 대지 사이에 최대 사용전압의 1.5배의 교류전압(500[V] 미만일 때에는 500[V])을 연속하여 10분간 가하였을 때에 이에 견디는 것일 것
  라. 방전관은 금속제의 견고한 기구에 넣고 또한 다음에 의하여 시설할 것
    가) 기구는 지표상 4.5[m] 이상의 높이에 시설할 것
    나) 기구와 기타 시설물(가공전선을 제외) 또는 식물 사이의 이격거리는 0.6[m] 이상일 것
  마. 방전등에 전기를 공급하는 전로에는 전용 개폐기 및 과전류 차단기를 각 극(과전류 차단기는 다선식 전로의 중성극을 제외)에 시설할 것
  바. 방전등에는 적절한 방수장치를 한 옥외형의 것을 사용할 것

③ 옥측 또는 옥외에 시설하는 관등회로의 사용전압이 1[kV]를 초과하는 방전등으로서 방전관에 네온 방전관을 사용하는 것은 네온방전등의 규정에 준하여 시설하여야 한다.

④ 가로등, 보안등, 조경등 등으로 시설하는 방전등에 공급하는 전로의 사용전압이 150[V]를 초과하는 경우에는 ①부터 ③까지의 규정에 준하는 외에 다음에 따라 시설하여야 한다.

   가. 전로에 지락이 생겼을 때에 자동적으로 전로를 차단하는 장치(전기용품 및 생활용품 안전 관리법의 적용을 받는 것)를 각 분기회로에 시설하여야 한다.

   나. 전로의 길이는 상시 충전전류에 의한 누설전류로 인하여 누전차단기가 불필요하게 동작하지 않도록 시설할 것

   다. 사용전압 400[V] 이하인 관등회로의 배선에 사용하는 전선은 ①의 규정에 관계없이 케이블을 사용하거나 이와 동등 이상의 절연성능을 가진 전선을 사용할 것

   라. 가로등주, 보안등주, 조경등 등의 등주 안에서 전선의 접속은 절연 및 방수성능이 있는 방수형 접속재[레진 충전식, 실리콘 수밀식(젤타입) 또는 자기융착테이프와 비닐절연테이프의 이중절연 등]을 사용하거나 적절한 방수함 안에서 접속할 것

   마. 가로등, 보안등, 조경등 등의 금속제 등주에는 감전에 대한 보호 및 접지시스템의 규정에 의한 접지공사를 할 것

   바. 보안등의 개폐기 설치 위치는 사람이 쉽게 접촉할 우려가 없는 개폐 가능한 곳에 시설할 것

   사. 가로등, 보안등에 LED 등기구를 사용하는 경우에는 KS C 7658(LED 가로등 및 보안등기구)에 적합한 것을 시설할 것

⑤ 옥측 또는 옥외에 시설하는 관등회로의 사용전압이 400[V] 초과인 방전등은 분진 위험장소부터 화약류 저장소 등의 위험장소까지에 규정하는 곳에 시설하여서는 아니 된다.

23. 특수설비

1) 특수 시설

(1) 전기울타리

① 사용전압

   전기울타리용 전원장치에 전원을 공급하는 전로의 사용전압은 250[V] 이하이어야 한다.

② 전기울타리의 시설

   전기울타리는 다음에 의하고 또한 견고하게 시설하여야 한다.

   가. 전기울타리는 사람이 쉽게 출입하지 아니하는 곳에 시설할 것

   나. 전선은 인장강도 1.38[kN] 이상의 것 또는 지름 2[mm] 이상의 경동선일 것

   다. 전선과 이를 지지하는 기둥 사이의 이격거리는 25[mm] 이상일 것

   라. 전선과 다른 시설물(가공 전선을 제외한다) 또는 수목과의 이격거리는 0.3[m] 이상일 것

③ 위험표시

   가. 위험표시판은 다음과 같이 시설하여야 한다.

      가) 크기는 100[mm] × 200[mm] 이상일 것

      나) 경고판 양쪽면의 배경색은 노란색일 것

      다) 경고판 위에 있는 글자색은 검은색이어야 하고, 글자는 "감전주의 : 전기울타리"일 것

      라) 글자는 지워지지 않아야 하고 경고판 양쪽에 새겨져야 하며, 크기는 25[mm] 이상일 것

④ 접 지
　가. 전기울타리 전원장치의 외함 및 변압기의 철심은 접지시스템의 규정에 준하여 접지공사를 하여야 한다.
　나. 전기울타리의 접지전극과 다른 접지 계통의 접지전극의 거리는 2[m] 이상이어야 한다. 다만, 충분한 접지망을 가진 경우에는 그러하지 아니 한다.
　다. 가공전선로의 아래를 통과하는 전기울타리의 금속부분은 교차지점의 양쪽으로부터 5[m] 이상의 간격을 두고 접지하여야 한다.

2) 엑스선 발생장치

(1) 엑스선 발생장치의 종류

엑스선 발생장치는 다음의 2종류로 한다.
① 제1종 엑스선 발생장치 : 취급자 이외의 사람이 출입할 수 없도록 설비한 장소 및 바닥에서의 높이가 2.5[m]을 초과하는 장소에 시설하는 부분 이외에는 노출된 충전부분이 없고 또한 엑스선관에 절연성 피복을 하고 이것을 금속체로 둘러싼 엑스선 발생장치
② 제2종 엑스선 발생장치 : 제1종 엑스선 발생장치 이외의 엑스선 발생장치

(2) 제1종 엑스선 발생장치의 시설

제1종 엑스선 발생장치의 시설은 다음에 의하여야 한다.
① 전선의 바닥에서의 높이는 엑스선관의 최대 사용전압(파고치로 표시)이 100[kV] 이하인 경우에는 2.5[m] 이상, 100[kV]를 초과하는 경우에는 2.5[m]에 초과분 10[kV] 또는 그 단수마다 0.02[m]를 더한 값 이상일 것. 다만, 취급자 이외의 사람이 출입할 수 없도록 설비한 장소에 시설하는 것은 그러하지 아니하다.
② 전선과 조영재 간의 이격거리는 엑스선관의 최대 사용전압이 100[kV] 이하인 경우에는 0.3[m] 이상, 100[kV]를 초과하는 경우에는 0.3[m]에 초과분 10[kV] 또는 그 단수마다 0.02[m]를 더한 값 이상일 것
③ 전선 상호 간의 간격은 엑스선관의 최대 사용전압이 100[kV] 이하인 경우에는 0.45[m] 이상, 100[kV]를 초과하는 경우에는 0.45[m]에 초과분 10[kV] 또는 그 단수마다 0.03[m]를 더한 값 이상일 것
④ 특고압 전선로에 장치하는 콘덴서는 잔류전하를 방전하는 장치를 시설할 것
⑤ 엑스선 발생장치의 다음 부분은 이를 접지시스템의 규정에 준하여 접지공사를 할 것
　가. 변압기 및 콘덴서의 금속제 외함(대지에서 충분히 절연하여 사용하는 것은 제외)
　나. 엑스선관 도선에 사용하는 케이블의 금속피복
　다. 엑스선관을 둘러싸는 금속체
　라. 배선 및 엑스선관을 지지하는 금속체
⑥ 엑스선 발생장치의 특고압 전로는 그 최대 사용전압의 1.05배의 시험전압을 엑스선관의 단자 간에 연속하여 1분간 가하여 절연내력을 시험한 때에 이에 견디는 것일 것

(3) 제2종 엑스선 발생장치의 시설

제2종 엑스선 발생장치는 제1종 엑스선 발생장치의 시설의 규정에 따라 시설하는 이외에 다음에 의하여 시설하여야 한다.
① 변압기 및 특고압의 전기로 충전하는 기타의 기구(엑스선관을 제외)는 사람이 쉽게 접촉될 우려가 없도록 그 주위에 울타리의 설치 또는 함에 넣는 등 적당한 방호장치를 할 것. 다만, 취급자 이외의 사람이 출입할 수 없도록 설비한 장소에 시설하는 경우에는 그러하지 아니하다.

② 엑스선관 및 엑스선관 도선은 사람이 접촉될 우려가 없도록 적당한 방호장치를 하여 위험이 없도록 할 것. 다만, 취급자 이외의 사람이 출입할 수 없도록 설비한 장소에 시설하는 경우에는 그러하지 아니하다.
③ 엑스선관 도선은 금속 피복을 한 케이블을 사용하고 엑스선관 및 엑스선회로의 배선과의 접속을 완전하게 할 것. 다만, 엑스선관을 인체와 0.2[m] 이내로 근접하여 사용하는 경우 이외에는 충분한 가요성을 가지는 단면적 1.5[mm^2] 이상의 연동연선을 사용할 수 있다.
④ 엑스선관 도선의 노출된 충전부분과 조영재, 엑스선관을 지지하는 금속체 및 침대의 금속제 부분과의 이격거리는 엑스선관의 최대 사용전압이 100[kV] 이하인 경우에는 0.15[m] 이상, 100[kV]를 초과하는 경우에는 0.15[m]에 초과분 10[kV] 또는 그 단수마다 0.02[m]를 더한 값 이상일 것. 다만, 상호 간에 절연성의 격벽을 견고하게 붙인 경우에는 그러하지 아니하다.
⑤ 엑스선관 도선이 연동연선인 경우는 엑스선관의 이동 등에 의하여 전선이 늘어지지 않도록 감아주는 적당한 장치(와인더 등)를 할 것
⑥ 연동연선을 사용하는 엑스선관도선의 노출된 충전부에 1[m] 이내로 접근하는 금속체는 접지시스템의 규정에 준하여 접지공사를 할 것
⑦ 엑스선관은 인체에 0.2[m] 이내로 접근하여 사용하는 경우는 그 엑스선관에 절연성 피복을 하고 이것을 금속체로 둘러쌀 것

3) 유희용 전차

(1) 사용전압

유희용 전차(유원지, 유회장 등의 구내에서 유희용으로 시설하는 것을 말한다)에 전기를 공급하기 위하여 사용하는 변압기의 1차 전압은 400[V] 이하이어야 한다.

(2) 전원장치

유희용 전차에 전기를 공급하는 전원장치는 다음에 의하여 시설하여야 한다.
① 전원장치의 2차측 단자의 최대사용전압은 직류의 경우 60[V] 이하, 교류의 경우 40[V] 이하일 것
② 전원장치의 변압기는 절연변압기일 것

(3) 전차 내 전로의 시설

① 유희용 전차의 전차 내의 전로는 취급자 이외의 사람이 쉽게 접촉될 우려가 없도록 시설하여야 한다.
② 유희용 전차의 전차 내에서 승압하여 사용하는 경우는 다음에 의하여 시설하여야 한다.
   가. 변압기는 절연변압기를 사용하고 2차 전압은 150[V] 이하로 할 것
   나. 변압기는 견고한 함 내에 넣을 것
   다. 전차의 금속제 구조부는 레일과 전기적으로 완전하게 접촉되게 할 것

(4) 전로의 절연

① 유희용 전차에 전기를 공급하는 접촉전선과 대지 사이의 절연저항은 사용전압에 대한 누설전류가 레일의 연장 1[km]마다 100[mA]를 넘지 않도록 유지하여야 한다.
② 유희용 전차안의 전로와 대지 사이의 절연저항은 사용전압에 대한 누설전류가 규정 전류의 5,000분의 1을 넘지 않도록 유지하여야 한다.

4) 도로 등의 전열장치

(1) 도로, 주차장 또는 조영물의 조영재에 고정시켜 시설하는 경우
발열선을 도로(농로 기타 교통이 빈번하지 아니하는 도로 및 횡단보도교를 포함), 주차장 또는 조영물의 조영재에 고정시켜 시설하는 경우에는 다음에 따라야 한다.
① 발열선에 전기를 공급하는 전로의 대지전압은 300[V] 이하일 것
② 발열선은 미네럴인슈레이션(MI) 케이블 등 KS C IEC 60800(정격전압 300/500[V] 이하 보온 및 결빙 방지용 케이블)에 규정된 발열선으로서 노출 사용하지 아니하는 것은 B종 발열선을 사용하고, 동 표준의 부속서A(규정) 사용 지침에 따라 적용하여야 한다.
③ 발열선은 사람이 접촉할 우려가 없고 또한 손상을 받을 우려가 없도록 콘크리트 기타 견고한 내열성이 있는 것 안에 시설할 것
④ 발열선은 그 온도가 80[℃]를 넘지 아니하도록 시설할 것. 다만, 도로 또는 옥외주차장에 금속피복을 한 발열선을 시설할 경우에는 발열선의 온도를 120[℃] 이하로 할 수 있다.
⑤ 발열선은 다른 전기설비, 약전류전선 등 또는 수관, 가스관이나 이와 유사한 것에 전기적, 자기적 또는 열적인 장해를 주지 아니하도록 시설할 것
⑥ 발열선 상호 간 또는 발열선과 전선을 접속할 경우에는 전류에 의한 접속부분의 온도상승이 접속부분 이외의 온도상승보다 높지 아니하도록 하고 또한 다음에 의할 것
    가. 접속부분에는 접속관 기타의 기구를 사용하거나 또는 납땜을 하고 또한 그 부분을 발열선의 절연물과 동등 이상의 절연성능이 있는 것으로 충분히 피복할 것
    나. 발열선 또는 발열선에 직접 접속하는 전선의 피복에 사용하는 금속체 상호 간을 접속하는 경우에는 그 접속부분의 금속체를 전기적으로 완전히 접속할 것

(2) 표피전류 가열장치의 시설
도로 또는 옥외 주차장에 표피전류 가열장치를 시설하는 경우에는 도로, 주차장 또는 조영물의 조영재에 고정시켜 시설하는 경우에 준하는 이외에 다음에 따라 시설하여야 한다.
① 발열선에 전기를 공급하는 전로의 대지전압은 교류(주파수가 60[Hz]의 것에 한한다) 300[V] 이하일 것
② 발열선과 소구경관은 전기적으로 접속하지 아니할 것
③ 소구경관은 다음에 의하여 시설할 것
    가. 소구경관은 KS D 3507(배관용 탄소강관)에 규정하는 배관용 탄소강관에 적합한 것일 것
    나. 소구경관은 그 온도가 120[℃]를 넘지 아니하도록 시설할 것
    다. 소구경관에 부속하는 박스는 강판으로 견고하게 제작한 것일 것
    라. 소구경관 상호 간 및 소구경관과 박스의 접속은 용접에 의할 것
④ 발열선은 다음에 정하는 표준에 적합한 것으로서 그 온도가 120[℃]를 넘지 아니하도록 시설할 것
    가. 발열체는 KS C IEC 60228(절연 케이블용 도체) 또는 완성품은 사용전압이 600[V]를 초과하는 것은 접지한 금속평판 위에 케이블을 2[m] 이상 밀착시켜 도체와 접지 판 사이에 아래 표에서 정한 시험전압까지 서서히 전압을 가하여 코로나 방전량을 측정하였을 때 방전량이 30[pC] 이하일 것

표피전류 가열장치 발연선의 코로나 방전량 시험전압

사용전압의 구분	시험방법
600[V] 초과 1.5[kV] 이하	1.5[kV]
1.5[kV] 초과 3.5[kV] 이하	3.5[kV]

나. 발열선 상호 간 또는 발열선과 전선을 접속하는 경우에는 전류에 의한 접속부분의 온도상승이 접속부분 이외의 온도상승보다 높지 아니하도록 하고 또한 다음에 의할 것
　가) 속부분은 접속 전용기구를 사용할 것
　나) 접속은 강판으로 견고하게 제작된 박스 안에서 할 것
　다) 접속부분은 발열선의 절연물과 동등 이상의 절연성능을 가지는 것으로 충분히 피복할 것

5) 소세력 회로

전자 개폐기의 조작회로 또는 초인벨·경보벨 등에 접속하는 전로로서 최대 사용전압이 60[V] 이하인 것(최대사용전류가, 최대 사용전압이 15[V] 이하인 것은 5[A] 이하, 최대 사용전압이 15[V]를 초과하고 30[V] 이하인 것은 3[A] 이하, 최대 사용전압이 30[V]를 초과하는 것은 1.5[A] 이하인 것에 한함, 이하 "소세력 회로"라 한다)은 다음에 따라 시설하여야 한다.

(1) 사용전압

소세력 회로에 전기를 공급하기 위한 절연변압기의 사용전압은 대지전압 300[V] 이하로 하여야 한다.

(2) 전원장치

① 소세력 회로에 전기를 공급하기 위한 변압기는 절연변압기 이어야 한다.
② ①의 절연변압기의 2차 단락전류는 소세력 회로의 최대사용전압에 따라 아래 표에서 정한 값 이하의 것일 것. 다만, 그 변압기의 2차측 전로에 아래 표에서 정한 값 이하의 과전류 차단기를 시설하는 경우에는 그러하지 아니하다.

절연변압기의 2차 단락전류 및 과전류차단기의 정격전류

소세력 회로의 최대 사용전압의 구분[V]	2차 단락전류[A]	과전류 차단기의 정격전류[A]
15 이하	8	5
15 초과 30 이하	5	3
30 초과 60 이하	3	1.5

(3) 소세력 회로의 배선

① 소세력 회로의 전선을 조영재에 붙여 시설하는 경우에는 다음에 의하여 시설하여야 한다.
　가. 전선은 케이블(통신용 케이블을 포함)인 경우 이외에는 공칭단면적 1[mm^2] 이상의 연동선 또는 이와 동등 이상의 세기 및 굵기의 것일 것
　나. 전선은 코드, 캡타이어케이블 또는 케이블일 것. 다만, 절연전선이나 통신용 케이블로서 절연전선 등의 규격의 규정에 적합한 것을 사용하는 경우 또는 건조한 조영재에 시설하는 최대사용전압이 30[V] 이하의 소세력 회로의 전선에 피복선을 사용하는 경우에는 그러하지 아니하다.
　다. 전선이 손상을 받을 우려가 있는 곳에 시설하는 경우에는 적절한 방호장치를 할 것
　라. 전선을 금속망 또는 금속판을 사용한 목조 조영재에 시설하는 경우에는 전선을 방호장치에 넣어 시설하는 경우 및 전선에 캡타이어케이블 또는 케이블(통신용 케이블을 포함)을 사용하는 경우 이외에는 다음과 같이 시설한다.
　　가) 전선이 금속망 또는 금속판을 사용한 목조 조영재에 붙여 시설하는 경우에는 절연성, 난연성 및 내수성이 있는 애자로 지지하고 조영재 사이의 이격거리를 6[mm] 이상으로 할 것

마. 전선을 금속망 또는 금속판을 사용한 목조 조영물에 시설하는 경우에는 전선을 금속제의 방호장치에 넣어 시설하는 경우 또는 전선이 금속피복으로 되어 있는 케이블인 경우에 해당할 때에는 다음과 같이 시설한다.
  가) 목조 조영물의 금속망 또는 금속판과 다음의 것과는 전기적으로 접속하지 아니하도록 시설할 것
    (가) 전선을 넣는 금속제의 방호장치 등에 사용하는 금속제 부분
    (나) 케이블공사에 사용하는 관 기타의 방호 장치의 금속제 부분 또는 금속제의 전선 접속함
    (다) 케이블의 피복에 사용하는 금속제
  나) 전선을 금속망 또는 금속판을 사용한 목재 조영재를 관통하는 경우에는 그 부분의 금속망 또는 금속판을 충분히 절개하고 금속제 방호장치 및 금속피복 케이블에 내구성이 있는 절연관을 끼우거나 내구성이 있는 절연테이프를 감아서 금속망 또는 금속판과 전기적으로 접속하지 아니하도록 시설할 것
바. 전선은 금속제의 수관, 가스관 또는 이와 유사한 것과 접촉되지 않도록 시설할 것

② 소세력 회로의 전선을 지중에 시설하는 경우는 다음에 의하여 시설하여야 한다.
  가. 전선은 450/750[V] 일반용 단심 비닐절연전선, 캡타이어케이블(외장이 천연고무혼합물의 것은 제외) 또는 케이블을 사용할 것
  나. 전선을 차량 기타 중량물의 압력에 견디는 견고한 관, 트라프 기타의 방호장치에 넣어서 시설하는 경우를 제외하고는 매설깊이를 0.3[m](차량 기타 중량물의 압력을 받을 우려가 있는 장소에 시설하는 경우는 1.2[m]) 이상으로 하고 또한 지중전선로의 시설에서 정하는 구조로 개장한 케이블을 사용하여 시설하는 경우 이외에는 전선의 상부를 견고한 판 또는 홈통으로 덮어서 손상을 방지할 것

③ 소세력 회로의 전선을 지상에 시설하는 경우는 ②의 가의 규정에 따르는 외에 전선을 견고한 트라프 또는 개거에 넣어서 시설하여야 한다.

④ 소세력 회로의 전선을 가공으로 시설하는 경우에는 다음에 의하여 시설하여야 한다.
  가. 전선은 인장강도 508[N/mm^2] 이상의 것 또는 지름 1.2[mm]의 경동선일 것. 다만, 인장강도 2.36[kN/mm^2] 이상의 금속선 또는 지름 3.2[mm]의 아연도금철선으로 매달아 시설하는 경우에는 그러하지 아니하다.
  나. 전선은 ①의 나에서 규정하는 절연전선, 캡타이어케이블 또는 케이블(①의 나에서 규정하는 통신용 케이블을 포함. 이하 ④에서 같다)을 사용할 것. 다만, 인장강도 2.30[kN/mm^2] 이상의 것 또는 지름 2.6[mm] 경동선을 사용하는 경우에는 그러하지 아니하다.
  다. 전선이 케이블인 경우에는 지름 3.2[mm]의 아연도금 철선 또는 이와 동등 이상의 세기의 금속선으로 매달아 시설할 것. 다만, 전선에 금속피복 이외의 피복을 가진 케이블을 사용하는 경우로서 전선의 지지점 간의 거리가 10[m] 이하인 경우에는 그러하지 아니하다.
  라. 전선의 높이는 다음에 의할 것
    가) 도로를 횡단하는 경우는 지표면상 6[m] 이상
    나) 철도 또는 궤도를 횡단하는 경우는 레일면상 6.5[m] 이상
    다) 가) 및 나) 이외의 경우는 지표상 4[m] 이상. 다만, 전선을 도로 이외의 곳에 시설하는 경우로서 위험의 우려가 없는 경우는 지표상 2.5[m]까지 감할 수 있다.
  마. 전선의 지지물은 풍압하중에 견디는 강도를 가질 것. 이 경우에 풍압하중은 331.6의 규정에 준하여 계산하여야 한다.
  바. 전선의 지지점 간의 거리는 15[m] 이하일 것

(4) 절연전선 등의 규격

① 소세력 회로에 사용하는 절연전선의 규격은 다음과 같다.
   가. 도체는 균질한 금속제의 단선 또는 이것을 소선으로 한 연선일 것
   나. 완성품은 맑은 물속에 1시간 넣은 후 도체와 대지 사이에 1.5[kV](옥내전용인 것은 600[V])의 교류전압을 연속하여 1분간 가하였을 때에 이에 견디는 것일 것
② 소세력 회로에 사용하는 통신용 케이블의 규격은 다음과 같다.
   가. 외장의 두께는 외장에 금속을 사용한 것은 0.72[mm] 이상, 비닐 혼합물·폴리에틸렌 혼합물 또는 플로로프렌 혼합물을 사용하는 것은 0.9[mm] 이상인 것을 사용할 것
   나. 완성품은 외장이 금속인 것 또는 차폐된 것은 도체 상호 간 및 도체와 외장의 금속체 또는 차폐 사이에, 기타의 것은 맑은 물속에 1시간 넣은 후 도체 상호 간 및 도체와 대지 사이에 350[V]의 교류전압 또는 500[V]의 직류전압을 연속하여 1분간 가하였을 때에 이에 견디는 것일 것

6) 임시시설

(1) 옥내의 시설

옥내에서 애자공사에 의한 임시시설은 다음에 의하여 시설하는 경우에는 애자공사 시설조건의 규정을 적용하지 아니할 수 있다.
① 사용전압은 400[V] 이하일 것
② 건조하고 전개된 장소에 시설할 것
③ 전선은 절연전선(옥외용 비닐절연전선을 제외)일 것

(2) 옥측의 시설

추녀 밑 기타 가옥의 외면에 따라 옥측에 시설하는 애자공사에 의한 임시시설은 다음에 의하여 시설하는 경우에 한해서 아래 표에서 전선 상호간 및 전선과 조영재의 이격거리에 따라 시설할 경우에는 애자공사의 규정에 의하지 아니할 수 있다.
① 사용전압은 400[V] 이하일 것
② 전선은 절연전선(옥외용 비닐절연전선을 제외)일 것

전선 상호 간 및 전선과 조영재의 이격거리

시설장소	전 선	전선 상호 간의 거리	전선과 조영재의 거리
비 또는 이슬에 맞는 전개된 장소	절연전선(옥외용 비닐절연전선 및 인입용 비닐절연전선은 제외)	0.03[m] 이상	6[mm] 이상
비 또는 이슬에 맞지 아니하는 전개된 장소	절연전선(옥외용 비닐절연전선은 제외)	이격거리 없이 시설할 수 있다	이격거리 없이 시설할 수 있다

(3) 옥외의 시설

옥외에 시설하는 임시시설을 다음에 의하여 시설하는 경우에는 케이블공사 시설조건의 규정을 적용하지 아니할 수 있다.
① 사용전압은 150[V] 이하일 것
② 전선은 절연전선(옥외용 비닐절연전선을 제외한다)일 것
③ 수목 등의 동요로 인하여 전선이 손상될 우려가 있는 곳에 설치하는 경우는 적당한 방호시설을 할 것

④ 전원측의 전선로 또는 다른 배선에 접속하는 곳의 가까운 장소에 지락 차단장치, 전용 개폐기 및 과전류 차단기를 각 극(과전류 차단기는 다선식 전로의 중성극을 제외)에 시설할 것

(4) 콘크리트 매입 시설

옥내에 시설하는 임시시설을 다음에 따라 콘크리트에 직접 매입하여 시설하는 경우에는 콘크리트 직매용 포설의 규정에 의하지 아니할 수 있다.
① 사용전압은 400[V] 이하일 것
② 전선은 케이블 일 것
③ 그 배선은 분기회로에만 시설하는 것일 것
④ 전로의 전원측에는 전로에 지락이 생겼을 때에 자동적으로 전로를 차단하는 장치·전용 개폐기 및 과전류 차단기를 각 극(과전류 차단기는 다선식 전로의 중성극을 제외)에 시설할 것

24. 특수장소

1) 방전등 공사의 시설 제한

(1) 옥내 방전등 공사의 시설 제한

① 관등회로의 사용전압이 400[V] 초과인 방전등은 분진 위험장소부터 화약류 저장소 등의 위험장소까지에서 규정하는 곳에 시설해서는 안 된다.
② 관등회로의 사용전압이 1[kV]를 초과하는 방전등으로서 방전관에 네온 방전관 이외의 것을 사용한 것은 기계기구의 구조상 그 내부에 안전하게 시설 할 수 있는 경우 또는 1[kV] 이하 방전등의 규정에 준하여 시설하고 또한 방전관에 사람이 접촉할 우려가 없도록 시설하는 경우 이외에는 옥내에 시설해서는 안 된다.

2) 분진 위험장소

(1) 가연성 분진 위험장소

가연성 분진(소맥분, 전분, 유황 기타 가연성의 먼지로 공중에 떠다니는 상태에서 착화하였을 때에 폭발할 우려가 있는 것을 말하며 폭연성 분진을 제외)에 전기설비가 발화원이 되어 폭발할 우려가 있는 곳에 시설하는 저압 옥내 전기설비는 폭연성 분진 위험장소에 준하여 시설하는 이외에 다음에 따르고 또한 위험의 우려가 없도록 시설하여야 한다.
① 저압 옥내배선 등은 합성수지관공사(두께 2[mm] 미만의 합성수지 전선관 및 난연성이 없는 콤바인 덕트관을 사용하는 것을 제외), 금속관공사 또는 케이블공사에 의할 것
② 합성수지관공사에 의하는 때에는 다음에 의하여 시설할 것
　가. 합성수지관 및 박스 기타의 부속품은 손상을 받을 우려가 없도록 시설할 것
　나. 박스 기타의 부속품 및 풀 박스는 쉽게 마모, 부식 기타의 손상이 생길 우려가 없는 패킹을 사용하는 방법, 틈새의 깊이를 길게 하는 방법, 기타 방법에 의하여 먼지가 내부에 침입하지 아니하도록 시설할 것
　다. 관과 전기기계기구는 관 상호 간 및 박스와는 관을 삽입하는 깊이를 관의 바깥지름의 1.2배(접착제를 사용하는 경우에는 0.8배) 이상으로 하고 또한 꽂음 접속에 의하여 견고하게 접속할 것
　라. 전동기에 접속하는 부분에서 가요성을 필요로 하는 부분의 배선에는 합성수지관 및 부속품의 선정에 규정하는 분진 방폭형 유연성 부속을 사용할 것

(2) 분진 방폭 특수 방진구조

① 용기(전기기계기구의 외함, 외피, 보호커버 등 그 전기기계기구의 방폭 성능을 유지하기 위한 포피부분을 말하며 단자함을 제외. 이하 여기 및 가연성 분진 위험장소에서 같다)는 전폐구조로서 전기가 통하는 부분이 외부로부터 손상을 받지 아니하도록 한 것일 것

② 용기의 전부 또는 일부에 유리, 합성수지 등 손상을 받기 쉬운 재료가 사용되고 있는 경우에는 이들의 재료가 사용되고 있는 곳을 보호하는 장치를 붙일 것. 다만, 그 부분의 재료가 KS L 2002(강화유리)에 적합한 강화유리나 KS L 2004(접합유리)에 적합한 접합유리나 이들과 동등 이상의 강도를 가지는 것일 경우 또는 그 부분이 용기의 구조상 외부로부터 손상을 받을 우려가 없는 위치에 있을 경우에는 그러하지 아니하다.

③ 볼트, 너트, 작은 나사, 틀어 끼는 덮개 등의 부재로서 용기의 방폭 성능의 유지를 위하여 필요한 것은 일반 공구로는 쉽게 풀거나 조작할 수 없도록 한 구조(이하 "자물쇠식 죄임구조"라 한다)여야 하며 또한 그 부재가 사용 중 헐거워질 우려가 있는 경우에는 스톱너트, 스프링좌금, 설부좌금 또는 할핀을 사용하는 등의 방법에 의하여 그 부재에 헐거워짐 방지를 한 구조(이하 "헐거워짐 방지구조"라 한다)일 것

④ 접합면(조작축 또는 회전기축과 용기 사이의 접합면을 제외)은 패킹을 붙이고 또한 그 패킹이 이탈하거나 헐거워질 우려가 없도록 하는 방법, KS B ISO 4287[제품의 형상 명세(GPS)-표면조직-프로파일법-용어, 정의 및 표면 조직의 파라미터]의 거칠기의 표시와 구분의 항에 정하는 18-S 이상으로 다듬질하고 그 들어가는 깊이를 15[mm] 이상으로 하고 또한 상호 간 밀접 시키는 방법 등에 의하여 외부로부터 먼지가 침입하지 아니하도록 한 구조일 것

⑤ 조작축과 용기 사이의 접합면은 그 들어가는 깊이를 10[mm] 이상으로 하고 또한 패킹 누르기를 사용하여 그 접합면에 패킹을 붙이는 방법 또는 이와 동등 이상의 방폭 성능을 유지할 수 있는 방법으로 외부로부터 먼지가 침입하지 아니하도록 한 구조일 것

⑥ 회전기축과 용기 사이의 접합면은 패킹을 2단 이상 붙이는 방법, 간격이 0.5[mm] 이하이고 들어가는 깊이가 45[mm] 이상인 라비린스 구조로 하는 방법 등으로 외부로부터 먼지가 침입하지 아니하도록 한 구조일 것

⑦ 용기의 일부에 관통나사를 사용하거나 용기의 일부가 틀어 끼는 결합방식으로 결합되어 있는 것으로서 나사 결합부분을 통하여 외부로부터 먼지가 침입할 우려가 있는 경우에는 5턱 이상의 나사결합이나 패킹 또는 스톱너트를 사용하는 등의 방법으로 외부로부터 먼지가 침입하지 아니하도록 한 구조일 것

⑧ 용기 외면의 온도상승 한도의 값은 용기 외부의 폭연성 먼지에 착화할 우려가 없는 값일 것

⑨ 단자함은 부재상호 간의 접합면에 패킹을 붙이는 방법 또는 이와 동등 이상의 방폭 성능을 유지할 수 있는 방법으로 외부로부터 먼지가 침입하지 아니하도록 한 구조일 것

⑩ 전선이 관통하는 부분의 용기의 구조는 전선과 외함 간에 절연물을 충전하거나 패킹을 붙이고 또한 전선, 절연물, 패킹 및 외함 상호의 접촉면에 들어가는 깊이를 아래 표에서 정한 값 이상으로 하는 등의 방법으로 외부로부터 먼지가 침입하지 아니하도록 한 것일 것

접촉면에 들어가는 깊이

접촉면의 외주의 구분[m]	접촉면에 들어가는 깊이[mm]
0.3 이하	5
0.3 초과 0.5 이하	8
0.5를 초과하는 것	10

⑪ 전기를 통하는 부분 상호 간은 나사 조임, 리벳 조임, 슬리브 또는 바인드선으로 보강한 납땜, 용접 등의 방법으로 견고히 접속한 것일 것
⑫ 전기를 통하는 부분에 대한 연면거리 및 절연 공간거리는 그 부분의 정격전압 및 절연물의 종류에 따라 필요한 절연성능을 유지 할 수 있는 값일 것
⑬ 패킹은 다음에 적합한 것일 것
　가. 재료는 접합면의 온도상승의 의한 열에 견디고 또한 쉽게 마모되거나 부식되는 등의 손상이 생기지 아니하는 것일 것
　나. 접합면의 형상에 적합한 것일 것
⑭ 전기기계기구는 쉽게 볼 수 있는 곳에 전기기계기구가 분진 방폭 특수 방진구조임을 표시한 것일 것

3) 의료장소

(1) 적용범위

의료장소[병원이나 진료소 등에서 환자의 진단, 치료(미용치료 포함), 감시, 간호 등의 의료행위를 하는 장소를 말한다]는 의료용 전기기기의 장착부(의료용 전기기기의 일부로서 환자의 신체와 필연적으로 접촉되는 부분)의 사용방법에 따라 다음과 같이 구분한다.
① 그룹 0 : 일반병실, 진찰실, 검사실, 처치실, 재활치료실 등 장착부를 사용하지 않는 의료장소
② 그룹 1 : 분만실, MRI실, X선 검사실, 회복실, 구급처치실, 인공투석실, 내시경실 등 장착부를 환자의 신체 외부 또는 심장 부위를 제외한 환자의 신체 내부에 삽입시켜 사용하는 의료장소
③ 그룹 2 : 관상동맥질환 처치실(심장카테터실), 심혈관조영실, 중환자실(집중치료실), 마취실, 수술실, 회복실 등 장착부를 환자의 심장 부위에 삽입 또는 접촉시켜 사용하는 의료장소

(2) 의료장소별 계통접지

의료장소 적용범위의 의료장소별로 다음과 같이 계통접지를 적용한다.
① 그룹 0 : TT 계통 또는 TN 계통
② 그룹 1 : TT 계통 또는 TN 계통. 다만, 전원자동차단에 의한 보호가 의료행위에 중대한 지장을 초래할 우려가 있는 의료용 전기기기를 사용하는 회로에는 의료 IT 계통을 적용할 수 있다.
③ 그룹 2 : 의료 IT 계통. 다만, 이동식 X-레이 장치, 정격출력이 5[kVA] 이상인 대형 기기용 회로, 생명유지 장치가 아닌 일반 의료용 전기기기에 전력을 공급하는 회로 등에는 TT 계통 또는 TN 계통을 적용할 수 있다.
④ 의료장소에 TN 계통을 적용할 때에는 주배전반 이후의 부하 계통에서는 TN-C 계통으로 시설하지 말 것

(3) 의료장소의 안전을 위한 보호 설비

의료장소의 안전을 위한 보호설비는 다음과 같이 시설한다.
① 그룹 1 및 그룹 2의 의료 IT 계통은 다음과 같이 시설할 것
　가. 전원측에 KS C IEC 61558-2-15(전력 변압기, 전원공급장치 및 이와 유사한 기기의 안전 제2-15부 : 의료설비용 절연변압기의 개별요구사항)에 따라 이중 또는 강화절연을 한 비단락보증 절연변압기를 설치하고 그 2차측 전로는 접지하지 말 것
　나. 비단락보증 절연변압기는 함 속에 설치하여 충전부가 노출되지 않도록 하고 의료장소의 내부 또는 가까운 외부에 설치할 것

다. 비단락보증 절연변압기의 2차측 정격전압은 교류 250[V] 이하로 하며 공급방식은 단상 2선식, 정격출력은 10[kVA] 이하로 할 것
라. 3상 부하에 대한 전력공급이 요구되는 경우 비단락보증 3상 절연변압기를 사용할 것
마. 비단락보증 절연변압기의 과부하 전류 및 초과 온도를 지속적으로 감시하는 장치를 적절한 장소에 설치할 것
바. 의료 IT 계통의 절연상태를 지속적으로 계측, 감시하는 장치를 다음과 같이 설치할 것
  가) KS C IEC 60364-7-710(특수설비 또는 특수장소에 대한 요구사항-의료장소)에 따라 절연감시장치를 설치하고 절연저항이 50[kΩ]까지 감소하면 표시설비 및 음향설비로 경보를 발하도록 할 것
  나) 의료 IT 계통에서 절연감시장치와 절연 고장 위치 탐지장치를 설치하는 경우에는 KS C IEC 61557-8(교류 1,000[V] 및 직류 1,500[V] 이하의 저압 배전 계통의 전기 안전-보호수단의 시험, 측정 또는 감시용 장비-제8부 : IT 계통용 절연 감시장치), KS C IEC 61557-9(교류 1,000[V] 및 직류 1,500[V] 이하 저압 배전 계통의 전기 안전-보호 수단의 시험, 측정 또는 감시용 장비-제9부 : IT 계통에서 절연고장 위치탐지를 위한 장비)에 적합하도록 시설할 것
  다) 가) 및 나)의 표시설비 및 음향설비를 적절한 장소에 배치하여 의료진에 의하여 지속적으로 감시될 수 있도록 할 것
  라) 표시설비는 의료 IT 계통이 정상일 때에는 녹색으로 표시되고 의료 IT 계통의 절연저항이 가) 및 나)의 조건에 도달할 때에는 황색으로 표시되도록 할 것. 또한 각 표시들은 정지시키거나 차단시키는 것이 불가능한 구조일 것
  마) 수술실 등의 내부에 설치되는 음향설비가 의료행위에 지장을 줄 우려가 있는 경우에는 기능을 정지시킬 수 있는 구조일 것
사. 의료 IT 계통의 분전반은 의료장소의 내부 혹은 가까운 외부에 설치할 것
아. 의료 IT 계통에 접속되는 콘센트는 TT 계통 또는 TN 계통에 접속되는 콘센트와 혼용됨을 방지하기 위하여 적절하게 구분 표시할 것
② 그룹 1과 그룹 2의 의료장소에서 사용하는 교류 콘센트는 KS C 8305(배선용 꽂음 접속기)에 따른 배선용 콘센트를 사용할 것. 다만, 플러그가 빠지지 않는 구조의 콘센트가 필요한 경우에는 걸림형을 사용한다.
③ 그룹 1과 그룹 2의 의료장소에 무영등 등을 위한 특별저압(SELV 또는 PELV) 회로를 시설하는 경우에는 사용전압은 교류 실효값 25[V] 또는 리플프리(Ripple-free) 직류 60[V] 이하로 할 것
④ 의료장소의 전로에는 정격 감도전류 30[mA] 이하, 동작시간 0.03초 이내의 누전차단기를 설치할 것. 다만, 다음의 경우는 그러하지 아니하다.
  가. 의료 IT 계통의 전로
  나. TT 계통 또는 TN 계통에서 전원자동차단에 의한 보호가 의료행위에 중대한 지장을 초래할 우려가 있는 회로에 누전경보기를 시설하는 경우
  다. 의료장소의 바닥으로부터 2.5[m]를 초과하는 높이에 설치된 조명기구의 전원회로
  라. 건조한 장소에 설치하는 의료용 전기기기의 전원회로

(4) 의료장소 내의 접지 설비

의료장소와 의료장소 내의 전기설비 및 의료용 전기기기의 노출도전부, 그리고 계통외 도전부에 대하여 다음과 같이 접지설비를 시설하여야 한다.

① 의료장소마다 그 내부 또는 근처에 등전위본딩 바를 설치할 것. 다만, 인접하는 의료장소와의 바닥 면적 합계가 50[m^2] 이하인 경우에는 등전위본딩 바를 공용할 수 있다.
② 의료장소 내에서 사용하는 모든 전기설비 및 의료용 전기기기의 노출도전부는 보호도체에 의하여 등전위본딩 바에 각각 접속되도록 할 것
   가. 콘센트 및 접지단자의 보호도체는 등전위본딩 바에 직접 접속할 것
③ 그룹 2의 의료장소에서 환자환경(환자가 점유하는 장소로부터 수평방향 1.5[m], 의료장소의 바닥으로부터 2.5[m] 높이 이내의 범위) 내에 있는 계통외 도전부와 전기설비 및 의료용 전기기기의 노출도전부, 전자기장해(EMI) 차폐선, 도전성 바닥 등은 등전위본딩을 시행할 것
   가. 계통외도전부와 전기설비 및 의료용 전기기기의 노출도전부 상호 간을 접속한 후 이를 등전위본딩 바에 각각 접속할 것
   나. 한 명의 환자에게는 동일한 등전위본딩 바를 사용하여 등전위본딩을 시행할 것
④ 접지도체는 다음과 같이 시설할 것
   가. 접지도체의 공칭단면적은 등전위본딩 바에 접속된 보호도체 중 가장 큰 것 이상으로 할 것
   나. 철골, 철근 콘크리트 건물에서는 철골 또는 2조 이상의 주철근을 접지도체의 일부분으로 활용할 수 있다.
⑤ 보호도체, 등전위 본딩도체 및 접지도체의 종류는 450/750[V] 일반용 단심 비닐절연전선으로서 절연체의 색이 녹/황의 줄무늬이거나 녹색인 것을 사용할 것

(5) 의료장소 내의 비상전원

상용전원 공급이 중단될 경우 의료행위에 중대한 지장을 초래할 우려가 있는 전기설비 및 의료용 전기기기에는 다음 및 KS C IEC 60364-7-710(특수설비 또는 특수장소에 대한 요구사항-의료장소)에 따라 비상전원을 공급하여야 한다.
① 절환시간 0.5초 이내에 비상전원을 공급하는 장치 또는 기기
   가. 0.5초 이내에 전력공급이 필요한 생명유지장치
   나. 그룹 1 또는 그룹 2의 의료장소의 수술등, 내시경, 수술실 테이블, 기타 필수 조명
② 절환시간 15초 이내에 비상전원을 공급하는 장치 또는 기기
   가. 15초 이내에 전력공급이 필요한 생명유지장치
   나. 그룹 2의 의료장소에 최소 50[%]의 조명, 그룹 1의 의료장소에 최소 1개의 조명
③ 절환시간 15초를 초과하여 비상전원을 공급하는 장치 또는 기기
   가. 병원기능을 유지하기 위한 기본 작업에 필요한 조명
   나. 그 밖의 병원 기능을 유지하기 위하여 중요한 기기 또는 설비

25. 저압 옥내 직류전기설비

1) 저압 옥내 직류전기설비

(1) 축전지실 등의 시설

① 30[V]를 초과하는 축전지는 비접지측 도체에 쉽게 차단할 수 있는 곳에 개폐기를 시설하여야 한다.
② 옥내전로에 연계되는 축전지는 비접지측 도체에 과전류보호장치를 시설하여야 한다.
③ 축전지실 등은 폭발성의 가스가 축적되지 않도록 환기장치 등을 시설하여야 한다.

2) 저압 옥내 직류전기설비의 접지

저압 옥내 직류전기설비는 전로 보호장치의 확실한 동작의 확보, 이상전압 및 대지전압의 억제를 위하여 직류 2선식의 임의의 한 점 또는 변환장치의 직류측 중간점, 태양전지의 중간점 등을 접지하여야 한다. 다만, 직류 2선식을 다음에 따라 시설하는 경우는 그러하지 아니하다.

① 사용전압이 60[V] 이하인 경우
② 접지검출기를 설치하고 특정구역 내의 산업용 기계기구에만 공급하는 경우
③ 교류전로로부터 공급을 받는 정류기에서 인출되는 직류계통
④ 최대전류 30[mA] 이하의 직류화재경보회로
⑤ 절연감시장치 또는 절연고장점검출장치를 설치하여 관리자가 확인할 수 있도록 경보장치를 시설하는 경우

26. 비상용 예비전원설비

1) 일반 요구사항

(1) 적용범위

① 이 규정은 상용전원이 정전되었을 때 사용하는 비상용 예비전원설비를 수용장소에 시설하는 것에 적용하여야 한다.
② 비상용 예비전원으로 발전기 또는 이차전지 등을 이용한 전기저장장치 및 이와 유사한 설비를 시설하는 경우에는 해당 설비에 관련된 규정을 적용하여야 한다.

(2) 비상용 예비전원설비의 조건 및 분류

① 비상용 예비전원설비는 상용전원의 고장 또는 화재 등으로 정전되었을 때 수용장소에 전력을 공급하도록 시설하여야 한다.
② 화재조건에서 운전이 요구되는 비상용 예비전원설비는 다음의 2가지 조건이 추가적으로 충족되어야 한다.
   가. 비상용 예비전원은 충분한 시간 동안 전력 공급이 지속되도록 선정하여야 한다.
   나. 모든 비상용 예비전원의 기기는 충분한 시간의 내화 보호 성능을 갖도록 선정하여 설치하여야 한다.
③ 비상용 예비전원설비의 전원 공급방법은 다음과 같이 분류한다.
   가. 수동 전원공급
   나. 자동 전원공급
④ 자동 전원공급은 절환 시간에 따라 다음과 같이 분류된다.
   가. 무순단 : 과도시간 내에 전압 또는 주파수 변동 등 정해진 조건에서 연속적인 전원공급이 가능한 것
   나. 순단 : 0.15초 이내 자동 전원공급이 가능한 것
   다. 단시간 차단 : 0.5초 이내 자동 전원공급이 가능한 것
   라. 보통 차단 : 5초 이내 자동 전원공급이 가능한 것
   마. 중간 차단 : 15초 이내 자동 전원공급이 가능한 것
   바. 장시간 차단 : 자동 전원공급이 15초 이후에 가능한 것
⑤ 비상용 예비전원설비에 필수적인 기기는 지정된 동작을 유지하기 위해 절환 시간과 호환되어야 한다.

1-3. 고압·특고압 전기설비

1. 적용범위

교류 1[kV] 초과 또는 직류 1.5[kV]를 초과하는 고압 및 특고압 전기를 공급하거나 사용하는 전기설비에 적용한다. 고압 및 특고압 전기설비에서 적용하는 전압의 구분은 일반사항의 적용범위에 따른다.

2. 기본원칙

1) 전기적 요구사항

(1) 중성점 접지방법

중성점 접지방식의 선정 시 다음을 고려하여야 한다.
① 전원공급의 연속성 요구사항
② 지락고장에 의한 기기의 손상제한
③ 고장부위의 선택적 차단
④ 고장위치의 감지
⑤ 접촉 및 보폭전압
⑥ 유도성 간섭
⑦ 운전 및 유지보수 측면

(2) 단락전류

① 설비는 단락전류로부터 발생하는 열적 및 기계적 영향에 견딜 수 있도록 설치되어야 한다.
② 설비는 단락을 자동으로 차단하는 장치에 의하여 보호되어야 한다.
③ 설비는 지락을 자동으로 차단하는 장치 또는 지락상태 자동표시장치에 의하여 보호되어야 한다.

2) 기계적 요구사항

(1) 인장하중

인장하중은 현장의 가혹한 조건에서 계산된 최대도체인장력을 견딜 수 있어야 한다.

(2) 풍압하중

풍압하중은 그 지역의 지형적인 영향과 주변 구조물의 높이를 고려하여야 한다.

(3) 단락전자기력

단락 시 전자기력에 의한 기계적 영향을 고려하여야 한다.

(4) 도체 인장력의 상실

3. 혼촉에 의한 위험방지시설

1) 고압 또는 특고압과 저압의 혼촉에 의한 위험방지 시설

① 고압전로 또는 특고압전로와 저압전로를 결합하는 변압기(혼촉방지판이 있는 변압기에 접속하는 저압 옥외전선의 시설 등에 규정하는 것 및 철도 또는 궤도의 신호용 변압기를 제외)의 저압측의 중성점에는 변압기 중성점 접지의 규정에 의하여 접지공사(사용전압이 35[kV] 이하의 특고압전로로서 전로에 지락이 생겼을 때에 1초 이내에 자동적으로 이를 차단하는 장치가 되어 있는 것 및 25[kV] 이하인 특고압 가공전선로의 시설의 ① 및 ④에 규정하는 특고압 가공전선로의 전로 이외의 특고압전로와 저압전로를 결합하는 경우에 계산된 접지저항 값이 10[Ω]을 넘을 때에는 접지저항 값이 10[Ω] 이하인 것에 한함)를 하여야 한다. 다만, 저압전로의 사용전압이 300[V] 이하인 경우에 그 접지공사를 변압기의 중성점에 하기 어려울 때에는 저압측의 1단자에 시행할 수 있다.

② ①의 접지공사는 변압기의 시설장소마다 시행하여야 한다. 다만, 토지의 상황에 의하여 변압기의 시설장소에서 변압기 중성점 접지의 규정에 의한 접지저항 값을 얻기 어려운 경우, 인장강도 5.26[kN] 이상 또는 지름 4[mm] 이상의 가공 접지도체를 고압 가공전선의 안전율, 고압 가공전선의 높이, 고압 가공전선로의 가공지선, 고압 가공전선 등의 병행설치, 고압 가공전선과 건조물의 접근부터 고압 가공전선과 교류전차선 등의 접근 또는 교차까지 및 저압 가공전선과 다른 시설물의 접근 또는 교차의 저압가공전선에 관한 규정에 준하여 시설할 때에는 변압기의 시설장소로부터 200[m]까지 떼어놓을 수 있다.

③ ①의 접지공사를 하는 경우에 토지의 상황에 의하여 ②의 규정에 의하기 어려울 때에는 다음에 따라 가공공동지선을 설치하여 2 이상의 시설장소에 변압기 중성점 접지의 규정에 의하여 접지공사를 할 수 있다.

　가. 가공공동지선은 인장강도 5.26[kN] 이상 또는 지름 4[mm] 이상의 경동선을 사용하여 고압 가공전선의 안전율, 고압 가공전선의 높이, 고압 가공전선 등의 병행설치, 고압 가공전선과 건조물의 접근부터 고압 가공전선과 교류전차선 등의 접근 또는 교차까지 및 저압 가공전선과 다른 시설물의 접근 또는 교차의 저압가공전선에 관한 규정에 준하여 시설할 것

　나. 접지공사는 각 변압기를 중심으로 하는 지름 400[m] 이내의 지역으로서 그 변압기에 접속되는 전선로 바로 아래의 부분에서 각 변압기의 양쪽에 있도록 할 것. 다만, 그 시설장소에서 접지공사를 한 변압기에 대하여는 그러하지 아니하다.

　다. 가공공동지선과 대지 사이의 합성 전기저항 값은 1[km]를 지름으로 하는 지역 안마다 공통접지 및 통합접지에 의해 접지저항 값을 가지는 것으로 하고 또한 각 접지도체를 가공공동지선으로부터 분리하였을 경우의 각 접지도체와 대지 사이의 전기저항 값은 300[Ω] 이하로 할 것

④ ③의 가공공동지선에는 인장강도 5.26[kN] 이상 또는 지름 4[mm]의 경동선을 사용하는 저압 가공전선의 1선을 겸용할 수 있다.

⑤ 직류단선식 전기철도용 회전변류기·전기로·전기보일러 기타 상시 전로의 일부를 대지로부터 절연하지 아니하고 사용하는 부하에 공급하는 전용의 변압기를 시설한 경우에는 ①의 규정에 의하지 아니할 수 있다.

2) 혼촉방지판이 있는 변압기에 접속하는 저압 옥외전선의 시설 등

고압전로 또는 특고압전로와 비접지식의 저압전로를 결합하는 변압기(철도 또는 궤도의 신호용변압기를 제외)로서 그 고압권선 또는 특고압권선과 저압권선 간에 금속제의 혼촉방지판이 있고 또한 그 혼촉방지판에 변압기 중성점 접지의 규정에 의하여 접지공사(사용전압이 35[kV] 이하의 특고압전로로서 전로에 지락이 생겼을 때

1초 이내에 자동적으로 이것을 차단하는 장치를 한 것과 25[kV] 이하인 특고압 가공전선로의 시설에 규정하는 특고압 가공전선로의 전로 이외의 특고압전로와 저압전로를 결합하는 경우에 계산된 접지저항 값이 10[Ω]을 넘을 때에는 접지저항 값이 10[Ω] 이하인 것에 한함)를 한 것에 접속하는 저압전선을 옥외에 시설할 때에는 다음에 따라 시설하여야 한다.
① 저압전선은 1구내에만 시설할 것
② 저압 가공전선로 또는 저압 옥상전선로의 전선은 케이블일 것
③ 저압 가공전선과 고압 또는 특고압의 가공전선을 동일 지지물에 시설하지 아니할 것. 다만, 고압 가공전선로 또는 특고압 가공전선로의 전선이 케이블인 경우에는 그러하지 아니하다.

3) 특고압과 고압의 혼촉 등에 의한 위험방지 시설

변압기에 의하여 특고압전로에 결합되는 고압전로에는 사용전압의 3배 이하인 전압이 가하여진 경우에 방전하는 장치를 그 변압기의 단자에 가까운 1극에 설치하여야 한다. 다만, 사용전압의 3배 이하인 전압이 가하여진 경우에 방전하는 피뢰기를 고압전로의 모선의 각상에 시설하거나 특고압권선과 고압권선 간에 혼촉방지판을 시설하여 접지저항 값이 10[Ω] 이하 또는 변압기 중성점 접지의 규정에 따른 접지공사를 한 경우에는 그러하지 아니하다.

4) 전로의 중성점의 접지

① 전로의 보호장치의 확실한 동작의 확보, 이상 전압의 억제 및 대지전압의 저하를 위하여 특히 필요한 경우에 전로의 중성점에 접지공사를 할 경우에는 다음에 따라야 한다.
  가. 접지극은 고장 시 그 근처의 대지 사이에 생기는 전위차에 의하여 사람이나 가축 또는 다른 시설물에 위험을 줄 우려가 없도록 시설할 것
  나. 접지도체는 공칭단면적 16[mm^2] 이상의 연동선 또는 이와 동등 이상의 세기 및 굵기의 쉽게 부식하지 아니하는 금속선(저압 전로의 중성점에 시설하는 것은 공칭단면적 6[mm^2] 이상의 연동선 또는 이와 동등 이상의 세기 및 굵기의 쉽게 부식하지 않는 금속선)으로서 고장 시 흐르는 전류가 안전하게 통할 수 있는 것을 사용하고 또한 손상을 받을 우려가 없도록 시설할 것
  다. 접지도체에 접속하는 저항기, 리액터 등은 고장 시 흐르는 전류를 안전하게 통할 수 있는 것을 사용할 것
  라. 접지도체, 저항기, 리액터 등은 취급자 이외의 자가 출입하지 아니하도록 설비한 곳에 시설하는 경우 이외에는 사람이 접촉할 우려가 없도록 시설할 것
② ①에 규정하는 경우 이외의 경우로서 저압전로에 시설하는 보호장치의 확실한 동작을 확보하기 위하여 특히 필요한 경우에 전로의 중성점에 접지공사를 할 경우(저압전로의 사용전압이 300[V] 이하의 경우에 전로의 중성점에 접지공사를 하기 어려울 때에 전로의 1단자에 접지공사를 시행할 경우를 포함) 접지도체는 공칭단면적 6[mm^2] 이상의 연동선 또는 이와 동등 이상의 세기 및 굵기의 쉽게 부식하지 않는 금속선으로서 고장 시 흐르는 전류가 안전하게 통할 수 있는 것을 사용하고 또한 접지시스템의 규정에 준하여 시설하여야 한다.
③ 계속적인 전력공급이 요구되는 화학공장, 시멘트공장, 철강공장 등의 연속공정설비 또는 이에 준하는 곳의 전기설비로서 지락전류를 제한하기 위하여 저항기를 사용하는 중성점 고저항 접지설비는 다음에 따를 경우 300[V] 이상 1[kV] 이하의 3상 교류계통에 적용할 수 있다.
  가. 자격을 가진 기술원("계통 운전에 필요한 지식 및 기능을 가진 자"를 말한다)이 설비를 유지관리 할 것
  나. 계통에 지락검출장치가 시설될 것
  다. 전압선과 중성선 사이에 부하가 없을 것

라. 고저항 중성점접지계통은 다음에 적합할 것
　가) 접지저항기는 계통의 중성점과 접지극 도체와의 사이에 설치할 것. 중성점을 얻기 어려운 경우에는 접지변압기에 의한 중성점과 접지극 도체 사이에 접지저항기를 설치한다.
　나) 변압기 또는 발전기의 중성점에서 접지저항기에 접속하는 점까지의 중성선은 동선 10[mm^2] 이상, 알루미늄선 또는 동복 알루미늄선은 16[mm^2] 이상의 절연전선으로서 접지저항기의 최대정격전류 이상일 것
　다) 계통의 중성점은 접지저항기를 통하여 접지할 것
　라) 변압기 또는 발전기의 중성점과 접지저항기 사이의 중성선은 별도로 배선할 것
　마) 최초 개폐장치 또는 과전류보호장치와 접지저항기의 접지측 사이의 기기 본딩 점퍼(기기접지도체와 접지저항기 사이를 잇는 것)는 도체에 접속점이 없어야 한다.
　바) 접지극 도체는 접지저항기의 접지 측과 최초 개폐장치의 접지 접속점 사이에 시설할 것
　사) 기기 본딩 점퍼의 굵기는 다음의 가) 또는 나)에 의할 것
　　(가) 접지극 도체를 접지 저항기에 연결할 때는 기기 접지 점퍼는 다음 ㉮, ㉯, ㉰의 예외사항을 제외하고 아래표에 의한 굵기일 것
　　　㉮ 접지극 전선이 접지봉, 관, 판으로 연결될 때는 16[mm^2] 이상일 것
　　　㉯ 콘크리트 매입 접지극으로 연결될 때는 25[mm^2] 이상일 것
　　　㉰ 접지링으로 연결되는 접지극 전선은 접지링과 같은 굵기 이상일 것

기기 접지 점퍼의 굵기

상전선 최대 굵기[mm^2]	접지극 전선[mm^2]
30 이하	10
38 또는 50	16
60 또는 80	25
80 초과 175까지	35
175 초과 300까지	50
300 초과 550까지	70
550 초과	95

　　(나) 접지극 도체가 최초 개폐장치 또는 과전류장치에 접속될 때는 기기 본딩 점퍼의 굵기는 10[mm^2] 이상으로서 접지저항기의 최대전류 이상의 허용전류를 갖는 것일 것

4. 전선로

1) 전선로 일반 및 구내·옥측·옥상전선로

(1) 전파장해의 방지

① 가공전선로는 무선설비의 기능에 계속적이고 또한 중대한 장해를 주는 전파를 발생할 우려가 있는 경우에는 이를 방지하도록 시설하여야 한다.
② ①의 경우에 1[kV] 초과의 가공전선로에서 발생하는 전파장해 측정용 루프 안테나의 중심은 가공전선로의 최외측 전선의 직하로부터 가공전선로와 직각방향으로 외측 15[m] 떨어진 지표상 2[m]에 있게 하고 안테나의 방향은 잡음 전계강도가 최대로 되도록 조정하며 측정기의 기준 측정 주파수는 0.5[MHz] ± 0.1[Mhz] 범위에서 방송주파수를 피하여 정한다.

② 1[kV] 초과의 가공전선로에서 발생하는 전파의 허용한도는 531[kHz]에서 1,602[kHz]까지의 주파수대에서 신호대잡음비(SNR)가 24[dB] 이상 되도록 가공전선로를 설치해야 하며, 잡음강도(N)는 청명시의 준첨두치 (Q.P)로 측정하되 장기간 측정에 의한 통계적 분석이 가능하고 정규분포에 해당 지역의 기상조건이 반영될 수 있도록 충분한 주기로 샘플링 데이터를 얻어야 하고 또한 지역별 여건을 고려하지 않은 단일 기준으로 전파장해를 평가할 수 있도록 신호강도(S)는 저잡음지역의 방송전계강도인 71[dBμV/m](전계강도)로 한다.

2) 가공전선로 지지물의 기초의 안전율

가공전선로의 지지물에 하중이 가하여지는 경우에 그 하중을 받는 지지물의 기초의 안전율은 2(이상 시 상정하중이 가하여지는 경우의 그 이상 시 상정하중에 대한 철탑의 기초에 대하여는 1.33) 이상이어야 한다. 다만, 다음에 따라 시설하는 경우에는 적용하지 않는다.

가. 강관을 주체로 하는 철주(이하 "강관주"라 한다) 또는 철근 콘크리트주로서 그 전체 길이가 16[m] 이하, 설계하중이 6.8[kN] 이하인 것 또는 목주를 다음에 의하여 시설하는 경우
  가) 전체의 길이가 15[m] 이하인 경우는 땅에 묻히는 깊이를 전체 길이의 6분의 1 이상으로 할 것
  나) 전체의 길이가 15[m]를 초과하는 경우는 땅에 묻히는 깊이를 2.5[m] 이상으로 할 것
  다) 논이나 그 밖의 지반이 연약한 곳에서는 견고한 근가를 시설할 것

나. 철근 콘크리트주로서 그 전체의 길이가 16[m] 초과 20[m] 이하이고, 설계하중이 6.8[kN] 이하의 것을 논이나 그 밖의 지반이 연약한 곳 이외에 그 묻히는 깊이를 2.8[m] 이상으로 시설하는 경우

다. 철근 콘크리트주로서 전체의 길이가 14[m] 이상 20[m] 이하이고, 설계하중이 6.8[kN] 초과 9.8[kN] 이하의 것을 논이나 그 밖의 지반이 연약한 곳 이외에 시설하는 경우 그 묻히는 깊이는 가의 가) 및 나)에 의한 기준보다 30[cm]를 가산하여 시설하는 경우

라. 철근 콘크리트주로서 그 전체의 길이가 14[m] 이상 20[m] 이하이고, 설계하중이 9.81[kN] 초과 14.72[kN] 이하의 것을 논이나 그 밖의 지반이 연약한 곳 이외에 다음과 같이 시설하는 경우
  가) 전체의 길이가 15[m] 이하인 경우에는 그 묻히는 깊이를 가의 가)에 규정한 기준보다 0.5[m]를 더한 값 이상으로 할 것
  나) 전체의 길이가 15[m] 초과 18[m] 이하인 경우에는 그 묻히는 깊이를 3[m] 이상으로 할 것
  다) 전체의 길이가 18[m]를 초과하는 경우에는 그 묻히는 깊이를 3.2[m] 이상으로 할 것

3) 지선의 시설

① 가공전선로의 지지물로 사용하는 철탑은 지선을 사용하여 그 강도를 분담시켜서는 안 된다.
② 가공전선로의 지지물로 사용하는 철주 또는 철근 콘크리트주는 지선을 사용하지 않는 상태에서 2분의 1 이상의 풍압하중에 견디는 강도를 가지는 경우 이외에는 지선을 사용하여 그 강도를 분담시켜서는 안 된다.
③ 가공전선로의 지지물에 시설하는 지선은 다음에 따라야 한다.
  가. 지선의 안전율은 2.5(⑥에 의하여 시설하는 지선은 1.5) 이상일 것. 이 경우에 허용 인장하중의 최저는 4.31[kN]으로 한다.
  나. 지선에 연선을 사용할 경우에는 다음에 의할 것
    가) 소선 3가닥 이상의 연선일 것
    나) 소선의 지름이 2.6[mm] 이상의 금속선을 사용한 것일 것. 다만, 소선의 지름이 2[mm] 이상인 아연도강 연선으로서 소선의 인장강도가 0.68[kN/mm^2] 이상인 것을 사용하는 경우에는 적용하지 않는다.

다. 지중부분 및 지표상 0.3[m]까지의 부분에는 내식성이 있는 것 또는 아연도금을 한 철봉을 사용하고 쉽게 부식되지 않는 근가에 견고하게 붙일 것. 다만, 목주에 시설하는 지선에 대해서는 적용하지 않는다.

라. 지선근가는 지선의 인장하중에 충분히 견디도록 시설할 것

④ 도로를 횡단하여 시설하는 지선의 높이는 지표상 5[m] 이상으로 하여야 한다. 다만, 기술상 부득이한 경우로서 교통에 지장을 초래할 우려가 없는 경우에는 지표상 4.5[m] 이상, 보도의 경우에는 2.5[m] 이상으로 할 수 있다.

⑤ 저압 및 고압 또는 25[kV] 이하인 특고압 가공전선로의 시설에 의한 25[kV] 미만인 특고압 가공전선로의 지지물에 시설하는 지선으로서 전선과 접촉할 우려가 있는 것에는 그 상부에 애자를 삽입하여야 한다. 다만, 저압 가공전선로의 지지물에 시설하는 지선을 논이나 습지 이외의 장소에 시설하는 경우에는 적용하지 않는다.

⑥ 고압 가공전선로 또는 특고압 전선로의 지지물로 사용하는 목주, A종 철주 또는 A종 철근 콘크리트주(이하 "목주 등"이라 한다)에는 다음에 따라 지선을 시설하여야 한다.

가. 전선로의 직선 부분(5° 이하의 수평각도를 이루는 곳을 포함)에서 그 양쪽의 경간차가 큰 곳에 사용하는 목주 등에는 양쪽의 경간 차에 의하여 생기는 불평균 장력에 의한 수평력에 견디는 지선을 그 전선로의 방향으로 양쪽에 시설할 것

나. 전선로 중 5°를 초과하는 수평각도를 이루는 곳에 사용하는 목주 등에는 전 가섭선에 대하여 각 가섭선의 상정 최대장력에 의하여 생기는 수평횡분력에 견디는 지선을 시설할 것

다. 전선로 중 가섭선을 인류하는 곳에 사용하는 목주 등에는 전 가섭선에 대하여 각 가섭선의 상정 최대장력에 상당하는 불평균 장력에 의한 수평력에 견디는 지선을 그 전선로의 방향에 시설할 것

⑦ 가공전선로의 지지물에 시설하는 지선은 이와 동등 이상의 효력이 있는 지주로 대체할 수 있다.

4) 옥측전선로

(1) 고압 옥측전선로의 시설

① 고압 옥측 전선로는 다음의 어느 하나에 해당하는 경우에 한하여 시설할 수 있다.

가. 1구내 또는 동일 기초 구조물 및 여기에 구축된 복수의 건물과 구조적으로 일체화된 하나의 건물(이하 "1구내 등"이라 한다)에 시설하는 전선로의 전부 또는 일부로 시설하는 경우

나. 1구내 등 전용의 전선로 중 그 구내에 시설하는 부분의 전부 또는 일부로 시설하는 경우

다. 옥외에 시설한 복수의 전선로에서 수전하도록 시설하는 경우

② 고압 옥측전선로는 전개된 장소에는 다음에 따라 시설하여야 한다.

가. 전선은 케이블일 것

나. 케이블은 견고한 관 또는 트라프에 넣거나 사람이 접촉할 우려가 없도록 시설할 것

다. 케이블을 조영재의 옆면 또는 아랫면에 따라 붙일 경우에는 케이블의 지지점 간의 거리를 2[m] (수직으로 붙일 경우에는 6[m])이하로 하고 또한 피복을 손상하지 아니하도록 붙일 것

라. 케이블을 조가용선에 조가하여 시설하는 경우에 유도장해의 방지(③을 제외)의 규정에 준하여 시설하고 또한 전선이 고압 옥측 전선로를 시설하는 조영재에 접촉하지 아니하도록 시설할 것

마. 관 기타의 케이블을 넣는 방호장치의 금속제 부분·금속제의 전선 접속함 및 케이블의 피복에 사용하는 금속제에는 이들의 방식조치를 한 부분 및 대지와의 사이의 전기저항 값이 10[Ω] 이하인 부분을 제외하고 접지시스템의 규정에 준하여 접지공사를 할 것

③ 고압 옥측전선로의 전선이 그 고압 옥측전선로를 시설하는 조영물에 시설하는 특고압 옥측전선, 저압 옥측전선, 관등회로의 배선, 약전류 전선 등이나 수관, 가스관 또는 이와 유사한 것과 접근하거나 교차하는 경우에는 고압 옥측전선로의 전선과 이들 사이의 이격거리는 0.15[m] 이상이어야 한다.

④ ③의 경우 이외에는 고압 옥측전선로의 전선이 다른 시설물(그 고압 옥측전선로를 시설하는 조영물에 시설하는 다른 고압 옥측전선, 가공전선 및 옥상도체를 제외)과 접근하는 경우에는 고압 옥측전선로의 전선과 이들 사이의 이격거리는 0.3[m] 이상이어야 한다.

⑤ 고압 옥측전선로의 전선과 다른 시설물 사이에 내화성이 있는 견고한 격벽을 설치하여 시설하는 경우 또는 고압 옥측전선로의 전선을 내화성이 있는 견고한 관에 넣어 시설하는 경우에는 ③ 및 ④의 규정에 의하지 아니할 수 있다.

5. 가공전선로

1) 가공약전류전선로의 유도장해 방지

① 저압 가공전선로(전기철도용 급전선로는 제외) 또는 고압 가공전선로(전기철도용 급전선로는 제외)와 기설 가공약전류전선로가 병행하는 경우에는 유도작용에 의하여 통신상의 장해가 생기지 않도록 전선과 기설 약전류 전선 간의 이격거리는 2[m] 이상이어야 한다. 다만, 저압 또는 고압의 가공전선이 케이블인 경우 또는 가공약전류전선로 관리자의 승낙을 받은 경우에는 적용하지 않는다.

② ①에 따라 시설하더라도 기설 가공약전류전선로에 장해를 줄 우려가 있는 경우에는 다음 중 한 가지 또는 두 가지 이상을 기준으로 하여 시설하여야 한다.

   가. 가공전선과 가공약전류전선 간의 이격거리를 증가시킬 것

   나. 교류식 가공전선로의 경우에는 가공전선을 적당한 거리에서 연가할 것

   다. 가공전선과 가공약전류전선 사이에 인장강도 5.26[kN] 이상의 것 또는 지름 4[mm] 이상인 경동선의 금속선 2가닥 이상을 시설하고 접지시스템의 규정에 준하여 접지공사를 할 것

2) 가공케이블의 시설

① 저압 가공전선[저압옥측전선로(저압의 인입선 및 연접인입선의 옥측 부분을 제외. 이하 이 장에서 같다) 또는 특고압 가공전선로의 애자장치 등에 의하여 시설하는 저압 전선로에 인접하는 1경간의 전선, 가공 인입선 및 연접 인입선의 가공부분을 제외. 이하 이 절에서 같다] 또는 고압 가공전선[고압 옥측전선로(고압 인입선의 옥측부분을 제외. 이하 이 장에서 같다) 또는 특고압 가공전선로의 애자장치 등에 의하여 시설하는 고압 전선로에 인접하는 1경간의 전선 및 가공 인입선을 제외. 이하 이 절에서 같다]에 케이블을 사용하는 경우에는 다음에 따라 시설하여야 한다.

   가. 케이블은 조가용선에 행거로 시설할 것. 이 경우에는 사용전압이 고압인 때에는 행거의 간격은 0.5[m] 이하로 하는 것이 좋다.

   나. 조가용선은 인장강도 5.93[kN] 이상의 것 또는 단면적 22[mm^2] 이상인 아연도강연선일 것

   다. 조가용선 및 케이블의 피복에 사용하는 금속체에는 접지시스템의 규정에 준하여 접지공사를 할 것. 다만, 저압 가공전선에 케이블을 사용하고 조가용선에 절연전선 또는 이와 동등 이상의 절연내력이 있는 것을 사용할 때에 조가용선에 접지시스템의 규정에 준하여 접지공사를 하지 아니할 수 있다.

② 조가용선의 케이블에 접촉시켜 그 위에 쉽게 부식하지 아니하는 금속 테이프 등을 0.2[m] 이하의 간격을 유지하며 나선상으로 감는 경우, 조가용선을 케이블의 외장에 견고하게 붙이는 경우 또는 조가용선과 케이블을 꼬아 합쳐 조가하는 경우에 그 조가용선이 인장강도 5.93[kN] 이상의 금속선의 것 또는 단면적 22[mm^2] 이상인 아연도강연선의 경우에는 ①의 가 및 나의 규정에 의하지 아니할 수 있다.

③ 고압 가공전선에 반도전성 외장 조가용 고압케이블을 사용하는 경우는 ①의 나부터 라까지의 규정에 준하여 시설하는 이외에 조가용선을 반도전성 외장조가용 고압 케이블에 접속시켜 그 위에 쉽게 부식하지 아니하는 금속 테이프를 0.06[m] 이하의 간격을 유지하면서 나선상으로 감아 시설하여야 한다.

④ ③에서 규정하는 반도전성 외장 조가용 고압케이블은 IEC 60502(정격전압 1~30[kV] 압출 성형 절연 전력케이블 및 그 부속품)에 적합한 것이어야 한다.

3) 고압 가공전선의 안전율

고압 가공전선은 케이블인 경우 이외에는 다음에 규정하는 경우에 그 안전율이 경동선 또는 내열 동합금선은 2.2 이상, 그 밖의 전선은 2.5 이상이 되는 이도로 시설하여야 한다.

① 빙설이 많은 지방 이외의 지방에서는 그 지방의 평균온도에서 전선의 중량과 그 전선의 수직 투영면적 1[m^2]에 대하여 745[Pa]의 수평풍압과의 합성하중을 지지하는 경우 및 그 지방의 최저온도에서 전선의 중량과 그 전선의 수직 투영면적 1[m^2]에 대하여 372[Pa]의 수평풍압과의 합성하중을 지지하는 경우

② 빙설이 많은 지방(다의 지방은 제외)에서는 그 지방의 평균온도에서 전선의 중량과 그 전선의 수직 투영면적 1[m^2]에 대하여 745[Pa]의 수평풍압과의 합성하중을 지지하는 경우 및 그 지방의 최저온도에서 전선의 주위에 두께 6[mm], 비중 0.9의 빙설이 부착한 때의 전선 및 빙설의 중량과 그 빙설이 부착한 전선의 수직 투영면적 1[m^2]에 대하여 372[Pa]의 수평풍압과의 합성하중을 지지하는 경우

③ 빙설이 많은 지방 중 해안지방, 기타 저온계절에 최대풍압이 생기는 지방에서는 그 지방의 평균온도에서 전선의 중량과 그 전선의 수직 투영면적 1[m^2]에 대하여 745[Pa]의 수평풍압과의 합성하중을 지지하는 경우 및 그 지방의 최저온도에서 전선의 중량과 그 전선의 수직 투영면적 1[m^2]에 대하여 745[Pa]의 수평풍압과의 합성하중 또는 전선의 주위에 두께 6[mm], 비중 0.9의 빙설이 부착한 때의 전선 및 빙설의 중량과 그 빙설이 부착한 전선의 수직 투영면적 1[m^2]에 대하여 372[Pa]의 수평풍압과의 합성하중 중 어느 것이나 큰 것을 지지하는 경우

4) 고압 가공전선의 높이

① 고압 가공전선의 높이는 다음에 따라야 한다.
   가. 도로[농로 기타 교통이 번잡하지 않은 도로 및 횡단보도교(도로·철도·궤도 등의 위를 횡단하여 시설하는 다리모양의 시설물로서 보행용으로만 사용되는 것을 말한다)를 제외를 횡단하는 경우에는 지표상 6[m] 이상
   나. 철도 또는 궤도를 횡단하는 경우에는 레일면상 6.5[m] 이상
   다. 횡단보도교의 위에 시설하는 경우에는 그 노면상 3.5[m] 이상
   라. 가부터 다까지 이외의 경우에는 지표상 5[m] 이상

② 고압 가공전선을 수면 상에 시설하는 경우에는 전선의 수면 상의 높이를 선박의 항해 등에 위험을 주지 않도록 유지하여야 한다.

③ 고압 가공전선로를 빙설이 많은 지방에 시설하는 경우에는 전선의 적설상의 높이를 사람 또는 차량의 통행 등에 위험을 주지 않도록 유지하여야 한다.

5) 고압 가공전선로의 지지물의 강도

① 고압 가공전선로의 지지물로서 사용하는 목주는 다음에 따라 시설하여야 한다.
    가. 풍압하중에 대한 안전율은 1.3 이상일 것
    나. 굵기는 말구 지름 0.12[m] 이상일 것
② 가공전선로 지지물의 기초의 안전율의 단서의 규정에 의하여 시설하는 철주(이하 "A종 철주"라 한다) 또는 철근 콘크리트주(이하 "A종 철근 콘크리트주"라 한다) 중 복합 철근 콘크리트주로서 고압 가공전선로의 지지물로 사용하는 것은 풍압하중 및 상시 상정하중에 규정하는 수직하중에 견디는 강도를 가지는 것이어야 한다.
③ A종 철근 콘크리트주중 복합 철근 콘크리트주 이외의 것으로서 고압 가공전선로의 지지물로 사용하는 것은 풍압하중에 견디는 강도를 가지는 것이어야 한다.
④ A종 철주 이외의 철주(이하 "B종 철주"라 한다), A종 철근 콘크리트주 이외의 철근 콘크리트주(이하 "B종 철근 콘크리트주"라 한다) 또는 철탑으로서 고압 가공전선로의 지지물로 사용하는 것은 상시 상정하중에 규정하는 상시 상정하중에 견디는 강도를 가지는 것이어야 한다.

6) 고압 가공전선로 경간의 제한

① 고압 가공전선로의 경간은 아래 표에서 정한 값 이하이어야 한다.

고압 가공전선로 경간 제한

지지물의 종류	경간[m]
목주, A종 철주 또는 A종 철근 콘크리트주	150
B종 철주 또는 B종 철근 콘크리트주	250
철탑	600

② 고압 가공전선로의 경간이 100[m]를 초과하는 경우에는 그 부분의 전선로는 다음에 따라 시설하여야 한다.
    가. 고압 가공전선은 인장강도 8.01[kN] 이상의 것 또는 지름 5[mm] 이상의 경동선의 것
    나. 목주의 풍압하중에 대한 안전율은 1.5 이상일 것
③ 고압 가공전선로의 전선에 인장강도 8.71[kN] 이상의 것 또는 단면적 22[mm^2] 이상의 경동연선의 것을 다음에 따라 지지물을 시설하는 때에는 ①의 규정에 의하지 아니할 수 있다. 이 경우에 그 전선로의 경간은 그 지지물에 목주, A종 철주 또는 A종 철근 콘크리트주를 사용하는 경우에는 300[m] 이하, B종 철주 또는 B종 철근 콘크리트 주를 사용하는 경우에는 500[m] 이하이어야 한다.

7) 고압 보안공사

고압 보안공사는 다음에 따라야 한다.
① 전선은 케이블인 경우 이외에는 인장강도 8.01[kN] 이상의 것 또는 지름 5[mm] 이상의 경동선일 것
② 목주의 풍압하중에 대한 안전율은 1.5 이상일 것
③ 경간은 아래 표에서 정한 값 이하일 것. 다만, 전선에 인장강도 14.51[kN] 이상의 것 또는 단면적 38[mm^2] 이상의 경동연선을 사용하는 경우로서 지지물에 B종 철주, B종 철근 콘크리트주 또는 철탑을 사용하는 때에는 그러하지 아니하다.

고압 보안공사 경간 제한

지지물의 종류	경간[m]
목주, A종 철주 또는 A종 철근 콘크리트주	100
B종 철주 또는 B종 철근 콘크리트주	150
철탑	400

8) 고압 가공전선과 건조물의 접근

① 저압 가공전선 또는 고압 가공전선이 건조물(사람이 거주 또는 근무하거나 빈번히 출입하거나 모이는 조영물을 말한다)과 접근 상태로 시설되는 경우에는 다음에 따라야 한다.

가. 고압 가공전선로[고압 옥측 전선로 또는 특고압 가공전선로의 애자장치 등의 규정에 의하여 시설하는 고압 전선로에 인접하는 1경간의 전선 및 가공 인입선을 제외]는 고압 보안공사에 의할 것

나. 저압 가공전선과 건조물의 조영재 사이의 이격거리는 아래 표에서 정한 값 이상일 것

저압 가공전선과 건조물의 조영재 사이의 이격거리

건조물 조영재의 구분	접근형태	이격거리[m]
상부 조영재[지붕, 챙(차양 : 遮陽), 옷 말리는 곳, 기타 사람이 올라갈 우려가 있는 조영재를 말한다]	위 쪽	2 (전선이 고압 절연전선, 특고압 절연전선 또는 케이블인 경우는 1)
	옆쪽 또는 아래쪽	1.2 (전선에 사람이 쉽게 접촉할 우려가 없도록 시설한 경우에는 0.8, 고압 절연전선, 특고압 절연전선 또는 케이블인 경우에는 0.4)
기타의 조영재		1.2 (전선에 사람이 쉽게 접촉할 우려가 없도록 시설한 경우에는 0.8, 고압 절연전선, 특고압 절연전선 또는 케이블인 경우에는 0.4)

다. 고압 가공전선과 건조물의 조영재 사이의 이격거리는 아래 표에서 정한 값 이상일 것

고압 가공전선과 건조물의 조영재 사이의 이격거리

건조물 조영재의 구분	접근형태	이격거리[m]
상부 조영재	위 쪽	2 (전선이 케이블인 경우에는 1)
	옆쪽 또는 아래쪽	1.2 (전선에 사람이 쉽게 접촉할 우려가 없도록 시설한 경우에는 0.8, 케이블인 경우에는 0.4)
기타의 조영재		1.2 (전선에 사람이 쉽게 접촉할 우려가 없도록 시설한 경우에는 0.8, 케이블인 경우에는 0.4)

② 저고압 가공전선이 건조물과 접근하는 경우에 저고압 가공전선이 건조물의 아래쪽에 시설될 때에는 저고압 가공전선과 건조물 사이의 이격거리는 아래 표에서 정한 값 이상으로 하고 또한 위험의 우려가 없도록 시설하여야 한다.

저고압 가공전선과 건조물 사이의 이격거리

가공전선의 종류	이격거리[m]
저압 가공전선	0.6(전선이 고압 절연전선, 특고압 절연전선 또는 케이블인 경우에는 0.3)
고압 가공전선	0.8(전선이 케이블인 경우에는 0.4)

9) 고압 가공전선과 도로 등의 접근 또는 교차

① 저압 가공전선 또는 고압 가공전선이 도로, 횡단보도교, 철도, 궤도, 삭도[반기(搬器)를 포함하고 삭도용 지주를 제외] 또는 저압 전차선(이하 "도로 등"이라 한다)과 접근상태로 시설되는 경우에는 다음에 따라야 한다.

가. 고압 가공전선로는 고압 보안공사에 의할 것

나. 저압 가공전선과 도로 등의 이격거리(도로나 횡단보도교의 노면상 또는 철도나 궤도의 레일면상의 이격거리를 제외)는 아래 표에서 정한 값 이상일 것. 다만, 저압 가공전선과 도로, 횡단보도교, 철도 또는 궤도와의 수평 이격거리가 1[m] 이상인 경우에는 그러하지 아니하다.

저압 가공전선과 도로 등의 이격거리

도로 등의 구분	이격거리[m]
도로, 횡단보도교, 철도 또는 궤도	3
삭도나 그 지주 또는 저압 전차선	0.6(전선이 고압 절연전선, 특고압 절연전선 또는 케이블인 경우에는 0.3)
저압 전차선로의 지지물	0.3

다. 고압 가공전선과 도로 등의 이격거리는 아래 표에서 정한 값 이상일 것. 다만, 고압 가공전선과 도로, 횡단보도교, 철도 또는 궤도와의 수평 이격거리가 1.2[m] 이상인 경우에는 그러하지 아니하다.

고압 가공전선과 도로 등의 이격거리

도로 등의 구분	이격거리[m]
도로, 횡단보도교, 철도 또는 궤도	3
삭도나 그 지주 또는 저압 전차선	0.8(전선이 고압 절연전선, 특고압 절연전선 또는 케이블인 경우에는 0.4)
저압 전차선로의 지지물	0.6(고압 가공전선이 케이블인 경우에는 0.3)

② 저압 가공전선 또는 고압 가공전선이 삭도와 접근하는 경우에는 저압 가공전선 또는 고압 가공전선은 삭도의 아래쪽에 수평거리로 삭도의 지주의 지표상의 높이에 상당하는 거리 안에 시설하여서는 아니 된다. 다만, 가공전선과 삭도의 수평거리가 저압은 2[m] 이상, 고압은 2.5[m] 이상이고 또한 삭도의 지주가 넘어지는 경우에 삭도가 가공전선에 접촉할 우려가 없는 경우 또는 가공전선이 삭도와 수평거리로 3[m] 미만에 접근하는 경우에 가공전선의 위쪽에 견고한 방호장치를 그 전선과 0.6[m](전선이 케이블인 경우에는 0.3[m]) 이상 떼어서 시설하고 또한 금속제 부분에 접지시스템의 규정에 준하여 접지공사를 한 때에는 그러하지 아니하다.

③ 저압 가공전선 또는 고압 가공전선이 삭도와 교차하는 경우에는 저압 가공전선 또는 고압 가공전선은 삭도의 아래에 시설하여서는 아니 된다. 다만, 가공전선의 위쪽에 견고한 방호장치를 그 전선과 0.6[m](전선이 케이블인 경우에는 0.3[m]) 이상 떼어서 시설하고 또한 그 금속제 부분에 접지시스템의 규정에 준하여 접지공사를 한 경우에는 그러하지 아니하다.

10) 고압 가공전선 등과 저압 가공전선 등의 접근 또는 교차

① 고압 가공전선이 저압 가공전선 또는 고압 전차선(이하 "저압 가공전선 등"이라 한다)과 접근상태로 시설되거나 고압 가공전선이 저압 가공전선 등과 교차하는 경우에 저압 가공전선 등의 위에 시설되는 때에는 다음에 따라야 한다.

가. 고압 가공전선로는 고압 보안공사에 의할 것. 다만, 그 전선로의 전선이 고압 옥내배선 등의 시설 규정에 의하여 전선로의 일부에 접지공사를 한 저압 가공전선과 접근하는 경우에는 그러하지 아니하다.

나. 고압 가공전선과 저압 가공전선 등 또는 그 지지물 사이의 이격거리는 아래 표에서 정한 값 이상일 것

고압 가공전선과 저압 가공전선 등 또는 그 지지물 사이의 이격거리

저압 가공전선 등 또는 그 지지물의 구분	이격거리[m]
저압 가공전선 등	0.8(고압 가공전선이 케이블인 경우에는 0.4)
저압 가공전선 등의 지지물	0.6(고압 가공전선이 케이블인 경우에는 0.3)

② 고압 가공전선 또는 고압 전차선(이하 "고압 가공전선 등"이라 한다)이 저압 가공전선과 접근하는 경우에는 고압 가공전선 등은 저압 가공전선의 아래쪽에 수평거리로 그 저압 가공전선로의 지지물의 지표상의 높이에 상당하는 거리 안에 시설하여서는 아니 된다. 다만, 기술상의 부득이한 경우에 저압 가공전선이 다음에 따라 시설되는 경우 또는 고압 가공전선 등과 저압 가공전선과의 수평거리가 2.5[m] 이상인 때에 저압 가공전선로의 전선 절단, 지지물의 도괴 등에 의하여 저압가공전선이 고압가공전선 등에 접촉할 우려가 없는 경우에는 그러하지 아니하다.

가. 저압 가공전선로는 저압 보안공사에 의할 것

나. 저압 가공전선과 고압 가공전선 등 또는 그 지지물 사이의 이격거리는 아래 표에서 정한 값 이상일 것

저압 가공전선과 고압 가공전선 등 또는 그 지지물 사이의 이격거리

저압 가공전선 등 또는 그 지지물의 구분	이격거리[m]
고압 가공전선	0.8(고압 가공전선이 케이블인 경우에는 0.4)
고압 전차선	1.2
고압 가공전선 등의 지지물	0.3

다. 저압 가공전선로의 지지물과 고압 가공전선 등 사이의 이격거리는 0.6[m](고압 가공전선로가 케이블인 경우에는 0.3[m]) 이상일 것

③ 저압 가공전선과 고압 가공전선 등 사이의 수평거리가 2.5[m] 이상인 경우 또는 수평거리가 1.2[m] 이상이고 또한 수직거리가 수평거리의 1.5배 이하인 경우에는 ②의 가의 규정에 불구하고 저압 가공전선로는 저압 보안공사(전선에 관한 부분에 한한다)에 의하지 아니할 수 있다.

④ 고압 가공전선 등이 저압 가공전선과 교차하는 경우에는 고압 가공전선 등은 저압 가공전선의 아래에 시설하여서는 아니 된다. 이 경우에 ③의 단서 규정을 준용한다.

11) 고압 가공전선과 다른 시설물의 접근 또는 교차

① 고압 가공전선이 건조물, 도로, 횡단보도교, 철도, 궤도, 삭도, 가공약전류전선 등 안테나, 교류 전차선 등, 저압 또는 전차선, 저압 가공전선, 다른 고압 가공전선 및 특고압 가공전선 이외의 시설물(이하 "다른 시설물"이라 한다)과 접근상태로 시설되는 경우에는 고압 가공전선과 다른 시설물의 이격거리는 아래 표에서 정한 값 이상으로 하여야 한다. 이 경우에 고압 가공전선로의 전선의 절단, 지지물이 도괴 등에 의하여 고압 가공전선이 다른 시설물과 접촉함으로서 사람에게 위험을 줄 우려가 있을 때에는 고압 가공전선로는 고압 보안공사에 의하여야 한다.

고압 가공전선과 다른 시설물의 이격거리

다른 시설물의 구분	접근형태	이격거리[m]
조영물의 상부 조영재	위쪽	2(전선이 케이블인 경우에는 1)
	옆쪽 또는 아래쪽	0.8(전선이 케이블인 경우에는 0.4)
조영물의 상부조영재 이외의 부분 또는 조영물 이외의 시설물		0.8(전선이 케이블인 경우에는 0.4)

② 고압 가공전선이 다른 시설물과 접근하는 경우에 고압 가공전선이 다른 시설물의 아래쪽에 시설되는 때에는 상호 간의 이격거리를 0.8[m](전선이 케이블인 경우에는 0.4[m]) 이상으로 하고 위험의 우려가 없도록 시설하여야 한다.

6. 특고압 가공전선로

1) 시가지 등에서 특고압 가공전선로의 시설

① 특고압 가공전선로는 전선이 케이블인 경우 또는 전선로를 다음과 같이 시설하는 경우에는 시가지 그 밖에 인가가 밀집한 지역에 시설할 수 있다.

가. 사용전압이 170[kV] 이하인 전선로를 다음에 의하여 시설하는 경우

가) 특고압 가공전선을 지지하는 애자장치는 다음 중 어느 하나에 의할 것

(가) 50[%] 충격섬락전압 값이 그 전선의 근접한 다른 부분을 지지하는 애자장치 값의 110[%](사용전압이 130[kV]를 초과하는 경우는 105[%]) 이상인 것

(나) 아크 혼을 붙인 현수애자, 장간애자 또는 라인포스트애자를 사용하는 것

(다) 2련 이상의 현수애자 또는 장간애자를 사용하는 것

(라) 2개 이상의 핀애자 또는 라인포스트애자를 사용하는 것

나) 특고압 가공전선로의 경간은 아래 표에서 정한 값 이하일 것

시가지 등에서 170[kV] 이하 특고압 가공전선로의 경간 제한

지지물의 종류	경간[m]
A종 철주 또는 A종 철근 콘크리트주	75
B종 철주 또는 B종 철근 콘크리트주	150
철탑	400 (단주인 경우에는 300) 다만, 전선이 수평으로 2 이상 있는 경우에 전선 상호 간의 간격이 4 미만인 때에는 250

다) 지지물에는 철주, 철근 콘크리트주 또는 철탑을 사용할 것

라) 전선은 단면적이 아래 표에서 정한 값 이상일 것

시가지 등에서 170[kV] 이하 특고압 가공전선로 전선의 단면적

사용전압의 구분[kV]	전선의 단면적
100 미만	인장강도 21.67[kN] 이상의 연선 또는 단면적 55[mm²] 이상의 경동연선 또는 동등 이상의 인장강도를 갖는 알루미늄 전선이나 절연전선
100 이상	인장강도 58.84[kN] 이상의 연선 또는 단면적 150[mm²] 이상의 경동연선 또는 동등 이상의 인장강도를 갖는 알루미늄 전선이나 절연전선

마) 전선의 지표상의 높이는 아래 표에서 정한 값 이상일 것. 다만, 발전소, 변전소 또는 이에 준하는 곳의 구내와 구외를 연결하는 1경간 가공전선은 그러하지 아니하다.

시가지 등에서 170 kV 이하 특고압 가공전선로 높이

사용전압의 구분[kV]	지표상의 높이[m]
35 이하	10(전선이 특고압 절연전선인 경우에는 8)
35 초과	10에 35[kV]를 초과하는 10[kV] 또는 그 단수마다 0.12를 더한 값

바) 지지물에는 위험 표시를 보기 쉬운 곳에 시설할 것. 다만, 사용전압이 35[kV] 이하의 특고압 가공전선로의 전선에 특고압 절연전선을 사용하는 경우는 그러하지 아니하다.

사) 사용전압이 100[kV]를 초과하는 특고압 가공전선에 지락 또는 단락이 생겼을 때에는 1초 이내에 자동적으로 이를 전로로부터 차단하는 장치를 시설할 것

나. 사용전압이 170[kV] 초과하는 전선로를 다음에 의하여 시설하는 경우
   가) 전선로는 회선수 2 이상 또는 그 전선로의 손괴에 의하여 현저한 공급지장이 발생하지 않도록 시설할 것
   나) 전선을 지지하는 애자장치에는 아크 혼을 부착한 현수애자 또는 장간애자를 사용할 것
   다) 전선을 인류하는 경우에는 압축형 클램프, 쐐기형 클램프 또는 이와 동등 이상의 성능을 가지는 클램프를 사용할 것
   라) 현수애자 장치에 의하여 전선을 지지하는 부분에는 아머로드를 사용할 것
   마) 경간 거리는 600[m] 이하일 것
   바) 지지물은 철탑을 사용할 것
   사) 전선은 단면적 240[mm^2] 이상의 강심알루미늄선 또는 이와 동등 이상의 인장강도 및 내(耐)아크 성능을 가지는 연선을 사용할 것
   아) 전선로에는 가공지선을 시설할 것
   자) 전선은 압축접속에 의하는 경우 이외에는 경간 도중에 접속점을 시설하지 아니할 것
   차) 전선의 지표상의 높이는 10[m]에 35[kV]를 초과하는 10[kV]마다 0.12[m]를 더한 값 이상일 것
   카) 지지물에는 위험표시를 보기 쉬운 곳에 시설할 것
   타) 전선로에 지락 또는 단락이 생겼을 때에는 1초 이내에 그리고 전선이 아크전류에 의하여 용단될 우려가 없도록 자동적으로 전로에서 차단하는 장치를 시설할 것
② 시가지 그 밖에 인가가 밀집한 지역이란 특고압 가공전선로의 양측으로 각각 50[m], 선로방향으로 500[m]을 취한 50,000[m^2]의 장방형의 구역으로 그 지역(도로부분을 제외)내의 건폐율{(조영물이 점하는 면적)/(50,000[m^2]-도로면적)}이 25[%] 이상인 경우로 한다.

2) 유도장해의 방지

① 특고압 가공 전선로는 다음 가, 나에 따르고 또한 기설 가공 전화선로에 대하여 상시정전유도작용에 의한 통신상의 장해가 없도록 시설하여야 한다. 다만, 가공 전화선이 통신용 케이블인 때 가공 전화선로의 관리자로부터 승낙을 얻은 경우에는 그러하지 아니하다.
   가. 사용전압이 60[kV] 이하인 경우에는 전화선로의 길이 12[km]마다 유도전류가 2[μA]를 넘지 아니하도록 할 것
   나. 사용전압이 60[kV]를 초과하는 경우에는 전화선로의 길이 40[km]마다 유도전류가 3[μA]을 넘지 아니하도록 할 것
② 특고압 가공전선로는 기설 통신선로에 대하여 상시정전 유도작용에 의하여 통신상의 장해를 주지 아니하도록 시설하여야 한다.
③ 특고압 가공 전선로는 기설 약전류 전선로에 대하여 통신상의 장해를 줄 우려가 없도록 시설하여야 한다.

④ 전압에 따른 전선로와 전화선로 사이의 거리

사용전압[kV]	전선로와 전화선로 사이의 거리[m]
25 이하	60
25 초과 35 이하	100
35 초과 50 이하	150
50 초과 60 이하	180
60 초과 70 이하	200
70 초과 80 이하	250
80 초과 120 이하	350
120 초과 160 이하	450
160 초과	500

3) 특고압 가공케이블의 시설

특고압 가공전선로는 그 전선에 케이블을 사용하는 경우에는 다음에 따라 시설하여야 한다.
① 케이블은 다음의 어느 하나에 의하여 시설할 것
　가. 조가용선에 행거에 의하여 시설할 것. 이 경우에 행거의 간격은 0.5[m] 이하로 하여 시설하여야 한다.
　나. 조가용선에 접촉시키고 그 위에 쉽게 부식되지 아니하는 금속 테이프 등을 0.2[m] 이하의 간격을 유지시켜 나선형으로 감아 붙일 것
② 조가용선은 인장강도 13.93[kN] 이상의 연선 또는 단면적 22[mm^2] 이상의 아연도강연선일 것

4) 특고압 가공전선의 굵기 및 종류

특고압 가공전선(특고압 옥측전선로 또는 옥내에 시설하는 전선로 규정에 의하여 시설하는 특고압 전선로에 인접하는 1경간의 가공전선 및 특고압 가공인입선을 제외)은 케이블인 경우 이외에는 인장강도 8.71[kN] 이상의 연선 또는 단면적이 22[mm^2] 이상의 경동연선 또는 동등이상의 인장강도를 갖는 알루미늄 전선이나 절연전선이어야 한다.

5) 특고압 가공전선과 지지물 등의 이격거리

특고압 가공전선(케이블 및 25[kV] 이하인 특고압 가공전선로의 시설에 규정하는 특고압 가공전선로의 전선은 제외)과 그 지지물, 완금류, 지주 또는 지선 사이의 이격거리는 아래 표에서 정한 값 이상이어야 한다.

특고압 가공전선과 지지물 등의 이격거리

사용전압[kV]	이격거리[m]
15 미만	0.15
15 이상 25 미만	0.2
25 이상 35 미만	0.25
35 이상 50 미만	0.3
50 이상 60 미만	0.35
60 이상 70 미만	0.4
70 이상 80 미만	0.45
80 이상 130 미만	0.65
130 이상 160 미만	0.9
160 이상 200 미만	1.1
200 이상 230 미만	1.3
230 이상	1.6

6) 특고압 가공전선의 높이

① 특고압 가공전선[25[kV] 이하인 특고압 가공전선로의 시설에 규정하는 특고압 가공전선로의 중성선으로서 다중 접지를 한 것을 제외]의 지표상(철도 또는 궤도를 횡단하는 경우에는 레일면상, 횡단보도교를 횡단하는 경우에는 그 노면상)의 높이는 아래 표에서 정한 값 이상이어야 한다.

특고압 가공전선의 높이

사용전압의 구분[kV]	지표상의 높이[m]
35 이하	5 (철도 또는 궤도를 횡단하는 경우에는 6.5, 도로를 횡단하는 경우에는 6, 횡단보도교의 위에 시설하는 경우로서 전선이 특고압 절연전선 또는 케이블인 경우에는 4)
35 초과 160 이하	6 (철도 또는 궤도를 횡단하는 경우에는 6.5, 산지 등에서 사람이 쉽게 들어갈 수 없는 장소에 시설하는 경우에는 5, 횡단보도교의 위에 시설하는 경우 전선이 케이블인 때는 5)
160 초과	6 (철도 또는 궤도를 횡단하는 경우에는 6.5 산지 등에서 사람이 쉽게 들어갈 수 없는 장소를 시설하는 경우에는 5)에 160[kV]를 초과하는 10[kV] 또는 그 단수마다 0.12를 더한 값

② 특고압 가공전선을 수면상에서 시설하는 경우에는 전선의 수면상의 높이를 선박의 항해 등에 위험을 주지 아니하도록 유지하여야 한다.
③ 특고압 가공전선로를 빙설이 많은 지방에 시설하는 경우에는 전선의 적설상의 높이를 사람 또는 차량의 통행 등에 위험을 주지 아니하도록 유지하여야 한다.

7) 특고압 가공전선과 저고압 가공전선 등의 병행설치

① 사용전압이 35[kV] 이하인 특고압 가공전선과 저압 또는 고압의 가공전선을 동일 지지물에 시설하는 경우에는 ④의 경우 이외에는 다음에 따라야 한다.
　가. 특고압 가공전선은 저압 또는 고압 가공전선의 위에 시설하고 별개의 완금류에 시설할 것. 다만, 특고압 가공전선이 케이블인 경우로서 저압 또는 고압 가공전선이 절연전선 또는 케이블인 경우에는 그러하지 아니하다.
　나. 특고압 가공전선은 연선일 것
　다. 저압 또는 고압 가공전선은 인장강도 8.31[kN] 이상의 것 또는 케이블인 경우 이외에는 다음에 해당하는 것
　　가) 가공전선로의 경간이 50[m] 이하인 경우에는 인장강도 5.26[kN] 이상의 것 또는 지름 4[mm] 이상의 경동선
　　나) 가공전선로의 경간이 50[m]을 초과하는 경우에는 인장강도 8.01[kN] 이상의 것 또는 지름 5[mm] 이상의 경동선
　라. 특고압 가공전선과 저압 또는 고압 가공전선 사이의 이격거리는 1.2[m] 이상일 것. 다만, 특고압 가공전선이 케이블로서 저압 가공전선이 절연전선이거나 케이블인 때 또는 고압 가공전선이 고압 절연전선, 특고압 절연전선 또는 케이블인 때는 0.5[m]까지로 감할 수 있다.
　마. 저압 또는 고압 가공전선은, 특고압 가공전선로(특고압 가공전선에 특고압 절연전선을 사용하는 것에 한함)를 시가지 등에서 특고압 가공전선로의 시설의 규정에 적합하고 또한 위험의 우려가 없도록 시설하는 경우 또는 특고압 가공전선이 케이블인 경우 이외에는 다음의 어느 하나에 해당하는 것일 것

가) 특고압 가공전선과 동일 지지물에 시설되는 부분에 접지시스템의 규정에 준하여 접지공사(접지저항 값이 10[Ω] 이하로서 접지도체는 공칭단면적 16[mm^2] 이상의 연동선 또는 이와 동등 이상의 세기 및 굵기의 쉽게 부식하지 않는 금속선으로서 고장 시에 흐르는 전류를 안전하게 통할 수 있는 것을 사용한 것에 한함)를 한 저압 가공전선[(나)에 규정하는 것을 제외]

나) 고압 또는 특고압과 저압의 혼촉에 의한 위험방지 시설의 규정에 의하여 접지공사(접지시스템의 규정 의하여 계산한 값이 10을 초과하는 경우에는 접지저항 값이 10[Ω] 이하인 것에 한함)를 한 저압 가공전선

다) 특고압과 고압의 혼촉 등에 의한 위험방지 시설하는 장치를 한 고압 가공전선

라) 직류 단선식 전기철도용 가공전선 그 밖의 대지로부터 절연되어 있지 아니하는 전로에 접속되어 있는 저압 또는 고압 가공전선

② 사용전압이 35[kV]을 초과하고 100[kV] 미만인 특고압 가공전선과 저압 또는 고압 가공전선을 동일 지지물에 시설하는 경우에는 ④ 이외에는 ①의 다 및 마의 규정에 준하여 시설하고 또한 다음에 따라 시설하여야 한다.

가. 특고압 가공전선로는 제2종 특고압 보안공사에 의할 것

나. 특고압 가공전선과 저압 또는 고압 가공전선 사이의 이격거리는 2[m] 이상일 것. 다만, 특고압 가공전선이 케이블인 경우에 저압 가공전선이 절연전선 혹은 케이블인 때 또는 고압 가공전선이 절연전선 혹은 케이블인 때에는 1[m]까지 감할 수 있다.

다. 특고압 가공전선은 케이블인 경우를 제외하고는 인장강도 21.67[kN] 이상의 연선 또는 단면적이 50[mm^2] 이상인 경동연선일 것

라. 특고압 가공전선로의 지지물은 철주·철근 콘크리트주 또는 철탑일 것

③ 사용전압이 100[kV] 이상인 특고압 가공전선과 저압 또는 고압 가공전선은 ④의 경우 이외에는 동일 지지물에 시설하여서는 아니 된다.

④ 특고압 가공전선과 특고압 가공전선로의 지지물에 시설하는 저압의 전기기계기구에 접속하는 저압 가공전선을 동일 지지물에 시설하는 경우에는 ①의 가부터 다까지의 규정에 준하여 시설하는 이외에 특고압 가공전선과 저압 가공전선 사이의 이격거리는 아래 표에서 정한 값 이상이어야 한다.

특고압 가공전선과 저고압 가공전선의 병가 시 이격거리

사용전압의 구분[kV]	이격거리[m]
35 이하	1.2 (특고압 가공전선이 케이블인 경우에는 0.5)
35 초과 60 이하	2 (특고압 가공전선이 케이블인 경우에는 1)
60 초과	2 (특고압 가공전선이 케이블인 경우에는 1)에 60[kV]을 초과하는 10[kV] 또는 그 단수마다 0.12를 더한 값

8) 특고압 가공전선과 가공약전류전선 등의 공용설치

① 사용전압이 35[kV] 이하인 특고압 가공전선과 가공약전류전선 등(전력보안 통신선 및 전기철도의 전용부지 안에 시설하는 전기철도용 통신선을 제외)을 동일 지지물에 시설하는 경우에는 다음에 따라야 한다.

가. 특고압 가공전선로는 제2종 특고압 보안공사에 의할 것

나. 특고압 가공전선은 가공약전류전선 등의 위로하고 별개의 완금류에 시설할 것

나. 특고압 가공전선은 케이블인 경우 이외에는 인장강도 21.67[kN] 이상의 연선 또는 단면적이 50[mm²] 이상인 경동연선일 것
라. 특고압 가공전선과 가공약전류전선 등 사이의 이격거리는 2[m] 이상으로 할 것. 다만, 특고압 가공전선이 케이블인 경우에는 0.5[m]까지로 감할 수 있다.
마. 가공약전류전선을 특고압 가공전선이 케이블인 경우 이외에는 금속제의 전기적 차폐층이 있는 통신용 케이블일 것. 다만, 가공약전류전선로의 관리자의 승낙을 얻은 경우에 특고압 가공전선로(특고압 가공전선에 특고압 절연전선을 사용하는 것에 한함)를 시가지 등에서 특고압 가공전선로의 시설 규정에 적합하고 또한 위험의 우려가 없도록 시설할 때는 그러하지 아니하다.
바. 특고압 가공전선로의 수직배선은 가공약전류전선 등의 시설자가 지지물에 시설한 것의 2[m] 위에서부터 전선로의 수직배선의 맨 아래까지의 사이는 케이블을 사용할 것
사. 특고압 가공전선로의 접지도체에는 절연전선 또는 케이블을 사용하고 또한 특고압 가공전선로의 접지도체 및 접지극과 가공약전류전선로 등의 접지도체 및 접지극은 각각 별개로 시설할 것
아. 전선로의 지지물은 그 전선로의 공사·유지 및 운용에 지장을 줄 우려가 없도록 시설할 것
② 사용전압이 35[kV]를 초과하는 특고압 가공전선과 가공약전류전선 등은 동일 지지물에 시설하여서는 아니 된다.

9) 특고압 보안공사

① 제1종 특고압 보안공사는 다음에 따라야 한다.
가. 전선은 케이블인 경우 이외에는 단면적이 아래 표에서 정한 값 이상일 것

제1종 특고압 보안공사 시 전선의 단면적

사용전압[kV]	전 선
100 미만	인장강도 21.67[kN] 이상의 연선 또는 단면적 55[mm²] 이상의 경동연선 또는 동등 이상의 인장강도를 갖는 알루미늄 전선이나 절연전선
100 이상 300 미만	인장강도 58.84[kN] 이상의 연선 또는 단면적 150[mm²] 이상의 경동연선 또는 동등 이상의 인장강도를 갖는 알루미늄 전선이나 절연전선
300 이상	인장강도 77.47[kN] 이상의 연선 또는 단면적 200[mm²] 이상의 경동연선 또는 동등 이상의 인장강도를 갖는 알루미늄 전선이나 절연전선

나. 전선에는 압축 접속에 의한 경우 이외에는 경간의 도중에 접속점을 시설하지 아니할 것
다. 전선로의 지지물에는 B종 철주, B종 철근 콘크리트주 또는 철탑을 사용할 것
라. 경간은 아래 표에서 정한 값 이하일 것. 다만, 전선의 인장강도 58.84[kN] 이상의 연선 또는 단면적이 150[mm²] 이상인 경동연선을 사용하는 경우에는 그러하지 아니하다.

제1종 특고압 보안공사 시 경간 제한

지지물의 종류	경 간[m]
B종 철주 또는 B종 철근 콘크리트주	150
철 탑	400(단주인 경우에는 300)

마. 전선이 다른 시설물과 접근하거나 교차하는 경우에는 그 전선을 지지하는 애자장치는 다음의 어느 하나에 의할 것

가) 현수애자 또는 장간애자를 사용하는 경우, 50[%] 충격섬락전압 값이 그 전선의 근접하는 다른 부분을 지지하는 애자장치의 값의 110[%](사용전압이 130[kV]를 초과하는 경우는 105[%]) 이상인 것
나) 아크혼을 붙인 현수애자, 장간애자 또는 라인포스트애자를 사용한 것
다) 2련 이상의 현수애자 또는 장간애자를 사용한 것

바. 마의 경우에 지지선을 사용할 때에는 그 지지선에는 본선과 동일한 강도 및 굵기의 것을 사용하고 또한 본선과의 접속은 견고하게 하여 전기가 안전하게 전도되도록 할 것
사. 전선로에는 가공지선을 시설할 것. 다만, 사용전압이 100[kV] 미만인 경우에 애자에 아크혼을 붙인 때 또는 전선에 아마로드를 붙인 때에는 그러하지 아니하다.
아. 특고압 가공전선에 지락 또는 단락이 생겼을 경우에 3초(사용전압이 100[kV] 이상인 경우에는 2초) 이내에 자동적으로 이것을 전로로부터 차단하는 장치를 시설할 것
자. 전선은 바람 또는 눈에 의한 요동으로 단락될 우려가 없도록 시설할 것

② 제2종 특고압 보안공사는 다음에 따라야 한다.
가. 특고압 가공전선은 연선일 것
나. 지지물로 사용하는 목주의 풍압하중에 대한 안전율은 2 이상일 것
다. 경간은 아래 표에서 정한 값 이하일 것. 다만, 전선에 인장강도 38.05[kN] 이상의 연선 또는 단면적이 95[mm²] 이상인 경동연선을 사용하고 지지물에 B종 철주, B종 철근 콘크리트주 또는 철탑을 사용하는 경우에는 그러하지 아니하다.

제2종 특고압 보안공사 시 경간 제한

지지물의 종류	경간[m]
목주, A종 철주 또는 A종 철근 콘크리트주	100
B종 철주 또는 B종 철근 콘크리트주	200
철 탑	400(단주인 경우에는 300)

라. 전선이 다른 시설물과 접근하거나 교차하는 경우에는 그 특고압 가공전선을 지지하는 애자장치는 다음의 어느 하나에 의할 것
가) 50[%] 충격섬락전압 값이 그 전선의 근접하는 다른 부분을 지지하는 애자장치의 값의 110[%](사용전압이 130[kV]를 초과하는 경우에는 105[%])이상인 것
나) 아크혼을 붙인 현수애자·장간애자 또는 라인포스트애자를 사용한 것
다) 2련 이상의 현수애자 또는 장간애자를 사용한 것
라) 2개 이상의 핀애자 또는 라인포스트애자를 사용한 것
마. 라의 경우에 지지선을 사용할 때에는 그 지지선에는 본선과 동일한 강도 및 굵기의 것을 사용하고 또한 본선과의 접속은 견고하게 하여 전기가 안전하게 전도되도록 할 것
바. 전선은 바람 또는 눈에 의한 요동으로 단락될 우려가 없도록 시설할 것

③ 제3종 특고압 보안공사는 다음에 따라야 한다.
가. 특고압 가공전선은 연선일 것
나. 경간은 아래 표에서 정한 값 이하일 것. 다만, 전선의 인장강도 38.05[kN] 이상의 연선 또는 단면적이 95[mm²] 이상인 경동연선을 사용하고 지지물에 B종 철주, B종 철근 콘크리트주 또는 철탑을 사용하는 경우에는 그러하지 아니하다.

제3종 특고압 보안공사 시 경간 제한

지지물 종류	경간[m]
목주, A종 철주 또는 A종 철근 콘크리트주	100 (전선의 인장강도 14.51[kN] 이상의 연선 또는 단면적이 38[mm^2] 이상인 경동연선을 사용하는 경우에는 150)
B종 철주 또는 B종 철근 콘크리트주	200 (전선의 인장강도 21.67[kN] 이상의 연선 또는 단면적이 55[mm^2] 이상인 경동연선을 사용하는 경우에는 250)
철 탑	400 (전선의 인장강도 21.67[kN] 이상의 연선 또는 단면적이 55[mm^2] 이상인 경동연선을 사용하는 경우에는 600) 다만, 단주의 경우에는 300(전선의 인장강도 21.67[kN] 이상의 연선 또는 단면적이 55[mm^2] 이상인 경동연선을 사용하는 경우에는 400)

　　다. 전선은 바람 또는 눈에 의한 요동으로 단락될 우려가 없도록 시설할 것

10) 특고압 가공전선과 건조물의 접근

① 특고압 가공전선이 건조물과 제1차 접근상태로 시설되는 경우에는 다음에 따라야 한다.

　　가. 특고압 가공전선로는 제3종 특고압 보안공사에 의할 것

　　나. 사용전압이 35[kV] 이하인 특고압 가공전선과 건조물의 조영재 이격거리는 아래 표에서 정한 값 이상일 것

특고압 가공전선과 건조물의 이격거리(제1차 접근상태)

건조물과 조영재의 구분	전선종류	접근형태	이격거리[m]
상부 조영재	특고압 절연전선	위 쪽	2.5
		옆쪽 또는 아래쪽	1.5 (전선에 사람이 쉽게 접촉할 우려가 없도록 시설한 경우는 1)
	케이블	위 쪽	1.2
		옆쪽 또는 아래쪽	0.5
	기타전선		3
기타 조영재	특고압 절연전선		1.5 (전선에 사람이 쉽게 접촉할 우려가 없도록 시설한 경우는 1)
	케이블		0.5
	기타 전선		3

　　다. 사용전압이 35[kV]를 초과하는 특고압 가공전선과 건조물과의 이격거리는 건조물의 조영재 구분 및 전선종류에 따라 각각 나의 규정 값에 35[kV]을 초과하는 10[kV] 또는 그 단수마다 15[cm]을 더한 값 이상일 것

② 사용전압이 35[kV] 이하인 특고압 가공전선이 건조물과 제2차 접근상태로 시설되는 경우에는 다음에 따라야 한다.

　　가. 특고압 가공전선로는 제2종 특고압 보안공사에 의할 것

　　나. 특고압 가공전선과 건조물 사이의 이격거리는 ①의 나의 규정에 준할 것

③ 사용전압이 35[kV] 초과 400[kV] 미만인 특고압 가공전선이 건조물과 제2차 접근상태에 있는 경우에는 다음에 따라 시설하여야 하며, 이 경우 이외에는 건조물과 제2차 접근상태로 시설하여서는 아니 된다.

　　가. 특고압 가공전선로는 제1종 특고압 보안공사에 의할 것

　　나. 특고압 가공전선과 건조물 사이의 이격거리는 ①의 나 및 다의 규정에 준할 것

　　다. 특고압 가공전선에는 아마로드를 시설하고 애자에 아크혼을 시설할 것. 또는 다음에 따라 시설할 것

가) 특고압 가공전선로에 가공지선을 시설하고 특고압 가공전선에 아마로드를 시설할 것

나) 특고압 가공전선로에 가공지선을 시설하고 애자에 아크혼을 시설할 것

다) 애자에 아크혼을 시설하고 압축형 클램프 또는 쐐기형 클램프를 사용하여 전선을 인류 할 것

라. 건조물의 금속제 상부조영재 중 제2차 접근상태에 있는 것에는 접지시스템의 규정에 준하여 접지공사를 할 것

④ 사용전압이 400[kV] 이상의 특고압 가공전선이 건조물과 제2차 접근상태로 있는 경우에는 다음에 따라 시설하여야 하며, 이 경우 이외에는 건조물과 제2차 접근상태로 시설하여서는 아니 된다.

가. ③의 가부터 라까지의 기준에 따라 시설할 것

나. 전선높이가 최저상태일 때 가공전선과 건조물 상부[지붕·챙(차양 : 遮陽)·옷 말리는 곳 기타 사람이 올라갈 우려가 있는 개소를 말한다]와의 수직거리가 28[m] 이상일 것

다. 독립된 주거생활을 할 수 있는 단독주택, 공동주택 및 학교, 병원 등 불특정 다수가 이용하는 다중 이용 시설의 건조물이 아닐 것

라. 건조물은 건축물의 피난·방화구조 등의 기준에 관한 규칙 제3조(내화구조)에 적합하고, 그 지붕 재질은 같은 규칙 제6조(불연재료)에 적합할 것

마. 분진 위험장소부터 화약류 저장소 등의 위험장소 규정에 따라 폭연성 분진, 가연성 가스, 인화성물질, 석유류, 화학류 등 위험물질을 다루는 건조물에 해당되지 아니할 것

바. 건조물 최상부에서 전계(3.5[kV/m]) 및 자계(83.3[μT])를 초과하지 아니할 것

⑤ 특고압 가공전선이 건조물과 접근하는 경우에 특고압 가공전선이 건조물의 아래쪽에 시설될 때에는 상호 간의 수평 이격거리는 3[m] 이상으로 하고 또한 상호 간의 이격거리는 ①의 나 및 다의 규정에 준하여 시설하여야 한다. 다만, 특고압 절연전선 또는 케이블을 사용하는 35[kV] 이하인 특고압 가공전선과 건조물 사이의 수평 이격거리는 3[m] 이상으로 하지 아니하여도 된다.

11) 특고압 가공전선과 도로 등의 접근 또는 교차

① 특고압 가공전선이 도로, 횡단보도교, 철도 또는 궤도(이하 "도로 등"이라 한다)와 제1차 접근 상태로 시설되는 경우에는 다음에 따라야 한다.

가. 특고압 가공전선로는 제3종 특고압 보안공사에 의할 것

나. 특고압 가공전선과 도로 등 사이의 이격거리(노면상 또는 레일면상의 이격거리를 제외)는 아래 표에서 정한 값 이상일 것. 다만, 특고압 절연전선을 사용하는 사용전압이 35[kV] 이하의 특고압 가공전선과 도로 등 사이의 수평 이격거리가 1.2[m] 이상인 경우에는 그러하지 아니하다.

특고압 가공전선과 도로 등과 접근 또는 교차 시 이격거리

사용전압의 구분[kV]	이격거리[m]
35 이하	3
35 초과	3에 사용전압이 35[kV]를 초과하는 10[kV] 또는 그 단수마다 0.15을 더한 값

② 특고압 가공전선이 도로 등과 제2차 접근상태로 시설되는 경우에는 다음에 따라야 한다.

가. 특고압 가공전선로는 제2종 특고압 보안공사(특고압 가공전선이 도로와 제2차 접근상태로 시설되는 경우에는 애자장치에 관계되는 부분을 제외)에 의할 것

나. 특고압 가공전선과 도로 등 사이의 이격거리는 ①의 나의 규정에 준할 것

다. 특고압 가공전선중 도로 등에서 수평거리 3[m] 미만으로 시설되는 부분의 길이가 연속하여 100[m] 이하이고 또한 1경간 안에서의 그 부분의 길이의 합계가 100[m] 이하일 것. 다만, 사용전압이 35[kV] 이하인 특고압 가공전선로를 제2종 특고압 보안공사에 의하여 시설하는 경우 또는 사용전압이 35[kV]를 초과하고 400[kV] 미만인 특고압 가공전선로를 제1종 특고압 보안공사에 의하여 시설하는 경우에는 그러하지 아니하다.

③ 특고압 가공전선이 도로 등과 교차하는 경우에 특고압 가공전선이 도로 등의 위에 시설되는 때에는 다음에 따라야 한다.

  가. 특고압 가공전선로는 제2종 특고압 보안공사(특고압 가공전선이 도로와 교차하는 경우에는 애자장치에 관계되는 부분을 제외)에 의할 것. 다만, 특고압 가공전선과 도로 등 사이에 다음에 의하여 보호망을 시설하는 경우에는 제2종 특고압 보안공사(애자장치에 관계되는 부분에 한함)에 의하지 아니할 수 있다.

    가) 보호망은 접지시스템의 규정에 준하여 접지공사를 한 금속제의 망상장치로 하고 견고하게 지지할 것
    나) 보호망을 구성하는 금속선은 그 외주 및 특고압 가공전선의 직하에 시설하는 금속선에는 인장강도 8.01[kN] 이상의 것 또는 지름 5[mm] 이상의 경동선을 사용하고 그 밖의 부분에 시설하는 금속선에는 인장강도 5.26[kN] 이상의 것 또는 지름 4[mm] 이상의 경동선을 사용할 것
    다) 보호망을 구성하는 금속선 상호의 간격은 가로, 세로 각 1.5[m] 이하일 것
    라) 보호망이 특고압 가공전선의 외부에 뻗은 폭은 특고압 가공전선과 보호망과의 수직거리의 2분의 1 이상일 것. 다만, 6[m]를 넘지 아니하여도 된다.
    마) 보호망을 운전이 빈번한 철도선로의 위에 시설하는 경우에는 경동선 그 밖에 쉽게 부식되지 아니하는 금속선을 사용할 것

  나. 특고압 가공전선이 도로 등과 수평거리로 3[m] 미만에 시설되는 부분의 길이는 100[m]을 넘지 아니할 것. 사용전압이 35[kV] 이하인 특고압 가공전선로를 시설하는 경우 또는 사용전압이 35[kV]을 초과하고 400[kV] 미만인 특고압 가공전선로를 제1종 특고압 보안공사에 의하여 시설하는 경우에는 그러하지 아니하다.

④ 특고압 가공전선이 도로 등과 접근하는 경우에 특고압 가공전선을 도로 등의 아래쪽에 시설할 때에는 상호 간의 수평 이격거리는 3[m] 이상으로 하고 또한 상호의 이격거리는 특고압 가공전선과 건조물의 접근의 규정에 준하여 시설하여야 한다. 다만, 특고압 절연전선 또는 케이블을 사용하는 사용전압이 35[kV] 이하인 특고압 가공전선과 도로 등 사이의 수평 이격거리는 3[m] 이상으로 하지 아니하여도 된다.

12) 특고압 가공전선과 저고압 가공전선 등의 접근 또는 교차

① 특고압 가공전선이 가공약전류전선 등 저압 또는 고압의 가공전선이나 저압 또는 고압의 전차선(이하에서 "저고압 가공전선 등"이라 한다)과 제1차 접근상태로 시설되는 경우에는 다음에 따라야 한다.

  가. 특고압 가공전선로는 제3종 특고압 보안공사에 의할 것
  나. 특고압 가공전선과 저고압 가공 전선 등 또는 이들의 지지물이나 지주 사이의 이격거리는 아래 표에서 정한 값 이상일 것

특고압 가공전선과 저고압 가공전선 등의 접근 또는 교차 시 이격거리(제1차 접근상태)

사용전압의 구분[kV]	이격거리[m]
60 이하	2
60 초과	2에 사용전압이 60[kV]를 초과하는 10[kV] 또는 그 단수마다 0.12을 더한 값

② 특고압 가공전선이 저고압 가공전선 등과 제2차 접근상태로 시설되는 경우에는 다음에 따라야 한다.
  가. 특고압 가공전선로는 제2종 특고압 보안공사에 의할 것. 다만, 사용전압이 35[kV] 이하인 특고압 가공전선과 저고압 가공전선 등 사이에 보호망을 시설하는 경우에는 제2종 특고압 보안공사(애자장치에 관한 부분에 한함)에 의하지 아니할 수 있다.
  나. 특고압 가공전선과 저고압 가공전선 등 또는 이들의 지지물이나 지주 사이의 이격거리는 ①의 나 및 다의 규정에 준할 것
  다. 특고압 가공전선과 저고압 가공전선등과의 수평 이격거리는 2[m] 이상일 것. 다만, 다음의 어느 하나에 해당하는 경우에는 그러하지 아니하다.
    가) 저고압 가공전선 등이 인장강도 8.01[kN] 이상의 것 또는 지름 5[mm] 이상의 경동선이나 케이블인 경우
    나) 가공약전류전선 등을 인장강도 3.64[kN] 이상의 것 또는 지름 4[mm] 이상의 아연도철선으로 조가하여 시설하는 경우 또는 가공약전류전선 등이 경간 15[m] 이하의 인입선인 경우
    다) 특고압 가공전선과 저고압 가공전선 등의 수직거리가 6[m] 이상인 경우
    라) 저고압 가공전선 등의 위쪽에 보호망을 시설하는 경우
    마) 특고압 가공전선이 특고압 절연전선 또는 케이블을 사용하는 사용전압 35[kV] 이하의 것인 경우
  라. 특고압 가공전선 중 저고압 가공전선 등에서 수평거리로 3[m] 미만으로 시설되는 부분의 길이가 연속하여 50[m] 이하이고 또한 1경간 안에서의 그 부분의 길이의 합계가 50[m] 이하일 것. 다만, 사용전압이 35[kV] 이하인 특고압 가공전선로를 제2종 특고압 보안공사에 의하여 시설하는 경우 또는 사용전압이 35[kV]를 초과하는 특고압 가공전선로를 제1종 특고압 보안공사에 의하여 시설하는 경우에는 그러하지 아니하다.

③ 특고압 가공전선이 저고압 가공전선 등과 교차하는 경우에 특고압 가공전선이 저고압 가공전선 등의 위에 시설되는 때에는 다음에 따라야 한다.
  가. 특고압 가공전선로는 제2종 특고압 보안공사에 의할 것. 다만, 특고압 가공전선과 저고압 가공전선 등 사이에 보호망을 시설하는 경우에는 제2종 특고압 보안공사(애자장치에 관한 부분에 한한다)에 의하지 아니할 수 있다.
  나. 특고압 가공전선과 저고압 가공전선 등 또는 이들의 지지물이나 지주 사이의 이격거리는 ①의 나 및 다의 규정에 준할 것
  다. 특고압 가공전선이 가공약전류전선(통신용 케이블을 사용하는 것은 제외)이나 저압 또는 고압 가공전선과 교차하는 경우에는 특고압 가공전선의 양외선이 바로 아래에 접지시스템의 규정에 준하여 접지공사를 한 인장강도 8.01[kN] 이상 또는 지름 5[mm] 이상의 경동선을 약전류 전선이나 저압 또는 고압의 가공전선과 0.6[m] 이상의 이격거리를 유지하여 시설할 것. 다만, 다음 중 ①에 해당하는 경우에는 그러하지 아니하다.
    가) 가공약전류전선(수직으로 2 이상 있는 경우에는 맨 위의 것)이나 저압 또는 고압의 가공전선(수직으로 2 이상 있는 경우에는 맨 위의 것)이 인장강도 8.01[kN] 이상의 것 또는 지름 5[mm] 이상의 경동선이나 케이블인 경우
    나) 가공약전류전선(수직으로 2 이상 있는 경우에는 맨 위의 것)을 인장강도 3.64[kN] 이상 또는 지름 4[mm] 이상의 아연도철선으로 조가하여 시설하는 경우 또는 가공약전류전선이 경간 15[m] 이하인 인입선인 경우

다) 특고압 가공전선과 가공약전류전선이나 저압 또는 고압의 가공전선 사이의 수직거리가 6[m] 이상인 경우

라) 특고압 가공전선과 가공약전류전선이나 저압 또는 고압의 가공전선 사이에 보호망을 시설하는 경우

마) 특고압 가공전선이 특고압 절연전선 또는 케이블을 사용하는 사용전압 35[kV] 이하의 것인 경우

라. 저압 가공전선 등이 특고압 가공전선으로부터 수평거리로 3[m] 미만으로 시설되는 부분의 길이는 50[m] 이하일 것. 다만, 사용전압이 35[kV] 이하인 특고압 가공전선로를 시설하는 경우, 또는 사용전압이 35[kV]를 초과하는 특고압 가공전선로를 제1종 특고압 보안공사에 의하여 시설하는 경우에는 그러하지 아니하다.

④ 특고압 가공전선이 가공약전류전선 등 또는 저압이나 고압의 가공전선과 접근하는 경우에는 특고압 가공전선은 가공약전류전선 등 또는 저압이나 고압의 가공전선의 아래쪽에 수평거리로 이들의 지지물의 지표상의 높이에 상당하는 거리 안에 시설하여서는 아니 된다. 다만, 특고압 가공전선과 가공약전류전선 등 또는 저압이나 고압의 가공전선 사이의 수평거리가 3[m] 이상인 경우에 이들의 지지물의 도괴 등에 의하여 가공약전류전선로 등이나 저압 또는 고압의 가공전선로가 특고압 가공전선과 접촉할 우려가 없을 때 또는 다음에 따라 시설하는 때에는 그러하지 아니하다.

가. 가공약전류전선로 등 및 저압이나 고압의 가공전선로는 다음에 의하여 시설할 것. 다만, 특고압 가공전선이 케이블을 사용하는 사용전압 35[kV] 이하의 것인 때에는 그러하지 아니하다.

가) 가공약전류전선 등 또는 저압이나 고압의 가공전선에는 케이블을 사용하는 경우 이외에는 인장강도 8.01[kN] 이상의 것 또는 지름 5[mm] 이상의 경동선을 사용하고 또한 이를 고압가공전선의 안전율 규정에 준하여 시설할 것

나) 가공약전류전선로 등 또는 저압이나 고압의 가공전선로의 지지물로 사용하는 목주의 풍압하중에 대한 안전율은 1.5 이상일 것

다) 가공약전류전선 등 또는 저압이나 고압의 가공전선로의 경간은 지지물에 목주, A종 철근 또는 A종 철근 콘크리트주(가공약전류전선로 등은 이에 준하는 것)를 사용하는 경우에는 100[m] 이하, B종 철주 또는 B종 철근 콘크리트주(가공약전류전선로 등은 이에 준하는 것)를 사용하는 경우에는 150[m] 이하일 것

13) 특고압 가공전선과 다른 시설물의 접근 또는 교차

① 특고압 가공전선이 건조물, 도로, 횡단보도교, 철도, 궤도, 삭도, 가공약전류전선로 등, 저압 또는 고압의 가공전선로, 저압 또는 고압의 전차선로 및 다른 특고압 가공전선로 이외의 시설물(이하 "다른 시설물"이라 한다)과 제1차 접근상태로 시설되는 경우에는 특고압 가공전선과 다른 시설물 사이의 이격거리는 특고압 가공전선과 저고압 가공전선 등의 접근 또는 교차 규정에 준하여 시설하여야 한다. 이 경우에 특고압 가공전선로의 전선의 절단, 지지물의 도괴 등에 의하여 특고압 가공전선이 다른 시설물에 접촉함으로써 사람에게 위험을 줄 우려가 있는 때에는 특고압 가공전선로는 제3종 특고압 보안공사에 의하여야 한다.

② 특고압 절연전선 또는 케이블을 사용하는 사용전압이 35[kV] 이하의 특고압 가공전선과 다른 시설물 사이의 이격거리는 ①의 규정에 불구하고 아래 표에서 정한 값까지 감할 수 있다.

35[kV] 이하 특고압 가공전선(절연전선 및 케이블 사용한 경우)과 다른 시설물 사이의 이격거리

다른 시설물의 구분	접근형태	이격거리[m]
조영물의 상부조영재	위 쪽	2 (전선이 케이블 인 경우는 1.2)
	옆쪽 또는 아래쪽	1 (전선이 케이블인 경우는 0.5)
조영물의 상부조영재 이외의 부분 또는 조영물 이외의 시설물		1 (전선이 케이블인 경우는 0.5)

③ 특고압 가공전선로가 다른 시설물과 제2차 접근상태로 시설되는 경우 또는 다른 시설물의 위쪽에서 교차하여 시설되는 경우에는 특고압 가공전선과 다른 시설물 사이의 이격거리는 ① 및 ②의 규정에 준하여 시설하여야 한다. 이 경우에 특고압 가공전선로의 전선의 절단·지지물의 도괴 등에 의하여 특고압 가공전선이 다른 시설물에 접촉함으로써 사람에게 위험을 줄 우려가 있는 때에는 특고압 가공전선로는 제2종 특고압 보안공사에 의하여야 한다.

④ 특고압 가공전선이 다른 시설물과 접근하는 경우에 특고압 가공전선이 다른 시설물의 아래쪽에 시설되는 경우에는 상호 간의 수평 이격거리는 3[m] 이상으로 하고 또한 상호 간의 이격거리는 특고압 가공전선과 삭도의 접근 또는 교차 규정에 준하여 시설하여야 한다. 다만, 특고압 절연전선 또는 케이블을 사용하는 사용전압이 35[kV] 이하인 특고압 가공전선과 다른 시설물 사이의 수평 이격거리는 3[m] 이상으로 하지 아니하여도 된다.

14) 25[kV] 이하인 특고압 가공전선로의 시설

① 사용전압이 15[kV] 이하인 특고압 가공전선로(중성선 다중접지 방식의 것으로서 전로에 지락이 생겼을 때 2초 이내에 자동적으로 이를 전로로부터 차단하는 장치가 되어 있는 것에 한함)

② 사용전압이 15[kV] 이하인 특고압 가공전선로의 중성선의 다중접지 및 중성선의 시설은 다음에 의할 것

가. 접지도체는 공칭단면적 6[mm^2] 이상의 연동선 또는 이와 동등 이상의 세기 및 굵기의 쉽게 부식하지 않는 금속선으로서 고장 시에 흐르는 전류를 안전하게 통할 수 있는 것일 것

나. 접지공사는 접지시스템의 규정에 준하고 또한 접지한 곳 상호 간의 거리는 전선로에 따라 300[m] 이하일 것

다. 각 접지도체를 중성선으로부터 분리하였을 경우의 각 접지점의 대지 전기저항 값과 1[km]마다의 중성선과 대지 사이의 합성 전기저항 값은 아래 표에서 정한 값 이하일 것

15[kV] 이하인 특고압 가공전선로의 전기저항 값

각 접지점의 대지 전기저항 값	1[km]마다의 합성 전기저항 값
300[Ω]	30[Ω]

라. 다중접지한 중성선은 저압전로의 접지측 전선이나 중성선과 공용할 수 있다.

③ 사용전압이 15[kV] 이하의 특고압 가공전선로의 전선과 저압 또는 고압의 가공전선과를 동일 지지물에 시설하는 경우에 다음에 따라 시설할 때는 특고압 가공전선과 저고압 가공전선 등의 병행설치 규정에 의하지 아니할 수 있다.

가. 특고압 가공전선과 저압 또는 고압의 가공전선 사이의 이격거리는 0.75[m] 이상일 것. 다만, 각도주, 분기주 등에서 혼촉 할 우려가 없도록 시설할 때는 그러하지 아니하다.

나. 특고압 가공전선은 저압 또는 고압의 가공전선의 위로하고 별개의 완금류에 시설할 것

④ 사용전압이 15[kV]를 초과하고 25[kV] 이하인 특고압 가공전선로(중성선 다중접지 방식의 것으로서 전로에 지락이 생겼을 때에 2초 이내에 자동적으로 이를 전로로부터 차단하는 장치가 되어 있는 것에 한함. ④ 및 ⑤에서 같다)를 다음에 따라 시설하는 경우에는 시가지 등에서 특고압 가공전선로의 시설, 특고압 가공전선과 건조물의 접근부터 특고압 가공전선과 저고압 가공전선 등의 접근 또는 교차까지, 특고압 가공전선 상호 간의 접근 또는 교차 및 특고압 가공전선과 다른 시설물의 접근 또는 교차부터 특고압 가공전선과 식물의 이격거리까지의 규정에 의하지 아니할 수 있다.

가. 특고압 가공전선이 건조물, 도로, 횡단보도교, 철도, 궤도, 삭도, 가공약전류전선 등 안테나, 저압이나 고압의 가공전선 또는 저압이나 고압의 전차선과 접근 또는 교차상태로 시설되는 경우의 경간은 아래 표에서 정한 값 이하일 것. 다만, 특고압 가공전선이 인장강도 14.51[kN] 이상의 케이블이나 특고압 절연전선 또는 단면적 38[mm^2] 이상의 경동연선으로서 지지물에 B종 철주 또는 B종 철근 콘크리트주 또는 철탑을 사용하는 때에는 고압 가공전선로 경간의 제한의 규정에 의할 수 있다.

15[kV] 초과 25[kV] 이하인 특고압 가공전선로 경간 제한

지지물의 종류	경간[m]
목주, A종 철주 또는 A종 철근 콘크리트주	100
B종 철주 또는 B종 철근 콘크리트주	150
철탑	400

나. 특고압 가공전선(다중접지를 한 중성선을 제외)이 건조물과 접근하는 경우에 특고압 가공전선과 건조물의 조영재 사이의 이격거리는 아래 표에서 정한 값 이상일 것

15[kV] 초과 25[kV] 이하 특고압 가공전선로 이격거리(1)

건조물의 조영재	접근형태	전선의 종류	이격거리[m]
상부 조영재	위 쪽	나전선	3.0
		특고압 절연전선	2.5
		케이블	1.2
	옆쪽 또는 아래쪽	나전선	1.5
		특고압 절연전선	1.0
		케이블	0.5
기타의 조영재		나전선	1.5
		특고압 절연전선	1.0
		케이블	0.5

다. 특고압 가공전선이 도로, 횡단보도교, 철도, 궤도(이하 "도로 등"이라 한다)와 접근하는 경우에는 다음에 의할 것

가) 특고압 가공전선이 도로 등과 접근상태로 시설되는 경우 도로 등 사이의 이격거리(노면상 또는 레일면상의 이격거리를 제외)는 3[m] 이상일 것. 다만, 특고압 가공전선이 특고압 절연전선인 경우 수평 이격거리를 1.5[m] 이상, 케이블인 경우 수평이격거리를 1.2[m] 이상으로 시설하는 경우에는 그러하지 아니하다.

나) 특고압 가공전선이 도로 등의 아래쪽에서 접근하여 시설될 때에는 상호 간의 이격거리는 아래 표에서 정한 값 이상으로 하고 또한 위험의 우려가 없도록 시설할 것

15[kV] 초과 25[kV] 이하 특고압 가공전선로 이격거리(2)

전선의 종류	이격거리[m]
나전선	1.5
특고압 절연전선	1.0
케이블	0.5

라. 특고압 가공전선이 삭도와 접근 또는 교차하는 경우에는 다음에 의할 것
　가) 특고압 가공전선이 삭도와 접근상태로 시설되는 경우에 삭도 또는 그 지주 사이의 이격거리는 아래 표에서 정한 값 이상일 것

15[kV] 초과 25[kV] 이하 특고압 가공전선로 이격거리(3)

전선의 종류	이격거리[m]
나전선	2.0
특고압 절연전선	1.0
케이블	0.5

　나) 특고압 가공전선이 삭도의 아래쪽에서 접근하여 시설될 때에는 가공전선은 수평거리로 삭도의 지지물 또는 지주의 지표상의 높이에 상당하는 거리 안에 시설하지 아니할 것. 다만, 다음의 경우에는 그러하지 아니하다.
　　(가) 특고압 가공전선과 삭도의 수평거리가 2.5[m] 이상이고 삭도의 지지물이나 지주가 도괴 되었을 경우에 삭도가 특고압 가공전선에 접촉할 우려가 없는 경우
　　(나) 특고압 가공전선이 삭도와 수평거리로 3[m] 미만에 접근하는 경우에 특고압 가공전선과 삭도 또는 그 지주 사이의 이격거리를 1.5[m] 이상으로 하고 특고압 가공전선의 위쪽에 아래 표에서 정한 값 이상의 거리에 견고한 방호장치를 설치하고, 그 금속제 부분은 접지시스템의 규정에 준하여 접지공사를 하고 또한 위험의 우려가 없도록 시설하는 경우

15[kV] 초과 25[kV] 이하 특고압 가공전선로 이격거리(4)

전선의 종류	이격거리[m]
나전선, 특고압 절연전선	0.75
케이블	0.5

마. 특고압 가공전선이 가공약전류전선 등 저압 또는 고압의 가공전선, 안테나(가섭선에 의하여 시설하는 것을 포함. 이하 이 호에서 같다) 저압 또는 고압의 전차선(이하 "저고압 가공전선 등"이라 한다)과 접근 또는 교차하는 경우에는 다음에 의할 것
　가) 특고압 가공전선이 저고압 가공전선 등과 접근상태로 시설되는 경우에 이의 이격거리(가공약전류전선 등과 가섭선에 의하여 시설하는 안테나는 수평 이격거리)는 아래 표에서 정한 값 이상일 것. 다만, 가공약전류전선 등이 다음의 어느 하나에 해당하는 경우에는 그러하지 아니하다.
　　(가) 특고압 가공전선과 가공약전류전선 등의 수직 이격거리가 6[m] 이상인 때
　　(나) 가공약전류전선로 등의 관리자의 승낙을 얻은 경우에 특고압 가공전선과 가공약전류전선 등과의 이격거리가 2.0[m] 이상인 때

15[kV] 초과 25[kV] 이하 특고압 가공전선로 이격거리(5)

구 분	가공전선의 종류	이격(수평이격)거리[m]
가공약전류전선 등 저압 또는 고압의 가공전선, 저압 또는 고압의 전차선·안테나	나전선	2.0
	특고압 절연전선	1.5
	케이블	0.5
가공약전류전선로 등 저압 또는 고압의 가공전선로, 저압 또는 고압의 전차선로의 지지물	나전선	1.0
	특고압 절연전선	0.75
	케이블	0.5

나) 특고압 가공전선이 저고압 가공전선 등의 아래쪽에 시설될 때에는 특고압 가공전선은 수평거리로 저고압 가공전선 등의 지지물 또는 지주의 지표상의 높이에 상당하는 거리 안에 시설하지 아니할 것. 다만, 전차선을 제외한 저고압 가공전선 등을 다음에 의하고 또한 위험의 우려가 없도록 시설하는 경우 또는 특고압 가공전선과 저고압 가공 전선 등 사이의 수평거리가 2.5[m] 이상이고 또한 저고압 가공전선 등의 지지물 또는 지주의 도괴 등에 의하여 저고압 가공전선 등이 특고압 가공전선에 접촉할 우려가 없는 경우에는 그러하지 아니하다.

(가) 특고압 가공전선이 가공약전류전선 등 또는 가섭선에 의하여 시설하는 안테나와 수평거리로 2.5[m] 미만으로 접근하는 경우에는 특고압 가공전선의 위쪽에 특고압 가공전선과 저고압 가공전선 등의 접근 또는 교차 규정에 준하는 보호망을 특고압 가공전선이나 가공약전류전선 등 또는 가섭선에 의하여 시설되는 안테나와 수직 이격거리가 0.6[m](가공약전류전선로 등 가섭선에 의하여 시설되는 안테나의 관리자의 승낙을 얻은 경우에는 0.3[m]) 이상이 되도록 떼어서 시설할 것. 다만, 다음 중 어느 하나에 해당하는 경우에는 그러하지 아니하다.

㉮ 특고압 가공전선과 가공약전류전선 등 사이의 수평거리가 2[m] 이상이고, 수직거리가 수평거리의 1.5배 이하인 경우

㉯ 특고압 가공전선과 가공약전류전선 등 또는 가섭선에 의하여 시설하는 안테나 사이의 수직거리가 6[m] 이상이고 또한 가공약전류전선 등이나 가섭선에 의하여 시설하는 안테나가 인장강도 8.01[kN] 이상의 것 또는 지름 5[mm] 이상의 경동선이나 통신용 케이블인 경우

㉰ 특고압 가공전선이 특고압 절연전선 또는 케이블인 경우

7. 지중전선로

1) 지중전선로의 시설

① 지중 전선로는 전선에 케이블을 사용하고 또한 관로식, 암거식 또는 직접 매설식에 의하여 시설하여야 한다.
② 지중 전선로를 관로식 또는 암거식에 의하여 시설하는 경우에는 다음에 따라야 한다.

가. 관로식에 의하여 시설하는 경우에는 매설 깊이를 1.0[m] 이상으로 하되, 매설 깊이가 충분하지 못한 장소에는 견고하고 차량 기타 중량물의 압력에 견디는 것을 사용할 것. 다만 중량물의 압력을 받을 우려가 없는 곳은 0.6[m] 이상으로 한다.

나. 암거식에 의하여 시설하는 경우에는 견고하고 차량 기타 중량물의 압력에 견디는 것을 사용할 것

③ 지중 전선을 냉각하기 위하여 케이블을 넣은 관내에 물을 순환시키는 경우에는 지중 전선로는 순환수 압력에 견디고 또한 물이 새지 아니하도록 시설하여야 한다.

④ 지중 전선로를 직접 매설식에 의하여 시설하는 경우에는 매설 깊이를 차량 기타 중량물의 압력을 받을 우려가 있는 장소에는 1.0[m] 이상, 기타 장소에는 0.6[m] 이상으로 하고 또한 지중 전선을 견고한 트라프 기타 방호물에 넣어 시설하여야 한다.

2) 지중전선과 지중약전류전선 등 또는 관과의 접근 또는 교차

① 지중전선이 지중약전류 전선 등과 접근하거나 교차하는 경우에 상호 간의 이격거리가 저압 또는 고압의 지중전선은 0.3[m] 이하, 특고압 지중전선은 0.6[m] 이하인 때에는 지중전선과 지중약전류 전선 등 사이에 견고한 내화성(콘크리트 등의 불연재료로 만들어진 것으로 케이블의 허용온도 이상으로 가열시킨 상태에서도 변형 또는 파괴되지 않는 재료를 말한다)의 격벽을 설치하는 경우 이외에는 지중전선을 견고한 불연성 또는 난연성의 관에 넣어 그 관이 지중약전류전선 등과 직접 접촉하지 아니하도록 하여야 한다. 다만, 다음의 어느 하나에 해당하는 경우에는 그러하지 아니하다.
  가. 지중약전류전선 등이 전력보안 통신선인 경우에 불연성 또는 자소성이 있는 난연성의 재료로 피복한 광섬유 케이블인 경우 또는 불연성 또는 자소성이 있는 난연성의 관에 넣은 광섬유 케이블인 경우
  나. 지중전선이 저압의 것이고 지중약전류전선 등이 전력보안 통신선인 경우
  다. 고압 또는 특고압의 지중전선을 전력보안 통신선에 직접 접촉하지 아니하도록 시설하는 경우
  라. 지중약전류전선 등이 불연성 또는 자소성이 있는 난연성의 재료로 피복한 광섬유케이블인 경우 또는 불연성 또는 자소성이 있는 난연성의 관에 넣은 광섬유케이블로서 그 관리자와 협의한 경우
  마. 사용전압 170[kV] 미만의 지중전선으로서 지중약전류전선 등의 관리자와 협의하여 이격거리를 0.1[m] 이상으로 하는 경우
② 특고압 지중전선이 가연성이나 유독성의 유체를 내포하는 관과 접근하거나 교차하는 경우에 상호 간의 이격거리가 1[m] 이하(단, 사용전압이 25[kV] 이하인 다중접지방식 지중전선로인 경우에는 0.5[m] 이하)인 때에는 지중전선과 관 사이에 견고한 내화성의 격벽을 시설하는 경우 이외에는 지중전선을 견고한 불연성 또는 난연성의 관에 넣어 그 관이 가연성이나 유독성의 유체를 내포하는 관과 직접 접촉하지 아니하도록 시설하여야 한다.
③ 특고압 지중전선이 ②에 규정하는 관 이외의 관과 접근하거나 교차하는 경우에 상호 간의 이격거리가 0.3[m] 이하인 경우에는 지중전선과 관 사이에 견고한 내화성 격벽을 시설하는 경우 이외에는 견고한 불연성 또는 난연성의 관에 넣어 시설하여야 한다. 다만, ②에 규정한 관 이외의 관이 불연성인 경우 또는 불연성의 재료로 피복된 경우에는 그러하지 아니하다.

8. 특수장소의 전선로

1) 터널 안 전선로의 시설

① 철도, 궤도 또는 자동차도 전용터널 안의 전선로는 다음에 따라 시설하여야 한다.
  가. 저압 전선은 인장강도 2.30[kN] 이상의 절연전선 또는 지름 2.6[mm] 이상의 경동선의 절연전선을 사용하고 애자공사의 규정에 준하는 애자사용배선에 의하여 시설하여야 하며 또한 이를 레일면상 또는 노면상 2.5[m] 이상의 높이로 유지할 것
  나. 고압 전선은 고압 옥측전선로의 시설 규정에 준하여 시설할 것. 다만, 인장강도 5.26[kN] 이상의 것 또는 지름 4[mm] 이상의 경동선의 고압 절연전선 또는 특고압 절연전선을 사용하여 고압 옥내배선 등의 시설의 규정에 준하는 애자사용배선에 의하여 시설하고 또한 이를 레일면상 또는 노면상 3[m] 이상의 높이로 유지하여 시설하는 경우에는 그러하지 아니하다.

② 사람이 상시 통행하는 터널 안의 전선로 사용전압은 저압 또는 고압에 한하며 시설하여야 한다.
　　가. 저압 전선은 인장강도 2.30[kN] 이상의 절연전선 또는 지름 2.6[mm] 이상의 경동선의 절연전선을 사용하여 애자공사 규정에 준하는 애자사용배선에 의하여 시설하고 또한 노면상 2.5[m] 이상의 높이로 유지할 것
　　나. 고압전선은 고압 옥측전선로의 시설 규정에 준하여 시설할 것

2) 수상전선로의 시설

① 수상전선로를 시설하는 경우에는 그 사용전압은 저압 또는 고압인 것에 한하며 다음에 따르고 또한 위험의 우려가 없도록 시설하여야 한다.
　　가. 전선은 전선로의 사용전압이 저압인 경우에는 클로로프렌 캡타이어 케이블이어야 하며, 고압인 경우에는 캡타이어 케이블일 것
　　나. 수상전선로의 전선을 가공전선로의 전선과 접속하는 경우에는 그 부분의 전선은 접속점으로부터 전선의 절연 피복 안에 물이 스며들지 아니하도록 시설하고 또한 전선의 접속점은 다음의 높이로 지지물에 견고하게 붙일 것
　　　　가) 접속점이 육상에 있는 경우에는 지표상 5[m] 이상. 다만, 수상전선로의 사용전압이 저압인 경우에 도로상 이외의 곳에 있을 때에는 지표상 4[m]까지로 감할 수 있다.
　　　　나) 접속점이 수면상에 있는 경우에는 수상전선로의 사용전압이 저압인 경우에는 수면상 4[m] 이상, 고압인 경우에는 수면상 5[m] 이상
　　다. 수상전선로에 사용하는 부대는 쇠사슬 등으로 견고하게 연결한 것일 것
　　라. 수상전선로의 전선은 부대의 위에 지지하여 시설하고 또한 그 절연피복을 손상하지 아니하도록 시설할 것

3) 급경사지에 시설하는 전선로의 시설

① 급경사지에 시설하는 저압 또는 고압의 전선로는 그 전선이 건조물의 위에 시설되는 경우, 도로, 철도, 궤도, 삭도, 가공약전류전선 등 가공전선 또는 전차선과 교차하여 시설되는 경우 및 수평거리로 이들(도로를 제외)과 3[m] 미만에 접근하여 시설되는 경우 이외의 경우로서 기술상 부득이한 경우 이외에는 시설하여서는 안 된다.
② ①의 전선로는 가공케이블의 시설부터 고압 가공전선의 높이까지 및 고압 가공전선과 식물의 이격거리의 규정에 준하는 이외에 다음에 따르고 시설하여야 한다.
　　가. 전선의 지지점 간의 거리는 15[m] 이하일 것
　　나. 전선은 케이블인 경우 이외에는 벼랑에 견고하게 붙인 금속제 완금류에 절연성·난연성 및 내수성의 애자로 지지할 것
　　다. 전선에 사람이 접촉할 우려가 있는 곳 또는 손상을 받을 우려가 있는 곳에 시설하는 경우에는 적당한 방호장치를 시설할 것
　　라. 저압 전선로와 고압 전선로를 같은 벼랑에 시설하는 경우에는 고압 전선로를 저압 전선로의 위로하고 또한 고압전선과 저압전선 사이의 이격거리는 0.5[m] 이상일 것

9. 기계 및 기구

1) 특고압 배전용 변압기의 시설

특고압 전선로(25[kV] 이하인 특고압 가공전선로의 시설에서 규정하는 특고압 가공전선로를 제외)에 접속하는 배전용 변압기(발전소, 변전소, 개폐소 또는 이에 준하는 곳에 시설하는 것을 제외)를 시설하는 경우에는 특고압 전선에 특고압 절연전선 또는 케이블을 사용하고 또한 다음에 따라야 한다.

① 변압기의 1차 전압은 35[kV] 이하, 2차 전압은 저압 또는 고압일 것
② 변압기의 특고압측에 개폐기 및 과전류차단기를 시설할 것. 다만, 변압기를 다음에 따라 시설하는 경우는 특고압측의 과전류차단기를 시설하지 아니할 수 있다.
  가. 2 이상의 변압기를 각각 다른 회선의 특고압 전선에 접속할 것
  나. 변압기의 2차측 전로에는 과전류차단기 및 2차측 전로로부터 1차측 전로에 전류가 흐를 때에 자동적으로 2차측 전로를 차단하는 장치를 시설하고 그 과전류차단기 및 장치를 통하여 2차측 전로를 접속할 것
③ 변압기의 2차 전압이 고압인 경우에는 고압측에 개폐기를 시설하고 또한 쉽게 개폐할 수 있도록 할 것

2) 특고압을 직접 저압으로 변성하는 변압기의 시설

특고압을 직접 저압으로 변성하는 변압기는 다음의 것 이외에는 시설하여서는 아니 된다.
① 전기로 등 전류가 큰 전기를 소비하기 위한 변압기
② 발전소, 변전소, 개폐소 또는 이에 준하는 곳의 소내용 변압기
③ 25[kV] 이하인 특고압 가공전선로의 시설에서 규정하는 특고압 전선로에 접속하는 변압기
④ 사용전압이 35[kV] 이하인 변압기로서 그 특고압측 권선과 저압측 권선이 혼촉한 경우에 자동적으로 변압기를 전로로부터 차단하기 위한 장치를 설치한 것
⑤ 사용전압이 100[kV] 이하인 변압기로서 그 특고압측 권선과 저압측 권선사이에 변압기 중성점 접지의 규정에 의하여 접지공사(접지저항 값이 10[Ω] 이하인 것에 한함)를 한 금속제의 혼촉방지판이 있는 것
⑥ 교류식 전기철도용 신호회로에 전기를 공급하기 위한 변압기

3) 특고압용 기계기구의 시설

① 특고압용 기계기구(이에 부속하는 특고압의 전기로 충전하는 전선으로서 케이블 이외의 것을 포함)는 다음의 어느 하나에 해당하는 경우, 발전소, 변전소, 개폐소 또는 이에 준하는 곳에 시설하는 경우, 전기집진 응용장치 및 전원공급 설비의 시설 또는 제1종 엑스선 발생장치의 시 및 제2종 엑스선 발생장치의 시설에 의하여 시설하는 경우 이외에는 시설하여서는 아니 된다.
  가. 기계기구의 주위에 발전소 등의 울타리·담 등의 시설 규정에 준하여 울타리·담 등을 시설하는 경우
  나. 기계기구를 지표상 5[m] 이상의 높이에 시설하고 충전부분의 지표상의 높이를 아래 표에서 정한 값 이상으로 하고 또한 사람이 접촉할 우려가 없도록 시설하는 경우

특고압용 기계기구 충전부분의 지표상 높이

사용전압의 구분[kV]	울타리의 높이와 울타리로부터 충전부분까지의 거리의 합계 또는 지표상의 높이[m]
35 이하	5
35 초과 160 이하	6
160 초과	6에 160[kV]를 초과하는 10[kV] 또는 그 단수마다 0.12를 더한 값

  다. 공장 등의 구내에서 기계기구를 콘크리트제의 함 또는 접지공사를 한 금속제의 함에 넣고 또한 충전부분이 노출하지 아니하도록 시설하는 경우
  라. 옥내에 설치한 기계기구를 취급자 이외의 사람이 출입할 수 없도록 설치한 곳에 시설하는 경우
  마. 충전부분이 노출하지 아니하는 기계기구를 사람이 쉽게 접촉할 우려가 없도록 시설하는 경우
② 특고압용 기계기구는 노출된 충전부분에 취급자가 쉽게 접촉할 우려가 없도록 시설하여야 한다.

4) 고주파 이용 전기설비의 장해방지

고주파 이용 전기설비에서 다른 고주파 이용 전기설비에 누설되는 고주파 전류의 허용한도는 측정 장치 또는 이에 준하는 측정 장치로 2회 이상 연속하여 10분간 측정하였을 때에 각각 측정값의 최댓값에 대한 평균값이 -30[dB](1[mW]를 0[dB]로 한다)일 것

5) 피뢰기의 접지

고압 및 특고압의 전로에 시설하는 피뢰기 접지저항 값은 10[Ω] 이하로 하여야 한다. 다만, 고압가공전선로에 시설하는 피뢰기(피뢰기의 시설 규정에 의하여 시설하는 것을 제외)를 고압 또는 특고압과 저압의 혼촉에 의한 위험방지 시설 규정에 의하여 접지공사를 한 변압기에 근접하여 시설하는 경우로서, 다음의 어느 하나에 해당할 때 또는 고압가공전선로에 시설하는 피뢰기(고압 또는 특고압과 저압의 혼촉에 의한 위험방지 시설 규정에 의하여 접지공사를 한 변압기에 근접하여 시설하는 것을 제외)의 접지도체가 그 접지공사 전용의 것인 경우에 그 접지공사의 접지저항 값이 30[Ω] 이하인 때에는 그 피뢰기의 접지저항 값이 10[Ω] 이하가 아니어도 된다.

① 피뢰기의 접지공사의 접지극을 변압기 중성점 접지용 접지극으로부터 1[m] 이상 격리하여 시설하는 경우에 그 접지공사의 접지저항 값이 30[Ω] 이하인 때

② 피뢰기 접지공사의 접지도체와 변압기의 중성점 접지용 접지도체를 변압기에 근접한 곳에서 접속하여 다음에 의하여 시설하는 경우에 피뢰기 접지공사의 접지저항 값이 75[Ω] 이하인 때 또는 중성점 접지공사의 접지저항 값이 65[Ω] 이하인 때

  가. 변압기를 중심으로 하는 반지름 50[m]의 원과 반지름 300[m]의 원으로 둘러 싸여지는 지역에서 그 변압기에 중성점 접지공사가 되어있는 저압 가공전선(인장강도 5.26[kN] 이상인 것 또는 지름 4[mm] 이상의 경동선에 한함)의 한 곳 이상에 접지시스템의 규정에 준하는 접지공사(접지도체로 공칭단면적 6[mm^2] 이상인 연동선 또는 이와 동등 이상의 세기 및 굵기의 쉽게 부식하지 않는 금속선을 사용하는 것에 한함)를 할 것. 다만, 그 중성점접지공사의 접지도체가 고압 또는 특고압과 저압의 혼촉에 의한 위험방지 시설 규정하는 가공 공동지선(그 변압기를 중심으로 하는 지름 300[m]의 원 안에서 접지공사가 되어 있는 것에 한함)인 경우에는 그러하지 아니하다.

  나. 피뢰기의 접지공사, 변압기 중성점 접지공사를 ①에 의하여 저압가공 전선에 140의 규정에 준하여 행한 접지공사 및 가 단서의 가공 공동지선에서의 합성 접지저항 값은 20[Ω] 이하일 것

  다. 피뢰기 접지공사의 접지도체와 고압 또는 특고압과 저압의 혼촉에 의한 위험방지 시설에 의하여 중성점 접지공사가 시설된 변압기의 저압가공전선 또는 가공공동지선과를 그 변압기가 시설된 지지물 이외의 지지물에서 접속하고 또한 다음에 의하여 시설하는 경우에 피뢰기 접지공사의 접지저항 값이 65[Ω] 이하인 때

    가) 변압기에 접속하는 저압가공전선 및 그것에 시설하는 접지공사 또는 그 변압기에 접속하는 가공공동지선은 ②의 가에 의하여 시설할 것

    나) 피뢰기 접지공사는 변압기를 중심으로 하는 반지름 50[m] 이상의 지역으로 또한 그 변압기와 ①에 의하여 시설하는 접지공사와의 사이에 시설할 것. 다만, 가공공동지선과 접속하는 그 피뢰기 접지공사는 변압기를 중심으로 하는 반지름 50[m] 이내 지역에 시설할 수 있다.

    다) 피뢰기 접지공사, 변압기의 중성점 접지공사는 ①에 의하여 저압가공전선에 시설한 접지공사 및 ①에 의한 가공공동지선의 합성저항 값은 16[Ω] 이하일 것

6) 고압·특고압 옥내 설비의 시설

(1) 고압 옥내배선 등의 시설

① 고압 옥내배선은 다음에 따라 시설하여야 한다.
  가. 고압 옥내배선은 다음 중 하나에 의하여 시설할 것
    가) 애자사용배선(건조한 장소로서 전개된 장소에 한함)
    나) 케이블배선
    다) 케이블트레이배선
  나. 애자사용배선에 의한 고압 옥내배선은 다음에 의하고, 또한 사람이 접촉할 우려가 없도록 시설할 것
    가) 전선은 공칭단면적 6[mm^2] 이상의 연동선 또는 이와 동등 이상의 세기 및 굵기의 고압 절연전선이나 특고압 절연전선 또는 고압용 기계기구의 시설 규정하는 인하용 고압 절연전선일 것
    나) 전선의 지지점 간의 거리는 6[m] 이하일 것. 다만, 전선을 조영재의 면을 따라 붙이는 경우에는 2[m] 이하이어야 한다.
    다) 전선 상호 간의 간격은 0.08[m] 이상, 전선과 조영재 사이의 이격거리는 0.05[m] 이상일 것
    라) 애자사용배선에 사용하는 애자는 절연성·난연성 및 내수성의 것일 것
    마) 고압 옥내배선은 저압 옥내배선과 쉽게 식별되도록 시설할 것
    바) 전선이 조영재를 관통하는 경우에는 그 관통하는 부분의 전선을 전선마다 각각 별개의 난연성 및 내수성이 있는 견고한 절연관에 넣을 것
② 고압 옥내배선이 다른 고압 옥내배선, 저압 옥내전선, 관등회로의 배선, 약전류 전선 등 또는 수관, 가스관이나 이와 유사한 것과 접근하거나 교차하는 경우에는 고압 옥내배선과 다른 고압 옥내배선, 저압 옥내전선, 관등회로의 배선, 약전류 전선 등 또는 수관, 가스관이나 이와 유사한 것 사이의 이격거리는 0.15[m](애자사용배선에 의하여 시설하는 저압 옥내전선이 나전선인 경우에는 0.3[m], 가스계량기 및 가스관의 이음부와 전력량계 및 개폐기와는 0.6[m]) 이상이어야 한다. 다만, 고압 옥내배선을 케이블배선에 의하여 시설하는 경우에 케이블과 이들 사이에 내화성이 있는 견고한 격벽을 시설할 때, 케이블을 내화성이 있는 견고한 관에 넣어 시설할 때 또는 다른 고압 옥내배선의 전선이 케이블일 때에는 그러하지 아니하다.

(2) 옥내 고압용 이동전선의 시설

옥내에 시설하는 고압의 이동전선은 다음에 따라 시설하여야 한다.
① 전선은 고압용의 캡타이어케이블일 것
② 이동전선과 전기사용기계기구와는 볼트 조임 기타의 방법에 의하여 견고하게 접속할 것
③ 이동전선에 전기를 공급하는 전로(유도 전동기의 2차측 전로를 제외)에는 전용 개폐기 및 과전류 차단기를 각극(과전류 차단기는 다선식 전로의 중성극을 제외)에 시설하고, 또한 전로에 지락이 생겼을 때에 자동적으로 전로를 차단하는 장치를 시설할 것

(3) 옥내에 시설하는 고압접촉전선 공사

① 이동 기중기 기타 이동하여 사용하는 고압의 전기기계기구에 전기를 공급하기 위하여 사용하는 접촉전선(전차선은 제외. 이하 "고압접촉전선"이라 한다)을 옥내에 시설하는 경우에는 전개된 장소 또는 점검할 수 있는 은폐된 장소에 애자사용배선에 의하고 또한 다음에 따라 시설하여야 한다.
  가. 전선은 사람이 접촉할 우려가 없도록 시설할 것

나. 전선은 인장강도 2.78[kN] 이상의 것 또는 지름 10[mm]의 경동선으로 단면적이 70[mm²] 이상인 구부리기 어려운 것일 것
다. 전선은 각 지지점에서 견고하게 고정시키고 또한 집전장치의 이동에 의하여 동요하지 아니하도록 시설할 것
라. 전선 지지점 간의 거리는 6[m] 이하일 것
마. 전선 상호 간의 간격 및 집전장치의 충전 부분 상호 간 및 집전장치의 충전 부분과 극성이 다른 전선 사이의 이격거리는 0.3[m] 이상일 것. 다만, 전선 상호 간 집전장치의 충전 부분 상호 간 및 집전장치의 충전부분과 극성이 다른 전선 사이에 절연성 및 난연성이 있는 견고한 격벽을 시설하는 경우에는 그러하지 아니하다.
바. 전선과 조영재와의 이격거리 및 그 전선에 접촉하는 집전장치의 충전부분과 조영재사이의 이격거리는 0.2[m] 이상일 것. 다만, 전선 및 그 전선에 접촉하는 집전장치의 충전 부분과 조영재 사이에 절연성 및 난연성이 있는 견고한 격벽을 설치하는 경우에는 그러하지 아니하다.
사. 애자는 절연성·난연성 및 내수성이 있는 것일 것

② 옥내에 시설하는 고압접촉전선 및 그 고압접촉전선에 접촉하는 집전장치의 충전 부분이 다른 옥내 전선, 약전류전선 등 또는 수관, 가스관이나 이와 유사한 것과 접근 또는 교차하는 경우에는 상호 간의 이격거리는 0.6[m] 이상이어야 한다. 다만, 옥내에 시설하는 고압 접촉 전선과 다른 옥내 전선이나 약전류 전선 등 사이에 절연성 및 난연성이 있는 견고한 격벽을 설치하는 경우에는 0.3[m] 이상으로 할 수 있다.

③ 옥내에 시설하는 고압접촉전선에 전기를 공급하기 의한 전로에는 전용 개폐기 및 과전류 차단기를 시설하여야 한다. 이 경우에 개폐기는 고압접촉전선에 가까운 곳에 쉽게 개폐할 수 있도록 시설하고 과전류 차단기는 각 극(다선식 전로의 중성극을 제외)에 시설하여야 한다.

④ ③의 전로 중에는 전로에 지락이 생겼을 때에 자동적으로 전로를 차단하는 장치를 시설하여야 한다. 다만, 고압접촉전선의 전원측 접속점에서 1[km] 안의 전원측 진로에 전용의 절연 변압기를 시설하는 경우로서 전로에 지락이 생겼을 때에 이를 기술원 주재소에 경보하는 장치를 시설하는 경우에는 그러하지 아니하다.

⑤ 옥내에 시설하는 고압접촉전선은 그 고압접촉전선에 접촉하는 집전장치의 이동에 의하여 무선설비의 기능에 계속적이고 또한 중대한 장해를 줄 우려가 없도록 시설하여야 한다.

⑥ 옥내에 시설하는 고압접촉전선에서 전기의 공급을 받는 전기기계기구에 접지공사를 할 경우에는 그 전기기계기구에서 접지극에 이르는 접지도체를 집전장치를 사용하고 또한 ①의 가부터 라까지의 규정에 준하여 시설할 수 있다.

10. 발전소·변전소·개폐소 등의 전기설비

1) 발전소 등의 울타리·담 등의 시설

① 고압 또는 특고압의 기계기구, 모선 등을 옥외에 시설하는 발전소·변전소·개폐소 또는 이에 준하는 곳에는 다음에 따라 구내에 취급자 이외의 사람이 들어가지 아니하도록 시설하여야 한다. 다만, 토지의 상황에 의하여 사람이 들어갈 우려가 없는 곳은 그러하지 아니하다.
가. 울타리·담 등을 시설할 것
나. 출입구에는 출입금지의 표시를 할 것.
다. 출입구에는 자물쇠장치 기타 적당한 장치를 할 것.

② ①의 울타리·담 등은 다음에 따라 시설하여야 한다.
　가. 울타리·담 등의 높이는 2[m] 이상으로 하고 지표면과 울타리·담 등의 하단사이의 간격은 0.15[m] 이하로 할 것
　나. 울타리·담 등과 고압 및 특고압의 충전 부분이 접근하는 경우에는 울타리·담 등의 높이와 울타리·담 등으로부터 충전부분까지 거리의 합계는 아래 표에서 정한 값 이상으로 할 것

발전소 등의 울타리·담 등의 시설 시 이격거리

사용전압의 구분[kV]	울타리·담 등의 높이와 울타리·담 등으로부터 충전부분까지의 거리의 합계[m]
35 이하	5
35 초과 160 이하	6
160 초과	6에 160[kV]를 초과하는 10[kV] 또는 그 단수마다 0.12를 더한 값

③ 고압 또는 특고압 가공전선(전선에 케이블을 사용하는 경우는 제외)과 금속제의 울타리·담 등이 교차하는 경우에 금속제의 울타리·담 등에는 교차점과 좌, 우로 45[m] 이내의 개소에 접지설비에 의한 접지공사를 하여야 한다. 또한 울타리·담 등에 문 등이 있는 경우에는 접지공사를 하거나 울타리·담 등과 전기적으로 접속하여야 한다. 다만, 토지의 상황에 의하여 접지설비에 의한 접지저항 값을 얻기 어려울 경우에는 100[Ω] 이하로 하고 또한 고압 가공전선로는 고압보안공사, 특고압 가공전선로는 제2종 특고압 보안공사에 의하여 시설할 수 있다.

2) 발전기 등의 보호장치

① 발전기에는 다음의 경우에 자동적으로 이를 전로로부터 차단하는 장치를 시설하여야 한다.
　가. 발전기에 과전류나 과전압이 생긴 경우
　나. 용량이 500[kVA] 이상의 발전기를 구동하는 수차의 압유 장치의 유압 또는 전동식 가이드밴 제어장치, 전동식 니이들 제어장치 또는 전동식 디플렉터 제어장치의 전원전압이 현저히 저하한 경우
　다. 용량이 100[kVA] 이상의 발전기를 구동하는 풍차의 압유장치의 유압, 압축 공기장치의 공기압 또는 전동식 브레이드 제어장치의 전원전압이 현저히 저하한 경우
　라. 용량이 2,000[kVA] 이상인 수차 발전기의 스러스트 베어링의 온도가 현저히 상승한 경우
　마. 용량이 10,000[kVA] 이상인 발전기의 내부에 고장이 생긴 경우
　바. 정격출력이 10,000[kW]를 초과하는 증기터빈은 그 스러스트 베어링이 현저하게 마모되거나 그의 온도가 현저히 상승한 경우
② 연료전지는 다음의 경우에 자동적으로 이를 전로에서 차단하고 연료전지에 연료가스 공급을 자동적으로 차단하며 연료전지 내의 연료가스를 자동적으로 배제하는 장치를 시설하여야 한다.
　가. 연료전지에 과전류가 생긴 경우
　나. 발전요소의 발전전압에 이상이 생겼을 경우 또는 연료가스 출구에서의 산소농도 또는 공기 출구에서의 연료가스 농도가 현저히 상승한 경우
　다. 연료전지의 온도가 현저하게 상승한 경우
③ 상용 전원으로 쓰이는 축전지에는 이에 과전류가 생겼을 경우에 자동적으로 이를 전로로부터 차단하는 장치를 시설하여야 한다.

3) 계측장치

① 발전소에서는 다음의 사항을 계측하는 장치를 시설하여야 한다. 다만, 태양전지 발전소는 연계하는 전력계통에 그 발전소 이외의 전원이 없는 것에 대하여는 그러하지 아니하다.
  가. 발전기·연료전지 또는 태양전지 모듈(복수의 태양전지 모듈을 설치하는 경우에는 그 집합체)의 전압 및 전류 또는 전력
  나. 발전기의 베어링(수중 메탈을 제외) 및 고정자의 온도
  다. 정격출력이 10,000[kW]를 초과하는 증기터빈에 접속하는 발전기의 진동의 진폭(정격출력이 400,000[kW] 이상의 증기터빈에 접속하는 발전기는 이를 자동적으로 기록하는 것에 한함)
  라. 주요 변압기의 전압 및 전류 또는 전력
  마. 특고압용 변압기의 온도

② 정격출력이 10[kW] 미만의 내연력 발전소는 연계하는 전력계통에 그 발전소 이외의 전원이 없는 것에 대해서는 ①의 가 및 라의 사항 중 전류 및 전력을 측정하는 장치를 시설하지 아니할 수 있다.

③ 동기발전기를 시설하는 경우에는 동기검정장치를 시설하여야 한다. 다만, 동기발전기를 연계하는 전력계통에는 그 동기발전기 이외의 전원이 없는 경우 또는 동기발전기의 용량이 그 발전기를 연계하는 전력계통의 용량과 비교하여 현저히 적은 경우에는 그러하지 아니하다.

④ 변전소 또는 이에 준하는 곳에는 다음의 사항을 계측하는 장치를 시설하여야 한다. 다만, 전기철도용 변전소는 주요 변압기의 전압을 계측하는 장치를 시설하지 아니할 수 있다.
  가. 주요 변압기의 전압 및 전류 또는 전력
  나. 특고압용 변압기의 온도

⑤ 동기조상기를 시설하는 경우에는 다음의 사항을 계측하는 장치 및 동기검정장치를 시설하여야 한다. 다만, 동기조상기의 용량이 전력계통의 용량과 비교하여 현저히 적은 경우에는 동기검정장치를 시설하지 아니할 수 있다.
  가. 동기조상기의 전압 및 전류 또는 전력
  나. 동기조상기의 베어링 및 고정자의 온도

11. 전력보안통신설비 일반사항

1) 전력보안통신설비의 시설

(1) 전력보안통신설비의 시설 요구사항

① 전력보안통신설비의 시설 장소는 다음에 따른다.
  가. 송전선로
    가) 66[kV], 154[kV], 345[kV], 765[kV] 계통 송전선로 구간(가공, 지중, 해저) 및 안전상 특히 필요한 경우에 전선로의 적당한 곳
    나) 고압 및 특고압 지중전선로가 시설되어 있는 전력구내에서 안전상 특히 필요한 경우의 적당한 곳
    다) 직류 계통 송전선로 구간 및 안전상 특히 필요한 경우의 적당한 곳
    라) 송변전자동화 등 지능형전력망 구현을 위해 필요한 구간

나. 배전선로
    가) 22.9[kV] 계통 배전선로 구간(가공, 지중, 해저)
    나) 22.9[kV] 계통에 연결되는 분산전원형 발전소
    다) 폐회로 배전 등 신 배전방식 도입 개소
    라) 배전자동화, 원격검침, 부하감시 등 지능형전력망 구현을 위해 필요한 구간

다. 발전소, 변전소 및 변환소
    가) 원격감시제어가 되지 아니하는 발전소, 원격 감시제어가 되지 아니하는 변전소(이에 준하는 곳으로서 특고압의 전기를 변성하기 위한 곳을 포함), 개폐소, 전선로 및 이를 운용하는 급전소 및 급전분소 간
    나) 2개 이상의 급전소(분소) 상호 간과 이들을 통합 운용하는 급전소(분소) 간
    다) 수력설비 중 필요한 곳, 수력설비의 안전상 필요한 양수소 및 강수량 관측소와 수력발전소 간
    라) 동일 수계에 속하고 안전상 긴급 연락의 필요가 있는 수력발전소 상호 간
    마) 동일 전력계통에 속하고 또한 안전상 긴급연락의 필요가 있는 발전소, 변전소(이에 준하는 곳으로서 특고압의 전기를 변성하기 위한 곳을 포함한다) 및 개폐소 상호 간
    바) 발전소, 변전소 및 개폐소와 기술원 주재소 간. 다만, 다음 어느 항목에 적합하고 또한 휴대용이거나 이동형 전력보안통신설비에 의하여 연락이 확보된 경우에는 그러하지 아니하다.
        (가) 발전소로서 전기의 공급에 지장을 미치지 않는 곳
        (나) 상주감시를 하지 않는 변전소(사용전압이 35[kV] 이하의 것에 한함)로서 그 변전소에 접속되는 전선로가 동일 기술원 주재소에 의하여 운용되는 곳
    사) 발전소·변전소(이에 준하는 곳으로서 특고압의 전기를 변성하기 위한 곳을 포함)·개폐소·급전소 및 기술원 주재소와 전기설비의 안전상 긴급 연락의 필요가 있는 기상대·측후소·소방서 및 방사선 감시계측 시설물 등의 사이

라. 배전자동화 주장치가 시설되어 있는 배전센터, 전력수급조절을 총괄하는 중앙급전사령실
마. 전력보안통신 데이터를 중계하거나, 교환장치가 설치된 정보통신실

2) 전력보안통신선의 시설 높이와 이격거리

① 전력 보안 가공통신선(이하 "가공통신선"이라 한다)의 높이는 ②에서 규정하는 경우 이외에는 다음을 따른다.
    가. 도로(차도와 인도의 구별이 있는 도로는 차도) 위에 시설하는 경우에는 지표상 5[m] 이상. 다만, 교통에 지장을 줄 우려가 없는 경우에는 지표상 4.5[m]까지로 감할 수 있다.
    나. 철도 또는 궤도를 횡단하는 경우에는 레일면상 6.5[m] 이상
    다. 횡단보도교 위에 시설하는 경우에는 그 노면상 3[m] 이상
    라. 가부터 다까지 이외의 경우에는 지표상 3.5[m] 이상

② 가공전선로의 지지물에 시설하는 통신선 또는 이에 직접 접속하는 가공 통신선의 높이는 다음에 따라야 한다.
    가. 도로를 횡단하는 경우에는 지표상 6[m] 이상 다만, 저압이나 고압의 가공전선로의 지지물에 시설하는 통신선 또는 이에 직접 접속하는 가공통신선을 시설하는 경우에 교통에 지장을 줄 우려가 없을 때에는 지표상 5[m]까지로 감할 수 있다.
    나. 철도 또는 궤도를 횡단하는 경우에는 레일면상 6.5[m] 이상
    다. 횡단보도교의 위에 시설하는 경우에는 그 노면상 5[m] 이상 다만, 다음 중 어느 하나에 해당하는 경우에는 그러하지 아니하다.

가) 저압 또는 고압의 가공전선로의 지지물에 시설하는 통신선 또는 이에 직접 접속하는 가공통신선을 노면상 3.5[m](통신선이 절연전선과 동등 이상의 절연성능이 있는 것인 경우에는 3[m]) 이상으로 하는 경우

나) 특고압 전선로의 지지물에 시설하는 통신선 또는 이에 직접 접속하는 가공통신선으로서 광섬유 케이블을 사용하는 것을 그 노면상 4[m] 이상으로 하는 경우

라. 가부터 다까지 이외의 경우에는 지표상 5[m] 이상. 다만, 저압이나 고압의 가공전선로의 지지물에 시설하는 통신선 또는 이에 직접 접속하는 가공통신선이 다음 중 어느 하나에 해당하는 경우에는 그러하지 아니하다.

가) 횡단보도교의 하부 기타 이와 유사한 곳(차도는 제외)에 시설하는 경우에 통신선에 절연전선과 동등 이상의 절연성능이 있는 것을 사용하고 또한 지표상 4[m] 이상으로 할 때

나) 도로 이외의 곳에 시설하는 경우에 지표상 4[m](통신선이 광섬유 케이블인 경우에는 3.5[m])이상으로 할 때나 광섬유 케이블인 경우에는 3.5[m] 이상으로 할 때

③ 가공통신선을 수면상에 시설하는 경우에는 그 수면상의 높이를 선박의 항해 등에 지장을 줄 우려가 없도록 유지하여야 한다.

④ 가공전선과 첨가 통신선과의 이격거리

가. 가공전선로의 지지물에 시설하는 통신선은 다음에 따른다.

가) 통신선은 가공전선의 아래에 시설할 것. 다만, 가공전선에 케이블을 사용하는 경우 또는 광섬유 케이블이 내장된 가공지선을 사용하는 경우 또는 수직 배선으로 가공전선과 접촉할 우려가 없도록 지지물 또는 완금류에 견고하게 시설하는 경우에는 그러하지 아니하다.

나) 통신선과 저압 가공전선 또는 25[kV] 이하인 특고압 가공전선로의 시설 규정하는 특고압 가공전선로의 다중 접지를 한 중성선 사이의 이격거리는 0.6[m] 이상일 것. 다만, 저압 가공전선이 절연전선 또는 케이블인 경우에 통신선이 절연전선과 동등 이상의 절연성능이 있는 것인 경우에는 0.3[m](저압 가공전선이 인입선이고 또한 통신선이 첨가 통신용 제2종 케이블 또는 광섬유 케이블일 경우에는 0.15[m]) 이상으로 할 수 있다.

다) 통신선과 고압 가공전선 사이의 이격거리는 0.6[m] 이상일 것. 다만, 고압 가공 전선이 케이블인 경우에 통신선이 절연전선과 동등 이상의 절연성능이 있는 것인 경우에는 0.3[m] 이상으로 할 수 있다.

라) 통신선은 고압 가공전선로 또는 25[kV] 이하인 특고압 가공전선로의 시설 규정하는 특고압 가공전선로의 지지물에 시설하는 기계기구에 부속되는 전선과 접촉할 우려가 없도록 지지물 또는 완금류에 견고하게 시설하여야 한다.

마) 통신선과 특고압 가공전선(25[kV] 이하인 특고압 가공전선로의 시설 규정하는 다중 접지를 한 중성선은 제외) 사이의 이격거리는 1.2[m](25[kV] 이하인 특고압 가공전선로의 시설 규정하는 특고압 가공전선은 0.75[m]) 이상일 것. 다만, 특고압 가공전선이 케이블인 경우에 통신선이 절연전선과 동등 이상의 절연성능이 있는 것인 경우에는 0.3[m] 이상으로 할 수 있다.

나. 특고압 가공전선로의 지지물에 시설하는 통신선 또는 이에 직접 접속하는 통신선이 도로, 횡단보도교, 철도의 레일, 삭도, 가공전선, 다른 가공약전류 전선 등 또는 교류 전차선 등과 교차하는 경우에는 다음에 따라 시설하여야 한다.

가) 통신선이 도로·횡단보도교·철도의 레일 또는 삭도와 교차하는 경우에는 통신선은 연선의 경우 단면적 16[mm^2](단선의 경우 지름 4[mm])의 절연전선과 동등 이상의 절연 효력이 있는 것, 인장강도 8.01[kN] 이상의 것 또는 연선의 경우 단면적 25[mm^2](단선의 경우 지름 5[mm])의 경동선일 것

나) 통신선과 삭도 또는 다른 가공약전류 전선 등 사이의 이격거리는 0.8[m](통신선이 케이블 또는 광섬유 케이블일 때는 0.4[m]) 이상으로 할 것

다) 통신선이 저압 가공전선 또는 다른 가공약전류 전선 등과 교차하는 경우에는 그 위에 시설하고 또한 통신선은 가에 규정하는 것을 사용할 것. 다만, 저압 가공전선 또는 다른 가공약전류 전선 등이 절연전선과 동등 이상의 절연 효력이 있는 것, 인장강도 8.01[kN] 이상의 것 또는 연선의 경우 단면적 25[mm^2](단선의 경우 지름 5[mm])의 경동선인 경우에는 통신선을 그 아래에 시설할 수 있다.

라) 통신선(가공지선을 이용하여 시설하는 광섬유 케이블을 제외하고, 그 통신선을 금속선으로 된 연선으로 조가하는 조가용 선을 포함)이 다른 특고압 가공전선과 교차하는 경우에는 그 아래에 시설하고 또한 통신선과 그 특고압 가공전선 사이에 다른 금속선이 개재하지 아니하는 경우에는 통신선(수직으로 2 이상 있는 경우에는 맨 위의 것)은 인장강도 8.01[kN] 이상의 것 또는 연선의 경우 단면적 25[mm^2](단선의 경우 지름 5[mm])의 경동선일 것. 다만, 특고압 가공전선과 통신선 사이의 수직거리가 6[m] 이상인 경우에는 그러하지 아니하다.

마) 통신선이 교류 전차선 등과 교차하는 경우에는 고압가공전선의 규정에 준하여 시설할 것

3) 전력유도의 방지

전력보안통신설비는 가공전선로로부터의 정전유도작용 또는 전자유도작용에 의하여 사람에게 위험을 줄 우려가 없도록 시설하여야 한다. 다음의 제한값을 초과하거나 초과할 우려가 있는 경우에는 이에 대한 방지조치를 하여야 한다.

① 이상 시 유도위험전압 : 650[V](다만, 고장 시 전류제거시간이 0.1초 이상인 경우에는 430[V]로 한다)
② 상시 유도위험종전압 : 60[V]
③ 기기 오동작 유도종전압 : 15[V]
④ 잡음전압 : 0.5[mV]

4) 전원공급기의 시설

① 전원공급기는 다음에 따라 시설하여야 한다.
   가. 지상에서 4[m] 이상 유지할 것
   나. 누전차단기를 내장할 것
   다. 시설방향은 인도측으로 시설하며 외함은 접지를 시행할 것
② 기기주, 변대주 및 분기주 등 설비 복잡개소에는 전원공급기를 시설할 수 없다. 다만, 현장 여건상 부득이한 경우에는 예외적으로 전원공급기를 시설할 수 있다.
③ 전원공급기 시설 시 통신사업자는 기기 전면에 명판을 부착하여야 한다.

5) 가공통신 인입선 시설

① 가공통신선(②에 규정하는 것을 제외)의 지지물에서의 지지점 및 분기점 이외의 가공통신 인입선 부분의 높이는 교통에 지장을 줄 우려가 없을 때에 한하여 전력보안통신선의 시설 높이와 이격거리 규정에 의하지 아니할 수 있다. 이 경우에 차량이 통행하는 노면상의 높이는 4.5[m] 이상, 조영물의 붙임점에서의 지표상의 높이는 2.5[m] 이상으로 하여야 한다.

② 특고압 가공전선로의 지지물에 시설하는 통신선 또는 이에 직접 접속하는 가공 통신선(전력보안통신선의 시설 높이와 이격거리 규정하는 것을 제외)의 지지물에서의 지지점 및 분기점 이외의 가공 통신 인입선 부분의 높이 및 다른 가공약전류 전선 등 사이의 이격거리는 교통에 지장이 없고 또한 위험의 우려가 없을 때에 한하여 전력보안통신선의 시설 높이와 이격거리 규정에 의하지 아니할 수 있다. 이 경우에 노면상의 높이는 5[m] 이상, 조영물의 붙임점에서의 지표상의 높이는 3.5[m] 이상, 다른 가공약전류 전선 등 사이의 이격거리는 0.6[m] 이상으로 하여야 한다.

12. 지중통신선로 설비

1) 지중통신선로설비 시설

① 통신선
지중 공가설비로 사용하는 광섬유 케이블 및 동축케이블은 지름 22[mm] 이하일 것

② 통신선용 내관의 수량
가. 관로 내의 통신케이블용 내관의 수량은 관로의 여유 공간 범위 내에서 시설할 것
나. 전력구의 행거에 시설하는 내관의 최대수량은 일단(一段)으로 시설 가능한 수량까지로 제한할 것

③ 전력구 내 통신선의 시설
가. 전력구내에서 통신용 행거는 최상단에 시설할 것
나. 전력구의 통신선은 반드시 내관 속에 시설하고 그 내관을 행거 위에 시설할 것
다. 전력구에 시설하는 비난연재질인 통신선 및 내관은 전력보안통신설비의 시설 요구사항에 따라 난연 조치 할 것
라. 전력구에서는 통신선을 고정시키기 위해 매 행거마다 내관과 행거를 견고하게 고정할 것
마. 통신용으로 시설하는 행거의 표준은 그 전력구 전력용 행거의 표준을 초과하지 않을 것
바. 통신용 행거 끝에는 행거 안전캡(야광)을 씌울 것
사. 전력케이블이 시설된 행거에는 통신선을 시설하지 말 것
아. 전력구에 시설하는 통신용 관로구와 내관은 누수가 되지 않도록 철저히 방수처리할 것

④ 맨홀 또는 관로에서 통신선의 시설
가. 맨홀 내 통신선은 보호장치를 활용하여 맨홀 측벽으로 정리할 것
나. 맨홀 내에서는 통신선이 시설된 매 행거마다 통신케이블을 고정할 것
다. 맨홀 내에서는 통신선을 전력선 위에 얹어 놓는 경우가 없도록 처리할 것
라. 배전케이블이 시설되어 있는 관로에 통신선을 시설하지 말 것
마. 맨홀 내 통신선을 시설하는 관로구와 내관은 누수가 되지 않도록 철저히 방수 처리할 것

13. 통신설비의 식별

1) 통신설비의 식별표시

통신설비의 식별은 다음에 따라 표시하여야 한다.
① 모든 통신기기에는 식별이 용이하도록 인식용 표찰을 부착하여야 한다.
② 통신사업자의 설비표시명판은 플라스틱 및 금속판 등 견고하고 가벼운 재질로 하고 글씨는 각인하거나 지워지지 않도록 제작된 것을 사용하여야 한다.

③ 설비표시명판 시설기준

가. 배전주에 시설하는 통신설비의 설비표시명판은 다음에 따른다.
　가) 직선주는 전주 5경간마다 시설할 것
　나) 분기주, 인류주는 매 전주에 시설할 것
나. 지중설비에 시설하는 통신설비의 설비표시명판은 다음에 따른다.
　가) 관로는 맨홀마다 시설할 것
　나) 전력구 내 행거는 50[m] 간격으로 시설할 것

1-4. 전기철도설비

1. 전기철도의 용어 정의

① 전기철도 : 전기를 공급받아 열차를 운행하여 여객(승객)이나 화물을 운송하는 철도를 말한다.
② 전기철도설비 : 전기철도설비는 전철 변전설비, 급전설비, 부하설비(전기철도차량 설비 등)로 구성된다.
③ 전기철도차량 : 전기적 에너지를 기계적 에너지로 바꾸어 열차를 견인하는 차량으로 전기방식에 따라 직류, 교류, 직·교류 겸용, 성능에 따라 전동차, 전기기관차로 분류한다.
④ 전차선 : 전기철도차량의 집전장치와 접촉하여 전력을 공급하기 위한 전선을 말한다.
⑤ 전차선로 : 전기철도차량에 전력을 공급하기 위하여 선로를 따라 설치한 시설물로서 전차선, 급전선, 귀선과 그 지지물 및 설비를 총괄한 것을 말한다.
⑥ 급전선 : 전기철도차량에 사용할 전기를 변전소로부터 전차선에 공급하는 전선을 말한다.
⑦ 합성전차선 : 전기철도차량에 전력을 공급하기위하여 설치하는 전차선, 조가선(강체포함), 행어이어, 드로퍼 등으로 구성된 가공전선을 말한다.
⑧ 가선방식 : 전기철도차량에 전력을 공급하는 전차선의 가선방식으로 가공방식, 강체방식, 제3레일방식으로 분류한다.
⑨ 장기 과전압 : 지속시간이 20[ms] 이상인 과전압을 말한다.

2. 전기철도의 전기방식

1) 전기방식의 일반사항

(1) 전력수급조건

① 수전선로의 전력수급조건은 부하의 크기 및 특성, 지리적 조건, 환경적 조건, 전력조류, 전압강하, 수전 안정도, 회로의 공진 및 운용의 합리성, 장래의 수송수요, 전기사업자 협의 등을 고려하여 아래 표의 공칭전압(수전전압)으로 선정하여야 한다.

공칭전압(수전전압)

공칭전압(수전전압)[kV]	교류 3상 22.9, 154, 345

② 수전선로의 계통구성에는 3상 단락전류, 3상 단락용량, 전압강하, 전압불평형 및 전압왜형률, 플리커 등을 고려하여 시설하여야 한다.
③ 수전선로는 지형적 여건 등 시설조건에 따라 가공 또는 지중 방식으로 시설하며, 비상시를 대비하여 예비선로를 확보하여야 한다.

(2) 전차선로의 전압

전차선로의 전압은 전원측 도체와 전류귀환도체 사이에서 측정된 집전장치의 전위로서 전원공급시스템이 정상 동작상태에서의 값이며, 직류방식과 교류방식으로 구분된다.

① **직류방식** : 사용전압과 각 전압별 최고, 최저전압은 아래 표에 따라 선정하여야 한다. 다만, 비지속성 최고전압은 지속시간이 5분 이하로 예상되는 전압의 최고 값으로 하되, 기존 운행 중인 전기철도차량과의 인터페이스를 고려한다.

직류방식의 급전전압

구 분	지속성 최저전압 [V]	공칭전압 [V]	지속성 최고전압 [V]	비지속성 최고전압 [V]	장기 과전압 [V]
DC (평균값)	500	750	900	950*	1,269
	900	1,500	1,800	1,950	2,538

* 회생제동의 경우 1,000[V]의 비지속성 최고전압은 허용 가능하다.

② **교류방식** : 사용전압과 각 전압별 최고, 최저전압은 아래 표에 따라 선정하여야 한다. 다만, 비지속성 최저전압은 지속시간이 2분 이하로 예상되는 전압의 최저값으로 하되, 기존 운행 중인 전기철도차량과의 인터페이스를 고려한다.

교류방식의 급전전압

주파수(실효값)	비지속성 최저전압 [V]	지속성 최저전압 [V]	공칭전압 [V]*	지속성 최고전압 [V]	비지속성 최고전압 [V]	장기 과전압 [V]
60[Hz]	17,500	19,000	25,000	27,500	29,000	38,746
	35,000	38,000	50,000	55,000	58,000	77,492

* 급전선과 전차선 간의 공칭전압은 단상교류 50[kV](급전선과 레일 및 전차선과 레일사이의의 전압은 25[kV])를 표준으로 한다.

3. 전기철도의 전차선로

1) 전차선로의 일반사항

(1) 전차선 가선방식

전차선의 가선방식은 열차의 속도 및 노반의 형태, 부하전류 특성에 따라 적합한 방식을 채택하여야 하며, 가공방식, 강체방식, 제3레일방식을 표준으로 한다.

(2) 전차선로의 충전부와 건조물 간의 절연이격

① 건조물과 전차선, 급전선 및 전기철도차량 집전장치의 공기절연 이격거리는 아래 표에 제시되어 있는 정적 및 동적 최소 절연이격거리 이상을 확보하여야 한다. 동적 절연이격의 경우 팬터그래프가 통과하는 동안의 일시적인 전선의 움직임을 고려하여야 한다.

② 해안 인접지역, 공해지역, 열기관을 포함한 교통량이 과중한 곳, 오염이 심한 곳, 안개가 자주 끼는 지역, 강풍 또는 강설 지역 등 특정한 위험도가 있는 구역에서는 최소 절연이격거리보다 증가시켜야 한다.

전차선과 건조물 간의 최소 절연이격거리

시스템 종류	공칭전압[V]	동적[mm]		정적[mm]	
		비오염	오 염	비오염	오 염
직 류	750	25	25	25	25
	1,500	100	110	150	160
단상교류	25,000	170	220	270	320

(3) 전차선로의 충전부와 차량 간의 절연이격

① 차량과 전차선로나 충전부 간의 절연이격은 아래 표에 제시되어 있는 정적 및 동적 최소 절연이격거리 이상을 확보하여야 한다. 동적 절연이격의 경우 팬터그래프가 통과하는 동안의 일시적인 전선의 움직임을 고려하여야 한다.

② 해안 인접지역, 공해지역, 안개가 자주 끼는 지역, 강풍 또는 강설 지역 등 특정한 위험도가 있는 구역에서는 최소 절연이격거리보다 증가시켜야 한다.

전차선과 차량 간의 최소 절연이격거리

시스템 종류	공칭전압[V]	동적[mm]	정적[mm]
직 류	750	25	25
	1,500	100	150
단상교류	25,000	170	270

(4) 전차선로 설비의 안전율

하중을 지탱하는 전차선로 설비의 강도는 작용이 예상되는 하중의 최악 조건 조합에 대하여 다음의 최소 안전율이 곱해진 값을 견디어야 한다.

① 합금전차선의 경우 2.0 이상
② 경동선의 경우 2.2 이상
③ 조가선 및 조가선 장력을 지탱하는 부품에 대하여 2.5 이상
④ 복합체 자재(고분자 애자 포함)에 대하여 2.5 이상
⑤ 지지물 기초에 대하여 2.0 이상
⑥ 장력조정장치 2.0 이상
⑦ 빔 및 브래킷은 소재 허용응력에 대하여 1.0 이상
⑧ 철주는 소재 허용응력에 대하여 1.0 이상
⑨ 브래킷의 애자는 최대 만곡하중에 대하여 2.5 이상
⑩ 지선은 선형일 경우 2.5 이상, 강봉형은 소재 허용응력에 대하여 1.0 이상

(5) 전차선 등과 식물 사이의 이격거리

교류 전차선 등 충전부와 식물사이의 이격거리는 5[m] 이상이어야 한다. 다만, 5[m] 이상 확보하기 곤란한 경우에는 현장여건을 고려하여 방호벽 등 안전조치를 하여야 한다.

4. 전기철도의 전기철도차량 설비

1) 전기철도차량 설비의 일반사항

(1) 전기철도차량의 역률

① 전차선로의 전압에서 규정된 비지속성 최저전압에서 비지속성 최고전압까지의 전압범위에서 유도성 역률 및 전력소비에 대해서만 적용되며, 회생제동 중에는 전압을 제한 범위 내로 유지시키기 위하여 유도성 역률을 낮출 수 있다. 다만, 전기철도차량이 전차선로와 접촉한 상태에서 견인력을 끄고 보조전력을 가동한 상태로 정지해 있는 경우, 가공 전차선로의 유효전력이 200[kW] 이상일 경우 총 역률은 0.8보다는 작아서는 안 된다.

※ 체크 정지구간을 포함하여 전기철도차량의 전체 이동간 평균 λ값의 계산은 유효전력 W_P(MWh) 및 컴퓨터 시뮬레이션 또는 실측된 무효전력 W_Q(MVArh)로부터 도출된다.

$$\lambda = \sqrt{\frac{1}{1+\left(\frac{W_Q}{W_P}\right)^2}}$$

팬터그래프에서의 전기철도차량 순간전력 및 유도성 역률

팬터그래프에서의 전기철도차량 순간전력 P[MW]	전기철도차량의 유도성 역률[λ]
P>6	λ≥0.95
2≤P≤6	λ≥0.93

② 역행 모드에서 전압을 제한 범위 내로 유지하기 위하여 용량성 역률이 허용되며, 전차선로의 전압에서 규정된 비지속성 최저전압에서 비지속성 최고전압까지의 전압범위에서 용량성 역률은 제한받지 않는다.

(2) 전기철도차량 전기설비의 전기위험방지를 위한 보호대책

① 감전을 일으킬 수 있는 충전부는 직접 접촉에 대한 보호가 있어야 한다.
② 간접 접촉에 대한 보호대책은 노출된 도전부는 고장 조건하에서 부근 충전부와의 유도 및 접촉에 의한 감전이 일어나지 않아야 한다. 그 목적은 위험도가 노출된 도전부가 같은 전위가 되도록 보장하는데 있다. 이는 보호용 본딩으로만 달성될 수 있으며 또는 자동급전 차단 등 적절한 방법을 통하여 달성할 수 있다.
③ 주행레일과 분리되어 있거나 또는 공동으로 되어있는 보호용 도체를 채택한 시스템에서 운행되는 모든 전기철도차량은 차체와 고정 설비의 보호용 도체 사이에는 최소 2개 이상의 보호용 본딩 연결로가 있어야 하며, 한쪽 경로에 고장이 발생하더라도 감전 위험이 없어야 한다.
④ 차체와 주행 레일과 같은 고정설비의 보호용 도체 간의 임피던스는 이들 사이에 위험 전압이 발생하지 않을 만큼 낮은 수준인 아래 표에 따른다. 이 값은 적용전압이 50[V]를 초과하지 않는 곳에서 50[A]의 일정 전류로 측정하여야 한다.

전기철도차량별 최대임피던스

차량 종류	최대 임피던스[Ω]
기관차	0.05
객 차	0.15

5. 전기철도의 안전을 위한 보호

1) 전기안전의 일반사항

(1) 감전에 대한 보호조치

① 공칭전압이 교류 1[kV] 또는 직류 1.5[kV] 이하인 경우 사람이 접근할 수 있는 보행표면의 경우 가공 전차선의 충전부뿐만 아니라 전기철도차량 외부의 충전부(집전장치, 지붕도체 등)와의 직접접촉을 방지하기 위한 공간거리가 있어야 하며 아래 그림에서 표시한 공간거리 이상을 확보하여야 한다. 단, 제3레일방식에는 적용되지 않는다.

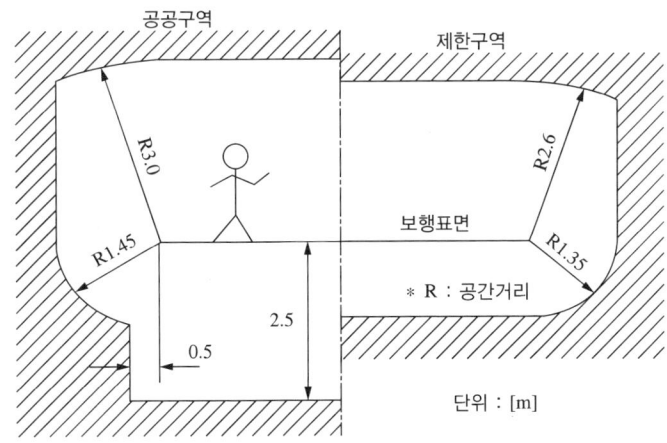

공칭전압이 교류 1[kV] 또는 직류 1.5[kV] 이하인 경우 사람이 접근할 수 있는 보행표면의 공간거리

② ①에 제시된 공간거리를 유지할 수 없는 경우 충전부와의 직접 접촉에 대한 보호를 위해 장애물을 설치하여야 한다. 충전부가 보행표면과 동일한 높이 또는 낮게 위치한 경우 장애물 높이는 장애물 상단으로부터 1.35[m]의 공간 거리를 유지하여야 하며, 장애물과 충전부 사이의 공간거리는 최소한 0.3[m]로 하여야 한다.

③ 공칭전압이 교류 1[kV] 초과 25[kV] 이하인 경우 또는 직류 1.5[kV] 초과 25[kV] 이하인 경우 사람이 접근할 수 있는 보행표면의 경우 가공 전차선의 충전부뿐만 아니라 차량외부의 충전부(집전장치, 지붕도체 등)와의 직접 접촉을 방지하기 위한 공간거리가 있어야 하며, 아래 그림에서 표시한 공간거리 이상을 유지하여야 한다.

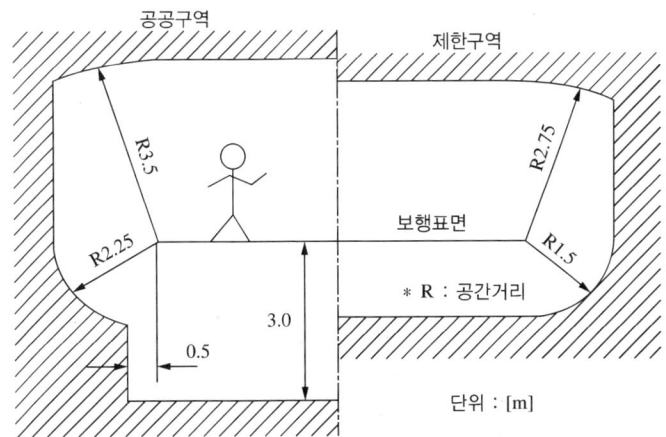

공칭전압이 교류 1[kV] 초과 25[kV] 이하인 경우 또는 직류 1.5[kV] 초과 25kV] 이하인 경우 사람이 접근할 수 있는 보행표면의 공간거리

④ ③에 제시된 공간거리를 유지할 수 없는 경우 충전부와의 직접 접촉에 대한 보호를 위해 장애물을 설치하여야 한다.

⑤ 충전부가 보행표면과 동일한 높이 또는 낮게 위치한 경우 장애물 높이는 장애물 상단으로부터 1.5[m]의 공간거리를 유지하여야 하며, 장애물과 충전부 사이의 공간거리는 최소한 0.6[m]로 하여야 한다.

(2) 레일 전위의 위험에 대한 보호

① 레일 전위는 고장 조건에서의 접촉전압 또는 정상 운전조건에서의 접촉전압으로 구분하여야 한다.

② 교류 전기철도 급전시스템에서의 레일 전위의 최대 허용 접촉전압은 아래 표의 값 이하이어야 한다. 단, 작업장 및 이와 유사한 장소에서는 최대 허용 접촉전압을 25[V](실횻값)를 초과하지 않아야 한다.

교류 전기철도 급전시스템의 최대 허용 접촉전압

시간 조건	최대 허용 접촉전압(실횻값)[V]
순시조건(t≤0.5초)	670
일시적 조건(0.5초(t≤300초)	65
영구적 조건(t>300초)	60

(3) 레일 전위의 접촉전압 감소 방법

① 교류 전기철도 급전시스템은 레일 전위의 위험에 대한 보호에 제시된 값을 초과하는 경우 다음 방법을 고려하여 접촉전압을 감소시켜야 한다.

　가. 접지극 추가 사용

　나. 등전위 본딩

　다. 전자기적 커플링을 고려한 귀선로의 강화

　라. 전압제한소자 적용

　마. 보행 표면의 절연

　바. 단락전류를 중단시키는데 필요한 트래핑 시간의 감소

② 직류 전기철도 급전시스템은 레일 전위의 위험에 대한 보호에 제시된 값을 초과하는 경우 다음 방법을 고려하여 접촉전압을 감소시켜야 한다.

　가. 고장조건에서 레일 전위를 감소시키기 위해 전도성 구조물 접지의 보강

　나. 전압제한소자 적용

　다. 귀선 도체의 보강

　라. 보행 표면의 절연

　마. 단락전류를 중단시키는데 필요한 트래핑 시간의 감소

(4) 전식방지대책

① 주행레일을 귀선으로 이용하는 경우에는 누설전류에 의하여 케이블, 금속제 지중관로 및 선로 구조물 등에 영향을 미치는 것을 방지하기 위한 적절한 시설을 하여야 한다.

② 전기철도측의 전식방식 또는 전식예방을 위해서는 다음 방법을 고려하여야 한다.

　가. 변전소 간 간격 축소

　나. 레일본드의 양호한 시공

　다. 장대레일채택

라. 절연도상 및 레일과 침목사이에 절연층의 설치
　　　마. 기 타
　③ 매설금속체측의 누설전류에 의한 전식의 피해가 예상되는 곳은 다음 방법을 고려하여야 한다.
　　　가. 배류장치 설치
　　　나. 절연코팅
　　　다. 매설금속체 접속부 절연
　　　라. 저준위 금속체를 접속
　　　마. 궤도와의 이격거리 증대
　　　바. 금속판 등의 도체로 차폐

1-5. 분산형전원설비

1. 용어의 정의

　① 풍력터빈이란 바람의 운동에너지를 기계적 에너지로 변환하는 장치(가동부 베어링, 나셀, 블레이드 등의 부속물을 포함)를 말한다.
　② 풍력터빈을 지지하는 구조물이란 타워와 기초로 구성된 풍력터빈의 일부분을 말한다.
　③ 풍력발전소란 단일 또는 복수의 풍력터빈(풍력터빈을 지지하는 구조물을 포함)을 원동기로 하는 발전기와 그 밖의 기계기구를 시설하여 전기를 발생시키는 곳을 말한다.
　④ 자동정지란 풍력터빈의 설비보호를 위한 보호장치의 작동으로 인하여 자동적으로 풍력터빈을 정지시키는 것을 말한다.
　⑤ MPPT란 태양광발전이나 풍력발전 등이 현재 조건에서 가능한 최대의 전력을 생산할 수 있도록 인버터 제어를 이용하여 해당 발전원의 전압이나 회전속도를 조정하는 최대출력추종(MPPT ; Maximum power point tracking) 기능을 말한다.

2. 분산형전원 계통 연계설비의 시설

1) 전기 공급방식 등

분산형전원설비의 전기 공급방식, 측정 장치 등은 다음에 따른다.
　① 분산형전원설비의 전기 공급방식은 전력계통과 연계되는 전기 공급방식과 동일할 것
　② 분산형전원설비 사업자의 한 사업장의 설비 용량 합계가 250[kVA] 이상일 경우에는 송·배전계통과 연계지점의 연결 상태를 감시 또는 유효전력, 무효전력 및 전압을 측정할 수 있는 장치를 시설할 것

3. 전기저장장치

1) 옥내전로의 대지전압 제한

주택의 전기저장장치의 축전지에 접속하는 부하 측 옥내배선을 다음에 따라 시설하는 경우에 주택의 옥내전로의 대지전압은 직류 600[V]까지 적용할 수 있다.
　① 전로에 지락이 생겼을 때 자동적으로 전로를 차단하는 장치를 시설할 것
　② 사람이 접촉할 우려가 없는 은폐된 장소에 합성수지관배선, 금속관배선 및 케이블배선에 의하여 시설하거나, 사람이 접촉할 우려가 없도록 케이블배선에 의하여 시설하고 전선에 적당한 방호장치를 시설할 것

4. 전기저장장치의 시설

1) 시설기준

(1) 전기배선

전선은 공칭단면적 2.5[mm^2] 이상의 연동선 또는 이와 동등 이상의 세기 및 굵기의 것일 것

(2) 단자와 접속

① 단자의 접속은 기계적, 전기적 안전성을 확보하도록 하여야 한다.
② 단자를 체결 또는 잠글 때 너트나 나사는 풀림방지 기능이 있는 것을 사용하여야 한다.
③ 외부터미널과 접속하기 위해 필요한 접점의 압력이 사용기간 동안 유지되어야 한다.
④ 단자는 도체에 손상을 주지 않고 금속표면과 안전하게 체결되어야 한다.

2) 제어 및 보호장치 등

(1) 충전 및 방전 기능

① 충전기능
   가. 전기저장장치는 배터리의 SOC 특성(충전상태 : State of Charge)에 따라 제조자가 제시한 정격으로 충전할 수 있어야 한다.
   나. 충전할 때에는 전기저장장치의 충전상태 또는 배터리 상태를 시각화하여 정보를 제공해야 한다.
② 방전기능
   가. 전기저장장치는 배터리의 SOC 특성에 따라 제조자가 제시한 정격으로 방전할 수 있어야 한다.
   나. 방전할 때에는 전기저장장치의 방전상태 또는 배터리 상태를 시각화하여 정보를 제공해야 한다.

(2) 제어 및 보호장치

① 전기저장장치를 계통에 연계하는 경우 시설기준에 따라 시설하여야 한다.
② 전기저장장치가 비상용 예비전원 용도를 겸하는 경우에는 다음에 따라 시설하여야 한다.
   가. 상용전원이 정전되었을 때 비상용 부하에 전기를 안정적으로 공급할 수 있는 시설을 갖출 것
   나. 관련 법령에서 정하는 전원유지시간 동안 비상용 부하에 전기를 공급할 수 있는 충전용량을 상시 보존하도록 시설할 것
③ 전기저장장치의 접속점에는 쉽게 개폐할 수 있는 곳에 개방상태를 육안으로 확인할 수 있는 전용의 개폐기를 시설하여야 한다.
④ 전기저장장치의 이차전지는 다음에 따라 자동으로 전로로부터 차단하는 장치를 시설하여야 한다.
   가. 과전압 또는 과전류가 발생한 경우
   나. 제어장치에 이상이 발생한 경우
   다. 이차전지 모듈의 내부 온도가 급격히 상승할 경우
⑤ 보호장치의 특성에 의하여 직류 전로에 과전류차단기를 설치하는 경우 직류 단락전류를 차단하는 능력을 가지는 것이어야 하고 "직류용" 표시를 하여야 한다.
⑥ 기술기준 제14조에 의하여 전기저장장치의 직류 전로에는 지락이 생겼을 때에 자동적으로 전로를 차단하는 장치를 시설하여야 한다.

⑦ 발전소 또는 변전소 혹은 이에 준하는 장소에 전기저장장치를 시설하는 경우 전로가 차단되었을 때에 경보하는 장치를 시설하여야 한다.

(3) 계측장치

전기저장장치를 시설하는 곳에는 다음의 사항을 계측하는 장치를 시설하여야 한다.
① 축전지 출력 단자의 전압, 전류, 전력 및 충방전 상태
② 주요변압기의 전압, 전류 및 전력

5. 특정 기술을 이용한 전기저장장치의 시설

1) 적용범위

20[kWh]를 초과하는 리튬, 나트륨, 레독스플로우 계열의 이차전지를 이용한 전기저장장치의 경우 기술기준 제53조의3 제2항의 적절한 보호 및 제어장치를 갖추고 폭발의 우려가 없도록 시설하는 것은 전기저장장치의 일반사항, 전기저장장치의 시설 및 특정 기술을 이용한 전기저장장치의 시설에서 정한 사항을 말한다.

2) 시설장소의 요구사항

(1) 전용건물에 시설하는 경우

① 특정 기술을 이용한 전기저장장치의 시설 적용범위에서 전기저장장치를 일반인이 출입하는 건물과 분리된 별도의 장소에 시설하는 경우에는 전용건물에 시설하는 경우에 따라 시설하여야 한다.
② 전기저장장치 시설장소의 바닥, 천장(지붕), 벽면 재료는 건축물의 피난·방화구조 등의 기준에 관한 규칙에 따른 불연재료이어야 한다. 단, 단열재는 준불연재료 또는 이와 동등 이상의 것을 사용할 수 있다.
③ 전기저장장치 시설장소는 지표면을 기준으로 높이 22[m] 이내로 하고 해당 장소의 출구가 있는 바닥면을 기준으로 깊이 9[m] 이내로 하여야 한다.
④ 이차전지는 전력변환장치(PCS) 등의 다른 전기설비와 분리된 격실(이하 특정 기술을 이용한 전기저장장치의 시설에서 이차전지실)에 설치하고 다음에 따라야 한다.
  가. 이차전지실의 벽면 재료 및 단열재는 ②의 것과 같아야 한다.
  나. 이차전지는 벽면으로부터 1[m] 이상 이격하여 설치하여야 한다. 단, 옥외의 전용 컨테이너에서 적정 거리를 이격한 경우에는 규정에 의하지 아니할 수 있다.
  다. 이차전지와 물리적으로 인접 시설해야 하는 제어장치 및 보조설비(공조설비 및 조명설비 등)는 이차전지실 내에 설치할 수 있다.
  라. 이차전지실 내부에는 가연성 물질을 두지 않아야 한다.
⑤ 시설장소의 요구사항에도 불구하고 인화성 또는 유독성 가스가 축적되지 않는 근거를 제조사에서 제공하는 경우에는 이차전지실에 한하여 환기시설을 생략할 수 있다.
⑥ 전기저장장치가 차량에 의해 충격을 받을 우려가 있는 장소에 시설되는 경우에는 충돌방지장치 등을 설치하여야 한다.
⑦ 전기저장장치 시설장소는 주변 시설(도로, 건물, 가연물질 등)로부터 1.5[m] 이상 이격하고 다른 건물의 출입구나 피난계단 등 이와 유사한 장소로부터는 3[m] 이상 이격하여야 한다.

(2) 전용건물 이외의 장소에 시설하는 경우

① 특정 기술을 이용한 전기저장장치의 시설의 적용범위에서 전기저장장치를 일반인이 출입하는 건물의 부속공간에 시설(옥상에는 설치할 수 없다)하는 경우에는 전용건물에 시설하는 경우 및 전용건물 이외의 장소에 시설하는 경우에 따라 시설하여야 한다.
② 전기저장장치 시설장소는 건축물의 피난·방화구조 등의 기준에 관한 규칙에 따른 내화구조이어야 한다.
③ 이차전지모듈의 직렬 연결체(이하 특정 기술을 이용한 전기저장장치의 시설에서 이차전지랙)의 용량은 50[kWh] 이하로 하고 건물 내 시설 가능한 이차전지의 총 용량은 600[kWh] 이하이어야 한다.
④ 이차전지랙과 랙 사이 및 랙과 벽면 사이는 각각 1[m] 이상 이격하여야 한다. 다만, ②에 의한 벽이 삽입된 경우 이차전지랙과 랙 사이의 이격은 예외로 할 수 있다.
⑤ 이차전지실은 건물 내 다른 시설(수전설비, 가연물질 등)로부터 1.5[m] 이상 이격하고 각 실의 출입구나 피난계단 등 이와 유사한 장소로부터 3[m] 이상 이격하여야 한다.
⑥ 배선설비가 이차전지실 벽면을 관통하는 경우 관통부는 해당 구획부재의 내화성능을 저하시키지 않도록 충전하여야 한다.

6. 태양광발전설비

1) 일반사항

(1) 설치장소의 요구사항

① 인버터, 제어반, 배전반 등의 시설은 기기 등을 조작 또는 보수점검 할 수 있는 충분한 공간을 확보하고 필요한 조명설비를 시설하여야 한다.
② 인버터 등을 수납하는 공간에는 실내온도의 과열 상승을 방지하기 위한 환기시설을 갖추어야하며 적정한 온도와 습도를 유지하도록 시설하여야 한다.
③ 배전반, 인버터, 접속장치 등을 옥외에 시설하는 경우 침수의 우려가 없도록 시설하여야 한다.
④ 태양전지 모듈을 지붕에 시설하는 경우 취급자에게 추락의 위험이 없도록 점검통로를 안전하게 시설하여야 한다.
⑤ 태양전지 모듈의 직렬군 최대개방전압이 직류 750[V] 초과 1,500[V] 이하인 시설장소는 다음에 따라 울타리 등의 안전조치를 하여야 한다.
  가. 태양전지 모듈을 지상에 설치하는 경우는 발전소 등의 울타리·담 등의 시설에 의하여 울타리·담 등을 시설하여야 한다.
  나. 태양전지 모듈을 일반인이 쉽게 출입할 수 있는 옥상 등에 시설하는 경우는 가 또는 고압용 기계기구의 시설의 1의 바에 의하여 시설하여야 하고 식별이 가능하도록 위험 표시를 하여야 한다.
  다. 태양전지 모듈을 일반인이 쉽게 출입할 수 없는 옥상·지붕에 설치하는 경우는 모듈 프레임 등 쉽게 식별할 수 있는 위치에 위험 표시를 하여야 한다.
  라. 태양전지 모듈을 주차장 상부에 시설하는 경우는 나와 같이 시설하고 차량의 출입 등에 의한 구조물, 모듈 등의 손상이 없도록 하여야 한다.
  마. 태양전지 모듈을 수상에 설치하는 경우는 다와 같이 시설하여야 한다.

2) 태양광설비의 시설기준

(1) 태양전지 모듈의 시설

태양광설비에 시설하는 태양전지 모듈(이하 모듈이라 한다)은 다음에 따라 시설하여야 한다.
① 모듈은 자중, 적설, 풍압, 지진 및 기타의 진동과 충격에 대하여 탈락하지 아니하도록 지지물에 의하여 견고하게 설치할 것
② 모듈의 각 직렬군은 동일한 단락전류를 가진 모듈로 구성하여야 하며 1대의 인버터(멀티스트링 인버터의 경우 1대의 MPPT 제어기)에 연결된 모듈 직렬군이 2병렬 이상일 경우에는 각 직렬군의 출력전압 및 출력전류가 동일하게 형성되도록 배열할 것

(2) 전력변환장치의 시설

인버터, 절연변압기 및 계통 연계 보호장치 등 전력변환장치의 시설은 다음에 따라 시설하여야 한다.
① 인버터는 실내, 실외용을 구분할 것
② 각 직렬군의 태양전지 개방전압은 인버터 입력전압 범위 이내일 것
③ 옥외에 시설하는 경우 방수등급은 IPX4 이상일 것

(3) 모듈을 지지하는 구조물

모듈의 지지물은 다음에 의하여 시설하여야 한다.
① 자중, 적재하중, 적설 또는 풍압, 지진 및 기타의 진동과 충격에 대하여 안전한 구조일 것
② 부식환경에 의하여 부식되지 아니하도록 다음의 재질로 제작할 것
　가. 용융아연 또는 용융아연-알루미늄-마그네슘합금 도금된 형강
　나. 스테인리스 스틸(STS)
　다. 알루미늄합금
　라. 상기와 동등이상의 성능(인장강도, 항복강도, 압축강도, 내구성 등)을 가지는 재질로서 KS제품 또는 동등이상의 성능의 제품일 것
③ 모듈 지지대와 그 연결부재의 경우 용융아연도금처리 또는 녹방지 처리를 하여야 하며, 절단가공 및 용접부위는 방식처리를 할 것
④ 설치 시에는 건축물의 방수 등에 문제가 없도록 설치하여야 하며 볼트조립은 헐거움이 없이 단단히 조립하여야 하며, 모듈-지지대의 고정 볼트에는 스프링 와셔 또는 풀림방지너트 등으로 체결할 것

7. 풍력설비의 시설

1) 풍력설비의 시설기준

(1) 풍력터빈의 구조

기술기준 제169조에 의한 풍력터빈의 구조에 적합한 것은 다음의 요구사항을 충족하는 것을 말한다.
① 풍력터빈의 선정에 있어서는 시설장소의 풍황(風況)과 환경, 적용규모 및 적용형태 등을 고려하여 선정하여야 한다.
② 풍력터빈의 유지, 보수 및 점검 시 작업자의 안전을 위한 다음의 잠금장치를 시설하여야 한다.
　가. 풍력터빈의 로터, 요 시스템 및 피치 시스템에는 각각 1개 이상의 잠금장치를 시설하여야 한다.
　나. 잠금장치는 풍력터빈의 정지장치가 작동하지 않더라도 로터, 나셀, 블레이드의 회전을 막을 수 있어야 한다.

③ 풍력터빈의 강도계산은 다음 사항을 따라야 한다.
　가. 최대풍압하중 및 운전 중의 회전력 등에 의한 풍력터빈의 강도계산에는 다음의 조건을 고려하여야 한다.
　　　가) 사용조건
　　　　(가) 최대풍속
　　　　(나) 최대회전수
　　　나) 강도조건
　　　　(가) 하중조건
　　　　(나) 강도계산의 기준
　　　　(다) 피로하중
　나. 가의 강도계산은 다음 순서에 따라 계산하여야 한다.
　　　가) 풍력터빈의 제원(블레이드 직경, 회전수, 정격출력 등)을 결정
　　　나) 자중, 공기력, 원심력 및 이들에서 발생하는 모멘트를 산출
　　　다) 풍력터빈의 사용조건(최대풍속, 풍력터빈의 제어)에 의해 각부에 작용하는 하중을 계산
　　　라) 각부에 사용하는 재료에 의해 풍력터빈의 강도조건
　　　마) 하중, 강도조건에 의해 각부의 강도계산을 실시하여 안전함을 확인
　다. 나의 강도 계산개소에 가해진 하중의 합계는 다음 순서에 의하여 계산하여야 한다.
　　　가) 바람 에너지를 흡수하는 블레이드의 강도계산
　　　나) 블레이드를 지지하는 날개 축, 날개 축을 유지하는 회전축의 강도계산
　　　다) 블레이드, 회전축을 지지하는 나셀과 타워를 연결하는 요 베어링의 강도계산

(2) 풍력터빈을 지지하는 구조물의 구조 등

기술기준 제172조에 의한 풍력터빈을 지지하는 구조물은 다음과 같이 시설한다.
① 풍력터빈을 지지하는 구조물의 구조, 성능 및 시설조건은 다음을 따른다.
　가. 풍력터빈을 지지하는 구조물은 자중, 적재하중, 적설, 풍압, 지진, 진동 및 충격을 고려하여야 한다. 다만, 해상 및 해안가 설치 시는 염해 및 파랑하중에 대해서도 고려하여야 한다.
　나. 동결, 착설 및 분진의 부착 등에 의한 비정상적인 부식 등이 발생하지 않도록 고려하여야 한다.
　다. 풍속변동, 회전수변동 등에 의해 비정상적인 진동이 발생하지 않도록 고려하여야 한다.

2) 제어 및 보호장치 등

(1) 제어 및 보호장치 시설의 일반 요구사항

기술기준 제174조에서 요구하는 제어 및 보호장치는 다음과 같이 시설하여야 한다.
① 제어장치는 다음과 같은 기능 등을 보유하여야 한다.
　가. 풍속에 따른 출력 조절
　나. 출력제한
　다. 회전속도제어
　라. 계통과의 연계
　마. 기동 및 정지
　바. 계통 정전 또는 부하의 손실에 의한 정지
　사. 요잉에 의한 케이블 꼬임 제한

② 보호장치는 다음의 조건에서 풍력발전기를 보호하여야 한다.
　가. 과풍속
　나. 발전기의 과출력 또는 고장
　다. 이상진동
　라. 계통 정전 또는 사고
　마. 케이블의 꼬임 한계

(2) 계측장치의 시설

풍력터빈에는 설비의 손상을 방지하기 위하여 운전 상태를 계측하는 다음의 계측장치를 시설하여야 한다.
① 회전속도계
② 나셀(Nacelle) 내의 진동을 감시하기 위한 진동계
③ 풍속계
④ 압력계
⑤ 온도계

8. 연료전지설비

1) 일반사항

(1) 설치장소의 안전 요구사항

① 연료전지를 설치할 주위의 벽 등은 화재에 안전하게 시설하여야 한다.
② 가연성물질과 안전거리를 충분히 확보하여야 한다.
③ 침수 등의 우려가 없는 곳에 시설하여야 한다.

2) 연료전지 발전실의 가스 누설 대책

연료가스 누설 시 위험을 방지하기 위한 적절한 조치란 다음에 열거하는 것을 말한다.
① 연료가스를 통하는 부분은 최고사용 압력에 대하여 기밀성을 가지는 것이어야 한다.
② 연료전지 설비를 설치하는 장소는 연료가스가 누설되었을 때 체류하지 않는 구조의 것이어야 한다.
③ 연료전지 설비로부터 누설되는 가스가 체류할 우려가 있는 장소에 해당 가스의 누설을 감지하고 경보하기 위한 설비를 설치하여야 한다.

3) 시설기준

(1) 연료전지설비의 구조

① 기술기준 제110조에서 안전한 것이란 연료전지 설비에 속하는 용기 및 관에서는 내압을 받는 원통체의 두께 내지 성형 경판의 공차(보일러와 관련된 부분 제외)에 규정한 구조로 되어 있고 완전한 용접시공을 위한 조치의 내압 및 기밀과 관련되는 성능을 가지는 것을 말한다.
② 내압을 받는 용기구조는 내압을 받는 원통체의 두께 내지 리거먼트를 준용한다.
③ 내압시험은 연료전지 설비의 내압 부분 중 최고 사용압력이 0.1[MPa] 이상의 부분은 최고 사용압력의 1.5배의 수압(수압으로 시험을 실시하는 것이 곤란한 경우는 최고 사용압력의 1.25배의 기압)까지 가압하여 압력이 안정된 후 최소 10분간 유지하는 시험을 실시하였을 때 이것에 견디고 누설이 없어야 한다.

④ 기밀시험은 연료전지 설비의 내압 부분 중 최고 사용압력이 0.1[MPa] 이상의 부분(액체 연료 또는 연료가스 혹은 이것을 포함한 가스를 통하는 부분에 한정)의 기밀시험은 최고 사용압력의 1.1배의 기압으로 시험을 실시하였을 때 누설이 없어야 한다.

(2) 안전밸브

① 기술기준 제111조에서 규정하는 과압이란 통상의 상태에서 최고사용압력을 초과하는 압력을 말한다.
② 기술기준 제111조에서 규정하는 적당한 안전밸브는 ③의 요구사항 외에 안전밸브의 요건 내지 허용 가능한 안전밸브 및 압력방출밸브 및 압력방출장치의 규정을 준용할 수 있다.
③ 안전밸브의 분출압력은 아래와 같이 설정하여야 한다.
　가. 안전밸브가 1개인 경우는 그 배관의 최고사용압력 이하의 압력으로 한다. 다만, 배관의 최고사용압력 이하의 압력에서 자동적으로 가스의 유입을 정지하는 장치가 있는 경우에는 최고사용압력의 1.03배 이하의 압력으로 할 수 있다.
　나. 안전밸브가 2개 이상인 경우에는 1개는 상기 ①에 준하는 압력으로 하고 그 이외의 것은 그 배관의 최고사용압력의 1.03배 이하의 압력이어야 한다.

4 내선규정 등

이 규정은 전등, 전동기, 가열장치 등의 전기기계기구 및 이를 사용하기 위하여 시설하는 전기설비가 사람이나 동물에 위해를 미치거나 물건에 손상을 주거나 또는 다른 전기적 설비나 기타의 물건에 전기적 혹은 자기적 장애를 주지 않도록 하기 위하여 시설 시에 지켜야 할 기술적인 사항 등을 규정하며, 또한 안전하고 편리한 전기의 사용 및 사회환경의 이익향상에 이바지할 것을 목적으로 한다.

(1) 전압의 종별

전압은 다음에 의하여 저압, 고압 및 특고압의 3종으로 구분한다(기술기준 제3조).
① 저압 직류는 1.5[kV] 이하, 저압 교류는 1[kV] 이하
② 고압 직류는 1.5[kV] 초과, 7[kV] 이하, 고압 교류는 1[kV] 초과, 7[kV] 이하
③ 특고압은 7[kV] 초과

(2) 설비부하평형의 시설

저압 수전의 단상 3선식에서 중성선과 각 전압측 전선 간의 부하는 평형이 되게 하는 것을 원칙으로 한다. 부득이한 경우는 설비불평형률 40[%]까지로 할 수 있다. 이 경우 설비불평형률이란 중성선과 각 전압측 전선 간에 접속되는 부하설비용량[VA] 차와 총부하설비용량[VA]의 평균값의 비[%]를 말한다. 즉, 다음 식으로 나타낸다.

$$설비불평형률 = \frac{중성선과\ 각\ 전압측\ 선간에\ 접속되는\ 부하설비용량의\ 차}{총\ 부하설비용량의\ 1/2} \times 100$$

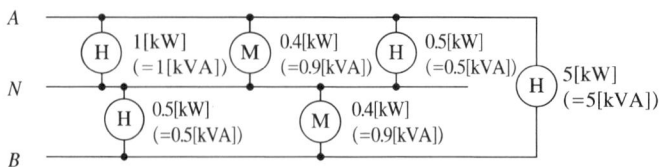

(3) 접지선 및 접지극의 공용 제한

누전차단기로 보호되고 있는 전로와 보호되지 않는 전로에 시설되는 기기 등의 접지선 및 접지극은 공용하지 않는 것을 원칙으로 한다. 다만, 2[Ω] 이하의 접지극을 사용하는 경우는 적용하지 않는다.

(4) 피뢰침용 접지선과 거리

전등전력용, 소세력회로용 및 출퇴표시등회로용의 접지극 또는 접지선은 피뢰침용의 접지극 및 접지선에서 2[m] 이상 이격하여 시설하여야 한다. 다만, 건축물의 철골 등을 각각의 접지극 및 접지선에 사용하는 경우는 적용하지 않는다.

(5) 배 선

누전차단기 등의 배선은 저압 옥내배선의 규정에 적합하도록 시설하여야 한다. 다만, 변류기의 2차측 배선에서 사용전압 60[V] 이하의 차단부 또는 경보기에 의한 배선은 소세력회로의 규정에 따라 시설할 수 있다.

(6) 전류동작형 누전차단기 등의 시설

전류동작형 누전차단기 등을 시설하는 경우는 보호하는 전로의 전원측에 다음에 의하여 시설하여야 한다.
① 전로에 접지전용선이 있는 경우는 변류기에 접지전용선을 관통하지 않도록 할 것
② 전로에 시설하는 변류기는 접지선을 관통하지 않도록 할 것
③ 변류기는 전기방식이 서로 다른 2회로 이상의 배선을 일괄하여 관통하지 않도록 할 것

(7) 저압 전선로 등의 중성선 또는 접지측 전선의 식별

저압의 전선로 및 인입선의 중성선 또는 접지측 전선을 다른 전선과 쉽게 식별할 수 있도록 다음에 의하여 시설하는 것을 원칙으로 한다.
① 애자의 빛깔에 의하여 식별하는 경우는 청색표지를 한 애자를 접지측으로 사용할 것
② 전선피복의 식별에 의하는 경우는 백색 또는 녹색(DV전선을 사용하는 경우에 한함)을 중성선 또는 접지측으로 사용할 것

(8) 저압 진상용 콘덴서를 개개의 부하에 설치하는 경우의 시설

저압 진상용 콘덴서를 개개의 부하에 설치하는 경우는 다음에 의하여야 한다.
① 콘덴서의 용량은 부하의 무효분보다 크지 않을 것
② 콘덴서는 현장조작개폐기 또는 이에 상당하는 개폐기보다 부하측에 설치할 것
③ 본선에서 분기하여 콘덴서에 이르는 전로에는 개폐기 등의 장치를 하여서는 안 된다.
④ 방전 저항기부 콘덴서를 시설하는 것이 바람직하다.

(9) 수전실 등의 시설

① 수전실 또는 큐비클 시설장소의 선정은 원칙적으로 다음에 의하여야 한다.
  ㉠ 물이 침입하거나 침투할 우려가 없도록 조치를 강구한 장소일 것
  ㉡ 고온, 다습한 장소에 시설하는 경우는 적당한 방호조치를 강구한 장소일 것

ⓒ 특수장소에서 명시하는 장소에 시설하는 경우는 격벽을 설치하는 등의 조치를 강구한 장소일 것
② 수전실 또는 큐비클의 구조는 다음에 의하여야 한다.
  ㉠ 기초는 기기의 설치에 충분한 강도를 가질 것
  ㉡ 수전실은 불연재료로 만들어진 벽, 기둥, 바닥 및 천장으로 구획되고, 창 및 출입구는 방화문을 시설한 것
  ㉢ 조수류 등이 침입할 우려가 없도록 조치를 강구한 것
  ㉣ 환기가 가능한 구조의 것
  ㉤ 눈, 비의 침입을 방지하는 구조의 것
  ㉥ 넓이는 기기 등의 보수, 점검 및 교체에 지장이 없는 구조로 된 것
  ㉦ 수전실 또는 큐비클의 조명은 감시 및 조작을 안전하고 확실하게 하기 위하여 필요한 조명설비를 시설하여야 하며 정전 시의 안전조작을 위한 비상조명설비(또는 장치)를 설치하는 것이 바람직하다.
  ㉧ 수전실 또는 큐비클은 자물쇠로 잠글 수 있는 구조일 것
③ 수전실 또는 큐비클 등에는 적당한 위험표시를 설치하여야 한다.

(10) 주택용 계통연계형 태양광발전설비의 시설

① **적용범위**
  주택용 계통연계형 태양광발전설비는 태양전지 모듈로부터 중간단자함, 파워어레이, 배선 등의 설비까지 적용한다. 또한, 주택용 계통연계형 태양광발전설비는 주택 등에 설치하고, 전기사업자의 저압 전로와 연계한 태양전지 출력이 20[kW] 이하의 것을 말한다.

② **사용전압**
  주택의 태양전지 모듈에 접속하는 부하측의 옥내배선(복수의 태양전지 모듈을 시설한 경우에는 그 집합체에 접속하는 부하측의 배선)을 다음에 따라 시설하는 경우에 주택의 옥내전로의 대지전압은 직류 600[V] 이하로 하여야 한다.
  ㉠ 전로에 지락이 발생하였을 경우에 자동적으로 전로를 차단하는 장치를 시설할 것
  ㉡ 사람이 접촉되지 않는 은폐장소에 합성수지관배선, 금속관배선, 케이블배선에 의한 시설 또는 사람이 접촉하지 않도록 케이블배선에 의하여 시설할 것
  ㉢ 전선은 적당한 방호장치를 시설할 것

③ **태양광발전설비의 배선**
  ㉠ 배선방법은 케이블배선으로 할 것
  ㉡ 직류회로의 전로는 그 전로에 단락전류가 발생하였을 경우에 전로를 보호하는 과전류차단기 또는 기타 기구를 시설할 것. 다만, 해당 전로의 전선이 단락전류에 충분할 경우는 적용하지 않는다.
  ㉢ 태양전지 모듈 간의 배선은 다음에 의할 것
    • 태양전지 모듈 및 기타 기구에 전선을 접속하는 경우는 나사로 조이고, 기타 이와 동등 이상의 효력이 있는 방법(태양광 모듈 간은 접속기에 의한 접속을 포함)으로 견고하며 전기적으로 안전하게 접속하고, 접속점에 장력이 가해지지 않도록 시설하며 출력배선은 극성별로 확인 가능토록 표시할 것

- 태양전지 모듈을 병렬로 접속하는 전로는 그 전로에 단락전류가 발생할 경우에 전로를 보호하는 과전류 차단기 또는 기타 기구(역전류방지 다이오드를 포함)를 시설할 것. 다만, 해당 전로의 전선이 단락전류에 충분할 경우는 적용하지 않는다.
- ㉣ 교류회로의 배선은 전용회로로 하고 전로를 보호하는 과전류차단기 또는 기타 기구를 시설할 것
- ㉤ 태양광발전설비까지의 회로가 쉽게 식별이 가능할 것. 과전류차단기 또는 기타 기구 개소는 태양광발전설비까지 회로가 있는 것을 명확하게 표시할 것
- ㉥ 단상 3선식으로 수전하는 경우는 부하의 불평형에 의해서 중성선에 최대전류가 발생할 우려가 있는 인입구장치 등은 3극에 과전류 트립소자가 있는 차단기를 사용할 것
- ㉦ 태양전지 모듈의 프레임은 지지물과 전기적으로 완전하게 접속되도록 할 것

④ 중간단자함의 시설

중간단자함을 시설하는 경우는 다음에 의해 시설할 것
- ㉠ 중간단자함은 쉽게 점검이 가능한 은폐장소 또는 점검이 가능한 전개된 장소에 시설할 것
- ㉡ 중간단자함은 사용상태에서 내부에 기능상 지장이 없도록 방수형이나 결로가 생기지 않는 구조일 것
- ㉢ 외함의 구조는 함 내에 있는 기기의 최고허용온도를 초과하지 않는 구조일 것
- ㉣ 중간단자함 내는 필요한 경우 피뢰소자 등을 시설할 것

⑤ 어레이 출력개폐기의 시설

어레이 출력개폐기는 다음에 의해 시설할 것
- ㉠ 태양전지 모듈에 접속하는 부하측의 전로(복수의 태양전지 모듈을 시설하는 경우는 그 집합체에 접속하는 부하측의 전로)는 인접한 접속점에 개폐기 또는 이와 유사한 기구(부하전류를 개폐 가능한 것에 한함)를 시설할 것
- ㉡ 어레이 출력개폐기는 점검이나 조작이 가능한 처마 밑 또는 벽 등에 시설할 것
- ㉢ 어레이 출력개폐기 외함을 시설하는 경우는 사용상태에 따라서 내부의 기능에 지장이 없도록 방수형이나 결로가 생기지 않는 구조일 것

(11) 이차전지를 이용한 전기저장장치의 시설

① 전기저장장치시설의 일반요건

이차전지를 이용한 전기저장장치는 다음에 따라 시설하여야 한다.
- ㉠ 충전부분이 노출되지 않도록 시설하고, 금속제의 외함 및 이차전지의 지지대는 기계기구의 철대, 금속제 외함 및 금속프레임 등의 접지에 따라 접지공사를 할 것
- ㉡ 이차전지를 시설하는 장소는 폭발성 가스의 축적을 방지하기 위한 환기시설을 갖추고 적정한 온도와 습도를 유지할 것
- ㉢ 이차전지를 시설하는 장소는 보수점검을 위한 충분한 작업공간을 확보하고 조명설비를 시설할 것
- ㉣ 이차전지의 지지물은 부식성 가스 또는 용액에 의하여 부식되지 아니하도록 하고 적재하중 또는 지진 등 기타 진동과 충격에 대하여 안전한 구조일 것
- ㉤ 침수의 우려가 없는 곳에 시설할 것

제2절 태양광발전 모듈배치 설계

1 태양광발전 모듈의 직·병렬 계산

(1) 태양전지 모듈의 직렬과 병렬 구성

① 직렬구성(전압 상승)
    ㉠ 모듈회로의 개방전압이 항상 최대 전력점보다 크기 때문에 인버터의 입력허용전압보다 크지 않게 설계를 해야 한다.
    ㉡ 전체 태양광발전시스템의 손실을 줄이기 위해서 같은 종류의 모듈을 사용해야 한다.
    ㉢ 직렬로 연결된 모듈 열을 스트링(String)이라고 한다.
    ㉣ 전압값 산출식

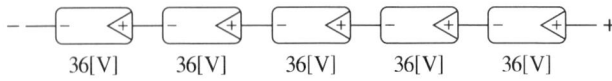

        개방회로(V_{OC})의 전압이 36[V]인 모듈 5개가 직렬로 연결되어 있기 때문에 전체 어레이의 개방전압은 180[V]이다(36×5=180).
        (모듈의 전압(V)=직렬 셀의 개수×셀 단위 정격전압값[V])

② 병렬구성(전류 상승)
    ㉠ 단락회로전류(I_{SC})를 병렬로 연결하면 전체 어레이는 상승한다.
    ㉡ 전류값 산출식

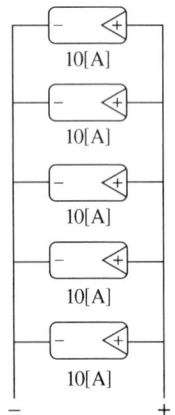

        10[A]인 모듈 5개를 병렬로 연결하게 되면 전체 어레이의 단락회로전류는 50[A]이다(5×10=50).
        (정격전류(I)=병렬 셀의 개수×셀 단위 정격전류값[A]=$\dfrac{모듈출력}{정격전압}$[A])

③ 출력전압과 전류값

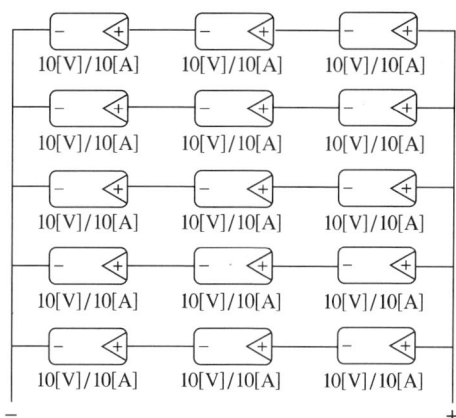

㉠ 출력전압(V)=직렬 셀의 개수×셀 단위 정격전압값[V]=3×10=30[V]
㉡ 출력전류(I)=병렬 셀의 개수×셀 단위 정격전류값[A]=5×10=50[A]

따라서 전지 3개를 직렬로 접속하고 5줄을 병렬로 접속하였을 때 전압값은 3배로 증가하고, 전류는 5배로 증가하게 된다. 그러므로 직렬은 전압이 증가하고 병렬은 전류가 증가하는 구조이다.

(2) 모듈 직병렬 계산서의 작성

태양광 어레이 분전함은 태양광발전시스템 공급업자로부터 규격품으로 사용할 수 있다. 외부에 설치되는 태양광 어레이 분전함은 IP54로 보호되고 UV가 차단되어야 한다. 이외에도 비와 직사광선으로부터 분전배전함을 보호하는 설치장소를 선택하여야 한다. 설계자는 스트링을 위한 충분한 단자설치와 여유분을 고려한다. 태양광 분전함은 보호등급 II 규정을 준수해야 한다. 분전함은 나중에 있을 유지보수 작업을 위해 쉽게 접근할 수 있어야 한다. 나사 단자가 있는 분전함의 경우, 연결이 올바르게 이루어졌는지 확인한다. 잘못된 연결은 전체 스트링에 고장을 일으킬 수 있기 때문이다.

① 모듈 선정

태양광모듈 사양		인버터 사양	
구 분	태양전지모듈 사양	구 분	인버터 사양
최대전력 $P_{\max}$[W]	260[W]	정격 출력전력[kW]	500[kW]
개방전압 V_{oc}[V]	37.10[V]	입력전압범위VDC	500~820[V]
단락전류 I_{sc}[A]	8.76[A]	주파수	60[Hz]
최대전압 V_{mpp}[V]	29.90[V]	최대입력전압	1,000[V]
최대전류 I_{mpp}[A]	8.37[A]	전류	1,000[A]
온도보정계수 V_{occ}	-0.30[%/℃]	최대입력전력	500[kW]
온도보정계수 V_{mpc}	-0.30[%/℃]	TR형 인버터	
모듈치수	1,640L×1,000W×35D		
NOCT	47[℃]		

㉠ 공차(Power Tolerance)
다수의 셀을 직·병렬로 연결할 경우 각 모듈의 최대출력이 전압/전류 특성 차이 등으로 이론상의 출력과 차이가 발생하게 되므로 차이를 검토한다. 이는 모듈을 직렬로 구성할 경우 가장 낮은 전압이 발전되는 스트링(String)이 다른 높은 전압을 발생하는 스트링에 영향을 미쳐 전체적으로 발전전압이 낮아지므로 이를 검토해야 한다.

㉡ 인 증
국내의 공인인증기관에서 인증 받은 모듈을 사용하고, 결정계 및 박막계는 한국산업표준에 적합해야 하며 서류로 확인 가능하게 시험성적서를 제출하여야 한다.

② 모듈의 효율
변환효율은 단위면적당 들어오는 태양광에너지가 얼마만큼 전기에너지로 변환되는 효율을 말하며, 일반적으로 다음의 식으로 표시한다.

$$변환효율 = \frac{P_{max}}{A_t \times G} \times 100$$

(A_t : 모듈전면적[m^2], G : 방사속도[W/m^2], P_{max} : 최대출력[W])

③ 어레이 설계
㉠ 설치장소가 결정되면 태양전지 모듈의 배치와 전기적인 접속 설계를 한다.
㉡ 모듈배열이나 모듈 간 배선의 용이함, 그늘의 영향이 최소화되도록 하는 모듈 간 배선방법 등에 따라 시스템의 구성을 고려한다.
㉢ 태양전지판 직·병렬상태
인버터에 연결된 각 직렬군의 모듈매수(전압)가 동일하게 배열하고 각 직렬군은 동일 단락전류의 모듈로 구성한다.
㉣ 어레이의 출력전압
태양전지 어레이의 회로를 개방상태로 하면 태양전지 어레이 최대출력전압의 약 1.3배의 전압(개방전압)이 발생한다. 커넥터와 단자대, 개폐기 등에도 이 전압이 가해지므로 이들 기기를 선택할 때는 기기의 정격전압이 개방전압 이상인 것을 사용한다.
㉤ 어레이 병렬수 선정

$$태양전지\ 모듈\ 직렬\ 매수 = \frac{시스템\ 출력전력[W]}{모듈\ 최대출력[W] \times 1스트링\ 직렬\ 매수}$$

㉥ 어레이 설치 가능면적 계산 = 직렬수×병렬수×모듈 한 장 면적
• 모듈수량결정(직렬수×병렬수)
• 어레이 용량은 인버터 용량의 105[%] 이내, 과부하 방지

(3) 모듈 직렬 스트링 개수 계산

인버터의 태양광발전 입력전압 크기는 스트링으로 직렬 연결된 전압의 총합이다. 모듈 전압과 전체 태양광발전 어레이의 전압이 온도에 따라 달라지기 때문에 인버터 입력전압의 크기를 산정할 때에는 동절기와 하절기 동작의 극한 상태가 사용된다.

① **최대용량 및 최대스트링 개수 계산** : 동절기 한계는 동절기 온도 −10[℃]에 의해 정의된다.

$$n_{\max} = \frac{V_{\max(INV)}}{V_{OC(\text{module}:-10[℃])}} \ (0 \sim -10[℃]까지\ 지역에\ 따라\ 다름)$$

영하 10[℃]에서 모듈의 개방전압은 모듈 제조업체의 데이터 시트에 항상 명시되어 있지는 않지만 대신, 이 정보는 종종 [℃]당 [%] 또는 [mV]의 전압변화량 △V를 사용하면 STC 조건에서의 개방전압 V(STC)으로부터 −10[℃]에서의 개방전압을 다음과 같이 계산할 수 있다.

[℃]당 [%]인 전압변화량 △V 사용하면

$$V_{OC(\text{module}:-10[℃])} = (1 - 35[℃] \times \triangle V/100) \times V_{OC(STC)}$$

[℃]당 [mV]인 전압변화량 △V 사용하면

$$V_{OC(\text{module}:-10[℃])} = V_{OC(STC)} - (35[℃] \times \triangle V)$$

두 수치 모두 주어지지 않으면, 다음과 같은 수식으로 값을 구할 수 있다. 이는 STC 조건에 비해 약 14[%] 증가한 −10[℃]에서 단결정 또는 다결정 모듈의 개방전압을 보여준다.

$$V_{OC(\text{module}:-10[℃])} = 1.14 \times V_{OC(STC)}$$

② **최소용량 및 최소 스트링 개수 계산** : 하절기 동안 지붕에 설치된 모듈의 표면온도는 약 70[℃]까지 금방 올라간다. 이 온도는 스트링을 구성하는 모듈의 최소개수를 정할 때 일반적인 기준으로 사용된다. 여름에 강렬한 복사를 받은 태양광발전시스템은 높아진 온도로 인해 STC 조건(모듈 데이터 시트상의 공칭전압)에서 보다 전압이 낮아진다. 시스템의 작동전압이 인버터의 최소 MPP 전압 아래로 떨어지면, 이 시스템은 더 이상 최대가능전력을 공급하지 않게 되며, 최악의 경우는 자체적으로 정지하게 된다. 이 때문에 시스템의 크기는 MPP에 있는 인버터의 최소입력전압과 70[℃]에서 MPP에 있는 모듈의 전압비에서 스트링을 구성하는 직렬로 연결된 모듈의 최소수를 유도하는 식으로 산정되어야 한다.

다음 식은 직렬연결된 모듈의 수를 결정하기 위한 낮은 한계값을 제공한다.

$$n_{\min} = \frac{V_{mpp(INV\min)}}{V_{mpp(\text{module}:70[℃])}} \ (70[℃]까지\ 지역에\ 따라\ 다름)$$

70[℃]에서 MPP에 있는 모듈의 전압이 모듈 제조업체의 데이터 규격에 명시되어 있지 않으면, [℃]당 [%] 또는 [mV]로 나타나는 전압변화량 V에 대한 값을 사용하여 STC 조건하에서의 MPP 전압 $V_{mpp(STC)}$으로부터 다음과 같이 계산할 수 있다.

$$V_{mpp(\text{module}:70[℃])} = (1 + 45[℃] \times \triangle V/100) \times V_{mpp(STC)}$$

[℃]당 [mV]인 전압변화량을 사용하면

$$V_{mpp(\text{module}:70[℃])} = V_{mpp(STC)} + (45[℃] \times \triangle V)$$

일반적으로 70[℃]에서 단결정 또는 다결정 모듈의 MPP 전압은 STC 조건에 비해 약 18[%] 떨어진다고 가정할 수 있다.

$$V_{mpp(\text{module}:70[℃])} = 0.82 \times V_{mpp(STC)}$$

모듈의 최대표면온도는 시스템 위치 및 지역에 따라 결정된다.

③ 모듈 직렬결선수 선정

V_{OC}(전지 한 장의 개방전압) × 어레이 직렬수가 인버터의 입력전압 범위 내인지 확인해야 한다.

$$태양전지\ 모듈\ 직렬\ 매수 = \frac{인버터\ 직류입력전압}{모듈\ 최대출력\ 동작전압}$$

제3절 태양광발전 어레이 전압강하 계산

1 전압강하 및 전선 선정

태양전지 모듈에서 인버터 입력단 간 및 인버터 출력단과 계통연계점 간의 전압강하는 각 3[%]를 초과하지 말아야 한다. 단, 전선의 길이가 60[m]를 초과하는 경우에는 다음 표에 따라 시공할 수 있다.

전선길이에 따른 전압강하 허용값

전선길이	전압강하
120[m] 이하	5[%]
200[m] 이하	6[%]
200[m] 초과	7[%]

전압강하 및 전선 단면적 계산식

전기방식	전압강하	전선의 단면적
직류 2선식 교류 2선식	$e = \dfrac{35.6 \times L \times I}{1,000 \times A}$	$A = \dfrac{35.6 \times L \times I}{1,000 \times e}$
단상 3선식	$e = \dfrac{17.8 \times L \times I}{1,000 \times A}$	$A = \dfrac{17.8 \times L \times I}{1,000 \times e}$
3상 3선식	$e = \dfrac{30.8 \times L \times I}{1,000 \times A}$	$A = \dfrac{30.8 \times L \times I}{1,000 \times e}$

e : 각 선간의 전압강하[V], A : 전선의 단면적[mm^2], L : 도체 1본의 길이[m], I : 전류[A]

2 어레이 출력전압특성 등

태양광 모듈의 출력특성은 일사량과 온도의 영향을 받는데, 일사량이 증가하게 되면 태양광 모듈의 단락전류($I_{SC-\text{mod}}$)가 증가하고 개방전압($V_{OC-\text{mod}}$)이 소폭 상승하게 된다. 온도가 상승할 때는 $V_{OC-\text{mod}}$이 감소하게 되는 특징을 가지고 있다.

이러한 태양광 모듈은 모듈 개방전압의 80[%] 부근에서 최대전력점(V_m)이 발견된다. 태양광 어레이는 태양광 모듈을 직·병렬로 연결하여 구성되므로 모듈이 가지고 있는 특성이 어레이에서도 그대로 적용이 된다. $N \times n$의 직·병렬로 구성된 어레이가 가지는 출력전압 및 전류 및 최대전력점 전압의 특성은 다음과 같다.

$$V_{OC-arr} = N \times V_{OC-\mathrm{mod}} \text{-----------(1)}$$
$$I_{SC-arr} = n \times I_{SC-\mathrm{mod}} \text{-----------(2)}$$
$$V_m \simeq 0.8 \times V_{OC-arr} \text{-----------(3)}$$

다음 그림은 3×2로 구성된 태양광 어레이의 전압-전류, 전압-전력 특성곡선을 나타낸다.

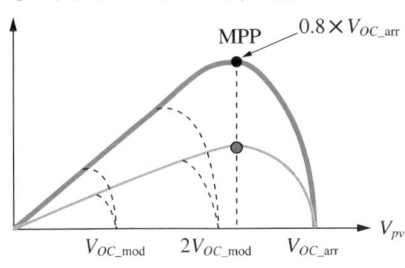

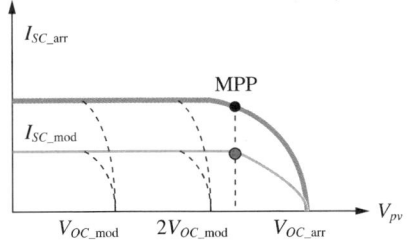

PV 어레이 출력 특성 파형

다음 그림은 부분음영이 발생했을 때의 전압-전류, 전압-전력 특성곡선을 나타내며, GMPP는 음영이 발생하지 않은 2개 모듈 전압 구간의 80[%]에 있음을 알 수 있다.

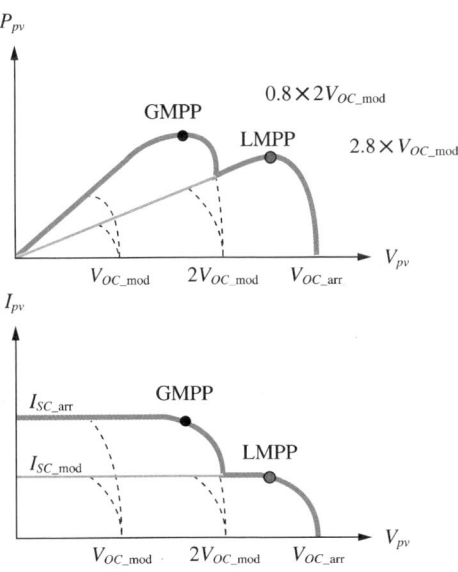

부분음영 시 PV 어레이 출력 특성 파형

3 직류측 구성기기 선정

(1) 태양전지 어레이측 개폐기

① 작은 어레이나 어레이의 출력단자에 설치하여 부하측 설비와 전기적으로 연결하거나 차단하기 위한 개폐기로서 태양전지 어레이측 개폐기는 태양전지 어레이의 보수와 점검을 할 경우 태양전지 모듈에 불합리한 부분을 분리하기 위해 설치한다. 즉, 어레이 회로에서 발생하는 지락, 단락, 과전류 등의 이상을 검출하여 이들을 분리, 제거하거나 경보하기 위한 장치이다.

② 태양전지는 보낼 수 있는 최대의 직류전류를 차단하는 능력을 가지고 있어야 한다. 따라서 일반적으로 퓨즈 또는 배선용 차단기(MCCB ; Mold Case Current Breaker) 등을 사용하고 있다.
  ㉠ 차단기 : 정격전류는 어레이전류의 1.25~2배 이하
  ㉡ 퓨즈 : 정격전류 - 모듈 단락전류의 1.25~2배 이하
  ㉢ 정격차단전압 : 시스템전압의 1.5배 이상
  ㉣ 태양광 어레이의 최대개방전압 이상의 직류차단전압을 가지고 있어야 한다.

③ 태양전지는 태양광이 비추면 항상 전압을 발생하며 일사강도에 따라 전류가 흐르고 있다. 따라서 개폐기는 태양전지에 흐를 수 있는 최대의 직류전류를 차단하는 능력이 있어야 한다. 일반적으로 배선용 차단기(MCCB ; Mold Case Current Breaker) 등을 사용했으나 근래에는 태양전지 어레이의 고장이 없기 때문에 소형, 경량, 경제성에서 차단능력이 없는 단로단자를 사용한다. 이 경우 주개폐기를 필히 먼저 Off하여 전류를 차단하고 단로단자를 조작할 필요가 있어 주의해야 한다.

(2) 주개폐기

① 주개폐기의 설치장소
  태양전지 어레이의 전체 출력을 하나로 모아 인버터측으로 보내는 회로 중간에 설치된다. 주개폐기는 태양전지 어레이측 개폐기와 같은 목적으로 사용한다. 그렇기 때문에 태양전지 어레이가 1개의 스트링으로 구성된 경우에 생략이 가능하다. 태양전지 어레이측 개폐기로 단로기나 퓨즈를 사용할 때는 반드시 주개폐기로 MCCB를 설치한다. 태양전지 어레이의 최대사용전압, 태양전지 어레이의 합산된 단락전류를 개폐할 수 있는 용량의 것을 선정해야 하며, 태양전지 어레이측의 합산 단락전류에 의해 차단되지 않는 것을 선정해야 된다.

② 특 징
  ㉠ 직류전류의 과전류차단기로서 직류용으로 표시해야 한다(직류단락전류 차단).
  ㉡ 태양전지 어레이의 최대사용전압, 통과전류를 만족하는 것으로 최대통과전류(표준 태양전지 어레이 단락전류)를 개폐할 수 있는 것을 사용해야 한다.
  ㉢ 태양전지측 개폐기와 목적이 같기 때문에 사용하지 않는 경우도 있으나 단로기를 설치한 경우에는 주개폐기를 꼭 설치해야 한다.
  ㉣ 정격전류는 어레이전류의 1.25~2배 이하로서 태양광 어레이의 최대개방전압 이상의 직류차단전압을 가지고 있어야 한다.

(3) 서지보호소자(SPD)

저압 전기설비에서의 피뢰소자는 서지보호소자(SPD ; Surge Protected Device)라고 하며, 태양광발전설비가 피뢰침에 의해 직격뢰로부터 보호되어야 한다. 즉, 태양광발전시스템은 모듈을 비롯하여 파워컨디셔너 등 각종 전기와 전자설비들로 순간적인 과전압이나 전류에 매우 취약한 반도체들로 구성되어 있기 때문에 낙뢰나 스위칭 개폐 등에 의해 발생되는 순간적인 과전압으로부터 기기들이 순식간에 손상될 수 있다. 따라서 이를 보호하기 위하여 서지보호소자 등을 중요 지점에 각각 설치해야 한다.

① 피뢰소자 구비조건
  ㉠ 정전용량이 적을 것
  ㉡ 동작전압이 낮을 것
  ㉢ 응답시간이 빠를 것

② 뇌 보호영역(LPZ)별 피뢰소자 선택기준

뇌 보호영역(LPZ ; Lightning Protection Zone)별 피뢰소자 선택기준은 LPZ 1, LPZ 2, LPZ 3으로 나누어 살펴볼 수 있다.

구 분	적용 피뢰소자	내 용
LPZ 1	Class I	10/350[μs] 파형 기준의 임펄스전류 I_{imp} = 15~60[kA](직격뢰용)
LPZ 2	Class II	8/20[μs] 파형 기준의 최대방전전류 I_{max} = 40~160[kA]
LPZ 3	Class III	1.2/50[μs](전압), 8/20[μs](전류) 조합파 기준(유도뢰용)

③ 피뢰소자의 구분 : 피뢰소자는 반도체형과 갭형으로 구분한다.

④ 피뢰소자의 일반 정리
  ㉠ 접속함에는 태양전지 어레이의 보호를 위해서 스트링마다 서지보호소자를 설치하며 낙뢰 빈도가 높은 경우에 주개폐기측에도 설치해야 한다.
  ㉡ 피뢰소자 접지측 배선은 접지단자에서 최대한 짧게 한다.
  ㉢ 서지보호소자의 접지측 배선을 일괄하여 접속함의 주접지단자에 접속하면 태양전지 어레이 회로의 절연저항 측정 등을 위한 접지의 일시적 분리가 편리하다. 일반적으로 동일회로에서도 배선이 길며, 직격뢰 또는 유도뢰를 받기 쉬운 곳에 위치한 배선은 배선의 근처 양단(수전단과 송전단)에 설치해야 한다.
  ㉣ 기능면으로 구별해 보면 차단형과 억제형으로 구분할 수 있다.

(4) 단자대

태양전지 어레이의 스트링별로 배선의 접속함까지 가지고 와서 접속함 내부에 단자대를 통해 접속한다. 단자대는 스트링 케이블의 굵기에 적합한 링형 압착단자를 선정해야 한다. 링형 압착단자대는 KS 표준품의 것을 사용해야 한다. 특히, 직류회로이기 때문에 단자대의 용량을 충분히 여유 있게 시설하는 것이 필요하다.

(5) 수납함(배전함)

단자대, 직류측 개폐기, 역류방지소자, 피뢰소자(SPD) 등을 설치하는 외관이다.

① 수납함의 설치장소에 따른 분류
　㉠ 옥외용
　㉡ 옥내용

② 수납함의 재료에 따른 분류
　㉠ 스테인리스
　㉡ 철 재

③ 접속함 선정 시 고려사항
　㉠ 전류 : 정격입력전류는 접속함에 안전하게 흘릴 수 있는 전류값이어야 하며, 최대전류를 기준으로 선정해야 한다.
　㉡ 전압 : 접속함의 정격전압은 태양전지 스트링의 개방 시의 최대직류전압으로 선정해야 한다.
　㉢ 보호구조 : 노출된 장소에 설치되는 경우 빗물, 먼지 등이 접속함에 침입하지 않는 구조이어야 하며, 보호등급으로는 IP44 이상의 것을 선정해야 한다.
　㉣ 보수 및 점검 : 태양전지 어레이의 점검 및 보수 시 스트링별로 분리하거나 내부 부품 교체 시 작업의 편리성을 고려한 공간의 여유를 고려하여 선정하여야 한다.

④ 시판 수납함 두께
시판되고 있는 수납함 표준품의 판 두께는 1.6[mm]로 얇은 것을 많이 사용한다. 구멍가공을 하기에 편리하다.

CHAPTER 03 적중예상문제

제2과목 태양광발전 설계

01 태양전지 모듈과 인버터 간의 배선의 내용에 해당되지 않는 사항은?

① 태양전지 모듈을 포함한 모든 배선은 노출해야 한다.
② 태양전지 모듈의 출력배선은 군별·극성별로 확인·표시를 해야 한다.
③ 태양전지 모듈의 이면으로부터 접속용 케이블이 2가닥씩 나오기 때문에 반드시 극성을 확인 후 결선한다.
④ 케이블은 건물마감이나 러닝보드의 표면에 가깝게 시공해야 하고, 필요 시 전선관을 이용하여 물리적 손상을 보호한다.

해설
태양전지 모듈과 인버터 간의 배선의 내용
• 태양전지 모듈을 포함한 모든 배선은 비노출로 한다.
• 태양전지 모듈의 출력배선은 군별·극성별로 확인·표시를 해야 한다. 추적형 모듈과 같이 가동형 부분에 사용하는 배선은 가혹한 용도의 옥외용 가요전선·케이블을 사용하고, 수분과 태양광으로 인해 열화되지 않는 소재로 만든 것이어야 한다.
• 태양전지 모듈의 이면으로부터 접속용 케이블이 2가닥씩 나오기 때문에 반드시 극성을 확인 후 결선한다. 극성 표시는 단자함 내부에 표시한 것, 리드선의 케이블 커넥터에 극성을 표시한 것이 있다. 제작사에 따라 표시방법이 다를 수 있지만 양극(+ 또는 P), 음극(- 또는 N)으로 구성되어 있다.
• 케이블은 건물마감이나 러닝보드의 표면에 가깝게 시공해야 하고, 필요 시 전선관을 이용하여 물리적 손상을 보호한다.

02 태양전지 모듈 간의 배선은 단락전류를 고려하여 얼마 이상의 전선을 사용해야 하는가?

① 1.5[mm^2]
② 2.0[mm^2]
③ 2.5[mm^2]
④ 3.0[mm^2]

해설
태양전지 모듈 간의 배선은 단락전류를 고려하여 2.5[mm^2] 이상의 전선을 사용해야 한다.

03 옥상 또는 지붕 위에 설치한 태양전지 어레이로부터 접속함으로 배선할 경우 처마 밑 배선을 실시한다. 물의 침입을 방지하기 위한 케이블의 차수 처리 지름은 케이블 지름의 몇 배인가?

① 2배　　② 4배
③ 6배　　④ 10배

해설
원칙적으로 케이블의 차수 처리 지름은 케이블 지름의 6배 이상인 반경으로 배선작업을 한다.

04 태양광 모듈과 인버터 간의 배선공사를 할 때의 주의사항이다. 설명으로 맞는 것은?

① 태양광 전원회로와 출력회로는 동일한 전선과, 케이블트레이, 접속함 내에 시설한다.
② 태양전지 모듈은 스트링 필요매수를 병렬로 결선하고, 어레이 지지 위에 조립한다.
③ 태양전지 모듈의 이면으로부터 접속용 케이블이 3가닥씩 나오기 때문에 반드시 극성을 확인한 후 결선한다.
④ 케이블은 건물마감이나 러닝보드의 표면에 가깝게 시공해야 하며, 필요한 경우 전선관을 이용하여 물리적 손상으로부터 보호해야 한다.

해설
① 태양광 전원회로와 출력회로는 격벽에 의해 분리되거나 함께 접속되어 있지 않을 경우 동일한 전선과, 케이블 트레이, 접속함 내에 시설 하지 않아야 한다.
② 태양전지 모듈은 스트링 필요매수를 직렬로 결선하고, 어레이 지지 위에 조립한다.
③ 태양전지 모듈의 이면으로부터 접속용 케이블이 2가닥씩 나오기 때문에 반드시 극성을 확인한 후 결선한다.

05 접속함으로부터 인버터까지의 배선의 전압강하율은 몇 [%] 이하로 하는가?

① 1[%]　　② 2[%]
③ 3[%]　　④ 5[%]

정답 1 ①　2 ③　3 ③　4 ④　5 ②

[해설]
접속함으로부터 인버터까지의 배선은 전압강하율을 2[%] 이하로 상정한다.

06 태양전지 어레이를 지상에 설치하는 경우 지중배선 또는 지중배관 길이가 몇 [m]를 초과하는 경우에 중간 개소에 지중함을 설치하는가?
① 10 ② 30
③ 50 ④ 80

[해설]
중간개소의 지중함 설치
지중배선 또는 지중배관인 경우, 중량물의 압력을 받을 우려가 없도록 하고 그 길이가 30[m]를 초과하는 경우는 중간개소에 지중함을 설치할 수 있다.

07 다음 중 지중전선로의 매설 깊이는 얼마 이상인가?
① 1.2[m] ② 1.5[m]
③ 2.0[m] ④ 2.5[m]

[해설]
지중전선로의 매설 깊이
1.2[m] 이상(중량물의 압력을 받을 우려가 없는 곳은 0.6[m] 이상)
지중매설관은 배선용 탄소강관, 내충격성 경질 염화비닐관을 사용한다. 단, 공사상 부득이하게 후강전선관에 방수·방습처리를 시행한 경우는 이에 한정되지 않는다.

08 발전소의 정의를 바르게 설명한 것은?
① 변전소의 밖으로부터 전송받은 전기를 변전소 안에 시설한 변압기·전동발전기·회전변류기·정류기, 그 밖의 기계 기구에 의하여 변성하는 곳으로서 변성한 전기를 다시 변전소 밖으로 전송하는 곳을 말한다.
② 발전기·원동기·연료전지·태양전지·해양에너지발전설비·전기저장장치, 그 밖의 기계기구를 시설하여 전기를 생산하는 곳을 말한다.
③ 개폐소 안에 시설한 개폐기 및 기타 장치에 의하여 전로를 개폐하는 곳으로서 발전소·변전소 및 수용장소 이외의 곳을 말한다.
④ 전력계통의 운용에 관한 지시 및 급전조작을 하는 곳을 말한다.

[해설]
정의(기술기준 제3조)
발전소란 발전기·원동기·연료전지·태양전지·해양에너지발전설비·전기저장장치, 그 밖의 기계기구(비상용 예비전원을 얻을 목적으로 시설하는 것 및 휴대용 발전기를 제외한다)를 시설하여 전기를 생산(원자력, 화력, 신재생에너지 등을 이용하여 전기를 발생시키는 것과 양수발전, 전기저장장치와 같이 전기를 다른 에너지로 변환하여 저장 후 전기를 공급하는 것)하는 곳을 말한다.

09 통상의 사용 상태에서 전기가 통하고 있는 곳은?
① 전 선 ② 전 로
③ 연접 인입선 ④ 전선로

[해설]
정의(기술기준 제3조)
전로란 통상의 사용 상태에서 전기가 통하고 있는 곳을 말한다.

10 고압의 정의로 옳은 것은?
① 직류는 750[V] 이하, 교류는 600[V] 이하인 것
② 직류는 1.5[kV]를, 교류는 1[kV]를 초과하고, 7[kV] 이하인 것
③ 7[kV]를 초과하는 것
④ 70[kV]를 초과하는 것

[해설]
정의(기술기준 제3조)
고압 : 직류는 1.5[kV]를, 교류는 1[kV]를 초과하고, 7[kV] 이하인 것

11 전로는 대지로부터 절연시켜야 하며, 그 절연성능은 저압 전선로 중 절연부분의 전선과 대지 사이 및 전선의 심선 상호 간의 절연저항은 사용전압에 대한 누설전류가 최대공급전류의 얼마를 넘지 않아야 하는가?
① 1/500 ② 1/1,000
③ 1/1,500 ④ 1/2,000

[해설]
전로의 절연(기술기준 제5조)
전로는 대지로부터 절연시켜야 하며, 그 절연성능은 저압 전선로 중 절연부분의 전선과 대지 사이 및 전선의 심선 상호 간의 절연저항은 사용전압에 대한 누설전류가 최대공급전류의 1/2,000을 넘지 않도록 하여야 한다.

12 특고압 가공전선로에서 발생하는 극저주파 전자계는 지표상 1[m]에서 전계가 얼마 이하이어야 하는가?

① 2.8[kV/m] ② 3.5[kV/m]
③ 4.3[kV/m] ④ 5.5[kV/m]

해설
유도장해 방지(기술기준 제17조)
교류 특고압 가공전선로에서 발생하는 극저주파 전자계는 지표상 1[m]에서 전계가 3.5[kV/m] 이하, 자계가 83.3[μT] 이하가 되도록 시설하고, 직류 특고압 가공전선로에서 발생하는 직류전계는 지표면에서 25[kV/m] 이하, 직류자계는 지표상 1[m]에서 400,000[μT] 이하가 되도록 시설하는 등 상시 정전유도 및 전자유도 작용에 의하여 사람에게 위험을 줄 우려가 없도록 시설하여야 한다. 다만, 논밭, 산림 그 밖에 사람의 왕래가 적은 곳에서 사람에 위험을 줄 우려가 없도록 시설하는 경우에는 그러하지 아니하다.

13 발전소 등의 시설에 해당되지 않는 내용은?

① 고압 또는 특고압의 전기기계기구·모선 등을 시설하는 발전소·변전소·개폐소 또는 이에 준하는 곳에는 위험표시를 하지 않게 되면 누구나 들어가도 된다.
② 발전소·변전소·개폐소 또는 이에 준하는 곳에 시설하는 배전반에 고압용 또는 특고압용의 기구 또는 전선을 시설하는 경우에는 취급자에게 위험이 없도록 방호에 필요한 공간을 확보하여야 한다.
③ 발전소·변전소·개폐소 또는 이에 준하는 곳에는 감시 및 조작을 안전하고 확실하게 하기 위하여 필요한 조명설비를 하여야 한다.
④ 고압 또는 특고압의 전기기계기구·모선 등을 시설하는 발전소·변전소·개폐소 또는 이에 준하는 곳은 침수의 우려가 없도록 방호장치 등 적절한 시설이 갖추어진 곳이어야 한다.

해설
발전소 등의 시설(기술기준 제21조)
• 고압 또는 특고압의 전기기계기구·모선 등을 시설하는 발전소·변전소·개폐소 또는 이에 준하는 곳에는 위험표시를 하고 취급자 이외의 사람이 쉽게 구내에 출입할 우려가 없도록 적절한 조치를 하여야 한다.
• 발전소·변전소·개폐소 또는 이에 준하는 곳에 시설하는 배전반에 고압용 또는 특고압용의 기구 또는 전선을 시설하는 경우에는 취급자에게 위험이 없도록 방호에 필요한 공간을 확보하여야 한다.
• 발전소·변전소·개폐소 또는 이에 준하는 곳에는 감시 및 조작을 안전하고 확실하게 하기 위하여 필요한 조명설비를 하여야 한다.
• 고압 또는 특고압의 전기기계기구·모선 등을 시설하는 발전소·변전소·개폐소 또는 이에 준하는 곳은 침수의 우려가 없도록 방호장치 등 적절한 시설이 갖추어진 곳이어야 한다.
• 고압 또는 특고압의 전기기계기구·모선 등을 시설하는 발전소·변전소·개폐소 또는 이에 준하는 곳에 시설하는 전기설비는 자중, 적재하중, 적설 또는 풍압 및 지진 그 밖의 진동과 충격에 대하여 안전한 구조이어야 한다.

14 발전소 등의 부지 시설조건에 해당되지 않는 내용은?

① 부지조성을 위해 산지를 전용할 경우에는 전용하고자 하는 산지의 평균경사도가 25° 이하여야 하며, 산지전용면적 중 산지전용으로 발생되는 절·성토 경사면의 면적이 100분의 50을 초과해서는 아니 된다.
② 산지전용 후 발생하는 절·성토면의 수직높이는 15[m] 이하로 한다.
③ 산지전용 후 발생하는 절토면 최하단부에서 발전 및 변전설비까지의 최소이격거리는 보안울타리, 외곽도로, 수림대 등을 포함하여 6[m] 이상이 되어야 한다.
④ 특고압 발전소는 반드시 화력발전소로 하여 섬 주변에 시설해야 한다.

해설
발전소 등의 부지 시설조건(기술기준 제21조의2)
전기설비의 부지의 안정성 확보 및 설비 보호를 위하여 발전소·변전소·개폐소를 산지에 시설할 경우에는 풍수해, 산사태, 낙석 등으로부터 안전을 확보할 수 있도록 다음에 따라 시설하여야 한다.
• 부지조성을 위해 산지를 전용할 경우에는 전용하고자 하는 산지의 평균경사도가 25° 이하여야 하며, 산지전용면적 중 산지전용으로 발생되는 절·성토 경사면의 면적이 100분의 50을 초과해서는 아니 된다.
• 산지전용 후 발생하는 절·성토면의 수직높이는 15[m] 이하로 한다. 다만, 345[kV]급 이상 변전소 또는 전기사업용 전기설비인 발전소로서 불가피하게 절·성토면 수직높이가 15[m] 초과되는 장대비탈면이 발생할 경우에는 절·성토면의 안정성에 대한 전문용역기관의 검토 결과에 따라 용수, 배수, 법면보호 및 낙석방지 등 안전대책을 수립한 후 시행하여야 한다.
• 산지전용 후 발생하는 절토면 최하단부에서 발전 및 변전설비까지의 최소이격거리는 보안울타리, 외곽도로, 수림대 등을 포함하여 6[m] 이상이 되어야 한다. 다만, 옥내변전소와 옹벽, 낙석방지망 등 안전대책을 수립한 시설의 경우에는 예외로 한다.

정답 12 ② 13 ① 14 ④

15 고압 및 특고압 전로의 피뢰기 시설에 해당되지 않는 내용은?

① 발전소·변전소 또는 이에 준하는 장소의 가공전선 인입구 및 인출구
② 가공전선로에 접속하는 배전용 변압기의 고압측 및 특고압측
③ 저압 또는 특저압의 가공전선로로부터 공급을 받는 인입장소의 수용구
④ 가공전선로와 지중전선로가 접속되는 곳

해설
고압 및 특고압 전로의 피뢰기 시설(기술기준 제34조)
• 발전소·변전소 또는 이에 준하는 장소의 가공전선인입구 및 인출구
• 가공전선로(25[kV] 이하의 중성점 다중접지식 특고압 가공전선로 제외)에 접속하는 배전용 변압기의 고압측 및 특고압측
• 고압 또는 특고압의 가공전선로로부터 공급을 받는 수용장소의 인입구
• 가공전선로와 지중전선로가 접속되는 곳

16 특고압 가공전선과 건조물 등의 접근 또는 교차에서 사용전압이 400[kV] 이상의 특고압 가공전선과 건조물 사이의 수평거리는 그 건조물의 화재로 인한 그 전선의 손상 등에 의하여 전기사업에 관련된 전기의 원활한 공급에 지장을 줄 우려가 없도록 이격거리를 몇 [m] 이상으로 해야 하는가?

① 1　　② 2
③ 3　　④ 4

해설
특고압 가공전선과 건조물 등의 접근 또는 교차(기술기준 제36조)
사용전압이 400[kV] 이상의 특고압 가공전선과 건조물 사이의 수평거리는 그 건조물의 화재로 인한 그 전선의 손상 등에 의하여 전기사업에 관련된 전기의 원활한 공급에 지장을 줄 우려가 없도록 3[m] 이상 이격하여야 한다.

17 전기설비의 용어의 정의가 바르게 연결된 것은?

① 옥내배선이란 옥내의 전기사용장소에 고정시켜 시설하는 전선을 말한다.
② 옥측배선이란 건축물 외부의 전기사용 장소에서 그 전기사용 장소에서의 전기사용을 목적으로 조영물에 고정시켜 시설하는 전선을 말한다.
③ 옥외배선이란 건축물 외부의 전기사용 장소에서 그 전기사용 장소에서의 전기사용을 목적으로 고정시켜 시설하는 전선을 말한다.
④ 제2차 접근상태란 가공전선이 다른 시설물과 접근하는 경우에 그 가공전선이 다른 시설물의 위쪽 또는 옆쪽에서 수평 거리로 3[m] 미만인 곳에 시설되는 상태를 말한다.

해설
전기설비 용어의 정의(KEC 112)
• 옥내배선이란 건축물 내부의 전기사용 장소에 고정시켜 시설하는 전선을 말한다.
• 옥측배선이란 건축물 외부의 전기사용 장소에서 그 전기사용 장소에서의 전기사용을 목적으로 조영물에 고정시켜 시설하는 전선을 말한다.
• 옥외배선이란 건축물 외부의 전기사용 장소에서 그 전기사용 장소에서의 전기사용을 목적으로 고정시켜 시설하는 전선을 말한다.
• 제2차 접근상태란 가공전선이 다른 시설물과 접근하는 경우에 그 가공전선이 다른 시설물의 위쪽 또는 옆쪽에서 수평 거리로 3[m] 미만인 곳에 시설되는 상태를 말한다.
※ KEC(한국전기설비규정)의 적용으로 인해 판단기준 제2조(용어의 정의)에서 KEC 112로 변경됨 〈2021.01.19.〉

18 전선의 접속법에 대한 사항으로 옳지 않은 것은?

① 도체에 알루미늄을 사용하는 전선과 동을 사용하는 전선을 접속하는 등 전기 화학적 성질이 다른 도체를 접속하는 경우에는 접속부분에 전기적 부식이 생기지 아니하도록 할 것
② 코드 상호, 캡타이어케이블 상호 또는 이들 상호를 접속하는 경우에는 코드 접속기·접속함 기타의 기구를 사용할 것
③ 나전선 상호 또는 나전선과 절연전선 캡타이어케이블 또는 케이블과 접속하는 경우에는 전선의 세기를 100[%] 이상 증가시키지 아니하고 접속부분은 접속관 기타의 기구를 사용할 것
④ 밀폐된 공간에서 전선의 접속부에 사용하는 테이프 및 튜브 등 도체의 절연에 사용되는 절연피복은 KS C IEC 60454에 적합한 것을 사용할 것

해설

전선의 접속(KEC 123)
전선을 접속하는 경우에는 소세력 회로 또는 옥외 등의 규정에 의하여 시설하는 경우 이외에는 전선의 전기저항을 증가시키지 아니하도록 접속하여야 하며, 또한 다음에 따라야 한다.
(1) 나전선 상호 또는 나전선과 절연전선 또는 캡타이어 케이블과 접속하는 경우에는 다음에 의할 것
  ① 전선의 세기(인장하중으로 표시)를 20[%] 이상 감소시키지 아니할 것. 다만, 점퍼선을 접속하는 경우와 기타 전선에 가하여지는 장력이 전선의 세기에 비하여 현저히 작을 경우에는 적용하지 않는다.
  ② 접속부분은 접속관 기타의 기구를 사용할 것. 다만, 가공전선 상호, 전차선 상호 또는 광산의 갱도 안에서 전선 상호를 접속하는 경우에 기술상 곤란할 때에는 적용하지 않는다.
(2) 절연전선 상호·절연전선과 코드, 캡타이어 케이블과 접속하는 경우에는 (1)의 규정에 준하는 이외에 접속되는 절연전선의 절연물과 동등 이상의 절연성능이 있는 접속기를 사용하거나 접속부분을 그 부분의 절연전선의 절연물과 동등 이상의 절연성능이 있는 것으로 충분히 피복할 것
(3) 코드 상호, 캡타이어케이블 상호 또는 이들 상호를 접속하는 경우에는 코드 접속기·접속함 기타의 기구를 사용할 것. 다만 공칭단면적이 10[mm^2] 이상인 캡타이어 케이블 상호를 접속하는 경우에는 접속부분을 (1) 및 (2)의 규정에 준하여 시설하고 또한, 절연피복을 완전히 유화하거나 접속부분의 위에 견고한 금속제의 방호장치를 할 때 또는 금속피복이 아닌 케이블 상호를 (1) 및 (2)의 규정에 준하여 접속하는 경우에는 적용하지 않는다.
(4) 도체에 알루미늄(알루미늄 합금을 포함)을 사용하는 전선과 동(동합금을 포함)을 사용하는 전선을 접속하는 등 전기 화학적 성질이 다른 도체를 접속하는 경우에는 접속부분에 전기적 부식이 생기지 않도록 할 것
(5) 도체에 알루미늄을 사용하는 절연전선 또는 케이블을 옥내배선·옥측배선 또는 옥외배선에 사용하는 경우에 그 전선을 접속할 때에는 KS C IEC 60998-1(가정용 및 이와 유사한 용도의 저전압용 접속기구)의 "11 구조", "13 절연저항 및 내전압", "14 기계적 강도", "15 온도 상승", "16 내열성"에 적합한 기구를 사용할 것
(6) 두 개 이상의 전선을 병렬로 사용하는 경우에는 다음에 의하여 시설할 것
  ① 병렬로 사용하는 각 전선의 굵기는 동선 50[mm^2] 이상 또는 알루미늄 70[mm^2] 이상으로 하고, 전선은 같은 도체, 같은 재료, 같은 길이 및 같은 굵기의 것을 사용할 것
  ② 같은 극의 각 전선은 동일한 터미널러그에 완전히 접속할 것
  ③ 같은 극인 각 전선의 터미널러그는 동일한 도체에 2개 이상의 리벳 또는 2개 이상의 나사로 접속할 것
  ④ 병렬로 사용하는 전선에는 각각에 퓨즈를 설치하지 말 것
  ⑤ 교류회로에서 병렬로 사용하는 전선은 금속관 안에 전자적 불평형이 생기지 않도록 시설할 것
(7) 밀폐된 공간에서 전선의 접속부에 사용하는 테이프 및 튜브 등 도체의 절연에 사용되는 절연 피복은 KS C IEC 60454(전기용 점착 테이프)에 적합한 것을 사용할 것
※ KEC(한국전기설비규정)의 적용으로 인해 판단기준 제11조(전선의 접속법)에서 KEC 123으로 변경됨 〈2021.01.19.〉

19 전로의 절연에 대한 내용에 포함되지 않는 것은?

① 고압 전로에 접지공사를 하지 않는 경우의 접속점
② 전로의 중성점에 접지공사를 하는 경우의 접지점
③ 계기용 변성기의 2차측 전로에 접지공사를 하는 경우의 접지점
④ 중성점이 접지된 특고압 가공선로의 중성선에 다중 접지를 하는 경우의 접지점

정답 18 ③ 19 ①

해설

전로의 절연 원칙(KEC 131)
전로는 다음 이외에는 대지로부터 절연하여야 한다.
- 수용장소의 인입구의 접지, 고압 또는 특고압과 저압의 혼촉에 의한 위험방지 시설, 피뢰기의 접지, 특고압 가공전선로의 지지물에 시설하는 저압 기계기구 등의 시설, 옥내에 시설하는 저압 접촉전선 공사 또는 아크 용접장치의 시설에 따라 저압전로에 접지공사를 하는 경우의 접지점
- 고압 또는 특고압과 저압의 혼촉에 의한 위험방지 시설, 전로의 중성점의 접지 또는 옥내의 네온 방전등 공사에 따라 전로의 중성점에 접지공사를 하는 경우의 접지점
- 계기용변성기의 2차측 전로에 접지공사를 하는 경우의 접지점
- 특고압 가공전선과 저압 가공전선의 병가에 따라 저압 가공 전선의 특고압 가공 전선과 동일 지지물에 시설되는 부분에 접지공사를 하는 경우의 접지점
- 중성점이 접지된 특고압 가공전로의 중성선에 25[kV] 이하인 특고압 가공전선로의 시설에 따라 다중 접지를 하는 경우의 접지점
- 파이프라인 등의 전열장치의 시설에 따라 시설하는 소구경관(박스를 포함)에 접지공사를 하는 경우의 접지점
- 저압전로와 사용전압이 300[V] 이하의 저압전로[자동제어회로, 원방조작회로, 원방감시장치의 신호회로 기타 이와 유사한 전기회로(이하 "제어회로 등" 이라 한다)에 전기를 공급하는 전로에 한함]를 결합하는 변압기의 2차측 전로에 접지공사를 하는 경우의 접지점
※ KEC(한국전기설비규정)의 적용으로 인해 판단기준 제12조(전로의 절연)에서 KEC 131로 변경됨 〈2021.01.19.〉

해설

회전기 및 정류기의 절연내력(KEC 133)
회전기 및 정류기는 다음 표에서 정한 시험방법으로 절연내력을 시험하였을 때에 이에 견디어야 한다. 다만, 회전변류기 이외의 교류의 회전기로 다음 표에서 정한 시험전압의 1.6배의 직류전압으로 절연내력을 시험하였을 때 이에 견디는 것을 시설하는 경우에는 그러하지 아니하다.

종류		시험전압	시험방법
회전기	발전기, 전동기, 조상기, 기타 회전기 (회전변류기를 제외) 최대사용전압 7[kV] 이하	최대사용전압의 1.5배의 전압(500[V] 미만으로 되는 경우에는 500[V])	권선과 대지 사이에 연속하여 10분간 가한다.
	최대사용전압 7[kV] 초과	최대사용전압의 1.25배의 전압(10.5[kV] 미만으로 되는 경우에는 10.5[kV])	
	회전변류기	직류측의 최대사용전압의 1배의 교류전압(500[V] 미만으로 되는 경우에는 500[V])	
정류기	최대사용전압이 60[kV] 이하	직류측의 최대사용전압의 1배의 교류전압(500[V] 미만으로 되는 경우에는 500[V])	충전부분과 외함 간에 연속하여 10분간 가한다.
	최대사용전압이 60[kV] 초과	교류측의 최대사용전압의 1.1배의 교류전압 또는 직류측의 최대사용전압의 1.1배의 직류전압	교류측 및 직류고전압측 단자와 대지 사이에 연속하여 10분간 가한다.

※ KEC(한국전기설비규정)의 적용으로 인해 판단기준 제14조(회전기 및 정류기의 절연내력)에서 KEC 133으로 변경됨 〈2021.01.19.〉

20 회전기 및 정류기의 절연내력은 시험전압의 몇 배의 직류전압으로 절연내력을 시험하였을 경우를 기준으로 하는가?

① 1.5배 ② 1.6배
③ 1.7배 ④ 1.8배

21 회전기의 종류 중 회전변류기를 시험하는 방법으로 옳은 것은?

① 권선과 대지 사이에 연속하여 20분간 가한다.
② 충전부분과 외함 간에 연속하여 10분간 가한다.
③ 권선과 대지 사이에 연속하여 10분간 가한다.
④ 교류측 및 직류고전압측 단자와 대지 사이에 연속하여 10분간 가한다.

해설

20번 해설 참고

22 연료전지 및 태양전지 모듈의 절연내력은 충전부분과 대지 사이에 연속하여 몇 분간 가하여 절연내력을 시험하였을 때에 이에 견디는 것으로 해야 하는가?

① 10
② 20
③ 50
④ 100

해설
연료전지 및 태양전지 모듈의 절연내력(KEC 134)
연료전지 및 태양전지 모듈은 최대사용전압의 1.5배의 직류전압 또는 1배의 교류전압(500[V] 미만으로 되는 경우에는 500[V])을 충전부분과 대지 사이에 연속하여 10분간 가하여 절연내력을 시험하였을 때에 이에 견디는 것이어야 한다.
※ KEC(한국전기설비규정)의 적용으로 인해 판단기준 제15조(연료전지 및 태양전지 모듈의 절연내력)에서 KEC 134로 변경됨 〈2021.01.19.〉

23 전로의 중성점 접지의 상전선 최대굵기가 30[mm²] 이하일 경우 접지극 전선은 몇 [mm²]인가?

① 5
② 10
③ 50
④ 95

해설
전로의 중성점의 접지(KEC 322.5)

상전선 최대굵기[mm²]	접지극 전선[mm²]
30 이하	10
38 또는 50	16
60 또는 80	25
80 초과 175까지	35
175 초과 300까지	50
300 초과 550까지	70
550 초과	95

※ KEC(한국전기설비규정)의 적용으로 인해 판단기준 제27조(전로의 중성점의 접지)에서 KEC 322.5로 변경됨 〈2021.01.19.〉

24 발전소 등의 울타리·담 등의 시설 장소에 대한 내용이 아닌 것은?

① 울타리·담 등을 시설할 것
② 출입구에는 출입금지의 표시를 할 것
③ 출입구에는 자물쇠장치 기타 적당한 장치를 할 것
④ 출입구에는 사람이 항상 지키고 있게 할 것

해설
발전소 등의 울타리·담 등의 시설 장소(KEC 351.1)
• 울타리·담 등을 시설할 것
• 출입구에는 출입금지의 표시를 할 것
• 출입구에는 자물쇠장치 기타 적당한 장치를 할 것
※ KEC(한국전기설비규정)의 적용으로 인해 판단기준 제44조(발전소 등의 울타리·담 등의 시설 장소)에서 KEC 351.1로 변경됨 〈2021.01.19.〉

25 발전소 등의 울타리·담 등의 높이는 얼마 이상으로 하는가?

① 1[m]
② 2[m]
③ 3[m]
④ 4[m]

해설
발전소 등의 울타리·담 등의 시설(KEC 351.1)
발전소 등의 울타리·담 등의 높이는 2[m] 이상으로 하고 지표면과 울타리·담 등의 하단 사이의 간격은 15[cm] 이하로 할 것
※ KEC(한국전기설비규정)의 적용으로 인해 판단기준 제44조(발전소 등의 울타리·담 등의 시설 장소)에서 KEC 351.1로 변경됨 〈2021.01.19.〉

26 지표면과 울타리·담 등의 하단 사이의 간격은?

① 1[m]
② 50[cm]
③ 15[cm]
④ 5[cm]

해설
25번 해설 참조

정답 22 ① 23 ② 24 ④ 25 ② 26 ③

27 다음 (   )에 들어갈 내용으로 맞는 것은?

> "고압 가공전선은 케이블인 경우 이외에는 그 안전율이 경동선 또는 내열 동합금선은 (   ) 이상, 그 밖의 전선은 (   ) 이상이 되는 이도로 시설하여야 한다."

① 2.0, 3.0
② 2.5, 3.0
③ 2.2, 2.5
④ 3.8, 4.2

해설
고압 가공전선의 안전율(KEC 332.3)
고압 가공전선은 케이블인 경우 이외에는 그 안전율이 경동선 또는 내열 동합금선은 2.2 이상, 그 밖의 전선은 2.5 이상이 되는 이도로 시설하여야 한다.
※ KEC(한국전기설비규정)의 적용으로 인해 판단기준 제71조(저고압 가공전선의 안전율)에서 KEC 332.3(고압 가공전선의 안전율)로 변경됨 〈2021.01.19.〉

28 고압 가공전선 상호 간의 이격거리는?

① 50[cm]
② 60[cm]
③ 70[cm]
④ 80[cm]

해설
고압 가공전선 상호 간의 접근 또는 교차(KEC 332.17)
고압 가공전선 상호 간의 이격거리는 80[cm](어느 한쪽의 전선이 케이블인 경우에는 40[cm]) 이상, 하나의 고압 가공전선과 다른 고압 가공전선로의 지지물 사이의 이격거리는 60[cm](전선이 케이블인 경우에는 30[cm]) 이상일 것
※ KEC(한국전기설비규정)의 적용으로 인해 판단기준 제86조(고압 가공전선 상호 간의 접근 또는 교차)에서 KEC 332.17로 변경됨 〈2021.01.19.〉

29 하나의 고압 가공전선과 다른 고압 가공전선로의 지지물 사이의 이격거리는?

① 60[cm]
② 50[cm]
③ 80[cm]
④ 10[cm]

해설
28번 해설 참조

30 고압 옥측전선로의 시설의 전선의 종류는?

① 실 선
② 절연전선
③ 케이블
④ 경동선

해설
고압 옥측전선로의 시설(KEC 331.13.1)
고압 옥측전선로는 전개된 장소에는 다음에 따라 시설하여야 한다.
- 전선은 케이블일 것
- 케이블은 견고한 관 또는 트라프에 넣거나 사람이 접촉할 우려가 없도록 시설할 것
- 케이블을 조영재의 옆면 또는 아랫면에 따라 붙일 경우에는 케이블의 지지점 간의 거리를 2[m](수직으로 붙일 경우에는 6[m]) 이하로 하고 또한 피복을 손상하지 아니하도록 붙일 것
- 케이블을 조가용선에 조가하여 시설하는 경우에 가공케이블의 시설의 규정에 준하여 시설하고 또한 전선이 고압 옥측전선로를 시설하는 조영재에 접촉하지 아니하도록 시설할 것
- 관 기타의 케이블을 넣는 방호장치의 금속제 부분·금속제의 전선 접속함 및 케이블의 피복에 사용하는 금속제에는 이들의 방식조치를 한 부분 및 대지와의 사이의 전기저항값이 10[Ω] 이하인 부분을 제외하고 KEC 140(접지 시스템)의 규정에 준하여 접지공사를 할 것
※ KEC(한국전기설비규정)의 적용으로 인해 판단기준 제95조(고압 옥측전선로의 시설)에서 KEC 331.13.1로 변경됨 〈2021.01.19.〉

31 고압 옥측전선로의 시설에서 케이블을 조영재의 옆면 또는 아랫면에 따라 붙일 경우에는 케이블의 지지점 간의 거리는?

① 1[m]
② 2[m]
③ 3[m]
④ 4[m]

해설
30번 해설 참조

27 ③ 28 ④ 29 ① 30 ③ 31 ②

32 저압 옥상전선로의 시설에 대한 설명으로 틀린 것은?

① 전선은 절연전선일 것
② 전선은 인장강도 5[kN] 이상의 것 또는 지름 10[mm] 이상의 경동선의 것
③ 전선과 그 저압 옥상전선로를 시설하는 조영재와의 이격거리는 2[m] 이상일 것
④ 전선은 조영재에 견고하게 붙인 지지주 또는 지지대에 절연성·난연성 및 내수성이 있는 애자를 사용하여 지지하고 또한 그 지지점 간의 거리는 15[m] 이하일 것

해설

저압 옥상전선로의 시설(KEC 221.3)
저압 옥상전선로는 전개된 장소에 다음에 따르고 또한 위험의 우려가 없도록 시설하여야 한다.
- 전선은 인장강도 2.30[kN] 이상의 것 또는 지름 2.6[mm] 이상의 경동선을 사용할 것
- 전선은 절연전선(OW전선을 포함) 또는 이와 동등 이상의 절연성능이 있는 것을 사용할 것
- 전선은 조영재에 견고하게 붙인 지지주 또는 지지대에 절연성·난연성 및 내수성이 있는 애자를 사용하여 지지하고 또한 그 지지점 간의 거리는 15[m] 이하일 것
- 전선과 그 저압 옥상 전선로를 시설하는 조영재와의 이격거리는 2[m](전선이 고압 절연전선, 특고압 절연전선 또는 케이블인 경우에는 1[m]) 이상일 것
※ KEC(한국전기설비규정)의 적용으로 인해 판단기준 제97조(저압 옥상전선로의 시설)에서 KEC 221.3으로 변경됨 〈2021.01.19.〉

33 저압 연접인입선의 시설 내용으로 옳지 않은 것은?

① 인입선에서 분기하는 점으로부터 100[m]을 초과하는 지역에 미치지 아니할 것
② 폭 5[m]을 초과하는 도로를 횡단하지 아니할 것
③ 옥내를 통과하지 아니할 것
④ 저압에서 선의 굵기가 5.8[mm²] 이상일 것

해설

저압 연접인입선의 시설(KEC 221.1.2)
- 인입선에서 분기하는 점으로부터 100[m]을 초과하는 지역에 미치지 아니할 것
- 폭 5[m]을 초과하는 도로를 횡단하지 아니할 것
- 옥내를 통과하지 아니할 것
※ KEC(한국전기설비규정)의 적용으로 인해 판단기준 제101조(저압 연접인입선의 시설)에서 KEC 221.1.2로 변경됨 〈2021.01.19.〉

34 특고압 가공전선의 굵기 및 종류를 바르게 연결한 것은?

① 22[mm²] 이상의 경동단선
② 22[mm²] 이상의 경동연선
③ 16[mm²] 이상의 경동연선
④ 16[mm²] 이상의 경동단선

해설

특고압 가공전선의 굵기 및 종류(KEC 333.4)
특고압 가공전선[특고압 옥측전선로 또는 KEC 335.9(옥내에 시설하는 전선로)의 2의 규정에 의하여 시설하는 특고압 전선로에 인접하는 1경간의 가공전선 및 특고압 가공인입선을 제외]은 케이블인 경우 이외에는 인장강도 8.71[kN] 이상의 연선 또는 단면적이 22[mm²] 이상의 경동연선 또는 동등이상의 인장강도를 갖는 알루미늄 전선이나 절연전선이어야 한다.
※ KEC(한국전기설비규정)의 적용으로 인해 판단기준 제107조(특고압 가공전선의 굵기 및 종류)에서 KEC 333.4로 변경됨 〈2021.01.19.〉

35 사용전압 35[kV] 이하일 경우 특고압 가공전선의 높이는?

① 1[m]   ② 3[m]
③ 5[m]   ④ 7[m]

해설

특고압 가공전선의 높이(KEC 333.7)

사용전압의 구분[kV]	지표상의 높이
35 이하	5[m]
35 초과 160 이하	6[m]
160 초과	6[m]에 160[kV]를 초과하는 10[kV] 또는 그 단수마다 12[cm]를 더한 값

※ KEC(한국전기설비규정)의 적용으로 인해 판단기준 제110조(특고압 가공전선의 높이)에서 KEC 333.7로 변경됨 〈2021.01.19.〉

정답 32 ② 33 ④ 34 ② 35 ③

36 수상전선로의 시설에 대한 내용이 아닌 것은?

① 전선은 전선로의 사용전압이 저압인 경우에는 클로로프렌캡타이어케이블이어야 하며, 고압인 경우에는 캡타이어케이블일 것
② 수상전선로의 전선을 가공전선로의 전선과 접속하는 경우에는 그 부분의 전선은 접속점으로부터 전선의 절연피복 안에 물이 스며들도록 하며 절연피복은 쉽게 개봉할 수 있어야 할 것
③ 수상전선로의 전선은 부대의 위에 지지하여 시설하고 또한 그 절연피복을 손상하지 아니하도록 시설할 것
④ 수상전선로에 사용하는 부대는 쇠사슬 등으로 견고하게 연결한 것일 것

해설

수상전선로의 시설(KEC 335.3)
- 전선은 전선로의 사용전압이 저압인 경우에는 클로로프렌캡타이어케이블이어야 하며, 고압인 경우에는 캡타이어케이블일 것
- 수상전선로의 전선을 가공전선로의 전선과 접속하는 경우에는 그 부분의 전선은 접속점으로부터 전선의 절연피복 안에 물이 스며들지 아니하도록 시설하고 또한 전선의 접속점은 다음의 높이로 지지물에 견고하게 붙일 것
  - 접속점이 육상에 있는 경우에는 지표상 5[m] 이상. 다만, 수상전선로의 사용전압이 저압인 경우에 도로상 이외의 곳에 있을 때에는 지표상 4[m]까지로 감할 수 있다.
  - 접속점이 수면상에 있는 경우에는 수상전선로의 사용전압이 저압인 경우에는 수면상 4[m] 이상, 고압인 경우에는 수면상 5[m] 이상
- 수상전선로에 사용하는 부대는 쇠사슬 등으로 견고하게 연결한 것일 것
- 수상전선로의 전선은 부대의 위에 지지하여 시설하고 또한 그 절연피복을 손상하지 아니하도록 시설할 것
※ KEC(한국전기설비규정)의 적용으로 인해 판단기준 제145조(수상전선로의 시설)에서 KEC 335.3으로 변경됨 〈2021.01.19.〉

37 가공전선과 첨가통신선과의 이격거리에 대한 설명으로 틀린 것은?

① 통신선과 고압 가공전선 사이의 이격거리는 0.6[m] 이상일 것
② 통신선은 가공전선의 위에 시설할 것
③ 통신선과 특고압 가공전선 사이의 이격거리는 1.2[m] 이상일 것
④ 통신선은 고압 가공전선로 또는 25[kV] 이하인 특고압 가공전선로의 시설에 규정하는 특고압 가공전선로의 지지물에 시설하는 기계기구에 부속되는 전선과 접촉할 우려가 없도록 지지물 또는 완금류에 견고하게 시설할 것

해설

가공전선과 첨가 통신선과의 이격거리(KEC 362.2)
(1) 통신선은 가공전선의 아래에 시설할 것
(2) 통신선과 저압 가공전선 또는 KEC 333.32(25[kV] 이하인 특고압 가공전선로의 시설)의 1 및 4에 규정하는 특고압 가공전선로의 다중 접지를 한 중성선 사이의 이격거리는 0.6[m] 이상일 것
(3) 통신선과 고압 가공전선 사이의 이격거리는 0.6[m] 이상일 것
(4) 통신선은 고압 가공전선로 또는 KEC 333.32(25[kV] 이하인 특고압 가공전선로의 시설)의 1 및 4에 규정하는 특고압 가공전선로의 지지물에 시설하는 기계기구에 부속되는 전선과 접촉할 우려가 없도록 지지물 또는 완금류에 견고하게 시설하여야 한다.
(5) 통신선과 특고압 가공전선(KEC 333.32(25[kV] 이하인 특고압 가공전선로의 시설)의 1 및 4에 규정하는 특고압 가공전선로의 다중 접지를 한 중성선은 제외) 사이의 이격거리는 1.2[m]
※ KEC(한국전기설비규정)의 적용으로 인해 판단기준 제155조(가공전선과 첨가 통신선과의 이격거리)에서 KEC 362.2으로 변경됨 〈2021.01.19.〉

38 옥내전로의 대지전압의 제한에서 주택의 옥내전로의 대지전압은 직류 600[V]까지 적용할 수 있는 경우는?

① 사람이 접촉하기 위해서 시설하는 경우
② 전로의 고압 전류가 흐를 경우
③ 전로에 지락이 생겼을 때 자동적으로 전로를 차단하는 장치를 시설하는 경우
④ 옥내배선을 연선으로 하여 절연내력을 작게 하는 경우

정답 36 ② 37 ② 38 ③

해설

옥내전로의 대지전압의 제한(KEC 521.3)

주택의 태양전지 모듈에 접속하는 부하측 옥내배선을 다음에 따라 시설하는 경우에 주택의 옥내전로의 대지전압은 직류 600[V]까지 적용할 수 있다.

- 전로에 지락이 생겼을 때 자동적으로 전로를 차단하는 장치를 시설할 것
- 사람이 접촉할 우려가 없는 은폐된 장소에 합성수지관공사, 금속관공사 및 케이블공사에 의하여 시설하거나, 사람이 접촉할 우려가 없도록 케이블공사에 의하여 시설하고 전선에 적당한 방호장치를 시설할 것

※ KEC(한국전기설비규정)의 적용으로 인해 판단기준 제166조(옥내전로의 대지전압의 제한)에서 KEC 521.3으로 변경됨 〈2021.01.19.〉

---

40 다음의 ( ) 안에 들어갈 내용은?

> "분산형 전원을 계통연계하는 경우 전력계통의 단락용량이 다른 자의 차단기의 차단용량 또는 전선의 순시허용전류 등을 상회할 우려가 있을 때에는 그 분산형 전원 설치자가 ( ) 등 단락전류를 제한하는 장치를 시설해야 한다."

① 전류단락장치   ② 분산전원형 장치
③ 감압장치   ④ 전류제한리액터

해설

단락전류 제한장치의 시설(KEC 503.2.3)

분산형 전원을 계통연계하는 경우 전력계통의 단락용량이 다른 자의 차단기의 차단용량 또는 전선의 순시허용전류 등을 상회할 우려가 있을 때에는 그 분산형 전원 설치자가 전류제한리액터 등 단락전류를 제한하는 장치를 시설하여야 하며, 이러한 장치로도 대응할 수 없는 경우에는 그 밖에 단락전류를 제한하는 대책을 강구하여야 한다.

※ KEC(한국전기설비규정)의 적용으로 인해 판단기준 제282조(단락전류 제한장치의 시설)에서 KEC 503.2.3으로 변경됨 〈2021.01.19.〉

---

39 욕조나 샤워시설이 있는 욕실 또는 화장실 등 인체가 물에 젖어 있는 상태에서 전기를 사용하는 장소에 콘센트를 시설하는 경우 전기용품 및 생활용품 안전관리법의 적용을 받는 인체감전보호용 누전차단기 정격감도전류와 동작시간은?

① 정격감도전류 15[mA], 동작시간 1초
② 정격감도전류 25[mA], 동작시간 5초
③ 정격감도전류 15[mA], 동작시간 0.03초
④ 정격감도전류 15[mA], 동작시간 10초

해설

콘센트의 시설(KEC 234.5)

욕조나 샤워시설이 있는 욕실 또는 화장실 등 인체가 물에 젖어 있는 상태에서 전기를 사용하는 장소에 콘센트를 시설하는 경우에는 다음에 따라 시설하여야 한다.

- 전기용품 및 생활용품 안전관리법의 적용을 받는 인체감전보호용 누전차단기(정격감도전류 15[mA] 이하, 동작시간 0.03초 이하의 전류동작형의 것에 한함) 또는 절연변압기(정격용량 3[kVA] 이하인 것에 한함)로 보호된 전로에 접속하거나, 인체감전보호용 누전차단기가 부착된 콘센트를 시설하여야 한다.
- 콘센트는 접지극이 있는 방적형 콘센트를 사용하여 KEC 211(감전에 대한 보호)과 KEC 140(접지시스템)의 규정에 준하여 접지하여야 한다.

※ KEC(한국전기설비규정)의 적용으로 인해 판단기준 제166조(옥내전로의 대지전압의 제한)에서 KEC 521.3으로 변경됨 〈2021.01.19.〉

---

41 계통연계하는 분산형 전원을 설치하는 경우에 이상 또는 고장 발생 시 자동적으로 분산형 전원을 전력계통으로부터 분리하기 위한 장치 시설 및 해당 계통과의 보호협조를 실시하여야 하는데 그 요인에 해당되지 않는 것은?

① 분산형 전원의 이상 또는 고장
② 연계한 전력계통의 이상 또는 고장
③ 단독운전 상태
④ 다중운전 상태

해설

계통연계용 보호장치의 시설(KEC 503.2.4)

계통연계하는 분산형 전원을 설치하는 경우에 이상 또는 고장 발생 시 자동적으로 분산형 전원을 전력계통으로부터 분리하기 위한 장치 시설 및 해당 계통과의 보호협조를 실시하여야 한다.

- 분산형 전원의 이상 또는 고장
- 연계한 전력계통의 이상 또는 고장
- 단독운전 상태

※ KEC(한국전기설비규정)의 적용으로 인해 판단기준 제283조(계통연계용 보호장치의 시설)에서 KEC 503.2.4로 변경됨 〈2021.01.19.〉

정답 39 ③   40 ④   41 ④

42 다음에 ( ) 안에 맞는 내용으로 바르게 연결된 것은 무엇인가?

> "태양전지의 전압의 세기는 여러 장의 태양전지를 ( )로 연결시켜 조정하고, 전류의 세기는 ( ) 연결이나 태양전지의 면적으로 조정할 수 있다."

① 병렬-직렬 ② 병렬-병렬
③ 직렬-직렬 ④ 직렬-병렬

해설
태양전지의 전압과 전류의 조정
태양전지 전압의 세기는 여러 장의 태양전지를 직렬로 연결시켜 조정하고, 전류의 세기는 병렬연결이나 태양전지의 면적으로 조정할 수 있다.

43 전등, 전동기, 가열장치 등의 전기기계기구 및 이를 사용하기 위하여 시설하는 전기설비가 사람이나 동물에 위해를 미치거나 물건에 손상을 주거나 또는 다른 전기적 설비나 기타의 물건에 전기적 혹은 자기적 장애를 주지 않도록 하기 위하여 시설 시에 지켜야 할 기술적인 사항 등을 규정하는 것은?

① 설비기준 ② 내선규정 등
③ 기술기준 ④ 사내규정

해설
내선규정 등
이 규정은 전등, 전동기, 가열장치 등의 전기기계기구 및 이를 사용하기 위하여 시설하는 전기설비가 사람이나 동물에 위해를 미치거나 물건에 손상을 주거나 또는 다른 전기적 설비나 기타의 물건에 전기적 혹은 자기적 장애를 주지 않도록 하기 위하여 시설 시에 지켜야 할 기술적인 사항 등을 규정하며, 또한 안전하고 편리한 전기의 사용 및 사회 환경의 이익향상에 이바지할 것을 목적으로 한다.

44 설비불평형률은 몇 [%]까지 할 수 있는가?

① 10 ② 20
③ 30 ④ 40

해설
설비 부하평형의 시설
저압 수전의 단상 3선식에서 중성선과 각 전압측 전선 간의 부하는 평형이 되게 하는 것을 원칙으로 한다. 부득이한 경우는 설비불평형률 40[%]까지로 할 수 있다. 이 경우 설비불평형률이란 중성선과 각 전압측 전선 간에 접속되는 부하설비용량[VA] 차와 총부하설비용량[VA]의 평균값의 비[%]를 말한다.

45 설비불평형률의 정의로 바르게 설명한 것은?

① 중성선과 각 전압측 전선 간에 접속되는 부하설비용량[VA] 합과 총부하설비용량[VA]의 기준값의 비[%]
② 중성선과 각 전압측 전선 간에 접속되는 부하설비용량[VA] 합과 총부하설비용량[VA]의 파고값의 비[%]
③ 중성선과 각 전압측 전선 간에 접속되는 부하설비용량[VA] 차와 총부하설비용량[VA]의 실효값의 비[%]
④ 중성선과 각 전압측 전선 간에 접속되는 부하설비용량[VA] 차와 총부하설비용량[VA]의 평균값의 비[%]

해설
44번 해설 참조

46 접지선 및 접지극의 공용 제한은 몇 [Ω] 이하의 접지극을 사용하는 경우는 적용하지 않는가?

① 1 ② 2
③ 3 ④ 4

해설
접지선 및 접지극의 공용 제한
누전차단기로 보호되고 있는 전로와 보호되지 않는 전로에 시설되는 기기 등의 접지선 및 접지극은 공용하지 않는 것을 원칙으로 한다. 다만, 2[Ω] 이하의 접지극을 사용하는 경우는 적용하지 않는다.

정답 42 ④ 43 ② 44 ④ 45 ④ 46 ②

47 전등전력용, 소세력회로용 및 출퇴표시등 회로용의 접지극 또는 접지선은 피뢰침용의 접지 극 및 접지선에서 몇 [m] 이상 이격하여 시설해야 하는가?

① 1
② 2
③ 3
④ 4

해설

피뢰침용 접지선과 거리
전등전력용, 소세력회로용 및 출퇴표시등 회로용의 접지극 또는 접지선은 피뢰침용의 접지 극 및 접지선에서 2[m] 이상 이격하여 시설하여야 한다.

48 배선은 변류기의 2차측 배선에서 사용전압 몇 [V] 이하의 차단부 또는 경보기에 의한 배선은 소세력회로의 규정에 따라 시설할 수 있는가?

① 20
② 40
③ 60
④ 80

해설

배 선
누전차단기 등의 배선은 저압 옥내배선의 규정에 적합하도록 시설하여야 한다. 다만, 변류기의 2차측 배선에서 사용전압 60[V] 이하의 차단부 또는 경보기에 의한 배선은 소세력회로의 규정에 따라 시설할 수 있다.

49 전류동작형 누전차단기 등을 시설하는 경우는 보호하는 전로의 전원측에 시설해야 하는 내용으로 틀린 것은?

① 전로에 접지전용선이 있는 경우는 변류기에 접지전용선을 관통하지 않도록 할 것
② 전로에 시설하는 변류기는 접지선을 관통하지 않도록 할 것
③ 변류기는 전기방식이 서로 다른 2회로 이상의 배선을 일괄하여 관통하지 않도록 할 것
④ 변류기는 전류와 전압이 같게 해야 하며 접지봉을 통해 출력되어야 할 것

해설

전류동작형 누전차단기 등의 시설
전류동작형 누전차단기 등을 시설하는 경우는 보호하는 전로의 전원측에 다음에 의하여 시설하여야 한다.
• 전로에 접지전용선이 있는 경우는 변류기에 접지전용선을 관통하지 않도록 할 것
• 전로에 시설하는 변류기는 접지선을 관통하지 않도록 할 것
• 변류기는 전기방식이 서로 다른 2회로 이상의 배선을 일괄하여 관통하지 않도록 할 것

50 저압 진상용 콘덴서를 개개의 부하에 설치하는 경우에 해당되지 않는 것은?

① 콘덴서의 용량은 부하의 무효분보다 크지 않을 것
② 콘덴서는 현장 조작 개폐기 또는 이에 상당하는 개폐기보다 부하측에 설치할 것
③ 본선에서 분기하여 콘덴서에 이르는 전로에는 개폐기 등의 장치를 하여서는 안 된다.
④ 충전 콘덴서부 저항을 시설하는 것이 바람직하다.

해설

저압 진상용 콘덴서를 개개의 부하에 설치하는 경우의 시설
저압 진상용 콘덴서를 개개의 부하에 설치하는 경우는 다음에 의하여 한다.
• 콘덴서의 용량은 부하의 무효분보다 크지 않을 것
• 콘덴서는 현장 조작 개폐기 또는 이에 상당하는 개폐기보다 부하측에 설치할 것
• 본선에서 분기하여 콘덴서에 이르는 전로에는 개폐기 등의 장치를 하여서는 안 된다.
• 방전 저항기부 콘덴서를 시설하는 것이 바람직하다.

51 수전실 또는 큐비클 시설장소의 선정은 원칙적인 내용에 해당되지 않는 것은?

① 태양빛이나 태양열이 침투해야 할 것
② 물이 침입하거나 침투할 우려가 없도록 조치를 강구한 장소일 것
③ 특수장소에서 명시하는 장소에 시 설하는 경우는 격벽을 설치하는 등의 조치를 강구한 장소일 것
④ 고온, 다습한 장소에 시설하는 경우는 적당한 방호 조치를 강구한 장소일 것

정답 47 ② 48 ③ 49 ④ 50 ④ 51 ①

해설
수전실 등의 시설
- 수전실 또는 큐비클 시설장소의 선정은 원칙적으로 다음 각 호에 의하여야 한다.
  - 물이 침입하거나 침투할 우려가 없도록 조치를 강구한 장소일 것
  - 고온, 다습한 장소에 시설하는 경우는 적당한 방호조치를 강구한 장소일 것
  - 제42장(특수장소)에서 명시하는 장소에 시 설하는 경우는 격벽을 설치하는 등의 조치를 강구한 장소일 것
- 수전실 또는 큐비클의 구조는 다음에 의하여야 한다.
  - 기초는 기기의 설치에 충분한 강도를 가질 것
  - 수전실은 불연 재료로 만들어진 벽, 기둥, 바닥 및 천장으로 구획되고, 창 및 출입구는 방화문을 시설한 것
  - 조수류 등이 침입할 우려가 없도록 조치를 강구한 것
  - 환기가 가능한 구조의 것
  - 눈, 비의 침입을 방지하는 구조의 것
  - 넓이는 기기 등의 보수, 점검 및 교체에 지장이 없는 구조로 된 것
  - 수전실 또는 큐비클의 조명은 감시 및 조작을 안전하고 확실하게 하기 위하여 필요한 조명설비를 시설하여야 하며 정전 시의 안전조작을 위한 비상조명 설비(또는 장치)를 설치하는 것이 바람직하다.
  - 수전실 또는 큐비클은 자물쇠로 잠글 수 있는 구조일 것
- 수전실 또는 큐비클 등에는 적당한 위험표시를 설치하여야 한다.

52 수전실 또는 큐비클의 구조에 해당되지 않는 사항은?

① 환기가 가능한 구조의 것
② 수전실 또는 큐비클은 자물쇠로 잠글 수 있는 구조일 것
③ 눈, 비의 침입은 상관없음
④ 기초는 기기의 설치에 충분한 강도를 가질 것

해설
51번 문제 참조

53 주택용 계통연계형 태양광발전설비는 주택 등에 설치하고, 전기사업자의 저압 전로와 연계한 태양전지 출력이 몇 [kW] 이하의 것을 말하는가?

① 20   ② 30
③ 50   ④ 100

해설
주택용 계통연계형 태양광발전설비의 시설의 적용범위
주택용 계통연계형 태양광발전설비는 태양전지 모듈로부터 중간단자함, 파워 어레이, 배선 등의 설비까지 적용한다. 또한, 주택용 계통연계형 태양광발전설비는 주택 등에 설치하고, 전기사업자의 저압 전로와 연계한 태양전지 출력이 20[kW] 이하의 것을 말한다.

54 태양광발전설비의 배선 방법에 포함되지 않는 사항은?

① 배선 방법은 케이블배선으로 할 것
② 태양광발전설비까지의 회로가 어렵게 식별이 불가능할 것
③ 태양전지 모듈의 프레임은 지지물과 전기적으로 완전하게 접속되도록 할 것
④ 교류회로의 배선은 전용 회로로 하고, 전로를 보호하는 과전류차단기 또는 기타 기구를 시설할 것

해설
태양광발전설비의 배선
- 배선 방법은 케이블배선으로 할 것
- 직류회로의 전로는 그 전로에 단락전류가 발생하였을 경우에 전로를 보호하는 과전류차단기 또는 기타 기구를 시설할 것. 다만, 해당 전로의 전선이 단락전류에 충분할 경우는 적용하지 않는다.
- 태양전지 모듈 간의 배선은 다음에 의할 것
  - 태양전지 모듈 및 기타 기구에 전선을 접속하는 경우는 나사로 조이고, 기타 이와 동등 이상의 효력이 있는 방법(태양광 모듈 간은 접속기에 의한 접속을 포함)으로 견고하며 전기적으로 안전하게 접속하고, 접속점에 장력이 가해지지 않도록 시설하며 출력배선은 극성별로 확인 가능토록 표시할 것
  - 태양전지 모듈을 병렬로 접속하는 전로는 그 전로에 단락전류가 발생할 경우에 전로를 보호하는 과전류차단기 또는 기타 기구(역전류방지 다이오드를 포함)를 시설할 것. 다만, 해당 전로의 전선이 단락전류에 충분할 경우는 적용하지 않는다.
- 교류회로의 배선은 전용 회로로 하고, 전로를 보호하는 과전류차단기 또는 기타 기구를 시설할 것
- 태양광발전설비까지의 회로가 쉽게 식별이 가능할 것. 과전류차단기 또는 기타 기구 개소는 태양광발전설비까지 회로가 있는 것을 명확하게 표시할 것
- 단상 3선식으로 수전하는 경우는 부하의 불평형에 의해서 중성선에 최대전류가 발생할 우려가 있는 인입구 장치 등은 3극에 과전류 트립소자가 있는 차단기를 사용할 것
- 태양전지 모듈의 프레임은 지지물과 전기적으로 완전하게 접속되도록 할 것

정답 52 ③ 53 ① 54 ②

55 어레이 출력 개폐기 시설에 대한 내용으로 옳지 않는 것은?

① 태양전지 모듈에 접속하는 부하측의 전로(복수의 태양전지 모듈을 시설하는 경우는 그 집합체에 접속하는 부하측의 전로)는 인접한 접속점에 개폐기 또는 이와 유사한 기구(부하전류를 개폐 가능한 것에 한함)를 시설할 것
② 어레이 출력개폐기는 점검이나 조작이 가능한 처마 밑 또는 벽 등에 시설할 것
③ 어레이 출력개폐기 외함을 시설하는 경우는 사용상 태에 따라서 내부의 기능에 지장이 없도록 방수형이나 결로가 생기지 않는 구조일 것
④ 태양전지 모듈에 접속하는 송신측의 전로와 접속점에 개폐기는 다른 구조와 성능을 가진 시설을 해야 할 것

해설
어레이 출력 개폐기의 시설
어레이 출력 개폐기는 다음에 의해 시설할 것
- 태양전지 모듈에 접속하는 부하측의 전로(복수의 태양전지 모듈을 시설하는 경우는 그 집합체에 접속하는 부하측의 전로)는 인접한 접속점에 개폐기 또는 이와 유사한 기구(부하전류를 개폐 가능한 것에 한함)를 시설할 것
- 어레이 출력개폐기는 점검이나 조작이 가능한 처마 밑 또는 벽 등에 시설할 것
- 어레이 출력개폐기 외함을 시설하는 경우는 사용상태에 따라서 내부의 기능에 지장이 없도록 방수형이나 결로가 생기지 않는 구조일 것

56 이차전지를 이용한 전기저장장치의 시설 중 전기저장장치 시설의 일반요건에 해당되지 않는 것은?

① 이차전지를 시설하는 장소는 보수점검을 위한 충분한 작업공간을 확보하고 조명설비를 시설할 것
② 침수의 우려가 없는 곳에 시설할 것
③ 이차전지의 지지물은 부식성 가스 또는 용액에 의하여 부식되는 구조이어야 하고 적재하중 또는 지진 등 기타 진동과 충격에 대하여 불안전한 구조일 것
④ 이차전지를 시설하는 장소는 폭발성 가스의 축적을 방지하기 위한 환기 시설을 갖추고 적정한 온도와 습도를 유지할 것

해설
이차전지를 이용한 전기저장장치의 시설 중 전기저장장치 시설의 일반요건
이차전지를 이용한 전기저장장치는 다음에 따라 시설하여야 한다.
- 충전부분이 노출되지 않도록 시설하고, 금속제의 외함 및 이차전지의 지지대는 1445-2(기계기구의 철대, 금속제 외함 및 금속프레임 등의 접지)에 따라 접지공사를 할 것
- 이차전지를 시설하는 장소는 폭발성 가스의 축적을 방지하기 위한 환기 시설을 갖추고 적정한 온도와 습도를 유지할 것
- 이차전지를 시설하는 장소는 보수점검을 위한 충분한 작업공간을 확보하고 조명설비를 시설할 것
- 이차전지의 지지물은 부식성 가스 또는 용액에 의하여 부식되지 아니하도록 하고 적재하중 또는 지진 등 기타 진동과 충격에 대하여 안전한 구조일 것
- 침수의 우려가 없는 곳에 시설할 것

57 모듈전면적이 16[m²], 방사속도가 10[W/m²] 일 때 최대출력이 100[W]이다. 이때 모듈의 변환효율[%]은 얼마인가?

① 60
② 62.5
③ 56.5
④ 72

해설
모듈의 효율

변환효율 = $\dfrac{P_{max}}{A_t \times G} \times 100 = \dfrac{100}{16 \times 10} \times 100 = 62.5[\%]$

(A_t : 모듈전면적[m²], G : 방사속도[W/m²], P_{max} : 최대출력[W])

58 시스템의 출력전력이 20,000[W]이고, 모듈 최대전력은 100[W]이다. 이때 태양전지 모듈 직렬매수는? (단, 1스트링 직렬매수는 20개이다)

① 3개
② 5개
③ 10개
④ 12개

해설
태양전지 모듈 직렬매수

$= \dfrac{\text{시스템 출력전력[W]}}{\text{모듈 최대출력[W]} \times \text{1스트링 직렬매수}} = \dfrac{20,000}{100 \times 20} = 10$개

정답 55 ④ 56 ③ 57 ② 58 ③

59 직렬모듈수가 8개이고 병렬모듈수가 5개이다. 이때 모듈 한 장당 면적은 10[mm²]일 경우 어레이 설치 가능면적 [mm²]은 얼마인가?

① 100
② 200
③ 300
④ 400

해설
어레이 설치 가능면적
= 직렬수 × 병렬수 × 모듈 한 장 면적
= 8 × 5 × 10 = 400[mm²]

60 태양광 모듈의 최대출력동작전압이 2[V]이고 인버터 직류입력전압은 20[V]일 때 태양전지 모듈의 직렬매수는 몇 개인가?

① 10개
② 20개
③ 25개
④ 40개

해설
태양전지 모듈직렬매수 = $\dfrac{\text{인버터 직류입력전압}}{\text{모듈 최대출력동작전압}}$ = $\dfrac{20}{2}$ = 10개

61 모듈설계 시 주의사항으로 옳지 않은 것은?

① 모듈의 기본적인 구성을 파악하여 여러 군데에 구멍을 뚫어 작업한다.
② 모듈 제조업체의 조립과 설치 지시내용을 성실히 이행해야 한다.
③ 모듈 프레임에 구멍을 추가적으로 뚫어서는 안 된다.
④ 평평한 지붕에서 모듈을 설치 시 유지보수와 점검을 목적으로 통로를 확보해야 한다.

해설
모듈설계 시 주의사항
• 평평한 지붕에서 모듈을 설치 시 유지보수와 점검을 목적으로 통로를 확보해야 한다.
• 모듈 제조업체의 조립과 설치 지시내용을 성실히 이행해야 한다.
• 모듈 프레임에 구멍을 추가적으로 뚫어서는 안 된다.

62 모듈의 강도를 측정하고자 할 때 세로배치의 내용으로 옳은 것은?

① 모듈의 긴 쪽이 상하가 되도록 설치하는 것
② 자연강우에 의한 세정효과는 작다.
③ 모듈의 부재점수가 약간 적어진다.
④ 적설 시에도 눈의 추락효과도 작다.

해설
세로배치(세로깔기) 모듈의 강도
• 모듈의 긴 쪽이 좌우가 되도록 설치하는 것
• 모듈의 부재점수가 약간 적어진다.

63 황사, 먼지, 해염입자, 기타 오염원 등이 많은 지역과 적설지역에서 배치는?

① 가로배치
② 세로배치
③ 비월배치
④ 상대배치

해설
황사, 먼지, 해염입자, 기타 오염원 등이 많은 지역과 적설지역에서는 세로배치를 주로 한다.

64 3상 3선식의 전압강하를 구하는 계산식은?

> e : 각 선간 전압강하[V]
> A : 전선의 단면적[m²]
> L : 도체 1본의 길이[m]
> I : 전류[A]

① $e = \dfrac{35.6LI}{1,000A}$
② $e = \dfrac{35.6A}{1,000LI}$
③ $e = \dfrac{30.8LI}{1,000A}$
④ $e = \dfrac{30.8A}{1,000LI}$

해설

회로의 전기방식	전압강하	전선의 단면적
직류 2선식 교류 2선식	$e = \dfrac{35.6LI}{1,000A}$	$A = \dfrac{35.6LI}{1,000e}$
3상 3선식	$e = \dfrac{30.8LI}{1,000A}$	$A = \dfrac{30.8LI}{1,000e}$

정답 59 ④ 60 ① 61 ① 62 ③ 63 ② 64 ③

65 태양전지 어레이측 개폐기의 역할로 올바른 것은?

① 모듈 회로의 태양광 양을 측정한다.
② 어레이 회로에서 발생하는 지락, 단락, 과전류 등의 이상을 검출하여 이들을 분리, 제거하거나 경보하기 위한 장치이다.
③ 선로의 길이를 짧게 하여 방전을 감지하는 역할을 한다.
④ 전기설비를 연결하여 방전시키는 장치이다.

[해설]
태양전지 어레이측 개폐기
작은 어레이나 어레이의 출력단자에 설치하여 부하측 설비와 전기적으로 연결하거나 차단하기 위한 개폐기로서 태양전지 어레이측 개폐기는 태양전지 어레이의 보수와 점검을 할 경우 태양전지 모듈에 불합리한 부분을 분리하기 위해 설치한다. 즉, 어레이 회로에서 발생하는 지락, 단락, 과전류 등의 이상을 검출하여 이들을 분리, 제거하거나 경보하기 위한 장치이다.

66 태양전지 어레이측 개폐기에서 태양전지는 보낼 수 있는 최대의 직류전류를 차단하는 능력을 가지고 있어야 한다. 따라서 일반적으로 퓨즈 또는 배선용 차단기(MCCB ; Mold Case Current Breaker) 등을 사용하고 있다. 아래에서 설명하는 내용으로 옳지 않은 것은?

① 차단기 : 정격전류는 어레이 전류의 1.25~2배 이하
② 퓨즈 : 정격전류 - 모듈 단락전류의 1.25~2배 이하
③ 정격차단전압 : 시스템전압의 1.5배 이상
④ 태양광 어레이의 최소개방전류 이하의 교류차단전압을 가지고 있어야 한다.

[해설]
태양전지는 보낼 수 있는 최대의 직류전류를 차단하는 능력을 가지고 있어야 한다. 따라서 일반적으로 퓨즈 또는 배선용 차단기(MCCB ; Mold Case Current Breaker) 등을 사용하고 있다.
• 차단기 : 정격전류는 어레이 전류의 1.25~2배 이하
• 퓨즈 : 정격전류 - 모듈 단락전류의 1.25~2배 이하
• 정격차단전압 : 시스템전압의 1.5배 이상
• 태양광 어레이의 최대개방전압 이상의 직류차단전압을 가지고 있어야 한다.

67 주개폐기의 설치장소로 올바른 것은?

① 컨버터 좌측
② 차단기 중간
③ 인버터측으로 보내는 회로 중간
④ 보호기 차단회로 아래

[해설]
주개폐기의 설치장소
태양전지 어레이의 전체 출력을 하나로 모아 인버터측으로 보내는 회로 중간에 설치된다.

68 주개폐기와 같은 목적으로 사용하는 장치는?

① 어레이측 개폐기   ② 태양전지
③ 모 듈   ④ 컨트롤러

[해설]
주개폐기는 태양전지 어레이측 개폐기와 같은 목적으로 사용한다. 그렇기 때문에 태양전지 어레이가 1개의 스트링으로 구성된 경우에 생략이 가능하다.

69 태양전지 어레이측 개폐기로 단로기나 퓨즈를 사용할 때는 반드시 주개폐기로 설치되어야 하는 장비는?

① 적산전력계   ② MCCB
③ 바이패스소자   ④ 수납함

[해설]
태양전지 어레이측 개폐기로 단로기나 퓨즈를 사용할 때는 반드시 주개폐기로 MCCB를 설치한다.

70 주개폐기의 내용으로 가장 옳은 것은?

① 태양전지는 최대일사량일 때 주개폐기가 오픈되어 과전류를 흐르도록 한다.
② 단자대와 연결하여 가장 큰 합산 단락전류를 활용할 수 있도록 한다.
③ 태양전지 어레이측의 합산 단락전류에 의해 꼭 차단되는 것을 선정해야 한다.
④ 태양전지 어레이의 최대사용전압과 태양전지 어레이의 합산된 단락전류를 개폐할 수 있는 용량의 것을 선정해야 한다.

정답 65 ② 66 ④ 67 ③ 68 ① 69 ② 70 ④

해설
태양전지 어레이의 최대사용전압, 태양전지 어레이의 합산된 단락전류를 개폐할 수 있는 용량의 것을 선정해야 하며 태양전지 어레이측의 합산 단락전류에 의해 차단되지 않는 것을 선정해야 된다.

71 주개폐기의 특징에 해당되지 않는 것은?
① 태양전지 어레이의 최대사용전압, 통과전류를 만족하는 것으로 최대통과전류를 개폐할 수 있는 것을 사용해야 한다.
② 정격전류는 어레이전류의 1.25~2배 이하로서 태양광 어레이의 최대개방전압 이상의 직류차단전압을 가지고 있어야 한다.
③ 태양전지측 개폐기와 목적이 같기 때문에 사용하지 않는 경우도 있으나 단로기를 설치한 경우에는 주개폐기를 꼭 설치해야 한다.
④ 교류전류의 과전압차단기로서 교류용으로 표시해야 한다.

해설
주개폐기의 특징
- 직류전류의 과전류차단기로서 직류용으로 표시해야 한다(직류단락전류 차단).
- 태양전지 어레이의 최대사용전압, 통과전류를 만족하는 것으로 최대통과전류(표준 태양전지 어레이 단락전류)를 개폐할 수 있는 것을 사용해야 한다.
- 태양전지측 개폐기와 목적이 같기 때문에 사용하지 않는 경우도 있으나 단로기를 설치한 경우에는 주개폐기를 꼭 설치해야 한다.
- 정격전류는 어레이전류의 1.25~2배 이하로서 태양광 어레이의 최대개방전압 이상의 직류차단전압을 가지고 있어야 한다.

72 저압 전기설비에서 피뢰소자를 무엇이라 하는가?
① 수납함   ② 피뢰기
③ 서지보호소자   ④ 분전반

해설
저압 전기설비에서의 피뢰소자는 서지보호소자(SPD ; Surge Protected Device)라고 말하며, 태양광발전설비가 피뢰침에 의해 직격뢰로부터 보호되어야 한다.

73 접속함에도 피뢰소자를 설치하는데 어떤 단위마다 설치를 하는가?
① 스트링   ② 모 듈
③ 어레이   ④ 셀

해설
접속함에는 태양전지 어레이의 보호를 위해서 스트링마다 서지보호소자를 설치하며 낙뢰 빈도가 높은 경우에 주개폐기측에도 설치해야 한다.

74 피뢰소자 접지측 배선은 접지단자에서 최대한 어떻게 해야 하는가?
① 길 게   ② 짧 게
③ 보 통   ④ 굵 게

해설
피뢰소자 접지측 배선은 접지단자에서 최대한 짧게 한다.

75 피뢰소자에 대한 설명으로 바르지 않은 것은?
① 서지보호소자는 접지측 배선을 길게 하여 절연저항 측정을 한다.
② 동일회로에서도 배선이 길며, 배선의 근방에 설치한다.
③ 배선의 양단에 설치한다.
④ 접지측 배선을 일괄하여 접속함에 설치하면 절연저항 측정 시에 접지를 일시적으로 분리할 수 있다.

해설
서지보호소자의 접지측 배선을 일괄하여 접속함의 주접지단자에 접속하면 태양전지 어레이 회로의 절연저항 측정 등을 위한 접지의 일시적 분리 시 편리하다. 일반적으로 동일회로에서도 배선이 길고 배선의 근방에 직격뢰 또는 유도뢰를 받기 쉬운 곳에 위치한 배선은 배선의 양단(수전단과 송전단)에 설치해야 한다.

76 피뢰소자의 종류로 바르게 연결된 것은?
① 반도체형과 트랩형
② 유도전자형과 전자유도형
③ 디지털형과 아날로그형
④ 반도체형과 갭형

해설
피뢰소자는 반도체형과 갭형으로 구분한다.

77 피뢰소자를 기능면으로 구별해 보면 억제형과 또 어떤 형으로 구별할 수 있는가?

① 연속형 ② 지속형
③ 임시형 ④ 차단형

해설
기능면으로 구별해 보면 억제형과 차단형으로 구분할 수 있다.

78 피뢰소자의 구비조건으로 틀린 것은?

① 동작전압이 낮을 것
② 정전용량이 적을 것
③ 사용자가 편리할 것
④ 응답시간이 빠를 것

해설
피뢰소자 구비조건
- 정전용량이 적을 것
- 동작전압이 낮을 것
- 응답시간이 빠를 것

79 뇌 보호영역별 피뢰소자 선택기준 중 LPZ 2의 최대방전전류는 얼마인가?

① 15~60[kA]   ② 20~100[kA]
③ 40~160[kA]   ④ 200~1,200[kA]

해설
뇌 보호영역(LPZ ; Lightning Protection Zone)별 피뢰소자 선택기준

구 분	적용 피뢰소자	내 용
LPZ 1	Class I	10/350[μs] 파형 기준의 임펄스전류 I_{imp} = 15~60[kA](직격뢰용)
LPZ 2	Class II	8/20[μs] 파형 기준의 최대방전전류 I_{max} = 40~160[kA]
LPZ 3	Class III	1.2/50[μs](전압), 8/20[μs](전류) 조합파 기준(유도뢰용)

80 태양전지 어레이의 스트링별로 배선의 접속함까지 가지고 와서 접속함 내부의 어느 곳에 연결하는가?

① 수납함   ② 분전반
③ 개폐기   ④ 단자대

해설
단자대
태양전지 어레이의 스트링별로 배선의 접속함까지 가지고 와서 접속함 내부에 단자대를 통해 접속한다.

81 단자대에 사용해야 하는 압착단자의 모양은?

① 사각형 ② 성 형
③ 링 형   ④ 원 형

해설
단자대는 스트링 케이블의 굵기에 적합한 링형 압착단자로 적합한 것을 선정해야 한다.

82 압착단자대의 표준규격은?

① KS   ② ISO
③ TTA   ④ FTA

해설
링형 압착단자대는 KS 표준품의 것을 사용해야 한다.

83 단자대, 직류측 개폐기, 역류방지소자, 피뢰소자(SPD) 등을 설치하는 외관은?

① 주개폐기   ② 배전함
③ 분전반   ④ 적산전력계

해설
수납함(배전함)
단자대, 직류측 개폐기, 역류방지소자, 피뢰소자(SPD) 등을 설치하는 외관이다.

84 수납함을 설치장소에 따라 분류했을 때 옳은 것은?

① 실내용과 옥상용   ② 옥외용과 옥내용
③ 수중형과 비수중형 ④ 상공용과 지상용

해설
수납함의 설치장소에 따른 분류
- 옥외용
- 옥내용

정답 77 ④ 78 ③ 79 ③ 80 ④ 81 ③ 82 ① 83 ② 84 ②

85 수납함을 재료에 따라 분류했을 때의 내용으로 옳은 것은?

① 목재형
② 구리형
③ 알루미늄형
④ 철재형

해설
수납함의 재료에 따른 분류
- 스테인리스
- 철 재

86 현재 시판되고 있는 수납함 표준품의 판 두께는 약 얼마인가?

① 1.6[mm]
② 2.5[mm]
③ 3[mm]
④ 1[cm]

해설
시판되고 있는 수납함 표준품의 판 두께는 1.6[mm]로 얇은 것을 많이 사용한다. 구멍가공을 하기에 편리하다.

87 접속함 선정 시 고려사항으로 옳지 않은 것은?

① 접속함의 정격전압은 태양전지 스트링의 개방 시 최대직류전압으로 선정해야 한다.
② 보호구조는 노출된 장소에 설치되는 경우 빗물, 먼지 등이 함에 침입하지 않는 구조이어야 하며 보호등급으로는 IP100 이상의 것을 선정해야 한다.
③ 보수 및 점검은 태양전지 어레이의 점검 시, 보수 시 스트링별로 분리하거나 또는 내부 부품 교체 시 작업의 편리성을 고려한 공간의 여유를 고려하여 선정하여야 한다.
④ 정격입력전류는 접속함에 안전하게 흘릴 수 있는 전류 값이어야 하며, 최대전류를 기준으로 선정해야 한다.

해설
접속함 선정 시 고려사항
- 전류 : 정격입력전류는 접속함에 안전하게 흘릴 수 있는 전류값이어야 하며, 최대전류를 기준으로 선정해야 한다.
- 전압 : 접속함의 정격전압은 태양전지 스트링의 개방 시 최대직류전압으로 선정해야 한다.
- 보호구조 : 노출된 장소에 설치되는 경우 빗물, 먼지 등이 함에 침입하지 않는 구조이어야 하며 보호등급으로는 IP44 이상의 것을 선정해야 한다.
- 보수 및 점검 : 태양전지 어레이의 점검 시, 보수 시 스트링별로 분리하거나 또는 내부 부품 교체 시 작업의 편리성을 고려한 공간의 여유를 고려하여 선정하여야 한다.

CHAPTER 04 태양광발전 계통연계장치 설계

제2과목 태양광발전 설계

제1절 태양광발전 수배전반 설계

1 수배전반 설계도서 작성

(1) 설계방향

① 기본개념

건축물의 기능 자체가 공간적인 형태나 구조를 넘어서 쾌적한 환경을 창조하는 것이다. 거주자의 편리성과 능률 향상을 도모하는 방향으로 진행되므로 전기설비의 계획에는 우선 건축의 본질을 추구해야 하며, 동시에 모든 기능 및 환경창조의 중요성을 인식해야 하며 사회적 요청의 수용과 재난에 대한 대책을 시행한다. 전기설비는 건축물 내부의 환경만을 다루지 않고 에너지와 정보의 도입에서 폐기물의 배출까지 도시기반설비(Infrastructure)와 밀접한 관계가 있으므로 이에 대한 사항까지 설계범위에 포함해야 하며, 건축전기설비가 건축물을 인위적으로 이상적인 환경을 조성하며 또한 유지 관리하는 기술이 확보된다면 그 설비 내용은 다음의 요소들을 고려해야 한다.

㉠ 안정성 : 건축물 내의 사람과 재산에 대한 안정성과 건축전기설비 자체에 대한 안정성을 포함하여 고려해야 한다.

㉡ 적합성 : 건축전기설비에 의한 건축공간의 쾌적성과 편리성 추구에 의한 설계로 되어야 하며 건축물과 기타 전기설비의 설치 목적에 적합해야 한다.

㉢ 관리성 : 건축전기설비는 효율적인 기능발휘를 위해 적절한 관리가 필요하다. 이러한 관리는 적합성과 안정성의 추구에 의해 반영되지만 시스템의 선정에 있어서는 사용자 입장에서 설비를 생각하고 관리에 편리하도록 하여야 하며 사용실적, 유지보수, 수명을 고려해야 한다.

㉣ 경제성 : 설치까지의 비용인 설비비, 관리, 유지, 보수에 따른 운전비가 중요 요소이고, 설비비는 적합성, 안정성에 따른 요소를 고려하여 경제적인 균형이 맞아야 한다.

㉤ 미관 : 건축전기설비가 설치되는 장소의 건축물 미관이 주위 경관과 조화되도록 시설하고 가급적 전기설비의 설치로 인한 건축물의 손상이 최소화되도록 고려한다.

(2) 설계단계 및 성과물

① 일반사항

㉠ 일반적인 설계단계

계 획	기본구상	• 여러 가지 주변여건 정리 • 설계조건의 설정
	기본계획	• 설비등급 결정 • 계획도서 작성
설 계	기본 설계	• 기본 설계도서의 작성 • 개략공사비의 산출
	실시 설계	• 실시 설계도서의 작성 • 공사비의 적사

② 기본계획

㉠ 건축물의 명칭, 규모, 용도 등 건축 설계의 요청에 따라서 여러 가지 조건을 검토하여 계획조건을 설정하고 기본계획을 세운다.

㉡ 건축전기설비의 종류 및 방식을 선정해 건축 설계의 초안 작성 이전에 건축전기설비 공사비의 면적당 공사비를 건축설계자에게 제시한다.

㉢ 건축 설계의 초안을 기본으로 하여 연면적과 업무내용, 공조방식 등을 기초로 하여 주요 건축전기설비 기기의 용량을 예측하여 산출한다.

③ 기본 설계

기본계획으로 완성된 건축물의 개요(용도, 구조, 규모, 형상 등), 구조계획 등을 설비기능면에서 재검토하는 것이다. 단면, 입면, 구조, 설비 등도 결정되고, 건축전기설비기술사(또는 설계자)는 건축계획의 시작부터 평면계획에 적극적으로 참가해 건축전기설비 관련 필요면적을 확보하여 건축전기설비의 배치(위치)를 결정해야 한다.

㉠ 기본 설계 순서
- 주요 건축전기설비 및 기기의 형식, 방식 등을 정하고, 시설장소의 위치, 면적, 유효높이, 바닥 하중, 장비 반입경로 등을 검토해 건축설계자와 협의한다.
- 건축계획에 주요 건축전기설비 기기의 개략적인 배치를 삽입하고, 건축전기설비 면적의 재확인과 추정 공사비의 산출에 필요한 기본도면(계통도, 단선결정도 등)을 작성한다.
- 주요 건축전기설비 기기의 추정용량, 시설면적, 종류, 방식, 건축주의 요망사항 등을 기본으로 하여 안정성, 신뢰성, 기능성, 유지보수성, 확장성, 경제성 등을 검토한다.
- 공사비의 예산, 건축전기설비의 등급과 종류의 결정, 공사범위, 공사기간 등을 확인해 건축주와 협의한다.
- 기본 설계의 내용은 기본 설계 성과물로서 기본 설계도서를 정리하고 발주자에게 제출하여 승인을 받는다.

- ⓛ 기본 설계도서에 포함되어야 할 내용
  - 공사종목 및 그 개요 : 수·변전, 조명, 동력 등의 전력설비, 전화 및 정보통신, 방송, 방송공동수신설비, 전기시계 등의 약전설비 중 실시하는 공사의 개요를 기재한다.
  - 건축물의 개요 : 명칭, 용도, 구조, 규모, 연면적, 예정 공사기간 등을 기재한다.
  - 기본 설계도면은 다음의 조건을 만족하도록 간결하게 작성한다.
    - 공사비의 추정
    - 기본계획의 전체를 이해
    - 설계종목, 다른 분야와의 중요 관련 사항 명시
    - 기타 필요한 실시 설계 준비
  - 예정공사비 : 기본 설계도면을 기초로 개략적인 예정공사비를 공사종목별로 산출한다.
  - 관계 관공서 등과 협의사항 : 건축담당관청, 소방서, 전력공사, 통신회사 등과 기본 설계를 하고 단계마다 협의한 내용과 설계자문 등에 관련한 사항을 기록한다.
  - 기타 사항
    - 건축주, 건축설계자, 건축전기설비기술사 또는 설계자에 대한 자료를 첨부한다.
    - 제조업자의 견적서 등 추정공사비 산출자료를 첨부한다.
    - 기본 설계단계에서 결론으로 정해지지 않는 사항, 실시 설계를 할 때 재검토를 필요로 하는 사항 등을 기재한다.

④ 실시 설계

기본 설계도서에 따라 상세하게 설계하여 도면, 공사시방서 및 공사비 예산서를 작성한다. 이때에 전기설비기술사(또는 설계사)는 기본 설계도면에서 결정한 사항에 대해 구체적으로 상세한 부분에 걸쳐 건축사 및 건축구조, 건축기계설비 등의 관련 기술사(자), 담당자 등과 긴밀하게 협조하여 상세한 내용을 결정해야 한다. 경우에 따라서는 앞 단계의 결정내용을 조정하거나 수정하면서 검토 및 협의를 진행한다.

⑤ 설계 성과물(설계도서)

설계를 진행하는 순서인 기본 설계 및 실시 설계에 따라 그 내용과 종류가 달라진다. 기본 설계 성과물을 보다 구체화시켜 공사에 적용할 수 있도록 한다.

- ㉠ 기본 설계 성과물 : 본설계도면, 설계개요서, 개략공사비 내역 및 기타의 용량계획서, 시스템선정 검토서, 협의기록서 등으로 이루어지며, 일반적으로 다음의 표와 같다.

기본 설계 성과물		
	기본계획 설계서	
	기본 설계도면	
	공사비 내역서	
	기타 사항	용량계획서(추정계산서)
		시스템선정 검토서
		협의기록(협의, 자문 등)

ⓒ 실시 설계 성과물 : 설계도면, 시방서, 공사비적산서, 각종 계산서 기타 협의기록 등으로 이루어지며, 일반적으로 다음의 표와 같다.

실시 설계 성과물	실시 설계도서	설계설명서
		설계도면
		공사시방서
	공사비견적서	내역서
		산출서
		견적서
	설계계산서	조도계산서
		부하계산서
		간선계산서
		용량계산서(변압기, 발전기 등)
		기타 계산서
	기타 사항	관공서 협의기록
		관계자 협의기록
		기타 기록(설계자문, 심의 등)

2 분산형전원 계통연계 기술기준 등

(1) 분산형전원 배전계통 연계기술기준

① 태양전지의 발전전력을 최대로 이끌어내며 동시에 일반배전계통과 연계운전을 한다.
② 전력품질 확보에 관련된 계통 연계기술기준에서는 기본적으로 인버터와 연계하는 계통의 전기방식을 일치시키고 있다.
③ 인버터는 단상 2선식과 3상 3선식이 한전 계통과 연계해서 사용되고 있다.

(2) 목적(제1조)

이 기준은 분산형전원을 한전계통에 연계하기 위한 표준적인 기술요건을 정하는 것을 목적으로 한다.

(3) 적용범위(제2조)

이 기준은 분산형전원을 설치한 자(이하 "분산형전원 설치자"라 한다)가 해당 분산형전원을 한국전력공사(이하 "한전"이라 한다)의 배전계통(이하 "계통"이라 한다)에 연계하고자 하는 경우에 적용한다.

(4) 정의(제3조)

이 기준에서 사용하는 용어는 다음과 같이 정의한다.

① 분산형전원(DER ; Distributed Energy Resources)
   대규모 집중형 전원과는 달리 소규모로 전력소비지역 부근에 분산하여 배치가 가능한 전원으로서, 다음의 하나에 해당하는 발전설비를 말한다.
   ㉠ 전기사업법 제2조 제4호의 규정에 의한 발전사업자(신에너지 및 재생에너지 개발·이용·보급 촉진법 제2조 제1, 2호의 규정에 의한 신재생에너지를 이용하여 전기를 생산하는 발전사업자와 집단에너지사업법 제48조의 규정에 의한 발전사업의 허가를 받은 집단에너지사업자를 포함)

또는 전기사업법 제2조 제12호의 규정에 의한 구역전기사업자의 발전설비로서 전기사업법 제43조의 규정에 의한 전력시장운영규칙 제1.1.2조 제1호에서 정한 중앙급전발전기가 아닌 발전설비 또는 전력시장 운영규칙을 적용받지 않는 발전설비

ⓒ 전기사업법 제2조 제19호의 규정에 의한 자가용전기설비에 해당하는 발전설비(이하 "자가용 발전설비"라 한다) 또는 전기사업법 시행규칙 제3조 제1항 제2호의 규정에 의해 일반용전기설비에 해당하는 저압 10[kW] 이하 발전기(이하 "저압 소용량 일반용 발전설비"라 한다)

ⓒ 양방향 분산형전원은 아래와 같이 전기를 저장하거나 공급할 수 있는 시스템을 말한다.
- 전기저장장치(ESS ; Energy Storage System) : 전기설비기술기준 제3조 제1항 제28호의 규정에 의한 전기를 저장하거나 공급할 수 있는 시스템
- 전기자동차 충·방전시스템(V2G ; Vehicle to Grid) : 전기설비기술기준 제53조의 2에 따른 전기자동차와 고정식 충·방전 설비를 갖추어, 전기자동차에 전기를 저장하거나 공급할 수 있는 시스템

② Hybrid 분산형전원

Hybrid 분산형전원은 태양광, 풍력발전 등의 분산형전원에 ESS설비(배터리, PCS 등 포함)를 혼합하여 발전하는 유형을 말한다.

③ 한전계통(AEPS ; Area Electric Power System)

구내계통에 전기를 공급하거나 그로부터 전기를 공급받는 한전의 계통을 말하는 것으로 접속설비를 포함한다 ([그림 1] 참조).

④ 구내계통(LEPS ; Local Electric Power System)

분산형전원 설치자 또는 전기사용자의 단일 구내(담, 울타리, 도로 등으로 구분되고, 그 내부의 토지 또는 건물들의 소유자나 사용자가 동일한 구역을 말한다) 또는 제4조 제2항 제4호 단서에 규정된 경우와 같이 여러 구내의 집합 내에 완전히 포함되는 계통을 말한다.([그림 1] 참조)

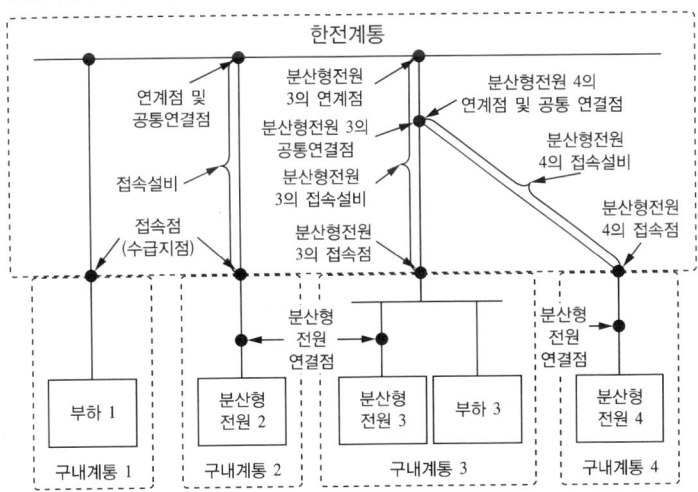

비고 1. 점선은 계통의 경계를 나타냄(다수의 구내계통 존재 가능)
2. 연계시점 : 분산형전원 3 → 분산형전원 4

[그림 1] 연계 관련 용어 간의 관계

⑤ 연계(Interconnection)

분산형전원을 한전계통과 병렬운전하기 위하여 계통에 전기적으로 연결하는 것

⑥ 연계 시스템(Interconnection System)

분산형전원을 한전계통에 연계하기 위해 사용되는 모든 연계 설비 및 기능들의 집합체([그림 2] 참조)

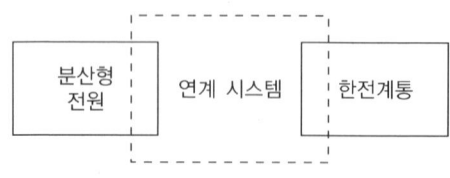

[그림 2] 연계 개략도

⑦ 연계점

제4조에 따라 접속설비를 공용선로로 할 때에는 접속설비가 검토 대상 분산형전원 연계 시점의 공용 한전 계통(다른 분산형전원 설치자 또는 전기사용자와 공용하는 한전 계통의 부분을 말한다)에 연결되는 지점을 말하며, 접속설비를 전용선로로 할 때에는 특고압의 경우 접속설비가 한전의 변전소 내 분산형전원 설치자측 인출 개폐장치(CB ; Circuit Breaker)의 분산형전원 설치자측 단자에 연결되는 지점, 저압의 경우 접속설비가 가공 배전용 변압기(P.Tr)의 2차 인하선 또는 지중배전용 변압기의 2차측 단자에 연결되는 지점을 말한다([그림 1] 참조).

⑧ 접속설비

⑥에 의한 연계점으로부터 검토 대상 분산형전원 설치자의 전기설비에 이르기까지의 전선로와 이에 부속하는 개폐장치 및 기타 관련 설비를 말한다([그림 1] 참조).

⑨ 접속점

접속설비와 분산형전원 설치자측 전기설비가 연결되는 지점을 말한다. 한전 계통과 구내계통의 경계가 되는 책임 한계점으로서 수급지점이라고도 한다([그림 1] 참조).

⑩ 공통 연결점(PCC ; Point of Common Coupling)

한전 계통 상에서 검토 대상 분산형전원으로부터 전기적으로 가장 가까운 지점으로서 다른 분산형전원 또는 전기사용 부하가 존재하거나 연결될 수 있는 지점을 말한다. 검토 대상 분산형전원으로부터 생산된 전력이 한전 계통에 연결된 다른 분산형전원 또는 전기사용 부하에 영향을 미치는 위치로도 정의할 수 있다([그림 1] 참조).

⑪ 분산형전원 연결점(Point of DR Connection)

구내계통 내에서 검토 대상 분산형전원이 존재하거나 연결될 수 있는 지점을 말한다. 분산형전원이 해당 구내계통에 전기적으로 연결되는 분전반 등을 분산형전원 연결점으로 볼 수 있다([그림 1] 참조).

⑫ 검토점(POE ; Point of Evaluation)

분산형전원 연계 시 이 기준에서 정한 기술요건들이 충족되는지를 검토하는 데 있어 기준이 되는 지점을 말한다.

⑬ 단순병렬

분산형전원을 한전 계통에 연계하여 운전하되, 생산한 전력의 전부를 구내계통 내에서 자체적으로 소비하기 위한 것으로서 생산한 전력이 한전 계통으로 송전되지 않는 병렬 형태를 말한다.

⑭ 역송병렬

분산형전원을 한전 계통에 연계하여 운전하되 생산한 전력의 전부 또는 일부가 한전 계통으로 송전되는 병렬 형태를 말한다.

⑮ 단독운전(Islanding)

한전 계통의 일부가 한전 계통의 전원과 전기적으로 분리된 상태에서 분산형전원에 의해서만 가압되는 상태를 말한다.

⑯ 연계용량

계통에 연계하고자 하는 단위 분산형전원에 속한 발전설비 정격출력(교류 발전설비의 경우에는 발전기의 정격출력, 직류 발전설비의 경우에는 사업허가 설비용량을 말한다)의 합계와 발전용 변압기 설비용량의 합계 중에서 작은 것을 말한다. 단, Hybrid 분산형전원의 경우 최대출력 가능 용량을 연계용량으로 한다(Hybrid 풍력은 풍력발전 설비용량에 PCS 정격용량을 더한 값과 발전용 변압기 총용량 중 작은 것을, Hybrid 태양광은 태양광발전 설비용량과 발전용 변압기 총용량 중 작은 것).

⑰ ESS 설비용량

ESS 설비용량은 ESS의 직류전력을 교류전력으로 변환하는 장치(PCS)의 정격 출력을 말한다.

⑱ 주변압기 누적연계용량

해당 주변압기에서 공급되는 특고압 공용선로 및 전용선로에 역송병렬 형태로 연계된 모든 분산형전원(기존 연계된 분산형전원과 신규로 연계 예정인 분산형전원 포함)과 전용 변압기(상계거래용 변압기 포함)를 통해 저압계통에 연계된 모든 분산형전원 연계용량의 누적 합을 말한다.

⑲ 특고압 공용선로 누적연계용량

해당 특고압 공용선로에 역송병렬 형태로 연계된 모든 분산형전원(기존 연계된 분산형전원과 신규로 연계 예정인 분산형전원 포함)과 해당 특고압 공용선로에서 공급되는 전용 변압기(상계거래용 변압기 포함)를 통해 저압계통에 연계된 모든 분산형전원 연계용량의 누적 합을 말한다.

⑳ 배전용 변압기 누적연계용량

해당 배전용 변압기(주상 변압기 및 지상 변압기)에서 공급되는 저압 공용선로 및 전용선로에 역송병렬 형태로 연계된 모든 분산형전원(기존 연계된 분산형전원과 신규로 연계 예정인 분산형전원 포함) 연계용량의 누적 합을 말한다.

㉑ 저압 공용선로 누적연계용량

해당 저압 공용선로에 역송병렬 형태로 연계된 모든 분산형전원(기존 연계된 분산형전원과 신규로 연계 예정인 분산형전원 포함) 연계용량의 누적 합을 말한다.

㉒ 간소검토 용량

상세한 기술평가 없이 제2장 제2절의 기술요건을 만족하는 것으로 간주할 수 있는 분산형전원의 연계 가능 최소용량으로 제2장 제1절의 기술요건만을 만족하는 경우 연계가 가능한 용량 기준을 의미하며, 분산형전원이 연계되는 대상 계통의 설비용량(주변압기 및 배전용 변압기 용량, 선로 운전 용량 등)에 대한 분산형전원의 누적연계용량의 비율로 정의한다.

㉓ 상시운전용량

22,900[V] 일반 배전선로(전선 ACSR-OC 160[mm^2] 및 CNCV 325[mm^2], 3분할 3연계 적용)의 상시운전용량은 10,000[kVA], 22,900[V] 대용량 배전선로(ACSR-OC 240[mm^2] 및 CNCV 325[mm^2] 전력구 구간, CNCV 600[mm^2] 관로 구간, 3분할 3연계 적용)의 상시운전용량은 15,000[kVA]로 평상시의 운전 최대용량을 의미하며, 변전소 주변압기의 용량, 전선의 열적 허용 전류, 선로 전압강하, 비상시 부하 전환 능력, 선로의 분할 및 연계 등 해당 배전계통 운전 여건에 따라 하향 조정될 수 있다.

㉔ 공용선로

일반 다수의 전기사용자에게 전기를 공급하기 위하여 설치한 배전선로를 말한다.

㉕ 전용선로

특정 분산형전원 설치자가 전용(專用)하기 위한 배전선로로서 한전 또는 고객이 소유하는 선로를 말한다.

㉖ 전압요동(Voltage Fluctuation)

연속적이거나 주기적인 전압변동(Voltage Change, 어느 일정한 지속시간(Duration) 동안 유지되는 연속적인 두 레벨 사이의 전압 실횻값 또는 최댓값의 변화를 말한다)을 말한다.

㉗ 플리커(Flicker)

입력 전압의 요동(Fluctuation)에 기인한 전등 조명 강도의 인지 가능한 변화를 말한다.

㉘ 상시 전압변동률

분산형전원 연계 전 계통의 안정 상태 전압 실횻값과 연계 후 분산형전원 정격 출력을 기준으로 한 계통의 안정 상태 전압 실횻값 간의 차이(Steady-state Voltage Change)를 계통의 공칭전압에 대한 백분율로 나타낸 것을 말한다.

㉙ 순시 전압변동률

분산형전원의 기동, 탈락 혹은 빈번한 출력변동 등으로 인해 과도상태가 지속되는 동안 발생하는 기본파 계통 전압 실횻값의 급격한 변동(Rapid Voltage Change, 예를 들어 실횻값의 최댓값과 최솟값의 차이 등을 말한다)을 계통의 공칭전압에 대한 백분율로 나타낸 것을 말한다.

㉚ 전압 상한 여유도

배전선로의 최소부하 조건에서 산정한 특고압 계통의 임의의 지점의 전압과 전기사업법 제18조 및 동법 시행규칙 제18조에서 정한 표준전압 및 허용오차의 상한치(220[V] + 13[V])를 특고압으로 환산한 전압의 차이를 공칭전압에 대한 백분율로 표시한 값을 말한다. 즉, 특고압 계통의 임의의 지점에서 산출한 전압 상한 여유도는 해당 배전선로에서 분산형전원에 의한 전압변동(전압상승)을 허용할 수 있는 여유를 의미한다.

㉛ 전압 하한 여유도

배전선로의 최대부하 조건에서 산정한 특고압 계통의 임의의 지점의 전압과 전기사업법 제18조 및 동법 시행규칙 제18조에서 정한 표준전압 및 허용오차의 하한치(220[V] – 13[V])를 특고압으로 환산한 전압의 차이를 공칭 전압에 대한 백분율로 표시한 값을 말한다. 즉, 특고압 계통의 임의의 지점에서 산출한 전압 하한 여유도는 해당 배전선로에서 분산형전원에 의한 전압변동(전압강하)을 허용할 수 있는 여유를 의미한다.

㉜ 전자기 장해(EMI ; Electro Magnetic Interference)

전자기기의 동작을 방해, 중지 또는 약화시키는 외란을 말한다.

㉝ 서지(Surge)

전기기기나 계통 운영 중에 발생하는 과도 전압 또는 전류로서, 일반적으로 최댓값까지 급격히 상승하고 하강 시에는 상승 시보다 서서히 떨어지는 수 [ms] 이내의 지속시간을 갖는 파형의 것을 말한다.

㉞ OLTC

On Load Tap Changer의 머리글자로, 부하공급 상태에서 TAP 위치를 변화시켜 전압조정이 가능한 장치를 말한다.

㉟ 자동전압조정장치

주변압기 OLTC에 부가된 부속 장치로서 부하의 크기에 따라 적정한 전압을 자동으로 조정할 수 있도록 신호를 공급하는 장치를 말한다.

㊱ 전용변압기

특정 분산형전원 설치자의 저압 분산형전원의 배전 계통 연계를 위해 일반 전기사용자가 연결되지 않은 발전 전용 배전용 변압기를 말하며 한전이 소유한다.

㊲ 상계거래용 변압기

상계거래를 신청하는 고객이 전기공급과 발전을 동시에 하기 위해 설치하는 한전 소유의 배전용변압기를 말하며, 다른 고객의 전기공급에는 활용 가능하나, 상계거래를 제외한 다른 역송형태의 추가 발전설비 연계는 불가하다.

㊳ 발전구역

분산형전원 연계의 기준이 되는 구역으로 전기공급약관 제18조에 규정한 전기사용장소와 동일한 장소를 의미한다.

(5) 연계 요건 및 연계의 구분(제4조)

① 분산형전원을 계통에 연계하고자 할 경우, 공공 인축과 설비의 안전, 전력공급 신뢰도 및 전기품질을 확보하기 위한 기술적인 제반 요건이 충족되어야 한다.

② 제2장 제1절의 기술요건을 만족하고 한전 계통 저압 배전용 변압기의 분산형전원 연계 가능 용량에 여유가 있을 경우, 저압 한전 계통에 연계할 수 있는 분산형전원은 다음과 같다.

　㉠ 분산형전원의 연계용량이 500[kW] 미만이고 배전용 변압기 누적연계용량이 해당 배전용 변압기 용량의 50[%] 이하인 경우 다음 각 목에 따라 해당 저압계통에 연계할 수 있다. 다만, 분산형전원의 출력전류의 합은 해당 저압 전선의 허용전류를 초과할 수 없다.

- 분산형전원의 연계용량이 연계하고자 하는 해당 배전용 변압기(지상 또는 주상) 용량의 25[%] 이하인 경우 다음 각 목에 따라 간소 검토 또는 연계용량 평가를 통해 저압 공용선로로 연계할 수 있다.
  - 간소검토 : 저압 공용선로 누적연계용량이 해당 변압기 용량의 25[%] 이하인 경우
  - 연계용량 평가 : 저압 공용선로 누적연계용량이 해당 변압기 용량의 25[%] 초과 시, 제2장 제2절에서 정한 기술요건을 만족하는 경우
- 분산형전원의 연계용량이 연계하고자 하는 해당 배전용 변압기(주상 또는 지상)용량의 25[%]를 초과하거나, 제2장 제2절에서 정한 기술요건에 적합하지 않은 경우 접속설비를 저압 전용선로로 할 수 있다.

ⓒ 배전용 변압기 누적연계용량이 해당 변압기 용량의 50[%]를 초과하는 경우 전용 변압기(상계거래용 변압기 포함)를 설치하여 연계할 수 있다. 단 아래의 조건에서는 예외로 한다.
- 4[kW] 이하 상계거래의 경우는 배전용 변압기 누적연계용량이 해당 배전용 변압기 용량의 50[%] 초과 시 배전용 변압기의 직전 1년간 평균 상시이용률 이내에서 해당 배전용 변압기를 통해 저압에 연계할 수 있다. 단, 평균 상시이용률이 50[%] 이상인 경우만 적용 가능하며, 배전용 변압기 누적연계용량이 상시이용률을 초과하는 경우에는 상계거래용 변압기를 설치하여 연계한다.
- 단상 분산형전원의 경우 현재 연계 예정인 배전용 변압기가 3상이고 해당 배전용 변압기의 누적연계용량이 변압기 용량 50[%]를 초과하는 경우 다른 상 배전용 변압기 누적연계용량이 변압기 용량의 50[%] 이내에서 상 분리를 통해 연계할 수 있다.

ⓒ 분산형전원의 연계용량이 500[kW] 미만인 경우라도 분산형전원 설치자가 희망하고 한전이 이를 타당하다고 인정하는 경우에는 특고압 한전 계통에 연계할 수 있다.

ⓔ 동일한 발전구역 내에서 개별 분산형전원의 연계용량은 500[kW] 미만이나 그 연계용량의 총합은 500[kW] 이상이고, 그 명의나 회계주체(법인)가 각기 다른 복수의 단위 분산형전원이 존재할 경우에는 ②의 ㉠과 ㉡에 따라 각각의 단위 분산형전원을 저압 한전 계통에 연계할 수 있다. 다만, 각 분산형전원 설치자가 희망하고, 계통의 효율적 이용, 유지보수 편의성 등 경제적, 기술적으로 타당한 경우에는 대표 분산형전원 설치자의 발전용 변압기 설비를 공용하여 ③에 따라 특고압 한전 계통에 연계할 수 있다.

ⓜ 가공공급지역의 경우 하나의 공통연결점에서 단위 또는 합산 분산형전원 연계용량이 500[kW] 미만까지 발전구역 밖 주상변압기에서 연계하는 것을 원칙으로 한다. 단, 기술적 및 경제적 사유 등을 고려하여 분산형전원 설치자가 희망할 경우 발전구역 내에 한전 지중공급설비 설치장소를 제공받아 전용으로 공급할 수 있다.

ⓗ 전기방식이 교류 단상 220[V]인 분산형전원을 저압 한전 계통에 연계할 수 있는 용량은 100[kW] 미만으로 한다.

ⓢ 회전형 분산형전원을 저압 한전 계통에 연계할 경우 단순병렬 또는 전용 변압기를 통하여 연계할 수 있다.

◎ 저압 분산형전원 연계용 전용변압기는 주상은 아몰퍼스 변압기, 지상은 Compact형 변압기를 신설함을 원칙으로 한다. 단, 전기공급과 발전을 동시에 하기 위해 설치하는 변압기(상계거래용 변압기 포함)는 주상의 경우 고효율 변압기를 신설한다.

③ 제2장 제1절의 기술요건을 만족하고 한전 계통 변전소 주변압기의 분산형전원 연계 가능 용량에 여유가 있을 경우, 특고압 한전 계통 또는 전용 변압기(상계거래용 변압기 포함)를 통해 저압 한전 계통에 연계할 수 있는 분산형전원은 다음과 같다.

㉠ 분산형전원의 연계용량이 10,000[kW] 이하로 특고압 한전 계통에 연계되거나 500[kW] 미만으로 전용변압기(상계거래용 변압기 포함)를 통해 저압 한전 계통에 연계되고 해당 특고압 공용선로 누적연계용량이 상시운전용량 이하인 경우, 다음 각 목에 따라 해당 한전 계통에 연계할 수 있다. 다만, 분산형전원의 출력전류의 합은 해당 특고압 전선의 허용전류를 초과할 수 없다.

- 간소검토 : 주변압기 누적연계용량이 해당 주변압기 용량의 15[%] 이하이고, 특고압 공용선로 누적연계용량이 해당 특고압 공용선로 상시운전용량의 15[%] 이하인 경우 간소검토 용량으로 하여 특고압 공용선로에 연계할 수 있다.
- 연계용량 평가 : 주변압기 누적연계용량이 해당 주변압기 용량의 15[%]를 초과하거나, 특고압 공용선로 누적연계용량이 해당 특고압 공용선로 상시 운전 용량의 15[%]를 초과하는 경우에 대해서는 제2장 제2절에서 정한 기술요건을 만족하는 경우에 한하여 해당 특고압 공용선로에 연계할 수 있다.
- 분산형전원의 연계로 인해 제2장 제1절 및 제2절에서 정한 기술요건을 만족하지 못하는 경우 원칙적으로 특고압 전용선로로 연계하여야 한다. 단, 기술적 문제를 해결할 수 있는 보완 대책이 있고 설비보강 등의 합의가 있는 경우에 한하여 특고압 공용선로에 연계할 수 있다.

㉡ 분산형전원의 연계용량이 10,000[kW]를 초과하거나 특고압 공용선로 누적연계용량이 해당 선로의 상시 운전용량을 초과하는 경우 다음 각 목에 따른다.

- 개별 분산형전원의 연계용량이 10,000[kW] 이하라도 특고압 공용선로 누적연계용량이 해당 특고압 공용선로 상시운전용량을 초과하는 경우에는 접속설비를 특고압 전용선로로 함을 원칙으로 한다.
- 개별 분산형전원의 연계용량이 14,000[kW] 초과 20,000[kW] 미만인 경우에는 접속설비를 대용량 배전방식에 의해 연계함을 원칙으로 한다.
- 접속설비를 특고압 전용선로로 하는 경우, 향후 불특정 다수의 다른 일반 전기사용자에게 전기를 공급하기 위한 선로 경과지 확보에 현저한 지장이 발생하거나 발생할 우려가 있다고 한전이 인정하는 경우에는 접속설비를 지중 배전선로로 구성함을 원칙으로 한다.
- 접속설비를 전용선로로 연계하는 분산형전원은 제2장 제2절 제23조에서 정한 단락용량 기술요건을 만족해야 한다.

㉢ ①과 ②에도 불구하고 다음 각 목을 모두 만족하는 경우에 한하여 특고압 공용선로의 연계되는 분산형전원을 상시운전용량의 20[%] 범위 내에서 추가로 연계할 수 있다.

- 특고압 공용 배전선로에 연계된 태양광(ESS연계 태양광 포함)을 제외한 분산형전원의 누적연계용량이 2,000[kW]를 초과하지 않는 경우
- 연계하고자 하는 분산형전원의 연계용량이 10,000[kW]를 초과하지 않는 경우

④ 단순병렬로 연계되는 분산형전원의 경우 제2장 제1절의 기술요건을 만족하는 경우 배전용 변압기 및 저압 공용선로 누적연계용량과 주변압기 및 특고압 공용선로 누적연계용량 합산대상에서 제외할 수 있다.

⑤ 기술기준 제2장 제1절의 기술요건 만족 여부를 검토할 때, 분산형전원 용량은 해당 단위 분산형전원에 속한 발전설비 정격 출력의 합계(Hybrid 분산형전원의 경우 최대출력을 기준으로 산정한 연계용량)를 기준으로 하며, 검토점은 특별히 달리 규정된 내용이 없는 한 제3조 제9호에 의한 공통 연결점으로 함을 원칙으로 하나, 측정이나 시험 수행 시 편의상 제3조 제8호에 의한 접속점 또는 제10호에 의한 분산형전원 연결점 등을 검토점으로 할 수 있다.

⑥ 기술기준 제2장 제2절의 기술요건 만족 여부를 검토할 때, 분산형전원 용량은 저압연계의 경우 해당 배전용 변압기 및 저압 공용선로 누적연계용량을 기준으로 하며, 특고압 연계의 경우 해당 주변압기 및 특고압 공용선로 누적연계용량을 기준으로 한다. 다만, 전용 변압기(상계거래용 변압기 포함)를 통해 연계하는 분산형전원의 경우 특고압 연계에 준하여 검토한다.

⑦ Hybrid 분산형전원의 ESS 충전은 분산형전원의 발전전력에 의해서만 이루어져야하며, 소내 부하공급용 전력에 의한 충전은 허용되지 않는다. ESS 설비용량은 풍력·태양광발전의 설비용량을 초과할 수 없는 것을 원칙으로 하나, 각 하나에 해당할 경우 ESS 설비용량이 풍력·태양광발전의 설비용량을 초과 할 수 있다.
  ㉠ PCS의 정격용량이 발전설비 용량의 110[%] 이하이고, PCS 입출력을 발전설비 용량 이하로 운전하도록 설정할 경우
  ㉡ PCS 연계 변압기의 정격용량이 발전설비 용량 이하로 설치하고, PCS 입출력을 발전설비 용량 이하로 운전하도록 설정할 경우
  ※ 위 기준 ㉠ 및 ㉡에 해당하는 사업자는 PCS 운전 확약서 제출

(6) 협의 등(제5조)

① 이 기준에 명시되지 않은 사항은 관련 법령, 규정 등에서 정하는 바에 따라 분산형전원 설치자와 한전이 협의하여 결정한다.
② 한전은 이 기준에서 정한 기술요건의 만족 여부 검토·확인, 연계계통의 운영 등을 위하여 필요할 때에는 이 기준의 취지에 따라 세부 시행 지침, 절차 등을 정하여 운영할 수 있다.
③ 분산형전원 사업자의 합의가 있는 경우, 분산형전원에 대한 운전역률, 유효전력 및 무효전력 제어 등에 관한 기술적 내용을 한전과 분산형전원 사업자 간 상호 협의하여 체결할 수 있다.
④ 분산형전원의 연계가 배전계통 운영 및 전기사용자의 전력 품질에 영향을 미친다고 판단되는 경우, 분산형전원에 대한 한전의 원격제어 및 탈락 기능에 대한 기술적 협의를 거쳐 계통연계를 검토 할 수 있다.

(7) 전기방식(제6조)

① 분산형전원의 전기방식은 연계하고자 하는 계통의 전기방식과 동일하게 함을 원칙으로 한다. 단, 3상 수전 고객이 단상 인버터를 설치하여 분산형전원을 계통에 연계하는 경우는 아래의 표에 의한다.

3상 수전 단상 인버터 설치기준

구 분	인버터 용량
1상 또는 2상 설치 시	각 상에 4[kW] 이하로 설치
3상 설치 시	상별 동일 용량 설치

② 분산형전원의 연계 구분에 따른 연계계통의 전기방식은 아래의 표에 의한다.

연계 구분에 따른 계통의 전기방식

구 분	연계계통의 전기방식
저압 한전계통 연계	교류 단상 220[V] 또는 교류 3상 380[V] 중 기술적으로 타당하다고 한전이 정한 한가지 전기방식
특고압 한전계통 연계	교류 3상 22,900[V]

(8) 한전 계통 접지와의 협조(제7조)

역송병렬 형태의 분산형전원 연계 시 그 접지방식은 해당 한전 계통에 연결되어 있는 타 설비의 정격을 초과하는 과전압을 유발하거나 한전 계통의 지락 고장 보호 협조를 방해해서는 안 된다. 단, 분산형전원 설치자가 비접지방식을 사용하여 연계하고자 하는 경우 한전 계통 접지와의 협조를 만족할 수 있는 별도의 대책을 수립하여야 한다.

(9) 동기화(제8조)

분산형전원의 계통 연계 또는 가압된 구내계통의 가압된 한전 계통에 대한 연계에 대하여 병렬연계 장치의 투입 순간에 아래 표의 모든 동기화 변수들이 제시된 제한범위 이내에 있어야 하며, 만일 어느 하나의 변수라도 제시된 범위를 벗어날 경우에는 병렬연계 장치가 투입되지 않아야 한다.

계통 연계를 위한 동기화 변수 제한범위

분산형전원 정격용량 합계[kW]	주파수 차 ($\triangle f$, [Hz])	전압 차 ($\triangle V$, [%])	위상각 차 ($\triangle \phi$, °)
0~500	0.3	10	20
500 초과~1,500	0.2	5	15
1,500 초과~20,000 미만	0.1	3	10

(10) 감시 및 제어설비(제10조)

① 특고압 또는 전용 변압기를 통해 저압 한전 계통에 연계하는 역송병렬의 분산형전원이 하나의 공통 연결점에서 단위 분산형전원의 용량 또는 분산형전원 용량의 총합이 250[kW] 이상일 경우 분산형전원 설치자는 분산형전원 연결점에 연계상태, 유·무효전력 출력, 운전 역률 및 전압 등의 전력 품질을 감시하기 위한 설비를 갖추어야 한다.

② 한전 계통 운영상 필요할 경우 한전은 분산형전원 설치자에게 ①에 의한 감시설비와 한전 계통 운영시스템의 실시간 연계를 요구하거나 실시간 연계가 기술적으로 불가할 경우 감시기록 제출을 요구할 수 있으며, 분산형전원 설치자는 이에 응하여야 한다.

③ (11)과 관련하여 분리장치로 전기품질 측정기능을 구비한 자동개폐기 또는 자동차단기를 설치할 경우 감시설비를 생략할 수 있다.

④ 제주계통에 접속하는 연계용량 100[kW] 이상의 태양광, 풍력 및 연료전지 분산형전원은 감시 및 제어를 위해 송배전용전기설비이용규정 별표 6에서 정의하는 신재생연계단말장치를 설치하여야 하며 이 경우 ①을 만족하는 것으로 할 수 있다.

(11) 분리장치(제11조)

① 접속점에는 접근이 용이하고 잠금이 가능하며 개방상태를 육안으로 확인할 수 있는 분리장치를 설치하여야 한다(단, 단순병렬 분산형전원은 ①의 조건을 만족하는 경우 책임분계점 개폐기로 대체 가능함).

② 제4조 제3항에 따라 역송병렬 형태의 분산형전원이 특고압 한전계통에 연계되는 경우 ①에 의한 분리 장치는 연계 용량에 관계없이 전압·전류 감시 기능, 고장표시(FI ; Fault Indication) 기능 등을 구비한 자동개폐기를 설치하여야 한다. 다만, 전용 변압기를 통해 한전 계통에 연계하는 단독 또는 합산용량 100[kW] 이상 저압 분산형전원의 경우 변압기 1차측에 전압·전류 감시 기능, 고장표시(FI ; Fault Indication) 기능, 고장전류 감지 및 자동차단 기능 등을 구비한 자동차단기를 설치하여야 한다.

(12) 연계시스템의 건전성(제12조)

① 전자기 장해로부터의 보호

연계시스템은 전자기 장해 환경에 견딜 수 있어야 하며, 전자기 장해의 영향으로 인하여 연계시스템이 오동작하거나 그 상태가 변화되어서는 안 된다.

② 내서지 성능

연계시스템은 서지를 견딜 수 있는 능력을 갖추어야 한다.

(13) 한전 계통 이상 시 분산형전원 분리 및 재병입(제13조)

① 한전 계통의 고장

분산형전원은 연계된 한전 계통 선로의 고장 시 해당 한전 계통에 대한 가압을 즉시 중지하여야 한다.

② 한전 계통 재폐로와의 협조

①에 의한 분산형전원 분리 시점은 해당 한전 계통의 재폐로 시점 이전이어야 한다.

③ 전 압

㉠ 연계시스템의 보호장치는 각 선간전압의 실횻값 또는 기본파 값을 감지해야 한다. 단, 구내계통을 한전 계통에 연결하는 변압기가 Y-Y 결선 접지방식의 것 또는 단상 변압기일 경우에는 각 상전압을 감지해야 한다.

㉡ ①의 전압 중 어느 값이나 아래의 표와 같은 비정상 범위 내에 있을 경우 분산형전원은 해당 분리 시간(Clearing Time) 내에 한전 계통에 대한 가압을 중지하여야 한다.

㉢ 다음 각 목의 하나에 해당하는 경우에는 분산형전원 연결점에서 ①에 의한 전압을 검출할 수 있다.
- 하나의 구내계통에서 분산형전원 용량의 총합이 30[kW] 이하인 경우
- 연계시스템 설비가 단독운전 방지시험을 통과한 것으로 확인될 경우
- 분산형전원 용량의 총합이 구내계통의 15분간 최대수요전력 연간 최솟값의 50[%] 미만이고, 한전 계통으로의 유·무효전력 역송이 허용되지 않는 경우

비정상 전압에 대한 분산형전원 분리 시간

전압 범위[주2] (기준전압[주1]에 대한 백분율[%])	분리시간[주2] [초]
V < 50	0.5
50 ≦ V < 70	2.00
70 ≦ V < 90	2.00
110 < V < 120	1.00
V ≧ 120	0.16

주 : 1) 기준전압은 계통의 공칭전압을 말한다.
   2) 분리시간이란 비정상 상태의 시작부터 분산형전원의 계통가압 중지까지의 시간을 말하며, 필요할 경우 전압 범위 정정치와 분리시간을 현장에서 조정할 수 있어야 한다.

④ 주파수

계통 주파수가 아래 표와 같은 비정상 범위 내에 있을 경우 분산형전원은 해당 분리시간 내에 한전계통에 대한 가압을 중지하여야 한다.

비정상 주파수에 대한 분산형전원 분리시간

분산형전원 용량	주파수 범위[주] [Hz]	분리시간[주] [초]
용량무관	f > 61.5	0.16
	f < 57.5	300
	f < 57.0	0.16

주) 분리시간이란 비정상 상태의 시작부터 분산형전원의 계통가압 중지까지의 시간을 말하며, 필요할 경우 주파수 범위 정정치와 분리시간을 현장에서 조정할 수 있어야 한다. 저주파수 계전기 정정치 조정 시에는 한전계통 운영과의 협조를 고려하여야 한다.

⑤ 한전 계통에의 재병입(再竝入, Reconnection)
  ㉠ 한전 계통에서 이상 발생 후 해당 한전 계통의 전압 및 주파수가 정상 범위 내에 들어올 때까지 분산형전원의 재병입이 발생해서는 안 된다.
  ㉡ 분산형전원 연계시스템은 안정 상태의 한전 계통 전압 및 주파수가 정상 범위로 복원된 후 그 범위 내에서 5분간 유지되지 않는 한 분산형전원의 재병입이 발생하지 않도록 하는 지연기능을 갖추어야 한다.

(14) 분산형전원 이상 시 보호 협조(제14조)

① 분산형전원의 이상 또는 고장 시 이로 인한 영향이 연계된 한전 계통으로 파급되지 않도록 분산형전원을 해당 계통과 신속히 분리하기 위한 보호 협조를 실시하여야 한다.
② 분산형전원 연계시스템의 보호 도면과 제어도면은 사전에 반드시 한전과 협의하여야 한다.

(15) 전기품질(제15조)

① 직류 유입 제한
  분산형전원 및 그 연계시스템은 분산형전원 연결점에서 최대 정격 출력전류의 0.5[%]를 초과하는 직류 전류를 계통으로 유입시켜서는 안 된다.

② 역률
  ㉠ 분산형전원의 역률은 90[%] 이상으로 유지함을 원칙으로 한다. 다만, 역송병렬로 연계하는 경우로서 연계계통의 전압상승 및 강하를 방지하기 위하여 기술적으로 필요하다고 평가되는 경우에는 연계계통의 전압을 적절하게 유지할 수 있도록 분산형전원 역률의 하한값과 상한값을 고객과 한전이 협의하여야 정할 수 있다.
  ㉡ 분산형전원의 역률은 계통 측에서 볼 때 진상역률(분산형전원 측에서 볼 때 지상역률)이 되지 않도록 함을 원칙으로 한다.
③ 플리커(Flicker)
  분산형전원은 빈번한 기동·탈락 또는 출력변동 등에 의하여 한전 계통에 연결된 다른 전기사용자에게 시각적인 자극을 줄만 한 플리커나 설비의 오동작을 초래하는 전압요동을 발생시켜서는 안 된다.
④ 고조파
  특고압 한전 계통에 연계되는 분산형전원은 연계 용량에 관계없이 한전이 계통에 적용하고 있는 배전계통 고조파 관리기준에 준하는 허용기준을 초과하는 고조파 전류를 발생시켜서는 안 된다.

(16) 순시전압변동(제16조)

① 특고압 계통의 경우, 분산형전원의 연계로 인한 순시전압변동률은 발전원의 계통 투입·탈락 및 출력변동 빈도에 따라 아래의 표에서 정하는 허용기준을 초과하지 않아야 한다. 단, 해당 분산형전원의 변동 빈도를 정의하기 어렵다고 판단되는 경우에는 순시전압변동률 3[%]를 적용한다. 또한, 해당 분산형전원에 대한 변동 빈도 적용에 대해 설치자의 이의가 제기되는 경우, 설치자가 이에 대한 논리적 근거 및 실험적 근거를 제시하여야 하고 이를 근거로 변동 빈도를 정할 수 있으며 제10조에 의한 감시설비를 설치하고 이를 확인하여야 한다. Hybrid 분산형전원의 순시전압변동률은 ESS의 계통 병입·탈락 빈도와 분산형전원의 계통 병입·탈락 빈도를 합산한 값에 대하여 아래의 표에서 정하는 허용기준을 초과하지 않아야 한다. 단, 해당 Hybrid 분산형전원의 변동 빈도를 정의하기 어렵다고 판단되는 경우에는 순시전압변동률 3[%]를 적용한다.

순시전압변동률 허용기준

변동빈도	순시전압변동률
1시간에 2회 초과 10회 이하	3[%]
1일 4회 초과 1시간에 2회 이하	4[%]
1일에 4회 이하	5[%]

② 저압계통의 경우, 계통 병입 시 돌입 전류를 필요로 하는 발전원에 대해서 계통 병입에 의한 순시전압변동률이 6[%]를 초과하지 않아야 한다.
③ 분산형전원의 연계로 인한 계통의 순시전압변동이 ① 및 ②에서 정한 범위를 벗어날 경우에는 해당 분산형전원 설치자가 출력변동 억제, 기동·탈락 빈도 저감, 돌입전류 억제 등 순시전압변동을 저감하기 위한 대책을 실시한다.
④ ③에 의한 대책으로도 ① 및 ②의 순시전압변동 범위 유지가 불가할 경우에는 다음 각 호의 하나에 따른다.
  ㉠ 계통용량 증설 또는 전용선로로 연계
  ㉡ 상위전압의 계통에 연계

(17) 단독운전(제17조)

① 연계된 계통의 고장이나 작업 등으로 인해 분산형전원이 공통 연결점을 통해 한전 계통의 일부를 가압하는 단독운전 상태가 발생할 경우 해당 분산형전원 연계시스템은 이를 감지하여 단독운전 발생 후 최대 0.5초 이내에 한전 계통에 대한 가압을 중지해야 한다.
② 개별 인버터의 용량과 총 연계용량이 상이하여 단위 분산형전원에 2대 이상의 인버터를 사용하는 경우 인버터의 상호 간섭으로 인해 단독운전 검출 감도에 영향을 미칠 수 있으므로 분산형전원 설치자는 이를 방지하여야 한다.

(18) 보호장치 설치(제18조)

① 분산형전원 설치자는 고장 발생 시 자동적으로 계통과의 연계를 분리할 수 있도록 다음의 보호계전기 또는 동등 이상의 기능 및 성능을 가진 보호장치를 설치하여야 한다.
   ㉠ 계통 또는 분산형전원 측의 단락·지락 고장 시 보호를 위한 보호장치를 설치한다.
   ㉡ 적정한 전압과 주파수를 벗어난 운전을 방지하기 위하여 과·저전압 계전기, 과·저주파수 계전기를 설치한다.
   ㉢ 단순 병렬 분산형전원의 경우에는 역전력 계전기를 설치한다. 단, 신에너지 및 재생에너지 개발·이용·보급 촉진법 제2조 제1호의 규정에 의한 신재생에너지를 이용하여 동일 전기사용장소에서 전기를 생산하는 용량 50[kW] 이하의 소규모 분산형전원(단, 해당 구내계통 내의 전기사용 부하의 수전 계약전력이 분산형전원 용량을 초과하는 경우에 한한다)으로서 제17조에 의한 단독운전 방지기능을 가진 것을 단순 병렬로 연계하는 경우에는 역전력 계전기 설치를 생략할 수 있다.
② 역송병렬 분산형전원의 경우에는 제17조에 따른 단독운전 방지기능에 의해 자동적으로 연계를 차단하는 장치를 설치하여야 한다. 또한 단순병렬 분산형전원의 경우 발전설비에 단독운전 방지기능이 있거나 ①의 ㉠, ㉡의 보호장치를 설치하는 경우 제17조의 단독운전 방지기능을 가진 것으로 볼 수 있다.
③ 인버터를 사용하는 저압계통 연계 분산형전원의 경우 그 인버터를 포함한 연계 시스템에 ① 내지 ②에 준하는 보호기능이 내장되어 있을 때에는 별도의 보호장치 설치를 생략할 수 있다. 다만, 아래의 항목에 대해서는 별도의 조치를 이행하여야 한다.
   ㉠ 3상 분산형전원 설치자가 단상 분산형전원을 조합하여 저압계통에 연계하는 경우, 결상 또는 전압불평형 등을 감지하여 3상 전체를 차단할 수 있는 보호장치를 설치하여야 한다.
   ㉡ 100[kW] 이상 저압계통에 연계하는 분산형전원은 보호기능이 내장되어 있는 경우라 하더라도 연계시스템 전체에 대한 ①을 만족하는 별도의 보호장치를 설치하여야 한다.
④ 분산형전원의 특고압 연계 또는 전용 변압기(상계거래용 변압기 포함)를 통한 저압 연계의 경우, 보호장치 설치에 관한 세부사항은 한전이 계통에 적용하고 있는 발전기 병렬운전 연계선로 보호업무 편람 등에 따른다.
⑤ ① 내지 ④에 의한 보호장치는 접속점에서 전기적으로 가장 가까운 구내계통 내의 차단장치 설치점(보호배전반)에 설치함을 원칙으로 하되, 해당 지점에서 고장검출이 기술적으로 불가한 경우에 한하여 고장검출이 가능한 다른 지점에 설치할 수 있다.
⑥ Hybrid 분산형전원 설치자는 ESS 설비 및 분산형전원에 ① 내지 ②에 준하는 보호기능이 각각 내장되어 있더라도 해당 Hybrid 분산형전원의 연계시스템 전체에 대한 보호기능을 수행할 수 있는 별도의 보호장치를 설치하여야 한다.

(19) 변압기(제19조)

직류발전원을 이용한 분산형전원 설치자는 인버터로부터 직류가 계통으로 유입되는 것을 방지하기 위하여 연계시스템에 상용주파 변압기를 설치하여야 한다. 단, 다음 조건을 모두 만족시키는 경우에는 상용주파 변압기의 설치를 생략할 수 있다.
① 직류회로가 비접지인 경우 또는 고주파 변압기를 사용하는 경우
② 교류 출력 측에 직류 검출기를 구비하고 직류 검출 시에 교류 출력을 정지하는 기능을 갖춘 경우

(20) 한전계통 전압의 조정(제20조)

① 분산형전원이 계통에 영향을 미쳐 다른 구내계통에 대한 한전 계통의 공급전압이 전기사업법 제18조 및 동법 시행규칙 제18조에서 정한 표준전압 및 허용오차의 범위를 벗어나게 하여서는 안 된다.
② 분산형전원으로 인하여 ①의 기술요건을 만족하지 못하는 경우 연계용량이 제한될 수 있다.
③ 한전은 ①의 기술요건을 만족시키기 위해 분산형전원 사업자와의 협의를 통해 분산형전원의 운전역률 혹은 유효전력, 무효전력 등을 제어할 수 있고, 적정 전압 유지범위를 이탈할 경우 분산형전원을 계통에서 분리시킬 수 있다.
④ 원칙적으로 분산형전원은 계통의 전압을 능동적으로 조정하여서는 안 된다. 단, 분산형전원의 연계로 인하여 적정 전압 유지범위를 이탈할 우려가 있거나 한전이 필요하다고 인정하는 경우 계통의 전압을 적정 전압 유지범위 이내로 조정하기 위한 분산형전원의 능동적 전압조정은 제한된 범위 내에서 허용할 수 있다.

(21) 저압계통 상시전압변동(제21조)

① 저압 공용선로에서 분산형전원의 상시 전압변동률은 3[%]를 초과하지 않아야 한다. 다만, 전용 변압기를 통해 저압 한전 계통에 연계되는 분산형전원의 경우 제22조에서 정한 기술요건으로 검토한다.
② 분산형전원의 연계로 인한 계통의 전압변동이 ①에서 정한 범위를 벗어날 우려가 있는 경우에는 해당 분산형전원 설치자가 한전과 협의하여 전압 변동을 저감하기 위한 대책을 실시한다.
③ ②에 의한 대책으로도 ①의 전압변동 범위 유지가 불가할 경우에는 다음의 하나에 따른다.
　㉠ 계통용량 증설 또는 전용선로로 연계
　㉡ 상위전압의 계통에 연계
④ 역송병렬 분산형전원 연계 시 저압계통의 상시전압이 전기사업법 제18조 및 동법 시행규칙 제18조에서 정한 허용범위를 벗어날 우려가 있을 경우에는 전용 변압기를 통하여 계통에 연계하며, 이 때 역송전력을 발생시키는 분산형전원의 최대용량은 변압기 용량을 초과하지 않도록 한다.

(22) 특고압계통 상시전압변동(제22조)

① 특고압 공용선로에서 분산형전원의 연계로 인한 상시전압변동률은 각 분산형전원 연계점에서의 전압 상한 여유도 및 하한 여유도를 각각 초과하지 않아야 한다.
② 분산형전원의 연계로 인한 계통의 전압변동이 ①에서 정한 범위를 벗어날 우려가 있는 경우에는 해당 분산형전원 설치자가 한전과 협의하여 전압변동을 저감하기 위한 대책을 실시한다.
③ ②에 의한 대책으로도 ①의 전압변동 범위 유지가 불가할 경우에는 다음 각 호의 하나에 따른다.
　㉠ 계통용량 증설 또는 전용선로로 연계
　㉡ 상위전압의 계통에 연계

④ 특고압 계통에 연계된 분산형전원의 출력변동으로 인하여 주변압기 송출전압을 조정하는 자동전압조정장치의 운전을 방해하여 주변압기 OLTC의 불필요한 동작 및 빈번한 동작을 야기해서는 안 된다.

(23) 단락용량(제23조)

① 분산형전원 연계에 의해 계통의 단락용량이 다른 분산형전원 설치자 또는 전기사용자의 차단기 차단용량 등을 상회할 우려가 있을 때에는 해당 분산형전원 설치자가 한류리액터 등 단락 전류를 제한하는 설비를 설치한다.
② ①에 의한 대책으로도 대응할 수 없는 경우에는 다음 각 호의 하나에 따른다.
    ㉠ 특고압 연계의 경우, 다른 배전용 변전소 뱅크의 계통에 연계
    ㉡ 저압연계의 경우, 전용 변압기를 통하여 연계
    ㉢ 상위전압의 계통에 연계
    ㉣ 기타 단락용량 대책 강구

(24) 계통연계 유지(제24조)

① 역송병렬 형태로 연계하는 분산형전원은 한전이 계통운영상 필요에 따라 요구하는 한전계통 고장 등으로 인한 전압 및 주파수 이상 시 계통연계를 유지(Fault Ride-Through)할 수 있어야 한다.
② ①에 따라 계통운전 유지에 협조해야하는 분산형전원은 한전계통의 비정상 전압 및 주파수에 대해 제13조 3항 및 4항의 분리시간에 대한 기술요건보다 제 24조의 기술요건을 우선적으로 만족해야 한다.
③ 분산형전원 설치자는 계통운영자의 요구에 따라 비정상 전압 및 주파수에 대한 범위 정정치 및 운전지속시간을 현장에서 조정할 수 있어야 한다.
④ ①에 따라 전압 및 주파수에 대해 계통연계를 유지하는 분산형전원은 [표 1] 및 [표 2]와 같이 한전계통 고장 등에 의한 전압 및 주파수 변동에 해당 운전 지속시간 동안 의무적으로 운전을 유지해야 한다. 단, 제13조에서 정한 분리시간 이내에는 계통에서 분리해야 한다.

[표 1] 비정상 전압에 대한 운전지속시간

전압 범위[주]	운전지속시간[주] [초]
V < 50	0.15
50 ≤ V < 70	0.16
70 ≤ V < 90	1.5
110 < V < 120	0.2
V ≥ 120	–

[표 2] 비정상 주파수에 대한 운전지속시간

주파수 범위[주] [Hz]	운전지속시간[주] [초]
f > 61.5	–
f < 57.5	299
f < 57.0	–

주) 운전지속시간이란 비정상 상태의 시작부터 분산형전원의 계통가압 중지 전까지 운전을 유지해야 하는 최소한의 시간을 말한다. 분산형전원은 운전지속시간 동안 분산형전원의 정격을 초과한 출력을 발생하여서는 안 되며, 계통전압 및 주파수의 변동으로 인해 연속적으로 범위 조건이 변경되는 경우 변경된 조건으로 운전지속 및 분리할 수 있어야 한다.

(25) 유효성 평가(제24조)

본 업무표준은 2년 주기로 유효성을 평가한다.

3 교류측 구성기기 선정

(1) 분전반
① 상용전력계통과 계통 연계하는 경우에 인버터의 교류출력을 계통으로 접속할 때 사용하는 차단기를 수납하는 함이다. 분전반은 대다수의 주택에 이미 설치되어 있기 때문에 태양광발전시스템의 정격출력전류에 맞는 차단기가 있으면 그것을 사용하도록 한다.
② 이미 설치되어 있는 분전반에 여유가 없는 경우에는 별도의 분전반을 준비하거나 기설되어 있는 분전반 근처에 설치하는 것이 일반적이다. 또한 태양광발전시스템용으로 설치하는 차단기는 지락검출기능이 있는 과전류차단기가 꼭 필요하다.
③ 단상 3선식 계통에 연계하는 경우에 부하의 불평형에 의해 중성선에 최대전류가 발생할 위험이 있으므로 수전점에서 3극의 과전류 분리를 가진 차단기(3P-3E)를 설치해야 한다.

(2) 적산전력량계
역송전이 있는 계통연계시스템에서 역송전한 전력량을 계측하여 전력회사에 판매할 전력요금을 산출하기 위한 계량기로 계량법에 의한 검정을 받은 적산전력량계를 사용할 필요가 있다. 역송전한 전력량만을 분리·계측하기 위해서 역전방지장치가 부착된 것을 사용한다. 기존 전력회사가 설치한 수요전력계량용 적산전력량계도 역송전이 있는 계통연계시스템에 설치할 경우에는 옥외 사양으로 하거나 옥내용에 창문을 만들어 옥외용 접속함 속에 설치한다. 역송전계량용 적산전력량계는 수용전력계량용 적산전력량계와는 달리 수용가측을 전원측으로 접속한다. 또한 역송전계량용 적산전력량계의 비용부담은 수용가 부담으로 되어 있다.

① 적산전력계의 구비조건
　　㉠ 가격이 저렴할 것
　　㉡ 주위 온도나 환경에 영향을 받지 않을 것
　　㉢ 오차가 적을 것
　　㉣ 내구성이 좋고, 재질이 튼튼할 것
　　㉤ 구입이 용이할 것
② 적산전력계의 종류
　　㉠ 단상 2선식
　　㉡ 3상 3선식
　　㉢ 3상 4선식
③ 부착방법
　　㉠ 매입형
　　㉡ 노출형

(3) 축전지

화학에너지를 전기적인 에너지로 변환하여 사용하는 것을 전지라 하며, 직류기전력을 전원으로 사용할 수 있는 장치를 말한다. 축전지는 양과 음의 전극판과 전해액으로 구성되어 있고 항상 양극판보다 음극판이 1개 더 많다.

① 전 지

화학에너지와 전기에너지 사이에 전환이 일어날 수 있도록 만든 것을 축전지라 하는데, 그 횟수가 1회에 한정되어 사용하는 1회용 건전지를 1차 전지라 하고, 여러 번 축전을 하여 사용할 수 있는 전지를 2차 전지(축전지)라 한다. 종류로는 납축전지, 니켈-수소축전지, 리튬이온축전지 등이 있다.

내 용 \ 종 류	납축전지	니켈-수소축전지	리튬이온축전지
공칭전압	2[V]	1.2[V]	3.7[V]
대전류방전	~ 3[CA] 가능	10[CA] 가능	20[CA] 정도
에너지밀도	30~400[Wh/kg]	10~100[Wh/kg]	50~200[Wh/kg]
충전방식	정전압, 정전류	정전류	정전압, 정전류
중간충전상태 사용	연속사용 불가	메모리 효과 있음	연속사용 가능
가 격	저 가	보 통	고 가

② 축전지에 필요한 특성
  ㉠ 충·방전효율이 좋아야 한다. 즉, 충전량에 대한 방전량의 비가 높아야 한다.
  ㉡ 셀 전압이 높고 충·방전 중의 전압변화가 적어야 한다.
  ㉢ 에너지밀도가 높으며 소형, 경량이어야 한다.
  ㉣ 사이클 수명이 길어야 한다.
  ㉤ 고·저온 시에 성능과 수명의 열화가 없어야 한다.
  ㉥ 관리 및 정비가 용이해야 한다.
  ㉦ 장시간 사용하여도 안전해야 한다.
  ㉧ 재사용이 가능해야 한다.
  ㉨ 관리 및 정비가 용이해야 한다.
  ㉩ 중간 영역의 충전상태에서 연속으로 사용하여도 성능의 열화가 없어야 한다.

③ 축전지 선정 기준
  ㉠ 비 용
  ㉡ 중 량
  ㉢ 전압-전류 특성 등의 전기적 성능
  ㉣ 안전성
  ㉤ 수 치
  ㉥ 수 명
  ㉦ 보수성
  ㉧ 재활용성
  ㉨ 경제성

④ 축전지에 사용되는 재료
  ㉠ 납(가장 많이 사용)
  ㉡ 리 튬
  ㉢ 니켈-수소
  ㉣ 니켈-카드뮴

⑤ 축전지의 이용 목적
  ㉠ 독립전원용
    • 태양전지의 발전전력을 저장하여 야간, 일조 없는 날에 전력을 사용한다.
    • 저장용량은 일조가 없는 날의 수 및 공급신뢰성으로 좌우된다.
  ㉡ 계통연계용
    • 계통정전 시의 비상용 전원 : 정전 시에 독립운전을 하여 부하를 백업하고 평상시에는 저장량을 100[%]로 충전한다.
    • 계통전압 상승억제 : 역조류에 의한 계통전압의 상승을 방지하고 전압 상승 시에만 잉여전력을 저장한다.
    • 발전전력의 평준화 : 태양전지의 출력변동을 평준화하고 저장용량이 비교적 작기 때문에 급격한 충·방전이 발생한다.
    • 야간 전력의 저장 : 야간에 계통으로부터 전력을 저장하여 주간에 태양광을 병용하여 사용한다. 매일 충·방전이 일어난다.

⑥ 계통연계시스템용 축전지
  축전지를 부가함으로써 전력의 공급, 발전전력 급변 시의 버퍼, 전력저장, 피크 시프트 등 시스템의 적용범위의 확대를 통한 부가가치를 높일 수 있는 방식으로 태양광발전시스템이 계통에 연계될 때 계통전압 안정화를 통한 축전지가 많이 활용된다.

⑦ 납축전지의 종류와 특징

명 칭	종 류	형 식	기대수명(25도) 부동 충전 시	기대수명(25도) 사이클 사용 시	용량[Ah]	보 수	용 도	시스템 예
제어 밸브식 거치	표 준	MSE	7~9년	DOD 50[%]에서 1,000사이클	50~3,000	필요 없음	연계자립, 방재 대응형	건축시설에 설치하는 방재형 시스템 등
	긴 수명	FVL	13~15년					
	사이클 서비스	SLM	–	DOD 30[%]에서 2,000사이클			피크컷, 독립형 전원	피크컷 시스템용 전력저장 및 독립형 시스템 전원
		12CTE	–	DOD 20[%]에서 2,200사이클	80~120 (12[V])			
소형 제어 밸브식	표 준	m	약 3년	DOD 50[%]에서 400사이클	2~65 (12[V])		소형연계자립, 독립형 전원	소형시스템 예 게시판, 방송시스템 등
	긴 수명	FML	약 6년		0.8~17 (12[V])			
	가장 긴 수명	FLH	약 15년		2~65 (12[V])			
소형 전동차용	제어 밸브식	EBC	–	DOD 75[%]에서 500사이클	65~100 (12[V])	필 요	소형피크컷, 독립형 전원	독립형 통신용 전원, 가로등용 등
	액 식	EB	–	DOD 75[%]에서 600사이클	15~160 (12[V])			
자동차용	시동용		2~3년	DOD 50[%]에서 200사이클	50~176 (12[V]) (5시간율)		소형연계자립, 독립형 전원	소형시스템 예 게시판, 방송시스템 등

※ DOD(Depth Of Discharge) : 방전심도

(4) 계통연계시스템용 축전지의 종류

① 방재 대응형

보통 계통연계시스템으로 동작하고 정전 등 재해 발생 시 인버터를 자동운전으로 전환함과 동시에 특정 재해 대응부하로 전력을 공급하도록 한다. 보통 때는 자립운전을 하고, 정전 시에는 연계운전, 정전 회복 후에는 야간 충전운전을 한다.

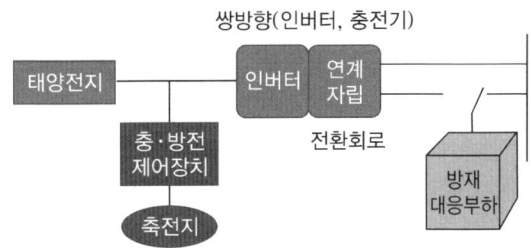

② 부하평준화 대응형

태양전지 출력과 축전지 출력을 병용하여 부하의 피크 시에 인버터를 필요한 출력으로 운전하여 수전전력의 증대를 억제하고 기본전력요금을 절감하도록 하는 시스템이다. 즉, 수용가에게는 전력요금의 절감, 전력회사에게는 피크전력 대응의 설비투자 절감의 효과가 있다. 설치되는 축전지의 크기에 따라 일조량의 급격한 변화에 대하여 계통으로부터 부하급변의 영향을 적게 하기 위한 일사급변 보상형과 발전전력의 피크와 수요 피크를 수시간(2~4시간 정도) 보상하기 위한 피크 시프트형, 심야전력으로 충전한 전력을 주간의 피크 시에 방전하여 주간전력을 축전지에 공급하도록 하는 야간전력 저장형 등으로 분류할 수 있다. 보통 때는 연계운전, 피크 시 태양전지 축전지 겸용 연계운전 그리고 정전 회복 후 야간 충전운전을 한다.

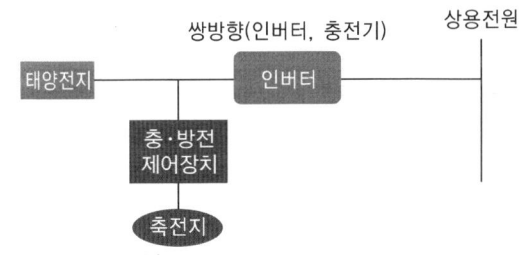

③ 계통안정화 대응형

태양전지와 축전지를 병렬로 운전하여 기후가 급변할 때 또는 계통부하가 급변하는 경우에 축전지를 방전하고 태양전지 출력이 증대하여 계통전압이 상승할 때에는 축전지를 충전하여 역전류를 줄이고 전압의 상승을 방지하는 방식이다.

④ 계통연계 시스템에서 축전지의 4대 기능

  ㉠ 피크 시프트   ㉡ 전력저장
  ㉢ 재해 시 전력공급   ㉣ 발전전력 급변 시의 버퍼

⑤ 축전지의 용량산출
   ㉠ 방전전류
   ㉡ 방전시간
   ㉢ 허용 최저전압
   ㉣ 축전지의 예상 최저온도
   ㉤ 셀 수의 선정
⑥ 부하평준화 대응형 축전지의 용량산출 방식
   ㉠ 용량산출 일반식

   $$C = \frac{KI}{L}$$

   여기서, C : 온도 25[℃]에서 정격방전율 환산용량(축전지의 표시용량)
   K : 방전시간, 축전지 온도, 허용최저전압으로 결정되는 용량환산시간
   I : 평균 방전전류
   L : 보수율(수명 말기의 용량 감소율) 0.8

   ㉡ 충·방전 횟수가 많으므로 일반적으로 사이클 서비스용 축전지를 사용한다.
   ㉢ 충·방전을 많이 하게 되면 기대수명을 다할 수 있도록 방전심도(DOD)와 수명의 관계를 고려하여 축전지 용량을 결정할 필요가 있다.
   ㉣ 부하평준화 운전 시에 축전지에서 보면 정전력 부하가 되기 때문에 직류입력전류를 구할 때의 직류전압으로서 방전 중의 평균전압을 사용하는 경우도 있다.
⑦ 축전지의 기대수명 결정요소
   ㉠ 방전심도
   ㉡ 방전횟수
   ㉢ 사용온도
⑧ 방전심도(DOD)

   방전심도(DOD ; Depth Of Discharge)는 전기저장장치에서 방전상태를 나타내는 지표의 값으로 보통은 축전지의 방전상태를 표시하는 수치이다. 일반적으로 정격용량에 대한 방전량은 백분율로 표시한다.

   $$\text{방전심도} = \frac{\text{실제 방전량}}{\text{축전지의 정격용량}} \times 100[\%]$$

(5) 독립형 시스템용 축전지

수시로 충·방전을 반복하고 기계적으로 조합하여 유지보수가 곤란한 장소에 설치하는 경우가 많다. 또한 충전상태도 일정치 않아 축전지 측면에서 보면 불안정한 사용상태에 놓여 있다고 할 수 있다.

① 독립형 전원시스템용 축전지 선정의 핵심요소

   우선 부하의 필요전력량을 상세하게 검토하여 태양전지의 용량과 축전지의 용량, 충·방전제어장치의 설정값을 어떻게 최적화 시키는가에 달려 있다.

② 기종 선정

태양광발전시스템에서는 충·방전량이 날씨의 영향을 많이 받기 때문에 평균적인 방전심도를 설정하여 축전지의 기종을 선정할 필요가 있다.

③ 독립형 전원시스템의 구조

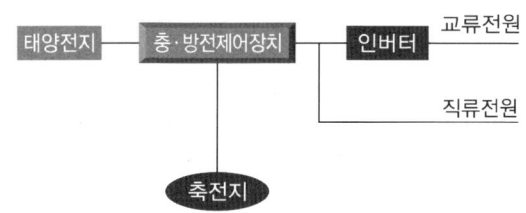

④ 그 외 정리
  ㉠ 통상 일조가 없는 일수를 5~15일로 하기 때문에 방전심도는 낮은 경우가 많지만 일반적으로 50~75[%]가 채용된다. 보수율은 0.8로 하여 계산한다.
  ㉡ 기기 내의 수납형으로는 보수가 용이한 소형 제어밸브식 납축전지, 거치용으로는 제어밸브식 거치 납축전지 등이 사용된다.

(6) 축전지의 설계

① 축전지 취급 시 주의사항
  ㉠ 축전지의 하중을 견딜 수 있는 곳을 설치장소로 선정한다.
  ㉡ 상시 유지충전방법을 충분히 검토한다.
  ㉢ 내진 구조로 설치한다.
  ㉣ 항상 축전지를 양호한 상태로 유지하도록 한다.
  ㉤ 방재 대응형에 있어서는 재해 등에 의한 정전 시 태양전지에서 충전을 하기 때문에 충전 전력량과 축전지 용량을 상호 대비할 필요가 있다.
  ㉥ 축전지 직렬 개수는 태양전지에서도 충전이 가능한지 혹은 인버터 입력전압 범위에 포함되는지 여부를 확인한 후에 선정하도록 한다.

② 큐비클식 축전지 설비의 이격거리

이격거리를 확보해야 할 부분	이격거리[m]
큐비클식 이외의 발전설비와의 사이	1.0
큐비클식 이외의 변전설비와의 사이	1.0
전면 또는 조작면	1.0
점검면	0.6
전면, 조작면, 점검면 이외의 환기구 설치면	0.2
옥외에 설치할 경우 건물과의 사이	2.0

③ 방재 대응형 축전지의 설계
  ㉠ 방전전류
    - 방전개시에서 종료 시까지 부하전류의 크기와 경과시간 변화를 산출한다.
    - 전류가 변동하는 경우에는 평균값을 구한다.
    - 부하의 소비전력으로 산출하는 방법이다.
  ㉡ 방전시간 : 예측되는 최장 백업시간으로 12~24시간을 설정한다.
  ㉢ 허용 최저전압 : 부하기기의 최저동작전압에 전압강하를 고려한 것으로서 1Cell당 1.8[V]로 한다.
  ㉣ 축전지의 예상 최저온도
    - 실내의 경우 25[℃], 옥외의 경우 -5[℃]
    - 축전지의 온도가 보장되는 경우에는 그 온도로 한다.
  ㉤ 셀 수의 선정 : 부하의 최고·최저 허용전압, 축전지 방전종지전압, 태양전지에서 충전할 경우 충전전압을 고려해야 한다.
  ㉥ 계산식의 예
    - 평균부하용량(P) : 4[kW][kW·h/방전시간]
    - 방전유지시간(T) : 10시간
    - 인버터 최저동작 직류 입력전압(V_i) : 600[V]
    - 축전지 최저동작온도 : 25[℃]
    - 축전지 방전 종지전압 : 1.8[V/셀]
    - 축전지 인버터 간의 전압강하(V_d) : 3[V]
    - 보수율(L) : 0.8
    - 인버터의 효율(E_f) : 80[%](자립운전 시의 실질효율을 적용)

      – 축전지 용량(C) = $\dfrac{KI}{L} = \dfrac{24 \times 8.29}{0.8} = 248.7$[Ah]

      – 인버터 직류입력전류($I_d = I$) = $\dfrac{P \times 1{,}000}{E_f(V_i + V_d)} = \dfrac{4 \times 1{,}000}{0.8(600+3)} ≒ 8.2919$[A]

      – 용량 환산시간(K) = 24시간

        방전유지시간(T)이 10시간이므로 1.8[V], 25[℃]의 수치가 10시간이기 때문에 24시간 - 10시간 = 14시간을 더해 준다. 그러므로 K = 10 + 14 = 24시간이 된다.

MSE형 축전지의 용량환산시간(K값)

방전시간	온도[℃]	허용최저전압[V/셀]			
		1.6	1.7	1.8	1.9
1시간 (60분)	25	1.55	1.65	1.9	2.4
	5	1.7	1.8	2.05	3.1
	-5	1.8	1.95	2.26	3.5
1시간 30분 (90분)	25	2.1	2.21	2.5	3.1
	5	2.25	2.42	2.7	3.8
	-5	2.42	2.57	3	4.35

방전시간	온도[℃]	허용최저전압[V/셀]			
		1.6	1.7	1.8	1.9
2시간 (120분)	25	2.6	2.75	3.05	3.7
	5	2.8	3	3.3	4.5
	-5	3	3.15	3.7	5.1
3시간 (180분)	25	3.5	3.72	4.1	4.8
	5	3.8	4.05	4.4	5.8
	-5	4.1	4.5	5	6.5
4시간 (240분)	25	4.4	4.6	5	5.9
	5	4.75	5	5.4	7
	-5	5.1	5.4	6.1	7.7
5시간 (300분)	25	5.2	5.5	5.95	7
	5	5.6	6	6.3	8
	-5	6.1	6.4	7.2	9
6시간 (360분)	25	6	6.3	6.8	8
	5	6.4	6.8	7.2	9
	-5	7	7.4	8.3	10
7시간 (420분)	25	6.7	7.1	7.6	8.9
	5	7.3	7.6	8	10
	-5	8	8.4	9.4	11
8시간 (480분)	25	7.5	7.9	8.4	9.9
	5	8.1	8.4	8.9	11
	-5	9	9.3	10.3	12
9시간 (540분)	25	8.2	8.7	9.2	10.8
	5	8.9	9.2	9.7	11.8
	-5	9.8	10	11.1	13
10시간 (600분)	25	8.9	9.4	10	11.5
	5	9.7	10	10.5	12.7
	-5	10.6	11	12	14

- 필요축전지 직렬개수(N) = $\dfrac{V_i + V_d}{1.8[V]} = \dfrac{600+3}{1.8[V]} = 335$개

  (축전지 단위를 6[V] 기준으로 할 경우에 6의 배수로 336개로 결정해야 한다)

  - 축전지의 단위는 [Ah]로, 10[Ah]를 기준으로 하여, 용량은 250[Ah], 축전지 개수는 336개이다.

④ 부하평준화 대응형 축전지의 설계

㉠ 기본적으로 방재 대응형 축전지의 용량 산출방법과 같다. 그러나 충·방전 횟수가 많기 때문에 일반적으로는 사이클 서비스용 축전지를 권장한다. 이 경우 방전심도와 수명의 관계를 고려하여 기대수명을 다할 수 있도록 축전지 용량을 결정해야 한다.

㉡ 계산식의 예
  • 출력용량(P) : 300[kW]
  • 방전유지시간(T) : 5시간
  • 인버터 최저동작 직류 입력전압(V_i) : 500[V]

- 설계온도 : 25[℃]
- 축전지 방전 종지전압 : 1.8[V]/셀
- 축전지 인버터 간의 전압강하(V_d) : 2[V]
- 보수율(L) : 0.85
- 인버터의 효율(E_f) : 90[%](자립운전 시의 실질효율을 적용)

  - 축전지 용량(C) = $\dfrac{KI}{L} = \dfrac{5.95 \times 664.01}{0.85} ≒ 4,648.1$[Ah]

  - 인버터 직류입력전류($I_d = I$) = $\dfrac{P \times 1,000}{E_f(V_i + V_d)} = \dfrac{300 \times 1,000}{0.9(500+2)} ≒ 664.01$[A]

  - 용량 환산시간(K) = 5.95시간

  - 필요축전지 직렬개수(N) = $\dfrac{V_i + V_d}{1.8[V]} = \dfrac{500+2}{1.8[V]} ≒ 278.89$[개]

    (축전지 단위를 6[V] 기준으로 할 경우에 6의 배수로 282개로 결정해야 한다)

  - 축전지의 단위는 [Ah]로 1,000[Ah]를 기준으로 하여, 용량은 5,000[Ah], 축전지 개수는 282개이다.

  - 방전심도 = $\dfrac{\text{실제 발전량}}{\text{축전지의 정격용량}} \times 100[\%] = \dfrac{664.01 \times 5}{5,000} \times 100 = 66.401[\%]$

    (실제발전량은 인버터 직류입력전류($I_d = I$)에 축전지의 정격용량을 축전지 단위로 나눈 값을 곱하면 된다. 즉, 현재 축전지의 정격용량이 5,000[Ah]이므로 기본 단위가 1,000[Ah]이다. 따라서, $\dfrac{5,000}{1,000} = 5$이다)

⑤ 독립형 축전지의 설계
  ㉠ 독립형 전원시스템용 축전지의 설계순서
  - 부하에 필요한 직류 입력전력량을 상세하게 검토한다(인버터의 입력전력을 파악한다).
  - 설치 예정 장소의 일사량 데이터를 입수한다.
  - 설치장소의 일사조건이나 부하의 중요성에서 일조가 없는 시간을 설정한다(보통 5~15일 정도).
  - 축전지의 기대수명에서 방전심도를 설정한다.
  - 일사 최저 월에도 충전량이 부하의 방전량보다 크게 되도록 태양전지 용량, 어레이의 각도 등도 함께 결정한다.
  - 축전지 용량(C)을 계산한다.

    $C = \dfrac{\text{1일 소비전력량} \times \text{불일조 일수}}{\text{보수율} \times \text{방전종지전압(축전지전압)} \times \text{방전심도}}$[Ah]

  - 방전심도(DOD ; Depth Of Discharge)의 용량이 1,000[mA]라고 가정하면, 1,000[mAh]를 100[%] 방전하였을 경우 충전했을 때의 방전심도는 1이고, 80[%] 사용하고 충전을 한다면 방전심도는 0.8이다.
  - 직류부하 전용일 경우에는 인버터가 필요 없다.
  - 직류출력 전압과 축전지 전압을 서로 같게 한다.

• 불일조 일수는 기상상태의 변화로 발전을 할 수 없을 때의 일수이다.

ⓒ 용량산출의 일반식

$$C = \frac{D_f \times L_d \times 1,000}{DOD \times N \times V_b \times L} [Ah]$$

여기서, D_f : 일조가 없는 날(일)

L_d : 1일 적산 부하 전력량[kWh]

DOD : 방전심도[%](일조가 없는 날의 마지막 날에 축전지의 용량의 85[%]까지 방전하는 설계를 한 경우는 DOD 85[%]로 한다)

N : 축전지 개수(개)

V_b : 공칭 축전지 전압[V] → 납축전지일 경우는 2[V](알칼리 축전지일 경우 1.2[V])

L : 보수율(보통 0.8이나 0.85)

ⓒ 계산식의 예

D_f=8일, L_d=1.5[kWh], DOD=0.55, N=40(개), V_b=2[V], L=0.85일 경우

(축전지 용량의 단위는 100[Ah]이다)

$$C = \frac{8 \times 1.5 \times 1,000}{0.55 \times 40 \times 2 \times 0.85} ≒ 320[Ah]$$

(320[Ah] 납축전지를 40개 직렬로 접속하면 된다)

4 전기실 면적 산정

(1) 전기실의 위치선정

① 기기의 반·출입에 지장이 없는 곳
② 침수 기타 재해의 우려가 없을 것
③ 어레이 구성의 중심에 가깝고 배전에 편리한 장소
④ 냉방 및 환기시설을 할 것
⑤ 전력회사로부터의 전원인출과 구내배전선의 인입이 편리한 장소
⑥ 증설이나 확장의 여유가 있을 것
⑦ 고온다습한 곳은 피할 것
⑧ 부식성 가스, 먼지가 많은 곳은 피할 것
⑨ 쥐 등 설치류 등의 침입이 불가능한 장소일 것

(2) 전기실의 건축적인 고려사항

① **실내높이** : 변전기기 설치, 운영, 보수를 위한 충분한 높이를 확보해야 한다. 1차측 전원의 전압이 22.9[kV]인 경우 보 아래에서 바닥면까지 4.5[m] 이상 확보해야 한다.
② 벽면에 연하여 창고, 사무실 등 타 용도의 방이 있는 경우 콘크리트, 블록 등으로 완전하게 방화구획 해야 한다.
③ 출입문은 갑종 또는 을종 방화문으로 설치하고 장비의 반·출입에 지장이 없도록 크기를 결정한다.

④ 바닥면의 하중은 변압기와 같은 중량물에 견디는 구조로 해야 한다.
⑤ 전기실 내부의 마감에는 먼지가 발생되지 않는 재료를 사용한다.
⑥ 장비의 반입, 배치에 지장이 없는 면적으로 한다.
⑦ 운전조작, 감시제어에 지장이 없도록 배전반, 장비 등을 배치한다.
    ㉠ 배전반과 벽과의 간격
        - 전면 : 1.5 ~ 4[m]
        - 측면 : 1 ~ 2[m]
        - 후면 : 1 ~ 1.5[m]

(3) 전기실 면적결정에 영향을 주는 사항
① 공급하는 전력의 상수
② 전압강하 방식
③ 전압의 형식
④ 모선의 형태
⑤ 변압기의 종류(냉각형태, 차단방식)
⑥ 변전실의 형태(폐쇄형, 프레임형)
⑦ 수전 형식 수전 설비 형식(정식, 간이수전설비)
⑧ 배전방식-부변전소 유무
⑨ 콘덴서 설치 유무 및 방식

(4) 변전설비 설계 시 기본 설계에서 고려한 사항 중 변전실의 면적과 위치 선정
① 변전설비 설계 시 기본 계획 시 고려사항
    ㉠ 부하설비 용량의 추정, 수전 용량의 추정, 계약 전력의 추정
    ㉡ 수전전압과 수전 방식
    ㉢ 주회로의 결선방식(모선방식, 변압기 뱅크수, 저압 분기회로수)
    ㉣ 변전실의 형식(옥내, 옥외, 개방식, 큐비클식)
    ㉤ 변전실의 위치와 면적, 기기 배치
    ㉥ 예비전원 설비
② 변전실의 면적 산출
    ㉠ 변전실의 면적을 동일 용량이라도 변전실의 형식 및 기기 시방에 따라 큰 차이
    ㉡ 면적 산정에 영향을 주는 요인
        - 수전전압, 수전방식
        - 변압방식, TR용량, 수량, 형식
        - 설치기기와 큐비클
        - 기기 배치 방법, 유지보수 면적
        - 건축물의 구조적 여건

③ 면적 산정 방법

$A = K \times (변압기용량[kVA])^{0.7}$

A : 변전실 추정 면적[m²]

K : 추정계수(일반적으로 특고압에서 고압으로 변성하는 경우 = 1.7, 특고압에서 저압으로 변성하는 경우 = 1.4, 고압에서 저압으로 변성하는 경우 = 0.98)

④ 기기 배치 시 최소 이격거리(내선규정 3220-4)

(단위 : [m])

	앞 면	뒷 면	열 상호 간	기 타
특별고압반	1.7	0.8	1.4	
고·저압반	1.5	0.6	1.2	
변압기	0.6	0.6	1.2	0.3

㉠ 뒷면은 사람 통행 고려 시 0.9[m] 이상

㉡ 열 상호 간은 내장기기 최대폭에 안전거리 0.3[m] 가산

㉢ 기타면은 변압기 등을 벽 등에 연하여 설치하는 경우 최소 이격거리로 사람 통행이 필요한 경우 0.6[m] 이상

㉣ 옆면과 벽면은 최소 0.6[m] 이상, 통행 고려 시 0.8[m] 이상

⑤ 큐비클 면적 산출

전기실 면적 확보의 어려움이 증가되고 있으므로 옥내배전반의 경우는 내선규정에 의한 최소이격거리확보가 가능하게 해야 한다.

큐비클은 규격화를 이루고 있으므로 단선 결선도에 의한 큐비클 배치로 면적 계산 가능해야 한다.

㉠ 고압반 = 1,300[mm] × 2,000[mm] × 2,350[mm]

㉡ 저압반 = 900[mm] × 1,000[mm] × 2,350[mm]

㉢ MCC반 = 600[mm] × 600[mm] × 2,350[mm]

제2절 태양광발전 관제시스템 설계

1 방범시스템

태양광발전소의 방범시스템은 취급자 이외의 자가 그 구내에 용이하게 접근할 우려가 없도록 울타리나 담 등의 적절한 조치를 해야 하며, 전기적인 방법으로 수립한다. 방범등이나 방범카메라 등을 설치하여 24시간 감시활동을 수행하고 태양광발전시스템의 안전을 확보하도록 해야 한다. 최근에는 무인경비시스템을 도입하여 방범시스템을 운용하고 있다. 또한 DVR시스템을 설치할 경우 사각지대가 없도록 설치해야 하며, 반드시 1대는 전기실 내부를 감시할 수 있도록 설치해야 한다.

(1) 방범설비의 설계 요소
① 출입통제설비는 침입을 방지할 목적으로 설치한다.
② 침입발견설비는 사람의 감시에 의한 것과 센서 등에 의한 자동감지설비 등을 설치한다.
③ 침입통보설비는 침입이 발견된 경우 방범관리자에게 이것을 알리거나, 경보설비를 작동하고, 경찰관서에 연락하여 신속하게 처리하기 위해 설치한다.

(2) 방범설비의 구성

방범설비	출입통제설비			텐키방식설비
				카드인식설비(자기카드, IC카드)
				인체인식설비(음성, 지문, 홍채)
	침입발견설비	인력감시		폐쇄회로TV(CCTV) 설비
				청음설비(집음마이크)
		자동감시	점 방어형	마그넷스위치
				리밋스위치
				진동감지기
				파손감지기
				매트스위치
			선 방어형	테이프식감지기
				빔식감지기
				광케이블감지기
			공간 방어형	초음파감지기
				전파감지기
				열선감지기
	침입통보설비(방범설비제어반)			

① 수동설비 : 벨, 부저, 투광기, Push Button, S/W 등을 조합한 방식으로 구성되며, 공사비가 저렴하고 주택과 아파트에서 적용된다.
② 자동설비 : 각종 Sensor와 수신 장치에 의해 구성되며, 장소 및 상황에 따라 다양한 Sensor가 적용된다.

(3) Sensor의 종류 및 특징
① 적외선 : 경계범위는 보통 15~60[m]이고, 최대 150[m]까지 가능한 방식으로 투광선이 눈에 보이지 않는다.
② 열선식 : 실내의 원적외선에너지와 침입자의 체온에서 방사되는 원적외선에너지와의 차를 여러 개의 감열, 검출 존에 의해 검출하여 경보를 울리게 한다. 종류로는 입체 감시형과 면 감시형, 스폿 감시형이 있다.
③ 초음파 : 254[kHz]의 초음파를 발사하여 공간 내의 물체 이동에 따른 도플러 효과를 이용하여 침입자를 검출하는 방식으로서 공기대류에 의해 오동작할 우려가 있지만 비교적 가격이 저렴하다. 단방향성과 양방향성이 있고, 경계범위는 5[m] 정도이다.
④ 마이크로(전자식) : 전파를 발사하여 도플러 효과를 이용하여 침입자를 검출하며 전파파장에 의해 디딤판식과 마이크로식 검출기로 나눌 수 있다. 공간 내에 전파를 발사하기 때문에 공기대류에 의한 영향을 받지 않는다. 보통 경계범위는 10[m] 정도이다.

(4) 출입통제설비

중앙제어시스템인 경우에는 방범설비 제어반과 단독형의 설비로 구성하며 데이터의 관리와 중앙통제를 부가하며, 단독형인 경우에는 전기 잠금장치, 인식장치, 제어기로 구성한다.

① 전기 잠금장치

인식장치의 신호에 의한 제어기의 동작으로 출입문을 개폐한다.

② 인식장치

㉠ 텐키방식 : 누른 번호와 미리 입력된 번호가 일치하는 경우 열림 신호를 보낸다.

㉡ 카드인식장치 : 카드와 카드를 읽는 카드 리더로 구성된다. 다만, 인식방식은 카드의 신호와 카드리더에 입력된 신호가 일치하는 경우에 동작하는 것으로 카드의 종류에 따라 자기(마그넷)카드, IC카드가 사용되고, 이 카드가 읽히는 방법에 따라 삽입식, 접촉식, 근접식이 있다.

㉢ 인체인식방식 : 출입자에 대한 신상을 미리 입력한 데이터와 비교 판별하는 방식으로 사람의 지문·장문(손바닥무늬), 홍채패턴, 성문(목소리) 등으로 판단하도록 한다.

㉣ 인식장치 : 단독 또는 다른 방식과 조합하여 설치한다.

③ 침입발견설비

보안구역 내로 침입이 발생한 경우에 이것을 검출하여 방범설비 제어반이나 모니터장치(CRT, 확성기)로 전달한다. 또한 검출방식에 따라 사람의 감시에 의한 폐쇄회로 텔레비전(CCTV)설비, 청음설비와 자동감지설비인 각종 스위치, Sensor에 의한 것으로 점 방어형, 선 방어형 및 공간 방어형으로 나눌 수 있다.

④ 인력감시

㉠ 폐쇄회로 텔레비전(CCTV)설비
- 감시구역(경계구역)에 설치하는 카메라와 제어실(또는 방재센터)에 설치하는 모니터 및 전원장치를 기본구성으로 텔레비전 배선 및 전원장치를 설치한다. 또한, 각종 제어기, 기록(녹화)장치 등을 포함한다.
- CCTV카메라 종류는 일반적으로 컬러형과 흑백형, 고정형과 회전형(수평, 수직), 옥내형과 옥외형, 노출형과 매입형 등으로 구분하고 외부로 드러나지 않게 하는 은폐형이 있으며 장소, 용도에 따라 선정한다.
- CCTV카메라는 전체경계구역을 효율적인 화각(촬영 범위) 이내가 되도록 이중거리, 초점거리 등을 선정하고, 카메라의 특성에 맞는 조도를 확보하여야 하며, 화각 내 고휘도 광원, 물체, 햇빛 직사 등을 피해야 하며 파괴하기 어려운 위치에 설치한다.

㉡ 청음설비(집음 마이크) : 경계지역의 소리를 제어실의 모니터 스피커로 청취하고 녹음하는 시스템으로 적용가능한 장소는 금고 내부와 같이 소음이 낮은 장소와 야간감시에 사용한다.

⑤ 자동감시

㉠ 점(Point) 방어형
- 마그넷 스위치 방식은 한 쌍의 마그넷 스위치로서 문, 창문의 개폐상태를 검출한다.
- 리밋(Limit) 스위치 방식은 마그넷 스위치와 같은 용도로 문, 창문 셔터의 개폐상태 검출에 사용한다.
- 진동감지기는 유리창이나 금고 등의 표면에 고정하여 진동을 검출한다.

- 파손감지기는 유리창 부분에 사용하여 파손 상태를 검출한다.
ⓒ 선(Line) 방어형
- 테이프 스위치 방식은 테이프의 접촉압력에 의해 동작하며, 길이에 대한 편리성으로 난간, 담장 등에 사용한다.
- 빔식감지기는 투광기와 수광기 형태로 빛의 직진 성질을 응용하는 것으로 적외선 감지기가 많이 사용되며 담장, 창문 등에 사용한다. 다만, 빔식감지기는 옥외에 설치하는 경우 공해, 습기, 나뭇가지 등에 의한 오동작에 주의하여 위치를 선정해야 한다.
- 광케이블 감지기는 외각 울타리 침입감시에 효과적이며 케이블 진동 또는 절단 시 광파의 변화에 따른 주파수 변화를 감지한다.
ⓒ 공간(Space) 방어형
- 초음파감지기는 초음파방사와 반사파의 도플러효과로 동작하며 실내의 공간경계용으로 사용한다. 다만, 바람의 영향이 크기 때문에 공조설비 설치장소와 옥외는 시설하지 않는다.
- 전파감지기(레이더형 감지기)는 극초단파를 방사하고 반사파를 검출한다. 다만, 빛과 바람의 영향은 작지만 경량 벽 등은 통과하므로 다른 실내상황에 반응하는 경우가 있다.
- 열선감지기는 사람이나 물체가 발산하는 적외선(열선)을 감지한다. 다만, 온도의 변화가 심하거나 동물의 움직임이 있는 곳, 태양의 직사 등에 오동작할 수 있다.

⑥ 침입통보설비

침입이 발견된 경우 이를 격퇴하기 위하여 자체경보의 실시와 외부 경찰관서에 연락하는 설비로서 침입발견설비, 출입통보설비에 대한 방범설비 제어반으로 구성한다. 방범설비 제어반 구성요소는 상태표시 및 모니터장치, 제어장치, 기록장치, 연락장치 등이다.

㉠ 상태표시 및 모니터장치
- 상태표시 장치는 지도식 또는 CRT방식으로 침입발견설비의 동작에 따라 표시하고 표시와 함께 경보가 발생하도록 한다.
- 모니터는 화면의 크기와 감시자의 위치에 따라 적절한 시야를 확보할 수 있도록 거리와 높이를 선정한다.
- 모니터장치는 CCTV설비용의 모니터용 VDT와 청음설비용의 모니터스피커 등이다.
㉡ 제어장치 : 표시반 및 모니터장치에 조립하는 것과 탁상형으로 조립하며, 대규모인 경우 탁상형으로 한다. 또한 출입통제설비를 원격으로 해제 및 복구하고 화재경보 신호에 따라 일괄 해제가 가능토록 해야 하며, 이상상태 표시의 자동 및 수동복구 기능을 갖도록 해야 한다. 기타 그룹별 제어, 시간별 제어, 개별제어 등을 실시한다.
㉢ 기록장치
- 프린터는 출입통제설비와 침입발견설비의 동작시간, 단말기기를 자동으로 기록한다.
- 영상기록장치를 설치하여 모니터용 VDT화면을 녹화한다. 녹화방식은 연속녹화, 카메라에 설치된 모션 감지장치에 의한 녹화 및 감지설비 연동녹화로 하며, CDROM이나 하드디스크 기록장치를 사용한다.

㉢ 연락장치
- 자동전화장치로 미리 녹음된 메시지를 수동 및 자동으로 미리 정해진 장소(경찰서, 경비회사 등)에 연락한다.
- 직통전화장치는 경찰관서 등과 직접 연결되어 수화기를 들면 즉시 통화되도록 한다.

⑦ 방범설비 제어반

상시 사람이 근무하는 장소(수위실, 경비실, 숙직실 등)에 설치한다. 다만, 방재센터가 설치된 경우는 방재센터에 설치한다.

⑧ 제어기
㉠ 제어기는 통제 대상문에 가까운 보안구역 내부에 일반인이 쉽게 접근하기 어려운 곳에 설치한다.
㉡ 인식장치의 신호에 따라 전기 자물쇠에 열림 신호를 보내는 장치이다.
㉢ 중앙제어반은 출입통제설비에 대한 종합관리를 시행하여 데이터의 축적, 분석, 기록의 필요가 있는 경우 설치한다.

2 방재시스템

태양광발전시스템에서 방재설비는 그 주목적이 화재나, 발전소와 관련된 설비 및 건축물 등에서 발생될 수 있는 모든 재난을 방지하는 설비를 말한다.

(1) 방재설비

단순한 개체 설비가 아니라 유기적으로 연결 동작하는 일체의 방재기능을 가져야 한다.

① 피뢰설비

건축기준법에 의한 설비로서 낙뢰로부터 건물의 파손이나 화재로 인해 인축의 상태를 방지할 목적으로 설치한다.

② 자동화재 탐지설비

건물 내에서 발생하는 화재를 열 또는 연기에 의해 초기단계에서 탐지하여 관계자에게 알리는 설비로서 감지기, 발신기, 중계기, 수신기 등으로 구성된다.

③ 비상경보기

방화대상물에 화재가 발생하면 신속히 알리고 거주자의 피난을 안전하고 신속하게 도울 목적으로 설치한 설비이다. 비상벨과 자동식 사이렌 및 방송설비로 구성된다.

④ 자동화재 속보설비

소방대상물에 화재가 발생하면 자동적으로 소방관에 통보해 주는 설비이다. 오류확인 후 3회 이상 자동으로 통보한다.

⑤ 전기화재 경보설비(ELD)

전기화재의 원인이 되는 누전을 신속하고 정확하게 자동으로 알리는 장치로서 누설전류가 200[mA] 이하에서 경보를 발생하는 설비이다.

⑥ 유도등설비

화재 발생 시 사람의 피난을 쉽게 하기 위하여 피난구 위치 및 방향을 제시하는 설비로서 피난구유도등, 통로유도등, 객석유도등 등으로 최소점등시간은 30분이고, 축전지 내장형이 설치된다.

⑦ 비상콘센트설비

11층 이상 고층 건물에서 화재가 발생하면 소방관의 방재 및 소화활동을 원활하게 하는 조명, 피양 기구의 전원으로 사용한다.

⑧ 무선통신 보조설비

화재 발생 시 소방지휘부와 소방관의 통신을 원활하게 하기 위한 설비로서 유선방식과 무선방식이 있다.

⑨ 기타 설비

　㉠ 가스누설경보기
　㉡ 배연설비
　㉢ 비상조명장치
　㉣ 내진조치

(2) 방재설비의 세부내용

① 피뢰시스템

㉠ 뇌 서지 대책 : 태양광시스템의 뇌 서지 침입경로로는 태양전지 어레이에서의 침입 이외에 배전선이나 접지선에서의 침입 및 그 조합에 의한 침입이 있다. 접지선의 침입은 주변의 낙뢰에 따라 대지전위가 상승하고 상대적으로 전원측의 전위가 낮게 되어 접지선에서 역으로 전원측으로 흐르는 경우에 발생한다. 그러므로 중요한 사항은 뇌 서지 등에 의한 피해로부터 태양광발전시스템을 보호하기 위한 대책이 필요하다.

- 서지보호장치(SPD ; Surge Protective Device)를 어레이 주회로 내에 분산시켜 설치하고 접속함에도 동시에 설치한다. 접속함 내부 및 분전반 내부에 설치되는 피뢰소자에는 서지보호장치(SPD) 및 어레스터(방전내량이 큰 것)를 선정하고, 어레이 주회로 내에는 서지업서버(SA)나 방전내량이 적은 SPD를 선정한다. 태양광발전시스템에 사용되는 SPD에는 직격뢰용 SPD를 사용하는데 갭식과 바리스터식이 있다. 대부분 사용되는 SPD는 바리스터식을 많이 사용한다. 바리스터식 SPD는 산화아연형의 바리스터의 정전압특성을 이용한 것으로 갭식에 비해 동일한 방전전류내량을 얻기 위해서는 제품이 대형화되지만 동작 시 속류가 발생되지 않는 장점이 있다.
- 저압배선과 접지선 등을 통해 침입하는 뇌 서지에 대해서는 각 분전반과 접속함 등에 SPD를 설치한다.
- 뇌의 다발지역에서는 교류전원측에 내뢰 트랜스를 설치하여 보다 완전한 대책을 세운다.

㉡ 태양광발전설비 : 그 성질상 건축물 옥상이나 주위에 장해물이 없는 장소에 설치되는 경우가 많아 직격뢰 및 유도뢰의 영향을 크게 받으며 고전압과 대전류가 발생한다.

ⓒ 뇌격의 종류

	원거리	근접거리	간접거리	직격뢰
거리[m]	1,000 이상	500 이하	10 이하	-
특 징	평상시에는 생기지 않는 정전용량 결함에 의한 과전압 충격이 자주 발생	강한 전자계에 의해 폐회로에 유도되는 과전압에 의해 설비의 파손이 발생	뇌 전류의 일부는 전원선뿐만 아니라 PV모듈의 금속프레임에도 흐름	대부분의 뇌 전류가 태양광발전설비 시설물 내로 흘러들어간다. 이 경우 심각한 기계적 파손이 발생(외부 뇌 보호 설비가 없을 경우)

ⓔ 건축물의 설비기준 등에 관한 규칙-KS C IEC 62305(피뢰설비) : 낙뢰의 우려가 있는 건축물 또는 높이 20[m] 이상의 건축물의 피뢰설비
- 피뢰설비 : 한국산업표준이 정하는 피뢰레벨 등급에 적합한 피뢰설비일 것. 다만, 위험물저장 및 처리시설에 설치하는 피뢰설비는 표준이 정하는 피뢰시스템레벨 Ⅱ 이상
- 피뢰설비의 재료 : 최소 단면적이 피복이 없는 동선을 기준으로 수뢰부, 인하도선 및 접지극은 $50[mm^2]$ 이상이거나 이와 동등 이상의 성능을 갖출 것
- 돌침 : 건축물의 맨 윗부분으로부터 25[cm] 이상 돌출시켜 설치하되, 설계하중에 견딜 수 있는 구조일 것
- 피뢰설비의 인하도선을 대신하여 철골조의 철골구조물과 철근 콘크리트조의 철근구조체 등을 사용하는 경우 전기적 연속성이 있다고 판단되기 위해서는 건축물 금속 구조체의 최상단부와 지표레벨 사이의 전기저항이 $0.2[\Omega]$ 이하이어야 한다.

② 보호소자 및 내뢰 트랜스
ⓐ 어레스터(Arrester) : 뇌에 의한 충격성 과전압에 대해 전기설비의 단자전압을 규정치 이내로 저감하여 정전을 일으키지 않고 원상으로 복원되는 장치
ⓑ 서지업서버(Surge Absorber) : 전선로에서 침입하는 이상전압의 크기를 완화시켜 각 파고치를 저하시키도록 하는 장치
ⓒ 내뢰 트랜스 : 실드부착 절연트랜스를 주체로 여기에 어레스터 및 콘덴서를 부가시킨 것으로 뇌 서지가 인입된 경우 교류측에 설치하여 내부에 넣은 어레스터 제어 및 1차측과 2차측 간의 고절연화, 실드에 의해 뇌 서지의 흐름을 완전히 차단할 수 있도록 한 장치

(3) 내진대책

태양광발전시스템은 건물의 옥상이나 외벽 또는 옥외 지상에 설치하는 경우가 대부분이고, 고가이며 장기적으로 안전하게 시설해야 하므로 내진대책이 매우 중요한 요소이다. 특히 강풍은 물론이고 지진발생 시 그 성능에 지장을 주지 않도록 시설하는 것이 중요하기 때문이다. 지진이나 강풍에 대한 대책에는 내진설계와 면진설계가 있다. 내진설계란 설비 자체를 지진에 견딜 수 있도록 설계하는 것을 말하며, 면진설계는 지진파와 건축물 등의 진동이 공진점에 도달하지 않고 피할 수 있도록 설계하는 방법을 말한다.

(4) 방화대책

주택 등의 건물을 건축하는 지역은 근린 위치관계 및 그 규모 등에 따라 일정한 방화 성능이 요구된다. 따라서 태양전지를 지붕으로서 사용하기 위해서는 그 기술적 기준과 국토교통부가 정한 구조에 준한 것을 사용하여야만 한다.

(5) 염해 · 공해대책

염해가 있는 지역에서는 이종금속 접속에 의한 접속부식이 현저하게 나타나므로 이종금속 간에 절연물을 사용하는 등의 대책이 별도로 필요하다. 또한 중공업지역에서는 금속의 녹, 부식이 심하게 촉진되기 때문에 설계 당시에 사전 검토가 필요하며, 강재를 사용하여 용융아연처리를 행하는 경우에는 아연부착 두께를 환경에 따라 수정할 필요가 있다.

3 모니터링시스템 등

일사량, 부하, 계통, 인버터, 태양전지 어레이별로 전압, 전류, 전력량 등의 전기적 성능 및 기상조건에 대한 각종 정보들을 원격으로 감시, 계측하여 시스템의 운전 상태를 실시간으로 점검하고 이상 현상이 발생했을 경우 이를 감지하고 경보를 발생시킬 수 있는 시스템이다. 또한 태양광발전시스템 모니터링 및 실시간 운전 데이터 처리의 신뢰성 및 안전성 등을 고려하여 시스템을 설치한다.

감시계측시스템은 태양발전시스템으로부터 신호를 인출하기 위한 전력신호 변환기와 정보들을 수집하고 운용자의 조작명령에 따라 전력감시 및 제어요소에 전달하는 원격단말기(RTU ; Remote Terminal Unit)를 설치하여 수집된 정보를 실시간 분석, 처리, 보관하고 운전자와 정보를 교환하는 데이터 서버로 구성된다.

원격단말기는 전기적 입출력정보를 받아 데이터 서버에서 효율적으로 처리할 수 있도록 신호를 가공하여 전송하며, 또한 데이터 서버로부터 제어신호를 출력신호로 발생시키는 인터페이스 기능을 가진다. 더불어 독립적으로 또는 연계적인 감시가 가능한 분산제어형 구조로서 데이터 서버와의 통신 이상이 발생할 경우 제어계에는 영향을 주지 않으며 독립적으로 운전 데이터 감시가 가능하다.

(1) 태양광발전시스템의 통합 모니터링시스템 구성요소

① 자동기상 관측장치(AWS)
② 태양광 모듈 계측 메인장치(SCS)
③ 전력변환장치 감시제어장치(AIS)

(2) 감시계측제어시스템의 특징

① 실시간 발전 데이터 분석 및 발전효율 극대화를 위한 기술 지원
② 발전소 규모 및 사용자 요구에 최적화된 시스템
③ 장비 이상 시 운영자에 실시간 경보메시지(SNS) 서비스
④ 시스템의 안정적 운영 및 관리를 보장하는 솔루션 컨설팅
⑤ 원격장비제어 및 관리
⑥ 발전이력(시간/일일/주간/월간/연간) 기록관리 및 분석기능

(3) 모니터링설비 설치기준

단위사업별 설비용량기준으로 50[kW] 이상의 발전설비를 설치하는 경우, 단위시설별로 에너지 생산량 및 가동상태를 확인할 수 있는 모니터링설비를 다음과 같이 하여야 한다.

① 모니터링설비의 계측설비

계측설비	요구사항	확인방법
인버터	CT 정확도 3[%] 이내	• 관련 내용이 명시된 설비스펙제시 • 인증 인버터는 면제

② 측정위치 및 모니터링 항목 : 측정된 에너지 생산량 및 생산시간을 누적으로 모니터링하여야 한다.

구 분	모니터링 항목	데이터(누계치)	측정항목
태양광	일일발전량[kWh/day]	24개(시간당)	인버터 출력
	생산시간(분)	1개(1일)	

(4) 태양광발전시스템의 계측표시 데이터의 사용목적

① 데이터 수집
② 데이터 통계
③ 데이터 저장
④ 데이터 분석

(5) 태양광발전시스템의 계측기구, 표시장치의 설치목적

① 시스템에 의한 발전전력량을 알기 위한 계측
② 시스템의 운전상태를 감시하기 위한 계측 또는 표시
③ 시스템의 종합평가를 위한 계측
④ 시스템의 운전상황 견학, 홍보를 위한 계측 또는 표시

(6) 태양광발전 감시반의 구성

설치된 태양전지 지지대 부위에 온도 2개소, 일사량 2개소의 Sensor를 연결하여 태양전지 접속반을 통하여 인버터 메인 통신부위에 기후조건에 대한 신호를 송출한다. 인버터의 통신보드 내에서는 태양광발전에 대한 발전량, 전압, 전류, 주파수, 역률 등 전기적 특성을 RS232 Port를 통하여 방재실에 위치한 메인 컴퓨터에 각종 자료를 보내어 감시 및 측정한다.

(7) 감시 및 원격중앙감시 소프트웨어

태양광발전시스템에 동작상태, 고장발생유무, 시스템 종합 점검 등을 위하여 다음의 사항을 감시하고 측정할 수 있도록 소프트웨어를 구성해야 한다.

① **채널 모니터 감시화면** : 각종 부위의 측정치를 순시간으로 확인할 수 있도록 실측치를 화면에 표시할 수 있도록 디자인 및 시퀀스를 개발하여 적용한다.
② **동작상태 감시화면** : 인버터의 전기적 출력의 최대, 최소 범위를 입력시켜 이 범위를 벗어나면 각 설비의 그래프상에서 색으로 표시하고, 정상 시에는 녹색으로 표현하여 전 시스템의 운전상황의 이상 유무를 파악할 수 있도록 디자인과 시퀀스를 개발하여 적용한다.

③ 계통 모니터 감시화면 : 각종 부위의 측정치를 순시간으로 확인할 수 있도록 시스템 계통도를 디자인하여 시스템 계통도상에 실측치를 표시할 수 있도록 디자인과 시퀀스를 개발해서 적용해야 한다.

④ 그래프 감시화면(일보 1) : 일 단위별로 경사면 일사량, 태양전지 발전 전력, 부하전력 소비량이 1일 24시간 그래프로 출력할 수 있도록 화면구성 소프트웨어를 개발하여 적용한다.

⑤ 일일 발전 현황(일보 2) : 일일 시간대별 기상현황(경사면 일사량, 수평면 일사량, 외기 온도, 태양전지, 표면 온도), 태양전지 발전 현황, 부하 현황 등을 표시할 수 있도록 화면 구성 소프트웨어를 개발하여 적용한다.

⑥ 월간 발전 현황(월보 1) : 월간 일자별 기상현황(경사면 일사량, 수평면 일사량, 평균 외기 온도, 태양전지, 발전전력, 부하소비전력 등)을 표시할 수 있도록 화면 구성 소프트웨어를 개발하여 적용한다.

⑦ 월간 시간대별 발전 현황(월보 2) : 일보에 표시된 시간대별 각종 현황의 한 달간 평균치를 표시할 수 있도록 화면구성 소프트웨어를 개발하여 적용한다.

⑧ 이상발생 기록화면 : 동작상태 감시화면에서 이상이 발생하면 각 부위를 총망라하여 일자별 시간대별로 이상 상태를 표시하는 기능을 갖추며, 출력할 수 있는 기능도 삽입한다.

CHAPTER 04 적중예상문제

제2과목 태양광발전 설계

01 설계방향의 기본개념에 포함되지 않는 사항은?
① 안정성
② 적합성
③ 편리성
④ 관리성

해설
설계방향의 기본개념
• 안정성   • 적합성
• 관리성   • 경제성
• 미 관

02 설계단계 및 성과물 기본계획에 포함되는 내용이 아닌 것은?
① 건축물의 명칭, 규모, 용도 등 건축 설계의 요청에 따라서 여러 가지 조건을 검토하여 계획조건을 설정하고 기본계획을 세운다.
② 건축전기설비의 종류 및 방식을 선정해 건축 설계의 초안 작성 이전에 건축전기설비 공사비의 면적당 공사비를 건축설계자에게 제시한다.
③ 건축 설계의 초안을 기본으로 하여 연면적과 업무내용 그리고 공조방식 등을 기초로 해서 주요 건축전기설비 기기의 용량을 예측하여 산출한다.
④ 건축통신설비의 방식과 건축 설계의 기본계획에 의해 공사비를 산출하고, 여러 가지 조건을 검토해서 최적의 비용을 결정한다.

해설
설계단계 및 성과물 기본계획
• 건축물의 명칭, 규모, 용도 등 건축 설계의 요청에 따라서 여러 가지 조건을 검토하여 계획조건을 설정하고 기본계획을 세운다.
• 건축전기설비의 종류 및 방식을 선정해 건축 설계의 초안 작성 이전에 건축전기설비 공사비의 면적당 공사비를 건축설계자에게 제시한다.
• 건축 설계의 초안을 기본으로 하여 연면적과 업무내용, 공조방식 등을 기초로 해서 주요 건축전기설비 기기의 용량을 예측하여 산출한다.

03 기본 설계도서에 포함되어야 할 내용 중 명칭, 용도, 구조, 규모, 연면적, 예정 공사기간 등을 기재하는 것은?
① 건축물의 개요
② 공사종목 및 그 개요
③ 공사의 진행상황
④ 준공검사

해설
건축물의 개요
명칭, 용도, 구조, 규모, 연면적, 예정 공사기간 등을 기재한다.

04 기본 설계도면은 간결하게 작성한다. 포함되는 내용이 아닌 것은?
① 기본계획의 전체를 이해
② 공사비의 추정
③ 기본계획의 부분적인 이해
④ 설계종목, 다른 분야와의 중요 관련 사항 명시

해설
기본 설계도면의 작성법
• 공사비의 추정
• 기본계획의 전체를 이해
• 설계종목, 다른 분야와의 중요 관련 사항 명시
• 기타 필요한 실시 설계 준비

05 기본 설계도면을 기초로 개략적인 예정공사비를 공사종목별로 산출하는 것은?
① 근거자료공사비
② 예정공사비
③ 추계공사비
④ 결정공사비

해설
예정공사비
기본 설계도면을 기초로 개략적인 예정공사비를 공사종목별로 산출한다.

정답 1 ③ 2 ④ 3 ① 4 ③ 5 ②

06 설계도서의 기본 설계 성과물에 대한 내용으로 맞는 것은?

① 공사비 견적서
② 조도계산서
③ 기본 설계도면
④ 견적서

해설
기본 설계 성과물

기본 설계 성과물	기본계획 설계서	
	기본 설계도면	
	공사비 내역서	
	기타 사항	용량계획서(추정계산서)
		시스템선정 검토서
		협의기록(협의, 자문 등)

07 실시 설계 성과물 중 실시 설계도서에 대한 내용으로 틀린 것은?

① 설계설명서
② 시스템선정 검토서
③ 설계도면
④ 공사시방서

해설
실시 설계 성과물

실시 설계 성과물	실시 설계도서	설계설명서
		설계도면
		공사시방서
	공사비견적서	내역서
		산출서
		견적서
	설계계산서	조도계산서
		부하계산서
		간선계산서
		용량계산서(변압기, 발전기 등)
		기타 계산서
	기타 사항	관공서 협의기록
		관계자 협의기록
		기타 기록(설계자문, 심의 등)

08 분산형전원 배전계통 연계기술기준의 내용으로 옳지 않은 것은?

① 태양전지의 발전전력을 최대로 이끌어내며 동시에 일반배전계통과 연계운전을 한다.
② 전력품질 확보에 관련된 계통 연계기술기준에서는 기본적으로 인버터와 연계하는 계통의 전기방식을 일치시키고 있다.
③ 인버터는 단상 2선식과 3상 3선식이 한전 계통과 연계해서 사용되고 있다.
④ 독립형 전원과 연결하여 각 학교마다 공급되고 있다.

해설
분산형전원 배전계통 연계기술기준
① 태양전지의 발전전력을 최대로 이끌어내며 동시에 일반배전계통과 연계운전을 한다.
② 전력품질 확보에 관련된 계통 연계기술기준에서는 기본적으로 인버터와 연계하는 계통의 전기방식을 일치시키고 있다.
③ 인버터는 단상 2선식과 3상 3선식이 한전 계통과 연계해서 사용되고 있다.

09 분산형전원 배전계통 연계기술기준의 적용범위에서 분산형전원은 어디에 연계하고자 하는 경우 적용하는가?

① 한국전력공사 송전계통
② 한국전력공사 기전계통
③ 한국전력공사 배전계통
④ 도시개발공사 도로계통

해설
적용범위(분산형전원 배전계통 연계기술기준 제2조)
이 기준은 분산형전원을 설치한 자(이하 "분산형전원 설치자"라 한다)가 해당 분산형전원을 한국전력공사(이하 "한전"이라 한다)의 배전계통(이하 "계통"이라 한다)에 연계하고자 하는 경우에 적용한다.

10 대규모 집중형 전원과는 달리 소규모로 전력소비지역 부근에 분산하여 배치가 가능한 전원을 무엇이라 하는가?

① 분산형전원
② 한전계통
③ 구내계통
④ 연계시스템

해설
분산형전원(DER ; Distributed Energy Resources)
대규모 집중형 전원과는 달리 소규모로 전력소비지역 부근에 분산하여 배치가 가능한 전원으로서, 다음 각 목의 하나에 해당하는 발전설비를 말한다.
① 전기사업법 제2조 제4호의 규정에 의한 발전사업자(신에너지 및 재생에너지 개발·이용·보급 촉진법 제2조 제1, 2호의 규정에 의한 신재생에너지를 이용하여 전기를 생산하는 발전사업자와 집단에너지사업법 제48조의 규정에 의한 발전사업의 허가를 받은 집단에너지사업자를 포함) 또는 전기사업법 제2조 제12호의 규정에 의한 구역전기사업자의 발전설비로서 전기사업법 제43조의 규정에 의한 전력시장운영규칙 제1.1.2조 제1호에서 정한 중앙급전발전기가 아닌 발전설비 또는 전력시장운영규칙을 적용받지 않는 발전설비
② 전기사업법 제2조 제19호의 규정에 의한 자가용전기설비에 해당하는 발전설비(이하 "자가용 발전설비"라 한다) 또는 전기사업법 시행규칙 제3조 제1항 제2호의 규정에 의해 일반용전기설비에 해당하는 저압 10[kW] 이하 발전기(이하 "저압 소용량 일반용 발전설비"라 한다)
③ 양방향 분산형전원은 아래와 같이 전기를 저장하거나 공급할 수 있는 시스템을 말한다.
  ㉠ 전기저장장치(ESS ; Energy Storage System)
    전기설비기술기준 제3조 제1항 제28호의 규정에 의한 전기를 저장하거나 공급할 수 있는 시스템을 말한다.
  ㉡ 전기자동차 충·방전시스템(V2G ; Vehicle to Grid)
    전기설비기술기준 제53조의 2에 따른 전기자동차와 고정식 충·방전 설비를 갖추어, 전기자동차에 전기를 저장하거나 공급할 수 있는 시스템을 말한다.

11 양방향 분산형전원으로 전기를 저장하거나 공급할 수 있는 시스템으로 바르게 연결된 것은?
① 전기저장장치와 전류방전장치
② 전기저장장치와 전압방전장치
③ 전기저장창치와 전기자동차 충·방전시스템
④ 전기저장장치와 수소충전시스템

해설
10번 해설 참조

12 태양광, 풍력발전 등의 분산형전원에 ESS설비(배터리, PCS 등 포함)를 혼합하여 발전하는 유형의 전원을 무엇이라 하는가?
① Hybrid 분산형전원 ② 연계형 전원
③ 독립형 전원   ④ 축전지

해설
Hybrid 분산형전원
Hybrid 분산형전원은 태양광, 풍력발전 등의 분산형전원에 ESS설비(배터리, PCS 등 포함)를 혼합하여 발전하는 유형을 말한다.

13 분산형 전원을 한전계통과 병렬운전하기 위하여 계통에 전기적으로 연결하는 것을 무엇이라 하는가?
① 전 원   ② 연 계
③ 추 정   ④ 연 속

해설
연계(Interconnection)
분산형전원을 한전계통과 병렬운전하기 위하여 계통에 전기적으로 연결하는 것을 말한다.

14 접속설비와 분산형전원 설치자측 전기설비가 연결되는 지점을 말한다. 즉, 한전 계통과 구내계통의 경계가 되는 책임 한계점으로서 수급지점을 무엇이라 하는가?
① 분계점   ② 연계점
③ 연결점   ④ 접속점

해설
접속점
접속설비와 분산형전원 설치자측 전기설비가 연결되는 지점을 말한다. 한전 계통과 구내계통의 경계가 되는 책임 한계점으로서 수급지점이라고도 한다.

15 분산형전원 연계 시 이 기준에서 정한 기술요건들이 충족되는지를 검토하는 데 있어 기준이 되는 지점은?
① 한계점   ② 지속점
③ 꼭지점   ④ 검토점

정답 11 ③ 12 ① 13 ② 14 ④ 15 ④

해설
검토점(POE ; Point of Evaluation)
분산형전원 연계 시 이 기준에서 정한 기술요건들이 충족되는지를 검토하는 데 있어 기준이 되는 지점을 말한다.

16 분산형 전원을 한전계통에 연계하여 운전하되 생산한 전력의 전부 또는 일부가 한전계통으로 송전되는 병렬 형태는?

① 역송병렬　　② 단독운전
③ 단순병렬　　④ 단순직렬

해설
역송병렬
분산형전원을 한전 계통에 연계하여 운전하되 생산한 전력의 전부 또는 일부가 한전 계통으로 송전되는 병렬 형태를 말한다.

17 한전 계통의 일부가 한전 계통의 전원과 전기적으로 분리된 상태에서 분산형전원에 의해서만 가압되는 상태는?

① 단독운전　　② 연계운전
③ 분산운전　　④ 가압운전

해설
단독운전(Islanding)
한전 계통의 일부가 한전 계통의 전원과 전기적으로 분리된 상태에서 분산형전원에 의해서만 가압되는 상태를 말한다.

18 아래에서 설명하는 내용으로 맞는 것은?

> "해당 주변압기에서 공급되는 특고압 공용선로 및 전용선로에 역송병렬 형태로 연계된 모든 분산형전원과 전용 변압기를 통해 저압계통에 연계된 모든 분산형전원 연계용량의 누적 합을 말한다."

① 특고압 공용선로 누적연계용량
② 고압 특수선로 누적연계용량
③ 주변압기 누적연계용량
④ 배전용 변압기 누적연계용량

해설
주변압기 누적연계용량
해당 주변압기에서 공급되는 특고압 공용선로 및 전용선로에 역송병렬 형태로 연계된 모든 분산형전원(기존 연계된 분산형전원과 신규로 연계 예정인 분산형전원 포함)과 전용 변압기(상계거래용 변압기 포함)를 통해 저압계통에 연계된 모든 분산형전원 연계용량의 누적 합을 말한다.

19 해당 저압 공용선로에 역송병렬 형태로 연계된 모든 분산형전원 연계용량의 누적 합은?

① 고압 공용선로 누적연계용량
② 저압 공용선로 누적연계용량
③ 특고압 공용선로 누적연계용량
④ 배전용 변압기 누적연계용량

해설
저압 공용선로 누적연계용량
해당 저압 공용선로에 역송병렬 형태로 연계된 모든 분산형전원(기존 연계된 분산형전원과 신규로 연계 예정인 분산형전원 포함) 연계용량의 누적 합을 말한다.

20 상시운전용량에 대한 정의로 틀린 것은?

① 22,900[V] 일반 배전선로의 상시운전용량은 10,000[kVA]
② 22,900[V] 대용량 배전선로의 상시운전용량은 15,000[kVA]로 평상시의 운전 최대용량을 의미한다.
③ 변전소 주변압기의 용량, 전선의 열적 허용 전류, 선로 전압강하, 비상시 부하 전환 능력, 선로의 분할 및 연계 등 해당 배전계통 운전 여건에 따라 하향 조정될 수 있다.
④ 일반 다수의 전기사용자에게 전기를 공급하기 위하여 설치한 배전선로를 말한다.

해설
상시운전용량
22,900[V] 일반 배전선로(전선 ACSR-OC 160[mm^2] 및 CNCV 325[mm^2], 3분할 3연계 적용)의 상시운전용량은 10,000[kVA], 22,900[V] 대용량 배전선로(ACSR-OC 240[mm^2] 및 CNCV 325[mm^2] 전력구 구간, CNCV 600[mm^2] 관로 구간, 3분할 3연계 적용)의 상시운전용량은 15,000[kVA]로 평상시의 운전 최대용량을 의미하며, 변전소 주변압기의 용량, 전선의 열적 허용 전류, 선로 전압강하, 비상시 부하 전환 능력, 선로의 분할 및 연계 등 해당 배전계통 운전 여건에 따라 하향 조정될 수 있다.

16 ① 17 ① 18 ③ 19 ② 20 ④

21 특정 분산형전원 설치자가 전용하기 위한 배전선로로서 한전 또는 고객이 소유하는 선로는?

① 일반선로　　② 전용선로
③ 특수선로　　④ 내 선

해설
전용선로
특정 분산형전원 설치자가 전용(專用)하기 위한 배전선로로서 한전 또는 고객이 소유하는 선로를 말한다.

22 연속적이거나 주기적인 전압변동을 무엇이라고 하는가?

① 전류요동　　② 전압요동
③ 전력요동　　④ 역 률

해설
전압요동(Voltage Fluctuation)
연속적이거나 주기적인 전압변동(Voltage Change, 어느 일정한 지속시간(Duration) 동안 유지되는 연속적인 두 레벨 사이의 전압 실횻값 또는 최댓값의 변화를 말한다)을 말한다.

23 순시 전압변동률을 바르게 설명한 것은?

① 분산형전원 연계 전 계통의 안정상태 전압 실횻값과 연계 후 분산형전원 정격출력을 기준으로 한 계통의 안정상태 전압 실횻값 간의 차이(Steady-State Voltage Change)를 계통의 공칭전압에 대한 백분율로 나타낸 것을 말한다.
② 입력 전압의 동요(Fluctuation)에 기인한 전등 조명 강도의 인지 가능한 변화를 말한다.
③ 분산형전원의 기동, 탈락 혹은 빈번한 출력변동 등으로 인해 과도상태가 지속되는 동안 발생하는 기본파 계통 전압 실횻값의 급격한 변동(Rapid Voltage Change, 예를 들어 실횻값의 최댓값과 최솟값의 차이 등을 말한다)을 계통의 공칭전압에 대한 백분율로 나타낸 것을 말한다.
④ 전기기기나 계통 운영 중에 발생하는 과도 전압 또는 전류로서, 일반적으로 최댓값까지 급격히 상승하고 하강 시에는 상승 시보다 서서히 떨어지는 수 [ms] 이내의 지속시간을 갖는 파형의 것을 말한다.

해설
순시 전압변동률
분산형전원의 기동, 탈락 혹은 빈번한 출력변동 등으로 인해 과도상태가 지속되는 동안 발생하는 기본파 계통 전압 실횻값의 급격한 변동(Rapid Voltage Change, 예를 들어 실횻값의 최댓값과 최솟값의 차이 등을 말한다)을 계통의 공칭전압에 대한 백분율로 나타낸 것을 말한다.

24 전자기기의 동작을 방해, 중지 또는 약화시키는 외란을 무엇이라 하는가?

① 전자기 적합
② 전자기 장해
③ 전자기 내성
④ 서 지

해설
전자기 장해(EMI ; Electro Magnetic Interference)
전자기기의 동작을 방해, 중지 또는 약화시키는 외란을 말한다.

25 서지(Surge)에 대한 내용으로 틀린 것은?

① 전기기기나 계통 운영 중에 발생하는 과도 전압 또는 전류이다.
② 일반적으로 최댓값까지 급격히 상승한다.
③ 하강 시에는 상승 시보다 서서히 떨어지는 수 [ms] 이내의 지속시간을 갖는 파형의 것을 말한다.
④ 저압 분산형전원의 배전계통 연계를 위해 일반 전기사용자가 연결되지 않은 발전 전용 배전용 변압기를 말하며 한전이 소유한다.

해설
서지(Surge)
전기기기나 계통 운영 중에 발생하는 과도 전압 또는 전류로서, 일반적으로 최댓값까지 급격히 상승하고 하강 시에는 상승 시보다 서서히 떨어지는 수 [ms] 이내의 지속시간을 갖는 파형의 것을 말한다.

정답　21 ②　22 ②　23 ③　24 ②　25 ④

26 OLTC(On Load Tap Changer)은?

① 부하공급 상태에서 TAP 위치를 변화시켜 전압조정이 가능한 장치를 말한다.
② 일반적인 전압 증폭 장치를 말한다.
③ 특별한 전력 연계 장치로서 컨버터 역할이 가능한 장치이다.
④ TAP에 부하를 주어 전력을 증폭하는 장치를 말한다.

해설

OLTC
On Load Tap Changer의 머리글자로, 부하공급 상태에서 TAP 위치를 변화시켜 전압조정이 가능한 장치를 말한다.

27 상계거래 연계용량이 배전용 변압기 용량의 몇 [%]를 초과하는 경우로 상계거래를 신청하는 고객이 전기공급과 발전을 동시에 하기 위해 설치하는 전용 배전용 변압기를 말하는가?

① 10
② 30
③ 50
④ 70

해설

상계거래용 변압기
상계거래 연계용량이 배전용 변압기 용량의 50[%]를 초과하는 경우로 상계거래를 신청하는 고객이 전기공급과 발전을 동시에 하기 위해 설치하는 전용 배전용 변압기를 말하며, 한전이 소유한다. 단, 상계거래용 변압기의 경우 다른 고객의 전기공급에는 활용 가능하나 추가 발전설비 연계는 불가하다.

28 분산형전원을 계통에 연계하고자 할 경우 기술적인 제반 요건이 충족되어야 하는데 해당되지 않는 것은?

① 공공인축과 설비의 안전
② 전력공급 신뢰도
③ 전기품질을 확보
④ 대량 생산의 확보

해설

연계 요건 및 연계의 구분(제4조)
① 분산형전원을 계통에 연계하고자 할 경우, 공공 인축과 설비의 안전, 전력공급 신뢰도 및 전기품질을 확보하기 위한 기술적인 제반 요건이 충족되어야 한다.
② 제2장 제1절의 기술요건을 만족하고 한전 계통 저압 배전용 변압기의 분산형전원 연계가능 용량에 여유가 있을 경우, 저압 한전 계통에 연계할 수 있는 분산형전원은 다음과 같다.
  ㉠ 분산형전원의 연계용량이 500[kW] 미만이고 배전용 변압기 누적연계용량이 해당 배전용 변압기 용량의 50[%] 이하인 경우 다음 각 목에 따라 해당 저압계통에 연계할 수 있다. 다만, 분산형전원의 출력전류의 합은 해당 저압 전선의 허용전류를 초과할 수 없다.
    • 분산형전원의 연계용량이 연계하고자 하는 해당 배전용 변압기(지상 또는 주상) 용량의 25[%] 이하인 경우 다음에 따라 간소검토 또는 연계용량 평가를 통해 저압 공용선로로 연계할 수 있다.
      – 간소검토 : 저압 공용선로 누적연계용량이 해당 변압기 용량의 25[%] 이하인 경우
      – 연계용량 평가 : 저압 공용선로 누적연계용량이 해당 변압기 용량의 25[%] 초과 시, 제2장 제2절에서 정한 기술요건을 만족하는 경우
    • 분산형전원의 연계용량이 연계하고자 하는 해당 배전용 변압기(주상 또는 지상)용량의 25[%]를 초과하거나, 제2장 제2절에서 정한 기술요건에 적합하지 않은 경우 접속설비를 저압 전용선로로 할 수 있다.
  ㉡ 배전용 변압기 누적연계용량이 해당 변압기 용량의 50[%]를 초과하는 경우 전용 변압기(상계거래용 변압기 포함)를 설치하여 연계할 수 있다. 단 아래의 조건에서는 예외로 한다.
    • 4[kW] 이하 상계거래의 경우는 배전용 변압기 누적연계용량이 해당 배전용 변압기 용량의 50[%] 초과 시 배전용 변압기의 직전 1년간 평균 상시이용률 이내에서 해당 배전용 변압기를 통해 저압에 연계할 수 있다. 단, 평균 상시이용률이 50[%] 이상인 경우만 적용 가능하며, 배전용 변압기 누적연계용량이 상시이용률을 초과하는 경우에는 상계거래용 변압기를 설치하여 연계한다.
    • 단상 분산형전원의 경우 현재 연계 예정인 배전용 변압기가 3상이고 해당 배전용 변압기의 누적연계용량이 변압기 용량 50[%]를 초과하는 경우 다른 상 배전용 변압기 누적연계용량이 변압기 용량의 50[%] 이내에서 상 분리를 통해 연계할 수 있다.
  ㉢ 전기방식이 교류 단상 220[V]인 분산형전원을 저압 한전 계통에 연계할 수 있는 용량은 100[kW] 미만으로 한다.
③ 분산형전원의 연계용량이 10,000[kW]를 초과하거나 특고압 공용선로 누적연계용량이 해당 선로의 상시운전용량을 초과하는 경우 다음 각 목에 따른다.
  ㉠ 개별 분산형전원의 연계용량이 10,000[kW] 이하라도 특고압 공용선로 누적연계용량이 해당 특고압 공용선로 상시운전용량을 초과하는 경우에는 접속설비를 특고압 전용선로로 함을 원칙으로 한다.

ⓒ 개별 분산형전원의 연계용량이 10,000[kW] 초과 20,000[kW] 미만인 경우에는 접속설비를 대용량 배전방식에 의해 연계함을 원칙으로 한다.
  ⓒ 접속설비를 특고압 전용선로로 하는 경우, 향후 불특정 다수의 다른 일반 전기사용자에게 전기를 공급하기 위한 선로 경과지 확보에 현저한 지장이 발생하거나 발생할 우려가 있다고 한전이 인정하는 경우에는 접속설비를 지중 배전선로로 구성함을 원칙으로 한다.
  ⓔ 접속설비를 전용선로로 연계하는 분산형전원은 제2장 제2절 제23조에서 정한 단락용량 기술요건을 만족해야 한다.
④ Hybrid 분산형전원의 ESS 충전은 분산형전원의 발전전력에 의해서만 이루어져야하며, 소내 부하공급용 전력에 의한 충전은 허용되지 않는다. ESS 설비용량은 풍력·태양광발전의 설비용량을 초과할 수 없는 것을 원칙으로 하나, 각 호의 하나에 해당할 경우 ESS 설비용량이 풍력·태양광발전의 설비용량을 초과 할 수 있다.
  ⓐ PCS의 정격용량이 발전설비 용량의 110[%] 이하이고, PCS 입출력을 발전설비 용량 이하로 운전하도록 설정할 경우
  ⓒ PCS 연계 변압기의 정격용량이 발전설비 용량 이하로 설치하고, PCS 입출력을 발전설비 용량 이하로 운전하도록 설정할 경우
  ※ 위 기준 ① 또는 ②에 해당하는 사업자는 PCS 운전 확약서 제출

29 한전 계통 저압 배전용 변압기의 분산형전원 연계 가능 용량에 여유가 있을 경우, 저압 한전 계통에 연계할 수 있는 분산형전원은 500[kW] 미만이고 배전용 변압기 누적연계용량이 해당 배전용 변압기 용량의 몇 [%] 이하인 경우 저압계통에 연계할 수 있는가?

① 10
② 30
③ 50
④ 70

해설
28번 해설 참조

30 배전용 변압기 누적연계용량이 해당 변압기 용량의 50[%]를 초과하는 경우 전용 변압기(상계거래용 변압기 포함)를 설치하여 연계할 수 있다. 이 때 예외의 조건에 해당되지 않는 것은?

① 4[kW] 이하 상계거래의 경우는 배전용 변압기 누적 연계용량이 해당 배전용 변압기 용량의 50[%] 초과 시 배전용 변압기의 직전 1년간 평균 상시이용률 이내에서 해당 배전용 변압기를 통해 저압에 연계할 수 있다.
② 평균 상시이용률이 50[%] 이상인 경우만 적용 가능하며, 배전용 변압기 누적연계용량이 상시이용률을 초과하는 경우에는 상계거래용 변압기를 설치하여 연계한다.
③ 단상 분산형전원의 경우 현재 연계 예정인 배전용 변압기가 3상인 이고 해당 배전용 변압기의 누적연계용량이 변압기 용량 50[%]를 초과하는 경우 다른 상 배전용 변압기 누적연계용량이 변압기 용량의 50[%] 이내에서 상 분리를 통해 연계할 수 있다.
④ 분산형전원의 연계용량이 100[kW] 미만인 경우라도 분산형전원 설치자가 희망하고 한전이 이를 타당하다고 인정하는 경우에는 특고압 한전 계통에 연계할 수 없다.

해설
28번 해설 참조

31 전기방식이 교류 단상 220[V]인 분산형전원을 저압 한전 계통에 연계할 수 있는 용량은 몇 [kW] 미만으로 해야 하는가?

① 200
② 150
③ 120
④ 100

해설
28번 해설 참조

정답 29 ③ 30 ④ 31 ④

32 분산형전원의 연계용량이 10,000[kW]를 초과하거나 특고압 공용선로 누적연계용량이 해당 선로의 상시 운전용량을 초과하는 경우에 해당하는 내용이 아닌 것은?

① 개별 분산형전원의 연계용량이 5,000[kW] 이하라도 특고압 공용선로 누적연계용량이 해당 특고압 공용선로 순시운전용량을 초과하는 경우에는 접속설비를 특고압 일반선로로 함을 원칙으로 한다.
② 개별 분산형전원의 연계용량이 10,000[kW] 초과 20,000[kW] 미만인 경우에는 접속설비를 대용량 배전방식에 의해 연계함을 원칙으로 한다.
③ 접속설비를 특고압 전용선로로 하는 경우, 향후 불특정 다수의 다른 일반 전기사용자에게 전기를 공급하기 위한 선로 경과지 확보에 현저한 지장이 발생하거나 발생할 우려가 있다고 한전이 인정하는 경우에는 접속설비를 지중 배전선로로 구성함을 원칙으로 한다.
④ 접속설비를 전용선로로 연계하는 분산형전원은 단락용량 기술요건을 만족해야 한다.

해설
28번 해설 참조

33 Hybrid 분산형전원의 ESS 충전은 분산형전원의 발전전력에 의해서만 이루어져야 하며, 소내 부하공급용 전력에 의한 충전은 허용되지 않는다. 이때 ESS 정격용량은 풍력·태양광발전의 설비용량을 초과할 수 없다. ESS 방전은 풍력·태양광 등 분산형전원의 발전과 동시 또는 각각 가능하다. 이때 ESS의 PCS용량이 설비용량을 초과할 수 있는 경우는?

① PCS의 정격용량이 발전설비 용량의 110[%] 이하이고, PCS 입출력을 발전설비 용량 이하로 운전하도록 설정할 경우
② PCS의 정격용량이 발전설비 용량의 150[%] 이상이고, PCS 입출력을 발전설비 용량 이상으로 운전하도록 설정할 경우
③ PCS 연계 변압기의 정격용량이 발전설비 용량 이상으로 설치한다.
④ PCS 입출력을 발전설비 용량 이상으로 운전하도록 설정할 경우

해설
28번 해설 참조

34 3상 수전 단상 인버터 설치기준에서 1상 또는 2상 설치 시 인버터 용량은?

① 각 상에 4[kW] 이하로 설치
② 각 상에 4[kW] 이상으로 설치
③ 상별 동일 용량 설치
④ 상하 차동 용량 설치

해설
전기방식(제6조)
• 분산형전원의 전기방식은 연계하고자 하는 계통의 전기방식과 동일하게 함을 원칙으로 한다. 단, 3상 수전 고객이 단상 인버터를 설치하여 분산형전원을 계통에 연계하는 경우는 아래의 표에 의한다.

3상 수전 단상 인버터 설치기준

구 분	인버터 용량
1상 또는 2상 설치 시	각 상에 4[kW] 이하로 설치
3상 설치 시	상별 동일 용량 설치

• 분산형전원의 연계 구분에 따른 연계계통의 전기방식은 다음의 표에 의한다.

연계 구분에 따른 계통의 전기방식

구 분	연계계통의 전기방식
저압 한전계통 연계	교류 단상 220[V] 또는 교류 3상 380[V] 중 기술적으로 타당하다고 한전이 정한 한가지 전기방식
특고압 한전계통 연계	교류 3상 22,900[V]

35 분산형 전원의 연계 구분에서 특고압 한전계통 연계에 따른 전기방식으로 옳은 것은?

① 교류 단상 220[V]
② 교류 3상 380[V]
③ 교류 3상 22,900[V]
④ 교류 단상 110[V]

해설
34번 해설 참조

정답 32 ① 33 ① 34 ① 35 ③

36 계통 연계를 위한 동기화 변수 제한범위 중 분산형전원 정격용량의 합계가 500 초과~1,500 미만일 경우 전압차는?

① 10
② 7
③ 5
④ 3

해설
동기화(제8조)
분산형전원의 계통 연계 또는 가압된 구내계통의 가압된 한전계통에 대한 연계에 대하여 병렬연계 장치의 투입 순간에 아래 표의 모든 동기화 변수들이 제시된 제한범위 이내에 있어야 하며, 만일 어느 하나의 변수라도 제시된 범위를 벗어날 경우에는 병렬연계 장치가 투입되지 않아야 한다.

계통 연계를 위한 동기화 변수 제한범위

분산형전원 정격용량 합계[kW]	주파수 차 (△f, [Hz])	전압 차 (△V, [%])	위상각 차 (△φ, °)
0~500	0.3	10	20
500 초과~1,500	0.2	5	15
1,500 초과~20,000 미만	0.1	3	10

37 특고압 또는 전용 변압기를 통해 저압 한전 계통에 연계하는 분산형전원이 하나의 공통 연결점에서 단위 분산형전원의 용량 또는 분산형전원 용량의 총합이 몇 [kW] 이상일 경우 분산형전원 설치자는 분산형전원 연결점에 연계상태, 유·무효전력 출력, 운전 역률 및 전압 등의 전력 품질을 감시하기 위한 설비를 갖추어야 하는가?

① 500
② 400
③ 350
④ 250

해설
감시 및 제어설비(제10조)
특고압 또는 전용 변압기를 통해 저압 한전 계통에 연계하는 역송병렬 분산형전원이 하나의 공통 연결점에서 단위 분산형전원의 용량 또는 분산형전원 용량의 총합이 250[kW] 이상일 경우 분산형전원 설치자는 분산형전원 연결점에 연계상태, 유·무효전력 출력, 운전 역률 및 전압 등의 전력 품질을 감시하기 위한 설비를 갖추어야 한다.

38 한전 계통 이상 시 분산형전원 분리 및 재병입의 전압에 대한 설명으로 틀린 것은?

① 연계시스템의 보호장치는 각 선간전압의 실횻값 또는 기본파 값을 감지해야 한다.
② 구내계통을 한전 계통에 연결하는 변압기가 Y-Y 결선 접지방식의 것 또는 단상 변압기일 경우에는 각 상전압을 감지해야 한다.
③ 한전 계통의 독립적인 평균값과 상전압을 체크하여 항상 기록해야 한다.
④ 분산형전원은 해당 분리 시간(Clearing Time) 내에 한전 계통에 대한 가압을 중지하여야 한다.

해설
한전 계통 이상 시 분산형전원 분리 및 재병입(제13조)
• 전 압
 - 연계시스템의 보호장치는 각 선간전압의 실횻값 또는 기본파 값을 감지해야 한다. 단, 구내계통을 한전 계통에 연결하는 변압기가 Y-Y 결선 접지방식의 것 또는 단상 변압기일 경우에는 각 상전압을 감지해야 한다.
 - 제호의 전압 중 어느 값이나 비정상 범위 내에 있을 경우 분산형전원은 해당 분리 시간(Clearing Time) 내에 한전 계통에 대한 가압을 중지하여야 한다.

39 분산형전원 연계시스템은 안정 상태의 한전 계통 전압 및 주파수가 정상 범위로 복원된 후 그 범위 내에서 ( )분간 유지되지 않는 한 분산형전원의 재병입이 발생하지 않도록 하는 지연기능을 갖추어야 한다. ( ) 안에 알맞은 내용은?

① 1
② 3
③ 5
④ 10

해설
한전 계통에의 재병입(Reconnection)
분산형전원 연계시스템은 안정 상태의 한전 계통 전압 및 주파수가 정상 범위로 복원된 후 그 범위 내에서 5분간 유지되지 않는 한 분산형전원의 재병입이 발생하지 않도록 하는 지연기능을 갖추어야 한다.

정답 36 ③ 37 ④ 38 ③ 39 ③

40 분산형전원 연계시스템의 보호도면과 제어도면은 사전에 반드시 어디와 협의하여야 하는가?

① 주민센터
② 국토교통부
③ 한 전
④ kt

해설
분산형전원 이상 시 보호 협조(제14조)
분산형전원 연계시스템의 보호도면과 제어도면은 사전에 반드시 한전과 협의하여야 한다.

41 분산형전원 및 그 연계시스템은 분산형전원 연결점에서 최대 정격 출력전류의 몇 [%]를 초과하는 직류 전류를 계통으로 유입시켜서는 아니 되는가?

① 5
② 3
③ 0.5
④ 0.1

해설
전기품질(제15조)
• 직류 유입 제한
분산형전원 및 그 연계시스템은 분산형전원 연결점에서 최대 정격 출력전류의 0.5[%]를 초과하는 직류 전류를 계통으로 유입시켜서는 안 된다.
• 역 률
분산형전원의 역률은 90[%] 이상으로 유지함을 원칙으로 한다. 다만, 역송병렬로 연계하는 경우로서 연계계통의 전압상승 및 강하를 방지하기 위하여 기술적으로 필요하다고 평가되는 경우에는 연계계통의 전압을 적절하게 유지할 수 있도록 분산형전원 역률의 하한값과 상한값을 고객과 한전이 협의하여야 정할 수 있다.

42 분산형전원의 역률은 몇 [%] 이상으로 유지함을 원칙으로 하는가?

① 100
② 90
③ 80
④ 50

해설
41번 해설 참조

43 변동 빈도를 정의하기 어렵다고 판단되는 경우에는 순시전압변동률 몇 [%]를 적용해야 하는가?

① 1
② 2
③ 3
④ 5

해설
순시전압변동(제16조)
• 특고압 계통의 경우, 분산형전원의 연계로 인한 순시전압변동률은 발전원의 계통 투입·탈락 및 출력변동 빈도에 따라 아래의 표에서 정하는 허용기준을 초과하지 않아야 한다. 단, 해당 분산형전원의 변동 빈도를 정의하기 어렵다고 판단되는 경우에는 순시전압변동률 3[%]를 적용한다. 또한, 해당 분산형전원에 대한 변동 빈도 적용에 대해 설치자의 이의가 제기되는 경우, 설치자가 이에 대한 논리적 근거 및 실험적 근거를 제시하여야 하고 이를 근거로 변동 빈도를 정할 수 있으며 제10조에 의한 감시설비를 설치하고 이를 확인하여야 한다. Hybrid 분산형전원의 순시전압변동률은 ESS의 계통 병입·탈락 빈도와 분산형전원의 계통 병입·탈락 빈도를 합산한 값에 대하여 아래의 표에서 정하는 허용기준을 초과하지 않아야 한다. 단, 해당 Hybrid 분산형전원의 변동 빈도를 정의하기 어렵다고 판단되는 경우에는 순시전압변동률 3[%]를 적용한다.

순시전압변동률 허용기준

변동빈도	순시전압변동률
1시간에 2회 초과 10회 이하	3[%]
1일 4회 초과 1시간에 2회 이하	4[%]
1일에 4회 이하	5[%]

• 저압계통의 경우, 계통 병입 시 돌입 전류를 필요로 하는 발전원에 대해서 계통 병입에 의한 순시전압변동률이 6[%]를 초과하지 않아야 한다.

44 Hybrid 분산형전원의 변동 빈도를 정의하기 어렵다고 판단되는 경우에는 순시전압변동률 몇 [%]를 적용해야 하는가?

① 3
② 5
③ 10
④ 15

해설
43번 해설 참조

45 순시전압변동률 허용기준에서 1일에 4회 이하일 경우 순시전압변동률은 몇 [%]인가?

① 3
② 4
③ 5
④ 10

[해설]
43번 해설 참조

46 저압계통의 경우, 계통 병입 시 돌입 전류를 필요로 하는 발전원에 대해서 계통 병입에 의한 순시전압변동률이 몇 [%]를 초과하지 않아야 하는가?

① 3
② 5
③ 6
④ 8

[해설]
43번 해설 참조

47 연계된 계통의 고장이나 작업 등으로 인해 분산형 전원이 공통 연결점을 통해 한전 계통의 일부를 가압하는 단독운전 상태가 발생할 경우 해당 분산형전원 연계시스템은 이를 감지하여 단독운전 발생 후 최대 몇 초 이내에 한전 계통에 대한 가압을 중지해야 하는가?

① 0.1
② 0.2
③ 0.3
④ 0.5

[해설]
단독운전(제17조)
연계된 계통의 고장이나 작업 등으로 인해 분산형전원이 공통 연결점을 통해 한전계통의 일부를 가압하는 단독운전 상태가 발생할 경우 해당 분산형전원 연계시스템은 이를 감지하여 단독운전 발생 후 최대 0.5초 이내에 한전 계통에 대한 가압을 중지해야 한다.

48 분산형전원 설치자는 고장 발생 시 자동적으로 계통과의 연계를 분리할 수 있도록 다음의 보호계전기 또는 동등 이상의 기능 및 성능을 가진 보호장치를 설치하여야 한다. 이 때 해당되지 않는 내용은?

① 계통 또는 분산형전원 측의 단락·지락 고장 시 보호를 위한 보호장치를 설치한다.
② 적정한 전압과 주파수를 벗어난 운전을 방지하기 위하여 과·저전압 계전기, 과·저주파수 계전기를 설치한다.
③ 단순 병렬 분산형전원의 경우에는 역전력 계전기를 설치한다.
④ 한전에 필요한 설치를 하고 독립형 전력계를 설치한 후 수용가에 직접 요금을 청구해야 한다.

[해설]
보호장치 설치(제18조)
분산형전원 설치자는 고장 발생 시 자동적으로 계통과의 연계를 분리할 수 있도록 다음의 보호계전기 또는 동등 이상의 기능 및 성능을 가진 보호장치를 설치하여야 한다.
• 계통 또는 분산형전원 측의 단락·지락 고장 시 보호를 위한 보호장치를 설치한다.
• 적정한 전압과 주파수를 벗어난 운전을 방지하기 위하여 과·저전압 계전기, 과·저주파수 계전기를 설치한다.
• 단순 병렬 분산형전원의 경우에는 역전력 계전기를 설치한다. 단, 신에너지 및 재생에너지 개발·이용·보급 촉진법 제2조 제1호의 규정에 의한 신재생에너지를 이용하여 동일 전기사용장소에서 전기를 생산하는 용량 50[kW] 이하의 소규모 분산형전원(단, 해당 구내계통 내의 전기사용 부하의 수전 계약전력이 분산형전원 용량을 초과하는 경우에 한함)으로서 제17조에 의한 단독운전 방지기능을 가진 것을 단순 병렬로 연계하는 경우에는 역전력 계전기 설치를 생략할 수 있다.

49 상용주파 변압기의 설치를 생략할 수 있는 경우에 해당되는 경우로 틀린 것은?

① 직류회로가 비접지인 경우
② 고주파 변압기를 사용하는 경우
③ 저주파 변압기를 사용하는 경우
④ 교류 출력 측에 직류 검출기를 구비하고 직류 검출 시에 교류 출력을 정지하는 기능을 갖춘 경우

[정답] 45 ③ 46 ③ 47 ④ 48 ④ 49 ③

> **해설**
>
> 변압기(제19조)
> 직류발전원을 이용한 분산형전원 설치자는 인버터로부터 직류가 계통으로 유입되는 것을 방지하기 위하여 연계시스템에 상용주파 변압기를 설치하여야 한다. 단, 다음 조건을 모두 만족시키는 경우에는 상용주파 변압기의 설치를 생략할 수 있다.
> - 직류회로가 비접지인 경우 또는 고주파 변압기를 사용하는 경우
> - 교류 출력 측에 직류 검출기를 구비하고 직류 검출 시에 교류 출력을 정지하는 기능을 갖춘 경우

50 저압 일반선로에서 분산형전원의 상시 전압변동률은 몇 [%]를 초과하지 않아야 하는가?

① 1   ② 3
③ 5   ④ 7

> **해설**
>
> 저압계통 상시전압변동(제21조)
> 저압 공용선로에서 분산형전원의 상시 전압변동률은 3[%]를 초과하지 않아야 한다. 다만, 전용 변압기를 통해 저압 한전 계통에 연계되는 분산형전원의 경우 제22조에서 정한 기술요건으로 검토한다.

51 분산형전원 연계에 의해 계통의 단락용량이 다른 분산형전원 설치자 또는 전기사용자의 차단기 차단용량 등을 상회할 우려가 있을 때에는 해당 분산형전원 설치자가 한류리액터 등 단락 전류를 제한하는 설비를 설치해야 하는데 이때 대책으로도 대응할 수 없는 경우에 해당되지 않는 사항은?

① 특고압 연계의 경우, 다른 배전용 변전소 뱅크의 계통에 연계
② 저압연계의 경우, 전용 변압기를 통하여 연계
③ 상위전압의 계통에 연계
④ 상위전력과 단락전류에 대한 기본적인 시행대책 설계

> **해설**
>
> 단락용량(제23조)
> - 분산형전원 연계에 의해 계통의 단락용량이 다른 분산형전원 설치자 또는 전기사용자의 차단기 차단용량 등을 상회할 우려가 있을 때에는 해당 분산형전원 설치자가 한류리액터 등 단락 전류를 제한하는 설비를 설치한다.

> - 위의 대책으로도 대응할 수 없는 경우에는 다음 각 호의 하나에 따른다.
>   - 특고압 연계의 경우, 다른 배전용 변전소 뱅크의 계통에 연계
>   - 저압연계의 경우, 전용 변압기를 통하여 연계
>   - 상위전압의 계통에 연계
>   - 기타 단락용량 대책 강구

52 유효성 평가는 몇 년 주기로 해야 하는가?

① 1   ② 2
③ 3   ④ 4

> **해설**
>
> 유효성 평가(제25조)
> 본 업무표준은 2년 주기로 유효성을 평가한다.

53 상용전력계통과 계통 연계하는 경우에 인버터의 교류출력을 계통으로 접속할 때 사용하는 차단기를 수납하는 곳은?

① 배전반
② 수납함
③ 분전반
④ 단자함

> **해설**
>
> 분전반
> 상용전력계통과 계통 연계하는 경우에 인버터의 교류출력을 계통으로 접속할 때 사용하는 차단기를 수납하는 함

54 다음 중 분전반에 대한 내용으로 틀린 것은?

① 기존에 분전반이 설치되어 있으면 그것을 그대로 사용한다.
② 분전반은 접속함과 같은 역할을 한다.
③ 기설되어 있는 분전반에 여유가 없을 경우 별도의 분전반을 설치한다.
④ 과전류차단기는 태양광발전시스템용으로 설치하는 차단기로서 지락검출기능이 있어야 한다.

해설
분전반은 주택에서 대다수의 경우 이미 설치되어 있기 때문에 태양광발전시스템의 정격출력전류에 맞는 차단기가 있으면 그것을 사용하도록 한다. 이미 설치되어 있는 분전반에 여유가 없는 경우에는 별도의 분전반을 준비하거나 기설되어 있는 분전반 근처에 설치하는 것이 일반적이다. 또한 태양광발전시스템용으로 설치하는 차단기는 지락검출기능이 있는 과전류차단기가 꼭 필요하다.

55 역송전이 있는 계통연계시스템에서 역송전한 전력량을 계측하여 전력회사에 판매할 전력요금을 산출하기 위한 계량기는?

① 테스터기
② 교류기기
③ 역류기
④ 적산전력량계

해설
적산전력량계
역송전이 있는 계통연계시스템에서 역송전한 전력량을 계측하여 전력회사에 판매할 전력요금을 산출하기 위한 계량기로 계량법에 의한 검정을 받은 적산전력량계를 사용할 필요가 있다.

56 적산전력계의 구비조건으로 옳은 것은?

① 오차가 클 것
② 구입이 용이할 것
③ 주위 온도에 민감하게 반응할 것
④ 재질이 얇고 가벼울 것

해설
적산전력계의 구비조건
• 가격이 저렴할 것
• 주위 온도나 환경에 영향을 받지 않을 것
• 오차가 적을 것
• 내구성이 좋고, 재질이 튼튼할 것
• 구입이 용이할 것

57 역전방지장치를 부착해야 하는 경우는?

① 가입자측에 전력량을 분리하기 위해서
② 전송한 전력을 다시 가입자측에 역전송하기 위해서
③ 이미 설치되어 있는 적산전력장치를 보호하기 위해서
④ 역송전한 전력량만을 분리·계측하기 위해서

해설
역송전한 전력량만을 분리·계측하기 위해서 역전방지장치가 부착된 것을 사용한다.

58 역송전계량용 적산전력량계의 비용부담은 어디서 하는가?

① 수용가
② 한 전
③ 지방자치단체
④ 국 가

해설
역송전계량용 적산전력량계는 수용전력계량용 적산전력량계와는 달리 수용가측을 전원측으로 접속한다. 또한 역송전계량용 적산전력량계의 비용부담은 수용가 부담으로 되어 있다.

59 축전지의 구성에 해당되지 않는 것은?

① 알칼리
② 양극판
③ 음극판
④ 전해액

해설
축전지는 양과 음의 전극판과 전해액으로 구성되어 있고 항상 양극판보다 음극판이 1개 더 많다.

60 화학작용에 의해 직류기전력을 생기게 하여 전원으로 사용할 수 있는 장치는?

① 배전함
② 축전지
③ 코 일
④ 분전반

해설
축전지
화학에너지를 전기적인 에너지로 변환하여 사용하는 것을 전지라 하며, 직류기전력을 전원으로 사용할 수 있는 장치를 말한다.

정답 55 ④ 56 ② 57 ④ 58 ① 59 ① 60 ②

61 축전지 중 여러 번 충전해서 사용가능한 전지를 무엇이라 하는가?

① 1차 전지   ② 2차 전지
③ 3차 전지   ④ 4차 전지

해설
화학에너지와 전기에너지 사이에 전환이 일어날 수 있도록 만든 것을 축전지라 하는데 그 횟수가 1회에 한정되어 사용하는 1회용 건전지를 1차 전지라 하고, 여러 번 축전을 하여 사용할 수 있는 전지를 2차 전지(축전지)라 한다.

62 축전지 선정 기준에 해당되지 않는 것은?

① 중량   ② 경제성
③ 모양   ④ 비용

해설
축전지 선정 기준
- 비용
- 중량
- 전압-전류 특성 등의 전기적 성능
- 안전성
- 수치
- 수명
- 보수성
- 재활용성
- 경제성

63 축전지에 사용되는 재료가 아닌 것은?

① 구리   ② 니켈-수소
③ 리튬   ④ 납

해설
축전지에 사용되는 재료
- 납
- 리튬
- 니켈-수소
- 니켈-카드뮴

64 태양광발전시스템용 축전지로 가장 많이 사용하는 것은?

① 니켈-카드뮴   ② 리튬
③ 납   ④ 니켈-수소

해설
태양광발전시스템용 축전지로 가장 많이 사용하는 것은 현재 납축전지이며 보수가 필요하지 않는 제어밸브식 거치 납축전지가 사용된다.

65 독립형 시스템 등과 같은 사이클 서비스적인 용도의 경우에는 일반적으로 거치 납축전지에 비해 충·방전 특성을 강화한 방식이 사용된다. 이 방식은?

① 고정식   ② 제어밸브식
③ 반수동식   ④ 자동변식

해설
독립형 시스템 등과 같은 사이클 서비스적인 용도의 경우에는 일반적으로 거치 납축전지에 비해 충·방전 특성을 강화한 제어밸브식 거치 납축전지가 사용된다.

66 축전지를 부가함으로써 전력의 공급, 발전전력 급변 시의 버퍼, 전력저장, 피크 시프트 등 시스템의 적용범위의 확대를 통한 부가가치를 높일 수 있는 방식은?

① 독립형 시스템용 축전지   ② 가변연동식 축전지
③ 자동시스템용 축전지   ④ 계통연계시스템용 축전지

해설
계통연계시스템용 축전지
축전지를 부가함으로써 전력의 공급, 발전전력 급변 시의 버퍼, 전력저장, 피크 시프트 등 시스템의 적용범위의 확대를 통한 부가가치를 높일 수 있는 방식으로 태양광발전시스템이 계통에 연계될 때 계통전압 안정화를 통한 축전지가 많이 활용된다.

67 축전지의 기대수명을 결정하는 요소로 옳지 않은 것은?

① 충전횟수   ② 방전횟수
③ 사용온도   ④ 방전심도

해설
축전지의 기대수명 결정요소
- 방전심도
- 방전횟수
- 사용온도

68 납축전지의 종류와 특징에 해당되지 않는 것은?

① 제어밸브식 거치   ② 소형 제어밸브식
③ 자동차용   ④ 대형 전동자용

정답 61 ② 62 ③ 63 ① 64 ③ 65 ② 66 ④ 67 ① 68 ④

해설

납축전지의 종류와 특징

명칭	종류	형식	기대수명(25도)	
			부동충전 시	사이클 사용 시
제어밸브식 거치	표준	MSE	7~9년	DOD 50[%]에서 1,000사이클
	긴 수명	FVL	13~15년	
	사이클 서비스	SLM	–	DOD 30[%]에서 2,000사이클
		12CTE	–	DOD 20[%]에서 2,200사이클
소형 제어밸브식	표준	m	약 3년	DOD 50[%]에서 400사이클
	긴 수명	FML	약 6년	
	가장 긴 수명	FLH	약 15년	
소형 전동차용	제어밸브식	EBC	–	DOD 75[%]에서 500사이클
	액식	EB	–	DOD 75[%]에서 600사이클
자동차용	시동용		2~3년	DOD 50[%]에서 200사이클

명칭	용량[Ah]	보수	용도	시스템 예
제어밸브식 거치	50~3,000	필요 없음	연계자립, 방재 대응형	건축시설에 설치하는 방재형 시스템 등
	80~120 (12[V])		피크컷, 독립형 전원	피크컷 시스템용 전력저장 및 독립형 시스템 전원
소형 제어밸브식	2~65 (12[V])		소형연계자립, 독립형 전원	소형시스템 예 게시판, 방송시스템 등
	0.8~17 (12[V])			
	2~65 (12[V])			
소형 전동차용	65~100 (12[V])		소형피크컷, 독립형 전원	독립형 통신용 전원, 가로등용 등
	15~160 (12[V])			
자동차용	50~176 (12[V]) (5시간율)	필요	소형연계자립, 독립형 전원	소형시스템 예 게시판, 방송시스템 등

※ DOD(Depth Of Discharge) : 방전심도

69 제어밸브식 거치 납축전지의 종류 중에서 표준형식의 기대수명은 얼마인가?(단, 25[°C]에 부동 충전 시)

① 1~2년 ② 2~3년
③ 5~7년 ④ 7~9년

해설
68번 해설 참조

70 소형 제어밸브식의 표준 종류의 용량은 몇 [Ah]인가?

① 50~3,000 ② 80~120
③ 2~65 ④ 0.8~17

해설
68번 해설 참조

71 계통연계시스템용 축전지의 종류에 해당되지 않는 것은?

① 부하평준화 대응형 ② 방재 대응형
③ 계통안정화 대응형 ④ 산화평준화 대응형

해설
계통연계시스템용 축전지의 종류
• 부하평준화 대응형 : 태양전지 출력과 축전지 출력을 병용하여 부하의 피크 시에 인버터를 필요한 출력으로 운전하여 수전전력의 증대를 억제하고 기본 전력요금을 절감하도록 하는 시스템이다. 즉, 수용가에게는 전력요금의 절감, 전력회사에게는 피크전력 대응의 설비투자 절감의 효과를 가져온다. 설치되는 축전지의 크기에 따라 일조량의 급격한 변화에 대하여 계통으로부터 부하급변의 영향을 적게 하기 위한 일사급변 보상형과 발전전력의 피크와 수요 피크를 수시간(2~4시간 정도) 보상하기 위한 피크 시프트형, 심야 전력으로 충전한 전력을 주간의 피크 시에 방전하여 주간 전력을 축전지에 공급하도록 하는 야간전력 저장형 등으로 분류할 수 있다.

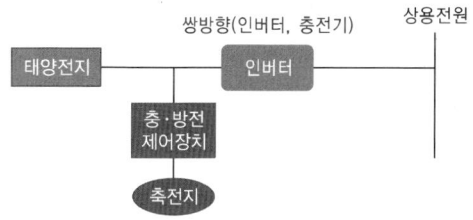

• 방재 대응형 : 보통 계통연계시스템으로 동작하고 정전 등 재해 발생 시 인버터를 자동운전으로 전환함과 동시에 특정 재해 대응부하로 전력을 공급하도록 한다.

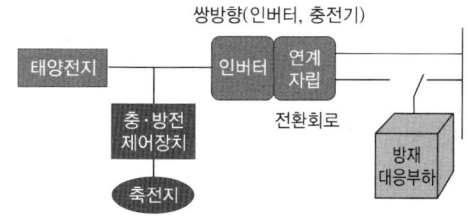

• 계통안정화 대응형 : 태양전지와 축전지를 병렬로 운전하여 기후가 급변할 때 또는 계통부하가 급변하는 경우에 축전지를 방전하고 태양전지 출력이 증대하여 계통전압이 상승할 때에는 축전지를 충전하여 역전류를 줄이고 전압의 상승을 방지하는 방식이다.

정답 69 ④ 70 ③ 71 ④

72 보통 계통연계시스템으로 동작하고 정전 등 재해 발생 시 인버터를 자동운전으로 전환함과 동시에 특정 재해 대응부하로 전력을 공급하는 방식은?

① 방재 대응형
② 부하평준화 대응형
③ 계통안정화 대응형
④ 전압연계 대응형

해설
71번 해설 참조

73 태양전지 출력과 축전지 출력을 병용하여 부하의 피크 시에 인버터를 필요한 출력으로 운전하여 수전전력의 증대를 억제하고 기본 전력요금을 절감하도록 하는 시스템은?

① 방재 대응형
② 부하평준화 대응형
③ 계통안정화 대응형
④ 전압연계 대응형

해설
71번 해설 참조

74 부하평준화 대응형의 가장 큰 장점은?

① 수용가에게는 피크전력 대응의 설비투자 절감의 효과를 가져온다.
② 수용가에게는 전력요금의 절감을 가져온다.
③ 부하를 줄여서 누구에게나 쉽게 사용할 수 있다.
④ 전력회사에 직원이 줄어든다.

해설
71번 해설 참조

75 부하평준화 대응형 중 설치되는 축전지의 크기에 따라 일조량의 급격한 변화에 대하여 계통으로부터 부하 급변의 영향을 적게 하기 위한 방식은?

① 전류급변 방식
② 피크 시프트형
③ 일사급변 보상형
④ 야간전력 저장형

해설
71번 해설 참조

76 태양전지와 축전지를 병렬로 운전하여 기후가 급변할 때 또는 계통부하가 급변하는 경우에 축전지를 방전하고 태양전지 출력이 증대하여 계통전압이 상승할 때에는 축전지를 충전하여 역전류를 줄이고 전압의 상승을 방지하는 방식은?

① 방재 대응형
② 부하평준화 대응형
③ 계통안정화 대응형
④ 전압연계 대응형

해설
71번 해설 참조

77 축전지의 용량산출을 할 때 해당되지 않는 사항은?

① 방전시간
② 방전전류
③ 허용 최저전압
④ 충전시간

해설
축전지의 용량산출
• 방전전류
• 방전시간
• 허용 최저전압
• 축전지의 예상 최저온도
• 셀 수의 선정

72 ① 73 ② 74 ② 75 ③ 76 ③ 77 ④

78 용량산출(C) 일반식으로 옳은 것은?(단, C : 온도 25[℃]에서 정격방전율 환산용량(축전지의 표시용량), K : 방전시간, 축전지 온도, 허용최저전압으로 결정되는 용량환산시간, I : 평균 방전전류, L : 보수율(수명 말기의 용량 감소율) 0.8)

① $C = \dfrac{KL}{I}$ ② $C = KI$

③ $C = \dfrac{L}{KI}$ ④ $C = \dfrac{KI}{L}$

해설
용량산출 일반식
$C = \dfrac{KI}{L}$
여기서, C = 온도 25[℃]에서 정격방전율 환산용량(축전지의 표시용량)
K = 방전시간, 축전지 온도, 허용최저전압으로 결정되는 용량환산시간
I = 평균 방전전류
L = 보수율(수명 말기의 용량 감소율) 0.8

79 부하평준화 대응형 축전지의 용량산출 방식에 대한 내용으로 틀린 것은?

① 충·방전 횟수가 많으므로 일반적으로 사이클 서비스용 축전지를 사용한다.
② 충·방전을 많이 하게 되면 기대수명이 줄어든다. 그렇기 때문에 충·방전을 하지 않는다.
③ 부하평준화 운전 시에 축전지에서 보면 정전력 부하가 되기 때문에 직류입력전류를 구할 때의 직류전압으로서 방전 중의 평균전압을 사용하는 경우도 있다.
④ 용량산출 일반식 $C = \dfrac{KI}{L}$ 이다.

해설
부하평준화 대응형 축전지의 용량산출 방식
• 용량산출 일반식 $C = \dfrac{KI}{L}$ 이다.
• 충·방전 횟수가 많으므로 일반적으로 사이클 서비스용 축전지를 사용한다.
• 충·방전을 많이 하게 되면 기대수명을 다할 수 있도록 방전심도(DOD)와 수명의 관계를 고려하여 축전지 용량을 결정할 필요가 있다.
• 부하평준화 운전 시에 축전지에서 보면 정전력 부하가 되기 때문에 직류입력전류를 구할 때의 직류전압으로서 방전 중의 평균전압을 사용하는 경우도 있다.

80 보통은 축전지의 방전상태를 표시하는 수치는?

① 충전도   ② 방전심도
③ 충진율   ④ 수신율

해설
방전심도(DOD ; Depth Of Discharge)
전기저장장치에서 방전상태를 나타내는 지표의 값으로 보통은 축전지의 방전상태를 표시하는 수치이다. 일반적으로 정격용량에 대한 방전량은 백분율로 표시한다.

81 방전심도는 어떻게 구하는가?

① $\dfrac{\text{축전지의 정격용량}}{\text{실제 방전량}} \times 100[\%]$

② $\dfrac{\text{실제 방전량}}{\text{축전지의 정격용량}} \times 100[\%]$

③ 축전지의 정격용량 $\times 100[\%]$

④ 실제 방전량 $\times 100[\%]$

해설
방전심도 $= \dfrac{\text{실제 방전량}}{\text{축전지의 정격용량}} \times 100[\%]$

82 계통연계시스템에서 축전지의 4대 기능에 포함되지 않는 것은?

① 피크 시프트
② 전력사용
③ 재해 시 전력공급
④ 발전전력 급변 시의 버퍼

해설
계통연계시스템에서 축전지의 4대 기능
• 피크 시프트
• 전력저장
• 재해 시 전력공급
• 발전전력 급변 시의 버퍼

정답 78 ④ 79 ② 80 ② 81 ② 82 ②

83 수시로 충·방전을 반복하고 기계적으로 조합하여 유지보수가 곤란한 장소에 설치하는 축전지는?

① 독립형 전원시스템용 축전지
② 계통연계 시스템용 축전지
③ 부하평준화 대응형 축전지
④ 계통안정화 대응형 축전지

해설
독립형 시스템용 축전지
수시로 충·방전을 반복하고 기계적으로 조합하여 유지보수가 곤란한 장소에 설치하는 경우가 많다. 또한 충전상태도 일정치 않아 축전지 측면에서 보면 불안정한 사용상태에 놓여 있다고 할 수 있다.

84 독립형 전원시스템 축전지의 기대수명의 결정요인이 아닌 것은?

① 방전횟수
② 방전심도
③ 사용온도
④ 크 기

해설
독립형 전원시스템 축전지의 기대수명의 결정요인
• 방전횟수
• 방전심도
• 사용온도

85 독립형 전원시스템의 구조에 해당되지 않는 것은?

① 충·방전제어장치
② 인버터
③ 주파수 발생장치
④ 축전지

해설
독립형 전원시스템의 구조

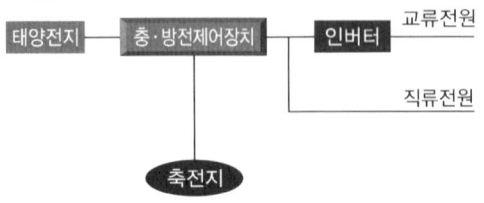

86 독립형 전원시스템용 축전지 선정의 핵심요소로 틀린 것은?

① 태양전지의 크기
② 충·방전제어장치의 설정값
③ 태양전지의 용량
④ 축전지의 용량

해설
독립형 전원시스템용 축전지 선정의 핵심요소
우선 부하의 필요전력량을 상세하게 검토하여 태양전지의 용량과 축전지의 용량, 충·방전제어장치의 설정값을 어떻게 최적화시키는가에 달려 있다.

87 독립형 전원시스템용 축전지의 설계순서에 대한 내용이 아닌 것은?

① 설치 예정 장소의 일사량 데이터를 입수한다.
② 축전지의 기대수명에서 방전심도를 설정한다.
③ 축전지 용량(C)을 계산한다.
④ 부하에 필요한 교류 입력전력량을 상세하게 검토한다.

해설
독립형 전원시스템용 축전지의 설계순서
• 부하에 필요한 직류 입력전력량을 상세하게 검토한다(인버터의 입력전력을 파악한다).
• 설치 예정 장소의 일사량 데이터를 입수한다.
• 설치장소의 일사조건이나 부하의 중요성에서 일조가 없는 시간을 설정한다(보통 5~15일 정도).
• 축전지의 기대수명에서 방전심도를 설정한다.
• 일사 최저 월에도 충전량이 부하의 방전량보다 크게 되도록 태양전지 용량, 어레이의 각도 등도 함께 결정한다.
• 축전지 용량(C)을 계산한다.

$$C = \frac{1일\ 소비전력량 \times 불일조\ 일수}{보수율 \times 방전종지전압 \times 방전심도}[Ah]$$

88 독립형 전원시스템용 축전지 용량(C)은?

① $C = \dfrac{1일\ 소비전력량 \times 불일조\ 일수}{보수율 \times 방전종지전압}$ [Ah]

② $C = \dfrac{1일\ 소비전력량 \times 불일조\ 일수}{보수율 \times 방전종지전압 \times 방전심도}$ [Ah]

③ $C = \dfrac{1일\ 소비전력량}{보수율 \times 불일조일수 \times 방전종지전압 \times 방전심도}$ [Ah]

④ $C = \dfrac{보수율 \times 1일\ 소비전력량 \times 방전심도}{방전종지전압 \times 불일조\ 일수}$ [Ah]

해설
87번 해설 참조

89 독립형 전원시스템용 축전지에서 기기 내의 수납형으로는 보수가 용이한 납축전지 방식은?

① 제어밸브식 거치 납축전지
② 소형 제어밸브식 납축전지
③ 가변형식 거치 납축전지
④ 고정형식 대형 납축전지

해설
기기 내의 수납형으로는 보수가 용이한 소형 제어밸브식 납축전지, 거치용으로는 제어밸브식 거치 납축전지 등이 사용된다.

90 독립형 전원시스템용 축전지에서 통상 일조가 없는 일수를 5~15일로 한다. 이때 방전심도는 낮은 경우가 많지만 통상적으로 몇 [%]를 채용하는가?

① 10~20
② 20~30
③ 30~50
④ 50~75

해설
통상 일조가 없는 일수를 5~15일로 하기 때문에 방전심도는 낮은 경우가 많지만 일반적으로 50~75[%]가 채용된다. 보수율은 0.8로 하여 계산한다.

91 축전지 취급 시 주의사항에 해당되지 않는 것은?

① 내진 구조로 설치한다.
② 축전지 직렬 개수는 태양전지에서도 충전이 가능한지 혹은 인버터 입력전압 범위에 포함되는지 여부를 확인한 후에 선정하도록 한다.
③ 상시 유지충전방법을 충분히 검토한다.
④ 축전지의 하중은 얼마 되지 않기 때문에 평평한 곳에 설치한다.

해설
축전지 취급 시 주의사항
• 축전지의 하중을 견딜 수 있는 곳을 설치장소로 선정한다.
• 상시 유지충전방법을 충분히 검토한다.
• 내진 구조로 설치한다.
• 항상 축전지를 양호한 상태로 유지하도록 한다.
• 방재 대응형에 있어서는 재해 등에 의한 정전 시 태양전지에서 충전을 하기 때문에 충전 전력량과 축전지 용량을 상호 대비할 필요가 있다.
• 축전지 직렬 개수는 태양전지에서도 충전이 가능한지 혹은 인버터 입력전압 범위에 포함되는지 여부를 확인한 후에 선정하도록 한다.

92 큐비클식 축전지 설비 설치기준의 고려사항으로 알맞은 것은?

① 중량
② 모양
③ 이격거리
④ 길이

해설
큐비클식 축전지 설비의 설치기준에서 시스템의 설계에 있어 충분히 고려해야 할 사항으로는 이격거리가 있다.

93 큐비클식 축전지의 이격거리가 1.0[m]에 해당하지 않는 내용은?

① 큐비클 이외의 발전설비와의 사이
② 전면 또는 조작면
③ 큐비클 이외의 변전설비와의 사이
④ 점검면

정답 88 ② 89 ② 90 ④ 91 ④ 92 ③ 93 ④

해설

큐비클식 축전지 설비의 이격거리

이격거리를 확보해야 할 부분	이격거리[m]
큐비클식 이외의 발전설비와의 사이	1.0
큐비클식 이외의 변전설비와의 사이	1.0
전면 또는 조작면	1.0
점검면	0.6
전면, 조작면, 점검면 이외의 환기구 설치면	0.2
옥외에 설치할 경우 건물과의 사이	2.0

94 방재 대응형 축전지의 설계에서 방전전류에 대한 내용이 아닌 것은?

① 부하의 소비전력으로 산출하는 방법이다.
② 방전개시에서 종료 시까지 부하전류의 크기와 경과 시간 변화를 산출한다.
③ 전류가 변동하는 경우에는 평균값을 구한다.
④ 충전개시에서 종료 시까지 부하전류의 크기와 경과 시간 변화를 산출한다.

해설

방전전류의 방재 대응형 축전지의 설계
• 방전개시에서 종료 시까지 부하전류의 크기와 경과시간 변화를 산출한다.
• 전류가 변동하는 경우에는 평균값을 구한다.
• 부하의 소비전력으로 산출하는 방법이다.

95 방재 대응형 축전지의 설계 시 허용 최저전압은 1Cell당 얼마인가?

① 1.8[V]
② 2[V]
③ 1.5[V]
⑤ 2.5[V]

해설

방재 대응형 축전지의 설계 시 허용 최저전압
부하기기의 최저 동작전압에 전압강하를 고려한 것으로서 1Cell당 1.8[V]로 한다.

96 보수율이 0.8이고, 30일 중 불일조 일수는 8일이다. 용량이 1,000[mA]에 80[%]가 충전되었고, 1일 소비전력량이 100[W]이다. 이때 축전지의 용량(C)는 얼마인가?(단, 축전지전압은 10[V]이다)

① 100
② 125
③ 150
④ 180

해설

축전지 용량(C)

$$C = \frac{1일\ 소비전력량 \times 불일조\ 일수}{보수율 \times 방전종지전압(축전지전압) \times 방전심도}[Ah]$$

$$= \frac{100 \times 8}{0.8 \times 10 \times 0.8} = 125[Ah]$$

방전심도(DOD ; Depth Of Discharge)의 용량이 1,000[mA]라고 가정하면, 1,000[mAh]를 100[%] 방전하였을 경우 충전했을 때의 방전심도는 1이고, 80[%] 사용하고 충전을 한다면 방전심도는 0.80이다.

97 D_f = 8일, L_d = 1.5[kWh], DOD = 0.55, N = 40개, V_b = 2[V], L = 0.85일 경우에 용량은 얼마인가?

① 300[Ah]
② 320[Ah]
③ 350[Ah]
④ 380[Ah]

해설

용량산출의 일반식

$$C = \frac{D_f \times L_d \times 1,000}{DOD \times N \times V_b \times L}[Ah]$$

여기서, D_f : 일조가 없는 날(일)
L_d : 1일 적산 부하 전력량[kWh]
DOD : 방전심도[%]
N : 축전지 개수(개)
L : 보수율(보통 0.80이나 0.85)
V_b : 공칭 축전지 전압[V] → 납축전지일 경우는 2[V](알칼리 축전지일 경우 1.2[V])

D_f = 8일, L_d = 1.5[kWh], DOD = 0.55, N = 40개, V_b = 2[V], L = 0.85일 경우

$$C = \frac{8 \times 1.5 \times 1,000}{0.55 \times 40 \times 2 \times 0.85} ≒ 320[Ah]$$

정답 94 ④ 95 ① 96 ② 97 ②

98 전기실의 위치선정에 해당되지 않는 것은?

① 침수 기타 재해의 우려가 없을 것
② 고온다습한 곳은 피할 것
③ 기기의 반·출입에 지장이 없는 곳
④ 냉방 및 환기시설을 필요 없을 것

해설
전기실의 위치선정
- 기기의 반·출입에 지장이 없는 곳
- 침수 기타 재해의 우려가 없을 것
- 어레이 구성의 중심에 가깝고 배전에 편리한 장소
- 냉방 및 환기시설을 할 것
- 전력회사로부터의 전원인출과 구내배전선의 인입이 편리한 장소
- 증설이나 확장의 여유가 있을 것
- 고온다습한 곳은 피할 것
- 부식성 가스, 먼지가 많은 곳은 피할 것
- 쥐 등 설치류 등의 침입이 불가능한 장소일 것

99 전기실의 건축적인 고려사항 중 실내높이는 변전기기 설치, 운영, 보수를 위한 충분한 높이를 확보해야 한다. 1차측 전원의 전압이 22.9[kV]인 경우 보 아래에서 바닥면까지 몇 [m] 이상 확보해야 하는가?

① 2   ② 2.5
③ 4   ④ 4.5

해설
전기실의 건축적인 고려사항
실내높이는 변전기기 설치, 운영, 보수를 위한 충분한 높이를 확보해야 한다. 1차측 전원의 전압이 22.9[kV]인 경우 보 아래에서 바닥면까지 4.5[m] 이상 확보해야 한다.

100 전기실의 건축적인 고려사항 중 배전반과 벽과의 간격으로 틀린 것은?

① 전면 : 1.5~4[m]   ② 측면 : 1~2[m]
③ 후면 : 1~1.5[m]   ⑤ 윗면 : 1~2[m]

해설
전기실의 건축적인 고려사항 중 배전반과 벽과의 간격
- 전면 : 1.5~4[m]
- 측면 : 1~2[m]
- 후면 : 1~1.5[m]

101 전기실 면적결정에 영향을 주는 사항으로 틀린 것은?

① 전압의 형식
② 모선의 형태
③ 공급하는 전류의 정수
④ 전압강하 방식

해설
전기실 면적결정에 영향을 주는 사항
- 공급하는 전력의 상수
- 전압강하 방식
- 전압의 형식
- 모선의 형태
- 변압기의 종류(냉각형태, 차단방식)
- 변전실의 형태(폐쇄형, 프레임형)
- 수전 형식 수전 설비 형식(정식, 간이수전설비)
- 배전방식-부변전소 유무
- 콘덴서 설치 유무 및 방식

102 변전설비 설계 시 기본설계에서 고려한 사항 중 변전실의 면적과 위치 선정에서 변전설비 설계 시 기본계획 시 고려사항으로 해당되지 않는 내용은?

① 보조회로의 형식
② 수전전압과 수전 방식
③ 변전실의 위치와 면적, 기기 배치
④ 예비전원 설비

해설
변전설비 설계 시 기본설계에서 고려한 사항 중 변전실의 면적과 위치 선정
- 변전설비 설계 시 기본 계획 시 고려사항
  – 부하설비 용량의 추정, 수전 용량의 추정, 계약 전력의 추정
  – 수전전압과 수전 방식
  – 주회로의 결선방식(모선방식, 변압기 뱅크수, 저압 분기회로수)
  – 변전실의 형식(옥내, 옥외, 개방식, 큐비클식)
  – 변전실의 위치와 면적, 기기 배치
  – 예비전원 설비
- 변전실의 면적 산출
  – 면적 산정에 영향을 주는 요인
    ⓐ 수전전압, 수전방식
    ⓑ 변압방식, TR용량, 수량, 형식
    ⓒ 설치기기와 큐비클
    ⓓ 기기 배치 방법, 유지보수 면적
    ⓔ 건축물의 구조적 여건

정답 98 ④ 99 ④ 100 ④ 101 ③ 102 ①

103 변전실의 면적 산출 중에 면적 산정에 영향을 주는 요인에 해당되지 않는 사항은?

① 배전전류, 배전방식
② 설치기기와 큐비클
③ 기기 배치 방법, 유지보수 면적
④ 건축물의 구조적 여건

해설
102번 해설 참조

104 기기 배치 시 최소 이격거리(내선규정 3220-4)에서 특별고압반 앞면의 이격거리[mm]는?

① 1,500 ② 1,700
③ 1,900 ④ 2,000

해설
기기 배치 시 최소 이격거리(내선규정 3220-4)

	앞면	뒷면	열 상호 간	기 타
특별고압반	1,700	800	1,400	
고·저압반	1,500	600	1,200	
변압기	1,500	600	1,200	300

• 열 상호 간은 내장기기 최대폭에 안전거리 0.3[m] 가산
• 옆면과 벽면은 최소 0.6[m] 이상, 통행 고려 시 0.8[m] 이상

105 기기 배치 시 최소 이격거리(내선규정 3220-4)에서 변압기 뒷면의 이격거리[mm]는?

① 500 ② 600
③ 900 ④ 1,200

해설
104번 문제 참조

106 기기 배치 시 최소 이격거리(내선규정 3220-4)에서 열 상호 간은 내장기기 최대폭에 안전거리 몇 [m] 가산을 해야 하는가?

① 0.1 ② 0.2
③ 0.3 ④ 0.4

해설
104번 해설 참조

107 기기 배치 시 최소 이격거리(내선규정 3220-4)에서 옆면과 벽면은 최소 몇 [m] 이상, 통행 고려 시 몇 [m] 이상 이어야 하는가?

① 0.6, 0.7 ② 0.6, 0.8
③ 0.7, 0.8 ④ 0.7, 0.9

해설
104번 해설 참조

108 큐비클은 규격화를 이루고 있으므로 단선 결선도에 의한 큐비클 배치로 면적 계산 가능해야 한다. 이 때 해당되지 않는 사항은?

① 특고압반 = 1,000[mm] × 1,500[mm] × 2,350[mm]
② 고압반 = 1,300[mm] × 2,000[mm] × 2,350[mm]
③ 저압반 = 900[mm] × 1,000[mm] × 2,350[mm]
④ MCC반 = 600[mm] × 600[mm] × 2,350[mm]

해설
큐비클 면적 산출
큐비클은 규격화를 이루고 있으므로 단선 결선도에 의한 큐비클 배치로 면적 계산 가능해야 한다.
• 고압반 = 1,300[mm] × 2,000[mm] × 2,350[mm]
• 저압반 = 900[mm] × 1,000[mm] × 2,350[mm]
• MCC반 = 600[mm] × 600[mm] × 2,350[mm]

109 방범설비의 설계 요소에 해당되지 않는 것은?

① 출입통제설비는 침입이 있을 경우 경보설비를 작동하고, 경찰관서에 연락하여 신속하게 처리한다.
② 출입통제설비는 침입을 방지할 목적으로 설치한다.
③ 침입발견설비는 사람의 감시에 의한 것과 센서 등에 의한 자동감지설비 등을 설치한다.
④ 침입통보설비는 침입이 발견된 경우 방범관리자에게 이것을 알리거나, 경보설비를 작동하고, 경찰관서에 연락하여 신속하게 처리하기 위해 설치한다.

해설

방범설비의 설계 요소
- 출입통제설비는 침입을 방지할 목적으로 설치한다.
- 침입발견설비는 사람의 감시에 의한 것과 센서 등에 의한 자동감지설비 등을 설치한다.
- 침입통보설비는 침입이 발견된 경우 방범관리자에게 이것을 알리거나, 경보설비를 작동하고, 경찰관서에 연락하여 신속하게 처리하기 위해 설치한다.

110 경계범위는 보통 15~60[m]이고, 최대 150[m]까지 가능한 방식으로 투광선이 눈에 보이지 않는 센서는?

① 적외선
② 열선식
③ 초음파
④ 마이크로(전자식)

해설

방범설비의 Sensor의 종류 및 특징
- 적외선 : 경계범위는 보통 15~60[m]이고, 최대 150[m]까지 가능한 방식으로 투광선이 눈에 보이지 않는다.
- 열선식 : 실내의 원적외선에너지와 침입자의 체온에서 방사되는 원적외선에너지와의 차를 여러 개의 감열, 검출 존에 의해 검출하여 경보를 울리게 한다. 종류로는 입체 감시형과 면 감시형, 스포트 감시형이 있다.
- 초음파 : 254[kHz]의 초음파를 발사하여 공간 내의 물체 이동에 따른 도플러 효과를 이용하여 침입자를 검출하는 방식으로서 공기대류에 의해 오동작할 우려가 있지만 비교적 가격이 저렴하다. 단방향성과 양방향성이 있고, 경계범위는 5[m] 정도이다.
- 마이크로(전자식) : 전파를 발사하여 도플러 효과를 이용하여 침입자를 검출하며 전파파장에 의해 디딤판식과 마이크로식 검출기로 나눌 수 있다. 공간 내에 전파를 발사하기 때문에 공기대류에 의한 영향을 받지 않는다. 보통 경계범위는 10[m] 정도이다.

111 실내의 원적외선에너지와 침입자의 체온에서 방사되는 원적외선에너지와의 차를 여러 개의 감열, 검출 존에 의해 검출하여 경보를 울리게 하는 센서는?

① 적외선
② 열선식
③ 초음파
④ 마이크로(전자식)

해설

110번 해설 참조

112 초음파 센서의 특징으로 틀린 것은?

① 도플러 효과를 이용한다.
② 공기대류에 의해 오동작이 발생할 우려가 있다.
③ 가격이 고가이다.
④ 경계범위는 5[m] 정도이다.

해설

110번 해설 참조

113 마이크로(전자식) 센서의 특징으로 맞는 것은?

① 전파를 발사하여 페이딩 효과를 이용한다.
② 종류는 적외선식과 초음파식 검출기이다.
③ 공기대류에 의한 영향을 받는다.
④ 보통 경계범위는 10[m] 정도이다.

해설

110번 해설 참조

114 출입통제설비의 단독형의 구성요소에 해당되지 않는 것은?

① 전기 잠금장치　② 인식장치
③ 제어기　　　　④ 적외선장치

해설

출입통제설비 단독형 구성요소
- 전기 잠금장치
- 인식장치
- 제어기

115 출입통제설비의 인식장치 중 누른 번호와 미리 입력된 번호가 일치하는 경우 열림 신호를 보내는 것은?

① 텐키방식
② 카드인식장치
③ 인체인식장치
④ 인력장치

해설

텐키방식
누른 번호와 미리 입력된 번호가 일치하는 경우 열림 신호를 보낸다.

정답　110 ①　111 ②　112 ③　113 ④　114 ④　115 ①

116 경계지역의 소리를 제어실의 모니터 스피커로 청취하고 녹음하는 시스템으로 적용가능 장소는 금고 내부와 같이 소음이 낮은 장소와 야간감시에 사용하는 것은?

① 카드인식장치
② 청음설비
③ 감시장치
④ 집계장치

[해설]
청음설비(집음 마이크)
경계지역의 소리를 제어실의 모니터 스피커로 청취하고 녹음하는 시스템으로 적용가능 장소는 금고 내부와 같이 소음이 낮은 장소와 야간감시에 사용한다.

117 자동감시장치의 종류에 해당되지 않는 것은?

① 점 방어형
② 선 방어형
③ 공간 방어형
④ 시간 방어형

[해설]
자동감시장치
- 점(Point) 방어형
- 선(Line) 방어형
- 공간(Space) 방어형

118 자동감시장치 중 점(Point) 방어형의 설명으로 틀린 것은?

① 마그넷 스위치 방식은 한 쌍의 마그넷 스위치로서 문, 창문의 개폐상태를 검출한다.
② 광케이블감지기는 외각 울타리 침입감시에 효과적이며 케이블 진동 또는 절단 시 광파의 변화가 따른 주파수 변화를 감지한다.
③ 진동감지기는 유리창이나 금고 등의 표면에 고정하여 진동을 검출한다.
④ 파손감지기는 유리창 부분에 사용하여 파손 시 검출한다.

[해설]
점(Point) 방어형
- 마그넷 스위치 방식은 한 쌍의 마그넷 스위치로서 문, 창문의 개폐상태를 검출한다.
- 리밋(Limit) 스위치 방식은 마그넷 스위치와 같은 용도로 문, 창문 셔터의 개폐상태 검출에 사용한다.
- 진동감지기는 유리창이나 금고 등의 표면에 고정하여 진동을 검출한다.
- 파손감지기는 유리창 부분에 사용하여 파손 시 검출한다.

119 침입통보설비의 방법설비 제어반 구성요소에 해당되지 않는 것은?

① 제어장치
② 연락장치
③ 감시장치
④ 기록장치

[해설]
침입통보설비의 방법설비 제어반 구성요소
- 상태표시 및 모니터장치
- 제어장치
- 기록장치
- 연락장치

120 제어기에 대한 설명으로 틀린 것은?

① 통제 대상문에 가까운 보안구역 내부에 일반인이 쉽게 접근하기 어려운 곳에 설치한다.
② 상태표시장치와 연결되어 지문인식이 통과되어야 문을 개폐할 수 있다.
③ 중앙제어반은 출입통제설비에 대한 종합관리를 시행하여 데이터의 축적, 분석, 기록의 필요가 있는 경우 설치한다.
④ 인식장치의 신호에 따라 전기 자물쇠에 열림 신호를 보내는 장치이다.

[해설]
제어기
- 제어기는 통제 대상문에 가까운 보안구역 내부에 일반인이 쉽게 접근하기 어려운 곳에 설치한다.
- 인식장치의 신호에 따라 전기 자물쇠에 열림 신호를 보내는 장치이다.
- 중앙제어반은 출입통제설비에 대한 종합관리를 시행하여 데이터의 축적, 분석, 기록의 필요가 있는 경우 설치한다.

116 ② 117 ④ 118 ② 119 ③ 120 ②

121 태양광발전시스템에서 그 주목적이 화재나, 발전소와 관련된 설비 및 건축물 등에서 발생될 수 있는 모든 재난을 방지하는 설비는?

① 방범설비
② 소방설비
③ 방재설비
④ 소화설비

해설
방재시스템
태양광발전시스템에서 방재설비는 그 주목적이 화재나, 발전소와 관련된 설비 및 건축물 등에서 발생될 수 있는 모든 재난을 방지하는 설비를 말한다.

122 방재설비의 장비 중에 건물 내에서 발생하는 화재를 열 또는 연기에 의해 초기단계에서 탐지하여 관계자에게 알리는 설비로서 감지기, 발신기, 중계기, 수신기 등으로 구성되는 설비는?

① 피뢰설비
② 비상경보기
③ 자동화재 탐지설비
④ 자동화재 속보설비

해설
자동화재 탐지설비
건물 내에서 발생하는 화재를 열 또는 연기에 의해 초기단계에서 탐지하여 관계자에게 알리는 설비로서 감지기, 발신기, 중계기, 수신기 등으로 구성된다.

123 소방대상물에 화재 발생 시 자동적으로 소방관에 통보해 주는 설비는?

① 피뢰설비
② 비상경보기
③ 자동화재 탐지설비
④ 자동화재 속보설비

해설
자동화재 속보설비
소방대상물에 화재 발생 시 자동적으로 소방관에 통보해 주는 설비이다. 오류확인 후 3회 이상 자동으로 통보한다.

124 전기화재 경보설비(ELD)는 누설전류가 몇 [mA] 이하에서 경보가 발생하는가?

① 100
② 200
③ 300
④ 500

해설
전기화재 경보설비(ELD)
전기화재 원인이 되는 누전을 신속하고 정확하게 자동으로 알리는 장치로서 누설전류가 200[mA] 이하에서 경보를 발생하는 설비이다.

125 유도등설비의 최소점등시간은 몇 분인가?

① 10
② 20
③ 30
④ 40

해설
유도등설비
화재 발생 시 사람의 피난을 쉽게 하기 위하여 피난구 위치 및 방향을 제시하는 설비로서 피난구유도등, 통로유도등, 객석유도등 등으로 최소점등시간은 30분이고, 축전지 내장형이다.

126 11층 이상 고층 건물에서 화재 발생 시 소방관의 방재 및 소화활동을 원활하게 하는 조명, 피양 기구의 전원으로 사용하는 설비는?

① 무선통신 보조설비
② 비상콘센트설비
③ 유도등설비
④ 피뢰설비

해설
비상콘센트설비
11층 이상 고층 건물에서 화재 발생 시 소방관의 방재 및 소화활동을 원활하게 하는 조명, 피양 기구의 전원으로 사용한다.

127 어레이 주회로 내에 분산시켜 설치하고 접속함에도 동시에 설치하는 장치는?

① 서지보호장치
② 분전반
③ 단자대
④ 접 지

해설
SPD(Surge Protective Device : 서지보호장치)를 어레이 주회로 내에 분산시켜 설치하고 접속함에도 동시에 설치한다.

정답 121 ③ 122 ③ 123 ④ 124 ② 125 ③ 126 ② 127 ①

128 원거리 뇌격의 거리는 몇 [m]인가?

① 10 ② 100
③ 1,000 ④ 1,500

해설
뇌격의 종류

거리[m]		특 징
원거리	1,000 이상	평상시에는 생기지 않는 정전용량 결함에 의한 과전압 충격이 자주 발생
근접거리	500 이하	강한 전자계에 의해 폐회로에 유도되는 과전압에 의해 설비의 파손이 발생
간접거리	10 이하	뇌 전류의 일부는 전원선뿐만 아니라 PV 모듈의 금속프레임에도 흐름
직격뢰	-	대부분의 뇌 전류가 태양광발전설비 시설물 내로 흘러들어간다. 이 경우 심각한 기계적 파손이 발생(외부 뇌 보호 설비가 없을 경우)

129 뇌격의 종류 중 뇌 전류의 일부는 전원선뿐만 아니라 PV모듈의 금속프레임에도 흐르는 뇌격은?

① 원거리 ② 근접거리
③ 간접거리 ④ 직격뢰

해설
128번 해설 참조

130 KS C IEC 62305(피뢰설비 재료)의 인하도선 및 접지극은 몇 [mm²] 이상이어야 하는가?

① 10 ② 20
③ 30 ④ 50

해설
KS C IEC 62305(피뢰 설비 재료)
최소 단면적이 피복이 없는 동선을 기준으로 수뢰부, 인하도선 및 접지극은 50[mm²] 이상이거나 이와 동등 이상의 성능을 갖출 것

131 KS C IEC 62305(돌침)은 건축물의 맨 윗부분으로부터 몇 [cm] 이상 돌출시켜 설치해야 하는가?

① 25 ② 30
③ 50 ④ 100

해설
KS C IEC 62305(돌침)
건축물의 맨 윗부분으로부터 25[cm] 이상 돌출시켜 설치하되, 설계 하중에 견딜 수 있는 구조일 것

132 뇌에 의한 충격성 과전압에 대해 전기설비의 단자전압을 규정값 이내로 저감하여 정전을 일으키지 않고 원상으로 복원되는 장치는?

① 어레스터
② 내뢰 트랜스
③ 서지업서버
④ 접 지

해설
어레스터(Arrester)
뇌에 의한 충격성 과전압에 대해 전기설비의 단자전압을 규정값 이내로 저감하여 정전을 일으키지 않고 원상으로 복원되는 장치

133 실드부착 절연트랜스를 주체로 이에 어레스터 및 콘덴서를 부가시킨 것은?

① 어레스터
② 내뢰 트랜스
③ 서지업서버
④ 접 지

해설
내뢰 트랜스
실드부착 절연트랜스를 주체로 어레스터 및 콘덴서를 부가시킨 것. 뇌 서지가 들어온 경우 교류측에 설치하여 내부에 넣은 어레스터 제어 및 1차측과 2차측 간의 고절연화, 실드에 의해 뇌 서지의 흐름을 완전히 차단할 수 있도록 한 장치

134 태양광발전시스템은 건물의 옥상이나 외벽 또는 옥외 지상에 설치하는 경우가 대부분이고, 고가이며 장기적으로 안전하게 시설해야 하므로 가장 중요한 대책이 무엇인가?

① 지진대책
② 풍설대책
③ 내진대책
④ 우설대책

해설
내진대책
태양광발전시스템은 건물의 옥상이나 외벽 또는 옥외 지상에 설치하는 경우가 대부분이고, 고가이며 장기적으로 안전하게 시설해야 하므로 내진대책이 매우 중요한 요소이다. 특히 강풍은 물론이고 지진 발생 시 그 성능에 지장을 주지 않도록 시설하는 것이 중요하기 때문이다. 지진이나 강풍에 대한 대책에는 내진설계와 면진설계가 있다. 내진설계란 설비 자체를 지진에 견딜 수 있도록 설계하는 것을 말하며, 면진설계는 지진파와 건축물 등의 진동이 공진점에 도달하지 않고 피할 수 있도록 설계하는 방법을 말한다.

135 설비 자체를 지진에 견딜 수 있도록 설계하는 것을 무엇이라 하는가?

① 면진설계
② 내진설계
③ 풍진설계
④ 음압설계

해설
134번 해설 참조

136 지진파와 건축물 등의 진동이 공진점에 도달하지 않고 피할 수 있도록 설계하는 방법은?

① 면진설계
② 내진설계
③ 풍진설계
④ 음압설계

해설
134번 해설 참조

137 일사량, 부하, 계통, 인버터, 태양전지 어레이별로 전압, 전류, 전력량 등의 전기적 성능 및 기상조건에 대한 각종 정보들을 원격으로 감시, 계측해서 시스템의 운전 상태를 실시간으로 점검해서 이상 현상이 발생했을 경우 이를 감지하고 경보를 발생시킬 수 있는 시스템은?

① 방재시스템
② 모니터링시스템
③ 방범시스템
④ 면진시스템

해설
모니터링시스템
일사량, 부하, 계통, 인버터, 태양전지 어레이별로 전압, 전류, 전력량 등의 전기적 성능 및 기상조건에 대한 각종 정보들을 원격으로 감시, 계측해서 시스템의 운전 상태를 실시간으로 점검해서 이상 현상이 발생했을 경우 이를 감지하고 경보를 발생시킬 수 있는 시스템이다. 또한 태양광발전시스템 모니터링 및 실시간 운전 데이터 처리 신뢰성 및 안전성 등을 고려하여 시스템을 설치한다.

138 태양광발전시스템으로부터 신호를 인출하기 위한 전력신호 변환기와 정보들을 수집하고 운용자의 조작명령에 따라 전력감시 및 제어요소에 전달하는 원격단말기(RTU ; Remote Terminal Unit)를 설치하여 수집된 정보를 실시간 분석, 처리, 보관하고 운전자와 정보를 교환하는 데이터 서버로 구성되는 시스템은?

① 감시계측시스템
② 모니터링시스템
③ 방범시스템
④ 방재시스템

해설
감시계측시스템
태양광발전시스템으로부터 신호를 인출하기 위한 전력신호 변환기와 정보들을 수집하고 운용자의 조작명령에 따라 전력감시 및 제어요소에 전달하는 원격단말기(RTU ; Remote Terminal Unit)를 설치하여 수집된 정보를 실시간 분석, 처리, 보관하고 운전자와 정보를 교환하는 데이터 서버로 구성된다.

139 전기적 입출력정보를 받아 데이터 서버에서 효율적으로 처리할 수 있도록 신호를 가공하여 전송하는 것은?

① 원격단말기
② 유선단말기
③ 홈 PNA
④ IoT

해설
원격단말기
전기적 입출력정보를 받아 데이터 서버에서 효율적으로 처리할 수 있도록 신호를 가공하여 전송하며, 또한 데이터 서버로부터 제어신호를 출력신호로 발생시키는 인터페이스 기능을 가진다.

정답 134 ③ 135 ② 136 ① 137 ② 138 ① 139 ①

140 태양광발전시스템의 통합 모니터링시스템 구성요소가 아닌 것은?

① 자동기상 관측장치(AWS)
② 태양광 모듈 계측 메인장치(SCS)
③ 대기온도 관측장치(TWS)
④ 전력변환장치 감시제어장치(AIS)

해설
태양광발전시스템의 통합 모니터링시스템 구성요소
• 자동기상 관측장치(AWS)
• 태양광 모듈 계측 메인장치(SCS)
• 전력변환장치 감시제어장치(AIS)

141 감시계측제어시스템의 특징에 해당되지 않는 사항은?

① 시스템의 안정적 운영 및 관리를 보장하는 솔루션 컨설팅
② 일괄시간 발전 데이터 수집과 충전효율 극소화를 위한 기술 지원
③ 원격장비제어 및 관리
④ 장비 이상 시 운영자에 실시간 경보메시지(SNS) 서비스

해설
감시계측제어시스템의 특징
• 실시간 발전 데이터 분석 및 발전효율 극대화를 위한 기술 지원
• 발전소 규모 및 사용자 요구에 최적화된 시스템
• 장비 이상 시 운영자에 실시간 경보메시지(SNS) 서비스
• 시스템의 안정적 운영 및 관리를 보장하는 솔루션 컨설팅
• 원격장비제어 및 관리
• 발전 이력(시간/일일/주간/월간/연간) 기록관리 및 분석기능

142 모니터링설비 설치기준은 단위사업별 설비용량 기준 몇 [kW] 이상 발전설비를 설치하는 경우에 설치해야 하는가?

① 10   ② 30
③ 45   ④ 50

해설
모니터링설비 설치기준
단위사업별 설비용량기준으로 50[kW] 이상의 발전설비를 설치하는 경우, 단위시설별로 에너지 생산량 및 가동상태를 확인할 수 있는 모니터링설비를 하여야 한다.

143 인버터 모니터링 설비의 요구사항으로 올바른 것은?

① CT 정확도 1[%] 이내
② CT 정확도 2[%] 이내
③ CT 정확도 3[%] 이내
④ CT 정확도 4[%] 이내

해설
모니터링 설비의 계측설비

계측설비	요구사항	확인방법
인버터	CT 정확도 3[%] 이내	• 관련 내용이 명시된 서비스팩 제시 • 인증 인버터는 면제

144 모니터링 설비의 계측설비 확인방법으로 적합한 내용은?

① 기본적인 계측방법 서술
② 관련 내용이 명시된 설비스펙제시
③ 비인증 인버터에 대한 검사 진행법
④ 제품 내역서

해설
143번 해설 참조

145 태양광발전시스템의 계축표시 데이터의 사용목적과 다른 것은?

① 데이터 수집
② 데이터 통계
③ 데이터 저장
④ 데이터 전송

해설
태양광발전시스템의 계축표시 데이터의 사용목적
• 데이터 수집
• 데이터 통계
• 데이터 저장
• 데이터 분석

146 태양광발전시스템의 계측기구, 표시장치의 설치목적에 해당되지 않는 내용은?

① 시스템의 운전상태를 감시하기 위한 계측 또는 표시
② 시스템의 운전상황 견학, 홍보를 위한 계측 또는 표시
③ 시스템의 일부평가를 위한 상세계측
④ 시스템에 의한 발전전력량을 알기 위한 계측

해설
태양광발전시스템의 계측기구, 표시장치의 설치목적
• 시스템에 의한 발전전력량을 알기 위한 계측
• 시스템의 운전상태를 감시하기 위한 계측 또는 표시
• 시스템의 종합평가를 위한 계측
• 시스템의 운전상황 견학, 홍보를 위한 계측 또는 표시

147 태양광발전 감시반의 구성에서 설치된 태양전지 지지대 부위에 온도 2개소, 일사량 2개소의 Sensor를 연결하여 태양전지 접속반을 통하여 인버터 메인 통신부위에 ( )에 대한 신호를 송출한다. ( ) 안에 적절한 내용은?

① 기후조건
② 이상조건
③ 전류량
④ 전압량

해설
태양광발전 감시반의 구성
설치된 태양전지 지지대 부위에 온도 2개소, 일사량 2개소의 Sensor를 연결하여 태양전지 접속반을 통하여 인버터 메인 통신부위에 기후조건에 대한 신호를 송출한다.

148 감시 및 원격중앙감시 소프트웨어를 이용하여 태양광발전시스템을 감시하고 측정할 수 있다. 해당되지 않는 사항은?

① 동작상태
② 고장발생유무
③ 시스템 종합점검
④ 회로설계

해설
감시 및 원격중앙감시 소프트웨어
태양광발전시스템에 동작상태, 고장발생유무, 시스템 종합 점검 등을 위하여 다음의 사항을 감시하고 측정할 수 있도록 소프트웨어를 구성해야 한다.
• 채널 모니터 감시화면
• 동작 상태 감시화면
• 계통 모니터 감시화면
• 그래프 감시 화면(일보 1)
• 일일 발전 현황(일보 2)
• 월간 발전 현황(월보 1)
• 월간 시간대별 발전 현황(월보 2)
• 이상 발생기록 화면

149 감시 및 원격중앙감시 소프트웨어에서 감시하고 측정할 수 있도록 소프트웨어에 해당되지 않는 것은?

① 이상 발생기록 화면
② 비동작 발생기록 화면
③ 채널 모니터 감시화면
④ 계통 모니터 감시화면

해설
148번 해설 참조

정답 146 ③ 147 ① 148 ④ 149 ②

CHAPTER 05 태양광발전시스템 감리

제2과목 태양광발전 설계

제1절 태양광발전 설계감리

1 설계도서 검토

(1) 설계용역 성과검토(설계감리업무 수행지침 제10조)

① 설계설명서 검토

설계감리원은 설계자가 작성한 전력시설물공사의 설계설명서가 다음 사항이 적정하게 반영되어 작성되었는지 여부를 검토하여야 한다.
㉠ 공사의 특수성, 지역여건 및 공사방법 등을 고려하여 설계도면에 구체적으로 표시할 수 없는 내용
㉡ 자재의 성능·규격 및 공법, 품질시험 및 검사 등 품질관리, 안전관리 및 환경관리 등에 관한 사항
㉢ 그 밖에 공사의 안전성 및 원활한 수행을 위하여 필요하다고 인정되는 사항

② 설계도면의 적정성 검토

설계감리원은 설계도면의 적정성을 검토함에 있어 다음 사항을 확인하여야 한다.
㉠ 도면작성이 의도하는 대로 경제성, 정확성 및 적정성 등을 가졌는지 여부
㉡ 설계 입력 자료가 도면에 맞게 표시되었는지 여부
㉢ 설계결과물(도면)이 입력 자료와 비교해서 합리적으로 되었는지 여부
㉣ 관련 도면들과 다른 관련 문서들의 관계가 명확하게 표시되었는지 여부
㉤ 도면이 적정하게, 해석 가능하게, 실시 가능하며 지속성 있게 표현되었는지 여부
㉥ 도면상에 사업명을 부여했는지 여부

③ 설계감리 검토목록 작성 및 관리

설계감리원은 설계용역 성과검토를 통한 검토업무를 수행하기 위해 세부검토사항 및 근거를 포함한 설계감리 검토목록을 작성하여 관리하여야 한다.

④ 설계검토결과 누락, 오류, 부적정에 대한 수정 및 보완지시

설계감리원은 ①~③까지의 검토결과 설계도서의 누락, 오류, 부적정한 부분에 대하여 설계자와 설계감리원 간에 이견이 발생하였을 경우에는 발주자에게 보고하여 승인을 받은 후 설계자에게 수정, 보완되도록 지시하고 그 이행여부를 확인하여야 한다.

(2) 설계감리 보고서 작성 등(설계감리업무 수행지침 제11조)

설계감리원은 과업의 개괄적인 개요, 업무내용 및 전 단계의 용역 성과 검토를 포함한 설계감리 결과보고서를 작성하여야 한다.

(3) 설계감리용역의 결과물(설계감리업무 수행지침 제12조)

설계감리원은 설계감리 완료일에 계약서에 따른 설계감리용역 성과물을 종합적으로 기술한 다음 내용을 발주자에게 제출하여야 하며, 필요한 경우 전자매체(CD-ROM)로 제출할 수 있다.
① 설계감리 결과보고서
② 그 밖에 설계감리수행 관련 서류

(4) 설계감리의 기성 및 준공(설계감리업무 수행지침 제13조)

책임 설계감리원이 설계감리의 기성 및 준공을 처리한 때에는 다음의 준공서류를 구비하여 발주자에게 제출하여야 한다.
① 설계용역 기성부분 검사원 또는 설계용역 준공검사원
② 설계용역 기성부분 내역서
③ 설계감리 결과보고서
④ 감리기록서류
  ㉠ 설계감리 일지
  ㉡ 설계감리 지시부
  ㉢ 설계감리 기록부
  ㉣ 설계감리 요청서
  ㉤ 설계자와 협의사항 기록부
⑤ 그 밖에 발주자가 과업지시서상에서 요구한 사항

2 전력기술관리법

(1) 목적(법 제1조)

이 법은 전력기술의 연구·개발을 촉진하고 이를 효율적으로 이용·관리함으로써 전력기술 수준을 향상시키고 전력시설물 설치를 적절하게 하여 공공의 안전 확보와 국민경제의 발전에 이바지함을 목적으로 한다.

(2) 정의(법 제2조)

① 전력기술이란 전기사업법에 따른 전기설비(이하 "전력시설물"이라 한다)의 계획·조사·설계·시공 및 감리와 완공된 전력시설물의 유지·보수·운용·관리·안전·진단 및 검사에 관한 기술을 말한다. 다만, 건설산업기본법에 따른 건설공사로 조성되는 시설물과 원자력안전법에 따른 원자로 및 그 관계 시설은 제외한다.
② 설계란 전력시설물의 설치·보수공사에 관한 계획서, 설계도면, 설계설명서, 공사비 명세서, 기술계산서 및 이와 관련된 서류(이하 "설계도서"라 한다)를 작성하는 것을 말한다.
③ 공사감리란 전력시설물의 설치·보수공사에 대하여 발주자의 위탁을 받은 공사감리업체가 설계도서나 그 밖의 관계 서류의 내용대로 시공되는지 여부를 확인하고, 품질관리·공사관리 및 안전관리 등에 대한 기술지도를 하며, 관계 법령에 따라 발주자의 권한을 대행하는 것을 말한다.
④ 감리원이란 공사감리업체에 종사하면서 전력시설물의 공사감리업무를 수행하는 사람을 말한다.

(3) 전력기술진흥기본계획의 수립(법 제3조)

① 산업통상자원부장관은 전력기술의 연구·개발을 촉진하고 그 성과를 효율적으로 이용하기 위하여 전력기술진흥기본계획(이하 "기본계획"이라 한다)을 수립하여야 한다.
② 기본계획에는 다음의 사항이 포함되어야 한다.
  ㉠ 전력기술진흥의 기본 목표 및 그 추진 방향
  ㉡ 전력기술의 개발 촉진 및 그 활용을 위한 시책
  ㉢ 전력기술인의 양성 및 수급에 관한 사항
  ㉣ 새로운 전력기술의 채택에 관한 사항
  ㉤ 전력기술의 정보관리 및 표준화에 관한 사항
  ㉥ 전력기술을 연구하는 기관 및 단체의 지도·육성에 관한 사항
  ㉦ 전력기술의 국제협력에 관한 사항
  ㉧ 전력기술의 진흥을 위한 자금 지원에 관한 사항
  ㉨ 그 밖에 전력기술의 진흥에 관한 사항

(4) 전력기술의 연구·개발 등의 권고(법 제6조)

산업통상자원부장관은 새로운 전력기술의 연구·개발 및 도입을 위하여 다음의 어느 하나에 해당하는 자에게 대통령령으로 정하는 바에 따라 부설연구소를 설치·운영하거나 공동연구, 정보교환 및 기술개발을 위한 투자를 하도록 권고할 수 있다.
① 공공기관의 운영에 관한 법률에 따른 공기업(이하 "공기업"이라 한다) 중 산업통상자원부장관의 지도·감독을 받는 공기업
② 법에 따른 전력기술인단체
③ 전력기술 관련 단체
④ 전력 관련 학술단체

(5) 전력기술기준(법 제9조)

전력시설물의 설계·감리·검사·점검 및 관리에 필요한 전력기술기준(이하 "기술기준"이라 한다)은 산업통상자원부령으로 정한다.

(6) 기술기준의 준수(법 제10조)

① 전력시설물의 설계도서의 작성 등에 따라 설계도서를 작성하는 자는 기술기준에 적합하도록 설계하여야 한다.
② 감리원은 설계도서 및 기술기준에 적합하도록 전력시설물에 대한 공사감리를 하여야 한다.

(7) 전력시설물의 설계도서의 작성 등(법 제11조)

① 전력시설물의 설계도서는 국가기술자격법에 따른 전기 분야 기술사가 작성하여야 한다. 다만, 산업통상자원부령으로 정하는 표준설계도서와 신공법·특수공법을 적용한 설계도서는 그러하지 아니하다.

② 전기사업법의 일반용 전기설비의 전력시설물의 설계도서와 자가용 전기설비 중 용량 증설이 수반되지 아니하는 보수공사에 필요한 전력시설물의 설계도서에 대하여는 ①에도 불구하고 국가기술자격법에 따른 전기 분야 기술자격 취득자로서 대통령령으로 정하는 바에 따라 산업통상자원부장관에게 신청하여 설계사 면허를 받은 사람이 작성할 수 있다.

③ ①과 ②에 따른 전력시설물의 설계도서를 작성한 전기 분야 기술사, 설계사 및 설계업자(설계업·감리업의 등록 등에 따라 설계업 등록을 한 자를 말한다)는 그 설계도서에 서명날인하여야 한다.

④ ①에 따른 설계도서 중 대통령령으로 정하는 요건에 해당하는 전력시설물의 설계도서는 대통령령으로 정하는 바에 따라 설계감리를 받아야 한다. 다만, 그 설계도서가 표준설계도서이거나 용량 변경이 수반되지 아니하는 보수공사에 관한 설계도서인 경우에는 그러하지 아니하다.

⑤ 전력시설물의 설계 용역은 설계업자에게 발주하여야 한다.

⑥ ②에 따라 설계사 면허를 받은 사람은 다른 사람에게 자기의 성명을 사용하여 전력시설물의 설계도서를 작성하게 하거나 산업통상자원부장관이 발급하는 설계사 면허에 관한 증명서를 빌려 주어서는 아니 된다.

⑦ ②에 따라 설계사 면허를 받은 사람에 대한 면허 취소 및 정지에 관하여는 전력기술인의 인정 취소 등을 준용한다. 이 경우 "전력기술인"은 "설계사"로, "전력기술 용역업무"는 "전력시설물의 설계도서 작성"으로, "인정"은 "면허"로, "경력수첩"은 "설계사 면허에 관한 증명서"로 본다.

⑧ ①과 ②에 따른 전기 분야 기술사 및 설계사의 업무범위, 설계도서의 보관, 설계사 면허의 발급, 그 밖에 필요한 사항은 대통령령으로 정한다.

(8) 공사감리 등(법 제12조)

① 전력시설물의 설치·보수공사 발주자(이하 "발주자"라 한다)는 전력시설물의 설치·보수공사의 품질 확보 및 향상을 위하여 설계업·감리업의 등록 등에 따라 공사감리업의 등록을 한 자(이하 "감리업자"라 한다)에게 공사감리를 발주하여야 한다.

② ①에도 불구하고 다음의 어느 하나에 해당하는 전력시설물의 설치·보수공사의 경우에는 감리업자에게 공사감리를 발주하지 아니할 수 있다.
 ㉠ 국가, 지방자치단체, 공기업, 그 밖에 대통령령으로 정하는 기관 또는 단체가 시행하는 전력시설물 공사로서 그 소속 직원 중 감리원 수첩을 발급받은 사람에게 배치 기준에 따라 감리업무를 수행하게 하는 공사
 ㉡ 그 밖에 대통령령으로 정하는 소규모 또는 특수시설물 공사

(9) 감리원의 배치 등(법 제12조의2)

① 다음의 어느 하나에 해당하는 자(이하 "감리업자 등"이라 한다)가 공사감리를 하려는 경우에는 산업통상자원부장관이 정하여 고시하는 감리원 배치 기준에 따라 소속 감리원을 공사 시작 전에 배치하여야 한다.
 ㉠ 감리업자
 ㉡ 공사감리 등에 따라 소속 감리원에게 공사감리 업무를 수행하게 하는 자

② 감리업자 등은 소속 감리원을 배치한 경우(변경 배치한 경우를 포함)에는 그 배치 현황을 30일 이내에 시·도지사에게 신고하여야 한다. 이 경우 감리업자는 발주자의 확인을 받아야 한다.

③ 감리업자 등은 그가 시행한 공사감리 용역이 끝났을 때에는 공사감리 완료보고서를 30일 이내에 시·도지사에게 제출하여야 한다. 이 경우 감리업자는 발주자의 확인을 받아야 한다.

④ 시·도지사는 ②에 따른 감리원 배치 현황 신고서 또는 ③에 따른 공사감리 완료보고서를 접수한 경우에는 그 사실을 기록하고 관리하여야 하며, 감리업자 등이 신청하는 경우에는 감리원 배치확인서 또는 공사감리 완료증명서를 발급하여야 한다.

⑤ ②에 따른 감리원 배치 현황 신고서 및 ③에 따른 공사감리 완료보고서의 내용 및 제출 방법, ④에 따른 감리원 배치확인서 및 공사감리 완료증명서의 발급 등에 관하여 필요한 사항은 산업통상자원부령으로 정한다.

(10) 설계업·감리업의 등록 등(법 제14조)

① 다음의 어느 하나에 해당하는 영업을 하려는 자는 그 영업의 종류별로 시·도지사에게 등록하여야 한다. 이를 변경하려는 경우에도 또한 같다.
  ㉠ 전력시설물의 설계업(이하 "설계업"이라 한다)
  ㉡ 전력시설물의 공사감리업(이하 "감리업"이라 한다)

② 설계업 또는 감리업의 종류, 종류별 등록기준, 영업 범위, 그 밖에 필요한 사항은 대통령령으로 정한다.

③ ①에 따라 등록을 한 설계업자 또는 감리업자는 다른 사람에게 자기의 성명 또는 상호를 사용하여 전력시설물의 설계업 또는 감리업을 하게 하거나 등록증을 빌려 주어서는 아니 된다.

④ 설계업 및 감리업의 등록 및 변경등록 절차 등에 관하여 필요한 사항은 산업통상자원부령으로 정한다.

⑤ 설계·감리의 용역대가는 산업통상자원부장관이 정하여 고시한다.

(11) 설계·감리업자 선정 등(법 제14조의2)

① 다음의 어느 하나에 해당하는 자는 그가 발주하는 전력시설물의 설계·공사감리 용역 중 국가를 당사자로 하는 계약에 관한 법률에 따른 고시 금액 이상의 사업에 대하여는 대통령령으로 정하는 바에 따라 그 집행계획을 작성하여 이를 공고하여야 한다.
  ㉠ 국 가
  ㉡ 지방자치단체
  ㉢ 공기업
  ㉣ 그 밖에 대통령령으로 정하는 기관 또는 단체

② ①의 각 호의 어느 하나에 해당하는 자는 ①에 따라 공고된 사업을 하려면 기술능력, 경영능력, 그 밖에 대통령령으로 정하는 사업수행능력 평가기준에 따라 설계·감리업자를 선정하여야 한다.

③ 설계·감리업자가 설계·공사감리 용역계약을 이행할 때 고의 또는 과실로 해당 용역 목적물 또는 제3자에게 손해를 발생하게 한 경우에는 이를 배상하여야 하고, 그 배상을 담보하기 위하여 설계·감리업자는 보험 또는 공제사업에 따른 공제에 가입하여야 한다. 이 경우 ①에 따른 발주자는 보험 또는 공제 가입에 따른 비용을 용역 비용에 계상하여야 한다.

(12) 등록의 취소·영업정지(법 제16조)

시·도지사는 설계업자 및 감리업자가 다음의 어느 하나에 해당하면 산업통상자원부령으로 정하는 바에 따라 그 등록을 취소하거나 6개월 이내의 기간을 정하여 그 영업의 전부 또는 일부의 정지를 명할 수 있다. 다만, ①이나 ②에 해당하는 경우에는 그 등록을 취소하여야 한다.

① 거짓이나 그 밖의 부정한 방법으로 등록을 한 경우
② 등록기준에 미달한 날부터 1개월이 지난 경우
③ 설계 또는 공사감리를 성실하게 하지 아니하여 일반인에게 위해를 끼치거나 전력시설물을 현저히 부실하게 시공하게 한 경우
④ 등록의 결격사유의 결격사유 중 어느 하나에 해당하게 된 경우 또는 임원 중에 규정 중 어느 하나에 해당하는 사람이 있는 법인에 해당하게 된 경우(법인의 경우 6개월 이내에 대표자를 변경하는 경우는 제외)
⑤ 다른 사람에게 등록증을 빌려 준 경우

(13) 전력기술인단체의 설립(법 제18조)

① 전력기술인 등은 전력기술의 연구·개발을 촉진하고, 전력시설물의 질적 향상과 전력기술인의 품위유지·업무개선·교육훈련·지도 및 관리를 위하여 산업통상자원부장관의 인가를 받아 전력기술인단체(이하 "단체"라 한다)를 설립할 수 있다.
② 단체는 법인으로 한다.
③ 단체는 주된 사무소의 소재지에서 설립등기를 함으로써 성립한다.
④ 단체의 정관 기재 사항, 운영 방법, 그 밖에 필요한 사항은 산업통상자원부령으로 정한다.
⑤ 단체에 관하여 이 법에서 규정한 것을 제외하고는 민법 중 사단법인에 관한 규정을 준용한다.

(14) 보고 및 검사 등(법 제23조)

① 산업통상자원부장관 또는 시·도지사는 등록기준에의 적합 여부, 설계도서의 서명날인 유무 등과 관련하여 필요하다고 인정하면 설계업자 및 감리업자에 대하여 보고를 명하거나, 관계 공무원에게 사업소·사무소 또는 사업장에 출입하여 관계 서류·시설 등을 검사하거나 관계인에게 질문하게 할 수 있다.
② 산업통상자원부장관 또는 시·도지사는 ①에 따라 검사(질문을 포함)를 하려면 검사일 7일 전까지 검사 일시, 검사 목적, 검사 내용 등의 검사계획을 검사 대상자에게 알려야 한다. 다만, 긴급한 경우나 사전에 알리면 증거인멸 등으로 검사 목적을 달성할 수 없다고 인정되는 경우에는 그러하지 아니하다.
③ ①에 따라 출입 및 검사를 하는 공무원은 그 권한을 표시하는 증표를 지니고 이를 관계인에게 내보여야 하며, 검사 시 그 공무원의 성명, 검사 시간 및 검사 목적 등이 적힌 문서를 관계인에게 내주어야 한다.

(15) 벌칙(법 제27조의2)

① 기술기준의 준수를 위반하는 설계 또는 공사감리를 하여 전기공사업법에 따른 하자담보책임기간 이내에 송전설비·변전소 등 대통령령으로 정하는 전력시설물의 주요 부분에 중대한 파손을 발생시켜 일반인을 위험하게 한 자는 7년 이하의 징역에 처한다.
② ①의 죄를 범하여 사람에게 상해를 입힌 경우에는 1년 이상의 유기징역에 처하며, 사망에 이르게 한 경우에는 3년 이상의 유기징역에 처한다.

(16) 벌칙(법 제27조의3)

① 업무상 과실로 기술기준의 준수를 위반하는 설계 또는 공사감리를 하여 전기공사업법에 따른 하자담보책임기간 이내에 송전설비·변전소 등 대통령령으로 정하는 전력시설물의 주요 부분에 중대한 파손을 발생시켜 일반인을 위험하게 한 죄를 범한 자는 3년 이하의 금고 또는 3천만원 이하의 벌금에 처한다.

② 업무상 과실로 기술기준의 준수를 위반하는 설계 또는 공사감리를 하여 전기공사업법에 따른 하자담보책임기간 이내에 송전설비·변전소 등 대통령령으로 정하는 전력시설물의 주요 부분에 중대한 파손을 발생시켜 일반인을 위험하게 한 죄를 범하여 사람에게 상해를 입힌 경우에는 5년 이하의 금고 또는 5천만원 이하의 벌금에 처하며, 사망에 이르게 한 경우에는 7년 이하의 금고 또는 7천만원 이하의 벌금에 처한다.

(17) 벌칙(법 제28조)

다음의 어느 하나에 해당하는 자는 2년 이하의 징역 또는 2천만원 이하의 벌금에 처한다.

① 전력시설물의 설계 용역은 설계업자에게 발주하여야 한다는 규정을 위반하여 설계 용역을 발주한 자
② 전력시설물의 설치·보수공사 발주자는 전력시설물의 설치·보수공사의 품질 확보 및 향상을 위하여 설계업·감리업의 등록 등에 따라 공사감리업의 등록을 한 자에게 공사감리를 발주하여야 한다는 규정을 위반하여 공사감리를 발주한 자
③ 감리원은 공사업자가 설계도서나 그 밖의 관계 서류의 내용과 적합하지 아니하게 해당 전력시설물의 설치·보수공사를 하는 경우에는 재시공 또는 공사 중지 명령이나 그 밖에 필요한 조치를 할 수 있다는 규정에 따른 감리원의 재시공 또는 공사 중지 명령이나 그 밖에 필요한 조치를 이행하지 아니한 자
④ 거짓이나 그 밖의 부정한 방법으로 설계업 또는 감리업의 등록을 한 자
⑤ 설계업·감리업의 등록 등에 따른 등록을 하지 아니하고 설계 또는 공사감리를 업으로 한 자
⑥ 설계업자 또는 감리업자가 등록의 취소·영업정지에 따른 영업정지 명령을 받고 그 영업정지기간에 영업을 한 자
⑦ 비밀 유지를 위반하여 업무상 알게 된 비밀을 누설한 자

(18) 과태료(법 제30조)

① 다음의 어느 하나에 해당하는 자에게는 200만원 이하의 과태료를 부과한다.
　㉠ 전력시설물의 설계도서의 작성 등을 위반하여 설계도서에 서명날인을 하지 아니한 자
　㉡ 감리원의 배치 등을 위반하여 감리원을 배치하지 아니한 감리업자 등. 다만, 국가 또는 지방자치단체의 경우에는 제외한다.
　㉢ 감리원이 공사업자에게 재시공 또는 공사 중지 명령이나 그 밖에 필요한 조치를 한 경우에는 지체 없이 이에 관한 사항을 그 공사의 발주자에게 알려야 한다는 규정에 따른 통보의무를 위반한 사람
　㉣ 산업통상자원부장관 또는 시·도지사는 등록기준에의 적합 여부, 설계도서의 서명날인 유무 등과 관련하여 필요하다고 인정하면 설계업자 및 감리업자에 대하여 보고를 명하거나, 관계 공무원에게 사업소·사무소 또는 사업장에 출입하여 관계 서류·시설 등을 검사하거나 관계인에게 질문하게 할 수 있다는 규정에 따른 보고를 하지 아니하거나 거짓으로 보고한 자 또는 출입·검사 및 답변을 거부하거나 방해 또는 기피한 자

② 다음의 어느 하나에 해당하는 자에게는 100만원 이하의 과태료를 부과한다. 다만, ⊙과 ⓒ의 경우에는 국가 또는 지방자치단체는 제외한다.
  ⊙ 감리업자 등은 소속 감리원을 배치한 경우(변경 배치한 경우를 포함)에는 그 배치 현황을 30일 이내에 시·도지사에게 신고하여야 하며, 이 경우 감리업자는 발주자의 확인을 받아야 한다는 규정에 따른 감리원 배치 현황의 신고 또는 변경 배치 현황의 신고를 하지 아니한 감리업자 등
  ⓒ 감리업자 등은 그가 시행한 공사감리 용역이 끝났을 때에는 공사감리 완료보고서를 30일 이내에 시·도지사에게 제출하여야 하며, 이 경우 감리업자는 발주자의 확인을 받아야 한다는 규정에 따른 공사감리 완료보고서를 제출하지 아니한 감리업자 등
  ⓒ 설계업·감리업의 등록에 따른 설계업 또는 감리업의 변경등록을 하지 아니한 자
  ⓔ 휴업 등의 신고에 따른 휴업·재개업 또는 폐업의 신고를 하지 아니한 자
③ ①과 ②에 따른 과태료는 대통령령으로 정하는 바에 따라 시·도지사가 부과·징수한다.

3 설계감리업무 수행지침 등

(1) 감리의 정의
감리란 전력시설물공사에 대하여 발주자의 위탁을 받은 감리업자가 설계도서, 그 밖의 관계 서류의 내용대로 시공되는지 여부를 확인하고, 품질관리·공사 관리 및 안전관리 등에 대한 기술 지도를 하며, 관계 법령에 따라 발주자의 권한을 대행하는 것을 말한다.

(2) 용어 정리
① 발주자 : 전력시설물공사에 따라 공사를 발주하는 자를 말한다.
② 감리업자 : 공사감리를 업으로 하고자 시·도지사에게 등록한 자를 말한다.
③ 공사업자 : 전기공사업법에 의해 전기공사업 등록을 한 자를 말한다.
④ 감리원 : 감리업체에 종사하면서 감리업무를 수행하는 사람으로서 상주감리원과 비상주감리원이 있다.
⑤ 책임감리원 : 감리업자를 대표하여 현장에 상주하면서 해당 공사 전반에 관하여 책임감리 등의 업무를 총괄하는 사람을 말한다.
⑥ 보조감리원 : 책임감리원을 보좌하는 사람으로 책임감리원과 연대하여 담당 감리업무를 책임지는 사람을 말한다.
⑦ 상주감리원 : 현장에 상주하면서 감리업무를 수행하는 사람으로 책임감리원과 보조감리원을 말한다.
⑧ 비상주감리원 : 감리업체에 근무하면서 상주감리원의 업무를 기술적·행정적으로 지원하는 사람을 말한다.
⑨ 지원업무담당자 : 감리업무 수행에 따른 업무 연락 및 문제점 파악, 민원 해결, 용지보상 지원 그 밖에 필요한 업무를 수행하게 하기 위하여 발주자가 지정한 발주자의 소속직원을 말한다.
⑩ 공사계약문서 : 계약서, 설계도서, 공사입찰유의서, 공사계약 일반조건, 공사계약 특수조건 및 산출내역서 등으로 구성되며 상호 보완의 효력을 가진 문서를 말한다.
⑪ 감리용역 계약문서 : 계약서, 기술용역입찰유의서, 기술용역계약 일반조건, 감리용역계약 특수조건, 과업지시서, 감리비 산출내역서 등으로 구성되며 상호 보완의 효력을 가진 문서를 말한다.

⑫ 감리기간 : 감리용역계약서에 표기된 계약기간을 말하며, 공사업자 또는 발주자의 사유 등으로 인하여 공사기간이 연장된 경우의 감리기간은 연장된 공사기간을 포함하여 감리용역 변경계약서에 표기된 기간을 말한다.

⑬ 검토 : 공사업자가 수행하는 중요사항과 해당 공사와 관련한 발주자의 요구사항에 대하여 공사업자가 제출한 서류, 현장실정 등을 고려하여 감리원의 경험과 기술을 바탕으로 타당성 여부를 확인하는 것을 말한다.

⑭ 확인 : 공사업자가 공사를 공사계약 문서대로 실시하고 있는지 여부 또는 지시·조정·승인·검사 이후 실행한 결과에 대하여 발주자 또는 감리원이 원래의 의도와 규정대로 시행되었는지를 확인하는 것을 말한다.

⑮ 검토·확인 : 공사의 품질을 확보하기 위하여 기술적인 검토뿐만 아니라 그 실행 결과를 확인하는 일련의 과정을 말하며 검토·확인자는 검토·확인사항에 대하여 책임을 진다.

⑯ 지시 : 발주자가 감리원 또는 감리원이 공사업자에게 발주자의 발의나 기술적·행정적 소관 업무에 관한 계획, 방침, 기준, 지침, 조정 등에 대하여 기술지도를 하고, 실시하게 하는 것을 말한다. 다만, 지시사항은 계약문서에 나타난 지시 및 이행사항에 해당하는 것을 원칙으로 하며, 구두 또는 서면으로 지시할 수 있으나 지시내용과 그 처리 결과는 반드시 확인하여 문서로 기록·비치하여야 한다.

⑰ 요구 : 계약당사자들이 계약조건에 나타난 자신의 업무에 충실하고 정당한 계약이행을 위하여 상대방에게 검토, 조사, 지원, 승인, 협조 등 적합한 조치를 취하도록 의사를 밝히는 것으로, 요구사항을 접수한 자는 반드시 이에 대한 적절한 답변을 하여야 한다.

⑱ 승인 : 발주자 또는 감리원이 공사 또는 감리업무와 관련하여, 이 지침에 나타난 승인사항에 대하여 감리원 또는 공사업자의 요구에 따라 그 내용을 서면으로 동의하는 것을 말하며, 발주자 또는 감리원의 승인 없이는 다음 단계의 업무를 수행할 수가 없다.

⑲ 조정 : 공사 또는 감리업무가 원활하게 이루어지도록 하기 위하여 감리원, 발주자, 공사업자가 사전에 충분한 검토와 협의를 통하여 관련자 모두가 동의하는 조치가 이루어지도록 하는 것을 말하며, 조정결과가 기존의 계약내용과의 차이가 있을 때에는 계약변경 사항의 근거가 된다.

⑳ 작성 : 공사 또는 감리에 관한 각종 서류, 변경 설계도서, 계획서, 보고서 및 관련 도서를 양식에 맞게 제작, 검토, 관리하는 것을 말한다. 각 설계도서 및 서류별로 작성주체·소요비용에 관하여 계약할 때 명시하거나 사전에 협의하는 것을 원칙으로 하여 업무의 혼란이 없도록 한다.

㉑ 검사 : 공사계약문서에 나타난 공사 등의 단계 또는 자재 등에 대한 공정과 완성품의 품질을 확보하기 위하여 감리원 또는 검사원이 시공상태 또는 완성품 등의 품질, 규격, 수량 등을 확인하는 것을 말한다. 이 경우 공사업자가 실시한 확인 결과 중 대표가 되는 부분을 추출하여 실시할 수 있으며, 공사에 대한 합격 판정은 검사원이 한다.

㉒ 제3자 : 감리업무 수행과 관련한 감리업자 및 감리원을 제외한 모든 자를 말한다.

㉓ 보고 : 감리업무 수행에 관한 내용이나 결과를 말이나 글로 알리는 것을 말한다.

㉔ 협의 : 여러 사람이 모여 서로의 의견을 의논하는 것을 말한다.

㉕ 요구 : 어떤 행위를 할 것을 청하는 것을 말한다.

㉖ 작성 : 서류, 계획 등을 만드는 것을 말한다.

(3) 발주자, 감리원, 공사업자의 기본임무

① 발주자의 기본임무

발주자는 공사의 계획·발주·설계·시공·감리 등 전반을 총괄하고, 감리 및 공사계약 이행에 필요한 다음의 사항에 대하여 지원, 협력하여야 하고, 감리용역 계약문서에 정한 바에 따라 감리가 성실히 수행되고 있는지에 대한 지도·감독을 실시하여야 하며, 지원업무담당자를 지정하여 감리수행에 따른 업무연락 및 문제점 파악, 민원해결, 감리원에 대한 지도·관리 등의 업무를 수행하게 할 수 있다.

- ㉠ 감리에 필요한 설계도서 등 관련 문서와 참고자료 및 계약서에 명기한 기자재, 장비, 비품, 설비 등을 제공한다.
- ㉡ 감리시행에 필요한 용지 및 지장물 보상과 국가·지방자치단체 그 밖에 공공기관의 인가·허가 등을 얻을 수 있도록 필요한 조치를 취하거나 협력한다.
- ㉢ 감리원이 감리계약 이행에 필요한 공사업자의 문서, 도면, 자재, 장비, 설비 등에 대한 자료제출 및 조사를 보장한다.
- ㉣ 감리원이 보고한 설계변경, 준공기한 연기요청, 그 밖의 현장실정 보고 등 방침, 요구사항에 대하여 감리업무 수행에 지장이 없도록 의사를 결정하여 통보한다.
- ㉤ 특수공법 등 주요 공종(공사의 종류)에 대하여 외부 전문가의 자문 또는 감리가 필요하다고 인정되는 경우에는 별도의 조치를 취하거나 지원한다.
- ㉥ 발주자는 관계 법령에서 별도로 정하는 사항 이외에는 정당한 사유없이 감리원의 업무에 개입 또는 간섭하거나 감리원의 권한 침해를 금지한다.
- ㉦ 공사 시작 전에 감리원 및 공사업자와 합동으로 다음 사항에 대하여 공사관계자 합동회의를 실시하여 이의조정 또는 변경여부를 검토하여 사후에 민원 등이 발생하지 않도록 조치한다.
    - 통신설비
    - 소방 및 대피설비
    - 급·배수 및 환기설비
    - 도시가스시설 등
- ㉧ 공사관계자 합동회의와 현지여건 조사, 설계도서의 검토 등을 통하여 민원발생이 예상되는 사항을 감리원과 함께 발굴하는 등 민원발생의 원인제거 또는 최소화를 위해 노력하여야 하며, 노력 결과에도 불구하고 민원이 발생된 경우에는 감리원과 공사업자가 공동으로 필요한 조치를 취하거나 또는 감리원과 공사업자에게 그에 대한 관련 자료의 조사와 자료작성을 지시한다.
- ㉨ 감리원이 발주자의 지시에 위반된 감리업무를 수행하거나 감리업무를 소홀하게 한다고 판단되는 경우에는 이에 대하여 해명하게 하거나 시정하도록 감리원에게 서면 등으로 지시한다.
- ㉩ 감리원이 과도한 행정업무 등으로 인하여 감리원 본연의 업무인 현장확인·점검·검사 등 품질관리가 소홀히 됨으로써 부실공사 등의 문제가 발생하지 않도록 행정업무 간소화에 노력한다.

② 감리원의 기본임무

- ㉠ 규칙에 따른 감리업무를 성실히 수행한다.
- ㉡ 발주자와 감리업자 간에 체결된 감리용역 계약내용에 따라 해당 공사가 설계도서 및 그 밖에 관계 서류의 내용대로 시공되는지 여부를 확인한다.

③ 공사업자의 기본임무
  ㉠ 공사업자는 공사계약 문서에서 정하는 바에 따라 현장작업 및 시공에 대하여 신의와 성실의 원칙에 입각하여 공사하고, 정해진 기간 내에 완성하여야 하며, 감리원으로부터 재시공, 공사중지명령, 그 밖에 필요한 조치에 대한 지시를 받은 때에는 특별한 사유가 없으면 응하여야 한다.
  ㉡ 공사업자는 발주자와의 공사계약 문서에서 정한 바에 따라 감리원 업무에 적극 협조한다.

④ 감리원 근무수칙
  ㉠ 감리원의 지위
   • 감리원은 감리업무를 수행함에 있어 발주자와의 계약에 따라 발주자의 권한을 대행한다.
   • 발주자와 감리업자 간에 체결된 감리용역 계약의 내용에 따라 감리원은 해당 공사가 설계도서 및 그 밖에 관계 서류의 내용대로 시공되는지 여부를 확인하고 품질관리, 공사관리 및 안전관리 등에 대한 기술지도를 하며, 전력기술관리법령에 따라 감리업자를 대표하고 발주자의 감독 권한을 대행한다.
  ㉡ 감리원의 품위유지 및 근무 지침 : 감리업무를 수행하는 감리원은 그 업무를 성실히 수행하고 공사의 품질 확보와 향상에 노력하며 다음 각 사항을 실천하여 감리원으로서 품위를 유지하여야 한다.
   • 감리원은 관련 법령과 이에 따른 명령 및 공공복리에 어긋나는 어떠한 행위도 하여서는 아니 되고, 신의와 성실로서 업무를 수행하여야 하며, 품위를 손상하는 행위를 하여서는 아니 된다.
   • 감리원은 담당업무와 관련하여 제3자로부터 일체의 금품, 이권 또는 향응을 받아서는 아니 된다.
   • 감리원은 공사의 품질확보와 질적 향상을 위하여 기술지도와 지원 및 기술개발·보급에 노력하여야 한다.
   • 감리원은 감리업무를 수행함에 있어 발주자의 감독권한을 대행하는 사람으로서 공정하고, 청렴결백하게 업무를 수행하여야 한다.
   • 감리원은 감리업무를 수행함에 있어 해당 공사의 공사계약문서, 감리과업지시서, 그 밖에 관련 법령 등의 내용을 숙지하고 해당 공사의 특수성을 파악한 후 감리업무를 수행하여야 한다.
   • 감리원은 해당 공사가 공사계약문서, 예정공정표, 발주자의 지시사항, 그 밖에 관련 법령의 내용대로 시공되는가를 공사 시행 시 수시로 확인하여 품질관리에 임하여야 하고, 공사업자에게 품질·시공·안전·공정관리 등에 대한 기술지도와 지원을 하여야 한다.
   • 감리원은 공사업자의 의무와 책임을 면제시킬 수 없으며, 임의로 설계를 변경하거나, 기일연장 등 공사계약조건과 다른 지시나 조치 또는 결정을 하여서는 아니 된다.
   • 감리원은 공사현장에서 문제점이 발생되거나 시공에 관련된 중요한 변경 및 예산과 관련되는 사항에 대해서는 수시로 발주자(지원업무담당자)에게 보고하고 지시를 받아 업무를 수행하여야 한다. 다만, 인명손실이나 시설물의 안전에 위험이 예상되는 사태가 발생할 때는 우선 적절한 조치를 취한 후 즉시 발주자에게 보고하여야 한다.
   • 감리업자 및 감리원은 해당 공사 시행 중은 물론 공사가 끝난 이후라도 감사 기관의 수감요구 및 발주자의 출석요구가 있을 경우에는 이에 응하여야 하며, 감리업무 수행과 관련하여 발생된 사고 또는 피해 발생으로 피해자가 소송제기 시 소송 업무에 대하여 적극 협력하여야 한다.

⑤ 상주감리원의 현장근무
  ㉠ 상주감리원은 공사현장(공사와 관련한 외부 현장점검, 확인)에서 운영요령에 따라 배치된 일수를 상주하여야 하고, 다른 업무 또는 부득이한 사유로 1일 이상 현장을 이탈하는 경우에는 반드시 감리업무일지에 기록하며, 발주자(지원업무담당자)의 승인(부재 시 유선보고)을 받아야 한다.
  ㉡ 상주감리원은 감리사무실 출입구 부근에 부착한 근무상황판에 현장 근무위치 및 업무내용 등을 기록하여야 한다.
  ㉢ 감리업자는 감리원이 감리업무 수행기간 중 법에 따른 교육훈련이나 민방위기본법 또는 향토예비군설치법 등에 따른 교육을 받는 경우나 근로기준법에 따른 유급휴가로 현장을 이탈하게 되는 경우에는 감리업무에 지장이 없도록 직무대행자 지정(동일 현장의 상주감리원 또는 비상주감리원)하여 업무 인계·인수 등의 필요한 조치를 하여야 한다.
  ㉣ 상주감리원은 발주자의 요청이 있는 경우에는 초과근무를 하여야 하며, 공사업자의 요청이 있을 경우에는 발주자의 승인을 받아 초과근무를 하여야 한다. 이 경우 대가지급은 운영요령 또는 국가를 당사자로 하는 계약에 관한 법률에 따른 계약예규에서 정하는 바에 따른다.
  ㉤ 감리업자는 감리현장이 원활하게 운영될 수 있도록 감리용역비 중 직접경비를 감리대가기준에 따라 적정하게 사용하여야 하며, 발주자가 요구할 경우 직접경비의 사용에 대한 증빙을 제출하여야 한다.

⑥ 비상주감리원의 업무수행
  ㉠ 설계도서 등의 검토
  ㉡ 상주감리원이 수행하지 못하는 현장조사 분석 및 시공상의 문제점에 대한 기술검토와 민원사항에 대한 현지조사 및 해결방안 검토
  ㉢ 중요한 설계변경에 대한 기술검토
  ㉣ 설계변경 및 계약금액 조정의 심사
  ㉤ 기성 및 준공검사
  ㉥ 정기적(분기 또는 월별)으로 현장시공 상태를 종합적으로 점검·확인·평가하고 기술지도
  ㉦ 공사와 관련하여 발주자(지원업무수행자 포함)가 요구한 기술적 사항 등에 검토
  ㉧ 그 밖에 감리업무 추진에 필요한 기술지원 업무

  Check! 기성 : 공사를 한 만큼 비례하여 공사 대금을 주는 것을 말한다.

⑦ 발주자의 지도·감독 및 지원업무수행자의 업무범위
  ㉠ 발주자의 지도 감독 : 발주자는 감리용역계약서에 따라 다음 각 사항에 대하여 감리원을 지도·감독하며 모든 지시 및 통보는 감리업자 또는 감리원을 통하여 전달 또는 시행되도록 하여야 한다.
    • 적정자격 보유여부 및 상주이행 상태
    • 품위손상 여부 및 근무자세
    • 지시사항 이행상태
    • 행정서류 및 비치서류의 처리기록 관리
    • 각종 보고서의 처리상태
    • 감리용역비 중 직접경비(감리대가기준)의 현장지급 여부 확인

① 지원업무수행자의 업무범위
- 발주자가 지정하는 지원업무담당자는 해당 공사의 수행에 따른 업무연락 및 문제점 파악, 민원 해결, 용지보상 지원업무 및 감리원의 지도·관리 업무를 수행한다. 다만, 공사의 중요성 및 현장여건상 현장에 상주하는 것이 공사추진상 효율적이라고 인정되는 경우에는 현장 상주근무를 할 수 있다.
- 지원업무담당자는 발주자의 지시사항 등을 반드시 감리원을 통하여 전달하여야 하며 시공과 관련하여 공사업자에게 직접 지시하지 아니한다.
- 지원업무담당자는 감리원이 공사중지 또는 재시공 명령을 행사하려는 경우에는 사전에 승인을 받도록 함으로써 감리원의 권한을 제약하는 일이 발생하지 않도록 하여야 하며, 현장에서 수행한 업무내용을 지원업무수행 기록부에 기록하여 비치한다.
- 지원업무담당자의 주요 업무는 다음과 같다.
  - 입찰참가자격심사(PQ) 기준 작성(필요한 경우)
  - 감리업무 수행계획서, 감리원 배치계획서 검토
  - 보상 담당부서에서 수행하는 통상적인 보상업무 외에 감리원 및 공사업자와 협조하여 용지측량, 기공 승락, 지장물 이설 확인 등의 용지보상 지원업무 수행

> **Check!**
> - **기공** : 공사 시작을 말한다.
> - **지장물** : 공공사업시행 지역 안의 토지에 정착한 건물, 공작물·시설, 입죽목, 농작물 기타 물건 중에서 당해 공공사업의 수행을 위하여 직접 필요로 하지 않는 물건을 말한다.

  - 감리원에 대한 지도·점검(근태상황 등)
  - 감리원이 수행할 수 없는 공사와 관련된 각종 관·민원업무 및 인·허가 업무를 해결하고, 특히 지역성 민원해결을 위한 합동조사, 공청회 개최 등 추진
  - 설계변경, 공기연장 등 주요사항 발생 시 발주자로부터 검토, 지시가 있을 경우, 현지 확인 및 검토·보고
  - 공사관계자회의 등에 참석, 발주자의 지시사항 전달 및 감리·공사수행상 문제점 파악·보고
  - 필요시 기성검사 및 각종 검사 입회
  - 준공검사 입회
  - 준공도서 등의 인수
  - 하자발생 시 현지조사 및 사후조치

(4) 업종별 감리
감리는 설계감리와 공사감리로 분류할 수 있으며 감리원이 수행한다.
① 설계감리
전력시설물의 설치·보수공사(이하 "전력시설물공사"라 한다)의 계획·조사 및 설계가 전력기술기준과 관계 법령에 따라 적정하게 시행되도록 관리하는 것을 말한다.
② 공사감리
전력시설물공사에 대하여 발주자의 위탁을 받은 감리업자가 설계도서, 그 밖의 관계서류의 내용대로 시공되는지 여부를 확인하고, 품질관리·공사관리 및 안전 관리 등에 대한 기술 지도를 하며, 관계 법령에 따라 발주자의 권한을 대행하는 것을 말한다(이하 "감리"라 한다).

(5) 설계기본방향과 관리

① 설계감리의 수행 기준

㉠ 수행 기준
- 설계도서의 설계감리는 종합 설계업을 등록한 자 또는 특급기술사 3명 이상을 보유한 설계업자 또는 공사감리업의 등록을 한 자(이하 "감리업자"라 한다)로서 특급감리원 3명 이상을 보유한 감리업자(이 경우 특급기술자 및 특급감리원에는 전기분야의 기술사 1명 이상이 각각 포함되어야 함)로서 특별시장, 광역시장, 도지사 또는 특별자치도지사의 확인을 받은 자가 수행한다.
- 이 경우 설계감리업무에 참여할 수 있는 사람은 전기 분야 기술사, 고급기술자 또는 고급감리원(경력수첩 또는 감리원 수첩을 발급받은 사람을 말함) 이상인 사람으로 한다.
- 한편, 설계감리를 받으려는 자는 해당 설계도서를 작성한 자를 설계감리자로 선정하여서는 아니 된다.

㉡ 예외 기준

다음 어느 하나에 해당하는 자가 설치하거나 보수하는 전력시설물의 설계도서는 그 소속의 전기 분야 기술사, 고급기술자 또는 고급감리원 이상인 사람이 그 설계감리를 할 수 있다.
- 국가 및 지방자치 단체
- 공공기관의 운영에 관한 법률에 따른 공기업
- 지방공기업법에 따른 지방공사 및 지방공단
- 한국철도시설공단법에 따른 한국철도시설공단
- 한국환경공단법에 따른 한국환경공단
- 한국농수산식품유통공사법에 따른 한국농수산식품유통공사
- 한국농어촌공사 및 농지관리기금법에 따른 한국농어촌공사
- 대한무역투자진흥공사법에 따른 대한무역투자진흥공사
- 전기사업법에 따른 전기사업자

② 발주자, 설계감리원, 설계자의 기본임무

㉠ 발주자의 기본임무
- 설계감리용역계약에 정해진 바에 따라 설계감리용역을 총괄하고, 용역계약 이행에 필요한 다음 사항을 지원·협력하여야 하며 설계감리가 성실히 수행되고 있는지 지도·점검을 실시하여야 한다.
  - 설계 및 설계감리용역에 필요한 설계도면, 문서, 참고자료와 설계감리용역 계약문서에 명기한 자재·장비·비품 및 설비의 제공
  - 설계 및 설계감리용역 시행에 따른 업무연락, 문제점 파악 및 민원해결
  - 설계 및 설계감리용역 시행에 필요한 국가 등 공공기관과의 협의 등 필요한 사항에 대한 조치
  - 설계감리원이 계약 이행에 필요한 설계용역업체의 문서, 도면, 자재, 장비, 설비 등에 대한 자료제출
  - 설계감리원이 보고한 설계용역의 내용이나 범위 등의 변경, 설계용역 준공기한 연기요청 그 밖에 현장실정보고 등 방침 요구사항에 대하여 설계감리업무 수행에 지장이 없도록 의사를 결정하여 통보

- 특수공법 등 주요 공정에 대해 외부전문가의 자문 등 필요하다고 인정되는 경우에는 설계감리원 등과 협의 조치
- 그 밖에 설계감리자와 계약으로 정한 사항에 대한 지도·감독
• 관계 법령에서 별도로 정하는 사항 외에는 정당한 사유 없이 설계감리원의 업무를 간섭하거나 침해하지 않아야 한다.
• 설계감리용역을 시행함에 있어 설계기간과 준공처리 등을 감안하여 충분한 기간을 부여하여 최적의 설계품질이 확보되도록 노력하여야 한다.
• 이 지침의 내용 중 발주자는 설계자 및 설계감리원이 지켜야 할 의무사항에 대하여는 계약문서에 정하여야 한다.

ⓒ 설계감리원의 기본임무
• 설계용역 계약 및 설계감리용역 계약내용이 충실히 이행될 수 있도록 하여야 한다.
• 해당 설계용역이 관련 법령 및 전기설비기술기준 등에 적합한 내용대로 설계되는지의 여부를 확인 및 설계의 경제성 검토를 실시하고, 기술지도 등을 하여야 한다.
• 설계공정의 진척에 따라 설계자로부터 필요한 자료 등을 제출받아 설계용역이 원활히 추진될 수 있도록 설계감리 업무를 수행하여야 한다.
• 과업지시서에 따라 업무를 성실히 수행하고 설계의 품질향상에 따라 노력하여야 한다.

ⓒ 설계자의 기본임무
• 설계용역계약에 정하는 바에 따라 관련 법령 및 전기설비기술기준 등에 적합한 설계의 수행에 대하여 책임을 지고 신의와 성실의 원칙에 입각하여 설계하고, 정해진 기간 내에 완성하여야 하며 발주자가 직접 지시 또는 설계감리원을 통하여 지시된 재설계, 설계중지명령 및 그 밖에 필요한 조치에 대한 지시를 받을 때에는 특별한 사유가 없으면 응하여야 한다.
• 발주자와의 설계용역 계약문서에서 정하는 바에 따라 설계감리원의 업무에 협조하여야 한다.

③ 설계감리원 근무수칙
㉠ 설계감리원은 설계감리업무를 수행함에 있어 발주자와 계약에 따라 발주자의 설계감독업무를 대행한다.
㉡ 설계감리원은 다음 업무를 성실히 수행하고 해당 설계용역의 품질향상에 노력하여야 한다.
• 담당업무와 관련하여 제3자로부터 일체의 금품, 이권 또는 향응을 받아서는 아니 된다.
• 설계용역의 품질향상을 위하여 기술개발과 보급에 전력을 다하여야 한다.
• 설계감리업무를 수행함에 있어 해당 설계용역의 설계용역계약문서, 설계감리과업내용서, 그 밖에 관계 규정 내용을 숙지하고 해당 설계용역의 특수성을 파악한 후 설계감리업무를 수행하여야 한다.
• 설계자의 의무와 책임을 면제시킬 수 없으며, 임의로 설계용역의 내용이나 범위를 변경시키거나 기일연장 등 설계용역 계약조건과 다른 지시나 결정을 하여서는 아니 된다.
• 설계에 관련한 예산 및 중요한 방침결정사항 등에 대하여는 수시로 발주자에게 보고하고 지시를 받아 업무를 수행하여야 한다.

(6) 설계 절차별 제출서류

① 설계 절차별 제출서류

㉠ 설계용역 착수신고서 검토 보고

설계감리원은 설계업자로부터 착수신고서를 제출받아 다음 사항에 대한 적정성 여부를 검토하여 보고하여야 한다.
- 예정공정표
- 과업수행계획 등 그 밖에 필요한 사항

㉡ 설계감리원의 문서비치 및 준공 시 제출서류

설계감리원은 필요한 경우 다음 문서를 비치하고, 그 세부양식은 발주자의 승인을 받아 설계감리 과정을 기록하여야 하며, 설계감리 완료와 동시에 발주자에게 제출하여야 하며, 필요한 경우 전자매체(CD-ROM)로 제출할 수 있다.
- 근무상황부
- 설계감리일지
- 설계감리지시부
- 설계감리기록부
- 설계자와 협의사항 기록부
- 설계감리 추진현황
- 설계감리 검토의견 및 조치 결과서
- 설계감리 주요검토결과
- 설계도서 검토의견서
- 설계도서(내역서, 수량산출 및 도면 등)를 검토한 근거서류
- 해당 용역 관련 수·발신 공문서 및 서류
- 그 밖에 발주자가 요구하는 서류

② 설계감리 단계별 작성 제출서류

㉠ 설계감리 업무수행계획서 작성 제출

설계감리원은 발주된 설계용역의 특성에 맞게 지침에 따른 설계감리원 세부업무 내용을 정하고 다음 사항을 포함한 설계감리업무 수행계획서를 작성하여 발주자에게 제출하여야 한다.
- 대상 : 용역명, 설계감리규모 및 설계감리기간 등
- 세부시행계획 : 세부공정계획 및 업무흐름도 등
- 보안대책 및 보안각서
- 그 밖에 발주자가 정한 사항

㉡ 설계업무의 진행상황 및 기성 등의 검토 확인 보고

설계감리원은 설계용역의 계획 및 예정공정표에 따라 설계업무의 진행상황 및 기성 등을 검토·확인하여야 하며 이를 정기적으로 발주자에게 보고하여야 한다.

㉢ 설계감리원은 설계의 해당 공정마다 설계공정별 관리를 수행하여야 한다.

ⓔ 설계감리원은 설계용역의 수행에 있어 지연된 공정의 만회대책을 설계자와 협의하여 수립하여야 하며, 이에 대한 조치 등을 수행하여 발주자에게 보고하여야 한다.

ⓜ 설계감리원은 발주자의 요구 및 지시사항에 따라 변경사항이 발생할 경우 이에 대해 설계자가 원활히 대처할 수 있도록 지시 및 감독을 하여야 하며, 설계자의 요구에 의해 변경사항이 발생할 때에는 기술적인 적합성을 검토·확인하여 발주자에게 보고하여 승인을 받아야 한다.

ⓗ 공정회의 개최
설계감리원은 설계용역의 공정관리에 있어 문제점이 있는 경우 이를 해결하기 위해 공정회의를 개최할 수 있다.
- 공정표, 주요 관리점 공정표 및 추가로 작성하는 세부공정표의 검토
- 사전 서류검토나 회의를 통해서 나타난 문제점들의 협의 및 해결방안의 검토

제2절 태양광발전 착공감리

1 착공서류 등 검토

(1) 착공신고서의 검토 및 보고

감리원은 공사가 시작된 경우에는 공사업자로부터 다음의 서류가 포함된 착공신고서를 제출받아 적정성 여부를 검토하여 7일 이내에 발주자에게 보고하여야 한다.
① 시공관리책임자 지정통지서(현장관리조직, 안전관리자)
② 공사 예정공정표
③ 품질관리계획서
④ 공사도급 계약서 사본 및 산출내역서
⑤ 공사 시작 전 사진
⑥ 현장기술자 경력사항 확인서 및 자격증 사본
⑦ 안전관리계획서
⑧ 작업인원 및 장비투입 계획서
⑨ 그 밖에 발주자가 지정한 사항

(2) 착공신고서의 적정여부 검토

감리원은 다음을 참고하여 착공신고서의 적정여부를 검토하여야 한다.
① 계약내용의 확인
  ㉠ 공사기간(착공~준공)
  ㉡ 공사비 지급조건 및 방법(선급금, 기성부분 지급, 준공금 등)
  ㉢ 그 밖에 공사계약문서에 정한 사항

② 현장기술자의 적격여부
　　㉠ 시공관리책임자 : 전기공사업법 제17조
　　㉡ 안전관리자 : 산업안전보건법 제15조
③ **공사 예정공정표** : 작업 간 선행·동시 및 완료 등 공사 전·후 간의 연관성이 명시되어 작성되고, 예정 공정률이 적정하게 작성되었는지 확인한다.
④ **품질관리계획** : 공사 예정공정표에 따라 공사용 자재의 투입시기와 시험방법, 빈도 등이 적정하게 반영되었는지 확인한다.
⑤ **공사 시작 전 사진** : 전경이 잘 나타나도록 촬영되었는지 확인한다.
⑥ **안전관리계획** : 산업안전보건법령에 따른 해당 규정 반영여부를 확인한다.
⑦ **작업인원 및 장비투입 계획** : 공사의 규모 및 성격, 특성에 맞는 장비형식이나 수량의 적정여부 등

(3) 공사관계자의 합동회의

감리원은 발주자(지원업무수행자)가 주관하는 공사관계자 합동회의에 참석하여 필요한 경우에는 현장조사결과와 설계도면 등의 검토내용을 설명하여야 하며, 그 결과를 회의 및 협의내용 관리대장에 기록·관리하여야 한다.

2 착공감리

(1) 설계도서 검토

① 감리업무 착수
　　㉠ 감리업자는 감리용역계약 즉시 상주 및 비상주감리원의 투입 등 감리업무 수행준비에 대하여 발주자와 협의하여야 하며, 계약서상 착수일에 감리용역을 착수하여야 한다. 다만, 감리대상 공사의 전부 또는 일부가 발주자의 사정 등으로 계약서상 착수일에 감리용역을 착수할 수 없는 경우에는 발주자는 실제 착수시점 및 상주감리원 투입시기 등을 조정하여 감리업자에게 통보하여야 한다.
　　㉡ 감리업자는 감리용역 착수 시 다음의 서류를 첨부한 착수신고서를 제출하여 발주자의 승인을 받아야 한다.
　　　• 감리업무 수행계획서
　　　• 감리비 산출내역서
　　　• 상주, 비상주감리원 배치계획서와 감리원의 경력확인서
　　　• 감리원 조직 구성내용과 감리원별 투입기간 및 담당업무
　　㉢ 감리업자는 감리원 배치계획서에 따라 감리원을 배치하여야 한다. 다만, 감리원의 퇴직·입원 등 부득이한 사유로 감리원을 교체하려는 때에는 운영요령에 따라 교체·배치하여야 한다.
　　㉣ 발주자는 내용을 검토하여 감리원 또는 감리조직 구성내용이 해당 공사현장의 공종 및 공사 성격에 적합하지 아니하다고 인정될 경우에는 감리업자에게 사유를 명시하여 서면으로 변경을 요구할 수 있으며, 변경요구를 받은 감리업자는 특별한 사유가 없으면 이에 응하여야 한다.

ⓜ 발주자의 승인을 받은 감리원은 업무의 연속성, 효율성 등을 고려하여 특별한 사유가 없으면 감리 용역이 완료될 때까지 근무하여야 한다.
ⓑ 감리원의 구성은 계약문서에 기술된 과업내용에 따라 관련 분야 기술자격 또는 학력·경력을 갖춘 사람으로 구성되어야 한다.
ⓢ 책임감리원과 보조감리원은 개인별로 업무를 분담하고 그 분담 내용에 따라 업무 수행계획을 수립하여 과업을 수행하여야 한다.
ⓞ 감리원은 시공과 관련하여 공사업자에게 각종 인·허가사항을 포함한 제반법규 등을 준수하도록 지도·감독하여야 하며, 발주자가 받아야 하는 인·허가사항은 발주자에게 협조·요청하여야 한다.
ⓩ 감리원은 현장에 부임하는 즉시 사무소, 숙소 또는 비상연락처 및 FAX, 우편 연락처 등을 발주자에게 보고하여 업무연락에 차질이 없도록 하여야 하며, 연락처 등이 변경된 경우에도 즉시 보고하여야 한다.

② 설계도서 등의 검토
  ㉠ 감리원은 설계도면, 설계설명서, 공사비 산출내역서, 기술계산서, 공사계약서의 계약내용과 해당 공사의 조사 설계보고서 등의 내용을 완전히 숙지하여 새로운 방향의 공법개선 및 예산절감을 도모하도록 노력하여야 한다.
  ㉡ 감리원은 설계도서 등에 대하여 공사계약문서 상호 간의 모순되는 사항, 현장 실정과의 부합여부 등 현장 시공을 주안으로 하여 해당 공사 시작 전에 검토하여야 하며 검토에는 다음 사항 등이 포함되어야 한다.
    • 현장조건에 부합 여부
    • 시공의 실제가능 여부
    • 다른 사업 또는 다른 공정과의 상호부합 여부
    • 설계도면, 설계설명서, 기술계산서, 산출내역서 등의 내용에 대한 상호일치 여부
    • 설계도서의 누락, 오류 등 불명확한 부분의 존재여부
    • 발주자가 제공한 물량내역서와 공사업자가 제출한 산출내역서의 수량일치 여부
    • 시공상의 예상 문제점 및 대책 등
  ㉢ 감리원의 검토결과 불합리한 부분, 착오, 불명확하거나 의문사항이 있을 때에는 그 내용과 의견을 발주자에게 보고하여야 한다. 또한, 공사업자에게도 설계도서 및 산출내역서 등을 검토하도록 하여 검토결과를 보고 받아야 한다.

③ 설계도서 등의 관리
  ㉠ 감리원은 감리업무 착수와 동시에 공사에 관한 설계도서 및 자료, 공사계약문서 등을 발주자로부터 인수하여 관리번호를 부여하고, 관리대장을 작성하여 공사관계자 이외의 자에게 유출을 방지하는 등 관리를 철저히 하여야 하며, 외부에 유출하고자 하는 때는 발주자 또는 지원업무담당자의 승인을 받아야 한다.
  ㉡ 감리원은 설계도면 등 중요한 자료는 반드시 잠금장치로 된 서류함에 보관하여야 하며, 캐비닛 등에 보관된 설계도서 및 관리 서류의 명세서를 기록하여 내측에 부착하여 관리하여야 한다.

ⓒ 공사업자가 차용하여 간 설계도서 등 중요자료는 반드시 잠금장치로 된 서류함에 보관하여 분실 또는 유실되지 않도록 지도·감독하여야 한다.
② 감리원은 공사완료 후 공사 시작 전에 인수하여 보관하고 있는 설계도서 등을 발주자에게 반납하거나 지시에 따라 폐기 처분한다.
⑩ 감리원은 공사의 여건을 감안하여 각종 법령, 표준 설계설명서 및 필요한 기술서적 등을 비치하여야 한다.

(2) 하도급 관련 사항 검토

① 하도급 적정성 여부 검토
감리원은 공사업자가 도급받은 공사를 전기공사업법에 따라 하도급하고자 발주자에게 통지하거나, 동의 또는 승낙을 요청하는 사항에 대해서는 전기공사업법 시행규칙 별지 서식의 전기공사 하도급 계약통지서에 관한 적정성 여부를 검토하여 요청받은 날부터 7일 이내에 발주자에게 의견을 제출하여야 한다.

② 하도급 지도 및 감독
감리원은 처리된 하도급에 대해서는 공사업자가 하도급거래 공정화에 관한 법률에 규정된 사항을 이행하도록 지도·감독하여야 한다.

③ 불법하도급에 대한 조치
감리원은 공사업자가 하도급 사항을 규정에 따라 처리하지 않고 위장 하도급하거나 무면허업자에게 하도급하는 등 불법적인 행위를 하지 않도록 지도하고, 공사업자가 불법하도급하는 것을 안 때에는 공사를 중지시키고 발주자에게 서면으로 보고하여야 하며, 현장 입구에 불법하도급 행위신고 표지판을 공사업자에게 설치하도록 하여야 한다.

(3) 현장여건 조사

① 현장사무소, 공사용 도로, 작업장부지 등의 선정
㉠ 감리원은 공사 시작과 동시에 공사업자에게 다음에 따른 가설시설물의 면적, 위치 등을 표시한 가설시설물 설치계획표를 작성하여 제출하도록 하여야 한다.
• 공사용 도로(발·변전설비, 송배전설비에 해당)
• 가설사무소, 작업장, 창고, 숙소, 식당 및 그 밖의 부대설비
• 자재 야적장
• 공사용 임시전력
㉡ 감리원은 가설시설물 설치계획에 대하여 다음 내용을 검토하고 지원업무담당자와 협의하여 승인하도록 하여야 한다.
• 가설시설물의 규모는 공사규모 및 현장여건을 고려하여 정하여야 하며, 위치는 감리원이 공사 전구간의 관리가 용이하도록 공사 중의 동선계획을 고려할 것
• 가설시설물이 공사 중에 이동, 철거되지 않도록 지하구조물의 시공위치와 중복되지 않는 위치를 선정

- 가설시설물에 우수가 침입하지 않도록 대지조성 시공지면(F.L)보다 높게 설치하여, 홍수 시 피해발생 유무 등을 고려할 것
- 식당, 세면장 등에서 사용한 물의 배수가 용이하고 주변 환경을 오염시키지 않도록 조치한다.
- 가설시설물의 이용 등으로 인하여 인접 주민들에게 소음 등 민원이 발생하지 않도록 조치한다.

② 공사표지판 등의 설치

㉠ 감리원은 공사업자가 전기공사업법에 따라 공사표지를 게시하고자 할 때에는 표지판의 제작방법, 크기, 설치 장소 등이 포함된 표지판 제작설치계획서를 제출 받아 검토한 후 설치하도록 하여야 한다.

㉡ 공사현장의 표지는 전기공사업법 시행규칙에 따라 공사 시작일부터 준공 전일까지 게시·설치하여야 한다.

③ 현지 여건조사

㉠ 감리원은 공사 시작 후 조속한 시일 내에 공사추진에 지장이 없도록 공사업자와 합동으로 현지 조사하여 시공자료로 활용하고 당초 설계내용의 변경이 필요한 경우에는 설계변경 절차에 따라 처리하여야 한다.

㉡ 감리원은 현지조사 내용과 설계도서의 공법 등을 검토하여 인근 주민 등에 대한 피해발생 가능성이 있을 경우에는 공사업자에게 대책을 강구하도록 하고, 설계변경이 필요한 경우에는 설계변경 절차에 따라 처리하여야 한다.

(4) 인·허가 업무 검토

감리원은 공사 시공과 관련한 각종 인·허가 사항을 포함한 제법규 등을 공사업자로 하여금 준수토록 지도·감독하여야 하며 발주자의 이름으로 취득하여야 하는 인허가 사항은 발주자에게 협조요청토록 한다.

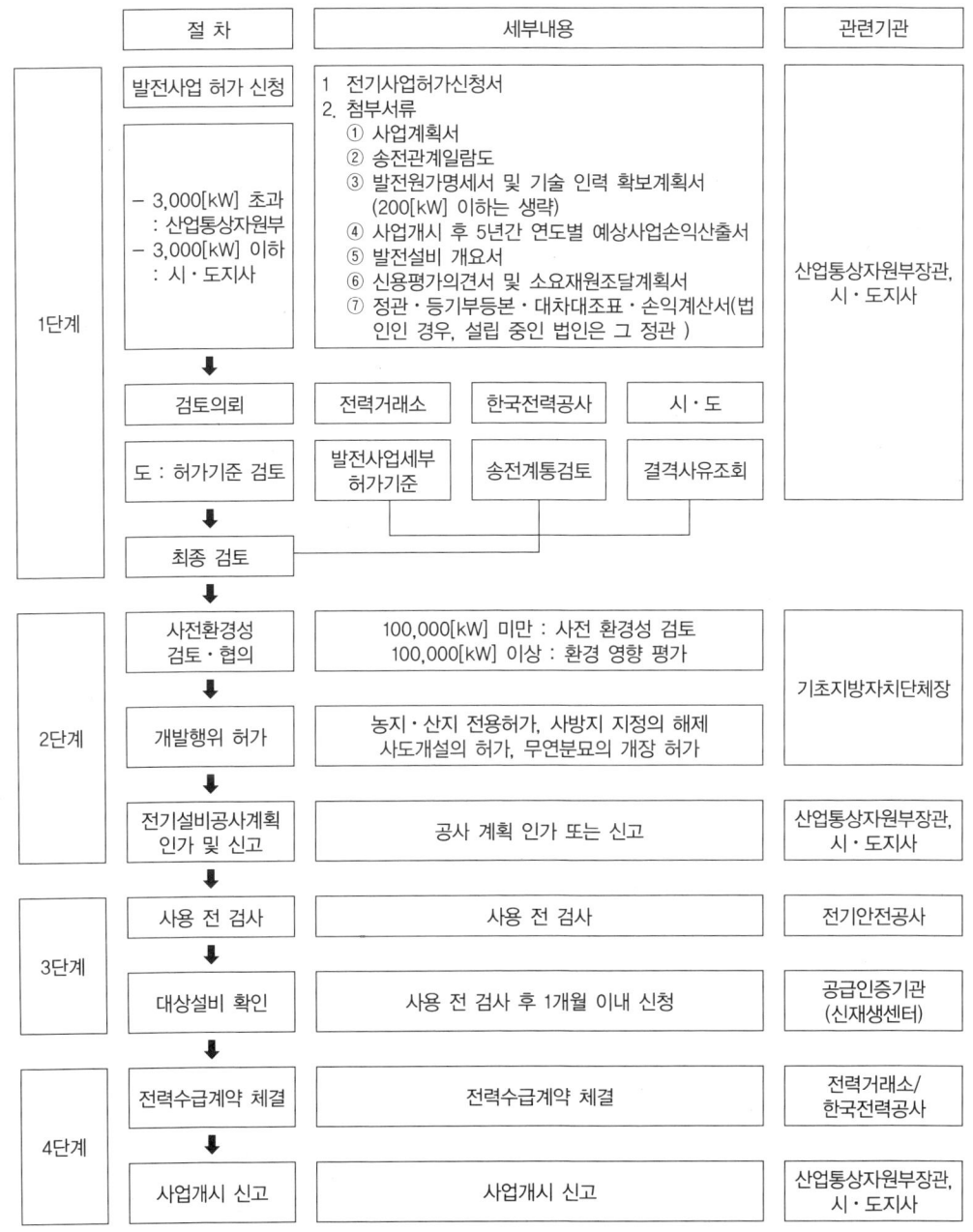

주요 인·허가 절차서 흐름도

제3절 태양광발전 시공감리

1 공사시방서 등

공사의 특수성, 지역여건, 공사방법 등을 고려하여 표준 및 전문 시방서를 기본으로 작성한 시방서

(1) 공사시방서에 포함될 주요 사항

① 표준시방서와 전문시방서의 내용을 기본으로 하여 작성한다.
② 현행 표준시방서에서 특별(특기)시방서에 위임한 사항을 포함한다.
③ 발주공사의 특성과 성격, 계약목적물에 요구되는 품질 및 성능, 공사시행을 위한 사항을 포함한다.
④ 표준시방서의 기준만으로 당해 공사에 요구되는 계약목적물의 성능이 충족되지 않는 경우, 표준시방서의 내용을 추가·변경하는 사항을 포함한다.
⑤ 기술적 요건을 규정하는 사항으로서 설계도면에 표시(시설물 위치, 형태, 치수, 구조상세 등)한 내용 외에 시공과정에서 사용되는 기자재, 허용오차, 시공방법 및 이행절차 등을 기술한다.
⑥ 표준시방서에서 제시한 재료, 공법 등의 사항 중 당해 공사에 선택해서 적용해야 할 사항을 포함한다.
⑦ 표준시방서 등의 내용 중 개별공사마다 현장 특성에 맞게 정하여야 할 사항을 포함한다.
⑧ 각 시설물별 표준시방서의 기술기준 중 서로 상이한 내용은 공사의 특성, 지역여건에 따라 선택 적용한다.
⑨ 품질 및 안전관리계획에 관한 사항을 포함한다.
⑩ 행정상의 요구사항 및 조건, 가설물에 대한 규정, 의사전달 방법, 품질보증, 공사계약 범위 등과 같은 시방일반조건을 포함한다.
⑪ 시공방법, 시공상태 등 시공에 관한 사항을 포함한다.
⑫ 해당 공종과 관련되는 다른 공종과의 관계 및 공사전반에 관한 주의사항 및 절차를 포함한다.
⑬ 설계도면에 표시하기 어려운 공사의 범위, 정도, 규모, 배치 등을 보완하는 사항을 포함한다.
⑭ 관련 법규 등에서 발주처가 시공업자에게 이행의 확인 등을 하도록 규정된 사항을 포함한다.
⑮ 관련 기관의 요구사항을 검토하여 포함시킨다.
⑯ 시공업자가 공사의 진행단계별로 작성할 시공상세도면의 목록 등에 관한 사항을 포함한다.

> **Check!** 시공 상세도 : 공사의 특정 부분을 구체적으로 나타내기 위하여 시공자가 준비하여 제출하는 도면·도해·설명서·성능 및 시험자료 등을 말한다.

⑰ 해당 기준에 합당한 시험·검사에 관한 사항을 포함한다.
⑱ 필요 시 견본이나 견본시공에 관한 사항을 포함한다.
⑲ 발주처가 특별히 필요하여 요구하는 사항을 포함한다.

(2) 공사시방서의 작성요령

① 도면에 표시하기 불편한 내용을 기술하고, 치수는 가능한 도면에 표시한다.
② 공사의 질적 요구조건을 기술한다.
③ 사용할 자재의 성능, 규격, 시험 및 검증에 관하여 기술한다.

④ 시공 시 유의할 사항을 착공 전, 시공 중, 시공완료 후로 구분하여 작성한다.
⑤ 시공목적물의 허용오차(공법상 정밀도와 마무리의 정밀도)를 포함한다.
⑥ 해석상 도면에 표시한 것만으로 불충분한 부분에 대해 보완할 내용을 기술한다. 단, 설계도면에 표시된 내용을 중복되게 기술하지 않는다.
⑦ 공법·자재시방서는 디자인 또는 외형적인 면보다는 성능에 의하여 작성한다.
⑧ 국제표준이 있는 경우에는 그것을 기준으로 하고, 없는 경우에는 국내의 기술법령·공인 표준 또는 건축규정을 기준으로 한다.
⑨ 특정 상표나 상호, 특허, 디자인 또는 형태, 특정원산지, 생산자 또는 공급자를 지정하지 아니한다. 다만, 수행요건을 정확하게 나타낼 수 있는 방법이 없고, 입찰준비문서에 'or Equivalent'(또는 동등한 것)와 같은 표기가 있는 경우에는 그렇지 아니하다.
⑩ 표준규격 인용 시에는 국내 KS규격을 우선 인용하고, 해당 KS가 없거나 있더라도 강화된 기준이 외국규격에 있어서 이것을 인용하고자 하는 경우에는 외국규격(규격명)을 인용한다. 외국규격 인용 시에는 내용이 서로 상충되지 않도록 작성한다. 또한 외국규격을 인용할 경우에는 성능시방서 형태로 변환할 수 있는 경우에는 성능시방서 형태로 기술하여 국산화를 유도한다.
⑪ 설계도면과 상충되지 않도록 작성하며, 시설물별 시공기준 인용 시 중복 또는 상충되는 내용이 없도록 유의하여 작성한다.
⑫ 설계도면으로 성능을 만족시키려 하기보다 공사시방서가 성능을 만족시키도록 작성하며, 성능시방서로 작성할 경우 도면이나 공법·자재시방서에서 지나친 간섭을 절제하도록 작성한다.
⑬ KS규격 등을 인용할 때에는 기준이 공란으로 남아 있는 것을 그대로 인용하지 않도록 한다.
⑭ 건축 기계/전기/전기통신 설비공사의 경우 사전에 건축분야의 도면을 검토한 후 이 도면에 근거해서 공사시방서를 작성한다.
⑮ 설계도면에 꼭 표기하도록 인지시킬 필요가 있을 경우에는 이 사실을 명기한다.

2 시공감리 및 설계감리

(1) 시공감리

① 일반 행정업무
  ㉠ 감리원은 감리업무 착수 후 빠른 시일 내에 해당 공사의 내용, 규모, 감리원 배치인원수 등을 감안하여 각종 행정업무 중에서 최소한의 필요한 행정업무 사항을 발주자와 협의하여 결정하고, 이를 공사업자에게 통보하여야 한다.

ⓛ 감리원은 다음 해당 감리현장에서 감리업무 수행상 필요한 서식을 비치하고 기록·보관하여야 한다.

구 분	감리업무 수행상 필요서식 기록·보관 서류	
목 록	감리업무일지 근무상황판 지원업무수행 기록부 착수신고서 회의 및 협의내용 관리대장 문서접수대장 문서발송대장 교육실적 기록부 민원처리부 지시부 발주자 지시사항 처리부 품질관리 검사·확인대장 설계변경 현황 검사요청서 검사체크리스트 시공시술자 실명부	검사결과 통보서 기술검토 의견서 주요기자재 검수 및 수불부 기성부분 감리조서 발생품(잉여자재) 정리부 기성부분 검사조서 기성부분 검사원 준공검사원 기성공정 내역서 기성부분 내역서 준공검사조서 준공감리조서 안전관리 점검표 사고보고서 재해발생 관리부 사후환경영향조사 결과보고서

ⓒ 공사업자는 다음의 해당 공사현장에서 공사업무 수행상 필요한 서식을 비치하고 기록·보관하여야 한다.
- 하도급 현황
- 주요인력 및 장비투입 현황
- 작업계획서
- 기자재 공급원 승인 현황
- 주간공정계획 및 실적보고서
- 안전관리비 사용실적 현황
- 각종 측정기록표

ⓔ 감리원은 다음 문서의 기록관리 및 문서수발에 관한 업무를 하여야 한다.
- 감리업무일지는 감리원별 분담업무에 따라 항목별(품질관리, 시공관리, 안전관리, 공정관리, 행정 및 민원 등)로 수행업무의 내용을 육하원칙에 따라 기록하며 공사업자가 작성한 공사일지를 매일 제출받아 확인한 후 보관한다.
- 주요한 현장은 공사 시작 전, 시공 중, 준공 등 공사과정을 알 수 있도록 동일 장소에서 사진을 촬영하여 보관한다.
- 현지조사 보고사항은 그 내용을 구체적으로 작성하여 현장을 답사하지 않고도 현황을 파악할 수 있을 정도로 명확히 기록한다.
- 각종 지시, 통보사항 및 회의내용 등 중요한 사항은 감리원 모두가 숙지하도록 교육 또는 공람시킨다.
- 문서는 성격별로 분류하여 관리하며, 서류가 손실되는 일이 없도록 목차 및 페이지를 기록하여 보관한다.

② 감리보고 등
  ㉠ 책임감리원은 감리업무 수행 중 긴급하게 발생되는 사항 또는 불특정하게 발생하는 중요사항에 대하여 발주자에게 수시로 보고하여야 하며, 보고서 작성에 대한 서식은 특별히 정해진 것이 없으므로 보고사항에 따라 보고하여야 한다.
  ㉡ 책임감리원은 다음 사항이 포함된 분기보고서를 작성하여 발주자에게 제출하여야 한다. 보고서는 매 분기 말 다음 달 7일 이내로 제출한다.
    • 공사추진 현황(공사계획의 개요와 공사추진계획 및 실적, 공정현황, 감리용역현황, 감리조직, 감리원 조치내역 등)
    • 감리원 업무일지
    • 품질검사 및 관리현황
    • 검사요청 및 결과통보내용
    • 주요기자재 검사 및 수불내용(주요기자재 검사 및 입·출고가 명시된 수불현황)
    • 설계변경 현황
    • 그 밖에 책임감리원이 감리에 관하여 중요하다고 인정하는 사항
  ㉢ 책임감리원은 다음 사항이 포함된 최종감리보고서를 감리기간 종료 후 14일 이내에 발주자에게 제출하여야 한다.
    • 공사 및 감리용역 개요 등(사업목적, 공사 개요, 감리용역 개요, 설계용역 개요)
    • 공사추진 실적현황(기성 및 준공검사현황, 공종별 추진실적, 설계변경현황, 공사현장 실정보고 및 처리현황, 지시사항 처리, 주요인력 및 장비투입현황, 하도급현황, 감리원 투입현황)
    • 품질관리 실적(검사요청 및 결과통보현황, 각종 측정기록 및 조사표, 시험장비 사용현황, 품질관리 및 측정자현황, 기술검토실적현황 등)
    • 주요기자재 사용실적(기자재 공급원 승인현황, 주요기자재 투입현황, 사용자재 투입현황)
    • 안전관리 실적(안전관리조직, 교육실적, 안전점검실적, 안전관리비 사용실적)
    • 환경관리 실적(폐기물발생 및 처리실적)
    • 종합분석
  ㉣ ㉠~㉢까지에 따른 분기 및 최종감리보고서는 규칙에 따라 전산프로그램(CD-ROM)으로 제출할 수 있다.
③ 현장 정기교육
  감리원은 공사업자에게 현장에 종사하는 시공기술자의 양질시공 의식고취를 위한 다음 내용의 현장 정기교육을 해당 현장의 특성에 적합하게 실시하도록 하게 하고, 그 내용을 교육실적 기록부에 기록·비치하여야 한다.
  ㉠ 관련 법령·전기설비기준, 지침 등의 내용과 공사현황 숙지에 관한 사항
  ㉡ 감리원과 현장에 종사하는 기술자들의 화합과 협조 및 양질시공을 위한 의식교육
  ㉢ 시공결과·분석 및 평가
  ㉣ 작업 시 유의사항 등

④ 감리원의 의견제시 등
　㉠ 감리원은 해당 공사와 관련하여 공사업자의 공법 변경요구 등 중요한 기술적 사항에 대하여 요구한 날부터 7일 이내에 이를 검토하고 의견서를 첨부하여 발주자에게 보고하여야 하며, 전문성이 요구되는 경우에는 요구가 있는 날부터 14일 이내에 비상주감리의 검토의견서를 첨부하여 발주자에게 보고하여야 한다. 이 경우 발주자는 그가 필요하다고 인정하는 때에는 제3자에게 자문을 의뢰할 수 있다.
　㉡ 감리원은 시공과 관련하여 검토한 내용에 대하여 스스로 필요하다고 판단될 경우에는 발주자 또는 공사업자에게 그 검토의견을 서면으로 제시할 수 있다.
　㉢ 감리원은 시공 중 예산이 변경되거나 계획이 변경되는 중요한 민원이 발생된 때에는 발주자가 민원처리를 할 수 있도록 검토의견서를 첨부하여 발주자에게 보고하여야 한다.
　㉣ 감리원은 공사와 직접 관련된 경미한 민원처리는 직접 처리하여야 하고, 전화 또는 방문민원을 처리함에 있어 민원인과의 대화는 원만하고 성실하게 하여야 하며 공사업자와 협조하여 적극적으로 해결방안을 강구·시행하고 그 내용은 민원처리부에 기록·비치하여야 한다. 다만, 경미한 민원처리 사항 중 중요하다고 판단되는 경우에는 검토의견서를 첨부하여 발주자에게 보고하여야 한다.
　㉤ 감리원은 발주자(지원업무수행자)가 민원사항 처리를 위하여 조사와 서류작성의 요구가 있을 때에는 적극 협조하여야 한다.

⑤ 시공기술자 등의 교체
　㉠ 감리원은 공사업자의 시공기술자 등이 다음 내용에 해당되어 해당 공사현장에 적합하지 않다고 인정되는 경우에는 공사업자 및 시공기술자에게 문서로 시정을 요구하고, 이에 불응하는 때에는 발주자에게 그 실정을 보고하여야 한다.
　㉡ 감리원으로부터 시공기술자의 실정보고를 받은 발주자는 지원업무담당자에게 실정 등을 조사·검토하게 하여 교체사유가 인정될 경우에는 공사업자에게 시공기술자의 교체를 요구하여야 한다. 이 경우 교체요구를 받은 공사업자는 특별한 사유가 없으면 신속히 교체요구에 응하여야 한다.
　　• 시공기술자 및 안전관리자가 관계 법령에 따른 배치기준, 겸직금지, 보수교육 이수 및 품질관리 등의 법규를 위반하였을 때
　　• 시공관리책임자가 감리원과 발주자의 사전 승낙을 받지 아니하고 정당한 사유 없이 해당 공사현장을 이탈한 때
　　• 시공관리책임자가 고의 또는 과실로 공사를 조잡하게 시공하거나 부실시공을 하여 일반인에게 위해를 끼친 때
　　• 시공관리책임자가 계약에 따른 시공 및 기술능력이 부족하다고 인정되거나 정당한 사유 없이 기성공정이 예정공정에 현격히 미달한 때
　　• 시공관리책임자가 불법 하도급을 하거나 이를 방치하였을 때
　　• 시공기술자의 기술능력이 부족하여 시공에 차질을 초래하거나 감리원의 정당한 지시에 응하지 아니할 때
　　• 시공관리책임자가 감리원의 검사·확인 등 승인을 받지 아니하고 후속공정을 진행하거나 정당한 사유 없이 공사를 중단할 때

⑥ 제3자의 손해방지
  ㉠ 감리원은 다음의 공사현장 인근상황을 공사업자에게 충분히 조사하도록 함으로써 시공과 관련하여 제3자에게 손해를 주지 않도록 공사업자에게 대책을 강구하게 하여야 한다.
    • 지하매설물
    • 인근의 도로
    • 교통시설물
    • 인접건조물
    • 농경지, 산림 등
  ㉡ 감리원은 시공으로 인하여 지상건조물 및 지하매설물(급·배수관, 가스관, 전선관, 통신케이블 등)에 손해를 끼쳐 제3자에게 손해를 준 경우에는 공사업자 부담으로 즉시 원상 복구하여 민원이 발생하지 않도록 하여야 한다. 또한, 제3자에게 피해보상 문제가 제기되었을 경우에는 감리원은 객관적이고 공정한 판단에 근거한 의견을 제시할 수 있다.

⑦ 공사업자에 대한 지시 및 수명사항의 처리
  ㉠ 감리원은 공사업자에게 시공과 관련하여 지시하는 경우에는 다음과 같이 처리하여야 한다.
    • 감리원은 시공과 관련하여 공사업자에게 지시를 하고자 할 경우에는 서면으로 하는 것을 원칙으로 하며, 현장 실정에 따라 시급한 경우 또는 경미한 사항에 대하여는 우선 구두지시로 시행하도록 조치하고, 추후에 이를 서면으로 확인하여야 한다.
    • 감리원의 지시내용은 해당 공사 설계도면 및 설계설명서 등 관계 규정에 근거, 구체적으로 기술하여 공사업자가 명확히 이해할 수 있도록 지시하여야 한다.
    • 감리원은 지시사항에 대하여 그 이행상태를 수시로 점검하고 공사업자로부터 이행결과를 보고받아 기록·관리하여야 한다.
  ㉡ 감리원은 발주자로부터 지시를 받았을 때에는 다음과 같이 처리하여야 한다.
    • 감리원은 발주자로부터 공사와 관련하여 지시를 받았을 경우에는 그 내용을 기록하고 신속히 이행되도록 조치하여야 하며, 그 이행결과를 점검·확인하여 발주자에게 서면으로 조치결과를 보고하여야 한다.
    • 감리원은 해당 지시에 대한 이행에 문제가 있을 경우에는 의견을 제시할 수 있다.
    • 감리원은 각종 지시, 통보사항 등을 감리원 모두가 숙지하고 이행에 철저를 기하기 위하여 교육 또는 공람시켜야 한다.

⑧ 사진촬영 및 보관
  ㉠ 감리원은 공사업자에게 촬영일자가 나오는 시공사진을 공종별로 공사 시작 전부터 끝났을 때까지의 공사과정, 공법, 특기사항을 촬영하고 공사내용(시공일자, 위치, 공종, 작업내용 등) 설명서를 기재, 제출하도록 하여 후일 참고자료로 활용하도록 한다. 공사기록사진은 공종별, 공사추진 단계에 따라 다음의 사항을 촬영·정리하도록 하여야 한다.
    • 주요한 공사현황은 공사 시작 전, 시공 중, 준공 등 시공과정을 알 수 있도록 가급적 동일 장소에서 촬영

- 시공 후 검사가 불가능하거나 곤란한 부분
  - 암반선 확인 사진(송·배·변전접지설비에 해당)
  - 매몰, 수중 구조물
  - 매몰되는 옥내·외 배관 등 광경
  - 배전반 주변의 매몰배관 등
ⓛ 감리원은 특별히 중요하다고 판단되는 시설물에 대하여는 공사과정을 동영상 등으로 촬영하도록 하여야 한다.
ⓒ 감리원은 ㉠~ⓛ에 따라 촬영한 사진은 Digital 파일, CD(필요시 촬영한 동영상)를 제출받아 수시 검토·확인할 수 있도록 보관하고 준공 시 발주자에게 제출하여야 한다.

(2) 설계감리

① 설계감리의 정의
설계감리란 전력시설물의 설치·보수공사(이하 "전력시설물공사"라 한다)의 계획·조사 및 설계가 전력기술 기준과 관계 법령에 따라 적정하게 시행되도록 관리하는 것을 말한다.

② 설계감리를 받아야 할 설비
㉠ 용량 80만[kW] 이상의 발전설비
ⓛ 전압 30만[V] 이상의 송전 및 변전설비
ⓒ 전압 10만[V] 이상의 수전설비, 구내배전설비, 전력사용설비
㉣ 전기철도의 수전설비, 철도신호설비, 구내배전설비, 전차선설비, 전력사용설비
㉤ 국제공항의 수전설비, 구내배전설비, 전력사용설비
㉥ 21층 이상이거나 연면적 5만[m²] 이상인 건축물의 전력시설물("주택법"에 따른 공동주택의 전력시설물은 제외)
㉦ 그 밖에 산업통상자원부령으로 정하는 전력시설물

③ 설계감리 관련 업무의 범위
㉠ 설계감리의 업무 범위
- 전력시설물공사의 관련 법령, 기술기준, 설계기준 및 시공기준에의 적합성 검토
- 사용자재의 적정성 검토
- 설계의 경제성 검토
- 설계공정의 관리에 관한 검토
- 설계내용의 시공 가능성에 대한 사전 검토
- 공사기간 및 공사비의 적정성 검토
- 설계도면 및 설계설명서 작성의 적정성 검토

ⓛ 설계감리원의 업무 범위
- 주요 설계용역 업무에 대한 기술자문
- 사업기획 및 타당성조사 등 전단계 용역 수행 내용의 검토
- 시공성 및 유지관리의 용이성 검토

- 설계도서의 누락, 오류, 불명확한 부분에 대한 추가 및 정정 지시 및 확인
- 설계업무의 공정 및 기성관리의 검토·확인
- 설계감리 결과보고서의 작성
- 그 밖에 계약문서에 명시된 사항

ⓒ 발주자의 업무 범위
- 발주자는 설계감리용역 계약문서에 정해진 바에 따라 다음 사항에 대하여 설계감리원을 지도·감독한다.
  - 품위손상 여부 및 근무자세
  - 발주자 지시사항의 이행상태
  - 행정서류 및 비치서류 처리상태
- 지원업무수행자는 해당 설계용역의 수행에 따른 업무연락, 문제점 파악, 민원해결 및 설계감리원의 지도·점검 업무를 수행하며 비상주를 원칙으로 한다.
- 지원업무수행자는 설계감리원을 통하여 발주자의 지시사항을 설계자에게 전달하며 설계자에게 직접 지시한 사항은 설계감리원에게도 알려 주어야 한다.
- 지원업무수행자는 설계감리를 추진함에 있어 다음 주요업무를 수행하여야 한다.
  - 설계감리 업무수행계획서 등 검토
  - 설계감리원에 대한 지도·점검
  - 설계감리원이 보고한 사항 중 발주자의 조정·승인 및 방침결정 등이 필요한 사항에 대한 검토·보고 및 조치
  - 설계용역의 내용이나 범위 등 변경, 설계용역의 기간연장 등 주요사항 발생 시 발주자로부터 검토·지시가 있을 경우 확인 및 검토·보고
  - 설계요역 및 설계감리 관계자 회의 등에 참석, 발주자의 지시사항 전달, 설계용역 및 설계감리 수행상 문제점 파악·보고
  - 필요한 경우 설계용역 및 설계감리의 기성검사 입회
  - 필요한 경우 설계용역 및 설계감리의 준공검사 입회
  - 설계용역 준공도서 및 설계감리 보고서 등의 인수
  - 설계용역 및 설계감리 하자 발생 시 사후조치
- 발주자는 설계감리원이 발주자의 지시에 위반된다고 판단되는 업무를 수행할 경우에는 이에 대한 해명을 하게 하거나 시정하도록 서면지시를 할 수 있다.

CHAPTER 05 적중예상문제

제2과목 태양광발전 설계

01 설계토서를 검토해야 할 때 적정하게 반영되어 작성되었는지 여부를 검토해야하는데 이에 해당되지 않는 사항은?

① 공사의 특수성, 지역여건 및 공사방법 등을 고려하여 설계도면에 구체적으로 표시할 수 없는 내용
② 자재의 성능·규격 및 공법, 품질시험 및 검사 등 품질관리, 안전관리 및 환경관리 등에 관한 사항
③ 전력의 중요성과 전압 그리고 전류의 흐름을 파악해야 하는 사항
④ 그 밖에 공사의 안전성 및 원활한 수행을 위하여 필요하다고 인정되는 사항

해설
설계설명서 검토
설계감리원은 설계자가 작성한 전력시설물공사의 설계설명서가 다음 사항이 적정하게 반영되어 작성되었는지 여부를 검토하여야 한다.
• 공사의 특수성, 지역여건 및 공사방법 등을 고려하여 설계도면에 구체적으로 표시할 수 없는 내용
• 자재의 성능·규격 및 공법, 품질시험 및 검사 등 품질관리, 안전관리 및 환경관리 등에 관한 사항
• 그 밖에 공사의 안전성 및 원활한 수행을 위하여 필요하다고 인정되는 사항

02 설계감리원은 설계도면의 적정성을 검토할 경우 여러 사항들을 확인해야 한다. 이에 해당되지 않는 내용은?

① 도면상에 사업명을 부여했는지 여부
② 도면이 적정하게, 해석 가능하게, 실시 가능하며 지속성 있게 표현되었는지 여부
③ 설계 출력 자료가 도면에 실제 잘 안맞게 표시되었는지 여부
④ 관련 도면들과 다른 관련 문서들의 관계가 명확하게 표시되었는지 여부

해설
설계도면의 적정성 검토
설계감리원은 설계도면의 적정성을 검토함에 있어 다음 사항을 확인하여야 한다.
• 도면작성이 의도하는 대로 경제성, 정확성 및 적정성 등을 가졌는지 여부
• 설계 입력 자료가 도면에 맞게 표시되었는지 여부
• 설계결과물(도면)이 입력 자료와 비교해서 합리적으로 되었는지 여부
• 관련 도면들과 다른 관련 문서들의 관계가 명확하게 표시되었는지 여부
• 도면이 적정하게, 해석 가능하게, 실시 가능하며 지속성 있게 표현되었는지 여부
• 도면상에 사업명을 부여했는지 여부

03 설계감리원은 설계감리 완료일에 계약서에 따른 설계감리용역 성과물을 종합적으로 기술한 다음 내용을 발주자에게 제출하여야 하며, 필요한 경우 전자매체(CD-ROM)로 제출할 수 있다. 위 내용에서 다음 내용에 해당되는 것은?

① 설계감리 결과보고서
② 설계감리 초기 자금현황서
③ 전체 용역 절차현황서
④ 설계감리 공사 결과보고서

해설
설계감리 용역의 결과물
설계감리원은 설계감리 완료일에 계약서에 따른 설계감리용역 성과물을 종합적으로 기술한 다음 내용을 발주자에게 제출하여야 하며, 필요한 경우 전자매체(CD-ROM)로 제출할 수 있다.
• 설계감리 결과보고서
• 그 밖에 설계감리 수행 관련 서류

04 책임 설계감리원이 설계감리의 기성 및 준공을 처리한 때에는 준공서류를 구비하여 발주자에게 제출해야 한다. 제출할 서류에 해당되지 않는 것은?

① 설계용역 기성부분 검사원 또는 설계용역 준공검사원
② 설계용역 기성부분 내역서
③ 설계감리 결과보고서
④ 설계감리 진행결과서

해설
설계감리의 기성 및 준공
책임 설계감리원이 설계감리의 기성 및 준공을 처리한 때에는 다음의 준공서류를 구비하여 발주자에게 제출하여야 한다.
- 설계용역 기성부분 검사원 또는 설계용역 준공검사원
- 설계용역 기성부분 내역서
- 설계감리 결과보고서
- 감리기록서류
  - 설계감리 일지
  - 설계감리 지시부
  - 설계감리 기록부
  - 설계감리 요청서
  - 설계자와 협의사항 기록부
- 그 밖에 발주자가 과업지시서상에서 요구한 사항

05 감리기록서류에 해당되지 않는 서류는?

① 설계감리 일지
② 설계감리 지시부
③ 설계감리 기록부
④ 설계감리 지시서

해설
4번 해설 참조

06 전력기술의 연구·개발을 촉진하고 이를 효율적으로 이용·관리함으로써 전력기술 수준을 향상시키고 전력시설물 설치를 적절하게 하여 공공의 안전 확보와 국민경제의 발전에 이바지함을 목적으로 하는 법은?

① 전기공사업법
② 전력기술관리법
③ 전기사업법
④ 전기기본법

해설
전력기술관리법
전력기술의 연구·개발을 촉진하고 이를 효율적으로 이용·관리함으로써 전력기술 수준을 향상시키고 전력시설물 설치를 적절하게 하여 공공의 안전 확보와 국민경제의 발전에 이바지함을 목적으로 한다.

07 전기사업법에 따른 전기설비의 계획·조사·설계·시공 및 감리와 완공된 전력시설물의 유지·보수·운용·관리·안전·진단 및 검사에 관한 기술을 무엇이라 하는가?

① 전력기술
② 설 계
③ 공사감리
④ 감리원

해설
정 의
- 전력기술이란 전기사업법 제2조제16호에 따른 전기설비(이하 "전력시설물"이라 한다)의 계획·조사·설계·시공 및 감리(監理)와 완공된 전력시설물의 유지·보수·운용·관리·안전·진단 및 검사에 관한 기술을 말한다. 다만, 건설산업기본법에 따른 건설공사로 조성되는 시설물과 원자력안전법에 따른 원자로 및 그 관계시설은 제외한다.
- 설계란 전력시설물의 설치·보수 공사에 관한 계획서, 설계도면, 설계설명서, 공사비 명세서, 기술계산서 및 이와 관련된 서류(이하 "설계도서(設計圖書)"라 한다)를 작성하는 것을 말한다.
- 공사감리란 전력시설물의 설치·보수 공사에 대하여 발주자의 위탁을 받은 공사감리업체가 설계도서나 그 밖의 관계 서류의 내용대로 시공되는지 여부를 확인하고, 품질관리·공사관리 및 안전관리 등에 대한 기술지도를 하며, 관계 법령에 따라 발주자의 권한을 대행하는 것을 말한다.
- 감리원(監理員)이란 공사감리업체에 종사하면서 전력시설물의 공사감리업무를 수행하는 사람을 말한다.

08 전력시설물의 설치·보수 공사에 관한 계획서, 설계도면, 설계설명서, 공사비 명세서, 기술계산서 및 이와 관련된 서류를 작성하는 것을 무엇이라 하는가?

① 전력기술
② 설 계
③ 공사감리
④ 감리원

해설
7번 문제 참조

09 전력시설물의 설치·보수 공사에 대하여 발주자의 위탁을 받은 공사감리업체가 설계도서나 그 밖의 관계 서류의 내용대로 시공되는지 여부를 확인하고, 품질관리·공사관리 및 안전관리 등에 대한 기술지도를 하며, 관계 법령에 따라 발주자의 권한을 대행하는 것은?

① 전력기술
② 설 계
③ 공사감리
④ 감리원

정답 4 ④ 5 ④ 6 ② 7 ① 8 ② 9 ③

해설
7번 문제 참조

10 공사감리업체에 종사하면서 전력시설물의 공사 감리업무를 수행하는 사람은?
① 전력기술
② 설 계
③ 공사감리
④ 감리원

해설
7번 문제 참조

11 전력기술진흥기본계획에 대한 내용이 아닌 것은?
① 전력기술진흥의 기본 목표 및 그 추진 방향
② 전력기술의 국내협력에 관한 사항
③ 전력기술의 정보관리 및 표준화에 관한 사항
④ 전력기술의 진흥을 위한 자금 지원에 관한 사항

해설
전력기술진흥기본계획(전력기술관리법 제3조)
• 전력기술진흥의 기본 목표 및 그 추진 방향
• 전력기술의 개발 촉진 및 그 활용을 위한 시책
• 전력기술인의 양성 및 수급(需給)에 관한 사항
• 새로운 전력기술의 채택에 관한 사항
• 전력기술의 정보관리 및 표준화에 관한 사항
• 전력기술을 연구하는 기관 및 단체의 지도·육성에 관한 사항
• 전력기술의 국제협력에 관한 사항
• 전력기술의 진흥을 위한 자금 지원에 관한 사항
• 그 밖에 전력기술의 진흥에 관한 사항

12 전력기술의 연구·개발 등의 권고할 수 있는 단체가 아닌 것은?
① 전력기술인단체의 설립에 따른 전력기술인단체
② 전력기술 관련 단체
③ 전기인 관리 단체
④ 전력 관련 학술단체

해설
전력기술의 연구·개발 등의 권고(전력기술관리법 제6조)
산업통상자원부장관은 새로운 전력기술의 연구·개발 및 도입을 위하여 다음의 어느 하나에 해당하는 자에게 대통령령으로 정하는 바에 따라 부설연구소를 설치·운영하거나 공동연구, 정보교환 및 기술개발을 위한 투자를 하도록 권고할 수 있다.
• 공공기관의 운영에 관한 법률 제5조에 따른 공기업(이하 "공기업"이라 한다) 중 산업통상자원부장관의 지도·감독을 받는 공기업
• 법에 따른 전력기술인단체
• 전력기술 관련 단체
• 전력 관련 학술단체

13 전력시설물의 설계·감리·검사·점검 및 관리에 필요한 전력기술기준은 누구에 의해 정하는가?
① 산업통상자원부장관
② 과학기술부장관
③ 국토부장관
④ 재정경제부장관

해설
전력기술기준(전력기술관리법 제9조)
전력시설물의 설계·감리·검사·점검 및 관리에 필요한 전력기술기준(이하 "기술기준"이라 한다)은 산업통상자원부령으로 정한다.

14 전력시설물의 설계도서는 국가기술자격법에 따른 전기 분야 (   )가 작성하여야 한다. (   ) 안에 맞는 내용은?
① 기능사
② 산업기사
③ 기 사
④ 기술사

해설
전력시설물의 설계도서의 작성 등(전력기술관리법 제11조)
전력시설물의 설계도서는 국가기술자격법에 따른 전기 분야 기술사가 작성하여야 한다.

15 감리업자 등은 소속 감리원을 배치한 경우에는 그 배치 현황을 며칠 이내에 시·도지사에게 신고하여야 하는가?
① 15일
② 30일
③ 40일
④ 60

정답 10 ④ 11 ② 12 ③ 13 ① 14 ④ 15 ②

해설

감리원의 배치 등(전력기술관리법 제12조의2)
- 감리업자 등은 소속 감리원을 배치한 경우(변경 배치한 경우를 포함)에는 그 배치 현황을 30일 이내에 시·도지사에게 신고하여야 한다. 이 경우 감리업자는 발주자의 확인을 받아야 한다.
- 감리업자 등은 그가 시행한 공사감리 용역이 끝났을 때에는 공사감리 완료보고서를 30일 이내에 시·도지사에게 제출하여야 한다. 이 경우 감리업자는 발주자의 확인을 받아야 한다.

16 감리업자 등은 그가 시행한 공사감리 용역이 끝났을 때에는 공사감리 완료보고서를 몇 일 이내에 시·도지사에게 제출하여야 하는가?

① 7일   ② 10일
③ 15일 ④ 30일

해설

15번 해설 참조

17 설계업·감리업 영업을 하거나 변경하려는 자는 그 영업의 종류별로 시·도지사에게 등록해야 한다. 이때 등록을 해야 하는 것을 바르게 연결한 것은?

① 전력시설물의 특별설계업과 전력시설물의 일반설계업
② 전력시설물의 공사설계업과 전력시설물의 특별감리업
③ 전력시설물의 설계업과 전력시설물의 공사감리업
④ 전력시설물의 공사업과 전력시설물의 설계특별업

해설

설계업·감리업의 등록 등(전력기술관리법 제14조)
다음의 어느 하나에 해당하는 영업을 하려는 자는 그 영업의 종류별로 시·도지사에게 등록하여야 한다. 이를 변경하려는 경우에도 또한 같다.
- 전력시설물의 설계업(이하 "설계업"이라 한다)
- 전력시설물의 공사감리업(이하 "감리업"이라 한다)

18 다음의 어느 하나에 해당하는 자는 그가 발주하는 전력시설물의 설계·공사감리 용역 중 국가를 당사자로 하는 계약에 관한 법률 제4조에 따른 고시 금액 이상의 사업에 대하여는 대통령령으로 정하는 바에 따라 그 집행 계획을 작성하여 이를 공고하여야 한다. 해당되지 않는 사항은?

① 국가   ② 지방자치단체
③ 공기업 ④ 민간기업

해설

설계·감리업자 선정 등(전력기술관리법 제14조의2)
다음의 어느 하나에 해당하는 자는 그가 발주하는 전력시설물의 설계·공사감리 용역 중 국가를 당사자로 하는 계약에 관한 법률 제4조에 따른 고시 금액 이상의 사업에 대하여는 대통령령으로 정하는 바에 따라 그 집행 계획을 작성하여 이를 공고하여야 한다.
- 국가
- 지방자치단체
- 공기업
- 그 밖에 대통령령으로 정하는 기관 또는 단체

19 보고 및 검사 등에서 산업통상자원부장관 또는 시·도지사는 검사를 하려면 검사일 며칠 전까지 검사일시, 검사 목적, 검사 내용 등의 검사계획을 검사 대상자에게 알려야 하는가?

① 3   ② 5
③ 7   ④ 10

해설

보고 및 검사 등(전력기술관리법 제23조)
산업통상자원부장관 또는 시·도지사는 검사(질문을 포함)를 하려면 검사일 7일 전까지 검사 일시, 검사 목적, 검사 내용 등의 검사계획을 검사 대상자에게 알려야 한다. 다만, 긴급한 경우나 사전에 알리면 증거인멸 등으로 검사 목적을 달성할 수 없다고 인정되는 경우에는 그러하지 아니하다.

20 아래의 내용은 감리의 정의이다. ( ) 안에 들어갈 내용은?

"감리란 전력시설물 공사에 대하여 발주자의 위탁을 받은 감리업자가 설계도서, 그 밖의 관계 서류의 내용대로 시공되는지 여부를 확인하고, (㉮)·공사 관리 및 (㉯) 등에 대한 기술지도를 하며, 관계 법령에 따라 발주자의 권한을 대행하는 것을 말한다."

① ㉮ 품질관리, ㉯ 안전관리
② ㉮ 기술관리, ㉯ 품질관리
③ ㉮ 기술관리, ㉯ 생산관리
④ ㉮ 품질관리, ㉯ 생산관리

정답 16 ④ 17 ③ 18 ④ 19 ③ 20 ①

해설
감리의 정의
감리란 전력시설물 공사에 대하여 발주자의 위탁을 받은 감리업자가 설계도서, 그 밖의 관계 서류의 내용대로 시공되는지 여부를 확인하고, 품질관리·공사 관리 및 안전관리 등에 대한 기술지도를 하며, 관계 법령에 따라 발주자의 권한을 대행하는 것을 말한다.

해설
공사계약문서
계약서, 설계도서, 공사입찰유의서, 공사계약 일반조건, 공사계약 특수조건 및 산출내역서 등으로 구성되며 상호보완의 효력을 가진 문서를 말한다.

21 감리업무 수행에 따른 업무 연락 및 문제점 파악, 민원 해결, 용지보상 지원 그 밖에 필요한 업무를 수행하게 하기 위하여 발주자가 지정한 발주자의 소속직원은?

① 전속직원
② 지원업무담당자
③ 소속직원
④ 임 원

해설
지원업무담당자
감리업무 수행에 따른 업무 연락 및 문제점 파악, 민원 해결, 용지보상 지원 그 밖에 필요한 업무를 수행하게 하기 위하여 발주자가 지정한 발주자의 소속직원을 말한다.

23 공사 또는 감리에 관한 각종 서류, 변경 설계도서, 계획서, 보고서 및 관련 도서를 양식에 맞게 제작, 검토, 관리하는 것을 무엇이라 하는가?

① 승 인
② 조 정
③ 작 성
④ 협 의

해설
작 성
공사 또는 감리에 관한 각종 서류, 변경 설계도서, 계획서, 보고서 및 관련 도서를 양식에 맞게 제작, 검토, 관리하는 것을 말한다. 각 설계도서 및 서류별로 작성주체·소요비용에 관하여 계약할 때 명시하거나 사전에 협의하는 것을 원칙으로 하여 업무의 혼란이 없도록 한다.

22 공사계약문서의 정의를 바르게 설명한 것은?

① 계약서, 기술용역입찰유의서, 기술용역계약 일반조건, 감리용역계약 특수조건, 과업지시서, 감리비 산출내역서 등으로 구성되며 상호보완의 효력을 가진 문서를 말한다.
② 계약서, 설계도서, 공사입찰유의서, 공사계약 일반조건, 공사계약 특수조건 및 산출내역서 등으로 구성되며 상호보완의 효력을 가진 문서를 말한다.
③ 공사업자가 수행하는 중요사항과 해당 공사와 관련한 발주자의 요구사항에 대하여 공사업자가 제출한 서류, 현장실정 등을 고려하여 감리원의 경험과 기술을 바탕으로 타당성 여부를 확인하는 것을 말한다.
④ 공사업자가 공사를 공사계약 문서대로 실시하고 있는지 여부 또는 지시·조정·승인·검사 이후 실행한 결과에 대하여 발주자 또는 감리원이 원래의 의도와 규정대로 시행되었는지를 확인하는 것을 말한다.

24 공사계약문서에 나타난 공사 등의 단계 또는 자재 등에 대한 공정과 완성품의 품질을 확보하기 위하여 감리원 또는 검사원이 시공상태 또는 완성품 등의 품질, 규격, 수량 등을 확인하는 것을 무엇이라 하는가?

① 보 고
② 지 시
③ 검 사
④ 요 구

해설
검 사
공사계약문서에 나타난 공사 등의 단계 또는 자재 등에 대한 공정과 완성품의 품질을 확보하기 위하여 감리원 또는 검사원이 시공상태 또는 완성품 등의 품질, 규격, 수량 등을 확인하는 것을 말한다. 이 경우 공사업자가 실시한 확인 결과 중 대표가 되는 부분을 추출하여 실시할 수 있으며, 공사에 대한 합격 판정은 검사원이 한다.

21 ② 22 ② 23 ③ 24 ③

25 감리원의 기본임무로 올바른 것은?

① 공사의 계획·발주·설계·시공·감리 등 전반을 총괄한다.
② 감리가 성실히 수행되고 있는지에 대한 지도·감독을 실시한다.
③ 공사계약 문서에서 정하는 바에 따라 현장작업 및 시공에 대하여 신의와 성실의 원칙에 입각하여 공사한다.
④ 발주자와 감리업자 간에 체결된 감리용역 계약내용에 따라 해당 공사가 설계도서 및 그 밖에 관계 서류의 내용대로 시공되는지 여부를 확인한다.

해설
감리원의 기본임무
- 규칙에 따른 감리업무를 성실히 수행한다.
- 발주자와 감리업자 간에 체결된 감리용역 계약내용에 따라 해당 공사가 설계도서 및 그 밖에 관계 서류의 내용대로 시공되는지 여부를 확인한다.

26 상주감리원은 공사현장에서 운영요령에 따라 배치된 일수를 상주하여야 하고, 다른 업무 또는 부득이한 사유로 며칠 이상 현장을 이탈하는 경우에는 반드시 감리업무일지에 기록하며, 발주자(지원업무담당자)의 승인(부재 시 유선보고)을 받아야 하는가?

① 1 ② 2
③ 3 ④ 5

해설
상주감리원의 현장근무
- 상주감리원은 공사현장(공사와 관련한 외부 현장점검, 확인)에서 운영요령에 따라 배치된 일수를 상주하여야 하고, 다른 업무 또는 부득이한 사유로 1일 이상 현장을 이탈하는 경우에는 반드시 감리업무일지에 기록하며, 발주자(지원업무담당자)의 승인(부재 시 유선보고)을 받아야 한다.
- 상주감리원은 감리사무실 출입구 부근에 부착한 근무상황판에 현장 근무위치 및 업무내용 등을 기록하여야 한다.
- 감리업자는 감리원이 감리업무 수행기간 중 법에 따른 교육훈련이나 민방위기본법 또는 향토예비군 설치법 등에 따른 교육을 받는 경우나 근로기준법에 따른 유급휴가로 현장을 이탈하게 되는 경우에는 감리업무에 지장이 없도록 직무대행자 지정(동일 현장의 상주감리원 또는 비상주감리원)하여 업무 인계·인수 등의 필요한 조치를 하여야 한다.

- 상주감리원은 발주자의 요청이 있는 경우에는 초과근무를 하여야 하며, 공사업자의 요청이 있을 경우에는 발주자의 승인을 받아 초과근무를 하여야 한다. 이 경우 대가지급은 운영요령 또는 국가를 당사자로 하는 계약에 관한 법률에 따른 계약예규에서 정하는 바에 따른다.
- 감리업자는 감리현장이 원활하게 운영될 수 있도록 감리용역비 중 직접경비를 감리대가기준에 따라 적정하게 사용하여야 하며, 발주자가 요구할 경우 직접경비의 사용에 대한 증빙을 제출하여야 한다.

27 상주감리원의 현장근무 내용으로 틀린 것은?

① 감리업자는 감리현장이 원활하게 운영될 수 있도록 감리용역비 중 직접경비를 감리대가기준에 따라 적정하게 사용하여야 하며, 발주자가 요구할 경우 직접경비의 사용에 대한 증빙을 제출하여야 한다.
② 상주감리원은 발주자의 요청이 있는 경우에는 초과근무를 하여야 하며, 공사업자의 요청이 있을 경우에는 발주자의 승인을 받아 초과근무를 하여야 한다.
③ 상주감리원은 감리사무실 출입구 부근에 부착한 근무상황판에 현장 근무위치 및 업무내용 등을 기록하여야 한다.
④ 감리업자는 감리원이 감리업무 수행기간 중 법에 따른 교육훈련이나 민방위기본법 또는 향토예비군 설치법 등에 따른 교육을 받는 경우나 근로기준법에 따른 무급휴가로 현장을 이탈하게 되는 경우에는 감리업무에 지장이 없도록 직무대행자 지정할 필요가 없다.

해설
26번 해설 참조

28 발주자의 지도·감독 및 지원업무수행자의 업무범위 중 발주자의 지도 감독내용에 해당되지 않는 사항은?

① 각종 보고서의 처리상태
② 행정서류 및 비치서류의 처리기록 관리
③ 품위손상 여부 및 근무자세
④ 공사용역비 중 간접경비의 지출 확인

정답 25 ④ 26 ① 27 ④ 28 ④

해설
발주자의 지도·감독 및 지원업무수행자의 업무범위 중 발주자의 지도 감독
- 적정자격 보유여부 및 상주이행 상태
- 품위손상 여부 및 근무자세
- 지시사항 이행상태
- 행정서류 및 비치서류의 처리기록 관리
- 각종 보고서의 처리상태
- 감리용역비 중 직접경비(감리대가기준)의 현장지급 여부 확인

29 지원업무담당자의 주요 업무 사항이 아닌 것은?
① 입찰참가자격심사(PQ) 기준 작성(필요한 경우)
② 감리업무 수행계획서, 감리원 배치계획서 검토
③ 보상 담당부서에서 수행하는 통상적인 보상업무 외에 감리원 및 공사업자와 협조하여 용지측량, 기공 승락, 지장물 이설 확인 등의 용지보상 지원업무 수행
④ 보상업무 및 감리, 시공에 대한 통제

해설
지원업무담당자의 주요 업무(전력시설물 공사감리업무 수행지침 제6조)
- 입찰참가자격심사(PQ) 기준 작성(필요한 경우)
- 감리업무 수행계획서, 감리원 배치계획서 검토
- 보상 담당부서에서 수행하는 통상적인 보상업무 외에 감리원 및 공사업자와 협조하여 용지측량, 기공 승락, 지장물 이설 확인 등의 용지보상 지원업무 수행
- 감리원에 대한 지도·점검(근태상황 등)
- 감리원이 수행할 수 없는 공사와 관련된 각종 관·민원업무 및 인·허가 업무를 해결하고, 특히 지역성 민원해결을 위한 합동조사, 공청회 개최 등 추진
- 설계변경, 공기연장 등 주요사항 발생 시 발주자로부터 검토, 지시가 있을 경우, 현지 확인 및 검토·보고
- 공사관계자회의 등에 참석, 발주자의 지시사항 전달 및 감리·공사수행상 문제점 파악·보고
- 필요시 기성검사 및 각종 검사 입회
- 준공검사 입회
- 준공도서 등의 인수
- 하자발생 시 현지조사 및 사후조치

30 전력시설물의 설치·보수 공사의 계획·조사 및 설계가 전력기술기준과 관계법령에 따라 적정하게 시행되도록 관리하는 것을 무엇이라 하는가?
① 공사감리 ② 설계감리
③ 기술감리 ④ 용역감리

해설
설계감리
전력시설물의 설치·보수 공사(이하 "전력시설물공사"라 한다)의 계획·조사 및 설계가 전력기술기준과 관계법령에 따라 적정하게 시행되도록 관리하는 것을 말한다.

31 전력시설물 공사에 대하여 발주자의 위탁을 받은 감리업자가 설계도서, 그 밖의 관계서류의 내용대로 시공되는지 여부를 확인하고, 품질관리·공사관리 및 안전관리 등에 대한 기술 지도를 하며, 관계 법령에 따라 발주자의 권한을 대행하는 것은?
① 공사감리 ② 설계감리
③ 기술감리 ④ 용역감리

해설
공사감리
전력시설물 공사에 대하여 발주자의 위탁을 받은 감리업자가 설계도서, 그 밖의 관계서류의 내용대로 시공되는지 여부를 확인하고, 품질관리·공사관리 및 안전 관리 등에 대한 기술 지도를 하며, 관계 법령에 따라 발주자의 권한을 대행하는 것을 말한다(이하 "감리"라 한다).

32 설계감리의 수행 기준에 대한 내용으로 틀린 사항은?
① 설계도서의 설계감리는 종합 설계업을 등록한 자
② 설계감리업무에 참여할 수 있는 사람은 전기분야기술사, 고급기술자 또는 고급 감리원 이상인 사람으로 한다.
③ 설계감리를 받으려는 자는 해당 설계도서를 작성한 자를 설계감리자로 선정하여서는 아니된다.
④ 설계도서의 설계감리는 특급기술사 5명 이상을 보유한 설계업자

해설
설계감리의 수행 기준
- 설계도서의 설계감리는 종합 설계업을 등록한 자 또는 특급기술자 3명 이상을 보유한 설계업자 또는 공사감리업자로서 특급감리원 3명 이상을 보유한 감리업자(이 경우 특급기술자 및 특급감리원에는 전기분야의 기술사 1명 이상이 각각 포함되어야 함)로서 특별시장, 광역시장, 도지사 또는 특별자치도지사의 확인을 받은 자가 수행한다.
- 이 경우 설계감리업무에 참여할 수 있는 사람은 전기 분야기술사, 고급기술자 또는 고급 감리원(경력수첩 또는 감리원 수첩을 발급받은 사람을 말함) 이상인 사람으로 한다.
- 한편, 설계감리를 받으려는 자는 해당 설계도서를 작성한 자를 설계감리자로 선정하여서는 아니된다.

29 ④ 30 ② 31 ① 32 ④

33 설계감리 수행기준의 예외 기준 사항에 해당되지 않는 것은?

① '한국철도시설공단법'에 따른 한국철도시설공단
② 국가 및 지방자치 단체
③ '전기사업법'에 따른 정보통신사업자
④ '지방공기업법'에 따른 지방공사 및 지방공단

해설
설계감리 수행기준의 예외 기준
다음 어느 하나에 해당하는 자가 설치하거나 보수하는 전력시설물의 설계도서는 그 소속의 전기분야 기술사, 고급기술자 또는 고급감리원 이상인 사람이 그 설계감리를 할 수 있다.
- 국가 및 지방자치 단체
- 공공기관의 운영에 관한 법률에 따른 공기업
- 지방공기업법에 따른 지방공사 및 지방공단
- 한국철도시설공단법에 따른 한국철도시설공단
- 한국환경공단법에 따른 한국환경공단
- 한국농수산식품유통공사법에 따른 한국농수산식품유통공사
- 한국농어촌공사 및 농지관리기금법에 따른 한국농어촌공사
- 대한무역투자진흥공사법에 따른 대한무역투자진흥공사
- 전기사업법에 따른 전기사업자

34 설계감리원의 기본임무에 해당되지 않는 내용은?

① 설계용역 계약 및 설계감리용역 계약내용이 충실히 이행될 수 있도록 하여야 한다.
② 해당 설계용역이 관련 법령 및 전기설비기술기준 등에 적합한 내용대로 설계되는지의 여부를 확인 및 설계의 경제성 검토를 실시하고, 기술지도 등을 하여야 한다.
③ 설계공정의 진척에 따라 시공자로부터 불필요한 자료 등을 점검하고 설계감리가 원활히 추진될 수 있도록 공사감리 업무를 수행하여야 한다.
④ 과업지시서에 따라 업무를 성실히 수행하고 설계의 품질향상에 따라 노력하여야 한다.

해설
설계감리원의 기본임무
- 설계용역 계약 및 설계감리용역 계약내용이 충실히 이행될 수 있도록 하여야 한다.
- 해당 설계용역이 관련 법령 및 전기설비기술기준 등에 적합한 내용대로 설계되는지의 여부를 확인 및 설계의 경제성 검토를 실시하고, 기술지도 등을 하여야 한다.
- 설계공정의 진척에 따라 설계자로부터 필요한 자료 등을 제출받아 설계용역이 원활히 추진될 수 있도록 설계감리 업무를 수행하여야 한다.
- 과업지시서에 따라 업무를 성실히 수행하고 설계의 품질향상에 따라 노력하여야 한다.

35 설계감리원은 설계감리 업무를 수행함에 있어 ( )와 계약에 따라 ( )의 설계감독 업무를 대행한다. ( ) 안에 들어갈 내용은?

① 시공자　　　② 업무지원자
③ 발주자　　　④ 감리원

해설
설계감리원 근무 수칙
설계감리원은 설계감리 업무를 수행함에 있어 발주자와 계약에 따라 발주자의 설계감독 업무를 대행한다.

36 설계감리원의 문서비치 서류에 해당되지 않는 것은?

① 공사상황판　　　② 설계감리기록부
③ 설계감리 추진현황　　　④ 근무상황부

해설
설계감리원의 문서비치
- 근무상황부
- 설계감리일지
- 설계감리지시부
- 설계감리기록부
- 설계자와 협의사항 기록부
- 설계감리 추진현황
- 설계감리 검토의견 및 조치 결과서
- 설계감리 주요검토결과
- 설계도서 검토의견서
- 설계도서(내역서, 수량산출 및 도면 등)를 검토한 근거서류
- 해당 용역관련 수·발신 공문서 및 서류
- 그 밖에 발주자가 요구하는 서류

정답　33 ③　34 ③　35 ③　36 ①

37 설계감리 업무수행계획서 작성 제출에 대한 내용으로 옳지 않은 것은?

① 대상 : 용역명, 설계감리규모 및 설계감리기간 등
② 세부시행계획 : 세부공정계획 및 업무흐름도 등
③ 시공업자에게 법적인 근거 사항 공개기록
④ 그 밖에 발주자가 정한 사항

해설
설계감리 업무수행계획서 작성 제출
설계감리원은 발주된 설계용역의 특성에 맞게 지침에 따른 설계감리원 세부업무 내용을 정하고 다음 사항을 포함한 설계감리업무 수행계획서를 작성하여 발주자에게 제출하여야 한다.
• 대상 : 용역명, 설계감리규모 및 설계감리기간 등
• 세부시행계획 : 세부공정계획 및 업무흐름도 등
• 보안 대책 및 보안각서
• 그 밖에 발주자가 정한 사항

38 착공신고서의 검토 및 보고에서 감리원은 공사가 시작된 경우에는 공사업자로부터 착공신고서를 제출받아 적정성 여부를 검토하여 몇 일 이내에 발주자에게 보고하여야 하는가?

① 2
② 3
③ 5
④ 7

해설
착공신고서의 검토 및 보고
감리원은 공사가 시작된 경우에는 공사업자로부터 다음의 서류가 포함된 착공신고서를 제출받아 적정성 여부를 검토하여 7일 이내에 발주자에게 보고하여야 한다.
• 시공관리책임자 지정통지서(현장관리조직, 안전관리자)
• 공사 예정공정표
• 품질관리계획서
• 공사도급 계약서 사본 및 산출내역서
• 공사 시작 전 사진
• 현장기술자 경력사항 확인서 및 자격증 사본
• 안전관리계획서
• 작업인원 및 장비투입 계획서
• 그 밖에 발주자가 지정한 사항

39 착공신고서의 검토 및 보고에서 감리원은 공사가 시작된 경우에는 공사업자로부터 착공신고서를 제출받아 적정성 여부를 검토하여 발주자에게 보고하여야 한다. 이 때 포함되지 않는 사항은?

① 공사 예정공정표
② 사업계획서
③ 안전관리계획서
④ 품질관리계획서

해설
38번 해설 참조

40 작업 간 선행·동시 및 완료 등 공사 전·후 간의 연관성이 명시되어 작성되고, 예정 공정률이 적정하게 작성되었는지 확인하는 것을 무엇이라 하는가?

① 현장기술자의 적격여부
② 공사 예정공정표
③ 안전관리계획
④ 계약내용의 확인

해설
공사 예정공정표
작업 간 선행·동시 및 완료 등 공사 전·후 간의 연관성이 명시되어 작성되고, 예정 공정률이 적정하게 작성되었는지 확인한다.

41 공사 예정공정표에 따라 공사용 자재의 투입시기와 시험방법, 빈도 등이 적정하게 반영되었는지 확인하는 것은?

① 공사 예정공정표
② 작업인원 및 장비투입 계획
③ 공사 시작 전 사진
④ 품질관리계획

해설
품질관리계획
공사 예정공정표에 따라 공사용 자재의 투입시기와 시험방법, 빈도 등이 적정하게 반영되었는지 확인한다.

42 착공감리의 설계도서 검토 중 감리업무 착수를 할 때 발주자의 승인을 받아 착수신고서와 같이 제출해야 하는 서류가 아닌 것은?

① 감리업무 수행계획서
② 감리비 산출내역서
③ 상주, 비상주 감리원 배치계획서
④ 기술자 경력확인서와 재산내역서

해설
착공감리 중 설계도서 검토에서 감리업무 착수 시 발주자의 승인을 받아 첨부서류(착수신고서 함께 제출)
• 감리업무 수행계획서
• 감리비 산출내역서
• 상주, 비상주 감리원 배치계획서와 감리원의 경력확인서
• 감리원 조직 구성내용과 감리원별 투입기간 및 담당업무

43 설계도서 등의 검토에서 감리원은 설계도서 등에 대하여 공사계약문서 상호 간의 모순되는 사항, 현장 실정과의 부합여부 등 현장 시공을 주안으로 하여 해당 공사 시작 전에 검토하여야 하며 검토에는 여러가지 사항 등이 포함되어야 한다. 이때 해당되지 않는 사항은?

① 다른 사업 또는 다른 공정과의 상호부합 여부
② 시공상의 예상 문제점 및 대책 등
③ 현장조건에 부합이 안 되는 사항
④ 시공의 실제가능 여부

해설
설계도서 등의 검토
감리원은 설계도서 등에 대하여 공사계약문서 상호 간의 모순되는 사항, 현장 실정과의 부합여부 등 현장 시공을 주안으로 하여 해당 공사 시작 전에 검토하여야 하며 검토에는 다음 사항 등이 포함되어야 한다.
• 현장조건에 부합 여부
• 시공의 실제가능 여부
• 다른 사업 또는 다른 공정과의 상호부합 여부
• 설계도면, 설계설명서, 기술계산서, 산출내역서 등의 내용에 대한 상호일치 여부
• 설계도서의 누락, 오류 등 불명확한 부분의 존재여부
• 발주자가 제공한 물량 내역서와 공사업자가 제출한 산출내역서의 수량일치 여부
• 시공상의 예상 문제점 및 대책 등

44 아래의 내용은 설계도서 등의 관리에 관한 내용이다. ( ) 안에 적절한 내용으로 맞게 짝지어진 것은?

"감리원은 감리업무 착수와 동시에 공사에 관한 설계도서 및 자료, 공사계약문서 등을 발주자로부터 인수하여 (㉮)를 부여하고, (㉯)을 작성하여 공사관계자 이외의 자에게 유출을 방지하는 등 관리를 철저히 하여야 하며, 외부에 유출하고자 하는 때는 (㉰) 또는 지원업무담당자의 (㉱)을 받아야 한다."

① ㉮ 관리번호, ㉯ 관리대장, ㉰ 발주자, ㉱ 승인
② ㉮ 설계번호, ㉯ 설계대장, ㉰ 감리원, ㉱ 허가
③ ㉮ 시공번호, ㉯ 시공대장, ㉰ 설계자, ㉱ 통제
④ ㉮ 관리번호, ㉯ 설계대장, ㉰ 시공자, ㉱ 결재

해설
설계도서 등의 관리
감리원은 감리업무 착수와 동시에 공사에 관한 설계도서 및 자료, 공사계약문서 등을 발주자로부터 인수하여 관리번호를 부여하고, 관리대장을 작성하여 공사관계자 이외의 자에게 유출을 방지하는 등 관리를 철저히 하여야 하며, 외부에 유출하고자 하는 때는 발주자 또는 지원업무담당자의 승인을 받아야 한다.

정답 41 ④ 42 ④ 43 ③ 44 ①

45 하도급 적정성 여부를 검토할 때 감리원은 공사업자가 도급받은 공사를 전기공사업법에 따라 하도급 하고자 발주자에게 통지하거나, 동의 또는 승낙을 요청하는 사항에 대해서는 전기공사업법 시행규칙 별지 서식의 전기공사 하도급 계약통지서에 관한 적정성 여부를 검토하여 요청받은 날부터 몇 일 이내에 발주자에게 의견을 제출하여야 하는가?

① 7
② 14
③ 30
④ 60

해설
하도급 적정성 여부 검토
감리원은 공사업자가 도급받은 공사를 전기공사업법에 따라 하도급 하고자 발주자에게 통지하거나, 동의 또는 승낙을 요청하는 사항에 대해서는 전기공사업법 시행규칙 별지 서식의 전기공사 하도급 계약통지서에 관한 적정성 여부를 검토하여 요청받은 날부터 7일 이내에 발주자에게 의견을 제출하여야 한다.

46 현장사무소, 공사용 도로, 작업장 부지 등의 선정에서 감리원은 공사 시작과 동시에 공사업자에게 가설시설물의 면적, 위치 등을 표시한 가설시설물 설치계획표를 작성하여 제출하도록 해야 하는데 포함되지 않는 사항은?

① 가설사무소, 작업장, 창고, 숙소, 식당
② 자재 야적장
③ 공사용 도로
④ 사무실 비상전류

해설
현장사무소, 공사용 도로, 작업장 부지 등의 선정
감리원은 공사 시작과 동시에 공사업자에게 다음에 따른 가설시설물의 면적, 위치 등을 표시한 가설시설물 설치계획표를 작성하여 제출하도록 하여야 한다.
• 공사용 도로(발・변전설비, 송배전설비에 해당)
• 가설사무소, 작업장, 창고, 숙소, 식당 및 그 밖의 부대설비
• 자재 야적장
• 공사용 임시전력

47 감리원은 가설시설물 설치계획에 대하여 지원업무담당자와 협의하여 승인하도록 해야 하는데 이 때 검토 내용에 해당되지 않는 사항은?

① 가설시설물이 공사 중에 개조, 철거되도록 하며 지하구조물의 설계위치와 많이 중복되는 위치를 선정
② 가설시설물의 이용 등으로 인하여 인접 주민들에게 소음 등 민원이 발생하지 않도록 조치한다.
③ 식당, 세면장 등에서 사용한 물의 배수가 용이하고 주변 환경을 오염시키지 않도록 조치한다.
④ 가설시설물에 우수가 침입하지 않도록 대지조성 시 공지면(F.L)보다 높게 설치하여, 홍수 시 피해발생 유무 등을 고려할 것

해설
감리원은 가설시설물 설치계획에 대하여 다음 내용을 검토하고 지원업무담당자와 협의하여 승인하도록 하여야 한다.
• 가설시설물의 규모는 공사규모 및 현장여건을 고려하여 정하여야 하며, 위치는 감리원이 공사 전 구간의 관리가 용이하도록 공사 중의 동선계획을 고려할 것
• 가설시설물이 공사 중에 이동, 철거되지 않도록 지하구조물의 시공위치와 중복되지 않는 위치를 선정
• 가설시설물에 우수가 침입하지 않도록 대지조성 시공지면(F.L)보다 높게 설치하여, 홍수 시 피해발생 유무 등을 고려할 것
• 식당, 세면장 등에서 사용한 물의 배수가 용이하고 주변 환경을 오염시키지 않도록 조치한다.
• 가설시설물의 이용 등으로 인하여 인접 주민들에게 소음 등 민원이 발생하지 않도록 조치한다.

48 공사의 특정 부분을 구체적으로 나타내기 위하여 시공자가 준비하여 제출하는 도면・도해・설명서・성능 및 시험자료 등을 무엇이라 하는가?

① 시공 상세도
② 주상 건축도
③ 설계도면
④ 단면도

해설
시공 상세도
공사의 특정 부분을 구체적으로 나타내기 위하여 시공자가 준비하여 제출하는 도면・도해・설명서・성능 및 시험자료 등을 말한다.

49 감리원이 감리현장에서 감리업무 수행상 필요한 서식을 비치하고 기록·보관하여야 할 서류에 해당되지 않는 것은?

① 기술검토 의견서 ② 문서접수대장
③ 검사체크리스트 ④ 기술사 점검 도장

해설

감리원이 감리현장에서 감리업무 수행상 필요한 서식을 비치하고 기록·보관하여야 할 서류

구 분	감리업무 수행상 필요서식 기록·보관 서류	
목 록	감리업무일지 근무상황판 지원업무수행 기록부 착수신고서 회의 및 협의내용 관리대장 문서접수대장 문서발송대장 교육실적 기록부 민원처리부 지시부 발주자 지시사항 처리부 품질관리 검사·확인대장 설계변경 현황 검사요청서 검사체크리스트 시공시술자 실명부	검사결과 통보서 기술검토 의견서 주요기자재 검수 및 수불부 기성부분 감리조서 발생품(잉여자재) 정리부 기성부분 검사조서 기성부분 검사원 준공검사원 기성공정 내역서 기성부분 내역서 준공검사조서 준공감리조서 안전관리 점검표 사고보고서 재해발생 관리부 사후환경영향조사 결과보고서

50 공사업자는 공사현장에서 공사업무 수행상 필요한 서식을 비치하고 기록·보관하여야 하는데 포함되지 않는 사항은?

① 용역업자 자본금 현황
② 안전관리비 사용실적 현황
③ 작업계획서
④ 주간공정계획 및 실적보고서

해설

공사업자는 다음의 해당 공사현장에서 공사업무 수행상 필요한 서식을 비치하고 기록·보관하여야 한다.
• 하도급 현황
• 주요인력 및 장비투입 현황
• 작업계획서
• 기자재 공급원 승인 현황
• 주간공정계획 및 실적보고서
• 안전관리비 사용실적 현황
• 각종 측정기록표

51 책임감리원은 다음 사항이 포함된 분기보고서를 작성하여 발주자에게 제출하며, 보고서는 매 분기 말 다음 달 7일 이내로 제출한다. 이 때 제출해야 할 서류가 아닌 것은?

① 설계변경 현황
② 검사요청 및 결과통보내용
③ 품질검사 및 관리현황
④ 설계도면

해설

책임감리원은 다음 사항이 포함된 분기보고서를 작성하여 발주자에게 제출하여야 한다. 보고서는 매 분기 말 다음 달 7일 이내로 제출한다.
• 공사추진 현황(공사계획의 개요와 공사추진계획 및 실적, 공정현황, 감리용역현황, 감리조직, 감리원 조치내역 등)
• 감리원 업무일지
• 품질검사 및 관리현황
• 검사요청 및 결과통보내용
• 주요기자재 검사 및 수불내용(주요기자재 검사 및 입·출고가 명시된 수불현황)
• 설계변경 현황
• 그 밖에 책임감리원이 감리에 관하여 중요하다고 인정하는 사항

52 책임감리원은 최종감리보고서를 감리기간 종료 후 14일 이내에 발주자에게 제출하여야 한다. 이 때 해당되지 않는 내용은?

① 품질관리 실적
② 종합분석
③ 설계도면의 개략적인 현황도
④ 안전관리 실적

해설

책임감리원은 다음 사항이 포함된 최종감리보고서를 감리기간 종료 후 14일 이내에 발주자에게 제출하여야 한다.
• 공사 및 감리용역 개요 등(사업목적, 공사 개요, 감리용역 개요, 설계용역 개요)
• 공사추진 실적현황(기성 및 준공검사 현황, 공종별 추진실적, 설계변경현황, 공사현장 실정보고 및 처리현황, 지시사항 처리, 주요인력 및 장비투입현황, 하도급현황, 감리원 투입현황)
• 품질관리 실적(검사요청 및 결과통보현황, 각종 측정기록 및 조사표, 시험장비 사용현황, 품질관리 및 측정자 현황, 기술검토실적 현황 등)
• 주요기자재 사용실적(기자재 공급원 승인현황, 주요기자재 투입현황, 사용자재 투입현황)
• 안전관리 실적(안전관리조직, 교육실적, 안전점검실적, 안전관리비 사용실적)
• 환경관리 실적(폐기물발생 및 처리실적)
• 종합분석

정답 49 ④ 50 ① 51 ④ 52 ③

53 감리원의 의견제시 등에서 아래의 내용 중 ( ) 안에 들어갈 알맞은 내용으로 바르게 연결된 것은?

> "감리원은 해당 공사와 관련하여 공사업자의 공법 변경요구 등 중요한 기술적 사항에 대하여 요구한 날부터 ( )일 이내에 이를 검토하고 의견서를 첨부하여 발주자에게 보고하여야 하며, 전문성이 요구되는 경우에는 요구가 있는 날부터 ( )일 이내에 비상주감리의 검토의견서를 첨부하여 발주자에게 보고하여야 한다. 이 경우 발주자는 그가 필요하다고 인정하는 때에는 제3자에게 자문을 의뢰할 수 있다."

① 3, 5
② 7, 14
③ 20, 30
④ 30, 60

해설

감리원의 의견제시 등
감리원은 해당 공사와 관련하여 공사업자의 공법 변경 등 중요한 기술적 사항에 대하여 요구한 날부터 7일 이내에 이를 검토하고 의견서를 첨부하여 발주자에게 보고하여야 하며, 전문성이 요구되는 경우에는 요구가 있는 날부터 14일 이내에 비상주감리의 검토의견서를 첨부하여 발주자에게 보고하여야 한다. 이 경우 발주자는 그가 필요하다고 인정하는 때에는 제3자에게 자문을 의뢰할 수 있다.

54 감리원으로부터 시공기술자의 실정보고를 받은 발주자는 지원업무담당자에게 실정 등을 조사·검토하게 하여 교체 사유가 인정될 경우에는 공사업자에게 시공기술자의 교체를 요구하여야 한다. 이 경우 교체 요구를 받은 공사업자는 특별한 사유가 없으면 신속히 교체 요구에 응하여야 하는데 이때 교체 요구 사유에 해당되지 않는 사항은?

① 시공관리책임자가 감리원과 발주자의 사전 승낙을 받지 아니하고 정당한 사유 없이 해당 공사현장을 이탈한 때
② 시공기술자의 기술능력이 충분하고 시공에 차질을 초래하지 않고 감리원의 정당한 지시에 응할 때
③ 시공기술자 및 안전관리자가 관계 법령에 따른 배치기준, 겸직금지, 보수교육 이수 및 품질관리 등의 법규를 위반하였을 때
④ 시공관리책임자가 불법 하도급을 하거나 이를 방치하였을 때

해설

감리원으로부터 시공기술자의 실정보고를 받은 발주자는 지원업무담당자에게 실정 등을 조사·검토하게 하여 교체 사유가 인정될 경우에는 공사업자에게 시공기술자의 교체를 요구하여야 한다. 이 경우 교체 요구를 받은 공사업자는 특별한 사유가 없으면 신속히 교체 요구에 응하여야 한다.

- 시공기술자 및 안전관리자가 관계 법령에 따른 배치기준, 겸직금지, 보수교육 이수 및 품질관리 등의 법규를 위반하였을 때
- 시공관리책임자가 감리원과 발주자의 사전 승낙을 받지 아니하고 정당한 사유 없이 해당 공사현장을 이탈한 때
- 시공관리책임자가 고의 또는 과실로 공사를 조잡하게 시공하거나 부실시공을 하여 일반인에게 위해(危害)를 끼친 때
- 시공관리책임자가 계약에 따른 시공 및 기술능력이 부족하다고 인정되거나 정당한 사유 없이 기성 공정이 예정공정에 현격히 미달한 때
- 시공관리책임자가 불법 하도급을 하거나 이를 방치하였을 때
- 시공기술자의 기술능력이 부족하여 시공에 차질을 초래하거나 감리원의 정당한 지시에 응하지 아니할 때
- 시공관리책임자가 감리원의 검사·확인 등 승인을 받지 아니하고 후속공정을 진행하거나 정당한 사유 없이 공사를 중단할 때

55 감리원은 발주자로부터 지시를 받았을 때 처리를 해야 하는데 그 내용 중 틀린 것은?

① 감리원은 발주자로부터 공사와 관련하여 지시를 받았을 경우에는 그 내용을 기록하고 신속히 이행되도록 조치하여야 하며, 그 이행 결과를 점검·확인하여 발주자에게 서면으로 조치결과를 보고하여야 한다.
② 감리원은 해당 지시에 대한 이행에 문제가 있을 경우에는 의견을 제시할 수 있다.
③ 감리원은 각종 지시, 통보사항 등을 감리원 모두가 숙지하고 이행에 철저를 기하기 위하여 교육 또는 공람시켜야 한다.
④ 감리원은 지시사항에 대하여 그 이행상태를 수시로 점검하고 공사업자로부터 이행 결과를 보고받아 기록·관리하여야 한다.

해설
감리원은 발주자로부터 지시를 받았을 때에는 다음과 같이 처리하여야 한다.
- 감리원은 발주자로부터 공사와 관련하여 지시를 받았을 경우에는 그 내용을 기록하고 신속히 이행되도록 조치하여야 하며, 그 이행 결과를 점검·확인하여 발주자에게 서면으로 조치결과를 보고하여야 한다.
- 감리원은 해당 지시에 대한 이행에 문제가 있을 경우에는 의견을 제시할 수 있다.
- 감리원은 각종 지시, 통보사항 등을 감리원 모두가 숙지하고 이행에 철저를 기하기 위하여 교육 또는 공람시켜야 한다.

56 전력시설물의 설치·보수 공사의 계획·조사 및 설계가 전력기술기준과 관계 법령에 따라 적정하게 시행되도록 관리하는 것을 무엇이라 하는가?

① 설계감리 ② 기술감리
③ 시방감리 ④ 특별감리

해설
설계감리의 정의
설계감리란 전력시설물의 설치·보수 공사(이하 "전력시설물공사"라 한다)의 계획·조사 및 설계가 전력기술기준과 관계 법령에 따라 적정하게 시행되도록 관리하는 것을 말한다.

57 설계감리를 받아야 할 설비에 해당되지 않은 것은?

① 용량 80만[kW] 이상의 발전설비
② 전압 30만[V] 이상의 송전 및 변전설비
③ 전압 1,000만[V] 이상의 수전설비, 구내배전설비, 전력사용설비
④ 국제공항의 수전설비, 구내배전설비, 전력사용설비

해설
설계감리를 받아야 할 설비
- 용량 80만[kW] 이상의 발전설비
- 전압 30만[V] 이상의 송전 및 변전설비
- 전압 10만[V] 이상의 수전설비, 구내배전설비, 전력사용설비
- 전기철도의 수전설비, 철도신호설비, 구내배전설비, 전차선설비, 전력사용설비
- 국제공항의 수전설비, 구내배전설비, 전력사용설비
- 21층 이상이거나 연면적 5만[m²] 이상인 건축물의 전력시설물("주택법"에 따른 공동주택의 전력 시설물은 제외)
- 그 밖에 산업통상자원부령으로 정하는 전력시설

58 설계감리의 업무 범위가 아닌 것은?

① 설계내용의 시공 가능성에 대한 사전 검토
② 설계의 경제성 검토
③ 설계공정의 관리에 관한 검토
④ 주요 설계용역 업무에 대한 기술자문

해설
설계감리의 업무 범위
- 전력시설물공사의 관련 법령, 기술기준, 설계기준 및 시공기준에의 적합성 검토
- 사용자재의 적정성 검토
- 설계의 경제성 검토
- 설계공정의 관리에 관한 검토
- 설계내용의 시공 가능성에 대한 사전 검토
- 공사기간 및 공사비의 적정성 검토
- 설계도면 및 설계설명서 작성의 적정성 검토

59 발주자의 업무범위에 해당되지 않는 것은?

① 품위손상 여부 및 근무자세
② 발주자 지시사항의 이행상태
③ 행정서류 및 비치서류 처리상태
④ 설계감리 업무수행계획서 등 검토

해설
발주자의 업무 범위
발주자는 설계감리용역 계약문서에 정해진 바에 따라 다음 사항에 대하여 설계감리원을 지도·감독한다.
- 품위손상 여부 및 근무자세
- 발주자 지시사항의 이행상태
- 행정서류 및 비치서류 처리상태

정답 56 ① 57 ③ 58 ④ 59 ④

CHAPTER 06 도면작성

제2과목 태양광발전 설계

제1절 도면기호

1 전기도면 관련 기호

(1) 전기설비분야 공통기호

번호	공통분류	심벌코드	입력레이어	유형	심벌형상	내용	NGIS	비고
1	전기맨홀	EZMM101	E□-MANH	SCALE	EM	전기맨홀(각형)	SCJ000	
2		EZMM102	E□-MANH	SCALE	EM	전기맨홀(원형)	SCJ000	
3		EZMM201	E□-MANH	SCALE	ET	전기통신맨홀(각형)	SCJ000	
4		EZMM202	E□-MANH	SCALE	ET	전기통신맨홀(원형)	SCJ000	
5	전 주	EZMM311	E□-MANH	SCALE	⊗	전주(신설)		
6		EZMM312	E□-MANH	SCALE	●	전주(기설)		
11		EZPS101	E□-POST	SCALE	□×	철주(사각)	SCB004	
12	전 주	EZPS102	E□-POST	SCALE	△×	철주(삼각)	SCB004	
13		EZPS103	E□-POST	SCALE	□×	철주(찬넬)	SCB004	
14		EZPS104	E□-POST	SCALE	⊤×	철주(I형강)	SCB004	
15		EZPS105	E□-POST	SCALE	H	철주(H형강-단주)	SCB004	

번호	공통분류	심벌코드	입력레이어	유 형	심벌형상	내 용	NGIS	비 고
16		EZPS106	E□-POST	SCALE	H×H	철주(H형강-복주)	SCB004	
17		EZPP101	E□-POST	SCALE	●	강관주	SCB003	
18		EZPC101	E□-POST	SCALE	◐	콘크리트주	SCB999	
19		EZPW101	E□-POST	SCALE	○	목 주	SCB002	
20	핸드홀	EZMH101	E□-POST	SCALE	EH	핸드홀(일반)		
21	배분전반	EZPT111	E□-CTRL-PANL	SCALE		전등전열분전반-벽부형		
22		EZPT121	E□-CTRL-PANL	SCALE		전등전열분전반-방폭형		
23		EZPT131	E□-CTRL-PANL	SCALE		전등전열분전반-자립형		
24	배분전반	EZPT211	E□-CTRL-PANL	SCALE		동력분전반-일반형		
25		EZPT221	E□-CTRL-PANL	SCALE		동력분전반-벽부형		
26		EZPT231	E□-CTRL-PANL	SCALE		동력분전반-방폭형		
27		EZPT241	E□-CTRL-PANL	SCALE		동력분전반-자립형		
28		EZPT251	E□-CTRL-PANL	SCALE		직류형 분전반		
29	주상변압기	EZPT311	E□-INST-TFMR	SCALE	△	주상변압기(신설)		

번호	공통분류	심벌코드	입력레이어	유형	심벌형상	내용	NGIS	비고
30		EZPT321	E□-INST-TFMR	SCALE		주상변압기(기설)		
31		EZPT331	E□-INST-TFMR	SCALE		주상변압기(지선)		
32		EZPT341	E□-INST-TFMR	SCALE		단상변압기		
33		EZPT342	E□-INST-TFMR	CENTER		3상 변압기		
38		EZPT411	E□-CTRL-PANL	SCALE		제어반		
39		EZPT421	E□-CTRL-PANL	SCALE		재실 제어반		
40		EZPT431	E□-CTRL-PANL	SCALE		재실표시 스위치반		
44	차단기	EZBK101	E□-INST-BRAK	CENTER		교류차단기(일반)		
45		EZBK102	E□-INST-BRAK	SCALE		교류차단기(인출형)		
46		EZBK103	E□-INST-BRAK	CENTER		누전차단기		
67	접지설비	EZGT111	E□-GRND-EQPM	SCALE		피뢰침		
68		EZGT121	E□-GRND-EQPM	SCALE		접지시험단자함		
69		EZGT122	E□-GRND-EQPM	SCALE		접지시험단자함(EC)		
70		EZGT123	E□-GRND-EQPM	SCALE		접지시험단자함(ET)		

번호	공통분류	심벌코드	입력레이어	유 형	심벌형상	내 용	NGIS	비 고
71		EZGT131	E□-GRND-EQPM	SCALE		접지극		
72	접지설비	EZGT132	E□-GRND-EQPM	SCALE		접지극-Earth		
73		EZGT133	E□-GRND-EQPM	SCALE		접지극-Ground		
74		EZGT134	E□-GRND-EQPM	SCALE		접지극-Floor		
75		EZGT135	E□-GRND-EQPM	CENTER		케이스접지		
82	기 타	EZUM101	E□-INST-MISC	SCALE		방전갭(GAP)		
83		EZUM201	E□-INST-MISC	CENTER		케이블헤드		
84	기 타	EZUM301	E□-INST-MISC	SCALE		전원 플러그		
85		EZUM401	E□-INST-MISC	CENTER		전류제한기		

(2) 전기용 도면 기호

명 칭	도면기호	명 칭	도면기호
반도체의 분기		정류기(일반)	
단 자	(1) ○ (2) ●	교류전원(일반)	
접 지		발전기 전동기	G M
저항 또는 저항기		개폐기(일반)	(1) (2)
전자코일 또는 인덕턴스	(1) (2)	광전관	
전지 또는 직류전원(일반)		정전 용량 또는 콘덴서	

2 토목도면 관련 기호

(1) 토목일반

내 용	도면기호	내 용	도면기호
용지경계선		교 량	
시설반경계		개 거	
분소경계		하수(하수관)	
사무소경계		하수(하수)	
양수표		수준표	NO. 25
유수방향 (대하 본류)		파 정	
유수방향 (대하 지류)		선로 및 km정	현장킬로정 205km 환산킬로정 204km
유수방향 (소천 본류)			

내 용	도면기호	내 용	도면기호
유수방향 (소천 지류)	←	기울기	L 12.5
유수방향 (감조부 본류)	→←	정거장 및 신호소(기관차역)	⊕(반흑)
유수방향 (감조류 지류)	→	정거장 및 신호소(중간역)	◐
인도교	과선도로교도 이에 준함	정거장 및 신호소(간이역)	◯(빗금)
건널목	보안설비가 있는 것	정거장 및 신호소(신호장)	Ⓚ
터 널		정거장 및 신호소(신호소)	Ⓥ

(2) 재료상세

내 용	도면기호	내 용	도면기호
지반, 토사		암 반	
자 갈	○○○○○○	호박돌	
모래, 모르타르		콘크리트	
목 재		숏크리트	
강		석 재	
벽 돌		MATCH LINE	◇―①―◇ ◇―②―◇
단면표시	A A	표고높이 (FL, GL, EL 등)	FL=145.67 GL=137.56

(3) 지형현황 측면도면

명 칭	기 호	비 고
삼각점	△	3.2×3.0[mm]
삼각보점	○	2.0×3.0[mm]
체신주	Ⓣ	2.0[mm]
체신맨홀	○	2.0[mm]
한전맨홀	Ⓢ	2.5[mm]
하수맨홀	⊤(원)	2.5[mm]
상수맨홀	⊥(원)	2.5[mm]
묘 지	⌒	
고층건물	CF	실 폭
슬래브집	S	실 폭
기와집	ㄱ	실 폭
슬레이트집	ㅅ	실 폭
루 핑	ㄹ	실 폭
비닐하우스	ㅂ	실 폭
성 벽	⊓_⊓_⊓	
유수방향	○→	
계곡선	───	0.25
주곡선	───	0.1
간곡선	───	0.1
수준점	·	3×3
시 계	─<·>─	
군, 구계	─ ─ ─	
읍면동계	─ · ─	
리 계	─ ─	
벼랑바위	⋀⋀⋀⋀	
해안바위	⋃⋃⋃⋃	
논	⊥⊥	2.5×1.5×2.5[mm]
밭	∣∣∣	2.5×1.5
초 지	∣ ∣	2.5×1.5
과수원	○	φ1.5
산 림	△	2.5×1.5

명 칭	기 호	비 고
뽕 밭		
습 지		
우 물		2.5×2.5
신호등		
벽돌담		
나무울타리		
노출암		
보도블록		
홈 관		
교 량		

(4) 공사평면도

명 칭	기 호	비 고
블록담장		0.4×5.0
철조망		
비탈면		
방음벽		
난간(연속기초)		
난간(독립기초)		
난간(옹벽위)		
보도 CONC 포장		
보도경계 블록		
철책담장(연속기초)		
철책담장(독립기초)		
철책담장(옹벽위)		
생울타리 담장		
POST		
문 주		
계 단		
보도포장(인터로킹 블록)		
보도포장(자기질타입)		

(5) 우수평면도

명 칭	기 호	비 고
우수관	→	
연결관	----→	
지붕우수 연결관	- - -→	
L형 측구	≡	
원형맨홀슬래브식 D 900	○	우수, 오수 공용
원형맨홀슬래브식 D 1,200	⊘	우수, 오수 공용
원형맨홀슬래브식 D 1,500	⊖	우수, 오수 공용
원형맨홀슬래브식 D 1,800	⊗	우수, 오수 공용
원형맨홀 조절형 D 900	⊕(filled)	우수, 오수 공용
원형맨홀 조절형 D 1,200	○	우수, 오수 공용
원형맨홀 조절형 D 1,500	●	우수, 오수 공용
각형맨홀	□	
집수정	▪	
배수박스	1.0×1.5×2	
빗물받이 1호	▬	
빗물받이 2호	▪	
빗물받이 3호	□	
P.E 반원형측구	── PU ──	
U형 측구(콘크리트)	── CU ──	
외곽수유입구	⊔	
지하뱅암거	- - - - -	
공동구	═	1.6×1.8[m]
공동구	═	1.8×1.8[m]
공동구	▨	2.0×1.8[m]
공동구	▦	2.2×1.8[m]
공동구	▦	2.4×1.8[m]
공동구, 교차구	┬┴	
공동구, 중간기계실	├┤	

※ 표기요령

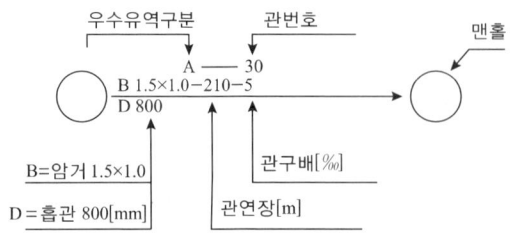

(6) 오수평면도

명 칭	기 호	비 고
오수관	────-≫	
부관맨홀	■	
오수받이	●	
오수맨홀		우수와 동일
오수관 보호콘크리트	─▨─	

※ 표기요령

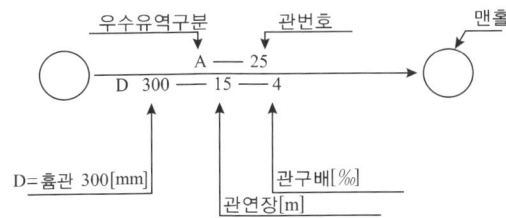

D = 흄관 300[mm]
관연장[m]
관구배[‰]

(7) 포장평면도

명 칭	기 호	비 고
포장(아스팔트 콘크리트)	Ⓐ	
포장(시멘트 콘크리트)	ConC′	
과속방지턱	▨	
차량감속보도(아스팔트 콘크리트)	▨	
차량감속보도(인터로킹블록)	▩	
도로반사경(1면경)	●─	
도로반사경(2면경)	●●─	

(8) 급수평면도

명 칭	기 호	비 고
KP메커니컬 조인트	⊃┤	
타이탄 조인트	⊃─┤	
메커니컬 조인트	─┤	
플랜지소켓관	⊃─┤	KP메커니컬 부속관임
플랜지관	├─┤	KP메커니컬 부속관임
이음관	⊃─⊂	KP메커니컬 부속관임

명 칭	기 호	비 고
나팔관		KP메커니컬 부속관임
드레인관		KP메커니컬 부속관임
캡		KP메커니컬 부속관임
잠금밸브		
체크밸브		
수도 유량계 미터		
신축이음		
공기변단구		
공기변쌍구		
90° 엘보		스테인리스 강관
45° 엘보		스테인리스 강관
티		스테인리스 강관
소 켓		스테인리스 강관
리듀서		스테인리스 강관
캡		스테인리스 강관
소화전		스테인리스 강관
K-유니언		스테인리스 강관
어댑터소켓		스테인리스 강관
어댑터엘보		스테인리스 강관
청동 밸브		

※ 표기요령

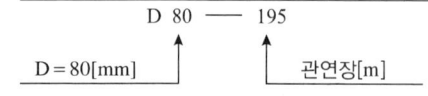

3 건축도면 관련 기호

(1) 일 반

번호	공통분류	심벌코드	입력레이어	유 형	심벌형상	내 용
1	치수블록	CZDIMA1	☐Z-DIML	SCALE		실수화장편(이상)
2		CZDIMA2	☐Z-DIML	SCALE		치수블록(R)
3		CZDIMA3	☐Z-DIML	SCALE		치수빈화살표(일반)
4		CZDIMA4	☐Z-DIML	SCALE		치수연결화살표(일반)
5		CZDIMD1	☐Z-DIML	SCALE		치수점(DOT)
6		CZDIMS1	☐Z-DIML	SCALE		치수사선
7	인출블록	CZLEAA1	☐Z-LEAL	SCALE		인출화살표(일반)
8		CZLEAC1	☐Z-LEAL	SCALE		인출원형
9		CZLEAD1	☐Z-LEAL	SCALE		인출점(DOT)
10		CZLEAS1	☐Z-LEAL	SCALE		인출사선
11		CZLEAX1	☐Z-LEAL	SCALE		인출교차
12	인출블록	CZLEAT1	☐Z-LEAL	SCALE		인출물결(구체)
13		CZLEAT2	☐Z-LEAL	SCALE		인출블록(물결 + 화살)
14		CZLEAP1	☐Z-LEAL	SCALE		인출선 지정
15		CZLEAM1	☐Z-LEAL	SCALE		구체(MASS) 인출
22	번호표시	CZNOCR1	☐Z-SYMB	SCALE	A01	원형(대)
23		CZNOCR2	☐Z-SYMB	SCALE	1	원형(소)
24	번호표시	CZNOCR3	☐Z-SYMB	SCALE	000-0 / CAB000	원형(2줄)

번호	공통분류	심벌코드	입력레이어	유 형	심벌형상	내 용
25		CZNOCR4	Z-SYMB	SCALE		원형(3줄)
26		CZNOEL1	Z-SYMB	SCALE		타원형
27		CZNOEP1	Z-SYMB	SCALE		번호표시(ELLIPSE)
28		CZNOTR1	Z-SYMB	SCALE		삼각형
29		CZNOSQ1	Z-SYMB	SCALE		사각형
30		CZNORH1	Z-SYMB	SCALE		마름모형
31		CZNOSQ2	Z-SYMB	SCALE		직사각형
32		CZNOPT1	Z-SYMB	SCALE		오각형
33		CZNOHX1	Z-SYMB	SCALE		육각형
34		CZNOHX2	Z-SYMB	SCALE		육각형(2줄)
35		CZNOHX3	Z-SYMB	SCALE		육각형
36	표준도인출부호	CZSTDEF	Z-SYMB	SCALE		표준도 참조 인출부호
37	방향표시	CZDIRF1	Z-SYMB	SCALE		유수방향1
38		CZDIRF2	Z-SYMB	SCALE		유수방향2
39		CZDIRA1	Z-SYMB	SCALE		목표방향1
40		CZDIRA2	Z-SYMB	SCALE		목표방향2
41		CZDIRA3	Z-SYMB	SCALE		목표방향3
42		CZSIDE1	Z-SYMB	SCALE		구역(방향)경계1

번호	공통분류	심벌코드	입력레이어	유 형	심벌형상	내 용
43		CZSIDE2	□Z-SYMB	SCALE		구역(방향)경계2
44	수위/표고	CZELWA1	□Z-SYMB	SCALE		수위표고
45		CZELWA2	□Z-SYMB	SCALE		수위표
46		CZELWA3	□Z-SYMB	SCALE		수위표시3
49		CZELEV1	□Z-SYMB	SCALE		입면표고
50		CZLEVL1	□Z-SYMB	SCALE	FL=+0.000	평면레벨표시
51		CZLEVL2	□Z-SYMB	SCALE	FL=+0.000	단면레벨표시
52		CZLEVL2-DESL	□Z-SYMB	SCALE	DL. (+)00.00	표고기입(왼쪽)
53		CZLEVL2-DESR	□Z-SYMB	SCALE	DL. (+)00.00	표고기입(오른쪽)
54	타이틀	CZSRIRG	□Z-SYMB	SCALE	평 면 도	부타이틀
55		CZATITG	□Z-SYMB	SCALE	평 면 도	보조타이틀
56		CZRTITG	□Z-SYMB	SCALE	2층 평 면 도	보조타이틀(링타입)
57		CZATITR	□Z-SYMB	SCALE	SECTION A	보조타이틀(도면참조)
58	참조지시	CZRDET1	□Z-SYMB	SCALE	DETAIL A	상세도지시(도면참조)
73	문자기호	CZASCNT	□Z-SYMB	SCALE	℄	중심선
74		CZASPLT	□Z-SYMB	SCALE	PL	플레이트(강판)
75		CZASTHK	□Z-SYMB	SCALE	TK	두께(강판 등)
76	기 타	CZREVMK	□Z-SYMB	SCALE	00	도면개정부호표시

(2) 철골공사

번호	공통분류	심벌코드	입력레이어	유형	심벌형상	내용
2		ASRK011	A□-□□□□-STEL	MMUNT		등변ㄱ형강
3		ASRK012	A□-□□□□-STEL	MMUNT		부등변ㄱ형강
5		ASRK021	A□-□□□□-STEL	MMUNT		I형강
6		ASRK031	A□-□□□□-STEL	MMUNT		ㄷ형강
7		ASRK041	A□-□□□□-STEL	MMUNT		구평형강
8		ASRK051	A□-□□□□-STEL	MMUNT		T형강
9		ASRK061	A□-□□□□-STEL	MMUNT		H형강
11		ASLK001	A□-□□□□-STEL	MMUNT		경ㄷ형강
12	일반구조형강	ASLK002	A□-□□□□-STEL	MMUNT		경Z형강
13		ASLK003	A□-□□□□-STEL	MMUNT		경ㄱ형강
14		ASLK004	A□-□□□□-STEL	MMUNT		리프ㄷ형강
15		ASLK005	A□-□□□□-STEL	MMUNT		리프Z형강

번호	공통분류	심벌코드	입력레이어	유 형	심벌형상	내 용
16		ASLK006	A□-□□□□-STEEL	MMUNT		모자형강
18		ASWK001	A□-□□□□-STEEL	MMUNT		경량H형강
19		ASWK002	A□-□□□□-STEEL	MMUNT		경량□립H형강
21		ASPT001	A□-□□□□-STEEL	MMUNT		일반강관말뚝
23		ASHT001	A□-□□□□-STEEL	MMUNT		일반H형강말뚝

(3) 지정공사

번호	공통분류	심벌코드	입력레이어	유 형	심벌형상	내 용
2		AFFT001	AA-FDXK-PATT	MMUNT		모래지정
3		AFFT002	AA-FDXK-PATT	MMUNT		자갈지정
4		AFFT003	AA-FDXK-PATT	MMUNT		잡석지정

(4) 미장공사

번호	공통분류	심벌코드	입력레이어	유 형	심벌형상	내 용
2		APMT001	A□-□□□□-PATT	MMUNT		시멘트모르타르
4		APTT001	A□-□□□□-PATT	MMUNT		테라조현장갈기

(5) 조적공사

번호	공통분류	심벌코드	입력레이어	유 형	심벌형상	내 용
2		AORT001	AA-WAXK-PATT	MMUNT		콘크리트벽돌
3		AORT002	AA-WAXK-PATT	MMUNT		점토벽돌
5		AOLT001	AA-WAXK-PATT	MMUNT		속빈콘크리트블록

(6) 통행안내설치물

번호	공통분류	심벌코드	입력레이어	유 형	심벌형상	내 용
2		AGST001	AA-FFXM-GUID	MMUNT		감지용점자블록
3		AGST002	AA-FFXM-GUID	MMUNT		유도용점자블록
4		AGST003	AA-FFXM-GUID	MMUNT		장애자 주차표시

(7) 수장공사

번호	공통분류	심벌코드	입력레이어	유 형	심벌형상	내 용
1	단열재 및 복합패널	AIIXXXX	-	MMUNT		단열재 및 복합패널
2		AIIT001	AA-WAXK-PATT	MMUNT		단열재
3		AIIT002	AA-WAXK-PATT	MMUNT		복합패널
4		AIDW001	AA-WAXK-PATT	MMUNT		칸막이

번호	공통분류	심벌코드	입력레이어	유 형	심벌형상	내 용
5	바닥깔기	AIFXXXX	–	MMUNT		바닥깔기
6		AIFC001	AA-FLXK-PATT	MMUNT		카펫(Wool)
7		AIFC002	AA-FLXK-PATT	MMUNT		카펫(Brusgh)

(8) 표 기

번호	공통분류	심벌코드	입력레이어	유 형	심벌형상	내 용
1	도면표기일반	AMDXXXX	–	MMUNT		도면표기일반
2	기본표기	AMDT00X		MMUNT		기본표기
3		AMDT001	AA-MKXM	MMUNT		도면명
4		AMDT002	AA-MKXM	MMUNT		축 척
5		AMDT003	AA-MKXM	MMUNT		방위표
6	축선/치수선	AMDT01X	–	MMUNT		축선/치수선
7		AMDT011	AA-AXIS-BUBL	MMUNT		축 열
8		AMDT012	AA-FDXK-DIMS	MMUNT		치수선
9		AMDT013	AA-FDXK-DIMS	MMUNT		인출선
10	안 내	AMDT02X	–	MMUNT		안 내

번호	공통분류	심벌코드	입력레이어	유 형	심벌형상	내 용
11		AMDT021	A□-□□□□-IDNT	MMUNT		입면안내
12	안 내	AMDT022	A□-□□□□-IDNT	MMUNT		단면안내
13		AMDT023	A□-□□□□-IDNT	MMUNT		전개안내
14		AMDT024	A□-□□□□-IDNT	MMUNT		상세안내
15	부 호	AMDT03X	-	MMUNT		부 호
16		AMDT031	AA-MKXS	MMUNT		실명/실번호
17		AMDT032	AA-WAXK-IDNT	MMUNT		벽부호
18		AMDT033	AA-DWXK-IDNT	MMUNT		창호부호
19		AMDT034	AA-DWXK-IDNT	MMUNT		방화문표기
20		AMDT035	AA-MKXS	MMUNT		가구 및 장비부호
21	기타 표시	AMDT04X	-	MMUNT		기타 표시
22		AMDT041	AA-MKXS	MMUNT		설계변경표시

번호	공통분류	심벌코드	입력레이어	유 형	심벌형상	내 용
23		AMDT042	A□-□□□□-OPEN	MMUNT		개구부
24	기타 표시	AMDT043	AA-CUTL	MMUNT		절단선
25	범례표기일반	AMGXXXX	-	MMUNT		범례표기일반
26	레벨	AMGT00X	-	MMUNT		레벨
27		AMGT001	A□□-□□□□-IDNT	MMUNT		바닥레벨
28		AMGT002	A□□-□□□□-IDNT	MMUNT		입면레벨
29		AMGT003	A□□-□□□□-IDNT	MMUNT		단면레벨
30	출입구	AMGT01X	-	MMUNT		출입구
31		AMGT011	AA-STXK	MMUNT		출입구방향
32	배수관	AMGT02X	-	MMUNT		배수관
33		AMGT021	AA-MAXM-DRAN	MMUNT		오수관
34		AMGT022	AA-MAXM-DRAN	MMUNT		우수관
35	맨 홀	AMGT03X	-	MMUNT		맨 홀
36	맨 홀	AMGT031	AA-STXS	SQUAR		일반맨홀
37	주 차	AMGT04X	-	MMUNT		주 차
38		AMGT041	AA-STXS	MMUNT		사면주차

번호	공통분류	심벌코드	입력레이어	유형	심벌형상	내용
39		AMGT042	AA-STXS	MMUNT		직각주차
40		AMGT043	AA-STXS	MMUNT		카스토퍼
41	기 타	AMGT05X	-	MMUNT		기 타
42		AMGT051	AA-STXS	MMUNT		배수구
43		AMGT052	AA-STXM-RAMP	MMUNT		경사로
44		AMGT053	A□-□□□□-PATT	MMUNT		지반선
45		AMGT054	A□-□□□□-PATT	MMUNT		대지의 고저

제2절 설계도서 작성

1 설계도서의 종류

설계도서는 공사계약을 할 때 발주자로부터 제시된 도면과 시공기준을 정한 시방서로서 설계도면과 시방서, 현장설명서와 현장설명에 대한 질문 회답서 등을 총칭하는 내용이다.

설계도면에는 평면도와 종단면도, 횡단면도, 구조도 등이 있다. 공사 목적물의 형상이나 구조 및 재료, 재질에 대한 내용이 모두 나와 있다.

표준명세서는 각 발주자가 공사 시에 공통으로 이용하는 것으로서 공사 목적물의 품질이나 시공의 안전 등을 확보하기 위해서 필요한 사항을 적은 명세서이다.

특기명세서는 각 공사에 고유한 시공상의 문제나 표준명세서를 부정하는 사항 등이 정해져 있다.

설계설명서는 설계의 목적, 각 설비의 요약, 각 설계에 대한 분석자료, 설계 시 적용할 특별한 사항 등이 기록된다. 이것은 장래에 진단이나 개수 혹은 보수, 증축 등에 유용한 자료가 되기 때문에 각 설비의 중요도면 등을 삽입하고 설계 시 중요한 검토내용을 첨부한다.

건축 관계의 설계도서는 우선 부지에 대한 배치도가 필요하며 건물의 면적에 따라 축적의 정도가 달라진다. 평면도·단면도·입면도·전개도와 각부 상세도에 의해 형태와 시공방법이 표기된다.

(1) 설계도서 해석의 우선순위(주택의 설계도서 작성기준)

① 설계도서의 내용이 서로 일치하지 아니하는 경우에는 관계 법령의 규정에 적합한 범위 내에서 감리자의 지시에 따라야 하며, 그 내용이 설계상 주요한 사항인 경우에 감리자는 설계자와 협의하여 지시내용을 결정하여야 한다.

② ①의 경우로서 감리자 및 설계자의 해석이 곤란한 경우에는 당해 공사계약의 내용에 따라 적용의 우선순위 등을 결정하여야 하며, 계약으로 그 적용의 우선순위를 정하지 아니한 경우에는 다음의 순서를 원칙으로 한다.

  ㉠ 특별시방서
  ㉡ 설계도면
  ㉢ 일반시방서·표준시방서
  ㉣ 수량산출서
  ㉤ 승인된 시공도면

(2) 설계계산서

설계 시 선정한 각종 장비 및 기준에 대한 기술계산서를 말하는데 다음과 같은 계산서를 포함한다.

① 부하계산서
② 발전기용량계산서
③ 축전지용량계산서
④ 접지저항계산서
⑤ 고장(단락, 충전, 지락)전류계산서
⑥ 수·변전설비용량계산서(차단기, 변압기)
⑦ 간선 및 전압강하계산서
⑧ 조도계산서
⑨ 고조파전류계산서(필요시)
⑩ 전화설비용량계산서 등을 구체적으로 계산하여야 한다.

(3) 설계도서 적용 시 고려사항

① 숫자로 나타낸 치수는 도면상 축척으로 잰 치수보다 우선한다.
② 설계도면 및 시방서의 어느 한쪽에 기재되어 있는 것은 그 양쪽에 기재되어 있는 사항과 완전히 동일하게 다룬다.
③ 특별시방서 및 도면에 기재되지 않은 사항은 일반시방서에 의한다.

④ 특별시방서는 당해 공사에 한하여 일반시방서에 우선하여 적용한다.
⑤ ①~④ 이외의 사항에 대해 공사계약문서 상호 간의 차이가 있을 때는 감리원의 의견을 참조하여 발주자가 최종적으로 결정한다.

(4) 설계서

설계변경으로 인한 계약금액 조정에 있어서 설계서의 개념이 정립되어야 있어야 하며, 설계서의 명확한 정의만이 설계변경 대상을 판단할 수 있고, 또한 설계변경의 투명성을 확보할 수 있기 때문이다. 공사계약일반조건에서는 설계서의 정의를 다음과 같이 규정하고 있다. 설계서라 함은 공사시방서, 설계도면, 현장설명서, 공사기간의 산정근거(국가를 당사자로 하는 계약에 관한 법률 시행령(이하 "시행령"이라 한다) 제6장 및 제8장의 계약 및 현장설명서를 작성하는 공사는 제외) 및 공종별 목적물 물량내역서(가설물의 설치에 소요되는 물량 포함하며, 이하 "물량내역서"라 한다)를 말하며, 다음 각 내용의 내역서는 설계서에 포함하지 아니한다.

- 국가를 당사자로 하는 계약에 관한 법률 시행령(이하 "시행령"이라 한다) 제78조에 따라 일괄입찰을 실시하여 체결된 공사와 대안입찰을 실시하여 체결된 공사(대안이 채택된 부분에 한함)의 산출내역서
- 시행령 제98조에 따라 실시 설계기술제안 입찰을 실시하여 체결된 공사와 기본 설계기술제안 입찰을 실시하여 체결된 공사의 산출내역서
- 수의계약으로 체결된 공사의 산출내역서(다만, 시행령 제30조제2항 본문에 따라 체결된 수의계약공사의 물량내역서는 제외)

① 현장설명서라 함은 시행령 제14조의2의 규정에 의한 현장설명 시 교부하는 도서로서 시공에 필요한 현장상태 등에 관한 정보 또는 단가에 관한 설명서 등을 포함한 입찰가격 결정에 필요한 사항을 제공하는 도서를 말한다.
② 물량내역서라 함은 공종별 목적물을 구성하는 품목 또는 비목과 동품목 또는 비목의 규격·수량·단위 등이 표시된 다음의 내역서를 말한다.
   ㉠ 시행령 제14조제1항(공사의 입찰)에 따라 계약담당공무원 또는 입찰에 참가하려는 자가 작성한 내역서
   ㉡ 시행령 제30조제2항(견적에 의한 가격결정) 및 계약예규 정부입찰·계약집행기준 제10조제3항에 따라 견적서제출 안내공고 후 견적서를 제출하려는 자에게 교부된 내역서
③ 산출내역서라 함은 입찰금액 또는 계약금액을 구성하는 물량, 규격, 단위, 단가 등을 기재한 다음의 내역서를 말한다.
   ㉠ 시행령 제14조제6항(입찰서, 산출내역서)과 제7항(단가 기입된 물량내역서)에 따라 제출한 내역서
   ㉡ 시행령 제85조제2항(대안입찰자)과 제3항(일괄입찰자)에 따라 제출한 내역서
   ㉢ 시행령 제103조제1항(기술제안서)과 제105조제3항(실시설계서)에 따라 제출한 내역서
   ㉣ 수의계약으로 체결된 공사의 경우 착공신고서 제출 시까지 제출한 내역서

(5) 계약문서

① 계약서, 설계서, 유의서, 공사계약일반조건, 공사계약특수조건 및 산출내역서로 구성되며 상호보완의 효력을 가진다. 다만, 산출내역서는 이 조건에서 규정하는 계약금액의 조정 및 기성부분에 대한 대가의 지급 시에 적용할 기준으로서 계약문서의 효력을 가진다.

② 계약담당공무원은 국가를 당사자로 하는 계약에 관한 법령, 공사 관계 법령 및 이 조건에 정한 계약일반사항 외에 해당 계약의 적정한 이행을 위하여 필요한 경우 공사계약특수조건을 정하여 계약을 체결할 수 있다.
③ ②에 의하여 정한 공사계약특수조건에 국가를 당사자로 하는 계약에 관한 법령, 공사 관계 법령 및 이 조건에 의한 계약상대자의 계약상 이익을 제한하는 내용이 있는 경우에 특수조건의 해당 내용은 효력이 인정되지 아니한다.
④ 이 조건이 정하는 바에 의하여 계약당사자 간에 행한 통지문서 등은 계약문서로서의 효력을 가진다.
⑤ 계약문서의 종류
  ㉠ 계약서
    공사명, 현장, 계약금액, 각종 보증금, 계약당사자의 주소·성명 등을 기재한 서류로 정부공사도급계약의 경우에는 계약사무처리규칙 서식인 공사도급표준계약서를 사용한다.
  ㉡ 설계서
    공사시방서와 현장설명서를 말한다.
  ㉢ 공사입찰유의서
    공사입찰에 참가하고자 하는 자가 유의하여야 할 사항을 정한 서류를 말하며 기획재정부 회계예규인 공사입찰유의서를 사용한다.
  ㉣ 공사계약일반조건
    공사의 착공, 재료의 검사, 계약금액의 조정, 계약의 해제, 위험부담 등 계약당사자의 권리의무 내용을 정형화한 것으로 기획재정부 회계예규로 되어 있다.
  ㉤ 공사계약특수조건
    계약당사자의 사정에 의하여 공사계약일반조건에 규정된 사항 외에 별도의 계약조건을 정한 것이다.
  ㉥ 산출내역서
    공사계약금액을 구성하는 세부공종별로 규격, 단가, 수량, 금액 등 계약금액의 산출내역을 구체적으로 표시한 서류이다.
  ㉦ 계약당사자 간에 행한 통지문서
    계약당사자 간에 공사의 이행 중 발생하는 통지·신청·청구·요구·회신·승인 또는 지시 등의 문서를 말한다.
⑥ 계약문서의 효력
  ㉠ 산출내역서의 효력
    총액단가 입찰공사 외의 공사에 있어서는 산출내역서의 계약금액조정과 기성부분대가 지급 시 적용할 기준으로서만 계약문서로서의 효력을 가지며 그 밖의 다른 사항에 대하여는 계약문서로서는 효력이 없다.
  ㉡ 계약문서 상호 간의 효력
    계약서, 설계서, 공사입찰유의서, 공사계약일반조건, 공사계약특수조건, 산출내역서는 상호보완의 효력을 갖는다고 규정되어 있으므로 일부 계약문서에 누락된 사항이라도 다른 계약문서 간에 의하여 보완할 수 있는 사항은 별도의 변경절차 없이도 계약이행이 가능할 것이다.

ⓒ 통지문서의 효력

계약서, 공사계약일반조건의 효력은 계약문서에 따로 정하는 경우를 제외하고는 계약당사자에게 도달한 날부터 발생한다. 이 경우 도달일이 공휴일인 경우에는 그 익일부터 효력이 발생한다.

> **Check!** 계약문서 상호 간의 효력상 우선순위에 대하여는 명확한 규정이나 해석이 없기 때문에 계약문서 간에 상호 모순되는 내용이 있을 경우 계약이행상 혼선이 초래되거나 당사자 간에 분쟁이 유발될 소지도 있다.

(6) 예산내역서

내역이란 발주자가 공사를 집행하기 위한 기준예산이 되는 것으로서 이 내역은 설계 수준에 따라 증가와 감소가 되게 마련이다. 내역을 작성할 때는 장비수량, 각종 자재물량이 산출되고 이에 따른 표준적인 인력투입량(공량)이 산출되며, 이것에 손실부, 작업지역의 특성, 작업장 높이에 따라 증감을 시키고 여기에 조사된 기준금액을 적용시켜 계산하고 다시 각종 간접비용, 잡비 및 이윤 등을 포함시켜 계산한다.

(7) 건축물에서의 대체적인 순서내용

① 범례 및 주의 도면
② 옥외 관련 도면
③ 전원설비 관련 도면
④ 전력부하설비 관련 도면
⑤ 정보통신설비 관련 도면
⑥ 방재설비 관련 도면
⑦ 자동화설비 관련 도면

2 시방서의 개념

설계도에 기재할 수 없는 자재, 장비, 설비의 내역과 요구되는 시공기술 성능 및 기타 질적인 사항에 관하여 기재한 문서를 말한다. 시방서는 도면으로 표현하기 어려운 내용의 설계의도를 풀어서 기재하는 것, 구조나 재료의 성능 확보를 위한 방향 제시, 설계 시 필요한 공법의 제시 등의 기능을 한다. 시방서의 종류에는 표준시방서, 전문시방서, 공사시방서가 있다.

(1) 종류와 내용

① **표준시방서** : 시설물의 안전 및 공사시행의 적정성과 품질확보 등을 위하여 시설물별로 정한 표준적인 시공기준으로서 발주청 또는 건설기술용역사업자가 공사시방서를 작성할 때 활용하기 위한 시공기준이며(건설기술진흥법 시행령 제65조제6항), 콘크리트 표준시방서, 토목공사 표준시방서, 건축공사 표준시방서, 도로공사 표준시방서 등의 전형적인 예이다.

② **전문시방서** : 시설물별 표준시방서를 기본으로 모든 공종을 대상으로 하여 특정한 공사의 시공 또는 공사시방서의 작성에 활용하기 위한 종합적인 시공기준을 말한다(건설기술진흥법 시행령 제65조제7항).

③ 공사시방서 : 건설공사의 계약도서에 포함된 시공기준을 말하며, 표준시방서 및 전문시방서를 기본으로 하여 작성하되, 공사의 특수성·지역여건·공사방법 등을 고려하여 기본 설계 및 실시 설계도면에 구체적으로 표시할 수 없는 내용과 공사수행을 위한 시공방법, 자재의 성능·규격 및 공법, 품질시험 및 검사 등 품질관리, 안전관리, 환경관리 등에 관한 사항을 기술한다(건설기술진흥법 시행규칙 제40조제1항제3호). 즉, 계약자가 공사를 시공하는 과정에서 요구되는 기술적인 사항을 설명한 문서로서 구체적으로는 사용할 재료의 품질, 작업순서, 마무리 정도 등 도면상 기재가 곤란한 기술적인 사항이 표시된다.

④ 설계시방서 : 공사방법을 일반사항과 특별한 사항 또는 각 기기의 특징 등을 문서화한 것으로 시공을 하거나 감리를 할 경우 설계도면과 같이 매우 중요한 자료로서 활용된다. 이것은 전기설비 전반에 대한 일반적인 용어의 정의, 시공방법, 적용법규 등을 규정한 일반 시방서와 각각의 특성에 따른 특별한 내용 및 적용법규 등을 규정한 특별시방서, 중요자재 및 기기의 구매, 발주에 사용되는 자재시방서로 구분된다.

⑤ 특기시방서 : 공사의 특징에 따라서 표준시방서의 적용범위, 표준시방서에 없는 사항과 표준 시방서에서 특기 시방으로 정하도록 되어 있는 사항 등을 규정한 시방서

⑥ 성능시방서 : 재료와 시공방법은 기술하지 않고 목적하는 결과 즉, 성능의 판정기준에 대해 이를 판별하는 방법 등을 기술한 시방서

⑦ 공법시방서 : 재료와 시공방법을 상세히 기술한 시방서

⑧ 일반시방서 : 입찰 요구조건과 계약조건으로 구분되어 기술적이 아닌 일반사항을 규정하는 시방서

⑨ 기술시방서 : 제품명이나 상품명을 사용하지 않고 공사자재, 공법의 특성이나 설치방법을 정확히 규정하여 성능실현을 위한 방법을 자세히 서술한 시방서

(2) 사용용어

① 시방서의 문장
   ㉠ 문장은 가능한 간결하면서도 의사전달이 명확하게 되도록 서술형 또는 명령형으로 쓴다.
   ㉡ 정확한 용어를 사용하고 누구나 쉽게 이해할 수 있도록 쉽고 평이한 문장이 되도록 한다.
   ㉢ 목적어가 빠진 문구는 사용을 삼간다.
   ㉣ 두 가지 이상의 뜻으로 해석되지 않아야 한다.
   ㉤ 주어와 목적어, 술어가 일치해야 한다.
   ㉥ 성능기준을 형용사나 부사로 마무리함을 지양해야 한다.

② 전문용어
   ㉠ 각 시방서별로 부록으로 처리하여 인덱스의 내용을 제시한다.
   ㉡ 가나다순으로 정리하여 한글의 사용을 원칙으로 한다.
   ㉢ 한문, 영어, 기타 언어의 표기가 필요할 경우에는 ( )를 사용하여 용어의 바로 옆에 표기한다.

(3) 용어의 표현방법

항목	유의내용
애매한 표현 배제	[원칙적으로], [충분한], [관련 OO], [OO 등] 등 애매한 표현을 최대한 배제한다.
시기의 명확화	실기 판단시기를 명확히 기술한다. [미리][사전에] → [공사착수 전에]
규격 기준치의 명확화	정량적인 수치기준은 구체적으로 기술한다. [작업에 적합한 크기] → [30[cm] 이하]

(4) 문장의 표현방법

구 분	문장표현법
[사람]이 주어진 경우	[해야 한다] 또는 [한다]라고 표현한다. ([하는 것을 원칙으로 한다]라는 표현은 삼간다.)
적용기준, 다른 기준을 인용한 경우	[규정에 따라야 한다] 또는 [규정에 따른다]라고 표현한다.

(5) 약어사용 원칙

시방서 작성에 있어서 가능한 약어를 사용하지 않는 것을 원칙적으로 하지만 약어를 꼭 사용할 경우에는 다음과 같은 방법으로 약어를 사용해야 한다.
① 기준 및 규격은 그 단체 및 기관 그리고 제조회사에서 제정해 놓은 것으로 한다.
② 기술용어의 약어는 도면과 공정표에서 자주 반복되어 건설업계에 널리 인식되어 있는 일반적인 명칭을 사용한다.
③ 약어는 원래 단위의 특성을 유지하는 데 필요한 최소한의 문자 및 수로 구성한다.
④ 약어는 다음과 같은 경우에 사용한다.
   ㉠ KS 규격에 규정된 약어
   ㉡ 건설업계에서 제정된 협약
   ㉢ 사전 등에 수록되어 있는 약어

(6) 문장부호 규정

시방서의 기술에 있어서 문자에 사용되는 부호와 기호는 다음의 규정에 의해 표기해야 한다.
① 하나의 어구가 띄어져 쓰여 있을 때에는 쉼표 반점(,)을 사용한다.
② 느낌표(!)나 물음표(?)는 사용하지 않는다.
③ 문장의 끝은 마침표 온점(.)을 꼭 사용해야 한다.
④ 열거된 여러 단위가 대등하거나 밀접한 관계성을 나타낼 경우에는 가운뎃점(·)을 사용한다.
⑤ 이음표는 물결표(~)를 사용하고, 줄표(-)나 붙임표를 사용하지 않는다.

(7) 작성방식

공사시방서는 다음 중 한 가지 방법에 의거해서 작성해야 한다.
① 표준시방서를 기본으로 하여 작성하는 경우(자체 전문시방서를 보유하고 있지 않은 발주청)
② 전문시방서를 기본으로 하여 작성하는 경우(자체 전문시방서를 보유하고 있는 발주청)

3 시방서의 작성요령

(1) 시방서 작성요령
① 정확한 문법으로 기재한다.
② 시방내용의 문장은 간결하게 하고 불필요한 낱말이나 구절은 피한다.
③ 긍정문으로 알기 쉽게 기술한다.
④ 시방서의 내용은 정확하고 통일된 용어를 사용해야 한다.
⑤ 불가능한 사항을 기재해서는 안 된다.
⑥ 예측보다는 직설적으로 기술한다.
⑦ 이해하기 쉽고 혼동이 오지 않도록 구두점을 사용해야 한다.
⑧ 필요한 모든 사항을 기재하되 반복되지 않게 해야 한다.
⑨ 공법과 결과를 모두 기재하지 않는다.
⑩ 모순된 항목은 기재하지 않는다.
⑪ 건설업자 및 공사감독자의 책임한계가 명확하게 작성한다.
⑫ KS와 같은 표준규격의 참고사항을 기술할 때에는 먼저 규격내용을 숙지한 후 인용한다.
⑬ 상투적인 표현을 반복사용하거나 틀에 박힌 문구는 피한다.

4 설계도의 개념

(1) 설계도면
설계도면은 시공될 공사의 성격과 범위를 표시하고 설계자의 의사를 일정한 약속에 근거하여 그림으로 표현한 도서로서 공사목적물의 내용을 구체적인 그림으로 표시해 놓은 도서를 말한다. 즉, 공사 및 감리를 시행하는 데 있어서도 가장 중요한 성과물로서 간략화된 범례를 사용하여 작도한 기본 설계에서 구체화된 내용과 수준을 바탕으로 할 수 있다. 아무리 좋은 설계도면과 경제적인 투자가 선행되더라도 기술과 기능이 모아지지 않은 설계도면은 그 대상물이 시공이나 완공 후에라도 많은 문제점을 갖는 원인이 된다.

(2) 설계도면의 이해
① 설계한 구조와 형상, 치수 등을 일정한 규약에 따라서 그린 도면
② 구조물 등의 설계를 그린 도면과 건축물, 시설물 기타 각종 사물에 예정된 계획을 공학설계적으로 그린 입체적인 도면
③ 장치나 기계를 만들 때 사용 목적에 맞게 치수·구조·재료 등을 결정하여 이에 맞게 그린 도면
④ 건축·토목·기계 등에서 제작을 하거나 공사를 할 때에 목적한 바에 따라 실제적인 계획을 세우고 도면 등으로 명시하는 도면

(3) 설계도면의 종류와 내용
① 기획도면 : 기획 또는 계획단계에서 작성되는 것으로 공사의 규모와 주요 구조물의 배치 등의 상관관계가 검토된다. 기본골격만을 나타내므로 엄밀하게 도면이라고 할 수는 없고, 이러한 기획도면을 스케치라고도 한다.

② **기본 설계도면** : 예비타당성조사, 기본계획 및 타당성조사 결과를 감안하여 시설물의 규모, 배치, 형태, 개략공사 방법 및 기간, 개략공사비 등에 관한 조사, 분석, 비교·검토를 거쳐 최적안을 선정하고 설계기준 및 조건 등 실시설계에 필요한 기술자료가 작성되어 있는 도면을 말한다. 기본 설계는 외관, 방의 배치, 기본구조, 사용자재 등 설계의 기본적 사항에 관하여 부지의 위치형상이나 건축주로부터 청취한 예산액 기타 희망사항을 고려하여 설계자가 도면 등에 의한 제안을 하여 건축주의 승인을 얻어 확정하게 된다.

③ **실시 설계도면** : 기본 설계의 결과를 토대로 시설물의 규모, 배치, 형태, 공사방법과 기간, 공사비, 유지관리 등에 관하여 세부조사 및 분석, 비교·검토를 통하여 최적안을 선정하여 시공 및 유지관리에 필요한 내용을 작성한 도면으로, 실시 설계도면은 상세 설계도면이라고도 하는데, 공사도면이라고 하면 보통 이 실시 설계도면을 말한다. 실시 설계는 확정된 기본 설계에 따라서 건축업자에 의한 공사의 견적 및 실시가 가능한 정도의 도면 및 시방서를 작성하는 단계이다.

(4) 시공 상세도면

공사의 특정부분을 구체적으로 나타내기 위하여 시공자가 준비하여 제출하는 도면, 도해, 설명서, 성능 및 시험자료 등을 말한다. 발주처는 공사의 진행단계별로 시공 상태를 검토, 확인받아야 하는 대상공종과 시공자가 작성할 시공 상세도면의 목록을 공사시방서에 명시하여야 한다.

5 설계도의 작성요령

(1) 용어의 정의

① **표준도** : 실시 설계 시 시간을 단축하며 많은 기술자가 활용할 수 있도록 만들어 놓은 도면이다(공사발행 토목시설물표준도와 구조물표준도, 국토교통부 발행의 각종 표준도).
② **실시 설계도** : 기본 설계도를 상세히 작성하여 공사비를 산출하고 입찰시공을 할 수 있도록 그린 도면을 말한다.
③ **기본 설계도** : 실시 설계도를 위해 작성하여 그린 도면을 말한다.
④ **시공도** : 실시 설계도를 참고하여 계약조건과 시방서 그리고 현지 여건에 맞게 그린 도면을 작성하는 것이다.

(2) 설계도서의 작성범위

① 설계도면(전산 설계)
② 구조계산서 및 부하계산서
③ 시방서(일반 및 특기시방서)
④ 공사내역서(물량산출근거 포함)
⑤ 일위대가표(단가산출서 및 견적서 포함)

(3) 설계도서 작성요령

① 일반적인 사항
  ㉠ 동일상세 반복금지　　　　　　　　　　㉡ 대칭원리 이용

ⓒ 적절한 경우에 가능한 단어사용
　　　ⓜ 간단한 조립상세
　　　ⓢ 불필요한 도면삭제
　　　ⓩ 공통된 모양이나 기호는 Tamplet을 사용
　　　ⓚ 과도한 시공 상세도면 억제
　　　ⓔ 기성부품의 목록표시
　　　ⓗ 무의미하고 불필요한 노력제거
　　　ⓞ 재료표시의 최소화
　　　ⓩ 점선의 사용억제
　　　ⓣ 표준기호 사용

② 전문인인 사항
　　ⓐ 이해하기 쉽도록 작성해야 한다.
　　ⓑ 모든 설계도면에는 서명 또는 날인이 있어야 한다(책임기술자, 도면작성자, 검토자).
　　ⓒ 설계도면은 제도통칙과 토목제도통칙에 따라 작성해야 한다.
　　ⓓ 설계도면에는 관련 도면란을 만들어 놓고 해당 도면의 내용과 밀접한 관계가 있는 도면번호를 기재해 놓아야 한다.
　　ⓔ 도면 하단에 표제란에는 형식과 발주청의 협의사항이 결정되어 있어야 한다.
　　ⓕ 설계도면에는 개정란을 만들어 시공 시 도면의 내용을 기재해야 한다.
　　ⓖ 설계면에는 주석란을 만들어서 재료의 종류와 강도, 구조물의 설계방법 등과 같은 주요설계조건과 시공 시에 유의할 점 등 해당 도면의 공사내용에 대한 특기사항을 수록해야 한다.
　　ⓞ 도면의 맨 앞에는 전체 도면의 목차를 작성해야 한다.
　　ⓩ 모든 보고서와 계산서는 A4 용지에 작성하는 것을 원칙적으로 하고 도면이나 집계표 등은 A3 용지를 사용할 수 있다.
　　ⓩ 도면에는 설계방법에 대해 표시한다.
　　ⓚ 계약서와 과업지시서에 특별한 사항이 없는 경우는 기존 설계자료 및 관련 기술 자료를 참조해서 설계한다.
　　ⓣ 경제성과 시공성 그리고 내구성 및 안전성, 유지관리 등을 고려해서 사용재료를 선정해야 한다.
　　ⓟ 모든 도면은 "건설 CALS/EC 전자도면 작성표준"에 따라 작성해야 한다.
　　ⓗ 설계도면에 작성되는 단위는 SI를 원칙으로 하고 특수단위가 필요할 경우에는 발주청과 협의한 후에 작성해야 한다.

③ 실제적인 사항
　　ⓐ 배치도 : 1/300, 1/500 또는 1/1,000
　　ⓑ 평면 및 배치도 : 1/50 또는 1/100
　　ⓒ 상세도 : 1/30, 1/10, 1/5 또는 실물크기
　　ⓓ 도면크기 : 중판 또는 대판
　　ⓔ 단위 : 미터법으로 표기하되 [mm] 단위로 표기하여야 한다.
　　ⓕ 숫자 : 모든 숫자는 아라비아 숫자로 표기하여야 한다.
　　ⓢ 문자 : 한글을 원칙으로 하되, 필요시 외래어를 사용할 수 있다.
　　ⓞ 약자 : 보편적으로 사용하는 범위 내에서 영문약자를 사용하고, 반드시 약자 해설을 [mm]에 명기하여야 한다.

④ 평면위치 표시

단면위치 표시번호는 다음 보기의 요령으로 작성하여야 한다.

㉠ 부분 상세기호

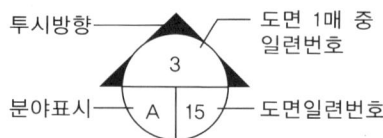

㉡ 입면 또는 전개도를 표시하는 경우

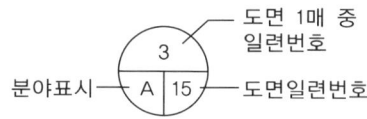

⑤ 도면번호

설계도의 도면번호는 건축, 토목, 기계, 전기, 통신, 조경 등 분야별로 웃머리 문자를 구분하여 기입하되, 사전에 설계자와 협의하여 기입하여야 한다.

⑥ 기 타

㉠ 모든 설계도서 작성은 국토교통부, 대한건설협회, 국립공업시험원 발행 표준품셈을 기준으로 하되, 실거래금액, 견적단가 등을 적용할 수 있다.

㉡ 국내 자재단가 적용순위
  - 조달청 가격정보
  - 월간 물가정보지 3가지 이상에서 최저단가
  - 위의 항에 명시되지 않은 품목은 견적처리(견적서 첨부)

⑦ 설계도서 작성요령(건축분야)

㉠ 기본 설계 : 건축계획 시의 제반조건과 요구사항 등을 바탕으로 하여 배치, 평면, 단면, 입면, 구조, 재료, 설비, 공사비, 공사기간 등의 기본적인 내용을 설계도서에 표기한 것을 말하며, 그 내용 및 작성기준은 다음 표와 같다.

기본 설계항목

구 분	표시하여야 할 사항
설계설명서	• 공사 개요 : 위치, 대지면적, 개략공사기간, 공종별 개략공사비 등 • 설계 개요 : 지역, 지구, 구조, 규모, 건축면적, 연면적, 건폐율, 용적률, 주차면적, 조경면적, 최고높이, 층고, 층별면적, 각 층 주용도 등 • 사전조사 사항 : 지반고, 지질 및 지형기요(토지현황, 시설물현황 등), 강우량, 바람, 동결심도, 교통, 수용인원, 장비 등 • 계획 및 방침 : 부지선정, 방침 및 대안검토(계획의 원칙 및 기준제시안 채택 과정설명), 시설물종합배치계획, 개략조경계획, 주차계획, 수평·수직동선계획, 방재계획, 기타 • 공종별 개략공사비 산정 • 개략 공정계획 • 주요 설비계획 • 주요 자재계획 • 기타 필요사항

구 분	표시하여야 할 사항
구조계획서	• 설계근거 기준 • 구조재료의 규격 및 설계기준 강도 • 제반하중 조건에 대한 분석 적용 • 구조형식의 선정 및 선정근거 • 각 부 구조계획 : 골조의 평면, 칸 사이, 층고, 바닥판 구조, 지붕 구조, 기타 • 주요 구조부재의 개략 단면산정 계산서 • 내진 구조계획 개요(다만, 해당 건물에 한함) • 토질개황 • 토질조사 및 토질주상도 작성 • 토질시험(표준관입시험, 평판재하시험, 토성시험 등) • 지내력 산출근거 • 지하수위 • 기초 토질에 관한 의견 • 시공개요 • 공정관리 계획 • 공법선정 계획 • 재료선정 계획 • 품질관리 계획 • 양중관리 계획

ⓛ 실시 설계 : 기본 설계를 구체화하여 실제시공에 필요한 사항을 설계도서에 작성한 것을 말하며, 그 내용 및 작성기준은 다음 표와 같다.

실시 설계항목

구 분	표시하여야 할 사항
설계설명서	• 공사 개요 : 위치, 대지면적, 공사기간, 공종별 공사비 등 • 설계 개요 : 지역, 지구, 구조, 건축면적, 연면적, 건폐율, 용적률, 주차면적, 최고높이, 조경면적, 층별면적 각 층 주용도 등 • 사전 조사사항 : 지반고, 지질 및 지형개요, 강우량, 바람, 동결심도, 적설량, 교통, 수용인원, 장비 등 • 시공방법 • 공사비 산정(공종별 물량 및 공사비) • 세부공정계획(근거자료 첨부) • 세부설비계획 • 기타 필요한 사항
구조계획서	• 설계근거 기준 • 구조재료의 성질 및 특성 • 제반하중 조건에 대한 분석 적용 • 구조의 형식 선정 • 각 부 구조계획, 골조의 평면, 칸 사이 층고, 바닥판구조, 지붕구조, 기타 • 구조계산서 • 각 부 하중계산, 구조해석, 부재의 설계(전산프로그램에 의한 구조계산서에는 프로그램의 종류, 구조해석 방법, 설계조건, 계산과정 및 입출력자료의 명시) • 내진구조계획 및 구조방식 명시(다만, 해당 건물에 한함)
토질조사 보고서	• 토질개황 • 토질조사 및 토질주상도 작성 • 토질시험(표준관입시험, 평판재하시험, 토성시험 등) • 지내력 산출근거 • 지하수위 • 기초토질에 관한 의견

구 분	표시하여야 할 사항
시방서	• 일반시방서 • 특기시방서 • 유지관리계획서

실시 설계도면

구 분	표시하여야 할 사항		
	도면종류	축 척	사 항
실시 설계 설명서	목 차	임 의	–
	위치도	임 의	인근지도
	부근안내도	임 의	방위, 도로 및 목표가 되는 지물 등
	조감도 또는 투시도	임 의	색채사용
	주변현황도 또는 배치도	1/600 이상	• 주변 건물과의 스카이라인도 축척, 방위, 대지경계선, 대지가 접하는 도로 및 대지 내 도로의 위치·폭, 도로경계선에서 건축물까지의 거리, 각 건축물과 부수시설물 간의 위치관계 및 동선처리, 다른 건축물과의 구별, 등고선·옹벽·정화조·배수시설·주차장 등 기본계획 시에 고려된 사항 • 고정된 장소에 벤치마크 표시 위치
	입면도(4면)	1/100 이상	축척, 외벽, 지붕, 옥상돌출부, 출입구의 형태, 개구부의 위치 및 크기, 기타
	주단면도 (종횡 2개소 이상)	1/100 이상	건축물의 각실 및 계단 등의 전체구조를 파악하기 용이한 위치에 주단면도를 작성하며, 축척, 기초의 크기, 재료, 반자의 구조, 계단, 승강기, 경사로 등의 구조, 지붕 층의 방수, 단열마감을 포함한 구조, 외벽의 단열마감을 포함한 구조 및 창호의 형태, 크기 등 기타
	구조계획도	1/100 이상	• 각종 구조틀도(기둥 및 보등 주요구조부) • 골조 단면도(종횡 각 2개소 이상)
	차량동선도	1/600 이상	단지 내·외 차량흐름도
	조경계획도	1/200 이상	축척, 식수평면계획, 수종, 조경면적 산출내용과 조경시설물(환경조각, 상징탑, 벤치, 파고라, 분수, 휴게소, 휴지통 등), 체육시설 등의 위치·크기 등 기타

구분	표시하여야 할 사항		
	도면종류	축척	사항
설계도면	건축물 내의 마감표	임의	바닥, 천장, 내벽, 외벽, 지붕 등
	각 층 평면도	1/100 이상	축척, 방위, 각 실의 크기, 용도와 용도분류에 따른 적재하중 표기, 벽의 위치, 재료의 두께, 개구부 및 방화문의 위치·폭, 직통계단 도는 피난계단의 위치 및 폭, 복도의 위치 및 폭, 승강기의 위치 및 폭, 서가 등 개실의 평면계획에 영향을 주는 시설물의 위치 및 크기
	부근안내도	임의	방위, 도로 및 목표가 되는 지물 등
	조감도 또는 투시도	임의	색채사용
	종합배치도	1/600 이하	축척, 방위, 대지경계선, 대지가 접하는 도로 및 대지 내 도로의 위치·폭, 도로의 위치·폭, 도로경계선에서 건축물까지의 거리, 각 건축물과 부수시설물 간의 위치관계·동선처리, 주변 건축물과의 구별, 등고선, 옹벽, 정화조, 배수시설, 주차장 등 기타 계획 및 시공에 필요한 사항(주변도로상의 각종 매설물의 조사사항에 대한 상세 및 수량표기)
	부분배치도 및 상세도	1/100 이하 ~1/300 이상	• 상기사항(배치도)를 좀 더 구체적으로 표시 • 축척, 주차장 배치평면, 도로, 통로 및 출입구의 위치·폭 등(Key Plan 작성)
	주차장 평면도	1/300 이상	−
	구적도 및 건물 면적산출표	1/200 이상	−
	조경계획도	1/100 이상	축척, 식수평면계획, 수종, 조경면적 산출내용과 조경시설물(벤치, 파고라, 분수, 휴게소, 휴지통, 체육시설)의 위치·크기, 수목, 잔디 등 시공에 필요한 상세도면 일체
	조경, 토목상세도	1/50 이상	• 조경단지 조성에 필요한 사항일체 • 토목구조물 등의 시공에 필요한 상세도면 일체
	건축물 내외 마감표		바닥, 천장, 내벽, 외벽, 지붕 등
	각 층 평면도	1/200 이상	• 각 실의 계획 및 시공에 필요한 사항 일체 • 각 층 단면도로 파악이 곤란한 부분으로 시공에 필요한 사항일체
	단위평면도	1/50 이상	−
	각 층 천장평면도, 지붕평면도	1/100 이상	시공에 필요한 사항 일체
	입면도(4면)	1/50 이상	• 시공에 필요한 사항 일체 • 축척, 외벽, 지붕, 옥상돌출부, 출입구의 형태, 개구부의 위치 및 크기, 기타
	주 단면도	1/100 이상	건축물의 각실 및 계단 등의 전체구조를 파악하여 축척, 기초의 크기·재료·각 실의 층고·천장고·바닥·두께·재료, 반자의 구조, 계단·승강기·경사로 등의 구조, 지붕 층의 방수·단열마감을 포함한 구조, 외벽의 단열마감을 포함한 구조 및 창호의 형태·크기 등 기타
	단면상세도(부분 단면상세도)	1/50 이상 (1/30 이상)	주단면도로 파악이 곤란한 부분으로 시공에 필요한 사항 일체
	개별실 단면상세도	−	−
	지붕단면상세도	1/30~1/50 이상	주단면도로 파악이 곤란한 부분으로 시공에 필요한 사항 일체
	계단평면·단면상세도	1/50 이상	주단면도로 파악이 곤란한 부분으로 시공에 필요한 사항 일체

구분	표시하여야 할 사항		
	도면종류	축척	사항
설계도면	굴뚝상세도	1/30 이상	주단면도로 파악이 곤란한 부분으로 시공에 필요한 사항 일체
	셔터, 피트, 발코니 등	1/30~1/50 이상	주단면도로 파악이 곤란한 부분으로 시공에 필요한 사항 일체
	부분상세도	-	주단면도로 파악이 곤란한 부분으로 시공에 필요한 사항 일체
	창호일람표	-	창호의 일람
	각 층 창호평면도	1/100 이상	시공에 필요한 사항 일체
	창호상세도 부분상세도	1/50 이상, 1/30~1/10	시공에 필요한 사항 일체
	고정 및 부착 시설물 배치도	1/100 이상	싱크대, 서가, 사무집기, 수・배전시설, 보일러 등
	부착시설물상세도	1/30~1/10	시공에 필요한 사항 일체
	기초구조평면도	1/100 이상	시공에 필요한 사항 일체
	구조주심도	1/100 이상	구조 외 외벽 중심선 등 시공에 필요한 사항 일체
	기초구조배근도	1/30 이상	구조 외 외벽 중심선 등 시공에 필요한 사항 일체
	기초구조단면상세도	1/30 이상	구조 외 외벽 중심선 등 시공에 필요한 사항 일체
	각 층 기둥・보 일람표	-	구조 외 외벽 중심선 등 시공에 필요한 사항 일체
	각 층 보・바닥판	1/30 이상	구조 외 외벽 중심선 등 시공에 필요한 사항 일체
	단면상세도	1/100 이상	구조 외 외벽 중심선 등 시공에 필요한 사항 일체
	지붕구조평면도	-	구조 외 외벽 중심선 등 시공에 필요한 사항 일체
	지붕구조단면상세도	-	시공에 필요한 사항 일체
	계단구조배근도 및 단면상세도	-	시공에 필요한 사항 일체
	옹벽구조배근도	-	시공에 필요한 사항 일체
	옹벽구조단면상세도	-	시공에 필요한 사항 일체
	구조부재조립도 (P.C 철골 및 트레인의 경우)	-	시공에 필요한 사항 일체
	구조부재접합상세도 (P.C 철골 및 트레인의 경우)	-	시공에 필요한 사항 일체

(4) 설계의 순서

① 프로그래밍 단계

발주자의 요구와 목표를 정의하고 분석해 기록하고 작성하는 단계이다.

② 기획 설계 단계

발주자의 디자인에 대한 견해를 알고 각 디자인 콘셉트를 위한 자료준비를 하는 단계이다.

③ 기본 설계 및 중간 설계 단계

㉠ 발주자에 의해 승인된 디자인을 발전시켜 도면에 대한 실내입면도, 상세도, 평면도 등을 설계하는 단계이다.

㉡ 초기 디자인에 대한 견적을 위해 시공과 외주업체 등에 견적확인을 하는 단계이다(견적서를 작성해야 한다).

④ 실시 설계 단계

　　최종 도면을 가지고 수정 작업한 후 실시도면 준비와 공사시방서 준비, 공정표 작성을 하는 단계이다.

⑤ 감리 및 시공

(5) 설계도 작성 시 고려되어야 할 사항

① 설계의 경제성과 실용성에 대한 검토방안을 제시해야 한다.
② 설계변경 및 공사비 증액을 최소화해야 한다.
③ 설계에 적용 가능한 건설 신기술의 공법 및 적용기준을 제시해야 한다.
④ 시설물의 내구성과 유지관리에 대해 고려해서 설계해야 한다.
⑤ 환경 친화적 건설공사를 위한 공법을 적용해야 한다.

(6) 설계변경조건

① 민원발생에 의해 과업수행이 불가능하거나 지연될 경우
② 천재지변이나 내란 혹은 전쟁 등으로 인해 불가항력적인 사태가 발생하여서 업무수행이 불가능할 경우
③ 과업업무량 조정으로 참여기술자의 증감이나 등급이 변경되었을 경우
④ 계약내용에 따른 이행수량에 의해 정산이 변경되었을 경우
⑤ 토지의 상태가 불규칙하게 되어서 변경이 불가피할 경우
⑥ 지자체나 관계기관과의 협의 또는 발주청의 계획이 변경되었을 경우
⑦ 발주자의 견해나 안전상에 문제가 있을 경우

(7) 도면 제도 일반원칙

① 도면은 알아보기 쉽게 간결하고 중복표기를 하지 않는다.
② 설계도면은 이해가 쉽게 상세히 작성한다.
③ 보이는 부분은 실선으로 표기하고 숨겨진 부분은 점선이나 파선으로 표기하도록 한다.
④ 도형으로 표현이 곤란하거나 도면을 복잡하게 할 경우 도형 대신 적당한 주기로 표현할 수 있다.
⑤ 설계도면에 작성되는 단위는 [mm] 사용을 기본원칙으로 하고 특수한 단위가 필요할 경우에는 프로젝트 관리자의 지도하에 사용해야 한다.

CHAPTER 06 적중예상문제

제2과목 태양광발전 설계

01 다음 기호 심볼의 내용은 무엇인가?

① 전 주 ② 전기통신맨홀
③ 핸드홀 ④ 통신구

해설
전기통신맨홀(원형)

02 다음 기호 심볼의 내용은 무엇인가?

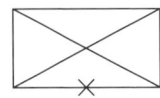

① 강관주 ② 목 주
③ 핸드홀 ④ 동력분전반

해설
동력분전반(일반형)

03 다음 기호 심볼의 내용은 무엇인가?

① 동력분배반
② 단상변압기
③ 3상 변압기
④ 주상변압기

해설
주상변압기(기설)

04 다음 기호 심볼 내용은 무엇인가?

① 피뢰침
② 접 지
③ 분전반
④ 점검구

해설
피뢰침

05 다음 기호 심볼 내용은 무엇인가?

① 접 지
② 상 승
③ 하 강
④ 피뢰침

해설
접 지

정답 1 ② 2 ④ 3 ④ 4 ① 5 ①

06 다음 기호 심볼 내용은 무엇인가?

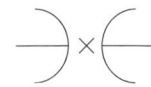

① 케이블 헤드
② 방전갭
③ 전원플러그
④ 전류제한기

해설
방전갭
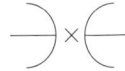

07 다음 기호 심볼 내용은 무엇인가?

① 코 일
② 정류기
③ 단 자
④ 교류전원

해설
정류기

08 다음 기호 심볼 내용은 무엇인가?

① 직류전원
② 신 호
③ 단 자
④ 교류전원

해설
교류전원

09 다음 기호 심볼 내용은 무엇인가?

① 저항기   ② 광전관
③ 발전기/전동기   ④ 접 지

해설
발전기/전동기

10 다음 기호 심볼 내용은 무엇인가?

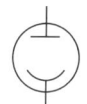

① 광전관   ② 정전용량
③ 개폐기   ④ 전자코일

해설
광전관

11 다음의 토목일반 기호의 내용은?

— · — · —

① 용지경계선
② 시설반경계
③ 분소경계
④ 사무소경계

해설
용지경계선

정답 6 ② 7 ② 8 ④ 9 ③ 10 ① 11 ①

12 다음의 토목일반 기호의 내용은?

① 용지경계선　② 시설반경계
③ 분소경계　　④ 사무소경계

해설
분소경계

13 다음의 토목일반 기호의 내용은?

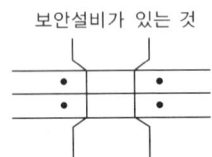

① 건널목　② 개 거
③ 파 정　　④ 인도교

해설
건널목

14 다음의 토목일반 기호의 내용은?

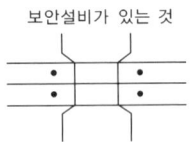

① 터 널　② 인도교
③ 교 량　④ 구 배

해설
교 량

15 다음의 토목일반 기호의 내용은?

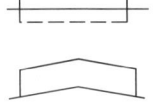

① 터 널
② 인도교
③ 교 량
④ 구 배

해설
터 널

16 다음의 토목일반 기호의 내용은?

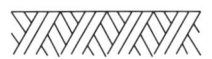

① 자 갈
② 목 재
③ 강
④ 지 면

해설
지면(토사)

17 다음의 토목일반 기호의 내용은?

① 자 갈　② 목 재
③ 강　　　④ 지 면

해설
목 재

정답　12 ③　13 ①　14 ③　15 ①　16 ④　17 ②

18 다음 건축기호는 무엇인가?

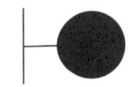

① 치수화살표 ② 인출점
③ 치수점 ④ 치수사선

해설
인출점

19 다음 건축기호는 무엇인가?

① 유수방향
② 목표방향
③ 수위표고
④ 수위표

해설
목표방향

20 다음 건축기호는 무엇인가?

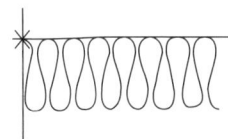

① 복합패널 ② 칸막이
③ 카 펫 ④ 단열재

해설
단열재

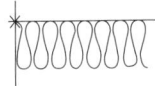

21 다음 건축기호는 무엇인가?

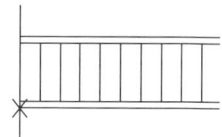

① 복합패널 ② 칸막이
③ 카 펫 ④ 단열재

해설
칸막이

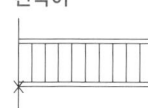

22 다음 건축기호는 무엇인가?

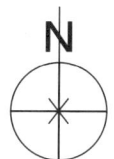

① 도면명 ② 방위표
③ 축 적 ④ 입면안내

해설
방위표

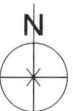

23 다음 건축기호는 무엇인가?

① 배수관 ② 오수관
③ 일반맨홀 ④ 카스토퍼

해설
오수관

정답 18 ② 19 ② 20 ④ 21 ② 22 ② 23 ②

24 다음 건축기호는 무엇인가?

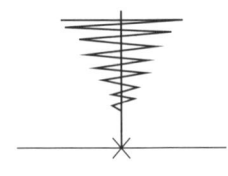

① 경사로   ② 지반선
③ 대지의 고저   ④ 안테나

해설
대지의 고저

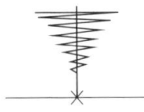

25 공사계약을 할 때 발주자로부터 제시된 도면과 시공기준을 정한 시방서로서 설계도면과 시방서, 현장설명서와 현장설명에 대한 질문 회답서 등을 총칭하는 내용을 무엇이라 하는가?

① 표준시방서   ② 설계도서
③ 계약서   ④ 발주서

해설
설계도서
공사계약을 할 때 발주자로부터 제시된 도면과 시공기준을 정한 시방서로서 설계도면과 시방서, 현장설명서와 현장설명에 대한 질문 회답서 등을 총칭하는 내용이다.

26 각 발주자가 공사 시에 공통으로 이용하는 것으로서 공사 목적물의 품질이나 시공의 안전 등을 확보하기 위해서 필요한 사항을 적은 명세서는?

① 시공명세서   ② 표준명세서
③ 특기명세서   ④ 설계명세서

해설
표준명세서
각 발주자가 공사 시에 공통으로 이용하는 것으로서 공사 목적물의 품질이나 시공의 안전 등을 확보하기 위해서 필요한 사항을 적은 명세서이다.

27 각 공사에 고유한 시공상의 문제나 표준 명세서를 부정하는 사항 등이 정해져 있는 명세서는?

① 시공명세서   ② 표준명세서
③ 특기명세서   ④ 설계명세서

해설
특기명세서
각 공사에 고유한 시공상의 문제나 표준명세서를 부정하는 사항 등이 정해져 있다.

28 설계의 목적, 각 설비의 요약, 각 설계에 대한 분석자료, 설계 시 적용할 특별한 사항 등이 기록되는 것은?

① 표준명세서   ② 특기명세서
③ 시공명세서   ④ 설계설명서

해설
설계설명서
설계의 목적, 각 설비의 요약, 각 설계에 대한 분석자료, 설계 시 적용할 특별한 사항 등이 기록된다. 이것은 장래에 진단이나 개수 혹은 보수, 증축 등에 유용한 자료가 되기 때문에 각 설비의 중요도면 등을 삽입하고 설계 시 중요한 검토내용을 첨부한다.

29 설계도서 해석의 우선순위 중 가장 우선이 되는 사항은?

① 특별시방서   ② 수량산출서
③ 설계도면   ④ 시공도면

해설
설계도서 해석의 우선순위(주택의 설계도서 작성기준)
• 특별시방서
• 설계도면
• 일반시방서·표준시방서
• 수량산출서
• 승인된 시공도면

30 설계계산서 포함 내용에 해당되지 않는 것은?

① 부하계산서   ② 발전기용량계산서
③ 축전지용량계산서   ④ 정전용량계산서

해설
설계계산서 포함 내용
- 부하계산서
- 발전기용량계산서
- 축전지용량계산서
- 접지저항계산서
- 고장(단락, 충전, 지락)전류계산서
- 수·변전설비 용량계산서(차단기, 변압기)
- 간선 및 전압강하계산서
- 조도계산서
- 고조파전류계산서(필요시)
- 전화설비용량계산서

31 설계도서 적용 시 고려사항에 해당되지 않는 내용은?
① 숫자로 나타낸 치수는 도면상 축척으로 잰 치수보다 우선한다.
② 특별시방서 및 도면에 기재되지 않은 사항은 일반시방서에 의한다.
③ 설계도면 및 시방서의 어느 한쪽에 기재되어 있는 것은 그 양쪽에 기재되어 있는 사항과 완전히 동일하게 다룬다.
④ 일반시방서는 당해 공사에 한하여 특별 시방서에 우선하여 적용한다.

해설
설계도서 적용 시 고려사항
- 숫자로 나타낸 치수는 도면상 축척으로 잰 치수보다 우선한다.
- 설계도면 및 시방서의 어느 한쪽에 기재되어 있는 것은 그 양쪽에 기재되어 있는 사항과 완전히 동일하게 다룬다.
- 특별시방서 및 도면에 기재되지 않은 사항은 일반시방서에 의한다.
- 특별시방서는 당해 공사에 한하여 일반시방서에 우선하여 적용한다.
- 위의 항목 이외의 사항에 대해 공사계약문서 상호 간의 차이가 있을 때는 감리원의 의견을 참조하여 발주자가 최종적으로 결정한다.

32 입찰 전에 공사가 진행될 현장에서 현장상황, 도면 및 시방서에 표시하기 어려운 사항 등 입찰참가자가 입찰가격의 결정 및 시공에 필요한 정보를 제공, 설명하는 서면은?
① 물량내역서 ② 현장설명서
③ 수의계약서 ④ 발주서

해설
현장설명서
입찰 전에 공사가 진행될 현장에서 현장상황, 도면 및 시방서에 표시하기 어려운 사항 등 입찰참가자가 입찰가격의 결정 및 시공에 필요한 정보를 제공, 설명하는 서면을 말한다.

33 통지문서의 효력은 언제부터 발생하는가?
① 계약문서에 따로 정하는 경우를 제외하고는 계약당사자에게 도달한 날부터 발생한다.
② 계약문서에 따로 정하는 경우를 제외하고는 계약당사자에게 도달한 다음날부터 발생한다.
③ 계약문서에 따로 정하는 경우를 제외하고는 계약당사자에게 도달한 2일 전부터 발생한다.
④ 계약문서에 따로 정하는 경우를 제외하고는 계약당사자에게 도달한 3일 전부터 발생한다.

해설
통지문서의 효력
계약서, 공사계약일반조건 제5조제3항에 의거, 통지 등의 효력은 계약문서에 따로 정하는 경우를 제외하고는 계약당사자에게 도달한 날부터 발생한다. 이 경우 도달일이 공휴일인 경우에는 그 익일부터 효력이 발생한다.

34 설계도에 기재할 수 없는 자재, 장비, 설비의 내역과 요구되는 시공기술 성능 및 기타 질적인 사항에 관하여 기재한 문서를 무엇이라 하는가?
① 시방서 ② 설계서
③ 내역서 ④ 결과서

해설
시방서
설계도에 기재할 수 없는 자재, 장비, 설비의 내역과 요구되는 시공기술 성능 및 기타 질적인 사항에 관하여 기재한 문서를 말한다.

35 시방서의 종류에 해당되지 않는 것은?
① 전문시방서 ② 발주시방서
③ 공사시방서 ④ 표준시방서

[해설]
시방서의 종류
- 표준시방서
- 전문시방서
- 공사시방서

36 시설물별 표준시방서를 기본으로 모든 공종을 대상으로 하여 특정한 공사의 시공 또는 공사시방서의 작성에 활용하기 위한 종합적인 시공기준에 대한 내용을 작성한 시방서는?

① 표준시방서　　② 전문시방서
③ 공사시방서　　④ 설계시방서

[해설]
전문시방서
시설물별 표준시방서를 기본으로 모든 공종을 대상으로 하여 특정한 공사의 시공 또는 공사시방서의 작성에 활용하기 위한 종합적인 시공기준을 말한다.

37 건설공사의 계약도서에 포함된 시공기준은?

① 표준시방서　　② 전문시방서
③ 공사시방서　　④ 설계시방서

[해설]
공사시방서
건설공사의 계약도서에 포함된 시공기준을 말하며, 표준시방서 및 전문시방서를 기본으로 하여 작성되는 시방서이다.

38 설계시방서는 어떻게 구성이 되어 있는가?

① 일반시방서 + 특별시방서 + 기술시방서
② 일반시방서 + 표준시방서 + 대표시방서
③ 일반시방서 + 특별시방서 + 자재시방서
④ 일반시방서 + 기술시방서 + 특별시방서

[해설]
설계시방서 구성
- 일반시방서
- 특별시방서
- 자재시방서

39 다음 중 시방서의 종류로 볼 수 없는 것은?

① 공사시방서　　② 표준시방서
③ 전문시방서　　④ 설계시방서

[해설]
운영체계에 따라 시방서의 종류는 표준시방서, 전문시방서, 공사시방서가 있다.

40 시방서의 문장에 대한 설명으로 틀린 내용은?

① 목적어가 빠진 문구는 사용을 삼가야 한다.
② 여러 가지 이상의 뜻으로 해석되어도 전혀 지장이 없다.
③ 주어와 목적어, 술어가 일치해야 한다.
④ 정확한 용어를 사용하고 누구나 쉽게 이해할 수 있도록 쉽고 평이한 문장이 되도록 한다.

[해설]
시방서의 문장
- 문장은 가능한 간결하면서도 의사전달이 명확하게 되도록 서술형 또는 명령형으로 쓴다.
- 정확한 용어를 사용하고 누구나 쉽게 이해할 수 있도록 쉽고 평이한 문장이 되도록 한다.
- 목적어가 빠진 문구는 사용을 삼가야 한다.
- 두 가지 이상의 뜻으로 해석되지 아니해야 한다.
- 주어와 목적어, 술어가 일치해야 한다.
- 성능기준을 형용사나 부사로 마무리함을 지양해야 한다.

41 약어사용 원칙에 해당되지 않는 것은?

① 기술용어의 약어는 도면과 공정표에서 자주 반복되어 건설업계에 널리 인식되어 있는 일반적인 명칭을 사용한다.
② 약어는 원래 단위의 특성을 유지하는 데 필요한 최소한의 문자 및 수로 구성한다.
③ 기준 및 규격은 그 단체 및 기관, 제조회사에서 제정해 놓은 것으로 한다.
④ 약어는 현장에서 많이 쓰이는 용어를 사용한다.

정답 36 ② 37 ③ 38 ③ 39 ④ 40 ② 41 ④

해설
약어사용 원칙
- 기준 및 규격은 그 단체 및 기관, 제조회사에서 제정해 놓은 것으로 한다.
- 기술용어의 약어는 도면과 공정표에서 자주 반복되어 건설업계에 널리 인식되어 있는 일반적인 명칭을 사용한다.
- 약어는 원래 단위의 특성을 유지하는 데 필요한 최소한의 문자 및 수로 구성한다.

42 시방서의 작성요령으로 틀린 내용은?
① 예측보다는 직설적으로 기술한다.
② 모순된 항목은 기재하지 않는다.
③ 부정문으로 전문적으로 기술한다.
④ 불가능한 사항을 기재해서는 안 된다.

해설
시방서 작성요령
- 정확한 문법으로 기재한다.
- 시방내용의 문장은 간결하게 하고 불필요한 낱말이나 구절은 피한다.
- 긍정문으로 알기 쉽게 기술한다.
- 시방서의 내용은 정확하고 통일된 용어를 사용해야 한다.
- 불가능한 사항을 기재해서는 안 된다.
- 예측보다는 직설적으로 기술한다.
- 이해하기 쉽고 혼동이 오지 않도록 구두점을 사용해야 한다.
- 필요한 모든 사항을 기재하되 반복되지 않게 해야 한다.
- 공법과 결과를 모두 기재하지 않는다.
- 모순된 항목은 기재하지 않는다.
- 건설업자 및 공사감독자의 책임한계가 명확하게 작성한다.
- KS와 같은 표준규격의 참고사항을 기술할 때에는 먼저 규격내용을 숙지한 후 인용한다.
- 상투적인 표현을 반복사용하거나 틀에 박힌 문구는 피한다.

43 시방내용 기술 시 일반적인 유의사항 중 틀린 내용은?
① 부정문으로 알기 쉽게 기술한다.
② 정확한 문법으로 기재한다.
③ 예측보다는 직설적으로 기술한다.
④ 모순된 항목은 기재하지 않는다.

해설
시방내용 기술 시 일반적인 유의사항
- 정확한 문법으로 기재한다.
- 긍정문으로 알기 쉽게 기술한다.
- 예측보다는 직설적으로 기술한다.
- 모순된 항목은 기재하지 않는다.

44 시공될 공사의 성격과 범위를 표시하고 설계자의 의사를 일정한 약속에 근거하여 그림으로 표현한 도서로서 공사목적물의 내용을 구체적인 그림으로 표시해 놓은 도서는?
① 계획도   ② 설계도면
③ 구성도   ④ 체계도

해설
설계도면
시공될 공사의 성격과 범위를 표시하고 설계자의 의사를 일정한 약속에 근거하여 그림으로 표현한 도서로서 공사목적물의 내용을 구체적인 그림으로 표시해 놓은 도서를 말한다.

45 설계도면에 대한 내용이 아닌 것은?
① 구조물 등의 설계를 그린 도면과 건축물 그리고 시설물 기타 각종 사물에 예정된 계획을 공학설계적으로 그린 입체적인 도면
② 건축·토목·기계 등에서 제작을 하거나 공사를 할 때에 목적한 바에 따라 실제적인 계획을 세우고 도면 등으로 명시하는 도면
③ 설계한 형상과 내용을 사진으로 찍어서 일정한 규약에 따라서 그린 배경화면
④ 장치나 기계를 만들 때 사용 목적에 맞게 치수·구조·재료 등을 결정하여 이에 맞게 그린 도면

해설
설계도면의 이해
- 설계한 구조와 형상, 치수 등을 일정한 규약에 따라서 그린 도면
- 구조물 등의 설계를 그린 도면과 건축물 그리고 시설물 기타 각종 사물에 예정된 계획을 공학설계적으로 그린 입체적인 도면
- 장치나 기계를 만들 때 사용 목적에 맞게 치수·구조·재료 등을 결정하여 이에 맞게 그린 도면
- 건축·토목·기계 등에서 제작을 하거나 공사를 할 때에 목적한 바에 따라 실제적인 계획을 세우고 도면 등으로 명시하는 도면

정답 42 ③ 43 ① 44 ② 45 ③

46 설계도면의 종류 중 스케치라고 부르는 도면은?

① 기본 설계도면   ② 실시 설계도면
③ 기획도면   ④ 상세도면

해설
설계도면의 종류와 내용
- 기획도면 : 기획 또는 계획단계에서 작성되는 것으로 공사의 규모와 주요구조물의 배치 등의 상관관계가 검토되며, 기본골격만을 나타내므로 엄밀하게는 도면이라고 할 수 없다. 기획도면을 스케치라고도 한다.
- 실시 설계도면 : 기본 설계의 결과를 토대로 시설물의 규모, 배치, 형태, 공사방법과 기간, 공사비, 유지관리 등에 관하여 세부조사 및 분석, 비교·검토를 통하여 최적안을 선정하여 시공 및 유지관리에 필요한 내용을 작성한 도면을 말한다. 실시 설계도면은 상세 설계도면이라고도 하며, 공사도면이라고 할 때는 보통 이 실시 설계도면을 말한다. 실시 설계는 확정된 기본 설계에 따라서 건축업자에 의한 공사의 견적 및 실시가 가능한 정도의 도면 및 시방서를 작성하는 단계이다.

47 기본 설계의 결과를 토대로 시설물의 규모, 배치, 형태, 공사방법과 기간, 공사비, 유지관리 등에 관하여 세부조사 및 분석, 비교·검토를 통하여 최적안을 선정하여 시공 및 유지관리에 필요한 내용을 작성한 도면은?

① 기본 설계도면   ② 실시 설계도면
③ 기획도면   ④ 상세도면

해설
46번 해설 참조

48 공사의 특정부분을 구체적으로 나타내기 위하여 시공자가 준비하여 제출하는 도면, 도해, 설명서, 성능 및 시험자료 등을 담은 도면은?

① 개별도면   ② 기본 설계도면
③ 설계기획도면   ④ 시공 상세도면

해설
시공 상세도면
공사의 특정부분을 구체적으로 나타내기 위하여 시공자가 준비하여 제출하는 도면, 도해, 설명서, 성능 및 시험자료 등을 말한다. 발주처는 공사의 진행단계별로 시공 상태를 검토, 확인받아야 하는 대상공종과 시공자가 작성할 시공 상세도면의 목록을 공사 시방서에 명시하여야 한다.

49 실시 설계도를 참고하여 계약조건과 시방서 그리고 현지 여건에 맞게 그린 도면을 작성하는 것은?

① 표준도
② 실시 설계도
③ 기본 설계도
④ 시공도

해설
시공도
실시 설계도를 참고하여 계약조건과 시방서, 현지 여건에 맞게 그린 도면을 작성하는 것이다.

50 설계도서의 작성범위에 해당되지 않는 것은?

① 구조계산서 및 부하계산서
② 공사내역서
③ 일위대가표
④ 계산서

해설
설계도서의 작성범위
- 설계도면(전산 설계)
- 구조계산서 및 부하계산서
- 시방서(일반 및 특기시방서)
- 공사내역서(물량산출근거 포함)
- 일위대가표(단가산출서 및 견적서 포함)

51 설계도서 일반적인 작성요령에 포함되지 않는 내용은?

① 대칭원리 이용
② 간단한 조립상세
③ 불필요한 도면삭제
④ 점선의 사용지향

해설
설계도서 일반적인 작성요령
- 대칭원리 이용
- 간단한 조립상세
- 불필요한 도면삭제
- 점선의 사용억제

46 ③   47 ②   48 ④   49 ④   50 ④   51 ④

52 설계도서의 전문적인 작성요령에 포함되지 않는 내용은?

① 전문적인 도면이니 전문가만 알 수 있도록 특수하게 작성해야 한다.
② 도면의 맨 앞에는 전체 도면의 목차를 작성해야 한다.
③ 모든 설계도면에는 서명 또는 날인이 있어야 한다.
④ 모든 도면은 "건설 CALS/EC 전자도면 작성표준"에 따라 작성해야 한다.

해설
전문인 사항
• 이해하기 쉽도록 작성해야 한다.
• 모든 설계도면에는 서명 또는 날인이 있어야 한다(책임기술자, 도면작성자, 검토자).
• 도면의 맨 앞에는 전체 도면의 목차를 작성해야 한다.
• 모든 도면은 "건설 CALS/EC 전자도면 작성표준"에 따라 작성해야 한다.

53 설계의 순서를 바르게 나열한 것은?

① 프로그래밍 단계 → 실시 설계 → 감리 및 시공 → 기획 설계 → 기본 설계 및 중간 설계
② 프로그래밍 단계 → 기획 설계 → 기본 설계 및 중간 설계 → 실시 설계 → 감리 및 시공
③ 기본 설계 및 중간 설계 → 기획 설계 → 프로그래밍 단계 → 감리 및 시공 → 실시 설계
④ 실시 설계 → 기본 설계 및 중간 설계 → 기획 설계 → 프로그래밍 단계 → 감리 및 시공

해설
설계의 순서
프로그래밍 단계 → 기획 설계 → 기본 설계 및 중간 설계 → 실시 설계 → 감리 및 시공

54 설계의 순서 중에서 최종 도면을 가지고 수정 작업한 후 실시도면 준비와 공사시방서 준비 그리고 공정표 작성을 하는 단계는?

① 기획 설계 단계 ② 중간 설계 단계
③ 실시 설계 단계 ④ 기본 설계 단계

해설
실시 설계 단계
최종 도면을 가지고 수정 작업한 후 실시도면 준비와 공사시방서 준비, 공정표 작성을 하는 단계이다.

55 발주자의 디자인에 대한 견해를 알고 각 디자인 콘셉트를 위한 자료준비를 하는 단계는?

① 기획 설계 단계
② 중간 설계 단계
③ 실시 설계 단계
④ 기본 설계 단계

해설
기획 설계 단계
발주자의 디자인에 대한 견해를 알고 각 디자인 콘셉트를 위한 자료준비를 하는 단계이다.

56 설계도 작성 시 고려되어야 할 사항이 아닌 것은?

① 설계변경 및 공사비 증액을 최소화해야 한다.
② 환경 친화적 건설공사를 위한 공법을 적용해야 한다.
③ 시설물의 내구성과 유지관리에 대해 고려해서 설계해야 한다.
④ 설계의 간편성과 난이도를 최상으로 해서 채택해야 한다.

해설
설계도 작성 시 고려되어야 할 사항
• 설계의 경제성과 실용성에 대한 검토방안을 제시해야 한다.
• 설계변경 및 공사비 증액을 최소화해야 한다.
• 설계에 적용 가능한 건설 신기술의 공법 및 적용기준을 제시해야 한다.
• 시설물의 내구성과 유지관리에 대해 고려해서 설계해야 한다.
• 환경 친화적 건설공사를 위한 공법을 적용해야 한다.

정답 52 ① 53 ② 54 ③ 55 ① 56 ④

57 설계변경조건이 아닌 것은?

① 과업업무량 조정으로 참여기술자의 증감이나 등급이 변경되었을 경우
② 감리원의 견해나 안전상에 문제가 없을 경우
③ 지자체나 관계기관과의 협의 또는 발주청의 계획이 변경되었을 경우
④ 계약내용에 따른 이행수량에 의해 정산이 변경되었을 경우

해설

설계변경조건
- 민원발생에 의해 과업수행이 불가능하거나 지연될 경우
- 천재지변이나 내란 혹은 전쟁 등으로 인해 불가항력적인 사태가 발생하여서 업무수행이 불가능할 경우
- 과업업무량 조정으로 참여기술자의 증감이나 등급이 변경되었을 경우
- 계약내용에 따른 이행수량에 의해 정산이 변경되었을 경우
- 토지의 상태가 불규칙하게 되어 변경이 불가피할 경우
- 지자체나 관계기관과의 협의 또는 발주청의 계획이 변경되었을 경우
- 발주자의 견해나 안전상에 문제가 있을 경우

58 도면제도의 일반원칙에 대한 사항으로 틀린 것은?

① 설계도면은 전문가만이 알 수 있도록 적당히 작성한다.
② 도형으로 표현이 곤란하거나 도면을 복잡하게 할 경우 도형 대신 적당한 주기로 표현할 수 있다.
③ 보이는 부분은 실선으로 표기하고 숨겨진 부분은 점선이나 파선으로 표기하도록 한다.
④ 도면은 알아보기 쉽게 간결하고 중복표기를 하지 않는다.

해설

도면 제도 일반원칙
- 도면은 알아보기 쉽게 간결하고 중복표기를 하지 않는다.
- 설계도면은 이해가 쉽게 상세히 작성한다.
- 보이는 부분은 실선으로 표기하고 숨겨진 부분은 점선이나 파선으로 표기하도록 한다.
- 도형으로 표현이 곤란하거나 도면을 복잡하게 할 경우 도형 대신 적당한 주기로 표현할 수 있다.
- 설계도면에 작성되는 단위는 [mm] 사용을 기본원칙으로 하고 특수한 단위가 필요할 경우에는 프로젝트 관리자의 지도하에 사용해야 한다.

제 **3** 과목

태양광발전 시공

신재생에너지
발전설비기사

(태양광) [필기]

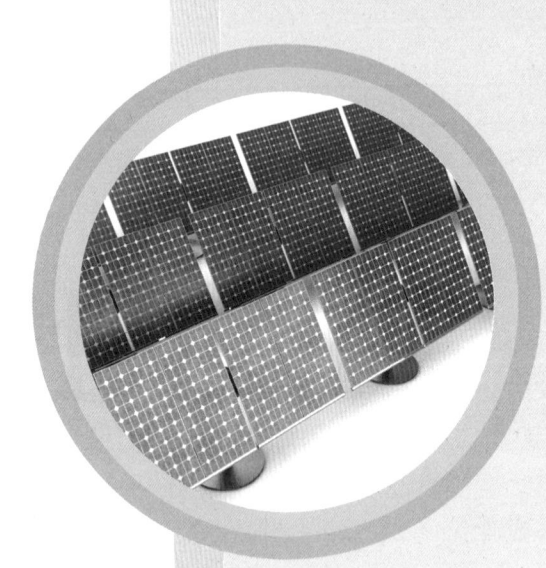

합격의 공식
시대에듀

잠깐!

자격증 · 공무원 · 금융/보험 · 면허증 · 언어/외국어 · 검정고시/독학사 · 기업체/취업
이 시대의 모든 합격! 시대에듀에서 합격하세요!
www.youtube.com → 시대에듀 → 구독

CHAPTER 01 태양광발전 토목공사

제3과목 태양광발전 시공

제1절 태양광발전 토목공사 수행

1 설계도면의 해석

(1) 설계도면 해석의 개요

공사기술자, 감리원은 설계계획서, 설계도면, 시방서, 공사비 내역서, 기술계산서, 공사계약서의 계약 내용과 당해 공사의 조사 설계보고서 등의 내용을 숙지함은 물론 설계도서 등에 대하여 시공의 실제 가능 여부, 설계도서의 누락 오류 등 불명확 부분의 존재 여부, 타 공정과의 상호부합 여부 등을 주안으로 하여 당해 공사 시행 전에 검토하여야 한다. 또한, 공사기술자, 감리원은 창의력을 발휘하여 새로운 방향의 공법 개선 및 공사비 절감을 기하도록 노력하여야 한다.

(2) 설계도서 해석의 목적

설계도서의 해석은 전기설비 설치의 적정성을 기하여 공공의 안전을 확보하고 국민 경제의 발전에 기여하여 공사기술자, 감리원의 전력기술수준을 향상시키고 공종별 설계도면 해석 기본항목을 표준화하여 설계도면을 사전 검토함으로써 공사 중에 예상되는 제반 문제점 및 불합리한 사항을 사전에 파악하여 그 대책을 수립하여 조치함으로써 보다 완벽한 시공 및 감리업무를 수행하는 데 있다.

(3) 설계도서 해석의 내용

① 건설 관련 법령, 설계기준 및 시공 기준에의 적합성 검토
② 구조물의 설치 형태 및 건설 공법 선정의 적정성 검토
③ 사용 재료 선정의 적정성 검토
④ 설계 내용의 시공 가능성에 대한 사전 검토
⑤ 구조계산의 적정성 검토
⑥ 측량 및 지반조사의 적정성 검토
⑦ 설계 공정의 관리
⑧ 공사 기간 및 공사비의 적정성
⑨ 설계의 경제성
⑩ 설계의 적정성
⑪ 설계도면 및 공사시방서 작성의 적정성
⑫ 설계 검토에 대한 결과보고서 작성의 적정성 검토 등

(4) 설계도서 해석

① 관련 도서의 목록
   ㉠ 설계도면 및 시방서
   ㉡ 구조 계산서 및 각종 계산서
   ㉢ 계약내역서 및 산출 근거(사업 주체와 시공자가 다를 경우)
   ㉣ 공사계약서(사업 주체와 시공자가 다를 경우)
   ㉤ 사업계획 승인 조건 등이 있음

② 구조검토서의 검토 실시
   ㉠ 구조계산서, 구조도면의 Revision 표기, 작성일자, 책임 구조기술자 서명
   ㉡ 구조계산서와 구조도면이 해독 가능한지 고려

(5) 설계도서의 해석 우선순위

설계도면과 공사시방서가 상이한 경우로서 물량내역서가 설계도면과 상이하거나 공사시방서와 상이한 경우에는 설계도면과 공사시방서 중 최선의 공사 시공을 위하여 우선 되어야 할 내용으로 설계도면 또는 공사시방서를 확정한 후 그 확정된 내용에 따라 물량내역서를 일치시킨다. 해석 우선순위는 다음과 같다.

① 공사시방서 → 설계도면 → 전문시방서 → 표준시방서 → 산출내역서 → 승인된 상세시공도면 → 관계법령의 유권해석 → 감리자의 지시사항
② 설계도서의 내용이 일치하지 아니한 경우에는 관계 법령의 규정에 적합한 범위에 대해서 감리자의 지시에 따라야 하며, 그 내용이 설계상 주요한 사항인 경우에는 설계자와 협의하여 지시 내용을 결정해야 한다.

(6) 설계오류

설계오류란 설계를 진행하는 과정에서 실수, 오류, 누락 등으로 발생한 설계 변경을 의미한다.
① 계약금액 조정
② 설계 변경기간 동안의 공정지연과 추가 공사비 발생으로 인한 원가 상승
③ 공사 중지로 인하여 시공자는 공사 기간 내에 공사를 완공할 수 없는 경우 발주자에게 지체 상금 지불 등이 발생
④ 설계오류 발생유형 : 발주 기관의 요구, 설계오류, 현장과 상이, 신기술, 신공법 등

(7) 설계도서 오류 해결 방안 목적

① 건설공사에서 설계도서의 검토, 확인업무는 가장 중요함
② 건설공사의 품질 확보에서 설계도서는 결정적인 영향력을 행사함
③ 시공 과정에서 기술적인 견해 차이로 불필요한 마찰 및 설계도서의 부실 문제로 인하여 공정, 품질, 원가 관리에 영향을 미치는 결과를 초래함

④ 설계도서의 이해 및 검토는 전문지식과 집중력을 요구하기 때문에 사업 주체의 설계지침과 설계기준, 각종 설계조건에 대한 충분한 사전 지식을 보유하고 설계도서의 모든 내용을 빠짐없이 검토 및 확인해야 함

(8) 설계도서 검토 요령

① 설계검토와 설계도면 검토

설계와 설계도면의 검토는 서로 같은 뜻으로 사용되고 있으나 다른 의미를 지니고 있다.

㉠ 설계검토

설계 과정마다 주로 계획적인 사항을 검토한다.
- 법적 규정의 검토
- 규모, 미관, 내구성, 경제성 검토
- 필요 면적 조정, 기능, 동선 등 구조 형식, 건축설비 System 사용에 적합한 시설 등의 적합성 검토
- 사용 자재의 검토
- 환경조건의 검토

㉡ 설계도면의 검토

계획적인 사항을 실제로 시공을 하기 위하여 구체적으로 작성된 도면을 검토한다.
- 시공성 여부 검토
- 사용되는 자재의 적합성
- 공종별 종합적인 유기 관계
- 실제적인 주어진 조건과 설계 내용의 시공성
- 설계 내용의 누락, 오류 등 검토

㉢ 설계도서의 검토

공사에 관련된 설계도서(설계도면, 구조설계서 등 관계 서류)를 종합적으로 검토하는 것을 말하며 공사비 등 시공 요소를 검토 시공자 감독원이 주로 종합적으로 관리 검토

㉣ 설계검토의 시행과 검토자
- 계획 단계부터 기본 설계, 실시 설계 등 단계마다 심의 검토
- 설계내용을 충실히 하고 고품질의 구조물을 완성하는 단계인 시공 단계에서 시공자와 감독자가 최종 검토하는 중요한 단계

② 설계검토 요령

㉠ 설계검토의 주요 착안점

건축, 건축부대토목, 건축기계설비, 건축전기설비, 조경 등 관련 종목별로는 심의, 설계 과정에서 내용검토가 이루어져 누락, 오류 등 개선점이 별로 없으나 종합적으로 검토할 때 상호 간의 조건이 달라서 각 요소의 조화 과정에서 상호 간 간섭 사항이 많이 발생한다. 검토할 때는 이를 중점적으로 검토를 해야 한다.

ⓒ 설계검토의 순서

사업계획에서부터 설계 단계별로 검토하여 개선하고 최선의 안을 확정하여 시공 단계에서는 확인 정도로 종결하는 것이 바람직하다. 그러나 현실적으로 실시 설계도면 완성 후 결과를 최종적으로 검토하여 소기의 목적을 완성하는 경우가 일반적이다.
- 설계도서의 검토
- Check Point : 시공에 필요한 설계도면을 비롯한 관계 서류, 자료 등이 구비 되었는가를 검토한다.
- 필요한 관계 도서

③ 항목별 검토 내용

㉠ 배치도
- 공사범위 구분이 명확한지 확인(기존 공사와 신규 공사 구분)
- 축척과 방위가 맞게 표시되었는지 확인
- 대지경계선, 기준점의 높이(Level), 위치(좌표)가 명확하게 표시되어 있는지 확인
- 도로의 위치 및 폭이 정확히 표시되었는지 확인
- 대지의 단면과 배치도의 내용이 일치하는지 확인(대지의 고·저 차 표현)
- 대지경계선과 기준점에서 건물의 배치를 알 수 있도록 표시되었는지 확인
- 건물이 건축선 및 기타 법령에 따르는 후퇴선(Set Back Lines) 안에 배치되어 있는지 확인
- 배치도에 표시되어야 할 사항이 누락되어 있는지 확인, 특히 토목도면이 없는 경우 구지반 및 마감지반의 표시, 맨홀, 도로, 전기 및 설비 시설물들이 표시되어 있는지 확인
- 조경 범위, 작업 한계, 포장 및 수목의 표시가 되어있는지 확인
- 증축인 경우, 기존 건물과 신축 건물의 관계가 명확한지 확인
- 부대시설, 공작물의 위치 및 규격이 명확한지 확인(옹벽, 배수 및 오수 정화 시설, 담장, 국기 게양대, 예술 장식품 등)
- 지하층 및 지상층 외곽선 표시

㉡ 평면도
- 평면도의 축적, 기준선, 열 번호, 치수가 적절한지 확인
- 각종 단면 및 입면 표시가 구분되고 축적에 맞게 표시되어 있는가 확인
- 구조와 관련 기둥, 옹벽 등의 위치가 일치하는지 확인
- 구조도에 표기되는 구조 관련 치수를 반복하지 말 것
- 각종 벽체의 표시 방법이 적절한지 확인(Wall Type 기호 명기), 벽체 종류가 완전하게 표시되어 명확하게 구분할 수 있는지 확인
- 실명, 실번호의 표기 여부 확인, 주단면 지시선의 주단면, 평면도가 일치 여부 확인
- 입면도와 평면도가 일치하는지 확인
- 상세하게 표현되어야 할 부분(부위 상세가 필요한 부분)이 적절하게 참조 표기되어 있는지 확인
- 참조 표시된 부위와 관련 상세가 부합되는지 확인
- 각종 Opening의 위치 및 크기가 적절한지 확인

- 각종 Level 표기, 슬래브 고·저 차(Difference of Elevation)가 적절한지 확인
- 공사 범위 구분이 명확하게 표시되어 있는지 확인
- 바닥이나 벽의 재료 분리 표기 여부 및 관련 상세로 참조 표기가 되어있는지 확인
- 지붕 평면도
  - 축적, 기준선, 열 번호, 치수가 적절한지 확인
  - 지붕 물매 표시와 상당 기준점이 표시되어 있는지 확인
  - 지붕에 돌출되는 구조물의 표기가 표시되어 있는지 확인(특히 방수 관련 중요함)
  - 드레인의 위치 및 개소가 적합한지 확인

ⓒ 입면도
- 건물 전체의 높이, 각층의 높이가 적합한지 확인
- 건축 평면도와 서로 부합되는지 확인
- 건축 평면도의 축적과 같은지 확인
- 주단면도 및 입면도의 적절한 곳에 부위 상세 참조 표기가 되어있는지, 관련 상세와 부합하는지 확인
- 불필요한 선, 치수 및 용어 등이 표시되어 있는지 확인
- 외벽의 마감 재료가 맞게 표기되어 있는지 확인
- 바닥 마감선과 지반고의 표기 확인
- Expansion Joint 확인

ⓔ 부분 상세도
- 부분 상세도와 관련된 평면도, 단면도, 입면도가 서로 부합되는지 확인
- 상세도에 표현된 내용으로 실제 적용 가능한지 확인
- 부분 상세도의 축척이 상세를 표현하기에 적당한지 확인(상세도의 축적은 시공 시 의문 사항이 없도록 충분한 크기로 작성, 보통 1/5 이상)
- 필요한 부분의 상세가 누락되었는지 확인(평면도 및 단면도의 검토)

ⓜ 주심도
- 건축도면과 기준선, 열 번호, 치수가 일치하는지 확인
- 구조물 평면 및 부호가 정확히 표기되었는지 확인(기초, Pile, 지중보, Slab, 옹벽)
- 모든 기둥의 위치 및 크기가 건축도면, 구조계산서와 일치하는지 확인
- 기초 Level 확인
- Pile의 개수 및 위치 확인
- 기타 구조물 위치 및 치수 확인(저수조 기초, 정화조, Elev.Pit)
- 기준축의 열에서 각 기둥의 편심이 정확히 표현되었는지 확인

ⓗ 구조 평면도
- 축적, 기준선, 열 번호, 치수가 건축도면과 일치하는지 확인
- 구조물 평면 및 부호가 바른지 확인(기둥, 보, Slab, 벽, 계단)

- 바닥 Slab Level이 건축도면과 검토하여 일치하는지 확인
- Slab 단차 표기가 정확히 되어있는지 확인
- Slab Open이 건축도면 및 구조 계산서와 일치하는지 확인

ⓐ 토목도면
- 배치도에 표기가 되어있는 새로운 지하 매설물(Power, 전화, 급수, 배수, Fuel-Line, Grease-Trap, Fuel-Tank, 우수관)에 방해 요인이 있는지를 확인
- 기존의 전신주 및 지지선, 가로 표지판, Valve-Box, 배수로, 맨홀 등이 신설 차도 및 보행자 도로와 배치도 상의 대지 개선 부분에 저촉되지 않는지 확인
- 존치물의 제거 한계, G.L 정리, 화단 및 수목 식재 부위의 정리 한계 등이 표현되어 있으며 이들이 건축도면 및 조경도면과 일치하는지를 확인
- 소화전과 가로등 위치가 전기도면 및 건축도면과 일치하는지 확인
- 서류에 다른 지하 매설물이 있는지를 확인하고, 있는 경우 충돌을 피하기
- 배수 구조물과 맨홀 사이의 수평 거리가 도면과 서류상에서 서로 부합되는 치수로 되어 있는지를 확인
- 조절 Valve-Box와 맨홀 구조물(급배수, Power, 전화 등)을 마감, 도로 포장선 등에 맞추어야 하는 규정이 있는지 확인
- 기존 G.L과 신규 G.L 모두가 표기되어 있는지 확인

◎ 전기도면
- 모든 전기도면들이 건축도면과 일치하는지 확인
- 모든 조명설비가 건축 천정 평면도에 반영되어 있는가를 확인
- 모든 장비에 전기배선이 되어있는지 확인
- 모든 Panel Board의 위치를 확인하고 Panel Board 계기판의 눈금 표시가 되어있는지 확인
- 모든 Note를 확인
- 모든 전기 Panel을 설치하기에 충분한 공간이 있는지 확인
- 전기 Panel이 방화벽에 매입되어 있지 않은지 확인
- 전기 장비의 위치가 대지의 포장과 레벨에 따라 고려되어 있는지 확인

ⓒ 기 계
- 신설 가스, 급수, 배수관이 기존 Level에 연결되는지 확인
- 모든 배관설비 위치가 건축도면과 일치하는지 확인
- 모든 배관설비가 장비 일람표 및 시방서와 일치하는지를 확인
- HVAC도면(공조 흐름도)이 건축도면과 일치하는지 확인
- 모든 실에 있는 스프링클러를 확인
- 모든 단면이 건축 및 구조도면과 일치하는지를 확인
- 가장 큰 Duct 연결 부위에서도 충분한 천정고가 확보되는지를 확인
- 설비에서 요구한 구조물들이 구조도면에 표시되어 있는가를 확인

- Damper가 방화벽에 표시되어 있는지를 확인
- Diffuser가 건축 천정 평면도에 반영되어 있는가를 확인
- 모든 지붕 삽입물(Duct, Fan 등)들이 지붕층 평면도에 반영되어 있는가를 확인
- 모든 Duct가 규격에 맞는 것으로 되어있는지를 확인
- 모든 Note를 확인
- 모든 공기조화설비들이 건축 지붕층 평면도와 설비 장비 일람표와 일치하는지를 확인하고 모든 설비 장비들이 적절한 공간에 배치되어 있는지를 확인

(9) 설계도면은 설계도서 중 하나로서 설계도면, 시방서, 구조계산서, 수량산출서 및 품질관리계획서를 설계도서라고 한다.

2 토목 시공 기준

(1) 시공 순서

① 위치 측량
② 터파기
③ 기초 콘크리트 타설
④ 관부설
⑤ 보호 콘크리트 타설
⑥ 되메우기

(2) Check Point

① 위치 확인
  ㉠ 기존 수로를 감안하여 유입·유출구 위치 확인 및
  ㉡ 지장물 저촉 여부

② 터파기
  ㉠ 원지반의 지내력 확인(부족 시 치환)
  ㉡ 구배 확인

③ 관부설
  ㉠ 자재의 불량(균열, 모서리 파손)이 없는 자재 사용
  ㉡ 시공은 아래에서 위로 시공
  ㉢ 흄관의 칼라는 물이 흐르는 방향으로 위치
  ㉣ 보호 콘크리트 타설 시 유동방지
  ㉤ 토피 1[m] 이상 미확보 구간 관보호 콘크리트타설
  ㉥ 오수관과 급수관이 교차하는 경우

- 평행매설일 경우
  - 매설심도가 같은 경우 : 3.0[m] 이격
  - 매설심도가 다를 경우 : 1.8[m] 이격
- 교차되는 경우
  - 급수관을 중심으로 오수관 양쪽 3[m]씩을 보호 콘크리트 타설

ⓐ 관부설 시 토사 유입방지 대책 수립
- 맨홀 구간 등 장기간 관내부가 노출될 시에는 관말구를 보양재로 처리
- 접속 흄관 부분, 배수 암거에서의 슬리브 등은 합판 등으로 규격에 적합하게 제작, 보호하여 내부로 토사가 유입되지 않도록 조치

④ 되메우기
  ㉠ 양질의 재료를 사용
  ㉡ 층다짐을 실시하며 다짐률은 실내다짐의 95[%] 이상
  ㉢ 콘크리트 타설하고 충분히 양생(최소 7일 이상)하고 양면을 동시에 같은 높이로 시공
  ㉣ 최소 토피고 검토(관의 파손이 우려될 경우 보호 콘크리트 타설)

(3) 시공 시 유의 사항

① 터파기 및 기초
  ㉠ 맨홀과 맨홀 구간은 한 구간으로 터파기한 후 일시에 부설
  ㉡ 과다 터파기부는 비압축성 재료 또는 쇄석 등으로 원지반과 동일 밀도로 다짐
  ㉢ 성토 지역 시공 관로는 장기 침하 여부 등 안전성 확보를 검토
  ㉣ 터파기 토사는 법면 상단에서 1[m] 이상 이격하여 적치
  ㉤ 터파기 바닥면은 콤팩터, 롤러 등으로 다짐 실시

② 관매설
  ㉠ 일직선으로 낮은 곳에서 높은 곳으로 시공
  ㉡ 맨홀과 맨홀 구간을 한 단위로 매설
  ㉢ 연결관이 접속된 관의 최대 토피는 가급적 3[m]를 넘지 않도록 부설

③ 관절단
  ㉠ 흄관 등은 가급적 절단하지 않도록 시공 계획 수립
  ㉡ 관의 절단 길이 및 절단 개소를 정확하게 하고 절단선의 표식을 관 둘레 전체에 표시한 후 절단기를 사용하여 절단작업 실시
  ㉢ 맨홀 내 돌출부 발생 시는 미리 맨홀 벽체와의 돌출 경사에 맞게 측정하여 절단하여 맨홀 내부와 관이 돌출하지 않도록 조치
  ㉣ PVC 이중 벽관은 절단부에 연직이 되도록 절단하고 절단면은 매끈하게 다듬으며 관에 손상이 가지 않도록 마무리

④ 맨 홀
  ㉠ 맨홀과 관의 중심선을 유지하며 설치

ⓒ 맨홀과 관 접속부 무수축 몰탈 사용하여 시공
　　ⓓ 관경이 D800[mm] 이상일 경우 사각 맨홀로 변경시공 검토(맨홀 내부 관 과다노출 방지)
⑤ 인버트
　　㉠ 인버트는 물이 고이지 않도록 하류관의 관경 및 경사와 동일하게 시공
　　㉡ 발디딤부는 10~20[%] 횡경사로 시공
　　㉢ 인버트의 접속부는 하류방향으로 곡선 시공
　　㉣ 폭은 하류측 폭을 상류까지 같은 넓이로 연장
　　㉤ 인버트 규격

관경[mm]	인버트 높이
250~1,000	관경의 1/2
1,100 이상	50[cm](단, 분류식 오수간선은 관경의 1/2 또는 시간 최대 오수량 수위 중 큰 것을 사용)

⑥ 우·오수 받이
　　㉠ 우수받이 설치
　　　• 도로 옆에 물이 고이기 쉬운 장소, L형 측구의 유하방향 하단
　　　• 횡단보도 및 낮춤시공 부위에 설치 지양
　　　• 표면수가 원활히 집수될 수 있는 도로 모서리, 커브 시는 종점에 설치
　　　• 1호(스틸그레이팅 뚜껑) : 도로 20~30[m]마다 엇갈리게 설치
　　　• 3호(콘크리트 뚜껑) : 보도 및 녹지부에 설치
　　㉡ 오수받이 설치
　　　• 단독필지, 아파트 시점의 오수 유입부분(표준형 = 940[mm] 사용)
　　　• 유입관로 구배가 적정치 못할 경우 : 높이 조절용 뚜껑받이(H = 30[cm]) 사용
　　　• 높이 조절용 뚜껑받이 설치 시 구배가 적절치 못할 경우 : 오수맨홀 설치
　　　• 뚜껑은 가스 배출구가 없는 뚜껑 사용
　　　• 오수받이 바닥은 인버트 기능을 가진 제품

3 사용자재의 규격

(1) 자재의 종류

① 우·오수자재

자재명	용도	기준	비고
흄 관	우수관로	KS F 4403 보통관 2종	KS 표준
나선형 금속관	우수관로	외압강도 ASTM D 2412	
PE 이중벽관	오수관로	KS M 3500 대구경 이중벽 구조 폴리에틸렌관	
PVC 관	오수 분기관	KS M 3404 일반용 경질 염화비닐관 VG1	
회주철	맨홀뚜껑	KS D 4301 회주철품	

(2) 수량의 산출기준

① 종 류
- ㉠ 토공사
- ㉡ 우수관
- ㉢ 맨 홀

② 산출방법
- ㉠ 토공사 : 토공사 수량 산출에 의함
- ㉡ 우·오수관
  - 흄관은 본당 계산
  - PE관은 M당 계산
- ㉢ 맨홀 : 전체 맨홀의 평균 높이로 산출

4 시방서 검토

(1) 적용범위
이 시방서는 전문시방서로 규정되지 않은 일반토목공사에 관한 시공 및 품질관리에 표준적이고 일반적인 기준을 제시한다. 발주자는 이 기준을 따르기가 적당치 않을 경우에는 특별시방서에 달리 명시할 수 없다.

(2) 용 어
① 발주자라 함은 해당 공사의 시행주체로서 시공자에 대한 계약당사자이며, 시공주라고도 한다.
② 시공자라 함은 발주자로부터 공사를 도급 받아 공사를 실시하는 발주자의 계약상대자이며, 수급인이라고도 한다.
③ 감리자라 함은 발주자와의 책임감리계약에 의하여 현장에 상주하면서 시공자의 시공활동을 감독하는 감리전문회사의 감리원을 총칭한다. 발주기관이 직접 감독하는 공사에 대해서는 발주기관의 직원인 감독관 또는 감독자가 감리자를 대신한다.
④ 제작자라 함은 공사에 사용할 제품을 제조 또는 제작하여 공급하는 제조업체 또는 제작업체를 말하며, 관련 부분 시방서에는 이들을 구별하지 않고, 모두 제작자라고 부르고 있다.
⑤ 납품자라 함은 공사에 사용할 제품을 공급하는 업체로서 납품업자 또는 공급자를 말한다.

(3) 시방서의 분류
① 토목공사에 관련되는 시방서는 다음의 3개 부류로 구분한다.
- ㉠ 일반시방서
- ㉡ 전문시방서
- ㉢ 특별시방서

② 일반시방서는 전문시방서로 규정하지 않은 토목공사의 일반적인 공종에 대한 시공기준을 제시하고 있는 시방서(General Specifications)로서 토목공사 표준일반시방서가 이 시방서에 해당한다.

③ 전문시방서는 도로공사 표준시방서, 항만공사 표준시방서, 하천공사 표준시방서 등과 같이 특정한 시설물 공사별로 해당하는 전 공종을 망라하여 시공기준을 제시하고 있는 시방서(Special Specifications)를 말한다.
④ 특별시방서는 개별공사에 대한 공사시방서를 완성하기 위하여 일반시방서와 전문시방서에 없는 시방을 보충하거나 일반시방서와 전문시방서의 내용을 삭제, 보완, 수정 또는 추가한 시방서(Particular Specifications)를 말한다.

(4) 공사시방서의 편성
① 일반토목공사의 개별계약에 대한 설계서를 구성하는 공사시방서 토목공사 표준일반시방서와 공사특별시방서로 편성된다.
② 개별계약에 대한 특별시방서에는 다음 사항이 포함된다.
　㉠ 토목공사 표준일반시방서에 규정되지 않은 시방사항
　㉡ 토목공사 표준일반시방서의 내용에 대한 삭제, 보완, 수정 또는 추가사항
　㉢ 개별계약에 관련되는 전문시방서의 해당규정 인용

제2절　태양광발전 토목공사 관리

1 공정관리

(1) 공정관리 기능과 내용
① 공정관리의 기능 : 계약 공기 내에 소정의 설계도 및 설계서에 상응하는 구체적 성과품을 창출하는 데 있어 가장 중요한 관리대상인 공정의 계획과 통제
② 단위조작을 조합 → 단위공정을 구성 → 유기적인 종합공정으로 조립 → 전체 공정을 계획 → 재료, 노무, 건설기계 및 예산을 순서 있게 수배, 운영 → 소정의 공기 내에 완성되도록 진척 상황을 파악 → 계획과 실시를 대조하여 필요한 경우 계획의 수정

2 토목 설계내역 검토

(1) 공법의 적용
생산성 및 구조물의 질을 향상시키며, 원가를 절감할 수 있는 보편적인 일반공법을 적용함을 원칙으로 하되, 특수공법을 적용할 경우는 시방 및 특성을 충분히 검토하여 구체적으로 명기토록 한다.

(2) 재료의 단위중량

재료의 단위중량은 입경, 습윤도 등에 따라 달라지므로 시험에 의하여 결정하여야 하며, 일반적인 추정 단위중량은 다음과 같다.

종 별	중량[kg/m³]	비 고
점질토	1,600	보통의 것, 자연상태
일반토사	1,700	자연상태
모 래	1,600	건조, 자연상태
풍화암	2,000	자연상태
연 암	2,300	자연상태
보통암	2,400	자연상태
경 암	2,600	자연상태
호박돌	1,900	자연상태
조약돌, 깬잡석	1,700	자연상태
시멘트	1,500	자연상태
철근콘크리트	2,400	
무근콘크리트	2,300	
시멘트모르타르	2,100	
고로 슬래그 부순돌	1,750	자연상태
주 철	7,250	
강, 주강, 단철	7,850	
역청포장(아스팔트콘크리트)	2,350	

(3) 설계시공한계

토목공사와 타 공사와의 설계시공한계는 건물 외벽면으로부터 2[m]로 하며 급수 간선 오·배수관의 연결공사는 토목에서 시행함을 원칙으로 한다. 단, 공동구의 경우 토목 시공구간이 단구간인 경우 공사의 효율성을 검토한 후 건축에서 시행(방수공사는 토목에서 수행)한다.

(4) 수량의 계산

① 수량은 SI단위를 사용한다.
② 수량의 계산은 지정 소수위 이하 1위까지 구하고, 끝수는 4사 5입한다.
③ 수량의 단위 및 소수위는 표준품셈 단위표준에 의한다.
④ 면적의 계산은 삼사법이나 삼사유치법 또는 프라니미터로 한다. 단, 프라니미터를 사용할 경우에는 3회 이상 측정하여 평균값을 사용한다.
⑤ 토량은 양단면 평균법을 사용하여 산출한다.

(5) 재료산출의 규정

① 맨홀은 수량산출 시 각종 관 연결부의 콘크리트 및 거푸집 수량을 공제하지 않는다.
② 상수도관 수량산출 시 연결부(변류, 이형관 등)에 대한 공제를 하지 아니한 직선거리로 계산한다.
③ 하수관 수량산출 시 각종 연결부(맨홀 등)에 대한 공제를 하지 아니한 직선거리로 계산한다.

④ 포장공 수량산출 시 타공종 구조물(맨홀, 빗물받이, 제수변실 등)에 의해 공제되는 수량은 다음 공제율을 적용하여 산출할 수 있다.
   ㉠ 포장 공제율

포장 공종(재료)	공제율[%]	비 고
표층, 중간층, 투수콘크리트, 택코팅	0.1	
기층, 보도부 모래	0.2	
프라임코팅, 소형고압블럭, 보도부 보조기층 및 크러셔런	0.3	
입도조정기층	0.6	
보조기층	0.7	
동상방지층	0.8	
무근레미콘	2.6	

   주) 본 공제율은 전체 물량에서 포장공 공제량을 적용한 후 곱해져야 함

   ㉡ 공제율 적용

구 분	항 목
공제율 적용 항목	타공종의 구조물로 포장공과 중복되는 공종 (맨홀, 빗물받이, 제수변실 등)
공제율 비적용 항목(공제수량 별도계상)	포장공에서 공제수량 산출이 용이한 공종 (L형측구, 중앙분리대, 가로수분, 식수대, 장애자용 점자블럭 등)

⑤ 다음 열거하는 것의 체적과 면적은 구조물의 수량에서 공제하지 아니한다.
   ㉠ 콘크리트 구조물중의 말뚝머리
   ㉡ 볼트의 구멍
   ㉢ 모따기 또는 물구멍
   ㉣ 이음줄눈의 간격
   ㉤ 포장공종의 1개소당 $0.1[m^2]$ 이하의 구조물 자리
   ㉥ 강구조물의 리벳구멍
   ㉦ 철근콘크리트중의 철근
   ㉧ 조약돌 중의 말뚝 체적 및 책동목
   ㉨ 기타 전항에 준하는 것
   ㉩ 성토 및 사석공의 준공토량은 성토 및 사석공 설계도의 양으로 한다. 그러나 지반의 침하량은 지반성질에 따라 가산할 수 있다.

3 시공계획서 검토

(1) 목 적
건설사업관리자는 건설공사 진행단계별로 시공자가 작성하는 시공계획서를 검토하는 절차 및 방법을 규정한다.

(2) 적용범위
건설사업관리자의 시공단계에서 시공계획서 작성기준, 검토 및 확인, 승인 절차 업무를 수행하는 데 적용한다.

(3) 업무절차

① 시공계획서 작성기준
　㉠ 건설사업관리자는 시공계획서 작성기준과 목록을 작성하여 시공자에게 제시하며, 시공계획서 목록은 공사시방서에 명시하도록 한다.
　㉡ 건설사업관리자는 공사조건 및 여건에 따라 시공자와 협의하여 시공계획서의 목록을 조정할 수 있다.

② 시공계획서의 검토 및 확인
　㉠ 건설사업관리자는 시공자로부터 공사 시행 전에 시공계획서를 제출하도록 하며, 시공계획서의 승인 전에는 해당 공사 시공을 금지시키고, 시공계획서를 검토, 확인하여 승인하여야 한다. 단, 건설사업관리자가 검토, 확인이 불가능한 경우에는 사유를 명시하고 발주자와 협의하여 기한연장을 한다.
　㉡ 건설사업관리자는 시공자가 제출한 시공계획서에 다음의 사항을 검토, 확인한다.
　　• 현장조직표
　　• 공사 세부공정표
　　• 주요공정의 시공절차 및 방법
　　• 시공일정
　　• 주요장비 동원계획
　　• 주요자재 및 인력투입계획
　　• 주요 설비사양 및 반입계획
　　• 품질관리대책
　　• 안전대책 및 환경대책 등
　　• 지장물 처리계획과 교통처리 대책

③ 시공계획서 승인 일정
　건설사업관리자는 당해 공종의 착수 30일 전에 시공계획서를 제출받아 7일 내에 검토 승인한다.

④ 시공계획서 승인 절차
　건설사업관리자는 검토, 확인된 시공계획서를 승인할 경우에는 다음과 같이 시공계획서에 승인 등급을 부여하여 관리한다.
　㉠ 등급 A : 승인
　㉡ 등급 B : 조건부 승인
　㉢ 등급 C : 승인불가/재제출

4 시공 상태 적합성

시공 상태 적합성은 사용자재의 규격 및 적합성 평가결과서를 작성하여 판정한다.

사용자재의 규격 및 적합성 평가결과서

감리자	착 공 일			완 공 일		. . .
	상 호			활동주체 신고번호 (기술사무소 등록번호)		제 호
	감리원		(서명 또는 인)	전화번호(이동전화번호)		

연번	품명	규격	단위	설계량	반입량	반입일	합격량	불합격		검수자
								불합격량	사유	
1										
2										
3										
4										
5										
6										
7										
8										
9										
10										
11										
12										
13										
14										
15										
16										
17										
18										
19										
20										

210mm × 297mm[백상지(80g/m^2)]

5 공사현장 환경관리 등

(1) 목 적

건설현장에서 발생하는 비산 먼지, 소음, 폐기물 등의 환경오염에 관한 기준을 수립하여 환경피해를 최소화하고, 환경관리 업무를 효율적으로 수행하여 쾌적한 생활환경과 작업환경을 확립하는 데 있다.

(2) 환경관리의 기본방향

① 사전공사계획 수립을 설계도서 및 시방서에 의거하여 철저한 관리 감독을 통한 환경피해발생 억제 및 최소화 유도
② 여러 가지 교육을 통한 환경관리조직을 강화하여 환경피해발생 시 신속한 복구와 유사한 피해 재발을 방지

(3) 용어의 정의
    ① **생활환경** : 대기, 물, 폐기물, 소음, 진동, 악취 등 사람의 일상생활과 관계되는 환경
    ② **환경오염** : 사업 활동 등 사람의 활동에 따라 발생하는 대기오염, 수질오염, 토양오염, 해양오염, 방사능오염, 소음, 진동, 악취 등으로 사람의 건강이나 환경에 피해를 주는 상태
    ③ **대기오염물질** : 대기오염의 원인이 되는 가스, 입자상물질 또는 악취물
    ④ **수질오염** : 인간 생활이나 생산 활동에 수반하여 오수가 흡입되거나 유역의 지질의 영향에 의해서 천연자연수의 수질이 화학적, 물리적, 생물학적으로 변화하는 현상
    ⑤ **소음** : 기계, 기구, 시설, 기타 물체의 사용으로 인하여 발생하는 강한 소리
    ⑥ **진동** : 기계, 기구, 시설, 기타 물체의 사용으로 인하여 발생하는 강한 흔들림
    ⑦ **악취** : 자극성이 있는 기체상 물질이 사람의 후각을 자극하여 불쾌감과 혐오감을 주는 냄새

CHAPTER 01 적중예상문제

제3과목 태양광발전 시공

01 설계도서 해석의 목적이 아닌 것은?
① 공공의 안전의 확보
② 국민 경제발전의 기여
③ 전력기술수준의 향상
④ 설계도면 해석 항목의 다양화

해설
공종별 설계도면 해석 기본항목의 표준화가 설계도서의 해석의 목적 중 하나이다.

02 설계도서의 해석 내용이 아닌 것은?
① 설계기준의 적합성 검토
② 사용 재료 선정의 적정성 검토
③ 설계의 다양성
④ 설계의 적정성

해설
설계의 경제성과 설계의 적정성 및 설계 공정의 관리가 설계도서 해석 내용이다.

03 설계도서의 목록이 아닌 것은?
① 설계도면 ② 감리업무일지
③ 시방서   ④ 구조 계산서

해설
감리업무일지는 시공 관련 도서이다.

04 설계도서 해석의 가장 우선순위는?
① 공사시방서 ② 설계도면
③ 표준시방서 ④ 산출내역서

해설
설계도서 해석의 가장 우선순위는 공사시방서이다.

05 설계오류 발생 유형이 아닌 것은?
① 발주 기관의 요구
② 설계오류
③ 공사 여건
④ 신기술, 신공법

해설
설계오류 발생 유형은 발주 기관의 요구, 설계오류, 현장과 상이, 신기술, 신공법 등이다.

06 건축도면과 기준선, 열 번호, 치수가 일치하는 지 여부를 알 수 있는 도면은?
① 평면도
② 입면도
③ 주심도
④ 부분상세도

해설
주심도는 건축도면과 기준선, 열 번호, 치수 및 구조물 평면 및 부호가 정확히 표기되었는지 알 수 있는 도면이다.

07 다음 중 설계도서가 아닌 것은?
① 설계도면
② 시방서
③ 구조계산서
④ 기술검토서

해설
설계도서는 일반적으로 설계도면, 시방서, 구조계산서, 수량산출서 및 품질관리계획서를 설계도서라고 한다.

정답 1 ④ 2 ③ 3 ② 4 ① 5 ③ 6 ③ 7 ④

08 토목 시공 순서 중에서 가장 먼저 실행하는 것은?

- 터파기
- 위치 측량
- 기초 콘크리트 타설
- 되메우기

① 터파기
② 위치 측량
③ 기초 콘크리트 타설
④ 되메우기

해설
시공 순서
위치 측량 → 터파기 → 기초 콘크리트 타설 → 관부설 → 보호 콘크리트 타설 → 되메우기

09 오수관과 급수관이 교차하는 경우, 평행매설일 때 매설심도가 같은 경우 이격거리는?

① 3[m] ② 5[m]
③ 7[m] ④ 9[m]

해설
평행매설일 경우
- 매설심도가 같은 경우 : 3.0[m] 이격
- 매설심도가 다른 경우 : 1.8[m] 이격

10 공사의 시행주체로서 시공자에 대한 계약당사자를 일컫는 용어는?

① 제작자
② 발주자
③ 납품자
④ 감리원

해설
① 제작자 : 공사에 사용할 제품을 제조 또는 제작하여 공급하는 제조업체 또는 제작업체
③ 납품자 : 공사에 사용할 제품을 공급하는 업체
④ 감리원 : 발주자와 책임감리계약에 의하여 현장에 상주하면서 시공활동을 감독하는 감리전문회사의 감리자

11 토목공사에 관련되는 시방서 3가지가 아닌 것은?

① 일반시방서
② 전문시방서
③ 특별시방서
④ 제안시방서

해설
① 일반시방서 : 전문시방서로 규정하지 않은 토목공사의 일반적인 공종에 대한 시공기준을 제시하고 있는 시방서
② 전문시방서 : 도로공사, 항만공사, 하천공사 표준시방서 등과 같이 특정한 시설물 공사별로 해당하는 전 공종을 망라하여 시공기준을 제시하고 있는 시방서
③ 특별시방서 : 일반시방서와 전문시방서에 없는 시방을 보충하거나 일반시방서와 전문시방서의 내용을 삭제, 보완, 수정 또는 추가한 시방서

12 특정한 시설물 공사별로 해당하는 전 공종을 망라하여 시공기준을 제시하고 있는 시방서는?

① 일반시방서 ② 전문시방서
③ 특별시방서 ④ 제안시방서

해설
11번 해설 참조

13 개별공사에 대한 공사시방서를 완성하기 위하여 일반시방서와 전문시방서에 없는 시방을 보충, 삭제, 보완, 수정 또는 추가한 시방서는?

① 일반시방서 ② 전문시방서
③ 특별시방서 ④ 제안시방서

해설
11번 해설 참조

14 토목설계 중 보편적인 공법을 적용할 때 원칙이 아닌 것은?

① 생산성 ② 경제성
③ 신뢰성 ④ 유연성

해설
토목 공법의 적용 시 생산성 및 구조물의 질을 향상시키며, 원가를 절감할 수 있는 보편적인 일반공법을 적용함을 원칙으로 하되, 특수공법을 적용할 경우는 시방 및 특성을 충분히 검토하여 구체적으로 명기하도록 한다.

15 태양광발전 토목공사 중 공정관리의 기능은?
① 공사의 계획과 통제
② 공사의 안전관리
③ 공사의 설계관리
④ 공사의 표준관리

해설
공정관리의 기능 : 계약 공기 내에 소정의 설계도 및 설계서에 상응하는 구체적 성과품을 창출하는 데 있어 가장 중요한 관리대상인 공정의 계획과 통제

16 포장공 수량산출 시 표층, 중간층, 투수콘크리트의 공제율은 얼마인가?
① 0.1[%]   ② 0.2[%]
③ 0.3[%]   ④ 0.4[%]

해설
표층, 중간층, 투수콘크리트 및 택코팅의 공제율은 0.1[%]이다.

17 건설공사의 진행 단계별로 시공자가 시공에 관한 절차와 방법을 규정한 문서는?
① 감리계획서   ② 설계설명서
③ 면적산출표   ④ 시공계획서

18 시공자가 제출할 시공계획서에 포함되지 않는 문서는?
① 감리계획서   ② 현장조직표
③ 공사 세부공정표   ④ 시공일정

해설
시공계획서에는 다음의 사항을 검토, 확인한다.
• 현장조직표
• 공사 세부공정표
• 주요공정의 시공절차 및 방법
• 시공일정
• 주요장비 동원계획
• 주요자재 및 인력투입계획
• 주요 설비사양 및 반입계획
• 품질관리대책
• 안전대책 및 환경대책 등
• 지장물 처리계획과 교통처리 대책

19 건설사업관리자가 검토한 시공계획서를 승인할 경우에 승인을 할 경우 등급은?
① 등급 A   ② 등급 B
③ 등급 C   ④ 등급 D

해설
시공계획서의 승인 등급
• 등급 A : 승인
• 등급 B : 조건부 승인
• 등급 C : 승인불가/재 제출

20 공사현장 환경관리의 목적이 아닌 것은?
① 환경오염 방지
② 환경오염 기준 수립
③ 환경피해 최소화
④ 환경오염의 비용 절감

해설
공사현장 환경관리의 목적
건설현장에서 발생하는 비산 먼지, 소음, 폐기물 등의 환경오염에 관한 기준을 수립하여 환경피해를 최소화하고, 환경관리 업무를 효율적으로 수행하여 쾌적한 생활환경과 작업환경을 확립하는 데 있다.

21 환경오염으로 인한 피해의 사례가 아닌 것은?
① 수질오염   ② 대기오염
③ 소음, 진동 및 악취   ④ 고밀도 주거 환경

정답 15 ① 16 ① 17 ④ 18 ① 19 ① 20 ④ 21 ④

CHAPTER 02 태양광발전 구조물 시공

제3과목 태양광발전 시공

제1절 태양광발전 구조물 시공

1 태양광발전용 구조물 설치

(1) 기초공사

① 기초공사란 상부 건축물의 하중을 안전하게 지반에 전달하는 구조부재로서 건축물의 부재로서는 최초 공사이다.

② 기초설계의 기본적인 방법
  ㉠ 지반이 하중을 지지하는 데 매우 약하기 때문에 건물 상부에서 전달되는 하중의 면적당 크기를 지반이 지지할 수 있는 힘의 크기, 즉 지내력 이하가 되도록 하중을 분산시킨다.
  ㉡ 일반적인 건물의 기초설계는 기초의 면적을 결정하고, 기초의 두께를 결정하고 철근을 배근하는 데 있다.
  ㉢ 기초설계 시 기초의 면적을 결정하는 것에 있어서는 기초지반의 허용 지내력과 관련이 가장 크다.
  ㉣ 땅이 연약할수록 더 큰 면적의 기초가 필요하다는 것인데, 지내력은 지반이 하중을 지지하는 능력으로 상부하중에 대한 땅의 지지력과 침하를 동시에 만족시켜야 한다.
  ㉤ 지내력의 확보가 되지 않으면 상부하중을 견디지 못해 건물이 내려앉는 일이 발생할 수 있다.

③ 기초의 종류
  ㉠ 직접기초 : 지지층이 얕을 경우 기초
    • 독립기초 : 지지물의 응력을 개개별로 지지하는 기초

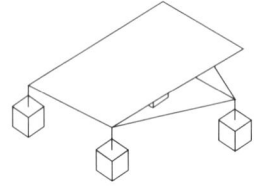 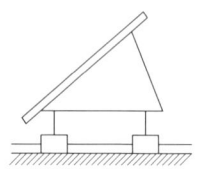

    • 연속기초 : 2개 이상 지지물의 응력을 단일로 지지하는 기초

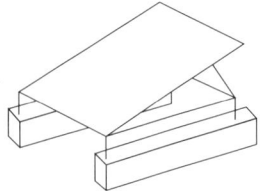 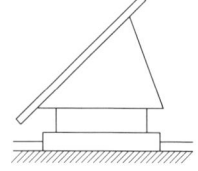

ⓛ 말뚝기초 : 지지층이 깊을 경우의 기초

직접기초   말뚝기초

ⓒ 주춧돌기초 : 철탑 등의 기초
ⓔ 케이슨기초 : 하천 내의 교량기초

(2) 건축물 설치 부위에 따른 분류

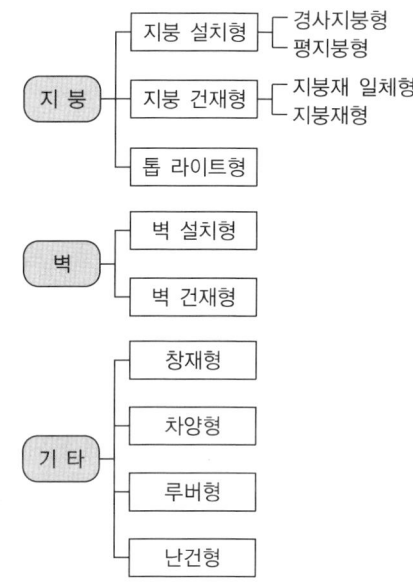

① 경사지붕형(지붕 설치형)
   ㉠ 지붕재(기와 착색 슬레이트, 금속지붕 등)에 전용 지지기구와 받침대를 설치하여 그 위에 태양전지 모듈을 설치하는 타입
   ⓛ 주로 주택용 설치공법으로서 각 모듈 제조회사의 표준사양으로 되어 있다.
② 평지붕형(지붕 설치형)
   ㉠ 아스팔트 방수시트 방수 등의 방수층 위에 철골가대를 설치하고 태양전지를 설치하는 타입
   ⓛ 설치공법으로서 각 모듈 제조회사의 표준사양으로 되어 있다.
   ⓒ 주로 청사나 학교 관사의 옥상에 설치되어 있는 사례가 있다.
③ 지붕 일체형(지붕 건재형)
   ㉠ 지붕재(금속지붕 평판기와 등)에 태양전지 모듈을 부착시키는 타입으로 지붕과 일체감이 있고 건축의 디자인을 살려 마감을 할 수 있다.
   ⓛ 지붕의 여러 기능(방수성, 내구성 등)을 겸비하고 있는 건재이다.

④ 지붕재형(지붕 건재형)
  ㉠ 태양전지 모듈 자체가 지붕재로서 기능을 갖고 있어 주변 지붕재와의 배합이 가능하다.
  ㉡ 주로 신축 주택용으로 설치되는 사례가 많다.
⑤ 톱 라이트형
  ㉠ 톱 라이트의 유리부분에 맞게 태양전지 유리를 설치한 타입으로 채광 및 셀에 의한 차폐효과가 있다.
  ㉡ 셀의 배치에 따라서 개구율을 바꿀 수 있음
    (※ 톱 라이트 : 인물의 머리 위나 피사체 바로 위에서 비추는 조명)
⑥ 벽 설치형
  벽에 가대(금속지지물) 등을 설치하고 그 위에 태양전지 모듈을 설치하는 타입으로 중·고층 건물의 벽면을 유효하게 사용할 수 있다.
⑦ 벽 건재형
  ㉠ 태양전지가 벽재로서 기능하는 타입으로 셀의 배치에 따라 개구율을 바꿀 수 있다.
  ㉡ 알루미늄 새시 등 지지공법을 여러 가지로 선택할 수 있다.
  ㉢ 주로 커튼월 등으로 설치되어 있음
    (※ 커튼월 : 하중을 지지하고 있지 않는 칸막이 구실을 하는 바깥벽)
⑧ 창재형
  유리창의 기능(채광성, 투시성)을 보유하고 있는 타입으로 셀의 배치에 따라 개구율을 바꿀 수 있다.
⑨ 차양형
  창의 상부 등 건물 외부에 가대(지지기구)를 설치하고 태양전지 모듈을 설치하여 차양 기능을 보완한 타입
⑩ 루버형
  개구부의 블라인드 기능을 보유하고 있는 타입으로 기존 루버재와 같은 의장성을 재현하여 건축의 다지인을 살려 설치할 수 있다.
⑪ 난간형
  ㉠ 수직설치이므로 공간에 여유가 있고 종래의 가대가 필요가 없으며 옥상에 설치하지 않으므로 건물 옥상 등을 유효하게 활용할 수 있다.
  ㉡ 양면 수광형의 태양전지 등 수직설치 공법이 가능하다.

2 구조물 형태와 시공공법 등

(1) 경사지붕형 태양광발전시스템

① 경사지붕은 프로파일을 주로 사용하고, 설치경사각은 건물지붕의 경사각에 따라 정해지고 설치방향은 최대한 건물의 남향에 가까운 경사면을 선정하여 효율이 최대가 되게 하며 통풍이 잘되는 구조의 지붕에 태양전지를 설치하면 태양광 모듈의 온도 상승이 작으므로 유리하다.

> **Check!** 프로파일 : 외부의 열을 차단하기 위해서 창틀과 유리, 패널 사이의 틈을 없애기 위한 특수한 자재

② 단열성능이 뛰어난 구조의 지붕에는 통풍 효과가 없으므로 결정질 태양광 모듈보다는 비결정질 태양광 모듈을 설치하는 것이 좋다.
③ 태양광 기술 특성상, 지붕은 크고, 균일하며, 평평하고 남향을 향한 경사진 지붕으로 하고 태양광 모듈의 최대출력이 나오도록 지붕 경사각이 20~40°가 되도록 한다. 지붕 형태에 따라 돌출부위에 의한 그림자가 생기지 않는 지붕이 좋다.
④ 금속철판이나 기와로 된 경사지붕에 태양광시설을 추가적으로 설치하는 경우 하중을 분산시키고 가대 등을 설치할 때 충격·하중에 의해 지붕이 파손되지 않도록 완충재를 사용하는 것이 좋다.
⑤ 모듈의 설치방법은 지붕면의 슬레이트, 기와를 제거한 후 방수시트를 부착하고, 건물의 구조부에 지지철물과 고정철물을 설치한다. 지지철물 설치 후 다시 슬레이트 및 기와를 설치한다.
⑥ 지지철물 및 고정철물의 설치 시 지붕면에 대한 접촉부는 하중을 분산시켜 지붕재료를 보호하고, 가대의 지붕재료 접촉부에는 실리콘, 고무, 스펀지 등 완충재를 설치한다. 또한 지붕의 빗물 흐름을 방해하지 않도록 지붕면과의 사이에 공간을 둔다.
⑦ 가대의 기본구조는 가대의 조립, 모듈의 가대 설치 및 모듈 간 배선 등 작업이 쉬운 구조이고, 모듈의 가대고정은 모듈의 앞쪽 또는 옆쪽에서 고정한다.
⑧ 측면에서 고정할 경우에는 이웃한 모듈과의 간격을 10[cm] 이상으로 확보할 필요가 있고 한정된 지붕면적을 효율적으로 이용하기 위해 대부분 모듈 위쪽에서 고정한다.
⑨ 모듈의 설치·제거는 1장 단위로 이루어지고 작업의 용이성을 위해 윗면에서 모듈을 고정하도록 한다. 태양전지의 온도상승이 되지 않도록 모듈과 지붕면 사이에 여유를 두고, 모듈의 지지점은 하중의 균형을 고려하여 1 : 3 : 1의 비율로 하는 것이 좋다.
⑩ 모듈의 높이는 모듈 뒷면의 공기대류 및 공기속도에 영향을 미친다. 공기속도가 빠를수록 태양전지의 온도는 저하되고 효율이 좋지만, 10[cm] 이상 높게 하면 효과는 더 이상 커지지 않으므로 10[cm] 정도로 하는 것이 좋다.
⑪ 연간 일사량이 최대가 되는 경사각도는 보통 설치장소의 위도보다 약간 작다. 또 어레이에 가해지는 풍압하중은 어레이면이 지붕면에 평행인 상태에서 가장 작고, 약간의 경사를 주는 것으로 급격히 증가하게 되는데, 가대부재의 대형화, 건물의 하중 증가로 이어진다. 따라서 어레이면을 지붕면에 평행하게 하는 것이 종합적으로 최적이라고 할 수 있다.

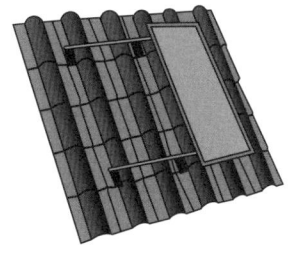 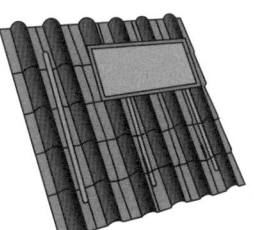 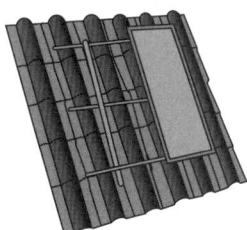

(a) 표준형 조립　　　(b) 가로 모듈의 표준형 조립　　　(c) 십자 조립

경사지붕 조립방법

(2) 평지붕형 태양광발전시스템

① 평지붕은 태양광발전에 아주 적합한 장소로서 설치공간이 있고, 마감처리가 잘되어 그림자가 없는 공간이 있다. 여기에 태양광 모듈을 설치하기 적합하다.
② 평지붕에 태양광 모듈을 설치 시 얼마의 하중을 견디는지, 통풍이 잘되는 구조인지, 녹화지붕의 유무, 디딜 수 있는 체류공간의 사용용도, 신축건물인지, 기존건물인지, 안테나 환기용 개구부 인접 건물 등의 그림자에 의한 방해요인을 확인한다.
③ 평지붕의 모듈 설치방법은 먼저 지붕 위에 콘크리트기초를 세워 앞쪽 기초에는 레일을 깔고 뒤쪽 기초에는 고정 수나사와 지지대를 설치한 후에 전용 받침대를 설치한다. 태양전지판은 볼트로 고정하고 볼트는 풍압하중을 견딜 수 있는 강도와 크기여야 한다.
④ 평지붕 가대는 모듈 뒷면에 충분한 작업공간이 없을 때 경사지붕과 같은 방법으로 고정하며, 가대의 지붕 고정방법은 가대의 일부를 건물과 일체화하는 방법과 가대와 기초의 중량에 의해 어레이를 지붕면에 고정하는 방법이 있다. 전자는 건물의 시공단계와 맞추어 어레이를 설치할 때 적합하다.
⑤ 기존 건물과 같이 가대를 고정할 부재가 없을 때 크게 지붕개량공사가 필요하여 건설비용이 많이 발생한다. 또 기초의 중량으로 어레이에 가해지는 바람방향의 풍압하중을 확인한다. 경사각도는 다설지역의 경우 어레이면의 적설을 고려하여 설정한다.

> **Check!**
> - 녹화지붕 : 건축물의 단열성이나 경관의 향상 등을 목적으로 지붕에 식물을 심어 녹화하기 위한 것이다.
> - 풍압하중 : 지지물, 지지대 등의 강도 계산을 할 때 바람에 의한 하중을 말한다.
> - 다설지역 : 눈이 많이 내리는 지역으로 우리나라에서는 강릉, 태백지구를 다설지역으로 한다.

⑥ 경사각도가 크고 태양전지판의 수가 많으면 최상층의 태양전지판이 높아져서 시공이 어렵다. 따라서 평판지붕용 태양전지판은 뒤쪽에 볼트고정이 가능하도록 되어 있다.
⑦ 콘크리트기초도 풍압하중과 적설량을 고려하여 강도와 크기를 정한다.
  평지붕에 태양광을 통합하는 '하부바닥 고정방식의 태양광 시공기술'은 다음과 같이 구분한다.
  ㉠ 태양광발전부의 가대를 지붕 위에 고정시키거나 지붕의 하부 구조물에 포인트 형식으로 고정, 고정 포인트 주위의 모든 층(단열, 방수 등)은 해당 공사의 시방규정을 지킨다.
  ㉡ 비고정방식의 태양광 시공 : 태양전지 모듈을 가대와 결합시킨 태양광발전부는 평지붕 위에서 원하는 곳에 설치할 수 있다. 이 시공방식의 태양광 모듈은 자중으로 풍압에 견디고 위치를 유지한다. 시설물을 고정시키기 위해 지붕을 뚫을 필요가 없고 밸런스를 잡기 위해 종종 지붕에 자갈을 깔거나 콘크리트 블록을 사용하기도 한다. 이 방식은 특별한 조립장비 없이 모듈을 설치할 수 있는 장점이 있다.

평지붕 위 가대 표준 설치방법

ⓒ 태양광 지붕 박막재 : 일반 플라스틱 필름에 태양전지 모듈을 부착하여 하나의 완성된 건축자재처럼 태양광 모듈이 주어진다. 건물 방수층과 태양광 모듈이 하나로 결합되어 있다.

> **Check!** **박막재** : 표면적에 대하여 두께를 무시할 수 있는 존재상태인 얇은 재료를 말한다.

※ 루프(Roof)

기존 건축물 적용 시 태양전지, 구조물의 하중을 검토한다.

구 분	설치방식	특 징
지 붕	평지붕형	• 건축형태에 따라 태양광시스템을 옥상에 설치 • 별도의 기초 / 구조물 필요
	경사지붕형	• 경사지붕에 모듈 부착 • 지붕과 통합 / 이미지 형상화 불가함
	아트리움형	• 지붕자연채광 • 지붕재와 태양전지 모듈의 통합

(3) 지상용 태양광시스템기초공사 및 구조물 설치

지상용 태양광발전시스템은 면적확보가 가장 중요하며 어레이 간 음영이 지지 않는 충분한 거리가 확보되어야 하며, 건물의 이미지와 별도로 설치가 가능하다.

지상용 태양광시스템 구조물의 기초에는 일반적으로 지지층이 얕은 경우에는 독립기초를, 지지층이 깊은 경우에는 말뚝기초를 많이 사용한다.

다음은 기초공사부터 태양광 설치완료까지의 장면이다.

기초 앙카 콘크리트 설치

태양광 구조물 제작

태양광 모듈 지지대 설치

태양광 모듈 설치

지상용 태양광시스템 기초공사 및 구조물 설치

① 지상용 태양광시스템 구조물의 기초에 작용하는 하중으로서 최우선으로 고려되는 것은 풍하중으로 강풍 발생에 대비하여 어레이용 기초의 구조를 검토하여 시공한다.
② 풍하중의 경우 지역과 위치에 따라서 기준풍속에 차이가 나지만 일반적으로 국내의 경우는 30~40[m/s]의 기준풍속으로 설계한다.

③ 지상설치용 대용량발전시스템은 모듈의 특성에 따라 어레이용량을 결정하고 설계하지만 소용량과는 달리 어레이로 구성되어 있으므로 음영에 의한 시스템 효율저하를 고려하여 대용량발전시스템 어레이 설계 시 어레이 간의 이격거리를 특히 유의해서 설치한다.

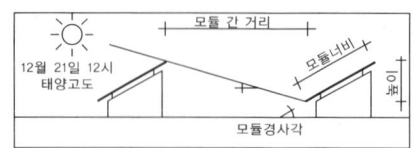

태양광 모듈 간 거리 및 경사각

(4) 구조물 이격거리 산출에 따른 공사

① 이격거리 산정 시 고려사항
  ㉠ 전체 설치 가능 면적
  ㉡ 어레이 1개의 면적
  ㉢ 어레이의 길이
  ㉣ 그 지역의 위도
  ㉤ 동지 시 발전 가능 시간에서의 태양의 고도

② 이격거리 계산
  ㉠ 장애물

  $$\tan\beta = \frac{h}{d}$$

  $$\therefore d = \frac{h}{\tan\beta}$$

  여기서, β : 태양의 고도각

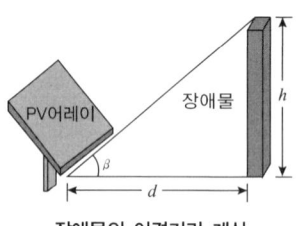

장애물의 이격거리 계산

  ㉡ 태양광어레이 간 최소 이격거리(d)

  $$d = L \times \frac{\sin(180 - \alpha - \beta)}{\sin\beta}$$

  여기서, d : 어레이의 최소 이격거리, L : 어레이의 길이
  α : 어레이의 경사각(Tilt각, 양각), β : 그림자 경사각(동지 때 발전한계시간에서의 태양고도)

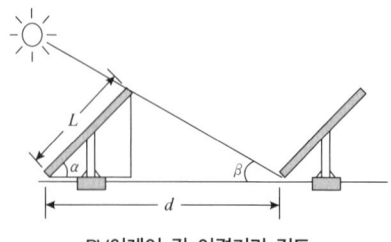

PV어레이 간 이격거리 검토

CHAPTER 02 적중예상문제

제3과목 태양광발전 시공

01 지반의 지내력으로 기초 설치가 어려운 경우 파일을 지반의 암반층까지 내려 지지하도록 시공하는 기초공사는?
① 온통기초
② 파일기초
③ 독립기초
④ 연속기초

해설
기초공사의 종류
- 독립기초 : 개개의 기둥을 독립적으로 지지하는 형식으로 기초판과 기둥으로 형성되어 있으며, 기둥과 보로 구성되어 있는 건축물에 적용되는 기초이다.
- 연속기초(줄기초) : 내력벽 또는 조적벽을 지지하는 기초공사로 벽체 양옆에 캔틸레버 작용으로 하중을 분산시킨다.
- 온통기초(매트기초) : 지층에 설치되는 모든 구조를 지지하는 두꺼운 슬래브 구조로 지반에 지내력이 약해 독립기초나 말뚝기초로 적당하지 않을 때 사용된다.

정답 1 ②

CHAPTER 03 태양광발전 전기시설공사

제3과목 태양광발전 시공

제1절 태양광발전 어레이 시공

1 어레이 시공

(1) 태양광발전시스템의 적용가능 장소

① 지면(Ground)
  ㉠ 지면에 설치할 경우 면적확보가 가장 중요함
  ㉡ 어레이 간 음영이 지지 않는 충분한 거리 확보
  ㉢ 건물의 이미지와 별도로 설치 가능함(기존/신축 건축물에 적용 가능)

구 분		설치방식
지 면	별치형	• 건축물과 관계없이 태양광발전시스템 별도 설치 • 조형물 및 Shelter 등으로 활용
	조형물형	• 상징물 형상화 및 부대시설과 연계 설치 • 분수, 조명 등의 전원으로 활용
	대체형	• 태양전지 모듈을 부대시설로 활용 • 담, 울타리, 난간, 방음벽 등에 활용

② 지붕(Roof)
  ㉠ 기존 건축물 적용 시 태양전지 및 구조물의 무게에 따른 하중 검토 필요
  ㉡ 아트리움 등의 BIPV(건물일체형) 적용 시 설계 단계에서부터 적용

구 분		설치방식
지 붕	평지붕형	• 건축형태에 따라 태양광발전시스템 옥상에 설치 • 별도 기초/구조물 필요 • 적용성 용이
	경사지붕형	• 경사지붕에 모듈 부착 • 지붕과 통합/이미지 형상화 불가 • 종전에는 지붕 덧붙이기 방식이 주로 사용되었으나 점차 지붕자재와 일체로 시공
	아트리움형	• 지붕 자연 채광 • 지붕재와 태양전지 모듈의 통합

③ 벽면(Facade & Shade)
   ㉠ 벽면 적용 시 모듈의 설치각이 수직이므로 인해 발전량 저하 우려
   ㉡ 창호재의 BIPV(건물일체형) 적용 시 설계 단계에서부터 적용

구 분		설치방식
지 붕	차양형	• 모듈을 건물의 차양재로 활용 • 하부음영을 고려하여 모듈의 경사각 산정
	벽 부	• 모듈을 건물의 외장재로 활용 • 경사각이 90°로 효율 약 30[%] 감소
	창호형	• 자연채광이 가능한 건물 외장재 및 창호재로 활용 • 대부분 90° 경사각으로 발전량 감소

(2) 태양전지 어레이 설정

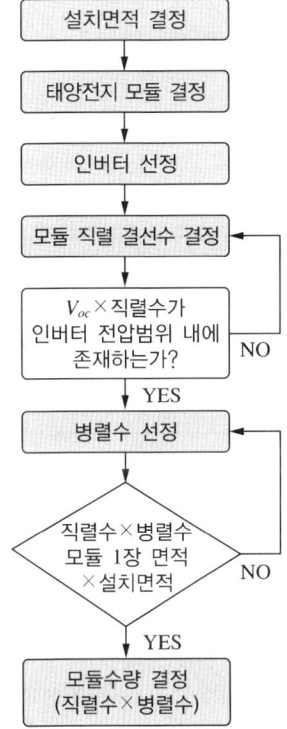

① 어레이 용량 : 설치면적에 따라 결정
② 직렬 결선
   ㉠ 인버터의 동작전압에 따라 결정
   ㉡ 어레이의 직렬 결선수 × 태양전지 모듈 1장의 개방전압(V_{oc})이 인버터 동작전압 범위 내
③ 병렬수와 어레이 용량(직렬수 × 병렬수)
   어레이 직렬 결선수에 따라 정수배의 병렬수가 설치면적 내
④ 어레이 간 간선
   모듈 1장의 최대전류(I_{mp})가 전선의 허용전류 내

(3) 태양전지 어레이용 가대

① 가대의 재질 및 형태
  ㉠ 염해, 공해 등을 고려 부식(녹)이 발생하지 않을 것
  ㉡ 최소 20년 이상의 내구성을 가질 것
  ㉢ 어레이의 자체하중에 풍압하중을 더한 하중에 견딜 수 있을 것
  ㉣ 어레이를 단단히 고정할 수 있도록 할 것
  ㉤ 절삭 등 가공이 쉽고 가벼울 것
  ㉥ 수급이 용이하고 경제적일 것
  ㉦ 불필요한 가공을 피할 수 있도록 규격화되어 있을 것
  ㉧ 부재의 접합은 볼트 접합, 용접 접합 및 이들과 동등 이상의 품질을 확보할 수 있는 방법을 사용한다.

② 가대의 종류
  ㉠ 재질에 따른 분류 : 가대의 종류로는 재질에 따라 강제+도장, 강제+용융아연도금, 스테인리스(SUS), 알루미늄 합금재 등으로 나뉜다.
  ㉡ 어레이 설치 방식에 따른 분류 : 고정식, 경사가변식, 추적식
  ㉢ 설치장소에 따른 분류 : 평지, 경사지, 평지붕, 경사지붕, 건물외벽 등

가대의 재질에 따른 비교

가대의 종류	가 격	특 징	장 점	단 점
강제+도장	저 가	도료의 재질에 따라 내후성이 다름	경제성	5~10년 주기로 재도장
강제+용융아연도금	중 가	철의 10배 이상의 내식성	비교적 저렴, 장시간 사용	부분 녹 발생
스테인리스(SUS)	고 가	니켈, 크롬 합금	경량, 내식성 우수	고 가
알루미늄 합금재	중 가	경 량	시공성 우수	강도가 다소 약함, 부식

③ 볼트, 너트의 재질
  ㉠ 부식이 일어나지 않는 재질
  ㉡ 빗물의 투습을 방지하기 위해 볼트캡을 씌울 것
  ㉢ 고장력 볼트, SUS 재질 등

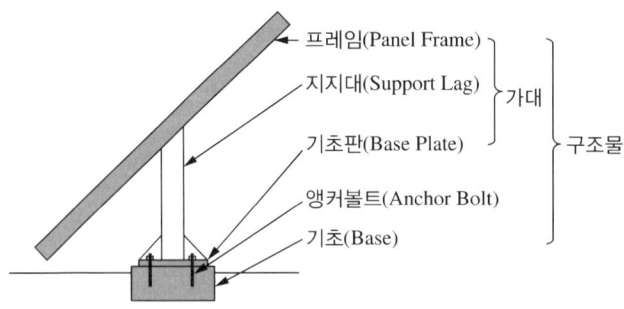

태양전지 어레이용 가대 및 구조물 시공

(4) 태양전지 어레이용 가대

① 가대의 구성 : 프레임(수평부재, 수직부재), 지지대, 기초판으로 구성
② 태양전지 어레이용 가대 및 지지대 설치
  ㉠ 태양광 어레이용 지지대 및 가대의 설치순서, 양중방법(물건을 들어 올리는 방법) 등의 설치계획을 결정한다.
  ㉡ 태양광 어레이용 가대(세로대, 가로대), 모듈 고정용 가대 및 케이블 트레이용 찬넬('ㄷ'형으로 생긴 강재) 순으로 조립한다.
  ㉢ 구조물의 자재는 H, ㄷ형강 및 Al bar 등으로 구성되어 있으며, 형강류는 공장에서 용융아연도금을 시행한 후 현장에서 조립을 원칙으로 한다.
  ㉣ 태양전지 모듈의 지지물은 자중, 적재하중 및 구조하중은 물론 풍압, 적설 및 지진 기타의 진동과 충격에 견딜 수 있는 안전한 구조의 것이어야 한다. 모든 볼트는 와셔 등을 사용하여 헐겁지 않도록 단단히 조립되어야 하며, 특히 지붕설치형의 경우에는 건물의 방수 등에 문제가 없도록 설치해야 한다.
  ㉤ 체결용 볼트, 너트, 와셔(볼트캡 포함)는 용융아연도금처리 또는 동등 이상의 녹 방지처리를 해야 하며 기초 콘크리트 앵커볼트의 돌출부분에는 볼트캡을 착용해야 한다.

(5) 태양전지 모듈의 설치

① 태양전지 모듈 운반 시 주의사항
  ㉠ 태양전지 모듈의 파손 방지를 위해 충격이 가해지지 않도록 한다.
  ㉡ 태양전지 모듈의 인력 이동 시 2인 1조로 한다.
  ㉢ 접속되지 않은 모듈의 리드선은 빗물 등 이물질이 유입되지 않도록 조치한다.
② 태양전지 모듈의 설치방법
  ㉠ 가로 깔기 : 모듈의 긴 쪽이 상하가 되도록 설치
  ㉡ 세로 깔기 : 모듈의 긴 쪽이 좌우가 되도록 설치
③ 태양전지 모듈의 설치
  ㉠ 태양전지 모듈의 직렬매수(스트링)는 직류 사용전압 또는 파워컨디셔너(PCS)의 입력전압 범위에서 선정한다.
  ㉡ 태양전지 모듈의 설치는 가대의 하단에서 상단으로 순차적으로 조립한다.
  ㉢ 태양전지 모듈과 가대의 접합 시 전식방지를 위해 개스킷(Gasket, 가스·기름 등이 새어나오지 않도록 파이프나 엔진 등의 사이에 끼우는 마개)을 사용하여 조립한다.

(6) 파워컨디셔너(PCS) 설치공사

① 제 품
  신재생에너지센터에서 인증한 인증제품을 설치해야 하며 해당 용량이 없는 경우에는 국제공인시험기관(KOLAS), 제품인증기관(KAS) 또는 공인시험기관 등의 참고 시험성적서를 받은 제품을 설치해야 한다.

② 설치상태

옥내·옥외용으로 구분하여 설치해야 한다. 단, 옥내용을 옥외에 설치하는 경우는 5[kW] 이상 용량일 경우에만 가능하며, 이 경우 빗물의 침투를 방지할 수 있도록 옥내에 준하는 수준(외함 등)으로 설치해야 한다.

③ 정격용량

정격용량은 파워컨디셔너에 연결된 모듈의 정격용량 이상이어야 하며, 각 스트링 단위의 태양전지 모듈의 출력전압은 파워컨디셔너 입력전압 범위 내에 있어야 한다.

④ 전력품질 및 공급의 안정성

㉠ 태양광발전시스템이 계통전원과 공통접속점에서의 전압을 능동적으로 조절하지 않도록 하고, 기타 수용가의 전압이 표준전압의 전압 유지 범위에 있도록 한다.

㉡ 전압 유지 범위를 벗어나는 경우, 전력회사와 협의해 수용가의 자동전압 조정장치, 전용변압기 또는 전용선로의 채용 등의 적절한 조치를 취한다.

㉢ 저압연계 시는 수용가에서 역조류가 발생했을 때 전압이 상승할 우려가 있으므로 해당 수용가는 다른 수용가의 전압이 표준전압이 유지되도록 대책을 마련한다.

㉣ 특고압연계 시는 중부하 시 태양광발전원을 분리시켜 기타 수용가의 전압이 저하되거나 역조류에 의해 계통전압이 상승할 수 있다.

㉤ 전압변동의 정도는 부하의 상황, 계통 구성, 계통 운용, 설치점, 자가용 발전설비의 출력 등에 따라 다르므로 개별적인 검토가 필요하다.

㉥ 수용가는 자동전압 조정장치를 설치하여 전압변동 대책을 세우고, 대책이 불가능할 경우는 배전선의 증강하거나 전용선으로 연계한다.

㉦ 한전의 배전계통 관리기준 전압 고조파 왜형률(VTHD)은 5[%] 이하이다.

(7) 접속함 설치공사

① 접속함 설치위치는 어레이 근처가 적합하다.
② 접속함은 풍압 및 설계하중에 견디고 방수, 방부형으로 제작되어야 한다.
③ 태양전지판 결선 시는 접속함 배선 홀에 맞추어 압착단자를 사용하여 견고하게 전선을 연결하고, 접속 배선함 연결부위는 방수용 커넥터를 사용한다.
④ 접속함 내부에는 직류출력개폐기, 서지보호장치, 역류방지 다이오드, 단자대 등이 설치되므로 구조, 미관, 추후 점검 및 보수 등을 고려하여 설치한다.
⑤ 접속함은 내부과열을 피할 수 있게 제작되어야 하며, 역류방지 다이오드용 방열판은 다이오드에서 발생된 열이 접속부분으로 전달되지 않도록 충분한 크기로 하거나, 별도의 분전반에 설치해야 한다.
⑥ 역류방지 다이오드의 용량은 모듈 단락전류의 2배 이상으로 한다.
⑦ 접속함 입·출력부는 견고하게 고정을 하여 외부 충격에 전선이 움직이지 않도록 한다.
⑧ 태양전지의 각 스트링 단위로 인입된 직류전류를 역전류방지 다이오드 및 브레이커 말단을 병렬로 연결하여 파워컨디셔너 입력단에 직류전원을 공급하는 기능과 모니터링설비를 위한 각종 센서류의 신호선을 입력받아 태양전지 어레이 계측장치에 공급하는 외함으로서 재질은 가급적 SUS304 재질로 제작 설치하는 것이 바람직하다.

(8) 실제 설치 과정
  ① 지면(조형물형)
    ㉠ 기초 지지대공사

    ㉡ 지지대 콘크리트 타설

    ㉢ 구조물 지지대공사

    ㉣ 지지대 설치완료

    ㉤ 태양전지 모듈 고정

    ㉥ 태양전지 모듈 결선
    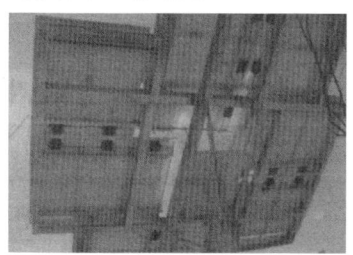

    ㉦ 접속함

    ㉧ 인버터 설치

    ㉨ 설치 완성

② 경사지붕 부착형

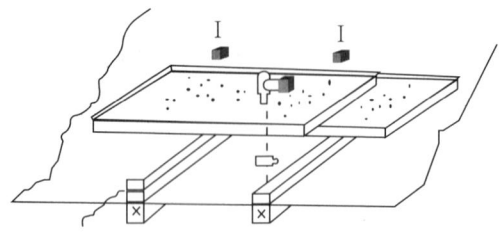

알루미늄 마운팅 키트

㉠ 알루미늄 마운트 키트를 사용하여 고정한다.
㉡ 작업순서
   현장조사 → 자재반입 → 지붕면 천공 및 모듈 지지대 설치 → 태양전지 모듈 고정 → 태양전지 모듈 결선 → 전기공사 및 접속함 설치 → 인버터 설치 → 설치완료

③ 벽면 차양형
㉠ 시공 시 고려 사항 및 특징
   • 하지의 남중고도 고려, 하부 모듈에 음영이 없는 각도 산정
   • 모듈의 측면 밀폐형 → 하부 공기순환 그릴 설치로 통풍 가능
   • 태양전지 모듈의 온도상승으로 인한 효율저하 방지
㉡ 작업순서
   자재 입고 → 자재 운반 → 벽면 천공 → 케미컬 앵커 고정 → 태양전지 모듈 고정물 부착 → 태양전지 모듈 고정 → 태양전지 모듈 결선 → 접속함 설치 → 인버터, 제어판 설치 완료

(9) 태양전지 모듈 및 어레이 설치 후 확인·점검사항

태양전지 모듈의 배선이 끝나면, 각 모듈의 극성 확인, 전압 확인, 단락전류 확인, 양극 중 어느 하나라도 접지되어 있지는 않은지 확인한다. 체크리스트에 확인사항을 기입하고 차후 점검을 위해 보관해 둔다.

① **전압·극성의 확인** : 태양전지 모듈이 바르게 시공되어, 설명서대로 전압이 나오고 있는지 양극, 음극의 극성이 바른지의 여부 등을 테스터나 직류전압계로 확인한다.
② **단락전류의 측정** : 태양전지 모듈의 설명서에 기재된 단락전류가 흐르는지 직류전류계로 측정한다. 타 모듈과 비교해 측정치가 현저히 다른 경우는 배선을 재차 점검한다.
③ **비접지의 확인** : 태양광발전설비 중 인버터는 절연변압기를 시설하는 경우가 드물기 때문에 일반적으로 직류측 회로를 비접지로 하고 있다. 비접지의 확인방법을 다음 그림에 나타내었다. 또한, 통신용 전원에 사용하는 경우는 편단접지를 하는 경우가 있으므로 통신기기 제작사와 협의할 필요가 있다.
   • 테스터나 검전기 측정으로 비접지 여부를 확인한다. 직류측 회로의 1선이 접지되어 있으면 접지된 곳을 찾아 비접지 상태로 한다.

④ 접지의 연속성 확인 : 모듈의 구조는 설치로 인해 접지의 연속성이 훼손되지 않은 것을 사용해야 한다.

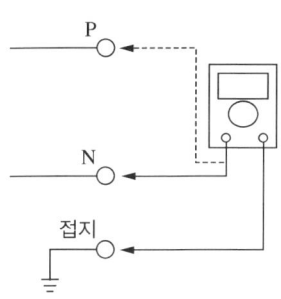
(a) 테스터 확인방법
무전압측이 접지되어 있다.

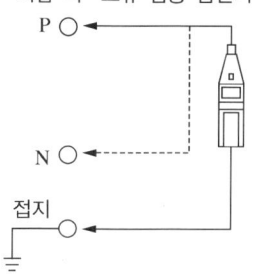
저압 직·교류 겸용 검전기
(b) 검전기 확인방법
무음 또는 발광하지 않는 극이 접지되어 있다.

비접지 확인 방법

- 테스터 : 회로시험기로서 교류전압, 직류전압, 저항 등을 측정하는 기기
- 절연변압기 : 고압 회로의 전류를 측정기구 등이나 제전기(정전기 제거 장치)에 직접 통하는 것은 위험하기 때문에 권수비가 1인 변성기를 사용하여 고압 회로와의 사이를 절연하기 위한 장치이다. 권수비가 1인 1 : 1 변압기는 1차측의 입력전압, 입력전류가 그대로 2차측에 출력되는 변압기로서 1 : 1 변압기를 용도 특징적으로 절연변압기(Isolation Transformer)라고 부르기도 하는데, 호칭에서 드러나듯이 전기적 분리(Galvanic Isolation)가 필요한 경우에 사용한다.
- 비접지 : 접지방식의 하나로서 접지를 하지 않는 방식이다. △결선에서 주로 이루어지고 저전압 저전류방식에 적용되며 전력공급안정도가 양호하다.
- 편단접지 : 비접지방식에서 케이블 정전용량에 의해 발생하는 지락전류를 제거하기 위해 케이블 접속부 한 면에 접지를 하는 방식이다.

(10) 지지물 및 부속자재

① 설치 상태

㉠ 태양전지 모듈의 지지물은 자중, 적재하중 및 구조하중은 물론 풍압, 적설 및 지진 기타의 진동과 충격에 견딜 수 있는 안전한 구조의 것이어야 한다.

㉡ 모든 볼트는 와셔 등을 사용하여 헐겁지 않도록 단단히 조립되어야 한다.

- 검전기 : 전기의 활선(전기가 흐르고 있음)상태 여부를 확인하는 기기로서 접촉식과 비접촉식이 있다.
- 와셔 : 볼트를 지지하는 부속품으로서 도넛 모양으로 중간의 구멍에 볼트를 지지한다. 평평하게 생긴 평와셔와 중간이 끊어져 있는 스프링와셔 등이 있다.

㉢ 지붕설치형의 경우에는 건물의 방수 등에 유의하여 설치한다.

구조물 볼트의 크기에 따른 힘 작용

볼트의 크기	M3	M4	M5	M6	M8	M10	M12	M16
힘[kg/cm²]	7	18	35	58	135	270	480	1,180

② 지지대, 연결부, 기초(용접부위 포함)

태양전지 모듈지지대 제작 시 형강류 및 기초지지대에 포함된 철판 부위는 용융아연도금처리 또는 동등 이상의 녹 방지처리를 해야 하며 용접 부위는 방식처리를 해야 한다.

③ 체결용 볼트, 너트, 와셔(볼트캡 포함)

용융아연도금처리 또는 동등 이상의 녹방지 처리를 해야 하며 기초 콘크리트 앵커볼트의 돌출부분에는 볼트캡을 착용해야 한다.

④ 유지보수

태양전지 모듈의 유지보수를 위한 공간과 작업안전을 고려한 발판 및 안전난간을 설치해야 한다. 단, 안전성이 확보된 설비인 경우에는 예외로 한다.

2 전기배선 및 접속반 설치기준

(1) 전기배선 및 접속반

① 연결전선

태양전지에서 옥내에 이르는 배선에 쓰이는 전선은 모듈전용선 또는 TFR-CV선을 사용하여야 하며, 전선이 지면을 통과하는 경우에는 피복에 손상이 발생하지 않게 별도의 조치를 취해야 한다.

> **Check!** TFR-CV : 난연성 제어용 내열 PVC절연 내열비닐 시스케이블을 말하며 난연성 전력케이블이라고도 한다.

② 커넥터(접속 배선함)

㉠ 태양전지판의 프레임을 부착할 경우에는 흔들림이 없도록 고정되어야 한다.

㉡ 태양전지판 결선 시에 접속 배선함 구멍에 맞추어 압착단자를 사용하여 견고하게 전선을 연결해야 하며, 접속 배선함 연결부위는 일체형 전용 커넥터를 사용한다.

③ 태양전지판 배선

태양전지판 배선은 바람에 흔들림이 없도록 케이블 타이(Cable Tie) 등으로 단단히 고정하여야 하며 태양전지판의 출력배선은 군별·극성별로 확인할 수 있도록 표시하여야 한다.

④ 태양전지판 직·병렬 상태

태양전지 각 직렬군은 동일한 단락전류를 가진 모듈로 구성하여야 하며, 1대의 파워컨디셔너(PCS)에 연결된 태양전지 직렬군이 2병렬 이상일 경우에는 각 직렬군의 출력전압이 동일하게 형성되도록 배열하여야 한다.

⑤ 역전류방지 다이오드

㉠ 1대의 파워컨디셔너(PCS)에 연결된 태양전지 직렬군이 2병렬 이상일 경우에는 각 직렬군에 역전류방지 다이오드를 별도의 접속함에 설치하여야 하며, 접속함은 발생하는 열을 외부에 방출할 수 있도록 환기구 및 방열판 등을 갖추어야 한다.

㉡ 용량은 모듈단락전류의 2배 이상이어야 하며 현장에서 확인할 수 있도록 표시하여야 한다.

⑥ 접속반

접속반의 각 회로에서 퓨즈가 단락되어 전류차가 발생할 경우 LED조명등 표시(육안확인 가능) 등의 경보장치를 설치하여야 한다. 단, 주택지원사업의 태양광 주택의 경우, 외부에서 확인 가능한 조명등 또는 경보장치를 설치하여야 하며, 실내에서 확인 가능한 경우에는 예외로 한다.

⑦ 접지공사

전기설비기술기준에 따라 접지공사를 하여야 하며, 낙뢰의 우려가 있는 건축물 또는 높이 20[m] 이상의 건축물에는 건축물의 설비기준 등에 관한 규칙(피뢰설비)에 적합하게 피뢰설비를 설치하여야 한다.

⑧ 전압강하

태양전지판에서 파워컨디셔너(PCS)입력단 간 및 파워컨디셔너(PCS) 출력단과 계통연계점 간의 전압강하는 각 3[%]를 초과하여서는 안 된다. 단, 전선길이가 60[m]를 초과할 경우에는 다음 표에 따라 시공할 수 있다. 전압강하계산서(또는 측정치)를 설치확인신청 시에 제출하여야 한다.

전선길이	전압강하
120[m] 이하	5[%]
200[m] 이하	6[%]
200[m] 초과	7[%]

⑨ 전기공사

전기사업법에 의한 사용 전 점검 또는 사용 전 검사에 하자가 없도록 시설을 준공하여야 한다.

3 사용자재 규격 및 적합성 등

(1) 케이블 선정 및 접속

① 태양전지에서 옥내에 이르는 배선에 쓰이는 전선은 모듈전용선으로 구입이 쉽고 작업성이 편리하며 장기간 사용해도 문제가 없는 XLPE케이블이나 이와 동등 이상의 제품 또는 직류용 전선을 사용한다.
② 옥외에는 UV케이블을 사용한다.
③ 병렬접속 시에는 회로의 단락전류에 견딜 수 있는 굵기의 케이블을 선정한다.
④ 전선이 지면에 접촉되어 배선되는 경우에는 피복이 손상되지 않도록 별도의 조치를 취해야 한다.

저압 XLPE케이블의 구조

(2) 전선의 일반적 설치 기준

기계기구의 구조상 그 내부에 안전하게 시설할 수 있을 경우를 제외하면 모든 전선은 다음과 같이 시설해야 한다.

① 공칭단면적 2.5[mm²] 이상의 연동선 또는 이와 동등 이상의 세기 및 굵기이어야 한다.
② 옥내에 시설하는 경우에는 합성수지관공사, 금속관공사, 가요전선관공사 또는 케이블공사로 한국전기설비규정(KEC)에 따라 시설해야 한다.
③ 옥측 또는 옥외에 시설할 경우에는 합성수지관공사, 금속관공사, 가요전선관공사 또는 케이블공사로 한국전기설비규정(KEC)에 따라 시설해야 한다.

(3) 전선 접속 시 나사의 조임

태양전지 모듈 및 개폐기 그 밖의 기구에 전선을 접속하는 경우에는 나사조임이나 이와 동등 이상의 효력이 있는 방법에 의하여 견고하고 완전하게 접속하며 동시에 접속점에 장력이 가해지지 않도록 한다. 또한, 모선의 접속부분은 지정된 재료, 부품으로 정확히 사용하여 조이고 다음에 유의한다.
① 볼트의 크기에 맞는 토크렌치를 사용하여 규정된 힘으로 조여 준다.
② 조임은 너트를 돌려서 조여 준다.
③ 2개 이상의 볼트를 사용하는 경우 한쪽만 심하게 조이지 않도록 주의한다.
④ 토크렌치의 힘이 부족할 경우 또는 조임 작업을 하지 않은 경우에는 사고가 일어날 위험이 있으므로, 토크렌치에 의해 규정된 힘이 가해졌는지 확인할 필요가 있다.

모선 볼트의 크기에 따른 힘 적용

볼트의 크기	M6	M8	M10	M12	M16
힘[kg/cm²]	50	120	240	400	850

(4) 케이블의 단말처리

전선의 피복을 벗겨내어 전선을 상호 접속하는 경우, 접속부의 절연물과 동등 이상의 절연효과가 있는 재료로 접속해야 한다. XLPE케이블의 XLPE절연체는 내후성이 약하므로, 비닐시스가 벗겨져 절연체가 노출된 채로 장기간 사용하면 절연체에 균열이 생겨 절연불량을 야기된다. 따라서, 자기융착테이프나 보호테이프를 절연체에 감아 내후성(각종 기후에 견디는 성질)을 향상시킨다. 절연테이프의 종류는 다음과 같다.
① 자기융착 절연테이프 : 자기융착 절연테이프는 시공 시 테이프 폭이 3/4으로부터 2/3 정도로 중첩해 감아놓으면 시간이 지남에 따라 융착하여 일체화된다. 자기융착테이프에는 뷰틸고무제와 폴리에틸렌 + 뷰틸고무가 합성된 제품이 있지만 저압의 경우 뷰틸고무제는 일반적으로 사용하지 않는다.
② 보호테이프 : 자기융착테이프와 열화를 방지하기 위해 자기융착테이프 위에 다시 한 번 감아 주는 보호테이프가 있다.
③ 비닐절연테이프 : 비닐절연테이프는 장기간 사용하면 접착력이 떨어지므로 태양광발전설비처럼 장기간 사용하는 설비에는 적합하지 않다.

제2절 태양광발전 계통연계장치 시공

1 발전량 및 입출력 상태 확인

(1) 태양광발전시스템 계측

태양광발전시스템의 계측기구나 표시장치는 시스템의 운전상태 감시, 발전전력량 파악, 성능평가를 위한 데이터 수집 등을 목적으로 한다. 태양광발전시스템에는 개인주택에 설치하는 것, 공장이나 사무실에 설치하는 것, 발전사업용으로 설치하는 것 또는 연구용인 것 등 여러 시스템이 있으며 그 용도에 따라 필요한 계측·표시 내용은 다르다. 실제의 계측시스템에서는 이러한 것들을 단독으로 하는 경우와 조합하여 행하는 경우가 있으며, 또한 계측의 목적에 따라 계측점, 계측의 정밀도, 계측값의 취급방법이 다르다.

(2) 계측기구·표시장치의 설치

계측기구·표시장치의 목적은 얻어지는 데이터의 사용 목적에 따라 크게 4가지로 분류할 수 있다.
① 시스템의 운전상태를 감시하기 위한 계측 또는 표시
② 시스템에 의한 발전전력량을 파악하기 위한 계측
③ 시스템 기기 또는 시스템 종합평가를 위한 계측
④ 시스템의 운전상황을 견학하는 사람 등에게 보여주고, 시스템의 홍보를 위한 계측 또는 표시

(3) 계측기구·표시장치의 취급 시 주의사항

태양광발전시스템의 경우에는 일사강도가 시시각각 변화하고 두꺼운 구름이 태양을 가리면 발전출력도 단시간에 크게 변동하므로 계측 샘플링 주기나 연산을 적절하게 하지 않으면 계측오차가 발생하는 요인이 된다. 따라서 태양광발전 계측·표시장치 계획 시에는 기기 선택이나 계측기구·표시시스템의 설계에 충분한 주의가 필요하다.

2 인버터와 제어장치 설치

(1) 제 품

신재생에너지센터에서 인증한 인증제품을 설치하여야 하며, 해당 용량이 없어 인증을 받지 않은 제품을 설치할 경우, 신재생에너지설비 인증에 관한 규정상의 효율시험 및 보호기능시험이 포함된 시험성적서를 제출하여야 한다. 기타 인증 대상 설비가 아닌 경우에는 분야별 위원회의 심의를 거쳐 신재생에너지센터 소장이 인정하는 경우 사용할 수 있다.

(2) 설치상태

옥내·옥외용을 구분하여 설치하여야 한다. 단, 옥내용을 옥외에 설치하는 경우는 5[kW] 이상 용량일 경우에만 가능하며 이 경우 빗물 침투를 방지할 수 있도록 옥내에 준하는 수준으로 외함 등을 설치하여야 한다.

(3) 설치용량

인버터의 설치용량은 설계용량 이상이어야 하고, 인버터에 연결된 모듈의 설치용량은 인버터의 설치용량 105[%] 이내이어야 한다. 단, 각 직렬군의 태양전지 개방전압은 인버터 입력전압 범위 안에 있어야 한다.

(4) 표시사항

입력단(모듈출력)의 전압, 전류, 전력과 출력단(인버터의 출력)의 전압, 전류, 전력, 역률, 주파수, 누적발전량, 최대출력량(Peak)이 표시되어야 한다.

(5) 기 타

① 명 판
  ㉠ 모든 기기는 원제조사 및 원제조국, 제조일자, 모델명, 일련번호, 제품사항 등 주요사항, 그 외 기기별로 나타내어야 할 사항이 명시된 명판을 부착하여야 한다.
  ㉡ 신재생에너지설비 명판 설치기준의 명판을 제작하여 인버터 전면에 부착하여야 한다.
② 가동상태 : 인버터, 전력량계, 모니터링설비가 정상작동을 하여야 한다.
③ 모니터링설비 : 모니터링시스템 설치기준에 적합하게 설치하여야 한다.
④ 운전교육 : 전문기업은 설비 소유주에게 소비자 주의사항 및 운전매뉴얼을 제공하여야 하며 운전교육을 실시하여야 한다.

3 수배전반 설치

(1) 개 요

전력을 수전하여 부하에서 필요로 하는 전압으로 변환하여 부하에 전원을 공급하는 설비를 의미한다.

(2) 수배전반 공사흐름도

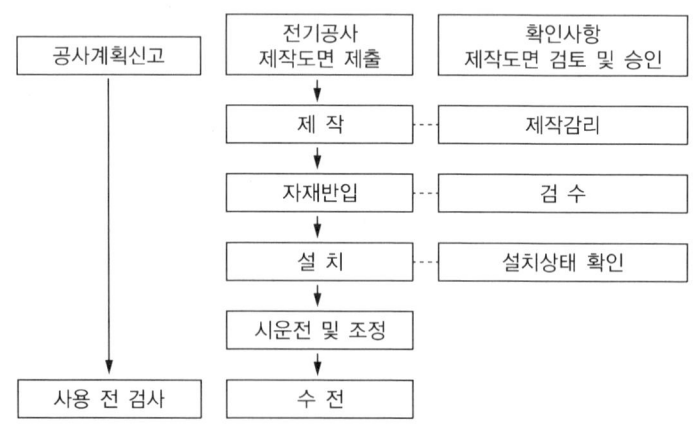

수배전반 공사흐름도

4 계통연계 시공

(1) 계통연계
① 태양광발전시스템의 계통연계 시 기술적인 과제 즉, 전력품질과 보호협조에 대한 문제점을 확실히 고려해야 한다.
② 이들 문제점이 해결되지 않을 시는 신재생에너지 전원연계의 공급신뢰도(정전), 전력품질(전압, 주파수, 역률 등)의 면에서 다른 전기수용가에 악영향을 끼치므로 전력공급설비나 다른 수용가의 설비보전에 문제를 발생 될 수 있어서 우선적으로 공중 및 작업자의 안전 확보를 기한다.
③ 계통연계를 원하는 신재생에너지 전원의 연계설비용량에 대한 연계계통의 전압계급 적용은 다음 표를 원칙으로 한다.

전압계급에 의한 연계의 구분

연계구분	적용 발전설비	연계설비용량		전기방식	역조류
저압 배전선	태양광발전	원칙적으로 100[kW] 미만		단상 2선 220[V] 3상 4선 380[V]	유 · 무
특별고압 배전선		일반 배전선	원칙적으로 3,000[kW] 미만	3상 4선 22.9[kV]	유 · 무
		적용 배전선	원칙적으로 20,000[kW] 미만		
특별고압 송전선		송전선	※ 원칙적으로 20,000[kW] 이상	3상 4선 154[kV]	유 · 무

(2) 분산형전원 배전계통연계
① 배전선로의 연계
  ㉠ 500[kW] 미만의 발전전력용량은 저압 배전선로와 연계할 수 있다.
  ㉡ 500[kW] 이상인 경우, 특고압 배전선로와 연계할 수 있다.
  ㉢ 분산형전원의 연계용량이 500[kW] 미만인 경우라도 분산형전원 설치자가 희망하고 한전이 이를 타당하다고 인정하는 경우에는 특고압 한전계통에 연계할 수 있다.
② 분산형전원 배전계통연계 기술기준
  ㉠ 전기방식 : 연계하고자 하는 계통의 전기방식과 동일하여야 한다.
  ㉡ 공급전압 안정성 유지 : 연계 지점의 계통전압을 조정해서는 안 된다.
  ㉢ 동기화 : 연계지점의 계통전압이 4[%] 이상 변동하지 않도록 계통에 연계한다.

발전용량 혹은 분산형전원 정격용량 합계[kW]	주파수차(Δf, [Hz])	전압차(ΔV, [%])	위상각 차($\Delta \phi$, °)
0~500 이하	0.3	10	20
500 초과~1,500 이하	0.2	5	15
1,500 초과~20,000 이하	0.1	3	10

  ㉣ 상시 전압변동률과 순시 전압변동률
    • 저압 공용선로에서 분산형전원의 상시 전압변동률은 3[%]를 초과하지 않아야 한다.
    • 저압 계통의 경우, 계통병입 시 돌입전류를 필요로 하는 발전원에 대해서 계통병입에 의한 순시 전압변동률이 6[%]를 초과하지 않아야 한다.
    • 특고압 계통의 경우, 분산형전원의 연계로 인한 순시 전압변동률은 발전원의 계통투입, 탈락 및 출력변동빈도에 따라 다음 표에서 정하는 허용기준을 초과하지 않아야 한다.

변동빈도	순시 전압변동률
1시간에 2회 초과 10회 이하	3[%]
1일 4회 초과, 1시간에 2회 이하	4[%]
1일에 4회 이하	5[%]

※ 분산형전원의 전기품질 관리항목 : 직류 유입제한, 역률(90[%] 이상), 플리커, 고조파
※ 분산형전원을 한전계통에 연계 시 생산된 전력의 전부 또는 일부가 한전계통으로 송전되는 병렬 형태를 '역송병렬'이라고 부른다.

ⓜ 가압되어 있지 않은 계통에서의 연계 금지
ⓗ 측정감시 : 분산형전원 발전설비의 용량 250[kW] 이상이면, 연계지점의 연결 상태, 유효전력, 무효전력과 전압 등의 전력품질을 측정하고 감시할 수 있어야 한다.
ⓢ 분리장치 : 분산형전원 발전설비와 계통연계지점 사이 설치
ⓞ 계통연계시스템의 건전성
- 전자장 장해로부터의 보호
- 서지보호기능
ⓩ 계통 이상 시 분산형전원 발전설비 분리
- 계통 고장 또는 작업 시 역충전 방지
- 전력계통 재폐로 협조
- 전압 : 계통에서 비정상 전압상태가 발생할 경우 분산형전원 발전설비를 전력계통에서 분리

전압 범위[주]	운전지속시간[주] [초]
$V < 50$	0.15
$50 \leq V < 70$	0.16
$70 \leq V < 90$	1.5
$110 < V < 120$	0.2
$V \geq 120$	

주) 운전지속시간이란 비정상 상태의 시작부터 분산형전원의 계통가압 중지 전까지 운전을 유지해야 하는 최소한의 시간을 말한다. 분산형전원은 운전지속시간 동안 분산형전원의 정격을 초과한 출력을 발생하여서는 안 되며, 계통전압 및 주파수의 변동으로 인해 연속적으로 범위 조건이 변경되는 경우 변경된 조건으로 운전지속 및 분리할 수 있어야 한다.

- 한전계통에의 재병입
  - 한전계통에서 이상 발생 후 해당 한전계통의 전압 및 주파수가 정상 범위 내에 들어올 때까지 분산형전원의 재병입이 발생해서는 안 된다.
  - 분산형전원 연계 시스템은 안정상태의 한전계통 전압 및 주파수가 정상 범위로 복원된 후 그 범위 내에서 5분간 유지되지 않는 한 분산형전원의 재병입이 발생하지 않도록 하는 지연기능을 갖추어야 한다.

ⓩ 전기품질
- 직류전류 계통유입 한계 : 최대전류의 0.5[%] 이상의 직류전류를 유입하여서는 안 된다.
- 역 률
  - 분산형전원의 역률은 90[%] 이상으로 유지함을 원칙으로 한다. 다만, 역송병렬로 연계하는 경우로서 연계계통의 전압상승 및 강하를 방지하기 위하여 기술적으로 필요하다고 평가되는 경우에는 연계계통의 전압을 적절하게 유지할 수 있도록 분산형전원 역률의 하한값과 상한값을 사용자측과 협의하여야 정할 수 있다.
  - 분산형전원의 역률은 계통측에서 볼 때 진상역률(분산형전원측에서 볼 때 지상역률)이 되지 않도록 함을 원칙으로 한다.

- 플리커(Flicker) : 분산형전원은 빈번한 기동·탈락 또는 출력변동 등에 의하여 한전계통에 연결된 다른 전기사용자에게 시각적인 자극을 줄 만한 플리커나 설비의 오동작을 초래하는 전압요동을 발생시켜서는 안 된다.
- 고조파 전류는 10분 평균한 40차까지의 종합 전류 왜형률이 5[%]를 초과하지 않도록 각 차수별로 3[%] 이하로 제어해야 한다.
- 고조파 전류의 비율

고조파 차수	$h<11$	$11 \leq h < 17$	$17 \leq h < 23$	$23 \leq h < 35$	$35 \leq h$	TDD
비율	4.0	2.0	1.5	0.6	0.3	5.0

- 짝수 고조파는 각 구간별로 홀수 고조파의 25[%] 이하로 한다.
ⓒ 단독운전방지(Anti-Islanding) : 연계 계통의 고장으로 단독운전상 분산형전원 발전설비는 이러한 단독운전상태를 빨리 검출하여 전력계통으로부터 분산형 전원 발전설비를 분리시켜야 한다(최대한 0.5초 이내).
ⓔ 보호협조의 원칙 : 분산형전원의 이상 또는 고장 시 이로 인한 영향이 연계된 한전계통으로 파급되지 않도록 분산형전원을 해당 계통과 신속히 분리하기 위한 보호협조를 실시하여야 한다.
ⓟ 태양광발전 계통 : 태양전지 어레이, 접속반, 인버터, 원격모니터링, 변압기, 배전반 등으로 구성된다.

> **Check!** **분산형전원연계 요건 및 연계의 구분(한국전력 기준)**
> (1) 분산형전원을 계통에 연계하고자 할 경우, 공공 인축과 설비의 안전, 전력공급 신뢰도 및 전기품질을 확보하기 위한 기술적인 제반 요건이 충족되어야 한다.
> (2) 한전 기술요건을 만족하고 한전계통 저압 배전용변압기의 분산형전원 연계가능 용량에 여유가 있을 경우, 저압 한전계통에 연계할 수 있는 분산형전원은 다음과 같다.
> ① 분산형전원의 연계용량이 500[kW] 미만이고 배전용변압기 누적연계용량이 해당 배전용변압기 용량의 50[%] 이하인 경우 다음 각 사항에 따라 해당 저압계통에 연계할 수 있다. 다만, 분산형전원의 출력전류의 합은 해당 저압 전선의 허용전류를 초과할 수 없다.
> ㉠ 분산형전원의 연계용량이 연계하고자 하는 해당 배전용변압기(지상 또는 주상) 용량의 25[%] 이하인 경우 다음 각 목에 따라 간소검토 또는 연계용량 평가를 통해 저압 공용선로 연계할 수 있다.
> • 간소검토 : 저압 공용선로 누적연계용량이 해당 변압기 용량의 25[%] 이하인 경우
> • 연계용량 평가 : 저압 공용선로 누적연계용량이 해당 변압기 용량의 25[%] 초과 시, 한전에서 정한 기술요건을 만족하는 경우
> ㉡ 분산형전원의 연계용량이 연계하고자 하는 해당 배전용변압기(주상 또는 지상)용량의 25[%]를 초과하거나, 한전에서 정한 기술요건에 적합하지 않은 경우 접속설비를 저압 전용선로 할 수 있다.
> ② 배전용변압기 누적연계용량이 해당 변압기 용량의 50[%]를 초과하는 경우 전용변압기(상계거래용 변압기 포함)를 설치하여 연계할 수 있다. 단 아래의 조건에서는 예외로 한다.
> ㉠ 4[kW] 이하 상계거래의 경우는 배전용변압기 누적연계용량이 해당 배전용변압기 용량의 50[%] 초과 시 배전용변압기의 직전 1년간 평균 상시이용률 이내에서 해당 배전용변압기를 통해 저압에 연계할 수 있다. 단, 평균 상시이용률이 50[%] 이상인 경우만 적용 가능하며, 배전용변압기 누적연계용량이 상시이용률을 초과하는 경우에는 상계거래용 변압기를 설치하여 연계한다.

> **Check!**
> ⓒ 단상 분산형전원의 경우 현재 연계 예정인 배전용변압기가 3상이고 해당 배전용변압기의 누적연계용량이 변압기 용량 50[%]를 초과하는 경우 다른 상 배전용변압기 누적연계용량이 변압기 용량의 50[%] 이내에서 상분리를 통해 연계할 수 있다.
> ③ 분산형전원의 연계용량이 500[kW] 미만인 경우라도 분산형전원 설치자가 희망하고 한전이 이를 타당하다고 인정하는 경우에는 특고압 한전계통에 연계할 수 있다.
> ④ 동일한 발전구역 내에서 개별 분산형전원의 연계용량은 500[kW] 미만이나 그 연계용량의 총합은 500[kW] 이상이고, 그 명의나 회계주체(법인)가 각기 다른 복수의 단위 분산형전원이 존재할 경우에는 각각의 단위 분산형전원을 저압 한전계통에 연계할 수 있다. 다만, 각 분산형전원 설치자가 희망하고, 계통의 효율적 이용, 유지보수 편의성 등 경제적, 기술적으로 타당한 경우에는 대표 분산형전원 설치자의 발전용 변압기 설비를 공용하여 특고압 한전계통에 연계할 수 있다.
> ⑤ 가공공급지역의 경우 하나의 공통연결점에서 단위 또는 합산 분산형전원 연계용량이 500[kW] 미만까지 발전구역 밖 주상변압기에서 연계하는 것을 원칙으로 한다. 단, 기술적 및 경제적 사유 등을 고려하여 분산형전원 설치자가 희망할 경우 발전구역 내에 한전 지중공급설비 설치장소를 제공받아 전용으로 공급할 수 있다.
> ⑥ 전기방식이 교류 단상 220[V]인 분산형전원을 저압 한전계통에 연계할 수 있는 용량은 100[kW] 미만으로 한다.
> ⑦ 회전형 분산형전원을 저압 한전계통에 연계할 경우 단순병렬 또는 전용변압기를 통하여 연계할 수 있다.
> ⑧ 저압 분산형전원 연계용 전용변압기는 주상은 아몰퍼스 변압기, 지상은 Compact형 변압기를 신설함을 원칙으로 한다. 단, 전기공급과 발전을 동시에 하기 위해 설치하는 변압기(상계거래용 변압기 포함)는 주상의 경우 고효율 변압기를 신설한다.

(3) 한전의 기술요건을 만족하고 한전계통 변전소 주변압기의 분산형전원 연계가능 용량에 여유가 있을 경우, 특고압 한전계통 또는 전용변압기(상계거래용 변압기 포함)를 통해 저압 한전계통에 연계할 수 있는 분산형전원은 다음과 같다.

① 분산형전원의 연계용량이 10,000[kW] 이하로 특고압 한전계통에 연계되거나 500[kW] 미만으로 전용변압기(상계거래용 변압기 포함)를 통해 저압 한전계통에 연계되고 해당 특고압 공용선로 누적연계용량이 상시운전용량 이하인 경우 다음 각 목에 따라 해당 한전 계통에 연계할 수 있다. 다만, 분산형전원의 출력전류의 합은 해당 특고압 전선의 허용전류를 초과할 수 없다.
  ㉠ 간소검토 : 주변압기 누적연계용량이 해당 주변압기 용량의 15[%] 이하이고, 특고압 공용선로 누적연계용량이 해당 특고압 공용선로 상시운전용량의 15[%] 이하인 경우 간소검토 용량으로 하여 특고압 공용선로에 연계할 수 있다.
  ㉡ 연계용량 평가 : 주변압기 누적연계용량이 해당 주변압기 용량의 15[%]를 초과하거나, 특고압 공용선로 누적연계용량이 해당 특고압 공용선로 상시운전용량의 15[%]를 초과하는 경우에 대해서는 한전이 정한 기술요건을 만족하는 경우에 한하여 해당 특고압 공용선로에 연계할 수 있다.
  ㉢ 분산형전원의 연계로 인해 한전이 정한 기술요건을 만족하지 못하는 경우 원칙적으로 특고압 전용선로로 연계하여야 한다. 단, 기술적 문제를 해결할 수 있는 보완 대책이 있고 설비 보강 등의 합의가 있는 경우에 한하여 특고압 공용선로에 연계할 수 있다.

② 분산형전원의 연계용량이 10,000[kW]를 초과하거나 특고압 공용선로 누적연계용량이 해당 선로의 상시운전용량을 초과하는 경우 다음 각 목에 따른다.
　㉠ 개별 분산형전원의 연계용량이 10,000[kW] 이하라도 특고압 공용선로 누적연계용량이 해당 특고압 공용선로 상시운전용량을 초과하는 경우에는 접속설비를 특고압 전용선로로 함을 원칙으로 한다.
　㉡ 개별 분산형전원의 연계용량이 14,000[kW] 초과 20,000[kW] 미만인 경우에는 접속설비를 대용량 배전방식에 의해 연계함을 원칙으로 한다.
　㉢ 접속설비를 특고압 전용선로로 하는 경우, 향후 불특정 다수의 다른 일반 전기사용자에게 전기를 공급하기 위한 선로경과지 확보에 현저한 지장이 발생하거나 발생할 우려가 있다고 한전이 인정하는 경우에는 접속설비를 지중 배전선로로 구성함을 원칙으로 한다.
　㉣ 접속설비를 전용선로로 연계하는 분산형전원은 한전에서 정한 단락용량 기술요건을 만족해야 한다.
③ ①, ②에도 불구하고 다음 각 목을 모두 만족하는 경우에 한하여 특고압 공용선로의 연계되는 분산형전원을 상시운전용량의 20[%] 범위 내에서 추가로 연계할 수 있다.
　㉠ 특고압 공용 배전선로에 연계된 태양광(ESS연계 태양광 포함)을 제외한 분산형전원의 누적연계용량이 2,000[kW]를 초과하지 않는 경우
　㉡ 연계하고자 하는 분산형전원의 연계용량이 10,000[kW]를 초과하지 않는 경우

(4) 단순병렬로 연계되는 분산형전원의 경우 한전의 기술요건을 만족하는 경우 배전용변압기 및 저압 공용선로 누적연계용량과 주변압기 및 특고압 공용선로 누적연계용량 합산대상에서 제외할 수 있다.
(5) 한전의 기술요건 만족여부를 검토할 때, 분산형전원 용량은 해당 단위 분산형전원에 속한 발전설비 정격 출력의 합계(Hybrid 분산형전원의 경우 최대출력을 기준으로 산정한 연계용량)를 기준으로 하며, 검토점은 특별히 달리 규정된 내용이 없는 한 공통 연결점으로 함을 원칙으로 하나, 측정이나 시험 수행 시 편의상 접속점 또는 분산형전원 연결점 등을 검토점으로 할 수 있다.
(6) 한전의 기술요건 만족여부를 검토할 때, 분산형전원 용량은 저압연계의 경우 해당 배전용변압기 및 저압 공용선로 누적연계용량을 기준으로 하며, 특고압 연계의 경우 해당 주변압기 및 특고압 공용선로 누적연계용량을 기준으로 한다. 다만, 전용변압기(상계거래용 변압기 포함)를 통해 연계하는 분산형전원의 경우 특고압 연계에 준하여 검토한다.
(7) Hybrid 분산형전원의 ESS 충전은 분산형전원의 발전전력에 의해서만 이루어져야하며, 소내 부하 공급용 전력에 의한 충전은 허용되지 않는다. ESS 설비용량은 풍력·태양광발전의 설비용량을 초과할 수 없는 것을 원칙으로 하나, 각 호의 하나에 해당할 경우 ESS 설비용량이 풍력·태양광발전의 설비용량을 초과 할 수 있다.
① PCS의 정격용량이 발전설비 용량의 110[%] 이하이고, PCS 입출력을 발전설비 용량 이하로 운전하도록 설정할 경우
② PCS 연계변압기의 정격용량이 발전설비 용량 이하로 설치하고, PCS 입출력을 발전설비 용량 이하로 운전하도록 설정할 경우
※ 위 기준 ① 또는 ②에 해당하는 사업자는 PCS 운전 확약서 제출

(3) 계통연계 보호장치

① 계통에 연계하여 운전하고 있는 태양광발전시스템에서 계통측이나 인버터측에 이상이 발생할 때는 그것을 감지하여 신속하게 인버터를 정지하지 않으면 안전을 확보할 수 없게 된다.

② 계통연계 보호장치는 일반적으로 인버터에 내장되어 있는 경우가 많으나 발전사업자용 대용량시스템에서는 인버터와 관계없이 별도로 계통보호용 보호계전시스템을 구성하고 있다.

③ 역송전이 있는 저압연계시스템에서는 과전압계전기(OVR), 부족전압계전기(UVR), 과주파수계전기(OFR), 저주파수계전기(UFR)의 설치가 필요하고, 고압 및 특별고압연계에서 보호계전기의 설치장소는 지락과전압계전기(OVGR)를 제외하고 실질적으로 인버터와 관계없이 별도로 수배전반에 디지털용으로 내장하는 경우가 대부분이다.

④ 보호계전기의 표준적인 정정치와 정정시간에 대해서는 전력회사와 사전에 협의하여 결정하여야 한다. 분산형 전원 발전설비의 고장, 또는 전력계통 고장 시 신속하게 고장을 제거하고, 고장범위를 국한시키기 위하여 다음 사항을 고려한 보호협조를 하여야 한다.

　㉠ 분산형전원 발전설비의 이상 및 고장으로 인한 영향이 연계계통으로 파급되지 않도록 해당 계통과 신속히 분리하도록 시스템을 구성하여야 한다.

　㉡ 분산형전원 발·변전설비시스템의 보호협조도면과 제어장치도면은 사전에 전력회사와 협의 후 시설하여야 한다. 즉, 보호협조는 발전설비 또는 계통고장 시 확실하게 동작하되, 부동작 또는 오동작 되는 일이 없도록 해야 하며, 필요한 최소한의 범위를 차단하고 인접 보호계전방식과 협조하여 무보호구간 발생되지 않도록 하여야 한다. 다음 표는 특별고압 배전선로에 분산형 전원을 연계운전하기 위하여 기준적으로 설치해야 하는 보호계전방치를 표시한 것이다.

보호장치 설치기준표

계전기	보호내용	설치장소 (검출장소)	분리개소	설치상수 등
지락과전압(OVGR)	지락고장	수전점 또는 검출가능한 장소	수전점 또는 전원 설비를 분리할 수 있는 위치	1상(영상회로), 발전기의 OVGR로 지락사고를 검출할 수 있는 경우에는 생략 가능
과전압(OVR)	과전압 단독운전			1상, 다만 회전기 자체의 보호에서 검출보호가 가능한 경우에는 생략
저전압(UVR)	저전압 단락사고			3상
단락방향과전류(DSCR)	연계선 단락			3상, 계통의 경우에는 PWR 이때 DOCR은 후비보호함
지락방향과전류(DGCR)	연계선 지락			1상(영상회로), 연계변압기 특별고압측 중성점이 접지된 경우 적용
저주파수(UFR)	단독운전			1상
과주파수(OFR)	단독운전			1상
역전력(RFR)	단독운전			1상(역조류가 없는 경우)
전송차단(TTR)	단독운전	양단자		1상(역조류가 있는 경우)
표시선급보호(PWR)	연계선 단선 지락	양단자		1상 또는 3상(루프계통의 경우)
보완적 단독운전방지 보호기능	단독운전	수전점 또는 검출가능한 장소		개별검토 적용

5 전기실 건축물 시공

(1) 전기실

① 전기실 출입문
  ㉠ 전기실 출입문은 변압기반의 반입이 가능하도록 설계하고 있으나 그렇지 않을 경우 건축에서 설계변경하도록 요청한다.
  ㉡ 수배전반 반입 전에 출입문 및 시건장치 설치를 요청한다.

② 배수 트렌치
  전기실에 배수 트렌치가 없는 경우 누수 및 결로 등에 대비하여 배수 트렌치 설치를 적극 요청한다.

③ 장비 반입구
  보일러실이 없는 경우 전기실에 설치되는 장비 반입구 규격을 확인하여 확대 및 축소를 검토하고 장비 반입 후 즉시 뚜껑을 설치하도록 한다.

④ 바닥 마감
  장비 반입 후 즉시 바닥 마감이 되도록 하여 먼지가 발생하지 않도록 한다.

6 전기 및 위험물 관련 법규 등

(1) 전기 관련 법규

① 전기사업법
② 전기공사업법
③ 전기설비기술기준
④ 한국전기설비규정
⑤ 신재생에너지 관련 법
  ㉠ 신에너지 및 재생에너지 개발·이용·보급 촉진법
  ㉡ 저탄소 녹색성장 기본법

(2) 위험물 관련 법규

① 위험물안전관리법
  ㉠ 목 적
    • 위험물로 인한 위해 방지
    • 공공의 안전 확보
  ㉡ 위험물 및 지정 수량
  ㉢ 위험물안전관리법 적용 제외 대상
  ㉣ 지정수량 미만인 위험물의 저장, 취급의 기준
  ㉤ 위험물의 저장 및 취급의 제한
  ㉥ 위험물 제조소의 위치, 구조 및 설비의 기준
  ㉦ 옥내저장소의 위치, 구조 및 설비의 기준

ⓞ 옥외탱크저장소의 위치, 구조 및 설비의 기준
ⓩ 옥내탱크저장소의 위치, 구조 및 설비의 기준
ⓒ 지하탱크저장소의 위치, 구조 및 설비의 기준
ⓚ 간이탱크저장소의 위치, 구조 및 설비의 기준
ⓣ 이동탱크저장소의 위치, 구조 및 설비의 기준
㉜ 옥외저장소의 위치, 구조 및 설비의 기준
ⓗ 주유취급소의 위치, 구조 및 설비의 기준
㉮ 이송취급소의 위치, 구조 및 설비의 기준
㉯ 제조소 등의 소화설비 설치 기준
㉰ 위험물시설의 설치 및 변경 등
㉱ 탱크안전성능검사에 관한 세부기준 등

제3절 전기, 전자 기초

1 전기 기초이론

(1) 직류회로

① 전압(Volt : V[V])
  ㉠ 전압 : 전기적인 차이(압력), 전위, 전위차
  ㉡ 기전력 : 전류를 연속해서 흘리기 위해 전압을 연속적으로 만들어 주는 힘으로서 (b)와 같이 대전체에 전지를 연결하여 전위차를 일정하게 유지시켜 주면 계속해서 전류를 흘릴 수 있게 되는데, 여기서 전지와 같이 전위차를 만들어주는 힘을 EMF(ElectroMotive Force : 기전력)라 한다. 크기는 연속적으로 발생되는 전위차의 대소, 즉 전압으로 표시되기 때문에 기전력 단위는 [V]를 사용한다.

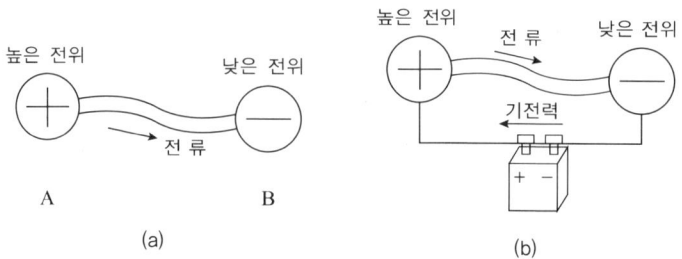

- 전위차 구하는 공식 : $V = \dfrac{W}{Q}$[V](Q : 전하량, W : 일량)

- 에너지량 구하는 공식 : $W = Q \cdot V[J]$
- 전지의 기전력 구하는 공식 : $E = I(R+r)$
  (E : 기전력, R : 외부저항, r : 내부저항, I : 전류)
- 전지의 전압 구하는 공식 : $V = E - Ir[V]$

ⓒ 접지 : 그라운드 즉, 0전위

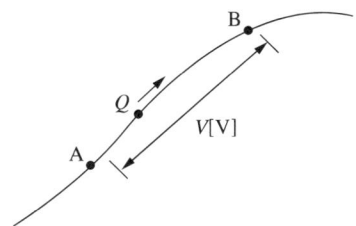

전하의 이동과 전위차(전압)

② 전류(Current : $I[A]$)
  ㉠ 전류 : 전자의 이동(전기회로에서 전하량의 이동은 전류를 형성하게 된다)
  ㉡ 전류의 세기는 단위시간당 이동한 전기의 양으로서 $Q = It[C]$, $I = \dfrac{Q}{t}[A]$이다.

③ 전하(Electric Charge)
  가장 기본적인 전기적인 양으로 전자 1개가 갖는 전하량은 1.602×10^{-19}쿨롱이다.
  $e = 1.602 \times 10^{-19}[C]$
  따라서, 1[C]의 전하량은
  6.25×10^{18}개 $\left(\dfrac{1}{1.602 \times 10^{-19}} \fallingdotseq 6.25 \times 10^{18} \right)$의 전자가 갖고 있는 전하량이 된다.
  $Q[C]$가 두 점 A와 B 사이를 이동하면서 얻거나 잃는 에너지를 $W[J]$이라면,
  두 점 A, B 사이의 전위차(전압) V는 $V = \dfrac{W[J]}{Q[C]} = \dfrac{W}{Q}[V]$, $W = QV[J]$이다.

④ 저항(Resistance)
  전류가 흐를 때 전류의 흐름을 방해하는 성질을 갖는 것으로서 기호는 R이고, 단위는 $[\Omega]$이다. 저항 양단 간에는 옴의 법칙이 성립하며, 저항 양단에 가해진 억압에 비례하여 전류가 흐른다. 옴의 법칙이란 한 도체에 전압이 가해졌을 때 두 점 사이에 흐르는 전류의 크기는 가해진 억압에 비례하고, 도체의 저항에 반비례한다는 법칙으로 가해진 전압을 $V[V]$, 전류는 $I[A]$, 도체의 저항을 $R[\Omega]$이라고 하면, 이들 세 가지의 양 사이에는 다음 식이 성립하게 된다.

> **Check!** 1[Ω]은 도체의 양단에 1[V]의 전압을 인가할 때 1[A]의 전류가 흐르는 경우의 저항값을 말한다.

㉠ 옴의 법칙

$$V = IR[\text{V}], \quad R = \frac{V}{I}[\Omega], \quad I = \frac{V}{R}[\text{A}]$$

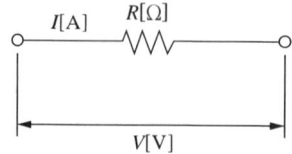

㉡ 컨덕턴스 : 전류의 흐르는 정도

$$G = \frac{1}{R}\,[\mho]$$

㉢ 저항의 접속
- 직렬접속 : 직렬저항의 합성저항은 각 저항의 총합으로 이루어진다.

$$R = R_1 + R_2 + R_3 + \cdots + R_n\,[\Omega]$$

- 병렬접속 : 병렬저항의 합성저항은 각 저항들의 역수의 총합을 구하고, 다시 그 총합의 역수로 이루어진다.

$$R = \frac{1}{\left(\dfrac{1}{R_1} + \dfrac{1}{R_2} + \dfrac{1}{R_3} + \cdots + \dfrac{1}{R_n}\right)}\,[\Omega]$$

- 직·병렬접속

$$R = R_1 + \left(\frac{1}{\dfrac{1}{R_2} + \dfrac{1}{R_3}}\right) = R_1 + \frac{R_2 \times R_3}{R_2 + R_3}\,[\Omega]$$

㉣ 고유저항 : 각 변의 길이가 1[m], 부피가 1[m³]인 정육면체의 맞선 두 면 사이의 도체저항으로서 도체저항 $(R) = \rho \frac{l}{S}$ [Ω]이다. 고유저항의 단위는 [Ω/m]이다.

> **Check!** 전도율 : 도체에 전기가 잘 통하는 정도

㉤ 저항의 온도계수 : 금속도체의 저항은 온도상승과 함께 증가하고 반도체는 급격한 저항감소를 보인다. 전해액, 반도체, 절연체 등은 부성특성의 온도계수를 갖는다.

⑤ 키르히호프법칙
  ㉠ 제1법칙(전류) : 유입되는 전류의 합과 유출되는 전류의 합은 같다. 즉, 유입과 유출의 합은 0이다. $(I_1 + I_4 = I_2 + I_3 + I_5)$ 이를 일반화하면 $\sum I = 0$ 이다.

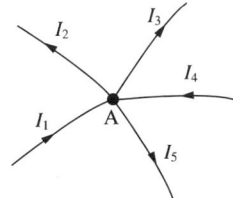

  ㉡ 제2법칙(전압) : 회로망 중심의 폐회로 내에서 전압강하의 합은 그 회로의 기전력합과 같다 $(E_1 - E_2 + E_3 - E_4 = IR_1 + IR_2 + IR_3 + IR_4)$. 일반적으로 $\sum V = 0$ 이다.

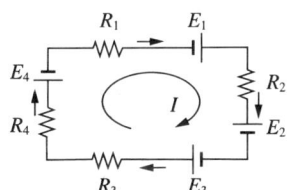

  ㉢ 전압·전류원의 합성
    • 전압원의 합성

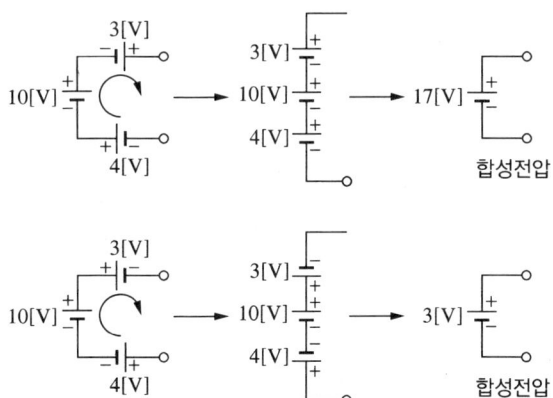

• 전류원의 합성

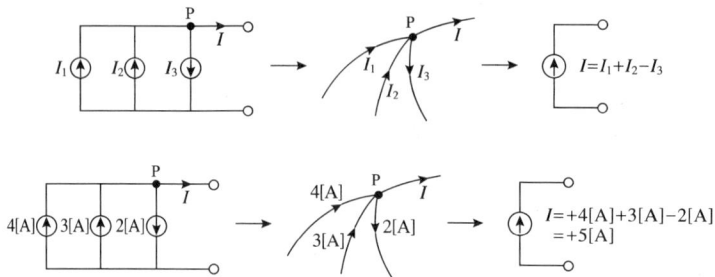

$$4[A] + 3[A] - I[A] - 2[A] = 0$$
$$\therefore I[A] = 4[A] + 3[A] - 2[A]$$

㉣ 사다리꼴 회로

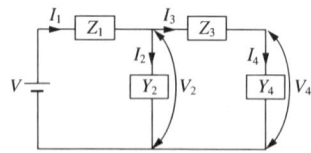

Y_2, Y_4는 임피던스 Z_2, Z_4의 각각의 어드미턴스이다.

회로의 합성임피던스 $Z = Z_1 + \cfrac{1}{Y_2 + \cfrac{1}{Z_3 + \cfrac{1}{Y_4}}}$ 이다.

$I_1 = \dfrac{V}{Z}$, $V = V_2 + Z_1 I_1$

$I_2 = V_2 Y_2$

$I_3 = I_1 - I_2$, $V_4 = V_2 - Z_3 I_3$

$I_4 = V_4 Y_4$

㉤ 휘트스톤 브리지(Wheatstone Bridge) 회로
 • 휘트스톤 브리지 회로의 정의 : 다음 그림에서와 같이 4개의 저항 R_1, R_2, R_3, R_x와 검류계 G를 다리(Bridge)와 같이 접속한 회로를 휘트스톤 브리지 회로라고 하며, $0.5[\Omega] \sim 10^5[\Omega]$ 정도의 중저항의 측정에 널리 사용하고 있다.

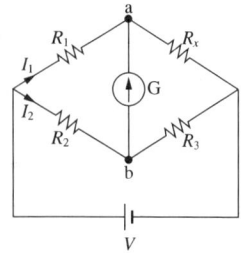

휘트스톤 브리지 회로

- 브리지 회로에서의 평형조건
  - a지점과 b지점 사이에 전류가 흐르지 않게 저항 R_1, R_2, R_3 저항값을 조절한다.
  - 평형상태에서는 a지점과 b지점의 전위차는 동일하다. 다음과 같은 등가회로가 된다.

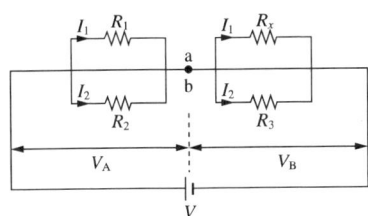

  - 즉, R_1, R_2 양단 간의 전압강하는 V_A로 같고, 또한 R_x, R_3 양단 간의 전압강하도 V_B로 같게 된다.
    따라서, $V_A = I_1 R_1 = I_2 R_2$ ······················· ⓐ
    $V_B = I_1 R_x = I_2 R_3$ ······················· ⓑ
    ⓐ식으로부터 $I_1 = \dfrac{I_2 R_2}{R_1}$, ⓑ식으로부터 $I_1 = \dfrac{I_2 R_3}{R_x}$ 따라서, $\dfrac{I_2 R_2}{R_1} = \dfrac{I_2 R_3}{R_x}$ 가 된다.
  - 평형상태에서 미지의 저항 $R_x = \dfrac{I_2 R_1 R_3}{I_2 R_2} = \dfrac{R_1 R_3}{R_2}$

⑥ 회로망 정리
  ㉠ 중첩의 원리 : 여러 개의 전압 또는 전류가 선형 회로망에 있어서 회로 내의 임의의 점에서 전류 또는 임의의 두 점 사이의 전압은 각각의 전원이 개별적으로 작용할 때 그 점을 흐르는 전류 또는 2점 사이의 전압을 합한 것과 같다. 중첩의 원리는 R, L, C 선형 소자에만 적용된다.
  ㉡ 노턴의 정리 : 2개의 독립된 회로망을 접속하였을 때 전원회로를 하나의 전류원과 병렬저항으로 대치한다.

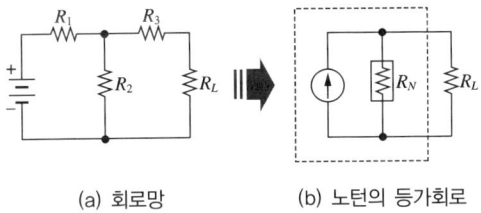

(a) 회로망   (b) 노턴의 등가회로

  ㉢ 테브낭의 정리 : 전압 또는 전류 전원과 임피던스를 포함하는 2단자 회로망은 단일 전압원과 임피던스가 직렬로 연결된 회로로 대처할 수 있다.

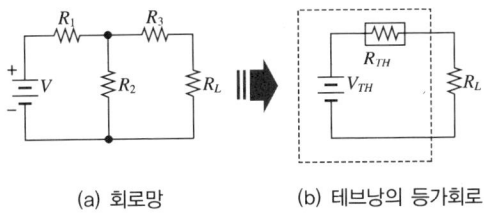

(a) 회로망   (b) 테브낭의 등가회로

② △-Y결선
  • △회로의 등가회로

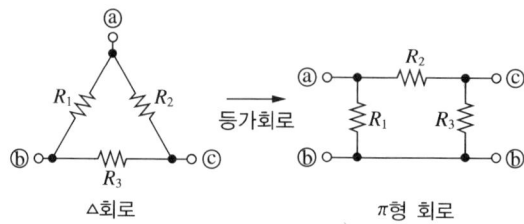

  △회로   π형 회로

  • Y회로의 등가회로

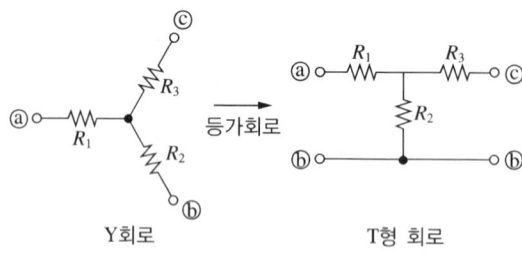

  Y회로   T형 회로

◎ 임피던스의 △(삼각결선)-Y 변환과 Y(성형결선)-△ 변환

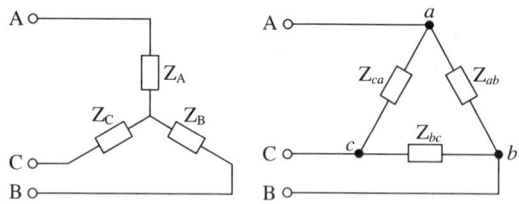

• △ → Y 변환

$$Z_A = \frac{Z_{ca}Z_{ab}}{Z_{ab}+Z_{bc}+Z_{ca}}, \ Z_B = \frac{Z_{ab}Z_{bc}}{Z_{ab}+Z_{bc}+Z_{ca}}, \ Z_C = \frac{Z_{bc}Z_{ca}}{Z_{ab}+Z_{bc}+Z_{ca}}$$

만일, 회로가 대칭이어서 $Z_{ab}=Z_{bc}=Z_{ca}=Z$이면, $Z_A=Z_B=Z_C=\dfrac{Z}{3}$이다.

• Y → △ 변환

$$Z_{ab} = \frac{Z_AZ_B+Z_BZ_C+Z_CZ_A}{Z_C}$$

$$Z_{bc} = \frac{Z_AZ_B+Z_BZ_C+Z_CZ_A}{Z_A}$$

$$Z_{ca} = \frac{Z_AZ_B+Z_BZ_C+Z_CZ_A}{Z_B}$$

만일, $Z_A=Z_B=Z_C=Z$ 이면 $Z_{ab}=Z_{bc}=Z_{ca}=3Z$이다.

(2) 교류회로

① 사인파의 교류

크기와 방향이 시간의 흐름에 따라 변하는 파형이며 교류의 기본파이다.

㉠ 순시값(v) = $V_m\sin\theta$ [V] = $V_m\sin\omega t$ [V], $I_m\sin\omega t$ [A] = $I_m\sin\theta$ [A]

($V_m(I_m)$: 정현파 교류전압(전류)의 최댓값, ω : 각속도 또는 각주파수)

주파수 f의 정현파 교류의 경우 1초 동안 변하는 전기각은 $2\pi f$[rad]이 되고 이를 각속도 또는 각주파수라 하며 식은 다음과 같다.

$\omega = 2\pi f$ [rad]

따라서, 정현파 교류 전압·전류를 달리 표시하면

$v = V_m\sin 2\pi ft$ [V], $i = I_m\sin 2\pi ft$ [A]이다.

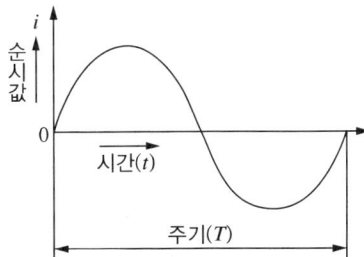

㉡ 실횻값 : 교류와 같은 일을 하는 직류의 값으로 표현하는 것으로서 사인파 전류의 최곳값에 약 0.707배이다. 즉, 저항에 직류를 가했을 때와 교류를 가했을 때의 전력량이 같을 때이다($0.707 V_m$).

㉢ 평균값 : 사인파의 반주기를 말한다. 즉, 교류의 + 또는 -의 반주기 순시값의 평균값($0.637 V_m$)

구 분	평균값	실횻값
정현파 교류전압 $v = V_m\sin\omega t$ [V]	$V_{평균} = \dfrac{2}{\pi}V_m \fallingdotseq 0.637 V_m$	$V = \dfrac{V_m}{\sqrt{2}} \fallingdotseq 0.707 V_m$
정현파 교류전류 $i = I_m\sin\omega t$ [A]	$I_{평균} = \dfrac{2}{\pi}I_m \fallingdotseq 0.637 I_m$	$I = \dfrac{I_m}{\sqrt{2}} \fallingdotseq 0.707 I_m$

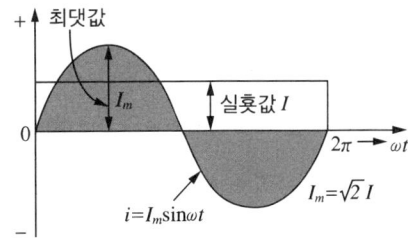

② 주기, 주파수, 위상차

　㉠ 주기 : 1[Hz] 진동하는 동안 걸리는 시간 $\left(T=\dfrac{1}{f}\,[\text{sec}]\right)$

　㉡ 주파수 : 1초 동안 발생하는 진동의 수 $\left(f=\dfrac{1}{T}\,[\text{Hz}]\right)$

　㉢ 위상차(ϕ) : 상대적인 위치의 차이

　㉣ 각속도(ω) : 1초 동안에 회전한 각도로 $\omega = 2\pi f\,[\text{rad/sec}]$

　㉤ 위상각(θ)

③ 파형률과 파고율

　㉠ 파형률 = 실횻값/평균값 = $0.707\,V_m / 0.637\,V_m \fallingdotseq 1.11$

　㉡ 파고율 = 최댓값/실횻값 = $V_m / 0.707\,V_m \fallingdotseq 1.414$

④ 역 률

　㉠ 무효전력(P_r) = $VI\sin\theta = I^2 X\,[\text{Var}]$

　㉡ 유효전력(P) = $VI\cos\theta = I^2 R\,[\text{W}]$

　㉢ 피상전력(P_a) = $VI = I^2 Z = \sqrt{P^2 + P_r^2}\,[\text{VA}]$

　㉣ 역률(유효역률 : $\cos\theta$) = $\dfrac{P}{VI} = \dfrac{\text{유효전력}}{\text{피상전력}}$

　㉤ 무효율(무효역률 : $\sin\theta$) = $\dfrac{P_r}{VI} = \sqrt{1-\cos^2\theta} = \dfrac{\text{무효전력}}{\text{피상전력}}$

⑤ Vector 기호법에 의한 계산

　㉠ 벡터는 방향과 크기를 가진 값으로 화살표로 표시한다. 화살표와 기준선 사이의 각도가 벡터의 방향이고 화살표의 길이는 벡터의 크기이다.

　㉡ 복소수 $\dot{A} = a + jb$가 기본식인데 여기서, a는 실수부이고, b는 허수부이다.
　　절댓값으로 표현하면 $A = \sqrt{a^2 + b^2}$으로 나타낼 수 있다.

　㉢ 허수의 단위는 $\sqrt{-1}$이다. j는 벡터 연산자로서 90°를 말하며 $j^2 = -1$이다.

　㉣ 극좌표 표시는 일반적으로 $a = A\cos\theta$, $b = A\sin\theta$가 기본이다.
　　결론적으로 $\dot{A} = a + jb = A\cos\theta + jA\sin\theta = A(\cos\theta + j\sin\theta) = A\angle\theta$이다.

　㉤ 지수, 함수표시는 $e^{j\theta} = \cos\theta + j\sin\theta$로서 $\dot{A} = Ae^{j\theta}$이다.

　㉥ 3상 교류는 각 기전력의 크기가 같고, 서로 $\dfrac{2}{3}\pi\,[\text{rad}](=120°)$만큼씩 위상차가 있는 교류를 대칭 3상 교류라 하며, 3상 교류의 각 순시값의 합은 0이다.

⑥ RLC 기본회로
  ㉠ 저항(R)회로
   • 전압과 전류의 위상은 동위상이다.

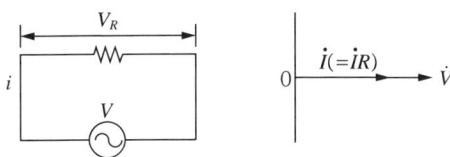

저항회로와 벡터도

   • 전압과 전류의 관계는 사인파 교류에서의 실횻값은 옴의 법칙이 성립된다.
   $I = \dfrac{V}{R}$ [A], $V = IR$ [V]
   • 저항만의 회로에 정현파 전류 I가 R를 흐를 경우

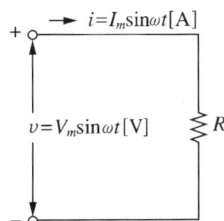

   R만의 회로에서 전류 $i = I_m \sin\omega t$ [A]가 흐를 경우, 전압 v는
   $v = iR = RI_m \sin\omega t$ [V] $= V_m \sin\omega t$이다.
   즉, 저항만의 회로에서 교류전류 $i = I_m \sin\omega t$ [A]가 흐를 때 $v = RI_m \sin\omega t$ [V]가 된다.

   Check! 전압·전류와의 관계

전압·전류의 비	최댓값 관계	실횻값 관계	주파수 관계	위상 관계
저항 : $R[\Omega]$	$V_m = RI_m$	$V = RI$	동일주파수 f	동위상

  ㉡ 인덕턴스(L)회로
   • 전압은 전류보다 $\dfrac{\pi}{2}$ [rad](= 90°)만큼 위상이 앞선다.

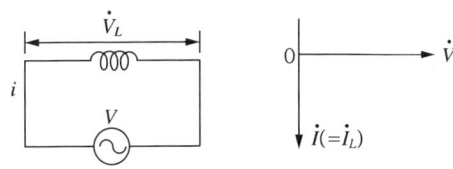

인덕턴스회로와 벡터도

- 전압과 전류의 관계식

$$\dot{V} = \omega L \dot{I} \text{ [V]}, \quad \dot{I} = \frac{\dot{V}}{\omega L} \text{ [A]}$$

- 유도 리액턴스 $(X_L) = \omega L = 2\pi f L \text{ [}\Omega\text{]}$

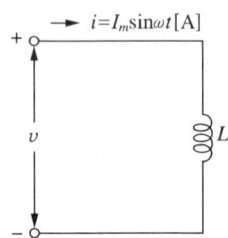

- L만의 회로에서 전류 $i = I_m \sin\omega t$ [A]가 흐를 경우, 전압 v는

$$v = L\frac{di}{dt} = L\frac{d}{dt}(I_m \sin\omega t) = \omega L I_m \cos\omega t$$
$$= \omega L I_m \sin(\omega t + 90°) \text{ [V]}$$
$$= V_m \sin(\omega t + 90°) \text{ [V]}$$

즉, 코일 L만의 회로에서 교류전류 $i = I_m \sin\omega t$[A]가 흐를 경우
$v = \omega L I_m \sin(\omega t + 90°)$[V]가 된다.

Check! 전압·전류와의 관계

전압·전류의 비	최댓값 관계	실횻값 관계	주파수 관계	위상 관계
유도성 리액턴스 X_L $X_L = \omega L$ $= 2\pi f L [\Omega]$	$V_m = \omega L I_m$	$V = \omega L I$	동일주파수 f	전압 v가 전류 I보다 위상이 90° 앞선다.

ⓒ 정전용량(C)회로

- 전류는 전압보다 $\frac{\pi}{2}$ [rad](= 90°)만큼 위상이 앞선다.

- 전압과 전류의 관계식

$$\dot{I} = \omega C \dot{V} \text{ [A]}, \quad \dot{V} = \frac{1}{\omega C}\dot{I} \text{ [V]}$$

- 용량 리액턴스$(X_C) = \frac{1}{\omega C} = \frac{1}{2\pi f C}[\Omega]$

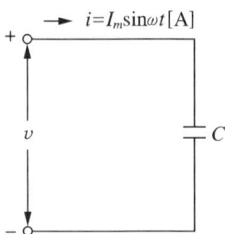

- C만의 회로에서 $i=I_m\sin\omega t[\text{A}]$가 흐를 경우, 전압 v는

$$V=\frac{1}{C}\int idt=\frac{1}{C}\int (I_m\sin\omega t)dt=-\frac{1}{\omega C}I_m\cos\omega t=\frac{1}{\omega C}I_m\sin(\omega t-90°)[\text{V}]$$

즉, C만의 회로에서 교류전류 $i=I_m\sin\omega t[\text{A}]$가 흐를 경우

$v=\frac{1}{\omega C}I_m\sin(\omega t-90°)[\text{V}]$가 된다.

> **Check!** 전압·전류와의 관계
>
> | 전압·전류의 비 | 최댓값 관계 | 실횻값 관계 | 주파수 관계 | 위상 관계 |
> |---|---|---|---|---|
> | 용량성 리액턴스 X_C
$X_C=\frac{1}{\omega C}$
$\quad=\frac{1}{2\pi fC}[\Omega]$ | $V_m=\frac{1}{\omega C}I_m$ | $V=\frac{1}{\omega C}I$ | 동일주파수 f | 전압 v가 전류 i보다 위상이 90° 느리다. |
>
> - 유도성 리액턴스 X_L과의 구별을 위해 통상 X_L은 부호(+), X_C는 부호(-)를 표기한다.

② R, L, C 회로에서의 전압과 전류 관계식

회로방식	회로도	식	위 상	벡터도
저항회로	(회로도)	$v=V_m\sin\omega t$ $i=I_m\sin\omega t$	전압(V)과 전류(I)는 동상	$\dot{I}(=\dot{I_R})$ → $\dot{V}$
유도회로	(회로도)	$i=I_m\sin\omega t$ $v=V_m\sin\left(\omega t+\frac{\pi}{2}\right)$	전압(V)은 전류(I)보다 $\frac{\pi}{2}$[rad] 앞선다.	$\dot{V}$, $\dot{I}(=\dot{I_L})$
정전용량 회로	(회로도)	$v=V_m\sin\omega t$ $i=I_m\sin\left(\omega t+\frac{\pi}{2}\right)$	전압(V)은 전류(I)보다 $\frac{\pi}{2}$[rad] 뒤진다.	$\dot{I}(=\dot{I_L})$, $\dot{V}$

㉺ $R-L$ 직렬회로

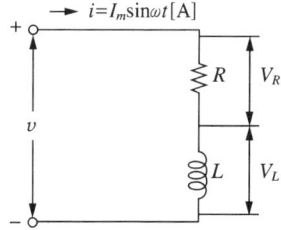

$R-L$ 직렬회로에 $i=I_m\sin\omega t[\text{A}]$의 전류가 흐를 경우, 전압 v는 $v=v_R+v_L$이다. 이때 각각의 전압 v_R, v_L은 다음과 같다.

$v_R = iR = RI_m \sin\omega t$

$v_L = L\dfrac{di}{dt} = L\dfrac{d}{dt}(I_m\sin\omega t) = \omega L I_m\cos\omega t = X_L I_m\cos\omega t$

따라서, $v = RI_m\sin\omega t + X_L I_m\cos\omega t = I_m(R\sin\omega t + X_L\cos\omega t)$
$\qquad = I_m\sqrt{R^2+X_L^2}\sin(\omega t+\theta)\,[\text{V}]$

여기서, $\theta = \tan^{-1}\dfrac{X_L}{R} = \tan^{-1}\dfrac{\omega L}{R}$ 이 된다.

즉, 전류 $i = I_m\sin\omega t\,[\text{A}]$

전압 $v = I_m\sqrt{R^2+X_L^2}\sin(\omega t+\theta)\,[\text{V}]$ 가 된다.

Check! 전압·전류와의 관계

전압·전류의 비	최댓값 관계	실횻값 관계	주파수 관계	위상 관계
임피던스 Z $Z = \sqrt{R^2+X_L^2}$ $= \sqrt{R^2+(\omega L)^2}\,[\Omega]$	$V_m = \sqrt{R^2+X_L^2}\,I_m$	$V = \sqrt{R^2+X_L^2}\,I$	동일 주파수 $f[\text{Hz}]$	전압 v가 전류 I보다 위상이 θ만큼 앞선다.

ⓗ $R-C$ 직렬회로

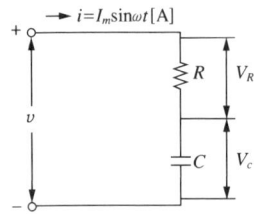

$R-C$ 직렬회로에 $i = I_m\sin\omega t\,[\text{A}]$의 전류가 흐를 경우, 전압 v는 $v = v_R + v_C$이며, 각각의 전압은

$V_R = iR = RI_m\sin\omega t$

$v_C = \dfrac{1}{C}\displaystyle\int i\,dt = \dfrac{1}{C}\displaystyle\int (I_m\sin\omega t)\,dt = -\dfrac{1}{\omega C}I_m\cos\omega t = X_C I_m\cos\omega t$ 이다.

따라서, $v = RI_m\sin\omega t + X_C I_m\cos\omega t$
$\qquad = I_m(R\sin\omega t + X_C\cos\omega t)$
$\qquad = I_m\sqrt{R^2+X_C^2}\sin(\omega t-\theta)\,[\text{V}]$

여기서, $\theta = \tan^{-1}\left(\dfrac{X_C}{R}\right) = \tan^{-1}\left(-\dfrac{1}{\omega CR}\right)$ 이므로 θ는 (−)의 부호를 갖게 된다.

Check! 전압·전류와의 관계

전압·전류의 비	최댓값 관계	실횻값 관계	주파수 관계	위상 관계
$Z = \sqrt{R^2+X_C^2}$ $= \sqrt{R+\left(-\dfrac{1}{\omega C}\right)^2}\,[\Omega]$	$V_m = \sqrt{R^2+X_C^2}\,I_m$	$V = \sqrt{R^2+X_C^2}\,I$	동일 주파수 f	전압 v가 전류 I보다 θ만큼 느리다.

ⓧ RLC 직렬회로

회로방식	회로도	임피던스	전압	위상	벡터도
RL 직렬회로		$\dot{Z}=\sqrt{R^2+X_L^2}$	$V=V_m\sin(\omega t+\theta)$	$\theta=\tan^{-1}\dfrac{X_L}{R}$ [rad] 즉, 전류보다 전압의 위상이 θ [rad]만큼 앞선다.	
RC 직렬회로		$\dot{Z}=\sqrt{R^2+X_C^2}$	$V=V_m\sin(\omega t-\theta)$	$\theta=\tan^{-1}\dfrac{X_C}{R}$ $=\tan^{-1}\dfrac{-1}{\omega RC}$ [rad] 즉, 전류보다 전압의 위상이 θ [rad]만큼 뒤진다.	
RLC 직렬회로		$\dot{Z}=\sqrt{R^2+X^2}$	$V=V_m\sin(\omega t+\theta)$	$\theta=\tan^{-1}\dfrac{X}{R}$ $=\tan^{-1}\dfrac{X_L-X_C}{R}$ $=\tan^{-1}\dfrac{\omega L-\dfrac{1}{\omega C}}{R}$ [rad] $X_L>X_C$일 때는 유도성 회로가 되어 전류는 전압보다 θ만큼 뒤진다. $X_L<X_C$일 때는 용량성 회로가 되어 전류는 전압보다 θ만큼 앞선다.	유도성회로 용량성회로

◎ RLC 병렬회로

회로방식	회로도	어드미턴스	전류	위상	벡터도
RL 병렬회로		$\dot{Y}=\sqrt{G^2+B^2}$ $=\dfrac{\sqrt{R^2+(\omega L)^2}}{\omega RL}$	$\dot{I}=\sqrt{\left(\dfrac{1}{R}\right)^2+\left(\dfrac{1}{\omega L}\right)^2}V$	$\theta=\tan^{-1}-\dfrac{\dfrac{1}{\omega L}}{\dfrac{1}{R}}$ $=\tan^{-1}-\dfrac{R}{\omega L}$ [rad]	
RC 병렬회로		$\dot{Y}=\sqrt{\left(\dfrac{1}{R}\right)^2+\left(\dfrac{1}{X_C}\right)^2}$	$\dot{I}=\sqrt{\left(\dfrac{1}{R}\right)^2+(\omega C)^2}\,V$	$\theta=\tan^{-1}\dfrac{\omega C}{\dfrac{1}{R}}$ $=\tan^{-1}\omega RC$ [rad]	
RLC 병렬회로		$\dot{Y}=\sqrt{\left(\dfrac{1}{R}\right)^2+\left(\omega C-\dfrac{1}{\omega L}\right)^2}$	$\dot{I}=\sqrt{\left(\dfrac{1}{R}\right)^2+\left(\omega C-\dfrac{1}{\omega L}\right)^2}\,V$	$X_L>X_C$인 경우, 용량성 회로로 전압보다 전류가 θ [rad] 만큼 앞선다. $X_L<X_C$인 경우, 유도성 회로로 전압보다 전류가 θ [rad] 만큼 뒤진다.	

(3) 전기계측
　① 전력측정
　　㉠ 직류전력측정
　　　• 직접측정법 : 전류력계형 전력계를 이용한다.
　　　• 간접측정법 : 전류계와 전압계를 조합하여 측정한다.
　　㉡ 교류전력측정(단상 전력측정)
　　　• 직접측정법 : 고압 소전류용, 저압 대전류용, 역률 측정
　　　• 간접측정법 : 3전류계법, 3전압계법
　　㉢ 3상 전력측정
　　　• 2전력계법 : 부하의 평형 또는 불평형에 상관없다.
　　　• 3전력계법
　　　• 벡터해법
　　㉣ 고주파의 전력측정
　　　• 의사부하법 : 의사부하(전구, 물 등)를 사용하여 전력을 측정한다.
　　　• C-C형 전력계
　　　　- 콘덴서를 사용하여 부하전력의 전압 및 전류에 비례하는 양을 구한다.
　　　　- 30[MHz] 정도까지의 단파대에서 100[W] 이하의 전력을 측정하는 경우에 사용한다.
　　　• C-M형 전력계
　　　　- 동축 케이블로 전달되는 초단파대의 전력측정에 사용되는 전력계이다.
　　　　- 단파대에서 100[kW] 정도의 전력계 설계도 가능하며, 또 단파대에서는 동축케이블로 선로를 사용하므로 구조상 유리하다.
　　　• 볼로미터전력계
　　　　- 저항의 온도계수가 매우 큰 저항소자인 볼로미터(Bolometer)에 전력을 가하여 발생되는 열에 의한 저항변화를 측정함으로써 전력을 측정하는 전력계이다.
　　　　- 직류에서 마이크로파(1~3[GHz])까지의 전력을 정밀하게 측정할 수 없으나, 주로 마이크로파용의 전력계로 사용된다.
　　㉤ 역률측정
　　　• 직접측정법 : 비율계형 및 변환기형 역률계를 사용하여 역률을 직접 측정하는 방법이 널리 이용된다.
　　　• 간접측정법
　② 교류전압측정
　　㉠ 측정계기
　　　• 전압의 크기만 측정 : 지시전압계, 전자전압계가 사용된다.
　　　• 전압의 크기와 위상측정 : 교류전위차계가 사용된다.
　　㉡ 교류 전위차계(AC. Potentiometer)
　　　• 직각좌표식 전위차계의 원리 : 라슨식(Larson Type)의 전위차계를 사용, 전압 벡터를 직각좌표식으로 측정한다.

- 극좌표식 전위차계의 원리 : 드라이스데일(Drysdale)형
- ⓒ 교류전자 전압계
  - 진공관 전압계에서 진공관 대신 반도체 소자를 사용한 것이다.
  - 교류전압을 정류하여 직류전압으로 변환시키고, 이 값을 가동코일형 계기로 지시한다(정류 증폭형과 증폭 정류형).

③ 직류전압측정
- ㉠ 측정계기
  - 전류력계형 전압계
  - 열전대(쌍)형 전압계
  - 정전형 전압계
  - 디지털전압계
  - 가동코일형 전압계
- ㉡ 측정범위 확대
  - 정전형 전압계 : 용량배율기가 사용된다.
  - 검류계, 전위계 : 미소전압측정에 사용된다.
  - 가동코일형 전압계 : 배율기가 사용된다.
  - 전위차계 : 저항분압기가 사용된다(1[V] 정도 또는 그 이하의 전압측정에 사용).
- ㉢ 직류전위차계(DC. Potentiometer)
  - 피측정 회로로부터 전류의 공급을 받지 않기 때문에 정밀한 측정이 된다.
  - 영위법으로서 표준 전지와 비교하여 측정한다.
  - 측정 범위 : 0[V]~1.6[V]로서 정밀측정에 사용된다.
  - 용도 : 전압계와 전류계의 눈금교정, 전류측정, 저항측정에 사용된다.
- ㉣ 직류전자전압계
  - 직접결합직류증폭기(Direct-Coupled DC Amplifier)를 사용한 직류전압계
    - 값이 저렴하다.
    - 입력 임피던스는 10[MΩ] 정도로 측정회로에 대한 계기 자체의 부하효과를 무시해도 좋을 만큼 매우 높은 값이다.
  - 초퍼형 증폭기(Chopper-Type DC Amplifier)를 이용한 직류 전압계
    - 직접결합 직류증폭기에서 일어나는 드리프트(Drift) 현상을 피하기 위해서 고감도 전압계는 보통 초퍼형 직류증폭기를 사용하고 있다.
    - 입력 임피던스는 보통 10[MΩ] 이상이다.

④ 저압측정
- ㉠ 교류전압측정
  - 진동검류계 : 미소교류전압 검출
  - 정류형 검류계 : 0.1~1[μV]
  - 교류전위차계 : 0.1[μV] 이하

© 직류전압측정
   • 미소전압측정 : 직류검류계(고감도)가 사용된다.
   • 전위계 : 정전형 전압계의 감도를 높인 것으로 전압강하가 없으며, 도금된 파이버의 변위로 측정한다.
  © 고압측정
   • 교류전압의 측정
   • 계기용 변압기(PT)로 측정범위를 확대한다.
   • 정전형 전압계는 용량 분압기를 사용하여 77[kV] 이상을 측정할 수 있다.
   • 배율기분압기 : 10[kV] 이하의 측정에 사용된다.
   • 구형 공극 : 10[kV] 이상의 측정에 사용된다.
  © 직류전압의 측정
   • 가동코일형 전압계 : 배율기를 사용하여 측정범위를 확대한다.
   • 정전형 전압계 : 높은 정도를 필요로 하지 않는 측정

⑤ 전류측정
 © 내 용
  • 교류 : 가동철편형, 전류력계형 전류계의 측정범위 확대에는 계기용 변류기(CT)가 사용된다.
  • 직류 : 가동코일형 전류계의 측정범위 확대에는 분류기(대전류)가 사용된다.
  • 미소교류 : 정류형 직류검류계로 측정한다.
  • 미소직류 : 교정된 검류계로 측정한다.
  • 보통의 교류(100[Hz] 이상) : 정류형 전류계, 열전대(쌍)형 전류계가 사용된다.
 © 고주파전류측정
  • 휴대용은 5[MHz]까지, 기기 장치용은 100[MHz]까지 측정할 수 있다.
  • 수백 [mA]까지 측정 가능하다.
  • 1[A] 이상은 고주파 변류기가 사용된다.
 © 소전류측정
  • 소전류측정 : 반조형 검류계(10-11[A/mm])나 진동검류계(10-8[A/mm])로 측정한다.
  • 전자식 검류계에 의한 미소전류측정
   – 미소직류입력은 FET 초퍼에 의하여 직류를 교류로 변환하고 증폭한 후 동기정류기로 정류하여 직류값을 지시(평균값 지시)하도록 한다.
   – 전압감도는 $0.2[\mu V/div]$, 전류감도는 $0.2[nA/div]$ 정도이다.
   – 빠른 응답성(0.5[s])과 취급이 간편하다.
 © 대전류측정
  • 대전류측정 : 분류기는 열손실이 크기 때문에 수천 [A]의 큰 직류전류측정에는 직류용 변류기가 사용된다.
  • 직류계기용 변성기를 사용한 전류측정
   – 수천~수만 [A]까지 측정할 수 있다.

- 가포화 리액터(자기증폭기)가 이용된다.
- 자기 변조 초퍼를 사용한다.

(4) 측정 일반

① 측정의 정의

측정(또는 계측)이란 일방적으로 어떤 양이나 변수의 크기를 결정하는 것을 말하며, 대소를 수량적으로 나타내는 조작을 하는 데 필요한 장치를 측정기, 계측기, 또는 계기라고 한다.

② 측정의 종류

㉠ 직접측정(Direct Measurement) : 측정량을 같은 종류의 기준량과 직접 비교하여 그 양의 크기를 결정하는 방법이다.

例 자로 길이를 재고, 전압계로 전압을 측정하며, 전류계로 전류를 측정하는 것 등

㉡ 간접측정(Indirect Measurement) : 측정량과 어떤 관계가 있는 독립된 양을 각각 직접 측정으로 구하여, 그 결과로부터 계산에 의해 요구되는 측정량의 값을 결정하는 방법이다.

例 부하전력 $P = V \cdot I$[W]의 식으로부터 계산하여 구하는 것 등

㉢ 절대측정(Absolute Measurement) : 측정하려고 하는 양을 길이, 질량, 시간으로 측정함으로써 직접 미지의 양을 결정하는 방법이다.

例 전류저울

㉣ 비교측정(Relative Measurement) : 미지의 양을 이와 같은 성질의 기지의 양 또는 표준기와 비교하여 측정하는 방법(실용적인 것)이다.

- 편위법(Deflection Method) : 전압계로서 전압을 측정하는 것과 같이 지시눈금으로 나타내는 것으로 측정감도는 떨어지나 신속하게 측정할 수 있으므로 가장 많이 사용된다.
- 영위법(Zero Method) : 미지의 양을 기지의 양과 비교할 때 측정기의 지시가 0이 되도록 평형을 취하는 방법(휘트스톤 브리지로써 저항을 측정할 때 검류계의 지시가 영이 되는 점을 찾아서 측정하는 방법, 전위계차법)이다.

(5) 전압계와 전류계의 특성

① 전압계의 특성

㉠ 전압계는 직렬로 연결하게 되면 전압계의 내부저항에 의해 전압이 나누어지고 내부저항이 매우 커서 전압이 거의 전압계에 걸리게 된다.

㉡ 내부저항을 크게 해야 한다.

㉢ 이유는 저항값이 높기 때문이다.

② 전류계의 특성

㉠ 전류계를 저항에 직렬 연결하는 이유 : 전류계는 내부저항이 거의 없기 때문에 저항과 직렬로 연결해야 하며 병렬로 연결하면 전류가 저항으로 흐르지 않고 전류계로 흐르기 때문이다.

㉡ 저항에 영향을 주지 않기 위해서는 전류계의 내부저항이 적어야 한다(거의 없어야 한다).

㉢ 전류계로 큰 전류가 흘러 전류계가 고장이 발생할 수 있다.

2 전자 기초이론

(1) 반도체 이론

① 특 징

반도체는 온도가 올라가면 저항값이 내려가는 부성 온도계수를 가지고 있다. 그리고 정류작용, 홀 효과, 광기전력효과, 광전효과 등의 특징이 있으며 특히 불순물이 없는 단일 원소일 경우 저항값이 크고 불순물이 많아질수록 저항값이 작아지며 자유전자와 정공의 이동이 반도체 중의 전류가 된다.

㉠ 절연체(Insulator) : 석영, 유리 → P(고유저항) = $10^{12} \sim 10^{18}[\Omega \cdot m]$

㉡ 반도체(Semiconductor) : Ge, Si(Iv족) → P = $10^{-4} \sim 10^{6}[\Omega \cdot m]$

㉢ 도체(Conductor) : Ag, Au, Al(금속류) → P = $10^{-8} \sim 10^{-6}[\Omega \cdot m]$

② 종 류

㉠ 진성 반도체 : 순도가 높은 순수 반도체

㉡ 불순물 반도체 : 순도가 낮고 불순물 원자를 주입해서 자유전자나 정공을 늘리는 것
- N형 반도체 : 비소(As), 인(P), 안티몬(Sb)와 같은 5족 원소를 혼합하여 만든 것으로서 도우너(Doner : 전자를 준다)라고 한다.
- P형 반도체 : 붕소(B), 갈륨(Ga), 인듐(In), 알루미늄(Al)과 같은 3족 원소를 혼합하여 만든 것으로서 억셉터(Acceptor : 전자를 뺏다)라고 한다.

㉢ 실리콘(Si) 다이오드와 게르마늄(Ge) 다이오드의 특성 비교
- 실리콘 다이오드
  - 고역내전압의 것이 만들어진다.
  - 역바이어스 시의 전류가 극히 적다.
  - 순방향의 전압강하는 비교적 크다(약 0.6~0.7[V]). : 역방향 포화전류가 적으므로 항복전압이 크다.
  - 고온에서도 특성이 거의 변화하지 않는다(약 120[℃]).
  - 제작이 약간 곤란하다.
- 게르마늄(Ge) 다이오드
  - 온도 특성이 나쁘다(최고 85[℃] 정도).
  - 역내전압은 높지 않다.
  - 순방향의 전압강하가 적다(약 0.2~0.3[V]). : 역방향 포화전류가 많으므로 항복전압이 낮다.
  - 제조가 비교적 용이하고 취급이 쉽다.

③ 다이오드(Diode)

㉠ PN접합 다이오드
- PN 다이오드의 정특성 : 이상적 PN 다이오드에서 바이어스전압 V를 걸 때 흐르는 다이오드 전류 I는 다음과 같다.

  $I = I_0(e^{eV/kT} - 1)$ 단, I_0는 역포화전류이다.

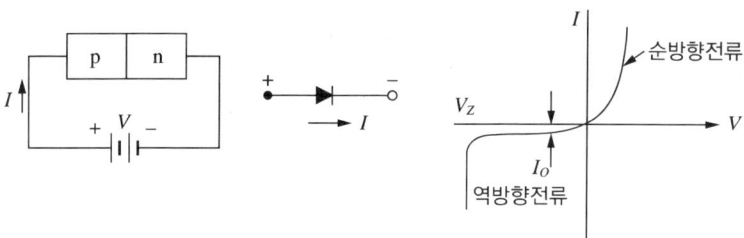

다이오드의 정특성

- 제너 다이오드 : 전압을 일정하게 유지하기 위한 전압제어소자로 널리 이용(전압 안정화에 응용에 이용)
- 터널 다이오드(Tunnel Diode) : 불순물 농도를 매우 크게 하여 공간전하 영역 폭을 줄여 Carrier의 Tunneling현상을 이용한다.
- 특 징
  - 작은 순 Bias상태에서 저항은 대단히 적다.
  - 역 Bias상태에서 훌륭한 도체이다.
  - 부성저항($dv/dI < 0$)을 나타낸다.
  - 응용 고속 스위칭 회로, 마이크로웨이브 발진가동

ⓒ 다이오드의 Cutin전압(Threshold Voltage) → 문턱전압

ⓔ 항복현상(Break Down) : 실제 다이오드에서 역전압이 어떤 임계값(V_z)에 달하면 전류가 갑자기 증대하기 시작하여 소자가 파괴되는 현상

- 애벌란치항복(Avalanche Breakdown : 전자사태) : 높은 에너지를 갖는 홀/전자가 충돌에 의해 제2의 Carrier를 형성
- 제너항복(Zener Breakdown) : 고농도의 불순물 첨가시키면 공간 전하영역을 좁아지게 하고 이렇게 되면 전자 Tunneling현상이 일어날 수 있다.
  ☞ 결국, 높은 전압에서 항복을 일으키는 다이오드는 애벌란치효과를 이용한 것이고, 낮은 전압에서 항복을 일으키는 것은 제너효과를 이용한 것이다.
- 공간전하용량(C_T) 천이용량 : 회로적으로 볼 때 콘덴서 역할을 한다.
- 역포화전류(I_O)는 온도에 민감하다(10[℃]↑ ~ 2배).

ⓜ Carrier의 이동

- 확산(Diffusion)전류 : 반도체(N형 or P형)에서는 캐리어 농도 차에 의한 캐리어의 이동으로 전류가 발생(확산전류)
- 드리프트(Drift)전류 : 반도체에 전계(전압)를 가하면 캐리어가 힘을 받아 이동하여 전류가 발생(Drift전류)
- 열평형 상태 : 확산전류(Diffusion) & 드리프트전류(Drift)의 합이 0이 될 때

(2) 증폭회로

① 트랜지스터(BJT)

㉠ 트랜지스터의 구조 : 트랜지스터는 3층 반도체 디바이스로서 npn형 트랜지스터와 pnp형 트랜지스터가 있다. BJT(Bipolar Junction Transistor)는 전자(-)와 정공(+)의 두 개의 캐리어를 사용 한다는 것을 의미한다. 오직 한 캐리어만이 사용되는 경우는 유니폴라(Unipolar) 디바이스이다.

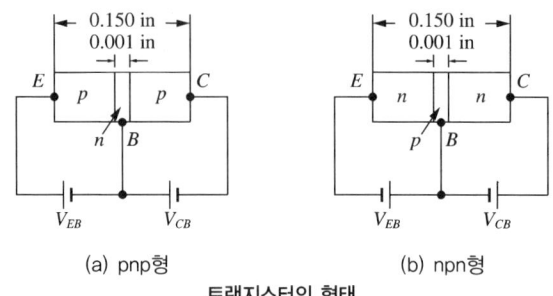

(a) pnp형   (b) npn형

트랜지스터의 형태

㉡ 그림에서 E는 이미터(Emitter), C는 컬렉터(Collector), B는 베이스(Base)를 나타내는 대문자로 표시되어 있다.

② TR의 동작특성

㉠ TR이 증폭능력이 일어나는가를 일어나지 않는가는 베이스에 일정한 전압이 존재하느냐에 따라 결정된다.

㉡ 트랜지스터의 동작상태 = BJT의 동작 영역

동작모드	EB 접합	CB 접합
활성상태	순바이어스	역바이어스
차단상태	역바이어스	역바이어스
포화상태	순바이어스	순바이어스
역활성상태	역바이어스	순바이어스

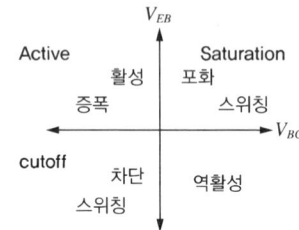

③ TR의 전류성분 및 전류증폭률

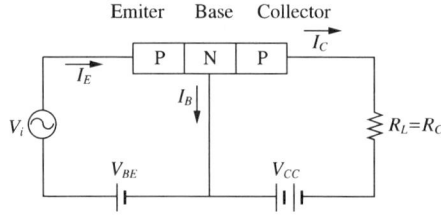

㉠ $I_E = I_B + I_C$ 입력을 I_E로 인가한 경우의 전류증폭률(x)
　　= CB회로에 대한 전류증폭률
㉡ $I_E = I_B + I_C$(Kirchhoff's 법칙)
㉢ 입력이 출력으로 나온 비율 $h = \dfrac{I_C}{I_E} < 1 < R_1$
㉣ 베이스 접지 시 컬렉터전류 $I_C = \alpha I_E$, $\alpha = \dfrac{I_C}{I_E}$ (CB회로에 대한 전류증폭률)

　　α : 베이스 접지 시 전류증폭률 $h_{FB} = \alpha = \dfrac{I_C}{I_E}\bigg|_{V_{CB}일정} = \dfrac{\beta}{1+\beta}$

㉤ 이미터 접지 시 컬렉터전류 $I_C = \beta I_B + (1+\beta)I_{CO}$

　　β : 이미터 접지 시 전류증폭률 $H_{FE} = \dfrac{\partial I_C}{\partial I_B}\bigg|_{V_{CE}일정} = \dfrac{\alpha}{1-\alpha}$

　　$\beta = \dfrac{I_C}{I_B} R \fallingdotseq 10 \sim 300$ 정도 가한다.

㉥ 입력을 베이스 출력은 컬렉터로 가했을 때 $\begin{cases} \alpha = \dfrac{\beta}{1+\beta} \\ \beta = \dfrac{\alpha}{1-\alpha} \end{cases}$

④ TR의 Bias 회로의 해석
TR의 안정성을 평가하는 것이 목적

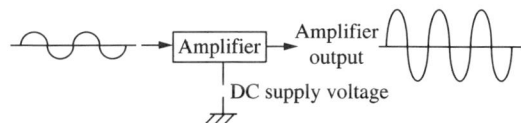

TR이 증폭작용을 할 수 있도록 바이어스 전원 즉, 직류를 동시에 인가해야 한다.
일반적으로 다이오드가 TR로 구성된 전자회로에서는 반드시 교류전원(AC)와 직류전원(DC)가 필요하지만 2개의 전원(V_{BB}, V_{CC}) 중 하나의 전원만 이용하고 그 대신 회로에 적절한 저항을 접속하여, 접속된 저항에 의해 전압강하를 일으켜 V_{BB}처럼 사용하는 전자회로를 가리켜 바이어스회로라고 한다.

⑤ 안정계수(Stability Factor) : S
낮을수록 좋다. 하지만 1보다는 크다.

⑥ 증폭회로의 찌그러짐과 잡음
　㉠ 증폭회로의 왜곡(Distortion)
　　• 직선 왜곡 - 주파수 왜곡(감쇠 왜곡)
　　　　　　　 - 위상 왜곡(지연 왜곡)
　　• 비직선 왜곡 - 진폭 왜곡(파형 왜곡)

ⓛ 진폭 왜곡(Amplitude Distortion) : 비직선의(또는 고조파의)라고 하며 능동소자(진공관, 트랜지스터, FET 등) 특성의 비직선성에 의해 생기는 것으로, 입력파형(기본파) 이외에 기본파의 제2, 제3고조파가 포함되어 있으므로 고조파 찌그러짐(Harmonics Distortion)이라고도 한다.

왜율 $K = \dfrac{\sqrt{I_2^2 + I_3^2 + \cdots}}{I_1} \times 100[\%] = 20\log \dfrac{\sqrt{I_2^2 + I_3^2 + \cdots}}{I_1}$ [dB]

단, I_1 : 기본파전류의 실횻값

I_2, I_3 : 제2, 제3고조파전류의 실횻값이다.

ⓒ 주파수 왜곡(Frequency Distortion) : 능동소자의 부하가 순저항성이 아니고 리액턴스 성분을 포함하므로 입력 주파수 성분이 달라지면 증폭도도 일정하지 않다. 즉, 고역과 저역에서는 증폭도가 저하하여 그 주파수 특성이 곡선화 하는 때의 왜(歪)를 주파수 왜곡이라 한다.

ⓔ 위상 왜곡(Phase Distortion) : 증폭기에 가해지는 입력신호가 단일주파수가 아닌 경우 각각의 주파수에 따른 지연시간의 차이가 있게 되어 출력측에는 그에 따라 위상 왜곡이 생긴다.

⑦ 증폭회로의 잡음

㉠ 저항(R)에 의한 열잡음 = $\sqrt{4KTBR}$ [V] = V_m(잡음전압의 실횻값)

- K : 볼트만 상수 ⇒ 1.38×10^{-23}[J/K]
- B : 주파수 대역폭[Hz]
- T : 절대온도[K](273+t[℃])
- R : 저항체의 저항[Ω]

⇒ 유효잡음전력(P_m) = $\left(\dfrac{V_m}{2R}\right)^2 \cdot R = KTB \rightarrow (R = R_L$일 때 : $P_m = 4TB)$

↳ $R = R_L$일 때 부하 R_L에 공급되는 잡음전력은 최대가 되며 이것을 유효잡음전력이라 한다.

㉡ 잡음지수(F) = $\dfrac{\text{입력측의 } S/N \text{비}}{\text{출력측의 } S/N \text{비}} = 10\log \dfrac{S_i/N_i}{S_o/N_o}$

(Noise Figure)

↳ $F \geq 1$ ($F = 1$일 때 최상)

㉢ 다단 증폭기에 대한 잡음지수

$NF_0 = F_1 + \dfrac{F_2 - 1}{G_1} + \dfrac{F_3 - 1}{G_1 G_2} + \cdots$

↳ 다단을 행할수록 NF는 증가한다.

② T_r의 잡음
- 산탄잡음(Shot Noise)
- 플리커잡음(Flicker Noise)
- 분배잡음(Partition Noise)

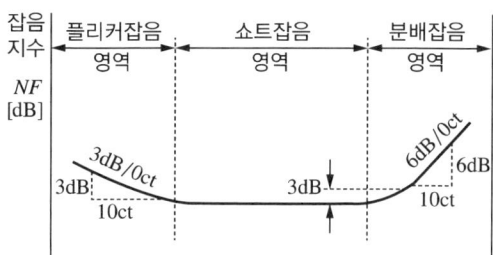

⑧ FET(전계효과 트랜지스터 : Field Effect Transister)
  ㉠ FET의 분류 및 특성
  - JFET(Junction Field Effect Transistor)
  - MESFET(Metal Semiconductor FET)
  - MOSFET(Metal Oxide-Semiconductor FET)
  ㉡ 기본회로 CS(Common Source)를 이용 = 입력을 게이트 출력을 드레인

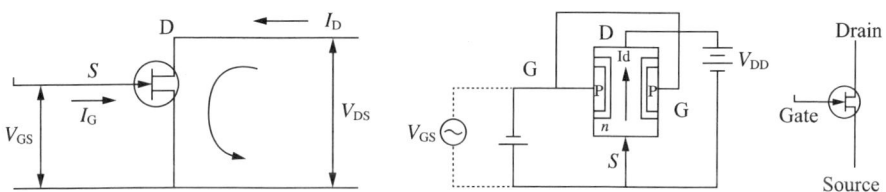

  ㉢ FET의 특징
  - 고입력 임피던스 = 입력 임피던스가 매우 높다(수 [MΩ]).
  - 저잡음 = 진공관 또는 일반 트랜지스터보다 잡음이 적다(FET접합에서는 게이트를 흐르는 캐리어에 의한 산란(Shot)잡음이 적다).
  - 다수 반송자(캐리어)만의 이동에 의해 동작하는 단일 극성(Unipolar)소자이다. 트랜지스터는 다수 캐리어와 소수 캐리어의 움직임에 관련되므로 양극소자(Bipolar Device) 또는 BJT(Bipolar Junction Transistor)라고 한다.
  - 전압제어용 소자이므로 드레인전류는 게이트전압에 의해 제어된다.

  $$I_D = I_{DSS}\left(1 - \frac{V_{GS}}{V_P}\right)^2$$

  I_{DSS} : $V_{GS}=0$일 때의 포화드레인전류
  =드레인-소스 포화전류(Drain-Source Saturation Current)

- 기억소자로 사용

  ```
  ┌─ ROM → Flip-Flop
  │
  └─ RAM ─┬─ S RAM
          └─ D RAM → MOSFET+Condenser
  ```

- 오프셋전압
  - 전류가 적어서 초퍼(Chopper)회로로 사용한다.
  - Off 상태에서는 거의 전류가 흐르지 않고 On 상태에서는 드레인과 소스 사이의 저항이 작기 때문에 단락상태에 있다고 볼 수 있다. 따라서 오프셋전압이 적다.

② FET의 3정수

- g_m(전달컨덕턴스) $g_m = \dfrac{\partial I_D}{\partial V_{GS}}\bigg|_{V_{DS}=\text{일정}}$

- r_d(출력저항(드레인저항)) $r_d = \dfrac{\partial V_{DS}}{\partial I_D}\bigg|_{V_{GS}=\text{일정}}$

- μ(증폭정수, 전압증폭률) $\mu = \dfrac{\partial V_{DS}}{\partial V_{GS}}\bigg|_{I_D=\text{일정}}$

(3) 궤환증폭회로

① 궤환증폭회로

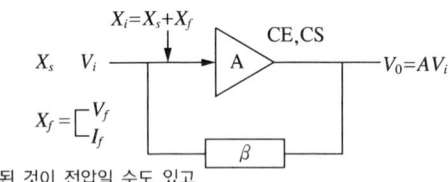

궤환된 것이 전압일 수도 있고 전류일 수도 있다.

㉠ 궤환율 : $\beta = X_f / X_0$

㉡ 궤환 시 이득 : $A_f = \dfrac{X_o}{X_s} = \dfrac{A}{1+\beta A}$

- $|1+\beta A| > 1$일 때 $|A_f| < |A|$: 부궤환(NFB ; Negative Feed Back)
- $|1+\beta A| < 1$일 때 $|A_f| > |A|$: 정궤환(PFB ; Positive Feed Back)
- $|\beta A| = 1$일 때 $A_f \to \infty$: 발진

② 부궤환 시 증폭기의 특징

㉠ 이득이 감소 $A_v = \dfrac{A}{1+A\beta}$

㉡ 비직선 일그러짐 감소 $D_f = \dfrac{D}{1+\beta A}$ (D : Distortion(왜곡))

ⓒ 왜곡(왜율) 및 잡음의 감소

⇒ D(Distortion) : $D_f = \dfrac{A}{1+A\beta}$

⇒ N(Noise) : $N_f = \dfrac{N}{1+A\beta}$

ⓔ 주파수 특성이 개선
ⓕ 대역폭이 증가한다.
ⓖ 감도의 감소(안정성이 우수하다)
ⓗ 입·출력 임피던스가 변화한다.

(4) 연산증폭회로

① 차동증폭기의 모델

㉠ 이상적 차동 증폭기의 기능 : 차동증폭기(DIFF AMP ; Differential Amplifier)는 2개의 입력 신호의 차를 증폭하는 것이다. 연산증폭기는 차동증폭기이다. 이것은 연산증폭기의 두 입력단에 인가된 전압의 차이만을 증폭한다는 의미이다. 차의 전압을 구분해 내는 능력은 연산증폭기의 종류에 따라서 달라지는데, 인가된 두 전압의 차이를 구분해 낸 후, 이를 증폭할 수 있는 능력의 정도를 가늠하게 해 주는 파라미터가 CMRR이다.

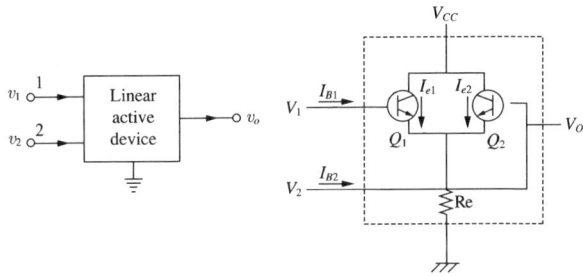

$CMRR = \left| \dfrac{A_d}{A_c} \right|$: 동상신호제거비(Commom Mode Rejection Ratio)

② 연산증폭회로(OP-Amp)

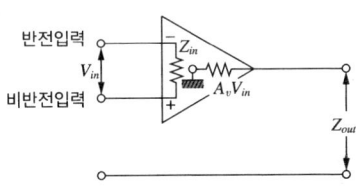

이상적인 연산증폭기의 모델

㉠ 연산증폭회로(OP-Amp)의 특징
- 직류증폭기이며, 입력 임피던스 Z_{in}이 무한대(∞)
- 출력 임피던스 Z_{out}가 0

- 전압이득 A_v가 무한대
- 대역폭이 DC에서부터 무한대
- 응답시간은 0이어야 한다.
- 특성은 온도에 대하여 Drift되지 않는다.
- 잡음이 없으며 입력이 0일 때 출력도 0일 것
- $CMRR = \infty$
- $I_{B1} = I_{B2} = 0$(직류 바이어스전류는 0)
- $I_{I0} = V_{I0} = 0$(입력 오프셋전류 및 전압은 0)

ⓒ 연산증폭기의 종류(OP-Amp의 종류)
- 반전증폭기(Inverting Operational Amplifier) = 신호변환기

$$\Rightarrow V_o = \theta \frac{R_f}{R_i} V_i, \quad \theta : 신호변환기(위상반전)$$

원리 : $\dfrac{V_i}{R_i} = -\dfrac{V_o}{R_f} \quad \therefore \dfrac{V_o}{V_i} = -\dfrac{R_f}{R_i}$

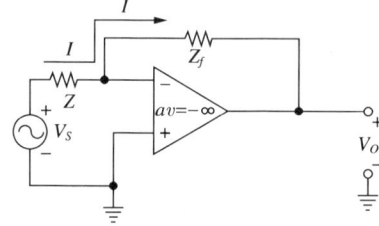
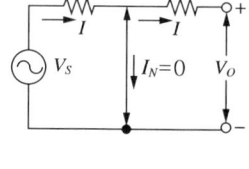

(a) 회 로   (b) 등가회로

반전연산증폭기

반전증폭기는 출력과 입력의 위상이 역위상인 증폭기이다. 이 증폭기의 해석에는 가상접지(Virtual Ground)의 개념을 이용한다. 가상접지란 그 점의 전압은 0이 되어도 증폭기의 입력 단자를 통하여 접지점으로는 전류가 흐르지 않음($I_N = 0$)을 의미한다.

- 비반전증폭기(Noninverting Operational Amplifier) = 계수변환기

$$\Rightarrow V_o = \left(1 + \frac{R_f}{R_i}\right) V_i \Rightarrow 폐루프이득이 항상 1보다 크다.$$

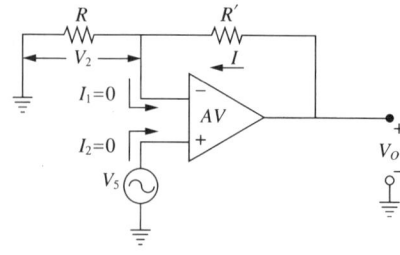

비반전연산증폭기

비반전연산증폭기는 출력과 입력의 위상이 동위상이고, 폐루프이득이 항상 1보다 크다는 특징이 있다.

(5) 전력증폭회로

① (대신호)전력증폭기

대신호증폭기인 전력증폭기(Power Amplifier)는 최종증폭단으로 스피커, 브라운관, 안테나 등의 변환기를 동작시키기 위한 것이므로 큰 출력전압, 전류 또는 전력을 부하에 공급할 수 있어야 한다. 동작 형태에 따라 A급, B급, AB급, C급 증폭기로 분류된다.

② 증폭기의 동작점 Q에 의한 분류

구분 \ 분류	A급	B급	AB급	C급
동작점	전달 특성곡선의 직선부의 중앙점	전달 특성곡선의 차단점	전달 특성곡선의 중앙점과 차단점 사이	전달 특성곡선의 차단점 밖
유통각	$\theta = 2\pi$	$\theta = \pi$	$\pi < \theta < 2\pi$	$\theta < \pi$
파형	전 파	반 파	전파보다 작고, 반파보다 크다.	반파보다 작다.
왜곡	거의 없다.	반파 정도 왜곡	약간 왜곡	반파 이상 왜곡
전력손실	크다.	적다.	약간 있다.	거의 없다.
효율	50[%] 이하	78.5[%] 이하	50[%] 이상	78.5[%] 이상
용도	무왜증폭기 완충증폭기	Push-Pull증폭기	저주파증폭기	체배증폭기 RF전력증폭기

(6) 전원회로

전자회로(다이오드나 TR로 구성되는)에서는 반드시 직류, 교류전원이 필요하다.

AC(Alternating Current) = 교류, DC(Direct Current) = 직류

호도법(이론적) = 60분법(실용적) Peak to Peak Value, rms(root mean square)

$\pi(\text{rad}) = 180° = \dfrac{A}{\sqrt{2}} \sim 0.7A$

직류전원회로에서는 건전지 이외에 교류를 직류로 변환해서 사용하는 장치가 필요한데 이 장치가 전원회로이며 전원회로의 구성은 정류회로, 평활회로, 정전압 전원회로 등으로 이루어진다.

정류회로는 다이오드 등을 이용한 교류를 한쪽 방향의 전류로 변환하며, 평활회로(Filter 중에서 LPF)는 변환된 전류 속에 포함된 교류성분(맥류라고 부르며 원하지 않는 일종의 Noise)을 제거하여 직류성분을 얻는 데 필요한 회로이며, 정전압전원회로는 교류입력전압의 변동에 따른 직류전압의 변동, 부하의 변동에 따른 직류출력전력의 변화, 온도에 의한 회로소자의 특성변화 등의 직류출력전압변동의 주요 원인이므로 정전압회로를 달아서 일정한 직류전압을 얻는 데 필요한 회로이다.

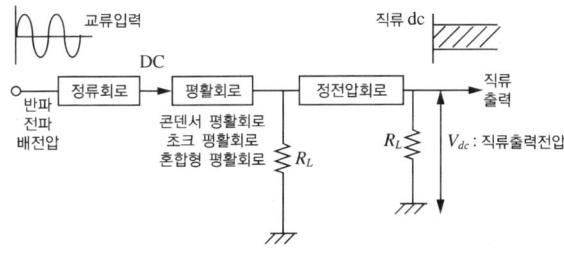

① 전원회로의 평가 파라미터

전원회로를 평가하기 위한 도구로서는 각 회로가 갖는 리플(Ripple : 맥동)률, 정류효율, 전압변동률, 최대역전압 등이 이용된다.

㉠ 맥동률(Ripple Factor = γ) : 정류된 출력에 포함되어 있는 교류분, 즉 맥동률(양)의 정도를 나타낸 것

$$\gamma = \frac{\text{출력파형의 교류 성분의 실횻값}}{\text{출력 파형의 평균값}} \times 100$$

㉡ 정류효율(Rectification Efficiency = η) : 입력교류전력이 출력의 직류전력으로 바꿀 수 있는 비율을 나타내는 것

$$\eta = \frac{p_{dc}}{p_{ac}(=\pi)} \times 100\% = \frac{I_{dc}^2 R_L}{I_s^2 (R_f + R_L)} \times 100\%$$

㉢ 전압변동률(Voltage Regulation = $\triangle V$) : 출력전압이 부하의 변동에 대해 어느 정도 변화하는가 즉, 부하전류의 변화에 따라 직류출력전압의 변화 정도를 나타낸다(I_{dc}의 변화에 따라 V_{dc}의 변화 정도).

$$\triangle V = \frac{V_{no\,load} - V_{full\,load}}{V_{full\,load}(V_L)} \times 100\%$$

㉣ 최대역전압(PIV ; Peak Inverse Voltage) : 최대역내전압으로 다이오드가 견딜 수 있는 전압을 나타내는 것으로 정류회로서 다이오드가 동작하지 않을 경우 다이오드에 걸리는 최대역방향전압을 말한다.

② 정류회로

평균값이 0인 교류신호를 평균값이 0이 아닌 신호로 변환하기 위한 회로이다.

정류방식 \ 항목	단상 반파정류	단상 전파정류
평균값 : I_{dc}	$\frac{I_m}{\pi} = 0.318 \cdot I_m$	$\frac{2}{\pi} I_m = 0.637 \cdot I_m$
최댓값 : I_m	\multicolumn{2}{c}{$I_m = \frac{V_m}{r_f + R_L}$}
실횻값 : I_s	$\frac{I_m}{2} = 0.5 \cdot I_m$	$\frac{I_m}{\sqrt{2}} = 0.707 \cdot I_m$
출력전력 : $P_{DC} = I_{dc}^2 \cdot R_L$	$\frac{V_m^2 \cdot R_L}{\pi^2 (r_f + R_L)^2}$	$\frac{4 V_m^2 \cdot R_L}{\pi^2 (r_f + R_L)^2}$
정류효율 : $\eta = \frac{P_{dc}}{P_{ac}}$	$\eta = \frac{P_{dc}}{P_{ac}} = \frac{40.6}{1 + \frac{r_f}{R_L}}$	$\eta = \frac{P_{dc}}{P_{ac}} = \frac{81.2}{1 + \frac{r_f}{R_L}}$
맥동률 : $\gamma = \frac{I_{rms}}{I_{dc}}$	121[%]	48.2[%]
PIV	PIV = V_m	중간탭형 : PIV = $2V_m$ Bridge형 : PIV = V_m

㉠ 브리지형 정류회로(전파정류회로)의 특징
- 고압 정류회로에 적합하다(고전압, 고전류).
- 변압기의 2차 전선의 절연저하는 입력전압이 일정해도 출력전압이 몹시 저하된다.
- 전원변압기의 2차 코일에 중간 탭이 필요하지 않다(작은 변압기 사용가능).
- 높은 출력전압이 얻어진다.
- 각 정류소자에 대한 $PIV = V_m$이다.

㉡ 반파 배전압 정류회로의 특징($R_L = \infty$)

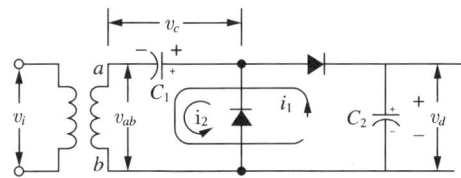

- C_2의 용량을 가능한 크게 한다($\because C_2$값이 작게 되면 전압변동률이 나쁘다).
- 구형파인가 시 계단파 발생

㉢ 전파 배전압 정류회로의 특징

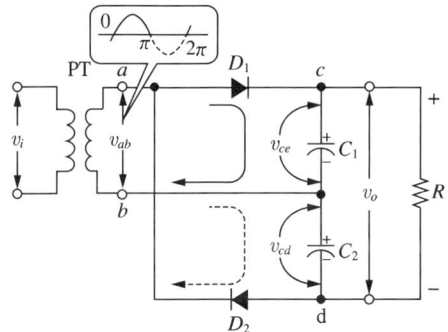

- 승압변압기가 필요 없다.
- 고전압용
- 큰 전류를 흘릴 수 없다.
- $PIV = 2V_m$이다.
- 전압변동률을 줄이기 위해서 용량이 큰 콘덴서를 사용한다.

㉣ 맥동률과 맥동주파수

	단상 반파	단상 전파	3상 반파	3상 전파
맥동률	$r = 1.21$	$r = 0.482$	$r = 0.183$	$r = 0.042$
맥동주파수	f	$2f$	$3f$	$6f$

③ 평활회로(Smoothing Circuit) = LPF
일반적으로 정류회로에서 부하저항에 흐르는 전압이나 전류는 맥동전압, 전류이다. 이와 같이 정류기의 출력전압 속에 포함되어 있는 맥동을 적게 하기 위해 쓰이는 일종의 LPF 적분회로이며, 평활회로에 인가된 교류성분이 부하에 나타나는 동일 주파수의 리플전압비로서 평활정수값이 50일 때 바람직하다.

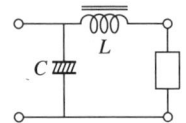 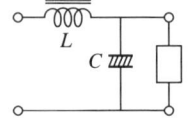 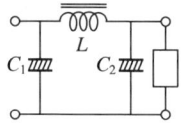

(a) 콘덴서 입력형 평활회로   (b) 초크(choke) 입력형 평활회로   (c) π형 평활회로

㉠ 콘덴서 필터(Capacitance Filter)
- 부하가 클 때 맥동률이 적고, 출력전압이 높다.
- 전압변동률이 나쁘다.
- Diode에 흐르는 전류가 날카로운 펄스모양이다.
- 소전력송신기에 많이 사용

㉡ 초크 입력형 평활회로
- 맥동률이 적고, 전압변동률이 좋다.
- 초크코일 L_1에 의한 전압강하로 출력전압이 저하된다.
- 대전력송신기에 적합

㉢ 콘덴서 입력형 평활회로와 초크 입력형 평활회로 필터의 특성 비교

	콘덴서 입력형 (Condenser Type LPF)	초크 입력형 (Choke Coil Type LPF)
직류출력전압(V_{dc})	높다(병렬연결).	낮다(직렬연결).
전압변동률($\triangle V$)	크다.	작다.
맥동률	적다.	부하전류가 작을수록 크다.
역전압	높다(소전력송신기).	낮다(대전력송신기).
가격	싸다.	비싸다.

④ 전원안정화 회로(= 직류안정화 전원회로)
평활회로를 사용한 일반정류회로는 전원전압의 변동이나 부하전류 또는 온도의 변화에도 출력전압이 변동하여 안정화된 전원이 되지 못한다. 제너 다이오드나 TR을 정전압회로소자로 구성하면 전원전압의 변동, 부하전류의 변화, 온도의 변화에도 출력전압의 변동을 자동적으로 방지하여 거의 일정한 직류 출력전압을 얻는다.

㉠ 정전압전원회로의 분류
- 연속제어방식 : 직렬형 정전압회로
- 병렬형 정전압회로
- 단속제어방식
  - 교류입력제어용
  - 직류입력제어용

ⓒ 정전압회로의 파라미터 : 정전압전원의 안정도를 나타내는 파라미터
- 전압안정계수
- 온도안정계수
- 출력저항

ⓒ 직렬형 정전압회로 : 효율은 우수하나 과부하 시에 TR이 파괴되는 단점이 있다.

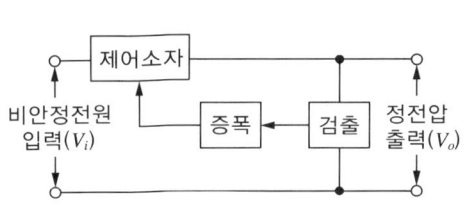 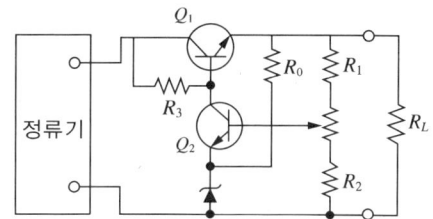

각 부분의 용도는 Q_1 : 제어용 트랜지스터, Q_2 : 검출, 비교 및 증폭용 TR, 제너 다이오드는 정전압 다이오드로 전류에 관계없이 기준전압을 일정하게 유지하는 역할

ⓔ 병렬형 정전압회로

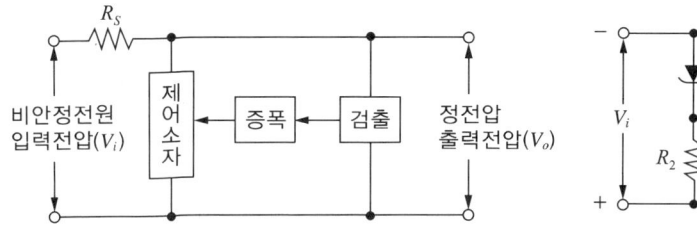 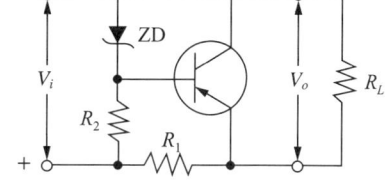

- 과부하에 대해 보호능력이 있으나 효율이 나쁘다.
- TR과 R_L이 병렬연결, 부하변동이 적고 소전류일 때 이용된다.

(7) 발진회로

교류입력신호를 갖지 않는 자신의 직류전원으로부터 교류출력을 발생시킨다.
⇒ 발진회로를 설계할 때 가장 중요한 사항은 안정도이다.

① 궤환의 구성도

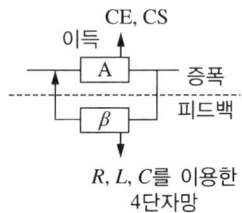 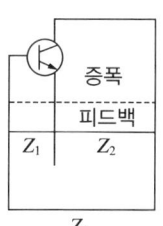

$A_f = \dfrac{A}{1+A\beta}$ (부궤환) 정궤환 $A_f = \dfrac{A}{1-A\beta} \to \infty$ 발진조건 : $A\beta = 1$

순방향이득과 역방향이득의 곱이 1을 만족할 때

② 발진원리 및 종류
  ㉠ 발진원리와 3-Reactance 일반형 : 지속적으로 임의의 신호파형을 발생하는 회로를 발진회로라고 한다. 폐루프이득 A_f가 1보다 크고 위상조건을 만족하는 정궤환증폭기는 발진기로 동작한다.
    • 바크하우젠(Barkhausen)의 발진조건 : 궤환증폭기의 이득 $A_f = \dfrac{A}{1+\beta A}$에서 $|\beta A| = 1$이면 $A_f = \infty$ 이므로 이 조건이 만족할 때에는 외부에서 가하는 입력신호전압이 없어도 출력교류전압이 존재함을 의미한다.
    • $|\beta A| = 1$의 조건을 바크하우젠의 발진조건이라 한다.
    • βA를 루프이득(Loop Gain)이라고 한다.
    • $|\beta A| = 1$이라는 조건만 만족되면 지속진동(발진)을 한다.
  ㉡ 3-Reactance 일반형
    • Z_1, Z_2, Z_3는 리액턴스소자이어야 하며 $X_1 + X_2 + X_3 = 0$과 $1 = A \cdot X_1 / X_2$의 조건을 만족하여야 한다.
    • $X_1, X_2 > 0$(유도성), $X_3 < 0$(용량성) : 하틀레이발진기
    • $X_1, X_2 < 0$(용량성), $X_3 > 0$(유도성) : 콜피츠발진기

(8) 펄스회로
시간적으로 불연속이고 충분히 짧은 시간에만 존재하는 전류전압을 취급하는 회로로서 전압전류가 급격히 변화하여 한정된 시간에만 존재하는 파형

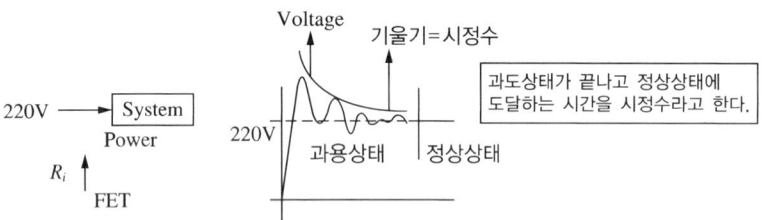

① 펄스의 특징

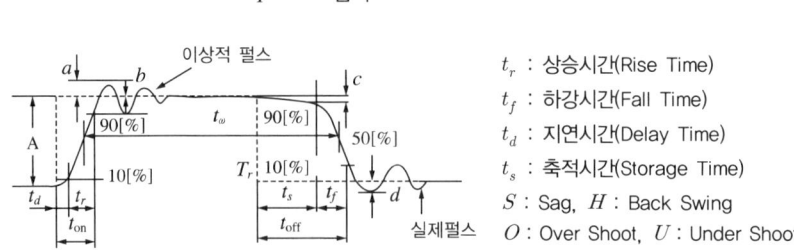

  ㉠ t_d(Delay Time) : 펄스의 지연시간 → 입력펄스가 들어온 후 최대진폭의 10[%]가 되기까지의 시간
  ㉡ t_r(Rise Time) : 펄스의 상승시간 → 펄스가 최대진폭의 10[%]에서 90[%]까지 사용하는 시간
  ㉢ t_f(Fall Time) : 펄스의 하강시간 → 펄스가 최대진폭의 90~10[%]
  ㉣ t_s(Storage Time) : 펄스의 축적시간 → 입력펄스가 끝난 후 출력펄스가 최대진폭의 90[%]

㉤ t_{on}(Turn on Time) : 상승 + 지연
㉥ t_{off}(Turn off Time) : 축적 + 하강
㉦ S(Sag) : 하강속도의 비(낮은 주파수 성분이나 직류분이 작동하지 않아서)
㉧ Ringing(물결현상) : 펄스의 상승부분에서 진동의 정도, 높은 주파수 성분에 공진하기 때문에 생긴다.

② 파형의 정형

```
            ┌ Clipper(Clipping) ┌ Base 클리퍼
            │                   └ Peak
파형의 정형 ┼ Slicer(=Limitter=Schmitt)
            └ Clamper ┌ Positive Peak Clamp(정(+)피크 클램퍼)
                      └ Negative Peak Clamp(부(-)피크 클램퍼)
```

㉠ 파형의 정형회로 : 필요에 따라 원하는 파형을 끌어내거나, 직류성분을 첨가해서 목적한 형태를 변형해서 입력파형과 다른 출력파형을 얻는 회로를 말한다.
㉡ 클리퍼(Clipper) 또는 클리피(Clipphy)회로 : 입력파형의 진폭을 바꾸는 회로로, 입력파형을 기준전압으로 제한하기 위한 회로

• Peak Clipper

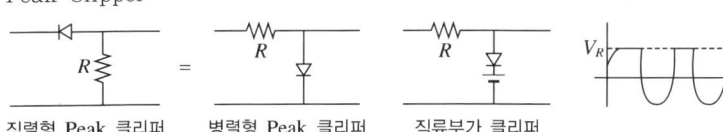

직렬형 Peak 클리퍼   병렬형 Peak 클리퍼   직류부가 클리퍼

• Base Clipper

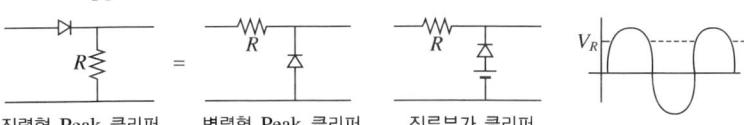

직렬형 Peak 클리퍼   병렬형 Peak 클리퍼   직류부가 클리퍼

• Slicer 회로(= Limitter 진폭제한회로, Schmitt)
Peak Clipper와 Base Clipper를 조합한 회로로써 중앙부의 파형을 출력시키는 회로를 말한다(일반적으로 펄스파를 발생시키는 회로로 Blocking발진기 또는 Multivibrator를 이용하지만 Slicer 회로를 이용해서 Trigger 신호를 발생시킬 수 있다).

• 직렬형 Diode Slicer 회로

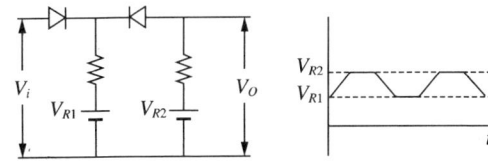

- 병렬형 Diode Slicer 회로

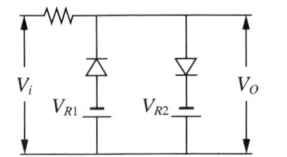 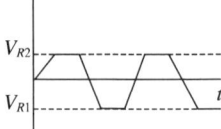

☞ 만일 $V_{R1} = V_{R2}$이면 거의 직선전압을 얻을 수 있다.

ⓒ 클램퍼(Clamper 회로) : 입력파형의 기준레벨을 일정레벨에 고정하는 것

명 칭	입 력	회 로	출 력
Positive Peak Clamp 정(+)피크 클램프			
Negative Peak Clamp 부(-)피크 클램프			
직류 부가 클램프 (순Bias)			

③ 펄스 발생회로 - Multivibrator(구형파 발생회로)

ⓐ Astable(비안정) Multivibrator : 외부에서 어떤 조건이 없어도 On, Off가 일어난다.

- 특 징
  - 비안정 멀티바이브레이터는 안정상태를 가지지 못하며 2개의 준안정상태를 가진다.
  - 비안정 MV는 펄스폭과 주기가 반복되는 펄스를 발생시키는 회로이다.
  - 구형파를 발생시킨다.
  - 2개의 결합회로는 CR 결합의 교류결합으로 구성되어 있다.

ⓑ Mono-Stable(단안정) Multivibrator : 외부에서 Trigger를 받을 때만 출력의 변화가 일어나 일정시간(시정수) 후에는 원래(처음의 안정상태) 상태로 복귀한다.

ⓒ Bi-Stable(쌍안정 = Flip-Flop) Multivibrator : 외부로부터 Trigger 펄스가 인가될 때마다 2개의 안정상태가 교체되면서 안정상태로 계속 유지한다.

ⓓ 멀티바이브레이터의 공통 특징
- 정궤환이 이루어져 있는 회로이다.
- 회로의 시정수 τ에 의해 출력파형의 반복주기 T가 결정된다.
- 스위칭회로의 기본이 되는 회로로서 특히 구형파 발생회로나 계수기 등에 널리 사용되는 회로이다.

- 전원전압이 변화해도 발진주파수에는 큰 영향을 주지 못하기 때문에 발진주파수는 안정된 회로이다.
- 출력에서 고차의 고주파를 포함시켜 펄스를 발생시키는 회로이다.

④ Schmitt (Trigger)회로

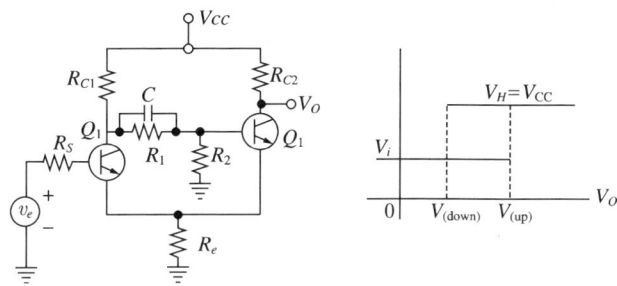

㉠ 특 징
- 쌍안정 멀티바이브레이터회로의 일종이다.
- 입력파형에 관계없이 출력은 항상 구형파이다.
- 펄스파 발생회로 : 방형파(Squaring Circuit)이다.
- A/D 변환기
- 전압 비교회로(Comparator)이다.

3 송전설비 기초이론

(1) 송전의 개요

① 송전설비는 송전사업자가 소유 또는 관리하는 송전선, 철탑, 전주, 변압기, 개폐장치, 금구류, 지지대 및 기타 이에 부속되는 전기설비를 말한다.
② 발전소에서 생산된 전력을 수용장소까지 수송하고 배분하는 송전선, 변전선, 배전선 등의 전기설비이다.
③ 발전소에서 발전한 전력을 정전사고 없이 수용가에게 가장 경제적으로 수송, 배분하여야 한다.
④ 일반적으로 송전은 대전력, 고전압, 장거리의 전력수송을, 배전은 소전력, 저전압, 단거리 전력의 수송을 담당한다.

(2) 송전선로의 구성

① 수전전력은 전압의 제곱에 비례해서 결정되므로 대전력을 낮은 전압으로 먼 곳에 송전하는 것은 부적절하다.
② 발전소의 발전단에서 승압 변압기를 이용해서 대전력, 장거리 송전에 적합한 전압을 구내 변전소에서 변성한다.
③ 구내 변전소 이후에는 송전선로에 적절한 전력으로 변성하는 1차 변전소, 2차 변전소, 3차 변전소가 있다.

(3) 송전방식

① 교류방식과 직류방식

㉠ 교류송전방식
- 전압의 승압, 강압 변경이 쉽다.
- 교류방식으로 회전자계를 쉽게 얻는다.
- 교류방식으로 일관된 운용을 가할 수 있다.
- 우리나라에서 대부분 교류방식을 채택하고 있다.

㉡ 직류송전방식
- 발전소에서 생산된 전력을 직류로 변환하여 전송하고 수전장소에서 직류를 다시 교류로 변환하는 전력공급방식이다.
- 절연레벨을 낮출 수 있고, 송전효율과 안정도가 좋으며 비동기연계가 가능해서 주파수가 다른 계통 간의 연계가 가능하다.

(4) 송전선로

발전소와 변전소 사이, 변전소와 변전소 상호 간에 전력을 전송하는 선로를 송전선로라고 한다. 시설방법에 따라 가공송전선로와 지중송전선로로 크게 나눈다.

① 가공송전선로

㉠ 가공전선로는 전선을 목주, 철주, 콘크리트주 또는 철탑 등에 애자로 지지한다.

㉡ 전선, 애자, 지지물, 가공지선 등으로 구성되어 있다.

② 지중송전선로

㉠ 도체에 특수한 절연을 입힌 전력케이블을 지하에 매설해서 송·배전을 하도록 한 것이다.

㉡ 도시의 미관, 교통, 벼락 및 풍수해에 유리하여 공급신뢰도가 좋다.

㉢ 건설비가 비싸고 사고 발생 시 사고지점 발견 및 수리에 장시간이 소요된다.

(5) 가공송전선로의 구성

전선, 애자, 지지물 및 지선으로 구성되어 있다.

① 전선 : 최소 굵기(이상)

㉠ 구비조건
- 도전율이 클 것
- 기계적 강도가 클 것
- 비중(밀도)이 작을 것
- 신장률이 클 것
- 내구성이 있을 것
- 가요성이 클 것
- 가격이 저렴할 것

ⓛ 구성형태에 의한 분류
- 단선 : 심선이 한 가닥인 전선 → 직경(지름) : $d[\text{mm}]$

  단면적 계산 : $A = \pi r^2 = \pi \left(\dfrac{D}{2}\right)^2 = \dfrac{\pi}{4} D^2 [\text{mm}^2]$

- 연선 : 심선 여러 가닥을 꼬아서 만든 전선 → 공칭단면적 : $A[\text{mm}^2]$
- 중공연선 : 전선의 단면적을 그대로 하고 직경을 크게 키운 전선

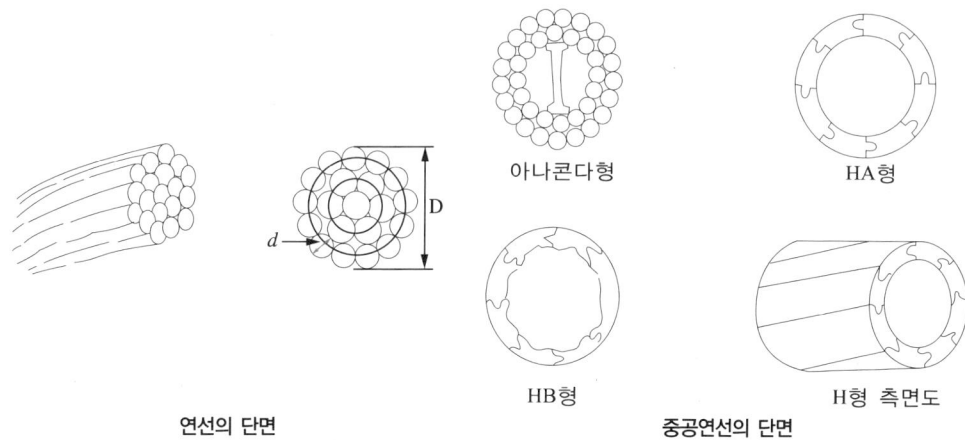

연선의 단면   아나콘다형   HA형   HB형   중공연선의 단면   H형 측면도

ⓒ 재료에 의한 분류
- 동선 : 연동선(옥내용) - 가요성이 있는 전선

  경동선(옥외용) - 가요성이 없는 전선
- 경알루미늄선(옥내용)
- 강심알루미늄연선(ACSR) : 바깥지름은 크게 하고, 중량은 작게 한 전선으로 장경간 송전선로, 코로나 방지 목적에 사용한다.
- 합금선
- 쌍금속선(동복강선) : 인장강도가 커서 장경간의 특수장소 및 가공지선에 채용한다.

ⓔ 조합에 의한 분류
- 단도체
- 다도체(복도체) : 2도체, 4도체, 6도체 등
  - 표피효과가 적어 송전용량 증가
  - 인덕턴스 감소 및 정전용량 증가로 송전용량 증가
  - 등가반지름이 커진 효과로 코로나 발생 방지
  - 안정도 향상

ⓜ 경제적인 전선의 굵기 선정 : 켈빈의 법칙
- 전선의 굵기 선정 시 고려사항 : 허용전류, 전압강하, 기계적 강도
- 송전선의 전선 굵기 결정 : 허용전류, 전압강하, 기계적 강도, 전력손실(코로나손), 경제성

> **Check!**
> - **표피효과** : 교류에서 전선의 전류가 중심보다 표면으로 더 많이 흐르는 효과를 말한다.
> - **코로나손** : 코로나는 고전압이 가해진 도체 표면에 절연이 파괴되어 공기, 진공 중에 방전하는 현상이고 코로나로 인한 손실을 코로나손이라고 한다.

ⓗ 전선의 하중
- 빙설하중 : 전선 주위에 두께 6[mm], 비중 0.9[g/cm³]의 빙설이 균일하게 부착된 상태에서의 하중을 말한다.
  $W_i = 0.017(d+16)[\text{kg/m}]$ (d : 전선의 바깥지름)
- 풍압하중 : 철탑 설계 시의 가장 큰 하중이다.
  - 고온계(빙설이 적은 곳) : $W_a = Pkd \times 10^{-3}[\text{kg/m}]$
  - 저온계(빙설이 많은 곳) : $W_w = Pk(d+12) \times 10^{-3}[\text{kg/m}]$
  - 합성하중
    ⓐ 고온계($W_i = 0$), 합성하중 : $W = \sqrt{(W_a + W_i)^2 + W_w^2} = \sqrt{W_a^2 + W_w^2}$

    전선의 부하계수 : $\dfrac{\sqrt{W_i^2 + W_p^2}}{W_i}$

    ⓑ 저온계(W_i 고려), 합성하중 : $W = \sqrt{(W_a + W_i)^2 + W_w^2}$

    전선의 부하계수 : $\dfrac{\sqrt{(W_i + W_c)^2 + W_p^2}}{W_i}$

ⓢ 전선의 보호
- 전선의 진동방지(댐퍼 : Damper)
  - Stock Bridge Damper : 전선의 좌·우 진동방지
  - Torsional Damper : 전선의 상·하 도약현상방지
  - Bate Damper : 클램프 전후에 첨선을 감아 진동을 방지하는 것
- 전선 지지점에서의 단선 방지 : 아머로드(Armor Rod)
- 전선의 도약 : 전선의 반동으로 상·하부 전선의 단락사고 방지를 위해 오프셋(Off-Set)을 한다.

> **Check!**
> - **클램프** : 전선 접속물 금구류
> - **도약** : 바람이나 빙설이 탈락하면서 전선이 위로 튀는 것
> - **오프셋(Off-Set)** : 전선의 도약에 의한 단락사고를 방지하기 위하여 전선의 배열을 위, 아래 전선 간에 수평으로 간격을 두어 설치하는 것

전선의 보호

◎ 전선의 이도 : 전선이 늘어진 정도를 나타내며, 가공송전선로에서 전선을 느슨하게 하여 약간의 이도(Dip)를 취한다.
- 이도에 의한 영향으로 지지물의 높이가 좌우된다.
- 전선의 진동 시 다른 전선 또는 수목에 접촉이 우려된다.
- 이도가 너무 작으면 전선의 수평장력이 커져 단선이 된다.

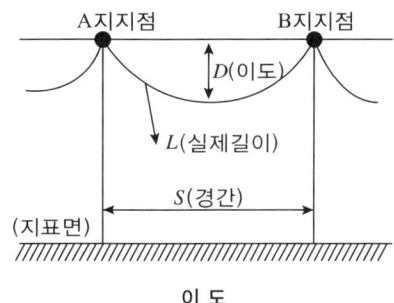

이 도

- 이도 : $D = \dfrac{WS^2}{8T}$ [m]

  여기서, W : 합성하중[kg/m], S : 경간[m], T : 수평장력[kg]

  수평장력 = $\dfrac{\text{인장하중}}{\text{안전율}}$ (안전율 = $\dfrac{\text{인장하중}}{\text{수평장력}}$)

- 전선의 실제길이 : $L = S + \dfrac{8D^2}{3S}$ [m](늘어진 정도 : 경간(S)의 0.1[%])

- 지지점 평균 높이 : $h = H - \dfrac{2}{3}D$ [m]

② 애 자
  ㉠ 애자의 개요
  - 전선을 기계적으로 고정시킨다.
  - 전기적으로 절연을 위해 사용한다.
  ㉡ 애자의 구비조건
  - 충분한 절연내력을 가질 것
  - 충분한 절연저항을 가질 것
  - 기계적 강도가 클 것
  - 누설전류가 낮을 것
  - 코로나 방전을 일으키지 않고 견딜 것
  - 내구력이 있고 가격이 저렴할 것
  ㉢ 애자의 종류
  - 송전선로 : 핀애자, 현수애자, 장간애자, 내무애자
  - 배전선로 : 핀애자, 현수애자, 라인포스트애자, 인류애자

- 핀애자 : 30[kV] 이하, 인입선 및 저압 가공전선로, 22.9[kV] 배전선로
- 현수애자 : 66[kV] 이상의 모든 선로
- 장간애자 : 경간이 큰 개소
- 내무애자 : 절연내력이 저하되기 쉬운 장소

(a) 핀애자   (b) 현수애자

핀애자와 현수애자

③ 지지물
  ㉠ 철 탑
   • 직선형 : 선로의 직선부분에 시설하는 지지물
   • 각도형 : 수평각도 3°를 초과하는 장소에 시설하는 지지물
   • 인류형 : 전 가섭선을 인류하는 장소에 시설하는 지지물
   • 보강형 : 전선로를 보강하기 위하여 시설하는 지지물
   • 내장형 : 경간의 차가 큰 장소에 시설하는 지지물

   > **Check!**
   > • **가섭선** : 지지물에 설치된 전선을 말한다.
   > • **인류** : 당겨서 지탱한다.
   > • **내장형 철탑** : 장력을 세게 받는 곳에 중간에 설치하여 하중과 전선의 장력을 보완하는 것으로 철탑 시설 시 10기 이하마다 1기씩 내장형 애자장치를 한 철탑 시설

  ㉡ 철근 콘크리트주
  ㉢ 철 주
  ㉣ 목 주

④ 지 선
  ㉠ 설치목적 : 지지물에 가하는 하중을 일부 분담하여 지지물의 강도를 보강하여 전도사고 방지 및 지지물 강도보강(철탑은 제외)
  ㉡ 구비조건
   • 안전율 : 2.5 이상
   • 소선의 굵기 : 지름 2.6[mm] 이상
   • 소선수 : 3가닥 이상 연선
   • 인장하중 : 4.31[kN] 이상 - 440[kg] 이상
  ㉢ 종 류
   • 보통지선 : 일반적으로 사용
   • 수평지선 : 도로나 하천을 지나가는 경우

- 공동지선 : 지지물 상호거리가 비교적 근접해 있는 경우
- Y지선 : 다단의 완철이 설치된 경우 장력의 불균형이 큰 경우
- 궁지선 : 비교적 장력이 작고 협소한 장소

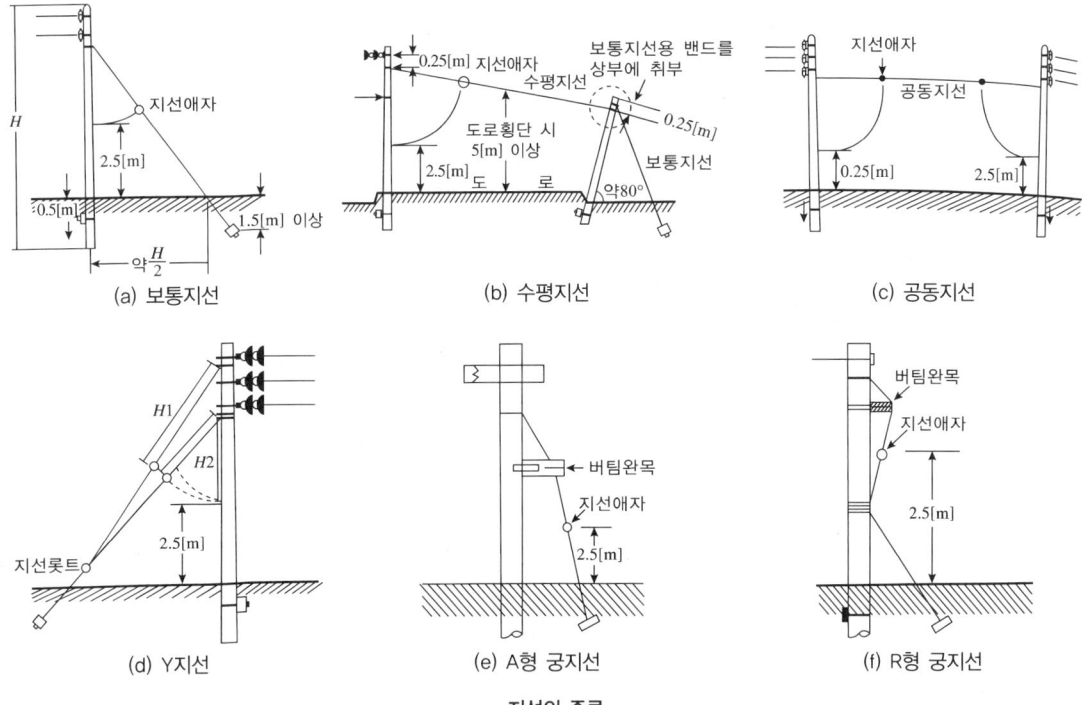

지선의 종류

(6) 지중전선로

① 지중전선로의 장단점

㉠ 장 점
- 도시의 미관상 좋다.
- 기상조건에 대한 영향이 적다.
- 화재 발생이 적다.
- 통신선 유도장애가 적다.
- 보안상의 위험이 적다.
- 설비의 안정성에 있어 유리하다.
- 가공선로에 비해 고장이 적다.

㉡ 단 점
- 시설비가 비싸다.
- 고장의 발견, 보수가 어렵다.

② 구조 및 명칭
  ㉠ 구 조
    • 손실 : 저항손>연피손(시스손)>유전체손

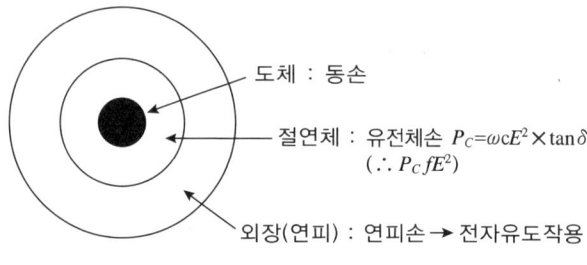

전선의 구조

> **Check!**
> • **연피** : 케이블 심선의 절연층을 보호하기 위해 쓰는 연(납, 시스) 피복이며, 연피손은 시스(피복) 속 흐르는 전류에 의해 케이블에 발생하는 에너지 손실이다.
> • **시스** : 케이블을 외상(外傷)이나 부식으로부터 보호하기 위한 전선의 외장 피복을 말한다.

  ㉡ 약호 및 명칭
    • CN-CV : 동심 중성선 차수형 전력케이블
    • CNCV-W : 동심 중성선 수밀형 전력케이블(현재 3상 4선식 22.9[kV]에 사용)
    • FR CNCO-W : 동심 중성선 난연성 전력케이블

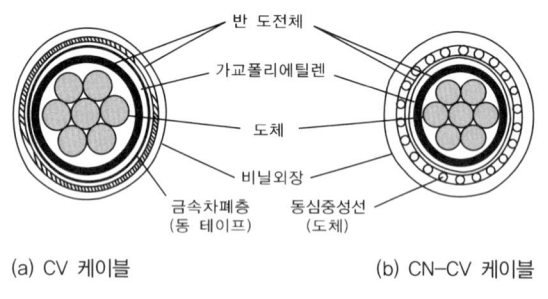

(a) CV 케이블   (b) CN-CV 케이블

CV, CN-CV 케이블 구조

③ 매설방법
  ㉠ 직매식(직접매설방식) : 구내 인입선 - 2회선(정전 시 피해 경감)
    • 매설 깊이 : 차량 등의 압력을 받을 경우 1.2[m]
    • 차량 등의 압력을 받지 않을 경우 0.6[m]
  ㉡ 관로식(맨홀방식) : 시가지 배전선로
    • 강관, 파형 PE관을 땅속에 묻는 방법
    • 맨홀 : 150~250[m] 간격으로 설치(케이블의 중간 접속 및 점검개소)
  ㉢ 암거식(전력구식) : 많은 가닥수를 시공할 때 시가지 고전압 대용량 간선부근, 공사비가 비싸다.

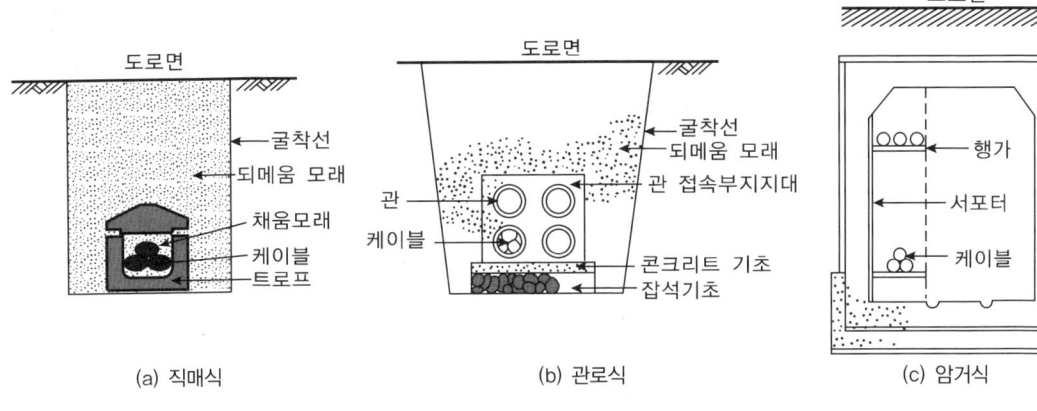

케이블 매설방법

④ 케이블 고장점 검출방법
  ㉠ 머레이 루프법(휘스톤 브리지법 이용) : 1선 지락사고 검출
  ㉡ 펄스인가법
  ㉢ 수색코일법
  ㉣ 정전용량법
⑤ 절연저항 측정법 : 절연저항 측정법(메거법)

(7) 송전방식

① 직류송전방식의 장·단점
  ㉠ 장 점
    • 절연계급을 낮출 수 있다.
    • 리액턴스가 없으므로 리액턴스에 의한 전압강하가 없다.
    • 송전효율이 좋다.
    • 안정도가 좋다.
    • 도체이용률이 좋다.
  ㉡ 단 점
    • AC/DC 변환장치가 필요하며 설비가 비싸다.
    • 고전압 대전류 차단이 어렵다.
    • 회전자계를 얻을 수 없다.
    • 변압이 어렵다.

② 교류송전방식의 장·단점
  ㉠ 장 점
    • 전압의 승압·강압 변경이 용이하다.
    • 회전자계를 쉽게 얻을 수 있다.
    • 일괄된 운용을 할 수 있다.

ⓒ 단 점
　　　• 보호방식이 복잡하다.
　　　• 많은 계통이 연계되어 있어 고장 시 복구가 어렵다.
　　　• 무효전력으로 인한 송전손실이 크다.

(8) 선로정수

① 저항 : $R[\Omega/m]$

　㉠ 저항 : $R = \rho \dfrac{l}{A} [\Omega]$

　㉡ 고유저항 : $\rho \left[\Omega \cdot m = \dfrac{\Omega \cdot 10^6 mm^2}{m}\right]$

② 인덕턴스 : $L[H/m]$, $[mH/km]$
　회로의 전류 변화에 대한 전자기 유도에 의해 생기는 역기전력의 비율을 나타낸다.

③ 정전용량 : $C[F/m]$, $[\mu F/km]$
　커패시터가 전하를 축적할 수 있는 능력을 나타내는 것으로 다음 식으로 정의된다.
$C = \dfrac{Q}{V} [F]$

④ 컨덕턴스 : $G[\mho/m]$
　전기가 얼마나 잘 통하는가를 나타내는 것으로 전도도를 의미한다.
$G = \dfrac{1}{R(절연저항)} [\mho]$

(9) 다도체(복도체)

① 1상의 도체를 2~6개로 나누어 시설하는 전선
② 특 징
　㉠ 초고압 송전선로에 시설
　㉡ 코로나 방지
　㉢ 인덕턴스(L)는 감소하고, 정전용량(C)이 증가하여 송전용량 증가
　㉣ 전류 방향이 같을 경우 소도체 간 흡입력 발생
　㉤ 전선표면 손상방지 : 스페이서 설치

4 배전설비 기초이론

(1) 배전의 의의

배전은 송전선로를 거쳐 배전용 변전소에 수송된 전력을 각 수용가에서 사용하기 알맞은 전압으로 낮추어 전력을 공급하는 것을 말한다. 그리고 배전선로는 발전소 또는 배전용 변전소로부터 직접 수용장소에 이르는 전선로를 말한다. 이 선로를 따라서 적절한 장소에 배전변압기(주상변압기)를 설치해서 다시 이 변압기의 전압을 저압 배전전압(380[V]/220[V])으로 낮추어 공급한다.

배전선로는 대용량의 전력을 먼 거리에 일괄하여 전송하는 송전선로와는 다르게 넓은 지역의 각각의 장소, 수용가에 전력을 공급하므로 저전압, 소전력, 단거리의 특성을 지니고 있다. 다수의 회선수와 각 선로 전류가 불평형을 이루는 경우가 많은 특징도 있다.

(2) 고압 배전계통의 구성

① 급전선(Feeder) : 배전변전소 또는 발전소로부터 배전간선에 이르기까지 부하가 접속되지 않는 선로, 배전구역까지의 송전선이라고 할 수 있어 궤전선이라고도 한다.
② 간선 : 급전선에 접속된 수용가의 배전선로 가운데 부하의 분포 상태에 따라서 배전하거나 또는 분기선을 내어서 배전하는 선로를 말한다.
③ 분기선 : 간선으로부터 분기해서 변압기에 이르기까지의 선로를 말하며 지선이라고도 한다. 다양한 말단 부하설비에 전력을 전달하는 역할을 한다.

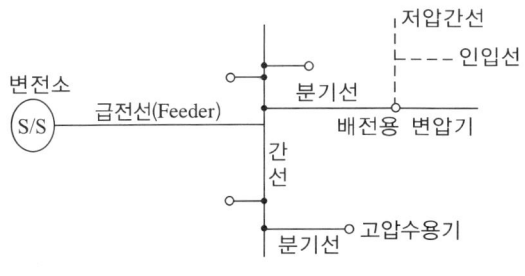

배전선로의 구성

(3) 고압 가공배전선의 구성

일반적으로 고압 배전선은 수지식, 환상식 및 망상식으로 나누어진다.

① 수지식(방사상식, 가지식)
발·변전소로부터 인출된 배전선이 부하의 분포에 따라서 나뭇가지 모양으로 분기선을 내는 방식
㉠ 장 점
 • 시설비가 싸다.
 • 수용 증가 시 간선이나 분기선을 연장, 증설이 쉽다.
㉡ 단 점
 • 전압변동이 크다.
 • 정전범위가 넓다.
 • 전력손실이 크다.

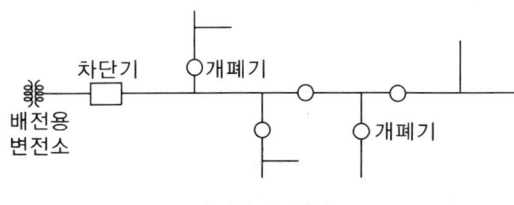

수지식 배전방식

② 환상식(루프식)

배전간선이 하나의 환상선으로 구성되고 수요 분포에 따라 임의의 각 장소에서 분기선으로 공급하는 방식으로 비교적 수용밀도가 큰 지역의 고압 배전선에 사용된다.

㉠ 장 점
- 고장 시 고장개소의 분리조작이 쉽다.
- 전류 통로의 융통성으로 전력손실과 전압강하가 수지식보다 작다.

㉡ 단 점
- 설비비가 비싸다.
- 보호방식이 복잡하다.

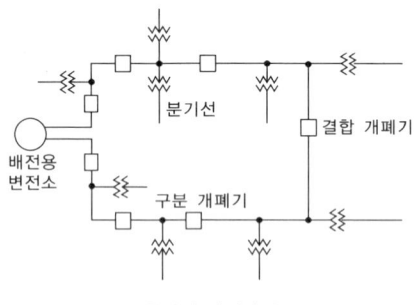

환상식 배전방식

③ 망상식(네트워크 방식)

배전간선을 망상으로 접속하고 이 망상계통 내에 수개소의 접속점에 급전선을 연결한 것이다. 네크워크 방식이라고도 한다.

㉠ 장 점
- 무정전 공급 가능
- 공급신뢰도가 우수
- 전압변동, 전력손실 감소

㉡ 단 점
- 설비비가 비싸다.
- 보호방식이 복잡하다.
- 고장 시 고장점으로 전력이 역류한다(네트워크 프로텍터를 설치하여 전류역류현상을 방지한다).

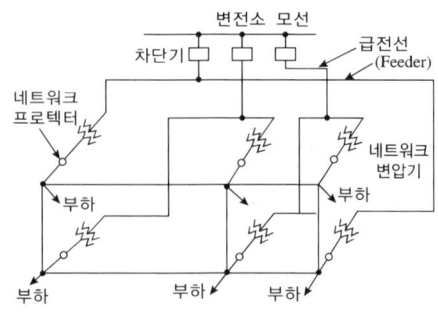

망상식 배전방식

(4) 고압 지중배전계통의 구성

① 방사상방식
- ㉠ 전원변전소로부터 1회선 인출수용가 공급
- ㉡ 경제적인 공급 방식
- ㉢ 신규 부하 증설이 쉽다.

② 예비선 절체방식
- ㉠ 상시 본선으로 전원 공급하고 예비선은 공사 시, 고장 시 절체 공급한다.
- ㉡ 예비선 절체 시 순간 정전이나 단시간 정전이 수반된다.
- ㉢ 개폐기 절체방식(자동 절체, 원격 절체, 수동 절체방식)이다.

③ 환상 공급방식
- ㉠ 동일 변전소 동일 뱅크에서 2회선으로 상시 공급한다.
- ㉡ 선로 고장 시 고장 구간 양측에서 차단기가 동작한다.
- ㉢ 건전 선로에 의한 수용가 무정전 공급이 가능하다.

④ 스포트 네트워크방식
- ㉠ 공급신뢰도가 높다.
- ㉡ 선로이용률이 높다.
- ㉢ 전압변동률이 적다.

(5) 저압 배전계통의 구성

① 방사상방식

변압기 뱅크 단위로 저압 배전선을 시설해서 그 변압기 용량에 맞는 범위까지의 수요를 공급하는 방식으로 나뭇가지 모양으로 간선이나 분기선을 접속시킨 방식이다.

- ㉠ 장 점
  - 공사비가 싸다.
  - 수용 증가 시 간선이나 분기선을 연장, 증설이 쉽다.
- ㉡ 단 점
  - 전압변동이 크다.
  - 정전범위가 넓다.
  - 전력손실이 크다.

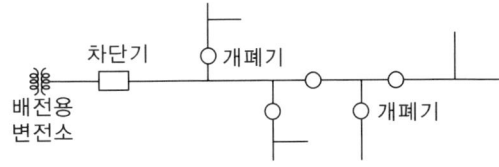

방사상 배전선로의 예시

> **Check!** 뱅크(Bank) : '저장소'라는 뜻으로 변압기나 커패시터에 직·병렬의 대용량으로 사용하는 단위를 말한다.

② 저압 뱅킹방식

동일 모선의 고압 배전선로에 접속되어 있는 2대 이상의 배전용 변압기를 경유해서 저압측 간선을 병렬접속하는 방식을 저압 뱅킹방식이라고 한다.

㉠ 장 점
- 변압기의 공급전력을 융통시켜 변압기 용량을 저감
- 전압변동 및 전력손실의 경감
- 공급신뢰도 향상

㉡ 단 점
- 캐스케이딩 장애 발생
- 정전범위가 넓다.
- 전력손실이 크다.

> **Check!** 캐스케이딩 : 변압기 또는 선로의 사고에 의해서 뱅킹 내의 건전한 변압기의 일부 또는 전부가 연쇄적으로 회로로부터 차단되는 현상(뱅킹차단기 또는 구분퓨즈로써 캐스케이딩현상을 방지한다)

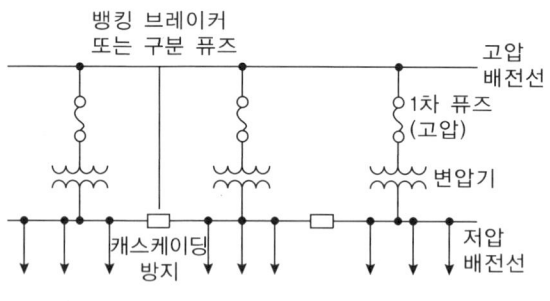

저압 뱅킹방식의 예시

③ 저압 네트워크방식(스포트 네트워크방식)

배전변전소의 동일 모선으로부터 2회선 이상의 급전선으로 전력을 공급하는 방식이다.

㉠ 장 점
- 공급신뢰도가 높다.
- 플리커, 전압변동률이 적다.
- 전력손실이 감소된다.
- 기기의 이용률이 향상된다.

ⓛ 단 점
- 건설비가 비싸다.
- 특별한 보호장치가 필요하다.

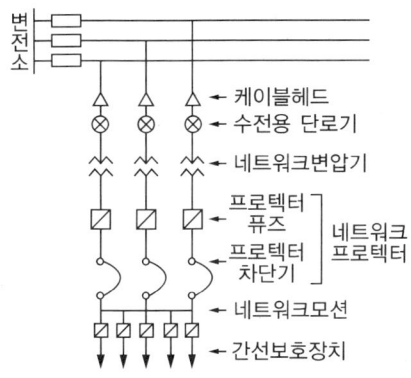
스포트 네트워크방식

(6) 배전선로의 전기방식

① 단상 2선식

$P = VI\cos\theta$

1선당 전력 $P' = \dfrac{VI\cos\theta}{2} = \dfrac{1}{2}VI = 0.5VI$

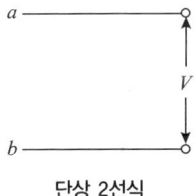
단상 2선식

② 단상 3선식

$P = 2VI\cos\theta$

1선당 전력 $P' = \dfrac{2VI\cos\theta}{3} = \dfrac{2}{3}VI = 0.67VI$

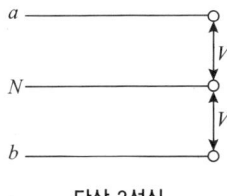
단상 3선식

③ 3상 3선식 : 송전선로 전기방식

$P = \sqrt{3}\,VI\cos\theta$

1선당 전력 $P' = \dfrac{\sqrt{3}\,VI\cos\theta}{3} = \dfrac{\sqrt{3}}{3}VI = 0.57\,VI$

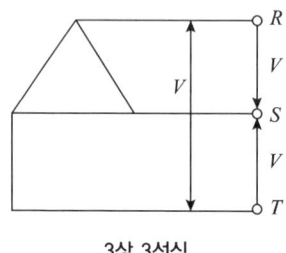

3상 3선식

④ 3상 4선식 : 배전선로 전기방식

$P = 3VI\cos\theta$

1선당 전력 $P' = \dfrac{3VI\cos\theta}{4} = \dfrac{3}{4}VI = 0.75\,VI$

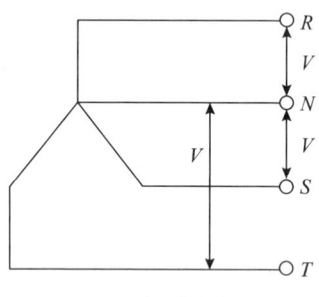

3상 4선식

전기방식별 비교

전기방식	가닥수	전력	1선당전력	단상 2선식 기준(전력)	전선중량비 (전력손실비)
단상 2선식	2	$VI\cos\theta$	$0.5\,VI\cos\theta$	1배	1
단상 3선식	3	$2VI\cos\theta$	$0.67\,VI\cos\theta$	1.33배	$\dfrac{3}{8}$
3상 3선식	3	$\sqrt{3}\,VI\cos\theta$	$0.57\,VI\cos\theta$	1.15배	$\dfrac{3}{4}$
3상 4선식	4	$3VI\cos\theta$	$0.75\,VI\cos\theta$	1.5배	$\dfrac{1}{3}$

(7) 수요와 부하
　① 수용률
　　어느 기간 중에서의 수용가의 최대수요전력[kW]과 그 수용가가 설치하고 있는 설비용량의 합계[kW]와의 비를 말한다.

$$\text{수용률} = \frac{\text{최대수요전력[kW]}}{\text{부하설비합계[kW]}} \times 100[\%]$$

　　수용률은 수요를 상정할 경우 중요한 요소이고 1년을 기준으로 할 때 30~92[%] 범위에 있다.

　② 부하율
　　전력의 사용은 시각에 따라서 또는 계절에 따라서 상당히 변동한다. 부하율은 어느 일정 기간 중의 부하의 변동을 나타낸 것으로서 평균수요전력과 최대수요전력의 비를 나타낸 것이다.

$$\text{부하율} = \frac{\text{평균수요전력[kW]}}{\text{최대수요전력[kW]}} \times 100[\%]$$

$$= \frac{\text{평균부하[kW]}}{\text{최대부하[kW]}} \times 100[\%]$$

　　부하율은 그 전기설비가 얼마나 유효하게 이용되는 것을 나타내는 지표이다. 부하율이 높을수록 설비가 효율적으로 사용하고 있다고 말할 수 있다.

　③ 부등률
　　수용가 상호 간, 배전변압기 상호 간에서 최대부하는 같은 시각에 발생하지 않는다. 이 최대전력의 발생 시각 또는 발생 시기의 분산을 나타내는 지표가 부등률이다.

$$\text{부등률} = \frac{\text{각 부하의 최대수요전력의 합[kW]}}{\text{합성최대전력[kW]}}$$

　　부등률은 1보다 큰 값을 가지게 되며 [%]로 나타내지 않는다는 사실에 유의한다. 변압기의 용량을 결정할 때 사용하는 값이다.

(8) 배전선로의 전압 조정
　① 전압·주파수 유지 범위

표준전압·주파수	허용 범위	비 고
220[V]	220±13[V]	207~233[V]
380[V]	380±38[V]	342~418[V]
60[Hz]	60±0.2[Hz]	59.8~60.2[Hz]

　② 일정전압의 유지
　　㉠ 주상변압기의 1차 탭 변환
　　㉡ 승압기(단권변압기)
　　㉢ 유도전압조정기

③ 변압기의 1차측 탭 변환

권수비 : $a = \dfrac{N_1}{N_2} = \dfrac{E_1}{E_2} = \dfrac{I_2}{I_1}$

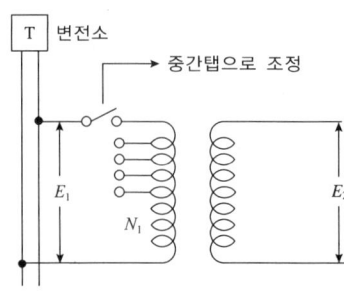

주상변압기 탭

(9) 변압기 손실

변압기 손실은 철손과 동손으로 나눌 수 있다.
① 철손 : 히스테리시스손과 와류손이 있다.
② 부하손 : 동손과 표류부하손이 있다.
③ 동손 감소 대책
  ㉠ 동선의 권선수 저감
  ㉡ 권선의 단면적 증가
④ 철손 감소 대책
  ㉠ 자속밀도의 감소
  ㉡ 저손실 철심 재료의 채용
  ㉢ 고배향성 규소강판 사용
  ㉣ 아몰퍼스 변압기의 채용
  ㉤ 철심 구조의 변경

(10) 조상설비

① 전력용 콘덴서
  ㉠ 부하와 병렬로 접속하여 부하의 역률을 개선하기 위한 콘덴서
  ㉡ 역률은 피상전력에 대한 유효전력의 비율이다.

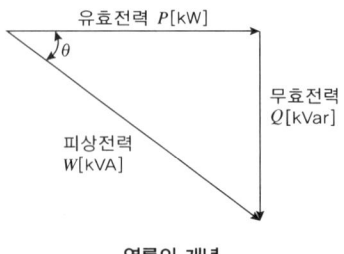

역률의 개념

② 역률 개선의 효과
  ㉠ 수전설비용량의 증가
  ㉡ 전력손실의 감소
  ㉢ 전압 강하의 감소
  ㉣ 전기 요금의 감소
③ 역률 개선의 원리 및 콘덴서 용량

$$Q_c = P(\tan\theta_1 - \tan\theta_2) = P\left(\frac{\sin\theta_1}{\cos\theta_1} - \frac{\sin\theta_2}{\cos\theta_2}\right)[\text{kVA}]$$

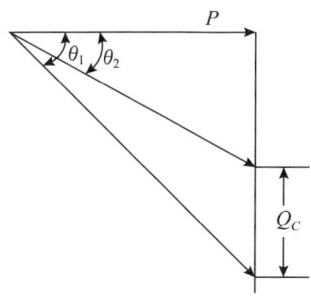

역률 개선의 원리

④ 전력용 콘덴서의 결선 방법
  ㉠ 직렬리액터(SR) : 제5고조파 제거
  ㉡ 공진 조건

  $$5\omega L = \frac{1}{5\omega C}$$

  $$\omega L = 0.04\frac{1}{\omega C}$$

  ㉢ 직렬리액터의 용량 : 콘덴서 용량의 5~6[%] 연결
  ㉣ 방전코일(DC) : 콘덴서의 잔류전하 방전
  ㉤ 전력용 콘덴서의 결선 : △결선

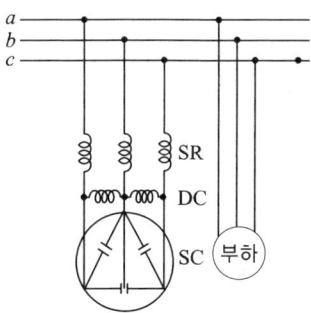

전력용 콘덴서의 결선

5 변전설비 기초이론

(1) 변전의 의의

변전은 발전소의 발전전력을 수용가에 공급하는 과정에서 전압을 승압·강압하고 발전전력을 집중·배분하며 전압조정 등을 하는 것이다.
① 전압의 변성과 조정
② 전력의 집중과 배분
③ 전력조류의 제어
④ 송·배전선로 및 변전소의 보호

(2) 변전소

발전소의 발전전력을 송전선로나 배전선로를 통하여 수요자에게 보내는 과정에서 전압이나 전류의 성질을 바꾸는 시설이 있는 곳이다.

(3) 변전소의 설비

변압기, 조상설비, 모선, 차단기, 단로기, 계기용 변성기, 피뢰기, 중성점 접지 기기, 접지장치, 배전반 및 기타 설비가 있다.

① 변압기
  ㉠ 변전소설비의 주체가 되는 것으로 전압의 변성이 주목적이고 승압용과 강압용이 있다.
  ㉡ 단상용과 3상용이 있으며 수전설비에는 3상용을 사용하고 고전압 대용량의 변압기는 단상용이 더 유리하다.
  ㉢ 전력전송용의 변압기는 부하 시 탭절환변압기(ULTC)로써 전압조정, 무효전력을 제어한다.

  > **Check!** 탭(TAP) : 변압기 권선의 권수 또는 저항기의 저항치를 바꾸기 위하여 중간에 마련한 단자(端子)

② 조상설비
  ㉠ 조상설비의 역할
   • 송·수전단전압이 일정하게 조정한다.
   • 역률 개선으로 송전손실을 절감한다.
   • 전력계통의 안정도를 향상한다.
   • 무효전력을 공급, 흡수하여 전압을 안정시킨다.
  ㉡ 조상설비의 종류 : 전력용 콘덴서, 분로리액터, SVC(Static Var Compensator, 정지형 무효전력 보상장치)가 있다.

조상설비의 비교

비교항목	전력용 콘덴서	분로리액터	SVC
무효전력 흡수	진상용	지상용	진상용

비교항목	전력용 콘덴서	분로리액터	SVC
조정 방법	계단적	계단적	계단적
전압 유지 능력	작다.	작다.	크다.
유지 보수	간단하다.	간단하다.	간단하다.

③ 모 선

모선은 변압기, 조상설비, 송전선, 배전선 및 기타 부속설비가 접속되는 공통 도체이다. 주로 경동 연선, 경알루미늄 연선 및 알루미늄 파이프가 사용된다.

㉠ 단일모선방식

㉡ 복모선방식 : 표준 2중 모선방식, $1\frac{1}{2}$ 차단기 방식, 환상모선방식

④ 차단기

㉠ 부하전류, 고장 시 대전류를 차단시켜 설비를 보호, 점검·수리 작업 시 정전에 필요한 설비이다.

㉡ 전력계통의 대형화에 따라 단락용량 증대, 고장의 신속한 제거, 고속도 재폐로가 요구된다.

소호 원리에 따른 차단기의 종류

종 류	약 어	소호 원리
유입차단기	OCB	절연유 분해 가스의 흡수
기중차단기	ACB	대기 중에서 아크를 길게 한다.
자기차단기	MBB	전자력으로 아크를 소호실로 유도, 냉각
공기차단기	ABB	압축 공기로 아크를 불어서 차단
진공차단기	VCB	고진공에서 전자의 고속도 확산으로 차단
가스차단기	GCB	SF_6 가스가 아크를 흡수해서 차단

Check! 소호 : 아크방전을 소멸시키는 일. 특히 차단기에서 중요하다. 소호시키려면 가압(加壓)·냉각·치환·확산 등에 의해서 매질의 절연내력을 높이고 아크의 전리도(電離度)를 줄여서 한다.

⑤ 단로기

단로기는 선로로부터 기기를 분리, 구분, 변경할 때 사용하는 개폐장치이다.

㉠ 단순히 충전된 선로를 개폐하기 위해 사용된다.

㉡ 무부하상태의 전류, 전압개폐기능을 갖고 있는 집중 개폐기이다.

㉢ 부하의 전류개폐는 하지 않는다.

⑥ 계기용 변성기

㉠ 변전소를 운전하기 위해서 전력계통의 전압, 전류 등을 계측할 필요가 있고, 계통과 설비를 보호하기 위해서 사용된다.

㉡ 계기용 변성기는 고전압, 대전류의 전기를 직접 측정할 수 없어서 적당한 전압, 전류를 변성해 주는 설비이다.

㉢ 계기용 변압기(PT), 변류기(CT), 계기용 변압변류기(MOF) 등이 있다.

⑦ 피뢰기

㉠ 전력계통에서 이상전압을 변전설비 자체의 절연으로 운용하는 것은 경제적으로 불가능하다.

㉡ 피뢰기는 이상전압의 파고값을 낮추어서 애자나 기기를 보호하는 장치이다.

⑧ 중성점 접지 기기
  ㉠ 변압기의 중성점을 접지하기 위해서 접지용 저항기, 소호리액터, 보상리액터 등을 말한다.
  ㉡ 변압기 중성점에 절연을 보호하기 위한 피뢰기를 두는 경우도 있다.
  ㉢ 변압기 중성점이 없는 경우에는 접지용 변압기를 사용해서 중성점을 만들어 중성점 기기를 접속하는 경우도 있다.
⑨ 접지 장치
  접지사고 또는 낙뢰 시에 변전소의 전위가 이상 상승을 방지하도록 접지선의 매설, 기기, 실외 철구, 가공지선 등의 접지를 하는 장치를 말한다.
⑩ 배전반
  ㉠ 배전반은 변전소의 중추신경이다.
  ㉡ 운전원이 계통, 기기의 상태를 감시하고 기기의 조작, 전압·전류·전력 등을 계측하는 기능을 지니고 있다.
  ㉢ 사고 시 보호계전기로 자동적으로 이상을 검출하고 차단기를 동작시켜서 고장점을 분리하는 지령을 보낸다.
⑪ 기타 설비
  ㉠ 낙뢰로부터 선로 및 기기를 보호하기 위한 가공지선이 있다.
  ㉡ 커패시터를 선로와 대지 사이에 설치하여 이상전압을 억제해 주는 서지흡수기가 있다.
  ㉢ 소내설비로서 전원설비, 애자청소장치, 압축공기 발생장치, 소화설비, 냉각설비가 있다.
  ㉣ 제어회로, 소내회로, 보안통신회로가 있고 변전소의 기기 조작이나 제어용 전원으로 축전지를 사용하며 충전 장치가 있다.

> **Check!** 소내설비 : 발전소, 변전소 내의 설비·기기들을 말한다.

제4절 배관·배선공사

1 배관 시공

(1) 태양광 모듈과 태양광 인버터 간의 배관·배선

일반적인 배선공사는 교류 배선공사로서 부하를 병렬로 결선하는 공사가 대부분인데, 태양광발전의 전기공사는 직류 배선공사인 동시에 직렬, 병렬로 결선을 하므로 극성에 주의를 요한다. 또한 시공은 "전기설비기술기준", "한국전기설비규정(KEC)" 및 "신재생에너지설비의 지원 등에 관한 기준" 등의 관계 법령에 따라 시공한다. 배선공사의 순서에 따라 태양전지 어레이로부터 인버터까지의 직류 배선공사, 인버터로부터 계통연계점에 이르는 교류 배선공사의 시공에 대해서 설명한다.

(2) 태양전지 모듈과 인버터 간 배선

① 태양전지 모듈을 포함한 모든 배선은 비노출로 한다.
② 태양전지 모듈의 출력배선은 군별·극성별로 확인·표시를 해야 한다. 추적형 모듈과 같이 가동형 부분에 사용하는 배선은 가혹한 용도의 옥외용 가요전선·케이블을 사용하고, 수분과 태양광으로 인해 열화되지 않는 소재로 만든 것이어야 한다.
③ 태양전지 모듈의 이면으로부터 접속용 케이블이 2가닥씩 나오기 때문에 반드시 극성을 확인 후 결선한다. 극성 표시는 단자함 내부에 표시한 것, 리드선의 케이블커넥터에 극성을 표시한 것이 있다. 제작사에 따라 표시방법이 다를 수 있지만 양극(+ 또는 P), 음극(- 또는 N)으로 구성되어 있다.
④ 케이블은 건물마감이나 러닝보드의 표면에 가깝게 시공해야 하고, 필요시 전선관을 이용하여 물리적 손상을 보호한다.

> **Check!**
> - 가요전선 : 구부러질 수 있는 전선을 말한다.
> - 러닝보드 : 자재, 설비 옆의 보행용 판자를 말한다.

⑤ 케이블이나 전선은 모듈 이면에 설치된 전선관에 설치되거나 가지런히 배열 및 고정되어야 하며, 이들의 최소굴곡반경은 각 지름의 6배 이상이 되도록 한다.
⑥ 태양전지 모듈 간의 배선은 단락전류를 고려하여 $2.5[mm^2]$ 이상의 전선을 사용해야 한다.
⑦ 태양전지 모듈은 스트링 필요매수를 직렬로 결선하고, 어레이 지지대 위에 조립한다. 케이블을 각 스트링으로부터 접속함까지 배선하여 그림 (a)와 같이 접속함 내에서 병렬로 결선한다. 이 경우 케이블에 스트링 번호를 기입해 두면 차후의 점검에 편리하다.
⑧ 옥상 또는 지붕 위에 설치한 태양전지 어레이로부터 접속함으로 배선할 경우 처마 밑 배선을 시공한다. 이 경우 그림 (b)와 같이 물의 침입을 방지하기 위한 차수 처리를 반드시 해야 한다. 그림 (c)는 엔트런스 캡을 이용한 시공 예이다.

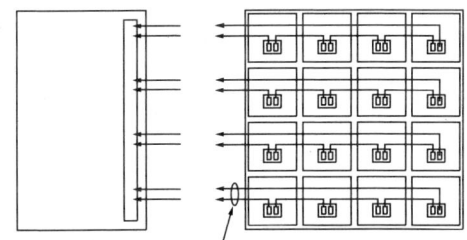

직렬로 조립하는 케이블 선단에 케이블 번호를 표시해 두면 중계단자에 접속할 때 잘못 결선하는 오류를 막을 수 있다.

(a) 어레이 배선 시공도

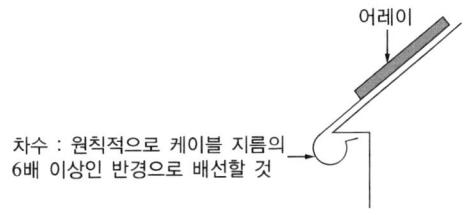

차수 : 원칙적으로 케이블 지름의 6배 이상인 반경으로 배선할 것

(b) 케이블 차수

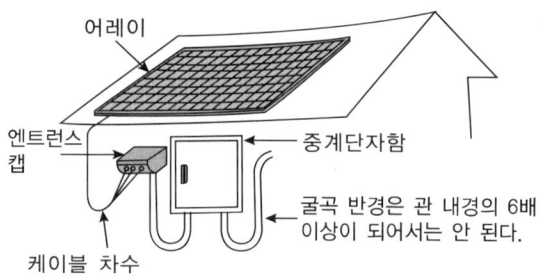

전선관 굵기는 전선 피복을 포함한 단면적의 합계는 48[%] 이하로 한다. 굵기가 다른 케이블의 경우는 32[%] 이하를 원칙으로 한다.

(c) 엔트런스 캡에 의한 차수

- 엔트런스 캡 : 인입구, 인출구 관단에 설치하고 금속관에 접속하여 옥외의 빗물을 막는 데 사용하는 자재
- 전압강하 : 회로에 전류가 흐를 때 전압이 저항, 임피던스에 의해 전압이 낮아지는 것을 말한다.

⑨ 접속함은 일반적으로 어레이 근처에 설치한다. 그러나 건물의 구조나 미관상 설치장소가 제한될 수 있으며, 이때에는 점검이나 부품을 교환하는 경우 등을 고려하여 설치해야 한다.

⑩ 태양광 전원회로의 출력회로는 격벽에 의해 분리되거나 함께 접속되어 있지 않을 경우 동일한 전선관, 케이블 트레이, 접속함 내에 시설하지 말아야 한다.

⑪ 접속함으로부터 인버터까지의 배선은 전압강하율을 2[%] 이하로 상정한다. 전압강하를 1[V]라고 했을 경우 전선의 최대길이는 다음 표와 같다.

전선의 최대길이

전류[A]	연선[mm²]									
	1.5	2.5	4	6	10	16	35	50	95	120
	전선 최대길이[m]									
10	5.6	8.8	15	23	38	61	102	165	278	424
12	4.7	7.4	12	19	32	51	85	137	232	353
14	4.0	6.3	11	16	27	43	73	118	199	303
15	3.7	5.9	10	15	26	40	68	110	185	282
16	3.5	5.5	9.3	14	24	38	64	103	174	265
18	3.1	4.9	8.3	13	21	34	57	91	155	236
20	2.8	4.4	7.5	11	19	30	51	82	139	212
25	2.2	3.5	6	9	15	24	41	66	111	170
30		2.9	5	7.5	13	20	34	55	93	141
35		2.5	4.3	6.5	11	17	29	47	79	121
40			3.7	5.7	9.6	15	26	41	70	106
45			3.3	5	8.5	13	23	37	62	94
50				4.5	7.7	12	20	33	56	85
60				3.8	6.4	10	17	27	46	71
70					5.5	8.7	15	23	40	61
80					4.8	7.6	13	21	35	53
90					4.3	6.7	11	18	31	47
100						6.1	10	16	28	42

※ 상기 표는 직류 단상 2선식일 경우 역률 1 및 전압강하 1[V]로 하고 계산한 값이다.

⑫ 태양전지 어레이를 지상에 설치하는 경우
　㉠ 지중배선 또는 지중배관인 경우, 중량물의 압력을 받을 우려가 없도록 하고 그 길이가 30[m]를 초과하는 경우는 중간개소에 지중함을 설치할 수 있다.
　㉡ 지반 침하 등이 발생해도 배관이 도중에 손상, 절단되지 않도록 배관 도중에 조인트가 없는 시공을 하고 또는 지중함 내에는 케이블 길이에 여유를 둔다.
　㉢ 지중전선로 매입개소에는 필요에 따라 매설깊이, 전선의 방향 등 지상으로부터 용이하게 확인할 수 있도록 표식 등을 시설하는 것이 바람직하다.
　㉣ 1.0[m] 이상(중량물의 압력을 받을 우려가 없는 곳은 0.6[m] 이상) 지중매설관은 배선용 탄소강관, 내충격성 경질 염화비닐관을 사용한다. 단, 공사상 부득이하여 후강전선관에 방수·방습처리를 시행한 경우에는 이에 해당하지 않는다.
　㉤ 지중배관과 지표면의 중간에 매설표시막을 포설한다.

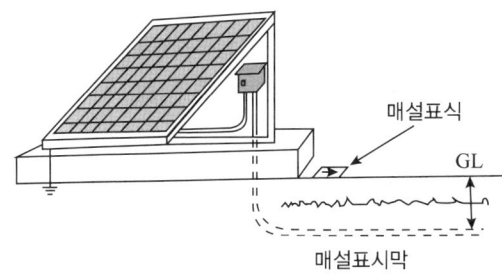

지중배선의 시설

2 배선 시공

(1) 태양광 인버터에서 옥내분전반 간의 배관·배선

인버터 출력의 전기방식으로는 단상 2선식, 3상 3선식 등이 있고 교류측의 중성선을 구별하여 결선한다. 단상 3선식의 계통에 단상 2선식 220[V]를 접속하는 경우는 한국전기설비규정에 따르고 다음과 같이 시설한다.
① 부하 불평형에 의해 중성선에 최대전류가 발생할 우려가 있을 경우에는 수전점에 3극 과전류차단소자를 갖는 차단기를 설치한다.
② 수전점 차단기를 개방한 경우 부하 불평형으로 인한 과전압이 발생할 경우 인버터가 정지되어야 한다. 또한 누전에 의해 동작하는 누전차단기와 낙뢰 등의 이상전압에 의해 동작하는 서지보호장치(SPD) 등을 설치하는 것이 바람직하다.

 서지 : 일정 시간만 급격히 가해져서 커지다가 이후 자연히 감쇠하는 전압이나 전류를 말한다. 이상전압이나 낙뢰 등이 해당된다.

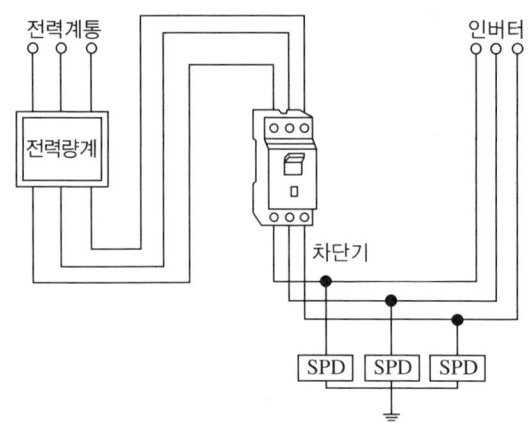

분전반의 서지보호장치의 설치 예

③ 태양전지 모듈에서 인버터 입력단 간 및 인버터 출력단과 계통연계점 간의 전압강하는 각 3[%]를 초과하지 말아야 한다. 단, 전선의 길이가 60[m]를 초과하는 경우에는 표에 따라 시공할 수 있다.

전선길이에 따른 전압강하 허용값

전선길이	전압강하
120[m] 이하	5[%]
200[m] 이하	6[%]
200[m] 초과	7[%]

전압강하 및 전선 단면적 계산식

전기방식	전압강하	전선의 단면적
직류 2선식 교류 2선식	$e = \dfrac{35.6 \times L \times I}{1,000 \times A}$	$A = \dfrac{35.6 \times L \times I}{1,000 \times e}$
단상 3선식	$e = \dfrac{17.8 \times L \times I}{1,000 \times A}$	$A = \dfrac{17.8 \times L \times I}{1,000 \times e}$
3상 3선식	$e = \dfrac{30.8 \times L \times I}{1,000 \times A}$	$A = \dfrac{30.8 \times L \times I}{1,000 \times e}$

e : 각 선간의 전압강하 [V], A : 전선의 단면적 [mm^2], L : 도체 1본의 길이 [m], I : 전류 [A]

④ 전선시공 시 주의사항
  ㉠ 배선은 전선관 및 박스 내부를 청소한 후 입선한다.
  ㉡ 전선의 색구별은 다음과 같이 하여 부하평형을 점검할 수 있도록 하고 부분적으로 색구별이 불가능할 경우 절연튜브로 구별한다.

상(문자)	색 상
L1	갈 색
L2	흑 색
L3	회 색
N	청 색
보호도체	녹색-노란색

ⓒ 전력간선의 말단은 반드시 규격에 맞는 동선용 압착단자를 사용하여 고정한다.
　　② 전선의 접속은 전기저항 증가와 절연저항 및 인장강도의 저하가 발생하지 않도록 시행한다.
　　⑩ 접속을 위하여 피복을 제거할 때는 전선의 심선이 손상을 받지 않도록 와이어스트리퍼(Wire Stripper) 등을 사용한다.
　　⑭ 전선의 접속은 배관용 박스, 분전반, 접속함, 기구 내에서만 시행한다.
　　ⓐ 전선과 기기의 단자접속은 압착단자를 사용하고 부스바의 접속은 스프링와셔를 사용한다.
　　ⓞ 동선용 압착단자와 전선 사이의 충전부는 비닐 캡으로 씌워야 한다.
⑤ 케이블 시공 시 주의사항
　　㉠ 중량물의 압력 또는 심한 기계적 충격을 받을 우려가 있는 장소에는 케이블을 시설하지 않는다. 금속관, 합성수지관 등에 넣어 적당한 방호를 한 경우에는 해당되지 않는다.
　　㉡ 금속관, 합성수지관 등에 케이블 인입·인출 시 전선관 양단은 손상을 입지 아니하도록 처리한 후 부싱 또는 캡을 끼워서 케이블을 보호한다.
　　㉢ 수용장소의 구내에 매설하는 경우에는 직접 매설식, 관로식으로 시설한다.
　　㉣ 케이블을 금속제 박스 등에 삽입하는 경우에는 케이블그랜드를 사용한다.

> **Check!** 케이블그랜드 : 케이블 보호를 위해 인출구 처리 시 사용되는 부품

　　㉤ 케이블을 구부리는 경우에는 피복이 손상되지 아니하도록 하고, 그 굴곡부의 곡률반경은 원칙적으로 케이블 완성품 외경의 6배(단심의 것은 8배) 이상으로 한다.

3 케이블트레이 시공

(1) 케이블 지지 시 주의사항
① 케이블을 건축구조물의 아랫면 또는 옆면에 따라 고정하는 경우는 2[m]마다 지지하며 그 피복을 손상하지 않도록 시설한다. 다만, 천장 속 은폐노출 배선이 경우에는 1.5[m]마다 고정한다.
② 케이블 지지는 해당 케이블에 적합한 클리트, 새들, 스테이플, 행거 등으로 케이블을 손상할 우려가 없도록 견고하게 고정한다.

(2) 케이블트레이 배선 시 주의사항
① 케이블은 일렬설치를 원칙으로 하며, 2[m]마다 케이블 타이로 묶는다. 다만, 수직으로 포설되는 경우에는 0.4[m]마다 고정한다.
② 각 회로의 판별이 쉽도록 굴곡개소, 분기개소 또는 20[m]마다 회로명 표찰을 설치한다.
③ 케이블 포설 시 집중하중으로 인하여 트레이 및 케이블이 손상되지 않도록 롤러 등의 포설기구를 사용한다.

4 덕트 시공 등

(1) 덕트 자재의 종류
제연 덕트의 특성인 고온에서 일정시간 이상 제기능을 발휘하기 위해서는 자재별로 관계 법령에 따른 적합성 여부를 확인하여야 한다. 덕트 시공을 위한 관련 자재는 덕트, 플랜지 패킹, 보온재, 캔버스, 행거, 볼트 & 너트, 가스켓 등이 필요하며 모두 내열성능 또는 불연 재료이어야 한다.

① 덕트 및 강재

제연설비의 화재안전기준(NFSC 501) 및 국토교통부의 건축기계설비 표준시방서의 제연설비공사의 제연풍도는 모두 "아연도금강판 또는 동등 이상의 내식성, 내열성이 있는 것으로 한다."라고 정의하고 있다. 내식성이란 부식이 잘 일어나지 않는 성질로 덕트는 강판에 아연으로 도금한 강판을 사용하고 있으며, 기타 재료는 스테인리스강판이 있다. 내열성이란 높은 열에 변하지 않고 잘 견디는 성질을 의미하며 불연 재료는 불에 타지 않는 재료를 의미한다.

② 플랜지 패킹

불연 재료로 기밀을 유지할 수 있는 제품이어야 한다.

③ 보온재

제연설비의 화재안전기준(NFSC 501) 및 국토교통부의 건축기계설비 표준시방서의 제연설비공사의 제연풍도의 덕트 보온은 모두 "내열성(석면재료를 제외)의 단열재로 유효한 단열처리를 한다."라고 되어 있다. 특히, 건축기계설비 표준시방서는 "난연성능을 확보한 단열재를 사용하되 배출 풍도만 보온을 적용한다"라고 정의하고 있다. 난연 재료란 불에 잘 타지 않는 재료로 대표적인 보온재는 그라스울 보온판, 미네랄울 보온판, 고무발포 보온판 등이 있다.

④ 캔버스(후렉시블 이음)

송풍기의 진동 전달을 막기 위해 덕트와 연결 부분에 사용하는 재료로서 내열 성능이 있는 재료이어야 한다. 보통 글래스 클로스(Glass Cloth)로 한 면 또는 양면에 알루미늄 은박 또는 네오프렌으로 가공하여 내열, 방염성능을 확보한 제품을 사용한다.

⑤ 기타 자재

볼트 & 너트와 가스켓 역시 내열성능이 있는 불연성 제품이어야 한다.

CHAPTER 03 적중예상문제

제3과목 태양광발전 시공

01 다음에서 설명하는 태양광발전시스템의 적용 장소는?

- 일사계를 기준으로 동북동쪽에서 남쪽을 경유하여 서북서쪽에 이르는 수평방향·모듈의 설치각이 수직으로 인해 발전량 저하 우려가 있다.
- 창호재의 BIPV(건물일체형) 적용 시 설계 단계에서부터 적용해야 한다.
- 차양형, 창호형 등으로 구분된다. 장애물이 없는 곳을 선정하고 장애물이 있더라도 그 높이가 수평방향에서 90° 이상 높지 않은 장소를 선정한다.

① 지 면
② 구조형
③ 지 붕
④ 벽 면

해설
벽면(Facade & Shade)
- 벽면 적용 시 모듈의 설치각이 수직으로 인해 발전량 저하 우려
- 창호재의 BIPV(건물일체형) 적용 시 설계 단계에서부터 적용

구 분	설치방식
지 붕	차양형 • 모듈을 건물의 차양재로 활용 • 하부 음영을 고려하여 모듈의 경사각 산정
	벽 부 • 모듈을 건물의 외장재로 활용 • 경사각이 90°로 효율 약 30[%] 감소
	창호형 • 자연채광이 가능한 건물 외장재 및 창호재로 활용 • 대부분 90° 경사각으로 발전량 감소

02 태양광 어레이를 설치할 때 인버터의 동작전압에 의해 결정되는 요소는?

① 태양전지 어레이의 용량
② 어레이 간 결선
③ 태양전지 모듈의 직렬 결선수
④ 태양전지 모듈의 스트링 병렬수

해설
- 어레이 용량 : 설치면적에 따라 결정
- 직렬 결선수 : 인버터의 동작전압에 따라 결정
- 병렬수 : 어레이 직렬 결선수에 따라 정수배의 병렬수가 설치
- 어레이 간 결선 : 모듈 1장의 최대전류(I_{mpp})가 전선의 허용전류 내

03 태양전지 모듈 및 어레이 설치 배선이 끝난 후 확인·점검사항이 아닌 사항은?

① 모듈의 최대출력점 확인
② 접지의 연속성 확인
③ 전압·극성의 확인
④ 단락전류의 측정

해설
태양전지 모듈 및 어레이 설치 배선이 끝난 후 확인·점검사항
- 전압·극성의 확인 : 태양전지 모듈이 바르게 시공되어, 설명서대로 전압이 나오고 있는지 양극, 음극의 극성이 바른지 여부 등을 테스터, 직류전압계로 확인한다.
- 단락전류의 측정 : 태양전지 모듈의 설명서에 기재된 단락전류가 흐르는지 직류전류계로 측정한다. 타 모듈과 비교해 측정값이 현저히 다른 경우에는 배선을 재차 점검한다.
- 비접지의 확인 : 태양광발전설비 중 인버터는 절연변압기를 시설하는 경우가 드물기 때문에 일반적으로 직류측 회로를 비접지로 하고 있다.
- 접지의 연속성 확인 : 모듈의 구조는 설치로 인해 접지의 연속성이 훼손되지 않은 것을 사용해야 한다.

04 태양전지 모듈 간의 배선은 단락전류에 충분히 견딜 수 있도록 몇 [mm²] 이상의 전선을 사용해야 하는가?

① 1.5[mm²] 이상
② 2.5[mm²] 이상
③ 4.0[mm²] 이상
④ 6.0[mm²] 이상

해설
태양전지 모듈 간의 배선은 단락전류에 충분히 견딜 수 있도록 2.5[mm²] 이상의 전선을 사용해야 한다.

정답 1 ④ 2 ③ 3 ① 4 ②

05 태양광발전설비 케이블 시공방법의 설명 중 맞지 않는 것은?

① 옥측 또는 옥외에 시설하는 경우에는 합성수지관공사, 금속관공사, 가요전선관공사 또는 케이블공사로 한국전기설비규정에 따라 시설한다.
② 공칭단면적 2.5[mm²] 이상의 연동선 또는 이와 동등 이상의 세기 및 굵기의 것이어야 한다.
③ 옥내에 시설할 경우에는 합성수지관공사, 금속관공사, 가요전선관공사 또는 케이블공사로 한국전기설비규정에 따라 시설한다.
④ 공칭단면적 1.5[mm²] 이상의 연동선 또는 이와 동등 이상의 세기 및 굵기이어야 한다.

해설
태양전지 모듈 간의 배선은 단락전류에 충분히 견딜 수 있도록 2.5[mm²] 이상의 전선에 사용해야 한다.

06 태양광발전시스템의 적용가능 장소 중 지면의 설치방식이 아닌 것은?

① 별치형
② 조형물형
③ 복합형
④ 대체형

해설
태양광발전시스템의 적용가능 장소 중 지면의 설치방식은 별치형, 조형물형 및 대체형이 있다.

07 태양광발전시스템의 적용가능 장소 중 지면이 상징물의 형상화 및 부대시설과 연계 설치되는 방식은?

① 별치형
② 조형물형
③ 복합형
④ 대체형

해설
조형물형은 상징물 형상화 및 부대시설과 연계 설치되고 분수, 조명 등의 전원으로 활용된다.

08 태양광발전시스템의 적용가능 장소 중 지면이 태양전지 모듈을 부대시설로 활용되는 설치 방식은?

① 별치형
② 조형물형
③ 복합형
④ 대체형

해설
대체형은 태양전지 모듈을 부대시설로 활용되며 담, 울타리, 난간, 방음벽 등에 활용된다.

09 태양광발전시스템의 적용가능 장소 중 지붕의 설치방식이 아닌 것은?

① 평지붕형
② 경사지붕형
③ 아트리움형
④ 수직지붕형

해설
태양광발전시스템의 적용가능 장소 중 지붕의 설치방식은 평지붕형, 경사지붕형 및 아트리움형이 있다.

10 태양광발전시스템의 지붕으로 건축형태에 따라 태양광발전시스템 옥상에 설치하는 방식은?

① 평지붕형
② 경사지붕형
③ 아트리움형
④ 수직지붕형

해설
평지붕형은 건축형태에 따라 태양광발전시스템 옥상에 설치하고 별도 기초/구조물이 필요하며 적용성이 용이하다.

11 태양광발전시스템의 지붕으로 지붕 자연 채광을 이용하고 지붕재와 태양전지 모듈의 통합인 방식은?

① 평지붕형
② 경사지붕형
③ 아트리움형
④ 수직지붕형

해설
아트리움형은 지붕 자연 채광을 이용하고 지붕재와 태양전지 모듈의 통합인 방식이다.

정답 5 ④ 6 ③ 7 ② 8 ④ 9 ④ 10 ① 11 ③

12 태양광발전 계통연계장치 시공의 계측기구·표시장치의 취급 시 주의사항으로 맞는 것은?

① 계측 샘플링 주기나 연산을 적절하게 사용하여 계측오차를 줄인다.
② 계측·표시장치 계획 시에는 시스템의 설계에 반영하지 않는다.
③ 날씨 변동에 따른 발전출력은 미소하므로 무시한다.
④ 태양광발전 계통연계장치 시공의 계측기구·표시장치는 경제적인 부분을 고려한다.

해설
태양광발전시스템은 일사강도, 날씨 변동에 따른 발전출력이 단시간에 변동하므로 계측 샘플링 주기나 연산을 적절하게 사용하여 계측오차를 줄인다.

13 태양광발전 계통연계장치의 인버터와 제어장치에서 옥내용을 옥외에 설치하는 경우는 몇 [kW] 이상의 용량인가?

① 3[kW]　　② 5[kW]
③ 7[kW]　　④ 10[kW]

해설
태양광발전 계통연계장치의 인버터와 제어장치에서 옥내용을 옥외에 설치하는 경우는 5[kW] 이상 용량일 경우에만 가능하다.

14 태양광발전 계통연계장치 시공 시 중요한 기술적인 과제가 아닌 것은?

① 전력품질　　② 보호협조
③ 단독운전 방지　　④ 경제적 시공

해설
태양광발전 계통연계장치 시공 시 중요한 기술적인 과제는 전력품질과 보호협조에 대한 문제점을 확실히 고려해야 한다.

15 분산형전원을 배전계통 연계 시 몇 [kW] 이상 시 특고압 배전선로와 연계할 수 있는가?

① 100[kW]　　② 300[kW]
③ 500[kW]　　④ 1,000[kW]

해설
분산형전원을 배전계통 연계 시 500[kW] 미만일 때 저압 배전선로에 연계할 수 있다. 500[kW] 이상일 경우 특고압 배전선로와 연계할 수 있다.

16 연계 계통의 고장으로 어떤 운전에서 분산형 전원 발전설비는 이러한 상태를 빨리 검출하여 전력계통으로부터 분산형전원 발전설비를 분리시켜야 하는가?

① 무부하 운전
② 대용량 부하 운전
③ 긴급투입 운전
④ 단독운전

해설
분산형전원이 단독운전 시 계통전원이 투입될 경우 비동기 투입으로 유효순환전류에 의한 분산형전원이 손상, 고장을 일으킬 수가 있다.

17 역송전이 있는 저압연계 시스템에서 필요한 계전기가 아닌 것은?

① 비율차동계전기
② 과전압계전기
③ 부족전압계전기
④ 과주파수계전기

해설
역송전이 있는 저압연계 시스템에서는 과전압계전기, 부족전압계전기, 과주파수계전기, 저주파수계전기 등이 필요하다.

18 전기적인 차이를 무엇이라 하는가?

① 전 압
② 전 류
③ 저 항
④ 코 일

해설
전압 : 전기적인 차이(압력), 전위, 전위차

정답 12 ① 13 ② 14 ③ 15 ③ 16 ④ 17 ① 18 ①

19 전류를 연속해서 흘리기 위해 전압을 연속적으로 만들어 주는 힘은?

① 전 압　　② 기전력
③ 전 위　　④ 전 력

[해설]
기전력 : 전류를 연속해서 흘리기 위해 전압을 연속적으로 만들어 주는 힘

20 전하량 $Q = 20$이고, 일량 $W = 10$일 경우 전위차 [V]는?

① 0.1　　② 0.5
③ 1.0　　④ 2.0

[해설]
전위차 구하는 공식
$V = \dfrac{W}{Q}[V] = \dfrac{10}{20} = 0.5[V]$ (Q : 전하량, W : 일량)

21 외부저항 $R = 100[\Omega]$, 내부저항 $r = 50[\Omega]$이다. 이때 기전력은 얼마인가?(단, 전류(I) = 10[A])

① 500　　② 1,000
③ 1,500　　④ 3,000

[해설]
전지의 기전력 구하는 공식(E)
$E = I(R+r) = 10(100+50) = 1,500$
(E : 기전력, R : 외부저항, r : 내부저항, I : 전류)

22 전기가 15초 정도 지났을 경우에 전하량 $Q = 15$이다. 이때 전류는 얼마인가?

① 1　　② 2
③ 3　　④ 4

[해설]
전류 $I[A]$
$I = \dfrac{Q}{t} = \dfrac{15}{15} = 1[A]$

23 옴의 법칙에 해당되지 않는 것은?

① $V = IR$ [V]
② $I = \dfrac{V}{R}$ [A]
③ $V = I^2R$ [V]
④ $R = \dfrac{V}{I}$ [Ω]

[해설]
옴의 법칙
$V = IR[V],\ R = \dfrac{V}{I}[\Omega],\ I = \dfrac{V}{R}[A]$

24 1[Ω]의 정의로 올바르게 설명한 것은?

① 도체의 양단에 1[V]의 전압을 인가할 때 1[A]의 전류가 흐르는 경우의 저항값
② 도체의 끝단에 1[A]의 전류를 인가할 때 1[V]의 전압이 흐르는 경우의 저항값
③ 도체의 양단에 1[Ω]의 저항에 1[A]의 부하가 걸릴 경우
④ 도체의 끝단에 1[H]의 코일에 1[A]의 전류가 흐를 때의 전류값

[해설]
1[Ω]은 도체의 양단에 1[V]의 전압을 인가할 때 1[A]의 전류가 흐르는 경우의 저항값을 말한다.

25 $R_1 = 10[\Omega]$, $R_2 = 20[\Omega]$, $R_3 = 30[\Omega]$인 병렬접속에 저항값 [Ω]은 약 얼마인가?

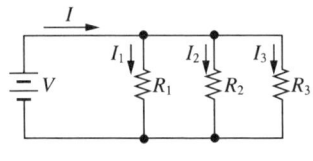

① 5.0　　② 5.45
③ 5.89　　④ 6.47

해설
저항의 병렬접속
병렬저항의 합성저항은 각 저항들의 역수의 총합을 구하고, 다시 그 총합의 역수로 이루어진다.

$$R = \cfrac{1}{\left(\cfrac{1}{R_1} + \cfrac{1}{R_2} + \cfrac{1}{R_3} + \cdots + \cfrac{1}{R_n}\right)} \ [\Omega]$$

$$= \cfrac{1}{\cfrac{1}{10} + \cfrac{1}{20} + \cfrac{1}{30}} \fallingdotseq 5.4545 [\Omega]$$

26 유입되는 전류의 합과 유출되는 전류의 합은 같다. 이 법칙은?

① 암페어 오른나사 법칙
② 렌츠의 법칙
③ 옴의 법칙
④ 키르히호프 법칙

해설
키르히호프 제1법칙(전류)
유입되는 전류의 합과 유출되는 전류의 합은 같다. 즉, 유입과 유출의 합은 0이다. 이를 일반화하면, $\sum I = 0$이다.

27 2개의 독립된 회로망을 접속하였을 때 전원회로를 하나의 전류원과 병렬저항으로 대치하는 회로망 정리는?

① 테브낭의 정리   ② 쿨롱의 정리
③ 중첩의 정리   ④ 노턴의 정리

해설
노턴의 정리
2개의 독립된 회로망을 접속하였을 때 전원회로를 하나의 전류원과 병렬저항으로 대치한다.

28 전압 또는 전류전원과 임피던스를 포함하는 2단자 회로망은 단일 전압원과 임피던스가 직렬로 연결된 회로로 대치할 수 있는 회로망 정리는?

① 테브낭의 정리   ② 쿨롱의 정리
③ 중첩의 정리   ④ 노턴의 정리

해설
테브낭의 정리
전압 또는 전류전원과 임피던스를 포함하는 2단자 회로망은 단일 전압원과 임피던스가 직렬로 연결된 회로로 대치할 수 있다.

29 교류와 같은 일을 하는 직류의 값으로 표현하는 것으로서 사인파 전류의 최곳값에 약 0.707배인 값은?

① 평균값
② 최저값
③ 실횻값
④ 파형률

해설
실횻값
교류와 같은 일을 하는 직류의 값으로 표현하는 것으로서 사인파 전류의 최곳값에 약 0.707배이다. 즉, 저항에 직류를 가했을 때와 교류를 가했을 때의 전력량이 같을 때이다($0.707\,V_m$).

30 사인파의 반주기를 무엇이라 하는가?

① 최곳값
② 최저값
③ 실횻값
④ 평균값

해설
평균값
사인파의 반주기를 말한다. 즉, 교류의 (+) 또는 (−)의 반주기 순시값의 평균값($0.637\,V_m$)

31 한 주기(T)가 15[sec]이다. 주파수(f)[Hz]는?

① 1   ② 0.0667
③ 1.5   ④ 0.0578

해설
주파수
1초 동안 발생하는 진동의 수 $\left(f = \cfrac{1}{T}\right)$ [Hz] $= \cfrac{1}{15} \fallingdotseq 0.0667$[Hz]

정답 26 ④ 27 ④ 28 ① 29 ③ 30 ④ 31 ②

32 파형률과 파고율에 관계식으로 옳은 것은?

① 파형률 = 실횻값/평균값, 파고율 = 실횻값/최댓값
② 파형률 = 평균값/실횻값, 파고율 = 최댓값/실횻값
③ 파형률 = 실횻값/평균값, 파고율 = 최댓값/실횻값
④ 파형률 = 최댓값/실횻값, 파고율 = 실횻값/평균값

해설
파형률과 파고율
- 파형률 = 실횻값/평균값 = 0.707/0.637 ≒ 1.11 V_m
- 파고율 = 최댓값/실횻값 = 1/0.707 ≒ 1.414 V_m

33 무효전력(P_r) = 10[W]이고, 유효전력(P) = 100[W]일 경우 피상전력(P_a)[VA]는 얼마인가?

① 55   ② 90
③ 100.5   ④ 115

해설
피상전력(P_a) = $VI = I^2 Z = \sqrt{P^2 + P_r^2}$ [VA]
= $\sqrt{10^2 + 100^2}$ ≒ 100.50[VA]

34 전류(I) = 18[A]이고, 저항(R) = 20[Ω]일 경우 유효전력(P)[W]는?

① 7,000   ② 7,300
③ 4,500   ④ 6,480

해설
유효전력(P) = $VI\cos\theta = I^2 R$[W] = $18^2 \times 20$ = 6,480[W]

35 최대전류값(I_m) = 100[A]이고, 주파수(f)가 50[Hz]이다. 60분 기준이었을 경우 저항만의 회로에 교류전류(i)[A] 약 얼마인가?

① -55   ② -60
③ -52   ④ -68

해설
저항만의 회로에서 교류전류
$i = I_m \sin\omega t$[A]가 흐를 때 $v = RI_m \sin\omega t$[V]가 된다.
$i = 100\sin(2\pi \times 50 \times 3,600)$ ≒ -54.983[A]

36 $R-L-C$ 회로에 대한 설명으로 옳은 것은?

① R 회로는 V가 I보다 90° 앞선다.
② L 회로는 V가 I보다 90° 뒤진다.
③ C 회로는 V가 I보다 90° 앞선다.
④ L 회로는 V가 I보다 90° 앞선다.

해설
R, L, C 회로에서의 전압과 전류 관계식

회로방식	회로도	식	위상	벡터도
저항회로	V_R	$v = V_m \sin\omega t$ $i = I_m \sin\omega t$	전압(V)과 전류(I)는 동상	$\dot{i}(=\dot{i}_R) \rightarrow \dot{v}$
유도회로	$\dot{v}_L$	$i = I_m \sin\omega t$ $v = V_m \sin\left(\omega t + \frac{\pi}{2}\right)$	전압(V)은 전류(I)보다 $\frac{\pi}{2}$[rad] 앞선다.	$\dot{v}$ $\dot{i}(=\dot{i}_L)$
정전용량회로	$\dot{v}_C$	$v = V_m \sin\omega t$ $i = I_m \sin\left(\omega t + \frac{\pi}{2}\right)$	전압(V)은 전류(I)보다 $\frac{\pi}{2}$[rad] 뒤진다.	$\dot{i}(=\dot{i}_C)$ $\dot{v}$

37 $R-L$ 회로에서 저항값(R)이 100[Ω]이고, 인덕터(L)가 10[mH]일 경우에 임피던스 Z는 얼마인가?(단, 주파수(f)는 60[Hz]이다)

① 100
② 200
③ 300
④ 400

해설
임피던스(Z) = $\sqrt{R^2 + X_L^2} = \sqrt{R^2 + (\omega L)^2}$ [Ω]
= $\sqrt{100^2 + (2\pi \times 60 \times 10 \times 10^{-3})^2}$ ≒ 100

38 직류전력측정 중 전류력계형 전력계를 이용하는 측정법은?

① 간접측정법 ② 직접측정법
③ 비교측정법 ④ 상대측정법

해설
직류전력측정
- 직접측정법 : 전류력계형 전력계를 이용한다.
- 간접측정법 : 전류계와 전압계를 조합하여 측정한다.

39 고주파의 전력측정에 해당되지 않는 전력계는?

① AM전력계 ② C-M형 전력계
③ C-C형 전력계 ④ 볼로미터전력계

해설
고주파의 전력측정
- 의사부하법 : 의사부하(전구, 물 등)를 사용하여 전력을 측정한다.
- C-C형 전력계
  - 콘덴서를 사용하여 부하전력의 전압 및 전류에 비례하는 양을 구한다.
  - 30[MHz] 정도까지의 단파대에서 100[W] 이하의 전력을 측정하는 경우에 사용한다.
- C-M형 전력계
  - 동축케이블로 전달되는 초단파대의 전력측정에 사용되는 전력계이다.
  - 단파대에서 100[kW] 정도의 전력계 설계도 가능하며, 또 단파대에서는 동축케이블로 선로를 사용하므로 구조상 유리하다.
- 볼로미터전력계
  - 저항의 온도계수가 매우 큰 저항소자인 볼로미터에 전력을 가하여 발생되는 열에 의한 저항변화를 측정함으로써 전력을 측정하는 전력계이다.
  - 직류에서 마이크로파(1~3[GHz])까지의 전력을 정밀하게 측정할 수 없으나, 주로 마이크로파용의 전력계로 사용된다.

40 고주파의 전력측정 중 콘덴서를 사용하여 부하전력의 전압 및 전류에 비례하는 양을 구하는 방식은?

① 의사부하법 ② C-M형 전력계
③ C-C형 전력계 ④ 볼로미터전력계

해설
39번 해설 참조

41 고주파의 전력측정 중 동축케이블로 전달되는 초단파대의 전력측정에 사용되는 전력계는?

① 의사부하법 ② C-M형 전력계
③ C-C형 전력계 ④ 볼로미터전력계

해설
39번 해설 참조

42 저항의 온도계수가 매우 큰 저항소자를 이용하여 열에 의한 저항변화를 측정함으로써 전력을 측정하는 전력계는?

① 의사부하법 ② C-M형 전력계
③ C-C형 전력계 ④ 볼로미터전력계

해설
39번 해설 참조

43 교류 전위차계의 원리 중 전압의 크기만 측정하는 장비로 사용되는 것은?

① 지시전압계 ② 교류전압계
③ 교류전위차계 ④ 직류전압계

해설
측정계기의 교류전압측정
- 전압의 크기만 측정 : 지시전압계, 전자전압계가 사용된다.
- 전압의 크기와 위상 측정 : 교류전위차계가 사용된다.

44 직류전압측정계기의 종류에 해당되지 않는 것은?

① 정전형 전압계
② 가동코일형 전압계
③ 아날로그전압계
④ 전류력계형 전압계

해설
직류전압측정 계기
- 전류력계형 전압계
- 열전대(쌍)형 전압계
- 정전형 전압계
- 디지털전압계
- 가동코일형 전압계

정답 38 ② 39 ① 40 ③ 41 ② 42 ④ 43 ① 44 ③

45 측정범위 확대 시에 정전형 전압계에 사용되는 계측장비는?

① 미소전압측정기 ② 분류기
③ 저항분압기 ④ 용량배율기

해설
측정범위 확대
정전형 전압계 : 용량배율기가 사용된다.

46 교류전압의 저압측정 중에서 교류전위차계의 전압은 얼마 이하인가?

① 10[μV] ② 5[μV]
③ 1[μV] ④ 0.1[μV]

해설
교류전압의 저압측정
- 진동검류계 : 미소교류전압 검출
- 정류형 검류계 : 0.1~1[μV]
- 교류전위차계 : 0.1[μV] 이하

47 전류측정의 내용이 바르게 연결된 것은?

① 직류 : 가동코일형 전류계의 측정범위 확대에는 분류기(대전류)가 사용된다.
② 미소직류 : 정류형 직류 검류계로 측정한다.
③ 미소교류 : 교정된 검류계로 측정한다.
④ 교류 : 정류형 전류계, 열전대(쌍)형 전류계가 사용된다.

해설
전류측정의 내용
- 교류 : 가동철편형, 전류계형 전류계의 측정범위 확대에는 계기용 변류기(CT)가 사용된다.
- 직류 : 가동코일형 전류계의 측정범위 확대에는 분류기(대전류)가 사용된다.
- 미소교류 : 정류형 직류검류계로 측정한다.
- 미소직류 : 교정된 검류계로 측정한다.
- 보통의 교류(100[Hz] 이상) : 정류형 전류계, 열전대(쌍)형 전류계가 사용된다.

48 일방적으로 어떤 양이나 변수의 크기를 결정하는 것을 무엇이라 하는가?

① 요 구 ② 변 위
③ 측 정 ④ 단 락

해설
측정의 정의
측정(또는 계측)이란 일방적으로 어떤 양이나 변수의 크기를 결정하는 것을 말하며, 대소를 수량적으로 나타내는 조작을 하는 데 필요한 장치를 측정기, 계측기 또는 계기라고 한다.

49 측정의 종류에 해당하지 않는 것은?

① 상대측정 ② 간접측정
③ 직접측정 ④ 비교측정

해설
측정의 종류
- 직접측정(Direct Measurement) : 측정량을 같은 종류의 기준량과 직접 비교하여 그 양의 크기를 결정하는 방법이다.
  예 자로 길이를 재고, 전압계로 전압을 측정하며, 전류계로 전류를 측정하는 것 등
- 간접측정(Indirect Measurement) : 측정량과 어떤 관계가 있는 독립된 양을 각각 직접 측정으로 구하여, 그 결과로부터 계산에 의해 요구되는 측정량의 값을 결정하는 방법이다.
  예 부하전력 $P = V \cdot I$[W]의 식으로부터 계산하여 구하는 것 등
- 절대측정(Absolute Measurement) : 측정하려고 하는 양을 길이, 질량, 시간으로 측정함으로써 직접 미지의 양을 결정하는 방법이다.
  예 전류저울
- 비교측정(Relative Measurement) : 미지의 양을 이와 같은 성질의 기지의 양 또는 표준기와 비교하여 측정하는 방법(실용적인 것)이다.
  - 편위법(Deflection Method) : 전압계로서 전압을 측정하는 것과 같이 지시눈금으로 나타내는 것으로 측정감도는 떨어지나 신속하게 측정할 수 있으므로 가장 많이 사용된다.
  - 영위법(Zero Method) : 미지의 양을 기지의 양과 비교할 때 측정기의 지시가 0이 되도록 평형을 취하는 방법(휘트스톤 브리지로 저항을 측정할 때 검류계의 지시가 영이 되는 점을 찾아서 측정하는 방법, 전위계차법)이다.

50 전류저울은 어떤 측정의 원리를 이용한 것인가?

① 절대측정 ② 간접측정
③ 직접측정 ④ 비교측정

해설
49번 해설 참조

51 측정량을 같은 종류의 기준량과 직접 비교하여 그 양의 크기를 결정하는 방법의 측정은?

① 절대측정　② 간접측정
③ 직접측정　④ 비교측정

해설
49번 해설 참조

52 미지의 양을 이와 같은 성질의 기지의 양 또는 표준기와 비교하여 측정하는 방법은?

① 절대측정　② 간접측정
③ 직접측정　④ 비교측정

해설
49번 해설 참조

53 전압계로서 전압을 측정하는 것과 같이 지시눈금으로 나타내는 것으로 측정감도는 떨어지나 신속하게 측정할 수 있으므로 가장 많이 사용하는 측정법은?

① 편위법
② 이상법
③ 휘트스톤 브리지법
④ 영위법

해설
49번 해설 참조

54 미지의 양을 기지의 양과 비교할 때 측정기의 지시가 0이 되도록 평형을 취하는 방법은?

① 편위법
② 이상법
③ 휘트스톤 브리지법
④ 영위법

해설
49번 해설 참조

55 전압계의 특성에 해당되지 않는 사항은?

① 내부저항을 크게 해야 한다.
② 저항에 영향을 주지 않기 위해서는 전류계의 내부저항이 적어야 한다.
③ 전압계는 직렬로 연결하게 되면 전압계의 내부저항에 의해 전압이 나누어진다.
④ 내부저항이 매우 커서 전압이 거의 전압계에 걸리게 된다.

해설
전압계의 특성
- 전압계는 직렬로 연결하게 되면 전압계의 내부저항에 의해 전압이 나누어지고 내부저항이 매우 커서 전압이 거의 전압계에 걸리게 된다.
- 내부저항을 크게 해야 한다.
- 이유는 저항값이 높기 때문이다.

56 전류계를 저항에 직렬 연결하는 이유로 바르게 설명한 것은?

① 전류계는 내부저항이 크기 때문에
② 전압계의 외부저항이 크기 때문에
③ 전류계는 내부저항이 거의 없기 때문에
④ 전압계의 외부저항이 작기 때문에

해설
전류계를 저항에 직렬 연결하는 이유
전류계는 내부저항이 거의 없기 때문에 저항과 직렬로 연결해야 하며 병렬로 연결하면 전류가 저항으로 흐르지 않고 전류계로 흐르기 때문이다.

57 반도체의 종류가 아닌 것은?

① N형 반도체
② 진성 반도체
③ P형 반도체
④ D형 반도체

해설
반도체의 종류에는 순도가 높은 순수 반도체인 진성 반도체와 순도가 낮고 불순물을 넣은 불순물 반도체가 있다. 불순물 반도체는 N형과 P형으로 나눌 수 있다.

정답　51 ③　52 ④　53 ①　54 ④　55 ②　56 ③　57 ④

58 실리콘 다이오드의 특성으로 옳지 않은 것은?

① 역바이어스 시의 전류가 극히 적다.
② 고온에서도 특성이 거의 변화하지 않는다.
③ 역방향 포화전류가 적으므로 항복전압이 크다.
④ 역내전압은 높지 않다.

해설
실리콘 다이오드의 특성
• 고역내전압의 것이 만들어진다.
• 역바이어스 시의 전류가 극히 적다.
• 순방향의 전압강하는 비교적 크다(약 0.6~0.7[V]).
• 역방향 포화전류가 적으므로 항복전압이 크다.
• 고온에서도 특성이 거의 변화하지 않는다(약 120[℃]).
• 제작이 약간 곤란하다.

59 다이오드의 종류 중에서 전압을 일정하게 유지하기 위한 전압제어소자로 널리 이용되는 다이오드는?

① 터널 다이오드   ② 제너 다이오드
③ 범용 다이오드   ④ 가변용량 다이오드

해설
제너 다이오드 : 전압을 일정하게 유지하기 위한 전압제어소자로 널리 이용

60 실제 다이오드에서 역전압이 어떤 임계값(V_z)에 달하면 전류가 갑자기 증대하기 시작하여 소자가 파괴되는 현상은?

① 항복현상   ② 도너현상
③ 억셉터현상   ④ 도핑현상

해설
항복현상(Break Down)
실제 다이오드에서 역전압이 어떤 임계값(V_z)에 달하면 전류가 갑자기 증대하기 시작하여 소자가 파괴되는 현상

61 전자와 정공의 두 개의 캐리어를 사용하는 트랜지스터는?

① UJT   ② BJT
③ FET   ④ CSU

해설
BJT(Bipolar Junction Transistor) : 전자와 정공의 두 개의 캐리어를 사용한다는 것을 의미한다.

62 다음은 이미터 접지에 대한 내용이다. $\alpha = 0.58$이고, $I_B = 100$[mA]일 때, 컬렉터전류는 얼마인가? (단, $I_{CO} = 10$[mA]이다)

① 0.8   ② 0.1619
③ 0.016   ④ 1

해설
이미터 접지 시 컬렉터전류
$I_c = \beta I_B + (1+\beta)I_{CO} = 1.381 \times 100 \times 10^{-3} + (1+1.381)10^{-3}$
$\quad = 0.1381 + 0.02381 = 0.16191$
$\therefore \beta = \dfrac{\alpha}{1-\alpha} = \dfrac{0.58}{1-0.58} \fallingdotseq 1.381$

입력을 베이스 출력은 컬렉터로 가했을 때 $\begin{cases} \alpha = \dfrac{\beta}{1+\beta} \\ \beta = \dfrac{\alpha}{1-\alpha} \end{cases}$

63 증폭회로의 찌그러짐과 잡음 중 직선 왜곡에 해당되지 않는 것은?

① 감쇠 왜곡   ② 위상 왜곡
③ 진폭 왜곡   ④ 주파수 왜곡

해설
증폭회로의 찌그러짐과 잡음
• 직선 왜곡
  - 주파수 왜곡(감쇠 왜곡)
  - 위상 왜곡(지연 왜곡)
• 비직선 왜곡
  - 진폭 왜곡(파형 왜곡)

64 초단 증폭기의 이득이 10이고, 잡음이 20이다. 두 번째 단의 증폭기 이득은 20이고, 잡음이 20이다. 이 경우 종합잡음지수(NF)는?

① 20.95   ② 21.9
③ 28   ④ 30.1

58 ④   59 ②   60 ①   61 ②   62 ②   63 ③   64 ②

해설
다단 증폭기에 대한 잡음 지수
$$NF_0 = F_1 + \frac{F_2 - 1}{G_1} + \frac{F_3 - 1}{G_1 \cdot G_2} + \cdots \frac{F_n - 1}{G_1 \cdots G_n}$$
$$= 20 + \frac{20 - 1}{10} = 21.9$$

65 T_r의 잡음에 해당되지 않는 것은?

① 산탄잡음 ② 플리커잡음
③ 환경잡음 ④ 분배잡음

해설
T_r의 잡음
• 산탄잡음(Shot Noise)
• 플리커잡음(Flicker Noise)
• 분배잡음(Partition Noise)

66 FET의 특징에 해당되지 않는 것은?

① 저잡음 ② 저입력 임피던스
③ 기억소자로 사용 ④ 오프셋전압

해설
FET의 특징
• 고입력 임피던스
• 저잡음
• 다수 반송자(캐리어)만의 이동에 의해 동작하는 단일 극성(Unipolar) 소자이다. 트랜지스터는 다수 캐리어와 소수 캐리어의 움직임에 관련되므로 양극소자(Bipolar Device) 또는 BJT(Bipolar Junction Transistor)라고 한다.
• 전압제어용 소자이므로 드레인전류는 게이트전압에 의해 제어된다.
• 기억소자로 사용
• 오프셋전압

67 FET의 3정수에 해당되지 않는 것은?

① 출력저항 ② 증폭정수
③ 전달컨덕턴스 ④ 입력저항

해설
FET의 3정수
• 전달컨덕턴스(g_m)
• 출력저항(r_d)
• 증폭정수(μ)

68 발진요소인 궤환증폭은?

① 부궤환 ② 미궤환
③ 정궤환 ④ 후궤환

해설
정궤환은 발진회로로 사용되고 부궤환은 증폭회로로 사용된다.

69 발진공식으로 올바른 것은?

① $|\beta A| = 1$ ② $|\beta A| = 0$
③ $|\beta A| = 100$ ④ $|\beta A| = 10$

해설
바크하우젠 발진법칙
$|\beta A| = 1$일 때 $A_f \to \infty$: 발진

70 부궤환 시 증폭기의 특징에 해당되지 않는 것은?

① 주파수 특성이 개선
② 이득이 증가
③ 대역폭이 증가
④ 감도의 감소

해설
부궤환 시 증폭기의 특징
• 이득이 감소
• 비직선 일그러짐 감소
• 왜곡(왜율) 및 잡음의 감소
• 주파수 특성이 개선
• 대역폭이 증가한다.
• 감도의 감소(안정성이 우수하다)
• 입·출력 임피던스가 변화한다.

71 증폭할 수 있는 능력의 정도를 가늠하게 해 주는 파라미터는?

① 대역폭(Bw) ② 전압증폭도(Av)
③ 입력임피던스(Ri) ④ 동상신호제거비(CMRR)

해설
증폭할 수 있는 능력의 정도를 가늠하게 해 주는 파라미터가 CMRR이다.

정답 65 ③ 66 ② 67 ④ 68 ③ 69 ① 70 ② 71 ④

72 이상적인 연산증폭기의 특징이 아닌 것은?

① 전압이득이 무한대
② 응답시간은 0
③ 직류증폭기이며 입력 임피던스가 무한대
④ 출력 임피던스가 ∞

해설
연산증폭회로(OP-Amp)의 특징
- 직류증폭기이며 입력 임피던스가 무한대(∞)
- 출력 임피던스가 0
- 전압이득이 무한대
- 대역폭이 DC에서부터 무한대
- 응답시간은 0이어야 한다.
- 특성은 온도에 대하여 Drift되지 않는다.
- CMRR = ∞

73 궤환저항이 100[kΩ]이고 입력저항이 10[kΩ]이다. 이때 입력전압이 5[V]일 때 반전증폭기의 출력전압값은 얼마인가?

① −100[V]   ② −50[V]
③ −30[V]   ④ −35[V]

해설
반전증폭기(Inverting Operational Amplifier) = 신호변환기
$V_o = -\dfrac{R_f}{R_i} V_i = -\dfrac{100}{10} \times 5 = -50[V]$

74 입력저항이 10[kΩ]이고 궤환저항이 10[kΩ]이다. 이때 입력전압이 3[V]라고 하면 비반전 연산증폭기의 출력전압값은 얼마인가?

① 6[V]   ② −6[V]
③ 12[V] ④ −12[V]

해설
비반전증폭기(Noninverting Operational Amplifier) = 계수변환기
$V_o = \left(1 + \dfrac{R_f}{R_i}\right) V_i = \left(1 + \dfrac{10}{10}\right) \times 3 = 6[V]$

75 전력증폭기의 효율로 바르게 연결된 것은?

① A급 = 100[%]   ② B급 = 50[%] 이하
③ C급 = 78.5[%] 이상   ④ AB급 = 50[%] 이하

해설
증폭기의 동작점 Q에 의한 분류

구분\분류	A급	B급	AB급	C급
동작점	전달 특성곡선의 직선부의 중앙점	전달 특성곡선의 차단점	전달 특성곡선의 중앙 점과 차단점 사이	전달 특성곡선의 차단점 밖
유통각	$\theta = 2\pi$	$\theta = \pi$	$\pi < \theta < 2\pi$	$\theta < \pi$
파형	전파	반파	전파보다 작고 반파보다 크다.	반파보다 작다.
왜곡	거의 없다.	반파 정도 왜곡	약간 왜곡	반파 이상 왜곡
전력손실	크다.	적다.	약간 있다.	거의 없다.
효율	50[%] 이하	78.5[%] 이하	50[%] 이상	78.5[%] 이상
용도	무왜증폭기 완충증폭기	Push-Pull증폭기	저주파증폭기	체배증폭기 RF전력증폭기

76 전력손실이 가장 큰 전력증폭기는?

① A급   ② B급
③ C급   ④ AB급

해설
75번 해설 참조

77 전원회로의 구성요소에 포함되지 않는 사항은?

① 평활회로   ② 가변회로
③ 정전압회로 ④ 정류회로

해설
전원회로

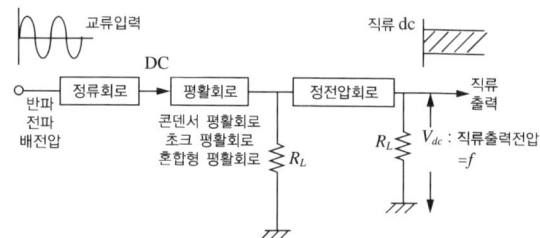

78 전원회로의 평가 파라미터가 아닌 것은?
① 맥동률   ② 전압변동률
③ 실횻값   ④ 정류효율

해설
전원회로의 평가 파라미터
- 맥동률
- 정류효율
- 전압변동률
- 최대역전압

79 발진회로를 설계할 때 가장 중요한 사항은?
① 안정도   ② 증폭도
③ 첨예도   ④ 대역폭

해설
발진회로를 설계할 때 가장 중요한 사항은 안정도이다.

80 3소자 리액턴스의 일반적인 조건에서 Z_1과 Z_2가 용량성이고, Z_3가 유도성인 발진회로는?
① 하틀레이발진기   ② 콜피츠발진기
③ 클랩발진기   ④ 원발진기

해설
3-reactance 일반형
- Z_1과 Z_2가 용량성, Z_3가 유도성인 발진기는 콜피츠발진기(용량성 : 콘덴서, 유도성 : 코일)
- Z_1과 Z_2가 유도성, Z_3가 용량성인 발진기는 하틀레이발진기(용량성 : 콘덴서, 유도성 : 코일)

81 다음이 설명하는 회로는 무엇인가?

> 시간적으로 불연속이고 충분히 짧은 시간에만 존재하는 전류전압을 취급하는 회로로서 전압전류가 급격히 변화하여 한정된 시간에만 존재하는 파형

① 새그회로   ② 단속회로
③ 펄스회로   ④ 전자회로

해설
펄스회로
시간적으로 불연속이고 충분히 짧은 시간에만 존재하는 전류전압을 취급하는 회로로서 전압전류가 급격히 변화하여 한정된 시간에만 존재하는 파형

82 펄스회로에서 Turn on Time에 대한 설명으로 옳은 것은?
① 지연 + 하강   ② 상승 + 지연
③ 축적 + 지연   ④ 축적 + 하강

해설
t_{on}(Turn on Time) = 상승 + 지연

83 입력파형의 아랫부분이 잘려 나가는 회로는?
① Peak Clipper
② Base Clipper
③ Positive Peak Clamp
④ Negative Peak Clamp

해설
파형의 정형회로
- Peak Clipper : 파형의 윗부분이 잘려 나간다.
- Base Clipper : 파형의 아랫부분이 잘려 나간다.
- Limiter(Slicer) : Peak Clipper와 Base Clipper의 합성으로 윗부분과 아랫부분이 모두 잘려 나간다.

84 펄스 발생회로의 종류 중 Multivibrator(구형파 발생회로)가 아닌 것은?
① Astable(비안정) Multivibrator
② Mono-Stable(단안정) Multivibrator
③ Bi-Stable(쌍안정) Multivibrator
④ Solo Multivibrator

해설
펄스 발생회로-Multivibrator(구형파 발생회로)
- Astable(비안정) Multivibrator
- Mono-Stable(단안정) Multivibrator
- Bi-Stable(쌍안정 = Flip-Flop) Multivibrator

정답 78 ③ 79 ① 80 ② 81 ③ 82 ② 83 ② 84 ④

85 멀티바이브레이터의 공통특징에 포함되지 않는 사항은?

① 회로의 시정수 τ에 의해 출력파형의 반복주기 T가 결정된다.
② 출력에서 고차의 저주파를 포함시켜 정현파를 발생시키는 회로이다.
③ 정궤환이 이루어져 있는 회로이다.
④ 전원전압이 변화해도 발진주파수에는 큰 영향을 주지 못하기 때문에 발진주파수는 안정된 회로이다.

해설
멀티바이브레이터의 공통특징
- 정궤환이 이루어져 있는 회로이다.
- 회로의 시정수 τ에 의해 출력파형의 반복주기 T가 결정된다.
- 스위칭회로의 기본이 되는 회로로서 특히 구형파 발생회로나 계수기 등에 널리 사용되는 회로이다.
- 전원전압이 변화해도 발진주파수에는 큰 영향을 주지 못하기 때문에 발진주파수는 안정된 회로이다.
- 출력에서 고차의 고주파를 포함시켜 펄스를 발생시키는 회로이다.

86 Schmitt Trigger회로의 특징이 아닌 것은?

① A/D 변환기
② 전압 비교회로(Comparator)이다.
③ 정현파 발생회로이다.
④ 입력파형에 관계없이 출력은 항상 구형파이다.

해설
Schmitt Trigger회로의 특징
- 쌍안정 멀티바이브레이터회로의 일종이다.
- 입력파형에 관계없이 출력은 항상 구형파이다.
- 펄스파 발생회로 : 방형파(Squaring Circuit)이다.
- A/D 변환기
- 전압 비교회로(Comparator)이다.

87 전파 정류회로의 평균값은?

① $\dfrac{I_m}{\pi}$ ② $\dfrac{2I_m}{\pi}$
③ $\dfrac{I_m}{2}$ ④ $\dfrac{I_m}{\sqrt{2}}$

해설
$$I_{dc} = \dfrac{2I_m}{\pi}$$

88 전파 정류회로의 정류효율은 반파 정류회로의 정류효율에 몇 배인가?

① 1.5배   ② 2배
③ 3배   ④ 4.5배

해설
반파 정류회로의 정류효율은 40.6[%]이고, 전파 정류회로의 정류효율은 81.2[%]이다. 따라서, 2배 차이가 난다.

89 다음 중 콘덴서 입력형 평활회로의 특징으로 틀린 것은?

① 맥동률이 크다.
② 전압변동률이 크다.
③ 역전압이 높다.
④ 가격이 저렴하다.

해설
평활회로의 비교

	콘덴서 입력형(Condenser Type LPE)	초크 입력형(Choke Coil Type LPF)
직류출력전압 (V_{dc})	높다(병렬연결).	낮다(직렬연결).
전압변동률 ($\triangle V$)	크다.	작다.
맥동률	적다.	부하전류가 작을수록 크다.
역전압	높다(소전력송신기).	낮다(대전력송신기).
가 격	싸다.	비싸다.

90 정전압 전원회로의 파라미터에 해당되는 사항이 아닌 것은?

① 온도안정계수   ② 출력저항
③ 전압안정계수   ④ 전류안정계수

85 ② 86 ③ 87 ② 88 ② 89 ① 90 ④

해설
정전압회로의 파라미터
- 전압안정계수
- 온도안정계수
- 출력저항

91 병렬형 정전압회로에 대한 특징으로 옳은 것은?
① 효율이 우수하다.
② 과부하 시 TR이 파괴된다.
③ 과부하에 대해 보호능력이 있다.
④ 부하변동이 많고 대전류일 때 사용된다.

해설
병렬형 정전압회로
- 과부하에 대해 보호능력이 있으나 효율이 나쁘다.
- TR과 R_L이 병렬연결, 부하변동이 적고 소전류일 때 이용된다.

92 다음 중 가공전선의 구비조건과 관련이 없는 것은?
① 내구성이 작을 것
② 도전율이 클 것
③ 기계적 강도가 클 것
④ 신장률이 클 것

해설
가공전선의 구비조건
- 경제적일 것
- 기계적 강도가 클 것
- 도전율(허용전류)이 클 것
- 비중(밀도)이 작을 것
- 내구성이 있을 것
- 부식성이 작을 것
- 가요성이 클 것
- 신장률이 클 것

93 다음은 교류계통에서 전류가 전선의 바깥쪽으로 흐르려고 하는 현상은?
① 접지효과
② 근접효과
③ 페란티현상
④ 표피효과

해설
표피효과
전선 중심부에서 쇄교 자속량이 많아 인덕턴스가 커지므로 상대적으로 임피던스가 적은 전선 바깥쪽, 표면으로 흐르려는 현상을 말한다.

94 전선의 표피효과에 대한 설명 중 맞는 것은?
① 전선이 가늘수록, 주파수가 높을수록 커진다.
② 전선이 가늘수록, 주파수가 낮을수록 커진다.
③ 전선이 굵을수록, 주파수가 낮을수록 커진다.
④ 전선이 굵을수록, 주파수가 높을수록 커진다.

해설
표피효과는 전선이 굵을수록, 주파수가 높을수록 커진다. 즉, 전류가 전선의 표면으로 흐르려고 하는 현상이다.

95 장거리 경간을 갖는 송전선로에서 전선의 단선을 방지하기 위한 전선은?
① 강심알루미늄연선(ACSR)
② 경알루미늄선
③ 중공연선
④ 경동선

해설
ACSR(강심알루미늄연선)
전선 중심은 강심을 두어 전선의 단선을 방지하고, 전선 바깥 부분은 알루미늄선을 꼬아서 전선의 무게를 줄인 것으로 송전선로에서 주로 사용하고 표피효과를 저감할 수 있는 전선이다.

96 옥내배선에서 사용하는 전선의 굵기를 결정할 때 고려하지 않는 요소는?
① 기계적 강도
② 전선의 무게
③ 전압강하
④ 허용전류

해설
- 전선의 굵기를 고려하는 요소 : 허용전류, 전압강하, 기계적 강도
- 경제적인 전선의 굵기 선정 : 켈빈의 법칙

97 송전선로에서 경제적인 전선의 굵기 선정 시 사용하는 것은?
① 옴의 법칙
② 렌츠의 법칙
③ 패러데이 전자유도 법칙
④ 켈빈의 법칙

해설
경제적인 전선의 굵기 선정 : 켈빈의 법칙

정답 91 ③ 92 ① 93 ④ 94 ④ 95 ① 96 ② 97 ④

98 애자가 갖추어야 할 구비조건으로 맞는 것은?

① 선로전압에는 충분한 절연내력을 가지며 이상전압에는 절연저항이 매우 약해야 한다.
② 비, 눈, 안개 등에 대해서도 충분한 절연저항을 가지며 누설전류가 많아야 한다.
③ 지지물에 전선을 지지할 수 있는 충분한 기계적 강도를 갖추어야 한다.
④ 온도의 급변에 잘 견디고 습기도 잘 흡수해야 한다.

해설
애자의 구비조건
• 충분한 절연내력을 가질 것
• 충분한 절연저항을 가질 것
• 기계적 강도가 클 것
• 누설전류가 적을 것
• 온도의 급변에 잘 견디고 습기를 흡수하지 말 것
• 가격이 저렴할 것

99 송전선에 낙뢰가 가해져서 애자에 섬락현장이 생기면 아크가 생겨 애자가 손상되는 경우가 있는데 이를 방지하기 위한 것은?

① 아머로드   ② 아킹혼
③ 댐 퍼   ④ 가공지선

해설
아킹혼, 아킹링 : 이상전압(낙뢰)로부터 애자련 보호, 애자련의 전압 분담 균등화

100 다음 중 송전선로의 표준철탑 설계에서 일반적으로 가장 큰 하중은?

① 전선의 인장강도
② 빙설하중
③ 애자, 전선의 중량
④ 풍압하중

해설
송전선로용 표준철탑의 설계에서 가장 큰 하중은 수평 횡하중(풍압하중)이다.

101 전선로의 지지물에 가해지는 상시하중 중에서 가장 큰 것으로 표준철탑의 설계 시 가장 중요한 것은?

① 수평 횡하중   ② 수직 횡하중
③ 수직 하중   ④ 수평 종하중

해설
송전선로용 표준철탑의 설계에서 가장 큰 하중은 수평 횡하중(풍압하중)이다.

102 가공송전선로를 가선할 때는 하중과 온도를 고려해서 적당한 이도(Dip)를 설정하는데 이에 대해서 바르게 설명한 것은?

① 전선을 가선할 때 전선을 팽팽하게 가선하는 것은 이도를 크게 하는 것이다.
② 이도의 대소는 지지물의 높이를 좌우한다.
③ 이도를 작게 하면 이에 비례하여 전선의 장력이 증가되며 심할 때는 전선 상호 간이 꼬이게 된다.
④ 이도가 작으면 전선이 좌우로 흔들려서 다른 상과 단락사고의 위험이 따른다.

해설
이도의 대소는 지지물의 높이를 결정하고 조건에 맞게 설계를 한다.

103 3상 수직배치인 선로에서 오프셋(Offset)을 주는 이유는?

① 단락방지   ② 난조방지
③ 유도장해 감소 ④ 철탑중량 감소

해설
오프셋은 상간 전선의 접촉으로 인한 단락사고 방지를 위함이다.

104 송전선에 댐퍼를 설치하는 이유는?

① 현수애자의 경사방지 ② 전자유도 감소
③ 전선의 진동방지   ④ 코로나 방지

해설
댐퍼는 전선의 진동에 의한 단선사고 방지를 위해 설치한다.

105 케이블의 전력손실과 관계가 없는 것은?

① 유전체손 ② 저항손
③ 연피손   ④ 철 손

해설
전력케이블 손실 : 저항손, 유전체손, 연피손

106 변전소의 역할 중 맞지 않는 것은?

① 전력을 발생시키고 분배한다.
② 유효전력과 무효전력을 배분한다.
③ 전력조류를 제어한다.
④ 전압을 승압, 강압시킨다.

해설
전력을 발생시키고 분배하는 곳은 발전소이다.

107 장거리 대전력 송전에서 교류송전방식에 비해서 직류송전방식의 장점이 아닌 것은?

① 절연계급을 낮출 수 있다.
② 전압의 변성이 용이해서 고압 송전에 유리하다.
③ 송전효율이 높다.
④ 안정도가 좋다.

해설
직류송전의 장·단점
• 장 점
 – 절연계급을 낮출 수 있다.
 – 리액턴스가 없으므로 리액턴스에 의한 전압강하가 없다.
 – 송전효율이 좋다.
 – 안정도가 좋다.
 – 도체이용률이 좋다.
• 단 점
 – 교직 변환장치가 필요하며 설비가 비싸다.
 – 고전압 대전류 차단이 어렵다.
 – 회전자계를 얻을 수 없다.

108 전선 단면적을 그대로 두고 직경을 키운 전선은?

① 경동선   ② 중공연선
③ 연동선   ④ 강심알루미늄연선

해설
중공연선 : 전선의 단면적을 그대로 하고 직경을 크게 키운 전선

109 송전선로의 선로정수가 아닌 것은 다음 중 어느 것인가?

① 저 항   ② 정전용량
③ 누설 컨덕턴스 ④ 선로손실

해설
선로정수 : 저항(R), 인덕턴스(L), 정전용량(C), 누설 컨덕턴스(G)

110 다도체(복도체)를 사용하면 송전용량이 증가하는 이유는?

① 전압강하가 적다.
② 전달 임피던스가 크다.
③ 선로의 작용인덕턴스는 감소하고 작용정전용량은 증가한다.
④ 정전용량이 감소한다.

해설
다도체 사용 시 장점과 단점
• 장 점
 – 인덕턴스는 감소하고, 정전용량은 증가해서 송전용량이 증대된다.
 – 전선표면의 전위 경도를 감소시키고 코로나 개시전압이 높아져 코로나손실을 줄일 수 있다.
 – 안정도를 증대시킬 수 있다.
 – 전선의 허용전류가 증대된다.
• 단 점
 – 정전용량이 커져서 페란티현상 발생(대책 : 분로리액터 설치)
 – 풍압하중, 빙설의 하중으로 진동 발생(대책 : 댐퍼 설치)
 – 각 소도체 간에 흡입력이 작용해서 충돌 및 다도체 효과 감소(대책 : 스페이서 설치)

111 송전선에 다도체(복도체)를 사용할 경우 같은 단면적의 단도체를 사용했을 경우와 비교할 때 설명으로 맞지 않는 것은?

① 전선의 허용전류가 증대된다.
② 전선의 인덕턴스는 감소되고 정전용량은 증가된다.
③ 전선의 코로나 개시전압이 높아진다.
④ 전선표면의 전위 경도가 증가한다.

해설

다도체 사용 시 장점과 단점
- 장 점
  - 인덕턴스는 감소하고, 정전용량은 증가해서 송전용량이 증대된다.
  - 전선표면의 전위 경도를 감소시키고 코로나 개시전압이 높아져 코로나손실을 줄일 수 있다.
  - 안정도를 증대시킬 수 있다.
  - 전선의 허용전류가 증대된다.
- 단 점
  - 정전용량이 커져서 페란티현상 발생(대책 : 분로리액터 설치)
  - 풍압하중, 빙설의 하중으로 진동 발생(대책 : 댐퍼 설치)
  - 각 소도체 간에 흡입력이 작용해서 충돌 및 다도체 효과 감소(대책 : 스페이서 설치)

112 다도체(복도체)에서 2본의 전선이 서로 충돌하는 것을 방지하기 위하여 2본의 전선 사이에 적당한 간격을 두어 설치하는 것은?

① 댐 퍼　　② 스페이서
③ 아킹혼　　④ 아머로드

해설
다도체(복도체)에서 2본의 전선이 서로 충돌하는 것을 방지하기 위하여 2본의 전선 사이에 적당한 간격을 두어 설치하는 것을 스페이서라고 한다.

113 송전선로의 정전용량은 등가 선간거리 D가 증가하면 어떻게 되는가?

① 증가한다.
② 변하지 않는다.
③ 기하급수적으로 증가한다.
④ 감소한다.

해설
등가 선간거리 D가 증가하면 정전용량은 감소한다.

정전용량 $C = \dfrac{0.02413}{\log_{10}\dfrac{D}{r}}[\mu F]$, $C \propto \dfrac{1}{\log_{10}\dfrac{D}{r}}$

114 66[kV] 이상에 사용하는 애자로서 원판형 애자를 애자련으로 구성하여 사용하는 것은?

① 장간애자　　② 라인포스트애자
③ 핀애자　　　④ 현수애자

해설
현수애자 : 66[kV] 이상의 선로에 사용되면 원판형 현수애자는 애자련을 구성하여 사용한다. 내진, 내무, 내염 등의 목적으로 사용하는 것도 있다.

115 선로정수를 전체적으로 평형하게 하고 근접 통신선에 대한 유도장해를 줄일 수 있는 방법은?

① 이도를 준다.
② 소호리액터를 설치한다.
③ 연가를 한다.
④ 다도체를 사용한다.

해설
연가는 철탑에서 송전선로를 A상 → B상, B상 → C상, C상 → A상 등으로 규칙적으로 상의 위치를 변경하여 시설하는 것이다. 연가의 목적은 선로정수 평형, 통신선 유도장해 방지, 직렬공진 방지를 위함이다.

116 3상 3선식 송전선로를 연가하는 주된 목적은?

① 선로정수를 평형시키기 위해서
② 고도를 표시하기 위하여
③ 송전선을 절약하기 위해서
④ 전압강하를 방지하기 위하여

해설
연가의 목적 : 선로정수 평형, 통신선 유도장해 방지, 직렬공진 방지

117 지지물 상호거리가 비교적 근접해 있는 경우에 사용하는 지선은?

① 보통지선　　② 공동지선
③ Y지선　　　④ 수평지선

해설
공동지선 : 지지물 상호거리가 비교적 근접해 있는 경우에 사용한다.

118 송전선로의 지지물 중 경간의 차가 큰 장소에 시설하는 철탑은?

① 각도형 철탑　　② 인류형 철탑
③ 보강형 철탑　　④ 내장형 철탑

정답 112 ② 113 ④ 114 ④ 115 ③ 116 ① 117 ② 118 ④

해설

철탑의 종류
- 직선형 : 선로의 직선부분에 시설하는 지지물
- 각도형 : 수평각도 3°를 초과하는 장소에 시설하는 지지물
- 인류형 : 전 가섭선을 인류하는 장소에 시설하는 지지물
- 보강형 : 전선로를 보강하기 위하여 시설하는 지지물
- 내장형 : 경간의 차가 큰 장소에 시설하는 지지물

119 표준상태의 기온 기압하에서 공기의 절연이 파괴되는 전위경도는 정현파 교류의 실횻값[kV/cm]으로 얼마인가?

① 12 ② 21
③ 30 ④ 50

해설
- 교류 파열극한 전위경도 : 21[kV/cm]
- 직류 파열극한 전위경도 : 30[kV/cm]

120 송전선로에서 코로나 임계전압이 높아지는 경우는?

① 습도가 높을 때
② 전선의 지름이 큰 경우
③ 상대공기밀도가 작을 때
④ 온도가 높아지는 경우

해설

코로나 임계전압이 높아지는 경우
- 날씨가 맑을 때
- 습도가 낮을 때
- 온도가 낮을 때
- 기압이 높을 때
- 상대공기밀도가 클 때
- 전선의 지름이 클 때

121 코로나현상에 대한 설명으로 맞지 않는 것은?

① 코로나잡음이 발생한다.
② 코로나방전에 의하여 통신선 유도장해가 일어난다.
③ 코로나손실은 전원주파수의 제곱에 비례한다.
④ 코로나현상은 전력의 손실을 일으킨다.

해설

코로나손실

$$P_c = \frac{241}{\delta}(f+25)\sqrt{\frac{d}{2D}}(E-E_0)^2 \times 10^{-5}$$

코로나손실은 주파수(f)에 비례한다.

122 지중송전선로와 가공송전선로를 비교할 때 설명 중 맞는 것은?

① 인덕턴스는 작고 정전용량은 크다.
② 인덕턴스와 정전용량 모두 작다.
③ 인덕턴스와 정전용량 모두 크다.
④ 인덕턴스는 크고 정전용량은 작다.

해설

지중송전선로는 가공송전선로보다 인덕턴스는 작고, 정전용량은 크다.

123 변압기의 철손 감소 대책이 아닌 것은?

① 아몰퍼스 변압기의 채용
② 저손실 철심재료의 채용
③ 권선수 저감
④ 고배향성 규소강판 사용

해설

권선수 저감은 동손 감소 대책이다.
- 변압기 철손 감소 대책
  - 자속밀도의 감소
  - 저손실 철심재료의 채용
  - 고배향성 규소강판 사용
  - 아몰퍼스 변압기의 채용
  - 철심 구조의 변경
- 동손 감소 대책
  - 동선의 권선수 저감
  - 권선의 단면적 증가

124 수전용 변전설비의 1차측에 설치하는 차단기의 용량이 결정되는 요소는?

① 공급측 전원의 크기 ② 부하설비 용량
③ 수전계약 용량 ④ 수전전력과 부하용량

정답 119 ②　120 ②　121 ③　122 ①　123 ③　124 ①

해설

$P_S = \sqrt{3}\, V_s I_s$, $I_s = \dfrac{100 I_n}{\%Z}$, I_n 은 정격전류로서 변압기 용량에서 산출한다.

125 전력회로에 사용되는 차단기의 차단용량을 결정할 때 이용되는 것은?

① 계통의 최대전압
② 예상 최대사고전류
③ 회로를 구성하는 전선의 최대허용전류
④ 회로에 접속되는 전부하전류

해설
- 부하의 용량
- 계통의 정격전압
- 정격차단전류

※ 정격차단전류 : 차단기의 차단 동작 순간 각 상에 흐르는 전류로서 과전류의 사고가 아닌 단락사고에 의해 발생하는 계통상의 대전류를 차단기가 자체의 손상이 없이 견딜 수 있는 최대의 사고전류를 의미한다.

126 다음 중 수용가의 수용률이란?

① $\dfrac{\text{최대수요전력}}{\text{부하설비합계}} \times 100[\%]$
② $\dfrac{\text{평균전력}}{\text{합성최대전력}} \times 100[\%]$
③ $\dfrac{\text{합성최대수용전력}}{\text{평균전력}} \times 100[\%]$
④ $\dfrac{\text{부하설비합계}}{\text{최대수요전력}} \times 100[\%]$

해설

수용률 = $\dfrac{\text{최대수요전력}}{\text{부하설비합계}} \times 100[\%]$

127 다음 중 수용가의 부하율이란?

① $\dfrac{\text{최대수요전력}}{\text{평균수요전력}} \times 100[\%]$
② $\dfrac{\text{평균수요전력}}{\text{최대수요전력}} \times 100[\%]$
③ $\dfrac{\text{부하설비용량}}{\text{피상전력}} \times 100[\%]$
④ $\dfrac{\text{피상전력}}{\text{부하설비용량}} \times 100[\%]$

해설

부하율 = $\dfrac{\text{평균수요전력}}{\text{최대수요전력}} \times 100[\%]$

128 다음 중 배전계통에서 부등률이란?

① $\dfrac{\text{부하의 평균전력의 합}}{\text{부하설비의 최대전력}}$
② $\dfrac{\text{최대부하 시의 설비용량}}{\text{정격용량}}$
③ $\dfrac{\text{부하의 평균전력의 합}}{\text{부하설비의 최대전력}}$
④ $\dfrac{\text{각 부하의 최대수요전력의 합}}{\text{합성최대전력}}$

해설

부등률 = $\dfrac{\text{각 부하의 최대수요전력의 합}}{\text{합성최대전력}} \geq 1$

129 수전용량에 비해 첨두부하가 커지면 부하율은 그에 따라 어떻게 되는가?

① 작아진다.
② 높아진다.
③ 일정하다.
④ 부하 종류에 따라 달라진다.

해설

부하율 = $\dfrac{\text{평균전력}}{\text{최대전력}}$

∴ 부하율 $\propto \dfrac{1}{\text{최대전력(첨두부하)}}$

정답 125 ② 126 ① 127 ② 128 ④ 129 ①

130 배전선을 구성하는 방식으로 방사상식에 대한 설명으로 옳은 것은?

① 부하 증가에 따른 선로 연장이 어렵다.
② 선로의 전류분포가 가장 좋고 전압강하가 작다.
③ 부하의 분포에 따라 수지상으로 분기선을 내는 방식이다.
④ 사고 시에도 무정전 공급이 가능하므로 도시 배전선에 적합하다.

해설
방사상식(가지식, 수지식) : 농어촌 지역
• 장 점
 - 시설비가 싸다.
 - 용량 증설이 용이하다.
• 단 점
 - 인입선의 길이가 길다.
 - 전압강하가 크다.
 - 전력손실이 크다.
 - 정전범위가 넓다.
 - 플리커 현상이 발생한다.

131 루프식 배전방식에 대한 설명으로 맞게 설명한 것은?

① 고장 시 정전범위가 넓다.
② 가지식에 비해 전압강하 및 정전범위가 작다.
③ 부하밀도가 적은 농·어촌에 적당하다.
④ 시설비는 적은 반면 전력손실이 크다.

해설
루프식(환상식) : 수용밀도가 큰 지역(중, 소도시)
• 장 점
 - 가지식에 비해 전압강하 및 정전범위가 작다.
 - 고장개소의 분리조작이 용이
• 단 점
 - 설비가 복잡하고 증설이 어렵다.

132 저압 뱅킹 배전방식에서 캐스케이딩현상을 설명한 것은?

① 저압선이나 변압기에 고장이 생기면 자동적으로 고장이 제거되는 현상
② 전압 동요가 적은 현상
③ 저압선의 고장에 의하여 건전한 변압기의 일부 또는 전부가 차단되는 현상
④ 변압기의 부하 분배가 불균일한 현상

해설
저압 뱅킹방식 : 부하가 밀집된 시가지
• 장 점
 - 부하의 융통성을 도모하고, 전압변동 전력손실이 경감된다.
 - 변압기 용량 저감
 - 공급신뢰도 향상
• 단 점
 - 캐스케이딩현상 발생
 ※ 캐스케이딩 : 저압선의 고장으로 인한 변압기 일부 또는 전부가 차단되는 현상으로 구분퓨즈나 차단기를 설치하여 방지한다.

133 우리나라 특고압 배전방식으로 가장 많이 사용되고 있는 것은?

① 단상 2선식 ② 단상 3선식
③ 3상 3선식 ④ 3상 4선식

해설
배전선로 전기방식은 주로 3상 4선식을 사용한다. 1선당 전력손실이 가장 작고, 전선소요량이 적은 경제적인 송전방식이다.

134 역률개선의 효과로 볼 수 없는 것은?

① 전력손실의 감소 ② 수전설비용량의 증가
③ 전압강하의 감소 ④ 전기요금의 증가

해설
역률개선의 효과
• 수전설비용량의 증가
• 전력손실의 감소
• 전압강하의 감소
• 전기요금의 감소

정답 130 ③ 131 ② 132 ③ 133 ④ 134 ④

135 부하가 P[kW]이고, 역률이 $\cos\theta_1$인 것을 병렬로 콘덴서를 접속하여 합성역률을 $\cos\theta_2$로 개선하려면 필요한 콘덴서의 용량은 몇 [kVA]인가?

① $P(\tan\theta_1 + \tan\theta_2)$ ② $P(\tan\theta_1 - \tan\theta_2)$
③ $P(\cos\theta_1 + \cos\theta_2)$ ④ $P(\cos\theta_1 - \cos\theta_2)$

해설
역률 개선 시 콘덴서 용량
$Q_c = P\tan\theta_1 - P\tan\theta_2 = P(\tan\theta_1 - \tan\theta_2)$

136 부하용량이 4,800[kW], 역률이 60[%]인 설비를 80[%]로 역률을 개선하려 할 때 필요한 콘덴서의 용량은 몇 [kVar]인가?

① 2,800 ② 3,500
③ 4,500 ④ 5,200

해설
$$Q_C = P(\tan\theta_1 - \tan\theta_2) = P\left(\frac{\sin\theta_1}{\cos\theta_1} - \frac{\sin\theta_2}{\cos\theta_2}\right)$$
$$= 4,800\left(\frac{0.8}{0.6} - \frac{0.6}{0.8}\right)$$
$$= 2,800[\text{kVar}]$$

137 전력선에 의한 통신선의 전자 유도장해의 주된 원인은?

① 영상전류
② 전력선의 연가 불충분
③ 전력선의 전압이 통신선보다 높음
④ 전력선과 통신선 사이의 차폐효과 불충분

해설
전자 유도장해 원인 : 영상전류, 상호 인덕턴스

138 전력용 퓨즈는 주로 어떤 전류의 차단 목적으로 사용하는가?

① 단락전류 ② 과도전류
③ 충전전류 ④ 과부하전류

해설
전력용 퓨즈 : 단락전류 차단
• 장 점
 – 가격이 싸다.
 – 소형, 경량이다.
 – 고속 차단된다.
 – 보수가 간단하다.
 – 차단능력이 크다.
• 단 점
 – 재투입이 불가능하다.
 – 과도전류에 용단되기 쉽다.
 – 계전기를 자유로이 조정할 수 없다.
 – 한류형은 과전압을 발생한다.

139 보호계전기가 구비하여야 할 조건이 아닌 것은?

① 오래 사용하여도 특성의 변화가 없을 것
② 보호동작이 정확, 확실하고 검출이 예민할 것
③ 가격이 싸고 계전기의 소비전력이 클 것
④ 열적, 기계적으로 튼튼할 것

해설
보호계전기 구비 조건
• 고장의 정도 및 위치를 정확히 파악할 것
• 고장개소를 정확히 선택할 것
• 동작이 예민하고 오동작이 없을 것
• 소비전력이 적고, 경제적일 것
• 후비보호능력이 있을 것

140 부하전류의 차단능력이 없는 것은?

① DS ② MCCB
③ OCB ④ ACB

해설
단로기(DS)는 무부하전류 개폐 시 사용한다.

141 현재 널리 사용되고 있는 GCB(Gas Circuit Breaker)용 가스는?

① 아르곤 가스 ② SF_6 가스
③ 수소 가스 ④ 헬륨 가스

해설
가스 차단기(GCB) : SF_6 가스 사용, 소음이 적다.
※ SF_6 가스는 무색, 무미, 무취, 무해이고 불연성이며 소호능력 및 절연내력이 크다.

정답 135 ② 136 ① 137 ① 138 ① 139 ③ 140 ① 141 ②

142 선로고장 발생 시 타 보호기기와 협조하여 고장구간을 신속히 개방하는 자동구간개폐기가 고장전류를 차단할 수 없을 때 차단 기능이 있는 후비보호장치와 직렬로 설치되어야 하는 배전용 개폐기는?

① 부하개폐기
② 섹셔널라이저
③ 컷아웃 스위치
④ 배전용 차단기

해설
- 리클로저 : 후비보호능력이 있다.
- 섹셔널라이저 : 후비보호능력이 없다(리클로저와 직렬연결).
※ 후비보호 : 주보호와 후비보호가 보호계전을 이루고 있는 방식으로 주보호보다 거리가 먼 곳의 보호를 담당한다. 주보호가 차단이 되지 않을 때 동작하여 사고 전류를 차단하여, 설비를 보호하는 방식이다.

143 다음 중 인버터의 설명으로 볼 수 없는 것은?

① 정격용량은 인버터에 연결된 모듈의 정격용량 이상이어야 하며 각 직렬군의 태양전지 모듈의 출력전압은 인버터 입력전압 범위 내에 있어야 한다.
② 신재생에너지센터에서 인증한 인증제품을 설치해야 한다.
③ 인버터 해당 용량이 없을 경우에는 국제공인시험기관(KOLAS), 제품인증기관(KAS) 또는 시험기관 등의 시험성적서를 받은 제품을 설치해야 한다.
④ 옥내용을 옥외에 설치하는 경우는 10[kW] 이상 용량일 경우에만 가능하며 이 경우 빗물의 침투를 방지할 수 있도록 옥내에 준하는 수준으로 설치해야 한다.

해설
지붕면은 건물계획 초기 단계부터 건물의 일부분으로서 설계되어, 건물에 일체화된 BIPV(건물일체형)시스템에 적용된다. 건물 적용 시의 공통된 장점 이외에, 건물의 외장재로서 사용되어 그에 상응하는 비용을 절감할 수 있고, 건물과의 조화가 잘 이루어짐으로 건물의 부가적인 가치를 향상시킬 수 있다. 온도 등 고려되어야 하는 부분이 있고, 신축건물이나 기존건물을 크게 개·보수하는 경우에 적용 가능하다. 옥내용을 옥외에 설치하는 경우는 5[kW] 이상 용량일 경우에만 가능하며 이 경우 빗물의 침투를 방지할 수 있도록 옥내에 준하는 수준으로 설치해야 한다.

144 옥상 또는 지붕 위에 설치한 태양전지 어레이로부터 접속함으로 배선할 경우 처마 밑 배선을 실시한다. 물의 침입을 방지하기 위한 케이블의 차수 처리 지름은 케이블 지름의 몇 배인가?

① 2배   ② 4배
③ 6배   ④ 10배

해설
원칙적으로 케이블의 차수 처리 지름은 케이블 지름의 6배 이상인 반경으로 배선작업을 한다.

145 태양광 모듈과 인버터 간의 배선공사를 할 때의 주의사항이다. 설명이 맞지 않는 것은?

① 태양광 전원회로와 출력회로는 동일한 전선관, 케이블트레이, 접속함 내에 시설한다.
② 태양전지 모듈은 스트링 필요매수를 직렬로 결선하고, 어레이 지지대 위에 조립한다.
③ 태양전지 모듈의 이면으로부터 접속용 케이블이 2가닥씩 나오기 때문에 반드시 극성을 확인한 후 결선한다.
④ 케이블은 건물마감이나 러닝보드의 표면에 가깝게 시공해야 하며, 필요한 경우 전선관을 이용하여 물리적 손상으로부터 보호해야 한다.

해설
태양광 전원회로와 출력회로는 격벽에 의해 분리되거나 함께 접속되어 있지 않을 경우 동일한 전선관, 케이블트레이, 접속함 내에 시설하지 않아야 한다.

146 접속함으로부터 인버터까지의 배선의 전압강하율은 몇 [%] 이하로 하는가?

① 1[%]
② 2[%]
③ 3[%]
④ 5[%]

해설
접속함으로부터 인버터까지의 배선은 전압강하율을 2[%] 이하로 상정한다.

정답 142 ② 143 ④ 144 ③ 145 ① 146 ②

147 태양전지 어레이를 지상에 설치하는 경우 지중배선 또는 지중배관 길이가 몇 [m]를 초과하는 경우에 중간개소에 지중함을 설치하는가?

① 10
② 30
③ 50
④ 80

해설
중간개소의 지중함 설치
지중배선 또는 지중배관인 경우, 중량물의 압력을 받을 우려가 없도록 하고 그 길이가 30[m]를 초과하는 경우는 중간개소에 지중함을 설치할 수 있다.

148 다음 중 지중전선로의 매설 깊이는 얼마 이상인가?

① 1.2[m]
② 1.5[m]
③ 2.0[m]
④ 2.5[m]

해설
지중전선로의 매설 깊이
매설 깊이를 1.0[m] 이상으로 하되, 매설 깊이가 충분하지 못한 장소에는 견고하고 차량 기타 중량물의 압력에 견디는 것을 사용한다(중량물의 압력을 받을 우려가 없는 곳은 0.6[m] 이상).

149 태양광 인버터에서 옥내 분전반 간의 배관·배선공사에 관한 설명이 맞지 않는 것은?

① 정격용량은 인버터에 연결된 모듈의 정격용량 이상이어야 하며 각 직렬군의 태양전지 모듈의 출력전압은 인버터 입력전압 범위 내에 있어야 한다.
② 인버터 출력의 전기방식으로는 단상 2선식, 3상 3선식 등이 있고 교류측의 중성선을 구별하여 결선한다.
③ 부하 불평형에 의해 중선선에 최대전류가 발생할 우려가 있을 경우에는 수전점에 3극 과전류차단소자를 갖는 차단기를 설치한다.
④ 단상 3선식의 계통에 단상 2선식 220[V]를 접속할 수 없다.

해설
단상 3선식의 계통에 단상 2선식 220[V]를 접속하는 경우는 한국전기설비규정에 따라 설치한다.

150 태양광설비 시공기준과 관련하여 내용이 맞지 않는 것은?

① 태양전지 각 직렬군은 동일한 단락전류를 가진 모듈로 구성하여야 한다.
② 태양전지판의 출력배선은 군별·극성별로 확인할 수 있도록 표시하여야 한다.
③ 역류방지 다이오드 용량은 모듈 단락전류의 2배 이상이어야 하며 현장에서 확인할 수 있도록 표시하여야 한다.
④ 태양전지판에서 인버터 입력단 간의 전압강하는 각각 5[%]를 초과하여서는 아니 된다.

해설
태양전지판에서 인버터 입력단 간의 전압강하는 각각 3[%]를 초과하지 말아야 한다.

151 태양전지 모듈 간의 배선은 단락전류에 충분히 견딜 수 있도록 몇 [mm²] 이상의 전선을 사용해야 하는가?

① 1.5[mm²] 이상
② 2.5[mm²] 이상
③ 4.0[mm²] 이상
④ 6.0[mm²] 이상

해설
태양전지 모듈 간의 배선은 단락전류에 충분히 견딜 수 있도록 2.5[mm²] 이상의 전선을 사용해야 한다.

152 태양광발전설비 케이블 시공방법의 설명 중 맞지 않는 것은?

① 옥측 또는 옥외에 시설하는 경우에는 합성수지관공사, 금속관공사, 가요전선관공사 또는 케이블공사로 한국전기설비규정에 따라 시설한다.
② 공칭단면적 2.5[mm^2] 이상의 연동선 또는 이와 동등 이상의 세기 및 굵기의 것이어야 한다.
③ 옥내에 시설할 경우에는 합성수지관공사, 금속관공사, 가요전선관공사 또는 케이블공사로 한국전기설비규정에 따라 시설한다.
④ 공칭단면적 1.5[mm^2] 이상의 연동선 또는 이와 동등 이상의 세기 및 굵기이어야 한다.

해설
태양전지 모듈 간의 배선은 단락전류에 충분히 견딜 수 있도록 2.5[mm^2] 이상의 전선에 사용해야 한다.

153 태양전지 모듈에서 인버터 입력단 간 및 인버터 출력단과 계통연계점 간의 전압강하는 몇 [%]를 초과하지 않아야 하는가?(단, 상호거리 200[m])

① 2[%]
② 4[%]
③ 6[%]
④ 10[%]

해설
전선 길이에 따른 전압강하 허용값

전선의 길이	전압강하
60[m] 이하	3[%]
120[m] 이하	5[%]
200[m] 이하	6[%]
200[m] 초과	7[%]

154 3상 3선식의 전압강하를 구하는 계산식은?

e : 각 선간 전압강하[V]
A : 전선의 단면적[mm^2]
L : 도체 1본의 길이[m]
I : 전류[A]

① $e = \dfrac{35.6LI}{1,000A}$
② $e = \dfrac{35.6A}{1,000LI}$
③ $e = \dfrac{30.8LI}{1,000A}$
④ $e = \dfrac{30.8A}{1,000LI}$

해설

회로의 전기방식	전압강하	전선의 단면적
직류 2선식 교류 2선식	$e = \dfrac{35.6LI}{1,000A}$	$A = \dfrac{35.6LI}{1,000e}$
3상 3선식	$e = \dfrac{30.8LI}{1,000A}$	$A = \dfrac{30.8LI}{1,000e}$

정답 152 ④ 153 ③ 154 ③

CHAPTER 04 태양광발전장치 준공검사

제3과목 태양광발전 시공

제1절 태양광발전 사용 전 검사

1 보호계전기 특성 및 동작시험

(1) 보호계전기 한시특성

보호계전기 동작에 필요한 전압, 전류 인가 시 접점을 닫을 때까지의 동작시간의 특성을 말함

(2) 한시특성(동작시한)의 분류

분류	원리	특성곡선
정한시	• 동작전류의 크기와 관계없이 항상 정해진 시간 경과 후 동작 • UVR, ZR 대표적	정한시
순한시	• 정정된 최소동작전류 이상의 전류가 흐르면 즉시 동작 • 보통 0.3초 이내 동작특성 • OCR(50) 순시요소부 대표적	정한시 순한시
반한시	• 동작전류 크기와 동작시간이 반비례하여 동작 • 동작전류 크면 동작시간이 짧다. • OCR(51) 대표적	반한시
반한시성 정한시	• 반한시와 정한시의 조합 • 실용상 적절한 한시특성	반한시 정한시
반한시성 순한시	• 반한시와 순한시의 조합 • 고장전류보호 위한 적절한 한시특성 • OCR(50, 51) 대표적 • 반한시특성 과부하전류 보호 • 순시특성 단락전류 보호	반한시 순한시

(3) 보호계전기 동작시험

계전기 종별	동작치 (전압, 전류 임피던스 위상각, 비율)	동작시간	위상각
전류계전기	• 가동철심형 : 공칭동작치의 ±15[%] 　(±10[%]) • 기타 : 공칭동작치의 ±5[%] 이내 • (　) 내는 1[VA] 미만	• 한시요소 : 최소 Tap 최대 Lever에서 표준동작시간의 300[%] 입력 시 ±12[%](±18[%]) 이내, 500[%] 입력 시 ±7[%](±10[%]) 이내, 1,000[%] 입력 시 ±7[%](±10[%]) 이내 • 순시요소 : 200[%] 입력 시 600[ms] 　(40[ms]) 이하 • (　) 내는 1[VA] 미만	
전압계전기	• 가동철심형 : 공칭동작치의 ±10[%] 이내 • 기타 : 공칭동작치의 ±5[%] 이내	위와 같음	
선택지락계전기	• 최대감도위상각 : 30~45° • 동작치 : 최대감도위상에서 인가전압 E이면 다음 전류 이하에서 동작해야 하며 허용오차는 ±5[%] 이내 $\leq \dfrac{190 \times 150}{E}[\text{mA}]$	표준동작시간이 ±10[%] 이내	표준치의 ±5[%] 이내 (다만, 1차 시험대에는 ±10[%] 이내)
기 타	공칭동작치의 ±5[%] 이내	위와 같음	위와 같음

2 접지 및 절연저항

(1) 접지저항

전기설비기술기준에 따라 지중 접지를 하고 낙뢰의 우려가 있는 건축물과 20[m] 이상의 건축물은 피뢰설비 기준의 규칙에 적합하게 피뢰설비를 설치한다.

(2) KEC 접지방식 이전 접지방식 비교

접지대상	KEC 적용 이전 접지방식	KEC 접지방식
(특)고압설비	1종 : 접지저항 10[Ω]	• 계통접지 : TN, TT, IT 계통 • 보호접지 : 등전위본딩 등 • 피뢰시스템접지
600[V] 이하 설비	특3종 : 접지저항 10[Ω]	
400[V] 이하 설비	3종 : 접지저항 100[Ω]	
변압기	2종 : 계산필요	변압기 중성점 접지로 명칭 변경

(3) 접지저항의 측정

① 접지저항계를 이용한 접지저항 측정방법
  ㉠ 접지저항계를 이용하여 접지전극 및 보조전극 2본을 사용하여 접지저항을 측정한다.

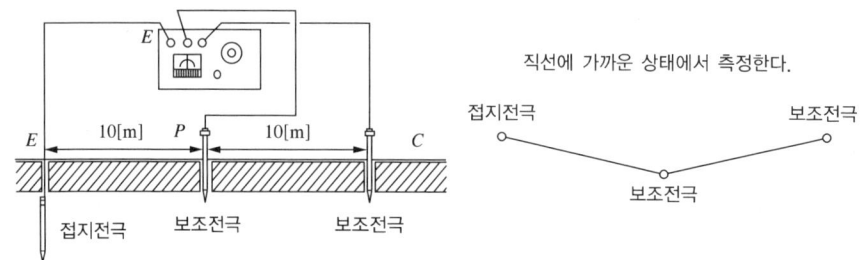

접지저항의 측정방법

  ㉡ 접지전극, 보조전극의 간격은 10[m]로 하고 직선에 가까운 상태로 설치한다.
  ㉢ 접지전극을 접지저항계의 E단자에 접속하고 보조전극을 P단자, C단자에 접속한다.
  ㉣ 누름버튼스위치를 누른 상태에서 접지저항계의 지침이 '0'이 되도록 다이얼을 조정하고 그때의 눈금을 읽어 접지저항값을 측정한다.
  ㉤ 접지저항의 값은 접지극 부근의 온도 및 수분의 함유 정도에 의해 변화하며 연중 변동하고 있다. 그러나 최고일 때에도 정해진 한도를 넘어서는 안 된다.

② 간이 접지저항계 이용 측정방법
  ㉠ 측정에 있어 접지보조전극을 타설할 수 없는 경우는 간이 접지저항계를 사용하여 접지저항을 측정한다.

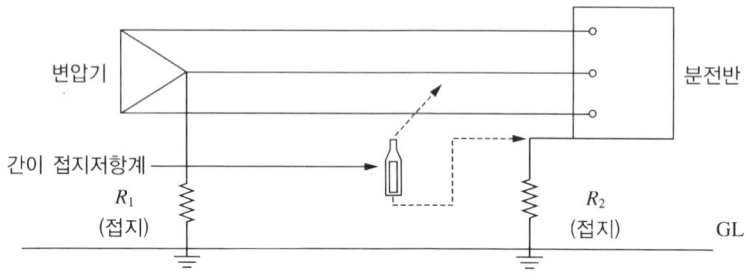

간이접지 측정방법(전압강하식)

ⓛ 주상변압기의 2차측 중성점에 변압기 중성점 접지가 시공되어 있는 것을 이용하는 방법이다.
ⓒ 중성선과 기기 접지단자 간에 저주파의 전류를 흘리고 저항치를 측정하면 양 접지저항의 합이 얻어지므로 간접적으로 접지저항을 알 수 있다.

③ 기타 공사
  ㉠ 피뢰공사
  낙뢰의 우려가 있는 건축물 또는 높이 20[m] 이상의 건축물에는 기준에 적합하게 피뢰설비를 설치해야 한다.
  ㉡ 울타리, 담 등의 설치
  태양광발전소의 경우 취급자 이외의 자가 그 구내에 용이하게 접근할 우려가 없도록 울타리, 담 등의 적절한 조치를 취해야 한다. 다만, 어레이의 직류전압이 고압 또는 저압일지라도 인버터를 통해 교류로 변환된 전압을 특고압 이상으로 승압하기 위한 변압기를 갖춘 경우에는 인버터, 변압기 및 모선 등 전기기계기구 등의 충전부로부터 감전 등의 방지를 목적으로 태양광발전소에 대한 울타리, 담 등의 시설을 해야 한다.
  ㉢ 기타 시설
   • 명 판
    – 모든 기기는 용량, 제작자 및 그 외 기기별로 나타내야 할 사항이 명시된 명판을 부착해야 한다.
    – 명판은 신재생에너지설비 명판 설치기준에 따라 제작하여 잘 보이는 위치에 부착해야 한다.
   • 모니터링설비 : 모니터링설비는 '신재생에너지설비의 지원 등에 관한 지침'에 따라 모니터링 시스템 설치기준에 적합하게 설치해야 한다.

(4) 접지설비 방식
계통접지와 기기접지의 조합에 따라 접지방식에는 여러 가지 방식이 있다. 국내에서는 KS C IEC 60364 표준을 적용하여 TN계통(TN System), TT계통(TT System), IT계통(IT System)을 제안하고 있다.

① TN계통(Terra Neutral System)
  ㉠ TN-S계통
  전원부는 접지되어 있고 간선의 중성선(N)과 보호도체(PE)를 분리해서 사용한다. 이 경우 보호도체를 접지도체로 사용한다.

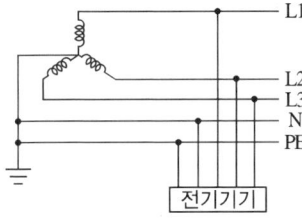

• 계통 전체를 중성선(N)과 접지선(PE)으로 분리하는 방식이다.
• 불평형전류는 중성선(N)에만 흐른다.
• 설비가 비싸고 주로 미국에서 사용하며, 약전 및 통신기기에 적합한 방식이다.
• 병원이나 전산센터 등에서 적합한 방식이다.

ⓛ TN-C계통

간선의 중성선과 보호도체를 겸용하는 PEN 도체를 사용하는 방식으로 기기의 노출 도전부분의 접지는 보호도체를 경유하여 전원부의 접지점에 접속한다.

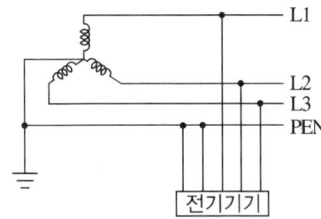

- 계통 전체를 중성선과 보호도체로써 하나의 도선으로 결합시킨 방식이다.
- 불평형전류는 접지 및 보호도체용 도선에 흐른다.
- 약전계통에 적용 시 노이즈 문제가 발생할 수 있다.
- 고조파계통에서 고조파로 인한 노이즈 문제가 발생할 수 있다.
- 일반적으로 통신선에 장해를 주지 않는 전력계통에 적합하다.

ⓒ TN-C-S시스템

전원부는 TN-C로 되어 있고 간선계통의 일부에서 중성선과 보호도체를 분리하여 TN-S계통으로 적용하는 방식이다.

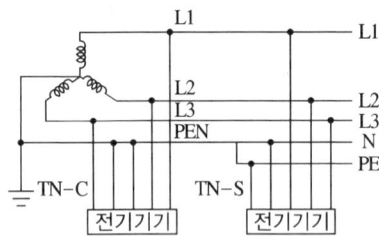

- 계통의 한 부분은 TN-C 방식이고 다른 부분은 TN-S 방식이다.
- 누전차단기 설치 시 TN-C 방식은 TN-S 방식 앞쪽에 적용한다.

② TT계통(Terra Terra System)

보호도체를 전원으로부터 가져오지 않고 기기 자체에서 접지하여 사용한다. 전력공급측을 계통 접지하여 설비의 노출 도전성 부분을 계통 접지와 전기적으로 독립 접지하는 방식이다.

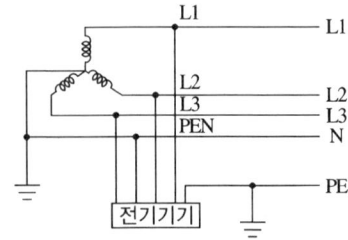

③ IT 계통(Insulation Terra System)

전원부를 비접지로 하거나 임피던스를 통해 접지하여 사용한다. 충전부 전체를 대지로 절연하고 한 점에 임피던스로 대지에 접속하여 노출 도전성 부분을 단독 또는 일괄 접지로 하는 방식이다.

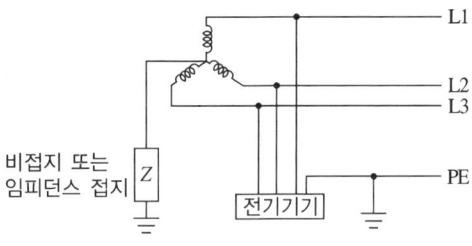

㉠ 대형 플랜트에서 적용한다.
㉡ 고압 간선라인 또는 송전선로에서 적용한다.
㉢ 정전용량이 큰 계통에서 적용한다.

(5) 절연저항

검사시기	검사항목
공사계획에 의한 전체공사가 완료된 때	• 외관검사 • 접지저항 측정검사 • 절연저항 측정검사 • 보호장치 시험검사 • 절연내력 시험검사 • 계측장치 설치상태 검사 • 비상정지장치 시험검사 • 부하차단 시험검사 • 부하운전 시험검사 • 기타 검사에 필요한 사항 검사

[비 고]
• 부하차단시험은 시험성적서로 갈음할 수 있다.
• 부하운전시험은 수용가 여건에 따라 다음과 같이 실시한다.
 – 부하가 설치되어 있지 않은 경우는 제작회사 시험성적서의 Load Test 기록으로 갈음할 수 있다.
 – 부하가 설치되어 있는 경우는 출력 가능한 최대부하로 하여 시험하되, 운전시간은 30분 이상 실시한다.
• 저압 발전기의 절연내력시험은 절연저항측정으로 갈음할 수 있다.

3 보호장치 종류 및 시설조건

이상 또는 고장이 발생했을 경우 자동적으로 분산형 전원을 전력계통으로부터 분리해 내기 위한 장치를 시설해야 한다.

① 단독운전 상태
② 분산형전원설비의 이상 또는 고장
③ 연계형 전력계통의 이상 또는 고장

(1) 계통연계장치의 요소를 검출 판별하는 장치

① 과전압계전기(OVR ; Over Voltage Relay)
② 부족전압계전기(UVR ; Under Voltage Relay)
③ 주파수상승계전기(OFR ; Over Frequency Relay)
④ 주파수저하계전기(UFR ; Under Frequency Relay)

(2) 보호계전기의 검출레벨과 동작시한

계전기기	기기번호	용도	동작시간	검출레벨
유효전력계전기	32P	유효전력 역송방지	0.5~2초	상시 병렬운전 상태에서 전력계통 동요 및 외부 사고 시 오동작하지 않는 범위 내에서 최솟값
무효전력계전기	32Q	단락사고 보호		배후계통 최소조건 하에서 상대단 모선 2상 단락 사고 시 유입 무효전력의 1/3 이하
부족전력계전기	32U	부족전력 검출		상시 병렬운전 발전 상태에서 전력계통 동요 및 외부 사고 시 오동작하지 않는 범위 내에서 최솟값, 계전기의 동작은 발전기의 운전상태에서만 차단기 트립되도록 한다.
과전압계전기	59	과전압 보호	순시정정치의 120[%]에서 2초	• 순시형 : 정격전압의 150[%] • 반한시형 : 정격전압의 115[%]
저전압계전기	27	사고검출 또는 무전압 검출	감시용 0.2~0.3초	정격전압의 80[%]
주파수계전기	81O/81U	주파수 변동 검출	0.5초/1분	• 과주파수 : 63[Hz] • 저주파수 : 57[Hz]
과전류계전기	50/51	과전류 보호	TR 2차 3상 단락 시 0.6초 이하	• 순시 : 단락보호 • 한시 : 150[%]에서 과부하보호 및 후미보호

(3) 연계계통 이상 시 태양광발전시스템의 분리와 투입 만족 조건

① 정전·복전 후 5분을 초과하여 재투입
② 차단장치는 한전계통의 정전 시 투입 불가능하도록 시설
③ 단락 및 지락고장으로 인한 선로 보호장치 설치
④ 연계계통 고장 시에는 0.5초 이내 분리하는 단독운전 방지장치 설치

(4) 분산형전원을 송전사업자의 특고압 전력계통에 연계하는 경우

① 계통 안정화 또는 조류 억제 등의 이유로 운전제어가 필요할 경우 분산형 전원에 필요한 운전제어장치를 시설한다.
② **연계용 변압기 중성점의 접지** : 전력계통에 연결되어 있는 다른 전기설비의 정격을 초과하는 과전압을 유발하거나 전력계통의 지락고장 보호협조를 방해하지 않도록 하는 시설

(5) 역송전이 있는 저압 연계시스템(계통연계 보호계전기)

① 저전압계전기, 저주파수계전기, 과전압계전기, 과주파수계전기로 구성된다.
② 보호계전기의 설치장소는 인버터의 출력점이 좋다.

(6) 역송전이 있는 고압 연계시스템(계통연계 보호계전기)

① 저전압계전기, 저주파수계전기, 과전압계전기, 과주파수계전기, 지락과전류계전기, 지락과전압계전기로 구성된다.

② 고압연계의 보호계전기의 설치장소로는 태양광발전소 구내 수전보호 배전반에 설치해야 한다.
③ 계통연계 보호장치는 전력회사와 사전에 협의하여 결정한다.

4 안전진단 절차 및 설비

(1) 구조안전검토서 제출

부지에 설치할 경우나 개발행위 진행 시 첨부서류로 요청, 확인하고 첨부해야 한다(구조안전검토 전문업체에 용역을 의뢰할 경우는 태양광의 구조안전검토서만 의뢰한다).

(2) 공작물 축조 신고

① 지자체 건축 조례를 확인하여 공작물 축조신고 대상 중량이 얼마인지 확인
② 만약 대상이 되면 건축법상의 공작물 축조신고서를 작성하고 첨부서류를 구비하여 지자체 건축과 담당자에게 제출한다.
③ 지자체 담당자의 허가증 교부 연락이 오게 되면 면허세 납부하고 허가증 수령 후 공사개시 신고 시 첨부한다.

5 단락전류 및 지락전류

(1) 차단기 검사

① 차단기의 일반규격

기력발전소에 대한 사용 전 검사 차단기 일반규격의 해당 품목 작성요령에 따른다. 직류차단기의 경우 반드시 전압을 확인하여 기록한다. 단, 시험을 인정할 수 있는 직류차단기는 현재 국내에서는 생산되고 있지 않으므로 외국 인증기관의 시험을 필한 3극 차단기로 결선한 것을 참고정격으로 인정하되 차단기의 모든 접점이 동시에 개방·투입되도록 결선해야 한다.

② 차단기 시험검사

기력발전소에 대한 사용 전 검사 차단기 시험검사의 해당 품목 검사요령에 따른다. 단, 충전시험은 계통과 연계하여 변압기를 가압 또는 역가압시켜 이음, 온도상승, 진동발생 등 이상 유무를 검사한다.

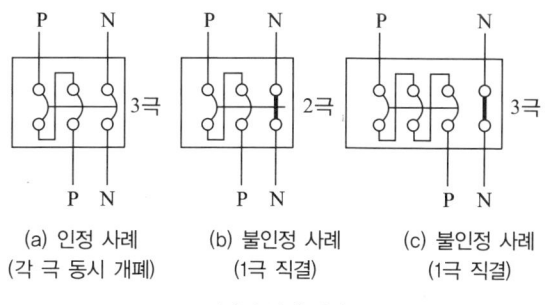

(a) 인정 사례　　(b) 불인정 사례　　(c) 불인정 사례
(각 극 동시 개폐)　(1극 직결)　　　　(1극 직결)

차단기 설치 사례

6 낙뢰 보호설비 등

(1) 낙뢰
뇌운에서 대지로 방출하는 전하 또는 번개의 종류 가운데 구름과 대지 사이에서 발생하는 방전현상을 말한다.

(2) 용어의 정의
① 낙뢰(Lightning Flash to Earth) : 뇌운전하와 대지 간에 유도된 전하 사이에 발생하는 대지 뇌방전이다. 이 낙뢰에는 1회 이상의 뇌격을 포함한다.
② 뇌격(Lightning Stroke) : 낙뢰에서 단일한 방전
③ 선행방전(Leader) : 귀환뇌격에 선행해 뇌운에서 대지를 향해 진전하는 방전
④ 계단형 선행방전(Stepped Leader) : 휴지시간을 동반하는 계단형 선행방전, 제1뇌격 시 이 형태를 취한다.
⑤ 화살형 선행방전(Dart Leader) : 제1뇌격 후 계단형이 되지 않고 연속적으로 리더가 앞의 방전로를 통과하는 선행방전
⑥ 뇌격거리(Striking Distance, Final Jump Distance) : 선행방전이 대지에 접근해 최종적으로 방전하는 거리. 이 거리는 KIn[m]로 주어진다. I는 뇌전류[kA], K와 n은 상수이다. 이 값은 각 연구자에 따라 여러 종류가 있다.
⑦ 귀환뇌격(Return Stroke) : 선행방전이 대지와 결합한 후 형성된 고도전성 방전로를 통해 대지에서 뇌운방향으로 흐르는 대규모 전류방전
⑧ 다중 뇌(Multiple Stroke) : 맨 처음 형성된 방전로를 따라 2회 이상의 뇌격을 반복하는 뇌방전
⑨ 뇌격점(Stroke Point, Point of Strike) : 낙뢰가 대지와 구조물 또는 피뢰설비와 접촉하는 장소
⑩ 뇌전류(Lightning Current) : 뇌격점에 흐르는 전류
⑪ 뇌전류 피크값(Peak Value of Lightning Current) : 낙뢰에서 최대전류값
⑫ 낙뢰 계속시간(Flash Duration) : 뇌전류 시작부터 끝까지의 시간
⑬ 뇌방전전하(Electric Charge of Lightning Discharge) : 뇌전류 시간적분
⑭ 연간 뇌우 일수(IKL ; Iso Keraunic Level) : 일정한 지역에서 천둥소리를 듣거나 뇌광을 눈으로 확인한 일수를 1년간 합한 일수
⑮ 뇌차폐(Shielding) : 보호해야 할 건축물과 전력선로에 대한 뇌격을 피하기 위해 차폐선과 피뢰침을 이용해 보호하는 것
⑯ 직격뢰(Direct Strokes) : 직접 상도체로 뇌격함으로써 발생하는 과전압. 배전선인 경우에는 가공지선과 콘크리트 기둥에 뇌격한 경우도 포함
⑰ 역섬락(Back Flashover) : 송전선 철탑과 가공지선으로 뇌격한 경우 접지저항과 철탑 서지임피던스에 의해 철탑과 가공지선의 전위상승이 커져 반대로 상도체로 방전하는 현상
⑱ 유도뢰(Induced Over-Voltages Due to Nearby Strokes) : 근처 수목과 건축물에 낙뢰한 경우 뇌 방전로를 흐르는 전류에 의해 선로 근처 전자계가 급변해 생기는 과전압

⑲ 역류뢰(Backflow Current) : 건축물에 대한 뇌격 시 접지저항이 충분히 낮지 않으므로 전원을 공급하는 전력선에 뇌격전류 일부가 유입되는 것. 산정상 부하공급 배전선에서 피해가 많이 발생
⑳ 간헐 뇌격(Intermittent Stroke) : 연속적인 전류를 동반하지 않는 뇌격
㉑ 감전(Electric Shock) : 인체에 전류가 흘러 생리적 변화를 일으키는 것
㉒ 공지 간 전류(Air-Earth Current) : 대기-지표 간 전류로서 방사선, 우주선 등에서 대기가 이온화되어 아래쪽으로 향하는 전기장이 만들어질 때, 양으로 하전된 대기로부터 음으로 하전된 지면을 향해 흐르는 전하의 흐름이다. 맑은 날에는 미약하지만, 강수·강설, 뇌운 접근 시에 공지 간 전류가 크게 변함
㉓ 구상번개(Ball Lightning) : 뇌우가 심할 때 나타나는 지름 10~50[cm] 정도의 광구로, 주로 주황색에서 파란색까지 다양하며 낮에도 보일 정도로 밝은 색을 띠는 번개
㉔ 구슬번개(Beaded Lightning) : 관측자가 우연히 불규칙한 채널의 일부 끝에서 관찰할 때 마치 구슬을 길게 엮어 놓은 모양으로 채널을 따라 연속적으로 더 밝게 나타나는 번개
㉕ 뇌운강수(Thundery Precipitation) : 뇌운으로부터 내리는 소낙성 강수
㉖ 뇌우(Thunderstorm) : 천둥과 번개를 동반한 비
㉗ 뇌우 고기압(Thunderstorm High) : 뇌운 아래의 찬 공기덩이의 무게에 의해 형성되어 뇌우에 동반되는 중규모 고기압
㉘ 뇌우 전하분리(Thunderstorm Charge Separation) : 뇌운 내부에서 전기가 정극성과 부극성으로 분리되는 과정
㉙ 뇌우의 코(Nose of Thunderstorm) : 뇌우가 통과할 때 관측되는 기압의 급상승 부분
㉚ 뇌운(Thunder Cloud) : 천둥번개를 동반하는 구름으로 적란운 혹은 웅대적운
㉛ 다지점 낙뢰(Multi-Point Strike) : 동일 낙뢰에 포함되는 뇌격으로, 하나의 구름에서 시작되나 여러 대지면에 동시에 떨어지는 낙뢰
㉜ 도달시간 분석법(TOA ; Time Of Arrival Technique) : 전자기 신호가 서로 다른 센서에 도달하는 시간을 이용하여 발생시점의 위치를 역으로 추측하는 기술로서, 뇌격의 발생위치를 추정하기 위한 시스템에 이용되는 기술 중의 하나
㉝ 되돌이뇌격(Return Stroke) : 귀환뇌격, 복귀뇌격으로서 계단선도와 반대방향으로 향하는 선도가 만나는 부착과정(Attachment Process)이 이루어진 후, 처음 시작된 계단선도의 반대방향으로 전하의 이동이 연속하여 이루어지는 현상
㉞ 단기선 도달시간 분석기술(Short-Baseline Time of Arrival Technique) : 도달시간 분석기술에서 센서 간의 거리를 짧게 설치하여 위치를 파악하는 기술
㉟ 대기방전(Air Discharge) : 구름과 지면 사이의 전위차로 구름에서 시작된 방전이 지면까지 도달하지 못하고 구름과 대기 사이에서 일어나는 방전
㊱ 리본번개(Ribbon Lightning) : 바람에 의하여 채널의 수평변위가 한 무리의 리본처럼 보이는 번개
㊲ 마른 뇌우(Dry Thunderstorm) : 비가 오지 않는데도 발생하는 뇌우
㊳ 방향탐측시스템(Direction Finding System) : 낙뢰로부터 발생한 전자파가 도달하는 방향을 측정하여 발생한 위치를 결정하는 낙뢰관측의 하나

㊴ 삼극자 구조(Tripple Structure) : 번개를 유발하는 뇌운 내에 대전된 입자의 분포가 세 개의 덩어리로 존재하는 구조
㊵ 수뢰침(Lightning Rod) : 낙뢰침이 대신 낙뢰를 끌어들여 보호하고자 하는 건축물에 낙뢰가 직접 맞는 것을 방지하고, 안전하게 지면으로 낙뢰의 전기를 수송하기 위한 침 형태의 구조물
㊶ 적란운(Cumulonimbus) : 소나기, 천둥번개, 우박 등을 동반한 뇌운
㊷ 첨단방전(Point Discharge) : 끝점방전으로 뾰족한 끝에서 전자가 모여 발생하는 방전
㊸ 코로나(Corona) : 끝이 뾰족한 형태의 전극에 의해 전계가 집중되는 곳에 전하가 집중되는 현상으로, 완전한 절연파괴현상인 방전현상 이전에 전계의 크기가 일정한 크기로 유지되는 현상
㊹ 포크형 번개(Fork Lightning) : 여러 지점에 낙뢰가 동시에 발생하는 현상으로, 마치 지면으로 내려오는 모습이 포크의 모양을 닮아 붙여진 이름
㊺ 풀구라이트(Fulgurite) : 땅에 벼락이 쳤을 때 생기는 나무뿌리 같은 유리 막대모양의 물체

(3) 낙뢰의 종류

① 직격뢰

뇌운에서 태양전지 어레이, 저압 배전선, 전기기기 및 배선 등에 직접 방전이 되는 낙뢰 또는 근방에 떨어지는 낙뢰이며, 에너지가 매우 크다(15~20[kA]가 약 50[%] 정도를 차지하며, 200~300[kA]인 것도 있음). 태양광발전시스템의 보호를 위해서 대책이 필요하다.

② 유도뢰

뇌운에 의해서 축적된 전하로 케이블에 유도된 역극성의 전하가 케이블 이외의 장소에서 낙뢰로 인해 해방되어 케이블 위를 좌우로 진행파가 되어 진행하는 현상이다. 번개구름에 의해 유도된 전류가 순간적인 높은 전압으로 장비에 유입되어 피해를 주게 된다. 여기서 순간적인 전압상승을 뇌서지라고 한다.

㉠ 유도뢰의 종류
- 정전유도 유도뢰 : 케이블에 유도된 플러스 전하가 낙뢰로 인한 지표면 전하의 중화에 의해 뇌서지가 되는 현상
- 전자유도 유도뢰 : 케이블 부근에 낙뢰로 인한 뇌전류에 따라 케이블에 유도되어 뇌서지가 되는 현상

㉡ 여름뢰와 겨울뢰
- 여름뢰 : 시베리아에서 불어온 찬 공기가 상공으로 진입하면 뇌가 발생하기 쉬운 현상
- 겨울뢰 : 겨울에는 동해 쪽에서 기온이 낮아지면서 같은 조건이 생겨 대기가 대단히 불안하게 되는 현상

㉢ 여름뢰와 겨울뢰의 차이점
- 겨울뢰는 여름뢰에 비해 파고값이 1,000~수천[A]로 작다. 하지만 지속시간이 1,000배 이상 길고 대지 전류도 길게 먼 곳까지 흘러들어가므로 여름뢰에 비해 넓은 범위까지 영향을 미친다.
- 여름뇌운은 1.5~10[km] 이상 높이의 층을 가지고 있으며, 겨울뇌운은 300[m]~6[km] 정도로 층의 높이가 상대적으로 낮다.
- 겨울철 동해 연안에는 대기의 상층부가 하층부보다 풍속이 강하기 때문에 수평 방향으로 확장되며, 대지로의 1회 방전으로 구름의 전체 전하가 방전되어 버리는 경우가 많다.

② 직격뢰 보호소자
- 가공지선
- 피뢰침

③ 뇌운 사이에서 방전에 의해 일어나는 경우

상공에 두 개의 뇌운이 접근하여 떠 있는 경우, 정전기와 부전기층에서 방전을 일으키면 뇌운파가 발생한다. 이때 정전유도작용에 의해 전력선이나 통신선상에 고여 있던 전하의 리듬을 파괴한다. 그 결과 전하가 선의 양방향에 서지로 흘러나오게 된다.

(4) 낙뢰 피해 형태

① 직접적인 피해
  ㉠ 낙뢰에 의한 감전
  ㉡ 건축물설비의 파괴
  ㉢ 가옥 산림의 화재

② 간접적인 피해
  ㉠ 통신시설의 파손(정파)
  ㉡ 전력설비의 파손(정전)
  ㉢ 공장, 빌딩의 손상(조업정지)
  ㉣ 철도, 교통시설의 파손(불통)

③ 전력설비에서 낙뢰 피해의 원인
  ㉠ 배전선에서의 유도뢰와 역류뢰
  ㉡ 송전선, 배전선에 대한 직격뢰

(5) 낙뢰의 침입경로

① 접지선, 피뢰침, 전원선, 안테나, 통신선로를 통해 유입된다.
② 뇌서지 침입경로로 태양전지 어레이에서의 침입 이외에 배전선이나 접지선에 의한 침입 및 그 조합에 의한 침입 등이 있다.
③ 접지선에서의 침입은 주변의 낙뢰에 의해서 대지전위가 상승하고 상대적으로 전원측의 전위가 낮게 되어 접지선에서 반대로 전원측으로 흐르는 경우에 발생하게 된다.
  ㉠ 접지 간의 전위차
    - 낙뢰가 발생하였을 경우 개별접지 간에 전위차가 발생되기 때문에 장치 쪽에 과전압이 가해져 내전압을 초과하게 되어 피해가 발생된다.
    - 태양전지 어레이와 여러 가지 태양광발전설비의 대부분은 옥외에 설치되어 있기 때문에 장치마다 다른 접지극을 가지고 있다.
    - 각 장치 사이마다 접지선이 접속되어 외관상으로는 등전위가 이루어진 것처럼 보이지만 배선거리가 길면 서지 전반속도와 접지선 인덕턴스 등의 영향을 무시할 수 없게 되어 완전한 등전위가 어렵다.

(6) 뇌서지 대책

- 인버터 2차 교류측에도 방전갭(서지보호기)을 설치한다.
- 태양광발전 주회로의 양극과 음극 사이에 방전갭(서지보호기)을 설치한다.
- 배전계통과 연계되는 개소에 피뢰기를 설치한다.
- 태양전지 어레이의 금속제 구조부분은 적절히 접지한다.
- 과전압보호기의 정격전압은 태양전지 어레이의 무부하 시 최대발전전압으로 한다.
- 방전갭(서지보호기)의 방전용량은 15[kA] 이상으로 하고, 동작 시 제한전압은 2[kA] 이하로 한다.
- 방전갭(서지보호기)의 접지측 및 보호대상 기기의 노출 도전성 부분은 태양광발전시스템이 설치된 건물 구조체의 주등전위 접지선에 접속한다.

① 뇌보호시스템
  ㉠ 내부 뇌보호 : 낙뢰로 인한 전위차로 발생된 위험을 방지하는 것이다.
   - 안전이격거리 : 발생된 전위차로 인하여 불꽃방전이 일어나지 않게 거리를 두어서 절연하는 것이다.
   - 등전위본딩 : 발생된 전위차를 저감하기 위해 건축물 내부의 금속부분을 도체처럼 서지보호장치에 접속하는 것이다.
   - 접 지
   - 서지보호장치(SPD)
   - 차 폐
  ㉡ 외부 뇌보호 : 뇌전류를 신속하고 효과적으로 대지에 방류하기 위한 시스템이다.
   - 접지극 : 낙뢰전류를 대지로 흘려보내는 것으로서 동판, 접지선과 접지봉을 건축물의 가장 꼭대기에 설치하여 기초 접지로 설치하는 것을 말한다.
   - 인하도선 : 직격뢰를 받을 수뢰부로부터 대지까지 뇌전류가 통전하는 경로이며, 도선과 건축물의 철골과 철근 등을 인하도선으로 사용한다.
   - 수뢰부 : 피뢰침, 돌침 등 직격뢰를 받아서 대지로 분류하는 금속체이다.
   - 안전이격거리
   - 차 폐

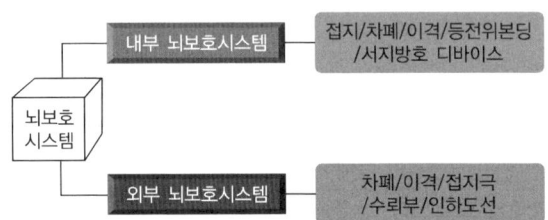

② 뇌보호시스템의 상세 설명
  ㉠ 수평도체방식 : 건물의 상부 파라펫(Parapet, 동환봉 또는 부스바)이라는 부분에 설치한다. 넓은 부지에 설치한 대용량 태양광발전시스템에 가장 적합한 보호방식이다. 보호하고자 하는 태양광발전시스템 상부에 수평도체를 가설하고 뇌격을 흡수하게 한 후에 인하도선을 통해 뇌격전류를 대지에 방류한다. 지상에 넓게 설치한 발전소의 경우 경제적인 부담이 있지만 그림자가 발생하지 않아 완전보호가 가능하기에 가장 바람직한 방식 중에 하나이다.

ⓒ 돌침방식 : 가장 많이 시설하는 방식으로서 뇌격은 선단이 뾰족한 피뢰침 같은 금속도체에 잘 떨어지기 때문에, 건축물이나 태양광발전설비 근방에 접근한 뇌격을 흡인하여 선단과 대지 사이를 접속한 도체를 통해 뇌격전류를 대지로 안전하게 방류한다. 건물을 신축할 때 동시에 시설하는 태양광발전설비에 아주 적합한 방식이지만 용량이 많은 경우 불합리한 방식이다.

ⓒ 그물법 : 수뢰도체는 가능한 짧고 직선경로로 하여 뇌격전류가 최소한 2개 이상의 금속루트를 통하여 대지에 접속되도록 구성한 방식이다. 건물 측면 태양전지 모듈에 그물도체로 덮인 내측을 보호범위로 하는 방법으로서 그물폭은 태양광발전에 지장이 없는 범위로 정하여 설치한다. 그물도체의 수는 수뢰효과에 따른 접지효과 및 뇌 전류의 통로를 저임피던스로 하여 전압강하 저감을 주목적으로 하기 때문에 그물형상은 반드시 망상을 구성할 필요는 없고 평행도체를 구성하면 보호효과는 동일하다.

ⓒ 회전구체법 : 고층건물에 피뢰설비하는 방식으로서 2개 이상의 수뢰부에 동시 또는 1개 이상의 수뢰부와 대지를 동시에 접하도록 구체를 회전시킬 때, 구체 표면의 포물선으로부터 피보호물을 보호범위로 한다.

③ 태양광발전설비의 낙뢰 대책
  ㉠ 뇌서지 침입
    • 태양전지 어레이 침입   • 접지선에서의 침입
    • 배전선 침입   • 배전선과 접지선 조합에서의 침입
  ㉡ 뇌서지 대비 방법
    • 광역 피뢰침뿐만 아니라 서지보호장치를 설치한다.
    • 저압 배전선에서 침입하는 뇌서지에 대해서는 분전반과 피뢰소자를 설치한다.
    • 피뢰소자를 어레이 주회로 내부에 분산시켜 설치하고 접속함에도 설치한다.
    • 뇌우 다발지역에서는 교류전원측으로 내뢰 트랜스를 설치하여 보다 완전한 대책을 세워야 한다.
  ㉢ 피뢰대책용 부품
    • 어레스터   • 서지업서버   • 내뢰 트랜스

④ 뇌서지가 흐르는 이유
  접지선에서의 침입은 주변의 낙뢰에 의해 대지전위가 상승하고 상대적으로 전원측의 전위가 낮게 되어 접지선에서 반대로 전원측으로 흐르는 경우에 발생한다.

(7) 피뢰기
① 전력계통에서 이상전압을 변전설비 자체의 절연으로 운용하는 것은 경제적으로 불가능하다.
② 피뢰기는 이상전압의 파고값을 낮추어서 애자나 기기를 보호하는 장치이다.

(8) 중성점 접지 기기
① 변압기의 중성점을 접지하기 위해서 접지용 저항기, 소호리액터, 보상리액터 등을 말한다.
② 변압기 중성점에 절연을 보호하기 위한 피뢰기를 두는 경우도 있다.
③ 변압기 중성점이 없는 경우에는 접지용 변압기를 사용해서 중성점을 만들어 중성점 기기를 접속하는 경우도 있다.

(9) 접지 장치

접지사고 또는 낙뢰 시에 변전소의 전위가 이상 상승을 방지하도록 접지선의 매설, 기기, 실외 철구, 가공지선 등의 접지를 하는 장치를 말한다.

(10) 배전반

① 배전반은 변전소의 중추 신경이다.
② 운전원이 계통, 기기의 상태를 감시하고 기기의 조작, 전압·전류·전력 등을 계측하는 기능을 지니고 있다.
③ 사고 시 보호계전기로 자동적으로 이상을 검출하고 차단기를 동작시켜서 고장점을 분리하는 지령을 보낸다.

(11) 기타 설비

① 낙뢰로부터 선로 및 기기를 보호하기 위한 가공지선이 있다.
② 커패시터를 선로와 대지 사이에 설치하여 이상전압을 억제해 주는 서지흡수기가 있다.
③ 소내설비로서 전원설비, 애자청소장치, 압축공기 발생장치, 소화설비, 냉각설비가 있다.
④ 제어회로, 소내회로, 보안통신회로가 있고 변전소의 기기 조작이나 제어용 전원으로 축전지를 사용하며 충전장치가 있다.

7 사용 전 검사 준비

(1) 사용 전 검사항목 및 세부검사 내용(자가용 태양광발전설비)

① 세부검사 진행 내용

태양광발전설비를 구성하는 각 기기는 설치 완료 시 다음 표와 같은 사용 전 검사 항목에 따라 세부검사가 진행되어야 한다.

자가용 전기설비 검사업무 처리규정 별표 3

검사항목	검사세부 종목	수검자 준비자료
1. 외 관	• 공사계획인가(신고) 내용확인	• 공사계획인가(신고)서 • 태양광 발전설비 개요 • 지지물의 설계도 및 구조계산서
2. 태양전지 • 일반규격 • 본 체	• 규격확인 • 외관검사 • 전지 전기적 특성시험 　- 최대출력 　- 개방전압 　- 단락전류 　- 최대 출력전압 및 전류 　- 충진율 　- 전력변환효율 • Array 　- 절연저항 　- 접지저항	• 태양전지 규격서 • 단선결선도 • 태양전지 트립 인터록 도면 • 시퀀스 도면 • 측정 및 점검기록표 　- 보호장치 및 계전기 　- 절연저항
3. 전력변환장치 • 일반규격 • 본 체	• 규격확인 • 외관검사 • 절연저항 • 절연내력	• 공사계획인가(신고)서 • 단선결선도 • 시퀀스 도면 • 제품 시험성적서

검사항목	검사세부 종목	수검자 준비자료
• 보호장치	• 제어회로 및 경보장치 • 전력조절부/Static 스위치 자동·수동절체시험 • 역방향운전 제어시험 • 단독 운전 방지 시험 • 인버터 자동·수동 절체시험 • 충전기능시험	• 측정 및 점검기록표 – 보호장치 및 계전기 – 절연저항 – 절연내력 – 경보회로 – 부대설비
• 축전지	• 외관검사 • 절연저항 • 보호장치시험 • 시설상태 확인 • 전해액 확인 • 환기시설 상태	
4. 종합연동시험 5. 부하운전시험		• 종합 인터록 도면 • 출력 기록지
6. 기타 부속설비	전기수용설비 항목을 준용	

② 태양광발전 설비표

자가용 태양광발전설비에 대해 사용 전 검사를 실시하는 검사자는 수검자로부터 다음의 자료를 제출받아 태양광발전 설비표를 작성해야 한다.

㉠ 공사계획인가(신고)서 : 공사계획인가(신고)서는 전기설비의 설치 및 변경공사 내용이 전기사업법 규정에 의하여 인가 또는 신고를 한 공사계획에 적합해야 한다.

㉡ 시험성적서의 제출내용 확인 : 검사자는 수검자로부터 다음 설비에 대한 시험성적서를 제출받아 확인한다.
- 변압기
- 차단기
- 보호계전기류
- 보호설비류
- 피뢰기류
- 변성기류
- 개폐기류
- 콘덴서, 모터, 기동기, 케이블 및 케이블 접속재
- 발전설비
- 상기 이외의 전기기계기구와 보호장치

㉢ 시험성적서 확인방법
- 공인시험기관에 의한 시험성적서와 기관에 의한 인증서 확인으로 다음 표와 같은 방법으로 진행한다.
- 고압 이상 전기기계기구의 시험성적서는 국내생산품과 수입품 모두 동일하게 국내 공인시험기관의 시험 성적서를 확인함을 원칙으로 한다. 다만, 다음의 경우에는 제작회사의 자체 시험성적서를 확인한다.

- 산업표준화법에 의한 KS표시품, 케이블, 콘덴서, 전동기, 기동기, 20[kV]급 케이블 종단접속재 이외의 케이블 접속재
- 국가표준기본법에 의한 공인제품 인증기관의 안전인증표시품
- 전기기기 시험기준 및 방법에 관한 요령 고시에 의한 공인시험기관의 인증시험이 면제된 제품
- 국내 공인시험기관에서 시험이 불가능한 품목 및 검사기관에서 인정한 품목
• 국내 공인시험기관의 시험설비 미비, 관련 규격이 없는 경우, 수리품 및 국내 미생산품인 경우는 공인시험기관의 참고시험성적서를 확인한다.

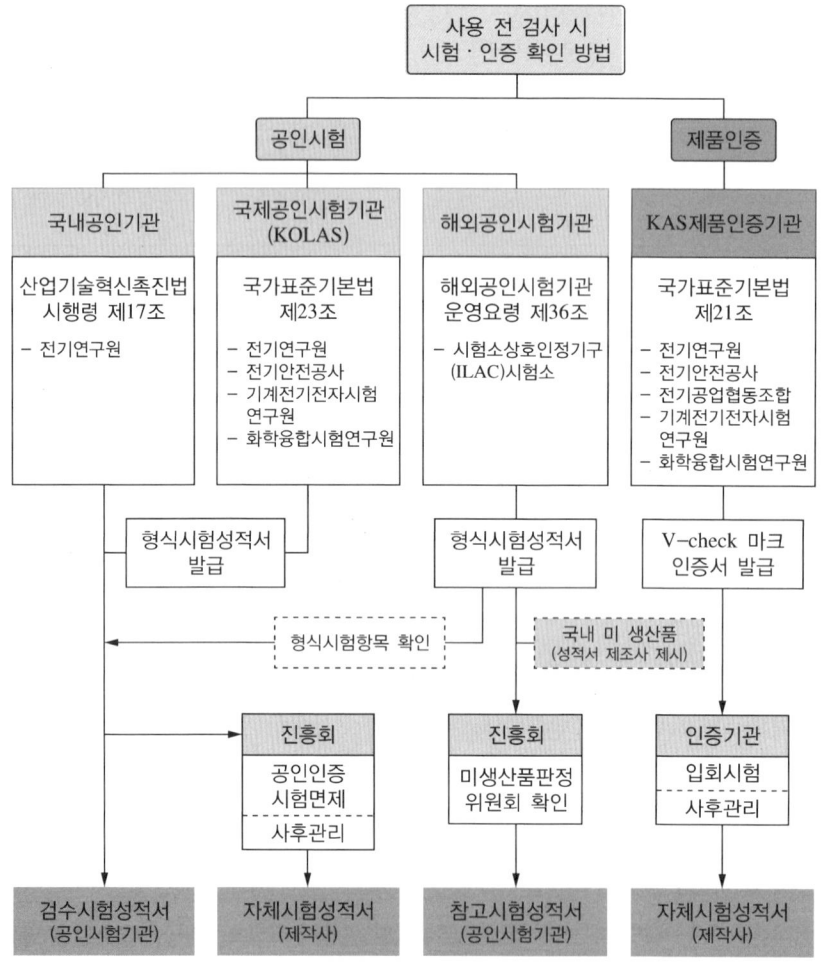

시험성적서 확인 플로 차트

③ 태양전지 검사
  ㉠ 태양전지의 일반 규격 : 검사자는 수검자로부터 제출받은 태양전지 규격서상의 규격이 설치된 태양전지와 일치하는지 확인한다.
  ㉡ 태양전지의 외관검사 : 검사자는 태양전지 셀 및 모듈을 비롯한 시스템에 대해 다음의 사항을 중심으로 외관을 검사한다.

구분	내용

태양전지 모듈 또는 패널의 점검	• 검사자는 모듈의 유형과 설치개수 등을 1,000[lx] 이상의 밝은 조명 아래에서 육안으로 점검한다.
	• 지상설치형 어레이의 경우에는 지상에서 육안으로 점검하며 지붕설치형 어레이는 수검자가 제공한 낙상 보고조치를 확인한 후 검사자가 직접 지붕에 올라 어레이를 검사한다.
	• 지붕의 경사가 심해 검사자가 직접 오를 수 없는 경우에는 수검자가 제공한 사다리나 승강장치에 올라 정확한 모듈과 어레이의 설치개수를 세어 설계도면과 일치하는지 확인한다.
	• 정확한 모듈 개수의 확인은 전압과 전류 출력에 영향을 미치므로 매우 중요하다. 간혹 현장의 모듈이 인가서 상의 모듈 모델번호와 다른 경우가 있으므로 각 모듈의 모델번호 역시 설계도면과 일치하는지 확인한다.
	• 지붕에 설치된 모듈은 모델번호를 확인하기 곤란한 경우가 많으므로 수검자가 카메라로 찍은 사진을 근거로 확인한다.
	• 사용 전 검사 시 공사계획인가(신고)서의 내용과 일치하는지 태양전지 모듈의 정격용량을 확인하여 이를 사용 전 검사필증에 표시하고 다음 사항을 확인한다.
	  – 셀 용량 : 태양전지 셀 제작사가 설계 설명서에 제시한 용량을 기록한다.
	  – 셀 온도 : 태양전지 셀 제작사가 설계 설명서에 제시한 셀의 발전 시 온도를 기록한다.
	  – 셀 크기 : 제작자의 설계서상 셀의 크기를 기록한다.
	  – 셀 수량 : 공사계획서상 출력을 발생할 수 있도록 설치된 셀의 전체 수량을 기록한다.

태양전지 셀, 모듈, 패널, 어레이에 대한 외관검사	• 공사계획인가(신고)서 내용과 일치하는지 확인하고 태양전지 셀의 제작번호를 확인한다.
	• 태양전지 셀의 제작, 운송 및 설치과정에서의 변색, 파손, 오염 등의 결함 여부를 1,000[lx] 이상의 조도에서 다음 사항을 중심으로 육안 점검하고 단자대의 누수, 부식 및 절연재의 이상을 확인한다.
	  – 모듈 표면의 금, 휨, 찢김이나 모듈 배열의 흐트러짐
	  – 태양전지 모듈의 깨짐
	  – 오결선
	  – 태양전지 셀 간 접촉 또는 태양전지 셀의 모듈 테두리 접촉
	  – 태양전지 셀과 모듈 테두리 사이에 기포나 박리현상에 의한 연속된 통로 형성 여부
	  – 합성수지재 표면처리 결함으로 인한 끈적거림
	  – 단말처리 불량 및 전기적 충전부의 노출
	  – 기타 모듈의 성능에 영향을 끼칠 수 있는 요인
	• 모듈의 개수와 모델번호를 확인하고 나면 마지막으로 각 모듈과 어레이의 배치가 설계도면과 일치하는지 확인한다.
	• 배선 점검
	• 접속단자의 조임상태 확인

ⓒ 태양전지의 전기적 특성 확인
- 최대출력 : 태양광발전소에 설치된 태양전지 셀의 셀당 최대출력을 기록한다.
- 개방전압 및 단락전류 : 검사자는 모듈 간이 제대로 접속되었는지 확인하기 위해 개방전압이나 단락전류 등을 확인한다.
- 최대출력 전압 및 전류 : 태양광발전소 검사 시 모니터링 감시장치 등을 통해 하루 중 순간 최대출력이 발생할 때의 인버터의 교류전압 및 전류를 기록한다.
- 충전율 : 개방전압과 단락전류와의 곱에 대한 최대출력의 비(충전율)를 태양전지 규격서로부터 확인하여 기록한다.
- 전력변환효율 : 기기의 효율을 제작사의 시험성적서 등을 확인하여 기록한다.

이 밖에도 수검자로부터 제출받은 태양광발전시스템의 단선결선도, 태양전지 트립인터록 도면, 시퀀스 도면, 보호장치 및 계전기 시험성적서가 태양광발전설비의 시공 또는 동작상태와 일치하는지 확인한다.

ⓔ 태양전지 어레이 : 검사자는 수검자로부터 제출받은 절연저항시험 성적서에 기재된 값으로부터 현장에서 실측한 값과 일치하는지 확인한다.
- 절연저항 : 검사자는 운전 개시 전에 태양광회로의 절연상태를 확인하고 통전여부를 판단하기 위해 절연저항을 측정한다. 이 측정값은 운전개시 후 절연상태의 기준이 된다.
- 접지저항 : 검사자는 접지선의 탈락, 부식 여부를 확인하고 접지저항값이 전기설비기술기준이나 제작사 적용 코드에 정해진 접지저항이 확보되어 있는지를 접지저항 측정기로 확인한다.

④ 전력변환장치 검사
  ㉠ 전력변환장치의 일반 규격 : 검사자는 수검자로부터 제출받은 공사계획인가(신고)서상의 전력변환장치 규격이 시험성적서 및 이 현장에 시공된 장치의 규격과 일치하는지 확인한다.
   • 형식 : 인버터 모델 형식을 기록한다.
   • 용량 : 인버터의 용량이 공사계획인가(신고) 내용과 일치하는지를 확인해야 하며, 다만 인버터의 여유율을 감안하여 인버터에 접속된 모듈의 정격용량은 인버터 용량의 105[%] 이내로 할 수 있다.
   • 정격 입·출력 전압 : 인버터의 입·출력 전압을 확인한다.
   • 제작사 및 제작번호 : 제작사 및 기기 일련번호를 기록한다.
  ㉡ 전력변환장치 검사
   • 외관검사
     - 검사자는 전력변환장치의 파손이나 변형 등의 유무를 확인한다.
     - 배전반(보호 및 제어)의 계기, 경보장치 등의 이상 유무를 확인한다.
     - 배전반의 절연간격 및 배선의 결선상태를 확인한다.
     - 필요한 개소에 소정의 접지가 되어 있는지 확인하고, 접지선의 접속상태가 양호한지 확인한다.
   • 절연저항 : 검사자는 운전 개시 전에 공장 및 현장에서 측정한 절연저항 측정성적서를 검토하거나 실제 측정함으로써 전력변환장치 직류회로 및 교류회로의 절연상태가 기술기준이나 제작사 적용코드에서 규정한 기준값 내에 드는지 확인한다. 이 측정값은 운전 개시 후의 절연상태의 기준이 된다.
   • 절연내력 : 절연내력시험은 검사자 입회하에 실제 사용전압을 가압하여 이상 유무를 확인하는 것이 원칙이지만 시험성적서로 갈음할 수 있으며, 절연내력시험이 곤란한 경우에는 절연저항(500[V] 절연저항계)측정으로 갈음할 수 있다.
   • 제어회로 및 경보장치 : 전력변환장치의 각종 제어회로 및 보호기능 등을 동작시켜 경보상태를 확인한다.
   • 전력조절부/Static 스위치 자동·수동절체시험 : 전력조절부의 시스템 상태에 따른 Static 스위치의 절체시간을 확인한다.
   • 역방향운전 제어시험 : 태양광발전부에서 발전하지 못하거나 발전한 전력이 부하공급에 부족할 경우, 계통으로부터 부족한 전력공급 유무를 확인한다.
   • 단독운전 방지시험 : 계통측 정전 시 태양광발전설비에게 생산된 전력이 배전선로로 역송되지 않도록 태양광발전설비 단독운전 기능의 정상동작 유무(0.5초 내 정지, 5분 이후 재투입)를 확인한다.
   • 인버터 자동·수동 절체시험 : 인버터 자동·수동 절체시험을 실시하여 운전 중인 인버터의 이상 여부를 확인한다.
   • 충전기능시험
     - 공장에서 실시한 용량검사 내용을 확인한다.
     - 초충전, 부동충전, 균등충전 시험성적서를 확인한다.
     - 임의로 충전모드를 선택, 충전모드별 출력전압 및 전류 등은 운전값의 가변이 가능한지를 확인한다.

ⓒ 보호장치 검사
- 외관검사
- 절연저항
- 보호장치시험 : 검사자는 전력회사와의 협의를 통해 정해진 보호협조에 맞는 설정이 되어 있는지를 확인한다.
  - 전력변환장치의 보호계전기 정정값 및 시험성적서를 대조한 후 보호장치와 관련기기의 연동 상태를 점검함으로써 보호계전기의 동작특성을 확인한다.
  - 보호장치가 인터록 도면대로 동작하는지와 단독운전 방지시스템의 기능을 확인한다.

ⓔ 축전지 검사 : 검사자는 축전지 및 기타 주변장치에 대해 다음의 사항을 확인해야 한다.
- 시설상태 확인
- 전해액 확인
- 환기시설 확인 : 환기팬의 설치 및 배기상태를 확인한다.

ⓜ 종합연동시험 검사 : 검사자는 수검자로부터 제출받은 종합인터록도면을 참고하여 보호계전기의 종합연동 상태가 정상적인지 검사해야 한다.

ⓗ 부하운전시험 검사 : 검사자는 수검자로부터 제출받은 출력기록지를 참고하여 부하운전 상태를 검사해야 한다.
- 부하운전시험 검사 : 검사 시 일사량을 기준으로 30분간의 가능출력을 확인하고 일사량 특성곡선과 발전량의 이상 유무를 확인한다.
- 부하운전시험 의견 : 기력발전소에 대한 사용 전 검사 부하운전시험 의견서 작성방법에 따른다.

> **Check!** **기력발전소** : 증기의 힘으로 발전기를 운전하는 발전소를 말한다.

ⓢ 기타 부속설비 : 검사자는 수검자로부터 제출받은 자료를 참고로 전기수용설비 항목을 준용하여 기타 부속설비를 검사해야 한다.

(2) 자가용 태양광발전설비 정기검사항목 및 세부검사내용

자가용 태양광발전소는 경우에 따라 태양전지, 접속함, 인버터, 배전반, 변압기, 차단기 등으로 이루어져 한전계통과 연계될 수 있다. 따라서 이상발생 시 전력계통 전체의 사고로 파급될 수 있으므로, 태양광발전소의 안정적인 운용을 위해 4년마다 정기적으로 검사를 해야 한다.

① **태양전지 검사** : 태양전지에 대한 정기검사의 세부검사 절차는 자가용 태양광발전 설비 사용 전 검사에 준해 실시한다.

② **전력변환장치 검사** : 전력변환장치에 대한 정기검사의 세부검사 절차는 자가용 태양광발전 설비 사용 전 검사에 준해 실시한다.

③ **종합연동시험 검사** : 종합연동시험에 대한 정기검사의 세부검사 절차는 자가용 태양광발전 설비 사용 전 검사에 준해 실시한다.

④ **부하운전시험 검사** : 부하운전시험에 대한 정기검사의 세부검사 절차는 자가용 태양광발전 설비 사용 전 검사에 준해 실시한다.

자가용 전기설비 검사업무 처리규정 별표 3

검사항목	검사세부 종목	수검자 준비자료
1. 외 관	• 설계도면 및 시설상태 확인	• 태양광 발전설비 개요
2. 태양전지 　• 일반 규격 　• 태양전지	• 규격확인 • 외관검사 • 전지 전기적 특성시험 　- 최대출력 　- 개방전압 　- 단락전류 　- 최대 출력전압 및 전류 　- 충진율 　- 전력변환효율 • Array 　- 절연저항 　- 접지저항	• 태양전지 규격서 • 단선결선도 • 태양전지 트립 인터록 도면 • 시퀀스 도면 • 측정 및 점검기록표 　- 보호장치 및 계전기 　- 절연저항
3. 전력변환장치 　• 일반 규격 　• 본 체 　• 보호장치 　• 축전지	• 규격확인 • 외관검사 • 절연저항 • 절연내력 • 제어회로 및 경보장치 • 전력조절부/Static 스위치 자동·수동 절체시험 • 역방향운전 제어시험 • 단독 운전 방지 시험 • 인버터 자동·수동 절체시험 • 충전기능시험 • 외관검사 • 절연저항 • 보호장치시험 • 시설상태 확인 • 전해액 확인 • 환기시설 상태	 • 단선결선도 • 시퀀스 도면 • 측정 및 점검기록표 　- 보호장치 및 계전기 　- 절연저항 　- 절연내력 　- 경보회로 　- 부대설비
4. 종합연동시험 5. 부하운전시험		• 종합 인터록 도면
6. 기타 부속설비	• 전기수용설비 항목을 준용	

8 항목별 세부검사 및 동작시험 등

(1) 준공검사 절차서 작성

① 예비준공검사
  ㉠ 공사현장에 주요공사가 완료되고 현장이 정리단계에 있을 때에는 준공예정일 2개월 전에 준공기한 내 준공가능 여부 및 미진한 사항의 사전 보완을 위해 예비준공검사를 실시하여야 한다. 다만, 소규모 공사인 경우에는 발주와 협의하여 생략할 수 있다.
  ㉡ 감리업자는 전체 공사 준공 시에는 책임감리원, 비상주감리원 중에서 고급감리원 이상으로 검사자를 지정하여 합동으로 검사하도록 하며, 필요시 지원업무담당자 또는 시설물 유지관리 직원 등을 입회하도록 하여야 한다. 연차별로 시행하는 장기지속공사의 예비준공검사의 경우에는 해당 책임감리원을 검사자로 지정할 수 있다.
  ㉢ 예비준공검사는 감리원이 확인한 정산설계도서 등에 따라 검사하여야 하며, 그 검사내용은 준공검사에 준하여 철저히 시행되어야 한다.
  ㉣ 책임감리원은 예비준공검사를 실시하는 경우에는 공사업자가 제출한 품질시험·검사총괄표의 내용을 검토하여야 한다.
  ㉤ 예비준공 검사자는 검사를 행한 후 보완사항에 대하여는 공사업자에게 보완을 지시하고 준공검사자가 검사 시 확인할 수 있도록 감리업자 및 발주자에게 검사결과를 제출하여야 한다. 공사업자는 예비준공검사의 지적사항 등을 완전히 보완하고 책임감리원의 확인을 받은 후 준공 검사원을 제출하여야 한다.

② 시운전계획 수립
  ㉠ 준공검사 절차서 작성 계획
    감리원은 해당 공사 완료 후 준공검사 전에 사전 시운전 등이 필요한 부분에 대하여는 공사업자에게 다음의 사항이 포함된 시운전을 위한 계획을 수립하여 시운전 30일 이내에 제출하도록 하고, 이를 검토하여 발주자에게 제출하여야 한다.
  ㉡ 준공검사 전 시운전계획수립 내용
    • 시운전 일정
    • 시운전 항목 및 종류
    • 시운전 절차
    • 시험장비 확보 및 보정
    • 기계·기구 사용계획
    • 운전요원 및 검사요원 선임계획
  ㉢ 시운전계획수립 검토
    감리원은 공사업자로부터 시운전 계획서를 제출받아 검토, 확정하여 시운전 20일 이내에 발주자 및 공사업자에게 통보하여야 한다.
  ㉣ 시운전의 종류
    • 단독 시운전 : 수전, 단위기기별·계통별 예비점검 및 시험운전

- 종합 시운전 : 단위기기 및 계통 간 병렬운전, 계통 연계 상업운전
ⓑ 단독 시운전
- 단독 시운전(수전, 단위기기별·계통별 예비점검 및 시험운전)은 계약자의 주관으로 시행한다.
- 계약에 따라 공급되는 모든 기기, 계측기, 계통, 제어장치 및 회로에 대한 기능시험을 포함한다.
- 계약자는 모든 기기, 계측기, 계통, 제어장치 및 회로의 점검과 시운전에 대한 항목별 작업분류와 예정일정표 및 시운전 절차서를 예비점검 전까지 제출하고, 승인된 절차서에 따라 시행한다.
- 모든 기자재가 완전하게 설치되고, 단위 설비별·계통별로 일정한 시험이 완료된 것을 확인한 후 "단위기기별·계통별 시운전 준비 완료"를 서면으로 발주자에게 통지하여야 하며, 발주자 입회하에 단위기기별·계통별 시운전을 한다.

ⓑ 종합 시운전
- 단위기기별·계통별 시운전이 완료되면, 계약자는 서면으로 "단독 시운전 결과보고서"를 첨부하여 "종합 시운전 준비완료"를 통지하여야 한다.
- 발주자는 계약자에게 서면으로 "종합 시운전 준비완료" 접수사실을 통지하고 상호협의 일정에 따라 종합 시운전을 시행한다.
- 종합 시운전은 발주자 시운전 업무지침과 계약자가 제출하여 승인받은 절차서에 따라 진행한다.
- 계약자의 기술지원자는 발전설비의 기동시험 및 수행기간 중 기술적인 자문, 협조 및 지침을 발주자에게 제공한다.

ⓢ 시운전입회
감리원은 공사업자에게 다음과 같이 시운전 절차를 준비하도록 하여야 하며 시운전에 입회하여야 한다.
- 기기점검
- 예비운전
- 시운전
- 성능보장운전
- 검 수
- 운전인도

ⓞ 시운전 완료 후 시설물 인계
감리원은 시운전 완료 후에 다음의 성과품을 공사업자로부터 제출받아 검토 후 발주자에게 인계하여야 한다.
- 운전개시, 가동절차 및 방법
- 점검항목 점검표
- 운전지침
- 기기류 단독 시운전 방법 검토 및 계획서
- 실가동 Diagram(수량이나 관계 등을 나타낸 도표)
- 시험구분, 방법, 사용매체 검토 및 계획서
- 시험성적서
- 성능시험성적서(성능시험보고서)

③ 준공도면 등의 검토·확인
㉠ 감리원은 준공 설계도서 등을 검토·확인하고 완공된 목적물이 발주자에게 차질없이 인계될 수 있도록 지시·감독하여야 한다. 감리원은 공사업자로부터 가능한 한 준공예정일 2개월 전까지 준공 설계도서를 제출받아 검토·확인하여야 한다.

ⓒ 감리원은 공사업자가 작성·제출한 준공도면이 실제 시공된 대로 작성되었는지 여부를 검토·확인하여 발주자에게 제출하여야 한다. 준공도면은 계약서에 정한 방법으로 작성되어야 하며, 모든 준공도면에는 감리원의 확인·서명이 있어야 한다.

④ 기성검사 및 준공검사 지침
  ㉠ 기성검사 및 준공검사자의 임명
    • 감리원은 준공(또는 기성부분) 검사원을 접수하였을 때에는 신속히 검토·확인하고, 준공(기성부분) 감리조서와 다음 서류를 첨부하여 지체 없이 감리업자에게 제출하여야 한다.
      - 주요기자재 검수 및 수불부
      - 감리원의 검사기록 서류 및 시공 당시의 사진
      - 품질시험 및 검사성과 총괄표
      - 발생품 정리부
      - 그 밖에 감리원이 필요하다고 인정되는 서류와 준공검사원에는 지급기자재 잉여분 조치현황과 공사의 사전검사·확인서류, 안전관리점검 총괄표 추가 첨부
    • 감리업자는 기성부분 검사원 또는 준공 검사원을 접수하였을 때에는 3일 이내에 비상주 감리원을 임명하여 검사하도록 하고 이 사실을 즉시 검사자로 임명된 자에게 통보하고, 발주자에게 보고하여야 한다. 다만, 국가를 당사자로 하는 계약에 관한 법률 시행령에 따른 약식 기성검사 시에는 책임감리원을 검사자로 임명하여 검사하도록 한다.
    • 감리업자는 기성부분검사 또는 장기계속공사의 연차별 예비준공검사를 함에 있어 현장이 원거리 또는 벽지에 위치하고 책임감리원으로도 검사가 가능하다고 인정되는 경우에는 발주자와 협의하여 책임감리원을 검사자로 임명할 수 있다.
    • 감리업자는 부득이한 사유로 소속 직원이 검사를 할 수 없다고 인정할 때에는 발주자와 협의하여 소속 직원 이외의 자 또는 전문검사기관에게 그 검사를 하게 할 수 있다. 이 경우 검사결과는 서면으로 작성하여야 한다.
    • 감리업자는 각종 설비, 복합공사 등 특수공종이 포함된 공사의 준공검사를 할 때 필요한 경우에는 발주자와 협의하여 전문기술자를 포함한 합동 준공검사반을 구성할 수 있다.
    • 발주자는 필요한 경우에는 소속 직원에게 기성검사 과정에 입회하도록 하고, 준공검사 과정에는 소속 직원을 입회시켜 준공검사자가 계약서, 설계설명서, 설계도서 등 관계 서류에 따라 준공검사를 실시하는지 여부를 확인하여야 하며, 필요시 완공된 시설물 인수기관 또는 유지관리기관의 직원에게 검사에 입회·확인할 수 있도록 조치하여야 한다.
    • 발주자는 위에 따른 준공검사에 입회할 경우에는 해당 공사가 복합공종인 경우에는 공정별로 팀을 구성하여 공동 입회하도록 할 수 있으며, 준공검사 실시여부를 확인하여야 한다.
    • 감리업자는 기성부분검사 및 준공검사 전에 검사에 필요한 전문기술자의 참여, 필수적인 검사 공종, 검사를 위한 시험장비 등 체계적으로 작성한 검사 계획서를 발주자에게 제출하여 승인을 받고, 승인을 받은 계획서에 따라 다음과 같은 검사절차에 따라 검사를 시행하여야 한다.

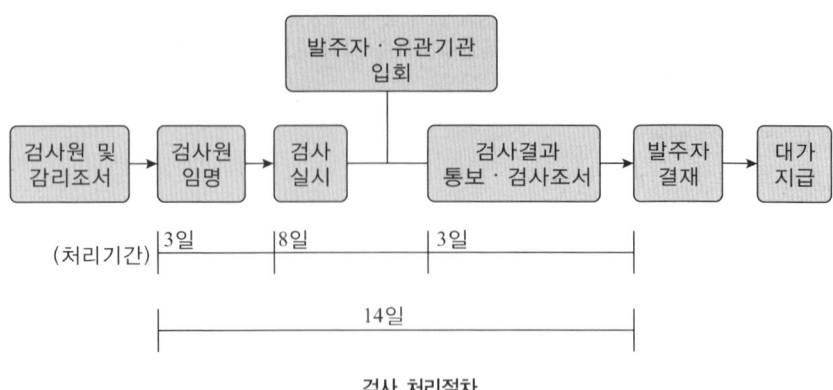

검사 처리절차

  ⓒ 검사기간
- 기성 또는 준공검사자(이하 "검사자"라 한다)는 계약에 소정 기일이 명시되지 않는 한 임명통지를 받은 날부터 8일 이내에 해당 공사의 검사를 완료하고 검사조서를 작성하여 검사 완료일부터 3일 이내에 검사결과를 소속 감리업자에게 보고하여야 하며, 감리업자는 신속히 검토 후 발주자에게 지체 없이 통보하여야 한다.
- 검사자는 검사조서에 검사사진을 첨부하여야 한다.
- 감리업자는 천재지변 등 불가항력으로 인해 1번째 항목에서 정한 기간을 준수할 수 없을 때에는 필요한 최소한의 범위에서 검사기간을 연장할 수 있으며 이를 발주자에게 통보하여야 한다.
- 불합격 공사에 대한 보완, 재시공 완료 후 재검사 요청에 대한 검사기간은 공사업자로부터 그 시정을 완료한 사실을 통보받은 날부터 1번째 항목의 기간을 계산한다.

⑤ 기성검사 및 준공검사
  ㉠ 검사자는 해당 공사 검사 시에 상주감리원 및 공사업자 또는 시공관리책임자 등을 입회하게 하여 계약서, 설계설명서, 설계도서, 그 밖의 관계 서류에 따라 다음 사항을 검사하여야 한다. 다만, 국가를 당사자로 하는 계약에 관한 법률 시행령 본문에 따른 약식 기성검사의 경우에는 책임감리원의 감리조사와 기성부분 내역서에 대한 확인으로 갈음할 수 있다.
- 기성검사
  - 기성부분 내역이 설계도서대로 시공되었는지 여부
  - 사용된 기자재의 규격 및 품질에 대한 실험의 실시 여부
  - 시험기구의 비치와 그 활용도의 판단
  - 지급기자재의 수불 실태
  - 주요 시공과정을 촬영한 사진의 확인
  - 감리원의 기성검사원에 대한 사전검토의견서
  - 품질시험·검사성과 총괄표 내용
  - 그 밖에 검사자가 필요하다고 인정하는 사항

- 준공검사
    - 완공된 시설물이 설계도서대로 시공되었는지의 여부
    - 시공 시 현장 상주감리원이 작성 비치한 제기록에 대한 검토
    - 폐품 또는 발생물의 유무 및 처리의 적정 여부
    - 지급 기자재의 사용적부와 잉여자재 유무 및 그 처리의 적정 여부
    - 제반 가설시설물의 제거와 원상복구 정리 상황
    - 감리원의 준공검사원에 대한 검토의견서
    - 그 밖에 검사자가 필요하다고 인정하는 사항
  ⓒ 검사자는 시공된 부분이 수중 또는 지하에 매몰되어 사후검사가 곤란한 부분과 주요 시설물에 중대한 영향을 주거나 대량의 파손 등 재시공 행위를 요하는 검사는 검사조서와 사전검사 등을 근거로 하여 검사를 시행할 수 있다.
⑥ 불합격 공사에 대한 재시공 명령
  검사자는 검사에 합격되지 아니한 부분이 있을 때에는 감리업자에게 지체 없이 그 내용을 보고하고 감리업자의 지시에 따라 책임감리원은 즉시 공사업자에게 보완시공 또는 재시공을 하게 한 후 공사가 완료되면 다시 검사 절차에 따라 검사원을 제출하도록 하여야 하며, 감리업자는 해당 공사의 검사자에게 재검사를 하게 하여야 한다.

CHAPTER 04 적중예상문제

제3과목 태양광발전 시공

01 한시특성의 분류 중 동작전류의 크기와 관계없이 항상 정해진 시간 경과 후 동작하는 것은?
① 정한시 ② 순한시
③ 반한시 ④ 반한시성 정한시

[해설]
정한시는 동작전류의 크기와 관계없이 항상 정해진 시간 경과 후 동작하는 것으로 UVR, ZR계전기가 대표적이다.

02 한시특성의 분류 중 정정된 최소동작전류 이상의 전류가 흐르면 즉시 동작하는 것은?
① 정한시 ② 순한시
③ 반한시 ④ 반한시성 정한시

[해설]
순한시는 정정된 최소동작전류 이상의 전류가 흐르면 즉시 동작하는 것으로 보통 0.3초 이내 동작특성을 지닌다.

03 한시특성의 분류 중 동작전류 크기와 동작시간이 반비례하여 동작하는 것은?
① 정한시 ② 순한시
③ 반한시 ④ 반한시성 정한시

[해설]
반한시는 동작전류 크기와 동작시간이 반비례하여 동작하는 것으로 동작전류가 크면 동작시간이 짧다.

04 한시특성의 분류 중 반한시와 정한시의 조합으로 실용상 적절한 한시특성을 나타내는 것은?
① 정한시 ② 순한시
③ 반한시 ④ 반한시성 정한시

[해설]
반한시성 정한시는 반한시와 정한시의 조합으로 실용상 적절한 한시특성을 나타낸다.

05 한시특성의 분류 중 반한시와 순한시의 조합으로 고장전류보호를 위한 적절한 한시특성을 나타내는 것은?
① 정한시
② 순한시
③ 반한시
④ 반한시성 순한시

[해설]
반한시성 순한시는 반한시와 순한시의 조합으로 고장전류보호를 위한 적절한 한시특성을 갖고 있고 반한시특성에서는 과부하전류 보호, 순시특성에서는 단락전류를 보호한다.

06 계통연계장치의 요소를 검출 판별하는 장치가 아닌 것은?
① OVR   ② UFR
③ OFB   ④ UVR

[해설]
계통연계장치의 요소를 검출 판별하는 장치
• 과전압계전기(OVR ; Over Voltage Relay)
• 부족전압계전기(UVR ; Under Voltage Relay)
• 주파수상승계전기(OFR ; Over Frequency Relay)
• 주파수저하계전기(UFR ; Under Frequency Relay)

07 계통연계 보호장치는 어디에 내장되어 있는가?
① 컨트롤러
② 인버터
③ 컨버터
④ 태양전지

[해설]
계통연계 보호장치는 일반적으로 인버터에 내장되어 있는 경우가 많다.

정답 1 ① 2 ② 3 ③ 4 ④ 5 ④ 6 ③ 7 ②

08 특고압연계에서 보호계전기의 설치장소에 꼭 설치해야 하는 장치는?

① OCGR
② OFR
③ UFR
④ OVR

[해설]
특고압 연계에서의 보호계전기 설치장소
지락과전류계전기(OCGR)는 수용가 특고압측에 설치하고 과전압, 저전압, 과주파수, 저주파수계전기는 인버터의 출력점에 설치하는 것이 보호기능 측면에서 좋다.

09 특고압연계의 보호계전기의 설치장소는?

① 태양광발전소 구내 송신점
② 태양광발전소 구내 수신점
③ 태양광발전소 보호 송신점
④ 태양광발전소 보호 수신점

[해설]
특고압연계의 보호계전기의 설치장소는 태양광발전소 구내 수신점(수전보호 배전반)에 설치함을 원칙으로 하고 있다.

10 보호계전기의 검출레벨에서 계전기기의 종류가 아닌 것은?

① 유효전력계전기기
② 무효전력계전기기
③ 저전압계전기
④ 저전류계전기

[해설]
보호계전기의 검출레벨과 동작시한

계전기기	기기번호	용도	동작시간	검출레벨
유효전력계전기	32P	유효전력 역송방지	0.5~2초	상시 병렬운전 상태에서 전력계통 동요 및 외부사고 시 오동작하지 않는 범위 내에서 최솟값
무효전력계전기	32Q	단락사고 보호		배후계통 최소조건하에서 상대단 모선 2상 단락사고 시 유입 무효전력의 1/3 이하
부족전력계전기	32U	부족전력 검출		상시 병렬운전 발전 상태에서 전력계통 동요 및 외부 사고 시 오동작하지 않는 범위 내에서 최솟값, 계전기의 동작은 발전기의 운전 상태에서만 차단기 트립 되도록 한다.

계전기기	기기번호	용도	동작시간	검출레벨
과전압계전기	59	과전압 보호	순시 정정치의 120[%]에서 2초	• 순시형 : 정격전압의 150[%] • 반한시형 : 정격전압의 115[%]
저전압계전기	27	사고검출 또는 무전압 검출	감시용 0.2~0.3초	정격전압의 80[%]
주파수계전기	81O/81U	주파수 변동 검출	0.5초/1분	• 과주파수 : 63[Hz] • 저주파수 : 57[Hz]
과전류계전기	50/51	과전류 보호	TR 2차 3상 단락 시 0.6초 이하	• 순시 : 단락보호 • 한시 : 150[%]에서 과부하보호 및 후미보호

11 보호계전기의 동작시간이 가장 긴 계전기기는?

① 주파수계전기
② 과전압계전기
③ 무효전력계전기
⑤ 저전압계전기

[해설]
10번 해설 참조

12 보호계전기의 용도 중 단락사고를 보호하는 계전기기는?

① 부족전력계전기
② 과전류계전기
③ 무효전력계전기
④ 유효전력계전기

[해설]
10번 해설 참조

13 저전압계전기의 검출레벨로 옳은 것은?

① 정격전압의 70[%]
② 정격전압의 80[%]
③ 정격전압의 90[%]
④ 정격전압의 100[%]

[해설]
10번 해설 참조

정답 08 ① 09 ② 10 ④ 11 ① 12 ③ 13 ②

14 주파수계전기의 검출레벨 중 저주파수는 얼마인가?

① 63[Hz] ② 57[Hz]
③ 50[Hz] ④ 49[Hz]

해설
10번 해설 참조

15 연계계통 이상 시 태양광발전시스템의 분리와 투입 만족 조건이 아닌 것은?

① 연계계통 고장 시에는 1분 이내 분리하는 단독운전 방지 장치 설치
② 차단장치는 한전계통의 정전 시에는 투입이 불가능하도록 시설
③ 정전복전 후 5분을 초과하여 재투입
④ 단락 및 지락고장으로 인한 선로 보호장치 설치

해설
연계계통 이상 시 태양광발전시스템의 분리와 투입 만족 조건
- 정전복전 후 5분을 초과하여 재투입
- 차단장치는 한전계통의 정전 시에는 투입이 불가능하도록 시설
- 단락 및 지락고장으로 인한 선로보호장치 설치
- 연계계통 고장 시에는 0.5초 이내 분리하는 단독운전 방지장치 설치

16 분산형전원을 전력계통으로부터 분리해 내기 위한 조건이 아닌 것은?

① 단독운전 상태
② 분산형 전원의 이상 또는 고장
③ 연계형 전력계통의 이상 또는 고장
④ 낙뢰에 의한 전력계통 이상 또는 고장

17 역송전이 있는 저압 연계시스템에서 구성되는 계전기가 아닌 것은?

① 저전압계전기 ② 저주파수계전기
③ 과전압계전기 ④ 비율차동계전기

해설
역송전이 있는 저압 연계시스템에서 구성되는 계전기는 저전압계전기, 저주파수계전기, 과전압계전기, 과주파수계전기 등이다.

18 분산형전원을 송전사업자의 특고압 전력계통에 연계하는 경우 분산형 전원에 필요한 운전 제어장치를 시설해야 하는 경우는?

① 계통 안정화 또는 조류 억제 등의 이유로 운전제어가 필요할 경우
② 직류전류를 분리할 경우
③ 특고압의 과전류가 흐를 경우
④ 발전사업자의 운전제어가 필요할 경우

해설
분산형전원을 송전사업자의 특고압 전력계통에 연계하는 경우 계통안정화 또는 조류억제 등의 이유로 운전제어가 필요할 경우는 분산형전원에 필요한 운전 제어 장치를 시설한다.

19 역송전이 있는 저압 연계시스템(계통연계 보호계전기)의 구성요소가 아닌 것은?

① 저주파수계전기 ② 저전류계전기
③ 과주파수계전기 ④ 저전압계전기

해설
역송전이 있는 저압 연계 시스템(계통 연계 보호계전기) 구성요소
- 저전압계전기
- 저주파수계전기
- 과전압계전기
- 과주파수계전기
- 지락 과전류계전기
- 지락 과전압계전기

20 뇌운에서 대지로 방출하는 전하는?

① 낙 뢰 ② 괴 뢰
③ 노 뢰 ④ 차폐뢰

해설
낙 뢰
뇌운에서 대지로 방출하는 전하 또는 번개의 종류 가운데 구름과 대지 사이에서 발생하는 방전현상을 말한다.

정답 14 ② 15 ① 16 ④ 17 ④ 18 ① 19 ② 20 ①

21 선행방전에 대해 바르게 설명한 것은?

① 귀환뇌격에 선행해 뇌운에서 대지를 향해 진전하는 방전
② 낙뢰에서 단일한 방전
③ 휴지시간을 동반하는 계단형 선행방전
④ 제1뇌격 후 계단형이 되지 않고 연속적으로 리더가 앞의 방전로를 통과하는 선행방전

해설
선행방전(Leader)
귀환뇌격에 선행해 뇌운에서 대지를 향해 진전하는 방전

22 전자기 신호가 서로 다른 센서에 도달하는 시간을 이용하여 발생시점의 위치를 역으로 추측하는 기술은?

① 되돌이 뇌격
② 단기선 도달시간 분석기술
③ 도달시간 분석법
④ 다지점 낙뢰

해설
도달시간 분석법(TOA ; Time Of Arrival technique)
전자기 신호가 서로 다른 센서에 도달하는 시간을 이용하여 발생시점의 위치를 역으로 추측하는 기술로서, 뇌격의 발생위치를 추정하기 위한 시스템에 이용되는 기술 중의 하나

23 끝이 뾰족한 형태의 전극에 의해 전계가 집중되는 곳에 전하가 집중되는 현상은?

① 적란운
② 코로나
③ 풀구라이트
④ 수뢰침

해설
코로나(Corona)
끝이 뾰족한 형태의 전극에 의해 전계가 집중되는 곳에 전하가 집중되는 현상으로, 완전한 절연파괴현상인 방전현상 이전에 전계의 크기가 일정한 크기로 유지되는 현상

24 낙뢰의 종류 중에 직격뢰를 바르게 설명한 것은?

① 괴뢰에 의해 발생되는 전압
② 뇌운에서 태양전지 어레이, 저압 배전선, 전기기기 및 배선 등에 직접 방전이 되는 낙뢰 또는 근방에 떨어지는 낙뢰
③ 뇌운에 의해서 축적된 전하로 케이블에 유도된 역극성의 전하가 케이블 이외의 장소에서 낙뢰로 인해 해방되어 케이블 위를 좌우로 진행파가 되어 진행하는 현상
④ 한계에 도달하는 뇌운에 의해 발생되는 뇌서지

해설
직격뢰
뇌운에서 태양전지 어레이, 저압 배전선, 전기기기 및 배선 등에 직접 방전이 되는 낙뢰 또는 근방에 떨어지는 낙뢰이며, 에너지가 매우 크다(15~20[kA]가 약 50[%] 정도를 차지하며, 200~300[kA]인 것도 있다). 태양광발전시스템의 보호를 위해서 대책이 필요하다.

25 직격뢰에 대한 설명으로 맞는 것은?

① 에너지가 매우 작다.
② 뇌운에 의해서 축적된 전하를 케이블 이외의 장소로 진행하는 진행파
③ 에너지가 매우 크다.
④ 번개구름에 의해 유도된 전류가 순간적인 높은 전압으로 장비에 유입되어 피해

해설
24번 해설 참조

26 뇌운에 의해서 축적된 전하로 케이블에 유도된 역극성의 전하가 케이블 이외의 장소에서 낙뢰로 인해 해방되어 케이블 위를 좌우로 진행파가 되어 진행하는 현상을 무엇이라 하는가?

① 직격뢰
② 공간뢰
③ 일파뢰
④ 유도뢰

해설
유도뢰
뇌운에 의해서 축적된 전하로 케이블에 유도된 역극성의 전하가 케이블 이외의 장소에서 낙뢰로 인해 해방되어 케이블 위를 좌우로 진행파가 되어 진행하는 현상이다. 번개구름에 의해 유도된 전류가 순간적인 높은 전압으로 장비에 유입되어 피해를 입히게 된다. 여기서 순간적인 전압상승을 뇌서지라고 한다.

정답 21 ① 22 ③ 23 ② 24 ② 25 ③ 26 ④

27 유도뢰의 종류로 맞게 연결된 것은?

① 전자유도와 전류유도
② 전계유도와 자계유도
③ 결합유도와 저항유도
④ 정전유도와 전자유도

해설
유도뢰의 종류
- 정전유도 유도뢰 : 케이블에 유도된 플러스가 전하가 낙뢰로 인한 지표면 전하의 중화에 의해 뇌서지가 되는 현상
- 전자유도 유도뢰 : 케이블 부근에 낙뢰로 인한 뇌전류에 따라 케이블에 유도되어 뇌서지가 되는 현상

28 시베리아에서 불어온 찬 공기가 상공으로 진입하면 뇌가 발생하기 쉬운 현상은?

① 겨울뢰
② 여름뢰
③ 가을뢰
④ 봄 뢰

해설
여름뢰와 겨울뢰
- 여름 : 시베리아에서 불어온 찬 공기가 상공으로 진입하면 뇌가 발생하기 쉬운 현상
- 겨울 : 겨울에는 동해측에서 기온이 낮아지면서 같은 조건이 생겨 대기가 대단히 불안하게 되는 현상

29 여름뢰와 겨울뢰의 차이점으로 틀린 설명을 한 것은?

① 여름뢰가 겨울뢰에 비해서 넓은 범위까지 영향을 미친다.
② 여름뢰가 겨울뢰에 비해서 높은 층을 갖고 있다.
③ 겨울뢰는 여름뢰에 비해 파고값이 작다.
④ 겨울뢰는 여름뢰에 비해 지속시간이 1,000배 이상 길다.

해설
여름뢰와 겨울뢰의 차이점
- 겨울뢰는 여름뢰에 비해 파고값이 1,000~수천[A]로 작다. 하지만 지속시간이 1,000배 이상 길고 대지전류도 길어 먼 곳까지 흐를 어가므로 여름뢰에 비해 넓은 범위까지 영향을 미친다.
- 여름뇌운은 1.5~10[km] 이상 높이의 층을 가지고 있으며, 겨울뇌운은 300[m]~6[km] 정도로 상대적으로 낮다.
- 겨울철 동해 연안에는 대기의 상층부가 하층부보다 풍속이 강하기 때문에 수평 방향으로 확장되며, 대지로의 1회 방전으로 구름의 전체 전하가 방전되어 버리는 경우가 많다.

30 직격뢰에 대한 보호소자로 바른 것은?

① 자동차단기
② 공랭장치
③ 피뢰침
④ 수냉장치

해설
직격뢰 보호소자
- 가공지선
- 피뢰침

31 낙뢰의 직접적인 피해 형태에 해당되지 않는 것은?

① 건축물설비의 파괴
② 가옥 산림의 화재
③ 낙뢰에 의한 감전
④ 전력설비의 파손

해설
직접적인 낙뢰 피해 형태
- 낙뢰에 의한 감전
- 건축물설비의 파괴
- 가옥 산림의 화재

32 낙뢰가 침입할 때 유입되는 경로에 해당되지 않는 것은?

① 접지선
② 전원선
③ 안테나
④ 대 지

해설
낙뢰의 침입경로
접지선, 피뢰침, 전원선, 안테나, 통신선로를 통해 유입된다.

33 접지 간의 전위차에 대한 설명으로 바르지 않는 것은?

① 피뢰침에서 낙뢰가 발생하였을 경우 과전류를 흐르게 하여 대지로 방전한다.
② 낙뢰가 발생하였을 경우 개별접지 간에 전위차가 발생되기 때문에 장치 쪽에 과전압이 가해져 내전압을 초과하게 된다.
③ 각 장치 사이마다 접지선이 접속돼 외관상으로는 등 전위가 이루어진 것처럼 보이지만 배선거리가 길면 서지 전반속도와 접지선 인덕턴스 등의 영향을 무시할 수 없게 되어 완전한 등전위가 어렵다.
④ 태양전지 어레이와 여러 가지 태양광발전설비의 대부분은 옥외에 설치되어 있기 때문에 장치마다 다른 접지극을 가지고 있다.

해설
접지 간의 전위차
- 낙뢰가 발생하였을 경우 개별접지 간에 전위차가 발생되기 때문에 장치 쪽에 과전압이 가해져 내전압을 초과하게 된다. 이때 피해가 발생된다.
- 태양전지 어레이와 여러 가지 태양광발전설비의 대부분은 옥외에 설치되어 있기 때문에 장치마다 다른 접지극을 가지고 있다.
- 각 장치 사이마다 접지선이 접속돼 외관상으로는 등전위가 이루어진 것처럼 보이지만 배선거리가 길면 서지 전반속도와 접지선 인덕턴스 등의 영향을 무시할 수 없게 되어 완전한 등전위가 어렵다.

34 뇌서지 침입은 태양전지 어레이 침입 외에도 여러 경로가 있다. 이 중 해당되지 않는 사항은?
① 배전선 침입
② 낙뢰 침입
③ 접지선에서의 침입
④ 배전선과 접지선 조합에서의 침입

해설
뇌서지 침입
- 태양전지 어레이 침입
- 접지선에서의 침입
- 배전선 침입
- 배전선과 접지선 조합에서의 침입

35 뇌서지 대책으로 바르지 않는 것은?
① 배전계통과 연계되는 개소에 피뢰기를 설치한다.
② 태양전지 어레이의 금속제 구조부분은 적절히 접지한다.
③ 태양광발전 주회로의 양극과 음극 사이에 방전갭(서지보호기)을 설치한다.
④ 과전압보호기의 정격전압은 태양전지 어레이의 무부하 시 최대발전전류로 한다.

해설
뇌서지 대책
- 인버터 2차 교류측에도 방전갭(서지보호기)를 설치한다.
- 태양광발전 주회로의 양극과 음극 사이에 방전갭(서지보호기)을 설치한다.
- 배전계통과 연계되는 개소에 피뢰기를 설치한다.
- 태양전지 어레이의 금속제 구조부분은 적절히 접지한다.

- 과전압보호기의 정격전압은 태양전지 어레이의 무부하 시 최대발전압으로 한다.
- 방전갭(서지보호기)의 방전용량은 15[kA] 이상으로 하고, 동작 시 제한전압은 2[kA] 이하로 한다.
- 방전갭(서지보호기)의 접지측 및 보호대상 기기의 노출 도전성 부분은 태양광발전시스템이 설치된 건물 구조체의 주등전위 접지선에 접속한다.

36 뇌보호시스템 중 내부 뇌보호와 외부 뇌보호가 있다. 이 중 내부 뇌보호에 해당되지 않는 것은?
① 등전위본딩
② 접지극
③ 서지보호장치
④ 접 지

해설
뇌보호시스템
- 내부 뇌보호 : 낙뢰로 인한 전위차로 발생된 위험을 방지하는 것
  - 안전이격거리 : 발생된 전위차로 인하여 불꽃방전이 일어나지 않게 거리를 두어서 절연하는 것이다.
  - 등전위본딩 : 발생된 전위차를 저감하기 위해 건축물 내부의 금속부분을 도체처럼 서지보호장치에 접속하는 것이다.
  - 접 지
  - 서지보호장치(SPD)
  - 차 폐
- 외부 뇌보호 : 뇌전류를 신속하고 효과적으로 대지로 방류하기 위한 시스템이다.
  - 접지극 : 낙뢰전류를 대지로 흘려보내는 것으로서 동판, 접지선과 접지봉을 건축물의 가장 꼭대기에 설치하여 기초 접지로 설치하는 것을 말한다.
  - 인하도선 : 직격뢰를 받을 수뢰부로부터 대지까지 뇌전류가 통전하는 경로이며, 도선과 건축물의 철골과 철근 등을 인하도선으로 사용한다.
  - 수뢰부 : 피뢰침, 돌침 등 직격뢰를 받아서 대지로 분류하는 금속체이다.
  - 안전이격거리
  - 차 폐

37 발생된 전위차로 인하여 불꽃방전이 일어나지 않게 거리를 두어서 절연하는 것을 무엇이라 하는가?
① 접 지
② 안전이격거리
③ 수뢰부
④ 차 폐

해설
36번 해설 참조

정답 34 ② 35 ④ 36 ② 37 ②

38 뇌전류를 신속하고 효과적으로 대지로 방류하기 위한 시스템은?
① 내부 뇌보호   ② 외부 뇌보호
③ 차 폐   ④ 수뢰부

해설
36번 해설 참조

39 직격뢰를 받을 수뢰부로부터 대지까지 뇌전류가 통전하는 경로를 무엇이라 하는가?
① 인하도선   ② 접지극
③ 등전위본딩 ④ 차 폐

해설
36번 해설 참조

40 뇌보호시스템의 방식에 해당되지 않는 것은?
① 돌침방식
② 회전구체법
③ 수평도체방식
④ 접지극법

해설
뇌보호시스템의 방식
• 수평도체방식
• 돌침방식
• 그물법
• 회전구체법

41 낙뢰 피해 형태 중 직접적인 피해가 아닌 것은?
① 낙뢰에 의한 감전
② 전력설비의 파손
③ 건축물 설비의 파괴
④ 가옥 산림의 파괴

해설
낙뢰 피해 형태 중 직접적인 피해는 낙뢰에 의한 감전, 건축물 설비의 파괴 및 가옥 산림의 파괴 등이다.

42 낙뢰 피해 형태 중 간접적인 피해가 아닌 것은?
① 통신시설의 파손
② 전력설비의 파손
③ 공장, 빌딩의 손상
④ 건축물 설비의 파괴

해설
통신시설의 파손(정파), 전력설비의 파손(정전), 공장·빌딩의 손상(조업정지), 철도, 교통시설의 파손(불통) 등이다.

43 뇌보호시스템 중 내부 뇌보호에 해당하지 않는 것은?
① 접지극   ② 안전이격거리
③ 등전위 본딩 ④ 서지보호장치

해설
뇌보호시스템 중 내부 뇌보호는 안전이격거리, 등전위 본딩, 접지, 서지보호장치 및 차폐이다.

44 뇌보호시스템 중 외부 뇌보호에 해당하지 않는 것은?
① 접지극   ② 인하도선
③ 수뢰부   ④ 서지보호장치

해설
뇌보호시스템 중 외부 뇌보호는 접지극, 인하도선, 수뢰부, 안전이격거리, 차폐 등이다.

45 뇌보호시스템의 종류 중 건물의 상부 파라펫 부분에 설치하여 넓은 부지에 대용량 태양광발전시스템에 가정 적합한 보호방식은?
① 수평도체방식 ② 돌침방식
③ 그물법   ④ 회전구체법

해설
수평도체방식은 건물의 상부 파라펫 부분에 설치하여 넓은 부지에 대용량 태양광발전시스템에 가정 적합한 보호방식이다.

38 ② 39 ① 40 ④ 41 ② 42 ④ 43 ① 44 ④ 45 ①

46 뇌보호시스템의 종류 중 뾰족한 피뢰침 등의 금속 도체로 건축물이나 태양광발전설비 근방의 뇌격을 흡인하여 선단과 대지 사이를 접속한 도체로 뇌격전류를 안전하게 방류하는 방식은?

① 수평도체방식 ② 돌침방식
③ 그물법 ④ 회전구체법

해설
돌침방식은 뾰족한 피뢰침 등의 금속 도체로 건축물이나 태양광발전설비 근방의 뇌격을 흡인하여 선단과 대지 사이를 접속한 도체로 뇌격전류를 안전하게 방류하는 방식이다.

47 뇌보호시스템의 종류 중 수뢰도체를 통하여 가능한 짧고 직선경로로 하여 뇌격전류가 최소 2개 이상의 금속루트를 통하여 대지에 접속하도록 구성한 방식은?

① 수평도체방식 ② 돌침방식
③ 그물법 ④ 회전구체법

해설
그물법은 수뢰도체를 통하여 가능한 짧고 직선경로로 하여 뇌격전류가 최소 2개 이상의 금속루트를 통하여 대지에 접속하도록 구성한 방식이다. 건물 측면 태양전지 모듈에 그물도체로 덮인 내측을 보호범위로 하는 방법으로서 그물폭은 태양광발전에 지장이 없는 범위로 정하여 설치한다.

48 뇌보호시스템의 종류 중 고층건물에 피뢰 설비하는 방식으로서 2개 이상의 수뢰부에 동시 또는 1개 이상의 수뢰부와 대지를 동시에 접하도록 구체를 회전시킬 때, 구체 표면의 포물선으로부터 피보호물을 보호범위로 하는 방식은?

① 수평도체방식 ② 돌침방식
③ 그물법 ④ 회전구체법

해설
회전구체법은 고층건물에 피뢰 설비하는 방식으로서 2개 이상의 수뢰부에 동시 또는 1개 이상의 수뢰부와 대지를 동시에 접하도록 구체를 회전시킬 때, 구체 표면의 포물선으로부터 피보호물을 보호범위로 하는 방식이다.

49 다음 중 태양광발전설비의 피뢰 대책용 부품이 아닌 것은?

① 어레스터 ② 서지업서버
③ 내뢰 트랜스 ④ 고조파 필터

해설
태양광발전설비의 피뢰 대책용 부품에는 어레스터, 서지업서버, 내뢰 트랜스 등이 있다.

50 전력계통에서 외부 이상전압을 변전설비 자체의 절연으로 운용하는 것은 경제적으로 불가능하다. 이에 이상전압의 파고값을 낮추어 애자나 기기를 보호하는 장치는?

① 피뢰기 ② 변압기
③ 변류기 ④ 고조파 필터

해설
전력계통에서 외부 이상전압을 변전설비 자체의 절연으로 운용하는 것은 경제적으로 불가능하므로 피뢰기를 통하여 이상전압의 파고값을 낮추어 애자나 기기를 보호한다.

51 다음 중 중성점 접지기기가 아닌 것은?

① 접지용 저항기 ② 소호리액터
③ 보상리액터 ④ 진상용 콘덴서

해설
진상용 콘덴서는 역률 개선용으로 사용하는 전력기기이다.

52 가공선로에서 낙뢰로부터 선로 및 기기를 보호하는 장치는?

① 가공지선 ② 현수애자
③ 스페이스 댐퍼 ④ 소호각

해설
가공지선은 가공선로에서 낙뢰로부터 선로 및 기기를 보호하는 장치이다.

정답 46 ② 47 ③ 48 ④ 49 ④ 50 ① 51 ④ 52 ①

53 커패시터를 선로와 대지 사이에 설치하여 이상전압을 억제해 주는 설비는?

① 가공지선 ② 서지흡수기
③ 스페이스 댐퍼 ④ 소호각

해설
서지흡수기는 커패시터를 선로와 대지 사이에 설치하여 이상전압을 억제해 주는 설비이다.

54 가장 많이 시설하는 방식으로서 뇌격은 선단이 뾰족한 피뢰침 같은 금속도체에 잘 떨어지기 때문에 건축물이나 태양광발전설비 근방에 접근한 뇌격을 흡인해서 선단과 대지 사이를 접속한 도체를 통해 뇌격전류를 대지로 안전하게 방류하는 뇌보호시스템 방식은?

① 돌침방식
② 수평도체방식
③ 그물법
④ 회전구체법

해설
돌침방식
가장 많이 시설하는 방식으로서 뇌격은 선단이 뾰족한 피뢰침 같은 금속도체에 잘 떨어지기 때문에 건축물이나 태양광발전설비 근방에 접근한 뇌격을 흡인해서 선단과 대지 사이를 접속한 도체를 통해 뇌격전류를 대지로 안전하게 방류한다. 건물을 신축할 때 동시에 시설하는 태양광발전설비에 아주 적합한 방식이지만 용량이 많은 경우 불합리한 방식이다.

55 태양광발전설비의 낙뢰 대책 중 뇌서지 대비 방법에 해당되지 않는 것은?

① 피뢰소자를 어레이 주회로 내부에 분산시켜 설치하고 접속함에도 설치한다.
② 광역 피뢰침뿐만 아니라 서지보호장치를 설치한다.
③ 뇌우 다발지역에서는 교류전원측으로 내뢰 트랜스를 설치하여 보다 완전한 대책을 세워야 한다.
④ 고압 배전선에서 침입하는 뇌서지에 대해서는 접속함과 차단기를 설치한다.

해설
태양광발전설비의 낙뢰 대책 중 뇌서지 대비 방법
• 광역 피뢰침뿐만 아니라 서지보호장치를 설치한다.
• 저압 배전선에서 침입하는 뇌서지에 대해서는 분전반과 피뢰소자를 설치한다.
• 피뢰소자를 어레이 주회로 내부에 분산시켜 설치하고 접속함에도 설치한다.
• 뇌우 다발지역에서는 교류전원측으로 내뢰 트랜스를 설치하여 보다 완전한 대책을 세워야 한다.

56 뇌서지가 흐르는 이유는?

① 접지선에서의 침입은 주변의 낙뢰에 의해 대지전위가 상승하기 때문에
② 접지선이 전원과 멀리 떨어져 있을 경우
③ 대지의 전압이 상대적으로 높을 경우
④ 접지선 주위에 전류가 많이 흐를 경우

해설
뇌서지가 흐르는 이유는 접지선에서의 침입은 주변의 낙뢰에 의해 대지전위가 상승하고 상대적으로 전원측의 전위가 낮게 되어 접지선에서 반대로 전원측으로 흐르는 경우에 발생한다.

57 사용 전 검사 대상 범위 중 신설의 경우 일반용 설비의 해당 용량은 얼마인가?

① 10[kW] 이하
② 10[kW] 초과
③ 100[kW] 초과
④ 1,000[kW] 이상

해설
사용 전 검사 대상범위(신설 경우)

구 분	검사종류	용 량	선 임	감리원 배치
일반용	사용 전 점검	10[kW] 이하	미선임	필요 없음
자가용	사용 전 검사	100[kW] 초과	대행업체 대행 가능(1,000[kW] 이하)	감리원 배치확인서
사업용	사용 전 검사	전용량 대상	대행업체 대행가능 (20[kW] 이하 미선임가능)	감리원 배치확인서

정답 53 ② 54 ① 55 ④ 56 ① 57 ①

58 다음 중 사용 전 검사에 필요한 서류가 아닌 것은?

① 공사계획인가 신고서
② 태양광발전설비 개요
③ 공사 진행계획서 및 내역서
④ 태양광전지 규격서

해설

자가용 전기설비 검사업무 처리규정 별표 3

검사항목	검사세부 종목	수검자 준비자료
1. 외 관	• 공사계획인가(신고) 내용확인	• 공사계획인가(신고)서 • 태양광 발전설비 개요 • 지지물의 설계도 및 구조 계산서

2. 태양전지
• 일반규격
• 본 체
	• 규격확인
	• 외관검사
	• 전지 전기적 특성시험
	  - 최대출력
	  - 개방전압
	  - 단락전류
	  - 최대 출력전압 및 전류
	  - 충진율
	  - 전력변환효율
	• Array
	  - 절연저항
	  - 접지저항
		• 태양전지 규격서
		• 단선결선도
		• 태양전지 트립 인터록 도면
		• 시퀀스 도면
		• 측정 및 점검기록표
		  - 보호장치 및 계전기
		  - 절연저항

3. 전력변환장치
• 일반규격
• 본 체
	• 규격확인
	• 외관검사
	• 절연저항
	• 절연내력
	• 제어회로 및 경보장치
	• 전력조절부/Static 스위치 자동·수동절체시험
	• 역방향운전 제어시험
	• 단독 운전 방지 시험
	• 인버터 자동·수동 절체시험
	• 충전기능시험
		• 공사계획인가(신고)서
		• 단선결선도
		• 시퀀스 도면
		• 제품 시험성적서
		• 측정 및 점검기록표
		  - 보호장치 및 계전기
		  - 절연저항
		  - 절연내력
		  - 경보회로
		  - 부대설비

• 보호장치	• 외관검사 • 절연저항 • 보호장치시험	
• 축전지	• 시설상태 확인 • 전해액 확인 • 환기시설 상태	
4. 종합연동시험 5. 부하운전시험		• 종합 인터록 도면 • 출력 기록지
6. 기타 부속설비	전기수용설비 항목을 준용	

59 사용 전 검사 시 전력변환장치(인버터) 검사항목이 아닌 것은?

① 정방향운전 제어시험
② 절연내력
③ 인버터 자동·수동 절체시험
④ 단독운전 방지시험

해설

사용 전 검사 시 인버터 검사항목(자가용 전기설비 검사업무 처리규정 별표 3)
• 규격확인
• 외관검사
• 절연저항
• 절연내력
• 제어회로 및 경보장치
• 전력조절부/Static 스위치 자동·수동 절체시험
• 역방향운전 제어시험
• 단독운전 방지시험
• 인버터 자동·수동 절체시험
• 충전 기능시험

60 자가용 태양광발전 정기검사항목 및 세부검사내용이 아닌 것은?

① 전력변환장치(인버터)검사
② 부분연동시험검사
③ 종합연동시험검사
④ 부하운전시험검사

해설

자가용 태양광발전 정기검사항목 및 세부검사내용(자가용 전기설비 검사업무 처리규정 별표 3)
• 태양전지검사
• 전력변환장치(인버터)검사
• 종합연동시험검사
• 부하운전시험검사

정답 58 ③ 59 ① 60 ②

61 사용 전 검사를 실시하는 검사자는 수검자로부터 시험성적서를 제출받아 확인하여야 하며, 시험성적서 확인 방법 중 제작회사의 자체 시험성적서가 확인이 되지 않는 항목은?

① 산업표준화법에 의한 KS 표시품, 케이블, 콘덴서, 전동기, 기동기, 20[kV]급 케이블 종단접속재 이외의 케이블 접속재
② 고압 이상 전기기계기구의 시험성적서
③ 국가표준기본법에 의한 공인제품 인증기관의 안전인증표시품
④ 국내 공인시험기관에서 시험이 불가능한 품목 및 검사기관에서 인정한 품목

해설

시험성적서 확인방법(자가용 전기설비 검사업무 처리규정 제11조 별표 4)
- 공인시험기관에 의한 시험성적서와 기관에 의한 인증서 확인을 진행한다.
- 고압 이상 전기기계기구의 시험성적서는 국내생산품과 수입품 모두 동일하게 국내 공인시험기관의 시험성적서를 확인함을 원칙으로 한다. 다만, 다음의 경우에는 제작회사의 자체 시험성적서를 확인한다.
  - 산업표준화법에 의한 KS표시품, 케이블, 콘덴서, 전동기, 기동기, 20[kV]급 케이블 종단접속재 이외의 케이블 접속재
  - 국가표준기본법에 의한 공인제품 인증기관의 안전인증표시품
  - 충전기기 시험기준 및 방법에 관한 요령 고시에 의한 공인시험기관의 인증시험이 면제된 제품
  - 국내 공인시험기관에서 시험이 불가능한 품목 및 검사기관에서 인정한 품목
- 국내 공인시험기관의 시험설비 미비, 관련규격이 없는 경우, 수리품 및 국내 미생산품인 경우는 공인시험기관의 참고시험성적서를 확인한다.

62 감리원은 공사업자로부터 시운전 계획서를 제출받아 검토, 확정하여 시운전 며칠 이내에 발주자 및 공사업자에게 통보하여야 하는가?

① 10일
② 15일
③ 20일
④ 25일

해설

시운전계획수립 검토(전력시설물 공사감리업무 수행지침 제59조)
감리원은 공사업자로부터 시운전 계획서를 제출받아 검토, 확정하여 시운전 20일 이내에 발주자 및 공사업자에게 통보하여야 한다.

63 다음 중 예비준공검사를 실시해야 하는 시기는?

① 준공예정일 1개월 전
② 준공예정일 2개월 전
③ 준공예정일 3개월 전
④ 준공예정일 4개월 전

해설

예비준공검사(전력시설물 공사감리업무 수행지침 제60조)
공사현장에 주요공사가 완료되고 현장이 정리단계에 있을 때에는 준공예정일 2개월 전에 준공기한 내 준공기능 여부 및 미진한 사항의 사전 보완을 위해 예비준공검사를 실시하여야 한다. 다만, 소규모 공사인 경우에는 발주자와 협의하여 생략할 수 있다.

64 감리원은 준공(또는 기성부분) 검사원을 접수하였을 때에는 신속히 검토·확인하고 준공(기성부분) 감리조서와 다음의 서류를 첨부하여 지체없이 감리업자에게 제출해야 하며, 최대한 신속히 기성검사와 및 준공검사자의 임명 요청을 해야 하는데 임명 요청 시 첨부되어야 할 서류가 아닌 것은?

① 기성 및 준공내역서
② 품질시험 및 검사성과 총괄표
③ 주요기자재 검수 및 수불부
④ 발생품 정리부

해설

기성검사 및 준공검사자의 임명 요청 시 첨부 서류(전력시설물 공사감리업무 수행지침 제55조)
- 주요기자재 검수 및 수불부
- 감리원의 검사기록 서류 및 시공 당시의 사진
- 품질시험 및 검사성과 총괄표
- 발생품 정리부
- 그 밖에 감리원이 필요하다고 인정하는 서류와 준공검사원에는 지급기자재 잉여분 조치현황과 공사의 사전검사 확인서류, 안전관리점검 총괄표 추가 첨부

65 다음 중 준공검사의 내용으로 맞지 않는 것은?

① 시공 시 현장 상주감리원이 작성 비치한 제기록에 대한 검토
② 완공된 시설물이 설계도서대로 시공되었는지의 여부
③ 제반 가설시설물의 제거와 원상복구 정리 상황
④ 타 공정과 적합하게 시공되었는지 여부

해설

준공검사의 내용(전력시설물 공사감리업무 수행지침 제57조)
- 완공된 시설물이 설계도서대로 시공되었는지의 여부
- 시공 시 현장 상주감리원이 작성 비치한 제기록에 대한 검토
- 폐품 또는 발생물의 유무 및 처리의 적정여부
- 지급 기자재의 사용적부와 잉여자재의 유무 및 그 처리의 적정여부
- 제반 가설시설물의 제거와 원상복구 정리 상황
- 감리원의 준공 검사원에 대한 검토의견서
- 그 밖에 검사자가 필요하다고 인정하는 사항

정답 65 ④

MEMO

제 **4** 과목

태양광발전 운영

신재생에너지 발전설비기사

(태양광) [필기]

자격증·공무원·금융/보험·면허증·언어/외국어·검정고시/독학사·기업체/취업
이 시대의 모든 합격! 시대에듀에서 합격하세요!
www.youtube.com → 시대에듀 → 구독

CHAPTER 01 태양광발전시스템 운영

제4과목 태양광발전 운영

제1절 태양광발전 사업개시 신고

1 사업개시 신고 등

(1) 일별, 월별, 연간 운영계획 수립 시 고려요소

발전소의 운영목적은 발전소 발전생산전력의 효율저하를 막고, 장기간 운영을 위한 점검과 보호를 하여야 하며, 이상 발생 시 적절하고 신속한 조치로써 전력 계통에 영향을 주지 않고, 손실비용을 줄여야 한다. 또한 운영계획을 세우고 문제 발생 시 적절한 대처가 필요하다.

(2) 태양광발전시스템 운영 시 갖추어야 할 목록

① 태양광발전시스템에 사용된 핵심기기의 매뉴얼
② 태양광발전시스템 시방서
③ 태양광발전시스템 건설 관련 도면(토목, 건축, 기계, 전기도면 등)
④ 태양광발전시스템 구조물의 구조계산서
⑤ 태양광발전시스템 운영매뉴얼
⑥ 태양광발전시스템 한전계통연계 관련 서류
⑦ 태양광발전시스템 계약서 사본
⑧ 태양광발전시스템에 사용된 기기 및 부품의 카탈로그
⑨ 태양광발전시스템 일반점검표
⑩ 태양광발전시스템 긴급복구안내문
⑪ 전기안전관리용 정기점검표
⑫ 전기안전 관련 주의명판 및 안전경고표시 위치도
⑬ 태양광발전시스템 안전교육표지판

(3) 태양광발전시스템 운영방법

① 공통
  ㉠ 설비용량 : 설치된 태양광발전설비의 용량은 부하의 용도 및 부하의 적정 사용량을 합산하여 월평균 사용량에 따라 결정된다.
  ㉡ 발전량 : 일반적인 태양광발전설비의 발전량은 봄·가을이 많으며, 여름과 겨울에는 기후여건에 따라 현저하게 감소한다.

② 모듈
  ㉠ 모듈표면은 특수 처리된 강화유리로 되어 있지만, 강한 충격이 있을 시 파손될 수 있다.
  ㉡ 모듈표면에 그늘이 지거나 나뭇잎 등이 떨어져 있는 경우 전체적인 발전효율 저하요인으로 작용하며, 황사나 먼지, 공해물질은 발전량 감소의 주요요인으로 작용한다.
  ㉢ 고압분사기를 이용하여 정기적으로 물을 뿌려주거나, 부드러운 천으로 이물질을 제거해 주면 발전효율을 높일 수 있다. 이때 모듈표면에 흠이 생기지 않도록 주의해야 한다.
  ㉣ 모듈표면의 온도가 높을수록 발전효율이 저하되므로 태양광에 의하여 모듈온도가 상승할 경우에 정기적으로 물을 뿌려 온도를 조절하면 발전효율이 높아진다.
  ㉤ 풍압이나 진동으로 인하여 모듈의 형강과 체결부위가 느슨해지는 경우가 있으므로 정기적으로 점검해야 한다.
③ 인버터 및 접속함
  ㉠ 태양광발전설비의 고장요인은 대부분 인버터에서 발생하므로 정기적으로 정상가동 유무를 확인해야 한다.
  ㉡ 접속함에는 역류방지 다이오드, 차단기, Transducer, CT, PT, 단자대 등이 내장되어 있으므로 누수나 습기침투 여부의 정기적 점검이 필요하다.
④ 구조물 및 전선
  ㉠ 구조물이나 구조물 접합자재는 아연용융도금이 되어 있어 녹이 슬지 않으나 장기간 노출될 경우에는 녹이 스는 경우도 있다.
  ㉡ 부분적으로 녹이 스는 현상이 일어날 경우 페인트, 은분 스프레이 등으로 도포 처리를 해 주면 장기간 안전하게 사용할 수 있다.
  ㉢ 전선 피복부나 전선 연결부에 문제가 없는지 정기적으로 점검하고 문제가 발생할 경우 반드시 보수해야 한다.
⑤ 태양광발전설비가 작동되지 않는 경우의 응급처치
  ㉠ 접속함 내부 차단기 개방
  ㉡ 인버터 개방 후 점검
  ㉢ 점검 후 인버터, 접속함 내부 차단기 순서로 투입

(4) 태양광발전시스템 점검항목

태양광발전시스템 점검은 일반적으로 준공 시의 점검, 일상점검, 정기점검의 3가지로 구별된다. 이 중 일상점검과 정기점검의 항목을 나타내면 다음 표와 같다.

설비종류	점검부위	점검분류	점검방법	점검주기	점검내용
태양전지	모 듈	일 상	육 안	●	유리 등 표면의 오염 및 파손 확인
	가 대	일 상	육 안	●	가대의 부식 및 녹 확인
	배 선	일 상	육 안	●	외부배선(접속케이블)의 손상 확인
	접지선	정 기	육 안	◎	접지선의 접속 및 접속단자 풀림 확인
		정 기	측 정	◎	태양전지 ↔ 접지선 절연저항 측정

설비종류	점검부위	점검분류	점검방법	점검주기	점검내용
접속함	외 함	일 상	육 안	●	외함의 부식 및 파손 확인
		정 기	육 안	◎	
	배 선	일 상	육 안	●	외부배선(접속케이블)의 손상 확인
		정 기	육 안	◎	외부배선의 손상 및 접속단자의 풀림 확인
접속함	접지선	정 기	육 안	◎	접지선의 손상 및 접지단자의 풀림 확인
		정 기	측 정	◎	출력단자 ↔ 접지선 절연저항 측정
	기타	정 기	시 험	◎	각 회로마다 개방전압 측정(극성 및 확인)
파워 컨디셔너	외 함	일 상	육 안	●	외함의 부식 및 파손 확인
		정 기	육 안	◎	
	배 선	일 상	육 안	●	외부배선(접속케이블)의 손상 확인
		정 기	육 안	◎	외부배선의 손상 및 접속단자의 풀림 확인
	접지선	정 기	육 안	◎	접지선의 손상 및 접지단자의 풀림 확인
		정 기	측 정	◎	입·출력단자 ↔ 접지선 절연저항 측정
	환기구	일 상	육 안	●	환기구, 환기필터 등의 환기 확인
		정 기	육 안	◎	
	표시부	일 상	육 안	●	표시부의 이상 표시
		정 기	시 험	◎	표시부의 동작 확인(충전전력 등)
	타이머	정 기	시 험	◎	투입저지 시한 타이머 동작시험 확인
	기 타	일 상	육 안	●	발전상황 확인
		일 상	육 안	●	이상음, 악취, 발연, 이상과열 확인
		정 기	육 안	◎	운전 시 이상음, 악취, 진동 등 확인
기 타	개폐기	정 기	육 안	◎	개폐기의 접속단자 풀림 확인
		정 기	측 정	◎	절연저항 측정(DC 500[V] 측정 시 0.1[MΩ] 이상)

[주 1] ● : 월 1회 실시
◎ : 용량별 점검 횟수

용량[kW]	300 미만	500 미만	700 미만	1,000 미만
횟수[월]	1회	2회	3회	4회

2 SMP 및 REC 정산관리

(1) RPS

공급의무화제도(Renewable Portfolio Standards)로서 신재생에너지발전 의무 할당제로서 발전사업자의 총 발전량, 판매사업자의 총 판매량의 일정비율을 신재생에너지원으로 공급 또는 판매하도록 의무화하는 제도이다 (미국, 영국, 일본, 호주, 덴마크 등이 최근 도입 운영).

(2) SMP

System Marginal Price(계통한계가격)의 약어이다. 거래시간별로 적용되는 전력량에 대한 전력시장가격[원/kWh]을 말하며 육지와 제주지역으로 구분되며 참여하는 발전기들의 변동비용, 즉 연료비용을 감안하여 책정되는 전기도매가격을 말한다. SMP는 매시간마다 발전단가가 저렴한 발전기부터 비싼 순서로 수요에 맞추어 투입되기 때문에 수요와 공급이 일치될 때 가장 비싼 연료를 사용한 발전기가 한계가격결정 발전기가 되고 이때의 한계가격이 그 시간대의 시장가격으로 결정된다.

(3) REC

신재생에너지 공급인증서(Renewable Energy Certificate)로서 공급인증서 발급대상설비에서 공급되는 전력량에 가중치를 곱하여 [MWh] 단위를 기준으로 발급하며 발전사업자가 신재생에너지설비를 이용하여 전기를 생산·공급하였음을 증명하는 인증서로 공급의무자는 공급의무량에 대해 신재생에너지 공급인증서를 구매하여 충당할 수 있다.

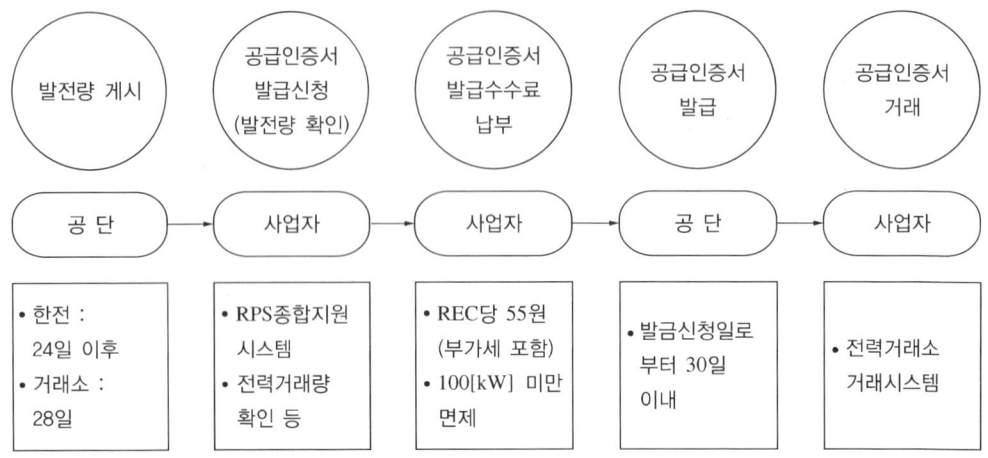

공급인증서 발급 및 거래절차

(4) REP

Renewable Energy Point의 약자로서 생산인증서의 발급 및 거래단위로서 생산인증서 발급대상설비에서 생산된 [MWh] 기준의 신재생에너지 전력량에 대해 부여하는 단위를 말한다.

3 전기안전관리자 선임 등

(1) 운영 부분

① 현장 관리인 : 발전소 구내 보안 및 청소, 잡초 제거 등
② 전기안전관리자(자격증 소유자) 선임
  ㉠ 1,000[kW] 미만인 경우 안전관리 대행 가능
  ㉡ 1,000[kW] 이상인 경우 사업자가 선임
③ 제3자 유지보수 계약유지(파워컨디셔너 등)
④ 역 할
  ㉠ 기술관리 및 도면 관리
  ㉡ 유지보수 물품보관 관리
  ㉢ 월간 전기 생산량(발전량)분석
  ㉣ 소모품 공급
  ㉤ 배전반, 파워컨디셔너, 감시 제어시스템 건전성 유지 등

제2절 태양광발전설비 설치 확인

1 설비점검 체크리스트

(1) 임시점검

① 일상점검 등에서 이상이 발생된 경우 및 사고가 발생한 경우의 점검을 임시점검이라 한다.
② 사고 원인의 영향분석, 대책을 수립하여 보수 조치해야 한다.
③ 모선정전은 별로 없으나 심각한 사고를 방지하기 위해 3년에 1회 정도 점검하는 것이 좋다.
④ 파워컨디셔너의 이상신호 조치 방법

모니터링	파워컨디셔너 표시	현상 설명	조치사항
태양전지 과전압	Solar cell OV fault	태양전지 전압이 규정 이상일 때 발생, H/W	태양전지 전압 점검 후 정상 시 5분후 재가동
태양전지 저전압	Solar cell UV fault	태양전지 전압이 규정 이하일 때 발생, H/W	태양전지 전압 점검 후 정상 시 5분후 재가동
태양전지 과전압제한초과	Solar cell OV limit fault	태양전지 전압이 규정 이상일 때 발생, H/W	태양전지 전압 점검 후 정상 시 5분후 재가동
태양전지 저전압제한초과	Solar cell UV limit fault	태양전지 전압이 규정 이하일 때 발생, H/W	태양전지 전압 점검 후 정상 시 5분후 재가동
한전계통 역상	Line phase sequence fault	계통전압이 역상일 때 발생	상회전 확인 후 정상 시 재 운전
한전계통 R상	Line R phase fault	R상 결상 시 발생	R상 확인 후 정상 시 재운전
한전계통 S상	Line S phase fault	S상 결상 시 발생	S상 확인 후 정상 시 재운전
한전계통 T상	Line T phase fault	T상 결상 시 발생	T상 확인 후 정상 시 재운전
한전계통 정전	Utility line fault	정전 시 발생	계통전압 확인 후 정상 시 5분 후 재가동
한전계통 과전압	Line over voltage fault	계통전압이 규정값 이상일 때 발생	계통전압 확인 후 정상 시 5분 후 재가동
한전계통 부족전압	Line under voltage fault	계통전압이 규정값 이하일 때 발생	계통전압 확인 후 정상 시 5분 후 재가동
한전계통 저주파수	Line under frequency fault	계통주파수가 규정값 이하일 때 발생	계통주파수 점검 후 정상 시 5분 후 재가동
한전계통 고주파수	Line over frequency fault	계통주파수가 규정값 이상일 때 발생	계통주파수 점검 후 정상 시 5분 후 재가동
인버터 과전류	Inverter over current fault	인버터 전류가 규정값 이상으로 흐를 때 발생	시스템 정지 후 고장부분 수리 또는 계통 점검 후 운전
인버터 과온	Inverter over temperature	인버터 과온 시 발생	인버터 팬 점검 후 운전
인버터 MC 이상	Inverter M/C fault	전자접촉기 고장	전자접촉기 교체 점검 후 운전
인버터 출력전압	Inverter voltage fault	인버터 전압이 규정값을 벗어났을 때 발생	인버터 및 계통전압 점검 후 운전
인버터 퓨즈	Inverter fuse fault	인버터 퓨즈 소손	퓨즈 교체 점검 후 운전

모니터링	파워컨디셔너 표시	현상 설명	조치사항
위상 : 한전 – 인버터	Line inverter sync fault	인버터와 계통 주파수가 동기화되지 않았을 때 발생	인버터 점검 또는 계통주파수 점검 후 운전
누전 발생	Inverter ground fault	인버터 누전이 발생했을 때 발생	인버터 및 부하의 고장부분을 수리 또는 접지저항 확인 후 운전
RTU 통신계통 이상	Serial communication fault	인버터와 MMI의 통신이 되지 않는 경우 발생	연결단자 점검(인버터는 정상운전)

2 설치된 발전설비 부품의 성능검사 등

구 분		점검항목	점검요령
태양전지 어레이	육안점검	접지선의 접속 및 접속단자 이완	• 접지선이 확실하게 접속되어 있을 것 • 나사의 풀림이 없을 것
접속함	육안점검	외부의 부식 및 파손	부식 및 파손이 없을 것
		외부배선의 손상 및 접속단자 이완	• 배선에 이상이 없을 것 • 나사의 풀림이 없을 것
		접지선의 손상 및 접속단자 이완	• 접지선에 이상이 없을 것 • 나사의 풀림이 없을 것
	측정 및 시험	절연저항	• 태양전지 모듈 – 접지선 : 0.2[MΩ]이상, DC측정전압 500[V](각 회로마다 모두 측정) • 출력단자 – 접지간 : 1[MΩ] 이상, DC 측정전압 500[V]
		개방전압	• 규정전압일 것 • 극성이 올바를 것(각 회로마다 모두 측정)
인버터	육안점검	외함의 부식 및 파손	부식 및 파손이 없을 것
		외부배선의 손상 및 접속단자 이완	• 배선에 이상이 없을 것 • 나사의 풀림이 없을 것
		접지선의 손상 및 접속단자 이완	• 접지선에 이상이 없을 것 • 나사의 풀림이 없을 것
		통풍 확인(통풍구, 환기필터 등)	통풍구가 막혀있지 않을 것
		운전 시 이상음, 이취 및 진동 유무	운전 시 이상음, 이상 진동, 이취 등이 없을 것
	측정 및 시험	절연저항(인버터 입출력 단자 – 접지간)	1[MΩ] 이상, DC 측정전압 500[V]
		표시부 동작 확인 (표시부 표시, 발전전력 등)	표시상황 및 발전 상황에 이상이 없을 것
		투입저지 시한 타이머 동작시험	한전전원이 정전되면 0.5초 이내 정지하고, 복전되면 5분 후에 자동으로 시동될 것
축전지	육안점검	외관점검, 전해액 비중, 전해액면 저하	부하로의 급전을 정지한 상태에서 실시할 것
	측정 및 시험	단자전압(총 전압/셀 전압)	
기타 태양광 발전용 개폐기	육안, 접촉 등	태양광 발전용 개폐기의 접속단자 이완	나사에 풀림이 없을 것
	측 정	절연저항	1[MΩ] 이상, DC 측정전압 500[V]

3 발전설비 설치 확인 등

(1) 사업용 태양광발전설비 사용 전 검사항목 및 세부검사내용

사업용 태양광발전설비를 구성하는 각 기기는 설치 완료 시 다음과 같은 사용 전 검사항목에 따라 세부검사가 진행되어야 한다.

사업용 전기설비의 검사업무 처리규정 별표 1

전체의 공사가 완료된 때

검사항목	세부검사내용	수검자 준비자료
1. 태양광발전설비표	• 태양광발전설비표 작성	• 공사계획인가(신고)서 • 태양광 발전설비 개요
2. 태양광 전지 • 일반 규격	• 규격확인	• 공사계획인가(신고)서 • 태양광 전지규격서

• 본 체	• 외관검사
	• 전지 전기적 특성시험
	  - 최대출력
	  - 개방전압
	  - 단락전류
	  - 최대 출력전압 및 전류
	  - 충진율
	  - 전력변환효율
	• Array
	  - 절연저항
	  - 접지저항
		• 단선결선도
		• 태양광전지 트립 인터록 도면
		• 시퀀스 도면
		• 제품 시험성적서
		• 보호장치 및 계전기시험 성적서
		• 절연저항시험 성적서
		• 접지저항시험 성적서

3. 전력변환장치 • 일반규격 • 본 체	• 규격확인 • 외관검사 • 접지 시공상태 • 절연저항 • 절연내력 • 제어회로 및 경보장치 • 전력조절부/Static 스위치 자동·수동절체시험 • 역방향운전 제어시험 • 단독운전 방지시험 • 인버터 자동·수동절체시험 • 충전기능시험	• 공사계획인가(신고)서 • 단선결선도 • 시퀀스 도면 • 제품 시험성적서 • 보호장치 및 계전기시험 성적서 • 절연저항시험 성적서 • 절연내력시험 성적서 • 경보회로시험 성적서 • 부대설비시험 성적서 • 접지저항시험 성적서
• 보호장치	• 외관검사 • 절연저항 • 보호장치시험	
• 축전지	• 시설상태 확인 • 전해액 확인 • 환기시설 상태	
4. 변압기	• 기력발전소 변압기 검사항목에 준함	• 기력발전소 변압기 준비자료에 준함
5. 차단기	• 기력발전소 차단기 검사항목에 준함	• 기력발전소 차단기 준비자료에 준함
6. 전선로(모선)	• 기력발전소 전선로(모선) 검사항목에 준함	• 기력발전소 전선로(모선) 준비자료에 준함
7. 접지설비	• 기력발전소 접지설비 검사항목에 준함	• 기력발전소 접지설비 준비자료에 준함

검사항목	세부검사내용	수검자 준비자료
8. 비상발전기 9. 종합연동시험 10. 부하운전시험	• 기력발전소 비상발전기 검사항목에 준함 • 검사 시 일사량을 기준으로 가능출력을 확인하고 발전량의 이상유무 확인(30분) • 부하운전시험의견	• 기력발전소 비상발전기 준비자료에 준함 • 종합 인터록 도면 • 출력 기록지

① 태양광발전설비표

사업용 태양광발전설비에 대해 사용 전 검사를 실시하는 검사자는 수검자로부터 다음의 자료를 제출받아 태양광발전설비표를 작성해야 한다.

㉠ 공사계획인가(신고)서 : 공사계획인가(신고)서는 전기설비의 설치 및 변경공사 내용이 전기사업법의 규정에 의하여 인가 또는 신고를 한 공사계획에 적합해야 한다.

㉡ 시험성적서 제출 확인
- 변압기
- 차단기
- 보호계전기류
- 보호설비류
- 피뢰기류
- 변성기류
- 개폐기류
- 콘덴서, 모터, 기동기, 케이블 및 케이블 접속재
- 발전 설비
- 상기 이외의 전기기계기구와 보호장치

㉢ 고압 이상 전기기계기구의 시험성적서 확인
- 고압 이상 전기기계기구의 시험성적서는 국내생산품과 수입품 모두 동일하게 국내 공인시험기관의 시험성적서를 확인함을 원칙으로 한다. 다만, 다음의 경우에는 제작회사의 자체 시험성적서를 확인한다.
  - 산업표준화법에 의한 KS표시품, 케이블, 콘덴서, 전동기, 기동기, 20[kV]급 케이블 종단접속재 이외의 케이블 접속재
  - 국가표준기본법에 의한 공인제품 인증기관의 안전인증 표시품
  - 전기기기 시험기준 및 방법에 관한 요령, 고시에 의한 공인시험기관의 인증시험이 면제된 제품
  - 국내 공인시험기관에서 시험이 불가능한 품목 및 검사기관에서 인정한 품목
- 국내 공인시험기관의 시험설비 미비, 관련 규격이 없는 경우, 수리품 및 국내 미생산품인 경우는 공인시험기관의 참고시험성적서를 확인한다.

② 태양전지 검사

태양전지에 대한 사용 전 검사의 세부검사 절차는 자가용 태양광발전설비 사용 전 검사에 준해 시행한다.

③ 전력변환장치 검사

전력변환장치에 대한 사용 전 검사의 세부검사 절차는 자가용 태양광발전설비 사용 전 검사에 준해 시행한다.

④ 변압기 검사

㉠ 변압기의 일반규격 : 기력발전소에 대한 사용 전 검사 변압기 일반규격의 해당 항목 작성 요령에 따른다.

ⓒ 변압기의 시험검사 : 기력발전소에 대한 사용 전 검사 변압기 시험검사의 해당 품목 검사 요령에 따른다. 단, 충전시험은 계통과 연계하여 변압기를 가압(또는 역가압)시켜 이음, 온도 상승, 진동 발생 등 이상 유무를 검사한다.

⑤ 전선로 검사
　㉠ 전선로(모선) 일반규격 : 기력발전소에 대한 사용 전 검사 전선로(모선) 일반규격의 해당 항목 작성요령에 따른다.
　ⓒ 전선로(모선) 시험검사 : 기력발전소에 대한 사용 전 검사 전선로(모선) 시험검사의 해당 항목 검사 요령에 따른다. 단, 충전시험은 계통과 연계하여 변압기를 가압(또는 역가압)시켜 이음, 온도 상승, 진동 발생 등, 이상 유무를 검사한다.

⑥ 접지설비 검사
　기력발전소에 대한 사용 전 검사 접지설비 검사의 해당 항목 검사 요령에 따른다.

⑦ 종합연동시험 검사
　종합연동시험에 대한 사용 전 검사의 세부검사 절차는 자가용 태양광발전설비 사용 전 검사에 준해 시행한다.

⑧ 부하운전시험 검사
　부하운전시험에 대한 사용 전 검사의 세부검사 절차는 자가용 태양광발전설비 사용 전 검사에 준해 시행한다.

⑨ 기타 부속설비
　기타 부속설비에 대한 사용 전 검사의 세부검사 절차는 자가용 태양광발전 설비 사용 전 검사에 준해 시행한다.

(2) 정기검사항목 및 세부검사내용(사업용)

사업용 태양광발전소는 고압의 경우 태양전지, 접속함, 인버터, 배전반, 변압기, 차단기 등으로 이루어져 한전계통과 연계되어 있다. 따라서 이상 발생 시 전력계통 전체의 사고로 파급될 수 있으므로, 태양광발전소의 안정적인 운용을 위해 4년마다 정기적으로 검사를 해야 한다.

사업용 태양광발전설비에 대한 정기검사항목 및 세부검사내용을 다음 표에 나타내었다.

사업용 태양광발전설비 정기검사항목 및 세부검사내용

태양광발전설비계통

검사항목	세부검사내용	수검자 준비자료
1. 태양광 전지 검사 　• 태양광 전지 일반규격 　• 태양광 전지 검사	• 규격확인 • 외관검사 • 전지 전기적 특성시험 　- 개방전압 　- 출력전압 및 전류 • Array 　- 절연저항	• 전회검사성적서 • 단선결선도 • 태양광전지 Trip Interlock 도면 • Sequence 도면 • 보호장치 및 계전기시험성적서 • 절연저항시험 성적서
2. 전력변환장치 검사 　• 전력변환장치 일반규격	• 규격확인 • 외관검사 • 절연저항 • 제어회로 및 경보장치 • 단독 운전 방지시험 • 인버터 운전시험	• 단선결선도 • Sequence 도면 • 보호장치 및 계전기시험성적서 • 절연저항시험성적서 • 절연내력시험성적서 • 경보회로시험성적서 • 부대설비시험성적서

검사항목	세부검사내용	수검자 준비자료
• 보호장치 검사 • 축전지	• 보호장치시험 • 시설상태 확인 • 전해액 확인 • 환기시설 상태	
3. 변압기 검사 • 변압기 일반규격 • 변압기시험 검사 (기동, 소내변압기 포함)	• 규격확인 • 외관검사 • 조작용 전원 및 회로점검 • 보호장치 및 계전기시험 • 절연저항 측정 • 절연유 내압시험 • 제어회로 및 경보장치시험	• 전회검사성적서 • Sequence 도면 • 보호계전기시험성적서 • 계기교정시험성적서 • 경보회로시험성적서 • 절연저항시험성적서 • 절연유 내압시험성적서
4. 차단기 검사(발전기용 차단기) • 차단기 일반규격 • 차단기시험 검사 (발전기용 차단기만 해당)	• 규격확인 • 외관검사 • 조작용 전원 및 회로점검 • 절연저항 측정 • 개폐표시 상태확인 • 제어회로 및 경보장치시험	• 전회검사성적서 • 개폐기 Interlock 도면 • 계기교정시험성적서 • 경보회로시험성적서 • 절연저항시험성적서
5. 전선로(모선) 검사 • 전선로 일반규격 • 전선로 검사 (가공, 지중, GIB, 기타) • 부대설비 검사	• 규격확인 • 외관검사 • 보호장치 및 계전기시험 • 절연저항측정 • 절연내력시험 • 피뢰장치 • 계기용 변성기 • 위험표시 • 울타리, 담 등의 시설상태 • 상별 및 모의모선 표시상태	• 전선로 및 부대설비규격서 • 단선결선도 • 보호계전기 결선도 • Sequence 도면 • 보호장치 및 계전기시험성적서 • 상회전 및 Loop시험성적서 • 절연내력시험성적서 • 절연저항시험성적서 • 경보회로시험성적서
6. 접지설비 검사 • 접지 일반규격	• 규격확인 • 접지저항 측정	• 접지저항시험성적서

종합검사

검사항목	세부검사내용	수검자 준비자료
7. 종합연동시험 • 종합연동시험	• 종합연동시험	
8. 부하운전시험	• 검사 시 일사량을 기준으로 가능출력을 확인하고 발전량 이상유무 확인(30분) • 부하운전시험의견	• 출력 기록지 • 전회검사 이후 총 운전 및 기동횟수 • 전회검사 이후 주요정비 내용

① **태양전지 검사** : 태양전지에 대한 정기검사의 세부검사 절차는 자가용 태양광발전설비 사용 전 검사에 준해 시행한다.
② **전력변환장치 검사** : 전력변환장치에 대한 정기검사의 세부검사 절차는 자가용 태양광발전설비 사용 전 검사에 준해 시행한다.
③ **변압기 검사** : 변압기에 대한 정기검사의 세부검사 절차는 사업용 태양광발전설비 사용 전 검사에 준해 시행한다.
④ **차단기 검사** : 차단기에 대한 정기검사의 세부검사 절차는 사업용 태양광발전설비 사용 전 검사에 준해 시행한다.
⑤ **기타 부속설비** : 기타 부속설비에 대한 정기검사의 세부검사 절차는 자가용 태양광발전설비 사용 전 검사에 준해 시행한다.

(3) 기타 검사

① 비상발전기는 태양광발전설비계통과 연계하지 말아야 한다.
② 소출력 태양광발전설비의 경우 누전차단기 동작 시 발전원에 의해 지속적으로 전원이 공급되어 감전사고 발생의 우려가 있고 누전차단기 테스트 버튼 조작 등에 의한 지락발생 시 발전원에 의해 지속적으로 지락전류가 흘러 트립코일 소손의 가능성이 상존하므로 계통으로의 연계점은 누전차단기 1차측에 접속해야 하며, 연계점 전원측의 과전류차단기(MCCB) 부설 여부를 확인해야 한다.

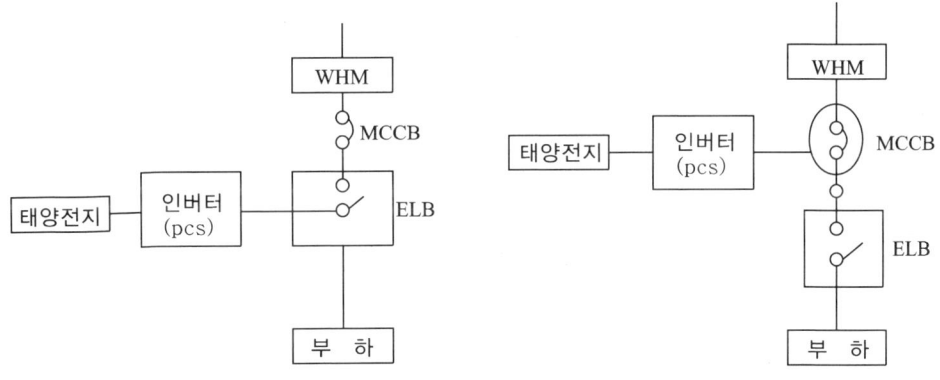

(a) 계통연계 접속의 나쁜 예　　　　　(b) 계통연계 접속의 바른 예

소출력 태양광발전설비의 계통연계점 확인 사항

③ 케이블트레이 사용케이블과 태양광발전설비 케이블의 사이에는 이격 거리를 두고 배선 꼬리표를 달아야 한다.
④ 피뢰침 보호각이 표시되어 있는 전기 간선계통도를 붙여야 한다.
⑤ 태양광 평면도를 참고해야 하며 건물 옥상인 경우 도면을 참고해야 한다.
⑥ 계통연계되는 전기실까지 케이블트레이 평면도를 붙여야 한다.
⑦ 모듈 접속함 내에 직류차단기 및 직류퓨즈 사용 여부를 확인해야 한다.
⑧ 인버터시험성적서가 사본인 경우 원본대조필 직인이 있는지 확인해야 한다.
⑨ 태양전지 모듈의 규격리스트와 제품번호를 확인해야 한다.

제3절 태양광발전시스템 운영

1 발전시스템 점검 방법과 시기

(1) 태양광발전시스템 운영 점검사항의 개요

① 태양광발전시스템은 무인자동운전되는 것을 전제로 설계·제작되어 일상적인 보수점검은 불필요한 것처럼 보일 수 있지만, 시간이 지남에 따라 경년변화에 따른 열화 및 고장이 예상되고 태양광발전시스템도 법적으로 발전설비로 분류되어 법규 등에 따른 정기적인 점검이 의무화되어 있다.
② 태양광발전시스템의 점검은 일반적으로 준공 시의 점검, 일상점검, 정기점검의 3가지로 구별된다.

(2) 점검항목과 유의사항

① 태양전지 어레이
   ㉠ 태양전지 모듈은 일반적으로 특별한 관리는 불필요하지만, 일상점검으로 1개월에 한번, 정기점검으로 1년 또는 수년에 한번씩 모듈의 오염, 유리의 금이 간 부분 등의 손상에 관하여 육안으로 점검을 실시한다.
   ㉡ 가대는 일반적으로 특별한 관리는 불필요하지만 일상점검으로 1개월에 한번, 정기점검으로 1년 또는 수년에 한번씩 녹의 발생, 손상의 유무, 심하게 조인 부분의 이완 등에 관하여 육안으로 점검을 실시한다.
   ㉢ 절연저항과 접지저항은 똑같은 빈도로 측정하여 점검을 실시한다.

기기명	점검부위	점검종류	주 기	점검내용
태양전지	모듈가대 MCCB 서지보호장치 배 선 접지선	일상점검	1개월	외관점검
		정기점검	설치 후 1년~수년	외관점검 각 부의 청소 볼트배선, 접속단자 등의 이완 태양전지 출력전압·전류 측정 절연저항 측정 접지저항 측정

② 파워컨디셔너
파워컨디셔너는 정지기기이기 때문에 정기적으로 부품의 교체 등 복잡한 작업을 할 필요가 없지만, 장기적으로 안전하게 사용하기 위해서는 다음과 같은 보수점검을 할 필요가 있다.

기기명	점검부위	점검종류	주 기	점검내용
파워컨디셔너	각종 제어용전원 인버터 주회로 제어 보드 냉각용 팬 서지보호장치 전자접촉기 각종 저항기 LCD 표시기	일상점검	1개월	외관점검(이음, 악취) 상태표시 LED 확인 내부 수납기기 탈락 파손·변색
		정기점검	설치 후 1년~수년	외관점검 커넥터 접속 상태 점검 절연저항 측정 냉각용 팬 운전상태 점검 서지보호장치 상태 육안점검 제어전원전압 측정 전자접촉기 육안점검 발전상황 육안점검 청 소 보호요소 동작 특성, 시한 특성 측정 인버터 전해 콘덴서 냉각용 팬 점검 인버터 본체 냉각용 팬 점검

③ 연계 보호장치
연계 보호장치도 파워컨디셔너와 동일하게 정지기기이기 때문에 정기적으로 부품의 교체 등 복잡한 작업을 행할 필요가 없지만, 장기적으로 안전하게 사용하기 위해서는 다음과 같은 보수점검을 할 필요가 있다.

기기명	점검부위	점검종류	주 기	점검내용
연계 보호장치	보호 릴레이 트랜스듀서 제어 전원 보조 릴레이 냉각팬 히 터	일상점검	1개월	외관점검 보호 릴레이 디지털 미터 표시 무정전 전원장치 축전지 일충전 상태 팬 히터 동작
		정기점검	설치 후 1년~수년	외관점검 외부청소 볼트 배선 등의 느슨함 환기공 필터 점검 절연저항 측정 동작(시퀀스)시험 보호 릴레이 동작 특성시험 무정전 전원 백업 시간 제어전원 전압 확인

2 태양광 모니터링시스템

(1) 개 요
① 태양광발전 모니터링시스템은 태양광발전설비 설치 및 응용프로그램 설치에 관해 적용하며, 전기설비에서의 스마트 기능을 볼 수 있는 모듈, 부품별 이상 유무 상태, 부품에 걸리는 전위차 측정, 사용전압, 정격전압, 전류, 사용전력량, 역률의 자동계측, 경보, 알람, 상태기록, 로그파일 저장 등을 행함으로써 설비의 감시제어 역할을 수행한다.
② 또한 파워컨디셔너로부터 전송된 태양광발전의 전기적 특성 데이터를 TCP/IP 통신 인터페이스 장치에 연결하여 모니터링 컴퓨터에 실시간 데이터로 전송하며, 전송된 데이터는 해당 데이터베이스에 저장하여 실시간 화면으로 표현하고, 평균데이터를 저장하여 일별, 월별 모니터링 자료검색 데이터를 기본 지원하며, 태양광 어레이의 상태 및 접속반의 부품과 소자들의 이상 유무를 즉시 모니터할 수 있게 지원한다.

(2) 구성요건
① 태양광발전설비 원격차단 및 운전상태 감시장치의 구성은 태양전지 지지대 부위에 온도계 2개소, 일사량 2개소의 군별 센서를 연결하여 태양전지 접속반을 통하여 인버터 메인 통신부위에 기후조건에 대한 신호를 검출한다.
② 인버터의 통신보드 내에서는 태양광발전에 대한 발전량, 전압, 전류, 주파수, 역률 등의 전기적 특성을 메인 컴퓨터로 보내 감시 및 측정하도록 한다. 원격지에서도 LAN 또는 모뎀을 통해 감시 및 측정을 할 수 있도록 구성하여 태양광발전설비의 이상 유무를 판단하며, 고장 발생 시 원격지에서 고장 부위의 신속한 파악을 통해 긴급 대처할 수 있도록 시스템을 구성하는 것이 바람직하다.

(3) 구성요소
① 시스템 구성
② 사용환경(온도 −5~40[℃], 습도 45~85[%])
③ 운영체계 및 성능
④ 시스템 기능
⑤ 원격차단
⑥ 채널 모니터 감시
⑦ 동작상태 감시
⑧ 계통 모니터 감시
⑨ 그래프 감시(일보 1)
⑩ 일일 발전현황(월보 2)
⑪ 월간 발전 현황(월보 1)
⑫ 월간 시간대별 발전 현황(월보 2)
⑬ 이상 발생기록 화면
⑭ 기타 사항
⑮ 운전상태 감시 및 측정

⑯ 감시화면 구성 등

(4) 프로그램 기능
① 데이터 수집 기능 : 각각의 인버터에서 서버로 전송되는 데이터는 데이터 수집 프로그램에 의하여 인버터로부터 전송받아 데이터를 가공 후 데이터베이스에 저장한다. 10초 간격으로 전송받은 데이터는 태양전지 출력전압, 출력전류, 인버터상 각상전류, 각상전압, 출력전력, 주파수, 역률, 누적전력량, 외기온도, 모듈표면온도, 수평면일사량, 경사면일사량 등 각각의 데이터로 분리하고, 데이터베이스의 실시간 테이블 형식에 맞도록 데이터를 수집한다.
② 데이터 저장 기능 : 데이터베이스의 실시간 테이블 형식에 맞도록 수집된 데이터는 데이터베이스에 실시간 테이블로 저장되며, 매 10분마다 60개의 저장된 데이터를 읽어 산술평균값을 구한 뒤 10분 평균값으로 10분 평균데이터를 저장하는 테이블에 데이터를 저장한다.
③ 데이터 분석 기능 : 데이터베이스에 저장된 데이터를 표로 작성하여 각각의 계측요소마다 일일 평균값과 시간에 따른 각 계측값의 변화를 알 수 있도록 표의 테이블 형식으로 데이터를 제공한다.
④ 데이터 통계 기능 : 데이터베이스에 저장된 데이터를 일간과 월간의 통계기능을 구현하여 엑셀에서 지정날짜 또는 지정 월의 통계 데이터를 출력한다.

3 발전시스템 운영 관리 계획

태양광발전시스템 내외의 제반시설(기계설비, 전기설비 및 건물에 설치된 공동시설)의 예방정비 및 유지보수관리를 함으로써 본 태양광발전시스템 본래의 기능을 살릴 수 있도록 하며 공동시설의 재산가치 향상을 최대한 보존하는 데 그 목적이 있다.

(1) 전기설비
① 수변전설비
② 배전설비
③ 간선배관배선설비
④ 동력배관배선설비
⑤ 조명콘센트설비
⑥ 동력설비
⑦ 발전설비
⑧ 축전기설비
⑨ 피뢰침전기설비 어스 등
⑩ 공기구비품 등
⑪ 기타 전기설비

4 발전시스템 비정상 운영 시 대처 및 조치 등

(1) 응급조치 방법
① 태양광발전설비가 작동되지 않는 경우
   ㉠ 접속함 내부 DC 차단기 개방(Off)
   ㉡ AC 차단기 개방(Off)
   ㉢ 인버터 정지 확인(제어 전원 S/W가 있는 경우 제어 전용 S/W 개방(Off))
   ㉣ 인버터 점검
② 점검 완료 후 복귀 순서 – 점검 완료 후에는 역으로 투입한다.
   ㉠ 제어 전원 S/W가 있는 경우 제어 전용 S/W 투입(On)
   ㉡ AC 차단기 투입(On)
   ㉢ 접속함 내부 DC 차단기 투입(On)

(2) 태양광발전시스템 운전조작 방법
① 수·변전설비 조작(고압 이상 개폐기 및 차단기)
   ㉠ 고압 이상 개폐기 및 차단기의 조작은 책임자의 승인을 받고 담당자가 조작순서에 의해 조작한다.
      • 차단순서 : 배선용 차단기(MCCB) → 차단기(CB) → COS → 개폐기(IS)
      • 투입순서 : COS → 개폐기(IS) → 차단기(CB) → 배선용 차단기(MCCB)
   ㉡ 고압 이상 개폐기 조작은 반드시 무부하 상태에서 실시하고 개폐기 조작 후 잔류전하 방전상태를 검전기로 반드시 확인한다.
   ㉢ 고압 이상의 전기설비는 반드시 안전장구(고압 고무장갑, 안전화 등)를 착용한 후 조작한다. 귀찮다거나 덥다고 벗거나 미착용하는 일이 없도록 한다.
   ㉣ 비상용 발전기 가동 전 비상전원 공급구간을 반드시 재확인하여 역송전으로 인한 감전사고에 주의한다.
   ㉤ 작업 완료 후 전기설비의 이상 유무를 확인한 후 통전한다.
② 태양광발전시스템 운전 시 조작방법
   ㉠ Main VCB반 전압 확인
   ㉡ 접속반, 인버터 DC전압 확인
   ㉢ AC측 차단기 On, DC용 차단기 On
   ㉣ 5분 후 인버터 정상작동여부 확인
③ 태양광발전시스템 정전 시 조작방법
   ㉠ Main VCB반 전압 확인 및 계전기를 확인하여 정전여부 확인, 부저 Off
   ㉡ 태양광 인버터 상태 확인(정지)
   ㉢ 한전 전원 복구여부 확인
   ㉣ 인버터 DC전압 확인 후 운전 시 조작 방법에 의해 재시동

CHAPTER 01 적중예상문제

제4과목 태양광발전 운영

01 공급의무화제도로서 신재생에너지발전 의무 할당제를 말하는 것은?
① RPS   ② SMP
③ REC   ④ REP

해설
RPS(Renewable Portfolio Standards)은 공급의무화제도로서 신재생에너지발전 의무 할당제 즉, 발전사업자의 총 발전량, 판매사업자의 총 판매량의 일정비율을 신재생에너지원으로 공급 또는 판매하도록 의무화하는 제도이다.

02 거래시간별로 적용되는 전력량에 대한 전력시장가격을 말하는 것은?
① RPS   ② SMP
③ REC   ④ REP

해설
SMP(System Marginal Price)는 거래시간별로 적용되는 전력량에 대한 전력시장가격을 말하며, 육지와 제주지역으로 구분되며 참여하는 발전기들의 변동비용 즉 연료비용을 감안하여 책정되는 전기도매가격이다.

03 신재생에너지 공급인증서로서 공급인증서 발급대상 설비에서 공급되는 전력량에 가중치를 곱하여 [MWh]단위를 기준으로 발전사업자가 신재생에너지설비를 이용하여 전기를 생산·공급하였음을 증명하는 인증서는?
① RPS   ② SMP
③ REC   ④ REP

해설
REC(Renewable Energy Certificate)는 신재생에너지 공급인증서로서 공급인증서 발급대상 설비에서 공급되는 전력량에 가중치를 곱하여 [MWh] 단위를 기준으로 발전사업자가 신재생에너지설비를 이용하여 전기를 생산·공급하였음을 증명하는 인증서이다.

04 생산인증서의 발급 및 거래단위로서 생산인증서 발급대상설비에서 생산된 [MWh] 기준의 신재생에너지 전력량에 대해 부여하는 단위는?
① RPS   ② SMP
③ REC   ④ REP

해설
REP(Renewable Energy Point)는 생산인증서의 발급 및 거래단위로서 생산인증서 발급대상 설비에서 생산된 [MWh] 기준의 신재생에너지 전력량에 대해 부여하는 단위이다.

05 태양전지 모듈 및 가대의 일상점검 주기는?
① 7일   ② 15일
③ 1개월   ④ 3개월

해설
태양전지 어레이의 점검주기 및 유의사항
• 태양전지 모듈은 일반적으로 특별한 관리는 불필요하지만, 일상점검으로 1개월에 한번, 정기점검으로 1년 또는 수년에 한번씩 모듈의 오염, 유리의 금이 간 부분의 손상에 관하여 육안으로 점검을 실시한다.
• 가대는 일반적으로 특별한 관리는 불필요하지만 일상점검으로 1개월에 한번, 정기점검으로 1년 또는 수년에 한번씩 녹의 발생, 손상의 유무, 심하게 조인 부분의 이완 등에 관해서 육안으로 점검을 실시한다.

06 태양광발전시스템의 점검을 위해 1개월마다 주로 육안에 의해 실시하는 점검은?
① 특별점검
② 준공점검
③ 일상점검
④ 정기점검

해설
일상점검
1개월마다 일상점검하며, 주로 육안에 의해 실시한다. 권장하는 점검 중 이상이 발견되면 전문기술자와 상담한다.

정답 1 ① 2 ② 3 ③ 4 ④ 5 ③ 6 ③

07 태양광발전시스템에서 모니터링 프로그램의 기능이 아닌 것은?

① 데이터 저장 기능
② 데이터 연산 기능
③ 데이터 수집 기능
④ 데이터 통계 기능

해설
모니터링 프로그램 기능
- 데이터 수집 기능 : 각각의 인버터에서 서버로 전송되는 데이터를 데이터 수집 프로그램에 의하여 인버터로부터 전송받아 가공 후 데이터베이스에 저장한다. 10초 간격으로 전송받은 데이터는 태양전지 출력전압, 출력전류, 인버터상 각상전류, 각상전압, 출력전력, 주파수, 역률, 누전전력량, 외기온도, 모듈표면온도, 수평면일사량, 경사면일사량 등 각각의 데이터로 분리하고, 데이터베이스의 실시간 테이블 형식에 맞도록 데이터를 수집한다.
- 데이터 저장 기능 : 데이터베이스의 실시간 테이블 형식에 맞도록 수집된 데이터는 데이터베이스에 실시간 테이블로 저장되며, 매 10분마다 60개의 저장된 데이터를 읽어 산술평균값을 구한 뒤 10분 평균값으로 10분 평균데이터를 저장하는 테이블에 데이터를 저장한다.
- 데이터 분석 기능 : 데이터베이스에 저장된 데이터를 표로 작성하여 각각의 계측요소마다 일일 평균값과 시간에 다른 각 계측값의 변화를 알 수 있도록 표의 테이블 형식으로 데이터를 제공한다.
- 데이터 통계 기능 : 데이터베이스에 저장된 데이터를 일간과 월간의 통계기능을 구현하여 엑셀에서 지정날짜 또는 지정 월의 통계 데이터를 출력한다.

08 태양광발전설비가 작동되지 않아 긴급하게 점검할 경우 차단기와 인버터의 개방과 투입 동작 순서가 맞는 것은?

```
㉠ 접속함 차단기 투입(On)
㉡ 접속함 차단기 개방(Off)
㉢ 인버터 투입(On)
㉣ 인버터 개방(Off)
㉤ 태양광설비 점검
```

① ㉣ → ㉡ → ㉤ → ㉢ → ㉠
② ㉡ → ㉣ → ㉤ → ㉢ → ㉠
③ ㉠ → ㉡ → ㉤ → ㉣ → ㉢
④ ㉡ → ㉣ → ㉤ → ㉠ → ㉢

해설
차단기와 인버터의 개방과 투입 순서
접속함 내부차단기 개방(Off) → 인버터 개방(Off) → 태양광설비점검 → 인버터 투입(On) → 접속함 차단기 투입(On)

09 다음 중 태양광발전시스템의 운전 시 조작확인 순서 중 가장 나중의 순서는?

① 차단기 ON
② 인버터 정상작동 확인
③ 메인 VCB반 전압 확인
④ 접속반, 인버터 전압 확인

해설
운전 시 조작순서
메인 VCB반 전압 확인 → 접속반, 인버터 전압 확인 → 차단기 ON (교류용 차단기 먼저 ON 후에 직류용 차단기 ON) → 5분 후 인버터 정상작동여부 확인

10 태양광발전설비의 정전 시 조작 방법 및 확인 조치 사항으로 맞지 않는 것은?

① 전원 복구여부 확인 후 운전 시 조작 방법에 의해 재시동
② 태양광 인버터 상태 정지 확인
③ 메인 제어반의 전압 및 계전기를 확인하여 정전여부를 우선 확인
④ 계통측 정전 시 태양광발전설비에서 생산된 전력이 배전선로로 역송되지 않도록 파워컨디셔너(PCS)의 단독운전 기능을 오프(Off)시킨다.

해설
계통측 정전 시 태양광발전설비에서 생산된 전력이 배전선로로 역송되지 않도록 태양광발전설비 단독운전 기능의 정상동작 유무(0.5초 내 정지, 5분 이후 재투입)를 확인한다.

CHAPTER 02 태양광발전시스템 유지

제4과목 태양광발전 운영

제1절 태양광발전 준공 후 점검

1 태양광발전 모듈·어레이 측정 및 점검

(1) 태양광발전시스템 유지관리 의의

태양광발전설비는 무인자동운전되는 것을 전제로 설계·제작되어 있으나, 태양광발전설비는 노후에 따른 열화 및 고장이 예상되므로 태양광발전설비의 소유주 또는 전기안전관리자로 선임된 자는 태양광발전설비를 장기적으로 안전하게 사용하기 위해 전기사업법에서 규정된 정기검사 수검 외에 자체적으로도 정기적인 유지보수를 실시할 필요가 있다. 두 가지 측면에서 유지관리를 해야 하는데 하나는 발전소 운영자 측면에서 지속적으로 정상적인 발전상태를 유지하기 위함이고, 또 다른 하나는 발전된 전력이 부하 또는 계통에 안정적으로 공급하기 위함이다.

① 태양광발전설비 유지관리 방안

사업용 전기설비나 자가용 전기설비로 구분되는 태양광발전설비의 소유자 또는 점유자는 전기설비의 공사 유지 및 운용에 관한 안전관리업무를 수행하기 위해 전기사업법 제73조(전기안전관리자선임)에서 규정하고 있는 안전관리자를 선임해야 하며 태양광발전설비로서 용량 1,000[kW] 미만의 것은 안전관리업무를 외부에 대행시킬 수 있다. 태양광발전설비의 정기점검 주기는 설비용량에 따라 월 1~4회 이상 실시한다.

② 시설유지보수 매뉴얼의 용어 정리

㉠ 태양광 유지보수(Maintenance) : 시설물이 당초 설계 및 건설된 상태와 목적을 위한 제 기능을 하기 위하여 사전에 위해요인을 제거하고 손상 부분을 원상 복구함과 동시에 시간 경과에 따라 요구되는 시설물의 목적과 안전한 운전을 도모하기 위한 목적으로 시행하는 일련의 활동이다.

㉡ 태양광 점검(Inspection) : 각종 법령 및 규정에 의거 경험과 기술을 갖춘 인력이 육안 또는 점검 기구 등을 사용하여 발전소 운영자가 관리·운영하는 시설의 관리·유지상태를 확인하는 것으로 이는 정기점검과 비정기점검으로 구분한다.

㉢ 태양광 보수(Repair) : 시설을 양호한 상태로 유지하기 위한 점검 및 예방을 위한 행위와 고장이 발생한 경우 이를 수리하는 것이다.

(2) 유지보수계획 시 고려 사항

점검의 내용 및 주기는 여러 가지의 조건을 고려하여 결정해야 하며, 그 내용은 다음과 같다.

① 설비의 사용 기간

일반적으로 새로운 설비보다 오래된 설비가 고장 발생의 확률이 높아서 점검 내용을 세분화하고 주기를 단축해야 한다.

② 설비의 중요도

설비에는 중요 설비와 비교적 중요하지 않은 설비가 있다. 예컨대, 수전선로사고의 경우에는 전 구간이 정전되지만, 주요 부하용 설비의 경우는 해당 구간의 라인만 정전된다. 반대로 설비에 따라서는 여러 시간 정전해도 운전에 영향을 미치지 않는 설비가 있다. 이와 같은 설비는 그 중요도에 따라서 내용 및 주기를 검토해야 한다.

③ 환경 조건

설비가 설치되어 있는 곳의 환경이 좋은지 그렇지 않은지는 보수 점검상 큰 차이가 있다. 옥내 혹은 옥외, 분진의 다소, 환기의 양부, 습기의 다소, 특수 가스의 유무, 진동의 유무 등으로 절연물의 열화, 금속의 부식, 과열, 더 나아가서는 수명 단축 등의 가능성이 현저하게 된다.

④ 고장이력

환경 조건의 불량 등에 의하여 고장을 많이 일으키는 설비가 있는데, 이와 같은 설비는 재발 방지를 위하여 점검을 강화해야 한다.

⑤ 부하상태

상용빈도가 높은 설비, 부하의 증가, 환경조건의 악화 등으로 과부하상태로 된 설비 등은 점검의 주기를 단축해야 하며, 그러한 조건이 발생하지 않도록 해야 한다.

(3) 유지관리 시 비치해야 할 자료 및 부품

① 비치해야 할 도서
  ㉠ 발전시스템에 사용된 핵심 기기의 매뉴얼 : 인버터, PCS 등
  ㉡ 발전시스템 건설 관련 도면 : 토목도면, 기계도면, 전기배선도, 건축도면, 시스템 배치도면 등
  ㉢ 발전시스템 운영 매뉴얼
  ㉣ 발전시스템 시방서 및 계약서 사본
  ㉤ 발전시스템에 사용된 부품 및 기기의 카탈로그
  ㉥ 발전시스템 구조물의 구조계산서
  ㉦ 발전시스템의 한전계통 연계 관련 서류
  ㉧ 전기안전 관련 주의명판 및 안전경고표시 위치도
  ㉨ 전기안전관리용 정기점검표
  ㉩ 발전시스템 일반점검표
  ㉪ 발전시스템 긴급복구안내문
  ㉫ 발전시스템 안전교육표지판
  ㉬ 발전소 비상연락망(사업주, 발전소 기술담당자, 시공사담당자, 현지관리인, 전기안전관리자, 지역 한전 담당자, 인버터(회사)담당자, 접속반담당자, 송배전반담당자)

② 비치해야 할 물품
  ㉠ 멀티테스트
  ㉡ 전력계측기
  ㉢ 적외선 온도측정기

ⓔ 손전등
　　ⓜ 소모성 예비 부품류(퓨즈, 전구, 볼트, 너트, 오일 등)
　　ⓗ 안전용품
　　ⓢ 공구류
　　ⓞ 사다리
　　ⓩ 기 타

(4) 준공 후 점검 개요

사용 전 검사 후에 시공자가 발전소 운영 주체에 인수인계하면서 운영 운전매뉴얼과 인수인계 자료를 넘기면서 시행하는 점검이다. 발전소시스템 점검에서는 사용 전 검사를 기준으로 하되 시스템이 발전 송전 중이므로 고단위시험을 빼고 약식으로 운영을 위한 내용으로 시행한다.

(5) 준공 후 태양광 어레이 점검

① 태양광발전시설의 어레이 점검과 측정 항목

어레이 점검항목

	점검항목	육안검사	측 정
모 듈	모듈 상태	외관, 오염, 고정상태	
	모듈 간 어레이 배선	배선 연결 상태, 전선 피복 상태, 전선 고정	절연저항
	모듈 간 접지	모듈 간 접지 밴드 상태, 모듈과 가대 사이 접지 밴드 상태	접지저항
	모듈과 접속함 배선	덕트나 배관 상태	
구조물	기 초	기초의 위치 이동, 노출, 앙카 볼트와 볼트캡	
	기 둥	외관, 녹	
	가 대	외관, 녹, 접지 밴드	
	구조물 접지	접지선 상태와 노출	접지저항

② 태양전지 어레이 점검 시 유의사항
　　㉠ 날씨가 맑은 날 정오 전후로 한다.
　　㉡ 강한 금속물 구조물로 되어있어 충돌 시 위험하므로 안전모, 안전복장, 안전화를 착용한다.
　　㉢ 모듈 표면은 오염되었을 경우 청소한 후 측정 검사를 한다.
　　㉣ 모듈 표면은 특수 처리된 강화 유리로 되어있어, 강한 충격이 있을 시 파손될 수 있다.
　　㉤ 배선 주변에 날카로운 면이 있는 것이 닿지 않도록 한다.
　　　　• 배선의 표면이 긁히거나 끊어질 우려가 있다.

③ 태양전지 어레이 점검 준비물
　　㉠ 관련 도면
　　　　• 계통단선도
　　　　• 구조물도면
　　　　• 태양전지 어레이 배선도
　　　　• 태양전지 어레이 배치도
　　㉡ 보호구 착용

ⓒ 계측장비
　　　　• 접지저항계
　　　　• 절연저항계
　　④ 태양전지 어레이 계측 점검
　　　ⓐ 태양전지 모듈 간 어레이 배선의 절연저항
　　　　• 태양전지 모듈 간의 배선의 상태를 확인
　　　　• 절연저항계를 사용하여 측정한다.
　　　　　– 태양전지 어레이 배선의 (+)극과 가대 접지
　　　　　– 태양전지 어레이 배선의 (-)극과 가대 접지
　　　　• 절연저항 값은 0.4[MΩ] 이상이어야 한다.
　　　ⓑ 태양전지 모듈 어레이 구조물의 접지저항
　　　　• 접지저항계를 사용하여 측정한다.
　　　　• 특별 제3종 접지저항값인 10[Ω] 이하여야 한다.
　　　ⓒ 태양전지 모듈 어레이의 접지저항
　　　　• 태양전지 모듈과 모듈 사이 접지 밴드의 결속 상태를 점검 확인한다.
　　　　• 태양전지 모듈과 가대의 결속 상태를 점검 확인한다.

2 토목시설물 점검

(1) 토목시설물

① 토목시설물은 태양광발전시스템설비와 관리하는 도로시설물, 도로부속물 등을 말한다. 단, 전기, 기계, 통신 시설물은 제외한다.
② 도로시설물은 차도(자동차전용도로 포함)·보도·강교량·일반교량·터널·고가차도·입체교체 및 지하 차도 등을 말한다.
③ 도로부속물은 도로구조의 보전과 안전하고 원활한 도로교통의 확보, 기타 도로의 관리에 필요한 시설 또는 공작물을 말한다.

(2) 토목시설물 주요 점검사항

① 토목시설 점검을 할 때에는 다음의 사항을 중점적으로 확인하여야 한다.
　ⓐ 도로시설물, 도로부속물, 교통안전관리시설물 파손 유무
　ⓑ 공동구 본체 파손, 누수 균열 발생 유무 등
　ⓒ 옹벽, 석축, 도로포장 균열 발생 여부
　ⓓ 절개지(사면) 배부름 및 균열 발생 여부
　ⓔ 도로표지(교통안전표지) 탈락 우려 여부
　ⓕ 기타 안전위해요소 여부

3 접속반, 인버터, 주변 기기·장치 점검

(1) 접속함의 점검항목

① 준공 후 접속함 점검

㉠ 접속함 구성 요소
- 접속반은 개별 어레이의 직류(DC) 전력을 병렬로 적절하게 모아서 인버터로 보내는 역할을 한다.
- 접속함은 방수 IP65 이상의 등급을 갖는 금속 외함으로 되어 있다.
- 접속반 내부의 소자와 기기들은 외함과 절연되어야 한다. 또한 보호회로는 냉각을 위한 구성과 절연, 접지가 잘 되어 있어야 한다.

㉡ 접속반의 주요부품 및 기기
- 어레이 단자대
- 역전류방지 다이오드
- 퓨즈 또는 단선차단기
- 서지방지소자
- 주개폐기
- 환기장치

㉢ 접속반 주개폐기(차단기) 검사
- 주개폐기의 일반 규격 : 기력발전소에 대한 사용 전 검사 차단기 일반규격의 해당 항목 작성 요령에 따른다. 직류차단기의 경우 반드시 전압을 확인하여 기록한다. 단, 시험을 인정할 수 있는 직류차단기는 현재 교류와 직류 겸용 제품을 사용하고 인증기관의 시험을 필한 3극차단기로 결선한 것을 참고 정격으로 인정하되 차단기의 모든 접점이 동시에 개방 및 투입되도록 결선해야 한다.

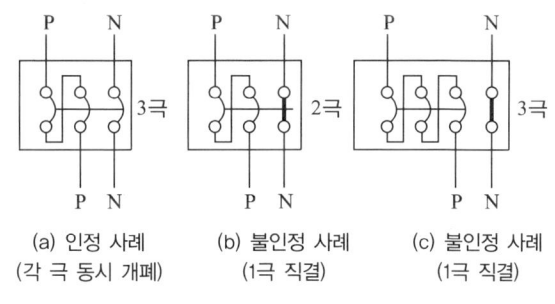

차단기 설치 사례

ㄹ. 접속반 점검

주로 육안점검으로 이루어진다.

접속함 육안검사항목

외함의 부식 및 파손	• 외함의 변형이 없을 것 • 부식 및 파손이 없을 것 • 외부 표시 장치가 있을 경우 동작 여부
방수 처리	전선 인입구가 실리콘 등으로 방수 처리되어 있을 것
환기 및 통풍	환기구의 상태와 방충망 설치 확인
배선의 극성	태양전지에서 배선의 극성 확인
단자대 나사의 풀림	• 단자대가 취부되고 나사의 풀림이 없을 것 • 부스바의 취부되고 나사의 풀림이 없을 것

ㅁ. 접속반 계측 검사

• 점검해야 할 측정항목은 다음 표와 같다.

접속함 계측검사항목

절연저항(태양전지-접지 간)	태양전지 어레이 0.2[MΩ] 이상 측정전압 DC 500[V](각 회로마다 전부 측정)
절연저항(중간 단자함 출력단자 -접지 간)	1[MΩ] 이상 측정전압 DC 500[V]
개방전압 및 극성	규정의 전압이어야 하고 극성이 올바를 것(각 회로마다 모두 측정)
환기장치	온도 설정값에 의한 동작 여부

• 측정검사 시 환경조건
  - 맑은 날 오전 11시에서 오후 2시 사이에 측정하는 것을 권장함. 이는 최대출력점 근처에서 측정하고자 함이다.
  - 동일한 일기조건에서 데이터를 검측되는 것을 원칙으로 한다.
  - 검측장소의 주변이 청결해야 한다. 즉, 위험요소가 없어야 한다.
  - 땅은 습하지 않아야 한다. 혹시 비온 뒤에는 땅이 마른 뒤에(2~3일 후) 검측할 것. 사용하기 전에 반드시 지켜야 할 것이 있다.
  - 통전 중일 때(전기가 살아있을 때) 절연저항을 측정해서는 안 된다.
  - 절연저항 측정 시 차단기를 OFF시켜야 하며, 전기·전자용품의 플러그는 빼야 한다.

• 측정검사 시 준비물
  - 일사량계
  - 온도계, 적외선온도계
  - 안전복장(안전복, 안전모, 안전화, 절연장갑 등)
  - 단선결선도
  - 시퀀스도면
  - 측정하고자 하는 계측기
  - 기록지

- 개방전압의 측정

  태양전지 어레이의 각 스트링의 개방전압을 측정하여 개방전압의 불균일에 따라 동작불량의 스트링이나 태양전지 모듈의 검출 및 직렬 접속선의 결선누락사고 등을 검출하기 위해서 측정해야 한다. 예를 들면 태양전지 어레이 하나의 스트링 내에 극성을 다르게 접속한 태양전지 모듈이 있으면 스트링 전체의 출력전압은 올바르게 접속한 경우의 개방전압보다 상당히 낮은 전압이 측정된다. 따라서 제대로 접속된 경우의 개방전압을 카탈로그 혹은 사양서에서 확인해 두고 측정치와 비교하면 극성을 다르게 한 태양전지 모듈이 있는지를 쉽게 판단할 수 있다. 일사조건이 좋지 않은 경우, 카탈로그 등에서 계산한 개방전압과 다소 차이가 있는 경우에도 다른 스트링의 측정 결과와 비교하면 오접속의 태양전지 모듈의 유무를 판단할 수 있다.

  - 개방전압을 측정할 때 유의해야 할 사항
    ⓐ 태양전지 어레이의 표면을 청소하는 것이 필요하다.
    ⓑ 각 스트링의 측정은 안정된 일사강도가 얻어질 때 하도록 한다.
    ⓒ 측정시각은 일사강도, 온도의 변동을 극히 적게 하기 위하여 맑을 때, 남쪽에 있을 때의 전후 1시간에 실시하는 것이 바람직하다.
    ⓓ 태양전지는 비오는 날에도 미소한 전압을 발생하고 있으므로 매우 주의하여 측정해야 한다.
  - 측정 준비
    ⓐ 시험기재 : 직류전압계(테스터)
    ⓑ 개방전압 측정회로
  - 측정 순서
    ⓐ 접속함의 출력개폐기를 OFF한다.
    ⓑ 접속함의 각 스트링 단로스위치를 모두 OFF한다(단로스위치가 있는 경우).
    ⓒ 각 모듈이 그늘로 되어 있지 않는 것을 확인한다(각 모듈의 균일한 일조조건에 되기 쉬운 약간 흐림이라는 평가를 하기 쉽다. 단, 아침·저녁의 작은 일사조건은 피한다).
    ⓓ 측정하는 스트링의 단로스위치만 ON하여(단로스위치가 있는 경우), 직류전압계로 각 스트링의 P-N단자 간의 전압을 측정한다.
    ⓔ 테스터를 이용한 경우 실수하여 전류측정렌지로 하면 단락전류가 흐를 위험이 있기 때문에 주의를 해야 한다. 또한 디지털테스터를 이용하는 경우는 극성 표시(+, −)를 확인해야 한다.
  - 평 가

    각 스트링의 개방전압의 값이 측정 시의 조건하에서 타당한 값인지 확인한다(각 스트링의 전압의 차가 모듈 1매분 개방전압의 1/2보다 적을 것을 목표로 한다).

    1직렬전압 = (모듈 1장 V_{OC} × 직렬수(n) ± $\frac{1}{2} V_{OC}$

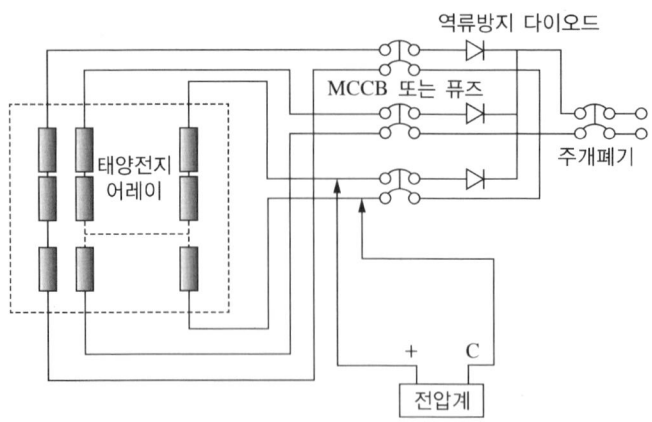

개방전압 측정방법 - 접속반

- 절연저항 계측방법
  - 절연저항 측정항목
    ⓐ 태양전지 모듈 어레이 배선이 결속된 단자대의 각각의 극성 단자와 접지(외함)
    ⓑ 어레이가 병렬결속된 부스바와 접지(외함)
    ⓒ 주차단기 1차측과 접지(외함)
    ⓓ 주차단기 2차측과 접지(외함)
  - 절연저항 측정기기 사용법
    ⓐ 측정하고자 하는 장소의 전원은 꼭 차단하고 충분한 안전조치를 취한다.
    ⓑ 측정 대상 기기의 중성점 접지와 방전용 접지를 해제한다.
    ⓒ 모든 선로가 전원측에서 분리되어야 한다.
    ⓓ 절연저항계의 건전지 상태를 먼저 확인한다.
    ⓔ 흑색은 어스(EARTH)에 적색은 AC.V(LINE)에 연결한다. 절연저항 측정 시 AC.V(LINE)에 연결한 리드선을 손으로 만지거나 인체와 접촉해서는 안 된다.
    ⓕ 기기의 적색 리드선을 점검회로의 금속체에 접속하여 측정버튼을 누른다.
    ⓖ 측정 완료 후 모든 회로를 원위치 시킨다.
    ⓗ 디지털계측기의 경우, 사용이 더욱 간단하다.

절연저항의 판정기준

측정전압	측정지점	절연저항치
직류 500[V]	태양전지 모듈 - 접지선(각 회로마다 모두 측정)	0.2[MΩ] 이상
	출력단자 - 접지 간	1[MΩ] 이상
	인버터 입출력 - 접지 간	1[MΩ] 이상
	기타 태양광발전용 개폐기	1[MΩ] 이상
	400[V]를 초과하는 것	0.4[MΩ] 이상
기 타	• 저압 전로의 절연저항 측정이 어려운 경우 누설전류는 1[mA] • 신설 공사일 때의 초기값 : 1[MΩ] 이상 • 대지전압 : 접지식전로는 전선과 대지 간의 전압, 비접지식전로는 전선 간의 전압	

- 접지저항 계측방법
  - 접지저항 측정항목
    ⓐ 외함과 대지접지
    ⓑ SPD(내뢰소장)와 대지접지
  - 접지저항 측정기기 사용법
    최근 계측기가 전자식 디지털계측기 다양하고 편리하게 나와서 기존과 같이 아날로그식으로 하지 않고 간편하게 나오는 것들이 많으므로 적절히 선택해서 사용한다.
    ⓐ 선택스위치 B를 누른 후 내장 배터리의 상태를 확인한다(전지충전상태 확인).
    ⓑ 그림과 같은 순서로 접지봉을 지면에 충분히 박아 넣는다.
    ⓒ 접지저항계에 리드선을 확실하게 접속한다(P, C의 위치에 주의).
    ⓓ 검류계의 영점조정기를 이용해 영점조정을 한다.
    ⓔ 선택 스위치를 V를 누른 후 접지전압을 측정하여 10[V] 미만인지 확인한다.
      ㉮ 대지전압의 영향
        전기기기 및 배선의 절연이 나빠, 대지에 누전전류가 흐르게 되면 피측정접지극에 대지전압이 나타날 수 있다. 이때 대지전압이 수 [V] 이상이면 측정오차가 크므로 원인을 조사한 후 요인을 제거 후 측정한다.
      ㉯ 접지저항계 내장전지의 상태를 확인한 후 점검토록 한다.
      ㉰ 접지저항계의 본체 기능점검은 측정단자 E, P, C를 단락해서 0[Ω]을 나타내면 양호하다.
      ㉱ 측정 리드선의 단선점검 후 사용토록 한다.
    ⓕ 접지저항 배율 버튼 10을 선택하여 누른다.
    ⓖ 선택스위치 Ω을 누른다.

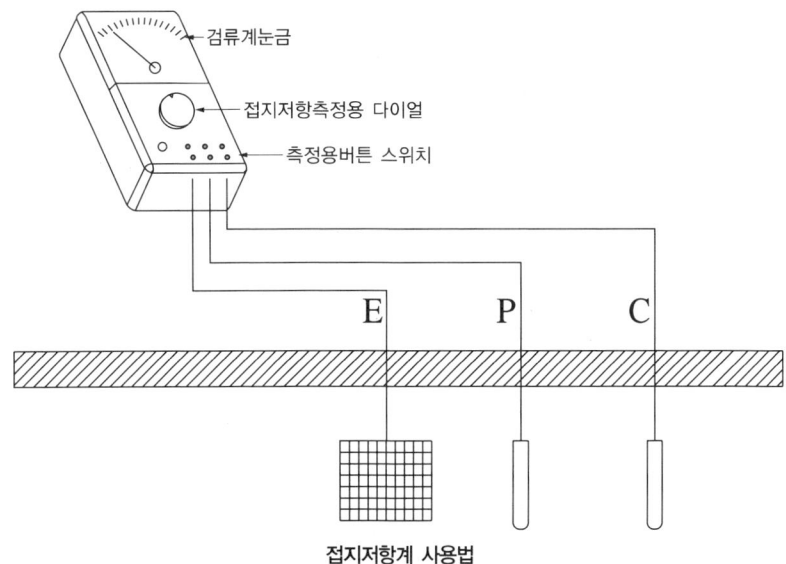

접지저항계 사용법

4 운전, 정지, 조작, 시험준공도면 검토

(1) 태양광발전시스템 운전·정지 조작시험

① 태양광발전시스템 운전, 정지 조작시험·점검·측정
  ㉠ 조작 동작시험 : 발전소 운전 중에 임의의 정지, 운전 또는 복귀동작을 확인하는 작업이다. 발전소 내의 모든 기기의 정상동작을 확인하고 종합 인터록도면을 보고 절차대로 운전정지 그리고 복귀작업을 수행하여 정상동작 됨을 확인한다.
  • 순차적 정지와 순차 복귀시험
  • 긴급 운전정지와 자동 복귀시험
  • 긴급 운전정지와 수동 복귀시험 : 준공 후 점검에서는 인버터의 조작에 의한 시험을 중심으로 한다. 그 이유는 계통측의 이상신호를 만들어 투입시험할 수 없는 환경이기 때문이다.
  • 준비물 : 단선결선도, 기기매뉴얼, 종합 인터록도면, 운전매뉴얼(시공사 제작), 기록지
  • 운전상황의 확인
    - 소리음, 진동, 냄새의 주의 : 운전 중 이상한 소리와 냄새 등을 확인하고 평상시와 다른 느낌이 들 경우에는 정밀점검을 실시한다. 설치자가 점검할 수 없는 경우에는 기기 제작사 혹은 전문가에게 의뢰하여 점검을 하는 것이 바람직하다.
    - 운전상황의 점검 : 주택용 태양광발전시스템의 경우에는 전압계, 전류계 등의 계측기기는 없지만, 최근에는 소형 모니터가 보급되어 발전전력, 발전전력량 등을 확인할 수 있다. 이들 데이터가 평상시와 크게 다른 값을 표시한 경우에는 기기 제작사 또는 전문가에게 의뢰하여 점검하는 것이 바람직하다. 또한, 자가용이나 발전사업자용의 태양광발전시스템은 전기안전관리자가 정기적으로 점검을 하도록 한다. 공공·산업용 태양광발전시스템이나 발전사업자용 태양광발전시스템은 계측장치, 표시장치의 설치도 많기 때문에 일상의 운전상황 확인은 여기에서 할 수 있다.
    - 시험조작 전 운전상황 체크 내용
      ⓐ 맑은 날 정오시간 전후 1시간
      ⓑ 기기의 정상동작 여부
      ⓒ 모듈의 오염 여부와 제거
      ⓓ 인버터 주변의 청결 상태
  • 발전기 차단 복귀 순서
    - 차단(Turn Off) 순서
      ⓐ 접속반 스트링퓨즈(단로차단기)
      ⓑ 접속반 주개폐기(MCCB)
      ⓒ 인버터
      ⓓ 저압차단기(ACB)
      ⓔ 고압차단기(VCB)
      ⓕ 부하차단기(LBS)
    - 복귀(Turn On) 순서 : 차단의 역순

- 시험 조작 점검내용

인버터 운전/정지 점검항목

운전·정지	조작 및 육안점검	보호계전 기능의 설정	전력회사 정정치를 확인할 것
		운전	운전스위치 '운전'에서 운전할 것
		정지	운전스위치 '정지'에서 정지할 것
		투입저지 시한 타이머 동작시험	인버터가 정지하여 5분 후 자동 기동할 것
		자립운전	자립운전에 절환할 때 자립 운전용 콘센트에서 제조업자 규정전압이 출력될 것
		단독운전방지	계통전원이 정전 시에 인버터가 정지할 것
		표시부의 동작 확인	표시가 정상으로 표시되어 있을 것
		이상음 등	운전 중 이상음, 이상 진동, 악취 등의 발생이 없을 것
		발전전압(태양전지전압)	태양전지의 동작전압이 정상일 것(동작전압 판정 일람표에서 확인)
발전전력	육안점검	인버터의 출력표시	인버터 운전 중, 전력표시부에 사양과 같이 표시될 것 (DC 입력데이터, AC 출력데이터 확인)
		전력량계(거래용 계량기)(송전 시)	동작을 확인할 것
		전력량계(수전 시)	정지를 확인할 것(송전용) 수전용 전력량계는 동작

- 운전상태에 따른 시스템의 발생 신호

인버터의 발생신호 항목

정상운전	태양전지로부터 전력을 공급받아 인버터가 계통전압과 동기로 운전을 하며 계통과 부하에 전력을 공급한다.
태양전지전압 이상 시 운전	태양전지전압이 저전압 또는 과전압이 되면 이상신호(Fault)를 나타내고 인버터는 정지, MC는 OFF상태로 된다.
인버터 이상 시 운전	인버터에 이상이 발생하면 인버터는 자동으로 정지하고 이상 신호(Fault)를 나타낸다.

- 보호계전기와 차단기 검사
  - 태양광발전용이라 표시되어 있을 것
  - 계전기의 동작지시램프 정상 확인
  - 개폐기의 접속터미널 볼트의 흔들림이 없을 것
  - 전력량계는 발전사업자의 경우 전력회사에서 지급한 전자식 전력량계인지 확인할 것

5 준공도면 검토

감리원은 준공설계도서 등을 검토·확인하고 완공된 목적물이 발주자에게 차질 없이 인계될 수 있도록 지도·감독하여야 한다. 감리원은 공사업자로부터 가능한 한 준공예정일 2개월 전까지 준공 설계도서를 제출받아 검토·확인하여야 한다. 감리원은 공사업자가 작성·제출한 준공도면이 실제 시공된 대로 작성되었는지 여부를 검토·확인하여 발주자에게 제출하여야 한다. 준공도면은 계약서에 정한 방법으로 작성되어야 하며, 모든 준공도면에는 감리원의 확인·서명이 있어야 한다.

제2절 태양광발전 점검개요

1 일상점검항목 및 점검요령

주로 육안점검에 의해서 매월 1회 정도 실시한다.

설 비		점검항목	점검요령
태양전지 어레이	육안점검	유리 및 표면의 오염 및 파손	심한 오염 및 파손이 없을 것
		가대의 부식 및 녹 발생	부식 및 녹이 없을 것
		외부배선(접속 케이블)의 손상	접속 케이블에 손상이 없을 것
접속함		외함의 부식 및 손상	부식 및 녹이 없을 것
		외부배선(접속 케이블)의 손상	접속 케이블에 손상이 없을 것
인버터		외함의 부식 및 손상	부식 및 녹이 없고 충전부가 노출되지 않을 것
		외부배선(접속 케이블)의 손상	인버터에 접속된 배선에 손상이 없을 것
		환기확인(환기구멍, 환기필터)	환기구를 막고 있지 않을 것
		이상음, 악취, 이상 과열	운전 시 이상음, 악취, 이상과열이 없을 것
		표시부의 이상표시	표시부에 이상표시가 없을 것
		발전현황	표시부의 발전상황에 이상이 없을 것
축전지		변색, 변형, 팽창, 손상, 액면 저하, 온도 상승, 이취, 단자부 풀림 등	부하에 급전한 상태에서 실시할 것

2 정기점검항목 및 점검요령

(1) 정기점검항목

① 100[kW] 미만의 경우는 매년 2회 이상, 100[kW] 이상의 경우는 격월 1회 시행한다.
② 300[kW] 이상의 경우는 용량에 따라 월 1~4회 시행한다.
③ 용량별 점검

용량[kW]	100 미만	100 이상	300 미만	500 미만	700 미만	1,000 미만
횟 수	연 2회	연 6회	월 1회	월 2회	월 3회	월 4회

일반 가정의 3[kW] 미만의 소출력 태양광발전시스템의 경우에는 법적으로는 정기점검을 하지 않아도 되지만 자주 점검하는 것이 좋다.

(2) 점검요령

① 안전사고에 대한 예방조치 후 2인 1조로 보수점검에 임한다.
② 응급처치 방법 및 설비 기계의 안전을 확인한다.
③ 무전압 상태 확인 및 안전 조치
  ㉠ 관련된 차단기, 단로기를 열어 무전압 상태로 만든다.
  ㉡ 검전기를 사용하여 무전압 상태를 확인하고 필요한 개소는 접지를 실시한다.

ⓒ 특고압 및 고압 차단기는 개방하여 테스트 포지션 위치를 인출하고, '점검 중'이라는 표찰을 부착한다.
ⓓ 단로기는 쇄정시킨 후 '점검 중' 표찰을 부착한다.
ⓔ 수배전반 또는 모선 연락반은 전원이 되돌아와서 살아있는 경우가 있으므로 차단기나 단로기를 꼭 차단하고 '점검 중'이라는 표찰을 부착한다.
④ 잔류전압에 주의(콘덴서나 케이블의 접속부 점검 시 잔류전하를 방전시키고 접지한다)한다.
⑤ 절연용 보호기구를 준비한다.
⑥ 점검 후 안전을 위해 설치한 접지선은 반드시 제거한다.
⑦ 점검 후 반드시 점검 및 수리한 요점 및 고장상황, 일자를 기록한다.
  ㉠ 점검 계획의 수립에 있어서 고려해야 할 사항
   - 설비의 사용기간
   - 설비의 중요도
   - 환경조건
   - 고장이력
   - 부하상태
  ㉡ 절연저항 측정기준

전로의 사용전압[V]	DC 시험전압[V]	절연저항[MΩ]
SELV 및 PELV	250	0.5
FELV, 500[V] 이하	500	1.0
500[V] 초과	1,000	1.0

[주] 특별저압(extra low voltage : 2차 전압이 AC 50[V], DC 120[V] 이하)으로 SELV(비접지회로 구성) 및 PELV(접지회로 구성)은 1차와 2차가 전기적으로 절연된 회로, FELV는 1차와 2차가 전기적으로 절연되지 않은 회로

제3절 태양광발전 유지관리

1 발전설비 유지관리

① 10,000[kW] 이상의 태양광발전시스템 공사계획은 사전에 인가를 받아야 하며, 10,000[kW] 미만인 경우에는 신고를 하여야 한다.
② 공사가 완료되면 사용 전 검사(준공 시의 점검)를 받아야 사용할 수 있다.
③ 태양광발전시스템의 점검은 일반적으로 사용 전 검사(준공 시의 점검), 일상점검, 정기점검의 3가지로 구별된다.
④ 유지보수 관점에서의 점검의 종류는 일상점검, 정기점검, 임시점검이 있다.

(1) 사용 전 검사(준공 시의 점검)

육안점검 외에 태양전지 어레이의 개방전압 측정, 각 부의 절연저항 및 접지저항 등을 측정한다.

설 비	점검항목		점검요령
태양전지 어레이	육안점검	표면의 오염 및 파손	오염 및 파손의 유무
		프레임 파손 및 변형	파손 및 두드러진 변형이 없을 것
		가대의 부식 및 녹 발생	부식 및 녹이 없을 것
		가대의 고정	볼트 및 너트의 풀림이 없을 것
		가대접지	배선공사 및 접지접속이 확실할 것
		코 킹	코킹의 망가짐 및 불량이 없을 것
		지붕재의 파손	지붕재의 파손, 어긋남, 뒤틀림, 균열이 없을 것
중간단자함 (접속함)	육안점검	외함의 부식 및 파손	부식 및 파손이 없을 것
		방수처리	전선 인입구가 실리콘 등으로 방수처리
		배선의 극성	태양전지에서 배선의 극성이 바뀌어 있지 않을 것
		단자대 나사의 풀림	확실하게 취부하고 나사의 풀림이 없을 것
	측 정	접지저항(태양전지-접지 간)	0.2[MΩ] 이상 측정전압 DC 500[V]
		절연저항	1[MΩ] 이상 측정전압 DC 500[V]
		개방전압 및 극성	규정의 전압이고 극성이 올바를 것
인버터	육안점검	외함의 부식 및 파손	부식 및 파손이 없을 것
		취 부	견고하게 고정되어 있을 것
		배선의 극성	P는 태양전지(+), N은 태양전지(-)
		단자대 나사의 풀림	확실하게 취부하고 나사의 풀림이 없을 것
		접지단자와의 접속	접지봉 및 인버터 접지단자의 접속
	측 정	절연저항(태양전지-전지 간)	1[MΩ] 이상 측정전압 DC 500[V]
		수전전압	주회로 단자대 U-O, O-W 간은 AC 220±13[V]일 것
개폐기, 전력량계, 인입구, 개폐기 등	육안점검	전력량계	발전사용자의 경우 전력회사에서 지급한 전력량계 사용
		주간선개폐기(분전반 내)	역접속 가능형으로서 볼트의 흔들림이 없을 것
		태양광발전용 개폐기	태양광발전용이라 표시되어 있을 것
발전전력	육안점검	인버터의 출력표시	인버터 운전 중, 전력표시에 사양과 같이 표시
		전력량계 (거래용 계량기) 송전 시	회전을 확인할 것
		전력량계 (거래용 계량기) 수전 시	정지를 확인할 것
운전정지	조작 및 육안점검	보호계전기능의 설정	전력회사 정위치를 확인할 것
		운 전	운전스위치 운전에서 운전할 것
		정 지	운전스위치 정지에서 정지할 것
		투입저지 시한 타이머 동작시험	인버터가 정지하여 5분 후 자동 기동할 것
		자립운전	자립운전으로 전환 시 자립운전용 콘센트에서 규정전압이 출력될 것
		표시부의 동작확인	표시부가 정상으로 표시되어 있을 것
		이상음 등	운전 중 이상음, 이상진동 등의 발생이 없을 것
		발전전압	태양전지의 동작전압이 정상일 것

2 송전설비 유지관리

(1) 송·변전설비의 유지관리

① 점검의 분류와 점검 주기

점검의 분류 \ 제약조건	문의 개폐	컨버터류의 분류	무정전	회로 정전	모선 정전	차단기 인출	점검 주기
일상순시점검			○				매 일
	○		○				1회/월
정기점검	○	○		○		○	1회/6개월
	○	○		○	○	○	1회/3년
일시점검	○	○		○	○	○	

㉠ 점검주기는 대상기기의 환경조건, 운전조건, 설비의 중요성, 경과연수 등에 의하여 영향을 받기 때문에 상기에 표시된 점검주기를 고려하여 선정한다.
㉡ 무정전의 상태에서도 문을 열고 점검할 수 있으며, 1개월에 1회 정도는 문을 열고 점검하는 것이 좋다.
㉢ 모선 정전의 발생은 별로 없으나 심각한 사고를 방지하기 위해 3년에 1회 정도 점검하는 것이 좋다.

② 일상순시점검 : 배전반의 기능을 유지하기 위한 점검
㉠ 매일의 일상순시점검은 이상한 소리, 냄새, 손상 등을 배전반 외부에서 점검항목의 대상항목에 따라서 점검한다.
㉡ 이상 상태를 발견한 경우에는 배전반의 문을 열고 이상의 정도를 확인한다.
㉢ 이상 상태의 내용을 기록하여 정기점검 시에 반영함으로써 참고자료로 활용한다.

• 배전반

대 상	점검개소	목 적	점검내용
외 함	외부 일부 (문, 외함)	볼트조임 이완	볼트의 조임 이완 및 바닥 탈락 여부 확인
		손 상	문의 개폐상태 이상여부 확인
			점검창 등의 패킹 열화에 의한 손상 여부 확인
		이상한 소리	볼트류 등의 조임 이완에 따른 진동음 유무 확인
		오 손	점검창 등의 오손에 따른 내부 관찰여부 확인
	명 판	손 상	명판의 탈락, 파손 및 불분명 여부 확인
	인출기구 조작기구	위 치	인출기기의 접촉위치 및 단로 위치 여부 확인
	반출기구 (고정장치)	위 치	적당한 위치 여부 확인
모선 및 지지물	모선전반	이상한 소리	볼트류 등의 조임 이완에 따른 진동음 유무 확인
			코로나(Corona) 방전에 의한 이상음 여부 확인
		이상한 냄새	코로나(Corona) 방전 또는 과열에 의한 이상한 냄새 발생 여부 확인

대 상	점검개소	목 적	점검내용
주회로 인입 인출부	폐쇄모선의 접속부	이상한 소리	볼트류 등의 조임 이완에 따른 진동음 유무 확인
	부싱	손상	균열, 파손 여부 확인
		이상한 소리	코로나(Corona) 방전에 의한 이상음 여부 확인
	케이블 단말부 및 접속부, 케이블 관통부	이상한 소리	볼트류 등의 조임 이완에 따른 진동음 유무 확인
		이상한 냄새	코로나(Corona) 방전 또는 과열에 의한 이상한 냄새 발생 여부 확인
		손상	케이블 막이판의 떨어짐 또는 간격의 벌어짐 유무 확인
		쥐, 곤충 등의 침입	쥐, 곤충 등의 침입여부 확인
제어회로의 배선	배선 전반	손상	가동부 등의 연결전선의 절연피복 손상여부 확인
			전선 지지물의 탈락여부 확인
		이상한 냄새	과열에 의한 이상한 냄새 여부 확인
단자대	외부 일반	조임의 이완	조임부의 이완 여부 확인
		손상	절연물 등 균열, 파손 여부 확인
접지	접지단자 접지선	손상	접지선의 부식 또는 단선 유무 확인
		표시	표시 부착물의 탈락 여부 확인

• 내장기기 및 부속기기

대 상	점검개소	목 적	점검내용
주회로용 차단기 GCB VCB ACB	외부일반	이상한 소리	코로나 방전 등에 의한 이상한 소리는 없는가?
		이상한 냄새	코로나 방전, 과열에 의한 이상한 냄새는 나지 않는가?
		누출	GCB의 경우 가스 누출은 없는가?
	개폐 표시기	지시	표시의 정확 유무 확인
	개폐 표시등	표시	표시의 정확 유무 확인
	개폐 도수계	표시	기계적인 수명 회수에 도달하여 있지는 않는가?
배선용 차단기, 누전차단기	외부일반	이상한 냄새	과열에 의한 이상한 냄새는 없는가?
	조작장치	표시	동작 상태를 표시하는 부분이 잘 보이는가?
			개폐기구의 핸들과 표시등의 상태는 올바른가?
단로기	외부일반	이상한 소리	코로나 방전 등에 의한 이상한 소리는 없는가?
		이상한 냄새	코로나 방전, 과열에 의한 이상한 냄새는 나지 않는가?
		누출	절연유를 내장한 부하개폐기의 경우 기름의 누출은 없는가?
	개폐 표시기	지시	표시의 정확 유무 확인
	개폐 표시등	표시	표시의 정확 유무 확인
변성기	외부일반	이상한 소리	코로나 방전 등에 의한 이상한 소리는 없는가?
		이상한 냄새	코로나 방전, 과열에 의한 이상한 냄새는 나지 않는가?
변압기 리액터	외부일반	이상한 소리	코로나 방전 등에 의한 이상한 소리는 없는가?
		이상한 냄새	코로나 방전에 의한 이상한 냄새는 나지 않는가?
		누출	절연유의 누출은 없는가?
	온도계	지시표시	지시는 소정의 범위 내에 들어가 있는가?
	유면계 가스압력계	지시 표시	유면은 적당한 위치에 있는가?
			가스의 압력은 규정치보다 낮지 않는가?(질소 봉입의 경우)

대 상	점검개소	목 적	점검내용
주회로용 퓨즈	외부일반	손 상	퓨즈 통, 애자 등의 균열, 파손 및 변형은 없는가?
		이상한 소리	코로나 방전에 의한 이상한 소리는 없는가?
		이상한 냄새	코로나 방전, 과열에 의한 이상한 냄새는 나지 않는가?

③ 정기점검 : 배전반의 기능을 확인하고 유지하기 위한 계획을 수립하여 점검
　㉠ 원칙적으로 정전시킨 후 무전압 상태에서 기기의 이상 상태를 점검하고 필요에 따라 기기를 분해하여 점검한다.
　㉡ 모선을 정전시키지 않고 점검해야 할 경우에는 안전사고가 일어나지 않도록 주의한다.

• 배전반

대 상	점검개소	목 적	점검내용
외 함	외부 일부 (문, 외함)	볼트조임 이완	볼트의 조임 이완 및 바닥 탈락 여부 확인
		손 상	패캥류의 열화 손상은 없는가?
		오 손[1]	반내에 비의 침투 또는 결로의 흔적여부 확인
		환 기	환기구 필터 등의 탈락여부 확인
		설 치[2]	바닥의 이상 침하 또는 융기에 의한 경사 및 균형의 뒤틀림 여부 확인
	문	볼트조임 이완	경첩, 스토퍼(Stopper) 등의 볼트의 조임 이완은 없는가?
		동 작	• 손잡이는 확실히 동작하는가? • 문 쇄정장치의 동작은 정확한가?
	격 벽	볼트조임 이완	볼트류의 조임 이완은 없는가?
		손 상	변형 또는 파손은 없는가?
	주회로 단자부(접지접촉 단자 포함)	볼트조임이완	볼트의 조임 이완 및 바닥 탈락 여부 확인
		손 상	부싱, 전선 등이 파손, 단선 및 변형은 없는가?
		접 촉[3]	접촉 상태는 양호한가?
		변 색	도체의 과열에 의한 변색은 없는가?
		오 손	이물질 또는 먼지 등이 부착되지 않았는가?
배전반	제어회로 단자부	볼트조임 이완	가동, 고정측의 볼트 조임의 이완은 없는가?
		손 상	플러그, 전선 등의 파손, 단선 변형 등은 없는가?
		접 촉	레버 또는 본체의 파손, 변형은 없는가?
	리밋 스위치	손 상	레버 또는 본체의 파손, 변형은 없는가?
	셔 터	손 상	볼트류의 조임 이완에 의한 변형 및 파손, 바닥에 떨어져 있지 않는가?
		동 작	동작은 확실한가?
	인출기구 (차단기, 유니트 등)	볼트조임 이완	볼트류의 조임 이완에 의한 변형 및 탈락은 없는가?
		손 상	레일 또는 스토퍼(Stopper)의 변형은 없는가?
		동 작	인출기기가 정해진 위치에 이동하는가?
	기구조작 (단로기 등)	볼트조임 이완	볼트류의 조임 이완에 의한 변형 및 탈락은 없는가?
		동 작	동작은 확실한가?
	명판과 표시물	손 상	볼트류의 조임 이완에 의한 변형 및 파손, 바닥에 떨어져 있지는 않는가?
		오 손	먼지 등의 부착 또는 오손에 의하여 잘 보이지 않는 부분은 없는가?

[1] 주회로 절연물의 상황에 주의한다.
[2] 차단기와 주회로 단자부에 영향이 없는지에 주의한다.
[3] 접촉부의 접점은 그리스를 바른다.

대상	점검개소	목적	점검내용
모선 및 지지물	모선전반	볼트조임 이완	볼트류의 조임 이완에 의한 변형 및 파손, 바닥에 떨어져 있지 않는가?
		손상	애자 등의 균열, 파손 변형은 없는가?
		변색	과열에 의한 접속부 또는 절연물의 변색은 없는가?
	애자, 부싱 절연지지물	손상	애자 등의 균열, 파손 변형은 없는가?
		변색	과열에 의한 절연물의 변색은 없는가?
		오손	이물질이나 먼지 등이 부착되어 있지 않은가?
	플렉시블 모선	손상	단선이나 꺾여져 있는 부분은 없는가?
		변색	표면에 특이할 만한 변색은 없는가?
주회로 인입 인출부	폐쇄 모선의 접속부	볼트조임 이완	볼트의 조임 이완 및 바닥 탈락 여부 확인
		손상	옥외용 패킹류의 열화는 없는가?
		변색	과열에 의한 접속부, 절연물의 변색 여부 확인
	부싱	볼트조임 이완	볼트류의 조임 이완은 없는가?
		손상	절연물의 균열, 파손은 없는가?
		변색	과열에 의한 접속부, 절연물의 변색 여부 확인
		오손	이물질 또는 먼지의 부착이 많은가?
	케이블 단말부 또는 접속부	볼트조임 이완	볼트류의 조임 이완은 없는가?
		손상	절연테이프 등이 벗겨져 손상은 없는가?
		컴파운드 탈락	컴파운드 등이 떨어져 있지는 않은가?
		오손	이물질 또는 먼지의 부착은 없는가?
배선	전선 일반	볼트조임 이완	접속부 등의 볼트 조임 이완은 없는가?
		손상	가동부 등에 연결되는 전선의 절연부 손상은 없는가?
		변색	절연물의 과열에 의한 변색은 없는가?
	전선 지지대	손상	• 배선덕트 속 배선밴드 등이 파열에 의한 손상은 없는가? • 전선 지지대가 떨어져 있는 것이 아닌가? • 과열 또는 경년열화 등에 의한 변형, 탈락은 없는가?
		오손	먼지 등에 의한 잘 보이지 않는 부분은 없는가?
단자대	외부 일반	볼트조임 이완	단자부의 볼트 조임의 이완은 없는가?
		손상	절연물의 균열, 파손은 없는가?
		변색	과열에 의한 절연물의 변색은 없는가?
		오손	단자부에 오손 및 이물질의 부착은 없는가?
접지	접지단자 접지선 접지모선	볼트조임 이완	접속부에 볼트조임이 이완 없이 확실히 접지되어 있는가?
		오손	단자부의 오손 및 이물질이 부착되어 있지는 않은가?

대상	점검개소	목적	점검내용
장치 일반	주회로	주회로의 열화	주회로 및 제어 회로의 절연저항은 설치 시에 측정치와 측정조건을 기록, 정기점검 시 항목별로 기록한다. • 고압 회로 : 1,000[V] 메거 이상 • 저압 회로 : 500[V] 메거 이상
		절연저항값	측정하고 절연물을 마른 수건으로 청소한다.
	제어회로	회로의 정상동작	• PT, CT로부터 전압, 전류가 정상적으로 공급되는가를 절연개폐기로 확인한다. • 제어개폐기에 의한 조작시험기기가 정상적으로 동작하는가를 제어개폐기를 조작함으로써 개폐기 동작에 따른 상태 표시를 확인한다. • 계전기로써 동작확인 계전기 주접점을 동작시킴으로써 차단기가 차단되는가를 시험하고 개폐표시등 및 고장표시기가 정상적으로 동작하는가를 확인한다. 또한 계전기 자체의 고장표시기 및 보조접촉기의 동작을 확인한다.
	인터록	전기적, 기계적	인터록 상호 간을 제어회로에 따라서 조건을 만족하는가를 확인한다.
		동작확인	인터록 기구에 대해서 동작을 확인한다. 리밋 스위치 등의 이상은 없는가?

• 내장기기 및 부속기기

대상	점검개소	목적	점검내용
주회로용 차단기	외부 일반	볼트조임 이완	주회로 단자부의 볼트의 조임 이완 여부 확인
		손상	절연물 등의 균열, 파손, 변형은 없는가?
		변색	단자부 및 접촉부의 과열에 의한 변색은 없는가?
		오손	절연애자 등에 이물질, 먼지 등이 부착되어 있지 않은가?
		누출	진공도와 가스압은 저하되지 않았는가?
		마모	접점의 마모 상태는 어떤가?(외부에서 파정할 수 있는 부분)
	개폐표시기	동작	정상적으로 동작하는가?
	개폐표시등	동작	정상적으로 동작하는가?
	개폐도수계	동작	정상적으로 동작하는가?
	조작장치	손상	• 스프링 등에 녹 발생, 파손, 변형은 없는가? • 각 연결부, 핀의 구부러짐, 떨어짐은 없는가? • 코일 등의 단선은 없는가?
		주유	주유상태는 충분한가?
	저압 조작회로	볼트조임 이완	제어회로 단자부의 볼트류의 조임 이완은 없는가?
		손상	제어회로의 플러그의 접촉은 양호한가?

대 상	점검개소	목 적	점검내용
배선용 차단기	외부 일반	볼트조임 이완	단자부의 볼트류의 조임 이완은 없는가?
		손 상	절연물 등의 균열, 파손, 변형은 없는가?
		변 색	단자부 및 접촉부의 파열에 의한 변색은 없는가?
		오 손	절연물에 이물질 또는 먼지 등이 부착되어 있지 않은가?
	조작 장치	동 작	개폐동작은 정상인가?
		지시표시	개폐표시는 정상인가?
단로기 LBS	외부일반	볼트조임 이완	주회로 단자부의 볼트 조임 이완은 없는가?
		손 상	• 절연물 등이 균열, 파손 및 변형은 없는가? • 조작레버 등에 손상은 없는가? • 스프링 등에 녹 발생, 파손, 변형은 없는가?
		변 색	단자부의 접촉에 의한 변색은 없는가?
		오 손	절연애자 등에 이물질, 먼지 등이 부착되어 있지는 않은가?
		누 출	유입개폐기의 경우 절연유의 누출은 없는가?
	주접촉부	볼트조임 이완	• 자력접촉의 경우 고정접점이 저절로 열리는 경우는 없는가? • 타력접촉의 경우 스프링 등에 탄력성이 있는가?
		접 촉	접촉상태는 양호한가?
	조작 장치	손 상	• 스프링 등에 녹 발생, 파손, 변형은 없는가? • 각 연결부, 핀의 구부러짐, 떨어짐은 없는가? • 기중부하개폐기의 경우 소호실에 이상은 없는가?
		동 작	• 투입, 개폐가 원활한가? • 클램프 등의 연결부는 정상인가?
		주 유	주유상태는 충분한가?
		지시표시	개폐표시는 정상인가?
	저압 조작회로	볼트조임 이완	• 단자부의 볼트 조임 이완은 없는가? • 열리는 경우는 없는가?
	안전점검	동 작	단로기의 개로상태에서 Crush는 확실한가?
변성기	외부 일반	볼트조임 이완	단자부의 볼트류의 조임 이완은 없는가?
		손 상	• 절연물 등에 균열, 파손, 손상은 없는가? • 철심에 녹의 발생 손상은 없는가?(외부에서 판정이 가능한 경우에만 적용)
		변 색	부싱 단자부에 변색은 없는가?
		오 손	부싱 등에 이물질 및 먼지 등이 부착되어 있지 않은가?

대 상	점검개소	목 적	점검내용
변압기	외부 일반	볼트조임 이완	단자부의 볼트조임 이완은 없는가?
		손 상	• 부싱 등의 균열, 파손, 변형은 없는가? • 유면계, 온도계의 파손은 없는가? • 건식형인 경우 코일, 절연물의 손상은 없는가?
		변 색	건식형인 경우 코일, 절연물의 과열에 의한 변색은 없는가?
		오 손	부싱 등에 이물질, 먼지 등이 부착되어 있지는 않은가?
		누 출	유입형인 경우 절연유의 누출은 없는가?
	유면계 가스압력계	지시표시	• 자력접촉의 경우 고정접점이 저절로 열리는 경우는 없는가? • 타력접촉의 경우 스프링 등에 탄력성이 있는가?
	냉각팬	오 손	필터는 막히지 않았는가?
		동 작	동작은 정상인가?
		주 유	주유는 정상인가?
		운전상태	자동운전의 경우는 운전상태를 확인한다.
	온도계	지시표시	지시표시는 정상인가?
		동 작	경보회로는 정상인가?
주회로용 퓨즈	외부 일반	볼트조임 이완	단자부의 볼트류 및 접촉부에 조임 이완은 없는가?
		손 상	퓨즈통, 애자 등에 균열, 변형은 없는가?
		변 색	퓨즈통, 퓨즈 홀더의 단자부에 변색은 없는가?
		오 손	애자 등에 이물질, 먼지 등이 부착되어 있지 않은가?
		동 작	단로기 타입은 개폐조작에 이상은 없는가?
피뢰기	외부 일반	볼트조임 이완	단자부의 볼트류의 조임 이완은 없는가?
		손 상	• 애자 등의 균열, 파손, 변형은 없는가? • 리드선 단자 등에 손상은 없는가?
		오 손	애자 등에 이물질, 먼지 등이 부착되지 않았는가?
		방전흔적	내부 컴파운드의 분출, 밀봉금속 뚜껑 등의 파손, 팽창, 섬락 등의 흔적은 없는가?
전력용 콘덴서	외부 일반	볼트조임 이완	단자부의 볼트류의 조임 이완은 없는가?
		손 상	붓싱부의 균열, 파손이나 외함의 변형은 없는가?
		변 색	붓싱, 단자부 등의 균열에 의한 변색은 없는가?
		오 손	붓싱부의 이물질, 먼지 등의 부착은 없는가?
표시등 표시기 경보기	외부 일반	볼트조임 이완	단자부의 볼트 조임 이완은 없는가?
		동 작	동작, 점멸은 정상인가?
	부속저항기 부속변압기	변 색	단자부 등에 과열에 의한 변색은 없는가?
		위 치	발열부에 제어 배선이 접근하여 있지 않은가?
시험용 단자	외부 일반	헐거움	단자부에 헐거움은 없는가?
		접 촉	접촉상태는 양호한가?
		손 상	절연물 등에 균열, 파손, 변형은 없는가?

대 상	점검개소	목 적	점검내용
지시 계기	외부 일반	볼트조임 이완	단자부의 볼트류의 조임 이완은 없는가?
		손 상	붓싱부의 균열, 파손이나 외함의 변형은 없는가?
		오 손	이물질, 먼지 등의 부착은 없는가?
		지시표시	영점 조정은 잘 되어 있는가?
	기계부	손 상	스프링류에 녹의 발생, 파손, 변형은 없는가?
		동 작	• 제동장치의 마찰에 의한 접촉은 없는가? • 축수의 헐거움 편심은 없는가?
	부속기구	손 상	분류기, 배율기, 보조CT 등의 소손, 단선은 없는가?
	기록부	동 작	팬의 구동, 기록지의 감김은 정상인가?
	기록지	잔 량	잉크. 기록지의 잔량은 정상인가?
계전기	외부 일반	볼트조임 이완	• 단자부의 볼트 이완은 없는가? • 납땜부의 떨어짐은 없는가?
		손 상	• 패킹류의 떨어짐은 없는가? • 커버의 파손은 없는가?
		오 손	이물질, 먼지 등의 접착은 없는가?
	접점부 도전부	손 상	• 접점 표면이 거칠어지지는 않았는가? • 혼촉, 단선, 절연파괴는 없는가? • 코일의 소손, 중간 단락, 절연파괴는 없는가?
		접 촉	• 접점의 접촉상태는 양호한가? • 테스트 플러그를 빼는 경우 CT 2차회로가 개방은 되지 않는가?
	기계부	동 작	• 가동부의 회전장치, 표시기 등의 동작 복귀는 정상인가? • 기어의 마찰에 의한 헐거움은 없는가? • 회전부에 덜거덕거림은 없는가?
	정정부	볼트조임 이완	정정탭은 흔들리지 않는가?
		정 정	정정탭, 정정레버 등은 조임 이완은 없는가?
조작개폐기 절연개폐기	외부 일반	볼트조임 이완	단자부의 볼트 조임 이완은 없는가?
		손 상	• 절연물 등의 균열, 파손, 변형은 없는가? • 스프링 등에 녹이 슬거나 파손, 변형은 없는가?
		동 작	• 개폐동작은 정상인가? • 로커기구, 잔류접점 기구는 정상인가?
		지시표시	손잡이 등의 표시는 정상인가?
	냉각팬	손 상	접점에 손상은 없는가?
제어회로용 저항기히터	외부 일반	헐거움	단자부에 헐거움은 없는가?
		변 색	단자부에 과열에 의한 변색은 없는가?
		위 치	발열부에 제어 배선이 접근하여 있지 않은가?
제어회로용 퓨즈	외부 일반	헐거움	단자부에 헐거움은 없는가?
		동 작	용단되어 있지는 않은가?
	명 판	볼트조임 이완	지정된 형식, 정격의 퓨즈가 사용되고 있는가?
부속 기기	냉각팬	오 손	필터, 환기구의 오손 및 떨어져 있지는 않은가?

대 상	점검개소	목 적	점검내용
고압 전자접촉기	외부 일반	헐거움	주회로 단자부에 볼트류의 헐거움은 없는가?
		손 상	절연물 등의 균열, 파손, 변형은 없는가?
		변 색	단자부 및 접촉부 과열에 의한 변색은 없는가?
		오 손	절연애자 등에 이물질이나 먼지 등이 부착되어 있지는 않은가?
		누 출	진공접촉기의 경우 진공도가 떨어져 있지는 않은가?
	주접촉부	손 상	• 접점이 거칠어지지는 않았는가? • 소호실에 이상은 없는가?(기중 접촉기의 경우)
	개폐표시기	동 작	정상적으로 동작하는가?
	개폐표시등	동 작	정상적으로 동작하는가?
	개폐도수계	동 작	정상적으로 동작하는가?
	조작 장치	손 상	• 스프링 등에 발청, 파손, 변형은 없는가? • 연결부 핀의 부러짐, 탈락은 없는가? • 전자석에 이상음은 없는가?
		동 작	보조개폐기는 정상인가?
		주 유	주유는 충분한가?
	저압 조작회로	헐거움	제어회로 단자부에 볼트의 헐거움은 없는가?
		접 촉	저압 조작회로의 플러그의 접촉은 양호한가?
저압 전자접촉기	외부 일반	헐거움	단자부의 볼트류의 헐거움은 없는가?
		손 상	절연물 등의 균열, 파손, 변형은 없는가?
		변 색	단자부 및 접촉부의 과열에 의한 변색은 없는가?
		오 손	절연물 등에 이물질이나 먼지 등이 부착되어 있지는 않은가?
	주접촉부	오 손	• 접점의 거칠어짐은 없는가? • 소호실에 이상은 없는가?
	조작 장치	동 작	개폐동작은 정상인가?
		지시표시	개폐표시는 정상인가?
		손 상	스프링의 발청, 파손, 변형은 없는가?
반외 부속기기	인출 장치	동 작	• 동작은 확실한가? • 와이어의 인양장치 동작은 정상인가?
	후쿠봉 각종 조작핸들 테스트 플러그 제어 점퍼	손 상	심한 파손, 변형은 없는가?
예비품	표시등 퓨즈류	손 상	파손, 변형, 단선은 없는가?
		수 량	소정의 수량이 있는가?
	기 타	품 목	각각의 제품별로 매회 예비품으로 책정한 수량과 예비품표와 비교한다.

④ 일시점검 : 상세하게 점검할 경우가 발생되는 경우에 점검

(2) 기기의 종류

종 류	역 할	설치위치
책임분계점	한전과 발전사업자 간의 책임분계	COS 2차측
부하개폐기(LBS)	부하전류 개폐	특고압반
전력퓨즈	사고전류 차단, 후비보호	
피뢰기	개폐 시 이상전압, 낙뢰로부터 보호	
계기용 변성기	계기용 변류기(CT)와 계기용 변압기(PT)를 한 철제상자에 넣음	
진공차단기	진공을 매질로 적용한 차단기, 계통사고 차단 및 부하 시 개폐	
역송전용 특수계기	계통연계 시 역송전 전력의 계측을 위한 전력량계, 무효전력량계 등	
기중차단기	공기 중에 아크를 소호하는 차단기(1,000[V] 이하 사용)	저압반
몰드변압기	에폭시수지로 권선부분을 절연한 변압기 (380[V]/220[V] 저압을 22.9[kV] 특고압 승압)	TR반
각종 계기류	전압계, 전류계, 역률계, 주파수계, 전력량계	
배선용 차단기	과전류 및 사고전류 차단	저압반, 배전반, 분전반
계기용 변압기	계기에서 수용 가능한 전압·전류로 변성	
계기용 변류기		
영상변류기	지락 시 발생하는 영상전류를 검출	
보호계전기류		
UVR(27)	부족전압계전기	특고압, 저압반
OVR(59 직류45)	과전압계전기	
OCR	과전류계전기(G : 지락, N : 중성선)	
SR	선택계전기(G : 지락, S : 단락)	
UFR	과주파수계전기, 부족주파수계전기	
DR	전류차동계전기(변압기 보호)	
OFR	과주파수계전기	
UFR	부족주파수계전기	

※ 영상전류 : 불평형 시에 흐르는 전류로서 3상 4선식에서 정상적인 운전 시에도 중성선으로 흐르는 전류를 말한다.

3 태양광발전시스템 고장원인

(1) 태양광발전시스템의 고장원인

① 태양광발전시스템의 고장원인이 가장 많은 곳 : 인버터
② 태양광발전시스템의 고장빈도가 높은 원인 : 인버터의 고장

(2) 모듈의 고장원인

① 제조 결함
② 시공 불량
③ 운영과정에서의 외상
④ 전기적, 기계적 스트레스에 의한 셀의 파손
⑤ 경년열화에 의한 셀 및 리본의 노화
⑥ 주변 환경(염해, 부식성 가스 등)에 의한 부식

4 태양광발전시스템 문제진단

(1) 외관검사

① 태양전지 모듈, 어레이의 점검
  ㉠ 태양전지 모듈은 현장 이동 중 실수로 파손되어 있을 수도 있으므로 시공 시 반드시 외관점검을 실시해야 한다.
  ㉡ 태양전지 모듈을 고정형이나 추적형으로 설치할 경우 세부적인 점검이 곤란하므로 공사 진행 중 각각 설치 직전과 시공 중에 태양전지 셀에 금이 가거나 부분적으로 파손이 있는지 또는 변색 등이 있는지를 확인한다.
  ㉢ 태양전지 모듈 표면 유리의 금, 변형, 이물질에 대한 오염과 프레임 등의 변형 및 지지대 등의 녹 발생 유무를 반드시 확인해야 한다.
  ㉣ 먼지가 많은 설치 장소에는 태양전지 모듈 표면의 오염검사와 청소 유무를 확인한다.

② 배선 케이블 등의 점검
  ㉠ 태양광발전시스템은 일단 설치하고 나면 장기간 그대로 사용하게 되므로 전선·케이블 등이 설치공사 당시의 손상이나 비틀림 등의 원인으로 인해서 절연저항의 저하나 절연파괴를 일으킬 수 있다.
  ㉡ 공사가 완료되면 확인할 수 없는 부분에 대해서는 공사 도중에도 외관점검 등을 실시하여 반드시 기록을 남겨두고 일상점검이나 정기점검의 경우 육안점검으로 배선의 손상 유무를 확인한다.

③ 접속함, 파워컨디셔너
  ㉠ 접속함, 파워컨디셔너 등의 전기설비는 운반 중에 진동에 의해 접속부의 볼트 단자가 풀리는 경우가 있다. 또는 공사현장에서 배선접속을 한 것에 관해서도 가접속 상태 그대로인 것이나 시험 등을 위해 일시적으로 접속을 벗기는 경우가 있다. 그러므로 시공 후 태양광발전시스템을 운전할 때는 전기설비 및 접속함 등의 케이블 접속부를 확인해야 한다.
  ㉡ 양극(+ 또는 P단자), 음극(- 또는 N단자) 간에 잘못된 것, 또는 직류회로와 교류회로의 접속 혼동 등은 중대사고의 원인이 될 수도 있으므로 반드시 확인해 두어야 한다.
  ㉢ 일상점검이나 정기점검의 경우에는 육안점검에 따라 접속단자의 풀림이나 손상 유무를 확인한다.

④ 축전지 및 기타 주변설비의 점검
  축전지 등 그 외의 주변장치가 있는 경우는 상기와 동일한 방법으로 점검하고 동시에 설비 제조사에서 권장하는 항목으로 점검한다.

(2) 운전상황의 확인

① 이음, 이상 진동, 이취에 주의
  ㉠ 운전 중 이상한 소리와 냄새 등을 확인하고 평상시와 다른 경우에는 정밀점검을 실시한다.
  ㉡ 설치자가 점검할 수 없는 경우에는 설비 제조사 또는 전문가에게 의뢰하여 점검하는 것이 바람직하다.

② 운전상황의 점검
  ㉠ 주택용 태양광발전시스템의 경우에는 전압계, 전류계 등의 계측장비는 없지만 최근에는 소형 모니터가 보급되어 발전전력, 발전전력량 등이 표시된다. 이들 데이터가 평상시와 크게 다른 값을 나타낸 경우에는 설비 제조사 또는 전문가에게 의뢰하여 점검하는 것이 바람직하다.

ⓒ 공공·산업용이나 발전사업자용의 태양광발전시스템은 전기안전관리자에 의해 정기적으로 점검받도록 한다. 공공·산업 태양광발전시스템이나 발전사업용 태양광발전시스템은 계측장치, 표시장치의 설치가 많기 때문에 일상의 운전상황을 확인할 수 있다.

(3) 태양전지 어레이의 출력확인

태양광발전시스템은 소정의 출력을 얻기 위해 다수의 태양전지 모듈을 직·병렬로 접속하여 태양전지 어레이를 구성한다. 설치장소에서 접속작업을 하는 개소는 이 접속이 틀리지 않았는지 정확히 확인할 필요가 있다. 정기점검의 경우에도 태양전지 어레이의 출력을 확인하여 불량한 태양전지 모듈이나 배선 결함 등을 사전에 발견해야 한다.

① 개방전압의 측정

태양전지 어레이의 각 스트링의 개방전압을 측정하여 개방전압의 불균일에 따라 동작 불량의 스트링이나 태양전지 모듈의 검출 및 직렬 접속선의 결선 누락 등을 검출한다. 예를 들면, 태양전지 어레이 하나의 스트링 내에 극성을 다르게 접속한 태양전지 모듈이 있으면 스트링 전체의 출력전압은 올바르게 접속한 경우의 개방전압보다 상당히 낮은 전압이 측정된다. 따라서 제대로 접속된 경우의 개방전압은 카탈로그나 설명서에서 대조한 후 측정값과 비교하면 극성이 다른 태양전지 모듈이 있는지를 쉽게 확인할 수 있다. 일사조건이 나쁜 경우 카탈로그 등에서 계산한 개방전압과 다소 차이가 있는 경우에도 다른 스트링의 측정결과와 비교하면 오접속의 태양전지 모듈의 유무를 판단할 수 있다.

㉠ 개방전압 측정 시 유의사항
- 태양전지 어레이의 표면을 청소할 필요가 있다.
- 각 스트링의 측정은 안정된 일사강도가 얻어질 때 실시한다.
- 측정시각은 일사강도, 온도의 변동을 극히 적게 하기 위해 맑고 태양이 남쪽에 있을 때의 전후 1시간에 실시하는 것이 바람직하다.
- 태양전지 셀은 비오는 날에도 미소한 전압을 발생하고 있으므로 매우 주의해서 측정해야 한다.

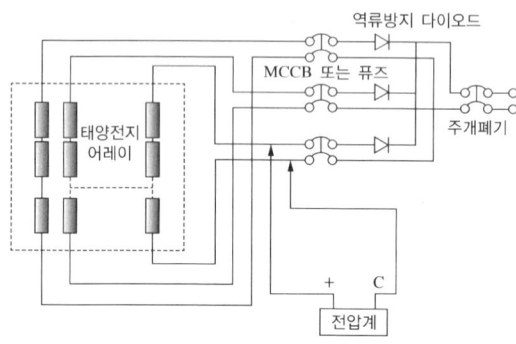

개방전압 측정회로

㉡ 개방전압의 측정순서
- 접속함의 주개폐기를 개방(Off)한다.
- 접속함 내 각 스트링 MCCB 또는 퓨즈를 개방(Off)한다(있는 경우).
- 각 모듈이 그늘져 있지 않은지 확인한다.

- 측정하는 스트링의 MCCB 또는 퓨즈를 개방(Off)하여(있는 경우), 직류전압계로 각 스트링의 P-N 단자 간의 전압을 측정한다.
- 테스터 이용 시 실수로 전류 측정 레인지에 놓고 측정하면 단락전류가 흐를 위험이 있으므로 주의해야 한다. 또한, 디지털 테스터를 이용할 경우에는 극성을 확인해야 한다.
- 측정한 각 스트링의 개방전압값이 측정 시의 조건하에서 타당한 값인지 확인한다(각 스트링의 전압 차가 모듈 1매분 개방전압의 1/2보다 적은 것을 목표로 한다).

② 단락전류의 확인
 ㉠ 태양전지 어레이의 단락전류를 측정함으로써 태양전지 모듈의 이상 유무를 검출할 수 있다.
 ㉡ 태양전지 모듈의 단락전류는 일사강도에 따라 크게 변하므로 설치장소의 단락전류 측정값으로 판단하기는 어려우나 동일 회로조건의 스트링이 있는 경우는 스트링간 상호 비교에 의해 어느 정도 판단이 가능하다.
 ㉢ 이 경우에도 안정한 일사강도가 얻어질 때 실시하는 것이 바람직하다.

(4) 절연저항의 측정

태양광발전시스템의 각 부분의 절연상태를 운전하기 전에 충분히 확인할 필요가 있다. 운전 개시나 정기점검의 경우는 물론 사고 시에도 불량개소를 판정하고자 하는 경우에 실시한다. 한편, 운전 개시에 측정된 절연저항값이 이후의 절연상태의 기준이 되므로 측정결과를 기록하여 보관해 두어야 한다.

① 태양전지회로

태양전지는 낮에는 전압을 발생하고 있으므로 사전에 주의하여 절연저항을 측정해야 하며 이와 같은 상태에서 절연저항 측정에 적당한 측정장치가 개발되기까지는 다음의 방법으로 절연저항을 측정하는 것을 권장한다.
 ㉠ 측정할 때는 낙뢰 보호를 위해 어레스터 등의 피뢰소자가 태양전지 어레이의 출력단에 설치되어 있는 경우가 많으므로 측정 시 이러한 소자들의 접지측을 분리시킨다.
 ㉡ 절연저항은 기온이나 습도에 영향을 받으므로 절연저항 측정 시 기온, 온도 등도 측정값과 함께 기록해 둔다.
 ㉢ 우천 시나 비가 갠 직후의 절연저항 측정은 피하는 것이 좋다.
 ㉣ 절연저항은 절연저항계로 측정하며, 이밖에도 온도계, 습도계, 단락용 개폐기가 필요하다.

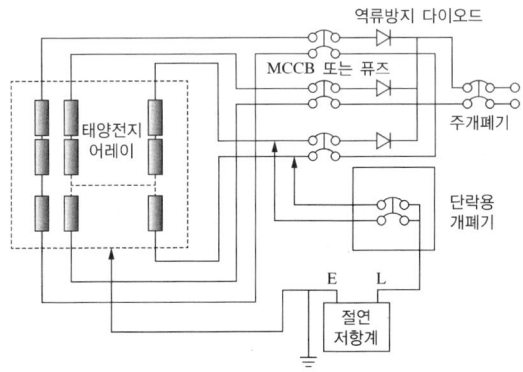

절연저항 측정회로

② 태양전지 어레이의 절연저항 측정순서
  ㉠ 주개폐기를 개방(Off)한다. 주개폐기의 입력부에 SA(서지흡수기)를 취부하고 있는 경우는 접지단자를 분리시킨다.
  ㉡ 단락용 개폐기(태양전지의 개방전압에서 차단전압이 높고 주개폐기와 동등 이상의 전류 차단능력을 가진 전류개폐기의 2차측을 단락하며 1차측에 각각 클립을 취부한 것)를 개방(Off)한다.
  ㉢ 전체 스트링의 MCCB 또는 퓨즈를 개방(Off)한다.
  ㉣ 단락용 개폐기의 1차측(+) 및 (-)의 클립을, 역류방지 다이오드와 태양전지측 MCCB 또는 퓨즈의 사이에 각각 접속한다. 접속 후 대상으로 하는 스트링의 MCCB 또는 퓨즈를 투입(On)한다. 마지막으로 단락용 개폐기를 투입(On)한다.
  ㉤ 절연저항계(메가)의 E측을 접지단자에, L측을 단락용 개폐기의 2차측에 접속하고 절연저항계를 투입(On)하여 저항값을 측정한다.
  ㉥ 측정 종료 후에 반드시 단락용 개폐기를 개방(Off)하고 어레이측 MCCB 또는 퓨즈, 단로기를 개방(Off)한 후 마지막에 스트링의 클립을 제거한다. 이 순서를 반드시 지켜야 한다. 특히 단로기는 단락전류를 차단하는 기능이 없으며 또한 단락상태에서 클립을 제거하면 아크방전이 발생하여 측정자가 화상을 입을 가능성이 있다.
  ㉦ SPD의 접지측 단자를 복원하여 대지전압을 측정해서 잔류전하의 방전상태를 확인한다.

전로의 사용전압[V]	DC 시험전압[V]	절연저항[MΩ]
SELV 및 PELV	250	0.5
FELV, 500[V] 이하	500	1.0
500[V] 초과	1,000	1.0

[주] 특별저압(extra low voltage : 2차 전압이 AC 50[V], DC 120[V] 이하)으로 SELV(비접지회로 구성) 및 PELV(접지회로 구성)은 1차와 2차가 전기적으로 절연된 회로, FELV는 1차와 2차가 전기적으로 절연되지 않은 회로

③ 태양전지 어레이의 절연저항 측정 시 유의사항
  ㉠ 일사가 있을 때 측정하는 것은 큰 단락전류가 흘러 매우 위험하므로 단락용 개폐기를 이용할 수 없는 경우에는 절대 측정하지 말아야 한다.
  ㉡ 태양전지의 직렬수가 많아 전압이 높은 경우에는 예측할 수 없는 위험이 발생할 수 있으므로 측정하지 말아야 한다.
  ㉢ 측정 시에는 태양전지 모듈에 커버를 씌워 태양전지 셀의 출력을 저하시키면 보다 안전하게 측정할 수 있다.
  ㉣ 단락용 개폐기 및 전선은 고무절연막 등으로 대지절연을 유지함으로써 보다 정확한 측정값을 얻을 수 있다. 따라서 측정자의 안전을 보장하기 위해 고무장갑이나 마른 목장갑을 착용할 것을 권장한다.

④ 인버터회로
  ㉠ 인버터 정격전압 300[V] 이하 : 500[V] 절연저항계(메거)로 측정한다.
  ㉡ 인버터 정격전압 300[V] 초과 600[V] 이하 : 1,000[V] 절연저항계(메거)로 측정한다.
  ㉢ 입력회로 측정방법 : 태양전지회로를 접속함에서 분리, 입출력단자가 각각 단락하면서 입력단자와 대지 간 절연저항을 측정한다(접속함까지의 전로를 포함하여 절연저항 측정).

ⓔ 출력회로 측정방법 : 인버터의 입출력단자 단락 후 출력단자와 대지 간 절연저항을 측정한다(분전반까지의 전로를 포함하여 절연저항 측정/절연변압기 측정).

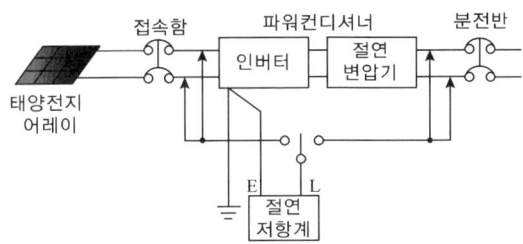

인버터의 절연저항 측정회로

(5) 접지저항 측정

① 콜라우시 브리지법

보조전극과의 간격을 10[m] 이상

② 전위차계 접지저항계

계측기 수평 유지 → 습기가 있는 곳에 보조접지용을 10[m] 이상 이격 설치 → E단자 리드선을 접지극(접지선)에 접속 → P, C단자를 보조접지용에 접속 → 푸시버튼을 누르면서 다이얼을 돌려 검류계의 눈금이 0(중앙)을 지시할 때 다이얼값을 측정한다.

③ 간이접지저항계 측정법

접지보조전극을 설치(타설)할 수 없을 때 사용한다.
- ㉠ 주상변압기 2차측 중성점에 제2종 접지공사가 시공되어 있는 것을 이용하는 방법이다.
- ㉡ 중성선과 기기 접지단자 간에 저주파의 전류를 흘리고 저항값을 측정하면 양접지저항의 합이 얻어지므로 간접적으로 접지저항을 알 수 있다.

④ 클램프 온 측정법
- ㉠ 전위차계식 접지저항계 대신 측정하는 방법으로 22.9[kV-Y] 배전계통이나 통신케이블의 경우처럼 자중접지시스템의 측정에 사용하는 방법이다.
- ㉡ 측정원리 : 접지시스템 장비와 분리하지 않고 측정이 가능하고 통합접지저항을 측정할 수 있으며, 구조가 간단하고 취급이 용이하다.
- ㉢ 측정방법 : 전기적 경로 구성확인 → 접지봉이나 접지도선에 접속 → 전류를 인가하여 30[A]를 초과하면 측정 불가하므로 초과 전에 접지버튼(Ω)을 누른다 → 접지저항값을 읽는다.
- ㉣ 특 징
  - 다중접지 통신선로만 적용한다.
  - 접지체와 접지대상의 분리 없이 보조접지극 미사용으로 간단하다.
  - 측정소요시간도 전위차계보다 짧다.
  - 도로에서 사용할 경우 각 케이블의 본딩 상태 점검, 불량할 경우 큰 값이 측정된다.

(6) 상회전 방향의 확인시험

① 저압 회로의 상회전 검출방법 : 3상 유도전동기를 접속, 전원용량이 있는 경우에는 그 회전방향을 확인함으로써 판정된다(상회전계).
② 한 선로에 여러 개의 선로가 분기한 경우 : 단자순서만 보고 연결하면 단락사고가 발생하므로 각 분기별 전압을 측정하여 0(Zero)이 되는 선끼리 접속하여 상회전 방향과 상을 함께 맞춰야 한다.
③ 상회전 방향은 시퀀스계전기나 3상 측정계기의 결선 시 중요한 요소로 상회전 방향이 계기의 단자와 일치하지 않으면 측정값이 다르게 나타나게 된다.
④ 검상기 : 3상 회로의 상회전이 바른지의 여부를 눈으로 보는 계기로, 유도전동기와 같은 원리로 회전하는 알루미늄판의 회전방향으로 상회전을 확인한다.

(7) 계통연계 보호장치의 시험

계통연계 보호기능 중 단독운전 방지기능을 확인, 계전기 등의 동작특성 확인, 전력회사와 협의하여 결정한 보호협조에 따라 설치되었는지 확인한다.

(8) 변류기(CT) 2차측 개방현상

① 계기용 변류기(CT)는 대전류를 직접 계측, 보호할 수 없으므로 소전류로 변성한 것으로 용도상 계측용과 보호용으로 구분된다.
② 변류기 2차측은 1차 전류가 흐르고 있는 상태에서는 절대로 개방되지 않도록 주의해야 한다(CT 2차 개방 시 1차 전류가 모두 여자전류가 되어 철심에 과도하게 여자되고 포화에 의한 한도까지 고전압이 유기되어 절연파괴될 우려가 있다).
③ CT 2차측 개방에 대한 대책 : CT 2차측은 반드시 접지하고 변류기 2차측은 1차 전류가 흐르고 있는 상태에서는 절대로 개로되지 않도록 주의한다. 2차 개로보호용 비직선 저항요소를 부착한다.

5 고장별 조치 방법

(1) 파워컨디셔너의 고장

운영 및 유지보수 관리 인력의 직접 수리가 곤란하므로 제조업체에 수리를 의뢰한다.
① 발전소 준공 후 1년 이내 설비문제가 발생할 확률은 50[%]이고, 그중 80[%]는 인버터 문제이다.
② 파워컨디셔너(인버터)는 발전소 구축 시 소요비용은 10[%] 이내지만 향후 발전소 성능에 가장 큰 영향을 미치는 요소이다.
③ 파워컨디셔너(인버터)의 점검요소
    ㉠ 연결부위 체결상황 및 배선상태
    ㉡ 인버터 동작 정상 상태 확인
    ㉢ 모니터링 관련 동작사항 점검
    ㉣ 출력파형 및 전력품질 분석
    ㉤ 인버터 열화 상태 진단
    ㉥ 인버터 효율 및 발전량 분석

(2) 태양전지 모듈의 고장

① 모듈의 개방전압 문제

㉠ 개방전압의 저하는 대부분 셀이나 바이패스 다이오드의 손상이 원인이므로 손상된 모듈을 찾아 교체한다.

㉡ 전체 스트링 중 중간지점에서 태양전지 모듈의 접속 커넥터를 분리하여, 그 지점에서 전압을 측정(모듈 1개의 개방전압×모듈의 직렬 개수)하여 모듈 1개의 개방전압이 1/2 이상 저감되는지 여부를 확인하여 개방한다.

㉢ 개방전압이 낮은 쪽 구간으로 범위를 축소하여 불량 모듈을 선별한다.

② 모듈의 단락전류 문제

㉠ 음영과 불량에 의한 단락전류가 발생한다.

㉡ 오염에 의한 단락전류인지 해당 스트링의 모듈 표면 육안 확인, 위의 개방전압 문제해결순으로 불량모듈을 찾아 교체한다.

③ 모듈의 절연저항 문제

㉠ 파손, 열화, 방수 성능저하, 케이블 열화, 피복 손상 등으로 발생되며 먼저 육안점검을 실시한다.

㉡ 모듈의 절연저항이 기준값 이하인 경우, 해당 스트링의 절연저항을 측정하여 불량모듈을 선별한다.

(3) 태양전지 어레이 기구 조임

① 볼트 조임

㉠ 조임 방법
- 토크렌치를 사용하여 규정된 힘으로 조여 준다.
- 조임은 너트를 돌려서 조여 준다.

㉡ 조임 확인 : 접촉저항에 의해 열이 발생하여 사고 발생이 우려되므로 규정된 힘으로 조여야 한다.

㉢ 볼트 크기별 조이는 힘

- 모선의 경우

볼트 크기	M6	M8	M10	M12	M16
힘[kg/cm^2]	50	120	240	400	850

- 구조물의 경우

볼트 크기	M3	M4	M5	M6	M8	M10	M12	M16
힘[kg/cm^2]	7	18	35	58	135	270	480	1180

② 절연저항값

㉠ 배전반(온도 20[℃], 상대습도 65[%])
- 고압 회로 : 절연저항값 5[MΩ] 이상(각 상 일괄~대지 간)
- 저압 회로
  - 대지전압이 150[V] 이하 : 절연저항값 0.1[MΩ] 이상
  - 대지전압이 150[V] 초과 300[V] 이하 : 절연저항값 0.2[MΩ] 이상

- 대지전압이 300[V] 초과 400[V] 이하 : 절연저항값 0.3[MΩ] 이상
- 대지전압이 400[V] 초과 : 절연저항값 0.4[MΩ] 이상

ⓛ 주회로 차단기, 단로기(부하개폐기 포함)
- 주도전부는 1,000[V] 메거를 사용 : 절연저항값 500[MΩ] 이상
- 저압 제어회로 500[V] 메거를 사용 : 절연저항값 2[MΩ] 이상

ⓒ 변성기
- 변성기는 유입형과 몰드형으로 나누는 데 유입형이 절연성능이 우수하다.
- 변성기는 주위 온도가 상승함에 따라 절연저항값이 낮아진다.

ⓒ 변압기
- 변압기는 유입형과 건식형으로 나뉘고 유입형은 절연성능이 우수하나 환경 오염의 위험이 크다.
- 변압기는 주위 온도가 상승함에 따라 절연저항값이 낮아진다.

ⓜ 유입리액터(주위 온도 40[℃] 이하)
- 외함과 단자 간의 절연저항값은 100[MΩ] 이상

ⓗ 직류차단기 : 현재 국내에서는 생산되고 있지 않으므로 외국 인증기관의 시험을 필한 3극 차단기로 결선한 것을 참고 정격으로 인정하되 차단기의 모든 접점이 동시에 개방·투입되도록 결선해야 한다.

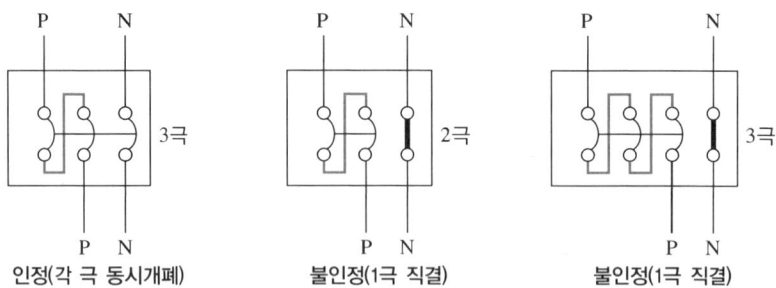

6 유지관리 매뉴얼

(1) 유지보수 의의

① 유지보수

태양광발전설비는 시간이 지남에 따라 경년열화가 되어 열화, 고장이 예상되므로 태양광발전설비 소유자 또는 전기안전관리자로 선임된 자는 법으로 규정된 정기검사 외에 자체적으로 정기적인 유지보수를 실시할 필요가 있다.

② 유지보수 목적

㉠ 유지보수는 발전설비의 장기수명 보장을 통한 발전소 수익의 안정화 보장을 위해 필요하고 또한 전기안전 사고 사전방지와 시설의 재투자 비용 절감을 위해 필요하다.

ⓛ 발전소의 안정적인 운영과 장기적인 신뢰성 확보를 위해서 필수적인 요소이다.

(2) 유지보수 절차

① 유지보수 절차

태양광발전시스템의 유지관리는 초기에 변형이나 결함을 정확히 파악하여 가장 적절한 대책을 수립하는 것이므로 결함의 예측, 점검, 평가 및 판정, 대책, 기록 등을 합리적으로 조합시켜 순서에 따라 대처하여야 한다.

유지관리 절차 시 고려해야 할 사항을 나타내면 다음과 같다.

㉠ 시설물별 적절한 유지관리계획서를 작성한다.
㉡ 유지관리자는 유지관리계획서에 따라 시설물의 점검을 실시하며, 점검결과는 점검기록부(또는 일지)에 기록, 보관하여야 한다.
㉢ 점검결과에 따라 발견된 결함의 진행성 여부, 발생 시기, 결함의 형태나 발생위치, 원인과 장해추이를 정확히 평가·판정한다.
㉣ 점검결과에 의한 평가·판정 후 적절한 대책을 수립하여야 한다.

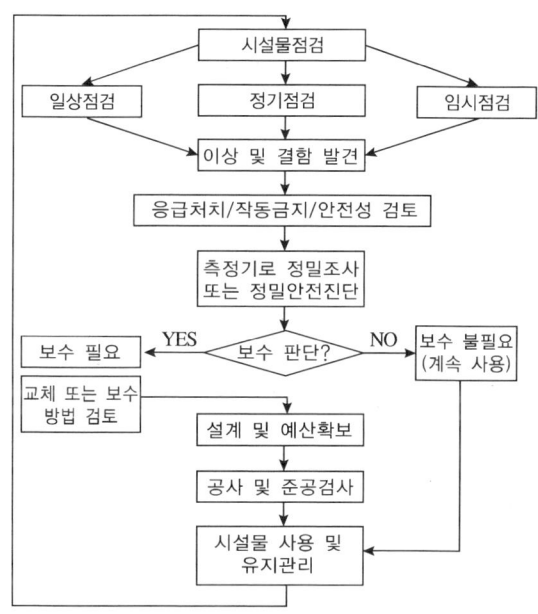

태양광발전시스템 유지관리 절차도

② 유지보수점검 종류

태양광발전시스템의 점검은 일반적으로 준공 시의 점검, 일상점검, 정기점검의 3가지로 구별되지만 유지보수 관점에서의 점검의 종류는 일상점검, 정기점검, 임시점검으로 재분류된다.

㉠ 일상점검
- 태양광발전시스템의 기능 또는 성능을 유지하고, 내용 연한을 연장시키기 위해서는 태양광 모듈의 청소, 대지의 잡초제거, 시설물의 상태점검, 설비기기의 운전, 가동부분의 주유, 소모품의 교환 등의 일상점검을 유지관리 체크리스트를 활용하여 행하여야 한다.

- 일상점검은 주로 점검자의 감각(오감)을 통해 실시하는 것으로 이상한 소리, 냄새, 손상 등을 점검 항목에 따라서 행하여야 한다.
- 이상 상태를 발견한 경우에는 배전반 등의 문을 열고 이상 정도를 확인한다.
- 이상의 상태가 직접 운전을 하지 못할 정도로 전개된 경우를 제외하고는 이상상태의 내용을 기록하여 정기점검 시에 참고자료로 활용한다.

ⓒ 정기점검
- 사업용 전기설비나 자가용 전기설비로 구분되는 태양광발전설비의 소유자 또는 점유자는 전기설비의 공사, 유지 및 운용에 관한 안전관리업무를 수행하기 위해 전기사업법(전기안전관리자 선임)에서 규정하고 있는 전기안전관리자를 선임하여야 한다. 다만, 태양광발전설비용량이 1,000[kW] 미만의 것은 안전관리업무를 대행기관 또는 대행업체에 일임할 수 있다.
- 태양광발전설비의 정기점검 주기는 설비용량에 따라 월 1~4회 이상 실시한다.
- 정부지원금(주택지원 사업)으로 설치된 태양광발전설비는 설치공사업체가 하자보수기간인 3년 동안 연 1회 점검을 실시하여 신재생에너지센터에 점검결과를 보고하여야 한다.
- 정기점검은 원칙적으로 정전을 시켜 놓고 무전압 상태에서 기기의 이상 상태를 점검하고 필요에 따라서는 기기를 분리하여 점검한다.
- 태양광발전시스템을 정전하지 않고 점검을 하여야 할 경우에는 안전사고가 일어나지 않도록 주의하여야 한다.

ⓒ 임시점검
일상점검 등에서 이상을 발견한 경우 및 사고가 발생한 경우의 점검을 임시점검이라고 하며, 각 설비별로 사고의 원인 및 영향, 발전출력에 영향을 줄 수 있는 설비 등을 점검한다.

③ 보수점검 작업 시 주의사항
작업자의 안전을 위하여 기기의 구조 및 운전에 관한 내용을 반드시 숙지하여야 하며 안전사고에 대한 예방조치를 한 후 2인 1조로 보수점검에 임해야 한다.

㉠ 점검 전의 유의사항
- 준비작업 : 응급처치 방법 및 설비, 기계의 안전을 확인한다.
- 회로도의 검토 : 전원계통이 Loop가 형성되는 경우를 대비하여 태양광발전시스템의 각종 전원스위치의 차단상태 및 접지선의 접속 상태를 확인한다.
- 연락처 : 관련 부서와 긴밀하고 확실하게 연락할 수 있도록 비상연락망을 사전 확인하여 만일의 사태에 신속히 대처할 수 있도록 한다.
- 무전압 상태 확인 및 안전조치
  - 관련된 차단기, 단로기를 열어 무전압 상태로 만든다.
  - 검전기를 사용하여 무전압 상태를 확인하고 필요한 개소는 접지를 실시한다.
  - 특고압 및 고압 차단기는 개방하여 시험 위치로 인출하고 "점검 중"이라는 표찰을 부착하여야 한다.
  - 단로기는 쇄정(자물쇠를 채움)시킨 후 "점검 중" 표찰을 부착한다.

- 특히, 수배전반 또는 모선 연락반은 전원이 되돌아와서 살아있는 경우가 있으므로 상기 항의 조치를 취하여야 한다.
• 잔류전압에 대한 주의 : 콘덴서 및 Cable의 접속부를 점검할 경우에는 잔류전하를 방전시키고 접지를 실시한다.
• 오조작 방지 : 인출형 차단기 및 단로기는 쇄정 후 "점검 중" 표찰을 부착한다.
• 절연용 보호기구를 준비한다.
• 쥐, 곤충 등의 침입 대책 : 쥐, 곤충, 뱀 등의 침입 방지대책을 세운다.
ⓒ 점검 후의 유의사항
• 접지선 제거 : 점검 시 안전을 위하여 접지한 것을 점검 후에는 반드시 제거하여야 한다.
• 최종확인 : 최종확인은 다음 사항을 확인한다.
 - 작업자가 수·배전반 내에 들어가 있는지 확인한다.
 - 점검을 위해 임시로 설치한 가설물 등이 철거되었는지 확인한다.
 - 볼트, 너트 단자반 결선의 조임, 연결작업의 누락은 없는지 확인한다.
 - 작업 전에 투입된 공구 등이 목록을 통해 회수되었는지 확인한다.
 - 점검 중 쥐, 곤충, 뱀 등의 침입은 없는지 확인한다.
ⓒ 점검의 기록
일상점검, 정기점검 또는 임시점검을 할 때에는 반드시 점검 및 수리한 요점 및 고장상황, 일자 등을 기록하여 차기점검에 활용한다.

④ 하자보수
㉠ 검사 대상 : 준공된 태양광발전소 건설부지 및 전기설비 중 하자보증기간 내에 있는 모든 공사
㉡ 검사 시기 : 연간 2회 이상
㉢ 하자발생 시 조치사항
• 하자 발견 즉시 도급자에게 서면 통보하여 하자보수토록 요청
• 하자보수 요청 후 미이행 시는 하자보증 보험사 또는 연대 보증사에 서면 통보하여 조치(발주자는 하자보수 불이행에 따른 도급자에게 행정처벌 조치)
• 도급자는 하자보수 착공계 제출 후 공사에 임하여야 하며, 하자보수를 완료한 경우 하자보수 준공계를 제출하여 감독자의 준공검사를 득해야 처리가 완료된다.
• 하자보수 및 검사를 완료한 경우에는 하자보수관리부를 작성하여 보관한다.

㉣ 공사하자담보책임기간(지방계약법 시행규칙 제68조)

관련 법령	대상 공정		책임기간
건설산업 기본법	도로	콘크리트 포장도로(암거 및 측구 포함)	3년
		아스팔트 포장도로(암거 및 측구 포함)	2년
	상수도, 하수도	철근콘크리트 또는 철근구조부	7년
		관로 매설 또는 기기 설치	3년
	관개수로 또는 매립		3년
	부지정지		2년
	조경시설물 또는 조경식재		2년
	발전·가스 또는 산업설비	철근콘크리트 또는 철근구조부	7년
		그 밖의 시설	3년
	그 밖의 토목공사		1년
전기 공사업법	발전설비공사	철근콘크리트 또는 철근구조부	7년
		그 밖의 시설	3년
	지중송배전설비공사	송전설비공사(케이블, 물밑송전설비공사 포함)	5년
		배전설비공사	3년
	송전설비공사		3년
	변전설비공사(전기설비 및 기기설치공사 포함)		3년
	배전설비공사	배전설비 철탑공사	3년
		그 밖의 배전설비공사	2년
	그 밖의 전기설비공사		1년
정보통신 공사업법	사업용 전기통신설비 중 케이블설치공사(구내 제외) 관로, 철탑, 교환기설치, 전송설비, 위성통신설비공사		3년
	그 밖의 공사		1년

※ 태양광발전설비 하자보증기간 : 3년(신재생에너지 설비의 지원 등에 관한 규정 [별표 1])

(3) 유지보수 계획 시 고려사항

① 유지관리 개요

시설물의 결함은 계획, 설계, 제작, 시공 및 감리, 시설물의 이용, 청소 및 점검 장비와 시설 등의 유지관리 단계를 거치면서 자연적 요인과 인위적 요인에 의하여 발생하는 것이므로 유지관리 단계에서는 물론 계획, 설계, 시공단계에서도 유지관리를 염두에 두고 행하여야 한다.

② 유지관리 계획

㉠ 개요
- 시설물의 유지관리자는 시설물의 특성, 규모 등을 고려한 장기유지관리기준을 마련하고 그 기준에 따라 매년 유지관리계획을 수립하여 계획에 따라 적절한 유지관리를 행하여야 한다.
- 유지관리는 초기 점검에 의한 시설물의 현상평가로부터 시작된다. 이 점검을 행할 때에는 당해 시설물의 계획, 설계, 시공의 기록을 이용하는 것이 점검내용을 정할 때 매우 유용하다.
- 기록의 신뢰성이 높은 경우에는 점검내용을 상당히 줄일 수 있다.

- 기록은 유지관리 단계별로 매우 유용하게 이용되므로 기록을 적절히 정리하여 보관하여야 한다.
- 새로 신설되는 시설물의 경우 유지관리를 고려하여 계획, 설계, 시공을 행하면 유지관리가 매우 용이하게 된다. 특히, 유지관리를 위한 점검설비 등을 건설 당시 적절히 설치하거나 기존 시설물에도 점검설비 등을 미리 설치하면 유지관리업무에 매우 유용하게 활용할 수 있다.

ⓒ 점검계획

시설물의 준공 후 유지관리자는 수시점검 또는 정기점검 계획을 수립하여 계획에 따라 적절히 점검을 시행하여, 점검계획을 수립할 때는 다음과 같은 사항들이 고려되어야 한다.
- 시설물의 종류, 범위, 항목, 방법 및 장비
- 점검대상 부위의 설계자료, 과거이력 파악
- 시설물의 구조적 특성 및 특별한 문제점 파악
- 시설물의 규모 및 점검의 난이도
- 점검 당시의 주변여건
- 점검표의 작성
- 기타 관련사항

ⓒ 점검계획 시 고려사항
- 설비의 사용 기간
- 설비의 중요도
- 환경조건
- 고장이력
- 부하상태

③ 유지관리 경제성

㉠ 유지관리비 구성요소

유지관리의 경제적 기본원칙은 종합적으로 비용을 최소부담으로 수행해야 하는 것이다. 종합적 비용에는 계획설계비, 건설비, 유지관리비 및 폐기처분비 등 모든 비용을 종합적으로 검토하여야 한다. 유지관리비의 구성요소는 유지비, 보수비, 개량비, 일반관리비, 운용지원비로 분류한다.
- 유지비 : 시설물을 관리하기 위해서 실시하는 일상점검, 정기점검, 청소, 보안, 식재관리, 제설 등에 필요한 유지점검에 관련된 비용이 포함된다.
- 보수비와 개량비 : 파손개소, 결함이 발생한 부분에 대한 사후보전을 위해 보수하는 비용과 개조 등을 위해 지출하는 비용이다.
- 일반관리비 : 시설물을 유지하는 데 지출되는 제반 관리비로서 행정비, 관련 세금, 보험료, 감가상각, 업무위탁에 필요한 사무비 및 위탁업무의 검사에 필요한 경비 등이 포함된다.
- 운용지원비 : 유지관리에 필요한 기술 자료의 수집, 기술의 연수, 보전기술개발의 제반비용 등이다.

ⓒ 내용 연수
- 물리적 내용 연수 : 시설물과 부대설비가 건설 후 사용함에 따라서 또는 세월이 지남에 따라 손상, 열화 등의 변질현상이 진행되어 그 시설물을 이용하기에 위험한 상태에 이르기까지의 기간이다.

- 기능적 내용 연수 : 시설물의 기능이 사회 및 경제활동의 진전, 생활양식의 변화 등에 따른 변화에 대응하지 못하고, 기능의 상대적 저하가 시설물로서의 편익과 효용을 현저하게 저하시켜 그 기능을 발휘하기 어려운 상태에 이르기까지의 기간을 말한다.
- 사회적 내용 연수 : 시설물의 제 기능저하보다는 사회적 환경변화에 적응이 불가능하기 때문에 야기되는 효용성의 감소를 말한다. 즉, 도로의 신설·확장 등에 의한 시설물의 일부 또는 전체의 훼손, 도시재개발 사업에 의한 시설물의 철거, 지가상승으로 인한 고수익성의 시설물로 교체하는 경우 등이 해당된다.
- 법정 내용 연수 : 시설물이 안전을 유지하고 그 기능을 지닐 수 있는 기간으로 물리적 마모, 기능상, 경제상의 조건 등을 고려하여 각 시설물이나 부대시설에 대해 규정한 연수를 말한다.
- 상기된 4가지 내용 연수 중에서 시설물의 유지관리 측면에서는 기능적 내용 연수를 고려하여 경제적 평가의 기준으로 함이 타당하다.

④ 기획과 예산편성

유지관리책임자는 유지관리에 필요한 자금일체를 확보하여야 하며 그 자금의 흐름을 적절히 관리할 수 있도록 계획하여야 한다.

⑤ 유지관리기준

㉠ 품질기준
- 품질기준은 유지보수 활동에 필요한 외적인 조건으로 정의되며 기술의 특성과 성과품의 특성을 규정한다.
- 품질기준은 유지관리 활동에서 야기될 조건과 점검주기를 명시해야 하며, 필요한 조치를 규정해야 한다.
- 충분한 결과를 얻기 위해서는 성과품에 대한 시방서를 상세히 확인하여야 한다.
- 완료된 작업의 성과를 평가할 수 있도록 상세한 세부항목을 점검표에 작성하여 품질기준에 포함시켜야 하며, 전력변환장치와 같은 복잡한 설비의 경우에는 전문기술자에 의해 품질기준이 규정되어야 한다.

㉡ 작업기준
- 작업기준은 구조물의 예방적 유지보수를 위한 시방서, 장비, 작업절차 등을 포함하며 명시된 작업 단위를 완료하는 데 필요한 기간과 수량을 지칭한다.
- 작업기준은 효과적인 기획, 예산편성, 일정계획 수립에 필수적인 요소이다.
- 작업기준 작성 시 고려할 사항은 기능이 복잡하고 경비가 많이 소요되는 빈번한 반복 기능들에 대한 것이다.
- 유지관리 우선순위는 높은 품질 또는 작업의 효율을 위해 필요하며 시간과 능률 기준은 규정된 유지관리 우선순위에 근본을 두어야 한다.
- 시간과 능률기준에 영향을 미치는 변수로는 현장까지 또는 현장으로부터의 이동시간, 재료의 수송시간, 가용한 장비의 형식, 극도의 기후조건, 작업원의 부족 등이 있다.
- 시간과 능률기준에 따른 유지관리 절차는 기획을 위한 인력과 장비계획, 작업일정계획, 예산편성에 필수적인 요소이다. 즉, 작업기준은 가용자원의 우선순위를 결정함에 기본적인 판단기준이 된다.

⑥ 기록 및 보고
  ㉠ 일반사항
    • 작업의 통제나 조직의 운영을 위한 각종 기록은 보고를 하여야 하며, 대장이나 각종 도표 등은 조사를 하거나 변경되었을 경우 반드시 기록하여야 한다.
    • 유지관리 기록 및 보고를 위해서는 순찰일지, 작업일지, 자재수급일지, 취업표 등을 기록하여 상부기관에 보고하여야 한다.
    • 기록체계는 많은 기능들을 잘 포함할 수 있도록 수립되어야 하며, 효과적인 기록체계를 이루려면 수립과정에 앞서 예상되는 의문사항들이 밝혀져야 한다.
  ㉡ 기록 보존기간
    • 유지관리기록은 시설물을 사용하는 기간 동안 보존하는 것을 원칙으로 한다.
    • 기록은 효율적이고 합리적인 유지관리를 위한 자료이므로 유지관리를 계속 행할 필요가 있는 동안은 보존하는 것이 원칙이다.
    • 시설물의 사용기간이 지난 후에도 다른 시설물의 유지관리 자료로 사용하기 위해 보전하는 것이 바람직하다.
  ㉢ 기록항목
    • 기록해야 할 항목으로는 주요제원, 일반도, 주변환경, 점검계획과 결과, 평가·판정의 결과, 대책 수립과 향후 추진계획 등으로 한다.
    • 기록해야 할 항목으로 유지관리에 필요한 항목을 효율적으로 선정한다.

⑦ 자료관리
  ㉠ 일반사항
    자료관리는 유지관리 업무 중에 결정을 내릴 때 그 판단 근거가 되는 기초자료를 용이하게 제공받을 수 있는 체계를 합리적으로 구축하여야 한다.
  ㉡ 유지관리에 필요한 자료
    • 주변지역의 현황도 및 관계 서류
    • 지반조사보고서 및 실험보고서
    • 준공시점에서의 설계도, 구조계산서, 설계도면, 표준시방서, 특별시방서, 견적서
    • 보수, 개수 시의 상기 설계도서류 및 작업기록
    • 공사계약서, 시공도, 사용재료의 업체명 및 품명
    • 공정사진, 준공사진
    • 관련된 인허가 서류 등

(4) 유지보수관리지침
  ① 유지관리지침서
    신설 준공인 경우 감리 또는 시공사가 작성하여 전기안전관리자에게 인계해야 할 전기설비의 유지관리지침서로서, 모든 설비제작사가 자사 제품의 품질보증을 위한 점검, 조정, 확인 등에 관한 내용이 포함되어 있으므로 반드시 인수 받아야 한다.

㉠ 당해 감리업자 대표자

발주자가 유지관리상 필요하다고 인정하여 기술자문 요청 등이 있을 경우에는 여기에 협조하여야 하며, 외부의 전문적인 기술 또는 상당한 노력이 소요되는 경우에는 발주자와 별도 협의하여 결정한다.

㉡ 감리원

발주자(설계자) 또는 공사업자(주요설비 납품자) 등이 제출한 시설물의 유지관리지침자료를 검토하여 다음의 내용이 포함된 유지관리지침서를 작성, 공사 준공 후 14일 이내 발주자에게 제출하여야 한다.
- 시설물의 규격 및 기능설명서
- 시설물 유지관리기구에 대한 의견서
- 시설물 유지관리방법
- 특기사항

② **점검방법**

㉠ 점검 전 유의사항
- 준비 : 응급처치방법 및 작업주변의 정리, 설비 및 기계의 안전을 확인한다.
- 회로도에 의한 검토 : 전원계통이 역으로 돌아나오는 경우 반내 각종 전원을 확인하고, 차단기 1차측이 살아 있는가의 유무와 접지선을 확인한다.
- 연락 : 관련 회사의 관련 부서나 관계자와 긴밀하고 신속 정확하게 연락할 수 있는 지를 확인한다.
- 무전압 상태확인 및 안전조치를 한다. 주회로를 점검할 때, 안전을 위하여 다음 사항을 점검한다.
  - 원격지 무인감시제어시스템의 경우 원격지에서 차단기가 투입되지 않도록 연동장치를 쇄정한다.
  - 관련된 차단기, 단로기를 열고 주회로에 무전압이 되게 한다.
  - 검전기로 무전압 상태를 확인하고, 필요 개소에 접지한다.
  - 차단기를 단로 상태가 되도록 인출하고 '점검 중'이라는 표지판을 부착한다.
  - 단로기 조작은 쇄정(자물쇠를 채움)장치가 없는 경우 '점검 중'이라는 표지판을 부착한다.
  - 콘덴서 및 케이블의 접속부를 점검할 경우에는 잔류전압을 방전시키고 접지를 한다.
  - 전원의 쇄정 및 주의 표지를 부착한다.
  - 절연용 보호기구를 준비한다.
  - 쥐, 곤충류 등이 배전반에 침입할 수 없도록 대책을 세운다.

㉡ 점검 중 유의사항
- 태양광발전 모듈은 햇빛을 받으면 발전하는 소자로 구성되어 있어 접속반의 차단기를 개방시켰다 하더라도 전압이 유기되고 있으므로 감전에 주의하여야 한다.
- 태양광발전시스템의 인버터는 계통(한전측)전원을 OFF시키면 자동으로 정지하게 되어 있으나 인버터 정지를 확인 후 점검을 실시한다.
- 흐린 날, 낮은 구름이 많은 날 등은 일사량의 급격한 변화가 있으므로 인버터의 MPP제어의 실패로 인한 인버터 정지현상이 발생할 수 있으며, 인버터는 일정시간(5분) 경과 후 자동으로 재기동한다. 인버터 고장이 의심되더라도 이러한 현상이 있음을 유의하고 점검을 실시한다.
- 태양광 어레이 부근에서 건축공사 등을 시행하는 경우에는 먼지나 이물질 등이 태양전지 모듈에 부착되면 전력생산의 저하와 수명에 직접적인 영향을 주므로 주의해야 한다.

ⓒ 점검 후 유의사항
- 접지선의 제거 : 점검 시 안전을 위하여 접지한 부분이 있으면 점검 후에는 반드시 제거해야 한다.
- 최종확인
    - 작업자가 태양광발전시스템 및 송·배전반 내에서 작업 중인지를 확인한다.
    - 점검을 위해 임시로 설치한 설치물의 철거가 지연되고 있지 않은지 확인한다.
    - 볼트 조임 작업을 모두 재점검한다.
    - 공구 등이 시설물 내부에 방치되어 있지 않은지 확인한다.
    - 쥐, 곤충 등이 침입하지 않았는지 확인한다.
- 점검의 기록 : 일상점검, 정기점검 또는 임시점검을 할 때는 반드시 점검 및 수리한 요점 및 고장의 상황, 일자 등을 기록하여 다음 점검 시 참고자료로 활용할 수 있도록 해야 한다.

③ 공통 점검사항
  ㉠ 기기 및 시설의 부식과 도장의 상태를 점검한다.
  ㉡ 비상정지회로의 동작을 확인(정기점검 시)한다.
  ㉢ 우천 시 순시점검, 설비 근처의 공사 시 손상점검을 실시한다.

CHAPTER 02 적중예상문제

제4과목 태양광발전 운영

01 태양광발전 접속반 측정검사 시 환경조건이 아닌 것은?

① 맑은 날 오전 11시에서 오후 2시 사이에 측정하는 것을 권장한다.
② 동일한 일기조건에서 데이터를 검측되는 것을 원칙으로 한다.
③ 통전 중일 때 절연저항을 측정하지 않는다.
④ 절연저항 측정 시 차단기를 ON시키고, 전기·전자용품의 플러그는 뺀다.

[해설]
절연저항 측정 시 차단기를 OFF 시키고, 전기·전자용품의 플러그는 뺀다.

02 태양광발전시스템의 일상점검 주기는?

① 매월 1회
② 3개월 1회
③ 6개월 1회
④ 1년 1회

[해설]
일상점검은 주로 육안점검에 의해서 매월 1회 정도 실시한다.

03 다음 중 점검 작업 시 주의해야 할 사항이 아닌 것은?

① 응급처치 방법 및 설비 기계의 안전을 확인한다.
② 절연용 보호기구를 준비한다.
③ 잔류전압에 주의한다.
④ 콘덴서나 케이블의 접속부 점검 시 잔류전하를 충전시킨 상태로 개방한다.

[해설]
점검 작업 시 주의사항
• 안전사고에 대한 예방조치 후 2인 1조로 보수점검에 임한다.
• 응급처치 방법 및 설비 기계의 안전을 확인한다.
• 무전압 상태 확인 및 안전 조치
　- 관련된 차단기, 단로기를 열어 무전압 상태로 만든다.
　- 검전기를 사용하여 무전압 상태를 확인하고 필요한 개소는 접지를 실시한다.
　- 특고압 및 고압 차단기는 개방하여 테스트 포지션 위치를 인출하고, '점검 중'이라는 표찰을 부착한다.
　- 단로기는 쇄정시킨 후 '점검 중' 표찰을 부착한다.
　- 수배전반 또는 모선 연락반은 전원이 되돌아와서 살아있는 경우가 있으므로 차단기나 단로기를 꼭 차단하고 '점검 중'이라는 표찰을 부착한다.
• 잔류전압에 주의(콘덴서나 케이블의 접속부 점검 시 잔류전하를 방전시키고 접지한다)한다.
• 절연용 보호기구를 준비한다.
• 점검 후 안전을 위해 설치한 접지선은 반드시 제거한다.
• 점검 후 반드시 점검 및 수리한 요점 및 고장상황, 일자를 기록한다.

04 태양광발전시스템설비가 100[kW] 미만 시 정기점검은 연 몇 회 이상 점검을 실시하여야 하는가?

① 연 2회
② 연 4회
③ 연 6회
④ 연 8회

[해설]
용량별 정기점검의 횟수

용량[kW]	100 미만	100 이상	300 미만	500 미만	700 미만	1,000 미만
횟수	연 2회	연 6회	월 1회	월 2회	월 3회	월 4회

05 다음 중 태양광발전설비를 유지관리 하기 위해서 몇 [kW] 이상은 사전에 인가를 받고 공사를 해야 하는가?

① 1,000[kW]
② 2,000[kW]
③ 5,000[kW]
④ 10,000[kW]

[해설]
10,000[kW] 이상의 태양광발전시스템은 사전에 인가를 받아야 하며 10,000[kW] 미만은 신고 후 공사해야 한다.

정답 1 ④ 2 ① 3 ④ 4 ① 5 ④

06 다음 중 태양광발전시스템의 유지보수 관점에서의 점검 종류로 볼 수 없는 것은?

① 일상점검
② 사용 전 점검
③ 임시점검
④ 정기점검

해설
유지보수 관점에서의 점검의 종류는 일상점검, 정기점검, 임시점검이 있다.

07 태양전지 어레이의 육안점검항목이 아닌 것은?

① 표면의 오염 및 파손
② 프레임 파손 및 변형
③ 접지저항
④ 가대의 고정

해설
태양전지 어레이 점검항목

설비		점검항목	점검요령
태양전지 어레이	육안 점검	표면의 오염 및 파손	오염 및 파손의 유무
		프레임 파손 및 변형	파손 및 두드러진 변형이 없을 것
		가대의 부식 및 녹 발생	부식 및 녹이 없을 것
		가대의 고정	볼트 및 너트의 풀림이 없을 것
		가대접지	배선공사 및 접지접속이 확실할 것
		코킹	코킹의 망가짐 및 불량이 없을 것
		지붕재의 파손	지붕재의 파손, 어긋남, 뒤틀림, 균열이 없을 것

08 태양광발전시스템 점검 중 측정전압 DC 500[V] 절연저항계로 태양전지와 접지 간의 절연저항 측정 시 얼마 이상이어야 하는가?

① 0.1[MΩ]
② 0.2[MΩ]
③ 1.0[MΩ]
④ 5.0[MΩ]

해설
접속함 점검항목

설비		점검항목	점검요령
중간단자함 (접속함)	육안 점검	외함의 부식 및 파손	부식 및 파손이 없을 것
		방수처리	전선 인입구가 실리콘 등으로 방수처리
		배선의 극성	태양전지에서 배선의 극성이 바뀌어 있지 않을 것
		단자대 나사의 풀림	확실하게 취부하고 나사의 풀림이 없을 것
	측정	접지저항 (태양전지~접지 간)	0.2[MΩ] 이상 측정전압 DC 500[V]
		절연저항	1[MΩ] 이상 측정전압 DC 500[V]
		개방전압 및 극성	규정의 전압이고 극성이 올바를 것

09 태양광발전시스템의 점검 중 발전전력에 대한 설명으로 맞지 않는 것은?

① 발전전력이 항상 최소 이상인지를 확인할 것
② 인버터 운전 중 전력표시부에 사양대로 표시될 것
③ 잉여전력량계는 송전 시 전력량계 회전을 확인할 것
④ 잉여전력량계는 수전 시 전력량계 정지를 확인할 것

해설

설비		점검항목		점검요령
발전 전력	육안 점검	인버터의 출력표시		인버터 운전 중, 전력표시에 사양과 같이 표시
		전력량계 (거래용 계량기)	송전 시	회전을 확인할 것
			수전 시	정지를 확인할 것

10 다음 중 태양전지 어레이의 단락전류를 측정함으로써 알 수 있는 것은?

① 전력계통의 이상 유무
② 태양전지 모듈의 이상 유무
③ 인버터의 이상 유무
④ 전력용 축전지의 이상 유무

해설
태양전지 어레이의 단락전류를 측정함으로써 태양전지 모듈의 이상 유무를 확인할 수 있다.

정답 6 ② 7 ③ 8 ③ 9 ① 10 ②

11 태양광발전시스템의 점검 중 운전정지에 대한 내용이 아닌 것은?
① 표시부가 정상으로 표시되어 있을 것
② 태양전지의 동작전압이 정상일 것
③ 인버터가 정지하여 10분 후 자동 기동될 것
④ 운전스위치에서 '운전'에서 운전하고 '정지'에서 정지할 것

해설
운전정지 점검항목

설비		점검항목	점검요령
운전정지	조작 및 육안점검	보호계전기능의 설정	전력회사 정위치를 확인할 것
		운전	운전스위치 운전에서 운전할 것
		정지	운전스위치 정지에서 정지할 것
		투입저지 시한 타이머 동작시험	인버터가 정지하여 5분 후 자동 기동할 것
		자립운전	자립운전으로 전환 시 자립운전용 콘센트에서 규정전압이 출력될 것
		표시부의 동작확인	표시부가 정상으로 표시되어 있을 것
		이상음 등	운전 중 이상음, 이상진동 등의 발생이 없을 것
		발전전압	태양전지의 동작전압이 정상일 것

12 태양광발전시스템 모듈의 고장원인으로 볼 수 없는 것은?
① 운영과정에서의 외부 충격
② 전기적, 기계적 스트레스에 의한 셀의 파손
③ 제조, 시공 불량
④ 사용자 부주의

해설
태양광발전시스템 모듈 고장원인
• 제조 불량
• 시공 불량
• 운영과정에서의 외상
• 전기적, 기계적 스트레스에 의한 셀의 파손

13 개방전압의 측정목적이 아닌 것은?
① 직렬접속선의 결선 누락 검출
② 동작불량 모듈 검출
③ 동작불량 스트링 검출
④ 인버터의 오동작 여부 검출

해설
개방전압의 측정목적
태양전지 어레이의 각 스트링의 개방전압을 측정하여 개방전압의 불균일에 따라 동작 불량의 스트링이나 태양전지 모듈의 검출 및 직렬 접속선의 결선 누락 등을 검출하기 위해 측정해야 한다.

14 다음 중 개방전압의 측정 순서가 맞는 것은?

1. 각 모듈이 그늘져 있지 않은지 확인한다.
2. 접속함의 주개폐기를 개방한다.
3. 접속함 내 각 스트링 MCCB 또는 퓨즈를 개방한다(있는 경우).
4. 측정하는 스트링의 MCCB 또는 퓨즈를 개방한다(있는 경우).
5. 직류전압계로 각 스트링의 P-N 단자 간의 전압 측정한다.

① 1 → 2 → 3 → 4 → 5
② 2 → 3 → 1 → 4 → 5
③ 2 → 3 → 1 → 5 → 4
④ 3 → 2 → 1 → 4 → 5

해설
개방전압의 측정순서
• 접속함의 주개폐기를 개방(Off)한다.
• 접속함 내 각 스트링 MCCB 또는 퓨즈를 개방(Off)한다(있는 경우).
• 각 모듈이 그늘져 있지 않은지 확인한다.
• 측정하는 스트링의 MCCB 또는 퓨즈를 개방(Off)하여(있는 경우), 직류전압계로 각 스트링의 P-N 단자 간의 전압을 측정한다.
• 테스터 이용 시 실수로 전류 측정 레인지에 놓고 측정하면 단락전류가 흐를 위험이 있으므로 주의해야 한다. 또한, 디지털 테스터를 이용할 경우에는 극성을 확인해야 한다.
• 측정한 각 스트링의 개방전압값이 측정 시의 조건하에서 타당한 값인지 확인한다(각 스트링의 전압 차가 모듈 1매분 개방전압의 1/2보다 적은 것을 목표로 한다).

11 ③ 12 ④ 13 ④ 14 ②

15 다음 중 개방전압의 측정 시 유의사항이 아닌 것은?

① 태양전지 셀은 비 오는 날에도 미소한 전압을 발생하고 있으므로 매우 주의해서 측정해야 한다.
② 측정시각은 태양이 남쪽에 있을 때의 전후 1시간에 실시하는 것이 좋다.
③ 비 오는 날에는 개방전압을 절대 측정하면 안 된다.
④ 태양전지 어레이의 표면을 청소할 필요가 있다.

해설
개방전압 측정 시 유의사항
- 태양전지 어레이의 표면을 청소할 필요가 있다.
- 각 스트링의 측정은 안정된 일사강도가 얻어질 때 실시한다.
- 측정시각은 일사강도, 온도의 변동을 극히 적게 하기 위해 맑을 때, 태양이 남쪽에 있을 때의 전후 1시간에 실시하는 것이 좋다.
- 태양전지 셀은 비 오는 날에도 미소한 전압을 발생하고 있으므로 매우 주의해서 측정해야 한다.

16 인버터회로의 인버터 정격전압이 300[V] 이하 시 절연저항 시험기기는?

① 500[V] 절연저항계   ② 1,000[V] 절연저항계
③ 회로 시험기   ④ 클램프 미터

해설
인버터회로
- 인버터 정격전압 300[V] 이하 : 500[V] 절연저항계(메거)로 측정한다.
- 인버터 정격전압 300[V] 초과 600[V] 이하 : 1,000[V] 절연저항계(메거)로 측정한다.

17 인버터 출력회로의 절연저항 측정 순서가 맞는 것은?

1. 분전반 내의 분기 차단기 개방
2. 태양전지 회로를 접속함에서 분리
3. 직류측의 모든 입력단자 및 교류측의 전체 출력단자를 각각 단락
4. 교류단자의 대지 간의 절연저항 측정
5. 측정결과의 판정기준을 전기설비기술기준에 따라 표시

① 1 → 2 → 5 → 4 → 3
② 1 → 2 → 3 → 4 → 5
③ 2 → 1 → 3 → 4 → 5
④ 2 → 1 → 3 → 5 → 4

해설
인버터 출력회로의 절연저항 측정순서
- 분전반 내의 분기 차단기 개방
- 태양전지 회로를 접속함에서 분리
- 직류측의 모든 입력단자 및 교류측의 전체 출력단자를 각각 단락
- 교류단자의 대지 간의 절연저항 측정
- 측정결과의 판정기준을 전기설비기술기준에 따라 표시

18 태양전지 어레이의 절연저항 측정 시 유의사항이 아닌 것은?

① 일사가 있을 때 측정 시 단락용 개폐기가 없을 때는 유의해서 측정한다.
② 태양전지의 직렬수가 많아 전압이 높은 경우에는 예측할 수 없는 위험이 있어 측정하지 않는다.
③ 측정 시에는 태양전지 모듈에 커버를 씌워 태양전지 셀의 출력을 저하시키면 안전하게 측정할 수 있다.
④ 안전한 측정을 위해 고무장갑이나 마른 목장갑을 사용하는 것이 바람직하다.

해설
태양전지 어레이의 절연저항 측정 시 유의사항
- 일사가 있을 때 측정하는 것은 큰 단락전류가 흘러 매우 위험하므로 단락용 개폐기를 이용할 수 없는 경우에는 절대 측정하지 말아야 한다.
- 태양전지의 직렬수가 많아 전압이 높은 경우에는 예측할 수 없는 위험이 발생할 수 있으므로 측정하지 말아야 한다.
- 측정 시에는 태양전지 모듈에 커버를 씌워 태양전지 셀의 출력을 저하시키면 보다 안전하게 측정할 수 있다.
- 단락용 개폐기 및 전선은 고무절연막 등으로 대지절연을 유지함으로써 보다 정확한 측정값을 얻을 수 있다. 따라서 측정자의 안전을 보장하기 위해 고무장갑이나 마른 목장갑을 착용할 것을 권장한다.

19 다음 중 접지저항 측정방법의 종류가 아닌 것은?

① 클램프 온 측정법
② 전위차계 접지저항계
③ 콜라우시 브리지법
④ Wenner의 4전극법

해설
Wenner의 4전극법은 대지저항률의 측정방법이다.

정답 15 ③ 16 ① 17 ② 18 ① 19 ④

20 상회전 방향시험 시 확인시험 방법이 아닌 것은?

① 3상 유도전동기를 접속한다.
② 상회전계를 사용한다.
③ 단자의 순서가 바른지 확인한다.
④ 검상기를 사용한다.

해설

상회전 방향의 확인시험
- 저압 회로의 상회전 검출방법 : 3상 유도전동기를 접속, 전원용량이 있는 경우에는 그 회전방향을 확인함으로써 판정된다(상회전계).
- 한 선로에 여러 개의 선로가 분기한 경우 : 단자순서만 보고 연결하면 단락사고가 발생하므로 각 분기별 전압을 측정하여 0(Zero)이 되는 선끼리 접속하여 상회전 방향과 상을 함께 맞춰야 한다.
- 상회전 방향은 시퀀스계전기나 3상 측정계기의 결선 시 중요한 요소로 상회전 방향이 계기의 단자와 일치하지 않으면 측정값이 다르게 나타나게 된다.
- 검상기 : 3상 회로의 상회전이 바른지의 여부를 눈으로 보는 계기로, 유도전동기와 같은 원리로 회전하는 알루미늄판의 회전방향으로 상회전을 확인한다.

21 다음 중 변류기(CT) 2차측 개방에 대한 대책으로 볼 수 없는 것은?

① 누전차단기를 설치한다.
② CT 2차측은 반드시 접지한다.
③ 2차 개로보호용 비직선 저항요소를 부착한다.
④ CT 2차측은 1차 전류가 흐르고 있는 상태에서는 절대로 개로되지 않도록 주의한다.

해설

변류기(CT) 2차측 개방현상
- 계기용 변류기는(CT)는 대전류를 직접 계측, 보호할 수 없으므로 소전류로 변성한 것으로 용도상 계측용과 보호용으로 구분된다.
- 변류기 2차측은 1차 전류가 흐르고 있는 상태에서는 절대로 개방되지 않도록 주의해야 한다(CT 2차 개방 시 1차 전류가 모두 여자전류가 되어 철심에 과도하게 여자되고 포화에 의한 한도까지 고전압이 유기되어 절연파괴될 우려가 있다).
- CT 2차측 개방에 대한 대책 : CT 2차측은 반드시 접지하고 변류기 2차측은 1차 전류가 흐르고 있는 상태에서는 절대로 개로되지 않도록 주의한다. 2차 개로보호용 비직선 저항요소를 부착한다.

22 인버터의 점검요소로 볼 수 없는 것은?

① 연결부위 체결상황 및 배선상태
② 인버터의 외관 상태
③ 인버터 열화 상태 진단
④ 출력파형 및 전력품질 분석

해설

파워컨디셔너(인버터)의 점검요소
- 연결부위 체결상황 및 배선상태
- 인버터 동작 정상 상태 확인
- 모니터링 관련 동작사항 점검
- 출력파형 및 전력품질 분석
- 인버터 열화 상태 진단
- 인버터 효율 및 발전량 분석

23 태양광발전시스템의 점검에서 유지보수 관점에서의 점검 종류가 아닌 것은?

① 일상점검   ② 정기점검
③ 임시점검   ④ 완성점검

해설

태양광발전시스템의 점검 종류
태양광발전시스템의 점검은 일반적으로 준공 시의 점검, 일상점검, 정기점검의 3가지로 구별되고, 유지보수 관점에서의 점검은 일상점검, 정기점검, 임시점검으로 재분류된다.

24 태양광발전시스템의 유지관리절차이다. 빈칸에 들어갈 사항은?

| 시설물 점검 → 일상, 정기, 임시점검 → 이상결함 발생 → 정밀안전진단 → 보수필요 → (   ) → 공사 및 준공검사 → 시설물 사용 및 유지관리 |

① 설계 및 예산 확보   ② 육안점검
③ 시설물 평가   ④ 보수 판단

해설

태양광발전시스템의 유지관리절차
시설물점검 → 일상, 정기, 임시점검 → 이상결함 발생 → 정밀안전진단 → 보수필요 → 설계 및 예산 확보 → 공사 및 준공검사 → 시설물 사용 및 유지관리

20 ③   21 ①   22 ②   23 ④   24 ①

25 다음 중 유지관리 절차 시 고려해야 할 사항에 대한 설명으로 맞지 않는 것은?

① 점검결과에 따라 발견된 결함의 원인과 장해 추이를 판정한다.
② 시설물별 적절한 유지관리계획서를 작성한다.
③ 유지관리자는 점검결과표에 따라 시설물의 점검을 실시한다.
④ 점검결과는 점검기록부(또는 일지)에 기록, 보관한다.

해설
유지관리 절차 시 고려해야 할 사항
- 시설물별 적절한 유지관리계획서를 작성한다.
- 유지관리자는 유지관리계획서에 따라 시설물의 점검을 실시하며, 점검결과는 점검기록부(또는 일지)에 기록, 보관하여야 한다.
- 점검결과에 따라 발견된 결함의 진행성 여부, 발생시기, 결함의 형태나 발생위치와 그 원인과 장해추이를 정확히 평가, 판정한다.
- 점검결과에 의한 평가, 판정 후 적절한 대책을 수립하여야 한다.

26 태양광발전시스템을 장시간 정지 상태에서 불량품의 교체, 절연저항의 측정 등을 실시하는 점검은?

① 임시점검　　② 정기점검
③ 일상점검　　④ 완성점검

해설
정기점검
비교적 장시간 정지 상태에서 불량품의 교체, 차단기 내부점검 등이 용이하도록 전체적으로 분해하여 각 부의 세부점검을 실시하고 계전기의 특성시험과 점검시험도 실시한다.

27 정기점검에 대한 설명 중 맞지 않는 것은?

① 주택지원 사업으로 설치된 태양광발전설비는 설치공사업체가 하자보수기간인 2년 동안 연 1회 점검을 실시하여 신재생에너지센터에 점검결과를 보고하여야 한다.
② 정기점검은 원칙적으로 정전시키고 무전압 상태에서 기기의 이상 상태를 점검하고 필요에 따라서는 기기를 분리하여 점검한다.
③ 정기점검 주기는 설비용량에 따라 월 1~4회 이상 실시한다.
④ 태양광발전시스템을 정전하지 않고 점검을 하여야 할 경우에는 안전사고가 일어나지 않도록 주의하여야 한다.

해설
정기점검 점검방법
- 태양광발전설비의 정기점검 주기는 설비용량에 따라 월 1~4회 이상 실시한다.
- 정부지원금(주택지원 사업)으로 설치된 태양광발전설비는 설치공사업체가 하자보수기간인 3년 동안 연 1회 점검을 실시하여 신재생에너지센터에 점검결과를 보고하여야 한다.
- 정기점검은 원칙적으로 정전시키고 무전압 상태에서 기기의 이상 상태를 점검하고 필요에 따라서는 기기를 분리하여 점검한다.
- 태양광발전시스템을 정전하지 않고 점검을 하여야 할 경우에는 안전사고가 일어나지 않도록 주의하여야 한다.

28 다음 중 보수점검 작업 시 점검 전의 유의사항이 아닌 것은?

① 설비, 기계의 안전 확인　② 잔류전압 주의
③ 접지선의 제거　　　　　④ 무전압 상태 확인

해설
접지선의 제거는 점검 후의 유의사항이다.
점검 전의 유의사항
- 준비작업 : 응급처치 방법 및 설비, 기계의 안전 확인
- 회로도의 검토 : 전원계통이 Loop가 형성되는 경우에 대비
- 연락처 : 비상연락망을 사전 확인하여 만일의 상태에 신속히 대처
- 무전압 상태확인 및 안전조치 : 관련된 차단기, 단로기 개방 등
- 잔류전압 주의 : 콘덴서 및 케이블의 접속부 점검 시 접지실시
- 오조작 방지 : 인출형 차단기, 단로기는 쇄정 후 '점검 중' 표찰 부착
- 절연용 보호기구를 준비
- 쥐, 곤충 등의 침입대책을 세움

29 보수점검 작업 시 점검 후의 유의 사항 중 최종 확인 사항과 관련이 없는 것은?

① 볼트, 너트 단자반 결선의 조임 및 연결작업의 누락은 없는지 확인한다.
② 점검을 위해 설치한 가설물의 철거 여부 확인
③ 절연용 보호기구의 착용 여부 확인
④ 점검 중 쥐, 곤충, 뱀 등의 침입은 없는지 확인한다.

해설
점검 후의 유의사항 중 최종확인 사항
- 작업자가 송·배전반 내에 들어가 있는지 확인한다.
- 점검을 위해 임시로 설치한 가설물 등이 철거되었는지 확인한다.
- 볼트, 너트 단자반 결선의 조임 및 연결작업의 누락은 없는지 확인한다.
- 작업 전에 투입된 공구 등이 목록을 통해 회수되었는지 확인한다.
- 점검 중 쥐, 곤충, 뱀 등의 침입은 없는지 확인한다.

정답 25 ③　26 ②　27 ①　28 ③　29 ③

30 변전설비공사(전기설비 및 기기설치공사 포함)의 하자담보책임기간은?

① 3년 ② 5년
③ 7년 ④ 10년

해설

공사하자담보책임기간(지방계약법 시행규칙 제68조)

관련법령	대상 공정		책임기간
건설산업 기본법	도로	콘크리트 포장도로 (암거 및 측구 포함)	3년
		아스팔트 포장도로 (암거 및 측구 포함)	2년
	상수도, 하수도	철근 콘크리트 또는 철골구조부	7년
		관로 매설 또는 기기설치	3년
	관개수로 또는 매립		3년
	부지정지		2년
	조경시설물 또는 조경식재		2년
	발전가스 또는 산업설비	철근 콘크리트 또는 철골구조부	7년
		그 밖의 시설	3년
	그 밖의 토목공사		1년
전기공 사업법	발전설비 공사	철근 콘크리트 또는 철골구조부	7년
		그 밖의 시설	3년
	지중송배전 설비공사	송전설비공사(케이블, 물밑송전설비공사 포함)	5년
		배전설비공사	3년
	송전설비공사		3년
	변전설비공사(전기설비 및 기기설치공사 포함)		3년
	배전설비 공사	배전설비 철탑공사	3년
		그 밖의 배전설비공사	2년
	그 밖의 전기설비공사		1년
정보통신 공사업법	사업용 전기통신설비 중 케이블설치공사(구내 제외) 관로, 철탑, 교환기설치, 전송설비, 위선통신설비공사		3년

31 지중송배전설비공사 중 배전설비공사의 하자담보 책임기간은?

① 3년 ② 5년
③ 7년 ④ 10년

해설

30번 해설 참조

32 하자발생 시 조치사항에 대한 설명 중 맞지 않는 것은?

① 하자 발견 즉시 도급자에 서면 통보하여 하자보수 토록 요청
② 도급자는 하자보수 착공계 제출 후 공사에 임하여야 하며, 하자보수를 완료한 경우 하자보수 준공계를 제출하여 감독자의 준공검사를 득해야 처리가 완료된다.
③ 하자보수 요청 후 미이행 시는 하자보증보험사 또는 연대보험사에 서면 통보하여 조치
④ 하자보수를 완료한 경우 시공계를 제출하여 감독자의 준공검사를 득한다.

해설

하자발생 시 조치사항
- 하자 발견 즉시 도급자에 서면 통보하여 하자보수토록 요청
- 하자보수 요청 후 미이행 시는 하자보증보험사 또는 연대보험사에 서면 통보하여 조치(이 경우 발주자는 하자보수 불이행에 따른 도급자에 행정처벌 조치)
- 도급자는 하자보수 착공계 제출 후 공사에 임하여야 하며, 하자보수를 완료한 경우 하자보수 준공계를 제출하여 감독자의 준공검사를 득해야 처리가 완료된다.
- 하자보수 및 검사를 완료한 경우에는 하자보수관리부를 작성하여 보관한다.

33 유지관리비의 구성요소로 볼 수 없는 것은?

① 자재비
② 운용지원비
③ 보수비
④ 일반관리비

해설

유지관리비 구성요소
- 유지비
- 보수비와 개량비
- 일반관리비
- 운용지원비

CHAPTER 03 태양광발전 안전관리

제4과목 태양광발전 운영

제1절 태양광발전 시공상 안전확인

1 시공 안전관리

(1) 안전관리 개요

① 개 요

안전관리는 품질·자재 관리, 공정관리 등의 계획과 연계하여 공정 진행 전 사전예방조치는 물론 각 공정 진척에 쾌적하고 공해 없는 현장 구현 및 안전을 최우선으로 재해 없는 안전한 작업 환경을 조성하도록 하여야 한다. 안전관리의 목표는 공사를 안전하고 성공적으로 수행하기 위하여 시공과정의 위험요소를 사전에 검토하고 안전대책을 수립하는 동시에 개선책을 적용함으로써 인명과 재산상의 손실을 최소화하여 무재해 현장을 구현하는 데 있다.

안전관리 예방 및 일상 업무

예방 업무	긴급 조치 및 일상 업무
• 시설물 및 작업장 위험 방지(펜스 등 위험방지시설 설치, 점검, 정비) • 안전장치, 보호구, 소화설비 설치, 정비점검 • 안전작업 관련 훈련 및 교육 • 소화 및 피난 훈련	• 사고 원인 및 경위 조사와 대책 수립 • 안전관리인원 감독 • 현장안전일지 등 기록의 작성 비치 • 산재 관련 업무 • 근로자 재해사항 업무 처리 • 안전관리비 실행, 집행 및 관리 • 기타 안전보건관리규정에서 정한 사항

현장 내 안전교육의 종류로는 작업자 안전의식 강화, 안전보호구 착용방법, 위험요인 제거방법, 소화기 사용방법, 각 공정별 위험방지 대책, 현장 안전수칙 교육 등이 있으며 안전예방조치 업무는 물론 안전점검 및 일지기록의 업무로 나누어진다.

② 재 해

안전사고의 발생은 설계, 시공 및 유지관리 단계의 전 공정 중 어느 단계에서 안전사고 발생요인이 잠재적으로 내포한 상태에서 있다가 공정의 진행과 더불어 연계, 누락되어 어느 순간 안전사고가 발생되어 인적·물적손실을 유발하는 것이다.

㉠ 인 재
- 작업자나 운전자가 작업 중 부상 또는 사망하는 것을 말한다.
- 사고가 발생할 경우, 사업주와 현장책임자는 직·간접 책임이 따르며, 사고의 유형에 따라 행정 처분과 민·형사상의 처분을 받는다.

ⓛ 물적 피해
- 안전수칙 불이행으로 작업자의 부주의, 자재의 불량 등으로 발생
- 기기, 자재, 시설이 파손되어 공사 지연 또는 금전적 손실 발생
- 인재를 발생시키는 원인

ⓒ 사업현장 4대 필수 안전수칙
- 안전보건교육 실시
- 보호구 지급·착용
- 안전작업절차 지키기
- 안전보건표지 부착

② 안전용품
- 보호구 : 태양광발전시스템 공사에서 모든 작업자는 금속 구조물과 전기작업에 대한 안전을 위한 긴팔 안전복, 바지를 착용한다(짧은 상의, 반바지 착용 금지). 보호구는 재해나 건강장애를 방지하기 위한 목적으로, 작업자가 착용하여 작업을 하는 기구나 장치를 의미한다.
  - 보호구의 구비요건
    ⓐ 착용하여 작업하기 쉬울 것
    ⓑ 유해 위험물로부터 보호성능이 충분할 것
    ⓒ 사용되는 재료는 작업자에게 해로운 영향을 주지 않을 것
    ⓓ 마무리가 양호할 것
    ⓔ 외관이나 디자인이 양호할 것
  - 보호구의 종류
    작업자는 자신의 안전확보와 2차 재해방지를 위해 작업에 적합한 복장을 갖춰 작업에 임해야 한다.
    ⓐ 안전모 : 낙하, 감전, 추락 방지용(AE형 또는 ABE형)
    ⓑ 안전대 : 건축물이나 구조물공사 시 작업자 작업자세 유지, 추락 억제, 작업 제한 등의 기능을 한다.
    ⓒ 안전화 : 태양광발전 시공에서는 절연화(미끄럼 방지의 효과가 있는 신발)를 사용한다.
    ⓓ 안전장갑 : 공종에 따라 보호장갑과 절연장갑을 사용한다.
    ⓔ 방진마스크 : 비산 먼지로부터 보호, 현장 상황에 따라 사용
    ⓕ 보안경 : 비산물 보호 또는 자외선 차단 목적으로 착용
    ⓖ 안전허리띠 착용(공구, 공사 부재의 낙하 방지를 위해 사용)
- 작업 중 감전 방지 대책 : 태양전지 모듈 1장의 출력전압은 모듈 종류에 따라 직류 25~35[V] 정도이지만, 모듈을 필요한 개수만큼 직렬로 접속하면 말단전압은 250~450[V] 또는 450~820[V]까지의 고전압이 된다. 따라서 작업 중 감전 방지를 위해 다음과 같은 안전대책이 요구된다.
  - 작업 전 태양전지 모듈 표면에 차광막을 씌워 태양광을 차폐한다.
  - 저압 절연장갑을 착용한다.
  - 절연 처리된 공구를 사용한다.
  - 강우 시에는 감전사고뿐만 아니라 미끄러짐으로 인한 추락사고로 이어질 우려가 있으므로 작업을 금지한다.

⑩ 안전장비의 종류
안전장비는 도구와 계측기로 구분할 수 있으며, 여기에는 교체용 예비부품도 포함된다.
- 도 구
  - 렌치류(파이프렌치, 토크렌치 : 규격대로)
  - 사다리
  - 각도기
  - 공압 호스
  - 상용 전기 연장선
  - 소형 콤프레셔
  - 비닐절연테이프
  - 주름관
  - 휴대용 손전등
  - 안전모, 안전화, 안전장갑, 안전벨트, 방진마스크, 안전바
  - 드라이버(발전소 내 사용되는 종류별)
  - 수평계
  - 줄 자
  - 물 호스
  - 예초기
  - 납땜 인두기
  - 자기융착절연테이프
  - 은분 도료(아연도포제)
  - 청소용품

- 계측장비
  - 일사량계
  - 클램프미터
  - 절연저항계
  - 버니어캘리퍼스
  - 태양광 어레이 테스트
  - 배터리 테스터기
  - 전력분석계
  - 지락전류시험기
  - 솔라 경로추적기
  - 디지털 멀티미터
  - 접지저항계
  - 모듈테스터
  - 내전압측정기
  - GPS 수신기
  - RST 3상 테스터
  - 적외선온도계
  - 열화상 카메라
  - 보호계전기시험기

- 예비용 부품
  - 예비용 모듈
  - 서지어레스터 또는 서지업서버
  - 온도계(모듈 표면, 대기)
  - 모듈 단자용 전선
  - 모듈 전용선용 커넥터
  - 너트류
  - 오일류
  - 접속반 역전류방지 다이오드
  - 일사량계(경사, 수평)
  - 추적장치의 광센서 및 관련 부품
  - 모듈 바이패스 다이오드
  - 볼트류
  - 와셔류

⑪ 안전장비 보관 요령
안전장비 중 검사장비 및 효율 측정장비 등은 전기·전자기기로서 습기에 약하므로 습기를 피하여 건조한 곳에 보관하도록 한다. 또한, 안전모와 안전장갑, 방진마스크 등의 개인 보호구는 언제든지 사용할 수 있는 상태로 손질하여 놓아야 한다. 이를 위해 다음과 같은 점에 주의해서 정기적으로 점검·관리·보관한다.

- 발전소 내 비치하는 안전관리장비는 전기실 한쪽에 정리정돈하여 쉽게 찾아 사용할 수 있게 한다.
- 적어도 한 달에 한 번 이상 책임 있는 감독자가 점검을 해야 한다.
- 비치된 장비 목록을 작성하여 관리해야 한다.
- 청결하고 습기가 없는 장소에 보관해야 한다.
- 세척한 후에는 완전히 건조시켜 보관해야 한다.
- 사용한 장비는 정비하여 제자리에 놓는다.
- 보호구 사용 후에는 손질하여 항상 깨끗이 보관해야 한다.
- 사용 연수 제한과 소모성 재료들은 항상 보수(정비)작업과 보충하여 비치한다.

(2) 안전관리자 선임 및 관련 법령

태양광발전설비의 시설 및 설치 공사와 유지보수공사는 기본적으로 전기공사업 등록을 필한 전문기업이 실시해야 하며, 감전, 화재 그 밖에 사람에게 위해를 주거나 물건에 손상을 줄 우려가 없도록 시설되어야 한다. 또한, 태양광과 관련된 전기설비는 사용목적에 적절하고 안전하게 작동하고 그 손상으로 인하여 전기 공급에 지장을 주지 않아야 하며 다른 전기설비, 그 밖의 물건의 기능에 전기적 또는 자기적인 장해를 주지 않도록 시설해야 한다. 전기사업법에서 "안전관리란 국민의 생명과 재산을 보호하기 위하여 전기안전관리법에서 정하는 바에 따라 전기설비의 공사·유지 및 운용에 필요한 조치를 하는 것을 말한다"라고 규정하고 있다.

안전관리자 선임에 관한 정리표

구 분	검사 종류	용 량	안전관리자 선임	감리원 배치
일반용	사용 전 점검	20[kW] 이하	미선임	필요없음
자가용	사용 전 검사 (저압설비는 공사 계획 미신고)	20[kW] 초과 (자가용 설비 내에 있는 경우 용량에 관계없이 자가용임)	대행업체 대행 가능(1,000[kW] 이하)	감리원 배치 확인서(자체 감리원 불인정-상용이기 때문)
사업용	사용 전 검사(시·도에 공사계획 신고)	전 용량 대상	대행업체 대행 가능(20[kW] 이하 미선임 가능)	감리원 배치 확인서(자체 감리원 불인정-상용이기 때문)

태양광발전설비는 안전관리자가 선임되어야 하고, 용량 1,000[kW] 미만인 것은 안전관리 업무를 대행하게 할 수 있으며, 그 이상의 용량의 경우 상주 안전관리자를 선임하여야 하며, 또한 개인이 대행할 경우 250[kW] 미만까지만 안전관리업무의 대행을 할 수 있다. 대행 전기안전관리자의 자격은 전기안전관리 업무를 전문으로 하는 자로서 자본금, 보유하여야 할 기술인력 등 대통령령이 정하는 요건을 갖춘 자 또는 시설물관리를 전문으로 하는 자로서 분야별 기술자격을 취득한 사람을 보유하고 있는 자로 규정되어 있다(전기안전관리법 시행규칙 제26조). 또한 완화 규정으로서 전기안전관리자를 선임 또는 선임 의제하는 것이 곤란하거나 적합하지 아니하다고 인정되는 지역 또는 전기설비에 대하여는 산업통상자원부령으로 따로 정하는 바에 따라 전기안전관리자를 선임할 수 있는데, 그 자격기준은 국가기술자격법에 따른 전기·토목, 기계 분야 기능사 이상의 자격 소지자 또는 초·중등교육법에 따른 고등학교의 전기·토목, 기계 관련 학과 졸업 이상의 소지자로서 해당 분야에서 3년 이상의 실무경력이 있는 사람으로, 군사용 시설에 속하는 전기설비는 국가기술자격법에 따른 전기 분야 기능사 이상의 자격소지자 또는 군 교육기관에서 정해진 교육을 이수한 사람으로 하고 있다(전기안전관리법 시행규칙 제28조).

(3) 태양광발전시스템의 안전관리대책

태양광시스템은 주로 전기를 다루는 작업이 많고 무겁고 위험한 구조물을 다루는 업무를 하게 되므로 안전관리의 주요한 사항은 다음 표에서와 같이 모듈 설치 시, 전선작업 및 설치 시, 구조물 설치 시, 접속함과 인버터 등 연결 시 그리고 임시 배선작업 시 등이 있으며 추락 및 감전사고 등의 예방을 위하여 적절한 예방 및 조치활동을 하여야 한다.

태양광 관련 주요 안전관리 포인트

시공 공정	조치사항 및 사고예방	
모듈 설치	• 높은 곳 작업 시 안전난간대 설치 • 안전모, 안전화, 안전벨트 착용	추락사고예방
전선작업 및 설치	• 알루미늄 사다리 적합품 사용 • 안전모, 안전화, 안전벨트 착용	
구조물 설치	• 안전난간대 설치 • 안전모, 안전화, 안전벨트 착용	
접속함, 인버터 등 연결	• 태양전지 모듈 등 전원 개방 • 절연장갑 착용	감전사고예방
임시 배선작업	• 누전 위험장소 누전차단기 설치 • 전선 피복 상태 관리	

(4) 설계상 안전관리

① 설 계

태양광발전소 설계는 다음과 같이 4가지 분야의 설계가 연계되어 이루어진다.
㉠ 토목 설계
㉡ 구조물 설계
㉢ 건축 설계
㉣ 전기 설계
  • 설계자는 현장을 방문하여 지적도와 주변 환경을 확인한다.
  • 시공에 위험요소가 있는지 확인하여 설계에 반영한다.

② 사용 기자재
  ㉠ 설계 시 각 공정별 사용되는 기기와 자재의 규격은 적법한 제품을 사용한다.
  ㉡ 작업자나 장비의 동선을 고려하여 설계한다.

(5) 착공계획서에서의 안전관리

인허가 후에 관할 지청 또는 지자체에 착공 계획서를 제출하는데, 이때 첨부자료에 다음과 같은 자료를 같이 제출한다.
• 안전관리 계획서
• 안전관리자 선임계

① 안전관리자

안전관리자는 근로자의 안전을 책임지고 있기 때문에 시공 및 유지관리 단계의 전 공정 중 안전에 관련된 모든 업무가 체계적으로 관리하여야 한다.

(6) 시공상 안전관리

① 시공계획서상 안전관리

실시 설계도면과 시공계획서, 매일 또는 주간 공정표를 보고 위험요소를 파악하여 별도의 안전관리계획서를 작성하고 관리 및 시행한다. 안전관리자는 분석된 자료를 가지고 안전용품과 안전교육을 실시한다. 다음은 안전관리자가 시공계획서를 보고 분석하고 작성할 내용이다.

㉠ 각 공정 단위 위험요소 파악
㉡ 각 공정 단위 안전점검을 위한 표시(취급 주의사항)
㉢ 각 공정 단위 안전시공을 위한 지침서 작성
㉣ 각 공정 단위 검수 시 안전점검을 위한 지침서 작성
㉤ 각 공정 단위 안전점검을 위한 지침서 작성
㉥ 특수한 위험요소는 안전시공을 위한 지침서 작성
㉦ 차량계 건설기계 작업계획서 작성
㉧ 장비안전작업계획서 작성
㉨ 안전보건교육계획서 작성
㉩ 작업장 순회점검일지 작성
㉪ 안전관리자 작업계획서 작성
㉫ 중량물 취급 작업계획서 작성

② 공정상 안전관리

㉠ 토목공사
- 건설안전기준에 준하여 시공
- 장비와 사람의 작업 동선이 겹치지 않게 한다.
- 장비의 사전점검을 시행한다.
- 작업자의 안전교육을 실시하고 건강을 체크한다.
- 다른 공사나 공정의 동선과 겹치지 않게 또는 시간을 조정한다.
- 위험요소가 발견될 시 즉시 보고 후 승인 처리한다.

㉡ 건축물공사
- 건축물에 태양광발전시설공사/전기실공사 등
- 건축물 PV공사
  - 작업 반경이 협소하여 위험-안전대 필수
  - 건축물 위의 구조물에서 자재 낙하 또는 추락사고 위험-대비책 철저
- 전기실공사
  - 저압공사 안전 대비
  - 자재 낙하 또는 추락사고 위험의 대비책 철저
- 위험요소가 발견될 시 즉시 보고하고 승인 후 조치

㉢ 구조물공사
- 구조물은 대부분 철자재이므로 장비나 사람에 의해 운반한다.

- 안전복장 및 규정을 지키도록 한다.
- 철자재의 가공면이 위험요소이므로 이에 주의한다.
- 철자재는 변형이나 파손되지 않도록 한다.
- 현장에서 철자재의 임의 가공은 불허
- 위험요소가 발견될 시 즉시 보고하고 승인 후 조치한다.

ⓔ 전기공사

전기안전에 적합한 안전복장(필요에 따라 접지띠나 활선경보기 착용)

- 저압공사
  - 모듈 배선공사 : 모듈에서는 활성상태임
  - 접속반공사 : 차단기 / 휴즈 OFF 상태로 조작
  - 인버터공사 : 접속반 및 저압 / 고압 차단기 OFF 상태로 조작, 접지와 상 동기
- 고압공사
  - 인버터 및 저압 / 고압 차단기 OFF 상태로 조작
  - 절연, 접지, 상 동기
- 비접속 케이블 단말은 커버해 준다.
- 케이블 접속부 및 피복 상태를 확인한다.
- 위험표지판 및 안내문 상시 게시한다.
- 고압 주변에는 접근제한 및 거리를 표시한다.
- 큐비클은 반드시 잠금 상태로 둔다.
- 전기담당자만 사용하도록 제한한다.
- 감전에 주의한다.
  - 태양전지 모듈은 햇빛을 받으면 발전
  - 태양전지 모듈의 절연저항 및 접지저항 측정
  - 일몰 후에 절연저항 측정
- 전기공사 안전용품
  - 안전표지판
  - 안내표지판
  - 안전차단봉
  - 소화기
  - 손전등
  - 활선경보기
  - 접지띠
  - 멀티미터
  - 적외선 온도계
  - 검전기

2 안전교육의 시행과 훈련

(1) 안전관리계획서

① 목 적

안전관리계획서는 전기공사 시 체계적이고 효율적인 안전관리를 정착시키고 부실공사를 방지하여 공사목적물의 품질확보가 이루어질 수 있도록 하는 데 목적이 있고, 또한 전기공사의 사전 안전성 평가를 위한 공사 착수 전에 구체적인 안전관리계획을 수립하고 계획서를 작성함으로써 안전관리 업무를 원활하게 수행토록 함을 목적으로 한다.

② 안전관리계획서의 작성

㉠ 안전관리계획서에 포함되어야 하는 항목
- 공사개요
- 안전관리조직
- 공정별 안전점검계획
- 안전교육계획
- 통행안전시설 설치 및 교통안전 계획
- 안전관리비 사용 계획
- 비상시 긴급 조치 계획
- 보호구 지급 및 안전표지 설치 계획
- 공사장 및 주변 안전관리 계획

㉡ 세부 작성요령
- 공사 개요
  - 공사개요서, 공정표 작성
- 안전관리조직
  - 안전관계자선임계
  - 안전조직도 : 안전관계자 직무, 안전관리책임자(현장대리인), 안전관리자(자격증 소지)
- 공정별 안전점검계획
  - 공정별 작업 전, 작업 중, 작업 후 안전점검계획
- 안전교육계획
  - 안전교육의 종류별 내용, 대상, 실시자, 시간 등의 계획
  - 신규 채용자 안전교육계획
  - 정기 안전교육계획
  - 일상(작업 전) 안전교육계획
- 통행 안전시설 설치 및 교통안전계획
  - 통행 안전시설 설치
  - 각종 표지판 및 경보장치 등 설치계획
  - 교통안전계획

- 유도원, 교통안내원 등의 배치계획
- 공사 현장 주변의 도로 상황
- 안전관리비 사용계획
- 비상시 긴급조치계획
  - 직원 비상연락망 작성
  - 대외 관계 기관 비상연락망 작성
  - 긴급조치사항
- 보호장구 지급 및 안전표지 설치계획
  - 작업별 보호구 지급계획을 작성
  - 용도에 따른 안전표지 설치계획
- 공사장 및 주변 안전관리를 계획
  - 공사 현장 주변의 지하 매설물 보호조치계획
  - 인접 시설 보호조치계획
  - 인접 주민에 대한 대책

안전관리자는 작업자의 안전과 시공 공정을 원활하게 진행이 되도록 하기 위해 안전관리계획과 점검 그리고 작업자에게 안전보건교육을 실시해야 한다. 안전관리자는 안전관리조직도와 비상연락망을 작성하고 현장에 비치하며, 담당 관리자들에게 공유하도록 한다.

(2) 안전교육계획표

산업안전보건법 기준에 따라 안전교육계획을 수립하고 현장 상황에 따라 특별교육을 실시할 수 있다.

법정 안전교육

관련 근거	벌칙 사항
산업안전보건법 제31조(안전·보건교육) • 정기안전·보건교육 　- 근로자 : 매월 2시간 이상 　- 관리감독자 : 반기 8시간 이상 또는 연간 16시간 이상 • 채용 시 안전·보건교육 : 근로자 1시간 이상 • 작업내용 변경 시 교육 : 1시간 이상 • 특별안전·보건교육 : 2시간 이상	500만원 이하의 과태료
산업안전보건법 제32조(관리책임자 등에 대한 교육) • 관리책임자 　- 신규 : 6시간 이상 　- 보수 : 6시간 이상 • 안전관리자 　- 신규 : 34시간 이상 　- 보수 : 24시간 이상 • 보건관리자 　- 신규 : 34시간 이상 　- 보수 : 24시간 이상	500만원 이하의 과태료

(3) 안전교육의 종류

안전교육의 종류

구 분	교육기준	근 거
정기교육	정기교육 ├ 관리감독자 ├ 근로자 | 현장소속 관리감독자	현장소속 전 근로자
반기 8시간 이상 또는 연간 16시간 이상	매월 2시간 이상		법 제31조 규칙 제33조
수시교육	수시교육 ├ 신규 채용 시 ├ 작업내용 변경 시 ├ 특 별 	신규 채용근로자	작업변경근로자	유해위험작업에 종사하는 근로자
1시간 이상	1시간 이상	2시간 이상		법 제31조 규칙 제33조
관리책임자교육	관리책임자교육 ├ 관리책임자 ├ 안전관리자 ├ 보건관리자 		관리책임자	안전관리자	보건관리자
신 규	6시간 이상	34시간 이상	34시간 이상
보 수	6시간 이상	24시간 이상	24시간 이상		법 제32조 규칙 제38조

(4) 안전교육의 세부내용

안전교육의 세부내용

교육과정	교육대상	교육시간	교육내용
정기교육	근로자	매월 2시간 이상	• 산업안전보건법령에 관한 사항 • 작업공정의 유해·위험에 관한 사항 • 표준 안전작업방법에 관한 사항 • 보호구 및 안전장치취급과 사용에 관한 사항 • 안전사고사례 및 산업재해예방 대책에 관한 사항 • 근로자 건강증진 및 산업 간호에 관한 사항 • 안전 보건표지에 관한 사항 • 물질 안전·보건자료에 관한 사항 • 기타 안전·보건관리에 관한 사항
	관리감독자	반기 8시간 이상 또는 연간 16시간 이상	• 산업안전보건법령에 관한 사항 • 작업 안전지도 요령에 관한 사항 • 기계·기구 또는 설비의 안전·보건점검에 관한 사항 • 관리감독자의 역할과 임무에 관한 사항 • 근로자 건강증진 및 산업 간호에 관한 사항 • 물질 안전·보건자료에 관한 사항 • 기타 안전·보건관리에 관한 사항

교육과정	교육대상	교육시간	교육내용
신규채용 시 교육	신규채용근로자	1시간 이상	• 산업안전보건법령에 관한 사항 • 당해 설비·기계 및 기구의 작업안전점검에 관한 사항 • 기계·기구의 위험성과 안전작업방법에 관한 사항 • 근로자 건강 증진 및 산업 간호에 관한 사항 • 기타 안전·보건관리에 관한 사항
작업내용변경 시 교육	작업내용변경 시 해당 근로자	1시간 이상	• 신규채용 시 교육내용과 동일
특별교육	관리감독자 지정 작업에 종사하는 근로자	2시간 이상	• 공통 내용 : 신규채용 시 교육내용과 동일 • 개별 내용 : 관리감독자 지정작업과 관련된 안전·보건사항

※ 특별교육을 이수한 근로자에 대해서는 신규채용 또는 작업내용변경 시 교육을 면제할 수 있으며 관리감독자에 대해서는 노동부장관이 따로 정하는 교육을 이수하게 한 때에는 당해 연도의 정기적인 안전·보건교육을 면제할 수 있다.

(5) 특별교육 대상 작업

① 밀폐된 장소나 습한 장소에서 행하는 용접작업(예 공동구, BOX·탱크 내, 집수정 주위 등)
② 1[ton] 이상의 크레인을 사용하는 작업(고정식, 이동식)
③ 전압 75[kV] 이상 정전 및 활선작업(예 수전설비, 분전함, 고압 선로 방호구 설치 가설, 발전기 설치 등)
④ 비계의 조립, 해체 작업(예 각종 비계, 낙하물 방호 선반 등)
⑤ 골조, 교량 상부, 탑의 5[m] 이상 금속 부재의 조립 해체(예 철골 건립, 타워크레인, 송전선로 철탑, 교회 종탑 등)
⑥ 목재 가공기계(휴대용 제외)를 5대 이상 보유한 작업장에서 당해 기계에 의한 작업
⑦ 리프트, 곤돌라를 이용하는 작업
⑧ 깊이 2[m] 이상의 지반굴착공사
⑨ 굴착면의 높이가 2[m] 이상 되는 암석굴착작업
⑩ 산소, LPG 등을 이용한 금속의 용접, 용단, 가열작업
⑪ 타워크레인을 설치(상승 작업 포함)·해체 작업 등

3 안전관리조직 운영 등

(1) 안전관리조직

현장의 조건에 따라 안전관리자는 1명 이상 근무한다. 다음 그림은 안전관리조직도이다.

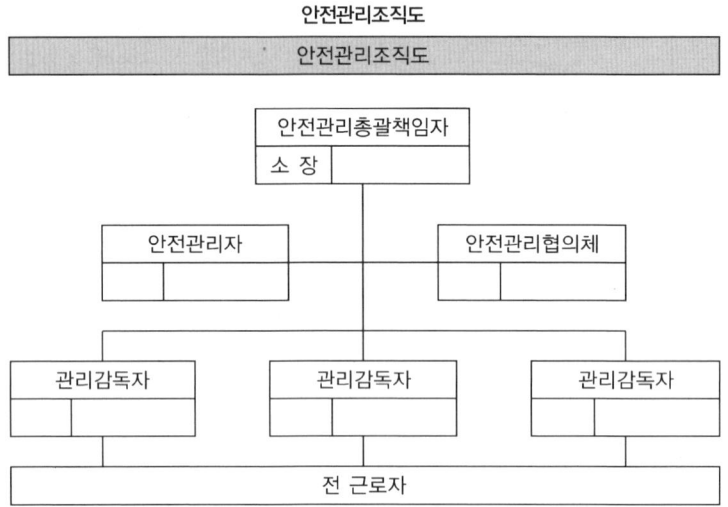

안전관리조직도

(2) 안전관리 비상연락망

안전관리자는 비상시 신속한 대응을 위해서 비상연락망을 만들어 현장사무실에 잘 보이는 곳에 비치하고 모든 관계자들에게 배포한다. 각 공정별 현장책임자 중심으로 신속한 대응을 할 수 있도록 한다.

안전관리 비상연락망

비상연락망					
직원 비상연락망			유관기관 비상연락망		
성 명	집	휴대폰	유관기관	담당자	전화번호

(3) 사후관리 안전대책

① 시공사는 준공 후 인수인계 서류에 시설물 관리를 위한 매뉴얼을 작성하여 인계한다.
  ㉠ 장비별 사용 매뉴얼 및 간단 조작법
  ㉡ 소모성 부품 일부
  ㉢ 시설 안전 및 유지관리를 위한 지침서 등

② 발전소 운영 주체는 발전소의 정상운전을 위하여 시공사로부터 운전조작 및 시설안전관리 및 유지보수를 위한 안내교육을 받는다.
③ 발전소 운영 주체는 연간 안전관리를 위한 전기안전관리와 시설관리를 위한 계획을 수립한다.
　㉠ 소형 발전소는 대부분 자비로 건설한 경우가 많으므로 계획을 수립할 수가 없으므로 별도의 교육을 받아서 수립하는 것이 좋다.
　㉡ 중대형 발전소는 금융기관의 대출을 받아 건설한 경우가 많으므로 금융기관에서 요구 서류에 포함되어 있다.
④ 사후 안전관리 대책에는 2가지 측면에서 수립한다.
　㉠ 전기안전관리
　　전기안전은 전기사업법 규정상 용량별로 안전관리자를 선임한다.
　㉡ 시설안전관리
　　시설관리는 정기적인 점검 방법으로 해야 한다. 용량에 따라 다르게 계획을 세워야 하겠지만 통상 1일 또는 1주일에 한번 비오기 전후에 1회를 권장한다.
　㉢ 위 2가지 안전관리는 일상점검과 정기점검방법에 따라 점검계획을 세우고 점검을 한다.

제2절 태양광발전설비상 안전확인

1 설비안전관리

(1) 설비안전을 위한 자재 검수 : 일반검사 내용

① 차량 및 건설 기계 반입 : 차량 및 건설 기계 활용계획서 확인
② 각 공정에서 사용되는 주요 자재 : 품목별 반입 시기, 수량, 위험도, 관리 계획
③ 안전용품 또는 보호구 : 절연성, 낙하방지, 추락방지, 위험표지판, 위험안내판, 차단봉 등
④ 현장에서 사용되는 위험물질 : 인화성물질, 오염물질, 독성물질, 변질가능성물질
⑤ 소음방지, 비산먼지 대책
⑥ 통신방지 : 전화기, 무전기
⑦ 보건물품 : 위생 또는 구급약품, 간이 화장실

(2) 공정별 안전관리 내용

① 토목공사
공사 전반에 대한 개략을 파악하기 위한 위치도, 공사 개요, 전체 공정표 및 설계도서(평면도, 단면도, 측면도 등 구조물의 전체 개요도면 및 서류)

㉠ 차량 또는 건설 기계
- 운행경로, 작업방법, 작업계획서, 신호방법 숙지 및 교육
- 주요 위험요인 : 끼임, 부딪힘, 떨어짐
- 작업장 및 이동경로 지반상태를 확인
- 안전모, 안전화, 안전대, 보안경을 착용한다.
- 관계자 외 출입 통제
- 장비 유도원(신호수) 배치 : 작업 반경 내 근로자 접근 방지 조치
- 건설장비는 매일 점검한다.
- 작업 후엔 주변을 청소, 정리 정돈한다.

㉡ 지반공사
- 토질의 형상, 지질 등의 상태에 따른 적정 굴착 경사 유지
- 토사 유출 방지

㉢ 비산먼지 방지시설 점검

㉣ 소음 대책 물품 점검

② 건축공사

㉠ 차량 건설기계
- 운행경로, 작업방법, 작업계획서, 신호방법 숙지 및 교육한다.
- 장비 유도원(신호수) 배치한다.
- 작업 반경 내 근로자 접근 방지 조치한다.
- 건설장비는 매일 점검한다.
- 작업 후엔 주변을 청소, 정리 정돈한다.

㉡ 기초 터파기공사
- 개구부 방호 조치 철저
- 콘크리트 타설 시 작업자 피부에 닿지 않도록 한다.

㉢ 지붕공사

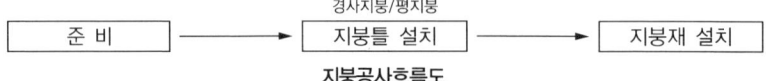

지붕공사흐름도

- 2[m] 이상의 높은 곳에서 작업 시 안전한 작업발판 설치
- 안전대 부착 설비를 설치, 근로자는 안전대를 착용하여 부착 설비에 걸고 작업 또는 이동
- 개인 보호구 착용 철저

③ 구조물공사

㉠ 차량 건설 기계
- 운행경로, 작업방법, 작업계획서, 신호방법 숙지 및 교육
- 장비 유도원(신호수) 배치
- 작업 반경 내 근로자 접근 방지 조치
- 인근 구조물에 닿지 않게 안전거리 확보

- ⓒ 기초 터파기공사
  - 개구부 방호 조치 철저
  - 설계 도면과 일치 여부 점검
- ⓒ 모듈 설치공사
  - 작업자의 보호구 착용 점검(안전모, 안전대, 안전화, 보안경, 안전장갑 등)
  - 작업자의 복장이 안전한지 점검(짧은 상의, 반바지 착용 불가)
  - 공정순서와 안전수칙을 수행하는지 점검
  - 모듈 이송 시 파손 주의 : 두 사람이 마주 잡고 이동
  - 사다리 사용하거나 장비 이용할 때 낙하/추락 주의
- ㉢ 어레이 구조물공사
  - 작업자의 보호구 착용 점검(안전모, 안전대, 안전화, 보안경, 안전장갑 등)
  - 작업자의 복장이 안전한지 점검(짧은 상의, 반바지 착용 불가)
  - 공정순서와 안전수칙을 수행하는지 점검
  - 철구조물에 충돌방지 점검 및 교육

④ 전기공사
- ㉠ 차량 건설 기계
  - 운행경로, 작업방법, 작업계획서, 신호방법 숙지 및 교육
  - 장비 유도원(신호수) 배치
  - 작업 반경 내 근로자 접근 방지 조치
- ㉡ 배선공사
  - 모듈 배선공사
    - 모듈 배선공사 시 모듈 출력선은 활선상태이므로 단자 노출 혼촉 주의
    - 모듈의 배선도와 전선의 규격 확인
    - 모듈 연장 접속 시 전용 커넥터 사용
    - 배선의 피복상태
    - 노출배선의 커버 상태(자외선 차단 커버 또는 배관 처리)
    - 모듈, 배관과의 방수처리
  - 접속반 접속공사
    - 보호구 착용
    - 모듈 어레이 배선은 활선상태이므로 감전 및 접촉 주의
    - 주개폐기와 퓨즈는 OFF상태에서 작업
  - 인버터 설치공사
    - 보호구 착용
    - 1차측 입력 직류선 연결 시 주의
      ⓐ 검전기로 통전 확인
      ⓑ 모든 접속반의 주개폐기를 차단(OFF)한 상태에서 연결 작업

- 주 2차측 교류 연결작업 시 상검출기로 R/S/T상 구분하여 동상끼리 연결
  ⓐ 연결작업 시 보호계전기 차단(OFF)
- 정전작업 시 안전수칙 준수상태
  - 전기스위치에 통전 금지 표시
  - 전기작업책임자 임명 및 표시 유무
  - 정전작업 장소 명시
  - 개폐기에 잠금장치 및 열쇠 보관 방법 적정 유무
  - 정전작업 중임을 작업근로자에게 통지 유무
- 활선 근접작업 시 안전수칙 준수상태
  - 저압 충전선로 근접 장소 감전 위험 여부 확인
  - 절연용 보호구 착용상태
  - 가공전선에 접촉 또는 접근 시 안전조치 유무 : 이동식 크레인, 항타기, 카고 트럭 등
  - 작업자 주위의 충전전로에 절연용 방호구 설치 유무
  - 접촉사고 발생 위험이 있는 저압 및 고압 활선에 방호관 설치 유무
  - 접촉사고 발생 위험이 있는 특별 고압 이설 유무
  - 활선작업 및 활선근접작업 시 감시인 배치 유무

ⓒ 작업용 임시전력 안전점검
- 임시 분전반의 설치 및 사용 시 안전수칙 준수상태
  - 분전반 옥외 설치 시 비, 바람, 눈으로부터 안전한 옥외형 설치
  - 전기안전담당자 명시
  - 충전부에 내부 보호판 설치 등 보호 조치
  - 콘센트에 전압 표시
  - 외함 접지 상태
  - 누전차단기 설치 및 작동 상태
  - 전기 인출 시 누전차단기 연결 유무
  - 콘센트와 플러그에 의한 전원 인출 유무
  - 분전반 내 청결 상태
  - 외함에 회로도, 회로명 표시
  - 절연 및 접지상태 정기점검 유무
  - 외함 잠금장치 및 안전표지판 부착
- 개폐기의 설치, 사용 시 안전수칙 준수상태
  - 스위치 불량 유무
  - 절연피복 손상 유무
  - 커버나이프 스위치 적정 퓨즈 유무
  - 1회로 1개소 스위치 사용 및 용도 명시

- 전기기계기구의 사용 시 안전수칙 준수상태
  - 전선, 접점, 단자, 스위치 등 전기가 통하는 곳의 피복상태
  - 작업 전 점검 및 정기점검 유무
  - 전기 기계기구 접지
  - 공구 외함 접지
  - 전원별 전용 접지 유무
  - 이중 절연구조
  - 누전차단기 부착 또는 누전차단형 콘센트 사용 유무
  - 이동용 조명기구 및 매달기식 전등의 보호망 유무
  - 투광등 전선 인입부 절연고무 손상 유무
  - 작업 종료 시 전원 플러그 빼 두어 전원 차단 유무
  - 충전부 등 절연 유무
  - 전선의 노후화 및 손상 유무
  - 작업자 절연용 보호구 착용 유무
  - 문어발식 배선 유무
  - 임시 전선 정격용량의 규격품 사용 유무
  - 전선 정리정돈 상태
- 이동전선 및 가설배전의 설치상태
  - 배선의 가공설치 등 작업장 바닥에 전선 방치 유무
  - 전선의 철골, 철재에 직접 부착 유무
  - 전선이 차량 등의 중량물의 통로상에 노출 유무
  - 전선피복 파손 유무
  - 사용하지 않는 전선 방치 유무
  - 전선접속 및 연결방법 적정 유무
  - 습윤 장소에 적합한 전선 및 접속기의 사용 유무
  - 충전부 노출 유무
  - 전선이 고인물에 인접 또는 접촉 유무

㉣ 공사장 주변 안전관리계획
- 지하매설물의 방호, 인접시설물의 보호 등 공사장, 공사현장 주변의 안전관리
- 화재위험물 안전관리

㉤ 통행 안전시설 설치 및 교통소통계획
- 공사장 주변의 교통소통대책, 교통 안전시설물, 교통사고 예방대책 등 교통안전관리

2 설비보존계획

(1) 태양광발전설비 보존계획

구 분		운영매뉴얼
공 통	시설용량 및 발전량	• 설치된 태양광발전설비의 용량과 부하의 용도 및 부하의 적정사용량을 합산하여 월평균 사용량에 따라 결정된다. • 태양광발전설비의 발전량은 봄철, 가을철이 많으며 여름철과 겨울철에는 기후여건에 따라 현저하게 감소한다. 그러나 박막형은 온도에 덜 민감하다.
관 리	모듈	• 모듈표면은 특수 처리된 강화유리로 되어 있으나 강한 충격이 있을 시 파손될 수 있다. • 모듈표면에 그늘이 지거나 나뭇잎 등이 떨어져 있는 경우 전체적인 발전효율 저하 요인으로 작용하며 황사나 먼지, 공해물질은 발전량 감소의 주요인으로 작용한다. • 고압 분사기를 이용하여 정기적으로 물을 뿌려주거나, 부드러운 천으로 이물질을 제거해 주면 발전효율을 높일 수 있다. 이때 모듈표면에 흠이 발생하지 않도록 주의해야 한다. • 모듈표면의 온도가 높을수록 발전효율이 저하되므로 태양광에 의하여 모듈온도가 상승할 경우에 정기적으로 물을 뿌려 온도를 조절해 주면 발전효율을 높일 수 있다. • 풍압이나 진동으로 인하여 모듈의 형강과 체결부위가 느슨해지는 경우가 있으므로 정기적으로 점검해야 한다.
	인버터 및 접속함	• 태양광발전설비의 고장요인은 대부분 인버터에서 발생하므로 정기적으로 정상가동 유무를 확인해야 한다. • 접속함에는 역류방지 다이오드, 차단기, T/D, CT, PT, 단자대 등이 내장되어 있으므로 누수나 습기 침투 여부의 정기적 점검이 필요하다.
	구조물 및 전선	• 구조물이나 구조물 접합 자재는 아연용융도금이 되어 있어 녹이 슬지 않으나 장기간 노출될 경우에는 녹이 스는 경우도 있다. • 부분적인 녹 발생이 일어날 경우 페인트, 은분 스프레이 등으로 도포 처리를 해주면 장기간 안전하게 사용할 수 있다. • 전선 피복부나 전선 연결부에 문제가 없는지 정기적으로 점검하고 문제가 발생한 경우 반드시 보수해야 한다.

응급조치		• 태양광발전설비가 작동되지 않는 경우
		  – 접속함 내부 차단기 OFF
		  – 인버터 OFF 후 점검
		  – 점검 후 인버터, 접속함 내부 차단기 순서로 ON

3 작업 중 안전대책

(1) 전기재해와 감전

① 전기재해의 종류

전기재해는 매체경로를 통하여 물적 피해나 인체에 전기가 통하여 감전사고가 나는 것을 말한다.

  ㉠ 전격재해 : 감전 사망, 아크 화상, 전격으로 인한 추락

  ㉡ 전기화재 : 단락, 전기 불꽃, 누전, 절연 불량 등

  ㉢ 정전기재해 : 화재/폭발, 전격으로 인한 2차 재해, 전자제품 파손 등

  ㉣ 낙뢰재해 : 직격뢰, 유도뢰

  ㉤ 전자파재해 : 정밀급 기기 오동작, 유해 전자파 등

  ㉥ 폭발 : 인화성물질, 가연성가스

② 감전과 인체 영향
   ㉠ 감 전
   감전이란 인체 일부 또는 전체에 전류가 흘렀을 때 인체 내에서 일어나는 생리적 현상으로 전류의 크기에 따라서 따끔거리는 정도에서 근육 수축, 호흡 곤란, 심실 세동 등으로 인해 사망하거나 추락, 전도 등의 2차적 재해를 유발하는 현상을 말한다.
   ㉡ 감전의 특징
   - 인체실험이 불가하다.
   - 실험결과에 대한 검증이 어렵다.
   - 재해 당시 상황 재현이 어렵다.
   - 눈에 보이지 않는다.
   - 전기작업자보다 임시작업자에게, 고압보다 저압 취급작업에서 더 많이 발생한다.
   ㉢ 감전 위험을 결정하는 인자 : 통전전류의 크기, 통전시간, 통전경로, 전원의 종류, 인체저항, 전압의 크기
   ㉣ 감전에 의해 사망에 이르는 주요 현상
   - 전류가 심장 부위로 흘러 심실 세동으로 인한 심장마비
   - 전류가 뇌의 호흡 중추부로 흘러 호흡 기능 장애
   - 전류가 가슴 부위로 흘러 흉부 수축에 의한 질식
   ㉤ 감전에 의한 부상
   - 수천[℃] 전기아크 및 불꽃에 의한 고열 화상
   - 전류 줄열(인체 저항 5[MΩ])에 의한 화상 및 조직의 파괴
   - 쇼크(Shock)로 인한 추락, 전도 등 2차 재해
   - 그 외 다양한 형태

4 감전사고 발생 형태

(1) 충전부 양단 간 접촉, 충전부와 대지 간의 접촉
   전선이나 전기기기의 전위차가 있는 두 부분의 노출된 충전부의 양단 간에 인체가 접촉되어 인체가 단락회로 일부를 구성하는 경우
   ① 통전경로
      ㉠ 충전부(A) → 오른손 → 심장 → 왼손 → 충전부(B)
      ㉡ 충전부(A) → 오른손 → 심장 → 왼발 → 대지(B)
   ② 절연보호구의 작용 여부에 의해 결정
   ③ 발생 가능 작업 : 전기작업자에 의한 특고압, 고압, 저압 활선작업
   ④ 예방대책
      ㉠ 정전작업 수행
      ㉡ 각종 절연보호구 및 방호구 착용 및 사용

ⓒ 충전부 방호 철저
ⓔ 전원개폐기를 감전방지용 누전차단기로 설치(저압 회로)

(2) 누전 부위의 접촉

누전되는 전기설비의 금속 외함에 인체의 한 부위가 접촉되고 인체의 다른 한 부분이 대지(땅)나 접지된 금속체에 접촉되어 인체가 지락회로의 일부로 구성하는 경우

① 통전경로 : 누전되는 금속 외함→오른손→심장→발→대지
② 외함 접지값이 변압기 중성점 접지저항값과 같은 수준인 5[Ω] 정도가 되어야 감전예방이 가능
③ 예방대책
  ㉠ 전원개폐기를 감전방지용 누전차단기로 설치(외함 접지 병행 시 예방 효과 증대)
  ㉡ 전원개폐기 차단이 가능한 저항값으로 외함 접지

5 모듈배선공사 시 감전대책

(1) 모든 전원 도면, 배선도 등으로 확인

(2) 모듈은 활선상태
① 결정질 계열 : DC 25~45[V], 5~8.5[A]
② 박막 계열 : DC 85~110[V], 0.9~1.5[A]

(3) 작업자 보호구 착용

(4) 모듈배선연장 연결작업
① 전용 커넥터 사용
② 슬리브 체결법 사용

(5) 어레이배선 종단은 절연보호테이프 마감
① 접속반 연결 부위
② 어레이 번호 표시
③ 극성 표시

(6) 구조물에 배선 고정타이작업
① 구조물로 인하여 전선이 상하지 않게 작업
② 배선의 고정타이의 강도는 늘어지지 않을 정도의 흔들림 없이 고정
③ 전선보호관 사용

(7) 접속반까지 배선작업
① 전선보호관 사용
② 전선보호관 사용 시 방수 마감
③ 지중매설관 사용 또는 지상덕트로 보호하여 연결

④ 지중선로나 덕트로 연결 시 적합한 전선보호관을 사용
(8) 작업 후 주변 정리

6 접속반 배선공사

(1) 모든 전원 도면, 배선도 등으로 확인

(2) 어레이 인입선을 활선상태

(3) 작업자 보호구 착용

(4) 퓨즈나 주개폐기 차단(OFF)상태에서 작업

(5) 어레이 단자대 결속
   ① 테스터기로 극성을 확인한다.
   ② 어레이 넘버링 튜브를 삽입한다.
   ③ 칼라 튜브를 삽입하여 극성 구분할 수 있도록 한다.
   ④ 종단은 터미널 또는 러그를 끼워 압착 후 결속한다.

(6) 주개폐기의 출력선 극성에 맞게 연결

(7) 주개폐기의 출력선과 인버터 입력 쪽 배선에 접속반 번호와 극성 표시

(8) 어레이 결속 마감 후에도 다시 전압과 극성 확인

(9) 배선연결 후 규정에 따라 절연저항 측정

(10) 작업 후 주변 정리와 표지판 철거

7 인버터 배선공사 시 감전 대책

(1) 모든 전원 도면, 배선도 등으로 확인

(2) 작업자 보호구 착용

(3) 보호계전기(ACB, VCB) 차단(OFF)상태 확인

(4) 접속반 주개폐기 차단(OFF)상태 확인

(5) 인버터 1차 입력 인입 단자대에 접속함 전선연결
   ① 테스터기로 극성을 확인한다.
   ② 접속함 전로 번호 확인 후 단자대에 결속
   ③ 극성 구분할 수 있도록 한다.

(6) 어레이 결속 마감 후에도 다시 전압과 극성 확인

(7) 2차 교류 3상(R/S/T) 출력선과 보호계전기측의 3상(R/S/T)과 상검출기의 단자에 연결

(8) 상검출기 단자를 눌러 매칭된 지정된 동상끼리 표시

(9) 표시된 R/S/T 3상 선을 인버터 출력단에 결속

(10) 배선연결 후 규정 따라 절연저항 측정

(11) 작업 후 주변 정리와 표지판 철거

8 전기실 배선공사 시 감전대책

(1) 모든 전원 도면, 배선도 등으로 확인

(2) 작업자 절연보호구(고압용) 착용

(3) 활선경보기 착용

(4) 출입 통제 및 안내 표지판 설치

(5) 부하차단기(LBS), 보호계전기(ACB, VCB) 차단(OFF) 확인

(6) 인버터 차단(OFF)상태 확인

(7) 각 검출테스터기를 이용하여 R/S/T상 확인

(8) 모든 배선 R/S/T 3상 구분할 수 있는 칼라 튜브 삽입

(9) 내부 근접전로는 대부분 부스(BUS)바를 사용

(10) 배선연결 후 규정에 따라 절연저항 측정

(11) 작업 후 주변 정리와 표지판 철거

(12) 배전반

온도 20°, 상대습도 65[%], 반면 일괄, 고압 회로 5[Ω] 이상(각 상 일괄~대지 간) 저압 회로

배전반 전로 절연저항값

사용전압의 구분		절연저항
300[V] 이하	대지전압이 150[V] 이하	0.1[MΩ]
	그 외	0.2[MΩ]
300[V] 초과 600[V] 이하		0.4[MΩ]

(13) 주회로차단기, 단로기(교류 부하개폐기 포함) 절연저항의 참고치는 다음과 같다.

주회로차단기, 단로기 절연저항값

구 분	절연저항[MΩ]	전 압
주도전부	500 이하	1,000[V]
저압 제어회로	2 이상	500[V]

(14) 변성기 : 절연저항의 참고치는 다음과 같다.

변성기 절연저항값

방 식	주위온도[℃]	20	30	40
유입식	1차 권선과 2차 권선 외함 일괄	500[MΩ]	250[MΩ]	130[MΩ]
	2차 권선 외함 일괄		2[MΩ]	
몰드형	1차 권선과 2차 권선 외함 일괄	200[MΩ]	100[MΩ]	50[MΩ]
	2차 권선 외함 일괄		2[MΩ]	

(15) 변압기 : 절연저항의 참고치는 다음과 같다.

① 유입형

유입식 변압기 절연저항값

회로전압	측정 개소	온도[℃]				
		20	30	40	50	60
22[kV] 이상	1차 권선과 2차 권선[MΩ]	300	150	70	40	25
22[kV] 미만	철심(대지) 간[MΩ]	250	120	60	40	25
	2차 권선과 1차 권선 철심(대지) 간[MΩ]		−			5

② 건 식

건식변압기 절연저항값

전압[kV]	1 이하	3	6	10	20
절연저항[MΩ]	5	20	20	30	50

(16) 유입 리액터 : 절연저항의 참고치는 다음과 같다(유온 40[℃] 이하).

① 단자 일괄과 외함 간 : 100[MΩ]

제3절 태양광발전 구조상 안전확인

1 구조 안전관리

(1) 태양광발전 시스템용 구조물

① 어레이 설치 방식에 의한 분류
   ㉠ 고정식
   ㉡ 고정가변식
   ㉢ 단축 추적식
   ㉣ 양축 추적식

② 설치장소에 의한 분류
   ㉠ 대 지
      초기에는 발전량을 높이기 위하여 추적식을 많이 설치하였으나 유지관리 안전관리 측면에서 운영자들의 불편함과 비용 문제로 최근에는 고정식으로 발전설비를 한다.
   ㉡ 건축물 위
      건물의 지붕에 태양광발전설비를 하게 되면 건물의 기능과 발전기능을 동시에 얻는다. 그러나 구조적인 안전문제와 설치상 제약이 많고 설비비가 많이 들어가는 단점이 있다. 여러 가지 설치형태에 따른 분류가 있으나 크게 다음과 같이 분류할 수 있다.
      • 평지붕형
      • 경사지붕형

(2) 태양광발전시스템용 구조물 도면 해석

① 구조물 설계 시 고려사항

구조물 설계 시 고려사항

구 분	검토사항
안전성	• 내진, 내풍설계를 수행하여 천재지변에 안전하도록 설계 • 사용 중 유지, 보수 및 기타 발생 가능한 추가 하중을 반영함 • 하부의 기존 구조물의 안전성 고려 • 기존 건축물의 방수 누수에 대한 고려
경제성	• 과다한 응력에 따른 구조 물량 증가 요인 배제 : 경량 구조 설계 • 공사비를 절감할 수 있는 공법 적용한 설계
시공성	• 부재 단면을 통일화하여 시공성이 향상되도록 계획 • 접합부의 시공성을 고려한 부재 배치
사용성	• 장단기 처짐 및 기타 변형 등에 대한 검토

② 단위별 도면 이해
   ㉠ 최소 단위의 구조도면을 보고 각 부위별 기능과 역할을 이해하고 기본공정순서를 파악한다.
   ㉡ 기본공정에서 작업자나 자재의 결합과정에서 작업자의 안전과 자재파손의 위험요소를 파악한다.

③ 설치 전체 도면 이해
　㉠ 시공계획서와 도면을 보고 구조물 설치 공정계획서를 확인한다.
　㉡ 기초공사→자재반입→자재검수→설치작업의 순서로 이루어지며, 현장 여건에 따라 변경될 수 있다. 그러나 반드시 설치 전 자재검수가 된 것만 사용한다.
　㉢ 도면 해석 시 반드시 장비 동선과 작업자의 동선을 파악하여 위험요소를 분석하고 안전계획서 또는 지침서를 작성한다.
　㉣ 위험요소가 있는 곳에 반드시 다음과 같은 조치를 취한다.
　　• 안전난간 설치
　　• 안전표지판 설치
　　• 안전유도원 또는 신호수 배치
　　• 작업자의 보호구 검사

(3) 태양광발전시스템 구조물용 재료

① 기초
기초에 구조물을 고정하기 위한 앙카방식은 앙카볼트방식, 케미칼앙카고정방식, 스파이럴기초방식이 있다.
　㉠ 앙카볼트
　　앙카볼트는 직경 16~24[mm]를 사용하며, 아연도금제품을 사용한다. 한번 너트를 고정하게 되면 나사산의 아연도금이 벗겨져 경년 변화에 녹이 발생할 수 있다.
　㉡ 스파이럴기초
　　용융도금한 원형강재를 이용한 것으로 땅에 삽입하거나 묻는 방식을 사용한다. 땅의 단단한 정도에 의해 도금 면이 벗겨지거나 일부 크랙에 의해 내부 면이 노출되어 부식될 수 있다.
　㉢ 기초플레이트
　　기초와 지지 구조물의 연결 부위를 말한다. 편강재를 가공하여 측면에 지지면을 용접한 뒤에 용융도금을 한다. 앙카 구멍이나 볼트 구멍의 주변이 너트를 채우는 과정에서 도금 면이 벗겨지거나 일부 크랙에 의해 내부 면이 노출되어 부식될 수 있다.

② 강철재
태양광발전시스템에 사용되는 강재는 아연용융도금 또는 동등 이상의 제품을 사용한다. 모든 강철재는 가공→용접→후처리→도금순으로 처리한다. 시공 시 또는 설치작업상에서 부재의 접합은 볼트접합을 원칙으로 하고 현장가공이나 용접을 하지 않는다.
　㉠ 각형재
　　태양광발전시스템에 사용되는 각형재의 종류는 원형강재, ㅁ형강재, ㄱ형강재, H형광재, I형강재, ㄷ형강재, C형강재 등이 있다.
　㉡ 판재
　　태양광발전시스템에 사용되는 판재는 대부분 형강류를 가공하는 과정에서 사용되고 독립적으로는 거의 사용되지 않는다. 그러나 각재를 고정하거나 연장할 경우 덧댐 용으로 사용한다.

ⓒ 볼트

부재의 접합용으로 사용되는 볼트, 너트, 와셔는 부식이 일어나지 않는 재질을 사용하여야 하며, 스테인리스(SUS) 또는 아연도금된 고장력 볼트를 사용한다. 빗물의 투습을 방지하기 위해 볼트캡을 씌운다. 접합용 볼트, 너트의 부재는 한 번 사용하면 표면의 도금이 망가져 다시 사용하면 녹이 발생한다. 따라서 접합 체결할 경우 새 것으로 바꾸어 사용한다.

③ 알루미늄 합금재

ⓐ 압출식 프로파일형

규격에 맞는 제품을 사용하고 표면 코팅 처리된 제품을 사용한다. 경량 소형 태양광발전시스템 구조물에 사용한다. 3[kW] 이하에 사용한다.

ⓑ 커플러

어레이 구조물에서 가대에 모듈을 고정할 때 쓰이는 커플러를 알루미늄 사출제품으로 커플러를 만들어 사용한다. 부재접합은 볼트로 체결한다.

④ 안전 대책

ⓐ 아연도금강철재

아연도금강철재의 문제점으로 다음 부위들의 부식으로 인한 녹 발생이 있다.

- 용접 부위
  - 용접면 도금의 불균일로 인하여 발생한다.
  - 녹 제거 후 부식방지도료를 칠한 다음 아연도포제를 도포한다.
- 도금면
  - 강철재 표면의 도금 불균일로 인하여 발생하거나 도금면이 크랙이 생겨 발생한다.
  - 녹 제거 후 부식방지도료를 칠한 다음 아연도포제를 도포한다.
- 부재 접합 체결 부위
  - 부재의 도금은 용융도금보다 약하게 되어 있으므로 경년 변화에 따라 녹이 발생한다.
  - 녹 제거 후 부식방지도료를 칠한 다음 아연도포제를 도포한다.
- 알루미늄 자재
  - 알루미늄 자재는 부식방지코팅면이 약하므로 작업 중 마찰이나 충격에 의하여 표면이 상하여 부식이 발생한다.
  - 교환 가능한 것은 교환한다.
  - 부식된 곳은 알로다이징을 하여 방식 처리한다.
  - 방법은 알로다인 1,200을 물과 1:8 비율로 혼합하여 부식된 면에 그대로 도포한다. 표면에 사포질하면 아니 된다.

(4) 태양광발전시스템용 구조물 시공 기준

① 한국에너지공단 원별 시공 기준
  ㉠ 설치 상태 : 바람, 적설, 구조하중 및 건축물 방수 등을 견딜 수 있도록 견고히 설치(단, 모듈지지대의 고정 볼트는 스프링와셔 체결)
  ㉡ 지지대, 연결부, 기초(용접부 포함), 체결용 볼트, 너트 및 와셔(볼트캡 포함)
    • 용융아연도금 또는 동등 이상 녹 방지 처리(절단가공 및 용접 부위 : 방식 처리)
    • 기초 콘크리트 앵커볼트 부분은 볼트캡 착용, 체결 부위는 규격에 맞는 부품 사용

(5) 건축물 태양광발전시설 설치 가이드라인

건축물 태양광 발전시설 설치 가이드라인

옥상(평지붕)면 설치 높이	3층 이상 건축물	옥상 바닥면에서 높이 최대 3[m] 이하
	3층 미만 건축물	최대 높이는 건축물 높이 1/3 이하
	바닥면 이격거리	30[cm] 이상
옥상(평지붕)면 높이 완화 사항	공간 활용 디자인 권장 사항	인정 시 최대 6[m] 허용(건물 대비 1/3 이하)
	공업 및 준공업지역	30[%] 완화(최대 높이 3.9[m] 이하)
경사지붕(박공지붕) 설치 높이	방열 공간	태양광모듈 하단과 지붕면 사이 15[cm] 이내
경사각	옥상(평지붕)형	36° 이내(건물 높이 50[m] 이상은 45° 이내 가능)
	경사 지붕형	지붕면과 평행 (5° 이내 오차범위 허용)
경계면 돌출	옥상(평지붕)형	돌출하지 않음
	경사 지붕형	지붕 경계면 이내로 설치
안전공간	옥상(평지붕)형	경계면 4면에서 30[cm] 이상 이격
설치면적	옥상(평지붕)형	옥상바닥 면적의 70[%] 이내
	경사 지붕형	지붕경계면을 제외하고 100[%] 이내
일조권 확보	옥상(평지붕)형	• 태양광모듈 최대 높이의 1/3 이상 • 북측 경계면 내측으로 이격(하단 일조권 관련 법적기준 충족 시 비적용)
	모든 설치 유형	• 법적기준 준용 – 건축법시행령 제86조 – 건축법시행령 제119조
구조물 안전성 확보	구조물 설치	3[kW] 초과 기존 건축물은 태양광 구조물에 대한 구조 전문가의 구조안전확인서

(6) 태양광발전시스템용 구조안전계산서 및 확인서

① 구조계산서
  ㉠ 건축 구조기술사는 구조물 설계자가 설계한 도면과 표준자재리스트를 보고 시뮬레이션 프로그램에 입력한다.
  ㉡ 건축물의 구조 기준에 관한 규칙 및 건축 구조 설계 기준에 따른 지역과 환경에 맞는 계수를 입력하여 구조물의 안전도 계산을 한다.

구조물 하중 산정

구 분		검토 의견
수직 하중	고정하중	어레이 + 프레임 서포트 하중 • 태양광 모듈의 하중은 최대 0.15[kN/m²]임 • 지붕마감재는 시공되지 않으나 태양광 모듈 설치용 잡철물 및 기타 추가 하중을 고려하여 주구조체 자중을 포함한 총 고정하중은 0.45[kN/m²]을 적용함
	활하중	건축물 및 공작물을 점유 사용함으로써 발생하는 하중 등 • 분포 활하중은 적용하지 않음 • 보부재 중간에는 고정하중 외에 추가로 5[kN]의 집중 활하중을 고려함
	적설하중	경사계수 및 눈의 단위질량 고려 • 최소 지상 적설하중 0.5[kN/m²]을 적용하고 태양광 모듈 경사면에서의 눈의 미끄러짐에 의한 저감은 안전측 설계를 위하여 반영하지 않음
수평 하중	풍하중	어레이면(모듈포함)에 가한 풍압과 지지물에 가한 풍압의 합, 풍력계수, 환경계수, 용도계수 등을 고려 • 기본풍속(V0) : 30[m/s](대구) • 중요도 계수(IW) : 1.1(중요도 특) • 노풍도 • 가스트 영향계수(Gf) : 2.2
	지진하중	지지층의 전단력계수 고려 • 지역 계수(A) : 0.11(지진 구역 1) • 내진 등급 : 특 • 중요도 계수(IE) : 1.50 • 지반의 분류 : SD • 반응 수정 계수 : 6.0(철공 모멘트 골조)
	적설하중	경사계수 및 눈의 단위질량 고려 • 최소 지상 적설하중 0.5[kN/m²]을 적용하고 태양광 모듈 경사면에서의 눈의 미끄러짐에 의한 저감은 안전측 설계를 위하여 반영하지 않음
하중의 조합		• 적설 시 : 고정 + 적설하중 • 폭풍 시 : 고정 + 풍압하중 • 지진 시 : 고정 + 지진하중 • 하중의 크기 : 폭풍 시 > 적설 시 > 지진 시

② 건축물의 구조기준 등에 관한 규칙
  ㉠ 구조안전확인서 제출(법 제58조) : 다음 어느 하나에 해당하는 건축물로서 구조안전의 확인(지진에 대한 구조안전을 포함)을 한 건축물에 대해서는 착공신고를 하는 경우에 다음 각 호의 구분에 따른 구조안전 및 내진설계 확인서를 작성하여 제출하여야 한다.
    • 6층 이상 건축물 : 별지 제1호서식에 따른 구조안전 및 내진설계 확인서
    • 소규모건축물 : 별지 제2호서식에 따른 구조안전 및 내진설계 확인서 또는 별지 제3호서식에 따른 구조안전 및 내진설계 확인서
    • 위의 건축물 외 : 별지 제2호서식에 따른 구조안전 및 내진설계 확인서

※ 건축물의 구조기준 등에 관한 규칙 [별지 제1호서식]

구조안전 및 내진설계 확인서(6층 이상의 건축물)

항목						비 고
1) 공사명						
2) 대지위치			/ 지역계수			
3) 용 도						
4) 중요도						
5) 규 모	연면적		[m²]	층수(높이)	/ ([m])	
6) 사용설계기준						
7) 구조계획	구조시스템에 대한 공통분류 체계 마련					
8) 지반 및 기초	지반분류			지하수위		
	기초 형식					
	지내력 기초	설계지내력 $f_e=$ [t/m²]		파일기초	적용파일직경= $f_p=$ [ton]	
9) 풍하중 개요	기본풍속	$V_0=$[m/sec]		노풍도	A, B, C, D	
	G_f			중요도계수	$I_w=$	
10) 풍하중 해석결과		X 방향		Y 방향		
	최고층 변위	δ x-max		δ y-max		
	최대층간변위	$\triangle$ x,max		$\triangle$ y,max		
11) 내진설계 개요	「건축물의 구조기준에 관한 규칙」 및 「건축구조기준」에 따른 지진하중 산정 시 필요사항					
	해석법	내진설계범주(A,B,C,D)				
		등가정적해석법, 동적해석법				
	중요계수	$I_E=$		건물유효 중량	$W=$	
12) 기본 지진 저항시스템		X 방향		Y 방향		구조시스템에 대한 공통분류 체계 마련
	횡력저항시스템					
	반응수정계수	$R_x=$		$R_y=$		
	초과강도계수	$\Omega_{ox}=$		$\Omega_{oy}=$		
	변위증폭계수	$C_{dx}=$		$C_{dy}=$		
	허용층간변위	$\triangle$ ax= (0.010[h_s],0.015[h_s],0.020[h_s])				
13) 내진설계 주요결과		X 방향		Y 방향		
	지진응답계수	$C_{Sx}=$		$C_{Sy}=$		
	밑면전단력	$V_{Sx}=$		$V_{Sy}=$		
	근사고유주기	$T_{ax}=$		$T_{ay}=$		
	최대층간변위	$\triangle$ x,max		$\triangle$ y,max		
14) 고유치 해석 (동적해석 시)		진동주기		질량참여율		
	1st 모드	Sec			[%]	
	2nd 모드	Sec			[%]	
	3rd 모드	Sec			[%]	
15) 구조요소 내진설계 검토사항	특별지진하중 적용 여부	피로티		유, 무		
		면외어긋남		유, 무		
		횡력저항 수직요소의 불연속		유, 무		
	수직시스템 불연속			유, 무		
16) 비구조요소	건축비구조요소					공사단계에서 확인이 필요한 비구조요소 기재
	기계·전기 비구조요소					
17) 특이사항						

「건축법」 제48조 및 같은 법 시행령 제32조에 따라 대상 건축물의 구조안전 및 내진설계 확인서를 제출합니다.

년 월 일

작성자 : 건축구조기술사   인   설계자 : 건 축 사   인
주 소 :   주 소 :
연락처 :   연락처 :

※ 건축물의 구조기준 등에 관한 규칙 [별지 제2호서식]

구조안전 및 내진설계 확인서(5층 이하의 건축물 등)

1) 공사명					비 고
2) 대지위치		/ 지역계수			
3) 용 도					
4) 중요도					
5) 규 모	연면적	[m²]	층수 (높이)	/ ([m])	
6) 사용설계기준					
7) 구조계획		구조시스템에 대한 공통분류 체계 마련			
8) 지반 및 기초	지반분류		지하수위		
	기초 형식				
	지내력 기초	설계지내력 fe= [t/m²]	파일기초	적용파일직경= fp = [ton]	
9) 내진설계 개요	해석법	내진설계범주(A,B,C,D)			
		등가정적해석법, 동적해석법			
	중요도계수	IE=	건물유효중량	W=	
10) 기본 지진력 저항시스템		X 방향		Y 방향	구조시스템에 대한 공통분류 체계 마련
	횡력저항시스템				
	반응수정계수				
	허용층간변위	△ ax= (0.010[hs],0.015[hs],0.020[hs])			
11) 내진설계 주요결과	지진응답계수	$C_{Sx}=$		$C_{Sy}=$	
	밑면전단력	$V_{Sx}=$		$V_{Sy}=$	
	근사고유주기	$T_{ax}=$		$T_{ay}=$	
	최대층간변위	$\triangle_{x,max}$		$\triangle_{y,max}$	
12) 구조요소 내진설계 검토사항	특별지진하중 적용 여부	피로티		유, 무	
		면외어긋남		유, 무	
		횡력저항 수직요소의 불연속		유, 무	
		수직시스템 불연속		유, 무	
13) 비구조요소	건축비구조요소				공사단계에서 확인이 필요한 비구조요소 기재
	기계·전기 비구조요소				
14) 특이사항					

「건축법」 제48조 및 같은 법 시행령 제32조에 따라 대상 건축물의 구조안전 및 내진설계 확인서를 제출합니다.
년   월   일

작성자 : 건축구조기술사   인   설계자 : 건축사   인
주 소 :   또는   주 소 :
연락처 :   연락처 :

210mm×297mm[백상지(80g/m²)]

2 구조물 시공절차와 방법

(1) 구조물 시공공정도계획서 이해 및 안전관리

① 구조물 시공공정도

㉠ 구조물공정도를 작성방법은 여러 가지가 있다. 그중에 PERT/CPM 공정관리 방법의 하나인 Bar 그래프방식을 시공현장에서 많이 사용한다. CPM 방법은 관리 측면에서 사용한다.

㉡ 각 공정의 내용을 세부적으로 나누어 공정표에 반영한다.

㉢ 공사기간과 관련 다른 협업공사와 맞추어 업무를 배정한다.

구조물 공정표

구 분	단위	공사물량	공정율	월														
				2	4	6	8	10	12	14	16	18	20	22	24	26	28	30
구조물설치공사	EA																	
기초설치공사																		
• 철근가공	EA																	
• 버림콘크리트타설	EA																	
• 거푸집 및 앵카 설치	EA																	
• 콘크리트 타설	EA																	
• 자재구매(철근 외)	LOT																	
모듈·트랙커 설치																		
• 트랙커 제작	SET																	
• 트랙커 설치	SET																	
• 제어기개발 및 설치	EA																	
• 모듈 설치	EA																	
부대시설공사	LOT																	
변전실 설치 및 설계																		
• 자재구매	LOT																	
• 기초터파기 및 버림	LOT																	
• 기초 및 바닥 설치	LOT																	
• 벽체 설치	LOT																	
• 지붕 공사	LOT																	
펜스 설치 공사																		
심정 신고 및 설치																		

② 구조물 시공 시 안전관리
　㉠ 각 단위공정별 위험요소를 파악하여 별도의 안전관리지침을 만든다.
　㉡ 원자재 취급 시 위험요소에 사전안전조치를 취한다.
　㉢ 작업자의 작업 전 사전안전교육 및 보호구 착용
　㉣ 장비의 동선에 따라 안전 조치

(2) 대지 위 설치구조물 시공 시 안전관리

① 구조물
　㉠ 구조물 위험도 확인 및 표시
　㉡ 안전표지판 설치
　㉢ 작업자 동선에 위험물 확인 및 표시

② 작업자
　㉠ 안전보호구 착용
　㉡ 안전대 착용
　㉢ 안전교육

② 보건교육 및 건강 체크
③ 장비 및 차량
㉠ 작업 동선 준수
㉡ 작업 반경 내 작업자 확인
㉢ 신호수 또는 유도수 확인
㉣ 안전수칙 이행

(3) 건축물 위 설치구조물 시공 시 안전관리
① 건축물 시설
㉠ 안전난간 설치
㉡ 안전워킹레일 설치
㉢ 안전망 설치
㉣ 안전표지판 설치
㉤ 작업자 동선에 위험물 확인 및 표시
② 작업자
㉠ 안전보호구 착용
㉡ 안전대 착용
㉢ 안전교육
㉣ 보건교육 및 건강 체크
③ 장비 및 차량
㉠ 작업동선 준수
㉡ 작업반경 내 작업자 확인
㉢ 신호수 또는 유도수 확인
㉣ 안전수칙 이행

(4) 감전사고 예방
① 일반적인 감전예방 기본원리
- 전류가 인체 내로 흘러 들어가지 못하도록 하는 방법
- 전류가 인체 내로 흘러 들어가더라도 다시 밖으로 흘러나오지 않도록 하는 방법
㉠ 전기기기 접지
㉡ 자동전격방지기 설치
㉢ 전기기기, 전선의 절연, 충전부의 방호
㉣ 절연용 보호구, 방호구 사용
㉤ 이중 절연구조
㉥ 비접지식 전로(절연변압기, 혼촉방지판 부착 변압기)
㉦ 젖은 손 사용 금지

◎ 누전차단기의 사용
② 충전부의 절연 및 방호(산업안전보건기준에 관한 규칙 301조)
  ㉠ 전기기기나 배선의 충전부 절연상태 유지
  ㉡ 충전부는 폐쇄형 외함 구조, 방호망 또는 절연덮개 사용
  ㉢ 고압 이상 구획된 장소에 설치 시 일반인 출입금지 조치
  ㉣ 커버나이프 스위치, 차단기 등은 반드시 덮개 또는 분전반 내에 설치
  ㉤ 콘센트와 플러그가 파손 시 즉시 새것으로 교체
③ 접지(산업안전보건기준에 관한 규칙 302조)
  ㉠ 전기설비의 금속제 외함 등과 대지 사이의 전기적 접촉으로 대지의 전위가 같게 하는 것
  ㉡ 피접지체, 접지선, 접지극으로 구성
  ㉢ 보호접지와 기능접지로 구분
    • 보호접지 : 계통접지, 외함접지, 낙뢰방지용, 정전기방지용, 잡음방지용, 등전위화(전위차를 동일하게 하여 전류가 흐르지 않게 함)
    • 기능접지 : 중성점접지, 지락검출용, 기준 전위확보용, 급전귀로, 전식방식
④ 접지의 대상(산업안전보건기준에 관한 규칙 302조)
  ㉠ 전기기계기구의 금속제 외함, 외피 및 철대
  ㉡ 접지된 금속체로부터 수직 2.4[m], 수평 1.5[m] 이내의 비충전 금속체
  ㉢ 사용전압이 대지전압 150[V]를 넘는 것
  ㉣ 이동형 또는 휴대형 전기기계기구
  ㉤ 크레인 등 이와 유사한 장비의 고정식 궤도 및 프레임 등
  ㉥ 폭발 위험이 있는 장소에서의 전기기계기구 금속체
  ㉦ 고압/특고압 변전소, 개폐소의 방호망 등
  ◎ 대지전압 : 전선과 대지 사이의 전압
  ㉩ 사용전압 : 전선과 전선 사이의 전압(선간전압)
⑤ 접지의 대상 제외(산업안전보건기준에 관한 규칙 302조)
  ㉠ 전기용품 및 생활용품 안전관리법에 의한 이중절연구조의 전기기계기구
  ㉡ 비접지 방식의 전로
⑥ 전기작업자의 제한(유해위험작업의 취업제한 제3조) : 고압선 정전작업 및 활선작업
  ㉠ 전기기능사 이상
  ㉡ 고등학교 전기학과 졸업자 이상
  ㉢ 직업 능력 개발 훈련 이수자
  ㉣ 관련 법령에 따라 해당 직업 허용자

(5) 정전전로에서의 전기작업
① 정전작업 시 조치 순서
- ㉠ 모든 전원 도면, 배선도 등으로 확인
- ㉡ 전원 차단 후 단로기 등을 개방 후 확인
- ㉢ 차단장치나 단로기 등에 잠금장치 및 꼬리표 부착
- ㉣ 잔류전하 방전
- ㉤ 검전기로 충전 여부 확인
- ㉥ 단락접지 실시

② 단락접지
- ㉠ 다른 전로와의 접촉, 다른 전로에서 유도작용 또는 비상발전기 등에 의해 정전전로가 충전될 가능성 대비
- ㉡ 부착 순서는 먼지접지클립을 접지단자에 접속 후 가까운 전선부터 차례로 단락
- ㉢ 제거는 역순

③ 재통전 시 안전조치
- ㉠ 단락접지기구, 통전금지표시, 개폐기 잠금장치 등 안전장치를 제거하고 안전하게 통전할 수 있는지 확인
- ㉡ 모든 작업자가 작업 완료된 전기기기에서 떨어져서 있는지 확인(안전거리 확보)
- ㉢ 잠금장치와 꼬리표는 설치한 근로자가 직접 철거
- ㉣ 모든 이상 유무 확인 후 전원 투입

(6) 충전전로에서의 전기작업
① 충전전로작업 안전조치
- ㉠ 충전전로 방호조치작업 : 직/간접 접촉금지
- ㉡ 충전전로 취급작업 : 절연용 보호구 착용
- ㉢ 충전전로 근접작업 : 절연용 방호구(저압인 경우 절연용 보호구 착용하고 충전전로 접촉 우려 없을 시 방호구 미설치)
- ㉣ 고압/특별고압 작업 : 절연보호구 + 방호구
- ㉤ 절연용 방호구 설치/해체 작업 : 절연용 보호구 또는 활선작업용 기구 및 설치
- ㉥ 미자격자 작업 시 : 대지전압 50[kV] 이하 300[cm] 이격

② 충전전로 사용전압별 접근한계거리

충전전로 사용전압별 접근한계거리

충전전로의 사용전압[kV]	충전전로에 대한 접근한계거리[cm]
0.3 이하	접촉금지
0.3 초과 0.75 이하	30
0.75 초과 2 이하	45
2 초과 15 이하	60
15 초과 37 이하	90
37 초과 88 이하	110
88 초과 121 이하	130

충전전로의 사용전압[kV]	충전전로에 대한 접근한계거리[cm]
121 초과 145 이하	150
145 초과 169 이하	170
169 초과 242 이하	230
242 초과 362 이하	380
362 초과 550 이하	550
550 초과 800 이하	790

3 천재지변에 따른 구조상 안전계획

(1) 천재지변에 의한 구조물 영향과 대책

구조물은 설계자가 법규에 근거하고 구조기술사의 검토를 거쳐 사용되는 금속 자재의 내진과 풍하중 내력을 고려하여 설계되었다. 따라서 구조안전확인서를 받아 확인하여야 한다. 그러나 구조설계에는 표준권고기준값을 근거로 하여 설계되므로 발전소 운영 시에는 안전설계지수를 언제든지 벗어나는 일이 발생할 수도 있다.

① 지진 또는 지반침하

㉠ 지 진

우리나라에서는 지진에 대한 안전을 조금씩 고려하고 있다.

㉡ 지반침하

연약지반 위에 설치하였거나, 성토층에 설치하였을 경우 지반침하가 일어난다. 이에 대한 대비로 기초와 지지 기둥 플레이트 사이에 여유 공간을 두어 앙카 볼트를 체결한다.

② 태 풍

㉠ 강풍 영향

구조물 설계상 지역과 환경을 고려한 건설기준계수를 주어 설계하였지만 태풍의 영향으로 기준수치를 넘는 강풍의 영향을 받을 수 있다. 이는 천재지변에 해당한다. 이로 인한 영향으로는 구조물이 넘어질 수 있다.

㉡ 지반침하

장마나 태풍 시 동반되는 많은 비로 인하여 지반에 물이 침투되어 지반이 연약해지고 토사가 유출되어 구조물에 영향을 준다. 비오기 전후 사전안전점검을 통하여 예방할 수 있다.

(2) 경년 변화에 의한 구조물 영향과 대책

금속 자재는 열팽창과 수축을 반복하고 바람에 의한 진동으로 피로도가 누적되어 내구력이 저하된다. 최소의 피로도를 갖도록 유지하려면 금속 자재의 결합을 튼튼히 하여 외부의 충격을 분산시켜 특정 지점에 피로도가 누적되지 않도록 하여야 한다.

① 일교차와 계절에 의한 영향
  ㉠ 금속은 햇빛을 받으면 복사에너지를 잘 흡수해서 금속의 온도가 빠르게 상승한다.
  ㉡ 금속은 낮에 열팽창을 하고 밤이면 금속은 다시 수축하게 된다.
  ㉢ 이 팽창과 수축현상이 우리나라 기후 특성상 4계절 다른 값으로 나타나 매년 반복하게 된다.
  ㉣ 금속재의 다른 팽창율을 갖는 결합/접합부의 볼트와 너트 그리고 용접 부위에 영향을 주게 된다.
  ㉤ 용접 부위는 도금이 손실될 가능성이 있고 볼트 접합부는 볼트가 풀릴 가능성이 높다.
  ㉥ 운영 중에 접합부의 볼트와 너트 체결을 점검하여 조여 준다.
  ㉦ 용접 부위의 도금막 손실은 아연도포제를 이용하여 처리한다.
② 바람에 의한 영향
  ㉠ 바람에 의한 진동은 금속의 인장력을 약화시키는 특징이 있다.
  ㉡ 금속 접합부의 체결이 약해서 발생하고 그 지점이 가장 많은 피로도가 쌓이게 된다.
  ㉢ 정기적인 관리를 통하여 볼트와 너트 풀림이 있을 경우 반드시 조여 줘야 한다.
③ 동적(추적식) 구조물에서 영향
  ㉠ 태양광발전시스템에서 동적 구조물은 추적식 발전기이다.
  ㉡ 회전제어방식에 무관하게 추적식 발전기의 구조상 안정성이 떨어지기 때문에 자체 진동과 바람에 의한 진동이 많다.
  ㉢ 추적제어장치도 수시로 점검하여 관리하여야 한다.
  ㉣ 추적식 발전기 구조물은 예비 부품을 비치한다.

4 안전 관련 법규

(1) 산업안전보건법
  ① 총 칙
  ② 안전보건관리체제
  ③ 안전보건교육
  ④ 유해·위험 방지 조치
  ⑤ 도급 시 산업재해 예방
  ⑥ 유해·위험 기계 등에 대한 조치
  ⑦ 유해·위험물질에 대한 조치
  ⑧ 근로자 보건관리
  ⑨ 산업안전지도사 및 산업보건지도사
  ⑩ 근로감독관 등

(2) 재난 및 안전관리 기본법
  ① 총 칙
  ② 안전관리기구 및 기능

③ 안전관리계획
④ 재난의 예방
⑤ 재난의 대비
⑥ 재난의 대응
⑦ 재난의 복구
⑧ 안전문화 진흥 등

제4절 안전관리 장비

1 안전장비 종류

(1) 절연용 보호구

① 용 도

7,000[V] 이하의 전로의 활선작업 또는 활선 근접작업을 할 때 작업자의 감전사고를 방지하기 위해 작업자 몸에 착용하는 것

② 종 류

㉠ 안전모
㉡ 전기용 고무장갑 : 7,000[V] 이하에 착용
㉢ 안전화 : 절연화(직류 750[V], 교류 600[V] 이하), 절연장화(7,000[V] 이하)

전기용 안전모

고무 절연장화

(2) 절연용 방호구

① 용 도

㉠ 전로의 충전부에 장착
㉡ 25,000[V] 이하 전로의 활선작업이나 활선근접 작업 시 장착(고압 충전부로부터 머리 30[cm], 발밑 60[cm] 이내 접근 시 사용)

② 종류 : 고무판, 절연관, 절연시트, 절연커버, 애자커버 등

절연용 방호구(애자커버)

(3) 기타 절연용 기구
① 활선작업용 기구
② 활선작업용 장치
③ 작업용 구획용구
④ 작업표시

(4) 검출용구
① 저압 및 고압용 검전기
② 특고압 검전기(검전기 사용이 부적당한 경우 조작봉 사용)
③ 활선접근경보기

(a) 고·저압용 (b) 특별고압용 활선접근경보기
검전기

(5) 접지용구
접지저항값을 가능한 적게 하고 단락전류에 용단하지 않도록 충분한 전류용량을 가져야 한다.
① 접지용구의 종류

종 류	사용범위
갑 종	• 발전소, 변전소 및 개폐소 작업 • 지중송전선로 작업
을 종	• 가공송전선로 작업 • 지중송전선로에서 가공송전선로의 접속점
병 종	• 특별고압 및 고압 배전선의 정전작업 • 유도전압에 의한 위험 예방 시 • 수용가설비의 전원측 접지 시

(6) 측정계기

① 멀티미터
  ㉠ 저항, 전압, 전류를 넓은 범위에서 간단한 스위치로 쉽게 측정
  ㉡ 정확도는 저항 ±10[%], 전압, 전류 측정에서는 ±3~4[%]
  ㉢ 저항, 직류전류, 직류전압, 교류전압 측정

② 클램프미터(후크온미터)
  교류 측정기(저항, 전압, 전류 측정), 케이블은 측정 불가

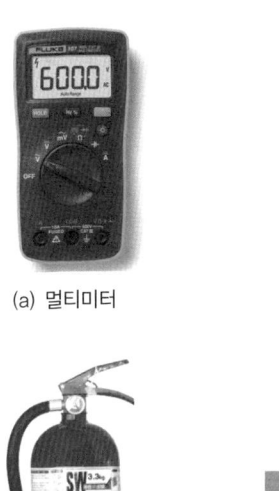
(a) 멀티미터

(b) 클램프미터

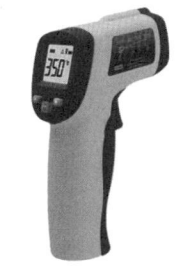
(c) 적외선 온도측정기

(d) 소화기

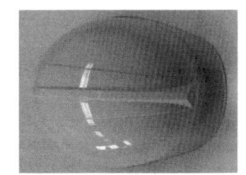
(e) 안전모

(f) 안전장갑

측정계기

2 안전장비 보관요령

(1) 보관요령

① 안전장비 중 검사장비 및 측정장비 등은 전기·전자기기로서 습기를 피하여 건조한 곳에 보관하도록 한다.
② 안전모와 안전장갑, 방진 마스크 등의 개인보호구는 언제든지 사용할 수 있도록 손질한다.
③ 정기점검 관리 보관요령
  ㉠ 한 달에 한번 이상 책임 있는 감독자가 점검을 할 것
  ㉡ 청결하고 습기가 없는 장소에 보관할 것
  ㉢ 보호구 사용 후에는 손질하여 항상 깨끗이 보관할 것
  ㉣ 세척한 후에는 완전히 건조시켜 보관할 것

(2) 태양광발전시스템의 위험 요소 및 위험관리방법

① 위험요소 및 위험관리방법

㉠ 침수 대비
- 지대가 높은 곳에 충분한 공간을 확보한 후 전력설비를 설치하고, 배수시설을 확보한다.
- 전기실이 없이 외부에 설치되는 외장형 인버터의 경우에는 외함 보고등급(IP 54 이상)을 반드시 확인한다.

㉡ 풍속 대비
- 국내 시설물 내풍 설계기준 : 25~45[m/s]
- 태풍의 대비에 따른 풍속 50~60[m/s]까지 견디는 구조물 작업을 한다.

㉢ 방수 관리 및 염해 대비
- 매우 습한 지역의 경우 방수포를 사용하여 발전소 내 습기를 최소화하고 산업용 제습제나 제습기를 상시 비치한다.
- 환기를 위해 인버터에 덕트를 설치할 경우 덕트 내에 습기방지필터를 설치한다.
- 바닷가 인근에는 염해방지를 위한 금속 코팅된 구조물을 사용하고 인버터 공급사와 논의하여 높은 외함 등급의 인버터를 설치한다.

㉣ 낙뢰 대비
여름철에는 낙뢰를 동반한 폭우가 빈번하므로 피뢰 설비와 과전압 보호장치를 설치하여 피해를 줄인다.

㉤ 인버터 관리
- 여름철 폭우를 동반한 강한 바람으로 공기 통풍구로 수분이 유입될 우려가 있어서 대비가 필요하다.
- 발전소 운영이 어려울 정도의 가혹한 날씨 조건일 때는 인버터 내부 조작전원을 포함한 모든 전원을 차단한 후 인버터 작동을 중지한다.
- 재가동 시에는 캐비닛 문을 열고 수분의 침투 여부를 확인하고 스며든 경우 수분을 완벽히 제거한다.
- 수분 제거 후 조작전원만을 투입하고 습도계 동작점을 80[%]에서 60[%]로 낮춘 후 최소 하루 이상을 대기상태로 둔다(인버터 동작스위치는 정지 상태).
- 실외에 설치되는 스트링 인버터의 경우, 커버가 닫혀 있는지를 확인하고, 수분 침투가 우려될 경우 DC 연결을 해체한 후 인버터를 중지한다.

② 전기작업의 안전

전기설비의 점검·수리 등의 전기작업을 할 때는 정전시킨 후 작업하는 것이 원칙이며, 부득이한 사유로 정전시킬 수 없는 경우에는 활선상태에서 작업을 실시한다. 정전작업과 활선작업 모두 다 감전 위험이 있다.

㉠ 전기작업의 준비
- 작업책임자를 임명하여 지위체계하에서 작업, 인원배치, 상태확인, 작업순서 설명, 작업지휘를 한다.
- 작업자는 책임자의 명령에 따라 올바른 작업순서로 안전하게 작업한다.

ⓛ 정전작업
- 정전절차 국제사회안전협의(ISSA)의 5대 안전수칙 준수
  - 작업 전 전원차단
  - 전원투입의 방지
  - 작업장소의 무전압 여부 확인
  - 단락접지
  - 작업장소 보호
ⓒ 정전작업순서
차단기나 부하개폐기로 개로 → 단로기는 무부하 확인 후에 개로 → 전로에 따른 검전기구로 검전 → 검전 종료 후에 잔류전하 방전(단락접지기구로 접지) → 정전작업 중에 차단기, 개폐기를 잠궈 놓거나 통전 금지 표시를 하거나 감시인을 배치하여 오통전을 방지할 것
ⓒ 활선 및 활선근접작업
- 안전대책 : 충전전로의 방호, 작업자 절연보호, 안전거리 확보(섬락에 의한 감전충격보호)
  - 접근한계거리

사용전압[kV]	접근한계거리[cm]
22 이하	20
22 초과 33 이하	30
33 초과 66 이하	50
66 초과 77 이하	60
77 초과 110 이하	90
110 초과 154 이하	120
154 초과 187 이하	140
187 초과 220 이하	160
220 초과	220

※ 접근한계거리 : 금속제 공구, 재료 등이 특별고압 충전선로에 가장 근접한 부분과 충전전로와의 차단 직선거리에서 아크를 일으킬 우려가 있는 거리이다. 전로 내부에 발생하는 이상전압(뇌서지, 개폐서지)을 고려하여 정한 값이다.

- 허용접근거리(송전선)

  $D = A + bF$

  여기서, D : 허용접근거리[cm]

  A : 작업 시 작업자의 최대동작범위(약 90[cm])

  b : 전극배치, 전압파형, 기상조건에 대한 안전계수(1.25)

  F : 전선과 대지 간에 발생하는 과전압 최댓값에 대한 섬락거리

Check!
- 허용접근거리 : 섬락거리에 작업자의 최대동작범위를 가산한 거리이다.
- 섬락 : 고압의 전선이 방전 가능한 거리 내에 접근하면 빛을 내면서 방전하는 것을 말한다.

- 기타 사항
  ⓐ 작업 시 전기회로를 정전시킨 경우는 개폐기의 시건, 출입금지 조치, 검전, 단락접지기구의 설치, '작업 중 송전금지'란 표시를 한다.

ⓑ 절연용 방호구나 보호구는 습기, 물기에 의해 전류가 표면에 누설되므로 우천 시에는 활선작업을 하지 않는다.
- 활선작업
  충전전로, 지지애자의 점검, 수리 및 청소 등을 활선작업이라 한다. 활선장구 및 보호장구 착용, 작업통지, 활선조장 임명, 절연로프 사용(링크스틱 삽입)하고, 작업 전 작업장소의 도체(전화선 포함)는 대지전압이 7,000[V] 이하일 때는 고무 방호구를, 7,000[V] 초과 시에는 활선장구를 이용한다.

③ 전기안전점검 및 안전교육 계획
  ㉠ 전기사업법의 안전관리 규정에 의거 교육실시
  - 점검, 시험 및 검사 : 월차, 연차 실시(구내 전체 정전 후 연 1회 실시)

구 분	고압 선로	저압 선로
연 차	절연저항 측정, 접지저항 측정	저압 배전선로의 분전반 절연저항 및 접지저항 측정 누전차단기 동작시험
월차(순시)	월 1~4회, 고압 수배전반, 저압 배전선로의 전기설비, 예비발전기(주1회 15분간 시운전)	

  ㉡ 안전교육
  - 월간 안전교육은 자체안전관리 규정에 따라 월 1시간 이상을 수행한다.
  - 분기 안전교육은 자체안전관리 규정에 따라 분기당 1.5시간 이상을 수행한다.
  - 안전관리 교육일지의 작성

④ 전기안전 작업수칙
  ㉠ 금속체 물건 착용금지, 안전표찰 부착, 구획로프 설치 등
  ㉡ 고압 이상 개폐기, 차단기 조작 순서 :
   - IS → CB → C.O.S → TR → MCCB
   - 차단순서 : TR → CB → C.O.S → IS
   - 투입순서 : C.O.S → IS → CB → TR

⑤ 전기안전규칙 준수사항
  ㉠ 항상 통전 중이라 생각하고 작업
  ㉡ 현장 조건과 위험요소 사전 확인
  ㉢ 안전장치의 고장 대비
  ㉣ 접지선 확보
  ㉤ 정리정돈 철저
  ㉥ 바닥이 젖은 상태에서의 작업불가(절연고무, 절연장화 착용)
  ㉦ 1인 단독작업 불가
  ㉧ 양손보다 가능하면 한 손으로 작업
  ㉨ 잡담 등 집중력 저하 행동 불가
  ㉩ 급한 행동 자제

⑥ 태양광발전시스템의 안전관리 대책
  ㉠ 추락 및 감전사고 예방에 대한 대책
    • 추락사고 예방 : 안전모, 안전화, 안전벨트 착용
    • 감전사고 예방 : 절연장갑 착용, 태양전지 모듈 등 전원 개방, 누전차단기 설치

CHAPTER 03 적중예상문제

제4과목 태양광발전 운영

01 사업 현장 4대 필수 안전 수칙이 아닌 것은?
① 안전보건교육 실시
② 보호구 지급·착용
③ 안전작업절차 지키기
④ 안전관리자 선임

해설
사업 현장 4대 필수 안전 수칙은 안전보건교육 실시, 보호구 지급·착용, 안전작업절차 지키기 및 안전보건표지 부착이다.

02 안전용품 중 보호구의 구비 요건이 아닌 것은?
① 착용하여 작업하기 쉬울 것
② 유연성이 좋고 가격이 저렴할 것
③ 마무리가 양호할 것
④ 외관이나 디자인이 좋을 것

해설
안전용품 중 보호구의 구비 요건
• 착용하여 작업하기 쉬울 것
• 유해 위험물로부터 보호 성능이 충분할 것
• 사용되는 재료는 작업자에게 해로운 영향을 주지 않을 것
• 마무리가 양호할 것
• 외관이나 디자인이 양호할 것

03 다음 중 절연용 보호구가 아닌 것은?
① 전기용 고무절연장화
② 전기용 고무장갑
③ 안전모
④ 전기용 작업복

해설
절연용 보호구
안전모, 전기용 고무장갑, 전기용 고무절연장화 등이 있다.

04 다음 중 안전장비 종류 중 절연용 보호구는 몇 [V] 이하 전로의 활선작업에 사용할 수 있는가?
① 380[V]
② 600[V]
③ 7,000[V]
④ 22,900[V]

해설
절연용 보호구는 7,000[V] 이하의 전로의 활선작업 또는 활선 근접 작업을 할 때 작업자의 감전사고를 방지하고자 작업자 몸에 부착하는 것이다.

05 다음 중 고무 방호구를 착용하는 대지전압은 몇 [V] 이하인가?
① 5,000[V]
② 7,000[V]
③ 8,000[V]
④ 10,000[V]

해설
활선작업 시의 유의사항
충전전로, 지지애자의 점검, 수리 및 청소 등을 활선작업이라 한다. 활선장구 및 보호장구 착용, 작업 통지, 활선조장 임명, 절연로프를 사용(링크스틱 삽입)하고, 작업 전 작업장소의 도체(전화선 포함)는 대지전압이 7,000[V] 이하일 때는 고무 방호구를, 7,000[V] 초과 시에는 활선장구를 이용한다.

06 다음 중 절연용 방호구가 아닌 것은?
① 고무판   ② 절연관
③ 절연커버   ④ 조작봉

해설
절연용 방호구는 전로의 충전부에 장착하는 것으로 25,000[V] 이하 전로의 활선작업이나 활선근접 작업 시에 사용한다. 종류로는 고무판, 절연관, 절연시트, 절연커버, 애자커버 등이 있다.

정답 1 ④ 2 ② 3 ④ 4 ③ 5 ② 6 ④

07 절연용 방호구는 최대 몇 [V] 이하의 전로의 활선작업에 사용되는가?

① 600[V] ② 7,000[V]
③ 10,000[V] ④ 25,000[V]

해설
절연용 방호구는 25,000[V] 이하 전로의 활선작업이나 활선근접작업에 사용한다.

08 태양광발전시스템 시공 시 강우가 내릴 때 하는 공사 방법은?

① 저압 절연장갑을 착용한다.
② 미끄럼 방지 장치를 착용한다.
③ 절연처리된 공구를 사용한다.
④ 감전사고 및 추락사고 우려가 있으므로 작업을 금지한다.

해설
강우 시에는 감전사고 및 미끄러짐으로 인한 추락사고로 이어질 우려가 있으므로 작업을 금지한다.

09 안전장비 보관 요령과 관계가 먼 것은?

① 청결하고 습기가 없는 장소에 보관해야 한다.
② 미끄럼 방지 장치를 착용한다.
③ 안전장비를 사용하기 전 깨끗이 정비하고 청결하게 한다.
④ 세척한 후에는 완전히 건조시켜 보관해야 한다.

해설
안전장비 보관 요령
• 발전소 내 비치하는 안전관리장비는 전기실 한쪽에 정리 정돈하여 쉽게 찾아 사용할 수 있게 한다.
• 적어도 한 달에 한번 이상 책임 있는 감독자가 점검을 해야 한다.
• 비치된 장비 목록을 작성하여 관리해야 한다.
• 청결하고 습기가 없는 장소에 보관해야 한다.
• 세척한 후에는 완전히 건조시켜 보관해야 한다.
• 사용한 장비는 정비하여 제자리에 놓는다.
• 보호구 사용 후에는 손질하여 항상 깨끗이 보관해야 한다.
• 사용 연수 제한과 소모성 재료들은 항상 보수(정비)작업과 보충하여 비치한다.

10 다음 중 회로시험기(테스터, 멀티미터)의 측정대상으로 볼 수 없는 것은?

① 교류전류 ② 직류전류
③ 교류전압 ④ 직류전압

해설
교류전류는 클램프미터로 측정한다.
회로시험기(테스터, 멀티미터)의 측정대상 : 저항, 직류전류, 직류전압, 교류전압

11 클램프미터와 멀티미터를 비교했을 때 멀티미터가 측정할 수 없는 측정대상은?

① 직류전류 ② 저 항
③ 교류전압 ④ 교류전류

해설
측정대상

클램프미터의 측정대상	저항, 직류전압, 직류전류, 교류전압, 교류전류 등
멀티미터의 측정대상	저항, 직류전압, 직류전류, 교류전압

12 다음 중 안전장비의 정기점검 관리 보관요령에 대한 설명으로 볼 수 없는 것은?

① 세척한 후에는 완전히 건조시켜 보관할 것
② 보호구 사용 후에는 손질하여 항상 깨끗이 보관할 것
③ 1년에 한번 이상 책임 있는 감독자가 점검을 할 것
④ 청결하고 습기가 없는 장소에 보관할 것

해설
정기점검 관리 보관요령
• 한 달에 한번 이상 책임 있는 감독자가 점검을 할 것
• 청결하고 습기가 없는 장소에 보관할 것
• 보호구 사용 후에는 손질하여 항상 깨끗이 보관할 것
• 세척한 후에는 완전히 건조시켜 보관할 것

정답 7 ④ 8 ④ 9 ② 10 ① 11 ④ 12 ③

13 안전관리대책 중 추락사고 예방이 아닌 것은?
① 안전 난간대 설치
② 안전모, 안전화, 안전벨트 착용
③ 알루미늄 사다리 적합품 사용
④ 절연장갑 착용

해설
절연장갑 착용은 감전사고 예방의 조치 사항이다.

14 인허가 후에 관할 지청 또는 지자체에 착공 계획서 제출 시 첨부 자료는?
① 안전관리 계획서 ② 안전관리 체크리스트
③ 안전관리 장비대장 ④ 시공계획서

해설
인허가 후에 관할 지청 또는 지자체에 착공 계획서 제출 시 첨부 자료로서는 안전관리 계획서, 안전관리자 선임계가 있다.

15 안전관리계획서에 포함되어야 하는 항목이 아닌 것은?
① 공사개용
② 안전관리조직
③ 시공계획서
④ 안전교육계획

해설
안전관리계획서에 포함되어야 하는 항목
• 공사개요
• 안전관리조직
• 공정별 안전점검계획
• 안전교육계획
• 통행안전시설 설치 및 교통안전 계획
• 안전관리비 사용 계획
• 비상 시 긴급 조치 계획
• 보호구 지급 및 안전표지 설치 계획
• 공사장 및 주변 안전관리 계획

16 정전작업 시 안전수칙 준수 사항이 아닌 것은?
① 전기스위치에 통전 금지 표시
② 절연용 보호구 착용상태
③ 정전작업 장소 명시
④ 정전작업 중임을 작업근로자에게 통지 유무

해설
정전작업 시 안전수칙 준수 사항
• 전기스위치에 통전 금지 표시
• 전기작업책임자 임명 및 표시 유무
• 정전작업 장소 명시
• 개폐기에 잠금장치 및 열쇠 보관 방법 적정 유무
• 정전작업 중임을 작업근로자에게 통지 유무

17 활선작업 시 안전수칙 준수 사항이 아닌 것은?
① 전기스위치에 통전 금지 표시
② 절연용 보호구 착용상태
③ 가공전선에 접촉 또는 접근 시 안전조치 유무
④ 활선작업 및 활선근접작업 시 감시인 배치 유무

해설
활선작업 시 안전수칙 준수 사항
• 저압 충전선로 근접 장소 감전 위험 여부 확인
• 절연용 보호구 착용상태
• 가공전선에 접촉 또는 접근 시 안전조치 유무
• 작업자 주위의 충전전로에 절연용 방호구 설치 유무
• 접촉사고 발생 위험이 있는 저압 및 고압 활선에 방호관 설치 유무
• 접촉사고 발생 위험이 있는 특별고압 이설 유무
• 활선작업 및 활선근접작업 시 감시인 배치 유무

18 다음 중에서 감전 사망, 아크 화상, 추락 사고 등의 원인으로 발생되는 전기재해는?
① 전격재해 ② 전기화재
③ 정전기재해 ④ 낙뢰재해

해설
② 전기화재 : 단락, 전기 불꽃, 누전, 절연 불량 등
③ 정전기재해 : 화재/폭발, 전격으로 인한 2차 재해, 전자제품 파손 등
④ 낙뢰재해 : 직격뢰, 유도뢰

13 ④ 14 ① 15 ③ 16 ② 17 ① 18 ①

19 다음 중에서 단락, 전기 불꽃, 누전, 절연 불량의 원인으로 발생되는 전기재해는?
① 전격재해 ② 전기화재
③ 정전기재해 ④ 낙뢰재해

해설
18번 해설 참조

20 다음 중에서 화재/폭발, 전격으로 인한 2차 재해, 전자제품 파손 등의 원인으로 발생되는 전기재해는?
① 전격재해 ② 전기화재
③ 정전기재해 ④ 낙뢰재해

해설
18번 해설 참조

21 다음 중에서 정밀급 기기 오동작, 유해 전자파 등의 원인으로 발생되는 전기재해는?
① 전격재해 ② 전기화재
③ 정전기재해 ④ 전자파재해

해설
18번 해설 참조

22 감전 사고의 특징으로 볼 수 없는 것은?
① 인체실험이 불가하다.
② 실험결과에 대한 검증이 어렵다
③ 재해 당시 상황 재현이 어렵다.
④ 임시작업자보다 전기작업자에게 많이 발생한다.

해설
감전 사고의 특징
• 인체실험이 불가하다.
• 실험결과에 대한 검증이 어렵다
• 재해 당시 상황 재현이 어렵다.
• 눈에 보이지 않는다.
• 전기작업자보다 임시작업자에게, 고압보다 저압 취급 작업에서 더 많이 발생한다.

23 감전 위험을 결정하는 인자로 볼 수 없는 것은?
① 통전전류의 크기
② 사고 발생 장소
③ 통전시간
④ 전압의 크기

해설
감전 위험을 결정하는 인자는 통전전류의 크기, 통전시간, 통전경로, 전원의 종류, 인체저항, 전압의 크기 등이다.

24 감전으로 인한 사망 사고 시 주요 현상으로 볼 수 없는 것은?
① 심장마비 ② 호흡 기능 장애
③ 과다 출혈 ④ 질 식

해설
감전으로 인한 사망 사고 시 주요 현상
• 심실세동으로 인한 심장마비
• 호흡 기능 장애
• 흉부 수축에 의한 질식

25 감전으로 인한 부상 사고 시 주요 현상으로 볼 수 없는 것은?
① 고열 현상
② 화상 및 조직의 파괴
③ 추락, 전도의 2차재해
④ 과다 출혈

해설
감전으로 인한 부상 사고 시 주요 현상
• 전기아크 및 불꽃에 의한 고열 현상
• 화상 및 조직의 파괴
• 쇼크로 인한 추락, 전도 등 2차재해

정답 19 ② 20 ③ 21 ④ 22 ④ 23 ② 24 ③ 25 ④

26 충전부 양단 간 접촉이나 충전부와 대지 간의 접촉의 감전사고 예방 대책이 아닌 것은?

① 작업 표시판 설치
② 정전작업 수행
③ 각종 절연보호구 착용
④ 충전부 방호 철저

해설
충전부 양단 간 접촉이나 충전부와 대지 간의 접촉의 감전사고 예방 대책
- 정전작업 수행
- 각종 절연보호구 및 방호구 착용 및 사용
- 충전부 방호 철저
- 전원개폐기를 감전방지용 누전차단기로 설치(저압회로)

27 구조물 하중에서 수직하중이 아닌 것은?

① 고정하중   ② 활하중
③ 풍하중   ④ 적설하중

해설
구조물 하중에서 수직하중은 고정하중, 활하중, 적설하중이 있다.

28 구조물 하중에서 수평하중이 아닌 것은?

① 풍하중
② 지진하중
③ 풍하중
④ 고정하중

해설
구조물 하중에서 수평하중은 풍하중, 지진하중, 적설하중이 있다.

29 대지 위 구조물 시공 시 구조물의 안전관리 내용이 아닌 것은?

① 구조물 위험도 확인 및 표시
② 안전표지판 설치
③ 작업자 동선에 위험물 확인 및 표시
④ 보건 교육 및 건강 체크

해설
보건 교육 및 건강 체크는 작업자의 안전관리 내용이다.

30 대지 위 설치구조물 시공 시 장비 및 차량의 안전관리 내용이 아닌 것은?

① 구조물 위험도 확인 및 표시
② 작업 동선 준수
③ 작업 반경 내 작업자 확인
④ 안전수칙 이행

해설
구조물 위험도 확인 및 표시는 구조물의 안전관리 내용이다.

31 충전전로의 사용전압이 0.3[kV]초과 0.75[kV] 이하 일 때 접근한계거리는?
① 15[cm]
② 30[cm]
③ 45[cm]
④ 60[cm]

해설
충전전로의 사용전압이 0.3[kV] 초과 0.75[kV] 이하일 때 접근한계거리는 30[cm] 이다.

32 충전전로의 사용전압이 0.75[kV] 초과 2.0[kV] 이하일 때 접근한계거리는?
① 15[cm]
② 30[cm]
③ 45[cm]
④ 60[cm]

해설
충전전로의 사용전압이 0.75[kV] 초과 2.0[kV] 이하일 때 접근한계거리는 45[cm] 이다.

33 충전전로의 사용전압이 2.0[kV] 초과 15[kV] 이하일 때 접근한계거리는?
① 15[cm]
② 30[cm]
③ 45[cm]
④ 60[cm]

해설
충전전로의 사용전압이 2.0[kV] 초과 15[kV] 이하일 때 접근한계거리는 60[cm]이다.

34 천재지변에 의한 구조물 영향이 아닌 것은?
① 지 진
② 지반침하
③ 강 풍
④ 해 일

해설
천재지변에 의한 구조물 영향은 지진, 지반침하, 강풍 등이다.

35 일교차와 계절의 영향에 의한 경년 변화에 의한 구조물 영향이 아닌 것은?
① 금속의 열팽창
② 용접부위의 영향
③ 볼트와 너트의 풀림
④ 바람에 의한 진동

해설
바람에 의한 진동은 바람에 의한 영향으로 금속의 인장력을 약화시키는 특징이 있다.

정답 31 ② 32 ③ 33 ④ 34 ④ 35 ④

MEMO

부록

과년도+최근 기출문제 및 해설

신재생에너지 발전설비기사

(태양광) [필기]

합격의 공식
시대에듀

잠깐!

자격증 · 공무원 · 금융/보험 · 면허증 · 언어/외국어 · 검정고시/독학사 · 기업체/취업
이 시대의 모든 합격! 시대에듀에서 합격하세요!
www.youtube.com → 시대에듀 → 구독

2013년 제4회 기사 과년도 기출문제

신재생에너지발전설비기사(태양광) 필기

제1과목 태양광발전시스템 이론

01 저항 50[Ω], 인덕턴스 200[mH]의 직렬회로에 주파수 50[Hz]의 교류를 접속하였다면, 이 회로의 역률 [%]은?

① 약 82.3 ② 약 72.3
③ 약 62.3 ④ 약 52.3

해설
역률
$L = \omega f = 2\pi f = 2 \times \pi \times 50 ≒ 314.16[H]$
인덕턴스의 저항값 $= j\omega L = 314.16 \times 200 \times 10^{-3} ≒ 62.83$
임피던스 $Z = 50[\Omega] + j62.8[\Omega] = \sqrt{50^2 + 62.8^2} ≒ 80.3[\Omega]$
역률 $= \cos\theta = \dfrac{R}{Z} = \dfrac{50}{80.3} ≒ 62.27[\%]$

02 태양광 전지에서 생산된 전력 125[W]가 인버터에 입력되어 인버터 출력이 100[W]가 되면 인버터의 변환효율은 몇 [%]인가?

① 45[%] ② 64[%]
③ 80[%] ④ 92[%]

해설
인버터의 변환효율
$\eta = \dfrac{출력}{입력} \times 100 = \dfrac{100}{125} \times 100 = 80[\%]$

03 실리콘 태양전지와 비교해서 화합물 반도체 태양전지인 GaAs(갈륨비소)의 특징은?

① 모든 파장 영역에서 빛의 흡수율이 떨어진다.
② 접합 영역에서 전자와 정공의 재결합이 낮다.
③ 빛의 흡수가 뛰어나 후면에서 재결합이 거의 발생하지 않는다.
④ 접합 영역이나 표면에서의 재결합보다 내부에서의 재결합이 많이 발생한다.

해설
GaAs(갈륨비소)의 특징
갈륨과 비소의 화합물로서 실리콘에 비하여 전자의 속도가 6배로 연산속도도 6배 빠르다. 배선용량도 작아 고속화가 용이하며, 트랜지스터 구조가 간단하여 고집적화에 적합한 특징을 지니고 있다. 또한 잡음이나 소비전력도 적어 집적회로(IC)의 기판에 적합한 반도체 재료로 전망되는 화합물로서 빛의 흡수가 뛰어나고 후면에 재결합이 거의 발생하지 않는다.

04 트랜스리스 방식의 인버터를 선정할 경우 특히 주의해야 할 점은?

① 계통의 전압, 주파수, 상수특성 분석
② 태양광 모듈의 출력특성 분석
③ 계통연계 보호장치
④ 출력측의 전압과 결선방식

해설
트랜스리스 방식
태양전지(PV) → 승압형 컨버터 → 인버터 → 공진회로
• 소형이고 경량이다.
• 비용이 저렴하고 신뢰성이 높다.
• 태양전지의 직류출력을 DC - DC 컨버터로 승압하고 인버터에 상용주파의 교류로 변환한다.
• 상용전원과의 사이는 비절연이다.
• 비용, 크기, 중량 및 효율면에서 우수하여 가장 많이 사용되고 있다.
• 출력측의 전압과 결선방식을 주의해야 한다.

05 태양전지 모듈에 입사된 빛 에너지가 변환되어 발생하는 전기적 출력을 특성곡선으로 나타낸 것은?

① 전압-전류 특성
② 전압-저항 특성
③ 전류-온도 특성
④ 전압-온도 특성

정답 1 ③ 2 ③ 3 ③ 4 ④ 5 ①

해설
태양전지 모듈의 전류-전압 특성

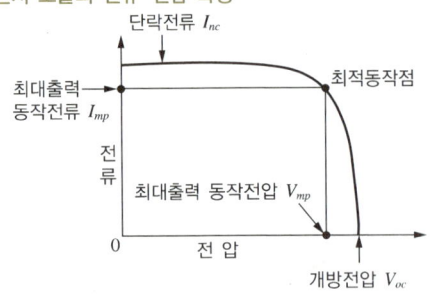

06 태양광발전시스템이 계통과 연계 시 계통측에 정전이 발생한 경우 계통측으로 전력이 공급되는 것을 방지하는 인버터의 기능은?

① 자동운전 정지기능
② 최대전력 추종제어기능
③ 단독운전 방지기능
④ 자동전류 조정기능

해설
단독운전 방지기능
태양광발전시스템은 계통에 연계되어 있는 상태에서 계통측에 정전이 발생한 경우 부하전력이 인버터의 출력전력과 같은 경우에는 인버터의 출력전압·주파수 계전기에서는 정전을 검출할 수가 없다. 이와 같은 이유로 계속해서 태양광발전시스템에서 계통에 전력이 공급될 가능성이 있다. 이러한 운전 상태를 단독운전이라 한다. 단독운전이 발생하면 전력회사의 배전망이 끊어져 있는 배전선에 태양광발전시스템에서 전력이 공급되며 보수점검자에게 위험을 줄 우려가 있는 태양광발전시스템을 정지할 필요가 있지만 단독운전 상태에서 전압계전기(UVR, OVR)와 주파수 계전기(UFR, OFR)에서는 보호할 수 없다. 따라서 이에 대한 대책의 일환으로 단독운전 방지기능이 설정되어 안전하게 정지할 수 있도록 한다.

07 뇌 서지 등의 피해로부터 PV시스템을 보호하기 위한 대책으로 적합하지 않은 것은?

① 피뢰소자를 어레이 주회로 내에 분산시켜 설치함과 동시에 접속함에도 설치한다.
② 뇌우의 발생지역에서는 직류전원측에 내뢰 트랜스를 설치하여 보다 완전한 대책을 취한다.
③ 뇌우의 발생지역에서는 교류전원측에 내뢰 트랜스를 설치하여 보다 완전한 대책을 취한다.
④ 저압 배전선으로부터 침입하는 뇌 서지에 대해서는 분전반에 피뢰소자를 설치한다.

해설
뇌 서지 대비 방법
- 광역 피뢰침뿐만 아니라 서지보호장치를 설치한다.
- 저압 배전선에서 침입하는 뇌 서지에 대해서는 분전반에 피뢰소자를 설치한다.
- 피뢰소자를 어레이 주 회로 내부에 분산시켜 설치하고 접속함에도 설치한다.
- 뇌우 다발지역에서는 교류 전원측으로 내뢰 트랜스를 설치하여 보다 완전한 대책을 세워야 한다.

08 지표면에서 태양을 올려보는 각(Angle of Elevation)이 30°인 경우에 AM(Air Mass)값은?

① 0
② 1
③ 1.5
④ 2

해설
대기질량 정수의 구분
- AM0
  - 우주에서의 태양 스펙트럼을 나타내는 조건으로 대기 외부이다.
  - 인공위성 또는 우주 비행체가 노출되는 환경이다.
- AM1
  - 태양이 천정에 위치할 때의 지표상의 스펙트럼이다.
- AM1.5
  - 기본적으로 우리나라가 중위도에 있기 때문에 표준으로 사용한다.
  - 지상의 누적 평균 일조량에 적합하다.
  - 태양전지 개발 시 기준값으로 사용한다.
- AM2
  - 고도각 θ가 30°일 경우 약 0.75[kW/m^2]를 나타낸다.

09 태양전지 모듈(슈퍼 스트레이트형)의 구조 등에 관한 설명으로 옳지 않은 것은?

① 충진재로 봉한 태양전지 셀을 수광면의 프런트 커버와 뒷면 백커버 사이에 끼운 구조이다.
② 프런트 커버는 90[%] 이상의 투과율과 높은 내충격력을 보유한 약 3[mm] 정도의 백판 열처리 유리를 사용한다.
③ 태양전지 셀 사이의 내부연결을 위하여 절연전선을 사용하여 접속한다.
④ 프레임은 알루마이트 내식처리를 한 알루미늄 표면에 아크릴 도장을 한 프레임재를 사용한다.

> 해설

슈퍼 스트레이트형 태양전지 모듈의 구조
- 프레임은 알루마이트 내식처리를 한 알루미늄 표면에 아크릴 도장을 한 프레임재를 사용한다.
- 프런트 커버는 90[%] 이상의 투과율과 높은 내충격력을 보유한 약 3[mm] 정도의 백판 열처리 유리를 사용해야 한다.
- 충진재로 봉한 태양전지 셀을 수광면의 프런트 커버와 뒷면 백커버 사이에 끼운 구조이다.
- 태양전지 셀 사이의 내부 연결을 위해 백금으로 도금된 전선을 사용한다.

10 태양광 인버터의 단독운전 방지 기능에서 능동적인 검출방식이 아닌 것은?

① 전압위상 도약 검출 방식
② 주파수 시프트 방식
③ 부하 변동 방식
④ 무효전력 변동 방식

> 해설

태양광 인버터의 단독운전 방지 기능 중 능동적인 검출방식
- 유효전력 변동방식
- 무효전력 변동방식
- 부하변동방식
- 주파수 시프트 방식

11 다음 그림과 같이 축전지회로가 구성되어 있다. 단자 A, B 사이에 나타나는 출력전압과 축전지 용량은?

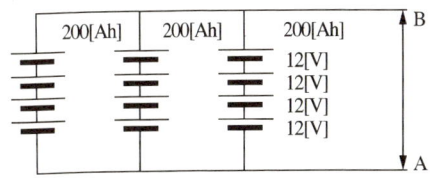

① DC 48[V], 200[Ah]   ② DC 48[V], 600[Ah]
③ DC 12[V], 200[Ah]   ④ DC 12[V], 600[Ah]

> 해설

축전지 용량
- 전압=단자전압×직렬 전지 개수=12×4=48[V]
- 전류=단자전류×병렬 개수=200×3=600[Ah]

12 태양전지 모듈에 다른 태양전지회로나 축전지에서 전류가 돌아 들어가는 것을 방지하기 위하여 설치하는 것은?

① 바이패스 다이오드   ② ZNR
③ SPD   ④ 역류방지 다이오드

> 해설

역류방지소자(Blocking Diode)
태양전지 어레이의 스트링별로 설치된다. 역류방지소자는 태양전지 모듈에 다른 태양전지 회로와 축전지의 전류가 흘러 들어오는 것을 방지하기 위해 설치하며, 보통 다이오드가 사용된다.

13 전체 태양광발전시스템의 성능에 영향을 미치는 인버터의 효율에 관한 설명으로 가장 옳은 것은?

① 태양광 인버터의 효율은 중요하지 않다.
② 변환효율만이 시스템 성능에 영향을 미친다.
③ 추적효율만이 시스템 성능에 영향을 미친다.
④ 변환효율과 추적효율을 같이 고려해야 한다.

> 해설

태양광발전시스템의 인버터의 효율은 가장 중요한 요소이며, 특히 변환효율과 추적효율을 고려해서 설치해야 가장 우수한 효율을 낼 수 있다.

14 태양전지 모듈에 그림자가 생겼을 때 출력감소를 최소화하는 대비책으로 설치하는 것은?

① 바이패스 다이오드   ② 역류 다이오드
③ 제너 다이오드   ④ 발광 다이오드

> 해설

바이패스소자의 설치 목적
태양전지 모듈 중에서 일부의 태양전지 셀에 그늘이 지면 그 부분의 셀은 발전하지 못하며 저항이 크게 된다. 이 셀에는 직렬로 접속된 스트링(회로)의 모든 전압이 인가되어 고저항의 셀에 전류가 흐름으로써 발열이 발생한다. 셀이 고온으로 되면 셀 및 그 주변의 충진 수지가 변색되고 뒷면의 커버가 팽창하게 된다. 셀의 온도가 계속 높아지면 그 셀과 태양전지 모듈이 파손되기도 하지만 이를 방지할 목적으로 고저항이 된 태양전지 셀 또는 모듈에 흐르는 전류를 우회하는 것이 필요하다. 이것이 바로 바이패스소자를 설치하는 목적이다.

정답 10 ① 11 ② 12 ④ 13 ④ 14 ①

15 어떤 전지의 외부회로 저항은 5[Ω]이고 전류는 8[A]가 흐른다. 외부회로에 5[Ω] 대신에 15[Ω]의 저항을 접속하면 4[A]로 떨어진다. 전지의 기전력은?

① 100[V] ② 80[V]
③ 60[V]   ④ 40[V]

해설
전지의 기전력
$E = I(r+R)$
$8(r+5) = 4(r+15)$, 내부저항 $r = 5[\Omega]$
$E = 8(5+5) = 4(5+15) = 80[V]$

16 다음 설명은 인버터의 효율 중 어떤 효율에 관한 것인가?

> 태양광 모듈의 출력이 최대가 되는 최대전력점(MPP ; Maximum Power Point)을 찾는 기술에 대한 성능지표이다.

① 정격효율 ② 추적효율
③ 유로효율 ④ 변환효율

해설
최대전력 추종제어(MPPT ; Maximum Power Point Tracking)
태양전지의 출력은 일사강도나 태양전지 표면온도에 의해 변동이 된다. 이러한 변동에 대해 태양전지의 동작점이 항상 최대출력점을 추종하도록 변화시켜 태양전지에서 최대출력을 얻을 수 있는 제어이다. 즉, 인버터의 직류동작전압을 일정시간 간격으로 변동시켜 그때의 태양전지 출력전력을 계측하여 이전의 것과 비교하여 항상 전력이 크게 되는 방향으로 인버터의 직류전압을 변화시키는 것이다.

17 어떤 태양전지 모듈의 특성값이 다음 표와 같다. 일사강도 1,000[W/m²], 분광분포가 AM1.5, 모듈 표면온도가 50[℃]일 때, 이 모듈의 출력은 약 얼마인가?

- V_{oc} : 44.90[V]
- I_{sc} : 8.55[A]
- V_{mpp} : 36.40[V]
- I_{mpp} : 8.11[A]
- V_{oc} 온도계수 : −0.4[%/℃]

① 266[W] ② 280[W]
③ 295[W] ④ 345[W]

해설
모듈 표면온도가 50[℃]이므로 $(50-25) \times -0.4 = -10[\%]$ 만큼 효율이 저하된다.
∴ 모듈의 출력 $= 0.9 \times V_{mpp} \times I_{mpp}$
$= 0.9 \times 36.40 \times 8.11$
$≒ 265.68[W] ≒ 266[W]$

18 태양광발전시스템의 분류 중 섬, 낙도 등에 사용하는 방식은?

① 계통연계형 ② 독립형
③ 추적식   ④ 고정식

해설
독립형 시스템(Off-Grid/Stand-Alone System)
전력계통과 분리된 발전방식으로 축전지에 태양광 전력을 저장하여 사용하는 방식이다. 생산된 직류 전력을 그대로 사용할 수 있도록 직류용 가전제품과 연결하거나 인버터를 통해 교류로 바꿔준다. 오지 및 도서산간지역의 주택 전력공급용이나 통신, 양수펌프, 백신용의 약품냉동보관, 안전표지, 제어 및 항해 보조도구 등 소규모 전력공급용으로 사용된다. 설치 가격이 비싸며, 유지보수 비용이 많이 들어간다. 축전지의 교환 주기는 2~3년 정도이고, 야간이나 태양이 적을 때를 대비하여 축전지를 설치하기 때문에 태양이 장기간 적을 때를 대비해서 비상발전기(디젤 발전기)를 설치해야 한다.

독립 시스템 응용 분야
- 조경 미화 적용
- 원거리 산장이나 별장 및 개도국 마을의 전화
- 자동차, 캠프용 밴, 보트 등에 설치된 이동 시스템
- SOS 전화, 주차권 발급기, 교통신호 및 관측 시스템
- 식수와 관개를 위한 태양광 물 펌프 시스템 및 태양광 물 소독과 탈염

19 태양전지의 직류 출력을 상용주파수의 교류로 변환한 후 변압기에서 절연하는 방식은?

① 트랜스리스 방식
② 고주파 변압기 절연방식
③ PAM 방식
④ 상용주파 변압기 절연방식

정답 15 ② 16 ② 17 ① 18 ② 19 ④

해설
상용주파 변압기 절연방식(저주파 변압기 절연방식)
태양전지(PV) → 인버터(DC → AC) → 공진회로 → 변압기
- 태양전지의 직류출력을 상용주파의 교류로 변환한 후 변압기로 절연한다.
- 내뢰성(번개에 견디어 낼 수 있는 성질)과 노이즈 컷(잡음을 차단)이 뛰어나지만 상용주파 변압기를 이용하기 때문에 중량이 무겁다.
- 공진회로는 인버터 회로에서 생성된 고주파 전압(구형파)을 코일과 콘덴서를 통해 정현파로 바꾸어주는 회로이다.

20 태양광발전시스템의 특징이 아닌 것은?

① 구름이 낀 날이나 비 오는 날에는 발전이 불가능하다.
② 발전량은 기상 조건의 영향을 받는다.
③ 빛을 전기로 직접 변환한다.
④ 분산형 시스템이다.

해설
태양광발전시스템의 특징
- 분산형과 연계형 시스템이 있다.
- 발전량은 기상 조건에 영향을 받는다.
- 기상이 좋지 않은 날은 축적량이 많이 줄어든다.
- 빛을 전기로 직접 변환하는 시스템이다.

제2과목 태양광발전시스템 설계

21 태양광발전시스템은 전력계통 유무 및 타 에너지원에 의한 발전시스템으로 구분하고 있다. 태양광발전시스템의 종류가 아닌 것은?

① 독립형
② 하이브리드형
③ 열병합
④ 계통연계형

해설
태양광발전시스템의 종류
- 독립형
- 계통형
- 복합형(하이브리드형)

22 태양전지 어레이(길이 : 2.58[m], 경사각 : 30°)가 남북방향으로 설치되어 있으며, 앞면 어레이의 높이는 약 1.5[m], 뒷면 어레이에 태양입사각이 45°일 때, 앞면 어레이의 그림자 길이[m]는?

① 1.5[m] ② 2.5[m]
③ 3.5[m] ④ 4.5[m]

해설
어레이의 그림자 길이는 어레이의 높이에 비례한다.

어레이 그림자 길이(l) = $\dfrac{입사각}{경사각}$ = $\dfrac{45°}{30°}$ = 1.5[m]

23 다음과 같은 조건일 때 어레이와 어레이 간의 최소 이격거리[m]는 얼마인가?(단, 경사고정식으로 정남향임)

- L : 모듈 어레이 길이 3[m]
- θ : 모듈 어레이 경사각 30°
- lat : 설치지역의 위도 35.5°

① 6[m] ② 5[m]
③ 4[m] ④ 3[m]

해설
어레이의 길이와 경사각, 설치지역의 위도가 주어질 경우
$X_1 = L[\cos\theta + \sin\theta \times \tan(\phi + 23.5°)]$
$= 3[\cos 30° + \sin 30° \times \tan(35.3 + 23.5)] ≒ 5.0749[m]$
여기서, X_1 : 어레이의 최소 이격거리
 L : 어레이 길이
 θ : 어레이 경사각도
 ϕ : 설치지역 위도

24 태양광발전 사업허가 신청서에 포함되는 필요서류 목록이 아닌 것은?(단, 3,000[kW] 미만인 경우이다)

① 전기사업법 시행규칙에 따른 사업계획서
② 송전관계 일람도 및 발전원가 명세서
③ 전력계통의 조류 계산서
④ 발전설비 운영을 위한 기술인력 확보계획을 기재한 서류

정답 20 ① 21 ③ 22 ① 23 ② 24 ③

> [해설]
> 3,000[kW] 이하 허가 신청 필요서류 목록(전기사업법 시행규칙 제4조)
> • 전기사업허가신청서(전기사업별 시행규칙 별지 제1호 서식) 1부
> • 발전원가 명세서(200[kW] 이하는 생략) 1부
> • 송전관계 일람도 1부
> • 발전설비의 운영을 위한 기술 인력의 확보계획을 기재한 서류 (200[kW] 이하는 생략) 1부
> • 전기사업별 시행규칙 별표 1의 요령에 의한 사업계획서 1부

25 태양광 어레이 구조물 중 일반 철골구조에 비교하여 파워볼트 시스템(Power Bolt System)의 장점은?

① 필요한 응력에 의한 자재 사용으로 경제적인 설계를 할 수 있다.
② 제품의 규격이 정교하여 구조물의 마감 처리를 정밀하게 할 수 있다.
③ 조립 및 해체가 간단하여 타 장소에 이설 설치가 가능하다.
④ 모듈이 작고 짧은 스팬(Span) 구조물에 유리하다.

26 태양광발전시스템에서 계통으로 유입되는 고조파 전류(Total Harmonic Distortion)는 종합 몇 [%]를 초과하면 안 되는가?

① 2[%]   ② 3[%]
③ 4[%]   ④ 5[%]

> [해설]
> 태양광발전시스템에서 계통으로 유입되는 고조파 전류는 종합 5[%]를 초과할 수 없다.

27 태양전지 어레이의 이격거리 산출 시 적용하는 설계요소가 아닌 것은?

① 구조물 형상
② 남북향간 길이
③ 강재의 강도 및 판 두께
④ 태양광발전 위치에 대한 위도

> [해설]
> 구조물 이격거리 산출적용 설계요소
> • 위도
> • 구조물 형상
> • 남북방향의 길이

28 표준 상태에서 태양전지 어레이의 변환효율을 산출하는 계산식으로 옳은 것은?

> • P_{AS} : 태양전지 어레이 출력전력[kW]
> • G_S : 경사면 일사량[kW/m²]
> • G_H : 수평면 일사량[kW/m²]
> • A : 태양전지 어레이 면적[m²]

① $\eta = \dfrac{P_{AS}}{G_S \times A} \times 100[\%]$

② $\eta = \dfrac{G_S}{P_{AS} \times A} \times 100[\%]$

③ $\eta = \dfrac{P_{AS} \times A}{G_H} \times 100[\%]$

④ $\eta = \dfrac{G_S \times A}{P_{AS}} \times 100[\%]$

29 태양광발전 통합모니터링 시스템의 구성요소가 아닌 것은?

① 전력변환장치 감시제어 장치(AIS)
② 태양광 모듈 계측 메인장치(SCS)
③ 자동기상 관측장치(AWS)
④ 자동고장전류 계산장치(ACS)

> [해설]
> 태양광발전 통합모니터링 시스템의 구성요소
> • 자동기상 관측장치(AWS)
> • 태양광 모듈 계측 메인장치(SCS)
> • 전력변환장치 감시제어장치(AIS)

30 독립형 태양광 인버터의 시험항목이 아닌 것은?

① 효율시험   ② 출력측 단락시험
③ 절연저항시험   ④ 교류출력전류 변형률 시험

정답 25 ①, ②, ③   26 ④   27 ③   28 ①   29 ④   30 ④

해설

독립형 태양광 인버터의 시험항목
- 절연저항시험
- 효율시험
- 시스템 내구성 시험
- 출력측 단락시험
- 입력측 개방시험

해설

태양광발전시스템의 어레이 설계 시 고려사항
- 음 영
- 방위각
- 경사각
- 일사강도

31 계통연계 운전 중 송전이나 수전 시 시스템 보호를 위한 보호계전기의 종류가 아닌 것은?

① 부족전압계전기(UVR)
② 부족주파수계전기(UFR)
③ 역전력계전기(RPR)
④ 과전압계전기(OVR)

해설

계통연계 보호계전기 중 역송전이 있는 저압연계 시스템에 설치가 필요한 보호계전기 4가지
- OVR(과전압계전기)
- UVR(부족전압계전기)
- OFR(과주파수계전기)
- UFR(부족주파수계전기)

32 태양광발전시스템의 설계에 있어서 태양전지 어레이의 레이아웃 배치검토에 필요한 자료가 아닌 것은?

① 설치 예정지의 면적, 토지의 굴곡상태의 데이터
② 설치 예정지의 위도·경도에 따른 동짓날의 해 그림자 거리
③ 사용 예정인 태양전지 모듈 및 인버터의 카탈로그
④ 태양전지 어레이의 가대에 대한 구조계산서

해설

태양전지 어레이의 레이아웃 배치검토에 필요한 자료
- 설치 예정지의 위도·경도에 따른 동짓날의 해 그림자 거리
- 설치 예정지의 면적, 토지의 굴곡상태의 데이터
- 사용 예정지인 태양전지 모듈 및 인버터의 카탈로그

33 태양광발전시스템의 어레이 설계 시 고려사항으로 적당하지 않은 것은?

① 방위각
② 부하의 종류
③ 음 영
④ 경사각

34 설계도서의 의미를 가장 적합하게 설명한 것은?

① 구조물 등을 그린 도면으로 건축물, 시설물, 기타 각종 사물의 예정된 계획을 공학적으로 나타낸 도면이다.
② 설계, 공사에 대한 시공 중의 지시 등, 도면으로 표현될 수 없는 문장이나 수치 등을 표현한 것으로 공사수행에 관련된 제반규정 및 요구사항을 표시한 것이다.
③ 공사계약에 있어 발주자로부터 제시된 도면 및 그 시공기준을 정한 시방서류로서 설계도면, 표준시방서, 특기시방서, 현장설명서 및 현장설명에 대한 질문 회답서 등을 총칭하는 것이다.
④ 각종 기계·장치 등의 요구조건을 만족시키고, 또한 합리적, 경제적인 제품을 만들기 위해 그 계획을 종합하여 설계하고 구체적인 내용을 명시하는 일을 일컫는다.

해설

설계도서
설계도서는 공사계약 함에 있어서 발주자로부터 제시된 도면과 시공기준을 정한 시방서류로서 설계도면과 시방서, 현장설명서와 현장설명에 대한 질문 회답서 등을 총칭하는 내용이다.

35 주택용 태양광발전시스템의 설계 표준절차의 순서가 옳은 것은?

① 어레이의 설치·설계 → 태양전지의 모듈 선정 → 태양전지 어레이 발전량 산출 → 기기선정
② 태양전지의 모듈 선정 → 어레이의 설치·설계 → 태양전지 어레이 발전량 산출 → 기기선정
③ 태양전지 어레이 발전량 산출 → 어레이의 설치·설계 → 태양전지의 모듈 선정 → 기기선정
④ 어레이의 설치·설계 → 태양전지의 모듈 선정 → 기기선정 → 태양전지 어레이 발전량 산출

정답 31 ③ 32 ④ 33 ② 34 ③ 35 ①

해설

주택용 태양광발전시스템의 설계 표준절차 순서
어레이의 설치・설계 → 태양전지의 모듈선정 → 태양전지 어레이 발전량 산출 → 기기선정

36 태양광발전사업을 하고자 하는 경우 일반적으로 경제성 분석평가를 실시하는데 경제성 분석기준으로 옳지 않은 것은?

① 순현가 ② 할인율
③ 비용편익비 ④ 내부수익률

해설

경제성 분석기준
- 비용/편익분석방법
  - 현재 가치법(NPV ; Net Present Value)
  - 내부 수익률법(IRR)
  - 편익비용 비율법(Benefit/Cost Ratio)
- 순 현재가치분석방법
- 원가분석방법

37 그림은 태양광발전설비와 태양전지판의 크기를 나타낸 것이다. 햇빛이 지표면에 수직으로 입사할 때 1[m²]의 지표면에서 단위시간당 받는 빛에너지가 1,000[W]이고 태양전지의 변환효율이 15[%]일 때, 이 태양광발전 시설이 2시간 동안 생산하는 전력량은 몇 [Wh]인가?(단, 햇빛은 2시간 내내 동일하게 지면에 수직으로 입사하며, 태양전지 표면에서 빛의 반사는 일어나지 않는다)

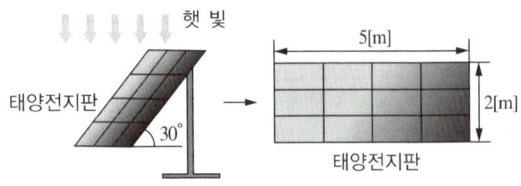

① 3,000 ② 1,500√3
③ 1,000√3 ④ 1,500

해설

전력량 = 면적 × 효율 × 일사량 × 시간
= 5 × 2 × 0.15 × 1,000 × cos 30° × 2 = 1,500√3

38 태양광발전시스템을 1,000[m²] 부지에 하나의 어레이로 설치할 때, 모듈효율 15[%], 일사량 500[W/m²]이면 생산되는 전력은?(단, 기타 조건은 무시한다)

① 75[kW] ② 750[kW]
③ 7,500[kW] ④ 75,000[kW]

해설

전력(W) = 면적 × 효율 × 일사량 = 1,000 × 0.15 × 500 = 75[kW]

39 지상에서의 길이 5[m]를 축척 1/200로 도면에 나타낼 때 그 길이는?

① 2.5[mm] ② 10[mm]
③ 20[mm] ④ 25[mm]

해설

길이 = 축척 × 길이 = $\frac{1}{200} \times 5 = 2.5 \times 10^{-2}$ [m] = 25[mm]

40 일반적으로 구조물이나 시설물 등을 공사 또는 제작할 목적으로 상세하게 작성된 도면은?

① 상세도 ② 시방서
③ 간트도표 ④ 내역서

제3과목 태양광발전시스템 시공

41 변전소의 설치 목적이 아닌 것은?

① 전력의 발생과 계통의 주파수를 변환시킨다.
② 발전전력을 집중 연계한다.
③ 수용가에 배분하고 정전을 최소화한다.
④ 경제적인 이유에서 전압을 승압 또는 강압한다.

해설

전력의 발생과 계통의 주파수 변환은 변전소의 역할이 아닌 발전소의 역할이다.

42 케이블트레이 시공방식의 장점이 아닌 것은?

① 방열특성이 좋다.
② 허용전류가 크다.
③ 장래부하 증설 시 대응력이 크다.
④ 재해를 거의 받지 않는다.

해설
케이블트레이 시공방식
- 장 점
  - 방열특성이 좋다.
  - 허용전류가 크다.
  - 장래부하 증설 시 대응력이 크다.
  - 시공이 용이하다.
  - 경제적이다.
- 단 점
  - 케이블의 노출에 따른 자연재해 및 동식물 등으로부터 피해를 받을 수 있다.

43 접지공사 시공 방법에 관한 설명으로 틀린 것은?

① 제1종 및 특별 제3종 접지공사의 접지저항값은 10[Ω] 이하로 한다.
② 제2종 접지공사는 변압기의 고압측 혹은 특별고압측 전로의 1선 지락전류의 암페어 수로 150을 나눈 값과 같은 접지저항값 이하로 한다.
③ 제3종 접지공사는 접지저항값을 100[Ω] 이하로 한다.
④ 태양전지에서 인버터까지의 직류전로(어레이 주회로)에는 특별 제3종 접지공사를 한다.

해설
접지공사 종류와 접지저항값(판단기준 제18조, 제19조)

접지공사의 종류	접지저항값	접지선의 굵기 (공칭단면적)
제1종 접지공사	10[Ω]	6[mm²] 이상의 연동선
제2종 접지공사	변압기의 고압측 또는 특고압측 전로의 1선 지락전류의 암페어수로 150을 나눈 값과 같은 [Ω]수	16[mm²] 이상의 연동선, 6[mm²] 이상의 연동선 (특고압과 저압의 결합 시)
제3종 접지공사	100[Ω]	2.5[mm²] 이상의 연동선
특별 제3종 접지공사	10[Ω]	2.5[mm²] 이상의 연동선

※ KEC(한국전기설비규정)의 적용으로 종별 접지공사가 폐지되어 문제 성립되지 않음 〈2021.01.19.〉

44 감리용역 계약문서가 아닌 것은?

① 기술용역입찰유의서
② 과업지시서
③ 감리비 산출내역서
④ 설계도서

해설
정의(전력시설물 공사감리업무 수행지침 제3조)
감리용역 계약문서는 계약서, 기술용역입찰유의서, 기술용역계약 일반조건, 감리용역계약 특수조건, 과업지시서, 감리비 산출내역서 등으로 구성되며, 이들 계약문서는 상호 보완의 효력을 가진다.

45 누전에 의한 감전과 화재 등을 방지하기 위하여 태양전지 어레이 출력전압이 400[V] 미만인 경우 몇 종 접지공사를 하여야 하는가?

① 제1종 접지공사
② 제2종 접지공사
③ 제3종 접지공사
④ 특별 제3종 접지공사

해설
기계기구의 철대 및 외함의 접지(판단기준 제33조)
태양전지 어레이 출력전압이 400[V] 미만인 경우는 제3종 접지공사를 실시한다.
※ KEC(한국전기설비규정)의 적용으로 종별 접지공사가 폐지되어 문제 성립되지 않음 〈2021.01.19.〉

46 KS C IEC 60364의 저압계통의 접지방식이 아닌 것은?

① TT방식
② TN-C방식
③ TT-C방식
④ IT방식

해설
KS C IEC 60364-1의 저압계통의 접지방식으로는 TT방식, TN-C방식, TN-S방식, TN-C-S방식, IT 방식 등이 있다.

정답 42 ④ 43 ④ 44 ① 45 ③ 46 ③

47 태양광 모듈에서 인버터까지 전압강하 계산식은?(단, A : 전선의 단면적[mm^2], I : 전류[A], L : 전선 1가닥의 길이[m]이다)

① $\dfrac{17.8 \times L \times I}{1,000 \times A}$ ② $\dfrac{30.8 \times L \times I}{1,000 \times A}$

③ $\dfrac{35.6 \times L \times I}{1,000 \times A}$ ④ $\dfrac{38.8 \times L \times I}{1,000 \times A}$

해설
전압강하 및 전선 단면적 계산식

회로의 전기방식	전압강하	전선의 단면적
직류 2선식 교류 2선식	$e = \dfrac{35.6LI}{1,000A}$	$A = \dfrac{35.6LI}{1,000e}$
3상 3선식	$e = \dfrac{30.8LI}{1,000A}$	$A = \dfrac{30.8LI}{1,000e}$

e : 각 선간의 전압강하[V]
A : 전선의 단면적[mm^2]
L : 도체 1본의 길이[m]
I : 전류[A]

48 태양광발전시스템 구조물의 설치공사 순서를 올바르게 나타낸 것은?

① 어레이 기초공사 → 어레이 가대공사 → 어레이 설치공사 → 배선공사 → 검사
② 어레이 가대공사 → 어레이 기초공사 → 어레이 설치공사 → 배선공사 → 검사
③ 배선공사 → 어레이 기초공사 → 어레이 가대공사 → 어레이 설치공사 → 검사
④ 배선공사 → 어레이 가대공사 → 어레이 기초공사 → 어레이 설치공사 → 검사

해설
태양광발전시스템의 일반적인 설치 순서
모든 시공절차에서는 구조의 안정성 확보와 전력손실 최소화를 목표로 시공해야 한다.
• 현장여건분석
 – 설치조건 : 방위각(정남향 ±30°), 설치면의 경사각, 건축안정성
 – 환경여건 고려 : 음영유무
 – 전력여건 : 배전용량, 연계점, 수전전력, 월평균 사용전력량
• 시스템설계
 – 시스템 구성 : 시스템용량 → 모듈용량 → 직·병렬 결선 → 어레이구분 → 병렬 인버터
 – 구조설계 : 기초·구조물설계, 구조계산
 – 전기설계 : 간선, 피뢰, 모니터링설계
• 구성요소 제작 : 태양전지 모듈, 인버터, 접속반, 설치구조물, 기타
• 기초공사 : 유형에 따라 기초공사(독립기초, 줄기초, 앙카고정형, 지붕·벽면 부착 등)
• 설치가대 설치
• 모듈설치 : 모듈부착 → 볼트·너트 고정 → 결선
• 간선공사 : 모듈 – 어레이 – 접속반 – 인버터 – 계통 간의 간선
• 파워컨디셔너(PCS) 설치 : 단상·3상, 옥내형·옥외형
• 시운전 : 정상 운전 상태 파악, 어레이별 출력 확인
• 운전 개시

49 태양광발전시스템의 전기배선에 관한 설명으로 옳지 않은 것은?

① 태양전지에서 옥내에 이르는 배선에 쓰이는 전선은 모듈 전용선을 사용하여야 한다.
② 전선이 지면을 통과하는 경우에는 피복에 손상이 발생되지 않도록 조치를 취하여야 한다.
③ 인버터 출력단과 계통연계점 간의 전압강하는 5[%] 이하로 하여야 한다.
④ 태양전지판의 출력배선을 군별, 극성별로 확인할 수 있도록 표시하여야 한다.

해설
태양전지판에서 PCS입력단 간 및 PCS출력단과 계통연계점 간의 전압강하는 3[%]를 초과하여서는 안 된다. 단, 전선길이가 60[m]를 초과할 경우에는 다음 표에 따라 시공할 수 있다. 전압강하 계산서(또는 측정치)를 설치확인 신청 시에 제출하여야 한다.

전선길이	전압강하
120[m] 이하	5[%]
200[m] 이하	6[%]
200[m] 초과	7[%]

50 태양광발전설비의 준공 후 감리원이 발주자에게 인수·인계할 목록에 반드시 포함되어야 하는 서류로서 옳지 않은 것은?

① 기자재 구매서류
② 시설물 인수·인계서
③ 안전교육 실적표
④ 품질시험 및 검사성과 총괄표

해설
현장문서 인수·인계(전력시설물 공사감리업무 수행지침 제64조)
감리원은 해당 공사와 관련한 감리기록서류 중 다음의 서류를 포함하여 발주자에게 인계할 문서의 목록을 발주자와 협의하여 작성하여야 하는데, 현장문서 인수·인계 목록은 준공사진첩, 준공도면, 품질시험 및 검사성과 총괄표, 기자재 구매서류, 시설물 인수·인계서이다.

51 다음 중 송전선로에 대한 설명으로 옳지 않은 것은?

① 송전설비는 발전소 상호 간, 변전소 상호 간, 발전소와 변전소 간을 연결하는 전선로와 전기설비를 말한다.
② 송전선로는 발전소, 1차 변전소, 배전용 변전소로 구성된다.
③ 송전방식은 교류 송전방식만이 사용된다.
④ 송전 계통의 개요는 송전선로, 급전설비, 운영설비이다.

해설
송전방식은 교류 송전방식, 직류 송전방식도 가능하다.

52 감리원은 설계도서 등에 대하여 현장 시공을 주안으로 하여 해당 공사 시작 전에 검토하여야 할 사항으로 옳지 않은 것은?

① 시공의 실제 가능 여부
② 현장조건에 부합 여부
③ 설계도서의 누락, 오류 등 불명확 부분의 존재 여부
④ 착공부터 완공까지의 공사기간 여부

해설
설계도서 등의 검토(전력시설물 공사감리업무 수행지침 제8조)
감리원은 설계도서 등에 대하여 공사계약문서 상호 간의 모순되는 사항, 현장 실정과의 부합여부 등 현장 시공을 주안으로 하여 해당 공사 시작 전에 검토하여야 하며 검토내용에는 다음 사항 등이 포함되어야 한다.
• 현장조건에 부합 여부
• 시공의 실제가능 여부
• 다른 사업 또는 다른 공정과의 상호부합 여부
• 설계도면, 설계설명서, 기술계산서, 산출내역서 등의 내용에 대한 상호일치 여부
• 설계도서의 누락, 오류 등 불명확한 부분의 존재 여부
• 발주자가 제공한 물량내역서와 공사업자가 제출한 산출내역서의 수량일치 여부
• 시공상의 예상 문제점 및 대책 등

53 감리원은 공사업자 등이 제출한 시설물의 유지관리지침 자료를 검토하여 공사 준공 후 며칠 이내에 발주에게 제출하여야 하는가?

① 7일
② 14일
③ 20일
④ 30일

해설
유지관리 및 하자보수(전력시설물 공사감리업무 수행지침 제65조)
감리원은 발주자(설계자) 또는 공사업자(주요설비 납품자) 등이 제출한 시설물의 유지관리지침 자료를 검토하여 다음 내용이 포함된 유지관리지침서를 작성, 공사 준공 후 14일 이내에 발주자에게 제출하여야 한다.
• 시설물의 규격 및 기능설명서
• 시설물 유지관리기구에 대한 의견서
• 시설물 유지관리방법
• 특기사항

정답 50 ③ 51 ③ 52 ④ 53 ②

54 감리원은 시공된 공사가 품질확보 미흡 또는 중대한 위해를 발생시킬 수 있다고 판단되거나, 안전상 중대한 위험이 발생된 경우 공사중지를 지시할 수 있는데, 다음 중 전면중지에 해당하는 것은?

① 공사업자가 공사의 부실 발생 우려가 짙은 상황에서 적절한 조치를 취하지 않은 채 공사를 계속 진행할 때
② 동일 공정에 있어 3회 이상 시정지시가 이행되지 않을 때
③ 안전시공상 중대한 위험이 예상되어 물적, 인적 중대한 피해가 예견될 때
④ 재시공 지시가 이행되지 않는 상태에서는 다음 단계의 공정이 진행됨으로써 하자발생이 될 수 있다고 판단될 때

해설
전면공사중지 사유(전력시설물 공사감리업무 수행지침 제41조)
• 공사업자가 고의로 공사의 추진을 지연시키거나, 공사의 부실 발생우려가 짙은 상황에서 적절한 조치를 취하지 않은 채 공사를 계속 진행하는 경우
• 부분중지가 이행되지 않음으로써 전체 공정에 영향을 끼칠 것으로 판단될 때
• 지진・해일・폭풍 등 불가항력적인 사태가 발생하여 시공을 계속할 수 없다고 판단될 때
• 천재지변 등으로 발주자의 지시가 있을 때

55 태양전지 모듈의 배선공사가 끝나고 확인할 사항이 아닌 것은?

① 극성 확인 ② 전압 확인
③ 단락전류 확인 ④ 양극접지 확인

해설
태양전지 모듈의 배선공사가 끝나고 확인할 사항은 태양전지 모듈의 배선이 끝나면 각 모듈 극성확인, 전압확인, 단락전류확인, 양극과의 접지 여부(비접지) 등을 확인한다. 특히, 태양광발전설비 중 파워컨디셔너(PCS)는 절연변압기를 시설하는 경우가 드물기 때문에 일반적으로 직류측 회로를 비접지로 하고 있다.

56 분산형 전원을 배전계통 연계 시 승압용 변압기의 1차 결선방식은 어떻게 하면 되는가?(단, 인버터는 3상이며, 절연변압기를 사용하는 경우이다)

① Y결선 ② △결선
③ V결선 ④ 스코트

해설
분산형 전원을 배전계통 연계 시 승압용 변압기의 1차 결선방식은 Y결선방식이며, 주로 Y-△-Y(또는 Y-Y-△)방식을 통해 인버터에서 발생하는 고조파를 저감하기 위해 △권선을 채용한다.

57 굵기가 다른 케이블을 배선할 경우 전선관의 두께는 전선의 피복 절연물을 포함한 단면적이 전선관의 몇 [%] 이하가 되어야 하는가?

① 20[%] ② 32[%]
③ 48[%] ④ 52[%]

해설
굵기가 다른 케이블을 배선할 경우 전선관의 두께는 전선의 피복 절연물을 포함한 단면적이 전선관의 32[%] 이하이어야 한다.

58 지붕 건재형 태양전지 모듈의 설치장소를 고려한 설치사항으로 옳지 않은 것은?

① 태양전지 모듈의 하중에 견딜 수 있는 강도를 가질 것
② 풍력계수는 처마 끝이나 지붕 중앙부를 똑같이 하여 시설할 것
③ 인접 가옥의 화재에 대한 방화대책을 세워 시설할 것
④ 눈이 많은 지역에서는 적설 방지대책을 강구하여 시설할 것

해설
지붕 건재형 태양전지 모듈의 풍력계수는 처마 끝이나 지붕 중앙부 등은 각 위치별로 풍압을 다르게 받기 때문에 각각 다르게 풍력계수를 적용하여야 한다.

정답 54 ① 55 ④ 56 ① 57 ② 58 ②

59 태양광발전시스템의 구조물 설치 계획 단계에서 고려해야 할 사항으로 틀린 것은?

① 지지대의 재질
② 지지대의 모양
③ 지지대의 강도
④ 지지대의 내용연수

해설
태양광발전시스템의 구조물 설치 계획 단계에서 고려해야 할 사항으로 태양전지 모듈의 지지물은 자중, 적재하중 및 구조하중은 물론 풍압, 적설 및 지진 기타의 진동과 충격에 견딜 수 있는 안전한 구조의 것이어야 하며, 지지대의 모양은 계획단계의 고려사항이 아니다.

60 설계감리원이 설계업자로부터 착수신고서를 제출받아 적정성 여부를 검토하여 보고하여야 하는 것은?

① 근무상황부
② 설계감리기록부
③ 설계감리일지
④ 예정공정표

해설
설계용역의 관리(설계감리업무 수행지침 제8조)
설계감리원은 설계업자로부터 착수신고서를 제출받아 다음 사항에 대한 적정성 여부를 검토하여 보고하여야 한다.
• 예정공정표
• 과업수행계획 등 그 밖에 필요한 사항

제4과목 태양광발전시스템 운영

61 중·대형 태양광발전용 인버터의 누설전류 시험에 대한 설명이 아닌 것은?

① 정격 주파수로 운전한다.
② 인버터를 정격출력에서 운전한다.
③ 판정기준은 누설전류가 5[mA] 이하이다.
④ 인버터의 기체와 대지 사이에 100[Ω] 이상의 저항을 접속한다.

해설
중·대형 태양광발전용 인버터의 누설전류 시험
• 교류 전원을 정격 전압 및 정격 주파수로 운전한다.
• 직류 전원은 인버터 출력이 정격 출력이 되도록 설정한다.
• 인버터의 기체와 대지와의 사이의 1[kΩ] 이상의 저항을 접속해서 저항에 흐르는 누설전류를 측정한다.
• 판정기준은 누설전류가 5[mA] 이하이다.

62 파워컨디셔너의 단독운전방지기능에서 능동적 방식에 속하지 않는 것은?

① 유효전력 변동방식
② 무효전력 변동방식
③ 주파수 시프트방식
④ 주파수 변화율 검출방식

해설
파워컨디셔너 단독운전방지기능의 능동적 방식
• 주파수 시프트방식   • 유효전력 변동방식
• 무효전력 변동방식   • 부하변동방식

63 신재생에너지 설치의무화 제도 및 대상기관이 아닌 곳은?

① 국가 및 지방자치단체
② 특별법에 따라 설립된 법인
③ 납입자본금으로 연간 50억원 이상을 출자한 법인
④ 대통령령으로 정하는 10억원 이상을 출연한 정부출연기관

해설
신재생에너지 설치의무화 대상기간 범위 및 대상 건축물(신에너지 및 재생에너지 개발·이용·보급 촉진법 제12조)
(1) 국가 및 지방자치단체
(2) 공공기관
(3) 정부가 대통령령으로 정하는 금액 이상(연간 50억원 이상)을 출연한 정부출연기관
(4) 국유재산법에 따른 정부출자기업체
(5) 지방자치단체 및 (2)~(4)까지의 규정에 따른 공공기관, 정부출연기관 또는 정부출자기업체가 대통령령으로 정하는 비율 또는 금액 이상(납입자본금의 100의 50 이상을 출자한 법인, 납입자본금으로 50억원 이상을 출자한 법인)을 출자한 법인
(6) 특별법에 따라 설립된 법인

64 태양광(PV) 모듈의 접촉점의 장애를 발견하기 위한 점검 및 측정방법은?

① 다기능 측정
② 접지저항 측정
③ 절연저항 측정
④ 과·저전압 측정

해설
다기능 측정기는 모듈 $I-V$ 커브 측정기로 모듈의 $I-V$, $P-V$, 최대출력, 단락전류, 단락전류밀도, 개방전압, 동작전류, 동작전압, 곡선인자, 변환효율, 일사강도, 외기온도, 표면온도 등을 측정할 수 있는 계측기이다. 만약, 모듈이 접촉점이 끊어질 경우 저항값이 증가하므로 $I-V$ 곡선을 측정하고 모듈 명판에 나와 있는 값과 비교하여 차이가 발생한 경우 접촉점의 장애를 발견할 수 있다.

65 태양광발전용 접속함의 성능시험방법이 아닌 것은?

① 내전압
② 절연저항
③ 자동 차단성능시험
④ 수동조작 차단성능시험

해설
태양광발전용 접속함의 성능시험
• 절연저항
• 내전압
• 수동조작 : 개폐조작
• 자동조작 : 투입조작, 개방조작, 전압트립, 트립자유
• 차단기 성능

66 30°의 고정식 태양광발전소 운전 시 우리나라의 남해안에서 연중대비 5~6월에 발생하는 현상으로 가장 옳은 설명은?

① 태양의 고도가 연중 제일 높아 출력이 가장 높다.
② 온도 상승에 의한 출력 감소가 연중 제일 높다.
③ 일사량(시간)에 의한 발전은 7, 8월 대비 두 번째로 높다.
④ 양축식 대비 단축식의 출력이 연중 가장 높다.

67 인버터의 전압왜란(Distortion)을 측정하기 위한 방법이 아닌 것은?

① 인버터 수치 읽기
② AC 회로시험
③ 전력망 분석
④ $I-V$ 곡선

해설
$I-V$ 곡선 : 트랜지스터나 다이오드 등 반도체 부품의 출력특성을 나타내는 데 $I-V$ 곡선이 많이 사용되고 태양전지에도 마찬가지이다.

68 태양전지 어레이 출력확인을 위해 개방전압을 측정할 때의 순서를 올바르게 나열한 것은?

ㄱ. 각 모듈이 그늘로 되어 있지 않는 것을 확인한다.
ㄴ. 접속함의 각 스트링 MCCB 또는 퓨즈를 OFF한다.
ㄷ. 접속함의 주개폐기를 OFF한다.
ㄹ. 측정하려는 스트링의 MCCB 또는 퓨즈를 OFF하여 측정한다.

① ㄱ → ㄴ → ㄷ → ㄹ
② ㄱ → ㄷ → ㄴ → ㄹ
③ ㄴ → ㄷ → ㄱ → ㄹ
④ ㄷ → ㄴ → ㄱ → ㄹ

해설
개방전압의 측정순서
• 접속함의 출력 개폐기를 개방(OFF)시킨다.
• 접속함의 각 스트링 단로스위치(DS 또는 퓨즈)가 있는 경우의 MCCB 또는 퓨즈를 개방(OFF)한다.
• 각 모듈이 그늘져 있지 않은지 확인한다.
• 측정하는 스트링의 MCCB 또는 퓨즈를 투입(ON)한다.
• 직류전압계로 각 스트링의 P-N 단자 간의 전압을 측정한다.

69 독립형 태양광발전시스템의 주요 구성장치로 볼 수 없는 것은?

① 태양광(PV) 모듈
② 충방전 제어기
③ 축전지 또는 축전지 뱅크
④ 송전설비

해설
독립형 태양광발전시스템의 주요 구성장치
태양전지, 파워컨디셔너, 축전지

64 ① 65 ③ 66 ① 67 ④ 68 ④ 69 ④

70 인버터 고장 시 고장부분 점검 후 정상동작 시 5분 후에 재기동하지 않아도 되는 경우는?

① 과전압　② 저전압
③ 저주파수　④ 전자접촉기

해설
인버터 고장 시
인버터 MC(전자접촉기) 이상 시는 전자접촉기 교체 점검 후 운전을 실시한다.

71 태양광발전시스템의 계측·표시에 관한 설명으로 틀린 것은?

① 계측기의 소비전력을 최대한 높여야 한다.
② 시스템의 운전상태 감시를 위한 계측 또는 표시이다.
③ 시스템 기기 및 시스템 종합평가를 위한 계측이다.
④ 홍보용으로 표시장치를 설치하기도 한다.

해설
계측을 위한 소비전력
- 계측기기는 미소하지만 어느 정도의 전력을 24시간 지속적으로 소비하게 된다. 예컨대, 주택용의 경우 컴퓨터 등을 사용하여 계측하면 25[W] × 24시간에서 약 600[Wh/일]의 전력을 소비하는 것이 되고, 3[kW]의 주택용 태양광발전시스템에서는 평균적으로 1일 발전전력량의 약 5[%] 이상을 소비하는 것이 된다.
- 계측장치의 소비전력을 억제하기 위해서, 특히 소규모 시스템의 경우 계측항목을 필요 최저한으로 줄이는 것이 중요하다.

72 화합물 반도체를 이용한 태양전지의 대표에는 CIGS, CdTe, GaAs 등의 태양전지가 있다. 결정질실리콘 대비 이들 태양전지의 특징으로 가장 옳지 않은 것은?

① 온도계수가 작아 고온에서 출력감소가 작다.
② 에너지갭은 크나 직접 천이 에너지갭으로 광특성이 우수하다.
③ CdTe는 에너지갭이 실리콘보다 커 고온환경의 박막 태양전지로 많이 응용되고 있다.
④ 큰 에너지갭으로 인해 보다 짧은 파장대역보다는 파장이 긴 대역의 빛을 흡수할 수 있다.

해설
큰 에너지갭으로 인해 보다 긴 파장대역보다는 파장이 짧은 대역의 빛을 흡수할 수 있다. 에너지 밴드갭과 파장과는 반비례의 관계가 있으므로 에너지 밴드갭이 클 경우에는 파장이 긴 대역보다는 짧은 파장대역의 빛을 흡수한다.

73 태양광전원의 연계용 변압기의 용량이 1[MVA]인 경우, 5[%]의 임피던스를 가지고 있다면 100[MVA] 기준으로 한 %임피던스는?

① 300[%]　② 400[%]
③ 500[%]　④ 60[%]

해설
%임피던스(%Z)는 발전기, 변압기, 전선로 등에 전류가 흐르면 자체 내부 임피던스에 의해 전압강하가 발생하고 정격전류가 흐를 때 내부 임피던스에 의한 전압강하와 정격전압과의 비를 백분율로 표시한 것이다.

$$\%임피던스전압 = \frac{임피던스전압}{1차측\ 정격전압} \times 100[\%]$$

$$\frac{5[\%]}{1[MVA]} = \frac{\%Z}{100[MVA]}, \quad \%Z = 500[\%]$$

74 태양광발전시스템 유지보수점검 시 보통 유지해야 할 절연저항은 몇 [MΩ] 이상인가?

① 1.0　② 2.0
③ 3.0　④ 4.0

해설
절연저항시험
- 입력단자 및 출력단자를 각각 단락하고, 그 단자와 대지 간의 절연저항을 측정한다.
- KS C 1302에서 규정하는 대로 시험품의 정격측정전압이 500[V] 미만에서는 유효 최대눈금값 1,000[MΩ], 500[V] 이상 1,000[V] 이하에서는 유효 최대눈금값 2,000[MΩ]의 절연저항계를 사용한다. 단, 해당 시험 시만 바리스터, Y-CAP, 서지 보호부품은 제거한다.
- 판정기준은 절연저항이 1[MΩ] 이상일 것

75 태양광발전 어레이가 받는 일조량과 같은 크기의 일조량을 받는 데 필요한 일조시간은?

① 등가 1일 일조시간　② 어레이 가동시간
③ 적산 일조시간　④ 최적 일조시간

정답 70 ④　71 ①　72 ④　73 ③　74 ①　75 ①

해설
기준 등가 가동시간(Reference Yield)
- 일조강도가 기준일조강도라고 할 경우, 실제로 태양광발전 어레이가 받은 일조량과 같은 크기의 일조량을 받는 데 필요한 일조시간이다.
- '등가 1일 일조시간'이라고도 한다.

해설
태빙 시 결정질 태양전지의 휨현상(Bowing)
- 태양전지 모듈생산은 셀의 등급을 구분하는 셀 소팅공정, 리본을 납땜하는 태빙 & 스트링 공정, 모듈의 구조를 형성하는 레이업 공정, 적층하는 라미네이션 공정, 프레임 및 단자박스를 부착하는 공정으로 이루어진다.
- 솔라 셀이 박형화 될수록 공정상에서 외부 영향에 의해 솔라 셀 보잉현상이 심화되고, 결국 솔라 셀의 모듈화 과정에서 Micro Crack 발생확률이 증가하기 때문이다. 특히 리본을 접착시키는 태빙 공정에서 PV 모듈이 전기적인 출력뿐만 아니라 솔라 셀의 변형인 보잉을 발생시키게 됨으로써 장기간 옥외노출 시 내구성도 담보하지 못하게 된다.
- 솔라 셀의 리본을 솔더링하는 태빙공정에서 솔라 셀 보잉을 최소화하기 위해서는 먼저 리본의 두께가 두꺼운 것을 사용하고 Hot 플레이트 온도를 낮추어야 한다.

76 태양광발전시스템 출력에너지를 태양광발전 어레이의 정격출력과 가동시간의 곱으로 나눈 값은?

① 주변기기 효율
② 종합시스템 효율
③ 시스템 이용률
④ 어레이 기여율

해설
시스템 이용률
태양광발전 어레이의 정격출력과 가동시간을 곱한 것에 대한 태양광발전시스템 출력에너지의 비율

77 Ribbon 재료로 사용되고 있는 부품은 대부분 주석-납-은 계열을 사용하나 현재 Pb-Free(납 제거)의 물질들이 개발 중이다. 리본재료의 설명으로 가장 부적절한 것은?

① 수분침투에 의해 노출되면 쉽게 산화하여 Rs(직렬등가저항)의 증가 및 Rsh(병렬등가저항)을 감소시켜 출력감소의 원인이 된다.
② 리본 연결공정에서 진공에 의해 압착은 하나 계면부 위에서 기포가 완전히 제거되지 않으면 시간에 따라 산화에 의해 셀의 Rsh(병렬등가저항)이 감소하여 출력이 감소한다.
③ 리본 연결공정의 조건 및 물질과 공정온도에 따라 셀의 휨현상(Bowing)은 없으나 직렬저항에 직접적인 영향을 미친다.
④ 납성분의 리본은 유해하나 접촉저항 감소 및 유연성 측면에서 사용하며 순간적인 고온에서 공정이 진행되어 셀에 열적 스트레스를 적게 준다.

78 태양광발전용 인버터의 정격입력전압이 제조사로부터 규정되지 않은 경우 정격입력전압 기준은?(단, 허용되는 최대입력전압은 V_L, 발전을 시작하기 위한 최소입력전압은 V_S이다)

① $\dfrac{V_L \cdot V_S}{2}$
② $\dfrac{V_L^2 + V_S^2}{2}$
③ $\dfrac{V_L - V_S}{2}$
④ $\dfrac{V_L + V_S}{2}$

해설
정격입력전압
인버터의 정격 출력이 가능한 제조사에 의해 규정(데이터 시트에 명시)된 최적입력전압으로, 제조사로부터 규정되어 있지 않은 경우 다음의 수식으로부터 도출한다.

$$V_{dc-r} = \dfrac{V_{dc-\max} + V_{dc-\min}}{2}, \quad V_{dc-r} = \dfrac{V_L + V_S}{2}$$

79 태양전지 어레이의 전기적 회로 구성요소가 아닌 것은?

① 스트링
② 바이패스다이오드
③ 환류다이오드
④ 접속함

해설
태양전지 어레이의 구성 요소
태양전지 모듈, 구조물, 접속함, 다이오드 등으로 구성하며 어레이에는 태양전지 모듈을 직·병렬로 조합하게 되는데, 직렬로 접속하여 하나로 합쳐진 회로를 스트링이라 한다.

80 방향과 경사가 서로 다른 하부 어레이들로 구성된 태양광발전시스템의 인버터 운영방식으로 적합한 것은?

① 중앙집중형 ② 분산형
③ 모듈형 ④ 마스터-슬레이브형

해설
방향과 경사가 서로 다른 하부 어레이들로 구성된 시스템, 또는 부분적으로 음영이 되는 시스템의 경우에는 분산형 인버터 방식이 고려되어야 한다.

제5과목 신재생에너지 관련 법규

81 전기를 생산하여 이를 전력시장을 통하여 전기판매업자에게 공급하는 것을 주된 목적으로 하는 사업을 무엇이라 하는가?

① 송전사업 ② 배전사업
③ 발전사업 ④ 변전사업

해설
발전사업(전기사업법 제2조)
전기를 생산하여 이를 전력시장을 통하여 전기판매사업자에게 공급하는 것을 주된 목적으로 하는 사업이다.

82 고압 가공전선 상호 간의 이격거리는 몇 [cm] 이상이어야 하는가?

① 150 ② 120
③ 100 ④ 80

해설
고압 가공전선 상호 간의 접근 또는 교차(KEC 332.17)
고압 가공전선이 다른 고압 가공전선과 접근상태로 시설되거나 교차하여 시설되는 경우에는 다음에 따라 시설하여야 한다.
• 위쪽 또는 옆쪽에 시설되는 고압 가공전선로는 고압 보안공사에 의할 것
• 고압 가공전선 상호 간의 이격거리는 80[cm](어느 한쪽의 전선이 케이블인 경우에는 40[cm]) 이상, 하나의 고압 가공전선과 다른 고압 가공전선로의 지지물 사이의 이격거리는 60[cm](전선이 케이블인 경우에는 30[cm]) 이상일 것
※ KEC(한국전기설비규정)의 적용으로 인해 판단기준 제86조에서 KEC 332.17로 변경됨 〈2021.01.19.〉

83 고압 가공전선으로 내열 동합금선을 사용하는 경우 안전율이 몇 이상이 되는 이도로 시설하여야 하는가?

① 2.0 ② 2.2
③ 2.5 ④ 4.0

해설
고압 가공전선의 굵기 및 종류(KEC 332.3)
고압 가공전선은 케이블인 경우 이외에는 다음에 규정하는 경우에 그 안전율이 경동선 또는 내열 동합금선은 2.2 이상, 그 밖의 전선은 2.5 이상이 되는 이도(弛度)로 시설하여야 한다.
※ KEC(한국전기설비규정)의 적용으로 인해 판단기준 제71조에서 KEC 332.3로 변경됨 〈2021.01.19.〉

84 물밑전선로의 시설에 대한 설명으로 틀린 것은?

① 전선에 케이블을 사용하고 이를 견고한 관에 넣어 시설하였다.
② 전선에 지름 3.5[mm] 아연도철선 이상의 기계적 강도가 있는 금속선으로 개장한 케이블을 사용하였다.
③ 특고압인 경우 전선으로 케이블을 사용하였다.
④ 폴리에틸렌 혼합물·부틸고무 혼합물의 절연재료로 구성된 케이블을 사용하였다.

해설
물밑전선로의 시설(KEC 335.4)
(1) 물밑전선로는 손상을 받을 우려가 없는 곳에 위험의 우려가 없도록 시설하여야 한다.
(2) 저압 또는 고압의 물밑전선로의 전선은 표준에 적합한 물밑케이블 또는 지중전선로의 시설에서 정하는 구조로 개장한 케이블이어야 한다. 다만, 다음 어느 하나에 의하여 시설하는 경우에는 그러하지 아니하다.
  ① 전선에 케이블을 사용하고 또한 이를 견고한 관에 넣어서 시설하는 경우
  ② 전선에 지름 4.5[mm] 아연도철선 이상의 기계적 강도가 있는 금속선으로 개장한 케이블을 사용하고 또한 이를 물밑에 매설하는 경우
  ③ 전선에 지름 4.5[mm](비행장의 유도로 등 기타 표지 등에 접속하는 것은 지름 2[mm]) 아연도철선 이상의 기계적 강도가 있는 금속선으로 개장하고 또한 개장 부위에 방식피복을 한 케이블을 사용하는 경우
(3) 특고압 물밑전선로는 다음에 따라 시설하여야 한다.
  ① 전선은 케이블일 것
  ② 케이블은 견고한 관에 넣어 시설할 것. 다만, 전선에 지름 6[mm]의 아연도철선 이상의 기계적 강도가 있는 금속선으로 개장한 케이블을 사용하는 경우에는 그러하지 아니하다.

정답 80 ② 81 ③ 82 ④ 83 ② 84 ②

(4) (2)(옥측배선 또는 옥외배선의 시설에서 준용하는 경우를 포함한다) 에 의한 물밑케이블의 표준에 규정하는 것을 제외하고는 다음과 같다.
① 도체는 KS C IEC 60228 '절연케이블용 도체'에서 정하는 연동선을 소선으로 한 연선(절연체에 부틸고무혼합물 또는 에틸렌 프로필렌 고무혼합물을 사용하는 것은 주석이나 납 또는 이들의 합금으로 도금한 것에 한한다)일 것
② 절연체는 다음에 적합한 것일 것
  ㉠ 재료는 폴리에틸렌혼합물·부틸고무혼합물 또는 에틸렌 프로필렌 고무혼합물로서 KS C IEC 60811-1-1의 "절연체 및 시스의 기계적 특성시험"에 규정하는 시험을 한 때에 이에 적합한 것일 것
  ㉡ 두께는 규정하는 값(도체에 접하는 부분에 반도전층을 입힌 경우에는 그 두께를 감한 값) 이상일 것
※ KEC(한국전기설비규정)의 적용으로 인해 판단기준 제146조(물밑전선로의 시설)에서 KEC 335.4로 변경됨 〈2021.01.19.〉

85 전기안전관리업무를 개인대행자가 대행할 수 있는 태양광발전설비의 용량은?

① 200[kW] 미만 ② 250[kW] 미만
③ 300[kW] 미만 ④ 350[kW] 미만

해설
안전관리업무의 대행 규모(전기사업법 시행규칙 제41조)
안전공사, 전기안전관리대행사업자 및 전기 분야의 기술자격을 취득한 사람으로서 대통령으로 정하는 장비를 보유하고 있는 자에 따른 자가 안전관리업무를 대행할 수 있는 전기설비의 규모는 다음과 같다.
- 안전공사 및 대행사업자 : 다음 어느 하나에 해당하는 전기설비(둘 이상의 전기설비 용량의 합계가 2,500[kW] 미만인 경우로 한정한다)
  – 용량 1,000[kW] 미만의 전기수용설비
  – 용량 300[kW] 미만의 발전설비. 다만, 비상용 예비발전설비의 경우에는 용량 500[kW] 미만으로 한다.
  – 신에너지 및 재생에너지 개발·이용·보급 촉진법에 따른 태양에너지를 이용하는 발전설비로서 용량 1,000[kW] 미만인 것
- 개인대행자 : 다음 어느 하나에 해당하는 전기설비(둘 이상의 용량의 합계가 1,050[kW] 미만인 전기설비로 한정한다)
  – 용량 500[kW] 미만의 전기수용설비
  – 용량 150[kW] 미만의 발전설비. 다만, 비상용 예비발전설비의 경우에는 용량 300[kW] 미만으로 한다.
  – 용량 250[kW] 미만의 태양광발전설비

86 태양광발전소의 태양전지 모듈, 전선 및 개폐기 등의 기구를 설치할 때 고려해야 할 사항이 아닌 것은?

① 충전 부분이 노출되지 아니하도록 시설할 것
② 태양전지 모듈에 접속하는 부하측의 전로에는 그 접속점과 떨어진 부분에 개폐기를 시설할 것
③ 태양전지 모듈을 병렬로 접속하는 전로에 단락이 생긴 경우에 전로를 보호하는 과전류차단기 등의 기구를 시설할 것
④ 태양전지 모듈 및 개폐기 등에 전선을 접속하는 경우 접속점에 장력이 가해지지 않도록 할 것

해설
태양전지 모듈 등의 시설(판단기준 제54조)
- 태양전지 발전소에 시설하는 태양전지 모듈, 전선 및 개폐기 기타 기구는 다음에 따라 시설하여야 한다.
  – 충전부분은 노출되지 아니하도록 시설할 것
  – 태양전지 모듈에 접속하는 부하측의 전로(복수의 태양전지 모듈을 시설한 경우에는 그 집합체에 접속하는 부하측의 전로)에는 그 접속점에 근접하여 개폐기 기타 이와 유사한 기구(부하전류를 개폐할 수 있는 것에 한한다)를 시설할 것
  – 태양전지 모듈을 병렬로 접속하는 전로에는 그 전로에 단락이 생긴 경우에 전로를 보호하는 과전류차단기 기타의 기구를 시설할 것. 다만, 그 전로가 단락전류에 견딜 수 있는 경우에는 그러하지 아니하다.
  – 전선은 다음에 의하여 시설할 것. 다만, 기계기구의 구조상 그 내부에 안전하게 시설할 수 있을 경우에는 그러하지 아니하다.
    ⓐ 전선은 공칭단면적 2.5[mm^2] 이상의 연동선 또는 이와 동등 이상의 세기 및 굵기의 것일 것
  – 태양전지 모듈 및 개폐기 그 밖의 기구에 전선을 접속하는 경우에는 나사 조임 그 밖에 이와 동등 이상의 효력이 있는 방법에 의하여 견고하고 또한 전기적으로 완전하게 접속함과 동시에 접속점에 장력이 가해지지 않도록 시설하며 출력배선은 극성별로 확인 가능토록 표시할 것
  – 태양전지 모듈의 프레임은 지지물과 전기적으로 완전하게 접속하여야 한다.
- 태양전지 모듈의 지지물은 자중, 적재하중, 적설 또는 풍압 및 지진 기타의 진동과 충격에 대하여 안전한 구조의 것이어야 한다.
※ KEC(한국전기설비규정)의 적용으로 문제 성립되지 않음 〈2021.01.19.〉

87 다음 중 온실가스가 아닌 것은?

① 메 탄 ② 이산화탄소
③ 아산화질소 ④ 과산화질소

해설
온실가스(저탄소 녹색성장 기본법 제2조)
이산화탄소(CO_2), 메탄(CH_4), 아산화질소(N_2O), 수소불화탄소(HFCs), 과불화탄소(PFCs), 육불화황(SF_6) 및 그 밖에 대통령령으로 정하는 것으로 적외선 복사열을 흡수하거나 재방출하여 온실효과를 유발하는 대기 중의 가스 상태의 물질을 말한다.

88 신에너지 및 재생에너지의 활성화 방안에 맞지 않는 것은?

① 에너지의 환경친화적 전환
② 에너지의 안정적 공급
③ 온실가스 배출의 감소
④ 에너지원의 단일화

해설
목적(신에너지 및 재생에너지 개발·이용·보급 촉진법 제1조)
이 법은 신에너지 및 재생에너지의 기술개발 및 이용·보급 촉진과 신에너지 및 재생에너지 산업의 활성화를 통하여 에너지원을 다양화하고, 에너지의 안정적인 공급, 에너지 구조의 환경 친화적 전환 및 온실가스 배출의 감소를 추진함으로써 환경의 보전, 국가경제의 건전하고 지속적인 발전 및 국민복지의 증진에 이바지함을 목적으로 한다.

89 신에너지 및 재생에너지 개발·이용·보급 촉진법에서 정한 공급의무자는 지난 연도 총전력생산량의 합계에 일정비율을 곱한 의무공급량 이상을 신재생에너지로 공급하여야 한다. 다음 중 2013년도 의무공급량 비율은?

① 2.0[%] ② 2.5[%]
③ 3.0[%] ④ 3.5[%]

해설
연도별 의무공급량의 비율(신에너지 및 재생에너지 개발·이용·보급 촉진법 시행령 별표 3)

해당 연도	비율[%]	해당 연도	비율[%]
2012	2.0	2018	5.0
2013	2.5	2019	6.0
2014	3.0	2020	7.0
2015	3.0	2021	9.0
2016	3.5	2022	10.0
2017	4.0	2023년 이후	10.0

90 지중에 매설되어 있고 대지와의 전기저항값이 몇 [Ω] 이하의 값을 유지하고 있는 금속제 수도관을 접지전극으로 사용할 수 있는가?

① 2 ② 3
③ 4 ④ 5

해설
접지극의 시설 및 접지저항(KEC 142.2의 7)
지중에 매설되어 있고 대지와의 전기저항값이 3[Ω] 이하의 값을 유지하고 있는 금속제 수도관을 접지전극으로 사용할 수 있다.
※ KEC(한국전기설비규정)의 적용으로 인해 판단기준 제21조(수도관 등의 접지극)에서 KEC 142.2의 7로 변경됨 〈2021.01.19.〉

91 태양광발전설비공사의 철근콘크리트 또는 철골구조부를 제외한 시설공사의 하자담보책임기간은?

① 1년 ② 3년
③ 5년 ④ 7년

해설
전기공사의 종류별 하자담보책임기간(전기공사업법 시행령 별표 3의2)
전기공사 수급인의 하자담보책임에 따른 전기공사의 종류별 하자담보책임기간

전기공사의 종류	하자담보 책임기간
1. 발전설비공사	
㉠ 철근콘크리트 또는 철골구조부	7년
㉡ ㉠ 외 시설공사	3년
2. 터널식 및 개착식 전력구 송전·배전설비공사	
㉠ 철근콘크리트 또는 철골구조부	10년
㉡ ㉠ 외 송전설비공사	5년
㉢ ㉠ 외 배전설비공사	2년
3. 지중 송전·배전설비공사	
㉠ 송전설비공사 (케이블공사 및 물밑 송전설비공사를 포함한다)	5년
㉡ 배전설비공사	3년
4. 송전설비공사 (2, 3 외의 송전설비공사를 말한다)	3년
5. 변전설비공사 (전기설비 및 기기설치공사를 포함한다)	3년
6. 배전설비공사 (2, 3 외의 배전설비공사를 말한다)	
㉠ 배전설비 철탑공사	3년
㉡ ㉠ 외 배전설비공사	2년
7. 산업시설물, 건축물 및 구조물의 전기설비공사	1년
8. 그 밖의 전기설비공사	1년

정답 87 ④ 88 ④ 89 ② 90 ② 91 ②

92 전로의 보호 장치의 확실한 동작의 확보, 이상전압의 억제 및 대지전압의 저하를 위하여 저압 전로의 중성점에서 시설할 경우 접지선의 공칭단면적은 몇 [mm²] 이상의 연동선으로 하여야 하는가?

① 16　　② 10
③ 6　　　④ 4

[해설]
전로의 중성점의 접지(KEC 322.5)
전로의 보호 장치의 확실한 동작의 확보, 이상전압의 억제 및 대지전압의 저하를 위하여 특히 필요한 경우에 전로의 중성점에 접지공사를 할 경우에는 다음에 따라야 한다.
- 접지극은 고장 시 그 근처의 대지 사이에 생기는 전위차에 의하여 사람이나 가축 또는 다른 시설물에 위험을 줄 우려가 없도록 시설할 것
- 접지선은 공칭단면적 16[mm²] 이상의 연동선 또는 이와 동등 이상의 세기 및 굵기의 쉽게 부식하지 아니하는 금속선(저압 전로의 중성점에 시설하는 것은 공칭단면적 6[mm²] 이상의 연동선 또는 이와 동등 이상의 세기 및 굵기의 쉽게 부식하지 않는 금속선)으로서 고장 시 흐르는 전류가 안전하게 통할 수 있는 것을 사용하고 또한 손상을 받을 우려가 없도록 시설할 것
- 접지선에 접속하는 저항기·리액터 등은 고장 시 흐르는 전류를 안전하게 통할 수 있는 것을 사용할 것
- 접지선·저항기·리액터 등은 취급자 이외의 자가 출입하지 아니하도록 설비한 곳에 시설하는 경우 이외에는 사람이 접촉할 우려가 없도록 시설할 것

※ KEC(한국전기설비규정)의 적용으로 인해 판단기준 제27조(전로의 중성점의 접지)에서 KEC 322.5로 변경됨 〈2021.01.19.〉

[해설]
용어의 정의(신에너지 및 재생에너지 개발·이용·보급 촉진법 제2조)
- "신에너지"란 기존의 화석연료를 변환시켜 이용하거나 수소·산소 등의 화학 반응을 통하여 전기 또는 열을 이용하는 에너지로서 다음 어느 하나에 해당하는 것을 말한다.
  – 수소에너지
  – 연료전지
  – 석탄을 액화·가스화한 에너지 및 중질잔사유를 가스화한 에너지로서 대통령령으로 정하는 기준 및 범위에 해당하는 에너지
  – 그 밖에 석유·석탄·원자력 또는 천연가스가 아닌 에너지로서 대통령령으로 정하는 에너지
- "재생에너지"란 햇빛·물·지열·강수·생물유기체 등을 포함하는 재생 가능한 에너지를 변환시켜 이용하는 에너지로서 다음 어느 하나에 해당하는 것을 말한다.
  – 태양에너지
  – 풍력
  – 수력
  – 해양에너지
  – 지열에너지
  – 생물자원을 변환시켜 이용하는 바이오에너지로서 대통령령으로 정하는 기준 및 범위에 해당하는 에너지
  – 폐기물에너지(비재생폐기물로부터 생산된 것은 제외한다)로서 대통령령으로 정하는 기준 및 범위에 해당하는 에너지
  – 그 밖에 석유·석탄·원자력 또는 천연가스가 아닌 에너지로서 대통령령으로 정하는 에너지

93 저탄소 녹색성장 기본법에 의해 정부는 에너지기본계획의 수립을 몇 년마다 수립·시행하여야 하는가?

① 2년　　② 3년
③ 4년　　④ 5년

[해설]
에너지기본계획의 수립(저탄소 녹색성장 기본법 제41조)
정부는 에너지정책의 기본원칙에 따라 20년을 계획기간으로 하는 에너지기본계획을 5년마다 수립·시행하여야 한다.

94 다음 중 신재생에너지에 해당되지 않는 것은?

① 풍력　　　② 원자력
③ 연료전지　④ 태양에너지

95 저탄소 녹색성장 기본법에 규정된 저탄소 녹색성장 추진의 기본원칙이 아닌 것은?

① 정부는 저탄소 녹색성장의 시급성과 긴박성을 인식하고 정부주도하에 저탄소 녹색성장 정책을 최우선적으로 추진한다.
② 정부는 녹색기술과 녹색산업의 경제성장의 핵심동력으로 삼고 새로운 일자리를 창출·확대할 수 있는 새로운 경제체제를 구축한다.
③ 정부는 사회·경제 활동에서 에너지와 자원 이용의 효율성을 높이고 자원순환을 촉진한다.
④ 정부는 국가의 자원을 효율적으로 사용하기 위하여 성장잠재력과 경쟁력이 높은 녹색기술 및 녹색산업 분야에 대한 중점 투자 및 지원을 강화한다.

정답 92 ③　93 ④　94 ②　95 ①

해설

저탄소 녹색성장 추진의 기본원칙(저탄소 녹색성장 기본법 제3조)
저탄소 녹색성장은 다음의 기본원칙에 따라 추진되어야 한다.
- 정부는 기후변화·에너지·자원 문제의 해결, 성장 동력 확충, 기업의 경쟁력 강화, 국토의 효율적 활용 및 쾌적한 환경 조성 등을 포함하는 종합적인 국가 발전전략을 추진한다.
- 정부는 시장기능을 최대한 활성화하여 민간이 주도하는 저탄소 녹색성장을 추진한다.
- 정부는 녹색기술과 녹색산업을 경제성장의 핵심 동력으로 삼고 새로운 일자리를 창출·확대할 수 있는 새로운 경제체제를 구축한다.
- 정부는 국가의 자원을 효율적으로 사용하기 위하여 성장잠재력과 경쟁력이 높은 녹색기술 및 녹색산업 분야에 대한 중점 투자 및 지원을 강화한다.
- 정부는 사회·경제 활동에서 에너지와 자원 이용의 효율성을 높이고 자원순환을 촉진한다.
- 정부는 자연자원과 환경의 가치를 보존하면서 국토와 도시, 건물과 교통, 도로·항만·상하수도 등 기반시설을 저탄소 녹색성장에 적합하게 개편한다.
- 정부는 환경오염이나 온실가스 배출로 인한 경제적 비용이 재화 또는 서비스의 시장가격에 합리적으로 반영되도록 조세체계와 금융체계를 개편하여 자원을 효율적으로 배분하고 국민의 소비 및 생활 방식이 저탄소 녹색성장에 기여하도록 적극 유도한다. 이 경우 국내산업의 국제경쟁력이 약화되지 않도록 고려하여야 한다.
- 정부는 국민 모두가 참여하고 국가기관, 지방자치단체, 기업, 경제단체 및 시민단체가 협력하여 저탄소 녹색성장을 구현하도록 노력한다.
- 정부는 저탄소 녹색성장에 관한 새로운 국제적 동향을 조기에 파악·분석하여 국가 정책에 합리적으로 반영하고, 국제사회의 구성원으로서 책임과 역할을 성실히 이행하여 국가의 위상과 품격을 높인다.

96 신에너지 및 재생에너지 개발·이용·보급촉진법에서 정한 공급의무자가 아닌 것은?

① 한국중부발전주식회사 ② 한국수자원공사
③ 한국가스공사 ④ 한국지역난방공사

해설

신재생에너지 공급의무자(신에너지 및 재생에너지 개발·이용·보급 촉진법 시행령 제18조의3)
신재생에너지 공급의무화 등에서 "대통령령으로 정하는 자"란 다음 어느 하나에 해당하는 자를 말한다.
- 발전사업자, 발전사업의 허가를 받은 것으로 보는 자에 해당하는 자로서 50만[kW] 이상의 발전설비(신재생에너지 설비는 제외한다)를 보유하는 자
- 한국수자원공사법에 따른 한국수자원공사
- 집단에너지사업법에 따른 한국지역난방공사

97 신재생에너지정책심의회의 심의를 거쳐 신재생에너지의 기술개발 및 이용·보급을 촉진하기 위한 기본계획을 수립하는 자는?

① 행정자치부장관
② 산업통상자원부장관
③ 고용노동부장관
④ 환경부장관

해설

기본계획의 수립(신에너지 및 재생에너지 개발·이용·보급 촉진법 제5조)
산업통상자원부장관은 관계 중앙행정기관의 장과 협의를 한 후 신재생에너지정책심의회의 심의를 거쳐 신재생에너지의 기술개발 및 이용·보급을 촉진하기 위한 기본계획을 5년마다 수립하여야 한다.

98 3상 4선식 22.9[kV] 중성점 다중접지식 가공전선로의 전로와 대지 사이의 절연내력 시험전압[V]은?

① 28,625
② 22,900
③ 21,068
④ 16,488

정답 96 ③ 97 ② 98 ③

해설

전로의 절연저항 및 절연내력(KEC 132)

3상 4선식 22.9[kV] 중성점 다중접지식 가공전선로의 전로와 대지 사이의 절연내력 시험전압은 21,068[V]이다.

전로의 종류	시험전압
1. 최대사용전압 7[kV] 이하인 전로	최대사용전압의 1.5배의 전압
2. 최대사용전압 7[kV] 초과 25[kV] 이하인 중성점 접지식 전로(중성선을 가지는 것으로서 그 중성선을 다중접지 하는 것에 한한다)	최대사용전압의 0.92배의 전압
3. 최대사용전압 7[kV] 초과 60[kV] 이하인 전로(2란의 것을 제외한다)	최대사용전압의 1.25배의 전압 (10.5[kV] 미만으로 되는 경우는 10.5[kV])
4. 최대사용전압 60[kV] 초과 중성점 비접지식 전로(전위 변성기를 사용하여 접지하는 것을 포함한다)	최대사용전압의 1.25배의 전압
5. 최대사용전압 60[kV] 초과 중성점 접지식 전로(전위 변성기를 사용하여 접지하는 것 및 6란과 7란의 것을 제외한다)	최대사용전압의 1.1배의 전압 (75[kV] 미만으로 되는 경우에는 75[kV])
6. 최대사용전압이 60[kV] 초과 중성점 직접접지식 전로(7란의 것을 제외한다)	최대사용전압의 0.72배의 전압
7. 최대사용전압이 170[kV] 초과 중성점 직접 접지식 전로로서 그 중성점이 직접 접지되어 있는 발전소 또는 변전소 혹은 이에 준하는 장소에 시설하는 것	최대사용전압의 0.64배의 전압
8. 최대사용전압이 60[kV]를 초과하는 정류기에 접속되고 있는 전로	교류측 및 직류 고전압측에 접속되고 있는 전로는 교류측의 최대 사용전압의 1.1배의 직류전압 직류측 중성선 또는 귀선이 되는 전로(이하 "직류 저압측 전로"라 한다)는 별도 규정하는 계산식에 의하여 구한 값

※ KEC(한국전기설비규정)의 적용으로 인해 판단기준 제13조(전로의 절연저항 및 절연내력)에서 KEC 132로 변경됨 〈2021.01.19.〉

99 전기설비의 일반사항에 대한 내용으로 잘못된 것은?

① 고전압의 침입 등에 의한 감전, 화재 등으로 사람에게 손상을 줄 우려가 없도록 접지를 실시한다.
② 뇌방전으로 인한 과전압으로 전기설비의 손상, 감전 등의 우려가 없도록 피뢰설비를 시설한다.
③ 전로에 시설하는 전기기계기구는 통상 사용상태에서 발생하는 열에 견디는 것이어야 한다.
④ 전선의 접속부분에 전기저항이 증가되도록 접속하고 절연성능이 저하되지 않도록 하여야 한다.

해설

전기설비의 일반사항(기술기준 제6조, 제6조의2, 제8조, 제9조)
- 전기설비의 필요한 곳에는 이상 시 전위상승, 고전압의 침입 등에 의한 감전, 화재 그 밖에 사람에 위해를 주거나 물건에 손상을 줄 우려가 없도록 접지를 한다.
- 뇌 방전으로 인한 과전압으로부터 전기설비의 손상, 감전 또는 화재의 우려가 없도록 피뢰설비를 시설한다.
- 전선은 접속부분에서 전기저항이 증가되지 않도록 접속하고 절연성능의 저하(나전선을 제외한다) 및 통상 사용상태에서 단선의 우려가 없도록 하여야 한다.
- 전로에 시설하는 전기기계기구는 통상 사용상태에서 그 전기기계기구에 발생하는 열에 견디는 것이어야 한다.

100 신재생에너지발전사업자가 도서지역에서 생산한 전력을 전력시장에서 거래하지 않아도 되는 발전설비 용량은?

① 1,000[kW]　　② 2,000[kW]
③ 3,000[kW]　　④ 4,000[kW]

해설

전력거래(전기사업법 시행령 제19조)
발전사업자 및 전기판매사업자는 전력시장운영규칙으로 정하는 바에 따라 전력시장에서 전력거래를 하여야 한다. 다만, 도서지역 등 대통령령으로 정하는 경우에는 그러하지 아니하다는 규정에서 "도서지역 등 대통령령으로 정하는 경우"란 다음의 경우를 말한다.
- 한국전력거래소가 운영하는 전력계통에 연결되어 있지 아니한 도서지역에서 전력을 거래하는 경우
- 신에너지 및 재생에너지 개발·이용·보급 촉진법에 따른 신재생에너지발전사업자가 1,000[kW] 이하의 발전설비용량을 이용하여 생산한 전력을 거래하는 경우
- 산업통상자원부장관이 정하여 고시하는 요건을 갖춘 신재생에너지발전사업자(자가용전기설비를 설치한 자는 제외)가 1,000[kW] 초과의 발전설비용량(둘 이상의 신재생에너지발전사업자가 공동으로 공급하는 경우 그 발전설비용량은 합산한다)을 이용하여 생산한 전력을 전기판매사업자에게 공급하고, 전기판매사업자가 그 전력을 산업통상자원부장관이 정하여 고시하는 요건을 갖춘 전기사용자에게 공급하는 방법으로 전력을 거래하는 경우

정답 100 ①

2014년 제4회 기사 과년도 기출문제

신재생에너지발전설비기사(태양광) 필기

제1과목 태양광발전시스템 이론

01 교류의 파형률이란?

① $\dfrac{실횻값}{평균값}$ ② $\dfrac{평균값}{실횻값}$

③ $\dfrac{실횻값}{최댓값}$ ④ $\dfrac{최댓값}{실횻값}$

[해설]
파형률 = 실횻값/평균값 = 1.11

02 2,500[W] 인버터의 입력전압 범위가 22~32[V]이고, 최대출력에서 효율은 88[%]이다. 최대 정격에서 인버터의 최대입력전류는?

① 129[A] ② 100[A]
③ 89[A]   ④ 69[A]

[해설]
최대정격에서 인버터의 최대입력전류
$= \dfrac{2{,}500}{22 \times 0.88} ≒ 129.13[A]$

03 투명유리 위에 코팅된 투명전극과 그 위에 접착되어 있는 나노입자로 구성된 태양전지는?

① 단결정 실리콘 태양전지
② 박막 태양전지
③ 염료 감응형 태양전지
④ CIGS계 태양전지

[해설]
염료 감응형(Dye-Sensitized) 태양전지
유기염료와 나노기술을 이용하여 고도의 효율을 갖도록 개발된 태양전지로서 날씨가 흐리거나 빛의 투사각도가 Zero(0°)에 가까워도 발전을 한다. 반투명과 투명으로 만들 수 있고 유기염료의 종류에 따라서 빨간색, 노란색, 파란색, 하늘색 등 다양한 색상이 있고 원하는 그림을 넣을 수가 있어서 인테리어로도 활용할 수 있다.

04 태양열발전시스템에 대한 설명으로 잘못된 것은?

① 홈통형은 공정열이나 화학반응을 위해 열을 제공한다.
② 파라볼라 접시형은 집열기에서 태양열에너지를 직접 열로 변환시켜 열로 이용한다.
③ 진공관형은 집열관 내의 가열된 열매체는 파이프를 통해 열교환기로 수송되어 증기를 생산한다.
④ 파워 타워형의 집광비는 300~1,500[sun] 정도이며 1,500[℃] 이상에서도 동작이 가능하다.

[해설]
태양열발전시스템의 특징
• 파라볼라 접시형은 집열기에서 태양열에너지를 직접 열로 변환시켜 열로 이용한다.
• 홈통형은 공정열이나 화학반응을 위해 열을 제공한다.
• 진공관형(Evacuated Tube Type) 태양열 집열기는 투과체 내부를 진공으로 만들고 그 안에 흡수판을 설치한 집열기이다. 진공관의 형태에 따라 단일 진공관과 2중 진공관이 있는데 단일 진공관은 유리관의 내부 전체가 진공으로 된 것이고, 2중 진공관은 2중으로 되어 있어 유리관 사이가 진공상태로 된 것이다.
• 파워 타워형의 집광 비는 300~1,500[sun] 정도이며, 1,500[℃] 이상에서도 동작한다.

05 태양광발전설비가 개방된 곳에 설치되어 있다면 낙뢰로부터 보호하기 위해 설치하는 것은?

① 피뢰침
② 역류방지장치
③ 바이패스장치
④ 발광다이오드

[해설]
낙뢰보호기 : 피뢰침, 돌침, 자동차단기

정답 1 ① 2 ① 3 ③ 4 ③ 5 ①

06
태양광발전설계에 AM=1.5가 적용되는 경우 태양과 지표와의 각도는 약 몇 도인가?

① 90°
② 60°
③ 42°
④ 30°

해설
AM의 구분

구 분	내 용
AM0	우주공간에서의 조사에너지로 1,353[kW/m^2] (태양정수)
AM1	적도상에서 수직일사(태양고도 90°), 천정각 0°, 해발 0[m], 약 1[kW/m^2]
AM1.5	경사각 θ가 약 42°(천정각 48°), 약 1[kW/m^2](표준사양)
AM2	경사각 θ가 30°(천정각 60°), 약 0.75[kW/m^2]

07
태양전지 모듈은 나뭇잎 등의 부착이나 앞면의 어레이 등으로 인해 그늘이 지면 거의 대부분 발전되지 않는다. 이때 태양전지 어레이나 스트링이 병렬회로로 구성되어 있다고 하면, 태양전지 어레이의 스트링 사이에 출력전압의 불균형이 발생할 때 부하가 되는 것을 방지하기 위한 목적으로 사용되는 소자는?

① 피뢰소자
② 바이패스소자
③ 역류방지소자
④ 정류 다이오드

해설
역류방지소자(Blocking Diode)
태양전지 어레이의 스트링별로 설치된다. 역류방지소자는 태양전지 모듈에 다른 태양전지 회로와 축전지의 전류가 흘러 들어오는 것을 방지하기 위해 설치하며, 보통 다이오드가 사용된다.

08
태양광발전시스템에서 추적제어방식에 따른 분류가 아닌 것은?

① 프로그램 추적법(Program Tracking)
② 감지식 추적법(Sensor Tracking)
③ 양방향 추적법(Double Axis Tracking)
④ 혼합식 추적법(Mixed Tracking)

해설
태양광발전시스템 형태에 따른 분류
고정식과 추적식으로 분류할 수 있는데 추적식은 고정식에 비해 약 20~30[%] 정도 높은 발전 효율을 보이지만 설치비용적인 측면에서 고정식에 비해 단가가 높다. 그러므로 사전에 발전량과 설치비용에 대한 검토 후 손익분기점을 계산해서 결정해야 한다.
• 추적식 어레이
  – 양방향 추적식 : 프로그램 추적법(Program Tracking), 감지식 추적법(Sensor Tracking), 혼합식 추적법(Mixed Tracking)
  – 단방향
• 고정식 어레이
  – 고정형 어레이(경사고정형)
  – 반고정 어레이(경사가변형)

09
태양전지의 전기적 특성에 대한 설명으로 틀린 것은?

① 출력전압은 절대적으로 입사광 세기에 비례한다.
② 최대 밝기의 1/5 정도되는 흐린 날에도 전압이 나온다.
③ 태양전지의 전압출력은 온도에 따라 영향을 받는다.
④ 태양전지의 전류출력은 입사되는 빛의 세기에 비례한다.

해설
태양전지의 전기적 특성
출력전압은 입사광 세기에 반비례한다.

10
태양전지 제조 과정 중 표면 조직화에 대한 설명으로 틀린 것은?

① 표면 조직화는 표면 반사손실을 줄이거나 입사경로를 증가시킬 목적이다.
② 표면 조직화는 광 흡수율을 높여 단락전류를 높이기 위함이다.
③ 태양전지의 표면을 피라미드 또는 요철구조로 형성화하는 방법이다.
④ 표면 조직화는 태양전지의 곡선인자값을 향상시키게 된다.

정답 6 ③ 7 ③ 8 ③ 9 ① 10 ④

해설
표면 조직화(Texture, 텍스처)
표면 반사 손실을 줄이거나 입사 경로를 증가하고 광 흡수율을 높여 단락전류를 높이기 위한 목적으로 태양전지의 표면을 피라미드 또는 요철 구조로 형성하는 방법이다. 태양전지의 표면을 조직화함으로써 표면적을 넓혀 빛의 흡수를 늘리고, 반사도를 줄여 태양전지의 전류를 증가시키고, 효율 향상을 목적으로 한다. 웨이퍼 장입과 세정 및 웨이퍼 표면 조직화는 100매 또는 200매 단위로 적체된 웨이퍼를 한 장씩 분리하여 표면처리를 위해 장입한다. 태양전지용 웨이퍼는 반도체 웨이퍼와 달리 웨이퍼 절단 후 간단한 세정만을 수행한 후에 셀 제조사에 공급한다. 따라서 웨이퍼 표면에는 절단과정의 불순물과 주깨에서 웨이퍼 절단 과정에서 형성되는 표면에 미세균열과 같은 표면에 손상된 부분을 식각한다. 이것이 손상제거 식각공정이다. 손상제거 공정은 웨이퍼 표면의 구조를 표면조직화 하는데 반복성을 가지기 위해서 중요한 공정이다.

11 BIPV(Building Integrated PV System)에 대한 설명으로 틀린 것은?

① 건축 재료와 발전기능을 동시에 발휘하는 방식이다.
② 경제적이며 에너지 효율성이 우수하다.
③ 태양광발전시스템 설계 시 건축가와 사전협의가 필요하다.
④ 태양광모듈을 지붕·파사드·블라인드 등 건물외 피에 적용하는 방식이다.

해설
BIPV 시스템(Building Integrated Photovoltaic System)
건물의 지붕 및 입면에 외벽 마감재 대신 PV모듈로 건축물 외피 마감 재료를 대체하는 시스템이다. 태양광에너지로 전기를 생산하여 소비자에게 공급하는 것 이외에 건축물 외장재로 사용하여 건설 비용을 줄이고 건물의 가치를 높이는 디자인 요소로 사용된다. 또한 설계 시 건축가와 사전협의가 필요한데 단점으로는 아직까지 에너지 효율성이 적어 비경제적이다.
- 기 능
  - 주광조절기능
  - 차양기능
  - 전자기적 에너지변환 가능
  - 형태요소
  - 색채연출기능
  - 이미지 홍보

12 전압계가 일반적으로 가지고 있어야 하는 특성은?
① 높은 내부저항 ② 낮은 외부저항
③ 높은 감도   ④ 큰 전류를 잘 견딜 능력

해설
전압계 일반적인 특성
- 낮은 감도
- 높은 내·외부저항
- 고전압 능력

13 계통연계용 태양전지시스템의 방재 대응형 축전지를 다음 조건에 의해 설치하려 한다. 설치용량으로 가장 적합한 것은?

- 평균부하 용량 : 5[kWh]
- PCS 직류입력전압 : 200[V]
- PCS 축전지 간 전압강하 : 2[V]
- PCS 효율 : 95[%]
- 보수율 : 0.8
- 용량환산시간 : 24.5

① 600[Ah] ② 700[Ah]
③ 800[Ah] ④ 900[Ah]

해설
축전지 용량(C) = $\dfrac{KI}{L} = \dfrac{24.5 \times 26.055}{0.8} \fallingdotseq 797.93[Ah]$

여기서, 인버터 직류입력전류($I_d = I$)
$= \dfrac{P \times 1,000}{E_f(V_i + V_d)} = \dfrac{5 \times 1,000}{0.95(200+2)} \fallingdotseq 26.055[A]$

(평균부하용량(P), 방전유지시간(T), 인버터 최저동작 직류 입력전압(V_i), 축전지 인버터 간의 전압강하(V_d), 보수율(L), 인버터의 효율(E_f), 용량 환산시간(K))

14 태양광발전시스템에서 지락 발생 시 누전차단기로 보호할 수 없는 경우가 발생하는 이유는?
① 지락전류에 직류성분이 포함되어 있기 때문에
② 태양전지에서 발생하는 지락전류의 크기가 매우 크기 때문에
③ 인버터의 출력이 직접 계통에 접속되기 때문에
④ 태양전지와 계통측이 절연되어 있지 않기 때문에

해설
태양광발전시스템에서 지락 발생 시 누전차단기로 보호할 수 있는 경우
- 지락전류에 교류성분이 포함되어 있기 때문에
- 인버터의 출력이 직접계통에 접속되기 때문에
- 태양전지와 계통측이 절연되어 있지 않기 때문에
- 태양전지에서 발생하는 지락전류의 크기가 매우 크기 때문에

정답 11 ② 12 ① 13 ③ 14 ①

15 독립형 태양광발전시스템은 매일 충·방전을 반복해야 한다. 이 경우 축전지의 수명(충·방전 Cycle)에 직접적으로 영향을 미치는 것은?

① 용량환산계수 ② 보수율
③ 평균 방전전류 ④ 방전심도

해설
충·방전 횟수가 많기 때문에 일반적으로는 사이클 서비스용 축전지를 권장한다. 이 경우 방전심도와 수명의 관계를 고려하여 기대수명을 다할 수 있도록 방전심도를 고려하여 축전지 용량을 결정해야 한다.

16 태양광전지 모듈의 출력특성을 평가할 경우, 표준시험 기준에 해당되지 않는 것은?

① 모듈표면온도 : 25[℃]   ② 모듈표면압력 : 1기압
③ 분광분포 : AM1.5   ④ 방사조도 : 1,000[W/m²]

해설
표준시험조건(STC ; Standard Test Condition) 기준
• 직사광선 방사조도는 1,000[W/m²]
• 태양전지 온도는 25[℃]이며, ±2[℃] 허용 오차
• 기준 스펙트럼 조사강도 분포는 IEC 60904-3에 따르고 이때의 질량은 AM=1.5로 한다.

17 태양전지 제조 가격을 줄이기 위해 실리콘 웨이퍼의 두께를 줄이게 되면 개방전압(V_{oc})이 감소하여 효율저하가 발생한다. 이를 방지하기 위한 대책으로 옳은 것은?

① 선택적 도핑
② 표면 패시베이션(Passivation)
③ 표면 고 반사막
④ 저저항 메탈전극

해설
개방전압(V_{oc} : Open Circuit Voltage)
• 일조강도와 특정한 온도에 부하를 연결하지 않은 상태로서 태양광발전 장치의 양단에 걸리는 전압이다.
• 빛 흡수에 의해 발생된 캐리어는 전지 양단의 표면으로 분리 이동해 전압을 형성하기 때문에 높은 전압을 발생시키기 위해 재결합 방지를 해야 하고, 빛의 양이 증가함에 따라 발생전압이 상승한다. 그렇기 때문에 고순도(캐리어의 수명이 길다) 기판을 사용해야 하며, 캐터링 공정(기판의 불순물을 제거)과 패시베이션 공정(표면의 결함을 제거)을 통해서 캐리어의 수명을 최대한 높여 주어야 한다. 결과적으로 병렬저항이 작으면 누설전류가 커지고 개방전압을 낮추게 된다.

18 피뢰기가 구비해야 할 조건으로 잘못 설명된 것은?

① 속류의 차단능력이 충분할 것
② 상용주파 방전 개시 전압이 높을 것
③ 충격 방전 개시 전압이 낮을 것
④ 방전내량이 작으면서 제한 전압이 높을 것

해설
피뢰기가 구비해야 할 조건
• 충격 방전 개시 전압이 낮을 것
• 속류의 차단능력이 충분할 것
• 방전내량이 클 것
• 제한전압이 적정할 것
• 상용주파 방전 개시 전압이 높을 것

19 어떤 모듈의 특성치가 다음의 표와 같다. 이 모듈의 광변환 효율은 약 몇 [%]인가?

• V_{oc} : 45.10[V]
• I_{sc} : 8.57[A]
• V_{mpp} : 35.70[V]
• I_{mpp} : 8.27[A]
• Dimensions : 1,956×992×40[mm]

① 15.2   ② 14.9
③ 14.6   ④ 14.3

해설
모듈의 광변환 효율(η) = $\dfrac{V_{mpp} \times I_{mpp} \times 1,000}{면적(가로 \times 세로)} \times 100$

= $\dfrac{35.70 \times 8.27 \times 1,000}{1,956 \times 992} \times 100$

≒ 15.2157[%]

정답 15 ④ 16 ② 17 ② 18 ④ 19 ①

20 인버터의 직류동작전압을 일정시간 간격으로 약간 변동시켜 그때의 태양전지 출력전력을 계측하여 사전에 발생한 부분과 비교를 하게 되고 항상 전력이 크게 되는 방향으로 인버터의 직류전압을 변화시키는 기능은?

① 자동운전 정지제어기능
② 직류 검출제어기능
③ 최대전력 추종제어기능
④ 자동전압 조정기능

해설
최대전력 추종제어기능(MTTP ; Maximum Power Point Tracking)
태양전지의 일사강도와 온도변화에 따른 출력전류와 전압의 변화에 대해 태양전지의 출력을 항상 최대한으로 이끌어내는 중요한 알고리즘 중에 하나이다.

제2과목 태양광발전시스템 설계

21 태양전지 어레이 설계 시의 고려사항 중 발전설비용량 결정의 기술적 측면으로 옳지 않은 것은?

① 사업부지의 면적
② 어레이의 직렬 모듈 수 및 구성방식
③ 어레이별 이격거리
④ 전기안전관리자 상주여부

해설
발전설비용량 결정의 기술적 측면
• 어레이의 직렬 모듈 수 및 구성방식
• 사업부지의 면적
• 어레이별 이격거리

22 태양광발전시스템 부지선정 시 일반적 고려사항으로 틀린 것은?

① 일사량이 좋은 지역이고 동향인지 확인
② 부지의 가격은 저렴한 곳인지 확인
③ 바람이 잘 들 수 있는 부지인지 확인
④ 토사, 암반의 지내력 등 지반지질 상태 확인

해설
부지선정 시 일반적 고려사항
부지선정에 있어 다양한 변수 적용
• 지리적 조건
 - 경사도, 토지의 방향, 토지의 지질 : 지형도, 지적공부, 토지대장
• 전력계통과의 연계조건
 - 전력계통 인입선의 위치와 계통 병입 가능한 용량 : 지역 한국전력 지사
 - 전력계통 배전선로 연계(전선로의 잔여 허용용량 및 접근성 등)
• 건설상 조건
 - 부지의 접근성 및 주변 환경 : 지적도 참고 및 민원발생가능 여부 즉, 설치장소, 지목, 부지의 접근성 및 주변환경(진입로, 민원발생여부 포함), 경사도, 형질 등을 확인한다.
• 경제성
 - 부지매입비 및 공사비 등 연계하여 평가하고 가중치 적용여부 및 부지매입 가격, 총공사비 등을 다시 한 번 확인해야 한다.
• 지정학적 조건
 - 연평균 일사량 및 일조시간 등 : 기상청 자료 근거
• 행정상의 조건
 - 인허가 관련 규제 : 해당 지자체 관련부서 확인해야 한다. 즉, 해당 지자체의 특성적인 인허가 관련 각종 규제(지방조례 등) 행정절차 사전협의를 말한다.
• 주변 주민들의 동의 : 태양광발전소가 입지함에 따라 거론될 수 있는 환경문제는 미미하나 발전소 인근지역주민들과의 마찰이 발생할 수도 있으므로 사업 착수 전에 설명회 등 주변 주민들의 동의 절차를 얻는 것이 꼭 필요하고, 주민들이 납득할 수 있는 근거를 제시해 주어야 한다.

23 태양전지 셀과 태양광 모듈에 관한 변환효율의 관계를 옳게 나타낸 것은?

• η_c : 태양전지 셀의 효율
• η_m : 태양광 모듈의 효율
• η_a : 태양광 어레이의 효율

① $\eta_a > \eta_m > \eta_c$
② $\eta_m > \eta_c > \eta_a$
③ $\eta_c > \eta_a > \eta_m$
④ $\eta_c > \eta_m > \eta_a$

해설
태양전지 셀과 태양광 모듈에 관한 변환효율의 관계
태양전지 셀의 효율 > 태양광 모듈의 효율 > 태양광 어레이의 효율

20 ③ 21 ④ 22 ① 23 ④

24 독립형 EES용 축전지의 설계 시 1일 적산부하전력량 2.4[kWh], 부조일수 10일, 보수율 0.8, 방전심도 65[%], 축전지 개수가 48개일 때 축전지 용량[Ah]은? (단, 축전지 전압은 2[V]이다)

① 281[Ah]   ② 381[Ah]
③ 481[Ah]   ④ 581[Ah]

해설

축전지용량[Ah] = $\dfrac{1일\ 적산부하\ 전력량 \times 부조일수}{방전심도 \times 축전지개수 \times 축전지전압 \times 보수율}$

$= \dfrac{2,400 \times 10}{0.65 \times 48 \times 2 \times 0.8} ≒ 480.769[Ah]$

25 단독운전 방지기능에 대한 설명으로 틀린 것은?

① 비동기에 의한 고장이 발생하지 않도록 한다.
② 일부 구간의 부하에만 전력을 공급하는 단독운전 상태 검출 기능이다.
③ 계통의 정상운전, 설비운전, 공공 인축 안정 등에 영향을 미치지 않도록 한다.
④ 최대 0.5초 이내의 순간에 태양광발전설비를 분리시킨다.

해설

단독운전 방지기능의 특징
• 계통의 정상운전, 설비운전, 공공 인축 안정 등에 영향을 미치지 않도록 한다.
• 일부 구간의 부하에만 전력을 공급하는 단독운전 상태 검출 기능이다.
• 최대 0.5초 이내의 순간에 태양광발전설비를 분리시킨다.

26 1,000[kW] 태양광발전시스템의 직·병렬 구성으로 가장 적합한 것은?(단, 인버터의 MPPT는 450~820[V]이며, 기타 조건은 표준 상태이다)

- P_{mpp} : 250[W]
- V_{mpp} : 30.8[V]
- I_{mpp} : 8.13[A]
- V_{oc} : 38.3[V]
- I_{sc} : 8.62[A]

① 18직렬 200병렬   ② 20직렬 211병렬
③ 20직렬 200병렬   ④ 18직렬 240병렬

해설

태양광발전시스템 직·병렬 계산
1,000[kW]의 전력을 생산하기 위해서는 기본 전압이 250[W]이므로 직렬로 연결하면 4,000장이 필요하다. 그러므로 직·병렬 계산 4,000장이 되려면 직렬 20장과 병렬 200장으로 구성하면 된다.

27 분산형 전원 계통연계기술기준에서 전력품질에 들어가지 않는 항목은?

① 전압관리   ② 주파수관리
③ 역률관리   ④ 발전량관리

해설

분산형 전원 계통연계기술기준에서 전력품질의 항목
• 전 압
• 주파수
• 한전계통에의 재병입(再竝入, Reconnection)
• 직류 유입 제한
• 역 률
• 플리커(Flicker)
• 고조파

28 태양광발전시스템 어레이 기초시설 중 내력벽 또는 조적벽을 지지하는 기초로 벽체 양옆에 캔틸레버 작용으로 하중을 분산시키는 기초는 무엇인가?

① 독립기초   ② 연속기초
③ 온통기초   ④ 파일기초

해설

기초공사의 종류
• 독립기초 : 개개의 기둥을 독립적으로 지지하는 형식으로 기초판과 기둥으로 형성되어 있으며, 기둥과 보로 구성되어 있는 건축물에 적용되는 기초이다.
• 연속(줄)기초 : 내력벽 또는 조적벽을 지지하는 기초로 벽체 양옆에 캔틸레버 작용으로 하중을 분산시킨다.
• 온통(매트)기초 : 지층에 설치되는 모든 구조를 지지하는 두꺼운 슬래브 구조로 지반에 지내력이 약해 독립기초나 말뚝기초로 적당하지 않을 때 사용된다.
• 파일기초 : 지반의 지내력으로 기초 설치가 어려울 경우 파일을 지반의 암반층까지 내려 지지하는 공법

정답 24 ③   25 ①   26 ③   27 ④   28 ②

29 신재생에너지 계통연계 요건으로 저압 배전선로 연계 시 전압변동률 유지기준으로 옳은 것은?

① 상시 2[%], 순시 2[%] 이하
② 상시 2[%], 순시 3[%] 이하
③ 상시 3[%], 순시 4[%] 이하
④ 상시 3[%], 순시 5[%] 이하

해설
저압 배전선로 연계 시 전압변동률 유지기준은 상시 3[%], 순시 4[%] 이하로 해야 한다.

30 전력 계통이 없는 섬, 기타 도서지역에 많이 사용하는 태양광 발전소 종류의 형식은?

① 계통연계형
② 연산형
③ 독립형
④ 추적형

해설
도서지역이나 기타 섬 지역은 독립형 태양광발전설비를 이용한다.

31 단독운전 방지기능이 없는 10[kW] 태양광발전시스템이 380[V], 60[Hz]의 계통전원에 연결되어 운전될 경우, 태양광발전시스템의 출력이 10[kW], 부하가 유효전력 10[kW], 지상무효전력이 +9.5[kVar], 진상무효력이 −10[kVar]일 때 단독운전이 일어날 경우 예상되는 주파수 값은?

① 60.0[Hz]   ② 61.38[Hz]
③ 58.48[Hz]   ④ 59.32[Hz]

해설
θ_i를 전류와 전압의 위상차(단독운전 전과 후의 위상차)라 하면

$K = \tan\theta_2 = -\dfrac{0.5}{10} = -0.05$,

$Q_f = \dfrac{\sqrt{Q_L \times Q_C}}{P_{LOAA}} = \dfrac{\sqrt{9.5 \times 10}}{10} \fallingdotseq 0.97468$

$\therefore f_1 = f_0 \left(1 + \dfrac{K}{2Q_f}\right)$

$= 60 \times \left(1 + \dfrac{-0.05}{2 \times 0.97468}\right) \fallingdotseq 58.46[\text{Hz}]$

32 태양광발전 설비용량과 부하에서 소비하는 전력량의 관계를 올바르게 나타낸 것은?

- P_{AS} : 표준상태에서의 태양광 어레이의 출력[kW]
- H_A : 태양광 어레이면 일사량[kW/m² · 기간]
- G_S : 표준상태에서의 일사강도[kW/m²]
- E_L : 부하소비전력량[kWh/기간]
- D : 부하의 태양광발전시스템에 대한 의존율
- R : 설계여유계수
- K : 종합설계지수

① $P_{AS} = \dfrac{E_L \times G_S \times R}{(H_A/D) \times K}$

② $P_{AS} = \dfrac{E_L \times D \times R}{(H_A/G_S) \times K}$

③ $P_{AS} = \dfrac{E_L \times G_S \times R \times K}{(H_A/D)}$

④ $P_{AS} = \dfrac{D \times R \times K}{(H_A/E_L \times G_S)}$

해설
태양전지용량과 부하소비전력량과의 상관관계

$P_{AS} = \dfrac{E_L \times D \times R}{\dfrac{H_A}{G_S} \times K}$

33 설계도서의 종류에 포함되지 않는 것은?

① 설계도면
② 표준 및 특기시방서
③ 내역서
④ 제품소개서

해설
설계도서의 종류
- 시방서
- 설계도면
- 현장설명서
- 현장설명에 대한 질문회답서
- 명세서(표준, 특기, 설계)
- 공사계약서
- 내역서

34 태양전지 모듈의 배선 설계 시 확인해야 하는 사항으로 틀린 것은?

① 주파수 확인　② 비접지 확인
③ 전압극성 확인　④ 단락전류 확인

해설
태양전지 모듈 배선 설계 확인 사항
- 모듈의 극성
- 비접지
- 전 압
- 전 류

35 태양광발전 모니터링 시스템의 주요 기능이 아닌 것은?

① 무인으로 태양광 발전소 운전 현황을 실시간으로 확인할 수 있다.
② 실시간 발전 현황을 모니터링 화면이나 모바일 기기에서도 실시간 확인할 수 있다.
③ 기상관측 장치의 데이터를 수집하여 발전소의 기상현황을 확인할 수 있다.
④ 모듈 직렬회로에서 음영에 의한 손실량 기록을 확인할 수 있다.

해설
모니터링 시스템
일사량, 부하, 계통, 인버터, 태양전지 어레이별로 전압, 전류, 전력량 등의 전기적 성능 및 기상조건에 대한 각종 정보들을 원격으로 감시, 계측해서 시스템의 운전 상태를 실시간으로 점검하여 이상현상이 발생했을 경우 이를 감지하고 경보를 발생시킬 수 있는 시스템이다. 또한 태양광발전시스템 모니터링 및 실시간 운전 데이터 처리 신뢰성 및 안전성 등을 고려하여 시스템을 설치한다.
감시계측시스템은 태양발전시스템으로부터 신호를 인출하기 위한 전력신호 변환기와 정보들을 수집하고 운용자의 조작명령에 따라 전력감시 및 제어요소에 전달하는 원격단말기(RTU ; Remote Terminal Unit)를 설치하여 수집된 정보를 실시간 분석, 처리, 보관하고 운전자와 정보를 교환하는 데이터 서버로 구성된다.
원격단말기는 전기적 입출력정보를 받아 데이터 서버에서 효율적으로 처리할 수 있도록 신호를 가공하여 전송하며, 또한 데이터 서버로부터 제어신호를 출력신호로 발생시키는 인터페이스 기능을 가진다. 더불어 독립적으로 또는 연계적인 감시가 가능한 분산제어형 구조로서 데이터 서버와의 통신 이상이 발생할 경우 제어계에는 영향을 주지 않으며 독립적으로 운전 데이터 감시가 가능하다.

36 태양광발전시스템 구조물의 지진하중 산출식 $K = C_L \times G$에서 G는 무엇을 의미하는가?(단, C_L은 지진층 전단력계수이다)

① 풍압하중　② 고정하중
③ 유동하중　④ 적설하중

해설
지진하중(K)
$K(\text{N}) = C_L \times G$
C_L : 지지층 전단력계수, G : 고정하중

37 시방서의 역할 및 명기사항이 아닌 것은?

① 주요 기자재에 대한 규격, 수량 및 납기일을 기재한다.
② 시공상에 필요한 품질 및 안전관리 계획, 시공상에서 특별히 주의해야 할 특기 사항들을 포함시킨다.
③ 시공상에 필요한 기술기준을 규정하는 것으로 계약서류에 포함되는 설계도서의 일부로 법적인 구속력을 갖는다.
④ 설계도면에 표시하지 못한 상세 내용, 즉 공정별 적용되는 국내외 표준 기준, 시공방법, 허용오차 등의 기술적 내용을 기재한다.

해설
시방서의 역할
- 공사의 질적 요구조건을 규정하며, 계약서류에 포함되는 설계도서의 하나로서 법적 구속력을 가지며, 공사에 필요한 시공방법, 상태, 허용오차 등 기술적 사항을 규정하여 견실시공이 되도록 해야 한다.
- 발주청과 건설업자 사이의 책임 범위와 한계를 명시해야 한다.
- 약인 등을 포함하여 작성함으로써 클레임을 방지하는 것이 필요하다.
- 감리원 및 건설업자에게는 시공을 위한 사전준비, 시공 중의 점검, 시공완료 후의 점검을 위한 지침서로 사용할 수 있어야 한다.

38 태양광발전시스템의 DC케이블의 굵기 산정을 위한 DC전원 케이블에 흐르는 허용전류는 태양전지 어레이 단락전류의 몇 배를 곱하여 산출하는가?

① 1.15배　② 1.25배
③ 1.35배　④ 1.50배

> **해설**
>
> 태양광발전시스템의 DC케이블의 굵기 산정을 위해 DC전원케이블에 흐르는 허용전류는 태양전지 어레이 단락전류의 1.25배를 곱하여 산출한다.

39 태양광발전시스템의 기초설계단계에서 설계자의 업무가 아닌 것은?

① 토목설계 ② 구조물설계
③ 전기설계 ④ 자금조달

> **해설**
>
> 태양광발전시스템의 기초설계단계에서 설계자의 업무
> - 전기설계
> - 토목설계
> - 건축설계
> - 구조물설계

40 3,000[kW]를 초과하는 태양광발전사업 허가절차를 올바르게 나타낸 것은?

```
㉠ 발전사업 신청서 접수
㉡ 전기사업 허가증 발급
㉢ 발전사업 신청서 작성
㉣ 신청인에 통지
㉤ 전기위원회 심의
㉥ 전기안전공사 심의
㉦ 태양광발전산업협회 심의
```

① ㉢ → ㉠ → ㉤ → ㉡ → ㉣
② ㉠ → ㉢ → ㉥ → ㉡ → ㉣
③ ㉢ → ㉠ → ㉡ → ㉦ → ㉣
④ ㉢ → ㉠ → ㉦ → ㉡ → ㉣

> **해설**
>
> 3,000[kW]를 초과하는 태양광발전사업 허가절차(인·허가 절차)(전기사업법 시행규칙 별지 제1호 서식)
> 신청서작성 및 제출(신청인) → 접수(산업통상자원부 시·도) → 검토(산업통상자원부 시·도) → 전기위원회 심의(전기위원회) → 허가증발급(산업통상자원부 시·도) → 신청인 통지

제3과목 태양광발전시스템 시공

41 직류전원을 이용한 분산형 전원의 인버터로부터 직류가 교류계통으로 유입되는 것을 방지하기 위하여 설치하는 것은?

① 직류 차단장치 ② 리액터
③ 상용주파 변압기 ④ 고조파 필터

> **해설**
>
> 전기사업자가 저압 전력계통에 연계하는 경우 인버터로부터 직류가 교류계통으로 유출되는 것을 방지하기 위하여 접속점과 인버터 사이에 상용주파수 변압기를 시설하여야 한다. 즉, 상용주파 변압기는 교류전력을 변성하는 기기로 직류는 통과할 수 없다.

42 직접 접지계통의 특징이 아닌 것은?

① 지락전류가 크다. ② 과도안정도가 좋다.
③ 이상전압 억제한다. ④ 유도장해가 크다.

> **해설**
>
> 직접접지계통의 특징
> - 1선 지락사고 시 건전상의 전위상승이 작다(이상전압 억제).
> - 1선 지락사고 시 건전상의 전위상승이 작아 절연비용이 저감된다.
> - 지락전류가 커서 통신선에 유도장애가 크다.
> - 지락전류가 커서 과도안정도가 나쁘다.

43 태양광발전설비의 준공검사 후 현장문서 인수인계 사항이 아닌 것은?

① 준공사진첩
② 품질시험 및 검사성과 총괄표
③ 시설물 인수인계서
④ 공사계획서

> **해설**
>
> 태양광발전설비의 준공검사 후 현장문서 인수인계 사항(전력시설물 공사감리업무 수행지침 제64조)
> - 준공사진첩
> - 준공도면
> - 품질시험 및 검사성과 총괄표
> - 기자재 구매서류
> - 시설물 인수·인계서
> - 그 밖에 발주자가 필요하다고 인정하는 서류

44 최대수용전력 1,000[kVA]이고 설비용량은 전등부하 500[kW], 동력부하 700[kVA]이다. 이때 수용률은?

① 83.3[%] ② 86.6[%]
③ 88.3[%] ④ 90.6[%]

해설

$$수용률 = \frac{최대수용전력}{최대설비용량} = \frac{1,000[kVA]}{(500+700)[kVA]} ≒ 83.3[\%]$$

45 다음 ( ) 안의 내용으로 알맞은 것은?

> 태양광 모듈의 배열 및 결선방법은 출력전압과 설치장소 등이 다르기 때문에 ( )를 이용하여 시공 전과 시공완료 후에 확인하는 것이 좋다.

① 체크리스트 ② 부품 사양서
③ 단선 결선도 ④ 고정식계통도

해설

태양광 모듈의 배열 및 결선방법은 출력전압과 설치장소 등이 다르기 때문에 체크리스트를 이용하여 시공 전과 시공완료 후에 확인하는 것이 좋다.

46 자가용 전기설비 사용 전 검사 전·후 신청인 및 전기안전관리자 등 검사 입회자에게 회의를 통해 설명하고 확인시켜야 할 사항이 아닌 것은?

① 검사의 목적과 내용
② 검사의 절차 및 방법
③ 준공표지판 설치
④ 검사에 필요한 안전자료 검토 및 확인

해설

검사 전·후 회의실시(자가용 전기설비 검사업무 처리규정 제10조)
자가용 전기설비 사용 전 검사 전·후 신청인 및 전기안전관리자 등 검사입회자에게 다음 사항을 설명하고 확인하기 위해서 회의를 실시할 수 있다.
• 검사의 목적과 내용
• 안전작업 수칙
• 검사의 절차 및 방법
• 검사에 필요한 기술자료 검토 및 확인
• 검사결과 부적합 사항의 조치내용 및 개수방법·기술적인 조언 및 권고
• 준공표지판 설치

47 저압 배전선로의 역조류로 계통이 개방되어 단독운전 상태가 된 경우 검출방식이 아닌 것은?

① 과전압계전기 ② 과전류계전기
③ 부족전압계전기 ④ 주파수저하계전기

해설

신재생에너지발전설비를 저압 배전선로에 계통연계 시 역조류로서 계통이 개방되어 단독운전 상태가 된 경우 검출하기 위한 수동방식의 계전기는 다음과 같다.
• 과전압계전기
• 부족전압계전기
• 주파수상승계전기
• 주파수저하계전기

48 태양광발전시스템 시공절차에 대한 순서로 올바른 것은?

① 현장여건분석 → 시스템설계 → 구성요소제작 → 기초공사 → 구조물의 설치 → 간선공사 → 모듈설치 → 인버터설치 → 시운전 → 운전개시
② 현장여건분석 → 시스템설계 → 기초공사 → 구성요소제작 → 구조물의 설치 → 간선공사 → 모듈설치 → 인버터설치 → 시운전 → 운전개시
③ 현장여건분석 → 시스템설계 → 구성요소제작 → 기초공사 → 구조물의 설치 → 모듈설치 → 간선공사 → 인버터설치 → 시운전 → 운전개시
④ 현장여건분석 → 시스템설계 → 구성요소제작 → 기초공사 → 구조물의 설치 → 모듈설치 → 인버터설치 → 간선공사 → 시운전 → 운전개시

해설

태양광발전시스템의 일반적인 설치 순서
모든 시공절차에서는 구조의 안정성 확보와 전력손실을 최소화를 목표로 시공해야 한다.
• 현장여건분석
• 시스템설계
• 구성요소제작
• 기초공사
• 설치가대설치
• 모듈설치
• 간선공사
• 파워컨디셔너(PCS)설치
• 시운전
• 운전개시

정답 44 ① 45 ① 46 ④ 47 ② 48 ③

49 설계감리원의 설계도면 적정성 검토 사항이 틀린 것은?

① 설계결과물(도면)이 입력자료와 비교해서 합리적으로 표시되었는지 여부
② 도면상에 작업장 방위각이 표시되었는지 확인 여부
③ 설계 입력 자료가 도면에 맞게 표시되었는지 여부
④ 도면이 적정하게, 해석 가능하게, 실시 가능하며 지속성 있게 표현되었는지 여부

해설
설계감리원의 설계도면 적정성 검토 사항(설계감리업무 수행지침 제10조)
- 도면작성이 의도하는 대로 경제성, 정확성 및 적정성 등을 가졌는지 여부
- 설계 입력 자료가 도면에 맞게 표시되었는지 여부
- 설계결과물(도면)이 입력 자료와 비교해서 합리적으로 되었는지 여부
- 관련 도면들과 다른 관련 문서들의 관계가 명확하게 표시되었는지 여부
- 도면이 적정하게, 해석 가능하게, 실시 가능하며 지속성 있게 표현되었는지 여부
- 도면상에 사업명을 부여했는지 여부

50 수용설비와 부하와의 관계를 나타내는 수용률, 부등률, 부하율 및 전일효율에 대한 설명이다. 틀린 것은?

① 수용률은 수용가의 최대수요전력과 그 수용가가 설치하고 있는 설비용량의 합계와의 비를 말한다.
② 부등률은 최대전력의 발생 시각 또는 발생 시기의 분산을 나타내는 지표를 말한다.
③ 부하율은 어느 일정기간 중 평균 수요전력과 최대수요전력과의 비를 나타낸 것으로 부하율이 낮을수록 설비가 효율적으로 사용된다고 할 수 있다.
④ 전일효율은 하루 동안 에너지 효율로서 24시간 중의 출력에 상당한 전력량을 그 날의 손실 전력량의 합으로 나눈 것을 말한다.

해설
부하율은 어느 일정기간 중 평균 수요전력과 최대수요전력과의 비를 나타낸 것으로 부하율이 높을수록 설비가 효율적으로 사용됨을 의미한다.

51 태양전지 모듈 공사 시 금속부재 절단 작업에 필요한 장비가 아닌 것은?

① 보호안경
② 방진 마스크
③ 헬멧
④ 절연장갑

해설
금속부재 절단 작업 시에는 다음과 같은 개인용 보호구를 착용하고 작업에 임하여야 한다.
- 보호안경
- 방진 마스크
- 헬멧
- 안전장갑

52 피뢰시스템 중 뇌격전류를 안전하게 대지로 전송하는 시스템은?

① 수뢰시스템
② 인하도선시스템
③ 접지시스템
④ 감시시스템

해설
인하도선시스템
뇌전류를 수뢰부시스템에서 접지극시스템으로 흘리기 위한 외부 피뢰시스템의 일부

53 가공송전선에 댐퍼를 설치하는 이유는?

① 코로나 방지
② 현수애자 경사방지
③ 전자유도 감소
④ 전선 진동 방지

해설
가공송전선에 댐퍼를 설치하는 이유는 전선의 진동을 흡수하여 전선의 진동을 방지하기 위함이다.

정답 49 ② 50 ③ 51 ④ 52 ② 53 ④

54 태양광발전시스템을 계통에 연계할 때 동기화를 고려하지 않아도 되는 것은?

① 주파수차 ② 전압차
③ 위상차 ④ 전류차

해설
태양광발전시스템 계통연계 시 고려할 사항
• 전압차
• 위상차
• 주파수차
• 파 형
• 상회전 방향

55 분산형 전원을 배전계통 연계 시 승압용 변압기의 1차 결선방식으로 옳은 것은?(단, 인버터는 3상이며, 절연변압기를 사용하는 조건이다)

① Y결선
② △결선
③ V결선
④ 스코트(SCOT)결선

해설
분산형 전원을 배전계통 연계 시 분산형 전원을 수전설비로 간주하고 변압기의 1차 측은 한전 측이 되므로 1차 결선은 Y결선이 된다.

56 접지저항을 감소시키는 접지저항 저감제가 갖추어야 할 조건이 아닌 것은?

① 사람과 가축에 안전할 것
② 전기적으로 양호한 부도체일 것
③ 접지전극을 부식시키지 않을 것
④ 경제적일 것

해설
접지저항 저감제가 갖추어야 할 조건
• 사람과 가축에 안전할 것
• 저감 효과가 크고, 전기적으로 양도체일 것
• 저감 효과의 영속성 및 지속성이 있을 것
• 접지선 및 접지전극을 부식시키지 않을 것
• 작업성이 좋을 것
• 경제적일 것

57 태양광설비 시공기준 중 태양전지판에 관한 설명으로 틀린 것은?

① 태양광 모듈 설치열이 2열 이상일 경우 앞쪽 열의 음영이 뒤쪽 열에 미치지 않도록 설치하여야 한다.
② 설치용량은 사업계획서상의 설계용량 이상이어야 하며, 설계용량의 103[%]를 초과하지 않아야 한다.
③ 장애물로 인한 음영에도 불구하고 일사시간은 1일 5시간(춘분 3~5월·추분 9~11월 기준) 이상이어야 한다.
④ 전기선, 피뢰침, 안테나 등의 경미한 음영도 장애물로 취급한다.

해설
태양광발전설비에서 전기선, 피뢰침, 안테나 등과 같은 경미한 음영은 장애물로 보지 않는다.
※ 관련 법령 개정으로 다음과 같이 변경됨
설치용량은 사업계획서상의 모듈 설계용량과 동일하여야 한다. 다만, 단위모듈당 용량에 따라 설계용량과 동일하게 설치할 수 없을 경우에 한하여 설계용량의 110[%] 이내까지 가능하다.
〈개정 2015.3.19〉

58 절연저항의 측정 시 전로전압에 대한 절연저항값이다. ( )에 알맞은 내용으로 옳은 것은?

전로의 사용전압 구분	절연저항값 [MΩ]
대지전압이 150[V] 이하인 경우	0.1 이상
대지전압이 150[V] 초과 300[V] 이하인 경우	0.2 이상
사용전압이 300[V] 초과 ( )[V] 미만인 경우	0.3 이상
( )[V] 이상	0.4 이상

① 380 ② 400
③ 440 ④ 600

정답 54 ④ 55 ① 56 ② 57 ④ 58 ②

> **해설**
> 절연저항 측정기준

전로의 사용전압 구분		절연저항값 [MΩ]
400[V] 미만	대지전압 150[V] 이하인 경우	0.1 이상
	대지전압 150[V] 초과 300[V] 이하인 경우	0.2 이상
	사용전압 300[V] 초과 400[V] 미만인 경우	0.3 이상
400[V] 이상		0.4 이상

※ 전기설비기술기준 제52조(저압전로의 절연성능)는 다음과 같이 개정되어 문제 성립되지 않음

전로의 사용전압 [V]	DC시험전압 [V]	절연저항 [MΩ]
SELV 및 PELV	250	0.5
FELV, 500[V] 이하	500	1.0
500[V] 초과	1,000	1.0

[주] 특별저압(Extra low voltage : 2차 전압이 AC 50[V], DC 120[V] 이하)으로 SELV(비접지회로 구성) 및 PELV(접지회로 구성)은 1차와 2차가 전기적으로 절연된 회로, FELV는 1차와 2차가 전기적으로 절연되지 않은 회로

59 어레이 용량은 3~5[kW]이며, 경사각은 0°로 고정되어 태양이 움직이는 시간에 따라 동서로 추적하는 모듈 설비 방식은?

① 고정형 ② 경사 사변형
③ 단축 추적형 ④ 양축 추적형

> **해설**
> 단축 추적형 : 태양전지 어레이가 태양의 한 축만을 추적하도록 설계된 방식으로 상·하 추적식과 동·서 추적식으로 나누어진다.

60 접지공사에서 접지선의 굵기가 공칭단면적 16[mm²] 이상의 연동선(고압 전로 또는 특고압 가공전선로의 전로와 저압 전로를 변압기에 의하여 결합하는 경우 공칭단면적 6[mm²] 이상의 연동선)을 사용하여야 하는 접지공사의 종류는?

① 제1종 접지공사 ② 제2종 접지공사
③ 제3종 접지공사 ④ 특별 제3종 접지공사

> **해설**
> 접지공사의 종류(판단기준 제18조, 제19조)

종류	접지저항	접지선의 굵기	용도
제1종	10[Ω] 이하	6[mm²] 이상	고압·특고압 기기의 외함
제2종	$\frac{150}{1선지락전류}$[Ω] 이하	16[mm²] 이상 고압, 특고압과 저압 혼촉 가능 시 : 6[mm²] 이상	(특)고·저압 혼촉할 우려가 있는 기기
제3종	100[Ω] 이하	2.5[mm²] 이상	400[V] 미만의 저압용 기기
특별 제3종	10[Ω] 이하	2.5[mm²] 이상	400[V] 이상의 저압용 기기

※ KEC(한국전기설비규정)의 적용으로 종별 접지공사가 폐지되어 문제 성립되지 않음 〈2021.01.19.〉

제4과목 태양광발전시스템 운영

61 태양광발전의 스트링 및 모듈에서 태양전지의 출력이 서로 달라 출력의 회로 내부에 전기적 출력의 부조화 등이 발생한다. 다음의 핫스팟(Hot Spot) 현상에 관한 일반적인 설명으로 가장 적절한 것은?

① 모듈 내의 태양전지의 V_{oc}는 같으나 I_{sc}가 달라 전지적 출력차로 핫스팟(Hot Spot)이 발생한다.
② 직렬연결의 경우 낮은 출력이 발생하는 태양전지에 핫스팟(Hot Spot)이 발생한다.
③ 병렬연결의 경우 높은 출력의 태양전지에 핫스팟(Hot Spot)이 발생한다.
④ 핫스팟(Hot Spot)은 모듈 내의 전 태양전지에 동일한 크기로 발생한다.

> **해설**
> 높은 건물이나 나무, 태양전지 셀의 오염 등으로 그늘이 생기거나 태양전지 셀의 결함, 특성의 열화가 발생하면, 그 태양전지 셀에는 다른 태양전지 셀에서 발생하는 모든 전압이 인가되어 열점(Hot Spot)이 발생한다.

62 발전용량 3[MW]를 초과하는 전기사업허가를 신청하는 곳은?

① 산업통상자원부
② 미래창조과학부
③ 고용노동부
④ 특별시장 등 지방자치단체장

해설
전기(발전)사업 허가(전기사업법 시행규칙 제4조)
- 허가권자
  - 3,000[kW] 초과 설비 : 산업통상자원부장관
  - 3,000[kW] 이하 설비 : 시·도지사
※ 단, 제주특별자치도는 제주국제자유도시특별법에 따라 3,000[kW] 초과의 발전설비도 제주특별자치도지사의 허가사항이다.

63 태양광발전설비시스템 정기점검에 대한 설명으로 틀린 것은?

① 점검·시험은 원칙적으로 지상에서 실시한다.
② 100[kW] 미만의 경우는 매년 2회 이상 점검하여야 한다.
③ 100[kW] 이상의 경우는 매월 1회 이상 점검하여야 한다.
④ 3[kW] 미만의 태양광발전시스템은 법적으로는 정기점검을 하지 않아도 된다.

해설
정기점검 시 용량별 점검횟수

용량[kW]	300 이하	500 이하	700 이하
횟수[월]	1회	2회	3회

64 태양전지 어레이의 점검항목 중 육안점검사항이 아닌 것은?

① 단자대의 나사풀림
② 지붕재의 파손
③ 가대의 접지
④ 표면의 오염 및 파손

해설
태양전지 어레이의 육안점검사항

설비	점검항목	점검요령
태양전지 어레이	육안점검	표면의 오염 및 파손	오염 및 파손의 유무
		프레임 파손 및 변형	파손 및 두드러진 변형이 없을 것
		가대의 부식 및 녹 발생	부식 및 녹이 없을 것
		가대의 고정	볼트 및 너트의 풀림이 없을 것
		가대접지	배선공사 및 접지접속이 확실할 것
		코킹	코킹의 망가짐 및 불량이 없을 것
		지붕재의 파손	지붕재의 파손, 어긋남, 뒤틀림, 균열이 없을 것
	측정	접지저항	접지저항 100[Ω] 이하 (제3종 접지)

65 한전에서 사용하고 있는 분산전원 계통연계 가이드라인에서 태양광전원의 연계지점에서 역률 유지기준은 몇 [%]인가?

① 지상 80[%]   ② 지상 90[%]
③ 진상 80[%]   ④ 진상 90[%]

해설
분산형전원 배전계통 연계기술기준(제15조제2항 역률)
- 분산형전원의 역률은 90[%] 이상으로 유지함을 원칙으로 한다. 다만, 역송병렬로 연계하는 경우로서 연계계통의 전압상승 및 강하를 방지하기 위하여 기술적으로 필요하다고 평가되는 경우에는 연계계통의 전압을 적절하게 유지할 수 있도록 분산형전원 역률의 하한값과 상한값을 고객과 한전이 협의하여야 정할 수 있다.
- 분산형전원의 역률은 계통 측에서 볼 때 진상역률(분산형전원 측에서 볼 때 지상역률)이 되지 않도록 함을 원칙으로 한다.

66 태양광발전설비에 설치된 퓨즈의 고장을 점검하기 위한 방법으로 적당하지 않은 것은?

① 육안 검사
② 다기능 측정
③ 전력망 분석
④ 입출력 측정

[해설]
전력망 분석은 태양광발전설비와 연관된 전력망을 분석하는 것으로 퓨즈의 고장을 점검하기 위한 방법으로는 적절하지 않다.

67 태양광발전설비 중 주로 발청 현상으로 인한 페인트나 은분의 도포가 필요한 곳은?

① 배전반
② 인버터
③ 모듈
④ 구조물

[해설]
강구조물이나 구조물 접합자재는 아연용융도금이 되어 있어 녹이 슬지 않지만 장기간 노출될 경우에는 녹이 스는 경우도 있다. 녹이 슨 경우에는 녹을 제거한 다음 방청페인트 도료를 칠한 후 원색으로 도장을 해 주면 장기간 안전하게 사용할 수 있다.

68 태양광발전시스템의 접지저항 측정으로 옳은 것은?

① 특별 제3종 접지공사로 50[Ω] 이하이다.
② 제1종 접지공사로 100[Ω] 이하이다.
③ 특별 제3종 접지공사로 100[Ω] 이하이다.
④ 제3종 접지공사로 100[Ω] 이하이다.

[해설]
접지공사의 종류와 접지저항값(판단기준 제18조)

접지공사의 종류	접지저항값
제1종 접지공사	10[Ω]
제2종 접지공사	변압기의 고압측 또는 특고압측 전로의 1선 지락전류의 암페어수로 150을 나눈 값과 같은 [Ω] 수
제3종 접지공사	100[Ω]
특별 제3종 접지공사	10[Ω]

※ KEC(한국전기설비규정)의 적용으로 종별 접지공사가 폐지되어 문제 성립되지 않음 〈2021.01.19.〉

69 태양전지에서 사막과 같이 주위 온도가 매우 높은 지역에서 나타나는 현상으로 옳은 것은?

① V_{oc}(Open Circuit Voltage)가 증가한다.
② I_{sc}(Short Circuit Current)는 불변한다.
③ 전기적 출력(P_{max})은 거의 불변한다.
④ FF(Fill Factor)는 감소한다.

[해설]
태양전지 충진율(Fill Factor, FF)은 개방전압과 단락전류의 곱에 대한 출력비로 정의되며, $I-V$ 곡선에서 채울 수 있는 최대직사각형의 면적에 해당한다. 따라서 온도상승에 따른 개방전압의 감소로 채울 수 있는 최대직사각형의 면적이 줄어들게 되므로 충진율 또한 감소하게 된다.

70 자가용 태양광발전설비의 정기적인 검사주기는?

① 1년
② 2년
③ 3년
④ 4년

[해설]
정기검사의 대상·기준 및 절차 등(전기사업법 시행규칙 제32조)
자가용 전기설비인 태양광발전설비의 정기검사 주기는 4년 이내이다.

71 독립형 태양광발전시스템에서 사용되는 축전지가 갖추어야 할 특징으로 적당하지 않은 것은?

① 충분히 긴 사용 수명
② 높은 자기 방전과 높은 에너지 효율
③ 높은 에너지와 전력밀도
④ 낮은 유지보수 요건

[해설]
축전지를 선정할 때에는 축전지의 전압전류특성 등의 전기적 성능, 비용, 용량, 중량, 수명, 보수성, 안전성, 재활용성 등을 고려하고 경제성을 가미하여 최적의 것을 선정하여야 한다. 축전지의 자기방전은 낮을수록 성능이 좋다.

66 ③ 67 ④ 68 ④ 69 ④ 70 ④ 71 ②

72 인버터의 회로방식에 따른 종류가 아닌 것은?

① 고주파 변압기 절연방식
② 트랜스리스 방식
③ 상용주파 변압기 절연방식
④ 무전류 절연방식

해설
파워컨디셔너(인버터)의 절연방식에 따른 분류
• 상용주파 절연방식
• 고주파 절연방식
• 무변압기 방식

73 태양전지 모듈인증 시험 절차가 아닌 것은?

① 육안검사
② 온도계수측정
③ 습도-결빙 시험
④ $I-V$ 특성 시험

해설
태양전지 모듈인증 시험 절차는 육안검사, 발전성능검사, 절연시험, 습윤누설 전류시험, 온도계수측정, 옥외노출시험, 고온고습시험, 우박시험, 염수분무시험, 단자강도 시험, 열점내구성시험 등이 있다.

74 태양전지 어레이 점검 시 가장 먼저 점검해야 하는 것은?

① 단락전류
② 정격전류
③ 개방전압
④ 단락전압

해설
태양전지 어레이 점검 시 시험성적서와 실제 측정값이 동일한 지를 확인하는 시험이 최우선 점검사항이므로 가장 먼저 점검해야 하는 것은 개방전압이다.

75 인버터의 효율을 측정하기 위한 방법으로 적합하지 않은 것은?

① 입출력 측정
② AC 회로시험
③ 전력망 분석
④ 절연저항 측정

해설
절연저항 측정은 태양광발전시스템의 각 부분의 절연상태를 운전하기 전에 확인한다.

76 최근 태양전지는 효율이 20[%] 이상의 고효율 태양전지 및 모듈이 연구되고 있으며 생산 중이다. p-type형 및 n-type의 전지의 설명으로 가장 부적절한 것은?

① 전자의 이동도가 홀 대비 수배 빠르다.
② 동일한 불순물 농도에서는 p-type이 n-type 대비 비저항이 작다.
③ n-type 기판에는 고농도의 p-type 불순물(B)을 주입하여 셀의 접합을 형성하고 있다.
④ 최근 국내외 각 회사들이 n-type기반의 양면수광형 태양전지 모듈을 생산 및 고효율화 연구가 진행 중이다.

77 태양광발전시스템의 성능평가를 위한 측정요소가 아닌 것은?

① 경제성
② 정확성
③ 신뢰성
④ 발전성능

해설
태양광발전시스템의 성능평가 측정요소
• 구성요인의 성능·신뢰성
• 사이트
• 발전성능
• 신뢰성
• 설치가격(경제성)

정답 72 ④ 73 ④ 74 ③ 75 ④ 76 ② 77 ②

78 태양광전원이 연계된 배전계통에서 사고가 발생하는 경우, 배전계통을 보호하는 보호협조 기기에 해당하는 것이 아닌 것은?

① 배전용 변전소 차단기
② 리클로저(Recloser)
③ 인터럽터 스위치
④ 고조파계전기

해설
인터럽터 스위치는 단순히 선로를 개폐하는 단로기의 기능만을 가지고 있다.

79 BIPV용의 See Through 구조나 Glass to Glass 구조에 대한 설명으로 가장 적절한 것은?

① 모듈의 단위면적당 출력은 기존 발전소 대비 일정하다.
② EVA를 사용하지 않은 저진공형태 Glass to Glass의 경우 모듈의 출력은 온도대비 매우 우수하다.
③ See Through 형태의 경우 Laser 가공비에 의한 비용증가는 있으나 투시도가 좋아진다.
④ BIPV용으로 북반구에서 정남향으로 90° 각도로 설치한 경우에 출력은 거의 0이다.

해설
BIPV의 See Through 형태의 경우 Laser 가공비에 의한 비용증가는 있을 수 있으나 투시도가 좋고 아크 및 핫스팟으로 인한 손상으로부터 모듈을 보호하는 데 도움이 된다.

80 개인 주택용 등에 사용되는 소용량의 인버터용량은 보통 몇 [kW]인가?

① 3
② 10
③ 50
④ 100

해설
계측기기는 미소하지만 어느 정도의 전력을 24시간 지속적으로 소비하게 된다. 예컨대, 주택용의 경우 컴퓨터 등을 사용하여 계측하면 25[W]×24시간에서 약 600[Wh/일]의 전력을 소비하는 것이 되고, 3[kW]의 주택용 태양광발전시스템에서는 평균적으로 1일 발전전력량의 약 5[%] 이상을 소비하는 것이 된다.

제5과목 신재생에너지 관련 법규

81 제3종 접지공사의 접지저항값은 몇 [Ω] 이하인가?

① 3
② 5
③ 10
④ 100

해설
접지공사의 종류(판단기준 제18조)

접지공사의 종류	접지저항값
제1종 접지공사	10[Ω]
제2종 접지공사	변압기의 고압 측 또는 특고압 측의 전로의 1선 지락전류의 암페어 수로 150을 나눈 값과 같은 [Ω] 수
제3종 접지공사	100[Ω]
특별 제3종 접지공사	10[Ω]

※ KEC(한국전기설비규정)의 적용으로 종별 접지공사가 폐지되어 문제 성립되지 않음 〈2021.01.19.〉

78 ③ 79 ③ 80 ① 81 ③

82 사용전압 35[kV] 이하의 특고압 가공전선이 도로를 횡단하는 경우 지표상 높이는 몇 [m] 이상이어야 하는가?

① 5
② 5.5
③ 6
④ 6.5

해설

특고압 가공전선의 높이(KEC 333.7)
특고압 가공전선의 지표상(철도 또는 궤도를 횡단하는 경우에는 레일면상, 횡단보도교를 횡단하는 경우에는 그 노면상)의 높이는 다음 표에서 정한 값 이상이어야 한다.

사용전압의 구분[kV]	지표상의 높이[m]
35 이하	5[m](철도 또는 궤도를 횡단하는 경우에는 6.5[m], 도로를 횡단하는 경우에는 6[m], 횡단보도교의 위에 시설하는 경우로서 전선이 특고압 절연전선 또는 케이블인 경우에는 4[m])
35 초과 160 이하	6[m](철도 또는 궤도를 횡단하는 경우에는 6.5[m], 산지 등에서 사람이 쉽게 들어갈 수 없는 장소에 시설하는 경우에는 5[m], 횡단보도교의 위에 시설하는 경우 전선이 케이블인 때는 5[m])
160 초과	6[m](철도 또는 궤도를 횡단하는 경우에는 6.5[m], 산지 등에서 사람이 쉽게 들어갈 수 없는 장소를 시설하는 경우에는 5[m])에 160[kV]를 초과하는 10[kV] 또는 그 단수마다 12[cm]를 더한 값

※ KEC(한국전기설비규정)의 적용으로 인해 판단기준 제110조(가공전선의 높이)에서 KEC 333.7로 변경됨 〈2021.01.19.〉

83 신재생에너지 기술개발 및 이용 · 보급에 관한 계획을 수립 · 시행하려는 자는 대통령령으로 정하는 바에 따라 미리 산업통상자원부장관과 협의하여야 한다. 다음 중 해당되지 않는 것은?

① 국가기관
② 지방자치단체
③ 민간기관
④ 정부로부터 출연금을 받은 자

해설

신재생에너지 기술개발 등에 관한 계획의 사전협의(신에너지 및 재생에너지 개발 · 이용 · 보급 촉진법 제7조)
국가기관, 지방자치단체, 공공기관, 그 밖에 대통령령으로 정하는 자(정부로부터 출연금을 받은 자, 정부출연기관 또는 정부로부터 출연금을 받은 자에 따른 자로부터 납입자본금의 100분의 50 이상을 출자받은 자)가 신재생에너지 기술개발 및 이용 · 보급에 관한 계획을 수립 · 시행하려면 대통령령으로 정하는 바에 따라 미리 산업통상자원부장관과 협의하여야 한다.

84 발 · 변전소 또는 이에 준하는 곳에 시설하는 배전반에 고압용 기구 또는 전선을 시설하는 경우 적당하지 않은 것은?

① 취급에 위험을 주지 않도록 방호장치를 할 것
② 점검이 용이하게 통로를 시설할 것
③ 회로 설비는 반드시 관에 넣어 시설할 것
④ 기기조작에 필요한 공간을 확보할 것

해설

배전반의 시설(KEC 351.7)
• 배전반에 붙이는 기구 및 전선은 점검할 수 있도록 시설하여야 한다.
• 취급자에게 위험이 미치지 아니하도록 적당한 방호장치 또는 통로를 시설하여야 하며, 기기조작에 필요한 공간을 확보하여야 한다.
※ KEC(한국전기설비규정)의 적용으로 인해 판단기준 제53조(배전반의 시설)에서 KEC 351.7로 변경됨 〈2021.01.19.〉

85 전기설비기술기준은 발전 · 송전 · 배전 또는 전기 사용을 위하여 시설하는 기계 · 기구 · ( ) · ( ) 및 기타 시설물의 안전에 필요한 기술기준을 규정한 것이다. ( ) 속에 들어갈 내용은?

① 급전소, 개폐소
② 전선로, 보안통신선로
③ 궤전선로, 약전류전선로
④ 옥내배선, 옥외배선

해설

목적 등(기술기준 제1조)
전기설비기술기준은 발전 · 송전 · 변전 · 배전 또는 전기사용을 위하여 시설하는 기계 · 기구 · 댐 · 수로 · 저수지 · 전선로 · 보안통신선로 그 밖의 시설물의 안전에 필요한 성능과 기술적 요건을 규정함을 목적으로 한다.

정답 82 ③ 83 ③ 84 ③ 85 ②

86 수상전선로의 전선을 가공전선로의 전선과 육상에서 접속하는 경우 접속점의 높이는?

① 지표상 4[m] 이상 ② 지표상 5[m] 이상
③ 지표상 6[m] 이상 ④ 지표상 7[m] 이상

해설

수상전선로의 시설(KEC 335.3)
수상전선로의 전선을 가공전선로의 전선과 접속하는 경우에는 그 부분의 전선은 접속점으로부터 전선의 절연 피복 안에 물이 스며들지 아니하도록 시설하고 또한 전선의 접속점은 다음의 높이로 지지물에 견고하게 붙일 것
- 접속점이 육상에 있는 경우에는 지표상 5[m] 이상. 다만, 수상전선로의 사용전압이 저압인 경우에 도로상 이외의 곳에 있을 때에는 지표상 4[m]까지로 감할 수 있다.
- 접속점이 수면상에 있는 경우에는 수상전선로의 사용전압이 저압인 경우에는 수면상 4[m] 이상, 고압인 경우에는 수면상 5[m] 이상
※ KEC(한국전기설비규정)의 적용으로 인해 판단기준 제145조(수상전선로의 시설)에서 KEC 335.3로 변경됨 〈2021.01.19.〉

87 신재생에너지 공급인증서에 표기되는 공급량 계산 시 적용되는 신재생에너지 가중치 결정의 고려사항이 아닌 것은?

① 발전원가
② 부존 잠재량
③ 수입대체 효과
④ 온실가스 배출 저감에 미치는 효과

해설

신재생에너지의 가중치(신에너지 및 재생에너지 개발·이용·보급 촉진법 시행령 제18조의9)
신재생에너지의 가중치는 해당 신재생에너지에 대한 다음 사항을 고려하여 산업통상자원부장관이 정하여 고시하는 바에 따른다.
- 환경, 기술개발 및 산업 활성화에 미치는 영향
- 발전 원가
- 부존 잠재량
- 온실가스 배출 저감에 미치는 효과
- 전력 수급의 안정에 미치는 영향
- 지역주민의 수용 정도

88 전기사용장소의 사용전압이 380[V]인 전로의 전선 상호간 및 전로와 대지 사이의 절연저항은 개폐기 또는 과전류차단기로 구분할 수 있는 전로마다 몇 [MΩ] 이상이어야 하는가?

① 0.1 ② 0.2
③ 0.3 ④ 0.4

해설

저압 전로의 절연성능(기술기준 제52조)
전기사용장소의 사용전압이 저압인 전로의 전선 상호 간 및 전로와 대지 사이의 절연저항은 개폐기 또는 과전류차단기로 구분할 수 있는 전로마다 다음 표에서 정한 값 이상이어야 한다. 다만, 전동기 등 기계기구를 쉽게 분리하기 곤란한 분기회로의 경우 전로의 전선 상호 간의 절연저항에 대해서는 기기 접속 전에 측정한다.

전로의 사용전압 구분		절연저항 [MΩ]
400[V] 미만	대지전압(접지식 전로는 전선과 대지 사이의 전압, 비접지식 전로는 전선 간의 전압을 말한다)이 150[V] 이하인 경우	0.1
	대지전압이 150[V] 초과 300[V] 이하인 경우	0.2
	사용전압이 300[V] 초과 400[V] 미만인 경우	0.3
400[V] 이상		0.4

※ 전기설비기술기준 제52조(저압전로의 절연성능)는 다음과 같이 개정되어 문제 성립되지 않음

전로의 사용전압 [V]	DC시험전압 [V]	절연저항 [MΩ]
SELV 및 PELV	250	0.5
FELV, 500[V] 이하	500	1.0
500[V] 초과	1,000	1.0

[주] 특별저압(Extra low voltage : 2차 전압이 AC 50[V], DC 120[V] 이하)으로 SELV(비접지회로 구성) 및 PELV(접지회로 구성)은 1차와 2차가 전기적으로 절연된 회로, FELV는 1차와 2차가 전기적으로 절연되지 않은 회로

89 산업통상자원부장관은 신재생에너지 사업을 효율적으로 추진하기 위하여 필요하다고 인정하면 해당하는 자와 협약을 맺어 그 사업을 하게 할 수 있다. 협약을 맺어 그 사업을 할 수 있는 자가 아닌 것은?

① 특정연구기관 육성법에 따른 특정연구기관
② 산업기술연구조합 육성법에 따른 산업기술연구조합
③ 고등교육법에 따른 대학 또는 전문대학
④ 전기공사업에 따른 전기사업자

해설
사업의 실시(신에너지 및 재생에너지 개발·이용·보급 촉진법 제1조)
산업통상자원부장관은 조성된 사업비의 사용 각 호의 사업을 효율적으로 추진하기 위하여 필요하다고 인정하면 다음의 어느 하나에 해당하는 자와 협약을 맺어 그 사업을 하게 할 수 있다.
- 특정연구기관 육성법에 따른 특정연구기관
- 기초연구진흥 및 기술개발지원에 관한 법률에 따라 인정받은 기업부설연구소
- 산업기술연구조합 육성법에 따른 산업기술연구조합
- 고등교육법에 따른 대학 또는 전문대학
- 국공립연구기관
- 국가기관, 지방자치단체 및 공공기관
- 그 밖에 산업통상자원부장관이 기술개발능력이 있다고 인정하는 자

해설
조성된 사업비의 사용(신에너지 및 재생에너지 개발·이용·보급 촉진법 제10조)
산업통상자원부장관은 신재생에너지 기술개발 및 이용·보급 사업비의 조성에 따라 조성된 사업비를 다음의 사업에 사용한다.
- 신재생에너지의 자원조사, 기술수요조사 및 통계작성
- 신재생에너지의 연구·개발 및 기술평가
- 신재생에너지 공급의무화 지원
- 신재생에너지 설비의 성능평가·인증 및 사후관리
- 신재생에너지 기술정보의 수집·분석 및 제공
- 신재생에너지 분야 기술지도 및 교육·홍보
- 신재생에너지 분야 특성화대학 및 핵심기술연구센터 육성
- 신재생에너지 분야 전문 인력 양성
- 신재생에너지 설비 설치기업의 지원
- 신재생에너지 시범사업 및 보급사업
- 신재생에너지 이용의무화 지원
- 신재생에너지 관련 국제협력
- 신재생에너지 기술의 국제표준화 지원
- 신재생에너지 설비 및 그 부품의 공용화 지원
- 그 밖에 신재생에너지의 기술개발 및 이용·보급을 위하여 필요한 사업으로서 대통령령으로 정하는 사업

90 전압의 종별을 구분할 때 직류는 몇 [V] 이하의 전압을 저압으로 구분하는가?

① 600
② 700
③ 750
④ 800

해설
정의(전기사업법 시행규칙 제2조, 2021.01.04. 시행)
저압이란 직류에서는 1,500[V] 이하의 전압을 말하고, 교류에서는 1,000[V] 이하의 전압을 말한다.
※ 관련 법령 개정으로 문제 성립되지 않음

91 신재생에너지 기술개발 및 이용·보급 목적의 사업비 용도에 맞지 않은 것은?

① 신재생에너지 연구개발 및 기술평가
② 신재생에너지 설비의 성능평가·인증
③ 신재생에너지 기술의 국내 표준화 지원
④ 신재생에너지 시범사업 및 보급사업

92 태양전지 모듈의 절연내력 시험 시 10분간 연속적으로 인가하는 직류전압 또는 교류전압(500[V] 미만으로 되는 경우에는 500[V])은 최대사용전압의 몇 배인가?

① 직류 1.5배, 교류 1.5배
② 직류 1.5배, 교류 1배
③ 직류 1배, 교류 1.5배
④ 직류 1배, 교류 1배

해설
연료전지 및 태양전지 모듈의 절연내력(KEC 134)
연료전지 및 태양전지 모듈은 최대사용전압의 1.5배의 직류전압 또는 1배의 교류전압(500[V] 미만으로 되는 경우에는 500[V])을 충전부분과 대지 사이에 연속하여 10분간 가하여 절연내력을 시험하였을 때에 이에 견디는 것이어야 한다.
※ KEC(한국전기설비규정)의 적용으로 인해 판단기준 제15조(연료전지 및 태양전지 모듈의 절연내력)에서 KEC 134로 변경됨 〈2021.01.19.〉

정답 90 ③ 91 ③ 92 ②

93 신재생에너지 보급의 촉진을 위하여 공공기관이 신축, 증축, 개축하는 건축물에 대하여 총에너지 사용량의 일정부분을 신재생에너지로 설치하도록 규정하고 있다. 이에 적용을 받는 설치 연면적은 몇 [m²] 이상인가?

① 5,000
② 3,000
③ 2,000
④ 1,000

해설
신재생에너지 공급의무 비율 등(신에너지 및 재생에너지 개발·이용·보급 촉진법 시행령 제15조)
건축법 시행령의 용도별 건축물 종류에 따라 신축·증축 또는 개축하는 부분의 연면적이 1,000[m²] 이상인 건축물(해당 건축물의 건축목적, 기능, 설계 조건 또는 시공 여건상의 특수성으로 인하여 신재생에너지 설비를 설치하는 것이 불합리하다고 인정되는 경우로서 산업통상자원부장관이 정하여 고시하는 건축물은 제외)

94 저압용 기계기구의 철대 및 외함 접지에서 전기를 공급하는 전로에 누전차단기를 시설하면 외함의 접지를 생략할 수 있다. 이 경우의 누전차단기의 정격이 기술기준에 적합한 것은?

① 정격감도전류 15[mA] 이하, 동작시간 0.1초 이하의 전류 동작형
② 정격감도전류 15[mA] 이하, 동작시간 0.03초 이하의 전압 동작형
③ 정격감도전류 30[mA] 이하, 동작시간 0.1초 이하의 전류 동작형
④ 정격감도전류 30[mA] 이하, 동작시간 0.03초 이하의 전류 동작형

해설
기계기구의 철대 및 외함의 접지(KEC 142.7 아.)
정격감도전류 30[mA] 이하, 동작시간 0.03초 이하의 전류 동작형
※ KEC(한국전기설비규정)의 적용으로 인해 판단기준 제33조(기계기구의 철대 및 외함의 접지)에서 KEC 142.7 아.로 변경됨 〈2021.01.19.〉

95 전기사업의 허가를 신청하려는 자가 사업계획서를 작성할 때 태양광설비의 개요에 포함되어야 할 내용으로 적합하지 않은 것은?

① 태양전지의 종류, 정격용량, 정격전압 및 정격출력
② 태양전지 및 인버터의 효율, 변환특성, 교류주파수
③ 인버터의 종류, 입력전압, 출력전압 및 정격출력
④ 집광판의 면적

해설
태양광설비 사업계획서(전기사업법 시행규칙 별표 1)
• 태양전지의 종류, 정격용량, 정격전압 및 정격출력
• 인버터(Inverter)의 종류, 입력전압, 출력전압 및 정격출력
• 집광판의 면적

96 신재생에너지 공급의무자에 해당하는 전기사업자가 아닌 것은?

① 배전사업자
② 송전사업자
③ 구역전기사업자
④ 자가용 발전사업자

해설
신재생에너지 공급의무자(신에너지 및 재생에너지 개발·이용·보급 촉진법 시행령 제18조의3)
신재생에너지 공급의무화 등에서 "대통령령으로 정하는 자"란 다음 어느 하나에 해당하는 자를 말한다.
• 발전사업자, 발전사업의 허가를 받은 것으로 보는 자에 해당하는 자로서 500,000[kW] 이상의 발전설비(신재생에너지 설비는 제외)를 보유하는 자
• 한국수자원공사법에 따른 한국수자원공사
• 집단에너지사업법에 따른 한국지역난방공사

93 ④ 94 ④ 95 ② 96 ④

97 분산형 전원을 계통에 연계하는 경우 전력계통의 단락용량이 전선의 순시허용전류를 상회할 경우 시설해야 하는 장치로 가장 알맞은 것은?

① 과전류차단기 ② 지락차단기
③ 영상변류기   ④ 한류리액터

해설
단락전류 제한장치의 시설(KEC 503.2.3)
분산형 전원을 계통연계하는 경우 전력계통의 단락용량이 다른 자의 차단기의 차단용량 또는 전선의 순시허용전류 등을 상회할 우려가 있을 때에는 그 분산형 전원 설치자가 전류제한리액터(한류리액터) 등 단락전류를 제한하는 장치를 시설하여야 하며, 이러한 장치로도 대응할 수 없는 경우에는 그 밖에 단락전류를 제한하는 대책을 강구하여야 한다.
※ KEC(한국전기설비규정)의 적용으로 인해 판단기준 제282조(단락전류 제한장치의 시설)에서 KEC 503.2.3로 변경됨〈2021.01.01.〉

98 전기사업법에서 "구역전기사업자"는 몇 [kW]까지 전기를 생산하여 전력시장을 통하지 않고 그 공급구역의 전기사용자에게 전기를 공급할 수 있는가?

① 20,000   ② 25,000
③ 30,000   ④ 35,000

해설
구역전기사업자의 발전설비용량(전기사업법 시행령 제1조의2)
전기사업법에서 "대통령령으로 정하는 규모"란 35,000[kW]를 말한다.

99 신재생에너지 공급인증서에 관한 내용 중 옳은 것은?

> ㄱ. 공급인증서는 산업통상자원부장관이 지정하는 공급 인증기관에서만 발급할 수 있다.
> ㄴ. 공급인증서를 발급받으려는 자는 대통령령이 정하는 바에 따라 신청할 수 있다.
> ㄷ. 공급인증서의 유효기간은 발급받은 날로부터 5년이다.
> ㄹ. 공급인증서는 공급인증기관이 개설한 거래시장에서 거래할 수 있다.

① ㄱ, ㄴ, ㄷ   ② ㄱ, ㄴ, ㄹ
③ ㄱ, ㄷ, ㄹ   ④ ㄴ, ㄷ, ㄹ

해설
신재생에너지 공급인증서 등(신에너지 및 재생에너지 개발·이용·보급 촉진법 제12조의7)
- 신재생에너지를 이용하여 에너지를 공급한 자는 산업통상자원부장관이 신재생에너지를 이용한 에너지 공급의 증명 등을 위하여 지정하는 기관으로부터 그 공급 사실을 증명하는 인증서를 발급받을 수 있다. 다만, 발전차액을 지원받은 신재생에너지 공급자에 대한 공급인증서는 국가에 대하여 발급한다.
- 공급인증서를 발급받으려는 자는 공급인증기관에 대통령령으로 정하는 바에 따라 공급인증서의 발급을 신청하여야 한다.
- 공급인증기관은 두 번째 항목에 따른 신청을 받은 경우에는 신재생에너지의 종류별 공급량 및 공급기간 등을 확인한 후 다음 기재사항을 포함한 공급인증서를 발급하여야 한다. 이 경우 균형 있는 이용·보급과 기술개발 촉진 등이 필요한 신재생에너지에 대하여는 대통령령으로 정하는 바에 따라 실제 공급량에 가중치를 곱한 양을 공급량으로 하는 공급인증서를 발급할 수 있다.
  – 신재생에너지 공급자
  – 신재생에너지의 종류별 공급량 및 공급기간
  – 유효기간
- 공급인증서의 유효기간은 발급받은 날부터 3년으로 하되, 공급의무자가 구매하여 의무공급량에 충당하거나 발급받아 산업통상자원부장관에게 제출한 공급인증서는 그 효력을 상실한다. 이 경우 유효기간이 지나거나 효력을 상실한 해당 공급인증서는 폐기하여야 한다.
- 공급인증서를 발급받은 자는 그 공급인증서를 거래하려면 공급인증서 발급 및 거래시장 운영에 관한 규칙으로 정하는 바에 따라 공급인증기관이 개설한 거래시장에서 거래하여야 한다.
- 산업통상자원부장관은 다른 신재생에너지와의 형평을 고려하여 공급인증서가 일정 규모 이상의 수력을 이용하여 에너지를 공급하고 발급된 경우 등 산업통상자원부령으로 정하는 사유에 해당할 때에는 거래시장에서 해당 공급인증서가 거래될 수 없도록 할 수 있다.
- 산업통상자원부장관은 거래시장의 수급조절과 가격안정화를 위하여 대통령령으로 정하는 바에 따라 국가에 대하여 발급된 공급인증서를 거래할 수 있다. 이 경우 산업통상자원부장관은 공급의무자의 의무공급량, 의무이행실적 및 거래시장 가격 등을 고려하여야 한다.
- 신재생에너지 공급자가 신재생에너지 설비에 대한 지원 등 대통령령으로 정하는 정부의 지원을 받은 경우에는 대통령령으로 정하는 바에 따라 공급인증서의 발급을 제한할 수 있다.

정답 97 ④ 98 ④ 99 ②

100 태양에너지 전문기업으로 신고할 경우 자본금 및 국가 기술자격법에 따른 기술 인력으로 바르게 제시된 것은?

① 자본금 1억원 이상, 기계·화공·전기 분야의 기사 2명 이상
② 자본금 2억원 이상, 기계·전기·건축 분야의 기사 2명 이상
③ 자본금 1억원 이상, 기계·전기·건축 분야의 기사 2명 이상
④ 자본금 2억원 이상, 기계·전기·토목 분야의 기사 3명 이상

해설

신재생에너지 설비 설치전문기업의 신고기준 등(별표 7)
신재생에너지 설비 설치전문기업의 신고 등에 따른 신재생에너지 설비 설치전문기업의 신고기준은 별표 7과 같다.

에너지원의 종류별	자본금 및 기술인력
태양에너지	• 자본금 또는 자산평가액 1억원 이상 • 국가기술자격법에 따른 건설, 기계, 전기·전자, 환경·에너지 분야의 기사 2명 이상

※ 해당 법령 삭제

2015년 제2회 기사 과년도 기출문제

신재생에너지발전설비기사(태양광) 필기

제1과목 태양광발전시스템 이론

01 인버터는 태양전지에서 출력되는 직류전력을 교류전력으로 변환하고 교류계통으로 접속된 부하설비에 전력을 공급하는 기능을 한다. 그림과 같은 인버터 회로방식의 명칭으로 옳은 것은?

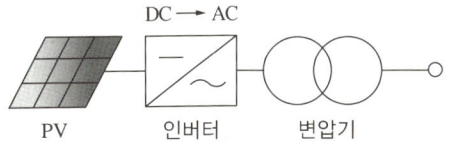

① 상용주파 변압기 절연방식
② 고주파 변압기 절연방식
③ 트랜스리스 방식
④ 트랜스 방식

해설
인버터 회로방식
- 상용주파 변압기 절연방식(저주파 변압기 절연방식) : 태양전지(PV) → 인버터(DC → AC) → 변압기
- 고주파 변압기 절연방식 : 태양전지(PV) → 고주파 인버터(DC → AC) → 고주파 변압기(AC → DC) → 인버터(DC → AC) → 공진회로
- 트랜스리스 방식 : 태양전지(PV) → 승압형 컨버터 → 인버터 → 공진회로
- 트랜스방식 : 태양전지(PV) → 인버터(DC → AC)

02 인버터 각 시스템 방식 중 PV 분전함이 없어도 되고, PV 어레이 근처에 설치되는 인버터 연결방식은?

① 병렬 운전 방식
② 모듈 인버터 방식
③ 스트링 인버터 방식
④ 중앙 집중형 인버터 방식

해설
스트링 인버터(String Inverter)
태양광발전 모듈로 이루어지는 스트링 하나의 출력만으로 동작할 수 있도록 설계한 인버터이다. 교류 출력은 다른 스트링 인버터의 교류 출력에 병렬로 연결시킬 수 있다. 또한 태양광 분전함이 없어도 되며, PV 어레이 근처에 설치되는 방식이다.

03 태양전지에서 직렬저항이 발생하는 원인이 아닌 것은?

① 태양전지 내의 누설전류
② 전면 및 후면 금속전극의 저항
③ 금속전극과 이미터, 베이스 사이의 접촉저항
④ 태양전지의 이미터와 베이스를 통한 전류 흐름

해설
태양전지 직렬저항의 발생원인
- 표면층의 면 저항
- 금속전극 자체 저항성분
- 전지의 전·후면 금속접촉
- 기판 자체 저항

04 신재생에너지에 관한 설명으로 틀린 것은?

① 조력발전은 밀물과 썰물로 발생하는 조류를 이용한 것이다.
② 폐기물에너지는 가연성폐기물에서 발생되는 발열량을 이용한 것이다.
③ 파력발전은 표층과 심층의 해수온도차를 이용한 것이다.
④ 바이오에너지는 생물자원을 변환시켜 이용하는 것이 있다.

해설
기타 신재생에너지
- 조력발전 : 조석간만의 차를 동력원으로 해수면의 상승하강운동을 이용하여 전기를 생산하는 기술이다.
- 폐기물에너지 기술 : 폐기물을 변환시켜 연료 및 에너지를 생산하는 기술로서 사업장 또는 가정에서 발생되는 가연성 폐기물 중 에너지 함량이 높은 폐기물을 열분해에 의한 오일화, 성형고체 연료의 제조기술, 가스화에 의한 가연성 가스 제조기술 및 소각에 의한 열 회수 기술 등의 가공·처리 방법을 통해 고체 연료, 액체 연료, 가스 연료, 폐열 등을 생산하고, 이를 산업 생산 활동에 필요한 에너지로 이용될 수 있도록 재생에너지를 생산하는 기술이다.
- 파력발전 : 연안 또는 심해의 파랑에너지를 이용하여 전기를 생산하는 기술이다.
- 바이오에너지 이용기술 : 바이오매스(Biomass, 유기성 생물체를 총칭)를 직접 또는 생·화학적, 물리적 변환과정을 통해 액체, 가스, 고체연료나 전기·열에너지 형태로 이용하는 화학, 생물, 연소공학 등의 기술을 총칭하는 기술이다.

정답 1 ① 2 ③ 3 ① 4 ③

05 인버터의 설명으로 틀린 것은?

① PWM 원리로 정현파를 재생한다.
② 무변압기 인버터는 효율이 나쁘다.
③ MPPT를 이용한 최대전력을 생산한다.
④ 추적효율은 최적 동작점을 조정하는 것이다.

해설
트랜스리스(Transformerless : 무변압기) 방식
소형, 경량으로 저렴하게 구현할 수가 있으면 신뢰도가 높으며 효율이 좋다.

06 출력전압의 파형을 기준으로 할 때 독립형 인버터에 해당되지 않는 것은?

① 구형파 인버터
② 유사 사인파 인버터
③ 사인파 인버터
④ 여현파 인버터

해설
독립형 인버터의 종류
- 구형파 인버터
- 사인파(정현파) 인버터
- 유사 사인파 인버터

07 연료전지의 특징에 대한 설명으로 적합하지 않은 것은?

① 간헐성의 특징에 따른 축전지설비가 필요하다.
② 등유, LNG, 메탄올 등 연료의 다양화가 가능하다.
③ 발전소의 건설비용이 크며 수명과 신뢰성 향상을 위한 기술연구가 필요하다.
④ 다양한 발전 용량의 제작이 가능하다.

해설
연료전지의 특징

장점	단점
• 도심부근에 설치가 가능하여 송배전 시의 설비 및 전력손실이 적다. • 천연가스, 메탄올, 석탄가스 등 다양한 연료사용이 가능하다. • 회전부위가 없어 소음이 없으며, 기존 화력발전과 같은 다량의 냉각수가 불필요하다. • 발전효율이 40~60[%]이며, 열병합발전 시 80[%] 이상 가능하다. • 부하변동에 따라 신속히 반응한다. • 설치형태에 따라서 현지설치용, 분산배치형, 중앙집중형 등의 다양한 용도로 사용이 가능하다. • 환경공해가 감소한다.	• 내구성과 신뢰성의 문제 등 상용화를 위해서는 아직 해결해야 할 기술적 난제가 존재한다. • 고도의 기술과 고가의 재료 사용으로 인해 경제성이 많이 떨어진다. • 연료전지에 공급할 원료(수소 등)의 대량 생산과 저장, 운송, 공급 등의 기술적 해결이 어렵다. • 연료전지의 상용화를 위한 인프라 구축 역시 미비한 상황이다.

08 태양전지 측정 STC 조건에 따른 최적의 일사량과 표면온도는?

① $1,000[W/m^2]$, $25[℃]$
② $1,800[W/m^2]$, $35[℃]$
③ $1,500[W/m^2]$, $45[℃]$
④ $2,500[W/m^2]$, $55[℃]$

해설
태양전지 STC(Standard Test Condition) 측정조건
- 표면온도 : $25[℃]$
- 일사량 : $1,000[W/m^2]$

09 연(납)축전지의 정격용량 100[Ah], 상시부하 8[kW], 표준전압 100[V]인 부동충전 방식 충전기의 2차 전류(충전전류)값은 몇 [A]인가?(단, 상시부하의 역률은 1로 한다)

① 50
② 60
③ 80
④ 90

해설
$$2차 전류 = \frac{축전지정격용량}{10} + \frac{상시부하용량}{표준전압}$$
$$= \frac{100}{10} + \frac{8,000}{100} = 10 + 80 = 90[A]$$

5 ② 6 ④ 7 ① 8 ① 9 ④

10 태양전지 모듈을 구성하는 직렬 셀에 음영이 생길 경우 발생하는 출력 저하 및 발열을 억제하기 위해 설치하는 소자는?

① 바이패스 다이오드 ② 역전류 방지 다이오드
③ 역전류 방지 퓨즈   ④ 정류 다이오드

해설
바이패스소자의 설치 목적
태양전지 모듈 중에서 일부의 태양전지 셀에 그늘이 지면 그 부분의 셀은 발전하지 못하며 저항이 크게 된다. 이 셀에는 직렬로 접속된 스트링(회로)의 모든 전압이 인가되어 고저항의 셀에 전류가 흐름으로써 발열이 발생한다. 셀이 고온으로 되면 셀 및 그 주변의 충진 수지가 변색되고 뒷면의 커버가 팽창하게 된다. 셀의 온도가 계속 높아지면 그 셀과 태양전지 모듈이 파손되기도 하지만 이를 방지할 목적으로 고저항이 된 태양전지 셀 또는 모듈에 흐르는 전류를 우회하는 것이 필요하다. 이것이 바로 바이패스소자를 설치하는 목적이다.

11 태양광발전용 축전지의 방전심도에 대한 설명으로 틀린 것은?

① 방전심도를 낮게 설정하면, 전지수명이 증가한다.
② 방전심도를 낮게 설정하면, 잔존용량이 감소한다.
③ 방전심도를 깊게 설정하면, 전지 이용률이 증가한다.
④ 방전심도를 깊게 설정하면, 전지수명이 단축된다.

해설
방전심도(DOD ; Depth Of Discharge)
전기 저장장치에서 방전상태를 나타내는 지표값으로 보통은 축전지의 방전상태를 표시하는 수치이다. 일반적으로 정격용량에 대한 방전량은 백분율로 표시한다.

방전심도 = $\dfrac{실제\ 방전량}{축전지의\ 정격용량} \times 100[\%]$

낮게 설정	깊게 설정
전지수명 증가	전지이용률 증가
산소용량 증가	전지수명 단축

12 태양광발전시설의 발전량을 예측하기 위해 경사면에서 복사량을 계산할 때 지표에 반사성분인 알베도가 포함된다. 일반적인 알베도 값은?

① 0.15 ② 0.20
③ 0.25 ④ 0.30

해설
태양광발전시설의 발전량을 예측하기 위해 경사면에서 복사량을 계산할 때 지표에 반사성분인 알베도값은 0.20을 포함해야 한다.

13 PN접합 다이오드에 역방향 바이어스 전압을 인가할 때의 설명으로 틀린 것은?

① 전위장벽이 높아진다.
② 전계가 강해진다.
③ P형에 (+)전압, N형에 (-)전압을 연결한다.
④ 공간전하 영역의 폭이 넓어진다.

해설
PN접합 다이오드 특징
- 작은 순 Bias 상태에서 저항은 대단히 적다.
- 역 Bias 상태에서 훌륭한 도체이다.
- 부성저항($dv/dI < 0$)을 나타낸다.
- 역 Bias 전압을 인가하면 공간전하 영역의 폭이 넓어진다.
- 역 Bias 전압을 인가하면 전위장벽이 높아지고 전계가 강해진다.
- 응용 고속 스위칭 회로, 마이크로웨이브 발진가동

14 축전지 설비의 설치기준에서 큐비클식과 이외의 변전설비, 발전설비 및 축전지 설비와의 거리는 몇 [m] 이상으로 하여야 하는가?

① 0.5 ② 1.0
③ 1.5 ④ 2.0

해설
큐비클식 축전지 설비의 이격거리

이격거리를 확보해야 할 부분	이격거리[m]
큐비클식 이외의 발전설비와의 사이	1.0
큐비클식 이외의 변전설비와의 사이	1.0
전면 또는 조작면	1.0
점검면	0.6
전면, 조작면, 점검면 이외의 환기구 설치면	0.2
옥외에 설치할 경우 건물과의 사이	2.0

15 다음 태양광발전시스템의 종류 중 에너지 효율이 가장 좋은 방식은?

① 고정형 시스템   ② 반고정형 시스템
③ 추적형 시스템   ④ 건물 일체형 시스템

정답 10 ① 11 ② 12 ② 13 ③ 14 ② 15 ③

해설
에너지 효율이 가장 좋은 태양광발전시스템은 추적형이다.

16 태양광발전시스템의 손실 인자가 아닌 것은?

① 모듈의 오염 ② 모듈의 온도
③ 음 영 ④ 효 율

해설
태양광발전시스템의 손실 인자
• 대기 전력 손실
• 모듈의 온도와 오염에 관한 손실
• 음영에 대한 손실
• 반사막에 대한 손실

17 태양광발전시스템에 풍력발전, 열병합발전 등 타 에너지원의 발전시스템과 결합하여 축전지·부하 및 상용계통에 전력을 공급하는 시스템은?

① 독립형 시스템
② 하이브리드 시스템
③ 계통연계형 시스템
④ 집광형 시스템

해설
태양광발전의 분류
• 계통연계형 : 태양광발전시스템에서 생산된 전력을 지역 전력망에 공급할 수 있도록 구성된 형식
• 독립형 : 전력계통형과 분리되어 있는 형식으로 축전지를 이용하여 태양전지에서 생산된 전력을 저장하고 저장된 전력을 필요시에 사용하는 방식
• 복합형 : 태양광발전에 풍력발전, 디젤발전, 열병합발전 등의 타 에너지원의 발전시스템과 결합하여 발전하는 방식

18 과부하 또는 단락이 발생하면 계통으로부터 PV 시스템을 자동으로 차단시키는 과전류보호 장치는?

① 스트링 퓨즈 ② 배선용 차단기
③ 누전차단기 ④ 바이패스 다이오드

해설
배선용 차단기(MCCB ; Mold Case Current Breaker)
과부하와 단락 또는 지락이 발생하였을 경우 태양광발전시스템을 자동으로 차단시켜서 과전류로부터 회로를 보호하는 장치

19 STC조건에서 최대전압이 45[V], 전압온도계수가 −0.2[V/℃]인 결정질 태양전지 모듈 10장이 직렬로 연결되어 있다. 외기 온도가 −25[℃]일 때 최대전압은 몇 [V]인가?

① 350 ② 450
③ 550 ④ 650

해설
STC조건에서 태양전지 온도는 25[℃]이고 문제에서 외기온도가 −25[℃]이기 때문에 온도의 차이는 50[℃]가 된다. 그러므로 1[℃]마다 전압이 0.2[V]씩 상승하여 0.2[V]×50 = 10[V]가 된다. 여기서 STC조건에서 최대전압은 45[V]이므로 10[V]+45[V] = 55[V]가 된다. 결론적으로 최대전압은 직렬 모듈의 수×전압[V] = 10×55[V] = 550[V]가 된다.

20 변압기에서 1차 전압이 120[V], 2차 전압이 12[V]일 때 1차 권선수가 400회라면 2차 권선수는?

① 10 ② 40
③ 400 ④ 4,000

해설
권선비 10 : 1이기 때문에 1차 전압에 비해 2차 전압은 1/10이다. 따라서 1차 권선이 120[V]에 권선수가 400이라면 2차 권선은 12[V]에 권선수는 40이 되어야 한다.

제2과목 태양광발전시스템 설계

21 다음 중 평균 일조시간이 가장 긴 지역은?

① 대 전 ② 인 천
③ 서 울 ④ 목 포

해설
대한민국 평균 일조시간
• 부여 : 6.90 • 대전 : 5.86
• 영덕 : 6.99 • 목포 : 5.85
• 인천 : 6.34 • 서울 : 5.66

정답 16 ④ 17 ② 18 ② 19 ③ 20 ② 21 ②

22 설계도서의 해석의 우선순위로 옳은 것은?

① 공사시방서 → 설계도면 → 전문시방서 → 표준시방서 → 산출내역서 → 승인된 상세시공도면 → 관계법령의 유권해석 → 감리자의 지시사항
② 공사시방서 → 설계도면 → 표준시방서 → 전문시방서 → 산출내역서 → 승인된 상세시공도면 → 관계법령의 유권해석 → 감리자의 지시사항
③ 공사시방서 → 설계도면 → 전문시방서 → 산출내역서 → 표준시방서 → 승인된 상세시공도면 → 관계법령의 유권해석 → 감리자의 지시사항
④ 공사시방서 → 설계도면 → 표준시방서 → 산출내역서 → 전문시방서 → 승인된 상세시공도면 → 관계법령의 유권해석 → 감리자의 지시사항

해설
설계도서의 우선순위(건축물의 설계도서 작성기준 제9조)
공사시방서 → 설계도면 → 전문시방서 → 표준시방서 → 산출내역서 → 승인된 상세시공도면 → 관계법령의 유권해석 → 감리자의 지시사항

23 다음과 같은 태양광발전시스템의 어레이 설계 시 직병렬 수량은?

- 모듈 최대출력 : 250[W_p]
- 1스트링 직렬매수 : 10직렬
- 시스템 출력 전력 : 50,000[W]

① 10직렬 – 10병렬
② 10직렬 – 15병렬
③ 10직렬 – 20병렬
④ 10직렬 – 25병렬

해설
어레이 설계 시 직·병렬 수량 구하는 공식
- 직렬 수량 = 1스트링 직렬매수 = 10개
- 병렬 수량 = $\dfrac{\text{시스템 출력 전력}}{\text{모듈 최대출력} \times \text{1스트링 직렬매수}}$
  $= \dfrac{50,000}{250 \times 10} = 20$개

24 기계기구의 구분에 따른 접지공사의 종류 중 틀린 것은?

① 400[V] 미만인 저압용 – 제3종 접지공사
② 400[V] 이상의 저압용 – 특별 제3종 접지공사
③ 600[V] 이하의 저압용 – 제2종 접지공사
④ 고압용 또는 특고압용 – 제1종 접지공사

해설
기계기구의 접지공사(판단기준 제33조)
- 제1종 접지공사 : 고압용 또는 특고압용
- 제3종 접지공사 : 400[V] 미만의 저압용
- 특별 제3종 접지공사 : 400[V] 이상의 저압용
※ KEC(한국전기설비규정)의 적용으로 종별 접지공사가 폐지되어 문제 성립되지 않음 〈2021.01.19.〉

25 축전지가 갖추어야 할 요구조건이 아닌 것은?

① 과충전, 과방전에 강할 것
② 중량 대비 효율이 높을 것
③ 환경변화에 안정적일 것
④ 에너지 저장밀도가 낮을 것

해설
축전지 요구조건
- 환경변화에 안정적이어야 한다.
- 에너지 저장밀도가 높아야 한다.
- 과충전, 과방전에 강해야 한다.
- 중량 대비 효율이 높아야 한다.

26 태양광발전소의 부지 타당성 조사 시 고려하여야 할 부지 내 경미한 음영의 종류가 아닌 것은?

① 송전철탑   ② TV 안테나
③ 전깃줄   ④ 피뢰침

해설
태양광발전소의 부지 타당성 조사 시 고려해야 할 부지 내 경미한 음영의 종류
- 피뢰침
- 전깃줄
- 안테나
- 주변의 부지의 음영 대상 조건

정답 22 ① 23 ③ 24 ② 25 ④ 26 ①

27 표준시험조건(STC) 기준으로 틀린 것은?

① 수광 조건은 대기 질량정수(AM ; Air Mass) 1.5의 지역을 기준으로 한다.
② 빛의 일조 강도는 1,000[W/m²]를 기준으로 한다.
③ 모든 시험의 풍속조건은 10[m/s]로 한다.
④ 모든 시험의 기준온도는 25[℃]로 한다.

해설
표준시험조건(STC) 기준
- 직사광선 방사조도는 1,000[W/m²]
- 태양전지 온도는 25[℃]이며, ±2[℃] 허용 오차
- 기준 스펙트럼 조사강도 분포는 IEC 60904-3에 따르고 이때의 질량은 AM=1.5로 한다.

28 태양광발전시스템의 인버터회로 방식이 아닌 것은?

① 저주파수 변압기형
② 부하 시 탭 절환형
③ 고주파 변압기 절연형
④ 무변압기형

해설
태양광발전시스템의 인버터회로 방식
- 상용주파 변압기 절연방식(저주파 변압기 절연방식)
- 고주파 변압기 절연방식
- 트랜스리스 방식

29 전압 48[V]로 120,000[Wh]의 전력을 공급하는 부하의 경우 축전지용량은 몇 [Ah]로 하면 되는가?

① 1,000
② 2,500
③ 5,000
④ 120,000

해설
축전지 용량(Ah) = $\dfrac{축전지용량}{전압} = \dfrac{120,000}{48} = 2,500[\text{Ah}]$

30 22.9[kV] 연계형 태양광발전사업자를 위한 인·허가 및 신고사항에 대한 설명으로 틀린 것은?

① 송·배전전선로 이용 신청은 한국전력공사
② 발전용량이 50,000[kW] 이상인 경우 환경영향평가의 대상으로 지자체 허가 신청
③ 공사계획인가 및 신고는 10,000[kW] 이상은 산업통상자원부 인가, 10,000[kW] 미만은 각 지자체에 신고
④ 발전사업 허가신청은 3,000[kW] 초과 설비는 산업통상자원부 및 제주도청, 3,000[kW] 이하는 각 지자체

해설
22.9[kV] 연계형 태양광발전사업자를 위한 인허가 및 신고사항
- 시설용량 3,000[kW] 이하 시설 : 16개 광역 시·도지사
- 시설용량 3,000[kW] 초과 설비 : 산업통상자원부장관(전기심의위원회 총괄정책팀)
- 제주특별자치도는 제주국제자유도시특별법에 따라 3,000[kW] 이상의 발전설비도 제주특별자치도지사의 허가사항이다.

31 태양전지 어레이 직병렬 설계 시 인버터의 사양 중 고려되지 않는 것은?

① MPPT 전압 범위 ② 최대입력전압
③ 전압온도계수   ④ 전류온도계수

해설
인버터의 사양 중 고려사항
- 전압온도계수
- 최대출력전압
- 출력온도계수
- 최대입력전압
- MTTP 전압 범위

32 22.9[kV], 3상 선로의 차단기 설치점에서 전원 측으로 바라본 합성 %Z가 100[MVA] 기준으로 22[%]일 때 단락전류[kA]는?(단, 기기의 정격전압은 24[kV]로 한다)

① 7.5   ② 10.9
③ 11.5 ④ 12.6

해설
전력(P) = $\sqrt{3}\,VI$

정격전류(I_n) = $\dfrac{P}{\sqrt{3}\,V} = \dfrac{100 \times 10^3}{\sqrt{3} \times 22.9} ≒ 2,521.2[\text{A}]$

단락전류(I_s) = $\dfrac{100}{\%Z}I_n = \dfrac{100}{22} \times 2,521.2 = 11,460 ≒ 11.5[\text{kA}]$

정답: 27 ③ 28 ② 29 ② 30 ② 31 ④ 32 ③

33 계통연계형 태양광 인버터의 시험항목이 아닌 것은?

① 효율시험 ② 온도상승시험
③ 단독운전방지시험 ④ 부하불평형시험

해설

태양광 인버터의 시험항목

시험항목		독립형	계통연계형
1. 구조시험		O	O
2. 절연성능시험	• 절연저항시험	O	O
	• 내전압시험	O	O
	• 감전보호시험	O	O
	• 절연거리시험	O	O
3. 보호기능시험	• 출력 과전압 및 부족전압 보호기능시험	O	O
	• 주파수상승 및 저하보호기능시험	O	O
	• 단독운전 방지기능시험	X	O
	• 복전 후 일정시간 투입방지기능시험	X	O
4. 정상특성시험	• 교류전압, 주파수 추종범위시험	X	O
	• 교류출력전류 변형률시험	X	O
	• 누설전류시험	O	O
	• 온도상승시험	O	O
	• 효율시험	O	O
	• 대기손실시험	X	O
	• 자동기동·정지시험	X	O
	• 최대전력 추종시험	X	O
	• 출력전류 직류분 검출시험	X	O
5. 과도응답특성시험	• 입력전력 급변시험	O	O
	• 계통전압 급변시험	X	O
	• 계통전압위상 급변시험	X	O
6. 외부사고시험	• 출력측 단락시험	O	O
	• 계통전압 순간 정전·강하시험	X	O
	• 부하차단시험	O	O
7. 내전기 환경시험	• 계통전압 왜형률 내량시험	X	O
	• 계통전압 불평형시험	X	O
8. 내주위 환경시험	• 습도시험	O	O
	• 온습도 사이클시험	O	O
9. 전자기적합성(EMC)	• 전자파 장해(EMI)	O	O
	• 전자파 내성(EMS)	O	O

34 축전지의 방전심도에 관한 설명으로 틀린 것은?

① 축전지의 잔존용량으로도 표현한다.
② 방전심도는 실제 방전량과 축전지의 정격용량의 비로 나타낸다.
③ 방전심도를 낮게 설정하면 전지수명이 짧아진다.
④ 방전심도를 높게 설정하면 전지 이용률은 높아진다.

해설

방전심도(DOD ; Depth Of Discharge)
전기 저장장치에서 방전상태를 나타내는 지표값으로 보통은 축전지의 방전상태를 표시하는 수치이다. 따라서 방전심도를 낮게 설정하면 전지의 수명이 길어진다. 일반적으로 정격용량에 대한 방전량은 백분율로 표시한다.

$$방전심도 = \frac{실제\ 방전량}{축전지의\ 정격용량} \times 100[\%]$$

35 태양광발전시스템과 전력계통선과의 연계를 위한 송수전설비에서 중요한 송전용 변압기의 용량산정에 고려사항이 아닌 것은?

① 변압기 효율과 부하율의 관계
② 변압기 뱅크방식에 따른 송전방식
③ DC 케이블선의 굵기
④ 인버터 종류에 따른 변압기의 결선방식

해설

송수전설비 송전용 변압기의 용량산정 시 고려사항
• 인버터의 종류에 따른 변압기의 결선방식
• 변압기 효율과 부하율의 관계
• 변압기 뱅크방식에 따른 송전방식

36 설계도서에 해당되지 않는 것은?

① 시방서 ② 시공상세도
③ 설계도면 ④ 내역서

해설

설계도서의 종류
• 시방서
• 현장설명서
• 명세서(표준, 특기, 설계)
• 내역서
• 설계도면
• 현장설명에 대한 질문회답서
• 공사계약서

정답 33 ④ 34 ③ 35 ③ 36 ②

37 모니터링 시스템 주요 구성 요소가 아닌 것은?

① 발전소 내 감시용 CCTV
② LOCAL 및 Web Monitoring
③ 기상관측 장치
④ LBS

해설
모니터링 시스템의 주요 구성요소
- 자동기상 관측장치(AWS)
- 태양광모듈 계측 메인장치(SCS)
- 전력변환장치 감시제어장치(AIS)
  – 발전소 내 감시용 CCTV, LOCAL 및 Web Monitoring

38 셀의 직렬연결 시 음영에 의한 출력은 몇 [W]인가?(단, 셀은 모두 5[W]×10개이고, 음영에 의해 출력이 저하한 셀은 3.5[W]×4개이다)

① 50   ② 44
③ 35   ④ 28

해설
셀의 직렬연결 시 출력 = 전체 셀 출력 – 음영 셀 출력
= 50 – (3.5×4) = 36[W]

39 태양광발전 사업허가기준에 대한 설명이다. 다음 중 허가기준에 맞지 않는 것은?

① 전기사업 수행에 필요한 재무능력 및 기술능력이 있을 것
② 전기사업이 계획대로 수행될 수 있을 것
③ 일정지역에 편중되어 전력계통의 운영에 지장을 초래해서는 안 될 것
④ 태양광발전 사업허가신청 시 환경영향평가를 반드시 받아야 될 것

해설
태양광발전 사업허가기준(전기사업법 제7조)
- 전기사업을 적정하게 수행하는 데 필요한 재무능력 및 기술능력이 있을 것
- 전기사업이 계획대로 수행될 수 있을 것
- 배전사업 및 구역전기사업의 경우 둘 이상의 배전사업자의 사업구역 또는 구역전기사업자의 특정한 공급구역 중 그 전부 또는 일부가 중복되지 아니할 것
- 구역전기사업의 경우 특정한 공급구역의 전력수요의 50[%] 이상으로서 대통령령으로 정하는 공급능력을 갖추고, 그 사업으로 인하여 인근 지역의 전기사용자에 대한 다른 전기사업자의 전기공급에 차질이 없을 것
- 발전소나 발전연료가 특정 지역에 편중되어 전력계통의 운영에 지장을 주지 아니할 것
- 신에너지 및 재생에너지 개발·이용·보급 촉진법에 따른 태양에너지 중 태양광, 풍력, 연료전지를 이용하는 발전사업의 경우 대통령령으로 정하는 바에 따라 발전사업 내용에 대한 사전고지를 통하여 주민 의견수렴 절차를 거칠 것
- 그 밖에 공익상 필요한 것으로서 대통령령으로 정하는 기준에 적합할 것
- 허가의 세부기준·절차와 그 밖에 필요한 사항은 산업통상자원부령으로 정한다.

40 변환효율 13[%]의 100[W]급의 태양전지 모듈을 이용하여 10[kW]급 태양전지 어레이를 구성하는 데 필요한 설치면적[m²]으로 적당한 것은?(단, STC 조건이다)

① 50   ② 80
③ 100   ④ 150

해설
STC(Standard Test Conditions)
조건의 일사강도 : 1,000[W/m²]
$$\frac{1[m^2]}{1,000[W]} = \frac{S}{10,000[W]} \quad \therefore S = 10$$
$$S = S_A \times \eta \quad 10 = S_A \times 0.13$$
$$\therefore S_A = \frac{10}{0.13} \fallingdotseq 76.9[m^2] \fallingdotseq 80[m^2]$$

제3과목 태양광발전시스템 시공

41 태양전지 모듈의 배선 후 확인할 사항 중 태양전지 어레이 검사항목이 아닌 것은?

① 사양서에 기초한 전압 확인
② 고조파전류 측정
③ 단락전류 측정
④ 비접지 확인

37 ④ 38 ③ 39 ④ 40 ② 41 ②

해설
태양전지 어레이 검사
태양전지 모듈의 배선이 끝나면 각 모듈 극성 확인, 전압 확인, 단락전류 확인, 양극과의 접지여부 등을 확인한다.
• 전압·극성확인
• 단락전류 측정
• 비접지의 확인

42 태양광발전시스템 구조물의 종류가 아닌 것은?
① 고정식
② 단축식
③ 양축식
④ 일자식

해설
태양광발전시스템의 구조물의 종류는 고정식, 단축식, 고정 경사가 변식(경사가변식), 양축식 등이 있다.

43 태양광발전시스템의 접속단자함에 설치되는 퓨즈 용량은 스트링 정격전류의 몇 배 이상을 설치하여야 하는가?
① 1.25배
② 1.5배
③ 2.0배
④ 2.5배

해설
태양광발전시스템의 접속단자함에 설치되는 퓨즈용량은 스트링 정격 전류의 1.25배 이상의 용량을 설치해야 한다.

44 태양광발전 인허가 절차 중 사전환경성 검토, 협의 내용으로 옳은 것은?
① 50,000[kW] 미만 : 환경 영향평가,
  50,000[kW] 이상 : 사전 환경성 검토
② 50,000[kW] 미만 : 사전 환경성 검토,
  50,000[kW] 이상 : 환경 영향평가
③ 100,000[kW] 미만 : 환경 영향평가,
  100,000[kW] 이상 : 사전 환경성 검토
④ 100,000[kW] 미만 : 사전 환경성 검토,
  100,000[kW] 이상 : 환경 영향평가

해설
태양광발전 인허가 절차 중 사전환경성 검토, 협의 내용
• 100,000[kW] 미만 : 사전 환경성 검토
• 100,000[kW] 이상 : 환경 영향 평가

45 태양광발전시스템의 시공 시 감전방지 대책으로 틀린 것은?
① 안전띠를 착용하여 작업한다.
② 절연처리가 된 공구를 사용한다.
③ 강우 시에는 작업을 하지 않는다.
④ 작업 전에 태양전지 모듈의 표면에 차광시트를 붙여 태양광을 차단한다.

해설
태양광발전시스템의 시공 시 감전방지 대책
• 작업 전 태양전지 모듈 표면에 차광막을 씌워 태양광을 차폐한다.
• 절연장갑을 착용한다.
• 절연 처리된 공구를 사용한다.
• 우천 시에는 감전사고와 미끄러짐으로 인한 추락사고 우려가 있으므로 작업을 금지한다.

46 태양전지 전지판 연결공사에 대한 설명으로 틀린 것은?
① 전선의 연결부위는 전선관 내에서 연결하여야 한다.
② 전선관은 전기적, 기계적으로 확실히 접속한다.
③ 태양광 모듈 결선 시 Junction Box Hole에 맞는 방수 커넥터를 사용한다.
④ 태양전지에서 옥내에 이르는 배선은 모듈전용선, F-CV선, TFR-CV선 등을 사용한다.

정답 42 ④ 43 ① 44 ④ 45 ① 46 ①

해설

태양전지 전지판 연결공사
전선의 연결부위는 접속 배선함 구멍에 맞추어 압착단자를 사용하여 견고하게 전선을 연결한다.
- 연결전선 : 태양전지에서 옥내에 이르는 배선에 쓰이는 전선은 모듈 전용선 또는 TFR-CV선을 사용하여야 하며, 전선이 지면을 통과하는 경우에는 피복에 손상이 발생하지 않게 별도의 조치를 취해야 한다.
  ※ TFR-CV : 난연성 제어용 내열 PVC절연 내열비닐 시스케이블을 말하며 난연성 전력케이블이라고도 한다.
- 커넥터(접속 배선함)
  - 태양전지판의 프레임을 부착할 경우에는 흔들림이 없도록 고정되어야 한다.
  - 태양전지판 결선 시에 접속 배선함 구멍에 맞추어 압착단자를 사용하여 견고하게 전선을 연결해야 하며, 접속 배선함 연결부위는 일체형 전용 커넥터를 사용한다.
- 태양전지판 배선 : 태양전지판 배선은 바람에 흔들림이 없도록 케이블 타이(Cable Tie) 등으로 단단히 고정하여야 하며 태양전지판의 출력배선은 군별·극성별로 확인할 수 있도록 표시하여야 한다.
- 태양전지판 직·병렬 상태 : 태양전지 각 직렬군은 동일한 단락전류를 가진 모듈로 구성하여야 하며 1대의 파워컨디셔너(PCS)에 연결된 태양전지 직렬군이 2병렬 이상일 경우에는 각 직렬군의 출력 전압이 동일하게 형성되도록 배열하여야 한다.
- 역전류방지 다이오드
  - 1대의 파워컨디셔너(PCS)에 연결된 태양전지 직렬군이 2병렬 이상일 경우에는 각 직렬군에 역전류방지다이오드에 별도의 접속함에 설치하여야 하며, 접속함은 발생하는 열을 외부에 방출할 수 있도록 환기구 및 방열판 등을 갖추어야 한다.
  - 용량은 모듈단락전류의 2배 이상이어야 하며 현장에서 확인할 수 있도록 표시하여야 한다.

47 송전선로의 안정도 증진방법으로 틀린 것은?

① 계통을 연계한다.
② 전압변동을 적게 한다.
③ 직렬 리액턴스를 크게 한다.
④ 중간 조상방식을 채택한다.

해설

송전선로의 안정도 증진방법
- 계통의 전달 리액턴스의 감소(상위 전압으로 승압, 병렬회선수의 증가)
- 계통전압 변동의 제어(중간 조상 설비의 설치, 발전기 속응여자의 채용)
- 계통에 주는 충격의 경감(보호계전기, 차단기의 고속도화)
- 발전기 입·출력의 평형화(제동저항 설치, 터빈 고속 밸브 제어의 채용)

48 구조물 시공의 주요 적용기준에 해당하지 않는 것은?

① 토목구조 설계기준
② 콘크리트구조 설계기준
③ 강구조 설계기준, 하중저항계수 설계법
④ 건축법 및 동 시행령, 건축물의 구조기준 등에 관한 규칙

해설

토목구조 설계기준은 기초공사의 적용기준이다.
구조물 시공의 주요 적용 기준
콘크리트구조 설계기준, 강구조 설계기준, 하중저항계수 설계법, 건축법 및 동 시행령, 건축물의 구조기준 등에 관한 규칙

49 태양광발전시스템의 배선공사에 사용되는 케이블 중 내연성이 가장 좋은 케이블은?

① ACSR(강심 알루미늄 연선)
② VV(비닐절연 비닐시스 케이블)
③ CV(가교 폴리에틸렌 절연비닐 시스케이블)
④ PNCT(고무절연 클로로프렌 시스캡타이어 케이블)

해설

PNCT(고무절연 클로로프렌 시스캡타이어 케이블)
강한 시스를 가진 케이블로서 광산, 농장, 건설공장 현장 등에서 저압 이동용 전기기기의 배선에 사용되는 전선으로 탄력성이 양호한 클로로프렌 고무로 피복되어 충격, 마찰, 굴곡 등의 기계적 내성이 높고 내수, 내열, 내산 및 내알칼리성 등의 화학적 내성이 강해서 이 분야의 용도에 널리 사용된다.

50 다음 ( ) 안의 알맞은 내용으로 옳은 것은?

> 전선관의 굵기는 동일 전선의 경우에는 피복을 포함하여 총합계의 관의 내단면적의 (㉠)[%] 이하로 할 수 있으며, 서로 다른 굵기의 전선을 동일 관 내단면적의 (㉡)[%] 이하가 되도록 선정하는 것이 일반적인 원칙이다.

① ㉠ 24, ㉡ 48
② ㉠ 32, ㉡ 24
③ ㉠ 32, ㉡ 48
④ ㉠ 48, ㉡ 32

47 ③ 48 ① 49 ④ 50 ④

해설

전선관의 굵기
동일 전선의 경우에는 내단면적의 48[%] 이하이고 서로 다른 전선의 경우에는 내단면적의 32[%] 이하이다.

51 책임 설계감리원이 발주자에게 설계감리의 기성 및 준공을 처리할 때 제출하는 서류 중 감리기록서류에 해당하지 않는 것은?

① 설계감리일지
② 설계감리지시부
③ 설계감리 결과보고서
④ 설계자와 협의사항 기록부

해설

설계감리의 기성 및 준공(설계감리업무 수행지침 제13조)
책임 설계감리원이 설계감리의 기성 및 준공을 처리한 때에는 다음의 준공서류를 구비하여 발주자에게 제출하여야 한다.
• 설계용역 기성부분 검사원 또는 설계용역 준공검사원
• 설계용역 기성부분 내역서
• 설계감리 결과보고서
• 감리기록서류
  – 설계감리일지
  – 설계감리지시부
  – 설계감리기록부
  – 설계감리요청서
  – 설계자와 협의사항 기록부
• 그 밖에 발주자가 과업지시서상에서 요구한 사항

52 발주자에게 책임감리원이 제출하는 분기보고서에 포함되지 않는 사항은?

① 작업변경 현황
② 공사추진 현황
③ 감리원 업무일지
④ 주요기자재 검사 및 수불 내용

해설

전력시설물 공사감리업무 수행지침 제17조
책임감리원은 다음 각 사항이 포함된 분기보고서를 작성하여 발주자에게 제출하여야 한다. 보고서는 매 분기말 다음 달 7일 이내로 제출한다.
• 공사추진 현황(공사계획의 개요와 공사추진계획 및 실적, 공정현황, 감리용역현황, 감리조직, 감리원 조치내역 등)
• 감리원 업무일지
• 품질검사 및 관리현황
• 검사요청 및 결과통보내용
• 주요기자재 검사 및 수불내용(주요기자재 검사 및 입·출고가 명시된 수불현황)
• 설계변경 현황
• 그 밖에 책임감리원이 감리에 관하여 중요하다고 인정하는 사항

53 사용 전 검사 및 법정검사에 대한 설명으로 틀린 것은?

① 법정검사의 목적은 전기설비가 공사계획대로 설계 시공되었는가를 확인하는 것이다.
② 사용 전 검사는 전기설비의 설치공사 또는 변경공사를 한 자는 산업통상자원부령이 정하는 바에 따라 산업통상자원부장관 또는 시·도지사가 실시하는 검사에 합격한 후에 이를 사용하여야 한다.
③ 법정검사 수행절차 시 불합격 시정기한은 사용 전 검사는 15일, 정기검사는 3개월이다.
④ 전기안전에 지장이 없는 경우에 발전기 인가 출력보다 저출력 운전 시에는 임시 사용이 불가능하다.

해설

사용 전 검사 기준
• 전기사업법 규정에 의한 공사계획 인가 또는 신고를 필한 상용, 사업용 태양광발전설비를 대상으로 한다.
• 사용 전 검사는 용량에 관계없이 관할사업소에서 주관하며, 전용선로를 구축할 경우의 송전설비 검사는 본사 전력설비검사단에서 담당한다.
• 사용 전 검사 대상의 범위(신설인 경우)

구 분	검사종류	용 량	선 임	감리원 배치
일반용	사용 전 점검	10[kW] 이하	미선임	필요 없음
자가용	사용 전 검사 (저압설비는 공사계획 미신고)	10[kW] 초과 (자가용 설비 내에 있는 경우 용량에 관계없이 자가용임)	대행업체 대행가능 (1,000[kW] 이하)	감리원배치확인서(자체 감리원 불인정–상용이기 때문)
사업용	사용 전 검사 (시·도 공사계획신고)	전 용량 대상	대행업체 대행가능 (20[kW] 이하 미선임 가능)	감리원배치확인서(자체 감리원 불인정–상용이기 때문)

정답 51 ③ 52 ① 53 ④

54 접지공사의 종류에 따른 접지선의 굵기로 틀린 것은?

① 제1종 접지공사 : 공칭단면적 6[mm^2] 이상의 연동선
② 제2종 접지공사 : 공칭단면적 10[mm^2] 이상의 연동선
③ 제3종 접지공사 : 공칭단면적 2.5[mm^2] 이상의 연동선
④ 특별 제3종 접지공사 : 공칭단면적 2.5[mm^2] 이상의 연동선

해설
접지공사의 접지저항값 및 접지선의 굵기 (판단기준 제18조, 제19조)

접지공사의 종류	접지저항값	접지선의 굵기 (공칭단면적)
제1종 접지공사	10[Ω]	6[mm^2] 이상의 연동선
제2종 접지공사	변압기의 고압측 또는 특고압측 전로의 1선 지락전류의 암페어수로 150을 나눈 값과 같은 [Ω]수	16[mm^2] 이상의 연동선, 6[mm^2] 이상의 연동선(특고압과 저압의 결합 시)
제3종 접지공사	100[Ω]	2.5[mm^2] 이상의 연동선
특별 제3종 접지공사	10[Ω]	2.5[mm^2] 이상의 연동선

※ KEC(한국전기설비규정)의 적용으로 종별 접지공사가 폐지되어 문제 성립되지 않음 〈2021.01.19.〉

55 태양광발전설비의 특별 제3종 접지공사의 접지저항값은 몇 [Ω] 이하인가?

① 3[Ω]   ② 5[Ω]
③ 10[Ω]   ④ 100[Ω]

해설
특별 제3종 접지공사의 접지저항값 : 10[Ω]
54번 해설 참조
※ KEC(한국전기설비규정)의 적용으로 종별 접지공사가 폐지되어 문제 성립되지 않음 〈2021.01.19.〉

56 총설비용량 80[kW], 수용률 75[%], 부하율 80[%]인 수용가의 평균전력은 몇 [kW]인가?

① 30   ② 36
③ 42   ④ 48

해설
수용률 = $\frac{\text{최대수용전력}}{\text{부하설비의 합계}}$, $0.75 = \frac{\text{최대수용전력}}{80[kW]}$
최대수용전력 = 60[kW]
부하율 = $\frac{\text{평균전력}}{\text{최대수용전력}}$, 평균전력 = 60[kW] × 0.8 = 48[kW]

57 다음 중 이도를 크게 할 경우의 단점이 아닌 것은?

① 지지물이 높아진다.   ② 전선접촉사고가 많아진다.
③ 진동을 방지한다.   ④ 단선의 우려가 있다.

해설
전선의 이도 : 전선이 늘어진 정도를 나타내며 가공송전선로에서 전선을 느슨하게 하여 약간의 이도(Dip)를 취한다.
• 이도에 의한 영향으로 지지물의 높이가 좌우된다.
• 점전선의 진동 시 다른 전선 또는 수목에 접촉이 우려된다.
• 이도가 너무 작으면 전선의 수평장력이 커져 단선이 된다.

58 케이블 단말처리 중 시공 시 테이프 폭이 3/4로부터 2/3 정도로 중첩해 감아 놓으면 시간이 지남에 따라 융착하여 일체화하는 절연테이프 종류는?

① 자기융착 절연테이프   ② 비닐 절연테이프
③ 보호 테이프   ④ 노턴 테이프

해설
자기융착 절연테이프
자기융착 절연테이프는 시공 시 테이프 폭이 3/4으로부터 2/3 정도로 중첩해 감아놓으면 시간이 지남에 따라 융착하여 일체화한다. 자기융착 테이프에는 부틸고무제와 폴리에틸렌 + 부틸고무가 합성된 제품이 있지만 저압의 경우 부틸고무제는 일반적으로 사용하지 않는다.

59 감리원은 공사업자로부터 물가변동에 따른 계약금액 조정요청을 받은 경우에 작성, 제출하도록 되어 있는 서류가 아닌 것은?

① 물가변동조정 요청서
② 계약금액조정 요청서
③ 품목조정률 또는 지수조정률에 대한 산출근거
④ 안전관리비 집행근거 서류

정답 54 ② 55 ③ 56 ④ 57 ③ 58 ① 59 ④

해설
물가변동으로 인한 계약금액의 조정(전력시설물 공사감리업무 수행지침 제53조)
감리원은 공사업자로부터 물가변동에 따른 계약금액 조정요청을 받은 경우에는 다음의 서류를 작성·제출하도록 하고 공사업자는 이에 응하여야 한다.
- 물가변동조정 요청서
- 계약금액조정 요청서
- 품목조정률 또는 지수조정률의 산출근거
- 계약금액 조정 산출근거
- 그 밖에 설계변경에 필요한 서류

60 태양광발전시스템 구조물의 설치공사 순서를 바르게 나열한 것은?

```
㉠ 어레이 가대공사    ㉡ 어레이 기초공사
㉢ 어레이 설치공사    ㉣ 배선공사
㉤ 점검 및 검사
```

① ㉡ → ㉠ → ㉢ → ㉣ → ㉤
② ㉠ → ㉡ → ㉢ → ㉣ → ㉤
③ ㉣ → ㉡ → ㉠ → ㉢ → ㉤
④ ㉣ → ㉠ → ㉡ → ㉢ → ㉤

해설
태양광발전시스템 구조물의 설치공사 순서
- 어레이 기초공사
- 어레이 가대공사
- 어레이 설치공사
- 배선공사
- 점검 및 검사

제4과목 태양광발전시스템 운영

61 인버터의 제어특성을 점검하기 위한 측정 및 시험방법으로 적당하지 않은 것은?

① 입출력 측정   ② 과·저전압 측정
③ AC 회로시험   ④ 육안검사

해설
인버터의 제어특성을 점검하기 위한 측정 및 시험방법
입출력시험, AC 회로시험, 과·저전압 측정 등이 있다.

62 태양광발전설비 점검 시 비치해야 하는 전기안전관리 장비가 아닌 것은?

① 온도계   ② 클램프 미터
③ 적외선 온도측정기 ④ 습도계

해설
전기안전관리장비 종류
- 온도계   · 클램프 미터
- 적외선 온도측정기

63 태양전지 어레이 개방전압 측정 시 주의사항으로 틀린 것은?

① 각 스트링의 측정은 안정된 일사강도가 얻어질 때 실시한다.
② 측정시각은 맑은 날, 해가 남쪽에 있을 때 1시간동안 실시한다.
③ 셀은 비 오는 날에도 미소한 전압을 발생하고 있으니 주의한다.
④ 측정은 직류전류계로 측정한다.

해설
개방전압 측정 시 유의사항
- 태양전지 어레이의 표면을 청소하는 것이 필요하다.
- 각 스트링의 측정은 안정된 일사강도가 얻어질 때 하도록 한다.
- 측정시각은 일사강도, 온도의 변동을 극히 적게 하기 위하여 맑을 때, 남쪽에 있을 때의 전후 1시간에 실시하는 것이 좋다.
- 태양전지는 비 오는 날에도 미소한 전압을 발생하므로 매우 주의하여 측정한다.

64 다결정실리콘 태양광모듈을 이용하여 사막과 같은 고온 환경에서 작동시킬 때, 단결정실리콘 대비 차이점에 대한 설명으로 가장 옳지 않은 것은?

① 상대적으로 온도계수가 작아 출력이 크다.
② 기판의 이동도가 떨어져 동일용량 설계 시보다 큰 면적을 필요로 한다.
③ 기판의 결정 구조에 따라 디자인 측면에서 건축물에 적용이 우수하다.
④ 물질의 고유특성인 에너지 갭이 작아 온도에 대한 특성은 우수하다.

정답 60 ① 61 ④ 62 ④ 63 ④ 64 ④

해설

다결정실리콘 태양광모듈
- 상대적으로 온도계수가 작아 출력이 크다.
- 기관의 이동도가 떨어져 동일용량 설계 시보다 큰 면적으로 한다.
- 기관의 결정 구조에 따라 디자인측면에서 건축물에 적용이 우수하다.

65 독립형 태양광발전설비 유지보수 중 일상점검 항목이 아닌 것은?

① 접속함의 개방전압 ② 인버터의 이상 과열
③ 축전기의 액면 저하 ④ 지지대의 부식

해설
접속함의 개방전압은 부하의 접속을 개방하고 해야 하므로 일상점검으로 할 수가 없다.

66 태양광발전시스템 정기점검 사항 중 인버터의 투입저지 시한 타이머(동작시험) 관련 인버터가 정지하여 자동기동할 때는 몇 분 정도 시간이 소요되는가?

① 1분   ② 3분
③ 5분   ④ 10분

해설
인버터의 정기점검의 점검항목 및 점검요령

설비		점검항목	점검요령
운전정지	조작 및 육안 점검	보호계전기 능의 설정	전력회사 정위치를 확인할 것
		운 전	운전스위치 운전에서 운전할 것
		정 지	운전스위치 정지에서 정지할 것
		투입저지 시한 타이머 동작시험	인버터가 정지하여 5분 후 자동 기동할 것
		자립운전	자립운전으로 전환 시 자립운전용 콘센트에서 규정전압이 출력될 것
		표시부의 동작확인	표시부가 정상으로 표시되어 있을 것
		이상음 등	운전 중 이상음, 이상진동 등의 발생이 없을 것
		발전전압	태양전지의 동작전압이 정상일 것

67 태양광전원의 용량이 50[MVA]에 대하여, 15[%]의 임피던스를 가지는 경우, 100[MVA]를 기준으로 한 %임피던스는?

① 30   ② 40
③ 50   ④ 60

해설
$\%Z = \dfrac{P_a Z}{10 V^2}$, $\%Z \propto P_a$

%임피던스는 용량에 비례하므로
50[MVA] : 15[%] = 100[MVA] : (　　)[%] ∴ 30[%]가 된다.

68 독립형 태양광발전시스템의 구성장치가 아닌 것은?

① 충·방전제어기
② 단독운전방지 시스템
③ 축전기 또는 축전지뱅크
④ 인버터

해설
단독운전방지 시스템은 계통연계형 태양광발전시스템의 구성장치이다.

69 태양전지의 결정질 실리콘 전지는 단결정 전지와 다결정 전지로 구분되는데, 다결정 전지에 속하지 않는 것은?

① 다결정 파워전지
② 다결정 밴드전지
③ 다결정 박막전지
④ 다결정 염료전지

해설
다결정 전지
다결정 파워전지, 다결정 밴드전지, 다결정 박막전지 등

70 태양광전원이 배전선로에 연계되어 운용되는 경우, 수용가의 전압을 일정하게 유지시키는 데 가장 중요한 역할을 하는 것은?

① 변전소계전기 ② 리클로저
③ 주상변압기   ④ 선로전압조정기

해설
선로전압조정기
전압조정기는 발전기의 부하와 회전속도에 관계없이 발전기전압을 항상 일정하게 유지하는 기능을 하는 설비이다.

71 실리콘 태양전지는 200에서 100마이크로 단위의 얇은 형태로 지속적인 연구개발이 진행되고 있다. 향후 실제 모듈화 및 발전소 운영 시에 대한 설명으로 틀린 것은?

① 소재의 감소는 있으나 발전소 운영 시 외부 충격에 의해 쉽게 물리적인 미소결함의 가능성이 높다.
② 모듈화 진행 시 낮은 압력으로 공정이 진행되면 파손에 의한 생산성의 감소는 줄일 수 있으나 기포나 수분 제거 시 어려움이 있다.
③ 모듈화 진행 시 얇아질수록 쉽게 금속배선작업 등에 의하여 휨 현상은 줄일 수 있으나 셀과 셀 연결 시 파손의 위험이 증가한다.
④ 확산 공정 시 접합형성을 위한 동일 깊이 및 동일 불순물농도의 주입시간은 두께와 관계가 없다.

해설
모듈화 진행 시 얇아질수록 쉽게 금속배선작업 등에 의하여 휨현상이 발생한다.

72 태양광발전시스템 유지보수 시 일반적인 점검 종류가 아닌 것은?

① 일상점검 ② 정기점검
③ 임시점검 ④ 특수점검

해설
태양광발전시스템의 일반적인 점검
일상점검, 정기점검, 임시점검 등이 있다.

73 발전사업 허가 제출서류 중 발전용량 3,000[kW] 이하 시 제출하지 않아도 되는 서류는?

① 전기사업 허가신청서 ② 발전원가 명세서
③ 신용평가 의견서   ④ 송전관계 일람도

해설
3,000[kW] 이하 시 발전사업 허가 제출서류(전기사업법 시행규칙 제4조)
• 전기사업허가신청서(전기사업법 시행규칙 서식) 1부
• 전기사업법 시행규칙의 작성요령에 의한 사업계획서 1부
• 전기설비 건설 및 운영 계획 관련 증명서류
• 송전관계 일람도 1부(200[kW] 이하는 생략)
• 발전원가 명세서 1부(200[kW] 이하는 생략)
• 발전설비의 운영을 위한 기술인력의 확보계획을 기재한 서류 1부 (200[kW] 이하는 생략)

74 태양광(PV) 모듈의 적층판 파괴를 발견하기 위한 방법으로 적당한 것은?

① 다기능 측정 ② 입출력 측정
③ 절연저항 측정 ④ 과·저전압 측정

해설
다기능 측정으로 태양광 모듈의 적층판을 발견할 수 있다.

75 1,200[W] 태양광전원이 부하 400[W], 역률 1인 선로말단 부하측에 연계된 경우 부하측 수용가의 전압 [V]은?(단, 전원측에서 말단까지 선로임피던스를 5[Ω], 전원측 전원은 227.8[V]이다)

① 240.5   ② 227.8
③ 245.4   ④ 210.0

해설
$I = \dfrac{P}{V} = \dfrac{400}{227.8} ≒ 1.76[A]$
$E = V + 2IR = 227.8 + 2 \times 1.76 \times 5 = 245.4[V]$
전압 $E = V + 2IR$

정답 70 ④ 71 ③ 72 ④ 73 ② 74 ① 75 ③

76 태양전지 어레이의 절연내압시험 조건 중 옳은 측정법은?

① 최대사용전압의 1.5배의 직류전압 혹은 1배의 교류전압을 10분간 인가
② 최대사용전압의 1.5배의 직류전압 혹은 2배의 교류전압을 10분간 인가
③ 최대사용전압의 2배의 직류전압 혹은 1배의 교류전압을 10분간 인가
④ 최대사용전압의 2배의 직류전압 혹은 2배의 교류전압을 10분간 인가

> **해설**
> **연료전지 및 태양전지 모듈의 절연내력(KEC 134)**
> 태양전지 어레이의 절연내압시험 조건은 최대사용전압의 1.5배의 직류전압 혹은 1배의 교류전압을 10분간 인가한다.
> ※ KEC(한국전기설비규정)의 적용으로 인해 판단기준 제15조(연료전지 및 태양전지 모듈의 절연내력)에서 KEC 134로 변경됨 〈2021.01.19.〉

77 사업용 태양광발전설비 정기검사 항목 중 필수 항목이 아닌 것은?

① 태양전지
② 전력변환장치
③ 차단기
④ 접속함

> **해설**
> **사업용 태양광발전설비 정기검사 항목 및 세부검사 내용**
>
> | 검사항목 | 세부검사내용 | 수검자 준비자료 |
> |---|---|---|
> | 1. 태양광 전지 검사
• 태양광 전지 일반규격
• 태양광 전지 검사 | • 규격확인
• 외관검사
• 전지 전기적 특성시험
  - 개방전압
  - 출력전압 및 전류
• Array
  - 절연저항 | • 전회검사성적서
• 단선결선도
• 태양광전지 Trip Interlock 도면
• Sequence 도면
• 보호장치 및 계전기시험성적서
• 절연저항시험 성적서 |
> | 2. 전력변환장치 검사
• 전력변환장치 일반규격

• 보호장치 검사
• 축전지 | • 규격확인
• 외관검사
• 절연저항
• 제어회로 및 경보장치
• 단독 운전 방지시험
• 인버터 운전시험

• 보호장치시험
• 시설상태 확인
• 전해액 확인
• 환기시설 상태 | • 단선결선도
• Sequence 도면
• 보호장치 및 계전기시험성적서
• 절연저항시험성적서
• 절연내력시험성적서
• 경보회로시험성적서
• 부대설비시험성적서 |
> | 3. 변압기 검사
• 변압기 일반규격
• 변압기시험 검사
  (기동, 소내변압기 포함) | • 규격확인
• 외관검사
• 조작용 전원 및 회로점검
• 보호장치 및 계전기시험
• 절연저항 측정
• 절연유 내압시험
• 제어회로 및 경보장치시험 | • 전회검사성적서
• Sequence 도면
• 보호계전기시험성적서
• 계기교정시험성적서
• 경보회로시험성적서
• 절연저항시험성적서
• 절연유 내압시험성적서 |
> | 4. 차단기 검사(발전기용 차단기)
• 차단기 일반규격
• 차단기시험 검사
  (발전기용 차단기만 해당) | • 규격확인
• 외관검사
• 조작용 전원 및 회로점검
• 절연저항 측정
• 개폐표시 상태확인
• 제어회로 및 경보장치시험 | • 전회검사성적서
• 개폐기 Interlock 도면
• 계기교정시험성적서
• 경보회로시험성적서
• 절연저항시험성적서 |
> | 5. 전선로(모선) 검사
• 전선로 일반규격
• 전선로 검사
  (가공, 지중, GIB, 기타)

• 부대설비 검사 | • 규격확인
• 외관검사
• 보호장치 및 계전기시험
• 절연저항측정
• 절연내력시험
• 피뢰장치
• 계기용 변성기
• 위험표시
• 울타리, 담 등의 시설상태
• 상별 및 모의모선 표시상태 | • 전선로 및 부대설비규격서
• 단선결선도
• 보호계전기 결선도
• Sequence 도면
• 보호장치 및 계전기시험성적서
• 상회전 및 Loop시험성적서
• 절연내력시험성적서
• 절연저항시험성적서
• 경보회로시험성적서 |
> | 6. 접지설비 검사
• 접지 일반규격 | • 규격확인
• 접지저항 측정 | • 접지저항시험성적서 |

정답 76 ① 77 ④

78 한전계통에 순간정전이 발생하여 태양광발전시스템 인버터가 정지할 때 동작되는 계전기는?

① 주파수계전기 ② 과전압계전기
③ 저전압계전기 ④ 역상계전기

해설
한전계통에 순간정전이 발생하면 순간 전압강하가 생기게 되므로 태양광발전시스템 인버터가 정지 시 저전압계전기가 동작한다.

79 사업용 태양광 발전설비 정기검사 항목 중 전력변환장치 검사내용이 아닌 것은?

① 외관검사
② 접지저항 측정
③ 단독운전 방지 시험
④ 제어회로 및 경보장치 시험

해설
77번 해설 참조

80 태양광발전시스템 사용 전 검사 및 정기검사, 안전관리자 선임과 관련된 법은?

① 전기사업법 ② 전기공사업법
③ 전력기술관리법 ④ 한국전력공사규정

해설
안전관리자 선임
전기사업법에 "안전관리란 국민의 생명과 재산을 보호하기 위하여 이 법에서 정하는 바에 따라 전기설비의 공사 · 유지 및 운용에 필요한 조치를 하는 것을 말한다"라고 정의하고 있으며 태양광발전시스템도 전기설비에 포함되므로 안전관리자가 선임되어야 한다.

제5과목 신재생에너지 관련 법규

81 특별 제3종 접지공사의 접지저항값은?

① 10[Ω] 이하 ② 5[Ω] 이하
③ 100[Ω] 이하 ④ 150[Ω] 이하

해설
접지공사의 종류(판단기준 제18조)

접지공사의 종류	접지저항값
제1종 접지공사	10[Ω]
제2종 접지공사	변압기의 고압측 또는 특고압측의 전로의 1선 지락전류의 암페어 수로 150을 나눈 값과 같은 [Ω]수
제3종 접지공사	100[Ω]
특별 제3종 접지공사	10[Ω]

※ KEC(한국전기설비규정)의 적용으로 종별 접지공사가 폐지되어 문제 성립되지 않음 〈2021.01.19.〉

82 주택의 태양전지모듈에 접속하는 부하 측 옥내배선을 시설하는 경우에 주택의 옥내전로의 대지전압은 직류 몇 [V] 이하인가?

① 200 ② 300
③ 500 ④ 600

해설
옥내전로의 대지전압 제한(KEC 511.3)
주택의 전기저장장치의 축전지에 접속하는 부하 측 옥내배선을 다음에 따라 시설하는 경우에 주택의 옥내전로의 대지전압은 직류 600[V]까지 적용할 수 있다.
※ KEC(한국전기설비규정)의 적용으로 인해 판단기준 제166조(옥내전로의 대지전압 제한)에서 KEC 511.3으로 변경됨 〈2021.01.19.〉

정답 78 ③ 79 ② 80 ① 81 ① 82 ④

83 발전사업의 정의로 옳은 것은?

① 전기를 생산하여 전기수용가에 공급하는 사업
② 생산된 전기를 배전사업자에게 송전하는 데 필요한 전기설비를 설치·관리하는 사업
③ 송전된 전기를 전기사용자에게 배전하는 데 필요한 전기설비를 설치·운용하는 사업
④ 전기를 생산하여 전력시장을 통하여 전기판매사업자에게 공급하는 사업

해설
정의(전기사업법 제2조)
발전사업이란 전기를 생산하여 이를 전력시장을 통하여 전기판매사업자에게 공급하는 것을 주된 목적으로 하는 사업을 말한다.

84 다음 중 신재생에너지 설비 인증을 함에 있어 설비 심사기준으로 적합하지 않은 것은?

① 설비의 생산성
② 설비의 효율성
③ 설비의 내구성
④ 국제 또는 국내의 성능 및 규격에의 적합성

해설
설비심사기준(성능검사결과서에 따른다)
• 국제 또는 국내의 성능 및 규격에의 적합성
• 설비의 효율성
• 설비의 내구성
※ 해당 법령 삭제

85 지방자치단체의 저탄소 녹색성장 시책을 장려하고 지원하며, 녹색성장의 정착·확산을 위하여 사업자와 국민, 민간단체에 정보의 제공 및 재정 지원 등 필요한 조치를 할 수 있는 기관은?

① 대기업
② 국 민
③ 민간단체
④ 국 가

해설
국가의 책무(저탄소 녹색성장 기본법 제4조)
• 국가는 정치·경제·사회·교육·문화 등 국정의 모든 부문에서 저탄소 녹색성장의 기본원칙이 반영될 수 있도록 노력하여야 한다.
• 국가는 각종 정책을 수립할 때 경제와 환경의 조화로운 발전 및 기후변화에 미치는 영향 등을 종합적으로 고려하여야 한다.
• 국가는 지방자치단체의 저탄소 녹색성장 시책을 장려하고 지원하며, 녹색성장의 정착·확산을 위하여 사업자와 국민, 민간단체에 정보의 제공 및 재정 지원 등 필요한 조치를 할 수 있다.
• 국가는 에너지와 자원의 위기 및 기후변화 문제에 대한 대응책을 정기적으로 점검하여 성과를 평가하고 국제협상의 동향 및 주요 국가의 정책을 분석하여 적절한 대책을 마련하여야 한다.
• 국가는 국제적인 기후변화대응 및 에너지·자원 개발협력에 능동적으로 참여하고, 개발도상국가에 대한 기술적·재정적 지원을 할 수 있다.

86 전기공사의 종류가 아닌 것은?

① 저수지, 수로 및 이에 수반되는 구조물공사
② 발전, 송전, 변전 및 배전설비공사
③ 산업시설물, 건축물 및 구조물의 전기설비공사
④ 전기철도 및 철도신호의 전기설비공사

해설
전기공사의 종류(전기공사업법 시행령 별표 1)
• 발전·송전·변전 및 배전설비공사
• 산업시설물·건축물 및 구조물의 전기설비공사
• 도로·공항·항만 전기설비공사
• 전기철도 및 철도신호 전기설비공사
• 그 밖의 전기설비공사

87 발전소 등의 부지 시설조건에서 틀린 것은?

① 산지전용 후 발생하는 절·성토면의 수직높이는 15[m] 이하로 한다.
② 부지조성을 위해 산지를 전용할 경우에는 산지의 평균 경사도가 25° 이하여야 한다.
③ 산지전용면적 중 산지전용으로 발생되는 절·성토 경사면의 면적이 100분의 50을 초과해서는 안 된다.
④ 산지전용 후 발생되는 절토면 최하단부에서 발전 및 변전실까지의 최소이격거리는 보안울타리, 외곽도로, 수림대 등을 포함하여 5[m] 이상이어야 한다.

83 ④　84 ①　85 ④　86 ①　87 ④

해설
발전소 등의 부지 시설조건(전기설비기술기준 제21조의2)
전기설비의 부지의 안정성 확보 및 설비 보호를 위하여 발전소·변전소·개폐소를 산지에 시설할 경우에는 풍수해, 산사태, 낙석 등으로부터 안전을 확보할 수 있도록 다음에 따라 시설하여야 한다.
- 부지조성을 위해 산지를 전용할 경우에는 전용하고자 하는 산지의 평균경사도가 25° 이하여야 하며, 산지전용면적 중 산지전용으로 발생되는 절·성토 경사면의 면적이 100분의 50을 초과해서는 아니 된다.
- 산지전용 후 발생하는 절·성토면의 수직높이는 15[m] 이하로 한다. 다만, 345[kV]급 이상 변전소 또는 전기사업용 전기설비인 발전소로서 불가피하게 절·성토면 수직높이가 15[m] 초과되는 장대비탈면이 발생할 경우에는 절·성토면의 안정성에 대한 전문용역기관(토질 및 기초와 구조분야 전문기술사를 보유한 엔지니어링 활동주체로 등록된 업체)의 검토 결과에 따라 용수, 배수, 법면보호 및 낙석방지 등 안전대책을 수립한 후 시행하여야 한다.
- 산지전용 후 발생하는 절토면 최하단부에서 발전 및 변전설비까지의 최소이격거리는 보안울타리, 외곽도로, 수림대 등을 포함하여 6[m] 이상이 되어야 한다. 다만, 옥내변전소와 옹벽, 낙석방지망 등 안전대책을 수립한 시설의 경우에는 예외로 한다.

88 산업통상자원부장관은 관계 중앙행정기관의 장과 협의를 한 후 신재생에너지정책심의회의 심의를 거쳐 신재생에너지의 기술개발 및 이용·보급을 촉진하기 위한 기본계획을 몇 년마다 수립하여야 되는가?

① 1년 ② 3년
③ 5년 ④ 10년

해설
기본계획의 수립(신에너지 및 재생에너지 개발·이용·보급 촉진법 제5조)
산업통상자원부장관은 관계 중앙행정기관의 장과 협의를 한 후 신재생에너지정책심의회의 심의를 거쳐 신재생에너지의 기술개발 및 이용·보급을 촉진하기 위한 기본계획을 5년마다 수립하여야 한다.

89 저압의 전선로 중 절연 부분의 전선과 대지 사이의 절연저항은 사용전압에 대한 누설전류가 최대공급전류의 몇 분의 1을 넘지 않도록 유지하는가?

① 1/1,000 ② 1/2,000
③ 1/3,000 ④ 1/4,000

해설
전선로의 전선 및 절연성능(전기설비기술기준 제27조)
- 저압 가공전선(중성선 다중접지식에서 중성선으로 사용하는 전선을 제외한다) 또는 고압 가공전선은 감전의 우려가 없도록 사용전압에 따른 절연성능을 갖는 절연전선 또는 케이블을 사용하여야 한다. 다만 해협 횡단·하천 횡단·산악지 등 통상 예견되는 사용형태로 보아 감전의 우려가 없는 경우에는 그러하지 아니하다.
- 지중전선(지중전선로의 전선을 말한다)은 감전의 우려가 없도록 사용전압에 따른 절연성능을 갖는 케이블을 사용하여야 한다.
- 저압 전선로 중 절연 부분의 전선과 대지 사이 및 전선의 심선 상호 간의 절연저항은 사용전압에 대한 누설전류가 최대 공급전류의 1/2,000을 넘지 않도록 하여야 한다.

90 심의회의 원활한 심의를 위하여 필요한 경우에는 심의회에 신재생에너지전문위원회를 둘 수 있다. 전문위원회의 위원은 신재생에너지 분야에 관한 전문지식을 가진 사람으로서 누가 위촉하는 사람인가?

① 산업통상자원부장관
② 국무총리
③ 미래창조과학부장관
④ 행정자치부장관

해설
신재생에너지전문위원회(신에너지 및 재생에너지 개발·이용·보급 촉진법 시행령 제7조)
- 심의회의 원활한 심의를 위하여 필요한 경우에는 심의회에 신재생에너지전문위원회(이하 "전문위원회"라 한다)를 둘 수 있다.
- 전문위원회의 위원은 신재생에너지 분야에 관한 전문지식을 가진 사람으로서 산업통상자원부장관이 위촉하는 사람으로 한다.

91 태양광발전설비에서 용량에 관계없이 전기안전관리자를 선임할 수 있는 기준으로 맞는 것은?

① 전기기사 또는 전기기능장 자격 소지자로 실무경력 2년 이상인 자
② 전기기사 또는 전기기능장 자격 소지자로 실무경력 3년 이상인 자
③ 전기기사 또는 전기기능장 자격 소지자로 실무경력 4년 이상인 자
④ 전기기사 또는 전기기능장 자격 소지자로 실무경력 5년 이상인 자

정답 88 ③ 89 ② 90 ① 91 ①

해설

전기안전관리자의 선임기준 및 세부기술자격(전기사업법 시행규칙 별표12)
전기분야 기술사 자격소지자, 전기기사 또는 전기기능장 자격소지자로서 실무경력 2년 이상인 사람

92 과전류 차단기로서 저압 전로에 사용하는 100[A] 퓨즈는 수평으로 붙여서 시험할 때 1.6배의 전류를 통하는 경우는 몇 분 안에 용단되어야 하며 또는 2배의 전류를 통하는 경우는 몇 분 안에 용단되어야 하는가?

① 30분, 2분
② 60분, 4분
③ 120분, 6분
④ 120분, 8분

해설

저압 전로 중의 과전류차단기의 시설(판단기준 제38조)
과전류 차단기로서 저압전로에 사용하는 100[A] 퓨즈는 수평으로 붙여서 시험할 때 1.6배의 전류를 통하는 경우 120분 동안에 용단되어야 하고, 2배의 전류를 통하는 경우 6분 안에 용단되어야 한다.
※ KEC(한국전기설비규정)의 적용으로 인해 문제 성립되지 않음 〈2021.01.19.〉

93 태양전지 모듈에 시설하는 전선은 공칭단면적 얼마 이상의 연동선 또는 이와 동등 이상의 세기 및 굵기 [mm²]의 전선을 사용해야 하는가?

① 2.5
② 4
③ 6
④ 8

해설

전기배선(KEC 512.1.1)
전기배선은 다음에 의하여 시설하여야 한다.
전선은 공칭단면적 2.5[mm²] 이상의 연동선 또는 이와 동등 이상의 세기 및 굵기의 것일 것
※ KEC(한국전기설비규정)의 적용으로 인해 판단기준 제54조(태양전지 모듈 등의 시설)에서 KEC 512.1.1로 변경됨 〈2021.01.19.〉

94 에너지원을 다양화하고, 에너지의 안정적인 공급, 에너지 구조의 환경친화적 전환 및 온실가스 배출의 감소를 추진함으로써 환경의 보전, 국가경제의 건전하고 지속적인 발전 및 국민복지의 증진에 이바지함을 목적으로 하는 법은?

① 전기공사업법
② 에너지이용효율화법
③ 신에너지 및 재생에너지 개발・이용・보급 촉진법
④ 저탄소녹색성장기본법

해설

목적(신에너지 및 재생에너지 개발・이용・보급 촉진법 제1조)
이 법은 신에너지 및 재생에너지의 기술개발 및 이용・보급 촉진과 신에너지 및 재생에너지 산업의 활성화를 통하여 에너지원을 다양화하고, 에너지의 안정적인 공급, 에너지 구조의 환경 친화적 전환 및 온실가스 배출의 감소를 추진함으로써 환경의 보전, 국가경제의 건전하고 지속적인 발전 및 국민복지의 증진에 이바지함을 목적으로 한다.

95 고압 및 특별고압의 전로에 피뢰기를 설치하지 않아도 되는 것은?

① 변전소 또는 이에 준하는 장소의 가공전선 인입구 및 인출구
② 고압 및 특고압 가공전선로부터 공급을 받는 수용장소의 인입구
③ 지중전선로에 연결된 구내 수전설비 2차측 선로
④ 가공전선로와 지중전선로가 접속되는 곳

해설

고압 및 특고압 전로의 피뢰기 시설(전기설비기술기준 제34조)
전로에 시설된 전기설비는 뇌 전압에 의한 손상을 방지할 수 있도록 그 전로 중 다음에 열거하는 곳 또는 이에 근접하는 곳에는 피뢰기를 시설하고 그 밖에 적절한 조치를 하여야 한다. 다만, 뇌 전압에 의한 손상의 우려가 없는 경우에는 그러하지 아니하다.
- 발전소・변전소 또는 이에 준하는 장소의 가공전선 인입구 및 인출구
- 가공전선로(25[kV] 이하의 중성점 다중접지식 특고압 가공전선로를 제외한다)에 접속하는 배전용 변압기의 고압측 및 특고압측
- 고압 또는 특고압의 가공전선로로부터 공급을 받는 수용장소의 인입구
- 가공전선로와 지중전선로가 접속되는 곳

96 전기사업법 제2조제4호에 따른 발전사업자 또는 같은 조 제19호에 따른 자가용 전기설비를 설치한 자로서 신재생에너지 발전을 하는 사업자는 어떤 사업자인가?

① 에너지발전 사업자
② 에너지송전 사업자
③ 에너지배전 사업자
④ 신재생에너지 발전사업자

해설
정의(신에너지 및 재생에너지 개발·이용·보급 촉진법 제2조)
"신재생에너지 발전사업자"란 전기사업법에 따른 발전사업자 또는 자가용 전기설비를 설치한 자로서 신재생에너지 발전을 하는 사업자를 말한다.

97 전로의 중성점을 접지하는 목적에 해당되지 않는 것은?

① 보호장치의 확실한 동작의 확보
② 부하전류의 일부를 대지로 흐르게 함으로써 전선을 절약
③ 이상전압의 억제
④ 대지전압의 저하

해설
전로의 중성점의 접지(KEC 322.5)
전로의 보호장치의 확실한 동작의 확보, 이상 전압의 억제 및 대지전압의 저하를 위하여 특히 필요한 경우에 전로의 중성점에 접지공사를 할 경우
※ KEC(한국전기설비규정)의 적용으로 인해 판단기준 제27조(전로의 중성점의 접지)에서 KEC 322.5로 변경됨 〈2021.01.19.〉

98 정부가 수립·시행하여야 하는 에너지정책 및 에너지와 관련된 계획의 기본원칙으로 가장 적절하지 못한 것은?

① 석유·석탄 등 화석연료의 사용을 단계적으로 축소하고 에너지 자립도를 획기적으로 향상시킨다.
② 에너지 수요관리를 강화하여 지구온난화를 예방하고 환경을 보전한다.
③ 신재생에너지의 개발·생산·이용 및 보급을 확대하고 에너지 공급원을 다변화한다.
④ 에너지가격 및 에너지산업에 대한 규제를 강화하고 거래제도를 도입하여 새로운 시장을 창출한다.

해설
에너지정책 등의 기본원칙(저탄소 녹색성장 기본법 제39조)
정부는 저탄소 녹색성장을 추진하기 위하여 에너지정책 및 에너지와 관련된 계획을 다음의 원칙에 따라 수립·시행하여야 한다.

- 석유·석탄 등 화석연료의 사용을 단계적으로 축소하고 에너지 자립도를 획기적으로 향상시킨다.
- 에너지 가격의 합리화, 에너지의 절약, 에너지 이용효율 제고 등 에너지 수요관리를 강화하여 지구온난화를 예방하고 환경을 보전하며, 에너지 저소비·자원 순환형 경제·사회구조로 전환한다.
- 태양에너지, 폐기물·바이오에너지, 풍력, 지열, 조력, 연료전지, 수소에너지 등 신재생에너지의 개발·생산·이용 및 보급을 확대하고 에너지 공급원을 다변화한다.
- 에너지가격 및 에너지산업에 대한 시장경쟁 요소의 도입을 확대하고 공정거래 질서를 확립하며, 국제규범 및 외국의 법제도 등을 고려하여 에너지산업에 대한 규제를 합리적으로 도입·개선하여 새로운 시장을 창출한다.
- 국민이 저탄소 녹색성장의 혜택을 고루 누릴 수 있도록 저소득층에 대한 에너지 이용 혜택을 확대하고 형평성을 제고하는 등 에너지와 관련한 복지를 확대한다.
- 국외 에너지자원 확보, 에너지의 수입 다변화, 에너지 비축 등을 통하여 에너지를 안정적으로 공급함으로써 에너지에 관한 국가안보를 강화한다.

99 신재생에너지 우수 전문기업의 선정을 위한 평가기준에 해당하지 않는 것은?

① 기술인력
② 시공능력
③ 기업의 신용 상태
④ 품질 및 사후관리 실적

해설
신재생에너지 우수 전문기업의 선정을 위한 평가기준은 다음과 같다.
- 기술인력
- 시공 실적
- 기업의 신용 상태
- 품질 및 사후관리 실적
- 그 밖에 산업통상자원부장관이 필요하다고 인정하는 기준
※ 해당 법령 삭제

100 저압 가공전선을 가공전화선에 접근하여 시설하는 경우 수평이격거리의 최솟값[m]은?

① 0.3
② 0.6
③ 1
④ 1.5

해설
가공전선과 첨가통신선과의 이격거리(KEC 362.2)
통신선과 저압 가공전선 사이의 이격거리는 60[cm] 이상일 것
※ KEC(한국전기설비규정)의 적용으로 인해 판단기준 제155조(가공전선과 첨가통신선과의 이격거리)에서 KEC 362.2로 변경됨 〈2021.01.19.〉

정답 96 ④ 97 ② 98 ④ 99 ② 100 ②

2015년 제4회 기사 과년도 기출문제

제1과목 태양광발전시스템 이론

01 결정계 실리콘 태양전지 모듈에서 표면온도와 출력과의 관계를 옳게 나타낸 것은?

① 표면온도가 높아지면 출력이 증가한다.
② 표면온도가 높아지면 출력이 감소한다.
③ 표면온도가 낮아지면 출력이 감소한다.
④ 표면온도가 높든지 낮든지 출력에는 영향이 없다.

해설
결정계 실리콘 태양전지 모듈에서 표면온도가 올라가면 열이 발생하여 출력이 감소한다.

02 면적이 200[cm^2]이고 변환효율이 20[%]인 태양전지에 AM1.5의 빛을 입사시킬 경우에 생산되는 전력[W]은?(단, 수직복사 E는 1,000[W/m^2]이다)

① 3 ② 4
③ 5 ④ 6

해설
전력[W] = 면적 × 복사량 × 효율
= $200 \times 10^{-4} \times 1,000 \times 0.2 = 4$[W]

03 독립형 태양광발전설비의 종류가 아닌 것은?

① 복합형
② 계통 연계형
③ 축전지가 없는 형
④ 축전지가 있는 형

해설
태양광발전설비의 종류에는 독립형과 연계형이 있다.

04 태양전지 모듈의 공칭 태양전지 동작온도(NOCT ; Nominal Operating Cell Temperature)에서의 측정 조건이 아닌 것은?

① 습도 35[%]
② 풍속 1[m/s]
③ 외기온도 20[℃]
④ 총방사조도 800[W/m^2]

해설
태양전지 모듈의 공칭 태양전지 동작온도(NOCT ; Nominal Operating Cell Temperature) 측정 조건
- 습도 20[%]
- 풍속 1[m/s]
- 외기온도 20[℃]
- 총방사조도 800[W/m^2]

05 회로에서 입력전압 24[V], 스위칭 주기 50[μsec], 듀티비 0.6, 부하저항이 10[Ω]일 때, 출력전압 V_o는 몇 [V]인가?(단, 인덕터의 전류는 일정하고, 커패시터의 C는 출력전압의 리플성분을 무시할 수 있을 정도로 매우 크다)

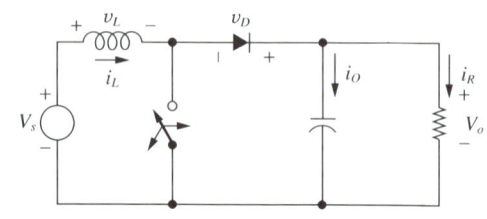

① 20 ② 40
③ 60 ④ 80

해설
출력전압(V_o) = $\dfrac{T \cdot D \cdot R^2}{T}$
= $\dfrac{50 \times 10^{-6} \times 0.6 \times 10^2}{50 \times 10^{-6}} = 60$

정답 1 ② 2 ② 3 ② 4 ① 5 ③

06 태양광발전시스템의 인버터 기능으로 틀린 것은?

① 계통보호를 위한 단독운전 방지기능이 있다.
② 태양전지에 온도가 높이 올라가면 자동적으로 온도를 조정하는 기능이 있다.
③ 태양전지의 출력을 가능한 범위 내에서 유효하게 끌어내기 위한 자동운전 정지기능이 있다.
④ 계통과 인버터에 이상이 있을 때 안전하게 분리하거나 인버터를 정지시키는 기능이 있다.

해설
인버터의 기능
- 단독운전방지(Anti-Islanding) 기능
- 고주파 전류 억제기능
- 최대전력 추종제어기능(MPPT ; Maximum Power Point Tracking)
- 계통연계 보호장치
- 자동전압 조정기능
- 직류 검출기능

07 모듈의 +COMMON은 접지와 연결되어 있고, 지락 발생 시 직렬모듈 전체 전압 변화로 모듈의 지락상태 및 위치를 파악할 수 있는 그림이다. 접속반 채널이 정상 상태인 경우 단자 A와 B 사이의 전압은 몇 [V]인가?

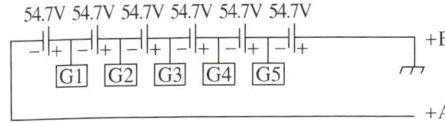

① DC 54.7[V]
② DC 164.1[V]
③ DC 273.5[V]
④ DC 328.2[V]

해설
직렬모듈 단자전압[V] = 전지전압×축전지의 수 + 전지전압
= 54.7×5 + 54.7 = 328.2[V]

08 일반적인 전지와 비교해서 태양전지의 특징을 설명한 내용 중 옳은 것은?

> ㄱ. 태양전지가 전달하는 전력은 입사하는 빛의 세기에 따라 달라진다.
> ㄴ. 태양전지로부터의 전류값은 부하저항에 따라 변하지 않는다.
> ㄷ. 태양전지로부터 얻을 수 있는 전력은 부하저항에 따라 변하지 않는다.
> ㄹ. 빛에 의한 전기화학적인 전위의 일시적인 변화로부터 emf(기전력)를 유도한다.

① ㄱ, ㄴ
② ㄱ, ㄴ, ㄷ
③ ㄱ, ㄹ
④ ㄴ, ㄷ, ㄹ

해설
태양전지의 특징
- 무한한 에너지원이다.
- 빛에 의한 전기화학적인 전위의 일시적인 변화로부터 기전력을 유도한다.
- 태양전지가 전달하는 전력은 입사하는 빛의 세기에 따라 달라진다.
- 태양전지로부터 얻을 수 있는 전력은 부하저항에 따라 변한다.

09 태양광발전시스템의 어레이 추적방식이 아닌 것은?

① 감지식 추적방식
② 혼합식 추적방식
③ 집광식 추적방식
④ 프로그램 추적방식

해설
추적식 어레이의 종류
- 양방향
- 프로그램
- 감지식
- 혼합식

10 실리콘형 태양전지의 재료 중 P형 반도체의 특성이 맞는 것은?

① 정공이 다수 캐리어이다.
② 전자가 다수 캐리어이다.
③ 전자·정공 모두 다수 캐리어이다.
④ 전자·정공 모두 소수 캐리어이다.

정답 6 ② 7 ④ 8 ③ 9 ③ 10 ①

> [해설]
> **P형 반도체의 특성**
> - 정(+) 반도체로서 Positive형이다.
> - 붕소(B), 갈륨(Ga), 인듐(In), 알루미늄(Al)과 같은 3족 원소를 혼합하여 만든 것으로서 억셉터(Acceptor : 전자를 뺐다)라고 한다.
> - 정공이 다수 캐리어이다.

11 태양광발전의 장점으로 가장 옳은 것은?

① 전력생산량이 지역별 일사량에 의존한다.
② 에너지밀도가 낮아 큰 설치면적이 필요하다.
③ 설치장소가 한정적이며, 시스템 비용이 고가이다.
④ 에너지의 원료인 태양의 빛은 무료이며 무한하다.

> [해설]
> **태양광발전의 장점**
> - 자원이 거의 무한대이다.
> - 수명이 길다(약 20년 이상).
> - 환경오염이 없는 청정에너지원이다.
> - 유지관리 및 보수가 용이하다.

12 다음 조건과 같은 태양광발전 독립형 전원시스템의 축전지 용량[Ah]은?

- 1일 정격소비량 : 2.4[kWh]
- 보수율 : 0.8
- 일조가 없는 날 : 10일
- 방전심도 : 65[%]
- 공칭축전지 전압 : 2[V]
- 축전지 개수 : 48개

① 560 ② 481
③ 440 ④ 390

> [해설]
> **독립형 전원시스템의 축전지 용량[Ah]**
> $$C = \frac{1일\ 소비전력량 \times 불일조일수}{보수율 \times 방전종지전압(축전지전압) \times 방전심도} [Ah]$$
> $$= \frac{2.4 \times 10^3 \times 10}{0.8 \times 48 \times 2 \times 0.65} ≒ 480.77 [Ah]$$

13 태양광발전용 인버터의 회로방식으로 적당하지 않은 것은?

① 트랜스리스 방식
② 상용주파 변압기 절연방식
③ 고주파 변압기 절연방식
④ 단권 변압기 절연방식

> [해설]
> **태양광발전용 인버터의 회로방식**
> - 트랜스리스 방식
> - 상용주파 변압기 절연방식
> - 고주파 변압기 절연방식

14 태양전지에 입사되는 광에너지에 의하여 출력되는 전기에너지의 비율을 무슨 효율이라 하는가?

① 결합효율 ② 구약효율
③ 평균동작효율 ④ 광전변환효율

> [해설]
> 태양전지에 입사되는 광에너지에 의하여 출력되는 전기에너지의 비율을 광전변환효율이라 한다.

15 다음 중 연료전지의 종류가 아닌 것은?

① 인산형(PAFC) ② 용융탄산염형(MCFC)
③ 분산전해질형(PEFC) ④ 고체산화물형(SOFC)

> [해설]
> **연료전지의 종류**
> - 알칼리
> - 용융탄산염형
> - 고분자전해질형
> - 인산형
> - 고체산화물형
> - 직접메탄올

16 집광형 태양광발전시스템에 관한 설명으로 틀린 것은?

① 주로 확산광(Diffused Light)을 집광한다.
② 렌즈 혹은 거울(Mirror)을 사용하여 집광한다.
③ 높은 전류값으로 인해 전극에서의 손실을 줄이는 것이 중요하다.
④ 집광된 빛이 입사될 경우 셀의 온도가 일정하면 변환효율은 낮아지지 않고 유지가 된다.

해설

태양전지 배열의 성능을 향상시키기 위해 태양광을 렌즈로 모아 태양전지에 집중시켜 태양전지 소자에 입사하는 태양광의 강도를 증가시키는 방식이다. 일반적으로 빛을 집중하는 렌즈, 셀 부품, 입사중심을 빗겨난 빛 광선을 반사시키는 2차 집중기, 과도한 열을 소산시키는 장치 등으로 구성하며 평판시스템보다 신뢰도가 높은 제어장치를 설치한다. 집중기를 사용하므로 필요한 태양전지 셀의 크기 또는 개수가 감소하고 셀의 효율이 증가하는 장점이 있다. 그러나 집중형 광학장치의 가격이 비싸고, 태양을 추적하는 장치와 집중된 열을 해소하는 장치에 대한 추가적인 비용이 필요한 단점이 있다.

17 태양전지의 변환효율을 상승시키기 위한 방법이 아닌 것은?

① 반도체 내부에서 빛이 흡수되도록 한다.
② 빛에 의해 생성된 전자와 정공쌍이 소멸되지 않고 외부회로까지 전달되도록 한다.
③ PN 접합부에 전기장이 발생하도록 소재 및 공정을 설계한다.
④ 태양전지를 설치할 때 가능한 온도가 상승되도록 한다.

해설

태양전지의 변환효율을 상승시키기 위한 방법
• 반도체 내부에서 빛이 흡수되도록 한다.
• 빛에 의해 생성된 전자와 정공쌍이 소멸되지 않고 외부회로까지 전달되도록 한다.
• PN 접합부에 전기장이 발생하도록 소재 및 공정을 설계한다.
• 태양전지를 설치할 때 가능한 온도가 하강되도록 하여 변환효율을 높인다.

18 태양전지 모듈의 일부에 그늘이 발생함으로써 나타나는 현상이 아닌 것은?

① 그늘진 곳에 위치한 태양전지의 단락전류가 작아진다.
② 그늘진 곳에 위치한 태양전지는 역방향 바이어스 상태가 된다.
③ 그늘진 곳에 위치한 태양전지의 개방전압이 높아진다.
④ 그늘진 곳에 위치한 태양전지는 전기를 소비한다.

해설

태양전지 모듈의 일부에 그늘이 발생이 발생하면 단락전류가 작아지고, 역바이어스 상태가 되어서 전류의 흐름이 적어지게 된다. 또한 개방전압이 낮아져서 전압의 축전이 잘되지 않고 전기소비가 많아지게 된다.

19 태양광발전시스템 출력전력이 30,000[W]이고, 모듈 최대출력이 140[W]이며, 1스트링 직렬 매수가 15개인 경우 태양전지 모듈의 병렬회로수는?

① 12
② 15
③ 17
④ 19

해설

태양전지 모듈의 병렬회로수 = $\dfrac{전체출력전력}{모듈최대전력 \times 1스트링\ 직렬\ 매수}$

$= \dfrac{30,000}{140 \times 15} \fallingdotseq 14.286$

20 이상적인 변압기에 대한 설명 중 옳은 것은?

① 단자전류의 비 I_2/I_1는 권수비와 같다.
② 단자전압의 비 V_2/V_1는 코일의 권수비와 같다.
③ 1차측 복소전력은 2차측 부하의 복소전력과 같다.
④ 1차 단자에서 본 전체 임피던스는 부하 임피던스에 권수비의 자승의 역수를 곱한 것과 같다.

해설

이상적인 변압기는 단자전류의 비 I_2/I_1는 권수비와 같아야 하며, 단자전압의 비 V_2/V_1는 코일이 권선수보다 커야 한다.

제2과목　태양광발전시스템 설계

21 태양전지의 기초 종류와 적용 목적이 올바르게 설명된 것은?

① 직접 기초 : 지지층이 얕을 경우 사용
② 말뚝 기초 : 하중이 많은 경우 사용
③ 연속 기초 : 하천 내의 교량 등에 사용
④ 주춧돌 기초 : 지지층이 깊을 경우 사용

해설

태양전지의 기초종류와 적용 목적
• 주춧돌 기초 : 지지층이 약할 경우
• 말뚝 기초 : 하중이 비교적 가벼울 경우

정답 17 ④　18 ③　19 ②　20 ①　21 ①

22 태양광발전시스템 어레이 지지대 구조물에 미치는 영향인자 내용으로 틀린 것은?

① 모듈자중(15~20[kg/m²])
② 지역별 기본풍속(0.5~1.5[m/sec])
③ 지내력(보통토사 10~15[ton/m²])
④ 적설하중(지역별 50[cm] : 1.0[kg/cm])

해설
태양광발전시스템 어레이 지지대 구조물에 미치는 영향인자는 풍하중, 적설하중, 고정하중, 지진하중 등이 있는데 지역별 기본풍속은 편차가 심해 얼마인지 정확히 알 수 없다.

23 250[W] 태양전지(8[A], 40[V])가 14직렬, 10병렬로 설치된 PV어레이 단자함에서 인버터까지 거리가 100[m], 전선의 단면적이 16[mm²]일 때 전압강하율[%]은?(단, 어레이에서 어레이 단자함까지의 모듈 한 장당 전압강하는 0.5[V]이다)

① 2.1　　② 2.8
③ 3.3　　④ 3.9

해설
- 접속함 출력전류 $(I) = 8 \times 10 = 80[A]$
- 접속함 출력전압 $(V) = 40 \times 14 = 560[V]$
- 전압강하 $(e) = \dfrac{35.6 \times L \times I}{1{,}000 \times A} = \dfrac{35.6 \times 100 \times 80}{1{,}000 \times 16} = 17.8[V]$
- 전압강하율 $(\varepsilon) = \dfrac{전압강하}{수전단전압} \times 100[\%]$
  $= \dfrac{17.8}{560 - 17.8} \times 100[\%] \fallingdotseq 3.2829 \fallingdotseq 3.3[\%]$

24 태양광발전시스템의 연간 예상발전량의 산출식으로 적합한 것은?

① 설치장소의 연간 강우량×시스템 성능계수×표준상태의 태양전지설치용량[kWh/연]
② 설치장소의 연간 일사량×일사계수×표준상태의 태양전지설치용량[kWh/연]
③ 설치장소의 연간 일사량×시스템 성능계수×표준상태의 인버터설치용량[kWh/연]
④ 설치장소의 연간 일사량×시스템 성능계수×표준상태의 태양전지설치용량[kWh/연]

해설
태양광발전시스템의 연간 예상발전량
설치장소의 연간 일사량×시스템 성능계수×표준상태의 태양전지 설치용량[kWh/연]

25 대기질량(Air Mass, AM)에 대한 설명이 아닌 것은?

① AM0은 대기권 밖일 때
② AM2.0은 태양빛이 30°로 비추는 상태일 때
③ AM1.0은 바다표면에 태양빛이 90°로 비추는 상태일 때
④ AM1.5는 태양빛이 180°로 비추는 스펙트럼일 때

해설
대기질량(AM ; Air Mass)
AM은 태양의 직사광이 지표면에 입사하기까지의 과정에서 대기질량정수이다. AM0은 대기권 밖에서의 일조량이며, 태양의 직사광이 지표면에 수직으로 입사한 경우에 대기질량정수는 AM1로 표시한다. 그러나 지구의 자전에 의해 지표면의 일정한 부분에 태양의 직사광이 항상 수직으로 입사할 수 없으므로 태양의 직사광이 지표면에 경사를 가지고 입사하는 경우 수직으로 입사하는 것과 비교하여 그 비율로 AM 정수를 표시한다. 따라서 표준시험 조건에서 대기질량정수를 AM1.5를 기준으로 하는데 이것은 태양의 직사광이 지표면에 경사각 약 48.18°로 입사할 때 대기질량정수 표시이다. 즉, 직사광이 지표면에 경사각 48.18°로 입사할 때 대기질량정수 표시이다. 직사광이 지표면에 경사각 48.187°로 입사하면 수직으로 입사할 때보다 태양광의 통과거리가 약 1.5배 된다는 뜻이다.

26 피뢰시스템의 보호각법에서 Ⅱ 레벨의 회전구체 반경 r[m]의 최댓값은?

① 10　　② 20
③ 30　　④ 45

해설
피뢰시스템의 보호각법에서 Ⅱ 레벨에서 낙뢰의 우려가 있는 경우에는 높이는 20[m] 회전구체의 반경은 30[m]까지 하여 보호할 수 있다.

27 어레이 설계 시 어레이 구조 결정의 기술적 측면에서의 고려 사항으로 맞지 않는 것은?

① 구조 안정성
② 조화로움 및 경제성
③ 풍속, 풍압, 지진 고려
④ 건축물과의 결합(기포)방법 결정

해설

어레이 설계 시 어레이 구조 결정의 기술적 측면 고려 사항
- 구조 안정성
- 풍속, 풍압, 지진 고려
- 내진과 면진 고려
- 건축물과의 결합(기초)방법 결정

28 구조물 이격거리 산정 시 고려사항이 아닌 것은?

① 상부구조물의 하중
② 가대의 경사도와 높이
③ 설치될 장소의 경사도
④ 동지 시 발전 가능 한계 시간에서의 태양의 고도

해설

구조물 이격거리 산정 시 고려사항
- 가대의 경사도와 높이
- 설치될 장소의 경사도
- 동지 시 발전 가능 한계 시간에서의 태양의 고도
- 주변에 구조물이 방해를 주지 않을 정도의 거리

29 태양광발전시스템의 분류 방법에는 발전량의 향상을 위하여 다양한 추적방식이 있는데 발전효율이 가장 높은 방법은?

① 단축 추적식
② 양축 추적식
③ 고정 경사가변식
④ 고정 경사고정형

해설

양방향 추적식
태양 전지판이 항상 태양의 방향을 향하여 일사량이 최대가 될 수 있도록 상하좌우를 동시에 태양을 향하게 설계된 장치이다. 설치단가가 높은 반면에 발전량은 고정식에 비해 30~40[%] 정도 증가하지만, 초기투자비와 장기간 유지보수비 등을 종합적으로 고려해야 하며, 대형 발전 사업이나 바람이 강한 지역과 태풍이 자주 지나가는 지역은 설치하면 안 된다. 태양전지의 방위각은 60~120°로 하고 경사각은 0~80°까지 변경이 가능하다.

30 태양광발전시스템 전기 설계를 위한 기본계획 설계 흐름도를 올바르게 나타낸 것은?

① 설치면적 결정 → 모듈선정 → 인버터 선정 → 직렬 결선수 선정 → 병렬수와 어레이 용량 선정
② 설치면적 결정 → 모듈선정 → 인버터 선정 → 병렬수와 어레이 용량 선정 → 직렬 결선수 선정
③ 설치면적 결정 → 직렬 결선수 선정 → 병렬수와 어레이 용량 선정 → 인버터 선정 → 모듈선정
④ 설치면적 결정 → 인버터 선정 → 모듈선정 → 병렬수와 어레이 용량 선정 → 직렬 결선수 선정

해설

태양광발전시스템 전기 설계를 위한 기본계획 설계 흐름도
설치면적 결정 → 모듈선정 → 인버터 선정 → 직렬 결선수 선정 → 병렬수와 어레이 용량 선정

31 독립형 전원시스템의 축전지 선정 시 고려사항이 아닌 것은?

① 보수율
② 방전심도
③ 방전단위밀도
④ 방전종지전압

해설

독립형 전원시스템의 축전지 선정 시 고려사항
- 보수율
- 방전심도
- 방전종지전압
- 방전횟수
- 사용온도

정답 28 ① 29 ② 30 ① 31 ③

32 그림 (A), (B)에서 각 모듈별 음영 발생 시 발전량을 바르게 나타낸 것은?(단, 음영 부분의 발전량은 80[Wp]이다)

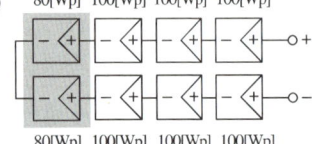

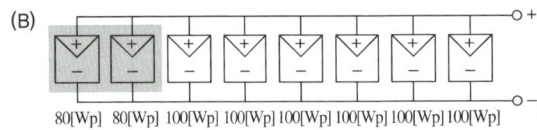

① (A) 640[Wp], (B) 760[Wp]
② (A) 660[Wp], (B) 740[Wp]
③ (A) 640[Wp], (B) 740[Wp]
④ (A) 660[Wp], (B) 760[Wp]

해설
각 모듈별 음영 발생 시 발전량
- A발전량(직렬연결 : 음영부분을 제외한 값)
  = 100×6+(200−160) = 640[Wp]
- B발전량(병렬연결 : 음영부분만 포함한 값)
  = (80×2)+(100×6) = 760[Wp]

33 태양광발전설비를 이상전압으로부터 보호하기 위한 과전압 보호장치(SPD) 선정으로 틀린 것은?(단, LPZ는 Lightning Protection Zone이다)

① 접속함에서 인버터까지의 전선로에는 LPZ Ⅱ (8/20[μs], I_{max} < 10[kA])를 사용가능하다.
② 유도뢰만 있는 어레이에서는 LPZ Ⅲ(전압 1.2/50 [μs]+전류 8/20[μs]를 조합)을 사용 가능하다.
③ 한전계통 인입부에는 외부의 직격뢰 침입을 고려하여 LPZ Ⅰ(3/350[μs], I_{imp}<15[kA]) 이상을 선정한다.
④ 피뢰설비로부터 직격뢰 전류가 침입 가능한 위치에 설치된 어레이에는 LPZ Ⅰ(3/350 [μs], I_{imp}<15[kA]) 을 선정한다.

해설
뇌 보호영역(LPZ ; Lightning Protection Zone)별 피뢰소자 선택기준

구 분	적용 피뢰소자	내 용
LPZ 1	Class Ⅰ	10/350[μs] 파형 기준의 임펄스 전류 I_{imp} = 15~60[kA](직격뢰용)
LPZ 2	Class Ⅱ	8/20[μs] 파형 기준의 최대방전전류 I_{max} = 40~160[kA]
LPZ 3	Class Ⅲ	1.2/50[μs](전압), 8/20[μs](전류) 조합파 기준(유도뢰용)

34 태양광발전시스템 설계 시 갖추어야 할 기초자료가 아닌 것은?

① 청명일수
② 최대폭설량
③ 지질조사 기록
④ 순간풍속 및 최대풍속

해설
태양광발전시스템 설계 시 갖추어야 할 기초자료
- 1일 축적량
- 최대폭설량
- 지질조사 기록
- 순간풍속 및 최대풍속
- 기후 사전조사

35 태양광발전시스템에서 인버터가 가져야 할 중요한 기능과 특성으로서 가장 적합한 것은?

① 모니터링 및 전압상승억제 기능을 가져야 한다.
② 인버터는 전력변환 효율보다는 외관이 수려하여야 한다.
③ 경제성을 고려하여 기능을 간소화하고 고가화의 차별화 기술이 필요하다.
④ 최대출력 제어 및 단독 운전방지 기능을 가지고 전력품질과 공급안정성을 확보하여야 한다.

해설
인버터
직류전류를 단상 또는 다상의 교류전류로 변환시키는 전기에너지 변환기로서 직류전력을 교류전력으로 변환하는 장치를 말한다. 또한 인버터는 출력조절기(PCS ; Power Conditioning System)라는 이름으로 통칭되는 여러 구성요소 중의 하나이다. 계통 연계형 인버터는 태양전지 모듈로부터 직류전원을 공급받아 계통 상태에 따라 안정된 교류전원을 공급하는 장치이다. 한전계통과 병렬운전이 가능하여야 하며, 한전 배전용 전기설비 이용규정에 적합한 안정된 전력을 주 변압기를 통해 한전 배전선로에 전력을 송전하여야 한다.

36 시방서의 목적으로 틀린 것은?

① 시공자가 하여야 할 사항을 규정
② 시공에 대한 모든 지시사항의 규정
③ 주요 기자재에 대한 특정규격, 수량 및 납기일을 규정
④ 설계와 공사에 대하여 도면에 표현하기 어려운 사항을 규정

해설
시방서의 목적
- 시공자가 하여야 할 사항을 규정
- 시공에 대한 모든 지시사항의 규정
- 설계와 공사에 대하여 도면에 표현하기 어려운 사항을 규정
- 규격기준치의 명확화
- 재료 공법 등의 다양한 사항을 기재
- 품질 및 안전관리계획에 관한 사항을 규정

37 다음 조건에서 태양전지 모듈의 직렬연결 개수는?

- 인버터 최대입력전압(V_{imax}) : 500[V]
- 개방전압(V_{oc}) : 42.5[V]
- 전압온도계수(K_t) : −0.35[%/℃]
- 최저온도(T_{min}) : −25[℃]
- 최고온도(T_{max}) : 60[℃]

① 8개 ② 9개
③ 10개 ④ 11개

해설
태양전지 모듈의 직렬연결 개수

$$= \frac{\text{인버터 최대입력전압}(V_{imax}) \times \text{전압온도계수}(K_t) \times \text{최고온도}(T_{max})}{\text{개방전압}(V_{oc}) \times \text{최저온도}(T_{min})}$$

$$= \frac{500 \times 0.35 \times 60}{42.5 \times 25} ≒ 9.88235$$

38 태양광발전시스템의 인버터와 저압 계통연계 방법으로 옳은 것은?

① 인버터의 직류측 회로에 접지를 견고히 시설하여 연계한다.
② 인버터와 접속점 사이에 상용주파수 변압기를 시설하여 연계한다.
③ 인버터와 접속점 사이에 단권 변압기를 시설하여 연계한다.
④ 인버터의 직류입력측에 직류 검출기를 직접 시설하고 교류출력을 정지하는 기능을 갖추어 연계한다.

해설
태양광발전시스템의 인버터와 저압 계통연계 방법으로는 인버터와 접속점 사이에 상용주파수 변압기를 시설하여 연계한다.

39 태양광 어레이 전선 굵기를 산정하기 위한 기준이 아닌 것은?

① 전 압 ② 역 률
③ 전 류 ④ 전력손실

해설
태양광 어레이 전선 굵기를 산정하기 위한 기준
- 전 압
- 전 력
- 저 항
- 전 류
- 전력손실

40 태양광발전시스템의 22.9[kV] 특별고압 가공선로 1회선에 연계 가능한 용량으로 옳은 것은?

① 30[kW] 이하
② 100[kW] 이하
③ 10,000[kW] 이하
④ 30,000[kW] 이하

해설
태양광발전시스템의 22.9[kV] 특별고압 가공선로 1회선에 연계 가능한 용량은 10,000[kW] 이하이다.

정답 36 ③ 37 ③ 38 ② 39 ② 40 ③

제3과목 태양광발전시스템 시공

41 그림은 태양광발전시스템의 일반적인 시공절차이다. A, B, C의 알맞은 순서 내용을 올바르게 나타낸 것은?

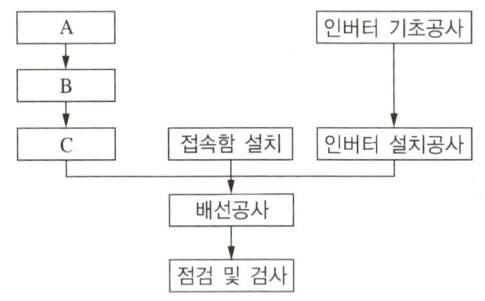

① A : 어레이 가대공사, B : 어레이 설치공사, C : 어레이 기초공사
② A : 어레이 기초공사, B : 어레이 가대공사, C : 어레이 설치공사
③ A : 어레이 기초공사, B : 어레이 배선공사, C : 어레이 가대공사
④ A : 어레이 배선공사, B : 어레이 가대공사, C : 어레이 설치공사

해설
어레이 기초공사 순서
• 어레이 기초공사(방수공사)
• 어레이용 지지대 공사
• 어레이 설치공사

42 태양전지 어레이 출력을 접속함 내부의 1개소에서 통합한 후 인버터로 가는 회로 중간에 설치하는 것은?

① 인덕터   ② 증폭기
③ 변압기   ④ 주개폐기

해설
태양전지 어레이 출력을 접속함 내부에서 통합한 후 인버터로 가는 회로 중간에 주개폐기를 설치하여 개방, 투입을 할 수 있도록 한다.

43 전력계통에서 3권선 변압기(Y-Y-△)를 사용하는 주된 이유는?

① 승압용   ② 노이즈 제거
③ 제3고조파 제거 ④ 2가지 용량 사용

해설
3권선 변압기는 Y-Y결선의 장점인 중성점에 접지를 해서 이상전압을 낮출 수 있고, △-△의 장점인 제3고조파를 제거할 수 있는 장점을 모두 이용할 수 있는 변압기이다.

44 태양광발전시스템의 준공 시 점검요령이 아닌 것은?

① 인버터 취부상태를 확인할 것
② 송전 시 전력량계(거래용 계량기)의 회전을 확인할 것
③ 발전사업자의 경우 전력회사에 지급한 전력량계 사용여부를 확인할 것
④ 전문가에게 시설물에서 소리, 냄새 등이 나는지 확인을 의뢰할 것

해설
일상점검에서 시설물에서 소리, 냄새 등이 발생할 때는 전문가에게 확인을 의뢰한다.

45 옥상 또는 지붕 위에 설치한 태양전지 어레이로부터 접속함으로 배선할 경우 그림과 같이 케이블의 곡률반경은 케이블 외경의 몇 배 이상의 반경으로 배선해야 하는가?

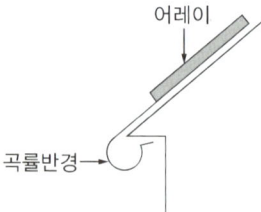

① 2배 이상   ② 4배 이상
③ 6배 이상   ④ 8배 이상

해설
태양전지 어레이로부터 접속함으로 배선할 경우 케이블의 곡률반경은 케이블 외경의 6배 이상으로 배선한다.

정답 41 ② 42 ④ 43 ③ 44 ④ 45 ③

46 태양전지 모듈 2차측 회로를 비접지 방식으로 할 경우 비접지 확인 방법이 아닌 것은?

① 검전기로 확인
② 전류계로 확인
③ 회로시험기로 확인
④ 간이측정기로 확인

해설
전류계는 전류값을 측정하는 계기이다.
비접지 확인 방법 : 검전기, 회로시험기(테스터기), 간이측정기 등

47 특고압 배전선로에 태양광발전시스템 연계 시 설비보호를 위해 설치하는 보호계전기가 아닌 것은?

① 과전압계전기
② 비율차동계전기
③ 부족전압계전기
④ 부족주파수계전기

해설
전력계통에서 전력 품질에 해당하는 전압, 주파수를 검출하는 계전기인 과전압계전기, 부족전압계전기, 부족주파수계전기가 특고압 배전선로에 태양광발전시스템 연계 시 설비를 보호하는 계전기이다. 비율차동계전기는 보호구간에 유입하는 전류와 유출하는 전류의 벡터 차이를 출입하는 전류의 관계비로 동작하는 계전기로 발전기, 변압기 보호에 사용한다.

48 설비용량 2[MW]인 태양광발전소의 발전사업 허가를 위해 필요한 서류가 아닌 것은?

① 송전관계일람도
② 전기사업허가신청서
③ 전기사업법에 의한 사업계획서
④ 신용평가의견서 및 소요재원 조달계획서

해설
사업허가의 신청(전기사업법 시행규칙 제4조)
- 전기사업허가신청서
- 사업계획서
- 전기설비 건설 및 운영 계획 관련 증명서류
- 송전관계일람도
- 발전원가명세서(발전사업 또는 구역전기사업의 허가를 신청하는 경우만 해당)
- 허가사실을 증명할 수 있는 허가서(신청서)

49 서지 보호를 위해 SPD 설치 시 접속도체의 길이는 몇 [m] 이하가 되도록 하여야 하는가?

① 0.3
② 0.5
③ 0.8
④ 1.0

해설
서지 보호를 위해 SPD 설치 시 접속도체의 길이는 0.5[m] 이하가 되도록 해야 한다.

50 매설 혹은 심타 접지극의 종류로 동판을 사용하는 경우 알맞은 치수는?

① 두께 0.6[mm] 이상, 면적 800[cm^2] 이상
② 두께 0.6[mm] 이상, 면적 900[cm^2] 이상
③ 두께 0.7[mm] 이상, 면적 900[cm^2] 이상
④ 두께 0.8[mm] 이상, 면적 800[cm^2] 이상

해설
매설 혹은 심타 접지극의 종류로 동판을 사용하는 경우 알맞은 치수는 두께 0.7[mm] 이상, 면적 900[cm^2] 이상이다.

51 태양광발전시스템에 사용되는 제3종 접지공사 시설방법 중 틀린 것은?

① 접지선은 반드시 금속관에 넣어 보호해야 한다.
② 접속부분에 부식방지를 위해서 컴파운드를 도포한다.
③ 접지선과 외함 등과의 접속은 전기적으로 확실히 접촉되어야 한다.
④ 접지저항값은 지락이 생겼을 때 0.5초 이내에 차단하는 장치를 설치하면 자동차단기의 정격감도전류에 따라 500[Ω]까지 완화할 수 있다.

정답 46 ② 47 ② 48 ④ 49 ② 50 ③ 51 ①

해설
제3종 접지공사의 시설방법
- 접지선이 외상을 받을 우려가 있는 경우는 합성수지관(두께 2[mm] 미만의 합성수지제 전선관 및 난연성이 없는 CD관 등은 제외한다) 등에 넣을 것. 단, 사람이 접촉할 우려가 없는 경우 또는 제3종 접지공사 혹은 특별 제3종 접지공사의 접지선은 금속관(가스철관을 포함한다)을 사용하여 방호할 수 있다(피뢰침, 피뢰기용의 접지선은 금속관에 넣지 말 것).
- 접지선(접지하여야 할 기계기구로부터 60[cm] 이내의 부분 및 지중부분은 제외한다)은 합성수지관(두께 2[mm] 미만의 합성수지제전선관 및 난연성이 없는 CD관 등은 제외한다) 등에 넣어 외상을 방지할 것
- 지중 및 접지극에서(지표면상 60[cm] 이하 부분의 접지선 습한 콘크리트, 석재, 벽돌류에 접하는 부분 또는 부식성 가스나 용액을 발산하는 장소의 접지선을 제외한다)접지선으로 알루미늄선을 사용해도 무방하다.
- 접지하는 전기기계기구의 금속제 외함, 배관 등과 접지선과의 접속은 전기적으로나 기계적으로 확실하게 하여야 한다(기계기구 부착용 볼트를 이용하여 너트로 접지선을 조일 경우는 두꺼운 와셔를 사용하는 것이 좋다. 동접지선의 굵기가 6[mm²]를 초과할 경우는 그 선단에 터미널러그 또는 단자금구를 부착하는 것이 좋다).
- 저압 전로에서 그 전로에 지락이 생겼을 경우에 0.5초 이내에 자동적으로 전로를 차단하는 장치를 시설하는 경우에는 제3종 접지공사와 특별 제3종 접지공사의 접지저항값은 자동 차단기의 정격감도전류에 따라 500[Ω]까지 완화할 수 있다.
- ※ KEC(한국전기설비규정)의 적용으로 종별 접지공사가 폐지되어 문제 성립되지 않음〈2021.01.19.〉

52 태양전지 모듈에서 접속함까지 직류배선이 100[m]이며, 모듈 어레이 전압이 610[V], 전류가 9[A]일 때, 전압강하는 몇 [V]인가?(단, 전선의 단면적은 4.0[mm²]이다)
① 8.01 ② 9.01
③ 10.01 ④ 11.01

해설
전압강하
$$e = \frac{35.6LI}{1,000A} = \frac{35.6 \times 100 \times 9}{1,000 \times 4} = 8.01[V]$$

53 감리원은 공사가 시작된 경우에 공사업자로부터 착공신고서를 제출받아 적정성 여부를 검토 후 며칠 이내에 발주자에게 보고하여야 하는가?
① 5일 ② 7일
③ 10일 ④ 14일

해설
착공신고서 검토 및 보고(전력시설물 공사감리업무 수행지침 제1조)
감리원은 공사가 시작된 경우에 공사업자로부터 착공신고서를 제출받아 적정성 여부를 검토 후 7일 이내에 발주자에게 보고하여야 한다.

54 독립형 전원시스템용 축전지 선정 시 고려사항으로 옳은 것은?
① 자기방전이 클 것
② 과충전이 우수한 것
③ 충방전 사이클 특성이 우수한 것
④ 온도저하 시 입력특성이 우수한 것

55 계통연계 운전 중인 태양광발전시스템이 단독운전하는 경우 전력계통으로부터 최대 몇 초 이내에 분리시켜야 하는가?
① 0.2초 ② 0.3초
③ 0.4초 ④ 0.5초

해설
계통연계 운전 중인 태양광발전시스템이 단독운전하는 경우 전력계통으로부터 최대 0.5초 이내에 분리시켜야 한다.

56 전등설비 250[W], 전열설비 800[W], 전동기 설비 200[W], 기타 150[W]인 수용가가 있다. 이 수용가의 최대수용전력이 910[W]이면 수용률은?
① 65[%] ② 70[%]
③ 75[%] ④ 80[%]

해설
$$수용률 = \frac{최대수용전력}{최대설비용량}$$
$$= \frac{910}{(250+800+200+150)} \times 100[\%] = 65[\%]$$

57 태양광발전시스템에 일반적으로 적용하는 CV케이블의 장점으로 틀린 것은?
① 내열성이 우수하다.
② 내수성이 우수하다.
③ 내후성이 우수하다.
④ 도체의 최고허용온도는 연속사용의 경우 90[℃], 단락 시에는 230[℃]이다.

정답 52 ① 53 ② 54 ③ 55 ④ 56 ① 57 ③

> **해설**
>
> **CV케이블**
> 상시는 90[℃], 비상 과부하 시 130[℃], 단락 시 230[℃] 이하의 도체 온도 상태에서 사용 가능하다. 3상 4선식의 배전선로 또는 양단접지 시에는 별도의 GV 전선이 필요하다.
> 22[kV]의 비접지 또는 편단접지의 전력용 회로에 사용되고, 직매 관로 덕트 및 트레이 등의 장소에 적합하며, 내열성, 내수성이 우수하다.

58 태양전지 모듈의 취부방향에서 모듈의 긴 방향을 종으로 설치하는 이유가 아닌 것은?

① 발전부지가 작아지므로
② 세정효과가 좋아지므로
③ 적설지대에 적합하므로
④ 먼지, 꽃가루 등이 많은 지역에 적합하므로

> **해설**
>
> 태양전지 모듈의 취부방향에서 모듈의 긴 방향을 종으로 설치하는 이유는 세정효과가 좋고 적설지대에 적합하며 먼지, 꽃가루 등이 많은 지역에 적합하다.

59 태양전지 모듈의 설치방법 검토 항목으로 적당하지 않는 것은?

① 시공·유지보수 등을 고려하여 작업하기 쉽게 한다.
② 모듈 고정용 볼트, 너트 등은 상부에서 조일 수 있어야 한다.
③ 미관 및 안전상 가대와 지지기구 등의 노출부를 가능한 크게 한다.
④ 태양전지 모듈 온도상승 억제를 위해 지붕과 태양전지 사이에 간격을 둔다.

> **해설**
>
> **태양전지 모듈의 설치방법**
> - 모듈의 설치방법은 지붕면의 슬레이트, 기와를 제거한 후 방수시트를 부착하고, 건물의 구조부에 지지철물과 고정철물을 설치한다. 지지철물 설치 후 다시 슬레이트 및 기와를 설치한다.
> - 지지철물 및 고정철물의 설치 시 지붕면에 대한 접촉부는 하중을 분산시켜 지붕재료를 보호하고, 가대의 지붕재료 접촉부에는 실리콘, 고무, 스펀지 등 완충재를 설치한다. 또한 지붕의 빗물 흐름을 방해하지 않도록 지붕관과의 사이에 공간을 둔다.
> - 모듈의 설치·제거는 1장 단위로 이루어지고 작업의 용이성을 위해 윗면에서 모듈을 고정하도록 한다. 태양전지의 온도상승이 되지 않도록 모듈과 지붕면의 사이에 여유를 두고, 모듈의 지지점은 하중의 균형을 고려하여 1 : 3 : 1의 비율로 하는 것이 좋다.

- 모듈의 높이는 모듈 뒷면의 공기대류 및 공기속도에 영향을 미친다. 공기속도가 빠를수록 태양전지의 온도는 저하되고 효율이 좋지만, 10[cm] 이상 높게 하면 효과는 더 이상 커지지 않으므로 10[cm] 정도로 하는 것이 좋다.

60 역률 0.8, 소비전력 480[kW]의 부하에 전원을 공급하는 변전소에 전력용 콘덴서 220[kVA]를 설치하면 역률은 몇 [%]로 개선할 수 있는가?

① 94[%] ② 96[%]
③ 98[%] ④ 99[%]

> **해설**
>
> **역률개선 콘덴서 용량**
> $Q_c = P(\tan\theta_1 - \tan\theta_2)$
> $220 = 480\left(\dfrac{0.6}{0.8} - \tan\theta_2\right)$
> $\tan\theta_2 ≒ 0.2917$
> $\theta_2 = \tan^{-1}(0.2917) ≒ 16.26°$
> $\therefore \cos\theta_2 = \cos(16.26) ≒ 0.96$

제4과목 태양광발전시스템 운영

61 유지보수 전 취하는 안전조치로 틀린 것은?

① 해당 단로기를 닫고 주회로에 무전압이 되게 한다.
② 차단기 앞에 "점검 중" 표지판을 설치한다.
③ 잔류전압을 방전시키기 위해 접지를 시킨다.
④ 검전기로 무전압 상태를 확인한다.

> **해설**
>
> **무전압 상태 확인 및 안전조치**
> - 관련된 차단기, 단로기를 열어 무전압 상태로 만든다.
> - 검전기를 사용하여 무전압 상태를 확인하고 필요한 개소는 접지를 실시한다.
> - 특고압 및 고압 차단기는 개방하여 시험 위치로 인출하고 "점검 중"이라는 표찰을 부착하여야 한다.
> - 단로기는 쇄정시킨 후 "점검 중" 표찰을 부착한다.
> - 수배전반 또는 모선 연락반은 전원이 되돌아와서 살아있는 경우가 있으므로 상기 항의 조치를 취하여야 한다.

정답 58 ① 59 ③ 60 ② 61 ①

62 태양전지 모듈 어레이의 개방전압 측정의 목적이 아닌 것은?

① 인버터의 오동작 여부 검출
② 동작 불량의 태양전지모듈 검출
③ 직렬 접속선의 결선 누락 사고 검출
④ 태양전지모듈의 잘못 연결된 극성 검출

해설
개방전압 측정의 목적
태양전지어레이의 각 스트링의 개방전압을 측정하여 개방전압의 불균일에 따라 동작불량의 스트링이나 태양전지 모듈의 검출 및 직렬 접속선의 결선 누락사고 등을 검출하기 위해서 측정해야 한다.
개방전압 측정 시 유의사항
• 태양전지 어레이의 표면을 청소하는 것이 필요하다.
• 각 스트링의 측정은 안정된 일사강도가 얻어질 때 하도록 한다.
• 측정시각은 일사강도, 온도의 변동을 극히 적게 하기 위하여 맑을 때, 남쪽에 있을 때의 전후 1시간에 실시하는 것이 좋다.
• 태양전지는 비 오는 날에도 미소한 전압을 발생하므로 매우 주의하여 측정한다.

63 최대출력 결정시험에 대한 설명 중 틀린 것은?

① 해당 태양광모듈의 최대출력을 측정할 것
② 시험시료의 최대출력은 정격출력 이상이어야 할 것
③ 시험시료의 출력균일도는 평균출력의 ±3[%] 이내일 것
④ 시험시료의 최종환경시험 후 최대출력의 열화는 최초최대출력을 −8[%] 초과하지 않을 것

해설
최대출력 결정시험
• 해당 태양광모듈의 최대출력을 측정할 것
• 시험시료의 출력균일도는 평균출력의 ±3[%] 이내일 것
• 시험시료의 최종환경시험 후 최대출력의 열화는 최초최대출력을 −8[%] 초과하지 않을 것

64 태양광발전소 일상점검요령으로 틀린 것은?

① 인터버 통풍구가 막혀 있을 것
② 접속함 외함에 파손이 없을 것
③ 태양전지 어레이에 오염이 없을 것
④ 인버터 운전 시 이상 냄새가 없을 것

해설
태양광발전설비 일상점검 항목

설비 종류	점검 부위	점검 분류	점검 방법	점검 주기	점검내용
태양 전지	모듈	일상	육안	●	유리 등 표면의 오염 및 파손 확인
	가대	일상	육안	●	가대의 부식 및 녹 확인
	배선	일상	육안	●	외부배선(접속케이블)의 손상 확인
	접지선	정기	육안	◎	접속선의 접속 및 접속단자 풀림 확인
		정기	측정	◎	태양전지 ↔ 접지선 절연저항 측정
접속함	외함	일상	육안	●	외함의 부식 및 파손 확인
		정기	육안	◎	
	배선	일상	육안	●	외부배선(접속케이블)의 손상 확인
		정기	육안	◎	외부배선의 손상 및 접속단자의 풀림 확인
	접지선	정기	육안	◎	접지선의 손상 및 접지단자의 풀림 확인
		정기	측정	◎	출력단자 ↔ 접지선 절연저항 측정
	기타	정기	시험	◎	각 회로마다 개방전압 측정(극성 및 확인)
파워 컨디 셔너	외함	일상	육안	●	외함의 부식 및 파손 확인
		정기	육안	◎	
	배선	일상	육안	●	외부배선(접속케이블)의 손상 확인
		정기	육안	◎	외부배선의 손상 및 접속단자의 풀림 확인
	접지선	정기	육안	◎	접지선의 손상 및 접지단자의 풀림 확인
		정기	측정	◎	입·출력단자↔접지선 절연저항 측정
	환기구	일상	육안	●	환기구, 환기필터 등의 환기 확인
		정기	육안	◎	
	표시부	일상	육안	●	표시부의 이상 표시
		정기	시험	◎	표시부의 동작 확인(충전전력 등)
	타이머	정기	시험	◎	투입저지 시한 타이머 동작시험 확인
	기타	일상	육안	●	발전상황 확인
		일상	육안	●	이상음, 악취, 발연, 이상과열 확인
		정기	육안	◎	운전 시 이상음, 악취, 진동 등 확인
기타	개폐기	정기	육안	◎	개폐기의 접속단자 풀림 확인
		정기	측정	◎	절연저항 측정(DC 500[V] 측정 시 0.1[MΩ] 이상)

62 ① 63 ② 64 ①

65 태양광발전시스템의 계측기기나 표시장치가 아닌 것은?
① 전력량계 ② LED
③ 인버터 ④ 일사계

해설
인버터는 태양광발전시스템 설비의 발전 직류전압을 교류전압으로 변성시켜 주는 설비이다.

66 배전압의 저압회로에서 대지전압이 200[V]인 경우 절연저항값[MΩ]은?
① 0.1 ② 0.2
③ 0.3 ④ 0.4

해설
※ 전기설비기술기준 제52조(저압전로의 절연성능)는 다음과 같이 개정되어 문제 성립되지 않음

전로의 사용전압 [V]	DC시험전압 [V]	절연저항 [MΩ]
SELV 및 PELV	250	0.5
FELV, 500[V] 이하	500	1.0
500[V] 초과	1,000	1.0

[주] 특별저압(Extra low voltage : 2차 전압이 AC 50[V], DC 120[V] 이하)으로 SELV(비접지회로 구성) 및 PELV(접지회로 구성)은 1차와 2차가 전기적으로 절연된 회로, FELV는 1차와 2차가 전기적으로 절연되지 않은 회로

67 태양광발전시스템의 운영에 있어 계측기기나 표시장치의 사용목적이 아닌 것은?
① 시스템의 성능 예측
② 시스템의 운전상태 감시
③ 시스템의 발전전력량 파악
④ 시스템의 성능을 평가하기 위한 데이터 수집

해설
태양광발전시스템의 운영에 있어 계측기기나 표시장치의 사용목적
• 시스템의 운전상태 감시
• 시스템의 발전전력량 파악
• 시스템의 성능을 평가하기 위한 데이터 수집

68 태양광발전시스템 운영 시 비치서류가 아닌 것은?
① 건설 관련 도면 ② 구조물의 구조계산서
③ 송전 관계 일람도 ④ 시방서 및 계약서 사본

해설
태양광발전시스템 운영 시 갖추어야 할 목록
• 태양광발전시스템에 사용된 핵심기기의 매뉴얼
• 태양광발전시스템 시방서
• 태양광발전시스템 건설 관련 도면(토목, 건축, 기계, 전기도면 등)
• 태양광발전시스템 구조물의 구조계산서
• 태양광발전시스템 운영 매뉴얼
• 태양광발전시스템 한전계통연계 관련 서류
• 태양광발전시스템 계약서 사본
• 태양광발전시스템에 사용된 기기 및 부품의 카탈로그
• 태양광발전시스템 일반점검표
• 태양광발전시스템 긴급복구 안내문
• 전기안전 관리용 정기점검표
• 전기안전 관련 주의명판 및 안전 경고표시 위치도
• 태양광발전시스템 안전교육 표지판

69 태양광발전시스템 중 설비 종류에 따른 육안 점검 항목이 아닌 것은?
① 유리 등 표면의 오염 및 파손 확인
② 가대의 부식 및 녹 확인
③ 프레임 파손 및 변형 확인
④ 볼트가 규정된 토크 수치로 조여져 있는지 확인

해설
64번 해설 참조

70 설비용량 20[kW] 이하의 태양광발전시스템 전기설비를 운영하기 위한 법정 필수요원은?
① 모니터링 요원 ② 전기안전관리자
③ 유지보수 요원 ④ REC관리자

71 태양광발전시스템의 안전관리 예방업무가 아닌 것은?
① 시설물 및 작업장 위험 방지
② 안전작업 관련 훈련 및 교육
③ 안전관리비 실행 집행 및 관리
④ 안전장구, 보호구, 소화설비의 설치, 점검, 정비

정답 65 ③ 66 ② 67 ① 68 ④ 69 ④ 70 전항정답 71 ③

해설
태양광발전시스템의 안전관리 예방업무
- 전기사업법의 안전관리 규정에 의거 교육실시
- 시설물 및 작업장 위험 방지
- 안전장구, 보호구, 소화설비의 설치, 점검, 정비

72 배전반 외부에서 이상한 소리, 냄새, 손상 등을 점검항목에 따라 점검하며, 이상 상태 발견 시 배전반 문을 열고 이상 정도를 확인하는 점검은?
① 일시점검 ② 정기점검
③ 임시점검 ④ 일상순시점검

해설
일상순시점검은 배전반 외부에서 이상한 소리, 냄새, 손상 등을 점검항목에 따라 점검하며, 이상 상태 발견 시 배전반 문을 열고 이상 정도를 확인하는 점검이다.

73 태양전지 모듈의 출력이 부하보다 많아서 역조류가 발생하고, 용량성 부하로 구성되면 어떤 현상이 발생하는가?
① 전압에 무관함
② 전압강하만 발생함
③ 전압상승만 발생함
④ 전압강하와 전압상승이 발생함

해설
태양전지 모듈의 출력이 부하의 용량보다 많고 용량성 부하는 진상부하이므로 전압이 높게 나타나므로 전압상승만 발생한다.

74 송변전설비의 유지관리 시 점검 후의 유의사항으로 옳은 것은?
① 준비철저 및 연락
② 회로도에 의한 검토
③ 무전압 상태확인 및 안전조치
④ 접지선 제거 및 최종확인

해설
송변전설비의 유지관리 시 점검 전의 유의사항
- 준비철저 및 연락
- 회로도에 의한 검토
- 무전압 상태확인 및 안전조치

75 태양광 인버터의 회로에 대한 절연저항의 측정방법으로 틀린 것은?
① 정격전압이 입출력에서 다를 경우에는 높은 측의 전압을 절연저항계의 선택기준으로 한다.
② 입출력 단자에 주회로 이외의 제어단자 등이 있는 경우에는 분리시키고 측정한다.
③ 서지 업서버 등의 정격에 약한 회로에 관해서는 회로에서 분리시킨다.
④ 무변압기형 인버터의 경우에는 제조업자가 추천하는 방법에 따라 측정한다.

해설
태양광 인버터 회로의 절연저항 측정방법
측정기구로서 500[V]의 절연저항계를 이용하고 인버터의 정격전압이 300[V]를 넘고 600[V] 이하인 경우는 1000[V]의 절연저항계를 이용한다. 측정개소는 인버터의 입력회로 및 출력회로로 한다.
- 입력회로 : 태양전지 회로를 접속함에서 분리하여 인버터의 입력단자 및 출력단자를 각각 단락하면서 입력단자와 대지 간의 절연저항을 측정한다.
  - 태양전지 회로를 접속함에서 분리한다.
  - 분전반 내의 분기차단기를 개방한다.
  - 직류측의 모든 입력단자 및 교류측의 전체의 출력단자를 각각 단락한다.
  - 직류단자의 대지 간의 절연저항을 측정한다.
- 출력회로 : 인버터의 입출력 단자를 단락하여 출력단자와 대지 간의 절연저항을 측정한다. 교류측 회로를 분전반 위치에서 분리하여 측정하기 위해 분전반까지의 전로를 포함하여 절연저항을 측정하게 된다. 절연트랜스가 별도로 설치된 경우에는 이를 포함하여 측정한다.
  - 태양전지 회로를 접속함에서 분리한다.
  - 분전반 내의 분기차단기를 개방한다.
  - 직류측의 전체 입력단자 및 교류측의 전체 출력단자를 각각 단락한다.
  - 교류단자의 그 대지 간의 절연 저항을 측정한다.
  - 측정결과의 판정기준을 전기설비기술기준에 따라 표시한다.
- 기 타
  - 정격전압이 입출력에서 다를 때에는 높은 측의 전압을 절연저항계의 선택 기준으로 한다.
  - 입출력 단자에 주회로 이외의 제어단자 등이 있는 경우는 이것을 포함해서 측정한다.
  - 측정할 때는 서지업서버 등의 정격에 약한 회로에 관해서는 회로에서 분리시킨다.
  - 트랜스리스 인버터의 경우는 제조업자가 추천하는 방법에 따라 측정한다.

76 태양광발전시스템용 독립형 인버터의 시험 항목으로 옳은 것은?

① 출력측 단락시험
② 자동기동, 정지시험
③ 단독운전 방지기능시험
④ 교류출력전류 변형률 시험

해설
외부사고시험은 계통연계형 인버터의 시험항목이다.
외부사고시험
- 출력측 단락시험
- 계통전압 순간 정전・순간 강하시험 : 순간 정전・전압강하에 대해서 안정하게 정지하거나 운전을 계속한다. 만일 정지한 경우에는 복전 후 5분 이후에 운전을 재개할 것
- 부하차단시험 : 부하차단을 검출하여 개폐기 개방 및 게이트블록 기능을 동작할 것

77 태양전지 모듈의 핫 스팟(Hot Spot) 현상에 대한 유해한 결과를 제한하기 위한 시험은?

① 고온고습시험
② UV 전처리시험
③ 온도사이클시험
④ 바이패스 다이오드 열시험

78 전기재해를 예방하는 전기안전 규칙에 관한 설명 중 틀린 것은?

① 통전표시기를 전선에 설치하여 전원의 투입상태를 감시할 것
② 전기작업을 할 때에는 되도록 두 손으로 안전하게 작업할 것
③ 전원을 차단했더라도 전기설비 및 전기선로에는 전기가 흐른다는 생각으로 작업에 임할 것
④ 배선용 차단기, 누전차단기 등이 작업자의 안전을 보호하지 못하므로 정상 동작상태를 확인할 것

해설
전기작업을 할 때에는 되도록 한 손으로 안전하게 작업해서 사고 시 큰 피해를 방지한다.

79 송변전설비 유지관리 시 배전반의 일상순시 점검 대상이 아닌 것은?

① 외 함
② 접 지
③ 주회로 단자부
④ 모선 및 지지물

해설
송변전설비 유지관리 시 배전반의 일상순시 점검 대상

점검의 분류 \ 제약조건	문의 개폐	커버류의 분류	무정전	회로 정전	모선 정전	차단기 인출	점검 주기
일상순시 점검			○				매 일
	○		○				1회/월
정기점검		○		○		○	1회/6개월
	○				○		1회/3년
일시점검	○	○		○			

80 태양광발전시스템 절연저항 측정 시 필요한 시험 기자재가 아닌 것은?

① 온도계
② 습도계
③ 접지저항계
④ 절연저항계

해설
접지저항계는 접지저항을 측정하기 위한 시험기자재이다.

정답 76 ① 77 ④ 78 ② 79 ③ 80 ③

제5과목 신재생에너지 관련 법규

81 신재생에너지 연료의 기준 및 범위에 해당되지 않는 것은?

① 중질잔사유를 가스화한 공정에서 얻어지는 합성가스
② 생물유기체를 변환시킨 바이오가스, 바이오에탄올, 바이오액화유 및 합성가스
③ 동물·식물의 유지(油脂)를 변환시킨 바이오디젤
④ 생물유기체를 변환시킨 펠릿 및 목탄 등의 기체연료

해설

신에너지 및 재생에너지 개발·이용·보급 촉진법 시행령
[별표 1] 바이오에너지 등의 기준 및 범위

에너지원의 종류		기준 및 범위
석탄을 액화·가스화한 에너지	기 준	석탄을 액화 및 가스화하여 얻어지는 에너지로서 다른 화합물과 혼합되지 않은 에너지
	범 위	• 증기공급용 에너지 • 발전용 에너지
중질잔사유를 가스화한 에너지	기 준	1. 중질잔사유(원유를 정제하고 남은 최종 잔재물로서 감압증류 과정에서 나오는 감압잔사유, 아스팔트와 열분해 공정에서 나오는 코크, 타르 및 피치 등을 말한다)를 가스화한 공정에서 얻어지는 연료 2. 1.의 연료를 연소 또는 변환하여 얻어지는 에너지
	범 위	합성가스
바이오에너지	기 준	1. 생물유기체를 변환시켜 얻어지는 기체, 액체 또는 고체의 연료 2. 1.의 연료를 연소 또는 변환시켜 얻어지는 에너지 ※ 1. 또는 2.의 에너지가 신재생에너지가 아닌 석유제품 등과 혼합된 경우에는 생물유기체로부터 생산된 부분만을 바이오에너지로 본다.
	범 위	• 생물유기체를 변환시킨 바이오가스, 바이오에탄올, 바이오액화유 및 합성가스 • 쓰레기매립장의 유기성 폐기물을 변환시킨 매립지가스 • 동식물의 유지를 변환시킨 바이오디젤(※ 관련 법령 개정으로 "바이오중유"가 추가됨 〈개정 2019. 9. 24〉) • 생물유기체를 변환시킨 땔감, 목재칩, 펠릿 및 숯 등의 고체연료 〈개정 2021.1.5〉
폐기물에너지	기 준	1. 각종 사업장 및 생활시설의 폐기물을 변환시켜 얻어지는 기체, 액체 또는 고체의 연료(※ 관련 법령 개정으로 "폐기물을 변환시켜 얻어지는 기체, 액체 또는 고체의 연료"로 변경됨 〈개정 2019. 9. 24〉) 2. 1.의 연료를 연소 또는 변환시켜 얻어지는 에너지 3. 폐기물의 소각열을 변환시킨 에너지 ※ 1.부터 3.까지의 에너지가 신재생에너지가 아닌 석유제품 등과 혼합되는 경우에는 각종 사업장 및 생활시설의 폐기물로부터 생산된 부분만을 폐기물에너지로 본다 (※ 관련 법령 개정으로 "1.부터 3.까지의 에너지가 신재생에너지가 아닌 석유제품 등과 혼합되는 경우에는 폐기물로부터 생산된 부분만을 폐기물에너지로 보고, 1.부터 3.까지의 에너지 중 비재생폐기물(석유, 석탄 등 화석연료에 기원한 화학섬유, 인조가죽, 비닐 등으로서 생물 기원이 아닌 폐기물을 말한다)로부터 생산된 것은 제외한다"로 변경됨 〈개정 2019. 9. 24〉).
수열에너지	기 준	물의 표층의 열을 히트펌프(Heat Pump)를 사용하여 변환시켜 얻어지는 에너지(※ 관련 법령 개정으로 "표층"이 삭제됨 〈개정 2019. 9. 24〉)
	범 위	해수의 표층의 열을 변환시켜 얻어지는 에너지(※ 관련 법령 개정으로 "해수의 표층"에서 "해수의 표층 및 하천수"로 변경됨 〈개정 2019. 9. 24〉)

82 사용전압이 400[V] 미만의 전로에 시설하는 기계기구의 철대 및 금속제 외함에는 제 몇 종 접지공사를 하여야 하는가?

① 제1종 접지공사 ② 제2종 접지공사
③ 제3종 접지공사 ④ 특별 제3종 접지공사

해설

기계기구의 철대 및 외함의 접지(판단기준 제33조)
사용전압이 400[V] 미만의 전로에 시설하는 기계기구의 철대 및 금속제 외함에는 제3종 접지공사를 해야 한다.
※ KEC(한국전기설비규정)의 적용으로 종별 접지공사가 폐지되어 문제 성립되지 않음 〈2021.01.19.〉

정답 81 ④ 82 ③

83 아크가 발생하는 고압용 차단기를 시설하는 경우 가연성 물질로부터의 이격거리는 몇 [m] 이상인가?

① 0.5
② 1.0
③ 1.5
④ 2.0

해설
아크를 발생하는 기구의 시설(KEC 341.7)
아크가 발생하는 고압용 차단기를 시설하는 경우 가연성 물질로부터의 이격거리 1[m] 이상이다.
※ KEC(한국전기설비규정)의 적용으로 인해 판단기준 제35조(아크를 발생하는 기구의 시설)에서 KEC 341.7로 변경됨 〈2021.01.19.〉

84 전선을 접속하는 경우 전선의 세기를 몇 [%] 이상 감소시키지 않아야 하는가?

① 10
② 20
③ 30
④ 40

해설
전선의 접속법(KEC 123)
전선을 접속하는 경우 전선의 세기를 20[%] 이상 감소시키지 않아야 한다.
※ KEC(한국전기설비규정)의 적용으로 인해 판단기준 제11조(전선의 접속법)에서 KEC 123로 변경됨 〈2021.01.19.〉

85 신재생에너지 기술개발과 이용·보급에 관한 계획을 협의하려는 자가 제출한 계획서를 산업통상자원부장관이 검토하여 통보하여야 할 사항이 아닌 것은?

① 신재생에너지의 기술개발 기본계획과의 조화성
② 시의성(時宜性)
③ 다른 계획과의 중복성
④ 단독연구의 가능성

해설
신재생에너지 기술개발 등에 관한 계획의 사전협의(신에너지 및 재생에너지 개발·이용·보급 촉진법 시행령 제3조)
산업통상자원부장관은 계획서를 받았을 때에는 다음의 사항을 검토하여 협의를 요청한 자에게 그 의견을 통보하여야 한다.
• 기본계획 수립에 따른 신재생에너지의 기술개발 및 이용·보급을 촉진하기 위한 기본계획과의 조화성
• 시의성(사정에 맞거나 시기에 적합한 성질을 말한다)
• 다른 계획과의 중복성
• 공동연구의 가능성

86 다음 중 녹색기술에 해당되지 않는 것은?

① 온실가스 감축기술
② 에너지 이용 효율화 기술
③ 청정소비기술
④ 청정에너지 기술

해설
녹색기술(저탄소 녹색성장 기본법 제2조)
온실가스 감축기술, 에너지 이용 효율화 기술, 청정생산기술, 청정에너지 기술, 자원순환 및 친환경 기술(관련 융합기술을 포함한다) 등 사회·경제 활동의 전 과정에 걸쳐 에너지와 자원을 절약하고 효율적으로 사용하여 온실가스 및 오염물질의 배출을 최소화하는 기술을 말한다.

87 ( ) 안에 가장 적합한 내용은?

> 전기설비기술기준에서 "발전소"란 발전기·원동기·연료전지·( )·해양에너지발전설비·전기저장장치 그 밖의 기계기구를 시설하여 전기를 생산하는 곳을 말한다.

① 태양광
② 태양전지
③ 태양열
④ 집광판

해설
정의(전기설비기술기준 제3조)
발전소란 발전기·원동기·연료전지·태양전지·해양에너지발전설비·전기저장장치 그 밖의 기계기구를 시설하여 전기를 생산하는 곳을 말한다.

88 전기사업자가 전기품질을 유지하기 위하여 지켜야 하는 표준전압, 표준주파수와 허용오차에 관한 설명으로 틀린 것은?

① 표준전압 110[V]의 상하로 6[V] 이내
② 표준전압 220[V]의 상하로 13[V] 이내
③ 표준전압 380[V]의 상하로 20[V] 이내
④ 표준주파수 60[Hz]의 상하로 0.2[Hz] 이내

정답 83 ② 84 ② 85 ④ 86 ③ 87 ② 88 ③

해설
표준전압·표준주파수 및 허용오차(전기사업법 시행규칙 별표3)
- 표준전압 및 허용오차

표준전압	허용오차
110[V]	110[V]의 상하로 6[V] 이내
220[V]	220[V]의 상하로 13[V] 이내
380[V]	380[V]의 상하로 38[V] 이내

- 표준주파수 및 허용오차

표준주파수	허용오차
60[Hz]	60[Hz] 상하로 0.2[Hz] 이내

89 신재생에너지의 기술개발 및 이용·보급과 신재생에너지 발전에 의한 전기의 공급에 관한 실행계획은 몇 년마다 수립·시행하여야 하는가?

① 1년　　② 3년
③ 5년　　④ 7년

해설
연차별 실행계획(신에너지 및 재생에너지 개발·이용·보급 촉진법 제6조)
신재생에너지의 기술개발 및 이용·보급과 신재생에너지 발전에 의한 전기의 공급에 관한 실행계획을 매년 수립·시행하여야 한다.

90 연료전지 및 태양전지 모듈의 절연내력 시험 시 최대사용전압의 1.5배의 직류전압을 몇 분간 인가하는가?

① 5분　　② 10분
③ 15분　　④ 20분

해설
연료전지 및 태양전지 모듈의 절연내력(KEC 134)
연료전지 및 태양전지 모듈은 최대사용전압의 1.5배의 직류전압 또는 1배의 교류전압(500[V] 미만으로 되는 경우에는 500[V])을 충전부분과 대지 사이에 연속하여 10분간 가하여 절연내력을 시험하였을 때에 이에 견디는 것이어야 한다.
※ KEC(한국전기설비규정)의 적용으로 인해 판단기준 제15조(연료전지 및 태양전지 모듈의 절연내력)에서 KEC 134로 변경됨 〈2021.01.19.〉

91 전기공사업자의 등록을 반드시 취소해야 하는 사항으로 틀린 것은?

① 공사업의 등록을 한 후 1년 이내에 영업을 시작하지 아니하거나 계속하여 1년 이상 공사업을 휴업한 경우
② 영업정지처분기간에 영업을 하거나 최근 5년간 3회 이상 영업정지처분을 받은 경우
③ 거짓이나 그 밖의 부정한 방법으로 공사업을 등록 신고한 경우
④ 하도급 관계법령을 위반하여 하도급을 주거나 다시 하도급을 준 경우

해설
전기공사업자의 등록 취소(전기공사업법 제28조)
- 거짓이나 그 밖의 부정한 방법으로 공사업의 등록 또는 공사업의 등록기준에 관해 신고한 경우
- 결격사유 중 어느 하나에 해당하게 된 경우
- 타인에게 성명·상호를 사용하게 하거나 등록증 또는 등록수첩을 빌려 준 경우
- 공사업의 등록을 한 후 1년 이내에 영업을 시작하지 아니하거나 계속하여 1년 이상 공사업을 휴업한 경우
- 영업정지처분기간에 영업을 하거나 최근 5년간 3회 이상 영업정지처분을 받은 경우

92 연면적 1,500[m²]의 공공도서관을 신축하기 위해 2014년 7월에 건축허가를 신청하였다. 이 건물의 예상 에너지사용량에 대한 신재생에너지의 공급 의무 비율은 몇 [%] 이상이어야 하는가?

① 10　　② 11
③ 12　　④ 13

해설
신재생에너지 공급의무 비율(신에너지 및 재생에너지 개발·이용·보급 촉진법 시행령 별표 2)

해당 연도	2011~2012	2013	2014	2015	2016	2017	2018	2019	2020 이후
공급의무 비율[%]	10	11	12	15	18	21	24	27	30

신재생에너지의 공급의무 비율 〈개정 2020.09.29.〉

해당연도	2020~2021	2022~2023	2024~2025	2026~2027	2028~2029	2030 이후
공급의무 비율[%]	30	32	34	36	38	40

정답 89 ① 90 ② 91 ④ 92 ③

93 신재생에너지 공급의무화에서 공급의무자가 의무적으로 신재생에너지를 이용하여야 하는 발전량의 합계를 총전력생산량의 몇 [%] 범위 이내에서 대통령령으로 정하는가?

① 6
② 8
③ 10
④ 15

해설
신재생에너지 공급의무화(신에너지 및 재생에너지 개발·이용·보급 촉진법 제12조의5)
공급의무자가 의무적으로 신재생에너지를 이용하여 공급하여야 하는 발전량의 합계는 총전력생산량의 10[%] 이내의 범위에서 연도별로 대통령령으로 정한다. 이 경우 균형 있는 이용·보급이 필요한 신재생에너지에 대하여는 대통령령으로 정하는 바에 따라 총의무공급량 중 일부를 해당 신재생에너지를 이용하여 공급하게 할 수 있다.

94 전압에 관계없이 모든 전기공사를 시공관리할 수 있는 전기공사기술자는?

① 저압전기공사기술자 또는 중급전기공사기술자
② 중급전기공사기술자 또는 고급전기공사기술자
③ 중급전기공사기술자 또는 특급전기공사기술자
④ 고급전기공사기술자 또는 특급전기공사기술자

해설
전기공사기술자의 시공관리 구분(전기공사업법 시행령 별표 4)
가장 상위에 있는 전기기술자는 특급 전기공사기술자 또는 고급 전기공사기술자로서 전압에 관계없이 모든 전기공사를 시공관리할 수 있다.

95 신재생에너지정책심의회의 심의사항이 아닌 것은?

① 신재생에너지 기본계획의 수립 및 변경에 관한 사항
② 신재생에너지의 기술개발 및 이용·보급에 관한 사항
③ 송배전 등 전기의 기준가격 및 변경에 관한 사항
④ 산업통상자원부장관이 필요하다고 인정하는 사항

해설
심의회의 심의사항(신에너지 및 재생에너지 개발·이용·보급 촉진법 제8조)
• 기본계획의 수립 및 변경에 관한 사항. 다만, 기본계획의 내용 중 대통령령으로 정하는 경미한 사항을 변경하는 경우는 제외한다.
• 신재생에너지의 기술개발 및 이용·보급에 관한 중요 사항
• 신재생에너지 발전에 의하여 공급되는 전기의 기준가격 및 그 변경에 관한 사항
• 신재생에너지 이용·보급에 필요한 관계 법령의 정비 등 제도개선에 관한 사항
• 그 밖에 산업통상자원부장관이 필요하다고 인정하는 사항

96 태양전지 모듈을 병렬로 접속하는 전로에 단락이 생긴 경우 전로를 보호하기 위하여 설치하는 것은?

① 개폐기
② 과전류차단기
③ 누전차단기
④ 전류검출기

해설
과전류 및 지락 보호장치(KEC 522.3.2)
태양전지 모듈을 병렬로 접속하는 전로에 단락이 생긴 경우 전로를 보호하는 과전류차단기 기타의 기구를 시설할 것
※ KEC(한국전기설비규정)의 적용으로 인해 판단기준 제54조(태양전지 모듈 등의 시설)에서 KEC 522.3.2로 변경됨 〈2021.01.19.〉

97 옥내전로의 대지전압에서 주택의 태양전지 모듈에 접속하는 부하측 옥내배선을 시설하는 경우 주택의 옥내전로의 대지전압으로 맞는 것은?

① 직류 450[V] 이하
② 직류 500[V] 이하
③ 직류 600[V] 이하
④ 직류 750[V] 이하

해설
옥내전로의 대지전압 제한(KEC 511.3)
주택의 전기저장장치의 축전지에 접속하는 부하 측 옥내배선을 다음에 따라 시설하는 경우에 주택의 옥내전로의 대지전압은 직류 600[V]까지 적용할 수 있다.
※ KEC(한국전기설비규정)의 적용으로 인해 판단기준 제166조(옥내전로의 대지전압 제한)에서 KEC 511.3로 변경됨 〈2021.01.19.〉

정답 93 ③ 94 ④ 95 ③ 96 ② 97 ③

98 저압 전로 중의 과전류차단기의 시설과 관련하여 저압 전로에 사용하는 퓨즈는 수평으로 붙인 경우에 정격전류의 몇 배의 전류에 견디어야 하는가?

① 1.1
② 1.25
③ 1.5
④ 1.9

해설

저압 전로 중의 과전류차단기의 시설(판단기준 제38조)
저압 전로 중의 과전류차단기의 시설과 관련하여 저압 전로에 사용하는 퓨즈는 수평으로 붙인 경우에 정격전류 1.1배의 전류에 견디어야 한다.
※ KEC(한국전기설비규정)의 적용으로 인해 문제 성립되지 않음 〈2021.01.19.〉

99 고압 및 특고압의 전로에 시설하는 피뢰기에는 몇 종 접지공사를 하여야 하는가?

① 제1종 접지공사
② 제2종 접지공사
③ 제3종 접지공사
④ 특별 제3종 접지공사

해설

피뢰기의 접지(판단기준 제43조)
고압 및 특고압의 전로에 시설하는 피뢰기에는 제1종 접지공사를 하여야 한다.
※ KEC(한국전기설비규정)의 적용으로 종별 접지공사가 폐지되어 문제 성립되지 않음 〈2021.01.19.〉

100 발전기의 용량에 관계없이 자동적으로 이를 전로로부터 차단하는 장치를 시설하여야 하는 경우는?

① 베어링 과열
② 유압의 과팽창
③ 발전기 내부고장
④ 과전류 또는 과전압 발생

해설

발전기 등의 보호장치(KEC 351.3)
발전기의 용량에 관계없이 자동적으로 이를 전로로부터 차단하는 장치를 시설하여야 하는 경우는 과전류 또는 과전압이 발생되었을 경우이다.
※ KEC(한국전기설비규정)의 적용으로 인해 판단기준 제47조(발전기 등의 보호장치)에서 KEC 351.3로 변경됨 〈2021.01.19.〉

98 ① 99 ① 100 ④

2016년 제2회 기사 과년도 기출문제

신재생에너지발전설비기사(태양광) 필기

제1과목 태양광발전시스템 이론

01 태양전지별 분광감도의 설명이다. 옳은 것은?

① 박막전지는 적외선을 더 잘 이용한다.
② CdTe와 CIS전지는 중간파장의 빛을 잘 흡수한다.
③ 비정질 실리콘 전지는 장파장 빛을 최적으로 흡수한다.
④ 결정질 태양전지는 자외선 파장 태양 복사에 민감하게 작용한다.

해설
태양전지를 포함한 수광 Device에서는, 어떤 파장의 광에 대하여 얼마만큼의 감도가 있는가를 알아두는 것은 이용에 있어서 중요하며, 또 성능의 지표로도 된다. 일반적으로 일정한 Power의 단파장 광에 대해서, 발전하여 얻어지는 전류의 비율을 분광감도라 한다.
• 결정질 태양전지는 자외선 파장 태양 복사에 작용하지 않는다.
• 박막전지는 적외선과 자외선의 영향을 받는다. 하지만 주파수가 더 높은 자외선 쪽에 영향을 많이 받는다.

02 단락전류는 태양전지 양단의 전압이 0일 때 흐르는 전류를 의미한다. 다음 중 단락전류의 손실을 발생시키는 원인이 아닌 것은?

① 모듈 라미네이션 공정 불량
② 외부 수분침입에 의한 리본 전극 산화
③ 전극의 솔더링 스폿에 의한 충진재 두께 편차
④ 자외선에 의한 충진재 내부의 커플링재 분해

해설
단락전류의 손실을 발생시키는 원인
• 자외선에 의한 충진재 내부의 커플링재 분해
• 모듈 라미네이션 공정 불량
• 전극의 솔더링 스폿에 의한 충진재 두께 편차
• 내부 수분결착에 의한 리본 전극 산화

03 연료전지에 의한 발전시스템의 특징이 아닌 것은?

① 발전효율이 낮다.
② 폐열이용이 가능하고 종합에너지 효율이 높다.
③ 환경성이 높고 저소음, 저공해 발전시스템이다.
④ 천연가스, 메탄올, LPG 가스 등의 다양한 연료 사용이 가능하다.

해설
연료전지에 의한 발전시스템의 특징

장 점	단 점
• 도심 부근에 설치가 가능하여 송·배전 시의 설비 및 전력 손실이 적다. • 천연가스, 메탄올, 석탄가스 등 다양한 연료 사용이 가능하다. • 회전부위가 없어 소음이 없으며, 기존 화력발전과 같은 다량의 냉각수가 불필요하다. • 발전효율이 40~60[%]이며, 열병합발전 시 80[%] 이상 가능하다. • 부하변동에 따라 신속히 반응한다. • 설치형태에 따라서 현지설치용, 분산배치형, 중앙집중형 등의 다양한 용도로 사용이 가능하다. • 환경공해가 감소한다.	• 내구성과 신뢰성의 문제 등 상용화를 위해서는 아직 해결해야 할 기술적 난제가 존재한다. • 고도의 기술과 고가의 재료 사용으로 인해 경제성이 많이 떨어진다. • 연료전지에 공급할 원료(수소 등)의 대량 생산과 저장, 운송, 공급 등의 기술적 해결이 어렵다. • 연료전지의 상용화를 위한 인프라 구축 역시 미비한 상황이다.

04 특별 제3종 접지공사의 접지저항값은 몇 [Ω] 이하로 유지하여야 하는가?

① 100
② 50
③ 30
④ 10

정답 1 ② 2 ② 3 ① 4 ④

해설

접지공사의 종류(판단기준 제18조)

접지공사의 종류	접지저항값
제1종 접지공사	10[Ω]
제2종 접지공사	변압기의 고압측 또는 특고압측의 전로의 1선 지락전류의 암페어 수로 150(변압기의 고압측 전로 또는 사용전압이 35[kV] 이하의 특고압측 전로가 저압측 전로와 혼촉하여 저압측 전로의 대지전압이 150[V]를 초과하는 경우에, 1초를 초과하고 2초 이내에 자동적으로 고압 전로 또는 사용전압이 35[kV] 이하의 특고압 전로를 차단하는 장치를 설치할 때는 300, 1초 이내에 자동적으로 고압 전로 또는 사용전압 35[kV] 이하의 특고압 전로를 차단하는 장치를 설치할 때는 600)을 나눈 값과 같은 [Ω]수
제3종 접지공사	100[Ω]
특별 제3종 접지공사	10[Ω]

※ KEC(한국전기설비규정)의 적용으로 종별 접지공사가 폐지되어 문제 성립되지 않음 〈2021.01.19.〉

05 연간 전압 감소율이 0.5[%]인 태양전지 모듈과 인버터의 특성이 다음과 같이 주어질 때 모듈온도 65[℃]에서 20년 동안 V_{mp}를 300[V] 이상 유지하기 위해 직렬연결 모듈이 최소 몇 장이 필요한가?(단, 태양전지 모듈 V_{mp}=29.5[V], V_{mp} 온도계수=−0.5[%/℃], 인버터 최소전압=300[V]이다)

① 8
② 10
③ 12
④ 14

해설

최소모듈수 = $\dfrac{\text{인버터의 최소전압} \times \text{태양전지모듈전압}(V_{mp})}{\text{모듈의 온도} \times (\text{유지연도} \times \text{감소율})}$

$= \dfrac{300 \times 29.5}{65 \times (20 \times 0.5)} ≒ 13.615 ≒ 14$

06 인버터의 전기적 보호등급 Ⅲ의 안전최저전압은 얼마인가?

① 최대 AC : 120[V], 최대 DC : 50[V]
② 최대 AC : 120[V], 최대 DC : 120[V]
③ 최대 AC : 50[V], 최대 DC : 50[V]
④ 최대 AC : 50[V], 최대 DC : 120[V]

해설

인버터의 전기적 보호등급 Ⅲ의 안전최저전압은 직류(DC) 120[V]이고, 교류(AC) 50[V]이다.

07 수전전압이 22.9[kV]이고 3상 단락전류가 10,000 [A]인 수용가의 수전용 차단기의 차단용량은 몇 [MVA] 이상이면 되는가?(단, 여유율은 고려하지 않는다)

① 433
② 447
③ 457
④ 467

해설

수전용 차단기의 차단용량
$P_s = \sqrt{3}\, V_m I_s$
$\quad = \sqrt{3} \times 25.8[\text{kV}] \times 10,000[\text{A}]$
$\quad ≒ 447[\text{MVA}]$

여기서, V_m : 정격전압

08 일정 전압의 직류전원에 저항을 접속하고 전류를 흘릴 때 이 전류값을 20[%] 증가시키기 위해서는 저항값을 어떻게 하면 되는가?

① 저항값을 20[%]로 감소시킨다.
② 저항값을 66[%]로 감소시킨다.
③ 저항값을 83[%]로 감소시킨다.
④ 저항값을 120[%]로 증가시킨다.

해설

$I = \dfrac{V}{R}[\text{A}]$ 옴의 법칙에 따라 전류량과 저항값은 반비례관계를 갖는다.

정답 5 ④ 6 ④ 7 ② 8 ③

09 여러 개의 태양전지 모듈의 스트링을 하나의 접속점에 모아 보수·점검 시에 회로를 분리하거나 점검작업을 용이하게 하며, 태양전지 어레이에 고장이 발생해도 정지범위를 최대한 적게 하는 등의 목적으로 사용되는 것은?

① 인버터
② 접속함
③ 바이패스소자
④ 계통연계 보호계전기

해설
용어의 정의
- 인버터(Inverter) : 직류전류를 단상 또는 다상의 교류전류로 변환시키는 전기에너지 변환기로서 직류전력을 교류전력으로 변환하는 장치이다. 또한 인버터는 출력조절기(PCS ; Power Conditioning System)라는 이름으로 통칭되는 여러 구성요소 중의 하나이다. 계통 연계형 인버터는 태양전지 모듈로부터 직류전원을 공급받아 계통 상태에 따라 안정된 교류전원을 공급하는 장치이다.
- 접속함 : 여러 개의 태양전지 모듈의 스트링을 하나의 접속점에 모아 보수·점검 시에 회로를 분리하거나 점검작업을 용이하게 하는 장치이다. 태양전지 어레이에 고장이 발생해도 정지범위를 최대한 적게 하는 등의 목적으로 보수·점검이 용이한 장소에 설치한다. 여러 개의 태양전지 모듈을 연결한 스트링 배선을 하나로 접속점에 모아 인버터에 보내는 기기로서 태양전지 어레이에 고장이 발생하더라도 정지범위를 최대한 적게 해야 한다.
- 바이패스소자 : 태양전지 어레이를 구성하는 태양전지 모듈마다 바이패스소자를 설치하는 것이 일반적이며, 대부분의 바이패스소자로는 다이오드를 사용한다. 우회로를 만드는 다이오드 역할을 한다.

10 납축전지와 알칼리 축전지에 대한 설명이다. 틀린 것은?

① 납축전지는 클래드식과 페이스트식으로 분류한다.
② 알칼리 축전지는 소결식과 포켓식으로 분류한다.
③ 납축전지는 알칼리 축전지보다 공칭용량이 작다.
④ 납축전지는 알칼리 축전지에 비해 기전력이 크다.

해설
납축전지와 알칼리 축전지의 비교

구 분	납	알칼리
종 류	클래드식, 페이스트식	포켓식, 소결식
공칭전압 (V/CELL)	2.0	1.2
CELL수	52~55개	80~85개
최대방전전류	1.5C	2C(포켓), 10C(소결)

구 분	납	알칼리
전기적 강도	과충전, 과방전에 약하다.	과충전, 과방전에 강하다.
충전시간	길다.	짧다.
온도특성	열등하다.	우수하다.
수 명	CS형 : 10~15년 HS형 : 5~7년	20~30년
공칭용량	10시간	5시간
가 격	저렴하다.	비싸다.
기전력	크다.	작다.
용 도	장시간 일정 전류 부하	단시간 대전류 부하
기 타	• 부식가스를 발생시킨다. • 전해액의 비중에 의해 충, 방전을 알 수 있다. • 충, 방전 전압의 차이가 적다.	• 부식가스가 없다. • 저온특성이 좋다. • 보존이 용이하다. • 고율 방전특성이 좋다.

11 태양전지 셀의 종류에서 박막형의 특징이 아닌 것은?

① 온도 특성에 강하다.
② 결정질보다 변환 효율이 낮다.
③ 결정질 전지보다 얇다.
④ 동일 용량 설치 시 결정질보다 박막형이 면적을 작게 차지한다.

해설
박막형 태양전지(2세대)
유리, 금속판, 플라스틱 같은 저가의 일반적인 물질을 기판으로 사용하여 빛 흡수층 물질을 마이크론 두께의 아주 얇은 막을 입혀 만든 태양전지로서 온도 특성에 강하며, 결정질 전지보다 얇고 변환효율이 낮다.
- 비정질 실리콘 박막형 태양전지 : 실리콘의 두께를 극한까지 얇게 한 것으로, 실리콘의 사용량을 약 1/100까지 줄일 수 있어서 결정질보다 제조비용이 낮아서 좋다. 결정질보다는 배열이 비규칙적으로 흩어져 있어서 변환효율이 낮다.
- 화합물 박막형 태양전지 : 실리콘 이외에 반도체 특성을 갖는 화합물인 구리(Cu), 인듐(In), 갈륨(Ga), 셀레늄(Se)으로 구성된 박막형 태양전지이다.
  – CdTe(Cadmium Telluride) : Cd(2족), Te(4족)이 결합된 직접 천이형 화합물 반도체로 높은 광흡수와 낮은 제조단가로 상용화에 유리하며 차세대 태양전지로 각광을 받고 있다.
  – CIGS(Cu, In, Gs, Se) : 유리기판, 알루미늄, 스테인리스 등의 유연한 기판에 구리, 인듐, 갈륨, 셀레늄 화합물 등을 증착시켜 실리콘을 사용하지 않으면서도 태양광을 전기적으로 변환시켜 주는 태양전지로서 변환효율이 높다.

정답 9 ② 10 ③ 11 ④

• 장단점

종류 특징	실리콘계 비정질	화합물계 CdTe	화합물계 CIGS
장점	• 실리콘 박막의 두께로 얇게 하여 재료비를 절감할 수 있다. • 플렉시블하다. • 장치를 설치하기 어려운 곳에 가능하다.	• 비정질 실리콘보다 고효율이다. • 초기에 열화 현상이 없기 때문에 안정성이 높다.	• 안정성이 우수하며 가볍다. • 휴대성이 있다. • 비실리콘 태양전지 중에는 효율이 최고이다. • 두께가 얇은 빛흡수성층만으로 효율이 높은 태양전지 제조가 가능하다. • 곡선 제작이 가능할 정도로 유연하다. • 생산비용이 저렴하다.
단점	• 설치면적이 넓다. • 초기에 열화 현상이 발생한다. • 저효율성이다.	• 대량생산이 불가능하다 (재료의 한계성과 희소성(카드뮴)). • 공해를 유발한다.	• 대량생산이 어렵다. • 원자재 가격이 고가이다.

12 다음은 축전지 용량의 산출식이다. ( ) 안에 알맞은 내용은?

$$C = \frac{1일\ 소비전력량 \times 불일조일수}{(\ \ ) \times 방전심도 \times 방전종지전압}[Ah]$$

① 셀 수 ② 보수율
③ 효율 ④ 역률

해설

축전지 용량의 산출식(C) = $\frac{1일\ 소비전력량 \times 불일조일수}{보수율 \times 방전심도 \times 방전종지전압}$[Ah]

13 KSC-IEC 규격에 따라 모듈의 뒷면에 표시해야 할 항목이 아닌 것은?

① 공칭 중량
② 내풍압성 등급
③ 습윤 누설전류
④ 제조연월일 및 제조번호

해설

태양전지 모듈의 뒷면에 표시되는 내용(KSC-IEC 규격)
• 제조연월일 및 제조번호
• 제조연월을 알 수 있는 제조번호
• 공칭 질량[kg]
• 제조업자명 또는 그 약호
• 공칭 개방전압(V)
• 공칭 개방전류(I)
• 공칭 최대출력(P)
• 내풍압성의 등급
• 공칭 최대출력 동작전압(V)
• 공칭 최대출력 동작전류(A)
• 최대시스템전압
• 어레이의 조립 형태
• 역 내

14 태양전지 모듈(Module)의 구성재료의 순서가 옳게 나열된 것은?

① 강화유리 - 태양전지 - EVA - Back Sheet - EVA
② 강화유리 - EVA - 태양전지 - EVA - Back Sheet
③ EVA - 태양전지 - 강화유리 - Back Sheet - EVA
④ EVA - 강화유리 - 태양전지 - EVA - Back Sheet

해설

프런트 커버(표면재 저철분 강화유리) → EVA(충진재) → 태양전지 셀(금속리본으로 연결) → EVA(충진재) → 백 커버(Back Sheet) → 프레임 조립

15 인버터 직류입력전압이 300[V]이고 모듈 최대출력동작전압이 20[V]인 경우 태양전지 모듈 직렬매수는?

① 14 ② 15
③ 16 ④ 17

해설

태양전지 모듈 직렬매수 = $\frac{인버터\ 직류입력전압}{모듈\ 최대출력동작전압}$ = $\frac{300}{20}$ = 15

16 자가용 발전설비 고장의 영향이 연계계통에 파급되지 않도록 발전설비를 즉시 전력계통과 분리시키는 인버터의 기능은?

① 자동전압 조정기능 ② 단독운전 방지기능
③ 계통연계 보호기능 ④ 자동운전 정지기능

> **해설**
>
> **용어의 정의**
> - 자동전압 조정기능 : 태양광발전시스템을 계통에 접속하여 역송전 운전을 하는 경우 전력 전송을 위한 수전점의 전압이 상승하여 전력회사의 운용범위를 초과할 가능성이 있다. 따라서 이를 예방하기 위해 자동전압 조정기능을 설정하여 전압의 상승을 방지하고 있다.
> - 단독운전 방지기능 : 태양광발전시스템은 계통에 연계되어 있는 상태에서 계통측에 정전이 발생했을 때 부하전력이 인버터의 출력전력과 같은 경우 인버터의 출력전압·주파수 계전기에서는 정전을 검출할 수가 없다. 이와 같은 이유로 계속해서 태양광발전시스템에서 계통에 전력이 공급될 가능성이 있다. 이러한 운전 상태를 단독운전이라 한다. 단독운전이 발생하면 전력회사의 배전망이 끊어져 있는 배전선에 태양광발전시스템에서 전력이 공급되기 때문에 보수점검자에게 위험을 줄 우려가 있는 태양광발전시스템을 정지할 필요가 있지만, 단독운전 상태의 전압계전기(UVR, OVR)와 주파수 계전기(UFR, OFR)에서는 보호할 수 없다. 따라서 이에 대한 대책의 일환으로 단독운전 방지기능을 설정하여 안전하게 정지할 수 있도록 한다.
> - 계통연계 보호장치 : 이상 또는 고장이 발생했을 경우 자동적으로 분산형 전원을 전력계통으로부터 분리해 내기 위한 장치를 시설해야 한다.
> - 자동운전 정지기능
>   - 인버터는 일출과 함께 일사강도가 증대하여 출력을 얻을 수 있는 조건이 되면 자동적으로 운전을 시작한다. 운전을 시작하면 태양전지의 출력을 스스로 감지하여 자동적으로 운전을 한다.
>   - 전력계통이나 인버터에 이상이 있을 때 안전하게 분리하는 기능으로서 인버터를 정지시킨다. 해가 질 때도 출력을 얻을 수 있는 한 운전을 계속하며, 해가 완전히 없어지면 운전을 정지한다.

17 분산형 전원 배전계통 연계 시 반드시 설치하지 않아도 되는 보호장치는?

① 결 상
② 저전압
③ 저주파수
④ 역기전력

> **해설**
>
> **분산형 전원 배전계통 연계 시 보호장치**
> - 저전압
> - 고전압
> - 저주파수
> - 고주파수
> - 역기전력

18 PN 접합구조의 반도체 소자에 빛을 조사할 때, 전압차를 가지는 전자와 정공의 쌍이 생성되는 현상은?

① 광기전력효과
② 광이온화효과
③ 핀치효과
④ 광전하효과

> **해설**
>
> **태양전지(Solar Cell)**
> - 태양에너지를 전기에너지로 변환할 수 있도록 제작된 광전지를 말한다.
> - 반도체의 PN 접합면에 빛을 비추면 광전효과에 의해 광기전력이 일어나는 것을 이용하여 금속과 반도체의 접촉면을 결합시킨 소자이다.
> - 반도체 PN 접합을 사용하여 태양전지로 이용되고 있는 광전지는 대부분이 실리콘 광전지이다.
> - 금속과 반도체의 접촉을 이용한 아황산구리 광전지 또는 셀렌 광전지가 있다.

19 다음 중 발전효율이 가장 높은 태양전지는?

① HIT 태양전지
② CIGS 태양전지
③ Organic 태양전지
④ Perovskite 태양전지

> **해설**
>
> **태양전지의 발전효율**
> - HIT(Herero junction with Intrinsic This layer) : 25.6[%]
> - CIGS(Cu, In, Gs, Se)·CdTe(Cadmium Telluride)·실리콘 다결정 : 20.4[%]
> - 박막실리콘 : 20.1[%]
> - Organic : 20[%]
> - Perovskite : 20.1[%]

20 궤도전자가 강한 에너지를 받아서 원자 내의 궤도를 이탈하여 자유전자가 되는 것을 무엇이라 하는가?

① 여 기
② 공 진
③ 전 리
④ 방 사

> **해설**
>
> 궤도전자가 강한 에너지를 받아서 원자 내의 궤도를 이탈하여 자유전자가 되는 것을 전리라 한다.
> ② 공진 : 특정 진동수를 가진 물체가 같은 진동수의 힘이 외부에서 가해질 때 진폭이 커지면서 에너지가 증가하는 현상이다.
> ④ 방사 : 에너지가 전달되는 한 형식으로, 공간이나 진공 중에서도 진행하는 것이다.

정답 17 ① 18 ① 19 ① 20 ③

제2과목 태양광발전시스템 설계

21 태양광발전원가의 구성 항목 중 초기 투자비에 해당하지 않는 것은?

① 계통연계비용 ② 인허가 용역비
③ 설계 및 감리비 ④ 운전유지 및 수선비

해설
발전원가의 구성 중 초기 투자비
- 주자재
- 토지 등 구입비용
- 인허가 용역비
- 설계, 공사비, 검사비, 감리비, 계통연계비
※ 발전원가의 구성 중 연간 유지관리비 : 세금, 보험료, 수선비, 운전유지비

22 태양광발전시스템의 전기설계계산서에 해당하지 않는 것은?

① 구조계산서
② 전압강하계산서
③ 보호계전기 정정치계산서
④ 모듈 및 어레이 직병렬계산서

해설
태양광발전시스템의 전기설계계산서의 종류
- 태양전지 용량 산출계산서
- 태양광발전시스템 용량 산출계산서
- 축전지 용량계산서
- 태양광발전 출력계산서(모듈 및 어레이 직병렬계산서)
- 부하계산서(보호계전기 정정치계산서)
- 차단기 용량계산서
- 간선계산서(전압강하계산서)
- 변압기 용량계산서
- 예상 발전량 산출계산서

23 일조시간에 대한 설명으로 틀린 것은?

① 일조시간은 실제로 태양광선이 지표면을 내리쬔 시간이다.
② 일조시간과 가조시간과의 비를 일조율[%]이라 한다.
③ 구름이 많은 날씨일 경우 가조시간과 일조시간이 일치한다.
④ 가조시간이란 한 지방의 해가 돋는 시간부터 지는 시간까지의 시간을 말한다.

해설
일조량
- 일조는 태양의 직사광선이 구름이나 안개 등에 차단되지 않고 지표면을 비추는 것이다. 즉, 일정한 물체의 표면이나 지표면에 비치는 햇볕의 양을 일조량이라고 한다.
- 일조량은 일사와 동일한 용어로 사용되기도 하지만 일사보다는 시간적 개념이 많이 포함된 용어로 일조라는 용어는 일조시간을 나타낸다. 즉, 일조시간이란 태양광선이 지표를 내리쬔 시간을 의미한다. 또한 태양광선이 구름이나 안개로 가려지지 않고 지면에 도달한 지속시간도 일조시간이라고 말한다.
- 한 지방의 해가 돋는 시간부터 지는 시간까지의 시간을 가조시간이라고 하는데, 이는 실제로 지표면에 태양이 비친 시간인 일조시간을 말한다.
- 겨울은 낮이 짧아 일조량이 적다. 구름이 없는 맑은 날씨에는 일조시간과 가조시간이 일치하고, 구름이 많아지면 그만큼 가조시간이 짧아지게 된다. 이러한 가조시간과 일조시간의 비를 일조율이라고 한다.

$$일조율 = \frac{일조시수}{가조시수} \times 100[\%]$$

일조시간을 가조시간으로 나눈 수를 [%]로 나타낸 것이며, 일출에서 일몰까지의 시간수인 주간시수 또는 가조시수에 대하여 그 지방 일조시수의 비(백분율)이다.

24 태양전지 어레이 가대를 다음과 같이 설계하고자 한다. 설계 순서를 옳게 나열한 것은?

ⓐ 태양전지 모듈의 배열 결정
ⓑ 설치장소 결정
ⓒ 상정최대하중 산출
ⓓ 지지대 기초 설계
ⓔ 지지대의 형태, 높이, 구조 결정

① ⓐ → ⓒ → ⓔ → ⓑ → ⓓ
② ⓑ → ⓐ → ⓔ → ⓒ → ⓓ
③ ⓐ → ⓓ → ⓒ → ⓔ → ⓑ
④ ⓑ → ⓒ → ⓐ → ⓔ → ⓓ

해설
태양전지 어레이 가대의 설계순서
설치할 주변 환경 탐색 → 설치장소 결정 → 태양전지 모듈의 배열 결정 → 지지대의 형태, 높이, 구조 결정 → 상정최대하중 산출 → 지지대 기초 설계 → 실제 설계

정답 21 ④ 22 ① 23 ③ 24 ②

25 태양전지 병렬 네트워크방식으로 어레이를 구성하는 것이 가장 적합한 곳은?

① 비나 눈이 많이 내리는 지역
② 태양고도의 영향을 받는 북쪽지역
③ 눈, 낙엽 등에 의한 음영의 발생이 잦은 지역
④ 태양광 어레이와 어레이의 이격거리 미비로 음영을 피할 수 없는 지역

해설

설치장소 및 건물에 의한 음영(인접건물, 인근의 조경, 녹화에 의한 식재 등)
태양광발전 어레이와 어레이의 이격거리의 미비로 인한 음영 등 피할 수 없는 경우에는 태양광발전 어레이의 모듈 결선방식을 병렬 네트워크방식으로 어레이를 구성하여 전력손실을 최소화시킬 수 있다.
• 자연적인 음영 : 구름, 눈, 가을의 낙엽, 새의 배설물, 수풀지역의 낙엽 등 일상적인 강우가 내렸을 때 각도에 의해서 해결한다. 경사각이 15° 이상일 때 좋으며 경사각이 크면 클수록 비나 눈의 흐름이 빨라져 먼지 등의 오염물질을 빠르게 제거할 수 있다.

27 태양전지 어레이의 출력이 10,800[W], 해당지역의 1일 적산 경사면 일사량이 3.74[kWh/m²·일]이라고 하면 하루 동안의 발전량[kWh/일]은?(단, 종합효율은 0.82로 한다)

① 13.33
② 33.12
③ 53.32
④ 61.20

해설

일일발전량[kWh/일]
= 1일 적산 경사면 일사량 × 태양전지 어레이 출력 × 종합효율
= 3.74 × 10,800 × 0.82 ≒ 33.121[kWh/일]

26 풍하중을 산출하는 데 사용되는 지역별 설계기본 풍속[m/s]으로 틀린 것은?

① 경기도 25~30
② 강원도 25~40
③ 경상도 25~45
④ 제주도 45~60

해설

우리나라 풍하중

지역		1	2	3	4	5	6	7	8	9	10	11	12	V0
서울 인천 광역시 경기도	서울지역	서울	인천	김포	부천	부평	구리	오산	수원	평택	시흥	안산	강화	30
	양평지역	양평	성남	하남	용인	의정부	동두천	포천	파주	광주	기흥	미금	여주	25
강원도	속초지역	속초	강릉	양양	주문진									40
	거진지역	거진	간성	동해	삼척	원덕								35
	춘천지역	춘천	화천	양구	철원	김화	인제	영월	정선	태백	원주	평창	홍천	25
대전 광역시 충청 남북도	장항지역	장항												40
	태안지역	태안	서산	청주	대천	서천	안면도	조치원	천안	홍성	광천	아산		35
	대전지역	대전	당진	합덕	성환	진천	중평	온양						30
	음성지역	음성	청양	금산	영동	공주	논산	제천	충주	보은	단양	괴산	옥천	25
부산 광역시 대구 광역시 경상 남북도	포항지역	포항	울릉도	구룡포	오천	홍해	감포							45
	부산지역	부산	기장	장안	연일	외동	가덕도							40
	울산지역	울산	통영	거제	고성	진해	김해	마산	창원	남해	삼천포	울진	평해	35
	건천지역	건천	가야	삼랑진	영덕	사천								30
	대구지역	대구	영주	구미	김천	안동	봉화	풍기	예천	청송	영양	밀양	경산	25
광주 광역시 전라 남북도	군산지역	군산	미성											40
	목포지역	목포	여수	완도	진도	옥구	노화	익산	금일	해남	관산	대덕	도양	35
	광주지역	광주	나주	화순	영암	일노	강진	장흥	보성	벌교	순천	광양	무안	30
	전주지역	전주	함열	진안	삼례	담양	부안	남원	순창	구례	고창	정주		25
제주도	제주지역	전지역												40

28 설계도서 해석 시 우선순위를 차례대로 나열한 것은?

ⓐ 설계도면
ⓑ 공사시방서
ⓒ 전문시방서
ⓓ 산출내역서
ⓔ 감리자의 지시사항
ⓕ 표준시방서

① ⓐ → ⓑ → ⓒ → ⓓ → ⓔ → ⓕ
② ⓑ → ⓐ → ⓒ → ⓕ → ⓓ → ⓔ
③ ⓒ → ⓐ → ⓑ → ⓓ → ⓕ → ⓔ
④ ⓔ → ⓑ → ⓐ → ⓕ → ⓒ → ⓓ

해설

기본적인 설계도서 해석 시 우선순위(건축물의 설계도서 작성기준 제9호)
공사시방서 → 설계도면 → 전문시방서 → 표준시방서 → 산출내역서 → 감리자의 지시사항
주택의 설계도서 해석 시 우선순위(주택의 설계도서 작성기준 제10조)
특별시방서 → 설계도면 → 일반시방서·표준시방서 → 수량산출서 → 승인된 시공도면

정답 25 ④ 26 ④ 27 ② 28 ②

29 태양전지 어레이의 세로길이(L) 0.6[m], 어레이의 경사각(a)을 33°, 태양의 고도각(b)을 15°로 산정하여 북위 37° 지방에서 태양광 발전소를 건설하고자 할 때, 어레이 간의 최소이격거리는 약 몇 [m]로 하면 되는가?

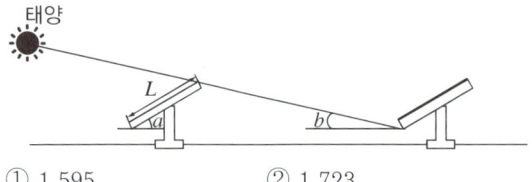

① 1.595 ② 1.723
③ 1.889 ④ 2.273

해설

태양광 어레이 간 최소이격거리(d) = $L \times \dfrac{\sin(180° - a - b)}{\sin b}$

$= 0.6 \times \dfrac{\sin(180° - 33° - 15°)}{\sin 15°} ≒ 1.723[\text{m}]$

30 총원가에는 해당되지만 순공사원가의 구성항목이 아닌 것은?

① 간접재료비 ② 간접노무비
③ 간접경비   ④ 일반관리비

해설

순공사원가 = 재료비 + 노무비 + 경비

31 건축자재와 태양전지를 결합시켜 지붕, 파사드, 블라인드 등과 같이 건물 외피에 적용하는 건축물 일체형 태양광발전시스템의 종류로 옳은 것은?

① HIT   ② CPV
③ BIPV ④ CIGS

해설

BIPV 시스템(Building Integrated Photovoltaic System)
태양광 에너지로 전기를 생산하여 소비자에게 공급하는 것으로 건물 일체형 태양광 모듈을 건축물 외장재로 사용하는 태양광 발전시스템이다.

32 태양광 발전설비 어레이를 정남쪽으로 설치할 경우 북쪽에 인접한 장해물이나 태양전지 어레이 상호 간의 설치간격에 따라 음영이 발생하여 발전량 감소를 초래한다. 이 음영의 영향을 받지 않는 상호 간의 간격 검토기준이 되는 날은?

① 하 지
② 동 지
③ 춘 분
④ 추 분

해설

발전량이 감소하는 원인은 그림자이다. 동지 때 그림자의 길이가 가장 길고, 하지 때 그림자의 길이가 가장 짧다. 따라서 음영의 영향을 받아 발전량이 감소할 때는 동지이다.

33 음영의 방지대책이 아닌 것은?

① 추적식 태양광 모듈을 이용한다.
② 음영이 생기지 않도록 어레이를 배치한다.
③ 인버터(PCS)의 MPP 추종제어 기능으로 출력손실을 최소화한다.
④ 부분 음영이 발생될 것을 대비해 일정한 셀 수마다 바이패스소자를 설치한다.

해설

음영의 방지대책
- 음영이 생기지 않도록 어레이를 배치한다.
- 부분 음영이 발생될 것을 대비해 일정한 셀 수마다 바이패스소자를 설치한다.
- 인버터의 입력전압 범위에 따라 태양광발전 모듈의 연결방법을 결정한다.
- 태양광발전 어레이의 직·병렬 조합배선 연결방법과 배치상태를 개선한다.
- 인버터의 MPP 추종제어 기능으로 출력을 최소화시킨다.

29 ② 30 ④ 31 ③ 32 ② 33 ①

34 계통연계형 태양광발전시스템 설계를 위한 케이블 선택과 굵기 산정에 필수적인 고려사항이 아닌 것은?

① 케이블의 제작사 ② 케이블의 전압규격
③ 케이블의 허용전류 ④ 케이블의 손실 및 전압강하

> 해설

케이블 선택과 굵기 산정
이 시스템을 위한 DC 케이블을 선택하고 굵기를 산정할 때에는 계통연계형 태양광발전시스템에 허용되는 DC 케이블의 유형과 크기를 명시하는 기술기준과 규정을 참고해야 한다. 모듈배치와 건물조사를 보여 주는 지붕계획에 기초하여, 대략적인 배선길이를 구한다. 모듈 배선의 경우, 케이블 손실과 서지결합도 최소화할 수 있다. 케이블의 굵기를 산정할 때에는 3가지 필수기준, 즉 케이블 전압, 케이블 허용전류, 케이블 손실 최소화를 준수해야 한다.
- 케이블 전압 : 태양광발전시스템은 일반적으로 사용되는 표준 케이블(공칭전압 450~100[V])의 전압등급을 넣지 않는다. 태양광발전시스템이 대형이고 모듈 스트링이 긴 경우, 태양광발전시스템 스트링 또는 스트링이 연결될 어레이의 최대개방전압(-10[℃])에서)을 고려해서 케이블의 공칭전압등급을 확인해야 한다.
- 케이블 허용전류 : 최대전류에 따라 케이블 단면적의 굵기를 산정한다. 이때 KSC IEC 60512 Part 3에 연결된 케이블의 허용전류값이 유지되어야 한다. 모듈 또는 스트링 케이블을 통해 흐를 수 있는 최대전류는 발전기 단락전류에서 스트링 1개의 단락전류를 뺀 값이다.
- 케이블 손실·전압강하 최소화 : 케이블 단면적의 굵기 선정은 케이블 손실·전압강하가 가능한 작도록 고려할 필요가 있다. 직접 전압회로에서의 전압강하는 표준시험조건(STC)에서 태양광발전시스템 공칭전압의 1[%]를 넘어서는 안 된다. 모든 DC 케이블을 통한 손실전력을 STC에서 1[%]로 제한한다.

35 태양광발전소 부지 선정 시 일반적인 고려사항으로 틀린 것은?

① 부지 가격에 대한 평가
② 주변 식생에 의한 음영 여부 확인
③ 일사량 조사 및 동향배치 가능 여부 확인
④ 토사, 암반의 지내력 및 지반, 지질상태 확인

> 해설

태양광발전소 부지 선정 시 일반적인 고려사항
- 지리적 조건(토사, 암반의 지내력 및 지반, 지질상태 확인)
- 전력계통과의 연계조건
- 건설상 조건(부지가격에 대한 평가)
- 경제성
- 지정학적 조건(주변 식생에 의한 음영 여부 확인)
- 행정상의 조건
- 주변 주민들의 동의
※ 지역별 일사량 및 일조량 부지 선정 세부절차이다.

36 태양광발전설비의 고정식 가대와 단축, 양축 추적식 가대에 대한 설명으로 틀린 것은?

① 고정식보다 양축 추적식이 견고하다.
② 추적식은 디자인 적용 시 한계가 있다.
③ 발전효율은 양축 추적식이 가장 높다.
④ 시설단가는 고정식에 비해 양축 추적식이 비싸다.

> 해설

태양광발전설비 가대의 비교

내용 종류	고정식	단축 추적식	양축 추적식
발전효율	낮다.	높다.	가장 높다.
견고성	가장 높다.	낮다.	낮다.
디자인	자유롭다.	제한적이다.	제한적이다.
시설단가	가장 저렴하다.	비싸다.	가장 비싸다.

37 태양광 인버터의 전력변환효율이 다음과 같을 때 유로변환효율은 몇 [%]인가?

정격전력[%]	전력변환효율[%]
5	76
10	79
20	83
30	87
50	93
100	95

① 90.10 ② 90.15
③ 90.20 ④ 90.25

> 해설

유로(Euro)변환효율[%]
출력전력이 정격출력의 5[%], 10[%], 20[%], 30[%], 50[%], 100[%]일 때의 각각의 전력변환효율($\eta_{5[\%]}$, $\eta_{10[\%]}$, $\eta_{20[\%]}$, $\eta_{30[\%]}$, $\eta_{50[\%]}$, $\eta_{100[\%]}$)을 측정한다.
정격출력 시 변환효율이 90[%] 이상일 것($\eta_{EU} = 0.03\eta_{5[\%]}$, $0.06\eta_{10[\%]}$, $0.13\eta_{20[\%]}$, $0.10\eta_{30[\%]}$, $0.48\eta_{50[\%]}$, $0.20\eta_{100[\%]}$)
유로(Euro)변환 효율(η_{EU})
$= (0.03 \times 76) + (0.06 \times 79) + (0.13 \times 83) + (0.10 \times 87) + (0.48 \times 93) + (0.20 \times 95)$
$= 90.15[\%]$
※ 독립형 인버터의 경우 유로(Euro)변환효율(η_{EU})이 85[%] 이상일 것

정답 34 ① 35 ③ 36 ① 37 ②

38 3,000[kW] 이하 발전사업허가 시 필요서류가 아닌 것은?

① 사업계획서
② 송전관계일람도
③ 전기사업허가신청서
④ 5년간 예상사업 손익산출서

해설
사업허가의 신청(전기사업법 시행규칙 제4조)
- 전기사업허가신청서
- 사업계획서
- 전기설비 건설 및 운영 계획 관련 증명서류
- 송전관계일람도
- 발전원가명세서(발전사업 또는 구역전기사업의 허가를 신청하는 경우만 해당)
- 허가사실을 증명할 수 있는 허가서(신청서)

39 1,000[kW] 태양광발전시스템 어레이의 직병렬 구성으로 가장 적합한 것은?(단, 인버터의 입력범위는 430~750[V]이며, 기타 조건은 표준상태이다)

P_{mpp} : 250[W]　　V_{mpp} : 30.5[V]
I_{mpp} : 8.2[A]　　V_{oc} : 37.5[V]
I_{sc} : 8.4[A]

① 18직렬 200병렬
② 18직렬 240병렬
③ 20직렬 200병렬
④ 20직렬 240병렬

해설
태양광발전시스템 직병렬 계산
1,000[kW]의 전력을 생산하기 위해서는 기본전압이 250[W]이므로 직렬로 연결하면 4,000장이 필요하다. 그러므로 직·병렬 계산 4,000장이 되려면 직렬 20장과 병렬 200장으로 구성해야 한다.

40 일반적으로 구조물이나 시설물 등을 공사 또는 제작할 목적으로 상세하게 작성된 도면은?

① 상세도　　② 시방서
③ 간트도표　　④ 내역서

해설
용어의 정의
- 상세도 : 일반적으로 구조물이나 시설물 등을 공사하거나 제작할 목적으로 상세하게 작성된 도면을 말한다.
- 시방서 : 설계도에 기재할 수 없는 자재, 장비, 설비의 내역과 요구되는 시공기술 성능 및 기타 질적인 사항에 관하여 기재한 문서를 말한다. 시방서는 도면으로 표현하기 어려운 내용의 설계의도를 풀어서 기재하는 것, 구조나 재료의 성능 확보를 위한 방향 제시, 설계 시 필요한 공법의 제시 등의 기능을 한다. 시방서의 종류에는 표준시방서, 전문시방서, 공사시방서가 있다.
- 내역서
  - 물량내역서 : 공종별 목적물을 구성하는 품목 또는 비목과 동품목 또는 비목의 규격·수량·단위 등이 표시된 내역서를 말한다.
  - 산출내역서 : 입찰금액 또는 계약금액을 구성하는 물량, 규격, 단위, 단가 등을 기재한 내역서를 말한다.

제3과목　태양광발전시스템 시공

41 사용 전 검사 시 태양전지 모듈 또는 패널의 점검에 관한 설명 중 틀린 것은?

① 각 모듈의 모델번호가 설계도면과 일치하는지 확인하여야 한다.
② 지붕설치형 어레이는 수검자가 지상에서 육안으로 점검한다.
③ 검사자는 모듈의 유형과 설치개수 등을 1,000[lx] 이상의 조명 아래에서 육안으로 점검한다.
④ 사용 전 검사 시 공사계획인가(신고)서의 내용과 일치하는지 태양전지 모듈의 정격용량을 확인하여 이를 사용 전 검사필증에 표기하여야 한다.

해설
사용 전 검사 시 지상설치형 어레이의 경우에는 지상에서 육안으로 점검하여 지붕설치형 어레이는 수검자가 제공한 낙상 보호장치를 확인한 후 검사자가 직접 지붕에 올라 어레이를 검사한다.

42 태양광 모듈 시공 시 감전사고 방지를 위한 대책이 아닌 것은?

① 면장갑을 착용한다.
② 우천 시 작업하지 않는다.
③ 절연처리된 공구를 사용한다.
④ 태양전지 모듈 표면에 차광 시트를 부착한다.

해설
태양광 모듈 시공 시 감전사고 안전대책
- 작업 전 태양전지 모듈 표면에 차광막을 씌워 태양광을 차폐한다.
- 절연장갑을 착용한다.
- 절연처리된 공구를 사용한다.
- 우천 시에는 감전사고와 미끄러짐으로 인한 추락사고 우려가 있으므로 작업을 금지한다.

43 전선재료의 구비조건으로 틀린 것은?

① 도전율이 클 것
② 비중이 작을 것
③ 가요성이 작을 것
④ 기계적 강도가 클 것

해설
전선재료의 구비조건
- 도전율이 클 것
- 기계적 강도가 클 것
- 비중(밀도)이 작을 것
- 신장률이 클 것
- 내구성이 있을 것
- 가요성이 클 것
- 가격이 저렴할 것

44 태양전지 모듈의 지중배선 시공에 대한 설명으로 틀린 것은?

① 지중매설관은 배선용 탄소강 강관, 내충격성, 경화 비닐전선관을 사용한다.
② 지중배관 시 중량물의 압력을 받는 경우 1.2[m] 이상의 깊이로 매설한다.
③ 지중전선로의 매설개소에는 필요에 따라 매설깊이, 전선방향 등을 지상에 표시한다.
④ 지중배관이 지나는 지표면에 배관의 재질, 수량, 길이, 재원 등을 표기한 지시서를 포설한다.

해설
태양전지 모듈의 지중배선 시공
- 지중배선 또는 지중배관인 경우, 중량물의 압력을 받을 우려가 없도록 하고 그 길이가 30[m]를 초과하는 경우는 중간개소에 지중함을 설치할 수 있다.
- 지반 침하 등이 발생해도 배관이 도중에 손상, 절단되지 않도록 배관 도중에 조인트가 없는 시공을 하고 또는 지중함 내에는 케이블 길이에 여유를 둔다.
- 지중전선로 매입개소에는 필요에 따라 매설깊이, 전선의 방향 등 지상으로부터 용이하게 확인할 수 있도록 표식 등을 시설하는 것이 바람직하다.
- 1.2[m] 이상(중량물의 압력을 받을 우려가 없는 곳은 0.6[m] 이상) 지중매설관은 배선용 탄소강관, 내충격성 경질 염화비닐관을 사용한다. 단, 공사상 부득이하게 후강전선관에 방수·방습처리를 시행한 경우는 이에 해당하지 않는다.
- 지중배관과 지표면의 중간에 매설 표시막을 포설한다.

45 전력계통에 태양광발전시스템을 연계 시 전력품질의 고려사항이 아닌 것은?

① 역률
② 플리커
③ 유도장해
④ 고조파전류

해설
태양광발전시스템 연계 시 전력품질의 고려사항
- 전압
- 주파수
- 역률
- 고조파전류
- 플리커
- 순시전압강하
- 순간 정전 등

46 태양광발전설비의 모듈, 접속함, 인버터 등에 접속하는 배선공사방법에 대한 설명으로 틀린 것은?

① 태양전지 모듈 간 배선에 사용하는 전선의 굵기는 1.0[mm^2] 이상이어야 한다.
② 스트링 접속도선은 단락전류보다 1.25배 이상의 전류를 수용할 수 있어야 한다.
③ 태양전지 모듈 뒷면의 접속단자 연결 시 극성에 유의해야 한다.
④ 접속함의 설치는 모듈구성에 따라 어레이 부근에 설치하는 것이 바람직하다.

해설
태양광설비의 시설(KEC 522)
전선은 공칭단면적 2.5[mm^2] 이상의 연동선 또는 이와 동등 이상의 세기 및 굵기의 것일 것
※ KEC(한국전기설비규정)의 적용으로 인해 판단기준 제54조(태양전지 모듈 등의 시설)에서 KEC 522로 변경됨 〈2021.01.19.〉

정답 42 ① 43 ③ 44 ④ 45 ③ 46 ①

47 구조물 및 자재 종류별 검사에서 감리원의 검사절차로 옳은 것은?

> ㉠ 시공완료
> ㉡ 검사요청서 제출
> ㉢ 시공관리책임자 점검
> ㉣ 감리원 현장검사
> ㉤ 검사결과 통보

① ㉠ → ㉢ → ㉡ → ㉣ → ㉤
② ㉠ → ㉢ → ㉣ → ㉡ → ㉤
③ ㉠ → ㉡ → ㉢ → ㉣ → ㉤
④ ㉠ → ㉣ → ㉡ → ㉢ → ㉤

해설
구조물 및 자재 종류별 검사에서 감리원의 검사절차
시공완료 → 시공관리책임자 점검 → 검사요청서 제출 → 감리원 현장검사 → 검사결과 통보

48 감리용역이 완료된 때에는 며칠 이내에 공사감리 완료보고서를 제출하여야 하는가?
① 7일　② 10일
③ 15일　④ 20일

해설
현장문서 인수·인계(전력시설물 공사감리업무 수행지침 제64조)
감리업자는 해당 감리용역이 완료된 때에는 15일 이내에 공사감리 완료보고서를 협회에 제출하여야 한다.
※ 관련 법령 개정으로 15일에서 30일로 변경됨 〈개정 2018. 11. 5〉

49 퓨즈용량 선정 시 적용하는 단락전류는?
① 대칭 단락전류 실횻값
② 최대 비대칭 단락전류 순시값
③ 최대 비대칭 단락전류 실횻값
④ 3상 평균 비대칭 단락전류 실횻값

해설
퓨즈용량 선정 시 대칭 단락전류 실횻값을 적용한다.

50 태양광발전시스템의 시공절차에 포함되는 것은?
① 인버터 설치공사
② 설치장소의 조사
③ 모듈 직렬 개수 선정
④ 태양광 어레이의 발전량 산출

해설
태양광발전시스템의 시공절차
토목공사 → 반입자재검수 → 기기설치공사 → 전기배선공사 → 점검 및 검사 순이다. 인버터 설치공사는 기기설치공사에 해당하는 공정이다.

51 다음 보기 중 접지설비 시공방법으로 옳은 것을 모두 고르면?

> [보기]
> ⓐ 부식, 전식 등의 외적영향에 견딜 수 있도록 시설되어야 한다.
> ⓑ 접지저항값은 전기설비에 대한 보호 및 기능적 요구사항에 적합해야 한다.
> ⓒ 지락전류가 열적, 기계적 및 전자력적 스트레스에 의한 위험이 없이 흘러야 한다.

① ⓐ　② ⓐ, ⓑ
③ ⓑ, ⓒ　④ ⓐ, ⓑ, ⓒ

해설
접지설비 시공방법
• 부식, 전식 등의 외적영향에 견딜 수 있도록 시설되어야 한다.
• 접지저항값은 전기설비에 대한 보호 및 기능적 요구사항에 적합해야 한다.
• 지락전류가 열적, 기계적 및 전자력적 스트레스에 의한 위험이 없이 흘러야 한다.
• 저압 접지극이 고압 및 특고압 접지극의 접지저항 형성영역에 완전히 포함되어 있다면 위험전압이 발생하지 않도록 이들 접지극을 상호 접속해야 한다.
• 위 사항에 따라 접지공사를 하는 경우 고압 및 특고압 계통의 지락사고로 인해 저압 계통에 가해지는 상용주파 과전압은 표에서 정한 값을 초과해서는 안 된다.
• 전기설비의 접지계통과 건축물의 피뢰설비 및 통신설비 등의 접지극을 공용하는 통합접지(국부접지계통의 상호접속으로 구성되는 그 국부접지계통의 근접구역에서는 위험한 접촉전압이 발생하지 않도록 하는 등가접지계통)공사를 할 수 있다.

52. 접속함 설치공사 중 고려사항이 아닌 것은?

① 접속함 설치위치는 어레이 근처가 적합하다.
② 외함의 재질은 가급적 SUS304 재질로 제작 설치한다.
③ 접속함은 풍압 및 설계하중에 견디고 방수, 방부형으로 제작한다.
④ 역류방지 다이오드의 용량은 모듈 단락전류의 4배 이상으로 한다.

해설
접속함 설치공사 중 고려사항
- 접속함 설치위치는 어레이 근처가 적합하다.
- 외함의 재질은 가급적 SUS304 재질로 제작 설치한다.
- 접속함은 풍압 및 설계하중에 견디고 방수, 방부형으로 제작한다.

53. 태양전지판에서 인버터 입력단 간 및 인버터 출력단과 계통연계점 간의 전압강하는 몇 [%]를 초과하지 않아야 하는가?

① 3[%] ② 4[%]
③ 5[%] ④ 6[%]

해설
태양전지판에서 인버터 입력단 간 및 인버터 출력단과 계통연계점 간의 전압강하는 3[%]를 초과하지 않는다.

54. 무 변압기형 인버터의 설명으로 알맞은 것은?

① 변압기형 인버터보다 효율이 낮다.
② 변압기형 인버터보다 무게가 증가한다.
③ 변압기형 인버터보다 크기가 증가한다.
④ 변압기형 인버터보다 노이즈 간섭이 증가한다.

해설
무 변압기형 인버터는 변압기형 인버터보다 노이즈 간섭이 증가한다.

55. 일반 지붕재에 태양전지 모듈을 넣은 지붕재 방식은?

① 지붕재 마감형   ② 지붕재 일체형
③ 지붕재 건재형   ④ 지붕재 설치형

해설
지붕재 일체형은 일반 지붕재에 태양전지 모듈을 넣은 방식이다.

56. 방화구획 관통부의 처리 시 배선을 옥외에서 옥내로 끌어들이는 관통부분에 충족하여야 하는 사항 2가지는?

① 내열성과 가요성   ② 난연성과 내후성
③ 난연성과 내열성   ④ 내열성과 내후성

해설
태양광발전시스템의 파이프 및 케이블 관통부를 틈새를 통한 화재 확산방지를 위하여 건축물의 피난 방화구조 등의 기준에 관한 규칙 및 내화구조의 인정 및 관리기준에 의해 내화처리 및 외벽관통부 방수처리를 하여 그 틈을 메워야 하며, 방화구획 관통부는 난연성, 내열성, 내화성 등의 시험을 실시한다.

57. 다음 ( ) 안에 들어갈 용량은 몇 [kW] 이상인가?

> 태양광발전시스템의 인버터는 옥내, 옥외용으로 구분하여 설치해야 한다. 단, 옥내용을 옥외로 설치하는 경우는 ( )[kW] 이상 용량일 경우에만 가능하며, 이 경우 빗물의 침투를 방지할 수 있도록 옥내에 준하는 수준으로 설치해야 한다.

① 3   ② 5
③ 10   ④ 20

해설
태양광발전시스템의 인버터는 옥내, 옥외용으로 구분하여 설치해야 한다. 단, 옥내용을 옥외로 설치하는 경우는 5[kW] 이상 용량일 경우에 가능하다.

58. 직류송전방식과 비교했을 때 교류송전방식의 장점이 아닌 것은?

① 안정도가 좋다.
② 회전자계를 쉽게 얻을 수 있다.
③ 전압의 승압, 강압 변경이 용이하다.
④ 교류방식으로 일관된 운용을 기할 수 있다.

해설
교류송전방식의 장점
- 전압의 승압, 강압 변경이 용이하다.
- 회전자계를 쉽게 얻을 수 있다.
- 전력계통을 교류방식으로 일관된 운용을 기할 수 있다.

정답 52 ④ 53 ① 54 ④ 55 ② 56 ③ 57 ② 58 ①

59 지지층이 얕은 태양광발전소 부지에 사용되는 기초는?

① 케이슨기초 ② 말뚝기초
③ 피어기초   ④ 직접기초

해설
지지층이 얕은 태양광발전소 부지에 사용되는 기초는 직접기초이다.

60 건설생산 체계 중 건설생산 추진순서이다. 생산 추진에 대한 순서로 옳은 것은?

> 프로젝트의 착상 및 타당성 분석 → (ⓐ) → 구매, 조달 → (ⓑ) → 시운전 및 완공 → 인도

① ⓐ 설 계   ⓑ 시 공
② ⓐ 현장조사   ⓑ 시 공
③ ⓐ 입 찰   ⓑ 설 계
④ ⓐ 현장조사   ⓑ 설 계

해설
건설생산 추진순서
프로젝트의 착상 및 타당성 분석 → 설계 → 구매, 조달 → 시공 → 시운전 및 완공 → 인도

제4과목 태양광발전시스템 운영

61 태양광발전시스템의 안전관리 대책으로 추락사고 예방을 위한 조치사항이 아닌 것은?

① 안전모 착용   ② 절연장갑 착용
③ 안전벨트 착용 ④ 안전 난간대 설치

해설
태양광발전시스템의 안전관리 대책
- 추락사고 예방에 대한 대책 : 안전모, 안전화, 안전벨트 착용
- 감전사고 예방에 대한 대책 : 절연장갑 착용, 태양전지 모듈 등 전원 개방, 누전차단기 설치

62 지방자치단체를 당사자로 하는 계약에 관한 법률 시행규칙에 의해 하자검사를 하는 자를 담보책임의 존속기간 중 연 몇 회 이상 정기적으로 하자검사를 하여야 하는가?

① 1   ② 2
③ 3   ④ 4

해설
하자검사(지방자치단체를 당사자로 하는 계약에 관한 법률 시행규칙 제69조)
지방자치단체를 당사자로 하는 계약에서 하자검사를 하는 자는 담보책임의 존속기간 중 연 2회 이상 정기적으로 하자검사를 하여야 한다.

63 산업통상자원부의 허가가 필요한 설비용량[kW]은?(단, 제주도 제외)

① 1,000   ② 2,000
③ 3,000   ④ 4,000

해설
사업허가의 신청(전기사업법 시행규칙 제4조)
전기발전사업에서 3,000[kW] 초과 설비는 산업통상자원부장관(전기위원회 총괄정책팀)의 허가가 필요하고 3,000[kW] 이하 설비는 시·도지사의 허가가 필요하다.

64 태양광발전 송변전설비의 일상순시점검내용으로 틀린 것은?

① 접지선의 단선, 부식 여부를 확인한다.
② 모선지지물의 이상소음, 이상한 냄새가 없는지 확인한다.
③ 모든 설비 정전상태를 유지하고 주요 충전부는 접지를 한다.
④ 외함을 열어 확인할 경우, 안전장구를 착용하고 충전부와 이격거리를 유지한다.

해설
임시점검 시 모든 설비는 정전상태를 유지하고 주요 충전부는 접지를 한다.

65 태양광발전시스템의 운전상태에 따른 발생신호에 대한 설명으로 틀린 것은?

① 인버터에 이상이 발생하면 인버터는 자동으로 정지하고 이상신호를 나타낸다.
② 태양전지 전압이 저전압 또는 과저전압이 되면 이상신호를 나타내고 인버터는 MC는 ON 상태로 정지한다.
③ 한전 전력계통에서 정전이 발생하면 0.5초 이내에 인버터는 정지하고 복전 확인 후 5분 이후에 재가동한다.
④ 정상운전 시에는 태양전지로부터 전력을 공급받아 인버터가 계통전압의 동기로 운전을 하며 계통과 부하에 전력을 공급한다.

해설
일사량의 급격한 변화가 있을 시 태양전지 전압이 저전압 또는 과전압이 발생이 되면 인버터의 MPP 제어 실패로 인한 인버터 정지현상이 발생될 수 있다. 이상신호로 인하여 인버터는 MC는 OFF 상태로 정지한다.

66 사업용 태양광 발전설비의 사용 전 검사 중 차단기 본체심사의 세부검사 내용이 아닌 것은?

① 절연내력
② 접지시공상태
③ Tap 절환장치
④ 절연유 및 내압시험(OCB)

해설
Tap 절환장치시험은 변압기검사 중 변압기 일반규격의 세부검사 내용이다.

67 인버터 절연저항 측정 시 주의사항으로 틀린 것은?

① 정격에 약한 회로들을 회로에서 분리하여 측정한다.
② 정격전압이 입출력과 다를 때는 낮은 측의 전압을 선택기준으로 한다.
③ 입출력단자에 주회로 이익 제어단자 등이 있는 경우 이것을 포함해서 측정한다.
④ 절연변압기를 장착하지 않은 인버터는 제조사가 추천하는 방법에 따라 측정한다.

해설
인버터 절연저항 측정 시 주의사항
• 정격에 약한 회로들은 회로에서 분리하여 측정한다.
• 입출력단자에 주회로 이외의 제어단자 등이 있을 경우 이것을 포함해서 측정한다.
• 절연변압기를 장착하지 않은 인버터는 제조사가 추천하는 방법에 따라 측정한다.

68 태양광발전시스템 보수점검 시 점검 전의 유의사항으로 틀린 것은?

① 점검 전에 접지선을 제거한다.
② 절연용 보호기구를 준비한다.
③ 응급처치방법 및 설비, 기계의 안전을 확인한다.
④ 비상연락망을 사전 확인하여 만일의 사태에 신속히 대처한다.

해설
점검 전의 유의사항
• 준비작업 : 응급처치방법 및 설비, 기계의 안전을 확인한다.
• 회로도의 검토 : 전원계통이 Loop가 형성되는 경우를 대비하여 태양광발전시스템의 각종 전원스위치의 차단상태 및 접지선의 접속상태를 확인한다.
• 연락처 : 관련 부서와 긴밀하고 확실하게 연락할 수 있도록 비상연락망을 사전 확인하여 만일의 사태에 신속히 대처할 수 있도록 한다.
• 무전압상태 확인 및 안전조치
• 잔류전압에 대한 주의 : 콘덴서 및 Cable의 접속부를 점검할 경우에는 잔류전하를 방전시키고 접지를 실시한다.
• 오조작 방지 : 인출형 차단기 및 단로기 쇄정 후 '점검 중' 표찰을 부착한다.
• 절연용 보호기구를 준비한다.
• 쥐, 곤충 등의 침입대책 : 쥐, 곤충, 뱀 등의 침입 방지대책을 세운다.

69 결정질 태양전지 모듈 성능평가를 위한 시험장치가 아닌 것은?

① 염수분무장치
② 솔라시뮬레이터
③ 기계적 하중 시험장치
④ 테스트핑거 및 테스트핀

해설
결정질 태양전지 모듈 성능평가를 위한 시험장치
• 염수분무장치
• 솔라시뮬레이터
• 기계적 하중 시험장치

70 중대형 태양광발전용 인버터의 누설전류시험에 대한 설명이 아닌 것은?

① 품질기준은 누설전류가 5[mA] 이하이다.
② 교류전원을 정격전압 및 정격주파수로 운전한다.
③ 직류전원은 인버터출력이 정격출력이 되도록 설정한다.
④ 인버터의 기체와 대지 사이에 100[Ω] 이상의 저항을 접속한다.

해설
인버터의 누설전류시험
교류전원을 정격전압 및 정격주파수로 운전한다. 직류전원은 인버터출력이 정격출력이 되도록 설정한다. 인버터의 기체와 대지와의 사이에 1[kΩ] 이상의 저항을 접속해서 저항에 흐르는 누설전류를 측정한다.
[KS C 8565 품질기준] 누설전류가 5[mA] 이하일 것

71 안전보호구 관리요령으로 틀린 것은?

① 사용 후 세척하여 보관할 것
② 세척 후에는 건조시켜 보관할 것
③ 정기적으로 점검·관리하여 보관할 것
④ 청결하고 습기가 있는 곳에 보관할 것

해설
안전보호구 관리요령
• 한 달에 한번 이상 책임있는 감독자가 점검을 할 것
• 사용 후 세척하여 보관할 것
• 세척 후에는 건조시켜 보관할 것
• 정기적으로 점검·관리하여 보관할 것

72 태양광발전시스템 운영에 관한 설명으로 틀린 것은?

① 시설용량은 부하의 용도 및 적정 사용량을 합산한 연평균 사용량에 따라 결정된다.
② 발전량은 봄·가을이 많으며 여름·겨울에는 기후여건에 따라 감소한다.
③ 모듈 표면의 온도가 높을수록 발전효율이 저하되므로 온도를 조절해 줄 필요가 있다.
④ 태양광발전설비의 고장요인이 대부분 인버터에서 발생하므로 정기점검이 필요하다.

해설
태양광발전시스템의 운영방법
• 시설용량은 부하의 용도 및 적정 사용량을 합산한 월평균 사용량에 따라 결정된다.
• 발전량은 봄, 가을에 많이 발생되며, 여름과 겨울에는 기후여건에 따라 현저하게 감소된다. 상대적으로 박막형은 온도에 덜 민감하다.

73 태양광발전설비의 일상점검 항목이 아닌 것은?

① 모듈 간 배선의 손상 여부
② 인버터의 이상음 발생 여부
③ 접지저항의 규정값 이하 여부
④ 모듈 표면의 오염 및 파손 여부

해설
접지저항의 규정값 이하 여부는 사용 전 검사 시 확인하는 사항이다.

74 계통연계형 인버터의 계통전압 불평형시험의 품질기준으로 틀린 것은?

① 역률이 0.95 이상일 것
② 정격출력에서 정상적으로 동작할 것
③ 절연저항은 1[MΩ] 이상이며, 상용 주파수 내전압에 1분간 견딜 것
④ 출력전류의 총합 왜형률이 5[%] 이하, 각 차수별 왜형률이 3[%] 이하일 것

해설
절연저항은 1[MΩ] 이상이며, 상용 주파수 내전압에 1분간 견딜 것은 절연저항 시험항목이다.

75 태양광발전시스템의 계측 및 표시에 필요한 기기로 틀린 것은?

① 교류회로 전압 측정을 위한 분류기
② 계측 데이터를 복사, 보존하기 위한 기억장치
③ 검출된 전압, 전류, 전력 등의 데이터 전송을 위한 신호변환기
④ 일시 계측 데이터를 적산하여 평균값 및 적산값을 얻기 위한 연산장치

정답 70 ④ 71 ④ 72 ① 73 ③ 74 ③ 75 ①

> [해설]
> 계측・표시시스템에는 검출기(센서), 신호변환기(트랜스듀서), 연산장치, 기억장치, 표시장치 등이 있다.

76 태양광발전시스템용 축전지의 정기점검 항목 중 육안점검의 점검항목이 아닌 것은?

① 외관점검
② 단자전압
③ 전해액 비중
④ 전해액면 저하

> [해설]
> 태양광발전시스템용 축전지의 정기점검
> • 육안점검
> - 외관점검
> - 전해액 비중
> - 전해액면 저하
> • 측정 및 시험
> - 단자전압(총전압/셀전압)

77 시스템 운영 시 비치목록으로 틀린 것은?

① 발전시스템 피난안내도
② 발전시스템 운영 매뉴얼
③ 발전시스템 긴급 복구 안내문
④ 전기안전관리자용 정기점검표

> [해설]
> 태양광발전시스템 운영 시 갖추어야 할 목록
> • 태양광발전시스템에 사용된 핵심기기의 매뉴얼
> • 태양광발전시스템 시방서
> • 태양광발전시스템 건설 관련 도면(토목, 건축, 기계, 전기도면 등)
> • 태양광발전시스템 구조물의 구조계산서
> • 태양광발전시스템 운영 매뉴얼
> • 태양광발전시스템 한전계통연계 관련 서류
> • 태양광발전시스템 계약서 사본
> • 태양광발전시스템에 사용된 기기 및 부품의 카탈로그
> • 태양광발전시스템 일반점검표
> • 태양광발전시스템 긴급복구 안내문
> • 전기안전 관리용 정기점검표
> • 전기안전 관련 주의명판 및 안전 경고표시 위치도
> • 태양광발전시스템 안전교육 표지판

78 자가용 전기설비의 정기검사항목 중 태양광 전지의 전지 전기적 특성시험항목으로 틀린 것은?

① 최대출력
② 개방전압
③ 단락전류
④ 절연저항

> [해설]
> 자가용 전기설비의 정기검사 시 전지 전기적 특성시험항목
> • 최대출력
> • 개방전압
> • 단락전류

79 발전설비용량 3,000[kW]인 발전사업허가 신청 시 첨부서류가 아닌 것은?

① 사업계획서
② 발전원가명세서
③ 송전관계일람도
④ 전기설비개요서

> [해설]
> 사업허가의 신청(전기사업법 시행규칙 제4조)
> • 전기사업허가신청서
> • 사업계획서
> • 전기설비 건설 및 운영 계획 관련 증명서류
> • 송전관계일람도
> • 발전원가명세서(발전사업 또는 구역전기사업의 허가를 신청하는 경우만 해당)
> • 허가사실을 증명할 수 있는 허가서(신청서)

80 인버터 과온(Inverter Over Temperature) 고장 표시가 있을 때, 가장 먼저 조치하는 방법으로 적절한 것은?

① 인버터 누설전류를 확인한다.
② 인버터의 냉각계통의 이상 유무를 확인한다.
③ 송변전설비와 연결되는 배전선의 절연저항을 확인한다.
④ 고조파의 국부과열 여부를 확인하기 위해 고조파 함유율을 조사한다.

> [해설]
> 인버터 과온 고장표시가 있을 때는 가장 먼저 인버터의 냉각계통의 이상 유무를 확인한다.

정답 76 ② 77 ① 78 ④ 79 ④ 80 ②

제5과목 신재생에너지 관련 법규

81 발전차액의 지원을 위한 기준가격의 산정기준으로 틀린 것은?

① 신재생에너지 발전사업자의 송전·배전선로 이용요금
② 신재생에너지 발전기술의 상용화 수준 및 시장보급 여건
③ 운전 중인 신재생에너지 발전사업자의 경영여건 및 운전실적
④ 전력시장에서의 신재생에너지 발전에 의하여 공급한 전력의 거래 건수

해설
발전차액의 지원을 위한 기준가격의 산정기준(신에너지 및 재생에너지 개발·이용·보급 촉진법 시행령 제22조)
- 신재생에너지 발전소의 표준공사비·운전유지비·투자보수비 및 각종 세금과 공과금
- 신재생에너지 발전소의 설비이용률, 수명기간, 사고보수율과 발전소에서의 신재생에너지소비율 등의 설계치 및 실적치
- 신재생에너지 발전사업자의 송전·배전선로 이용요금
- 신재생에너지의 발전기술 상용화 수준 및 시장보급여건
- 운전 중인 신재생에너지 발전사업자의 경영여건 및 운전실적
- 전기요금 및 전력시장에서의 신재생에너지 발전에 의하여 공급한 전력의 거래가격의 수준

82 신재생에너지의 기술개발 및 이용·보급을 촉진하기 위한 기본계획에 대한 설명으로 틀린 것은?

① 기본계획은 5년마다 수립하여야 한다.
② 기본계획의 계획기간은 10년 이상으로 한다.
③ 신재생에너지 기술수준의 평가와 보급전망 및 기대효과가 포함된다.
④ 총에너지생산량 중 신재생에너지소비량이 차지하는 비율의 목표가 포함된다.

해설
기본계획의 수립(신에너지 및 재생에너지 개발·이용·보급 촉진법 제5조)
- 산업통상자원부장관은 관계 중앙행정기관의 장과 협의를 한 후 규정에 따른 신재생에너지정책심의회의 심의를 거쳐 신재생에너지의 기술개발 및 이용·보급을 촉진하기 위한 기본계획(기본계획)을 5년마다 수립하여야 한다.
- 기본계획의 계획기간은 10년 이상으로 하며, 기본계획에는 다음의 사항이 포함되어야 한다.
  - 기본계획의 목표 및 기간
  - 신재생에너지원별 기술개발 및 이용·보급의 목표
  - 총전력생산량 중 신재생에너지 발전량이 차지하는 비율의 목표
  - 에너지법에 따른 온실가스의 배출 감소 목표
  - 기본계획의 추진방법
  - 신재생에너지 기술수준의 평가와 보급전망 및 기대효과
  - 신재생에너지 기술개발 및 이용·보급에 관한 지원 방안
  - 신재생에너지분야 전문인력 양성계획
  - 직전 기본계획에 대한 평가
  - 그 밖에 기본계획의 목표달성을 위하여 산업통상자원부장관이 필요하다고 인정하는 사항

83 접지극으로 사용할 수 없는 것은?

① 접지봉
② 접지판
③ 금속제 가스관
④ 금속제 수도관

해설
접지극으로 사용할 수 있는 것은 접지선, 접지판, 접지봉, 금속제 수도관 등이 있다.

84 축전지실 등의 시설조건으로 틀린 것은?

① 축전지실을 발전기실과 동일한 장소에 시설하여야 한다.
② 축전지실 등은 폭발성의 가스가 축적되지 않도록 환기장치 등을 시설하여야 한다.
③ 옥내전로에 연계되는 축전지는 비접지측 도체에 과전류보호장치를 시설하여야 한다.
④ 30[V]를 초과하는 축전지는 비접지측 도체에 쉽게 차단할 수 있는 곳에 개폐기를 시설하여야 한다.

해설
축전지실 등의 시설(KEC 243.1.7)
- 30[V]를 초과하는 축전지는 비접지측 도체에 쉽게 차단할 수 있는 곳에 개폐기를 시설하여야 한다.
- 옥내전로에 연계되는 축전지는 비접지측 도체에 과전류보호장치를 시설하여야 한다.
- 축전지실 등은 폭발성의 가스가 축적되지 않도록 환기장치 등을 시설하여야 한다.
※ KEC(한국전기설비규정)의 적용으로 인해 판단기준 제294조(축전지실 등의 시설)에서 KEC 243.1.7로 변경됨 〈2021.01.19.〉

정답 81 ④ 82 ④ 83 ③ 84 ①

85 고압 가공전선으로 내열 동합금선을 사용하는 경우 안전율이 몇 이상이 되는 이도로 시설하여야 하는가?

① 2.0
② 2.2
③ 2.5
④ 4.0

> **해설**
>
> 고압 가공전선의 안전율(KEC 332.4)
>
> 고압 가공전선은 케이블인 경우 이외에는 그 안전율이 경동선 또는 내열 동합금선은 2.2 이상, 그 밖의 전선은 2.5 이상이 되는 이도로 시설하여야 한다.
> ※ KEC(한국전기설비규정)의 적용으로 인해 판단기준 제71조(저고압 가공전선의 안전율)에서 KEC 332.4로 변경됨 〈2021.01.19.〉

86 3상 4선식 22.9[kV] 중성점 다중접지식 가공전선로의 전로와 대지 사이의 절연내력 시험전압은 몇 [V]인가?

① 28,625
② 22,900
③ 21,068
④ 16,488

> **해설**
>
> 전로의 절연저항 및 절연내력(KEC 132)
>
> 3상 4선식 22.9[kV] 중성점 다중접지식 가공전선로의 전로와 대지 사이의 절연내력 시험전압은 21,068[V]이다.
>
> | 전로의 종류 | 시험전압 |
> |---|---|
> | 1. 최대사용전압 7[kV] 이하인 전로 | 최대사용전압의 1.5배의 전압 |
> | 2. 최대사용전압 7[kV] 초과 25[kV] 이하인 중성점 접지식 전로(중성선을 가지는 것으로서 그 중성선을 다중접지 하는 것에 한한다) | 최대사용전압의 0.92배의 전압 |
> | 3. 최대사용전압 7[kV] 초과 60[kV] 이하인 전로(2란의 것을 제외한다) | 최대사용전압의 1.25배의 전압(10,500[V] 미만으로 되는 경우는 10,500[V]) |
> | 4. 최대사용전압 60[kV] 초과 중성점 비접지식전로(전위 변성기를 사용하여 접지하는 것을 포함한다) | 최대사용전압의 1.25배의 전압 |
> | 5. 최대사용전압 60[kV] 초과 중성점 접지식 전로(전위 변성기를 사용하여 접지하는 것 및 6란과 7란의 것을 제외한다) | 최대사용전압의 1.1배의 전압(75[kV] 미만으로 되는 경우에는 75[kV]) |
> | 6. 최대사용전압이 60[kV] 초과 중성점 직접접지식 전로(7란의 것을 제외한다) | 최대사용전압의 0.72배의 전압 |
> | 7. 최대사용전압이 170[kV] 초과 중성점 직접 접지식 전로로서 그 중성점이 직접 접지되어 있는 발전소 또는 변전소 혹은 이에 준하는 장소에 시설하는 것 | 최대사용전압의 0.64배의 전압 |
> | 8. 최대사용전압이 60[kV]를 초과하는 정류기에 접속되고 있는 전로 | 교류측 및 직류 고전압측에 접속되고 있는 전로는 교류측의 최대사용전압의 1.1배의 직류전압 |
> | | 직류측 중성선 또는 귀선이 되는 전로(이하 "직류 저압측 전로"라 한다)는 별도 규정하는 계산식에 의하여 구한 값 |
>
> ※ KEC(한국전기설비규정)의 적용으로 인해 판단기준 제13조(전로의 절연저항 및 절연내력)에서 KEC 132로 변경됨 〈2021.01.19.〉

87 접지공사에 사용하는 전선의 단면적이 틀린 것은?

① 제1종 접지공사에서 접지선의 굵기는 공칭단면적 6[mm²] 이상의 연동선
② 제2종 접지공사에서 접지선의 굵기는 공칭단면적 16[mm²] 이상의 연동선
③ 제3종 접지공사에서 접지선의 굵기는 공칭단면적 2.5[mm²] 이상의 연동선
④ 특별 제3종 접지공사에서 접지선의 굵기는 공칭단면적 4[mm²] 이상의 연동선

> **해설**
>
> 각종 접지공사의 세목(판단기준 제19조)
>
> | 접지공사의 종류 | 접지선의 굵기 |
> |---|---|
> | 제1종 접지공사 | 공칭단면적 6[mm²] 이상의 연동선 |
> | 제2종 접지공사 | 공칭단면적 16[mm²] 이상의 연동선 |
> | 제3종 접지공사 및 특별 제3종 접지공사 | 공칭단면적 2.5[mm²] 이상의 연동선 |
>
> ※ KEC(한국전기설비규정)의 적용으로 종별 접지공사가 폐지되어 문제 성립되지 않음 〈2021.01.19.〉

정답 85 ② 86 ③ 87 ④

88 전기를 생산하여 이를 전력시장을 통하여 전기판매업자에게 공급하는 것을 주된 목적으로 하는 사업을 무엇이라 하는가?

① 송전사업 ② 배전사업
③ 발전사업 ④ 변전사업

해설

정의(전기사업법 제2조)
- 송전사업이란 발전소에서 생산된 전기를 배전사업자에게 송전하는 데 필요한 전기설비를 설치·관리하는 것을 주된 목적으로 하는 사업을 말한다.
- 배전사업자란 배전사업의 허가를 받은 자를 말한다.
- 발전사업이란 전기를 생산하여 이를 전력시장을 통하여 전기판매사업자에게 공급하는 것을 주된 목적으로 하는 사업을 말한다.

89 저탄소 녹색성장 기본법의 목적이 아닌 것은?

① 신에너지 및 재생에너지의 기본법이다.
② 저탄소 사회구현을 통한 국민의 삶의 질을 높인다.
③ 녹색기술과 녹색산업을 새로운 성장동력으로 활용한다.
④ 경제와 환경의 조화로운 발전을 위하여 저탄소 녹색성장에 필요한 기반을 조성한다.

해설

목적(저탄소 녹색성장 기본법 제1조)
경제와 환경의 조화로운 발전을 위하여 저탄소 녹색성장에 필요한 기반을 조성하고, 녹색기술과 녹색산업을 새로운 성장동력으로 활용함으로써 국민경제의 발전을 도모하며, 저탄소 사회구현을 통하여 국민의 삶의 질을 높이고 국제사회에서 책임을 다하는 성숙한 선진 일류국가로 도약하는 데 이바지함을 목적으로 한다.

90 분산형 전원을 인버터를 이용하여 전력계통에 연계하는 경우 인버터로부터 직류가 계통으로 유출되는 것을 방지하기 위하여 접속점과 인버터 사이에 설치하는 것은?(단, 단권변압기를 제외한다)

① 차단기 ② 전동기
③ 보호계전기 ④ 상용주파수 변압기

해설

저압계통 연계 시 직류유출방지 변압기의 시설(KEC 503.2.2)
분산형전원설비를 인버터를 이용하여 전기판매사업자의 저압 전력계통에 연계하는 경우 인버터로부터 직류가 계통으로 유출되는 것을 방지하기 위하여 접속점과 인버터 사이에 상용주파수 변압기(단권변압기를 제외한다)를 시설하여야 한다.
※ KEC(한국전기설비규정)의 적용으로 인해 판단기준 제281조(저압계통 연계 시 직류유출방지 변압기의 시설)에서 KEC 503.2.2로 변경됨 〈2021.01.19.〉

91 신재생에너지의 이용·보급을 촉진하기 위한 보급사업에 해당하지 않는 것은?

① 신기술의 적용사업 및 시범사업
② 지방자치단체와 연계한 보급사업
③ 신재생에너지 국제표준화 적용사업
④ 환경친화적 신재생에너지 시범단지 조성사업

해설

보급사업(신에너지 및 재생에너지 개발·이용·보급 촉진법 제27조)
- 신기술의 적용사업 및 시범사업
- 환경친화적 신재생에너지 집적화단지(集積化團地) 및 시범단지 조성사업
- 지방자치단체와 연계한 보급사업
- 실용화된 신재생에너지 설비의 보급을 지원하는 사업
- 그 밖에 신재생에너지 기술의 이용·보급을 촉진하기 위하여 필요한 사업으로서 산업통상자원부장관이 정하는 사업

92 신재생에너지발전사업자가 도서지역에서 생산한 전력을 전력시장에서 거래하지 않아도 되는 발전설비용량은?

① 1,000[kW] 이하
② 2,000[kW] 이하
③ 3,000[kW] 이하
④ 4,000[kW] 이하

해설
전력거래(전기사업법 시행령 제19조)
발전사업자 및 전기판매사업자는 전력시장운영규칙으로 정하는 바에 따라 전력시장에서 전력거래를 하여야 한다. 다만, 도서지역 등 대통령령으로 정하는 경우에는 그러하지 아니한데 "도서지역 등 대통령령으로 정하는 경우"란 다음의 경우를 말한다.
- 한국전력거래소가 운영하는 전력계통에 연결되어 있지 아니한 도서지역에서 전력을 거래하는 경우
- 신에너지 및 재생에너지 개발·이용·보급 촉진법에 따른 신재생에너지발전사업자가 1,000[kW] 이하의 발전설비용량을 이용하여 생산한 전력을 거래하는 경우
- 산업통상자원부장관이 정하여 고시하는 요건을 갖춘 신재생에너지발전사업자(자가용전기설비를 설치한 자는 제외)가 1,000[kW] 초과의 발전설비용량(둘 이상의 신재생에너지발전사업자가 공동으로 공급하는 경우 그 발전설비용량은 합산)을 이용하여 생산한 전력을 전기판매사업자에게 공급하고, 전기판매사업자가 그 전력을 산업통상자원부장관이 정하여 고시하는 요건을 갖춘 전기사용자에게 공급하는 방법으로 전력을 거래하는 경우 〈추가 개정 2021. 1. 12.〉

93 전기안전관리업무를 개인대행자가 대행할 수 있는 태양광발전설비의 용량은?
① 200[kW] 미만   ② 250[kW] 미만
③ 300[kW] 미만   ④ 350[kW] 미만

해설
안전관리업무의 대행 규모(전기사업법 시행규칙 제41조)
안전공사, 전기안전관리대행사업자(대행사업자) 및 전기 분야의 기술자격을 취득한 사람으로서 대통령령으로 정하는 장비를 보유하고 있는 자에 따른 자(개인대행자)가 안전관리업무를 대행할 수 있는 전기설비의 규모는 다음과 같다.

안전공사 및 대행사업자	다음의 하나에 해당하는 전기설비(둘 이상의 전기설비 용량의 합계가 2,500[kW] 미만인 경우로 한정한다) • 용량 1,000[kW] 미만의 전기수용설비 • 용량 300[kW] 미만의 발전설비. 다만, 비상용 예비 발전설비의 경우에는 용량 500[kW] 미만으로 한다. • 신에너지 및 재생에너지 개발·이용·보급 촉진법에 따른 태양에너지를 이용하는 발전설비(태양광발전설비)로서 용량 1,000[kW] 미만인 것
개인대행자	다음의 하나에 해당하는 전기설비(둘 이상의 용량의 합계가 1,050[kW] 미만인 전기설비로 한정한다) • 용량 500[kW] 미만의 전기수용설비 • 용량 150[kW] 미만의 발전설비. 다만, 비상용 예비 발전설비의 경우에는 용량 300[kW] 미만으로 한다. • 용량 250[kW] 미만의 태양광발전설비

94 신재생에너지정책심의회 심의를 거쳐 신재생에너지의 기술개발 및 이용·보급을 촉진하기 위한 기본계획을 수립하는 자는?
① 환경부장관   ② 행정자치부장관
③ 고용노동부장관   ④ 산업통상자원부장관

해설
82번 해설 참조

95 제3종 접지공사를 시행하여야 하는 경우 금속체와 대지 사이의 전기저항값이 몇 [Ω] 이하이면 접지공사를 생략할 수 있는가?
① 3   ② 5
③ 10   ④ 100

해설
제3종 접지공사 등의 특례(판단기준 제20조)
제3종 접지공사를 하여야 하는 금속체와 대지 사이의 전기저항값이 100[Ω] 이하인 경우에는 제3종 접지공사를 한 것으로 본다.
※ KEC(한국전기설비규정)의 적용으로 종별 접지공사가 폐지되어 문제 성립되지 않음 〈2021.01.19.〉

96 다음 중 신재생에너지정책심의회 위원으로 소속 공무원을 지명할 수 없는 기관은?
① 기획재정부   ② 보건복지부
③ 국토교통부   ④ 농림축산식품부

해설
신재생에너지정책심의회의 구성(신에너지 및 재생에너지 개발·이용·보급 촉진법 시행령 제4조)
- 신재생에너지정책심의회(심의회)는 위원장 1명을 포함한 20명 이내의 위원으로 구성한다.
- 심의회의 위원장은 산업통상자원부 소속 에너지 분야의 업무를 담당하는 고위공무원단에 속하는 일반직공무원 중에서 산업통상자원부장관이 지명하는 사람으로 하고, 위원은 다음의 사람으로 한다.
  - 기획재정부, 과학기술정보통신부, 농림축산식품부, 산업통상자원부, 환경부, 국토교통부, 해양수산부의 3급 공무원 또는 고위공무원단에 속하는 일반직공무원 중 해당 기관의 장이 지명하는 사람 각 1명
  - 신재생에너지 분야에 관한 학식과 경험이 풍부한 사람 중 산업통상자원부장관이 위촉하는 사람

정답 93 ② 94 ④ 95 ④ 96 ②

97 저압 가공인입선의 시설에 대한 설명으로 틀린 것은?

① 전선은 절연전선, 다심형 전선 또는 케이블일 것
② 전선은 지름 1.6[mm]의 경동선 또는 이와 동등 이상의 세기 및 굵기일 것
③ 전선의 높이는 철도 및 궤도를 횡단하는 경우에는 레일면 상 6.5[m] 이상일 것
④ 전선의 높이는 횡단보도교의 위에 시설하는 경우에는 노면상 3[m] 이상일 것

해설

저압 인입선의 시설(KEC 221.1.1)
저압 가공전선 상호 간의 접근 또는 교차, 저압 가공전선과 다른 시설물의 접근 또는 교차, 저압 가공전선과 식물의 이격거리, 고압 가공전선과 건조물의 접근, 고압 가공전선과 도로 등의 접근 또는 교차, 고압 가공전선과 가공약전류전선 등의 접근 또는 교차, 고압 가공전선과 안테나의 접근 또는 교차, 고압 가공전선과 교류전차선 등의 접근 또는 교차 규정에 준하여 시설하는 이외에 다음에 따라 시설하여야 한다.

- 전선은 절연전선 또는 케이블일 것
- 전선이 케이블인 경우 이외에는 인장강도 2.30[kN] 이상의 것 또는 지름 2.6[mm] 이상의 인입용 비닐절연전선일 것. 다만, 경간이 15[m] 이하인 경우는 인장강도 1.25[kN] 이상의 것 또는 지름 2[mm] 이상의 인입용 비닐절연전선일 것
- 전선이 옥외용 비닐절연전선인 경우에는 사람이 접촉할 우려가 없도록 시설하고, 옥외용 비닐절연전선 이외의 절연전선인 경우에는 사람이 쉽게 접촉할 우려가 없도록 시설할 것
- 전선이 케이블인 경우에는 가공케이블의 시설(1의 라 제외)의 규정에 준하여 시설할 것. 다만, 케이블의 길이가 1[m] 이하인 경우에는 조가 하지 않아도 된다.
- 전선의 높이는 다음에 의할 것
  - 도로(차도와 보도의 구별이 있는 도로인 경우에는 차도)를 횡단하는 경우에는 노면상 5[m](기술상 부득이한 경우에 교통에 지장이 없을 때에는 3[m]) 이상
  - 철도 또는 궤도를 횡단하는 경우에는 레일면상 6.5[m] 이상
  - 횡단보도교의 위에 시설하는 경우에는 노면상 3[m] 이상
  - 위의 항목 이외의 경우에는 지표상 4[m](기술상 부득이한 경우에 교통에 지장이 없을 때에는 2.5[m]) 이상

※ KEC(한국전기설비규정)의 적용으로 인해 판단기준 제100조(저압 인입선의 시설)에서 KEC 221.1.1로 변경됨 〈2021.01.19.〉

98 저탄소 녹색성장 추진의 기본원칙에 대한 설명 중 틀린 것은?

① 정부는 시장기능을 활성화하고 정부가 주도하여 저탄소 녹색성장을 추진한다.
② 정부는 사회·경제활동에서 에너지와 자원이용의 효율성을 높이고 자원순환을 촉진한다.
③ 정부는 자연자원과 환경의 가치를 보존하면서 국토와 도시, 건물과 교통, 도로·항만·상하수도 등 기반시설을 저탄소 녹색성장에 적합하게 개편한다.
④ 정부는 국민 모두가 참여하고 국가기관, 지방자치단체, 기업, 경제단체 및 시민단체가 협력하여 저탄소 녹색성장을 구현하도록 노력한다.

해설

저탄소 녹색성장 추진의 기본원칙(저탄소 녹색성장 기본법 제3조)
저탄소 녹색성장은 다음의 기본원칙에 따라 추진되어야 한다.

- 정부는 기후변화·에너지·자원문제의 해결, 성장동력 확충, 기업의 경쟁력 강화, 국토의 효율적 활용 및 쾌적한 환경조성 등을 포함하는 종합적인 국가발전전략을 추진한다.
- 정부는 시장기능을 최대한 활성화하여 민간이 주도하는 저탄소 녹색성장을 추진한다.
- 정부는 녹색기술과 녹색산업을 경제성장의 핵심동력으로 삼고 새로운 일자리를 창출·확대할 수 있는 새로운 경제체제를 구축한다.
- 정부는 국가의 자원을 효율적으로 사용하기 위하여 성장잠재력과 경쟁력이 높은 녹색기술 및 녹색산업 분야에 대한 중점 투자 및 지원을 강화한다.
- 정부는 사회·경제활동에서 에너지와 자원 이용의 효율성을 높이고 자원순환을 촉진한다.
- 정부는 자연자원과 환경의 가치를 보존하면서 국토와 도시, 건물과 교통, 도로·항만·상하수도 등 기반시설을 저탄소 녹색성장에 적합하게 개편한다.
- 정부는 환경오염이나 온실가스 배출로 인한 경제적 비용이 재화 또는 서비스의 시장가격에 합리적으로 반영되도록 조세체계와 금융체계를 개편하여 자원을 효율적으로 배분하고 국민의 소비 및 생활 방식이 저탄소 녹색성장에 기여하도록 적극 유도한다. 이 경우 국내산업의 국제경쟁력이 약화되지 않도록 고려하여야 한다.
- 정부는 국민 모두가 참여하고 국가기관, 지방자치단체, 기업, 경제단체 및 시민단체가 협력하여 저탄소 녹색성장을 구현하도록 노력한다.
- 정부는 저탄소 녹색성장에 관한 새로운 국제적 동향을 조기에 파악·분석하여 국가 정책에 합리적으로 반영하고, 국제사회의 구성원으로서 책임과 역할을 성실히 이행하여 국가의 위상과 품격을 높인다.

99 신재생에너지발전사업자가 관련법에 따라 산업통상자원부장관으로부터 발전차액을 반환 요구받았을 경우 그 이행을 며칠 이내에 하여야 하는가?

① 100일 ② 50일
③ 30일   ④ 15일

> **해설**
> 지원 중단 등(신에너지 및 재생에너지 개발·이용·보급 촉진법 제18조)
> (1) 산업통상자원부장관은 발전차액을 지원받은 신재생에너지 발전사업자가 다음의 어느 하나에 해당하면 산업통상자원부령으로 정하는 바에 따라 경고를 하거나 시정을 명하고, 그 시정명령에 따르지 아니하는 경우에는 발전차액의 지원을 중단할 수 있다.
> ① 거짓이나 부정한 방법으로 발전차액을 지원받은 경우
> ② 산업통상자원부장관은 발전차액을 지원받은 신재생에너지 발전사업자에게 결산재무제표 등 기준가격 설정을 위하여 필요한 자료를 제출할 것을 요구할 수 있다는 규정에 따른 자료요구에 따르지 아니하거나 거짓으로 자료를 제출한 경우
> (2) 산업통상자원부장관은 발전차액을 지원받은 신재생에너지발전사업자가 ①에 해당하면 산업통상자원부령으로 정하는 바에 따라 그 발전차액을 환수할 수 있다. 이 경우 산업통상자원부장관은 발전차액을 반환할 자가 30일 이내에 이를 반환하지 아니하면 국세 체납처분의 예에 따라 징수할 수 있다.

100 신에너지 및 재생에너지 개발·이용·보급 촉진법에 따른 바이오에너지 등의 기준 및 범위에 관한 설명 중 에너지원의 종류와 그 범위가 잘못 연결된 것은?

① 석탄을 액화·가스화한 에너지 – 증기공급용 에너지
② 중질잔사유를 가스화한 에너지 – 합성가스
③ 바이오에너지 – 동·식물의 유지를 변환시킨 바이오디젤
④ 폐기물에너지 – 쓰레기매립장의 유기성 폐기물을 변환시킨 매립지가스

> **해설**
> 바이오에너지 등의 기준 및 범위(신에너지 및 재생에너지 개발·이용·보급 촉진법 시행령 별표 1)

에너지원의 종류		기준 및 범위
석탄을 액화·가스화한 에너지	기 준	석탄을 액화 및 가스화하여 얻어지는 에너지로서 다른 화합물과 혼합되지 않은 에너지
	범 위	• 증기 공급용 에너지 • 발전용 에너지
중질잔사유를 가스화한 에너지	기 준	1. 중질잔사유(원유를 정제하고 남은 최종 잔재물로서 감압증류 과정에서 나오는 감압잔사유, 아스팔트와 열분해 공정에서 나오는 코크, 타르 및 피치 등을 말한다)를 가스화한 공정에서 얻어지는 연료 2. 1.의 연료를 연소 또는 변환하여 얻어지는 에너지
	범 위	합성가스
바이오에너지	기 준	1. 생물유기체를 변환시켜 얻어지는 기체, 액체 또는 고체의 연료 2. 1.의 연료를 연소 또는 변환시켜 얻어지는 에너지 ※ 1. 또는 2.의 에너지가 신재생에너지가 아닌 석유제품 등과 혼합된 경우에는 생물유기체로부터 생산된 부분만을 바이오에너지로 본다.
	범 위	• 생물유기체를 변환시킨 바이오가스, 바이오에탄올, 바이오액화유 및 합성가스 • 쓰레기매립장의 유기성 폐기물을 변환시킨 매립지가스 • 동식물의 유지를 변환시킨 바이오디젤(※ 관련 법령 개정으로 "바이오중유"가 추가됨 〈개정 2019. 9. 24〉) • 생물유기체를 변환시킨 땔감, 목재칩, 펠릿 및 숯 등의 고체연료 〈개정 2021.1.5〉
폐기물에너지	기 준	1. 각종 사업장 및 생활시설의 폐기물을 변환시켜 얻어지는 기체, 액체 또는 고체의 연료(※ 관련 법령 개정으로 "폐기물을 변환시켜 얻어지는 기체, 액체 또는 고체의 연료"로 변경됨 〈개정 2019. 9. 24〉) 2. 1.의 연료를 연소 또는 변환시켜 얻어지는 에너지 3. 폐기물의 소각열을 변환시킨 에너지 ※ 1.부터 3.까지의 에너지가 신재생에너지가 아닌 석유제품 등과 혼합되는 경우에는 각종 사업장 및 생활시설의 폐기물로부터 생산된 부분만을 폐기물에너지로 본다(※ 관련 법령 개정으로 "1.부터 3.까지의 에너지가 신재생에너지가 아닌 석유제품 등과 혼합되는 경우에는 폐기물로부터 생산된 부분만을 폐기물에너지로 보고, 1.부터 3.까지의 에너지 중 비재생폐기물(석유, 석탄 등 화석연료에 기원한 화학섬유, 인조가죽, 비닐 등으로서 생물 기원이 아닌 폐기물을 말한다)로부터 생산된 것은 제외한다"로 변경됨 〈개정 2019. 9. 24〉).
수열에너지	기 준	물의 표층의 열을 히트펌프(Heat Pump)를 사용하여 변환시켜 얻어지는 에너지(※ 관련 법령 개정으로 "표층"이 삭제됨 〈개정 2019. 9. 24〉)
	범 위	해수의 표층의 열을 변환시켜 얻어지는 에너지(※ 관련 법령 개정으로 "해수의 표층"에서 "해수의 표층 및 하천수"로 변경됨 〈개정 2019. 9. 24〉)

2016년 제4회 기사 과년도 기출문제

신재생에너지발전설비기사(태양광) 필기

제1과목 태양광발전시스템 이론

01 일사강도 0.8[kW/m²], 결정계 태양전지의 모듈 면적 1.0[m²], 셀 온도 65[℃], 변환효율이 15[%]인 경우 출력은 약 몇 [kW]인가?(단, 결정계 셀 온도 보정계수 (P_{max})는 -0.4[%/℃]이다)

① 0.1 ② 0.2
③ 0.3 ④ 0.4

해설
정격출력[kW]
= 시스템의 총변환효율[%] × 단위면적[m²] × 빛의 조사강도[kW/m²]
= 0.15 × 1 × 0.8 = 0.12 ≒ 0.1[kW]

02 다음의 [보기] 중 우리나라에서 신재생에너지로 분류되는 에너지를 모두 고른 것은?

[보 기]
a. 태양광발전   b. 소수력
c. 천연가스   d. 수소에너지

① a, b   ② a, b, d
③ a, c, d   ④ a, b, c, d

해설
신재생에너지의 종류(신에너지 및 재생에너지 개발·이용·보급 촉진법 제2조)
• 신에너지(화학반응을 통해 전기 또는 열을 이용한 에너지)
  - 연료전지
  - 수소에너지
  - 중질잔사유를 가스화한 에너지
  - 석탄을 액화·가스화한 에너지
  - 기타 석탄·석유·원자력이나 천연가스가 아닌 에너지
• 재생에너지(물, 바람, 햇빛 등 자연을 이용한 에너지)
  - 태양에너지   - 수력에너지
  - 풍력에너지   - 바이오에너지
  - 지열에너지   - 해양에너지
  - 폐기물에너지
  - 그 밖에 석탄·석유·원자력 또는 천연가스가 아닌 에너지

03 결정질 실리콘 태양전지의 일반적인 제조공정이 아닌 것은?

① 웨이퍼 장착   ② 표면 조직화
③ 측면 접합   ④ 반사방지막 코팅

해설
결정질 실리콘 태양전지의 일반적인 제조공정
웨이퍼 장착(웨이퍼 세정) → 표면조직화 → 이미터(접합) 형성 → 산화막 제거 → 반사방지막 코팅 → 전극형성과 소성 → 측면분리 → 선택적 이미터와 국부적 후면전극 형성 → 성능평가 및 등급분류

04 다음은 인버터의 어떤 회로방식에 대한 설명인가?

> 태양전지의 직류출력을 DC-DC 컨버터로 승압하고 인버터로 상용주파의 교류로 변환한다.

① 트랜스리스방식   ② DC-DC 컨버터방식
③ 고주파 변압기 절연방식 ④ 상용주파 변압기 절연방식

해설
인버터 회로방식
• 상용주파 변압기 절연방식(저주파 변압기 절연방식)
  태양전지(PV) → 인버터(DC → AC) → 공진 회로 → 변압기
  - 태양전지의 직류출력을 상용주파의 교류로 변환한 후 변압기로 절연한다.
  - 내뢰성(번개에 견디어 낼 수 있는 성질)과 노이즈 컷(잡음을 차단)이 뛰어나지만 상용주파 변압기를 이용하기 때문에 중량이 무겁다.
  - 공진회로 : 인버터 회로에서 생성된 고주파 전압(구형파)을 코일과 콘덴서를 통해 정현파로 바꾸어 주는 회로이다.
• 고주파 변압기 절연방식
  태양전지(PV) → 고주파 인버터(DC → AC) → 고주파 변압기(AC → DC) → 인버터(DC → AC) → 공진회로
  - 소형이고 경량이다.
  - 회로가 복잡하다.
  - 태양전지의 직류출력을 고주파의 교류로 변환한 후 소형의 고주파 변압기로 절연을 한다.
  - 절연 후 직류로 변환하고 재차 상용주파의 교류로 변환한다.
• 트랜스리스방식
  태양전지(PV) → 승압형 컨버터 → 인버터 → 공진회로
  - 소형이고 경량이다.
  - 비용이 저렴하고 신뢰성이 높다.
  - 태양전지의 직류출력을 DC-DC 컨버터로 승압하고 인버터를 이용하여 상용주파의 교류로 변환한다.
  - 상용전원과의 사이는 비절연이다.
  - 비용, 크기, 중량 및 효율 면에서 우수하여 가장 많이 사용되고 있다.

정답 1 ① 2 ② 3 ③ 4 ①

05 태양전지 모듈의 $I-V$ 특성곡선에서 일사량에 따라 가장 많이 변화하는 것은?

① 전 압　　② 전 류
③ 온 도　　④ 저 항

해설

일사량 변화에 따른 출력변화

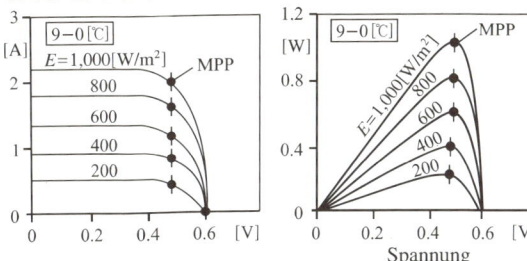

전압은 0.6[V]로 일정한데 전류량이 달라진다. 따라서 일사량 변화에 따라 전류량이 변한다고 볼 수 있다.

06 여러 태양전지에 대한 설명으로 틀린 것은?

① CIGS 태양전지는 빛의 흡수율이 높아 박막형 태양전지로 제조된다.
② 유기반도체 태양전지는 제작이 용이하고 생산비용이 낮다.
③ 비정질 실리콘 태양전지는 초기 광열화 문제로 인해 성능 저하가 발생한다.
④ 염료감응형 태양전지는 효율은 낮지만 장기 신뢰성이 우수하다.

해설

태양전지의 종류와 특징

- 결정질 실리콘 태양전지(1세대)
  - 단결정질 실리콘 태양전지 : 실리콘 원자배열이 균일하고 일정하여 전자이동에 걸림돌이 없어서 다결정보다 변환효율이 높다. 잉곳의 모양은 원주형으로 네 귀퉁이가 원형형태로 되어서 셀 모양도 원형형태이며 공정이 복잡하고 제조비용이 높다.
  - 다결정질 실리콘 태양전지 : 낮은 순도의 실리콘을 주형에 넣어 결정화하여 만든 것으로 공정이 간단하여서 제조비용이 낮지만 단결정에 비해 변환효율이 조금 낮다. 사각형 틀(주형)에 넣어서 잉곳을 만들며 셀 모양은 사각형인 특징이 있다. 현재 가장 많이 보급되어 있는 형태이다.
  - 장단점

특징 \\ 종류	단결정	다결정	비정질
장 점	• 효율이 가장 높다.	• 단결정에 비해 가격이 저렴하다. • 재료가 풍부하다.	• 표면이 불규칙한 곳이나 장치하기 어려운 곳에 쉽게 적용이 가능하며, 운반과 보관이 용이하다. • 플렉시블하다.
단 점	• 가격이 비싸다. • 무겁고 색깔이 불투명하다.	• 효율이 낮다. • 넓은 면적이 필요하다.	• 효율이 낮고, 설치면적이 넓다. • 공사비용이 많이 든다.

- 박막형 태양전지(2세대) : 유리, 금속판, 플라스틱 같은 저가의 일반적인 물질을 기판으로 사용하여 빛 흡수층 물질을 마이크론 두께의 아주 얇은 막을 입혀 만든 태양전지이다.
  - 비정질 실리콘 박막형 태양전지 : 실리콘의 두께를 극한까지 얇게 한 것으로, 실리콘의 사용량을 약 1/100까지 줄일 수 있어서 결정질보다 제조비용이 낮아서 좋다. 결정질보다는 배열이 비규칙적으로 흩어져 있어서 변환효율이 낮다.
  - 화합물 박막형 태양전지 : 실리콘 이외에 반도체 특성을 갖는 화합물인 구리(Cu), 인듐(In), 갈륨(Ga), 셀레늄(Se)으로 구성된 박막형 태양전지이다.
    ⓐ CdTe(Cadmium Telluride) : Cd(2족), Te(4족)이 결합된 직접 천이형 화합물 반도체로 높은 광흡수와 낮은 제조단가로 상용화에 유리하며 차세대 태양전지로 각광을 받고 있다.
    ⓑ CIGS(Cu, In, Gs, Se) : 유리기판, 알루미늄, 스테인리스 등의 유연한 기판에 구리, 인듐, 갈륨, 셀레늄 화합물 등을 증착시켜 실리콘을 사용하지 않으면서도 태양광을 전기적으로 변환시켜 주는 태양전지로서 변환효율이 높다.

정답 5 ② 6 ④

- 장단점

종류 특징	실리콘계	화합물계	
	비정질	CdTe	CIGS
장점	• 실리콘 박막의 두께로 얇게 하여 재료비를 절감할 수 있다. • 플렉시블하다. • 장치를 설치하기 어려운 곳에 가능하다.	• 비정질 실리콘보다 고효율이다. • 초기에 열화현상이 없기 때문에 안정성이 높다.	• 안정성이 우수하며 가볍다. • 휴대성이 있다. • 비실리콘 태양전지 중에는 효율이 최고이다. • 두께가 얇은 빛 흡수성층만으로 효율이 높은 높인 태양전지 제조가 가능하다. • 곡선제작이 가능할 정도로 유연하다. • 생산비용이 저렴하다.
단점	• 설치면적이 넓다. • 초기에 열화현상이 발생한다. • 저효율성	• 대량생산이 불가능하다(재료의 한계성과 희소성(카드뮴)). • 공해를 유발한다.	• 대량생산이 어렵다. • 원자재 가격이 고가이다.

- 차세대 태양전지(3세대)
  - 염료감응형(Dye-Sensitized) 태양전지 : 유기염료와 나노기술을 이용하여 고도의 효율을 갖도록 개발된 태양전지로서 날씨가 흐리거나 빛의 투사각도가 Zero(0°)에 가까워도 발전을 한다. 반투명과 투명으로 만들 수 있고 유기염료의 종류에 따라서 빨간색, 노란색, 파란색, 하늘색 등 다양한 색상이 있고 원하는 그림을 넣을 수가 있어서 인테리어로도 활용할 수 있다.
  - 유기물(Organic) 태양전지 : 플라스틱의 원료인 유기물질로 만든 것으로 자유자재로 휠 수 있는 기판 위에 유기물질을 분사하여 제작하므로 다양한 모양의 대량생산이 가능하다. 실리콘계 태양전지보다 변환효율이 떨어지기 때문에 아직 많이 사용하지 않으나 발전이 기대된다.
  - 장단점

종류 특징	실리콘계	화합물계	
	염료감응형	나노구조	유기물
장점	• 발전단가가 저렴하다. • 빛의 조사각도가 10° 내외에서도 발전 가능하다. • 흐린 날씨에도 발전이 가능하다. • 다양한 색상과 무늬로 제작이 가능하다. • 투명, 반투명 제품도 제작이 가능하다.	• 가장 작은 크기로 만들 수 있다. • 작은 면적으로 큰 효율이 가능하다.	• 무게가 매우 가볍고 플렉시블하다. • 프린팅이 가능하다. • 다양한 용도로 응용 제품 개발이 가능하다.
단점	• 원자재 가격이 고가이다(루테인 염료).	• 원자재 가격이 고가이다. • 고도의 기술력이 요구된다.	• 원자재 가격이 고가이다.

- 무기·유기 하이브리드 태양전지(4세대) : 무기재료의 장점(열 안정성과 주위의 환경 적응성)과 유기재료의 장점(벌크 이종접합과 유사한 구조, 유연성 및 대면적화의 잠재성 등)을 결합해서 장기적 구조 안정성을 확보하고 광전변환의 효율을 극대화시킬 수 있다.

07 태양전지 모듈에 다른 태양전지 회로나 축전지의 전류가 유입되는 것을 방지하기 위하여 설치하는 것은?

① ZNR ② SPD
③ 바이패스소자 ④ 역류방지소자

해설
용어의 정의
- 역류방지소자(Blocking Diode) : 태양전지 어레이의 스트링별로 설치된다. 역류방지소자는 태양전지 모듈에 다른 태양전지 회로와 축전지의 전류가 흘러 들어오는 것을 방지하기 위해 설치하며, 보통 다이오드가 사용된다.
- 서지보호 소자(SPD) : 저압 전기설비에서의 피뢰소자는 서지보호소자(SPD ; Surge Protected Device)라고 하며, 태양광발전설비가 피뢰침에 의해 직격뢰로부터 보호되어야 한다. 즉, 태양광발전 시스템은 모듈을 비롯하여 파워컨디셔너 등 각종 전기와 전자 설비들로 순간적인 과전압이나 전류에 매우 취약한 반도체들로 구성되어 있기 때문에 낙뢰나 스위칭 개폐 등에 의해 발생되는 순간적인 과전압으로부터 기기들이 순식간에 손상될 수 있다. 따라서 이를 보호하기 위하여 서지보호 소자 등을 중요 지점에 각각 설치해야 한다.
- 바이패스소자 : 태양전지 어레이를 구성하는 태양전지 모듈마다 바이패스소자를 설치하는 것이 일반적이며, 대부분의 바이패스소자로는 다이오드를 사용한다. 우회로를 만드는 다이오드 역할을 한다.

08 태양전지 모듈검사는 출하검사와 신뢰성검사로 구분된다. 다음 중 출하검사에 들어가지 않는 것은?

① 특성검사 ② 내습성검사
③ 절연저항시험 ④ 구조 및 조립시험

해설

출하검사
- 특성검사
- 구조검사
- 조립시험
- 절연저항시험

※ 내습성검사는 태양전지 모듈의 특성 판정기준에 해당된다.

09 태양광발전시스템의 분류 중 전력회사의 배전선에서 멀리 떨어진 산악지대 및 외딴 섬 등에서 사용하는 방식은?

① 계통연계형 시스템 ② 독립형 시스템
③ 추적형 시스템 ④ 연동형 시스템

해설

태양광발전의 분류
- 독립형 : 전력계통형과 분리되어 있는 형식으로 축전지를 이용하여 태양전지에서 생산된 전력을 저장하고 저장된 전력을 필요시에 사용하는 방식(전력회사의 배전선에서 멀리 떨어진 산악지대 및 외딴 섬 등에서 사용)
- 계통연계형 : 태양광발전시스템에서 생산된 전력을 지역 전력망에 공급할 수 있도록 구성된 형식(도심지에서 사용)
- 복합형 : 태양광발전에 풍력발전, 디젤발전, 열병합발전 등의 다른 에너지원의 발전시스템과 결합하여 발전하는 방식

10 태양전지의 충진율(FF ; Fill Factor)에 대한 설명으로 틀린 것은?

① 충진율이 낮을수록 태양전지의 성능품질이 좋음을 나타낸다.
② 충진율은 개방전압(V_{oc})과 단락전류(I_{sc})의 곱에 대한 최대출력의 비로 정의된다.
③ 충진율은 태양전지의 특성을 표시하는 파라미터로서 내부 직렬저항 및 병렬저항으로부터의 영향을 받는다.
④ 충진율은 최적 동작전류(I_m)와 최적 동작전압(V_m)이 단락전류(I_{sc})와 개방전압(V_{oc})에 가까운 정도를 나타낸다.

해설

곡선인자(충진율 FF ; Fill Factor)
개방전압과 단락전류의 곱에 대한 최대출력전력(최대출력전류와 최대출력전압을 곱한 값)의 비율이다. FF값은 0에서 1 사이의 값으로 나타낸다. 주로 내부의 직·병렬저항과 다이오드 성능계수에 따라 달라진다.

$$FF(충진율) = \frac{P_{\max}(최대출력전력)}{I_{sc}(단락전류) \times V_{oc}(개방전압)}$$
$$= \frac{V_{\max}(최대출력전압) \times I_{\max}(최대출력전류)}{I_{sc}(단락전류) \times V_{oc}(개방전압)}$$

11 신재생에너지에 대한 설명으로 틀린 것은?

① 바이오에너지는 생물자원을 변환시켜 이용하는 것이다.
② 파력발전은 표층과 심층의 해수 온도차를 이용한 것이다.
③ 조력발전은 밀물과 썰물로 발생하는 조류를 이용한 것이다.
④ 폐기물에너지는 가연성 폐기물에서 발생되는 발열량을 이용한 것이다.

해설

신재생에너지 용어의 정의
- 바이오에너지 : 바이오에너지 기술이란 바이오매스(Biomass, 유기성 생물체를 총칭)를 직접 또는 생·화학적, 물리적 변환과정을 통해 액체, 가스, 고체연료나 전기·열에너지 형태로 이용하는 화학, 생물, 연소공학 등의 기술을 말한다.
  ※ 바이오매스(Biomass) : 태양에너지를 받은 식물과 미생물의 광합성에 의해 생성되는 식물체·균체와 이를 먹고 살아가는 동물체를 포함하는 생물 유기체
- 파력발전 : 연안 또는 심해의 파랑에너지를 이용하여 전기를 생산하는 기술이다.
- 조력발전 : 조석간만의 차를 동력원으로 해수면의 상승하강운동을 이용하여 전기를 생산하는 기술이다.
- 조류발전 : 해수의 유동에 의한 운동에너지를 이용하여 전기를 생산하는 발전기술이다.
- 온도차발전 : 해양 표면층의 온수(예 25~30[℃])와 심해 500~1,000[m] 정도의 냉수(예 5~7[℃])와의 온도차를 이용하여 열에너지를 기계적 에너지로 변환시켜 발전하는 기술이다.
- 폐기물에너지 기술 : 폐기물을 변환시켜 연료 및 에너지를 생산하는 기술로서 사업장 또는 가정에서 발생되는 가연성 폐기물 중 에너지 함량이 높은 폐기물을 열분해에 의한 오일화, 성형고체연료의 제조기술, 가스화에 의한 가연성 가스 제조기술 및 소각에 의한 열 회수기술 등의 가공·처리방법을 통해 고체연료, 액체연료, 가스연료, 폐열 등을 생산하고, 이를 산업 생산 활동에 필요한 에너지로 이용될 수 있도록 재생에너지를 생산하는 기술이다.

정답 8 ② 9 ② 10 ① 11 ②

12 태양전지의 직류출력을 상용주파수의 교류로 변환한 후 변압기에서 절연하는 방식은?

① PAM방식
② 트랜스리스방식
③ 고주파 변압기 절연방식
④ 상용주파 변압기 절연방식

해설
4번 해설 참조

13 독립형 태양광발전시스템용 축전지를 설계하고자 한다. 축전지 용량 $C[Ah]$는?

- 1일 적산부하전력량(L_d) : 2[kWh]
- 공칭축전지 전압(V_b) : 2[V]
- 축전지 개수(N) : 48개
- 방전심도(DOD) : 0.65[%]
- 보수율(L) : 0.8
- 일조가 없는 날의 일수(D) : 10일

① 300.64
② 400.64
③ 500.64
④ 600.64

해설
독립형 축전지의 설계
축전지의 용량(C)

$$= \frac{1일\ 소비전력량(L_d) \times 불일조\ 일수(D)}{보수율(L) \times \frac{방전종지전압}{(축전지\ 전압)(NV_b)} \times 방전심도(DOD)}[Ah]$$

$$= \frac{2 \times 10^3 \times 10}{0.8 \times 2 \times 48 \times 0.65} ≒ 400.64[Ah]$$

※ 방전종지전압(축전지 전압)
= 축전지 개수(N)×공칭축전지 전압(V_b)

14 스마트 그리드(Smart Grid)에 대한 설명으로 틀린 것은?

① 분산전원 전원공급방식이다.
② 네트워크 구조이다.
③ 단방향 통신방식이다.
④ 디지털 기술기반이다.

해설
스마트 그리드(Smart Grid)
전기의 생산, 운반, 소비과정에 정보통신기술을 접목하여 공급자와 소비자가 서로 상호작용함으로써 효율성을 높인 지능형 전력망 시스템이다.
- 전력공급자와 소비자가 양방향으로 실시간 정보를 교환
- 예상수요보다 15[%] 정도 많이 생산하도록 설계
- 화석연료를 줄여서 온실가스 감소 효과를 통해 지구온난화현상 예방
- 분산전원의 활성화를 통해 에너지 해외 의존도 감소
- 디지털 기반과 정보통신 기술을 접목한 망(Network) 기술

15 낙뢰에 의한 충격성 과전압에 대하여 전기설비의 단자전압을 규정치 이내로 저감시켜 정전을 일으키지 않고 원상태로 회귀하는 장치는?

① 내뢰트랜스
② 어레스터
③ 서지업서버
④ 역류방지 다이오드

해설
낙뢰대책 용어의 정의
- 내뢰트랜스 : 어레스터와 서지업서버로 보호할 수 없는 경우 사용되는 소자로서 실드부착 절연트랜스를 주체로 이에 어레스트 및 콘덴서를 부가시킨 것이다. 뇌 서지가 침입한 경우 내부에 넣은 어레스터 제어 및 1차측과 2차측 간의 고절연화, 실드에 의해 뇌 서지의 흐름을 완전히 차단할 수 있도록 한 장치이다.
- 어레스터 : 낙뢰에 의한 과전압을 방전으로 억제하여 기기를 보호한다. 과전압이 소멸한 후 속류(전원에 의한 방전전류)를 차단하여 원상으로 자연 복귀하는 기능을 가진 장치를 말한다.
- 서지업서버 : 전기 회로에 발생하는 서지전압을 흡수하는 장치. 비직선 저항이나 콘덴서 등을 선간 또는 대지 사이에 접속하여, 서지전압을 감소하여 기기의 절연을 보호할 목적으로 사용한다.

16 태양전지의 변환효율에 대한 설명으로 틀린 것은?

① 태양전지의 성능을 나타내는 파라미터이다.
② 태양광 스펙트럼이나 세기, 전지의 온도에 영향을 받는다.
③ 태양으로부터 입사된 에너지에 대한 출력 전기에너지의 비로 정의된다.
④ 지상에서 사용되는 태양전지의 효율은 모듈온도 25[℃], AM1.0 조건에서 측정된다.

정답 12 ④ 13 ② 14 ③ 15 ② 16 ④

해설

태양전지의 변환효율

태양광을 전기에너지로 바꾸어 주는 태양전지의 성능을 결정하는 중요한 요소 가운데 하나로서, 같은 조건하에서 태양전지 셀에 태양이 조사되었을 경우 태양광에너지가 발생시키는 전기에너지의 양을 말한다. 태양전지의 최대출력(P_{max})을 발전하는 면적(태양전지의 면적 : A)과 규정된 시험조건에서 측정한 입사조사강도(Incidence Irradiance : E)의 곱으로 나눈 값을 백분율로 나타낸 것이며 [%]로 표시한다.

- 태양전지의 변환효율

$$\eta = \frac{P_o(\text{출력에너지})}{P_i(\text{입력에너지})}$$

$$= \frac{I_m(\text{최대출력 전류}) \times V_m(\text{최대출력 전압})}{P_i}$$

$$= \frac{V_{oc} \times I_{sc} \times FF}{P_i}$$

$$= \frac{\text{최대출력}(P_{max})}{\text{태양전지 모듈의 면적}(A) \times \text{조사강도}(E)} \times 100[\%]$$

- 태양전지의 최대출력
  $P_{max} = V_{oc}(\text{개방전압}) \times I_{sc}(\text{단락전류}) \times FF(\text{충진율})$
- 공칭효율 : 국제전기규격표준화위원회(IEC TC-82)에서 지상용 태양전지에 대해서 태양복사의 공기질량 통화조건을 AM1.5로 1,000[W/m²]라는 입사광 전력으로 부하조건을 바꾼 경우 최대 전기출력과의 비를 백분율로 표시한 것을 말한다.
- 변환효율은 태양광 스펙트럼이나 세기, 전지의 온도에 많은 영향을 받는다.

17 10[A]의 전류를 흘렸을 때의 전력이 50[W]인 저항에 20[A]의 전류를 흘렸다면 소비전력은 몇 [W]인가?

① 50
② 100
③ 150
④ 200

해설

$P = I^2 R[\text{W}]$
$50[\text{W}] = 10^2 \times R$일 때
$R = 0.5$이므로
$P'[\text{W}] = 20^2 \times 0.5$
$\therefore P' = 200[\text{W}]$

18 밴드갭 에너지는 반도체의 특성을 구분하는 매우 중요한 요소다. Si, GaAs, Ge를 밴드갭 에너지의 크기순으로 바르게 나열한 것은?

① Si > GaAs > Ge
② GaAs > Ge > Si
③ GaAs > Si > Ge
④ Ge > GaAs > Si

해설

밴드갭(띠틈)
- 규소(Si) : 약 1.11[eV]
- 갈륨비소(GaAs) : 약 1.4[eV]
- 질화갈륨(GaN) : 약 3.4[eV]
- 게르마늄(Ge) : 약 0.67[eV]
※ 전자볼트(기호 eV)는 에너지의 단위로, 전자 하나가 1[V]의 전위를 거슬러 올라갈 때 드는 일로 정의한다.
  $1[\text{eV}] = 1.60217646 \times 10^{-19}[\text{J}]$

19 BIPV(Building Integrated Photovoltaic) 투명창으로 적용 가능한 비정질 실리콘 기반 투명 태양전지의 특징이 아닌 것은?

① 투명기판, 투명 전면전극, 비정질 실리콘 흡수층, 후면전극으로 구성된다.
② 개방형 태양전지는 투명전극 재료로 ITO, ZnO, SnO₂ 등이 사용된다.
③ 투과형 태양전지는 후면에 투명유리를 적용하여 빛을 투과시킨다.
④ a-Si : H 흡수층은 1.7~1.8[eV]의 높은 밴드갭을 가지므로 얇은 두께에서도 빛 흡수가 가능하다.

해설

BIPV(Building Integrated Photovoltaic) 투명창으로 적용 가능한 비정질 실리콘 기반 투명 태양전지의 특징
- 구성은 투명기판, 투명 전극전면, 비정질 실리콘 흡수층, 후면전극 등으로 되어 있다.
- a-Si : H 흡수층은 1.7~1.8[eV]의 높은 밴드갭을 가지기 때문에 얇은 두께에서도 빛의 흡수가 가능하다.
- 개방형 태양전지는 투명전극 재료로 인듐주석산화물(ITO ; Indium Tin Oxide), 산화아연(ZnO ; Zinc Oxide), 수산화주석(Ⅱ)(SnO₂ ; Stannous Hydroxide) 등의 재료가 사용된다.
※ BIPV(Building Integrated Photovoltaic) 시스템 : 태양광에너지로 전기를 생산하여 소비자에게 공급하는 것 외에 건물 일체형 태양광 모듈을 건축물 외장재로 사용하는 태양광발전시스템이다.

정답 17 ④ 18 ③ 19 ③

20 태양전지의 출력은 일사강도와 표면온도에 따라 변동한다. 이런 변동에 대하여 태양전지의 동작점이 항상 최대출력점을 추종하도록 변화시켜 태양전지에서 최대출력을 얻을 수 있는 제어를 무엇이라 하는가?

① 단독운전제어 ② 자동전압제어
③ 자동운전정지제어 ④ 최대전력 추종제어

해설
태양광 인버터의 기능
- 인버터의 정지기능
  - 인버터는 일출과 함께 일사강도가 증대하여 출력을 얻을 수 있는 조건이 되면 자동적으로 운전을 시작한다. 운전을 시작하면 태양전지의 출력을 스스로 감시하여 자동적으로 운전을 한다.
  - 전력계통이나 인버터에 이상이 있을 때 안전하게 분리하는 기능으로서 인버터를 정지시킨다. 해가 질 때도 출력을 얻을 수 있는 한 운전을 계속하며, 해가 완전히 없어지면 운전을 정지한다.
  - 또한 흐린 날이나 비 오는 날에도 운전을 계속할 수 있지만 태양전지의 출력이 적어져 인버터의 출력이 거의 0으로 되면 대기상태가 된다.
- 인버터의 보호기능 : 인버터는 직류를 교류로 변환시키는 것뿐만 아니라 태양전지의 성능을 최대한 끌어내기 위한 기능과 이상 발생 및 고장 발생 시를 위한 보호기능이 있다.
- 최대전력 추종제어의 기능 : 태양전지의 출력은 일사강도나 태양전지의 표면온도에 의해 변동이 된다. 이러한 변동에 대해 태양전지의 동작점이 항상 최대출력점을 추종하도록 변화시켜 태양전지에서 최대출력을 얻을 수 있는 제어이다. 즉, 인버터의 직류동작전압을 일정시간 간격으로 변동시켜 태양전지 출력전력을 계측한 후 이전의 것과 비교하여 항상 전력이 크게 되는 방향으로 인버터의 직류전압을 변화시키는 것이다.
- 단독운전 방지기능 : 태양광발전시스템은 계통에 연계되어 있는 상태에서 계통측에 정전이 발생했을 때 부하전력이 인버터의 출력전력과 같은 경우 인버터의 출력전압·주파수 계전기에서는 정전을 검출할 수가 없다. 이와 같은 이유로 계속해서 태양광발전시스템에서 계통에 전력이 공급될 가능성이 있다. 이러한 운전 상태를 단독운전이라 한다. 단독운전이 발생하면 전력회사의 배전망이 끊어져 있는 배전선에 태양광발전시스템에서 전력이 공급되기 때문에 보수점검자에게 위험을 줄 우려가 있는 태양광발전시스템을 정지할 필요가 있지만, 단독운전 상태의 전압계전기(UVR, OVR)와 주파수 계전기(UFR, OFR)에서는 보호할 수 없다. 따라서 이에 대한 대책의 일환으로 단독운전 방지기능을 설정하여 안전하게 정지할 수 있도록 한다.
- 자동전압 조정기능 : 태양광발전시스템을 계통에 접속하여 역송전 운전을 하는 경우 전력 전송을 위한 수전점의 전압이 상승하여 전력회사의 운용범위를 초과할 가능성이 있다. 따라서 이를 예방하기 위해 자동전압 조정기능을 설정하여 전압의 상승을 방지하고 있다.
- 직류 검출기능 : 인버터는 직류를 교류로 변환하기 위하여 반도체 스위칭 소자를 주파수로 스위칭하기 때문에 소자의 불규칙 분포 등에 의해 그 출력은 적지만 직류분이 잡음형태로 포함된다. 즉, 직류에 포함되어 있는 교류분(Ripple)을 제거하는 기능을 말한다.
- 직류 지락 검출기능 : 일반적으로 수·배전설비의 배전반 또는 분전반에는 누전경보기 또는 누전차단기가 설치되어 옥내 배선과 부하기기의 지락을 감시하고 있지만, 태양전지 어레이의 직류측에서 지락사고가 발생하면 지락전류에 직류성분이 중첩되어 일반적으로 사용되고 있는 누전차단기는 이를 검출할 수 없는 상황이 발생한다.
- 계통 연계 보호장치 : 이상 또는 고장이 발생했을 경우 자동적으로 분산형 전원을 전력계통으로부터 분리해 내기 위한 장치를 시설해야 한다.

제2과목 태양광발전시스템 설계

21 태양전지 어레이의 설치각도와 전후면 이격거리를 결정하는 요소가 아닌 것은?

① 장애물의 높이 ② 어레이의 크기
③ 설치지역의 위도 ④ 인버터의 효율

해설
구조물 이격거리 산출적용 설계 핵심요소
- 위도(설치지역)
- 구조물 형상(장애물의 높이와 어레이의 크기)
- 남북방향의 길이

22 태양광발전시스템의 설계절차에 포함되지 않는 것은?

① 기 획 ② 기본 설계
③ 실시 설계 ④ 운전요령

해설
태양광발전시스템의 설계절차
- 기 획
- 사전조사(환경, 설치조건)
- 기본 설계
- 실시 설계
- 검 토

정답 20 ④ 21 ④ 22 ④

23 태양전지 어레이의 방위각과 경사각에 대한 설명으로 틀린 것은?

① 태양복사의 최대 획득량은 방위각과 경사각에 의해 결정된다.
② 수평면으로부터의 경사각은 그 지역의 위도에 의해 결정된다.
③ 태양복사의 최대 획득량을 위한 가장 바람직한 방위는 정남향이다.
④ 여름철의 경우 수평면보다 수직 피사드에 설치된 시스템에서 더 많은 획득량을 기대할 수 있다.

해설
태양전지 어레이의 방위각과 경사각
- 경사지붕은 프로파일을 이용한 방식을 주로 사용하고, 설치경사각은 건물 지붕의 경사에 따라 달라진다.
- 설치 방향은 건물의 경사면 중 최대한 건물의 남향에 가까운 경사면을 선정하여 효율이 최대가 될 수 있도록 한다.
- 최대 전력생산에 있어서 가장 중요한 요소인 일사량은 위도에 따라 변화한다. 태양광발전시스템의 설치 위치 즉, 방위각과 경사각에 의해 결정되어야 하며 이는 지역별 특성에 따라 다소 다르게 나타난다.
- 우리나라는 일반적으로 최대의 일사 획득이 가능한 방위는 정남향이다. 시스템에서 정서 또는 정동향으로 설치되는 경우 보통 정남향으로 설치했을 때의 대략 60[%] 정도의 일사량만을 획득하는 것으로 관측되었다. 경사각은 그 지역의 위도에 의해 결정되는데 우리나라는 일반적으로 수평면으로부터 경사각이 30~35°가 적절하다. 태양고도가 낮은 동절기의 경우 수평면보다 수직 외벽 면에 설치된다면 보다 많은 태양광의 양을 기대할 수 있다.

24 태양광발전시스템 설계수순에 있어서 기본설계 검토영역에 포함되지 않는 것은?

① 태양광발전시스템 제어방식의 선정
② 태양전지 모듈의 제작 및 인버터 제작 주문
③ 현지 측량 지질조사 및 설치지점의 위치 음영조사
④ 태양광발전용 인버터의 사양 및 전기설비의 설치용량 선정

해설
태양광발전시스템 설계수순에 있어서 기본설계 검토영역에 포함 사항
- 태양광발전용 인버터의 사양 및 전기설비의 설치용량 선정
- 현지 측량 지질조사 및 설치지점의 위치 음영 조사
- 태양광발전시스템 제어방식의 선정

25 전기실(변전실) 설치장소 선정을 위한 고려사항으로 틀린 것은?

① 기기의 반출이 편리할 것
② 고온이나 다습한 곳은 피할 것
③ 어레이 구성의 중심에 가깝고 배전에 편리한 장소일 것
④ 전력회사의 전원인출 장소에서 가급적 멀리 떨어져 있을 것

해설
전기실(변전실) 설치장소 선정을 위한 고려사항
- 부하의 중심에 가깝고 배전에 편리한 장소일 것
- 전원의 인입과 기기의 반출이 편리할 것
- 고온·다습한 곳은 피할 것
- 빌딩의 경우 지하 최저층의 동력부하가 많은 곳에 선정할 것

26 강우 시 태양전지 모듈 표면에 흙탕물이 튀는 것을 방지하기 위해 지면으로부터 몇 [m] 이상 높이에 설치할 수 있도록 설계하여야 하는가?

① 0.3
② 0.4
③ 0.6
④ 0.8

해설
음영은 주변에 일사량을 저해하는 장해물이 없어야 하며 모듈 전면의 음영이 최소화 되어야 하고, 높이는 강우 시 모듈 표면으로 흙탕물이 튀는 것을 방지하기 위해 지면으로부터 0.6[m] 이상의 높이에 설치해야 한다.

27 태양광 어레이 설계 시 태양 고도각을 결정하는 기준이 되는 때는?

① 하지
② 입춘
③ 동지
④ 춘추분

해설
동지 때 그림자의 길이가 가장 길고, 하지 때 그림자의 길이가 가장 짧다. 따라서 고도각을 결정하는 기준이 되는 때는 동지이다.

정답 23 ④ 24 ② 25 ④ 26 ③ 27 ③

28 태양광발전 경제성 분석방법이 아닌 것은?
① 순현가 분석 ② 원가 분석
③ 내부수익률 분석 ④ 비용편익비 분석

해설
태양광발전 경제성 분석방법
- 비용·편익의 분석(Cost-Benefit Analysis)
- 편익·비용 비율법(Benefit·Cost Ratio)
- 순현재가치 분석방법(NPV ; Net Present Value)
- 내부수익률법(IRR ; Internal Rate of Return)

29 태양광발전방식 중 동일 태양전지 모듈 설치용량기준으로 가장 많은 발전량을 생산하는 순서대로 나타낸 것은?

| ㉠ 양방향 추적식 | ㉡ 경사가변식 |
| ㉢ 단방향 추적식 | ㉣ 고정식 |

① ㉠ → ㉡ → ㉢ → ㉣ ② ㉠ → ㉢ → ㉡ → ㉣
③ ㉣ → ㉢ → ㉡ → ㉠ ④ ㉣ → ㉡ → ㉢ → ㉠

해설
양방향 추적식 → 단방향 추적식 → 경사가변식 → 고정식

30 태양광발전설비 시공 시 설계도서, 법령해석, 감리자의 지시 등이 서로 일치하지 않는 경우에 있어 계약으로 그 순위를 정하지 아니한 때 가장 우선시하는 것은?
① 표준시방서 ② 공사시방서
③ 감리자의 지시사항 ④ 관계법령의 유권해석

해설
순위의 우선사항
- 공사시방서 : 건설공사의 계약도서에 포함된 시공기준을 말하며, 표준시방서 및 전문시방서를 기본으로 하여 작성하되, 공사의 특수성·지역여건·공사방법 등을 고려하여 기본설계 및 실시설계도면에 구체적으로 표시할 수 없는 내용과 공사수행을 위한 시공방법, 자재의 성능·규격 및 공법, 품질시험 및 검사 등 품질관리, 안전관리, 환경관리 등에 관한 사항을 기술한다. 즉, 계약자가 공사를 시공하는 과정에서 요구되는 기술적인 사항을 설명한 문서로서 구체적으로는 사용할 재료의 품질, 작업순서, 마무리 정도 등 도면상 기재가 곤란한 기술적인 사항이 표시된다.
- 표준시방서 : 시설물의 안전 및 공사시행의 적정성과 품질확보 등을 위하여 시설물별로 정한 표준적인 시공기준으로서 발주청 또는 설계 등 용역업자가 공사시방서를 작성하는 경우에 활용하기 위한 시공기준이며, 콘크리트 표준시방서, 토목공사 표준시방서, 건축공사 표준시방서, 도로공사 표준시방서 등의 전형적인 예이다.

- 관계법령의 유권해석
- 감리자의 지시사항

31 모듈에 음영이 발생할 경우 출력저하 및 발열을 억제하기 위해 설치하는 것은?
① 저 항 ② 노이즈 필터
③ 서지 보호장치 ④ 바이패스소자

해설
바이패스소자
태양전지 모듈 중에서 일부의 태양전지 셀에 나뭇잎 등으로 그늘이 지거나 셀의 일부가 고장이 나면 그 부분의 셀은 발전하지 못하며 저항이 크게 된다. 이 셀에는 직렬로 접속된 스트링(회로)의 모든 전압이 인가되어 고저항의 셀에 전류가 흐름으로써 발열이 발생한다. 셀의 온도가 높아지게 되면 셀 및 그 주변의 충진 수지가 변색되고 뒷면의 커버가 팽창하게 된다. 셀의 온도가 계속 높아지면 그 셀과 태양전지 모듈의 파손방지는 물론 이를 방진할 목적으로 고저항이 된 태양전지 셀 또는 모듈에 흐르는 전류를 우회하는 것이 필요하다. 이것이 바로 바이패스소자를 설치하는 목적이다. 출력저하 및 발열억제를 위해 단자함 안에 바이패스 다이오드를 내장한다.

32 현장에 설치된 태양광발전설비에서 외기온도 37[℃]일 때 다음 모듈의 셀 표면온도는?(단, 패널 표면의 일사량은 1,000[W/m²]이다)

정상작동 셀 온도	45[℃]
전력 온도계수	-0.43[%/℃]
전압 온도계수	-0.31[%/℃]
전류 온도계수	+0.05[%/℃]

① 66.25[℃] ② 67.25[℃]
③ 68.25[℃] ④ 69.25[℃]

해설
모듈의 셀 표면온도
$$T_{cell} = T_{Air} + \left(\left(\frac{NOCT-20}{80}\right) \times S\right)[℃]$$
$$= 37 + \left(\left(\frac{45-20}{80}\right) \times 100\right) = 68.25[℃]$$

여기서, T_{Air} : 공기온도(주위(외기)온도)[℃]
NOCT : 공칭 태양광발전 전지 작동온도(정상작동 셀 온도)[℃]
S : 일조강도[mW/cm²]

일사량이 1,000[W/m²]이므로 일조강도로 변경을 하면,
$S = $ 일사량 $\times 1,000 \times 10^{-4} = 100$ 이다.

28 ② 29 ② 30 ② 31 ④ 32 ③

33 그림과 같이 태양광 어레이의 배선연결을 설계하였다면 문제점으로 가장 옳은 것은?

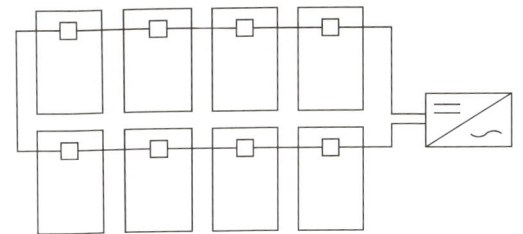

① 낙뢰에 취약하다.
② 누설전류가 커진다.
③ 고조파가 발생한다.
④ 전선의 길이가 길어져 전압강하가 커진다.

해설
태양광 어레이의 배선연결
현재 그림은 모든 선이 하나로 연결되어 있기 때문에 외부의 충격에 약하게 되어 있어 직격뢰나 유도뢰에 취약하다.

34 태양전지의 변환효율로 옳은 것은?

① $\dfrac{\text{출력 전기에너지}}{\text{입사 태양광에너지}} \times 100$

② $\dfrac{\text{인버터 출력 전기에너지}}{\text{인버터 입력 전기에너지}} \times 100$

③ $\dfrac{\text{출력 전기에너지}}{\text{출력 태양광에너지}} \times 100$

④ $\dfrac{\text{입사 태양광에너지}}{\text{태양 발생에너지}} \times 100$

해설
태양전지의 변환효율(η) = $\dfrac{\text{출력 전기에너지}}{\text{입사 태양광에너지}} \times 100 [\%]$

35 태양광발전시스템 출력 18,750[W], 태양전지 모듈 최대출력 250[W], 모듈의 직렬연결 개수가 5개일 때 최대 병렬연결 개수는?

① 10   ② 15
③ 20   ④ 25

해설
병렬연결 개수 N(개) = $\dfrac{\text{전체출력}}{\text{모듈 최대출력} \times \text{모듈 직렬연결 개수}}$
= $\dfrac{18,750}{250 \times 5} = 15$

36 태양광발전소의 경우 발전시설용량이 몇 [kW] 이상일 때 환경영향평가 대상인가?

① 5,000   ② 10,000
③ 50,000 ④ 100,000

해설
환경영향평가의 대상사업 및 범위(환경영향평가법 시행령 제31조)
태양광발전소의 경우 발전시설용량이 100,000[kW] 이상일 경우 환경영향평가 대상이 된다.

37 태양광발전설비 중 접속함에 사용되는 장치로 다음 그림은 무엇을 나타낸 것인가?

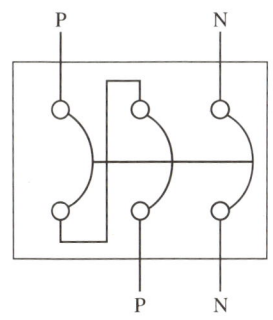

① MCCB   ② GIS
③ ACB   ④ VCB

해설
배선용 차단기(MCCB ; Molded Case Circuit Breaker)
과전류 벗겨내기 장치나 개폐기구 등을 몰드 용기 안에 일체화시킨 기중 차단기로, 차단능력이 우수하여 퓨즈 달린 스위치 대신 저압 배전반에 사용하기도 한다. 배선용 차단기는 교류 600[V] 이하, 또는 직류 250[V] 이하의 저압 옥내전압의 보호에 사용되는 몰드 케이스(Mold Case) 차단기를 말하며, 일반적으로 NFB이라고 불린다.

정답 33 ① 34 ① 35 ② 36 ④ 37 ①

38 태양광발전소에 설치되는 가대 설계의 절차과정이다. ( )에 알맞은 내용으로 옳은 것은?

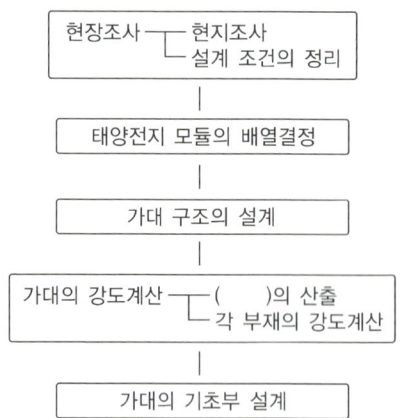

① 경사각도
② 상정하중
③ 모듈의 수량
④ 앵커볼트 수량

［해설］
태양광발전소에 설치되는 가대 설계의 절차과정
현장조사(현지조사, 설계 조건의 정리) → 태양전지 모듈의 배열결정 → 가대 구조의 설계 → 가대의 강도계산(상정하중의 산출, 각 부재의 강도계산) → 가대의 기초부 설계

39 태양광 모듈을 설치하는 데 면적을 가장 작게 차지하는 전지의 재료는?

① 다결정 전지
② 고효율 전지
③ 단결정 전지
④ 비정질 실리콘 전지

［해설］
태양광 모듈의 설치하는 데 면적을 가장 작게 차지하는 전지의 재료는 고효율 전지 > 단결정 전지 > 다결정 전지 > 비정질 실리콘 전지 순이다.

40 태양광발전시스템에 그림자가 발생하게 되면 일사량이 감소하기 때문에 발전량이 감소한다. 일사량의 2가지 성분으로 옳은 것은?

① 직달광 성분과 산란광 성분
② 경사면 일사성분과 산란광 성분
③ 직달광 성분과 수평면 일사성분
④ 수평면 일사성분과 경사면 일사성분

［해설］
일사량의 성분
- 태양의 복사에너지가 대기권에서 산란, 굴절, 편광되지 않고 지표면에 곧바로 도달되는 직사광선인 방향성을 갖는 직달일사(Beam or Direct Radiation)의 형태
- 지구의 대기권에 수분, 공기입자, 공해물질에 의해서 산란된 형태의 무방향성 복사에너지인 산란일사(Diffuse Radiation)의 형태

제3과목　태양광발전시스템 시공

41 설계감리원 기본임무가 아닌 것은?

① 설계변경 및 계약금 조정의 심사
② 과업지시서에 따라 업무를 성실히 수행
③ 설계용역 및 설계감리용역 계약내용을 충실히 이해
④ 해당 설계용역이 관련 법령 및 전기설비 기술기준 등에 적합성 여부 확인

［해설］
발주자, 설계감리원 및 설계자의 기본임무(설계감리업무 수행지침 제5조)
- 설계감리원의 기본임무
  - 설계용역 계약 및 설계감리용역 계약내용의 충실한 이행
  - 법령・전기설비기술기준 등이 적용된 설계여부 확인, 설계의 경제성 검토 및 기술지도
  - 설계감리 업무를 수행
  - 과업지시서에 따라 업무수행 및 설계의 품질향상

42 저압 뱅킹(Banking)방식에 대한 설명으로 옳은 것은?

① 부하 증가에 대한 융통성이 없다.
② 캐스케이딩(Cascading) 현상의 염려가 있다.
③ 깜박임(Light Flicker) 현상이 심하게 나타난다.
④ 저압 간선의 저압강하는 줄어지나 전력손실을 줄일 수 없다.

［해설］
저압 뱅킹(Banking)방식 – 부하가 밀집된 시가지에 적용
- 부하의 융통성을 도모하고, 전압변동 전력손실이 경감
- 변압기 용량 절감, 공급신뢰도 향상
- 캐스케이딩 현상 발생

43 설계감리원의 수행 업무범위에 포함되지 않는 것은?

① 설계감리 용역을 발주
② 시공성 및 유지관리의 용이성 검토
③ 주요 설계용역 업무에 대한 기술자문
④ 설계업무의 공정 및 기성관리의 검토 확인

해설
설계감리원의 업무범위(설계감리업무 수행지침 제4조)
• 주요 설계용역 업무에 대한 기술자문
• 사업기획 및 타당성 조사
• 시공성 및 유지관리의 용이성 검토
• 설계도서의 누락, 오류, 불명확한 부분에 대한 추가 및 정정 지시 및 확인
• 설계업무의 공정 및 기성관리의 검토·확인
• 설계감리 결과보고서의 작성
• 그 밖에 계약문서에 명시된 사항

44 케이블 등이 방화구획을 관통할 경우 관통부분에 되메우기 충전재 등을 사용하여 관통부처리를 하여야 한다. 방화구획 관통부처리 목적이 아닌 것은?

① 화열의 제한
② 연기 확산방지
③ 인명 안전대피
④ 전선의 절연강도 향상

해설
방화구획 관통부의 처리 목적
화열의 제한, 연기 확산방지, 인명 안전대피 등

45 전력계통에 사용되는 차단기의 차단용량을 결정할 때 이용되는 것으로 가장 옳은 것은?

① 계통의 최고전압
② 예상 최대단락전류
③ 회로에 접속되는 전부하전류
④ 회로를 구성하는 전선의 최대허용전류

해설
• 부하의 용량
• 계통의 정격전압
• 정격차단전류
※ 정격차단전류 : 차단기의 차단 동작 순간 각 상에 흐르는 전류로서 과전류의 사고가 아닌 단락사고에 의해 발생하는 계통상의 대전류를 차단기가 자체의 손상이 없이 견딜 수 있는 최대의 사고전류를 의미한다.

46 감리원은 착공신고서의 적정여부를 검토하여야 하다. 검토항목 및 확인 내용으로 틀린 것은?

① 안전관리계획 : 전기공사업법에 따른 해당 규정 반영 여부 확인
② 공사시작 전 사진 : 전경이 잘 나타나도록 촬영되었는지 확인
③ 작업인원 및 장비투입계획 : 공사의 규모 및 성격, 특성에 맞는 장비형식이나 수량의 적정여부 확인
④ 품질관리계획 : 공사 예정공정표에 따라 공사용 자재의 투입시기와 시험방법, 빈도 등이 적정하게 반영되었는지 확인

해설
착공신고서 검토 및 보고(전력시설물 공사감리업무 수행지침 제11조)
① 안전관리계획 : 산업안전보건법령에 따른 해당 규정 반영여부를 확인한다.

47 감리원이 공사감리 중 부분공사 중지를 지시할 수 있는 사유가 아닌 것은?

① 동일 공정에 있어 2회 이상 경고가 있었음에도 이행되지 않을 때
② 동일 공정에 있어 2회 이상 시정지시가 있음에도 이행되지 않을 때
③ 안전시공 상 중대한 위험이 예상되어 중대한 물적, 인적 피해가 예견될 때
④ 재시공 지시가 이행되지 않는 상태에서 다음 단계의 공정이 진행됨으로써 하자발생이 될 수 있다고 판단될 때

해설
부분중지 사유(전력시설물 공사감리업무 수행지침 제41조)
• 재시공 지시가 이행되지 않는 상태에서 다음 단계의 공정이 진행됨으로써 하자발생이 될 수 있다고 판단될 때
• 안전시공상 중대한 위험이 예상되어 중대한 물적, 인적 피해가 예견될 때
• 동일 공정에 있어 3회 이상 시정지시가 있음에도 이행되지 않을 때
• 동일 공정에 있어 2회 이상 경고가 있었음에도 이행되지 않을 때

정답 43 ① 44 ④ 45 ② 46 ① 47 ②

48 태양전지 어레이에서 인버터 입력단간 및 인버터 출력단간과 계통연계점 간의 전압강하는 몇 [%]를 초과하지 않아야 하는가?(단, 전선의 길이는 100[m]이다)

① 3[%] ② 5[%]
③ 6[%] ④ 7[%]

해설
전선의 길이가 60[m]를 초과하는 경우에는 표에 따라 시공할 수 있다.
전선길이에 따른 전압강하 허용값

전선길이	전압강하
120[m] 이하	5[%]
200[m] 이하	6[%]
200[m] 초과	7[%]

49 KS C IEC 60364에 의한 전원의 한점을 직접접지하고 설비의 노출 도전성 부분을 전원계통의 접지극과는 전기적으로 독립한 접지극에 접지하는 접지계통은?

① IT 계통(IT System)
② TT 계통(TT System)
③ TN-S 계통(TN-S System)
④ TN-C 계통(TN-C System)

해설
TT 계통(Terra Terra System)
보호도체를 전원으로부터 가져오지 않고 기기 자체에서 접지하여 사용한다. 전력공급측을 계통접지하여 설비의 노출 도전성 부분을 계통접지와 전기적으로 독립접지하는 방식이다.

50 태양전지 모듈 간 직·병렬 배선에 대한 설명으로 틀린 것은?

① 태양전지 셀의 각 직렬군은 동일한 단락전류를 가진 모듈로 구성해야 한다.
② 태양전지 모듈 간의 배선은 단락전류에 충분히 견딜 수 있도록 2.5[mm²] 이상의 전선을 사용하여야 한다.
③ 케이블이나 전선은 모듈 이면에 설치된 전선관에 설치되어야 하며, 이들의 최소굴곡반경은 각 지름의 4배 이상이 되도록 하여야 한다.
④ 1대의 인버터에 연결된 태양전지 셀 직렬군이 2병렬 이상인 경우에는 각 직렬군의 출력전압이 동일하게 형성되도록 배열해야 한다.

해설
케이블이나 전선은 모듈 이면에 설치된 전선관에 설치되거나 가지런히 배열 및 고정되어야 하며, 이들의 최소굴곡반경은 각 지름의 6배 이상이 되도록 한다.

51 태양광발전설비의 시공기준 중 인버터에 관한 내용으로 옳은 것은?

① 인버터 입력단(모듈출력)의 표시사항은 전압, 전류, 주파수가 표시되어야 한다.
② 각 직렬군의 태양전지 개방전압은 인버터 입력전압의 105[%] 범위 안에 있어야 한다.
③ 인버터에 연결된 태양전지 모듈의 설치용량은 인버터 설치용량의 110[%] 이내이어야 한다.
④ 실내용을 실외에 설치하는 경우는 5[kW] 이상일 경우에만 가능하며, 빗물침투를 방지할 수 있도록 외함 등을 설치하여야 한다.

해설
인버터의 시공기준
- 모듈출력 전압, 전류, 전력과 출력단의 전압, 전류, 전력, 역률, 주파수, 누적발전량, 최대출력이 표시되어야 한다.
- 인버터의 설치용량은 설계용량 이상이고 인버터에 연결된 모듈의 설치용량은 인버터 설치용량의 105[%] 이내이어야 한다.
- 외함접지 시 고주파 누설전류로 인하여 접지하지 않고 절연상태를 유지시킨다.
- 옥내용을 옥외에 설치하는 경우 빗물의 침투를 방지할 수 있도록 옥내에 준하는 수준으로 외함 등을 설치해야 한다.

52 개개의 기둥을 독립적으로 지지하는 형식으로 기초판과 기둥으로 형성되어 있으며, 기둥과 보로 구성되어 있는 건축물에 적용되는 태양광발전 기초공법은?

① 파일기초
② 연속기초(줄기초)
③ 독립기초
④ 온통기초(매트기초)

해설
기초공사의 종류
- 독립기초 : 개개의 기둥을 독립적으로 지지하는 형식으로 기초판과 기둥으로 형성되어 있으며, 기둥과 보로 구성되어 있는 건축물에 적용되는 기초이다.
- 연속기초(줄기초) : 내력벽 또는 조적벽을 지지하는 기초공사로 벽체 양옆에 캔틸레버 작용으로 하중을 분산시킨다.
- 온통기초(매트기초) : 지층에 설치되는 모든 구조를 지지하는 두꺼운 슬래브 구조로 지반에 지내력이 약해 독립기초나 말뚝기초로 적당하지 않을 때 사용된다.

53 태양전지 모듈배선을 금속관공사로 시공할 경우의 설명으로 틀린 것은?

① 옥외용 비닐절연전선을 사용하여야 한다.
② 짧고 가는 금속관에 넣는 전선인 경우 단선을 사용할 수 있다.
③ 금속관 내에서 전선은 접속점을 만들어서는 안 된다.
④ 전선은 단면적 10[mm²]을 초과하는 경우 연선을 사용하여야 한다.

해설
금속관공사(KEC 232.12)
- 전선은 절연전선(옥외용 비닐절연전선을 제외한다)일 것
- 전선은 연선일 것. 다만, 다음의 것은 적용하지 않는다.
  - 짧고 가는 금속관에 넣은 것
  - 단면적 10[mm²](알루미늄선은 단면적 16[mm²]) 이하의 것
- 전선은 금속관 안에서 접속점이 없도록 할 것
※ KEC(한국전기설비규정)의 적용으로 인해 판단기준 제184조(금속관공사)에서 KEC 232.1.2로 변경됨〈2021.01.19.〉

54 송전선로에 대한 설명으로 틀린 것은?

① 송전방식은 교류 송전방식만이 사용된다.
② 송전계통의 개요는 송전선로, 급전설비, 운영설비이다.
③ 송전선로는 발전소, 1차 변전소, 배전용 변전소로 구성된다.
④ 송전설비는 발전소 상호 간, 변전소 상호 간, 발전소와 변전소 간을 연결하는 전선로와 전기설비를 말한다.

해설
송전선로의 송전방식은 교류 송전방식 및 직류 송전방식이 있다.

55 태양광발전시스템의 사용 전 검사 시 태양전지의 전기적 특성 확인에 대한 설명으로 틀린 것은?

① 태양광발전시스템에 설치된 태양전지 셀의 셀당 최소 출력을 기록한다.
② 검사자는 모듈 간 배선접속이 잘 되었는지 확인하기 위하여 개방전압 및 단락전류 등을 확인한다.
③ 검사자는 운전개시 전에 태양전지 회로의 절연상태를 확인하고 통전여부를 판단하기 위하여 절연저항을 측정한다.
④ 개방전압과 단락전류와의 곱에 대한 최대출력의 비(충진율)를 태양전지 규격서로부터 확인하여 기록한다.

해설
사용 전 검사 시 태양광발전소에 설치된 태양전지 셀의 셀당 최대출력을 기록한다.

56 전력선에 의한 통신선의 정전유도장해 경감대책이 아닌 것은?

① 전력선측 및 통신선측에 적절한 차폐선을 가설
② 통신선을 케이블화하여 시스를 접지
③ 전력선 계통을 완전 연가
④ 고저항 접지방식 적용

해설
정전유도장해 경감대책
적절한 차폐선 가설, 시스접지, 전력선 완전 연가 등이다.

57 감리원은 공사업자가 작성·제출한 시공계획서를 제출받아 이를 검토·확인하여 승인하고 시공하도록 하며, 시공계획서의 보완이 필요한 경우에는 그 내용과 사유를 문서로써 공사업자에게 통보하여야 한다. 시공계획서에 포함되어야 하는 내용이 아닌 것은?

① 시공일정
② 현장조직표
③ 감리원 배치
④ 주요 장비 동원계획

정답 53 ① 54 ① 55 ① 56 ④ 57 ③

해설
시공계획서에 포함되어야 할 내용(전력시설물 공사감리업무 수행지침 제30조)
현장조직표, 공사 세부공정표, 주요 공정의 시공절차 및 방법, 시공일정, 주요 장비 동원계획, 주요 기자재 및 인력투입 계획, 주요 설비, 품질·안전·환경관리 대책 등

58 케이블트레이 시공방식의 장점이 아닌 것은?

① 방열특성이 좋다.
② 허용전류가 크다.
③ 재해를 거의 받지 않는다.
④ 장래부하 증설 시 대응력이 크다.

해설
케이블 포설 시 집중하중으로 인하여 트레이 및 케이블이 손상되면 큰 재해가 발생할 수 있으므로 손상되지 않도록 롤러 등의 포설기구를 사용한다.

59 태양전지 모듈의 배선이 모두 끝난 후 실시하는 어레이 검사항목이 아닌 것은?

① 전압극성 확인
② 단락전류 측정
③ 비접지의 확인
④ 개방전류 확인

해설
어레이 검사항목
전압극성 확인, 단락전류 측정, 비접지의 확인, 단락전류의 확인 등

60 지붕에 설치하는 태양광발전시스템 중 톱 라이트형의 특징이 아닌 것은?

① 고층 건물의 벽면을 유효하게 이용한다.
② 셀의 배치에 따라서 개구율을 바꿀 수 있다.
③ 톱 라이트의 채광 및 셀에 의한 차폐효과도 있다.
④ 톱 라이트의 유리부분에 맞게 태양전지 유리를 설치한 타입이다.

해설
톱 라이트형
태양전지 유리를 천장에 설치하여 채광이나 차폐효과를 얻는 방식이다.

제4과목 태양광발전시스템 운영

61 일상 정기점검에 의한 처리 중 절연물의 보수에 대한 내용으로 틀린 것은?

① 절연물에 균열, 파손, 변형이 있는 경우에는 부품을 교체한다.
② 합성수지 적층판이 오래되어 헐거움이 발생되는 경우에는 부품을 교체한다.
③ 절연물의 절연저항이 떨어진 경우에는 종래의 데이터를 기초로 하여 계열적으로 비교 검토한다.
④ 절연저항값은 온도, 습도 및 표면의 오손상태에 따라서 크게 영향을 받지 않으므로 양부의 판정이 쉽다.

해설
절연물의 보수 공통사항
- 자기성 절연물에 오손 및 이물질이 부착된 경우에는 청소한다.
- 합성수지 적층판, 목재 등이 오래되어 헐거움이 발생되는 경우에는 부품을 교환한다.
- 절연물에 균열, 파손, 변형이 있는 경우 부품을 교환한다.
- 절연물의 절연저항이 떨어진 경우에는 종래의 데이터를 기초로 하여 계열적으로 비교 검토한다(구간, 부품별로 분리하여 측정한다). 동시에 접속되어 있는 각 기기 등을 체크하여 원인을 규명하고 처리한다.
- 절연저항값은 온도, 습도 및 표면의 오손상태에 따라 크게 영향을 받는다.

62 전기사업용 전기설비검사를 받고자 하는 자는 검사희망일 7일 전에 어디에 정기검사를 신청하여야 하는가?

① 한국전력공사
② 한국전력거래소
③ 한국전기안전공사
④ 한국전기기술인협회

해설
정기검사의 대상·기준 및 절차 등(전기사업법 시행규칙 제32조)
전기사업용 전기설비검사를 받고자 하는 자는 검사희망일 7일 전 한국전기안전공사에 정기검사를 신청하여야 한다.

정답 58 ③ 59 ④ 60 ① 61 ④ 62 ③

63 태양광발전시스템 유지보수용 안전장비가 아닌 것은?

① 안전모 ② 절연장갑
③ 절연장화 ④ 방진마스크

[해설]
절연용 보호구는 안전모, 절연장갑, 절연장화 등이 있다.

64 태양광발전시스템의 인버터 정기점검 중 육안점검 사항이 아닌 것은?

① 투입저지 시한 타이머 동작시험
② 접지선의 손상 및 접속단자 이완
③ 외부배선의 손상 및 접속단자 이완
④ 운전 시 이상음, 이취 및 진동 유무

[해설]
투입저지 시한 타이머 동작시험은 인버터의 준공 시 사용 전 검사내용이다.

65 태양광발전시스템의 계측에 사용되는 기기 중 검출된 데이터를 컴퓨터 및 먼 거리에 설치된 표시장치에 전송하는 경우에 사용되는 장치는?

① 검출기 ② 연산장치
③ 기억장치 ④ 신호변환기

[해설]
신호변환기(트랜스듀서)
- 신호변환기는 검출기로 검출된 데이터를 컴퓨터 및 먼 거리에 설치된 표시장치에 전송하는 경우에 사용한다.
- 신호변환기는 각종 검출 데이터(전압, 전류, 전력 등)에 적합한 것이 시판되고 있으므로 그 중에서 필요한 것을 선택하며, 신호변환기의 출력신호도 입력신호 0~100[%]에 대하여 0~5[V], 1~5[V], 14~20[mA] 등 여러 가지가 시판되고 있으므로 그 중에서 최적인 것을 선택한다.
- 신호출력은 노이즈가 혼입되지 않도록 실드선을 사용하여 전송하도록 한다(4~20[mA]의 전류신호로 전송하면 노이즈의 염려가 줄어든다).

66 결정계 실리콘 지상용 태양전지 모듈 설계인증 및 형식승인 규격은?

① KS C 8540 ② KS C IEC 61215
③ KS C IEC 61646 ④ KS C IEC 61730

[해설]
KS C IEC 61215는 지상 설치용 결정계 실리콘 태양전지(PV) 모듈 : 설계 적격성 확인 및 형식승인 요구사항이다.

67 태양광발전시스템의 계측·표시에 관한 설명으로 틀린 것은?

① 계측기의 소비전력을 최대한 높여야 한다.
② 홍보용으로 표시장치를 설치하기도 한다.
③ 시스템의 운전상태 감시를 위한 계측 또는 표시이다.
④ 시스템 기기 및 시스템 종합평가를 위한 계측이다.

[해설]
계측기의 소비전력은 낮은 것이 유리하다.

68 전기사업용 태양광발전소의 태양전지·전기설비계통의 정기검사 시기는?

① 1년 이내 ② 2년 이내
③ 3년 이내 ④ 4년 이내

[해설]
정기검사의 대상·기준 및 절차 등(전기사업법 시행규칙 제32조)
전기사업용 태양광발전소의 태양전지·전기설비계통의 정기검사 시기는 4년 이내이다.

69 배전반 제어회로의 배선에 대한 일상점검 항목이 아닌 것은?

① 전선 지지물의 탈락 여부 확인
② 과열에 의한 이상한 냄새 여부 확인
③ 볼트류 등의 조임 이완에 따른 진동음 유무 확인
④ 가동부 등의 연결전선의 절연피복 손상여부 확인

[해설]
배전반 제어회로의 배선에 대한 일상점검 항목
전선 지지물의 탈락여부, 과열에 의한 이상한 냄새, 전선의 절연피복 손상 여부 확인

정답 63 ④ 64 ① 65 ④ 66 ② 67 ① 68 ④ 69 ③

70 태양광 모듈 정비요령으로 가장 거리가 먼 것은?
① 모듈이 지저분할 시에는 부드러운 천을 이용해 닦아준다.
② 모듈의 후면은 물이나 중성세제를 이용해 깨끗이 청소한다.
③ 모듈은 외부충격에 의해 파손될 수 있으니, 주변에 공구 등을 방치해서는 안 된다.
④ 프레임은 다른 구조물과 마찰 시 추후 프레임에 녹이 발생할 수 있으므로 관리에 주의해야 한다.

해설
태양광 모듈의 표면에 쌓인 먼지 등은 젖은 스펀지나 천으로 청소하고 공기건조 또는 깨끗한 세미가죽을 사용하여 건조시킨다.

71 발전설비용량이 200[kW] 이하인 구역전기사업의 허가를 신청하는 경우에 제출하는 서류는?
① 신용평가의견서 및 재원 조달계획서
② 부지의 확보 및 배치계획 관련 증명서류
③ 전기설비 건설 및 운영계획 관련 증명서류
④ 특정한 공급구역의 위치 및 경계를 명시한 5만분의 1 지형도

해설
사업허가의 신청(전기사업법 시행규칙 제4조)
발전설비용량이 200[kW] 이하인 구역전기사업의 허가를 신청하는 경우에 제출하는 서류는 전기사업법 시행규칙에 따른 사업계획서 및 특정한 공급구역의 위치 및 경계를 명시한 5만분의 1 지형도이다.

72 정전작업 시 작업 전 조치사항이 아닌 것은?
① 단락접지의 수시 확인
② 전로의 개로개폐기에 시건장치 설치
③ 검전기로 개로된 전로의 충전 여부 확인
④ 전력 케이블 및 전력 콘덴서 등의 잔류전하 방전

해설
정전작업 시 작업 전 조치사항
• 전로의 개로개폐기에 시건장치 및 통전금지 표지판 설치
• 전력 케이블, 전력 콘덴서 등의 잔류전하의 방전
• 검전기로 개로된 전로의 충전 여부 확인
• 단락접지기구로 단락접지

73 태양광발전시스템의 신뢰성 평가 및 분석항목에 대한 설명 중 틀린 것은?
① 운전 데이터의 결측 상황
② 계측 트러블 - 컴퓨터 전원의 차단 및 조작오류
③ 정기점검, 개수정전, 계통정전 등의 수시정지 상황
④ 시스템 트러블 - 인버터 정지, 직류지락, 계통지락 등에 의한 시스템의 운전정지

해설
신뢰성 평가 분석항목
• 트러블
 - 시스템 트러블 : 인버터 정지, 직류지락, 계통지락, RCD 트립, 원인불명 등에 의한 시스템 운전정지 등
 - 계측 트러블 : 컴퓨터 전원의 차단, 컴퓨터의 조작 오류, 기타 원인불명
• 운전 데이터의 결측 상황
• 계획정지 : 정전 등(정기점검 - 개수정전, 계통정전)

74 태양광발전시스템의 점검 중 일상점검에 관한 내용으로 틀린 것은?
① 이상상태를 발견한 경우에는 배전반 등의 문을 열고 이상 정도를 확인한다.
② 원칙적으로 정전을 시켜 놓고 무전압상태에서 기기의 이상상태를 점검하고 필요에 따라서는 기기를 분리하여 점검한다.
③ 주로 점검자의 감각(오감)을 통해서 실시하는 것으로 이상한 소리, 냄새, 손상 등을 점검항목에 따라서 행하여야 한다.
④ 이상상태가 직접 운전을 하지 못할 정도로 전개된 경우를 제외하고는 이상상태의 내용을 정기점검 시에 참고자료로 활용한다.

해설
태양광발전시스템의 일상점검
• 태양광발전시스템의 기능 또는 성능을 유지하고, 내용 연한을 연장시키기 위해서는 태양광 모듈의 청소, 대지의 잡초제거, 시설물의 상태 점검, 설비기기의 운전, 가동 부분의 주유, 소모품의 교환 등의 일상점검을 유지관리 체크리스트를 활용하여 행한다.
• 주로 점검자의 감각(오감)을 통해 실시하는 것으로 이상한 소리, 냄새, 손상 등을 점검 항목에 따라서 행하여야 한다.
• 이상상태를 발견한 경우에는 배전반 등의 문을 열고 이상 정도를 확인한다.
• 이상의 상태가 직접 운전을 하지 못할 정도로 전개된 경우를 제외하고는 이상상태의 내용을 기록하여 정기점검 시에 참고자료로 활용한다.

75 인버터 'Solar Cell UV Fault'로 표시되었을 경우의 현상 설명으로 옳은 것은?

① 태양전지 전압이 규정치 이상일 때
② 태양전지 전압이 규정치 이하일 때
③ 태양전지 전류가 규정치 이상일 때
④ 태양전지 전류가 규정치 이하일 때

해설
인버터에 'Solar Cell UV Fault'로 표시는 태양전지 전압이 규정치 이하일 때를 나타낸다.

76 분산형전원 발전설비의 역률은 계통 연계지점에서 원칙적으로 얼마 이상을 유지하여야 하는가?

① 0.8　　② 0.9
③ 0.85　　④ 1

해설
분산형전원 발전설비의 역률은 계통 연계지점에서 원칙적으로 90% 이상을 유지한다.

77 태양광발전시스템의 고장원인 중 모듈의 고장원인으로 틀린 것은?

① 제조 결함 및 시공 불량
② 모듈 내부의 환기 불량으로 인한 열화
③ 전기적, 기계적 스트레스에 의한 셀의 파손
④ 주위환경(염해, 부식성 가스 등)에 의한 부식

해설
태양광 모듈의 고장원인
• 제조 결함
• 시공 불량
• 운영과정에서의 외상
• 전기적, 기계적 스트레스에 의한 셀의 파손
• 경년열화에 의한 셀 및 리본의 노화
• 주변환경(염해, 부식성 가스 등)에 의한 부식

78 태양전지 어레이의 일상점검 항목 중 육안점검 항이 아닌 것은?

① 표시부의 이상표시
② 표면의 오염 및 파손
③ 지지대의 부식 및 녹
④ 외부배선(접속케이블)의 손상

해설
태양전지 어레이의 일상점검 항목 중 육안점검사항
• 현저한 오염 및 파손이 없을 것
• 부식 및 녹이 없을 것
• 접속케이블에 손상이 없을 것

79 중대형 태양광발전용 독립형 인버터의 경우 정격효율로 측정하여 정격용량이 100[kW] 초과에서는 몇 [%] 이상이어야 하는가?(단, 교류전원을 정격전압 및 정격주파수로 운전한다)

① 90　　② 92
③ 94　　④ 96

해설
중대형 태양광발전용 독립형 인버터의 경우 정격효율 시험
정격효율로 측정하여 정격용량이 10[kW] 초과 30[kW] 이하에서는 88[%] 이상, 30[kW] 초과 100[kW] 이하에서는 90[%] 이상, 100[kW] 초과에서는 92[%] 이상일 것

80 자가용 전기설비 중 태양광발전시스템 정기검사 시 태양광 전지의 검사세부 종목이 아닌 것은?

① 어레이　　② 외관검사
③ 규격확인　　④ 절연내력

해설
정기검사 시 태양광 전지의 검사세부 종목
• 태양광 어레이
• 외관검사
• 규격확인 등

정답　75 ②　76 ②　77 ②　78 ①　79 ②　80 ④

제5과목 신재생에너지 관련 법규

81 특고압 가공전선로를 가공케이블로 시설하는 방법으로 틀린 것은?

① 조가용선에 행거의 간격은 1[m]로 시설하였다.
② 조가용선 및 케이블의 피복에 사용하는 금속체에는 제3종 접지공사를 하였다.
③ 조가용선은 단면적 22[mm²]의 아연도강연선을 사용하였다.
④ 조가용선에 금속테이프를 간격 20[cm] 이하의 간격을 유지시켜 나선형으로 감아 붙였다.

해설
특고압 가공케이블의 시설(KEC 333.3)
특고압 가공전선로는 그 전선에 케이블을 사용하는 경우에는 다음에 따라 시설하여야 한다.
- 케이블은 다음의 어느 하나에 의하여 시설할 것
  - 조가용선에 행거에 의하여 시설할 것. 이 경우에 행거의 간격은 0.5[m] 이하로 하여 시설하여야 한다.
  - 조가용선에 접촉시키고 그 위에 쉽게 부식되지 아니하는 금속 테이프 등을 0.2[m] 이하의 간격을 유지시켜 나선형으로 감아 붙일 것
- 조가용선은 인장강도 13.93[kN] 이상의 연선 또는 단면적 22[mm²] 이상의 아연도강연선일 것
- 조가용선은 고압 가공전선의 안전율 규정에 준하여 시설할 것
- 조가용선 및 케이블의 피복에 사용하는 금속체에는 KEC 140(접지시스템)의 규정에 준하여 접지공사를 할 것
※ KEC(한국전기설비규정)의 적용으로 인해 판단기준 제106조(특고압 가공케이블의 시설)에서 KEC 333.3으로 변경됨〈2021.01.19.〉

82 저탄소 녹색성장을 위한 기후변화대응 및 에너지의 목표관리에 해당되지 않는 것은?

① 에너지 절약 목표
② 온실가스 배출 목표
③ 에너지 이용효율 목표
④ 신재생에너지 보급 목표

해설
기후변화대응 및 에너지의 목표관리(저탄소 녹색성장 기본법 제42조)
정부는 범지구적인 온실가스 감축에 적극 대응하고 저탄소 녹색성장을 효율적·체계적으로 추진하기 위하여 다음의 사항에 대한 중장기 및 단계별 목표를 설정하고 그 달성을 위하여 필요한 조치를 강구하여야 한다.
- 온실가스 감축 목표
- 에너지 절약 목표 및 에너지 이용효율 목표
- 에너지 자립 목표
- 신재생에너지 보급 목표

83 전기공사업법 시행령에서 경미한 전기공사가 아닌 것은?

① 전력량계 또는 퓨즈를 부착하거나 떼어내는 공사
② 꽂음접속기, 소켓, 로제트, 실링블록, 접속기, 전구류, 나이프스위치, 그 밖에 개폐기의 보수 및 교환에 관한 공사
③ 벨, 인터폰, 장식전구, 그 밖에 이와 비슷한 시설에 사용되는 소형변압기(2차측 전압 36[V] 이하의 것으로 한정한다)의 설치 및 그 2차측 공사
④ 전압이 220[V] 이하이고, 전기시설 용량이 5[kW] 이하인 단독주택 전기시설의 개선 및 보수 공사

해설
경미한 전기공사 등(전기공사업법 시행령 제5조)
- 대통령령으로 정하는 경미한 전기공사란 다음의 공사를 말한다.
  - 꽂음접속기, 소켓, 로제트, 실링블록, 접속기, 전구류, 나이프스위치, 그 밖에 개폐기의 보수 및 교환에 관한 공사
  - 벨, 인터폰, 장식전구, 그 밖에 이와 비슷한 시설에 사용되는 소형변압기(2차측 전압 36[V] 이하의 것으로 한정한다)의 설치 및 그 2차측 공사
  - 전력량계 또는 퓨즈를 부착하거나 떼어내는 공사
  - 전기용품 및 생활용품 안전관리법에 따른 전기용품 중 꽂음접속기를 이용하여 사용하거나 전기기계·기구(배선기구는 제외한다) 단자에 전선(코드, 캡타이어케이블 및 케이블을 포함한다)을 부착하는 공사
  - 전압이 600[V] 이하이고, 전기시설 용량이 5[kW] 이하인 단독주택 전기시설의 개선 및 보수 공사. 다만, 전기공사기술자가 하는 경우로 한정한다.
- 대통령령으로 정하는 전기공사란 다음의 공사를 말한다.
  - 전기설비가 멸실되거나 파손된 경우 또는 재해나 그 밖의 비상시에 부득이하게 하는 복구공사
  - 전기설비의 유지에 필요한 긴급보수공사

84 저압용 기계기구의 철대 및 외함 접지에서 전기를 공급하는 전로에 누전차단기를 시설하면 외함의 접지를 생략할 수 있다. 이 경우의 누전차단기의 정격이 기술기준에 적합한 것은?

① 정격 감도 전류 15[mA] 이하, 동작시간 0.1초 이하의 전류동작형
② 정격 감도 전류 15[mA] 이하, 동작시간 0.03초 이하의 전압동작형
③ 정격 감도 전류 30[mA] 이하, 동작시간 0.1초 이하의 전류동작형
④ 정격 감도 전류 30[mA] 이하, 동작시간 0.03초 이하의 전류동작형

해설
기계기구의 철대 및 외함의 접지(KEC 142.7)
누전차단기는 정격 감도 전류가 30[mA] 이하, 동작시간이 0.03초 이하의 전류동작형의 것을 시설하는 경우에는 접지공사를 생략할 수 있다.
※ KEC(한국전기설비규정)의 적용으로 인해 판단기준 제33조(기계기구의 철대 및 외함의 접지)에서 KEC 142.7으로 변경됨 〈2021.01.19.〉

85 정부는 실행계획을 시행하는 데에 필요한 사업비를 몇 년마다 세출예산에 계상하여야 하는가?

① 2년 ② 3년
③ 5년 ④ 회계연도

해설
신재생에너지 기술개발 및 이용·보급 사업비의 조성(신에너지 및 재생에너지 개발·이용·보급 촉진법 제9조)
정부는 실행계획을 시행하는 데에 필요한 사업비를 회계연도마다 세출예산에 계상하여야 한다.

86 전기사업법에서 시간대별로 전력거래량을 측정할 수 있는 전력량계를 설치·관리하여야 하는 대상이 아닌 사람은?

① 송전사업자
② 배전사업자
③ 전력을 직접 구매하는 전기사용자
④ 발전사업자(대통령령으로 정하는 발전사업자는 제외한다)

해설
전력량계의 설치·관리(전기사업법 제19조)
다음의 자는 시간대별로 전력거래량을 측정할 수 있는 전력량계를 설치·관리하여야 한다.
• 발전사업자(대통령령으로 정하는 발전사업자는 제외한다)
• 자가용 전기설비를 설치한 자
• 구역전기사업자
• 배전사업자
• 전력의 직접 구매 단서에 따라 전력을 직접 구매하는 전기사용자

87 전기사업법 시행령에서 동일인이 2종류 이상의 전기사업을 할 수 있는 경우가 아닌 것은?

① 도서지역에서 전기사업을 하는 경우
② 변전사업과 전기판매사업을 겸업하는 경우
③ 배전사업과 전기판매사업을 겸업하는 경우
④ 발전사업의 허가를 받은 것으로 보는 집단에너지사업자가 전기판매사업을 겸업하는 경우

해설
두 종류 이상의 전기사업의 허가(전기사업법 시행령 제3조)
동일인이 두 종류 이상의 전기사업을 할 수 있는 경우는 다음과 같다.
• 배전사업과 전기판매사업을 겸업하는 경우
• 도서지역에서 전기사업을 하는 경우
• 집단에너지사업법에 따라 발전사업의 허가를 받은 것으로 보는 집단에너지사업자가 전기판매사업을 겸업하는 경우. 다만, 사업의 허가에 따라 허가받은 공급구역에 전기를 공급하려는 경우로 한정한다.

정답 84 ④　85 ④　86 ①　87 ②

88 기계기구의 철대 및 외함의 접지와 관련하여 기계기구의 구분에 따른 접지공사의 종류가 올바르게 짝지어진 것은?

① 고압용의 것 - 제2종 접지공사
② 특고압용의 것 - 특별 제3종 접지공사
③ 400[V] 미만인 저압용의 것 - 제3종 접지공사
④ 400[V] 이상의 저압용의 것 - 제1종 접지공사

> 해설
> 기계기구의 철대 및 외함의 접지(판단기준 제33조)

기계기구의 구분	접지공사의 종류
400[V] 미만인 저압용의 것	제3종 접지공사
400[V] 이상의 저압용의 것	특별 제3종 접지공사
고압용 또는 특고압용의 것	제1종 접지공사

※ KEC(한국전기설비규정)의 적용으로 종별 접지공사가 폐지되어 문제 성립되지 않음 〈2021.01.19.〉

89 '배전선로'란 다음에서 연결하는 전선로와 이에 속하는 전기설비를 말한다. 그 연결이 틀린 것은?

① 발전소 상호 간
② 전기수용설비 상호 간
③ 발전소와 전기수용설비
④ 변전소와 전기수용설비

> 해설
> 정의(전기사업법 시행규칙 제2조)
> 배전선로란 다음을 연결하는 전선로와 이에 속하는 전기설비를 말한다.
> • 발전소와 전기수용설비
> • 변전소와 전기수용설비
> • 송전선로와 전기수용설비
> • 전기수용설비 상호 간

90 전기설비기술기준상의 전압 구분과 기준 전압의 관계가 옳은 것은?

① 저압 - 직류 750[V] 이하
② 고압 - 직류 650[V] 이하
③ 특저압 - 교류 380[V] 이하
④ 특고압 - 22.9[kV] 초과

> 해설
> ※ 전기설비기술기준 제3조(정의)는 다음과 같이 개정되어 문제 성립 되지 않음
> 정의(기술기준 제3조)
> • 저압이란 직류는 1.5[kV] 이하, 교류는 1[kV] 이하인 것
> • 고압이란 직류는 1.5[kV]를, 교류는 1[kV]를 초과하고, 7[kV] 이하인 것
> • 특고압이란 7[kV]를 초과하는 것

91 접지선의 굵기가 공칭단면적 2.5[mm^2]의 연동선이다. 이것을 이용하여 접지공사를 시행할 수 있는 것은?

① 제1종 및 제2종 접지공사
② 제2종 및 제3종 접지공사
③ 제3종 및 특별 제3종 접지공사
④ 제1종 및 특별 제3종 접지공사

> 해설
> 각종 접지공사의 세목(판단기준 제19조)

접지공사의 종류	접지선의 굵기
제1종 접지공사	공칭단면적 6[mm^2] 이상의 연동선
제2종 접지공사	공칭단면적 16[mm^2] 이상의 연동선(고압 전로 또는 특고압 가공전선로의 전로와 저압 전로를 변압기에 의하여 결합하는 경우에는 공칭단면적 6[mm^2] 이상의 연동선)
제3종 접지공사 및 특별 제3종 접지공사	공칭단면적 2.5[mm^2] 이상의 연동선

※ KEC(한국전기설비규정)의 적용으로 종별 접지공사가 폐지되어 문제 성립되지 않음 〈2021.01.19.〉

92 가공전선로에 지선을 설치하는 설명 중 틀린 것은?

① 보도를 횡단할 경우 지표상 2.5[m] 이상으로 할 수 있다.
② 도로를 횡단하여 시설하는 지선의 높이는 지표상 5[m] 이상으로 하여야 한다.
③ 가공전선로의 지지물로 사용하는 철탑은 지선을 사용하여 그 강도를 분담한다.
④ 지선에 연선을 사용할 경우 소선 3가닥 이상, 지름이 2.6[mm] 이상의 금속선을 사용하여야 한다.

정답 88 ③ 89 ① 90 ① 91 ③ 92 ③

해설

지선의 시설(KEC 331.11)

(1) 가공전선로의 지지물로 사용하는 철탑은 지선을 사용하여 그 강도를 분담시켜서는 아니 된다.
(2) 가공전선로의 지지물로 사용하는 철주 또는 철근 콘크리트주는 지선을 사용하지 아니하는 상태에서 2분의 1 이상의 풍압하중에 견디는 강도를 가지는 경우 이외에는 지선을 사용하여 그 강도를 분담시켜서는 아니 된다.
(3) 가공전선로의 지지물에 시설하는 지선은 다음에 따라야 한다.
　① 지선의 안전율은 2.5((6)에 의하여 시설하는 지선은 1.5) 이상일 것. 이 경우에 허용 인장하중의 최저는 4.31[kN]으로 한다.
　② 지선에 연선을 사용할 경우에는 다음에 의할 것
　　㉠ 소선 3가닥 이상의 연선일 것
　　㉡ 소선의 지름이 2.6[mm] 이상의 금속선을 사용한 것일 것. 다만, 소선의 지름이 2[mm] 이상인 아연도강연선으로서 소선의 인장강도가 0.68[kN/mm^2] 이상인 것을 사용하는 경우에는 그러하지 아니하다.
　③ 지중부분 및 지표상 30[cm]까지의 부분에는 내식성이 있는 것 또는 아연도금을 한 철봉을 사용하고 쉽게 부식되지 아니하는 근가에 견고하게 붙일 것. 다만, 목주에 시설하는 지선에 대해서는 그러하지 아니하다.
　④ 지선근가는 지선의 인장하중에 충분히 견디도록 시설할 것
(4) 도로를 횡단하여 시설하는 지선의 높이는 지표상 5[m] 이상으로 하여야 한다. 다만, 기술상 부득이한 경우로서 교통에 지장을 초래할 우려가 없는 경우에는 지표상 4.5[m] 이상, 보도의 경우에는 2.5[m] 이상으로 할 수 있다.
(5) 저압 및 고압 또는 규정에 의한 25[kV] 미만인 특고압 가공전선로의 지지물에 시설하는 지선으로서 전선과 접촉할 우려가 있는 것에는 그 상부에 애자를 삽입하여야 한다. 다만, 저압 가공전선로의 지지물에 시설하는 지선을 논이나 습지 이외의 장소에 시설하는 경우에는 그러하지 아니하다.
(6) 고압 가공전선로 또는 특고압 전선로의 지지물로 사용하는 목주·A종 철주 또는 A종 철근 콘크리트주(목주 등)에는 다음에 따라 지선을 시설하여야 한다.
　① 전선로의 직선 부분(5° 이하의 수평 각도를 이루는 곳을 포함한다)에서 그 양쪽의 경간차가 큰 곳에 사용하는 목주 등에는 양쪽의 경간차에 의하여 생기는 불평균 장력에 의한 수평력에 견디는 지선을 그 전선로의 방향으로 양쪽에 시설할 것
　② 전선로 중 5°를 초과하는 수평 각도를 이루는 곳에 사용하는 목주 등에는 전 가섭선에 대하여 각 가섭선의 상정 최대장력에 의하여 생기는 수평횡분력에 견디는 지선을 시설할 것
　③ 전선로 중 가섭선을 인류하는 곳에 사용하는 목주 등에는 전 가섭선에 대하여 각 가섭선의 상정 최대장력에 상당하는 불평균 장력에 의한 수평력에 견디는 지선을 그 전선로의 방향에 시설할 것
(7) 가공전선로의 지지물에 시설하는 지선은 이와 동등 이상의 효력이 있는 지주로 대체할 수 있다.
※ KEC(한국전기설비규정)의 적용으로 인해 판단기준 제67조(지선의 시설)에서 KEC 331.11으로 변경됨 〈2021.01.19.〉

---

93 전기사업법에서 사용하는 정의 중 발전소로부터 송전된 전기를 전기 사용자에게 배전하는 데 필요한 전기설비를 설치·운용하는 것을 주된 목적으로 하는 사업은?

① 발전사업　　② 송전사업
③ 배전사업　　④ 전기판매사업

해설

정의(전기사업법 제2조)
- 발전사업이란 전기를 생산하여 이를 전력시장을 통하여 전기판매사업자에게 공급하는 것을 주된 목적으로 하는 사업을 말한다.
- 송전사업이란 발전소에서 생산된 전기를 배전사업자에게 송전하는 데 필요한 전기설비를 설치·관리하는 것을 주된 목적으로 하는 사업을 말한다.
- 배전사업이란 발전소로부터 송전된 전기를 전기사용자에게 배전하는 데 필요한 전기설비를 설치·운용하는 것을 주된 목적으로 하는 사업을 말한다.

94 중앙행정기관의 장은 중앙추진계획을 수립하거나 변경하였을 때에는 몇 개월 이내에 위원회에 보고하여야 하는가?

① 1개월　　② 2개월
③ 3개월　　④ 4개월

해설

중앙추진계획의 보고 등(저탄소 녹색성장 기본법 시행령 제6조)
중앙행정기관의 장은 중앙추진계획을 수립하거나 변경하였을 때에는 2개월 이내에 위원회에 보고하여야 한다.

95 국내 총소비에너지량에 대하여 신재생에너지 등 국내 생산에너지량 및 우리나라가 국외에서 개발(지분 취득을 포함한다)한 에너지량을 합한 양이 차지하는 비율을 무엇이라 하는가?

① 자원순환
② 에너지 의존도
③ 에너지 자립도
④ 신재생에너지 비율

해설
정의(저탄소 녹색성장 기본법 제2조)
- 지구온난화란 사람의 활동에 수반하여 발생하는 온실가스가 대기 중에 축적되어 온실가스 농도를 증가시킴으로써 지구 전체적으로 지표 및 대기의 온도가 추가적으로 상승하는 현상을 말한다.
- 기후변화란 사람의 활동으로 인하여 온실가스의 농도가 변함으로써 상당 기간 관찰되어 온 자연적인 기후변동에 추가적으로 일어나는 기후체계의 변화를 말한다.
- 자원순환이란 환경정책상의 목적을 달성하기 위하여 필요한 범위 안에서 폐기물의 발생을 억제하고 발생된 폐기물을 적정하게 재활용 또는 처리하는 등 자원의 순환과정을 환경친화적으로 이용·관리하는 것을 말한다.
- 신재생에너지란 신에너지(기존의 화석연료를 변환시켜 이용하거나 수소·산소 등의 화학 반응을 통하여 전기 또는 열을 이용하는 에너지) 및 재생에너지(햇빛·물·지열·강수·생물유기체 등을 포함하는 재생 가능한 에너지를 변환시켜 이용하는 에너지)를 말한다.
- 에너지 자립도란 국내 총소비에너지량에 대하여 신재생에너지 등 국내 생산에너지량 및 우리나라가 국외에서 개발(지분 취득을 포함한다)한 에너지량을 합한 양이 차지하는 비율을 말한다.

96 2030년까지 우리나라의 온실가스 감축 목표는 2030년의 온실가스 배출 전망치 대비 얼마까지 줄이는 것인가?

① $\dfrac{37}{100}$ ② $\dfrac{40}{100}$
③ $\dfrac{50}{100}$ ④ $\dfrac{60}{100}$

해설
온실가스 감축 국가목표 설정·관리(저탄소 녹색성장 기본법 시행령 제25조)
온실가스 감축 목표는 2030년의 국가 온실가스 총배출량을 2030년의 온실가스 배출 전망치 대비 $\dfrac{37}{100}$ 까지 감축하는 것으로 한다.

※ 관련 법령 개정으로 "온실가스 감축 목표는 2030년의 국가 온실가스 총배출량을 2017년의 온실가스 총배출량의 1,000분의 244만큼 감축하는 것으로 한다"로 변경됨 〈개정 2019.12.31〉

97 ( ) 안에 들어갈 내용으로 옳은 것은?

> 연료전지 및 태양전지 모듈은 최대사용전압의 (Ⓐ)배의 직류전압 또는 (Ⓑ)배의 교류전압을 충전부분과 대지 사이에 연속하여 10분간 가하여 절연내력을 시험하였을 때에 견디는 것이어야 한다.

① Ⓐ 1.5   Ⓑ 1.25
② Ⓐ 1.5   Ⓑ 1
③ Ⓐ 1.25   Ⓑ 1.1
④ Ⓐ 1.25   Ⓑ 1

해설
연료전지 및 태양전지 모듈의 절연내력(KEC 134)
연료전지 및 태양전지 모듈은 최대사용전압의 1.5배의 직류전압 또는 1배의 교류전압(500[V] 미만으로 되는 경우에는 500[V])을 충전부분과 대지 사이에 연속하여 10분간 가하여 절연내력을 시험하였을 때에 이에 견디는 것이어야 한다.

※ KEC(한국전기설비규정)의 적용으로 인해 판단기준 제15조(연료전지 및 태양전지 모듈의 절연내력)에서 KEC 134로 변경됨 〈2021.01.19.〉

98 신에너지의 종류가 아닌 것은?

① 연료전지
② 수소에너지
③ 바이오에너지
④ 석탄을 액화·가스화한 에너지

> **해설**

정의(신에너지 및 재생에너지 개발·이용·보급 촉진법 제2조)
신에너지란 기존의 화석연료를 변환시켜 이용하거나 수소·산소 등의 화학반응을 통하여 전기 또는 열을 이용하는 에너지로서 다음의 어느 하나에 해당하는 것을 말한다.
- 수소에너지
- 연료전지
- 석탄을 액화·가스화한 에너지 및 중질잔사유를 가스화한 에너지로서 대통령으로 정하는 기준 및 범위에 해당하는 에너지
- 그 밖에 석유·석탄·원자력 또는 천연가스가 아닌 에너지로서 대통령령으로 정하는 에너지

> **해설**

태양전지 모듈 등의 시설(판단기준 제54조)
- 태양전지 발전소에 시설하는 태양전지 모듈, 전선 및 개폐기 기타 기구는 다음에 따라 시설하여야 한다.
  - 충전부분은 노출되지 아니하도록 시설할 것
  - 태양전지 모듈에 접속하는 부하측의 전로(복수의 태양전지 모듈을 시설한 경우에는 그 집합체에 접속하는 부하측의 전로)에는 그 접속점에 근접하여 개폐기 기타 이와 유사한 기구(부하전류를 개폐할 수 있는 것에 한한다)를 시설할 것
  - 태양전지 모듈을 병렬로 접속하는 전로에는 그 전로에 단락이 생긴 경우에 전로를 보호하는 과전류차단기 기타의 기구를 시설할 것. 다만, 그 전로가 단락전류에 견딜 수 있는 경우에는 그러하지 아니하다.
  - 전선은 다음에 의하여 시설할 것. 다만, 기계기구의 구조상 그 내부에 안전하게 시설할 수 있을 경우에는 그러하지 아니하다.
    ⓐ 전선은 공칭단면적 2.5[mm^2] 이상의 연동선 또는 이와 동등 이상의 세기 및 굵기의 것일 것
  - 태양전지 모듈 및 개폐기 그 밖의 기구에 전선을 접속하는 경우에는 나사 조임 그 밖에 이와 동등 이상의 효력이 있는 방법에 의하여 견고하고 또한 전기적으로 완전하게 접속함과 동시에 접속점에 장력이 가해지지 않도록 시설하며 출력배선은 극성별로 확인 가능토록 표시할 것
  - 태양전지 모듈의 프레임은 지지물과 전기적으로 완전하게 접속하여야 한다.
- 태양전지 모듈의 지지물은 자중, 적재하중, 적설 또는 풍압 및 지진 기타의 진동과 충격에 대하여 안전한 구조의 것이어야 한다.
※ KEC(한국전기설비규정)의 적용으로 인해 문제 성립되지 않음 〈2021.01.19.〉

99 태양전지발전소에 시설하는 태양전지 모듈, 전선 및 개폐기, 기타 기계기구의 시설에 대한 설명으로 틀린 것은?

① 태양전지 모듈에 접속하는 부하 측의 전로에는 그 접속점에 근접하여 개폐기를 시설한다.
② 태양전지 모듈을 병렬로 접속하는 전로에는 전로를 보호하는 과전류차단기를 시설한다.
③ 태양전지 모듈의 지지물은 적재하중이나 진동과 충격에 대하여 안전한 구조이어야 한다.
④ 태양전지 모듈 및 개폐기를 전선에 접속하는 경우에는 접속점에 장력이 가해져서 견고하여야 한다.

정답 99 ④

100 전기사업자가 사업에 필요한 전기설비를 설치하고 사업을 시작하기 위하여 산업통상자원부장관이 지정한 준비기간은 몇 년을 넘을 수 없는가?

① 3년　　② 5년
③ 7년　　④ 10년

해설
전기설비의 설치 및 사업의 개시 의무(전기사업법 제9조)
(1) 전기사업자는 산업통상자원부장관이 지정한 준비기간에 사업에 필요한 전기설비를 설치하고 사업을 시작하여야 한다.
(2) (1)에 따른 준비기간은 10년을 넘을 수 없다. 다만, 산업통상자원부장관이 정당한 사유가 있다고 인정하는 경우에는 준비기간을 연장할 수 있다.
(3) 산업통상자원부장관은 전기사업을 허가할 때 필요하다고 인정하면 전기사업별 또는 전기설비별로 구분하여 준비기간을 지정할 수 있다.
(4) 전기사업자는 사업을 시작한 경우에는 지체 없이 그 사실을 산업통상자원부장관에게 신고하여야 한다. 다만, 발전사업자의 경우에는 최초로 전력거래를 한 날부터 30일 이내에 신고하여야 한다. 〈개정 2020.03.31〉

2017년 제1회 기사 과년도 기출문제

신재생에너지발전설비기사(태양광) 필기

제1과목 태양광발전시스템 이론

01 옴의 법칙에서 전류의 크기는 어느 것에 비례하는가?

① 임피던스 ② 전선의 길이
③ 전선의 단면적 ④ 전선의 고유저항

해설
옴의 법칙
$V = IR[V]$, $I = \dfrac{V}{R}[A]$, $R = \dfrac{V}{I}[\Omega]$이며, 전류는 전선의 단면적에 비례한다.

02 3[kW] 인버터의 입력범위가 25~35[V]이고, 최대출력에서 효율이 89[%]이다. 최대정격에서 인버터의 최대입력전류는 약 몇 [A]인가?

① 96 ② 113
③ 124 ④ 135

해설
인버터의 최대입력전류(I) = $\dfrac{정격출력용량}{최소입력전압}$
$= \dfrac{3,371}{25} ≒ 134.84[A]$

여기서, 정격출력용량 = $\dfrac{전력}{효율} = \dfrac{3,000}{0.89} ≒ 3,371[W]$

03 1[Ω·m]와 동일한 단위는?

① 1[μΩ·cm] ② $10^2[\Omega \cdot mm^2]$
③ $10^4[\Omega \cdot cm]$ ④ $10^6[\Omega \cdot mm^2/m]$

해설
$1[\Omega \cdot m] = 1 \times 10^6[\Omega \cdot mm^2/m]$와 같다. 밀리미터는 10^{-3}이기에 제곱을 하면 10^{-6}이 된다.

04 연료전지 시스템의 구성요소 중 단위전지를 적층하여 모듈화한 것은?

① 스택 ② 전해질
③ 가스켓 ④ 고분자막

해설
연료전지 시스템 용어의 정의
• 스택(Stack) : 원하는 전기출력을 얻기 위해 단위전지를 수십~수백 장 직렬로 쌓아 올린 본체로서 단위전지 제조, 단위전지 적층 및 밀봉, 수소공급과 열 회수를 위한 분리판 설계·제작 등이 핵심 기술이다.
• 전해질 : 연료전지는 두 개의 전극으로 되어 있고 전극 사이에 전해질이 들어 있다.

05 뇌보호시스템 중 내부 뇌보호시스템은?

① 접지 시스템 ② 수뢰부 시스템
③ 인하도선 시스템 ④ 서지보호장치 시스템

해설
외부 뇌 보호
뇌 전류를 신속하고 효과적으로 대지에 방류하기 위한 시스템이다.
• 접지극 : 낙뢰 전류를 대지로 흘려보내는 것으로서 동판, 접지선과 접지봉을 건축물의 가장 꼭대기에 설치하여 기초 접지로 설치하는 것을 말한다.
• 인하도선 : 직격뢰를 받은 수뢰부로부터 대지까지 뇌 전류가 통전하는 경로이며, 도선과 건축물의 철골과 철근 등을 인하도선으로 사용한다.
• 수뢰부 : 피뢰침, 돌침 등 직격뢰를 받아서 대지로 분류하는 금속체이다.
• 안전이격거리
• 차 폐

06 계통연계형 태양광발전시스템에 축전지를 부가함으로써 발생할 수 있는 장점이 아닌 것은?

① 계통전압의 안정화에 기여한다.
② 태양광발전시스템의 수명을 연장한다.
③ 재해 발생 시 전력공급의 역할을 한다.
④ 태양광발전시스템의 적용범위를 확대한다.

정답 1 ③ 2 ④ 3 ④ 4 ① 5 ④ 6 ②

해설
계통연계형 태양광발전시스템에 축전지 부가 시 장점
- 태양광발전시스템에서 생산된 전력을 지역 전력망에 공급할 수 있도록 구성된 형식으로 적용범위가 넓다.
- 계통연계형은 한전전원과 동기운전하므로 한전전원이 OFF일 때 역송전이 불가능하기 때문에 계통전압이 안전하다.
- 재해가 일어날 경우 전력공급을 안정적으로 할 수 있다.

07 독립형 태양광발전설비의 전원시스템용 축전지 용량 선정 시 고려사항에 해당되지 않는 것은?

① 보수율
② 설계습도
③ 부조일수
④ 방전심도(DOD)

해설
독립형 전원시스템의 축전지 용량[Ah]

$$C = \frac{1일\ 소비전력량 \times 불일조일수}{보수율 \times 방전종지전압(축전지전압) \times 방전심도(DOD)}[Ah]$$

08 태양전지에서 직렬저항 성분이 아닌 것은?

① 기판 자체 저항
② 표면층의 면 저항
③ 금속전극 자체의 저항
④ 접합의 결함에 의한 누설저항

해설
직렬저항의 요소
- 표면층의 면 저항
- 금속전극 자체 저항성분
- 전지의 전·후면 금속접촉
- 기판 자체 저항

09 태양전지 모듈과 인버터가 통합된 형태로서 태양광발전시스템 확장이 유리한 인버터 운전 방식은?

① 모듈 인버터 방식
② 스트링 인버터 방식
③ 병렬운전 인버터 방식
④ 중앙 집중형 인버터 방식

해설
인버터의 종류
- 모듈 인버터(Module Inverter) : 모듈의 출력단에 내장되는 인버터이다. 모듈 인버터는 모듈의 뒷면에 붙어 있으며 교류 모듈이라고도 한다.
- 스트링 인버터(String Inverter) : 태양광발전 모듈로 이루어지는 스트링 하나의 출력만으로 동작할 수 있도록 설계한 인버터이다. 교류 출력은 다른 스트링 인버터의 교류 출력에 병렬로 연결시킬 수 있다.
- 전력망 상호 작용형 인버터(Grid Interactive Inverter) : 독립형과 병렬운전의 두 가지 방식으로 운전할 수 있다. 전력망 상호 작용형 인버터는 처음 동작할 때만 전력망 병렬방식으로 동작한다. 계통 상호 작용형 인버터와는 다르다.

10 단결정 실리콘 태양전지의 특징이 아닌 것은?

① 색이 검은색이다.
② 무늬가 다양하다.
③ 단단하고, 구부러지지 않는다.
④ 제조에 필요한 온도는 약 1,400[℃]이다.

해설
단결정 실리콘 태양전지의 특성
- 효율이 가장 높다.
- 제조 시에 온도는 1,400[℃]의 고온이다.
- 가격이 비싸다.
- 단단하고, 구부러지지 않는다.
- 무겁고 색깔은 불투명한 검은색이다.

11 태양전지 셀의 종류에서 박막형의 특징이 아닌 것은?

① 온도 특성이 강하다.
② 결정질보다 두께가 얇다.
③ 결정질보다 변환효율이 낮다.
④ 동일 용량 설치 시 결정질보다 박막형이 면적을 적게 차지한다.

해설
박막형 태양전지(2세대)
유리, 금속판, 플라스틱 같은 저가의 일반적인 물질을 기판으로 사용하여 빛 흡수층 물질을 마이크론 두께의 아주 얇은 막을 입혀 만든 태양전지이다.
- 결정질보다 변환효율이 낮고, 두께는 얇다.
- 온도 특성에 특히 강하다.

12 태양광발전시스템의 전체성능에 영향을 미치는 인버터 효율에 관한 설명으로 가장 옳은 것은?

① 태양광 인버터의 효율은 중요하지 않다.
② 변환효율만이 시스템 성능에 영향을 미친다.
③ 추적효율만이 시스템 성능에 영향을 미친다.
④ 변환효율과 추적효율을 같이 고려해야 한다.

해설
인버터의 효율에는 추적효율과 변환효율이 존재하는데 둘 다 고려해야 전체성능을 측정할 수 있다.

13 태양전지 모듈 뒷면에 부착된 라벨에 표시되는 사항이 아닌 것은?

① 공칭 최대출력
② 공칭 개방전압
③ 공칭 개방전류
④ 공칭 최대출력 동작전압

해설
태양전지 모듈의 뒷면에 표시되는 내용(KSC-IEC규격)
- 제조연월일 및 제조번호
- 공칭질량[kg]
- 공칭 개방전압(V)
- 공칭 최대출력(P)
- 공칭 최대출력 동작전압(V)
- 최대시스템전압
- 역 내
- 제조연월을 알 수 있는 제조번호
- 제조업자명 또는 그 약호
- 공칭 개방전류(I)
- 내풍압성의 등급
- 공칭 최대출력 동작전류(A)
- 어레이의 조립 형태

※ 저자의견 : 정답 없음

14 다음 설명은 인버터의 효율 중 어떤 효율에 관한 것인가?

> 태양광 모듈의 출력이 최대가 되는 최대전력점(MPP ; Maximum Power Point)을 찾는 기술에 대한 성능지표이다.

① 정격효율
② 추적효율
③ 유로효율
④ 변환효율

해설
최대전력 추종제어(MPPT ; Maximum Power Point Tracking)
태양전지의 출력은 일사강도나 태양전지 표면온도에 의해 변동이 된다. 이러한 변동에 대해 태양전지의 동작점이 항상 최대출력점을 추종하도록 변화시켜 태양전지에서 최대출력을 얻을 수 있는 제어이다. 즉, 인버터의 직류동작전압을 일정시간 간격으로 변동시켜 그때의 태양전지 출력전력을 계측하여 이전의 것과 비교하여 항상 전력이 크게 되는 방향으로 인버터의 직류전압을 변화시키는 것이다.

15 최대전압 50[V], 전압온도계수 −0.2[V/℃]인 결정질 태양전지 모듈 10장이 직렬연결 되어 있다. 태양전지 표면온도가 60[℃]일 때 최대전압은 몇 [V]인가?(단, STC 조건이다)

① 380
② 400
③ 430
④ 450

해설
태양전지 STC(Standard Test Condition) 측정 조건
- 기준온도 25[℃]
- 일사량 1,000[W/m²]
- 전체전압 = 최대전압 × 모듈 = 50[V] × 10장 = 500[V]
- STC 조건으로 전압온도계수 = 0.2[V/℃]
- 최대전압[V] = 전체전압 − 전압온도계수 × 모듈수 × (표면온도 − 기준온도)
  = 500 − 0.2 × 10 × (60−25) = 430[V]

16 확산광에 대한 설명으로 적절하지 않은 것은?

① 맑은 날의 경우 지표에 도달하는 전체 태양광의 10~20[%]를 차지한다.
② 확산광은 주로 대기에서의 산란에 의해 발생한다.
③ 결정질 실리콘 태양전지는 확산광을 흡수하지 못한다.
④ 확산광이 늘어나면 집광형 시스템의 출력은 줄어든다.

해설
확산광
부드럽고 그림자가 없는 광선으로 조명을 산광하여 연조광으로 만드는 투광, 반투명 기구를 '산광기'라고 한다. 이러한 확산광을 이용하면 부드러운 빛과 색의 분위기가 된다. 또한 모든 방향에 똑같이 비추고 표면에 반사되는 기초적인 광선을 말한다.
- 늘어나면 집광형 시스템의 출력이 줄어든다.
- 주로 대기에서의 산란에 의해 발생한다.
- 날씨가 좋은 날에는 지표에 도달하는 전체 태양광의 10~20[%] 정도를 차지한다.

정답 12 ④ 13 ③ 14 ② 15 ③ 16 ③

17 다음은 인버터의 단독운전 검출방식 중 어떤 방식에 대한 설명인가?

> 인버터의 출력단에 병렬로 임피던스를 순간적 또는 주기적으로 삽입하여 전압 또는 전류의 급변을 검출한다.

① 주파수 시프트방식
② 유효전력 변동방식
③ 무효전력 변동방식
④ 부하 변동방식

해설
능동적 방식
항상 인버터에 변동요인을 부여하고 연계운전 시에는 그 변동요인이 출력에 나타나지 않고 단독운전 시에만 나타나도록 하여 이상을 검출하는 방식이다. 능동적 방식의 구분검출시간은 0.5~1초이다.
- 유효전력 변동방식 : 인버터의 출력에 주기적인 유효전력 변동을 부여하고, 단독운전 시에 나타나는 전압·주파수 변동을 검출한다.
- 무효전력 변동방식 : 인버터의 출력전압 주기를 일정기간마다 변동시키면 평상시 계통측의 Back-power가 크기 때문에 출력주파수는 변하지 않고 무효전력의 변화로서 나타난다. 단독운전 상태에서는 일정한 주기마다 주파수의 변화로서 나타나기 때문에 이 주파수의 변화를 빨리 검출해서 단독운전을 판정하도록 한다. 또한 오동작을 방지하기 위해 주기를 변동시켰을 경우에만 출력변동을 검출하는 방법을 취하는 것도 있다.
- 부하 변동방식 : 인버터의 출력과 병렬로 임피던스를 순간적 또는 주기적으로 삽입하여 전압 또는 전류의 급변을 검출하는 방식이다.
- 주파수 시프트방식 : 인버터의 내부발전기에 주파수 바이어스를 부여하고 단독운전 시에 나타나는 주파수 변동을 검출하는 방식이다.

18 동일 출력전류(I) 특성을 가지는 N개의 태양전지를 같은 일사 조건에서 서로 병렬로 연결했을 경우 출력전류 I_a에 대한 계산식은?

① $I_a = N \times I$
② $I_a = N^2 \times I$
③ $I_a = \dfrac{I}{N}$
④ $I_a = \dfrac{N}{I}$

해설
병렬로 연결했을 경우 출력전류(I_a) = 태양전지의 개수(N) × 동일 출력전류(I)

19 일반적인 GaAs 태양전지의 개방전압(V_{oc})과 충진율(Fill Factor, FF) 값으로 적절한 것은?

① $V_{oc} = 0.6[V]$, $FF = 0.7 \sim 0.8$
② $V_{oc} = 0.75[V]$, $FF = 0.72 \sim 0.8$
③ $V_{oc} = 0.95[V]$, $FF = 0.78 \sim 0.85$
④ $V_{oc} = 1.06[V]$, $FF = 0.8 \sim 0.9$

해설
곡선인자(충진율 FF ; Fill Factor)
개방전압과 단락전류의 곱에 대한 최대출력전력(최대출력전류와 최대출력전압을 곱한 값)의 비율이다. FF값은 0에서 1 사이의 값으로 나타낸다. 주로 내부의 직·병렬저항과 다이오드 성능계수에 따라 달라진다.

$$FF(충진율) = \dfrac{P_{\max}(최대출력전력)}{I_{sc}(단락전류) \times V_{oc}(개방전압)}$$

$$= \dfrac{V_{\max}(최대출력전압) \times I_{\max}(최대출력전류)}{I_{sc}(단락전류) \times V_{oc}(개방전압)}$$

- 실리콘 태양전지의 개방전압이 약 0.6[V]이므로 충진율은 0.7~0.8 사이로 나타난다.
- GaAs의 개방전압은 약 0.95[V]이므로 충진율은 약 0.78~0.85 사이로 나타난다.
- 충진율에 영향을 주는 요소는 정규화된 개방전압에서 이상적인 다이오드 특성으로부터 벗어나는 n값 때문이다.

20 변압기 결선방식 중 △-△ 결선의 특징이 아닌 것은?

① 1상분이 고장나면 나머지 2대로 V결선할 수 있다.
② 상전압이 선간전압이 $1/\sqrt{3}$ 이 되어 고전압에 적합하다.
③ 제3고조파 전류에 의한 기전력 왜곡을 일으키지 않는다.
④ 각 변압기의 상전류가 선전류의 $1/\sqrt{3}$ 이 되어 대전류에 적합하다.

해설
△-△결선 방식의 특징
- 상전압이 선간전압의 $\sqrt{3}$ 이 되어 고전압에 적합하다.
- 각 변압기의 상전류가 선전류의 $\dfrac{1}{\sqrt{3}}$ 이 되어 대전류 방식에 적합하다.
- 1상분이 고장나면 나머지 2대로 V결선이 가능하다.
- 제3고조파 전류에 의한 기전력 왜곡을 일으키지 않기 때문에 안전하다.

정답 17 ④ 18 ① 19 ③ 20 ②

제2과목 태양광발전시스템 설계

21 전력계통의 한 점을 직접 접지하고 설비의 노출도전성 부분을 전력계통의 접지극과 전기적으로 독립한 접지극으로 접속하는 방식은?

① TT방식 ② IT방식
③ TN방식 ④ TN-S방식

해설
TT방식
전력공급측을 계통 접지하여 설비의 노출도전성 부분을 계통접지와 전기적으로 독립접지 하는 방식이다. 단상과 삼상을 모두 사용 시 N상과 별도로 접지를 설치하는 방법으로서 기기 프레임의 전위 상승을 막아 접촉전압을 낮추어야 하며 일반적으로 국내의 경우 부하측 접지의 경우 400[V] 미만 100[Ω] 이하, 400[V] 이상은 10[Ω] 이하로 접지값을 설정해야 한다.
그림과 같이 보호도체를 전원으로부터 끌고 오지 않고 기기 자체에서 접지하여 사용하는 것이다.

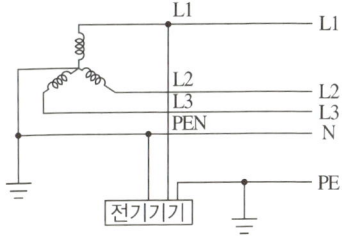

22 태양전지 어레이 설계 시 그늘에 대한 검토사항 중 일반적으로 수평면에 수직으로 세워진 높이는 L, 높이가 만든 그림자의 남북방향의 길이를 L_s, 태양의 높이를 h, 방위각을 α로 할 때 그림자 배율 R을 나타낸 식은?

① $R = \dfrac{L_s}{L} \cos\alpha$ ② $R = \dfrac{L}{L_s} \coth$
③ $R = \dfrac{L_s}{L} \coth \cdot \cos\alpha$ ④ $R = \dfrac{L}{L_s} \coth \cdot \cos\alpha$

해설
구조물의 수직높이, 태양의 고도, 방위각이 주어질 경우
$$R = \dfrac{L_s}{L} \times \coth \times \cos\alpha = \dfrac{L_s}{L} \times \dfrac{1}{\tan(h)} \times \cos\alpha$$
(R : 그늘의 배율, L : 수직높이, L_s : 그늘의 남북 방향 길이, h : 태양고도, α : 방위각)

23 위도가 30°일 때 하지 시의 남중고도는?

① 36.5 ② 60.5
③ 70.5 ④ 83.5

해설
우리나라 주요지역 최적경사각

남중고도 분석	• 동짓달의 남중고도 A : 태양적위 -23.5° • 춘, 추분의 남중고도 B : 태양적위 0° • 하짓날의 남중고도 C : 태양적위 +23.5° • 동짓날과 하짓날의 남중고도 차이 47°
위도 적용 시 남중고도	• 하지 : 태양의 남중고도 = 90° - 위도(위도 37°) + 23.5° = 76.5° • 동지 : 태양의 남중고도 = 90° - 위도(위도 37°) - 23.5° = 29.5° • 위도 37°의 경우 평균남중고도 53°, 모듈각도 37°

하지 시의 태양 남중고도 = 90° - 위도(위도 30°) + 23.5° = 83.5°

24 태양광 인버터의 용량이 40[kW]일 때 인버터에 연결된 모듈의 최대설치용량[kW]은?(단, 태양광 설비 시공기준에 준한다)

① 40 ② 42
③ 45 ④ 50

해설
설치용량
정격용량은 설계용량 이상이어야 하고 인버터에 연결된 모듈의 정격용량은 인버터 용량의 105[%] 이내이어야 하며, 각 직렬군의 태양전지 개방전압은 인버터 입력전압 범위 안에 있어야 한다.

25 어레이 설치 지역의 설계속도압이 1,000[N/m²], 유효수압면적이 7[m²]인 어레이의 풍하중은 얼마인가? (단, 가스트 영향계수는 1.8, 풍압계수는 1.3을 적용한다)

① 9.75[kN] ② 13.50[kN]
③ 16.38[kN] ④ 17.55[kN]

해설
어레이의 풍하중(W) = 영향계수 × 풍압계수 × 유효수압면적 × 설계속도압
= 1.8 × 1.3 × 7 × 1 = 16.38[kN]

정답 21 ① 22 ③ 23 ④ 24 ② 25 ③

26 분산형 전원 계통연계기술기준에서 전력품질에 들어가지 않는 항목은?

① 전압 관리 ② 역률 관리
③ 발전량 관리 ④ 직류 유입 관리

해설
분산형 전원 계통연계기술기준에서 전력품질의 항목
- 전 압
- 주파수
- 직류 유입 제한
- 역 률
- 플리커(Flicker)
- 고조파
- 한전계통에의 재병입(再竝入, Reconnection)

27 시방서의 역할 및 명기사항이 아닌 것은?

① 주요 기자재에 대한 규격, 수량 및 납기일을 기재한다.
② 시공 상에 필요한 품질 및 안전관리 계획, 시공 상에서 특별히 주의해야 할 특기사항들을 포함시킨다.
③ 시공 상에 필요한 기술기준을 규정하는 것으로 계약서류에 포함되는 설계도서의 일부로 법적인 구속력을 갖는다.
④ 설계도면에 표시하지 못한 상세 내용 즉 공정별로 적용되는 국내외 표준기준, 시공방법, 허용오차 등의 기술적 내용을 기재한다.

해설
시방서의 개념
설계도에 기재할 수 없는 자재, 장비, 설비의 내역과 요구되는 시공기술 성능 및 기타 질적인 사항에 관하여 기재한 문서를 말한다. 시방서는 도면으로 표현하기 어려운 내용의 설계의도를 풀어서 기재하는 것으로, 구조나 재료의 성능 확보를 위한 방향 제시, 설계 시 필요한 공법의 제시 등의 기능을 한다. 시방서의 종류에는 표준시방서, 전문시방서, 공사시방서가 있다.

공사시방서의 역할
공사의 질적 요구조건을 규정하며, 계약서류에 포함되는 설계도서의 하나로서 법적 구속력을 가지며, 공사에 필요한 시공방법, 상태, 허용오차 등 기술적 사항을 규정하여 견실시공이 되도록 해야 한다.

28 다음 내용을 나타내는 것은 무엇인가?

> 상환해야 할 원금과 매번(매년 또는 매월) 상환액의 비를 나타낸다.

① 비용편익률 ② 투자회수율
③ 내부수익률 ④ 순현재가치율

해설
비용편익 분석에서 투자안
- 비용/편익의 분석
  비용편익 분석은 어떤 사용으로 인해 자원 배분의 변화가 생길 때 그에 따른 경제적 순편익을 측정하는 방법을 말한다. 즉, 여러 정책대안 가운데 가장 효과적인 대안을 찾기 위해 각 대안이 초래할 비용과 산출 효과를 비교·분석하는 기법을 말한다.
- 투자회수율
  상환해야 할 원금과 매년(매번 또는 매월) 상환액의 비를 말한다.
- 부수익률법(IRR ; Internal Rate of Return)
  투자안으로부터 예상되는 미래 현금유입의 현재가치와 투자금액이 같아지는 할인율을 말한다. 또는 순현재가치(NPV)가 0이 되는 할인율(r)이다.
- 순현재가치분석방법(NPV ; Net Present Value)
  투자안으로부터 발생하는 현금유입의 현재가치에서 현금유출의 현재가치를 뺀 것을 말한다. 순현재가치가 0보다 크면 투자안을 채택하고, 0보다 작으면 투자안을 기각한다. 만약 여러 투자안 중에서 선택하는 상황이라면 순현재가치가 0보다 큰 것 중 순현재가치가 큰 순서로 채택한다.

29 태양광발전시스템에서 어레이 경사면 일조량과 가장 근사한 것은?

① 전수평면일조량과 경사면 직달광선 일조량의 합
② 전수평면일조량과 경사면 산란광선 일조량의 합
③ 경사면 직달광선 일조량과 경사면 산란광선 일조량의 합
④ 전수평면일조량, 경사면 직달광선 일조량, 경사면 산란광선 일조량의 합

해설
일사량과 어레이 경사각에 대한 이해
- 지표면 확산일사는 태양으로부터 산란과 반사 후 지상에 도달하는 일사이다.
- 지표면 직달일사는 태양으로부터 지상의 관측지점으로 직접 도달하는 일사이다.
- 경사면 일사량은 어레이의 경사각을 결정한다.
- 태양전지는 많은 일사량을 받도록 지면과 수직면에 설치한다.
- 경사면 직달광선 일조량과 경사면 산란광선 일조량의 합이 어레이 일조량이다.

26 ③ 27 ① 28 ② 29 ③

30 태양광발전소 설비용량이 2,500[kW], SMP가 200[원/kWh], 가중치 적용전 REC가 150[원/kWh]인 경우 판매단가[원/kWh]는?(단, 설치장소는 기존 건축물 지붕을 이용하여 설치하는 것으로 한다)

① 450
② 475
③ 500
④ 525

해설
판매단가 = (SMP[원/kWh] + REC[원/kWh]) × 1.5
= (200[원/kWh] + 150[원/kWh]) × 1.5 = 525[원/kWh]
※ 저자 의견 : 문제가 어떤 것을 묻는지 정확치 않습니다. 해설에 1.5를 곱한 것은 가중치를 적용한 것입니다. 이 문제에는 가중치가 없습니다.

- 계통한계가격(SMP ; System Marginal Price) : 거래시간별로 일반발전기의 전력량에 대해 적용하는 전력시장가격[원/kWh]이다. 즉, 발전된 전기를 한전으로 송전하여 받는 금액이다.
  - 발전량 = 용량×일조량×일수
  - 단가 = 발전량×SMP단가
  - 전력 판매 수익률 = (발전량×REC×가중치)+(발전량×SMP)
- 신재생에너지 공급인증서(REC ; Renewable Energy Certificate) : 신재생에너지를 이용하여 에너지를 공급한 사실을 증명하는 인증서(1[REC]=1[MW])로서 실제 공급량에 가중치를 곱한 양을 공급량으로 하여 발급한다(RECs=신재생에너지발전량×가중치).
  - 발전량 = 용량×가중치×일조량×일수
  - 수익률 = 발전량×REC입찰 평균단가
  - 전력 판매 수익률 = (발전량×REC×가중치)+(발전량×SMP)
- 연간발전량[kWh] = 설치용량[kW] × 일사량[h] × 365일
- REC = $\frac{\text{연간발전량} \times \text{REC가중치}}{1,000}$
- REC 연간입찰수익 = REC × REC 입찰단가
- 연간 SMP 수익 = 연간발전량(kWh) × SMP단가
- 연간 총 수익 = REC 연간입찰수익 + 연간 SMP 수익
- 일일발전량[kWh] = 설치용량[kW] × 일사량[h]
- 일일충전량[kWh] = 일일발전량[kWh] × 10~16시 발전량 비율 (80[%])
- 연간 ESS 방전량[kWh] = 일일충전량[kWh] × 365일 × (ESS REC 가중치 − 순수 태양광 REC 가중치)
- REC 연간입찰수익 = REC × REC 입찰단가
  (0~10시 : 순수 태양광 발전(발전 수익 발생, 가중치 1.0 적용), 10~16시 : ESS 충전(발전 수익 없음), 16~24시 : 순수 태양광 발전 + ESS 방전(발전 수익 발생, 가중치 1.0과 5.0 각각 적용))
- [kWh]환산가격 = 판매가격[원/REC]×가중치÷1,000
- REC 예상판매수익 = [kWh]환산가격×예상발전량

31 전기설계 일반사항에서 실시설계 성과물 중 공사비견적서와 가장 거리가 먼 것은?

① 계산서
② 내역서
③ 산출서
④ 견적서

해설
실시설계 성과물

실시설계 성과물		
실시설계도서		설계설명서
		설계도면
		공사시방서
공사비견적서		내역서
		산출서
		견적서
설계계산서		조도계산서
		부하계산서
		간선계산서
		용량계산서(변압기, 발전기 등)
		기타 계산서
기타 사항		관공서 협의기록
		관계자 협의기록
		기타 기록(설계자문, 심의 등)

32 태양광 발전소 설계 시 적용하는 케이블 중 가교 폴리에틸렌 절연비닐시스케이블의 약어는?

① OW
② CV
③ DV
④ OC

해설
케이블 용어의 정의
- 옥외용 비닐 절연전선(OW ; Outdoor Weather Proof PVC Insulated Wire)
- 가교 폴리에틸렌 절연비닐시스케이블(CV ; XLPE Insulated and PVC Sheathed Power Cable)
- 인입용 비닐 절연전선(DV ; PVC Insulated Service Drop Wire)
- 옥외용 가교 폴리에틸렌 절연전선(OC ; Outdoor Cross-linked PE Insulated wire)

정답 30 전항정답 31 ① 32 ②

33 태양광발전시스템 어레이의 그림자 영향에 대한 대책이 아닌 것은?

① 모듈은 가로깔기로 배치한다.
② 인버터에 MPPT 제어기능을 추가한다.
③ 모듈 후면 단자함 내 바이패스 다이오드를 설치한다.
④ 스트링(모듈 직렬연결) 간 블록킹 다이오드를 설치한다.

해설
태양광발전시스템 어레이의 그림자 영향에 대한 대책
- 모듈 후면 단자함 내에 바이패스 다이오드를 설치하며 스트링 간 블록킹 다이오드를 설치해야 한다.
- 황사, 먼지, 해염입자, 기타 오염원 등이 많은 지역과 적설지역에서는 세로배치를 주로 한다.
- MPPT(Maximum Power Point Tracking, 최대전력점 추종제어기능) 기능을 추가한다. 일사량과 태양전지 어레이의 표면온도, 장애물과 구름 등에 의한 그림자가 발생될 수 있기 때문에 태양전지 어레이를 항상 최적의 상태로 추적할 수 있도록 하는 기능이 있어야 한다.

34 태양광발전시스템 어레이 지지대의 조건으로 가장 거리가 먼 것은?

① 유지관리가 용이할 것
② 미관 및 조형성을 가질 것
③ 태풍, 지진 등 외력에 충분히 견딜 것
④ 대기환경에 충분히 비내수성을 가질 것

해설
태양광발전시스템 어레이 지지대의 조건
- 유지관리가 용이할 것
- 태풍, 지진 등 외력에 충분히 견딜 수 있을 것
- 미관 및 조형성을 가질 것
- 대기환경에 충분히 내수성을 가질 것

35 표준상태에서 태양전지 어레이의 변환효율을 산출하는 계산식으로 옳은 것은?

P_{AS} : 태양전지 어레이 출력전력[kW]
G_S : 경사면 일사량[kW/m^2]
G_H : 수평면 일사량[kW/m^2]
A : 태양전지 어레이 면적[m^2]

① $\eta = \dfrac{P_{AS}}{G_S \times A} \times 100[\%]$ ② $\eta = \dfrac{G_S}{P_{AS} \times A} \times 100[\%]$
③ $\eta = \dfrac{P_{AS} \times A}{G_H} \times 100[\%]$ ④ $\eta = \dfrac{G_S \times A}{P_{AS}} \times 100[\%]$

해설
표준상태 태양전지 어레이 변환효율
$$\eta = \dfrac{P_{AS}}{G_S \times A} \times 100[\%]$$
(P_{AS} : 표준 태양전지 어레이 출력[kWh], G_S : 표준상태에서의 일사강도[kW/m^2], A : 어레이 면적[mm^2])

36 태양전지 모듈 간의 이격거리(X)는 약 몇 [m]인가?

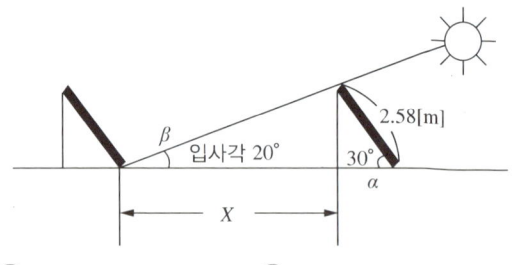

① 5.1 ② 5.8
③ 6.2 ④ 6.5

해설
태양전지 모듈 간의 이격거리(X)
$$X = D \times \dfrac{\sin(180° - \beta - \alpha)}{\sin\alpha°}$$
$$= 2.58 \times \dfrac{\sin(180° - 20° - 30°)}{\sin 30°} ≒ 3.9528[\text{m}]$$
(D : 모듈길이)

33 ① 34 ④ 35 ① 36 전항정답

37 농림지역에 태양광 발전 사업을 하려고 한다. 개발행위 대상이 되는 부지면적은 최대 몇 [m²] 미만인가?

① 5,000[m²]　　② 7,500[m²]
③ 10,000[m²]　 ④ 30,000[m²]

해설
개발행위 규모(개발행위허가운영지침 제3장)
농림지역에 태양광 발전 사업을 하려고 할 때 개발행위 대상이 되는 최대 부지면적은 30,000[m²] 미만이다.

38 태양광발전시스템 어레이 기초시설 중 내력벽 또는 조적벽을 지지하는 기초로 벽체 양옆에 캔틸레버 작용으로 하중을 분산시키는 기초는 무엇인가?

① 독립기초　　② 연속기초
③ 온통기초　　④ 파일기초

해설
기초공사의 종류
• 독립기초 : 개개의 기둥을 독립적으로 지지하는 형식으로 기초판과 기둥으로 형성되어 있으며, 기둥과 보로 구성되어 있는 건축물에 적용되는 기초이다.
• 연속(줄)기초 : 내력벽 또는 조적벽을 지지하는 기초로 벽체 양옆에 캔틸레버 작용으로 하중을 분산시킨다.
• 온통(매트)기초 : 지층에 설치되는 모든 구조를 지지하는 두꺼운 슬래브 구조로 지반에 지내력이 약해 독립기초나 말뚝기초로 적당하지 않을 때 사용된다.
• 파일기초 : 지반의 지내력으로 기초 설치가 어려울 경우 파일을 지반의 암반층까지 내려 지지하는 공법

39 태양광발전에 사용되는 축전지 선정 시 기대수명을 예상할 때 고려할 대상이 아닌 것은?

① 축전지용량　　② 사용온도
③ 방전심도　　　④ 방전횟수

해설
태양광발전에 사용되는 축전지 선정 시 기대수명을 예상할 때 고려사항
• 보수율
• 방전심도
• 방전종지전압
• 방전횟수
• 사용온도

40 태양광발전시스템에 적용하는 피뢰방식이 아닌 것은?

① 메쉬법
② 보호각법
③ 회전구체법
④ 바리스터법

해설
뇌보호시스템의 상세 설명
• 수평도체방식 : 건물의 상부 파라펫(Parapet, 동환봉 또는 부스바)이라는 부분에 설치한다. 넓은 부지에 설치한 대용량 태양광발전시스템에 가장 적합한 보호방식이다. 보호하고자 하는 태양광발전시스템 상부에 수평도체를 가설하고 뇌격을 흡수하게 한 후에 인하도선을 통해 뇌격전류를 대지에 방류한다. 지상에 넓게 설치한 발전소의 경우 경제적인 부담이 있지만 그림자가 발생하지 않아 완전보호가 가능하기에 가장 바람직한 방식 중에 하나이다.
• 돌침방식 : 가장 많이 시설하는 방식으로서 뇌격은 선단이 뾰족한 피뢰침 같은 금속도체에 잘 떨어지기 때문에, 건축물이나 태양광발전설비 근방에 접근한 뇌격을 흡인하여 선단과 대지 사이를 접속한 도체를 통해 뇌격전류를 대지로 안전하게 방류한다. 건물을 신축할 때 동시에 시설하는 태양광발전설비에 아주 적합한 방식이지만 용량이 많은 경우 불합리한 방식이다.
• 그물법 : 수뢰도체는 가능한 짧고 직선경로로 하여 뇌격전류가 최소한 2개 이상의 금속루트를 통하여 대지에 접속되도록 구성한 방식이다. 건물 측면 태양전지 모듈에 그물도체로 덮인 내측을 보호범위로 하는 방법으로서 그물폭은 태양광발전에 지장이 없는 범위로 정하여 설치한다. 그물도체의 수는 수뢰효과에 따른 접지효과 및 뇌 전류의 통로를 저임피던스로 하여 전압강하 저감을 주목적으로 하기 때문에 그물형상은 반드시 망상을 구성할 필요는 없고 평행도체를 구성하면 보호효과는 동일하다.
• 회전구체법 : 고층건물에 피뢰 설비하는 방식으로서 2개 이상의 수뢰부에 동시 또는 1개 이상의 수뢰부와 대지를 동시에 접하도록 구체를 회전시킬 때, 구체 표면의 포물선으로부터 피보호물을 보호범위로 한다.

정답　37 ④　38 ②　39 ①　40 ④

제3과목 태양광발전시스템 시공

41 태양광발전시스템 건설을 위한 기본 계획 흐름도가 올바른 것은?

① 현장여건분석 → 시스템설계 → 구성요소제작 → 기초공사 → 구조물설치 → 간선공사 → 모듈설치 → 인버터설치 → 시운전 → 운전개시
② 현장여건분석 → 시스템설계 → 기초공사 → 구성요소제작 → 구조물설치 → 간선공사 → 모듈설치 → 인버터설치 → 시운전 → 운전개시
③ 현장여건분석 → 시스템설계 → 구성요소제작 → 기초공사 → 구조물설치 → 모듈설치 → 간선공사 → 인버터설치 → 시운전 → 운전개시
④ 현장여건분석 → 시스템설계 → 구성요소제작 → 기초공사 → 구조물설치 → 모듈설치 → 인버터설치 → 간선공사 → 시운전 → 운전개시

해설
태양광발전시스템의 시공절차 FLOW
현장여건분석 → 시스템설계 → 구성요소제작 → 기초공사 → 구조물설치 → 모듈설치 → 간선공사 → 인버터 설치 → 운전개시

42 태양전지 모듈을 설치할 경우 시공기준에 적합하지 않은 것은?

① 모듈 전면의 음영이 최대화되어야 한다.
② 경사각은 현장 여건에 따라 조정하여 설치할 수 있다.
③ 설치용량은 사업계획서상의 모듈 설계용량과 동일하여야 한다.
④ 방위각은 그림자의 영향을 받지 않는 곳에 정남향 설치를 원칙으로 한다.

해설
모듈 설치 시 전면의 음영이 최소화되어야 한다.

43 태양광 파워컨디셔너를 설치 후 역률 확인 시 출력 기본파 역률은 몇 [%] 이상인가?

① 85 ② 90
③ 93 ④ 95

해설
태양광발전시스템 파워컨디셔너 설치 후 출력 기본파 역률은 95[%] 이상이어야 한다.

44 태양광 모듈을 지붕에 시공하고 옥내 배선공사를 케이블 트레이 공사로 시공할 경우 케이블 트레이에 적용할 수 없는 전선은?

① 연피 케이블 ② PVC 케이블
③ 난연성 케이블 ④ 알루미늄피 케이블

해설
태양광 모듈의 옥내 배선 케이블 트레이 공사는 연피 케이블, 난연성 케이블, 알루미늄피 케이블 공사를 할 수 있다.

45 누전에 의한 감전과 화재 등을 방지하기 위하여 태양전지 어레이와 연결된 인버터의 출력전압이 400[V] 미만인 경우 몇 종 접지공사를 하여야 하는가?

① 제1종 접지공사 ② 제2종 접지공사
③ 제3종 접지공사 ④ 특별 제3종 접지공사

해설
인버터의 출력전압이 400[V] 미만인 경우는 제3종 접지공사를 실시한다.
※ KEC(한국전기설비규정)의 적용으로 종별 접지공사가 폐지되어 문제 성립되지 않음 〈2021.01.19.〉

46 감리원이 해당 공사 착공 전에 실시하는 설계도서 검토내용에 포함되지 않는 것은?

① 설계도서 등의 내용에 대한 상호일치 여부
② 현장조건에 부합 및 시공의 실제가능 여부
③ 설계도서의 누락, 오류 등 불명확한 부분의 존재여부
④ 시공사가 제출한 물량내역서와 발주자가 제공한 산출내역서의 수량일치 여부

해설
설계도서 등의 검토(전력시설물 공사감리업무 수행지침 제8조)
설계도서 등에 발주자가 제공한 물량내역서와 공사업자가 제출한 산출내역서의 수량일치 여부가 포함되어야 한다.

정답 41 ③ 42 ① 43 ④ 44 ② 45 ③ 46 ④

47 다음 중 설계감리의 업무 범위가 아닌 것은?

① 사용자재의 적정성 검토
② 설계도면의 적정성 검토
③ 주요인력 및 장비투입 현황 검토
④ 공사시간 및 공사비의 적정성 검토

해설
설계감리의 업무 범위(전력기술관리법 시행령 제18조)
• 전력시설물공사의 관련 법령, 기술기준, 설계기준 및 시공기준에의 적합성 검토
• 사용자재의 적정성 검토
• 설계내용의 시공 가능성에 대한 사전 검토
• 설계공정의 관리에 관한 검토
• 공사기간 및 공사비의 적정성 검토
• 설계의 경제성 검토
• 설계도면 및 설계설명서 작성의 적정성 검토

48 태양광 발전설비 중 일반용의 경우 안전관리자를 선임하지 않아도 되는 용량[kW]은?

① 10[kW] 이하
② 20[kW] 이하
③ 50[kW] 이하
④ 100[kW] 이하

해설
전기안전관리자의 선임 등(전기사업법 시행규칙 제40조)
태양광 발전설비 중 일반용 20[kW] 이하 용량인 경우 안전관리자 선임을 하지 않아도 무방하다.

49 발주청의 감독권한 대행을 제외한 행정업무, 시공관리업무, 공정관리업무, 안전관리업무를 포함하는 감리를 무엇이라고 하는가?

① 검측감리
② 시공감리
③ 책임감리
④ 설계감리

해설
시공감리는 발주청의 감독권한 대행을 제외한 행정업무, 시공관리업무, 공정관리업무, 안전관리업무를 포함하는 감리를 가리킨다.

50 피뢰기의 구비 조건이 아닌 것은?

① 방전 내량이 클 것
② 속류 차단 능력이 클 것
③ 충격 방전개시 전압이 높을 것
④ 상용주파 방전개시 전압이 높을 것

해설
피뢰기는 충격 방전개시 전압이 낮을수록 좋다. 외부이상전압을 피뢰기로 흡수할 수 있는 범위가 넓어진다.

51 태양광설비 인버터의 입력단(모듈출력)에 표시하지 않아도 되는 것은?

① 전 압
② 전 류
③ 전 력
④ 주파수

해설
태양광설비 인버터의 입력단에는 전압, 전류 및 전력을 표시한다.

52 태양전지 모듈에서 인버터 입력단 간 거리가 120[m] 이하일 때 전선의 길이에 따른 전압강하 최대 허용치[%]는?

① 3[%]
② 5[%]
③ 7[%]
④ 10[%]

해설
태양광 모듈에서 인버터 입력단 간 거리가 120[m] 이하인 경우 전선의 길이에 따른 전압강하 최대 허용치는 5[%]이다.

53 태양광 모듈 설치 시 감전사고 예방대책이 아닌 것은?

① 절연장갑 착용
② 안전난간대 설치
③ 태양전지 모듈 등 전원 개방
④ 누전 위험장소 누전차단기 설치

해설
안전난간대 설치는 시공 시 추락방지 대책에 해당한다.

정답 47 ③ 48 ② 49 ② 50 ③ 51 ④ 52 ② 53 ②

54 태양전지 모듈의 검사 시 성능평가 요소가 아닌 것은?
① 충진율
② 개방전압
③ 전력변환효율
④ 방전종지전압

[해설]
태양전지 모듈의 검사 시 성능평가 요소는 충진율, 개방전압 및 전력변환효율이다.

55 태양광발전설비의 준공검사 후 현장문서 인수인계 사항이 아닌 것은?
① 준공사진첩
② 공사시공 계획서
③ 시설물 인수인계서
④ 품질시험 및 검사성과 총괄표

[해설]
현장문서 인수·인계(전력시설물 공사감리업무 수행지침 제64조)
- 감리원은 해당 공사와 관련한 감리기록서류 중 다음의 서류를 포함하여 발주자에게 인계할 문서의 목록을 발주자와 협의하여 작성하여야 한다.
  - 준공사진첩
  - 준공도면
  - 품질시험 및 검사성과 총괄표
  - 기자재 구매서류
  - 시설물 인수·인계서
  - 그 밖에 발주자가 필요하다고 인정하는 서류
- 감리업자는 해당 감리용역이 완료된 때에는 30일 이내에 공사감리 완료보고서를 협회에 제출하여야 한다.

56 감리원이 공사업자에게 행하는 기술지도 사항이 아닌 것은?
① 품질관리
② 시공관리
③ 공정관리
④ 운영관리

[해설]
운영관리는 감리원이 공사업자에게 행하는 기술지도 사항이 아닌 공사업자가 실시하는 사항이다.

57 태양전지 모듈의 배선공사가 끝나고 확인할 사항으로 옳지 않은 것은?
① 단락전류 확인
② 단락전압 확인
③ 모듈의 극성 확인
④ 모듈 출력전압 확인

[해설]
모듈 배선공사 후 단락전류, 모듈의 극성, 모듈 출력전압을 확인한다. 단락 시 단락전류가 커서 단락전류를 확인한다.

58 분산형 전원을 배전계통에 연계 시 승압용 변압기의 1차 결선방식으로 옳은 것은?(단, 인버터는 3상이며, 절연변압기를 사용하는 조건임)
① Y결선
② △결선
③ V결선
④ 스코트(Scott)결선

[해설]
분산형 전원을 배전계통에 연계 시 승압용 변압기 1차 결선방식은 Y결선을 한다.

59 변전소의 설치 목적이 아닌 것은?
① 전압을 승압한다.
② 전압을 강압한다.
③ 전력손실을 감소시킨다.
④ 계통의 주파수를 변환시킨다.

[해설]
계통의 주파수 변환, 조정은 주파수 조정용 발전소에서 실시한다.

60 제3종 접지공사의 접지저항값은?
① 1[Ω] 이하
② 5[Ω] 이하
③ 10[Ω] 이하
④ 100[Ω] 이하

[해설]
접지공사의 종류(판단기준 제18조)

접지공사의 종류	접지저항값
제1종 접지공사	10[Ω] 이하
제2종 접지공사	변압기의 고압측 또는 특고압측 전로의 1선 지락전류의 암페어수로 150을 나눈 값과 같은 [Ω]수
제3종 접지공사	100[Ω] 이하
특별 제3종 접지공사	10[Ω] 이하

※ KEC(한국전기설비규정)의 적용으로 종별 접지공사가 폐지되어 문제 성립되지 않음 〈2021.01.19.〉

정답 54 ④ 55 ② 56 ④ 57 ② 58 ① 59 ④ 60 ④

제4과목 태양광발전시스템 운영

61 정전작업 중 조치사항에 대한 설명 중 틀린 것은?

① 개폐기 관리
② 작업지휘자에 의한 작업지휘
③ 근접 활선에 대한 방호상태 관리
④ 검전기로 개로된 전로의 충전 여부 확인

해설
검전기구로 검전 확인 후에 잔류전하를 방전시킨다.
정전작업순서
차단기나 부하개폐기로 개로 → 단로기는 무부하 확인 후에 개로 → 전로에 따른 검전기구로 검전 → 검전 종료 후에 잔류전하 방전(단락접지기구로 접지) → 정전작업 중에 차단기, 개폐기를 잠궈 놓거나 통전 금지 표시를 하거나 감시인을 배치하여 오통전을 방지할 것

62 태양광발전시스템 접속함의 고장 현상과 원인의 연결로 틀린 것은?

① 어레이 단자 변형 - 누전
② 다이오드 과열 - 다이오드 불량
③ 터미널 튜브 변색 - 과전류, 과열
④ 부스바 과열 - 과전류, 부스바 결합상태 불량

해설
접속함의 어레이 단자는 외부 충격이나 온도 상승 등으로 변형된다.

63 태양광발전용 독립형/연계형 인버터의 성능시험을 위해 사용되는 CT 등 출력계측기의 정확도 범위는?

① 1[%] 이내
② 3[%] 이내
③ 5[%] 이내
④ 10[%] 이내

해설
태양광발전용 독립형/연계형 인버터의 성능시험을 위해 사용되는 CT 등의 출력계측기의 정확도 범위는 3[%] 이내이다.

64 결정질 실리콘 태양광발전 모듈의 외관검사에 대한 설명으로 틀린 것은?

① 태양전지는 깨짐, 크랙이 없어야 한다.
② 모듈 외관은 크랙, 구부러짐, 갈라짐 등이 없어야 한다.
③ 500[lx] 이상의 광조사 상태에서 검사를 진행한다.
④ 태양전지와 태양전지, 태양전지와 프레임의 접촉이 없어야 한다.

해설
결정질 실리콘 태양광발전 모듈의 외관검사
- 1,000[lx] 이상의 광조사 상태에서 모듈 외관, 태양전지 셀 등에 크랙, 구부러짐, 갈라짐 등이 없는지를 확인한다.
- 셀 간 접속 및 다른 접속부분의 결함을 확인한다.
- 셀과 셀, 셀과 프레임상의 터치가 없는지 확인한다.
- 접착에 결함이 없는지 확인한다.
- 셀과 모듈 끝 부분을 연결하는 곳에 기포 또는 박리가 없는지 검사하고 시험한다.

65 태양전지 어레이의 개방전압을 측정할 때 유의해야 할 사항이 아닌 것은?

① 태양전지 어레이의 표면을 청소할 필요가 있다.
② 각 스트링의 전압은 안정된 일사강도가 얻어질 때 실시한다.
③ 측정시각은 일사강도, 온도의 변동을 극히 적게 하기 위해 맑을 때 실시하는 것이 바람직하다.
④ 태양이 남쪽에 있을 때의 전·후 1시간은 일사강도가 가장 높으므로 측정을 피하는 것이 좋다.

해설
태양전지 어레이의 개방전압 측정 시 유의사항
- 태양전지 어레이의 표면을 청소할 필요가 있다.
- 각 스트링의 측정은 안정된 일사강도가 얻어질 때 실시한다.
- 측정시각은 일사강도, 온도의 변동을 극히 적게 하기 위해 맑고 태양이 남쪽에 있을 때의 전후 1시간에 실시하는 것이 바람직하다.
- 태양전지 셀은 비오는 날에도 미소한 전압을 발생하고 있으므로 매우 주의해서 측정해야 한다.

정답 61 ④ 62 ① 63 ② 64 ③ 65 ④

66 소형 태양광발전용 인버터의 정상 특성 시험 항목 중 독립형 인버터의 시험항목으로 틀린 것은?

① 효율시험
② 대기손실시험
③ 온도상승시험
④ 누설전류시험

해설
태양광 인버터의 시험항목

시험항목		독립형	계통연계형
1. 구조시험		O	O
2. 절연성능시험	• 절연저항시험	O	O
	• 내전압시험	O	O
	• 감전보호시험	O	O
	• 절연거리시험	O	O
3. 보호기능시험	• 출력 과전압 및 부족전압 보호기능시험	O	O
	• 주파수상승 및 저하보호 기능시험	O	O
	• 단독운전 방지기능시험	X	O
	• 복전 후 일정시간 투입방지기능시험	X	O
4. 정상특성시험	• 교류전압, 주파수 추종범위시험	X	O
	• 교류출력전류 변형률시험	X	O
	• 누설전류시험	O	O
	• 온도상승시험	O	O
	• 효율시험	O	O
	• 대기손실시험	X	O
	• 자동기동·정지시험	X	O
	• 최대전력 추종시험	X	O
	• 출력전류 직류분 검출시험	X	O
5. 과도응답특성시험	• 입력전력 급변시험	O	O
	• 계통전압 급변시험	X	O
	• 계통전압위상 급변시험	X	O
6. 외부사고시험	• 출력측 단락시험	O	O
	• 계통전압 순간 정전·강하시험	X	O
	• 부하차단시험	O	O
7. 내전기 환경시험	• 계통전압 왜형률 내량시험	X	O
	• 계통전압 불평형시험	X	O
8. 내주위 환경시험	• 습도시험	O	O
	• 온습도 사이클시험	O	O
9. 전자기적합성 (EMC)	• 전자파 장해(EMI)	O	O
	• 전자파 내성(EMS)	O	O

67 태양광발전시스템의 계측·표시 목적이 아닌 것은?

① 시스템의 발전량을 알기 위한 계측
② 시스템의 운영자료를 견학자에게 제공
③ 시스템의 운전상태 감시를 위한 계측 또는 표시
④ 시스템의 기기 및 시스템 종합평가를 위한 계측

해설
계측기구·표시장치의 설치 목적
• 시스템의 운전상태를 감시하기 위한 계측 또는 표시
• 시스템에 의한 발전전력량을 파악하기 위한 계측
• 시스템 기기 또는 시스템 종합평가를 위한 계측
• 시스템의 운전상황을 견학하는 사람 등에게 보여 주고, 시스템 홍보를 위한 계측 또는 표시

68 태양광 발전모듈의 정기점검 시 육안점검 항목으로 옳은 것은?

① 절연저항
② 단자전압
③ 투입저지 시한 타이머 동작시험
④ 접지선의 접속 및 접속단자 이완

해설
태양광 발전모듈의 정기점검 항목
• 태양전지 어레이 : 접지선의 접속 및 접속단자의 풀림에 대한 육안점검을 실시한다.
• 접속함
 - 육안점검
  ⓐ 외함의 부식 및 파손
  ⓑ 외부배선의 손상 및 접속단자의 풀림
  ⓒ 접지선의 손상 및 접지단자의 풀림
 - 측정 및 시험
  ⓐ 절연저항(태양전지-접지선) : 0.2[MΩ] 이상 측정전압 DC 500[V]
  ⓑ 절연저항(출력단자-접지 간) : 1[MΩ] 이상 측정전압 DC 500[V]
• 인버터
 - 육안점검
  ⓐ 외함의 부식 및 파손
  ⓑ 외부배선의 손상 및 접속단자의 풀림
  ⓒ 접지선의 파손 및 접속단자의 풀림
  ⓓ 환기확인
  ⓔ 운전 시의 이상음, 진동 및 악취의 유무
 - 측정 및 시험
  ⓐ 절연저항(인버터 입출력 단자 - 접지 간) : 1[MΩ] 이상 측정전압 DC 500[V]
  ⓑ 표시부의 동작확인
  ⓒ 투입저지 시한 타이머 : 인버터가 정지하며 5분 후 자동 기동할 것

69 인버터의 정기점검 항목 중 육안점검 항목으로 틀린 것은?

① 통풍확인 ② 접지선의 손상
③ 운전 시 이상음 ④ 표시부 동작확인

해설
표시부의 동작확인은 인버터의 측정 및 시험항목이다.
인버터의 정기점검 항목
• 육안점검
  - 외함의 부식 및 파손
  - 외부배선의 손상 및 접속단자의 풀림
  - 접지선의 파손 및 접속단자의 풀림
  - 환기확인
  - 운전 시의 이상음, 진동 및 악취의 유무
• 측정 및 시험
  - 절연저항(인버터 입출력 단자 – 접지 간) : 1[MΩ] 이상 측정전압 DC 500[V]
  - 표시부의 동작확인
  - 투입저지 시한 타이머 : 인버터가 정지하며 5분 후 자동 기동할 것

70 발전설비공사에서 철근콘크리트 또는 철골구조부의 하자담보책임기간으로 옳은 것은?

① 2년 ② 3년
③ 5년 ④ 7년

해설
전기공사의 종류별 하자담보책임기간(전기공사업법 시행령 별표 3의2)
발전설비공사에서 철근콘크리트 또는 철골구조부의 하자담보책임기간은 7년이다.

71 태양광발전시스템 운전 조작방법 중 운전 시 행해지는 조작방법으로 틀린 것은?

① Main VCB반 전압 확인
② 한전 전원 복구 여부 확인
③ DC용 차단기 On, AC측 차단기 On
④ 5분 후 인버터 정상작동여부 확인

해설
태양광발전시스템 운전 시 조작방법
• Main VCB반 전압 확인
• 접속반, 인버터 DC전압 확인
• AC측 차단기 On, DC용 차단기 On
• 5분 후 인버터 정상작동여부 확인

72 태양광발전시스템이 작동되지 않을 때 응급조치 순서로 옳은 것은?

① 접속함 내부 차단기 개방 → 인버터 개방 → 설비 점검
② 접속함 내부 차단기 개방 → 인버터 투입 → 설비 점검
③ 접속함 내부 차단기 투입 → 인버터 개방 → 설비 점검
④ 접속함 내부 차단기 투입 → 인버터 투입 → 설비 점검

해설
태양광발전시스템의 응급조치 순서
접속함 내부 차단기 개방 → 인버터 개방 → 설비 점검

73 솔라 시뮬레이터는 시험면에서 몇 [W/m²]의 유효 조사 강도를 생성할 수 있어야 하는가?(단, STC 측정 목적으로 사용되도록 설계된 시뮬레이터이다)

① 500 ② 1,000
③ 1,500 ④ 2,000

해설
STC 측정용의 솔라 시뮬레이터는 1,000[W/m²]의 유효 조사 강도를 생성할 수 있어야 한다.

74 태양광발전시스템 점검계획 시 고려해야 할 사항이 아닌 것은?

① 환경조건
② 고장이력
③ 부하종류
④ 설비의 중요도

정답 69 ④ 70 ④ 71 ② 72 ① 73 ② 74 ③

[해설]
태양광발전시스템 점검계획 시 고려사항
- 설비의 사용기간
- 설비의 중요도
- 환경조건
- 고장이력
- 부하상태

75 태양광발전시스템에서 태양전지 스트링과 모듈의 동작불량, 직렬 접속선의 결선 누락 등을 확인하기 위한 점검 방법은?

① 일상점검 ② 개방전압 측정
③ 운전상황 점검 ④ 단락전류 확인

[해설]
태양전지 스트링과 모듈의 동작불량, 직렬 접속선의 결선 누락 등을 확인하기 위해서 개방전압 측정을 실시한다.

76 태양광 발전용 파워 컨디셔너의 정격부하효율 결정 시 조건으로 틀린 것은?

① 부하역률은 정격값으로 한다.
② 온도상승시험 이전의 값으로 한다.
③ 입력전압, 출력전압, 전력 및 주파수는 정격값으로 한다.
④ 계통 연계형인 경우 직류쪽의 전압 또는 전류 맥동률과 교류쪽의 전류 왜곡률은 규정된 값을 초과하지 않는 것으로 한다.

[해설]
파워컨디셔너 정격부하효율 결정 시 조건은 부하역률, 입력전압, 출력전압, 전력 및 주파수는 정격값으로 하고 계통 연계형인 경우 직류쪽의 전압 또는 전류 맥동률과 교류 쪽의 전류 왜곡률은 규정된 값을 초과하지 않도록 한다.

77 전기용 고무장갑의 사용 범위에 대한 설명으로 틀린 것은?

① 건조한 장소에서 고압전로에 접근이 어려운 경우
② 고압 이하 충전부의 접속·절단 등을 작업할 경우
③ 정전작업 시 역송전으로 선로, 기기가 단락, 접지되는 경우
④ 활선상태의 배전용 지지물에 누설전류가 흐를 우려가 있는 경우

[해설]
전기용 고무장갑의 사용 범위에서 건조한 장소에서 고압전로의 접근이 어려운 경우는 해당사항이 아니다.

78 송변전설비 유지관리 점검의 종류에서 원칙적으로 정전을 시키고 무전압 상태에서 기기의 이상상태를 점검하고 필요에 따라서는 기기를 분해하여 점검하는 방식은 무엇인가?

① 정기점검 ② 일상점검
③ 수시점검 ④ 육안점검

[해설]
정기점검은 원칙적으로 정전을 시키고 무전압 상태에서 기기의 이상상태를 점검하고 필요 시 기기를 분해하는 점검 방식이다.

79 태양광 모듈 성능시험을 위한 표준 시험조건 중 최적의 온도기준 [℃]은?

① 15 ② 20
③ 25 ④ 30

[해설]
태양광 모듈 성능시험을 위한 표준 시험조건 중 최적의 온도기준은 25[℃]이다.

80 사업계획서 작성에서 태양광설비 개요에 포함되어야 할 사항으로 틀린 것은?

① 집광판의 재질 ② 인버터의 종류
③ 인버터의 정격출력 ④ 태양전지의 정격용량

[해설]
사업계획서 작성(전기사업법 시행규칙 별표 1)
- 태양광발전설비 및 송전·변전설비
  - 발전설비
    ⓐ 태양전지의 종류, 정격용량, 정격전압 및 정격출력
    ⓑ 인버터의 종류, 입력전압, 출력전압 및 정격출력
    ⓒ 집광판의 면적
  - 송전·변전설비
    ⓐ 변전소의 명칭 및 위치, 변압기의 종류·용량·전압·대수
    ⓑ 송전선로의 명칭·구간 및 송전용량
    ⓒ 개폐소의 위치(동·리까지 작성)
    ⓓ 송전선의 종류·길이·회선수 및 굵기의 1회선당 조수

75 ② 76 ② 77 ① 78 ① 79 ③ 80 ①

제5과목 신재생에너지 관련 법규

81 전기공사업자가 전기공사를 하도급 주기 위하여 미리 해당 전기공사의 발주자에게 이를 알리기 위하여 작성하는 하도급 통지서에 첨부하는 서류로 틀린 것은?

① 공사 예정 공정표
② 하도급(재하도급)계약서 사본
③ 하수급인 또는 다시 하도급 받은 공사업자의 등록 수첩 사본
④ 하수급인 또는 다시 하도급 받은 공사업자의 전기공사자재 보유현황

해설
하도급 통지서(전기공사업법 시행규칙 제11조)
- 하도급의 제한 등에 따른 하도급 통지서는 전기공사 하도급계약 통지서(별지 제20호 서식)에 따른다.
- 하도급 통지서에는 다음의 서류를 첨부하여야 한다.
  - 하도급(재하도급)계약서 사본
  - 하도급(재하도급) 내용이 명시된 공사명세서
  - 공사 예정 공정표
  - 하수급인 또는 다시 하도급 받은 공사업자의 전기공사기술자 보유현황
  - 하수급인 또는 다시 하도급 받은 공사업자의 등록수첩 사본

82 저압 전로에 사용하는 퓨즈가 견디어야 할 전류는 정격전류의 몇 배인가?(단, IEC 표준을 도입한 과전류차단기로 저압 전로에 사용하는 퓨즈는 제외한다)

① 1.1   ② 1.2
③ 1.25 ④ 1.5

해설
저압 전로 중의 과전류차단기의 시설(판단기준 제38조)
저압 전로 중의 과전류차단기의 시설과 관련하여 저압 전로에 사용하는 퓨즈는 수평으로 붙인 경우에 정격전류 1.1배의 전류에 견디어야 한다.
※ KEC(한국전기설비규정)의 적용으로 인해 문제 성립되지 않음 〈2021.01.19.〉

83 정부가 범지구적인 온실가스 감축에 적극 대응하고 저탄소 녹색성장을 효율적·체계적으로 추진하기 위하여 중장기 및 단계별 목표를 설정하고 그 달성을 위하여 필요한 조치를 강구하여야 하는 사항으로 틀린 것은?

① 에너지 판매 목표   ② 에너지 자립 목표
③ 온실가스 감축 목표 ④ 신재생에너지 보급 목표

해설
기후변화대응 및 에너지의 목표관리(저탄소 녹색성장 기본법 제42조)
정부는 범지구적인 온실가스 감축에 적극 대응하고 저탄소 녹색성장을 효율적·체계적으로 추진하기 위하여 다음의 사항에 대한 중장기 및 단계별 목표를 설정하고 그 달성을 위하여 필요한 조치를 강구하여야 한다.
- 온실가스 감축 목표
- 에너지 절약 목표 및 에너지 이용효율 목표
- 에너지 자립 목표
- 신재생에너지 보급 목표

84 다음 중 신재생에너지에 해당되지 않는 것은?

① 풍 력   ② 원자력
③ 연료전지   ④ 태양에너지

해설
에너지의 종류(신에너지 및 재생에너지 개발·이용·보급 촉진법 제2조)
- 신에너지란 기존의 화석연료를 변환시켜 이용하거나 수소·산소 등의 화학 반응을 통하여 전기 또는 열을 이용하는 에너지로서 다음의 어느 하나에 해당하는 것을 말한다.
  - 수소에너지
  - 연료전지
  - 석탄을 액화·가스화한 에너지 및 중질잔사유를 가스화한 에너지로서 대통령령으로 정하는 기준 및 범위에 해당하는 에너지
  - 그 밖에 석유·석탄·원자력 또는 천연가스가 아닌 에너지로서 대통령령으로 정하는 에너지
- 재생에너지란 햇빛·물·지열·강수·생물유기체 등을 포함하는 재생 가능한 에너지를 변환시켜 이용하는 에너지로서 다음의 하나에 해당하는 것을 말한다.
  - 태양에너지
  - 풍 력
  - 수 력
  - 해양에너지
  - 지열에너지
  - 생물자원을 변환시켜 이용하는 바이오에너지로서 대통령령으로 정하는 기준 및 범위에 해당하는 에너지
  - 폐기물에너지(비재생폐기물로부터 생산된 것은 제외한다)로서 대통령령으로 정하는 기준 및 범위에 해당하는 에너지
  - 그 밖에 석유·석탄·원자력 또는 천연가스가 아닌 에너지로서 대통령령으로 정하는 에너지

정답 81 ④ 82 ① 83 ① 84 ②

85 산업통상자원부장관이 신재생에너지 발전사업자에게 기준가격 설정을 위하여 필요한 자료를 제출할 것을 요구하였으나 거짓으로 자료를 2회 제출한 경우 행하는 조치사항으로 옳은 것은?

① 경 고
② 벌 금
③ 시정명령
④ 발전차액의 지원 중단

해설

지원 중단 등(신에너지 및 재생에너지 개발·이용·보급 촉진법 제18조)
• 산업통상자원부장관은 발전차액을 지원받은 신재생에너지 발전사업자가 다음의 어느 하나에 해당하면 산업통상자원부령으로 정하는 바에 따라 경고를 하거나 시정을 명하고, 그 시정명령에 따르지 아니하는 경우에는 발전차액의 지원을 중단할 수 있다.
 – 거짓이나 부정한 방법으로 발전차액을 지원받은 경우
 – 신재생에너지 발전 기준가격의 고시 및 차액 지원에 따른 자료 요구에 따르지 아니하거나 거짓으로 자료를 제출한 경우
• 산업통상자원부장관은 발전차액을 지원받은 신재생에너지 발전사업자가 위 첫번째 경우에 해당하면 산업통상자원부령으로 정하는 바에 따라 그 발전차액을 환수(還收)할 수 있다. 이 경우 산업통상자원부장관은 발전차액을 반환할 자가 30일 이내에 이를 반환하지 아니하면 국세 체납처분의 예에 따라 징수할 수 있다.

발전차액의 지원 중단 및 환수절차(신에너지 및 재생에너지 개발·이용·보급 촉진법 시행규칙 제11조)
• 자료요구에 따르지 아니하거나 거짓으로 자료를 제출한 경우에 해당하는 행위("위반행위"라 한다)를 한 경우에는 다음의 구분에 따라 조치한다.
 – 위반행위를 1회 한 경우 : 경고
 – 위반행위를 2회 한 경우 : 시정명령
 – 위 시정명령에 따르지 아니한 경우 : 발전차액의 지원 중단

86 산업통상자원부장관은 공급의무자가 의무공급량에 부족하게 신재생에너지를 이용하여 에너지를 공급한 경우에는 대통령령으로 정하는 바에 따라 그 부족분에 신재생에너지 공급인증서의 해당 연도 평균거래 가격의 얼마를 곱한 금액의 범위에서 과징금을 부과하는가?

① 100분의 30
② 100분의 50
③ 100분의 100
④ 100분의 150

해설

신재생에너지 공급 불이행에 대한 과징금(신에너지 및 재생에너지 개발·이용·보급 촉진법 제12조의6)
산업통상자원부장관은 공급의무자가 의무공급량에 부족하게 신재생에너지를 이용하여 에너지를 공급한 경우에는 대통령령으로 정하는 바에 따라 그 부족분에 신재생에너지 공급인증서의 해당 연도 평균거래 가격의 100분의 150을 곱한 금액의 범위에서 과징금을 부과할 수 있다.

87 제1종 접지공사 시에 사용하는 접지선을 사람이 접촉할 우려가 있는 곳에 시설하는 경우 동결 깊이를 감안하여 접지극은 최소 지하 몇 [cm] 이상으로 매설하여야 하는가?

① 30
② 45
③ 60
④ 75

해설

접지극의 시설 및 접지저항(KEC 142.2)
접지극은 동결 깊이를 감안하여 시설하되 고압 이상의 전기설비와 변압기 중성점 접지에 의하여 시설하는 접지극의 매설깊이는 지표면으로부터 지하 0.75[m] 이상으로 한다.
※ KEC(한국전기설비규정)의 적용으로 종별 접지공사가 폐지되어 문제 성립되지 않음 〈2021.01.19.〉

88 저압 전로에서 그 전로에 지락이 생겼을 경우에 0.5초 이내에 자동적으로 전로를 차단하는 장치를 시설한다면, 제3종 접지공사와 특별 제3종 접지공사의 접지저항값은 자동 차단기의 정격감도전류가 500[mA]일 경우 최대 몇 [Ω] 이하이어야 하는가?(단, 물기가 있는 장소이다)

① 30
② 50
③ 75
④ 150

해설

접지공사의 종류(판단기준 제18조)
저압 전로에서 그 전로에 지락이 생겼을 경우에 0.5초 이내에 자동적으로 전로를 차단하는 장치를 시설하는 경우에는 제3종 접지공사와 특별 제3종 접지공사의 접지저항값은 자동 차단기의 정격감도전류에 따라 다음 표에서 정한 값 이하로 하여야 한다.

정격감도전류 [mA]	접지저항값[Ω]	
	물기 있는 장소, 전기적 위험도가 높은 장소	그 외 다른 장소
30 이하	500	500
50	300	500
100	150	500
200	75	250
300	50	166
500	30	100

※ KEC(한국전기설비규정)의 적용으로 종별 접지공사가 폐지되어 문제 성립되지 않음 〈2021.01.19.〉

89 사용전압 35[kV] 이하의 특고압 가공전선이 도로를 횡단하는 경우 지표상 높이는 최소 몇 [m] 이상이어야 하는가?

① 5
② 5.5
③ 6
④ 6.5

해설
특고압 가공전선의 높이(KEC 333.7)

사용전압의 구분[kV]	지표상의 높이[m]
35 이하	5(도로횡단 : 6)
35 초과 160 이하	6
160 초과	6에 160[kV]를 초과하는 10[kV] 또는 그 단수마다 12[cm]를 더한 값

※ KEC(한국전기설비규정)의 적용으로 인해 판단기준 제110조(특고압 가공전선의 높이)에서 KEC 333.7로 변경됨 〈2021.01.19.〉

90 전력수급의 안정을 위하여 전력수급기본계획을 수립하는 사람은 누구인가?

① 고용노동부장관
② 국토교통부장관
③ 기획재정부장관
④ 산업통상자원부장관

해설
전력수급기본계획의 수립(전기사업법 제25조)
산업통상자원부장관은 전력수급의 안정을 위하여 전력수급기본계획을 수립하여야 한다.

91 과전류차단기를 시설하여야 하는 장소는?

① 저압 옥내선로
② 접지공사의 접지선
③ 다선식선로의 중성선
④ 전로의 일부에 접지공사를 한 저압 가공전선로의 접지측 전선

해설
과전류차단기의 시설 제한(KEC 341.11)
접지공사의 접지도체, 다선식 전로의 중성선 및 고압 또는 특고압과 저압의 혼촉에 의한 위험방지 시설의 1부터 3까지의 규정에 의하여 전로의 일부에 접지공사를 한 저압 가공전선로의 접지측 전선에는 과전류차단기를 시설하여서는 안 된다.
※ KEC(한국전기설비규정)의 적용으로 인해 판단기준 제40조(과전류차단기의 시설 제한)에서 KEC 341.11로 변경됨 〈2021.01.19.〉

92 태양전지 모듈의 절연내력 시험 시 10분간 연속적으로 인가하는 직류전압 또는 교류전압(500[V] 미만으로 되는 경우에는 500[V])은 최대사용전압의 몇 배인가?

① 직류 1배, 교류 1배
② 직류 1배, 교류 1.5배
③ 직류 1.5배, 교류 1배
④ 직류 1.5배, 교류 1.5배

해설
연료전지 및 태양전지 모듈의 절연내력(KEC 134)
연료전지 및 태양전지 모듈은 최대사용전압의 1.5배의 직류전압 또는 1배의 교류전압(500[V] 미만으로 되는 경우에는 500[V])을 충전부분과 대지 사이에 연속하여 10분간 가하여 절연내력을 시험하였을 때에 이에 견디는 것이어야 한다.
※ KEC(한국전기설비규정)의 적용으로 인해 판단기준 제15조(연료전지 및 태양전지 모듈의 절연내력)에서 KEC 134로 변경됨 〈2021.01.19.〉

93 사용전압이 22.9[kV]인 특고압 가공전선과 그 지지물과의 이격거리는 일반적인 경우 최소 몇 [m] 이상인가?

① 0.2
② 0.25
③ 0.3
④ 0.35

해설
특고압 가공전선과 지지물 등의 이격거리(KEC 333.5)
특고압 가공전선과 그 지지물·완금류·지주 또는 지선 사이의 이격거리는 다음 표에서 정한 값 이상이어야 한다. 다만, 기술상 부득이한 경우에 위험의 우려가 없도록 시설한 때에는 다음 표에서 정한 값의 0.8배까지 감할 수 있다.

사용전압[kV]	이격거리[cm]	사용전압[kV]	이격거리[cm]
15 미만	15	70 이상~80 미만	45
15 이상~25 미만	20	80 이상~130 미만	65
25 이상~35 미만	25	130 이상~160 미만	90
35 이상~50 미만	30	160 이상~200 미만	110
50 이상~60 미만	35	200 이상~230 미만	130
60 이상~70 미만	40	230 이상	160

※ KEC(한국전기설비규정)의 적용으로 인해 판단기준 제108조(특고압 가공전선과 지지물 등의 이격거리)에서 KEC 333.5로 변경됨 〈2021.01.19.〉

정답 89 ③ 90 ④ 91 ① 92 ③ 93 ①

94 산업통상자원부장관이 전기의 보편적 공급의 구체적 내용을 정할 경우 고려하여야 할 사항으로 틀린 것은?

① 사회복지의 증진   ② 전기의 보급 정도
③ 개인의 이익과 안전   ④ 전기기술의 발전 정도

해설
보편적 공급(전기사업법 제6조)
- 사회복지의 증진
- 전기기술의 발전 정도
- 전기의 보급 정도
- 공공의 이익과 안전

95 수상전선로의 전선을 가공전선로의 전선과 육상에서 접속하는 경우 접속점의 높이는 지표상 최소 몇 [m] 이상인가?

① 4   ② 5
③ 6   ④ 7

해설
수상전선로의 시설(KEC 335.3)
수상전선로를 시설하는 경우에는 그 사용전압은 저압 또는 고압인 것에 한하며 다음에 따르고 또한 위험의 우려가 없도록 시설하여야 한다.
- 전선은 전선로의 사용전압이 저압인 경우에는 클로로프렌 캡타이어케이블이어야 하며, 고압인 경우에는 캡타이어케이블일 것
- 수상전선로의 전선을 가공전선로의 전선과 접속하는 경우에는 그 부분의 전선은 접속점으로부터 전선의 절연피복 안에 물이 스며들지 아니하도록 시설하고 또한 전선의 접속점은 다음의 높이로 지지물에 견고하게 붙일 것
  - 접속점이 육상에 있는 경우에는 지표상 5[m] 이상. 다만, 수상전선로의 사용전압이 저압인 경우에 도로상 이외의 곳에 있을 때에는 지표상 4[m]까지로 감할 수 있다.
  - 접속점이 수면상에 있는 경우에는 수상전선로의 사용전압이 저압인 경우에는 수면상 4[m] 이상, 고압인 경우에는 수면상 5[m] 이상
- 수상전선로에 사용하는 부대는 쇠사슬 등으로 견고하게 연결한 것일 것
- 수상전선로의 전선은 부대의 위에 지지하여 시설하고 또한 그 절연피복을 손상하지 아니하도록 시설할 것
※ KEC(한국전기설비규정)의 적용으로 인해 판단기준 제145조(수상전선로의 시설)에서 KEC 335.3로 변경됨〈2021.01.19.〉

96 산업통상자원부령으로 정하는 신재생에너지 공급인증서의 거래 제한 사유로 틀린 것은?

① 발전소별로 1,000[kW]를 넘는 수력을 이용하여 에너지를 공급하고 발급된 경우
② 기존 방조제를 활용하여 건설된 조력(潮力)을 이용하여 에너지를 공급하고 발급된 경우
③ 석탄을 액화·가스화한 에너지 또는 중질잔사유를 가스화한 에너지를 이용하여 에너지를 공급하고 발급된 경우
④ 폐기물에너지 중 화석연료에서 부수적으로 발생하는 폐가스로부터 얻어지는 에너지를 이용하여 에너지를 공급하고 발급된 경우

해설
신재생에너지 공급인증서의 거래 제한(신에너지 및 재생에너지 개발·이용·보급 촉진법 시행규칙 제2조의2)
5,000[kW]를 초과한 수력과 기존 방조제를 활용한 조력발전, 석탄액화·가스화 또는 중질잔사유를 가스화 발전, 폐기물 부생가스 발전의 경우 공급인증서 거래를 제한한다.

97 공급인증기관이 개설한 거래시장 외에서 공급인증서를 거래한 자는 최대 얼마 이하의 벌금에 처하는가?

① 1천만원   ② 2천만원
③ 5천만원   ④ 7천만원

해설
벌칙(신에너지 및 재생에너지 개발·이용·보급 촉진법 제34조)
- 거짓이나 부정한 방법으로 신재생에너지 발전 기준가격의 고시 및 차액 지원에 따른 발전차액을 지원받은 자와 그 사실을 알면서 발전차액을 지급한 자는 3년 이하의 징역 또는 지원받은 금액의 3배 이하에 상당하는 벌금에 처한다.
- 거짓이나 부정한 방법으로 공급인증서를 발급받은 자와 그 사실을 알면서 공급인증서를 발급한 자는 3년 이하의 징역 또는 3천만원 이하의 벌금에 처한다.
- 신재생에너지 공급인증서 등을 위반하여 공급인증기관이 개설한 거래시장 외에서 공급인증서를 거래한 자는 2년 이하의 징역 또는 2천만원 이하의 벌금에 처한다.
- 법인의 대표자나 법인 또는 개인의 대리인, 사용인, 그 밖의 종업원이 그 법인 또는 개인의 업무에 관하여 위 세가지 어느 하나에 해당하는 위반행위를 하면 그 행위자를 벌하는 외에 그 법인 또는 개인에게도 해당 조문의 벌금형을 과한다. 다만, 법인 또는 개인이 그 위반행위를 방지하기 위하여 해당 업무에 관하여 상당한 주의와 감독을 게을리하지 아니한 경우에는 그러하지 아니하다.

정답 94 ③ 95 ② 96 ① 97 ②

98 대통령령으로 정하는 구역전기사업자의 발전설비용량 규모는?

① 1만[kW]
② 1만8천[kW]
③ 3만5천[kW]
④ 5만[kW]

해설
전기사업법 시행령 제1조의 2, 제59조의 2
구역전기사업자는 3만5천[kW] 이하, 지역냉난방사업자는 15만[kW] 이하, 산업단지집단에너지사업자는 30만[kW] 이하로 각 규정하고 있다.

99 정부가 에너지 절약, 에너지 이용효율 향상 및 온실가스 감축을 위하여 정보통신기술 및 서비스를 적극 활용토록 수립·시행하는 시책으로 틀린 것은?

① 새로운 정보통신 서비스의 개발·보급
② 방송통신 네트워크 등 정보통신 기반 확대
③ 정보통신 산업을 지원하는 금융상품의 판매
④ 정보통신 산업 및 기기 등에 대한 녹색기술 개발 촉진

해설
정보통신기술의 보급·활용(저탄소 녹색성장 기본법 제27조)
• 정부는 에너지 절약, 에너지 이용효율 향상 및 온실가스 감축을 위하여 정보통신기술 및 서비스를 적극 활용하는 다음에 대한 시책을 수립·시행하여야 한다.
  - 방송통신 네트워크 등 정보통신 기반 확대
  - 새로운 정보통신 서비스의 개발·보급
  - 정보통신 산업 및 기기 등에 대한 녹색기술 개발 촉진
• 정부는 저탄소 녹색성장을 위한 생활문화를 조속히 확산시키기 위하여 재택근무·영상회의·원격교육·원격진료 등을 활성화하는 등의 방송통신 시책을 수립·시행하여야 한다.
• 정부는 정보통신기술을 활용하여 전력 네트워크를 지능화·고도화함으로써 고품질의 전력서비스를 제공하고 에너지 이용효율을 극대화하며 온실가스를 획기적으로 감축할 수 있도록 하여야 한다.

100 신재생에너지 기술개발 및 이용·보급 사업비의 조성에 따라 조성된 사업비의 용도로 틀린 것은?

① 신재생에너지 시범사업 및 보급사업
② 신재생에너지 설비 수출기업의 지원
③ 신재생에너지 설비의 성능평가·인증
④ 신재생에너지의 연구·개발 및 기술평가

해설
조성된 사업비의 사용(신에너지 및 재생에너지 개발·이용·보급 촉진법 제10조)
산업통상자원부장관은 신재생에너지 기술개발 및 이용·보급 사업비의 조성에 따라 조성된 사업비를 다음의 사업에 사용한다.
• 신재생에너지의 자원조사, 기술수요조사 및 통계작성
• 신재생에너지의 연구·개발 및 기술평가
• 신재생에너지 공급의무화 지원
• 신재생에너지 설비의 성능평가·인증 및 사후관리
• 신재생에너지 기술정보의 수집·분석 및 제공
• 신재생에너지 분야 기술지도 및 교육·홍보
• 신재생에너지 분야 특성화대학 및 핵심기술연구센터 육성
• 신재생에너지 분야 전문 인력 양성
• 신재생에너지 설비 설치기업의 지원
• 신재생에너지 시범사업 및 보급사업
• 신재생에너지 이용의무화 지원
• 신재생에너지 관련 국제협력
• 신재생에너지 기술의 국제표준화 지원
• 신재생에너지 설비 및 그 부품의 공용화 지원
• 그 밖에 신재생에너지의 기술개발 및 이용·보급을 위하여 필요한 사업으로서 대통령령으로 정하는 사업

정답 98 ③ 99 ③ 100 ②

2017년 기사 제2회 과년도 기출문제

신재생에너지발전설비기사(태양광) 필기

제1과목 태양광발전시스템 이론

01 저항 50[Ω], 인덕턴스 200[mH]의 직렬회로에 주파수 50[Hz]의 교류를 접속하였다면, 이 회로의 역률은 약 몇 [%]인가?

① 82.3
② 72.3
③ 62.3
④ 52.3

해설
역률
$\omega = 2\pi f = 2 \times 3.14 \times 50 ≒ 314.16$
인덕턴스의 저항값 $= j\omega L = 314.16 \times 200 \times 10^{-3} = 62.832$
임피던스 $Z = 50[\Omega] + j62.8[\Omega] = \sqrt{50^2 + 62.8^2} ≒ 80.3[\Omega]$
역률 $= \cos\theta = \dfrac{R}{Z} = \dfrac{50}{80.3} ≒ 0.62267 ≒ 62.3[\%]$

02 태양전지의 전기적 특성에 대한 설명이 아닌 것은?

① 출력전압은 절대적으로 입사광 세기에 비례한다.
② 태양전지의 출력전압은 온도에 따라 영향을 받는다.
③ 최대 밝기의 1/5 정도 되는 흐린 날에도 전압이 나온다.
④ 태양전지의 출력전류는 입사되는 빛의 세기에 비례한다.

해설
태양전지의 전기적 특성
• 출력전압은 입사광 세기에 반비례한다.
• 태양전지의 출력전류는 입사되는 빛의 세기에 비례한다.
• 태양전지의 출력전압은 온도에 따라 영향을 받는다.
• 최대 밝기의 $\dfrac{1}{5}$ 정도 되는 흐린 날에도 전압을 출력할 수 있다.

03 태양전지 모듈에 부분 음영이 존재할 시, 모듈의 특성은 어떻게 변하는가?

① 효율증가
② 출력감소
③ 발열감소
④ 변화없음

해설
태양전지 모듈에 부분 음영이 발생할 경우에는 출력이 감소하여 효율도 감소한다.

04 상용주파 변압기 절연방식의 인버터에 대한 특징이 아닌 것은?

① 구조가 간단하다.
② 소용량의 경우 효율이 낮다.
③ 중량이 가볍고 부피가 작다.
④ 절연이 가능하고 회로구성이 간단하다.

해설
상용주파 변압기 절연방식(저주파 변압기 절연방식)
태양전지(PV) → 인버터(DC → AC) → 공진회로 → 변압기
• 태양전지의 직류출력을 상용주파의 교류로 변환한 후 변압기로 절연한다.
• 내뢰성(번개에 견디어 낼 수 있는 성질)과 노이즈 컷(잡음을 차단)이 뛰어나지만 상용주파 변압기를 이용하기 때문에 중량이 무겁다.
• 절연이 가능하고 회로구성과 구조가 간단하다.
• 소용량의 경우 효율이 낮다.

05 태양광발전시스템의 직류출력을 DC-DC 컨버터로 승압하고 인버터로 상용주파의 교류로 변환하는 인버터의 회로방식은?

① 상용주파 변압기 절연방식
② 고주파 변압기 절연방식
③ 트랜스리스 방식
④ 계통연계 방식

정답 1 ③ 2 ① 3 ② 4 ③ 5 ③

해설

트랜스리스 방식

태양전지(PV) → 승압형 컨버터 → 인버터 → 공진회로

- 소형이고 경량이다.
- 비용이 저렴하고 신뢰성이 높다.
- 태양전지의 직류출력을 DC-DC 컨버터로 승압하고 인버터를 이용하여 상용주파의 교류로 변환한다.
- 상용전원과의 사이는 비절연이다.
- 비용, 크기, 중량 및 효율면에서 우수하여 가장 많이 사용되고 있다.

06 태양광발전시스템이 개방된 곳에 설치되어 있다면 낙뢰로부터 보호하기 위해 설치하는 것은?

① 피뢰침
② 역류방지장치
③ 바이패스장치
④ 발광다이오드

해설

서지보호소자(SPD)

저압 전기설비에서의 피뢰소자는 서지보호소자(SPD ; Surge Protected Device)라고 하며, 태양광발전설비가 피뢰침에 의해 직격뢰로부터 보호되어야 한다. 즉, 태양광발전시스템은 모듈을 비롯하여 파워컨디셔너 등 각종 전기와 전자 설비들로 순간적인 과전압이나 전류에 매우 취약한 반도체들로 구성되어 있기 때문에 낙뢰나 스위칭 개폐 등에 의해 발생되는 순간적인 과전압으로부터 기기들이 순식간에 손상될 수 있다. 따라서 이를 보호하기 위하여 서지보호소자 등을 중요 지점에 각각 설치해야 한다.

07 태양전지 모듈 내에 포함되지 않는 것은?

① 충전재
② 태양전지 셀
③ 프런트 커버
④ 역류방지소자

해설

모듈 구성 재료

- 셀
- 표면재(강화유리) : 수명을 길게하기 위해 백판 강화유리를 사용하고 있다.
- 충전재 : 실리콘수지, PVB, EVA(봉지재)가 사용된다. 태양전지를 처음 제조할 때에는 실리콘 수지가 사용되었으나 충전할 때 기포방지와 셀의 상하 이동으로 인한 균일성을 유지하는 데에 시간이 걸리기 때문에 PVB, EVA(봉지재)가 쓰이게 되었다.
- Back Sheet Seal재 : 외부충격과 부식, 불순물 침투 방지, 태양광 반사 역할로 사용하는 재료는 PVF가 대부분이다.
- 프라임재(패널재) : 통상적으로 표면 산화한 알루미늄이 사용되지만, 민생용 등에서는 고무를 사용한다.
- Seal재 : 리드의 출입부나 모듈의 단면부를 처리하기 위해 이용된다.

08 PN 접합 다이오드의 P형 반도체에 (-) 바이어스를 가하고 N형 반도체에 (+) 바이어스를 가할 때 나타나는 현상은?

① 결핍층의 폭이 작아진다.
② 결핍층 내부의 전기장이 감소한다.
③ 전류는 다수캐리어에 의해 발생한다.
④ 다이오드는 부도체와 같은 특성을 보인다.

해설

PN접합 다이오드의 P형 반도체에 (-) 바이어스를 가하고 N형 반도체에 (+) 바이어스를 가하면 흡인력이 발생하여 공핍층(결핍층)이 넓어지고, 내부 전기장이 증가한다. 또한 전류는 역바이어스이므로 소수캐리어가 발생되며 전류가 흐르지 않게 되어 부도체 성분이 된다.

09 25[W]의 전구 2개를 하루에 5시간 사용하고, 65[W]의 팬을 하루에 7시간 사용한다고 할 때, 24시간 동안의 총 전력량은?

① 455[Wh/day]
② 580[Wh/day]
③ 705[Wh/day]
④ 880[Wh/day]

해설

총 전력량 = (전구 기본전력 × 전구의 개수 × 1일 사용시간)
         + (팬 기본전력 × 1일 사용시간)
         = (25×2×5) + (65×7) = 705[Wh/day]

10 역류방지 다이오드(Blocking Diode)의 역할을 옳게 설명한 것은?

① 과전류가 흐를 때 회로를 차단한다.
② 태양광 모듈의 최적 운전점을 추적한다.
③ 태양광발전시스템의 외함을 접지하는 데 사용한다.
④ 태양빛이 없을 때 축전지로부터 태양전지를 보호한다.

해설

역류방지 다이오드의 가장 큰 역할은 태양빛이 없을 경우 축전지로부터 태양전지를 보호한다.

정답 6 ① 7 ④ 8 ④ 9 ③ 10 ④

11 실리콘 태양전지의 P형 반도체의 특성 설명으로 옳은 것은?

① 정공이 다수 캐리어이다.
② 전자가 다수 캐리어이다.
③ 전자, 정공 모두 다수 캐리어이다.
④ 전자, 정공 모두 소수 캐리어이다.

해설
P형 반도체는 (+)이므로 정공이 다수 캐리어이고 N형 반도체는 (−)이므로 전자가 다수 캐리어이다.

12 결정질 실리콘 태양전지 모듈 출력에 대한 설명으로 옳은 것은?

① 방사조도에 비례하여 감소한다.
② 방사조도에 비례하여 증가한다.
③ 태양전지 표면온도와는 관계가 없다.
④ 태양전지 표면온도가 올라갈수록 계속 증가한다.

해설
결정질 실리콘의 태양전지 모듈 출력은 방사조도에 비례하여 증가하며 태양전지 표면온도가 올라갈수록 열이 발생하여 감소한다.

13 태양을 올려다보는 각도가 30°인 경우, Air Mass 값은?

① 0.5   ② 1.0
③ 1.5   ④ 2.0

해설
대기질량정수(AM ; Air Mass) : 최단 경로의 길이
태양광선이 지구 대기를 지나오는 경로의 길이이다. 임의의 해수면상 관측점으로 햇빛이 지나가는 경로의 길이를 관측점 바로 위에 태양이 있을 때 햇빛이 지나오는 거리의 배수로 나타낸 것을 말한다. 태양광이 지구 대기를 통과하는 표준상태를 대기압에 연직으로 입사되기 때문에 생기는 비율을 나타내며 AM으로 표시한다.

• 대기질량정수의 구분
 − AM0
  ⓐ 우주에서의 태양 스펙트럼을 나타내는 조건으로 대기 외부이다.
  ⓑ 인공위성 또는 우주 비행체가 노출되는 환경이다.
 − AM1
  태양이 천정에 위치할 때의 지표상의 스펙트럼이다.
 − AM1.5
  ⓐ 기본적으로 우리나라가 중위도에 있기 때문에 표준으로 사용한다.
  ⓑ 지상의 누적 평균 일조량에 적합하다.
  ⓒ 태양전지 개발 시 기준값으로 사용한다.
 − AM2
  고도각 θ가 30°일 경우 약 0.75[kW/m^2]를 나타낸다.

14 태양광발전시스템 설치장소 선정 시 고려사항으로 가장 거리가 먼 것은?

① 도로 접근성이 용이하여야 한다.
② 일사량 및 일조시간을 고려해야 한다.
③ 전력계통 연계조건이 어떠한지 살펴야 한다.
④ 설치장소의 고도 및 기압을 측정하여야 한다.

해설
태양광발전시스템 설치장소 선정 시 고려사항
• 일사량 및 일조시간을 고려해야 한다.
• 도로의 접근이 용이해야 한다.
• 전력계통 연계조건이 어떤지 미리 살펴보아야 한다.

15 인버터의 최저 입력전압은 250[V], 효율은 90[%], 출력용량은 100[kW]이며, 직류선로의 전압강하는 2[V]일 때 인버터의 직류입력전류는 약 몇 [A]인가?

① 401   ② 421
③ 441   ④ 461

해설
직류입력전류(I) = $\dfrac{출력용량}{최소\ 입력전압}$ − 직류선로의 전압강하값 − 실횻값

$= \dfrac{111,111}{250} - 2 - \sqrt{2} ≒ 441.03[A]$

여기서, 출력용량 = $\dfrac{전력}{효율} = \dfrac{100,000}{0.90} ≒ 111,111[W]$

16 다음 그림이 설명하고 있는 전지의 종류는?

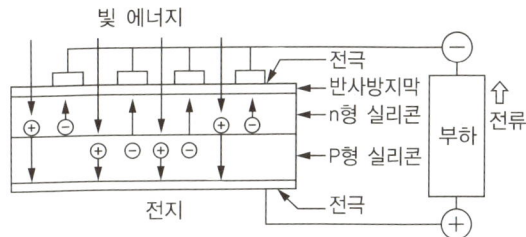

① 연료전지
② 태양전지
③ 2차 전지
④ 인산형 전지

해설
태양전지
빛을 비추면 내부에서 전자와 정공이 발생한다. 발생된 전하들은 각각 P극과 N극으로 이동하는데, 이 작용에 의해 P극과 N극 사이에 전위차(광기전력)가 발생하며, 이때 태양전지에 부하를 연결하면 전류가 흐르게 된다. 이를 광전효과라 한다.

17 태양전지 모듈에 그림자가 생겼을 때 대비책으로 설치하는 것은?

① 바이패스 다이오드
② 역류방지 다이오드
③ 제너 다이오드
④ 발광 다이오드

해설
바이패스소자의 설치 목적
태양전지 모듈 중에서 일부의 태양전지 셀에 나뭇잎 등으로 그늘이 지거나 셀의 일부가 고장이 나면 그 부분의 셀은 발전하지 못하며 저항이 크게 된다. 이 셀에는 직렬로 접속된 스트링(회로)의 모든 전압이 인가되어 고저항의 셀에 전류가 흐름으로써 발열이 발생한다. 셀의 온도가 높아지게 되면 셀 및 그 주변의 충진 수지가 변색되고 뒷면의 커버가 팽창하게 된다. 셀의 온도가 계속 높아지면 그 셀과 태양전지 모듈의 파손방지는 물론 이를 방진할 목적으로 고저항이 된 태양전지 셀 또는 모듈에 흐르는 전류를 우회하는 것이 필요하다. 이것이 바로 바이패스소자를 설치하는 목적이다.
※ 역류방지소자(Blocking Diode)
태양전지 어레이의 스트링별로 설치된다. 역류방지소자는 태양전지 모듈에 다른 태양전지회로와 축전지의 전류가 흘러 들어오는 것을 방지하기 위해 설치하며, 보통 다이오드가 사용된다.

18 다음 중 태양광 인버터의 기능이 아닌 것은?

① 태양 추적 기능
② 자동운전 정지기능
③ 단독운전 방지기능
④ 최대전력 추종제어 기능

해설
태양광 인버터의 기능
• 자동운전 정지기능
• 단독운전 방지기능
• 직류 검출기능
• 계통 연계 보호장치
• 최대전력 추종제어(MPPT)
• 자동전압 조정기능
• 직류 지락 검출기능

19 태양열발전시스템의 주요 구성요소가 아닌 것은?

① 인버터
② 축열조
③ 집열기
④ 열교환기

해설
태양열 이용기술
태양광선의 파동성질을 이용하는 태양에너지 광열학적 이용분야로 태양열의 흡수·저장·열변환 등을 통하여 건물의 냉난방 및 급탕 등에 활용하는 기술로서 태양열 이용기술의 핵심은 태양열 집열기술, 축열기술, 시스템 제어기술, 시스템 설계기술 등이 있다.

20 BIPV(Building Integrated PV System)에 대한 설명이 아닌 것은?

① 경제적이며 에너지 효율성이 우수하다.
② 건축 재료와 발전기능을 동시에 발휘하는 방식이다.
③ 태양광발전시스템 설계 시 건축가와 사전협의가 필요하다.
④ 태양광 모듈을 지붕·파사드·블라인드 등 건물외피에 적용하는 방식이다.

해설
BIPV시스템(Building Integrated Photovoltaic System)
건물의 지붕 및 입면에 외벽 마감재 대신 PV모듈로 건축물 외피 마감 재료를 대체하는 시스템이다. 태양광에너지로 전기를 생산하여 소비자에게 공급하는 것 이외에 건축물 외장재로 사용하여 건설비용을 줄이고 건물의 가치를 높이는 디자인 요소로 사용된다. 또한 설계 시 건축가와 사전협의가 필요한데 단점으로는 아직까지 에너지 효율성이 적어 비경제적이다.
BIPV시스템의 기능
• 주광조절기능
• 전자기적 에너지변환 가능
• 색채연출기능
• 차양기능
• 형태요소
• 이미지 홍보

정답 16 ② 17 ① 18 ① 19 ① 20 ①

제2과목 태양광발전시스템 설계

21 태양광발전시스템의 기초설계단계에서 설계자의 업무가 아닌 것은?

① 자금조달 ② 토목 설계
③ 전기 설계 ④ 구조물 설계

해설
태양광발전시스템의 기초 설계단계에서 설계자의 업무
- 전기 설계
- 토목 설계
- 건축 설계
- 구조물 설계

22 5,000[kW]의 수상 태양광발전소의 RPS 가중치는?

① 0.7 ② 1.0
③ 1.2 ④ 1.5

해설
신재생에너지원별 가중치(신재생에너지 공급의무화제도 및 연료혼합의무화제도 관리·운영지침 별표 2)

구분	공급인증서 가중치	대상에너지 및 기준	
		설치유형	세부기준
태양광에너지	1.2	일반부지에 설치하는 경우	100[kW] 미만
	1.0		100[kW]부터
	0.7		3,000[kW] 초과부터
	0.7	임야에 설치하는 경우	–
	1.5	건축물 등 기존 시설물을 이용하는 경우	3,000[kW] 이하
	1.0		3,000[kW] 초과부터
	1.5	유지 등의 수면에 부유하여 설치하는 경우	
	1.0	자가용 발전설비를 통해 전력을 거래하는 경우	
	5.0	ESS설비(태양광설비 연계)	2018년부터 2020년 6월 30일까지
	4.0		2020년 7월 1일부터 12월 말일까지

23 태양전지 어레이의 이격거리 산출 시 적용하는 설계요소가 아닌 것은?

① 구조물 형상
② 남북향간 길이
③ 강재의 강도 및 판의 두께
④ 태양광발전 위치에 대한 위도

해설
구조물 이격거리 산출적용 설계요소 핵심요소
- 위 도
- 구조물 형상
- 남북방향의 길이

24 3,000[kW] 이하의 태양광 발전소 전기사업 허가 시 필요한 서류가 아닌 것은?

① 송전관련일람도 ② 신용평가의견서
③ 발전원가명세서 ④ 전기사업허가신청서

해설
3,000[kW] 이하 허가신청 필요서류 목록
- 전기사업허가신청서(전기사업법 시행규칙 별지 제1호 서식) 1부
- 발전원가명세서 1부
- 송전관계일람도 1부
- 전기설비의 운영을 위한 기술인력의 확보계획을 기재한 서류 1부
- 전기사업법 시행규칙 별표 1의 요령에 의한 사업계획서 1부

25 태양광발전시스템의 계통연계 기술기준을 크게 3가지로 구분할 때 해당되지 않는 것은?

① 도입한계용량 ② 외부운전성능
③ 전력품질 ④ 보호협조

해설
태양광발전시스템의 계통연계 기술기준
- 전력품질
- 보호협조
- 도입한계용량

정답 21 ① 22 ④ 23 ③ 24 ② 25 ②

26 초기투자비가 20억원, 설비수명이 20년, 연간 유지비가 1억원인 1[MW] 태양광 설비의 연간 총 발전량이 1,500[MW]일 때 발전원가[원/kWh]는?

① 90.5
② 120.3
③ 133.3
④ 155.5

해설

$$발전원가 = \frac{\frac{초기투자비[원]}{설비수명연한[년]} + 연간유지관리비[원/년]}{연간총발전량[kWh/년]}$$

$$= \frac{\frac{2,000,000,000}{20} + 100,000,000}{1,500 \times 10^3} ≒ 133.3[원/kWh]$$

※ 여기서 연간총발전량은 기본 단위가 [kWh](10^3)이고, 문제는 [MWh](10^6)이니까 단위를 바꾸어 주어야 한다.

27 다음 ( ) 안에 들어갈 알맞은 내용은?

태양광발전시스템은 설치 형태에 따라 (㉠)식과 (㉡)식이 있다.

① ㉠ 고정, ㉡ 추적
② ㉠ 독립, ㉡ 추적
③ ㉠ 연계, ㉡ 추적
④ ㉠ 역조류, ㉡ 단독

해설
태양광발전시스템은 설치 형태에 따라 고정식과 추적식이 있다.

28 태양전지 셀과 태양광 모듈에 관한 변환효율의 관계를 옳게 나타낸 것은?

η_c : 태양전지 셀의 효율
η_m : 태양광 모듈의 효율
η_a : 태양광 어레이의 효율

① $\eta_a > \eta_m > \eta_c$
② $\eta_m > \eta_c > \eta_a$
③ $\eta_c > \eta_a > \eta_m$
④ $\eta_c > \eta_m > \eta_a$

해설
태양전지 셀과 태양광 모듈에 관한 변환효율의 관계
태양전지 셀의 효율(η_c) > 태양광 모듈의 효율(η_m) > 태양광 어레이의 효율(η_a)

29 태양광발전시스템에서 생산된 전기에너지를 저장하는 시스템의 약어는?

① ESS
② SPD
③ PV
④ ZCT

해설
에너지저장장치(ESS ; Energy Storage System)는 생산된 전기를 저장장치(배터리 등)에 저장했다가 전력이 필요할 때 공급하여 전력 사용 효율향상을 도모한다.

에너지저장장치의 구성
• 전력저장원(배터리 · 압축공기 등)
• 전력변환장치(PCS)
• 전력관리시스템 등 제반 운영시스템

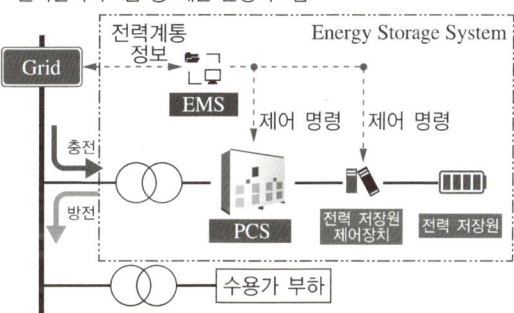

30 일조율을 나타내는 식으로 옳은 것은?

① 일조율 $= \frac{일조시간}{가조시간} \times 100[\%]$

② 일조율 $= \frac{가조시간}{일조시간} \times 100[\%]$

③ 일조율 $= \frac{법선면\ 일조강도}{수평면\ 일조강도} \times 100[\%]$

④ 일조율 $= \frac{수평면\ 일조강도}{법선면\ 일조강도} \times 100[\%]$

해설

일조율 $= \frac{일조지수}{가조지수} \times 100[\%]$

정답 26 ③ 27 ① 28 ④ 29 ① 30 ①

31 어레이 설계 시 설치방식 및 경사각 결정의 기술적 측면에서의 고려사항으로 거리가 먼 것은?

① 태양광발전과 건물과의 통합수준
② 설치방식별 특성을 반영
③ 시공성 및 유지관리
④ 지역의 특성

해설

태양광발전시스템 설계 시 고려사항(종합)

구 분	일반적 측면	기술적 측면
설치위치 결정	양호한 일사적인 조건	태양고도별 비음영 지역선정
설치방법의 결정	• 설치의 차별화 • 건물과의 통합성	• 태양광발전과 건물과의 통합수준 • 유지보수의 적절성
디자인 결정	• 실현가능성 • 실용성 • 혁신성 • 조화로움 • 설계의 유연성	• 경사각, 방위각의 결정 • 구조안정성 판단 • 시공방법 • 건축물과의 결합방법 결정
태양전지 모듈의 선정	• 시장성 • 제작가능성	• 설치 형태에 적합한 모듈 선정 • 전자재로서의 적합성 여부
설치면적 및 시스템 용량 결정	건축물과 모듈 크기	• 어레이 구성방안 고려 • 모듈크기에 따른 설치면적 결정
사업비의 적정성	경제성	건축재 활용으로 인한 설치비의 최소화
시스템 구성	• 최적 시스템 구성 • 설치설계 • 사후관리 • 복합 시스템 구성 방안	• 성능과 효율 • 어레이 구성 및 결선방법 결정 • 계통연계 방안 및 효율적 전력공급 방안 • 발전량 시뮬레이션 • 모니터링 방안
어레이	• 고 정 • 가 변	• 설치장소에 따른 방식 • 경제적 방법 고려
구성 요소별 설계	• 최대발전보장 • 기능성 • 보호성	• 최대발전 추종제어(MPPT) • 역전류방지 • 단독운전방지 • 최소전압강하 • 내·외부 설치에 따른 보호 기능
계통 연계형 시스템	• 안전성 • 역류방지	• 지속적인 전원의 공급 • 상호 계측 시스템
독립형 시스템	신뢰성	• 최대공급의 가능성 • 보조적인 전원의 유무

32 전기설비의 개폐기 중 변압기 내부의 이상전류로부터 변압기를 보호하기 위해 변압기 1차측에 설치하는 것은?

① 부하개폐기
② 컷아웃스위치
③ 자동구간개폐기
④ 자동부하전환개폐기

해설

전기설비의 개폐기 중 변압기 내부의 이상전류로부터 변압기를 보호하기 위해 변압기 1차측에 컷아웃스위치를 설치한다.

COS(컷아웃스위치)의 용도

일반적으로 전력퓨즈(Power Fuse)와 컷아웃스위치(COS)를 통칭하여 고압 퓨즈라 한다. 고압 퓨즈는 고압회로의 과전류보호를 목적으로 설치되며, 퓨즈의 일부를 구성하는 가용체에 과전류가 흐를 때 그 자신의 발생열로 용단하여 회로를 차단하는 것이다. 여기서 과전류라 함은 단락전류와 과부하전류를 통칭하는 개념인데 고압 퓨즈는 차단기와 같이 일반적인 과부하보호를 목적으로 하지는 않는다. 변압기 2차 단락과 같은 상당히 큰 과부하나 단락사고에 대한 보호를 목적으로 한다. COS는 주로 변압기 1차 측에 설치하여 변압기의 보호와 단로를 위한 목적으로 사용된다. 또한 내선규정에 의하면 300[kVA] 이하의 소규모 수전설비에서 주회로 보호용으로 사용할 수도 있다. 특고압용 COS는 한전 배전선로에서 1상 배전선의 단락사고나 지락사고 보호용으로 사용되기도 한다.

33 음영의 영향을 가장 많이 받는 인버터 접속방법은?

① 중앙 집중 방식
② 서브 어레이 방식
③ 개별 스트링 방식
④ 마이크로 인버터 방식

해설

운영방식에 의한 분류

• 중앙집중형(중앙집중식 인버터) : 모든 모듈을 직·병렬 조합하여 단일 DC/AC인버터에 연결하는 방식으로 단일 MPPT, 1대의 인버터로 대전력화, 다이오드 사용, 고장 시 전력손실이 큰 방식이다.
• 중앙집중형(Master-Slave 제어형 인버터) : 입력조건에 따라 여러 개의 중앙집중식 인버터(2~3개)를 사용하기 때문에 충전출력은 크기에 따라 인버터의 개수에 의해서 분리되기도 한다. 그러므로 일사강도가 낮을 때는 한 개의 인버터를 마스터로 놓고 운전하며, 일사강도가 증가하여 마스터 인버터의 출력이 한계까지 도달하면 슬레이브(보조) 인버터를 연결하여 인버터의 수명을 연장한다. 수명연장을 위해서는 마스터-슬레이브의 인버터는 규정된 주기에 의해 서로 교체한다.
• 분산형(스트링 인버터) : 모듈 직렬군당 DC/AC 인버터를 사용하는 방식으로 중간용량 태양광발전시스템에 적합한 방식으로 700[W]~4[kW] 정도의 태양광발전설비를 구성할 때 주로 사용된다.
• 모듈 인버터 : 소용량 태양광발전시스템에 적합한 방식으로 음영공간이 있는 건물의 외벽 등의 소형 태양광발전시스템에 사용되며 단 한 대의 인버터 모듈이라도 요구하는 태양광발전시스템으로 확장이 가능한 방식이다.

※ 개별 스트링 방식은 부분적인 음영의 영향을 받으며 마이크로 인버터 방식은 내장된 프로그램에 의해 가장 적게 음영의 영향을 받는다.

34 단독운전 방지기능이 없는 10[kW] 태양광발전시스템에 380[V], 60[Hz]의 계통전원에 연결되어 운전될 경우, 태양광발전시스템의 출력이 10[kW], 부하가 유효전력 10[kW], 지상무효전력이 +9.5[kVar], 진상무효전력이 −10[kVar]일 때 단독운전이 일어날 경우 예상되는 주파수는 약 얼마인가?

① 58.48[Hz]   ② 59.32[Hz]
③ 60.00[Hz]   ④ 61.38[Hz]

해설

예상 주파수(f_1)

θ_i를 전류와 전압의 위상차(단독운전 전과 후의 위상차)라 하면

$$K = \tan\theta_2 = \frac{\text{지상무효전력} - \text{진상무효전력}}{\text{출력}}$$

$$= \frac{9.5 - 10}{10} = -\frac{0.5}{10} = -0.05$$

$$Q_f = \frac{\sqrt{\text{지상무효전력}(Q_L) \times \text{진상무효전력}(Q_C)}}{\text{유효전력}(P_{LOAA})}$$

$$= \frac{\sqrt{9.5 \times 10}}{10} \fallingdotseq 0.97468$$

$$f_1 = f_0\left(1 + \frac{K}{Q_f}\right) = 60 \times \left(1 + \frac{-0.05}{2 \times 0.97468}\right) \fallingdotseq 58.46[\text{Hz}]$$

35 온도가 −15[℃]에서 태양전지모듈의 V_{mpp}와 V_{oc} 약 몇 [V]인가?

- P_{mpp} : 250[W]
- V_{mpp} : 30.8[V]
- V_{oc} : 38.3[V]
- 온도에 따른 전압변동률 : −0.32[%/℃]

① V_{mpp} : 14.74, V_{oc} : 23.20
② V_{mpp} : 24.74, V_{oc} : 33.20
③ V_{mpp} : 34.74, V_{oc} : 43.20
④ V_{mpp} : 44.74, V_{oc} : 53.20

해설

태양전지모듈의 V_{mpp}와 V_{oc} 구하는 방법

$$V_{mpp}(-15[℃]) = V_{mpp} + \left\{V_{mpp} \times (\text{제시온도} - \text{기준온도})\right.$$
$$\left. \times \left(\frac{\text{온도에 따른 전압변동률}}{100}\right)\right\}$$
$$= 30.8 + \left\{30.8 \times (-15[℃] - 25[℃]) \times \left(\frac{-0.32}{100}\right)\right\}$$
$$\fallingdotseq 34.742[\text{V}]$$

$$V_{oc}(-15[℃]) = V_{oc} + \left\{V_{oc} \times (\text{제시온도} - \text{기준온도})\right.$$
$$\left. \times \left(\frac{\text{온도에 따른 전압변동률}}{100}\right)\right\}$$
$$= 38.3 + \left\{38.3 \times (-15[℃] - 25[℃]) \times \left(\frac{-0.32}{100}\right)\right\}$$
$$\fallingdotseq 43.202[\text{V}]$$

36 1일 전력수용량 산정 수식으로 적합한 것은?

① 1일 전력소비량 × 1.1
② 1일 전력소비량 × 1.2
③ 1일 전력소비량 × 1.3
④ 1일 전력소비량 × 1.4

해설

1일 전력수용량 산정 수식 = 1일 전력소비량 × 1.2

37 태양광 발전사업을 위한 부지를 선정하고자 한다. 개발행위 허가기준에 따른 개발행위의 규모가 아닌 것은?

① 농림지역 30,000[m²] 미만
② 도시 주거지역 10,000[m²] 미만
③ 도시 공업지역 30,000[m²] 미만
④ 자연환경보전지역 7,000[m²] 미만

해설

개발행위허가의 규모(국토의 계획 및 이용에 관한 법 시행령 제55조)
- 도시지역
  - 주거지역·상업지역·자연녹지지역·생산녹지지역 : 1만[m²] 미만
  - 공업지역 : 3만[m²] 미만
  - 보전녹지지역 : 5천[m²] 미만
- 관리지역 : 3만[m²] 미만
- 농림지역 : 3만[m²] 미만
- 자연환경보전지역 : 5천[m²] 미만

정답 34 ① 35 ③ 36 ② 37 ④

38 전기시설물 설계 시 설계도서의 실시설계 성과물이 아닌 것은?

① 내역서, 산출서, 견적서
② 설계설명서, 설계도면, 공사시방서
③ 용량계산서, 구조계산서, 부하계산서, 간선계산서
④ 설계계획서, 개략공사비 내역서, 시스템선정 검토서

해설

실시설계 성과물

설계도면, 시방서, 공사비적산서, 각종 계산서, 기타 협의기록 등으로 이루어지며, 일반적으로 다음의 표와 같다.

실시설계 성과물	실시설계도서	설계설명서
		설계도면
		공사시방서
	공사비견적서	내역서
		산출서
		견적서
	설계계산서	조도계산서
		부하계산서
		간선계산서
		용량계산서(변압기, 발전기 등)
		기타 계산서
	기타 사항	관공서 협의기록
		관계자 협의기록
		기타 기록(설계자문, 심의 등)

39 한전계통에 이상이 발생 후 분산형 전원이 재투입하기 위해서는 한전계통의 전압 및 주파수가 정상 범위로 복귀 후 몇 분간 유지되어야 하는가?

① 1분
② 2분
③ 3분
④ 5분

해설

한전계통에 이상이 발생하게 되었을 경우 분산형 전원이 재투입하기 위해서는 한전 계통의 전압 및 주파수가 정상 범위로 복귀 후 5분간 유지되어야 한다.

40 태양광 모듈 설계 시 기대의 수명을 30년 이상 보증하려고 할 때 선정 재질로 가장 바람직한 것은?(단, 경제성 고려는 하지 않는다)

① 강재
② 스테인리스
③ 강재 + 도색
④ 강재 + 용융아연도금

해설

가대의 합성 재질과 특징

- 강재 + 도색 : 도장의 재질에 따라 3~10년에 재도장해야 한다(태양광에 사용하지 않음).
- 강재 + 도장 : 5~10년 후 재도장하고 저가, 도로의 재질에 따라 내후성이 다르다.
- 강재 + 용융아연도금 : 20~30년이며 중가, 철의 10~25배의 내식성, 비교적 저렴, 부분적인 녹이 발생한다.
- 스테인리스 : 30년 이상이며 고가, 경량, 내식성이 우수하다.
- 알루미늄합금제 : 중가, 경량, 시공성·가공성 우수, 강도는 다소 약하다.

제3과목 태양광발전시스템 시공

41 태양광발전설비의 준공 후 감리원이 발주자에게 인수·인계할 목록에 반드시 포함되어야 하는 서류가 아닌 것은?

① 안전교육 실적표
② 기자재 구매서류
③ 시설물 인수·인계서
④ 품질시험 및 검사성과 총괄표

해설

현장문서 인수·인계(전력시설물 공사감리업무 수행지침 제64조)

- 감리원은 해당 공사와 관련한 감리기록서류 중 다음의 서류를 포함하여 발주자에게 인계할 문서의 목록을 발주자와 협의하여 작성하여야 한다.
  - 준공사진첩
  - 준공도면
  - 품질시험 및 검사성과 총괄표
  - 기자재 구매서류
  - 시설물 인수·인계서
  - 그 밖에 발주자가 필요하다고 인정하는 서류
- 감리자는 해당 감리용역이 완료된 때에는 30일 이내에 공사감리 완료보고서를 협회에 제출하여야 한다.

38 ④　39 ④　40 ②　41 ①

42 태양광발전시스템 중 태양광 모듈의 절연내력 검사 시 기술기준 내용으로 옳은 것은?

① 최대 사용전압의 1배의 직류전압, 또는 1배의 교류전압을 충전부분과 대지 사이에 5분간 인가하여 견뎌야 한다.
② 최대 사용전압의 1배의 직류전압, 또는 1.5배의 교류전압을 충전부분과 대지 사이에 10분간 인가하여 견뎌야 한다.
③ 최대 사용전압의 1.5배의 직류전압, 또는 1배의 교류전압을 충전부분과 대지 사이에 10분간 인가하여 견뎌야 한다.
④ 최대 사용전압의 1.5배의 직류전압, 또는 1.5배의 교류전압을 충전부분과 대지 사이에 5분간 인가하여 견뎌야 한다.

해설
연료전지 및 태양전지 모듈의 절연내력(KEC 134)
연료전지 및 태양전지 모듈은 최대사용전압의 1.5배의 직류전압 또는 1배의 교류전압(500[V] 미만으로 되는 경우에는 500[V])을 충전부분과 대지 사이에 연속하여 10분간 가하여 절연내력을 시험하였을 때에 이에 견디는 것이어야 한다.
※ KEC(한국전기설비규정)의 적용으로 인해 판단기준 제15조(연료전지 및 태양전지 모듈의 절연내력)에서 KEC 134로 변경됨 〈2021.01.19.〉

43 특고압 계통에서 분산형 전원의 연계로 인한 계통 투입, 탈락 및 출력 변동 빈도가 1일 4회 초과, 1시간에 2회 이하이면 순시전압변동률은 몇 [%]를 초과하지 않아야 하는가?

① 3
② 4
③ 5
④ 6

해설
특고압 계통에서 분산형 전원의 연계로 인한 투입, 탈락 및 출력 변동 빈도가 1일 4회 초과, 1시간에 2회 이하이면 순시전압변동률은 4[%]를 초과하지 않아야 한다.

44 접속함에 관한 설명으로 틀린 것은?

① 접속함 안에 바이패스 다이오드를 설치한다.
② 접속함은 노출이 적고, 소유자의 접근 및 육안확인이 용이한 장소에 설치하여야 한다.
③ 접속함 내부 발생열을 배출할 수 있는 환기구 및 방열판을 설치하여야 한다.
④ 접속함 전면부는 직사광선을 견딜 수 있는 폴리카보네이트(PC) 또는 동등 이상의 재질로 제작하여야 한다.

해설
역전류방지 다이오드를 별도의 접속함에 설치하여야 한다.

45 전력계통에서 3권선 변압기($Y-Y-\triangle$)를 사용하는 주된 원인은?

① 승압용
② 노이즈 제거
③ 제3고조파 제거
④ 2가지 용량 사용

해설
3권선 변압기($Y-Y-\triangle$)를 사용하는 주된 목적은 제3고조파를 $\triangle$결선에서 제거하는 것이다.

46 공사업자가 공사시작과 동시에 감리원에게 작성, 제출하여야 할 가설시설물의 설치계획표에 포함되는 사항이 아닌 것은?

① 공사용 도로
② 공사예정공정표
③ 공사용 임시전력
④ 가설사무소, 작업장, 창고 등의 부대시설

해설
공사업자의 가설시설물 설치계획표 작성 제출 내용(전력시설물 공사감리업무 수행지침 제14조)
• 공사용 도로(발·변전설비, 송·배전설비에 해당)
• 가설사무소, 작업장, 창고, 숙소, 식당 및 그 밖의 부대설비
• 자재 야적장
• 공사용 임시전력

정답 42 ③ 43 ② 44 ① 45 ③ 46 ②

47 태양광발전시스템 공사 중 태양전지 어레이의 절연저항 측정에 필요한 시험 기자재로 가장 거리가 먼 것은?

① 온도계 ② 습도계
③ 계전기 ④ 절연저항계

해설
전기회로에서 회로를 나누어 신호를 만들고 그 신호에 따라 다른 회로의 작동을 제어, 즉 회로를 개폐할 때 사용하는 기기가 계전기이며 전기 스위치라 할 수 있다.

48 접지공사 시 접지극의 매설 깊이는 지하 몇 [cm] 이상으로 매설하여야 하는가?

① 30 ② 60
③ 75 ④ 120

해설
접지극의 시설 및 접지저항(KEC 142.2)
접지극은 동결 깊이를 감안하여 시설하되 고압 이상의 전기설비와 변압기 중성점 접지에 의하여 시설하는 접지극의 매설깊이는 지표면으로부터 지하 0.75[m] 이상으로 한다.
※ KEC(한국전기설비규정)의 적용으로 인해 판단기준 제19조(각종 접지공사의 세목)에서 KEC 142.2로 변경됨 〈2021.01.19.〉

49 태양전지 어레이의 상정하중에 대한 설명으로 틀린 것은?

① 적설하중은 모듈면의 수직 적설하중을 나타낸다.
② 고정하중은 모듈과 지지물 등의 질량의 합이다.
③ 지진하중은 모듈에 가해지는 직선 지진력을 의미한다.
④ 풍압하중은 모듈과 지지물에 가해지는 풍압력의 합이다.

해설
지진하중은 지진 발생에 수반하는 지진동에 의해서 생기는 구조물의 응답을 하중 효과로 간주하고, 이와 등가인 정적인 힘 혹은 지진동에 의한 작용을 말한다.

50 태양전지 모듈 및 어레이 설치 후의 설명이 아닌 것은?

① 태양전지 모듈의 극성이 올바른지 직류전압계로 확인한다.
② 태양전지 모듈의 설명서에 기재된 단락전류가 흐르는지 직류전류계로 측정한다.
③ 태양전지 모듈구조는 설치로 인해 다른 접지의 연접성이 훼손되지 않은 것을 사용한다.
④ 태양전지 모듈과 인버터 사이에 직류측 회로는 반드시 접지한다.

해설
태양전지 모듈의 설치가 완료된 후 다음의 검사를 실시한다.
• 전압, 극성확인
• 단락전류 측정
• 접지확인 : 직류측 회로의 비접지 여부 확인

51 태양광발전시스템에 적용하는 피뢰방식이 아닌 것은?

① 돌침방식 ② 케이지방식
③ 구조체방식 ④ 수평도체방식

해설
태양광발전시스템에 적용하는 피뢰방식은 돌침방식, 케이지방식 및 수평도체방식이다.

52 태양전지 어레이의 구조물 설치 시 지반상태에 따른 해결책이 아닌 것은?

① 연약층이 깊을 경우 독립기초로 한다.
② 지반의 허용지지력이 부족할 경우 저판 폭을 증가시키거나 지반을 치환한다.
③ 배면토의 강도정수가 부족할 경우 저판 폭을 증가시키거나 사면경사도를 완화한다.
④ 지반의 지하수위가 높을 경우 지지력 저하로 침하가 발생할 수 있으므로 배수공을 설치한다.

해설
지내력이 좋지 않은 경우는 온통기초(매트기초), 파일기초로 설치를 해야 한다.

53 계통연계형 소형 태양광 인버터의 옥외 설치 시 IP(Ingress Protection Rating) 등급은?

① IP 20 이상　　② IP 25 이상
③ IP 33 이상　　④ IP 44 이상

해설
계통연계형 소형 태양광 인버터의 옥외 설치 시 IP 44 이상으로 한다.

54 전력계통의 단락용량 경감 대책으로 틀린 것은?

① 사고 시 모선 분리방식을 채용한다.
② 발전기와 변압기의 임피던스를 작게 한다.
③ 계통 간을 직류설비라든지 특수한 장치로 연계한다.
④ 계통을 분할하거나 송전선 또는 모선 간에 한류리액터를 삽입한다.

해설
단락용량은 %Z와 반비례하므로 발전기와 변압기의 임피던스를 크게 하여 경감시킨다.

55 태양광발전시스템 시공 작업 중 감전 방지대책으로 가장 거리가 먼 것은?

① 일반장갑을 착용한다.
② 우천 시 작업을 금지한다.
③ 이중절연 처리된 공구를 사용한다.
④ 작업 전 태양전지 모듈 표면에 차광막을 씌워 태양광을 차폐한다.

해설
태양광발전시스템 시공 작업 시 저압 절연장갑을 착용한다.

56 태양광 모듈 어레이 설치 후 확인 점검 시 사용하는 기기로만 짝지어진 것은?

① 교류전압계, 교류전류계　② 교류전압계, 직류전류계
③ 직류전압계, 직류전류계　④ 직류전압계, 교류전류계

해설
태양광 모듈 어레이 설치 후 직류전압계, 직류전류계로 확인 점검을 실시한다.

57 전력기술관리법 시행령 및 시행규칙의 감리원 업무범위가 아닌 것은?

① 현장 조사 및 분석
② 공사 단계별 기성확인
③ 입찰참가자 자격심사 기준 작성
④ 현장 시공상태의 평가 및 기술지도

해설
입찰참가자 자격심사 기준 작성은 발주자 지원업무수행자의 업무범위이다.
감리원의 업무 등(전력기술관리법 시행규칙 제22조)
• 현장 조사 · 분석
• 공사 단계별 기성(旣成)확인
• 행정지원업무
• 현장 시공상태의 평가 및 기술지도
• 공사감리업무에 관련되는 각종 일지 작성 및 부대 업무

58 태양광발전시스템 중 태양전지 어레이용 가대의 재질 및 형태에 따른 검토사항 중 아닌 것은?

① 절삭 등의 가공이 쉽고 무거워야 한다.
② 최소 20년 이상의 내구성을 가져야 한다.
③ 불필요한 가공을 피할 수 있도록 규격화되어야 한다.
④ 염해, 공해 등을 고려하여 녹이 발생하지 않아야 한다.

해설
태양전지 어레이용 가대의 재질 및 형태
• 염해, 공해 등의 부식이 발생하지 않을 것
• 최소 20년 이상의 내구성을 가질 것
• 어레이를 단단히 고정할 수 있도록 할 것
• 절삭 등 가공이 쉽고 가벼울 것
• 수급이 용이하고 경제적일 것

59 태양전지의 모듈 설치 및 조립 시 주의사항으로 틀린 것은?

① 태양전지 모듈의 파손방지를 위해 충격이 가지 않도록 한다.
② 태양전지 모듈과 가대의 접합 시 부식방지용 가스켓을 적용한다.
③ 태양전지 모듈을 가대의 상단에서 하단으로 순차적으로 조립한다.
④ 태양전지 모듈의 필요 정격전압이 되도록 1 스트링의 직렬매수를 선정한다.

정답 53 ④　54 ②　55 ①　56 ③　57 ③　58 ①　59 ③

해설
태양전지 모듈의 설치
- 태양전지 모듈의 직렬매수(스트링)는 직류 사용전압 또는 PCS의 입력전압 범위에서 선정한다.
- 태양전지 모듈의 설치는 가대의 하단에서 상단으로 순차적으로 조립한다.
- 태양전지 모듈의 가대의 접합 시 전식방지를 위해 가스킷(Gasket)을 사용하여 조립한다.

60 설계감리원이 설계업자로부터 착수신고서를 제출받아 적정성 여부를 검토하여 보고하여야 하는 것은?

① 근무상황부 ② 예정공정표
③ 설계감리일지 ④ 설계감리기록부

해설
설계용역의 관리(설계감리업무 수행지침 제8조)
설계감리원은 설계업자로부터 착수신고서를 제출받아 다음 사항에 대한 적정성 여부를 검토하여 보고하여야 한다.
- 예정공정표
- 과업수행계획 등 그 밖에 필요한 사항

제4과목 태양광발전시스템 운영

61 자가용 태양광발전소의 태양전지·전기설비 계통의 정기검사 시기는?

① 1년 이내 ② 2년 이내
③ 3년 이내 ④ 4년 이내

해설
정기검사대상 전기설비 및 검사시기(전기사업법 시행규칙 별표 10)
자가용 태양광발전소의 태양전지·전기설비 계통의 정기검사 시기는 4년 이내이다.

62 박막 태양광발전 모듈은 광조사 시험 후 STC 조건에서의 최대출력 측정값이 제조자가 표시한 정격출력 최솟값의 최소 몇 [%] 이상이어야 하는가?

① 80 ② 85
③ 90 ④ 95

해설
박막 태양광발전 모듈은 광조사 시험 후 조건에서의 최대출력 측정값이 제조자가 표시한 정격출력 최솟값의 최소 90[%] 이상이어야 한다.

63 태양광발전시스템의 운전 시 조작 방법으로 틀린 것은?

① Main VCB반 전압 확인
② 접속반, 인버터 DC전압 확인
③ 즉시 인버터 정상작동여부 확인
④ DC용 차단기 On, AC측 차단기 On

해설
태양광발전시스템 운전 시 조작방법
- Main VCB반 전압 확인
- 접속반, 인버터 DC전압 확인
- AC측 차단기 On, DC용 차단기 On
- 5분 후 인버터 정상작동여부 확인

64 태양광발전시스템 운전조작 방법 중 태양전지 모듈에 대한 설명으로 틀린 것은?

① 태양전지 모듈 표면은 주로 일반유리로 되어 있어, 약한 충격에도 파손될 수 있다.
② 태양전지 모듈 표면에 그늘이 지거나, 나뭇잎 등이 떨어져 있는 경우 전체적인 발전효율 저하 요인으로 작용할 수 있다.
③ 발전효율을 높이기 위해 부드러운 천으로 이물질을 제거하며, 태양전지 모듈 표면에 흠이 생기지 않도록 주의해야 한다.
④ 풍압이나 진동으로 인하여 태양전지 모듈과 형강의 체결 부위가 느슨해지는 경우가 있으므로 정기적으로 점검해야 한다.

해설
태양전지 모듈 표면은 특수 처리된 강화유리로 되어 있어 강한 충격이 있을 시 파손될 우려가 있으므로 충격이 발생되지 않도록 주의가 필요하다.

정답 60 ② 61 ④ 62 ③ 63 ③ 64 ①

65 전기사업용 전기설비 검사를 받고자 하는 자는 안전공사에 검사희망일 며칠 전에 정기검사를 신청하여야 하는가?

① 3   ② 5
③ 7   ④ 10

해설
정기검사의 대상 · 기준 및 절차 등(전기사업법 시행규칙 제32조)
전기사업용 전기설비의 검사는 안전공사에 검사희망일 7일 전에 정기검사를 신청한다.

66 태양전지 어레이의 출력 확인 시험 중 개방전압 측정순서에 대한 설명으로 틀린 것은?

① 접속함의 주개폐기를 개방(Off)한다.
② 접속함의 각 스트링 MCCB 또는 퓨즈가 있는 경우 개방(Off)한다.
③ 각 모듈이 그늘져 있지 않은지 확인한다.
④ 출력개폐기의 입력부에 서지 업서버를 취부하고 있는 경우에는 접지단자를 분리시킨다.

해설
태양전지 어레이 출력의 개방전압 측정순서
• 접속함의 주개폐기를 개방(Off)한다.
• 접속함 내 각 스트링 MCCB 또는 퓨즈를 개방(Off)한다(있는 경우).
• 각 모듈이 그늘져 있지 않은지 확인한다.
• 측정하는 스트링의 MCCB 또는 퓨즈를 개방(Off)하여(있는 경우), 직류전압계로 각 스트링의 P-N 단자 간의 전압을 측정한다.
• 테스터 이용 시 실수로 전류 측정 레인지에 놓고 측정하면 단락전류가 흐를 위험이 있으므로 주의해야 한다. 또한, 디지털 테스터를 이용할 경우에는 극성을 확인해야 한다.
• 측정한 각 스트링의 개방전압값이 측정 시의 조건 하에서 타당한 값인지 확인한다(각 스트링의 전압 차가 모듈 1매분 개방전압의 1/2보다 적은 것을 목표로 한다).

67 태양광발전시스템의 점검에서 유지보수점검 종류가 아닌 것은?

① 일시점검   ② 일상점검
③ 정기점검   ④ 임시점검

해설
태양광발전시스템의 유지보수점검의 종류는 일상점검, 정기점검 및 임시점검이 있다.

68 소형 태양광발전용 3상 독립형 인버터의 경우 부하 불평형 시험 시 정격용량에 해당하는 부하를 연결한 후 U상, V상, W상 중 한 상의 부하를 0으로 조정한 후 몇 분 동안 운전하는가?

① 10   ② 15
③ 30   ④ 60

해설
소형 태양광발전용 3상 독립형 인버터의 경우 부하 불평형 시험 시 정격용량에 해당하는 부하를 연결한 후 한 상의 부하를 0으로 조종한 후 30분 동안 운전한다.

69 태양광발전용 접속함의 환경시험 중 충격시험에서의 시험조건으로 틀린 것은?

① 정현반파   ② 가속도 : $500[m/s^2]$
③ 공칭펄스 : $11[ms]$ ④ 상하 방향 각 5회

해설
충격시험조건 : 정현반파, 가속도 $500[m/s^2]$, 공칭펄스 $11[ms]$
접속함 환경시험 항목
• 온습도사이클시험   • 진동시험
• 충격시험   • 염수분무시험
• 서지내성시험   • 방진방수시험

70 중대형 태양광발전용 계통연계형 인버터의 효율 시험에 대한 설명으로 틀린 것은?

① Euro 변환효율로 측정한다.
② 운전시작 후 최소한 1시간 이후에 효율을 측정한다.
③ 정격용량이 10[kW] 초과 30[kW] 이하에서의 효율은 90[%] 이상이어야 한다.
④ 정격용량이 30[kW] 초과 100[kW] 이하에서의 효율은 92[%] 이상이어야 한다.

정답 65 ③ 66 ④ 67 ① 68 ③ 69 ④ 70 ②

> **해설**
> 중대형 태양광발전용 계통연계형 인버터의 효율시험
> - 계통연계형 인버터의 경우 Euro 변환효율로 측정하여, 정격용량이 10[kW] 초과 30[kW] 이하에서는 90[%] 이상, 30[kW] 초과 100[kW] 이하에서는 92[%] 이상, 100[kW] 초과에서는 94[%] 이상일 것
> - 독립형 인버터의 경우 정격효율로 측정하여 정격용량이 10[kW] 초과 30[kW] 이하에서는 88[%] 이상, 30[kW] 초과 100[kW] 이하에서는 90[%] 이상, 100[kW] 초과에서는 92[%] 이상일 것

71 결정질 실리콘 태양광발전 모듈의 성능을 시험하는 시험장치가 아닌 것은?

① 항온항습 장치   ② 염수분무 장치
③ 우박시험 장치   ④ 저온방전시험 장치

> **해설**
> 결정질 실리콘 태양광발전 모듈의 성능 시험장치는 항온항습 장치, 염수분무 장치 및 우박시험 장치 등이 있다.

72 도체의 저항, 두 점 사이의 전압 및 전류세기를 측정하는 검사장비는?

① 검전기   ② 멀티미터
③ 접지저항계   ④ 오실로스코프

> **해설**
> 전압 및 전류를 측정하는 계기는 멀티미터이다.

73 태양광발전시스템에서 사용되는 송·변전 시스템 점검사항 중 비상정지회로의 점검은 언제 수행되어야 하는가?

① 정기점검   ② 일시점검
③ 외관점검   ④ 일상순시점검

> **해설**
> 태양광발전시스템의 공통 점검사항
> - 기기 및 시설의 부식과 도장의 상태를 점검한다.
> - 비상정지회로의 동작을 확인(정기점검 시)한다.
> - 우천 시 순시점검, 설비 근처의 공사 시 손상점검을 실시한다.

74 태양광발전시스템 성능평가의 분류로 틀린 것은?

① 경제성   ② 신뢰성
③ 설치형태   ④ 발전성능

> **해설**
> 시스템 성능평가의 분류
> - 구성요인의 성능·신뢰성
> - 발전성능
> - 설치가격(경제성)
> - 사이트
> - 신뢰성

75 태양전지 어레이 점검 시 가장 먼저 점검해야 하는 것은?

① 개방전류   ② 정격전류
③ 개방전압   ④ 단락전압

> **해설**
> 태양전지 어레이 점검 시 개방전압 점검을 가장 먼저 실시한다.

76 태양광발전시스템에서 사용되는 배선 케이블의 손상유무를 파악하는 육안점검 사항으로 틀린 것은?

① 배선의 저항   ② 배선의 늘어짐
③ 배선의 결선상태   ④ 배선의 변색 및 변형

> **해설**
> 배선의 저항은 육안으로 점검할 수 없고 멀티미터와 같은 계기를 사용하여 측정한다.

77 누전에 의한 인사사고 및 화재로부터 인명과 재산을 지키기 위해 전기기기의 접지를 완벽하게 시공해야 한다. 이에 해당하는 대상이 아닌 것은?

① 금속관   ② 목재구조
③ 전기기기의 가대   ④ 케이블 피복금속체

> **해설**
> 목재구조는 절연재료에 해당하므로 접지의 시공과 관련이 없다.

정답 71 ④ 72 ② 73 ① 74 ③ 75 ③ 76 ① 77 ②

78 접속함에 설치된 태양전지와 접지선 간의 절연저항은 DC 500[V] 메거로 측정 시 최소 몇 [MΩ] 이상이어야 하는가?

① 0.1
② 0.2
③ 0.5
④ 1

해설
접속함에 설치된 태양전지와 접지선 간의 절연저항은 DC 500[V] 메거로 측정 시 최소 0.2[MΩ] 이상이어야 한다.

79 태양광 발전시스템의 일상점검 시 태양전지 어레이의 육안점검 항목이 아닌 것은?

① 접지저항
② 지지대의 부식 및 녹
③ 표면의 오염 및 파손
④ 외부배선(접속케이블)의 손상

해설
접지저항은 접지저항계 등의 계측기를 사용하여 점검한다.

80 태양광발전시스템에 설치된 퓨즈의 고장을 점검하기 위한 방법으로 틀린 것은?

① 육안 검사
② 다기능 측정
③ 전력망 분석
④ 입출력 측정

해설
전력망 분석은 태양광발전설비와 연관된 전력망을 분석하는 것으로 퓨즈의 고장을 점검하기 위한 방법으로는 적절하지 않다.

제5과목 신재생에너지 관련 법규

81 고압의 계기용 변성기의 2차측 전로에는 제 몇 종 접지공사를 하여야 하는가?

① 제1종 접지공사
② 제2종 접지공사
③ 제3종 접지공사
④ 특별 제3종 접지공사

해설
계기용변성기의 2차측 전로의 접지(KEC 322.4)
- 고압의 계기용변성기의 2차측 전로에는 KEC 140(접지시스템)의 규정에 의하여 접지공사를 하여야 한다.
- 특고압 계기용변성기의 2차측 전로에는 KEC 140(접지시스템)의 규정에 의하여 접지공사를 하여야 한다.
※ KEC(한국전기설비규정)의 적용으로 종별 접지공사가 폐지되어 문제 성립되지 않음 〈2021.01.19.〉

82 전기설비기술기준에서 저압전선로 중 절연부분의 전선과 대지 사이 및 전선의 심선 상호 간의 절연저항은 사용전압에 대한 누설전류가 최대공급전류의 얼마를 넘지 않도록 하여야 하는가?

① 1/1,414
② 1/1,732
③ 1/2,000
④ 1/3,000

해설
전선로의 전선 및 절연성능(전기설비기술기준 제27조)
- 저압 가공전선(중성선 다중접지식에서 중성선으로 사용하는 전선을 제외한다) 또는 고압 가공전선은 감전의 우려가 없도록 사용전압에 따른 절연성능을 갖는 절연전선 또는 케이블을 사용하여야 한다. 다만 해협 횡단·하천 횡단·산악지 등 통상 예견되는 사용형태로 보아 감전의 우려가 없는 경우에는 그러하지 아니하다.
- 지중전선(지중전선로의 전선을 말한다)은 감전의 우려가 없도록 사용전압에 따른 절연성능을 갖는 케이블을 사용하여야 한다.
- 저압 전로로 중 절연 부분의 전선과 대지 사이 및 전선의 심선 상호 간의 절연저항은 사용전압에 대한 누설전류가 최대 공급전류의 1/2,000을 넘지 않도록 하여야한다.

83 녹색인증의 유효기간은 녹색인증을 받은 날부터 몇 년으로 하는가?(단, 유효기간을 연장하지 않은 경우이다)

① 1
② 3
③ 5
④ 10

정답 78 ② 79 ① 80 ③ 81 ③ 82 ③ 83 ②

해설

녹색기술·녹색사업의 적합성 인증 및 녹색전문기업 확인(저탄소 녹색성장 기본법 시행령 제19조)

(1) 중앙행정기관의 장은 소관 분야에 대하여 녹색기술·녹색산업의 표준화 및 인증 등에 따라 녹색기술·녹색사업(녹색산업 설비·기반시설의 설치, 녹색기술·녹색산업의 응용·보급·확산 등 녹색성장과 관련된 경제활동으로서 경제적·기술적 파급효과가 큰 사업을 말한다)에 대한 적합성 인증(녹색기술의 경우에는 인증된 녹색기술이 적용된 제품에 대한 확인을 포함한다) 및 녹색전문기업의 확인(이하 "녹색인증"이라 한다)을 한다.
(2) 녹색인증을 받으려는 자는 소관 중앙행정기관의 장에게 녹색인증을 신청하며, 신청을 받은 소관 중앙행정기관의 장은 신청한 내용을 평가하는 기관(이하 "평가기관"이라 한다)을 지정하여 녹색인증의 평가를 의뢰하여야 한다.
(3) 평가기관의 평가 결과를 확인하고 녹색인증의 여부를 결정하기 위하여 관련 중앙행정기관 공동으로 녹색인증심의위원회(이하 "인증위원회"라 한다)를 둔다.
(4) 소관 중앙행정기관의 장은 (2)에 따른 녹색인증의 신청 접수 및 평가기관의 평가 업무의 지원 등에 관한 업무를 산업기술 혁신 촉진법에 따른 한국산업기술진흥원에 위탁한다.
(5) 소관 중앙행정기관의 장은 (2)에 따라 녹색인증을 신청한 자에게 인증에 필요한 비용을 부담하게 할 수 있다.
(6) 녹색인증의 유효기간은 녹색인증을 받은 날부터 3년으로 하고, 그 유효기간은 1회에 한정하여 3년 이내에서 연장할 수 있다.
(7) (1)부터 (6)까지에서 규정한 사항 외에 녹색인증의 대상·기준·절차·방법, 유효기간 연장, 평가기관의 지정, 인증위원회의 구성·운영 등 녹색인증에 필요한 사항은 기획재정부장관, 과학기술정보통신부장관, 문화체육관광부장관, 농림축산식품부장관, 산업통상자원부장관, 환경부장관, 국토교통부장관, 해양수산부장관, 중소벤처기업부장관 및 방송통신위원회위원장이 공동으로 정하여 관보에 고시한다.

84 한국전력거래소의 수행업무가 아닌 것은?

① 전력계통의 설계에 관한 업무
② 회원의 자격 심사에 관한 업무
③ 전력거래량의 계량에 관한 업무
④ 전력시장의 개설·운영에 관한 업무

해설

한국전력거래소의 업무(전기사업법 제36조)
한국전력거래소는 그 목적을 달성하기 위하여 다음의 업무를 수행한다.
(1) 전력시장 및 소규모전력중개시장의 개설·운영에 관한 업무
(2) 전력거래에 관한 업무
(3) 회원의 자격 심사에 관한 업무
(4) 전력거래대금 및 전력거래에 따른 비용의 청구·정산 및 지불에 관한 업무
(5) 전력거래량의 계량에 관한 업무
(6) 전력시장운영규칙 등 관련 규칙의 제정·개정에 관한 업무
(7) 전력계통의 운영에 관한 업무
(8) 전기품질의 측정·기록·보존에 관한 업무
(9) 그 밖에 (1)~(8)까지의 업무에 딸린 업무

85 최대사용전압이 22.9[kV]인 중성점 접지식 전로(중성선을 가지는 것으로서 그 중성선을 다중접지 하는 것에 한한다)의 절연내력 시험전압은 최대사용전압의 몇 배의 전압인가?

① 1.25
② 1.12
③ 0.92
④ 0.80

해설

전로의 절연저항 및 절연내력(KEC 132)

• 사용전압이 저압인 전로의 절연성능은 저압 전로의 절연성능(기술기준 제52조)을 충족하여야 한다. 다만, 저압 전로에서 정전이 어려운 경우 등 절연저항 측정이 곤란한 경우 저항성분의 누설전류가 1[mA] 이하이면 그 전로의 절연성능은 적합한 것으로 본다.
• 고압 및 특고압의 전로(전로의 절연 각 호의 부분, 회전기, 정류기, 연료전지 및 태양전지 모듈의 전로, 변압기의 전로, 기구 등의 전로 및 직류식 전기철도용 차단선을 제외한다)는 다음 표에서 정한 시험전압을 전로와 대지 사이(다심케이블은 심선 상호 간 및 심선과 대지 사이)에 연속하여 10분간 가하여 절연내력을 시험하였을 때에 이에 견디어야 한다. 다만, 전선에 케이블을 사용하는 교류 전로로서 다음 표에서 정한 시험전압의 2배의 직류전압을 전로와 대지 사이(다심케이블은 심선 상호 간 및 심선과 대지 사이)에 연속하여 10분간 가하여 절연내력을 시험하였을 때에 이에 견디는 것에 대하여는 그러하지 아니하다.

전로의 종류	시험전압
1. 최대사용전압 7[kV] 이하인 전로	최대사용전압의 1.5배의 전압
2. 최대사용전압 7[kV] 초과 25[kV] 이하인 중성점 접지식 전로(중성선을 가지는 것으로서 그 중성선을 다중접지 하는 것에 한한다)	최대사용전압의 0.92배의 전압
3. 최대사용전압 7[kV] 초과 60[kV] 이하인 전로(2란의 것을 제외한다)	최대사용전압의 1.25배의 전압(10,500[V] 미만으로 되는 경우는 10,500[V])
4. 최대사용전압 60[kV] 초과 중성점 비접지식전로(전위 변성기를 사용하여 접지하는 것을 포함한다)	최대사용전압의 1.25배의 전압
5. 최대사용전압 60[kV] 초과 중성점 접지식 전로(전위변성기를 사용하여 접지하는 것及 6란과 7란의 것을 제외한다)	최대사용전압의 1.1배의 전압(75[kV] 미만으로 되는 경우에는 75[kV])
6. 최대사용전압이 60[kV] 초과 중성점 직접접지식 전로(7란의 것을 제외한다)	최대사용전압의 0.72배의 전압
7. 최대사용전압이 170[kV] 초과 중성점 직접접지식 전로로서 그 중성점이 직접 접지되어 있는 발전소 또는 변전소 혹은 이에 준하는 장소에 시설하는 것	최대사용전압의 0.64배의 전압
8. 최대사용전압이 60[kV]를 초과하는 정류기에 접속되고 있는 전로	교류측 및 직류 고전압측에 접속되고 있는 전로는 교류측의 최대사용전압의 1.1배의 직류전압 직류측 중성선 또는 귀선이 되는 전로는 별도 규정하는 계산식에 의하여 구한 값

※ KEC(한국전기설비규정)의 적용으로 인해 판단기준 제13조(전로의 절연저항 및 절연내력)에서 KEC 132로 변경됨〈2021.01.19.〉

정답 84 ① 85 ③

86 전력수급기본계획의 수립과 관련하여 기본계획에 포함되어야 할 사항으로 틀린 것은?

① 전력생산의 관리에 관한 사항
② 전력수급의 기본방향에 관한 사항
③ 전력수급의 장기전망에 관한 사항
④ 발전설비계획 및 주요 송전·변전설비계획에 관한 사항

해설

전력수급기본계획의 수립(전기사업법 제25조)
기본계획에는 다음의 사항이 포함되어야 한다.
• 전력수급의 기본방향에 관한 사항
• 전력수급의 장기전망에 관한 사항
• 발전설비계획 및 주요 송전·변전설비계획에 관한 사항
• 전력수요의 관리에 관한 사항
• 직전 기본계획의 평가에 관한 사항
• 분산형 전원의 확대에 관한 사항
• 그 밖에 전력수급에 관하여 필요하다고 인정하는 사항

87 신재생에너지 공급의무자의 2017년도 의무공급량의 비율[%]은?

① 2 ② 3
③ 4 ④ 5

해설

연도별 의무공급량의 합계 등(신에너지 및 재생에너지 개발·이용·보급 촉진법 시행령 제18조의 4)
의무공급량(이하 "의무공급량"이라 한다)의 연도별 합계는 공급의무자의 다음 계산식에 따른 총전력생산량에 별표 3에 따른 비율을 곱한 발전량 이상으로 한다. 이 경우 의무공급량은 공급인증서(이하 "공급인증서"라 한다)를 기준으로 산정한다.
※ 총전력생산량 = 지난 연도 총전력생산량 – (신재생에너지 발전량 + 전기사업법 일반용 전기설비 중 산업통상자원부장관이 정하여 고시하는 설비에서 생산된 발전량)

연도별 의무공급량의 비율(별표 3)

해당 연도	비율[%]	해당 연도	비율[%]
2012	2.0	2018	5.0
2013	2.5	2019	6.0
2014	3.0	2020	7.0
2015	3.0	2021	8.0
2016	3.5	2022	9.0
2017	4.0	2023 이후	10.0

88 산업통상자원부장관은 공용화 품목의 개발, 제조 및 수요·공급 조절에 필요한 자금의 몇 [%]까지 중소기업자에게 융자할 수 있는가?

① 20 ② 40
③ 60 ④ 80

해설

신재생에너지 설비 및 그 부품 중 공용화 품목의 지정절차 등(신에너지 및 재생에너지 개발·이용·보급 촉진법 시행령 제24조)
• 신재생에너지 설비 및 그 부품의 공용화에 따라 신재생에너지 설비 및 그 부품 중 공용화 품목의 지정을 요청하려는 자는 산업통상자원부령으로 정하는 바에 따라 대상 품목의 명칭, 규격, 지정 요청 사유 및 기대효과 등을 적은 지정요청서에 대상 품목에 대한 설명서를 첨부하여 산업통상자원부장관에게 제출하여야 한다.
• 산업통상자원부장관은 지정 요청을 받은 경우에는 산업통상자원부령으로 정하는 바에 따라 전문가 및 이해관계인의 의견을 들은 후 해당 신재생에너지 설비 및 그 부품을 공용화 품목으로 지정할 수 있다.
• 산업통상자원부장관은 신재생에너지 설비 및 그 부품의 공용화를 효율적으로 추진하기 위하여 필요한 지원을 할 수 있다는 규정에 따라 공용화 품목의 개발, 제조 및 수요·공급 조절에 필요한 자금을 다음의 구분에 따른 범위에서 융자할 수 있다.
  – 중소기업자 : 필요한 자금의 80[%]
  – 중소기업자와 동업하는 중소기업자 외의 자 : 필요한 자금의 70[%]
  – 그 밖에 산업통상자원부장관이 인정하는 자 : 필요한 자금의 50[%]

89 전선을 접속하는 경우 전선의 세기를 최소 몇 [%] 이상 감소시키지 않아야 하는가?

① 10 ② 20
③ 25 ④ 30

해설

전선의 접속(KEC 123)
전선을 접속하는 경우에는 소세력 회로 또는 옥외등의 규정에 의하여 시설하는 경우 이외에는 전선의 전기저항을 증가시키지 아니하도록 접속하여야 하며, 또한 다음에 따라야 한다.
• 나전선 상호 또는 나전선과 절연전선 또는 캡타이어 케이블과 접속하는 경우에는 다음에 의할 것
  – 전선의 세기[인장하중(引張荷重)으로 표시한다]를 20[%] 이상 감소시키지 아니할 것. 다만, 점퍼선을 접속하는 경우와 기타 전선에 가하여지는 장력이 전선의 세기에 비하여 현저히 작을 경우에는 적용하지 않는다.
  – 접속부분은 접속관 기타의 기구를 사용할 것. 다만, 가공전선 상호, 전차선 상호 또는 광산의 갱도 안에서 전선 상호를 접속하는 경우에 기술상 곤란할 때에는 적용하지 않는다.
※ KEC(한국전기설비규정)의 적용으로 인해 판단기준 제11조(전선의 접속법)에서 KEC 123으로 변경됨 〈2021.01.19.〉

정답 86 ① 87 ③ 88 ④ 89 ②

90 등록사항의 변경신고를 하려는 자는 그 사유가 발생한 날부터 며칠 이내에 전기공사업 등록사항 변경신고서에 등록증 및 등록수첩과 구비서류를 첨부하여 지정공사업자단체에 제출하여야 하는가?

① 30
② 60
③ 90
④ 120

해설

등록사항 변경신고(전기공사업법 시행규칙 제8조)
등록사항의 변경신고를 하려는 자는 그 사유가 발생한 날부터 30일 이내에 전기공사업 등록사항 변경신고서(전자문서로 된 신고서를 포함한다)에 등록증 및 등록수첩과 다음의 구분에 따른 서류(전자문서를 포함한다)를 첨부하여 지정공사업자단체에 제출하여야 한다.
• 사무실 소재지가 변경된 경우 : 임대차계약서 사본(임대차인 경우만 해당한다)
• 대표자가 변경된 경우 : 변경된 대표자의 인적사항이 적힌 서류
• 자본금이 변경된 경우 : 기업진단보고서
• 전기공사기술자가 변경된 경우 : 전기공사기술자 보유 현황

91 산업통상자원부장관이 신재생에너지 기술개발 및 이용·보급 사업비의 조성에 따라 조성된 사업비를 사용할 수 있는 사업이 아닌 것은?

① 신재생에너지 공급의무화 지원
② 신재생에너지 이용의무화 지원
③ 신재생에너지 설비 설치기업의 지원
④ 신재생에너지 설비 및 그 부품의 특성화 지원

해설

조성된 사업비의 사용(신에너지 및 재생에너지 개발·이용·보급 촉진법 제10조)
산업통상자원부장관은 신재생에너지 기술개발 및 이용·보급 사업비의 조성에 따라 조성된 사업비를 다음의 사업에 사용한다.
• 신재생에너지의 자원조사, 기술수요조사 및 통계작성
• 신재생에너지의 연구·개발 및 기술평가
• 신재생에너지 공급의무화 지원
• 신재생에너지 설비의 성능평가·인증 및 사후관리
• 신재생에너지 기술정보의 수집·분석 및 제공
• 신재생에너지 분야 기술지도 및 교육·홍보
• 신재생에너지 분야 특성화대학 및 핵심기술연구센터 육성
• 신재생에너지 분야 전문인력 양성
• 신재생에너지 설비 설치기업의 지원
• 신재생에너지 시범사업 및 보급사업
• 신재생에너지 이용의무화 지원
• 신재생에너지 관련 국제협력
• 신재생에너지 기술의 국제표준화 지원
• 신재생에너지 설비 및 그 부품의 공용화 지원
• 그 밖에 신재생에너지의 기술개발 및 이용·보급을 위하여 필요한 사업으로서 대통령령으로 정하는 사업

92 발전소·변전소 또는 이에 준하는 곳에 시설하는 배전반의 고압용 기구 또는 전선을 시설하는 경우 적당하지 않은 것은?

① 점검이 용이하게 통로를 시설할 것
② 기기조작에 필요한 공간을 확보할 것
③ 회로 설비는 반드시 관에 넣어 시설할 것
④ 취급에 위험을 주지 않도록 방호장치를 할 것

해설

배전반의 시설(KEC 351.7)
(1) 발전소·변전소·개폐소 또는 이에 준하는 곳에 시설하는 배전반에 붙이는 기구 및 전선은 점검할 수 있도록 시설하여야 한다.
(2) (1)의 배전반에 고압용 또는 특고압용의 기구 또는 전선을 시설하는 경우에는 취급자에게 위험이 미치지 아니하도록 적당한 방호장치 또는 통로를 시설하여야 하며, 기기조작에 필요한 공간을 확보하여야 한다.
※ KEC(한국전기설비규정)의 적용으로 인해 판단기준 제53조(배전반의 시설)에서 KEC 351.7로 변경됨 〈2021.01.19.〉

93 전기안전에 관하여 산업통상자원부장관에게 보고할 사항이 아닌 것은?

① 일반용 전기설비 사용 전점검 결과
② 전기안전관리자의 선임 및 해임에 관한 사항
③ 부적합 전기설비에 대한 조치 내용 및 처리 결과
④ 전기안전관리대행사업자 및 개인대행자의 등록 및 신고수리 현황

해설

보고(전기사업법 시행규칙 제50조의2)
• 시·도지사, 시장·군수 또는 구청장의 보고사항
 - 부적합 전기설비에 대한 조치 내용 및 처리 결과
 - 전기안전관리대행사업자 및 개인대행자의 등록 및 신고수리 현황
• 안전공사의 보고사항
 - 검사업무 실시 결과
 - 일반용 전기설비 점검 결과
 - 여러 사람이 이용하는 시설의 안전점검 결과
 - 전통시장 점포의 전기설비에 대한 점검결과 〈추가 개정 2021.01.01〉
• 전기판매사업자의 보고사항
 - 일반용 전기설비 사용 전 점검 결과
 - 전기공급 정지 현황

94 특별 제3종 접지공사를 하여야 하는 금속체와 대지 사이의 전기저항값이 최대 몇 [Ω] 이하인 경우에는 특별 제3종 접지공사를 한 것으로 보는가?

① 2
② 3
③ 10
④ 100

해설

제3종 접지공사 등의 특례(판단기준 제20조)
- 제3종 접지공사를 하여야 하는 금속체와 대지 사이의 전기저항값이 100[Ω] 이하인 경우에는 제3종 접지공사를 한 것으로 본다.
- 특별 제3종 접지공사를 하여야 하는 금속체와 대지 사이의 전기저항값이 10[Ω] 이하인 경우에는 특별 제3종 접지공사를 한 것으로 본다.
※ KEC(한국전기설비규정)의 적용으로 종별 접지공사가 폐지되어 문제 성립되지 않음 〈2021.01.19.〉

95 산업통상자원부장관이 혼합의무자에게 제출을 요구하는 자료 중 신재생에너지 연료 혼합시설에 대한 자료가 아닌 것은?

① 신재생에너지 연료 혼합시설 현황
② 신재생에너지 연료 혼합시설 변동사항
③ 신재생에너지 연료 혼합시설의 구매단가
④ 신재생에너지 연료 혼합시설의 사용실적

해설

자료제출(신에너지 및 재생에너지 개발·이용·보급 촉진법 시행령 제26조의3)
산업통상자원부장관은 혼합의무의 이행 여부를 확인하기 위하여 혼합의무자에게 대통령령으로 정하는 바에 따라 필요한 자료의 제출을 요구할 수 있다는 규정에 따라 혼합의무자에게 다음의 자료 제출을 요구할 수 있다.
- 신재생에너지 연료 혼합의무 이행확인에 관한 다음의 자료
  - 수송용 연료의 생산량
  - 수송용 연료의 내수판매량
  - 수송용 연료의 재고량
  - 수송용 연료의 수출입량
  - 수송용 연료의 자가소비량
- 신재생에너지 연료 혼합시설에 관한 다음의 자료
  - 신재생에너지 연료 혼합시설 현황
  - 신재생에너지 연료 혼합시설 변동사항
  - 신재생에너지 연료 혼합시설의 사용실적
- 혼합의무자의 사업에 관한 다음의 자료
  - 수송용 연료 및 신재생에너지 연료 거래실적
  - 신재생에너지 연료 평균거래가격
  - 결산재무제표
- 그 밖에 혼합의무의 이행 여부를 확인하기 위하여 산업통상자원부장관이 필요하다고 인정하는 자료

96 태양전지 발전소에 시설하는 태양전지 모듈, 전선 및 개폐기 등의 시설기준을 설명한 것 중 틀린 것은?

① 충전 부분은 노출되지 않도록 시설할 것
② 태양전지 모듈에 접속하는 부하 측 전로에는 그 접속점에 근접하여 개폐기를 시설할 것
③ 전선은 공칭단면적 1.5[mm^2] 이상의 연동선 또는 이와 동등 이상의 세기 및 굵기의 것일 것
④ 태양전지 모듈을 병렬로 접속하는 전로에는 그 전로에 단락이 생긴 경우에 전로를 보호하는 과전류 차단기를 시설할 것

해설

태양전지 모듈 등의 시설(판단기준 제54조)
- 태양전지 발전소에 시설하는 태양전지 모듈, 전선 및 개폐기 기타 기구는 다음에 따라 시설하여야 한다.
  - 충전부분은 노출되지 아니하도록 시설할 것
  - 태양전지 모듈에 접속하는 부하측의 전로(복수의 태양전지 모듈을 시설한 경우에는 그 집합체에 접속하는 부하측의 전로)에는 그 접속점에 근접하여 개폐기 기타 이와 유사한 기구(부하전류를 개폐할 수 있는 것에 한한다)를 시설할 것
  - 태양전지 모듈을 병렬로 접속하는 전로에는 그 전로에 단락이 생긴 경우에 전로를 보호하는 과전류차단기 기타의 기구를 시설할 것. 다만, 그 전로가 단락전류에 견딜 수 있는 경우에는 그러하지 아니하다.
  - 전선은 다음에 의하여 시설할 것. 다만, 기계기구의 구조상 그 내부에 안전하게 시설할 수 있을 경우에는 그러하지 아니하다.
    ⓐ 전선은 공칭단면적 2.5[mm^2] 이상의 연동선 또는 이와 동등 이상의 세기 및 굵기의 것일 것
  - 태양전지 모듈 및 개폐기 그 밖의 기구에 전선을 접속하는 경우에는 나사 조임 그 밖에 이와 동등 이상의 효력이 있는 방법에 의하여 견고하고 또한 전기적으로 완전하게 접속함과 동시에 접속점에 장력이 가해지지 않도록 시설하며 출력배선은 극성별로 확인 가능토록 표시할 것
  - 태양전지 모듈의 프레임은 지지물과 전기적으로 완전하게 접속하여야 한다.
- 태양전지 모듈의 지지물은 자중, 적재하중, 적설 또는 풍압 및 지진 기타의 진동과 충격에 대하여 안전한 구조의 것이어야 한다.
※ KEC(한국전기설비규정)의 적용으로 문제 성립되지 않음 〈2021.01.19.〉

97 가공전선로의 지지물에 사용하는 발판 볼트는 지표상 최대 몇 [m] 미만에 시설하여서는 안 되는가?

① 1.2
② 1.5
③ 1.8
④ 2.0

해설

가공전선로 지지물의 철탑오름 및 전주오름 방지(KEC 331.4)
가공전선로의 지지물에 취급자가 오르고 내리는데 사용하는 발판 볼트 등을 지표상 1.8[m] 미만에 시설하여서는 아니 된다. 다만, 다음의 어느 하나에 해당되는 경우에는 그러하지 아니하다.
- 발판 볼트 등을 내부에 넣을 수 있는 구조로 되어 있는 지지물에 시설하는 경우
- 지지물에 철탑오름 및 전주오름 방지장치를 시설하는 경우
- 지지물 주위에 취급자 이외의 사람이 출입할 수 없도록 울타리·담 등의 시설을 하는 경우
- 지지물이 산간(山間) 등에 있으며 사람이 쉽게 접근할 우려가 없는 곳에 시설하는 경우
※ KEC(한국전기설비규정)의 적용으로 인해 판단기준 제60조(가공전선로 지지물의 승탑 및 승주방지)에서 KEC 331.4으로 변경됨 〈2021.01.19.〉

98 온실가스 감축기술, 에너지 이용 효율화 기술, 청정생산기술, 청정에너지 기술, 자원순환 및 친환경 기술(관련 융합기술을 포함한다) 등 사회·경제 활동의 전 과정에 걸쳐 에너지와 자원을 절약하고 효율적으로 사용하여 온실가스 및 오염물질의 배출을 최소화하는 기술은?

① 저탄소
② 녹색성장
③ 녹색기술
④ 녹색생활

해설

용어의 정의(저탄소 녹색성장 기본법 제2조)
- 저탄소란 화석연료에 대한 의존도를 낮추고 청정에너지의 사용 및 보급을 확대하며 녹색기술 연구개발, 탄소 흡수원 확충 등을 통하여 온실가스를 적정수준 이하로 줄이는 것을 말한다.
- 녹색성장이란 에너지와 자원을 절약하고 효율적으로 사용하여 기후변화와 환경훼손을 줄이고 청정에너지와 녹색기술의 연구개발을 통하여 새로운 성장 동력을 확보하며 새로운 일자리를 창출해 나가는 등 경제와 환경이 조화를 이루는 성장을 말한다.
- 녹색기술이란 온실가스 감축기술, 에너지 이용 효율화 기술, 청정생산기술, 청정에너지 기술, 자원순환 및 친환경 기술(관련 융합기술을 포함한다) 등 사회·경제 활동의 전 과정에 걸쳐 에너지와 자원을 절약하고 효율적으로 사용하여 온실가스 및 오염물질의 배출을 최소화하는 기술을 말한다.
- 녹색생활이란 기후변화의 심각성을 인식하고 일상생활에서 에너지를 절약하여 온실가스와 오염물질의 발생을 최소화하는 생활을 말한다.

99 대통령령으로 정하는 신재생에너지 품질검사기관이 아닌 것은?

① 한국석유관리원
② 한국임업진흥원
③ 한국에너지공단
④ 한국가스안전공사

해설

신재생에너지 품질검사기관(신에너지 및 재생에너지 개발·이용·보급 촉진법 시행령 제18조의13)
신재생에너지 연료 품질검사에서 "대통령령으로 정하는 신재생에너지 품질검사기관"이란 다음의 기관을 말한다.
- 석유 및 석유대체연료 사업법에 따라 설립된 한국석유관리원
- 고압가스 안전관리법에 따라 설립된 한국가스안전공사
- 임업 및 산촌 진흥촉진에 관한 법률에 따라 설립된 한국임업진흥원

97 ③ 98 ③ 99 ③

100 신재생에너지 공급인증서에 표기되는 공급량 계산 시 적용되는 신재생에너지 가중치 결정의 고려사항이 아닌 것은?

① 수입대체 효과
② 부존(賦存) 잠재량
③ 지역주민의 수용(受容) 정도
④ 전력 수급의 안정에 미치는 영향

해설

신재생에너지의 가중치(신에너지 및 재생에너지 개발·이용·보급 촉진법 시행령 제18조의9)
신재생에너지의 가중치는 해당 신재생에너지에 대한 다음 사항을 고려하여 산업통상자원부장관이 정하여 고시하는 바에 따른다.
- 환경, 기술개발 및 산업 활성화에 미치는 영향
- 발전 원가
- 부존 잠재량
- 온실가스 배출 저감에 미치는 효과
- 전력 수급의 안정에 미치는 영향
- 지역주민의 수용 정도

정답 100 ①

2017년 제4회 기사 과년도 기출문제

신재생에너지발전설비기사(태양광) 필기

제1과목　태양광발전시스템 이론

01　태양광발전용 축전지의 방전심도에 대한 설명으로 틀린 것은?

① 방전심도를 낮게(30~40[%]) 설정하면 전지수명이 증가한다.
② 방전심도를 깊게(70~80[%]) 설정하면 전지수명이 단축된다.
③ 방전심도를 낮게(30~40[%]) 설정하면 잔존용량이 감소한다.
④ 방전심도를 깊게(70~80[%]) 설정하면 전지이용률이 증가한다.

해설
방전심도(DOD ; Depth Of Discharge)
전기 저장장치에서 방전상태를 나타내는 지표값으로 보통은 축전지의 방전상태를 표시하는 수치이다. 일반적으로 정격용량에 대한 방전량은 백분율로 표시한다.

$$방전심도 = \frac{실제\ 방전량}{축전지의\ 정격용량} \times 100[\%]$$

낮게 설정	깊게 설정
전지수명 증가	전지이용률 증가
산소용량 증가	전지수명 단축

02　인버터의 회로방식에 따른 종류가 아닌 것은?

① 상용주파 변압기 절연방식
② 고주파 변압기 절연방식
③ 고조파 변압기 절연방식
④ 트랜스리스(Transless)방식

해설
태양광발전의 전력변환장치 절연방식
- 상용주파수 변압기 절연방식 : 60[Hz]의 낮은 주파수 변압기를 이용하기 때문에 중량이 무거워 소형, 경량에는 불합리하다.
- 고주파 변압기 절연방식 : 소형, 경량이지만 회로가 복잡하고 많은 노하우가 요구된다. 이 방식을 고수하는 국가가 많이 있기 때문에 권장할 만한 방식이다.
- 트랜스리스(Transformerless, 무변압기)방식 : 소형, 경량으로 저렴하게 구현할 수 있으며 신뢰도가 높다.

03　인버터의 직류동작전압을 일정시간 간격으로 약간 변동시켜 그 때의 태양전지 출력전력을 계측하여 사전에 발생한 부분과 비교를 하게 되고, 항상 전력이 크게 되는 방향으로 인버터의 직류전압을 변화시키는 기능은?

① 직류 검출제어 기능
② 자동전압 조정 기능
③ 자동운전 정지제어 기능
④ 최대전력 추종제어 기능

해설
인버터의 기능
- 단독운전방지(Anti-Islanding) 기능
  - 능동적 방식 : 항상 인버터에 변동요인을 인위적으로 주어서 연계운전 시에는 그 변동요인이 출력에 나타나지 않고 단독운전 시에는 변동요인이 나타나도록 하여 그것을 감지하여 인버터를 정지시키는 방식이다.
    ⓐ 무효전력 변동방식
    ⓑ 유효전력 변동방식
    ⓒ 부하 변동방식
    ⓓ 주파수 시프트방식
  - 수동적 방식 : 연계운전에서 단독운전으로 동작 시 전압파형 및 위상 등의 변화를 감지하여 인버터를 정지시키는 방식이다.
    ⓐ 전압위상도약 검출방식
    ⓑ 주파수변화율 검출방식
    ⓒ 3차 고조파전압 왜율 급증 검출방식
- 고주파 전류억제 기능 : 계통전력에 악영향을 미치지 않도록 고조파 전류를 억제한 전류를 출력한다.
- 최대전력 추종제어 기능(MPPT ; Maximum Power Point Tracking) : 태양전지의 일사강도와 온도변화에 따른 출력전류가 전압의 변화에 대해 태양전지의 출력을 항상 최대한으로 이끌어내는 중요한 알고리즘 중의 하나이다.
- 계통 연계 보호장치 : 과부족 전압의 검출, 계통 연계측의 정전 검출(단독 운전 검출), 주파수의 상승과 저하의 검출에 의해 태양광 시스템을 계통에서 분리하는 기능으로서 보통 인버터에 내장되어 있고 대용량은 송·변전설비에 별도로 설치해야 한다.
- 자동전압 조정 기능 : 계통연계로 역송전할 경우에는 전압을 정해진 범위 내로 유지해야 하기 때문에 필요하다.
- 직류 검출 기능 : 고장 시 태양광 설비의 직류가 전력회사 계통에 유입되지 않게 하는 기능이다.

정답　1 ③　2 ③　3 ④

04 2012년부터 국내 총 발전량의 일정 비율을 신재생에너지로 의무화하는 제도는?

① REC(Renewable Energy Certificate)
② FIT(Feed In Tariff)
③ RPS(Renewable Portfolio Standard)
④ FERC(Federal Energy Regulatory Comission)

해설
RPS(Renewable Portfolio Standard) 제도
2012년도에 도입된 신재생에너지 의무할당제로서 국내 태양광발전의 성장 및 보급 확대와 자생력을 키우는 데 기여할 것으로 보인다.

05 다음 중 재생에너지가 아닌 것은?

① 수소에너지
② 폐기물에너지
③ 바이오에너지
④ 해양에너지

해설
재생에너지(신에너지 및 재생에너지 개발·이용·보급 촉진법 제2조)
햇빛·물·지열·강수·생물유기체 등을 포함하는 재생 가능한 에너지를 변환시켜 이용하는 에너지로서 다음 각 호의 하나에 해당하는 것을 말한다.
- 태양에너지
- 풍력
- 수력
- 해양에너지
- 지열에너지
- 생물자원을 변환시켜 이용하는 바이오에너지로서 대통령령으로 정하는 기준 및 범위에 해당하는 에너지
- 폐기물에너지(비재생폐기물로부터 생산된 것은 제외한다)로서 대통령령으로 정하는 기준 및 범위에 해당하는 에너지
- 그 밖에 석유·석탄·원자력 또는 천연가스가 아닌 에너지로서 대통령령으로 정하는 에너지

06 태양광 전지에서 생산된 전력 125[W]가 인버터에 입력되어 인버터 출력이 100[W]가 되면 인버터의 변환효율은 몇 [%]인가?

① 45[%]
② 64[%]
③ 80[%]
④ 92[%]

해설
태양전지의 변환효율
$$\eta = \frac{P_o(출력)}{P_i(입력)} \times 100[\%] = \frac{100}{125} \times 100[\%] = 80[\%]$$

07 도선의 길이가 3배로 늘어나고 반지름이 $\frac{1}{3}$로 줄어들 경우 그 도선의 저항은 어떻게 변하겠는가?

① 9배 증가
② $\frac{1}{9}$로 감소
③ 27배 증가
④ $\frac{1}{27}$로 감소

해설
도선의 저항값 $R = \rho \frac{l}{S} = \rho \frac{l}{\pi r^2}[\Omega]$, $R \propto \frac{l}{r^2}$

$\therefore \frac{3l}{\left(\frac{1}{3}r\right)^2} = 27\frac{l}{r^2}$, 27배 증가

(ρ : 저항률(고유저항), S : 단면적, l : 길이, r : 반지름)

08 다음 태양복사에 관한 설명 중 틀린 것은?

① 태양복사량의 평균값을 태양상수라고 하며 약 1,367[W/m^2]이다.
② 직달복사는 태양으로부터 지표면에 직접 도달되는 복사로 물체에 강한 그림자를 만드는 성분이다.
③ 산란복사는 태양복사나 지표면에 도달되기 전에 구름이나 대기 중의 먼지에 의해 반사되지 않고 확산된 성분이다.
④ 매우 흐린 날 특히 겨울에는 태양복사는 거의 모두 산란복사된다.

해설
태양복사
- 매우 흐린 날 특히 겨울에는 태양복사는 거의 모두 산란복사 된다.
- 태양복사량의 평균값을 태양상수라고 하며 약 1,367[W/m^2]이다.
- 직달복사는 태양으로부터 지표면에 직접 도달되는 복사로 물체에 강한 그림자를 만드는 성분이다.
- 지구의 대기권에 수분, 공기입자, 공해물질에 의해서 산란된 형태의 무방향성 복사에너지인 산란일사(Diffuse Radiation)의 형태로 된다.

정답 4 ③ 5 ① 6 ③ 7 ③ 8 ③

09 뇌서지 등의 피해로부터 PV시스템을 보호하기 위한 대책으로 적합하지 않은 것은?

① 피뢰소자를 어레이 주회로 내에 분산시켜 설치함과 동시에 접속함에도 설치한다.
② 뇌우의 발생지역에서는 직류전원측에 내뢰 트랜스를 설치하여 보다 완전한 대책을 취한다.
③ 접속함 및 분전반 안에 설치하는 피뢰소자는 방전내량이 큰 것을 선정한다.
④ 저압 배전선으로부터 침입하는 뇌서지에 대해서는 분전반에 피뢰소자를 설치한다.

해설
뇌서지 대비 방법
- 광역 피뢰침뿐만 아니라 서지보호장치를 설치한다.
- 저압 배전선에서 침입하는 뇌서지에 대해서는 분전반과 피뢰소자를 설치한다.
- 피뢰소자를 어레이 주회로 내부에 분산시켜 설치하고 접속함에도 설치한다.
- 뇌우 다발지역에서는 교류전원 측으로 내뢰 트랜스를 설치하여 보다 완전한 대책을 세워야 한다.
- 접속함 및 분전반 안에 설치하는 피뢰소자는 방전내량이 큰 것을 선정한다.

10 $v = 100\sqrt{2}\sin\left(120\pi t + \dfrac{\pi}{3}\right)$[V]인 정현파 교류전압의 실횻값과 주파수는?

① 141[V], 60[Hz]
② 100[V], 60[Hz]
③ 141[V], 50[Hz]
④ 100[V], 50[Hz]

해설
정현파 교류전압의 최댓값이 $100\sqrt{2}$ 이기 때문에 실횻값은 $\dfrac{100\sqrt{2}}{\sqrt{2}} = 100$[V]이며, 주파수는 $2\pi f = 120\pi$이므로 60[Hz]를 나타낸다.

11 태양전지의 특징을 설명한 것 중 틀린 것은?

① 빛이 있을 때 전기를 생산한다.
② 전기를 저장하는 기능을 가진다.
③ 전압의 세기는 여러 장의 태양전지를 직렬로 연결시켜 조정한다.
④ 전류의 세기는 병렬연결이나 태양전지의 면적으로 조정할 수 있다.

해설
태양전지의 특징
- 빛이 있을 경우 전기를 생산한다.
- 전압의 세기는 직렬연결로, 전류의 세기는 병렬연결이나 태양전지의 면적으로 조정할 수 있다.

12 다음 중 박막형 태양전지 모듈의 종류에 해당되지 않는 것은?

① 비정질 실리콘 전지
② 다결정 전지
③ Cd-Te 전지
④ 염료 전지

해설
박막형 태양전지(2세대)
유리, 금속판, 플라스틱 같은 저가의 일반적인 물질을 기판으로 사용하여 빛흡수층 물질을 마이크론 두께의 아주 얇은 막을 입혀 만든 태양전지이다.
- 비정질 실리콘 박막형 태양전지
- 화합물 박막형 태양전지
 - CdTe(Cadmium Telluride)
 - CIGS(Cu, In, Gs, Se)

13 다음에서 설명하는 목질계 연료는 무엇인가?

> 목재 가공과정에서 발생하는 건조된 목재 잔재를 압축하여 생산하는 작은 원통모양의 표준화된 목질계 연료

① 목 탄
② 목질칩
③ 목질 펠릿
④ 목질 브리켓

해설
용어의 정의
- 목탄 : 재료로는 일반적으로 재질이 단단한 나무가 사용되며, 한국에서는 참나무류(갈참나무·굴참나무·물참나무·졸참나무 등)가 주로 사용된다. 참나무류로 만든 숯을 참숯이라고 하는데, 이것은 질이 낮은 검탄과 질이 좋은 백탄으로 분류된다. 숯에는 이 밖에 건류탄과 뜬숯이 있다. 그리고 숯을 만들 때는 목가스·목초산·목타르 등이 부생한다.
- 목질칩 : 목재를 수 [cm] 이하로 크기를 작게 분쇄한 것으로 칩의 크기와 함수율 등이 보일러 효율에 크게 영향을 미친다.
- 목질 펠릿 연료로서의 장점
 - 착화성 및 보존성이 우수하다.
 - 고밀화로 연소효율이 우수하다.
 - 고밀화로 운반 및 보관이 용이하다.
 - 형상과 함수율이 일정하므로 연소기의 자동화가 가능하다.
 - 자동화에 따른 온도 조절이 가능하다.
 - 유황분과 회분이 적어 환경 친화적이다.

14 인버터의 부하가 인덕턴스인 경우 스위칭소자가 ON-OFF 시 인덕턴스 양단에 나타나는 역기전력에 의한 스위칭소자의 내전압을 초과하여 소손되는 것을 방지하는 용도의 소자는?

① IGBT
② 피뢰소자
③ 환류 다이오드
④ 바이패스 다이오드

해설

용어의 정의

- IGBT(Insulated Gate Bipolar Transistor) : 소수 캐리어의 주입에 의해서 MOSFET에 의해 동작 저항을 작게 할 수 있는 3단자 바이폴러 MOS 복합 반도체 소자
- 피뢰소자 : 저압 전기설비에서의 서지보호소자(SPD ; Surge Protected Device)라고 하며, 태양광발전설비가 피뢰침에 의해 직격뢰로부터 보호되어야 한다. 즉, 태양광발전시스템은 모듈을 비롯하여 파워컨디셔너 등 각종 전기와 전자 설비들로 순간적인 과전압이나 전류에 매우 취약한 반도체들로 구성되어 있기 때문에 낙뢰나 스위칭 개폐 등에 의해 발생되는 순간적인 과전압으로부터 기기들이 순식간에 손상될 수 있다. 따라서 이를 보호하기 위하여 서지보호소자 등을 중요 지점에 각각 설치해야 한다.
- 환류 다이오드 : 전압형 단상 인버터의 내부 구조에서 트랜지스터 ON-OFF 시 인덕터 양단에 나타나는 역기전력에 의해 트랜지스터의 내전압을 초과하여 소손되는 것을 방지하기 위하여 환류 다이오드(Free Wheeling Diode)가 있다.

15 독립형 태양광발전시스템에서 축전지의 방전 시 모듈로 유입하는 전류를 억제하기 위해 설치하는 소자는?

① 역류방지소자
② 바이패스소자
③ 방전방지소자
④ 출력조정소자

해설

용어의 정의

- 역류방지소자(Blocking Diode) : 태양전지 어레이의 스트링별로 설치된다. 역류방지소자는 태양전지 모듈에 다른 태양전지 회로와 축전지의 전류가 흘러 들어오는 것을 방지하기 위해 설치하며, 보통 다이오드가 사용된다.
- 바이패스소자 : 태양전지 모듈 중에서 일부의 태양전지 셀에 그늘이 지면 그 부분의 셀은 발전하지 못하며 저항이 크게 된다. 이 셀에는 직렬로 접속된 스트링(회로)의 모든 전압이 인가되어 고저항의 셀에 전류가 흐름으로써 발열이 발생한다. 셀이 고온으로 되면 셀 및 그 주변의 충진 수지가 변색되고 뒷면의 커버가 팽창하게 된다. 셀의 온도가 계속 높아지면 그 셀과 태양전지 모듈이 파손되기도 하지만 이를 방진할 목적으로 고저항이 된 태양전지 셀 또는 모듈에 흐르는 전류를 우회하는 것이 필요하다. 이것이 바로 바이패스소자의 설치하는 목적이다.

16 발전과정에서 화학에너지를 전기에너지로 변환하는 신재생에너지는?

① 풍력
② 지열
③ 태양열
④ 연료전지

해설

용어의 정의

- 풍력 : 풍차발전을 이용한 것으로, 바람에너지가 회전자(풍차날개)에 의해 기계적 에너지(회전력)로 변환되고, 이 기계적 에너지가 발전기를 구동함으로써 전력을 얻는 발전방식이다.
- 지열 : 물, 지하수 및 지하의 열 등의 온도차를 변환시켜 에너지를 생산하는 설비
- 태양열 : 태양의 열에너지를 변환시켜 전기를 생산하거나 에너지원으로 이용하는 설비
- 연료전지 : 수소와 산소의 화학반응으로 생기는 화학에너지를 직접 전기에너지로 변환시키는 기술 또는 연료의 화학에너지를 이용해 전기화학반응으로 생성되는 화학에너지를 직접 전기적인 에너지로 변환시키는 기술을 말한다.

$$H_2 + \frac{1}{2}O_2 \rightarrow H_2O + 전기$$

17 인버터에 대한 효율을 각각 변환효율(η_{con}), 추적효율(η_{tr}), 유로효율(η_{ero})이라 할 때 정격효율(η_{inv})은 어떻게 나타낼 수 있는가?

① 변환효율(η_{con}) × 추적효율(η_{tr})
② 추적효율(η_{tr}) × 유로효율(η_{ero})
③ $\dfrac{변환효율(\eta_{con})}{추적효율(\eta_{tr})}$
④ $\dfrac{추적효율(\eta_{tr})}{변환효율(\eta_{con})}$

해설

인버터의 정격효율(η_{inv}) = 변환효율(η_{con}) × 추적효율(η_{tr})

18 다음 그림과 같이 축전지회로가 구성되어 있다. 단자 A, B 사이에 나타나는 출력전압과 축전지 용량은?

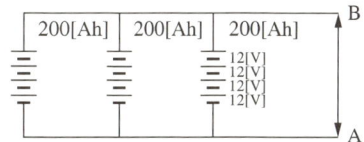

① DC 48[V], 200[Ah]
② DC 48[V], 600[Ah]
③ DC 12[V], 200[Ah]
④ DC 12[V], 600[Ah]

정답 14 ③ 15 ① 16 ④ 17 ① 18 ②

해설
축전지 용량
- 전압 = 단자전압 × 직렬전지 개수 = 12×4 = 48[V]
- 전류 = 단자전류 × 병렬 개수 = 200×3 = 600[Ah]

19 어떤 전지의 외부회로 저항은 5[Ω]이고 전류는 8[A]가 흐른다. 외부회로에 5[Ω] 대신에 15[Ω]의 저항을 접속하면 4[A]로 떨어진다. 이 전지의 기전력은?

① 100[V]   ② 80[V]
③ 60[V]   ④ 40[V]

해설
전지의 기전력 구하는 공식
$E = I(R+r)[V]$
(E : 기전력, R : 외부저항, r : 내부저항, I : 전류)
5[Ω]일 때 $E = 8(5+r) = 40+8r$
15[Ω]일 때 $E = 4(15+r) = 60+4r$
이 식을 연립하면 $r = 5$, 따라서 $E = 4(15+5) = 80[V]$

20 태양광 모듈 표면의 황변현상은 태양광 모듈 내부의 충진재(EVA)가 무엇과 화학반응하여 변색되는 것을 말하는가?

① 가시광선   ② 자외선
③ 적외선   ④ 습기

해설
태양광 모듈 표면의 황변현상은 태양광 모듈 내부의 충진재가 자외선과 화학반응을 하여 변색되는 것이다.
유리기판과 Solar Cell, Back Sheet와 Solar Cell 사이에 접착 및 충진 기능을 가지는 수지로 투명성이 높고 내습성에도 뛰어난 에틸렌-초산비닐 충진재(EVA)가 사용되고 있다. 태양전지용 EVA sheet 요구 물성은 EVA의 Vinyl Acetate(VA)의 함량에 의해 좌우되며, VA의 함량이 높을수록 인성, 충격강도, 유연성, 투명성, 접착성 등이 좋아지고, VA의 함량이 낮을수록 경도, 강인성, 융점, 기계적 강도 등이 좋아지는 특징을 가지고 있다. 같은 VA를 가지고 있더라도 MI 값에 따라 가공성이나 유연성의 차이를 나타내기도 한다.
- 고투과도, 고투명도
- 유리 및 셀과의 접착력
- 열, 자외선에 대한 내후성(내구성, 내황변성)
- 저흡수성, 저투과성

제2과목 태양광발전시스템 설계

21 태양고도가 가장 높은 시기로 옳은 것은?

① 춘분   ② 하지
③ 추분   ④ 동지

해설
남중고도
- 태양의 남중고도는 태양과 지표면이 이루는 각 중 가장 높을 때를 말한다.
- 지구의 자전축은 공전 축에 대해 23.5° 기울어져 있는 상태로 공전하기 때문에 태양의 남중고도에 변화가 생겨 계절변화의 원인이 된다.
- 하지 때 태양의 남중고도는 북반구에는 최대가 되고, 남반구에서는 최소가 된다. 그리고 춘분과 추분일 때는 적도에서 최대가 된다.

22 태양전지 어레이의 이격거리 산출 시 적용하는 설계요소가 아닌 것은?

① 태양의 고도각
② 강재의 강도 및 판두께
③ 건축 시공 부지 현황
④ 태양광발전소 위치에 대한 위도

해설
태양전지 어레이의 이격거리 산출 시 적용하는 설계요소
- 태양의 고도각
- 태양광발전소 위치에 대한 위도
- 건축 시공 부지의 현황
- 주변 상황에 대한 개황

23 전기도면 관련 기호 중 전동기를 나타내는 기호는?

① Ⓜ   ② Ⓗ
③ Ⓖ   ④ Ⓣ

해설
전기기호
- M : 전동기
- G : 검류기
- T : 온도계

24 설계도서 해석의 우선순위로 가장 먼저 검토할 것은?(단, 계약으로 우선순위를 정하지 아니한 경우이다)
① 공사시방서 ② 산출내역서
③ 감리자 지시사항 ④ 승인된 상세시공도면

해설
설계도서의 우선순위(건축물의 설계도서 작성기준 제9호)
공사시방서 → 설계도면 → 전문시방서 → 표준시방서 → 산출내역서 → 승인된 상세시공도면 → 관계법령의 유권해석 → 감리자의 지시사항

25 피뢰소자의 선정방법 설명 중 ( )에 알맞은 내용을 나열한 것은?

> 접속함 내의 분전반 내에 설치하는 피뢰소자로 어레스터는 (㉠)을 선정하고, 어레이 주회로 내에 설치하는 피뢰소자인 서지업서버는 (㉡)을 선정한다.

① ㉠ 충전내량이 큰 것 ㉡ 충전내량이 작은 것
② ㉠ 방전내량이 큰 것 ㉡ 방전내량이 작은 것
③ ㉠ 충전내량이 작은 것 ㉡ 충전내량이 큰 것
④ ㉠ 방전내량이 작은 것 ㉡ 방전내량이 큰 것

해설
피뢰소자의 선정방법
서지보호장치(SPD ; Surge Protective Device)를 어레이 주회로 내에 분산시켜 설치하고 접속함에도 동시에 설치한다. 접속함 내부 및 분전반 내부에 설치되는 피뢰소자에는 서지보호장치(SPD) 및 어레스터(방전내량이 큰 것)를 선정하고, 어레이 주회로 내에는 서지업서버(SA)나 방전내량이 적은 SPD를 선정한다. 태양광발전시스템에 사용되는 SPD에는 직격뢰용 SPD를 사용하는데 갭식과 바리스터식이 있다. 대부분 사용되는 SPD는 바리스터식을 많이 사용한다. 바리스터식 SPD는 산화아연형의 바리스터의 정전압특성을 이용한 것으로 갭식에 비해 동일한 방전전류내량을 얻기 위해서는 제품이 대형화되지만 동작 시 속류가 발생되지 않는 장점이 있다.

26 태양광발전소의 경우 환경영향평가를 받아야 하는 발전용량은 몇 [kW] 이상인가?
① 1,000[kW] ② 10,000[kW]
③ 100,000[kW] ④ 1,000,000[kW]

해설
환경영향평가 대상사업의 구체적인 종류, 범위 및 협의 요청시기(환경영향평가법 시행령 별표 3)
발전설비 용량이 100,000[kW] 이상일 경우에는 반드시 사전환경성 검토(환경영향평가) 및 평가를 거쳐야 한다.

27 파워컨디셔너의 동작범위가 250~590[V], 태양전지 모듈이 온도에 따른 전압범위가 30~45[V]일 때 태양전지 모듈의 최대 직렬연결 가능 개수는?
① 11개 ② 12개
③ 13개 ④ 14개

해설
태양전지 모듈의 최대 직렬연결 가능 수량

가능수량 = $\dfrac{\text{동작범위 최대 전압}}{\text{온도에 따른 최대 전압범위}} = \dfrac{590}{45} ≒ 13.11$개

28 태양광 설치 방법 중 발전효율이 가장 낮은 것은?
① 추적식 어레이 ② 고정식 어레이
③ 건물통합형(BIPV) ④ 경사가변형 어레이

해설
태양광발전시스템 형태에 따른 분류
고정식과 추적식으로 분류할 수 있는데 추적식은 고정식에 비해 약 20~30[%] 정도 높은 발전효율을 보이지만 설치비용적인 측면에서 고정식에 비해 단가가 높다. 그러므로 사전에 발전량과 설치비용에 대한 검토 후 손익분기점을 계산해서 결정해야 한다.
• 추적식 어레이
 - 양방향 추적식 : 프로그램 추적법(Program Tracking), 감지식 추적법(Sensor Tracking), 혼합식 추적법(Mixed Tracking)
 - 단방향
• 고정식 어레이
 - 고정형 어레이(경사고정형)
 - 반고정 어레이(경사가변형)
• 건물통합형(BIPV) : 건물일체형 태양광발전(BIPV ; Building Integrated Photovoltage)은 전기를 생산하는 PV모듈의 기능에 건축 외장재 기능을 추가함으로써 다양한 부가가치를 도모하는 태양광 발전시스템의 새로운 기술 분야이다. 건물의 외피를 구성 요소로 통합된 PV시스템은 전력생산이라는 본래의 기능에 건물의 외피재료로서의 새로운 기능을 추가함으로써 PV시스템의 설치에 드는 비용을 절감할 수 있을 뿐만 아니라, 경제성은 물론 미적인 요소, 건축적 요소를 통합해 효율적으로 PV시스템 보급을 활성화시키려는 개념이다. 그런데 가장 큰 단점은 발전효율이 아직 다른 어레이 방식에 비해 낮다는 것이다.

정답 24 ① 25 ② 26 ③ 27 ③ 28 ③

- 최적설치각도 : 태양복사량은 위도에 따라 변화하며 최대 획득량은 시스템의 설치위치, 즉 경사각 및 방위각에 의해 결정된다. 일반적으로 가장 바람직한 방위는 정남향이며 수평면으로부터 경사각은 그 지역의 위도에 의해 결정된다. 또한 연중 일수에 의해서도 변화되는데 태양고도가 낮은 동절기의 경우 수평면보다는 수직 파사드에 설치된 시스템이 보다 많은 획득량을 기대할 수 있다.
- 음영과 발전성능 : 발전성능과 관련된 또 다른 중요사항으로 음영에 따른 발전 성능의 저하문제가 있다. PV모듈에 음영이 질 경우 도달 일사량 자체가 줄어들기 때문에 발전량이 감소하는 것은 당연한 원리지만, 부분 음영에 의한 전체 시스템의 발전량 감소도 매우 큰 영향요소이다. 따라서 PV모듈에 음영이 생기지 않도록 설계하는 것이 무엇보다도 중요한 고려요소가 된다. 음영은 크게 인접건물 또는 인근의 식재 등 장애물에 의한 음영과 건물 자체에 있는 매스요소 또는 PV모듈 구조체 상호 간에 의해 생성되는 음영으로 구분할 수 있다.
- 온도와 발전성능 : PV모듈은 태양복사를 받아 전기를 생산하지만 전기로 변환되지 못한 태양복사에너지는 열로 변환돼 PV모듈의 온도를 상승시킨다. PV모듈의 온도가 상승하면 발전효율은 감소하는 특성을 가지고 있으며, 특히 결정계 태양전지의 경우 효율 감소 폭이 더 크다. 건물 외피에 부착된 PV모듈의 온도는 높은 일사조건에서 주변 온도보다 20~40[℃] 이상 상승한다. 일반적으로 태양전지의 온도가 1[℃]씩 상승할 때마다 발전량은 0.4~0.5[%]씩 감소한다. 하지만 연료감응 태양전지는 온도가 상승할 때 오히려 효율이 다소 증가하는 연구결과도 보고된 바 있다.
- 건축과의 조화성 : 일반적인 태양전지의 색상은 청색 또는 진한 청색 및 흑색이 대부분이지만 필요에 따라 다양한 색상의 태양전지도 제작 가능하다. 특히, 염료감응 태양전지의 경우는 다양한 색상 구현이 가능하다는 장점이 있다.

> **해설**
> **파워볼트시스템의 장점**
> - 구조물 디자인적 측면이 단순하다.
> - 구조의 안전도가 높다.
> - 조립 및 해체가 간단하며 구조용 강관사용으로 물량비용이 경감된다.
> - 필요한 응력에 의한 자재사용으로 경제적인 설계가 가능하다.
> - 돔, 정방향 구조에 유리하다.
> - 제품의 규격이 정교하여 구조물의 마감처리를 정밀하게 할 수 있다.

30 태양전지 어레이용 가대의 구조설계 시 적용되는 상정하중의 분류 중 수평하중에 속하는 것은?

① 풍하중 ② 활하중
③ 고정하중 ④ 적설하중

> **해설**
> **수평하중**
> 풍하중과 지진하중으로 구분할 수 있다.

29 태양광 어레이 구조물 중 일반 철골구조에 비교할 때 파워볼트시스템(Power Bolt System)의 장점이 아닌 것은?

① 필요한 응력에 의한 자재사용으로 경제적인 설계를 할 수 있다.
② 제품의 규격이 정교하여 구조물의 마감처리를 정밀하게 할 수 있다.
③ 조립 및 해체가 간단하여 타 장소에 이설 설치가 가능하다.
④ 모듈이 적고 짧은 스팬(Span) 구조물에 유리하다.

31 도면의 작성 및 관리에 필요한 정보를 모아서 기재한 것은 무엇인가?

① 범례 ② 표제란
③ 상세도 ④ 도면목록표

> **해설**
> 도면 하단에 표제란에는 형식과 발주청의 협의사항이 결정되어 있어야 한다. 즉, 도면 작성 및 관리에 필요한 정보를 모아서 기재를 해야 한다.

32 사업의 경제성이 있다고 판단되는 항목을 모두 옳게 나열한 것은?(단, r은 할인율을 나타낸다)

① NPV>0, B/C ratio>1, IRR>r
② NPV<0, B/C ratio<1, IRR<r
③ NPV=0, B/C ratio<1, IRR<r
④ NPV=0, B/C ratio=1, IRR=r

해설

비용편익 분석에서 투자안
비용편익 분석에서 투자안의 채택 여부를 결정하거나 우선순위를 정하는 방법에는 현재가치법, 내부수익률법, 편익비용 비율법 등이 있다.
- 순현재가치법(NPV ; Net Present Value) : 투자안으로부터 발생하는 현금유입의 현재가치에서 현금유출의 현재가치를 뺀 것을 말한다. 순현재가치가 0보다 크면 투자안을 채택하고, 0보다 작으면 투자안을 기각한다. 만약 여러 투자안 중에서 선택하는 상황이라면 순현재가치가 0보다 큰 것 중 순현재가치가 큰 순서로 채택한다.
- 내부수익률법(IRR) : 투자안으로부터 예상되는 미래 현금유입의 현재가치와 투자금액이 같아지는 할인율을 말한다. 또는 순현재가치(NPV)가 0이 되는 할인율이다.
  - 투자의사결정 기준
    ⓐ 독립된 단일투자안인 경우
      ㉮ IRR이 자본비용보다 작으면 기각한다.
      ㉯ IRR이 자본비용보다 크거나 같으면 채택한다.
    ⓑ 상호배타적인 복수투자안인 경우 : IRR이 자본비용보다 큰 것 중에서 IRR이 제일 큰 투자안을 선택한다.
- 편익비용비율법(Benefit/Cost Ratio) : 편익과 비용의 비율을 계산하여 투자안의 경제성 여부를 평가하는 방법으로 편익의 현재가치와 비용의 현재가치 간의 비율을 이용하여 투자안을 평가하는 방법이다. 즉, 일정기간의 수입과 지출의 현금흐름의 차이를 할인율을 적용하여 현재시점으로 할인한 금액의 총합을 말한다.

33 다음 중 태양광발전설비의 외부피뢰시스템에 해당하지 않는 것은?

① 접지시스템
② 수뢰부시스템
③ 인하도선시스템
④ 다중방호시스템

해설

태양광발전설비의 피뢰설비(KEC 522.3.5)
태양광설비의 외부피뢰시스템은 피뢰시스템(KEC 150)의 규정에 따라 시설한다.
외부피뢰시스템(KEC 152)
외부피뢰시스템에는 수뢰부시스템, 인하도선시스템, 접지극시스템이 있다.
※ KEC(한국전기설비규정)를 적용하였습니다.〈2021.01.19.〉

34 순현재가치를 0으로 만들어 평가하는 경제성 분석 모형은?

① 현재가치법
② 편익비용비율법
③ 자본회수기간법
④ 내부수익률법

해설

32번 해설 참조

35 태양광발전시스템의 연간 누적발전량이 15,000 [kWh], 시스템 용량은 10[kW], 연간 운전일수가 350일일 때, 시스템 이용률은 약 몇 [%]인가?

① 14.29[%]
② 16.45[%]
③ 17.85[%]
④ 19.04[%]

해설

태양광발전시스템 이용률 = $\dfrac{\text{연간 누적발전량}}{\text{연간 운전일수} \times 24 \times \text{시스템용량}}$

$= \dfrac{15,000}{350 \times 24 \times 10} ≒ 17.857[\%]$

36 태양광발전에서 인버터 출력측의 3상 4선식 간선의 전압강하 계산식으로 알맞은 것은?

① $\dfrac{17.8LI}{1,000A}$
② $\dfrac{20.8LI}{1,000A}$
③ $\dfrac{30.8LI}{1,000A}$
④ $\dfrac{35.6LI}{1,000A}$

해설

3상 4선식 전압강하 계산식 = $\dfrac{17.8LI}{1,000A}$

(L : 거리[m], I : 전류[A], A : 전압값(상전압)×전압강하율(백분율))

정답 32 ① 33 ④ 34 ④ 35 ③ 36 ①

37 다음과 같은 태양광발전시스템의 어레이 설계 시 직병렬 수량은?

- 모듈 최대출력 : 250[Wp]
- 1스트링 직렬매수 : 10직렬
- 시스템 출력전력 : 50,000[W]

① 10직렬 − 10병렬
② 10직렬 − 15병렬
③ 10직렬 − 20병렬
④ 10직렬 − 25병렬

해설
어레이 설계
- 직렬 수량 = 1스트링 직렬매수 = 10개
- 병렬 수량 = $\dfrac{\text{시스템 출력전력}}{\text{모듈 최대출력} \times \text{직렬수량}}$
  = $\dfrac{50,000}{250 \times 10} = 20$개

38 음영각 및 음영각의 검토사항에 대한 설명으로 틀린 것은?

① 수직 음영각은 태양의 고도각을 말한다.
② 주변 산세, 수풀, 나무, 건물 등을 고려하여 어레이를 배치한다.
③ 그늘의 길이와 방향은 위도, 계절에 따라 같으므로 그림자의 길이를 계산하여 어레이를 배치한다.
④ 연중 입사각이 가장 적은 동지의 오전 9시부터 오후 3시 사이에 어레이에 그늘이 생기지 않도록 해야 한다.

해설
음영각
- 연중 입사각이 가장 적은 동지의 오전 9시부터 오후 3시 사이에 어레이에 그늘이 생기지 않도록 해야 한다.
- 수직 음영각은 태양의 고도각을 말하며, 수평 음영각은 방위각이다.
- 주변(건물, 나무, 산세, 수풀 등) 상황에 맞게 어레이를 배치해야 한다.

39 파워컨디셔너의 종류 중 인버터의 대수 및 연결방식에 따른 구분에서 최대효율 및 MPP 최적 제어가 가능하나 투자비가 가장 많이 드는 방식은 무엇인가?

① 마스터 슬레이브 방식 ② 모듈 인버터 방식
③ 병렬운전 방식 ④ 중앙집중식

해설
운영방식에 의한 분류
- 중앙집중형(중앙집중식 인버터) : 모든 모듈을 직·병렬 조합하여 단일 DC/AC 인버터에 연결하는 방식으로 단일 MPPT, 1대의 인버터로 대전력화, 다이오드 사용, 고장 시 전력손실이 큰 방식이다.
- 중앙집중형(Master−slave, 제어형 인버터) : 입력조건에 따라 여러 개의 중앙집중식 인버터(2~3개)를 사용하기 때문에 충전출력은 크기에 따라 인버터의 개수에 의해서 분리되기도 한다. 그러므로 일사강도가 낮을 때는 한 개의 인버터를 마스터로 놓고 운전하며, 일사강도가 증가하여 마스터 인버터의 출력이 한계까지 도달하면 슬레이브(보조) 인버터를 연결하여 인버터의 수명을 연장한다. 수명연장을 위해서는 마스터−슬레이브의 인버터는 규정된 주기에 의해 서로 교체한다.
- 분산형(스트링 인버터) : 모듈 직렬군당 DC/AC 인버터를 사용하는 방식으로 중간 용량 태양광발전시스템에 적합한 방식으로 700[W]~4[kW] 정도의 태양광발전설비를 구성할 때 주로 사용된다.
- 모듈 인버터 : 소용량 태양광발전시스템에 적합한 방식으로 음영공간이 있는 건물의 외벽 등의 소형 태양광발전시스템에 사용되며 단 한 대의 인버터 모듈이라도 요구하는 태양광발전시스템으로 확장이 가능한 방식으로 최대효율 및 MPP 최적 제어가 가능하나 투자비가 가장 많이 드는 방식이다.

40 태양광발전소의 전기사업허가신청서에 포함되는 필요서류 목록이 아닌 것은?(단, 3,000[kW] 미만의 경우이다. 신청자가 법인이다)

① 신청자의 주주명부 ② 사업계획서
③ 손익계산서 ④ 대차대조표

해설
사업허가의 신청(전기사업법 시행규칙 제4조)
- 사업계획서
- 송전관계일람도
- 발전원가명세서
- 전기설비의 운영을 위한 기술인력의 확보계획을 적은 서류
- 신청인이 법인인 경우에는 그 정관 및 직전 사업연도말의 대차대조표·손익계산서
- 신청인이 설립 중인 법인인 경우에는 그 정관
- 신청자(발전설비용량 3,000[kW] 이하인 신청자는 제외한다)의 주주명부

37 ③ 38 ③ 39 ② 40 ①

제3과목 태양광발전시스템 시공

41 태양광발전시스템의 배선공사에 사용되는 케이블 중 내연성이 가장 좋은 케이블은?

① ACSR(강심 알루미늄 연선)
② VV(비닐절연 비닐시스 케이블)
③ CV(가교 폴리에틸렌 절연비닐 시스케이블)
④ PNCT(에틸렌 프로필렌 고무절연 클로로플렌 시스 캡타이어케이블)

해설
태양광발전시스템의 배선공사에 사용되는 케이블 중 PNCT(에틸렌 프로필렌 고무절연 클로로플렌 시스 캡타이어케이블)는 내연성이 매우 좋다.

42 태양전지 전지판 연결공사에 대한 설명으로 틀린 것은?

① 전선관은 전기적, 기계적으로 확실히 접속한다.
② 전선의 연결 부위는 전선관 내에서 연결하여야 한다.
③ 태양광 모듈 결선 시 정션박스 홀에 맞는 방수 커넥터를 사용한다.
④ 태양전지에서 옥내에 이르는 배선은 모듈전용선 F-CV선, TFR-CV선 등을 사용한다.

해설
태양광 전원회로와 출력회로는 격벽에 의해 분리되거나 함께 접속되어 있지 않을 경우 동일한 전선관, 케이블트레이, 접속함 내에 시설하지 않아야 한다.

43 표준 태양전지 어레이의 개방전압을 최대사용전압으로 간주할 때 절연내력 측정 방법으로 옳은 것은?

① 최대사용전압의 1배의 직류전압이나 1.5배의 교류전압을 10분간 인가하여 절연파괴 등 이상이 발생하지 않을 것
② 최대사용전압의 1배의 직류전압이나 1.5배의 교류전압을 20분간 인가하여 절연파괴 등 이상이 발생하지 않을 것
③ 최대사용전압의 1.5배의 직류전압이나 1배의 교류전압을 10분간 인가하여 절연파괴 등 이상이 발생하지 않을 것
④ 최대사용전압의 1.5배의 직류전압이나 1배의 교류전압을 20분간 인가하여 절연파괴 등 이상이 발생하지 않을 것

해설
연료전지 및 태양전기 모듈의 절연내력(KEC 134)
태양전지 모듈은 최대사용전압의 1.5배의 직류전압 또는 1배의 교류전압(500[V] 미만으로 되는 경우에는 500[V])을 충전부분과 대지 사이에 연속하여 10분간 가하여 절연내력을 시험하였을 때에 이에 견디는 것이어야 한다.
※ KEC(한국전기설비규정)의 적용으로 인해 판단기준 제15조(연료전지 및 태양전지 모듈의 절연내력)에서 KEC 134로 변경됨 〈2021.01.19.〉

44 지붕 건재형 태양전지 모듈의 설치장소를 고려한 설치 사항으로 틀린 것은?

① 태양전지 모듈의 하중에 견딜 수 있는 강도를 가질 것
② 인접 가옥의 화재에 대한 방화대책을 세워 시설할 것
③ 눈이 많은 지역에서는 적설 방지대책을 강구하여 시설할 것
④ 풍력계수는 처마 끝이나 지붕 중앙부나 똑같이하여 시설할 것

해설
풍력계수는 바람의 설계 속도압력과 수풍면적을 고려하여 적용한다.

정답 41 ④ 42 ② 43 ③ 44 ④

45 시방서 종류별로 설명한 것 중 틀린 것은?

① 공사시방서 – 특정 공사를 위해 작성
② 특기시방서 – 비기술적인 사항을 규정
③ 표준시방서 – 모든 공사의 공통적인 사항을 규정
④ 기술시방서 – 공사전반에 기술적인 사항을 규정

해설
특기시방서는 공사의 특징에 따라서 표준시방서의 적용범위, 표준시방서에 없는 사항과 표준시방서에서 특기 시방으로 정하도록 되어 있는 사항 등을 규정한 시방서이다.

46 케이블트레이의 시설방법으로 틀린 것은?

① 수평으로 포설하는 케이블은 케이블트레이의 가로대에 반드시 견고하게 고정시켜야 한다.
② 저압케이블과 고압 또는 특고압케이블은 동일 케이블트레이 내에 시설하여서는 안 된다.
③ 케이블이 케이블트레이 계통에서 금속관 등으로 옮겨가는 개소는 케이블에 압력이 가해지지 않도록 지지한다.
④ 케이블트레이가 방화구획의 벽, 마루, 천장 등을 관통 시 개구부에 연소방지시설 등 적절한 조치를 해야 한다.

해설
케이블트레이 배선 시 주의사항
- 케이블을 건축구조물의 아랫면 또는 옆면에 따라 고정하는 경우는 2[m]마다 지지하며 그 피복을 손상하지 않도록 시설한다. 다만, 천장 속 은폐노출 배선의 경우에는 1.5[m]마다 고정한다.
- 케이블은 일렬설치를 원칙으로 하며, 2[m]마다 케이블 타이로 묶는다. 다만, 수직으로 포설되는 경우에는 0.4[m]마다 고정한다.
- 각 회로의 판별이 쉽도록 굴곡개소, 분기개소 또는 20[m]마다 회로명 표찰을 설치한다.
- 케이블 포설 시 집중하중으로 인하여 트레이 및 케이블이 손상되지 않도록 롤러 등의 포설기구를 사용한다.

47 접지공사의 종류에 따른 접지선의 굵기로 틀린 것은?

① 제1종 접지공사 : 공칭단면적 6[mm^2] 이상의 연동선
② 제2종 접지공사 : 공칭단면적 10[mm^2] 이상의 연동선
③ 제3종 접지공사 : 공칭단면적 2.5[mm^2] 이상의 연동선
④ 특별 제3종 접지공사 : 공칭단면적 2.5[mm^2] 이상의 연동선

해설
접지선의 굵기(판단기준 제19조)

접지공사의 종류	접지선의 굵기
제1종 접지공사	공칭단면적 6[mm^2] 이상의 연동선
제2종 접지공사	공칭단면적 16[mm^2] 이상의 연동선(고압전로 또는 특고압 가공전선로의 전로와 저압 전로를 변압기에 의하여 결합하는 경우에는 공칭단면적 6[mm^2] 이상의 연동선)
제3종 접지공사 및 특별 제3종 접지공사	공칭단면적 2.5[mm^2] 이상의 연동선

※ KEC(한국전기설비규정)의 적용으로 종별 접지공사가 폐지되어 문제 성립되지 않음 〈2021.01.19.〉

48 태양광발전시스템 설치공사 순서를 올바르게 나타낸 것은?

① 어레이 기초공사 → 어레이 가대공사 → 어레이 설치공사 → 배선공사 → 검사
② 어레이 가대공사 → 어레이 기초공사 → 어레이 설치공사 → 배선공사 → 검사
③ 배선공사 → 어레이 기초공사 → 어레이 가대공사 → 어레이 설치공사 → 검사
④ 배선공사 → 어레이 가대공사 → 어레이 기초공사 → 어레이 설치공사 → 검사

해설
태양광발전시스템 시공 순서
어레이 기초공사 → 어레이 가대공사 → 어레이 설치공사 → 배선공사 → 검사

정답 45 ② 46 ① 47 ② 48 ①

49 방화구획을 관통하는 배관, 배선의 처리방법에 대한 설명으로 틀린 것은?

① 다른 설비로 연소, 확대하는 것을 방지하는 것이다.
② 관통부분의 충전재, 내열시트재는 전열에 의해 이면측이 연소할 위험온도가 되지 않을 것
③ 관통부분의 충전재, 배관재의 변형, 소실 등에 의한 이면측에 화염, 연기가 나오지 않을 것
④ 내화구조물을 배선, 배관 등으로 관통한 경우 되메움 충전재는 관통전과 동등하지 않아도 된다.

해설
방화구획은 외벽과 바닥 사이에 틈이 생긴 때나 급수관·배전관 그 밖의 관이 방화구획으로 되어 있는 부분을 관통하는 경우 그로 인하여 방화구획에 틈이 생긴 때에는 그 틈을 다음 사항의 어느 하나에 해당하는 것으로 메운다.
• 산업표준화법에 따른 한국산업규격에서 내화충전성능을 인정한 구조로 된 것
• 한국건설기술연구원장이 국토교통부장관이 정하여 고시하는 기준에 따라 내화 충전성능을 인정한 구조로 된 것
• 관통부의 시험성능기준은 F급 또는 T급으로 구분되며, 현장 사용용도 특성에 따라 시험의뢰 시 성능기준을 어느 등급으로 할 것인지 결정하여 의뢰한다.

50 태양광발전설비 시공 중 접속함에서 인버터까지 배선의 전압 강하율은 몇 [%] 이내로 권장하고 있는가?

① 1~2[%] ② 4~5[%]
③ 7~9[%] ④ 10~15[%]

해설
태양광발전설비 시공 중 접속함에서 인버터까지 배선의 전압 강하율은 1~2[%] 이내로 한다.

51 태양광발전설비 설치를 위한 현장실사 시 고려할 사항이 아닌 것은?

① 모듈유형, 시스템 개념 및 설치방법에 관한 고객의 희망사항
② 원하는 태양광전력 및 발전량
③ 지형의 조건
④ 축전지 용량

해설
태양광발전설비 설치를 위한 현장여건분석
• 설치조건 : 방위각(정남향 ±30°), 설치면의 경사각, 건축안정성
• 환경여건 고려 : 음영유무
• 전력여건 : 배전용량, 연계점, 수전전력, 월평균 사용전력량

52 전력시설물의 감리원이 공사업자로부터 받은 시공상세도를 승인할 때 고려할 사항이 아닌 것은?

① 설계도면, 설계설명서 또는 관계 규정에 일치하는지 여부
② 현장시공기술자가 명확하게 이해할 수 있는지 여부
③ 주요 공정의 시공 절차 및 방법
④ 실제시공 가능 여부

해설
시공상세도 승인 시 고려 사항(전력시설물 공사감리업무 수행지침 제31조)
• 설계도면, 설계설명서 또는 관계 규정에 일치하는지 여부
• 현장의 시공기술자가 명확하게 이해할 수 있는지 여부
• 실제시공 가능 여부
• 안정성의 확보 여부
• 계산의 정확성
• 제도의 품질 및 선명성, 도면작성 표준에 일치 여부
• 도면으로 표시 곤란한 내용은 시공 시 유의사항으로 작성되었는지 등의 검토

53 태양광발전설비의 특별 제3종 접지공사를 할 때 접지저항값은 몇 [Ω]인가?

① 3[Ω] ② 5[Ω]
③ 10[Ω] ④ 100[Ω]

해설
접지공사의 종류와 접지저항값(판단기준 제18조)

접지공사의 종류	접지저항값
제1종 접지공사	10[Ω]
제2종 접지공사	변압기의 고압측 또는 특고압측 전로의 1선 지락전류의 암페어수로 150을 나눈 값과 같은 [Ω]수
제3종 접지공사	100[Ω]
특별 제3종 접지공사	10[Ω]

※ KEC(한국전기설비규정)의 적용으로 종별 접지공사가 폐지되어 문제 성립되지 않음 〈2021.01.19.〉

정답 49 ④ 50 ① 51 ④ 52 ③ 53 ③

54 다음 중 송전선로에 대한 설명으로 틀린 것은?

① 송전설비는 발전소 상호 간, 변전소 상호 간, 발전소와 변전소 간을 연결하는 전선로와 전기설비를 말한다.
② 송전선로는 발전소, 1차변전소, 배전용 변전소로 구성된다.
③ 송전방식은 교류 송전방식만이 사용된다.
④ 송전계통의 개요는 송전선로, 급전설비, 운영설비이다.

해설
송전선로의 송전방식은 교류 송전방식과 직류 송전방식이 있다.

55 전력계통의 전압을 조정하는 조상설비 중 진상 또는 지상 모두 무효전력 조정이 가능한 것은?

① 단로기   ② 분로리액터
③ 동기조상기   ④ 전력용 콘덴서

해설
동기조상기는 부하가 연결되지 않는 동기전동기로서 연속적인 진상, 지상 무효전력공급이 가능하다.

56 분산형전원 발전설비와 계통연계지점에서의 전기품질에 관한 설명으로 틀린 것은?

① 고조파의 측정치가 5[%] 이내인지 확인한다.
② 분산형전원측 역률의 측정치가 80[%] 이상인지 확인한다.
③ 분산형전원 및 그 연계시스템은 분산형 전원 연결점에서 직류가 계통으로 유입되는 것을 방지하기 위하여 연계시스템에 상용주파 변압기를 설치하였는지 확인한다.
④ 분산형전원은 빈번한 기동·탈락 또는 출력변동 등에 의하여 계통에 연결된 다른 전기사용자에게 시각적인 자극을 줄 만한 플리커나 설비의 오작동을 초래하는 전압요동을 발생하지 않게 되었는지 확인한다.

해설
분산형 전원측 역률의 측정치가 90[%] 이상인지 확인한다.

57 고장전류 중 일반적으로 가장 큰 전류에 해당하는 것은?

① 1선 지락전류   ② 2선 지락전류
③ 선간 단락전류   ④ 3상 단락전류

해설
고장전류의 크기
1선 지락전류 < 선간 단락전류 < 2선 지락전류 < 3상 단락전류

58 다음 중 적설하중과 관련 있는 사항이 아닌 것은?

① 중요도계수   ② 노출계수
③ 온도계수   ④ 내압계수

해설
내압계수는 구조물에 풍압력이 작용할 때의 건축 구조물 내부의 압력을 기준이 되는 평균 풍속의 속도압으로 나누어서 얻어지는 계수를 말한다.

59 태양광발전 및 발전용 수전설비에서 사용 전 검사 세부항목 중 차단기 검사항목으로 틀린 것은?

① 절연저항 측정
② 개폐표시 상태 확인
③ 단독운전 방지시험
④ 조작용 전원 및 회로점검

해설
단독운전 방지시험은 전력변환장치검사 중의 한 요소이다.

60 전력기술관리법에 따르면 감리업자 등은 그가 시행한 공사감리 용역이 끝났을 때 공사감리 완료보고서를 며칠 이내에 시·도지사에게 제출해야 하는가?

① 7일   ② 10일
③ 20일   ④ 30일

해설
감리원의 배치 등(전력기술관리법 제12조의2)
감리업자는 공사감리 용역이 끝났을 때 공사감리 완료보고서를 30일 이내에 시·도지사에게 제출해야 한다.

정답 54 ③ 55 ③ 56 ② 57 ④ 58 ④ 59 ③ 60 ④

제4과목　태양광발전시스템 운영

61 태양광발전 모듈의 열점이 발생할 수 있는 원인으로 틀린 것은?

① 주위온도
② 셀의 부정합
③ 내부접속 불량
④ 부분적인 그늘

[해설]
태양광발전 모듈의 열점이 발생할 수 있는 원인은 셀의 부정합, 내부접속 불량, 부분적인 그늘 등이다.

62 인버터에 누전이 발생했을 경우 인버터에 표시되는 내용으로 옳은 것은?

① Inverter M/C Fault
② Inverter Ground Fault
③ Line Inverter Asyne Fault
④ Serial Communication Fault

[해설]
인버터 누전 발생 시 Inverter Ground Fault라는 내용이 표시가 된다.

63 인버터의 유지관리 내용으로 틀린 것은?

① 감전의 위험이 있으므로 젖은 손으로 스위치를 조작하지 않는다.
② 전원이 입력된 상태이거나 운전 중에는 커버를 열지 말아야 한다.
③ 인버터 내부에는 나사나 물, 기름 등의 이물질이 들어가지 않게 하여야 한다.
④ 전선의 피복이 손상되었을 경우에는 제조사에 연락을 취하고 운전을 계속한다.

[해설]
인버터 유지관리 시 전선의 피복이 손상되었을 경우는 수리가 이루어진 후 운전을 실시한다.

64 유지관리에 필요한 기술자료의 수집, 기술의 연수, 보전기술개발의 제반비용 등으로 구성되는 유지관리비의 항목은 무엇인가?

① 유지비
② 개량비
③ 일반관리비
④ 운용지원비

[해설]
운용지원비는 유지관리에 필요한 기술자료의 수집, 기술의 연수, 보전기술개발에 필요한 제반비용을 뜻한다.
유지관리비 구성요소
• 유지비
• 보수비와 개량비
• 일반관리비
• 운용지원비

65 태양광발전시스템 각 부분의 절연상태를 측정하기 위한 시험기재가 아닌 것은?

① 온도계
② 단락용 개폐기
③ 절연저항계(메거)
④ 직류전압계(테스터)

[해설]
직류전압계는 태양광발전시스템의 개방전압을 계측할 때 사용한다.

66 중대형 태양광발전용 인버터의 시험 중 정상특성시험 항목이 아닌 것은?

① 효율시험
② 내전압시험
③ 누설전류시험
④ 온도상승시험

[해설]
중대형 태양광발전용 인버터의 정상특성시험은 효율시험, 누설전류시험, 온도상승시험 등이 있다.

정답　61 ①　62 ②　63 ④　64 ④　65 ④　66 ②

67 태양광발전시스템 중 계통연계형 시스템의 구성이 아닌 것은?

① 축전지
② 인버터
③ 상용계통
④ 태양전지판

해설
계통연계형 시스템의 주요 구성요소
모듈 및 어레이, 접속함, 인버터, 충·방전 제어기

68 전기사업법에서 태양광발전시스템은 정기적으로 검사를 받아야 하는데 그 검사 시기는?

① 2년 이내
② 3년 이내
③ 4년 이내
④ 5년 이내

해설
정기검사의 대상·기준 및 절차 등(전기사업법 시행규칙 제32조)
태양광발전시스템은 정기적으로 4년 이내 검사를 받아야 한다.

69 태양광발전시스템에 계측기구 및 표시장치의 설치목적으로 틀린 것은?

① 시스템의 홍보
② 시스템의 운전상태를 감시
③ 시스템 기기 또는 시스템 종합평가
④ 시스템에서 생산된 전력판매량 파악

해설
계측기구, 표시장치의 설치목적
• 시스템의 운전상태를 감시하기 위한 계측 또는 표시
• 시스템에 의한 발전전력량을 알기 위한 계측
• 시스템 기기 또는 시스템 종합평가를 위한 계측
• 시스템의 운전상황을 견학하는 사람 등에게 보여주고, 시스템 홍보를 위한 계측 또는 표시

70 태양광발전용 접속함의 시험 항목이 아닌 것은?

① 절연특성시험
② 온도상승시험
③ 내부식성시험
④ UV전처리시험

해설
태양광발전용 접속함의 시험 항목은 절연특성시험, 온도상승시험, 내부식성시험 등이 있다.

71 태양광발전시스템의 운전 특성을 측정할 경우 사용되는 계측기기에 대한 설명으로 틀린 것은?

① 전력계의 정확도는 ±1[%]로 한다.
② 일사계의 정확도는 ±1[%]로 한다.
③ 온도계의 정확도는 ±1[℃]로 한다.
④ 전압계 및 전류계의 정확도는 ±0.5[%]로 한다.

해설
일사계의 정확도는 ±2[%]로 한다.

72 접근 위험경고 및 감전재해를 방지하기 위하여 사용하는 활선접근경보기의 사용범위가 아닌 것은?

① 활선에 근접하여 작업하는 경우
② 정전작업 장소에서 사선구간과 활선구간이 공존되어 있는 경우
③ 작업 중 착각·오인 등에 의해 감전이 우려되는 경우
④ 보수작업 시행 시 저압 또는 고압 충전유무를 확인하는 경우

해설
보수작업 시행 시 저압 또는 고압 충전유무를 확인하는 경우는 검전기를 사용한다.

73 태양광발전시스템 점검의 종류가 아닌 것은?

① 임시점검
② 수시점검
③ 일상점검
④ 정기점검

해설
태양광발전시스템의 점검은 임시검점, 일상점검, 정기점검 등이 있다.

정답 67 ① 68 ③ 69 ④ 70 ④ 71 ② 72 ④ 73 ②

74 소형 태양광발전용 인버터의 절연성능시험 항목으로 틀린 것은?

① 내전압시험　② 절연저항시험
③ 감전보호시험　④ 부하불평형시험

해설
절연성능시험 항목
• 절연저항시험
• 내전압시험
• 감전보호시험
• 절연거리시험

75 태양광발전시스템의 점검계획 시 고려해야 할 사항이 아닌 것은?

① 고장이력　② 설비의 중요도
③ 설비의 사용기간　④ 설비의 운영비용

해설
태양광발전시스템의 점검계획 시 고려사항
• 설비의 사용기간
• 설비의 중요도
• 환경조건
• 고장이력
• 부하상태

76 사업허가 변경신청 시 처리 절차로 옳은 것은?

① 신청서 작성 및 제출 → 검토 → 접수 → 전기위원회 심의 → 변경허가증 발급
② 신청서 작성 및 제출 → 접수 → 검토 → 전기위원회 심의 → 변경허가증 발급
③ 신청서 작성 및 제출 → 접수 → 전기위원회 심의 → 검토 → 변경허가증 발급
④ 신청서 작성 및 제출 → 전기위원회 심의 → 검토 → 접수 → 변경허가증 발급

해설
사업허가 변경신청 시 처리 절차(전기사업법 시행규칙 별지 제3호 서식)
신청서 작성 및 제출 → 접수 → 검토 → 전기위원회 심의 → 변경허가증 발급

77 중대형 태양광발전용 인버터의 누설전류시험 시 누설전류는 최대 몇 [mA] 이하이어야 하는가?

① 5　② 10
③ 15　④ 20

해설
중대형 태양광발전 인버터의 누설전류시험(KS C 8565)
인버터의 기체와 대지와의 사이에서 1[kΩ] 이상의 저항을 접속해서 저항에 흐르는 누설전류가 5[mA] 이하일 것

78 개방전압 측정 시 유의사항으로 틀린 것은?

① 태양광발전모듈 표면의 이물질, 먼지 등을 청소하는 것이 필요하다.
② 각 스트링의 측정은 안정된 일사강도가 얻어질 때 하도록 한다.
③ 개방전압 측정 시 안전을 위해 우천 시 또는 흐린 날에 측정하도록 한다.
④ 측정시각은 일사강도, 온도의 변동을 극히 적게 하기 위하여, 청명할 때나 남쪽에 있을 때의 전후 1시간에 실시하는 것이 바람직하다.

해설
개방전압 측정 시 유의사항
• 태양전지 어레이의 표면을 청소할 필요가 있다.
• 각 스트링의 측정은 안정된 일사강도가 얻어질 때 실시한다.
• 측정시각은 일사강도, 온도의 변동을 극히 적게 하기 위해 맑고 태양이 남쪽에 있을 때의 전후 1시간에 실시하는 것이 바람직하다.
• 태양전지 셀은 비오는 날에도 미소한 전압을 발생하고 있으므로 매우 주의해서 측정해야 한다.

79 태양광발전시스템의 계측기구 및 표시장치의 구성으로 틀린 것은?

① 검출기　② 감시장치
③ 연산장치　④ 신호변환기

해설
태양광발전시스템의 계측·표시장치에는 검출기(센서), 신호변환기(트랜스듀서), 연산장치, 기억장치, 표시장치 등이 있다.

정답　74 ④　75 ④　76 ②　77 ①　78 ③　79 ②

80 태양광발전시스템에 설치되는 모선 및 구조물의 볼트 조임에 대한 설명 중 틀린 것은?

① 조임은 너트를 돌려서 조여 준다.
② 볼트의 크기에 맞는 토크렌치를 사용하여 규정된 힘으로 조여 준다.
③ 토크렌치에 의하여 규정된 힘이 가해졌는지를 확인할 필요가 없다.
④ 2개 이상의 볼트를 사용하는 경우 한쪽만 심하게 조이지 않도록 주의한다.

해설
모선 및 구조물의 볼트 조임은 검·교정이 되어 있는 토크렌치에 의하여 규정된 힘이 가해졌는지를 확인할 필요가 있다.

제5과목 신재생에너지 관련 법규

81 신재생에너지 공급인증서의 발급 신청을 받은 공급인증기관은 발급 신청을 한 날부터 며칠 이내에 공급인증서를 발급하여야 하는가?

① 10일　　② 30일
③ 50일　　④ 90일

해설
신재생에너지 공급인증서의 발급 신청 등(신에너지 및 재생에너지 개발·이용·보급 촉진법 시행령 18조의8)
(1) 공급인증서를 발급받으려는 자는 공급인증서 발급 및 거래시장 운영에 관한 규칙에서 정하는 바에 따라 신재생에너지를 공급한 날부터 90일 이내에 발급 신청을 하여야 한다.
(2) (1)에 따른 신청기간 내에 공급인증서 발급을 신청하지 못했으나 공급인증기관이 그 신청기간 내에 신재생에너지 공급 사실을 확인한 경우에는 (1)에도 불구하고 (1)에 따른 신청기간이 만료되는 날에 공급인증서 발급을 신청한 것으로 본다. 〈추가 개정 2020. 9. 29.〉
(3) (1) 및 (2)에 따라 발급 신청을 받은 공급인증기관은 발급 신청을 한 날부터 30일 이내에 공급인증서를 발급해야 한다.

82 전기설비기술기준의 판단기준에서 사용하는 용어의 정의 중 전력계통의 일부가 전력계통의 전원과 전기적으로 분리된 상태에서 분산형 전원에 의해서만 가압되는 상태를 무엇이라 하는가?

① 계통연계　　② 단독운전
③ 접근상태　　④ 단순 병렬운전

해설
용어의 정의(KEC 112)
• 접근상태란 제1차 접근상태 및 제2차 접근상태를 말한다.
• 제1차 접근상태란 가공전선이 다른 시설물과 접근(병행하는 경우를 포함하며 교차하는 경우 및 동일 지지물에 시설하는 경우를 제외한다)하는 경우에 가공전선이 다른 시설물의 위쪽 또는 옆쪽에서 수평거리로 가공전선로의 지지물의 지표상의 높이에 상당하는 거리 안에 시설(수평거리로 3[m] 미만인 곳에 시설되는 것을 제외한다)됨으로써 가공전선로의 전선의 절단, 지지물의 도괴 등의 경우에 그 전선이 다른 시설물에 접촉할 우려가 있는 상태를 말한다.
• 제2차 접근상태란 가공전선이 다른 시설물과 접근하는 경우에 그 가공전선이 다른 시설물의 위쪽 또는 옆쪽에서 수평거리로 3[m] 미만인 곳에 시설되는 상태를 말한다.
• 계통연계란 둘 이상의 전력계통 사이를 전력이 상호 융통될 수 있도록 선로를 통하여 연결하는 것으로 전력계통 상호간을 송전선, 변압기 또는 직류-교류변환설비 등에 연결하는 것을 말한다. 계통연락이라고도 한다.
• 단독운전이란 전력계통의 일부가 전력계통의 전원과 전기적으로 분리된 상태에서 분산형 전원에 의해서만 가압되는 상태를 말한다.
• 단순 병렬운전이란 자가용 발전설비를 배전계통에 연계하여 운전하되, 생산한 전력의 전부를 자체적으로 소비하기 위한 것으로서 생산한 전력이 연계계통으로 유입되지 않는 병렬형태를 말한다.
※ KEC(한국전기설비규정)의 적용으로 인해 판단기준 제2조(정의)에서 KEC 112로 변경됨 〈2021.01.19.〉

83 신에너지 및 재생에너지 개발·이용·보급 촉진법에서 정한 공급의무자가 아닌 것은?

① 한국가스공사
② 한국수자원공사
③ 한국지역난방공사
④ 한국중부발전주식회사

정답　80 ③　81 ②　82 ②　83 ①

해설

신재생에너지 공급의무자(신에너지 및 재생에너지 개발·이용·보급 촉진법 시행령 제18조의3)

(1) 신재생에너지 공급의무화 등에서 "대통령령으로 정하는 자"란 다음의 하나에 해당하는 자를 말한다.
  ① 발전사업자, 발전사업의 허가를 받은 것으로 보는 자에 해당하는 자로서 500,000[kW] 이상의 발전설비(신에너지 설비는 제외한다)를 보유하는 자
  ② 한국수자원공사법에 따른 한국수자원공사
  ③ 집단에너지사업법에 따른 한국지역난방공사
(2) 산업통상자원부장관은 (1)의 각 호에 해당하는 자(이하 "공급의무자"라 한다)를 공고하여야 한다.

---

84 전기설비기술기준의 판단기준에서 주택의 태양전지모듈에 접속하는 부하측 옥내전로에 지락이 생겼을 때 자동적으로 전로를 차단하는 장치를 시설한 경우, 주택의 옥내전로의 대지전압은 직류 몇 [V] 이하이어야 하는가?

① 150 ② 220
③ 300 ④ 600

해설

옥내전로의 대지전압의 제한(KEC 511.3)

주택의 태양전지 모듈에 접속하는 부하측 옥내배선을 다음에 따라 시설하는 경우에 주택의 옥내전로의 대지전압은 직류 600[V] 이하일 것
- 전로에 지락이 생겼을 때 자동적으로 전로를 차단하는 장치를 시설할 것
- 사람이 접촉할 우려가 없는 은폐된 장소에 합성수지관공사, 금속관공사 및 케이블공사에 의하여 시설하거나, 사람이 접촉할 우려가 없도록 케이블공사에 의하여 시설하고 전선에 적당한 방호장치를 시설할 것
※ KEC(한국전기설비규정)의 적용으로 인해 판단기준 제166조(옥내전로의 대지 전압의 제한)에서 KEC 511.3으로 변경됨 〈2021.01.19.〉

---

85 전기설비기술기준의 판단기준에서 금속제 외함을 가지는 저압의 기계 기구를 사람이 쉽게 접촉할 우려가 있는 곳에 시설하는 경우 그 기계 기구의 사용전압이 몇 [V]를 초과하면 전기를 공급하는 전로에 지락이 생겼을 때에 자동적으로 전로를 차단하는 장치를 하여야 하는가?

① 30 ② 60
③ 150 ④ 300

해설

- **저압 직류지락차단장치(KEC 243.1.4)**
  누전차단기의 시설(KEC 211.2.4)에 의하여 저압 직류전로에 지락이 생겼을 때 자동으로 전로를 차단하는 장치를 시설하여야 하며 "직류용" 표시를 하여야 한다.
- **누전차단기의 시설(KEC 211.2.4)**
  금속제 외함을 가지는 사용전압이 50[V]를 초과하는 저압의 기계기구로서 사람이 쉽게 접촉할 우려가 있는 곳에 시설하는 것에 전기를 공급하는 전로
※ KEC(한국전기설비규정)의 적용으로 인해 판단기준 제41조(지락차단장치 등의 시설)에서 KEC 211.2.4으로 변경됨 〈2021.01.19.〉

---

86 신에너지 및 재생에너지 개발·이용·보급 촉진법의 제정 목적으로 틀린 것은?

① 에너지원의 단일화
② 온실가스 배출의 감소
③ 에너지의 안정적인 공급
④ 에너지 구조의 환경친화적 전환

해설

목적(신에너지 및 재생에너지의 기술개발 및 이용·보급 촉진법 제1조)

이 법은 신에너지 및 재생에너지의 기술개발 및 이용·보급 촉진과 신에너지 및 재생에너지 산업의 활성화를 통하여 에너지원을 다양화하고, 에너지의 안정적인 공급, 에너지 구조의 환경친화적 전환 및 온실가스 배출의 감소를 추진함으로써 환경의 보전, 국가경제의 건전하고 지속적인 발전 및 국민복지의 증진에 이바지함을 목적으로 한다.

---

87 전기설비기술기준에서 전기설비의 일반적인 사항에 대한 내용으로 틀린 것은?

① 전선의 접속부분에는 전기저항이 증가되도록 접속하고 절연성능이 저하되지 않도록 하여야 한다.
② 전로에 시설하는 전기기계기구는 통상 사용상태에서 그 전기기계기구에 발생하는 열에 견디는 것이어야 한다.
③ 뇌방전으로 인한 과전압으로부터 전기설비의 손상, 감전 또는 화재의 우려가 없도록 피뢰설비를 시설한다.
④ 고전압의 침입 등에 의한 감전, 화재 그 밖에 사람에 위해를 주거나 물건에 손상을 줄 우려가 없도록 접지를 한다.

정답 84 ④ 85 ② 86 ① 87 ①

> **해설**
>
> **기술기준에서 전기설비의 일반 사항**
> - 전기설비의 접지(제6조)
>   - 전기설비(발전용 화력설비, 발전용 수력설비 및 발전용 풍력설비에 의한 전기설비를 제외한다)의 필요한 곳에는 이상 시 전위상승, 고전압의 침입 등에 의한 감전, 화재 그 밖에 사람에 위해를 주거나 물건에 손상을 줄 우려가 없도록 접지를 하고 그 밖에 적절한 조치를 하여야 한다. 다만, 전로에 관계되는 부분에 대해서는 전로의 절연 규정에서 정하는 바에 따라 이를 시행하여야 한다.
>   - 전기설비를 접지하는 경우에는 전류가 안전하고 확실하게 대지로 흐를 수 있도록 하여야한다.
> - 전기설비의 피뢰(제6조의2)
>   뇌방전으로 인한 과전압으로부터 전기설비의 손상, 감전 또는 화재의 우려가 없도록 피뢰설비를 시설하고 그 밖에 적절한 조치를 하여야 한다.
> - 전선의 접속(제8조)
>   전선은 접속부분에서 전기저항이 증가되지 않도록 접속하고 절연성능의 저하(나전선을 제외한다) 및 통상 사용상태에서 단선의 우려가 없도록 하여야 한다.
> - 전기기계기구의 열적강도(제9조)
>   전로에 시설하는 전기기계기구는 통상 사용상태에서 그 전기기계기구에 발생하는 열에 견디는 것이어야 한다.

> **해설**
>
> **전로의 중성점의 접지(KEC 322.5)**
> 전로의 보호장치의 확실한 동작의 확보, 이상 전압의 억제 및 대지전압의 저하를 위하여 특히 필요한 경우에 전로의 중성점에 접지공사를 할 경우에는 다음에 따라야 한다.
> - 접지극은 고장 시 그 근처의 대지 사이에 생기는 전위차에 의하여 사람이나 가축 또는 다른 시설물에 위험을 줄 우려가 없도록 시설할 것
> - 접지도체는 공칭단면적 16[mm^2] 이상의 연동선 또는 이와 동등 이상의 세기 및 굵기의 쉽게 부식하지 아니하는 금속선(저압 전로의 중성점에 시설하는 것은 공칭단면적 6[mm^2] 이상의 연동선 또는 이와 동등 이상의 세기 및 굵기의 쉽게 부식하지 않는 금속선)으로서 고장 시 흐르는 전류가 안전하게 통할 수 있는 것을 사용하고 또한 손상을 받을 우려가 없도록 시설할 것
> - 접지도체에 접속하는 저항기·리액터 등은 고장 시 흐르는 전류를 안전하게 통할 수 있는 것을 사용할 것
> - 접지도체·저항기·리액터 등은 취급자 이외의 자가 출입하지 아니하도록 설비한 곳에 시설하는 경우 이외에는 사람이 접촉할 우려가 없도록 시설할 것
> - ※ KEC(한국전기설비규정)의 적용으로 인해 판단기준 제27조(전로의 중성점의 접지)에서 KEC 322.5으로 변경됨 〈2021.01.19.〉

88 녹색기술에 대한 용어의 뜻으로 틀린 것은?

① 자원개발기술 ② 청정에너지 기술
③ 온실가스 감축기술 ④ 에너지 이용 효율화 기술

> **해설**
>
> **용어의 정의(저탄소 녹색성장 기본법 제2조)**
> 녹색기술 : 온실가스 감축기술, 에너지 이용 효율화 기술, 청정생산기술, 청정에너지 기술, 자원순환 및 친환경 기술(관련 융합기술을 포함한다) 등 사회·경제 활동의 전 과정에 걸쳐 에너지와 자원을 절약하고 효율적으로 사용하여 온실가스 및 오염물질의 배출을 최소화하는 기술을 말한다.

89 전기설비기술기준의 판단기준에서 전로의 중성점의 접지 목적으로 틀린 것은?

① 대지전압의 저하
② 손실전력의 감소
③ 이상전압의 억제
④ 전로의 보호장치의 확실한 동작의 확보

90 발전사업자 및 전기판매사업자는 전력시장운영규칙에서 정하는 바에 따라 전력시장에서 전력거래를 하여야 하는데, 신재생에너지발전사업자가 최대 몇 [kW] 이하의 발전설비용량을 이용하여 생산한 전력을 거래하는 경우는 그러지 아니한가?

① 200 ② 500
③ 1,000 ④ 1,500

> **해설**
>
> **전력거래(전기사업법 시행령 제19조)**
> "도서지역 등 대통령령으로 정하는 경우"란 다음의 경우를 말한다.
> - 한국전력거래소가 운영하는 전력계통에 연결되어 있지 아니한 도서지역에서 전력을 거래하는 경우
> - 신에너지 및 재생에너지 개발·이용·보급 촉진법에 따른 신재생에너지발전사업자가 1,000[kW] 이하의 발전설비용량을 이용하여 생산한 전력을 거래하는 경우

91 전기사업법에서 기금을 사용할 경우 대통령령으로 정하는 전력산업과 관련한 중요 사업으로 틀린 것은?

① 전기의 특수적 공급을 위한 사업
② 전력산업 분야 전문인력의 양성 및 관리
③ 전력산업 분야 개발기술의 사업화 지원사업
④ 전력산업 분야의 시험·평가 및 검사시설의 구축

해설
기금의 사용(전기사업법 시행령 제34조)
"대통령령으로 정하는 전력산업과 관련한 중요 사업"이란 다음의 사업을 말한다.
- 안전관리를 위한 사업
- 환경보호에 따른 자연환경 및 생활환경의 적정한 관리·보존을 위한 사업
- 보편적 공급에 따른 전기의 보편적 공급을 위한 사업
- 전력산업기반조성사업 및 전력산업기반조성사업에 대한 기획·관리 및 평가
- 전력산업 분야 전문인력의 양성 및 관리
- 전력산업 분야의 시험·평가 및 검사시설의 구축
- 전력산업의 해외진출 지원사업
- 전력산업 분야 개발기술의 사업화 지원사업

92 ( )에 들어갈 내용으로 옳은 것은?

> 전기설비기술기준 중 특고압 가공전선로에서 발생하는 극저주파 전자계는 지표상 1[m]에서 전계가 (㉠)[kV/m] 이하, 자계가 (㉡)[μT] 이하가 되도록 시설하는 등 상시 정전유도 및 전자유도작용에 의하여 사람에게 위험을 줄 우려가 없도록 시설하여야 한다.

① ㉠ 3.5, ㉡ 83.3
② ㉠ 3.8, ㉡ 150
③ ㉠ 83.3, ㉡ 3.5
④ ㉠ 150, ㉡ 3.8

해설
유도장해 방지(기술기준 제17조)
교류 특고압 가공전선로에서 발생하는 극저주파 전자계는 지표상 1[m]에서 전계가 3.5[kV/m] 이하, 자계가 83.3[μT] 이하가 되도록 시설하고, 직류 특고압 가공전선로에서 발생하는 직류전계는 지표면에서 25[kV/m] 이하, 직류자계는 지표상 1[m]에서 400,000[μT] 이하가 되도록 시설하는 등 상시 정전유도(靜電誘導) 및 전자유도(電磁誘導) 작용에 의하여 사람에게 위험을 줄 우려가 없도록 시설하여야 한다. 다만, 논밭, 산림 그 밖에 사람의 왕래가 적은 곳에서 사람에 위험을 줄 우려가 없도록 시설하는 경우에는 그러하지 아니하다.
〈개정 2020.12.3〉

93 저탄소 녹색성장 기본법에 의해 정부는 에너지 기본계획의 수립을 몇 년마다 수립·시행하여야 하는가?

① 2년 ② 3년
③ 4년 ④ 5년

해설
에너지기본계획의 수립(저탄소 녹색성장 기본법 제41조)
정부는 에너지정책의 기본원칙에 따라 20년을 계획기간으로 하는 에너지기본계획을 5년마다 수립·시행하여야 한다.

94 전기공사업법을 위반하여 경력수첩을 빌려준 사람 또는 타인의 경력수첩을 빌려서 사용한 자의 벌칙으로 옳은 것은?

① 1년 이하의 징역 또는 1천만원 이하의 벌금
② 2년 이하의 징역 또는 1천만원 이하의 벌금
③ 3년 이하의 징역 또는 2천만원 이하의 벌금
④ 3년 이하의 징역 또는 3천만원 이하의 벌금

해설
벌칙(전기공사업법 제42조)
다음의 어느 하나에 해당하는 자는 1년 이하의 징역 또는 1천만원 이하의 벌금에 처한다.
- 공사업의 등록에 따른 등록을 하지 아니하고 공사업을 한 자 (※ 관련 법령 개정으로 삭제됨 〈개정 2019. 4. 23〉)
- 거짓이나 그 밖의 부정한 방법으로 공사업의 등록에 따른 등록을 한 자 (※ 관련 법령 개정으로 삭제됨 〈개정 2019. 4. 23〉)
- 공사업 등록증 등의 대여금지 등을 위반한 공사업자 및 그 상대방 (※ 관련 법령 개정으로 삭제됨 〈개정 2019. 4. 23〉)
- 하도급의 제한 등을 위반하여 하도급을 주거나 다시 하도급을 준 자 및 그 상대방
- 경력수첩의 대여금지 등을 위반하여 경력수첩을 빌려 준 사람 또는 타인의 경력수첩을 빌려서 사용한 자
- 등록취소 등에 따른 영업정지처분기간에 영업을 한 자
- 공사업 관련정보의 종합관리 등에 따른 신고를 거짓으로 한 자

95 전기설비기술기준의 판단기준에서 고압 가공전선 상호 간의 이격거리는 몇 [cm] 이상이어야 하는가?

① 80   ② 100
③ 120 ④ 150

정답 92 ① 93 ④ 94 ① 95 ①

해설
고압 가공전선 상호 간의 접근 또는 교차(KEC 332.17)
고압 가공전선이 다른 고압 가공전선과 접근상태로 시설되거나 교차하여 시설되는 경우에는 다음에 따라 시설하여야 한다.
- 위쪽 또는 옆쪽에 시설되는 고압 가공전선로는 고압 보안공사에 의할 것
- 고압 가공전선 상호 간의 이격거리는 0.8[m](어느 한쪽의 전선이 케이블인 경우에는 0.4[m]) 이상, 하나의 고압 가공전선과 다른 고압 가공전선로의 지지물 사이의 이격거리는 0.6[m](전선이 케이블인 경우에는 0.3[m]) 이상일 것
- ※ KEC(한국전기설비규정)의 적용으로 인해 판단기준 제86조(고압 가공전선 상호 간의 접근 또는 교차)에서 KEC 332.17으로 변경됨 〈2021.01.19.〉

97 신재생에너지 공급의무자는 전기사업법에 따른 발전사업자로서 최소 얼마 이상의 발전설비를 보유한 자인가?(단, 신재생에너지 설비는 제외한다)
① 10만[kW]
② 20만[kW]
③ 50만[kW]
④ 100만[kW]

해설
83번 해설 참조

96 전기설비기술기준에서 저압 전로의 절연성능 중 전로의 사용전압이 300[V] 초과 400[V] 미만인 경우 절연저항값은 몇 [MΩ] 이상인가?
① 0.1
② 0.2
③ 0.3
④ 0.4

해설
저압 전로의 절연성능(전기설비기술기준 제52조)

전로의 사용전압 구분		절연저항 [MΩ]
400[V] 미만	대지전압(접지식 전로는 전선과 대지 사이의 전압, 비접지식 전로는 전선 간의 전압을 말한다)이 150[V] 이하인 경우	0.1
	대지전압이 150[V] 초과 300[V] 이하인 경우	0.2
	사용전압이 300[V] 초과 400[V] 미만인 경우	0.3
400[V] 이상		0.4

※ 전기설비기술기준 제52조(저압전로의 절연성능)는 다음과 같이 개정되어 문제 성립되지 않음

전로의 사용전압 [V]	DC시험전압 [V]	절연저항 [MΩ]
SELV 및 PELV	250	0.5
FELV, 500[V] 이하	500	1.0
500[V] 초과	1,000	1.0

[주] 특별저압(Extra low voltage : 2차 전압이 AC 50[V], DC 120[V] 이하)으로 SELV(비접지회로 구성) 및 PELV(접지회로 구성)은 1차와 2차가 전기적으로 절연된 회로, FELV는 1차와 2차가 전기적으로 절연되지 않은 회로

98 신에너지 및 재생에너지 기술개발 및 이용·보급에 관한 계획을 협의하려는 자는 그 시행 사업연도 개시 몇 개월 전까지 산업통상자원부장관에게 계획서를 제출하여야 하는가?
① 1
② 3
③ 4
④ 6

해설
신재생에너지 기술개발 등에 관한 계획의 사전협의(신에너지 및 재생에너지 개발·이용·보급 촉진법 제7조, 시행령 제3조)
신재생에너지 기술개발 등에 관한 계획의 사전협의에 따라 신에너지 및 재생에너지 기술개발 및 이용·보급에 관한 계획을 협의하려는 자는 그 시행 사업연도 개시 4개월 전까지 산업통상자원부장관에게 계획서를 제출하여야 한다.

99 대통령령으로 정하는 규모 이하의 발전설비를 갖추고 특정한 공급구역의 수요에 맞추어 전기를 생산하여 전력시장을 통하지 아니하고 그 공급구역의 전기사용자에게 공급하는 것을 주된 목적으로 하는 사업을 무엇이라 하는가?

① 전기사업
② 송전사업
③ 배전사업
④ 구역전기사업

해설
용어의 정의(전기사업법 제2조)
- 전기사업이란 발전사업·송전사업·배전사업·전기판매사업 및 구역전기사업을 말한다.
- 송전사업이란 발전소에서 생산된 전기를 배전사업자에게 송전하는 데 필요한 전기설비를 설치·관리하는 것을 주된 목적으로 하는 사업을 말한다.
- 배전사업이란 발전소로부터 송전된 전기를 전기사용자에게 배전하는 데 필요한 전기설비를 설치·운용하는 것을 주된 목적으로 하는 사업을 말한다.
- 구역전기사업이란 대통령령으로 정하는 규모 이하의 발전설비를 갖추고 특정한 공급구역의 수요에 맞추어 전기를 생산하여 전력시장을 통하지 아니하고 그 공급구역의 전기사용자에게 공급하는 것을 주된 목적으로 하는 사업을 말한다.

100 기본계획에서 정한 목표를 달성하기 위하여 신재생에너지의 종류별로 신재생에너지의 기술개발 및 이용·보급과 신재생에너지 발전에 의한 전기의 공급에 관한 실행계획을 매년 수립·시행하는 주체는 누구인가?

① 환경부장관
② 고용노동부장관
③ 국토교통부장관
④ 산업통상자원부장관

해설
기본계획의 수립(신에너지 및 재생에너지 개발·이용·보급 촉진법 제5조)
산업통상자원부장관은 관계 중앙행정기관의 장과 협의를 한 후 신재생에너지정책심의회의 심의를 거쳐 신재생에너지의 기술개발 및 이용·보급을 촉진하기 위한 기본계획을 5년마다 수립하여야 한다.

2018년 제1회 기사 과년도 기출문제

신재생에너지발전설비기사(태양광) 필기

제1과목 태양광발전시스템 이론

01 피뢰소자에 대한 설명으로 틀린 것은?

① 피뢰소자의 접지 측 배선은 되도록 짧게 함
② 낙뢰를 비롯한 이상전압으로부터 전력계통을 보호함
③ 태양전지 어레이의 보호를 위해 모듈마다 설치함
④ 동일회로에서도 배선이 긴 경우에는 배선의 양단에 설치하는 것이 좋음

해설
피뢰소자의 일반 정리
- 접속함에는 태양전지 어레이의 보호를 위해서 스트링마다 서지보호소자를 설치하며 낙뢰 빈도가 높은 경우에 주개폐기 측에도 설치해야 한다.
- 피뢰소자 접지 측 배선은 접지단자에서 최대한 짧게 한다.
- 서지보호소자의 접지 측 배선을 일괄하여 접속함의 주접지단자에 접속하면 태양전지 어레이 회로의 절연저항 측정 등을 위한 접지의 일시적 분리가 편리하다. 일반적으로 동일회로에서도 배선이 길며, 직격뢰 또는 유도뢰를 받기 쉬운 곳에 위치한 배선은 배선의 근처 양단(수전단과 송전단)에 설치해야 한다.
- 기능면으로 구별해 보면 차단형과 억제형으로 구분할 수 있다.
- 낙뢰를 비롯한 이상전압으로부터 전력계통을 보호한다.

02 태양전지의 개방전압에 대한 설명 중 틀린 것은?

① 태양전자로부터 얻을 수 있는 최대전압이다.
② 태양전지 흡수층을 구성하는 물질의 밴드갭 에너지에 따라 변화한다.
③ 출력전력이 최대일 때 태양전지의 두 전극 사이에서 발생하는 전위차에 해당한다.
④ 태양전지의 두 전극 사이에 무한대의 부하를 연결한 경우, 두 전극 사이의 전위차다.

해설
태양전지의 개방전압
- 전부극간을 개방한 상태의 전압으로서 셀 전반의 최대전압차이이고, 셀을 통해 전달되는 전류가 없을 때 발생한다.
- 태양전지의 두 전극 사이에 무한대의 부하를 연결한 경우, 두 전극 사이의 전위차이다.
- 태양전지 흡수층을 구성하는 물질의 밴드갭 에너지에 따라 변화한다.
- 일조강도와 특정한 온도에 부하를 연결하지 않은 상태로서 태양광 발전 장치의 양단에 걸리는 전압이다.

03 지열발전에서 지열유체가 증기와 열수인 경우 지열유체를 증기분리기로 유도하여 증기와 열수를 분리하고 분리한 증기로 터빈을 가동시켜 발전하는 방식은?

① 증기발전
② 싱글 플래시발전
③ 더블 플래시발전
④ 바이너리 사이클발전

해설
지열시스템 발전방식
- 드라이 스팀 방식(증기발전) : 지하의 증기를 이용해서 직접 터빈을 돌려 발전하는 방식으로 세계에서 최초로 사업용 지열발전이 실시된 이탈리아 라르데렐로(Larderello), 세계 최대의 지열발전소인 미국의 게이저스(Geysers), 일본 최초의 사용용 발전소인 미쓰카와 지열발전소 등이 사용한 발전 방식이다.

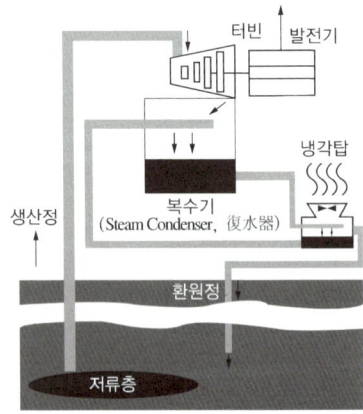

- 플래시 방식 : 지하의 고온수와 증기를 끌어올려 기수분리기(Stream Separator : 수분을 포함한 증기에서 수분을 분리하여 제거하는 장치)에서 증기만을 추출하여 터빈에 보내 발전하는 방식으로서 플래시 회수에 따라 싱글 플래시 방식과 더블 플래시 방식이 있다.

정답 1 ③ 2 ③ 3 ②

- 싱글 플래시 방식 : 지열유체가 증기와 열수인 경우 지열유체를 증기분리기로 유도하여 증기와 열수를 분리하고 분리한 증기로 터빈을 가동시켜 발전하는 방식
- 더블 플래시 방식 : 기수분리기(Stream Separator)에서의 열수를 저압으로 한 번 더 끓여 증기를 만들고 터빈의 저압 측으로 보내어 발전출력을 높이는 방식으로 일본의 지열발전소의 대부분이 사용한다.

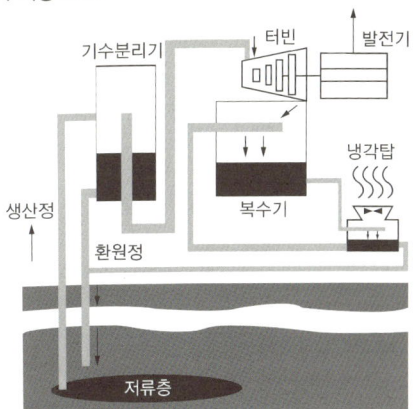

- 바이너리 방식 : 생산정에서 분출되는 증기와 열수의 온도가 낮고 플래시 방식에서 충분한 증기를 얻지 못하는 경우 비점이 낮은 매체를 끓여 그 매체의 증기를 이용해 발전하는 방식이다. 저비점 매체로서 펜탄, 부탄, 대체 프레온 등의 유기화합물을 이용하는 유기 랭킨 사이클과 물과 암모니아 혼합체를 이용하는 카리나 사이클이 있으며, 열교환하는 열수 및 증기의 온도가 100[℃] 이상인 경우는 유기 랭킨 사이클의 발전 효율이 높고 100[℃] 미만에서는 카리나 사이클의 발전 효율이 높을 것으로 나타났다. 또한 펜탄 및 부탄은 입수가 용이하지만 인화성이 있고 대체 프레온은 인화성은 없지만 지구온난화 계수가 높고 가격이 비싸다. 암모니아는 독성이 있다는 특징을 가지고 있으나 최근에는 70[℃] 정도의 열수를 이용한 소규모 바이너리 발전의 개발도 진행되고 있으며 온천지역 등에서 목욕용으로 온도가 높은 열수를 이용해 발전하는 온천발전 등도 검토되고 있다.

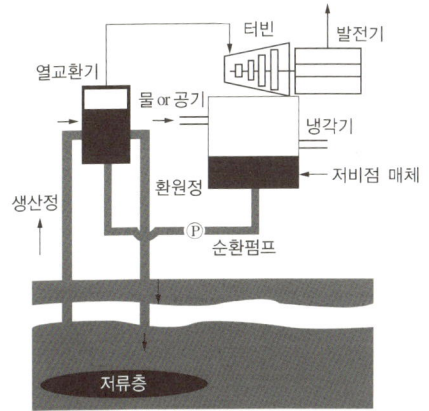

- 고온 암체 발전(인공저류층 지열발전) 방식 : 지하 4~5[km] 아래에 있는 200~300[℃] 이상의 암체에 수압 파쇄 기술을 사용하여 인공저류층을 만들고 지상에서 주입한 물을 가열하여 열수나 증기를 생성하여 터빈을 회전시키는 발전 방식으로 온도는 높지만 투수성이 낮기 때문에 우수 등의 침투가 없고 천연 저류층이 없는 고온의 지층 및 암반을 고온암체 자원이라고 한다. 아래의 그림과 같이 발전에 필요한 온도의 지층 및 암반에 갱정(주입정)을 굴삭하여 이 갱정에서 고압의 물을 암반에 압입해 균열을 진전시킨다. 균열 내의 물은 주위 암반의 가열로 열수 및 증기화 되어 인공 저류층이 형성된다. 이 저류층을 향해 별도의 갱정(생산정)을 굴삭하고 균열 내의 열수 및 증기를 꺼내 발전 등에 이용한다. 저류층을 인공적으로 만들거나 물을 압입하기 때문에 발전비용은 높아질 것으로 예상되지만 저류층의 탐사 및 평가 리스크가 저감되어 출력을 설계할 수 있는 가능성도 존재한다. 지하는 깊어지면 깊어질수록 온도가 높아지며 우수의 침투도 적어져 고온암체적으로 변한다. 따라서 지하심주의 굴삭기술이 발전되면 개발 가능한 자원량이 비약적으로 증대될 것이다. 최근 국내외 지열발전소에서 저류층 내의 열수 및 증기의 양이 감소함에 따라 발전량이 저하되는 문제가 있기 때문에 이러한 발전소에서 고온암체 방식을 적용하여 저류층에 물을 보급하거나 주위의 암반에 균열을 조성하여 저류층을 인공적으로 확대시킴으로써 출력 증대 및 수명연장을 꾀하는 지열증산시스템(EGS ; Enhanced Geothermal System) 기술의 개발이 미국, 독일, 호주 등에서 행해지고 있으며 일본에서 적용하려고 한다.

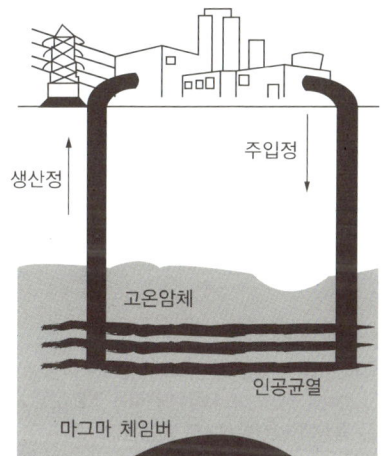

- 열수계 발전 방식 : 화산 근처에서 지하 수~10[km] 정도에 마그마 체임버(저장소)라고 하는 온도가 800~1,000[℃]를 넘는 암석이 용융된 부분이 있어 지하 심부의 열에너지를 지하의 얕은 곳까지 옮기고 있는 방식으로 다음 그림과 같이 지하에 침투된 우수가 마그마에 의해 가열되어 지하 1~3[km] 정도의 비교적 깊이가 얕은 곳에 열수 및 증기의 저장소(천연 저류층)가 형성되는 장소가 있으며, 이를 열수계 자원이라고 한다. 지하의 열수의 유로 및 저류층은 단층이나 파쇄대라고 하는 개구폭이 수[mm]~수[cm] 오더의 균열로 구성되어 있다. 이 저류층에 갱정(생산정)을 굴삭하면 열수 및 증기가 자연적으로 분출되어 발전 등에 이용될 수 있다. 우수에 의한 물의 공급량과 열수 및 증기의 생산량이 균형을 이루게 되면 마그마 체임버의 열은 방대하기 때문에 안정된 열수 및 증기의 생산이 가능하며 신재생에너지로 활용될 수 있다. 지금까지 개발되어 온 기존 지열발전소의 대부분이 이 열수계 지열 자원의 개발이다.

또한 대다수의 지열발전소에서는 발전에 사용하지 않는 열수 및 발전 후의 열수는 다른 갱정(환원정)을 통하여 지하로 되돌리고 있다. 천연 저류층의 존재 양상은 지역에 따라 다양하며 생산정을 뚫어도 증기를 얻을 수 없는 경우와 증기를 얻었다 하여도 증기 및 열수 중의 용존 성분에 의해 갱정 및 배관 등의 부식 그리고 침전물에 의한 막힘(스케일)의 문제가 발생하기도 하여 개발 리스크 및 발전비용 상승의 원인이 되고 있다.

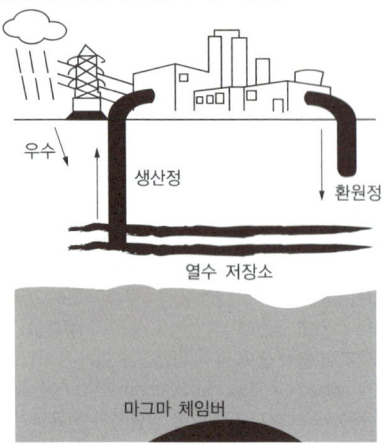

04 독립형 태양광발전시스템의 응용 예로 가장 부적합한 것은?

① 위성용 전원
② 양식장 부표
③ 태양광 자동차
④ [MW]급 태양광발전소

해설
독립형 태양광발전시스템
전력계통형과 분리되어 있는 형식으로 축전지를 이용하여 태양전지에서 생산된 전력을 저장하고 저장된 전력을 필요시에 사용하는 방식으로 적은 용량의 발전방식으로 사용된다.

05 에너지가 1.08[eV]인 광자의 파장은?(단, Planck 상수 = 4.136×10^{-15}[eVs], $c = 2.998 \times 10^8$[m/s])

① $0.9[\mu m]$
② $1.15[\mu m]$
③ $1.4[\mu m]$
④ $1.65[\mu m]$

해설
포톤의 에너지(Photon of Energy)

$E = \dfrac{hc}{\lambda} = \dfrac{4.136 \times 10^{-15} \times 2.998 \times 10^8}{1.08}$

$\quad \fallingdotseq 1.1481 \times 10^{-6} \fallingdotseq 1.148[\mu m]$

(h : Planck 상수[eVs], c : 광속[m/s], λ : 에너지[eV])

06 변압기를 사용하여 220[V], 60[Hz] 교류전압을 12[V]의 교류전원으로 바꾸려고 한다. 이 변압기 1차 코일의 권선수가 350회일 때, 2차 코일의 권선수는?

① 약 19회
② 약 25회
③ 약 56회
④ 약 500회

해설
2차 코일의 권선수(N)

- 변압기 전압 = $\dfrac{입력전압}{출력전압} = \dfrac{220}{12} \fallingdotseq 18.33[V]$

- 2차 코일의 권선수(N) = $\dfrac{1차\ 코일의\ 권선수}{변압기\ 전압}$

  $= \dfrac{350}{18.33} \fallingdotseq 19.094회$

07 태양전지 모듈 중 박막 계열의 모듈이 아닌 것은?

① a-Si 모듈
② CIS 모듈
③ CdTe 모듈
④ Multi-Crystalline 모듈

해설
박막형 태양전지(2세대) : 유리, 금속판, 플라스틱 같은 저가의 일반적인 물질을 기판으로 사용하여 빛흡수층 물질을 마이크론 두께의 아주 얇은 막을 입혀 만든 태양전지이다.

- 비정질 실리콘 박막형 태양전지(a-Si) : 실리콘의 두께를 극한까지 얇게 한 것으로, 실리콘의 사용량을 약 1/100까지 줄일 수 있어서 결정질보다 제조비용이 낮아서 좋다. 결정질보다는 배열이 비규칙적으로 흩어져 있어서 변환효율이 낮다.
- 화합물 박막형 태양전지 : 실리콘 이외에 반도체 특성을 갖는 화합물인 구리(Cu), 인듐(In), 갈륨(Ga), 셀레늄(Se)으로 구성된 박막형 태양전지이다.
  - CdTe(Cadmium Telluride) : Cd(2족), Te(4족)이 결합된 직접천이형 화합물 반도체로 높은 광흡수와 낮은 제조단가로 상용화에 유리하며 차세대 태양전지로 각광을 받고 있다.
  - CIGS(Cu, In, Gs, Se) : 유리기판, 알루미늄, 스테인리스 등의 유연한 기판에 구리, 인듐, 갈륨, 셀레늄 화합물 등을 증착시켜 실리콘을 사용하지 않으면서도 태양광을 전기적으로 변환시켜 주는 태양전지로서 변환효율이 높다.

4 ④ 5 ② 6 ① 7 ④ **정답**

08 태양광을 이용한 독립형 전원시스템용 축전지 선정 시 고려사항으로 틀린 것은?

① 부하에 필요한 입력전력량을 검토한다.
② 설치예정 장소의 일사량 데이터를 조사한다.
③ 축전지의 기대수명에서 방전심도(DOD)를 설정한다.
④ 설치장소의 일조량을 고려하여 부조일수를 산정하지 않는다.

해설
독립형 전원시스템용 축전지 선정 시 고려사항
• 축전지의 기대수명에서 방전심도(DOD)를 설정한다.
• 부하에 필요한 입력전력량을 검토한다.
• 설치예정 장소의 일사량 데이터를 조사한다.
• 설치장소의 일조량을 고려하고 부조일수를 산정하여 최대한 높은 효율을 올릴 수 있도록 설계한다.

09 피뢰기가 구비해야 할 조건 중 틀린 것은?

① 속류의 차단능력이 충분할 것
② 충격 방전 개시 전압이 낮을 것
③ 상용주파 방전 개시 전압이 높을 것
④ 방전내량이 작으면서 제한전압이 높을 것

해설
피뢰기가 구비해야 할 조건
• 충격 방전 개시 전압이 낮을 것
• 속류의 차단능력이 충분할 것
• 방전내량이 클 것
• 제한전압이 적정할 것
• 상용주파 방전 개시 전압이 높을 것

10 교류의 파형률이란?

① $\dfrac{실횻값}{평균값}$ ② $\dfrac{평균값}{실횻값}$

③ $\dfrac{실횻값}{최댓값}$ ④ $\dfrac{최댓값}{실횻값}$

해설
교류의 파형률 = $\dfrac{실횻값}{평균값}$

11 그림과 같은 인버터 회로방식의 명칭으로 옳은 것은?

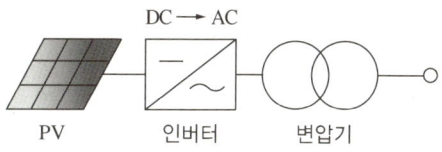

① 트랜스리스 방식
② 고주파 변압기 절연방식
③ On-line 인터버 절연방식
④ 상용주파 변압기 절연방식

해설
상용주파 변압기 절연방식(저주파 변압기 절연방식) : 태양전지(PV) → 인버터(DC → AC) → 공진회로 → 변압기
• 태양전지의 직류출력을 상용주파의 교류로 변환한 후 변압기로 절연한다.
• 내뢰성(번개에 견디어 낼 수 있는 성질과 노이즈 컷(잡음을 차단)이 뛰어나지만 상용주파 변압기를 이용하기 때문에 중량이 무겁다.
• 공진회로 : 인버터 회로에서 생성된 고주파 전압(구형파)을 코일과 콘덴서를 통해 정현파로 바꾸어 주는 회로이다.

12 다음 그림은 태양광발전시스템의 독립형 시스템을 나타내고 있다. A의 명칭은?

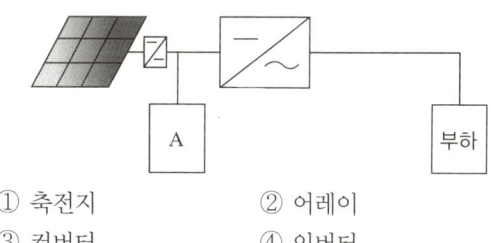

① 축전지   ② 어레이
③ 컨버터   ④ 인버터

해설
독립형 태양광발전시스템

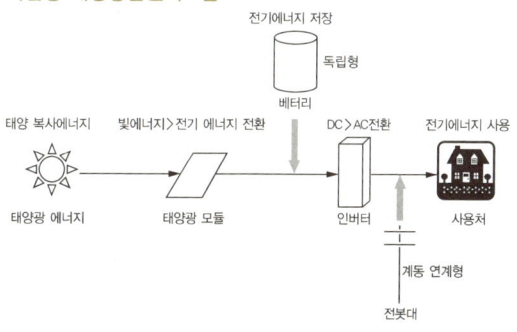

정답 8 ④ 9 ④ 10 ① 11 ④ 12 ①

13 계통연계형 태양광발전시스템에서 주파수의 변동을 검출하지 않고 전압 또는 전류의 급변현상만을 이용하여 단독운전을 검출하는 방식은?

① 부하변동방식
② 주파수 시프트방식
③ 무효전력 변동방식
④ 주파수 변화율 검출방식

해설
단독운전 방지기능의 종류
- 수동적 방식 : 연계운전에서 단독운전으로 이행했을 때 전압파형이나 위상 등의 변화를 포착하여 단독운전을 검출하도록 하는 방식이다. 수동적 방식의 구분유지시간은 5~10초, 검출시간은 0.5초 이내이다.
  - 주파수 변화율 검출방식 : 주로 단독운전 이행 시 발전전력과 부하의 불평형에 의한 주파수 급변을 검출한다.
  - 제3차 고주파 전압급증 검출방식 : 단독운전 이행 시 변압기에 여자전류 공급에 따른 변압 왜곡의 급증을 검출한다. 부하가 되는 변압기와의 조합이기 때문에 오작동의 확률이 비교적 높다.
  - 전압위상 도약 검출방식 : 계통과 연계하는 인버터는 상시 역률 1에서 운전되어 전압과 전류는 거의 동상이며, 유효전력만 공급하고 있다. 단독운전 상태가 되면 그 순간부터 무효전력도 포함시켜 공급해야 하므로 전압위상이 급변한다. 이때 전압위상의 급변을 검출하는 것이 바로 전압위상 도약 검출방식이다. 이 방식에서는 계통에 접속되어 있는 변압기의 돌입전류 등으로부터 오작동이 발생하지 않도록 설계되어 있다. 단독운전 이행 시에 위상변화가 발생하지 않을 때는 검출되지 않으며, 오작동이 적고 실용적이다.
- 능동적 방식 : 항상 인버터에 변동요인을 부여하고 연계운전 시에는 그 변동요인이 출력에 나타나지 않고 단독운전 시에만 나타나도록 하여 이상을 검출하는 방식이다. 능동적 방식의 구분검출시간은 0.5~1초이다.
  - 유효전력 변동방식 : 인버터의 출력에 주기적인 유효전력 변동을 부여하고, 단독운전 시에 나타나는 전압·주파수 변동을 검출한다.
  - 무효전력 변동방식 : 인버터의 출력전압 주기를 일정기간마다 변동시키면 평상시 계통측의 Back-Power가 크기 때문에 출력 주파수는 변하지 않고 무효전력의 변화로서 나타난다. 단독운전 상태에서는 일정한 주기마다 주파수의 변화로서 나타나기 때문에 이 주파수의 변화를 빨리 검출해서 단독운전을 판정하도록 한다. 또한 오동작을 방지하기 위해 주기를 변동시켰을 경우에만 출력변동을 검출하는 방법을 취하는 것도 있다.
    ⓐ 부하 변동방식 : 인버터의 출력과 병렬로 임피던스를 순간적 또는 주기적으로 삽입하여 전압 또는 전류의 급변을 검출하는 방식이다.
    ⓑ 주파수 시프트 방식 : 인버터의 내부발전기에 주파수 바이어스를 부여하고 단독운전 시에 나타나는 주파수 변동을 검출하는 방식이다.

14 다음 [보기]의 ( )에 알맞은 내용은 무엇인가?

[보 기]
표준시험상태 : 태양광 모듈 온도(A), 분광분포(B), 방사조도(C)

① A : 20[℃], B : AM 1.0, C : 1,000[W/m²]
② A : 20[℃], B : AM 1.5, C : 1,200[W/m²]
③ A : 25[℃], B : AM 1.5, C : 1,200[W/m²]
④ A : 25[℃], B : AM 1.5, C : 1,000[W/m²]

해설
최대출력 결정
이 시험은 환경시험 전후에 모듈의 최대출력을 결정하는 시험으로 인공 광원법에 의해 태양광 모듈의 I-V 특성시험을 수행하며, AM1.5, 방사조도 1[kW/m²], 온도 25[℃] 조건에서 기준 셀을 이용하여 시험을 실시하여 개방전압[V_{oc}], 단락전류[I_{sc}], 최대전압[V_{max}], 최대전류[I_{max}], 최대출력[P_{max}], 곡선율(F.F) 및 효율(eff)을 측정한다.

15 다음 [보기]의 태양광 발전설비용 인터버 중 변압기형 인버터의 절연저항 측정순서가 옳은 것은?

[보 기]
㉠ 직류측의 모든 입력단자 및 교류측의 모든 출력단자를 각각 단락
㉡ 분전반 내의 분기개폐기 개방
㉢ 직류단자와 대지 간의 절연저항 측정
㉣ 태양전지 회로를 접속함에서 분리

① ㉣ → ㉠ → ㉡ → ㉢
② ㉠ → ㉡ → ㉣ → ㉢
③ ㉡ → ㉣ → ㉠ → ㉢
④ ㉣ → ㉡ → ㉠ → ㉢

해설
태양광 발전설비용 인버터 중 변압기형 인버터의 절연저항 측정순서
- 태양전지 회로를 접속함에 분리한다.
- 분전반 내의 분기개폐기를 개방한다.
- 직류측의 모든 입력단자 및 교류측의 모든 출력단자를 각각 단락시킨다.
- 직류단자와 대지 간의 절연저항을 측정한다.

16 STC 조건하에서 다음 표와 같이 모듈의 특성이 주어질 때 정격출력은 약 몇 [W]인가?

[모듈특성]

단락전류	9.12[A]
개방전압	60.31[V]
최대동작전압	48.73[V]
최대동작전류	8.62[A]
효율	16.4[%]

① 68.88 ② 90.20
③ 420.05 ④ 550.03

해설
정격출력 = 최대동작전압 × 최대동작전류 = 48.73 × 8.62 ≒ 420.05[W]

17 인버터의 자동운전 정지 기능에 대한 설명 중 틀린 것은?

① 흐린 날이나 비오는 날은 운전을 정지한다.
② 일사량이 기동전압 이하일 경우 자동정지한다.
③ 태양광 모듈의 출력을 감시하여 자동으로 운전한다.
④ 태양광 모듈의 출력이 적어 인버터 출력이 거의 0으로 되면 대기상태가 된다.

해설
인버터의 정지기능
- 인버터는 일출과 함께 일사강도가 증대하여 출력을 얻을 수 있는 조건이 되면 자동적으로 운전을 시작한다. 운전을 시작하면 태양전지의 출력을 스스로 감시하여 자동적으로 운전을 한다.
- 전력계통이나 인버터에 이상이 있을 때 안전하게 분리하는 기능으로서 인버터를 정지시킨다. 해가질 때도 출력을 얻을 수 있는 한 운전을 계속하며, 해가 완전히 없어지면 운전을 정지한다.
- 또한 흐린 날이나 비오는 날에도 운전을 계속할 수 있지만 태양전지의 출력이 적어져 인버터의 출력이 거의 0으로 되면 대기상태가 된다.

18 전천일사강도 I_g와 직달일사강도 I_d 및 산란일사 강도 I_s를 옳게 나타낸 식은?(단, θ는 태양의 고도각이다)

① $I_g = I_d \sin\theta + I_s$
② $I_s = I_d \sin\theta + I_g$
③ $I_g = I_s \sin\theta + I_d$
④ $I_d = I_s \sin\theta + I_g$

해설
- 전천일사강도(I_g) = 직달일사강도(I_d) $\sin\theta$(태양의 고도각) + 산란일사강도(I_s)
- 전체일사량(I_t) = 법선면 일사(I_{dn}) × $\cos\theta$ + 산란일사(I_s) + 반사일사(I_r)
- 반사일사는 법선면 직달일사량과 입사각의 관계로 표현 : 반사일사(I_r) = 법선면 일사(I_{dn}) × (광속(C) + $\sin\beta$) × 지면에서의 반사율(ρ_g) × 표면과 지면 사이의 형태계수(F_{sg})
- ※ 일사의 종류
  - 전천일사(I_g : Global Solar Radiation) : 수평면에 입사하는 직달일사 및 하늘(산란)복사를 말하며, 수평면일사라고도 한다.
  - 직달일사(I_d : Direct Solar Radiation) : 태양면 및 그 주위에 구름이 없고 일사의 대부분이 직사광일 때, 직사광선에 직각인 면에 입사하는 직사광과 산란광을 말한다.
  - 산란일사(I_s : Scattered Radiation) : 수평면에 입사하는 직달일사 중 지표면에 도달하지 않고 산란되는 복사로서 전천일사 측정시 수광부에 쬐이는 직사광선을 차광장치로 가려서 측정한다.
  - 반사일사(I_r : Reflected Radiation) : 수평면에 입사하는 직달일사 중 지표면에 의해 반사되는 복사를 말한다.

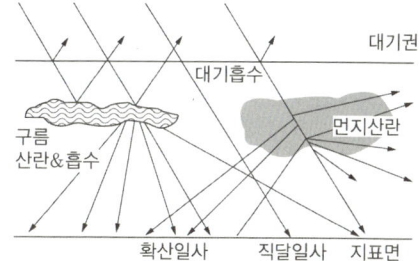

19 1[W·s]와 동일한 단위는?

① 1[J] ② 1[kWh]
③ 1[kg·m] ④ 860[kcal]

해설
일의 단위
물체에 일어난 변화의 양을 힘과 이동거리로 나타낸 것이다. 힘의 크기를 F, 이동거리를 s라 하면,
$W = F \cdot s$
따라서, 아무리 큰 힘을 가해도 물체가 이동하지 않으면 한 일은 없다. 일의 단위는 에너지의 단위와 같다.
- 1[J](Joule) : 1[N]의 힘으로 1[m] 움직이는 데 필요한 일
  - 1[J] = 1[N·m] = 1[kg·m²/s²]
- 1[erg] = 1[dyn·cm] = 10^{-7}[J] (∵ 1[dyn] = 10^{-5}[N], 1[cm] = 10^{-2}[m])
- 1[PSh] = 2.648 × 10^6[J] = 2.648[MJ]
- 1[Ws](Watt·second) = 1[J] (∵ 1[W] = 1[J/s])
- 1[Wh](Watt·hour) = 3,600[J]
- 1[kWh](Kilowatt·hour) = 3.6 × 10^6[J] = 3.6[MJ]
- 1[kgf·m] = 9.80665[J]

정답 16 ③ 17 ① 18 ① 19 ①

20 수용가 전력요금 절감 및 전력회사 피크전력 대응으로 설비투자비를 절감할 수 있는 축전지 부착 계통연계형 시스템은?

① 방재 대응형
② 부하 평준화 대응형
③ 계통 안정화 대응형
④ 계통 평준화 대응형

해설
계통연계 시스템용 축전지의 종류
- 방재 대응형 : 보통 계통연계 시스템으로 동작하고 정전 등 재해 발생 시 인버터를 자동운전으로 전환함과 동시에 특정 재해 대응 부하로 전력을 공급하도록 한다. 보통 때는 자립운전을 하고, 정전 시에는 연계운전, 정전회복 후에는 야간 충전운전을 한다.
- 부하평준화 대응형 : 태양전지 출력과 축전지 출력을 병용하여 부하의 피크 시에 인버터를 필요한 출력으로 운전하여 수전전력의 증대를 억제하고 기본전력요금을 절감하도록 하는 시스템이다. 즉, 수용가에게는 전력요금의 절감, 전력회사에게는 피크전력 대응의 설비투자 절감의 효과가 있다. 설치되는 축전지의 크기에 따라 일조량의 급격한 변화에 대하여 계통으로부터 부하급변의 영향을 적게 하기 위한 일사급변 보상형과 발전전력의 피크와 수요 피크를 수시간(2~4시간 정도) 보상하기 위한 피크 시프트형, 심야전력으로 충전한 전력을 주간의 피크 시에 방전하여 주간전력을 축전지에 공급하도록 하는 야간전력 저장형 등으로 분류할 수 있다. 보통 때는 연계운전, 피크 시 태양전지 축전지 겸용 연계운전 그리고 정전 회복 후 야간 충전운전을 한다.
- 계통안정화 대응형 : 태양전지와 축전지를 병렬로 운전하여 기후가 급변할 때 또는 계통부하가 급변하는 경우에 축전지를 방전하고 태양전지 출력이 증대하여 계통전압이 상승할 때에는 축전지를 충전하여 역전류를 줄이고 전압의 상승을 방지하는 방식이다.

제2과목 태양광발전시스템 설계

21 태양전지 어레이의 점검과 시험방법에 있어 출력 확인 사항으로 틀린 것은?

① 단락전류의 확인
② 정격주파수의 확인
③ 모듈의 정격전압 측정
④ 모듈의 개방전압 측정

해설
태양전지 어레이의 점검과 시험방법의 출력 확인 사항
- 모듈의 정격전압 측정
- 모듈의 개방전압 측정
- 단락전류의 확인
- 개방전압의 확인

22 태양광발전시스템 부지선정 시 현장의 환경조건 조사사항으로 틀린 것은?

① 빛 장해
② 가로등 밝기
③ 염해, 공해의 유무
④ 동계적설, 결빙, 뇌해 상태

해설
태양광발전시스템 부지 선정 시 현장의 환경조건 조사사항
- 수광장애
- 일조권
- 자연재해
- 동계적설
- 결빙
- 빛 장해
- 공해
- 염해
- 뇌해
- 새 등의 분비물 유무

23 태양광발전시스템 출력이 32,000[W], 모듈 최대 출력이 250[W], 모듈의 직렬 장수가 16장일 때 모듈의 병렬 수는?

① 7
② 8
③ 9
④ 10

해설
$$\text{모듈의 병렬 수} = \frac{\text{태양광발전시스템 전체출력}}{\text{모듈 최대 출력} \times \text{직렬 모듈 수}}$$
$$= \frac{32,000}{250 \times 16} = 8\text{장}$$

24 분산형 전원의 저압연계가 가능한 기준용량은 몇 [kW] 미만인가?

① 500
② 1,000
③ 1,500
④ 2,000

해설
연계 요건 및 연계의 구분(분산형 전원 배전계통 연계 기술기준 제4조)
- 분산형 전원을 계통에 연계하고자 할 경우, 공공 인축과 설비의 안전, 전력공급 신뢰도 및 전기품질을 확보하기 위한 기술적인 제반 요건이 충족되어야 한다.
- 분산형 전원의 연계용량이 500[kW] 미만이고 배전용 변압기 누적 연계용량이 해당 배전용 변압기 용량의 50[%] 이하인 경우 저압계통에 연계할 수 있다. 다만, 분산형 전원의 출력전류의 합은 해당 저압 전선의 허용전류를 초과할 수 없다.

정답 20 ② 21 ② 22 ② 23 ② 24 ①

25 다음 전기도면의 기호 중 전열기는?

㉠	㉡	㉢	㉣
G	M	RC	H

① ㉠
② ㉡
③ ㉢
④ ㉣

해설
전기도면의 기호
- G : 발동기(Generator)
- M : 전동기(Moter)
- RC : 역류계전기(Reverse Current Relay)
- H : 전열기(Heater)

26 태양광발전사업을 하고자 하는 경우 일반적으로 경제성 분석평가를 실시하는데 경제성 분석기준으로 틀린 것은?

① 순현가
② 할인율
③ 비용 편익비
④ 내부 수익률

해설
비용편익 분석에서 투자안
비용편익 분석에서 투자안의 채택 여부를 결정하거나 우선순위를 정하는 방법에는 현재가치법, 내부 수익률법, 편익비용 비율법 등이 있다.

27 태양광발전소 내 남북으로 설치된 어레이 최적경사각이 30°일 때 어레이 경사각을 최적경사각보다 10° 낮출 경우, 나타나는 효과로 틀린 것은?

① 발전량이 줄어든다.
② 대지 이용률이 감소한다.
③ 어레이 간 이격거리가 짧아진다.
④ 어레이 간 음영 길이가 줄어든다.

해설
어레이 경사각을 낮출 경우 효과
- 어레이 간 이격거리가 짧아지고 음영 길이가 줄어든다.
- 발전량이 줄어든다.

28 1,000만원을 투자하여 첫 해에는 400만원, 둘째 해에는 800만원의 현금유입이 있을 때, 자본비용이 10[%]라면 이 투자안의 순현가(NPV)는?

① 10.4만원
② 24.8만원
③ 62.5만원
④ 82.8만원

해설
투자안의 순현가(NPV)(만원)
$= -투자금액 + \dfrac{첫해 유입금액}{(1+자본비용)} + \dfrac{둘째해 유입금액}{(1+자본비용)^2}$
$= -1,000 + \dfrac{400}{(1.1)} + \dfrac{800}{(1.1)^2} ≒ 24.793만원$

29 다음 조건에서 월간 발전량[kWh/월]은?(단, 종합설계계수는 0.66을 적용하며 기타 조건은 무시한다)

〈조 건〉
- 태양전지 어레이 출력 : 10,800[W]
- 월 적산어레이 경사면 일사량 : 115.94[kWh/m² · 월]
- 표준상태의 일사강도 : 1[kW/m²]

① 695.26
② 826.42
③ 995.72
④ 713.56

해설
월간 발전량[kWh/월] = 태양전지 어레이 출력 × 월 적산어레이 경사면 일사량 × 종합설계계수 = 10,800 × 115.94 × 0.66 ≒ 826.42[kWh/월]

30 SPD(Surge Protective Device)를 시험에 의해 분류할 경우 클래스 Ⅰ등급 시험의 파형크기(파두장/파미장)와 종류로 옳은 것은?(단, 직격뢰를 가정한 경우이다)

① 8/20[μs]의 전류파형
② 8/20[μs]의 전압파형
③ 10/350[μs]의 전류파형
④ 10/350[μs]의 전압파형

정답 25 ④ 26 ② 27 ② 28 ② 29 ② 30 ③

해설

뇌 보호영역(LPZ)별 피뢰소자 선택기준

뇌 보호영역(LPZ ; Lightning Protection Zone)별 피뢰소자 선택기준은 LPZ 1, LPZ 2, LPZ 3으로 나누어 살펴볼 수 있다.

구 분	적용 피뢰소자	내 용
LPZ 1	Class I	10/350[μs] 파형 기준의 임펄스 전류 I_{imp}=15~60[kA](직격뢰용)
LPZ 2	Class II	8/20[μs] 파형 기준의 최대방전전류 I_{max}=40~160[kA]
LPZ 3	Class III	1.2/50[μs](전압), 8/20[μs](전류) 조합파 기준(유도뢰용)

31 분산전원의 저압 계통의 병입 시 순시전압변동률이 최대 몇 [%]를 초과하지 않아야 하는가?

① 3 ② 4
③ 5 ④ 6

해설

순시전압변동(분산형 전원 배전계통 연계 기술기준 제16조)

(1) 특고압 계통의 경우, 분산형 전원의 연계로 인한 순시전압변동률은 발전원의 계통 투입·탈락 및 출력 변동 빈도에 따라 다음 표에서 정하는 허용 기준을 초과하지 않아야 한다. 단, 해당 분산형 전원의 변동 빈도를 정의하기 어렵다고 판단되는 경우에는 순시전압변동률 3[%]를 적용한다. 또한 해당 분산형 전원에 대한 변동 빈도 적용에 대해 설치자의 이의가 제기되는 경우, 설치자가 이에 대한 논리적 근거 및 실험적 근거를 제시하여야 하고 이를 근거로 변동 빈도를 정할 수 있으며 감시설비에 의한 감시설비를 설치하고 이를 확인하여야 한다.

순시전압변동률 허용기준

변동빈도	순시전압변동률
1시간에 2회 초과 10회 이하	3[%]
1일 4회 초과 1시간에 2회 이하	4[%]
1일에 4회 이하	5[%]

(2) 저압계통의 경우, 계통 병입 시 돌입전류를 필요로 하는 발전원에 대해서 계통 병입에 의한 순시전압변동률이 6[%]를 초과하지 않아야 한다.
(3) 분산형 전원의 연계로 인한 계통의 순시전압변동이 (1) 및 (2)에서 정한 범위를 벗어날 경우에는 해당 분산형 전원 설치자가 출력변동 억제, 기동·탈락 빈도 저감, 돌입전류 억제 등 순시전압변동을 저감하기 위한 대책을 실시한다.
(4) (3)에 의한 대책으로도 (1) 및 (2)의 순시전압변동 범위 유지가 불가할 경우에는 다음의 하나에 따른다.
  ① 계통용량 증설 또는 전용선로로 연계
  ② 상위전압의 계통에 연계

32 단독운전방지 기능 중 능동적인 방법이 아닌 것은?

① 부하변동방식
② 유효전력 변동방식
③ 주파수 시프트방식
④ 주파수 변화율 검출방식

해설

단독운전방지(Anti-Islanding) 기능

• 능동적 방식 : 항상 인버터에 변동요인을 인위적으로 주어서 연계운전 시에는 그 변동요인이 출력에 나타나지 않고 단독운전 시에는 변동요인이 나타나도록 하여 그것을 감지하여 인버터를 정지시키는 방식이다.
  – 무효전력 변동방식
  – 유효전력 변동방식
  – 부하 변동방식
  – 주파수 시프트방식
• 수동적 방식 : 연계운전에서 단독운전으로 동작 시 전압파형 및 위상 등의 변화를 감지하여 인버터를 정지시키는 방식이다.
  – 전압위상도약 검출방식
  – 주파수변화율 검출방식
  – 3차 고조파전압 왜율 급증 검출방식

33 태양광발전시스템 사업을 할 경우 경제성은 사업에 중요한 부분을 차지한다. 경제성 용어인 IRR의 의미는 무엇인가?

① 투자수익률 ② 순현재가치
③ 내부수익률 ④ 예산조달비용

해설

비용편익 분석에서의 투자안

• 순현재가치 분석방법(NPV ; Net Present Value) : 투자 안으로부터 발생하는 현금유입의 현재가치에서 현금유출의 현재가치를 뺀 것을 말한다. 순현재가치가 0보다 크면 투자안을 채택하고, 0보다 작으면 투자안을 기각한다. 만약 여러 투자안 중에서 선택하는 상황이라면 순현재가치가 0보다 큰 것 중 순현재가치가 큰 순서로 채택한다.
• 내부수익률법(IRR ; Internal Rate of Return) : 투자안으로부터 예상되는 미래 현금유입의 현재가치와 투자금액이 같아지는 할인율을 말한다. 또는 순 현재 가치(NPV)가 0이 되는 할인율(r)이다.
• 원가분석방법(Cost Analysis) : 원가계산에 의하여 얻은 원가자료나 실제원가를 표준원가 또는 기간비교에 의해 원가 차이 또는 원가변동의 원인과 정도를 분석하는 것이다.

34 공사 설계도서에 필수항목으로 가장 거리가 먼 것은?

① 배치도 ② 평면도
③ 입체도 ④ 시방서

해설
공사설계도서의 필수항목
- 배치도
- 시방서
- 평면도
- 수량산출서

35 전기사업의 허가를 받는 경우 시·도지사에게 받을 수 있는 발전시설의 최대 용량[kW]은?

① 1,000 ② 2,000
③ 3,000 ④ 4,000

해설
사업허가증(전기사업법 시행규칙 제6조)
산업통상자원부장관 또는 시·도지사(발전설비용량이 3,000[kW] 이하인 발전사업의 경우로 한정한다)는 사업의 허가에 따른 전기사업에 대한 허가(변경허가를 포함한다)를 하는 경우에는 (발전, 구역전기) 사업허가증 또는 (송전, 배전, 전기 판매) 사업허가증을 발급하여야 한다.

36 계절별 태양의 남중고도가 가장 낮은 시기는?

① 춘분 ② 추분
③ 동지 ④ 하지

해설
태양의 남중고도는 태양과 지표면이 이루는 각 중 가장 높을 때를 말한다. 지구의 자전축은 공전축에 대해 23.5° 기울어져 있는 상태로 공전하기 때문에 태양의 남중고도에 변화가 생겨 계절변화의 원인이 된다. 따라서 태양의 남중고도가 가장 낮은 시기는 동지 때이고, 가장 높은 시기는 하지 때이다.

37 도면에 사용되는 선의 종류에서 중심선, 절단선, 기준선 등의 용도로 사용되는 선의 종류는?

① 굵은 실선 ② 가는 실선
③ 이점 쇄선 ④ 일점 쇄선

해설
도면에 사용되는 선의 종류

종류	그림	명칭	용도
실선	────	굵은 실선	외형선
	────	가는 실선	치수선, Hatching선
	∼∼∼	자유 실선	부분생략 또는 부분 단면의 경계
파선	----	파선	보이지 않는 외형선
쇄선	─·─·─	가는 1점 쇄선	중심선, 물체 또는 도형의 대칭선, 회전 단면의 외형선
	─··─··─	가는 2점 쇄선	가상외형선, 인접한 외형선, 가동 물체의 회전 위치선
	━·━·━	절단부 쇄선	절단평면의 위치
	━━·━━	굵은 쇄선	표면처리 부분

38 도면의 작성 및 관리에 필요한 정보를 모아서 기재한 것을 무엇이라 하는가?

① 범례 ② 시방서
③ 표제란 ④ 도면목록표

해설
표제
도면의 관리상 필요한 사항과 도면 내용에 관한 정형적인 사항들을 정리해서 기입하기 위하여 도면의 오른쪽 아래쪽에 설정하는 곳으로서 도면의 번호, 도명, 기업이름(작성자 이름) 등을 기입할 수 있다.

39 전기사업용 전기설비의 공사계획 인가 또는 신고 시 산업통상자원부의 인가가 필요한 발전소 출력 기준은?

① 10,000[kW] 이상 ② 30,000[kW] 이상
③ 50,000[kW] 이상 ④ 100,000[kW] 이상

해설
인가 및 신고를 하여야 하는 공사계획(전기사업법 시행규칙 제28조)
전기사업용 전기설비의 공사계획 인가 또는 신고 시 산업통상자원부의 인가가 필요한 발전소 출력 기준은 10,000[kW] 이상이다.

정답 34 ③ 35 ③ 36 ③ 37 ④ 38 ③ 39 ①

40 1,000[m²] 면적에 하나의 어레이를 구성하여 태양광발전시스템을 설치할 때, 모듈 효율 15[%], 일사량 500[W/m²]일 때 생산되는 전력[kW]은?(단, 기타 조건은 무시한다)

① 75
② 750
③ 7,500
④ 75,000

해설
전력[kW] = 면적 × 모듈의 효율 × 일사량
= 1,000 × 0.15 × 500 = 75,000 = 75[kW]

제3과목 태양광발전시스템 시공

41 가공전선로에서 발생할 수 있는 코로나 현상의 방지 대책이 아닌 것은?

① 복도체를 사용한다.
② 가선금구를 개량한다.
③ 선간거리를 크게 한다.
④ 바깥지름이 작은 전선을 사용한다.

해설
코로나 현상을 방지하려면 바깥지름이 큰 전선을 사용한다.

42 감리원은 공사가 시작된 경우에 공사업자로부터 착공신고서를 제출받아 적정성 여부를 검토 후 며칠 이내에 발주자에게 보고하여야 하는가?

① 5일
② 7일
③ 10일
④ 14일

해설
착공신고서 검토 및 보고(전력시설물 공사감리업무 수행지침 제11조)
감리원은 공사가 시작된 경우에는 공사업자로부터 착공신고서를 제출받아 적정성 여부를 검토하여 7일 이내에 발주자에게 보고하여야 한다.

43 착공신고 보고서류에 포함할 사항이 아닌 것은?

① 시공 상세도
② 공사 시작 전 사진
③ 공사도급계약서 사본 및 산출내역서
④ 현장기술자 경력확인서 및 자격증 사본

해설
착공신고서의 검토 및 보고(전력시설물 공사감리업무 수행지침 제11조)
감리원은 공사가 시작된 경우에는 공사업자로부터 다음의 서류가 포함된 착공신고서를 제출받아 적정성 여부를 검토하여 7일 이내에 발주자에게 보고하여야 한다.
• 시공관리책임자 지정통지서(현장관리조직, 안전관리자)
• 공사 예정공정표
• 품질관리계획서
• 공사도급 계약서 사본 및 산출내역서
• 공사 시작 전 사진
• 현장기술자 경력사항 확인서 및 자격증 사본
• 안전관리계획서
• 작업인원 및 장비투입 계획서
• 그 밖에 발주자가 지정한 사항

44 태양광발전시스템 구조물의 설치공사 순서를 보기에서 찾아 옳게 나열한 것은?

[보기]
㉠ 어레이 가대공사
㉡ 어레이 기초공사
㉢ 어레이 설치공사
㉣ 배선공사
㉤ 점검 및 검사

① ㉡ → ㉠ → ㉢ → ㉣ → ㉤
② ㉠ → ㉡ → ㉢ → ㉣ → ㉤
③ ㉣ → ㉡ → ㉠ → ㉢ → ㉤
④ ㉣ → ㉠ → ㉡ → ㉢ → ㉤

해설
태양광발전시스템 구조물의 설치공사 순서
어레이 기초공사 → 어레이 가대공사 → 어레이 설치공사 → 배선공사 → 점검 및 검사

정답 40 ① 41 ④ 42 ② 43 ① 44 ①

45 비상주감리원의 업무 범위가 아닌 것은?

① 기성 및 준공검사
② 설계 변경 및 계약금액 조정의 심사
③ 감리업무 수행계획서, 감리원 배치계획서 검토
④ 정기적으로 현장 시공상태를 종합적으로 점검·확인·평가하고 기술지도

해설
비상주감리원의 업무범위(전력시설물 공사감리업무 수행지침 제5조)
- 설계도서 등의 검토
- 상주감리원이 수행하지 못하는 현장 조사분석 및 시공상의 문제점에 대한 기술검토와 민원사항에 대한 현지조사 및 해결방안 검토
- 중요한 설계변경에 대한 기술검토
- 설계변경 및 계약금액 조정의 심사
- 기성 및 준공검사
- 정기적(분기 또는 월별)으로 현장 시공상태를 종합적으로 점검·확인·평가하고 기술지도
- 공사와 관련하여 발주자(지원업무수행자 포함)가 요구한 기술적 사항 등에 대한 검토
- 그 밖에 감리업무 추진에 필요한 기술지원 업무

46 감리원이 작성하는 전력시설물의 유지관리지침서 내용에 포함되지 않는 것은?

① 시설물 유지관리방법
② 시설물의 규격 및 기능설명서
③ 시설물의 시운전 결과 보고서
④ 시설물 유지관리기구에 대한 의견서

해설
유지관리 및 하자보수(전력시설물 공사감리업무 수행지침 제65조)
감리원은 발주자(설계자) 또는 공사업자(주요설비 납품자) 등이 제출한 시설물의 유지관리지침 자료를 검토하여 다음 내용이 포함된 유지관리지침서를 작성, 공사 준공 후 14일 이내에 발주자에게 제출하여야 한다. 유지관리지침서 작성 내용은 다음과 같다.
- 시설물의 규격 및 기능설명서
- 시설물 유지관리기구에 대한 의견서
- 시설물 유지관리방법
- 특기사항

47 가공전선로에서 전선의 이도에 관한 설명으로 틀린 것은?

① 이도는 지지물의 높이를 결정한다.
② 이도는 온도 변화의 영향과 무관하다.
③ 이도가 크면 전선이 진동하므로 지락사고의 우려가 있다.
④ 이도가 작으면 전선의 장력이 증가하여 단선의 우려가 있다.

해설
이도는 온도가 올라가면 전선의 길이가 증가하여 이도가 증가하고 온도가 내려가면 전선의 길이가 감소하여 이도가 감소한다.

48 태양전지 모듈 등의 시설 방법으로 틀린 것은?

① 충전부분은 노출되지 아니하도록 시설
② 전선은 공칭단면적 2.5[mm^2] 이상의 연동선 또는 이와 동등 이상의 세기 및 굵기의 것
③ 태양전지 모듈에 접속하는 부하 측의 전로에는 그 접속점에 근접하여 개폐기 기타 이와 유사한 기구를 시설
④ 태양전지 모듈을 병렬로 접속하는 전로에는 그 전로에 단락이 생긴 경우에 전로를 보호하는 보호계전기를 시설

49 접지공사 종류와 최대 접지저항값이 옳게 연결된 것은?

① 제1종 – 20[Ω], 제3종 – 100[Ω]
② 제1종 – 10[Ω], 특별 제3종 – 10[Ω]
③ 제1종 – 10[Ω], 특별 제3종 – 100[Ω]
④ 제3종 – 50[Ω], 특별 제3종 – 100[Ω]

해설
접지공사의 종류와 접지저항값(판단기준 제18조)

접지공사의 종류	접지저항 값
제1종 접지공사	10[Ω]
제2종 접지공사	변압기의 고압측 또는 특고압측 전로의 1선 지락전류의 암페어수로 150을 나눈 값과 같은 [Ω]수
제3종 접지공사	100[Ω]
특별 제3종 접지공사	10[Ω]

※ KEC(한국전기설비규정)의 적용으로 종별 접지공사가 폐지되어 문제 성립되지 않음 〈2021.01.19.〉

정답 45 ③ 46 ③ 47 ② 48 ④ 49 ②

50 태양전지 모듈의 취부방향은 대부분 좌우가 긴 횡방향으로 설치되나, 상하가 긴 종방향으로 설치하는 이유로 틀린 것은?

① 적설지대에 적합함
② 세정효과가 좋아짐
③ 발전부지가 작게 됨
④ 먼지, 꽃가루 등이 많은 지역에 적합함

해설
태양전지 모듈의 설치방법
• 가로깔기 : 모듈의 긴 쪽이 상하가 되도록 설치
• 세로깔기 : 모듈의 긴 쪽이 좌우가 되도록 설치
※ 세로깔기는 적설지대에 적합하고 세정효과가 크며 먼지, 꽃가루가 많은 지역에 적합하다.

51 감리원이 공사업자로부터 물가변동에 따른 계약금액 조정요청을 받은 경우에 작성하여 제출하도록 되어 있는 서류가 아닌 것은?

① 물가변동조정 요청서
② 계약금액조정 요청서
③ 안전관리비 집행근거 서류
④ 품목조정률 또는 지수조정률에 대한 산출근거

해설
물가변동으로 인한 계약금액의 조정(전력시설물 공사감리업무 수행지침 제53조)
감리원은 공사업자로부터 물가변동에 따른 계약금액 조정요청을 받은 경우에는 다음의 서류를 작성·제출하도록 하고 공사업자는 이에 응하여야 한다.
• 물가변동조정 요청서
• 계약금액조정 요청서
• 품목조정률 또는 지수조정률의 산출근거
• 계약금액조정 산출근거
• 그 밖에 설계변경에 필요한 서류

52 인버터의 시험항목 중에서 독립형 및 연계형에서 모두 시험해야 하는 정상특성시험에 속하지 않는 것은?

① 효율시험
② 온도상승시험
③ 누설전류시험
④ 부하차단시험

해설
인버터의 정상특성시험

정상특성 시험	교류전압, 주파수 추종범위 시험	×	○	
	교류출력전류 변형률 시험	×	○	
	누설전류시험	○	○	비고 1
	온도상승시험	○	○	비고 1
	효율시험	○	○	
	대기손실시험	×	○	
	자동기동·정지시험	×	○	
	최대출력 추종시험	×	○	
	출력전류 직류분 검출 시험	×	○	

53 책임 설계감리원이 설계감리의 기성 및 준공을 처리할 때 발주자에게 제출하는 서류 중 감리기록서류에 해당하지 않는 것은?

① 설계감리일지
② 설계감리요청서
③ 설계감리지시부
④ 설계감리 결과보고서

해설
감리기록서류(설계감리업무 수행지침 제13조)
• 설계감리일지
• 설계감리지시부
• 설계감리기록부
• 설계감리요청서
• 설계자와 협의사항 기록부

54 태양전지 모듈과 인버터 간의 배선에 대하여 옳게 설명한 것은?

① 태양전지 어레이의 지중배선은 1.0[m] 이상의 깊이로 매설한다.
② 태양전지 모듈 접속용 케이블은 반드시 극성 표시를 하지 않아도 된다.
③ 접속함에서 인버터까지의 배선은 전압강하율 5[%] 이하로 할 것을 권장하고 있다.
④ 태양전지 모듈 사이의 배선은 2.5[mm^2] 이상의 전선을 사용하면 단락전류에 견딜 수 있다.

55 배전선로의 장주에 전선로를 병가할 경우 전선로의 순위를 나타낸 것으로 옳은 것은?

① 통신선은 중성선 또는 저압 전선로의 하단에 배치한다.
② 전용 전선로 또는 이와 유사한 전선로는 일반 전선로보다 하단에 배치한다.
③ 원거리에 전송하는 전선로는 근거리에 전송하는 전선로보다 하단에 배치한다.
④ 서로 다른 전압의 전선로를 동일 지지물에 병가할 경우에는 높은 전압의 전선로를 하단에 배치한다.

해설
통신선은 전력선에 의한 유도장해가 발생되므로 중성선 또는 저압 전선로의 하단에 설치한다.

56 태양전지 모듈의 연결공사에 대한 설명으로 틀린 것은?

① 전선의 연결부위는 전선관 내에서 연결해야 한다.
② 금속관 상호 간 및 관과 박스의 접속은 견고하고 전기적으로 완전하게 접속한다.
③ 태양전지 모듈 결선 시 Junction Box Hole에 맞는 방수 커넥터를 사용한다.
④ 사용전압이 400[V] 이상인 경우 금속관에는 특별 제3종 접지공사를 한다.

해설
전선의 접속은 배관용 박스, 분전반, 접속함, 기구 내에서만 시행한다.

57 자가용 전기설비 사용 전 검사를 실시하기 전이나 실시한 후에 신청인 및 전기안전관리자 등 검사입회자에게 회의를 통해 설명하고 확인시켜야 할 사항이 아닌 것은?

① 안전작업 수칙
② 준공표지판 설치
③ 검사에 필요한 안전자료 검토 및 확인
④ 검사결과 부적합 사항의 조치내용 및 개수방법・기술적인 조언 및 권고

해설
검사자는 검사입회자(안전관리자 등)에게 검사에 필요한 기술자료 검토 및 확인하기 위해서 회의를 실시한다. 검사에 필요한 안전자료 검토 및 확인은 아니다.
검사 전후 회의실시(자가용 전기설비 검사업무 처리규정 제10조)
검사자는 검사를 실시하기 전이나 검사를 실시한 후에 신청인 및 전기안전관리자 등 검사입회자에게 다음의 사항을 설명하고 확인하기 위해서 회의를 실시할 수 있다.
• 검사의 목적과 내용
• 안전작업 수칙
• 검사의 절차 및 방법
• 검사에 필요한 기술자료 검토 및 확인
• 검사결과 부적합 사항의 조치내용 및 개수방법・기술적인 조언 및 권고
• 준공표지판 설치

58 태양전지 모듈은 사업계획서상에 제시된 설치용량의 몇 [%]를 초과하지 않아야 하는가?

① 101
② 103
③ 105
④ 110

59 분산형 전원의 이상 또는 고장 발생 시 이로 인한 영향이 연계된 계통으로 파급되지 않도록 태양광발전시스템에 설치해야 하는 보호계전기가 아닌 것은?

① 과전압계전기
② 과전류계전기
③ 저전압계전기
④ 저주파수계전기

해설
과전류계전기는 수용가에서 단락 전류 및 과전류 등이 발생 시 동작하는 보호계전기이다.

60 태양광 발전설비 중 제3종 및 특별 제3종 접지공사를 해야 하는 곳에 해당하지 않는 것은?

① 금속배관
② 직류전선로
③ 접속함 및 인버터 외함
④ 태양전지 패널 및 가대

해설
※ KEC(한국전기설비규정)의 적용으로 종별 접지공사가 폐지되어 문제 성립되지 않음 〈2021.01.19.〉

정답 55 ① 56 ① 57 ③ 58 ④ 59 ② 60 ②

제4과목 태양광발전시스템 운영

61 배전반의 케이블 단말부 및 접속부, 관통부 등의 점검 내용으로 틀린 것은?

① 부하 개폐기의 절연유 누출
② 볼트의 풀림 등에 의한 진동
③ 코로나 방전에 의한 과열 냄새
④ 곤충 및 설치류 등의 침입 흔적

62 계통연계형과 독립형의 태양광 발전용 인버터가 실외형인 경우 IP(방진, 방수)는 최소 몇 등급 이상인가?

① IP20 ② IP44
③ IP56 ④ IP57

해설
태양광발전용 인버터 분류
- 용도에 따라 독립형과 계통연계형으로 분류한다.
- 계통연계형 : 3상 실내형 – IP20 이상, 실외형 – IP44 이상
- 독립형 : 3상 실내/실외

63 태양광 발전설비 운영방법과 관련하여 틀린 것은?

① 모듈은 고압 분사기를 이용하여 정기적으로 물을 뿌려준다.
② 모듈 표면의 온도가 높을수록 발전효율이 높으므로 강한 빛을 받도록 한다.
③ 구조물 및 전선에 부분적인 발청 현상이 있을 경우 도포 처리를 해 준다.
④ 태양광 발전설비의 고장요인이 대부분 인버터에서 발생하므로 정기적으로 정상여부를 확인한다.

해설
모듈표면의 온도가 높을수록 발전효율이 저하되므로 태양광에 의하여 모듈 온도가 상승할 경우에 정기적으로 물을 뿌려 온도를 조절하면 발전효율이 높아진다.

64 태양광발전모듈에 차광이 모듈의 부하로 작용하여 태양광발전시스템의 출력을 저하시킬 경우 조치로 옳은 것은?

① 제너 다이오드를 설치한다.
② 스트링 다이오드를 설치한다.
③ 블럭킹 다이오드를 설치한다.
④ 바이패스 다이오드를 설치한다.

해설
태양전지에 그늘이 지게 되면 그 부위가 저항 역할을 하게 되어 모듈에 악영향을 미치므로 일부 태양전지의 출력을 포기하고 나머지 태양전지로 회로를 구성하기 위해 바이패스 다이오드를 사용한다. 일반적으로 태양전지 모듈 후면의 정션박스에 위치한다.

65 자가용 전기설비 중 태양광 발전설비의 전력변환장치의 정기검사 항목으로 틀린 것은?

① 윤활유 ② 외관검사
③ 절연저항 ④ 절연내력

66 ( ) 안에 들어갈 내용으로 옳은 것은?

[보 기]
태양광 발전설비로서 용량 ( )[kW] 미만은 소유자 또는 점유자가 안전공사 및 전기안전관리대행사업자에게 안전관리업무를 대행하게 할 수 있다.

① 500 ② 1,000
③ 1,500 ④ 2,000

해설
안전관리업무의 대행 규모(전기사업법 시행규칙 제41조)
태양광 발전설비로서 용량 1,000[kW] 미만은 안전공사 및 전기안전관리대행사업자에게 안전관리업무를 대행하게 할 수 있다.

67 태양광발전시스템 구조물의 고장으로 틀린 것은?

① 마찰음 ② 핫스팟
③ 이상 진동음 ④ 구조물 변형

해설
핫스팟

핫스팟(Hot Spot)이란 모듈을 구성하고 있는 태양전지의 어느 한 점에서 과도한 역전압이 인가되거나 다른 어떤 손상으로 인해 접합에서 절연파괴가 발생하여 국부적으로 심하게 과열되는 현상을 말한다.

68 전기안전관리자는 유지관리를 위해서 점검 등 결과가 부적합인 경우 조치 방법으로 틀린 것은?

① 소유자는 전기안전관리자가 안전관리를 위해 부적합 전기설비에 대하여 의견을 제시하는 경우에는 이를 따르지 않아도 된다.
② 전기안전관리자는 전기설비기술기준에 적합하지 아니한 전기설비 중 경미한 전기공사에 대하여 필요할 경우에는 직접 수리할 수 있다.
③ 전기안전관리자는 검사 및 점검 결과가 전기설비기술기준에 적합하지 않을 때에는 소유자에게 알려 부적합 전기설비의 수리·개조·보수 등 필요한 조치를 취하도록 하여야 한다.
④ 전기안전관리자는 부적합 전기설비에 대한 조치가 취해지기 전에 전기설비의 운용에 따른 안전 확보를 위해 필요하다고 판단되는 경우 전기설비의 사용을 일시정지하거나 제한할 수 있다.

69 전기사업 허가신청서에서 신청내용으로 틀린 것은?

① 설치장소
② 사업의 종류
③ 사업의 시작일자
④ 사업구역 또는 특정한 공급구역

해설
전기사업 허가신청서 신청내용(전기사업법 시행규칙 별지 제1호 서식)
- 산업의 종류
- 설치장소
- 사업구역 또는 특정한 공급구역
- 전기사업용 전기설비에 관한 사항
- 사업에 필요한 준비기간

70 태양광발전시스템의 인버터 점검 시 조치내용으로 틀린 것은?

① 상회전 확인 후 정상 시 재운전
② 전자접촉기 교체 점검 후 재운전
③ 계통전압 확인 후 정상 시 5분 후 재기동
④ 태양전지 전압 점검 후 정상 시 3분 후 재기동

71 중대형 태양광 발전용 인버터의 효율 시험 시 교류전원을 정격 전압 및 정격 주파수로 운전하고 운전 시작 후 최소한 몇 시간 후에 측정하는가?

① 2
② 4
③ 6
④ 8

해설
중대형 태양광 발전용 인버터의 효율 시험은 정격 전압, 정격 주파수로 운전 시작 후 최소한 2시간 후에 측정한다.

72 태양전지 소자-제3부 : 기준 스펙트럼 조사강도 데이터를 이용한 지상용 태양전지(PV) 소자의 측정원리(KS C IEC 60904-3)의 적용범위로 틀린 것은?

① 모듈
② 시스템
③ 태양전지의 하부 조직
④ 보호 덮개가 없는 태양전지는 제외

73 태양광발전시스템의 운전 시 확인 요소로 틀린 것은?

① 어레이 구조물의 접지의 연속성 확인
② 태양광발전모듈, 어레이의 단락전류 측정
③ 태양광발전모듈, 어레이의 전압, 극성 확인
④ 무변압기방식 인버터를 사용할 경우 교류 측 비접지의 확인

정답 68 ① 69 ③ 70 ④ 71 ① 72 ④ 73 ④

74 방향과 경사가 서로 다른 하부 어레이들로 구성된 태양광발전시스템의 인버터 운영방식으로 적합한 것은?

① 모듈형 ② 분산형
③ 중앙집중형 ④ 마스터-슬레이브형

해설
분산형은 소용량 인버터를 다량으로 설치하여 운영 가능하고 발전효율이 높으며 제품 안정성이 높아서 경사가 다른 하부 어레이들로 구성된 태양광발전시스템에 적용된다.

75 태양광발전시스템의 손실 인자가 아닌 것은?

① 음영 ② 모듈의 오염
③ 높은 주변온도 ④ 계통 단락용량

해설
태양광발전시스템의 손실 인자는 모듈의 오염, 높은 주변 온도, 음영 등이다.

76 고압 활선작업 시의 안전조치 사항이 아닌 것은?

① 절연용 보호구 착용 ② 절연용 방호구 설치
③ 단락접지기구의 철거 ④ 활선작업용 장치 사용

해설
정전 작업 후의 조치사항으로 단락접지기구의 철거를 실시한다.

77 태양광발전시스템의 성능평가의 대분류 종류로 틀린 것은?

① 사이트 ② 신뢰성
③ 설비생산비용 ④ 설비설치비용

해설
태양광발전시스템의 시스템 성능평가
• 구성요인의 성능·신뢰성
• 사이트   • 발전성능
• 신뢰성   • 설치가격(경제성)

78 사용전압이 300[V]를 초과하고 교류 600[V] 또는 직류 750[V] 이하의 작업에 사용하는 절연 고무장갑의 종별로 옳은 것은?

① A종 ② B종
③ C종 ④ D종

해설
절연장갑의 종류

종류	사용구분
A종	주로 300[V]를 초과하고 교류 600[V] 또는 직류 750[V] 이하의 작업에 사용
B종	주로 교류 600[V] 또는 직류 750[V]를 초과하고 3,500[V] 이하의 작업에 사용
C종	주로 3,500[V]를 초과하고 7,000[V] 이하의 작업에 사용

79 태양광발전시스템의 신뢰성 평가 및 분석 항목에서 시스템 트러블과 관계가 없는 것은?

① 직류 지락
② ELB 트립
③ 인버터 운전 정지
④ 컴퓨터의 조작 오류

해설
시스템 트러블
인버터 정지, 직류지락, 계통지락, ELB(누전차단기) 트립, 원인불명 등에 의한 시스템 운전정지 등

80 태양광발전시스템의 성능분석을 위한 산식으로 틀린 것은?

① 성능계수 ② 발전전력량
③ 가대의 탄성계수 ④ 어레이의 변환효율

해설
성능분석 요소
• 태양광 어레이 변환효율(PV Array Conversion Efficiency)
• 시스템 발전효율(System Efficiency)
• 태양에너지 의존율(Dependency on Solar Energy)
• 시스템 이용률(Capacity Factor)
• 시스템 성능(출력)계수(Performance Ratio)
• 시스템 가동률(System Availability)
• 시스템 일조가동률(System Availability per Sunshine Hour)

74 ② 75 ④ 76 ③ 77 ④ 78 ① 79 ④ 80 ③

제5과목 신재생에너지 관련 법규

81 가공전선로 지지물의 기초 안전율은 최소 얼마 이상이어야 하는가?

① 0.5　　② 1
③ 1.5　　④ 2

해설
가공전선로 지지물의 기초의 안전율(KEC 331.7)
가공전선로의 지지물이 가하여지는 경우에 당해 하중에 대한 당해 지지물의 안전율은 2 이상이어야 한다.
※ KEC(한국전기설비규정)의 적용으로 인해 판단기준 제63조(가공전선로 지지물의 기초의 안전율)에서 KEC 331.7으로 변경됨 〈2021.01.19.〉

82 신재생에너지 발전차액의 지원을 위한 기준가격 산정기준으로 틀린 것은?

① 신재생에너지 발전사업자의 변전설비 이용요금
② 신재생에너지 발전기술의 상용화 수준 및 시장 보급 여건
③ 운전 중인 신재생에너지 발전사업자의 경영 여건 및 운전 실적
④ 전기요금 및 전력시장에서의 신재생에너지 발전에 의하여 공급한 전력의 거래가격의 수준

해설
발전차액의 지원을 위한 기준가격의 산정기준(신에너지 및 재생에너지 개발·이용·보급 촉진법 시행령 제22조)
• 신재생에너지 발전소의 표준공사비·운전유지비·투자보수비 및 각종 세금과 공과금
• 신재생에너지 발전소의 설비이용률, 수명기간, 사고보수율과 발전소에서의 신재생에너지소비율 등의 설계치 및 실적치
• 신재생에너지 발전사업자의 송전·배전선로 이용요금
• 신재생에너지 발전기술 상용화 수준 및 시장보급여건
• 운전 중인 신재생에너지 발전사업자의 경영여건 및 운전실적
• 전기요금 및 전력시장에서의 신재생에너지 발전에 의하여 공급한 전력의 거래가격의 수준

83 발전소에서 계측장치를 시설하지 않아도 되는 것은?

① 변압기의 역률
② 발전기의 고정자 온도
③ 특고압용 변압기의 온도
④ 주요 발전기의 전압, 전류 및 전력

해설
계측장치(KEC 351.6)
발전소에는 다음의 사항을 계측하는 장치를 시설하여야 한다. 다만, 태양전지 발전소는 연계하는 전력계통에 그 발전소 이외의 전원이 없는 것에 대하여는 그러하지 아니하다.
• 발전기·연료전지 또는 태양전지 모듈(복수의 태양전지 모듈을 설치하는 경우에는 그 집합체)의 전압 및 전류 또는 전력
• 발전기의 베어링(수중 메탈을 제외한다) 및 고정자(固定子)의 온도
• 정격출력이 10,000[kW]를 초과하는 증기터빈에 접속하는 발전기의 진동의 진폭(정격출력이 400,000[kW] 이상의 증기터빈에 접속하는 발전기는 이를 자동적으로 기록하는 것에 한한다)
• 주요 변압기의 전압 및 전류 또는 전력
• 특고압용 변압기의 온도
※ KEC(한국전기설비규정)의 적용으로 인해 판단기준 제50조(계측장치)에서 KEC 351.6으로 변경됨 〈2021.01.19.〉

84 신재생에너지 공급인증서를 발급받으려는 자는 공급인증서 발급 및 거래시장 운영에 관한 규칙에서 정하는 바에 따라 신재생에너지를 공급한 날부터 최대 며칠 이내에 발급신청을 하여야 하는가?

① 30　　② 60
③ 90　　④ 120

해설
신재생에너지 공급인증서의 발급 신청 등(신에너지 및 재생에너지 개발·이용·보급 촉진법 시행령 18조의8)
(1) 공급인증서를 발급받으려는 자는 공급인증서 발급 및 거래시장 운영에 관한 규칙에서 정하는 바에 따라 신재생에너지를 공급한 날부터 90일 이내에 발급 신청을 하여야 한다.
(2) (1)에 따른 신청기간 내에 공급인증서 발급을 신청하지 못했으나 공급인증기관이 그 신청기간 내에 신재생에너지 공급 사실을 확인한 경우에는 (1)에도 불구하고 (1)에 따른 신청기간이 만료되는 날에 공급인증서 발급을 신청한 것으로 본다. 〈추가 2020. 9. 29.〉
(3) (1) 및 (2)에 따라 발급 신청을 받은 공급인증기관은 발급 신청을 한 날부터 30일 이내에 공급인증서를 발급해야 한다. 〈개정 2020.9.29.〉

정답 81 ④　82 ①　83 ①　84 ③

85 산업통상자원부장관은 대통령령으로 정하는 바에 따라 매년 최소 몇 회 이상 전기안전관리업무에 대한 실태조사를 실시하여야 하는가?

① 1　　② 2
③ 3　　④ 4

해설
전기안전관리업무에 대한 실태조사 등(전기사업법 제73조의8)
산업통상자원부장관은 대통령령으로 정하는 바에 따라 매년 최소 1회 이상의 전기안전관리업무에 대한 실태조사를 실시해야 한다.

86 지중에 매설되어 있는 금속제 수도관로가 접지공사의 접지극으로 사용되려면, 대지와의 전기저항값을 최대 몇 [Ω] 이하로 유지하고 있어야 하는가?

① 2　　② 3
③ 4　　④ 5

해설
접지극의 시설 및 접지저항(KEC 142.2)
지중에 매설되어 있고 대지와의 전기저항 값이 3[Ω] 이하의 값을 유지하고 있는 금속제 수도관로가 다음에 따르는 경우 접지극으로 사용이 가능하다.
※ KEC(한국전기설비규정)의 적용으로 인해 판단기준 제21조(수도관 등의 접지극)에서 KEC 142.2로 변경됨 〈2021.01.19.〉

87 신재생에너지 기술개발 및 이용·보급에 관한 계획을 수립·시행하려는 자는 대통령령으로 정하는 바에 따라 미리 산업통상자원부장관과 협의하여야 한다. 다음 중 해당되는 자가 아닌 것은?

① 국가기관　　② 국외기관
③ 공공기관　　④ 지방자치단체

해설
신재생에너지 기술개발 등에 관한 계획의 사전협의(신에너지 및 재생에너지 개발·이용·보급 촉진법 제7조)
국가기관, 지방자치단체, 공공기관, 그 밖에 대통령령으로 정하는 자가 신재생에너지 기술개발 및 이용·보급에 관한 계획을 수립·시행하려면 대통령령으로 정하는 바에 따라 미리 산업통상자원부장관과 협의하여야 한다.

88 고압용의 피뢰기·개폐기·차단기 기타 이와 유사한 기구로서 동작 시에 아크가 발생하는 것은 목재의 벽 또는 천정 기타의 가연성 물체로부터 최소 몇 [m] 이상 떼어놓아야 하는가?

① 1　　② 1.5
③ 2　　④ 2.5

해설
아크를 발생하는 기구의 시설(KEC 341.7)
고압용 또는 특고압용의 개폐기·차단기·피뢰기 기타 이와 유사한 기구로서 동작 시에 아크가 생기는 것은 목재의 벽 또는 천장 기타의 가연성 물체로부터 다음 표에서 정한 값 이상 떼어놓아야 한다.

기구 등의 구분	이격거리
고압용의 것	1[m] 이상
특고압용의 것	2[m] 이상(사용전압이 35[kV] 이하의 특고압용의 기구 등으로서 동작할 때에 생기는 아크의 방향과 길이를 화재가 발생할 우려가 없도록 제한하는 경우에는 1[m] 이상)

※ KEC(한국전기설비규정)의 적용으로 인해 판단기준 제35조(아크를 발생하는 기구의 시설)에서 KEC 341.7으로 변경됨 〈2021.01.19.〉

89 저압 옥내배선 공사로 인입용 비닐절연전선을 사용할 수 없는 공사방법은?

① 금속관공사　　② 애자사용공사
③ 금속몰드공사　　④ 합성수지관공사

해설
저압 옥내배선 공사의 인입용 비닐절연전선 공사방법의 종류 (KEC 231.3.1)
- 합성수지관공사
- 금속관공사
- 금속몰드공사
- 금속덕트공사
- 플로어덕트공사
- 셀룰러덕트공사

※ KEC(한국전기설비규정)의 적용으로 인해 판단기준 제168조(저압 옥내배선의 사용전선)에서 KEC 231.3.1으로 변경됨 〈2021.01.19.〉

정답 85 ①　86 ②　87 ②　88 ①　89 ②

90 전기설비기술기준의 판단기준에서 사용하는 용어 중 분산형 전원에 해당되지 않는 것은?

① 연료전지 ② 태양에너지
③ 해양에너지 ④ 비상용 예비전원

해설
분산형 전원(KEC 112)
중앙급전 전원과 구분되는 것으로서 전력소비지역 부근에 분산하여 배치 가능한 전원(상용전원의 정전 시에만 사용하는 비상용 예비전원을 제외한다)을 말하며, 신재생에너지 발전설비, 전기저장장치 등을 포함한다.
※ KEC(한국전기설비규정)의 적용으로 인해 판단기준 제2조(정의)에서 KEC 112로 변경됨 〈2021.01.19.〉

91 대통령령으로 정하는 신재생에너지 연료의 기준 및 범위에 해당하지 않는 것은?

① 이산화탄소
② 동물·식물의 유지(油脂)를 변화시킨 바이오디젤
③ 생물유기체를 변환시킨 목재칩, 펠릿 및 목탄 등의 고체연료
④ 생물유기체를 변환시킨 바이오가스, 바이오에탄올, 바이오액화유 및 합성가스

해설
바이오에너지(신에너지 및 재생에너지 개발·이용·보급 촉진법 시행령 별표 1)
• 생물유기체를 변환시킨 바이오가스, 바이오에탄올, 바이오액화유 및 합성가스
• 쓰레기매립장의 유기성폐기물을 변환시킨 매립지가스
• 동물·식물의 유지를 변환시킨 바이오디젤(※ 관련 법령 개정으로 "바이오중유"가 추가됨 〈개정 2019. 9. 24〉)
• 생물유기체를 변환시킨 땔감, 목재칩, 펠릿 및 숯 등의 고체연료 (※ 관련 법령 개정으로 목탄에서 숯으로 변경 〈개정 2021. 1.5〉)

92 전기공사기술자의 등급 및 경력 등에 관한 증명서를 발급하는 자는?

① 시·도지사
② 산업통상자원부장관
③ 한국전력공사 이사장
④ 한국전기안전공사 이사장

해설
전기공사기술자의 인정(전기공사업법 제17조의2)
전기공사기술자의 등급 및 경력 등에 관한 증명서는 산업통상자원부장관이 발급하도록 한다.

93 다음 ( ) 안에 들어갈 내용으로 옳은 것은?

> "리플프리직류"는 교류를 직류로 변환할 때 리플성분이 실횻값으로 ( )[%] 이하 포함한 직류를 말한다.

① 10 ② 15
③ 20 ④ 25

해설
정의(KEC 112)
"리플프리직류"는 교류를 직류로 변환할 때 리플성분이 실횻값으로 10[%] 이하 포함한 직류를 말한다.
※ KEC(한국전기설비규정)의 적용으로 인해 판단기준 제2조(정의)에서 KEC 112로 변경됨 〈2021.01.19.〉

94 기후변화의 심각성을 인식하고 일상생활에서 에너지를 절약하여 온실가스와 오염물질의 발생을 최소화하는 생활은?

① 일상생활 ② 녹색생활
③ 에너지생활 ④ 기후변화생활

해설
정의(저탄소 녹색성장 기본법 제2조)
녹색생활이란 기후변화의 심각성을 인식하고 일상생활에서 에너지를 절약하여 온실가스와 오염물질의 발생을 최소화하는 생활을 말한다.

95 정부가 녹색기술의 공동연구개발, 시설장비의 공동활용 및 산·학·연 네트워크 구축 등의 사업을 위한 집적지와 단지를 조성하거나 이를 지원할 때 고려사항이 아닌 것은?

① 산업단지별 산업집적 현황에 관한 사항
② 녹색기술·녹색산업의 사업추진체계 및 재원조달방안
③ 기업·대학·연구소 등의 연구개발 역량강화 및 상호연계에 관한 사항
④ 산업집적기반시설의 확충 및 우수한 녹색산업의 해외기술 수입에 관한 사항

해설
네트워크 구축 등의 사업을 위한 집적지와 단지 조성하거나 지원 시 고려사항(저탄소 녹색성장 기본법 제34조)
- 기업·대학·연구소 등의 연구개발 역량강화 및 상호연계에 관한 사항
- 산업단지별 산업집적 현황에 관한 사항
- 녹색기술·녹색산업의 사업추진체계 및 재원조달방안
- 산업집적기반시설의 확충 및 우수한 녹색기술·녹색산업 인력의 유치에 관한 사항

96 수소와 산소의 전기화학 반응을 통하여 전기 또는 열을 생산하는 설비는?

① 수력 설비   ② 연료전지 설비
③ 수소에너지 설비 ④ 수열에너지 설비

해설
신재생에너지 설비(신에너지 및 재생에너지 개발·이용·보급 촉진법 시행규칙 제2조)
- 수력 설비 : 물의 유동에너지를 변환시켜 전기를 생산하는 설비
- 연료전지 설비 : 수소와 산소의 전기화학 반응을 통하여 전기 또는 열을 생산하는 설비
- 수소에너지 설비 : 물이나 그 밖에 연료를 변환시켜 수소를 생산하거나 이용하는 설비
- 수열에너지 설비 : 물의 표층의 열을 변환시켜 에너지를 생산하는 설비(※ 관련 법령 개정으로 "표층"이 삭제됨 〈개정 2019. 10. 1〉)

97 다음 ( ) 안에 들어갈 내용으로 옳은 것은?

"변전소"란 변전소의 밖으로부터 전압 ( )볼트 이상의 전기를 전송받아 이를 변성(전압을 올리거나 내리는 것 또는 전기의 성질을 변경시키는 것을 말한다)하여 변전소 밖의 장소로 전송할 목적으로 설치하는 변압기와 그 밖의 전기설비 전체를 말한다.

① 2만   ② 3만
③ 4만   ④ 5만

해설
용어의 정의(전기사업법 시행규칙 제2조)
변전소란 변전소의 밖으로부터 전압 50,000[V] 이상의 전기를 전송받아 이를 변성(전압을 올리거나 내리는 것 또는 전기의 성질을 변경시키는 것을 말한다)하여 변전소 밖의 장소로 전송할 목적으로 설치하는 변압기와 그 밖의 전기설비 전체를 말한다.

98 다음 ( ) 안에 들어갈 내용으로 옳은 것은?

전기사업자는 매년 12월 말까지 계획기간을 ( )년 이상으로 한 전기설비의 시설계획 및 전기공급계획을 작성하여 산업통상자원부장관에게 신고하여야 한다.

① 3   ② 5
③ 7   ④ 10

해설
전기설비의 시설계획 및 전기공급계획의 신고(전기사업법 시행령 제17조)
전기사업자는 전기설비의 시설계획 등의 신고에 따라 매년 12월 말까지 계획기간을 3년 이상으로 한 전기설비의 시설계획 및 전기공급계획을 작성하여 산업통상자원부장관에게 신고하여야 한다.

정답: 95 ④　96 ②　97 ④　98 ①

99 금속제 케이블트레이의 종류에 해당하지 않는 것은?

① 전폐형 ② 사다리형
③ 바닥밀폐형 ④ 통풍채널형

해설

금속제 케이블트레이 종류
- 사다리형 케이블트레이 : 사다리처럼 생긴 케이블트레이로서 각각의 길이 방향으로 뚫려 있는 구조
- 바닥통풍형 케이블트레이 : 일체식 또는 조립식으로서 직선 방향 옆면 레일로 바닥에 통풍구가 있는 것으로 폭이 100[mm]를 초과하는 조립금속 구조
- 바닥 밀폐형 케이블트레이 : 일체식 또는 조립식으로서 직선 방향 옆면 레일로 바닥에 통풍구가 없는 조립금속 구조
- 통풍채널형 케이블트레이 : 바닥통풍형, 바닥밀폐형 또는 두 가지 복합채널형 구간으로 구성된 조립 금속 구조로서 폭이 150[mm] 이하인 케이블트레이

100 신재생에너지의 종류가 아닌 것은?

① 수 력 ② 수소에너지
③ 해양에너지 ④ 산소에너지

해설

용어의 정의(신에너지 및 재생에너지 개발·이용·보급 촉진법 제2조)
- 신에너지란 기존의 화석연료를 변환시켜 이용하거나 수소·산소 등의 화학 반응을 통하여 전기 또는 열을 이용하는 에너지로서 다음의 어느 하나에 해당하는 것을 말한다.
  - 수소에너지
  - 연료전지
  - 석탄을 액화·가스화한 에너지 및 중질잔사유를 가스화한 에너지로서 대통령령으로 정하는 기준 및 범위에 해당하는 에너지
  - 그 밖에 석유·석탄·원자력 또는 천연가스가 아닌 에너지로서 대통령령으로 정하는 에너지
- 재생에너지란 햇빛·물·지열·강수·생물유기체 등을 포함하는 재생 가능한 에너지를 변환시켜 이용하는 에너지로서 다음의 하나에 해당하는 것을 말한다.
  - 태양에너지
  - 풍 력
  - 수 력
  - 해양에너지
  - 지열에너지
  - 생물자원을 변환시켜 이용하는 바이오에너지로서 대통령령으로 정하는 기준 및 범위에 해당하는 에너지
  - 폐기물에너지(비재생폐기물로부터 생산된 것은 제외한다)로서 대통령령으로 정하는 기준 및 범위에 해당하는 에너지
  - 그 밖에 석유·석탄·원자력 또는 천연가스가 아닌 에너지로서 대통령령으로 정하는 에너지

정답 99 ① 100 ④

2018년 제2회 기사 과년도 기출문제

신재생에너지발전설비기사(태양광) 필기

제1과목 태양광발전시스템 이론

01 위도 36.5°에서 하지 시 남중고도는?

① 30° ② 45°
③ 70° ④ 77°

해설
하지 시의 태양 남중고도 = 90° − 위도 + 23.5°
= 90° − 36.5° + 23.5° = 77°

02 태양전지 모듈의 온도에 대한 일반적인 특성이 아닌 것은?

① 태양전지 모듈은 정(+)의 온도 특성이 있다.
② 태양전지 모듈 온도가 상승할 경우 개방전압과 최대출력은 저하한다.
③ 계절에 따라 온도변화로 출력이 변동한다.
④ 태양전지 모듈의 표면온도는 외기온도에 비례해서 맑은 날에는 20~40[℃] 정도 높다.

해설
온도특성
태양전지 모듈은 온도가 상승하면 출력이 내려가고 온도가 하강하면 출력이 올라가는 부(−)의 온도 특성이 있다. 방사를 받는 태양전지 모듈의 표면온도는 외기온도에 비례해서 맑은 날에는 20~40[℃] 정도 높아지므로 기준 상태에서의 출력에 비해 저하된다. 또한 계절에 따른 온도변화로 출력이 변동하고 방사조도가 동일하면 여름철에 비해 겨울철의 출력이 크다. 방사조도와 동일하게 태양전지 모듈 온도가 상승한 경우 개방전압이나 최대출력도 저하한다.

03 0.5[V]의 전압을 갖는 태양광 전지 24개를 (6개 직렬×4개 병렬) 연결하여 부하에 접속하였다. 부하에 인가된 전압 [V]은?

① 3   ② 12
③ 15 ④ 18

해설
부하에 인가된 전압 [V] = $\dfrac{\text{태양전지의 전체수} \times \text{개별전압}}{\text{태양전지 병렬수}}$
= $\dfrac{24 \times 0.5}{4} = 3[V]$

04 P형의 실리콘 반도체를 만들기 위해 실리콘에 도핑하는 원소로 적당하지 않은 것은?

① 인듐(In) ② 갈륨(Ga)
③ 비소(As) ④ 알루미늄(Al)

해설
불순물 반도체 : 순도가 낮고 불순물 원자를 주입해서 자유전자나 정공을 늘리는 것
• N형 반도체 : 비소(As), 인(P), 안티몬(Sb)과 같은 5족 원소를 혼합하여 만든 것으로서 도너(Doner : 전자를 준다)라고 한다.
• P형 반도체 : 붕소(B), 갈륨(Ga), 인듐(In), 알루미늄(Al)과 같은 3족 원소를 혼합하여 만든 것으로서 억셉터(Acceptor : 전자를 뺏다)라고 한다.

05 전원 전압 100[V], 소비전력 100[W]인 백열전구에 흐르는 전류는 몇 [A]인가?

① 1[A]   ② 0.6[A]
③ 6[A]   ④ 60[A]

해설
$I = \dfrac{P}{V} = \dfrac{100}{100} = 1[A]$

06 2,500[W] 인버터의 입력전압 범위가 22~32[V]이고, 최대출력에서 효율은 88[%]이다. 최대정격에서 인버터의 최대 입력 전류는?

① 약 78[A]   ② 약 88[A]
③ 약 113[A] ④ 약 129[A]

정답 1 ④ 2 ① 3 ① 4 ③ 5 ① 6 ④

해설

최대정격에서 인버터의 최대입력전류

$= \dfrac{\text{인버터 전력}}{\text{인버터 입력 최소전압} \times \text{효율}} = \dfrac{2,500}{22 \times 0.88} ≒ 129.13[A]$

07 태양열발전시스템에 대한 설명 중 틀린 것은?

① 홈통형 : 공정열이나 화학반응을 위해 열을 제공한다.
② 파라볼라 접시형 : 집열기에서 태양열에너지를 직접 열로 변환시켜 열로 이용한다.
③ 진공관형 : 집열관 내의 가열된 열매체는 파이프를 통해 열교환기로 수송되어 증기를 생산한다.
④ 파워 타워형 : 집광비는 300~1,500[sun] 정도이며 1,500[℃] 이상에서도 동작이 가능하다.

해설

태양열시스템의 집열기
- 평판형(Flat Plate Type) 태양열 집열기 : 태양열 난방 및 급탕용으로 가장 많이 사용되고 있는 형식으로 평판 형태이며, 투과체, 흡열판, 열매체관, 단열재 등으로 구성된다. 크게 액체식과 공기식으로 구분한다.
  - 투과체 : 태양의 복사광선을 투과시키며, 집열기로부터의 열 손실을 줄여 주고 흡수관을 보호하는 역할을 한다.
  - 흡열판 : 복사광선을 최대한 흡수하여 열에너지로 변환시켜 주는 역할을 수행하며, 표면에 무광흑색도장을 하여 최대한 복사광선을 흡수하도록 한다.
  - 열매체관 : 열매체가 축열조나 기타 필요한 곳으로 이동하는 관이다.
  - 단열재 : 열에너지의 손실을 줄여 주는 역할을 한다.
- 진공관형(Evacuated Tube Type) 태양열 집열기 : 투과체 내부를 진공으로 만들고 그 안에 흡수관을 설치한 집열기이다. 진공관의 형태에 따라 단일 진공관과 2중 진공관이 있는데 단일 진공관은 유리관의 내부 전체가 진공으로 된 것이고, 2중 진공관은 2중으로 되어 있어 유리관 사이가 진공상태인 것이다.
- PTC형(Parabolic Trough Concentrator) 태양열 집열기 : 태양의 고도에 따라 태양을 추적하기 위한 포물선 형태의 반사판이 있고 그 중앙에 흡수판의 역할을 하는 집열관을 설치한 집열기이다. 반사판에 의해 모아진 일사광선은 집열관에 집광되어 집열관 내부의 열매체를 가열시키게 된다. 또한 일사광선을 고밀도로 집광하며, 열손실이 집열관에 국한되므로 200~250[℃] 정도의 고온을 쉽게 얻는다.
- Dish형 태양열 집열기 : 일사광선이 한 점에 집광될 수 있는 접시모양의 반사판을 갖는 집열기이다. 300[℃] 이상의 고온을 집열하는 데 사용된다. 태양열 발전용으로 주로 사용된다.
- 파워타워형 집열기 : 집광비는 300~1,500[sun] 정도이며, 1,500[℃] 이상에서도 동작이 가능한 집열기이다.

08 태양전지 모듈의 바이패스 다이오드에 대한 설명 중 틀린 것은?

① 태양전지 모듈의 원활한 동작을 위하여 바이패스 다이오드는 발전하는 동안 계속 동작해야 한다.
② 일반적으로 바이패스 다이오드는 태양전지 모듈의 단자함 내부에 위치한다.
③ 바이패스 다이오드는 태양전지 모듈의 동작을 원활하게 하기 위한 부품이다.
④ 일반적으로 박막 태양전지 모듈의 경우 바이패스 다이오드를 사용하지 않는다.

해설

태양전지 모듈의 바이패스 다이오드에 관한 설명
- 일반적으로 바이패스 다이오드는 태양전지 모듈의 단자함 내부에 설치(위치)한다.
- 일반적으로 박막 태양전지 모듈의 경우 바이패스 다이오드를 사용하여 부분 음영 시 출력 특성은 바이패스 다이오드가 모듈 1장에 1개만 설치되어 있어도 음영 부분의 면적과 음영의 농도에 비례해서 출력이 떨어지게 되는 현상이 있지만 대체적으로 많이 사용한다.
- 바이패스 다이오드는 태양전지 모듈의 동작을 원활하게 하기 위한 부품이다.
- 최적 효율을 위해서는 각 셀 양단에 바이패스 다이오드를 설치하는 것이 바람직하나 제조 공정의 복잡화 및 경제성을 고려하여 일반적으로 셀 18~20개마다 1개의 바이패스 다이오드를 설치하고 있다.

09 태양전지 모듈에 다른 태양전지 회로와 축전지의 전류가 유입되는 것을 방지하기 위해 설치하는 것은?

① 피뢰소자　　② 바이패스소자
③ 역류방지소자　　④ 정류 다이오드

해설

역류방지소자(Blocking Diode)
태양전지 어레이의 스트링별로 설치된다. 역류방지소자는 태양전지 모듈에 다른 태양전지 회로와 축전지의 전류가 흘러 들어오는 것을 방지하기 위해 설치하며, 보통 다이오드가 사용된다.

10 다수의 태양광 모듈의 스트링을 접속하게 하여 보수 점검이 용이하도록 한 것은?

① 분전반　　② 개폐기
③ 접속함　　④ SPD(서지보호장치)

정답 7 ③　8 ①, ④　9 ③　10 ③

해설

접속함의 개요

여러 개의 태양전지 모듈의 스트링을 하나의 접속점에 모아 보수·점검 시에 회로를 분리하거나 점검 작업을 용이하게 하는 장치이다. 태양전지 어레이에 고장이 발생해도 정지범위를 최대한 작게 하는 등의 목적으로 보수·점검이 용이한 장소에 설치한다. 여러 개의 태양전지 모듈을 연결한 스트링 배선을 하나로 접속점에 모아 인버터에 보내는 기기로서 태양전지 어레이에 고장이 발생하더라도 정지범위를 최대한 작게 해야 한다.

11 독립형 태양광발전시스템은 매일 충·방전을 반복해야 한다. 이 경우 축전지의 수명(충·방전 Cycle)에 직접적으로 영향을 미치는 것이 아닌 것은?

① 보수율
② 방전심도
③ 방전횟수
④ 사용온도

해설

축전지의 기대수명 결정요소
- 방전심도
- 방전횟수
- 사용온도

12 태양광발전시스템이 계통과 연계 시 계통 측에 정전이 발생한 경우 계통 측으로 전력이 공급되는 것을 방지하는 인버터의 기능은?

① 자동운전 정지기능
② 단독운전 방지기능
③ 자동전류 조정기능
④ 최대전력 추종제어기능

해설

태양광발전시스템 인버터의 기능

- 인버터의 정지기능 : 인버터는 일출과 함께 일사강도가 증대하여 출력을 얻을 수 있는 조건이 되면 자동적으로 운전을 시작한다. 운전을 시작하면 태양전지의 출력을 스스로 감시하여 자동적으로 운전을 한다.
- 최대전력 추종제어(MPPT ; Maximum Power Point Tracking)의 기능 : 태양전지의 출력은 일사강도나 태양전지의 표면온도에 의해 변동이 된다. 이러한 변동에 대해 태양전지의 동작점이 항상 최대출력점을 추종하도록 변화시켜 태양전지에서 최대출력을 얻을 수 있는 제어이다. 즉, 인버터의 직류동작전압을 일정시간 간격으로 변동시켜 태양전지 출력전력을 계측한 후 이전의 것과 비교하여 항상 전력이 크게 되는 방향으로 인버터의 직류전압을 변화시키는 것이다.

- 단독운전 방지기능 : 태양광발전시스템은 계통에 연계되어 있는 상태에서 계통 측에 정전이 발생했을 때 부하전력이 인버터의 출력전력과 같은 경우 인버터의 출력전압·주파수 계전기에서는 정전을 검출할 수가 없다. 이와 같은 이유로 계속해서 태양광발전시스템에서 계통에 전력이 공급될 가능성이 있다. 이러한 운전 상태를 단독운전이라 한다. 단독운전이 발생하면 전력회사의 배전망이 끊어져 있는 배전선에 태양광발전시스템에서 전력이 공급되기 때문에 보수점검자에게 위험을 줄 우려가 있는 태양광발전시스템을 정지할 필요가 있지만, 단독운전 상태의 전압계전기(UVR, OVR)와 주파수 계전기(UFR, OFR)에서는 보호할 수 없다. 따라서 이에 대한 대책의 일환으로 단독운전 방지기능을 설정하여 안전하게 정지할 수 있도록 한다.
- 자동전압 조정기능 : 태양광발전시스템을 계통에 접속하여 역송전 운전을 하는 경우 전력 전송을 위한 수전점의 전압이 상승하여 전력회사의 운용범위를 초과할 가능성이 있다. 따라서 이를 예방하기 위해 자동전압 조정기능을 설정하여 전압의 상승을 방지하고 있다.
- 직류 검출기능 : 인버터는 직류를 교류로 변환하기 위하여 반도체 스위칭 소자를 주파수로 스위칭하기 때문에 소자의 불규칙 분포 등에 의해 그 출력은 적지만 직류분이 잡음형태로 포함된다. 즉, 직류에 포함되어 있는 교류분(Ripple)을 제거하는 기능을 말한다. 또한 상용주파 절연변압기 방식은 절연변압기에 의해 줄일 수 있기 때문에 유출되지 않으며, 고주파 변압기 절연방식과 트랜스리스 방식에서는 인버터 출력이 직접 계통에 접속되기 때문에 직류분이 존재하게 되면 주상변압기의 자기포화 등 계통 측에 악영향을 주게 된다.
- 직류 지락 검출기능 : 일반적으로 수·배전설비의 배전반 또는 분전반에는 누전경보기 또는 누전차단기가 설치되어 옥내 배선과 부하기기의 지락을 감시하고 있지만, 태양전지 어레이의 직류 측에서 지락사고가 발생하면 지락전류에 직류성분이 중첩되어 일반적으로 사용되고 있는 누전차단기는 이를 검출할 수 없는 상황이 발생한다.
- 계통 연계 보호장치 : 이상 또는 고장이 발생했을 경우 자동적으로 분산형 전원을 전력계통으로부터 분리해 내기 위한 장치를 시설해야 한다.

13 다음 중 비정질 실리콘 모듈의 충진율(Fill Factor)로 가장 적합한 것은?

① 0.35~0.55
② 0.56~0.61
③ 0.75~0.85
④ 0.86~0.95

해설

비정질 실리콘 모듈의 충진율은 0.56~0.61이다.

14 독립형 태양광발전설비의 종류가 아닌 것은?

① 복합형 ② 계통연계형
③ 축전지가 없는 형 ④ 축전지가 있는 형

해설

태양광발전의 분류
- 계통연계형 : 태양광발전시스템에서 생산된 전력을 지역 전력망에 공급할 수 있도록 구성된 형식이다.
- 독립형 : 전력계통형과 분리되어 있는 형식으로 축전지를 이용하여 태양전지에서 생산된 전력을 저장하고 저장된 전력을 필요시에 사용하는 방식이다.
  - 축전지가 있는 형태
  - 축전지가 없는 형태
- 복합형 : 태양광발전에 풍력발전, 디젤발전, 열병합발전 등의 타 에너지원의 발전시스템과 결합하여 발전하는 방식으로 독립형에 가까운 방식이다.

15 결정질 태양전지의 에너지 손실이 가장 적은 부분은?

① 직렬저항
② 재결합 손실
③ 전면 접촉으로 초래된 반사와 차광
④ 단파장 복사에서 너무 높은 광자 에너지

해설

직렬저항은 결정질 태양전지의 에너지 손실이 가장 적은 부분이다.

16 태양광발전시스템에서 안전을 확보하기 위해 과전압 계전기, 부족전압 계전기, 주파수 상승 계전기, 주파수저하 계전기 등에 필요로 하는 설치 기능은?

① 자동전압 조정기능
② 최대전력 추종기능
③ 계통연계 보호기능
④ 직류 지락 검출기능

해설

계통연계 보호장치
이상 또는 고장이 발생했을 경우 자동적으로 분산형 전원을 전력계통으로부터 분리해 내기 위한 장치를 시설해야 한다.
- 단독운전 상태
- 분산형 전원의 이상 또는 고장
- 연계형 전력계통의 이상 또는 고장

※ 계통 연계장치의 요소를 검출 판별하는 장치
- 과전압계전기(OVR ; Over Voltage Relay)
- 부족전압계전기(UVR ; Under Voltage Relay)
- 주파수상승계전기(OFR ; Over Frequency Relay)
- 주파수저하계전기(UFR ; Under Frequency Relay)

17 다음 중 연료전지의 종류가 아닌 것은?

① 인산형(PAFC)
② 용융탄산염형(MCFC)
③ 분산전해질형(PEFC)
④ 고체산화물형(SOFC)

해설

연료전지의 발전현황
- 알칼리형(AFC ; Alkaline Fuel Cell)
  - 1960년대 군사용(우주선 : 아폴로 11호)으로 개발되었다.
  - 순수소 및 순산소를 사용하고 있다.
- 인산형(PAFC ; Phosphoric Acid Fuel Cell)
  - 1970년대 민간차원에서 처음으로 기술개발된 1세대 연료전지이며 병원, 호텔, 건물 등 분산형 전원으로 이용되고 있다.
  - 현재 가장 앞선 기술로 미국, 일본에서 실용화 단계에 있다.
- 용융탄산염형(MCFC ; Molten Carbonate Fuel Cell)
  - 1980년대에 기술개발 된 2세대 연료전지이며 대형발전소, 아파트단지, 대형건물의 분산형 전원으로 이용되고 있다.
  - 미국, 일본에서 기술개발을 완료하고 성능평가가 진행 중이다 (250[kW] 상용화, 2[MW] 실증).
- 고체산화물형(SOFC ; Solid Oxide Fuel Cell)
  - 1980년대에 본격적으로 기술개발 된 3세대이며 MCFC보다 효율이 우수한 연료전지, 대형발전소, 아파트단지 및 대형건물의 분산형 전원으로 이용되고 있다.
  - 최근 선진국에서는 가정용, 자동차용 등으로도 연구를 진행하고 있으나 우리나라는 다른 연료전지에 비해 기술력이 가장 낮다.
- 고분자전해질형(PEMFC ; Polymer Electrolyte Membrane Fuel Cell)
  - 1990년대에 기술개발 된 4세대 연료전지이며 가정용, 자동차용, 이동용 전원으로 이용된다.
  - 가장 활발하게 연구되는 분야이며, 실용화 및 상용화도 타 연료전지보다 빠르게 진행되고 있다.
- 직접메탄올연료전지(DMFC ; Direct Methanol Fuel Cell)
  - 1990년대 말부터 기술개발 된 연료전지이며, 이동용(핸드폰, 노트북 등) 전원으로 이용되고 있다.
  - 고분자 전해질형 연료전지와 함께 가장 활발하게 연구되는 분야이다.

정답 14 ② 15 ① 16 ③ 17 ③

18 정전용량 5[μF]의 콘덴서에 1,000[V]의 전압을 가할 때 축적되는 전하는?

① 5×10^{-3}[C] ② 6×10^{-3}[C]
③ 7×10^{-3}[C] ④ 8×10^{-3}[C]

해설
축적되는 전하[Q] = 콘덴서의 정전용량 × 전압
$= 5\times10^{-6}\times1,000 = 5\times10^{-3}$[C]

19 실리콘 태양전지와 비교해서 화합물 반도체 GaAs(갈륨비소) 태양전지의 특징은?

① 모든 파장 영역에서 빛의 흡수율이 떨어진다.
② 접합 영역에서 전자와 정공의 재결합이 낮다.
③ 빛의 흡수가 뛰어나 후면에서 재결합이 거의 발생하지 않는다.
④ 접합 영역이나 표면에서의 재결합보다 내부에서의 재결합이 많이 발생한다.

해설
화합물 반도체 GaAs(갈륨비소) 태양전지의 특징
- 접합 영역이나 표면에서의 재결합보다 내부에서의 재결합이 많이 발생
- 모든 파장 영역에서 빛의 흡수율이 떨어짐
- 접합 영역에서 전자와 정공의 재결합이 낮음
- 빛의 흡수가 뛰어나서 후면에서 재결합이 많이 발생

20 태양광발전시스템에 사용되는 인버터회로에 대한 설명 중 틀린 것은?

① 직류 전압을 교류 전압으로 변환하는 장치를 인버터라 한다.
② 전류형 인버터와 전압형 인버터로 구분할 수 있다.
③ 전류방식에 따라 타려식과 자려식으로 구분할 수 있다.
④ 인버터의 부하장치에는 직류직권전동기를 사용할 수 있다.

해설
인버터회로의 특징
- 전류형 인버터와 전압형 인버터로 구분할 수 있다.
- 전류방식에 따라 자력식과 타력식으로 구분할 수 있다.
- DC를 AC로 변환하는 장치이다.

제2과목 태양광발전시스템 설계

21 태양광발전설비 모니터링시스템의 구축 시 메인 화면에 표시할 내용으로 거리가 먼 것은?

① 대기온도 ② 누적발전량
③ 축열부의 유량 ④ 인버터 상태(ON/OFF)

해설
모니터링시스템의 메인화면 표시 내용
- 인버터 상태(ON/OFF)
- 기상조건(대기온도, 습도)
- 누적발전량(전압, 전류, 전력)

22 경사도 계수 0.6, 노출 계수 0.9, 기본 지붕 적설하중이 0.6[N/m²]이고 적설면적이 100[m²]일 때 적설하중은 얼마인가?

① 25.4[N] ② 40.8[N]
③ 90.5[N] ④ 32.4[N]

해설
적설하중(S)[N]
$= C_s$(경사도 계수)$\times C_e$(노출 계수)$\times S_g$(기본 지붕 적설하중)$\times A$(적설면적)
$= 0.6\times0.9\times0.6\times100 = 32.4$[N]

23 태양광발전설비의 음영발생 원인이 아닌 것은?

① 대기 중의 습도
② 나뭇잎 또는 새의 배설물
③ 건물이나 식재 등의 장애물
④ PV어레이 상호배치에 의해 생성

해설
음영의 발생유형
- 인접건물
- 인근의 조경
- 녹화에 의한 식재 등
- 자연적인 음영(구름, 눈, 가을의 낙엽, 새의 배설물, 수풀지역의 낙엽 등)
- 인공적인 음영(공업지역에서의 먼지, 공장 굴뚝의 매연, 황사 등)
- PV어레이 상호배치에서 발생

정답 18 ① 19 ③ 20 ④ 21 ③ 22 ④ 23 ①

24 태양광발전시스템 부지선정 시 일반적 고려사항으로 가장 거리가 먼 것은?

① 부지의 가격은 저렴한 곳인지 확인
② 높은 장애물(산, 건물 등)의 주변지형을 확인
③ 일사량이 좋은 지역이고 동향인지 확인
④ 토사, 암반의 지내력 등 지반지질 상태 확인

해설
태양광발전시스템 부지선정 시 일반적 고려사항
- 경제성 : 부지의 가격은 저렴한 곳인지 확인
- 지리적 조건
  - 높은 장애물(산, 건물 등)의 주변지형을 확인
  - 토사, 암반의 지내력 등 지반지질 상태 확인
- 지정학적 조건 : 연평균 일사량 및 일조시간 등 – 기상청 자료 근거
  - 위치, 방향성 : 음영은 발전량과 모듈수명에 지대한 영향을 끼친다.
    ⓐ 지형 및 지물이 발전량에 미치는 영향을 뜻한다.
    ⓑ 경사각은 설치위치에 맞게 적당히 조정하여 음영에 주의해야 한다.
    ⓒ 방위각은 부지의 동서 분산형에 설치하는 것이 가장 좋다.
  - 기후조건 : 일사량과 일조시간, 평균기온(안개, 홍수, 태풍, 적설량, 낙뢰 등)
    ⓐ 기상데이터로 예상부지의 일사량 및 일조조건 등을 예측한다.
    ⓑ 태양광발전설비의 사업성에서 기상요소가 절대적인 사업의 수익성을 결정하는 가장 중요한 요소이다.
  - 공해 : 염해(노화), 오염, 지진, 대기오염 – 차량 및 사람의 왕래가 많지 않은 지역(오염 및 파손, 경관)

25 설계도서의 의미를 가장 적합하게 설명한 것은?

① 구조물 등을 그린 도면으로 건축물, 시설물, 기타 각종 사물의 예정된 계획을 공학적으로 나타낸 도면이다.
② 설계, 공사에 대한 시공 중의 지시 등, 도면으로 표현될 수 없는 문장이나 수치 등을 표현한 것으로 공사수행에 관련된 제반 규정 및 요구사항을 표시한 것이다.
③ 공사계약에 있어 발주자로부터 제시된 도면 및 그 시공 기준을 정한 시방서류로서 설계도면, 표준시방서, 특기시방서, 현장설명서 및 현장설명에 대한 질문회답서 등을 총칭하는 것이다.
④ 각종 기계·장치 등의 요구조건을 만족시키고, 또한 합리적, 경제적인 제품을 만들기 위해 그 계획을 종합하여 설계하고 구체적인 내용을 명시하는 일을 일컫는다.

해설
설계도서
공사계약을 할 때 발주자로부터 제시된 도면과 시공기준을 정한 시방서로서 설계도면과 시방서, 현장설명서와 현장설명에 대한 질문회답서 등을 총칭하는 내용이다.

26 표준 시험조건(STC) 기준으로 틀린 것은?

① 모든 시험의 기준온도는 25[℃]로 한다.
② 모든 시험의 풍속조건은 10[m/s]로 한다.
③ 빛의 일조 강도는 1,000[W/m²]를 기준으로 한다.
④ 수광 조건은 대기 질량(AM ; Air Mass) 1.5의 지역을 기준으로 한다.

해설
표준시험조건(STC ; Standard Test Condition) 기준
- 직사광선 방사조도는 1,000[W/m²]
- 태양전지 온도는 25[℃]이며, ±2[℃] 허용 오차
- 기준 스펙트럼 조사강도 분포는 IEC 60904-3에 따르고 이때의 질량은 AM = 1.5로 한다.

27 인버터(PCS) 주요기능에 대한 설명으로 옳지 않은 것은?

① 계통절체 기능
② 계통연계보호 기능
③ 자동전압조정 기능
④ 최대전력점 추종제어(MPPT) 기능

해설
태양광 인버터(PCS)의 주요기능
- 자동운전정지 기능
- 최대전력 추종제어(MPPT) 기능
- 단독운전방지 기능
- 자동전압조정 기능
- 직류검출 기능
- 직류지락검출 기능
- 계통연계 보호장치 기능

정답 24 ③ 25 ③ 26 ② 27 ①

28 태양광어레이 전선 굵기를 산정하기 위한 기준이 아닌 것은?

① 전압강하 ② 역률
③ 전류 ④ 전력손실

해설
태양광어레이 전선 굵기를 산정하기 위한 기준
- 전압
- 전류
- 전력손실
- 전압강하

29 대기질량(Air Mass, AM)에 대한 설명이 틀린 것은?

① AM0은 대기권 밖일 때
② AM2.0은 태양빛이 30°로 비추는 상태일 때
③ AM1.0은 바다표면에 태양빛이 90°로 비추는 상태일 때
④ AM1.5는 태양빛이 180°로 비추는 스펙트럼일 때

해설
대기질량 정수의 구분
- AM0
 - 우주에서의 태양 스펙트럼을 나타내는 조건으로 대기 외부이다.
 - 인공위성 또는 우주 비행체가 노출되는 환경이다.
- AM1
 태양이 천정에 위치할 때의 지표상의 스펙트럼으로 태양빛이 90°로 인 경우이다.
- AM1.5
 - 기본적으로 우리나라가 중위도에 있기 때문에 표준으로 사용한다.
 - 지상의 누적 평균 일조량에 적합하다.
 - 태양전지 개발 시 기준 값으로 사용한다.
- AM2 : 고도각 θ가 30°일 경우 약 0.75[kW/m²]를 나타낸다.

30 분산형 전원의 전기품질 관리 항목에 해당하지 않는 것은?

① 역률 ② 고조파
③ 노이즈 ④ 직류 유입 제한

해설
분산형 전원 계통연계기술기준에서 전기품질의 항목(분산형 전원 배전계통 연계기술기준 제15조)
- 직류 유입 제한
- 역률
- 플리커
- 고조파

31 250[W]의 PV모듈을 사용하고, 모듈의 온도에 따른 전압변동 범위가 30~50[V]일 때 모듈을 직렬연결할 때 최대 설치 가능 개수는?(단, 인버터(PCS)의 동작전압은 400~720[V], 설치간격, 기타 손실 및 조건은 무시한다)

① 13
② 14
③ 15
④ 16

해설
직렬연결 시 최대 설치 가능 모듈의 개수 = $\frac{\text{인버터의 최대전압}}{\text{최대 전압변동 범위}}$

$= \frac{720}{50} = 14.4$

≒ 14개

32 태양광발전소 부지선정 절차로 옳은 것은?

① 지역설정 – 지자체 방문 공부 확인 – 토지이용 협의 및 소유자 파악 – 현장조사
② 지역설정 – 현장조사 – 지자체 방문 공부 확인 – 토지이용 협의 및 소유자 파악
③ 지역설정 – 주변지역 지가 조사 – 지자체 방문 공부 확인 – 현장조사
④ 지역설정 – 지자체 방문 공부 확인 – 현장조사 – 주변지역 지가 조사

해설
태양광발전소 부지선정 추진절차
- 지역설정(후보지역선정 → 사전정보조사)
- 현장조사
- 지자체 방문 공부확인
- 소유자파악 및 토지이용 협의
- 태양광 규모기획
- 지가 조사(주변지역 포함)
- 소유자 협의 및 매입결정
- 매매계약 체결

정답 28 ② 29 ④ 30 ③ 31 ② 32 ②

33 우리나라 다음 지역의 태양전지 어레이의 연중 최적 경사각으로 적합한 것은?

> 경도 126° 37′ 57″, 위도 35° 33′ 57″

① 10~15° ② 15~20°
③ 30~35° ④ 45~70°

해설
우리나라의 경도와 위도
- 경도 : 124~132°
- 위도 : 33~43°

지 역	최대경사각[°]
강 릉	36
춘 천	33
서 울	33
원 주	33
서 산	33
청 주	33
대 전	33
포 항	33
대 구	33
영 주	33
부 산	33
진 주	33
전 주	30
광 주	30
목 포	30

연중 최적 경사각 30~36°이다.

34 경제성 분석 중 편익분석 방법의 종류가 아닌 것은?

① 순현재가치분석법 ② 비용편익비 분석
③ 편중미분분석법   ④ 내부수익률법

해설
비용편익 분석에서 투자안 방법
- 순현재가치법(NPV ; Net Present Value)
- 내부수익률법(IRR ; Internal Rate of Return)
- 편익비용비율법(Benefit/Cost Ratio)

35 태양광발전시스템의 22.9[kV] 특별고압 가공선로 1회선에 연계 가능한 용량으로 옳은 것은?

① 30[kW] 이하
② 100[kW] 이하
③ 10,000[kW] 이하
④ 30,000[kW] 이하

해설
태양광발전시스템의 22.9[kV] 특별고압 가공선로 1회선에 연계 가능한 용량은 10,000[kW] 이하이어야 한다.

36 한국전력공사의 22.9[kV] 배전선로와 연계하는 발전사업자용 태양광설비를 계획 시 연계하려는 선로 및 계통에서 한국전력 변전설비 및 배전선로에 대해 검토해야 할 사항이 아닌 것은?

① 변전소의 배전용 변압기의 전체 용량
② 한 변전소에 연계되어 있는 전체 발전설비 용량
③ 한 변압기에 연계되는 발전설비 용량
④ 연계하고자 하는 배전선로에 연계되어 있는 전체 발전설비 용량

해설
한국전력공사의 22.9[kV] 배전선로와 연계하는 발전사업자용 태양광설비를 계획 시 연계하려는 선로 및 계통에서 한국전력 변전설비 및 배전선로에 대해 검토해야 할 사항으로는 한 변압기에 연계되는 발전설비 용량, 연계하고자 하는 배전선로에 연계되어 있는 전체 발전설비 용량, 한 변전소에 연계되어 있는 전체 발전설비 용량 등이 있다.

37 공사시방서의 작성요령으로 적합하지 않은 것은?

① 공사의 질적 요구조건을 기술한다.
② 사용할 자재의 성능, 규격, 시험 및 검증에 관하여 기술한다.
③ 도면에 표시되는 내용을 참조하여 치수를 정확히 기재한다.
④ 시공 시 유의할 사항을 착공 전, 시공 중, 시공완료 후로 구분하여 작성한다.

정답 33 ③ 34 ③ 35 ③ 36 ① 37 ③

해설
공사시방서 작성방법 및 유의사항
- 사용할 자재의 성능, 규격, 시험 및 검증에 관해 기술해야 한다.
- 시공 시 유의할 사항을 착공 전, 시공 중, 시공완료 후로 구분하여 작성해야 한다.
- 도면에 표시하기 불편한 내용을 기술하고, 치수는 가능한 도면에 표시한다.
- 공사의 질적 요구조건을 기술한다.
- KS 규격 등을 인용할 때에는 기준이 공란으로 남아 있는 것을 그대로 인용하지 않도록 한다.
- 시공목적물의 허용오차(공법상 정밀도와 마무리의 정밀도)를 포함한다.
- 공법상의 디자인 또는 외형적인 면보다 성능에 의해 작성해야 한다.
- 국제 표준이 있는 경우에는 그것을 기준으로 하고, 그렇지 아니할 경우에는 국내의 기술법령 공인표준 또는 건축규정을 기준으로 한다.
- 표준규격 인용 시에는 국내 KS 규격을 우선 인용하고 해당 KS가 없거나 있더라도 강화된 기준이 외국규격에 있어서 이것을 인용하고자 하는 경우에는 외국규격(규격명)을 인용한다. 외국규격 인용 시에는 내용이 서로 상충되지 않도록 작성한다. 또한 외국규격을 인용할 경우에는 성능시방서 형태로 변환할 수 있는 경우에는 성능시방서 형태로 기술하여 국산화를 유도한다.
- 해석상 도면에 표시한 것만으로 불충분한 부분에 대해 보완할 내용을 기술한다. 단, 설계도면에 표시된 내용을 중복되게 기술하지 않는다.
- 건축기계/전기/전기통신 설비공사의 경우 사전에 건축분야의 도면을 검토한 후 이 도면에 근거해서 공사시방서를 작성한다.
- 설계도면과 상충되지 않도록 작성해야 하며, 시설물별 시공기준 인용 시 중복 또는 상충되는 내용이 없도록 유의하여 작성해야 한다.
- 특정 상표나 상호, 특허, 디자인 또는 형태, 특정원산지, 생산자 또는 공급자를 지정하지 아니한다. 다만, 수행요건을 정확하게 나타낼 수 있는 방법이 없고 입찰준비문서에 표시된 내용과 같은 표기가 있는 경우에는 그렇지 않다.
- 설계도면에 꼭 표기하도록 인지시킬 필요가 있을 경우에는 이 사실을 명기한다.
- 설계도면으로 성능을 만족시키려 하기 보다 공사시방서가 성능을 만족시키도록 작성해야 하며 성능시방 서로 작성할 경우 도면이나 공법상에 지나친 간섭을 절제하도록 작성한다.

38 다음의 전기기호 중에서 KS에서 표기하는 진공차단기(VCB)는 어느 것인가?

해설
KS 전기기호

기중차단기(ACB ; Air Circuit Breaker)	진공(교류)차단기(VCB ; Vacuum Circuit Breaker)

39 태양전지 어레이(길이 2.58[m], 경사각 30°)가 남북방향으로 설치되어 있으며, 앞면 어레이의 높이는 약 1.5[m], 뒷면 어레이에 태양입사각이 20°일 때, 앞면 어레이의 그림자 길이[m]는?

① 약 2.5[m] ② 약 3.1[m]
③ 약 4.1[m] ④ 약 5.5[m]

해설
$$앞면\ 어레이\ 그림자\ 길이 = \frac{높이[m]}{\tan(태양의\ 입사각)}$$
$$= \frac{1.5}{\tan(20°)} ≒ 4.1212[m]$$

40 태양전지 어레이의 경사각에 대한 설명 중 틀린 것은?

① 경사각을 낮출수록 대지이용률이 감소함
② 건축물의 경사진 지붕을 이용할 경우 지붕의 경사각으로 함
③ 적설을 고려하여 선정
④ 태양광 어레이가 지면과 이루는 각

해설
태양전지 어레이의 경사각에 대한 설명
- 적설을 고려하여 선정해야 함
- 태양광 어레이가 지면과 이루는 각
- 경사각을 낮출수록 대지이용률이 증가함
- 건축물의 경사진 지붕을 이용할 경우 지붕의 경사각으로 함

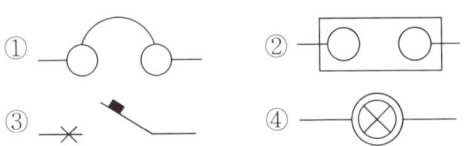

제3과목 태양광발전시스템 시공

41 송전선로의 안정도 증진방법이 아닌 것은?

① 계통을 연계한다.
② 전압변동을 적게 한다.
③ 직렬리액턴스를 크게 한다.
④ 중간 조상방식을 채택한다.

[해설]
직렬리액턴스를 크게 하면 송전 전력이 적어져 안정도가 저하된다.

42 태양광발전설비공사의 사용 전 검사를 받으려면 검사를 받고자 하는 날의 며칠 전에 어느 기관에 신청해야 하는가?

① 7일 전, 한국전기안전공사
② 10일 전, 한국전기안전공사
③ 7일 전, 한국에너지공단(신재생에너지센터)
④ 10일 전, 한국에너지공단(신재생에너지센터)

[해설]
사용 전 검사의 대상·기준 및 절차 등(전기사업법 시행규칙 제31조)
태양광발전설비공사의 사용전 검사를 받고자 할 때에는 검사를 받고자 하는 날의 7일 전에 한국전기안전공사에 신청하여야 한다.

43 태양광발전시스템에 일반적으로 적용하는 CV케이블의 장점으로 틀린 것은?

① 내열성이 우수하다.
② 내수성이 우수하다.
③ 내후성이 우수하다.
④ 도체의 최고허용온도는 연속사용의 경우 90[℃], 단락 시에는 230[℃]이다.

[해설]
내후성은 각종 기후에 견디는 성질로서 강재처럼 녹슬기 쉬운 성질을 개선하여 녹이 발생하기 어렵게 하는 것으로써 CV케이블과 관련이 적다.

44 신에너지 및 재생에너지 개발·이용·보급 촉진법에 의한 태양광발전설비에서 안전관리 대행사업자가 업무를 대행할 수 있는 발전설비의 최대 용량은 얼마인가?

① 500[kW] 미만
② 750[kW] 미만
③ 1,000[kW] 미만
④ 1,500[kW] 미만

[해설]
안전관리업무의 대행 규모(전기사업법 시행규칙 제41조)
태양광발전설비에서 안전관리 대행사업자가 업무를 대행할 수 있는 발전설비의 최대용량은 1,000[kW] 미만이다.

45 태양광발전설비의 어레이에서 중계단자함까지 전선관을 사용할 경우 전선관의 굵기로 옳은 것은?

① 케이블의 굵기가 같을 경우 전선피복물을 포함한 단면적의 합계가 50[%] 이하로 한다.
② 케이블의 굵기가 같을 경우 전선피복물을 포함한 단면적의 합계가 32[%] 이하로 한다.
③ 케이블의 굵기가 다를 경우 전선피복물을 포함한 단면적의 합계가 50[%] 이하로 한다.
④ 케이블의 굵기가 다를 경우 전선피복물을 포함한 단면적의 합계가 32[%] 이하로 한다.

[해설]
전선관 굵기는 케이블의 굵기가 같을 경우 전선 피복을 포함한 단면적의 합계는 48[%] 이하로 한다. 굵기가 다른 케이블의 경우는 32[%] 이하를 원칙으로 한다.

46 지방자치단체를 당사자로 하는 계약에 관한 법률에 의거하여 용역 표준계약서를 작성하고자 한다. 이때 필요한 붙임서류가 아닌 것은?

① 입찰유의서
② 특별시방서
③ 산출내역서
④ 과업내용서

[해설]
특별시방서는 공사계약문서의 하나로서 건설공사 관리에 필요한 시공기준으로 품질과 직접적으로 관련된 문서이다.
용역 표준계약서의 붙임서류(지방자치단체를 당사자로 하는 계약에 관한 법률 시행규칙 별지 제9호 서식)
• 용역 입찰유의서
• 용역계약 일반조건
• 용역계약 특수조건
• 과업내용서
• 산출내역서

[정답] 41 ③ 42 ① 43 ③ 44 ③ 45 ④ 46 ②

47 접지저항을 감소시키는 접지저항저감제가 갖추어야 할 조건이 아닌 것은?

① 사람과 가축에 안전할 것
② 전기적으로 양호한 부도체일 것
③ 접지전극을 부식시키지 않을 것
④ 계절에 따른 접지저항 변동이 적을 것

> 해설
> 전기적으로 양호한 부도체는 저항이 매우 커서 접지저항의 역할을 할 수가 없다.

48 책임 설계감리원이 설계 감리의 기성 및 준공을 처리한 때에 발주자에게 제출하여야 하는 감리기록서류가 아닌 것은?

① 품질관리기록부
② 설계감리지시부
③ 설계감리기록부
④ 설계자와 협의사항 기록부

> 해설
> 책임 설계감리원이 발주자에게 제출할 감리기록서류(설계감리업무 수행지침 제13조)
> • 설계감리일지
> • 설계감리지시부
> • 설계감리기록부
> • 설계감리요청서
> • 설계자와 협의사항 기록부

49 그림은 태양광발전시스템의 일반적인 시공절차이다. A, B, C의 알맞은 내용을 순서대로 올바르게 나타낸 것은?

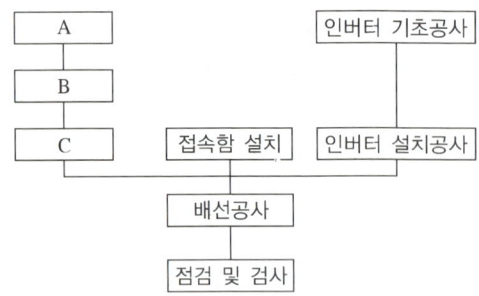

① A : 어레이 가대공사, B : 어레이 설치공사,
  C : 어레이 기초공사
② A : 어레이 기초공사, B : 어레이 가대공사,
  C : 어레이 설치공사
③ A : 어레이 기초공사, B : 어레이 배선공사,
  C : 어레이 가대공사
④ A : 어레이 배선공사, B : 어레이 가대공사,
  C : 어레이 설치공사

50 태양광발전시스템의 전기공사 절차 중 옥내공사에 해당하는 것은?

① 분전반 개조
② 접속함 설치
③ 전력량계 설치
④ 태양전지 모듈 간의 배선

> 해설
> 전기공사 절차 중 옥내공사에 해당하는 것은 인버터 설치, 분전반 개조 및 인버터 분전반 간 배선 등이다.

51 저압 옥내간선 굵기 선정 시 고려사항이 아닌 것은?

① 허용전류
② 전압강하
③ 전자유도
④ 기계적 강도

> 해설
> 저압 옥내간선 굵기 선정 시 고려사항
> • 허용전류
> • 전압강하
> • 기계적 강도

52 태양광발전시스템의 시공절차 중 간선공사 순서로 가장 올바른 것은?

① 모듈 → 인버터 → 어레이 → 접속반 → 계통간선
② 모듈 → 어레이 → 인버터 → 접속반 → 계통간선
③ 모듈 → 인버터 → 접속반 → 어레이 → 계통간선
④ 모듈 → 어레이 → 접속반 → 인버터 → 계통간선

53 태양광 모듈 2차측 회로를 비접지 방식으로 할 경우 비접지 확인 방법이 아닌 것은?

① 검전기로 확인
② 전류계로 확인
③ 회로시험기로 확인
④ 간이측정기로 확인

해설
회로시험기, 검전기 및 간이측정기로 비접지 여부를 확인한다. 비접지 방식으로는 회로가 구성되지 않으므로 전류계로는 확인을 할 수 없다.

54 가공송전선에 댐퍼를 설치하는 이유는?

① 코로나 방지
② 전자유도 감소
③ 전선 진동방지
④ 현수애자 경사방지

해설
가공송전선의 진동은 단락 사고나 전선의 단선을 초래할 수 있으므로 댐퍼를 설치하여 진동을 방지한다.

55 설계자의 요구에 의해 변경사항이 발생할 때에는 설계감리원은 기술적인 적합성을 검토, 확인 후 누구에게 승인을 받아야 하는가?

① 발주자
② 공사업자
③ 상주감리원
④ 지원업무 수행자

해설
설계용역의 관리(설계감리업무 수행지침 제8조)
설계감리원은 발주자의 요구 및 지시사항에 따라 변경사항이 발생할 경우 이에 대해 설계자가 원활히 대처할 수 있도록 지시 및 감독을 하여야 하며, 설계자의 요구에 의해 변경사항이 발생할 때에는 기술적인 적합성을 검토·확인하여 발주자에게 보고하여 승인을 받아야 한다.

56 진상용 콘덴서의 설치효과가 아닌 것은?

① 전압강하의 경감
② 수용가 전기요금 증가
③ 설비용량의 여유분 증가
④ 배전선 및 변압기의 손실경감

해설
진상용 콘덴서의 설치효과는 역률 개선이므로 전기요금의 절감 효과를 가져온다.

57 계통연계 운전 중인 태양광발전시스템이 단독운전 하는 경우 전력계통으로부터 최대 몇 초 이내에 분리시켜야 하는가?

① 0.2초
② 0.3초
③ 0.4초
④ 0.5초

58 태양전지 모듈의 배선 후 확인할 사항 중 태양전지 어레이 검사항목이 아닌 것은?

① 전압 및 극성 확인
② 퓨즈용량 확인
③ 단락전류 확인
④ 비접지 확인

해설
태양전지 어레이 검사항목은 전압 및 극성 확인, 단락전류 확인, 비접지 확인이다.

59 독립형 전원시스템용 축전지 선정 시 고려사항으로 옳은 것은?

① 자기방전이 클 것
② 과충전이 우수한 것
③ 충방전 사이클 특성이 우수한 것
④ 온도저하 시 입력특성이 우수한 것

해설
독립형 전원시스템용 축전지 선정 시 고려사항
• 충방전 사이클 특성이 우수할 것
• 온도저하 시 출력특성이 좋을 것
• 자기방전이 적을 것

정답 52 ④ 53 ② 54 ③ 55 ① 56 ② 57 ④ 58 ② 59 ③

60 발전사업 허가를 받은 후 변경허가를 받지 않아도 되는 경우는?

① 공급전압이 변경되는 경우
② 설비용량이 변경되는 경우
③ 전력수용가의 전력량이 변경되는 경우
④ 사업구역 또는 특정한 공급구역이 변경되는 경우

해설
전력수용가의 전력량이 변경되는 경우는 발전사업 변경허가를 받아야 하는 사항과 관련이 없다.
변경허가사항 등(전기사업법 시행규칙 제5조)
전기사업을 하려는 자는 전기사업의 종류별로 산업통상자원부장관의 허가를 받아야 한다. 허가받은 사항 중 산업통상자원부령으로 정하는 중요 사항을 변경하려는 경우에도 또한 같다는 규정에서 "산업통상자원부령으로 정하는 중요 사항"이란 다음의 사항을 말한다.
• 사업구역 또는 특정한 공급구역
• 공급전압
• 발전사업 또는 구역전기사업의 경우 발전용 전기설비에 관한 다음의 어느 하나에 해당하는 사항
 – 설치장소(동일한 읍·면·동에서 설치장소를 변경하는 경우는 제외)
 – 설비용량(변경 정도가 허가 또는 변경허가를 받은 설비용량의 100분의 10 이하인 경우는 제외)
 – 원동력의 종류(허가 또는 변경허가를 받은 설비용량이 30만[kW] 이상인 발전용 전기설비에 신에너지 및 재생에너지 개발·이용·보급 촉진법에 따른 신재생에너지를 이용하는 발전용 전기설비를 추가로 설치하는 경우는 제외)

제4과목 태양광발전시스템 운영

61 태양광발전시스템의 유지보수 및 관리를 위해 취한 행동으로 틀린 것은?

① 모듈이 설치된 지붕구조가 구부러져 있어 바르게 폈다.
② 모듈이 정확히 고정되어 있나 확인하고 느슨한 부분은 충분히 조였다.
③ 흙과 먼지를 제거하기 위하여 산성세제와 물을 사용하여 충분히 청소하였다.
④ 모듈 표면의 긁힌 상처를 없애기 위해 물과 스펀지를 사용하여 가볍게 청소하였다.

해설
모듈 표면에 그늘이 지거나 황사나 먼지, 공해물질이 쌓이고 나뭇잎 등이 떨어진 경우 전체적인 발전효율이 저하되므로 고압 분사기를 이용하여 정기적으로 물을 뿌려주거나 부드러운 천으로 이물질을 제거해 주면 발전효율을 높일 수 있다.

62 태양광발전시스템의 전기안전관리업무를 전문으로 하는 자의 요건 중에서 개인장비가 아닌 것은?

① 절연안전모
② 저압검전기
③ 접지저항 측정기
④ 절연저항 측정기

해설
절연안전모는 보호구에 해당하는 것으로 절연용 보호구는 안전모, 전기용 고무장갑, 안전화 등으로 구성된다.

63 태양광발전시스템에 사용되는 인버터의 출력측 절연저항 측정 순서로 옳은 것은?

> ㄱ. 직류측의 모든 입력단자 및 교류측 전체의 출력단자를 각각 단락
> ㄴ. 태양전지회로를 접속함에서 분리
> ㄷ. 교류단자와 대지 간의 절연저항을 측정
> ㄹ. 분전반 내의 분기 차단기 개방

① ㄱ→ㄴ→ㄹ→ㄷ
② ㄴ→ㄹ→ㄱ→ㄷ
③ ㄷ→ㄹ→ㄱ→ㄴ
④ ㄴ→ㄱ→ㄹ→ㄷ

64 중대형 태양광 발전용 인버터를 실내에 쉽게 접근이 가능하도록 설치할 경우 충전부가 갖는 보호벽 표면의 고체 침투에 대한 보호등급은 최소한 얼마 이상이어야 되는가?

① IP 15
② IP 20
③ IP 30
④ IP 44

해설
태양광발전용 인버터 분류
• 용도에 따라 독립형과 계통연계형으로 분류한다.
• 계통연계형 : 3상 실내형-IP 20 이상, 실외형-IP 44 이상
• 독립형 : 3상 실내/실외

65 송·변전설비의 정기점검에 대한 설명으로 틀린 것은?

① 배전반의 기능을 확인하기 위한 것이다.
② 필요에 따라서는 기기를 분해하여 점검한다.
③ 원칙적으로 정전을 시키고 무전압 상태에서 기기의 이상상태를 점검한다.
④ 운전 중 이상상태를 발견한 경우에는 배전반의 문을 열고 이상의 정도를 확인한다.

해설
배전반에 이상현상이 발생하거나 정전이 되면 담당자인 경우 정전이 된 배전반을 비롯한 계통의 이상현상에 대한 원인을 찾아 보호계전기의 동작표시와 절연상태 및 지시감시계기의 상태를 확인하는 등 기본적인 점검을 시행한 후 복전하여야 한다.

66 태양광모듈의 고장으로 틀린 것은?

① 핫 스팟   ② 백화현상
③ 프레임변형   ④ 환기 팬 소음

해설
백화현상은 태양전지와 에폭시를 사용하거나 EVA를 사용한 것과 이격틈새가 생겨 뿌옇게 보이는 현상이고 핫스팟(Hot Spot)이란 모듈을 구성하고 있는 태양전지의 어느 한 점에서 과도한 역전압이 인가되거나 다른 어떤 손상으로 인해 접합에서 절연파괴가 발생하여 국부적으로 심하게 과열되는 현상을 말한다.

67 사업계획에 포함되어야 할 사항 중 전기설비 개요에 포함되어야 할 사항에 해당하지 않는 것은?(단, 전기설비가 태양광설비인 경우이다)

① 인버터의 종류   ② 집광판의 면적
③ 태양전지의 종류   ④ 이차전지의 종류

해설
태양광발전설비의 사업계획서 작성방법(전기사업법 시행규칙 별표 1)
• 태양전지의 종류, 정격용량, 정격전압 및 정격출력
• 인버터의 종류, 입력전압, 출력전압 및 정격출력
• 집광판의 면적

68 태양광발전시스템 유지보수 시 일반적인 점검 종류가 아닌 것은?

① 일상점검   ② 정기점검
③ 임시점검   ④ 특수점검

해설
태양광발전시스템 유지보수 시 일반적인 점검은 일상점검, 정기점검 및 임시점검이 있다.

69 태양광 발전용 모니터링 시스템의 육안점검사항으로 틀린 것은?

① 인터넷 접속 상태
② 통신단자 이상 유무
③ 센서 접속 이상 유무
④ 오일의 온도 상승여부

해설
오일의 온도 상승여부는 육안점검사항이 아니다.

70 수변전설비의 변류기 안전진단을 위한 시험항목이 아닌 것은?

① 극성시험   ② 포화시험
③ RATIO 시험   ④ 보호계전기 시험

해설
변류기 안전진단 시험항목
• RATIO 시험   • 2차 측 임피던스 및 위상 시험
• 극성 시험   • 포화시험

71 결정질 실리콘 태양광발전 모듈의 성능평가 시험항목으로 틀린 것은?

① 열점 내구성 시험
② 온도 사이클 시험
③ 과도 응답 특성 시험
④ 바이패스 다이오드 열 시험

정답 65 ④ 66 ④ 67 ④ 68 ④ 69 ④ 70 ④ 71 ③

72 태양광발전시스템에서 복사 에너지의 강도를 측정하는 데 일반적으로 사용되는 기기는 무엇인가?

① 풍속계　② 일사계
③ 온도계　④ 풍향계

해설
일사계는 전체적인 또는 간접적인 태양 복사 에너지의 강도를 측정하는 기구이다.

73 태양광발전시스템 정기점검 사항 중 인버터의 투입저지 시한 타이머(동작시험) 관련 인버터가 정지하여 자동 기동할 때는 몇 분 정도 시간이 소요되는가?

① 1분　② 3분
③ 5분　④ 10분

74 태양광발전 모듈 접속점의 상태를 파악하기 위한 측정 및 점검방법 중 옳은 것은?

① 다기능 측정　② 과전압 측정
③ 접지저항 측정　④ 절연저항 측정

75 태양광 발전시스템 품질관리에서 성능평가를 위한 측정요소 중 설치코스트 평가방법에 해당하지 않는 것은?

① 시스템 설치 단가
② 인버터 설치 단가
③ 계측표시장치 단가
④ 발전전력 판매 단가

해설
태양광발전시스템 품질관리의 성능평가에서 설치가격 평가방법
• 시스템 설치 단가
• 태양전지 설치 단가
• 파워컨디셔너 설치 단가
• 어레이 가대 설치 단가
• 계측표시장치 단가
• 기초공사 단가
• 부착시공 단가

76 결정질 실리콘 태양광발전 모듈의 외관검사 시 최소 몇 [lux] 이상의 광조사상태에서 진행하여야 하는가?

① 100　② 500
③ 1,000　④ 2,000

해설
모듈의 외관검사 시 1,000[lux] 이상의 광조사상태에서 모듈 외관, 태양전지 셀 등에 크랙, 구부러짐, 갈라짐 등이 없는지를 확인한다.

77 태양광발전용 접속함의 시험항목으로 틀린 것은?

① 구조 시험　② 광조사 시험
③ 내부식성 시험　④ 온도 상승 시험

해설
광조사시험은 태양광 모듈의 광조사(Light Soaking)을 위한 시험이다.

78 태양광발전시스템은 최대 정격 출력전류의 최소 몇 [%]를 초과하는 직류 전류를 배전계통으로 유입시켜서는 안 되는가?

① 0.5　② 1
③ 2　④ 5

해설
출력전류 직류분 검출 시험은 직류전류 성분의 유출분이 정격전류의 0.5[%] 이내로 한다.

79 유지관리비의 구성요소로 틀린 것은?

① 유지비　② 운용지원비
③ 특수관리비　④ 보수비와 개량비

해설
유지관리비 구성요소
유지관리의 경제적 기본원칙은 종합적으로 비용을 최소부담으로 수행해야 하는 것이다. 종합적 비용에는 계획설계비, 건설비, 유지관리비 및 폐기처분비 등 모든 비용을 종합적으로 검토하여야 한다. 유지관리비의 구성요소는 유지비, 보수비, 개량비, 일반관리비, 운용지원비로 분류한다.

80 태양광발전모듈이 태양광에 노출되는 경우에 따라서 유기되는 열화 정도를 시험하기 위한 장치는?

① UV 시험 장치
② 염수분무 장치
③ 항온항습 장치
④ 솔라 시뮬레이터

해설
UV시험
- 태양전지모듈의 열화 정도를 시험한다.
- 판정기준 : 발전성능은 시험 전의 95[%] 이상이며, 절연저항판정 기준에 만족하고 외관은 두드러진 이상이 없고 표시는 판독이 가능하다.

해설
발전기 등의 보호장치(KEC 351.3)
발전기에는 다음의 경우에 자동적으로 이를 전로로부터 차단하는 장치를 시설하여야 한다.
- 발전기에 과전류나 과전압이 생긴 경우
- 용량이 500[kVA] 이상의 발전기를 구동하는 수차의 압유 장치의 유압 또는 전동식 가이드밴 제어장치, 전동식 니들 제어장치 또는 전동식 디플렉터 제어장치의 전원전압이 현저히 저하한 경우
- 용량 100[kVA] 이상의 발전기를 구동하는 풍차(風車)의 압유 장치의 유압, 압축 공기장치의 공기압 또는 전동식 브레이드 제어장치의 전원전압이 현저히 저하한 경우
- 용량이 2,000[kVA] 이상인 수차 발전기의 스러스트 베어링의 온도가 현저히 상승한 경우
- 용량이 10,000[kVA] 이상인 발전기의 내부에 고장이 생긴 경우
- 정격출력이 10,000[kW]를 초과하는 증기터빈은 그 스러스트 베어링이 현저하게 마모되거나 그의 온도가 현저히 상승한 경우
※ KEC(한국전기설비규정)의 적용으로 인해 판단기준 제47조(발전기 등의 보호장치)에서 KEC 351.3으로 변경됨 〈2021.01.19.〉

제5과목 신재생에너지 관련 법규

81 고압용 또는 특고압용의 개폐기로서 중력 등에 의하여 자연히 동작할 우려가 있는 것은 어떤 방지장치를 시설하여야 하는가?

① 차단장치
② 단락장치
③ 제어장치
④ 자물쇠장치

해설
고압용 또는 특별 고압용의 개폐기로서 중력 등에 의하여 자연히 작동할 우려가 있는 것은 쇄정(자물쇠) 장치, 기타 이를 방지하는 장치를 시설하여야 한다.

82 발전기를 전로로부터 자동적으로 차단하는 장치를 시설하여야 하는 경우로서 틀린 것은?

① 발전기에 과전류나 과전압이 생긴 경우
② 용량이 10,000[kVA] 이상인 발전기의 내부에 고장이 생긴 경우
③ 용량이 1,000[kVA] 이상인 수차 발전기의 스러스트 베어링의 온도가 현저히 상승한 경우
④ 용량 100[kVA] 이상의 발전기를 구동하는 풍차(風車)의 압유장치의 유압이 현저히 저하한 경우

83 발전차액의 지원을 위한 기준자격의 산정기준에서 발전원(發電源)별 기준가격의 산정기준이 틀린 것은?

① 신재생에너지 발전사업자의 송전·배전선로 이용요금
② 신재생에너지 발전기술의 상용화 수준 및 시장 보급 여건
③ 운전 중인 신재생에너지 발전사업자의 경영 여건 및 운전 실적
④ 전기요금 및 전력시장에서의 모든 발전설비에 의하여 공급한 전력의 평균거래가격의 수준

해설
발전차액의 지원을 위한 기준가격의 산정기준(신에너지 및 재생에너지 개발·이용·보급 촉진법 시행령 제22조)
- 신재생에너지 발전소의 표준공사비·운전유지비·투자보수비 및 각종 세금과 공과금
- 신재생에너지 발전소의 설비이용률, 수명기간, 사고보수율과 발전소에서의 신재생에너지소비율 등의 설계치 및 실적치
- 신재생에너지 발전사업자의 송전·배전선로 이용요금
- 신재생에너지의 발전기술 상용화 수준 및 시장보급여건
- 운전 중인 신재생에너지 발전사업자의 경영여건 및 운전실적
- 전기요금 및 전력시장에서의 신재생에너지 발전에 의하여 공급한 전력의 거래가격의 수준

정답 80 ① 81 ④ 82 ③ 83 ④

84 신재생에너지 공급의무자가 공급량 불이행에 대한 과징금 부과 범위는 얼마인가?

① 신재생에너지 공급인증서의 해당 연도 평균거래 가격의 $\frac{10}{100}$을 곱한 범위 내
② 신재생에너지 공급인증서의 해당 연도 평균거래 가격의 $\frac{50}{100}$을 곱한 범위 내
③ 신재생에너지 공급인증서의 해당 연도 평균거래 가격의 $\frac{90}{100}$을 곱한 범위 내
④ 신재생에너지 공급인증서의 해당 연도 평균거래 가격의 $\frac{150}{100}$을 곱한 범위 내

해설
신재생에너지 공급 불이행에 대한 과징금(신에너지 및 재생에너지 개발·이용·보급 촉진법 제12조의 6)
산업통상자원부장관은 공급의무자가 의무공급량에 부족하게 신재생에너지를 이용하여 에너지를 공급한 경우에는 대통령령으로 정하는 바에 따라 그 부족분에 신재생에너지 공급인증서의 해당 연도 평균거래 가격의 100분의 150을 곱한 금액의 범위에서 과징금을 부과할 수 있다.

85 신재생에너지 설비 설치의무기관으로서 정부가 대통령령으로 정하는 출연금액은 연간 얼마 이상을 말하는가?

① 5억원   ② 10억원
③ 30억원 ④ 50억원

해설
신재생에너지 설비 설치의무기관(신에너지 및 재생에너지 개발·이용·보급 촉진법 시행령 제16조)
• 정부가 대통령령으로 정하는 금액 이상을 출연한 정부출연기관에서 "대통령령으로 정하는 금액 이상"이란 연간 50억원 이상을 말한다.
• 공공기관, 정부출연기관 또는 정부출자기업체가 대통령령으로 정하는 비율 또는 금액 이상을 출자한 법인에서 "대통령령으로 정하는 비율 또는 금액 이상을 출자한 법인"이란 다음의 어느 하나에 해당하는 법인을 말한다.
  - 납입자본금의 100의 50 이상을 출자한 법인
  - 납입자본금으로 50억원 이상을 출자한 법인

86 피뢰기를 반드시 시설하지 않아도 되는 장소는?

① 특고압 배전선로의 가공지선
② 가공전선로와 지중전선로가 접속되는 곳
③ 고압 및 특고압 가공전선로로부터 공급을 받는 수용장소의 인입구
④ 발전소·변전소 또는 이에 준하는 장소의 가공전선 인입구 및 인출구

해설
고압 및 특고압 전로의 피뢰기 시설(전기설비기술기준 제34조)
전로에 시설된 전기설비는 뇌 전압에 의한 손상을 방지할 수 있도록 그 전로 중 다음에 열거하는 곳 또는 이에 근접하는 곳에는 피뢰기를 시설하고 그 밖에 적절한 조치를 하여야 한다. 다만, 뇌 전압에 의한 손상의 우려가 없는 경우에는 그러하지 아니하다.
• 발전소·변전소 또는 이에 준하는 장소의 가공전선 인입구 및 인출구
• 가공전선로(25[kV] 이하의 중성점 다중접지식 특고압 가공전선로를 제외한다)에 접속하는 배전용 변압기의 고압측 및 특고압측
• 고압 또는 특고압의 가공전선로로부터 공급을 받는 수용장소의 인입구
• 가공전선로와 지중전선로가 접속되는 곳

87 주택 등 저압 수용장소에서 TN-C-S 접지방식으로 접지공사를 하는 경우에 보호도체 단면적의 굵기는?

① 단면적이 구리는 6[mm²] 이상, 알루미늄은 8[mm²] 이상
② 단면적이 구리는 10[mm²] 이상, 알루미늄은 16[mm²] 이상
③ 단면적이 구리는 16[mm²] 이상, 알루미늄은 25[mm²] 이상
④ 단면적이 구리는 25[mm²] 이상, 알루미늄은 35[mm²] 이상

해설
주택 등 저압수용장소 접지(KEC 142.4.2)
(1) 저압수용장소에서 계통접지가 TN-C-S 방식인 경우에 보호도체는 다음에 따라 시설하여야 한다.
  ① 보호도체의 최소 단면적은 보호도체(KEC 142.3.2)의 1에 의한 값 이상으로 한다.
  ② 중성선 겸용 보호도체(PEN)는 고정 전기설비에만 사용할 수 있고, 그 도체의 단면적이 구리는 10[mm²] 이상, 알루미늄은 16[mm²] 이상이어야 하며, 그 계통의 최고전압에 대하여 절연되어야 한다.
(2) (1) 따른 접지의 경우에는 감전보호용 등전위본딩을 하여야 한다. 다만, 이 조건을 충족시키지 못하는 경우에 중성선 겸용 보호도체를 수용장소의 인입구 부근에 추가로 접지하여야 하며, 그 접지저항 값은 접촉전압을 허용접촉전압 범위 내로 제한하는 값 이하로 하여야 한다.
※ KEC(한국전기설비규정)의 적용으로 인해 판단기준 제22조의2(주택 등 저압 수용장소 접지)에서 KEC 142.4.2으로 변경됨 〈2021.01.19.〉

정답 84 ④ 85 ④ 86 ① 87 ②

88 신재생에너지의 기술개발 및 이용·보급에 관한 중요 사항을 심의하기 위한 신재생에너지 정책심의회의 심의 사항이 아닌 것은?

① 기본계획의 수립 및 변경에 관한 사항
② 각 부처 장관이 필요하다고 인정하는 사항
③ 신재생에너지의 기술개발 및 이용·보급에 관한 중요 사항
④ 신재생에너지 발전에 의하여 공급되는 전기의 기준가격 및 그 변경에 관한 사항

해설
심의회의 심의사항(신에너지 및 재생에너지 개발·이용·보급 촉진법 제8조)
- 기본계획의 수립 및 변경에 관한 사항. 다만, 기본계획의 내용 중 대통령령으로 정하는 경미한 사항을 변경하는 경우는 제외한다.
- 신재생에너지의 기술개발 및 이용·보급에 관한 중요 사항
- 신재생에너지 발전에 의하여 공급되는 전기의 기준가격 및 그 변경에 관한 사항
- 신재생에너지 이용·보급에 필요한 관계 법령의 정비 등 제도개선에 관한 사항
- 그 밖에 산업통상자원부장관이 필요하다고 인정하는 사항

89 저압 옥내직류 전기설비의 시설방법 중 틀린 것은?

① 옥내전로에 연계되는 축전지는 접지측 도체에 누전차단기를 시설하여야 한다.
② 직류전로에 사용하는 개폐기는 직류전로 개폐 시 발생하는 아크에 견디는 구조이어야 한다.
③ 직류전기설비의 접지시설에 양(+)도체를 접지하는 경우는 감전에 대한 보호를 하여야 한다.
④ 저압 옥내직류 설비는 직류 2선식 임의의 한 점 또는 태양전지의 중간점 등을 접지하여야 한다.

해설
저압 옥내직류 전기설비의 시설 방법
(1) 축전지실 등의 시설(KEC 243.1.7)
  ① 30[V]를 초과하는 축전지는 비접지측 도체에 쉽게 차단할 수 있는 곳에 개폐기를 시설하여야 한다.
  ② 옥내전로에 연계되는 축전지는 비접지측 도체에 과전류 보호장치를 시설하여야 한다.
  ③ 축전지실 등은 폭발성의 가스가 축적되지 않도록 환기장치 등을 시설하여야 한다.
(2) 저압 직류개폐장치(KEC 243.1.5)
  ① 직류전로에 사용하는 개폐기는 직류전로 개폐 시 발생하는 아크에 견디는 구조이어야 한다.
  ② 다중전원전로의 개폐기는 개폐할 때 모든 전원이 개폐될 수 있도록 시설하여야 한다.

(3) 저압 옥내 직류전기설비의 접지(KEC 243.1.8)
  ① 저압 옥내 직류전기설비는 전로 보호장치의 확실한 동작의 확보, 이상전압 및 대지전압의 억제를 위하여 직류 2선식의 임의의 한 점 또는 변환장치의 직류측 중간점, 태양전지의 중간점 등을 접지하여야 한다. 다만, 직류 2선식을 다음에 따라 시설하는 경우는 그러하지 아니하다.
    ㉠ 사용전압이 60[V] 이하인 경우
    ㉡ 접지검출기를 설치하고 특정구역내의 산업용 기계기구에만 공급하는 경우
    ㉢ 교류전로로부터 공급을 받는 정류기에서 인출되는 직류계통
    ㉣ 최대전류 30[mA] 이하의 직류화재경보회로
    ㉤ 절연감시장치 또는 절연고장점검출장치를 설치하여 관리자가 확인할 수 있도록 경보장치를 시설하는 경우
  ② ① 접지공사는 접지시스템(KEC 140)의 규정에 의하여 접지하여야 한다.
  ③ 직류전기설비를 시설하는 경우는 감전에 대한 보호를 하여야 한다.
  ④ 직류전기설비의 접지시설은 저압 직류전기설비의 전기부식방지(KEC 243.1.6)에 준용하여 전기부식방지를 하여야 한다.
  ⑤ 직류접지계통은 교류접지계통과 같은 방법으로 금속제 외함, 교류접지도체 등과 본딩하여야 하며, 교류접지가 피뢰설비·통신접지 등과 통합 접지되어 있는 경우는 함께 통합접지공사를 할 수 있다. 이 경우 낙뢰 등에 의한 과전압으로부터 전기설비 등을 보호하기 위해 KS C IEC 60364-5-53(전기기기의 선정 및 시공-절연, 개폐 및 제어)의 "534 과전압 보호장치"에 따라 서지보호장치(SPD)를 설치하여야 한다.

※ KEC(한국전기설비규정)의 적용으로 인해 판단기준 제294조(축전지실 등의 시설)에서 KEC 243.1.7로 변경, 판단기준 제292조(저압 직류개폐장치)에서 KEC 243.1.5로 변경, 판단기준 제289조(저압 옥내직류 전기설비의 접지)에서 KEC 243.1.8로 변경됨 〈2021.01.19.〉

90 한국전력거래소의 회원이 아닌 자는?

① 전기판매사업자
② 전력시장에서 전력거래를 하는 발전사업자
③ 전력시장에서 전력거래를 하는 송전사업자
④ 전력시장에서 전력을 직접 구매하는 전기사용자

해설
회원의 자격(전기사업법 제39조)
한국전력거래소의 회원은 다음의 자로 한다.
- 전력시장에서 전력거래를 하는 발전사업자
- 전기판매사업자
- 전력시장에서 전력을 직접 구매하는 전기사용자
- 전력시장에서 전력거래를 하는 자가용 전기설비를 설치한 자
- 전력시장에서 전력거래를 하는 구역전기사업자
- 전력시장에서 전력거래를 하지 아니하는 자 중 한국전력거래소의 정관으로 정하는 요건을 갖춘 자
- 전력시장에서 전력거래를 하는 수요관리사업자
- 전력시장에서 전력거래를 하는 소규모전력중개사업자

정답 88 ② 89 ① 90 ③

91 태양의 열에너지를 변환시켜 전기를 생산하거나 에너지원으로 이용하는 설비는?

① 태양열설비 ② 태양광설비
③ 수열에너지설비 ④ 지열에너지설비

해설

신재생에너지설비(신에너지 및 재생에너지 개발·이용·보급 촉진법 시행규칙 제2조)
신에너지 및 재생에너지 개발·이용·보급 촉진법 신에너지 및 재생에너지설비에서 "산업통상자원부령으로 정하는 것"이란 다음의 설비 및 그 부대설비(신재생에너지설비)를 말한다.
- 태양에너지설비
  - 태양열설비 : 태양의 열에너지를 변환시켜 전기를 생산하거나 에너지원으로 이용하는 설비
  - 태양광설비 : 태양의 빛에너지를 변환시켜 전기를 생산하거나 채광에 이용하는 설비
- 수열에너지설비 : 물의 표층의 열을 변환시켜 에너지를 생산하는 설비(※ 관련 법령 개정으로 "표층"이 삭제됨 〈개정 2019. 10. 1〉)
- 지열에너지설비 : 물, 지하수 및 지하의 열 등의 온도차를 변환시켜 에너지를 생산하는 설비

92 공사업자의 등록취소에 해당하지 않는 경우는?

① 거짓으로 공사업을 등록한 경우
② 타인에게 등록증 또는 등록수첩을 빌려 준 경우
③ 전기공사기술자가 아닌 자에게 전기공사의 시공관리를 맡긴 경우
④ 공사업의 등록을 한 후 1년 이내에 영업을 시작하지 아니한 경우

해설

등록취소 등(전기공사업법 제28조)
시·도지사는 공사업자가 다음의 어느 하나에 해당하면 등록을 취소하거나 6개월 이내의 기간을 정하여 영업의 정지를 명할 수 있다. 다만, (1), (4), (5), (9), (10)에 해당하는 경우에는 등록을 취소하여야 한다.
(1) 거짓이나 그 밖의 부정한 방법으로 다음의 하나에 해당하는 행위를 한 경우
  ① 공사업의 등록
  ② 공사업의 등록기준에 관한 신고
(2) 대통령령으로 정하는 기술능력 및 자본금 등에 미달하게 된 경우. 다만, 채무자 회생 및 파산에 관한 법률에 따라 법원이 회생절차개시의 결정을 하고 그 절차가 진행 중이거나 일시적으로 등록기준에 미달하는 등 대통령령으로 정하는 경우는 예외로 한다.
(3) 공사업의 등록기준에 관한 신고를 하지 아니한 경우
(4) 결격사유 중 어느 하나에 해당하게 된 경우
(5) 타인에게 성명·상호를 사용하게 하거나 등록증 또는 등록수첩을 빌려 준 경우
(6) 시정명령 또는 지시를 이행하지 아니한 경우
(7) 해당 전기공사가 완료되어 시정명령 또는 지시를 명할 수 없게 된 경우
(8) 신고를 거짓으로 한 경우
(9) 공사업의 등록을 한 후 1년 이내에 영업을 시작하지 아니하거나 계속하여 1년 이상 공사업을 휴업한 경우
(10) 영업정지처분기간에 영업을 하거나 최근 5년간 3회 이상 영업정지처분을 받은 경우

93 특고압을 직접 저압으로 변성하는 변압기를 시설할 수 없는 것은?

① 전기로 등 전류가 큰 전기를 소비하기 위한 변압기
② 발전소·변전소·개폐소 또는 이에 준하는 곳의 소내용 변압기
③ 교류식 전기철도용 신호회로에 전기를 공급하기 위한 변압기
④ 사용전압이 150[kV] 이하의 변압기로서 그 특고압측 권선과 저압측 권선이 혼촉한 경우에 자동적으로 변압기를 전로로부터 차단하는 장치를 설치한 것

해설

특고압을 직접 저압으로 변성하는 변압기의 시설(KEC 341.3)
특고압을 직접 저압으로 변성하는 변압기는 다음의 것 이외에는 시설하여서는 아니 된다.
- 전기로 등 전류가 큰 전기를 소비하기 위한 변압기
- 발전소·변전소·개폐소 또는 이에 준하는 곳의 소내용 변압기
- 25[kV] 이하인 특고압 가공전선로의 시설에 규정하는 특고압 전선로에 접속하는 변압기
- 사용전압이 35[kV] 이하인 변압기로서 그 특고압측 권선과 저압측 권선이 혼촉한 경우에 자동적으로 변압기를 전로로부터 차단하기 위한 장치를 설치한 것
- 사용전압이 100[kV] 이하인 변압기로서 그 특고압측 권선과 저압측 권선사이에 KEC 142.5(변압기 중성점 접지)의 규정에 의하여 접지공사(접지저항 값이 10[Ω] 이하인 것에 한한다)를 한 금속제의 혼촉방지판이 있는 것
- 교류식 전기철도용 신호회로에 전기를 공급하기 위한 변압기
※ KEC(한국전기설비규정)의 적용으로 인해 판단기준 제44조(특고압을 직접 저압으로 변성하는 변압기의 시설)에서 KEC 341.3으로 변경됨 〈2021.01.19.〉

94 전기사업용 태양광발전소 설치공사 시 공사계획의 인가가 필요한 용량은?

① 출력 3,000[kW] 이상
② 출력 5,000[kW] 이상
③ 출력 7,500[kW] 이상
④ 출력 10,000[kW] 이상

해설
인가 및 신고를 하여야 하는 공사계획(전기사업법 시행규칙 제28조)
전기사업용 태양광발전소 설치공사 시 공사계획의 인가가 필요한 용량은 출력이 10,000[kW] 이상이어야 한다.

95 정부는 기후변화대응의 기본원칙에 따라 몇 년을 계획기간으로 하는 기후변화 대응 기본계획을 5년마다 수립·시행하여야 하는가?

① 3 ② 5
③ 10 ④ 20

해설
기후변화대응 기본계획(저탄소 녹색성장 기본법 제40조)
정부는 기후변화대응의 기본원칙에 따라 20년을 계획기간으로 하는 기후변화대응 기본계획을 5년마다 수립·시행하여야 한다.

96 다음 중 신에너지에 해당하는 것은?

① 풍력   ② 태양에너지
③ 해양에너지 ④ 수소에너지

해설
용어의 정의(신에너지 및 재생에너지 개발·이용·보급 촉진법 제2조)
"신에너지"란 기존의 화석연료를 변환시켜 이용하거나 수소·산소 등의 화학 반응을 통하여 전기 또는 열을 이용하는 에너지로서 다음의 어느 하나에 해당하는 것을 말한다.
• 수소에너지
• 연료전지
• 석탄을 액화·가스화한 에너지 및 중질잔사유를 가스화한 에너지로서 대통령령으로 정하는 기준 및 범위에 해당하는 에너지
• 그 밖에 석유·석탄·원자력 또는 천연가스가 아닌 에너지로서 대통령령으로 정하는 에너지

97 지방녹색성장위원회의 구성으로 옳은 것은?

① 위원장 1명을 포함한 30명 이내의 위원
② 위원장 2명을 포함한 30명 이내의 위원
③ 위원장 1명을 포함한 50명 이내의 위원
④ 위원장 2명을 포함한 50명 이내의 위원

해설
녹색성장위원회의 구성 및 운영(저탄소 녹색성장 기본법 제14조)
(1) 국가의 저탄소 녹색성장과 관련된 주요 정책 및 계획과 그 이행에 관한 사항을 심의하기 위하여 국무총리 소속으로 녹색성장위원회(위원회)를 둔다.
(2) 위원회는 위원장 2명을 포함한 50명 이내의 위원으로 구성한다.
(3) 위원회의 위원장은 국무총리와 (4)의 ② 위원 중에서 대통령이 지명하는 사람이 된다.
(4) 위원회의 위원은 다음의 사람이 된다.
  ① 기획재정부장관, 과학기술정보통신부장관, 산업통상자원부장관, 환경부장관, 국토교통부장관 등 대통령령으로 정하는 공무원
  ② 기후변화, 에너지·자원, 녹색기술·녹색산업, 지속가능발전 분야 등 저탄소 녹색성장에 관한 학식과 경험이 풍부한 사람 중에서 대통령이 위촉하는 사람
(5) 위원회의 사무를 처리하게 하기 위하여 위원회에 간사위원 1명을 두며, 간사위원의 지명에 관한 사항은 대통령령으로 정한다.
(6) 위원장은 각자 위원회를 대표하며, 위원회의 업무를 총괄한다.
(7) 위원장이 부득이한 사유로 직무를 수행할 수 없는 때에는 국무총리인 위원장이 미리 정한 위원이 위원장의 직무를 대행한다.
(8) (4)의 ② 위원의 임기는 1년으로 하되, 연임할 수 있다.

98 전기사업자는 산업통상자원부장관이 지정한 전기설비를 설치하고 사업을 시작한 경우 준비기간은 몇 년을 넘을 수 없는가?(단, 산업통상자원부장관이 정당한 사유가 인정하는 경우는 제외한다)

① 3 ② 5
③ 7 ④ 10

해설
전기설비의 설치 및 사업의 개시 의무(전기사업법 제9조)
(1) 전기사업자는 산업통상자원부장관이 지정한 준비기간에 사업에 필요한 전기설비를 설치하고 사업을 시작하여야 한다.
(2) (1)에 따른 준비기간은 10년을 넘을 수 없다. 다만, 산업통상자원부장관이 정당한 사유가 있다고 인정하는 경우에는 준비기간을 연장할 수 있다.
(3) 산업통상자원부장관은 전기사업을 허가할 때 필요하다고 인정하면 전기사업별 또는 전기설비별로 구분하여 준비기간을 지정할 수 있다.
(4) 전기사업자는 사업을 시작한 경우에는 지체 없이 그 사실을 산업통상자원부장관에게 신고하여야 한다.

정답 94 ④ 95 ④ 96 ④ 97 ④ 98 ④

99 금속제 외함을 가지는 사용전압이 60[V]를 초과하는 저압의 기계 기구로서 사람이 쉽게 접촉할 우려가 있는 곳에 시설하는 전로에 지락차단장치를 생략할 수 없는 경우는?

① 기계기구를 건조한 곳에 시설하는 경우
② 전기용품안전 관리법의 적용을 받는 2중 절연구조의 기계기구를 시설하는 경우
③ 기계기구가 유도전동기의 2차측 전로에 접속되는 것일 경우
④ 대지전압이 150[V] 이하인 기계기구를 물기가 있는 곳에 시설하는 경우

해설

- 저압 직류지락차단장치(KEC 243.1.4)
  누전차단기의 시설(KEC 211.2.4)에 의하여 저압 직류전로에 지락이 생겼을 때 자동으로 전로를 차단하는 장치를 시설하여야 하며 "직류용"표시를 하여야 한다.
- 누전차단기의 시설(KEC 211.2.4)
  금속제 외함을 가지는 사용전압이 50[V]를 초과하는 저압의 기계기구로서 사람이 쉽게 접촉할 우려가 있는 곳에 시설하는 것에 전기를 공급하는 전로
  – 금속제 외함을 가지는 사용전압이 50[V]를 초과하는 저압의 기계기구로서 사람이 쉽게 접촉할 우려가 있는 곳에 시설하는 것에 전기를 공급하는 전로. 다만, 다음의 어느 하나에 해당하는 경우에는 적용하지 않는다.
    ⓐ 기계기구를 발전소, 변전소, 개폐소 또는 이에 준하는 곳에 시설하는 경우
    ⓑ 기계기구를 건조한 곳에 시설하는 경우
    ⓒ 대지전압이 150[V] 이하인 기계기구를 물기가 있는 곳 이외의 곳에 시설하는 경우
    ⓓ 전기용품 및 생활용품 안전관리법의 적용을 받는 이중절연구조의 기계기구를 시설하는 경우
    ⓔ 그 전로의 전원측에 절연변압기(2차 전압이 300[V] 이하인 경우에 한한다)를 시설하고 또한 그 절연 변압기의 부하측의 전로에 접지하지 아니하는 경우
    ⓕ 기계기구가 고무, 합성수지 기타 절연물로 피복된 경우
    ⓖ 기계기구가 유도전동기의 2차측 전로에 접속되는 것일 경우
    ⓗ 기계기구가 전로의 절연 원칙(KEC 131)의 8에 규정하는 것일 경우
    ⓘ 기계기구 내에 전기용품 및 생활용품 안전관리법의 적용을 받는 누전차단기를 설치하고 또한 기계기구의 전원 연결선이 손상을 받을 우려가 없도록 시설하는 경우
- ※ KEC(한국전기설비규정)의 적용으로 인해 판단기준 제41조(지락차단장치 등의 시설)에서 KEC 211.2.4로 변경됨〈2021.01.19.〉

100 교류전압 고압 E[V]의 범위는?

① $7,000 \geqq E > 600$
② $7,000 \geqq E > 450$
③ $7,000 \geqq E > 300$
④ $3,500 \geqq E > 300$

해설

용어의 정의(전기사업법 시행규칙 제2조)
고압이란 직류에서는 1,500[V]를 초과하고 7,000[V] 이하인 전압을 말하고, 교류에서는 1,000[V]를 초과하고 7,000[V] 이하인 전압을 말한다.
※ 전기사업법 시행규칙의 개정으로 문제 성립되지 않음

정답 99 ④ 100 ①

2018년 제4회 기사 과년도 기출문제

제1과목 태양광발전시스템 이론

01 태양광발전 시스템에서 추적제어방식에 따른 분류가 아닌 것은?

① 프로그램 추적법(Program Tracking)
② 감지식 추적법(Sensor Tracking)
③ 양방향 추적법(Double Axis Tracking)
④ 혼합식 추적법(Mixed Tracking)

해설
추적식 어레이
• 양방향 추적식
 – 프로그램 추적법(Program Tracking)
  어레이 설치위치에서 태양의 연중 이동궤도를 추적하는 프로그램을 내장한 컴퓨터나 마이크로프로세서를 사용하여 프로그램이 지시하는 연월일에 따라서 태양의 위치를 추적하는 방식이다. 비교적 안정하게 태양의 위치를 추적할 수 있으나 설치지역의 위치에 따라서 약간의 프로그램 수정이 필요하다.
 – 감지식 추적법(Sensor Tracking)
  태양의 추적방식이 센서를 이용하여 최대 일사량을 추적하는 방식으로 감지부의 형태와 종류에 따라서 다소 오차가 발생하기도 한다. 특히 태양이 구름에 가리거나 부분음영이 발생하는 경우 감지부의 정확한 태양 궤도 추적을 할 수 없게 된다.
 – 혼합식 추적법(Mixed Tracking)
  프로그램 추적법과 감지식 추적법의 단점을 보완하고 장점만 살려서 만든 방식으로 주로 프로그램 추적법을 중심으로 운영하면서 설치위치에 따라 발생하는 편차는 센서를 이용하여 주기적으로 보정 또는 수정해 주는 가장 이상적인 추적방식을 말한다.
• 단방향 추적식

02 태양광발전 경사각에 대한 설명으로 가장 거리가 먼 것은?

① 적도지방의 경사각은 0°일 때 가장 효율적이다.
② 우리나라의 경우 중부지방은 경사각이 37°일 때 가장 효율적이다.
③ 태양광 모듈과 지표면이 이루는 각도를 말한다.
④ 최적의 경사각은 그 지역의 위도와 관계없이 항상 90°일 때이다.

해설
최적 경사각도
• 태양전지 모듈과 태양광선의 각도가 90°가 되게 해야 한다.
• 태양광 모듈과 지표면이 이루는 각도이다.
• 적도지방의 경사각은 0°일 때 가장 효율적이다.
• 우리나라의 경우 중부지방은 경사각이 37°일 때 가장 효율적이다.

03 태양광 발전용 PCS의 회로방식 중 소형·경량으로 회로가 복잡하고 고효율화를 위한 특별한 기술이 요구되는 회로방식은?

① 상용주파 절연방식
② 고주파 절연방식
③ 무변압기방식
④ 전류 절연방식

해설
인버터 회로 방식
• 상용주파 변압기 절연방식(저주파 변압기 절연방식)
 태양전지(PV) → 인버터(DC → AC) → 공진회로 → 변압기
 – 태양전지의 직류출력을 상용주파의 교류로 변환한 후 변압기로 절연한다.
 – 내뢰성(번개에 견디어 낼 수 있는 성질)과 노이즈 컷(잡음을 차단)이 뛰어나지만 상용주파 변압기를 이용하기 때문에 중량이 무겁다.
• 고주파 변압기 절연방식
 태양전지(PV) → 고주파 인버터(DC → AC) → 고주파 변압기(AC → DC) → 인버터(DC → AC) → 공진회로
 – 소형이고 경량이다.
 – 회로가 복잡하다.
 – 태양전지의 직류출력을 고주파의 교류로 변환한 후 소형의 고주파 변압기로 절연을 한다.
 – 절연 후 직류로 변환하고 재차 상용주파의 교류로 변환한다.
• 트랜스리스 방식
 태양전지(PV) → 승압형 컨버터 → 인버터 → 공진회로
 – 소형이고 경량이다.
 – 비용이 저렴하고 신뢰성이 높다.
 – 태양전지의 직류출력을 DC-DC 컨버터로 승압하고 인버터를 이용하여 상용주파의 교류로 변환한다.
 – 상용전원과의 사이는 비절연이다.
 – 비용, 크기, 중량 및 효율면에서 우수하여 가장 많이 사용되고 있다.

정답 1 ③ 2 ④ 3 ②

04 파장이 546[nm]인 광자의 에너지를 전자볼트의 단위로 환산했을 때 옳은 것은?

① 2.28[eV]   ② 3.28[eV]
③ 3.62[eV]   ④ 4.14[eV]

해설
파장(λ)과 전자볼트[eV]의 변환
파장 × 전자볼트 = 1,240

$$전자볼트[eV] = \frac{1,240}{파장(\lambda)} = \frac{1,240}{546} \fallingdotseq 2.27[eV]$$

05 태양전지 제조 과정 중 표면 조직화에 대한 설명 중 틀린 것은?

① 표면 조직화는 표면 반사손실을 줄이거나 입사경로를 증가시킬 목적이다.
② 표면 조직화는 광 흡수율을 높여 단락전류를 높이기 위함이다.
③ 태양전지의 표면을 피라미드 또는 요철구조로 형성화하는 방법이다.
④ 표면 조직화는 태양전지의 곡선인자 값을 향상시키게 된다.

해설
표면 조직화(Texture, 텍스처)
표면 반사 손실을 줄이거나 입사 경로를 증가하고 광 흡수율을 높여 단락전류를 높이기 위한 목적으로 태양전지의 표면을 피라미드 또는 요철 구조로 형성하는 방법이다. 태양전지의 표면을 조직화함으로써 표면적을 넓혀 빛의 흡수를 늘리고, 반사도를 줄여 태양전지의 전류를 증가시키고, 효율 향상을 목적으로 한다. 웨이퍼 장입과 세정 및 웨이퍼 표면 조직화는 100매 또는 200매 단위로 적재된 웨이퍼를 한 장씩 분리하여 표면처리를 위해 장입한다. 태양전지용 웨이퍼는 반도체 웨이퍼와 달리 웨이퍼 절단 후 간단한 세정만을 수행한 후에 셀 제조사에 공급한다. 따라서 웨이퍼 표면에는 절단과정의 불순물과 주괴에서 웨이퍼 절단 과정에서 형성되는 표면에 미세균열과 같은 표면에 손상된 부분을 식각한다. 이것이 손상제거 식각공정이다. 손상제거 공정은 웨이퍼 표면의 구조를 표면조직화 하는 데 반복성을 가지기 위해서 중요한 공정이다.

06 면적이 250[cm²]이고 변환효율이 20[%]인 결정질 실리콘 태양전지의 표준조건에서의 출력은?

① 0.4[W]   ② 0.5[W]
③ 4[W]   ④ 5[W]

해설
출력전력(P)[W] = 면적(가로 × 세로) × 변환효율
= $250 \times 10^{-1} \times 0.2 = 5[W]$

07 축전지 충전방식 중 자기방전량만을 항상 충전하는 충전방식은?

① 보통충전   ② 급속충전
③ 부동충전   ④ 세류충전

해설
축전지 충전방식
• 급속충전
전압이 2.4[V]가 될 때까지는 평상전류의 2배로 급속충전하고 다음은 평상충전을 한다.
• 부동충전
충전지와 부하를 병렬로 연결한 상태로 방전된 만큼 충전을 행하는 방식이다. 표준부동전압 2.15~2.17[V]가 가장 좋다.
• 세류충전
전지의 단속적인 미량 방전 또는 자체 방전을 보상하기 위하여 8시간을 방전 전류의 0.5~2[%] 정도의 일정한 전류로 충전을 계속하는 것을 이른다.

08 결정계 실리콘 태양전지 모듈에서 표면온도와 발전출력과의 일반적인 관계는?

① 표면온도가 높아지면 발전출력이 증가한다.
② 표면온도가 높아지면 발전출력이 감소한다.
③ 표면온도가 낮아지면 발전출력이 감소한다.
④ 표면온도의 변화가 발전출력에는 영향이 없다.

해설
결정계 실리콘 태양전지 모듈에서 표면온도가 높아지면 발전출력이 감소한다. 즉, 온도가 올라가면 열이 발생하기 때문에 손실이 생기게 된다. 따라서 출력이 줄어들게 된다.

09 다음 중 발전방식에 의한 이산화탄소 배출량으로 옳은 것은?(단, 생산규모 100[MW], 상정수명이 20년으로 가정한다)

① 다결정 실리콘 40~45[g]-CO_2/[kWh]
② 다결정 실리콘 60~80[g]-CO_2/[kWh]
③ 아몰퍼스 실리콘 5~10[g]-CO_2/[kWh]
④ 아몰퍼스 실리콘 100~150[g]-CO_2/[kWh]

해설

발전방식에 따른 이산화 배출량
- 단결정 실리콘 : 10 ~ 20[g]–[CO_2/kWh]
- 다결정 실리콘 : 40 ~ 45[g]–[CO_2/kWh]
- 아몰퍼스 실리콘 : 1 ~ 3[g]–[CO_2/kWh]

10 계통연계형 태양광발전시스템에서 축전지의 용량산출 일반식으로 옳은 것은?(단, C : 축전지의 표시용량, K : 방전시간, 축전지온도, 허용최저전압으로 결정되는 용량환산 시간, I : 평균방전전류, L : 보수율(수명 말기의 용량 감소율))

① $C = K\dfrac{I}{L}$ ② $C = K\dfrac{L}{I}$
③ $C = \dfrac{I}{KL}$ ④ $C = \dfrac{L}{KI}$

해설

계통연계형 태양광발전시스템의 축전지 용량 산출 일반식(C)

$C = \dfrac{K(\text{방전시간}) \times I(\text{평균방전전류})}{L(\text{보수율})}$ [Ah]

11 다음 중 신재생에너지의 분류에 해당되지 않는 것은?

① 태양열 ② 원자력발전
③ 바이오에너지 ④ 해양에너지

해설

신재생에너지의 분류(신에너지 및 재생에너지 개발·이용·보급 촉진법 제2조)
- 신에너지
  기존의 화석연료를 변환시켜 이용하거나 수소·산소 등의 화학반응을 통하여 전기 또는 열을 이용하는 에너지로서 다음의 어느 하나에 해당하는 것을 말한다.
  - 수소에너지
  - 연료전지
  - 석탄을 액화·가스화한 에너지 및 중질잔사유를 가스화한 에너지로서 대통령령으로 정하는 기준 및 범위에 해당하는 에너지
  - 그 밖에 석유·석탄·원자력 또는 천연가스가 아닌 에너지로서 대통령령으로 정하는 에너지
- 재생에너지
  햇빛·물·지열·강수·생물유기체 등을 포함하는 재생 가능한 에너지를 변환시켜 이용하는 에너지로서 다음의 하나에 해당하는 것을 말한다.
  - 태양에너지
  - 풍 력
  - 수 력
  - 해양에너지
  - 지열에너지
  - 생물자원을 변환시켜 이용하는 바이오에너지로서 대통령령으로 정하는 기준 및 범위에 해당하는 에너지
  - 폐기물에너지(비재생폐기물로부터 생산된 것은 제외한다)로서 대통령령으로 정하는 기준 및 범위에 해당하는 에너지
  - 그 밖에 석유·석탄·원자력 또는 천연가스가 아닌 에너지로서 대통령령으로 정하는 에너지

12 회로에서 입력전압 24[V], 스위칭 주기 50[μs], 듀티비 0.6, 부하저항이 10[Ω]일 때, 출력전압 V_o는 몇 [V]인가?(단, 인덕터의 전류는 일정하고, 커패시터의 C는 출력전압의 리플 성분을 무시할 수 있을 정도로 매우 크다)

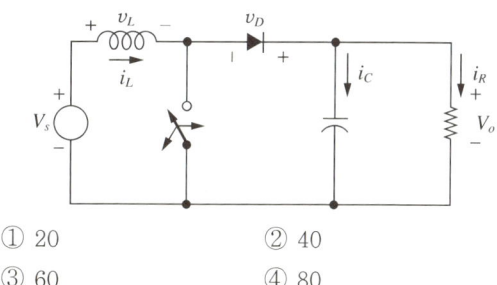

① 20 ② 40
③ 60 ④ 80

해설

출력전압(V_o)[V] = 입력전압(V_i) + (듀티비(D) × 부하저항(R))^2
$= 24 + (0.6 \times 10)^2 = 60$[V]

13 PN접합 다이오드에 대한 설명 중 틀린 것은?

① 외부에서 바이어스를 가하지 않으면 확산전류와 드리프트전류의 크기는 동일하다.
② P영역의 정공은 확산(Diffusion)에 의해 N영역으로 이동한다.
③ N영역의 전자는 드리프트(Drift)에 의해 P영역으로 이동한다.
④ 공핍층(Depletion Layer)에서만 전기장이 존재한다.

정답 10 ① 11 ② 12 ③ 13 ③

해설
PN 접합 다이오드 일반적인 이론
- P형(정공, +)에서 N형(전자, -)으로 확산에 의해 흐르게 된다.
- 외부에서 바이어스를 가하지 않으면 확산전류와 드리프트 전류의 크기는 변화지 않고 같다.
- 공핍층에서만 전기장이 존재한다.

14 태양광발전용 인버터의 회로방식으로 적당하지 않은 것은?

① 트랜스리스 방식
② 단권 변압기 절연방식
③ 고주파 변압기 절연방식
④ 상용주파 변압기 절연방식

해설
파워컨디셔너(인버터)의 절연방식에 따른 분류
- 상용주파 변압기 절연방식
- 고주파 변압기 절연방식
- 트랜스리스(무변압기) 방식

15 독립형 태양광발전 설비용 인버터의 필요한 조건 중 틀린 것은?

① 출력 쪽 단락 손상에 대한 보호
② 축전지 전압 변동에 대한 내성
③ 교류측으로 직류의 역류 기능
④ 급상승 전압 보호

해설
독립형 태양광발전설비용 인버터의 필요 조건
- 축전지 전압 변동에 대한 내성
- 급상승 전압/전류 보호
- 출력측 단락 손상에 대한 보호와 직류의 역류 방지 기능

16 다음 중 수직축 풍차가 아닌 것은?

① 사보니우스 풍차 ② 프로펠러형 풍차
③ 크로스플로 풍차 ④ 다리우스 풍차

해설
풍력발전시스템의 분류

분구조상분류 (회전축 방향)	수평축 풍력시스템(HAWT) : 프로펠러형
	수직축 풍력시스템(VAWT) : 다리우스형, 사보니우스형
출력제어방식	Pitch(날개각) Control
	Stall Control(한계풍속 이상이 되었을 때 양력이 회전날개에 작용하지 못하도록 날개의 공기 역학적 현상에 의한 제어)
전력사용방식	독립전원(동기발전기, 직류발전기)
	계통연계(유도발전기, 동기발전기)
운전방식	정속운전(Fixed Roter Speed Type) : 통상 Geared형
	가변속운전(Variable Roter Speed Type) : 통상 Gearless형
공기 역학적 방식	양력식(Lift Type) 풍력발전기
	항력식(Drag Type) 풍력발전기
설치장소	육 상
	해 상

17 태양광발전시스템용 축전지(Battery)로 사용되지 않는 것은?

① 니켈-카드뮴   ② 니켈-수소
③ 리튬이온   ④ 망 간

해설
축전지에 사용되는 재료
- 납(가장 많이 사용)
- 리 튬
- 니켈-수소
- 니켈-카드뮴

18 인버터 데이터 중 모니터링 화면에 전송되는 것이 아닌 것은?

① 발전량   ② 일사량, 온도
③ 입력전압, 전류, 전력 ④ 출력전압, 전류, 전력

해설
인버터의 모니터링 화면 전송 내용
- 입·출력 측 전압, 전류, 전력
- 발전량
- 1일 소비전력량
- 1일 축적량

정답 14 ② 15 ③ 16 ② 17 ④ 18 ②

19 축전비 설비의 설치기준에서 큐비클식 축전지 설비 이외의 발전설비와의 사이 이격거리[m]는?

① 0.5
② 1.0
③ 1.5
④ 2.0

해설
큐비클식 축전지 설비의 이격거리

이격거리를 확보해야 할 부분	이격거리[m]
큐비클식 이외의 발전설비와의 사이	1.0
큐비클식 이외의 변전설비와의 사이	1.0
전면 또는 조작면	1.0
점검면	0.6
전면, 조작면, 점검면 이외의 환기구 설치면	0.2
옥외에 설치할 경우 건물과의 사이	2.0

20 태양전지의 특징에 대하여 설명한 내용 중 옳은 것을 [보기]에서 찾아 모두 나열한 것은?

[보기]
ㄱ. 태양전지가 전달하는 전력은 입사하는 빛의 세기에 따라 달라짐
ㄴ. 태양전지로부터의 전류 값은 부하저항에 따라 변하지 않음
ㄷ. 빛에 의한 전기화학적인 전위의 일시적인 변화로부터 기전력을 유도함

① ㄱ
② ㄱ, ㄴ
③ ㄱ, ㄷ
④ ㄴ, ㄷ

해설
태양전지의 특징
• 태양전지가 전달하는 전력은 입사하는 빛의 세기에 따라 달라진다.
• 태양전지로부터의 전류 값은 부하저항에 따라 변한다.
• 빛에 의한 전기화학적인 전위의 일시적인 변화로부터 기전력을 유도한다.

제2과목 태양광발전시스템 설계

21 모니터링시스템 주요 구성 요소가 아닌 것은?

① 발전소 내 감시용 CCTV
② LOCAL 및 Web Monitoring
③ 기상관측 장치
④ LBS

해설
태양광발전시스템의 통합모니터링 시스템 구성요소
• 자동기상 관측장치(AWS)
• 태양광모듈 계측 메인장치(SCS)
• 전력변환장치 감시제어장치(AIS)

22 태양광 발전사업 허가기준에 대한 설명이다. 다음 중 허가기준에 맞지 않은 것은?

① 전기사업 수행에 필요한 재무능력 및 기술능력이 있을 것
② 전기사업이 계획대로 수행될 수 있을 것
③ 일정지역에 편중되어 전력계통의 운영에 지장을 초래해서는 아니 될 것
④ 태양광 발전사업 허가신청 시 환경영향평가를 반드시 2회 받아야 될 것

해설
전기사업의 허가기준(전기사업법 제7조)
• 전기사업을 적정하게 수행하는 데 필요한 재무능력 및 기술능력이 있을 것
• 전기사업이 계획대로 수행될 수 있을 것
• 배전사업 및 구역전기사업의 경우 둘 이상의 배전사업자의 사업구역 또는 구역전기사업자의 특정한 공급구역 중 그 전부 또는 일부가 중복되지 아니할 것
• 구역전기사업의 경우 특정한 공급구역의 전력수요의 50[%] 이상으로서 대통령령으로 정하는 공급능력을 갖추고, 그 사업으로 인하여 인근 지역의 전기사용자에 대한 다른 전기사업자의 전기 공급에 차질이 없을 것
• 발전소나 발전연료가 특정 지역에 편중되어 전력계통의 운영에 지장을 주지 아니할 것
• 그 밖에 공익상 필요한 것으로서 대통령령으로 정하는 기준에 적합할 것

정답 19 ② 20 ③ 21 ④ 22 ④

23 태양광 발전설비를 뇌격으로부터 보호하기 위한 과전압 보호장치(SPD ; Surge Protection Device) 설치 및 접지방식에서 그림 중에서 가장 적절한 방식은?

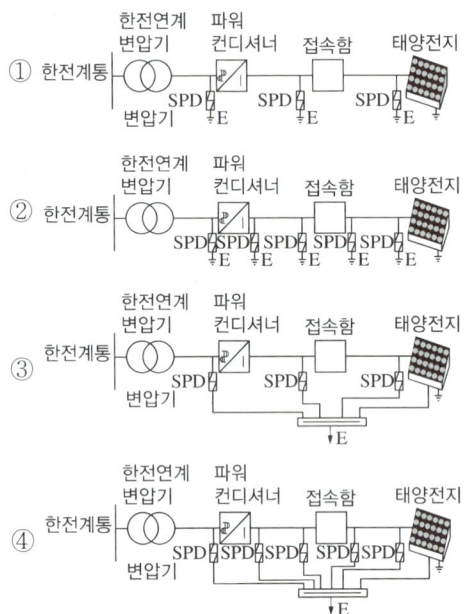

해설
과전압 보호장치 설치 및 접지방식

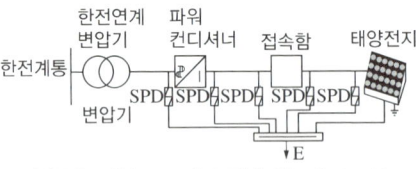

한전계통을 기본으로 해서 전체 회로에 SPD(Surge Protection Device)를 설치하여 한꺼번에 접지화시킨다.

24 태양전지 간의 배선 또는 태양전지 모듈과 접속함, 파워컨디셔너 간의 배선이 갖추어야 될 특성으로 볼 수 없는 것은?

① 최대 내열온도 범위는 -40[℃] ~ 90[℃]
② 최소 곡률반경은 도선 지름의 3~4배
③ 절연체 재질로는 XLPE, 외피에는 난연성 PVC 사용
④ 회로의 단락전류에 견딜 수 있는 굵기의 케이블 선정

해설
태양전지 간의 배선 또는 태양전지 모듈과 접속함, 파워컨디셔너 간의 배선이 갖추어야 될 특성
• 회로의 단락전류에 견딜 수 있는 굵기의 케이블을 선정해야 한다.

• 최대 내열온도 범위는 -40[℃] 이상 90[℃] 이하이어야 한다.
• 절연체 재질로는 가교폴리에틸렌 절연 차수형 비닐 케이블(XLPE : Cross-linked Polyethylene Insulated Cable), 외피에는 난연성 PVC(Polyvinyl Chloride)를 사용해야 한다.
• 태양전지 어레이로부터 접속함으로 배선할 경우 케이블의 곡률반경은 케이블 외경의 6배 이상으로 배선한다.

25 태양광발전설비 설치 시 반드시 필요한 설계도서에 해당되지 않는 것은?

① 배치도 ② 평면도
③ 시방서 ④ 계획서

해설
설계도서의 종류(건축물의 설계도서 작성기준 별표 1)
• 시방서
• 현장설명서
• 명세서(표준, 특기, 설계)
• 평면도
• 배치도
• 설계도면
• 현장설명에 대한 질문회답서
• 공사계약서
• 내역서

26 피뢰시스템의 보호각법에서 Ⅱ레벨의 회전구체 반경 r[m]의 최댓값은?

① 10 ② 20
③ 30 ④ 45

해설
피뢰시스템의 보호각법에서 Ⅱ 레벨에서 낙뢰의 우려가 있는 경우에는 높이는 20[m] 회전구체의 반경은 30[m]까지 하여 보호할 수 있다.

27 설계도서 적용 시 고려사항이 아닌 것은?

① 숫자로 나타낸 치수는 도면상 축척으로 잰 치수보다 우선한다.
② 특기시방서는 당해공사에 한하여 일반시방서에 우선하여 적용한다.
③ 공사계약문서 상호 간에 문제가 있을 때는 감리에 의하여 최종적으로 결정한다.
④ 설계도면 및 시방서의 어느 한쪽에 기재되어 있는 것은 그 양쪽에 기재되어 있는 사항과 완전히 동일하게 다룬다.

해설
설계도서 적용 시 고려사항
- 숫자로 나타낸 치수는 도면상 축척으로 잰 치수보다 우선한다.
- 설계도면 및 시방서의 어느 한쪽에 기재되어 있는 것은 그 양쪽에 기재되어 있는 사항과 완전히 동일하게 다룬다.
- 특별시방서 및 도면에 기재되지 않은 사항은 일반시방서에 의한다.
- 특별시방서는 당해 공사에 한하여 일반시방서에 우선하여 적용한다.
- 상기 각 항 이외의 사항에 대해 공사계약문서 상호 간의 차이가 있을 때는 감리원의 의견을 참조하여 발주자가 최종적으로 결정한다.

28 태양광모듈 설치 시 태양을 향한 방향에 높이 5[m]인 장애물이 있을 경우 장애물로부터 최소 이격거리[m]는? (단, 발전가능 한계시각에서의 태양의 고도각은 15°이다)

① 약 8.2
② 약 10.5
③ 약 15.6
④ 약 18.7

해설

이격거리$(X) = \dfrac{높이[m]}{\tan(\theta)} = \dfrac{5}{\tan(15°)} ≒ 18.660[m]$

29 다음의 조건에서 독립형 태양광발전시스템의 축전지 용량[Ah]은?

〈조 건〉
- 1일 적산부하량 : 3.0[kWh]
- 일조가 없는 날 : 10일
- 공칭축전지 전압 : 2[V]
- 보수율 : 0.8
- 축전지 직렬개수 : 48장
- 방전심도 : 65[%]

① 601
② 751
③ 941
④ 451

해설
독립형 축전지의 설계
축전지의 용량(C)

$= \dfrac{1일\ 소비전력량(L_d) \times 불일조일수(D)}{보수율 \times 방전종지\ 전압(축전지개수(N) \times 공칭축전지\ 전압(V_b) \times 방전심도(DOD))}$

$= \dfrac{3 \times 10^3 \times 10}{0.8 \times 2 \times 48 \times 0.65} ≒ 600.96[Ah]$

30 가대설계 시 적용하는 하중으로 가장 거리가 먼 것은?

① 적설하중
② 우천하중
③ 지진하중
④ 풍압하중

해설
가대의 설계
- 고정하중
  가대 본체의 자중과 가대에 적재하는 태양전지모듈 등의 적재하중 및 어레이 구성에 필요한 중량을 가산한 것으로써 기본적으로 적용하는 하중이다.
- 풍압하중
  기본적인 하중이고, 풍력계수와 설계용 속도의 압력과 수풍면적에 의해 산출된다.
- 적설하중
  모듈 면에의 적설과는 다른 하중으로서 특히 지역적인 다설지역(적설 1[m] 이상의 지역)에서는 주의가 필요하다(한국은 강원도・제주도 지역 주의요망).
- 지진하중
  일반적으로는 풍압하중보다는 작지만, 가로등용 등 중심이 높은 가대나 방재용에 사용하는 경우에 주의할 필요가 있다.

31 태양광발전시스템과 전력계통선과의 연계를 위한 송・수전설비에서 중요한 송전용 변압기의 용량산정에 고려사항이 아닌 것은?

① DC케이블의 굵기 선정
② 변압기 효율과 부하율의 관계
③ 변압기 뱅크방식에 따른 송전방식
④ 적정 변압기의 결선방식 선정

해설
송수전설비 송전용 변압기의 용량산정 시 고려사항
- 인버터의 종류에 따른 변압기의 결선방식
- 변압기 효율과 부하율의 관계
- 변압기 뱅크방식에 따른 송전방식

정답 28 ④ 29 ① 30 ② 31 ①

32 태양전지의 기초종류와 적용 목적이 올바르게 설명된 것은?

① 말뚝 기초 : 철탑 등의 기초에 자주 사용
② 직접 기초 : 지지층이 얕을 경우 사용
③ 연속 기초 : 하천 내의 교량 등에 사용
④ 주춧돌 기초 : 지지층이 깊을 경우 사용

해설

태양전지의 기초종류
- 말뚝기초
  지표 근처의 지반이 지지층으로 부적당할 때 구조물의 하중을 상대적으로 깊은 지지층에 전달하기 위한 수단으로 사용되는 깊은 기초의 일종으로서 말뚝 근입 깊이가 3[m] 이상 또는 직경의 3배 이상을 사용하는 기초이다.
- 직접기초
  지지층이 얕은 태양광발전소 부지에 사용되는 기초이다.
- 연속기초(Contintious Footing)
  얕은 기초의 종류로서 다수의 연속기둥 또는 벽체를 지지하는 기초이다.

33 유리계면에 태양광에너지가 60°로 입사될 경우 태양광에너지의 반사율은 얼마인가?(단, 굴절률은 공기 : 1, 유리 : 1.526)

① 0.063
② 0.073
③ 0.083
④ 0.093

해설

태양광에너지의 반사율(r)
$$= \frac{r_1 + r_2}{2} = \frac{1.448 \times 10^{-3} + 0.185}{2} \fallingdotseq 0.093$$
(r_1 : 유리계면과 수직한 반사율, r_2 : 유리계면과 평행한 반사율)

- 매질의 굴절률에 대한 반사각(θ_2)
$$= \sin^{-1}\left(\frac{n_1}{n_2} \cdot \sin\theta_1\right) = \sin^{-1}\left(\frac{1}{1.526} \cdot \sin 60°\right) \fallingdotseq 34.577°$$
(n_1 : 공기 굴절률, n_2 : 유리 굴절률, θ_1 : 입사각)

- 유리계면과 수직인 상태의 반사율(r_1)
$$= \frac{\sin^2(\theta_1 - \theta_2)}{\sin^2(\theta_1 + \theta_2)} = \frac{\sin^2(60° - 34.577°)}{\sin^2(60° + 34.577°)} \fallingdotseq 0.185$$

- 유리계면과 평행한 상태의 반사율(r_2)
$$= \frac{\tan^2(\theta_1 - \theta_2)}{\tan^2(\theta_1 + \theta_2)} = \frac{\tan^2(60° - 34.577°)}{\tan^2(60° + 34.577°)} \fallingdotseq 1.448 \times 10^{-3}$$

34 에어매스(AM ; Air Mass)의 뜻으로 옳은 것은?

① 지구대기에 입사한 태양광의 입사 각도
② 지구대기에 입사한 태양광과 대기 분포의 비
③ 지구대기에 임의의 측정 위치의 지구 대기 질량
④ 지구대기에 입사한 태양광이 통과한 대기노정의 길이

해설

대기를 통과하는 경로가 길어지면 태양복사의 흡수와 산란이 높아지고 복사강도는 감소한다. 이러한 감소 정도는 에어매스(AM ; Air Mass)라는 값으로 나타낸다.

35 다음 중 수직하중에 해당하지 않는 것은?

① 적설하중
② 고정하중
③ 활하중
④ 풍하중

해설

상정하중의 구분
- 수평하중 : 풍하중 + 지진하중
- 수직하중 : 고정하중 + 적설하중
※ 활하중 : 보부재 중간에는 고정하중 이외 추가로 5[kN]의 집중 활하중을 고려해야 한다.

36 적설량이 많은 지역에서의 태양전지 어레이의 설계 경사각으로 가장 적절한 각은?

① 5°
② 15°
③ 45°
④ 90°

해설

적설량이 많은 지역에서는 태양전지의 어레이의 설계 경사각은 눈이 잘 흘러내릴 수 있도록 설계해야 한다. 따라서 경사각을 비스듬하게 하여 햇빛을 잘 받도록 해서 눈을 빨리 녹일 수 있어야 하기 때문에 45°가 가장 적절한 각도이다.

37 태양광발전사업 추진 절차내용과 관련기관이 틀린 것은?

① 사용 전 검사 – 한국전력공사
② 대상 설비 확인 – 공급인증기관
③ 전력수급계약 체결 – 전력거래소
④ 사업 개시 신고 – 산업통상자원부장관

정답 32 ② 33 ④ 34 ④ 35 ④ 36 ③ 37 ①

해설
태양광발전사업 추진 절차내용과 관련 기관
- 사용 전 검사
  한국전기안전공사(검사받기 일주일 전에 신청)
  - 구비서류
    ⓐ 사용전검사신청서
    ⓑ 공사계획인가(신고)서 사본
    ⓒ 전기안전관리담당자 선임신고필증 사본
  - 수수료(태양광발전사업의 경우)
    ⓐ 200[kW]까지 기본료 78,000원([kW]당 요금 : 172원)
    ⓑ 200[kW] 초과 기본료 258,000원([kW]당 요금 : 96원)
- 설치확인(발전차액지원 대상설비에 한함)
  에너지관리공단 신재생에너지센터
  - 신청시기
    ⓐ 전기사업용 설비의 사용 전 검사 완료 후
    ⓑ 설치확인 절차 없이 차액지원 불가능
- 발전전력에 대하여 주관기관과의 수급계약 체결
  한국전력거래소와 용량 기준 없이 계약을 체결할 수 있으나 200[kW] 이하 설비는 한국전력공사와도 수급계약 체결 가능
- 사업개시 신고
  광역시도지자체(산업통상자원부 장관)
- 사후관리(차액지원 대상 발전사업자)
  - 관리기관
    에너지관리공단 신재생에너지센터
  - 내 용
    ⓐ 시설운영현황 점검
    ⓑ 관련 자료수집 등을 위한 현장실태조사 및 서면조사 실시

38 어레이 설계 시 어레이 구조 결정의 기술적 측면에서의 고려 사항으로 틀린 것은?

① 구조 안정성
② 환경영향평가 검토
③ 풍속, 풍압, 지진 고려
④ 건축물과의 결합(기초)방법 결정

해설
어레이 설계 시 어레이 구조 결정의 기술적 측면 고려 사항
- 구조 안정성
- 풍속, 풍압, 지진 고려
- 내진과 면진 고려
- 건축물과의 결합(기포)방법 결정

39 태양광발전설비 부지를 선정할 때 틀린 것은?

① 일조량이 많아야 한다.
② 일조시간이 길어야 한다.
③ 적설량이 적어야 한다.
④ 음영이 많아야 한다.

해설
태양광발전설비 부지 선정 사항
- 전력계통 인입선의 위치와 계통 병입이 가능한 곳(전력계통 배전선로의 연계)
- 부지의 접근성 및 주변 환경(주민민원발생 여부 적은 곳)
- 경제적인 비용
- 연평균 일사량(일조량)과 일조시간이 길어야 함
- 적설량이 적고 음영이 없는 지역이어야 함

40 연차별 총비용 대비 연차별 총편익의 비를 토대로 사업의 타당성을 판단하는 경제성 분석 모형은?

① 순현재가치법(NPV)
② 비용편익비 분석(CBR)
③ 내부수익률(IRR)
④ 자본회수기간법(PPM)

해설
비용편익 분석에서 투자안
- 순현재가치법(NPV ; Net Present Value)
  투자안의 편익과 비용의 크기를 비교하는 방법으로 적절한 할인율을 선택하여 투자로부터 예상되는 편익과 비용의 현재가치를 계산한 다음 이를 비교하여 투자안의 투자여부 및 우선순위를 결정하는 방법이다. 즉, 일정기간의 수입과 지출의 현재가치를 동일하게 하는 할인율이다.
- 내부수익률법(IRR)
  투자안의 수익률과 자금조달비용을 비교하는 방법으로 내부 수익률과 할인율을 비교하여 공공투자안의 타당성 여부를 평가하는 방법이다. 즉, 할인율을 적용한 수입의 현재가치와 지출의 현재가치를 비교하여 비율로 표시하는 것이다.
- 편익비용 비율법(Benefit/Cost Ratio)
  편익과 비용의 비율을 계산하여 투자안의 경제성 여부를 평가하는 방법으로 편익의 현재가치와 비용의 현재가치 간의 비율을 이용하여 투자안을 평가하는 방법이다. 즉, 일정기간의 수입과 지출의 현금흐름의 차이를 할인율을 적용하여 현재시점으로 할인한 금액의 총합을 말한다.

정답 38 ② 39 ④ 40 ②

제3과목 태양광발전시스템 시공

41 변압기의 Y-Y 결선방식의 특징이 아닌 것은?
① 기전력 파형은 제3고조파를 포함한 왜형파가 된다.
② 중성점을 접지할 수 있으므로 단절연 방식을 채택할 수 있다.
③ 상전압은 선간전압의 $\frac{1}{\sqrt{3}}$ 이 되어 고전압의 결선에 적용된다.
④ 변압비, 임피던스가 서로 틀려도 순환전류가 흐르지 않는다.

해설
Y-Y결선은 중성점이 있으므로 직접접지, 저항접지 등으로 접지가 가능하다.

42 지붕에 설치하는 태양광발전 형태로 볼 수 있는 것은?
① 창재형　② 차양형
③ 난간형　④ 톱라이트형

해설
지붕에 설치하는 태양광발전형태는 지붕설치형(경사지붕형, 평지붕형), 지붕건재형(지붕재 일체형, 지붕재형), 톱라이트형이 있다.

43 공사업자가 감리원에게 제출하는 시공계획서에 포함되지 않는 것은?
① 시공기준 내역서
② 공사 세부공정표
③ 주요 장비 동원계획
④ 주요 기자재 및 인력투입 계획

해설
시공계획서의 검토·확인(전력시설물 공사감리업무 수행지침 제30조)
시공계획서에는 시공계획서의 작성 기준과 함께 다음 내용이 포함되어야 한다.
• 현장 조직표
• 공사 세부공정표
• 주요 공정의 시공절차 및 방법
• 시공일정
• 주요 장비 동원계획
• 주요 기자재 및 인력투입 계획
• 주요 설비
• 품질·안전·환경관리 대책 등

44 감리업자는 감리용역 착수 시 착수신고서를 제출하여 발주자의 승인을 받아야 한다. 착수신고서에 포함되지 않는 서류는?
① 공사예정 공정표
② 감리비 산출내역서
③ 감리업무 수행계획서
④ 상주, 비상주 감리원 배치계획서

해설
공사예정공정표는 착수신고서에 포함되지 않는다.
감리용역착수 단계에서 발주자 승인을 받아야 할 착수신고서 서류(전력시설물 공사감리업무 수행지침 제7조)
• 감리업무 수행계획서
• 감리비 산출내역서
• 상주, 비상주 감리원 배치계획서와 감리원의 경력확인서
• 감리원 조직 구성내용과 감리원별 투입기간 및 담당업무

45 서지 보호를 위해 SPD 설치 시 접속 도체의 길이는 몇 [m] 이하가 되도록 하여야 하는가?
① 0.3　② 0.5
③ 0.8　④ 1.0

해설
SPD의 접속 도체는 가능한 짧게 하여야 하고 접속 도체의 길이는 0.5 이하로 결선하도록 한다.

정답 41 ② 42 ④ 43 ① 44 ① 45 ②

46 송전선로의 선로정수가 아닌 것은?

① 저항
② 정전용량
③ 리액턴스
④ 누설컨덕턴스

해설
송전선로의 선로정수는 저항, 인덕턴스, 정전용량 및 누설컨덕턴스를 말한다.

47 접지극으로 사용 가능한 규격으로 적합하지 않은 것은?

① 동판을 사용하는 경우는 두께 0.6[mm] 이상, 면적 800[cm²] 편면 이상의 것
② 동봉, 동피복강봉을 사용하는 경우는 지름 8[mm] 이상, 길이 0.9[m] 이상의 것
③ 탄소피복강봉을 사용하는 경우는 지름 8[mm] 이상의 강심이고 길이 0.9[m] 이상의 것
④ 동복강판을 사용하는 경우는 두께 1.6[mm] 이상, 길이 0.9[m], 면적 250[cm²] 편면 이상의 것

해설
접지극의 종류와 규격

종류	규격
동판	두께 0.7[mm] 이상, 면적 900[cm²](한쪽 면) 이상
동봉, 동피복강봉	지름 8[mm] 이상, 길이 0.9[m] 이상
아연도금가스철관 후강전선관	외경 25[mm] 이상, 길이 0.9[m] 이상
아연도금철봉	직경 12[mm] 이상, 길이 0.9[m] 이상
동복강판	두께 1.6[mm] 이상, 길이는 0.9[m] 이상, 면적 250[cm²](한쪽 면) 이상
탄소피복강봉	지름 8[mm] 이상(강심), 길이 0.9[m] 이상

48 태양광전지 모듈과 접속함 간의 배선공사를 금속덕트로 시공할 경우 금속덕트에 넣은 전선의 단면적의 합계는 덕트 내부 단면적의 몇 [%] 이하로 하여야 하는가?(단, 전선의 단면적은 절연피복을 포함한다)

① 50
② 40
③ 30
④ 20

해설
금속덕트공사(KEC 232.31)
금속덕트에 넣는 전선의 단면적(절연피복의 단면적을 포함한다)의 합계는 덕트의 내부 단면적의 20[%](전광표시장치, 출퇴표시등 기타 이와 유사한 장치 또는 제어회로 등의 배선만을 넣는 경우에는 50[%]) 이하가 되도록 선정한다. 동일 덕트 내에 넣는 전선은 30가닥 이하로 한다.
※ KEC(한국전기설비규정)의 적용으로 인해 판단기준 제187조(금속덕트공사)에서 KEC 232.31로 변경됨 〈2021.01.19.〉

49 접지공사 시공 방법에 관한 설명으로 가장 옳지 않은 것은?

① 제3종 접지공사는 접지저항값을 100[Ω] 이하로 한다.
② 제1종 및 특별 제3종 접지공사의 접지저항값은 10[Ω] 이하로 한다.
③ 태양전지에서 인버터까지의 직류전로(어레이주회로)에는 특별 제3종 접지공사를 한다.
④ 제2종 접지공사는 변압기의 고압측 혹은 특별고압측 전로의 1선 지락전류의 암페어 수로 150을 나눈 값과 같은 접지저항값 이하로 한다.

해설
태양전지 어레이에서 인버터까지의 직류전로는 원칙적으로 접지공사를 실시하지 않는다.
접지공사의 종류(판단기준 제18조)

접지공사의 종류	접지저항값
제1종 접지공사	10[Ω]
제2종 접지공사	변압기의 고압측 또는 특고압측의 전로의 1선 지락전류의 암페어 수로 150을 나눈 값과 같은 [Ω]수
제3종 접지공사	100[Ω]
특별 제3종 접지공사	10[Ω]

※ KEC(한국전기설비규정)의 적용으로 종별 접지공사가 폐지되어 문제 성립되지 않음 〈2021.01.19.〉

정답 46 ③ 47 ① 48 ④ 49 ③

50 태양광발전시스템 시공 시 원칙적인 안전 대책이 아닌 것은?

① 절연장갑을 사용한다.
② 절연처리된 공구를 사용한다.
③ 작업 전 태양전지 모듈 표면에 차광막을 씌워 태양전지의 출력을 막는다.
④ 강우 시 안전에 유의하면서 작업을 진행한다.

해설
강우 시에는 감전사고 및 미끄러짐으로 인한 추락 사고의 위험이 동반되므로 작업을 하지 않는다.

51 설계감리원의 설계도면 적정성 검토사항으로 옳지 않은 것은?

① 도면작성의 법률적 근거를 제시하였는지 여부
② 설계 입력 자료가 도면에 맞게 표시되었는지 여부
③ 설계결과물(도면)이 입력자료와 비교해서 합리적으로 표시되었는지 여부
④ 도면이 적정하게, 해석 가능하게, 실시 가능하며 지속성 있게 표현되었는지 여부

해설
설계용역 성과검토(설계감리업무 수행지침 제10조)
설계감리원은 설계도면의 적정성을 검토함에 있어 다음의 사항을 확인하여야 한다.
• 도면작성이 의도하는 대로 경제성, 정확성 및 적정성 등을 가졌는지 여부
• 설계 입력 자료가 도면에 맞게 표시되었는지 여부
• 설계결과물(도면)이 입력자료와 비교해서 합리적으로 되었는지 여부
• 관련 도면들과 다른 관련 문서들의 관계가 명확하게 표시되었는지 여부
• 도면이 적정하게, 해석 가능하게, 실시 가능하며 지속성 있게 표현되었는지 여부
• 도면상에 사업명을 부여 했는지 여부

52 태양광 전지의 사용 전 검사의 세부내용이 아닌 것은?

① 외관검사
② 어레이 접지상태 확인
③ 전지 전기적 특성시험
④ 제어회로 및 경보시험

해설
제어회로 및 경보시험은 전력변환장치 검사에 해당하는 사항이다.

53 태양전지 모듈의 배선이 끝나고 전기와 관련된 검사 항목이 아닌 것은?

① 극성 확인
② 전압 확인
③ 주파수 확인
④ 단락전류확인

해설
태양전지 모듈의 배선이 끝나면, 각 모듈의 극성 확인, 전압 확인, 단락전류 확인, 양극 중 어느 하나라도 접지되어 있지는 않은지 확인한다.

54 접속반 설치공사 중 고려사항이 아닌 것은?

① 접속함 설치위치는 어레이 근처가 적합하다.
② 외함의 재질은 가급적 SUS304 재질로 제작 설치한다.
③ 접속함은 풍압 및 설계하중에 견디고 방수, 방부형으로 제작한다.
④ 역류 방지 다이오드의 용량은 모듈 단락전류의 4배 이상으로 한다.

해설
역류 방지 다이오드의 용량은 모듈 단락전류의 2배 이상으로 한다. 용량이 부족할 경우 단락전류에 의해 다이오드가 소손될 위험이 있다.

정답 50 ④ 51 ① 52 ④ 53 ③ 54 ④

55 건축물에 태양광발전 설치방식 중 개구부의 블라인드 기능을 보유하고, 건축의 디자인을 손상시키지 않고 설치할 수 있는 방식은?

① 창재형 ② 차양형
③ 난간형 ④ 루버형

해설
루버형은 개구부의 블라인드 기능을 보유하고 있는 타입으로 기존 루버재와 같은 의장성을 재현하여 건축의 디자인을 손상시키지 않고도 설치할 수 있다.

56 감리원은 공사업자 등이 제출한 시설물의 유지관리지침 자료를 검토하여 공사 준공 후 며칠 이내에 발주자에게 제출하여야 하는가?

① 7일 ② 14일
③ 20일 ④ 30일

해설
유지관리 및 하자보수(전력시설물 공사감리업무 수행지침 제65조)
감리원은 발주자(설계자) 또는 공사업자(주요설비 납품자) 등이 제출한 시설물의 유지관리지침 자료를 검토하여 유지관리지침서를 작성, 공사 준공 후 14일 이내에 발주자에게 제출하여야 한다.

57 태양광발전시스템의 시공절차 중 간선공사 순서가 올바른 것은?

① 모듈 → 어레이 → 접속반 → 인버터 → 계통 간 간선
② 모듈 → 인버터 → 어레이 → 접속반 → 계통 간 간선
③ 어레이 → 모듈 → 인버터 → 접속반 → 계통 간 간선
④ 모듈 → 인버터 → 접속반 → 어레이 → 계통 간 간선

해설
태양광발전시스템의 시공절차
모듈 → 어레이 → 접속반 → 인버터 → 계통 간 간선

58 전압변동에 의한 플리커 현상의 경감대책에 대한 설명으로 가장 옳지 않은 것은?

① 전원 계통에 리액터분을 보상하는 방법은 직렬콘덴서 방식이 있다.
② 전압 강하를 보상하는 방법은 상호 보상 리액터 방식이 있다.
③ 부하와 무효전력 변동분을 흡수하는 방식은 사이리스터 이용 콘덴서 개폐 방식이 있다.
④ 플리커 부하전류의 변동분을 억제하는 방식은 병렬 리액터 방식이 있다.

해설
플리커 부하전류의 변동분을 억제하는 방식은 직렬리액터설치, 직렬콘덴서설치, 부스터설치 등이다.

59 특기시방서에 대한 설명으로 알맞은 것은?

① 일반적인 기술 사항을 규정한 시방서
② 특정공사를 위해 일반사항을 규정한 시방서
③ 공사 전반에 걸쳐 기술적인 사항을 규정한 시방서
④ 특정자재의 종류, 유형, 치수, 설치방법, 시험 및 검사항목 등을 명시한 시방서

해설
특기시방서는 공사의 특징에 따라서 표준시방서의 적용범위, 표준시방서에 없는 사항과 표준시방서에서 특기시방으로 정하도록 되어 있는 사항 등을 규정한 시방서이다.

정답 55 ④ 56 ② 57 ① 58 ④ 59 ④

60 화재 발생 시 다른 설비로 불길 확산 방지를 위한 방화구획 관통부의 처리방법 중, 배선을 옥외에서 옥내로 끌어들인 관통부분 처리방법에서 관통부분의 충전재 등이 가져야 할 성질은 무엇인가?

① 내열성, 냉방성
② 가요성, 내후성
③ 난연성, 내후성
④ 난연성, 내열성

해설
태양광발전 시스템의 파이프 및 케이블 관통부를 틈새를 통한 화재 확산방지를 위하여 건축물의 피난 방화구조 등의 기준에 관한 규칙 및 내화구조의 인정 및 관리기준에 의해 내화처리 및 외벽 관통부 방수처리를 하여 그 틈을 메워야 하며, 관통부는 난연성, 내열성, 내화성 등의 시험을 실시한다.

제4과목 태양광발전시스템 운영

61 전기설비의 운전·조작에 관한 설명으로 틀린 것은?

① 전기안전관리자는 비상재해 발생 시를 대비하여 비상연락망을 구축한다.
② 전기안전관리자는 전기설비의 운전·조작 또는 이에 대한 업무를 수행하여야 한다.
③ 전기안전관리자는 전기설비의 운전·조작 또는 이에 대한 업무를 감독하여야 한다.
④ 전기안전관리자가 부재 등의 사유로 전기설비의 운전·조작할 수 없을 경우 안전관리 교육을 받은 자 중 1명을 지정할 수 있다.

해설
전기안전관리자의 자격 및 직무(전기사업법 시행규칙 제44조)
전기안전관리자는 전기설비의 운전·조작 또는 이에 대한 업무를 감독하여야 한다.

62 인버터 입출력회로 절연저항 측정 시 주의사항에 관한 설명 중 틀린 것은?

① 트랜스리스 인버터의 경우는 제조업자가 추천하는 방법에 따라 측정한다.
② 측정할 때는 서지 업서버 등 정격에 약한 회로에 관해서는 회로에서 분리시킨다.
③ 입출력 단자에 주회로 이외의 제어단자 등이 있는 경우는 이것을 포함해서 측정한다.
④ 정격전압이 입출력에서 다를 때는 낮은 측의 전압을 절연저항계의 선택기준으로 한다.

해설
정격전압이 입출력과 다를 때에는 높은 측의 전압을 절연저항계의 선택 기준으로 한다.

63 태양광발전시스템의 청소 시 유의사항으로 틀린 것은?

① 절연물은 충전부 간을 가로지르는 방향으로 청소한다.
② 문, 커버 등을 열기 전에는 주변의 먼지나 이물질을 제거한다.
③ 청소걸레는 마른걸레를 사용하되 젖은 걸레를 사용하는 경우 산성인 것을 사용한다.
④ 컴프레서를 이용하여 공압을 사용하는 진공청소기를 이용한 흡입방식을 사용하고, 토출방식은 공기의 압력에 유의한다.

해설
산성의 성분에 태양광 모듈이 닿으면 부식이나 손상이 될 수 있으므로 사용하지 않는다.

64 태양광 어레이 회로의 전로 사용전압이 150[V] 초과 300[V] 이하인 경우 절연저항값은 몇 [MΩ] 이상이어야 하는가?

① 0.1
② 0.2
③ 0.3
④ 0.4

정답 60 ④ 61 ② 62 ④ 63 ③ 64 ②

해설

절연저항 측정회로(전기설비기술기준 제52조)

전로의 사용전압 구분		절연저항값 [MΩ]
400[V] 미만	대지전압(접지식 전로는 전선과 대지 간의 전압, 비접지식 전로는 전선 간의 전압을 말한다)의 150[V] 이하인 경우	0.1 이상
	대지전압이 150[V] 초과 300[V] 이하인 경우	0.2 이상
	사용전압이 300[V] 초과 400[V] 미만	0.3 이상
400[V] 이상		0.4 이상

※ 전기설비기술기준 제52조(저압전로의 절연성능)는 다음과 같이 개정되어 문제 성립되지 않음

전로의 사용전압 [V]	DC시험전압 [V]	절연저항 [MΩ]
SELV 및 PELV	250	0.5
FELV, 500[V] 이하	500	1.0
500[V] 초과	1,000	1.0

[주] 특별저압(Extra low voltage : 2차 전압이 AC 50[V], DC 120[V] 이하)으로 SELV(비접지회로 구성) 및 PELV(접지회로 구성)은 1차와 2차가 전기적으로 절연된 회로, FELV는 1차와 2차가 전기적으로 절연되지 않은 회로

65 정기점검에 따른 배전반 점검 항목이 아닌 것은?

① 가스 압력계 ② 리미터 스위치
③ 명판과 표시물 ④ 제어회로 단자부

해설

정기점검 시 배전반 점검항목은 제어회로 단자부, 리밋 스위치, 셔터, 인출기구(차단기, 유닛 등), 기구조작(단로기 등) 및 명판과 표시물이다.

66 송전설비 보수점검 작업 시 점검 전 유의사항이 아닌 것은?

① 무전압 상태확인 및 안전조치
② 차단기 1차 측의 통전 유무를 확인
③ 점검 시 안전을 위하여 접지선을 제거
④ 작업 주변의 정리, 설비 및 기계의 안전 확인

해설

점검 전의 유의 사항
• 관련된 차단기, 단로기를 열어 무전압 상태로 만든다.
• 검전기를 사용하여 무전압 상태를 확인하고 필요한 개소는 접지를 실시한다.

67 일상점검 시 축전지의 육안점검 항목으로 틀린 것은?

① 통 풍 ② 변 형
③ 팽 창 ④ 변 색

해설

축전지의 육안점검 사항은 외관 점검, 전해액 비중 및 전해액면 저하 등이다.

68 [보기]의 괄호에 들어갈 내용으로 가장 옳은 것은?

[보 기]
전기사업의 허가기준(제4조) 중 '대통령령으로 정하는 공급능력'이란 해당 특정한 공급구역의 전력수요의 (   )[%] 이상의 공급능력을 말한다.

① 30 ② 40
③ 50 ④ 60

해설

전기사업의 허가기준(전기사업법 시행령 제4조)
대통령령으로 정하는 공급능력은 해당 특정한 공급구역의 전력수용의 60[%] 이상의 공급능력을 말한다.

69 성능평가를 위한 측정요소에서 신뢰성 평가·분석 항목 중 시스템 트러블에 해당하지 않는 것은?

① 직류지락 ② 인버터 정지
③ 계통지락 ④ 컴퓨터 전원의 차단

해설

신뢰성 평가 분석 항목의 시스템 트러블
인버터 정지, 직류지락, 계통지락, RCD트립, 원인불명 등에 의한 시스템 운전정지 등

정답 65 ① 66 ③ 67 ① 68 ④ 69 ④

70 다음 그림에서 태양광 어레이의 각 스트링의 개방전압 측정방법으로 틀린 것은?

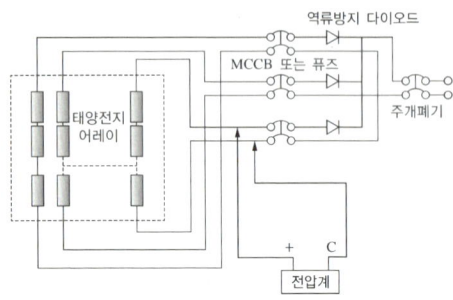

① 접속함의 출력개폐기를 Off한다.
② 각 모듈이 음영에 영향을 받지 않는지 확인한다.
③ 접속함의 각 스트링 단로 스위치를 모두 On한다.
④ 측정을 시행하는 스트링의 단로 스위치만 Off한다.

해설
개방전압의 측정순서
- 접속함의 주개폐기를 개방(Off)한다.
- 접속함 내 각 스트링 MCCB 또는 퓨즈를 개방(Off)한다(있는 경우).
- 각 모듈이 그늘져 있지 않은지 확인한다.
- 측정하는 스트링의 MCCB 또는 퓨즈를 개방(Off)하여(있는 경우), 직류전압계로 각 스트링의 P-N 단자 간의 전압을 측정한다.
- 테스터 이용 시 실수로 전류 측정 레인지에 놓고 측정하면 단락전류가 흐를 위험이 있으므로 주의해야 한다. 또한, 디지털 테스터를 이용할 경우에는 극성을 확인해야 한다.
- 측정한 각 스트링의 개방전압값이 측정 시의 조건하에서 타당한 값인지 확인한다(각 스트링의 전압 차가 모듈 1매분 개방전압의 1/2보다 적은 것을 목표로 한다).

71 괄호에 안에 들어갈 절연저항 값은 몇 [MΩ]인가?

전로의 사용전압 구분		절연저항값
400[V] 미만	대지전압(접지식 전로는 전선과 대지 사이의 전압, 비접지식 전로는 전선 간의 전압을 말한다)이 150[V] 이하인 경우	0.1[MΩ]
	대지전압이 150[V] 초과 300[V] 이하인 경우	0.2[MΩ]
400[V] 이상, 600[V] 이하		( )[MΩ]

① 0.3
② 0.4
③ 0.5
④ 0.6

해설
절연저항 측정회로(전기설비기술기준 제52조)

전로의 사용전압 구분		절연저항값 [MΩ]
400[V] 미만	대지전압(접지식 전로는 전선과 대지 간의 전압, 비접지식 전로는 전선 간의 전압을 말한다)의 150[V] 이하인 경우	0.1 이상
	대지전압이 150[V] 초과 300[V] 이하인 경우	0.2 이상
	사용전압이 300[V] 초과 400[V] 미만	0.3 이상
400[V] 이상		0.4 이상

※ 전기설비기술기준 제52조(저압전로의 절연성능)는 다음과 같이 개정되어 문제 성립되지 않음

전로의 사용전압 [V]	DC시험전압 [V]	절연저항 [MΩ]
SELV 및 PELV	250	0.5
FELV, 500[V] 이하	500	1.0
500[V] 초과	1,000	1.0

[주] 특별저압(Extra low voltage : 2차 전압이 AC 50[V], DC 120[V] 이하)으로 SELV(비접지회로 구성) 및 PELV(접지회로 구성)은 1차와 2차가 전기적으로 절연된 회로, FELV는 1차와 2차가 전기적으로 절연되지 않은 회로

72 검출기로 검출된 데이터를 컴퓨터 및 먼 거리에 설치한 표시 장치에 전송하는 경우에 사용하는 기기는?

① 일사량계
② 연산장치
③ 기억장치
④ 신호변환기

해설
신호변환기(트랜스듀서)
- 신호변환기는 검출기로 검출된 데이터를 컴퓨터 및 먼 거리에 설치된 표시장치에 전송하는 경우에 사용한다.
- 신호변환기는 각종 검출 데이터(전압, 전류, 전력 등)에 적합한 것이 시판되고 있으므로 그 중에서 필요한 것을 선택하며, 신호변환기의 출력신호도 입력 신호 0~100[%]에 대하여 0~5[V], 1~5[V], 14~20[mA] 등 여러 가지로 시판되고 있으므로 그 중에서 최적인 것을 선택한다.
- 신호출력은 노이즈가 혼입되지 않도록 실드선을 사용하여 전송하도록 한다(4~20[mA]의 전류신호로 전송하면 노이즈의 염려가 줄어든다).

정답 70 ③ 71 ② 72 ④

73 동일한 일사량 조건하에서 태양광발전 모듈 온도가 상승할 경우, 나타나는 형상으로 옳은 것은?

① 개방단 전압(V_{oc})와 단락전류(I_{sc}) 모두 증가하여 최대출력 증가
② 개방단 전압(V_{oc})와 단락전류(I_{sc}) 모두 감소하여 최대출력 감소
③ 개방단 전압(V_{oc})은 증가하고 단락전류(I_{sc})는 감소하여 최대출력 증가
④ 개방단 전압(V_{oc})은 감소하고 단락전류(I_{sc})는 소폭 증가하여 최대출력 감소

해설
태양광발전 모듈 온도가 상승할 경우 개방단 전압(V_{oc})은 감소하고 단락전류(I_{sc})는 소폭 증가하여 최대출력이 감소한다.

74 태양광발전 모듈의 온도 사이클 시험, 습도-동결 시험, 고온고습 시험을 하기 위한 환경 체임버는?

① 염수분무 장치
② UV 시험 장치
③ 항온항습 장치
④ 우박 시험 장치

해설
태양광발전 모듈의 온도 사이클 시험, 습도-동결 시험, 고온고습 시험을 하기 위한 환경 체임버는 항온항습 장치이다.

75 태양광발전설비 유지보수 관리에 필요한 전기안전관리자의 점검횟수 및 점검간격에 대한 기준으로 틀린 것은?

① 설비용량 300[kW] 이하, 월1회, 점검간격 20일 이상
② 설비용량 300[kW] 초과~500[kW] 이하, 월2회, 점검간격 10일 이상
③ 설비용량 500[kW] 초과~700[kW] 이하, 월3회, 점검간격 7일 이상
④ 설비용량 1,500[kW] 초과~2,000[kW] 이하, 월5회, 점검간격 5일 이상

76 충전부 작업 중에 접지면을 절연시켜 인체가 통전경로가 되지 않도록 하기 위해 사용하는 고무판의 사용범위가 아닌 것은?

① 절연내력 시험 시
② 노출충전부가 있는 배전반 및 스위치 조작 시
③ 배전반 내에서의 계전기, 모선 등의 점검, 보수 작업 시
④ 정지된 회전기의 정류자면, 브러시면을 점검, 조정 작업 시

해설
고무판은 절연용 방호구로서 절연내력 시험 시 충전부의 배전반 및 스위치 조작 시 배전반 내의 보수 점검 시 사용한다.

77 소형 태양광 인버터의 교류 전압, 주파수 추종 범위 시험에 대한 설명으로 가장 옳은 것은?

① 출력 역률이 0.98 이상이다.
② 각 차수별 왜형률은 3[%] 이내이다.
③ 출력 전류의 종합 왜형률은 3[%] 이내이다.
④ 59.5[Hz]와 60.5[Hz]에서 교류출력 전력, 전류 왜형률, 역률 등을 측정한다.

정답 73 ④ 74 ③ 75 ④ 76 ④ 77 ②

해설

소형 태양광발전용 인버터(계통연계형, 독립형)
- 교류 전압, 주파수 추종 범위 : 기준범위 내의 계통전압변화에 추종하여 안정하게 운전할 것, 출력 전류의 종합 왜형률은 5[%] 이내, 각 차수별 왜형률이 3[%] 이내일 것, 출력 역률이 0.95 이상일 것
- 교류 출력 전류 변형율 : 교류 출력 전류 종합 왜형률이 5[%] 이내, 각 차수별 왜형률이 3[%] 이내일 것
- 누설전류 : 누설전류가 5[mA] 이하일 것
- 출력 전류 직류분 검출 시험 : 직류전류 성분의 유출분이 정격 전류의 0.5[%] 이내일 것

78 안전장비의 정기점검 관리 보관 요령으로 틀린 것은?

① 세척한 후에 그늘진 곳에 보관할 것
② 청결하고 습기가 없는 장소에 보관할 것
③ 보호구 사용 후에는 손질하여 항상 깨끗이 보관할 것
④ 한 달에 한 번 이상 책임 있는 감독자가 점검을 할 것

해설

안전장비의 정기점검 관리 보관 요령
- 한 달에 한번 이상 책임 있는 감독자가 점검을 할 것
- 청결하고 습기가 없는 장소에 보관할 것
- 보호구 사용 후에는 손질하여 항상 깨끗이 보관할 것
- 세척한 후에는 완전히 건조시켜 보관할 것

79 성능평가를 위한 측정요소 중 설치코스트 평가방법으로 가장 옳은 것은?

① 설치시설의 분류
② 설치시설의 지역
③ 설치각도와 방위
④ 인버터 설치 단가

해설

성능평가를 위한 측정요소의 설치가격 평가방법
- 시스템 설치 단가
- 태양전지 설치 단가
- 파워컨디셔너(인버터) 설치 단가
- 어레이 가대 설치 단가
- 계측표시장치 단가
- 기초공사 단가
- 부착시공 단가

80 송전설비 정기점검에 대한 설명 중 틀린 것은?

① 무전압 상태에서 필요에 따라서는 기기를 분해하여 점검한다.
② 원칙적으로 정전시키고 무전압 상태에서 기기의 이상상태를 점검한다.
③ 이상상태를 발견한 경우에는 배전반의 문을 열고 이상의 정도를 확인한다.
④ 배전반의 기능을 확인하고 유지하기 위한 계획을 수립하여 점검하는 것이다.

제5과목 　 **신재생에너지 관련 법규**

81 전기설비기술기준의 판단기준에서 지중전선로를 직접 매설식에 의하여 시설하는 경우 차량 기타 중량물의 압력을 받을 우려가 있는 장소의 매설 깊이는 몇 [m] 이상인가?

① 0.8　　　　② 1.2
③ 1.4　　　　④ 1.6

해설

지중전선로의 시설(KEC 334.1)
지중 전선로를 직접 매설식에 의하여 시설하는 경우에는 매설 깊이를 차량 기타 중량물의 압력을 받을 우려가 있는 장소에는 1.0[m] 이상, 기타 장소에는 0.6[m] 이상으로 하고 또한 지중 전선을 견고한 트라프 기타 방호물에 넣어 시설하여야 한다.
※ KEC(한국전기설비규정)의 적용으로 인해 판단기준 제136조(지중전선로의 시설)에서 KEC 334.1으로 개정되어 문제 성립되지 않음 (2021.01.19.)

82 전기설비기술기준에서 고압 및 특고압 전로의 피뢰기 시설 위치가 아닌 것은?

① 가공전선로와 지중전선로가 접속되는 곳
② 발전소・변전소 또는 이에 준하는 장소의 가공전선 인입구 및 인출구
③ 고압 또는 특고압의 지중전선로로부터 공급을 받는 수용 장소의 인입구
④ 가공전선로(25[kV] 이하의 중성점 다중접지식 특고압 가공전선로를 제외한다)에 접속하는 배전용 변압기의 고압측 및 특고압측

> **[해설]**
> **고압 및 특고압 전로의 피뢰기 시설(전기설비기술기준 제34조)**
> 고압 및 특고압의 전로 중 다음 각 호에 열거하는 곳 또는 이에 근접한 곳에는 피뢰기를 시설하여야 한다.
> - 발전소·변전소 또는 이에 준하는 장소의 가공전선 인입구 및 인출구
> - 가공전선로(25[kV] 이하의 중성점 다중접지식 특고압 가공전선로를 제외한다)에 접속하는 배전용 변압기의 고압 측 및 특고압 측
> - 고압 및 특고압 가공전선로로부터 공급을 받는 수용장소의 인입구
> - 가공전선로와 지중전선로가 접속되는 곳

83 안전공사 및 전기안전관리대행사업자가 안전관리업무를 대행할 수 있는 전기설비의 규모가 아닌 것은?
① 용량 300[kW] 미만의 발전설비
② 용량 1,000[kW] 미만의 전기수용설비
③ 용량 600[kW] 미만의 태양광 발전설비
④ 용량 500[kW] 미만의 비상용 예비발전설비

84 전기공사업법에서 공사업자가 아니어도 도급받거나 시공할 수 있는 대통령령으로 정하는 경미한 전기공사가 아닌 것은?
① 특고압 차단기 및 변압기 교체공사
② 전력량계 또는 퓨즈를 부착하거나 떼어내는 공사
③ 꽂음접속기, 소켓, 로제트, 실링블록, 접속기, 전구류, 나이프스위치, 그 밖에 개폐기의 보수 및 교환에 관한 공사
④ 벨, 인터폰, 장식전구, 그 밖에 이와 비슷한 시설에 사용되는 소형변압기(2차 측 전압 36[V] 이하의 것으로 한정한다)의 설치 및 그 2차 측 공사

> **[해설]**
> **경미한 전기공사 등(전기공사업법 시행령 제5조)**
> - 대통령령으로 정하는 경미한 전기공사란 다음의 공사를 말한다.
>   - 꽂음접속기, 소켓, 로제트, 실링블록, 접속기, 전구류, 나이프스위치, 그 밖에 개폐기의 보수 및 교환에 관한 공사
>   - 벨, 인터폰, 장식전구, 그 밖에 이와 비슷한 시설에 사용되는 소형변압기(2차측 전압 36[V] 이하의 것으로 한정한다)의 설치 및 그 2차측 공사
>   - 전력량계 또는 퓨즈를 부착하거나 떼어내는 공사
>   - 전기용품 및 생활용품 안전관리법에 따른 전기용품 중 꽂음접속기를 이용하여 사용하거나 전기기계·기구(배선기구는 제외한다) 단자에 전선(코드, 캡타이어케이블 및 케이블을 포함한다)을 부착하는 공사
>   - 전압이 600[V] 이하이고, 전기시설 용량이 5[kW] 이하인 단독주택 전기시설의 개선 및 보수 공사. 다만, 전기공사기술자가 하는 경우로 한정한다.
> - 대통령령으로 정하는 전기공사란 다음의 공사를 말한다.
>   - 전기설비가 멸실되거나 파손된 경우 또는 재해나 그 밖의 비상시에 부득이하게 하는 복구공사
>   - 전기설비의 유지에 필요한 긴급보수공사

85 온실가스 배출량 및 에너지 소비량에 관한 명세서를 작성할 때 포함되는 사항이 아닌 것은?
① 명세서에 관한 품질관리 절차
② 온실가스 감축·흡수·제거 실적
③ 업체의 규모, 생산설비, 제품원료 및 생산량
④ 생산공정과 생산설비로 구분한 온실가스 배출량·종류 및 규모

> **[해설]**
> **명세서의 보고·관리 절차 등(저탄소 녹색성장 기본법 시행령 제34조)**
> 관리업체는 사업장별로 매년 온실가스 배출량 및 에너지 소비량에 대하여 측정·보고·검증 가능한 방식으로 명세서를 작성하여 정부에 보고하여야 한다는 규정에 따라 해당 연도(관리업체 지정기준 등에 따라 관리업체로 지정된 최초의 연도의 경우에는 과거 3년간을 말한다) 온실가스 배출량 및 에너지 소비량에 관한 명세서를 작성하고, 이에 대한 검증기관의 검증 결과를 첨부하여 부문별 관장기관에게 다음 연도 3월 31일까지 전자적 방식으로 제출하여야 한다.
> (1) 명세서에는 다음의 사항이 포함되어야 한다.
>   ① 업체의 규모, 생산설비, 제품원료 및 생산량
>   ② 사업장별 배출 온실가스의 종류 및 배출량, 온실가스 배출시설의 종류·규모·수량 및 가동시간
>   ③ 사업장별 사용 에너지의 종류 및 사용량, 사용연료의 성분, 에너지 사용시설의 종류·규모·수량 및 가동시간
>   ④ 생산 공정과 생산설비로 구분한 온실가스 배출량·종류 및 규모
>   ⑤ 생산 공정에서 사용된 온실가스 배출 방지시설의 종류·규모·처리효율·수량 및 가동시간
>   ⑥ 포집(捕執)·처리한 온실가스의 종류 및 양
>   ⑦ ②~⑥까지의 부문별 온실가스 배출량 및 에너지 사용량의 계산·측정 방법
>   ⑧ 명세서에 관한 품질관리 절차
>   ⑨ 그 밖에 관리업체의 온실가스 배출량 및 에너지 소비량의 관리를 위하여 부문별 관장기관이 환경부장관과의 협의를 거쳐 필요하다고 인정한 사항

정답 83 전항정답 84 ① 85 ②

86 공급인증기관이 제정하는 공급인증서 발급 및 거래시장 운영에 관한 규칙 사항이 아닌 것은?

① 공급인증서의 거래방법에 관한 사항
② 공급인증서 가격의 결정방법에 관한 사항
③ 신재생에너지 사용량의 증명에 관한 사항
④ 공급인증서 거래의 정산 및 결제에 관한 사항

해설

운영규칙의 제정 등(신에너지 및 재생에너지 개발·이용·보급 촉진법 시행규칙 제2조의 4)

공급인증기관의 업무 등에 따라 공급인증기관이 제정하는 공급인증서 발급 및 거래시장 운영에 관한 규칙에는 다음의 사항이 포함되어야 한다.
(1) 공급인증서의 발급, 등록, 거래 및 폐기 등에 관한 사항
(2) 신재생에너지 공급량의 증명에 관한 사항
(3) 공급인증서의 거래방법에 관한 사항
(4) 공급인증서 가격의 결정방법에 관한 사항
(5) 공급인증서 거래의 정산 및 결제에 관한 사항
(6) (1)과 관련된 정보의 공개 및 분쟁조정에 관한 사항
(7) 그 밖에 공급인증서의 발급 및 거래시장 운영에 필요한 사항

87 연면적 1,000[m²] 이상의 신축·증축 또는 개축하는 건축물을 대상으로 예상 에너지사용량에 대한 2018년도 신재생에너지의 공급의무 비율[%]은?

① 18
② 21
③ 24
④ 27

해설

신재생에너지 공급의무 비율 등(신에너지 및 재생에너지 개발·이용·보급 촉진법 시행령 제15조)

건축법 시행령의 용도별 건축물 종류에 따라 신축·증축 또는 개축하는 부분의 연면적이 1,000[m²] 이상인 건축물(해당 건축물의 건축 목적, 기능, 설계 조건 또는 시공 여건상의 특수성으로 인하여 신재생에너지 설비를 설치하는 것이 불합리하다고 인정되는 경우로서 산업통상자원부장관이 정하여 고시하는 건축물은 제외한다) : 별표 2에 따른 비율 이상

※ 신재생에너지의 공급의무 비율(별표 2)

해당 연도	공급의무비율[%]
2011~2012	10
2013	11
2014	12
2015	15
2016	18
2017	21
2018	24
2019	27
2020 이후	30

신재생에너지의 공급의무 비율 〈개정 2020.09.29.〉

해당연도	2020~2021	2022~2023	2024~2025	2026~2027	2028~2029	2030 이후
공급의무 비율[%]	30	32	34	36	38	40

88 전기설비기술기준의 판단기준에서 분산형 전원을 계통연계하는 경우 전력계통의 단락용량이 전선의 순시허용전류를 상회할 우려가 있을 때에 시설해야 하는 장치로 가장 옳은 것은?

① 지락차단기
② 영상변류기
③ 한류리액터
④ 과전류차단기

해설

단락전류 제한장치의 시설(KEC 503.2.3)

분산형 전원을 계통연계하는 경우 전력계통의 단락용량이 다른 자의 차단기의 차단용량 또는 전선의 순시허용전류 등을 상회할 우려가 있을 때에는 그 분산형 전원 설치자가 전류제한리액터(한류리액터) 등 단락전류를 제한하는 장치를 시설하여야 하며, 이러한 장치로도 대응할 수 없는 경우에는 그 밖에 단락전류를 제한하는 대책을 강구하여야 한다.

※ KEC(한국전기설비규정)의 적용으로 인해 판단기준 제282조(단락전류 제한장치의 시설)에서 KEC 503.2.3로 변경 및 개정됨 〈2021.01.19.〉

89 전기설비기술기준의 판단기준에서 발전소 등의 울타리·담 등의 시설 기준에 대한 설명 중 틀린 것은?

① 울타리·담 등의 높이는 2[m] 이상으로 할 것
② 지표면과 울타리·담 등의 하단 사이의 간격은 20[cm] 이하로 할 것
③ 출입구에는 출입금지 표시 및 자물쇠 등 기타 적당한 장치를 할 것
④ 35[kV] 이하 전압에서는 울타리·담 등의 높이와 울타리·담 등으로부터 충전부분까지의 거리의 합계는 5[m] 이상일 것

해설
발전소 등의 울타리·담 등의 시설(KEC 351.1)
(1) 고압 또는 특고압의 기계기구·모선 등을 옥외에 시설하는 발전소·변전소·개폐소 또는 이에 준하는 곳에는 다음에 따라 구내에 취급자 이외의 사람이 들어가지 아니하도록 시설하여야 한다. 다만, 토지의 상황에 의하여 사람이 들어갈 우려가 없는 곳은 그러하지 아니하다.
  ① 울타리·담 등을 시설할 것
  ② 출입구에는 출입금지의 표시를 할 것
  ③ 출입구에는 자물쇠장치 기타 적당한 장치를 할 것
(2) (1)의 울타리·담 등은 다음에 따라 시설하여야 한다.
  ① 울타리·담 등의 높이는 2[m] 이상으로 하고 지표면과 울타리·담 등의 하단 사이의 간격은 15[cm] 이하로 할 것
  ② 울타리·담 등과 고압 및 특고압의 충전 부분이 접근하는 경우에는 울타리·담 등의 높이와 울타리·담 등으로부터 충전부분까지 거리의 합계는 다음 표에서 정한 값 이상으로 할 것

사용전압의 구분	울타리·담 등의 높이와 울타리·담 등으로부터 충전부분까지의 거리의 합계
35[kV] 이하	5[m]
35[kV] 초과 160[kV] 이하	6[m]
160[kV] 초과	6[m]에 160[kV]를 초과하는 10[kV] 또는 그 단수마다 12[cm]를 더한 값

(3) 고압 또는 특고압의 기계기구, 모선 등을 옥내에 시설하는 발전소·변전소·개폐소 또는 이에 준하는 곳에는 다음의 어느 하나에 의하여 구내에 취급자 이외의 자가 들어가지 아니하도록 시설하여야 한다. 다만, (1)의 규정에 의하여 시설한 울타리·담 등의 내부는 그러하지 아니하다.
  ① 울타리·담 등을 (2)의 규정에 준하여 시설하고 또한 그 출입구에 출입금지의 표시와 자물쇠장치 기타 적당한 장치를 할 것
  ② 견고한 벽을 시설하고 그 출입구에 출입금지의 표시와 자물쇠장치 기타 적당한 장치를 할 것
(4) 고압 또는 특고압 가공전선(전선에 케이블을 사용하는 경우는 제외함)과 금속제의 울타리·담 등이 교차하는 경우에 금속제의 울타리·담 등에는 교차점과 좌, 우로 45[m] 이내의 개소에 접지설비(KEC 320)에 의한 접지공사를 하여야 한다. 또한 울타리·담 등에 문 등이 있는 경우에는 접지공사를 하거나 울타리·담 등과 전기적으로 접속하여야 한다. 다만, 토지의 상황에 의하여 접지설비(KEC 320)에 의한 접지저항 값을 얻기 어려울 경우에는 100[Ω] 이하로 하고 또한 고압 가공전선로는 고압보안공사, 특고압 가공전선로는 제2종 특고압 보안공사에 의하여 시설할 수 있다.
(5) 공장 등의 구내(구내 경계 전반에 울타리, 담 등을 시설하고, 일반인이 들어가지 않게 시설한 것에 한한다)에 있어서 옥외 또는 옥내에 고압 또는 특고압의 기계기구 및 모선 등을 시설하는 발전소·변전소·개폐소 또는 이에 준하는 곳에는 "위험" 경고 표지를 하고 특고압용 기계기구의 시설 및 고압용 기계기구의 시설 규정에 준하여 시설하는 경우에는 (1) 및 (3)의 규정에 의하지 아니할 수 있다.
(6) 전기설비기술기준 제21조제5항(고압 또는 특고압의 전기기계기구·모선 등을 시설하는 발전소·변전소·개폐소 또는 이에 준하는 곳에 시설하는 전기설비는 자중, 적재하중, 적설 또는 풍압 및 지진 그 밖의 진동과 충격에 대하여 안전한 구조이어야 한다)에 따라 내진설계를 하는 경우에는 한국전기기술기준위원회의 KECG 9701(건축전기설비 정착부 내진 설계 및 시공지침) 및 KECC 7701(발·변전 규정)을 참고할 수 있다.
※ KEC(한국전기설비규정)의 적용으로 인해 판단기준 제30조(발전소 등의 울타리·담 등의 시설)에서 KEC 351.1으로 변경됨 〈2021.01.19.〉

90
전기설비기술기준의 판단기준에서 고압용 또는 특고압용 기계기구의 철대 및 금속제 외함(외함이 없는 변압기 또는 계기용 변성기는 철심) 접지공사의 종류는?

① 제1종 접지공사
② 제2종 접지공사
③ 제3종 접지공사
④ 특별 제3종 접지공사

해설
기계기구의 철대 및 외함의 접지(판단기준 제33조)
전로에 시설하는 기계기구의 철대 및 금속제 외함(외함이 없는 변압기 또는 계기용변성기는 철심)에는 다음에 따라 접지공사를 하여야 한다.

기계기구의 구분	접지공사의 종류
400[V] 미만인 저압용 것	제3종 접지공사
400[V] 이상의 저압용 것	특별 제3종 접지공사
고압용 또는 특고압용 것	제1종 접지공사

※ KEC(한국전기설비규정)의 적용으로 종별 접지공사가 폐지되어 문제 성립되지 않음 〈2021.01.19.〉

91
한국전력거래소는 전력시장 및 전력계통의 운영에 관한 규칙을 정하여야 한다. 전력시장운영규칙에 포함되지 않는 내용은?

① 전력거래방법에 관한 사항
② 전력거래 시 REC 가격 변동 사항
③ 전력거래의 정산·결제에 관한 사항
④ 전력량계의 설치 및 계량 등에 관한 사항

해설
전력시장운영규칙(전기사업법 제43조)
(1) 한국전력거래소는 전력시장 및 전력계통의 운영에 관한 규칙(이하 "전력시장운영규칙"이라 한다)을 정하여야 한다.
(2) 한국전력거래소는 전력시장운영규칙을 제정·변경 또는 폐지하려는 경우에는 산업통상자원부장관의 승인을 받아야 한다.
(3) 산업통상자원부장관은 (2)에 따른 승인을 하려면 전기위원회의 심의를 거쳐야 한다.
(4) 전력시장운영규칙에는 다음의 사항이 포함되어야 한다.
  ① 전력거래방법에 관한 사항
  ② 전력거래의 정산·결제에 관한 사항
  ③ 전력거래의 정보공개에 관한 사항
  ④ 전력계통의 운영 절차와 방법에 관한 사항
  ⑤ 전력량계의 설치 및 계량 등에 관한 사항
  ⑥ 전력거래에 관한 분쟁조정에 관한 사항
  ⑦ 그 밖에 전력시장의 운영에 필요하다고 인정되는 사항

정답 90 ① 91 ②

92 다음 중 신에너지에 해당되지 않는 것은?

① 수소에너지
② 태양에너지
③ 연료전지
④ 석탄을 액화·가스화한 에너지

해설

용어의 정의(신에너지 및 재생에너지 개발·이용·보급 촉진법 제2조)
"신에너지"란 기존의 화석연료를 변환시켜 이용하거나 수소·산소 등의 화학 반응을 통하여 전기 또는 열을 이용하는 에너지로서 다음의 어느 하나에 해당하는 것을 말한다.
- 수소에너지
- 연료전지
- 석탄을 액화·가스화한 에너지 및 중질잔사유를 가스화한 에너지로서 대통령령으로 정하는 기준 및 범위에 해당하는 에너지
- 그 밖에 석유·석탄·원자력 또는 천연가스가 아닌 에너지로서 대통령령으로 정하는 에너지

93 전기판매사업자는 대통령령으로 정하는 바에 따라 전기요금과 그 밖의 공급조건에 관한 약관을 작성하여 누구의 인가를 받아야 하는가?

① 전기위원회위원장　② 전력거래소장
③ 기획재정부장관　　④ 산업통상자원부장관

해설

전기의 공급약관(전기사업법 제16조)
전기판매사업자는 대통령령으로 정하는 바에 따라 전기요금과 그 밖의 공급조건에 관한 약관을 작성하여 산업통상자원부장관의 인가를 받아야 한다.

94 전기설비기술기준의 판단기준에서 저압 전로에 시설하는 보호 장치의 확실한 동작을 확보하기 위하여 특히 필요한 경우에 전로의 중점에 접지공사를 할 경우 접지선의 공칭단면적은 몇 [mm²] 이상의 연동선으로 사용하여야 하는가?

① 4　　　　② 6
③ 10　　　④ 16

해설

전로의 중성점의 접지(KEC 322.5)
저압전로에 시설하는 보호장치의 확실한 동작을 확보하기 위하여 특히 필요한 경우에 전로의 중성점에 접지공사를 할 경우(저압전로의 사용전압이 300[V] 이하의 경우에 전로의 중성점에 접지공사를 하기 어려울 때에 전로의 1단자에 접지공사를 시행할 경우를 포함) 접지도체는 공칭단면적 6[mm²] 이상의 연동선 또는 이와 동등 이상의 세기 및 굵기의 쉽게 부식하지 않는 금속선으로서 고장 시 흐르는 전류가 안전하게 통할 수 있는 것을 사용하고 또한 접지시스템의 규정에 준하여 시설하여야 한다.
※ KEC(한국전기설비규정)의 적용으로 인해 판단기준 제27조(전로의 중성점의 접지)에서 KEC 322.5으로 변경됨〈2021.01.19.〉

95 신재생에너지 발전사업자가 신재생에너지의 기술개발 및 이용·보급에 필요한 사업을 원활히 수행하기 위하여 가입하는 엔지니어링산업 진흥법 제34조에 따른 공제조합이 공제사업을 할 경우 정하는 공제규정에 대한 내용으로 틀린 것은?

① 공제사업의 범위
② 공제계약의 내용
③ 공제금 및 공제료
④ 공제계약 위반 시 벌칙금

해설

공제규정(신에너지 및 재생에너지 개발·이용·보급 촉진법 시행령 제28조)
(1) 신재생에너지사업자의 공제조합 가입 등에 따른 공제조합이 공제사업을 하려면 공제규정을 정하여야 한다.
(2) (1)에 따른 공제규정에는 다음의 사항이 포함되어야 한다.
　① 공제사업의 범위
　② 공제계약의 내용
　③ 공제금 및 공제료
　④ 공제금에 충당하기 위한 책임준비금
　⑤ 그 밖에 공제사업의 운영에 필요한 사항

96 정부는 지속가능발전과 관련된 국제적 합의를 성실히 이행하고, 국가의 지속가능발전을 촉진하기 위하여 몇 년을 계획기간으로 하는 지속가능발전 기본계획을 5년마다 수립·시행하여야 하는가?

① 10
② 20
③ 30
④ 50

해설

지속가능발전 기본계획의 수립·시행(저탄소 녹색성장 기본법 제50조)
정부는 1992년 브라질에서 개최된 유엔환경개발회의에서 채택한 의제21, 2002년 남아프리카공화국에서 개최된 세계지속가능발전정상회의에서 채택한 이행계획 등 지속가능발전과 관련된 국제적 합의를 성실히 이행하고, 국가의 지속가능발전을 촉진하기 위하여 20년을 계획기간으로 하는 지속가능발전 기본계획을 5년마다 수립·시행하여야 한다.

97 신재생에너지 설비 설치의무기관으로 대통령령으로 정하는 금액 이상을 출연한 정부출연기관에서 "대통령령으로 정하는 금액 이상"이란 최소 연간 얼마 이상을 말하는가?

① 40억 원
② 50억 원
③ 60억 원
④ 70억 원

해설

신재생에너지 설비 설치의무기관(신에너지 및 재생에너지 개발·이용·보급 촉진법 시행령 제16조)
• 정부가 대통령령으로 정하는 금액 이상을 출연한 정부출연기관에서 "대통령령으로 정하는 금액 이상"이란 연간 50억 이상을 말한다.
• 지방자치단체 및 따른 공공기관, 정부출연기관 또는 정부출자기업체가 대통령령으로 정하는 비율 또는 금액 이상을 출자한 법인에서 "대통령령으로 정하는 비율 또는 금액 이상을 출자한 법인"이란 다음의 어느 하나에 해당하는 법인을 말한다.
  – 납입자본금의 100의 50 이상을 출자한 법인
  – 납입자본금으로 50억원 이상을 출자한 법인

98 전기설비기술기준에서 저압 선로 중 절연 부분의 전선과 대지 사이 및 전선의 심선 상호 간의 절연저항은 사용전압에 대한 누설전류가 최대 공급전류의 얼마를 넘지 않도록 하여야 하는가?

① 1/100
② 1/500
③ 1/1,000
④ 1/2,000

해설

전선로의 전선 및 절연성능(전기설비기술기준 제27조)
• 저압 가공전선(중성선 다중접지식에서 중성선으로 사용하는 전선을 제외한다) 또는 고압 가공전선은 감전의 우려가 없도록 사용전압에 따른 절연성능을 갖는 절연전선 또는 케이블을 사용하여야 한다. 다만 해협 횡단·하천 횡단·산악지 등 통상 예견되는 사용 형태로 보아 감전의 우려가 없는 경우에는 그러하지 아니하다.
• 지중전선(지중전선로의 전선을 말한다)은 감전의 우려가 없도록 사용전압에 따른 절연성능을 갖는 케이블을 사용하여야 한다.
• 저압 전선로 중 절연 부분의 전선과 대지 사이 및 전선의 심선 상호 간의 절연저항은 사용전압에 대한 누설전류가 최대 공급전류의 1/2,000을 넘지 않도록 하여야한다.

99 정부가 신재생에너지의 기술개발 및 이용·보급의 촉진에 관한 시책을 마련하여 자발적인 신재생에너지 기술개발 및 이용·보급을 장려하고 보호 육성하여야 하는 대상이 아닌 것은?

① 기업체
② 공공기관
③ 해외기관
④ 지방자치단체

해설

시책과 장려 등(신에너지 및 재생에너지 개발·이용·보급 촉진법 제4조)
• 정부는 신재생에너지의 기술개발 및 이용·보급의 촉진에 관한 시책을 마련하여야 한다.
• 정부는 지방자치단체, 공공기관의 운영에 관한 법률에 따른 공공기관, 기업체 등의 자발적인 신재생에너지 기술개발 및 이용·보급을 장려하고 보호·육성하여야 한다.

정답 96 ② 97 ② 98 ④ 99 ③

100 전기설비기술기준의 판단기준에서 상주 감시를 하지 아니하는 변전소의 변전제어소 또는 기술원이 상주하는 장소에 경보장치를 시설하는 경우로서 틀린 것은?

① 제어 회로의 전압이 현저히 저하한 경우
② 주요 변압기의 전원 측 전로가 무전압으로 된 경우
③ 특고압용 타냉식변압기는 그 냉각장치가 고장난 경우
④ 출력 500[kVA] 초과하는 특고압용변압기의 온도가 현저히 상승한 경우

해설
상주 감시를 하지 아니하는 변전소의 시설(KEC 351.9)
(1) 변전소(이에 준하는 곳으로서 50[kV]를 초과하는 특고압의 전기를 변성하기 위한 것을 포함한다)의 운전에 필요한 지식 및 기능을 가진 자(이하 "기술원"이라고 한다)가 그 변전소에 상주하여 감시를 하지 아니하는 변전소는 다음에 따라 시설하는 경우에 한한다.
  ① 사용전압이 170[kV] 이하의 변압기를 시설하는 변전소로서 기술원이 수시로 순회하거나 그 변전소를 원격감시 제어하는 제어소(이하 "변전제어소"라 한다)에서 상시 감시하는 경우
  ② 사용전압이 170[kV]를 초과하는 변압기를 시설하는 변전소로서 변전제어소에서 상시 감시하는 경우
(2) (1)의 ①에 규정하는 변전소는 다음에 따라 시설하여야 한다.
  ① 다음의 경우에는 변전제어소 또는 기술원이 상주하는 장소에 경보장치를 시설할 것
    ㉠ 운전조작에 필요한 차단기가 자동적으로 차단한 경우(차단기가 재폐로한 경우를 제외한다)
    ㉡ 주요 변압기의 전원측 전로가 무전압으로 된 경우
    ㉢ 제어 회로의 전압이 현저히 저하한 경우
    ㉣ 옥내변전소에 화재가 발생한 경우
    ㉤ 출력 3,000[kVA]를 초과하는 특고압용 변압기는 그 온도가 현저히 상승한 경우
    ㉥ 특고압용 타냉식변압기는 그 냉각장치가 고장 난 경우
    ㉦ 조상기는 내부에 고장이 생긴 경우
    ㉧ 수소냉각식 조상기는 그 조상기 안의 수소의 순도가 90[%] 이하로 저하한 경우, 수소의 압력이 현저히 변동한 경우 또는 수소의 온도가 현저히 상승한 경우
    ㉨ 가스절연기기(압력의 저하에 의하여 절연파괴 등이 생길 우려가 없는 경우를 제외한다)의 절연가스의 압력이 현저히 저하한 경우
  ② 수소냉각식 조상기를 시설하는 변전소는 그 조상기 안의 수소의 순도가 85[%] 이하로 저하한 경우에 그 조상기를 전로로부터 자동적으로 차단하는 장치를 시설할 것
  ③ 전기철도용 변전소는 주요 변성기기에 고장이 생긴 경우 또는 전원측 전로의 전압이 현저히 저하한 경우에 그 변성기기를 자동적으로 전로로부터 차단하는 장치를 할 것. 다만, 경미한 고장이 생긴 경우에 기술원주재소에 경보하는 장치를 하는 때에는 그 고장이 생긴 경우에 자동적으로 전로로부터 차단하는 장치의 시설을 하지 아니하여도 된다.
※ KEC(한국전기설비규정)의 적용으로 인해 판단기준 제56조(상주 감시를 하지 아니하는 변전소의 시설)에서 KEC 351.9으로 변경됨 〈2021.01.19.〉

2019년 제1회 기사 과년도 기출문제

신재생에너지발전설비기사(태양광) 필기

제1과목 태양광발전시스템 이론

01 어떤 회로에 $E = 200 + j50\,[\text{V}]$인 전압을 가했을 때 $I = 5 + j5\,[\text{A}]$의 전류가 흘렀다면 이 회로의 임피던스는 약 몇 $[\Omega]$인가?

① 0
② ∞
③ $70 + j30$
④ $25 - j15$

해설

$E = 200 + j50,\ I = 5 + j5$

$Z(임피던스) = \dfrac{E(전압)}{I(전류)}$

$Z = \dfrac{200 + j50}{5 + j5} = \dfrac{(200+j50)(5-j5)}{(5+j5)(5-j5)} = \dfrac{1{,}250 - j750}{5^2 - (j5)^2}$

$= \dfrac{1{,}250 - j750}{50} = 25 - j15$

02 이상적인 변압기에 대한 설명으로 옳은 것은?

① 단자전류의 비 I_2/I_1는 권수비와 같다.
② 단자전압의 비 V_2/V_1는 코일의 권수비와 같다.
③ 1차측 복소전력은 2차측 부하의 복소전력과 같다.
④ 1차측 단자에서 본 전체 임피던스는 부하 임피던스에 권수비의 자승의 역수를 곱한 것과 같다.

해설

이상적인 변압기는 단자전류의 비(I_2/I_1)는 권수비와 같아야 하며, 단자전압의 비(V_2/V_1)는 코일이 권선수보다 커야 한다.

03 태양광발전 전지에서 직렬저항이 발생하는 원인이 아닌 것은?

① 전면 및 후면 금속전극의 저항
② 태양광발전 전지 내의 누설전류
③ 금속전극과 에미터, 베이스 사이의 접촉저항
④ 태양광발전 전지의 에미터와 베이스를 통한 전류 흐름

해설

태양광발전 전지에서 직렬저항의 발생 원인
- 태양광발전 전지의 에미터와 베이스를 통한 전류 흐름
- 금속전극과 에미터, 베이스 사이의 접촉저항
- 전·후면 금속전극의 저항

04 서로 다른 두 종류의 금속을 접촉하여 두 접점의 온도를 다르게 하면 온도차에 의해서 열 기전력이 발생하고 미소한 전류가 흐르는 현상은?

① 홀 효과(Hall Effect)
② 펠티에 효과(Peltier Effect)
③ 제베크 효과(Seebeck Effect)
④ 광도전 효과(photo-conductivity Effect)

해설

용어의 정의
- 홀 효과(Hall Effect) : 전류가 흐르는 도선 안이나 다른 고체 안에서 움직이는 전하와 관련이 있는 것으로 전류가 흐르는 도선에 수직인 자기장은 도선 내에서 움직이는 전하들을 한쪽 면으로 휘어지게 만드는 효과를 말한다. 따라서 도선의 한쪽 면에는 음전하가 쌓여 음으로 대전되고, 다른 한쪽 면은 양으로 대전된다.
- 펠티에 효과(Peltier Effect) : 서로 다른 종류의 도체(금속 또는 반도체)를 접합하여 전류를 흐르게 할 때 접합부에 줄열 외에 발열과 흡열이 일어나는 현상으로서 전류가 운반하는 열량이 물질에 따라 다르기 때문에 발생하는 효과이다.
- 제베크 효과(Seebeck Effect) : 두 종류의 금속을 고리 모양으로 연결하고 한쪽 접점을 고온으로 연결하고 다른 쪽을 저온으로 연결했을 경우 그 회로에 전류가 발생하는 현상으로 연결한 금속의 종류에 따라 그 기전력과 전류의 크기가 달라지는 효과이다.
- 광도전 효과(Photoconductive Effect) : 반도체에 빛을 조사하면 반도체 중의 캐리어 밀도가 증가하여 도전율이 증가하는 현상으로서 외부로부터의 빛의 에너지에 의해 가전자대의 전자가 전도대에 여기되어 그 결과 도전성을 나타내게 되는 효과이다.

정답 1 ④ 2 ① 3 ② 4 ③

05 태양광발전 모듈의 $I-V$특성곡선에서 일사량에 따라 가장 많이 변화하는 것은?

① 전 압
② 전 류
③ 저 항
④ 커패시턴스

해설

일사량 변화에 따른 출력변화

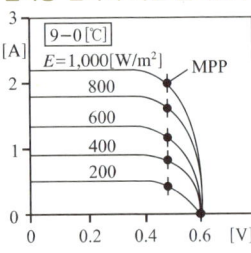 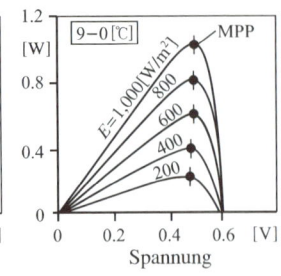

전압은 0.6[V]로 일정한데 전류량이 달라진다. 따라서 일사량 변화에 따라 전류량이 변한다고 볼 수 있다.

06 태양광발전 인버터에서 태양광발전 전지의 동작점을 항상 최대가 되도록 하는 기능은?

① 자동전압 조정기능
② 자동운전 정지기능
③ 단독운전 방지기능
④ 최대전력 추종제어 기능

해설

태양광 인버터의 기능

- 최대전력 추종제어의 기능
  태양전지의 출력은 일사강도나 태양전지의 표면 온도에 의해 변동이 된다. 이러한 변동에 대해 태양전지의 동작점이 항상 최대출력점을 추종하도록 변화시켜 태양전지에서 최대출력을 얻을 수 있는 제어이다. 즉, 인버터의 직류 동작전압을 일정 시간 간격으로 변동시켜 태양전지 출력전력을 계측한 후 이전의 것과 비교하여 항상 전력이 크게 되는 방향으로 인버터의 직류전압을 변화시키는 것이다.

- 단독운전 방지기능
  태양광발전시스템은 계통에 연계되어 있는 상태에서 계통측에 정전이 발생했을 때 부하전력이 인버터의 출력전력과 같은 경우 인버터의 출력전압·주파수계전기에서는 정전을 검출할 수가 없다. 이와 같은 이유로 계속해서 태양광발전시스템에서 계통에 전력이 공급될 가능성이 있다. 이러한 운전 상태를 단독운전이라 한다. 단독운전이 발생하면 전력회사의 배전망이 끊어져 있는 배전선에 태양광발전시스템에서 전력이 공급되기 때문에 보수점검자에게 위험을 줄 우려가 있는 태양광발전시스템을 정지할 필요가 있지만, 단독운전 상태의 전압계전기(UVR, OVR)와 주파수계전기(UFR, OFR)에서는 보호할 수 없다. 따라서 이에 대한 대책의 일환으로 단독운전 방지기능을 설정하여 안전하게 정지할 수 있도록 한다.

- 자동전압 조정기능
  태양광발전시스템을 계통에 접속하여 역송전 운전을 하는 경우 전력 전송을 위한 수전점의 전압이 상승하여 전력회사의 운용범위를 초과할 가능성이 있다. 따라서 이를 예방하기 위해 자동전압 조정기능을 설정하여 전압의 상승을 방지하고 있다.

- 인버터의 정지기능
  - 인버터는 일출과 함께 일사 강도가 증대하여 출력을 얻을 수 있는 조건이 되면 자동적으로 운전을 시작한다. 운전을 시작하면 태양전지의 출력을 스스로 감시하여 자동적으로 운전을 한다.
  - 전력계통이나 인버터에 이상이 있을 때 안전하게 분리하는 기능으로서 인버터를 정지시킨다. 해가 질 때도 출력을 얻을 수 있는 한 운전을 계속하며, 해가 완전히 없어지면 운전을 정지한다.
  - 또한 흐린 날이나 비 오는 날에도 운전을 계속할 수 있지만 태양전지의 출력이 작아져 인버터의 출력이 거의 0으로 되면 대기 상태가 된다.

07 태양광발전 모듈을 구성하는 직렬 셀에 음영이 생길 경우 발생하는 출력 저하 및 발열을 억제하기 위해 설치하는 소자는?

① 정류 다이오드
② 역전류방지 퓨즈
③ 바이패스 다이오드
④ 역전류방지 다이오드

해설

태양전지 모듈 중에서 일부의 태양전지 셀에 나뭇잎 등으로 그늘이 지거나 셀의 일부가 고장이 나면 그 부분의 셀은 발전하지 못하며 저항이 크게 된다. 이 셀에는 직렬로 접속된 스트링(회로)의 모든 전압이 인가되어 고 저항의 셀에 전류가 흐름으로써 발열이 발생한다. 셀의 온도가 높아지게 되면 셀 및 그 주변의 충진 수지가 변색되고 뒷면의 커버가 팽창하게 된다. 셀의 온도가 계속 높아지면 그 셀과 태양전지 모듈의 파손방지는 물론 이를 방진할 목적으로 고 저항이 된 태양전지 셀 또는 모듈에 흐르는 전류를 우회하는 것이 필요하다. 이것이 바로 바이패스소자를 설치하는 목적이다. 출력저하 및 발열억제를 위해 단자함 안에 바이패스 다이오드를 내장한다.

08 투명유리 위에 코팅된 투명전극과 그 위에 접착되어 있는 TiO₂ 나노입자와 전해액으로 구성된 태양광발전 전지는?

① 박 막
② CIGS계
③ 염료감응형
④ 단결정 실리콘

해설

태양전지 종류와 특징
- 결정질 실리콘 태양전지(1세대)
  - 단결정질 실리콘 태양전지
    실리콘 원자배열이 균일하고 일정하여 전자 이동에 걸림돌이 없어서 다결정보다 변환효율이 높다. 잉곳의 모양은 원주형으로 네 귀퉁이가 원형형태로 되어있어 셀 모양도 원형형태이며 공정이 복잡하고 제조비용이 높다.
  - 다결정질 실리콘 태양전지
    낮은 순도의 실리콘을 주형에 넣어 결정화하여 만든 것으로 공정이 간단하여서 제조비용이 낮지만 단결정에 비해 변환효율이 조금 낮다. 사각형 틀(주형)에 넣어서 잉곳을 만들며 셀 모양은 사각형인 특징이 있다. 현재 가장 많이 보급되어 있는 형태이다. 유리, 금속판, 플라스틱 같은 저가의 일반적인 물질을 기판으로 사용하여 빛흡수층 물질을 마이크론 두께의 아주 얇은 막을 입혀 만든 태양전지이다.
- 박막형 태양전지(2세대)
  - 비정질 실리콘 박막형 태양전지
    실리콘의 두께를 극한까지 얇게 한 것으로, 실리콘의 사용량을 약 1/100까지 줄일 수 있어서 결정질보다 제조비용이 낮아서 좋다. 결정질보다는 배열이 비규칙적으로 흩어져 있어서 변환효율이 낮다.
  - 화합물 박막형 태양전지
    실리콘 이외에 반도체 특성을 갖는 화합물인 구리(Cu), 인듐(In), 갈륨(Ga), 셀레늄(Se)으로 구성된 박막형 태양전지이다.
    ⓐ CdTe(Cadmium Telluride)
      Cd(2족), Te(4족)이 결합된 직접 천이형 화합물 반도체로 높은 광흡수와 낮은 제조단가로 상용화에 유리하며 차세대 태양전지로 각광을 받고 있다.
    ⓑ CIGS(Cu, In, Gs, Se)
      유리기판, 알루미늄, 스테인리스 등의 유연한 기판에 구리, 인듐, 갈륨, 셀레늄 화합물 등을 증착시켜 실리콘을 사용하지 않으면서도 태양광을 전기적으로 변환시켜 주는 태양전지로서 변환효율이 높다.
- 차세대 태양전지(3세대)
  - 염료감응형(Dye-Sensitized) 태양전지
    투명유리 위에 코팅된 투명전극과 그 위에 접착되어 있는 TiO₂ 나노입자와 전해액으로 구성된 태양광발전 전지로서 유기염료와 나노기술을 이용하여 고도의 효율을 갖도록 개발된 태양전지로서 날씨가 흐리거나 빛의 투사각도가 Zero(0°)에 가까워도 발전을 한다. 반투명과 투명으로 만들 수 있고 유기염료의 종류에 따라서 빨간색, 노란색, 파란색, 하늘색 등 다양한 색상이 있고 원하는 그림을 넣을 수가 있어서 인테리어로도 활용할 수 있다.
  - 유기물(Organic) 태양전지
    플라스틱의 원료인 유기물질로 만든 것으로 자유자재로 휠 수 있는 기판 위에 유기물질을 분사하여 제작하므로 다양한 모양의 대량생산이 가능하다. 실리콘계 태양전지보다 변환효율이 떨어지기 때문에 아직 많이 사용하지 않으나 발전이 기대된다.

09 PN접합 다이오드에 역방향 바이어스 전압을 인가했을 때 접합면 주변에서 발생하는 물리적 특성에 해당하지 않는 것은?

① 전계가 강해진다.
② 전위장벽이 높아진다.
③ 접합 커패시턴스가 커진다.
④ 공간전하 영역의 폭이 넓어진다.

해설

PN접합 다이오드에 역방향 바이어스 전압을 인가하게 되면 저항값이 커지게 되기 때문에 접합면 주위에는 전위장벽이 높아지며, 전계가 강해지게 된다. 따라서 공간전하 영역의 폭이 넓어지고 저항값이 커지게 되어 접합면의 커패시턴스의 용량이 작아지게 된다.

10 태양광발전시스템에서 지락 발생 시 누전차단기로 보호할 수 없는 경우가 발생하는 이유는?

① 지락전류에 직류성분이 포함되어 있기 때문에
② 인버터의 출력이 직접 계통에 접속되기 때문에
③ 태양광발전 전지와 계통 측이 절연되어 있지 않기 때문에
④ 태양광발전 전지에서 발생하는 지락전류의 크기가 매우 크기 때문에

해설

태양광발전시스템에서 지락 발생 시 누전차단기로 보호할 수 있는 경우
- 지락전류에 교류성분이 포함되어 있기 때문에
- 인버터의 출력이 직접 계통에 접속되기 때문에
- 태양전지와 계통 측이 절연되어 있지 않기 때문에
- 태양전지에서 발생하는 지락전류의 크기가 매우 크기 때문에

정답 8 ③ 9 ③ 10 ①

11 태양광발전 어레이와 인버터 사이에 위치하는 접속함에 설치되는 소자가 아닌 것은?

① 피뢰소자
② 역류방지소자
③ 바이패스소자
④ 직류출력개폐기

해설
태양광발전 어레이와 인버터 사이에 위치하는 접속함에 설치되는 소자
- 역류방지소자
- 피뢰소자
- 직류출력개폐기

12 태양광발전 모듈의 특성치가 다음의 표와 같다. 이 모듈의 변환효율은 약 몇 [%]인가?

V_{OC} : 45.10[V] I_{SC} : 8.57[A]
V_{mpp} : 35.70[V] I_{mpp} : 8.27[A]
Dimensions : 1,956×992×40[mm]

① 14.3
② 14.6
③ 14.9
④ 15.2

해설
태양전지 모듈 변환효율[%] = $\dfrac{태양전지출력}{입사된\ 에너지량} \times 100[\%]$
= $\dfrac{295.24}{1,940} \times 100 ≒ 15.22[\%]$

태양전지출력 = $V_{mpp} \times I_{mpp}$ = 35.70 × 8.27 ≒ 295.24
※ 입사된 에너지량[W/m²] = 단위면적 × 1,000[W/m²]
= 1.94[m²] × 1,000[W/m²]
= 1,940[W]
※ 단위면적 = 가로 × 세로 = 1.956[m] × 0.992[m] ≒ 1.94[m²]

13 태양광발전시스템 중 정상적으로 동작하고 있을 때 에너지 효율이 가장 좋은 방식은?

① 고정형 시스템
② 추적형 시스템
③ 반고정형 시스템
④ 건물일체형 시스템

해설
태양광발전시스템 에너지 효율이 큰 순서
추적형 > 반고정형 > 고정형 > 건물일체형

14 축전지 설계 시 유의하여야 할 사항으로 틀린 것은?

① 가급적 자기방전율이 높은 축전지 방식을 선정한다.
② 축전지 직렬 개수는 태양광발전 전지에서도 충전 가능한지 검토하여야 한다.
③ 축전지의 전압은 인버터 입력전압 범위에 포함되는지 확인하여 선정한다.
④ 방재 대응형에는 재해로 인한 정전 시에 태양광발전 전지에서 충전을 하기 위한 충전전력량과 축전지 용량을 매칭할 필요가 있다.

해설
축전지 설계 시 유의사항
- 축전지의 전압은 인버터 입력전압 범위에 포함되는지 확인하여 선정해야 한다.
- 방재 대응형에는 재해로 인한 정전 시 태양광발전 전지에서 충전을 하기 위한 충전전력량과 축전지 용량을 매칭할 필요가 있다.

축전지 취급 시 주의사항
- 가급적 자기방전율이 높은 축전지 방식을 선정해야 한다.

15 도가니 인발 공정(Czochralski 공정)을 거쳐서 생산되는 태양광발전 전지는?

① 염료
② 단결정 실리콘
③ 다결정 실리콘
④ 비정질 실리콘

해설
태양광발전의 역사
1940~1950년대 초고순도 단결정 실리콘을 제조할 수 있는 초그랄스키(Czochralski Process) 공정이 개발되었다.

16 과부하 또는 단락이 발생하면 계통으로부터 태양광발전시스템을 자동으로 차단시키는 과전류 보호장치는?

① 스트링퓨즈 ② 누전차단기
③ 배선용 차단기 ④ 바이패스 다이오드

해설
스트링퓨즈는 과부하 또는 단락이 발생하면 계통으로부터 태양광발전시스템을 자동으로 차단시키는 과전류 보호장치이다.

17 풍력발전기가 바람의 방향을 향하도록 블레이드의 방향을 조절하는 것은?

① Pitch Control ② Yaw Control
③ Active Stall Control ④ Passive Stall Control

해설
풍력발전시스템의 구성도

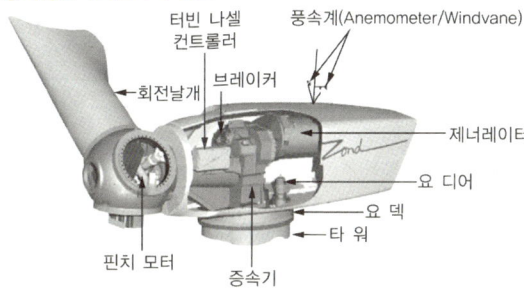

- 기계장치부 : 바람으로부터 회전력을 생산하는 Blade(회전날개), Shaft(회전축)를 포함한 Rotor(회전자), 이를 적정 속도로 변환하는 증속기(Gearbox)와 기동·제동 및 운용 효율성 향상을 위한 Brake, Pitching & Yawing System 등의 제어장치로 구성되어 있다.
- 전기장치부 : 발전기 및 기타 안정된 전력을 공급하는 전력안정화장치로 구성된다.
- 제어장치부 : 풍력발전기의 무인운전이 가능하도록 설정·운전하는 Control System, Yawing & Pitching Controller와 원격지 제어시스템, 지상에서 시스템 상태 판별을 가능하게 하는 Monitoring System으로 구성된다.
  ※ Yaw Control : 바람이 부는 방향을 향하도록 블레이드의 방향을 조절
  ※ 풍력발전 출력제어방식
- Pitch Control : 날개의 경사각(Pitch)을 조절하여 출력을 능동적으로 제어한다.
- Stall(실속) Control : 한계풍속 이상 시 양력이 회전날개에 작용하지 못하도록 날개의 공기역학적 형상에 의하여 제어한다.

18 트랜스리스 방식의 인버터를 선정할 경우 특히 주의해야 할 점은?

① 계통연계 보호장치
② 연계하는 계통의 전압과 결선방식
③ 태양광발전 모듈의 출력특성 분석
④ 계통의 전압, 주파수, 상수특성 분석

해설
트랜스리스 방식의 인버터 선정할 경우 주의사항
- 계통연계 보호장치
- 비용과 신뢰성
- 크기와 중량
- 태양광발전 모듈 출력특성 분석
- 계통의 전압, 주파수, 상수특성 분석

19 연료전지의 특징에 대한 설명 중 틀린 것은?

① 도심지역에 설치 운영이 가능하다.
② 다양한 발전 용량에 맞게 제작이 가능하다.
③ 기계적 에너지변환 과정에서 소음이 발생한다.
④ 석탄가스, LNG, 메탄올 등 연료의 다양화가 가능하다.

해설
연료전지의 특징

장 점	단 점
• 도심 부근에 설치가 가능하여 송·배전 시의 설비 및 전력 손실이 적다. • 천연가스, 메탄올, 석탄가스 등 다양한 연료사용이 가능하다. • 회전부위가 없어 소음이 없으며, 기존 화력발전과 같은 다량의 냉각수가 불필요하다. • 발전효율이 40~60[%]이며, 열병합발전 시 80[%] 이상 가능하다. • 부하변동에 따라 신속히 반응한다. • 설치형태에 따라서 현지설치용, 분산배치형, 중앙집중형 등의 다양한 용도로 사용이 가능하다. • 환경공해가 감소한다.	• 내구성과 신뢰성의 문제 등 상용화를 위해서는 아직 해결해야 할 기술적 난제가 존재한다. • 고도의 기술과 고가의 재료 사용으로 인해 경제성이 많이 떨어진다. • 연료전지에 공급할 원료(수소 등)의 대량 생산과 저장, 운송, 공급 등의 기술적 해결이 어렵다. • 연료전지의 상용화를 위한 인프라 구축 역시 미비한 상황이다.

정답 16 ① 17 ② 18 ② 19 ③

20 지표면에서 태양을 올려 보는 각(Angle of Elevation)이 30°인 경우에 AM(Air Mass)값은?

① 0　　② 1
③ 1.5　④ 2

해설

대기질량 정수(AM ; Air Mass) : 최단 경로의 길이
태양광선이 지구 대기를 지나오는 경로의 길이이다. 임의의 해수면상 관측점으로 햇빛이 지나가는 경로의 길이를 관측점 바로 위에 태양이 있을 때 햇빛이 지나오는 거리의 배수로 나타낸 것을 말한다. 태양광이 지구 대기를 통과하는 표준상태를 대기압에 연직으로 입사되기 때문에 생기는 비율을 나타내며 AM으로 표시한다.

• 대기질량 정수의 구분
  - AM0
    ⓐ 우주에서의 태양 스펙트럼을 나타내는 조건으로 대기 외부이다.
    ⓑ 인공위성 또는 우주 비행체가 노출되는 환경이다.
  - AM1
    태양이 천정에 위치할 때의 지표상의 스펙트럼이다.
  - AM1.5
    ⓐ 기본적으로 우리나라가 중위도에 있기 때문에 표준으로 사용한다.
    ⓑ 지상의 누적 평균 일조량에 적합하다.
    ⓒ 태양전지 개발 시 기준값으로 사용한다.
  - AM2
    고도각 θ가 30°일 경우 약 0.75[kW/m^2]를 나타낸다.

제2과목　태양광발전시스템 설계

21 IEC 76(Power Transformer)에서 변압기 Y-△ 결선방식을 각변위 표시 기호로 나타낸 것으로 옳은 것은?

① Dd0　　② Yy0
③ Yd1　　④ Dn11

해설

변압기의 각변위
• 각변위(위상차) : 전압 벡터에서 고압측과 저압측의 각도차
• 전압에 위상차가 있으면 전압이 같아도 위상차로 인해 과대 전류가 흘러 변압기의 병렬운전이 불가능하다.
• 변압기 결선방식에 따른 각 변위 표시는 IEC 76에서 규정하는 벡터군 기호에 의하여 다음과 같이 명시한다.

- 고압 : 대문자 / 저압 : 소문자 / Y결선 : Y / △결선 : △
- 0 = 동상, 1 = 30° 지상, 11 = 30° 진상(330° 지상), 5 = 150° 지상
- △-△ = Dd0
- △-Y = Dy11
- Y-△ = Yd1
- Y-Y = Yy0
- 345[kV] 변압기 : 결선은 Y-Y-△ 각 변위 YNyn0d1
- 765[kV] 변압기 : 결선은 Y-Y-△ 각 변위 YNautod1 또는 YNad1

22 800[kW]로 전기사업허가를 득하였다. 다음과 같은 주요기자재를 사용하여 최대 용량으로 태양광발전시스템을 설치하고자 할 때 모듈의 병렬수는?(단, 모듈의 직렬수는 19직렬로 하며, 토지 면적은 충분히 여유 있는 것으로 한다. 기타 사항은 신재생에너지 설비의 지원 등에 관한 지침을 따른다)

• 태양광발전 모듈 : 370[Wp]
• 태양광발전 인버터 : 800[kW]

① 112병렬　② 113병렬
③ 119병렬　④ 125병렬

해설

태양전지 모듈의 병렬수 = $\dfrac{\text{전체출력(인버터)}}{\text{모듈출력} \times \text{모듈의 직렬수}}$

$= \dfrac{800 \times 10^3}{370 \times 19} ≒ 113.8$개

따라서, 113.8개보다 커야 하므로 119병렬이 정답이다.

23 사업의 경제성 평가 기준에 대한 설명으로 가장 옳은 것은?

① 내부수익률법에서 IRR = r이 될 경우 경제성이 있다고 판단한다.
② 내부수익률법에서 IRR < r이 될 경우 경제성이 있다고 판단한다.
③ 비용편익분석법에서 B/C Ratio < 1일 때 경제성이 있다고 판단한다.
④ 순현재가치분석판단법에서 NPV > 0일 때 경제성이 있다고 판단한다.

해설

비용편익분석에서 투자안

비용편익분석에서 투자안의 채택 여부를 결정하거나 우선순위를 정하는 방법에는 현재가치법, 내부수익률법, 편익비용비율법 등이 있다.

- 순현재가치법(NPV ; Net Present Value) : 투자안으로부터 발생하는 현금유입의 현재가치에서 현금유출의 현재가치를 뺀 것을 말한다. 순현재가치가 0보다 크면 투자안을 채택하고, 0보다 작으면 투자안을 기각한다. 만약 여러 투자안 중에서 선택하는 상황이라면 순현재가치가 0보다 큰 것 중 순현재가치가 큰 순서로 채택한다.
- 내부수익률법(IRR ; Internal Rate of Return) : 투자안으로부터 예상되는 미래 현금유입의 현재가치와 투자금액이 같아지는 할인율을 말한다. 또는 순현재가치(NPV)가 0이 되는 할인율이다.
  - 투자의사결정 기준
    ⓐ 독립된 단일투자안인 경우
      ㉮ IRR이 자본비용보다 작으면 기각한다.
      ㉯ IRR이 자본비용보다 크거나 같으면 채택한다.
    ⓑ 상호배타적인 복수투자안인 경우 : IRR이 자본비용보다 큰 것 중에서 IRR이 제일 큰 투자안을 선택한다.
- 편익비용비율법(Benefit/Cost Ratio) : 편익과 비용의 비율을 계산하여 투자안의 경제성 여부를 평가하는 방법으로 편익의 현재가치와 비용의 현재가치 간의 비율을 이용하여 투자안을 평가하는 방법이다. 즉, 일정 기간의 수입과 지출의 현금흐름의 차이를 할인율을 적용하여 현재 시점으로 할인한 금액의 총합을 말한다.

25 경사지붕 면적이 100[m²](10[m]×10[m])인 건축물에 태양광발전시스템을 설치하려고 한다. 165[Wp]급 태양광발전 모듈이 가로의 길이가 1.6[m], 세로의 길이가 0.8[m], 모듈의 온도에 따른 전압범위가 28~42[V_{mpp}]일 때 모듈의 설치 가능 개수는?(단, 인버터의 MPP전압 범위는 150~540[V_{mpp}], 효율은 92[%], 인버터의 기동전압, 모듈설치간격 및 기타 손실 등은 무시한다)

① 62개　　② 68개
③ 72개　　④ 76개

해설

모듈 설치 가능 개수

$$= \frac{전체전력 \times 실제면적}{스트링\ 구성\ 모듈전압의\ 최대직렬수량 \times 스트링\ 구성\ 모듈전압의\ 최소직렬수량 \times 효율}$$

$$= \frac{165 \times 28}{12.86 \times 5.36 \times 0.92} ≒ 72.85개$$

- 스트링 구성 모듈전압의 최대직렬수량

$$= \frac{V_{mpp}(V_{IN(max)})}{V_{mpp}(Module(\max))} = \frac{540}{42} ≒ 12.857개$$

- 스트링 구성 모듈전압의 최소직렬수량

$$= \frac{V_{mpp}(V_{IN(min)})}{V_{mpp}(Module(\min))} = \frac{150}{28} ≒ 5.36개$$

- 면 적
  - 기본면적 : 가로 × 세로 = 10[m] × 10[m] = 100[m²]
  - 모듈면적 : 가로 × 세로 = 1.6[m] × 0.8[m] = 1.28[m²]
  - 실제면적 : 모듈면적 × 100 - 기본면적
    = 1.28 × 100 - 100 = 28[m²]

24 '개발행위허가'만으로 태양광발전소를 건설할 수 있는 '관리지역'의 면적제한 기준은 최대 몇 [m²] 미만인가?

① 5000　　② 10,000
③ 20,000　　④ 30,000

해설

개발행위 규모(국토의 계획 및 이용에 관한 법률 시행령 제55조)
- 도시 주거지역 : 사업계획면적이 10,000[m²] 미만
- 도시 공업지역 : 사업계획면적이 30,000[m²] 미만
- 보전녹지지역 : 사업계획면적이 5,000[m²] 미만
- 농림지역 : 사업계획면적이 30,000[m²] 미만
- 자연환경보존지역 : 사업계획면적이 5,000[m²] 미만
- 태양광발전소 건설할 수 있는 관리지역 : 면적제한 기준 최대 30,000[m²] 미만

26 태양광발전시스템을 이상전압으로부터 보호하기 위한 과전압 보호장치(SPD) 선정으로 틀린 것은?(단, LPZ는 Lighting Protection Zone이다)

① 접속함에서 인버터까지의 전선로에는 LPZ Ⅱ(4/10 [μs], I_{max} < 10[kA])으로 교류용을 선정한다.
② 유도뢰만 있는 어레이에서는 LPZ Ⅲ(전압 1.2/50[μs] + 전류 8/20[μs]를 조합)을 사용가능하다.
③ 한전 계통 인입부에는 외부의 직격뢰 침입을 고려하여 LPZ Ⅰ(3/350[μs], I_{imp} < 15[kA]) 이상을 선정한다.
④ 피뢰설비로부터 직격뢰 전류가 침입 가능한 위치에 설치된 어레이에는 LPZ Ⅰ(3/350[μs], I_{imp} < 15[kA])을 선정한다.

정답　24 ④　25 ③　26 ①

[해설]

뇌 보호영역(LPZ ; Lightning Protection Zone)별 피뢰소자 선택 기준

구 분	적용 피뢰소자	내 용
LPZ 1	Class I	10/350[μs] 파형 기준의 임펄스 전류 I_{imp} = 15~60[kA](직격뢰용)
LPZ 2	Class II	8/20[μs] 파형 기준의 최대방전전류 I_{max} = 40~160[kA]
LPZ 3	Class III	1.2/50[μs](전압), 8/20[μs](전류) 조합파 기준(유도뢰용)

27 북위 35°에 위치한 태양광발전시스템의 어레이 경사각이 30°이다. 동지에 정오 기준으로, 어레이 간 음영의 영향을 받지 않는 최소 이격거리 [m]는?(단, 모듈의 긴 면을 가로로 하며, 모듈설치 간격은 무시한다)

[조 건]
- 태양광발전 모듈의 크기 : 2[m]×1[m]
- 모듈의 어레이 구성 : 가로 2단 배치

① 2.06 ② 2.15
③ 3.36 ④ 3.51

[해설]

최소 이격거리(X)
= 모듈의 크기(S)×[경사각($\cos\theta$) + 설치 지역의 위도($\sin\theta$)× $\tan(\phi + 23.5)$]
= (2×1)×[($\cos 30°$) + ($\sin 30°$)×$\tan(35° + 23.5°)$]
≒ 3.36

28 태양광발전 어레이 가대 설계 시 고려하여야 할 수평하중은?

① 자 중   ② 풍하중
③ 고정하중 ④ 적설하중

[해설]

태양광발전 어레이 가대 설계 시에는 풍하중을 고려하여 수평하중을 설계해야 한다.

29 태양광발전시스템의 도면배치 순서가 옳은 것은?(단, 배치는 태양광발전 모듈에서 계통 방향으로 하며, 태양광발전 모듈은 ◁로, 인버터는 ≈로, 접속함은 ⊠로, 변압기는 ○로 표기하였다)

① ◁ → ≈ → ○ → ⊠
② ◁ → ○ → ≈ → ⊠
③ ◁ → ○ → ⊠ → ≈
④ ◁ → ⊠ → ≈ → ○

[해설]

태양광발전시스템의 도면배치 순서
모듈 – 접속함 – 인버터 – 변압기

30 계통연계형 태양광발전시스템 설계 시 갖추어야 할 기초자료가 아닌 것은?

① 청명일수   ② 최대폭설량
③ 지질조사 기록 ④ 순간풍속 및 최대풍속

[해설]

태양광발전시스템 설계 시 갖추어야 할 기초자료
- 연간 일조량 분포도
- 최저온도 및 최고온도
- 설치예정 장소의 오염원 유무
- 순간풍속 및 최대풍속
- 최대폭설 시의 폭설량
- 설치장소의 지질조사 기록 등

31 태양광발전 전지(솔라셀) 직렬연결 시 음영에 의한 출력은 몇 [W]인가?(단, 셀은 모두 5[W]×10개 이고, 음영에 의해 출력이 저하한 셀은 3.5[W]×4개이다)

① 28   ② 35
③ 44   ④ 50

[해설]

음영에 의한 출력 = 음영에 의해 저하된 출력 × 전체 셀의 개수
= 3.5 × 10 = 35[W]

※ 음영지역이 발생할 경우 출력이 저하된 전력의 값이 출력된다. 직렬로 연결된 경우 전체 셀 자체에 영향을 끼친다.

정답 27 ③ 28 ② 29 ④ 30 ① 31 ②

32 태양광발전시스템의 방재대책에 대한 사항으로 옳은 것은?

① 뇌해를 방지하기 위해 피뢰소자를 사용한다.
② 내진 대책을 위하여 방화구획 관통부를 보강한다.
③ 염해를 예방하기 위해 이종금속 사이에 절연물을 사용한다.
④ 최다 적설 시를 대비하여 태양광발전 어레이가 매몰되지 않는 높이가 되도록 한다.

해설
태양광발전시스템의 방재대책
- 최다 적설 시를 대비하여 태양광발전 어레이가 매몰되지 않는 높이가 되도록 한다.
- 염해를 예방하기 위해 이종금속 사이에 절연물을 사용한다.
- 뇌해를 방지하기 위해 피뢰소자를 사용한다.
- 내진 대책을 위하여 내진설계와 면진설계를 한다.

33 가조시간과 일조시간에 대한 설명으로 틀린 것은?

① 맑은 날은 가조시간과 일조시간이 동일하다.
② 가조시간과 일조시간의 비를 발전률이라 한다.
③ 가조시간은 태양이 뜨고 지는 때까지의 시간이다.
④ 일조시간 실제 지표면에 태양이 비치는 시간이다.

해설
일조량
그 지방의 해 돋는 시간부터 해 지는 시간까지의 시간을 가조시간이라고 하는데, 이는 실제로 지표면에 태양이 비친 시간인 일조시간을 말한다. 또한 맑은 날은 가조시간과 일조시간이 동일하다.

34 태양광발전시스템을 평지에 고정식으로 설치하는 경우 국내에서 적용하고 있는 최적경사각 범위로 가장 적합한 것은?

① 15~20°
② 20~25°
③ 28~36°
④ 40~60°

해설
우리나라에서 경사고정식의 최적 경사각은 28~36° 사이지만 북쪽 지방, 강원도 등 눈이 많이 내리는 지역에서는 어레이 경사각을 크게 설치할 필요가 있다.

35 계통연계형 1[MW] 태양광발전시스템의 단선결선도상에 표시되는 설비가 아닌 것은?

① VCB
② GPT
③ MOF
④ GTO

해설
계통연계형 1[MW] 태양광발전시스템의 단선결선도상에 표시되는 설비
- 차단기(VCB ; Vacuum Circuit Breaker)
- 접지 계기용 변압기(GPT ; Ground Potential Transformer)
- 계기용 변성기(MOF ; Metaling Out Fit)
- 계기용 변류기(CT ; Current Transformer)

36 송·배전용 전기설비 이용규정에 따라 태양광발전시스템에서 계통으로 유입되는 고조파 전류는 종합 전압 왜형률이 최대 몇 [%] 미만이어야 하는가?

① 2
② 3
③ 4
④ 5

해설
송·배전용 전기설비 이용규정에 따라 태양광발전시스템에서 계통으로 유입되는 고조파 전류는 종합 전압 왜형률이 최대 5[%] 미만이어야 한다.

37 전력품질에 들어가지 않는 항목은?

① 전 압
② 주파수
③ 발전량
④ 정전시간

해설
전력품질 항목
- 주파수(f)
- 전압(V)
- 정전시간(t)

정답 32 ①, ③, ④ 33 ② 34 ③ 35 ④ 36 ④ 37 ③

38 설계도서 해석 시 우선 순위를 나열한 것으로 가장 옳은 것은?

```
ⓐ 설계도면      ⓑ 공사시방서
ⓒ 전문시방서    ⓓ 산출내역서
ⓔ 감리자의 지시사항  ⓕ 표준시방서
```

① ⓐ → ⓑ → ⓒ → ⓓ → ⓔ → ⓕ
② ⓑ → ⓐ → ⓒ → ⓕ → ⓓ → ⓔ
③ ⓒ → ⓐ → ⓑ → ⓓ → ⓕ → ⓔ
④ ⓔ → ⓑ → ⓐ → ⓕ → ⓒ → ⓓ

해설
우선 순위
- 기본적인 설계도서 해석 시 우선 순위(건축물의 설계도서 작성기준 제9호)
공사시방서 → 설계도면 → 전문시방서 → 표준시방서 → 산출내역서 → 감리자의 지시사항
- 주택의 설계도서 해석 시 우선 순위(주택의 설계도서 작성기준 제10조)
특별시방서 → 설계도면 → 일반시방서·표준시방서 → 수량산출서 → 승인된 시공도면

39 태양광발전시스템의 월간 발전 가능량(E_{PM}) 산출식으로 옳은 것은?(단, P_{AS} : 표준상태에서의 태양광발전 어레이 출력[kW], H_{AM} : 월 적산 어레이 표면(경사면) 일조량[kWh/m²·월], G_S : 표준상태에서의 일조강도[kW/m²], K : 종합실제계수)

① $E_{PM} = P_{AS} \times (G_S/H_{AM}) \times K$ [kWh/월]
② $E_{PM} = P_{AS} \times (H_{AM}/G_S) \times K$ [kWh/월]
③ $E_{PM} = H_{AM} \times (G_S/P_{AS}) \times K$ [kWh/월]
④ $E_{PM} = P_{AS} \times \{H_{AM}/(G_S \times K)\}$ [kWh/월]

40 120[kWp] 태양광 발전시스템을 밭에 설치하려 할 때 REC 가중치는 얼마인가?

① 1.10   ② 1.13
③ 1.17   ④ 1.20

해설
REC 가중치
밭은 임야로써 세부기준 즉, 전력에 관계없이 가중치는 0.70이다.

제3과목 태양광발전시스템 시공

41 가공전선로의 전선 구비조건이 아닌 것은?
① 도전율이 클 것   ② 비중이 클 것
③ 부식성이 작을 것   ④ 기계적 강도가 클 것

해설
가공전선은 비중이 작아야 한다. 비중은 단위부피당 중량으로 비중이 작아야 가선작업이 용이하다.

42 태양광발전 어레이를 구성함에 있어서 태양광발전 모듈 간의 케이블을 연결하는 배선공사방법으로 적합한 것은?
① 접속함의 설치장소는 어레이에서 멀리 설치한다.
② 케이블의 굵기는 거리에 상관없이 사용할 수 있다.
③ 태양광발전 모듈의 접속용 케이블이 2가닥씩 나와 있으므로 반드시 극성을 확인할 필요는 없다.
④ 태양광발전 모듈 간의 배선에 사용할 전선사이즈는 단락전류에 충분히 견뎌야 한다.

해설
태양전지 모듈 간의 배선은 단락전류를 고려하여 2.5[mm²] 이상의 전선을 사용해야 한다.

43 시공된 공사에 대한 재시공이 지시되는 경우가 아닌 것은?
① 시공된 공사가 품질확보가 미흡할 경우
② 관계 규정에 맞지 아니하게 시공된 경우
③ 지진·해일·폭풍 등 불가항력적인 사태가 발생할 경우
④ 감리원의 확인·검사에 대한 승인을 받지 아니하고 후속 공정을 진행하는 경우

해설
감리원의 공사 중지명령 등(전력시설물 공사감리업무 수행지침 제41조)
시공된 공사가 품질확보 미흡 또는 위해를 발생시킬 우려가 있다고 판단되거나, 감리원의 확인·검사에 대한 승인을 받지 아니하고 후속 공정을 진행한 경우와 관계 규정에 맞지 않게 시공한 경우 재시공을 실시한다.

44 태양광발전시스템 사용 전 검사 시 검사항목 중 세부검사 내용이 아닌 것은?

① 접지저항 측정
② 절연저항 측정
③ 검전기로 정격전압 측정
④ 태양광전지 전기적 특성시험

해설
검전기 정격전압 측정은 사용 전 검사 시 세부검사 내용에 해당하지 않는다.

45 설계감리원의 기본임무가 아닌 것은?

① 설계 및 설계감리용역 시행에 따른 업무연락, 문제점 파악 및 민원을 해결하여야 한다.
② 과업지시서에 따라 업무를 성실히 수행하고 설계의 품질향상에 따라 노력하여야 한다.
③ 설계용역 계약 및 설계감리용역 계약내용이 충실히 이행될 수 있도록 하여야 한다.
④ 해당 설계용역이 관련 법령 및 전기설비기술기준 등에 적합한 내용대로 설계되는지의 여부를 확인 및 설계의 경제성 검토를 실시하고, 기술지도 등을 하여야 한다.

해설
발주자, 설계감리원 및 설계자의 기본임무(설계감리업무 수행지침 제5조)
설계 및 설계감리용역 시행에 따른 업무 연락, 문제점 파악 및 민원을 해결하여야 한다는 것은 발주자의 기본임무에 해당한다.

46 감리용역이 완료된 때에는 최대 며칠 이내에 공사감리 완료보고서를 제출하여야 하는가?

① 7일   ② 10일
③ 15일   ④ 30일

해설
현장문서 인수·인계(전력시설물 공사감리업무 수행지침 제64조)
감리업자는 해당 감리용역이 완료된 때에는 30일 이내에 공사감리 완료보고서를 협회에 제출하여야 한다.

47 태양광발전시스템 시공 절차 중 ( )에 들어갈 순서로 옳은 것은?

현장조사 → 설계 → ( ) → 설비시공 → ( ) → 계통연계 시작

① 공사계획신고, 사용 전 검사
② 사용 전 검사, 공사계획신고
③ 공사계획신고, 개발행위 준공
④ 사용 전 검사, 신재생에너지 설치확인

해설
태양광발전시스템 시공 절차
현장조사 → 설계 → 공사계획신고 → 설비시공 → 사용 전 검사 → 계통연계 시작

48 전력시설물의 설치·보수공사 발주자는 전력시설물의 설치·보수공사의 품질 확보 및 향상을 위하여 누구에게 공사감리를 발주하여야 하는가?

① 종합설계업을 등록한 자
② 전문설계업을 등록한 자
③ 공사감리업을 등록한 자
④ 전기공사업을 등록한 자

49 케이블 포설 시 주의사항으로 틀린 것은?

① 루프회로가 생기지 않도록 한다.
② 케이블 곡률 반지름을 넘지 않도록 주의한다.
③ 케이블은 가능하면 음영지역에 포설하면 안 된다.
④ 케이블은 절연이 손상되기 쉬우므로 겨울 기온에 유의하여 취급하여야 한다.

해설
케이블 포설 시 곡률을 유지하면서 포설속도를 일정하게 하고, 중간에 케이블 피복 손상을 확인한다. 케이블 드럼이나 최대장력 등에 유의하여 포설한다.

정답 44 ③ 45 ① 46 ④ 47 ① 48 ③ 49 ③

50 지붕에 설치하는 태양광발전시스템 중 톱 라이트 형의 특징이 아닌 것은?

① 톱 라이트의 채광 및 셀에 의한 차폐효과도 있다.
② 셀(모듈)의 배치에 따라서 개구율을 바꿀 수 있다.
③ 양면수광형의 태양광발전 전지 등 수직설치공법이 가능하다.
④ 톱 라이트의 유리부분에 맞게 태양광발전 전지 유리를 설치한 타입이다.

해설
톱 라이트(피사체 상단에서 피사체를 비추는 조명)의 유리부분에 맞게 태양전지 유리를 설치한 타입으로 채광 및 셀에 의한 차폐효과가 있다.

51 태양광발전 어레이 출력이 2[kW]를 넘는 경우 접지선의 굵기 [mm^2]로 적당한 것은?

① 0.75   ② 1.2
③ 1.5   ④ 4.0

52 케이블 단말처리 중 시공 시 테이프 폭이 3/4로부터 2/3 정도로 중첩해 감아 놓으면 시간이 지남에 따라 융착하여 일체화하는 절연테이프 종류는?

① 보호 테이프
② 노튼 테이프
③ 비닐 절연테이프
④ 자기 융착 절연테이프

해설
자기 융착 절연테이프는 시공 시 테이프 폭이 3/4으로부터 2/3 정도로 중첩해 감아 놓으면 시간이 지남에 따라 융착하여 일체화된다. 자기 융착 테이프에는 부틸고무제와 폴리에틸렌+부틸고무가 합성된 제품이 있지만 저압의 경우 부틸고무제는 일반적으로 사용하지 않는다.

53 태양광발전시스템의 전기배선에 관한 설명으로 틀린 것은?

① 인버터 출력단과 계통연계점 간의 전압강하는 5[%] 이하로 하여야 한다.
② 모듈의 출력배선은 군별 및 극성별로 확인할 수 있도록 표시하여야 한다.
③ 모듈에서 인버터에 이르는 배선에 사용되는 케이블은 모듈 전용선을 사용하여야 한다.
④ 케이블이 지면 위에 설치되거나 포설되는 경우에는 피복에 손상이 발생되지 않게 별도의 조치를 취해야 한다.

해설
인버터 출력단과 계통연계점 간의 전압강하는 3[%]를 초과해서는 안 된다. 단, 전선의 길이가 60[m]를 초과할 경우에는 별도의 표에 따라 시공할 수 있다.

54 태양광발전시스템 시공 방법으로 틀린 것은?

① 그림자의 영향을 받지 않도록 한다.
② 건축물의 방수에 문제가 없도록 설치한다.
③ 인버터 설치용량은 사업계획서상의 인버터 설계용량 이하로 한다.
④ 모듈의 설치용량은 인버터 설치용량의 105[%] 이내로 한다.

해설
인버터의 설치용량은 설계용량 이상이고 인버터에 연결된 모듈의 설치용량은 인버터 설치용량 105[%] 이내이어야 한다.

55 변압기 효율과 관계없는 것은?

① 철손과 동손이 같아질 때 효율이 최대가 된다.
② 철손 및 동손은 부하율에 따라 항상 비례한다.
③ 변압기의 규약효율은 {출력[W]/(출력[W] + 손[W])} ×100[%]이다.
④ 최대부하[W], 평균부하[W]라 하면 부하율은 (평균부하/최대부하)×100[%]이다.

해설
변압기 효율에서 변압기의 동손은 전류의 제곱에 비례한다.

정답 50 ③ 51 ④ 52 ④ 53 ① 54 ③ 55 ②

56 접지설비 시공방법으로 옳은 것을 모두 고른 것은?

[보 기]
ⓐ 부식, 전식 등의 외적영향에 견딜 수 있도록 시설되어야 한다.
ⓑ 접지저항값은 전기설비에 대한 보호 및 기능적 요구사항에 적합해야 한다.
ⓒ 지락전류를 열적, 기계적 및 전자력적 스트레스에 의한 위험이 없이 흘러야 한다.

① ⓐ
② ⓐ, ⓑ
③ ⓑ, ⓒ
④ ⓐ, ⓑ, ⓒ

57 다음 ( )의 내용으로 알맞은 것은?

태양광발전 모듈의 배열 및 결선방법은 출력전압과 설치장소 등이 다르기 때문에 ( )를 이용하여 시공 전과 시공완료 후에 확인하는 것이 좋다.

① 체크리스트
② 부품사양서
③ 단선결선도
④ 고정식계통도

[해설]
태양광발전 모듈의 배열, 결선방법과 출력전압, 설치장소가 언급되어 있으므로 체크리스트를 이용한다.

58 전선로의 수평각도가 15° 이상의 곳에 사용하며 전선의 굵기나 종류가 다른 전선을 점퍼해서 접속할 경우나 장경간 및 중요 도로, 철도 등을 횡단할 경우에도 사용하는 장주는?

① 편장주
② 내장주
③ 보통장주
④ 인류장주

[해설]
전선로의 수평각도가 15° 이상인 곳이나 전선의 굵기나 종류가 다른 전선을 점퍼하여 접속하는 경우 또는 장경간이나 중요 도로, 철도를 횡단하는 경우에는 장력이 충분한 내장주를 사용한다.

59 전선의 표피효과에 관한 설명으로 옳은 것은?

① 도전율이 클수록, 투자율이 작을수록 커진다.
② 도전율이 작을수록, 비투자율이 클수록 커진다.
③ 전선의 단면적이 클수록, 주파수가 낮을수록 커진다.
④ 전선의 단면적이 클수록, 주파수가 높을수록 커진다.

[해설]
교류계통에서는 표피효과로 인해 전류가 중심보다 표면으로 더 많이 흐른다. 전선의 단면적이 클수록, 주파수가 높을수록 커지므로 단선보다는 연선을 사용하면 표피효과가 줄어든다.

60 전력시설물 공사감리업무 수행지침의 용어 정의에서 공사 또는 감리업무가 원활하게 이루어지도록 하기 위하여 감리원, 발주자, 공사업자가 사전에 충분한 검토와 협의를 통하여 모두가 동의하는 조치가 이루어지도록 하는 것은?

① 지시
② 합의
③ 승인
④ 조정

[해설]
정의(전력시설물 공사감리업무 수행지침 제3조)
조정은 공사 또는 감리업무가 원활하게 이뤄지도록 감리원, 발주자, 공사업자가 사전에 충분한 검토와 협의를 통하여 관련자 모두가 동의하는 조치가 이루어지도록 하는 것을 말하며, 조정 결과가 기존의 계약 내용과의 차이가 있을 때에는 계약변경 사항의 근거가 된다.

제4과목 태양광발전시스템 운영

61 태양광발전시스템 유지보수 점검(일상점검, 정기점검) 시 가장 점검 빈도가 높은 것은?

① 육안점검
② 절연저항점검
③ 전압/전류점검
④ 소음/진동점검

[해설]
육안점검은 일상점검, 정기점검에 모두 해당 사항으로 가장 점검 빈도가 높다.

정답 56 ④ 57 ① 58 ② 59 ④ 60 ④ 61 ①

62 다음 중 태양광발전시스템 운영 시 비치목록으로 가장 적합하지 않는 것은?

① 발전시스템 일반점검표
② 발전시스템 운영 매뉴얼
③ 발전시스템 비상탈출구 위치도
④ 발전시스템의 한전계통연계 관련 서류

해설
태양광발전시스템 운영 시 갖추어야 할 목록
- 태양광발전시스템에 사용된 핵심기기의 매뉴얼
- 태양광발전시스템 시방서
- 태양광발전시스템 건설 관련 도면(토목, 건축, 기계, 전기도면 등)
- 태양광발전시스템 구조물의 구조 계산서
- 태양광발전시스템 운영 매뉴얼
- 태양광발전시스템 한전계통연계 관련 서류
- 태양광발전시스템 계약서 사본
- 태양광발전시스템에 사용된 기기 및 부품의 카탈로그
- 태양광발전시스템 일반점검표
- 태양광발전시스템 긴급복구 안내문
- 전기안전관리용 정기점검표
- 전기안전 관련 주의 명판 및 안전 경고표시 위치도
- 태양광발전시스템 안전교육 표지판

63 태양광발전사업 계획 시 사업계획에 포함되어야 할 사항으로 틀린 것은?

① 사업 구분
② 사업계획 개요
③ 전기설비 개요
④ 온실가스 감축계획

해설
사업계획에 포함되어야 할 사항(전기사업법 시행규칙 별표 1)
- 사업 구분
- 사업계획 개요
- 전기설비 개요
- 전기설비 건설계획
- 전기설비 운영계획
- 부지의 확보 및 배치계획
- 전력계통의 연계계획(발전사업 및 구역전기사업의 경우만 해당)
- 연료 및 용수 확보계획(발전사업 및 구역전기사업의 경우만 해당)
- 온실가스 감축계획(화력발전의 경우만 해당)
- 소요금액 및 재원조달계획
- 사업개시 예정일부터 5년간 연도별·용도별 공급계획(전기판매사업 및 구역전기사업의 경우에만 해당)

64 태양광발전시스템의 신뢰성 평가 및 분석 항목에 대한 설명 중 틀린 것은?

① 운전 데이터의 결측 상황
② 계측 트러블 – 컴퓨터 전원의 차단 및 조작오류
③ 정기점검, 개수정전, 계통정전 등의 수시정지 상황
④ 시스템 트러블 – 인버터의 정지, 직류지락, 계통지락 등에 의한 시스템의 운전정지

해설
신뢰성 평가 분석 항목
- 트러블
  - 시스템 트러블 : 인버터 정지, 직류지락, 계통지락, RCD트립, 원인불명 등에 의한 시스템 운전정지 등
  - 계측 트러블 : 컴퓨터 전원의 차단, 컴퓨터의 조작 오류, 기타 원인불명
- 운전 데이터의 결측 상황
- 계획정지 : 정전 등(정기점검·개수정전, 계통정전)

65 태양광발전(PV) 어레이 전류-전압 특성의 현장 측정방법(KS C IEC 61829 : 2015)에서 전기적인 측정 데이터 및 측정 조건에 대한 기록 사항으로 틀린 것은?

① 시험 어레이의 온도값(15분 전의 온도값을 의미함)
② 조사강도 센서의 출력값(15분 전의 센서 출력값을 의미함)
③ 시험 실시 15분 전의 조사강도, 온도 및 풍속 변동에 대한 정성적 분석(평가)
④ 시험 어레이의 전류-전압 특성(15분 전의 전류-전압 특성을 의미함)

해설
시험 어레이의 전류-전압특성은 15분 전의 전류-전압특성을 국한해서 의미하지 않고, 시험 어레이의 전류-전압특성이다.
전기적인 측정 데이터 및 측정 조건에 대한 기록
- 시험 어레이의 온도값(15분 전의 온도값을 의미함)
- 조사강도 센서의 출력값(15분 전의 센서 출력값을 의미함)
- 시험 실시 15분 전의 조사강도, 온도 및 풍속 변동에 대한 정성적 분석(평가)
- (필요한 경우)조사강도 센서의 온도(15분 전의 센서 온도를 의미함)
- 시험 어레이의 전류-전압 특성
- 시험 어레이의 온도값(측정 시 온도값을 의미함)
- 조사강도 센서의 출력(측정 시 센서의 출력값을 의미함)
- (필요한 경우)조사강도 센서의 온도(측정 시 센서의 온도값을 의미함)
- 태양 및 구름의 위치를 나타내는 하늘 이미지(선택사항)

66 인버터의 계통 전압이 규정치 이상일 경우 인버터의 표시내용으로 옳은 것은?

① Utility Line Fault
② Line Over Voltage Fault
③ Line Phase Sequence Fault
④ Inverter Over Current Fault

해설
이상전압에 대한 내용이므로 Line Over Voltage Fault가 인버터에 표시된다.

67 태양광발전시스템에 사용되는 인버터의 사용전압이 300[V] 초과 600[V] 이하의 경우는 몇 [V] 절연저항계를 이용하는 것이 좋은가?

① 600 ② 700
③ 900 ④ 1,000

해설
인버터 회로
- 인버터 정격전압 300[V] 이하 : 500[V] 절연저항계(메거)로 측정한다.
- 인버터 정격전압 300[V] 초과 600[V] 이하 : 1,000[V] 절연저항계(메거)로 측정한다.

68 일반적으로 태양광발전용 접속함을 설치하는 현장의 고도는 몇 [m]를 넘지 않아야 하는가?

① 250 ② 500
③ 1,000 ④ 2,000

69 태양광발전시스템의 정기점검에서 절연저항 측정의 대상이 아닌 것은?

① 축전지 ② 접속함
③ 인버터 ④ 태양광발전용 개폐기

해설
축전지는 충전 상태를 일상점검을 통해서 확인한다.

70 태양광발전시스템의 스트링 다이오드의 결함을 점검하기 위한 방법은?

① 육안검사 ② 접지저항 측정
③ 입·출력 측정 ④ 과·저전압 측정

해설
입·출력 측정은 인버터의 효율특성, 제어특성 측정이나 스트링 다이오드의 결함을 발견하기 위해 사용하는 측정방법이다.

71 태양광발전 모듈 및 어레이의 점검 방법을 설명한 것으로 틀린 것은?

① 먼지가 많은 설치장소에는 태양광발전 모듈 표면의 오염검사와 청소유무를 확인한다.
② 태양광발전 모듈은 현장 이동 중 파손될 수 있으므로 시공 시 외관검사를 하여야 한다.
③ 태양광발전 모듈 표면 유리의 금, 변형, 이물질에 대한 오염과 프레임 등의 변형 및 지지대 등의 녹 발생 유무를 확인한다.
④ 태양광발전 모듈을 고정형이나 추적형으로 설치할 경우에는 세부적인 점검이 곤란하므로 시험성적서를 확인하여 점검을 대체한다.

해설
태양광발전시스템 외관검사
태양전지 모듈은 현장 이동 중에 부주의로 파손이 될 수 있으므로 시공 시 반드시 외관검사를 해야 한다. 태양전지 모듈을 고정형이나 추적형으로 설치 시 설치 직전과 시공 중에 태양전지 셀에 금이 가거나 부분 파손 또는 변색이 있는지 확인한다.

72 태양광발전시스템의 유지관리 시 비치하여야 하는 장비가 아닌 것은?

① 유온계
② 멀티테스터
③ 전력계측기
④ 적외선 온도 측정기

정답 66 ② 67 ④ 68 ④ 69 ① 70 ③ 71 ④ 72 ①

73 절연 고무장갑을 착용하여 감전사고를 방지하여야 하는 작업의 경우가 아닌 것은?

① 건조한 장소에서의 개폐기 개방, 투입의 경우
② 충전부의 접속, 절단 및 점검, 보수 등의 작업 시
③ 활선상태의 배전용 지지물에 누설전류의 발생 우려가 있을 때
④ 정전 작업 시 역 송전이 우려되는 선로나 기기에 단락접지를 하는 경우

74 접속함의 정기점검 항목으로 틀린 것은?

① 접지선의 손상
② 운전 시 이상음
③ 외부배선의 손상
④ 외함의 부식 및 파손

해설
접속함의 정기 점검
• 육안점검
  – 외함의 부식 및 파손
  – 외부 배선의 손상 및 접속단자의 풀림
  – 접지선의 손상 및 접지단자의 풀림
• 측정 및 시험
  – 절연저항(태양전지-접지선) : 0.2[MΩ] 이상 측정전압 DC 500[V]
  – 절연저항(출력단자-접지 간) : 1[MΩ] 이상 측정전압 DC 500[V]

75 점검계획의 수립에 있어서 점검의 내용 및 주기는 여러 가지의 조건을 고려하여 결정할 경우 고려사항이 아닌 것은?

① 환경조건
② 설비의 가격
③ 설비의 중요도
④ 설비의 사용기간

해설
점검계획 시 고려사항
• 설비의 사용 기간
• 설비의 중요도
• 환경조건
• 고장이력
• 부하상태

76 산업안전보건기준에 관한 규칙에서 물체의 낙하·충격, 물체에의 끼임, 감전 또는 정전기의 대전(帶電)에 의한 위험이 있는 작업을 하는 경우 사용하는 보호구는?

① 안전대
② 보안경
③ 안전화
④ 방진마스크

해설
보호구의 지급 등(산업안전보건기준에 관한 규칙 제32조)
안전화는 감전에 의한 추락사고를 예방하는 장비이다.

77 태양광발전 모듈의 고장현상이 아닌 것은?

① 마찰음
② 백화 현상
③ 프레임 변형
④ 백시트 에어 버블링

78 소형 태양광 발전용 인버터의 절연성능시험항목이 아닌 것은?

① 내전압시험
② 절연저항시험
③ 감전보호시험
④ 출력측 단락시험

해설
절연성능시험
• 절연저항시험
• 내전압시험
• 감전보호시험
• 절연거리시험

79 전력량계의 점검 항목 중 계기용 변압·변류기의 점검내용으로 틀린 것은?

① 가스압 저하 여부
② 단자부 볼트류 조임 이완 여부
③ 절연물 등에 균열, 파손, 손상 여부
④ 붓싱 등에 이물질 및 먼지 등의 부착 여부

정답 73 ① 74 ② 75 ② 76 ③ 77 ① 78 ④ 79 ①

80 일상점검 시 인버터의 육안검사 점검항목이 아닌 것은?

① 이상음, 악취, 발연 ② 가대의 부식 및 녹
③ 외함의 부식 및 파손 ④ 외부배선(접속 케이블)

해설
태양전지 어레이의 육안점검사항으로 가대의 부식 및 녹발생을 확인한다.

제5과목 신재생에너지 관련 법규

81 수소와 산소의 전기화학 반응을 통하여 전기 또는 열을 생산하는 신재생에너지 설비는?

① 연료전지설비 ② 수소에너지설비
③ 폐기물에너지설비 ④ 바이오에너지설비

해설
용어의 정의(신에너지 및 재생에너지 개발·이용·보급 촉진법 시행규칙 제2조)
• 연료전지설비 : 수소와 산소의 전기화학 반응을 통하여 전기 또는 열을 생산하는 설비
• 수소에너지설비 : 물이나 그 밖에 연료를 변환시켜 수소를 생산하거나 이용하는 설비
• 폐기물에너지설비 : 폐기물을 변환시켜 연료 및 에너지를 생산하는 설비

82 전기설비기술기준의 판단기준에 의해 저압 전로에 사용하는 퓨즈는 수평으로 붙인 경우에 정격전류의 몇 배의 전류에 견디어야 하는가?

① 1.1 ② 1.25
③ 1.5 ④ 2.0

해설
저압 전로 중의 과전류차단기의 시설(판단기준 제38조)
저압 전로 중의 과전류차단기의 시설과 관련하여 저압 전로에 사용하는 퓨즈는 수평으로 붙인 경우에 정격전류 1.1배의 전류에 견디어야 한다.
※ KEC(한국전기설비규정)의 적용으로 문제 성립되지 않음 〈2021.01.19.〉

83 전기설비기술기준에 의해 연료전지설비에서 과도한 압력 방지를 위해 안전밸브 설치 대신 과압방지장치로 대체 가능한 최고 사용압력은 몇 [MPa] 미만인가?

① 0.1 ② 0.5
③ 1.5 ④ 3

해설
안전밸브(전기설비기술기준 제111조)
연료전지설비(액화가스 설비는 제외한다)의 압력을 받는 부분에는 과도한 압력을 방지하기 위한 적당한 안전밸브를 설치하여야 한다. 이 경우 해당 안전밸브는 작동 시 안전밸브로부터 방출되는 가스에 의한 위험이 발생하지 않도록 시설하여야 한다. 다만, 최고사용압력이 0.1[MPa] 미만의 것에 있어서는 그 압력을 낮추기 위한 적당한 과압방지장치로 대신할 수 있다.

84 전기저장장치를 시설하는 곳에 계측장치를 시설하여 계측하여야 할 내용이 아닌 것은?

① 주요변압기의 전력
② 주요변압기의 주파수
③ 이차전지 집합체의 출력단자의 전력
④ 이차전지 집합체의 출력단자의 충·방전 상태

해설
계측장치(KEC 512.2.3)
전기저장장치를 시설하는 곳에는 다음의 사항을 계측하는 장치를 시설하여야 한다.
• 축전지 출력 단자의 전압, 전류, 전력 및 충방전 상태
• 주요변압기의 전압, 전류 및 전력
※ KEC(한국전기설비규정)의 적용으로 인해 판단기준 제297조(계측장치)에서 KEC 512.2.3으로 변경됨 〈2021.01.19.〉

85 전기사업법에서 정하는 전기위원회의 구성으로 옳은 것은?

① 위원장 1명을 포함한 9명 이내의 위원
② 위원장 2명을 포함한 9명 이내의 위원
③ 위원장 1명을 포함한 10명 이내의 위원
④ 위원장 2명을 포함한 10면 이내의 위원

정답 80 ② 81 ① 82 ① 83 ① 84 ② 85 ①

해설
전기위원회의 설치 및 구성(전기사업법 제53조)
- 전기사업 등의 공정한 경쟁 환경 조성 및 전기사용자의 권익 보호에 관한 사항의 심의와 전기사업 등과 관련된 분쟁의 재정을 위하여 산업통상자원부에 전기위원회를 둔다.
- 전기위원회는 위원장 1명을 포함한 9명 이내의 위원으로 구성하되, 위원 중 대통령령으로 정하는 수의 위원은 상임으로 한다.
- 전기위원회의 위원장을 포함한 위원은 산업통상자원부장관의 제청으로 대통령이 임명 또는 위촉한다.
- 전기위원회의 사무를 처리하기 위하여 전기위원회에 사무기구를 둔다.

86 전기공사업법에 의해 공사업자는 등록사항 중 대통령령으로 정하는 중요 사항이 변경된 경우 그 사유가 발생한 날로부터 며칠 이내에 시·도지사에게 그 사실을 신고하여야 하는가?

① 15 ② 30
③ 60 ④ 90

해설
등록사항 변경신고(전기공사업법 시행규칙 제8조)
공사업자는 등록사항 중 대통령령으로 정하는 중요 사항이 변경된 경우에는 시·도지사에게 그 사실을 신고하여야 한다는 규정에 따라 등록사항의 변경신고를 하려는 자는 그 사유가 발생한 날부터 30일 이내에 전기공사업 등록사항 변경신고서(전자문서로 된 신고서를 포함함)에 등록증 및 등록 수첩과 다음의 구분에 따른 서류(전자문서를 포함함)를 첨부하여 지정 공사업자단체에 제출하여야 한다.
- 사무실 소재지가 변경된 경우 : 임대차계약서 사본(임대차인 경우만 해당한다)
- 대표자가 변경된 경우 : 변경된 대표자의 인적사항이 적힌 서류
- 자본금이 변경된 경우 : 기업진단보고서
- 전기공사기술자가 변경된 경우 : 전기공사기술자 보유 현황

87 전기설비기술기준에 의해 운전 중 이상이 발생할 때 수차를 자동적으로 정지시키는 장치를 시설하여야 하는 발전기의 용량은 몇 [kVA] 이상인가?

① 50 ② 100
③ 300 ④ 500

해설
수차 및 양수용 펌프(전기설비기술기준 제159조)
발전기 용량이 500[kVA] 이상인 수차일 경우 운전 중 이상이 발생할 때 수차를 자동적으로 정지시키는 장치를 시설해야 한다.
※ 전기설비기술기준의 개정으로 문제 성립되지 않음 〈개정 2020. 12. 3.〉

88 전기사업법에서 구역전기사업자는 몇 [kW]까지 전기를 생산하여 전력시장을 통하지 아니하고 그 공급구역의 전기사용자에게 전기를 공급할 수 있는가?

① 20,000 ② 25,000
③ 30,000 ④ 35,000

해설
구역전기사업자의 발전설비용량(전기사업법 시행령 제1조의2)
전기사업법에서 "대통령령으로 정하는 규모"란 35,000[kW]를 말한다.

89 신재생에너지 공급인증서에 관한 내용 중 옳은 것을 모두 선택한 것은?

> ㄱ. 공급인증서는 산업통상자원부장관이 지정하는 공급 인증기관에서만 발급할 수 있다.
> ㄴ. 공급인증서를 발급받으려는 자는 대통령령이 정하는 바에 따라 신청할 수 있다.
> ㄷ. 공급인증서의 유효기간은 발급받은 날로부터 5년이다.
> ㄹ. 공급인증서는 공급인증기관이 개설한 거래시장에서 거래하여야 한다.

① ㄱ, ㄴ, ㄷ ② ㄱ, ㄴ, ㄹ
③ ㄱ, ㄷ, ㄹ ④ ㄴ, ㄷ, ㄹ

해설
신재생에너지 공급인증서 등(법 제12조의 7)
(1) 신재생에너지를 이용하여 에너지를 공급한 자(이하 "신재생에너지 공급자"라 한다)는 산업통상자원부장관이 신재생에너지를 이용한 에너지 공급의 증명 등을 위하여 지정하는 기관(이하 "공급인증기관"이라 한다)으로부터 그 공급 사실을 증명하는 인증서(전자문서로 된 인증서를 포함한다. 이하 "공급인증서"라 한다)를 발급받을 수 있다. 다만, 발전차액을 지원받은 신재생에너지 공급자에 대한 공급인증서는 국가에 대하여 발급한다.
(2) 공급인증서를 발급받으려는 자는 공급인증기관에 대통령령으로 정하는 바에 따라 공급인증서의 발급을 신청하여야 한다.
(3) 공급인증기관은 (2)에 따른 신청을 받은 경우에는 신재생에너지의 종류별 공급량 및 공급기간 등을 확인한 후 다음의 기재사항을 포함한 공급인증서를 발급하여야 한다. 이 경우 균형 있는 이용·보급과 기술개발 촉진 등이 필요한 신재생에너지에 대하여는 대통령령으로 정하는 바에 따라 실제 공급량에 가중치를 곱한 양을 공급량으로 하는 공급인증서를 발급할 수 있다.
① 신재생에너지 공급자
② 신재생에너지의 종류별 공급량 및 공급기간
③ 유효기간

86 ②　87 ④　88 ④　89 ②

(4) 공급인증서의 유효기간은 발급받은 날부터 3년으로 하되, 공급의무자가 구매하여 의무공급량에 충당하거나 발급받아 산업통상자원부장관에게 제출한 공급인증서는 그 효력을 상실한다. 이 경우 유효기간이 지나거나 효력을 상실한 해당 공급인증서는 폐기하여야 한다.
(5) 공급인증서를 발급받은 자는 그 공급인증서를 거래하려면 공급인증서 발급 및 거래시장 운영에 관한 규칙으로 정하는 바에 따라 공급인증기관이 개설한 거래시장(이하 "거래시장"이라 한다)에서 거래하여야 한다.
(6) 산업통상자원부장관은 다른 신재생에너지와의 형평을 고려하여 공급인증서가 일정 규모 이상의 수력을 이용하여 에너지를 공급하고 발급된 경우 등 산업통상자원부령으로 정하는 사유에 해당할 때에는 거래시장에서 해당 공급인증서가 거래될 수 없도록 할 수 있다.
(7) 산업통상자원부장관은 거래시장의 수급조절과 가격 안정화를 위하여 대통령령으로 정하는 바에 따라 국가에 대하여 발급된 공급인증서를 거래할 수 있다. 이 경우 산업통상자원부장관은 공급의무자의 의무공급량, 의무이행실적 및 거래시장 가격 등을 고려하여야 한다.
(8) 신재생에너지 공급자가 신재생에너지 설비에 대한 지원 등 대통령령으로 정하는 정부의 지원을 받은 경우에는 대통령령으로 정하는 바에 따라 공급인증서의 발급을 제한할 수 있다.

90 신에너지 및 재생에너지 개발·이용·보급 촉진법에서 산업통상자원부장관은 관계중앙행정기관의 장과 협의를 한 후 신재생에너지정책심의회의 심의를 거쳐 신재생에너지의 기술개발 및 이용·보급을 촉진하기 위한 기본계획을 몇 년마다 수립하여야 되는가?

① 1년
② 3년
③ 5년
④ 10년

해설
기본계획의 수립(신에너지 및 재생에너지 개발·이용·보급 촉진법 제5조)
산업통상자원부장관은 관계 중앙행정기관의 장과 협의를 한 후 신재생에너지정책심의회의 심의를 거쳐 신재생에너지의 기술개발 및 이용·보급을 촉진하기 위한 기본계획을 5년마다 수립하여야 한다.

91 전기설비기술기준의 판단기준에 의해 정격전류 50[A]의 과전류차단기를 220[V]의 전로에서 사용 시 100[A]의 전류가 흐를 경우 용단되어야 하는 시간은?

① 2분 이내
② 4분 이내
③ 6분 이내
④ 8분 이내

해설
저압 전로 중의 과전류차단기의 시설(판단기준 제38조)
정격전류 50[A]의 과전류차단기를 220[V]의 전로에서 사용 시 100[A]의 전류가 흐를 경우 4분 이내 용단되어야 한다.
※ KEC(한국전기설비규정)의 적용으로 문제 성립되지 않음 〈2021.01.19.〉

92 산업통상자원부장관이 전기의 보편적 공급의 구체적 내용을 정하는 경우 고려사항으로 틀린 것은?

① 사회복지의 증진
② 전기의 보급 정도
③ 공공의 이익과 안전
④ 전기발전량의 여유 정도

해설
보편적 공급(전기사업법 제6조)
• 사회복지의 증진
• 전기기술의 발전 정도
• 전기의 보급 정도
• 공공의 이익과 안전

93 신에너지 및 재생에너지 개발·이용·보급 촉진법에서 정한 공급의무자는 지난 연도 총전력생산량의 합계에 일정비율을 곱한 의무공급량 이상을 신재생에너지로 공급하여야 한다. 2019년도 의무공급량의 비율은?

① 4[%]
② 5[%]
③ 6[%]
④ 7[%]

해설
연도별 의무공급량의 합계 등(신에너지 및 재생에너지 개발·이용·보급 촉진법 시행령 제18조의4 별표 3)

해당 연도	비율[%]	해당 연도	비율[%]
2012	2.0	2018	5.0
2013	2.5	2019	6.0
2014	3.0	2020	7.0
2015	3.0	2021	8.0
2016	3.5	2022	9.0
2017	4.0	2023년 이후	10.0

정답 90 ③ 91 ② 92 ④ 93 ③

94 온실가스에 해당하지 않는 것은?

① 오존(O_3)
② 메탄(CH_4)
③ 이산화탄소(CO_2)
④ 아산화질소(N_2O)

해설

정의(저탄소 녹색성장 기본법 제2조)
"온실가스"란 이산화탄소(CO_2), 메탄(CH_4), 아산화질소(N_2O), 수소불화탄소(HFCs), 과불화탄소(PFCs), 육불화황(SF_6) 및 그 밖에 대통령령으로 정하는 것으로 적외선 복사열을 흡수하거나 재방출하여 온실효과를 유발하는 대기 중의 가스 상태의 물질을 말한다.

95 용어에 대한 설명 중 틀린 것은?

① "계통연계"란 분산형 전원을 송전사업자나 배전사업자의 전력계통에 접속하는 것을 말한다.
② "접속설비"란 공용 전력계통으로부터 특정 분산형 전원 설치자의 전기설비에 이르기까지의 전선로를 말하며, 이에 부속하는 개폐장치, 모선 등은 해당되지 않는다.
③ "단순 병렬운전"이란 자가용 발전설비를 배전계통에 연계하여 운전하되, 생산한 전력의 전부를 자체적으로 소비하기 위한 것으로서 생산한 전력이 연계계통으로 유입되지 않는 병렬 형태를 말한다.
④ "단독운전"이란 전력계통의 일부가 전력계통의 전원과 전기적으로 분리된 상태에서 분산형 전원에 의해서만 가압되는 상태를 말한다.

해설

용어의 정의(KEC 112)
- 계통연계란 둘 이상의 전력계통 사이를 전력이 상호 융통될 수 있도록 선로를 통하여 연결하는 것으로 전력계통 상호간을 송전선, 변압기 또는 직류-교류변환설비 등에 연결하는 것을 말한다. 계통연락이라고도 한다.
- 접속설비란 공용 전력계통으로부터 특정 분산형전원 전기설비에 이르기까지의 전선로와 이에 부속하는 개폐장치, 모선 및 기타 관련 설비를 말한다.
- 단순 병렬운전이란 자가용 발전설비 또는 저압 소용량 일반용 발전설비를 배전계통에 연계하여 운전하되, 생산한 전력의 전부를 자체적으로 소비하기 위한 것으로서 생산한 전력이 연계계통으로 송전되지 않는 병렬 형태를 말한다.
- 단독운전이란 전력계통의 일부가 전력계통의 전원과 전기적으로 분리된 상태에서 분산형전원에 의해서만 운전되는 상태를 말한다.
- ※ KEC(한국전기설비규정)의 적용으로 인해 판단기준 제2조(정의)에서 KEC 112로 변경됨 〈2021.01.19.〉

96 재생에너지에 해당하지 않는 것은?

① 태양에너지
② 수소에너지
③ 해양에너지
④ 지열에너지

해설

정의(신에너지 및 재생에너지 개발·이용·보급 촉진법 제2조)
"재생에너지"란 햇빛·물·지열·강수·생물유기체 등을 포함하는 재생 가능한 에너지를 변환시켜 이용하는 에너지로서 다음의 하나에 해당하는 것을 말한다.
- 태양에너지
- 풍 력
- 수 력
- 해양에너지
- 지열에너지
- 생물자원을 변환시켜 이용하는 바이오에너지로서 대통령령으로 정하는 기준 및 범위에 해당하는 에너지
- 폐기물에너지(비재생폐기물로부터 생산된 것은 제외한다)로서 대통령령으로 정하는 기준 및 범위에 해당하는 에너지
- 그 밖에 석유·석탄·원자력 또는 천연가스가 아닌 에너지로서 대통령령으로 정하는 에너지

97 저압 옥내 직류 2선식 전기설비에서 반드시 접지를 해야 하는 경우는?

① 사용전압이 400[V] 이상인 경우
② 최대전류 30[mA] 이하의 직류화재경보회로
③ 접지검출기를 설치하고 특정구역 내의 산업용 기계기구에만 공급하는 경우
④ 고압 또는 특고압과 저압의 혼촉에 의한 위험방지 시설을 적용한 교류계통으로부터 공급을 받는 정류기에서 인출되는 직류계통

해설

저압 옥내 직류전기설비의 접지(KEC 243.1.8)
(1) 저압 옥내 직류전기설비는 전로 보호장치의 확실한 동작의 확보, 이상전압 및 대지전압의 억제를 위하여 직류 2선식의 임의의 한 점 또는 변환장치의 직류측 중간점, 태양전지의 중간점 등을 접지하여야 한다. 다만, 직류 2선식을 다음에 따라 시설하는 경우는 그러하지 아니하다.
① 사용전압이 60[V] 이하인 경우
② 접지검출기를 설치하고 특정구역내의 산업용 기계기구에만 공급하는 경우
③ 교류전로로부터 공급을 받는 정류기에서 인출되는 직류계통
④ 최대전류 30[mA] 이하의 직류화재경보회로
⑤ 절연감시장치 또는 절연고장점검출장치를 설치하여 관리자가 확인할 수 있도록 경보장치를 시설하는 경우

(2) (1) 접지공사는 접지시스템(KEC 140)의 규정에 의하여 접지하여야 한다.
(3) 직류전기설비를 시설하는 경우는 감전에 대한 보호를 하여야 한다.
(4) 직류전기설비의 접지시설은 저압 직류전기설비의 전기부식 방지(KEC 243.1.6)에 준용하여 전기부식방지를 하여야 한다.
(5) 직류접지계통은 교류접지계통과 같은 방법으로 금속제 외함, 교류접지도체 등과 본딩하여야 하며, 교류접지가 피뢰설비·통신접지 등과 통합 접지되어 있는 경우는 함께 통합접지공사를 할 수 있다. 이 경우 낙뢰 등에 의한 과전압으로부터 전기설비 등을 보호하기 위해 KS C IEC 60364-5-53(전기기기의 선정 및 시공 – 절연, 개폐 및 제어)의 534 과전압 보호장치에 따라 서지보호장치(SPD)를 설치하여야 한다.

※ KEC(한국전기설비규정)의 적용으로 인해 판단기준 제294조(축전지실 등의 시설)에서 KEC 243.1.7로 변경, 판단기준 제292조(저압 직류개폐장치)에서 KEC 243.1.5로 변경, 판단기준 제289조(저압 옥내직류 전기설비의 접지)에서 KEC 243.1.8으로 변경됨 〈2021.01.19.〉

98 에너지 자립도와 관련성이 가장 적은 지표는?

① 국내 생산에너지량
② 국내 총발전설비량
③ 국내 총소비에너지량
④ 우리나라가 국외에서 개발(지분 취득을 포함)한 에너지량

해설
정의(저탄소 녹색성장 기본법 제2조)
에너지 자립도란 국내 총소비에너지량에 대하여 신재생에너지 등 국내 생산에너지량 및 우리나라가 국외에서 개발(지분 취득을 포함한다)한 에너지량을 합한 양이 차지하는 비율을 말한다.

99 신재생에너지전문위원회 위원은 신재생에너지 분야에 관한 전문지식을 가진 사람으로서 누가 위촉하는 사람으로 하는가?

① 국무총리
② 행정안전부장관
③ 중소벤처기업부장관
④ 산업통상자원부장관

해설
신재생에너지정책심의회(신에너지 및 재생에너지 개발·이용·보급 촉진법 제8조)
신재생에너지의 기술개발 및 이용·보급에 관한 중요 사항을 심의하기 위하여 산업통상자원부에 신재생에너지정책심의회를 둔다.

100 전로에 지락이 생겼을 경우 자동적으로 전로를 차단하는 장치를 시설하지 않아도 되는 경우로 틀린 것은?

① 기계기구가 유도전동기 2차측 전로에 접속되는 것일 경우
② 기계기구를 발전소·변전소·개폐소 또는 이에 준하는 곳에 시설하는 경우
③ 대지전압 300[V] 이하인 기계기구를 물기가 있는 곳 이외의 곳에 시설하는 경우
④ 그 전로의 전원측에 절연변압기(2차 전압이 300[V] 이하인 경우에 한한다)를 시설하고 또한 그 절연변압기의 부하측의 전로에 접지하지 아니하는 경우

해설
• 저압 직류지락차단장치(KEC 243.1.4)
  누전차단기의 시설(KEC 211.2.4)에 의하여 저압 직류전로에 지락이 생겼을 때 자동으로 전로를 차단하는 장치를 시설하여야 하며 "직류용"표시를 하여야 한다.
• 누전차단기의 시설(KEC 211.2.4)
  금속제 외함을 가지는 사용전압이 50[V]를 초과하는 저압의 기계기구로서 사람이 쉽게 접촉할 우려가 있는 곳에 시설하는 것에 전기를 공급하는 전로
  – 금속제 외함을 가지는 사용전압이 50[V]를 초과하는 저압의 기계기구로서 사람이 쉽게 접촉할 우려가 있는 곳에 시설하는 것에 전기를 공급하는 전로. 다만, 다음의 어느 하나에 해당하는 경우에는 적용하지 않는다.
  ⓐ 기계기구를 발전소, 변전소, 개폐소 또는 이에 준하는 곳에 시설하는 경우
  ⓑ 기계기구를 건조한 곳에 시설하는 경우
  ⓒ 대지전압이 150[V] 이하인 기계기구를 물기가 있는 곳 이외의 곳에 시설하는 경우
  ⓓ 전기용품 및 생활용품 안전관리법의 적용을 받는 이중절연구조의 기계기구를 시설하는 경우
  ⓔ 그 전로의 전원측에 절연변압기(2차 전압이 300[V] 이하인 경우에 한한다)를 시설하고 또한 그 절연 변압기의 부하측의 전로에 접지하지 아니하는 경우
  ⓕ 기계기구가 고무, 합성수지 기타 절연물로 피복된 경우
  ⓖ 기계기구가 유도전동기의 2차측 전로에 접속되는 것일 경우
  ⓗ 기계기구가 전로의 절연 원칙(KEC 131)의 8에 규정하는 것일 경우
  ⓘ 기계기구 내에 전기용품 및 생활용품 안전관리법의 적용을 받는 누전차단기를 설치하고 또한 기계기구의 전원 연결선이 손상을 받을 우려가 없도록 시설하는 경우
※ KEC(한국전기설비규정)의 적용으로 인해 판단기준 제41조(지락차단장치 등의 시설)에서 KEC 211.2.4으로 변경됨 〈2021.01.19.〉

2019년 제2회 기사 과년도 기출문제

신재생에너지발전설비기사(태양광) 필기

제1과목 태양광발전시스템 이론

01 기어리스(Gearless)형 풍력발전기의 장점이 아닌 것은?

① 증속기어의 제거로 기계적 소음을 저감함
② 단극형 발전기 사용으로 제작비용이 저렴함
③ 역률제어가 가능하여 출력에 무관하게 고역률 실현 가능함
④ 나셀(Nacelle) 구조가 매우 간단 단순해져 유지 보수 시 간편성이 증대됨

해설
기어리스(Gearless)형 풍력발전기의 장점
- 가변속 운전방식(Variable Roter Speed Type)으로 역률제어가 가능하여 출력에 무관하게 고역률 실현이 가능하다.
- 증속기어의 제거로 기계적 소음이 적다.
- 기어리스(Gearless)이기 때문에 구조가 간단해서 유지 보수 시 간편성이 있다.

02 다음은 축전지 용량의 산출식이다. ( )에 알맞은 내용은?

$$C = \frac{1일\ 소비전력량 \times 불일조일수}{(\quad) \times 방전심도 \times 방전종지전압}\ [Ah]$$

① 효율
② 역률
③ 셀 수
④ 보수율

해설
축전지 용량의 산출식(C)
$$= \frac{1일\ 소비전력량 \times 불일조일수}{보수율 \times 방전심도 \times 방전종지전압}\ [Ah]$$

03 인버터의 부분 부하 동작을 고려하여 부분 효율의 가중치를 달리하여 계산하는 효율은?

① 최대효율
② 추적효율
③ 정격효율
④ 유로효율

해설
효율
- 인버터의 부분 부하 동작을 고려하여 부분 효율의 가중치를 같이 해야 하는 효율
  - 최대효율
  - 추적효율
  - 정격효율
- 인버터의 부분 부하 동작을 고려하여 부분 효율의 가중치를 달리 해야 계산하는 효율
  - 유로효율
  - 발전효율

04 태양광발전 모듈 제작순서가 다음과 같을 때 빈 칸에 들어갈 공정은?

탭달기(Tabbing) → 스트링(String) → 배치(Lay-up) → ( ) → 알루미늄 프레임(Framing) → 접합 단자함(Junction Box) → 품질평가(Test)

① 절단(Cutting)
② 포장(Packing)
③ 건조(Drying)
④ 라미네이션(Lamination)

해설
태양광발전 모듈 제작순서
탭달기(Tabbing) → 스트링(String) → 배치(Lay-up) → 라미네이션(Lamination) → 알루미늄 프레임(Framing) → 접합 단자함(Junction Box) → 품질평가(Test)

05 일정 전압의 직류 전원에 저항을 접속하고 전류를 흘릴 때 이 전류 값을 20[%] 증가시키기 위해서는 저항값을 어떻게 하면 되는가?

① 저항값을 17[%]로 감소시킨다.
② 저항값을 20[%]로 감소시킨다.
③ 저항값을 80[%]로 감소시킨다.
④ 저항값을 83[%]로 감소시킨다.

정답 1 ② 2 ④ 3 ④ 4 ④ 5 ④

해설
전류와 저항은 반비례한다. 전류의 값이 커지면 저항값이 작아지고, 저항의 값이 커지면 전류의 값이 작아진다(옴의 법칙). 따라서 전류값을 20[%] 증가시키기 위해서는 저항값을 감소시켜야 한다. 100[%]의 값을 기준으로 놓고 보았을 경우 80[%] 이상의 저항값을 감소시켜야 한다.
※ 산업인력공단의 확정답안은 ③번이나, 저자의 의견으로는 ③번과 ④번입니다.

06 독립형 태양광발전시스템의 특징으로 옳은 것은?
① 정전 시 단독운전 방지기능을 보유하고 있다.
② 생산된 에너지를 전력계통측으로 송전할 수 있다.
③ 태양광발전이 불가능한 경우를 대비하여 축전지를 사용한다.
④ 전력회사의 계통연계 규정에 맞추어 적절한 보호설비가 필요하다.

해설
독립형 태양광발전시스템의 특징
전력계통과 분리된 발전방식으로 축전지에 태양광 전력을 저장하여 사용하는 방식이다. 생산된 직류전력을 그대로 사용할 수 있도록 직류용 가전제품과 연결하거나 인버터를 통해 교류로 바꿔준다. 오지 및 도서 산간 지역의 주택 전력공급용이나 통신, 양수펌프, 백신용의 약품 냉동 보관, 안전표지, 제어 및 항해 보조도구 등 소규모 전력공급용으로 사용된다.

07 하이브리드 태양광발전시스템에 대한 설명으로 틀린 것은?
① 하나 혹은 하나 이상의 보조 전원을 포함한다.
② 보조 전원으로는 풍력이나 수력발전이 포함된다.
③ 계통연계형이나 독립형 중에 선택해서 사용할 수 있는 시스템도 있다.
④ 화석연료를 사용한 발전기는 하이브리드시스템에 포함되지 않는다.

해설
하이브리드형
태양광발전시스템과 다른 발전시스템을 결합하여 발전하는 방식으로 지역 전력계통과는 완전히 분리 또는 계통연계할 수 있는 발전방식으로 태양광, 풍력, 디젤 기타 발전기를 사용하여 충전장치와 축전지에 연결시켜 생산된 전력을 저장하고 사용하는 방식이다. 두 가지 이상의 발전방식을 결합하였으므로 주간이나 야간에도 안정적으로 전원을 공급할 수 있다.

08 태양광발전 모듈이 제각기 최대 전력점에서 작동하도록 모듈과 인버터가 한 개의 장치로 구성되는 인버터 시스템 방식은?
① 모듈 인버터 방식   ② 스트링 인버터 방식
③ 마스터 슬레이브 방식   ④ 서브어레이 인버터 방식

해설
인버터의 종류
- 계통 상호작용형 인버터(Utility Interactive Inverter)
  전력계통의 배전시스템이나 송전시스템과 병렬로 공통의 부하에 전력을 공급할 수 있는 인버터이다. 전력계통의 배전과 송전시스템 쪽으로도 송전이 가능하다.
- 계통연계형 인버터(Grid Connected Inverter)
  전력계통의 배전시스템이나 송전시스템과 병렬로 동작할 수 있는 인버터이다.
- 계통 의존형 인버터(Grid Dependent Inverter)
  계통 전력에 의존해서만 운영할 수 있는 인버터이다.
- 계통 주파수 결합형 인버터(Utility Frequency Link Inverter)
  출력단에 계통과의 격리(절연)를 위한 상용 계통 주파수 변압기를 가진 구조의 계통 연계 인버터이다. 즉, 인버터의 출력측과 부하측, 계통측을 계통 주파수 격리 변압기를 사용하여 전기적으로 격리하는 방식이다.
- 고주파 결합형 인버터(High Frequency Link Inverter)
  인버터의 입력 및 출력 회로 사이의 전기적인 격리에 고주파 변압기를 사용하는 방식으로 고주파 격리 방식 인버터라고 부르는 경우도 있다.
- 단독 운전 방지 인버터(Non Islanding Inverter)
  전력계통에 연계되는 인버터로서 배전계통의 전압이나 주파수가 정상 운전조건을 벗어나는 경우에는 계통 쪽으로 전력 송전을 중단하는 기능을 가진 인버터이다.
- 독립형 인버터(Stand Alone Inverter)
  전력계통의 배전시스템이나 송전시스템에 연결되지 않는 부하에 전력을 공급하는 인버터로서 축전지 전원 인버터라고도 한다.
- 모듈 인버터(Module Inverter)
  모듈의 출력단에 내장되는 인버터이다. 모듈 인버터는 모듈의 뒷면에 붙어 있으며 교류 모듈이라고도 한다. 모듈과 인버터가 한 개의 장치로 구성되어 있는 방식으로 태양광발전시스템 확장이 유리한 인버터 운전방식이다.
- 변압기 없는 인버터(Transformerless Inverter)
  격리(절연) 변압기가 없는 방식의 인버터로 인버터의 직류측과 교류측(부하측과 계통측)이 격리되지 않은 상태이다.
- 스트링 인버터(String Inverter)
  태양광발전 모듈로 이루어지는 스트링 하나의 추력만으로 동작할 수 있도록 설계한 인버터이다. 교류 출력은 다른 스트링 인버터의 교류 출력에 병렬로 연결시킬 수 있다.
- 전력망 상호작용형 인버터(Grid Interactive Inverter)
  독립형과 병렬운전의 두 가지 방식으로 운전할 수 있다. 전력망 상호작용형 인버터는 처음 동작할 때만 전력망 병렬방식으로 동작한다. 계통 상호작용형 인버터와는 다르다.

정답 6 ③ 7 ④ 8 ①

- 전류 안정형 인버터(Current Stiff Inverter)
  기본적으로 직류 입력 전류가 잘 변하지 않는 특성을 요구한다. 입력 전류에 잔결이 적고 평탄한 특성을 요구한다. 즉, 전류원이 안정된 것을 요구하는 인버터를 가리키며, 전류형 인버터라고도 한다.
- 전류 제어형 인버터(Current Control Inverter)
  펄스폭 변조나 이와 유사한 다른 제어 기법을 이용하여 규정된 진폭과 위상 및 주파수를 가진 정현파 출력 전류를 만들어 내는 인버터이다.
- 전압 안정형 인버터(Voltage Stiff Inverter)
  DC 입력전압이 잘 변하지 않는 특성을 요구하는 것으로서 입력전압에 잔결이 적고 평탄한 특성을 요구하는 인버터이다. 즉, 전압원이 안정된 것을 요구하는 인버터를 가리키며, 전압형 인버터라고도 한다.
- 전압 제어형 인버터(Voltage Control Inverter)
  펄스 너비 변조와 유사한 다른 제어 기법을 이용하여 규정된 진폭과 위상 및 주파수를 가진 정현파 출력전압을 만드는 인버터이다.

09 전선로에 침입하는 이상전압의 높이를 완화하고 파고치를 저하시키는 장치는?

① 서지흡수기 ② 내뢰트랜스
③ 슈퍼커패시터 ④ 역류방지다이오드

해설
서지흡수기(SA ; Surge Absorber)
전선로의 침입하는 이상고압 진행파의 준도를 완화하고 파고값을 저하시키기 위하여 피뢰기와 콘덴서를 조합한 것으로서 18[kV] 등의 고압용으로 전봇대에 사용된다.
※ 서지보호기(SPD ; Surge Protective Device)
한전 인입부 이후 TR 뒷단에 설치하는 것으로서 수배전반과 분배전반 그리고 기기보호로 사용된다.

10 태양열에너지의 장점이 아닌 것은?

① 무공해, 무한량의 청정에너지원이다.
② 계속적인 수요에 안정적인 공급이 가능한 에너지원이다.
③ 화석에너지에 비해 지역적 편중이 적은 분산형 에너지원이다.
④ 지구온난화 대책으로 탄산가스 배출을 저감할 수 있는 재생에너지원이다.

해설
태양열에너지의 장점
- 지구온난화 대책으로 탄산가스 배출을 저감할 수 있는 재생에너지원이다.
- 무공해, 무한량의 청정에너지원이다.
- 화석에너지에 비해 지역적 편중이 적은 분산형 에너지원이다.
- 전 세계가 공용화하여 사용할 수 있다.

11 10[A]의 전류를 흘렸을 때의 전력이 50[W]인 저항에 20[A]의 전류를 흘렸다면 소비전력은 몇 [W]인가?

① 100 ② 200
③ 500 ④ 1,000

해설
$P = I^2 R$[W]
10[A]의 전류를 흘렸을 경우 전력이 50[W]였다면, 20[A]의 전류를 흘릴 경우 전류량의 제곱이 되니까 소비전력은 200[W]이다.

12 내부저항이 1.0[Ω]인 1.5[V] 전지 두 개를 병렬로 연결한 후 외부에 2.5[Ω]의 저항을 가지는 부하를 직렬로 연결하였다. 외부 회로에 흐르는 전류의 크기[A]는?

① 0.5 ② 0.6
③ 1.0 ④ 1.2

해설
$I = \left(\dfrac{V}{r}\right) - R = \left(\dfrac{3}{1}\right) - 2.5 = 0.5$[A]
R : 직렬로 연결된 외부저항, r : 내부저항(병렬로 연결된 저항),
V : 전압(병렬로 연결된 전압 1.5×2 = 3[V])

13 태양광발전 전지의 충진율(Fill Factor, FF)에 대한 설명으로 틀린 것은?
① 충진율이 낮을수록 태양광발전 전지의 성능품질이 좋음을 나타낸다.
② 충진율을 개방전압(V_{oc})과 단락전류(I_{sc})의 곱에 대한 최대출력의 비로 정의된다.
③ 충진율은 최적 동작전류(I_m)와 최적 동작전압(V_m)이 단락전류(I_{sc})와 개방전압(V_{oc})에 가까운 정도를 나타낸다.
④ 충진율은 태양광발전 전지의 특성을 표시하는 파라미터로서 내부 직렬저항 및 병렬저항으로부터의 영향을 받는다.

해설
곡선인자(충진율 : Fill Factor(FF))
개방전압과 단락전류의 곱에 대한 최대출력(최대출력전류와 최대출력전압)의 곱한 값의 비율이다. FF값은 0에서 1 사이의 값으로 나타난다. 통상 0.7~0.8 사이로 나타난다. 주로 내부의 직·병렬 저항과 다이오드 성능계수에 따라 달라진다. 즉, 충진율이 높을수록 태양광발전 전지의 성능품질이 좋다.

14 전류의 이동으로 발생하는 현상이 아닌 것은?
① 발열작용 ② 화학작용
③ 탄화작용 ④ 자기작용

해설
전류의 이동으로 발생하는 현상은 발열작용, 자기작용, 화학작용이 발생한다. 탄화작용은 유기물 성분이 변화하여 탄소성분만 남아 축적되는 작용으로서 다른 성분이 전부 제거되어서 석탄과 같이 탄소만 남게 되는 변화를 말한다.

15 PN 접합구조의 반도체 소자가 빛을 흡수하였을 때, 전자와 정공쌍이 생성되는 현상은?
① 홀효과 ② 핀치효과
③ 광전효과 ④ 제백효과

해설
태양전지
빛을 비추면 내부에서 전자와 정공이 발생한다. 발생된 전하들은 각각 P극과 N극으로 이동하는데, 이 작용에 의해 P극과 N극 사이에 전위차(광기전력)가 발생하며, 이때 태양전지에 부하를 연결하면 전류가 흐르게 된다. 이를 광전효과라 한다.

16 STC조건에서 최대전압이 45[V], 전압온도계수가 −0.2[V/℃]인 결정질 태양광발전 모듈 10장이 직렬로 연결되어 있다. 외기 온도가 −10[℃]일 때 최대전압은 몇 [V]인가?
① 450 ② 470
③ 520 ④ 550

해설
STC조건에서 태양전지 온도는 25[℃]이고 문제에서 외기온도가 −10[℃]이기 때문에 온도의 차이는 35[℃]가 된다. 그러므로 1[℃]마다 전압이 0.2[V]씩 상승하여 0.2[V] × 35 = 7[V]가 된다. 여기서 STC조건에서 최대전압은 45[V]이므로 7[V] + 45[V] = 52[V]가 된다. 결론적으로 최대전압은 직렬 모듈의 수 × 전압[V] = 10 × 52[V] = 520[V]가 된다.

17 태양광발전 전지의 직류 출력을 상용주파수의 교류로 변환한 후 변압기에서 절연하는 방식은?
① PAM 방식 ② 트랜스리스 방식
③ 고주파 변압기 절연방식 ④ 상용주파 변압기 절연방식

해설
인버터 회로 방식
• 상용주파 변압기 절연방식(저주파 변압기 절연방식)
  태양전지(PV) → 인버터(DC → AC) → 공진회로 → 변압기
  – 태양전지의 직류출력을 상용주파의 교류로 변환한 후 변압기로 절연한다.
  – 내뢰성(번개에 견디어 낼 수 있는 성질)과 노이즈 컷(잡음을 차단)이 뛰어나지만 상용주파 변압기를 이용하기 때문에 중량이 무겁다.
  – 공진회로 : 인버터 회로에서 생성된 고주파 전압(구형파)을 코일과 콘덴서를 통해 정현파로 바꾸어 주는 회로이다.
• 고주파 변압기 절연방식
  태양전지(PV) → 고주파 인버터(DC → AC) → 고주파 변압기(AC → DC) → 인버터(DC → AC) → 공진회로
  – 소형이고 경량이다.
  – 회로가 복잡하다.
  – 태양전지의 직류출력을 고주파의 교류로 변환한 후 소형의 고주파 변압기로 절연을 한다.
  – 절연 후 직류로 변환하고 재차 상용주파의 교류로 변환한다.
• 트랜스리스 방식
  태양전지(PV) → 승압형 컨버터 → 인버터 → 공진회로
  – 소형이고 경량이다.
  – 비용이 저렴하고 신뢰성이 높다.
  – 태양전지의 직류출력을 DC-DC 컨버터로 승압하고 인버터를 이용하여 상용주파의 교류로 변환한다.
  – 상용전원과의 사이는 비절연이다.
  – 비용, 크기, 중량 및 효율면에서 우수하여 가장 많이 사용되고 있다.

정답 13 ① 14 ③ 15 ③ 16 ③ 17 ④

18 태양광발전 인버터에 대한 설명으로 틀린 것은?

① PWM 원리로 정현파를 재생한다.
② 무변압기 인버터는 효율이 나쁘다.
③ MPPT를 이용한 최대전력을 생산한다.
④ 절연변압기를 사용하는 인버터는 노이즈에 강하다.

해설

트랜스리스 방식
태양전지(PV) → 승압형 컨버터 → 인버터 → 공진회로
- 소형이고 경량이다.
- 비용이 저렴하고 신뢰성이 높다.
- 태양전지의 직류출력을 DC-DC 컨버터로 승압하고 인버터를 이용하여 상용주파의 교류로 변환한다.
- 상용전원과의 사이는 비절연이다.
- 비용, 크기, 중량 및 효율면에서 우수하여 가장 많이 사용되고 있다.

19 태양광발전 모듈의 출력에 직접적인 영향을 주는 항목이 아닌 것은?

① Air Mass(AM)
② 모듈 표면온도[℃]
③ 모듈 주위의 습도[%]
④ 태양의 일사강도[W/m²]

해설

태양광발전 모듈의 출력에 직접적인 영향을 주는 요소
- 태양의 일사강도[W/m²]
- 모듈의 표면온도[℃]
- Air Mass(AM)

20 태양광발전 전지의 변환효율에 대한 설명으로 틀린 것은?

① 태양광발전 전지의 성능을 나타내는 파라미터이다.
② 태양광 스펙트럼이나 세기, 전지의 온도에 영향을 받는다.
③ 태양으로부터 입사된 에너지에 대한 출력 전기에너지의 비로 정의된다.
④ 지상에서 사용되는 태양광발전 전지의 효율은 모듈 온도 25[℃], AM1.0 조건에서 측정된다.

해설

태양전지의 변환효율
태양전지의 최대출력($P_{\max}$)을 발전하는 면적(태양전지의 면적 : A)과 규정된 시험조건에서 측정한 입사조사강도(Incidence Irradiance : E)의 곱으로 나눈 값을 백분율로 나타낸 것으로서 [%]로 표시한다. 따라서 태양광 스펙트럼이나 세기, 전지의 온도에 영향을 받으며, 성능을 나타내는 대표적인 파라미터이다. 태양광으로부터 입사된 에너지에 대한 출력 전기에너지의 비로 정의가 되기도 한다.
- AM0
  - 우주에서의 태양 스펙트럼을 나타내는 조건으로 대기 외부이다.
  - 인공위성 또는 우주 비행체가 노출되는 환경이다.
- AM1
  - 태양이 천정에 위치할 때의 지표상의 스펙트럼이다.
- AM1.5
  - 기본적으로 우리나라가 중위도에 있기 때문에 표준으로 사용한다.
  - 지상의 누적 평균 일조량에 적합하다.
  - 태양전지 개발 시 기준 값으로 사용한다.
- AM2
  - 고도각 θ가 30°일 경우 약 0.75[kW/m²]를 나타낸다.

18 ② 19 ③ 20 ④

제2과목 태양광발전시스템 설계

21 단상 3선식의 전압강하 계산식은?(단, 전선길이 : L, 전류 : I, 단면적 : A)

① $e = \dfrac{35.6 \times L \times I}{1,000 \times A}$

② $e = \dfrac{30.8 \times L \times I}{1,000 \times A}$

③ $e = \dfrac{17.8 \times L \times I}{1,000 \times A}$

④ $e = \dfrac{25.6 \times L \times I}{1,000 \times A}$

해설

전압강하 계산식

배전방식	전압강하	대상 전압강하
단상 2선식	$e = \dfrac{35.6 \times L \times I}{1,000 \times A}$	선 간
3상 3선식	$e = \dfrac{30.8 \times L \times I}{1,000 \times A}$	선 간
단상 3선식	$e = \dfrac{17.8 \times L \times I}{1,000 \times A}$	대지 간
3상 4선식	$e = \dfrac{17.8 \times L \times I}{1,000 \times A}$	대지 간

e : 전압강하[V], I : 부하전류[A], L : 전선의 길이[m], A : 사용 전선의 단면적[mm²]

22 태양광발전시스템 전기설계계산서에 해당하지 않는 것은?

① 구조계산서
② 전압강하계산서
③ 보호계전기 정정치계산서
④ 모듈 및 어레이 직·병렬 계산서

해설

태양광발전시스템의 전기설계계산서의 종류
- 태양전지 용량 산출계산서
- 태양광발전시스템 용량 산출계산서
- 축전지 용량계산서
- 태양광발전 출력계산서(모듈 및 어레이 직·병렬계산서)
- 부하계산서(보호계전기 정정치계산서)

- 차단기 용량계산서
- 간선계산서(전압강하계산서)
- 변압기 용량계산서
- 예상 발전량 산출계산서

23 사전환경성 검토 업무 흐름도에서 a~c에 들어갈 내용으로 옳은 것은?

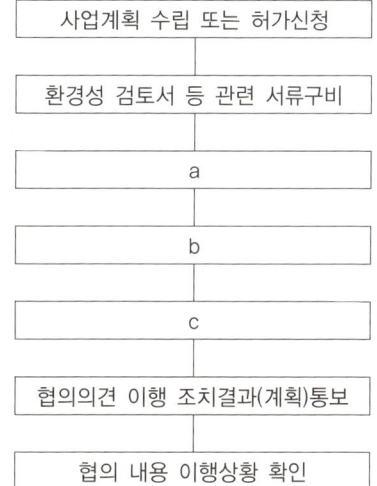

① a : 협의 요청, b : 환경성 검토, c : 협의결과 통보
② a : 환경성 검토, b : 협의 요청, c : 협의결과 통보
③ a : 협의결과 통보, b : 협의 요청, c : 환경성 검토
④ a : 환경성 검토, b : 협의결과 통보, c : 협의 요청

해설

사전환경성 검토 업무 흐름도
사업계획 수립 또는 허가신청 → 환경성 검토서 등 관련 서류구비 → 협의 요청 → 환경성 검토 → 협의결과 통보 → 협의의견 이행 조치결과(계획)통보 → 협의 내용 이행상황 확인

정답 21 ③ 22 ① 23 ①

24 다음 조건에서 태양광발전 모듈의 최대 직렬연결 수는?

- 인버터 최대 입력전압($V_{i\max}$) : 500[V]
- 개방전압(V_{oc}) : 42.5[V]
- 전압온도계수(K_t) : −0.35[%/℃]
- 최저온도($T_{\min}$) : −20[℃]
- 최고온도($T_{\max}$) : 60[℃]

① 8직렬 ② 9직렬
③ 10직렬 ④ 11직렬

해설

태양전지 모듈의 직렬연결 개수 =

$$\frac{\text{인버터 최대입력전압}(V_{i\max}) \times \text{전압온도계수}(K_t) \times \text{최고온도}(T_{\max})}{\text{개방전압}(V_{oc}) \times \text{최저온도}(T_{\min})}$$

$$= \frac{500 \times 0.35 \times 60}{42.5 \times 20} ≒ 12.35(직렬)$$

※ 저자의견
정답 없음. 2015년 4회 37번 문제와 같음. 최저온도가 25[℃]에서 20[℃]로 변경되었음. 25[℃]로 하면 9.88(직렬)로 ③이 정답 맞음.

25 토목도면의 재료별 단면을 표시할 경우 지반에 해당하는 것은?

① ㉠   ② ㉡
③ ㉢   ④ ㉣

해설
토목도면의 재료별 단면표시에서 지반, 토사는 ㉢으로 표시된다. 지반, 토사와 암반의 표시가 비슷하기 때문에 유의해야 한다.

26 태양광발전시스템에 그림자가 발생하게 되면 일사량이 감소하기 때문에 발전량이 감소한다. 일사량의 2가지 성분으로 옳은 것은?

① 직달광 성분, 산란광 성분
② 경사면 일사성분, 산란광 성분
③ 직달광 성분, 수평면 일사성분
④ 수평면 일사성분, 경사면 일사성분

해설
일사량의 성분
- 태양의 복사에너지가 대기권에서 산란, 굴절, 편광되지 않고 지표면에 곧바로 도달되는 직사광선인 방향성을 갖는 직달일사(Beam or Direct Radiation)의 형태
- 지구의 대기권에 수분, 공기입자, 공해물질에 의해서 산란된 형태의 무방향성 복사에너지인 산란일사(Diffuse Radiation)의 형태

27 다음의 설계도면 중 태양광발전시스템과 관계있는 것을 모두 고른 것은?

㉠ 피뢰설계도
㉡ 어레이 배치도
㉢ 접속반 내부 결선도

① ㉠, ㉡
② ㉡, ㉢
③ ㉠, ㉢
④ ㉠, ㉡, ㉢

해설
태양광발전시스템의 설계도면
- 어레이 배치도
- 접속반 내부 결선도
- 피뢰설계도

24 ③ 25 ③ 26 ① 27 ④

28 다음과 같은 조건에 적합한 자가소비형 태양광발전시스템의 설치용량은 약 몇 [kWp]인가?(단, STC 조건을 기준으로 한다)

- 연 일사량 : 1,356[kWh/m²]
- 연 부하소비량 : 3,000[kWh]
- 부하의 태양광발전시스템에 대한 의존율 : 50[%]
- 설계여유계수 : 20[%]
- 종합설계지수 : 80[%]

① 1.11 ② 1.66
③ 2.54 ④ 3.00

해설

$$설치용량(P_{AS}) = \frac{E_L \times D \times R}{\frac{H_A}{G_S} \times K} = \frac{3,000 \times 10^3 \times 0.5 \times 0.2}{\frac{1,356 \times 10^3}{1,000} \times 0.8}$$

$$\approx 0.28[kW]$$

E_L : 어느 기간에서의 부하소비전력량(수요전력량)[kW/기간]
H_A : 어떤 기간에 얻을 수 있는 어레이면 일사량[kW/m²·기간]
G_S : 표준상태에서의 일사강도[kW/m²]
D : 부하의 태양광발전시스템에 대한 의존율
R : 설계여유계수
K : 종합설계지수

※ 저자 의견 : 답이 틀림

29 태양광발전시스템 출력이 38,500[W], 모듈 최대출력이 175[W], 모듈의 직렬개수가 20장일 때, 병렬회로 수는?

① 10 ② 11
③ 12 ④ 13

해설
태양광발전시스템 병렬회로수
$= \frac{전체출력}{최대출력 \times 모듈의 직렬개수} = \frac{38,500}{175 \times 20} = 11$장

30 설계도면 작성에 관련한 내용과 가장 관계가 적은 것은?

① 기본설계, 실시설계순으로 작성한다.
② 전기설비별 KS인증 내역을 작성한다.
③ 공사의 범위, 규모, 배치, 보완사항을 작성한다.
④ 배선도에 조명, 콘센트, 전기방재설비 등을 표기한다.

해설
설계도면 작성
- 기본설계, 실시설계순으로 작성한다.
- 전기설비별 건설 ISO표준 및 CALS/EC 전자도면 작성표준으로 내역을 작성한다.
- 배선도에 조명, 콘센트, 전기방재설비 등을 표기한다.
- 공사의 범위, 규모, 배치, 보완사항을 작성한다.

31 태양광발전 어레이의 경사각과 방위각에 대한 설명으로 옳은 것은?

① 경사각은 설치할 부지의 위도를 고려하여 설계하여야 한다.
② 경사각이 낮아질수록 어레이 사이의 이격 거리가 길어진다.
③ 방위각은 남반구일 때 정남향으로, 북반구일 때 정북향으로 설치한다.
④ 경사각은 어레이가 정남향을 기준으로 동쪽 또는 서쪽으로 틀어진 각도를 말한다.

해설
경사각과 방위각
- 경사각이 낮아질수록 어레이 사이의 이격거리가 짧아진다.
- 방위각은 남반구일 때 정북향으로, 북반구일 때 정남향으로 설치한다.
- 경사각이란 어레이와 지면과의 각도 차이로서 경사각에 따라 모듈 간의 이격거리까지 산출된다.
- 방위각은 태양의 위치와 관측점을 잇는 직선과 균원분의 면에 연직이고 수평선이 이루는 각도가 지면에 투영된 각도이다.

32 일조시간과 가조시간에 대한 설명으로 틀린 것은?

① 일조시간은 실제로 태양광선이 지표면을 내리 쬔 시간이다.
② 일조시간과 가조시간과의 비를 일조율[%]이라 한다.
③ 구름이 많은 날씨일 경우 가조시간과 일조시간이 일치한다.
④ 가조시간이란 한 지방의 해 돋는 시간부터 해지는 시간까지의 시간을 말한다.

정답 28 ② 29 ② 30 ② 31 ① 32 ③

해설

일조량

일조는 태양의 직사광선이 구름이나 안개 등에 차단되지 않고 지표면을 비추는 것이다. 즉, 일정한 물체의 표면이나 지표면에 비치는 햇빛의 양을 일조량이라고 한다.

- 일조량은 일사와 동일한 용어로 사용되기도 하지만 일사보다는 시간적 개념이 많이 포함된 용어로 일조라는 용어는 일조시간을 나타낸다.
- 그 지방의 해 돋는 시간부터 해 지는 시간까지의 시간을 가조시간이라고 하는데, 이는 실제로 지표면에 태양이 비친 시간인 일조시간을 말한다.
- 겨울은 낮이 짧아 일조량이 적다. 구름이 없는 맑은 날씨에는 일조시간과 가조시간이 일치하고, 구름이 많아지면 그만큼 가조시간이 짧아지게 된다. 이러한 가조시간과 일조시간의 비를 일조율이라고 한다.
- 일조율 = $\frac{일조시수}{가조시수} \times 100[\%]$

일조시간을 가조시간으로 나눈 수를 [%]로 나타낸 것이며, 일출에서 일몰까지의 시간수인 주간시수 또는 가조시수에 대하여 그 지방 일조시수의 비(백분율)이다.

일조시간

태양광선이 지표를 내리쬔 시간을 의미한다. 즉, 태양광선이 구름이나 안개로 가려지지 않고 지면에 도달한 지속시간을 말한다.

33 순현재가치분석을 위한 필요인자를 모두 고른 것은?

㉠ 이자율
㉡ 할인율
㉢ 연차별 총 편익
㉣ 연차별 총 비용

① ㉠, ㉡
② ㉢, ㉣
③ ㉠, ㉡, ㉢
④ ㉡, ㉢, ㉣

해설

순현재가치법(NPV ; Net Present Value)

- 투자안의 편익과 비용의 크기를 비교하는 방법으로 적절한 할인율을 선택하여 투자로부터 예상되는 편익과 비용의 현재가치를 계산한 다음 이를 비교하여 투자안의 투자여부 및 우선순위를 결정하는 방법이다. 즉, 일정기간의 수입과 지출의 현재가치를 동일하게 하는 할인율이다.
- 할인율을 알 때, $B > C$로 측정하고 $B - C$로 판단, $B > C$이면 $B - C > 0$, 규모가 큰 사업에 유리하고, 현금유입과 현금유출의 현재가치이다.

순현재가치법(NPV)

$$\sum \frac{Bt}{(1+r)^t} - \sum \frac{Ct}{(1+r)^t} = \sum \frac{(Bt-Ct)}{(1+r)^t}$$

(Bt : 연차별 총편익, Ct : 연차별 총비용, r : 할인율, t : 기간)

34 태양광발전시스템 이용률이 15.5[%]일 때 일평균 발전시간[h/day]은 약 몇 시간인가?

① 3.40
② 3.52
③ 3.64
④ 3.72

해설

- 시스템 이용률[%] = $\frac{발전시간[hour]}{24[hour]} \times 100[\%]$
- 발전시간[hour] = $\frac{시스템\ 이용률[\%] \times 24[hour]}{100}$

  $= \frac{15.5 \times 24}{100} = 3.72[h/day]$

35 3,000[kW] 초과의 발전사업을 하기 위한 전기(발전)사업 허가권자는?(단, 제주특별자치도는 예외로 한다)

① 국무총리
② 시·도지사
③ 한국전력공사장
④ 산업통상자원부장관

해설

전기(발전)사업 허가(전기사업법 시행규칙 제4조)

- 허가권자
  - 3,000[kW] 초과 설비 : 산업통상자원부장관
  - 3,000[kW] 이하 설비 : 시·도지사
※ 단, 제주특별자치도는 제주국제자유도시특별법에 따라 3,000[kW] 초과의 발전설비도 제주특별자치도지사의 허가사항이다.

36 설계도면 작성 시 정류기의 전기도면 기호로 옳은 것은?

① RC
② ⊤
③ ▶|
④ G

정답 33 ④ 34 ④ 35 ④ 36 ③

해설
전기도면 기호

명 칭	도면기호
반도체의 분기	
단 자	(1) ○ (2) ●
접 지	
저항 또는 저항기	
전자코일 또는 인덕턴스	(1) (2)
전지 또는 직류전원(일반)	
정류기(일반)	
교류전원(일반)	
발전기 전동기	G M
개폐기(일반)	(1) (2)
광전관	
정전 용량 또는 콘덴서	

37
북위 36° 위치에 태양광 발전소를 구축하고자 한다. 어레이 설계 시 태양고도각을 결정하는 기준이 되는 날의 남중고도는?

① 23.5° ② 30.5°
③ 54.0° ④ 77.5°

해설
남중고도
- 태양의 남중고도는 태양과 지표면이 이루는 각 중 가장 높을 때를 말한다.
- 지구의 자전축은 공전 축에 대해 23.5° 기울어져 있는 상태로 공전하기 때문에 태양의 남중고도에 변화가 생겨 계절변화의 원인이 된다.
- 하지 때 태양의 남중고도는 북반구에는 최대가 되고, 남반구에서는 최소가 된다. 그리고 춘분과 추분일 때는 적도에서 최대가 된다.
- 위도적용 시 = 90° - 북위° - 23.5° = 90° - 36° - 23.5° = 30.5°

38
태양광발전시스템의 통합모니터링 구성요소가 아닌 것은?

① 자동기상 관측장치(AWS)
② 자동고장전류 계산장치(ACS)
③ 전력변환장치 감시제어장치(AIS)
④ 태양광발전 모듈 계측 메인장치(SCS)

해설
태양광발전 통합모니터링 시스템의 구성요소
- 자동기상 관측장치(AWS)
- 태양광 모듈 계측 메인장치(SCS)
- 전력변환장치 감시제어장치(AIS)

39
태양광발전시스템 전기설계 절차로 옳은 것은?

① 설치면적 결정 → 직렬 결선수 선정 → 병렬수와 어레이 용량 선정 → 모듈 선정 → 인버터 선정
② 설치면적 결정 → 모듈 선정 → 인버터 선정 → 병렬수와 어레이 용량 선정 → 직렬 결선수 선정
③ 설치면적 결정 → 인버터 선정 → 모듈 선정 → 직렬 결선수 선정 → 병렬수와 어레이 용량 선정
④ 설치면적 결정 → 인버터 선정 → 모듈 선정 → 병렬수와 어레이 용량 선정 → 직렬 결선수 선정

해설
태양광발전시스템 전기설계 절차
설치면적 결정 → 인버터 선정 → 모듈선정 → 직렬 결선수 선정 → 병렬수와 어레이 용량 선정

40
어레이 이격거리 산정을 위한 고려사항과 가장 관계가 없는 것은?

① 설치 부지의 경사도를 반영하였다.
② 설치 부지의 외부음영을 고려하였다.
③ 설치 부지의 태양고도를 반영하였다.
④ 어레이에 모듈을 가로 배치하는 것으로 고려하였다.

해설
어레이 이격거리 산정을 위한 고려사항
- 어레이에 모듈을 가로 배치하는 것으로 고려해야 한다.
- 설치부지의 경사도를 반영해야 한다.
- 설치부지의 태양고도를 반영해야 한다.

정답 37 ② 38 ② 39 ③ 40 ②

제3과목 태양광발전시스템 시공

41 전문감리업 면허 보유자가 수행할 수 있는 영업 범위는?

① 발전설비용량 10만[kW] 미만의 전력시설물
② 발전설비용량 15만[kW] 미만의 전력시설물
③ 발전설비용량 20만[kW] 미만의 전력시설물
④ 발전설비용량 25만[kW] 미만의 전력시설물

[해설]
감리업의 종류, 종류별 등록 기준 및 영업 범위(전력기술관리법 시행령 별표 5)

종류	영업 범위
종합감리업	전력시설물
전문감리업	발전·변전설비 용량 10만[kW] 미만의 전력시설물, 전압 10만[V] 미만의 송전·배전선로 20[km] 미만의 전력시설물, 용량 5,000[kW] 미만의 전기수용설비, 연면적 3만[m²] 미만인 건축물의 전력시설물

42 ( )안에 들어갈 내용으로 옳은 것은?

전선관의 굵기는 동일 굵기의 전선을 동일관 내에 넣는 경우에는 피복을 포함한 단면적의 총합계가 관 내 단면적의 (㉠)[%] 이하로 할 수 있으며, 서로 다른 굵기의 전선을 동일 관 내에 넣는 경우에는 피복을 포함한 단면적의 총합계가 관 내 단면적의 (㉡)[%] 이하가 되도록 선정하는게 일반적인 원칙이다.

① ㉠ : 24, ㉡ : 48
② ㉠ : 32, ㉡ : 24
③ ㉠ : 32, ㉡ : 48
④ ㉠ : 48, ㉡ : 32

43 그림과 같이 옥상 또는 지붕 위에 설치한 케이블의 물 빠짐을 위해 케이블 외경의 최소 몇 배 이상의 반경으로 배선해야 하는가?

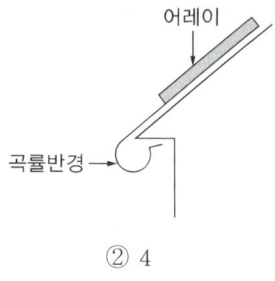

① 2   ② 4
③ 6   ④ 8

[해설]
원칙적으로 케이블의 차수 처리 지름은 케이블 지름의 6배 이상인 반경으로 배선작업을 한다.

44 발주자가 설계변경 지시를 할 경우 첨부서류에 포함되지 않는 것은?

① 수량산출 조서
② 설계변경 개요서
③ 주요 기자재 및 인력투입 계획
④ 설계변경 도면, 설계설명서, 계산서 등

[해설]
발주자의 설계변경 지시를 할 경우 첨부서류(전력시설물 공사감리업무 수행지침 제52조)
• 설계변경개요서   • 설계변경도면, 설계설명서, 계산서 등
• 수량산출 조서   • 그 밖에 필요한 서류

45 구조물 및 자재 종류별 검사에서 감리원의 검사절차로 옳은 것은?

㉠ 시공완료   ㉡ 검사요청서제출
㉢ 시공관리책임자점검 ㉣ 감리원현장검사
㉤ 검사결과통보

① ㉠ → ㉢ → ㉡ → ㉣ → ㉤
② ㉠ → ㉢ → ㉣ → ㉡ → ㉤
③ ㉠ → ㉡ → ㉢ → ㉣ → ㉤
④ ㉠ → ㉣ → ㉡ → ㉢ → ㉤

정답 41 ① 42 ④ 43 ③ 44 ③ 45 ①

46 태양광발전시스템 시공에서 모듈 설치 및 결선의 체크리스트 항목이 아닌 것은?

① 전선의 자재는 KS 규격품을 사용하였는가?
② 모듈의 직·병렬 연결 시 링 타입의 단자를 사용하여 연결하였는가?
③ 모듈 간의 직렬배선은 바람에 흔들리지 않도록 케이블타이로 단단히 고정하였는가?
④ 태양광발전 모듈의 전선은 접속함에 일반용 커넥터를 사용하여 결속하였는가?

해설
태양전지판 결선 시에 접속 배선함 구멍에 맞추어 압착단자를 사용하여 견고하게 전선을 연결해야 하며, 접속 배선함 연결 부위는 일체형 전용 커넥터를 사용한다.

47 다음 [보기]에서 설명한 배전방식으로 가장 적합한 것은?

[보기]
- 변압기의 공급 전력을 서로 융통시킴으로서 변압기 용량 저감 가능
- 전압 변동 및 전력 손실 경감
- 부하의 증가에 대한 탄력성 향상
- 고장에 대한 보호방법이 적절하며 공급 신뢰도가 좋음
- 캐스케이딩 현상 발생

① 방사선 방식
② 저압 뱅킹 방식
③ 저압 네트워크 방식
④ 스포트 네트워크 방식

48 설계감리의 업무 범위가 아닌 것은?

① 설계의 경제성 검토
② 주요 기자재 공급원의 검토·승인
③ 공사기간 및 공사비의 적정성 검토
④ 설계내용의 시공 가능성에 대한 사전 검토

해설
주요 기자재 공급원의 검토·승인은 시공감리의 업무이다.

49 제1종 접지공사의 최대 접지저항값은?
① 5[Ω]
② 10[Ω]
③ 50[Ω]
④ 100[Ω]

해설
※ KEC(한국전기설비규정)의 적용으로 종별 접지공사가 폐지되어 문제 성립되지 않음 〈2021.01.19.〉

50 배전선로에서 지락 고장이나 단락 고장사고가 발생하였을 때 고장을 검출하여 선로를 차단한 후 일정시간 경과하면 자동적으로 재투입 동작을 반복함으로서 고장 구간을 제거할 수 있는 보호장치는?

① 리클로저
② 라인퓨즈
③ 배전용 차단기
④ 컷아웃 스위치

해설
리클로저는 차단기와 보호계전기의 역할을 조합하여 배전선로 사고 시 재폐로 기능을 갖는 차단기의 일종이다.

51 KS C IEC 60364의 저압계통의 접지방식이 아닌 것은?
① IT방식
② TT방식
③ TN-C방식
④ TT-C방식

해설
계통접지와 기기접지의 조합에 따라 접지방식에는 여러 가지 방식이 있다. 국내에서는 KS C IEC 60364 표준을 적용하여 TN 계통(TN System), TT 계통(TT System), IT 계통(IT System)을 제안하고 있다. TT-C방식은 사용하지 않는 방식이다.

52 태양광발전시스템의 구조물 설치를 위한 기초의 종류 중 지지층이 얕을 경우 적용하는 방식은 무엇인가?
① 말뚝기초
② 피어기초
③ 간접기초
④ 직접기초

정답 46 ④ 47 ② 48 ② 49 ② 50 ① 51 ④ 52 ④

53 매설 혹은 심타 접지극의 종류로 동판을 사용하는 경우 알맞은 치수는?

① 두께 0.6[mm] 이상, 면적 800[cm²] 이상
② 두께 0.6[mm] 이상, 면적 900[cm²] 이상
③ 두께 0.7[mm] 이상, 면적 900[cm²] 이상
④ 두께 0.8[mm] 이상, 면적 800[cm²] 이상

54 송전전력, 부하역률, 송전거리, 전력손실 및 선간 전압이 같을 경우 3상 3선식에서 전선 한가닥에 흐르는 전류는 단상 2선식의 경우 약 몇 [%]가 되는가?

① 70.7   ② 57.7
③ 141   ④ 115

해설
3상 3선식
$P_{33} = \sqrt{3}\,VI\cos\theta$, $I_{33} = \dfrac{P}{\sqrt{3}\,V\cos\theta}$

단상 2선식
$P_{12} = VI\cos\theta$, $I_{12} = \dfrac{P}{V\cos\theta}$

$\therefore \dfrac{I_{33}}{I_{12}} = \dfrac{1/\sqrt{3}}{1} ≒ 0.577 = 57.7[\%]$

55 태양광발전 모듈과 인버터 간의 배선에 대한 설명 으로 틀린 것은?

① 태양광발전 모듈 접속용 케이블은 반드시 극성표시 확인 후 설치한다.
② 접속함에서 인버터까지 배선의 길이가 60[m] 이내 일 경우 전압강하는 5[%] 이하로 한다.
③ 태양광발전 모듈 간 배선은 2.5[mm²] 이상의 전선 을 사용하면 단락전류에 충분히 견딜 수 있다.
④ 태양광발전 어레이 지중배선을 직접매설 방식에 의 해 중량물의 압력을 받는 장소에 매설하는 경우 1.2[m] 이상의 깊이로 한다.

해설
접속함부터 인버터까지의 배선은 전압강하율을 2[%] 이하로 상정한다.

56 태양광발전 모듈 배선을 금속관공사로 시공할 경 우의 설명으로 틀린 것은?

① 옥외용 비닐절연전선을 사용하여야 한다.
② 금속관 내에서 전선은 접속점을 만들어서는 안 된다.
③ 짧고 가는 금속관에 넣는 전선인 경우 단선을 사용 할 수 있다.
④ 전선은 단면적 10[mm²]을 초과하는 경우 연선을 사 용하여야 한다.

해설
금속관공사(KEC 232.12)
태양광발전 모듈 배선을 금속관공사로 시공할 경우 옥외용 비닐절연 전선 이외의 전선을 사용한다.
※ KEC(한국전기설비규정)의 적용으로 인해 판단기준 제184조(금 속관공사)에서 KEC 232.12으로 변경됨 〈2021.01.19.〉

57 난연성, 절연의 신뢰성, 내습·내진성, 소형 및 경량화, 내전압 성능이 낮아 VCB와 조합 시 서지흡수기 를 설치하며, 단시간 과부하에 좋은 변압기는?

① 몰드변압기   ② 유입변압기
③ 아몰퍼스변압기   ④ H종 건식변압기

해설
몰드변압기
• 변압기 내부 절연물을 모두 에폭시 수지로 절연한 방식
• 신뢰도가 우수하며 소형, 경량 구조
• 내진, 내습, 친환경적이며 취급이 용이하다.
• 용량에 제한이 있고 서지 등에 취약하며 사고 시 수리 불가

58 자가용 전기설비 사용 전 검사에 대한 설명으로 틀린 것은?

① 검사 결과의 통지는 검사완료일로부터 5일 이내에 검사확인증을 신청인에게 통지하여야 한다.
② 검사 결과 검사기준에 부적합할 경우 사용 전 검사의 재검사 기간은 검사일 다음날로부터 15일 이내로 한다.
③ 검사의 목적은 전기설비가 공사계획대로 설계 시공되 었는가를 확인하여 전기설비의 안전성을 확보하는 것이다.
④ 전기안전에 지장이 없는 경우라도 발전기 인가 출력보 다 낮고 저출력 운전 시에는 임시사용이 불가능하다.

정답 53 ③ 54 ② 55 ② 56 ① 57 ① 58 ④

59 인버터의 설치용량은 사업계획서상의 인버터 설계용량 이상이어야 하고, 인버터에 연결된 모듈의 설치용량은 인버터 설치용량의 최대 몇 [%] 이내이어야 하는가?

① 92　　② 96
③ 103　　④ 105

해설
인버터의 설치용량은 설계용량 이상이고 인버터에 연결된 모듈의 설치용량은 인버터 설치용량 105[%] 이내이어야 한다.

60 전력시설물의 공사감리에서 비상주 감리원의 업무에 해당되지 않는 것은?

① 설계도서의 검토
② 기성 및 준공검사
③ 안전관리계획서 작성
④ 설계변경 및 계약금액 조정의 심사

해설
비상주감리원의 업무수행(전력시설물 공사감리업무 수행지침 제5조)
• 설계도서 등의 검토
• 상주감리원이 수행하지 못하는 현장조사 분석 및 시공사의 문제점에 대한 기술검토와 민원사항에 대한 현지조사 및 해결방안 검토
• 중요한 설계변경에 대한 기술검토
• 설계변경 및 계약금액 조정의 심사
• 기성 및 준공검사
• 정기적(분기 또는 월별)으로 현장시공 상태를 종합적으로 점검·확인·평가하고 기술지도
• 공사와 관련하여 발주자(지원업무수행자 포함)가 요구한 기술적 사항 등에 검토
• 그 밖에 감리업무 추진에 필요한 기술지원 업무

제4과목　태양광발전시스템 운영

61 송·배전설비의 유지관리 시 점검 후의 유의사항으로 옳은 것은?

① 준비철저 및 연락
② 회로도에 의한 검토
③ 무전압 상태확인 및 안전조치
④ 임시 접지선 제거 및 최종확인

해설
점검 후의 유의사항
• 접지선 제거 : 점검 시 안전을 위하여 접지한 것을 점검 후에는 반드시 제거하여야 한다.
• 최종확인
　- 작업자가 수·배전반 내에 들어가 있는지 확인한다.
　- 점검을 위해 임시로 설치한 가설물 등이 철거되었는지 확인한다.
　- 볼트, 너트 단자반 결선의 조임, 연결 작업의 누락은 없는지 확인한다.
　- 작업 전에 투입된 공구 등이 목록을 통해 회수되었는지 확인한다.
　- 점검 중 쥐, 곤충, 뱀 등의 침입은 없는지 확인한다.

62 전기사업법에 의해 전기사업용 태양광발전소의 태양광·전기설비 계통의 정기검사 시기는?

① 1년 이내　　② 2년 이내
③ 3년 이내　　④ 4년 이내

해설
정기검사의 대상·기준 및 절차 등(전기사업법 시행규칙 별표 10)
태양광·연료전지 발전소의 정기적인 검사 주기는 4년 이내이다.

63 태양광발전시스템의 고장별 조치방법을 나열한 것으로 틀린 것은?

① 불량 모듈이 선별되어 교체 시에는 제조사와 관계없이 동일 면적의 제품으로 교체하여야 한다.
② 모듈의 단락전류는 음영에 의한 경우와 모듈 불량에 의한 경우의 문제로 판정되면 그 원인을 해소한다.
③ 인버터가 고장인 경우에는 유지보수 인력이 직접 수리가 곤란하므로 제조업체에 A/S를 의뢰하여 보수한다.
④ 태양광발전 모듈의 개방전압이 저하하는 원인은 셀 및 바이패스 다이오드의 손상에 기인하는 경우가 대부분이므로 손상된 모듈을 찾아서 교체하여야 한다.

64 분산형 전원 배전계통 연계 기술기준에 의해 태양광발전시스템 및 그 연계 시스템의 운영 시 태양광발전시스템 연결점에서 최대 정격출력전류의 몇 [%]를 초과하는 직류 전류를 배전계통으로 유입시켜서는 안 되는가?

① 0.3　　② 0.5
③ 0.7　　④ 1.0

> **해설**
> 태양광발전 연계 운전 시 연결점에서 최대 정격출력전류의 0.5[%] 이내로 직류 전류를 배전계통으로 유입이 가능하다.

65 전원의 재투입 시 안전조치로 틀린 것은?

① 모든 이상 유무 확인 후 전원 투입
② 차단장치나 단로기 등에 잠금장치 및 꼬리표 부착
③ 모든 작업자가 작업 완료된 전기기기에서 떨어져 있는지 확인
④ 단락접지기구, 통전금지표시, 개폐기 잠금장치 등 안전장치를 제거하고 안전하게 통전할 수 있는지 확인

> **해설**
> 인출형 차단기나 단로기 등에는 쇄정(자물쇠를 채움) 후 "점검 중"이라는 꼬리표가 아닌 표찰(문패)를 부착한다.

66 태양광발전시스템의 구조물에 발생하는 고장으로 틀린 것은?

① 백화현상　　② 녹 및 부식
③ 이상 진동음　④ 구조물 변형

67 태양광발전시스템의 운영방법으로 틀린 것은?

① 태양광발전시스템의 고장요인은 대부분 인버터에서 발생하므로 정기적으로 정상가동 유무를 확인하여야 한다.
② 접속함에는 역류방지 다이오드, 차단기, 단자대 등이 내장되어 있으니 누수나 습기 침투 여부를 정기적으로 점검이 필요하다.
③ 태양광발전 모듈 표면은 특수 강화처리된 유리로 되어 있어 고압 세척기를 이용하거나 오염이 심할 경우 세재를 이용하여 세척을 하여도 무방하다.
④ 태양광발전 모듈은 일사량이 높을수록 발전효율이 높으므로 어레이 각도를 태양의 남중고도를 고려하여 정기적으로 조절하면 발전량을 높일 수 있다.

> **해설**
> 모듈 표면에 그늘이 지거나 황사나 먼지, 공해물질이 쌓이고 나뭇잎 등이 떨어진 경우 전체적인 발전효율이 저하되므로 고압 분사기를 이용하여 정기적으로 물을 뿌려주거나 부드러운 천으로 이물질을 제거해 주면 발전효율을 높일 수 있다. 이때 모듈 표면에 흠이 생기지 않도록 주의해야 한다.

68 태양광발전 어레이의 일상점검 시 외관검사 방법 중 관찰사항으로 틀린 것은?

① 접지저항 검사
② 가대의 녹 발생 유무 검사
③ 변색, 낙엽 등의 유무 검사
④ 태양광발전 어레이 표면의 오염 검사

> **해설**
> 접지저항 검사는 정기점검의 항목이다.

69 태양광발전시스템의 운전 중 점검사항에 해당하지 않는 것은?

① 인버터 표시부의 이상표시
② 축전지의 변색, 변형, 팽창
③ 인버터의 이음, 이취, 연기 발생
④ 접속함의 절연저항 및 개방전압

70 사업계획서 작성 시 태양광설비의 전기설비 개요에 포함되어야 할 사항으로 옳은 것은?

① 증발량
② 연료의 종류
③ 회전날개의 수
④ 집광판의 면적

정답 65 ② 66 전항정답 67 ③ 68 ① 69 ④ 70 ④

해설
태양광발전 설비 및 송전·변전설비의 개요(전기사업법 시행규칙 별표 1)
- 발전설비
  - 태양전지의 종류, 정격용량, 정격전압 및 정격출력
  - 인버터의 종류, 입력전압, 출력전압 및 정격출력
  - 집광판의 면적
- 송전·변전설비
  - 변전소의 명칭 및 위치, 변압기의 종류·용량·전압·대수
  - 송전선로의 명칭·구간 및 송전용량
  - 개폐소의 위치(동·리까지 작성)
  - 송전선의 종류·길이·회선 수 및 굵기의 1회선당 조수

71 태양광발전시스템의 성능을 평가하기 위한 측정요소로 틀린 것은?

① 사이트
② 가중치
③ 신뢰성
④ 설치 코스트

해설
태양광발전 시스템의 성능평가를 위한 측정요소
- 구성요인의 성능·신뢰성
- 사이트
- 발전성능
- 신뢰성
- 설치가격(경제성)

72 정지상태의 점검으로 내전압시험 및 보호계전기 등의 동작시험을 수행하는 점검은?

① 운전점검
② 일상점검
③ 정기점검
④ 임시점검

73 자가용 전기설비 중 태양광발전설비의 태양전지 정기검사 시 검사세부 종목으로 틀린 것은?

① 누설전류
② 규격확인
③ 외관검사
④ 전지 전기적 특성시험

74 솔라 시뮬레이터가 STC 측정 목적으로 사용되도록 설계되어 있는 경우, 이 시뮬레이터는 시험면에서 몇 [W/m²]의 유효조사 강도를 생성할 수 있어야 하는가?

① 250
② 500
③ 1,000
④ 2,000

해설
STC(Standard Test Condition)
표준시험조건으로 모든 제품을 테스트할 때 적용되는 일정한 표준조건값이다.
- 일사량 : 1,000[W/m²]
- 셀 표면온도 : 25[℃]
- AM(Air Mass : 대기 질량) : 1.5

75 중대형 태양광 발전용 인버터(KS C 8565 : 2016)의 절연저항시험에서 입력단자 및 출력단자를 각각 단락하고, 그 단자와 대지 간의 절연저항을 측정하는 경우 품질기준으로 절연저항은 몇 [MΩ] 이상이어야 하는가?

① 0.1
② 0.5
③ 0.7
④ 1.0

해설
절연저항시험
- 입력단자 및 출력단자를 각각 단락하고, 그 단자와 대지 간의 절연저항을 측정한다.
- 시험품의 정격측정전압이 500[V] 미만에서는 유효 최대눈금값 1,000[MΩ], 500[V] 이상 1,000[V] 이하에서는 유효 최대눈금값 2,000[MΩ]의 절연저항계를 사용한다.
- 단, 해당 시험 시만 바리스터, Y-CAP, 서지보호부품은 제거한다.
- 시험 절연저항값은 1[MΩ] 이상이어야 한다.

76 태양광발전시스템에서 배전계통으로 유입되는 종합 전압고조파 왜형률은 최대 몇 [%]를 초과하지 않도록 하여야 하는가?

① 3
② 5
③ 7
④ 9

해설
전압고조파 왜형률은 5[%] 이내, 각 차수별 왜형률이 3[%] 이내일 것

77 태양광발전시스템 운전 특성의 측정 방법(KS C 8535 : 2005)에서 용어 정의 중 다른 전원에서의 보충 전력량을 의미하는 것은?

① 표준 전력량
② 백업 전력량
③ 역조류 전력량
④ 계통 수전 전력량

78 중대형 태양광 발전용 인버터(KS C 8565 : 2016) 중 독립형의 시험항목으로 옳은 것은?

① 출력측 단락시험
② 자동 기동·정지시험
③ 단독운전방지 기능시험
④ 교류출력전류 변형률시험

해설

인버터 독립형 시험항목 중 외부 사고시험에서 출력측 단락시험과 부하차단시험이 있다.

태양광 발전용 독립형/계통 연계형 인버터의 시험항목

시험항목		독립형	계통 연계형	구 분
구조시험		○	○	-
절연성능 시험	절연저항시험	○	○	-
	내전압시험	○	○	-
	감전보호시험	○	○	비고 1
	절연거리시험	○	○	-
보호기능 시험	출력 과전압 및 부족전압 보호 기능시험	×	○	-
	주파수 상승 및 저하보호 기능시험	×	○	-
	단독운전방지 기능시험	×	○	-
	복전 후 일정 시간 투입방지 기능시험	×	○	-
정상특성 시험	교류 전압, 주파수 추종범위시험	×	○	-
	교류출력전류 변형률시험	×	○	-
	누설전류시험	○	○	-
	온도상승시험	○	○	-
	효율시험	○	○	-
	대기손실시험	×	○	-
	자동 기동·정지시험	×	○	-
정상특성 시험	최대전력 추종시험	×	○	-
	출력전류 직류분 검출시험	×	○	-
과도응답 특성시험	입력전력 급변시험	○	○	-
	계통전압 급변시험	×	○	-
	계통전압위상 급변시험	×	○	-
외부 사고 시험	출력측 단락시험	○	○	-
	계통전압 순간정전·강하시험	×	○	-
	부하차단시험	○	○	-
내전기 환경시험	계통전압 왜형률 내방시험	×	○	-
	계통전압 불평형시험	×	○	-
	부하불평형 시험	○	×	-
내주위 환경시험	습도시험	○	○	-
	온도사이클시험	○	○	-
전기 자기적 합성(EMC)	전자파장해(EMI)	○	○	비고 2
	전자파내성(EMS)	○	○	비고 2

[비고 1] 감전보호시험은 전기용품 안전인증기관 및 정부출연 시험기관에서 시험한 성적서로 대체할 수 있다.
[비고 2] 전기자기적합성(EMC)은 인공시험항목으로는 한시적으로 제외한다.

79 태양광발전시스템의 운영에 있어 계측기기나 표시장치의 사용목적이 아닌 것은?

① 시스템의 성능 예측
② 시스템의 운전상태 감시
③ 시스템에 의한 발전 전력량 파악
④ 시스템의 성능을 평가하기 위한 데이터 수집

80 태양광발전시스템의 안전관리 예방업무가 아닌 것은?

① 시설물 및 작업장 위험방지
② 안전작업 관련 훈련 및 교육
③ 안전관리비 실행 집행 및 관리
④ 안전장구, 보호구, 소화설비의 설치, 점검, 정비

77 ② 78 ① 79 ① 80 ③

해설
안전관리비 실행 집행 및 관리는 안전관리 운영업무에 해당된다.

제5과목 신재생에너지 관련 법규

81 전기사업법의 정의에서 "전기사업"에 포함되지 않는 것은?

① 발전사업 ② 변전사업
③ 송전사업 ④ 전기판매사업

해설
용어의 정의(전기사업법 제2조)
"전기사업"이란 발전사업·송전사업·배전사업·전기판매사업 및 구역전기사업을 말한다.

82 전기사업법에 의해 자가용 전기설비의 설치공사 계획의 신고 대상이 아닌 것은?

① 출력 1만[kW] 이상의 발전소 설치
② 특고압 이상 20만[V] 미만의 차단기 설치 또는 대체
③ 특고압 이상 20만[V] 미만의 변압기 설치 또는 대체
④ 고압 이상 20만[V] 미만의 전선로 설치·연장 또는 변경

해설
설치공사(증설공사 포함)(전기사업법 시행규칙 제28조 별표 7)
수전전압 20만[V] 미만의 수용설비의 설치. 다만 설비용량 1,000[kW] 미만 수용설비의 구내배전설비는 제외한다.
• 변경공사
 – 차단기 : 고압 이상 수전용 차단기와 특고압 이상 20만[V] 미만의 차단기의 설치 또는 대체
 – 변압기 : 특고압 이상 20만[V] 미만의 변압기의 설치 또는 대체
 – 전선로 : 고압 이상 20만[V] 미만의 전선로의 설치·연장 또는 변경

83 신에너지 및 재생에너지 개발·이용·보급 촉진법에서 신재생에너지의 기술개발 및 이용·보급을 촉진하기 위한 기본계획의 계획기간은 몇 년 이상인가?

① 3년 ② 5년
③ 7년 ④ 10년

해설
기본계획의 수립(신에너지 및 재생에너지 개발·이용·보급 촉진법 제5조)
기본계획의 계획 기간은 10년 이상으로 한다.

84 전기설비기술기준의 판단기준에서 물밑전선로의 시설에 대한 설명으로 틀린 것은?

① 특고압인 경우 전선으로 케이블을 사용하였다.
② 전선에 케이블을 사용하고 또한 이를 견고한 관에 넣어 시설하였다.
③ 폴리에틸렌혼합물·부틸고무 혼합물의 절연재료로 규정하는 시험에 적합한 케이블을 사용하였다.
④ 전선에 지름 3.5[mm] 아연도철선 이상의 기계적 강도가 있는 금속선으로 개장한 케이블을 사용하였다.

해설
물밑전선로의 시설(KEC 335.4)
(1) 물밑전선로는 손상을 받을 우려가 없는 곳에 위험의 우려가 없도록 시설하여야 한다.
(2) 저압 또는 고압의 물밑전선로의 전선은 (4)부터 (5)까지에서 표준에 적합한 물밑케이블 또는 KEC 334.1(지중전선로의 시설)의 4의 '마'부터 '사'까지에서 정하는 구조로 개장한 케이블이어야 한다. 다만, 다음 어느 하나에 의하여 시설하는 경우에는 그러하지 아니하다.
 ① 전선에 케이블을 사용하고 또한 이를 견고한 관에 넣어서 시설하는 경우
 ② 전선에 지름 4.5[mm] 아연도철선 이상의 기계적 강도가 있는 금속선으로 개장한 케이블을 사용하고 또한 이를 물밑에 매설하는 경우
 ③ 전선에 지름 4.5[mm](비행장의 유도로 등 기타 표지 등에 접속하는 것은 지름 2[mm]) 아연도철선 이상의 기계적 강도가 있는 금속선으로 개장하고 또한 개장 부위에 방식피복을 한 케이블을 사용하는 경우
(3) 특고압 물밑전선로는 다음에 따라 시설하여야 한다.
 ① 전선은 케이블일 것
 ② 케이블은 견고한 관에 넣어 시설할 것. 다만, 전선에 지름 6[mm]의 아연도철선 이상의 기계적 강도가 있는 금속선으로 개장한 케이블을 사용하는 경우에는 그러하지 아니하다.

정답 81 ② 82 전항정답 83 ④ 84 ④

(4) (2)(옥측배선 또는 옥외배선의 시설에서 준용하는 경우를 포함한다)에 의한 물밑 케이블의 표준은 (5)에 규정하는 것을 제외하고는 다음과 같다.
① 도체는 KS C IEC 60228 '절연 케이블용 도체'에서 정하는 연동선을 소선으로 한 연선(절연체에 부틸고무 혼합물 또는 에틸렌 프로필렌 고무혼합물을 사용하는 것은 주석이나 납 또는 이들의 합금으로 도금한 것에 한한다)일 것
② 절연체는 다음에 적합한 것일 것
  ⊙ 재료는 폴리에틸렌혼합물·부틸고무 혼합물 또는 에틸렌 프로필렌 고무혼합물로서 KS C IEC 60811-1-1의 "9. 절연체 및 시스의 기계적 특성시험"에 규정하는 시험을 한 때에 이에 적합한 것일 것
  ⊙ 두께는 표에 규정하는 값(도체에 접하는 부분에 반도전층을 입힌 경우에는 그 두께를 감한 값) 이상일 것
※ KEC(한국전기설비규정)의 적용으로 인해 판단기준 제146조(물밑전선로의 시설)에서 KEC 335.4로 변경됨〈2021.01.19.〉

85 과전류차단기를 시설하여야 하는 장소는?

① 저압 옥내선로
② 접지공사의 접지선
③ 다선식 선로의 중성선
④ 전로의 일부에 접지공사를 한 저압 가공전선로의 접지측 전선

해설

과전류차단기의 시설 제한(KEC 341.11)
접지공사의 접지도체, 다선식 전로의 중성선 및 고압 또는 특고압과 저압의 혼촉에 의한 위험방지 시설의 1부터 3까지의 규정에 의하여 전로의 일부에 접지공사를 한 저압 가공전선로의 접지측 전선에는 과전류차단기를 시설하여서는 안 된다.
※ KEC(한국전기설비규정)의 적용으로 인해 판단기준 제40조(과전류차단기의 시설 제한)에서 KEC 341.11으로 변경됨〈2021.01.19.〉

86 신에너지 및 재생에너지 개발·이용·보급 촉진법의 목적이 아닌 것은?

① 핵심적인 에너지원만 집중 육성
② 신에너지 및 재생에너지의 기술개발 및 이용·보급 촉진
③ 신에너지 및 재생에너지 산업의 활성화를 통하여 에너지원을 다양화
④ 에너지 구조의 환경친화적 전환 및 온실가스 배출의 감소를 추진함으로써 환경의 보전

해설

목적(신에너지 및 재생에너지 개발·이용·보급 촉진법 제1조)
이 법은 신에너지 및 재생에너지의 기술개발 및 이용·보급 촉진과 신에너지 및 재생에너지 산업의 활성화를 통하여 에너지원을 다양화하고, 에너지의 안정적인 공급, 에너지 구조의 환경친화적 전환 및 온실가스 배출의 감소를 추진함으로써 환경의 보전, 국가경제의 건전하고 지속적인 발전 및 국민복지의 증진에 이바지함을 목적으로 한다.

87 연면적 1,500[m²]의 공공기관을 신축하기 위해 2019년 4월에 건축허가를 신청하였다. 신에너지 및 재생에너지 개발·이용·보급 촉진법에 의하여 이 건물의 예상 에너지사용량에 대한 신재생에너지의 공급의무 비율은 몇 [%] 이상이어야 하는가?

① 18
② 21
③ 24
④ 27

해설

신재생에너지 공급의무 비율 등(신에너지 및 재생에너지 개발·이용·보급 촉진법 시행령 제15조)
※ 신재생에너지의 공급의무 비율(별표 2)

해당연도	2011~2012	2013	2014	2015	2016	2017	2018	2019	2020 이후
공급의무 비율[%]	10	11	12	15	18	21	24	27	30

신재생에너지의 공급의무 비율〈개정 2020.09.29.〉

해당연도	2020~2021	2022~2023	2024~2025	2026~2027	2028~2029	2030 이후
공급의무 비율[%]	30	32	34	36	38	40

88 전기설비기술기준의 판단기준에 의해 특고압 전선로에 접속하는 배전용 변압기를 시설하는 경우에 특고압 절연전선 또는 케이블을 사용하였다면 변압기의 1차 및 2차 전압은?

① 1차 : 35[kV] 이하   2차 : 특고압
② 1차 : 35[kV] 이하   2차 : 저압 또는 고압
③ 1차 : 60[kV] 이하   2차 : 저압 또는 고압
④ 1차 : 60[kV] 이하   2차 : 특고압 또는 고압

정답 85 ① 86 ① 87 ④ 88 ②

해설
특고압 배전용 변압기의 시설(KEC 341.2)
특고압 전선로(25[kV] 이하인 특고압 가공전선로의 시설에 규정하는 특고압 가공전선로를 제외한다)에 접속하는 배전용 변압기(발전소·변전소·개폐소 또는 이에 준하는 곳에 시설하는 것을 제외한다. 이하 같다)를 시설하는 경우에는 특고압 전선에 특고압 절연전선 또는 케이블을 사용하고 또한 다음에 따라야 한다.
- 변압기의 1차 전압은 35[kV] 이하, 2차 전압은 저압 또는 고압일 것
- 변압기의 특고압측에 개폐기 및 과전류차단기를 시설할 것. 다만, 변압기를 다음에 따라 시설하는 경우는 특고압측의 과전류차단기를 시설하지 아니할 수 있다.
  - 2 이상의 변압기를 각각 다른 회선의 특고압 전선에 접속할 것
  - 변압기의 2차측 전로에는 과전류차단기 및 2차측 전로로부터 1차측 전로에 전류가 흐를 때에 자동적으로 2차측 전로를 차단하는 장치를 시설하고 그 과전류차단기 및 장치를 통하여 2차측 전로를 접속할 것
- 변압기의 2차 전압이 고압인 경우에는 고압측에 개폐기를 시설하고 또한 쉽게 개폐할 수 있도록 할 것
※ KEC(한국전기설비규정)의 적용으로 인해 판단기준 제29조(특고압 배전용 변압기의 시설)에서 KEC 341.2으로 변경됨 〈2021.01.19.〉

89 전기설비기술기준에서 발전소 등의 부지 시설조건에 대한 설명으로 틀린 것은?

① 산지전용 후 발생하는 절·성토면의 수직높이는 15[m] 이하로 한다.
② 부지조성을 위해 산지를 전용할 경우에는 전용하고자 하는 산지의 평균 경사도가 25° 이하여야 한다.
③ 산지전용면적 중 산지전용으로 발생되는 절·성토 경사면의 면적이 100분의 50을 초과해서는 안 된다.
④ 산지전용 후 발생하는 절토면 최하단부에서 발전 및 변전설비까지의 최소이격거리는 보안울타리, 외곽도로, 수림대 등을 포함하여 3[m] 이상이 되어야 한다.

해설
발전소 등의 부지 시설조건(전기설비기술기준 제21조의2)
전기설비의 부지(敷地)의 안정성 확보 및 설비 보호를 위하여 발전소·변전소·개폐소를 산지에 시설할 경우에는 풍수해, 산사태, 낙석 등으로부터 안전을 확보할 수 있도록 다음에 따라 시설하여야 한다.
- 부지조성을 위해 산지를 전용할 경우에는 전용하고자 하는 산지의 평균 경사도가 25° 이하여야 하며, 산지전용면적 중 산지전용으로 발생되는 절·성토 경사면의 면적이 100분의 50을 초과해서는 아니 된다.
- 산지전용 후 발생하는 절·성토면의 수직높이는 15[m] 이하로 한다. 다만, 345[kV]급 이상 변전소 또는 전기사업용 전기설비인 발전소로서 불가피하게 절·성토면 수직높이가 15[m] 초과되는 장대비탈면이 발생할 경우에는 절·성토면의 안정성에 대한 전문용역기관(토질 및 기초와 구조분야 전문기술사를 보유한 엔지니어링활동 주체로 등록된 업체)의 검토 결과에 따라 용수, 배수, 법면 보호 및 낙석방지 등 안전대책을 수립한 후 시행하여야 한다.
- 산지전용 후 발생하는 절토면 최하단부에서 발전 및 변전설비까지의 최소 이격거리는 보안울타리, 외곽도로, 수림대 등을 포함하여 6[m] 이상이 되어야 한다. 다만, 옥내변전소와 옹벽, 낙석방지망 등 안전대책을 수립한 시설의 경우에는 예외로 한다.

90 전기공사업법에 의해 시·도지사가 공사업자의 등록을 반드시 취소해야 하는 사항으로 틀린 것은?

① 거짓이나 그 밖의 부정한 방법으로 공사업의 등록을 한 경우
② 하도급 관계법령을 위반하여 하도급을 주거나 다시 하도급을 준 경우
③ 영업정지처분기간에 영업을 하거나 최근 5년간 3회 이상 영업정지처분을 받은 경우
④ 공사업의 등록을 한 후 1년 이내에 영업을 시작하지 아니하거나 계속하여 1년 이상 공사업을 휴업한 경우

해설
등록취소 등(전기공사업법 제28조)
(1) 시·도지사는 공사업자가 다음의 어느 하나에 해당하면 등록을 취소하거나 6개월 이내의 기간을 정하여 영업의 정지를 명할 수 있다. 다만, ①·④·⑤·⑨ 또는 ⑩에 해당하는 경우에는 등록을 취소하여야 한다.
  ① 거짓이나 그 밖의 부정한 방법으로 다음의 어느 하나에 해당하는 행위를 한 경우
    ㉠ 공사업의 등록
    ㉡ 공사업의 등록기준에 관한 신고
  ② 공사업의 등록에 따라 대통령령으로 정하는 기술능력 및 자본금 등에 미달하게 된 경우. 다만, 채무자 회생 및 파산에 관한 법률에 따라 법원이 회생절차개시의 결정을 하고 그 절차가 진행 중이거나 일시적으로 등록기준에 미달하는 등 대통령령으로 정하는 경우는 예외로 한다.
  ③ 공사업의 등록기준에 관한 신고를 하지 아니한 경우
  ④ 결격사유 중 어느 하나에 해당하게 된 경우
  ⑤ 공사업 등록증 등의 대여금지 등을 위반하여 타인에게 성명·상호를 사용하게 하거나 등록증 또는 등록수첩을 빌려 준 경우
  ⑥ 시정명령 또는 지시를 이행하지 아니한 경우

⑦ 시정명령 등의 규정 중 어느 하나에 해당하는 경우로서 해당 전기공사가 완료되어 시정명령 또는 지시를 명할 수 없게 된 경우
⑧ 공사업 관련 정보의 종합관리 등에 따른 신고를 거짓으로 한 경우
⑨ 공사업의 등록을 한 후 1년 이내에 영업을 시작하지 아니하거나 계속하여 1년 이상 공사업을 휴업한 경우
⑩ 영업정지처분기간에 영업을 하거나 최근 5년간 3회 이상 영업정지처분을 받은 경우

(2) 다음의 어느 하나에 해당하는 경우에는 결격사유에 해당하게 된 날 또는 상속을 개시(開始)한 날부터 6개월간은 (1)을 적용하지 아니한다.
① 법인이 결격사유에 해당하게 된 경우
② 공사업의 지위를 승계한 상속인이 결격사유 중 어느 하나에 해당하는 경우

(3) 시·도지사는 공사업자가 시정명령 등에 해당되어 같은 조에 따른 시정명령 또는 지시를 받고 이를 이행하지 아니하거나 (1)의 ②에 해당되어 영업정지처분을 하는 경우 국민에게 심한 불편을 주거나 그 밖에 공익을 해칠 우려가 있을 때에는 영업정지처분을 갈음하여 1천만원 이하의 과징금을 부과할 수 있다.

(4) 시·도지사는 (3)에 따른 과징금을 내야 할 자가 납부기한까지 과징금을 내지 아니하면 지방세외수입금의 징수 등에 관한 법률에 따라 징수한다.

(5) (1)에 따라 행정처분을 하거나 (3)에 따라 과징금을 부과하는 경우 위반행위의 종류와 위반 정도 등에 따른 행정처분의 기준 및 과징금의 금액은 산업통상자원부령으로 정한다.

91 전기설비기술기준의 판단기준에서 사용전압이 저압인 전로에 정전이 어려운 경우 등 절연저항 측정이 곤란한 경우 저항성분의 누설전류가 몇 [mA] 이하이면 그 전로의 절연성능은 적합한 것으로 보는가?

① 1
② 3
③ 5
④ 10

해설

전로의 절연저항 및 절연내력(KEC 132)
사용전압이 저압인 전로의 절연성능은 기술기준 제52조(저압 전로의 절연성능)를 충족하여야 한다. 다만, 저압 전로에서 정전이 어려운 경우 등 절연저항 측정이 곤란한 경우 저항성분의 누설전류가 1[mA] 이하이면 그 전로의 절연성능은 적합한 것으로 본다.
※ KEC(한국전기설비규정)의 적용으로 인해 판단기준 제13조(전로의 절연저항 및 절연내력)에서 KEC 132로 변경됨 〈2021.01.19.〉

92 전기설비기술기준의 판단기준에서 태양전지발전소와 연계하는 전력계통에 그 발전소 이외의 전원이 있는 경우 태양전지 모듈(복수의 태양전지 모듈을 설치하는 경우에는 그 집합체)을 계측하는 장치로 틀린 것은?

① 온도계
② 전압계
③ 전류계
④ 전력계

해설

계측장치(KEC 351.6)
(1) 발전소에는 다음의 사항을 계측하는 장치를 시설하여야 한다. 다만, 태양전지발전소는 연계하는 전력계통에 그 발전소 이외의 전원이 없는 것에 대하여는 그러하지 아니하다.
① 발전기, 연료전지 또는 태양전지 모듈(복수의 태양전지 모듈을 설치하는 경우에는 그 집합체)의 전압 및 전류 또는 전력
② 발전기의 베어링(수중 메탈을 제외한다) 및 고정자(固定子)의 온도
③ 정격출력이 10,000[kW]를 초과하는 증기터빈에 접속하는 발전기의 진동의 진폭(정격출력이 400,000[kW] 이상의 증기터빈에 접속하는 발전기는 이를 자동적으로 기록하는 것에 한한다)
④ 주요 변압기의 전압 및 전류 또는 전력
⑤ 특고압용 변압기의 온도

(2) 정격출력이 10[kW] 미만의 내연력발전소는 연계하는 전력계통에 그 발전소 이외의 전원이 없는 것에 대해서는 (1)의 ① 및 ④의 사항 중 전류 및 전력을 측정하는 장치를 시설하지 아니할 수 있다.

(3) 동기발전기(同期發電機)를 시설하는 경우에는 동기검정장치를 시설하여야 한다. 다만, 동기발전기를 연계하는 전력계통에는 그 동기발전기 이외의 전원이 없는 경우 또는 동기발전기의 용량이 그 발전기를 연계하는 전력계통의 용량과 비교하여 현저히 적은 경우에는 그러하지 아니하다.

(4) 변전소 또는 이에 준하는 곳에는 다음의 사항을 계측하는 장치를 시설하여야 한다. 다만, 전기철도용 변전소는 주요 변압기의 전압을 계측하는 장치를 시설하지 아니할 수 있다.
① 주요 변압기의 전압 및 전류 또는 전력
② 특고압용 변압기의 온도

(5) 동기조상기를 시설하는 경우에는 다음의 사항을 계측하는 장치 및 동기검정장치를 시설하여야 한다. 다만, 동기조상기의 용량이 전력계통의 용량과 비교하여 현저히 적은 경우에는 동기검정장치를 시설하지 아니할 수 있다.
① 동기조상기의 전압 및 전류 또는 전력
② 동기조상기의 베어링 및 고정자의 온도

※ KEC(한국전기설비규정)의 적용으로 인해 판단기준 제50조(계측장치)에서 KEC 351.6으로 변경됨 〈2021.01.19.〉

93 지방자치단체의 저탄소 녹색성장 시책을 장려하고 지원하며, 녹색성장의 정착·확산을 위하여 사업자와 국민, 민간단체에 정보의 제공 및 재정 지원 등 필요한 조치를 할 수 있는 것은?

① 국민
② 국가
③ 대기업
④ 민간단체

해설

국가의 책무(저탄소 녹색성장 기본법 제4조)
- 국가는 정치·경제·사회·교육·문화 등 국정의 모든 부문에서 저탄소 녹색성장의 기본원칙이 반영될 수 있도록 노력하여야 한다.
- 국가는 각종 정책을 수립할 때 경제와 환경의 조화로운 발전 및 기후변화에 미치는 영향 등을 종합적으로 고려하여야 한다.
- 국가는 지방자치단체의 저탄소 녹색성장 시책을 장려하고 지원하며, 녹색성장의 정착·확산을 위하여 사업자와 국민, 민간단체에 정보의 제공 및 재정 지원 등 필요한 조치를 할 수 있다.
- 국가는 에너지와 자원의 위기 및 기후변화 문제에 대한 대응책을 정기적으로 점검하여 성과를 평가하고 국제협상의 동향 및 주요 국가의 정책을 분석하여 적절한 대책을 마련하여야 한다.
- 국가는 국제적인 기후변화대응 및 에너지·자원 개발 협력에 능동적으로 참여하고, 개발도상국가에 대한 기술적·재정적 지원을 할 수 있다.

94 전기설비기술기준의 판단기준에서 저압 전로에 시설하는 단락보호전용 차단기는 정격전류의 몇 배의 전류에서 자동적으로 작동하지 아니하여야 하는가?

① 1
② 2
③ 3
④ 4

해설

저압 전로 중의 과전류차단기의 시설(판단기준 제38조)
- 단락보호전용 차단기는 다음 표준에 적합한 것일 것
  - 정격전류의 1배의 전류에서 자동적으로 작동하지 아니할 것
  - 정정전류값은 정격전류의 13배 이하일 것
  - 정정전류값의 1.2배의 전류를 통하였을 경우에 0.2초 이내에 자동적으로 작동할 것
- 단락보호전용 퓨즈는 다음에 적합한 것일 것
  - 정격전류의 1.3배의 전류에 견딜 것
  - 정정전류의 10배의 전류를 통하였을 경우에 20초 이내에 용단될 것
※ KEC(한국전기설비규정)의 적용으로 문제 성립되지 않음 〈2021.01.19.〉

95 산업통상자원부장관이 신재생에너지 기술개발 및 이용·보급에 관한 계획의 협의를 요청한 자에게 계획서를 받았을 때 그 의견을 통보하기 위하여 검토하는 사항이 아닌 것은?

① 시의성(時宜性)
② 공동연구의 가능성
③ 기본계획과의 차별성
④ 다른 계획과의 중복성

해설

신재생에너지 기술개발 등에 관한 계획의 사전협의(신에너지 및 재생에너지 개발·이용·보급 촉진법 시행령 제3조)
산업통상자원부장관은 계획서를 받았을 때에는 다음의 사항을 검토하여 협의를 요청한 자에게 그 의견을 통보하여야 한다.
- 기본계획 수립에 따른 신재생에너지의 기술개발 및 이용·보급을 촉진하기 위한 기본계획과의 조화성
- 시의성(사정에 맞거나 시기에 적합한 성질을 말한다)
- 다른 계획과의 중복성
- 공동연구의 가능성

96 신에너지 및 재생에너지 개발·이용·보급 촉진법에 의해 신재생에너지설비를 설치한 시공자는 해당 설비에 대하여 성실하게 무상으로 하자보수를 시행하여야 한다. 이 경우 하자보수의 최대 기간의 범위는 얼마인가?(단, 하자보수에 관하여 국가를 당사자로 하는 계약에 관한 법률 또는 지방자치단체를 당사자로 하는 계약에 관한 법률에 특별한 규정이 있는 경우는 제외한다)

① 2년
② 3년
③ 4년
④ 5년

해설

신재생에너지 설비의 하자보수(신에너지 및 재생에너지 개발·이용·보급 촉진법 시행규칙 제16조의2)
- 하자보수에서 "산업통상자원부령으로 정하는 자"란 보급사업의 어느 하나에 해당하는 보급사업에 참여한 지방자치단체 또는 공공기관을 말한다.
- 하자보수의 대상이 되는 신재생에너지설비는 신재생에너지사업에의 투자권고 및 신재생에너지 이용의무화 등 및 보급사업에 따라 설치한 설비로 한다.
- 하자보수의 기간은 5년의 범위에서 산업통상자원부장관이 정하여 고시한다.

정답 93 ② 94 ① 95 ③ 96 ④

97 전기설비기술기준에서 저압 전선로 중 절연부분의 전선과 대지 사이 및 전선의 심선 상호 간의 절연저항은 사용전압에 대한 누설전류가 최대 공급전류의 얼마를 넘지 않도록 하여야 하는가?

① 1/1,000
② 1/2,000
③ 1/3,000
④ 1/4,000

해설

전로의 절연(전기설비기술기준 제27조)
전로는 대지로부터 절연시켜야 하며, 그 절연성능은 저압 전선로 중 절연부분의 전선과 대지 사이 및 전선의 심선 상호 간의 절연저항은 사용전압에 대한 누설전류가 최대 공급전류의 1/2,000을 넘지 않도록 하여야 한다.

98 전기사업법에서 동일인이 두 종류 이상의 전기사업을 할 수 있는 경우가 아닌 것은?

① 도서지역에서 전기사업을 하는 경우
② 변전사업과 전기판매사업을 겸업하는 경우
③ 배전사업과 전기판매사업을 겸업하는 경우
④ 집단에너지사업법에 따라 발전사업의 허가를 받은 것으로 보는 집단에너지사업자가 전기판매사업을 겸업하는 경우로 허가받은 공급구역에 전기를 공급하려는 경우

해설

사업의 허가(전기사업법 제7조, 전기사업법 시행령 제3조)
동일인에게는 두 종류 이상의 전기사업을 허가할 수 없다. 다만, 대통령령으로 정하는 경우에는 그러하지 아니하다.
• 두 종류 이상의 전기사업의 허가
 동일인이 두 종류 이상의 전기사업을 할 수 있는 경우는 다음과 같다.
 - 배전사업과 전기판매사업을 겸업하는 경우
 - 도서지역에서 전기사업을 하는 경우
 - 발전사업의 허가를 받은 것으로 보는 집단에너지사업자가 전기판매사업을 겸업하는 경우. 다만, 사업의 허가에 따라 허가받은 공급구역에 전기를 공급하려는 경우로 한정한다.

99 산업통상자원부장관이 신재생에너지 관련 통계의 조사·작성·분석 및 관리에 관한 업무의 전부 또는 일부를 하게 할 수 있도록 산업통상자원부령으로 정하는 바에 따라 지정하는 전문성이 있는 기관은?

① 통계청
② 한국전기안전공사
③ 신재생에너지센터
④ 한국에너지기술연구원

해설

신재생에너지센터(신에너지 및 재생에너지 개발·이용·보급 촉진법 시행규칙 제14조)
신재생에너지에 관련된 통계의 조사·작성·분석 및 관리에 관한 업무의 전부 또는 일부를 하게 할 수 있도록 산업통상자원부장관이 부령으로 정하는 바에 따라 지정하는 전문성 있는 기관이다.

100 중소기업의 녹색기술 및 녹색경영을 촉진하기 위한 연차별 추진계획을 위원회의 심의를 거쳐 수립·시행하여야하는 사람은?

① 행정안전부장관
② 국토교통부장관
③ 중소벤처기업부장관
④ 과학기술정보통신부장관

해설

중소기업의 녹색기술·녹색경영 지원(저탄소 녹색성장 기본법 시행령 제21조)
중소벤처기업부장관은 중소기업의 지원 등에 따라 중소기업의 녹색기술 및 녹색경영을 촉진하기 위한 연차별 추진계획을 위원회의 심의를 거쳐 수립·시행하여야 한다.

2019년 제4회 기사 과년도 기출문제

제1과목 태양광발전시스템 이론

01 전력변환장치(PCS)의 기능으로 옳은 것은?

① 단독운전기능, 수동전압 조정기능, 직류지락 검출기능
② 단독운전기능, 최대전력 추종제어기능, 직류 검출기능
③ 단독운전 방지기능, 최대전력 추종제어기능, 직류 운전기능
④ 자동운전 정지기능, 최대전력 추종제어기능, 단독 운전 방지기능

해설
전력변환장치(PCS)의 기능
- 자동운전 정지기능
- 최대전력 추종제어(MPPT ; Maximum Power Point Tracking)기능
- 단독운전 방지기능
- 자동전압 조정기능
- 직류 검출기능
- 직류지락 검출기능

02 독립형 태양광발전용 축전지의 기대수명에 큰 영향을 주는 요소가 아닌 것은?

① 습도
② 온도
③ 방전심도
④ 방전횟수

해설
태양광발전에 사용되는 축전지 선정 시 기대수명을 예상할 때 고려사항
- 보수율
- 방전심도
- 방전종지전압
- 방전횟수
- 사용온도

03 태양광발전 모듈과 인버터가 통합된 형태로서 태양광발전시스템 확장이 유리한 인버터 운전 방식은?

① 모듈 인버터 방식
② 스트링 인버터 방식
③ 병렬운전 인버터 방식
④ 중앙 집중형 인버터 방식

해설
인버터의 종류
- 계통 상호작용형 인버터(Utility Interactive Inverter) : 전력계통의 배전시스템이나 송전시스템과 병렬로 공통의 부하에 전력을 공급할 수 있는 인버터이다. 전력계통의 배전과 송전시스템 쪽으로도 송전이 가능하다.
- 계통 연계형 인버터(Grid Connected Inverter) : 전력계통의 배전시스템이나 송전시스템과 병렬로 동작할 수 있는 인버터이다.
- 계통 의존형 인버터(Grid Dependent Inverter) : 계통전력에 의존해서만 운영할 수 있는 인버터이다.
- 계통 주파수 결합형 인버터(Utility Frequency Link Inverter) : 출력단에 계통과의 격리(절연)을 위한 상용 계통 주파수 변압기를 가진 구조의 계통 연계 인버터이다. 즉, 인버터의 출력측과 부하측, 계통측을 계통 주파수 격리 변압기를 사용하여 전기적으로 격리하는 방식이다.
- 고주파 결합형 인버터(High Frequency Link Inverter) : 인버터의 입력 및 출력회로 사이의 전기적인 격리에 고주파 변압기를 사용하는 방식으로 고주파 격리 방식 인버터라고 부르는 경우도 있다.
- 단독 운전 방지 인버터(Non Islanding Inverter) : 전력계통에 연계되는 인버터로서 배전계통의 전압이나 주파수가 정상 운전조건을 벗어나는 경우에는 계통 쪽으로 전력 송전을 중단하는 기능을 가진 인버터이다.
- 독립형 인버터(Stand Alone Inverter) : 전력계통의 배전시스템이나 송전시스템에 연결되지 않는 부하에 전력을 공급하는 인버터로서 축전지 전원 인버터라고도 한다.
- 모듈 인버터(Module Inverter) : 모듈의 출력단에 내장되는 인버터이다. 모듈 인버터는 모듈의 뒷면에 붙어 있으며 교류 모듈이라고도 한다. 모듈과 인버터가 한 개의 장치로 구성되어 있는 방식으로 태양광발전시스템 확장이 유리한 인버터 운전방식이다.
- 변압기 없는 인버터(Transformerless Inverter) : 격리(절연) 변압기가 없는 방식의 인버터로 인버터의 직류측과 교류측(부하측과 계통측)이 격리되지 않은 상태이다.
- 스트링 인버터(String Inverter) : 태양광발전 모듈로 이루어지는 스트링 하나의 출력만으로 동작할 수 있도록 설계한 인버터이다. 교류 출력은 다른 스트링 인버터의 교류 출력에 병렬로 연결시킬 수 있다.
- 전력망 상호작용형 인버터(Grid Interactive Inverter) : 독립형과 병렬운전의 두 가지 방식으로 운전할 수 있다. 전력망 상호작용형 인버터는 처음 동작할 때만 전력망 병렬방식으로 동작한다. 계통 상호작용형 인버터와는 다르다.
- 전류 안정형 인버터(Current Stiff Inverter) : 기본적으로 직류 입력전류가 잘 변하지 않는 특성을 요구한다. 입력전류에 잔결이 적고 평탄한 특성을 요구한다. 즉, 전류원이 안정된 것을 요구하는 인버터를 가리키며, 전류형 인버터라고도 한다.
- 전류 제어형 인버터(Current Control Inverter) : 펄스폭 변조나 이와 유사한 다른 제어 기법을 이용하여 규정된 진폭과 위상 및 주파수를 가진 정현파 출력전류를 만들어 내는 인버터이다.
- 전압 안정형 인버터(Voltage Stiff Inverter) : DC 입력전압이 잘 변하지 않는 특성을 요구하는 것으로서 입력전압에 잔결이 적고 평탄한 특성을 요구하는 인버터이다. 즉, 전압원이 안정된 것을 요구하는 인버터를 가리키며, 전압형 인버터라고도 한다.
- 전압 제어형 인버터(Voltage Control Inverter) : 펄스 너비 변조와 유사한 다른 제어 기법을 이용하여 규정된 진폭과 위상 및 주파수를 가진 정현파 출력전압을 만드는 인버터이다.

정답 1 ④ 2 ① 3 ①

04 1일 적산부하전력량은 1.3[kWh], 불일조일은 10일, 보수율은 0.8, 2[V]의 공칭전압을 갖는 납축전지 50개, 방전심도는 65[%]인 독립형 태양광발전시스템의 축전지 용량은 몇 [Ah]인가?

① 100
② 250
③ 500
④ 1,000

해설

축전지 용량[Ah]
$$= \frac{1일\ 적산부하전력량 \times 불일조일수}{방전심도 \times 축전지\ 개수 \times 축전지\ 전압 \times 보수율}$$
$$= \frac{1,300 \times 10}{0.65 \times 50 \times 2 \times 0.8} = 250[Ah]$$

05 동일한 태양광발전 모듈에서 개방전압이 가장 높을 것으로 예상되는 상태는?

① 외기 온도가 0[℃]이고 일사량이 1,000[W/m²]일 때
② 외기 온도가 10[℃]이고 일사량이 600[W/m²]일 때
③ 외기 온도가 30[℃]이고 일사량이 800[W/m²]일 때
④ 외기 온도가 −10[℃]이고 일사량이 1,000[W/m²]일 때

해설

동일한 태양광발전 모듈에서 개방전압이 가장 높을 것으로 예상되는 상태는 외기 온도가 가장 낮으며 일사량이 가장 높아야 한다.
개방전압(V_{OC} : Open Circuit Voltage)
- 일조강도와 특정한 온도에 부하를 연결하지 않은 상태로서 태양광 발전 장치의 양단에 걸리는 전압이다.
- 광 흡수에 의해 발생된 캐리어는 전지 양단의 표면으로 분리 이동해 전압을 형성하기 때문에 높은 전압을 발생시키기 위해 재결합 방지를 해야 하고, 광량이 증가함에 따라 발생전압이 상승한다. 그렇기 때문에 고순도(캐리어의 수명이 길다) 기판을 사용해야 하며, 캐터링 공정(기판의 불순물을 제거)과 패시베이션 공정(표면의 결함을 제거)을 통해서 캐리어의 수명을 최대한 높여 주어야 한다. 결과적으로 병렬저항이 작으면 누설전류가 커지고 개방전압을 낮추게 된다.

06 태양광발전 전지를 재료에 따라 구분한 것으로 틀린 것은?

① 절연체
② 화합물 반도체
③ 실리콘 반도체
④ 염료감응형 및 유기물

해설

태양광발전 전지의 재료 구분
- 1세대 : 결정질 실리콘 태양전지
  - 단결정
  - 다결정
- 2세대 : 박막형 태양전지
  - 비정질 실리콘
  - 화합물 : CdTe(Cadmium Telluride), CIGS(Cu, In, Gs, Se)
- 3세대 : 차세대 태양전지
  - 염료감응형(Dye-Sensitized)
  - 유기물(Organic) 태양전지
- 4세대 : 무기·유기 하이브리드 태양전지

07 태양광발전시스템이 갖추어야 할 기본적인 조건이 아닌 것은?

① 안정성이 좋을 것
② 신뢰성이 좋을 것
③ 설치비용이 높을 것
④ 변환효율이 좋을 것

해설

태양광발전시스템이 갖추어야 할 기본적인 조건
- 저비용·고효율
- 고신뢰성
- 높은 안정성
- 쉬운 유지·보수

08 전원으로부터 부하로 전력이 공급될 때, 최대 전력 전달이 가능하기 위한 전원의 내부저항과 부하저항의 크기 관계는?

① 관계없음
② 내부저항 > 부하저항
③ 내부저항 < 부하저항
④ 내부저항 = 부하저항

해설

최대 전력 공급 공식
내부저항과 부하저항이 1 : 1이 되어야 가장 큰 전력의 공급이 가능하다.

09 동일 출력전류(I) 특성을 가지는 N개의 태양광 발전 전지를 같은 일사 조건에서 서로 병렬로 연결했을 경우 출력전류 I_a에 대한 계산식은?

① $I_a = N \times I$
② $I_a = N^2 \times I$
③ $I_a = \dfrac{I}{N}$
④ $I_a = \dfrac{N}{I}$

해설
출력전류(I_a) = 태양광발전 전지의 수(N) × 동일 출력전류(I)

10 연료전지발전에 대한 설명으로 틀린 것은?

① 소음 및 공해 배출이 적어 친환경적이다.
② 천연가스, 메탄올, 석탄가스 등 다양한 연료를 사용할 수 있다.
③ 도심 부근에 설치 가능하여 송·배전 시의 설비 및 전력손실이 적다.
④ 수소의 연소로부터 공급되어지는 열에너지를 전기에너지로 변환한다.

해설
연료전지의 특징

장 점	단 점
• 도심 부근에 설치가 가능하여 송·배전 시의 설비 및 전력손실이 적다. • 천연가스, 메탄올, 석탄가스 등 다양한 연료사용이 가능하다. • 회전부위가 없어 소음이 없으며, 기존 화력발전과 같은 다량의 냉각수가 불필요하다. • 발전효율이 40~60[%]이며, 열병합발전 시 80[%] 이상 가능하다. • 부하변동에 따라 신속히 반응한다. • 설치형태에 따라서 현지설치용, 분산배치형, 중앙집중형 등의 다양한 용도로 사용이 가능하다. • 환경공해가 감소한다.	• 내구성과 신뢰성의 문제 등 상용화를 위해서는 아직 해결해야 할 기술적 난제가 존재한다. • 고도의 기술과 고가의 재료 사용으로 인해 경제성이 많이 떨어진다. • 연료전지에 공급할 원료(수소 등)의 대량 생산과 저장, 운송, 공급 등의 기술적 해결이 어렵다. • 연료전지의 상용화를 위한 인프라 구축 역시 미비한 상황이다.

11 태양광발전시스템에서 바이패스소자의 설치 위치는?

① 단자함
② 분전반
③ 변압기 내부
④ 인버터 내부

해설
바이패스소자는 단자함 내부에 내장된다. 그러나 바이패스소자를 설치하는 위치는 인버터 내부이다.
※ 산업인력공단의 확정답안은 ①번이나, 저자의 의견으로는 ④번입니다.

12 PN접합 다이오드에 순방향 바이어스 전압을 인가할 때의 설명으로 옳은 것은?

① 커패시턴스가 커진다.
② 내부전계가 강해진다.
③ 전위장벽이 높아진다.
④ 공간전하 영역의 폭이 넓어진다.

해설
PN접합 다이오드에 순방향 바이어스 전압을 인가하게 되면 전류가 원활하게 흐르기 때문에 저항값이 작아지게 되어 전위장벽이 낮아지게 되기 때문에 내부전계가 약해지게 된다. 또한 공간전하 영역의 폭이 좁아지기 때문에 전류가 원활하게 흐르게 된다. 따라서 많은 용량의 전류가 흐르기 때문에 커패시터 용량이 커지게 된다.

13 태양광발전 모듈의 지락에 대한 안전대책이 가장 필요한 인버터 회로방식은?

① 부하변동 방식
② 트랜스리스 방식
③ 고주파 변압기 절연 방식
④ 사용주파 변압기 절연 방식

해설
태양광발전 모듈의 지락에 대한 안전대책은 어떤 인버터 방식도 필요하다. 다만 트랜스가 들어가지 않은 것들은 지락에 대해서 안전성이 많이 떨어지기 때문에 별도의 안전대책이 필요하다.

정답 9 ① 10 ④ 11 ① 12 ① 13 ②

14 전기를 생산하는 발전에는 여러 방식이 있고, 각각의 에너지 변환효율은 다르다. 다음 설명 중 가장 옳은 것은?

① 수력발전이 화력발전보다 효율이 높다.
② 풍력발전이 화력발전보다 효율이 높다.
③ 지열발전이 태양광발전보다 효율이 높다.
④ 바이오에너지발전이 원자력발전보다 효율이 높다.

해설
전기를 생산하는 발전의 에너지 변환효율이 높은 순서(동일한 비용으로 환산한 경우)
원자력발전 > 수력발전 > 화력발전 > 태양광발전 > 풍력발전 > 지열발전 > 바이오에너지발전

15 태양광발전 전지를 사용한 발전방식의 장점이 아닌 것은?

① 친환경 발전이다.
② 유지관리가 용이하다.
③ 확산광(산란광)도 이용할 수 있다.
④ 급격한 전력 수요에 대응이 가능하다.

해설
태양광발전 전지를 사용한 발전방식의 장점
• 친환경적
• 유지관리 용이
• 무한한 자원
• 여러 가지 광원 이용(확산광, 산란광)
• 넓은 확장성

16 태양광발전시스템용 인버터의 단독운전 방지기능에서 능동적인 검출 방식이 아닌 것은?

① 주파수 시프트방식 ② 유효전력 변동방식
③ 무효전력 변동방식 ④ 전압위상 도약 검출방식

해설
단독운전 방지기능의 종류
• 수동적 방식
 연계운전에서 단독운전으로 이행했을 때 전압파형이나 위상 등의 변화를 포착하여 단독운전을 검출하도록 하는 방식이다. 수동적 방식의 구분유지시간은 5~10초, 검출시간은 0.5초 이내이다.
  – 주파수 변화율 검출방식
  – 제3차 고주파 전압급증 검출방식
  – 전압위상 도약 검출방식

• 능동적 방식
 항상 인버터에 변동요인을 부여하고 연계운전 시에는 그 변동요인이 출력에 나타나지 않고 단독운전 시에만 나타나도록 하여 이상을 검출하는 방식이다. 능동적 방식의 구분검출시간은 0.5~1초이다.
  – 유효전력 변동방식
  – 무효전력 변동방식
  – 부하 변동방식
  – 주파수 시프트방식

17 피뢰기가 구비해야 할 조건으로 틀린 것은?

① 제한전압이 낮을 것
② 충격방전 개시전압이 낮을 것
③ 속류의 차단능력이 충분할 것
④ 상용주파방전 개시전압이 낮을 것

해설
피뢰기가 구비해야 할 조건
• 충격방전 개시전압이 낮을 것
• 속류의 차단능력이 충분할 것
• 방전내량이 클 것
• 제한전압이 적정할 것
• 상용주파방전 개시전압이 높을 것

18 건물에 설치된 태양광발전시스템의 낙뢰 및 과전압 보호로 고려해야 하는 방법이 아닌 것은?

① 교류측에 과전압 보호장치를 설치해야 한다.
② 태양광발전시스템 접속함의 직류측에 서지보호장치를 설치해야 한다.
③ 태양광발전시스템이 외부에 노출되어 있다면 적절한 피뢰침을 설치해야 한다.
④ 낙뢰 보호시스템이 있어도 반드시 태양광발전시스템을 접지 및 등전위면에 연결해야 한다.

해설
건물에 설치된 태양광발전시스템의 낙뢰 및 과전압 보호로 고려해야 하는 방법
• 태양광발전시스템 접속함의 직류측에 서지보호장치를 설치해야 한다.
• 태양광발전시스템이 외부에 노출되어 있다면 적절한 피뢰침을 설치해야 한다.
• 교류측에 과전압 및 과전류 보호장치를 설치해야 한다.
• 방전갭(서지보호기)의 접지측 및 보호대상 기기의 노출 도전성 부분은 태양광발전시스템이 설치된 건물 구조체의 주등전위 접지선에 접속한다.

정답 14 ① 15 ④ 16 ④ 17 ④ 18 ④

19 STC조건에서 측정한 어떤 태양광발전 모듈의 최대출력이 100[W]라면, 태양광발전 전지 온도가 45[℃]일 때 태양광발전 모듈의 최대출력[W]은?(단, 태양광발전 전지의 온도보정계수(α)는 -0.5[%/℃]이다)

① 90　　　　　　　② 95
③ 100　　　　　　④ 110

해설

태양광발전 모듈의 최대출력 = 모듈의 최대출력 + 온도 보정값
　　　　　　　　　　　　 = 100 + (−10) = 90[W]
- STC 온도조건 = 태양광발전 전지온도 − 표준온도 = 40 − 20
　　　　　　　 = 20[℃]
- 온도 보정값 = STC 온도조건 × 온도보정계수(α)
　　　　　　 = 20 × (−0.5) = −10

20 변압기에서 1차 전압이 120[V], 2차 전압이 12[V]일 때 1차 권선수가 400회라면 2차 권선수는 몇 회인가?

① 10　　　　　　　② 40
③ 400　　　　　　④ 4,000

해설

권선수 구하기
- 변압기 1차 전압이 120[V]이고, 2차 전압이 12[V]이다. 여기의 변압비는 10 : 1이다.
- 변압기 1차 권선수가 400회이면, 2차 권선비는 변압비와 마찬가지로 10 : 1이기 때문에 40이 된다.

제2과목　태양광발전시스템 설계

21 전기실에 설치하는 소화설비로 적합하지 않은 것은?

① 이너젠 소화설비　　② 하론가스 소화설비
③ 스프링클러 소화설비　④ 이산화탄소 소화설비

해설

전기실에 설치하는 소화설비
- 이산화탄소 소화설비
- 이너젠 소화설비
- 하론가스 소화설비

22 태양광발전원가의 구성 항목 중 초기투자비로 보기 어려운 것은?

① 계통연계비용　　② 인허가 용역비
③ 설계 및 감리비　④ 운전유지 및 수선비

해설

초기투자비
주자재, 토지 등 구입비용/인허가, 설계/공사비/검사비/계통연계비 등

23 가교 폴리에틸렌 절연비닐시스케이블을 나타내는 약호는?

① DV　　　　　　② GV
③ CV　　　　　　④ OV

해설

케이블 약호
- DV : 인입용 비닐절연전선
- CV : 가교 폴리에틸렌 절연비닐시스케이블

24 태양광발전용 인버터의 입력한계전압이 800[V_{dc}]라면, 이때 적합한 태양광발전 모듈의 최대 직렬수는? (단, 모듈 온도변화는 −10~70[℃]로 하고, 기타 조건은 표준상태이다)

$V_{oc} = 45.16[V]$　　$I_{sc} = 7.73[A]$
$V_{mpp} = 41.5[V]$　　$I_{mpp} = 7.22[A]$
온도계수　$I = 0.052[\%/℃]$
온도계수　$V = -0.454[\%/℃]$

① 14직렬　　　　② 15직렬
③ 16직렬　　　　④ 17직렬

해설

태양광발전 모듈의 최대 직렬수
$= \dfrac{\text{입력한계전압}}{V_{OC} \text{ 모듈전압}}$
$= \dfrac{800}{52.34} ≒ 15.28 = 15$개

- V_{OC} 모듈전압
$= \text{개방전압} + \left\{(\text{최저온도} − \text{기본온도}) × \dfrac{\text{전압 온도 변화율}}{100} × \text{개방전압}\right\}$
$= 45.16 + \left\{(-10 − 25) × \dfrac{-0.454}{100} × 45.16\right\} ≒ 52.34[V]$

25 어레이의 세로길이를 3.6[m], 어레이의 경사각을 33°, 그림자 고도각을 15°로 산정하여 북위 37° 지방에서 태양광발전시스템을 건설하고자 할 때 어레이 간 최소 이격거리는 약 몇 [m]인가?

① 9.6
② 10.3
③ 11.3
④ 13.6

해설
태양광 어레이 간 최소 이격거리(d)
$= L \times \dfrac{\sin(180° - \alpha - \beta)}{\sin\beta} = 3.6 \times \dfrac{\sin(180° - 33° - 15°)}{\sin 15°}$
$≒ 10.34[m]$

해설
일사량
태양의 복사를 일사라 하고, 일사의 세기를 일사량이라 한다. 공기가 없을 경우, 태양상수는 대략 1.94[cal]의 값을 갖는데 다소 변동이 있다. 태양광발전에 있어서 태양빛을 받아 태양전지에서 발생되는 전기량은 일사량과 밀접한 관계가 있으므로 해당 지역의 일사량 조사는 필수적일 수밖에 없다.

- 일사량은 태양으로부터 오는 태양 복사에너지가 지표면에 닿은 양을 말한다. 즉, 일사량은 태양광선에 직각적으로 놓은 1[cm²] 넓이에 60초 동안 복사되는 에너지의 양을 측정해서 알 수 있다.
- 우리나라에서의 일사량은 하루 중 태양이 정중앙에 뜨는 1년 중 하지일 때에 최대가 되는데, 이것은 태양의 고도가 높아지기 때문에 지표면에 닿기까지 통과하는 대기의 두께가 얇기 때문에 태양의 고도가 높을수록 일사량도 증가한다.
- 일사량은 지역에 따라 큰 차이를 보이는데, 구조물이나 산 등의 지형에 의한 그림자가 있는 경우도 있고, 연중 맑은 날의 숫자(일수) 차이에 의한 경우도 있다.
- 산악지역보다 해안이 일사량이 더 많다.
- 일사량은 통상 수평면 전일사량을 의미하며, 상용계산에 필요한 자료는 직달일사량과 산란일사량이다. 지면 위에서 관측되는 일사량은 공기 중에 있는 먼지나 수증기에 의해 흡수되고 산란되어 대기 외의 일사량의 70[%] 정도가 된다.
- 우리나라 평균 일사량은 유럽에 비해 약 1.4배 높으며, 1일 전국 평균량은 3,070[kcal/m²]이고, 특히 호남과 영남지역의 평균일사량은 3,150[kcal/m²]로 태양광발전소의 발전 조건이 양호한 상태를 나타낸다.
- 일사량의 단위는 에너지의 절대단위인 [J]로 표시하지만, 발전량을 계산할 때는 [kWh/m²]로 표시하며 기초 자료로 사용된다.

26 토목 도면에서 밭을 나타내는 기호는?

① │ │
② │││
③ │_│_│
④ ○

해설
지형현황 측면도면
- 논 : │_│_│
- 밭 : │││
- 초지 : │ │
- 과수원 : ○

27 일사량의 특징으로 틀린 것은?

① 1년 중 춘분경이 최대이다.
② 해안지역이 산악지역보다 일사량이 높다.
③ 하루 중의 일사량은 태양고도가 가장 높을 때인 남중 시에 최대이다.
④ 지면 위 일사량은 공기 중에 있는 먼지에 의해 흡수 또는 산란되기도 한다.

28 태양광발전시스템의 출력 18,750[W], 태양광발전 모듈의 최대출력 250[W], 모듈의 직렬연결 개수가 5개일 때 최대 병렬연결 개수는?

① 10
② 15
③ 20
④ 25

해설
태양광발전시스템 병렬회로수 $= \dfrac{\text{전체 출력}}{\text{최대출력} \times \text{모듈의 직렬개수}}$
$= \dfrac{18,750}{250 \times 5} = 15$장

29 태양광 입사각(태양 고도각)을 결정하기 위한 방법이 아닌 것은?

① 구조물 높이를 측정한다.
② 태양광발전 모듈의 효율을 확인한다.
③ 태양광발전 모듈의 경사각을 결정한다.
④ 음영의 영향을 받지 않는 이격거리를 계산한다.

해설
태양광 입사각(태양 고도각)을 결정하기 위한 방법
- 태양광발전 모듈의 경사각과 방위각을 결정한다.
- 구조물 높이를 측정한다.
- 음영의 영향을 받지 않는 이격거리를 계산한다.

30 평지붕에 태양광발전시스템 설치를 위한 설계 검토 시, 평지붕의 적설하중 관계식에 사용되지 않는 인자는?

① 노출계수
② 온도계수
③ 지붕면 외압계수
④ 지상적설하중의 기본값

해설
평지붕적설하중
$S_f = C_b \cdot C_e \cdot C_t \cdot I_s \cdot S_g [\text{kN/m}^2]$
(C_b : 기본지붕 적설하중계수, C_e : 노출계수, C_t : 온도계수, I_s : 중요도계수, S_g : 지상적설하중[kN/m²])

31 모듈에서 접속함까지의 직류 배선길이가 30[m]이며, 어레이 전압이 300[V], 전류가 5[A]일 때, 전압강하는 몇 [V]인가?(단, 전선의 단면적은 4.0[mm²]이다)

① 1.335
② 1.425
③ 1.787
④ 1.925

해설
전압강하$(e) = \dfrac{35.6 \times L \times I}{1,000 \times A} = \dfrac{35.6 \times 30 \times 5}{1,000 \times 4} = 1.335[\text{V}]$

32 지상설치의 기초 형식에 대한 종류와 그림 설명으로 틀린 것은?

① 전면기초 –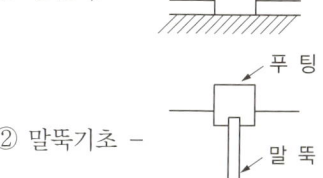

② 말뚝기초 –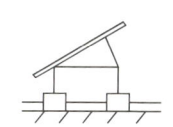

③ 독립푸팅기초 –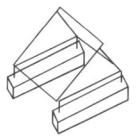

④ 복합푸팅기초 –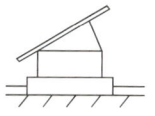

해설
지상설치의 기초형식
- 전면기초
- 독립기초

33 일반적으로 구조물이나 시설물 등을 공사, 또는 제작할 목적으로 상세하게 작성된 도면은?

① 상세도
② 시방서
③ 내역서
④ 간트도표

정답 29 ② 30 ③ 31 ① 32 ① 33 ①

> [해설]
>
> **용어의 정의**
> - 상세도
>   일반적으로 구조물이나 시설물 등을 공사하거나 제작할 목적으로 상세하게 작성된 도면을 말한다.
> - 시방서
>   설계도에 기재할 수 없는 자재, 장비, 설비의 내역과 요구되는 시공 기술 성능 및 기타 질적인 사항에 관하여 기재한 문서를 말한다. 시방서는 도면으로 표현하기 어려운 내용의 설계의도를 풀어서 기재하는 것. 구조나 재료의 성능 확보를 위한 방향 제시, 설계 시 필요한 공법의 제시 등의 기능을 한다. 시방서의 종류에는 표준시방서, 전문시방서, 공사시방서가 있다.
> - 내역서
>   - 물량내역서 : 공종별 목적물을 구성하는 품목 또는 비목과 동품목 또는 비목의 규격·수량·단위 등이 표시된 내역서를 말한다.
>   - 산출내역서 : 입찰금액 또는 계약금액을 구성하는 물량, 규격, 단위, 단가 등을 기재한 내역서를 말한다.

34 부지선정 검토 시 법적 인허가 및 신고사항에 포함되지 않는 것은?

① 공작물 축조신고 ② 문화재 지표조사
③ 무연분묘 개장허가 ④ 공급인증서 발급허가

> [해설]
>
> **인·허가 사항(종류)**
>
> | 전기(발전)사업 허가 | |
> |---|---|
> | 개발행위 허가 (사전복합 민원심사 청구를 통한 허가가능 여부 확인) | 사전 환경성검토 협의 |
> | | 농지전용허가 |
> | | 초지전용의 허가 |
> | | 산지전용 허가 및 입목 벌채 허가 |
> | | 사방지지정의 해체 |
> | | 사도개설의 허가 |
> | | 무연분묘의 개장허가 |
> | 기타 인·허가 | 전기사업용 전기설비의 공사계획 인가 또는 신고 |
> | | 건축물 허가 |
> | | 공작물 축조신고 |
> | | 문화재 지표조사 |
> | | 자연공원의 점·사용 허가 |
> | | 군사시설 보호지역 사용에 관한 협의 |

35 3,000[kW] 이하 발전사업 허가 시 필요서류가 아닌 것은?(단, 발전설비용량이 200[kW] 이하인 발전사업은 제외한다)

① 사업계획서
② 송전관계일람도
③ 전기사업 허가신청서
④ 5년간 예상사업 손익산출서

> [해설]
>
> **3,000[kW] 이하 허가신청 필요서류 목록(전기사업법 시행규칙 제4조)**
> - 전기사업허가신청서(전기사업별 시행규칙 별지 제1호 서식) 1부
> - 발전원가 명세서(200[kW] 이하는 생략) 1부
> - 송전관계 일람도 1부
> - 발전설비의 운영을 위한 기술인력의 확보계획을 기재한 서류(200[kW] 이하는 생략) 1부
> - 전기사업별 시행규칙 별표 1의 요령에 의한 사업계획서 1부

36 태양광발전 부지의 연간 경사면 일사량이 4,784[MJ/m²]이고 효율이 81[%]일 때 일평균 발전시간은 약 몇 [h/day]인가?

① 1.328   ② 2.947
③ 3.638   ④ 4.784

> [해설]
>
> $$발전시간[h/day] = \frac{1,000}{연간\ 일사량 \times 효율 \times 365 \times 24}$$
> $$= \frac{1,000 \times 100,000}{4,784 \times 0.81 \times 365 \times 24} ≒ 2.946[h/day]$$

37 설계감리업무 수행지침에 따른 설계도서에 포함되어야 할 서류로 적합하지 않는 것은?

① 설계도면   ② 설계내역서
③ 설계설명서 ④ 신재생에너지 설비확인서

> [해설]
>
> **설계감리업무 수행지침에 따른 설계도서에 포함되어야 할 서류 (설계감리업무 수행지침 제3조)**
> - 설계도면
> - 설계설명서
> - 설계내역서
> - 그 밖에 발주자가 필요하다고 인정하여 요구한 관련 서류

정답 34 ④ 35 ④ 36 ② 37 ④

38 일조율에 관한 설명으로 옳은 것은?

① 가조시간에 대한 일조시간의 비
② 해 뜨는 시간부터 해 지는 시간까지의 일사량
③ 구름의 방해 없이 지표면에 태양이 비친 시간
④ 지표면에 직접 도달하는 직달 일조강도의 적산

해설
겨울은 낮이 짧아 일조량이 적다. 구름이 없는 맑은 날씨에는 일조시간과 가조시간이 일치하고, 구름이 많아지면 그만큼 가조시간이 짧아지게 된다. 이러한 가조시간과 일조시간의 비를 일조율이라고 한다.

일조율 = $\dfrac{일조시수}{가조시수} \times 100[\%]$

일조시간을 가조시간으로 나눈 수를 [%]로 나타낸 것이며, 일출에서 일몰까지의 시간수인 주간시수 또는 가조시수에 대하여 그 지방 일조시수의 비(백분율)이다.

39 태양광발전 어레이 가대를 아래와 같이 설계하고자 한다. 설계 순서를 옳게 나열한 것은?

> ⓐ 태양광발전 모듈의 배열 결정
> ⓑ 설치장소 결정
> ⓒ 상정최대하중 산출
> ⓓ 지지대 기초 설계
> ⓔ 지지대의 형태, 높이, 구조 결정

① ⓐ → ⓒ → ⓔ → ⓑ → ⓓ
② ⓑ → ⓐ → ⓔ → ⓒ → ⓓ
③ ⓐ → ⓓ → ⓒ → ⓔ → ⓑ
④ ⓑ → ⓒ → ⓐ → ⓔ → ⓓ

해설
태양광발전 어레이 가대 설계 순서
설치장소 결정 → 태양광발전 모듈의 배열 결정 → 지지대의 형태, 높이, 구조 결정 → 상정최대하중 산출 → 지지대 기초 설계

40 태양광발전시스템의 감시(Monitoring)설비에 대한 설명으로 틀린 것은?(단, 분산형 전원 배전계통 연계 기술기준 및 신재생에너지 설비의 지원 등에 관한 지침 등에 따른다)

① 기상상태를 파악하기 위해 풍향 및 풍속계, 온도계, 습도계를 설치한다.
② 일사량을 측정하기 위해 경사면 일사량계, 수평면 일사량계를 설치한다.
③ 250[kW] 이상 발전설비의 연계점에 전력품질 감시 설비를 설치해야 한다.
④ 20[kW] 이상 발전설비에는 운전상황을 알 수 있는 모니터링 설비를 설치해야 한다.

해설
태양광발전시스템의 감시(Monitoring)설비
- 기상상태를 파악하기 위해 풍향 및 풍속계, 온도계, 습도계를 설치한다.
- 일사량을 측정하기 위해 경사면 일사량계, 수평면 일사량계를 설치한다.
- 250[kW] 이상 발전설비의 연계점에 전력품질 감시설비를 설치해야 한다.

제3과목 태양광발전시스템 시공

41 설계감리업무 수행지침에 따른 설계 감리원의 수행 업무범위에 포함되지 않는 것은?

① 설계감리 용역을 발주
② 시공성 및 유지관리의 용이성 검토
③ 주요 설계용역 업무에 대한 기술자문
④ 설계업무의 공정 및 기성관리의 검토·확인

해설
설계감리 용역의 발주는 발주자에 해당되는 사항이다.
설계감리원의 업무(설계감리업무 수행지침 제4조)
- 주요 설계용역 업무에 대한 기술자문
- 사업기획 및 타당성조사 등 전 단계 용역 수행 내용의 검토
- 시공성 및 유지관리의 용이성 검토
- 설계도서의 누락, 오류, 불명확한 부분에 대한 추가 및 정정 지시 및 확인
- 설계업무의 공정 및 기성관리의 검토·확인
- 설계감리 결과보고서의 작성
- 그 밖에 계약문서에 명시된 사항

정답 38 ① 39 ② 40 ④ 41 ①

42 전력계통에서 3권선 변압기(Y-Y-△)를 사용하는 주된 이유는?

① 승압용 ② 노이즈 제거
③ 제3고조파 제거 ④ 2가지 용량 사용

해설
제3고조파는 크기와 위상이 같으므로 △결선 안에서 순환시켜 제거한다. △결선은 위상차가 120°인 평형분 전류가 나갈 수 있다.

43 태양광발전 어레이의 출력전압이 400[V]를 넘는 경우 제 몇 종 접지공사를 하여야 하는가?

① 제1종 접지공사 ② 제2종 접지공사
③ 제3종 접지공사 ④ 특별 제3종 접지공사

해설
기계기구의 철대 및 금속제 외함의 접지공사 적용(판단기준 제33조)

기계기구의 구분	접지공사
400[V] 미만인 저압용의 것	제3종 접지공사
400[V] 이상의 저압용의 것	특별 제3종 접지공사
고압용 또는 특고압용의 것	제1종 접지공사

※ KEC(한국전기설비규정)의 적용으로 종별 접지공사가 폐지되어 문제 성립되지 않음 〈2021.01.19.〉

44 태양광발전시스템의 접지공사 시설방법에 대한 설명으로 틀린 것은?

① 부득이한 상황을 제외하고는 접지선은 녹색으로 표시해야 한다.
② 태양광발전 어레이에서 인버터까지의 직류전로는 원칙적으로 접지공사를 실시해야 한다.
③ 접지선이 외상을 받을 우려가 있는 경우에는 합성수지관 또는 금속관에 넣어 보호하도록 한다.
④ 태양광발전 모듈의 접지는 1개 모듈을 해체하더라도 전기적 연속성이 유지되도록 하여야 한다.

해설
태양전지 어레이에서 인버터까지의 직류전로는 원칙적으로 접지공사를 실시하지 않는다.

45 전력시설물 공사감리업무 수행지침에 따라 태양광발전시스템의 준공검사 후 현장문서 인수인계 사항이 아닌 것은?

① 준공사진첩
② 시공계획서
③ 시설물 인수·인계서
④ 품질시험 및 검사성과 총괄표

해설
현장문서 인수·인계(전력시설물 공사감리업무 수행지침 제64조)
감리원은 해당 공사와 관련한 감리기록서류 중 다음의 서류를 포함하여 발주자에게 인계할 문서의 목록을 발주자와 협의하여 작성하여야 한다.
• 준공사진첩
• 준공도면
• 품질시험 및 검사성과 총괄표
• 기자재 구매서류
• 시설물 인수·인계서
• 그 밖에 발주자가 필요하다고 인정하는 서류

46 신재생에너지설비의 지원 등에 관한 지침에 따른 태양광발전 모듈의 시공 기준으로 틀린 것은?

① 태양광발전 모듈은 인증 받은 제품을 설치하여야 한다.
② 전선, 피뢰침, 안테나 등 경미한 음영은 장애물로 보지 않는다.
③ 사업계획서상의 모듈 설계용량과 동일하게 설치할 수 없을 경우에는 설계용량의 105[%]를 넘지 말아야 한다.
④ 모듈의 일조면을 정남향으로 설치가 불가능할 경우에 한하여 정남향을 기준으로 동쪽 또는 서쪽 방향으로 45° 이내에 설치하여야 한다.

해설
모듈의 설치용량은 사업계획서상의 모듈 설계용량과 동일하여야 한다. 다만, 단위모듈당 용량에 따라 설계용량과 동일하게 설치할 수 없을 경우에 한하여 설계용량의 110[%] 이내까지 가능하다.

47 케이블 등이 방화구획을 관통할 경우 관통부분에 되메우기 충전재 등을 사용하여 관통부 처리를 하여야 한다. 방화구획 관통부 처리 목적이 아닌 것은?

① 화열의 제한
② 연기 확산방지
③ 인명 안전대피
④ 전선의 절연강도 향상

해설
태양광발전시스템에서 방화구획 관통부 처리목적은 화재가 발생할 경우, 전선 배관의 관통 부분에서 다른 설비로 화재 확산을 방지하기 위함이다.

48 태양광발전시스템 설치공사에 대한 일반적인 절차이다. 가, 나, 다, 라에 들어갈 내용으로 옳은 것은?

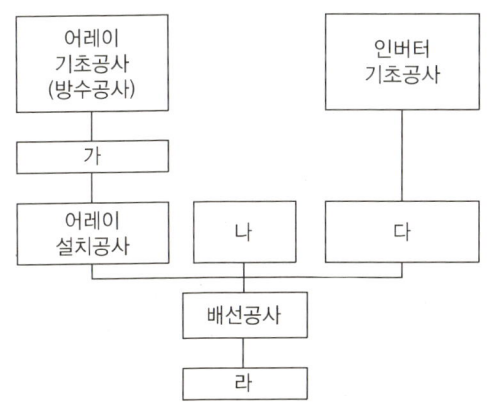

① 가. 어레이용 지지대공사, 나. 인버터설치공사
   다. 접속함설치, 라. 점검 및 검사
② 가. 어레이용 지지대공사, 나. 접속함 설치
   다. 인버터설치공사, 라. 점검 및 검사
③ 가. 어레이용 지지대공사, 나. 접속함 설치
   다. 점검 및 검사, 라. 인버터설치공사
④ 가. 어레이용 지지대공사, 나. 점검 및 검사
   다. 인버터설치공사, 라. 접속함설치

49 태양광발전시스템이 설치된 고층 건물에 적용하는 방법으로 뇌격거리를 반지름으로 하는 가상 구를 대지와 수뢰부가 동시에 접하도록 회전시켜 보호범위를 정하는 피뢰방식은 무엇인가?

① 메시법   ② 돌침 방식
③ 회전구체법   ④ 수평도체 방식

해설
회전구체법
태양광발전시스템이 설치된 고층 건물에 적용하는 방법으로 뇌격거리를 반지름으로 하고 회전구체의 반지름은 피뢰침과 피뢰침 사이를 일직선으로 긋고 중앙에서 직각으로 선을 그어 피뢰침과 그 선이 만나는 거리이다. 구조물 상층부의 수뢰부 시스템의 배치에 적용된다.

50 태양광발전 모듈 간 직·병렬배선 방법으로 틀린 것은?

① 배선 접속부위는 빗물 등이 유입되지 않도록 자기융착 절연테이프와 보호테이프로 감는다.
② 모듈 뒷면에는 접속용 케이블이 2개씩 나와 있으므로 반드시 극성(+, -) 표시를 확인한 후 결선한다.
③ 태양광발전 모듈 간의 배선은 동작전류에 충분히 견딜 수 있도록 단면적 $1.5[mm^2]$ 이상의 케이블을 사용한다.
④ 1대의 인버터에 연결된 태양광발전 모듈의 직렬군이 2병렬 이상일 경우에는 각 직렬군의 출력전압이 동일하게 형성되도록 배열한다.

해설
태양전지 모듈 간의 배선은 단락전류에 충분히 견딜 수 있도록 $2.5[mm^2]$ 이상의 전선에 사용한다.

51 굵기가 다른 케이블을 배선할 경우 전선관의 두께는 전선의 피복 절연물을 포함한 단면적이 전선관의 내 단면적의 최대 몇 [%] 이하가 되어야 하는가?

① 20   ② 32
③ 48   ④ 52

해설
전선관 굵기는 전선 피복을 포함한 단면적의 합계는 48[%] 이하로 한다. 굵기가 다른 케이블의 경우는 32[%] 이하를 원칙으로 한다.

52 전력시설물 공사감리업무 수행지침에 의해 감리원은 공사업자로부터 시공상세도를 사전에 제출받아 검토·확인하여 승인한 후 시공할 수 있도록 하여야 한다. 제출 받은 날로부터 최대 며칠 이내에 승인하여야 하는가?

① 3일
② 5일
③ 7일
④ 14일

해설
시공상세도 승인(전력시설물 공사감리업무 수행지침 제31조)
감리원은 공사업자로부터 시공상세도를 사전에 제출받아 해당 사항을 고려하여 공사업자가 제출한 날부터 7일 이내에 검토·확인하여 승인 후 시공할 수 있도록 하여야 한다.

53 전기설비기술기준의 판단기준에 따라 옥내에 시설하는 저압용 배·분전반 등의 시설방법으로 틀린 것은?

① 한 개의 분전반에는 한 가지 전원(1회선의 간선)만 공급하여야 한다.
② 배·분전반 안에 물이 스며들어 고이지 아니하도록 한 구조로 하여야 한다.
③ 옥내에 설치하는 배전반 및 분전반은 불연성 또는 난연성이 있도록 시설하여야 한다.
④ 노출된 충전부가 있는 배전반 및 분전반은 취급자 이외의 사람이 쉽게 출입할 수 없도록 설치하여야 한다.

해설
옥내에 시설하는 저압용 배분전반 등의 시설(KEC 232.84)
옥내에 시설하는 저압용 배·분전반의 기구 및 전선은 쉽게 점검할 수 있도록 하고 다음에 따라 시설할 것
• 노출된 충전부가 있는 배전반 및 분전반은 취급자 이외의 사람이 쉽게 출입할 수 없도록 설치하여야 한다.
• 한 개의 분전반에는 한 가지 전원(1회선의 간선)만 공급하여야 한다. 다만 안전 확보가 충분하도록 격벽을 설치하고 사용전압을 쉽게 식별할 수 있도록 그 회로의 과전류차단기 가까운 곳에 그 사용전압을 표시하는 경우에는 그러하지 아니하다.
• 주택용 분전반은 노출된 장소(신발장, 옷장 등의 은폐된 장소에는 시설할 수 없다)에 시설하며 구조는 KS C 8326 "7 구조, 치수 및 재료"에 의한 것일 것
• 옥내에 설치하는 배전반 및 분전반은 불연성 또는 난연성이 있도록 시설할 것

옥측 또는 옥외에 배·분전반 및 배선기구 등의 시설(KEC 235.1)
옥측 또는 옥외에 시설하는 배분전반은 다음에 따라 시설하여야 한다.
• KEC 232.84(옥내에 시설하는 저압용 배분전반 등의 시설)의 규정을 준용할 것
• 배분전반 안에 물이 스며들어 고이지 아니하도록 한 구조일 것
• 배분전반은 KS C 8324(2007)(가로등용 분전함)의 "7.10 외부분진에 대한 보호", "7.11 방수성", "7.12 방청처리"에 적합할 것
※ KEC(한국전기설비규정)의 적용으로 인해 판단기준 제171조(옥내에 시설하는 저압용 배분전반 등의 시설)에서 KEC 232.84로 변경, 판단기준 제221조(옥측 또는 옥외에 배·분전반 및 배선기구 등의 시설)에서 KEC 235.1로 변경 됨 〈2021.01.19.〉

54 보호계전시스템의 구성 요소 중 검출부에 해당되지 않는 것은?

① 릴레이
② 영상변류기
③ 계기용 변류기
④ 계기용 변압기

해설
릴레이는 보호계전시스템의 구성 요소 중 판정부에 해당한다.

55 회로를 차단할 때 발생하는 아크를 진공 중으로 급속히 확산하는 것을 이용하는 진공차단기의 특징이 아닌 것은?

① 높은 압력의 공기가 발생하므로 소음이 크다.
② 전류 재단현상이 발생하므로 개폐서지가 크다.
③ 접점의 소모가 적으므로 차단기의 수명이 길다.
④ 소형 경량으로 실내 큐비클에 설치가 가능하다.

해설
진공차단기는 고진공에서 전자의 고속도 확산으로 차단한다.

56 다른 개폐기와 비교하여 전력퓨즈의 특징으로 틀린 것은?

① 고속도 차단된다.
② 과전류에 용단되기 어렵다.
③ 차단 능력이 크며, 재투입은 불가능하다.
④ 동작시간-전류특성을 계전기처럼 자유롭게 조절할 수 없다.

해설
전력용 퓨즈 : 단락전류 차단
• 장 점
- 가격이 싸다.   - 소형, 경량이다.
- 고속 차단된다.   - 보수가 간단하다
- 차단능력이 크다.

정답 52 ③ 53 ② 54 ① 55 ① 56 ②

• 단 점
- 재투입이 불가능하다.
- 과도전류에 용단되기 쉽다.
- 계전기를 자유로이 조정할 수 없다.
- 한류형은 과전압을 발생한다.

57 전력시설물 공사감리업무 수행지침에 따라 감리원은 시공된 공사가 품질확보 미흡 또는 중대한 위해를 발생시킬 수 있다고 판단되거나, 안전상 중대한 위험이 발생된 경우 공사 중지를 지시할 수 있는데, 다음 중 전면중지에 해당하는 것은?

① 동일 공정에 있어 3회 이상 시정지시가 이행되지 않을 때
② 안전 시공상 중대한 위험이 예상되는 물적, 인적 중대한 피해가 예견될 때
③ 공사업자가 공사의 부실 발생 우려가 짙은 상황에서 적절한 조치를 취하지 않은 채 공사를 계속 진행할 때
④ 재시공 지시가 이행되지 않는 상태에서는 다음 단계의 공정이 진행됨으로써 하자발생이 될 수 있다고 판단될 때

[해설]
감리원의 공사 중지명령 등(전력시설물 공사감리업무 수행지침 제41조)
시공된 공사가 품질확보 미흡 또는 중대한 위해를 발생시킬 우려가 있다고 판단되거나, 안전상 중대한 위험이 발견된 경우에는 공사중지를 지시할 수 있으며 공사중지는 부분중지와 전면중지로 구분한다.
• 부분중지
- 재시공 지시가 이행되지 않는 상태에서는 다음 단계의 공정이 진행됨으로써 하자발생이 될 수 있다고 판단될 때
- 안전시공상 중대한 위험이 예상되어 물적, 인적 중대한 피해가 예견될 때
- 동일 공정에 있어 3회 이상 시정지시가 이행되지 않을 때
- 동일 공정에 있어 2회 이상 경고가 있었음에도 이행되지 않을 때
• 전면중지
- 공사업자가 고의로 공사의 추진을 지연시키거나, 공사의 부실 발생우려가 짙은 상황에서 적절한 조치를 취하지 않은 채 공사를 계속 진행하는 경우
- 부분중지가 이행되지 않음으로써 전체공정에 영향을 끼칠 것으로 판단될 때
- 지진·해일·폭풍 등 불가항력적인 사태가 발생하여 시공을 계속할 수 없다고 판단될 때
- 천재지변 등으로 발주자의 지시가 있을 때

58 금속제 케이블트레이의 종류 중 길이 방향의 양 옆면 레일을 각각의 가로 방향 부재로 연결한 조립 금속구조인 것은?
① 사다리형
② 통풍 채널형
③ 바닥 밀폐형
④ 바닥 통풍형

59 전기설비기술기준의 판단기준 제118조 버스덕트 공사의 시설방법으로 틀린 것은?
① 덕트(환기형의 것을 제외한다)의 끝부분은 막을 것
② 덕트 상호 간 및 전선 상호 간은 견고하고 또한 전기적으로 완전하게 접속할 것
③ 도체는 단면적 20[mm^2] 이상의 띠 모양, 지름 5[mm] 이상의 관 모양이나 둥글고 긴 막대 모양의 동 또는 단면적 30[mm^2] 이상의 띠 모양의 알루미늄을 사용한 것일 것
④ 덕트를 조영재에 붙이는 경우에는 덕트의 지지점 간의 거리를 5[m](취급자 이외의 자가 출입할 수 없도록 설비한 곳에서 수직으로 붙이는 경우는 10[m]) 이하로 하고 또한 견고하게 붙일 것

[해설]
버스덕트공사(KEC 232.61)
버스덕트공사에 의한 저압 옥내배선은 다음에 따라 시설하여야 한다.
• 덕트 상호 간 및 전선 상호 간은 견고하고 또한 전기적으로 완전하게 접속할 것
• 덕트를 조영재에 붙이는 경우에는 덕트의 지지점 간의 거리를 3[m](취급자 이외의 자가 출입할 수 없도록 설비한 곳에서 수직으로 붙이는 경우에는 6[m]) 이하로 하고 또한 견고하게 붙일 것
• 덕트(환기형의 것을 제외한다)의 끝부분은 막을 것
• 덕트(환기형의 것을 제외한다)의 내부에 먼지가 침입하지 아니하도록 할 것
• 덕트는 KEC 211(감전에 대한 보호)과 KEC 140(접지시스템)에 준하여 접지공사를 할 것
• 습기가 많은 장소 또는 물기가 있는 장소에 시설하는 경우에는 옥외용 버스덕트를 사용하고 버스덕트 내부에 물이 침입하여 고이지 아니하도록 할 것
※ KEC(한국전기설비규정)의 적용으로 인해 판단기준 제188조(계측장치)에서 KEC 232.61로 변경됨 〈2021.01.19.〉

정답 57 ③ 58 ① 59 ④

60 전력시설물 공사감리업무 수행지침에 따른 감리용역 계약문서가 아닌 것은?

① 설계도서
② 과업지시서
③ 감리비 산출내역서
④ 기술용역입출유의서

해설
감리용역 계약문서(전력시설물 공사감리업무 수행지침 제3조)
계약서, 기술용역입찰유의서, 기술용역계약 일반조건, 감리용역계약 특수조건, 과업지시서, 감리비 산출내역서 등으로 구성되며 상호 보완의 효력을 가진 문서를 말한다.

제4과목 태양광발전시스템 운영

61 구역전기사업의 허가를 신청하는 경우 허가신청서와 함께 첨부되는 서류의 종류로 틀린 것은?

① 송전관계일람도
② 발전원가명세서
③ 특정한 공급구역의 경계를 명시한 3만분의 1 지형도
④ 전기사업법 시행규칙 별표 1의 작성요령에 따라 작성한 사업계획서

해설
사업허가신청 시 제출서류(전기사업법 시행규칙 제4조)
- 전기사업허가신청서
- 사업계획서
- 전기설비 건설 및 운영 계획 관련 증명서류
- 송전관계일람도
- 연료 및 용수 확보 계획 관련 증명서류(발전사업 또는 구역전기사업의 허가를 신청하는 경우만 해당)
- 신청자의 과거 발전설비 준공, 포기 또는 지연 이력 및 운영 실적
- 사업 개시 예정일부터 5년 동안의 연도별 예상사업손익산출서
- 부지의 확보 및 배치 계획 관련 증명서류
- 사업구역의 경계를 명시한 5만분의 1 지형도(배전사업의 허가를 신청하는 경우만 해당)
- 특정한 공급구역의 위치 및 경계를 명시한 5만분의 1 지형도(구역전기사업의 허가를 신청하는 경우만 해당)
- 발전원가명세서(발전사업 또는 구역전기사업의 허가를 신청하는 경우만 해당)

62 태양광발전시스템 작업 중 감전방지책으로 틀린 것은?

① 강우 시에는 작업을 중지한다.
② 절연 처리된 공구들을 사용한다.
③ 저압 선로용 절연장갑을 착용한다.
④ 작업 전 태양광발전 모듈 표면을 외부로 노출한다.

해설
작업 전 태양전지 모듈 표면에 차광막을 씌워 태양광을 차폐한다.

63 태양광발전시스템 보호계전기의 점검내용으로 틀린 것은?

① 단자부의 볼트 이완 여부
② 붓싱 단자부의 변색 여부
③ 이물질, 먼지 등의 접착 여부
④ 접점의 접촉상태의 양호 여부

64 태양광발전시스템 정기점검에 대한 설명으로 틀린 것은?

① 점검·시험은 원칙적으로 지상에서 실시한다.
② 100[kW] 이상의 경우는 매월 1회 이상 점검하여야 한다.
③ 100[kW] 미만의 경우는 매년 2회 이상 점검하여야 한다.
④ 3[kW] 미만의 태양광발전시스템은 법적으로 정기점검을 하지 않아도 된다.

해설
설치용량에 따라 정기점검의 횟수가 달라진다.

설치용량	점검 횟수
100[kW] 미만	연 2회(6개월에 1번)
100[kW] 이상	연 6회(2개월에 1번)

정답 60 ① 61 ③ 62 ④ 63 ② 64 ②

65 태양광발전시스템의 전선에서 발생하는 고장으로 틀린 것은?
① 변 색
② 경 화
③ 소 음
④ 표면 크랙

66 태양광발전시스템의 사용전압이 저압인 전로에서 정전이 어려운 경우 등 절연저항 측정이 곤란한 경우에는 누설전류를 최대 몇 [mA] 이하로 유지하여야 하는가?
① 0.5
② 1
③ 2
④ 4

해설
전로의 절연저항 및 절연내력(KEC 132)
태양광발전시스템에서 정전이 어려운 경우, 절연저항 측정이 곤란할 때 누설전류를 최대 1[mA] 이하로 유지한다.
※ KEC(한국전기설비규정)의 적용으로 인해 판단기준 제13조(전로의 절연저항 및 절연내력)에서 KEC 132로 변경됨 〈2021.01.19.〉

67 정기점검에서 인버터의 측정 및 시험 항목에 해당하지 않는 것은?
① 절연저항
② 통풍확인
③ 표시부 동작 확인
④ 투입저지 시한 타이머 동작시험

해설
통풍확인은 인버터의 일상점검으로 육안점검을 통해서 통풍구, 환기필터 등을 확인한다.

68 태양광발전 모니터링 프로그램의 기능이 아닌 것은?
① 데이터 수집 기능
② 데이터 분석 기능
③ 데이터 예측 기능
④ 데이터 통계 기능

해설
프로그램 기능
• 데이터 수집기능
• 데이터 저장기능
• 데이터 분석기능
• 데이터 통계기능

69 태양광발전시스템의 운영 시 안전 및 유의사항으로 틀린 것은?
① 태양광발전 어레이의 표면을 청소할 필요는 없다.
② 접속함 출력측 전압은 안정된 일사강도가 얻어질 때 실시한다.
③ 태양광발전 모듈은 비오는 날에도 미소한 전압을 발생하고 있으므로 주의해서 측정해야 한다.
④ 측정 시각은 일사강도, 온도의 변동을 극히 적게 하기 위해 맑을 때, 태양이 남쪽에 있을 때의 전후 1시간에 실시하는 것이 바람직하다.

해설
모듈 표면에 그늘이 지거나 황사나 먼지, 공해물질이 쌓이고 나뭇잎 등이 떨어진 경우 전체적인 발전효율이 저하되므로 고압 분사기를 이용하여 정기적으로 물을 뿌려주거나 부드러운 천으로 이물질을 제거해 주면 발전효율을 높일 수 있다. 이때 모듈 표면에 흠이 생기지 않도록 주의해야 한다.

70 태양광발전용 인버터에 "Solar Cell UV fault"라고 표시되었을 경우 현상 설명으로 옳은 것은?
① 계통 전압이 규정 초과일 때 발생
② 계통 전압이 규정 이하일 때 발생
③ 태양전지 전압이 규정 초과일 때 발생
④ 태양전지 전압이 규정 이하일 때 발생

해설
UV(Under Voltage)는 태양전지 전압이 규정 이하일 때 발생한다.

71 태양광발전시스템 운전특성의 측정방법(KS C 8535 : 2005)에서 축전지의 측정항목으로 틀린 것은?
① 단자전압
② 충전전류
③ 충전전력량
④ 역조류전류

해설
파워컨디셔너에서 역조류 기능 등이 필요로 한다.

정답 65 ③ 66 ② 67 ② 68 ③ 69 ① 70 ④ 71 ④

72 태양광발전시스템의 계측에서 관리하여야 할 데이터 항목으로 틀린 것은?

① 조 도
② 대기온도
③ 일일 발전량
④ 수평면 또는 경사면 일사량

73 결정질 실리콘 태양광발전 모듈(성능)(KS C 8561 : 2018)에서 외관검사 시 품질기준으로 틀린 것은?

① 최대 출력이 시험 전 값의 95[%] 이상일 것
② 모듈외관에 크랙, 구부러짐, 갈라짐 등이 없는 것
③ 태양전지 간 접속 및 다른 접속부분에 결함이 없는 것
④ 태양전지와 태양전지, 태양전지와 프레임의 접촉이 없는 것

[해설]
최대 출력은 성능 평가를 위한 측정요소에 해당되고, 외관 검사 시 품질기준과 관계없다.

74 태양광발전시스템을 운영하기 위하여 필요한 계측장비로 틀린 것은?

① IV Checker
② 열화상카메라
③ 폐쇄력 측정기
④ 솔라 경로추적기

[해설]
폐쇄력 측정기는 소방점검장비 방화문 등의 닫는 힘을 측정하는 설비로서 장력 및 압축력을 측정한다.

75 태양광발전(PV) 모듈(안전)(KS C 8563 : 2015)에서 플라스틱 등 특정한 용도로 적용할 때 그 사용 용도의 적합성 여부를 미리 예측할 수 있도록 플라스틱 가연성을 시험하는 장치는?

① IP 시험기
② 난연성 시험기
③ 트래킹 시험기
④ 접근성 시험기

[해설]
시험장치
시험장치는 특별한 지정이 없는 한 KS C IEC 61730-1, KS C IEC 61730-2에 규정된 시험방법에 준하여 적합하게 제작된 시험장비를 따른다.
• 난연성 시험기 : 플라스틱 등 특정한 용도로 적용할 때 그 사용용도의 적합성 여부를 미리 예측할 수 있도록 플라스틱 가연성을 시험하는 장치
• 트래킹 시험기(CTI) : 액체 오염물질에 표면이 노출될 때 600[V]에 이르는 전압의 트래킹에 대한 고체 전기절연재료의 상대저항측정을 통해 절연물의 내성을 측정하는 장치
• 검사면 트래킹 시험기 : 액체 오염물질에 경사면으로 표면이 노출될 때 2.5[kV]에 이르는 전압의 트래킹에 대한 고체 전기절연재료의 절연물의 내성을 측정하는 장치
• Hot Wire Coil Ignition 시험기 : 시험 중 시료의 발화를 일으키는 데 요구 시간을 측정함으로써 고체 전기절연재료의 절연성을 시험하기 위한 장치
• 화염 전파 시험기 : 물질 표면의 인화성 및 화염 전파 지수를 측정하는 장치
• 부분 방전 시험기 : 고분자 재료에 대한 부분 방전을 통해 소멸전압을 측정하는 장치
• IP 시험기 : 옥외에 사용하는 부품에 대해 방수 등급을 결정하기 위한 장치
• 접근성 시험기 : 절연되지 않은 충전부에 사람의 위험이 있는지 시험할 수 있는 장치
• 절단 취약성 시험기 : 모듈의 고분자 물질로 되어 있는 앞면이나 뒷면이 일상적인 취급에 견딜 수 있는지를 시험하기 위한 장치
• 접지 연속성 시험기 : 전도성 표면과 접지 사이의 접지 상태를 시험하기 위한 장치

76 태양광발전시스템의 성능평가를 위한 사이트 평가방법이 아닌 것은?

① 설치용량
② 설치대상기관
③ 설치가격 경제성
④ 설치시설의 지역

[해설]
태양광발전시스템의 사이트 평가방법
• 설치대상기관
• 설치시설의 분류
• 설치시설의 지역
• 설치형태
• 설치용량
• 설치각도와 방위
• 시공업자
• 기기 제조사

72 ① 73 ① 74 ③ 75 ② 76 ③

77 태양광발전용 납축전지의 잔존 용량 측정 방법 (KS C 8532 : 1995)에서 측정주기는 몇 분 이하로 하는가?(단, 보정의 목적으로 사용하는 경우는 제외)

① 10 ② 20
③ 30 ④ 60

해설
태양광발전용 납축전지의 잔존 용량 측정에서 측정주기는 10분 이하로 한다.
측정조건
- 측정주기는 10분 이하로 한다. 다만, 보정의 목적으로 사용할 때에는 이에 따르지 않아도 된다.
- 적용 온도 범위는 –20 ~ +50[℃]로 한다.

78 배전반 외부에서 이상한 소리, 냄새, 손상 등을 점검항목에 따라 점검하며, 이상 상태 발견 시 배전반 문을 열고 이상 정도를 확인하는 점검은?

① 특별점검 ② 정기점검
③ 일상점검 ④ 사용 전 점검

해설
배전반의 기능을 유지하기 위한 점검
- 매일의 일상 순시점검은 이상한 소리, 냄새, 손상 등을 배전반 외부에서 점검항목의 대상 항목에 따라서 점검한다.
- 이상상태를 발견한 경우에는 배전반의 문을 열고 이상의 정도를 확인한다.
- 이상상태의 내용을 기록하여 정기점검 시에 반영함으로써 참고자료로 활용한다.

79 태양광발전 어레이의 개방전압 측정의 목적이 아닌 것은?

① 직렬 접속선의 미결선 검출
② 인버터의 오동작 여부 검출
③ 동작 불량의 태양광발전 모듈 검출
④ 태양광발전 모듈의 잘못 연결된 극성 검출

해설
개방전압의 측정
태양전지 어레이의 각 스트링의 개방전압을 측정하여 개방전압의 불균일에 따라 동작 불량의 스트링이나 태양전지 모듈의 검출 및 직렬 접속선의 결선 누락 등을 검출한다. 예를 들면, 태양전지 어레이 하나의 스트링 내에 극성을 다르게 접속한 태양전지 모듈이 있으면 스트링 전체의 출력전압은 올바르게 접속한 경우의 개방전압보다 상당히 낮은 전압이 측정된다. 따라서 제대로 접속된 경우의 개방전압은 카탈로그나 설명서에서 대조한 후 측정값과 비교하면 극성이 다른 태양전지 모듈이 있는지를 쉽게 확인할 수 있다. 일사조건이 나쁜 경우 카탈로그 등에서 계산한 개방전압과 다소 차이가 있는 경우에도 다른 스트링의 측정결과와 비교하면 오접속의 태양전지 모듈의 유무를 판단할 수 있다.

80 태양광발전시스템에서 유지보수 전의 안전조치로 틀린 것은?

① 검전기로 무전압 상태를 확인한다.
② 잔류전하를 방전시키고 접지시킨다.
③ 차단기 앞에 "점검 중" 표지판을 설치한다.
④ 해당 단로기를 닫고 주회로가 무전압이 되게 한다.

해설
점검 전의 유의사항
- 준비작업 : 응급처치 방법 및 설비, 기계의 안전 확인
- 회로도의 검토 : 전원계통이 Loop가 형성되는 경우에 대비
- 연락처 : 비상연락망을 사전 확인하여 만일의 상태에 신속히 대처
- 무전압 상태확인 및 안전조치 : 관련된 차단기, 단로기 개방 등
- 잔류전압 주의 : 콘덴서 및 케이블의 접속부 점검 시 접지 실시
- 오조작 방지 : 인출형 차단기, 단로기는 쇄정 후 "점검 중" 표찰 부착
- 절연용 보호 기구를 준비
- 쥐, 곤충 등의 침입대책을 세움

정답 77 ① 78 ③ 79 ② 80 ④

제5과목 신재생에너지 관련 법규

81 저탄소 녹색성장 기본법에 따라 다음 (   )에 들어갈 내용으로 옳은 것은?

> (   )이(란) 화석연료(化石燃料)에 대한 의존도를 낮추어 청정에너지의 사용 및 보급을 확대하며 녹색기술 연구개발, 탄소흡수원 확충 등을 통하여 온실가스를 적정수준 이하로 줄이는 것을 말한다.

① 저탄소   ② 녹색성장
③ 녹색기술   ④ 녹색산업

해설
용어의 정의(저탄소 녹색성장 기본법 제2조)
- 저탄소란 화석연료에 대한 의존도를 낮추고 청정에너지의 사용 및 보급을 확대하며 녹색기술 연구개발, 탄소 흡수원 확충 등을 통하여 온실가스를 적정수준 이하로 줄이는 것을 말한다.
- 녹색성장이란 에너지와 자원을 절약하고 효율적으로 사용하여 기후변화와 환경훼손을 줄이고 청정에너지와 녹색기술의 연구개발을 통하여 새로운 성장 동력을 확보하며 새로운 일자리를 창출해 나가는 등 경제와 환경이 조화를 이루는 성장을 말한다.
- 녹색기술이란 온실가스 감축기술, 에너지 이용 효율화 기술, 청정생산기술, 청정에너지 기술, 자원순환 및 친환경 기술(관련 융합기술을 포함한다) 등 사회·경제 활동의 전 과정에 걸쳐 에너지와 자원을 절약하고 효율적으로 사용하여 온실가스 및 오염물질의 배출을 최소화하는 기술을 말한다.

82 전기설비기술기준의 판단기준에 따른 전로의 중성점을 접지하는 목적에 해당되지 않는 것은?

① 이상전압의 억제
② 대지전압의 저하
③ 보호장치의 확실한 동작의 확보
④ 부하전류의 일부를 대지로 흐르게 함으로써 전선의 절약

해설
전로의 중성점의 접지(KEC 322.5)
전로의 보호장치의 확실한 동작의 확보, 이상전압의 억제 및 대지전압의 저하를 위하여 특히 필요한 경우에 전로의 중성점에 접지공사를 해야 한다.
※ KEC(한국전기설비규정)의 적용으로 인해 판단기준 제27조(전로의 중성점의 접지)에서 KEC 322.5로 변경됨 〈2021.01.19.〉

83 전기설비기술기준의 판단기준에 따라 전선을 접속하는 경우 전선의 세기를 최대 몇 [%] 이상 감소시키지 않아야 하는가?

① 10   ② 20
③ 30   ④ 40

해설
전선의 세기(KEC 123)
- 전선의 세기(인장하중(引張荷重)으로 표시한다)를 20[%] 이상 감소시키지 아니할 것. 다만, 점퍼선을 접속하는 경우와 기타 전선에 가하여지는 장력이 전선의 세기에 비하여 현저히 작을 경우에는 적용하지 않는다.
- 접속부분은 접속관 기타의 기구를 사용할 것. 다만, 가공전선 상호, 전차선 상호, 또는 광산의 갱도 안에서 전선 상호를 접속하는 경우에 기술상 곤란할 때에는 적용하지 않는다.
※ KEC(한국전기설비규정)의 적용으로 인해 판단기준 제11조(전선의 접속법)에서 KEC 123(전선의 세기)으로 변경됨 〈2021.01.19.〉

84 전기설비기술기준의 판단기준에 따라 다음 (   )의 ㉠, ㉡에 들어갈 내용으로 옳은 것은?

> 과전류차단기로 시설하는 퓨즈 중 고압 전로에 사용하는 비포장 퓨즈는 정격전류의 (㉠)배의 전류에 견디고 또한 2배의 전류로 (㉡)분 안에 용단되어야 한다.

① 1.25배, 2분   ② 1.5배, 3분
③ 2배, 4분   ④ 2.5배, 6분

해설
고압 및 특고압 전로 중의 과전류차단기의 시설(KEC 341.10)
과전류차단기로 시설하는 퓨즈 중 고압 전로에 사용하는 비포장 퓨즈는 정격전류의 1.25배의 전류에 견디고 또한 2배의 전류로 2분 안에 용단되는 것이어야 한다.
※ KEC(한국전기설비규정)의 적용으로 인해 판단기준 제39조(고압 및 특고압 전로 중의 과전류차단기의 시설)에서 KEC 341.10으로 변경됨 〈2021.01.19.〉

정답 81 ① 82 ④ 83 ② 84 ①

85 신에너지 및 재생에너지 개발·이용·보급 촉진법에 따른 신재생에너지 정책심의회 심의 내용이 아닌 것은?

① 기본계획의 수립 및 변경에 관한 사항
② 신재생에너지 분야 전문 인력 양성계획에 관한 사항
③ 신재생에너지의 기술개발 및 이용·보급에 관한 중요 사항
④ 신재생에너지 발전에 의하여 공급되는 전기의 기준가격 및 그 변경에 관한 사항

해설

심의회의 심의사항(신에너지 및 재생에너지 개발·이용·보급 촉진법 제8조)
- 기본계획의 수립 및 변경에 관한 사항. 다만, 기본계획의 내용 중 대통령령으로 정하는 경미한 사항을 변경하는 경우는 제외한다.
- 신재생에너지의 기술개발 및 이용·보급에 관한 중요 사항
- 신재생에너지 발전에 의하여 공급되는 전기의 기준가격 및 그 변경에 관한 사항
- 신재생에너지 이용·보급에 필요한 관계 법령의 정비 등 제도개선에 관한 사항 〈개정 2020.03.31.〉
- 그 밖에 산업통상자원부장관이 필요하다고 인정하는 사항

86 신에너지 및 재생에너지 개발·이용·보급 촉진법에 따라 산업통상자원부장관은 공용화 품목의 개발, 제조 및 수요·공급 조절에 필요한 자금의 몇 [%]까지 중소기업자에게 융자할 수 있는가?

① 20 ② 40
③ 60 ④ 80

해설

신재생에너지 설비 및 그 부품 중 공용화 품목의 지정절차 등(신에너지 및 재생에너지 개발·이용·보급 촉진법 시행령 제24조)
(1) 신재생에너지 설비 및 그 부품의 공용화에 따라 신재생에너지 설비 및 그 부품 중 공용화 품목의 지정을 요청하려는 자는 산업통상자원부령으로 정하는 바에 따라 대상 품목의 명칭, 규격, 지정 요청 사유 및 기대효과 등을 적은 지정요청서에 대상 품목에 대한 설명서를 첨부하여 산업통상자원부장관에게 제출하여야 한다.
(2) 산업통상자원부장관은 (1)에 따른 지정 요청을 받은 경우에는 산업통상자원부령으로 정하는 바에 따라 전문가 및 이해관계인의 의견을 들은 후 해당 신재생에너지 설비 및 그 부품을 공용화 품목으로 지정할 수 있다.

(3) 산업통상자원부장관은 산업통상자원부장관은 신재생에너지 설비 및 그 부품의 공용화를 효율적으로 추진하기 위하여 필요한 지원을 할 수 있다는 규정에 따라 공용화 품목의 개발, 제조 및 수요·공급 조절에 필요한 자금을 다음의 구분에 따른 범위에서 융자할 수 있다.
① 중소기업자 : 필요한 자금의 80[%]
② 중소기업자와 동업하는 중소기업자 외의 자 : 필요한 자금의 70[%]
③ 그 밖에 산업통상자원부장관이 인정하는 자 : 필요한 자금의 50[%]

87 전기사업법에 의거하여 전기사업자가 전기품질을 유지하기 위하여 지켜야 하는 표준전압, 표준주파수와 허용오차에 관한 설명으로 틀린 것은?

① 표준전압 110[V]의 상하로 6[V] 이내
② 표준전압 220[V]의 상하로 13[V] 이내
③ 표준전압 380[V]의 상하로 20[V] 이내
④ 표준주파수 60[Hz] 상하로 0.2[Hz] 이내

해설

전기의 품질기준(전기사업법 시행규칙 제18조)
전기사업자 등은 산업통상자원부령으로 정하는 바에 따라 그가 공급하는 전기의 품질을 유지하여야 한다는 규정에 따라 전기사업자와 전기신사업자는 그가 공급하는 전기가 다음 표에 따른 표준전압·표준주파수 및 허용오차의 범위에서 유지되도록 하여야 한다.

표준전압 및 허용오차

표준전압	허용오차
110[V]	110[V]의 상하로 6[V] 이내
220[V]	220[V]의 상하로 13[V] 이내
380[V]	380[V]의 상하로 38[V] 이내

표준주파수 및 허용오차

표준주파수	허용오차
60[Hz]	60[Hz] 상하로 0.2[Hz] 이내

88 전기설비기술기준의 판단기준에 따라 사용전압 35[kV] 이하의 특고압 가공전선이 도로를 횡단하는 경우 지표상 높이는 최소 몇 [m] 이상이어야 하는가?

① 5   ② 5.5
③ 6   ④ 6.5

정답 85 ② 86 ④ 87 ③ 88 ③

해설
특고압 가공전선의 높이(KEC 333.7)
특고압 가공전선의 지표상(철도 또는 궤도를 횡단하는 경우에는 레일면상, 횡단보도교를 횡단하는 경우에는 그 노면상)의 높이는 다음 표에서 정한 값 이상이어야 한다.

사용전압의 구분[kV]	지표상의 높이
35 이하	5[m] (철도 또는 궤도를 횡단하는 경우에는 6.5[m], 도로를 횡단하는 경우에는 6[m], 횡단보도교의 위에 시설하는 경우로서 전선이 특고압 절연전선 또는 케이블인 경우에는 4[m])
35 초과 160 이하	6[m] (철도 또는 궤도를 횡단하는 경우에는 6.5[m], 산지(山地) 등에서 사람이 쉽게 들어갈 수 없는 장소에 시설하는 경우에는 5[m], 횡단보도교의 위에 시설하는 경우 전선이 케이블인 때는 5[m])
160 초과	6[m] (철도 또는 궤도를 횡단하는 경우에는 6.5[m], 산지 등에서 사람이 쉽게 들어갈 수 없는 장소를 시설하는 경우에는 5[m])에 160[kV]를 초과하는 10[kV] 또는 그 단수마다 12[cm]를 더한 값

※ KEC(한국전기설비규정)의 적용으로 인해 판단기준 제110조(특고압 가공전선의 높이)에서 KEC 333.7로 변경됨〈2021.01.19.〉

89 다음 보기 중 전기공사업법에 의거하여 전기공사를 도급받는 수급인이 다른 공사업자에게 하도급 줄 수 있는 경우는?

[보 기]
ㄱ. 도급받은 전기공사 중 공정별로 분리하여 시공하여도 전체 전기공사의 완성에 지장을 주지 아니하는 부분을 하도급하는 경우
ㄴ. 도급받은 전기공사 중 건물이나 현장별로 따로 구분되어 분리하여 시공하는 것이 공사 공정 추진상 더 유리한 부분을 하도급하는 경우
ㄷ. 수급인이 시공관리책임자를 지정하여 하수급인을 지도·조정하는 경우

① ㄱ, ㄴ　　② ㄱ, ㄷ
③ ㄴ, ㄷ　　④ ㄱ, ㄴ, ㄷ

해설
하도급의 범위(전기공사업법 시행령 제10조)
하도급의 제한 등의 단서에 따라 도급받은 전기공사의 일부를 다른 공사업자에게 하도급 줄 수 있는 경우는 다음 모두에 해당하는 경우로 한다.
• 도급받은 전기공사 중 공정별로 분리하여 시공하여도 전체 전기공사의 완성에 지장을 주지 아니하는 부분을 하도급하는 경우
• 수급인(受給人)이 시공관리책임자의 지정에 따른 시공관리책임자를 지정하여 하수급인을 지도·조정하는 경우

90 전기사업법에 따른 전기위원회 위원의 자격이 되지 않는 사람은?

① 변호사로서 10년 이상 있거나 있었던 사람
② 5급 이상의 공무원으로 있거나 있었던 사람
③ 전기 관련 기업에서 15년 이상 종사한 경력이 있는 사람
④ 소비자보호 관련 단체에서 10년 이상 종사한 경력이 있는 사람

해설
위원의 자격 등(전기사업법 제54조)
(1) 전기위원회 위원은 다음의 어느 하나에 해당하는 사람으로 한다.
　① 3급 이상의 공무원으로 있거나 있었던 사람
　② 판사·검사 또는 변호사로서 10년 이상 있거나 있었던 사람
　③ 대학에서 법률학·경제학·경영학·전기공학이나 그 밖의 전기 관련 학과를 전공한 사람으로서 고등교육법에 따른 학교나 공인된 연구기관에서 부교수 이상으로 있거나 있었던 사람 또는 이에 상당하는 자리에 10년 이상 있거나 있었던 사람
　④ 전기 관련 기업의 대표자나 상임 임원으로 5년 이상 있었거나 전기 관련 기업에서 15년 이상 종사한 경력이 있는 사람
　⑤ 전기 관련 단체 또는 소비자보호 관련 단체에서 10년 이상 종사한 경력이 있는 사람
(2) (1)의 ② 및 ③의 재직기간은 합산한다.
(3) 공무원이 아닌 위원의 임기는 3년으로 하되, 연임할 수 있다.

91 전기사업법에 따라 구역전기사업자가 특정한 공급구역의 열 수요가 감소함에 따라 발전기 가동을 단축하는 경우 생산한 전력으로는 해당 특정한 공급구역의 수요에 부족한 전력을 전력시장에서 거래할 수 있도록 산업통상자원부령으로 정하는 기간으로 옳은 것은?(단, 지역냉난방사업을 하는 자로서 15만[kW] 이하의 발전설비용량을 갖춘 자에 한한다)

① 매년 1월 1일부터 6월 30일까지
② 매년 7월 1일부터 8월 31일까지
③ 매년 3월 1일부터 11월 30일까지
④ 매년 4월 1일부터 12월 31일까지

[해설]
구역전기사업자의 전력거래(전기사업법 시행규칙 제22조의2)
구역전기사업자는 지역냉난방사업을 하는 자로서 15만[kW] 이하의 발전설비용량을 갖춘 자에 해당하는 자가 산업통상자원부령으로 정하는 기간 동안 해당 특정한 공급구역의 열 수요가 감소함에 따라 발전기 가동을 단축하는 경우 생산한 전력으로는 해당 특정한 공급구역의 수요에 부족한 전력을 전력시장에서 거래할 수 있다는 규정에서 "산업통상자원부령으로 정하는 기간"이란 매년 3월 1일부터 11월 30일까지를 말한다.

92 신에너지 및 재생에너지 개발·이용·보급 촉진법에 따라 신재생에너지 기술개발 및 이용·보급을 촉진하기 위한 기본계획은 몇 년마다 수립하여야 하는가?

① 2년 ② 3년
③ 5년 ④ 10년

[해설]
기본계획의 수립(신에너지 및 재생에너지 개발·이용·보급 촉진법 제5조)
산업통상자원부장관은 관계 중앙행정기관의 장과 협의를 한 후 신재생에너지정책심의회의 심의를 거쳐 신재생에너지의 기술개발 및 이용·보급을 촉진하기 위한 기본계획을 5년마다 수립하여야 한다.

93 저탄소 녹색성장 기본법의 목적으로 이 법 제1조에서 언급하고 있지 않는 것은?

① 온실가스 배출 증가
② 국민경제의 발전을 도모
③ 녹색성장에 필요한 기반조성
④ 경제와 환경의 조화로운 발전

[해설]
목적(저탄소 녹색성장기본법 제1조)
이 법은 경제와 환경의 조화로운 발전을 위하여 저탄소 녹색성장에 필요한 기반을 조성하고 녹색기술과 녹색산업을 새로운 성장 동력으로 활용함으로써 국민경제의 발전을 도모하며 저탄소 사회 구현을 통하여 국민의 삶의 질을 높이고 국제사회에서 책임을 다하는 성숙한 선진 일류국가로 도약하는 데 이바지함을 목적으로 한다.

94 전기설비기술기준의 판단기준에 따라 분산형 전원을 인버터를 이용하여 배전사업자의 저압 전력계통에 연계하는 경우 인버터로부터 직류가 계통으로 유출되는 것을 방지하기 위하여 접속점(접속설비와 분산형 전원 설치자측 전기설비의 접속점을 말한다)과 인버터 사이에 설치하는 것은?(단, 단권변압기를 제외한다)

① 차단기   ② 전동기
③ 보호계전기 ④ 사용주파수 변압기

[해설]
저압 계통연계 시 직류유출방지 변압기의 시설(KEC 503.2.2)
분산형 전원 설비를 인버터를 이용하여 배전사업자의 저압 전력계통에 연계하는 경우 인버터로부터 직류가 계통으로 유출되는 것을 방지하기 위하여 접속점(접속설비와 분산형 전원 설치자측 전기설비의 접속점을 말한다)과 인버터 사이에 상용주파수 변압기(단권변압기를 제외한다)를 시설하여야 한다. 다만, 다음을 모두 충족하는 경우에는 예외로 한다.
• 인버터의 직류측 회로가 비접지인 경우 또는 고주파 변압기를 사용하는 경우
• 인버터의 교류출력측에 직류검출기를 구비하고, 직류검출 시에 교류출력을 정지하는 기능을 갖춘 경우
※ KEC(한국전기설비규정)의 적용으로 인해 판단기준 제281조(저압 계통연계 시 직류유출방지 변압기의 시설)에서 KEC 503.2.2로 변경됨 〈2021.01.19.〉

[정답] 91 ③ 92 ③ 93 ① 94 ④

95 전기사업법에서 정의하는 전기설비에 포함되지 않는 것은?

① 송전설비
② 배전설비
③ 전기사용을 위하여 설치하는 기계·기구
④ 댐건설 및 주변지역자원 등에 관한 법률에 따라 건설되는 댐

해설
용어의 정의(전기사업법 제2조)
전기설비란 발전·송전·변전·배전·전기공급 또는 전기사용을 위하여 설치하는 기계·기구·댐·수로·저수지·전선로·보안통신선로 및 그 밖의 설비(댐건설 및 주변지역지원 등에 관한 법률에 따라 건설되는 댐·저수지와 선박·차량 또는 항공기에 설치되는 것과 그 밖에 대통령령으로 정하는 것은 제외한다)로서 다음의 것을 말한다.
• 전기사업용 전기설비
• 일반용 전기설비
• 자가용 전기설비

96 전기사업법에서 사용되는 용어 중 발전사업·송전사업·배전사업·전기판매사업 및 구역전기사업을 말하는 것은?

① 전기사업   ② 전력시장
③ 전기설비   ④ 보편적 공급

해설
용어의 정의(전기사업법 제2조)
전기사업이란 발전사업·송전사업·배전사업·전기판매사업 및 구역전기사업을 말한다.

97 저탄소 녹색성장 기본법에 따라 녹색성장위원회의 구성으로 옳은 것은?

① 위원장 1명을 포함한 30명 이내의 위원으로 구성
② 위원장 1명을 포함한 50명 이내의 위원으로 구성
③ 위원장 2명을 포함한 30명 이내의 위원으로 구성
④ 위원장 2명을 포함한 50명 이내의 위원으로 구성

해설
녹색성장위원회의 구성 및 운영(저탄소 녹색성장 기본법 제14조)
(1) 국가의 저탄소 녹색성장과 관련된 주요 정책 및 계획과 그 이행에 관한 사항을 심의하기 위하여 국무총리 소속으로 녹색성장위원회(이하 "위원회"라 한다)를 둔다.
(2) 위원회는 위원장 2명을 포함한 50명 이내의 위원으로 구성한다.
(3) 위원회의 위원장은 국무총리와 (4)의 ②의 위원 중에서 대통령이 지명하는 사람이 된다.
(4) 위원회의 위원은 다음의 사람이 된다.
　① 기획재정부장관, 과학기술정보통신부장관, 산업통상자원부장관, 환경부장관, 국토교통부장관 등 대통령령으로 정하는 공무원
　② 기후변화, 에너지·자원, 녹색기술·녹색산업, 지속가능발전 분야 등 저탄소 녹색성장에 관한 학식과 경험이 풍부한 사람 중에서 대통령이 위촉하는 사람
(5) 위원회의 사무를 처리하게 하기 위하여 위원회에 간사위원 1명을 두며, 간사위원의 지명에 관한 사항은 대통령령으로 정한다.
(6) 위원장은 각자 위원회를 대표하며, 위원회의 업무를 총괄한다.
(7) 위원장이 부득이한 사유로 직무를 수행할 수 없는 때에는 국무총리인 위원장이 미리 정한 위원이 위원장의 직무를 대행한다.
(8) (4)의 ② 위원의 임기는 1년으로 하되, 연임할 수 있다.

98 신에너지 및 재생에너지 개발·이용·보급 촉진법에 의거하여 신재생에너지 공급인증서의 거래 제한 사유가 되지 않는 것은?

① 공급인증서가 발전소별로 5,000[kW] 이내의 수력을 이용하여 에너지를 공급하고 발급된 경우
② 공급인증서가 기존 방조제를 활용하여 건설된 조력(潮力)을 이용하여 에너지를 공급하고 발급된 경우
③ 공급인증서가 석탄을 액화·가스화한 에너지 또 중질잔사유를 가스화한 에너지를 이용하여 에너지를 공급하고 발급된 경우
④ 공급인증서가 폐기물에너지 중 화석연료에서 부수적으로 발생하는 폐가스로부터 얻어지는 에너지를 이용하여 에너지를 공급하고 발급된 경우

해설

신재생에너지 공급인증서의 거래 제한(신에너지 및 재생에너지 개발·이용·보급 촉진법 시행규칙 제2조의2)
산업통상자원부장관은 다른 신재생에너지와의 형평을 고려하여 공급인증서가 일정 규모 이상의 수력을 이용하여 에너지를 공급하고 발급된 경우 등 산업통상자원부령으로 정하는 사유에 해당할 때에는 거래시장에서 해당 공급인증서가 거래될 수 없도록 할 수 있다는 규정에서 "산업통상자원부령으로 정하는 사유"란 다음의 경우를 말한다.
- 공급인증서가 발전소별로 5,000[kW]를 넘는 수력을 이용하여 에너지를 공급하고 발급된 경우
- 공급인증서가 기존 방조제를 활용하여 건설된 조력(潮力)을 이용하여 에너지를 공급하고 발급된 경우
- 공급인증서가 바이오에너지 등의 기준 및 범위의 석탄을 액화·가스화한 에너지 또는 중질잔사유를 가스화한 에너지를 이용하여 에너지를 공급하고 발급된 경우
- 공급인증서가 바이오에너지 등의 기준 및 범위의 폐기물에너지 중 화석연료에서 부수적으로 발생하는 폐가스로부터 얻어지는 에너지를 이용하여 에너지를 공급하고 발급된 경우

99 전기설비기술기준에서 저압 전선로 중 절연부분의 전선과 대지 사이 및 전선의 심선 상호 간의 절연저항은 사용전압에 대한 누설전류가 최대 공급전류의 얼마를 넘지 않도록 하여야 하는가?

① 1/1,414
② 1/1,732
③ 1/2,000
④ 1/3,000

해설

전선로의 전선 및 절연성능(전기설비기술기준 제27조)
- 저압 가공전선(중성선 다중접지식에서 중성선으로 사용하는 전선을 제외한다) 또는 고압 가공전선은 감전의 우려가 없도록 사용전압에 따른 절연성능을 갖는 절연전선 또는 케이블을 사용하여야 한다. 다만 해협 횡단·하천 횡단·산악지 등 통상 예견되는 사용형태로 보아 감전의 우려가 없는 경우에는 그러하지 아니하다.
- 지중전선(지중전선로의 전선을 말한다)은 감전의 우려가 없도록 사용전압에 따른 절연성능을 갖는 케이블을 사용하여야 한다.
- 저압 전선로 중 절연 부분의 전선과 대지 사이 및 전선의 심선 상호 간의 절연저항은 사용전압에 대한 누설전류가 최대 공급전류의 1/2,000을 넘지 않도록 하여야 한다.

100 신에너지 및 재생에너지 개발·이용·보급 촉진법에 따른 신재생에너지 설치의무화 제도에 대한 설명으로 틀린 것은?

① 학교시설은 대상에 포함된다.
② 2019년도 공급의무 비율은 27[%]이다.
③ 공급의무 비율 용량산정 기준은 건축비이다.
④ 대상 건축물의 신축·증축 또는 개축하는 부분의 연면적 기준은 1,000[m^2] 이상이다.

해설

신재생에너지 설치의무화
(1) 공공기관이 신축 또는 증, 개축하는 연면적 1,000[m^2] 이상의 건축물에 대하여 예상에너지사용량의 일정 비율(11년은 10[%]~20년부터 30[%]로 단계적으로 상향) 이상을 신재생에너지를 이용하여 공급하도록 하는 제도
(2) 공급 의무 비율(시행령 제15조) 설치 의무화 대상자가 설치 계획서 작성하여 제출
(3) 해당 연도에 따른 공급 의무 비율[%]

설치년도	2011~2012	2013	2014	2015	2016	2017	2018	2019	2020~
비율[%]	10	11	12	15	18	21	24	27	30

신재생에너지의 공급의무 비율 〈개정 2020.09.29.〉

해당연도	2020~2021	2022~2023	2024~2025	2026~2027	2028~2029	2030 이후
공급의무 비율[%]	30	32	34	36	38	40

(4) 설치 의무 대상기관
  ① 국가기관 및 지방자치단체
  ② 공공기관
  ③ 정부가 대통령령으로 정하는 금액 이상을 출연한 정부출연기관
  ④ 정부출자기업체
  ⑤ 지방자치단체 및 ②부터 ④까지의 규정에 따른 공공기관, 정부출연기관 또는 정부출자기업체가 대통령령으로 정하는 비율 또는 금액 이상을 출자한 법인
  ⑥ 납입자본금의 100분의 50 이상을 출자한 법인
  ⑦ 납입자본금으로 50억 원 이상을 출자한 법인
  ⑧ 특별법에 따라 설립된 법인
(5) 설치 의무 대상 건축물
  ① 공공용 : 교정 및 군사시설(군사시설 제외), 방송 통신시설, 업무시설
  ② 문교, 사회용 : 문화 및 집회 시설, 종교시설, 의료시설, 교육연구시설, 노유자시설, 수련 시설, 운동시설, 묘지관련시설, 관광휴게시설, 장례시설
  ③ 상업용 : 업무시설, 판매시설, 운수시설, 숙박시설, 위락시설

정답 99 ③ 100 ③

2020년 제1·2회 통합 기사 최근 기출문제

신재생에너지발전설비기사(태양광) 필기

제1과목 태양광발전 기획

01 전기사업법에 따라 발전사업허가를 신청하는 경우로서 사업계획서만 제출하여도 되는 발전설비용량은 몇 [kW] 이하인가?

① 200　　　　② 300
③ 500　　　　④ 1,000

해설
사업계획서 구비서류(전기사업법 시행규칙 제4조 별표 1의2)

구 분	구비서류
1. 재무능력 관련	가. 신청자에 대한 신용평가(신용정보의 이용 및 보호에 관한 법률 제2조 제4호에 따른 신용정보업자가 거래신뢰도를 평가한 것을 말한다)의 의견서. 다만, 신청자가 재무능력을 평가할 수 없는 신설법인인 경우에는 신청자의 최대주주를 신청자로 본다. 나. 재원조달계획 관련 증명서류
2. 기술능력 관련	가. 전기설비 건설 및 운영 계획 관련 증명서류
3. 계획에 따른 수행가능 여부 관련	가. 발전설비 건설 예정지역 관할 지방자치단체(지방자치법 제2조 제1항 제2호에 따른 지방자치단체를 말한다)의 발전설비와 접속설비 건설에 대한 의견서(발전설비용량이 1만[kW] 초과인 신청자만 해당한다. 다만, 신에너지 및 재생에너지 개발·이용·보급 촉진법 제2조 제1호 나목에 따른 연료전지 또는 같은 조 제2호 가목·나목에 따른 태양에너지·풍력 발전설비의 경우에는 발전설비용량이 10만[kW] 초과인 신청자만 해당한다). 나. 발전기의 전력계통 접속에 따른 영향에 관한 한국전력공사의 의견서(발전설비용량이 1만[kW] 초과인 신청자만 해당한다) 다. 송전관계 일람도(一覽圖) 라. 부지의 확보 및 배치 계획 관련 증명서류 마. 연료 및 용수 확보 계획 관련 증명서류(발전사업 또는 구역전기사업의 허가를 신청하는 경우만 해당한다) 바. 신청자의 과거 발전설비 준공, 포기 또는 지연 이력 및 운영 실적 사. 사업 개시 예정일부터 5년 동안의 연도별 예상사업손익산출서(별지 제2호서식에 따른다)
4. 그 밖의 사항 관련	가. 사업구역의 경계를 명시한 5만분의 1 지형도(배전사업의 허가를 신청하는 경우만 해당한다) 나. 특정한 공급구역의 위치 및 경계를 명시한 5만분의 1 지형도(구역전기사업의 허가를 신청하는 경우만 해당한다) 다. 발전원가명세서(발전사업 또는 구역전기사업의 허가를 신청하는 경우만 해당한다) 라. 발전용 수력의 사용에 대한 하천법 제33조 제1항의 허가 또는 발전용 원자로 및 관계시설의 건설에 대한 원자력안전법 제20조 제1항의 허가 사실을 증명할 수 있는 허가서의 사본(전기사업용 수력발전소 또는 원자력발전소를 설치하는 경우만 해당하며, 허가 신청 중인 경우에는 그 신청서의 사본을 말한다)

[비고]
1. 발전설비용량이 200[kW] 초과 3,000[kW] 이하인 발전사업의 허가를 신청하는 경우는 제2호 가목, 제3호 다목, 제4호 다목 및 라목에 따른 서류만 제출한다.
2. 발전설비용량이 200[kW] 이하인 구역전기사업의 허가를 신청하는 경우는 제4호 나목에 따른 서류만 제출하며, 발전설비용량이 200[kW] 이하인 발전사업허가를 신청하는 경우로서 구역전기사업의 허가 외의 허가를 신청하는 경우에는 위 표의 구비서류를 제출하지 아니한다.

02 전기공사업법에 따른 발전설비 공사의 종류가 아닌 것은?

① 화력발전소　　　② 비상용발전기
③ 태양광발전소　　④ 태양열발전소

해설
전기공사의 종류(전기공사업법 시행령 별표 1)
발전소(원자력발전소, 화력발전소, 풍력발전소, 수력발전소, 조력발전소, 태양열발전소, 내연발전소, 열병합발전소, 태양광발전소 등의 발전소를 말한다)의 전기설비공사와 이에 따른 제어설비공사

03 신에너지 및 재생에너지 개발·이용·보급 촉진법에 따른 신재생에너지 통계 전문기관은?

① 통계청　　　　　② 한국전력거래소
③ 신재생에너지센터　④ 한국에너지기술연구원

정답 1 ① 2 ② 3 ③

해설
신재생에너지센터(신에너지 및 재생에너지 개발·이용·보급 촉진법 제31조제1항)
산업통상자원부장관은 신재생에너지의 이용 및 보급을 전문적이고 효율적으로 추진하기 위하여 대통령령으로 정하는 에너지 관련 기관에 신재생에너지센터를 두어 신재생에너지 분야에 관한 다음의 사업을 하게 할 수 있다.
(1) 신재생에너지의 기술개발 및 이용·보급사업의 실시자에 대한 지원·관리
(2) 신재생에너지 이용의무의 이행에 관한 지원·관리
(3) 신재생에너지 공급의무의 이행에 관한 지원·관리
(4) 공급인증기관의 업무에 관한 지원·관리
(5) 설비인증에 관한 지원·관리
(6) 이미 보급된 신재생에너지 설비에 대한 기술지원
(7) 신재생에너지 기술의 국제표준화에 대한 지원·관리
(8) 신재생에너지 설비 및 그 부품의 공용화에 관한 지원·관리
(9) 신재생에너지 설비 설치기업에 대한 지원·관리
(10) 신재생에너지 연료 혼합의무의 이행에 관한 지원·관리
(11) 통계관리
(12) 신재생에너지 보급사업의 지원·관리
(13) 신재생에너지 기술의 사업화에 관한 지원·관리
(14) 교육·홍보 및 전문인력 양성에 관한 지원·관리
(15) 신재생에너지 설비의 효율적 사용에 관한 지원·관리
(16) 국내외 조사·연구 및 국제협력 사업
(17) (1), (4)부터 (7)까지의 사업에 딸린 사업
(18) 그 밖에 신재생에너지의 이용·보급 촉진을 위하여 필요한 사업으로서 산업통상자원부장관이 위탁하는 사업

04 전기사업법에 따라 전력수급기본계획의 수립 시 기본계획에 포함되어야 할 사항으로 틀린 것은?

① 분산형전원의 개발에 관한 사항
② 분산형전원의 확대에 관한 사항
③ 전력수급의 기본방향에 관한 사항
④ 주요 송전·변전설비계획에 관한 사항

해설
기본계획에는 다음 각 호의 사항이 포함되어야 한다(전기사업법 제25조).
- 전력수급의 기본방향에 관한 사항
- 전력수급의 장기전망에 관한 사항
- 발전설비계획 및 주요 송전·변전설비계획에 관한 사항
- 전력수요의 관리에 관한 사항
- 직전 기본계획의 평가에 관한 사항
- 분산형전원의 확대에 관한 사항
- 그 밖에 전력수급에 관하여 필요하다고 인정하는 사항

05 태양광발전 전지를 재료에 따라 구분한 것으로 틀린 것은?

① 유기물
② 폴리머형
③ 리튬이온형
④ 염료감응형

해설
태양광발전 전지의 재료 구분
- 1세대 : 결정질 실리콘 태양전지
  - 단결정
  - 다결정
- 2세대 : 박막형 태양전지
  - 비정질 실리콘
  - 화합물 : CdTe(Cadmium Telluride), CIGS(Cu, In, Gs, Se)
- 3세대 : 차세대 태양전지
  - 염료감응형(Dye-Sensitized)
  - 유기물(Organic) 태양전지
- 4세대 : 무기·유기 하이브리드 태양전지

06 표준상태에서의 태양광발전 어레이 출력 20,000[W], 월 적산 어레이 표면(경사면) 일사량 275[kWh/m²·월], 표준상태에서의 일사강도 1[kW/m²], 종합설계계수가 0.85일 때 월간 발전량[kWh/월]은?

① 4,675
② 4,675
③ 112,200
④ 140,250

해설
월간 발전량[kWh/월]
= 태양전지 어레이 출력 × 월 적산 어레이 경사면 일사량 × 종합설계계수
= 20,000 × 275 × 0.85 = 4,675[kWh/월]

07 전기공사업법에서 명시하고 있는 하자담보책임기간이 다른 공사는?

① 변전설비공사
② 태양광발전설비공사
③ 배전설비공사 중 철탑공사
④ 지중송전을 위한 케이블 공사

해설
전기공사의 종류별 하자담보책임기간(전기공사업법 시행령 별표 3의2)

전기공사의 종류	하자담보 책임기간
1. 발전설비공사	
㉠ 철근콘크리트 또는 철골구조부	7년
㉡ ㉠ 외 시설공사	3년
2. 터널식 및 개착식 전력구 송전·배전설비공사	
㉠ 철근콘크리트 또는 철골구조부	10년
㉡ ㉠ 외 송전설비공사	5년
㉢ ㉠ 외 배전설비공사	2년
3. 지중 송전·배전설비공사	
㉠ 송전설비공사 (케이블공사 및 물밑 송전설비공사를 포함한다)	5년
㉡ 배전설비공사	3년
4. 송전설비공사 (2, 3 외의 송전설비공사를 말한다)	3년
5. 변전설비공사 (전기설비 및 기기설치공사를 포함한다)	3년
6. 배전설비공사 (2, 3 외의 배전설비공사를 말한다)	
㉠ 배전설비 철탑공사	3년
㉡ ㉠ 외 배전설비공사	2년
7. 산업시설물, 건축물 및 구조물의 전기설비공사	1년
8. 그 밖의 전기설비공사	1년

08 단독운전 방지기능이 없는 10[kW] 태양광발전시스템이 380[V], 60[Hz]의 계통전원에 연결되어 운전될 경우, 태양광발전시스템의 출력이 10[kW], 부하가 유효전력 10[kW], 지상무효전력이 +9.5[kVar], 진상무효전력이 −10[kVar]일 때 단독운전이 일어날 경우 예상되는 공진주파수는 약 몇 [Hz]인가?

① 58.48
② 59.32
③ 60.00
④ 61.38

해설
θ_i를 전류와 전압의 위상차(단독운전 전과 후의 위상차)라 하면

$K = \tan\theta_2 = -\dfrac{0.5}{10} = -0.05$,

$Q_f = \dfrac{\sqrt{Q_L \times Q_C}}{P_{LOAA}} = \dfrac{\sqrt{9.5 \times 10}}{10} ≒ 0.97468$

$\therefore f_1 = f_0\left(1 + \dfrac{-0.05}{2 \times 0.97468}\right) ≒ 58.46[Hz]$

09 신에너지 및 재생에너지 개발·이용·보급 촉진법에 따라 신에너지 및 재생에너지 기술개발 및 이용·보급에 관한 계획을 협의하려는 자는 그 시행 사업연도 개시 몇 개월 전까지 산업통상자원부장관에게 계획서를 제출하여야 하는가?

① 1
② 3
③ 4
④ 6

해설
신재생에너지 기술개발 등에 관한 계획의 사전협의(신에너지 및 재생에너지 개발·이용·보급 촉진법 제7조, 시행령 제3조)
신재생에너지 기술개발 등에 관한 계획의 사전협의에 따라 신재생에너지 기술개발 및 이용·보급에 관한 계획을 협의하려는 자는 그 시행 사업연도 개시 4개월 전까지 산업통상자원부장관에게 계획서를 제출하여야 한다.

10 표면온도 −15[℃]에서 태양광발전 모듈의 V_{mpp}와 V_{OC}는 각각 약 몇 [V]인가?

- P_{mpp} : 250[W]
- V_{mpp} : 30.8[V]
- V_{OC} : 38.3[V]
- 온도에 따른 전압변동률 : 0.32[%/℃]

① V_{mpp} : 14.74, V_{OC} : 23.20
② V_{mpp} : 24.74, V_{OC} : 33.20
③ V_{mpp} : 34.74, V_{OC} : 43.20
④ V_{mpp} : 44.74, V_{OC} : 53.20

해설
태양전지모듈의 V_{mpp}와 V_{OC} 구하는 방법

$V_{mpp}(-15[℃]) = V_{mpp} + \left\{V_{mpp} \times (\text{제시온도} - \text{기준온도})\right.$
$\left. \times \left(\dfrac{\text{온도에 따른 전압변동률}}{100}\right)\right\}$
$= 30.8 + \left\{30.8 \times (-15[℃] - 25[℃]) \times \left(\dfrac{-0.32}{100}\right)\right\} ≒ 34.202[V]$

$V_{OC}(-15[℃]) = V_{OC} + \left\{V_{OC} \times (\text{제시온도} - \text{기준온도})\right.$
$\left. \times \left(\dfrac{\text{온도에 따른 전압변동률}}{100}\right)\right\}$
$= 38.3 + \left\{38.3 \times (-15[℃] - 25[℃]) \times \left(\dfrac{-0.32}{100}\right)\right\} ≒ 43.202[V]$

11 전기사업법에서 정의하는 "송전선로"란 어느 부분을 연결하는 전선로(통신용으로 전용하는 것은 제외한다)와 이에 속하는 전기설비를 말하는가?

① 발전소와 변전소 간
② 전기수용설비 상호 간
③ 변전소와 전기수용설비 간
④ 발전소와 전기수용설비 간

해설
용어의 정의
- 송전선로란 다음 각 목의 곳을 연결하는 전선로(통신용으로 전용하는 것은 제외)와 이에 속하는 전기설비를 말한다(전기사업법 시행규칙 제2조).
  - 발전소 상호 간
  - 변전소 상호 간
  - 발전소와 변전소 간
- 분산형전원이란 전력수요 지역 인근에 설치하여 송전선로[발전소 상호 간, 변전소 상호 간 및 발전소와 변전소 간을 연결하는 전선로(통신용으로 전용하는 것은 제외)를 말한다]의 건설을 최소화할 수 있는 일정 규모 이하의 발전설비로서 산업통상자원부령으로 정하는 것을 말한다(전기사업법 제2조).

12 신에너지 및 재생에너지 개발·이용·보급 촉진법에 따라 산업통상자원부장관이 수립하는 신재생에너지의 기술개발 및 이용·보급을 촉진하기 위한 기본계획의 계획기간은 몇 년 이상인가?

① 1   ② 3
③ 5   ④ 10

해설
기본계획의 수립(신에너지 및 재생에너지 개발·이용·보급 촉진법 제5조)
- 산업통상자원부장관은 관계 중앙행정기관의 장과 협의를 한 후 신재생에너지정책심의회의 심의를 거쳐 신재생에너지의 기술개발 및 이용·보급을 촉진하기 위한 기본계획을 5년마다 수립하여야 한다.
- 기본계획의 계획기간은 10년 이상으로 하며, 기본계획에는 다음의 사항이 포함되어야 한다.
  - 기본계획의 목표 및 기간
  - 신재생에너지원별 기술개발 및 이용·보급의 목표
  - 총전력생산량 중 신재생에너지 발전량이 차지하는 비율의 목표
  - 에너지법에 따른 온실가스의 배출 감소 목표
  - 기본계획의 추진방법
  - 신재생에너지 기술수준의 평가와 보급전망 및 기대효과
  - 신재생에너지 기술개발 및 이용·보급에 관한 지원 방안
  - 신재생에너지 분야 전문 인력 양성계획
  - 직전 기본계획에 대한 평가
  - 그 밖에 기본계획의 목표달성을 위하여 산업통상자원부장관이 필요하다고 인정하는 사항

13 계통연계형 태양광발전용 인버터의 기능으로 틀린 것은?

① 직류지락 검출기능
② 자동전압 조정기능
③ 최대전력 추종제어기능
④ 교류를 직류로 변환하는 기능

해설
인버터의 기능
- 단독운전방지(Anti-Islanding) 기능
- 고주파 전류 억제기능
- 최대전력 추종제어기능(MPPT ; Maximum Power Point Tracking)
- 계통연계 보호장치
- 자동전압 조정기능
- 직류지락 검출기능

정답 11 ① 12 ④ 13 ④

14 국토의 계획 및 이용에 관한 법률에 따라 개발행위 허가의 경미한 변경으로 틀린 것은?

① 사업기간을 단축하는 경우
② 부지면적 또는 건축물 연면적을 10[%] 범위에서 축소하는 경우
③ 관계 법령의 개정에 따라 허가받은 사항을 불가피하게 변경하는 경우
④ 도시·군관리계획의 변경에 따라 허가받은 사항을 불가피하게 변경하는 경우

> **해설**
> 개발행위허가의 경미한 변경(국토의 계획 및 이용에 관한 법률 시행령 제52조)
> 법 제56조제2항 단서에서 대통령령으로 정하는 경미한 사항을 변경하는 경우란 다음의 어느 하나에 해당하는 경우(다른 사항에 저촉되지 않는 경우로 한정한다)를 말한다.
> • 사업기간을 단축하는 경우
> • 다음의 어느 하나에 해당하는 경우
>   - 부지면적 또는 건축물 연면적을 5[%] 범위에서 축소(공작물의 무게, 부피 또는 수평투영면적을 5[%] 범위에서 축소하는 경우를 포함한다)하는 경우
>   - 관계 법령의 개정 또는 도시·군관리계획의 변경에 따라 허가받은 사항을 불가피하게 변경하는 경우
>   - 공간정보의 구축 및 관리 등에 관한 법률 제26조제2항 및 건축법 제26조에 따라 허용되는 오차를 반영하기 위한 변경인 경우
>   - 건축법 시행령 제12조제3항 각 호의 어느 하나에 해당하는 변경(공작물의 위치를 1[m] 범위에서 변경하는 경우를 포함한다)인 경우

15 역류방지 다이오드(Blocking Diode)의 역할에 대한 설명으로 옳은 것은?

① 과전류가 흐를 때 회로를 차단한다.
② 태양광발전 모듈의 최적 운전점을 추적한다.
③ 태양광발전시스템의 외함을 접지하는데 사용한다.
④ 태양광이 없을 때 축전지로부터 태양전지를 보호한다.

> **해설**
> 역류방지 다이오드의 가장 큰 역할은 태양빛이 없을 경우 축전지로부터 태양전지를 보호한다.

16 다음 그림과 같이 축전지회로가 구성되어 있을 때, 단자 A, B 사이에 나타나는 출력전압과 축전지 용량은?

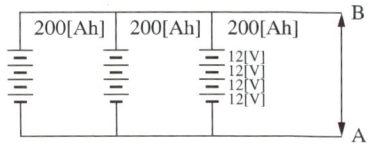

① DC 12[V], 200[Ah]
② DC 12[V], 600[Ah]
③ DC 48[V], 200[Ah]
④ DC 48[V], 600[Ah]

> **해설**
> 축전지 회로
> • 출력전압[V] = 개별 단자전압 × 수량 = 12 × 4 = 48[V]
> • 축전지 용량[Ah] = 병렬 용량 × 수량 = 200 × 3 = 600[Ah]

17 부지선정 시 일반적으로 고려되어야 하는 사항으로 틀린 것은?

① 풍향 조건
② 지리적인 조건
③ 행정상의 조건
④ 건설 환경적 조건

> [해설]

부지선정 시 일반적 고려사항
부지선정에 있어 다양한 변수 적용
- 지리적 조건
  - 경사도, 토지의 방향, 토지의 지질 : 지형도, 지적공부, 토지대장
- 전력계통과의 연계조건
  - 전력계통 인입선의 위치와 계통 병입 가능한 용량 : 지역 한국전력 지사
  - 전력계통 배전선로 연계(전선로의 잔여 허용용량 및 접근성 등)
- 건설상 조건
  - 부지의 접근성 및 주변 환경 : 지적도 참고 및 민원발생가능여부 즉, 설치장소, 지목, 부지의 접근성 및 주변환경(진입로, 민원발생여부 포함), 경사도, 형질 등을 확인한다.
- 경제성
  - 부지매입비 및 공사비 등 연계하여 평가하고 가중치 적용여부 및 부지매입 가격, 총공사비 등을 다시 한 번 확인해야 한다.
- 지정학적 조건
  - 연평균 일사량 및 일조시간 등 : 기상청 자료 근거
- 행정상의 조건
  - 인허가 관련 규제 : 해당 지자체 관련부서 확인해야 한다. 즉, 해당 지자체의 특성적인 인허가 관련 각종 규제(지방조례 등) 행정절차 사전협의를 말한다.
- 주변 주민들의 동의
  - 태양광발전소가 입지함에 따라 거론될 수 있는 환경문제는 미미하나 발전소 인근지역주민들과의 마찰이 발생할 수도 있으므로 사업 착수 전에 설명회 등 주변 주민들의 동의절차를 얻는 것이 꼭 필요하고, 주민들이 납득할 수 있는 근거를 제시해 주어야 한다.

> [해설]

위반행위별 사업참여 제한 기준(신재생에너지 설비의 지원 등에 관한 규정 별표 3)

구분	내용	제한기준
시공 기준 위반	• 제17조제1항의 신재생에너지설비의 시공기준을 위반하여 시공한 경우 • 제19조제2항의 의무적용대상설비를 적용하지 않고 시공한 경우 • 허위 또는 부정한 방법으로 제19조제3항의 시험성적서를 제출하거나 시공한 경우	2년 이상
	제17조제2항의 대상사업 중 생산량 등을 파악할 수 있는 설비를 구축하지 않고 시공한 경우	1년 이상
설치 확인 및 사후 관리 위반	• 허위 또는 부정한 방법으로 설치확인을 받은 경우 • 설비의 가동상태·생산량 등에 대한 센터의 장의 자료요구에 응하지 않거나 허위의 자료를 제출한 경우 • 자신이 설치한 설비에 대한 A/S 등 사후관리를 실시하지 않는 경우 • 제50조의 규정을 위반하여 설비를 관리한 경우	2년 이상
	• 설치 확인 시 동일 건 3회 이상 부적합 판정을 받은 경우 • 공사실적을 신고하지 않거나 허위로 제출한 경우	1년 이상
사업 내용 위반	• 허위 또는 부정한 방법으로 신청서를 제출한 경우 • 허위 또는 부정한 방법으로 보조금을 수령한 경우 • 수혜자 및 참여기업이 특별한 사유 없이 사업을 포기하는 경우 • 센터의 장의 시정요구에 정당한 사유 없이 응하지 않는 경우	2년 이상
	센터의 장의 승인 없이 사업계획 또는 사업내용(설치용량·사업기간 등)을 변경한 경우	1년 이상

※ 상기의 제한기준에서 설정할 수 있는 최대기간은 5년까지로 한다.

18 신재생에너지 설비의 지원 등에 관한 규정에 따라 위반행위별 사업참여 제한기준 중 사업내용 위반에 해당하지 않는 것은?

① 허위 또는 부정한 방법으로 신청서를 제출한 경우
② 허위 또는 부정한 방법으로 설치확인을 받은 경우
③ 허위 또는 부정한 방법으로 보조금을 수령한 경우
④ 센터의 장의 시정요구에 정당한 사유 없이 응하지 않는 경우

19 일조시간과 가조시간에 대한 설명으로 틀린 것은?

① 일조시간과 가조시간의 비를 일조율[%]이라 한다.
② 일조시간은 실제로 태양광선이 지표면을 내리쬔 시간이다.
③ 구름이 많은 날씨일 경우 가조시간과 일조시간이 일치한다.
④ 가조시간이란 한 지방의 해 돋는 시간부터 해지는 시간까지의 시간을 말한다.

해설
일조량

- 일조는 태양의 직사광선이 구름이나 안개 등에 차단되지 않고 지표면을 비추는 것이다. 즉, 일정한 물체의 표면이나 지표면에 비치는 햇볕의 양을 일조량이라고 한다.
- 일조량은 일사와 동일한 용어로 사용되기도 하지만 일사보다는 시간적 개념이 많이 포함된 용어로 일조라는 용어는 일조시간을 나타낸다. 즉, 일조시간이란 태양광선이 지표를 내리쬔 시간을 의미한다. 또한 태양광선이 구름이나 안개로 가려지지 않고 지면에 도달한 지속시간도 일조시간이라고 말한다.
- 한 지방의 해가 돋는 시간부터 지는 시간까지의 시간을 가조시간이라고 하는데, 이는 실제로 지표면에 태양이 비친 시간인 일조시간을 말한다.
- 겨울은 낮이 짧아 일조량이 적다. 구름이 없는 맑은 날씨에는 일조시간과 가조시간이 일치하고, 구름이 많아지면 그만큼 가조시간이 짧아지게 된다. 이러한 가조시간과 일조시간의 비를 일조율이라고 한다.

$$일조율 = \frac{일조시수}{가조시수} \times 100[\%]$$

일조시간을 가조시간으로 나눈 수를 [%]로 나타낸 것이며, 일출에서 일몰까지의 시간수인 주간시수 또는 가조시수에 대하여 그 지방 일조시수의 비(백분율)이다.

제2과목 태양광발전 설계

21 내선규정에 따라 케이블을 콘크리트에 직접 매설하는 경우 케이블은 철근 등을 따라 포설하는 것은 원칙으로 하고 바인드선 등으로 철근 등에 몇 [m] 이하의 간격으로 고정하여야 하는가?

① 1 ② 2
③ 3 ④ 4

해설
케이블 콘크리트에 직접 매설하는 경우 케이블은 철근 등을 따라 포설하는 것을 원칙으로 하고 바인드선 등으로 철근 등에 1[m] 이하의 간격으로 고정하여야 한다.

20 국토의 계획 및 이용에 관한 법률에 따른 농림지역에서의 개발행위허가의 규모로 옳은 것은?

① 5,000[m²] 미만
② 10,000[m²] 미만
③ 30,000[m²] 미만
④ 50,000[m²] 미만

해설
개발행위 규모(국토의 계획 및 이용에 관한 법률 시행령 제55조)
- 도시 주거지역 : 사업계획면적이 10,000[m²] 미만
- 도시 공업지역 : 사업계획면적이 30,000[m²] 미만
- 보전녹지지역 : 사업계획면적이 5,000[m²] 미만
- 농림지역 : 사업계획면적이 30,000[m²] 미만
- 자연환경보존지역 : 사업계획면적이 5,000[m²] 미만
- 태양광발전소 건설할 수 있는 관리지역 : 면적제한 기준 최대 30,000[m²] 미만

22 태양광발전 어레이의 세로길이(L)가 3[m], 태양광발전 어레이의 경사각을 33°, 동지 시 발전한계시각에서의 태양 고도각을 20°로 산정하여 북위 37° 지방에서 태양광발전소를 건설할 때 어레이 간 최소 이격거리 d는 약 몇 [m]인가?

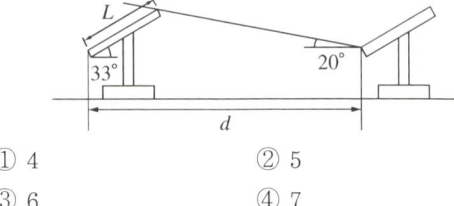

① 4 ② 5
③ 6 ④ 7

해설
태양광 어레이 간 최소 이격거리(d) = $L \times \frac{\sin(180° - a - b)}{\sin b}$

$= 3 \times \frac{\sin(180 - 33 - 20)}{\sin 20}$

$≒ 7.0052 ≒ 7[m]$

정답 20 ③ 21 ① 22 ④

23 전기설비기술기준의 판단기준에 따라 일반주택 및 아파트 각 호실의 현관등은 몇 분 이내에 소등되도록 타임스위치를 시설하여야 하는가?

① 1   ② 2
③ 3   ④ 5

해설

점멸기의 시설(KEC 234.6)
다음의 경우에는 센서등(타임스위치 포함)을 시설하여야 한다.
- 관광진흥법과 공중위생관리법에 의한 관광숙박업 또는 숙박업(여인숙업을 제외한다)에 이용되는 객실의 입구등은 1분 이내에 소등되는 것
- 일반주택 및 아파트 각 호실의 현관등은 3분 이내에 소등되는 것

※ KEC(한국전기설비규정)의 적용으로 인해 판단기준 제177조(점멸장치와 타임스위치 등의 시설)에서 KEC 234.6으로 변경됨 〈2021.01.19.〉

24 건축구조기준 설계하중(KDS 41 10 15 : 2019)에 따른 적설하중에 대한 설명으로 틀린 것은?

① 최소 지상적설하중은 $0.5[kN/m^2]$로 한다.
② 우리나라의 기본지상적설하중 중 가장 높은 지방은 $6.0[kN/m^2]$이다.
③ 지붕의 경사도가 15° 이하 혹은 70°를 초과하는 경우에는 불균형적설하중을 고려하지 않아도 된다.
④ 지상적설하중이 $0.5[kN/m^2]$보다 작은 지역에서는 퇴적량에 의한 추가하중을 고려하지 않아도 무방하다.

해설

건축구조기준 설계하중(KDS 41 10 15 : 2019)에 따른 적설하중
- 지상적설하중의 적용조건
  - 지붕적설하중을 산정하기 위한 지상적설하중은 다음 그림의 기본지상적설하중에 따른다. 이때 다음 그림을 사용할 경우, 지역적 기후와 지형에 따라 국부적인 변화를 초래할 수 있다는 점을 고려해야 한다. 다음 그림상의 지상적설하중이 $3.0[kN/m^2]$ 이하인 지역의 고지대나 산간지방 같은 특정한 지형조건에서는 다음 그림의 값을 1.5배하여 기본지상적설하중으로 한다.
  - 특정지역에 대한 지상적설하중은 실제의 조사·연구에 의한 수직최심적설깊이 및 눈의 평균 중량 등을 고려하여 산정할 수 있다.
  - 최소 지상적설하중은 $0.5[kN/m^2]$로 한다.
- 경사지붕에서의 불균형적설하중
  지붕의 경사도가 15° 이하 혹은 70°를 초과하는 경우에는 불균형적설하중을 고려하지 않는다.

- 적설하중이 작은 지역
  지상적설하중이 $0.5[kN/m^2]$보다 작은 지역에서는 퇴적량에 의한 추가하중을 고려하지 않아도 무방하다.

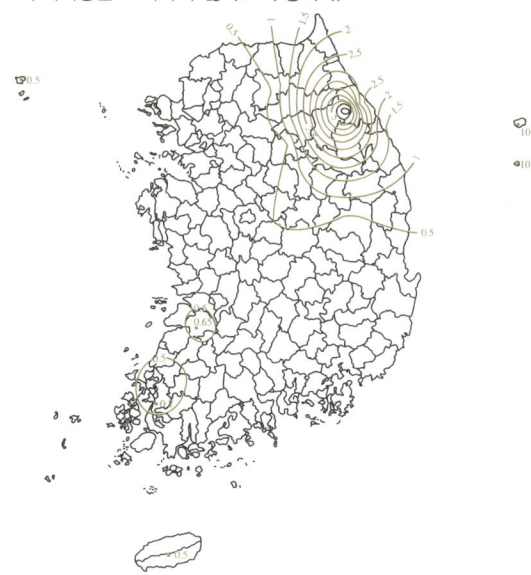

기본지상적설하중 $S_g [kN/m^2]$

25 태양광발전 어레이 설치 지역의 설계속도압이 $1,000[N/m^2]$, 태양광발전 어레이의 유효수압면적이 $7[m^2]$일 경우 풍하중은 얼마인가?(단, 거스트(Gust) 영향계수는 1.8, 풍력계수는 1.3을 적용하며, 기타 주어지지 않은 조건은 무시한다)

① 9.75[kN]
② 13.50[kN]
③ 16.38[kN]
④ 17.55[kN]

해설

어레이의 풍하중(W) = 영향계수 × 풍압계수 × 유효수압면적
= 1.8 × 1.3 × 7 = 16.38[kN]

정답 23 ③ 24 ② 25 ③

26 설계감리업무 수행지침에 따른 설계감리원의 기본임무에 해당하지 않는 것은?

① 설계용역 계약 및 설계감리용역 계약내용이 충실히 이행될 수 있도록 하여야 한다.
② 과업지시서에 따라 업무를 성실히 수행하고 설계의 품질향상에 노력하여야 한다.
③ 설계감리용역을 시행함에 있어 설계기간과 준공처리 등을 감안하여 충분한 기간을 부여하여 최적의 설계품질이 확보되도록 노력하여야 한다.
④ 설계공정의 진척에 따라 설계자로부터 필요한 자료 등을 제출받아 설계용역이 원활히 추진될 수 있도록 설계감리 업무를 수행하여야 한다.

해설
발주자, 설계감리원 및 설계자의 기본임무(설계감리업무 수행지침 제5조)
• 설계감리원의 기본임무
  – 설계용역 계약 및 설계감리용역 계약내용의 충실한 이행
  – 법령·전기설비기술기준 등이 적용된 설계여부 확인, 설계의 경제성 검토 및 기술지도
  – 설계감리 업무를 수행
  – 과업지시서에 따라 업무수행 및 설계의 품질향상

27 건축일반용어(KS F 1526 : 2010)의 제도 및 설계에 따라 건축물 또는 물체의 세부를 상세하게 나타내어 그린 도면은?

① 상세도
② 투상도
③ 배치도
④ 배면도

해설
용어의 정의
• 상세도 : 일반적으로 구조물이나 시설물 등을 공사하거나 제작할 목적으로 상세하게 작성된 도면을 말한다.
• 투상도 : 하나의 평면 위에 물체의 한 면 또는 여러 면을 그리는 방법으로 정투상도, 사투상도, 투시도 등이 있다.
• 배치도 : 미리 작성된 부지의 조사도를 바탕으로 하여 건축물과 부지·도로의 위치 관계, 부지 내의 여러 시설 및 지형 등을 나타내는 그림. 건축물은 1층 평면을 대상으로 하고, 부지나 건물이 소규모인 경우는 건축물의 평면도 또는 지붕 평면도와 겸하는 경우도 있다.
• 배면도 : 정면도의 뒷면을 그린 그림으로 특별히 필요할 때에 그린다.

28 전력기술관리법에 따라 해당되는 전력시설물의 설계도서는 설계감리를 받아야 한다. 법에 따른 전력시설물 중 설계감리 대상에 해당하지 않는 것은?

① 용량 80만[kW] 이상의 발전설비
② 전압 20만[V] 이상의 송전·변전설비
③ 전압 10만[V] 이상의 수전설비·구내배전설비·전력사용설비
④ 전기철도의 수전설비·철도신호설비·구내배전설비·전차선설비·전력사용설비

해설
설계감리 등(전력기술관리법 시행령 제18조)
법 제11조제4항에서 대통령령으로 정하는 요건에 해당하는 전력시설물이란 다음의 어느 하나에 해당하는 전력시설물을 말한다.
• 용량 80만[kW] 이상의 발전설비
• 전압 30만[V] 이상의 송전·변전설비
• 전압 10만[V] 이상의 수전설비·구내배전설비·전력사용설비
• 전기철도의 수전설비·철도신호설비·구내배전설비·전차선설비·전력사용설비
• 국제공항의 수전설비·구내배전설비·전력사용설비
• 21층 이상이거나 연면적 5만[m²] 이상인 건축물의 전력시설물. 다만, 주택법 제2조제3호에 따른 공동주택의 전력시설물은 제외한다.
• 그 밖에 산업통상자원부령으로 정하는 전력시설물

29 전력시설물 공사감리업무 수행지침에 따라 감리원이 해당 공사 착공 전에 실시하는 설계도서 검토내용에 포함되지 않는 것은?

① 현장조건에 부합 및 시공의 실제가능 여부
② 설계도서의 누락, 오류 등 불명확한 부분의 존재여부
③ 시공사가 제출한 물량내역서와 발주자가 제공한 산출내역서의 수량일치 여부
④ 설계도면, 설계설명서, 기술계산서, 산출내역서 등의 내용에 대한 상호일치 여부

해설
설계도서 등의 검토(전력시설물 공사감리업무 수행지침 제8조)
설계도서 등에 발주자가 제공한 물량내역서와 공사업자가 제출한 산출내역서의 수량일치 여부가 포함되어야 한다.

30 분산형전원 배전계통연계 기술기준에 따라 전기방식이 교류 단상 220[V]인 분산형전원을 저압 한전계통에 연계할 수 있는 용량은?

① 100[kW] 미만
② 150[kW] 미만
③ 250[kW] 미만
④ 500[kW] 미만

해설
연계 요건 및 연계의 구분(분산형 전원 계통연계 기술기준 등 제4조)
전기방식이 교류 단상 220[V]인 분산형전원을 저압 한전계통에 연계할 수 있는 용량은 100[kW] 미만으로 한다.

31 모듈에서 접속함까지의 직류배선이 30[m]이며, 모듈 전압이 300[V], 전류가 5[A]일 때, 전압강하는 몇 [V]인가?(단, 전선의 단면적은 4.0[mm²]이다)

① 1.335
② 1.425
③ 1.787
④ 1.925

해설
전압강하$(e) = \dfrac{35.6 \times L \times I}{1,000 \times A} = \dfrac{35.6 \times 30 \times 5}{1,000 \times 4} = 1.335[A]$

32 설계하중을 시간의 변동에 따라 구분한 것으로 틀린 것은?

① 활하중
② 영구하중
③ 임시하중
④ 우발하중

해설
시간의 변동에 따라 구분한 설계하중
• 임시하중
• 영구하중
• 우발하중

33 전력시설물 공사감리업무 수행지침에 따라 책임감리원은 분기보고서를 작성하여 발주자에게 제출하여야 한다. 보고서는 매분기말 다음 달 며칠 이내로 제출하여야 하는가?

① 5
② 7
③ 15
④ 30

해설
책임감리원은 다음 사항이 포함된 분기보고서를 작성하여 발주자에게 제출하여야 한다. 보고서는 매분기말 다음 달 7일 이내로 제출한다.

34 전력기술관리법에 따라 시·도지사는 감리업자가 공사감리를 성실하게 하지 아니하여 일반인에게 위해(危害)를 끼친 경우 산업통상자원부령으로 정하는 바에 따라 그 등록을 몇 개월 이내의 기간을 정하여 그 영업의 전부 또는 일부의 정지를 명할 수 있는가?

① 1
② 3
③ 6
④ 9

해설
등록의 취소·영업정지(전력기술관리법 제16조)
시·도지사는 설계업자 및 감리업자가 다음의 어느 하나에 해당하면 산업통상자원부령으로 정하는 바에 따라 그 등록을 취소하거나 6개월 이내의 기간을 정하여 그 영업의 전부 또는 일부의 정지를 명할 수 있다. 다만, (1)나 (2)에 해당하는 경우에는 그 등록을 취소하여야 한다.
(1) 거짓이나 그 밖의 부정한 방법으로 등록을 한 경우
(2) 제14조제2항에 따른 등록기준에 미달한 날부터 1개월이 지난 경우
(3) 설계 또는 공사감리를 성실하게 하지 아니하여 일반인에게 위해(危害)를 끼치거나 전력시설물을 현저히 부실하게 시공하게 한 경우
(4) 제15조제1호부터 제4호까지의 결격사유 중 어느 하나에 해당하게 된 경우 또는 같은 조 제6호에 해당하게 된 경우(법인의 경우 6개월 이내에 대표자를 변경하는 경우는 제외한다)
(5) 다른 사람에게 등록증을 빌려준 경우

정답 30 ① 31 ① 32 ① 33 ② 34 ③

35 케이블 화재에 대한 설명으로 틀린 것은?

① 연소가 빠르다.
② 연소에너지가 낮고 열기가 강하다.
③ 부식성 가스 및 유독성 가스가 발생한다.
④ 연기발생으로 피난, 소화활동에 지장을 준다.

해설
케이블 화재는 연소가 빠르며, 부식성 가스 및 유독성 가스가 많이 발생한다. 또한 연소에너지가 높고 열기가 강하기 때문에 연기발생으로 피난과 소화활동에 큰 지장을 준다.

36 토목 도면에서 밭을 나타내는 기호는?

① | |
② | | |
③ ⌊_⌋
④ ○

해설
도면기호
① 초 지
② 밭
③ 논
④ 과수원

37 신재생발전기 계통연계기준에 따라 신재생발전기의 역률은 몇 이상으로 유지하여 운전하여야 하는가?

① 85
② 90
③ 95
④ 100

해설
신재생발전기 계통연계기준(송·배전용 전기설비 이용규정 별표 6)
• 역 률
  – 신재생발전기의 역률은 90[%] 이상으로 유지하여 운전하여야 함. 다만, 역송병렬로 접속하는 경우로는 전압상승 및 강하를 방지하기 위하여 기술적으로 필요한 경우 신재생발전기의 역률의 하한값과 상한값을 고객과 한전이 협의하여 정할 수 있음
  – 신재생발전기의 역률은 배전계통 측에서 볼 때 진상역률(발전기측에서 볼 때 지상역률)이 되지 않도록 하는 것을 원칙으로 함

38 전기설비기술기준의 판단기준에 따라 분산형전원을 전력계통에 연계하는 경우 인버터로부터 직류가 계통으로 유출되는 것을 방지하기 위하여 접속점과 인버터 사이에 설치하는 것은?(단, 단권변압기는 제외한다)

① 차단기
② 전력퓨즈
③ 보호계전기
④ 상용주파수 변압기

해설
변압기(분산형 전원 계통연계 기술기준 등 제19조)
직류발전원을 이용한 분산형전원 설치자는 인버터로부터 직류가 계통으로 유입되는 것을 방지하기 위하여 연계시스템에 상용주파 변압기를 설치하여야 한다. 단, 다음 조건을 모두 만족시키는 경우에는 상용주파 변압기의 설치를 생략할 수 있다.
• 직류회로가 비접지인 경우 또는 고주파 변압기를 사용하는 경우
• 교류 출력 측에 직류 검출기를 구비하고 직류 검출 시에 교류 출력을 정지하는 기능을 갖춘 경우

39 전기설비기술기준의 판단기준에 따라 22.9[kV] 가공전선과 그 지지물·완금류·지주 사이의 이격거리는 몇 [cm] 이상으로 하여야 하는가?

① 15
② 20
③ 25
④ 30

해설
특고압 가공전선과 지지물 등의 이격거리(KEC 333.5)
특고압 가공전선과 그 지지물·완금류·지주 또는 지선 사이의 이격거리는 다음 표에서 정한 값 이상이어야 한다. 다만, 기술상 부득이한 경우에 위험의 우려가 없도록 시설한 때에는 다음 표에서 정한 값의 0.8배까지 감할 수 있다.

사용전압[kV]	이격거리[cm]	사용전압[kV]	이격거리[cm]
15 미만	15	70 이상 ~ 80 미만	45
15 이상 ~ 25 미만	20	80 이상 ~ 130 미만	65
25 이상 ~ 35 미만	25	130 이상 ~ 160 미만	90
35 이상 ~ 50 미만	30	160 이상 ~ 200 미만	110
50 이상 ~ 60 미만	35	200 이상 ~ 230 미만	130
60 이상 ~ 70 미만	40	230 이상	160

※ KEC(한국전기설비규정)의 적용으로 인해 판단기준 제108조(특고압 가공전선과 지지물 등의 이격거리)에서 KEC 333.5으로 변경됨 〈2021.01.19.〉

정답 35 ② 36 ② 37 ② 38 ④ 39 ②

40 태양광발전설비의 공사에 적용하는 시방서에 관련된 내용 중 틀린 것은?

① 공사시방서는 설계도면에서 표현이 곤란한 설계내용 및 세부공사방법 등을 기술한다.
② 표준시방서는 시설물의 안전 및 공사시행의 적정성과 품질확보 등을 위하여 사설물별로 정한 표준적인 시공기준을 말한다.
③ 시방서란 어떤 프로젝트의 품질에 관한 요구사항들을 규정하는 공사계약문서의 일부분으로서 공사의 품질과 직접적으로 관련된 문서이다.
④ 전문시방서는 공사시방서를 기본으로 모든 공종을 대상으로 하여 특정한 공사의 시공 등에 활용하기 위한 종합적인 시공기준을 말한다.

[해설]
시방서 : 어떤 프로젝트의 품질에 관한 요구사항들을 규정하는 공사계약문서의 일부분으로서 공사의 품질과 직접적으로 관련된 문서이다.
- 공사시방서는 설계도면에서 표현이 곤란한 설계내용 및 세부 공사방법 등을 기술한다.
- 표준시방서는 시설물의 안전 및 공사시행의 적정성과 품질확보 등을 위하여 시설물별로 정한 표준적인 시공기준을 말한다.
- 전문시방서는 시설물별 표준시방서를 기본으로 모든 공종을 대상으로 하여 특정한 공사의 시공 또는 공사시방서의 작성에 활용하기 위한 종합적인 시공기준을 말한다(건설기술진흥법 시행령 제65조 제7항).
- 설계시방서는 공사방법을 일반사항과 특별한 사항 또는 각 기기의 특징 등을 문서화한 것으로 시공을 하거나 감리를 할 경우 설계도면과 같이 매우 중요한 자료로서 활용된다. 이것은 전기설비 전반에 대한 일반적인 용어의 정의, 시공방법, 적용법규 등을 규정한 일반 시방서와 각각의 특성에 따른 특별한 내용 및 적용법규 등을 규정한 특별시방서, 중요자재 및 기기의 구매, 발주에 사용되는 자재시방서로 구분된다.
- 특기시방서는 공사의 특징에 따라서 표준시방서의 적용범위, 표준시방서에 없는 사항과 표준 시방서에서 특기 시방으로 정하도록 되어 있는 사항 등을 규정한 시방서이다.
- 기술시방서는 제품명이나 상품명을 사용하지 않고 공사자재, 공법의 특성이나 설치방법을 정확히 규정하여 성능실현을 위한 방법을 자세히 서술한 시방서이다.

제3과목 태양광발전 시공

41 송전전력, 부하역률, 송전거리, 전력손실 및 선간전압이 같을 경우 3상 3선식에서 전선 한 가닥에 흐르는 전류는 단상 2선식의 경우의 약 몇 [%]가 되는가?

① 57.7
② 70.7
③ 141
④ 115

[해설]
3상 3선식, 단상 2선식 전력을 각각 P_{33}, P_{13}이라 하면

$P_{33} = \sqrt{3}\, VI_{33}\cos\theta,\ I_{33} = \dfrac{P_{33}}{\sqrt{3}\, V\cos\theta}$

$P_{12} = VI_{12}\cos\theta,\ I_{12} = \dfrac{P_{12}}{V\cos\theta}$

또, P, $\cos\theta$, L, P_L, V가 서로 조건이 같으므로

$\dfrac{I_{33}}{I_{12}} = \dfrac{\dfrac{P}{\sqrt{3}\, V\cos\theta}}{\dfrac{P}{V\cos\theta}} = \dfrac{1}{\sqrt{3}} = 0.577 = 57.7[\%]$

42 건물에 설치된 태양광발전시스템의 낙뢰 및 과전압 보호로 고려되어야 하는 방법이 아닌 것은?

① 교류측에 과전압 보호장치를 설치해야 한다.
② 태양광발전시스템 접속함의 직류측에 서지 보호장치를 설치해야 한다.
③ 태양광발전시스템이 외부에 노출되어 있다면 적절한 피뢰침을 설치해야 한다.
④ 낙뢰 보호시스템이 있어도 반드시 태양광발전시스템을 접지 및 등전위면에 연결해야 한다.

[해설]
태양광발전시스템은 전기설비기술기준에 따라 지중 접지를 하고 낙뢰의 우려가 있는 건축물과 20[m] 이상의 건축물은 피뢰설비기준의 규칙에 적합하게 피뢰설비를 설치한다.

43 토사기초 터파기에 대한 설명으로 틀린 것은?

① 토사기초 터파기 부위의 지지력 및 침하량을 설계도서에 명시된 허용지지력 및 허용 침하량 기준을 만족하여야 한다.
② 토사기초 지반에서는 터파기 후 지하수와 주변 유입수를 차단하거나 타 부위로 유도 배수하여 지반의 이완, 변형 및 연약화가 진행되지 않도록 조치하여야 한다.
③ 기초 터파기 바닥면이 동결할 경우에는 설계감리원과 협의하여 동결토는 제거하고, 양질의 재료로 치환하는 등 자연지반과 동등 이상의 지내력을 갖도록 조치한다.
④ 토사기초 지반의 토질이 설계도서와 상이하거나 연약한 지반이 분포할 가능성이 있는 지역에서는 시추조사 등의 방법으로 지층분포상태와 허용지지력 및 기초형식의 적합성을 확인하여 공사감독자의 승인을 받아야 한다.

> **해설**
> 기초 터파기 바닥면은 동결되지 않도록 한다. 동결할 경우에는 담당원과 협의하여 동결토는 제거하고 양질의 재료로 치환하는 등의 자연지반과 동등 이상의 지내력을 갖도록 조치한다.

44 가정에 공급하는 교류 전압이 220[V]일 때, 이 220[V]는 무슨 값을 의미하는가?

① 실횻값　② 최댓값
③ 순시값　④ 평균값

> **해설**
> 교류 전압 실횻값을 의미한다. 실횻값은 그 교류가 연속해서 작용하는 크기를 나타내기 위하여 동일 저항과 동일 시간 동안 직류와 같은 열작용을 하는 정현파 교류값을 의미한다.

45 태양광발전시스템을 계통에 연계하는 경우 자동적으로 태양광발전시스템을 전력계통으로부터 분리하기 위한 장치를 시설하지 않아도 되는 경우는?

① 태양광발전시스템의 단독운전 상태
② 연계한 전력계통의 이상 또는 고장
③ 태양광발전시스템의 이상 또는 고장
④ 태양광발전용 모니터링설비의 단독운전 상태

> **해설**
> 태양광발전용 모니터링 설비의 단독운전상태는 연계한 전력계통의 이상, 고장 및 태양광발전시스템의 단독운전 상태가 아니므로 해당하지 않는다.

46 도선의 길이가 3배로 늘어나고 반지름이 $\frac{1}{3}$로 줄어들 경우 그 도선의 저항은 어떻게 변하겠는가?(단, 고유저항에는 변화가 없다)

① 9배 증가
② $\frac{1}{9}$로 감소
③ 27배 증가
④ $\frac{1}{27}$로 감소

> **해설**
> 저항 $R = \rho \frac{l}{S}$이고, 길이는 3배, 반지름은 $\frac{1}{3}$배로 된다면,
> 도선의 단면적은 πr^2에서 $\pi \left(\frac{1}{3}r\right)^2 = \frac{\pi r^2}{9}$으로 감소한다.
> $$\frac{R'}{R} = \frac{\rho \frac{3l}{\frac{S}{9}}}{\rho \frac{l}{S}} = 27$$
> 따라서, 저항은 27배로 증가한다.

정답 　43 ③　44 ①　45 ④　46 ③

47 태양광발전 어레이용 가대의 재질 및 형태에 따른 검토사항으로 틀린 것은?(단, 가대의 재질은 강재 + 용융 아연도금으로 한다)

① 20년 이상의 내구성을 가져야 한다.
② 절삭 등의 가공이 쉽고 무거워야 한다.
③ 불필요한 가공을 피할 수 있도록 규격화되어야 한다.
④ 염해, 공해 등을 고려하여 녹이 발생하지 않아야 한다.

해설
태양광발전 어레이용 가대는 절삭 등의 가공이 쉽고 가벼워야 한다.

48 변압기에서 1차 전압이 120[V], 2차 전압이 12[V]일 때 1차 권선수가 400회라면 2차 권선수는 몇 회인가?

① 10
② 40
③ 400
④ 4,000

해설
변압기 권선비는
$a = \dfrac{E_1}{E_2} = \dfrac{N_1}{N_2}$, $\dfrac{120}{12} = \dfrac{400}{N}$, $N = 40$
즉, 2차 권선수는 40회가 된다.

49 계약상의 큰 변경이나 불가항력 등에 의한 공정지연이 발생하지 않는 한 사업종료 때까지 수정되지 않는 공정표는?

① 관리기준공정표
② 사업기본공정표
③ 건설종합공정표
④ 분야별종합공정표

해설
계약상의 어떤 사유로 공정지연이 발생하지 않는 한 사업종료 때까지 수정되지 않는 것은 사업기본공정표이다.

50 단상 브리지 정류회로에서 출력전압의 피크값이 20[V]라면 그 평균값은 약 몇 [V]인가?

① 3.18
② 6.37
③ 9.0
④ 12.73

해설
단상 브리지 정류회로에서 출력전압의 평균값은 다음과 같다.
$V_{dc} = V_{av} = \dfrac{2}{\pi} V_{peak} = \dfrac{2 \times 20}{\pi} = 12.73 \,[\mathrm{V}]$

51 보호계전장치의 구성 요소 중 검출부에 해당되지 않는 것은?

① 릴레이
② 영상변류기
③ 계기용변류기
④ 계기용변압기

해설
릴레이는 시퀀스회로 등의 ON, OFF가 있는 일종의 스위치 역할을 하는 부품이다.

52 다른 개폐기기와 비교하여 전력퓨즈의 특징으로 틀린 것은?

① 고속도 차단된다.
② 릴레이가 필요하다.
③ 소형으로 차단 능력이 크며, 재투입은 불가능하다.
④ 동작시간-전류특성을 계전기처럼 자유롭게 조절할 수 없다.

해설
전력퓨즈는 고압 및 특고압 기기의 단락 사고에 대비한 보호기기이므로 릴레이와 같은 부품의 필요 없이 단독으로 단락사고 전류 등에 동작한다.

정답 47 ② 48 ② 49 ② 50 ④ 51 ① 52 ②

53 애자의 구비조건으로 틀린 것은?

① 누설전류가 적을 것
② 기계적 강도가 클 것
③ 충분한 절연내력을 가질 것
④ 온도의 급변에 잘 견디고 습기를 잘 흡수할 것

해설
애자의 구비조건
• 충분한 절연 내력을 가질 것
• 충분한 절연 저항을 가질 것
• 기계적 강도가 클 것
• 누설전류가 적을 것
• 코로나 방전을 일으키지 않고 견딜 것
• 내구력이 있고 가격이 저렴할 것

54 저압전기설비-제5-52부 : 전기기기의 선정 및 설치-배선설비(KS C IEC 60364-5-52 : 2012)에 따라 도체 및 케이블과 관련한 설치방법에 대한 설명으로 틀린 것은?

① 나도체의 애자사용 시공
② 절연전선의 케이블트레이 시공
③ 절연전선의 케이블덕팅 시스템 시공
④ 외장케이블(외장 및 무기질 절연물을 포함)의 직접 고정 시공

해설
KSC IEC 60364-5-52 : 2012 중 부속서 A규정 설치방법에서 절연전선의 케이블 래더, 트레이, 케이블 브래킷 시공을 할 수 없다.

55 전력용 케이블의 지중매설 시공 방법(KS C 3140 : 2014)에 따라 관로 인입식 전선로 시공 시 사용되는 강관의 접속방법으로 틀린 것은?

① 나사 박기
② 볼 조인트
③ 접착 접합
④ 패킹 개재 끼움(고무링 접합)

해설
전력용 케이블의 지중매설 시공법 중 관로인입식 전선로 시공에서 접착 접합은 채용하지 않는다.

56 금속제 케이블트레이의 종류 중 길이 방향의 양옆면 레일을 각각의 가로 방향 부재로 연결한 조립 금속구조인 것은?

① 사다리형
② 통풍 채널형
③ 바닥 밀폐형
④ 바닥 통풍형

해설
케이블트레이 사다리형은 윗부분에 커버를 덮고 볼팅을 하여 고정시키는 방법이다.

57 밴드갭 에너지는 반도체의 특성을 구분하는 매우 중요한 요소다. Si, GaAs, Ge를 밴드갭 에너지의 크기순으로 옳게 나열한 것은?

① Si > GaAs > Ge
② GaAs > Ge > Si
③ GaAs > Si > Ge
④ Ge > GaAs > Si

해설
밴드갭 에너지는 충족되었을 때 전자가 여기되어 자유 상태로 되고 전도에 참여하게 된다. 밴드갭 에너지의 크기는 GaAs > Si > Ge순이다.

58 태양광발전 어레이의 절연저항 측정에 대한 내용으로 옳은 것은?

① 절연저항 측정 시 온도는 고려하지 않는다.
② 일사시간 동안에는 단락용 개폐기를 이용한다.
③ 발전량이 적어 위험성이 낮은 비오는 날 측정하는 것이 좋다.
④ 사용전압 400[V] 이상일 때 절연저항 측정기준은 0.1[MΩ] 이상이다.

해설
일사가 있을 때 측정하는 것은 큰 단락전류가 흘러 매우 위험하므로 단락용 개폐기를 이용할 수 없는 경우에는 절대 측정하지 말아야 한다.

59 앵커(KCS 11 60 00 : 2016)에 따라 앵커의 삽입작업에 대한 설명으로 틀린 것은?

① 앵커는 삽입 작업대 또는 크레인 등의 장비에 의해서 삽입하여야 한다.
② 소요길이까지 삽입 후 지지대를 설치하여 앵커를 공내에 고정시킨다.
③ 공에서 누수가 있을 경우에는 공입구를 부직포로 막아 토사유출을 방지하여야 한다.
④ 앵커 삽입 시 앵커가 천공 구멍의 중앙에 위치하도록 앵커에 중심결정구를 5[m] 간격으로 부착한다.

해설
앵커 삽입 시 앵커가 천공 구멍의 중앙에 위치하도록 앵커에 중심결정구(센트럴라이저)를 1~3[m] 간격으로 부착하여야 한다.

60 전력계통 검토 시 단락전류의 계산목적으로 틀린 것은?

① 보호계전기 세팅   ② 변압기 용량 결정
③ 통신유도장해 검토 ④ 차단기 차단용량 결정

해설
변압기 용량 결정은 부등률을 적용하여 합성최대수용전력을 참조한다.

제4과목 태양광발전 운영

61 전원의 재투입 시 안전조치로 틀린 것은?

① 유자격자가 시험 및 육안 검사를 실시한다.
② 차단장치나 단로기 등에 잠금장치 및 꼬리표를 부착한다.
③ 전기기기 등에서 모든 작업자가 완전히 철수했는지를 직접 확인한다.
④ 유자격자는 필요한 경우, 회로 및 설비를 안전하게 가압할 수 있도록 모든 기구, 점퍼선, 단락선, 접지선 및 기타 철거하여야 할 모든 장치들이 제대로 철거되었는지를 확인하여야 한다.

해설
차단장치나 단로기 등에 잠금장치 및 꼬리표를 부착하는 것은 보수점검 전의 유의사항에 해당한다.

62 태양광발전용 모니터링 프로그램의 기능이 아닌 것은?

① 데이터 수집 기능   ② 데이터 분석 기능
③ 데이터 예측 기능   ④ 데이터 통계 기능

해설
태양광발전용 모니터링 프로그램의 기능은 데이터 수집기능, 데이터 저장기능, 데이터 분석기능, 데이터 통계기능이다.

63 전기안전관리자의 직무 고시에 따라 태양광발전소 안전관리자가 갖추어야 할 안전장비와 그 장비의 권장교정 및 시험주기로 옳은 것은?

① 절연장화 1년   ② 고압검전기 2년
③ 절연안전모 2년   ④ 고압전연장갑 3년

정답 58 ② 59 ④ 60 ② 61 ② 62 ③ 63 ①

해설

절연장화, 고압검전기, 절연안전모, 고압절연장갑 등의 권장교정 시험주기는 1년이다.

권장 계측장비 교정 및 시험주기

구 분		권장교정 시험주기(년)	보유현황
계측장비 교정	계전기 시험기	1	–
	절연내력 시험기	1	–
	절연유 내압 시험기	1	–
	적외선 열화상 카메라	1	–
	전원품질분석기	1	–
	절연저항 측정기(1,000[V], 2,000[MΩ])	1	–
	절연저항 측정기(500[V], 100[MΩ])	1	–
	회로시험기	1	–
	접지저항 측정기	1	–
	클램프미터	1	–
안전장구 시험	특고압 COS 조작봉	1	–
	저압검전기	1	–
	고압·특고압 검전기	1	–
	고압절연장갑	1	–
	절연장화	1	–
	절연안전모	1	–

[비 고]
계측장비 중 자체점검에 해당하는 장비인 절연저항측정기(DC 500[V]/100[MΩ]), 접지저항측정기, 클램프미터 등은 디지털다기능계측기 구매 이후 점검 시행하며, 나머지 계측장비는 정밀진단 장비와 인력을 갖춘 외부 전문기관 및 진단업체 의뢰 점검 실시

64 도체의 저항, 두 점 사이의 전압 및 전류의 세기를 측정하는 검사장비는?

① 검전기 ② 멀티미터
③ 접지저항계 ④ 오실로스코프

해설

멀티미터는 저항, 전압, 전류를 넓은 범위에서 간단한 스위치로 쉽게 측정할 수 있는 측정계기이다.

65 자가용전기설비 중 태양광발전시스템의 정기검사 시 태양광 전지의 검사세부 종목이 아닌 것은?

① 절연저항 ② 외관검사
③ 규격확인 ④ 절연내력

해설

절연내력은 주로 변압기, 전동기 및 전력케이블 등의 절연내력 시험 전압을 통하여 절연성능이 측정된다.

66 전기설비에 있어서 감정예방의 종류 중 직접접촉에 대한 감전예방 사항이 아닌 것은?

① 장애물에 의한 보호
② 단독시행에 의한 보호
③ 충전부 절연에 의한 보호
④ 격벽 또는 외함에 의한 보호

해설

직접접촉에 의한 감전예방사항으로 1인 단독작업은 불가하다.

67 산업안전보건기준에 관한 규칙에 따라 근로자가 충전전로를 취급하거나 그 인근에서 작업하는 경우 그 충전전로의 선간전압이 22.9[kV]라면 충전전로에 대한 접근 한계거리는 몇 [cm]인가?

① 60 ② 90
③ 110 ④ 130

정답 64 ② 65 ④ 66 ② 67 ②

해설

선간전압이 22.9[kV]의 충전선로에 대한 접근 한계거리는 90[cm]이다.

충전전로의 선간전압(단위 : [kV])	충전전로에 대한 접근 한계거리(단위 : [cm])
0.3 이하	접촉금지
0.3 초과 0.75 이하	30
0.75 초과 2 이하	45
2 초과 15 이하	60
15 초과 37 이하	90
37 초과 88 이하	110
88 초과 121 이하	130
121 초과 145 이하	150
145 초과 169 이하	170
169 초과 242 이하	230
242 초과 362 이하	380
362 초과 550 이하	550
550 초과 800 이하	790

69 전력시설물 공사감리업무 수행지침에 따른 태양광발전시스템 시공 후 감리원의 준공도면 등의 검토·확인 사항이 아닌 것은?

① 공사업자로부터 가능한 한 준공예정일 2개월 전까지 준공 설계도서를 제출받아 검토·확인하여야 한다.
② 준공 설계도서 등을 검토·확인하고 완공된 목적물이 발주자에게 차질 없이 인계될 수 있도록 지도·감독하여야 한다.
③ 준공도면은 공사시방서에 정한 방법으로 작성되어야 하며, 모든 준공도면에는 발주자의 확인·서명이 있어야 한다.
④ 공사업자가 작성·제출한 준공도면이 실제 시공된 대로 작성되었는지 여부를 검토·확인하여 발주자에게 제출하여야 한다.

해설

감리원은 공사업자가 작성·제출한 준공도면이 실제 시공된 대로 작성되었는지 여부를 검토·확인하여 발주자에게 제출하여야 한다. 준공도면은 계약서에 정한 방법으로 작성되어야 하며, 모든 준공도면에는 감리원의 확인·서명이 있어야 한다.

68 태양광발전 접속함(KS C 8567 : 2019)에 따라 소형(3회로 이하) 접속함의 경우 실외에 설치 시 보호등급(IP)으로 옳은 것은?

① IP 25 이상　　② IP 50 이상
③ IP 54 이상　　④ IP 55 이상

해설

통상적인 태양광발전용 접속함의 구분은 다음 표와 같다.
태양광발전용 접속함의 구분

병렬 스트링 수에 의한 분류	설치장소에 의한 분류
소형(3회로 이하)	IP 54 이상
중대형(4회로 이상)	실내형 : IP 20 이상
	실외형 : IP 54 이상

70 태양광발전시스템의 일상점검 시 태양광발전 어레이의 육안점검 항목이 아닌 것은?

① 접지저항
② 지지대의 부식 및 녹
③ 표면의 오염 및 파손
④ 외부배선(접속케이블)의 손상

해설

태양전지 어레이는 일반적으로 특별한 관리는 불필요하지만, 일상점검으로 1개월에 한번, 정기점검으로 1년 또는 수년에 한 번씩 모듈의 오염, 유리의 금이 간 부분 등의 손상에 관하여 육안으로 점검을 실시하고 절연저항, 접지저항 측정은 정기점검 시 실시한다.

정답 68 ③　69 ③　70 ①

71 태양광발전시스템 운영에 있어서 월별 운영계획이 아닌 것은?

① 인버터 및 주요 동력기기의 상태 점검
② 일별 운영계획의 분석 및 중요사항 점검
③ 월간 발전량 분석을 통한 효율성 감소방안 강구
④ 모듈, 인버터, 지지대 등의 정기점검 실시 및 계획 수립

해설
발전량 분석을 통한 효율성 방안은 장기적인 시간을 통하여 통계, 분석이 필요한 사항이다.

72 배전반 외부에서 이상한 소리, 냄새, 손상 등을 점검항목에 따라 점검하며, 이상 상태 발견 시 배전반 문을 열고 이상 정도를 확인하는 점검은?

① 일상점검   ② 특별점검
③ 정기점검   ④ 사용전점검

해설
일상점검 시 배전반 문을 개방하여 오감을 통하여 점검항목에 따라 점검을 실시한다.

73 태양광발전용 변압기와 정기점검 시 점검대상에 해당하지 않는 것은?

① 온도계   ② 냉각팬
③ 유면계   ④ 조작장치

해설
변압기의 정기점검 시 점검 사항은 권선온도계, 냉각팬, 유면계 및 방압장치 등이다.

74 인버터에 'Solar Cell UV Fault'로 표시되었을 경우의 현상 설명으로 옳은 것은?

① 태양전지 전압이 규정치 이하일 때
② 태양전지 전력이 규정치 이하일 때
③ 태양전지 전류가 규정치 이하일 때
④ 태양전지 주파수가 규정치 이하일 때

해설
Solar Cell UV Fault는 태양전지 전압이 규정 이하일 때 발생하고 태양전지 전압 점검 후 정상일 때 5분 후 재기동시킨다.

75 태양광 발전소에 선임된 전기안전관리자의 직무 범위로 틀린 것은?

① 전기설비의 운전·조작 또는 이에 대한 업무의 감독
② 전기재해의 발생을 예방하거나 그 피해를 줄이기 위하여 필요한 응급조치
③ 전기설비의 공사·유지 및 운용에 관한 업무 및 이에 종사하는 사람에 대한 안전교육
④ 전기수용설비의 증설 또는 변경공사로서 총공사비가 1억 이상인 공사의 감리 업무

해설
전기안전관리자의 직무범위(감리업무)로서 비상용 예비발전설비의 설치·변경공사로서 총공사비가 1억원 미만인 공사, 전기수용설비의 증설 또는 변경공사로서 총공사비가 5천만원 미만인 공사이다.

76 고장원인을 예방하기 위해 사전에 점검계획 수립 시 고려사항을 모두 고른 것은?

> 가. 설비의 사용기간
> 나. 설비의 중요도
> 다. 환경조건
> 라. 고장이력
> 마. 부하상태

① 가, 라, 마   ② 가, 나, 라, 마
③ 나, 다, 라, 마   ④ 가, 나, 다, 라, 마

정답 71 ③ 72 ① 73 ④ 74 ① 75 ④ 76 ④

해설
사전 점검 사항 수립 시 고려사항은 설비의 사용기간, 설비의 중요도, 환경조건, 고장이력 및 부하상태 등이다.

79 태양광발전시스템 운전 특성의 측정방법(KS C 8535 : 2005)에서 축전지의 측정항목으로 틀린 것은?

① 단자 전압
② 충전 전류
③ 충전전력량
④ 역조류 전류

해설
역조류 전류는 파워컨디셔너의 측정항목이다.

77 중대형 태양광 발전용 인버터(계통연계형, 독립형)(KS C 8565 : 2016)에 따라 누설전류 시험 시 누설전류는 몇 [mA] 이하이어야 하는가?

① 5
② 10
③ 15
④ 20

해설
중대형 태양광발전용 인버터(계통연계형, 독립형)의 누설전류는 5[mA] 이하여야 한다.

78 신재생에너지 공급인증서를 뜻하는 용어는?

① SMP
② REC
③ RPS
④ REP

해설
REC(Renewable Energy Certificates)는 신재생에너지 공급인증서를 의미하고 신재생에너지를 이용해 에너지를 공급한 사실을 증명하는 인증서이다.

80 결정질 실리콘 태양광발전 모듈(성능)(KS C 8561 : 2020)에 따른 시험장치에 해당하지 않는 것은?

① 항온항습장치
② 단자강도 시험장치
③ 용량보존 시험장치
④ 기계적 하중 시험장치

해설
결정질 실리콘 태양광발전 모듈(성능)(KS C 8561 : 2020)에 따른 시험장치는 항온항습장치, 고내구성·친환경 태양광발전 모듈에 대한 환경영향평가 시험장치, 고온고습 시험장치, 습윤누설전류 시험장치, 기계적 하중 시험장치 및 단자강도 시험장치가 있다.

정답 77 ① 78 ② 79 ④ 80 ③

2020년 제3회 기사 최근 기출문제

신재생에너지발전설비기사(태양광) 필기

제1과목 태양광발전 기획

01 전기사업법령에 따라 3,000[kW]를 초과하는 태양광발전사업 허가절차를 나타낸 것으로 옳은 것은?

> ㉠ 발전사업 신청서 접수
> ㉡ 전기사업 허가증 발급
> ㉢ 발전사업 신청서 작성 및 제출
> ㉣ 신청인에 통지
> ㉤ 전기위원회 심의
> ㉥ 전기안전공사 심의
> ㉦ 태양광발전사업협회 심의

① ㉢ → ㉠ → ㉤ → ㉡ → ㉣
② ㉠ → ㉢ → ㉥ → ㉡ → ㉣
③ ㉢ → ㉠ → ㉡ → ㉦ → ㉣
④ ㉢ → ㉠ → ㉦ → ㉡ → ㉣

[해설]
3,000[kW]를 초과하는 태양광발전사업 허가절차(전기사업법 시행규칙 별지 제1호 서식)

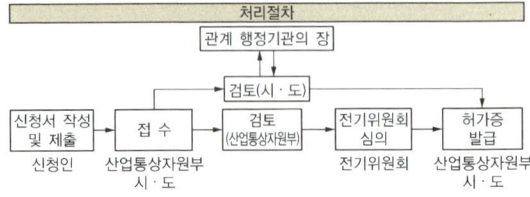

02 전기사업법령에 따른 전기사업의 허가기준으로 틀린 것은?

① 전기사업이 계획대로 수행될 수 있을 것
② 발전소가 특정지역에 집중되어 전력계통의 운영에 용이할 것
③ 전기사업을 적정하게 수행하는 데 필요한 재무능력 및 기술능력이 있을 것
④ 배전사업의 경우 둘 이상의 배전사업자의 사업구역 중 그 전부 또는 일부가 중복되지 아니할 것

[해설]
전기사업의 허가기준(전기사업법 제7조)
- 전기사업을 적정하게 수행하는 데 필요한 재무능력 및 기술능력이 있을 것
- 전기사업이 계획대로 수행될 수 있을 것
- 배전사업 및 구역전기사업의 경우 둘 이상의 배전사업자의 사업구역 또는 구역전기사업자의 특정한 공급구역 중 그 전부 또는 일부가 중복되지 아니할 것
- 구역전기사업의 경우 특정한 공급구역의 전력수요의 50[%] 이상으로서 대통령령으로 정하는 공급능력을 갖추고, 그 사업으로 인하여 인근 지역의 전기사용자에 대한 다른 전기사업자의 전기 공급에 차질이 없을 것
- 발전소나 발전연료가 특정 지역에 편중되어 전력계통의 운영에 지장을 주지 아니할 것
- 신에너지 및 재생에너지 개발·이용·보급 촉진법 제2조에 따른 태양에너지 중 태양광, 풍력, 연료전지를 이용하는 발전사업의 경우 대통령령으로 정하는 바에 따라 발전사업 내용에 대한 사전고지를 통하여 주민 의견수렴 절차를 거칠 것
- 그 밖에 공익상 필요한 것으로서 대통령령으로 정하는 기준에 적합할 것

03 전기사업법령에 따라 전기사업자가 사업에 필요한 전기설비를 설치하고 사업을 시작하기 위하여 정당한 사유가 없다면 산업통상자원부장관이 지정한 준비기간은 몇 년을 넘을 수 없는가?

① 3년   ② 5년
③ 7년   ④ 10년

[해설]
전기설비의 설치 및 사업의 개시 의무(전기사업법 제9조)
- 전기사업자는 산업통상자원부장관이 지정한 준비기간에 사업에 필요한 전기설비를 설치하고 사업을 시작하여야 한다.
- 준비기간은 10년의 범위에서 산업통상자원부장관이 정하여 고시하는 기간을 넘을 수 없다. 다만, 허가권자가 정당한 사유가 있다고 인정하는 경우에는 준비기간을 연장할 수 있다. 〈개정 2020. 2. 18.〉
- 산업통상자원부장관은 전기사업을 허가할 때 필요하다고 인정하면 전기사업별 또는 전기설비별로 구분하여 준비기간을 지정할 수 있다.
- 전기사업자는 사업을 시작한 경우에는 지체 없이 그 사실을 산업통상자원부장관에게 신고하여야 한다. 다만, 발전사업자의 경우에는 최초로 전력거래를 한 날부터 30일 이내에 신고하여야 한다.

정답 1 ① 2 ② 3 ④

04 국내 태양광발전 부지선정 시 일반적인 고려사항으로 틀린 것은?

① 일사량이 좋고 남향이어야 한다.
② 바람이 잘 들 수 있는 부지가 좋다.
③ 용량에 맞는 부지를 선정해야 한다.
④ 같은 지역이라도 저지대 부지가 좋다.

해설

태양광발전 부지선정 시 일반적인 고려사항
- 일사량이 좋아야 한다.
- 남향이어야 한다.
- 용량에 알맞게 부지를 선정해야 한다.
- 바람이 잘 들 수 있는 부지가 좋다.
- 같은 지역이라도 고지대 부지가 좋다.

05 국토의 계획 및 이용에 관한 법령에 따라 개발행위허가를 받아야 하는 행위로 틀린 것은?

① 흙·모래·자갈·바위 등의 토석을 채취하는 행위(토지의 형질변경을 목적으로 하는 것을 제외한다)
② 절토(땅깎기)·성토(흙쌓기)·정지·포장 등의 방법으로 토지의 형상을 변경하는 행위와 공유수면의 매립(경작을 위한 토지의 형질변경을 제외한다)
③ 녹지지역·관리지역·농림지역 및 자연환경보전지역 안에서 관계법령에 따른 허가·인가 등을 받지 아니하고 행하는 토지의 분할(건축법 제57조에 따른 건축물이 있는 대지는 제외한다)
④ 녹지지역·관리지역 또는 자연환경보전지역 안에서 건축물의 울타리 안(적법한 절차에 의하여 조성된 대지에 한한다)에 위치한 토지에 물건을 1월 이상 쌓아놓는 행위

해설

개발행위허가의 대상(국토의 계획 및 이용에 관한 법률 시행령 제51조)
개발행위허가를 받아야 하는 행위는 다음과 같다.
- 건축물의 건축 : 건축법 제2조제1항제2호에 따른 건축물의 건축
- 공작물의 설치 : 인공을 가하여 제작한 시설물(건축법 제2조제1항제2호에 따른 건축물을 제외한다)의 설치
- 토지의 형질변경 : 절토(땅깎기)·성토(흙쌓기)·정지(땅고르기)·포장 등의 방법으로 토지의 형상을 변경하는 행위와 공유수면의 매립(경작을 위한 토지의 형질변경을 제외한다)
- 토석채취 : 흙·모래·자갈·바위 등의 토석을 채취하는 행위. 다만, 토지의 형질변경을 목적으로 하는 것을 제외한다.
- 토지분할 : 다음의 어느 하나에 해당하는 토지의 분할(건축법 제57조에 따른 건축물이 있는 대지는 제외한다)
  - 녹지지역·관리지역·농림지역 및 자연환경보전지역 안에서 관계법령에 따른 허가·인가 등을 받지 아니하고 행하는 토지의 분할
  - 건축법 제57조제1항에 따른 분할제한면적 미만으로의 토지의 분할
  - 관계 법령에 의한 허가·인가 등을 받지 아니하고 행하는 너비 5[m] 이하로의 토지의 분할
- 물건을 쌓아놓는 행위 : 녹지지역·관리지역 또는 자연환경보전지역 안에서 건축물의 울타리 안(적법한 절차에 의하여 조성된 대지에 한한다)에 위치하지 아니한 토지에 물건을 1월 이상 쌓아놓는 행위

06 전기공사업법령에 따라 변전기기 설치 등과 같은 변전설비공사의 하자담보책임기간은?

① 1년   ② 2년
③ 3년   ④ 4년

해설

전기공사의 종류별 하자담보책임기간(전기공사업법 시행령 별표 3의2)

전기공사의 종류	하자담보 책임기간
1. 발전설비공사	
㉠ 철근콘크리트 또는 철골구조부	7년
㉡ ㉠ 외 시설공사	3년
2. 터널식 및 개착방식 전력구 송전·배전설비공사	
㉠ 철근콘크리트 또는 철골구조부	10년
㉡ ㉠ 외 송전설비공사	5년
㉢ ㉠ 외 배전설비공사	2년
3. 지중 송전·배전설비공사	
㉠ 송전설비공사 (케이블공사 및 물밑 송전설비공사를 포함한다)	5년
㉡ 배전설비공사	3년
4. 송전설비공사 (2, 3 외의 송전설비공사를 말한다)	3년
5. 변전설비공사 (전기설비 및 기기설치공사를 포함한다)	3년
6. 배전설비공사 (2, 3 외의 배전설비공사를 말한다)	
㉠ 배전설비 철탑공사	3년
㉡ ㉠ 외 배전설비공사	2년
7. 산업시설물, 건축물 및 구조물의 전기설비공사	1년
8. 그 밖의 전기설비공사	1년

07 다음 설명에 대한 것으로 옳은 것은?

> 투자에 드는 지출액의 현재 가치가 미래에 그 투자에서 기대되는 현금 수입액의 현재 가치와 같아지는 할인율

① 비용편익률 ② 투자회수율
③ 내부수익률 ④ 순현재가치율

해설

내부수익률법(IRR ; Internal Rate of Return)
- 투자안의 수익률과 자금조달비용을 비교하는 방법으로 내부수익률과 할인율을 비교하여 공공투자안의 타당성 여부를 평가하는 방법이다. 즉, 할인율을 적용한 수입의 현재가치와 지출의 현재가치를 비교하여 비율로 표시하는 것이다.
- 할인율을 알 수 없을 때 순현재가치 또는 순편익이 0이 되도록 할인율을 도출해 보고, 이것이 시장이자율보다 더 크면 타당성 있는 사업이라 판단한다. 할인율은 내부수익률과 동일하다.

08 신재생에너지 공급의무화제도 및 연료혼합의무화제도 관리 · 운영지침에 따라 신재생에너지 발전설비 용량이 몇 [kW] 미만인 발전소는 공급인증서 발급수수료 및 거래수수료를 면제하는가?

① 100 ② 200
③ 500 ④ 1,000

해설

공급인증서 발급 및 거래수수료(지침 제9조)
(1) 신에너지 및 재생에너지 개발·이용·보급 촉진법 시행규칙 제10조제2항(공급인증서 발급(발급에 딸린 업무는 제외한다) 수수료 및 거래 수수료는 공급인증서 거래금액의 1,000분의 2 이내에서 산업통상자원부장관이 정하여 고시한다)에 따른 공급인증서 발급수수료는 공급인증서 1[REC]당 50원으로 하며, 공급인증서 거래수수료는 공급인증서 1[REC]당 50원으로 한다.
(2) 신재생에너지 공급인증서의 발급 제한에 따라 국가 또는 지방자치단체에 대하여 발급하는 공급인증서의 경우 공급인증서 발급수수료 및 매도자 거래수수료를 면제한다.
(3) 한국수자원공사가 발급받는 공급인증서 중 신재생에너지 공급인증서의 거래 제한에 해당하는 공급인증서에 대해서는 발급수수료를 면제한다.
(4) 신재생에너지발전설비 용량이 100[kW] 미만인 발전소는 공급인증서 발급수수료 및 거래수수료를 면제한다. 다만, 100[kW] 이상인 발전소에 대해서는 공급인증기관의 운영규칙에 따라 공급인증서 발급수수료 및 거래수수료를 (1)의 범위 이내에서 달리 운영할 수 있다.
(5) 발급수수료 및 거래수수료는 공급인증기관의 재원으로 귀속되며, 공급인증기관은 공급인증기관에서 정의한 업무를 수행하는 데 사용하여야 한다.

09 태양광발전 모듈에서 생산된 전력 3[kW]가 인버터에 입력되어 인버터 출력이 2.7[kW]가 되면 인버터의 변환효율은 몇 [%]인가?

① 60 ② 70
③ 90 ④ 111

해설

인버터의 변환효율

$\eta = \dfrac{출력}{입력} \times 100 = \dfrac{2.7}{3} \times 100 = 90[\%]$

정답 7 ③ 8 ① 9 ③

10 태양광발전의 장점으로 옳은 것은?

① 에너지 밀도가 높아 대전력을 얻기가 용이하다.
② 풍부한 실리콘 재료로 인해 시스템 설치비용이 적게 든다.
③ 전력생산량에 대한 일사량 의존도가 낮아 설비 이용률이 높다.
④ 실수용지에 직접 설치가 가능하고, 무인자동화 운전이 가능하다.

해설
태양광발전의 장점
- 태양전지의 수명이 길다(약 20년 이상).
- 설비의 보수가 간단하고 고장이 적다.
- 규모나 지역에 관계없이 설치가 가능하고 유지비용이 거의 들지 않는다.
- 필요한 장소에 필요량 발전이 가능하다.
- 운전 및 유지 관리에 따른 비용을 최소화할 수 있다.
- 무한정, 무공해의 태양에너지 사용으로 연료비가 불필요하고, 대기오염이나 폐기물 발생이 없다.
- 발전부위가 반도체 소자이고 제어부가 전자부품이므로 기계적인 소음과 진동이 존재하지 않는다.
- 원재료에서부터 모듈 설치에 이르기까지 산업화가 가능해 부가가치 창출 및 고용창출 효과가 크다.
- 전 세계적으로 사용이 가능하다.
- 실수용지에 직접 설치가 가능하고, 무인자동화 운전이 가능하다.

11 전기공사업법령에 따라 전기공사를 공사업자에게 도급을 주는 자를 의미하는 용어의 정의로 옳은 것은? (단, 하도급을 주는 자는 제외한다)

① 발주자
② 감리자
③ 수급자
④ 도급자

해설
용어의 정의(전기공사업법 제2조)
- 공사업이란 도급이나 그 밖에 어떠한 명칭이든 상관없이 전기공사를 업으로 하는 것을 말한다.
- 공사업자란 공사업의 등록을 한 자를 말한다.
- 발주자란 전기공사를 공사업자에게 도급을 주는 자를 말한다. 다만, 수급인으로서 도급받은 전기공사를 하도급 주는 자는 제외한다.
- 도급이란 원도급, 하도급, 위탁, 그 밖에 어떠한 명칭이든 상관없이 전기공사를 완성할 것을 약정하고, 상대방이 그 일의 결과에 대하여 대가를 지급할 것을 약정하는 계약을 말한다.
- 하도급이란 도급받은 전기공사의 전부 또는 일부를 수급인이 다른 공사업자와 체결하는 계약을 말한다.
- 수급인이란 발주자로부터 전기공사를 도급받은 공사업자를 말한다.
- 하수급인이란 수급인으로부터 전기공사를 하도급 받은 공사업자를 말한다.

12 독립형 태양광발전설비의 전원시스템용 축전지 용량 선정 시 고려사항에 해당되지 않는 것은?

① 보수율
② 설계습도
③ 부조일수
④ 방전심도(DOD)

해설
독립형 전원시스템의 축전지 용량[Ah]

$$C = \frac{1일\ 소비전력량 \times 불일조일수}{보수율 \times 방전종지전압(축전지\ 전압) \times 방전심도(DOD)}\ [Ah]$$

정답 10 ④ 11 ① 12 ②

13 신에너지 및 재생에너지 개발·이용·보급 촉진법의 제정 목적으로 틀린 것은?

① 에너지원의 단일화
② 온실가스 배출의 감소
③ 에너지의 안정적인 공급
④ 에너지 구조의 환경친화적 전환

해설
목적(신에너지 및 재생에너지의 기술개발 및 이용·보급 촉진법 제1조)
이 법은 신에너지 및 재생에너지의 기술개발 및 이용·보급 촉진과 신에너지 및 재생에너지 산업의 활성화를 통하여 에너지원을 다양화하고, 에너지의 안정적인 공급, 에너지 구조의 환경친화적 전환 및 온실가스 배출의 감소를 추진함으로써 환경의 보전, 국가경제의 건전하고 지속적인 발전 및 국민복지의 증진에 이바지함을 목적으로 한다.

14 태양광발전용 인버터의 단독운전 방지 기능에서 능동적인 검출 방식이 아닌 것은?

① 부하변동방식
② 주파수시프트방식
③ 무효전력변동방식
④ 전압위상도약방식

해설
태양광 인버터의 단독운전 방지 기능 중 능동적인 검출방식
- 유효전력변동방식
- 무효전력변동방식
- 부하변동방식
- 주파수시프트방식

15 면적이 200[cm²]이고 변환효율이 20[%]인 태양광발전 모듈에 AM 1.5의 빛을 입사시킬 경우에 생산되는 전력 [W]은? (단, 수직복사 E는 1,000[W/m²]이고 온도는 25[℃]이다)

① 3
② 4
③ 5
④ 6

해설
전력[W] = 면적 × 복사량 × 효율 = $200 \times 10^{-4} \times 1,000 \times 0.2$
= 4[W]

16 태양광발전시스템에서 바이패스 다이오드의 설치 위치는?

① 분전반
② 인버터 내부
③ 적산전력계 내부
④ 태양광발전 모듈용 접속함

해설
바이패스 다이오드의 설치위치는 태양광발전 모듈용 접속함에 설치한다.

17 신에너지 및 재생에너지 개발·이용·보급 촉진 법령에 따라 산업통상자원부장관이 신재생에너지 관련 통계의 조사·작성·분석 및 관리에 관한 업무의 전부 또는 일부를 하게 할 수 있도록 산업통상자원부령으로 정하는 바에 따라 지정하는 전문성이 있는 기관은?

① 통계청
② 한국전기안전공사
③ 신재생에너지센터
④ 한국에너지기술연구원

해설
신재생에너지센터(신에너지 및 재생에너지 개발·이용·보급 촉진법 제31조)
산업통상자원부장관은 신재생에너지의 이용 및 보급을 전문적이고 효율적으로 추진하기 위하여 대통령령으로 정하는 에너지 관련 기관에 신재생에너지센터를 두어 신재생에너지 분야에 관한 다음의 사업을 할 수 있다.
(1) 신재생에너지의 기술개발 및 이용·보급사업의 실시자에 대한 지원·관리
(2) 신재생에너지 이용의무의 이행에 관한 지원·관리
(3) 신재생에너지 공급의무의 이행에 관한 지원·관리
(4) 공급인증기관의 업무에 관한 지원·관리
(5) 설비인증에 관한 지원·관리
(6) 이미 보급된 신재생에너지 설비에 대한 기술지원
(7) 신재생에너지 기술의 국제표준화에 대한 지원·관리
(8) 신재생에너지 설비 및 그 부품의 공용화에 관한 지원·관리
(9) 신재생에너지 설비 설치기업에 대한 지원·관리
(10) 신재생에너지 연료 혼합의무의 이행에 관한 지원·관리
(11) 통계관리
(12) 신재생에너지 보급사업의 지원·관리
(13) 신재생에너지 기술의 사업화에 관한 지원·관리
(14) 교육·홍보 및 전문인력 양성에 관한 지원·관리
(15) 신재생에너지 설비의 효율적 사용에 관한 지원·관리
(16) 국내외 조사·연구 및 국제협력 사업
(17) (1), (4)부터 (7)까지의 사업에 딸린 사업
(18) 그 밖에 신재생에너지의 이용·보급 촉진을 위하여 필요한 사업으로서 산업통상자원부장관이 위탁하는 사업

18 신에너지 및 재생에너지 개발·이용·보급 촉진 법령에 따라 대통령령으로 정하는 신재생에너지 품질검사기관이 아닌 것은?

① 한국석유관리원 ② 한국임업진흥원
③ 한국에너지공단 ④ 한국가스안전공사

해설

신재생에너지 품질검사기관(신에너지 및 재생에너지 개발·이용·보급 촉진법 시행령 제18조의13)
신재생에너지 연료 품질검사에서 대통령령으로 정하는 신재생에너지 품질검사기관이란 다음의 기관을 말한다.
- 석유 및 석유대체연료 사업법에 따라 설립된 한국석유관리원
- 고압가스 안전관리법에 따라 설립된 한국가스안전공사
- 임업 및 산촌 진흥촉진에 관한 법률에 따라 설립된 한국임업진흥원

19 위도가 35°인 지역의 하지 시 태양의 남중고도는 몇 °인가?

① 68.5° ② 78.5°
③ 88.5° ④ 58.5°

해설

우리나라 주요지역 최적경사각

남중고도 분석	• 동짓달의 남중고도 A : 태양적위 −23.5° • 춘, 추분의 남중고도 B : 태양적위 0° • 하짓날의 남중고도 C : 태양적위 +23.5° • 동짓날과 하짓날의 남중고도 차이 47°
위도 적용 시 남중고도	• 하지 : 태양의 남중고도 = 90° − 위도(위도 37°) + 23.5° = 76.5° • 동지 : 태양의 남중고도 = 90° − 위도(위도 37°) − 23.5° = 29.5° • 위도 37°의 경우 평균남중고도 53°, 모듈각도 37°

하지 시의 태양 남중고도 = 90° − 위도(위도 35°) + 23.5° = 78.5°

20 전기사업법령에 따라 기금을 사용할 경우 대통령령으로 정하는 전력산업과 관련한 중요 사업에 해당하지 않는 것은?

① 전기의 특수적 공급을 위한 사업
② 전력산업 분야 전문인력의 양성 및 관리
③ 전력산업 분야 개발기술의 사업화 지원사업
④ 전력산업 분야의 시험·평가 및 검사시설의 구축

해설

기금의 사용(전기사업법 시행령 제34조)
대통령령으로 정하는 전력산업과 관련한 중요 사업이란 다음의 사업을 말한다.
- 안전관리를 위한 사업
- 환경보호에 따른 자연환경 및 생활환경의 적정한 관리·보존을 위한 사업
- 보편적 공급에 따른 전기의 보편적 공급을 위한 사업
- 전력산업기반조성사업 및 전력산업기반조성사업에 대한 기획·관리 및 평가
- 전력산업 및 전력산업 관련 융복합 분야 전문인력의 양성 및 관리
- 전력산업 분야의 시험·평가 및 검사시설의 구축
- 전력산업의 해외진출 지원사업
- 전력산업 분야 개발기술의 사업화 지원사업

제2과목 태양광발전 설계

21 신재생발전기 계통연계기준에 따라 배전계통의 일부가 배전계통의 전원과 전기적으로 분리된 상태에서 신재생발전기에 의해서만 가압되는 상태를 말하는 것은?

① 단독운전 ② 전압요동
③ 출력 증가율 ④ 역송 병렬운전

해설

신재생발전기 계통연계기준의 용어의 정의(송·배전용 전기설비 이용규정 별표 6)
- 단독운전이란 배전계통의 일부가 배전계통의 전원과 전기적으로 분리된 상태에서 신재생발전기에 의해서만 가압되는 상태를 말함
- 전압요동(電壓搖動, Voltage Fluctuation)이란 연속적이거나 주기적인 전압변동(Voltage Change, 어느 일정한 지속시간 동안 유지되는 연속적인 두 레벨 사이의 전압 실횻값 또는 최댓값의 변화를 말함)을 말함
- 출력 증가율이란 발전기의 유효전력 출력이 증가하는 속도를 말함
- 역송 병렬운전이란 규정 제2조제23호에 의한 단순 병렬운전(자가용 발전기를 배전계통에 연계하여 운전하되, 생산한 전력의 전부를 자체적으로 소비하기 위한 것으로서 생산한 전력이 한전계통으로 유입되지 않는 병렬 형태를 말함)과 구별되는 것으로서, 발전기를 배전계통에 접속하여 운전하되 생산한 전력의 전부 또는 일부가 배전계통으로 유입되는 병렬 형태를 말함

정답 18 ③ 19 ② 20 ① 21 ①

22 평지붕에 태양광발전시스템 설치를 위한 설계 검토 시, 평지붕의 적설하중 산정에 사용되지 않는 인자는?

① 노출계수 ② 온도계수
③ 지붕면 외압계수 ④ 지상적설하중의 기본값

해설
평지붕적설하중
$S_f = C_b \cdot C_e \cdot C_t \cdot I_s \cdot S_g [kN/m^2]$
C_b : 기본지붕적설하중계수, C_e : 노출계수, C_t : 온도계수,
I_s : 중요도계수, S_g : 지상적설하중[kN/m²]

23 전기설비기술기준의 판단기준에 따라 저압 옥내 직류전기설비의 접지시설을 양(+)도체를 접지하는 경우 무엇에 대한 보호를 하여야 하는가?

① 지락 ② 감전
③ 단락 ④ 과부하

해설
저압 옥내 직류전기설비의 접지(KEC 243.1.8)
(1) 저압 옥내 직류전기설비는 전로 보호장치의 확실한 동작의 확보, 이상전압 및 대지전압의 억제를 위하여 직류 2선식의 임의의 한 점 또는 변환장치의 직류 측 중간점, 태양전지의 중간점 등을 접지하여야 한다. 다만, 직류 2선식을 다음에 따라 시설하는 경우는 그러하지 아니하다.
 ① 사용전압이 60[V] 이하인 경우
 ② 접지검출기를 설치하고 특정구역 내의 산업용 기계기구에만 공급하는 경우
 ③ 교류전로로부터 공급을 받는 정류기에서 인출되는 직류계통
 ④ 최대전류 30[mA] 이하의 직류화재경보회로
 ⑤ 절연감시장치 또는 절연고장점검출장치를 설치하여 관리자가 확인할 수 있도록 경보장치를 시설하는 경우
(2) (1) 접지공사는 접지시스템(KEC 140)의 규정에 의하여 접지하여야 한다.
(3) 직류전기설비를 시설하는 경우는 감전에 대한 보호를 하여야 한다.
(4) 직류전기설비의 접지시설은 저압 직류전기설비의 전기부식 방지(KEC 243.1.6)에 준용하여 전기부식방지를 하여야 한다.
(5) 직류접지계통은 교류접지계통과 같은 방법으로 금속제 외함, 교류접지도체 등과 본딩하여야 하며, 교류접지가 피뢰설비·통신접지 등과 통합 접지되어 있는 경우는 함께 통합접지공사를 할 수 있다. 이 경우 낙뢰 등에 의한 과전압으로부터 전기설비 등을 보호하기 위해 KS C IEC 60364-5-53(전기기기의 선정 및 시공-절연, 개폐 및 제어)의 534 과전압 보호장치에 따라 서지보호장치(SPD)를 설치하여야 한다.

※ KEC(한국전기설비규정)의 적용으로 인해 판단기준 제294조(축전지실 등의 시설)에서 KEC 243.1.7로 변경, 판단기준 제292조(저압 직류 개폐장치)에서 KEC 243.1.5로 변경, 판단기준 제289조(저압 옥내직류 전기설비의 접지)에서 KEC 243.1.8로 변경됨 〈2021.01.19.〉

24 설계도서 작성에 대한 설명으로 틀린 것은?

① 기본설계, 실시설계 순으로 작성한다.
② 실시설계는 기본설계도서에 따라 상세하게 설계하여 도면, 공사시방서 및 공사비 예산서를 작성한다.
③ 공사시방서는 시설물의 안전 및 공사시행의 적정성과 품질확보 등을 위하여 시설물별로 정한 표준적인 시공기준이다.
④ 기본설계란 기본계획으로 완성된 건축물의 개요(용도, 구조, 규모, 형상 등), 구조계획 등을 설비기능 면에서 재검토하는 것이다.

해설
설계도서 작성 요령
- 기본설계, 실시설계 순으로 작성한다.
- 기본설계는 기본계획으로 완성된 건축물의 개요(용도, 구조, 규모, 형상 등), 구조계획 등을 설비기능 명에서 재검토하는 것이다.
- 실시설계는 기본설계도서에 따라 상세하게 설계하여 도면, 공사시방서 및 공사비 예산서를 작성한다.

25 태양광발전 모듈에서 인버터까지의 전압강하 계산식은? (단, A : 전선의 단면적[mm²], I : 전류[A], L : 전선 1가닥의 길이[m]이다)

① $\dfrac{17.8 \times L \times I}{1,000 \times A}$ ② $\dfrac{30.8 \times L \times I}{1,000 \times A}$

③ $\dfrac{33.6 \times L \times I}{1,000 \times A}$ ④ $\dfrac{35.6 \times L \times I}{1,000 \times A}$

해설
전압강하 및 전선 단면적 계산식

회로의 전기방식	전압강하	전선의 단면적
직류 2선식 교류 2선식	$e = \dfrac{35.6LI}{1,000A}$	$A = \dfrac{35.6LI}{1,000e}$
3상 3선식	$e = \dfrac{30.8LI}{1,000A}$	$A = \dfrac{30.8LI}{1,000e}$

e : 각 선간의 전압강하[V] A : 전선의 단면적[mm²]
L : 도체 1본의 길이[m] I : 전류[A]

정답 22 ③ 23 ② 24 ③ 25 ④

26 전력시설물 공사감리업무 수행지침에 따라 감리원은 공사가 시작된 경우 공사업자로부터 착공신고서를 제출받아 적정성 여부를 검토하여 며칠 이내에 발주자에게 보고하여야 하는가?

① 2
② 3
③ 5
④ 7

해설
착공신고서 검토 및 보고(전력시설물 공사감리업무 수행지침 제1조)
감리원은 공사가 시작된 경우에 공사업자로부터 착공신고서를 제출받아 적정성 여부를 검토 후 7일 이내에 발주자에게 보고하여야 한다.

27 분산형전원 배전계통연계 기술기준에 따라 태양광발전시스템 및 그 연계 시스템의 운영 시 태양광발전시스템 연결점에서 최대 정격 출력전류의 몇 [%]를 초과하는 직류 전류를 배전계통으로 유입시켜서는 안 되는가?

① 0.3
② 0.5
③ 0.7
④ 1.0

해설
출력전류 직류분 검출 시험은 직류전류 성분의 유출분이 정격전류의 0.5[%] 이내로 한다.

28 태양광발전 어레이 가대를 다음과 같이 설계하고자 한다. 설계 순서를 옳게 나열한 것은?

ⓐ 태양광발전 모듈의 배열 결정
ⓑ 설치장소 결정
ⓒ 상정최대하중 산출
ⓓ 지지대 기초 설계
ⓔ 지지대의 형태, 높이, 구조 결정

① ⓐ → ⓒ → ⓔ → ⓑ → ⓓ
② ⓑ → ⓐ → ⓔ → ⓒ → ⓓ
③ ⓐ → ⓓ → ⓒ → ⓔ → ⓑ
④ ⓑ → ⓒ → ⓐ → ⓔ → ⓓ

해설
태양광발전 어레이 가대 설계 순서
설치장소 결정 → 태양광발전 모듈의 배열 결정 → 지지대의 형태, 높이, 구조 결정 → 상정최대하중 산출 → 지지대 기초 설계

29 전력시설물 공사감리업무 수행지침에 따라 감리원이 공사업자로부터 물가변동에 따른 계약금액 조정요청을 받은 경우 공사업자로 하여금 작성·제출하도록 하는 서류 목록이 아닌 것은?

① 물가변동 조정 요청서
② 계약금액 조정 요청서
③ 계약금액 조정 산출근거
④ 안전관리비 사용 내역서

해설
물가변동으로 인한 계약금액의 조정(전력시설물 공사감리업무 수행지침 제53조)
감리원은 공사업자로부터 물가변동에 따른 계약금액 조정요청을 받은 경우에는 다음의 서류를 작성·제출하도록 하고 공사업자는 이에 응하여야 한다.
• 물가변동 조정 요청서
• 계약금액 조정 요청서
• 품목조정률 또는 지수조정률의 산출근거
• 계약금액 조정 산출근거
• 그 밖에 설계변경에 필요한 서류

30 태양광발전시스템 출력이 38,500[W], 모듈 최대출력이 175[W], 모듈의 직렬개수가 20장일 때 병렬회로수는?

① 10
② 11
③ 12
④ 13

해설
태양광발전시스템 병렬회로수
$= \dfrac{\text{태양광발전시스템 전체출력}}{\text{모듈최대출력} \times \text{모듈의 직렬개수}} = \dfrac{38,500}{175 \times 20} = 11$장

정답 26 ④ 27 ② 28 ④ 29 ④ 30 ②

31 설계감리업무 수행지침에 따라 감리원이 발주자에게 제출하는 설계감리업무 수행계획서에 포함되지 않는 것은?

① 보안 대책 및 보안각서
② 세부공정계획 및 업무흐름도
③ 설계감리 검토의견 및 조치 결과서
④ 용역명, 설계감리규모 및 설계감리기간

해설

설계용역의 관리(설계감리업무 수행지침 제8조)
설계감리원은 발주된 설계용역의 특성에 맞게 지침에 따른 설계감리원 세부업무 내용을 정하고 다음의 각 사항을 포함한 설계감리업무 수행계획서를 작성하여 발주자에게 제출하여야 한다.
• 대상 : 용역명, 설계감리규모 및 설계감리기간 등
• 세부시행계획 : 세부공정계획 및 업무흐름도 등
• 보안 대책 및 보안각서
• 그 밖에 발주자가 정한 사항

32 지반조사 중 본조사 시 검토하여야 하는 사항으로 틀린 것은?

① 지진 이력
② 투수 조건
③ 동결가능성
④ 지반 성층 상태

해설

지반조사도서의 본조사 또는 정밀조사
• 목 적
 - 안전하고 경제적인 구조물 시공계획을 위한 정보획득
 - 중요하거나 대규모 구조물의 실시 설계를 위한 지반특성 획득
• 조사의 내용
 - 지하수위 조사
 - 지반의 성측(층) 상태
 - 지질조사(팽창성 암이나 토질, 절리 등 불연속면, 단층, 지표지질, 붕괴성 지반, 암반 풍화도, 지하공동, 폐기물 매립 등)
 - 지층의 전단강도, 투수특성, 동적특성, 변형특성, 다짐특성, 압축특성
 - 동결가능성

33 고정전기기계기구에 부속하는 코드 및 캡타이어 케이블의 시설기준으로 틀린 것은?

① 코드 및 캡타이어 케이블은 가급적 길게 할 것
② 코드 및 캡타이어 케이블은 현저한 충격을 받지 않도록 할 것
③ 코드 및 캡타이어 케이블은 부득이 지지하여야 할 경우 단지 그 이동을 방지할 수 있을 정도로 그칠 것
④ 코드 및 캡타이어 케이블의 외상을 예방하기 위해 금속관 등의 내부에 배선할 경우 관 또는 몰드의 말단에 적당한 부싱을 사용할 것

해설

고정전기기계기구에 부속하는 코드 및 캡타이어케이블의 시설기준
• 코드 및 캡타이어케이블은 가급적 짧게 할 것
• 코드 및 캡타이어케이블은 현저한 충격을 받지 않도록 할 것
• 코드 및 캡타이어케이블은 부득이 지지하여야 할 경우 단지 그 이동을 방지할 수 있을 정도로 그칠 것
• 코드 및 캡타이어 케이블의 외상을 예방하기 위해 금속관 등 내부에 배선할 경우 관 또는 몰드의 말단에 적당한 부싱을 사용할 것

34 전력기술관리법령에 따라 설계업 또는 감리업을 등록한 자는 등록 사항이 변경된 경우, 변경사유가 발생한 날부터 며칠 이내에 산업통상자원부령으로 정하는 바에 따라 시·도지사에게 신고하여야 하는가? (단, 산업통상자원부령으로 정하는 경미한 사항을 변경하는 경우는 제외한다)

① 7　　② 10
③ 15　　④ 30

해설

설계업·감리업의 종류별 등록 기준 등(전력기술관리법 시행령 제27조)
등록 사항이 변경된 경우에는 변경사유가 발생한 날부터 30일 이내에 산업통상자원부령으로 정하는 바에 따라 시·도지사에게 신고하여야 한다. 다만, 산업통상자원부령으로 정하는 경미한 사항을 변경하는 경우에는 그러하지 아니하다.

35 전력기술관리법령에 따라 설계업 또는 감리업을 휴업·재개업(再開業) 또는 폐업한 경우에는 산업통상자원부령으로 정하는 바에 따라 누구에게 신고하여야 하는가?

① 시·도지사
② 전기안전공사장
③ 전기기술인협회장
④ 산업통상자원부장관

해설
휴업 등의 신고(전력기술관리법 제17조)
설계업 또는 감리업을 휴업·재개업(再開業) 또는 폐업한 경우에는 산업통상자원부령으로 정하는 바에 따라 시·도지사에게 신고하여야 한다.

36 전기설비기술기준의 판단기준에 따라 가반형(可搬型)의 용접전극을 사용하는 아크용접장치의 용접변압기 1차측 전로의 대지전압은 몇 [V] 이하이어야 하는가?

① 30
② 60
③ 150
④ 300

해설
아크 용접기(KEC 241.10)
이동형의 용접 전극을 사용하는 아크 용접장치는 다음에 따라 시설하여야 한다.
• 용접변압기는 절연변압기일 것
• 용접변압기의 1차 측 전로의 대지전압은 300[V] 이하일 것
• 용접변압기의 1차 측 전로에는 용접변압기에 가까운 곳에 쉽게 개폐할 수 있는 개폐기를 시설할 것
※ KEC(한국전기설비규정)의 적용으로 인해 판단기준 제247조(아크 용접장치의 시설)에서 KEC 241.10으로 변경됨 〈2021.01.19.〉

37 전기실에 설치하는 소화설비로 적합하지 않은 것은?

① 이너젠 소화설비
② 할론가스 소화설비
③ 스프링클러 소화설비
④ 이산화탄소 소화설비

해설
전기실에 설치하는 소화설비
• 이산화탄소 소화설비
• 이너젠 소화설비
• 할론가스 소화설비

38 전력시설물 공사감리업무 수행지침에 따라 감리원은 공사업자로부터 시공상세도를 사전에 제출받아 검토·확인하여 승인한 후 시공할 수 있도록 하여야 한다. 제출받은 날로부터 며칠 이내에 승인하여야 하는가?

① 3
② 5
③ 7
④ 14

해설
시공상세도 승인(전력시설물 공사감리업무 수행지침 제31조)
감리원은 공사업자로부터 시공상세도를 사전에 제출받아 해당 사항을 고려하여 공사업자가 제출한 날부터 7일 이내에 검토·확인하여 승인 후 시공할 수 있도록 하여야 한다.

39 전기설비기술기준의 판단기준에 따라 전선을 접속하는 경우 전선의 세기를 몇 [%] 이상 감소시키지 않아야 하는가?

① 10
② 20
③ 25
④ 30

해설
전선의 접속법(KEC 123)
전선을 접속하는 경우 전선의 세기를 20[%] 이상 감소시키지 않아야 한다.
※ KEC(한국전기설비규정)의 적용으로 인해 판단기준 제11조(전선의 접속법)에서 KEC 123으로 변경됨 〈2021.01.19.〉

40 전기도면 관련 기호 중 전동기를 나타내는 기호는?

① Ⓜ
② Ⓗ
③ Ⓖ
④ Ⓣ

해설
전기기호
• M : 전동기
• G : 검류기
• T : 온도계

정답 35 ① 36 ④ 37 ③ 38 ③ 39 ② 40 ①

제3과목 태양광발전 시공

41 가요전선관 공사의 시설방법에 대한 설명으로 틀린 것은?

① 가요전선관 상호의 접속은 커플링으로 하여야 한다.
② 가요전선관과 박스의 접속은 접속기로 접속하여야 한다.
③ 전선은 절연전선(옥외용 비닐 절연전선을 제외한다)을 사용한다.
④ 습기가 많은 장소 또는 물기가 있는 장소에는 2종 가요전선관을 사용한다.

해설
2종 가요전선관 공사를 사용하는 경우는 건조하고 전개된 장소 또는 건조하고 점검할 수 있는 은폐된 장소에 한하며 또한 사용전압이 400[V] 이상의 경우는 전동기에 접속하는 부분에서 가요성이 필요한 부분으로 한정하고 있다.

42 공정관리시스템에서 관리적 측면의 공정관리시스템이 아닌 것은?

① 시간 관리
② 지원 도구
③ 자원 관리
④ 생산성 관리

해설
공정관리시스템은 원재료에서 완성품까지의 가공, 조립이 흐름이 있고 능력적인 방법으로 계획하고 순서를 결정하고 작업을 할당하는 일련의 관리 체계로서 시간, 자원, 생산성, 능률적인 작업 관리 등이 이에 속한다.

43 전기설비기술기준의 판단기준에 따라 태양전지 발전소에 시설하는 태양전지 모듈, 전선 및 개폐기 기타 기구의 시설방법이 아닌 것은?

① 충전부분은 노출되지 아니하도록 시설할 것
② 태양전지 모듈의 프레임은 지지물과 전기적으로 완전하게 접속하여야 한다.
③ 전선은 공칭단면적 1.0[mm^2] 이상의 연동선 또는 이와 동등 이상의 세기 및 굵기의 것일 것
④ 태양전지 발전설비의 직류 전로에 지락이 발생했을 때 자동적으로 전로를 차단하는 장치를 시설해야 한다.

해설
태양광발전설비(KEC 520)
전선은 공칭단면적 2.5[mm^2] 이상의 연동선 또는 이와 동등 이상의 세기 및 굵기이어야 한다.
※ KEC(한국전기설비규정)의 적용으로 인해 판단기준 제54조(태양전지 모듈 등의 시설)에서 KEC 520(태양광발전설비)로 변경됨 〈2021.01.19.〉

44 250[mm] 현수애자 1개의 건조 섬락전압은 100[kV]이다. 현수애자 10개를 직렬로 연결한 애자련의 건조 섬락전압이 850[kV]일 때 연능률은 얼마인가?

① 0.12
② 0.85
③ 1.18
④ 8.5

해설
연능률 n
$$n = \frac{V_n}{nV} = \frac{850[kV]}{10 \times 100[kV]} = 0.85$$
V_n : 애자 1련 섬락전압, V : 애자 1개 섬락전압, n : 애자 수량

41 ④ 42 ② 43 ③ 44 ②

45 케이블트레이 시공방식의 장점이 아닌 것은?

① 방열특성이 좋다.
② 허용전류가 크다.
③ 재해를 거의 받지 않는다.
④ 장래 부하 증설 시 대응력이 크다.

해설
케이블트레이 시공방식의 장점
- 방열특성이 좋다.
- 허용전류가 크다.
- 장래 부하 증설 시 대응력이 크다.

46 터파기(KCS 11 20 15 : 2016)에 따라 굴착작업 시 유의사항으로 틀린 것은?

① 굴착 주위에 과다한 압력을 피하도록 하여야 한다.
② 굴착 중 물이 고이지 않도록 배수장비를 갖춘다.
③ 방호계획은 고정시설물뿐만 아니라 차량 및 주민 등에 대해서도 수립한다.
④ 정해진 깊이보다 깊이 굴착된 경우는 지하수위 상승 공법을 사용하여 원지반보다 연약하지 않도록 한다.

해설
터파기(KCS 11 20 15 : 2016)에 따른 굴착작업 시 유의사항
- 정해진 깊이보다 깊이 굴착하지 않도록 하고 만약 깊이 굴착된 경우는 다시 되메우기를 하고 다짐공법을 사용하여 원지반보다 연약하지 않도록 한다.
- 굴착 중 물이 고이지 않도록 배수 장비를 갖춘다.
- 굴착부 주변의 가옥이나 담장 등과 같은 기존 고정 구조에 근접한 장소에서의 굴착은 구조물의 기초를 이완시키거나 용수, 지하수 배출 시 주변지반의 지지력을 저하시키므로 인접구조물의 피해가 최소화되도록 대책을 수립한다.
- 방호계획은 고정시설물뿐만 아니라 차량 및 주민 등에 대해서도 수립한다.
- 굴착된 토사 혹은 기타 재료는 굴착 비탈면의 안정성에 영향이 없는 위치에 쌓아야 하며 굴착면 안으로 낙하되거나 붕괴되어 유입되지 않도록 유지하여야 한다. 또한 굴착 주위에 과다한 압력을 피하도록 하여야 한다.
- 작업원 혹은 장비가 충분히 횡단할 수 있도록 관거 굴착 개소에 난간을 갖춘 가교를 설치하여야 한다.

47 이미터 접지형 증폭기에서 베이스 접지 시 전류증폭률 α가 0.9이면, 전류이득 β는 얼마인가?

① 0.45 ② 0.9
③ 4.5   ④ 9.0

해설
전류이득 $\beta = \dfrac{\alpha}{1-\alpha} = \dfrac{0.9}{1-0.9} = 9.0$ (α : 전류증폭률)

48 신재생에너지 설비의 지원 등에 관한 지침에 따른 전기배선에 대한 설명으로 틀린 것은?

① 모듈의 출력배선은 군별 및 극성별로 확인할 수 있도록 표시하여야 한다.
② 가공 전선로를 시설하는 경우에는 목주, 철주, 콘크리트주 등 지지물을 설치하여 케이블의 장력 등을 분산시켜야 한다.
③ 모듈 간 배선은 바람에 흔들림이 없도록 코팅된 와이어 또는 동등이상(내구성) 재질의 타이(Tie)로 단단히 고정하여야 한다.
④ 수상형을 포함한 모든 유형의 모듈에서 인버터에 이르는 배선에 사용되는 케이블은 모듈 전용선 또는 단심(1C) 난연성 케이블(TFR-CV, F-CV, FR-CV 등)을 사용하여야 한다.

해설
수상형을 제외한 모든 유형의 경우 모듈에서 인버터에 이르는 배선에 사용되는 케이블은 모듈 전용선 또는 단심(1C) 난연성 케이블을 사용하여야 하며, 케이블이 지면 위에 설치되거나 포설되는 경우에는 피복에 손상이 발생되지 않게 가용전선관, 금속 덕트 또는 몰드 등을 시설하여야 한다.

정답 45 ③ 46 ④ 47 ④ 48 ④

49 전등 설비용량 250[W], 전열 설비용량 800[W], 전동기 설비용량 200[W], 기타 설비용량 150[W]인 수용가가 있다. 이 수용가의 최대수용전력이 910[W]이면 수용률 [%]은?(단, 모든 설비의 역률은 1이다)

① 65
② 70
③ 75
④ 80

해설

수용률 = $\frac{최대수용전력}{부하설비용량} \times 100[\%]$

= $\frac{910}{250+800+200+150} \times 100[\%] = 65[\%]$

50 [보기]에서 태양광발전설비 인버터 출력회로의 절연저항 측정 순서를 옳게 연결한 것은?

[보 기]
가. 태양전지 회로를 접속함에서 분리한다.
나. 분전반 내의 분기차단기를 개방한다.
다. 직류측의 모든 입력단자 및 교류측의 전체 출력단자를 각각 단락한다.
라. 교류단자와 대지 간의 절연저항을 측정한다.

① 가 → 나 → 다 → 라
② 나 → 가 → 다 → 라
③ 다 → 가 → 나 → 라
④ 가 → 다 → 나 → 라

51 전선에 전류의 밀도가 도선의 중심으로 들어갈수록 작아지는 현상은?

① 근접효과
② 표피효과
③ 접지효과
④ 페란티현상

해설
표피효과는 도체에 교류전압을 인가하여 전류가 흐를 때 전류가 도체의 중심에 흐르지 못하고 도체 표면 쪽으로 집중하여 흐르는 현상으로 도체 중심부에 인덕턴스에 의한 리액턴스의 증가로 인해 발생한다.

52 태양광발전설비에 적용되는 반(Panel)의 시공기준에 대한 설명으로 틀린 것은?

① 베이스용 형강은 기초볼트로 바닥면에 고정하여야 한다.
② 반류에는 고정된 베이스용 형강의 위에 반을 설치하고, 볼트로 고정한다.
③ 수평이동 및 전도(넘어짐) 사고를 방지할 수 있도록 필요한 안전대책을 검토한다.
④ 장치로부터 발생되는 발열에 대하여 환기설비 또는 냉각설비를 고려하지 않는다.

해설
태양광발전설비의 패널시공기준에서 내부 팬을 설치하여 내부 열이 방출할 수 있도록 환기설비, 냉각설비를 고려한다.

53 저항 50[Ω], 인덕턴스 200[mH]의 직렬회로에 주파수 50[Hz]의 교류를 접속하였다면, 이 회로의 역률은 약 몇 [%]인가?

① 52.3
② 62.3
③ 72.3
④ 82.3

해설

임피던스 $Z = \sqrt{R^2 + X_L^2} = \sqrt{R^2 + (2\pi f L)^2}$ 이고,

= $\sqrt{50^2 + (2\pi \times 50 \times 200 \times 10^{-3})^2} \approx 80.29[\Omega]$

역률 $\cos\theta = \frac{R}{Z} = \frac{50}{80.29} = 0.623 = 62.3[\%]$

따라서, 역률은 62.3[%]이다.

54 계통의 사고에 대해 보호대상물을 보호하고 사고의 파급을 최소화해 주는 보호협조 기기는?

① 개폐기
② 변압기
③ 보호계전기
④ 한전계량기

해설
보호계전기는 전력계통의 사고 발생 시 사고 구간을 신속히 제거하여 전력계통을 보호하기 위해 신속히 검출하여 사고 구간을 제거하는 보호시스템 설비이다.

55 태양광발전용 구조물의 기초공사에 관련된 내용으로 틀린 것은?

① 설계하중에 대한 구조적 안정성을 확보해야 한다.
② 현장 여건을 고려하여 시공의 가능성을 판단해야 한다.
③ 기초의 침하 정도는 구조물의 허용 침하량 이내에 있어야 한다.
④ 국부적인 지반 쇄굴의 저항을 고려하여 최대한의 깊이를 유지해야 한다.

해설
태양광발전 구조물 기초공사는 환경변화와 국부적 지반 쇄굴 등에 저항을 고려하여 최소의 근입 깊이를 가져야 한다.

56 전기사업법령에 따라 사업용 전기설비의 사용 전 검사는 받고자 하는 날의 며칠 전까지 한국전기안전공사로 신청해야 하는가?

① 3일 ② 5일
③ 7일 ④ 10일

해설
사용 전 검사의 대상·기준 및 절차 등(전기사업법 시행규칙 제31조)
사업용 전기설비의 사용 전 검사는 검사를 받고자 하는 날의 7일 전까지 한국안전공사로 신청해야 한다.

57 배전선로에서 지락 고장이나 단락 고장사고가 발생하였을 때 고장을 검출하여 선로를 차단한 후 일정시간이 경과하면 자동적으로 재투입 동작을 반복함으로서 고장 구간을 제거할 수 있는 보호장치는?

① 리클로저 ② 라인퓨즈
③ 배전용 차단기 ④ 컷아웃 스위치

해설
리클로저는 차단기와 보호계전기의 역할을 조합하여 배전선로 사고 시 재폐로 기능을 갖는 차단기의 일종으로 영구, 순시고장을 구분하여 고장구간 단축 역할을 하는 배전선로 보호장치이다.

58 송전방식 중 직류 송전방식에 비해 교류 송전방식의 장점이 아닌 것은?

① 회전자계를 쉽게 얻을 수 있다.
② 계통을 일관되게 운용할 수 있다.
③ 전압의 승·강압 변경이 용이하다.
④ 역률이 항상 1로 송전효율이 좋아진다.

해설
교류 송전방식은 선로에 저항, 리액턴스 성분이 존재하고 송전전력의 제한요소로 작용하여 역률은 1보다 작다.

59 궤도전자가 강한 에너지를 받아 원자 내의 궤도를 이탈하여 자유전자가 되는 것을 무엇이라 하는가?

① 여 기 ② 전 리
③ 공 진 ④ 방 사

해설
궤도전자가 강한 에너지를 받아 원자 내의 궤도를 이탈하여 자유전자가 되는 것을 전리라고 한다.

60 태양광발전시스템이 설치된 고층 건물에 적용하는 방법으로 뇌격거리를 반지름으로 하는 가상 구를 대지와 수뢰부가 동시에 접하도록 회전시켜 보호범위를 정하는 방법은 무엇인가?

① 메시법 ② 돌침 방식
③ 회전구체법 ④ 수평도체 방식

해설
회전구체법은 고층건물에 피뢰 설비하는 방식으로서 2개 이상의 수뢰부에 동시 또는 1개 이상의 수뢰부와 대지를 동시에 접하도록 구체를 회전시킬 때, 구체 표면의 포물선으로부터 피보호물을 보호범위로 정하는 방법이다.

정답 55 ④ 56 ③ 57 ① 58 ④ 59 ② 60 ③

제4과목 태양광발전 운영

61 태양광발전 어레이 개방전압 측정 시 주의사항으로 틀린 것은?

① 측정은 직류전류계로 측정한다.
② 태양광발전 어레이의 표면을 청소하는 것이 필요하다.
③ 각 스트링의 측정은 안정된 일사강도가 얻어질 때 실시한다.
④ 태양광발전 어레이는 비오는 날에도 미소한 전압을 발생하고 있으니 주의한다.

해설
개방전압 측정 시 유의사항
- 태양전지 어레이의 표면의 상태를 확인한다.
- 각 스트링의 측정은 안정된 일사강도가 얻어질 때 실시한다.
- 측정시각은 맑은 날 남쪽에 있을 때의 전후 1시간에 실시하는 것이 좋다.
- 태양전지 셀은 비 오는 날에도 미소한 전압을 발생하고 있으므로 매우 주의하여 측정한다.

62 결정질 실리콘 태양광발전 모듈(성능)(KS C 8561 : 2020)에 따른 시험 장치에 대한 설명으로 틀린 것은?

① 솔라 시뮬레이터 : 태양광발전 모듈의 발전 성능을 옥외에서 시험하기 위한 인공 광원
② 우박 시험 장치 : 우박의 충격에 대한 태양광발전 모듈의 기계적 강도를 조사하기 위한 시험 장치
③ UV 시험장치 : 태양광발전 모듈이 태양광에 노출되는 경우에 따라서 유기되는 열화 노출 정도를 시험하기 위한 장치
④ 항온 항습 장치 : 태양광발전 모듈의 온도 사이클 시험, 습도-동결 시험, 고온·고습 시험을 하기 위한 환경 체임버

해설
솔라 시뮬레이터
솔라 시뮬레이터는 태양광발전 모듈의 발전성능을 옥내에서 시험하기 위한 인공광원이며, KS C IED 60904-9에서 규정하는 방사조도 ±2[%] 이내, 광원균일도 ±2[%] 이내의 A등급 이상으로 한다.

63 전기안전작업요령 작성에 관한 기술지침에 따라 사업주가 따라야 하는 정전작업절차에 대한 내용으로 틀린 것은?

① 정전 작업 대상 기기의 모든 전원을 차단한다.
② 전원차단을 위한 안전절차는 전기기기 등을 차단하기 전에 결정하여야 한다.
③ 작업이 이루어지는 전기기기 등을 정전시키는 모든 차단장치에 잠금장치 및 꼬리표를 제거한다.
④ 작업자에게 전기위험을 줄 수 있는 커패시터 등에 축적 또는 유기된 전기에너지는 단락 및 접지시켜 방전시킨다.

해설
정전작업 시 잠금장치를 설치하고, 조작금지 표지(Tag out)를 부착한다.

64 태양광발전시스템의 점검 시 감전 방지 대책으로 틀린 것은?

① 저압 절연장갑 착용한다.
② 작업 전 접지선을 제거한다.
③ 절연 처리된 공구를 사용한다.
④ 모듈 표면에 차광시트를 씌워 태양광을 차단한다.

해설
감전사고 예방은 절연장갑 착용, 태양전지 모듈 등 전원 개방, 절연 처리된 공구 사용, 누전차단기 설치 등이 있다.

정답 61 ① 62 ① 63 ③ 64 ②

65 일반부지에 설치하는 태양광발전시스템 설비용량 99[kW], 일 평균발전시간 3.6[h], 연일수 365일, REC 판매가격 173,981[원/REC]일 때 연간공급인증서 판매수익은 약 몇 만원인가?

① 1,920만원
② 2,286만원
③ 2,716만원
④ 4,115만원

해설
연간공급인증서 판매수익
= (REC 판매가격 × 설비용량[kW] × 일평균발전시간 × 가중치 × 365일)/1,000
= (173,981 × 99 × 3.6 × 365 × 1.2)/1,000
= 27,158,990원
약 2,716만원으로 산출된다.

66 절연 보호구의 선정 및 사용에 관한 기술지침에 따른 C종 절연 고무장갑의 사용 전압 범위로 옳은 것은?

① 300[V]를 초과 교류 600[V] 이하
② 600[V] 또는 직류 750[V]를 초과하고 3,500[V] 이하
③ 3,500[V]를 초과하고 7,000[V] 이하
④ 12,000[V] 이상

해설
C종 절연고무장갑은 3,500[V]를 초과하고 7,000[V] 이하의 작업에 사용한다.

절연 고무장갑의 종류

종별	사용 전압
A종	300[V]를 초과하고 교류 600[V] 또는 직류 750[V] 이하의 작업에 사용
B종	600[V] 또는 직류 750[V]를 초과하고 3,500[V] 이하의 작업에 사용
C종	3,500[V]를 초과하고 7,000[V] 이하의 작업에 사용

67 태양광발전시스템의 점검계획 시 고려해야 할 사항이 아닌 것은?

① 고장이력
② 설비의 중요도
③ 설비의 사용기간
④ 설비의 운영비용

해설
태양광발전시스템의 점검 계획 시 고려사항은 고장이력, 설비의 중요도, 설비의 사용 기간, 환경조건, 부하상태 등이다.

68 태양광발전용 인버터의 일상점검에 대한 설명으로 틀린 것은?

① 통풍구가 막혀 있지 않은지를 점검한다.
② 외함의 부식 및 파손이 없는지를 점검한다.
③ 육안점검에 의해서 매년 1회 정도 실시한다.
④ 외부배선(접속케이블)의 손상 여부를 점검한다.

해설
인버터의 일상점검 중 육안점검은 단기간에 수시로 이루어지는 점검이다.

69 태양광발전 모듈의 정기점검 시 육안점검 항목으로 옳은 것은?

① 표시부의 이상 표시
② 역류방지 다이오드의 손상
③ 프레임 간의 접지 접속 상태
④ 투입저지 시한 타이머 동작시험

해설
태양광발전 모듈의 정기점검 시 육안점검 사항은 접지선의 접속 및 접속단자 이완을 점검한다.

정답 65 ③ 66 ③ 67 ④ 68 ③ 69 ③

70 전기사업법령에 따라 전기안전관리자의 선임신고를 한 자가 선임신고증명서의 발급을 요구한 경우에는 산업통상자원부령으로 정하는 바에 따라 어디에서 선임신고증명서를 발급하는가?

① 고용노동부
② 전력기술인단체
③ 산업통상자원부
④ 한국산업인력공단

해설
전기사업법에 근거하여 전기안전관리자의 선임신고증명서는 전력기술인단체에서 발급한다.

71 태양광발전시스템의 상태를 파악하기 위하여 설치하는 계측기기로 틀린 것은?

① 전압계
② 조도계
③ 전류계
④ 전력량계

해설
조도계는 빛이 비치는 면의 밝기를 수치화하는 것으로, 단위 면적당의 광속을 측정하는 계기이다. 조도계에서 특히 필요한 특성은 빛의 파장별 감도가 인간의 눈의 감도와 일치하고 비스듬히 조사되는 빛에 대해 코사인 법칙을 따르는 측정계기이다. 태양광발전시스템의 상태를 파악하기 위해 설치되는 계측기기와는 관련이 없다.

72 접근 위험경고 및 감전재해를 방지하기 위하여 사용하는 활선접근경보기의 사용범위가 아닌 것은?

① 활선에 근접하여 작업하는 경우
② 작업 중 착각·오인 등에 의해 감전이 우려되는 경우
③ 보수작업 시행 시 저압 또는 고압 충전 유무를 확인하는 경우
④ 정전작업 장소에서 사선구간과 활선구간이 공존되어 있는 경우

해설
저압 또는 고압충전 유무 확인은 일반적으로 검전기를 사용하여 실시한다.

73 태양광발전시스템의 신뢰성 평가·분석항목이 아닌 것은?

① 사이트
② 계획정지
③ 계측 트러블
④ 시스템 트러블

해설
태양광발전시스템의 신뢰성 평가·분석항목은 계획정지, 계측 트러블, 시스템 트러블 등이다.

74 중대형 태양광 발전용 인버터(계통 연계형, 독립형)(KS C 8565 : 2020)에 따라 3상 실외형 인버터의 IP(방진, 방수) 최소 등급은?

① IP 20
② IP 44
③ IP 54
④ IP 57

해설
태양광 발전용 인버터 분류
기본적으로 용도에 따라 독립형과 계통 연계형으로 분류하여 정리할 수 있다.

용도	형식	설치 장소	비고
계통 연계형	3상	실내/실외	실내형 : IP 20 이상 실외형 : IP 44 이상 (KS C IEC 62093)
독립형	3상	실내/실외	

75 배전반의 일상점검 내용이 아닌 것은?

① 접지선에 부식이 없는지 점검
② 후면 백시트가 부풀어 올라 있는지 점검
③ 외함에 부착된 명판의 탈락, 파손이 있는지 점검
④ 제어회로의 배선에 과열 등에 의한 냄새가 나는지 점검

76 태양광발전시스템의 구조물에 발생하는 고장으로 틀린 것은?

① 황색 변이
② 녹 및 부식
③ 이상 진동음
④ 구조물 변형

77 태양광 발전용 납축전지의 잔존 용량 측정방법(KS C 8532 : 1995)에서 사용하는 전압계와 전류계의 계급은?

① 0.2급 이상
② 0.3급 이상
③ 0.4급 이상
④ 0.5급 이상

해설
태양광발전용 납축전지의 잔존용량 측정방법에서 사용하는 전압계와 전류계의 계급은 0.5급 이상으로 한다. 측정 범위는 측정대상 정격의 1.5~3배의 범위로 한다.

78 전기사업법령에 따라 태양광 발전소의 태양광·전기설비 계통의 정기검사 시기는?

① 1년 이내
② 2년 이내
③ 3년 이내
④ 4년 이내

해설
정기검사대상 전기설비 및 검사시기(전기사업법 시행규칙 별표 10)
전기사업법령에 따라 태양광발전소의 태양광·전기설비 계통의 정기검사는 4년 이내이다.

79 정기점검에 의한 처리 중 절연물의 보수에 대한 내용으로 틀린 것은?

① 절연물에 균열, 파손, 변형이 있는 경우에는 부품을 교체한다.
② 합성수지 적층판이 오래되어 헐거움이 발생되는 경우에는 부품을 교체한다.
③ 절연물의 절연저항이 떨어진 경우에는 종래의 데이터를 기초로 하여 계열적으로 비교 검토한다.
④ 절연저항값은 온도, 습도 및 표면의 오손상태에 따라서 크게 영향을 받지 않으므로 양부의 판정이 쉽다.

해설
절연저항값은 주변 대기 습도, 온도, 기계적 진동에 영향을 많이 받으므로 정기점검 시 세심한 점검이 필요하다.

80 산업안전보건기준에 관한 규칙에 따라 누전에 의한 감전위험을 방지하기 위하여 해당 전로의 정격에 적합하고 감도가 양호하며 확실하게 작동하는 감전방지용 누전차단기를 설치하여야 하는 전기기계·기구로 틀린 것은?

① 대지전압이 150[V]를 초과하는 이동형 또는 휴대형 전기기계·기구
② 철판·철골 위 등 도전성이 높은 장소에서 사용하는 이동형 또는 휴대형 전기기계·기구
③ 임시배선의 전로가 설치되는 장소에서 사용하는 이동형 또는 휴대형 전기기계·기구
④ 물 등 도전성이 높은 액체가 있는 습윤장소에서 사용하는 750[V] 이상의 교류전압용 전기기계·기구

해설
누전차단기에 의한 감전방지(산업안전보건기준에 관한 규칙 제304조)
사업주는 다음의 전기 기계·기구에 대하여 누전에 의한 감전위험을 방지하기 위하여 해당 전로의 정격에 적합하고 감도가 양호하며 확실하게 작동하는 감전방지용 누전차단기를 설치하여야 한다.
• 대지전압이 150[V]를 초과하는 이동형 또는 휴대형 전기기계·기구
• 물 등 도전성이 높은 액체가 있는 습윤장소에서 사용하는 저압(750[V] 이하 직류전압이나 600[V] 이하의 교류전압을 말한다)용 전기기계·기구
• 철판·철골 위 등 도전성이 높은 장소에서 사용하는 이동형 또는 휴대형 전기기계·기구
• 임시배선의 전로가 설치되는 장소에서 사용하는 이동형 또는 휴대형 전기기계·기구

정답 76 ① 77 ④ 78 ④ 79 ④ 80 ④

2020년 제4회 기사 최근 기출문제

신재생에너지발전설비기사(태양광) 필기

제1과목 태양광발전 기획

01 전기공사업법령에 따른 전기공사의 종류가 아닌 것은?

① 도로, 공항 및 항만 전기설비공사
② 발전·송전·변전 및 배전 설비공사
③ 전기철도 및 철도신호 전기설비공사
④ 저수지, 수로 및 이에 수반되는 구조물의 공사

해설
전기공사의 종류(전기공사업법 시행령 별표 1)
- 발전·송전·변전 및 배전설비공사
- 산업시설물·건축물 및 구조물의 전기설비공사
- 도로·공항·항만 전기설비공사
- 전기철도 및 철도신호 전기설비공사
- 그 밖의 전기설비공사

02 일부 태양전지에 그늘이 발생하면 그 부분의 태양전지로 인한 역전압 바이어스가 걸리기 때문에 열점 현상이 발생하거나 또는 열점으로 인한 손상이 발생하지 않도록 전류가 우회하여 흐를 수 있도록 하는 것은?

① 차단기
② 피뢰기
③ 역류방지 다이오드
④ 바이패스 다이오드

해설
바이패스소자의 설치 목적
태양전지 모듈 중에서 일부의 태양전지 셀에 그늘이 지면 그 부분의 셀은 발전하지 못하며 저항이 크게 된다. 이 셀에는 직렬로 접속된 스트링(회로)의 모든 전압이 인가되어 고저항의 셀에 전류가 흐름으로써 발열이 발생한다. 셀이 고온으로 되면 셀 및 그 주변의 충진 수지가 변색되고 뒷면의 커버가 팽창하게 된다. 셀의 온도가 계속 높아지면 그 셀과 태양전지 모듈이 파손되기도 하지만 이를 방지할 목적으로 고저항이 된 태양전지 셀 또는 모듈에 흐르는 전류를 우회하는 것이 필요하다. 이것이 바로 바이패스소자를 설치하는 목적이다.

03 그림은 태양광발전설비와 태양전지판의 크기를 나타낸 것이다. 햇빛이 지표면에 수직으로 입사할 때 1[m²]의 지표면에서 단위 시간당 받는 빛에너지가 1,000[W]이고 태양전지의 변환효율이 15[%]일 때, 이 태양광발전설비가 2시간 동안 생산하는 전력량은 몇 [Wh]인가?(단, 햇빛은 2시간 내내 동일하게 지면에 수직으로 입사하며, 태양전지 표면에서 빛의 반사는 일어나지 않는다)

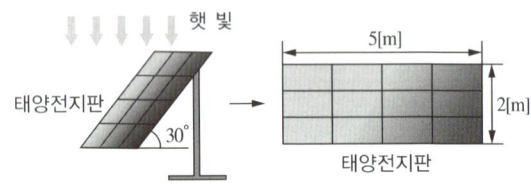

① $1,000\sqrt{3}$
② $1,500$
③ $1,500\sqrt{3}$
④ $3,000$

해설
일정 시간 동안 생산하는 전력량
= 태양전지판 크기(가로 × 세로) × 단위 시간당 받는 빛에너지 × 태양전지 변환효율 × 일정시간 × $\cos\theta$(태양전지판 각도)
= $5 \times 2 \times 1,000 \times 0.15 \times 2 \times \cos30°$ ≒ $2,598.1$[Wh]
≒ $1,500\sqrt{3}$ [Wh]

04 전기사업법령에 따라 대통령령으로 정하는 구역전기사업자의 발전설비용량 최대 규모는?

① 1만[kW]
② 1만8천[kW]
③ 3만5천[kW]
④ 5만[kW]

해설
구역전기사업자의 발전설비용량(전기사업법 시행령 제1조의2)
전기사업법에서 대통령령으로 정하는 규모란 35,000[kW]를 말한다.

정답 1 ④ 2 ④ 3 ③ 4 ③

05 신에너지 및 재생에너지 개발·이용·보급 촉진 법령에 따라 조성된 사업비를 사용할 수 있는 사업이 아닌 것은?

① 신재생에너지 공급의무화 지원
② 신재생에너지 이용의무화 지원
③ 신재생에너지 설비 설치기업의 지원
④ 신재생에너지 설비 및 그 부품의 특성화 지원

해설

조성된 사업비의 사용(신에너지 및 재생에너지 개발·이용·보급 촉진법 제10조)
산업통상자원부장관은 신재생에너지 기술개발 및 이용·보급 사업비의 조성에 따라 조성된 사업비를 다음의 사업에 사용한다.
• 신재생에너지의 자원조사, 기술수요조사 및 통계작성
• 신재생에너지의 연구·개발 및 기술평가
• 신재생에너지 공급의무화 지원
• 신재생에너지 설비의 성능평가·인증 및 사후관리
• 신재생에너지 기술정보의 수집·분석 및 제공
• 신재생에너지 분야 기술지도 및 교육·홍보
• 신재생에너지 분야 특성화대학 및 핵심기술연구센터 육성
• 신재생에너지 분야 전문인력 양성
• 신재생에너지 설비 설치기업의 지원
• 신재생에너지 시범사업 및 보급사업
• 신재생에너지 이용의무화 지원
• 신재생에너지 관련 국제협력
• 신재생에너지 기술의 국제표준화 지원
• 신재생에너지 설비 및 그 부품의 공용화 지원
• 그 밖에 신재생에너지의 기술개발 및 이용·보급을 위하여 필요한 사업으로서 대통령령으로 정하는 사업

06 신에너지 및 재생에너지 개발·이용·보급 촉진 법령에 따른 2020년 이후 신재생에너지의 공급의무 비율 [%]은?

① 21 ② 24
③ 30 ④ 37

해설

신재생에너지 공급의무 비율(신에너지 및 재생에너지 개발·이용·보급 촉진법 시행령 별표 2)

해당 연도	2011 ~2012	2013	2014	2015	2016	2017	2018	2019	2020 이후
공급의무 비율[%]	10	11	12	15	18	21	24	27	30

신재생에너지의 공급의무 비율 〈개정 2020.09.29.〉

해당 연도	2020 ~2021	2022 ~2023	2024 ~2025	2026 ~2027	2028 ~2029	2030 이후
공급의무 비율[%]	30	32	34	36	38	40

07 에너지저장시스템(ESS)에서 발전량과 부하 간의 균형을 맞추기 위한 Grid Support 용도와 피크전력대응을 위한 대책은 무엇인가?

① Load Leveling   ② Power Backup
③ Power Management ④ Battery Management

해설

부하평준화(Load Leveling)
• 전력 소모가 적은 시간대에 부하를 증가시켜 부하의 변동량을 고르게 하는 방법으로써 부하평준화는 일시적으로 급증하는 전력 수요에 대처하기 위한 방안 중 하나이다.
• 피크 부하를 줄이고, 전력 소모가 적은 시간대의 부하(오프 피크 부하)를 증가시키는 것이다.
• 에너지저장시스템(ESS ; Energy Save System)에서 발전량과 부하 간의 균형을 맞추기 위한 GS(Grid Support) 용도로 사용한다.

08 전기사업법령에 명시된 전기신사업의 종류로 옳은 것은?

① 핵융합발전사업   ② 전기자동차충전사업
③ 대규모전력중개사업   ④ 신재생에너지발전사업

해설

용어의 정의(전기사업법 제2조)
전기신사업자란 전기자동차충전사업자 및 소규모전력중개사업자를 말한다.
※ 전기신사업자란 전기자동차충전사업자, 소규모전력중개사업자 및 재생에너지전기공급사업자를 말한다. 〈2021. 10. 21. 시행〉

정답 5 ④ 6 ③ 7 ① 8 ②

09 계통연계형 태양광발전용 인버터가 계통의 제한된 전압손실 또는 전압강하 기간 동안 연결된 부하에 전력을 계속 생산할 수 있는 인버터의 기능은 무엇인가?

① MPPT 기능 ② LVRT 기능
③ 단독운전 방지기능 ④ 자동운전·정지기능

[해설]
저전압 보상(LVRT ; Low Voltage Ride Through)
계통에 순간 정전이 발생한 경우에도 신재생 에너지원이 계통과 연결되는 상태를 유지하고, 계통이 순간 정전에서 회복되는 순간에 정상적인 동작에서 부하에 전력을 계속 생산할 수 있는 인버터의 기능이다.

10 연간 총일사량이 5,509,600[MJ/m²·year]이라면 평균 일간 일사량은 약 몇 [kWh/m²·day]인가?

① 4.19 ② 15.09
③ 1,509.4 ④ 4,193

[해설]
평균일간일사량
$= \dfrac{2 \times \text{연간 총일사량}}{1\text{년} \times 1\text{개월} \times 1\text{일}} \times 100[\%] = \dfrac{2 \times 5,509,600}{365 \times 30 \times 24} \times 100$
$\fallingdotseq 4,193[\text{kWh/m}^2 \cdot \text{day}]$

11 태양광발전시스템 설치공사 착수 전에 행하는 사전조사 중 현장여건 조사에 해당하지 않는 것은?

① 설치현장 주변에 하수처리 시설의 유무 등을 조사한다.
② 설치현장 주변 장애물에 의한 음영발생 유무 등을 조사한다.
③ 설치현장에서 모듈의 설치 최적 방위각 및 경사각을 조사한다.
④ 모듈 설치 시 구조적 안정성 확보를 위한 설치현장의 지반특성을 조사한다.

[해설]
태양광발전시스템 설치공사 착수 전에 행하는 사전조사 중 현장여건 조사내용
• 설치현장에서 모듈의 설치 최적 방위각 및 경사각을 조사한다.
• 설치현장 주변 장애물에 의한 음영발생 유무 등을 조사한다.
• 모듈 설치 시 구조적 안정성 확보를 위한 설치현장의 지반특성을 조사한다.

12 태양전지의 효율을 나타내는 식으로 옳은 것은?

① $\dfrac{\text{출력 전기에너지}}{\text{입사 태양광에너지}} \times 100$
② $\dfrac{\text{인버터 출력 전기에너지}}{\text{인버터 입력 전기에너지}} \times 100$
③ $\dfrac{\text{출력 전기에너지}}{\text{출력 태양광에너지}} \times 100$
④ $\dfrac{\text{입사 태양광에너지}}{\text{태양 발생에너지}} \times 100$

[해설]
태양전지 효율 $= \dfrac{\text{출력 전기에너지}}{\text{입사 태양광에너지}} \times 100[\%]$

13 전기사업법령에 따라 산업통상자원부장관이 전기의 보편적 공급의 구체적 내용을 정할 때 고려하는 사항으로 틀린 것은?

① 사회복지의 증진
② 전기의 보급 정도
③ 공공의 이익과 안전
④ 의무이행 관련 정보의 수집

[해설]
보편적 공급(전기사업법 제6조)
• 사회복지의 증진
• 전기기술의 발전 정도
• 전기의 보급 정도
• 공공의 이익과 안전

9 ② 10 ④ 11 ① 12 ① 13 ④

14 국토의 계획 및 이용에 관한 법령에 따라 개발행위 허가신청서 작성 시 신청내용에 해당하지 않는 것은?

① 토지분할
② 기초변경
③ 물건적치
④ 토지형질변경

해설
개발행위(변경) 허가신청서(국토의 계획 및 이용에 관한 법률 시행규칙[별지 제5호서식])의 신청내용
- 공작물설치
- 토지형질변경
- 토석채취
- 토지분할
- 물건적치

15 태양광발전의 경제성을 분석하는 일반적인 방법으로 틀린 것은?

① 감가상각법
② 내부수익률법
③ 순현재가치법
④ 비용·편익분석

해설
태양광발전의 경제성을 분석하는 일반적인 방법의 종류
- 순현재가치법(NPV ; Net Present Value)
- 내부수익률법(IRR ; Internal Rate of Return)
- 편익비용비율법(B/C ; Benefit/Cost Ratio)

16 태양광발전용 인버터의 회로방식에서 낙뢰에 대한 노이즈 방지대책 특성이 우수한 방식은?

① 무변압기 방식
② 고주파 변압기 절연방식
③ 상용주파 변압기 절연방식
④ 전자기파 변압기 절연방식

해설
태양광발전의 전력변환장치 절연방식
- 상용주파수 변압기 절연방식 : 60[Hz]의 낮은 주파수 변압기를 이용하기 때문에 중량이 무거워 소형, 경량에는 불합리하며 낙뢰에 대한 노이즈 방지대책이 우수하다.
- 고주파 변압기 절연방식 : 소형, 경량이지만 회로가 복잡하고 많은 노하우가 요구된다. 이 방식을 고수하는 국가가 많이 있기 때문에 권장할 만한 방식이다.
- 트랜스리스(Transformerless, 무변압기)방식 : 소형, 경량으로 저렴하게 구현할 수 있으며 신뢰도가 높다.

17 전기공사업법령에 따라 시·도지사가 공사업자의 등록을 반드시 취소해야 하는 사항으로 틀린 것은?

① 거짓이나 그 밖의 부정한 방법으로 공사업의 등록을 한 경우
② 정당한 사유 없이 도급받은 전기공사를 시공하지 아니한 경우
③ 영업정지처분기간에 영업을 하거나 최근 5년간 3회 이상 영업정지처분을 받은 경우
④ 공사업의 등록을 한 후 1년 이내에 영업을 시작하지 아니하거나 계속하여 1년 이상 공사업을 휴업한 경우

해설
등록취소 등(전기공사업법 제28조)
시·도지사는 공사업자가 다음 각 호의 어느 하나에 해당하면 등록을 취소하거나 6개월 이내의 기간을 정하여 영업의 정지를 명할 수 있다. 다만, (1), (3), (4), (10) 또는 (11)에 해당하는 경우에는 등록을 취소하여야 한다.
(1) 거짓이나 그 밖의 부정한 방법으로 다음 각 목의 어느 하나에 해당하는 행위를 한 경우
　① 공사업의 등록에 따른 공사업의 등록
　② 공사업의 등록에 따른 공사업의 등록기준에 관한 신고
(2) 공사업의 등록에 따라 대통령령으로 정하는 기술능력 및 자본금 등에 미달하게 된 경우. 다만, 채무자 회생 및 파산에 관한 법률에 따라 법원이 회생절차개시의 결정을 하고 그 절차가 진행 중이거나 일시적으로 등록기준에 미달하는 등 대통령령으로 정하는 경우는 예외로 한다.
(3) 공사업의 등록에 따른 공사업의 등록기준에 관한 신고를 하지 아니한 경우
(4) 결격사유 각 호의 결격사유 중 어느 하나에 해당하게 된 경우
(5) 공사업 등록증 등의 대여금지 등 위반하여 타인에게 성명·상호를 사용하게 하거나 등록증 또는 등록수첩을 빌려 준 경우
(6) 하도급의 제한 등을 위반하여 하도급을 주거나 다시 하도급을 준 경우
(7) 시정명령 등에 따른 시정명령 또는 지시를 이행하지 아니한 경우
(8) 시정명령 등의 규정 중 어느 하나에 해당하는 경우로서 해당 전기공사가 완료되어 같은 조에 따른 시정명령 또는 지시를 명할 수 없게 된 경우
(9) 공사업 관련 정보의 종합관리 등에 따른 신고를 거짓으로 한 경우
(10) 공사업의 등록을 한 후 1년 이내에 영업을 시작하지 아니하거나 계속하여 1년 이상 공사업을 휴업한 경우
(11) 영업정지처분기간에 영업을 하거나 최근 5년간 3회 이상 영업정지처분을 받은 경우

정답 14 ② 15 ① 16 ③ 17 ②

18 신에너지 및 재생에너지 개발·이용·보급 촉진법령에 따른 신재생에너지 설비에 대한 설명으로 틀린 것은?

① 수력 설비는 물의 표층의 열을 변환시켜 에너지를 생산하는 설비이다.
② 폐기물에너지 설비는 폐기물을 변환시켜 연료 및 에너지를 생산하는 설비이다.
③ 수소에너지 설비는 물이나 그 밖에 연료를 변환시켜 수소를 생산하거나 이용하는 설비이다.
④ 해양에너지 설비는 해양의 조수, 파도, 해류, 온도차 등을 변환시켜 전기 또는 열을 생산하는 설비이다.

해설
신재생에너지설비(시행규칙 제2조)
- 수력 설비 : 물의 유동에너지를 변환시켜 전기를 생산하는 설비
- 폐기물에너지 설비 : 폐기물을 변환시켜 연료 및 에너지를 생산하는 설비
- 수소에너지 설비 : 물이나 그 밖에 연료를 변환시켜 수소를 생산하거나 이용하는 설비
- 해양에너지 설비 : 해양의 조수, 파도, 해류, 온도차 등을 변환시켜 전기 또는 열을 생산하는 설비

19 신재생에너지 설비의 지원 등에 관한 규정에 따라 융·복합지원사업을 제외한 신재생에너지설비의 하자이행보증기간의 연결로 옳은 것은?

① 풍력발전설비 – 4년
② 소수력발전설비 – 2년
③ 태양광발전설비 – 3년
④ 태양열이용설비 – 4년

해설
신재생에너지설비의 하자이행보증기간(신재생에너지설비의 지원 등에 관한 규정 별표 1)

원 별	하자이행보증기간
태양광발전설비	3년
풍력발전설비	3년
소수력발전설비	3년
지열이용설비	3년
태양열이용설비	3년
기타 신재생에너지설비	3년

※ 제35조(융·복합지원사업 등)의 사업으로 설치한 신재생에너지설비의 하자이행보증기간은 5년으로 한다.

20 전기사업법령에 따라 3,000[kW] 초과의 발전사업을 하기 위한 전기(발전)사업허가권자는?(단, 제주특별자치도는 예외로 한다)

① 국무총리
② 시·도지사
③ 한국전력공사장
④ 산업통상자원부장관

해설
사업허가의 신청(전기사업법 시행규칙 제4조)
전기사업의 허가에 따라 전기사업의 허가를 신청하려는 자는 별지 제1호 서식의 전기사업허가신청서(전자문서로 된 신청서를 포함)에 다음 각 호의 서류(전자문서를 포함)를 첨부하여 산업통상자원부장관에게 제출하여야 한다. 다만, 발전설비용량이 3,000[kW] 이하인 발전사업의 허가를 받으려는 자는 특별시장·광역시장·특별자치시장·도지사 또는 특별자치도지사에게 제출하여야 한다.

제2과목 태양광발전 설계

21 전력시설물 공사감리업무 수행지침에 따라 전력시설물의 감리원이 공사업자로부터 받은 시공상세도를 승인할 때 고려할 사항이 아닌 것은?

① 주요 공정의 시공 절차 및 방법
② 제도의 품질 및 선명성, 도면작성 표준에 일치 여부
③ 현장의 시공기술자가 명확하게 이해할 수 있는지 여부
④ 설계도면, 설계설명서 또는 관계 규정에 일치하는지 여부

해설
시공상세도 승인 시 고려 사항(전력시설물 공사감리업무 수행지침 제31조)
- 설계도면, 설계설명서 또는 관계 규정에 일치하는지 여부
- 현장의 시공기술자가 명확하게 이해할 수 있는지 여부
- 실제시공 가능 여부
- 안정성의 확보 여부
- 계산의 정확성
- 제도의 품질 및 선명성, 도면작성 표준에 일치 여부
- 도면으로 표시 곤란한 내용은 시공 시 유의사항으로 작성되었는지 등의 검토

18 ① 19 ③ 20 ④ 21 ①

22 태양광발전시스템 출력 18,750[W], 태양광발전 모듈 최대출력 250[W], 모듈의 직렬연결 개수가 5개일 때 최대 병렬연결 개수는?

① 10
② 15
③ 20
④ 25

해설
태양광발전시스템 병렬회로수
$= \dfrac{\text{태양광발전시스템 전체출력}}{\text{모듈최대출력} \times \text{모듈의 직렬개수}} = \dfrac{18{,}750}{250 \times 5}$
$= 15$장

23 기초의 근입 깊이가 낮고 상부 구조물의 하중을 기초하부 지반에 직접 전달하는 구조물 기초의 종류가 아닌 것은?

① 줄기초
② 전면기초
③ 말뚝기초
④ 복합기초

해설
기초의 분류

기초의 형식은 토층의 구성상태, 상부구조물의 하중조건 및 기초의 근입 깊이 등에 따라 얕은 기초(Shallow Foundation)와 깊은 기초(Deep Foundation)로 나누어진다. 얕은 기초와 깊은 기초를 세부적으로 구분하여 나타내면 다음과 같다.

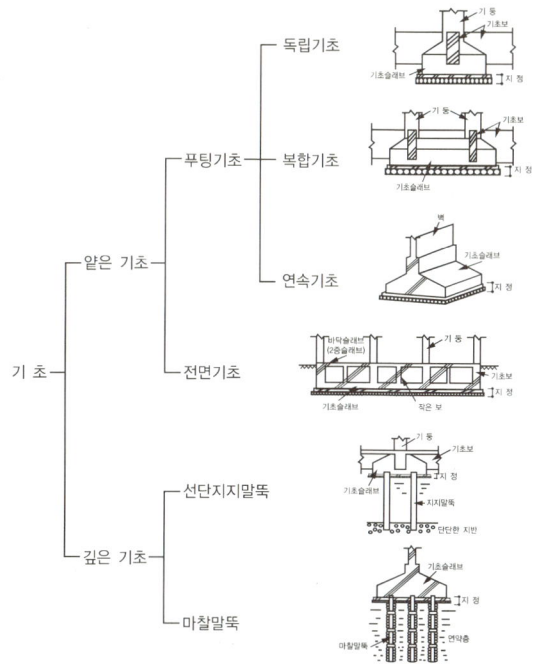

① 얕은 기초 : 얕은 기초(Shallow Foundation)는 상부 구조물로부터 하중을 기초저면을 통하여 직접 지반에 전달하며, 기초저면 지반의 전단저항력으로 하중을 지지시키는 형식으로, 압축성이 큰 지층이 없을 때 지반에 직접 설치하므로 직접기초라고도 하며, 하중전달기둥의 하부를 넓힌 형식으로 확대기초라고도 한다. 얕은 기초는 푸팅(Footing)저면의 기초 폭(B)에 대한 기초의 근입 깊이(Df), Df/B가 1~4 이하인 경우로, 그 형식과 기능에 따라 푸팅기초(Footing Foundation)와 전면기초(Mat 또는 Raft Foundation)로 크게 구분된다.
  ㉠ 푸팅기초(Footing Foundation)
    • 독립기초(Individual Footing) : 단일기둥을 지지, 기둥간격이 넓은 경우
    • 복합기초(Combined Footing) : 2개 이상의 기둥을 지지, 기둥간격이 좁을 경우
    • 연속기초(Contintious Footing) : 다수의 연속기둥 또는 벽체를 지지
  ㉡ 전면기초(Mat 또는 Raft Foundation)
    • 다수의 기둥들을 지지, 상부구조 전 단면 아래의 지지토층 위에 있는 단일 슬래브 형식의 확대기초
    • 고층건물, 중량건물, 연약지반, 지하수위가 높은 지하실바닥에 유리
    • 허용지내력에 대한 하중증가로 인하여 기초저면적이 최하층바닥의 2/3 이상을 차지할 때 유리

② 깊은 기초 : 기초슬래브 하부 지층이 구조물 하중을 지지할 수 없는 경우에는 깊은 지중에 있는 굳은 지층에 말뚝이나 피어 등을 이용하여 하중을 전달시켜야 하는데, 푸팅(Footing)저면의 기초 폭(B)에 대한 기초의 근입 깊이(Df), Df/B가 4보다 큰 이러한 기초를 깊은 기초(Deep Foundation)라고 한다.
  ㉠ 하중지지 형태에 따라
    - 선단지지 말뚝 : 말뚝 선단지지력으로 단단한 지지층에 하중을 전달
    - 마찰 말뚝 : 말뚝 주면부의 마찰저항력으로 하중을 지지시켜 단단한 지지층에 말뚝이 닿지 않아도 됨
  ㉡ 말뚝의 형태에 따라
    - 말뚝기초
      - 대표적인 깊은 기초공법으로 피어 및 케이슨 기초보다 시공이 간편하고 공사비가 저렴함
      - 말뚝의 축방향 허용지지력은 지반의 허용지지력과 말뚝재료의 허용하중을 비교하여 낮은 값으로 결정함
      - 말뚝은 구조재료에 따라 강말뚝, 기성 콘크리트말뚝, 현장타설 콘크리트말뚝 등으로 구분되며, 이미 완성된 말뚝체를 타격이나 삽입 또는 진동 등에 의하여 지중에 박는 방법과 지중에 구멍을 뚫고 그 속에 콘크리트를 쳐서 말뚝을 만드는 방법 등이 있음
    - 피어기초
      - 구조물 하중을 연약한 토층을 지나 견고한 지지층에 전달시키기 위하여 지반에 굴착한 구멍 속에 현장타설 콘크리트를 채워 설치하는 깊은 기초의 일종으로서 일반적으로 직경이 사람이 들어가서 확인할 수 있도록 최소직경 760[mm] 정도 이상인 것을 말함
      - 말뚝기초가 지반 내부에 타입 또는 압입하여 주변지반을 다지면서 설치되는데 비하여 피어기초는 지반에 연직공을 파거나 뚫어 그 속에 콘크리트로 채워 설치하므로 선단지반이나 그 주위의 지반을 다지는 것이 아니라 오히려 팽창시키고 느슨하게 만들어 그 지지력의 값을 감소시키는 경향이 있으나, 시공 중에 굴착된 흙을 직접 눈으로 검사할 수 있어 연약한 지층을 지나 견고한 지지층에 기초를 설치하여 비교적 큰 연직하중을 전달시킬 수 있을 뿐만 아니라 수평력에 대한 저항력이 크며 시공 중 소음과 진동이 낮은 공법임
    - 케이슨기초
      - 지상에 구축하거나 지중에 소정의 지지층까지 속파기공법 등에 의하여 침하시킨 후 그 바닥을 콘크리트로 막고 속을 채우는 중공 대형의 철근콘크리트 구조물로 된 기초 형식을 말함
      - 케이슨은 상부구조물의 하중과 토압 및 수압뿐만 아니라 시공 중에 받게 되는 모든 하중조건에 대해서도 충분히 안전하도록 설계되어야 하고, 견고한 지지층에 충분히 관입시켜야 함
      - 지중에 설치하는 기초케이슨에는 압축공기를 이용하여 케이슨 내에 침입하는 물을 막으면서 시공하는 공기케이슨과 대기압에서 내부바닥을 굴착하는 오픈케이슨, 즉 우물통의 두 가지 종류가 있음

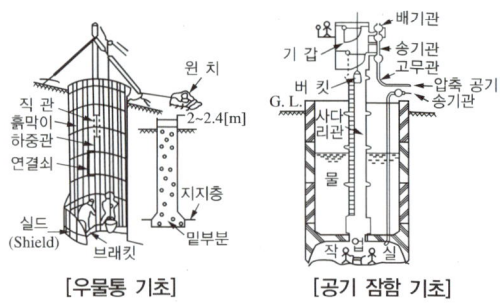

[우물통 기초]   [공기 잠함 기초]

24 전력시설물 공사감리업무 수행지침에 따른 태양광발전시스템의 착공신고서에 포함된 서류가 아닌 것은?

① 기성내역서   ② 품질관리계획서
③ 안전관리계획서   ④ 공사 예정공정표

해설
착공신고서의 검토 및 보고(전력시설물 공사감리업무 수행지침 제11조)
감리원은 공사가 시작된 경우에는 공사업자로부터 다음의 서류가 포함된 착공신고서를 제출받아 적정성 여부를 검토하여 7일 이내에 발주자에게 보고하여야 한다.
- 시공관리책임자 지정통지서(현장관리조직, 안전관리자)
- 공사 예정공정표
- 품질관리계획서
- 공사도급 계약서 사본 및 산출내역서
- 공사 시작 전 사진
- 현장기술자 경력사항 확인서 및 자격증 사본
- 안전관리계획서
- 작업인원 및 장비투입 계획서
- 그 밖에 발주자가 지정한 사항

25 전기설비기술기준의 판단기준에 따라 몇 [V]를 초과하는 축전지는 비접지 측 도체에 쉽게 차단할 수 있는 곳에 개폐기를 시설하여야 하는가?

① 10   ② 20
③ 30   ④ 60

> [해설]
>
> 축전지실 등의 시설(KEC 243.1.7)
> - 30[V]를 초과하는 축전지는 비접지 측 도체에 쉽게 차단할 수 있는 곳에 개폐기를 시설하여야 한다.
> - 옥내전로에 연계되는 축전지는 비접지 측 도체에 과전류보호장치를 시설하여야 한다.
> - 축전지실 등은 폭발성의 가스가 축적되지 않도록 환기장치 등을 시설하여야 한다.
> ※ KEC(한국전기설비규정)의 적용으로 인해 판단기준 제294조(축전지실 등의 시설)에서 KEC 243.1.7으로 변경됨 〈2021.01.19.〉

> [해설]
>
> 전력기술진흥기본계획의 수립(전력기술관리법 제3조)
> - 산업통상자원부장관은 전력기술의 연구·개발을 촉진하고 그 성과를 효율적으로 이용하기 위하여 전력기술진흥기본계획을 수립하여야 한다.
> - 기본계획에는 다음의 사항이 포함되어야 한다.
>   - 전력기술진흥의 기본 목표 및 그 추진 방향
>   - 전력기술의 개발 촉진 및 그 활용을 위한 시책
>   - 전력기술인의 양성 및 수급에 관한 사항
>   - 새로운 전력기술의 채택에 관한 사항
>   - 전력기술의 정보관리 및 표준화에 관한 사항
>   - 전력기술을 연구하는 기관 및 단체의 지도·육성에 관한 사항
>   - 전력기술의 국제협력에 관한 사항
>   - 전력기술의 진흥을 위한 자금 지원에 관한 사항
>   - 그 밖에 전력기술의 진흥에 관한 사항

26 신재생발전기 계통연계기준에 따라 신재생발전기 및 그 연계 시스템은 최대 정격출력전류의 몇 [%]를 초과하는 직류전류를 배전계통으로 유입시켜서는 안 되는가?

① 0.1
② 0.5
③ 5
④ 10

> [해설]
>
> 출력전류 직류분 검출 시험은 직류전류 성분의 유출분이 정격전류의 0.5[%] 이내로 한다.

27 전력기술관리법령에 따라 산업통상자원부장관이 전력기술의 연구·개발을 촉진하고 그 성과를 효율적으로 이용하기 위하여 수립하는 전력기술진흥기본계획에 포함되는 사항이 아닌 것은?

① 새로운 전력기술의 채택에 관한 사항
② 전력기술 진흥의 기본 목표 및 그 추진 방향
③ 전력기술의 진흥을 위한 자금 지원에 관한 사항
④ 신재생에너지의 기술개발 및 이용·보급에 관한 중요 사항

28 전기설비기술기준의 판단기준에 따라 저압 옥내간선과의 분기점에서 전선의 길이가 3[m] 이하인 곳에 설치하여야 하는 것은?

① 피뢰기
② 과전압 계전기
③ 과전류 계전기
④ 개폐기 및 과전류 차단기

> [해설]
>
> 분기회로의 시설(KEC 212.6.4)
> 분기회로는 KEC 212.4.2(과부하보호장치의 설치위치), KEC 212.4.3(과부하보호장치의 생략), KEC 212.5.2(단락보호장치의 설치위치), KEC 212.5.3(단락보호장치의 생략)에 준하여 시설하여야 한다.
> - 과부하보호장치의 설치위치(KEC 212.4.2)
>   분기회로의 보호장치는 보호장치의 전원 측에서 분기점 사이에 다른 분기회로 또는 콘센트의 접속이 없고, 단락의 위험과 화재 및 인체에 대한 위험성이 최소화되도록 시설된 경우, 분기회로의 보호장치는 분기회로의 분기점으로부터 3[m]까지 이동하여 설치할 수 있다.
> - 단락보호장치의 설치위치(KEC 212.5.2)
>   단락전류 보호장치는 분기점에 설치해야 한다. 다만, 분기회로의 단락보호장치 설치점과 분기점 사이에 다른 분기회로 또는 콘센트의 접속이 없고 단락, 화재 및 인체에 대한 위험이 최소화될 경우, 분기회로의 단락 보호장치는 분기점으로부터 3[m]까지 이동하여 설치할 수 있다.
> ※ KEC(한국전기설비규정)의 적용으로 인해 판단기준 제174조(분기회로의 시설)에서 KEC 212.6.4로 변경 됨 〈2021.01.19.〉

정답 26 ② 27 ④ 28 ④

29 전기설비 관련 시설공간(KDS 31 10 21 : 2019)에 따라 수변전실 설계 시 건축관점에서의 고려사항으로 틀린 것은?

① 장비 반입 및 반출 통로가 확보되어야 한다.
② 수변전실은 불연 재료를 사용하여 구획하고, 출입구는 방화문으로 한다.
③ 장비의 배치 및 유지보수가 용이하도록 충분한 넓이와 유효높이가 확보되어야 한다.
④ 수변전 관련 설비실(발전기실, 축전지실, 무정전전원장치실 등)이 있는 경우 수변전실과 가급적 떨어진 위치로 한다.

해설
전기설비 관련 시설공간(KDS 31 10 21 : 2019)에 따라 수변전실 설계 시 건축 관점의 고려사항
- 장비 반입 및 반출 통로가 확보되어야 한다.
- 장비의 배치 및 유지보수가 용이하도록 충분한 넓이와 유효높이가 확보되어야 한다.
- 수변전 관련 설비실(발전기실, 축전지실, 무정전전원장치실 등)이 있는 경우 가능한 수변전실과 인접되어야 한다.
- 수변전실은 불연 재료를 사용하여 구획하고, 출입구는 방화문으로 한다.

30 태양광발전 어레이용 가대의 구조설계 시 적용되는 상정하중의 분류 중 수평하중에 속하는 것은?

① 풍하중   ② 활하중
③ 고정하중 ④ 적설하중

해설
수평하중
풍하중과 지진하중으로 구분할 수 있다.

31 전력시설물 공사감리업무 수행지침에 따른 비상주감리원의 근무수칙으로 틀린 것은?

① 설계도서 등의 검토
② 중요한 설계변경에 대한 기술검토
③ 설계변경 및 계약금액 조정의 심사
④ 입찰참가자격심사(PQ) 기준 작성(필요한 경우)

해설
비상주감리원의 업무범위(전력시설물 공사감리업무 수행지침 제5조)
- 설계도서 등의 검토
- 상주감리원이 수행하지 못하는 현장 조사분석 및 시공상의 문제점에 대한 기술검토와 민원사항에 대한 현지조사 및 해결방안 검토
- 중요한 설계변경에 대한 기술검토
- 설계변경 및 계약금액 조정의 심사
- 기성 및 준공검사
- 정기적(분기 또는 월별)으로 현장 시공상태를 종합적으로 점검·확인·평가하고 기술지도
- 공사와 관련하여 발주자(지원업무수행자 포함)가 요구한 기술적 사항 등에 대한 검토
- 그 밖에 감리업무 추진에 필요한 기술지원 업무

32 전력기술관리법령에 따라 설계업자는 그가 작성하거나 제공한 실시설계도서를 해당 전력시설물이 준공된 후 몇 년간 보관하여야 하는가?

① 3   ② 5
③ 10   ④ 12

해설
설계도서의 보관의무(전력기술관리법 시행령 제19조)
전력시설물의 설계도서는 다음의 각 기준에 따라 보관해야 한다. 다만, 전기사업자의 보관기준은 산업통상자원부장관이 따로 정한다.
- 전력시설물의 소유자 및 관리 주체는 전력시설물에 대한 실시설계도서 및 준공설계도서를 시설물이 폐지될 때까지 보관할 것
- 설계업자는 그가 작성하거나 제공한 실시설계도서를 해당 전력시설물이 준공된 후 5년간 보관할 것
- 감리업자는 그가 공사감리 한 준공설계도서를 하자담보책임기간이 끝날 때까지 보관할 것

33 분산형전원 배전계통연계 기술기준에 따라 비정상 전압이 V < 50에 해당하는 분산형전원의 분리시간은 최대 몇 초인가?(단, V는 기준전압(계통의 공칭전압)에 대한 백분율[%]이며, 전압 범위 정정치와 분리시간을 현장에서 조정하는 경우는 제외한다)

① 0.16초   ② 0.5초
③ 1.0초   ④ 2.0초

정답 29 ④ 30 ① 31 ④ 32 ② 33 ①

해설

한전계통 이상 시 분산형전원 분리 및 재병입(분산형전원 배전계통연계 기술기준 제13조)

비정상 전압에 대한 분산형전원 분리시간

전압 범위** (기준전압*에 대한 백분율[%])	분리시간** [초]
V < 50	0.5
50 ≦ V < 70	2.00
70 ≦ V < 90	2.00
110 < V < 120	1.00
V ≧ 120	0.16

* 기준전압은 계통의 공칭전압을 말한다.
** 분리시간이란 비정상 상태의 시작부터 분산형전원의 계통가압 중지까지의 시간을 말한다.

34 설계감리업무 수행지침에 따라 설계감리원이 설계용역 수행단계에서 발주자 및 설계자의 설계 수행절차에 대한 문제점 및 기술적인 애로사항의 해결을 위해 수행하는 지원업무에 대한 설명으로 틀린 것은?

① 설계자의 조치계획에 대한 적정성 검토
② 그 밖에 발주자 및 설계자가 설계수행을 위하여 요청하는 사항
③ 설계 및 설계감리용역 시행에 따른 업무연락, 문제점 파악 및 민원해결
④ 설계상 기술적인 애로사항의 해결을 위해 직접 자문가의 역할을 수행하거나 외부 전문가의 활용을 통한 설계품질 향상을 도모

해설

설계감리원의 지원업무(설계감리업무 수행지침 제9조)
설계감리원은 설계용역 수행단계에서 발주자 및 설계자의 설계 수행절차에 대한 문제점 및 기술적인 애로사항의 해결을 위한 다음의 지원업무를 수행하여야 한다.
• 설계상 기술적인 애로사항의 해결을 위해 직접 자문가의 역할을 수행하거나 외부 전문가의 활용을 통한 설계품질 향상을 도모
• 설계자의 조치계획에 대한 적정성 검토
• 그 밖에 발주자 및 설계자가 설계수행을 위하여 요청하는 사항

35 현장에 설치된 태양광발전시스템에서 외기온도 37[℃]일 때 다음 모듈의 셀 표면 온도는?(단, 패널 표면의 일사량은 1,000[W/m²]이며, NOCT는 45[℃]이다)

① 66.25[℃]   ② 67.25[℃]
③ 68.25[℃]   ④ 69.25[℃]

해설

모듈의 셀 표면온도

$$T_{cell} = T_{Air} + \left(\left(\frac{NOCT-20}{80}\right) \times S\right)[℃]$$

$$37 + \left(\left(\frac{45-20}{80}\right) \times 100\right) = 68.25[℃]$$

여기서, T_{Air} : 공기온도(주위(외기)온도)[℃]
　　　　NOCT : 공칭 태양광발전 전지 작동온도(정상작동 셀 온도)[℃]
　　　　S : 일조강도[mW/cm²]

일사량이 1,000[W/m²]이므로 일조강도로 변경을 하면,
S = 일사량 × 1,000 × 10⁻⁴ = 1000이다.

36 전기설비기술기준의 판단기준에 따라 발전소·변전소·개폐소 또는 이에 준하는 곳에는 울타리·담 등의 시설을 하여야 한다. 사용전압이 345[kV]일 경우 울타리·담 등의 높이와 이로부터 충전부분까지 거리의 합계는 최소 몇 [m]인가?

① 3   ② 5
③ 7.17   ④ 8.28

해설

발전소 등의 울타리·담 등의 시설(KEC 351.1)

사용전압의 구분	울타리·담 등의 높이와 울타리·담 등으로부터 충전부분까지의 거리의 합계
35[kV] 이하	5[m]
35[kV] 초과 160[kV] 이하	6[m]
160[kV] 초과	6[m]에 160[kV]를 초과하는 10[kV] 또는 그 단수마다 12[cm]를 더한 값

이 기준을 중심으로 하면 현재 345[kV]이기에 160[kV]를 초과하였다. 따라서 6[m]에 160[kV]를 초과하는 10[kV] 또는 그 단수마다 12[cm]를 더한 값으로 계산을 해야 한다. 다음의 표를 보면 사용전압의 구분이 345[kV]일 때는 표시할 수 없다. 왜냐하면 10[kV]로 12[cm]씩 더해야 하기 때문에 최소 거리는 350[kV]일 때의 값으로 표시해야 한다.

정답 34 ③　35 ③　36 ④

순번	사용전압의 구분[kV]	울타리·담 등의 높이와 울타리·담 등으로부터 충전부분까지의 거리의 합계[m]
1	160	6.00
2	170	6.12
3	180	6.24
4	190	6.36
5	200	6.48
6	210	6.60
7	220	6.72
8	230	6.84
9	240	6.96
10	250	7.08
11	260	7.20
12	270	7.32
13	280	7.44
14	290	7.56
15	300	7.68
16	310	7.80
17	320	7.92
18	330	8.04
19	340	8.16
20	350	8.28

※ KEC(한국전기설비규정)의 적용으로 인해 판단기준 제44조(발전소 등의 울타리·담 등의 시설)에서 KEC 351.1로 변경됨 〈2021.01.19.〉

37 얕은 기초의 현장시험에 의한 지지력 산정 시 기초의 허용지지력을 추정할 수 있으며, 다른 종류의 현장시험이 어려운 모래, 자갈, 풍화토, 풍화암 등에 적용할 수 있는 시험은?

① 콘관입시험
② 현장베인시험
③ 공내재하시험
④ 표준관입시험

[해설]

KDS 11 50 05 : 2018 얕은 기초 설계기준(일반설계법)
현장시험에 의한 지지력 산정

- 현장시험으로 부터 다음과 같이 지반의 지지력을 산정할 수 있으며, 허용지지력은 지반상태, 경계조건, 시험특성을 고려하여 결정한다.
- 기초지반에 대한 평판재하시험에서 얻은 하중-침하 곡선으로부터 허용지지력을 구하고, 기초의 크기효과를 고려하여 설계지지력을 산정한다.
- 표준관입시험의 결과를 이용하여 기초의 허용지지력을 산정할 수 있으며, 유효상재하중, 로드길이 등에 대한 N값의 보정은 필요한 경우에만 적용한다.
- 콘관입시험 결과로부터 기초의 허용지지력을 추정할 수 있으며, 조밀한 지반이나 자갈이 섞여 있는 지반에서는 주의하여 적용한다.
- 점토지반에서는 현장베인시험 결과로부터 지반의 비배수전단강도를 구하고, 이를 보정하여 기초의 지지력을 추정할 수 있다.
- 공내재하시험(프레셔미터시험) 결과로부터 기초의 허용지지력을 추정할 수 있으며, 다른 종류의 현장시험이 어려운 모래, 자갈, 풍화토, 풍화암 등에 적용할 수 있다.

38 태양광발전시스템에서 인버터 출력측의 3상 3선식 간선의 전압강하 계산식으로 옳은 것은? (단, L : 전선의 길이[m], I : 부하전류[A], A : 전선의 단면적[mm²]이다)

① $\dfrac{17.8LI}{1{,}000A}$
② $\dfrac{20.8LI}{1{,}000A}$
③ $\dfrac{30.8LI}{1{,}000A}$
④ $\dfrac{35.6LI}{1{,}000A}$

[해설]

전압강하 및 전선 단면적 계산식

회로의 전기방식	전압강하	전선의 단면적
직류 2선식 교류 2선식	$e = \dfrac{35.6LI}{1{,}000A}$	$A = \dfrac{35.6LI}{1{,}000e}$
3상 3선식	$e = \dfrac{30.8LI}{1{,}000A}$	$A = \dfrac{30.8LI}{1{,}000e}$

e : 각 선간의 전압강하[V]
A : 전선의 단면적[mm²]
L : 도체 1본의 길이[m]
I : 전류[A]

39 건축물의 설계도서 작성기준에 따른 설계도서 작성방법에서 계획설계의 도서내용 중 전기설비계획서의 내용에 해당하지 않는 것은?

① 해당 법규 검토 ② 추정 부하 산정
③ 개략 예산 검토 ④ 적용 시스템 비교 검토

해설
건축물의 설계도서 작성기준 [별표] 설계도서 작성방법
전기설비계획서 내용
• 해당 법규 검토
• 설계방향 설정, 전기설비계획 개요
• 추정 부하 산정
• 개략 예산 검토

40 설계도면 작성 시 정류기의 전기도면 기호로 옳은 것은?

①   ②
③   ④

해설
설계도면 작성 시 전기도면 기호
① RC : 룸 에어컨
② : 소형 변압기
③ : 정류기
④ G : 발전기

제3과목 태양광발전 시공

41 낙뢰의 위험으로부터 시설물을 보호하기 위한 피뢰방식이 아닌 것은?

① 분전방식 ② 돌침방식
③ 메시도체방식 ④ 수평도체방식

해설
피뢰방식의 종류
• 수평도체방식 • 돌침방식
• 그물법 • 회전구체법

42 전기설비기술기준의 판단기준에 따라 태양전지 발전소에 시설하는 태양전지 모듈, 전선 및 개폐기 기타 기구를 옥내에 시설할 경우 사용할 수 없는 공사방법은?

① 케이블공사 ② 애자사용공사
③ 합성수지관공사 ④ 가요전선관공사

해설
태양광발전설비(KEC 520)
옥측 또는 옥외에 시설할 경우에는 KEC 232.11(합성수지관공사), KEC 232.12(금속관공사), KEC 232.13(금속제 가요전선관공사) 또는 KEC 232.51(케이블공사, KEC 232.51.3(수직 케이블의 포설)은 제외할 것)의 규정에 준하여 시설할 것

43 어떤 전지의 외부회로 저항은 5[Ω]이고 전류는 8[A]가 흐른다. 외부회로에 5[Ω] 대신에 15[Ω]의 저항을 접속하면 흐르는 전류는 4[A]로 떨어진다. 이 전지의 기전력[V]은?

① 40 ② 60
③ 80 ④ 100

해설
1개 전지가 있는 회로에서 전지의 기전력 V, 내부저항 r이라 하면 내부저항과 외부회로는 직렬이므로 옴의 법칙 $V=IR$을 적용하면
$V = IR$
$V = (r+5) \times 8 \cdots$ ①
$V = (r+15) \times 4 \cdots$ ②
∴ $r = 5[\Omega]$, $V = 80[V]$
두 식을 연립해서 구하면 내부저항 r은 5[Ω]이고, 전지의 기전력은 80[V]가 된다.

정답 39 ④ 40 ③ 41 ① 42 ② 43 ③

44 저압 뱅킹(Banking) 방식에 대한 설명으로 옳은 것은?

① 부하 증가에 대한 융통성이 없다.
② 캐스케이딩(Cascading) 현상의 염려가 있다.
③ 깜박임(Light Flicker) 현상이 심하게 나타난다.
④ 저압 간선의 전압강하는 줄어드나 전력손실을 줄일 수 없다.

해설
캐스케이딩 현상은 저압뱅킹방식의 특징으로 고장이 사고점에서 확대해 가는 현상으로 정상 시에는 부하에 대한 융통성이 있지만 고장 시에는 사고가 확대되는 현상이 발생한다.

45 태양광발전시스템이 설치될 지역 중 지진구역 I이 아닌 곳은?

① 경기도 ② 제주도
③ 전라북도 ④ 충청남도

해설
지진구역(KDS 17 10 00)에서 강원 북부, 제주 지역은 지진구역 II에 속한다.

46 지붕 건재형 태양광발전 모듈의 설치장소를 고려한 설치 시 유의사항으로 틀린 것은?

① 인접 가옥의 화재에 대한 방화대책을 세워 시설할 것
② 태양광발전 모듈의 하중에 견딜 수 있는 강도를 가질 것
③ 눈이 많은 지역에서는 적설 방지대책을 강구하여 시설할 것
④ 풍력계수는 처마 끝이나 지붕 중앙부나 똑같이 하여 시설할 것

해설
지붕 건재형은 벽재를 대신하여 태양전지가 설치되는 것으로 지붕의 중앙부가 처마 끝과 용마루의 풍력계수보다 작아 지붕 중앙부에 설치한다.

47 태양광발전설비의 사용 전 검사 방법으로 틀린 것은?

① 각종 보호계전기 제어기능 등을 모의(수동) 동작시켜 차단 및 경보 상태를 확인한다.
② 기준 일사량 및 온도 조건하에서 회로를 개방하고 두 단자(P, N) 간 개방전압(V_{OC})을 측정한다.
③ 제작사 자체 또는 시험기관에서 제시한 설정값에서 전력조절부와 Static 스위치의 자동·수동 절체동작을 확인한다.
④ 접속함에서 태양광전지 스트링의 양극과 음극을 개방시키고, DC전로와 대지(접지) 간에 500[V] 또는 1,000[V] Megger로 절연저항을 측정한다.

48 수·변전설비를 옥내에 시공 시 유의사항으로 틀린 것은?

① 기기 주위에는 유지관리 공간을 확인하여야 한다.
② 기기의 중량을 산정하여 바닥강도를 확인하여야 한다.
③ 전기실에는 물 배관·증기관·환기용 덕트 등을 시설하거나 통과시켜서는 안 된다.
④ 습기 또는 결로 등에 의한 절연저하의 우려가 있는 경우에는 적절한 공법으로 하여야 한다.

해설
전기실에는 수도관, 증기관, 덕트(전기실 환기용은 제외) 등을 통과시키지 않는다.

정답 44 ② 45 ② 46 ④ 47 ④ 48 ③

49 단상 브리지 정류회로에서 전원전압이 220[V]인 경우 출력전압의 평균값은 약 [V]인가?

① 99
② 198
③ 220
④ 311

해설
단상 브리지 정류회로에서 출력전압의 평균값은 직류전압의 평균값을 의미한다.
$$V_{dc} = V_{av} = \frac{2 \cdot V_{peak}}{\pi} = \frac{2 \times (\sqrt{2} \times 220)}{\pi} \fallingdotseq 198[V]$$

50 전기설비기술기준의 판단기준에 따라 저압 옥내배선의 전선으로 미네럴인슈레이션케이블을 사용하는 경우 단면적이 몇 [mm²] 이상이어야 하는가?

① 1
② 2.5
③ 6
④ 10

해설
저압 옥내배선의 전선으로 미네럴인슈레이션케이블 사용할 경우 단면적이 1[mm²] 이상이어야 한다.
※ KEC(한국전기설비규정)의 적용으로 폐지되어 문제 성립되지 않음 〈2021.01.19.〉

51 변전소 비접지 선로의 접지보호용으로 사용되는 계전기에 영상전류를 검출하는 기기는?

① CT
② PT
③ GPT
④ ZCT

해설
영상변류기(ZCT)는 비접지계통의 배전선 지락사고 보호용으로 방향지락계전기와 조합하여 사용하고 누전경보기의 영상전류 검출로도 사용된다.

52 절대온도 0°에서 최외각 전자가 가지는 에너지 높이를 말하는 것은?

① 일함수
② 전자볼트
③ 퍼텐셜우물
④ 페르미준위

해설
절대 0°에서 페르미준위는 바닥 상태의 에너지를 의미한다.

53 전기설비기술기준의 판단기준에 따라 태양광발전 모듈 배선을 금속관 공사로 시공할 경우의 시설기준으로 틀린 것은?

① 옥외용 비닐절연전선을 사용하여야 한다.
② 전선은 금속관 안에서 접속점을 만들어서는 안 된다.
③ 짧고 가는 금속관에 넣는 전선인 경우 단선을 사용할 수 있다.
④ 전선은 단면적 10[mm²]을 초과하는 경우 연선을 사용하여야 한다.

해설
금속관공사(KEC 232.12)
금속관공사에 의한 저압 옥내배선에서 전선은 절연전선(옥외용 비닐절연전선을 제외한다)을 사용한다. 즉, 저압 옥내배선에서는 옥외용 비닐절연전선을 사용하지 않는다.
※ KEC(한국전기설비규정)의 적용으로 인해 판단기준 제184조(금속관공사)에서 KEC 232.12(금속관공사)로 변경됨 〈2021.01.19.〉

54 경간이 150[m]인 가공 송전선로에서 전선의 중량이 0.4[kg/m], 전선의 수평장력이 100[kg]이라고 한다. 이 전선로의 이도는 약 몇 [m]인가?

① 1.125
② 11.25
③ 3.33
④ 33.33

해설
이 도
$$D = \frac{\omega S^2}{8T} = \frac{0.4 \times 150^2}{8 \times 100} = 11.25[m]$$
이도는 11.25[m]가 된다.

정답 49 ② 50 ① 51 ④ 52 ④ 53 ① 54 ②

55 태양광전원의 용량 50[MVA]에 대하여, 15[%]의 임피던스를 가지는 경우, 100[MVA]를 기준으로 한 %임피던스는 몇 [%]인가?

① 30
② 40
③ 50
④ 60

해설
%임피던스
$\%Z = \dfrac{PZ}{10E^2}$, $\%Z \propto P$ 이므로
%Z가 50[MVA]에 대해서 15[%]이므로 기준 100[MVA]는 30[%]가 된다.

56 송전선로에서 코로나 방지대책으로 틀린 것은?

① 단도체의 사용
② 복도체의 사용
③ 굵은 전선의 사용
④ 가선 금구의 개량

해설
송전선로에서 단도체를 사용하면 전선 지름이 커지는 효과가 없으므로 코로나 발생 빈도가 높아진다.

57 옴의 법칙에서 전류의 크기는 어느 것에 비례하는가?

① 임피던스
② 전선의 길이
③ 전선의 단면적
④ 전선의 고유저항

해설
옴의 법칙에서
$V = IR$, $I = \dfrac{V}{R}$ 전류는 저항에 반비례한다.
저항은 $R = \rho\dfrac{l}{S}$ 이므로, 전류는 저항의 반비례 요소인 전선의 단면적에 비례한다.

58 신재생에너지 설비의 지원 등에 관한 지침에 따라 태양광발전용 인버터에 대한 내용으로 옳은 것은?

① 태양광발전용 인버터는 KS 인증제품을 설치하여야 한다.
② 인버터 입력단(모듈출력)의 표시사항은 전압, 전류, 주파수가 표시되어야 한다.
③ 인버터에 연결된 모듈의 설치용량은 인버터 설치용량의 110[%] 이내이어야 한다.
④ 인버터는 실내 및 실외용을 구분하여 설치하여야 하며, 실내용은 실외에 설치할 수 있다.

59 네트워크에 의한 공정관리기법의 종류가 아닌 것은?

① CPM 기법
② ADM 기법
③ PERT 기법
④ RAMPS 기법

해설
네트워크에 의한 공정관리기법은 CPM기법, PERT기법, RAMPS기법 등이 있다.

60 태양광발전시스템에서 사용되는 인버터의 출력측 절연저항을 측정하는 순서는?

> 가. 교류단자와 대지 간의 절연저항을 측정
> 나. 태양전지 회로를 접속함에서 분리
> 다. 분전반 내의 분기차단기 개방
> 라. 직류측의 모든 입력단자 및 교류측 전체의 출력단자를 각각 단락

① 다 → 나 → 라 → 가
② 나 → 라 → 다 → 가
③ 다 → 라 → 나 → 가
④ 나 → 다 → 라 → 가

정답 55 ① 56 ① 57 ③ 58 ① 59 ② 60 ④

제4과목 태양광발전 운영

61 태양광발전시스템의 안전관리 대책 중 추락사고 예방을 위한 조치사항이 아닌 것은?

① 안전모 착용 ② 안전벨트 착용
③ 절연장갑 착용 ④ 안전난간대 설치

해설
절연장갑 착용은 감전사고 방지대책이다.

62 인버터의 절연저항 측정 시 주의사항으로 틀린 것은?

① SA 등의 정격에 약한 회로들은 회로에서 분리하여 측정한다.
② 정격전압이 입·출력과 다를 때는 낮은 측의 전압을 선택기준으로 한다.
③ 입·출력단자에 주회로 이외의 제어단자 등이 있는 경우 이것을 포함해서 측정한다.
④ 절연변압기를 장착하지 않은 인버터는 제조사가 추천하는 방법에 따라 측정한다.

해설
인버터의 절연저항 측정
- 입력회로 측정방법 : 태양전지 회로를 접속함에서 분리, 입출력 단자가 각각 단락하면서 입력단자와 대지 간 절연저항을 측정한다(접속함까지의 전로를 포함하여 절연저항 측정).
- 출력회로 측정방법 : 인버터의 입출력 단자 단락 후 출력단자와 대지 간 절연저항을 측정한다(분전반까지의 전로를 포함하여 절연저항 측정/절연변압기 측정).

63 결정질 실리콘 태양광발전 모듈(성능)(KS C 8561 : 2020)에 따라 결정질 실리콘 태양광발전 모듈의 시험방법에 해당되지 않는 것은?

① 고온·고습시험 ② UV 전처리시험
③ 열점 내구성시험 ④ 정현파 진동시험

해설
결정질 실리콘 태양광발전 모듈의 시험은 전기특성이 기준분광방사조도 조건에서 변화를 알아보는 시험으로서 정현파 진동시험과는 관련이 없다.

64 전기작업에 관한 기술지침에 따라 자격자의 선정 및 교육에 대한 설명으로 틀린 것은?

① 교육은 작업별로 간단하게 실시되어야 하며, 안전시스템의 중요성이 강조되어야 한다.
② 자격자의 작업자는 특정 유형의 작업에 대하여 동반 작업자와 함께 훈련을 받아야 한다.
③ 개별 작업자의 자격 정도는 수행되는 작업 종류 및 작업자의 지식, 훈련 및 경험에 따라 평가하여야 한다.
④ 작업자가 추가적인 책임을 수반할 수 있는 다양한 범위의 작업을 수행할 경우에는 추가훈련을 하여야 한다.

해설
전기작업 자격자 선정 및 교육은 작업 대상이나 작업 위치 근처에 있는 전선로/설비와 수행할 작업을 확인하고 작업계획을 수립하며, 정확한 작업절차를 명시하여 교육이 실시하도록 한다.

65 전기사업법령에 따라 전기안전관리자를 선임하지 않아도 되는 전기설비로 틀린 것은?

① 설비용량이 20[kW] 이하의 발전설비
② 전기공급계약에 의하여 사용을 중지한 심야전력 전기설비
③ 점유자가 전기사업자에게 전기설비의 휴지를 통보하지 않은 전기설비
④ 심야전력을 이용하는 전기설비로서 전압이 600[V] 이하인 전기수용설비

정답 61 ③ 62 ② 63 ④ 64 ① 65 ③

66 태양광발전 모듈에서 바이패스 다이오드의 고장 원인으로 적합하지 않은 것은?

① 빈번한 차광
② 외부의 충격
③ 낙뢰 및 서지
④ 낮은 외기 온도

[해설]
바이패스 다이오드의 고장 원인은 주로 태양광, 서지(낙뢰), 기계적 충격 등이다.

67 산업안전보건기준에 관한 규칙에 따라 사업주는 항타기 또는 항발기의 권상용 와이어로프의 안전계수가 얼마 이상이 아니면 이를 사용해서는 안 되는가?

① 2
② 3
③ 4
④ 5

[해설]
산업안전보건기준에 관한 규칙에서 항타기, 항발기의 권상용 와이어로프의 안전계수는 5 이상의 것을 사용해야 한다.

68 자가용 전기설비 검사업무 처리규정에 따라 태양광발전설비의 태양광 전지 정기검사 시 검사세부 종목으로 틀린 것은?

① 누설전류
② 규격확인
③ 외관검사
④ 전지 전기적 특성시험

[해설]
누설전류는 중대형 태양광발전 인버터(계통연계형, 독립형)의 정상 특성시험에서 측정된다.

69 태양광발전시스템 작업 중 감전방지책으로 틀린 것은?

① 저압 절연장갑을 착용한다.
② 강우 시에는 작업을 중지한다.
③ 절연 처리된 공구들을 사용한다.
④ 작업 전 태양광발전 모듈 표면을 외부로 노출한다.

[해설]
작업 전 태양광 모듈 표면을 외부로 노출하면 발전 전력으로 감전을 일으킬 수가 있다.

70 모니터링시스템에 대한 설명으로 틀린 것은?

① 계측·표시장치의 목적은 운전상태 감시, 발전전력량 표시, 시스템 종합평가 계측이다.
② 계측·표시장치 시스템은 검출기(센서) → 연산장치 → 신호변환기 → 표시장치 순으로 정보가 전달된다.
③ 프로그램 기능으로는 데이터 수집기능, 데이터 저장기능, 데이터 분석기능, 데이터 통계기능 등이 있다.
④ 데이터 분석기능은 각각의 계측요소마다 일일평균값과 시간에 따른 각 계측값의 변화를 알 수 있도록 표의 형식으로 데이터를 제공한다.

[해설]
계측·표시장치 시스템은 검출기(센서), 신호변환기(트랜스듀서), 연산장치, 기억장치, 표시장치 순으로 정보가 전달된다.

71 배전반 제어회로의 배선에 대한 일상점검 항목이 아닌 것은?

① 전선 지지물의 탈락여부 확인
② 과열에 의한 이상한 냄새여부 확인
③ 차단기 고정용 볼트 조임 이완에 따른 진동음 유무 확인
④ 가동부 등의 연결전선의 절연피복 손상여부 확인

[해설]
차단기 고정용 볼트 조임 이완에 따른 진동음 유무 확인은 정기점검 시 이루어진다.

정답 66 ④ 67 ④ 68 ① 69 ④ 70 ② 71 ③

72 태양광발전시스템 직류용 커넥터-안전 요구사항 및 시험(KS C IEC 62852 : 2014)에 따라 커넥터가 옥외 사용에 적합하게 내구성이 있어야 하는 주위 온도 영역으로 옳은 것은?

① −60~+65[℃]　　② −50~+75[℃]
③ −40~+85[℃]　　④ −30~+95[℃]

해설
태양광발전시스템 직류용 커넥터 안전요구사항 및 시험(KS C IEC 62852 : 2014)에서 커넥터가 옥외 사용 시 주위 온도 영역은 −40 ~ +85[℃]이다.

73 중대형 태양광 발전용 인버터(계통연계형, 독립형)(KS C 8565 : 2020)의 절연성능 시험방법에서 입력 단자 및 출력 단자를 각각 단락하고, 그 단자와 대지 간의 절연저항을 측정하는 경우 품질기준으로서 절연저항은 몇 [MΩ] 이상이어야 하는가?

① 0.1　　② 0.5
③ 0.7　　④ 1.0

해설
중대형 태양광 발전용 인버터의 단자와 대지 간의 절연저항 측정 시 품질기준으로서 절연저항은 1.0[MΩ] 이상이어야 한다.

74 태양광발전소 설비용량이 2,500[kW], SMP가 200[원/kWh], 가중치 적용 전 REC가 150[원/kWh]인 경우 판매단가 [원/kWh]는?(단, "SMP + 1REC가격 × 가중치" 계약방식이며, 설치장소는 기존 건축물 지붕을 이용하여 설치하는 것으로 한다)

① 425　　② 475
③ 500　　④ 525

해설
건축물이 3[MW] 이하이므로 가중치 1.5를 적용하면
판매단가 = 200 + 150 × 1.5 = 425[원/kWh]이다.

75 태양광발전용 축전지의 정기점검 항목 중 육안점검의 항목이 아닌 것은?

① 외관점검　　② 단자전압
③ 전해액 비중　　④ 전해액면 저하

해설
태양광발전용 축전지의 정기점검의 육안점검 항목은 외관, 전해액 비중, 전해액면 저하 점검이다.

76 태양광발전 모듈의 유지관리 시 유의사항을 설명한 것으로 틀린 것은?

① 태양광발전 모듈의 동작상태에서는 커넥터를 분리하지 말아야 한다.
② 모듈을 설치, 배선, 운전 및 정비할 때는 모든 전기적 위험을 방지하여야 한다.
③ 모듈을 세척할 때는 전기적 절연을 위하여 항상 절연고무장갑을 착용해야 한다.
④ 태양광발전 모듈의 정상 동작을 확인하기 위하여 인위적으로 집광하여 점검해야 한다.

77 교류 7,000[V] 활선작업에 적절하지 않은 절연보호구는?

① 절연화
② 절연장화
③ 절연 안전모
④ C종 절연 고무장갑

해설
절연화는 저압 전기를 취급하는 작업 시 전기에 의한 감전으로부터 인체를 보호하기 위한 안전화이다.

정답 72 ③　73 ④　74 ①　75 ②　76 ④　77 ①

78 태양광발전시스템 운영 시 비치 목록으로 틀린 것은?

① 전기안전관리용 정기점검표
② 태양광발전시스템 운영매뉴얼
③ 태양광발전시스템 피난안내도
④ 태양광발전시스템 긴급복구 안내문

79 태양광발전시스템의 일상점검에서 점검대상과 점검내용의 연결로 틀린 것은?

① 접속함 – 접속케이블에 손상이 없을 것
② 축전지 – 현저한 변형 및 파손이 없을 것
③ 태양광발전 어레이 – 현저한 오염 및 파손이 없을 것
④ 인버터 외함 – 부식 및 녹이 없고 충전부가 노출되어 있을 것

해설
일상점검에서 인버터는 부식 및 녹이 없고 충전부가 노출되어 있지 않아야 한다.

80 태양광발전 접속함(KS C 8567 : 2019)에 따른 시험 항목이 아닌 것은?

① 인장력시험
② 내열성시험
③ 온도상승시험
④ 내부식성시험

해설
태양광발전 접속함(KS C 8567 : 2019)에 따른 시험항목은 내전압시험, 내열성시험, 내부식성시험, 외함보호등급 및 온도상승시험 등이다.

2021년 제1회 기사 최근 기출문제

신재생에너지발전설비기사(태양광) 필기

제1과목 태양광발전 기획

01 전기사업법령에 따라 전기사업자 및 한국전력거래소가 전기의 품질을 유지하기 위해 매년 1회 이상 측정하여야 하는 대상의 연결로 틀린 것은?

① 전기판매사업자 – 전압
② 한국전력거래소 – 주파수
③ 배전사업자 – 전압 및 주파수
④ 송전사업자 – 전압 및 주파수

해설
전압 및 주파수의 측정(전기사업법 시행규칙 제19조)
'전기사업자 및 한국전력거래소는 산업통상자원부령으로 정하는 바에 따라 전기품질을 측정하고 그 결과를 기록·보존하여야 한다'는 규정에 따라 전기사업자 및 한국전력거래소는 다음의 사항을 매년 1회 이상 측정하여야 하며, 측정 결과를 3년간 보존하여야 한다.
• 발전사업자 및 송전사업자의 경우에는 전압 및 주파수
• 배전사업자 및 전기판매사업자의 경우에는 전압
• 한국전력거래소의 경우에는 주파수

02 전기공사업법령에 따른 전기공사기술자의 시공관리 구분에서 사용전압이 22.9[kV]인 전기공사의 시공관리를 할 수 있는 기술자의 최소 등급은?

① 초급 전기공사 기술자
② 중급 전기공사 기술자
③ 고급 전기공사 기술자
④ 특급 전기공사 기술자

해설
전기공사기술자의 시공관리 구분(전기공사업법 시행령 제12조)
법 제16조 제2항(전기공사의 시공관리 중 공사업자는 전기공사의 규모별로 대통령령으로 정하는 구분에 따라 전기공사기술자로 하여금 전기공사의 시공관리를 하게 하여야 한다)에 따른 전기공사의 규모별 전기공사기술자의 시공관리 구분은 별표 4와 같다.

전기공사기술자의 시공관리 구분(제12조 관련)

전기공사기술자의 구분	전기공사의 규모별 시공관리 구분
별표 4의 2에 따른 특급 전기공사기술자 또는 고급 전기공사기술자	별표 1에 따른 모든 전기공사
별표 4의 2에 따른 중급 전기공사기술자	별표 1에 따른 전기공사 중 사용전압이 100,000[V] 이하인 전기공사
별표 4의 2에 따른 초급 전기공사기술자	별표 1에 따른 전기공사 중 사용전압이 1,000[V] 이하인 전기공사

※ 별표 1은 전기공사의 종류이고, 별표 4의 2는 전기공사기술자의 등급 및 인정기준이다.

03 다음 조건과 같은 독립형 태양광발전용 축전지의 용량은 약 몇 [Ah]인가?

- 1일 정격소비량 : 2.4[kWh]
- 보수율 : 0.8
- 일조가 없는 날 : 10일
- 방전심도 : 65[%]
- 축전지 공칭전압 : 2[V/cell]
- 축전지 개수 : 48개

① 390 ② 440
③ 481 ④ 560

해설
독립형 전원 시스템의 축전기 용량[Ah]

$$C = \frac{1일\ 소비전력량 \times 불일조일수}{보수율 \times 방전종지전압(축전지\ 전압) \times 방전심도}[Ah]$$

$$= \frac{2.4 \times 10^3 \times 10}{0.8 \times 48 \times 2 \times 0.65} ≒ 480.77[Ah]$$

정답 1 ③ 2 ② 3 ③

04 태양복사에 대한 설명으로 틀린 것은?

① 매우 흐린 날 특히 겨울에는 태양복사는 거의 모두 산란복사된다.
② 태양복사량의 평균값을 태양상수라고 하며 약 1,367[W/m²]이다.
③ 산란복사는 태양복사가 구름이나 대기 중의 먼지에 의해 반사되지 않고 확산된 성분이다.
④ 직달복사는 태양으로부터 지표면에 직접 도달되는 복사로 물체에 강한 그림자를 만드는 성분이다.

해설
태양복사
- 매우 흐린 날, 특히 겨울의 태양복사는 거의 모두 산란복사된다.
- 태양복사량의 평균값을 태양상수라고 하며 약 1,367[W/m²]이다.
- 직달복사는 태양으로부터 지표면에 직접 도달되는 복사로 물체에 강한 그림자를 만드는 성분이다.
- 지구의 대기권에 수분, 공기입자, 공해물질에 의해서 산란된 형태의 무방향성 복사에너지인 산란일사(Diffuse Radiation)의 형태로 된다.

05 계통연계형 태양광발전용 인버터 방식 중 중앙집중형 인버터의 분류방식이 아닌 것은?

① 저전압 방식
② 고전압 방식
③ 모듈 인버터 방식
④ 마스터-슬레이브 방식

해설
모듈 인버터 방식은 소용량 태양광발전시스템에 적합한 방식으로 음영공간이 있는 건물의 외벽 등의 소형 태양광발전시스템에 사용되며, 단 한 대의 인버터 모듈이라도 요구하는 태양광발전시스템으로 확장이 가능한 방식이다.

06 동일 출력전류(I)를 가지는 N개의 태양전지를 같은 일사 조건에서 서로 병렬로 연결했을 경우 출력전류 I_a에 대한 계산식은?

① $I_a = N \times I$
② $I_a = N^2 \times I$
③ $I_a = \dfrac{I}{N}$
④ $I_a = \dfrac{N}{I}$

해설
병렬로 연결했을 경우 출력전류(I_a) = 동일 출력전류(I) × 태양전지의 개수(N)[A]

07 환경영향평가법령에 따라 태양광 발전소의 경우 환경영향평가를 받아야 하는 발전시설용량은 몇 [kW] 이상인가?

① 1,000
② 10,000
③ 100,000
④ 1,000,000

해설
태양광발전 인허가 절차 중 사전환경성 검토, 협의 내용
- 100,000[kW] 미만 : 사전 환경성 검토
- 100,000[kW] 이상 : 환경 영향 평가

08 다음과 같은 조건에 적합한 독립형 태양광발전시스템의 설치용량은 약 몇 [kWp]인가?(단, STC 조건을 기준으로 한다)

- 연일사량 : 1,356[kWh/m²]
- 연부하소비량 : 3,000[kWh]
- 부하의 태양광발전시스템 의존율 : 50[%]
- 설계여유계수 : 20[%]
- 종합설계지수 : 80[%]

① 1.11
② 1.66
③ 2.54
④ 3.00

해설
$$\text{설치용량}(P_{AS}) = \frac{E_L \times D \times R}{\dfrac{H_A}{G_S} \times K} = \frac{3{,}000 \times 10^3 \times 0.5 \times 0.2}{\dfrac{1{,}356 \times 10^3}{1{,}000} \times 0.8}$$
$$\fallingdotseq 0.28[\text{kW}]$$

E_L : 어느 기간에서의 부하소비전력량(수요전력량)[kW/기간]
H_A : 어떤 기간에 얻을 수 있는 어레이면 일사량[kW/m² · 기간]
G_S : 표준상태에서의 일사강도[kW/m²]
D : 부하의 태양광발전시스템에 대한 의존율
R : 설계여유계수
K : 종합설계지수
※ 저자 의견 : 답이 틀림

정답 4 ③ 5 ③ 6 ① 7 ③ 8 ②

09 결정계 태양광발전 모듈의 면적 1.0[m²], 표면온도 65[℃], 변환효율 15[%]인 경우 일사강도 0.8[kW/m²]일 때 출력은 약 몇 [kW]인가? (단, 결정계 태양광발전 전지온도 보정계수(a)는 −0.4[%/℃]이다)

① 0.1
② 0.12
③ 0.15
④ 0.2

해설
정격출력[kW] = 시스템의 총변환효율[%] × 단위면적[m²] × 빛의 조사강도[kW/m²] = 0.15×1×0.8 = 0.12 ≒ 0.1[kW]

10 전기공사업법령에 따라 전기공사업 등록증 및 등록수첩을 발급하는 자는?

① 시·도지사
② 전기안전공사 사장
③ 지정공사업자단체장
④ 산업통상자원부장관

해설
공사업의 등록(전기공사업법 제4조)
(1) 공사업을 하려는 자는 산업통상자원부령으로 정하는 바에 따라 주된 영업소의 소재지를 관할하는 특별시장·광역시장·특별자치시장·도지사 또는 특별자치도지사(이하 "시·도지사"라 한다)에게 등록하여야 한다.
(2) (1)에 따른 공사업의 등록을 하려는 자는 대통령령으로 정하는 기술능력 및 자본금 등을 갖추어야 한다.
(3) (1)에 따라 공사업을 등록한 자 중 등록한 날부터 5년이 지나지 아니한 자는 (2)에 따른 기술능력 및 자본금 등(이하 "등록기준"이라 한다)에 관한 사항을 대통령령으로 정하는 기간이 지날 때마다 산업통상자원부령으로 정하는 바에 따라 시·도지사에게 신고하여야 한다.
(4) 시·도지사는 (1)에 따라 공사업의 등록을 받으면 등록증 및 등록수첩을 내주어야 한다.

11 국토의 계획 및 이용에 관한 법령에 따른 개발행위 허가를 받지 아니하여도 되는 경미한 행위 중 토석채취에 대한 내용이다. 다음 ( )에 들어갈 내용으로 옳은 것은?

> 도시지역 또는 지구단위계획구역에서 채취면적이 (ⓐ)[m²] 이하인 토지에서의 부피 (ⓑ)[m³] 이하의 토석채취

① ⓐ 20 ⓑ 20
② ⓐ 25 ⓑ 20
③ ⓐ 25 ⓑ 50
④ ⓐ 30 ⓑ 50

해설
허가를 받지 아니하여도 되는 경미한 행위(국토의 계획 및 이용에 관한 법률 시행령 제53조)
법 제56조 제4항 제3호에서 "대통령령으로 정하는 경미한 행위"란 다음 각 호의 행위를 말한다. 다만, 다음 각 호에 규정된 범위에서 특별시·광역시·특별자치시·특별자치도·시 또는 군의 도시·군계획조례로 따로 정하는 경우에는 그에 따른다.
• 토석채취
  − 도시지역 또는 지구단위계획구역에서 채취면적이 25[m²] 이하인 토지에서의 부피 50[m³] 이하의 토석채취
  − 도시지역·자연환경보전지역 및 지구단위계획구역 외의 지역에서 채취면적이 250[m²] 이하인 토지에서의 부피 500[m³] 이하의 토석채취

12 전기사업법령에 따라 허가받은 사항 중 산업통상자원부령으로 정하는 중요 사항을 변경하려는 경우 산업통상자원부장관의 허가를 받아야 한다. 이 중요 사항에 포함되지 않는 것은?

① 사업자가 변경되는 경우
② 사업구역이 변경되는 경우
③ 공급전압이 변경되는 경우
④ 특정한 공급구역이 변경되는 경우

해설
변경허가사항 등(전기사업법 시행규칙 제5조)
법 제7조 제1항 후단에서 "산업통상자원부령으로 정하는 중요 사항"이란 다음 각 호의 사항을 말한다.
• 사업구역 또는 특정한 공급구역
• 공급전압

정답 9 ① 10 ① 11 ③ 12 ①

13 전기사업법령에 따라 기초조사에 포함되어야 할 사항 중 경제·사회 분야의 세부항목으로 옳은 것은?

① 발전사업에 따른 지역경제 활성화 방안
② 발전설비 건설에 따른 환경오염 최소화 방안
③ 발전설비에 대한 환경 규제 및 기준에 관한 사항
④ 발전사업에 따른 인구 전출 유발 효과에 관한 사항

해설

기초조사 및 의견청취의 실시(전기사업법 시행령 제16조의2)
기초조사에 포함되어야 할 사항

분야	세부 항목
환경 분야	• 발전설비에 대한 환경 규제 및 기준에 관한 사항 • 발전설비가 대기·수질 및 토지 등의 환경과 주변 지역에 미치는 영향에 관한 분석 및 대책 • 발전설비 건설에 따른 환경오염 최소화 방안 • 발전설비 운영에 따른 오염물질 배출량에 관한 분석 및 오염물질 배출 저감을 위한 설비 구축 방안
경제·사회 분야	• 발전사업에 따른 지역경제 활성화 방안 • 발전사업에 따른 인구 유입 및 고용 유발 효과에 관한 사항

14 신에너지 및 재생에너지 개발·이용·보급 촉진 법령에 따른 신재생에너지 공급의무자의 2021년도 의무공급량의 비율[%]은?

① 5　　② 6
③ 7　　④ 9

해설

연도별 의무공급량의 비율(신에너지 및 재생에너지 개발·이용·보급 촉진법 시행령 별표 3)

해당 연도	비율[%]
2012년	2.0
2013년	2.5
2014년	3.0
2015년	3.0
2016년	3.5
2017년	4.0
2018년	5.0
2019년	6.0
2020년	7.0
2021년	9.0
2022년	10.0
2023년 이후	10.0

15 신에너지 및 재생에너지 개발·이용·보급 촉진 법령에 따른 신재생에너지정책심의회의 심의사항이 아닌 것은?

① 신재생에너지의 기술개발 및 이용·보급에 관한 중요 사항
② 기후변화대응 기본계획, 에너지기본계획 및 지속가능발전 기본계획에 관한 사항
③ 신재생에너지 발전에 의하여 공급되는 전기의 기준가격 및 그 변경에 관한 사항
④ 대통령령으로 정하는 경미한 사항을 변경하는 경우를 제외한 기본계획의 수립 및 변경에 관한 사항

해설

신재생에너지정책심의회(신에너지 및 재생에너지 개발·이용·보급 촉진법 제8조)
• 신재생에너지의 기술개발 및 이용·보급에 관한 중요 사항을 심의하기 위하여 산업통상자원부에 신재생에너지정책심의회(이하 "심의회"라 한다)를 둔다.
• 심의회는 다음 각 호의 사항을 심의한다.
　- 기본계획의 수립 및 변경에 관한 사항. 다만, 기본계획의 내용 중 대통령령으로 정하는 경미한 사항을 변경하는 경우는 제외한다.
　- 신재생에너지의 기술개발 및 이용·보급에 관한 중요 사항
　- 신재생에너지 발전에 의하여 공급되는 전기의 기준가격 및 그 변경에 관한 사항
　- 신재생에너지 이용·보급에 필요한 관계 법령의 정비 등 제도개선에 관한 사항
　- 그 밖에 산업통상자원부장관이 필요하다고 인정하는 사항
• 심의회의 구성·운영과 그 밖에 필요한 사항은 대통령령으로 정한다.

16 태양광발전 어레이에 뇌 서지가 침입할 우려가 있는 장소의 대지와 회로 간에 설치하는 것은?

① SPD　　② ELB
③ ZCT　　④ MCCB

해설

뇌 서지가 발생할 경우 대지와 회로 간에 설치하는 가장 좋은 방법은 낙뢰보호장치(SPD ; Surge Protect Device)를 설치하는 것이다.
• 공칭 방전전류는 10[kA] 이상
• 최대연속 운전전압은 직류(DC) 600[V], 1,000[V]

정답　13 ①　14 ④　15 ②　16 ①

17 신에너지 및 재생에너지 개발·이용·보급 촉진법령에 따라 공급인증기관이 제정하는 공급인증서 발급 및 거래시장 운영에 관한 규칙에 포함되는 사항으로 틀린 것은?

① 공급인증서의 거래방법에 관한 사항
② 공급인증서의 가격의 결정방법에 관한 사항
③ 신재생에너지 공급량의 증명에 관한 사항
④ 저탄소 녹색성장과 관련된 법제도에 관한 사항

해설
운영규칙의 제정 등(신에너지 및 재생에너지 개발·이용·보급 촉진법 시행규칙 제2조의4)
공급인증기관이 제정하는 공급인증서 발급 및 거래시장 운영에 관한 규칙에는 다음 각 호의 사항이 포함되어야 한다.
(1) 공급인증서의 발급, 등록, 거래 및 폐기 등에 관한 사항
(2) 신재생에너지 공급량의 증명에 관한 사항
(3) 공급인증서의 거래방법에 관한 사항
(4) 공급인증서 가격의 결정방법에 관한 사항
(5) 공급인증서 거래의 정산 및 결제에 관한 사항
(6) (1)과 관련된 정보의 공개 및 분쟁조정에 관한 사항
(7) 그 밖에 공급인증서의 발급 및 거래시장 운영에 필요한 사항

18 태양광발전시스템 설치장소 선정 시 고려사항과 관계가 없는 것은?

① 도로 접근성이 용이하여야 한다.
② 일사량 및 일조시간을 고려해야 한다.
③ 설치장소의 고도 및 기압을 고려해야 한다.
④ 전력계통 연계조건이 어떠한지 살펴야 한다.

해설
태양광발전시스템 설치장소 선정 시 고려사항
• 일사량 및 일조시간을 고려해야 한다.
• 도로의 접근이 용이해야 한다.
• 전력계통 연계조건이 어떤지 미리 살펴보아야 한다.

19 신재생에너지 공급의무화제도 및 연료 혼합의무화제도 관리·운영지침에 따른 용어의 정의 중 정부와 에너지공급사 간에 신재생에너지 확대 보급을 위해 체결한 협약을 말하는 약어로 옳은 것은?

① RFS
② REC
③ REP
④ RPA

해설
신재생에너지 공급의무화제도 관리 및 운영지침 등(신재생에너지 공급의무화제도 및 연료 혼합의무화제도 관리·운영지침) 중 용어의 정의
• 신재생에너지 연료 혼합의무화제도(RFS ; Renewable Fuel Standard) : 수송용 연료 공급자(혼합의무자)가 기존 화석연료(경유)에 바이오연료(바이오디젤)를 일정 비율 혼합하여 공급하도록 의무화하는 제도
• 신재생에너지원별 공급인증서(REC ; Renewable Energy Certificate) : 공급인증서의 발급 및 거래단위로서 공급인증서 발급대상 설비에서 공급된 MWh 기준의 신재생에너지 전력량에 대해 가중치를 곱하여 부여하는 단위를 말한다.
• 신재생에너지 생산인증서(REP ; Renewable Energy Point) : 생산인증서의 발급 및 거래단위로서 생산인증서 발급대상 설비에서 생산된 MWh 기준의 신재생에너지 전력량에 대해 부여하는 단위를 말한다.
• 신재생에너지 개발공급협약(RPA ; Renewable Portfolio Agreement) : 정부와 에너지공급사 간에 신재생에너지 확대 보급을 위해 체결한 협약을 말한다.

20 경제성 분석기법에서 적용하는 할인율(r)이란 무엇을 의미하는가?

① 인플레이션 비율
② 과거 이자율에 대한 현재의 이자율
③ 미래의 가치를 현재의 가치와 같게 하는 비율
④ 현재 시점의 금전에 대한 금전 시점의 가치 비율

해설
할인율(r)
사업의 경제성 분석 과정에서 연차별로 발생하는 비용과 편익을 현재가치로 환산하는 데 적용하는 이자율로, 투자금 대비 미래 수익의 현재가치를 말한다. 즉, 할인율이 높을수록 경제성이 떨어진다는 의미다.

제2과목 태양광발전 설계

21 전기설비기술기준에 따라 저압전선로 중 절연부분의 전선과 대지 사이 및 전선의 심선 상호 간의 절연저항은 사용전압에 대한 누설전류가 최대 공급전류의 얼마를 넘지 않도록 하여야 하는가?

① 1/1,000
② 1/2,000
③ 1/3,000
④ 1/4,000

정답 17 ④ 18 ③ 19 ④ 20 ③ 21 ②

해설
전선로의 전선 및 절연성능(전기설비기술기준 제27조)
- 저압 가공전선(중성선 다중접지식에서 중성선으로 사용하는 전선을 제외) 또는 고압 가공전선은 감전의 우려가 없도록 사용전압에 따른 절연성능을 갖는 절연전선 또는 케이블을 사용하여야 한다. 다만, 해협 횡단·하천 횡단·산악지 등 통상 예견되는 사용 형태로 보아 감전의 우려가 없는 경우에는 그러하지 아니하다.
- 지중전선(지중전선로의 전선을 말한다)은 감전의 우려가 없도록 사용전압에 따른 절연성능을 갖는 케이블을 사용하여야 한다.
- 저압 전선로 중 절연 부분의 전선과 대지 사이 및 전선의 심선 상호 간의 절연저항은 사용전압에 대한 누설전류가 최대 공급전류의 1/2,000을 넘지 않도록 하여야 한다.

23 전력기술관리법령에 따라 전문감리업 면허보유자가 수행할 수 있는 감리업의 영업 범위는?

① 발전설비용량 10만[kW] 미만의 전력시설물
② 발전설비용량 15만[kW] 미만의 전력시설물
③ 발전설비용량 20만[kW] 미만의 전력시설물
④ 발전설비용량 25만[kW] 미만의 전력시설물

해설
전문감리업 면허보유자가 수행할 수 있는 감리업의 영업 범위는 발전설비용량 100,000[kW] 미만의 전력시설물이다.

22 얕은 기초의 침하량에 대한 설명으로 틀린 것은?

① 얕은 기초의 침하는 즉시침하, 일차압밀침하, 이차압밀침하를 합한 것을 말한다.
② 이차압밀침하는 즉시침하 완료 후의 시간-침하관계 곡선의 기울기를 적용하여 계산한다.
③ 일차압밀침하량은 지반의 압축특성, 유효응력변화, 지반의 투수성, 경계조건 등을 고려하여 계산한다.
④ 기초하중에 의해 발생된 지중응력의 증가량이 초기응력에 비해 상대적으로 작지 않은 영향 깊이 내 지반을 대상으로 침하를 계산한다.

해설
얕은 기초의 침하량
- 얕은 기초의 침하는 즉시침하, 일차압밀침하, 이차압밀침하를 합한 것이다.
- 일차압밀침하량은 지반의 압축특성, 유효응력변화, 지반의 투수성, 경계조건 등을 고려하여 계산한다.
- 이차압밀침하량은 일차압밀침하량 완료 후 발생하는 이차압밀침하의 log(시간)-침하량 관계에서 거의 직선적인 거동을 나타내며 유기질 함유량이 많고, 점성토층이 두터울수록 증가한다. 이차압밀침하는 유효응력비, 하중 증가비, 온도, 시간 등에 영향을 받으며, 일차압밀 종료시점의 점성토층 두께, 일차압밀시간, 이차압밀시간 등을 이용하여 계산한다.
- 기초하중에 의해 발생된 지중응력의 증가량이 초기응력에 비해 상대적으로 작지 않은 영향 깊이 내 지반을 대상으로 침하를 계산한다.

24 해칭선에 대한 설명으로 옳은 것은?

① 가는 실선을 45° 기울여 사용
② 가는 실선을 65° 기울여 사용
③ 굵은 실선을 55° 기울여 사용
④ 굵은 실선을 75° 기울여 사용

해설
해칭(Hatching)이란 부문별로 여러 형태로 표현이 되지만 기계부문에서 사용하는 용어로, 물체의 내부에 형상을 갖는 부분을 투상하면 은선으로 표기가 되는데, 내부의 형상을 정확하게 표현할 수 있는 부분을 약속된 규격에 의해 임의로 잘라서 표현하기 위해 단면법을 이용하게 된다. 이때 임의로 잘려 단면처리가 된 부분은 가는 실선의 사선으로 그어 나타내게 하는 것을 말하며, 이렇게 그어진 선을 해칭선이라고 한다.

- **해칭의 방법**
  - 단일품의 해칭은 단면 부분이 떨어져 있어도 기본적으로 45°의 사선으로 단면된 부분을 긋는다.
  - 해칭선의 간격은 약 2~3[mm] 정도의 등간격으로 긋는다.
  - 해칭이 되는 부분에 문자 또는 치수선이 쓰여야 하는 경우에는 겹쳐지지 않게 해칭선을 긋는다(CAD에서는 문자 또는 치수선을 먼저 작업을 한 후에 해칭을 하면 겹쳐지지 않는다).
  - 조립된 부품에서의 단면 해칭은 인접한 부품마다 구분을 위하여 해칭의 방향, 해칭선의 간격 또는 각도의 값을 달리하여 긋는다.
  - 기울어진 부품의 해칭은 부품의 외형선과 평행하게 그어서는 안 된다.
  - 비금속 재료의 단면은 해칭선의 모양을 바꾸어도 된다.
  - 암나사의 경우는 내경부까지 해칭을 하며 수나사와 결합이 되었다면 결합된 부분까지는 수나사를 기준으로 하기 때문에 수나사의 외경까지 해칭을 한다.

25 전력시설물 공사감리업무 수행지침에 따라 공사가 시작된 경우 공사업자가 감리원에게 제출하는 착공신고서에 포함되지 않는 것은?(단, 그 밖에 발주자의 지정한 사항이 없는 경우이다)

① 작업인원 및 장비투입 계획서
② 관계자 회의 및 협의사항 기록대장
③ 공사도급 계약서 사본 및 산출내역서
④ 현장기술자 경력사항 확인서 및 자격증 사본

해설

착공신고서의 검토 및 보고(전력시설물 공사감리업무 수행지침 제1조)
감리원은 공사가 시작된 경우에는 공사업자로부터 다음의 서류가 포함된 착공신고서를 제출받아 적정성 여부를 검토하여 7일 이내에 발주자에게 보고하여야 한다.
• 시공관리책임자 지정통지서(현장관리조직, 안전관리자)
• 공사 예정공정표
• 품질관리계획서
• 공사도급 계약서 사본 및 산출내역서
• 공사 시작 전 사진
• 현장기술자 경력사항 확인서 및 자격증 사본
• 안전관리계획서
• 작업인원 및 장비투입 계획서
• 그 밖에 발주자가 지정한 사항

26 한국전기설비규정에 따른 전기울타리의 시설기준에 대한 설명으로 틀린 것은?

① 전기울타리는 사람이 쉽게 출입하지 아니하는 곳에 시설할 것
② 전선과 이를 지지하는 기둥 사이의 이격거리는 25[mm] 이상일 것
③ 전선은 인장강도 1.38[kN] 이상의 것 또는 지름 2[mm] 이상의 경동선일 것
④ 전선과 다른 시설물(가공전선은 제외) 또는 수목 사이의 이격거리는 50[cm] 이상일 것

해설

전기울타리의 시설(KEC 241.1.3)
전기울타리는 다음에 의하고 또한 견고하게 시설하여야 한다.
• 전기울타리는 사람이 쉽게 출입하지 아니하는 곳에 시설할 것
• 전선은 인장강도 1.38[kN] 이상의 것 또는 지름 2[mm] 이상의 경동선일 것
• 전선과 이를 지지하는 기둥 사이의 이격거리는 25[mm] 이상일 것
• 전선과 다른 시설물(가공 전선 제외) 또는 수목과의 이격거리는 0.3[m] 이상일 것

27 태양광발전 어레이의 세로길이 L이 1.95[m], 어레이 경사각 25°, 태양의 고도각이 21°로 산정하여 북위 37° 지방에서 태양광발전시스템을 설치하고자 할 때 어레이 간 최소 이격거리는 약 몇 [m]인가?

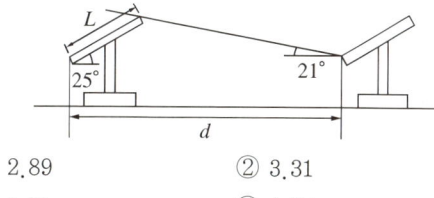

① 2.89
② 3.31
③ 3.91
④ 4.54

해설

태양광 어레이 간 최소 이격거리(d)
$$= L \times \frac{\sin(180° - \alpha - \beta)}{\sin\beta} = 1.95 \times \frac{\sin(180 - 25 - 21)}{\sin 21}$$
$\fallingdotseq 3.9142 \fallingdotseq 3.91[m]$

28 한국전기설비규정에 따른 저압 옥내직류 전기설비에 대한 시설기준으로 틀린 것은?

① 옥내전로에 연계되는 축전지는 접지측 도체에 과전압보호장치를 시설하여야 한다.
② 축전지실 등은 폭발성의 가스가 축적되지 않도록 환기장치 등을 시설하여야 한다.
③ 저압 직류전로에 과전류차단장치를 시설하는 경우 직류단락전류를 차단하는 능력을 가지는 것이어야 하고 "직류용" 표시를 하여야 한다.
④ 저압 직류전기설비를 접지하는 경우에는 직류누설전류에 의한 전기부식작용으로 인한 접지극이나 다른 금속체에 손상의 위험이 없도록 시설하여야 한다.

정답 25 ② 26 ④ 27 ③ 28 ①

[해설]
저압 옥내 직류전기설비(KEC 243)
- 저압 직류과전류차단장치(KEC 243.1.3)
  보호장치의 특성에 의하여 저압 직류전로에 과전류차단장치를 시설하는 경우 직류단락전류를 차단하는 능력을 가지는 것이어야 하고 "직류용" 표시를 하여야 한다.
- 축전지실 등의 시설(KEC 243.1.7)
  - 옥내전로에 연계되는 축전지는 비접지측 도체에 과전류보호장치를 시설하여야 한다.
  - 축전지실 등은 폭발성의 가스가 축적되지 않도록 환기장치 등을 시설하여야 한다.
- 저압 직류전기설비의 전기부식 방지(KEC 243.1.6)
  저압 옥내 직류전기설비의 접지에 의하여 저압 직류전기설비를 접지하는 경우에는 직류누설전류에 의한 전기부식작용으로 인한 접지극이나 다른 금속체에 손상의 위험이 없도록 시설하여야 한다. 다만, 저압 직류지락차단장치에 의한 직류지락차단장치를 시설한 경우에는 그러하지 아니하다.

29 전력시설물 공사감리업무 수행지침에 따라 부분중지를 지시할 수 있는 사유가 아닌 것은?

① 동일 공정에 있어 2회 이상 시정지시가 이행되지 않을 때
② 동일 공정에 있어 2회 이상 경고가 있었음에도 이행되지 않을 때
③ 안전시공상 중대한 위험이 예상되어 물적, 인적 중대한 피해가 예견될 때
④ 재시공 지시가 이행되지 않는 상태에서 다음 단계의 공정이 진행됨으로써 하자발생이 될 수 있다고 판단될 때

[해설]
부분중지 사유(전력시설물 공사감리업무 수행지침 제41조)
- 재시공 지시가 이행되지 않는 상태에서 다음 단계의 공정이 진행됨으로써 하자발생이 될 수 있다고 판단될 때
- 안전시공상 중대한 위험이 예상되어 중대한 물적, 인적 피해가 예견될 때
- 동일 공정에 있어 3회 이상 시정지시가 있음에도 이행되지 않을 때
- 동일 공정에 있어 2회 이상 경고가 있었음에도 이행되지 않을 때

30 전력시설물 공사감리업무 수행지침에 따른 감리용역 계약문서가 아닌 것은?

① 설계도서   ② 과업지시서
③ 감리비 산출내역서 ④ 기술용역입찰유의서

[해설]
정의(전력시설물 공사감리업무 수행지침 제3조)
감리용역 계약문서는 계약서, 기술용역입찰유의서, 기술용역계약 일반조건, 감리용역계약 특수조건, 과업지시서, 감리비 산출내역서 등으로 구성되며, 이들 계약문서는 상호 보완의 효력을 가진다.

31 단상 3선식의 전압강하(e)에 대한 계산식으로 옳은 것은?(단, L : 전선의 길이[m], I : 전류[A], A : 사용전선의 단면적[mm²]이다)

① $e = \dfrac{35.8 \times L \times I}{1,000 \times A}$ ② $e = \dfrac{30.8 \times L \times I}{1,000 \times A}$

③ $e = \dfrac{17.8 \times L \times I}{1,000 \times A}$ ④ $e = \dfrac{25.6 \times L \times I}{1,000 \times A}$

[해설]
전압강하 계산식

배전방식	전압강하	대상 전압강하
단상 2선식	$e = \dfrac{35.6 \times L \times I}{1,000 \times A}$	선 간
3상 3선식	$e = \dfrac{30.8 \times L \times I}{1,000 \times A}$	선 간
단상 3선식	$e = \dfrac{17.8 \times L \times I}{1,000 \times A}$	대지 간
3상 4선식	$e = \dfrac{17.8 \times L \times I}{1,000 \times A}$	대지 간

e : 전압강하[V], I : 부하전류[A], L : 전선의 길이[m], A : 사용전선의 단면적[mm²]

32 어레이 설치 지역의 설계속도압이 1,100[N/m²], 유효수압면적이 8.0[m²]인 어레이의 풍하중은 약 몇 [kN]인가?(단, 거스트(Gust) 영향계수는 1.8, 풍압계수는 1.3을 적용한다)

① 13,500   ② 17,555
③ 20,592   ④ 25,145

[해설]
어레이의 풍하중(W) = 영향계수 × 풍압계수 × 유효수압면적 × 설계속도압 = 1.8 × 1.3 × 8 × 1.1 ≒ 20.592[kN]

정답 29 ① 30 ① 31 ③ 32 ③

33 분산형전원 배전계통연계 기술기준에 따라 Hybrid 분산형전원의 변동 빈도를 정의하기 어렵다고 판단되는 경우에는 순시전압변동률을 몇 [%]로 적용하여야 하는가?

① 2　　② 3
③ 4　　④ 5

해설
순시전압변동(분산형전원 계통연계 기술기준 등 제16조)
특고압 계통의 경우, 분산형전원의 연계로 인한 순시전압변동률은 발전원의 계통 투입·탈락 및 출력변동 빈도에 따라 다음의 표에서 정하는 허용기준을 초과하지 않아야 한다. 단, 해당 분산형전원의 변동 빈도를 정의하기 어렵다고 판단되는 경우에는 순시전압변동률 3[%]를 적용한다. 또한, 해당 분산형전원에 대한 변동 빈도 적용에 대해 설치자의 이의가 제기되는 경우, 설치자가 이에 대한 논리적 근거 및 실험적 근거를 제시하여야 하고 이를 근거로 변동 빈도를 정할 수 있으며, 제10조에 의한 감시설비를 설치하고 이를 확인하여야 한다. Hybrid 분산형전원의 순시전압변동률은 ESS의 계통병입·탈락 빈도와 분산형전원의 계통병입·탈락 빈도를 합산한 값에 대하여 다음의 표에서 정하는 허용기준을 초과하지 않아야 한다. 단, 해당 Hybrid 분산형전원의 변동 빈도를 정의하기 어렵다고 판단되는 경우에는 순시전압변동률 3[%]를 적용한다.

변동빈도	순시전압변동률
1시간에 2회 초과 10회 이하	3[%]
1일 4회 초과 1시간에 2회 이하	4[%]
1일에 4회 이하	5[%]

34 설계감리업무 수행지침에 따라 설계감리원은 설계업자로부터 착수신고서를 제출받아 어떤 사항에 대하여 적정성 여부를 검토하여 보고하는가?

① 설계감리일지, 예정공정표
② 설계감리일지, 근무상황부
③ 예정공정표, 과업수행계획 등 그 밖에 필요한 사항
④ 설계감리기록부, 과업수행계획 등 그 밖에 필요한 사항

해설
설계용역의 관리(설계감리업무 수행지침 제8조)
설계감리원은 설계업자로부터 착수신고서를 제출받아 다음 사항에 대한 적정성 여부를 검토하여 보고하여야 한다.
• 예정공정표
• 과업수행계획 등 그 밖에 필요한 사항

35 분산형전원 배전계통연계 기술기준의 용어 정의 중 다음 설명에 해당하는 것은?

> 한전계통상에서 검토 대상 분산형전원으로부터 전기적으로 가장 가까운 지점으로서 다른 분산형전원 또는 전기사용 부하가 존재하거나 연결될 수 있는 지점을 말한다.

① 접속점
② 공통 연결점
③ 분산형전원 연결점
④ 분산형전원 검토점

해설
정의(분산형 전원 계통연계 기술기준 등 제3조)
• 접속점 : 접속설비와 분산형전원 설치자측 전기설비가 연결되는 지점을 말한다. 한전 계통과 구내계통의 경계가 되는 책임 한계점으로서 수급지점이라고도 한다(그림 참조).
• 공통 연결점(PCC ; Point of Common Coupling) : 한전 계통상에서 검토 대상 분산형전원으로부터 전기적으로 가장 가까운 지점으로서 다른 분산형전원 또는 전기사용 부하가 존재하거나 연결될 수 있는 지점을 말한다. 검토 대상 분산형전원으로부터 생산된 전력이 한전 계통에 연결된 다른 분산형전원 또는 전기사용 부하에 영향을 미치는 위치로도 정의할 수 있다(그림 참조).
• 분산형전원 연결점(Point of DR Connection) : 구내계통 내에서 검토 대상 분산형전원이 존재하거나 연결될 수 있는 지점을 말한다. 분산형전원이 해당 구내계통에 전기적으로 연결되는 분전반 등을 분산형전원 연결점으로 볼 수 있다(그림 참조).
• 검토점(POE ; Point of Evaluation) : 분산형전원 연계 시 이 기준에서 정한 기술요건들이 충족되는지를 검토하는 데 있어 기준이 되는 지점을 말한다.

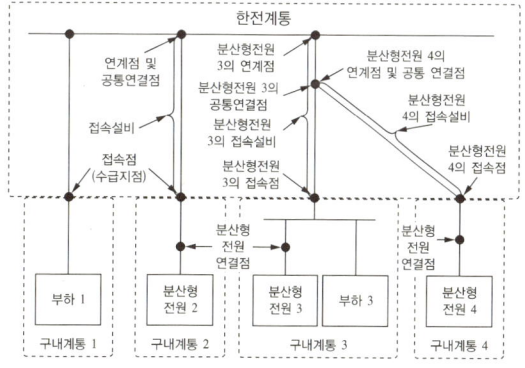

[연계 관련 용어 간의 관계]

정답 33 ② 34 ③ 35 ②

36 전기시설물 설계 시 설계도서의 실시설계 성과물로 묶이지 않은 것은?

① 내역서, 산출서, 견적서
② 설계설명서, 설계도면, 공사시방서
③ 용량계산서, 간선계산서, 부하계산서
④ 공사비 내역서, 용량계획서, 시스템선정 검토서

해설
실시설계 성과물
설계도면, 시방서, 공사비적산서, 각종 계산서, 기타 협의기록 등으로 이루어지며, 일반적으로 다음의 표와 같다.

실시설계 성과물	실시설계도서	설계설명서
		설계도면
		공사시방서
	공사비견적서	내역서
		산출서
		견적서
	설계계산서	조도계산서
		부하계산서
		간선계산서
		용량계산서(변압기, 발전기 등)
		기타 계산서
	기타 사항	관공서 협의기록
		관계자 협의기록
		기타 기록(설계자문, 심의 등)

37 한국전기설비규정에 따라 저압 가공전선로의 지지물은 목주인 경우, 풍압하중의 몇 배의 하중에 견디는 강도를 가지는 것이어야 하는가?

① 1.2   ② 1.5
③ 1.6   ④ 2

해설
저압 가공전선로의 지지물의 강도(KEC 222.8)
저압 가공전선로의 지지물은 목주인 경우에는 풍압하중의 1.2배의 하중, 기타의 경우에는 풍압하중에 견디는 강도를 가지는 것이어야 한다.

38 전력기술관리법령에 따른 감리원의 업무범위가 아닌 것은?

① 현장 조사·분석
② 공사 단계별 기성 확인
③ 입찰참가자 자격심사 기준 작성
④ 현장 시공상태의 평가 및 기술지도

해설
③ 입찰참가자 자격심사 기준 작성은 발주자 지원업무수행자의 업무범위이다.
감리원의 업무 등(전력기술관리법 시행규칙 제22조)
• 현장 조사·분석
• 공사 단계별 기성(旣成)확인
• 행정지원업무
• 현장 시공상태의 평가 및 기술지도
• 공사감리업무에 관련되는 각종 일지 작성 및 부대 업무

39 구조물 이격거리 산정 시 고려사항이 아닌 것은?

① 상부구조물의 하중
② 가대의 경사도와 높이
③ 설치될 장소의 경사도
④ 동지 시 발전 가능 한계 시간에서 태양의 고도

해설
구조물 이격거리 산정 시 고려사항
• 가대의 경사도와 높이
• 설치될 장소의 경사도
• 동지 시 발전 가능 한계 시간에서의 태양의 고도
• 주변에 구조물이 방해를 주지 않을 정도의 거리

40 전기실의 면적에 영향을 주는 요소로 틀린 것은?

① 변압기 용량
② 기기의 배치방법
③ 건축물의 구조적 여건
④ 태양광발전 모듈의 배선방법

해설
변전실(전기실) 면적에 영향을 주는 요소
- 수전전압 및 수전방식
- 변전설비 변압방식, 변압기 용량, 수량 및 형식
- 설치 기기와 큐비클의 종류 및 시방
- 기기의 배치방법 및 유지보수 필요면적
- 건축물의 구조적 여건

제3과목 태양광발전 시공

41 전류의 이동으로 발생하는 현상이 아닌 것은?

① 발열작용 ② 화학작용
③ 탄화작용 ④ 자기작용

해설
전류의 이동은 주울열을 발생하고, 전지의 화학작용과 변압기의 자기작용을 일으킨다.

42 트랜지스터의 컬렉터 누설전류가 주위온도가 변화함에 따라 20[μA]에서 100[μA]로 증가할 때 컬렉터 전류가 0.8[mA]에서 1.2[mA]로 증가하였다면 안정계수 S는 얼마인가?

① 0.05 ② 0.2
③ 5 ④ 20

해설
안정계수 $S = \dfrac{\text{컬렉터 전류차}}{\text{컬렉터 누설 전류차}}$

$= \dfrac{(1.2-0.8)[\text{mA}]}{(100-20)[\mu\text{A}]} = \dfrac{0.4 \times 10^{-3}}{80 \times 10^{-6}} = 5$

43 볼트 접합 및 핀 연결(KSC 14 31 25 : 2019)에서 정의하는 고장력 볼트의 호칭에 따른 조임길이(볼트 접합되는 판들의 두께 합)에 더하는 길이(너트 1개, 와셔 2개 두께와 나사피치 3개의 합)로 틀린 것은?(단, TS 볼트의 경우는 제외한다)

① M16 - 30[mm] ② M20 - 35[mm]
③ M26 - 50[mm] ④ M30 - 55[mm]

해설
고장력 볼트의 조임길이에 더하는 길이

고장력 볼트의 호칭	조임길이[주1]에 더하는 길이[주2][mm]
M16	30
M20	35
M22	40
M24	45
M27	50
M30	55

주 1) 조임길이는 볼트접합되는 판들의 두께 합이다.
  2) 조임길이에 더하는 길이는 너트 1개, 와셔 2개 두께와 나사피치 3개의 합이다. 다만, TS 볼트의 경우에는 위의 값에서 와셔 1개의 두께를 뺀 길이를 적용한다.

44 전력계통에 사용되는 제어반 내에 설치되는 지시계기의 오차계급에 대한 설명으로 틀린 것은?

① 위상계의 계급은 5.0급 이하로 한다.
② 역률계의 계급은 5.0급 이하로 한다.
③ 주파수계의 계급은 5.0급 이하로 한다.
④ 무효전력계의 계급은 5.0급 이하로 한다.

해설
일반적으로 주파수계의 계급은 0.5급 또는 1.0급으로 한다.

45 자연 상태의 토량 1,000[m³]를 흐트러진 상태로 하면 토량은 몇 [m³]로 되는가?(단, 흐트러진 상태의 토량 변화율은 1.2, 다져진 상태의 토량 변화율은 0.9이다)

① 833 ② 900
③ 1,111 ④ 1,200

정답 41 ③ 42 ③ 43 ③ 44 ③ 45 ④

해설
흐트러진 상태의 토량 변화율이 1.2를 자연 상태의 토량 1,000[m³] 곱하면 1,200[m³]으로 산출된다.

46 전력계통에 순간정전이 발생하여 태양광발전용 인버터가 정지할 때 동작되는 계전기는?

① 역상계전기 ② 과전류계전기
③ 과전압계전기 ④ 저전압계전기

해설
순간정전으로 인하여 태양광발전용 인버터가 정지할 때 저전압계전기(UVR)가 동작한다.

47 차단기의 트립방식으로 틀린 것은?

① 저항 트립방식 ② CT 트립방식
③ 콘덴서 트립방식 ④ 부족전압 트립방식

해설
차단기의 트립방식은 직류전압 트립방식, 과전류 트립방식, 콘덴서 트립방식, CT 트립방식 및 부족전압 트립방식이 있다.

48 한국전기설비규정에 따라 금속관을 콘크리트에 매입하는 것은 관의 두께가 몇 [mm] 이상이어야 하는가?

① 1 ② 1.2
③ 1.5 ④ 2

해설
강제전선관의 두께는 콘크리트 매입할 경우는 1.2[mm] 이상, 그 밖의 경우는 1.0[mm] 이상으로 한다.

49 일반적으로 고장전류 중 가장 큰 전류는?

① 1선 지락전류 ② 2선 지락전류
③ 선간 단락전류 ④ 3상 단락전류

해설
고장전류의 크기는 1선 지락전류 < 선간 단락전류 < 2선 지락전류 < 3상 단락전류 순으로 3상 단락전류가 가장 크다.

50 신재생에너지 설비의 지원 등에 관한 지침에 따라 태양광발전 접속함의 설치에 대한 설명으로 틀린 것은?

① 접속함 및 접속함 일체형 인버터는 KS 인증제품을 설치하여야 한다.
② 직사광선 노출이 적고, 소유자의 접근 및 육안확인이 용이한 장소에 설치하여야 한다.
③ 접속함 일체형 인버터 중 인버터의 용량이 100[kW]를 초과하는 경우에는 접속함은 품질기준(KS C 8565)을 만족하여야 한다.
④ 지락, 낙뢰, 단락 등으로 인해 태양광설비가 이상(異常)현상이 발생한 경우 경보등이 켜지거나 경보장치가 작동하여 즉시 외부에서 육안확인이 가능하여야 한다.

해설
접속함 일체형 인버터는 접속함 관련 표준(KS C 8567) 및 인버터 관련 표준(KS C 8564 및 8565)을 각각 만족해야 한다.

51 일정전압의 직류전원에 저항을 접속하고 전류를 흘릴 때 이 전류 값을 20[%] 증가시키기 위해서는 저항값을 어떻게 하면 되는가?(단, 변경 전 저항 R_1, 변경 후 저항 R_2이다)

① $R_2 ≒ 0.17 \times R_1$ ② $R_2 ≒ 0.23 \times R_1$
③ $R_2 ≒ 0.67 \times R_1$ ④ $R_2 ≒ 0.83 \times R_1$

해설
직류 전원의 전압이 일정하므로 전류는 저항과 반비례하고 또 전류가 20[%] 증가시키면 감소된 저항값이 산출된다.
$$\frac{R'}{R} = \frac{I}{1.2I} = \frac{1}{1.2} ≒ 0.833$$
처음 저항의 0.833배가 된다.

52 특수 목적 다이오드 중 다음 내용에 해당하는 것은?

> 역방향 항복 영역에서도 동작하도록 설계되었다는 점에서 일반 정류 다이오드와는 다른 실리콘 PN 접합소자이다. 주로 부하에 일정한 전압을 공급하기 위한 정전압 회로에 사용된다.

① 제너 다이오드 ② 발광 다이오드
③ 바이패스 다이오드 ④ 역류방지 다이오드

정답 46 ④ 47 ① 48 ② 49 ④ 50 ③ 51 ④ 52 ①

해설
제너 다이오드는 부하에 일정한 전압을 공급하기 위한 정전압 회로에 사용되는 소자이다.

53 한국전기설비규정에 따라 라이팅 덕트공사에 의한 저압 옥내배선의 시설기준으로 틀린 것은?

① 덕트는 조영재에 견고하게 붙일 것
② 덕트의 지지점 간의 거리는 2[m] 이하로 할 것
③ 덕트는 조영재를 관통하여 시설하지 아니할 것
④ 덕트의 개구부(開口部)는 위로 향하여 시설할 것

해설
저압 옥내배선의 시설기준으로 라이팅 덕트를 설치할 때 덕트의 개구부는 아래쪽으로 향하도록 설치한다.

54 태양광발전시스템의 피뢰설비를 회전구체법으로 할 경우 회전구체 반지름(R)은 몇 [m]인가?(단, 보호레벨 Ⅳ등급으로 한다)

① 20   ② 30
③ 45   ④ 60

해설
태양광발전시스템 피뢰설비는 회전구체법의 보호레벨 Ⅳ등급을 적용하여 반지름을 60[m]로 한다.

55 송·수전단의 전압이 각각 350[kV], 345[kV]이고 선로의 리액턴스가 60[Ω]일 때 송전전력[MW]은?
(단, 송·수전단 전압의 위상차는 30°이다)

① 442.75   ② 885.5
③ 1,006.25 ④ 1,771

해설
송전전력 P는 송수전단 전압과 상차각 및 리액턴스로 산출된다.
$P = \dfrac{E_s E_r}{X}\sin\delta = \dfrac{350,000 \times 345,000}{60} \times \sin 30$
$= 1,006.25 [MW]$

56 그림과 같이 접지저항계를 이용하여 접지저항을 측정하고자 한다. 정확한 측정값을 얻기 위하여 E전극과 P전극 사이의 거리는 E전극과 C전극 사이의 거리에 몇 [%] 위치에 설치하여야 하는가?

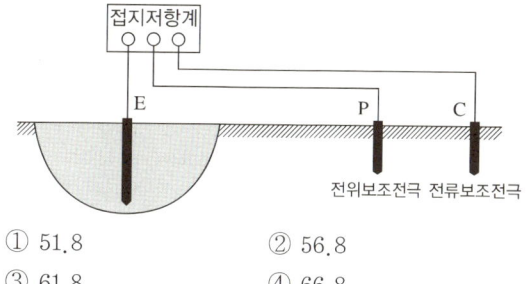

① 51.8   ② 56.8
③ 61.8   ④ 66.8

해설
전위강하법의 61.8[%] 법칙으로 접지저항 측정 시 전류보조극과 전압보조극의 간격을 기준 전극을 중심으로 61.8[%]일 때 정확한 접지저항 측정값을 얻을 수 있다는 법칙이다.

57 송전선로의 안정도 증진방법으로 틀린 것은?

① 전압변동을 작게 한다.
② 중간 조상방식을 채택한다.
③ 직렬 리액턴스를 크게 한다.
④ 고장 시 발전기 입·출력의 불평형을 작게 한다.

해설
직렬 리액턴스를 크게 하면 송전선로의 임피던스가 커져 저항요소가 증가하므로 직렬 리액턴스를 감소하여 송전선로의 안정도를 증진한다.

58 태양광발전시스템 공사에 적용될 기본풍속에 대한 설명으로 틀린 것은?

① 10분간의 평균풍속이다.
② 재현기간 100년의 풍속이다.
③ 지역별 풍속에는 서로 차이가 없다.
④ 개활지의 지상 10[m]에서의 풍속이다.

해설
태양광발전시스템의 기본풍속은 지역별로 차이가 있으므로 지역의 풍속자료를 참고하여 적용한다.

정답 53 ④ 54 ④ 55 ③ 56 ③ 57 ③ 58 ③

59 최대수용전력 1,000[kVA]이고 설비용량은 전등부하 500[kW], 동력부하 700[kVA]이다. 이때 수용률은 약 몇 [%]인가?

① 83.3 ② 86.6
③ 88.3 ④ 90.6

해설
수용률은 설비용량에 대한 최대수용전력을 의미한다.

$$\text{수용률} = \frac{\text{최대수용전력}}{\text{설비용량}} = \frac{1,000}{500+700} \times 100 ≒ 83.3[\%]$$

60 한국전기설비규정에 따른 지중전선로에 사용하는 케이블의 시설 방법이 아닌 것은?

① 암거식   ② 관로식
③ 간접매설식 ④ 직접매설식

해설
지중전선로의 케이블 매설방식은 직접매설식, 관로식, 암거식(전력구식) 등이 있다.

제4과목 태양광발전 운영

61 태양광발전시스템 점검 계획 시 고려해야 할 사항이 아닌 것은?

① 환경 조건 ② 고장 이력
③ 부하 종류 ④ 설비의 중요도

해설
태양광발전시스템 점검 계획 시 고려사항은 설비의 사용 기간, 설비의 중요도, 환경 조건, 고장 이력 및 부하상태이다.

62 배선기구의 정비에 관한 기술지침에 따라 플러그에 대한 설명으로 틀린 것은?

① 플러그의 절연부에 균열, 파손, 탈색 등의 결함이 있는 부품은 교체하여야 한다.
② 도체 소선은 과열을 방지하기 위해 묶음 헤드나사를 사용하는 경우 납땜을 사용하여야 한다.
③ 절연체의 탈색이나 접촉면의 패임에 대해 육안 점검을 하고 다른 부분도 탈색이나 패인 곳이 있으면 점검하여야 한다.
④ 정기적으로 각 도체의 조립품을 단자까지 점검하되, 개별 도체 소선은 적절하게 수납되어야 하고, 단자 부위는 단단하게 조여야 한다.

해설
배선기구의 정비에 관한 기술지침에서 도체 소선은 과열을 방지하기 위해 묶음 헤드나사를 사용하는 경우 납땜을 사용하지 않아야 한다.

63 태양광발전시스템에 계측기구 및 표시장치의 설치목적으로 틀린 것은?

① 시스템의 홍보
② 시스템의 운전 상태를 감시
③ 시스템 기기 또는 시스템 종합평가
④ 시스템에서 생산된 전력 판매량 파악

해설
계측기구·표시장치의 설치 목적
- 시스템의 운전 상태를 감시하기 위한 계측 또는 표시
- 시스템에 의한 발전 전력량을 파악하기 위한 계측
- 시스템 기기 또는 시스템 종합평가를 위한 계측
- 시스템의 운전상황을 견학하는 사람 등에게 보여 주고, 시스템 홍보를 위한 계측 또는 표시

정답 59 ① 60 ③ 61 ③ 62 ② 63 ④

64 개방전압 측정 시 유의사항으로 틀린 것은?

① 각 스트링의 측정은 안정된 일사강도가 얻어질 때 하도록 한다.
② 태양광발전 모듈 표면의 이물질, 먼지 등을 청소하는 것이 필요하다.
③ 개방전압 측정 시 안전을 위해 우천 시 또는 흐린 날에 측정하도록 한다.
④ 태양광발전 모듈의 개방전압 측정 시 접속함에 주 차단기를 반드시 차단하고 측정한다.

해설
개방전압 측정 시 유의사항
- 태양전지 어레이의 표면을 청소하는 것이 필요하다.
- 각 스트링의 측정은 안정된 일사강도가 얻어질 때 하도록 한다.
- 측정시각은 일사강도, 온도의 변동을 극히 적게 하기 위하여 맑을 때, 남쪽에 있을 때의 전후 1시간에 실시하는 것이 좋다.
- 태양전지는 비가 오는 날에도 미소한 전압을 발생하므로 매우 주의하여 측정한다.

65 송전설비의 유지관리를 위한 육안점검 사항 중 배전반 주회로 인입·인출부에 대한 점검개소와 점검내용에 관한 설명으로 틀린 것은?

① 부싱 : 레일 또는 스토퍼의 변형 여부 확인
② 부싱 : 코로나 방전에 의한 이상음 여부 확인
③ 케이블 단말부 및 접속부, 관통부 : 쥐, 곤충 등의 침입 여부 확인
④ 케이블 단말부 및 접속부, 관통부 : 케이블 막이판의 떨어짐 또는 간격의 벌어짐 유무 확인

해설
부싱 점검은 균열, 파손 여부 확인과 코로나 방전에 의한 이상음 여부를 확인한다.

66 중대형 태양광 발전용 인버터(계통연계형, 독립형)(KS C 8565 : 2020)에 따라 독립형의 시험 항목으로 옳은 것은?

① 출력측 단락 시험
② 자동 기동·정지 시험
③ 단독 운전 방지 기능 시험
④ 교류 출력 전류 변형률 시험

해설
출력 측 단락시험은 독립형, 계통연계형을 모두 만족하는 사항에 해당된다.

시험 항목		독립형	계통연계형
구조시험		O	O
절연 성능시험	절연 저항시험	O	O
	내전압시험	O	O
	감전 보호시험	O	O
	절연 거리시험	O	O
보호 기능시험	출력 과전압 및 부족 전압보호 기능시험	X	O
	주파수 상승 및 저하 보호 기능시험	X	O
	단독운전방지 기능시험	X	O
	복전 후 일정시간 투입방지 기능시험	X	O
정상 특성시험	교류전압, 주파수 추종 범위시험	X	O
	교류 출력전류 변형률 시험	X	O
	누설전류시험	O	O
	온도상승시험	O	O
	효율시험	O	O
	대기 손실시험	X	O
	자동 기동·정지시험	X	O
	최대 전력추종시험	X	O
	출력 전류 직류분 검출시험	X	O
과도응답 특성시험	입력전력 급변시험	O	O
	계통전압 급변시험		O
	계통전압 위상 급변시험	X	O
외부 사고시험	출력측 단락시험	O	O
	계통전압 순간 정전·강하시험	X	O
	부하 차단시험	O	O
내전기 환경시험	계통전압 왜형률 내량시험	X	O
	계통전압 불평형시험	X	O
	부하 불평형시험	O	X
내주위 환경시험	습도시험	O	O
	온도 사이클시험	O	O
전기자기 적합성(EMC)	전자파 장해(EMI)	O	O
	전자파 내성(EMS)	O	O

정답 64 ③ 65 ① 66 ①

67 인버터의 이상표시신호에 따른 조치방법에 대한 설명으로 틀린 것은?

① Line Phase Sequence Fault : 상전압 확인 후 재운전
② Line Inverter Async Fault : 계통 주파수 점검 후 운전
③ Line Over Voltage Fault : 계통전압 확인 후 정상 시 5분 후 재가동
④ Inverter Ground Fault : 인버터 고장부분 수리 또는 접지저항 확인 후 운전

해설
Line Phase Sequence Fault는 계통전압이 역상일 때 발생하고 상회전 방향을 확인 후 정상 시 재운전을 실시한다.

68 전기사업법령에 따라 태양광발전시스템 정기점검에 대한 설명으로 틀린 것은?

① 저압이고 용량 50[kW] 초과 100[kW] 이하의 경우는 매월 1회 이상 점검하여야 한다.
② 저압이고 용량 200[kW] 초과 300[kW] 이하의 경우는 매월 2회 이상 점검하여야 한다.
③ 고압이고 용량 500[kW] 초과 600[kW] 이하의 경우는 매월 3회 이상 점검하여야 한다.
④ 고압이고 용량 600[kW] 초과 700[kW] 이하의 경우는 매월 3회 이상 점검하여야 한다.

해설
② 저압이고 용량 200[kW] 초과 300[kW] 이하의 경우는 매월 1회 이상 점검하여야 한다.

정기 점검
- 100[kW] 미만의 경우는 매년 2회 이상, 100[kW] 이상의 경우는 격월 1회 시행한다.
- 300[kW] 이상의 경우는 용량에 따라 월 1~4회 시행한다.
- 용량별 점검

용량 [kW]	100 미만	100 이상	300 미만	500 미만	700 미만	1,000 미만
횟수	연 2회	연 6회	월 1회	월 2회	월 3회	월 4회

69 태양광발전 어레이의 육안점검 시 점검내용으로 틀린 것은?

① 나사의 풀림 여부
② 가대의 부식 및 녹 발생
③ 유리 등 표면의 오염 및 파손
④ 절연저항 측정 및 접지, 본딩선 접속상태

해설
태양광발전 어레이는 정기점검 시 절연저항 측정 및 접지, 본딩선 접속상태를 확인한다.

70 태양광발전시스템에서 작업 중 감전방지대책으로 틀린 것은?

① 절연 고무장갑을 착용한다.
② 절연 처리된 공구를 사용한다.
③ 강우 시에는 작업을 하지 않는다.
④ 작업 중 태양광발전 모듈 표면에 차광막을 벗긴다.

해설
④ 작업 중 차광막을 제거하면 전기가 발생이 되어 감전의 위험이 생긴다.
감전방지 대책으로 절연장갑 착용, 절연 처리된 공구 사용, 태양전지 모듈 등 전원 개방, 누전차단기 설치 등이 있다.

71 전기사업법령에 따라 발전시설용량이 3,000[kW] 이하인 발전사업의 사업개시의 신고를 하려는 자는 사업개시신고서를 누구에게 제출하여야 하는가?

① 국무총리
② 시·도지사
③ 한국전력공사 사장
④ 전기기술인협회 회장

해설
발전시설용량이 3,000[kW] 이하인 발전사업의 사업개시 신고자는 시·도지사에게 사업개시 신고서를 제출한다.

정답 67 ① 68 ② 69 ④ 70 ④ 71 ②

72 결정질 실리콘 태양광발전 모듈(성능)(KS C 8561 : 2020)에 따라 외관검사 시 몇 [lx] 이상의 광 조사상태에서 진행하는가?

① 1,000
② 2,000
③ 3,000
④ 4,000

해설
1,000[lx] 이상의 광 조사 상태에서 모듈 외관, 태양전지 등에 크랙, 구부러짐, 갈라짐 등이 없는지를 확인한다.

73 산업안전보건기준에 관한 규칙에 따라 꽂음 접속기를 설치하거나 사용하는 경우 준수하여야 하는 사항으로 틀린 것은?

① 해당 꽂음 접속기에 잠금장치가 있는 경우에는 접속 후 잠그고 사용할 것
② 서로 같은 전압의 꽂음 접속기는 서로 접속되지 아니한 구조의 것을 사용할 것
③ 습윤한 장소에 사용되는 꽂음 접속기는 방수형 등 그 장소에 적합한 것을 사용할 것
④ 근로자가 해당 꽂음 접속기를 접속시킬 경우에는 땀 등으로 젖은 손으로 취급하지 않도록 할 것

해설
꽂음접속기(콘센트)의 설치·사용 시 준수사항
- 서로 다른 전압의 꽂음 접속기는 서로 접속되지 아니한 구조의 것을 사용할 것
- 습윤한 장소에 사용되는 꽂음 접속기는 방수형 등 그 장소에 적합한 것을 사용할 것
- 근로자가 해당 꽂음 접속기를 접속시킬 경우에는 땀 등으로 젖은 손으로 취급하지 않도록 할 것
- 해당 꽂음 접속기에 잠금장치가 있는 경우에는 접속 후 잠그고 사용할 것

74 태양광 발전소의 높은 시스템 전압으로 인하여 태양광발전 모듈과 대지와의 전위차가 모듈의 열화를 가속시킴으로써 출력이 감소하는 현상에 대한 설명으로 틀린 것은?

① 온도와 습도가 높을수록 쉽게 발생한다.
② 직렬저항이 감소하여 누설전류가 증가한다.
③ 웨이퍼의 저항, 이미터 면저항에 영향을 받는다.
④ N타입, P타입 태양광발전 모듈에서 모두 발생할 수 있다.

해설
직렬저항이 증가하면 손실이 발생하고 태양광 모듈의 전기적 성능을 감소시킨다.

75 절연 고무장갑의 사용범위에 대한 설명으로 틀린 것은?

① 습기가 많은 장소에서의 개폐기 개방, 투입의 경우
② 활선상태의 배전용 지지물에 누설전류의 발생 우려가 있는 경우
③ 충전부에 근접하여 머리에 전기적 충격을 받을 우려가 있는 경우
④ 정전 작업 시 역 송전이 우려되는 선로나 기기에 단락접지를 하는 경우

해설
충전부에 근접하여 머리에 전기적 충격을 받을 우려가 있는 경우는 안전모를 착용하여 보호한다.

76 태양광발전시스템의 안전관리 예방업무가 아닌 것은?

① 시설물 및 작업장 위험방지
② 안전작업 관련 훈련 및 교육
③ 안전관리비 실행 집행 및 관리
④ 안전장구, 보호구, 소화설비의 설치, 점검, 정비

해설
안전관리비 실행 집행 및 관리는 안전관리계획에 대한 내용으로 세부사용계획을 미리 작성하여 실시한다.

정답 72 ① 73 ② 74 ② 75 ③ 76 ③

77 태양광발전시스템 운전 특성의 측정 방법(KS C 8535 : 2005)에 따른 용어 정의 중 다른 전원에서의 보충 전력량을 의미하는 것은?

① 백업 전력량
② 표준 전력량
③ 역조류 전력량
④ 계통 수전 전력량

해설
다른 전원에서의 보충 전력량은 백업 전력량을 의미한다.

78 인버터의 정기점검 항목 중 육안점검 항목으로 틀린 것은?

① 통풍 확인
② 접지선의 손상
③ 운전 시 이상음
④ 투입저지 시한 타이머 동작시험

해설
인버터 정기점검 시 육안점검 항목
- 외함의 부식 및 파손
- 외부배선의 손상 및 접속단자의 풀림
- 접지선의 파손 및 접속단자의 풀림
- 환기 확인
- 운전 시의 이상음, 진동 및 악취의 유무

79 태양광발전 접속함(KS C 8567 : 2019)에 따라 소형 접속함의 외함 보호 등급(IP)으로 적합한 것은?

① IP 20 이상
② IP 30 이상
③ IP 44 이상
④ IP 54 이상

해설
태양광발전용 접속함의 구분

병렬 스트링 수에 의한 분류	설치장소에 의한 분류	
소형(3회로 이하)	실내형 : IP 54 이상	
	실외형 : IP 54 이상	
중대형(4회로 이상)	실내형 : IP 20 이상	
	실외형 : IP 54 이상	

80 전기사업법령에 따라 전기사업자는 허가권자가 지정한 준비기간에 사업에 필요한 전기설비를 설치하고 사업을 시작하여야 한다. 그 준비기간은 몇 년의 범위에서 산업통상자원부장관이 정하여 고시하는 기간을 넘을 수 없는가?

① 3
② 5
③ 7
④ 10

해설
전기사업자가 사업 준비기간(발전사업 허가를 득한 후부터 사업개시 신고 전까지) 내에 전기설비의 설치 및 사업의 개시를 하지 아니한 경우, 전기위원회의 심의를 거쳐 허가를 취소한다. 신재생에너지 발전사업 준비기간의 상한은 10년이고, 발전사업 허가 시 사업 준비기간을 지정한다.

77 ① 78 ④ 79 ④ 80 ④

참 / 고 / 문 / 헌

- 지구과학사전, 한국지구과학회 저, 북스힐
- 건축도면 공동 표준화지침, 건축사사무소연합
- 전력시설물감리업무수행지침서, 한국전기기술인협회
- 전기관련관계법령의 전력기술관리법(내선규정), 대한전기협회 저
- 도해 기계용어사전, 기계용어편찬회 저, 일진사
- 태양광발전 시스템 운영·유지보수, 김용로 저, D.B.Info
- 태양광발전 시스템 설계, 김용로 저, D.B.Info
- 태양광발전시스템 이론, 정석모 저, 에듀한올
- 태양광발전시스템 운영, 정석모 저, 에듀한올
- 태양광발전시스템 시공, 정석모 저, 에듀한올
- 태양광발전이론, 신재생에너지자격고시연구원 저, 혜전
- 태양광발전 시스템 이론 및 설치 가이드북, 이형연·김대일, 신기술
- 태양광발전시스템 설계 및 시공(개정3판), 나가오 다케히코, 태양광발전협회, 오옴사
- 태양광 발전시스템 설계 및 시공, 일본태양광발전협회 저, 인포더북스
- 태양광 발전시스템 설계 및 시공, 일본태양광발전협회 저, 성안당
- 알기 쉬운 태양광발전의 원리와 응용, 태양광발전연구회 저, 기문당
- 알기 쉬운 태양광발전, 박정화 저, 문운당
- 태양전지 실무 입문, 김경해·이준신 공저, 두양사
- 태양전지, 하마카와 요시히로·한동순 저, 기술정보
- 태양전지공학, 이준신·김경해 공저, 그린
- 신재생에너지공학, 정한식 외4명 공저, 문운당
- 전력시스템 연계 신재생에너지, 차준민 외3명 공저, 그린
- PV CDROM 태양광개론, 윤경훈 옮김, 한국에너지기술연구원
- 최신 송배전공학, 송길영 저, 동일출판사
- 신재생에너지 발전설비 기능사(태양광) 필기, 김대범 저, 시대고시기획
- 신재생에너지 발전설비(태양광) 기능사, 김종택 전호엽 공저, 금호

참 / 고 / 문 / 헌

- 신재생에너지 발전설비(태양광) 기사, 봉우근 외4명 공저, 엔트미디어
- 신재생에너지 발전설비기사 산업기사[태양광], 황호득 저, 구민사
- 전기기술인, 한국전기기술인협회
- 태양광발전시스템 점검검사기술지침
- 태양광발전 용어모음, 지식경제부 기술표준원 저
- 태양광발전소의 경제적인 부지선정, 이동규, 한전산업개발
- 태양광발전설비 점검, 검사 기술지침, 한국전기안전공사
- 태양광발전소 설립에 따른 입지분석, 이정 외 2명, 한국지식정보기술학회 논문집
- 태양광발전솔루션, 한국전력공사 예산지사 기술총괄팀 저
- 한국전력 분산형전원 계통 연계기준
- 한국에너지공단 신재생에너지센터, http://www.knrec.or.kr
- 국가법령정보센터, www.law.go.kr
- 기상레이더센터, www.radar.kma.go.kr
- 국가표준인증종합정보센터, www.standard.or.kr
- 건설계약연구원, www.csr.co.kr
- KS C IEC 62305-1 피뢰시스템, 산업통상부 기술표준원
- 한전산업개발주식회사
- 대한주택공사
- 신재생에너지 관련법규 전기설비 기술기준 전력관리법
- 신재생에너지 발전시스템 공학, 정춘병 저, 동일출판사(2019.5월)
- 태양광발전시스템 시공 한국직업능력개발원, 한국교원대학교 저, 교육부
- 태양광발전시스템 유지관리, 한국직업능력개발원, 한국교원대학교 저, 교육부
- 태양광발전시스템 안전관리, 한국직업능력개발원, 한국교원대학교 저, 교육부
- 토지이용규제정보서비스(http://luris.molit.go.kr)
- 지형 공간정보체계 용어사전(2016. 1. 3.), 이강원, 손호웅(제공처 구미서관) 저
- 토목설계기초(2009. 2. 28), 박용원, 박종호, 오귀환(명지대학교 출판부) 저

좋은 책을 만드는 길
독자님과 함께하겠습니다.

도서나 동영상에 궁금한 점, 아쉬운 점, 만족스러운 점이
있으시다면 어떤 의견이라도 말씀해 주세요.
시대고시기획은 독자님의 의견을 모아 더 좋은 책으로 보답하겠습니다.

www.sidaegosi.com

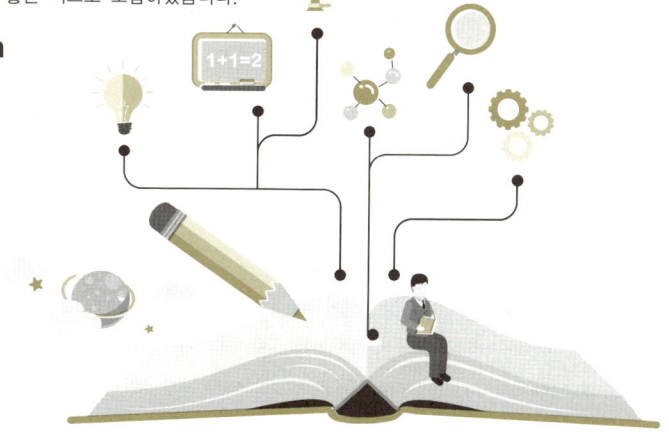

신재생에너지발전설비기사 필기 한권으로 끝내기

개정1판1쇄 발행	2021년 06월 04일 (인쇄 2021년 05월 17일)	
초 판 발 행	2020년 06월 05일 (인쇄 2020년 05월 12일)	
발 행 인	박영일	
책 임 편 집	이해욱	
편 저	백국현·김태우	
편 집 진 행	윤진영·문태진	
표 지 디 자 인	조혜령	
편 집 디 자 인	심혜림·박동진	
발 행 처	(주)시대고시기획	
출 판 등 록	제10-1521호	
주 소	서울시 마포구 큰우물로 75 [도화동 538 성지 B/D] 9F	
전 화	1600-3600	
팩 스	02-701-8823	
홈 페 이 지	www.sidaegosi.com	
I S B N	979-11-254-9127-9(13560)	
정 가	33,000원	

※ 저자와의 협의에 의해 인지를 생략합니다.
※ 이 책은 저작권법의 보호를 받는 저작물이므로 동영상 제작 및 무단전재와 배포를 금합니다.
※ 잘못된 책은 구입하신 서점에서 바꾸어 드립니다.

국 가 기 술 자 격 검 정 답 안 지

수험자 유의사항

1. 시험 중에는 통신기기(휴대전화·소형 무전기 등) 및 전자기기(초소형 카메라 등)를 소지하거나 사용할 수 없습니다.
2. 부정행위 예방을 위해 시험문제지에도 수험번호와 성명을 반드시 기재하시기 바랍니다.
3. 시험시간이 종료되면 즉시 답안작성을 멈춰야 하며, 종료시간 이후 계속 답안을 작성하거나 감독위원의 답안카드 제출지시에 불응할 때에는 당해 시험이 무효처리 됩니다.
4. 기타 감독위원의 정당한 지시에 불응하여 타 수험자의 시험에 방해가 될 경우 퇴실조치 될 수 있습니다.

답안카드 작성 시 유의사항

1. 답안카드 기재·마킹 시에는 반드시 검정색 사인펜을 사용해야 합니다.
2. 답안카드를 잘못 작성했을 시에는 카드를 교체하거나 수정테이프를 사용하여 수정할 수 있습니다.
 그러나 불완전한 수정처리로 인해 발생하는 전산자동판독불가 등 불이익은 수정자의 귀책사유입니다.
 - 수정테이프 이외의 수정액, 스티커 등은 사용 불가
 - 답안카드 왼쪽(성명·수험번호 등)을 제외한 '답안란' 만 수정테이프로 수정 가능
3. 성명란은 수험자 본인의 성명을 정자체로 기재합니다.
4. 해당차수(교시)시험을 기재하고 해당 란에 마킹합니다.
5. 시험문제지 형별기재란에 시험문제지 형별을 기재하고, 우측 형별마킹란에 해당 형별을 마킹합니다.
6. 수험번호란은 숫자로 기재하고 아래 해당번호에 마킹합니다.
7. 시험문제지 형별 및 수험번호 등 마킹착오로 인한 불이익은 전적으로 수험자의 귀책사유입니다.
8. 감독위원의 날인이 없는 답안카드는 무효처리 됩니다.
9. 상단과 우측의 검은색 띠(∥∥) 부분은 낙서를 금지합니다.

부정행위 처리규정

시험 중 다음과 같은 행위를 하는 자는 당해 시험을 무효처리하고 자격별 관련 규정에 따라 일정기간 동안 시험에 응시할 수 있는 자격을 정지합니다.

1. 시험과 관련된 대화, 답안카드 교환, 다른 수험자의 답안·문제지를 보고 답안 작성, 대리시험을 치르거나 치르도록 하는 행위, 시험문제 내용과 관련된 물건을 휴대하거나 이를 주고받는 행위
2. 시험장 내외로부터 도움을 받아 답안을 작성하는 행위, 공인어학성적 및 응시자격서류를 허위기재하여 제출하는 행위
3. 통신기기(휴대전화·소형 무전기 등) 및 전자기기(초소형 카메라 등)를 휴대하거나 사용하는 행위
4. 다른 수험자와 성명 및 수험번호를 바꾸어 작성·제출하는 행위
5. 기타 부정 또는 불공정한 방법으로 시험을 치르는 행위

주 의	바르게 마킹한 것… ● 잘못 마킹한 것… ⊙ ⊖ ⦿ ◑ ⊗

성 명	홍 길 동

교시(차수) 기재란
( )교시·차 ① ② ③

문제지 형별 기재란
( )형 Ⓐ Ⓑ

선택과목 1

선택과목 2

수 험 번 호
⓪ ⓪ ⓪ ⓪ ⓪ ⓪ ⓪
① ① ① ① ① ① ①
② ② ② ② ② ② ②
③ ③ ③ ③ ③ ③ ③
④ ④ ④ ④ ④ ④ ④
⑤ ⑤ ⑤ ⑤ ⑤ ⑤ ⑤
⑥ ⑥ ⑥ ⑥ ⑥ ⑥ ⑥
⑦ ⑦ ⑦ ⑦ ⑦ ⑦ ⑦
⑧ ⑧ ⑧ ⑧ ⑧ ⑧ ⑧
⑨ ⑨ ⑨ ⑨ ⑨ ⑨ ⑨

감독위원 확인

국가기술자격검정답안지

수험자 유의사항

1. 시험 중에는 통신기기(휴대전화·소형 무전기 등) 및 전자기기(초소형 카메라 등)를 소지하거나 사용할 수 없습니다.
2. 부정행위 예방을 위해 시험문제지에도 수험번호와 성명을 반드시 기재하시기 바랍니다.
3. 시험시간이 종료되면 즉시 답안작성을 멈춰야 하며, 종료시간 이후 계속 답안을 작성하거나 감독위원의 답안카드 제출지시에 불응할 때에는 당해 시험이 무효처리 됩니다.
4. 기타 감독위원의 정당한 지시에 불응하여 시험자에 방해가 될 경우 퇴실조치 될 수 있습니다.

답안카드 작성 시 유의사항

1. 답안카드 기재·마킹 시에는 반드시 검정색 사인펜을 사용해야 합니다.
2. 답안카드를 잘못 작성했을 시에는 카드를 교체하거나 수정테이프를 사용하여 수정할 수 있습니다.
 그러나 불완전한 수정처리로 인해 발생하는 전산자동판독불가는 수험자의 귀책사유입니다.
 - 수정테이프 이외의 수정액, 스티커 등 사용 불가
 - 답안카드 왼쪽(성명·수험번호 등)을 제외한 '답안란' 만 수정테이프로 수정 가능
3. 성명란은 수험자 본인의 성명을 정자체로 기재합니다.
4. 해당차수(교시)시험을 기재하고 해당 란에 마킹합니다.
5. 시험문제지 형별기재란은 시험문제지 형별을 기재하고, 우측 형별마킹란에 해당 형별을 마킹합니다.
6. 수험번호란은 숫자로 기재하고 이래 해당번호에 마킹합니다.
7. 시험문제지 형별 및 수험번호 등 마킹착오로 인한 불이익은 전적으로 수험자의 귀책사유입니다.
8. 감독위원의 날인이 없는 답안카드는 무효처리 됩니다.
9. 상단과 우측의 검은색 띠(┃┃┃) 부분은 낙서를 금지합니다.

부정행위 처리규정

시험 중 다음과 같은 행위를 하는 자는 당해 시험을 무효처리하고 자격별 관련 규정에 따라 일정기간 동안 시험에 응시할 수 있는 자격을 정지합니다.

1. 시험과 관련된 대화, 답안카드 교환, 다른 수험자의 답·문제지를 보고 답안 작성, 대리시험을 치르거나 치르게 하는 행위, 시험문제 내용과 관련된 물건을 휴대하거나 이를 주고받는 행위
2. 시험장 내외로부터 도움을 받아 답안을 작성하는 행위, 공인어학성적 및 응시자격서류를 허위기재하여 제출하는 행위
3. 통신기기(휴대전화·소형 무전기 등) 및 전자기기(초소형 카메라 등)을 휴대하거나 사용하는 행위
4. 다른 수험자와 성명 및 수험번호를 바꾸어 작성·제출하는 행위
5. 기타 부정 또는 불공정한 방법으로 시험을 치르는 행위

단기학습을 위한 완전학습서

합격에 윙크(Win-Q)하다!

Win-Q 시리즈

기술 자격증 도전에 승리하다

핵심이론 — 핵심만 쉽게 설명하니까

핵심예제 — 꼭 알아야 할 내용을 다시 한번 짚어 주니까

과년도 기출문제 — 시험에 나오는 문제유형을 알 수 있으니까

최근 기출문제 — 상세한 해설을 담고 있으니까

 NAVER 카페 | 대자격시대 - 기술자격 학습카페
cafe.naver.com/sidaestudy / 최신기출문제 제공 및 응시료 지원 이벤트

(주)시대고시기획이 만든
기술직 공무원 합격 대비서
TECH BIBLE

합격을 열어주는 완벽 대비서
테크 바이블 시리즈만의 특징

01 핵심이론 — 한눈에 이해할 수 있도록 체계적으로 정리한 핵심이론

02 필수확인문제 — 철저한 시험유형 파악으로 만든 필수확인문제

03 최신 기출문제 — 국가직·지방직 등 최신 기출문제와 상세 해설 수록

기술직 공무원 화학
별판 | 20,000원

기술직 공무원 생물
별판 | 20,000원

기술직 공무원 물리
별판 | 20,000원

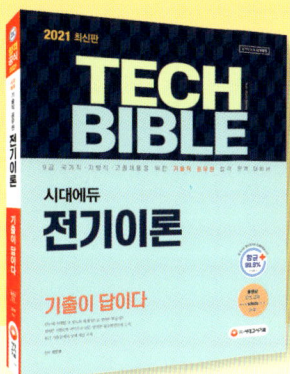
기술직 공무원 전기이론
별판 | 21,000원

기술직 공무원 전기기기
별판 | 21,000원

기술직 공무원 기계일반
별판 | 21,000원

기술직 공무원 환경공학개론
별판 | 21,000원

기술직 공무원 재배학개론+식용작물
별판 | 35,000원

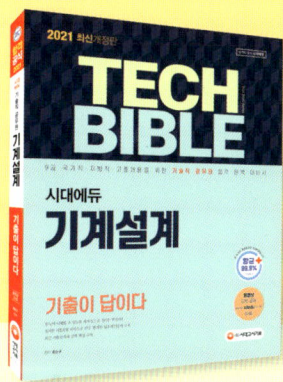
기술직 공무원 기계설계
별판 | 21,000원

기술직 공무원 임업경영
별판 | 20,000원

기술직 공무원 조림
별판 | 20,000원

※ 도서의 이미지와 가격은 변경될 수 있습니다.

2021 시대에듀

합격을 위한 바른 선택!

www.sdedu.co.kr

전기기사·산업기사 필기/실기
동영상 강의 (유료)

합격을 위한 동반자, 시대에듀 동영상 강의와 함께하세요!

| 최신 기출해설 특강 제공 | + | 기초수학&계산기 특강 제공 | + | 1:1 맞춤학습 Q&A 제공 | + | 모바일 강의 제공 |

시대에듀만의 차별화된 학습전략!

최신 저자직강!
최근 출제경향이
완벽 반영된 저자직강

기출특강 업데이트!
필기&실기
최신 기출문제해설

완성형 커리큘럼!
기초부터 핵심요약까지
빈틈없는 커리큘럼

프리미엄 혜택 제공!
합격 시 수강료 환급/
불합격 시 수강 연장

※ 커리큘럼 및 혜택은 상품별로 상이할 수 있습니다.